Ganzheitlich und Naturheilkundlich Orientierte Zahnmedizin

Dr. med. Mag. phil. CHRISTIAN KOBAU

Ganzheitlich und Naturheilkundlich Orientierte Zahnmedizin

Eine Verbindung von östlichem und westlichem Wissen – Ratgeber für Arzt und Patient

Vorwort
Univ.Prof.DDr.h.c.Stacher

BEITRÄGE VON:

R.v.ASSCHE(A), W.BALTERS(D), J.BURKE(AUS), R.DAHLKE(D), L.DORFER(A), R.FÜSS(D), H.GELB(USA), W.GERZ(D), J.GLEDITSCH(D), A.GUIDOTTI(I), F.HACHENEY(D), H.HEINE(D), C.HERRMANN(D), J.ISSELS(D), F.KRAMER(D), H.KAINZ-TOIFL(A), G.MATTITSCH(A), G.MEINIG(USA), M.MEHLFÜHRER(A), H.LAUFFER(D), F.POPP(D), R.POLANSKI(A), T.RAU(CH), A.ROSSAINT(A), H.SCHLOSSER(D), R.SCHMIDHOFER(A), R.SCHROTH(A), N.SCHULZ(A), W.SCHUPP(D), J.SIMMA(A), R.SLAVICEK(A), V.STEJSKAL(S), H.STOSSIER(A), G.VERDIANZ(A), D.VOLKMER(D), E.WEIKL(A), H.WEISS(D), G.WENZEL(A), S.WILHELMER(A), P.WINKLER-PAYER(A), E.WÜHR(D)

Ganzheitlich und naturheilkundlich orientierte Zahnmedizin

DR. CHRISTIAN KOBAU

Vorwort

Es ist erfreulich, daß sich gerade die Zahnmediziner in zunehmendem Maße für ganzheitliche Fragestellungen interessieren. Wenn man bedenkt, daß sich die Zahnheilkunde jahrzehntelang auf den Zahn-Kieferbereich beschränkt und die von dort ausgehenden zweifellos bestehenden Auswirkungen auf den gesamten Organismus kaum zur Kenntnis genommen hat, dann zeigt sich, daß hier — wie in weiten Bereichen der praktischen Medizin — ein allgemeiner Prozeß des Umdenkens begonnen bzw. bereits stattgefunden hat.

Dabei drängt es mich nochmals zu erklären, daß wir in der Wiener Internationalen Akademie für Ganzheitsmedizin unter „Ganzheitsmedizin" ein Signal verstehen und nicht ein Fachgebiet, wie manche glauben. Wir subsumieren darunter die naturwissenschaftlich ausgerichtete universitäre („Schul-") Medizin ebenso wie die zahlreichen komplementären Methoden unter besonderer Berücksichtigung von psychischen und geistigen Komponenten. Ganzheitsmedizin ist für uns das Signal für eine patienten- und nicht organzentrierte, der Methodenvielfalt aufgeschlossene und tolerante Medizin, in der sich Arzt und Patient gemeinsam bemühen, eine Besserung bzw. Heilung des Kranken zu erreichen.

Diesem Grundsatz ist auch das vorliegende Buch verpflichtet. Es wird sicher auch Diskussionen über verschiedene Aussagen auslösen, da manches natürlich wissenschaftlich (noch) nicht beweisbar, wenn auch praktisch wirksam ist. Doch gerade die Darstellung so vieler grundsätzlicher Überlegungen und Methoden gibt dem Leser Anlaß zu einer neuen Sicht und zu Diskussionen, die sicher über das Fachgebiet der Zahnheilkunde hinaus reichen werden. Gerade in einer Zeit des Wandels der Medizin, in der wir alles unternehmen sollten, um das Spannungsfeld zwischen High-Tech- und Komplementärmedizin abzubauen, sind derartige Diskussionen nicht nur für die weitere Entwicklung der praktischen Medizin, sondern auch als Basis und Anregung für wissenschaftliche Tätigkeit notwendig. Sie bieten letzten Endes auch die Möglichkeit, sich von Scharlatanen abzugrenzen.

So ist MAG. DR. CHRISTIAN KOBAU zu danken, daß er die Arbeit, unter Einbindung vieler bekannter Autoren eine so umfassende Darstellung der ganzheitlichen Zahnheilkunde zu bringen, auf sich genommen hat. Ich wünsche dem Buch nicht nur in der Praxis für Arzt und Patient viel Erfolg, sondern breite Zustimmung mit dem damit verbundenen Dialog über die Inhalte, der uns wieder ein Stück weiterbringen kann.

UNIV. PROF. DR. DR. H. C. A. STACHER

Vorwort

Die Aufgabe dieses Buches ist es, etwas Licht in den komplexen Dschungel der für den Zahnbereich bedeutsamen naturheilkundlichen Verfahren zu bringen. Durch Beiträge von internationalen Fachleuten sollen die diversen Themenbereiche aus unterschiedlichster Perspektive beleuchtet werden. Neue Denkmodelle und Therapieansätze einzubauen bedeutet allerdings nicht, Altes und Bewährtes über Bord zu werfen, sondern aufbauend auf klinischem Wissen können alternierende Strategien bei entsprechender Indikation sehr oft eine wertvolle Hilfe sein.

Der Disput Schulmedizin — Komplementärmedizin wird leider nur allzuoft von fanatischen Randgruppen beider Seiten geführt, wobei vor allem das Wichtigste, nämlich das Wohlergehen und die Gesundheit des Patienten an den Rand gedrängt wird. Wir sollten uns wieder an die Ethik des Arztseins erinnern, und unser Herz sprechen lassen. Alles Neue war schon einmal da, und trotzdem scheint uns das Neue immer wieder Angst zu machen, es bedeutet ja Veränderung — vor allem unserer Gewohnheiten. Hier soll uns PARACELSUS ein Vorbild sein, der sein Leben lang ein Suchender, ein Strebender war, offen für die Fragen des Lebens.

Viele Wege führen zum Ziel, denn jede Wahrheit birgt einen Teil einer universellen Wahrheit in sich. Es sollte unser Anliegen sein, viele Teilwahrheiten zu suchen, um daraus den jeweils individuellen Weg zu finden. Jeder Teil reflektiert im Sinne eines Hologramms das GANZE. Wollen wir nur einen Bruchteil dessen, was uns die östlichen und westlichen Weisheiten lehren in unser Leben integrieren, so heißt die Devise:

KOOPERATION — TOLERANZ — INTEGRATION.

Wir sind schließlich ein Leben lang auf der Suche. Es gibt auch im komplementärmedizinischen Bereich keine absolute Wahrheit (obwohl auch hier manche das behaupten), d.h. wir werden immer weiter lernen müssen, dürfen nie aufgeben neue Wege zu suchen, neues Wissen zu integrieren, um aufbauend auf dem Alten das Puzzle zu vollenden, immer in der Hoffnung der GANZHEIT wieder einen Schritt näher zu kommen.

Der Inhalt dieses Buches gestaltet sich derart, daß auf dem Grundlagen-Kapitel aufbauend, die Verbindungen und Analogien von Zahn, Mund und Psyche von R. DAHLKE und A. ROSSAINT aus tiefenpsychologischer Sicht erläutert werden. Über den immer wichtiger werdenden Bereich der ORTHOMOLEKULAREN MEDIZIN wird der Leser zu dem umfassenden Kapitel der TRADITIONELL CHINESISCHEN MEDIZIN von E.WÜHR geführt.

Denkmodelle und Therapierichtlinien aus dem Gebiet der AKUPUNKTUR — KIRLIANFOTOGRAFIE UND FARBTHERAPIE führen uns zu dem Schwerpunktkapitel STÖRFELDER — HERDE — SCHWERMETALLE — ENTGIFTUNG AUSLEITUNG: Ärzte aus unterschiedlichsten Fachdisziplinen geben ihre Haltung zu diesem komplexen Themenbereich wieder. Der Einfluß des Kiefers bzw. der Bißstellung auf das Gesamtsystem und vor allem auf die Wirbelsäule wird in dem Kapitel GANZHEITLICHE KIEFERORTHOPÄDIE von Spezialisten aus aller Welt diskutiert.

Die Zwischenkapitel „besondere FARBBILDER" teilen sich in 2 Kategorien: Einerseits werden intuitive Ölbilder von NICOLE VESCE DE VESCEY und SIGURD HOCHFELLNER gezeigt, denen „Weisheiten" in Form von kurzen Texten aus dem östlichen und westlichen Kulturkreis gegenüberstehen, andererseits finden wir Farbfotografien, die von mir persönlich auf verschiedenen Reisen und Expeditionen gemacht wurden. Ziel dieser für Fachbücher ungewohnten Einlage ist es, den Leser zwischendurch in differente Welten zu versetzen und das Gehirn wieder vom rationalen, analytischen Denken auf die andere, kreative, Hirnhälfte einschwingen zu lassen, um so letzten Endes etwas Distanz von der „nüchternen Materie" zu bekommen bzw. um die Relativität aller Beiträge und unseres Systems hervorzuheben.

Die verschiedenen im Buch präsentierten therapeutischen Denkansätze erheben keinen Anspruch auf Vollständigkeit, sondern sollen dem interessierten Leser einen Überblick verschaffen, der es ihm ermöglicht, sich über weiterführende Literatur zu vertiefen! Für die Gewährleistung einer großen Bandbreite an Information wurde den Co-Autoren komplette Freiheit bezüglich des Inhaltes ihrer Beiträge gelassen, wobei deren Meinung nicht unbedingt mit meiner persönlichen übereinstimmen muß.

Ich bedanke mich herzlich bei allen Co-Autoren, und Mitgestaltern für die gute Zusammenarbeit und für die Bereitschaft, ihren Teil zur Entstehung dieses Buches beizutragen.

Für Anregungen und Vorschläge über Themenbereiche, die dieses Buch ergänzen könnten, bin ich stets offen und bitte um schriftliche Zusendungen.

CHRISTIAN KOBAU

GRUNDLAGEN

Gedanken zur Bedeutung der Ganzheitsmedizin

PROF. DR. H. HEINE

Der ärztliche Beruf ist eine auf Wissenschaft gründende Kunst. Während Wissenschaft etwas objektiv Meßbares herausfinden will, zielt Kunst auf einen Zweck, sie will etwas zustande bringen.

Für den Arzt ist die Materie, an der er seine Kunst ausübt, selbst schon der ultimative Zweck: der lebendige menschliche. Organismus. Der Arzt muß sich mit dessen Eigenziel identifizieren und das ist jeweils Erhalt oder Wiederherstellung der Gesundheit. Dabei gibt es für ihn nichts zu erfinden, außer in den Methoden der Erreichung des Zieles. Gesundheit kann aber erst durch Krankheit zum Ziel werden. Voraussetzung dazu ist das Wissen vom gesunden Körper und den Bedingungen der Gesundheit:

Der Arzt hat es immer mit dem jeweils gegebenen Einzelfall zu tun, dem Individuellen in seiner ganzen Eigenart und Komplexität, die keine analytische Bestandsaufnahme erschöpfen kann und ganzheitlicher Betrachtung bedarf. Dies ist Gegenstand der Ganzheits- bzw. Biologischen Medizin.

Grundlagen der Ganzheitsmedizin

Die einleitenden Worte weisen darauf hin, daß sich die Ganzheitsmedizin nicht auf häufigkeitsabhängige Normalwerte und starre nosologische Entitäten festlegen kann, wie dies in der Schulmedizin durch „künstliche Therapien" geschieht. Diese weisen dem Organismus im Prinzip eine passive Rolle zu und versuchen, krankhafte Veränderungen oder die ihnen zugeschriebenen Ursachen direkt zu beseitigen. Die Maßnahmen werden möglichst spezifisch, gezielt und reizarm, mit einkalkulierten Nebenwirkungen, durchgeführt. Die Wirkungsdauer ist, abgesehen von zeitunabhängiger Ausschaltung, zunächst auf die Anwesenheit der Wirkstoffe und Kunsthilfen begrenzt.

Die Therapieweisen der Ganzheitsmedizin wirken dagegen indirekt als Reaktion auf eine entsprechende Reizbelastung hin (Reiz-Reaktions-Therapie, besser Regulationstherapie). Es lassen sich drei verschiedene Wirkprinzipien differenzieren:

Aktivierung von Selbstheilungs- und Erholungsprozessen durch Dämpfung übersteigerter Reaktionen, Schonung des Organismus, Ruhigstellung bestimmter Funktionen, Isolierung und Abstinenz von belastenden Faktoren.

Normalisierung durch Anregung und Übung innerer Selbstordnung. Die gesetzten Reize können im Unterschied zur direkten pharmakologischen Funktionskorrektur durch iteratives Anregen körpereigener Kräfte eine Wiedereinregulierung vegetativer Gleichgewichte („vegetative Gesamtumschaltung") bewirken. Die dadurch anregbaren rhythmischen Organfunktionen bewirken ihrerseits eine verbesserte Koordination und Ökonomie aller Funktionsabläufe, eine Normalisierung und Regeneration der Gewebstrophik mit Verbesserung adaptiver Leistungen und Hebung der unspezifischen Resistenz.

Systematische Steigerung von Funktionsbeanspruchungen durch Kräftigung von Funktionskapazitäten und Organleistungen aufgrund spezifischer trophischer wie auch plastischer Anpassungsprozesse des Organismus.

Der Vergleich zeigt, daß sich die Maßnahmen der Schulmedizin stets gegen manifeste krankhafte Veränderungen richten und daher im Prinzip pathogenetisch orientiert sind. Biologisch medizinische Maßnahmen zielen dagegen auf Anregung und Förderung endogener Eigenleistungen, die schon unter den jeweils individuellen Verhältnissen Bestand und Gesundheit des Organismus ermöglichen.

Es ist daher falsch, wenn die konventionelle Medizin die Anwendung ganzheitsmedizinischer Therapieweisen nur dann für möglich hält, wenn sie ebenfalls nach dem Kausalprinzip spezifisch auf zelluläre, molekulare und submolekulare Entitäten zurückgeführt werden können.

Mit Eingang ganzheitsmedizinischen Unterrichts an den Universitäten ist es vor allem dieser grundsätzliche Unterschied, der hervorgehoben werden muß. Nur dann kann ermittelt werden, wo die Schwerpunkte beider Therapierichtungen liegen und wann sie jeweils am sinnvollsten anzuwenden sind.

Bei den ganzheitlich ausgerichteten biologischen Therapieweisen ist es vor allem das Wiedereinschwingen chronobiologischer Vorgänge, die den anhaltenden Wirkungen zugrunde liegen und durch Einzelanwendungen häufig nicht zu erzielen sind. Die von der Schulmedizin stets beanstandete schwache Pharmakologie der Ganzheitsmedizin zielt darauf ab durch Regeneration rhythmischer Funktionsabläufe wieder eine Synchronisation und Normalisierung physiologischer Kerngrößen zu erreichen. Denn jede Periodik weist eine Aktiv- oder Leistungsphase sowie eine trophotrope Regenerationsphase auf. Derartige „biologische Fenster“ können häufig, vor allem wenn es sich um Befindensstörungen handelt, mit geringstem pharmakologischen Wirkstoffkonzentrationen (Homöopathie) wieder für allgemeine Regulationsprinzipien geöffnet werden. Dabei ist zu bedenken, daß die Beziehungen zwischen therapeutischer Reizdosis und Reaktionsdynamik nicht stetig sind, sondern u. U. mehrere Optima durchlaufen können. Die Wirksamkeit kann daher auch nicht im akuten Versuch beurteilt werden, da sie im besonderen Maße von Individualfaktoren bestimmt wird. Deshalb ist in der Ganzheitsmedizin auch der Tierversuch als kausale Erkenntnismethode ungeeignet. Auch am Gesunden kann der Wirkungsnachweis nur mit Einschränkung geführt werden. Die therapeutisch angestrebte Wirksamkeit läßt sich nur im zeitlichen Längsschnitt mit dichter Beobachtungsfolge der reaktiven Prozesse darstellen bzw. kontrollieren.

Der Mensch ist weder nur krank noch nur gesund, er hat vielmehr ein Vermögen sowohl zur Gesundheit wie zur Krankheit. Es ist eben evident, daß nicht jeder Raucher an Lungenkrebs stirbt. Dieses Vermögen weist auf den nomos — das individuelle rechte Maß. Auf Aristoteles geht zurück, daß damit eine Mitte gemeint ist, die durch ein Zuviel oder Zuwenig zerstört werden kann. Für den Arzt ist der nomos somit ein ethisches Prinzip, das über das bloße Handeln hinaus verlangt, sich im „Mitleiden“ mit dem Patienten zu identifizieren. Damit ist Hilfe zur Selbsthilfe gemeint, wobei Krankheit als Möglichkeit zur individuellen Entwicklung gesehen wird und nicht als Bestrafung oder „Betriebsunfall“, wie es sich gegenwärtig im verkürzten Begriff des nomos als Norm widerspiegelt. Eine Norm kann auch nicht auf ein Einzelindividuum bezogen werden, sondern immer nur auf eine Klasse von Individuen (die Rheumatiker, die Diabetiker usw.), wobei das qualitativ Subjektive zugunsten des Objektiven in den Hintergrund tritt.

Der kybernetische Begriff der Norm in der konventionellen Medizin ist an der Zelle als kleinster Baustein des Organismus orientiert („Virchowsche Zellularpathologie“). Dem liegt die Vorstellung zugrunde, daß jede der ca. 50 Billionen Zellen des menschlichen Organismus einen „Elementar-Organismus“ darstelle, der eingehüllt und abgegrenzt durch die Zellmembran zunächst für sich allein existiere, jedoch eingebunden in einen arbeitsteiligen Organismus zur Funktion des Ganzen seinen Teil beitrage.

Dieses lineare Ursache-Wirkungsdenken, von GALILEI (1564-1642) in die europäische Naturwissenschaft eingeführt, hat zur Konsequenz, daß ein Organismus, analog zu technischen Geräten, zusammengesetzt aus komplizierten zellulären Funktionseinheiten gesehen wird, die bei Defekten entsprechend repariert werden können. Letztlich komme es nur darauf an, das krankmachende Molekül in einer Zelle zu finden. Derzeit glaubt man dies bereits in Punktmutationen einzelner Aminosäuren beobachtet zu haben.

Diese Linearität im medizinischen Denken hat weitreichende Konsequenzen in den schulmedizinischen Therapieschemata: Ein Pharmakon muß an einen geeigneten zellulären Rezeptor koppeln, wobei eine Reaktion nur dann ausgelöst wird, wenn die Reaktanten wie „Schlüssel und Schloß“ zusammenpassen.

Dabei unterliegt man dem Zwang, um an einfachen Ursache-Wirkungsbeziehungen festhalten zu können, das akute Ereignis aus dem vernetzten biologischen Zusammenhang als Syndrom isolieren und therapieren zu müssen. Es ist evident, daß besonders bei chronischen Erkrankungen und Tumoren der Unterschied von Wirkung und Wirksamkeit dann kaum noch wahrgenommen werden kann. Diese kausalanalytische Linearität hat somit Einfluß auf die Methodenlehre der klinischen Prüfung und Arzneitherapie. Das individuelle Phänomen des Krankseins wird einen bestimmten Typ von Krankheit subsumiert. Dieser wird in einem Modell objektiviert und damit kausalanalytisch instrumentell zugänglich. Die Wirklichkeit wird durch Modelle ersetzt, die um so reduzierter sein müssen, je komplexer die Wirklichkeit ist. Ärztliche Erfahrung wird insoweit gar nicht mehr gebildet, weil sich das Handeln am Modell orientiert und nicht an der Wirklichkeit. Im Modell stehen weder Parameter für individuelle biologische Determinanten noch für Lebensqualität zur Verfügung.

Da zusätzlich hinter gleicher Symptomatik unterschiedliche Krankheiten verborgen sein können, kann der randomisierte, doppelblind durchgeführte klinische Versuch nur eine Methode zur Erkenntnisgewinnung sein. Es ist zweifellos falsch, ihn zur alleinigen Methode zu stilisieren, da Kasuistik und Erfahrungsberichte gerade das können, was der „objektive“ kontrollierte klinische Versuch nicht kann: das Individuelle der Krankheit in den Vordergrund ärztlichen Bemühens zu stellen. Das Virchowsche Zellularparadigma ist in der modernen Medizin deshalb so erfolgreich geworden, da sich besonders für akute und durch Mikroorganismen verursachte Erkrankungen einzelne objektivierbare Ursachen finden, die sich unmittelbar ausschalten oder reparieren lassen. In der derzeitigen Situation zunehmender chronischer Erkrankungen und Tumoren gelingt dies jedoch kaum mehr.

Konstitution und Disposition

Die Schwelle von der Zellular- zur Molekularpathologie ist längst überschritten. Die Molekularisierung klinischer Entitäten schreitet gerade deshalb so rasch voran, weil nur im eingrenzbaren Mikrobereich das dem menschlichen Denken so entgegenkommende Ursache-Wirkungsprinzip als Ja-Nein-Entscheidung anwendbar bleibt. Dies fördert zwar die Diagnostik, erhöht aber die Nebenwirkungen bei den daraus abgeleiteten speziellen Therapien. Die Fehlentwicklungen in der Medizin (u. a. Suche nach kausaler Therapie von Tumor- und chronischen Erkrankungen) haben ihre erkenntnistheoretische Wurzel in der axiomatischen Behauptung die Zelle wäre Ursache für das Entstehen eines Organismus. Dies ist falsch; die Zelle stellt vielmehr eine Bedingung für die Evolution höherer Organismen dar. Dies hat u. a. zur Konsequenz, daß Krebs und chronische Krankheiten keine unmittelbare Erkrankung einzelner Zellen sein müssen, sondern des gesamten Organismus, d.h. den Charakter von Allgemeinkrankheiten haben. Dabei steht der Organismus als Ganzes in einem fortwährend regulierendem Bemühen, die Zellen in geregelter funktioneller Beziehung zueinander zu halten. Dies gelingt aber nur, wenn unter Regulation nicht nur eine kybernetisch definierte Norm gemeint ist, sondern jene Lebensregel, die uns individuell als körperlich-seelisch-geistige Einheit in unsere Welt und den Kosmos einbindet. Physikalisch-chemische Gesetze allein reichen nicht aus, um die typischen Lebensvorgänge verstehen zu können.

Der Gesamtplan, der das Lebendige ausmacht, wird auf struktureller Ebene in den wechselhaften Beziehungen zwischen jeder Zelle und dem sie umgebenden Milieu, der Grundsubstanz, deutlich („System der Grundregulation"). Ganzheitlich entspricht dem auf körperlich-geistig-seelischer Ebene die Polarität von Konstitution und Exposition.

Erst im Spannungsfeld von Erleben und zugeordneten körperlichen Leistungen wird die individuelle psychosomatische Konstitution als Gesundheits- wie Krankheitsfähigkeit eines Individuums sichtbar und erlebbar. Besonders für die immer stärker in den Vordergrund tretenden chronischen Krankheiten und Tumoren ist es wichtig, die Konstitution eines Patienten zu berücksichtigen. Die Konstitution ist die individuelle, familiäre und rassische, auf Erblichkeit beruhende Gegebenheit, für eine Krankheit mehr oder weniger empfänglich zu sein. Die Disposition ist dabei die genetische und zeitliche Komponente, die im Rahmen der Konstitution die Möglichkeiten zur Erkrankung bündelt. Erst wenn zu den inneren Krankheitsursachen geeignete äußere als Exposition hinzutreten, z.B. soziale Unverträglichkeiten, berufliche Überanstrengung, diätetische Fehler u. a. m., ist schließlich die Bereitschaft zur Krankheit gegeben.

Biographie und Krankheit

Damit ist auch die persönliche Schicksalsfrage berührt, d.h. der Einfluß der Biographie auf Entwicklung und Durchleben von Krankheiten. Krankheit ist bewußt gewordene Störung der individuellen Lebensordnung. Unter diesem Aspekt gewinnt Krankheit eine ganz andere Dimension, sie wird zum Helfer in der Entwicklung von Seele und Geist. Der krankheitsbedingte Strukturwandel ist entscheidend für die Rückgewinnung bzw. Entwicklung der eigenen Identität — des Ichs. Dem scheint zu widersprechen, daß es Krankheiten gibt, die mit einer „Defektheilung" enden. Diese Beziehung ist nur unter dem physischen Aspekt gültig. Oft genug kann man erleben, daß gerade durch einen physischen Defekt eine seelisch-geistige Aktivierung erfolgt, wodurch ein Mensch einen Entwicklungsschritt vollziehen kann, der ihn ohne den „Defekt", d.h. die Krankheit, nicht möglich gewesen wäre. Auf organischer Ebene sieht man dasselbe Phänomen, z.B. in der Immunität nach überstandener Infektionskrankheit. Aus ganzheitlicher Sicht muß daher dem Patienten seine Verantwortung bewußt gemacht werden, die Handlungsbereitschaft des Arztes zu unterstützen. Denn dieser ist selbst auch an sein willentliches Ich gebunden und sollte jeweils jene realistischen Therapieschritte entwickeln können, die dem Kranken nicht sein individuelles Kranksein rauben, sondern seine Selbstheilungskräfte anregen.

Möglichkeiten und Grenzen Komplementärer Diagnose — und Therapiemethoden in der Zahnmedizin

DR. MED. DENT. E. WÜHR

Anatomische und physiologische Grundlagen

„...im Körper ist nahezu jedes mit jedem vernetzt." Zu dieser zusammenfassenden Aussage kommt PROF. J. ROHEN in seinem Buch „Funktionelle Anatomie des Nervensystems". Diesen Satz mußte ich zu meinem Physikum gelernt haben. Seine Tragweite war mir aber damals nicht bewußt. Erst nach einigen Jahren der Tätigkeit in meiner eigenen Praxis merkte ich, daß ich die Bedürfnisse meiner Patienten mit meinen Kenntnissen der Zahnmedizin manchmal nicht voll erfüllen konnte. Da müsse doch noch mehr sein, dachte ich mir und stieß bei meiner Suche auf die Ganzheitliche Zahnmedizin.

Heute weiß ich, daß die Ganzheitliche Zahnmedizin die Zahnmedizin der Zukunft sein wird. Wenn wir das Kausystem nicht mehr isoliert vom Rest des Organismus und den ganzen Menschen nicht mehr isoliert von seiner Umwelt betrachten und behandeln, können wir die Bedürfnisse unserer Patienten noch besser befriedigen. Darüber hinaus wird ein relativ begrenztes Fachgebiet durch die ganzheitliche Tätigkeit interessanter und so auch für uns befriedigender.

Die Notwendigkeit ganzheitlichen Denkens ergibt sich also schon aus den vielfältigen Vernetzungssystemen unseres Organismus. PROF. ROHEN hat sich in erster Linie auf das Nervensystem bezogen, aber wir kennen in der modernen Medizin noch weitere solcher Vernetzungssysteme:

- das System der Grundregulation oder das unspezifische Immunsystem
- das spezifische Immunsystem zusammen mit dem Lymphsystem
- das Blutkreislauf-System
- das hormonelle System usw.

Beim System der Grundregulation (kurz: Grundsystem) handelt es sich um das interstitielle Bindegewebe, das jedes parenchymatöse Gewebe umgibt. Die Schulmedizin mißt dem Grundsystem keine große Bedeutung zu und beschreibt es als relativ undifferenziertes Stützgewebe. Seit den Forschungen des Wiener Pathologen PISCHINGER wissen wir aber, daß im Grundsystem wichtige und grundlegende Regulationsvorgänge stattfinden. Nirgends im Körper endet eine Nervenzelle oder eine Kapillare direkt im parenchymatösen Gewebe, sondern immer vorgelagert im Grundsystem. Jeglicher Informations- und Stoffaustausch aus der Zelle und in die Zelle muß also erst das Grundsystem passieren. Da die Matrix des Grundsystems aus einem Netz von Proteoglykanmolekülen besteht, wirkt das Grundsystem für die Passage von Information und Stoffen wie ein regulierender Filter. Von der Funktionsfähigkeit dieses Filters hängt grundlegend die Gesundheit eines Organismus ab. Außerdem ist das Netzwerk des Grundsystems ubiquitär im Körper, d.h. es vernetzt alle funktionellen Teilsysteme des Körpers miteinander, so daß sich zum Beispiel Belastungen des Grundsystems im Kausystems durchaus auf weiter entfernt liegende Systeme auswirken können und umgekehrt. Weitere Informationen zum Grundsystem entnehmen Sie bitte unserer vertiefenden Literaturempfehlung. PROF. HEINE, Anatom an der Universität Witten-Herdecke, setzt seit Jahren die Forschungen von PISCHINGER erfolgreich fort.

Zum vertiefenden Studium der Vernetzung des Körpers durch das Nervensystem empfehle ich Ihnen das Buch von PROF. ROHEN. Soviel sei aber schon verraten: über das Nervensystem ist das Kausystem nicht nur mit dem ganzen Körper vernetzt, der Nervus trigeminus ist sogar derjenige Körpernerv, der mit anderen Körpernerven die intensivsten Vernetzungen hat.

Aber nicht nur die Ergebnisse der modernen Wissenschaft fordern vernetzendes ganzheitliches Denken und Handeln in der Medizin. Die Phänomene, die durch die intensive Vernetzung des Organismus auftreten, wurden bereits im sehr alten Medizinsystem der Chinesischen Medizin mit entsprechenden Denkmodellen beschrieben. Diese Denkmodelle sind heute noch aktuell und sehr praktikabel. Ein solches Phänomen ist das gemeinsame und gleichzeitige Auftreten von Symptomen ganz verschiedener Körpersysteme, z.B. bei einer Patientin mit Migräne, Augenentzündungen, apikalem Granulom an einem Eckzahn, Schmerzen im rechten Oberbauch, leichter Reizbarkeit, Verstopfung und Schmerzen während der Menstruation. Die chinesische Theorie von den Meridianen und Funktionskreisen beschreibt im Sinne eines Denkmodells Vernetzungssysteme, die erklären, wie diese Symptome ganz unterschiedlicher Körpersysteme und -funktionen gemeinsam auftreten können. Alle Symptome sind dem Funktionskreis Leber/Gallenblase zugeordnet und können so gemeinsam behandelt werden. Das Denkmodell der Funktionskreise beschreibt also nichts anderes als die Phänomene, die durch die intensive Vernetzung des Organismus durch Grundsystem, Nervensystem und andere Vernetzungssysteme entstehen. Jedes Lehrbuch der Akupunktur oder Chinesischen Medizin bietet hier vertiefende Informationen. Das Buch von JOCHEN GLEDITSCH empfehle ich besonders.

Wissenschaftstheoretische Grundlagen

Oft hört man, komplementäre Heilverfahren hätten keine naturwissenschaftlichen Grundlagen. Meist wird dies von Kollegen behauptet, die selbst in Bezug auf die moderne Naturwissenschaft nicht auf dem neuesten Stand sind. Die moderne Naturwissenschaft bietet vielmehr eine Menge von Ansätzen, die geeignet sind, die Wirkungsweise von komplementären Diagnose- und Heilverfahren zu beschreiben und die Notwendigkeit eines ganzheitlichen Denkens und Handelns auch in der Medizin zu fordern. Mit einem Physiker ist es einfach, über Homöopathie zu sprechen. Er kann sich aufgrund seiner modernen Kenntnisse sehr wohl vorstellen, daß homöopathische Verdünnungen auch dann noch therapeutische Wirkung entfalten, wenn nach den Regeln der Chemie kein Molekül der ursprünglichen Substanz mehr enthalten ist. Er kann die materielle Vorstellungswelt transzendieren und eine Wirkung solcher Arzneien auf der Basis von elektromagnetischen Feldinformationen und Resonanzphänomenen durchaus erklären.

Einen sehr wichtigen wissenschaftlichen Ansatz zur Erklärung der Wirkungsweise komplementärer Diagnose- und Therapieverfahren bietet die sogenannte Systemtheorie. Sie beschreibt den menschlichen Organismus als offenes, sich selbst organisierendes und regulierendes System, das mit anderen biologischen, sozialen, kulturellen und ökologischen Systemen in Wechselwirkungen tritt. Es wird sich für Sie lohnen, sich näher mit der Systemtheorie zu beschäftigen. Aus der vielfältigen Literatur über die Systemtheorie empfehlen wir folgende Bücher.

Möglichkeiten und Grenzen

Heißt das bisher gesagte nun, daß wir eine neue, alternative Medizin brauchen? Nein! Wir brauchen lediglich eine Erweiterung, eine Ergänzung unserer bereits bewährten Medizin. So verstehen wir auch die Ganzheitliche Zahnmedizin. Auf der Basis unserer bewährten „Schulzahnmedizin" betreiben wir zusätzliche Heilverfahren, meist aus dem Bereich der Naturheilverfahren, um die Bedürfnisse unserer Patienten individuell zu befriedigen. Die Basis der Schulzahnmedizin wollen und dürfen wir nicht verlassen. Nach wie vor ist z.B. bei einem Patienten mit Parodontitis die sorgfältige Parodontaldiagnostik mit nachfolgender Lokalbehandlung obligat. Doch dann müssen wir im Sinne des oben Gesagten weiter denken. Warum bekommen manche Patienten trotz starker Plaquebildung nur eine Gingivitis, und andere, die sich bei der Mundhygiene größte Mühe geben, entwickeln progressive Parodontopathien? Ganzheitlich betrachtet ist die Frage leicht beantwortet, wenn wir den individuellen Funktionszustand des Immunsystems des jeweiligen Patienten in Betracht ziehen. Ersterer Patient hat zweifellos ein gut funktionierendes Immunsystem, das Immunsystem des letzteren ist in seiner Funktion gestört und kann der bakteriellen Entzündung des Parodontiums keinen Einhalt gebieten.

Der behandelnde Zahnarzt ist in der Pflicht, nicht nur lokal alles Notwendige zu tun, sondern diesen Patienten auch einer kompetenten Therapie zur Verbesserung seines Immunsystems zuzuweisen. Das ist ganzheitlich gedacht und gehandelt, auch wenn der Zahnarzt die ganzheitliche Therapie nicht selbst durchführt.

Ganzheitliche Zahnmedizin (siehe **Abb.1**) bedeutet also, bei der Untersuchung und Behandlung von Patienten zu berücksichtigen, daß

1. bei zahnärztlichen Indikationen Einflüsse und Belastungen aus dem ganzen Organismus und aus der Umwelt auf das Kausystem wirken und

2. bei Erkrankungen außerhalb des Kauorgans chronische Belastungen aus dem Kausystem auf den ganzen Organismus wirken.

Beides muß nach unserer Meinung auf der Basis einer obligaten klinischen Diagnose geschehen. Bei Notfallmaßnahmen, echten chirurgischen Indikationen und notwendigen symptomatischen Behandlungen können komplementäre Heilverfahren bestenfalls unterstützend eingesetzt werden.
Liegen dagegen chronisch-funktionelle Erkrankungen vor, die zudem gegenüber der schulmedizinischen Behandlung therapieresistent oder rezidivierend sind, steigt die

Wahrscheinlichkeit, daß wir mit komplementären Verfahren erfolgreich sind. Solche Verfahren können wir bei zahnärztlichen Indikationen oder Fragestellungen selbst anwenden oder ansonsten einem kompetenten ärztlichen Kollegen oder KO-Therapeuten zuweisen.
Im folgenden will ich Sie in die systemtheoretischen Grundsätze der Regulationspathologie einführen und ganz allgemein erklären, was passiert, wenn ein Reiz aus Inwelt oder Umwelt den Organismus beeinflußt (siehe **Abb. 2**) und wenn chronische Reize (Belastungen) den Organismus dauerhaft stören (siehe **Abb. 3**). Aus diesen Überlegungen werden wir dann diagnostische und therapeutische Konsequenzen für die Praxis der Ganzheitlichen Zahnmedizin ableiten.

1. Aspekt:

Ganzheitliche Behandlung zahnärztlicher Indikationen

Kopf- und Gesichtsschmerzen:

- Migräne
- Spannungskopfschmerz
- Tendomyoarthropathien des Kausystems
- Neuralgien

atypische Gesichtsschmerzen

Parodontopathien

Hyperämien der Zahnpulpa

Dysgnathien

Mißempfindungen der Mundschleimhaut

Posttraumatische und -operative Zustände

Sonstige:

- Sinusitiden
- Tinnitus
- Fazialisparesen

2. Aspekt:

Ganzheitliche Fragestellungen an den Zahnarzt nach:

- Unverträglichkeit zahnärztlicher Materialien
- Stummen chronischen Entzündungen (odontogene Störfelder)
- Dysfunktionen im Kausystem

Abb. 1: Die zwei Aspekte der Ganzheitlichen Zahnmedizin

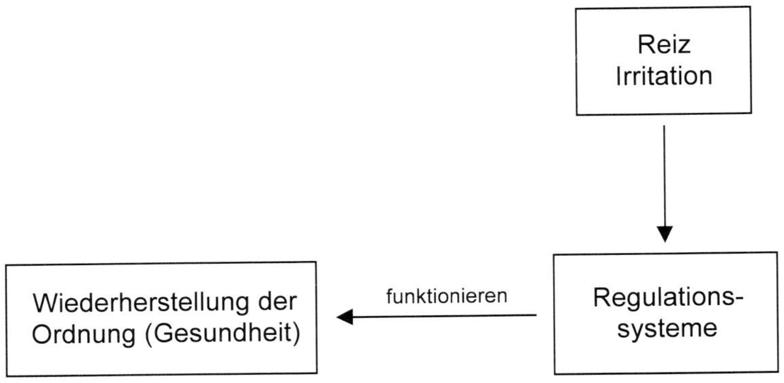

Abb.:2 Autoregulation des Organismus

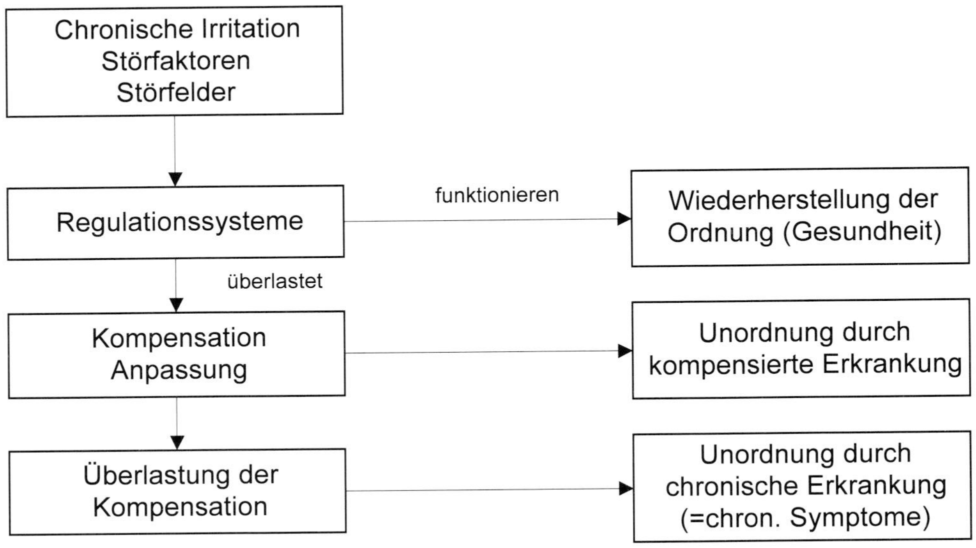

Abb.: 3 Regulationspathologisches Modell

Regulationspathologie

Zunächst einmal stellt jeglicher Reiz, der auf den Organismus einwirkt, eine lokale Irritation am Einwirkungsort dar. Diese Irritation wird durch lokale oder allgemeine Regulationssysteme auf verschiedenen Ebenen über den Zustand einer vorübergehenden Unordnung im Organismus ausreguliert. Das heißt: Durch eine akute Erkrankung oder auch subakut wird die Ordnung im Organismus (Gesundheit) wiederhergestellt. Auf diesem Weg wirken auch die therapeutischen Reize der komplementären Therapieverfahren, wie z. B. die Akupunktur. Sie stimulieren die Selbstregulationssysteme (Autoregulation) des Organismus, damit die Ordnung (Gesundheit) wiederhergestellt wird (siehe **Abb. 2**). MELCHART hat deshalb die komplementären Heilverfahren auch als Methoden der Autoregulativen Medizin bezeichnet.
Wenn aber nun ein Reiz chronisch oder sehr intensiv einwirkt, wird die Irritation chronisch und damit zur Belastung für die Regulationssysteme. Wir sprechen dann von Störfaktoren und Störfeldern. Der systemtheoretisch richtige Begriff ist chronische Irritation (siehe **Abb. 3**). Die Regulation ist bei chronischer oder intensiver Belastung überfordert. Sie wird gestört oder wird sogar blockiert. Der Körper muß sich anderer Mechanismen bedienen:
Er muß sich anpassen, um die chronische Belastung zu kompensieren. Während die Regulation mittlerweile sehr genau erforscht ist, sind diese anderen Mechanismen, nämlich die Mechanismen der Kompensation, noch relativ unerforscht.

Im Stadium der Kompensation bestehen noch keine Symptome, die potentielle Erkrankung ist noch kompensiert. Aber die Unordnung, die durch die Kompensationsanstrengungen des Organismus entsteht — vor allen Dingen in den informationsverarbeitenden Vernetzungssystemen — ist bereits dauernd. Das ist der Zustand, in dem sich alle von uns mehr oder weniger befinden. Die meisten von uns sind symptomfrei, aber belastet ist jeder irgendwie.

Erst wenn die Kompensationskapazität des Organismus erschöpft ist, d.h. wenn die Kompensation überla-

stet ist, kommt es zu einer chronischen Erkrankung bzw. zu chronischen Symptomen (siehe **Abb. 3**). Die Patienten, die mit chronischen Beschwerden zu uns kommen, haben immer diese Kompensationsvorgeschichte.
Ich erkläre diese Zusammenhänge meinen Patienten immer am Beispiel eines Rucksacks, den jeder Mensch mit sich herumzuschleppen hat. In diesen Rucksack kommen alle Belastungen, die unsere Regulationssysteme nicht ausregulieren können. Im Laufe eines Lebens wird dieser Rucksack immer voller, mehr oder weniger schnell. Immer mehr Wehwehchen treten auf, bis schließlich der Rucksack überläuft und sich eine chronische Erkrankung einstellt.
Wir sehen an diesem regulationspathologischen Denkmodell sehr genau den Unterschied zwischen chronischen und akuten Symptomen. Bei einer akuten Erkrankung können wir auf die Regulation vertrauen, wenn diese noch unbelastet funktionieren kann. Wir lassen Zeit vergehen und warten die Selbstheilung des Organismus ab. Eingreifen sollten wir nur, indem wir die Regulationssysteme stärken, also roborierend behandeln, oder wenn die Erkrankung lebensbedrohend wird. Dann müssen wir auch symptomatisch wirkende Behandlungen einsetzen. Bei chronisch Kranken brauchen wir andere Strategien bezüglich unseres weiteren diagnostischen und therapeutischen Vorgehens. Zunächst ergeben sich zwei diagnostische Konsequenzen aus dem Gesagten.

1. Diagnostische Konsequenz: Regulationsdiagnostik

Als erstes wollen wir Auskunft darüber, wie der Funktionszustand der Regulationssysteme ist, ob die Regulation normal, gestört oder sogar blockiert ist. Diese Unterscheidung ist für unser therapeutisches Vorgehen wichtig.

Eine normale Regulationsfähigkeit wird bei einem chronisch Kranken nicht vorliegen. Aber wenn wir aus irgendwelchen Gründen einen Gesunden mit einer zusätzlichen chronischen Belastung konfrontieren müssen, z.B. bei einer Implantatversorgung, dürfen wir das nur, wenn die Regulation dieses Patienten normal funktioniert und eine geringe Gefahr besteht, daß wir den Patienten durch eine zusätzliche Belastung zur chronischen Überlastung seiner Kompensationsfähigkeit veranlassen. Eine gestörte Regulationsfähigkeit liegt bei den meisten chronisch Kranken vor. Durch geeignete Behandlung ist oft die normale Regulationsfähigkeit wiederherstellbar.

Liegt jedoch bereits eine vollständige Blockierung der Regulation vor, v.a. bei älteren Menschen, ist eine Wiederherstellung meist nicht möglich. Regulationstherapeutische Verfahren können hier nicht mehr zum Zuge kommen. Die operative Eliminierung von Störfaktoren kann sich sogar als sehr belastend für den Patienten herausstellen. Hier ist oft die symptomatische Behandlung das Mittel der Wahl.
Wir bezeichnen die Bestimmung des Funktionszustands der Regulation als Regulationsdiagnostik. Die wichtigsten Verfahren der Regulationsdiagnostik können Sie Tabelle 1 entnehmen.

2. Diagnostische Konsequenz: Diagnostik chronischer Irritationen

Die zweite diagnostische Konsequenz aus unserem regulationspathologischen Denkmodell ist, daß wir herausfinden müssen, welchen chronischen Irritationen der chronisch Kranke ausgesetzt ist. In Bezug auf unser Erklärungsmodell mit dem Rucksack heißt dies: Welche chronischen Belastungen befinden sich in dem Rucksack des Patienten? Dies leisten neben einer ausführlichen Störfaktoren-Anamnese die Testverfahren der Diagnostik chronischer Irritationen (siehe **Tabelle 2**).

Decoder-Dermographie	Kirlian-Photographie
Leukozyten-Test	Thermographie
Vega-DFM und Vega-SEG	u.a.m.

Tab.1: Verfahren der Regulationsdiagnostik

Bioelektronische Funktionsdiagnostik	Elektroakupunktur nach Voll
Kinesiologische Muskeltests	Physioenergetik nach van Assche (Armlängenreflextest)
Pulsreflex nach Nogier	Vega-Test
u.a.m.	

Tab. 2: Verfahren der Diagnostik chronischer Irritationen

Aufgrund der intensiven Wechselwirkungen des Organismus mit seiner Umwelt und den komplexen Wechselwirkungen seiner Teilsysteme untereinander ist die Zahl der möglichen chronischen Irritationen groß. Wir können sie in vier Gruppen einteilen (siehe **Tabelle 3**):

Strukturelle Belastungen sind Dysfunktionen der Teilsysteme des Stütz- und Bewegungsapparats. Dazu gehören aus unserem Fachgebiet die Dysfunktionen des Kiefergelenks und der Kaumuskulatur.

Biochemische Belastungen sind Unverträglichkeiten und Allergien, Mangel an Spurenelementen, Mineralstoffen und Vitaminen, Umweltbelastungen sowie Dysfunktionen des Hormonsystems und des Stoffwechsels. Aus unserem Fachgebiet sind hier die Unverträglichkeiten zahnärztlicher Werkstoffe zu nennen. **Psycho-emotionale und psycho-soziale Irritationen** sind häufig grundlegende Belastungen bei chronischen Erkrankungen und müssen bei der ganzheitlichen Behandlung zahnärztlicher Indikationen unbedingt berücksichtigt werden.

Bioinformative Irritationen betreffen vor allem Dysfunktionen des Zentralnervensystems selbst sowie biophysikalische Irritationen im Sinne elektromagnetischer Störfelder.

Strukturelle Belastungen durch Dysfunktion	Biochemische Belastungen durch
• des kraniosakralen Systems • des Kausystems • des Okulomotorensystems • der Wirbelsäule • der peripheren Gelenke von Arm und Bein • der Viszeralorgane	• Unverträglichkeiten/Allergien • Schwermetall- und andere Umweltbelastungen • Mangel von Mineralstoffen, Spurenelementen • und Vitaminen • Dysfunktionen des Hormonsystems
Psychische Belastungen	**Bioinformative Belastungen durch**
• psycho — emotional • psycho — mental • psycho — sozial	• Dysfunktionen der informationsverarbeitenden Systeme • Dysfunktionen des Leitbahnensystems • abakterielle Störfelder (Narben) • physikalische Störfelder • geopathische Störfelder • stumme, chronische Entzündungen

Tab. 3: Liste der in Frage kommenden chronischen Irritationen

Bezüglich der ganzheitlichen Therapie chronischer Erkrankungen ergeben sich aus unserem regulationspathologischen Modell ebenfalls zwei Konsequenzen:

1. Therapeutische Konsequenz: Eliminierung chronischer Irritationen

Zunächst müssen wir die chronischen Belastungen, die wir mit Hilfe der Diagnostik chronischer Irritationen entdeckt haben, eliminieren, d.h. „aus dem Rucksack" des Patienten entfernen. Manche Verfahren der Diagnostik chronischer Irritationen lassen Aussagen über die Gewichtung und Hierarchie mehrerer diagnostizierter Störfaktoren zu. Wir werden uns auf die Eliminierung der schwerwiegendsten Belastung zuallererst konzentrieren, d.h. der „größte Brocken aus dem Rucksack" muß zuerst entfernt werden. Dazu ist häufig die Hilfe von KO-Therapeuten notwendig. Sie finden wir vor allem bei Ärzten für Naturheilverfahren, Heilpraktikern, Psychotherapeuten und Psychologen, Krankengymnasten und Masseuren usw.

Im zahnärztlichen Bereich kommen drei chronische Störfaktoren in Frage, für die wir Behandlungsstrategien haben müssen, wenn wir ganzheitlich behandeln wollen:

- Unverträglichkeit zahnärztlicher Werkstoffe
- Stumme chronische Entzündungen im Kausystem
- Dysfunktionen im Kausystem

Einer der Pioniere auf dem Gebiet der Regulationspathologie, der Regulationsdiagnostik und der Eliminierung chronischer Irritationen ist der Wiener Internist PERGER, der in seinem Buch seine Erfahrungen an über 7000 dokumentierten Fällen beschreibt. Dieses Buch empfehlen wir zum vertiefenden Studium.

2. Therapeutische Konsequenz: Stimulierung der Regulationssysteme

Die zweite therapeutische Konsequenz aus unserem regulationspathologischen Modell ist die Stimulierung und Behandlung der Regulationssysteme durch autoregulativ wirkende, komplementären Medizinsysteme zur Wiederherstellung der autoregulativen Kompetenz des Organismus. Die folgende Liste komplementärer Medizinsysteme, mit denen wir zahnärztliche Indikationen ganzheitlich behandeln können, ist nicht vollständig, sondern zeigt nur einen kleinen Ausschnitt der gängigsten Verfahren:

Komplementäre Medizinsysteme (in alphabetischer Reihenfolge)

- Akupunktur
- Anthroposophische Medizin
- Aurikulomedizin
- Bioresonanztherapie
- Ganzheitliche Kieferorthopädie nach BALTERS
- Homöopathie
- Hypnotherapie
- Mikrobiologische Therapie
- Myofunktionelle Therapie
- Neuraltherapie
- Neurolinguistisches Programmieren
- Osteopathie
- Phytotherapie
- Traditionelle Chinesische Medizin

u.a.m.

Die meisten dieser Verfahren werden in dem Buch von Melchart vorgestellt. Dort finden Sie außerdem eine sehr interessante und moderne Darstellung der wissenschaftlichen Grundlagen und Denkmodelle, die der Autoregulativen Medizin zugrunde liegen.

Die Psyche und die Ganzheitliche Zahnmedizin

Psycho-emotionale und psycho-soziale Belastungen spielen bei der Diagnostik und der Behandlung chronisch-funktioneller Erkrankungen eine sehr große Rolle. Damit meine ich nicht irgendwelche echten psychischen Erkrankungen, wie Neurosen oder Psychosen, sondern alltägliche Emotionen, die jeder von uns hat. Diese „normalen" Emotionen werden zur Belastung und führen zu Symptomen, wenn eine bestimmte Emotion bei einem Menschen dauernd vorherrscht, wenn zum Beispiel ein Mensch dauernd wütend, nörglerisch und zornig ist. Sie kennen diesen Charaktertyp. Es besteht dauernd die Gefahr, daß er bereits bei der kleinsten Kleinigkeit aufbraust. Wir nennen einen solchen Menschen Choleriker, einen dem dauernd „die Galle (= Chole) hochsteigt". Bei diesem Menschen werden früher oder später Symptome wie Migräne, Augenentzündungen, Schmerzen an den Eckzähnen, Schmerzen im Oberbauch, Verstopfung usw. auftreten. Kommt Ihnen das bekannt vor? Bereits weiter oben bei der Besprechung der chinesischen Theorie von den Meridianen und Funktionskreisen haben wir diesen Patiententyp beschrieben und dem Funktionskreis Leber/Gallenblase zugeordnet. Also bereits die alten Chinesen haben die Zusammenhänge zwischen Emotionen und körperlichen Symptomen erkannt. Diese Erkenntnisse werden auch in dem Buch von Gleditsch beschrieben und weiter ausgearbeitet. Sie sind auch zur ganzheitlichen Behandlung zahnärztlicher Indikationen nützlich und notwendig.

Solche emotionalen Belastungen entstehen, wenn der Mensch aufgrund einer einschränkenden Persönlichkeit die Wirklichkeit zu einseitig wertend wahrnimmt und, als Beispiel, meist aufbrausend reagiert. Wir alle haben eine Persönlichkeit, die einschränkend wirken kann. Wir alle sind auf dem Weg, unsere Persönlichkeit durch Dazulernen und Bewußtwerdung unbewußter Inhalte weiterzuentwickeln. Geraten wir bezüglich unserer Persönlichkeitsentwicklung in eine Sackgasse und stagniert diese Weiterentwicklung aus irgendeinem Grund, so werden Symptome entstehen. Symptome, die eigentlich die Aufgabe haben, uns den Weg aus dieser Sackgasse heraus zu zeigen, uns zur aktiven Weiterentwicklung unserer Persönlichkeit zu drängen. Sie sehen: eine vollkommen andere Perspektive, Symptome zu bewerten. Während wir in unserer gewohn-

ten Sichtweise Symptome als etwas ansehen, daß wir bekämpfen müssen, beschreibt diese neue Sichtweise Symptome als unsere Helfer und Verbündeten bei der übergeordneten Aufgabe, unsere Persönlichkeit zu entwickeln: Symptome als „Türmer“ des Bewußtseins. Durch aktive und bewußte Weiterentwicklung seiner Persönlichkeit (Erweiterung seines Bewußtseins) kann der Patient das Symptom überflüssig machen.
Diese neue und besondere Sichtweise scheint den übergeordneten Rahmen jeglicher Behandlung chronisch-funktioneller Erkrankungen (auch im Kausystem) zu bilden und muß bei wahrhaft ganzheitlichem Denken und Handeln unbedingt berücksichtigt werden. Ich rate Ihnen dringend, gerade an dieser Stelle weiter einzusteigen.
Auch bei der Behandlung bestimmter zahnärztlicher Indikationen ist es möglich und sogar notwendig, den chronisch Kranken in diesem Sinne zu behandeln oder zu beraten. Erfolgversprechende Ansätze dazu finden wir in Therapiesystemen wie Bachblütentherapie, Hypnotherapie, Neurolinguistisches Programmieren, klassische Homöopathie usw. Hüten wir uns davor, die Ganzheitliche Zahnmedizin auf eine Testzahnmedizin oder Amalgamsanierungszahnmedizin zu reduzieren. Hüten wir uns davor, jeden Patienten durch die „Anti-Amalgam-Brille“ oder die „Anti-Wurzelfüllungs-Brille“ zu sehen. Lassen wir diese wahrhaft ganzheitliche Sichtweise mehr und mehr zum Zuge kommen. Auch im Interesse unserer eigenen Weiterentwicklung.

Propädeutik der Komplementärmedizin

DR. H. KAINZ-TOIFL

Die Aufgabe einer Propädeutik ist primär die orientierende Darstellung eines Lehrstoffes. Einerseits soll ein Anfänger möglichst rasch und übersichtlich ein Grundwissen über eine Materie erreichen, andererseits soll auch der Fortgeschrittene eine rasche Orientierungsmöglichkeit bekommen.
Der Grundgedanke, eine Zusammenfassung über die Propädeutik der Komplementärmedizin zu schreiben, entspringt der Erfahrung, daß sich einerseits Vertreter der klassischen Medizin kritisch über Verfahren und Methoden äußern ohne darüber wirklich Kenntnis oder Erfahrung zu haben, andererseits aber auch die Vertreter der Komplementärmedizin nicht in der Lage sind, mit fundierten Kenntnissen zu argumentieren.
Dann gibt es aber auch noch die Gruppe an Medizinern, die sich zwar gerne mit der Materie auseinandersetzen würde, aus Zeitmangel aber nicht in der Lage ist, einen effizienten Einstieg in dieses Teilgebiet der Medizin zu finden.
Ein vereinfachtes Basiswissen erleichtert einerseits die Lektüre komplizierterer Bücher, andererseits weckt es auch das Interesse, komplizierte Bücher zu lesen und eine persönliche Auswahl an dem vorhandenen Angebot an Literatur zu treffen.
Nach langjähriger medizinischer Tätigkeit erlangt jeder Arzt eine gewisse Geläufigkeit, nach der er seine Therapie aufbaut. Das Entstehen von Krankheiten wird oft nicht mehr hinterfragt. Man agiert nach der Devise:

Lungenentzündung — Antibiotikum,

Karies — Kariesentfernung und Füllungstherapie,

Parodontose — Zahnsteinentfernen und putzen

Die Fragen nach den Zusammenhängen treten ganz einfach in den Hintergrund. Doch selbst wenn man sich bemüht, Krankheiten zu hinterfragen, erhält man nach den klassischen Ansichten meistens ein lineares Ursache-Wirkungsprinzip als Antwort.
Das heißt:

Lungenentzündung — Infektion durch Bakterien oder Viren

Karies — Herauslösen der Hartsubstanz des Zahnes durch Säure

Parodontose — Entzündung durch Ablagerung von Zahnstein und Plaque

Spätestens beim Auftreten von therapieresistenten, rezidivierenden oder chronischen Erkrankungen hinkt dieses Erklärungsmodell. Um hinter das Wesen einer Erkrankung zu kommen, ist es vorerst einmal wichtig, den Begriff der Gesundheit genauer unter die Lupe zu nehmen.

Nach der Definition der WHO ist Gesundheit das vollkommene körperliche, geistige und soziale Wohlbefinden.

Was aber bewirkt diese Gesundheit ?

Es ist doch so, daß wir dauernd irgendwelchen äußeren Einflüssen, also Ernährung, Strahlung, Umweltverschmutzung u. s. w. ausgesetzt sind, und trotzdem gibt es einen großen Anteil an Menschen, die das Kriterium der Gesundheit nach der Definition der WHO erfüllen. Das bedeutet, daß der Körper in der Lage ist, negative äußere Einflüsse zu korrigieren. Er besitzt die Fähigkeit zur Selbstregulation. Ist diese Fähigkeit der Selbstregulation gestört, dann kommt es zur Erkrankung.

Ganzheitliche Zahnheilkunde

Betrachtet man den Körper als eine Summe von Regelkreisen oder kybernetischen Systemen, so ergibt sich auch für den Zahnarzt eine wichtigere Funktion als die eines reinen Reparateurs.
Zähne sind immer im Zusammenhang mit dem Gesamtorganismus zu betrachten. Der deutsche Arzt DR. REINHARD VOLL, der die Elektroakupunktur entwickelt hat, hat auch entdeckt, daß jeder Zahn zu einem bestimmten Meridiansystem dazugehört und daher Ausdruck einer funktionellen Störung sein kann.
In der ganzheitlichen Zahnheilkunde wird bei der Beurteilung eines zahnärztlichen Problems immer die Frage gestellt, ob es sich um die Ursache oder die Folge einer funktionellen Störung handelt. Zur Beantwortung dieser Frage stehen in der klassischen Medizin folgende diagnostischen Möglichkeiten zur Verfügung:

a) Der äußere diagnostische Blick:

Schon beim Hereinkommen des Patienten betrachtet der Arzt Gesichtsausdruck, Körperhaltung, Hautbeschaffenheit, Bauchform, Schwellung von Beinen und ähnliche auffällige Symptome. Dieser erste Schritt ist eigentlich für alle Ärzte gleich.

Der Zahnarzt hat nun auf Grund der Röntgenbilder der Zähne weitere Hinweise auf funktionelle Störungen. Im Rahmen der Anamnese = Krankengeschichte wird der ganzheitlich arbeitende Zahnarzt nicht nur nach zahnärztlichen Symptomen fragen, sondern auch andere körperliche Beschwerden mit berücksichtigen.
Danach erfolgt die klinische Untersuchung der Mundhöhle, denn der Röntgenbefund allein muß nicht alles sagen.

b) Zusätzlich dazu gibt es noch eine Reihe komplementärmedizinischen Möglichkeiten:

Dazu ist grundsätzlich zu sagen, daß jede Methode ihre Sprache hat und dieses Vokabular nie mit dem der klassischen Medizin vermischt werden sollte. Unterschiedliche Bezeichnungen schließen einander nicht aus und Disziplinen wie die moderne Physik haben ja gezeigt, daß mehrere Wahrheiten nebeneinander bestehen können.

Man kann also mit Hilfe der Elektroakupunktur nach VOLL, der Kinesiologie, der Kirlian-Photographie, der Thermographie, der Neuraltherapie oder der Auricolomedizin funktionellen Störungen auf die Spur kommen.

Prinzipiell gilt auch für komplementärmedizinische Methoden, daß sie nur so gut sind, wie derjenige, der sie anwendet. Kaum ein Arzt wird alle hier aufgezeigten Methoden(die keinen Anspruch auf Vollständigkeit erheben) beherrschen. Doch nur das Kennen mehrerer Methoden, **natürlich inklusive der klassischen Medizin** ergibt die richtige Indikation und die richtige Kombination von Methoden.

Die Kunst des Arztes ist es, das richtige individuelle Therapieschema für den Patienten herauszuarbeiten. Auch der Zahnarzt stellt hier keine Ausnahme dar.

Geschlecht, Alter, andere Erkrankungen und nicht zuletzt das soziale Umfeld sowie
die sozialen Möglichkeiten des Patienten sind hier Parameter, die für die Auswahl und die Anwendung der Therapie zu berücksichtigen sind.

Wie schaut nun die Therapie des ganzheitlich denkenden Zahnarztes aus?

Zuerst einmal heißt es "Nicht konservieren um jeden Preis". Mit den Mitteln der modernen klassischen Zahnheilkunde läßt sich oft ein Problem beheben, was aber im komplementärmedizinischen Denken nur dem Ausschalten eines Symptoms entsprechen kann. Keinen Schmerz mehr im Kieferbereich zu verspüren, muß nicht immer "gesund" bedeuten, es kann auch zur Verlagerung der Beschwerden auf andere Körperteile führen. Wenn z. B. nach der erfolgten Wurzelbehandlung eines Frontzahnes eine Frau gynäkologische Probleme bekommt, kommt sie ja nicht mehr zum Zahnarzt. Leider fragt der Gynäkologe selten nach den Zähnen. Es können hier jedoch tatsächlich Zusammenhänge bestehen.
Der schmerzende Zahn sollte also auch als das „Ventil des Körpers“ aufgefaßt werden und besonders bei kosmetisch unwichtigen Zähnen sollte man eher extrahieren als reparieren. Auf lange Sicht gesehen kann der Schaden für den Patienten geringer sein.
Bei der Entdeckung von stummen Granulomen klärt der Zahnarzt den Patienten über möglich auftretende Symptome auf. Der Kreuzschmerz in einem bestimmten
Wirbelsäulenbereich kann ja erst in ein oder zwei Jahren kommen, der Patient sollte sich aber dann an seinen beherdeten Zahn erinnern, der möglicherweise noch immer nicht schmerzt.

Auch bei der Wahl des Füllungsmaterials wird der ganzheitlich denkende Zahnarzt vorsichtig sein, doch dazu später.

Komplementärmedizinisch stehen dem Zahnarzt ebenfalls mehrere Methoden der Therapiebegleitung zur Verfügung.

Mit Akupunktur kann einerseits rein symptomatisch die Schmerzqualität beeinflußt werden, andererseits weitergehend auch die funktionelle Störung nach der chinesischen Diagnose behandelt werden. Nach der Klassischen Homöopathie unterstützt ein Konstitutionsmittel jeden zahnärztlichen Eingriff.

In der Klassischen Elektroakupunktur nach VOLL — EAV werden Ausleitungstherapien mit homöopathischen Mitteln gemacht.

Man verordnet eine Kombination von Nosoden, Organpräparaten und Begleitmitteln.

Gerade die Zahnheilkunde bietet ein besonders interessantes Einsatzgebiet für die Homöopathie.
Wie schon erwähnt, kann jeder zahnärztliche Eingriff (Extraktion, Wurzelspitzenresektion, Parodontalbehandlung — konservativ und chirurgisch, Implantologie) mit der Gabe eines Konstitutionsmittels unterstützt werden. Daneben bietet sich aber auch der Einsatz in der Prophylaxe an, die neben der Behandlung chronischer Krankheiten das dankbarste Gebiet in der Komplementärmedizin darstellt.
Hier sei an erster Stelle die homöopathisch unterstützte Kieferorthopädie, im folgenden nur kurz HUKO genannt, erwähnt.
Für die harmonische Entwicklung des Kieferknochens ist ein ausgewogenes Wechselspiel zwischen Zungen- und Wangenmuskulatur erforderlich. Hat nun ein Kind eine falsche Zungenstellung, so bildet sich die Form des Kieferknochens nicht harmonisch aus.

Eine überwiegende Ursache für eine falsche Zungenstellung ist das **Mundatmersyndrom.** Durch häufige Verkühlungen ist die Atmung durch die Nase blokkiert. Das Kind hat immer den Mund offen, um die Luft einzuatmen. Bei der Nasenatmung wird die Luft nicht nur gefiltert, sondern auch angewärmt, was eine gewisse Schutzfunktion für die tiefer liegenden Schleimhäute und Atmungsorgane darstellt. Dieser Schutzmechanismus fällt natürlich bei der Mundatmung weg. Die Luft gelangt ungefiltert und nicht angewärmt in die Lunge. Dies unterstützt neuerlich die Erkältungsanfälligkeit der Kinder. Ein verhängnisvoller Kreislauf beginnt.

Die falsche Zungenstellung hat aber nicht nur Auswirkung auf die Entwicklung des Kieferknochens, sondern auch statische Auswirkungen auf die Wirbelsäule. Es entsteht ein sogenanntes deszendentes Zustandsbild. Die falsche Zungenstellung bewirkt eine falsche Halswirbelsäulenstellung, die falsche Halswirbelsäulenstellung wiederum beeinflußt die Brustwirbelsäule, Lenden und Becken, es kommt sehr häufig zum Bekkenschiefstand, daraus ergibt sich eine scheinbare Beinlängendifferenz. Es kann zur Ausbildung von „O" — oder „X" - Beinen kommen, die Kinder haben auch Plattfüße.

Eine ursächliche Therapie all dieser Symptome muß sich natürlich in erster Linie mit der blockierten Nasenatmung befassen. Hier kommt nun die Homöopathie in Verbindung mit Elektroakupunktur oder Kinesiologie zum Einsatz.

Auch bei bereits vorhandenen Kiefermißbildungen, also bei den Kindern, die bereits eine kieferorthopädische Versorgung bekommen, hat sich die homöopathische Begleittherapie äußerst bewährt.

Vernünftig ist es natürlich, nicht bis zur Ausbildung der Kieferverformung zu warten, sondern bereits im Kleinkindalter aufgrund der vorhandenen Symptome mit der homöopathischen Therapie zu beginnen. Eines der auffälligsten Hinweise auf den sogenannten adenoiden Habitus (= Mundatmersyndrom) ist der auffällige Gesichtsausdruck der Kinder. Sie haben meist ein blasses Gesicht, schauen etwas traurig drein, der Mund steht immer offen, der Nasenrücken ist geschwollen, das Gebiet um die Augen ist entweder dunkel verfärbt oder ebenfalls geschwollen. In der Anamnese stellt sich auch meistens heraus, daß die Kinder entweder sehr oft verkühlt sind, oft Angina haben oder unter häufigen Mittelohrentzündungen leiden. Gerade bei diesen Kindern ist es wichtig, nicht nur die akuten Krankheiten zu behandeln, sondern auch in den Phasen der relativen Gesundheit die Konstitutionstherapie zu verabreichen.

Für die Gabe von Konstitutionsmitteln, hauptsächlich in Form von Hochpotenzen, ausgetestet mit Kinesiologie oder Elektroakupunktur, hat sich ein Abstand von vier Wochen bewährt.

Da die Schleimhautschwellungen im Nasen-Rachen-Bereich auch durch Nahrungsmittel beeinflußt werden können, ist das Verordnen einer Diät zumindest vorübergehend notwendig.

Da — wie gesagt — durch die blockierte Nasenatmung auch eine statische Veränderung der Wirbelsäule erfolgt, werden die Kinder dazu angehalten, ein Haltungstraining zu machen. Die Eltern sollen besonders auf eine richtige Körper- und Sitzhaltung achten.

Eine falsche Zungenstellung kann allerdings auch ohne adenoiden Habitus vorhanden sein, sie kann durch rein strukturelle Dysfunktion des Skelettes verursacht sein. Hier ist dann neben einer homöopathischen auch eine osteopathische Therapie indiziert.

Prinzipiell gilt für alle Kinder:

Je früher eine falsche Zungenstellung erkannt und therapiert wird, um so kürzer wird die Therapie. Nach einer homöopathischen Konstitutionstherapie nimmt nicht nur die Infektanfälligkeit ab, die Kinder werden auch meistens psychisch positiv beeinflußt; gleichzeitig wird auch eine eventuell vorhandene Kariesneigung positiv beeinflußt.

Zur Kariesprophylaxe ist zu sagen, daß hier nicht nur das Konstitutionsmittel gute Dienste leistet. Es gibt auch verschiedene homöopathische Komplexmittel bzw. Tiefpotenzpräparate, deren Verabreichung eine Kariesprophylaxe darstellt.

Für die Prophylaxe gilt genauso wie für die Erkrankung:

Ein Mosaiksteinchen alleine ergibt kein Bild. Das Verhindern von Krankheiten beginnt bei der gesunden Lebensführung.

Komplementärmedizinische Methoden haben allerdings den Vorteil, daß sie diese gesunde Lebensführung unter Umständen erleichtern. Es ist ja z. B. keine Kunst, auf Schokolade zu verzichten, wenn man einfach kein Verlangen danach hat. Es ist auch keine Kunst, insgesamt weniger zu essen, wenn man weniger Hunger hat. Zur Unterstützung dieser Therapieziele leisten die komplementärmedizinischen Methoden gute Dienste. Dazu ist es allerdings notwendig, sie auch in scheinbar gesunden Zeiten in Anspruch zu nehmen. Trotzdem ist auch hier eine Kombination mit klassischen medizinischen Diagnosemöglichkeiten empfehlenswert.

Und nun zu dem viel diskutierten Thema der **Materialunverträglichkeiten** im zahnärztlichen Bereich.

Es gibt neben der in der klassischen Medizin verwendeten toxikologischen Auffassung einer Schädigung durch Materialien auch Unverträglichkeitssymptome, die nur mit den Gesetzen der modernen Physik erklärbar sind.
Prinzipiell gibt es nicht gute und schlechte Materialien, sondern individuell verträgliche und nicht verträgliche Materialien. Zum Herausfinden einer individuellen Unverträglichkeit stehen uns derzeit nur komplementärmedizinische Methoden zur Verfügung. Eine Materialunverträglichkeit stellt eine Störung der Regulationsfähigkeit des Organismus dar und ist ein Hinweis, daß noch andere Störungen vorhanden sein müssen.
Der moderne Mensch ist aufgrund seiner derzeitigen Umweltbelastung, seiner vielfach zu gut gemeinten Ernährung (= Überernährung) und häufig beruflich bedingten Streßsituationen einfach zu vielen Belastungen ausgesetzt. Dies kann nun dazu führen, daß ein zahnärztliches Material — es muß sich dabei nicht immer nur um Amalgam handeln, es stören auch Kunststoffe oder Edelmetallegierungen — zu einer Unverträglichkeitsreaktion führt. Hier muß man dann immer die Frage stellen, welche Störung kann man dem Körper leicht nehmen. Die Umweltsituation wird der Arzt kaum beheben können.
Welche Fehler der Zahnarzt vermeiden kann, ist immer individuell zu entscheiden. Wenn man aber bedenkt, daß die ersten Amalgamfüllungen im Mund eines Kindes den Schneeball der späteren Lawine der chronischen Erkrankungen darstellen könnten, wird man als ganzheitlich denkender Zahnarzt sehr vorsichtig sein, dieses Material überhaupt zu verwenden.
Der Gedanke des Vermeidens von Störungen steht wie immer an erster Stelle. Ein absolutes Schema für die therapeutische Vorgangsweise des Arztes kann immer nur ein Leitfaden sein. Die Kunst des Arztes ist es, den individuellen Weg zur „Gesundung", zum „Wohlbefinden", jedenfalls zur neuerlichen Regulationsfähigkeit des Patienten zu finden. Wünschenswert wäre es, wenn auch die klassischen Mediziner „Wohlbefinden" zwar als subjektiven, aber doch wichtigen Parameter eines Therapiezieles mehr mit einschließen würden.

Antworten auf das Wesen von Funktionsstörungen finden wir in der Physik. Eines der interessantesten Bücher zu diesem Thema stammt von GÜNTHER S. HANZL: „Das neue medizinische Paradigma". Er versteht es ausgezeichnet, die komplizierte Materie der Physik auch Medizinern nahezubringen.

Die folgende kurze Zusammenfassung aus diesem Buch soll den Leser davon überzeugen, wie wichtig es ist, über physikalische Grundlagen Bescheid zu wissen und zur Lektüre dieses Buches motivieren.

A) Die physikalischen Grundlagen

Man könnte es auch unter das Motto stellen „Vorsicht, die Physik kann Ihren Geist erweitern". Dieser Spruch steht an einer englischen Universität an der Eingangstür des physikalischen Institutes.

1. Mechanik — Kybernetik

Monomorphismus-Polymorphismus
Kehren wir nun zurück zu unserem Eingangsbeispiel von der Lungenentzündung:

Ursache: Infektion

Wirkung: Lungenentzündung

Genauso mechanisch wird auch die Therapie derzeit vielfach gehandhabt „Wir jagen den Erreger". Besonders bei den akuten Krankheiten dominiert noch immer die Vorstellung der Monokausalität. Wir halten uns auch in der Medizin an die Modelle der klassischen Mechanik. Die Physik selber ist allerdings nicht auf dem Niveau der reinen Mechanik stehengeblieben, sondern sie hat sich über die Wellenmechanik bis zur Atomphysik weiterentwickelt.

Zu dem einfachen Modell von Ursache und Wirkung kamen die Begriffe von Materie und Energie, ausgelöst durch die Eigenschaften des Lichtes und den sich daraus ergebenden Erklärungsnotstand mit den mechanischen Grundprinzipien.
Den Begriff „Dualität des Lichtes" haben wir ja noch alle aus unserer Schulzeit im Kopf. Also Licht hat Teilchen- und Wellencharakter.
Durch NORBERT WIENER wurde dann noch ein dritter Begriff geprägt, nämlich der der Information. Information wird so definiert, daß es sich dabei weder um Materie noch um Energie handelt, allerdings Materie oder Energie als Träger benutzt werden kann.
Die sich daraus entwickelnden Wissenschaftszweige waren die Kybernetik und die Systemtheorie. In der Kybernetik wird das mechanische Denken:

eine Ursache — eine Wirkung

abgelöst durch die Erkenntnis,

eine Ursache — viele Wirkungen,

oder

eine Wirkung — viele Ursachen.

Wir kommen vom Monomorphismus zum Polymorphismus:
In der kybernetischen Betrachtungsweise von Krankheiten interessieren nicht die Strukturveränderungen des Gewebes, sondern die Störungen der kybernetischen Vorgänge, die zur Erkrankung geführt haben.

Ein Erklärungsmodell dafür finden wir in der Regelungstechnik.

2. Regelkreis

Das aus dem Alltagsleben geläufigste Modell eines Regelkreises ist unsere Zentralheizung. Hier gibt es einmal eine konstant zu erhaltende Regelgröße, das ist die Raumtemperatur von 20°C. Dazu kommen nun die äußeren Einflüsse, die diese Raumtemperatur entweder erhöhen oder erniedrigen. Ein eingebauter Fühler gibt diese Störgröße an einen Regler weiter und dieser Regler soll ganz einfach den Ist-Wert mit dem Sollwert, also der Führungsgröße vergleichen. Nach diesem Vergleich gibt der Regler den Korrekturwert an ein Stellglied weiter, dadurch wird der Sollwert also die Raumtemperatur konstant erhalten.

Ein weiterer Vergleich wäre der mit einem Segelschiff: Der Steuermann hat als Sollwert die Fahrtrichtung oder den Kurs vorgegeben und die Störgröße ist der Wind. Der Kybernator (d.h. Steuermann auf griechisch) hat nun die Aufgabe, den Sollwert der Fahrtrichtung mit dem Ist-Wert zu vergleichen und an sein Stellglied, nämlich an das Steuerrad oder an das Ruder weiterzugeben um den Einfluß des Windes auszugleichen.

Genauso wie der Regler der Heizung dauernd korrigieren muß, genauso muß man sich die Funktion des Körpers vorstellen, um einen Gesundheitszustand aufrechtzuerhalten. Der Körper muß dauernd regulieren. Ein Regelkreis ist nach VESTER nichts anderes, als ein geschlossener ständiger Kreislauf von Informationen. Regelung erfolgt in sich durch Rückkopplung, Steuerung erfolgt von außen. Nun entsteht die Frage, wie werden diese Informationen weitergegeben.

3. Informationsübertragung im Körper

Unserem Körper stehen drei Möglichkeiten der Informationsübertragung zur Verfügung:

a) Informationsübertragung auf nervalem Weg, also über elektrische Potentiale in entsprechenden Leitern. Vergleichen könnte man das mit einem Telefon.

b) Humorale Informationsübermittlung durch bestimmte Biomoleküle, also Transmittersubstanzen. Dies könnte man mit der Brief- oder Paketpost vergleichen.

c) Elektromagnetische Signale — Informationsübermittlung ohne Materie.

Das ist uns in der Technik täglich geläufig; es ist die Informationsübermittlung über senden und empfangen. Jeder von uns akzeptiert diese Form der Informationsübermittlung täglich beim Benutzen eines Handys und macht sich keine Gedanken darüber, warum das eigentlich funktioniert. Auf dem Modell des Senders und Empfängers können wir Flugzeuge fernsteuern (das sind riesige Materien). Warum soll das bei unserem Körper nicht funktionieren?
Wir sprechen hier von der Informationsübermittlung über elektromagnetische Signale. Für Techniker ist das Vorhandensein dieser Art der Informationsübermittlung eine Binsenweisheit, für Mediziner stellt es meistens eine Denkbarriere dar.
Von FRÖHLICH, einem Nobelpreisträger für theoretische Physik aus Liverpool, wurde bereits vor Jahrzehnten die Existenz elektromagnetischer Strahlen, die von unseren Zellen ausgehen, postuliert.

Nun noch einige Gedanken über den normalen Ablauf von wissenschaftlichen Entwicklungen:

Am Beginn steht immer eine Idee oder eine Vision, daraus ergibt sich dann eine Hypothese und nun ist es die Aufgabe der Wissenschaft, diese Hypothese entweder zu falsifizieren oder zu verifizieren. Das heißt, ein Wissenschafter beginnt experimentell nachzuweisen, daß seine Idee nur richtig sein kann — das wäre das Verifizieren — oder er beginnt (hier handelt es sich meistens um die Aussagen von Gegnern) experimentell nachzuweisen, daß eine Arbeitshypothese ganz einfach nicht möglich sein kann, d.h. er falsifiziert sie. Der Weg des Falsifizierens ist besonders in der Medizin sehr beliebt, nur leider fehlen manchmal die wirklich wissenschaftlichen Kautelen.

In der Praxis und den Diskussionen sieht es dann oft so aus, daß auf der einen Seite der Block der klassischen Mediziner sagt, die Komplementärmedizin sei überhaupt nicht möglich, ohne es wirklich wissenschaftlich falsifiziert zu haben, aber — und das ist genauso bedenklich — auf der anderen Seite steht der Block der Komplementärmediziner, die etwas behaupten, ohne es wirklich wissenschaftlich verifizieren zu können.

Dieser kleine Ausflug in die Physik kann natürlich keine wissenschaftlichen Beweise und Experimente bringen, aber ohne theoretisches Grundwissen wird nie eine ordentliche Diskussion mit klassischen Medizinern geführt werden können.

Nach diesem kleinen Exkurs in die Grundproblematik wissenschaftlichen Arbeitens zurück zu den elektromagnetischen Signalen des biologischen Informationstransfers:

Um etwas messen oder nachweisen zu können, braucht man in erster Linie ein Gerät dafür. Doch allein die Tatsache, daß man kein Gerät besitzt, um etwas zu messen, heißt ja noch lange nicht, daß ein Phänomen nicht vorhanden ist.
Das Fehlen von technischen Meßgeräten heißt noch lange nicht, daß nicht biologische Systeme solche schwachen elektromagnetischen Signale empfangen können.
Es gibt z.B. Untersuchungen an Klapperschlangen, die mit ihrem Grubenorgan noch Infrarot-Impulsdifferenzen von 0,003 Grad unterscheiden können.
Es gibt Untersuchungen an Rotkehlchen, die bei ihrer Orientierung im Magnetfeld noch Felddifferenzen im Bereich von 0,4 und 0,5 Gauß unterscheiden können.
Versuche mit Tauben haben gezeigt, daß diese Feldschwankungen zwischen 0,46 und 0,465 Gauß registrieren können.
Fische haben ein Elektrorezeptorenorgan, nämlich die sogenannten „Lorenzinischen Ampullen“ und sie können damit ein elektromagnetisches Feld von $1 \cdot 10^{-9}$ Volt/cm registrieren.
Nach Untersuchungen von POPP ist unter Umständen ein einziges Photon, wenn es im Energiezustand und der Frequenz paßt, in der Lage, eine ganze Kette von Reaktionen zu triggern. Auch PRIGOGINE beschäftigt sich in seinen Arbeiten mit den Effekten, die schwache Signale auslösen können.
Wenn man über elektromagnetische Signale spricht, dann gibt es zwei Begriffe, die damit untrennbar verbunden sind, nämlich den Begriff des Feldes und der Resonanz.

4. Feld

Nach RUPERT SHELDRAKE sind Felder nichtmaterielle Einflußzonen physikalischer Größen. Felder sind das Medium von Fernwirkungen. Über sie können Dinge aufeinander einwirken, ohne in direktem materiellen Kontakt miteinander zu stehen. Es handelt sich ganz einfach um eine unbestreitbare physikalische Wirklichkeit. An derzeit allgemein akzeptierten Feldern gibt es das

a) Gravitationsfeld, das nach Einstein identisch ist mit der Raumzeit;

b) das elektromagnetische Feld,

c) die Quantenfelder oder Materiefelder.

5. Resonanz

„Resonare“ heißt zurücktönen, widerhallen. Es ist primär ein akustischer Begriff. Resonanz ist nichts anderes als das Mitschwingen eines Schwingungskreises mit einem erregenden Sender. Wir wenden das täglich an, wenn wir beim Radio die Frequenz des Empfängers auf die Frequenz des Senders abstimmen.
Auch unsere Sinnesorgane sind nichts anderes als Empfänger, die auf die Frequenz des Senders eingestellt werden können.
Man kann z.B. nicht mit den Augen hören oder mit den Ohren sehen. Das Finden eines geeigneten Meßgerätes zum Nachweis physikalischer Phänomene ist nichts anderes als das Herstellen eines Empfängers für bestimmte Senderwirkungen: Ohne Resonanz gibt es keine Wahrnehmung oder wie es GOETHE lyrisch ausgedrückt hat:

„Wär' nicht das Auge sonnenhaft,
die Sonne könnt' es nie erblicken.“

Wir haben schon erwähnt, daß Informationsübertragung an Materie gebunden sein kann, aber nicht muß. Im Falle der Akustik z.B. ist die Materie der Übertragung die Luft.

6. Elektromagnetische Signale

Nicht an Materie gebundene Information wird im allgemeinen als elektromagnetisches Signal, das sind Quanten oder Photonen, übertragen. Da die Meßbarkeit fehlt, ist ihre Wirkung nur indirekt in Form der Auswirkung auf morphologische Strukturen erfaßbar.

Will man nun allein aus der Veränderung morphologischer Strukturen — dazu gehört auch die chemische Analyse von Körpersäften — auf das Wesen der Krankheit Rückschlüsse ziehen, so entspricht das ungefähr dem Suchen nach einer defekten Lötstelle, um damit den atmosphärisch gestörten Radioempfang zu verbessern.

Unsere klassische Medizin hat allerdings die Tatsache, daß biologische Vorgänge durch die Bewegung elektrischer Ladungsträger Oszillationen verursachen, keineswegs vernachlässigt.

Diese Gesetze der Elektrodynamik finden in der Abnahme eines EKG's oder eines EEG's ihren Niederschlag. Die Signale, die hier durch Oszillation zur Darstellung gebracht werden, stammen allerdings nur aus einem kleinen Ausschnitt des Spektrums tatsächlicher magnetischer Feldoszillationen.

Auch Zellmembrane untereinander haben eine bestimmte Resonanzfrequenz, die Signale im Mikrowellenbereich ergeben. Dies wurde von POPP und seinen Mitarbeitern nachgewiesen. Er hat auch nachgewiesen, daß von der DNA eine ultraschwache Photolumineszenz im sichtbaren Bereich ausgeht.

7. Oszillation

Zum Verständnis der elektromagnetischen Oszillation noch eine Wiederholung einiger physikalischer Grundbegriffe:

a) **Elektrisches Feld:** Entsteht zwischen einer positiv und einer negativ geladenen Kondensatorplatte

b) **Magnetisches Feld:** Schließt man zwei unterschiedlich geladene Kondensatorplatten kurz, dann kommt es zu einem Austausch zwischen positiver und negativer Ladung, Elektronen werden bewegt. Wenn elektrische Ladung bewegt wird, entsteht ein magnetisches Feld. Durch den Elektronenfluß kommt es zur Umpolung der positiven Seite und der negativen Seite. Nun beginnt der gleiche Vorgang in die andere Richtung. Die Elektronen schwingen hin und her (Schwingen heißt ja „oszillieren“). Wie oft dies pro Sekunde geschieht, das gibt die Frequenz an. Führt man diesem Schwingkreis keine Energie mehr zu, wird die Frequenz aufgrund des Widerstandes immer kleiner und kleiner. Von der anfänglichen Ladung der Kondensatorplatten, also von der Kapazität, hängt es ab, wie lange so ein Schwingkreis funktioniert.

c) **Dipol:** Der Dipol entspricht einem offenen Schwingkreis, d.h. die beiden Kondensatorplatten mit der positiven und negativen Ladung werden auseinandergezogen und nun verläuft der Strom der elektrischen Ladung außen. Hier kann es nun sein, daß sich bei hohen Frequenzen äußere elektrische Teilfelder vom Leiter ablösen. Das sind die elektromagnetischen Signale, die von schwingenden Dipolen ausgehen können. Treffen nun elektromagnetische Signale von 2 verschiedenen Dipolen aufeinander, dann entsteht eine Interferenz. Aus zwei verschiedenen elektromagnetischen Signalen wird ein drittes, neues, elektromagnetisches Signal.

Es kann dabei zum Verstärken oder zum Auslöschen der vorhandenen Signale kommen. Man kann aus der Welle Rückschlüsse auf ihren Absender schließen.
Dies geschieht zum Beispiel bei der Spektralanalyse. Hierbei zieht man aber nur Rückschlüsse auf die Atome von Elementen. Man kann davon ausgehen, daß Moleküle einen Komplex offener Schwingungskreise darstellen, und diese durch Interferenz zum molekültypischen Informationsmuster synthetisiert werden.
Mit der Anwendung der elektrodynamischen Gesetze auf den subatomaren Bereich beschäftigt sich die Quantentheorie. PRIGOGINE hat sich in seinen Arbeiten über „Disipathive Strukturen“ mit diesen geringen elektromagnetischen Signalen beschäftigt.
Neben dieser Eigenschaft eines offenen Schwingkreises, nämlich zur Interferenz, also zur Mischung mit anderen elektromagnetischen Signalen, ist eine weitere Eigenschaft, die, andere Schwingkreise zum Mitschwingen anzuregen, also ein Resonanzphänomen zu erzeugen gegeben. Es entsteht die Fernwirkung eines schwingenden Systems. Man kann diese Tatsache diagnostisch nutzen, genauso wie man ein Radiogerät auf eine bestimmte Senderfrequenz einstellt und damit die Information des Senders bekommt.

8. Körpersysteme

Wenn nun physikalische Gesetze für Moleküle oder Atome als richtig erkannt wurden, dann müssen sie überall gelten, auch in biologischen Systemen.
Führt man ein Medikament zu, dann ergibt sich nicht nur eine chemische Wirkung, sondern es müssen auch physikalische Gesetze angewendet werden können. Aus diesen Gründen kann es auch bei biologischen Systemen keine reine lineare Wirkung also keinen Monoeffekt geben.

Der Körper als biologisches System an sich ist eine Mischung von vielen, vielen offenen Schwingkreisen, die sich immer wieder gegenseitig beeinflussen und steuern. Daher wird jeder Eingriff an einem Punkt des Systems zu einer Veränderung im Gesamtsystem führen.

Man kann z.B. nicht annehmen, daß man durch die Extraktion eines Zahnes nur im Kiefer gearbeitet hat, der ganze Körper wird in Mitleidenschaft gezogen. Dies kann sowohl positiv als auch negativ sein.
Ein wesentlicher Einfluß engagierter Quantenphysiker auf die Medizin ist leider bisher nicht festzustellen. Dies ist vielleicht weniger verwunderlich, wenn man bei CARL FRIEDRICH VON WEIZSÄCKER liest:

> *„Die Tatsache, daß die Quantentheorie von Physikern selbst zwar korrekt angewandt, aber niemals wirklich verstanden wurde, konnte auf die Dauer nicht verborgen bleiben.“*

Es wird die Aufgabe der wissenschaftlichen Mediziner der Zukunft sein, die quantenphysikalischen Gesetzmäßigkeiten mehr in den biologischen Vorgängen zu beachten.

Wiederholen wir noch einmal kurz die Entwicklung der Physik.

NEWTON entwirft zu Beginn des 18. Jhdt. die Korpuskeltheorie des Lichtes, d.h. das Licht folgt den Gesetzen der Mechanik.

FRESNEL weist zu Beginn des 19. Jhdt. die Wellennatur des Lichtes nach. Darauf gekommen ist er durch die Interferenz-, Beuge- und Polarisationserscheinungen des Lichtes, die mit der Korpuskeltheorie nicht erklärt werden konnten.

MAX PLANCK erklärt zu Beginn des 20. Jhdt. den Quantencharakter des Lichtes. Es ist zum Teil eine Rückkehr zur Korpuskeltheorie.

DE - BROGLIE erklärt zu Beginn des 20. Jhdt. die Doppelnatur der Materie. Das heißt, auch Materie hat Wellencharakter.

JOHN WHEELER erklärt, daß das Verhalten von Elementarteilchen auch vom Beobachter abhängt. Der Beobachter ist immer ein Teil des Experiments. Bei Beobachtung verhält sich ein Elektron als Teilchen, sonst als Welle.

Durch diese Entwicklung in der Physik wurde die alte aristotelische Logik aufgehoben, nämlich daß von zwei einander widersprechenden Sätzen einer falsch sein müsse. Bis zu diesem Zeitpunkt mußte ein Widerspruch immer eliminiert werden, indem er als Irrtum erkannt wurde. (Siehe POPPER — Kritischer Rationalismus)

9. Paradigma — Paradigmenwechsel

In der modernen Physik werden widersprüchliche Meinungen und Modelle durchaus zur Lösung von Problemen herangezogen. Seither wird auch das Experiment — also das, was die Stärke der NEWTONschen und GALILEIischen Physik ausgemacht hat — unter einem anderen Licht gesehen.

Ein Experiment allein ist nicht nur ein objektiver Befund, sondern auch zugleich das Ergebnis einer Manipulation. Die vorformulierte Frage beherrscht bereits die Theorie der Art des Befragens der Natur. Die Art der Fragestellung beherrscht bereits das Ergebnis.

HEISENBERG hat das in seiner Unschärferelation formuliert.

Werden nun Hypothesen experimentell nachgewiesen, bzw. werden sie zu anerkannten wissenschaftlichen Leistungen, dann spricht man von einem Paradigma.

THOMAS KUHN, ein Wissenschaftstheoretiker, nennt das Paradigma jeder Disziplin die Tatsache, den festen Grundstock an Naturgesetzen anzuerkennen.

Die Entstehung eines neuen Paradigmas braucht immer eine Zeit des Kampfes und sozusagen der Geburtswehen. Nach THOMAS KUHN ist es immer ein Zeichen der Reife in der Entwicklung eines Forschungsgebietes, wenn sich ein neues Paradigma durchsetzt. Es muß immer eine Theorie besser werden als die andere, um zu einem neuen Paradigma zu werden. Ein neues Paradigma muß allerdings immer eine alte Theorie als Grenzfall mit enthalten.

Der spektakulärste Paradigmenwechsel in der Physik war der Wechsel von der klassischen Physik zur Quantenmechanik.
Einem Paradigmenwechsel geht immer ein Streit zwischen Wissenschaftern voraus. Auf der einen Seite gibt es den Block derer, die einer neuen Theorie anhängen. Auf der anderen Seite, den Block derer, die das alte Paradigma nicht aufgeben wollen. Sehr häufig findet der Wechsel des Paradigmas erst durch die Lösung des Generationsproblems statt. Das heißt, wenn die Gruppe der Wissenschafter, die dem alten Paradigma anhängt, ausgestorben ist, dann kann sich die neue Gruppe mit den neuen Ideen durchsetzen. Dies ist ein berühmt gewordener Ausspruch von MAX PLANCK.
Man könnte natürlich noch viel über den Streit der Wissenschaftstheoretiker zu den vielen Problemen sowohl in der Physik als auch in anderen Wissenschaftszweigen sagen, das würde allerdings den Rahmen dieser Einführung sprengen. Tatsache ist, daß der Zweig der Wissenschaftstheorie den Übergang zwischen Physik und Philosophie wahrscheinlich schafft. Eine Beschäftigung mit der Literaturliste am Ende des Skriptums ist empfehlenswert.

10.Personenregister

FRESNEL AUGUSTIN — geb. 1788, verstorben 1827 — Französischer Ingenieur und Physiker —Arbeiten über die Wellentheorie des Lichtes; ihm gelang die erste Wellenlängenbestimmung des Lichtes.

FRÖHLICH H. — geb. 1905 — Britischer Physiker deutscher Herkunft, Professor für theoretische Physik in Liverpool — Theorie der Dielektrika und der Supraleitung; Elektronentheorie der Metalle

KUHN THOMAS — Wissenschaftstheoretiker

POPPER KARL — geb. 1902 in Wien, verstorben 1994 — Philosoph und Wissenschaftstheoretiker in London — Sein Hauptwerk: Kritischer Rationalismus: Wenn ein Beobachtungssatz einem wissenschaftlich bestätigten Satz widerspricht, soll dieser als falsifiziert aus den bestätigten Sätzen herausgenommen werden — deduktive Methode — Verzicht auf Entscheidbarkeit der Wahrheit. Moralphilosoph: Die gesellschaftliche Entwicklung erfolgt nicht gesetzmäßig, weil die Zunahme des wissenschaftlichen Wissens nicht vorraussagbar ist.

WIENER NORBERT — geb. 1894 in Columbia, (Montana), verstorben 1964 in Stockholm — Amerikanischer Mathematiker, Professor am MIT (Massachusetts Institute of Technology), Begründer der Kybernetik — Schuf Grundlagen der Informationstheorie und leistete Beiträge zur Formalen Logik und ihrer Anwendung.

POPP

SHELDRAKE RUPERT — geb. 1942, Biochemiker und Zellbiologe — Studiendirektor für Biochemie und Zellbiologie am Clare College in Cambridge — Research Fellow an der Royal Society (Bücher: Das Gedächtnis der Natur, Das schöpferische Universum)

VESTER FREDERIK — geb. 1925 in Saarbrücken, Biochemiker und Umweltfachmann — Bücher: Neuland des Denkens, Vorsprung durch vernetztes Denken

PRIGOGINE ILYA — geb. 1917 in Moskau — Belgischer Physikchemiker, 1977 Nobelpreis für Chemie — Thermodynamik und statistische Mechanik irreversibler Prozesse und ihre Anwendung in Chemie und Biologie

WEIZSÄCKER KARL FRIEDRICH — geb. 1912 in Kiel — Physiker und Philosoph — Theoretische Kernphysik, Energieproduktion in Sternen, Entstehung des Planetensystems, Naturphilosophie, Quantenlogik, Erkenntnis und Wissenschaftstheorie

WHEELER JOHN — geb. 1911

Amerikanischer Physiker, Princeton University — **HEISENBERG WERNER** — geb. 1901 in Würzburg, verstorben 1976 — Physiker — 1925 Mitbegründer der Quantenmechanik in Matrizenform — 1927 Unschärferelation — 1932 Nobelpreis für Physik

PLANCK MAX — geb. 1858 in Kiel, verstorben 1947 in Göttingen — Deutscher Physiker — Begründer der Quantentheorie und zählt zu den Mitbegründern der modernen Physik, aus seinen Arbeiten zur Thermodynamik wird das Planck'sche Strahlungsgesetz abgeleitet — 1918 bekommt er den Nobelpreis für Physik, er befaßte sich auch mit philosophischen Fragen

GÖDEL KURT — geb. 1906 in Brünn, verstorben 1978 in Princeton — Österreichischer Logiker und Mathematiker — Habilitation „Über formal unentscheidbare Sätze der Principia Mathematica" — Beschäftigt sich mit der Paradoxie in der Logik — Gödelsches Theorem

SCHRÖDINGER ERWIN — geb. 1887 in Wien, verstorben 1961 in Wien — Physiker — Baut auf die DeBroglies Teilchen-Dualismus auf, entwickelt die Wellenmechanik — Probleme der relativistischen Quantentheorie, der Gravitationstheorie und der einheitlichen Feldtheorie — Wegbereiter der Molekularbiologie

11.Definitionen

Schwingkreis = Resonanzkreis — System aus Kondensator (= Kapazität), Spule (= Induktivität) und Widerstand (= Verlust), in dem elektromagnetische Schwingungen erregt werden können und das einen frequenzabhängigen Klemmenwiderstand aufweist.

Oszillation = Schwingung — zeitlich periodische Veränderung einer oder mehrerer physikalischer Größen

Feld = nicht materielle Einflußzonen physikalischer Größen

Kybernetik = Wissenschaft von Kontrolle und Information von Systemen, unabhängig ob es sich um lebende Wesen oder Maschinen handelt. Begründer: N. WIENER, SHANNON, KOLMORGOROW, NEUMANN

Paradoxon = Aussage, die einen Widerspruch im Sinne der formalen Logik enthält.

12.Literaturhinweise

HANZL GÜNTHER S.:

„Das neue medizinische Paradigma" — Haug-Verlag Heidelberg

PIETSCHMANN HERBERT:

„Das Ende des naturwissenschaftlichen Zeitalters"
„Die Wahrheit liegt nicht in der Mitte"
„Die Spitze des Eisberges" — Weitbrecht-Verlag im K.-Thiememann-Verlag, Stuttgart und Wien

CAPRA FRITJOF:

„Das Tao der Physik"
„Wendezeit"
„Das neue Denken" — Scherzverlag Bern, München, Wien

VESTER FREDERIC:

„Neuland des Denkens" — Deutscher Taschenbuchverlag München

SHELDRAKE RUPERT:

„Das Gedächtnis der Natur" — R. Piper GesmbH, München

B) Grundsystem nach Pischinger

Durch die VIRCHOW'sche Zellenlehre aus dem vorigen Jahrhundert hatte sich in der Medizin eingebürgert, daß die Zelle als kleinste funktionelle Einheit eingestuft wurde. Der Begriff der Krankheit wurde durch Störungen im Gefüge der einzelnen Zellen in der „Zellularpathologie" von VIRCHOW definiert.

Analog zu dem von GALILEI eingeführten linear-naturwissenschaftlichen Denken (lineares Ursache-Wirkungsprinzip) wurde der Körper wie ein technisches Gerät gesehen, das man in immer kleinere Einzelteile zerlegen könnte, die dann beim Auftreten einer Störung repariert werden.

Dieses VIRCHOW'sche Zellmodell ist in der modernen Medizin deshalb so erfolgreich geworden, weil man damit vor allem für akute und durch Mikroorganismen hervorgerufene Erkrankungen objektivierbare Ursachen findet, die man ausschalten oder reparieren kann. Erst bei der Behandlung von chronischen, rezidivierenden oder tumorösen Erkrankungen reicht dieses Zellmodell nicht mehr aus.
Da bei mehrzelligen Lebewesen nicht nur die Funktion der einzelnen Zelle entscheidend ist, sondern die Funktion der Zellen untereinander, spielt also auch das Milieu, in dem sich diese Zellen befinden, eine wichtige Rolle. Dieses extrazelluläre Milieu bildet beim tierisch-menschlichen Organismus das Bindegewebe.
Die Erkenntnis, daß das Bindegewebe mehr als nur Stütz- und Füllfunktion habe, hatte bereits BORDEU vor mehr als 200 Jahren. Er sagte damals, daß das Bindegewebe Ernährungs- und Regulationsaufgaben wahrnehme und ein Vermittler von Gefäß- und Nervenfunktionen sei.
Diese extrazelluläre Matrix stellt sich makroskopisch durch die Organisation der Grundsubstanz durch Binde- und Stützgewebe sowie durch das Blut dar. Molekularbiologisch handelt es sich dabei um Zuckerpolymere, die frei oder in verschiedenen Protein- und Lipidbindungsformen die Zwischenzellsubstanz bilden.
PISCHINGER und seine Mitarbeiter haben sich seit 1945 mit der Zusammensetzung und der Funktion dieser extrazellulären Matrix beschäftigt. Sie haben erkannt, daß nicht die Zelle allein, sondern die Trias aus Kapillare, Grundsubstanz und Zelle, die kleinste funktionelle Einheit im Wirbeltierorganismus darstellt.
Die extrazelluläre Grundsubstanz durchzieht als einziges Organ den gesamten Körper. Sie erreicht jede Zelle und reagiert stets einheitlich.

1. Biochemische Zusammensetzung des Bindegewebes

Biochemisch besteht sie aus Proteoglykanen und Strukturglykoproteinen. Diese bilden ein Molekularsieb, durch das der gesamte Stoffwechsel, von der Kapillare zur Zelle und umgekehrt, hindurch muß. Man spricht von der „Transitstrecke" des Stoffwechsels. Die Porengröße dieses Molekularsiebes wird bestimmt durch:

- die Konzentration an Proteoglykanen,
- die Elektrolyte,
- den daraus resultierenden PH-Wert.

Proteoglykane haben eine Negativladung. Dadurch sind sie zur Wasserbindung und zum Ionenaustausch einwertiger gegen zweiwertige Kationen befähigt. Dies ist die entscheidende funktionelle Bedeutung der Proteoglykane.
Diese Oberflächenladung bewirkt einen elektrostatischen Grundtonus in der Grundsubstanz und jede Veränderung bewirkt eine Potentialschwankung. Potentialschwankungen werden an die Zellmembran mitgeteilt und können dort je nach Stärke (Informationsselektion) zu Depolarisationen führen.
Die Depolarisation der Zellmembran führt zu einer Zellreaktion oder zur Aktivierung membranständiger Botenstoffe, die die Information auf zelleigene Enzyme übertragen.
Diese gelangen wiederum in den Zellkern und können letztlich das genetische Material des Zellkerns an geeigneter Stelle anstoßen. Darauf erfolgt die Transskription entsprechender DNS-Abschnitte in die verschiedenen RNS-Typen.
Nach Transfer in das Zytoplasma starten die verschiedenen RNS-Typen an den Schläuchen des endoplasmatischen Retikulums die Übersetzung der Information in zelleigene Produkte.
Die netzförmige makromolekulare Überstruktur der Proteoglykane bestimmt auch den mechanischen Zusammenhalt der Gewebe.

2. Strukturkomponenten der Grundsubstanz

a) Glykosaminoglykane - GAG

b) Proteoglykane - PG

c) Basalmembran

d) Glykokalix

e) Strukturglykoproteine

ad a) Glykosaminoglykane - GAG

GAG sind gerade negativ geladene Carbohydratketten aus charakteristischen sich-wiederholenden Disaccharideinheiten. Die wichtigsten GAG sind:

Hyaluronsäure, Condroitinsulfat, Dermatansulfat, Keratansulfat, Heparansulfat und Heparin

Nur Hyaluronsäure und Heparin treten als freie GAG auf und sind wasserlöslich. Ihre biologischen Wechselwirkungen mit anderen Molekülen werden durch die gegenseitige Abstoßung aufgrund der Negativladung bestimmt. Hyaluronsäure stellt das stammesgeschicht-

lich älteste Biopolymer mehrzelliger Lebewesen dar. Es läßt sich bereits in der Grundsubstanz von Schwämmen nachweisen. Besonders Hyaluronsäure hat eine starke Bindungsfähigkeit für Proteogyklane. Dies ist der entwicklungs-geschichtliche Ausgangspunkt für die Höherentwicklung mehrzelliger Organismen.
Die hohe Elektronegativität der Hyaluronsäure befähigt sie besonders zur Wasserbindung und zum Ionenaustausch. Diese Wasserbindungsfähigkeit ist der Grund, warum Hyaloronsäure in wäßriger Lösung einen sehr großen Entfaltungsbereich im Vergleich zum Molekulargewicht einnimmt.
Auch dem Heparin kommt eine besondere physiologische Bedeutung zu. Es wird als einziger biopolymerer Zucker in basophilen Granulozyten (ein spezifischer Zelltyp der Mastzelle) in Form von membranumschlossenen Vesikeln gespeichert und bei Bedarf freigegeben.
Nach HEINES Angaben sind sowohl Fibrozyten als auch ortsständige Markophagen (Histiozyten) in der Lage, Mastzellgranulat und transcutan injiziertes Heparin in großen Mengen aufzunehmen. Folgende Reize führen zum Degranulieren von Mastzellen, also zum Freisetzen von Heparin:

- Katecholamine — werden zB bei erhöhtem Streß in die Grundsubstanz freigesetzt
- pH-Verschiebungen ins Saure
- Antigenesubstanzen — werden über IgE-Rezeptoren an die Mastzellen angekoppelt
- Entzündungsmediatoren

Heparin hat nicht nur eine gerinnungshemmende Funktion, sondern ist an allen Regulationsvorgängen der Grundsubstanz beteiligt:

- Aktivierung endothelständiger Lipoproteinlipase reguliert die Lipolyse zirkulierender Lipoproteine
- Aggregation von Lymphzellen wird gefördert
- Proteinkinase von Muskelzellen wird aktiviert
- Synthese von Grundsubstanz durch Fibrozyten wird gefördert
- Aktivierungsbeteiligung von ca. 50 Enzymen
- Translations- und Transskriptionsmechanismus der DNS und RNS wird beeinflußt
- Förderung des Abbaus des anaphylaktischen Komplementfaktors C3a
- Hemmung der Interferonwirkung
- Eingriff in die Kollagensynthese und Kollagenfibrillenpolymerisation
- Modulation der zirkulierenden Wachstumsfaktoren
- Steuerung von Plasminogenaktivatoren
- Verbindungen mit Angiogenesefaktoren, histidinreichem Glykoprotein, Fibronektin und Plättchenfaktor 4

ad b) Proteoglykane - PG

Die Wasser-Zucker-Polymere werden durch Bindung an ein Proteinrückgrat stabilisiert. Dieses Proteinrückgrat ist wiederum an Hyaloronsäure mit Verbindungsproteinen angeschlossen.

Proteoglykane weisen eine hohe Elektronegativität auf und sind dadurch besonders zur Bindung von Wasser geeignet, wodurch wieder eine große Ausdehnung — „Domäne“ — des Moleküls im Vergleich zum Molekulargewicht entsteht. Auch hier wird der Molekularsiebcharakter der Grundsubstanz beeinflußt.

Außerdem entstehen dadurch vernetzte Wassermoleküle, die als Informationsleiter und -speicher zwischen den Zellen fungieren. Bei Körpertemperatur besteht die Molekularstruktur des Wassers zu ca. 50% aus Flüssigkristallen. Bei 37,5°C ist es möglich, diesen Zustand des Wassers aufrechtzuerhalten.

Fehlinformationen in den Flüssigkeitskristallen können bei Erhöhung der Temperatur wieder gelöscht werden. Diese Wasser-Zucker-Biopolymere der Grundsubstanz stellen offenbar die Basis aller interzellulären Wechselwirkungen des mehrzelligen Organismus dar.

Auftretende Energieschwankungen können sich durch Änderung der Zustandsform flüssigkristallinen Wassers schlagartig über die Grundsubstanz ausbreiten und von den Zellen als Information genützt werden.
Solche Energieschwankungen werden z.B. durch das Stichphänomen nach PISCHINGER oder durch das Sekundenphänomen der Neuraltherapie nach HUNEKE erreicht. Das labile Ordnungssystem der Grundsubstanz wird also durch die Hauptkomponenten Zuckerpolymere und Wasser bestimmt.

ad c) Basalmembran

Sie entstehen als Coprodukt von epithelialen Zellverbänden und Unterlagen der Bindegewebe. Für das

Wachsen eines Epithels ist eine untergelagerte Basalmembran zwingend notwendig. Sie stellt mit ihrem Zuckerpolymeren ein wichtiges mobiles Kalziumreservoir dar. Eine besondere Bedeutung hat die Basalmembran des Gefäß-Endothels. Sie wird zum Molekularsieb. Außerdem kann sie mit Epithelien verschmelzen.

Diese gemeinsamen Basalmembranabschnitte gibt es:

- in der Lunge
- in den Glomeroli der Niere
- als Blut-Gehirnschranke
- bei den Astrozytenfortsätzen

Jede Veränderung dieser Basalmembranabschnitte hat schwerste Organschädigungen zur Folge (Schocklunge, Autoimmunerkrankungen der Niere, Sauerstoff- und Glykosemangel des Gehirns).

ad d) Glykokalix - Zucker der Zelloberfläche

Die Zelle ist mit einem Zellzucker-Oberflächenfilm ausgestattet, der zwischen Zellinnerem und Extrazellulärraum funktionell vermittelt. Es ist ein organspezifischer Rezeptormantel der Zelle, der über deren Funktion und Integrität bestimmt. Es sind verzweigte Oligosaccharidketten, die in den Proteinen und Lipiden der Zellmembran wurzeln. Die Oligosacharidketten haben endständige Neuraminsäuren, deren Verlust über das Altern einer Zelle Auskunft gibt. Durch den Aufbau der Glykokalix werden die Membranfunktionen zur De- und Repolarisation, Freisetzung von Botenstoffen, Rezeptoreigenschaften u.a.m. befähigt.

Die Glykokalix hat ein eigenes Potential, das sich von dem der Grundsubstanz und der Zellmembran unterscheidet. Bei Ladungsänderung der Grundsubstanz reagiert auch die Glykokalix mit Potentialänderung. Diese Potentialänderung bewirkt die Aktivierung membranständiger zweiter Botenstoffe.

Die Glykokalix besitzt Bindungsstellen für GAG - besonders Hyaluronsäure und Heparin. Untereinander sind die Glykokalix-Zuckerpolymere durch Kalziumionen gekoppelt. Sie beteiligen sich an der Wachstumskontrolle, Mitosehäufigkeit und aktiven Bewegungen von Zellen. Außerdem kann die Glykokalix Proteoglykane und Strukturglykoproteine der Grundsubstanz binden. Dadurch kommt es zu einem Kontakt zwischen dem Zellinneren und dem Extrazellulärraum. Der Informationstransfer zwischen Extra- und Intrazellulärraum und umgekehrt spielt sich dadurch ähnlich schnell ab wie der Lichttransfer entlang von Fiberglasfasern.

ad e) Strukturglykoproteine

Dazu gehören Kollagen, Elastin, Fibronektin, Laminin und Contronektin.

3. Zusammenhang mit dem ZNS

Die Axone vegetativer Nervenfasern enden ebenfalls in der Grundsubstanz und stehen dadurch unter einer bestimmten elektrischen Spannung. Bei Potentialänderung können sie mit der Freisetzung von Neurotransmittersubstanzen und Neuropeptiden reagieren.
Über die Kapillaren ist die Grundsubstanz mit dem System der endokrinen Drüsen verbunden. Da nun beide Systeme, also vegetatives Nervensystem und endokrines Drüsensystem einerseits über die Grundsubstanz zusammenhängen, andererseits über die vegetativen Nervenfasern an das Zentralnervensystem angeschlossen und im Gehirnstamm miteinander verschaltet sind, können über die Grundsubstanz übergeordnete Regelzentren beeinflußt werden.
Kapillare, vegetative Nervenfasern und die Grundsubstanz regulierende Bindegewebszellen beeinflussen sich gegenseitig informativ über Zellprodukte (Prostaglandine, Interleukine, Interferone, Proteasen, ...), die von wandernden Bindegewebszellen (Makrophagen, Leukozyten, Mastzellen) frei gesetzt werden.
Daraus ergibt sich ein komplexes vernetztes humorales System mit einer ungeheuren Anpassungs- und Leistungsfähigkeit gegenüber äußeren Einflüssen.
Auf diese Weise werden auch Beziehungen zwischen Psyche und Immunsystem (Psychoneuroimmunologie) verständlich.
Durch die Vernetzung der Grundsubstanz, also die Zusammenfassung von hochspezialisierten Subsystemen, besteht die Möglichkeit, daß bei Ausfall eines oder mehrerer Subsysteme eine Kompensation durch andere Komponenten oder Subsysteme erfolgt. Der Organismus erreicht dadurch das Ziel der Homöostase.

4. Auf- und Abbau von Grundsubstanz

Der Auf- und Abbau der Grundsubstanz wird durch das Fibrozyten-Makrophagen-System geregelt. Fibrozyten reagieren durch die Synthese von Proteoglykanen und Strukturproteinen.
Makrophagen können Grundsubstanz durch Phagozythose wieder abbauen. Da Fibrozyten aber nur auf einen Reiz reagieren können, nicht jedoch unterscheiden, ob dieser Reiz gut oder schlecht ist, kann es bei chronischer Alteration zunehmend zu einer überschießenden Synthese von Proteoglykanen und Strukturproteinen kommen. Es entsteht eine unphysiologisch strukturierte Grundsubstanz. Diese kann zur Entwick-

lung chronischer Erkrankungen bis hin zu Tumoren führen.

5. Speichermöglichkeiten in der Grundsubstanz

Die Informationsleitung und -speicherung in der Grundsubstanz erfolgt durch die Fähigkeit der Zuckerpolymere, Wasser und Ionen zu binden. Durch Informationsleitung und -verteilung erfolgt die Regelung der Homöostase. Diese Ionenbindungsfähigkeit ergibt ein Redoxsystem, das durch Elektronenaufnahme und -abgabe die Entzündungsbereitschaft des Bindegewebes auf dem Niveau der Homöostase regulieren kann. Wird der elektrische Grundtonus der Grundsubstanz an einer Stelle verändert, so wird diese veränderte Situation sofort als Information an den restlichen Organismus weitergegeben und verarbeitet.

Überschüssige extrazelluläre Elektronen und Protonen werden in Form von Sauerstoff- und Hydroxylradikalen durch die Wasser- und Zuckerpolymere abgefangen. Dabei entsteht Wärme, die wiederum zur Anregung biologischer Prozesse notwendig ist. Bei allen akuten und chronischen Erkrankungen, sowie bei Tumoren lassen sich daher strukturelle Veränderungen in der Grundsubstanz nachweisen.

Neben Wasser können Proteoglykane auch noch andere Nährstoffe speichern:

- Kohlenhydrate als Glykose und Galaktose
- Eiweiß als NH-Gruppen
- Kohlenhydratketten mit Säureresten (Fettsäuren)

Die wichtigste Erkenntnis dabei ist die Tatsache, daß Eiweiß auch außerhalb von Fettzellen, nämlich als Kollagenanteil, in der Grundsubstanz auftritt. Dieser erhöhte Kollagenanteil ist bei adipösen Menschen im Bindegewebe neben den Fettzellen nachweisbar.
Diese verstärkte Strukturierung der Grundsubstanz erschwert die Transitstrecke für vorhandene Stoffwechselprodukte. Die Porengröße des Molekularsiebes wird kleiner, es kommt zum Liegenbleiben von Stoffwechselprodukten. Man spricht dann von einer Verschlackung des Bindegewebes.
In der Regenerationsfähigkeit des Bindegewebes gibt es allerdings hohe individuelle Unterschiede. Man hat hier genetische Dispositionen festgestellt.

6. Lymphozytenlebenslauf im Blut

Zur Grundsubstanzregulation gehört auch das von PISCHINGER und KELLNER beschriebene Phänomen der physiologischen Lyse von Lymphozyten. Man suchte eine Erklärung für das Phänomen, warum innerhalb von 24 Stunden dem Blut mehr Lymphozyten zugeführt werden als insgesamt im Blut vorhanden sind. Dies deutete auf einen Verbrauch von Lymphozyten im Blut hin. Durch den Zerfall von Lymphozyten kommt es zum Freiwerden von Eiweiß, Aminosäurenprodukten, Polysacchariden, Lipiden, Nukleinsäuren, aller Arten von Gewebefermenten und dazu noch physiko-chemischer, wie oxido-reduktiver und grenzflächenaktive Komplexe. Alle diese Faktoren dienen der Erhaltung der Blutbeschaffenheit.

7. Fibroblastenlebenslauf im Gewebe

Auch in der Grundsubstanz kommt es zu einem ähnlichen Vorgang, nämlich Fibroblasten lösen sich auf und es werden ähnliche Stoffe wie bei der Auflösung von Lymphozyten freigesetzt. Es kommt dadurch zu einer Beeinflussung des Milieus.
Es folgten Untersuchungen mit der Frage nach dem Verhalten von Leukozyten im Differenzialblutbild und der Lysisformen, nach einer Beeinflussung des Organismus von außen, und zwar nach einer subcutanen Gabe des Monozytenserumfaktors M und mit Penicillin.
Das Differentialblutbild des Probanden wurde vor und nach der subcutanen Gabe von 1 ml Elpimed (das entspricht einer Trockenmenge von ungefähr 100 µg Monozyten) untersucht. Durch die Gabe von Elpimed kam es zu einer eklatanten Vermehrung der Lysisformen mit einem gleichzeitigen Absinken der Lymphozytenzahlen. Es kann allerdings auch zu einer umgekehrten Reaktion kommen.

Bei der inversen Reaktion nimmt die Zahl der Lysisformen ab und die Zahl der Lymphozyten zu. Die Ursache dafür kann nur im Zustand des Organismus zu suchen sein. Also in einer Beeinträchtigung der vegetativen Grundfunktionen, wie sie zB bei Vorhandensein von beherdeten Zähnen auftritt. KELLNER hat in Invitroexperimenten nachgewiesen, daß die Zytolyse von der Beschaffenheit der Zellkulturflüssigkeit abhängt.

Bei nichtangepaßter Nährlösung kommt es zur massiven Zytolyse, wodurch ein Anpassen des Milieus an die Kultur erreicht wird. Erst nun setzt das Wachstum der Kultur ein. Die Zellen sind also bestrebt, bei nicht passender Umgebung, sich ihr Milieu zu erhalten. Dies ist auch ein für den Organismus elementarer Vorgang. Die Stoffe der zerfallenden Zellen erhalten den adäquaten Zustand des Milieus — in diesem Fall des Blutplasmas. Die Zahl der Abbauzellen korreliert mit dem Gehalt des Serums an Peroxydasen.

8. Energiefluß in der Grundsubstanz

Der gemeinsame Nenner aller biologischen Reaktionen liegt in ihrem Energiefluß. Für diese biologische Energie liefern Zuckerpolymere, Wasser, die darin gelösten Stoffe und deren Maß an Struktur die materielle Basis. Die biologische Energie ist qualitativ und quantitativ faßbar als Biodynamik und Bioenergetik. Die Grundsubstanz vermittelt sämtliche Lebensfunktionen. Sie ist ein offenes System mit nicht stabilen Ordnungszuständen, die fern von einem thermodynamischen Gleichgewicht schwingen.

Reaktionsabläufe in der Grundsubstanz sind Ausdruck lebenserhaltender Wechselwirkungen zwischen Energie und Masse. Durch Auslösung autokatalytischer Vorgänge entstehen immer wieder neue Ordnungszustände. Dazu wird freie Energie benötigt. Es genügen allerdings geringe energetische Kräfte, um in biologischen Systemen spontane Reaktionen auszulösen.

Die Beeinflussung der individuellen Spontaneität molekularer Wechselwirkungen im Rahmen der Aufrechterhaltung der Homöostase sollte Aufgabe der Medizin aus molekularbiologischer Sicht sein. Diese Kriterien des geringen energetischen Einflusses auf ein biologisches System erfüllen sowohl die Homöopathie als auch die Akupunktur.

Literaturhinweis:

PISCHINGER A.:
„Das System der Grundregulation" — Haug-Verlag, Heidelberg

C) Anwendung auf die Komplementärmedizin

1. Homöopathie

Die Homöopathie wurde vor ca. 200 Jahren von SAMUEL HAHNEMANN begründet und das Behandlungsprinzip orientiert sich an der Ähnlichkeit von Symptomen und Arzneimittelbildern. In der Diagnostik interessieren den Arzt aber nicht die Symptome einer Erkrankung wie sie eben z.B. bei Lungenentzündung, Karies oder Parodontose auftreten, sondern hinterfragt werden die individuellen Symptome des einzelnen Erkrankten. Da es sich bei der Homöopathie um eine funktionelle Therapie handelt, interessieren nicht die strukturellen Veränderungen, die z.B. bei einer Lungenentzündung auftreten, sondern die funktionellen Störungen, die zum Ausbruch einer Lungenentzündung geführt haben. Vergleicht man nun fünf Patienten mit einer Lungenentzündung, so können durchaus fünf verschiedene funktionelle Störungen zu ein und demselben Erkrankungsbild geführt haben. Man teilt die Symptome ein:

a) **nach den Modalitäten:** dazu gehören die Ursachen, die zur Erkrankung geführt haben z.B.: Kälte, Hitze, Wetterwechsel, Aufregung usw.

b) **nach den körperlichen Symptomen:** wo sind die Schmerzen, wann sind die Schmerzen, wie schaut der Appetit aus, welche Farbe haben einzelne Körperteile usw.

c) **nach den emotionalen Symptomen:** nervös, ängstlich, ruhelos, eigensinnig, launenhaft und

d) **nach den geistigen Symptomen:** verwirrt, benommen, bewußtlos, müde, depressiv

Danach erfolgt eine Ordnung in wichtige und nebensächliche Symptome. Anhand des nun erhaltenen Verzeichnisses an Symptomen kann man nun in einem Symptomen- oder Modalitätenverzeichnis oder in einem Repertorium nachschlagen, welches Arzneimittel zu den gefundenen Symptomen gehört. Auf diese Weise findet man das dem Patienten individuell zuzuordnende Arzneimittel. Je besser die Anamnese war, um so eindeutiger wird ein Arzneimittel zuordenbar sein.

Hier ist also der erste große Unterschied zwischen dem Homöopathen und dem klassischen Mediziner. Wir diagnostizieren keine Erkrankung sondern einen Symptomenkomplex, der dann eben einem Arzneimittelbild entspricht.

Arzneimittelbild:

Arzneimittelbilder werden in Form von sog. Arzneimittelprüfungen gefunden. Dabei nimmt ein Gesunder eine Substanz (z.B. Belladonna — Tollkirsche) zu sich. Und nun werden genau die Symptome beschrieben, die im Laufe der nächsten Stunden und Tage eintreten (bei Belladonna: rotes Gesicht, glänzende große Augen, heiße Haut, Fieber, ...). Je mehr gesunde Personen ein Arzneimittel geprüft haben, um so genauer wird der Symptomenkomplex beschrieben. Auch hier erfolgt die Aufzeichnung nach den oben beschriebenen Kriterien, also Geist, Emotion, Körper, Modalität. Arzneimittelbilder sind in Büchern über Materia medica zusammengefaßt.

Homöopathisch aufbereiten:

Nimmt man eine Substanz, z.B.: Natriumchlorid, und löst sie in Wasser auf, dann erhält man die Urtinktur dieser Substanz.

Wir haben im physikalischen Teil besprochen, daß jedes Molekül ein bestimmtes Oszillationsmuster besitzt und daß es beim Zusammentreffen von zwei Oszillationsmustern zu Interferenz-Erscheinungen kommt. Wir wissen heute, u.a. durch die Untersuchungen von C. SMITH von der Selford University (Ultra High Delution — Physiology and Physics, herausgegeben von Endler und Schulte, Kluverakademic Publishers 1994), daß Wassermoleküle in der Lage sind, elektromagnetische Schwingungsmuster, die durch Interferenz entstehen, zu speichern. Man spricht auch von der physikalischen Gedächtnisfunktion des Wassers.

Durch das Verschütteln der Urtinktur wird also die Gedächtnisfunktion der Wassermoleküle aktiviert. Das Wiederholen dieses Vorganges — kleine Mengen der Urtinktur werden neuerlich mit Wassermolekülen verschüttelt — nennt man homöopathisch aufbereiten oder potenzieren. Dadurch wird das Oszillationsmuster des Wassermoleküls immer eindeutiger verändert.

Je höher die Potenzierung ist, um so mehr geht die chemische Wirksamkeit verloren. Nach dem Massenwirkungsgesetz ist ab der D23 kein Molekül der Ursubstanz (im vorher erwähnten Beispiel des Natriumchlorids) in der neuerlich gewonnenen Flüssigkeit mehr vorhanden. Die Wirkung in der Verabreichung an den Patienten erfolgt auch nicht auf chemische Art sondern entspricht einer Fernwirkung durch Resonanzkopplung. Das heißt, andere Systeme werden zum Mitschwingen gebracht. Da Zellen und Zellverbände ebenfalls schwingungsfähige Systeme darstellen — diese liegt übrigens im Mikrowellenbereich — kann auf diese Art und Weise die Wirkung homöopathischer Mittel erklärt werden. Es ist also auch eine Frage der Frequenz — in diesem Fall der Potenzierung — ob ein Schwingungsmuster verstärkt, abgeschwächt, oder ausgelöscht wird.

Potenzierungsarten:

Dezimalpotenzen:
Verdünnungschritt ist 1 : 10
Centesimalpotenzen:
Verdünnungsschritt ist 1 : 100
LM Potenzen:
Verdünnungsschritt ist 1 : 100, in flüssiger Form verteilt auf 5000 Globuli
Korsakofpotenzen:
Verdünnungsschritt ist 1 : 100, jeweils 100 Schüttelschläge, damit werden Höchstpotenzen 10.000, 100.000, 500.000 und 1.000.000 hergestellt.

1 Glas Methode:

Es wird immer das gleiche Fläschchen verwendet, nach 100 Schüttelschlägen, wird das Fläschchen geleert, sodaß nur 1 oder 2 Tropfen verbleiben und nun kommt neuerlich Wasser dazu.

Mehrglasmethode:

Zum neuerlichen Verschütteln wird immer ein neues Fläschchen verwendet.

Die Verabreichungsform homöopathisch aufbereiteter Substanzen kann flüssig, also in Dilution, oder über Milchzucker in Form von Verreibungen, Tabletten oder Globuli erfolgen. Auch eine parenterale Verabreichung mit Ampullen ist möglich.

Die Frage, welche Potenz wann verabreicht wird, wird von den einzelnen Schulen verschieden beantwortet. Prinzipiell gilt die Faustregel, je höher die Potenz, desto seltener die Gabe. Während Tiefpotenzen ruhig mehrmals täglich verabreicht werden können, sollten Hochpotenzen, also ab der D200 nur im Abstand von mehreren Wochen gegeben werden. Doch auch hier vertritt zum Beispiel die Indische Schule eine andere Meinung. Das Bestreben des homöopathisch tätigen Arztes sollte es sein, so genau zu repertorisieren, daß ein Mittel, nämlich das Simillimum, gefunden wird. Da dies in der Praxis aber nicht immer so einfach ist, wie es in der Therapie klingt — man findet nämlich leichter ein Simile als ein Simillimum — können durchaus mehrere Einzelmittel verabreicht werden.

Zusätzlich zu dieser Kombination von Einzelmitteln gibt es noch Komplexmittel, die besonders als Ergänzungstherapie zu allopathischen Indikationen und sehr häufig auch nach allopathischen Gesichtspunkten verwendet werden.

Da Komplexmittel nicht den Arzneimittelprüfungen an Gesunden unterworfen wurden, entsprechen sie nicht dem homöopathischen Prinzip. Da allerdings auch in der Zusammenstellung von Komplexmitteln eine jahrelange homöopathische Erfahrung dahintersteht, kann man besonders bei leichten, akuten Erkrankungen mit Komplexmitteln ebenfalls ein therapeutisches Ziel erreichen. Auch hier gilt wie überall: Der Ausführende bestimmt die Qualität der Methode (vergleiche: Die erste Autofahrt nach der Fahrprüfung oder nach 20 Jahren Fahrpraxis.)

Heilungsprinzip

Heilung bedeutet das Zurückführen des Zustandes der Krankheit in den Zustand der Gesundheit. Da Gesundheit, wie früher schon erwähnt, auch wiederhergestellte Regulationsfähigkeit des Körpers bedeutet, wird besonders in der klassischen Medizin dann von Gesundheit oder von Heilung gesprochen, wenn über einen längeren Zeitraum hinweg bestimmte Symptome, bestimmte strukturelle Veränderungen nicht mehr vorhanden sind, und als Beweis dazu dienen objektive Laborparameter.

In der klassischen Homöopathie geht man über diesen rein körperlich objektivierbaren Begriff der Gesundheit hinaus, indem man auch die geistige und emotionale Ebene des Menschen in die Beurteilung mit einbezieht. Nach dieser Vorstellung besteht der Mensch aus 3 Schichten (nachzulesen bei VITHOULKAS):

a) **die geistige Ebene** — die Gesundheit auf dieser Ebene zeichnet sich durch Eigenschaften wie Klarheit des Ausdruckes, Folgerichtigkeit der Gedanken und konstruktiver Gebrauch der geistigen Fähigkeiten aus. Der Mensch ist frei von egoistischer Zielsetzung und orientiert sich an höheren Werten.

b) **emotionale Ebene** — hier zeichnet sich Gesundheit durch das Fehlen von negativen Gefühlen wie Neid, Haß, Eifersucht, Angst, Fanatismus usw. aus. Der Zustand drückt sich aus in dynamischer innerer Ruhe und heiterer Gelassenheit.

c) **körperliche Ebene** — hier deckt sich der Begriff von Gesundheit mit dem der klassischen Medizin, frei sein von Schmerz und körperlichen Symptomen. Da dies der einzig objektiv beurteilbare Zustand ist, hat er sich natürlich in unserer Gesellschaft am meisten durchgesetzt.

In der klassischen Homöopathie spricht man von einer Hierarchie der Heilungsphasen.
Nach der HERING'schen Regel erfolgt die Heilung von innen nach außen bzw. von wichtigeren Organen zu unwichtigeren Organen. Die Beurteilung, wie krank ein Mensch ist, kann immer nur individuell erfolgen. Beispiel: Eine Person mit Akne, aber ohne Depression, ist nach dieser Ansicht weniger krank, als eine Person mit Depression aber ohne Akne. Es entspricht also nach homöopathischer Ansicht keineswegs einem Heilungserfolg, wenn man das körperliche Symptom der Akne weg therapiert hat, in weiterer Folge aber möglicherweise psychische oder emotionale Probleme auftreten. Hier spricht man auch vom Unterdrücken eines Symptoms. Zur Beurteilung des homöopathischen Heilvorganges gehört also immer wieder dazu, dem Patienten über seine geistige und emotionale Entwicklung zu befragen. Dieses Therapieprinzip steht bei chronischen Erkrankungen und bei Prophylaxe an oberste Stelle.

Natürlich darf der Arzt bei akuten Erkrankungen vital bedrohende körperliche Symptome diesem Prinzip nicht opfern.

Hier entscheidet wiederum die Kunst des Arztes, welche Methode, bei welcher Krankheit angewendet wird.

Personenregister:

HAHNEMANN SAMUEL — geb. 1755 in Meißen, verstorben 1843 in Paris — Begründer der Homöopathie — Hauptwerk: Organon der Heilkunst

HERING CONSTANTIN — geb. 1834, verstorben 1918 — Prof. in Wien und Prag, Nerven- und Sinnesphysiologie

VITHOULKAS GEORG — geb. 1932 in Athen
Ingenieur — 1962 Studium der Homöopathie in Südafrika abgeschlossen, dann indische Universitäten — Leibarzt Krishnamurtis — 1971 Gründung der „Hellenic Homöopathie Medical Society"

Literaturempfehlungen

VITHOULKAS — „Die wissenschaftliche Homöopathie" — Burgdorf-Verlag

„MATERIA MEDICA"

„DER NEUE CLARKE" — 10 Bände — Stefanovic-Verlag

RECKEWEG Heinrich — „Homöopathia antihomotoxica I und II" — Aurelia-Verlag, Baden-Baden

ALLEN H.C. — „Leitsymptome der homöopathischen Materia medica" — Burgdorf-Verlag

STAUFFER Karl — „Klinische Homöopathie, Arzneimittellehre" — Johannes-Sonntag-Verlag, Regensburg

CANDEGABE E.F. — „Vergleichende Arzneimittellehre" — Burgdorf-Verlag

NASH E.B. — „Leitsysmptome der homöopathischen Therapie" — Haug-Verlag, Heidelberg

SEIDER I. — „Das kleine Buch der Arzneimittelbeziehungen" — Barthel & Barthel-Verlag

REPERTORIEN:
SCHROYENS FREDERIK — „Synthesis-Repertorium homöopathikum synthetikum" — Hahnemann Institut

2. Akupunktur

Akupunktur bedeutet nichts anderes als die Behandlung von Krankheiten mit Hilfe von Metallnadeln, die in ausgewählte Hautreizpunkte — Akupunkturpunkte — und tiefer gelegene Gewebsschichten gestochen werden.
Sie ist ein Therapieteil der traditionellen chinesischen Medizin — TCM — zu der auch noch folgende Therapiemethoden gehören:

Phytotherapie — pflanzliche Arzneimittel werden nach bestimmter Zubereitungsart verabreicht

Massagetherapie — **Tuina** oder **Shiatsu** — Ausgleich des QI-Flusses durch bestimmte Massagetechniken

Diät — energetischer Gehalt der Nahrungsmittel (Einteilung nach der 5-Elementenlehre) wird individuell berücksichtigt. Nicht alle Menschen benötigen konstitutionell die gleichen Speisen.

QI-Gong — Energiefluß wird durch mentales Training unterstützt

Die ältesten Aufzeichnungen über die TCM stehen im „Buch des Gelben Kaisers“ ca. 2 500 Jahre vor Christus.

Die diagnostischen Möglichkeiten beschränken sich auf folgende Methoden:

- sehen
- hören und riechen
- fragen
- fühlen

Es wird keine Diagnostik, sondern eine Befunderhebung gemacht. Aus den Symptomen und Krankheitszeichen ergibt sich das Disharmoniemuster oder das chinesische Symptom.

Für das Finden der chinesischen Diagnose stehen folgende Theorien der TCM zur Verfügung:

Yin-Yang — Yin: kalt, dunkel, statisch, unten Yang: heiß, hell, kinetisch, oben, ...

8 diagnostische Grundprinzipien — Hitze/Kälte, Fülle/Leere, Wind/Nässe, Außen/Innen

5 Grundsubstanzen oder 5-Elementen-Lehre mit ihren 5-Wandlungsphasen — Wasser, Holz, Feuer, Erde, Metall

Regeln: — *Gesetz der Erzeugung* (Mutter erzeugt Kind) — Wasser fördert Holz, Holz fördert Feuer, Feuer fördert Erde, Erde fördert Metall, Metall fördert Wasser — *Gesetz der Zügelung* (betrifft das gegenüberliegende Organ) — Wasser zügelt Feuer, Holz zügelt Erde, Feuer zügelt Metall, Erde zügelt Wasser, Metall zügelt Holz — *Mutter-Kind-Regel*: Kind in Leere — Mutter tonisierend, Mutter in Fülle — Kind sedierend — *Oppositionsregel*: bei Fülle wird nach Mutter-Kind-Regel sediert und gleichzeitig das gegenüberliegende Organ tonisiert (dieses wird ja nach der Zügelungsregel zu stark gezügelt).

Disharmonisierende Faktoren (Krankheitsverursachende Faktoren) — Äußere d. F.: Wind, Nässe, Hitze, Kälte, ... — Innere d. F.: Ernährung, Trauer, Stress

Meridiantheorie — nach Yin/Yang-Paaren gekoppelt:
Niere/Blase (Wasser)
Leber/Gallenblase (Holz)
Herz/Dünndarm, Kreislauf/3-Erwärmer (Feuer)
Milz, Pankreas/Magen (Erde)
Lunge/Dickdarm (Metall)

Innere Organe Zang-Fu

Alle fünf Teilbereiche haben das antagonistische Therapieprinzip nach Erstellung des Disharmoniemusters zum Ziel, z.B.:

Hitze — kühlen, Kälte — Wärme zuführen

Leere — tonisieren, Fülle — sedieren

Jede dieser Theorien hat ihr eigenes Vokabular, das untereinander nicht vermischt werden sollte und keineswegs in westliche Diagnose übersetzt werden sollte. Soviel zu den theoretischen Hintergründen der Akupunkturphysiologie.
Die elementaren Bestandteile der Akupunktur sind:

- Akupunkturpunkt
- Meridiane bzw. Subsysteme
- QI

Akupunkturpunkt

Die Akupunkturpunkte, die von den Chinesen nur rein empirisch beschrieben worden waren, konnten in der Zwischenzeit nach verschiedenen wissenschaftlichen Kriterien nachgewiesen werden:

- Histologischer Aufbau — Der Wiener Histologe KELLNER stellte im Areal von Akupunkturpunkten eine höhere Anzahl von Meißnerschen Körperchen, Kraußischen Körperchen, Glomusorganen und glatten Muskelzellen fest. PROF. HEINE von der Universität Herdecke hat festgestellt, daß es sich bei Akupunkturpunkten um Löcher in der Fascia corporis superficialis handelt, durch die ein Gefäßnervenbündel eines bestimmten Kalibers durchtritt.

- Elektrophysiologische Gegebenheiten — NIBOYET, SCHMIDT, BUCHNER, MARESCH u.a. fanden heraus, daß Akupunkturpunkte einen geringeren Hautwiderstand aufwiesen als indifferente Hautstellen. Zwischen den Akupunkturpunkten und der umgebenden Haut besteht eine Potentialdifferenz von etwa 2 bis 60 mV.

- Verschiedene Hauttemperatur — TALMANN fand an gesunden Versuchspersonen eine Temperaturdifferenz an den Akupunkturpunkten gegenüber der Umgebung. PERGSMANN fand heraus, daß bei akuten Prozessen der Punkt der belasteten Seite signifikant wärmer ist, als der der Gegenseite.

- Neurophysiologische Forschungsergebnisse — Die Interferenz des Inputs durch Akupunkturstimulation erfolgt in Schaltstellen des Rückenmarks und des Thalamusbereiches. Dies wurde sowohl von chinesischen als auch von westlichen Medizinern durch Untersuchungen an Katzen nachgewiesen.

- Neurochemische Forschungsergebnisse — Die Vermutung PISCHINGERS, daß es sich bei der Akupunktur um eine humorale Wirkung handeln müsse, wurde durch Untersuchungen an Kaninchen bestätigt. Eine Schmerzschwellenanhebung durch einen definierten Hitzereiz auf die rasierten Nüstern erfolgte nicht nur bei den akupunktierten Kaninchen, sondern auch bei der Kontrollgruppe die Liquor aus der ersten Gruppe übertragen bekommen hatten. Die Schmerzschwellenanhebung war zwar nicht so hoch, aber trotzdem signifikant.

Daß es sich bei Akupunktur nicht um die Entstehung einer Substanz handeln könne, die am Orte der Nadel entsteht, wurde durch Versuche mit Unterbinden des Blutflusses bewiesen.
Der Überlegung, daß die Akupunkturwirkung auf einer Freisetzung von Endorphinen beruhe, folgte der Versuch, die Wirkung der Akupunktur durch die Gabe von Morphinantogonisten zu unterbinden. Dies trat bei den Versuchen tatsächlich ein.
Auch bei Tieren, denen die Hypophyse entfernt worden war, hatte die Akupunktur keinen schmerzhemmenden Effekt mehr.
Nach diesem indirekten Nachweis der Endorphinwirkung über Antagonisten erfolgte der direkte Weg, nämlich die Bestimmung des Betaendorphinspiegels im Liquor, vor und nach der Akupunktur. Auch hier zeigte sich bei Schmerzlinderung ein signifikanter Anstieg der Betaendorphine im Liquor.
Eine weitere Untersuchung zeigte die Veränderungen der Neurotransmitter Serotonin und Noradrinalin im Harn.

- EEG-Ergebnisse — Im EEG wurde bei Akupunktur eine Zunahme von Alpha- und Betaaktivitäten gesehen, also gerade das Gegenteil von EEG-Aktivitäten bei Hypnotisierten.

Meridiane — Subsysteme

Unter einem Meridian versteht man die Zusammenfassung von Akupunkturpunkten, die in bestimmter Beziehung zu einem Organ stehen. Bei Untersuchungen mit Farbstofflasern, deren Wellenlänge kontinuierlich verstellbar ist, fanden NOGIER, BAHR und KREUL, daß alle Akupunkturpunkte jeweils eines Meridians in eine Resonanzerregung zu bringen sind. Jeder Meridian hat eine eigene zugehörige Laserwellenlänge. Auch das betroffene Organ selbst zeigt dieselbe Resonanzerscheinung.

QI — Lebensenergie

Die Verbindung der einzelnen Akupunkturpunkte im Meridian und der einzelnen Meridiane untereinander erfolgt durch QI, das man im weitesten Sinne mit Energiefluß oder auch Regulationskraft übersetzen könnte. Von den Chinesen noch poetisch blumig beschrieben, entspricht es nach westlich kybernetischer Vorstellung dem immateriellen Informationsfluß in geschlossenen Systemen.
Nach chinesischer Vorstellung ist Krankheit eine Störung dieses Energieflusses. Das Symptom der Krankheit ist eine Sekundärerscheinung der energetischen Störung. Das Hineinstechen mit der Nadel an dem richtigen Punkt des Systems führt zu einer Steuerung von außen und daher zu einer Korrektur der Regelkreisläufe.
Der Nachweis der neurophysiologischen, neurochemischen und neuroanatomischen Vorgänge und Zustände bei der Akupunktur ist wichtig und begrüßenswert und auch schon viel weiter fortgeschritten als die Gegner dieser Therapiemethode wissen, doch sollte er nicht dazu führen, die chinesische Ausdrucksweise in ein belächeltes Eck' der Märchen zu drängen.
Die traditionell chinesische Medizin ist aufgrund ihres Alters ein Kind sowohl ihrer Sprache als auch ihrer Methoden, doch bei richtiger Anwendung gerade dieser Sprache und dieser Methoden in der Diagnostik hat sie immer ihre Gültigkeit.
Doppelblindstudien zwischen Plazebogruppen und Akupunkturpatienten nach Kochrezeptmethode leisten weder einen Beitrag zum Verifizieren noch zum Falsifizieren dieser Methode.
Da kochrezeptartiges Auswählen von Akupunkturpunkten auch zur Wahl von falschen Punkten führen kann und damit aufgrund kybernetischer Überlegungen ein zusätzlicher Störreiz von außen gesetzt wird, wird nicht nur die Wirksamkeit des richtigen Punktes gemindert, es ist die Auffassung — nämlich daß man mit Akupunktur auf gar keinen Fall schaden könnte — in einem anderen Licht zu sehen.

RAC — Reflexe Auriculo Cardial

Neben der exakten chinesischen Diagnose, die zur richtigen Punktauswahl führt, steht uns noch eine Methode zur Verfügung, diese Punktwahl zu kontrollieren.
NOGIER hat festgestellt, daß es bei Berührung des richtigen Akupunkturpunktes zu einer Änderung des Radialispulses kommt. Eine Verstärkung dieses Phäno-

mens erreicht man, indem man den Patienten einen 9-Voltstab in die Hand gibt und mit dem 3-Volt-Hämmerchen über den Punkt streicht. Auch sonographisch wäre diese Pulsänderung darstellbar.

Abschließend sei noch gesagt, daß zwar die naturwissenschaftlichen Untersuchungen nach westlichen Kriterien notwendig sind, um die Zweifler an der chinesischen Medizin von deren Wirksamkeit zu überzeugen, daß für den therapeutischen Erfolg in der Praxis aber vor allem die Grundkenntnis der Regeln der TCM erforderlich sind.

Literaturhinweise

BAHR — „Einführung in die wissenschaftliche Akupunktur" — Vieweg-Verlag

KAMPIK Georg — „Propädeutik der Akupunktur" — Hippokrates-Verlag, Stuttgart

KAPTCHUK Ted — „Das große Buch der chinesischen Medizin" — O.W. Barth-Verlag/Scherz-Verlag Bern, München, Wien

3. Elektroakupunktur nach Voll (EAV)

Die EAV wurde vor über 30 Jahren von dem Deutschen Arzt Dr. Reinhard Voll entwickelt und sie ist in den letzten Jahren systematisiert, erweitert und vor allem theoretisch untermauert worden. Ihre Untermauerung beruht auf den noch wenig genutzten Modellen von Systemtheorie und Kybernetik, sie beschäftigt sich also mit biologischen Steuer- und Regelungsprozessen und deren Störungen.
Keineswegs kann man mit ihr morphologische Strukturveränderungen aufdecken. Daß es zwischen der Hautoberfläche und inneren Organen eine reflektorische Beziehung geben kann, wurde ja bereits vor ca. hundert Jahren durch die Untersuchungen von HEAD und MACKENZIE bestätigt.

Eine andere Beziehungsmöglichkeit zwischen Haut und inneren Organen war durch die Akupunktur ebenfalls bekannt. In den vierziger Jahren gelang es den französischen Forschern DE LA FUYE und NIBOYET Akupunkturpunkte elektrophysikalisch nachzuweisen und exakt zu lokalisieren.

Mit einem Meßstrom von ca. 5 bis 10 µA und einer Spannung von 1 Volt wurde systematisch die Hautoberfläche eines Menschen untersucht. Dabei wurden kleine Bezirke von etwa 2 bis 3 mm Durchmesser gefunden, die gegenüber ihrer Umgebung einen deutlich erniedrigten Widerstand aufwiesen. Man nannte dann diese Punkte „elektrisch vorzügliche Punkte" und es stellte sich heraus, daß sie mit den Punkten der klassischen Akupunktur übereinstimmten.

1959 wurde vom Max Planck Institut für Biophysik in Frankfurt das besondere elektrische Verhalten von Akupunkturpunkten bestätigt. Damit waren also die Akupunkturpunkte elektrophysikalisch definiert.
Der histologische Nachweis vom Vorhandensein von Akupunkturpunkten gelang PROF. HEINE von der Universität Herdecke. Er fand heraus, daß es sich um ein „Loch" in der Fascia corporis superficialis handelt, durch die ein Gefäß-Nervenbündel durchtritt.
Aus der klassischen Akupunktur war bis zu diesem Zeitpunkt die empirische therapeutische Nutzung dieser Punkte bekannt. Der erste Schritt zur diagnostischen Nutzung dieser Areale war die Entdeckung von WALTER SCHMIDT, der bei systematischen Untersuchungen typische Veränderungen des elektrischen Widerstandsverhalten an Meridianpunkten in Übereinstimmung mit der klinischen Diagnose feststellte.
Darauf aufbauend führte REINHARD VOLL umfangreiche weitere Untersuchungen durch.

Das Verhalten des Meßwiderstandes an den einzelnen Hautpunkten wurde dann zur diagnostischen Interpretation herangezogen. Das wichtigste Kriterium für die Normabweichung oder die pathologische Interpretation war die Instabilität des Widerstandsverhaltens eines Hautpunktes. Ein instabiler Meßwert wird im Praxischargon auch als „Zeigerabfall" bezeichnet.

Das große Verdienst von VOLL war es, auf der gesamten Körperoberfläche, landkartenartig, für sämtliche Organe und Organsysteme Meßpunkte zu finden. Sie stimmen im wesentlichen mit denen der klassischen Akupunktur überein, jedoch hat VOLL einige zusätzliche Meridiane und Punkte gefunden. Nach einer Übersichtsmessung an einem Patienten an möglichst vielen repräsentativen Punkten läßt sich an der Höhe und der Schnelligkeit des Zeigerabfalles eine Hierarchie der Störungen erkennen.
Nun folgt der zweite Teil der Testung, nämlich der Resonanztest:
Die Entdeckung des Resonanztestes erfolgte zufällig, nachdem ein Patient nach der Übersichtstestung sein Sakko auszog und nun völlig andere Meßwerte aufwies. Auf der Suche nach einer Begründung fand sich in der Sakkotasche ein Medikament in einem Glasfläschchen.
Nun folgten wieder viele Untersuchungen, wie die verschiedensten Medikamente — dem Patienten in die Hand gegeben — den Meßwert verändern konnten. Die Erklärung für dieses am Anfang sonderbare Phänomen des Medikamententestes bietet die Physik:

Es entsteht eine immaterielle Fernwirkung durch Felder und dadurch eine Resonanzkopplung. Das Schwingungssystem des Medikamentes bringt das Schwingungssystem des Körpers zum Mitschwingen.

Biologische Systeme sind in der Lage, ultraschwache Signale empfangen und selektieren zu können. Sie werden als Biosensoren und Signalwandler genutzt.
Das Auftreten eines Resonanzphänomens ist immer ein Zeichen der Übereinstimmung schwingender Systeme und deren Oszillationsmuster. Daher können aus dem Auftreten von Resonanzphänomenen bei Bekanntheit eines Systems Rückschlüsse auf die Beschaffenheit des anderen Systems gezogen werden.
Es entspricht dem umgekehrten System des Radioeinstellens. Man ändert nicht die Frequenz des Empfängers, sondern die Frequenz des Senders. In der Praxis heißt das, man sucht so lange ein Medikament oder ein homöopathisches Mittel oder eine Nosode, bis es auf den Empfänger paßt.
VOLL fand also heraus, daß man einerseits durch Resonanzkopplung mittels Nosoden eine diagnostische Interpretation des Meßwertes machen kann, andererseits durch die Resonanzkopplung mit Medikamenten oder Homöopathika eine therapeutische Konsequenz an den Meßwert knüpfen kann.
Ein weiteres Verdienst von VOLL war es, die Zusammenhänge zwischen den einzelnen Zähnen und den Meridianen herauszuarbeiten. Dies gelang ihm dadurch, daß er Übersichtstestungen vor und nach Zahnextraktionen durchführte. Auf dieser Vorgangsweise entwickelte er seine „Diagnostik und Therapie der Kopfherde".
Im Laufe der Jahre wurde von seinen Mitarbeitern und Schülern neben der Hierarchie in der Diagnostik auch eine Hierarchie der Therapie herausgearbeitet. Besonders BAISCH legt großen Wert auf diese Reihenfolge in der Therapie. Denn seiner Ansicht nach ist die vorhandene Reaktionslage des Organismus entscheidend für den Therapieerfolg.
So können z.B. Extraktionen von beherdeten Zähnen zum falschen Zeitpunkt, während einer schlechten Regulationsphase des Organismus, den Krankheitszustand des Patienten noch verschlimmern anstatt ihn zu verbessern.
BAISCH schlägt daher in seiner Therapiereihenfolge vor:

1. Yang-Milz:

Meßpunkte hierfür sind die ersten drei Milzpunkte am Fuß und der Punkt NDG1C am Zeigefinger. Dieser Punkt wird mit den „infektassoziierten Arachnopathien" interpretiert. Er entspricht auch einem Ersatzmeßpunkt für die ersten vier Milzpunkte. Wenn diese Milzpunkte einen Zeigerhochstand plus -abfall aufweisen, wird auch dieser Punkt einen Zeigerhochstand plus -abfall aufweisen.

2. Yang-Niere:

- Meßpunkte hierfür sind:
- Summationsmeßpunkt des Vegetativums
- Dickdarm 1C — das ist der Peritonealmeßpunkt des Dickdarms — er entspricht der TOLDT'schen Platte,
- 3E1 — Plexus coeliacus — Magen dritte Position
- die ersten vier Nierenpunkte.

3. Zahnärztliche Störfelder:

Nach dem Ausgleich von Yang-Milz und Yang-Niere kann man daran gehen, zahnärztliche Störfelder — sowohl entzündliche Belastungen als auch Materialunverträglichkeiten — zu beseitigen.

Therapeutisches Prinzip

Die therapeutische Vorgangsweise wurde von VOLL zwar mit homöopathischen Mitteln durchgeführt, allerdings unterscheidet sich deren Einsatz etwas von den Prinzipien der klassischen Homöopathie.
Durch die sogenannte „En-bloc-Testung" — alles was den ausgeglichenen Zeigerabfall aufrecht erhält, wird verabreicht — ist Voll zu einer Dreierkombination von homöopathischen Mitteln gekommen:

- Nosoden
- Organpräparate
- Begleitmittel

Diese Kombination wurde in Ampullen parenteral in einem Abstand von einer Woche verabreicht. Im Laufe der Jahre haben sich aber neben dieser klassischen Form der Elektroakupunkturtherapie auch andere Verabreichungsformen bewährt.
In der klassischen EAV-Therapie werden Potenzserien von homöopathischen Mitteln und Nosoden verwendet. Die Potenzreihen oder wie sie früher genannt wurden — „Kuf-Reihen" — oder der neuere Begriff — „Serienpackungen" — bestehen aus 10 Ampullen.
Da sie in wöchentlichen Abständen verabreicht werden dauert eine Runde der Regulationstherapie ca. zehn Wochen. Dies sollte nur als Faustregel gelten, denn es empfiehlt sich zwischendurch eine Kontrolle des Therapieverlaufes mit EAV. Das kann dann dazu führen, daß man entweder die Abstände der Verabreichungen verkürzt oder manche Potenzen wegläßt.

Einstieg in die EAV

1. Für jeden Anfänger erscheint die Methode der EAV am Anfang total verwirrend. Da die Lage der Punkte allerdings sehr schnell zu erlernen ist,

sollte man sich nur auf die Geläufigkeit des Messens konzentrieren. Dies ist eine Sache der Übung.

2. Als nächstes sollte man daran gehen, einfach Übersichtsmessungen an möglichst vielen Menschen durchzuführen.
3. Man sollte beginnen, die vorhandenen Übersichtsmeßergebnisse mit der natürlich immer wichtigen klassisch medizinischen, klinischen Anamnese zu vergleichen. Zu diesem Zeitpunkt erweist es sich dann als wichtig, die Gesetzmäßigkeiten der Akupunktur (Akupunkturphysiologie), wie sie auch in der TCM gelehrt werden, zu kennen.

Hier bietet nun die EAV als einzige Methode eine Antwort auf die Fragen:

Was stört?

Wohin stört es?

In welcher Intensität stört es?

BAISCH hat es sehr plastisch mit seiner Blackbox und seiner Input-Output-Relation beschrieben.
Auf diese Art kommt man sehr leicht zu einer diagnostischen Hierarchisierung der Störungen. Erst wenn dieser Schritt des Diagnostizierens beherrscht wird, sollte der Anfänger darangehen, therapeutische Konsequenzen an seine Diagnosen zu knüpfen.
Auch in der klassischen EAV-Vorgangsweise hat sich eingebürgert, die Leitnosode zu suchen und in der ersten Runde der Therapiephase mit möglichst wenig Mitteln auszukommen.

Andere Anwendungsmöglichkeiten

Da die Stabilisierung des Zeigerabfalls am EAV-Gerät auf Resonanzkopplung beruht, kann man natürlich auch die Auswirkung von allopathischen Medikamenten auf die einzelnen Meridiane des Patienten überprüfen. Auch das Suchen nach einem Simillimum in der klassischen Homöopathie wird erleichtert.
Durch die Input-Output-Fragestellung kann besonders der EAV-mäßig tätige, ganzheitlich arbeitende Zahnarzt sehr leicht feststellen, ob ein kranker Zahn die Ursache oder die Folge eines gestörten Reaktionsmechanismus ist.
Gerade diese schnelle diagnostische Einsatzmöglichkeit sollte den Leser vom Vorteil dieser Methode überzeugen.

Literaturempfehlungen

VOLL R. — „Topographische Lage der Meßpunkte der EA I und II“ und 1. Ergänzungsband“ — „Kopfherde“ — Medizinischer Literatur-Verlag, Uelzen „Anwendung der potenzierten Organpräparate in der EAD“ — 5. Auflage - Wala Heilmittel Labaratorium, Eckwälden 1973
„Indikationsliste von Nosoden und Begleittherapie für die ärztliche und zahnärztliche Praxis“ — 5. Auflage - Staufen-Pharma, Göppingen

THOMPSON J. — „Odontogene Herde und Störfaktoren“ — M. L.-Verlag, Uelzen

BAISCH

Abb. 1–4: Entnommen aus dem „Terra Humoristica Museum" – Terra Mystica – Bad Bleiberg – Kärnten

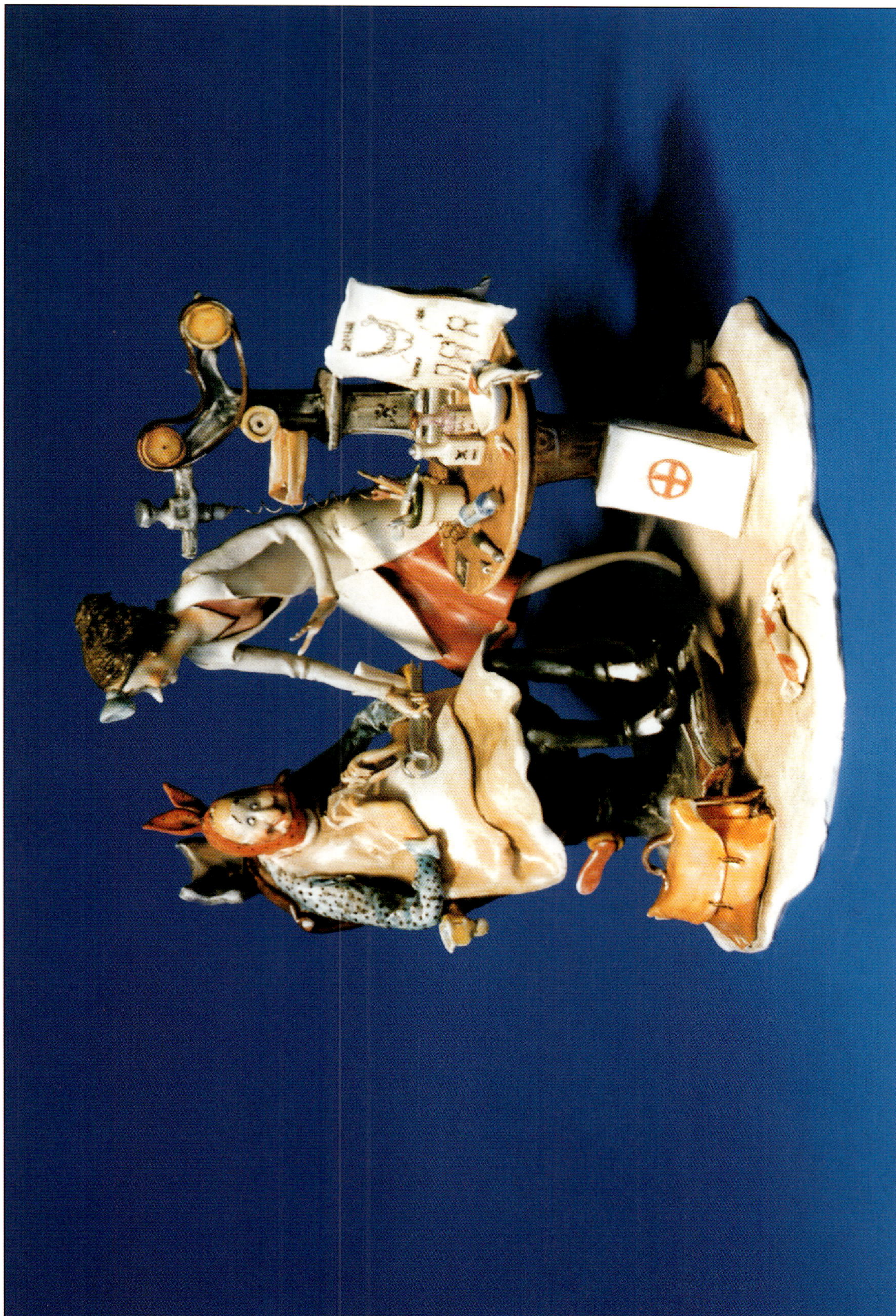

Das Grundregulationssystem nach Pischinger

als Grundlage einer ganzheitlich orientierten Medizin

DR. CHRISTIAN KOBAU

Das System der „Grundregulation“ definiert sich als Funktionseinheit von Bindegewebszellen, kapillaren und nervalen Endigungen, welche in ihrem Wirkungsfeld, der extrazellulären Flüssigkeit tätig sind.
Das „undifferenzierte Bindegewebe“ ist entwicklungsgeschichtlich aus dem Mesoderm entstanden, wobei noch mehr als 50% des menschlichen Organismus daraus bestehen. Die Basis dieses mesenchymalen Gewebes sind Fibroblasten die netzartig verbunden sind und mit Extrazellulärflüssigkeit ausgefüllt sind. Die Zellen des Immunsystems werden hier von den Fibroblasten gebildet und beeinflussen unsere Abwehr.

Das ZELLE - MILIEU - SYSTEM wird von den Fibroblasten und der extrazellulären Flüssigkeit gebildet, wobei über das arteriovenöse System und die Lymphe die Versorgung sowie Entsorgung erfolgen. Über vegetativ terminale Axome erfolgt die Steuerung dieses Systems, dessen Gesamtaufgabe es ist, dem Streben des Organismus nach Selbsterhaltung gerecht zu werden.

Die extrazelluläre Flüssigkeit als Nährmedium ist von der Grundsubstanz netzartig durchflochten und zeichnet sich durch hohes Wasserbindungsvermögen mit einer großen Ionenaustauschfähigkeit aus. Übergeordnet wird das Grundsystem vom Zentralnervensystem, sowie durch die hormonelle Schiene der innersekretorischen Drüsen gesteuert. Ein weiterer Regelmechanismus erfolgt über das zellulär-humorale Immunsystem. Während einerseits über die Gefäße, T-Lymphozyten und B-Lymphozyten das Grundsystem erreichen, werden andererseits Fibroblasten in Monozyten etc. transformiert und regulieren so das Abwehrgeschehen. (siehe auch Kapitel: „Grundsystem von DR. KAINZ-TOIFL)

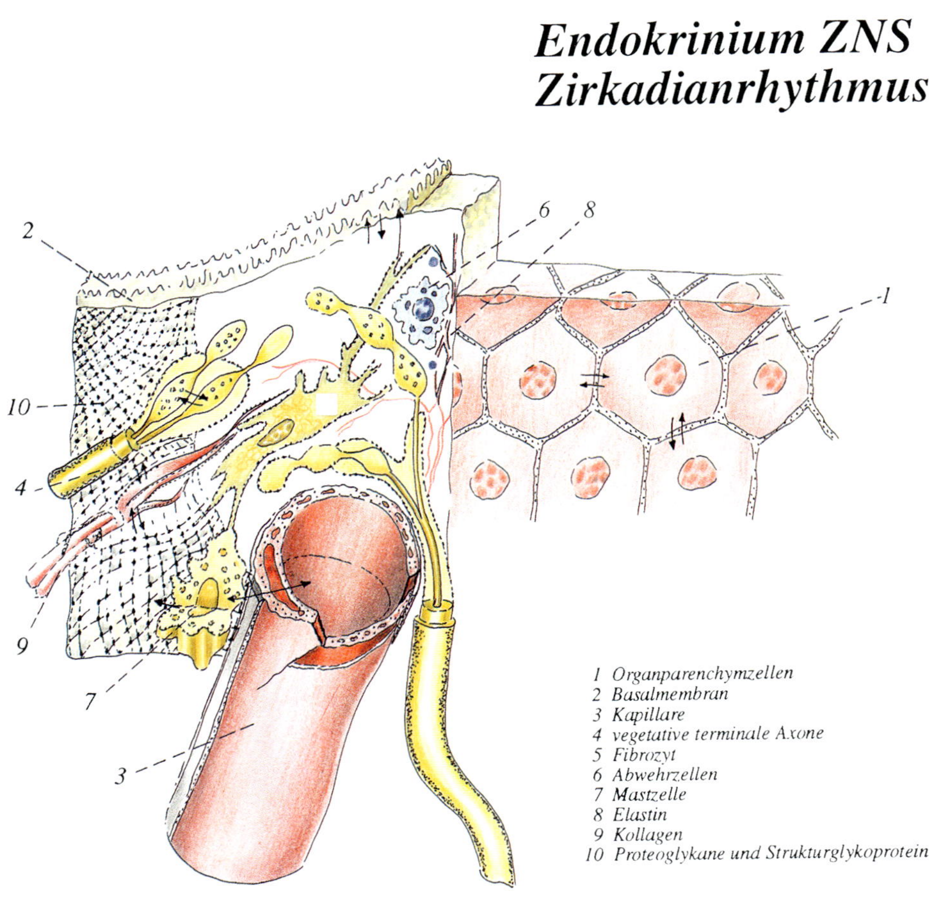

Abb. 1: Grundsystem n. Heine

Diese Grundsubstanz ist in den Extrazellulärräumen des gesamten Organismus zu finden und steht im Kontakt mit jeder einzelnen Zelle, wobei sie stets einheitlich auf Reize reagiert. Biochemisch gesehen besteht sie aus einem Netzwerk von hochpolymeren Zucker-Protein-Komplexen. Jeder Zelle ist dieses „MOLEKULARSIEB" vorgeschaltet.

Prof. Heine: *"Proteoglykane bilden ein schockabsorbierendes System, das wie ein Gleitmittel wirkt (Gelenksschmiere), das bei starker und wiederholter mechanischer Beanspruchung in ein viskoelastisches System übergeht. Dieses ist im hohen Maße elastisch verformbar und wirkt dadurch energieverzehrend. Da die Grundsubstanz über die Kapillaren an das System der endokrinen Drüsen und über die blind in der Grundsubstanz endenden peripheren vegetativen Nervenfasern an das Zentralnervensystem angeschlossen ist und beide Systeme im Gehirnstamm miteinander verschaltet sind, können über die Grundsubstanz übergeordnete Regelzentren beeinflußt werden.*

Da sich Kapillaren, vegetative Nervenfasern und die, die Grundsubstanz regulierenden Bindegewebszellen über wandernde Bindegewebszellen (Makrophagen, Leukozyten, Mastzellen) gegenseitig Information über freigesetzte Zellprodukte, (Prostaglandine, Interleukine, Interferone, Proteasen, Proteaseninhibitoren u.a.m.) beeinflussen können, ergibt sich ein ungeheuer komplexes, vernetztes, humorales System, dessen wissenschaftlich historischer Vorläufer in der klassischen Säftelehre zu suchen ist. Der Vorteil derartig vernetzter Systeme liegt in einer erheblichen Steigerung der Anpassungs- und Leistungsfähigkeit und der Möglichkeit immer wieder völlig neu auftretender Eigenschaften, die aus der bloßen Summierung der Einzeleigenschaften der Komponenten nicht zu erzielen sind."

Proteoglykane werden über Verbindungseiweiße, der HYALURONSÄURE, stabilisiert. Dazwischen ist das Gewebswasser in einer besonders vernetzten Form zu finden. Diese spezielle Strukturierung der Wassermoleküle ermöglicht es, daß das Wasser bei 37,5°C seine höchste Ordnung bei gleichzeitig geringstem Energieaufwand hat! (TRINCHER *1978*)

Heine: *"Auch die von POPP angegebene Photonenemission von Zellen könnte über diese flüssigkristallinen interzellulären „Brücken" zu informativen Wechsel-wirkungen beitragen".*

Proteoglykane haben normalerweise eine Halbwertszeit von wenigen Wochen, wenn sie an Schwermetallen gebunden werden, aber von Jahren, wodurch das Grundsystem immer mehr verschlacken kann.

Eine weitere wichtige Aufgabe des Grundsystems ist die Entsorgung der durch Stoffwechselprozesse anfallenden Energien aus Radikalreaktionen.

Die Aufgabe des Grundsystems ist die Aufrechterhaltung der unspezifischen Lebensgrundfunktionen wie Wasserregulation, O_2-Haushalt, Ionentransfer, Wärmeregulation etc., womit diese Parameter als Meßgrößen zur Reaktionsweisebestimmung verwendet werden können. Das Grundsystem ist der Resonanzboden, auf dem sich alle Wechselwirkungen abspielen. Es ist für die Ernährung aller Zellen, die von diesem System schließlich abhängig sind, verantwortlich:
Die Kapillaren verbinden es mit den endokrinen Drüsen und sind für den An- und Abtransport der Stoffwechselprodukte verantwortlich. Die in der Extrazellulärflüssigkeit frei endenden neurovegetativen Nervenfasern verbinden es mit dem ZNS (Zentralnervensystem) — das Lymphsystem und die venösen Schenkel sind für die Entsorgung zuständig — die Extrazellulärflüssigkeit bildet das Medium in welchem diese Vorgänge ablaufen (EPPINGER gibt an, daß der menschliche Organismus allein aus 16-18 Liter Extrazellulärflüssigkeit besteht!) — die Fibroblasten dienen letztendlich als omnipotente Zellen, die sich in Abwehrzellen transformieren können.
Sowohl Nervensystem als auch endokrine Drüsen sind im Hirnstamm miteinander verkoppelt und dadurch können über Veränderungen im Grundsystem auch übergeordnete Zentren mit beeinflußt werden und umgekehrt.

F. Kramer *beschreibt dies folgendermaßen:*

„Zusammenfassend sei festgehalten, daß sowohl die Kapillaren, als auch das vegetative Endnetz im Interzellular-Raum des Grundsystems enden und nirgendwo ein direkter Kontakt zu den Parenchymzellen besteht oder anders formuliert:

Es ist das große Verdienst *PISCHINGERS*, herausgefunden zu haben, daß als vom Ekto- oder Entoderm entwicklungsgeschichtlich abstammenden differenzierten Organzellen (Parenchymzellen) über das Pischingersche

Grundsystem versorgt, entsorgt und gesteuert werden. Damit wird erkennbar, daß es primär keine spezifische Krankheit von Parenchymzellen bzw. spezifischen Organen gibt. Vielmehr verläuft jede Erkrankung im Grundsystem; erst dort nicht mehr kompensierbare Störungen bedingen sekundär eine klinisch diagnostizierbare Organerkrankung. Damit kommen wir zu den wichtigsten Feststellungen der auf dem Pischingerschen-Grundsystem-Denken basierenden ganzheitlich-biologischen Medizin.

- Jede Erkrankung beginnt als Störung von Funktionen im Grundsystem.
- Jede Erkrankung ist nur zu heilen, solange die Funktionen des Grundsystems einregulierbar sind.
- Jede Erkrankung wird chronisch, wenn die Regulation im Grundsystem erlahmt.
- Jede Erkrankung entgleist, wenn die Funktionen im Grundsystem überschießend (hyperergisch) oder starr werden (Blockade).

Gesundheit und Krankheit sind damit für den biologisch orientierten Arzt/Zahnarzt funktionell orientierte Begriffe, wobei von Gesundheit gesprochen werden kann, wenn die wichtigsten Körperfunktionen in einer individuell variablen Bandbreite (ererbt/erworben) durch das Grundsystem ausreguliert werden können.

Die Belastungen des Grundgewebes können vielfältig sein, z.B.

1. falsche Lebensführung
2. Umweltschäden
3. Toxine
4. Stoffwechselprodukte
5. physikalische Reize u.a.

Bildlich lassen sich häufige Belastungen als „Mesenchym - Abfalleimer" darstellen:

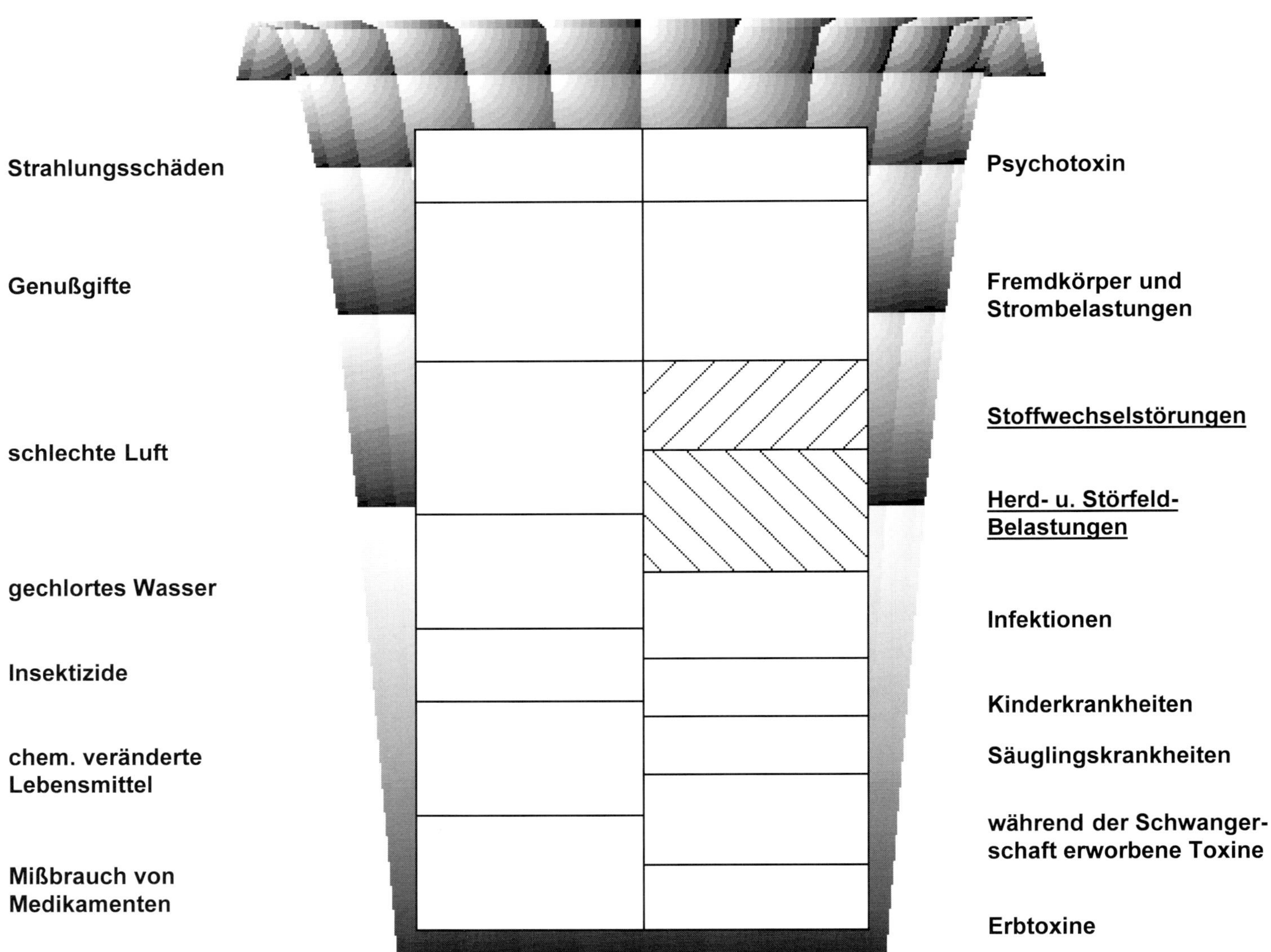

Abb. 2: Mesenchym - Abfalleimer nach Kramer

Der Regulations - Mechanismus des Grundsystems (unspezifische Mesenchymreaktion) durch Belastungen ist dabei stets derselbe:

Pathogene exogene oder endogene Noxe; unspezifische Mesenchymreaktion; Ausregulierung; weitere Noxen; Bemühung des Grundgewebes, die Dekompensation im physiologischen Bereich auszuregulieren; weitere Noxen oder gar Dauernoxen wie z.B. Kopfherde und hier insbesonders die zahlreichen odontogenen Herdmöglichkeiten; Summationseffekte und Additionsphänomene; Äußerungen in individuellen, funktionellen Beschwerden; beginnende Fehltexturen; chronische Krankheiten; letztlich im fortgeschrittenen Stadium individuelle, irreparable Parenchymschädigungen.

Vergegenwärtigt man sich die Vielzahl der Mesenchymerkrankungen, an oberster Stelle der Krankheits-Sterbe-Statistiken die Herz/Kreislauferkrankungen samt Infarkt, die rheumatischen Erkrankungen, die Allergien oder gar Krebs, dann dürfen wir eine der häufigsten und dazu sehr schwerwiegenden Dauernoxen, nämlich die der Zahn-Kieferherde bei der Diagnostik und Therapie, besonders bei chronisch-kranken Patienten nicht unbeachtet lassen!"

PERGER, PERGSMANN, PISCHINGER, KELLNER und HEINE haben sich jahrelang um die Erforschung des Grundsystems bemüht. Messungen über die Reaktionsweise des Organismus gaben dabei Auskunft über folgende Daten:

1. Die Grundregulation reagiert mit den unspezifischen Parametern lokal und ganzheitlich
2. Wir erhalten Auskunft über die Stärke der Reaktion
3. Das System kann „links und rechts" unterschiedlich reagieren
4. Der Organismus kann auf eine Belastung folgendermaßen reagieren:

Normfunktion: Schockphase und Gegenschockphase
Entgleisungsreaktion:

a. verhaftete Schockphase (subakut exudative Entzündung)
b. verhaftete Gegenschockphase (chronisch poliferative Entzündung)
c. anaphylaktischer Schock
d. Ataxie
e. Reaktionshemmung oder Starre (bei Tumoren)
f. extrem reduzierte Reizschwelle bei Belastung auf 1:10 - 1:1000 der Normalbelastung — dies ist der Grund, daß ähnliche Belastungen bei verschiedenen Menschen unterschiedlich aufgenommen werden

Vor allem PERGER hat über diese Reaktionsweisen 40 Jahre lang Untersuchungen dokumentiert.

Folgende Untersuchungsmethoden haben sich dabei bewährt:

1. Elektrophorese und Immunelektrophorese
2. Elektrische Meßverfahren nach SCHIMMEL, VOLL und KRAMER
3. Thermoregulationsdiagnostik nach SCHWAMM
4. Elektrolytbestimmung und Leukozytentest (KELLNER, PISCHINGER, PERGER)
5. Jodometrie nach PISCHINGER
6. Oxymetrie
7. Elektrotitration

Neben den allgemeinen fachspezifischen Untersuchungen im Gebiet der HNO, Gynäkologie, ZNK etc. können noch andere Testmethoden zur Herd- bzw. Störfeldtestung herangezogen werden:

- Blutstatus (α-, β-, γ-Globuline, Eisen Kupfer)
- Aglutinationstest (Spenglasan G)
- Blutsenkung
- Provokationstest mit Spenglasan D, Dx (Diagnostische Aussage 40-70%)
- Auriculomedizinische Testmethoden über RAC

Die differenten Regelkreise der Grundregulation sind in der Normsituation fein aufeinander abgestimmt. Kommt es aber im Organismus zu irgendwelchen schweren Störungen, verliert sich die Koordinationsfähigkeit des Systems und eine verringerte Anpassung an den Reiz ist die Folge.
Das Abwehrgeschehen passiert dabei in 2 Schichten:

a. in der spezifischen Schicht

b. in der unspezifischen Schicht

Untersuchungen der Wiener Schule bestätigen, daß die unspezifische Schicht die spezifische Abwehr kontrolliert.
Je eher die Reaktionslage an die Normsituation heranreicht, desto besser lassen sich die primären Ursachen finden, doch je mehr wir eine sogenannte Reaktionsstarre im System vorfinden, desto schwieriger gestaltet sich die Ursachensuche und Therapie.
Speziell wenn man die Auswirkungen von stummen Prozessen im Zahn-, Mund- und Kiefergebiet tiefergehend begreifen will, muß man sich für ein weiteres und offeneres Verständnis für das Grundsystem mit seinen Reaktionsweisen einsetzen.

HERDE als STÖRFELDER im GRUNDSYSTEM

Sog. Herde, also stumme chronische, vom Organismus nicht spontan abbaufähige Prozesse, haben ihre Lokalisation im Grundsystem und haben für den gesamten Organismus gravierende Bedeutung.
PISCHINGER beschreibt den Herd als einen chronisch veränderbaren Gewebebezirk, den ein nicht abbaubares anorganisches oder organisches Material umgibt und im weichen Bindegewebe zu finden ist.
Kommt es zu chronischen Entzündungen, reicht die Abwehrkraft des Organismus nicht aus, die schädigenden Noxen zu überwinden, wodurch die Toxine, Viren, Bakterien etc. im Grundsystem liegen bleiben und somit eine enorme Belastung darstellen.
Genauso wie das Grundsystem über die Regelkreise mit dem gesamten Organismus in Verbindung steht, können Herde auf dieselbe Art im ganzen System ihre pathologische Wirkung entfalten. Der Organismus verwendet so einen Teil seiner Abwehrkräfte für den Herd und die Summe mit anderen Belastungen führt dann je nach Konstitution und Schwere zur Krankheit.

PERGER dokumentiert, daß Herde nicht nur durch Streuungen, sondern auch durch die langzeitige Veränderung des Gewebepotentials, des PH-Wertes und durch den Energie- und Substanzverschleiß zu ihrer Abgrenzung gegenüber dem Gesamtorganismus, wirken. Demnach ist der Herd vielmehr ein kybernetisches als ein bakteriell-toxisches Problem. PERGER und KELLNER sehen auch in nervtoten, wurzelgefüllten Zähnen Herde, die zu dem umfassenderen Begriff der Narben mit gestörter Wundheilung gehören. Wurzelfüllungen können demnach wie alle Narben an anderen Lokalisationen durch Dauerpolarisierung des umgebenden Gewebes, Fernwirkungen über die Gewebspotentiale auslösen. Ein bakterieller Prozeß ist dazu nicht nötig.

BERGMANN und PISCHINGER konnten in umfangreichen Arbeiten mit 1000enden Probanden nachweisen, daß Herde in der Lage sind, alle unspezifischen Parameter des Grundsystems zu stören und ins Pathologische zu verändern, wodurch die Abwehr geschwächt und der Mensch somit infektanfälliger wird. Die verminderte Reizschwelle und das dadurch entstehende Energiedefizit kann zu Symptomen der „vegetativen Dysregulation“ führen, mit Symptomen wie Antriebslosigkeit, Depression, Unruhe und unklaren somatischen „Befindungsstörungen“.

In der Praxis erwarten wir uns daß der Herd nach seiner Eliminierung keine Belastung mehr darstellt und sich der Körper rasch erholt. Früher war dies noch oft der Fall, doch Forscher wie PERGER konnten in den letzten Jahrzehnten eindeutig einen Gestaltswandel in der Abwehrfunktion nachweisen. Während früher Ursache und Wirkung klar erkennbar waren, sind heute die stumm gewordenen Herde als Ursache chronisch progredienter Krankheitsverläufe viel schwerer zu erkennen. PERGER beschreibt, daß es nach Anfang der 50er Jahre unter seinen Patienten ca. 2% mit Reaktionsstarre gab, während es 1984 bereits 54% waren. Diese akute Entwicklung wird durch die Tatsache untermauert, daß die γ-Globuline in der selben Zeitspanne um 30% zurückgegangen sind. Durch die Blockierung des Abwehrsystems kommt es zu keiner raschen Erholung des Grundsystems mehr, auch nach Eliminierung des Herdes.

Die Konsequenz wird sein, daß sich unser lineares-kausales Denken bezüglich Diagnostik und Therapie auf ein vernetzteres Denken in biologischen Systemen einstellen wird müssen. Der Biokybernetiker POPP diskutiert z.B. neben den bekannten chemischen Regel- und Steuerprozessen in der Zelle noch ein weiteres biologisches System, nämlich das der Information.
Alle Schwingungsmuster der Zelle sind über informativ-regulierende und energie-regulatorische Transaktionen miteinander gekoppelt. Befindet sich eine Zelle im patho-logischen Zustand, verliert sie infolge Abstumpfung der Schwingungszustände den Anschluß bzw. Kontakt an das Gesamtinformationssystem und ist somit vom Informationsfluß abgetrennt.
Betrachten wir speziell das interstitielle Grundsystem nach PISCHINGER, wird vor allem dort ein Fehlfunktionieren der Zelle durch falsche bzw. keine Information, sich auf regulative Vorgänge im gesamten Organismus auswirken. Dieses interstitielle Bindegewebe bildet eine Regulationsschicht, die über informativ-kybernetische Verbindungen zum Meridiansystem, dessen Wichtigkeit in der Pathophysiologie erklären. Demnach könnte das Meridiansystem eine Art Spitzen-Immunsystem sein.

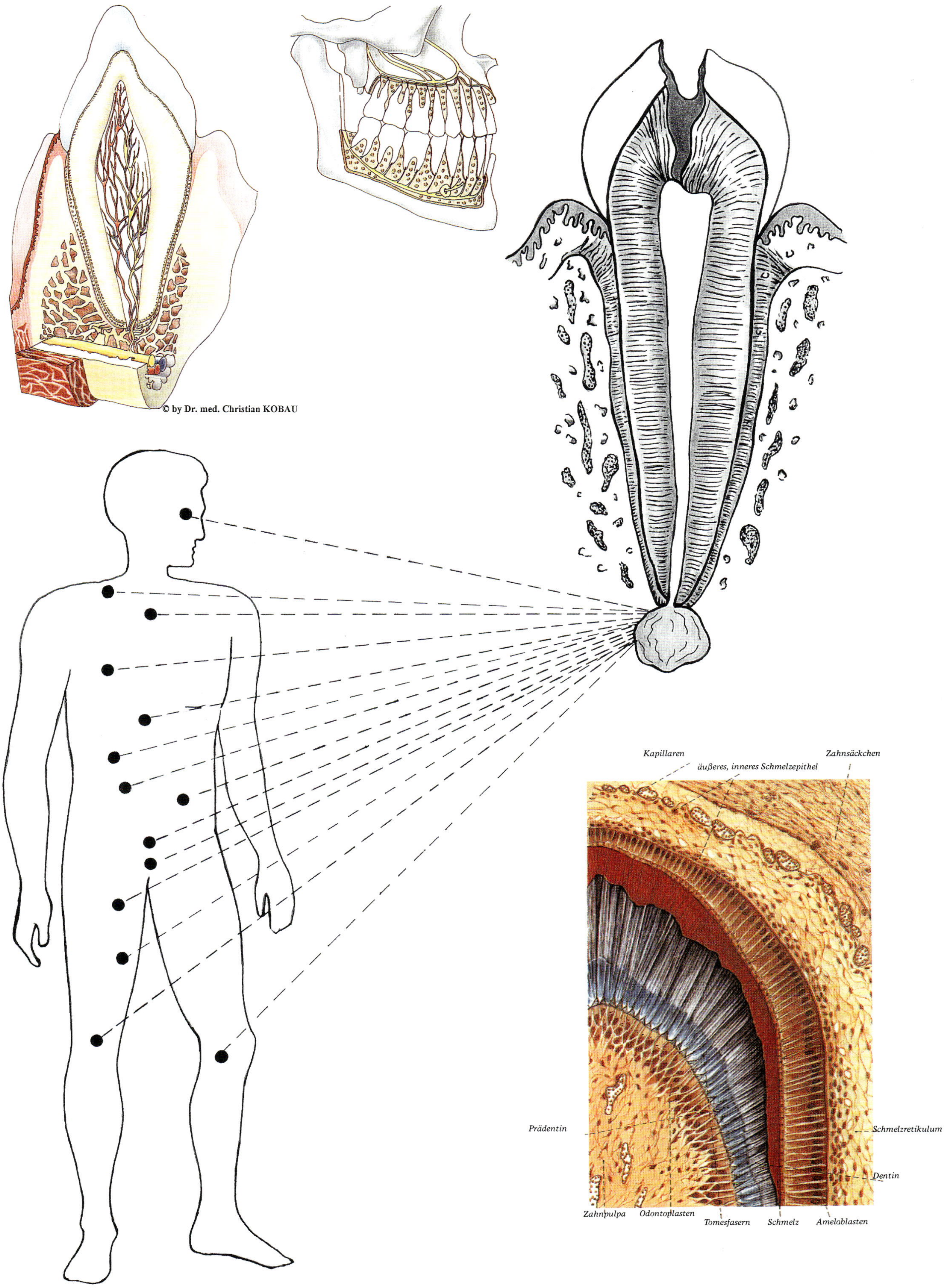
© by Dr. med. Christian KOBAU
Kapillaren
äußeres, inneres Schmelzepithel
Zahnsäckchen
Prädentin
Schmelzretikulum
Dentin
Zahnpulpa
Odontoblasten
Tomesfasern
Schmelz
Ameloblasten

Abb. 3 / 3a / 3b / 3c

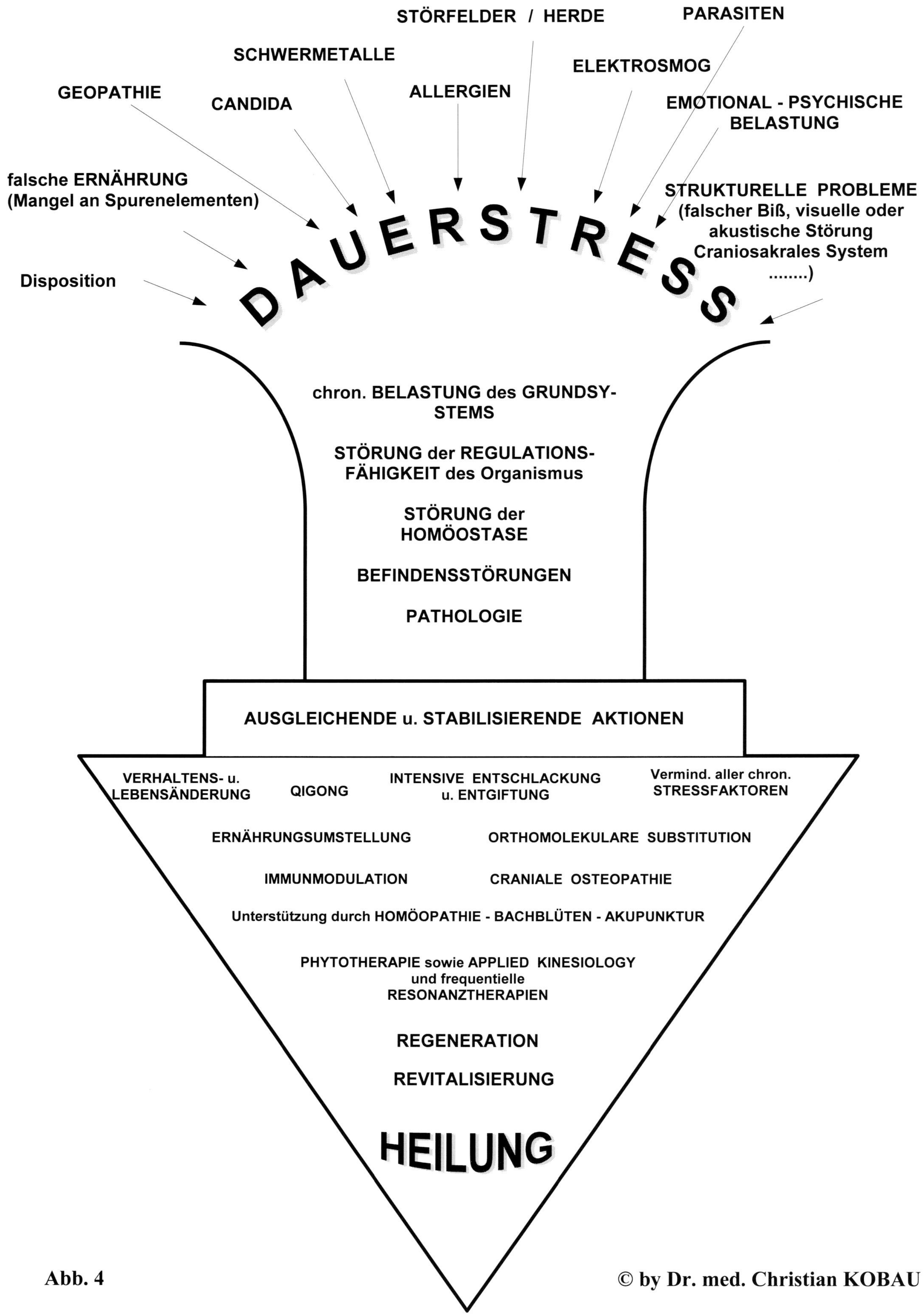
STÖRFELDER / HERDE
PARASITEN
SCHWERMETALLE
ELEKTROSMOG
GEOPATHIE
CANDIDA
ALLERGIEN
EMOTIONAL - PSYCHISCHE BELASTUNG
falsche ERNÄHRUNG (Mangel an Spurenelementen)
STRUKTURELLE PROBLEME (falscher Biß, visuelle oder akustische Störung Craniosakrales System ....)
Disposition
DAUERSTRESS
chron. BELASTUNG des GRUNDSYSTEMS
STÖRUNG der REGULATIONSFÄHIGKEIT des Organismus
STÖRUNG der HOMÖOSTASE
BEFINDENSSTÖRUNGEN
PATHOLOGIE
AUSGLEICHENDE u. STABILISIERENDE AKTIONEN
VERHALTENS- u. LEBENSÄNDERUNG
QIGONG
INTENSIVE ENTSCHLACKUNG u. ENTGIFTUNG
Vermind. aller chron. STRESSFAKTOREN
ERNÄHRUNGSUMSTELLUNG
ORTHOMOLEKULARE SUBSTITUTION
IMMUNMODULATION
CRANIALE OSTEOPATHIE
Unterstützung durch HOMÖOPATHIE - BACHBLÜTEN - AKUPUNKTUR
PHYTOTHERAPIE sowie APPLIED KINESIOLOGY und frequentielle RESONANZTHERAPIEN
REGENERATION
REVITALISIERUNG
HEILUNG

Abb. 4

POPP konnte nachweisen, daß jede Zelle Photonen emittiert und daß diese Emission vom Zustand der Zelle abhängig ist. Da die Zelle aber direkt in Beziehung zum Grundsystem steht, werden Störungen in demselben auch die Photonenemission beeinflussen. Die Photonenemission erfolgt mit Lichtgeschwindigkeit, d.h. jede Zelle gibt ihre Information an jede andere Zelle extrem schnell weiter, so daß alle Zellen des Körpers ständig über den Zustand der restlichen Zellen informiert werden. Störungen im Grundsystem können so Blockierungen in ganz anderen Körperteilen verursachen.

Vor allem Herde können so mit ihren spezifischen und unspezifischen Belastungen auf den Organismus einwirken. DR. KRAMER faßt die Kopfherdschwerpunkte im Verlauf des Lebens z.B. folgendermaßen zusammen: (siehe auch Kapitel Kopfherde — DR. KRAMER)

Lebensalter	Kopf - Herd - Schwerpunkte
Säugling	Otogene Herde
Kleinkind	Sinusitiden
Jugend	Tonsillen - Herde
Erwachsene	Odontogene Herde

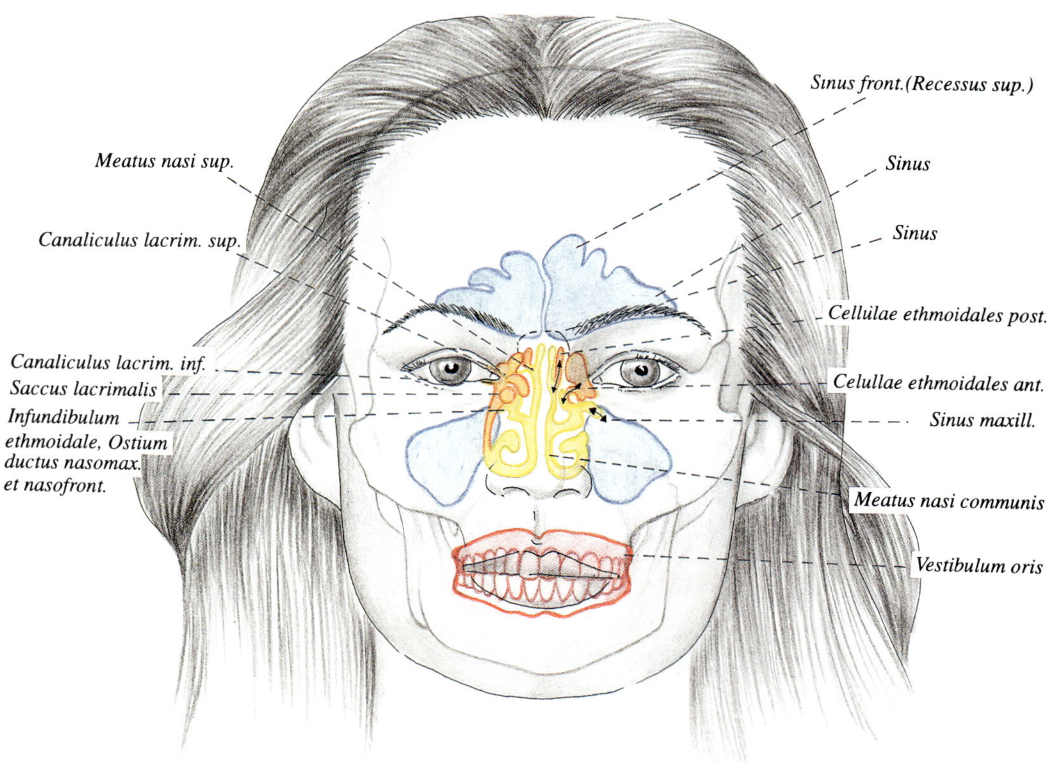

Abb. 5: Kopfhöhlen als potentielle Störfelder

Die odontogenen Herde verteilen sich nach Lebensaltern wie folgt:

Lebensalter	ZMK - Herd - Schwerpunkte
Jugend	verlagerte Zähne Dentitio difficilis
Erwachsene	intradentale Herde z.B. chronische Pulpitiden periodontale Herde z.B. apikale Ostitiden
Ältere	Restostitiden

n. DR. KRAMER

Weiter sind in Diagnostik und Therapie zu beachten:

- die Störfelder in Darm + Anhangsgebilden
- die Störfelder im urogenitalen System!
- Narben!

PROF. PISCHINGER wies mit seiner Forschungsgruppe nach, daß nach der Störfeldausschaltung der O_2-Verbrauch des Gewebes normalisiert wurde. Auch konnte man oszilloskopische Untersuchungen von peripheren Durchblutungsstörungen, nach dem Sekundenphänomen, in der Neuraltherapie nachweisen.

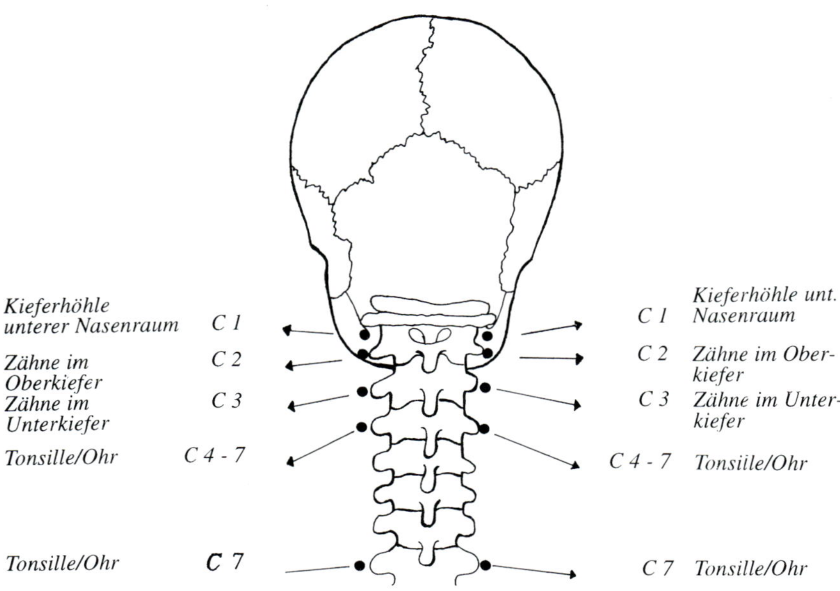

Abb. 6: Adler-Langersche Druckpunkte — drucksensible Punkte bei Störungen im zugehörigen Areal

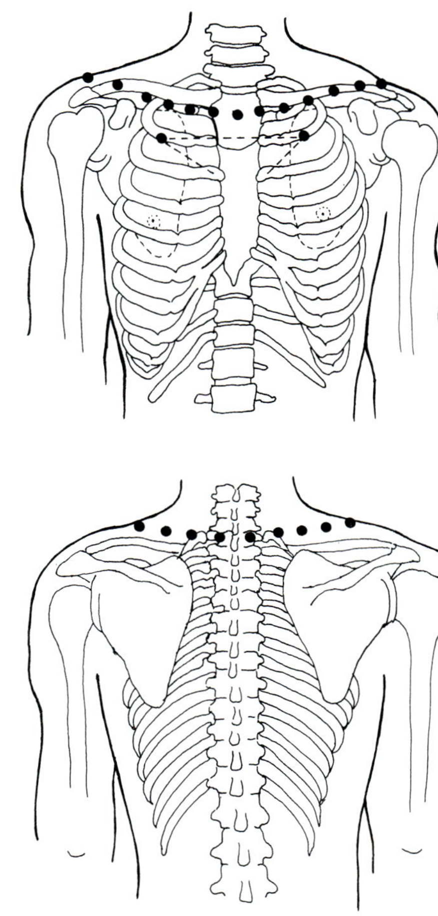

Abb. 7: Lymphgürtel

Störfelder labilisieren das vegetative Grundsystem und können als besonders starke Stressoren angesehen werden, wodurch die Voraussetzung geschaffen wird, daß einfache Reize überschießend beantwortet werden.

SPERANSKI spricht vom sog. „Zweitschlagphänomen", wonach Mikrotraumen, Luftzug, Überanstrengung, emotionaler Streß etc., die primär unterschwelligen Reize des Störfeldes an die Oberfläche kommen lassen. Daraus resultierend können pathogene Rückkoppelungs-vorgänge zu selbstperpetuierenden Schmerzen und Störungen im Regelkreis führen, so daß ein circulus vitiosus entsteht.

Die Symptomatik wird also durch den „Zweitschlag" der selbst nicht einmal pathogenes Ausmaß haben muß, oft erst richtig ausgelöst. Als typisches Beispiel für ein durch ein Störfeld verursachtes labiles Grundsystem ist die Torticollis, welche bereits nach minimalem Luftzug bei vorhergehender Labilisierung durch eine Tonsillitis bzw. einem Zahnherd auftritt.

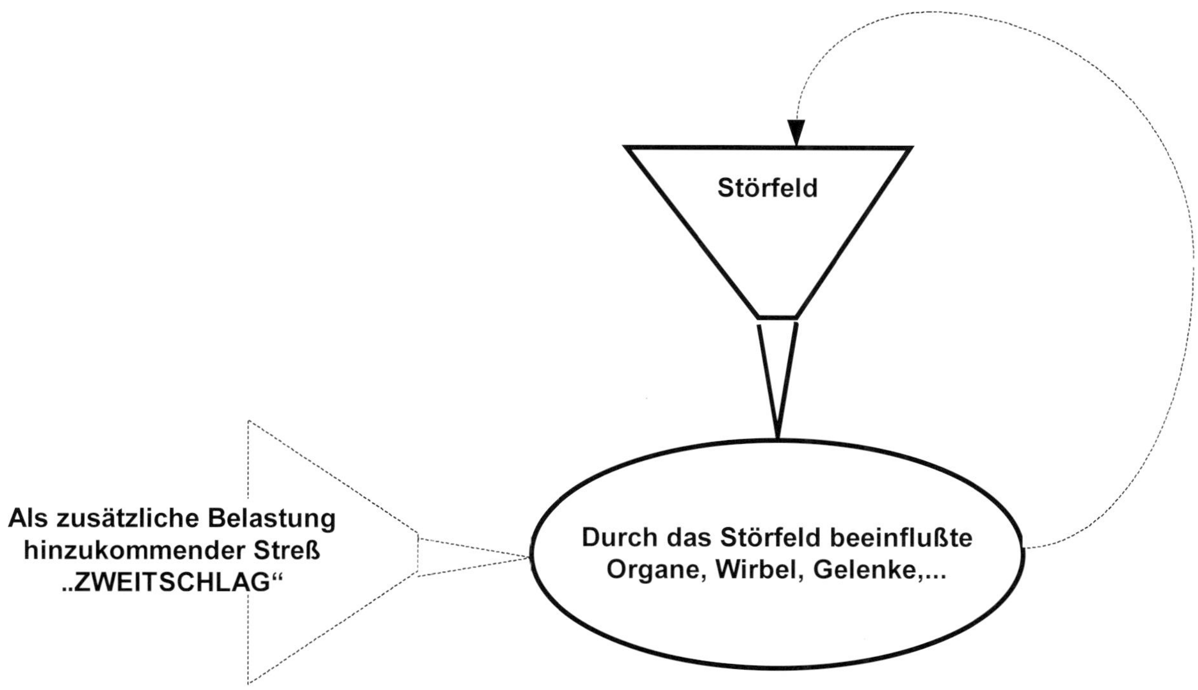
Störfeld
Als zusätzliche Belastung
hinzukommender Streß
„ZWEITSCHLAG“
Durch das Störfeld beeinflußte
Organe, Wirbel, Gelenke,...

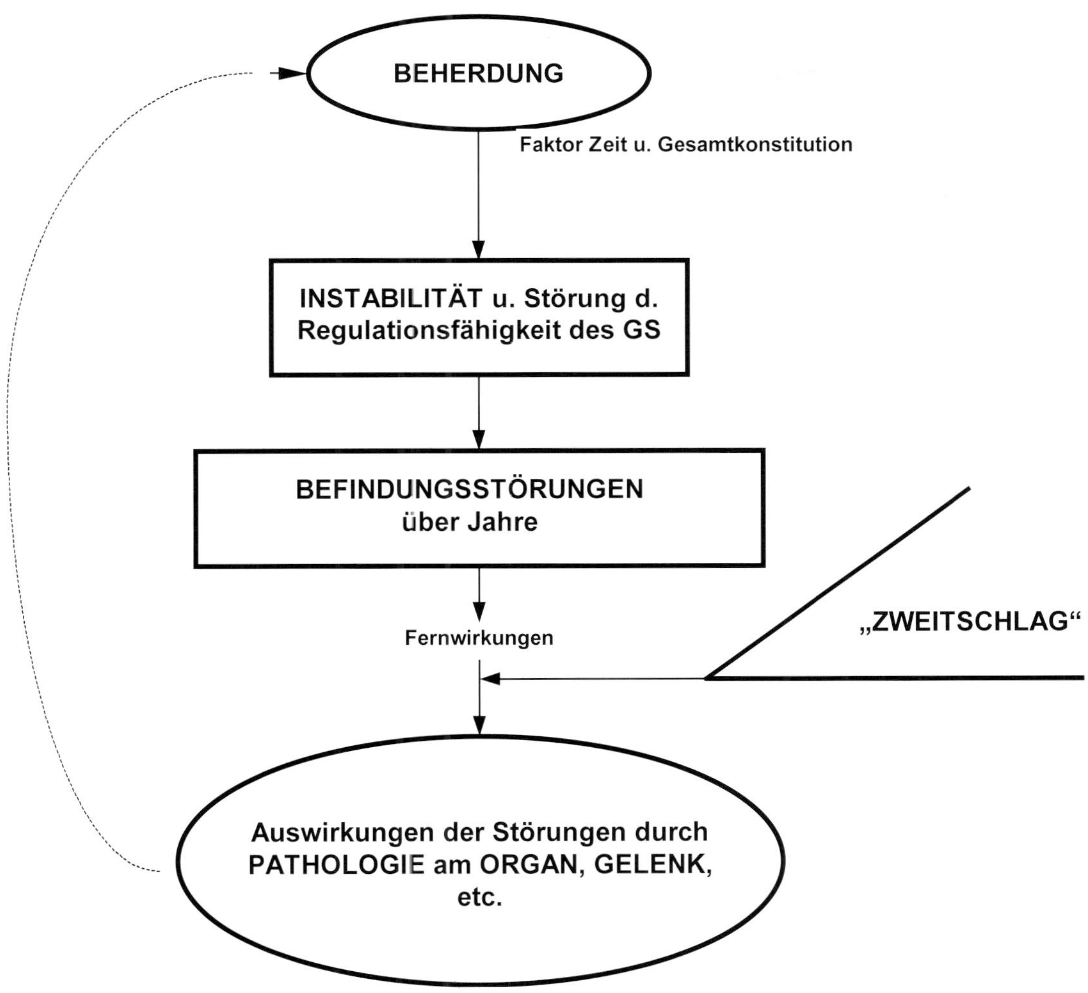
BEHERDUNG
Faktor Zeit u. Gesamtkonstitution
INSTABILITÄT u. Störung d.
Regulationsfähigkeit des GS
BEFINDUNGSSTÖRUNGEN
über Jahre
Fernwirkungen
„ZWEITSCHLAG“
Auswirkungen der Störungen durch
PATHOLOGIE am ORGAN, GELENK,
etc.

Über den Herd als Fernwirkungsfaktor schreibt der Wissenschaftler O. Bergmann:

„Einer linear-monokausalen Betrachtung bleibt das Auftreten einer herdinduzierten Symptomatik in mehr oder minder großer Entfernung vom Herd unverständlich. Beachtet man aber die im vorhergegangenen nur angedeuteten kybernetischen Zusammenhänge, so ergibt sich die Fernstörung als logische Konsequenz des Herdgeschehens.

Die herdbedingten Signale sind unterschwellig und permanent, daher ist der Herd selbst asymptomatisch. Es werden aber infolge des Divergenzprinzips durch sie eine Vielzahl von Neuronen erregt. Trifft nun eine Körperregion, deren Versorgungsneurone vorerregt sind, ein zweiter ebenfalls unterschwelliger Reiz, so wird dieser infolge der gesenkten Reizschwelle inadäquat, überschießend beantwortet. Ich erinnere an den Luftzug als Auslöser des Muskel-Hartspanns.
Daraus ergibt sich für die Pathogenese herdbedingter Symptome die Konsequenz, daß es keine monofokal bedingte Herdkrankheit im klassischen Sinne gibt. Vielmehr ist zur klinischen Manifestation der herdbedingten Regulationsstörungen das Zusammentreffen mehrerer Faktoren Voraussetzung:

Zum Beispiel:

- eine Vielzahl von Herden als seltenster Fall,
- Herd und angeborene oder erworbene Organminderwertigkeit,
- Herd und Streß,
- Herd und Infektions- oder andere Krankheit,
- Herd und altersbedingte Organschwäche oder Organanfälligkeit.

Daraus ergibt sich aber in weiterer Konsequenz, daß der Herd in jedem pathologischen Geschehen eine Rolle als Gestaltungsfaktor spielt.

Klinische Manifestationen des Störfeldgeschehens

Die Untersuchungen unseres Teams zeigten am Beispiel der Erkrankungen des rheumatischen Formenkreises, der multiplen Sklerose und der chronischen Lungentuberkulose, daß Patienten mit chronischen Krankheiten obligat durch multiple Herde oder Störfelder belastet sind.

Chronizität

Die herdbedingten Regulationsstörungen scheinen bei einem Großteil dieser Patienten die eigentliche Ursache dafür zu sein, daß diese Krankheiten chronisch verlaufen, wie der therapeutische Versuch an den erwähnten Krankheiten bewiesen hat.“

aus FACULTAS, „Herd - Störfeldgeschehen“

Hopfer (Wien) und Kramer geben nach ihren jahrzehntelangen Erfahrungen die am meisten vorkommenden odontogenen Herde an:

- unvollständig abgefüllter Wurzelkanal
- komplette und dichte Wurzelfüllung
- erweiterter Periodentalspalt
- diffuser periapikaler Herd
- abgegrenzter periapikaler Herd
- Restostitiden
- Wurzelspitzenresektionen
- Rezidiv nach Resektionen
- retinierter oder halbretinierter Zahn
- distale Osteolyse (SOLLMANN)
- Fremdkörpereinschlüsse
- Wurzelreste
- Zysten
- Fausse route mit leerem Restkanal
- seitliche Aufhellung
- Mortalamputation
- Vitalamputation
- Milchzahnrest
- Ostitis und Milchzahnrest
- Zahnkeim

- überstehende Füllung mit interdentalem Knochenabbau
- Septumdystrophie
- Septumveränderungen im Sinn einer Parodontose
- Paradontopathien
- Zahnfraktur
- Zahnluxation
- gekippter Zahn
- Wurzelresorption beim lebenden Zahn
- Zahn mit verringerter Vitalität
- chronische Pulpitis

Während einer großen Trockenheit in einem Gebiet in der Nähe der Sahara starben viele Tiere, das Gras kümmerte dahin und die Wüste breitete sich immer mehr aus. Bäume und Sträucher verdorrten, Brunnen, Quellen und Flüsse versiegten. Es gab allerdings eine Blume, welche die Dürre überlebte. Sie wuchs nahe der letzten knapp vor dem versiegen stehenden Quelle. „Wenn rundherum alles stirbt, wozu soll ich mich noch als letzte Quelle darum bemühen, die spärlichen Reste von Wasser aus der Erde zu holen?" Ein alter Baum beugte sich in diesem Moment über die Quelle und sagte kurz bevor er starb: „Ach du liebe Quelle, es erwartet von dir doch niemand, daß du die ganze Wüste zum Erblühen bringst. ***Es ist deine Aufgabe einer einzigen Blume Leben zu spenden, mehr nicht.***"

Märchen aus Afrika

RAMANA MAHARSH: There is nothing to gain. Abandon all imaginings and know yourself as you are. Self-knowledge is detachment. All craving is due to a sense of insufficiency. When you know that you lack nothing, that all there is, is you and yours, desire ceases. ***To know yourself, be yourself.*** *To be yourself, stop imagining yourself to be this or that. Just be. Let your true nature emerge. Don't disturb your mind with seeking.*

B

PSYCHE

- **Zahn und Psyche** R. DAHLKE (D)
- **Das Analogiedenken in der Zahnheilkunde** A. ROISSANT (D)
- **Satirische Darstellung der Zahnärztin** D. BITTRICH U. L. SCHÖNE (D)

Psychosomatische Bezüge der Zähne
Zahnentwicklung und ihre Bedeutung

DR.R. DAHLKE

Die Bedeutung der Zähne läßt sich bereits an der Art und Weise erkennen, wie sie in unser Leben treten. Ab dem 6. Monat zahnen die Kinder und erleben unter Schmerzen wie das Aggressionsprinzip gewaltsam in ihr Leben tritt. Der erste Zahn ist bezeichnenderweise ein Schneidezahn, der sich im wahrsten Sinne des Wortes seinen Weg durch das empfindliche Zahnfleisch schneidet. Die daraus folgende Entzündung zeigt, wie heiß und konfliktgeladen das Thema ist, das sich hier Bahn bricht. Die zahnenden Babys reagieren auf die Schmerzen je nach Veranlagung mit Schreien, stillem Weinen oder richtiggehendem Zorn. Oft ist es gar nicht leicht zu entscheiden, ob sie noch vor Schmerz oder bereits aus Wut über die Situation heulen. Die bayrische Mundart benutzt den Ausdruck „zahnen" ganz allgemein für Weinen und all seine tränenreichen Spielarten.

Die meisten Kinder reagieren auf diesen Einbruch von Verletzung und Schmerz äußerst ungehalten und machen damit eine generelle Einstellung gegenüber Aggression deutlich. Nicht selten zieht sich diese Ablehnung durch das ganze spätere Leben. Mit dieser Haltung machen sie es sich und ihrer Umgebung nicht leicht. Sie haben noch nicht gelernt, still vor sich hin zu leiden und aggressive Äußerungen aus Rücksicht auf die Umwelt zu unterdrücken. Je vitaler das Baby, desto länger wird es sich weigern, diese krankmachende Politik zu übernehmen und im Gegenteil seine aggressiven Regungen ungehemmt, unter voller Ausschöpfung der wenigen Möglichkeiten ausleben, die ihm in dieser frühen Zeit zur Verfügung stehen. Neben Schreien, Wimmern und Nörgeln kommen hier die ersten Beißversuche ins Spiel. Es ist die Zeit der Beißringe und manchmal ist auch die mütterliche Brust die Leidtragende. Wenn sich das Baby aber nicht konsequent auf diese sozial anerkannte Beißebene umstellen läßt und weiterhin lieber die Eltern mit seinem beißenden Schreien und wütenden Gebrüll nervt, werden diese irgendwann auch wütend. Das ist lediglich eine Zeitfrage und beruht auf der Tatsache, daß fast jeder Mensch dieser Gesellschaft auf unterdrückte Aggressionen zurückgreifen kann. Das wird immer dann geschehen, wenn diese durch äußere Aggression wiederbelebt werden.

Das Thema, das hier vehement ins Leben drängt, wird so auf allen Ebenen sichtbar, wobei die Reaktionen der Eltern zum Glück für das Überleben der Menschheit bereits viel gehemmter als die der Kinder sind. Sie werden ihre Aggressionen höchstens indirekt zurückgeben, im allgemeinen aber andere Ventile finden — etwa in Form *scharfer* Worte und *bissiger* Bemerkungen untereinander. Vielfach haben „gute Eltern" ihre Aggressionen schon so „gut im Griff", daß sie sich in *zerknirschter Verbissenheit* einfach in diese schwierige Zeit fügen.

An dieser frühen Entwicklungsphase mag noch eine weitere mit den Zähnen verbundene Bedeutungsebene verdeutlicht werden. Während der ersten sechs Monate, wo das Kind zahnlos ist, kann es lediglich saugen und ist auch sonst in seinen Lebensäußerungen eher beschränkt. Es mangelt ihm gewissermaßen noch an Vitalität und z.B. auch an der Kraft, die Eltern zu attackieren und zornig zu machen. Dies findet eine körperliche Entsprechung nicht nur im zahnlosen Mund, sondern z.B. auch im noch unvollständigen Immunsystem. Erst wenn die entsprechenden Antikörper gebildet und die ersten Zähne durchgebrochen sind, ist es möglich, Aggressionen auf der Körperebene entsprechend kämpferisch auszuleben. In dieser Zeit des Zahnens nehmen die vitalen Möglichkeiten auf allen Ebenen zu.

Der Vitalitätsmangel, der sich im zahnlosen Mund ausdrückt, wird im Greisenalter noch deutlicher. Die alte zahnlose Hexe im Märchen ist geradezu ein Symbol für den Mangel an eigener Vitalität und trachtet Kindern nach deren ungebrochener Lebenskraft.

An die Phase des Saugens schließt sich in den nächsten sechs Monaten die des Beißens und der Einübung von Aggression an. Kauen wird erst mit einem Jahr möglich, wenn die ersten Mahlzähne des Milchgebisses durchbrechen. In der Zeit davor muß daher noch Breinahrung gefüttert werden, die Umwelt leiht dem Kind die fehlende Möglichkeit des Kauens. In sogenannten primitiven Gesellschaften wird die Nahrung tatsächlich noch von der Mutter vorgekaut.

Der Ausdruck „Milchgebiß" ist insofern eine Verharmlosung, als gerade in dieser Zeit die eindeutig aggressiven Zähne überwiegen. Acht Schneide- und vier Eckzähnen stehen lediglich acht Mahlzähne, sogenannte Milchmolaren gegenüber. Die aggressive Aufgabe der acht Schneidezähne wird schon an der Form deutlich, die ausgesprochen phallisch ist, und mit ihrer einen Wurzel wie ein Donnerkeil oder megalithischer Menhir wirkt. Die scharfen Kanten erinnern an Meißel. Nebeneinander aufgereiht bilden die Schneidezähne eine Phalanx von aufrechten Kämpfern, der Pallisadenbefestigung eines Forts im Wilden Westen nicht unähnlich. Manche Eingeborenenstämme Afrikas feilen sie sich tatsächlich spitz, um diesen Aspekt noch zu betonen. In unserer Kultur setzt man da schon eher auf *spitze* Bemerkungen, *bissige* Argumente und eine *scharfe* Zunge. Offene Aggression zur Schau zu stellen, vermeiden wir dagegen. Wer von Natur aus zu solch ehrlicher Demonstration gezwungen ist, weil etwa seine Schneidezähne aggressiv nach vorne weisen, wird alles daran setzen diesen offensiven Anblick zu verschleiern. Der Volksmund spricht vom Pferdegebiß und die Medizin taktvoll lateinisch von der Protrusio. Der Betroffene wird sich entstellt fühlen, wobei die Wahrheit nur zu ehrlich dargestellt ist. Mit zahnärztlicher Hilfe wird er nichts unversucht lassen und den demaskierenden Mißstand (seiner Schneidezähne) mit nackter Gewalt zurechtbiegen lassen. Seine Aggressionswerkzeuge werden „gezügelt" und mit sanftem aber stetigem Nachdruck „zurückgenommen". Nach innen weisende Frontzähne sind den betroffenen Trägern bei weitem nicht so peinlich, ist doch auch die hierdurch signalisierte Autoaggression bei uns wesentlich weniger verpönt.

Die Reihe der Schneidezähne bildet aber nicht nur ein schützendes Bollwerk, sondern dient vor allem auch dem Zubeißen. Hier dürfte der Ausdruck „bis an die Zähne bewaffnet" seine Wurzeln haben. Wer ebenmäßige, vor Kraft strotzende und weiß strahlende Frontzähne hat, kann sich im Vertrauen auf seine gesunde Aggression beruhigt auch an andere Fronten wagen und anderen schon mal die *Zähne zeigen*. Er wird sie beim Lachen auch gerne entblößen und solcherart demonstrieren, was er an Vitalität und Kraft zu bieten hat. Sind sie dagegen schief und strahlen nicht in weißer Unschuld, wird das Lächeln eher gequält ausfallen. Ein disharmonisches Gebiß verleiht schnell etwas Unsympathisches und Brutales. Wer kunterbunt durcheinandergeratene Aggressionswerkzeuge zur Schau stellt und Harmonie in diesem Bereich vermissen läßt, ist seinen Mitmenschen spontan verdächtig. Betont massive Frontzähne im Sinne mancher Nagezähne verleihen ihrem Besitzer etwas Bissiges und sind daher äußerst unbeliebt. Nicht nur die nagende Komponente wird hier herausgestellt, sondern auch der Besitzaspekt. Vom Eichhörnchen, das diese Signatur verdeutlicht, leitet sich die „Aktion Eichhörnchen" ab, die auf Vorratbildung zielt. Der Volksmund kennt den ebenso respektlosen wie treffenden Ausdruck „Raffzahn".

Die Eckzähne vertreten das aggressive Prinzip sowohl durch ihre Signatur wie durch ihre Herkunft, gehen sie doch entwicklungsgeschichtlich auf die Reißzähne der menschlichen und vor allem tierischen Vorfahren zurück. In ihrer lateinischen Bezeichnung „canini" ist unschwer der Hund zu erkennen. Die durch sie ausgedrückte Gefährlichkeit wird besonders beim mythologischen Bild des Vampirs deutlich, wo es ja gerade die betonten Eckzähne sind, von denen der Schrecken ausgeht. Wie sehr diese Signatur wirkt, kann man im Fasching leicht ausprobieren: Das hübscheste Gesicht bekommt durch die Betonung der Eckzähne sofort etwas äußerst Erschreckendes und läßt die Assoziation des blutigen Aussaugens auftauchen.

Diese Fangzähne sind bei Schlangen zum zentralen Gebißteil geworden und lassen an ihrer aggressiven Giftigkeit keinen Zweifel, selbst bei ganz harmlosen Schlangen. Wenn Raubtiere aggressiv werden, fletschen sie die Zähne, und es sind wieder die ausgeprägten Reißzähne, die ihre Gefährlichkeit verkörpern. Wenn ein Mensch einem Anderen die *Zähne zeigt*, muß das nicht unbedingt körperlich geschehen, der Sinn aber bleibt derselbe. Unsere inzwischen fast auf die Größe der übrigen Zähne reduzierten Eckzähne lassen vermuten, daß die Menschheit in jüngeren Stadien aggressivere Zeiten und Lebensformen durchlaufen hat.

Das spiegelt auch die Tatsache, daß unsere 12 ersten Zähne ausschließlich aggressiven Charakters sind. Mit acht Schneide-, vier Eck- und nur acht Mahlzähnen ist unser Milchgebiß auch noch überwiegend aggressiv ausgerüstet. Folglich stehen die ersten 12 Lebensjahre unter verstärktem Einfluß des aggressiv-marsischen Prinzips — die zweite Hälfte des ersten Lebensjahres in ganz besonderem Maße, denn in dieser Zeit verfügt das Kind nur über primär aggressive Zähne.

Die acht sogenannten Milchmolaren brechen erst im Laufe des zweiten Lebensjahres durch. Der Ausdruck geht auf das Lateinische „mola" (Mühle) zurück. Zwar hat das Kauen auch noch einen aggressiven Anteil, wird doch die Nahrung mit enormer Gewalt zerquetscht. Zusätzlich kommt aber hier das zweite zentrale Prinzip für die Zähne, das Saturnine, ins Spiel. In dem Ausdruck „Gottes Mühlen mahlen langsam" ist es sehr treffend verdeutlicht. Hier ist keine Eile, kein hastiges Zubeißen mehr notwendig, sondern stetiges Zerkleinern mit Nachdruck, Bestimmtheit und dem Ziel zum Wesentlichen vorzudringen. Seinen Teil vom Kuchen hat man sich bereits abbeißend erobert, jetzt geht es um Verarbeitung. Ihre Form läßt die Mahlzähne dazu bestens geeignet erscheinen. Gegenüber der phallischen Signatur der Schneidezähne beeindruckt der klotzig gedrungene Körper, der oben von vier bis fünf Kauspitzen gekrönt ist und nach unten einem Tintenfisch ähnlich in mehrere Wurzelspitzen ausläuft. Auch vom Material her wären die Zähne dem saturninen Prinzip zuzuordnen, sind sie doch *knochenhart*.

Ihre äußere Schicht, der Schmelz, ist noch härter als Knochen und das härteste und widerstandsfähigste Material über das der Körper überhaupt verfügt.
Im endgültigen Gebiß spielen die Backen- und Mahlzähne die entscheidende Rolle, was schon daraus zu ersehen ist, daß der erste bleibende Zahn der vorderste Molar ist. Er bricht im Alter von 6 Jahren durch und beendet die Kindheit. Zahlenmäßig geraten die mahlenden Zähne gegenüber den 12 aggressiven Vorderzähnen allmählich in die Überzahl und stehen ihnen endlich im Idealfall zu zwanzigst gegenüber.
Während die Eckzähne das Opfer reißen, die Schneidezähne sich ihren Teil herausbeißen und so beide ursprünglich der Nahrungsbeschaffung dienen, beginnt mit den Mahlzähnen der eigentliche Verdauungsakt. Wie die Mühlsteine langsam und gründlich das Mehl, also das Wesentliche, aus dem Korn herausholen, sollten auch die Molaren das Wesentliche aus der Nahrung herausmahlen Beim Mahlen geht es immer darum, die Dinge auf das Wesentliche zu reduzieren, ihr Wesen zu befreien — ob das wahre Wesen nun durch Gottes langsam mahlende Mühlen zu Tage gefördert wird oder Kripobeamte einen vermeintlichen Delinquenten „durch die Mühle drehen", um ihre Wahrheit herauszubekommen. Auch wenn wir uns vermählen, geht es offenbar darum das Wesentliche von zwei Menschen zusammenzubringen. Werden zwei Getreidesorten zusammen gemahlen, sind sie untrennbar miteinander vermischt. Um solch eine untrennbare Vermählung ging es ursprünglich beim Heiraten. Der Gemahl ist der, mit dem man zusammengemahlen und eins geworden ist, um das Leben zusammen zu verdauen. Hat die Vermählung zu einer wirklichen Einheit nicht geklappt, liegt die Gefahr nahe, sich statt dessen gegenseitig in der Ehe zu zermahlen. An diesem Beispiel mag deutlich werden, daß von ihrer Funktion her auch in den Mahlzähnen noch ein erhebliches Aggressionspotential steckt.
Die **Weisheitszähne**, die zu den Mahlzähnen zu rechnen sind, verdanken ihren anspruchsvollen Namen ihrem späten Erscheinen mit dem frühestens nach dem 16. Im allgemeinen aber erst jenseits des zwanzigsten Lebensjahres zu rechnen ist. Nicht selten fällt die Weisheit auf dieser Ebene ganz aus. Selbst wenn sie noch durchstoßen, haben die Weisheitszähne bei den allermeisten Menschen Rückbildungserscheinungen Oft finden sie nicht mehr genug Platz im Kiefer und bleiben bei ihrem Durchbruchsversuch stecken. Das wiederum führt zu chronisch entzündlichen Herden, die die Zahnärzte zur Extraktion der Störenfriede animieren. Allerdings gibt es diesbezüglich auch kritische Stimmen, der Zahnmediziner ROSSAINT betont z.B. die wichtige Stellung der Weisheitszähne im energetischen Gesamtgefüge und belegt, daß ihre Entfernung häufig keine befriedigende Lösung darstellt. Das ist auf symbolischer Ebene nachvollziehbar: Das Grundproblem, daß jemand den Prinzipien der Reduktion und Aggression in seinem Mund, bzw. Leben keinen Raum geben will, wird ja durch das Reißen des Zahnes nicht gelöst. Zwar kommt in dem aggressiven Akt des Reißens und dem vorhergehenden Stich mit der Spritzennadel einige Aggression zum Ausdruck, der chronische Entzündungsherd aber verkörpert mehr. In der Entzündung wird der aggressive Konflikt somatisiert, in ihrem chronisch schwelenden Verlauf aber auch die Beharrlichkeit des Saturninen.
Daß die Weisheitszähne sich zurückbilden und kaum noch Platz im Kiefer finden, ließe vordergründig an eine parallele Entwicklung der Weisheit denken, nach dem Motto: Sie stört heute eher und findet keinen Platz mehr. Dafür wären sicher auch Argumente zu finden. Allerdings ist die Beziehung zur Weisheit mit dem späten Auftreten nur schwach belegt. Näher läge noch ein Bezug zum Herzen, fallen die Weisheitszähne nach der chinesischen Akupunkturlehre doch in den Funktionskreis Herz/Dünndarm.
Vor allem aber lassen sich an ihrer Rückentwicklung allgemeine Tendenzen bezüglich der betroffenen Lebensprinzipien festmachen: Der erste Impuls der Zahnentwicklung liegt im marsisch-aggressiven Bereich bei den Schneidezähnen. Der letzte Impuls dagegen betrifft das saturnin-reduzierende Prinzip. Die Weisheitszähne würden den (Zahn-)Kreis schließen. Doch dazu kommt es eben nur noch selten. Das läßt darauf schließen, daß wir nach den Schwierigkeiten mit dem Aggressionsprinzip gegenüber dem saturninen und seiner Reduktion auf das Wesentliche noch mehr Probleme haben. Dafür sprechen nicht nur die Existenzprobleme der Weisheitszähne, sondern auch die Tatsache, daß die mahlenden Zähne viel anfälliger für Verfallserscheinungen wie Karies sind. Daß es sich dabei in unseren Breiten um eine unübersehbare Seuche handelt, die fast die gesamte Bevölkerung erfaßt hat, entwertet diesen Hinweis nicht. Es zeigt im Gegenteil, daß hier ein umfassendes gesellschaftliches Problem besteht. Wir haben kollektiv nicht nur Probleme mit dem Zubeißen, sondern vor allem auch mit dem Mahlen und Herausarbeiten des Wesentlichen. Praktisch alle Ärzte, die sich mit Ernährungsfragen beschäftigen, stellen übereinstimmend fest, daß wir viel zuwenig kauen. Vom Gebiß her betrachtet wäre aber, abgesehen von den ersten zehn Jahren, wo das aggressive Moment im Vordergrund steht, Mahlen und Weiterverarbeiten die vorrangige Aufgabe.
In seiner grandiosen Anpassungsfähigkeit reagiert der Organismus auf alle Veränderungen und bildet zurück, was nicht mehr gebraucht wird. Sobald man Muskeln, z.B. in einem Gipsverband ruhig stellt und nicht mehr benutzt, bilden sie sich zurück. Unser weniges Kauen läßt offenbar bereits vier Mahlzähne überflüssig er-

scheinen. Wir geben dem Kauen keinen Raum mehr und der Körper entzieht den entsprechend überflüssigen Werkzeugen ihren Lebensraum. Wenn die Entwicklung in dieser Richtung weitergeht, werden die Menschen in Zukunft immer weniger Mahlzähne haben. Da diese im Erwachsenenalter überwiegen sollten, entwickelt sich unser Gebiß folglich auf Kinderniveau zurück. Wieder zu werden wie die Kinder ist zwar ein biblischer Auftrag, aber nicht in körperlicher, sondern in geistiger Hinsicht. Noch ein anderer Aspekt dieses Problems wird hier sichtbar. Auch wenn das zahnlose Greisenalter dem ebenso zahnlosen Säuglingsalter entspricht, ist es doch ein Unterschied, ob man ganz in den Erwachsenenpol hinein gewachsen ist und dann zurückkehrt, oder schon umkehrt, bevor sich der Kreis geschlossen hat. Unser Gebiß zeigt uns, daß die Menschheit immer weniger Platz für Zähne und die von ihnen verkörperten Themen Aggression und Reduzierung auf das Wesen(tliche) hat.

Betrachtet man die Zahnentwicklung zusammenfassend, läßt sich feststellen, daß es zu Anfang ausschließlich um das Thema Aggression geht und dann allmählich jenes der Reduktion hinzutritt und an Bedeutung gewinnt, ohne jedoch die zentrale Stellung der Aggression in Frage zu stellen.

Parallel mit der Zahnentwicklung verläuft jene der Vitalität. Mit vollendetem Gebiß ist auch unsere Lebenskraft auf der Höhe. Das ist sofern nicht erstaunlich als Lebenskraft und Aggression zwei Worte für dieselbe Energie sind, die lediglich von uns unterschiedlich bewertet werden. Bei der Geburt sieht man sehr deutlich, daß es sich hier um ein und dieselbe Kraft handelt. Wie tief dieses Wissen, daß die Vitalität in den Zähnen sichtbar wird, in der Volksweisheit verankert ist, zeigt der Spruch: Einem geschenkten Gaul schaut man nicht ins Maul, denn da würde man über die Zähne die Vitalität und damit den Preis des Tieres erkennen.

Ein weiterer wichtiger Bezug der Zähne reicht zur Potenz, insbesondere der sexuellen, als einer anderen Ausformung der Lebenskraft. Zahnausfall im Traum wird in der psychoanalytischen Literatur regelmäßig als Angst vor Potenzverlust interpretiert. Tatsächlich entwickelt sich unser bleibendes reifes Gebiß gerade in der Zeit, wo auch die reife genitale Sexualität sich auf ihren Durchbruch vorbereitet. Zudem spielen die Zähne auch in der Sexualität eine gewisse Rolle, ist Aggression doch deren eine Hälfte. Die im Organismus angestrebte „Harmonia" gilt der Mythologie als Tochter des Kriegsgottes Mars und der Liebesgöttin Venus. So ist es nicht weiter verwunderlich, wenn sich Liebende neckend beißen und sich mit diesen Liebesbissen zeigen, daß sie sich *zum Fressen gern* haben.

Schließlich spielen die Zähne auch beim Sprechen noch eine nicht zu unterschätzende Rolle. Erst mit dem Durchbruch der Zähne beginnt das Kind sich auch verbal auszudrücken. Wie hinderlich Zahnlücken beim Sprechen sind, kann man dann später beim Wechsel vom Milch- zum Erwachsenengebiß sehen. Die Rolle der Zähne beim Sprechen bestätigt wiederum ihre schon aufgezeigte Beziehung zur Aggression. Wir brauchen Zähne, um die sogenannten dentalen Laute d, t, ts, s, z, n, l und r zu bilden. Auch die labiodentalen Laute p, pf, v und f bedürfen, wie der Name schon sagt, der Mitarbeit der Zähne. Lediglich bilabiale Laute wie das weiche M werden weiter vorne und ohne Mitwirkung der Zähne geformt. In dem Ausdruck „durch die Zähne zischen" kommt die Bedeutung der Zähne bei der Sprachbildung auch lautmalend zum Ausdruck.

Eskalation der Aggression im Hinblick auf die Zähne

Die Betrachtung der verschiedenen Phasen des Grundthemas Aggression erleichtert die spätere Zuordnung der Symptome. Als wesentliche Lebensenergie, die in ihrer Bedeutung der Liebe nicht nachsteht, kann Aggression nicht vermieden werden, sondern muß in irgendeiner Weise in unserer Existenz Bahn brechen. Nicht umsonst beginnt das Leben in dieser polaren Welt mit Aggression. Das Kind muß sich Kopf voraus ins Leben stürzen und dabei den Widerstand des Gebärmutterhalses und des Dammes niederkämpfen. Will es leben, muß es in diesem Freiheitskampf siegen und kein Damm kann es halten. Dabei entstehen Verletzungen bei der Mutter und Schmerzen bei beiden. Es fließt Blut und es wird geschrien. Um so größer der Widerstand ist, desto heftiger entbrennt der Kampf. Letztlich hilft nur aggressive vorwärtsdrängende Energie in Form von Preßwehen und Nachdruck. Das Kind muß mit dem Kopf durch die Wand bis diese durchbrochen ist.

Je weniger wir dieser Urkraft bewußt Raum in unserem Leben schaffen, desto weiter wird sie in den Schatten sinken. Schließlich wird sie sich wieder verkörpern und findet im Zahnbereich ein natürliches Ausdrucksfeld.

Die gesündeste Form, hier Aggression zu verkörpern, besteht in herzhaftem Zubeißen und gründlichem Kauen auf der Basis gesunder kräftiger Zähne, die in einem gut durchbluteten Zahnfleisch ruhen und über vitale Wurzeln verfügen.

Auf der übertragenen Ebene entspricht dem gesunde Durchsetzungsfähigkeit, der Mut, erste Schritte zu tun auf der Grundlage eines ausgeprägten Urvertrauens. Solch ein Mensch hat Biß, ohne deshalb bissig zu sein. Er kann sich jederzeit seinen Teil abbeißen und — wenn es notwendig wird — auch richtig zubeißen. Daher muß er nicht ständig mit bissigen Bemerkungen seinen diesbezüglichen Nachholbedarf zeigen. Aber auch der **bissige Mensch** lebt seine Aggressionen noch aus und solange er seine Bissigkeit kennt und zu ihr steht, wird er keine Gebißprobleme bekommen.

Der tobende, ständig aggressiv explodierende Mensch von **cholerischem Temperament** lebt seine Aggression immerhin noch aus, wenn auch auf einer deutlich weniger bewußten Ebene. Das häufige, ja regelmäßige Benutzen solcher Ventile kann verhindern, daß sich seine Aggressionen über den roten Kopf, den steigenden Puls und Blutdruck hinaus verkörpern und z.B. in verengten Gefäßen oder am Gebiß niederschlagen. Solch heftige Wutausbrüche bzw. -anfälle, die bis zum heiligen Zorn reichen können, richten sich gegen Widerstände, die man zwar nicht mag, aber unter Schwierigkeiten für überwindbar hält. Wenn cholerische Ausbrüche in unserer Gesellschaft auch recht negativ bewertet werden, sind sie doch gesundheitlich eher harmlos — immerhin darf sich hier die Aggression noch unüberseh- und hörbar in Schreien und Toben Luft machen. Die Betroffenen können ihrer Umwelt noch die *Zähne zeigen* und sich zur Not auch durch schwierige Situationen *durchbeißen*.

Wirklich gesundheitsschädlich wird es erst, wenn sich Aggression aus verschiedensten Rücksichten auf Erziehung, guten Ton oder andere Zwänge nicht mehr ausdrücken darf und auf Schleichwegen in die Körperlichkeit ausweicht. Denn irgendwo muß sie hin. Jede andere Auffassung sitzt der Illusion auf, ein Teil der Welt ließe sich aus dieser hinausschaffen. Bestenfalls läßt sich aber etwas be*seitigen*. Dort, auf der Seite, finden wir es dann als Aufgabe wieder vor.

Der Unterschied zum **jähzornigen Menschen**, der in seinen Wutanfällen völlig außer Kontrolle gerät, liegt vor allem in der unterschiedlichen Einschätzung des Widerstandes. Dieser macht dem Jähzornigen schon soviel Angst, daß er sich nicht traut, ihn wie der Choleriker sofort wütend anzunehmen. So staut sich sein Zorn davor auf. Der aus Angst gebaute Staudamm hält aber nicht unbegrenzt. Wenn er birst, bricht die ganze Flut auf einmal los, der Betreffende explodiert und macht seinem Herzen wieder Luft.

Die **ohnmächtige Wut** bringt uns nach den heißen Aggressionsäußerungen in kühlere Bereiche. Hier ist es bereits wieder möglich, einen kühlen Kopf zu behalten, eine nicht ungefährliche Leistung der Selbstbeherrschung. Hier beginnt die Tendenz, Aggressionen gegen sich selbst zu richten. Der Widerstand scheint hier so unüberwindbar, daß es den Betroffenen völlig aussichtslos erscheint, dagegen anzugehen. In dieser Situation liegt die Gefahr nahe, die nicht ausdrückbare Wut in sich hineinzufressen, z.B. mit dem Effekt, daß sie sich als Säure im Sodbrennen wieder bemerkbar macht. Auch für die Zähne wird es hier gefährlich. Solange die ohnmächtige Wut noch bewußt ist, der Betroffene die *Zähne zusammenbeißt* und auf bessere Zeiten hofft, seine Zerknirschung spürt oder sich mit zynischer Schärfe wappnet, muß die Aggression noch nicht in den Körper ausweichen, da sie ja noch im Bewußtsein Raum findet.

Beim nächtlichen **Zähneknirschen** aber ist die Grenze bereits überschritten, ist es doch ein Zeichen dafür, daß der Betroffene sich seine Zerknirschung im Bewußtsein nicht mehr eingesteht. Sie ist bereits ins Unbewußte, in die dunkle Hälfte des Tages, die Nacht, und in den Körper ausgewichen. Wir haben einen *verbissenen* Menschen vor uns. Diese Verbissenheit mag seiner Umwelt noch bewußt sein, ihm selbst nicht, sonst müßte sie sich nicht nachts unbewußt verkörpern. Das Aggressionspotential, das in seiner Verbissenheit und Zerknirschung steckt, könnte er an der Gefährdung seiner Zähne ablesen. Diese müssen über Nacht mit harten (Plastik)-Bandagen vor den Angriffen ihrer gegenüberliegenden Kontrahenten geschützt werden. Andernfalls würden sie sich mit gewaltigem Kraftaufwand gegenseitig zermahlen und zermalmen. Bildlich klarer läßt sich Selbstzerfleischung nicht mehr darstellen. Sie geht in diesem Fall bis auf die Knochen. Die härteste Körpersubstanz, der Schmelz, wird aufgerieben, und manchmal kommt es bis zum Knochenabbau. Mit dem Schmelz geht eine Substanz dahin, die im übertragenen Sinn ganz wesentlich mit unserer Ausstrahlung verbunden ist. Einem extrem verbissenen Menschen, der den Löwenanteil seiner Energie in inneren nächtlichen Kämpfen verpulvert, fehlt natürlich Ausstrahlung. Sein Schmelz und Charme tendieren gegen Null.

Ohnmächtige Wut kann allerdings auch entstehen, wenn der Widerstand gar nicht so groß, der vorhandene Mut und das Selbstvertrauen aber entsprechend geschwächt und problematisch ist. Dadurch erscheint der an sich harmlose Widerstand trotzdem unüberwindlich. In solch einer Situation wird sich der Konflikt eher im Zahnfleischbereich verkörpern. Das Zahnfleisch gibt dem Zahn ja erst das Umfeld, in dem er seine aggressive oder reduzierende Tätigkeit entfalten kann. Analog ist Urvertrauen die Basis für gesunde Aggression, Mut und Selbstvertrauen. Folglich könnte sich der Konflikt z.B. in einer Zahnfleischentzündung abbilden. Zähnezusammenbeißen, das einem nicht mehr bewußt ist, rutscht auf die Kauebene, und der ständig erhöhte Druck auf die Zähne irritiert das Zahnfleisch bis zur Gingivitis. Immerhin ist hier genug Zahnfleisch vorhanden und damit auch Urvertrauen. Es herrscht lediglich eine konflikt-trächtige Situation in diesem Bereich.

Beim **Haß** sitzt die Aggression noch tiefer und das Ganze tendiert zum Chronischen. Die heiße Wut des Anfangs hat sich abgekühlt zur kalten Wut und sich dann im Haß chronifiziert. Wut kann jederzeit aufflammen, kalter Haß dagegen nur neu angeheizt werden. Ein chronisch schwelender Konflikt wird dabei mit frischer Energie versorgt.

Bei allem chronischen Geschehen ist die Energie weitgehend abgezogen. Der Konflikt wird mit geringerem Einsatz und ohne die Chance auf eine Lösung weiter unterhalten. Der akute Kampf ist nicht mit einer Lösung beendet, sondern mit einem faulen Kompromiß verewigt worden. Auf die Dauer wird sich auch durch die dadurch gebundene Energie summieren und andernorts fehlen. Im Makrokosmos Welt entspräche dem die Situation eines Stellungskrieges, der nicht mehr den ganzen Einsatz beider Kontrahenten fordert, sie aber langsam ausbluten läßt. Im zwischenmenschlichen Bereich entwickeln nicht gelöste oder durch faule Kompromisse scheingelöste Konflikte diese Tendenz. Im Extrem gerinnt die Situation zu kaltem Haß. Bei weitgehend blockierter Energie kühlt sich der Prozeß merklich ab und erscheint nicht mehr vorrangig. Verglichen mit offenen, verlustreichen Schlachten ist der Stellungskrieg kurzfristig von Vorteil. Zwischen den feindlichen Linien herrscht aber dieselbe lebensfeindliche und unpersönliche Kälte, die sich auch im kalten Haß zeigt. Es besteht eine festgehaltene chronische Situation, die in keine Richtung lösbar erscheint und dem Tod zuneigt.

Werden solche Lebenssituationen unbewußt und sinken in den Schatten, liegt die Tendenz nahe, sich in leblosen Gewebesituationen, wie absterbenden Zähnen und Zahnfleischschwund (Parodontose) zu verkörpern. Zurückweichendes Zahnfleisch betont dabei noch mehr das allmähliche Schwinden von Selbstvertrauen und Lebensmut, während tote Zähne auf abgestorbene Aggression und zugrunde gehende Vitalität verweisen. Das Lockerwerden der Zähne bei der Parodontose verrät die haltlose Aggression, die sich hier verkörpert. Tatsächlich bekommt der kalte Haß etwas Ungehaltenes und Unpersönliches. Er ist an einer ganz bestimmten individuellen Situation entstanden, mit seinem Absinken in immer tiefere Schattenschichten verliert er aber den persönlichen Bezug und richtet sich nicht selten gegen die Welt schlechthin. All das ist dem Betroffenen unbewußt, sonst müßten nicht die wackelnden Zähne das Thema stellvertretend verkörpern. Auch eiskalter Haß läßt die Zähne unberührt, sofern er nur bewußt ist.

Noch jenseits des kalten Hasses ist **Rache** angesiedelt. Hier gibt es gar keine Beziehung zum eigenen Herzen mehr. Der eiskalte Rächer des Wilden Westens mag als Beispiel fungieren: Irgendwann in grauer Vergangenheit in seinen Gefühlen schwerst verletzt, hat er diesen abgeschworen und sich statt dessen der Rache verschworen. Diese richtet sich inzwischen schon nicht mehr nur gegen den Übeltäter, sondern gegen alle Verbrecher und eigentlich alle Menschen. Falls es ihm gelingt den ursprünglichen Schurken zu erledigen, ist sein Leben danach leer, und er setzt nicht selten sein nunmehr eigentlich sinnloses Handwerk als eiskalter Racheengel fort. Bereits der Ausdruck Engel verweist auf das Unpersönliche solcher Rachegefühle, der Rächer schwebt sozusagen über den Dingen und der Welt. Solange solche Gefühle bewußt sind und wie im Wildwestmilieu sogar ausgelebt werden, sind die Zähne sicher. In die Tiefen des Unbewußten verdrängt, kann sich die Todeskälte solcher Aggressionen leicht in absterbenden und frühzeitig ausfallenden Zähnen und einem entsprechend kalten und unterernährten Herzen niederschlagen.

Eine letzte Steigerung wäre die Verfluchung, aggressive Energie, die sich über dieses Leben hinaus richtet und sich auf entsprechenden metaphysischen Ebenen niederschlägt, die hier nicht Thema sein können. Die von 1. bis 6. abnehmende Wärme bzw. Zunehmende Kälte der Gefühle entspricht jener der Symptome. Sowohl Gefühle als auch Symptome werden ebenfalls in dieser Reihenfolge unpersönlicher. Bei therapeutischem Eingreifen muß es darum gehen, die kalten unpersönlichen Ebenen wieder in heiße persönliche zurückzuverwandeln, bzw. Den Weg von 6. über verschiedene Zwischenstufen zurück zu 1. zu suchen.

Eine andere Variante des unerlösten Umgangs mit Aggression wäre deren Kastration, bzw. Der Versuch, sie gegen sich selbst zu richten, wie wir es beim Nägelbeißen erleben oder bei Patienten, die sich einen Zahn nach dem anderen ziehen lassen. Im ersten Fall übernimmt man wenigstens noch selbst das schmutzige Geschäft und beißt sich die eigenen Krallen ab, bevor sie Unheil anrichten können. Im zweiten Fall delegiert man das ganze an den Zahnarzt. Bezüglich der Energieabfuhr ist folglich Nägelbeißen noch effizienter als Zähne ziehen lassen. Das Zerbeißen der eigenen Zähne an harten Gegenständen wie Bierflaschenverschlüssen und dergleichen ginge in eine ähnliche Richtung. Die Angst vor der eigenen Aggression steht hier Pate bei der Mutprobe. Wer sich seine Krallen abbeißt und Zähne ziehen läßt hat offensichtlich Angst vor den eigenen Aggressionswerkzeugen und sorgt dafür, sie loszuwerden.

Symptombilder

Das wichtigste Symptom an den Zähnen ist das verbreitetste überhaupt: **Karies**. Die lateinische Übersetzung ist peinlich ehrlich, lautet sie doch schlicht Fäulnis. Individuell und kollektiv, ja weltweit deuten kariöse Zähne auf angefaulte Lebenskraft. Das härteste an uns wird weich und brüchig, der Zahnschmelz schmilzt dahin. Die Folgesymptome sind genauso ehrlich, tut uns doch bald das Beißen weh, woraus sofort eine Beißhemmung wird. Wir stehen nicht mehr zu unserer Lebenskraft, zu unseren Aggressionen und machen es uns nicht bewußt. So zwingen wir das Thema auf die Körperbühne, wo es spür- und sichtbar wird. Sogar ruchbar kann es wie jede Fäulnis werden und damit anzeigen, wie sehr uns unsere Aggressionen stinken und wie wir sie herunterkommen lassen.

Nur äußerst widerwillig, wenn es nicht mehr anders geht und unter dem Druck von Schmerzen, gehen die meisten Menschen schließlich zum Zahnarzt. Sie wissen instinktiv, daß sie dort dem verhaßten Thema Aggression begegnen. Wenn es sich gar nicht mehr aufschieben läßt, und bevor sie noch selbst vor Schmerz aggressiv würden, delegieren sie es dann doch an den Spezialisten. Mit spitzen Spritzen, Bohrern, Hämmern und anderem aggressiven Werkzeug ausgerüstet macht sich dieser an das Reparaturwerk. Selbst wenn man sich alle Schmerzen ersparen will und lieber in die Betäubung flieht, bleibt einem jedenfalls der eine Einstich mit der erlösenden Nadel nicht erspart. Alles in allem ist man damit gut bedient, denn nun ist man die Verantwortung los. Der Schwarze Peter ist beim Zahnarzt, der jetzt stellvertretend aggressiv wird. Er sticht und bohrt, schleift und kratzt bis all das Faule beseitigt ist. Dann stopft er die Löcher mit Zahnersatzmaterial, wie Amalgam, zu, damit niemand mehr merkt, wie löchrig unsere Aggressionswerkzeuge sind. Bei edleren Leuten darf es auch edleres Material wie Gold sein. Am Ende sehen unsere lädierten Waffen wieder aus wie neu, und niemand braucht zu merken, wie es wirklich um unsere Vitalität steht.

Hinter Karies stecken Fäulnisprozesse, die als Basis ein gestörtes Milieu und entsprechende Erreger brauchen. Diese sind immer vorhanden, können gesunden Zähnen aber nichts anhaben. Bei der Karies liegt offenbar einiges an Faulem im Schatten, wie eben faule Kompromisse was die Aggressionsenergie angeht. Diese seelisch nicht konfrontierte Situation öffnet den Körper für die entsprechenden Erreger, indem sie das Zahnmilieu schwächt. Eigentlich sollte der Mensch im Zahnbereich ja am wehrhaftesten sein. Karies zeigt uns, wie faul und angreifbar unsere Waffen geworden sind. Feindliche Truppen setzen sich frech in den eigenen Kasernen fest und bilden Stützpunkte auf den Waffen. Dabei erregen sie auch noch öffentliches Ärgernis, in dem sie durch ihre Zersetzungsarbeit unangenehmste Abgase entstehen lassen. Die Umgebung riecht dann geradezu die faulen Kompromisse und spricht von Mundgeruch.

Die Zahnmedizin beschuldigt in dieser Situation die Süßigkeiten und raffinierten Kohlehydrate und empfiehlt diesbezüglich Verzicht und dafür intensivere Zahnpflege. Mit dem Ratschlag, die Aggression(-swerkzeuge) zu pflegen, liegt sie goldrichtig. Nur sollte das eben nicht nur körperlich geschehen. Gute Waffen wollen natürlich geputzt sein, auf das Stahl und Schmelz glänzen. Auch bezüglich der Süßigkeiten ist zu sagen, daß sie sehr wohl den idealen Nährboden für den Karieserreger bereiten. Allerdings werden sie auch nicht ohne Grund verspeist und gehören sozusagen mit zu der ganzen Inszenierung. Ein „Süßer" ist nun mal kein Harter und Fester. Zu fragen bliebe, warum er denn die Süße unbedingt auf dieser vordergründigen Ebene genießt. Die Sprache eröffnet hier auch noch ganz andere Möglichkeiten, etwa einen süßen Partner zu vernaschen, oder sich die Süße des Lebens im übertragenen Sinne zuzugestehen. Damit aber sind wir wieder beim seelischen Problem. Denn zu all dem müßten die Betroffenen ihr Aggressionspotential nutzen und auf Eroberung gehen. Die Gegenpole, Mars und Venus, werden hier beide auf unerlösten Ersatzebenen gelebt. Wer sich aber nicht ganz in den Venuspol hineintraut, hat auch größte Probleme sich voll auf den Vitalitätspol einzulassen.

Umgekehrt wäre hier natürlich eine geniale Einlösungsebene gerade für die in unserer Gesellschaft so geächtete Aggression. Im eigenen Bett des eigenen Schlafzimmers sind Vitalitätsäußerungen nicht nur erlaubt, sondern sogar erwünscht. Daß Sexualität mit Venus und Mars zu tun hat, verrät die Mythologie, wo Eros Amor, der einschlägige Gott, ein Kind des Kriegsgottes Mars mit der Liebesgöttin Venus ist, ebenso wie die bereits erwähnte Harmonia. Mit den Waffen seines Vaters, Pfeil und Bogen, schießt er das Anliegen der Mutter, erotische Liebe, in die Herzen der Menschen. Der erste Geschlechtsverkehr im Leben der Frau, die Entjungferung, zeigt den Zusammenhang zwischen den Prinzipien der Liebe und der Energie ebenso deutlich. Bei allem Gerede von den „Softis" wäre zu bedenken, daß Weichheit das Herz ziert, keinesfalls aber typisch marsische Gegenden wie Phallus oder Zahnschmelz.

Ein ebenso sehr verbreitetes, aber auf den ersten Blick harmloseres Symptom ist **Zahnstein**. Die Zähne setzen von außen Belag an und verbacken miteinander. Vielen Menschen ist diese Situation schon so vertraut, da sie den gereinigten Zustand ihrer Zahnzwischenräume geradezu als unangenehm fremd erleben. Bildlich gesprochen könnte man sagen, die stolzen Krieger panzern sich mit zusätzlichen Platten und verkalken dabei manchmal regelrecht. In dieser Situation lehnen sie sich dann schutzsuchend aneinander. Die Waffen haben Rost angesetzt und blinken nicht mehr sehr herausfordernd.

Was von einigen Zahnärzten noch als harmlos für den Zahn selbst betrachtet wird, ist es für den Zahnhalteapparat auf keinen Fall, fördert es doch Zahnfleischtaschen und Parodontopathien. Die Beläge liefern darüber hinaus den Angriffen der Karieserreger eine Basis. Unter und neben den Konkrementplatten treiben sie ihren faulen Zauber nämlich um so lieber. Zu bedenken wäre auch das Argument naturheilkundlich orientierter Zahnärzte, die davon ausgehen, daß jeder Zahn ein Einzelwesen ist und auch für sich stehen sollte. Durch das Verblocken der Zähne, z.B. auch durch Brücken, werde die wichtige Schädelatmung blockiert. Zu solch einer, auf dieser Ebene durchaus unangemessenen, Verbrüderung der Zähne führt auch der Zahnstein. In dem Wort Verblockung stecken bereits die Schlüssel zu dieser Situation. Zur Blockbildung kommt es, wenn man sich allein fühlt und etwas abblocken will. Meist geht beides zusammen.

Von welch zentraler Bedeutung die Einzelstellung der Zähne ist, mag die Akupunkturlehre belegen, die jeden einzelnen Zahn als Individuum mit völlig eigenen Beziehungen erkannt hat. Zurückgehend auf VOLL gibt es Schemata, die jedem Zahn bestimmte energetische Verbindungen zuerkennen. Daraus ergeben sich auch noch individuellere (Be-)Deutungen für die eigenen Zahnprobleme. Auch wenn alle Schneide- und alle Mahlzähne in unserem Zusammenhang nur pauschal gedeutet wurden, ist es natürlich nicht gleichgültig, ob der erste oder zweite Schneidezahn aus der Reihe tanzt, oder der zweite oder der dritte Molar über die Klinge springt.

Auch von der Schulmedizin wieder viel ernster genommen, wird das **Zahnwurzelgranulom**, ein Eiterherd an der Basis des Zahnes, tief im Kiefer. Während es in vielen Fällen offen ist, wie entsprechende Erreger in diese Tiefe kommen, ist die (Be-)Deutung relativ klar. Bezüglich der Aggression sitzt hier jemand auf einem Pulverfaß, das zur Explosion drängt. Therapeutisch bleibt oft nichts anderes, als dem Eiter, Abfallprodukt einer ablaufenden Entzündung, chirurgisch einen Weg nach außen zu bahnen.

In jeder Entzündung verkörpert sich ein Konflikt, und so haben wir das Thema hier doppelt und an zentraler Stelle. Wo der Zahn wurzelt, bezieht er auch seine Nahrung. In dieser Tiefe, an den Wurzeln des eigenen Aggressionspotentials tobt der Konflikt. Den man sich bewußt nicht eingesteht. Würde man den Betroffenen an dieser Stelle *auf den Zahn fühlen* oder auch nur dagegen klopfen, würden sie vor Schmerz die Wände hoch gehen. Schon daraus läßt sich ablesen, welche Energie in diesem Konfliktherd gebunden ist.

Parodontium — Zahnbett und Fundament der Aggression

Der Zahn kann sich nicht ins gemachte Bett legen, sondern muß sich dieses selbst bereiten. Zum Zahnhalteapparat gehören das betreffende Knochenfach im Kiefer, die Wurzelhaut, der Zahnzement und das Zahnfleisch. Weitgehend als Einheit reagierend, ist es ihre Aufgabe, dem Zahn Halt zu geben, den enormen Kaudruck aufzufangen und wie jedes andere Bett auch, der Regeneration zu dienen. Hier ist die Heimat des Zahnes. Daraus ergibt sich die Beziehung zum Urvertrauen und der Fähigkeit auch härtere Stöße abzufedern. Mit einem gesunden Zuhause kann man draußen etwas wagen, lebt man doch in dem Gefühl, seine Kräfte jederzeit wieder regenerieren zu können.

Wenn dieser Bereich blutet, wie es beim morgendlichen Zähneputzen bei vielen Menschen der Fall ist, zeigt das, wie schon die geringen (aggressiven) Einwirkungen der Zahnbürste das Zahnfleisch überfordern. Blut als Symbol des Lebenssaftes fließt und geht verloren. **Zahnfleischbluten** weist folglich auf Störanfälligkeit und hohe Verletzlichkeit des eigenen Urvertrauens hin.

Daß das Zahnfleisch ein sehr gutes Anzeigeinstrument ist, wird auf vielen Ebenen deutlich. Für F.X. MAYR, den Begründer der Mayr-Kur, war es das Fenster zum Darm, da sein Zustand denjenigen der Darmschleimhaut spiegelt. In dem Ausdruck, jemand „kommt auf dem Zahnfleisch daher“ macht die Volksweisheit klar, was es heißt, soweit heruntergekommen zu sein. Solch ein Mensch ist fix und fertig, seine Vitalität ist restlos erschöpft. Tatsächlich ist ein Mensch ja am Ende, wenn er sein Selbst- und Urvertrauen gänzlich verloren hat.

Die **Zahnfleischentzündung** verdeutlicht den brennenden Konflikt mit dem entsprechenden Thema. In diesem Fall brennt es nicht unter den Nägeln, jenen anderen Aggressionswerkzeugen, sondern unter und an den Zähnen.

Der Zahnfleischschwund führt in den Bereich, wo sich die Brisanz des Themas bereits abgekühlt hat. Der Betroffene befindet sich wie sein Zahnfleisch auf dem Rückzug. Sein Urvertrauen ist gebrochen, er hat zumindest im Augenblick resigniert. Die Zahnhälse beginnen in ihrer nackten Verletzlichkeit sichtbar zu werden und sind extrem empfindlich. Der Körper demonstriert jetzt sehr eindrucksvoll, wie schon die kleinste Aggression von außen äußerst weh tut. Jede Veränderung ist schmerzhaft, etwa ein Temperaturwechsel, die Säure von Früchten oder ein leichter Luftzug. Aus Angst vor Schmerz hält man den Mund am liebsten geschlossen und traut sich kaum noch zuzubeißen, obwohl gerade das als einziges noch schmerzfrei ginge. Man möchte niemanden mehr die Zähne zeigen, denn das täte unangenehm weh und würde die bloßgestellten Waffen in ihrem erbärmlichen Zustand zeigen. Krankheit macht ehrlich: Die Aggression wird von jetzt ab über Schmerz gelebt.

In der nächsten Stufe werden sich die Zähne durch Resorption der Alveolarwand lockern und anzeigen, daß die Aggression nur noch schlecht in das nährende Umfeld eingebettet ist. Die Lebenskraft kann sich nicht mehr abstützen, ihr steht keine verläßliche Basis mehr zur Verfügung. Wenn auch hier noch keine Bewußtwerdung eintritt, folgt als nächstes der **Zahnausfall**, der den endgültigen Verlust vitaler Kräfte anzeigt, und vielfach mit Impotenz auf der ganzen Linie assoziiert wird. So jemand kommt wirklich auf dem Zahnfleisch daher wie der sprichwörtliche zahnlose Alte. Hiermit endet die Agonie der Aggression auf dieser Ebene.

Prothetik — oder die hohe Schule der Vorstellung und Vortäuschung

Wer durch diese Überschrift einen wichtigen Aspekt der Zahnmedizin diffamiert sieht, sollte sich klarmachen, daß es sich dabei lediglich um die Übersetzung des Wortes Prothese handelt. Und tatsächlich haben alle Prothesen eines gemeinsam: Sie täuschen gesunde Aggression und Vitalität vor, wo eigentlich Ruinen sind. So mancher „Zahnfriedhof" wird durch fortgeschrittene zahnärztliche Kunst zu einem Renomierfeld aufgemotzt. Schon die kleinen Plomben sind natürlich Prothesen. Aus löchrigen faulenden Zahn-invaliden zaubern sie wieder stabile Kämpfer, die ihren Mann stehen können bei jedem Mahl. Allerdings ist es schon nicht mehr die eigene Härte die hier zum Biß kommt.
Bei größeren Defekten muß eine Krone her-halten. Die Ruine wird tatsächlich golden gekrönt. Wobei die wirkliche Krönung der Unehrlichkeit die entsprechende Verblendung ist, damit einem niemand auf die Schliche kommt und hinter die unechte Fassade schaut. Bei diesem Blendwerk macht man den anderen etwas vor, was nicht mehr existiert — und oft genug auch sich selbst. Damit nichts und niemand mehr daran rütteln kann, wird die Krone zementiert und zugleich mit ihr die unehrliche Situation.
Eine besondere Spielart der Kronen und wahrscheinlich die absolute Krönung in der Kunst, sein wahres Gesicht, bzw. Gebiß zu verbergen, stellen die sogenannten Jacket-**Kronen** dar. Wenn einem die Symbole der eigenen Vitalität und Potenz ästhetisch nicht behagen, läßt man den Zahnarzt den Mantel des Schweigens über sie schlagen in Form der Mantel-(engl. jacket)Kronen. Es muß schon einiges krumm und verbogen sein, um soweit zu gehen, die eigenen Waffen bis auf Stümpfe niederschleifen zu lassen und sich mit fremden, schöneren zu schmücken. Ist das Blendwerk vollbracht, kann man allerdings den vorher verunzierten Mund in aller Öffentlichkeit weit aufreißen, und so viel leichter zum (Maul-)Helden werden, z.B. auf der Kinoleinwand. Solche Chancen muß man sich natürlich etwas kosten lassen, und zum Glück kosten entsprechende Tarnmanöver einiges, wodurch sie zumindest auf dieser Ebene etwas weh tun und das verdrängte Prinzip wenigstens am Rande wirksam bleibt.
Auch der eigene Zahn kann zu einer Art Prothese werden, wenn er **wurzelbehandelt** wird, wie es Zahnärzte vornehm formulieren. Das ist eine Be-handlung die immer und vorsätzlich mit dem Tod des Behandelten (Zahnes) endet - Euthanasie sozusagen. Ganz mutwillig wird die Wurzel und damit das Leben des Zahnes zerstört, damit er nicht mehr weh tun und auch sonst keinen Ärger machen kann. So jedenfalls die Theorie. In Wirklichkeit wissen wir mittlerweile, daß tote Zähne häufig zu Störfeldern werden und damit gefährlicher sind als echte Prothesen. Im übertragenen Sinne handelt es sich hier um die Aushöhlung der Aggression. Sie wird zentral an ihrem Lebensnerv getroffen und vernichtet. Von jetzt ab steht ein Toter in der Phalanx der Waffenbrüder. Neuerdings kann man noch einen Schritt weitergehen und solch tote Gesellen sogar wieder einpflanzen, nachdem sie gezogen und außerhalb der Mundhöhle wurzelbehandelt wurden.
Das bringt uns zur letzten Notlösung, dem **Reißen des Zahnes** und damit der Kastration der Aggression. Die Angst davor und der Schmerz dabei ermöglichen einen ehrlichen Blick auf das eigentliche Thema. Im allgemeinen macht sich der, den es anginge, aber mittels Anästhesie rechtzeitig davon und überläßt das Schlachtfeld anderen. So ist auch das noch eine ehrliche Beschreibung der zugrunde liegenden Lebensweise. Wenn's gefährlich wird, flieht man lieber, von eigenem Aggressionseinsatz keine Spur. Ist das dargestellte Drama einmal bis auf die physische Zahnebene gesunken, gibt es allerdings keine Alternative. Ohne Betäubungsspritze ginge es ebenfalls schnell in Richtung Ohnmacht.
Nachdem der Zahn auf dem Altar der Aggressionsvermeidung geopfert wurde, muß ein Zahnersatz her. Selbst für einige wenige Tage ist ein **Provisorium** unverzichtbar, denn nicht einen einzigen Tag würde man sich so ehrlich zeigen. Die Assoziationen zum zahnlosen Greis und der alten Hexe mit ihren Zahnlücken liegen auch für symbolisch wenig geschulte Menschen viel zu nahe. Die endgültige Lösung wird in Form einer **Brücke** angestrebt. Der Zahnarzt wird zum Pontifex, allerdings auf der nicht idealen körperlichen Ebene. Was im geistig-seelischen Bereich so segensreich wäre, hat auf der körperlichen Ebene den unangenehmen Nebeneffekt, daß es die beiden relativ gesunden Nachbarzähne arg in Mitleidenschaft zieht und obendrein die drei Schicksalsgenossen fest miteinander verblockt. Andererseits muß man den Zahnärzten zugestehen, daß sie mit Hilfe ihrer Techniker, geschickten Goldschmieden und Meistern des Keramik-Kunsthandwerks wahre Kunststücke vollbringen. Kunst ist aber, wie das Wort schon betont, immer künstlich.

Würde der Zahnarzt der genial einfachen Frage nachgehen: Was fehlt Ihnen? könnte er zum Pontifex auf einer höheren Ebene werden und dem Patienten helfen wenigstens die übrigen Zähne vor dem Ausriß zu bewahren. Geschieht das nicht, bleibt am Ende meist nichts übrig, als all die mühsam gebastelten und wegen ihrer absoluten Einmaligkeit auch teuren Kunstwerke wieder zu ziehen und sang- und klanglos wegzuwerfen.

Die **Totalprothese** stellt dann alles klar. Hier handelt es sich nur noch um geliehene Vitalität und Beißfähigkeit, die eigene ist restlos dahin. Tagsüber trägt man die künstlich blendende Vitalität, bzw. Den gekauften Waffenschmuck, im wahrsten Sinne des Wortes zur Schau, im Dunkel der Nacht wird man zahnlos ehrlich. Frühere Prothesen förderten wenigstens noch insofern die Ehrlichkeit, als sie bei jedem Beißversuch zeigten, daß es damit in Wirklichkeit nicht mehr weit her ist. Die Verbindung von höchster zahnärztlicher Geschicklichkeit und moderner Technik fördern heute auf eindrucksvolle Weise das Vertuschungswerk.

Selbst hier gibt es noch eine Steigerungsmöglichkeit. Zwar kann an den dritten Zähnen so leicht nichts mehr schief gehen, sind sie doch aus bestem, wenn auch leblosen Material. Nicht selten ist aber der vorgeschädigte Kieferknochen dem Kaudruck nicht gewachsen. Dann rutscht das Problem auf die nächste Stufe, und der Knochen macht sich unter der Prothese davon. Der Körper gibt einfach nicht auf, einem die eigenen Versäumnisse und in jedem Fehler das Fehlende unter die Nase zu reiben.

Jedes Alter hat seine Themen, denen man sich stellen oder die man auf Ersatzebenen zu umgehen suchen kann. Werden in der Jugend die anspruchsvolleren Möglichkeiten des Venus-Prinzips gemieden, um sich statt dessen mit süßen Sachen aus der Konditorei ersatzzubefriedigen, beeinträchtigt das auch das Gegenprinzip der marsischen Aggression. Geht man auch dieser geflissentlich aus dem Weg, müssen es die Zähne stellvertretend ausbaden. Im Senium schließlich wäre das saturnine Prinzip der Reduktion auf das Wesentliche vorrangig zu bearbeiten. Auch hier kann man sich aber noch verweigern und so reduziert sich statt dessen der Knochen. Nach all dem ist es wenig erstaunlich, wenn die wenigen Menschen, die bis ins hohe Alter auf ihre eigenen Waffen vertrauen können, darauf so stolz sind. Anstatt fremde Söldner in Dienst zu nehmen, können sie auf eigene Kraft und Potenz bauen. Ausnahmslos handelt es sich dabei um Menschen, die auch auf anderen Ebenen die Zähne zeigen können, sich durchzubeißen wissen und zu ihren Aggressionen stehen.

Literatur zur esoterischen Medizin und Psychosomatik von Rüdiger Dahlke

Krankheit als Weg - Deutung und Bedeutung der Krankheitsbilder (mit T. Dethlefsen), Bertelsmann Verlag München 1983
Krankheit als Sprache der Seele - Be-Deutung von Krankheitsbildern, Bertelsmann Verlag München 1992
Verdauungsprobleme - Be-Deutung und Chance von Magen-Darm-Problemen, Knaur Taschenbuch München 1990
Gewichtsprobleme - Be-Deutung und Chance von Über- und Untergewicht, knaur Taschenbuch München 1989
Herz(ens)probleme - Be-Deutung und Chance von Herz-Kreislauf-Problemen, Knaur Taschenbuch München 1990
Psychologie des Blauen Dunstes - Be-Deutung und Chance des Rauchens (mit M. Dahlke), Knaur Taschenbuch München 1989
Bewußt Fasten - Ein Wegweiser zu neuen Erfahrungen, Urania Verlag / AG Müller München 1980
Der Mensch und die Welt sind eins - Analogien zwischen Mikrokosmos und Makrokosmos, Hugendubel Verlag und Heyne TB München 1987

Tonkassetten bei Edition Neptun:

Reihe „Ganzheitliche Medizin" mit den Titeln: Tiefenentspannung, Innerer Arzt, Leber, Verdauungsprobleme, Gewichtsprobleme, Hoher Blutdruck, Rauchen, Krebs, Allergie, Rückenprobleme, Ängste;
Reihe „Mikrokosmos = Makrokosmos": 8 Kassetten zu „Der Mensch und die Welt sind eins"

Vorträge auf Audiokassetten:

(über Audiotex A-6020 Innsbruck, Gramartstr. 46 d Tel.: 0043/512/893685)
„Der Mensch und die Welt sind eins"
„Krankheit als Weg" — „Krankheitsbilder unserer Zeit" „Krankheit als Sprache der Seele"

„Die entspannte Praxis" (8 Kassetten + Begleittext), Drei-Säulen-Programm für die zahnärztliche Praxis, Alpha Sita Verlag Pinneberg, Dr. Hartmann Zähne GmbH D-8209 Stefanskirchen, Tel.: 0049/8036/2661, Fax: 3932

Literatur zur Vertiefung des Themas:

„Krankheit als Sprache der Seele", München 1993
„Lebenskrisen als Entwicklungschancen - Zeiten des Umbruchs und ihre Krankheitsbilder", München 1995 — „Krankheit als Weg", München 1983 (alle drei beim Bertelsmann Verlag) — „Reise nach Innen - Geführte Meditationen auf dem Weg zu sich selbst", München 1994 (Hugendubel Verlag)

Das Analogiedenken in der Zahnheilkunde

DR. A. ROSSAINT

Allgemeines

Zahnheilkunde gilt nach offizieller Lehrmeinung — genau wie die Medizin allgemein — als naturwissenschaftliche Disziplin. Zudem ist sie — wie bekannt — stark handwerklich geprägt. Sie folgt demnach dem heute üblichen analytisch ausgerichteten, linearen Kausaldenken der Naturwissenschaft und ist damit rein funktional und formal ausgerichtet, auch wenn man immer mehr erkennt, wie wichtig die Psyche selbst im zahnmedizinischen Bereich ist; so entdeckt man z.B. hinter mancher Prothesenunverträglichkeit als tiefere Ursache eine larvierte Depression.
So erfreulich diese letzt genannte Entwicklung ist, so bleibt sie doch aufgrund der auch dort eingehaltenen analytischen Betrachtungsweise weiter einseitig ausgerichtet, nämlich funktional.
Daß dies nicht ausreicht und man zudem noch bei der Psyche nicht die gleiche Vorgehensweise anwenden kann wie bisher auf der materiellen, strukturellen Ebene, ist spätestens seit dann sichtbar geworden, seit man in der Psychoanalyse in die gleiche Krise gekommen ist, wie in der Allgemeinmedizin und im naturwissenschaftlichen Weltbild überhaupt.

Gesetz von Inhalt und Form

Denn zu jedem Formaspekt gehört auch ein Inhalt — dieses Gesetz von Inhalt und Form besagt, daß beide unabdingbar zusammengehören und daß jeder Form der entsprechende Inhalt vorausgeht, ja vorausgehen muß. Das bedeutet, daß der jeweilige Inhalt bestimmt, wie die zugehörige spätere Form aussieht. Um mit SHELDRAKE zu sprechen: Die morphogenetischen Felder füllen sich später mit Formen. Da die materiellen, — formalen klinischen Aspekte der Zahnmedizin schon hinreichend — auch in diesem Buch — beschrieben sind, möchte ich daher den bisher etwas vernachlässigten inhaltlichen Aspekt beleuchten und beschreiben, der als zweiter Pol zwingend dazugehört, will man Gesundheit und Krankheit in seiner Gänze verstehen.
Um diesen inhaltlichen Pol eines Geschehens, d.h. seine Bedeutung und seinen Sinn zu verstehen, bedient man sich vor allem des Denkens in Analogien, das im rechten Gehirn seinen Platz hat — im Gegensatz zur linken analytischen Gehirnhälfte — und immer dann aktiviert wird, wenn es um ganzheitliche (holistische), wertungsfreie Betrachtungen geht, die sich mehr um Synthese als um Analyse bemühen.
Sowohl in der üblichen universitär orientierten wie in der komplementären biologischen Medizin bzw. Zahnmedizin besteht im Ansatz kein grundsätzlicher Unterschied. Denn beide bedienen sich des rein kausalanalytischen Denkansatzes; beide verwenden auch z.B. natürliche Substanzen, wie das Digitalis oder den aspergillus penicillinum, um nur zwei zu nennen, wobei der Unterschied lediglich in der Dosierung liegt.
Während die einen versuchen Krankheiten per contraria zu behandeln und dadurch eigentlich die Symptome verschieben, liegt die Einseitigkeit und damit gewissermaßen der Irrtum der biologischen Medizin darin, daß sie aufgrund des gleichen funktionalen Denkansatzes die Probleme lediglich auf eine augenscheinlich harmlosere Ebene, nämlich die der natürlichen Behandlungsmethoden verlegt, auch wenn sie per similia behandelt.
Damit ist die Naturheilkunde, um mit HERBERT FRITSCHE zu sprechen, „keinen Deut besser als die etablierte Medizin".

Bioenergetische Methoden

Die in der Natur — und Erfahrungsheilkunde betriebenen Methoden, wie z.B. die in diesem Buch aufgeführten bioenergetischen Regulationsverfahren, besonders wenn es sich dabei um das Phänomen der Medikamententestung handelt — sind zwar im Rahmen der funktionalen Diagnostik und Therapie sinnvoll und notwendig; sobald es sich aber um die inhaltlichen Bezüge geht, versagen sie. Hier setzt das Wissen, die Erfahrung und die Persönlichkeit des Behandlers als Homöopath, als Mitleidender ein, der sich besonders des analogen Denkens bedient.

Die Methoden als solches werden im übrigen durch „das Einverleiben in die Wissenschaft nicht wissenschaftlicher" (DAHLKE), denn ihr Ansatz beruht auf einem anderen Denksystem, das schon uralt ist, nämlich dem der Hermetischen Philosophie. Werden sie auch in diesem Sinne betrachtet, sind sie gerechtfertigt.

Denn erst die Integration der in diesem System dazugehörigen Sinnhaftigkeit und damit des Schicksals, macht eine holistische Medizin bzw. Zahnmedizin aus.

Analoges Denken

Das Analogiedenken basiert nun auf dem zweiten der sieben Hermetischen Prinzipien (Gesetze), das in Kurzform lautet: „wie oben so unten, wie innen so außen“ oder in der Sprache des PARACELSUS: Mikro- = Makrokosmos und vice versa.
Es ist ein uns in der heutigen Zeit fremd gewordenes Denken, das durch das wissenschaftliche kausal-analytische Weltbild verdrängt wurde. Während man letzteres als „waagerechtes Denken“ bezeichnen kann (man bleibt innerhalb einer Wirklichkeitsebene), entspricht das analoge Denken einem „senkrechten“ Muster (man benutzt verschiedene Ebenen der Wirklichkeit im Sinne der Entsprechung).
(siehe **Tab. 1**)

Tab. 1: Darstellung des „waagerechten“ und „senkrechten“ Denkens: Jeder kann nachvollziehen, daß die verschiedenen Begriffe einer Ebene (z.B. Eisen, Blei usw.) alle zu den Metallen (in diesem Fall) als eine Wirklichkeitsebene gehören („waagerechtes“ Denken). Bei den Begriffen einer Spalte untereinander (z.B. Eisen, rot usw.) hilft nur das analoge („senkrechte“ Denken, um sie dem selben Urprinzip (hier „Mars“) zuzuordnen u. zwar als dessen Repräsentanten auf verschiedenen Wirklichkeitsebenen.

Edelsteine:	Rubin	Diamant	Lapislazuli	Feueropal
Verkehrssysteme:	Rennwagen	Eisenbahn	Prunkwagen	U-Bahn
Soz. Umfelder:	Schlachtfeld	Kloster	Bauernhof	Folterkammer
Krankheiten:	Verletzungen	Steine	Wucherungen	Viruserkrankungen
Anatomie:	Kopf, Galle	Zähne	Leber	Sexualorgane
Berufe:	Soldat	Bergarbeiter	Priester	Asket
Metalle:	Eisen	Blei	Zinn	Aluminium
Farben:	rot	schwarz	purpur	blau-rot
Botanik:	Brennessel	Efeu	Kastanie	Belladonna
Zoologie:	Widder	Steinbock	Pferd	Skorpion
Himmelsebene:	Mars	Saturn	Jupiter	Pluto
Urprinzip:	„Mars“	„Saturn“	„Jupiter“	„Pluto“
Stichworte zum Urprinzip:	Energie Aggression Impuls	Struktur Norm Widerstand	Expansion Philosophie Religio Einsicht Sinnhaftigkeit	Sexualität Sinneslust Autoaggression leitbildhafte Fixierung Opfer Transformation

Daher nimmt es nicht wunder, daß beide Denksysteme sich zunächst kaum verstehen, ja im Gegenteil sogar bekämpfen, stehen sie sich doch 90 Grad gegenüber.
(siehe Abb. 1)

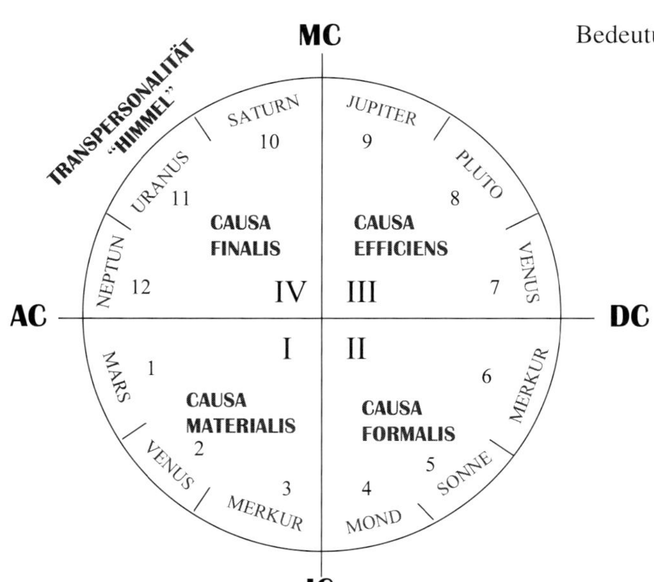

Bedeutung: Haus: 12 – Unbewusste
11 – Ursprung
10 – Bestimmung
9 – Fügung
8 – Form
7 – Bedeutung

Abb. 1 :Die 4 Quadranten mit ihren Urprinzipien und die 4 causae nach ARISTOTELES (n.DÖBEREINER).Der"Weg der Wandlungen"geht von Haus 12 nach Haus 7.

Das analoge Denken basiert also nicht auf Kausalanalytik, sondern auf symbolhaftem, eben analogem Erfassen zusammenhängender Strukturen, deren innere Logik man erkennt, wenn man die 10 Grundbausteine bzw. Urprinzipien, aus denen unser Universum aufgebaut ist, kennt. Das Analogiedenken verlangt vom Anwender die Fähigkeit zur Abstraktion, um an einem konkreten Erscheinungsbild auf das dahinterstehende ihm innewohnenden Prinzip, eben eines der sogenannten Urprinzipien schließen zu können.

Es basiert also auf der Tatsache, daß es zwischen verschiedenen Wirklichkeitsebenen mit jeweils konkreten Repräsentanten innere Zusammenhänge bzw. Gemeinsamkeiten gibt, die nicht kausal zu erklären sind, sondern einem gleichen übergeordneten abstrakten Prinzip zuzuordnen sind (siehe Tabelle 1).

Die verschiedenen entsprechenden Repräsentanten spiegeln dann alle das gleiche (Ur)-Prinzip wider, enthalten es in irgendeiner Form phänomenologisch.

Symptomsprache

Was bedeutet das Analogiegesetz mit dem entsprechenden Denken für uns?
Nichts anderes, als daß alles, was uns im Außen, in der Welt der Formen und Erscheinungen, begegnet, seine Entsprechung (Analogie) in der Innenwelt hat und umgekehrt.

Die Symptomsprache bzw. Körpersprache eines Patienten zeigt uns also schon symbolisch, um was es bei ihm geht, was mit ihm als Menschen nicht in Ordnung ist. Es gilt also, das dem Symptom entsprechende Muster zu finden, das ihm im Bewußtsein fehlt.

Deshalb haben die alten Ärzte ihre Patienten auch immer gefragt: „Was fehlt Ihnen?" und diese haben wahrheitsgemäß geantwortet: „Ich habe z.B. Kopfschmerzen". Während „Schulmedizin" und Naturheilkunde sich mit dem Patienten gegen das Symptom verbünden, erfolgt in der Hermetischen Philosophie die Verbündung zwischen Arzt und Symptom, um dem Patienten seinen Lernprozeß, auf seiner Ebene, auf der er sich gerade befindet, klar zu machen, damit er ihn entsprechend seinen Möglichkeiten bearbeiten kann und somit sein Symptom überflüssig machen kann. Mit dieser Betrachtungsweise kann das Bewußtsein für innere Zusammenhänge — gerade zeitlich weit auseinander liegender Ereignisse — bei unserem alltäglichen Tun geweckt und geschärft werden; Zusammenhänge, die für unsere private und berufliche Tätigkeit von fundamentaler Bedeutung sind, wollen wir unsere hohe Aufgabe, den Patienten und uns selbst zu heilen, verwirklichen.

Konkrete Analogien: Mund—Unterleib

In diesem symbolhaften Analogiedenken spielen gerade Mundhöhle und Zähne eine wesentliche Rolle. An ihnen kann der Zahnarzt — wenn er es kann — die Schicksalsgeschichte und -anforderung für den betreffenden Patienten, und damit, aufgrund des Spiegelbildprinzips, auch für sich ablesen.

Aufgrund des Analogiegesetzes — wie oben so unten — ist die Mundhöhle das Pendant zur Unterleibshöhle und damit ein weibliches Symbol, während Zunge und Zähne den Gegenpol, das männliche Prinzip repräsentieren.
Zahnheilkunde ist aus dieser Sicht Gynäkologie bzw. Andrologie auf „höherer" Ebene; ein Zahnarzt, jemand, der sich nicht traut, den unteren, „niederen" Pol zu leben und dort zu bohren, statt dessen lieber am oberen, scheinbar unverdächtigeren Pol manipuliert. Daß er dort aber die gleichen Probleme wiederfindet und so seinem Sexualitätsproblem nicht entrinnen kann, ahnt er nicht, solange er nur funktional arbeitet und sich nach naturwissenschaftlicher Manier nicht selbst in das Geschehen einbringen braucht.
Beschäftigung mit Sexualität bedeutet aber in diesem Sinne „Annehmen der Geschlechtlichkeit" und damit Annahme der Polarität und in Folge des Schicksals, ist somit ein „Uranus"-Prinzip; bedeutet, seinen Ursprung, den Sprung, d.h. den Eintritt in den polaren Raum zu vollziehen, um das bestmögliche Gefüge der Form zur Konstanterhaltung der Polarität zu gewährleisten (DÖBEREINER). Sexualität im Sinne der Transformation ist dem „Pluto"-Prinzip zuzuordnen.

Zähne: „Mars"—"Saturn"

Zahnheilkunde ist im analogen Sinne sehr stark eingebunden in die Urprinzipien „Mars" und „Saturn", die genau wie die anderen Prinzipien zunächst kausal nichts mit dem gleichnamigen Planeten zu tun haben. Diese abstrakten Urprinzipien wurden in der sumerischen, griechischen und römischen Sagenwelt z.B. als Götter personifiziert. Ihr Verhalten gibt uns einen tiefen Einblick in die Inhalte der jeweiligen Prinzipien.
Nimmt man als Wirklichkeitsebene den „Himmel" (das Weltall), dann sind die Planeten Mars und Saturn die dortigen konkreten Repräsentanten der beiden Urprinzipien.
Auf der Erde zählen zu ihren Repräsentanten z.B. auf der Metallebene das Eisen bzw. das Blei, während sie farbenmäßig durch rot bzw. schwarz repräsentiert sind. Der zugehörige Wochentag ist der Dienstag bzw. Samstag (Saturday).
Medizinisch sind u.a. ihre Repräsentanten der Kopf und die Galle bzw. Knochen. Dem „Mars" unterliegen

alle akuten, stürmisch verlaufenden Entzündungen, während die chronischen langsam ablaufenden Entzündungen dem „Saturn“ zugeordnet sind.
In der Zahnmedizin sind die Zähne strukturell (formal) dem „Saturn“-Prinzip als härteste Substanz des Körpers (knochenähnlich) zugeordnet, funktionell dagegen dem „Mars“-Prinzip (man kann mit ihnen zubeißen, seine Kampfbereitschaft oder eigene Aggression zeigen), das neben der Aggressivität auch die Vitalität beinhaltet.

Prothesen

In der Evolution erfolgte die Entstehung neuer Moleküle jeweils in Abhängigkeit der Eigenart der schon gebildeten, in denen die Bilder der kommenden Entwicklungsstufen in Form der morphogenetischen Felder (Muster) SHELDRAKES schon vorprogrammiert waren.
In dieser „Mischung aus Freiheit und Zwang“ spielte sich die Evolution quasi von Muster zu Muster ab und erfüllte ein morphogenetisches Feld nach dem anderen mit materiellem Inhalt.
Um dabei Selektionsvorteile zu haben, verbanden sich einzelne Molekülkomplexe mit anderen bzw. verleibten sie für ihre Zwecke und Vorteile ein und nutzten dabei die bereits von diesen erworbenen Vorteile.
Dieses „Konzept, andere Molekülkomplexe für eigene Zwecke zu schlucken“ (DAHLKE) führte nach weiterer Differenzierung zur Variante der sogenannten „Gastarbeiter“, d.h. nach Abgrenzung zur Umwelt übernahmen die einverleibten Spezialisten besondere Aufgaben. Man denke auf Zellebene nur an die Mitrochondrien oder ähnliche Bausteine. Dieses grundlegende Prinzip der Gastarbeiter hat sich bis heute ubiquitär fortgesetzt, sei es in der Industrie in Form der Roboter oder in der Medizin in Form der Hightech-Maschinerie. Auch im sozialen Umfeld des Menschen ist es nicht zu übersehen, z.B. bei Partnerschaften, wo man das, wozu man selbst nicht in der Lage ist zu leben, vom Anderen leben läßt.
In der Zahnheilkunde erfüllen diese Rolle der Gastarbeiter die Prothesen, besser die künstlichen Gebisse.
Die Haltung bzw. die Einverleibung von Gastarbeitern nannte man in der Antike Sklaverei und die Sklaven zwang man dazu, das zu tun, was man selbst nicht wollte.
Die Parallele, die Analogie ist heute damit schon erkennbar. Diese „Gastarbeiter“, vor allem die „maschinellen“ (DAHLKE) kosten dabei den Träger weniger psychische Energie und sind deshalb auch so bequem.
Bezogen auf die künstlichen Zähne sieht das etwa so aus:
Während man sie, die künstlichen Kauwerkzeuge, im jugendlichen Alter noch nicht braucht, weil man sich noch selbst durchbeißen kann, ist man mit zunehmendem Alter, wenn die Aggressionen ständig abnehmen und abnehmen müssen (da nur bis zum 42. Lebensjahr physiologisch eine Expansion stattfindet, der dann eine Verinnerlichung folgt), froh, daß man die maschinellen Gastarbeiter in Form der künstlichen Zähne bekommt und einverleiben kann, damit sie für uns „arbeiten“ bzw. sie sich für uns (statt uns) durchbeißen.

In der Mitte des Lebens während der midlife-crises, jenem Punkt, der uns zum Innehalten auffordert mit der Maßgabe sich mehr um die innere Entwicklung zu kümmern, folgt dann der Punkt, wo die „Sklaverei“ in der Zahnheilkunde sozusagen ihren Höhepunkt hat: die „maschinellen Gastarbeiter“ werden so perfektioniert, hochstilisiert und damit scheinbar unentbehrlich, daß schon die kleinste Abweichung, im µ-Bereich, dem Patienten genauso viel Schwierigkeiten bereiten kann, wie er sie vielleicht vorher auch ohne Apparate hatte.
Das nennt man dann „Gnathologie“. Im Extremfall ist man so im µ-Bereich befangen, daß man nicht merkt, daß man schon lange am Ende einer Fahnenstange sitzt und in eine aussichtslose Lage gekommen ist, von der es funktional kein Weiterkommen gibt.

Eckzahnführung

Daß bei der richtig verstandenen Gnathologie die Eckzahnführung eine bedeutende Rolle spielt, ist ein weiterer interessanter Beleg für unser Analogiedenken:
Denn zum 3er gehört danach u.a. das „Jupiter“-Prinzip, dem auf der Metallebene das Zinn, farbenmäßig purpur und medizinisch die Leber zugeordnet ist, während ihm philosophisch die religio zugeschrieben wird.
Wird also durch die Eckzahnführung unbewußt auf der materiellen formalen Ebene die Notwendigkeit der Führung durch die religio, d.h. die Rückbindung auf der inneren Ebene verdeutlicht, so signalisiert die Eckzahnführung den bewußten Therapeuten und Patienten, daß sie nicht losgelöst vom kosmischen Geschehen arbeiten und zeigt beiden gleichzeitig symbolisch den Weg, der sinnvollerweise gegangen werden soll.
Die Analogie der religio zum Eckzahn rührt auch aus dem Funktionskreis von Leber und Galle, der nach VOLL, GLEDITSCH, u.a. akupunkturmäßig zum dritten Odonton gehört.
Eine nur in sich selbst gefällige Gnathologie dagegen, die ihren Sinn nur in der o. g. metrischen Perfektion sieht, geht den Weg der Sinnlosigkeit als negativen „Jupiter“-Prinzip. „Jupiter“ (als Prinzip; der Planet ist wiederum lediglich der konkrete Vertreter auf der Himmelsebene) repräsentiert auch die Expansion und

spielt daher analog gesehen bei jedem Wachstumsprozeß und so auch beim Krebsgeschehen eine Rolle.
Bei zuviel und zu lange anhaltender Expansion (Wachstum) gibt es Probleme mit dem positiven „Jupiter"-Prinzip, eben mit der religio, mit der Sinnhaftigkeit, die dann in sinnloses Wuchern ausartet.
Als drittes großes funktionales Prinzip gehört zum 3er das „Mars"-Prinzip als Repräsentant der Autorität sowie der Aggressivität an sich (Reißzahn) aber auch in seiner autoaggressiven Form als „Pluto"-Prinzip, also als introvertiertes „Mars"-Prinzip, d.h. als gegen sich selbst gerichtete Aggressivität.
Das „Pluto"-Prinzip beinhaltet aber auch die Sinneslust (und Sexualität) und so wundert es nicht, wenn die Balinesen in den Eckzahn die „Wohnung" der Sinneslust legen. Sie deuten damit an, daß sie eine andere Affinität innerhalb dieses Prinzips haben und für wichtiger halten. Im Sinne der Autorität erkennt man an den 3ern analog Probleme mit Vater (rechts) und Mutter (links). Diese Erkenntnis hilft vor allem bei Eckzahnaußenständen, wenn die Einordnung schwierig ist und erst nach Beseitigung der Vater/Mutter-Problematik gelingt.
Mit Hilfe der Gnathologie wird dann auch die schon vorprogrammierte aber notwendige (not = „Saturn"; wendig = „Mars") Krise eingeleitet die hier schlicht darin besteht, daß die so konstruierten Kronen und Prothesen sich quasi verselbständigen und so den Menschen ihrerseits nach „ihrer Pfeife" tanzen lassen.
Erst wenn der Patient — Patient heißt ja Dulder, Leider — gelernt hat, in innere Harmonie (ich erinnere hier daran: Harmonia = Sohn von Mars und Venus (im Götterhimmel), d.h. von Aggression und Liebe) zu gehen, statt weiter auf die Außenwelt zu setzen, kann er die Krise meistern und es kommt zum gegenseitigen Akzeptieren, bis der nächste Wendepunkt (= Krise) des Seniums folgt (Alter = „Saturn").
Wer sich gegen das Älterwerden sträubt und weiter lediglich auf den äußeren expansiven Pol (Jungbrunnen) setzt, bekommt immer mehr Probleme und wird von der wirklichen Jugend nur als „Gockel" angesehen. Nur wenn man sich „saturngemäß" verhält, gilt man als weiser Alter.
So kommen wir gegen Ende des Lebens schon gar nicht mehr ohne die Hilfe der „Gastarbeiter" aus, ohne die Hilfs-Arbeiter: die Prothesen, ja wir sind sogar auf sie angewiesen und von ihnen abhängig.
Dennoch bereiten sie uns auch zunehmend Probleme, allein schon durch den natürlichen Alveolarschwund, aber auch, weil sie immer mehr ein Eigenleben führen (nicht nur auf dem Nachttisch) und sich nun ihrerseits von uns unabhängig machen, indem sie z.B. öfters ersetzt und erneuert werden müssen, weil sie u.a. immer dann brechen, wenn wir es gerade nicht brauchen können.

„Was also anfangs so harmlos begann, krempelt im Laufe der Entwicklung als Spezialisierung die ganze Entwicklung um" (DAHLKE).

Zähne — Schleimhaut: 1er—8er

Wie oben angeführt, spielt sich die ganze Zahnheilkunde einerseits im Spannungsfeld der Prinzipien: „Mars" (funktionell) und „Saturn" (strukturell) ab (männlicher Pol, Zähne), andererseits ist sie strukturell umrahmt und abhängig vom weiblichen Prinzip als Schleimhaut („Mond"-Prinzip), funktionell als „Venus"-Prinzip in Form der Yang- bzw. Yin-Niere" (8er und 1er, 2er) (siehe BEISCH).
Physiologisch-anatomisch kann man auch sagen: „Die Zahnheilkunde spielt sich ab im Spannungsfeld von Zähnen und Schleimhaut zwischen den 1ern und den 8ern. Die 1er sind wieder dem „Mars"-Prinzip (Schneidezähne; yang) und dem „Venus"-Prinzip (yin-Niere; yin) zugeordnet und die 8er — 8 als Symbol der doppelten 4 — sind wieder spezifisch „Saturn"-Prinzip. (Weisheitszahn; yang) und „Venus"-Prinzip (yang-Niere; yin).
Zwischen beiden Gebieten vermittelt der Götterbote Hermes in Form der Praemolaren („Merkur"-Prinzip).
Zahlensymbolisch ist das Zahngebiet von 1 bis 8 in seiner zusammenhängenden Polarität: vorne-hinten einschließlich der Mitte eine vollständige Einheit, die immer die vollkommene Zahl 9 ergibt:

1er + 8er = 9;
2er + 7er = 9;
3er + 6er = 9;
4er + 5er = 9.

Das 9er-Gebiet, also jenseits der Molaren (um in Anlehnung an VOLKMER zu sprechen) ist ebenfalls eine eigenständige Einheit (= 9) und damit symbolisch schon der Teil des „Himmels" (Himmel als Symbol der Vollkommenheit) in uns, der Teil wo die Meridiane ins <u>Innere</u> gehen (siehe GLEDITSCH) und uns mit „Höherem" verbinden.
Unter diesem analogen Aspekt ist es interessant, sich den 8er, vor allem den quer liegenden, zu betrachten. Nach BEISCH ist am 8er-Gebiet ja energetisch die ganze Zahnheilkunde aufzuhängen (Yang-Niere) und nach BERGEMANN sichern uns die 8er die Vollkommenheit des Ganzen.
Während nämlich unter „normalen" Umständen der 8er das Tor zum „Himmel" ist, quasi als Nadelöhr zur „jenseitigen" Welt — er heißt ja nicht umsonst Weisheitszahn — macht uns der quer liegende 8er den Übergang schwer und wir können dann meist nicht ohne Komplikationen in dieses Gebiet vorstoßen. Legt

man die „stehende" 8 um (quer), ergibt sich das Unendlichkeitszeichen, die Lemniskate (∞). Der quer liegende 8er — weiterhin ein „Saturn"-Zahn, wobei Saturn hier als „Hüter der Schwelle" fungiert — hat dann einen anderen Stellenwert.
Entwicklungsgeschichtlich symbolisiert einerseits der zuerst erfolgende Durchbruch der Schneidezähne beim Kleinkind das, womit man im Leben beginnt, nämlich den ersten Impuls, die Durchsetzung, also das „Mars"-Prinzip, während andererseits der Durchbruch der Weisheitszähne, der als letztes erfolgt, zeigt, daß es am Ende um Weisheit („Saturn") und Unendlichkeit (Himmel; transpersonale Prinzipien: Uranus, Neptun) geht.
Die 8er gehören also nicht zufällig zum Funktionskreis Dünndarm/Herz, der das Prinzip der allumfassenden Liebe beinhaltet und als quinta essentia der anderen vier Funktionskreise gilt. Er ist auch der einzige Funktionskreis, der in seinem geistigen Aspekt unveränderbar ist (GLEDITSCH, MANDEL).

Werdegang einer zahnärztlichen Behandlung

Wenn man sich den Werdegang einer typisch zahnärztlichen Versorgung symbolisch vor Augen führt, so entdeckt man Erstaunliches:
Zunächst füllen wir die Zahnlöcher, die ja schon die erste Folge der nicht gelebten, verdrängten Aggression darstellen (im Wort Karies steckt ja schon das Wort: aries = Widder = „Mars"-Prinzip), stopfen sie einfach zu, d.h. wir tragen zu einer weiteren Verdrängung der Probleme bei und das noch möglichst kunstvoll mit Gold, auf das Patient und Therapeut auch noch stolz sind. Damit wird eine Vollkommenheit vorgegaukelt (Gold ist ja das Symbol für Vollkommenheit), von der eher das Gegenteil wahr ist. Die Aggression des Patienten wird nämlich durch unsere funktionale Maßnahme noch weiter verdrängt, statt sie ihm bewußt zu machen. Füllen wir die Löcher sogar nur mit Silberamalgam oder überhaupt Amalgam, so wird die Verwirrung noch größer und die Aggressivität springt auf die Kollegen über. Am Silberamalgam entfacht sich ja bekanntlich der Streit der Experten; man diskutiert darüber, man analysiert und bekommt das Problem des Amalgams auf der körperlichen Ebene nicht zu pakken; warum?, weil das Quecksilber, um das es in der Regel dabei geht, schon rein materiell genauso schwierig zu fassen ist, wie das dahinterstehende „Merkur"-Prinzip. Somit bleibt man wenigstens auch dort in der gleichen Analogiekette, nur etwas unerlöster. So kann eine Lösung dieses Problems m.E. nicht in der Verteufelung des Silberamalgams liegen, denn das bedeutete ja gleichzeitig eine Verteufelung des „Merkur"-Prinzips, sondern kann nur im bewußten und sinnvollen Umgang mit dem Repräsentanten dieses Prinzips, dem Quecksilber und damit dem Silberamalgam, bestehen. Also müßten wir eine Lösung anstreben, in der der Patient und der Therapeut — sprich Zahnarzt — „nur" das Prinzip („Merkur") integrieren muß und in der beide mit diesem Prinzip ausgesöhnt werden, dann kann auf der materiellen Ebene der Patient wenigstens das Amalgam wieder tolerieren. Dagegen spricht auch nicht die „toxische" Wirkung des Hg; denn analog gesehen entsprechen den Toxinen psychische Probleme, die man lösen muß. Interessant in diesem Zusammenhang ist auch die numerologische Betrachtung der beiden Materialien: Gold und Amalgam. Setzt man die Buchstaben in Zahlen um, so bekommt man bei Silberamalgam eine 8, bei Gold ebenfalls eine 8; aus dieser Sicht geht es also bei beiden um dasselbe Prinzip: in diesem Falle: „Gerechtigkeit". Allein diese Tatsache sollte zum Nachdenken anregen. So könnte man im Silberamalgam lediglich die unerlöste Form dieses Prinzips sehen, mit der man sich so lange herumplagen muß, bis man das Prinzip erlöst hat und dann die erlöste Form in Form von Gold tragen darf, indem man bewußt mit dem Prinzip umgehen kann. Andernfalls macht auch das Gold Schwierigkeiten, wie wir aus der Kirlian-Photographie und den bioenergetischen Testen insgesamt wissen. Reicht das Konservieren nicht mehr aus, erfolgt die Überkronung, d.h. im Analogiesinn in unerlöster Form: man setzt der Verdrängung auch noch die Krone auf, um sie sogar noch endgültig zu zementieren. Die Krone soll auch noch möglichst bis zu den Molaren verblendet (man beachte die übertragene Bedeutung) sein, damit die Verdrängung nur ja nicht auffällt, und man weiter ohne schlechtes Gewissen verblendet sein darf.
Gott sei dank findet der Körper noch Möglichkeiten, den Patienten doch noch zur Einsicht zu verhelfen („Jupiter"): er verliert nämlich Zähne und gibt damit dem Zahnarzt die nächste Möglichkeit, doch noch den Patienten zur Heilung zu führen; und das tut er auch: der Zahnarzt fertigt nämlich eine Brücke an. Doch statt dem Patienten wirklich Pontifex zu sein und die Brükke zur Ganzheit zu bauen, verbaut er ihm auch noch diese Möglichkeit, indem er durch die Verblockung der „schwingenden Einzelzähne" die Schädelatmung und damit den „breath of life", den Atem des Lebens weiter einschränkt (Regulationseinschränkung).
Im Extremfall und mit Vor-liebe (man beachte die Silbe vor, d.h. der Zahnarzt stellt sich mit seiner Absicht vor die Liebe, täuscht sie also vor), also mit Vorliebe verblockt er alle Zähne und macht damit die Schädelatmung letzten Endes unmöglich (Regulationsblockade), blockiert sie also.
Der Patient, d.h. sein Körper, entwickelt darauf, wenn auch erst viel später, verständlicherweise Protest, denn

er reagiert mit somatisiertem Vertrauensverlust in seinen Zahnarzt, und zwar in Form von Zahnfleischschwund und Zahnlockerung (Parodontopathien), und das so lange, bis die Zähne gezogen werden müssen. Damit kommt dann die Aggression wieder ans Tageslicht.
Doch die geht wieder einseitig vom Zahnarzt aus, wird also wieder ins Außen verlegt, und läßt den Patienten wieder passiv und damit im Glauben, jetzt sei wieder alles in Ordnung; bis, ja bis entweder dem Patienten ein Licht aufgeht und er sich seiner Probleme bewußt wird oder bis der Zahnarzt das nächste „Husarenstück" vollbringt und dem Patienten nach Verlust aller Zähne in Form einer Voll-pro-these weiterhin Voll-wertigkeit vortäuscht.
In diesem Zusammenhang etwas über das Wort Prothese: Es kommt aus dem Griechischen „pro titämi" und bedeutet vorstellen, vortäuschen, d.h. mit der Prothese wird eine Aggressivität und Vitalität sowie neuer Schwung (alles „Mars"-Prinzipien) vorgetäuscht, die ihre Berechtigung in der ersten Lebenshälfte hatten, als die Funktion der Zähne verlangt wurde („Mars"), die aber nun nicht mehr angebracht ist im Senium. Denn dieser Lebensperiode entspricht — wie angedeutet — ein anderes Prinzip, das „Saturn"-Prinzip, das u.a. Reduktion auf das Notwendige, Beschränkung, Reife und sogar Weisheit beinhaltet und damit auch erwartet; ein Prinzip, das uns, mit einem Wort, auf unsere Struktur reduziert und damit zur Einsicht, zur Bescheidenheit und Beharrlichkeit führen will und uns damit auch mit dem Tod („Saturn") konfrontieren will, um uns so auf das Lebensende vorzubereiten. Wer dem „Saturn"-Prinzip entspricht, gilt als weiser Alter, anderenfalls wird derjenige zum Gockel, den die Jugend nicht ernst nimmt, über den sie sich vielmehr lustig macht.
So wird aus der ursprünglich örtlich gemeinten Vor-Stellung im übertragenen Sinne eine Vorstellung, die sich damit vor die Wirklichkeit („Saturn") stellt und somit zur Täuschung wird, zur Vor-täuschung von etwas, was der Wirklichkeit nicht mehr entspricht.
Statt daß dem Patienten nun endlich der Kragen platzt, bricht ihm höchstens die Prothese und muß schließlich dauernd („Saturn") unter- bzw. wie der Patient sagt, nach-gefüttert werden als Zeichen dafür, daß sein Knochen („Saturn") weiter a-trophiert (Minderernährung) und damit ohne innerliche Stabilität ist („Saturn").

Damit setzt der Patient weiterhin auf das falsche Pferd, nämlich die Hilfe von außen, auf das äußerliche Füttern, statt sich dem von ihm geforderten Prinzip, der Einschränkung und Einsicht in seine Lage („Saturn") zu widmen, um dadurch innerliche Stabilität und Halt zu bekommen.

So enden schließlich alle Versuche in der Haltlosigkeit der Prothese und damit der Vorstellungen, bis daß der Tod („Saturn") als Prüfer der Wahrheit und Hüter der Schwelle endlich allem Trug ein Ende macht und mindestens dem Patienten die Wirklichkeit („Saturn") zeigt, indem er ihm seine Vorstellungen, seine Prothese, nun endgültig durch die Toten-Starre („Saturn") herunterfallen läßt, weil sie ihm zu groß geworden ist.

Aber selbst auf dem Sterbebett wird noch vom ärztlichen Hilfspersonal versucht, die Lebenslüge aufrechtzuerhalten, indem es die Prothese künstlich festbindet, damit der Patient weiterhin sein Gesicht wahren kann, statt endlich in Ehrlichkeit („Saturn") die eigene Macht („Mars")-losigkeit und Unmöglichkeit, die Wahrheit („Saturn") zu verdrängen, anzuerkennen. Denn Ehrlichkeit ist die Basis und Voraussetzung aller Entwicklung. Damit nimmt die Schattenbildung weiterhin ihren Lauf: glücklicherweise hat der Patient noch die Möglichkeit im Jenseits, schlagartig, wie nach einer Klassenarbeit, seine Fehler zu erkennen und sucht sich deshalb möglichst schnell wieder zur Korrektur eine neue Inkarnation. Hoffentlich bei einem bewußteren Zahnarzt, kann man da nur denken. Mit dem Tod ist der Patient in jener Unendlichkeit, die Saturn auch repräsentiert, nämlich in Form der „liegenden 8", der Lemniskate, die das ewige Leben symbolisiert.

Chronische Krankheiten

„Saturn" repräsentiert auch die Chronizität; auf unserem Gebiet also chronische Entzündungen. So können gerade die chronischen Krankheiten, besonders unter dem Aspekt des Herdgeschehens in der Zahnheilkunde, aus Hermetischer Sicht eigentlich nur über das Analogiedenken wirklich verstanden werden. Die sich daraus ergebenden Überlegungen in Bezug auf die Prophylaxe haben gerade in der heutigen Zeit besondere Bedeutung, sind wir doch an einem Wendepunkt von einem Zeitalter, nämlich dem Fische-Zeitalter, zum anderen, dem Wassermann-Zeitalter. Beide sind — wenigstens inhaltlich gesehen — Repräsentanten einer Zeitqualität dessen, um was es beim Herdgeschehen analog gesehen geht. Sie erklären, warum heute die Herderkrankungen so häufig sind. Das Herdgeschehen ist im übertragenen Sinne ein Dauerbrenner (Saturn-Mars) und folgt damit unter anderem den gleichen Prinzipien wie die ganze Zahnheilkunde.
Es deutet somit neben der Kompromiß-Problematik schon auf das weitere generelle Problem, das dahinter steckt, hin, nämlich auf die unerlöste Aggression des „Mars"-Prinzips und die Starrheit des „Saturn"-Prinzips sowie auf seine Nichtannahme im Sinne der Bestimmung. Zudem spielt das „Neptun"-Prinzip, das Prinzip der Reinigung, des Unbewußten und das „Ura-

nus"-Prinzip, das Prinzip des Ursprungs, des Eintritts in die Polarität noch eine wesentliche Rolle, wie wir noch sehen werden.

Herdgeschehen

Wir Menschen wollen alle haben, stopfen alles in uns hinein und fragen nicht danach, was daraus wird.

In uns, im Mikrokosmos Mensch, in unserem Grundsystem, führt dieses In-sich-hineinstopfen möglicherweise zu einem Herd, einem Geschehen, von dem wir wissen, daß es aus einem nicht mehr abbaufähigen Material besteht. Nun kennen wir das zweite Prinzip der Hermetischen Philosophie, „Wie oben so unten, wie im kleinen, so im großen"; das bedeutet auch: Im Makrokosmos stopfen wir die Erde mit allem voll, was wir nicht mehr brauchen, und das vor allem mit nicht mehr abbaubaren Kunststoffen. Welche Auswirkungen das Abgelagerte in uns, im Mikrokosmos Mensch hat, wissen wir aus der Herdlehre: Es führt nämlich über die Regulationseinschränkung zur Regulationsstarre, die dem Malignom Tür und Tor öffnet, ja eigentlich sogar Voraussetzung dafür ist.

Im Makrokosmos sehen wir parallel nun auch schon die Regulationseinschränkung, indem die Erde (und dazu gehört auch das Meer, ein „Neptun"-Prinzip und Symbol des Unbewußten) immer weniger mit den ihr einverleibten giftigen Abfällen fertig wird. Ihre totale Regulationsblockade wird uns schließlich zur Abschnürung des Lebens führen; sie führt auch im Großen als Reaktion ins chaotische Wachstum, ins „Krebsgeschehen", „in den geschwürigen Zerfall", siehe z.B. Vulkanausbrüche, Erdbeben, Massenkatastrophen, die uns aufrufen, die geforderte Metamorphose zu vollziehen, uns wie Phönix aus der Asche zu erheben, ehe wir darin zugrunde gehen („Pluto"-Prinzip).

Wir haben, wie immer, die freie Wahl zu entscheiden, das dahinterstehende Urprinzip, hier das des „Pluto", passiv oder aktiv zu erlösen: Passiv durch, psychologisch ausgedrückt, Verdrängung und daraus resultierendem Leid z.B. in Form eines eventuellen Atomkrieges (Plutonium = totaler Krebs) oder aktiv z.B. durch, wiederum psychologisch ausgedrückt, Nicht-Verdrängung und daraus resultierender Freigabe von Bedeutungsformen z.B. in Form der Reinigung und Metamorphose und des „adlerhaften Aufstieges", wie es uns als erlöstes „Fische"- und „Skorpion"-Prinzip vor Augen geführt wird. Das Herdgeschehen als chronischer Prozeß läßt uns als Einzelnen immer noch die Möglichkeit, diese Korrektur durchzuführen, da es eben ein Dauerprozeß = Dauerbrenner ist und uns nicht sofort umbringt, obgleich schon „Hochwasser" vorhanden ist.

Auch die Erde gibt uns eine Chance, wenn wir sie nicht weiterhin so maßlos überfordern, wenn wir ihr also die Möglichkeit zur Entgiftung und Regeneration geben.

Das Herdgeschehen ist, wie wir wissen, nicht das einzige und zur Zeit größte Problem, das unser Grundsystem belastet.

Zur Zeit ist für Mensch und Erde die Schwermetallbelastung noch brisanter. Sie hat jedoch die gleichen Folgen wie das Herdgeschehen.

So unterstreichen wir *„unsere Sonderstellung in der Schöpfung in der letzten Zeit vor allem durch die Reproduktion einer nicht endenden Flut von Sondermüll"* (DAHLKE).

„Diesen ... unverdaulichen Müll versuchen wir vom Leben der Erde fernzuhalten" (DAHLKE), indem wir ihn entsorgen, wie es so schön heißt; doch genau das Gegenteil ist der Fall, denn die Erde ist genauso ein lebendiges Wesen wie wir Menschen.

Wie beim Herdgeschehen entfaltet dieser Müll in der Erde die gleichen Wirkungen; nämlich die Regulationseinschränkungen bzw. Regulationsblockaden, siehe Nordsee oder unterirdische Atommülldeponien (unerlöstes „Pluto"-Prinzip). Entsprechend der Cäsium- und Strontiumablagerung im Körper — mit der wir nicht nur unser Erbgut, sondern „alles organische Leben dieses Planeten auf Jahrtausende" (DAHLKE) konfrontieren — stehen wir auch der Steigerung der Belastung durch den radioaktiven Müll im Großen — aufgrund der langsamen Abbaumöglichkeit der Natur — machtlos gegenüber. So können wir diesen Rhythmus quasi als „Rache" der Natur an unser ihr angetanen Vergewaltigung ansehen, hinter dem das gleiche plutonische Urprinzip steht wie bei Krebs und Aids.

Auch hier unterliegt der Mensch seiner Vorstellung, indem er meint, durch die Entsorgung sei er das Problem los. Da es in der Physik jedoch einen Erhaltungssatz gibt — wie wir wissen —, wird es in Wirklichkeit also nur noch größer, weil er es nur verdrängt hat, hier unter die Erde, und weil zur Ganzheit, symbolisiert durch die taoistische Monade, eben auch die zweite dunkle Hälfte, der Schatten (C.G. JUNG), zwingend dazu gehört. Dieser läßt sich nicht abspalten, vielmehr verlangt er, daß er genauso erlöst, d.h. gelebt wird, wie die weiße, helle Hälfte.

Das Verdrängen allgemein und speziell unserer Aggressionen führt zur „Unfertigkeit", individuell im akuten Fall zahnmedizinisch zu Karies und Parodontopathien, kollektiv dagegen zu hochexplosiven Containerladungen, d.h. zur vermeintlichen Bändigung der Natur und zum Scheinfrieden; in Wirklichkeit, die sich dann immer wieder entweder kriegsmäßig ein Ventil suchen muß und sich in Umpolungen von Werten zeigt (siehe 3. Reich, Vietnam, Afghanistan, heutige Wertvorstellungen), oder in Friedenszeiten in vermehrten Krankheitssymptomen, vor allem chronischer Art. Ein Herd ist in diesem Sinne das reale Gleichnis für nicht durchgekommenes (d.h. nicht bearbeitetes) Verdrängtes (DÖBEREINER).

„Seit wir der Natur ihre Zähne gezogen haben und ihre Krallen beschnitten haben, ist die Welt nicht friedlicher geworden" (DAHLKE), ignoriert sie — die Krallen — sogar, denn sie sind ja stumm geworden, zur „chronischen Entzündung" eben.

„Es geht nicht darum, Aggressionen zu verteufeln, sondern darum, sie anzuschauen, sie zu erkennen und wieder zu uns zurückzuführen. Die aggressive Welt ist unser Spiegel, wir haben sie geschaffen und sind daher auch dafür verantwortlich. Wir sind es selbst, die sich in ihr spiegeln. Das müssen wir zuerst einmal begreifen" (DAHLKE).

Im medizinischen Einzelfall geht die Erkennung über die Regulationsmethoden, die Sanierung evtl. über die chirurgische Herdelimination als Basistherapie. Sie führt schließlich mit Hilfe der unspezifischen Regulationstherapien wie z.B. der Akupunktur zur Wiederherstellung der Regulation. Beides, Erkennung und Sanierung, muß jedoch von der ärztlichen Aufklärung über den dahinterstehenden schicksalsmäßigen Lernprozeß begleitet werden. All das braucht Zeit, und so muß auch im Großen der Natur soviel Zeit gegeben werden, wie sie für ihre Regenerationsprozesse braucht und wie wir ihr wieder entsprechend ihrem eigenen langsamen Rhythmus zugestehen müssen.

Wie lange wir uns diese im Untergrund schwelende Herdbelastung als Zeitbombe leisten können, hängt nicht nur vom frühen Erkennen und biologischen Behandeln ab, wie wir es mit den bioelektronischen Verfahren beim Patienten machen können, sondern vor allem vom Bewußtseinszustand, besser von der Bewußtseinsänderung sowohl des Einzelnen wie auch des Kollektivs.

Jedenfalls führt das momentan herrschende Bewußtsein — so beibehalten — nicht nur zur totalen Regulationsblockade und somit zum Malignom, es ist bereits Krebs.

„Das rechte Maß zur rechten Zeit zu finden" (DAHLKE), war schon immer eine alte Kunst und so können gerade wir als Naturärzte dazu beitragen, daß wir unseren Patienten neben der biologischen Regulationsmedizin vor allem diese Bewußtseinserweiterung u.a. durch das Analogiedenken und die Sichtbarmachung der hinter den Krankheitssymptomen stehenden Urprinzipien mit ihrer Anbindung an das Schicksal ans Herz legen. Damit betreiben wir quasi eine „Schicksalsmedizin" (DÖBEREINER).

Aber dafür müssen wir selbst bewußtseinsmäßig soweit sein. Das können wir aber nur, wenn wir selbst nichts mehr verdrängen und die Eigenverantwortung als Ärzte entsprechend der Hermetischen Philosophie übernehmen und jegliche Projektion zurücknehmen.

Das bedeutet im Fall des Herdgeschehens und der Regulationsmedizin, daß wir uns selbst aus dieser Kompromißbereitschaft, die das Herdgeschehen begleitet, heraus katapultieren, zu unseren natürlichen Aggressionen stehen und uns dem Rhythmus des Lebens öffnen, einem Rhythmus, der uns die Liebe der Einheit täglich neu offenbart.

Allergie

Wie wir wissen, ist das Herdgeschehen auch ein allergie-prädisponierender Faktor.

Ein Herd als Voraussetzung für eine Allergie bedeutet aber: Erst wenn wir unseren Körper mit unverdaulichem Abfall belastet haben, und er dadurch in seiner Regulationsfähigkeit eingeschränkt ist, kann die unterdrückte Aggression sich in Form der Allergie ausdrükken.

„Unverdautes" bleibt liegen und wird so qualitativ Ausgangspunkt für die Allergie bzw. die unverdaute, in den Schatten abgeschobene Aggression ist Voraussetzung, daß der Körper umpolt und nun immer mehr zum Feind erklärt, wie es ja bei der Allergie der Fall ist.

Das geht im Extremfall so weit, daß sich ein Allergiker nur noch in einer allergiefreien Kammer, wie sie die klinische Ökologie beschreibt, wohl fühlt.

Die beste allergiefreie Kammer ist aber schließlich der Sarg, in dem der Patient endlich seine Ruhe hat und die Schuld für seine Allergie nicht mehr auf die Außenwelt projizieren kann. Eine Herdbildung ist einer der letzten verzweifelten Maßnahmen des Menschen, das Problem Aggression wegzuschieben bzw. abzukapseln, das Verdrängte nicht sichtbar werden zu lassen, damit er als Patient seine nötige Bewußtwerdung abblocken kann, seine Bestimmung nicht annehmen braucht und seine angebliche Unschuld demonstrieren kann: denn seine daraus resultierenden Symptome sind so vielfältig, daß sie mit dem Herd zunächst nicht in Verbindung gebracht werden; ja die Medizin aller Couleur hilft ihm sogar bei seiner Bemühung, die Zusammenhänge nicht zu sehen, indem sie, wie z.B. die Schulmedizin die Herdlehre als Nonsens abtut oder wie z.B. die Naturheilkunde sie nur funktionell behandelt.

Daß jedoch gerade die Zähne als die häufigsten Herde angesehen werden, bestärkt uns zwar in der Einsicht, daß es nämlich primär um die Aggressionen geht, denn Zähne sind funktionell ein „Mars"-Prinzip, aber mittlerweile stellt sich immer mehr heraus, daß auch die anderen Körperbereiche die gleiche Funktion, nämlich Herd zu sein, ausüben können und es damit eine Frage der Affinität ist, welcher Patient zu welchem Arzt mit seinen Herdbeschwerden kommt, um sein Thema entsprechend akzentuiert bearbeiten zu können. (Abb. 3)

So findet nicht zufällig die Thermoregulationsdiagnostik die häufigsten Herde im Bauchraum oder die Elektroakupunkturdiagnostik im Kopfbereich. Die übergeordnete Folge — die Regulationseinschränkung — trifft jedoch alle, so daß die verschiedenen Schwerpunkte nur Facetten ein und desselben Prinzips sind.

So müssen sich die Herdtherapeuten fragen, wo sie selbst verdrängen, sich selber einschränken, blockieren, statt sich ihrer Bestimmung zu stellen, sich zu weiten, immer mehr hineinzulassen und ihr Schicksal anzunehmen. Wenn man es als Therapeut versäumt, in der Herdtherapie mehr zu sehen, als eine chronische Entzündung zu entfernen und sie nicht als solche ansieht, was sie ist, nämlich der erste nötige Schritt, um wieder Bewegung in das starre System zu bringen, und wenn man überdies noch versäumt, dieses Problem auf sich zurückzunehmen, dann arbeitet man zwar SEIN Problem am Patienten ab, bleibt aber selbst unbewußt auf SEINEM Herd sitzen und fällt so seiner eigenen zunehmenden Verdrängung und Starrheit zum Opfer.

Damit wird das zweite große Prinzip des Herdgeschehens, das Saturn-Prinzip, deutlich, besonders in seiner unerlösten Form.

Starrheit widerspricht jeglicher Evolution, und da der ganze Kosmos auf Evolution angelegt ist, ist es eine Frage der Zeit, wann man aktiv daran beteiligt wird und nicht nur passiv darunter leidet.

Prophylaxe

Gott sei Dank hat der Kosmos genügend Zeit, da er weiß, daß sie — die Zeit — eigentlich eine Illusion ist. Gerade der Aspekt der Zeit erlaubt uns, unsere Gedanken zur Prophylaxe einmal genauer unter die Lupe zu nehmen. Denn das heutige Verständnis von Zeit liegt nur noch in ihrem quantitativen, linearen, chronologischen Ablauf; der qualitative Aspekt, den die alten Griechen noch mit einem eigenen Ausdruck: kairos, d.h. der rechte Augenblick, belegten, ist uns fast verloren gegangen. Erst JUNG hat durch den Begriff der Synchronizität wieder etwas Licht auf diesen Aspekt geworfen. Aus dieser Sicht besteht „die Zeit aus geordneten Wandlungsphasen der kosmischen Ganzheit“ (V. FRANZ). Gerade die Münchner Rhythmenlehre (DÖBEREINER) hat zu den Gesetzmäßigkeiten dieser „geordneten Wandlungsphasen“ Erstaunliches herausgefunden.

Die wenigsten wissen heute noch, daß die lineare Betrachtung der Zeit engstens verknüpft ist mit dem christlich-judäischen Weltbild, da es die einzige Religion ist, die die Zeit mit Anfang und Ende im linearen Sinne betrachtet, während die anderen Religionen die Zeit zyklisch angehen.

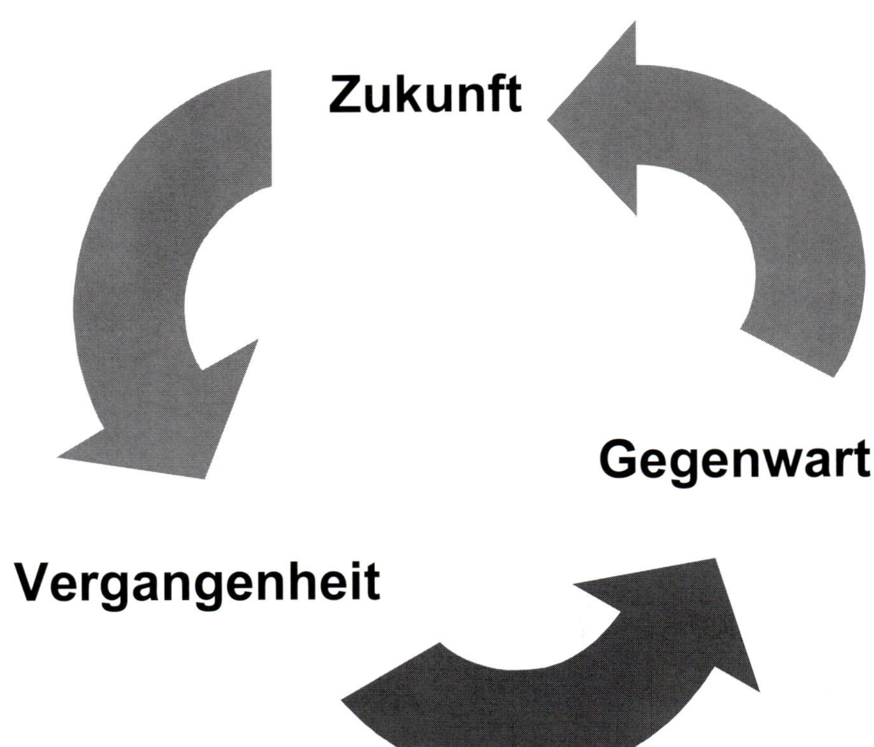

Abb. 2

So ist die Verbindung zwischen Medizin und Religion unbewußt gerade von der Disziplin beibehalten worden, die mit dem strengen wissenschaftlichen Beweis eigentlich das religiöse Element ausschließen wollte.
Und wir sind uns nicht bewußt, daß wir so eng mit der Religion verbunden sind, wenn wir Prophylaxe als Vorbeugung ausschließlich im Sinne der causa efficiens fordern. Damit ist das heutige Verständnis von Prophylaxe stark eingeschränkt, einseitig im Sinne: „der Vermeidung von" und ausschließlich auf die Wirkursache, eben die causa efficiens bezogen, während die drei anderen causae nach Aristoteles (causa materialis = Stoffursache, causa finalis = Zweckursache, causa formalis = Formursache) (**Abb. 1**) nicht berücksichtigt werden.

Nehmen wir die andere Bedeutung von „prophylattein", so geht die Aufforderung an jeden einzelnen: „anstatt festzuhalten" (an alten Mustern), möge man „sich zum Besten" für das eigene Heil „in Acht nehmen vor" der Nichtbefolgung der Gesetzmäßigkeit, indem man sich freiwillig dem Gesetz beugt.
Damit kommen wir mehr in den Bereich der causa finalis, der Zweckursache, d.h. astrologisch in die Bereiche des vierten Quadranten, den Quadranten des „Himmels", wo die für das
Herdgeschehen und seine Prophylaxe wichtigen Urprinzipien: „Saturn", „Uranus" und „Neptun" zu finden sind. (Abb. 1) Diese Gesetzmäßigkeit wird im Falle der Herdprophylaxe durch Oceanos, den „Gott des kreisenden Wassers", repräsentiert, der gleichzeitig als Gott der Zeit gilt und dem später Chronos oder Aion entspricht und der als Oroboros — die Schlange, die sich in den Schwanz beißt — in der alchemistischen Symbolik bis heute bekannt ist. Er ist Symbol für den Ur-sprung, die Ur-teilung, für den Sprung in die Zeit, in die Polarität, dort, wo man seine Schicksalsform annehmen muß, und entspricht so dem Uranos. (s.o.)
Durch die zyklische Betrachtung der Zeit kommen wir dem eigentlichen Verständnis der Prophylaxe allgemein, besonders aber der Herdprophylaxe am nächsten.
Während beim linearen Zeitbegriff die Zukunft immer verbunden ist mit dem Begriff des Fortschritts — hier Fortschritt im Sinne des Fort-Schreitens von der eigenen Mitte — bedeutet in der zyklischen Betrachtung der Zeit, in der der Rhythmus eine wesentliche Rolle spielt, Zukunft auf einmal: die am weitesten zurückliegende Vergangenheit. (Abb. 2)
So wird verständlich, daß sich Prophylaxe eigentlich mit alten, nicht verdauten, nicht verarbeiteten, also verdrängten Problemen beschäftigen muß; vor allem mit denen, die ins Unbewußte abgelegt, abgedrängt wurden und in dem Moment wieder hochdrängen, wenn sie vom Unbewußten, Namenlosen (DÖBEREINER) ins Bewußtsein kommen sollen bzw., wenn also die Zeitqualität so ist, daß bestimmte Ereignisse im Sinne der Polarität und Affinität ausgelöst werden.

Geschieht das nicht, d.h. entscheidet der Mensch im Sinne der emotionalen 7er-Rhythmik (DÖBEREINER) sich nicht, das Problem zu lösen und legt es beiseite, wird es im 10er-Rhythmus zwangsläufig durch äußere Ereignisse aktiviert und von außen auf ihn zukommen. Je mehr man auf der akuten Ebene, d.h. bei akuten Symptomen, die Probleme nicht beachtet und bearbeitet hat, desto mehr füllt sich das Meer des
Unbewußten, dort kommt es zum Hochwasser und Stau, der gegen die „Tore der Zeit" (DÖBEREINER) drängt und eines Tages aufbrechen muß, um zum Ursprung, zum Sprung und damit Eintritt in den polaren Raum zu kommen, d.h. um zur Annahme seines Schicksals im Sinne des bestmöglichen Gefüges der Form zur Konstanterhaltung der Polarität (DÖBEREINER) entlassen zu werden. (s.o.). Und zwar in die Zeit als Form gefügt, d.h. die beste Prophylaxe besteht darin, es erst gar nicht zu diesem Hochwasser bzw. Stau kommen zu lassen und ihn jeweils psychisch und emotional zu bearbeiten, damit er körperlich nicht zum Herd wird. D.h. die beste Prophylaxe besteht darin, seinen eigenen Ursprung anzunehmen, d.h. sein Schicksal, seine Schicksalsform und damit seine Geschlechtlichkeit anzunehmen (und nicht zu verweigern), den Eintritt in die polare Welt zu akzeptieren.
Der Herd zeigt sich folgerichtig jeweils dort an der Stelle beim einzelnen im Sinne der Organsprache, wo derjenige seinen Ursprung nicht annimmt und das Organ quasi als Bühne benutzt wird, um ihm das dahinter liegende psychische Problem zu zeigen. Versucht man nun den linearen Zeitbegriff mit dem zyklischen zu verbinden, so entsteht nach JUNG die Spirale, die die „Höherentwicklung" des Bewußtseins einschließt, was — bezogen auf die Prophylaxe — bedeutet, daß Prophylaxe die bewußtseinsmäßige Höherentwicklung im Sinne des Schicksals mit beinhalten muß.
So sind die Zahn-, Mund- und Kieferherde ein Beispiel dafür, daß derjenige seine Bestimmung in seinem Leben, d.h. sein Saturn-Prinzip im o. g. Sinne, nicht annimmt, weil er sich nicht traut, das im Bewußtsein Fehlende, hier das „Uranus"-Prinzip, das ihn in die Polarität bringt, zu erleben und damit zu erlösen.

So holt die Vergangenheit den jeweils Betroffenen wieder ein. Damit kann man sich seiner selbst und seiner Verantwortung als Therapeut nicht entziehen. Ein Mündigwerden beiderseits — von Arzt bzw. Zahnarzt und Patient (OLVEDI) — ist also unumgänglich.
Das Herdgeschehen gibt uns so die Möglichkeit, zu erkennen, daß wir uns aufgrund des Polaritätsgesetzes entscheiden müssen, ehe wir unter den vielfältigen

Herdsymptomen tatenlos und energielos zusammenbrechen.
Es zeigt aber auch, daß die Entscheidung, die wir treffen, nur ein Teilaspekt der Ganzheit ist und uns damit auch wieder absondert, so daß wir den anderen fehlenden Teil ebenfalls irgendwann erlösen müssen.
Prophylaxe nur im linearen Sinne — wie es heute üblich ist — zu benutzen, ist also aus der Sicht des Schicksals schlicht dumm. Prophylaxe im besten Sinne besteht somit darin, daß wir entsprechend der zyklischen Betrachtung der Zeit unsere eigene Schwäche und in Folge unseren eigenen „Untergang" (DÖBEREINER), d.h. die Möglichkeit zu scheitern, durch Eintritt in die Polarität und damit durch die Befolgung der Gesetzmäßigkeit annehmen und emotional erleben. Das fordert vor allem die Einbeziehung der verdrängten Anteile von uns sowie ihre Bearbeitung im Sinne der o. g. Schicksalsmedizin.

Präparationen

Für die Präparation setzen wir gerne eine örtliche Betäubung. Wir wollen ja schließlich aggressiv werden, aber niemand soll es spüren. Ja der Patient verlangt selbst sogar die Spritze („Mars" von außen), damit seine eigene Aggressivität nicht hochkommt bzw. er sie unterdrücken kann. Und was handelt er sich dafür und dabei ein?: Angst. Angst als andere Ausdrucksform der Aggression.
Am liebsten würde er den Zahnarzt ja umbringen, nur traut er sich nicht. Statt dessen spielt er lieber das angstvolle Opfer und wird auch noch bedauert. Dafür wird er vielleicht später aggressiver, wenn es nicht mehr so gefährlich für ihn ist, wenn nämlich die Krone, Brücke oder Prothese nicht so paßt bzw. gut aussieht, wie er es sich vorstellt, wenn es also ums Bezahlen geht.
Die eigenen Zähne sind ein Symbol für die natürliche Aggression und ihren Umgang damit. Erst wenn die Aggression verdrängt wird oder sich staut, bekommt man Probleme. In Form der Verdrängung führt sie zu Karies, in Form des Staus führt sie zu Schmerzen, in beiden Fällen evtl. zur Myo-arthro-pathie. (Myo: „Mars"; arthro: „Saturn"; pathie: „Saturn"). Denn der Schmerz ist ja nach VOLL der Hungerschrei des Gewebes nach fließender Energie und zeigt auch damit schon als erstes Signal, daß der Patient sich mehr dem Lebensfluß anheimgeben sollte, sich mehr fließen lassen soll.
Genau wie in der Heilmedizin kann man auch von der Medizin sagen: es gibt eine Medizin zum Wohl, und es gibt eine Medizin zum Heil. In der ersteren werden Symptome bekämpft, und der Patient fühlt sich relativ wohl (wenigstens eine Zeit lang). In der letzten strebt man die Heilung auf allen Ebenen an.
Letzteres ist das Ziel der holistischen Medizin und Zahnmedizin. Diese Heilung bzw. Ganzwerdung darf aber nicht nur für den Patienten angestrebt werden, sie muß auf Grund des ebenfalls immer gültigen Spiegel-Prinzips zwingenderweise auch für den Therapeuten gelten, so daß jeder seine Lieblingsbeschäftigung des Projizierens zurücknehmen muß. Erst wenn man es erreicht hat, seine Projektionen zurückzunehmen, kann man dem Patienten wirklich helfen und ihm dienen. Dann braucht man auch keine Angst vor der „Schattenbildung" zu haben.
Das bedeutet für jeden, daß er sich fragen muß, was das Gesagte in Bezug auf die o. g. Prinzipien mit ihm persönlich zu tun hat, wo er mit den oben angeschnittenen Themen nicht bewußt umgeht. Denn solange man diese Probleme unbewußt und nur am Patienten abarbeitet und nicht zu sich zurücknimmt, kann man nicht heil werden, so daß man auch die Projektion fallen lassen muß, daß man nur Arzt geworden sei, um dem Patienten zu helfen. In Wirklichkeit geht es nur um einen selbst, und man benutzt den Patienten nur als Spiegel. Nutzen wir die Chance! Zum Heile des Patienten!

(Zahn-)Arzt — Patient

Geht man davon aus, daß Arzt (Zahnarzt) und Patient in einem kybernetischen Regelkreis miteinander verbunden sind, sich gegenseitig bedingen und voneinander abhängig sind, und trägt diese Tatsache auf einen Kreis auf, so ist im Idealfall Arzt (Zahnarzt) = Patient, wenn man den Kreis über eine Ellipse in der Amplitude gegen Null gehen läßt. Allerdings sollte die Beziehung: Arzt (Zahnarzt) = Patient eigentlich keine Idealvorstellung sein, sondern als alltäglicher Vorgang betrachtet werden, der uns nur immer bewußt sein muß. Diese Überlegungen sollten auch keine theoretischen Spielereien sein, sondern sie haben großen Wert für die praktische Tätigkeit, die den Blick öffnen sollen für die Hintergründe unserer alltäglichen Praxis, mit der wir die ganzheitliche Heilung für Patient und Arzt erreichen wollen.
Diese Gleichsetzung von Arzt und Patient entspricht dem esoterischen Wissen, daß der Arzt (Zahnarzt) sich über den Patienten eigentlich nur selbst behandelt, da letzterer — wie oben gesagt — lediglich sein Spiegel ist, über den der Arzt (Zahnarzt) seine Affinität in Bezug auf seinen Lernprozeß erfährt.
Überträgt man nun das Wort: Zahnarzt bzw. Patient numerologisch in Zahlen, so kommt beim ersten eine 13 und beim zweiten eine 11 heraus. 13 bedeutet aber: Transformation, und 11: spirituelle Macht. Das zeigt

uns, auf was es im Arzt-Patienten-Verhältnis ankommt bzw. was dabei geschieht:
Es erfolgt eine gegenseitige Transformation; vom Arzt (Zahnarzt) aus: eine Transformation durch den Patienten bzw. durch spirituelle Macht, die ihm durch sein Gegenüber präsentiert wird. Es bedeutet auch weiter, daß Transformation nur durch spirituelle Macht erfolgen kann (und natürlich vice versa) bzw. daß spirituelle Macht und Transformation identisch sind. Patient heißt ja, wie gesagt, auch Dulder bzw. Leider, d.h. abstrahiert: im Leiden — (personifiziert durch den Patienten) — liegt eine Kraft, eine spirituelle Macht, die den Patienten mit Hilfe des Arztes (Zahnarztes) und den Arzt (Zahnarzt) mit Hilfe des Patienten — jeweils als Spiegel — transformieren kann; d.h. weiter: der Arzt (Zahnarzt) wird eigentlich durch den Patienten mit seinem eigenen Leid (Affinitätsfrage) konfrontiert und beide bekommen die Chance der Transformation.
In der holistischen Zahnheilkunde geht es also darum zu erkennen, daß wir selbst es sind, um die es geht. Das gleiche gilt natürlich auch für den Patienten. Jeder von uns ist auf dem Weg. Das sollte sich jeder ruhig eingestehen. Die ganze Welt, alles hat in seiner ganzen Gegensätzlichkeit Platz in uns. So sind wir einerseits sowohl Zerstörer, ohne zu sehen, wie wir wüten, die auch noch verliebt sind in ihre Macht, als auch sind wir „Weltverbesserer“, die die Zerstörung durchschauen und sie beenden wollen, besonders bei den anderen (ironisch).
Wir sind aber auch diejenigen, die jetzt aufwachen können, uns selbst erkennen können, die einsehen, daß wir diesen Körper und diese Welt verdienen und damit auch diese Medizin verdienen; diejenigen, die auch erkennen, wie not-wendig der bisherige Weg war, die die Macht nun durchschauen und sie nicht ablehnen, sondern im Gegenteil annehmen als notwendige Stufe auf unserem Weg zur Ganzheit, zur Bewußtheit. Nicht die Dinge an sich sind das Problem, sondern die Einseitigkeit und Unbewußtheit, mit der wir sie tun.
Der Weg der Evolution führt zum ganzen, erleuchteten Menschen. Der Weg des suchenden Menschen dorthin, das ist der esoterische Weg, der Weg der Wandlung. Er braucht Mut („Mars“), allen Mut; auch wenn wir ihn aufbringen, ist er noch mühsam genug. Andererseits haben wir nichts zu verlieren. Denn die einzige Sicherheit, die wir besitzen, ist die, daß wir sterben („Saturn“) und nichts von all dem Materiellen, das uns jetzt so wichtig ist, mitnehmen können. Das einzige, was wir mitnehmen, ist das, was unsere Seele gelernt hat. So gehören die Fehler, die ich in dieser Abhandlung etwas überbetont habe, dazu, zu diesem Weg, und bringen uns dahin, daß sie uns eben auf das Fehlende aufmerksam machen. In diesem Sinne ist es besser, Fehler zu begehen, als sich erst gar nicht auf den Weg zu machen.
Aus dem Gesagten dürfte hervorgehen, daß wir uns als ganzheitliche Zahnmediziner nicht aus dem Geschehen heraus halten dürfen und können, sondern daß wir vielmehr im Analogiedenken eine Möglichkeit haben, das bewußt zu erreichen, was ohnehin in uns schlummernd angelegt ist, die Ganzheit, durch die wir mit allem verbunden sind und die uns zeigt, daß ein jeder von uns göttlich ist.

Zusammenfassung

Fassen wir die Gedanken zusammen, so haben wir in der Zahn-, Mund- und Kieferheilkunde, aber auch in der Gesamtmedizin mit Hilfe des inhaltlichen Analogiedenkens als Ergänzung zum formalen Kausaldenken die Möglichkeit, die Sinnhaftigkeit des Krankseins zu ergründen und damit Heilung auf allen Ebenen zu erreichen.
Dadurch wird der Zahnarzt(Arzt) in die Lage versetzt, auch bewußte inhaltliche Bezüge zu sich selbst zu finden, aus denen sein eigentliches Verhältnis zum Patienten und die Aufgabe des Patienten ihm gegenüber abgeleitet werden kann.
Aufgrund des Spiegelbildprinzips braucht der Arzt/Zahnarzt den Patienten, um seine eigenen Probleme — entsprechend der gegenseitigen Affinität — erkennen und lösen zu können, genau wie der Patient den Arzt/Zahnarzt zur Selbsterkenntnis braucht. (**Abb. 3**)
Beides setzt ein entsprechendes Bewußtsein gemäß der Hermetischen Philosophie bzw. des „Wegs der Wandlungen“ (DÖBEREINER) voraus.

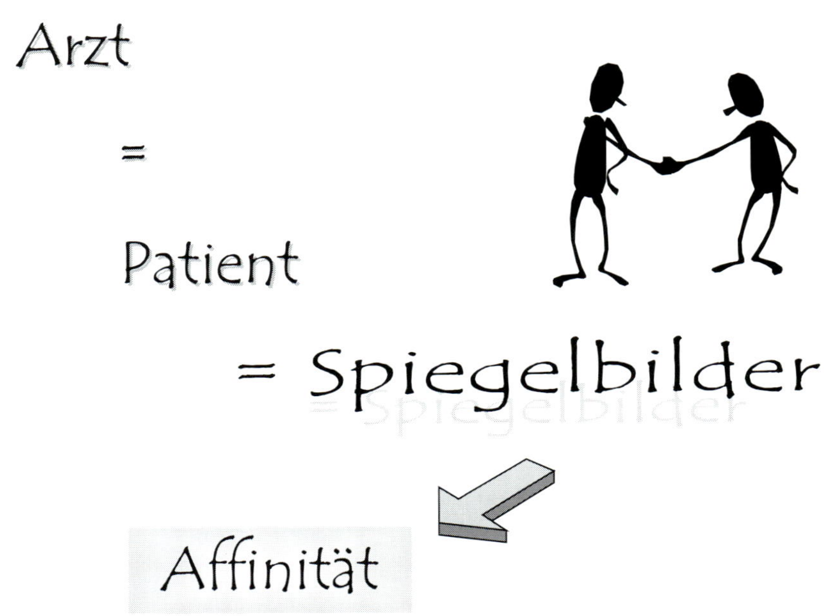

Abb. 3

Erst durch die Zurücknahme jeglicher Projektionen können Therapeut und Patient sich wirklich helfen. Aufgrund der freien Wahl der Entscheidung zwischen aktiver oder passiver Lösung eines Problems, hier der Krankheiten, wird klar, daß Mikro- wie Makrokosmos nur über Bewußtwerdungsprozesse und Anerkennung der in den „Schatten abgeschobenen“ „dunklen“ Anteile (Verdrängungen) wieder ganz heil werden können.
Die enge kybernetische Verbundenheit zwischen Arzt/Zahnarzt und Patient hat damit auch großen Wert für die praktische Tätigkeit, so daß die Art und Weise, wie man den Patienten behandelt, entscheidend ist, um über die analogen inhaltlichen Bezüge echte Heilung von sich und dem Patienten zu erzielen.
In dieser übergeordneten Schau liegt auch die Chance einer echten ganzheitlichen Medizin und Zahnmedizin, jegliche Krankheit überflüssig zu machen, statt zu bekämpfen, denn Kampf erzeugt wieder Kampf, während die erlösende Heilkraft, die Liebe, — somatisch im Herzen verankert — unter Beachtung der Polarität die Möglichkeit darstellt, diesen circulus vitiosus zu durchbrechen und den Schlüssel zur Vollkommenheit aufzeigt.
In diesem Sinne möchte meine Ausführungen schließen — mit einem Zitat von HAZRAT INAYAT KHAN:

„Ich habe Gut und Böse gekannt,
Sünde und Tugend,
Recht und Unrecht,
ich habe gerichtet
und bin gerichtet worden;
ich bin durch Geburt
und Tod gegangen, Freude und Leid,
Himmel und Hölle;
und am Ende erkannte ich,
daß ich in allem bin
und alles in mir ist.“

Literatur

BEISCH, K.: Die gesamtmedizinische Bedeutung des achten Zahnfaches, PJ4/95, S.161-168

BROICH, I.: Das Mundorgan. Karl F. Haug Verlag, Heidelberg 1988.

BERGMANN, H.: Weisheitszähne sichern die Vollkommenheit des Ganzen, ZM(1981)4

DETHLEFSEN, TH.: Krankheit als Weg. Bertelsmann Verlag, München 1983.

DÖBEREINER, W.: Das Gleichnis des Elefanten. Verl. Döbereiner, München 1990.

DÖBEREINER, W.: Astrologisch—medizinische Diagnose u. Homöopathie. Hugendubel Verlag, München 1980.

DÖBEREINER, W.: Weg der Aphrodite. Verlag Döbereiner, München 1990.

GLEDITSCH, J.M.: Reflexzonen und Somatopien als Schlüssel zu einer Gesamtschau des Menschen, WBV Schorndorf 1983

KLEIN, N.: Der wunderbare Kreis. Hugendubel Verlag, München 1988.

KLEIN, N., DAHLKE, R.: Das senkrechte Weltbild, Hugendubel Verlag, München 1986.

DAHLKE, R.: Der Mensch und die Welt sind eins. Hugendubel Verlag, München 1987.

MANDEL, P.: Lichtblicke in der ganzheitlichen (Zahn-)Medizin, Energetik Verlag, Bruchsal 1989.

ROSSAINT, A.: Ganzheitliche Zahnheilkunde. 4. Aufl., Hüthig Verlag, Heidelberg 1977.

ROSSAINT, A.: Kinesiologie und Physioenergetik in der ganzheitlichen Zahnheilkunde, insbesondere in der Kieferorthopädie. BZM 2/1987.

ROSSAINT, A.: Erfahrungsheilkunde (EHK) in einer gestörten Innen- und Umwelt am Beispiel der Parodontopathien. Dtsch. Zschr. Biol. Zahnmed. 4, 1 (1988).

ROSSAINT, A.: Das Analogiedenken in der Zahnheilkunde, insbes. in der Prothetik und konservierenden Zahnmedizin. Dtsch. Zschr. Biol. Zahnmed. 5, 1 (1989).

ROSSAINT, A.: Das erweiterte Umfeld des Weisheitszahnes aus der Sicht der holistischen Zahnheilkunde. Bioenergetik 16 (1990).

ROSSAINT, A.: Zur Analogie des Herdgeschehens. BZM 7,2 (1991).

ROSSAINT, A.: Die Zähne als Spiegel psychischer und emotionaler Muster. (im Druck).

ROSSAINT, A.: Medizin im Umbruch. EHK 1/1993.

SHARAMON, SH., BAGINSKI, B.; REIKI, Synthesis Verlag 1985.

SHELDRAKE, R.: Das schöpferische Universum. Goldmann Verlag 1985.

STRZEMPA-DEPRÉ, M.: Die Physik der Erleuchtung. Goldmann Verlag 1988.

V. FRANZ, M.L.: Zeit. Insel Verlag 1981

Satirische Darstellung der Zahnärztin

D. BITTRICH U. L. SCHÖNE

Männer, die dieses Buch im Wartezimmer einer Zahnärztin lesen, sollten diesen Abschnitt überspringen. Falls das Buch zur allgemeinen Lektüre aufliegt, sollten Sie diese Seite sogar herausreißen und vernichten — im Interesse aller Patienten, die noch einen letzten Funken Hoffnung in sich tragen. „Denn mit Zahnärztinnen“, schreibt Horror-Freund STEPHEN KING in einer seiner frühen short stories, „ist es eine eigene Sache.“ Gleich nach dieser Ankündigung läßt KING eine Lady im weißen Kittel tief und tiefer in den Kieferknochen eines arglosen Mannes bohren, dessen einziger Makel es ist, dem früheren Liebhaber der Dame zu gleichen.

„Frauen sollen keine Ärzte werden“, schrieb vor hundert Jahren der kluge Junggeselle WILHELM BUSCH, „man weiß nie, ob sie nicht Rache nehmen.“ Zu spät. Seine Warnung ist ungehört verhallt. Frauen sind längst als Ärztinnen tätig und nicht nur im Bereich Kinder und Tiere, den ihnen der Psychiater DÖBLIN empfahl. Nein, es gibt Kardiologinnen und Urologinnen, neuerdings auch erschreckend viele Chirurginnen. Und es gibt eben jene Frauen, die gnadenlos und unmißverständlich den Bohrer ansetzen, die überzeugten und praktizierenden Zahnärztinnen. Jüngst ist eine von ihnen sogar zur Präsidentin der amerikanischen Zahnärzte-Vereinigung gewählt worden, als erste Frau in dieser Position, was die nimmermüde Aktivistin BETTY FRIEDAN zu der Bemerkung veranlaßte, nun erst hätten die Frauen wirklich Macht. Genau das befürchten aufgescheuchte Männer. In der Zahnmedizin, sofern sie sich nicht auf tugendhafte Labortätigkeit beschränkt, wird Macht ausgeübt. Und zwar, wie Freud-Schüler ALFRED ADLER besorgt festgestellt hat, „mit einem durch und durch männlichen Instrument“. Deshalb verlieren Männer so leicht die Orientierung, wenn sie sich einer Zahnärztin nebst Bohrer gegenübersehen. Adler: “Ein Bild des Widerspruchs.“ Und deshalb wollen sie partout Tapferkeit beweisen, während sie doch schon ahnen, daß sie mit ihren eigenen Mitteln geschlagen werden. Der australische Dentisten-Verband hat im vergangenen Jahr Fragebögen unter den Patienten verteilt. Australien ist weit, aber die Ergebnisse liegen uns nicht fern: Zwei Typen männlicher Patienten nämlich haben die Forscher dingfest gemacht. Der eine strengt sich eisern an, Ängste und Schmerzen zu verbergen. Der zweite verschwendet darauf keinerlei Mühe, sondern klappert gleich beim Eintreten mit den Zähnen und bittet um Nachsicht.

Das gilt für jede Zahnarztpraxis. Doch angesichts einer Frau im Kittel verstärken sich diese Charakteristika noch. Der erste Typ gibt sich tough bis zur Selbstverleugnung; er sieht in der Zahnärztin eine Frau, die er beeindrucken muß. Der andere Typ greift bebend nach ihrer Hand; er sieht seine Mutter, die ihn vor Schmerz bewahren und trösten soll. Das wirkt zwar wenig männlich, ist aber, so ermittelten die Demoskopen, der einzige Weg zum Glück. Denn auch in jeder Zahnärztin stecken zwei Seelen: Die eine will dem Mann beweisen, daß sie ihren Beruf beherrscht, und diesen Beweis tritt sie desto nachdrücklicher an, je mehr er den Hardliner markiert. Die andere ist voller Fürsorge und Mitgefühl, vor allem, wenn der Patient sich ungeschminkt zu seiner Pflegebedürftigkeit bekennt.

Der Autor dieser Zeilen muß gestehen, daß er sich ohne demoskopische Empfehlung längst freiwillig vom Tough Guy zum Weichei entwickelt hat. Natürlich nur im Behandlungszimmer. Machtproben dort, müssen einfach zu Ungunsten des Patienten ausgehen. Statt dessen nutzt er das Wartezimmer, um sich betont lässig und souverän zu geben, damit wenigstens die Mitpatienten beeindruckt sind. Sobald er mit der Ärztin und den Helferinnen allein ist, bekennt er sich zu seiner feinen Sensibilität. Anderen Inkarnationen der Männlichkeit geht das ebenso.

„Irgendwann habe ich mal erfahren, daß meine Zahnärztin Mutter zweier Söhne ist“, erzählt ARNOLD SCHWARZENEGGER. „Sie weiß also, daß Männer schmerzempfindlicher sind als Frauen. Ich muß ihr nicht das Gegenteil beweisen.“ Und doch, er räkelt sich nicht glücklich im Stuhl. „Es bleibt ein Rest uralten männlichen Unbehagens.“ Das muß mit der symbolischen Bedeutung der Zähne zusammenhängen. Ein Mann muß die Zähne zeigen können. Er muß beißen können. Die Zähne sind Zeichen des Zupackens, der Kampfbereitschaft, der Kraft. FREUD hat herausgefunden, daß der Traum vom Ausfallen der Zähne nichts anderes bedeutet als die Angst vor Impotenz und Kraftverlust.

Was also, wenn eine Frau einem Mann mit milder Freundlichkeit einen Zahn zieht? Oder gar zwei? „Ich habe mir angewöhnt, das medizinisch zu sehen“, berichtet SCHWARZENEGGER. Gut. Aber irgendwann wird es vielleicht schlimmer kommen, jetzt noch nicht, aber mit den Jahren. Er habe viel Demütigendes in seinem Leben erfahren müssen, hat NORMAN MAILER zu Protokoll gegeben, nichts jedoch sei so erniedrigend gewesen wie „die Stunde, in der meine Zahnärztin mir ein Gebiß einsetzte."

(Entnommen aus dem Buch „Männerschreck", VON D. BITTRICH U. L. SCHÖNE — mit freundlicher Genehmigung des KIWI-Verlages)

ORTHOMOLEKULARE MEDIZIN

- **Orthomolekulare Substanzen in der Zahnmedizin** C. KOBAU (A)

Orthomolekulare Medizin

DR.CHRISTIAN KOBAU

Der zweifache Nobelpreisträger LINUS POWLING rief 1968 den Begriff „orthomolekular" ins Leben, wobei „orthos" aus dem Griechischen stammt — was soviel wie „richtig" bedeutet — und „molekular" auf die Moleküle als kleinste Bausteine von Substanzen hinweist. Die Orthomolekulare Medizin versteht sich als exakte strenge Wissenschaft die u.a. auf folgenden Disziplinen aufbaut: Allgemeinmedizin, Biochemie, Molekularbiologie, Immunologie, Toxikologie, Allergologie, Ernährungswissenschaft, etc. .
Ziel einer Behandlung mit orthomolekularen Substanzen ist eine Therapie mit den entsprechenden Molekülen, in den richtigen Mengen zur bestmöglichen Zeit durchzuführen. Orthomolekulare Medizin befaßt sich primär mit Nährstoffen die physiologisch im Körper vorhanden sind und auf deren regelmäßige und ausreichende Zufuhr unser Organismus angewiesen ist. Zur Therapie werden daher vorwiegend eingesetzt:

- Mineralstoffe
- Spurenelemente
- Vitamine
- Aminosäuren
- Antioxidantien
- Fettsäuren
- Enzyme

Im folgenden sollen einige der für den Zahnarzt wichtigsten Substanzen in der Orthomolekularen Medizin besprochen werden. Der Beitrag erhebt keinen Anspruch auf Vollständigkeit, sondern soll eher zum Nachschlagen in vertiefender Literatur anregen.

ORTHOMOLEKULARE SUBSTANZEN

ZINK

BEDEUTUNG - STOFFWECHSEL - FUNKTION

Think zinc! - Diesen Slogan sollte man immer im Gedächtnis behalten, angesichts der Wichtigkeit und vielfältigen Funktionen welche Zink im menschlichen Organismus erfüllt. 2-4g Zink verteilen sich in verschiedensten Konzentrationen im Körper, wobei eine große Konzentration in der Skelettmuskulatur, dem Knochengewebe, dem Auge und der Prostata zu finden ist. Allein für mindestens 100 Enzymvorgänge ist Zink notwendig.

- Immunmodulation — Zink ist wichtig für eine gute Funktion der Makrophagen, der B-Lymphozyten und der granulozytären Abwehr — Leukozyten sind 25 mal mehr zinnhaltig als Erithrozyten !
- Zink ist Bestandteil der Speicherform von Insulin — wird zuwenig Insulin im Körper erzeugt, steigt der Blutzucker. Die Zufuhr von Zink erhöht jetzt die Insulinproduktion, wodurch die Verwertung von Zucker verbessert wird.
- Zink stabilisiert die Zellmembran
- Zink ist bedeutend für die Wundheilung
- Zink ist für die Synthese der Nucleinsäuren DNA und RNA notwendig
- die Sexualfunktion ist von einem ausreichenden Zinkgehalt abhängig (Samenflüssigkeit - Hypophyse)
- Zink hat eine gewisse antioxidantive Funktion, da es Teil der Superoxid-Dismutase (SOD) ist und somit die Zellen vor freien Radikalen schützt.

Die Absorption von oral aufgenommenem Zink variiert von 20-40%, abhängig vom momentanen Bedürfnis des Körpers und der Magensäurekonzentration. Pflanzliches Zink wird schlechter verwertet als tierisches Zink. Wenn Zink an Oxalate oder Phytate in Getreidekörnern und Gemüse gebunden vorkommt wird es weniger absorbiert. Vor allem Kupfer, Calcium, Blei, Cadmium und Eisen reduzieren die Aufnahme von Zink. Die Verbindung zu Cadmium, ein toxisches Schwermetall, ist interessant: Wenn unsere Nahrung mit Cadmium belastet ist, finden wir dieses Schwermetall im Zentrum des Getreidekorns, während Zink in der Hülle konzentriert ist. Ißt man jetzt die ungemahlenen Getreidekörner, die eine höhere Zinkkonzentration haben als Cadmium, wird interessanterweise kaum ein Cadmium resorbiert, hingegen wenn man raffiniertes, gemahlenes Getreide ißt, wird die

Zink-Cadmium-Relation vermindert und mehr Cadmium aufgenommen (etwa 80% des Zinks gehen durch den Umwandlungsprozeß, des ganzen Korns zu weißem Mehl, verloren).

Indikationen

- Schwermetallbelastungen
- Immunsystemerkrankungen
- Wundheilung
- Hormonelle Störungen (vor allem Unfruchtbarkeit!! - Diabetes)
- Haut-, Nägel- und Haarerkrankungen
- erhöhte Infektanfälligkeit
- gewisse psychiatrische Krankheitsbilder
- Störungen im Eiweiß-, Fett- und Kohlehydratstoffwechsel

Bei einem Zinkdefizit kann eine Schwermetallausleitung nicht zum gewünschten Erfolg führen.

Vorkommen

Zink ist reichlich enthalten in Fisch, Fleisch, Schalentieren und Milchprodukten. Da Zink den Zuchttieren zur Wachstumsförderung beigemengt wird, hat tierisches Eiweiß einen hohen Zinkgehalt. Austern haben einen 10fach höheren Gehalt an Zink als andere Quellen, doch haben sie auch eine hohe Kupferkonzentration sowie auch weitere Metalle, vermutlich durch die zunehmende Verschmutzung der Ozeane.

Im Vollkorn und Bohnen finden wir ebenfalls genügend Zink, auch wenn es etwas schlechter resorbiert wird als es beim tierischem Eiweiß der Fall ist. Auch Nüsse und hier vor allem die Paranuß, sowie Kürbiskerne und Ingwer sind gute Zinkquellen

Bedarf

15-30 mg täglich

Zink hat als Antagonist (Gegenspieler) vor allem Kupfer und da beide Einfluß auf den Cholesterinspiegel haben beeinflussen sie den Zuckerhaushalt. Das Verhältnis Zink : Kupfer sollte etwa 7 : 1 betragen.

MANGEL oder STÖRUNG im Stoffwechsel

- Fasten oder einseitige Ernährung
- Schwangerschaft
- Schwere Erkrankung oder Verletzung
- Schwermetallbelastung
- STRESS
- Verbrennungen
- Alkoholismus
- Operation
- Antikontrazeptiva - Pille - dadurch kann der Kupferspiegel steigen wodurch das Zink im Verhältnis reduziert wird
- Parasiten
- Leistungssport
- Psoriasis
- Akute oder chronische Infektionen

Überdosierung

Akute Vergiftungen führen zu Magen- und Darmstörungen, chronische Überdosierung zu Anämie, Kopfschmerz, Erbrechen und Durchfällen.

ZINK
Zn++
Immunsystem
Schwermetalle
Alkohol
Wundheilung
DNA, RNA
Haut, Nägel
Haare
Magen
Carboanhydrase
Hormonsystem
Zellmembran
Infertilität
Auge,Prostata
Muskel, Knochen
Insulin
Rauchen
Psychiatrie
Allergie
STRESS

KUPFER

BEDEUTUNG - STOFFWECHSEL - FUNKTION

Eine der wichtigsten Aufgaben von Kupfer ist seine Teilnahme bei der Bildung von roten Blutkörperchen. Es stimuliert die Aufnahme von Eisen aus dem Intestinum und ist für eine Vielzahl von Enzymen notwendig. Kupfer wirkt entzündungshemmend.

- die Leber ist Hauptspeicher des Kupferstoffwechsels - hier ist es an Coeruloplasmin gebunden. In der Zelle ist Kupfer an Peroxid-Dismutase gebunden.
- Kupfer hat Bedeutung für das Zentralnervensystem (ZNS)
- Einfluß auf Abwehrmechanismen
- wirkt unspezifisch antiphlogistisch
- hat Einfluß auf die Hormone der Schilddrüse
- beeinflußt dieErythropoese im Pigmentstoffwechsel

Indikationen

- Entzündungen
- Anämie
- Osteoporose

Lernschwache Kinder haben oft Kupfer- und Zinkmangel (überaktive Kinder zeigen hohe Kupfer- und niedrige Zinkwerte, n. DR. GRUBER). Kupfer ist auch bei Abwehrmechanismen von Bedeutung. Es besteht ein Antagonismus zu Eisen. Es ist als unspezifisches Antiphlogistikum für den Zahnarzt von Interesse.

Vorkommen

Besonders reich an Kupfer sind Nüsse, Fische, Gurken, Hirse, Hülsenfrüchte, Kakao und Gemüse.

MANGEL oder STÖRUNG im Stoffwechsel

- durch Leberfunktionsstörungen (Alkohol, Medikamente)
- durch Schwermetallbelastung der Böden
- Kupfermangel kann Ursache für rezidierende Infektionen sein
- Kariöse Zähne sollen zu wenig Kupfer enthalten
- Kupfermangel an Gelenksentzündungen begünstigen
- Die zinkhaltige Superoxiddismutase des Zytoplasmas benötigt Kupfer. Bei mangelnder Aktivität durch zuwenig Kupfer kommt es zu einer ungenügenden Entgiftung der Superoxidanionen. Die Immunabwehr wird geschwächt

Bedarf

Nach Schott und Kruse-Jarres (Zit. Frey, Spurenelemente 1979) 2-3mg pro Tag

Überdosierung

Extrem hohe Kupfergaben reizen Schleimhäute von Magen und Darmtrakt und führen zum Erbrechen. Für den Erwachsenen ist, n. W. Bayer, Kupfer relativ ungiftig, auch in höheren Dosierungen.

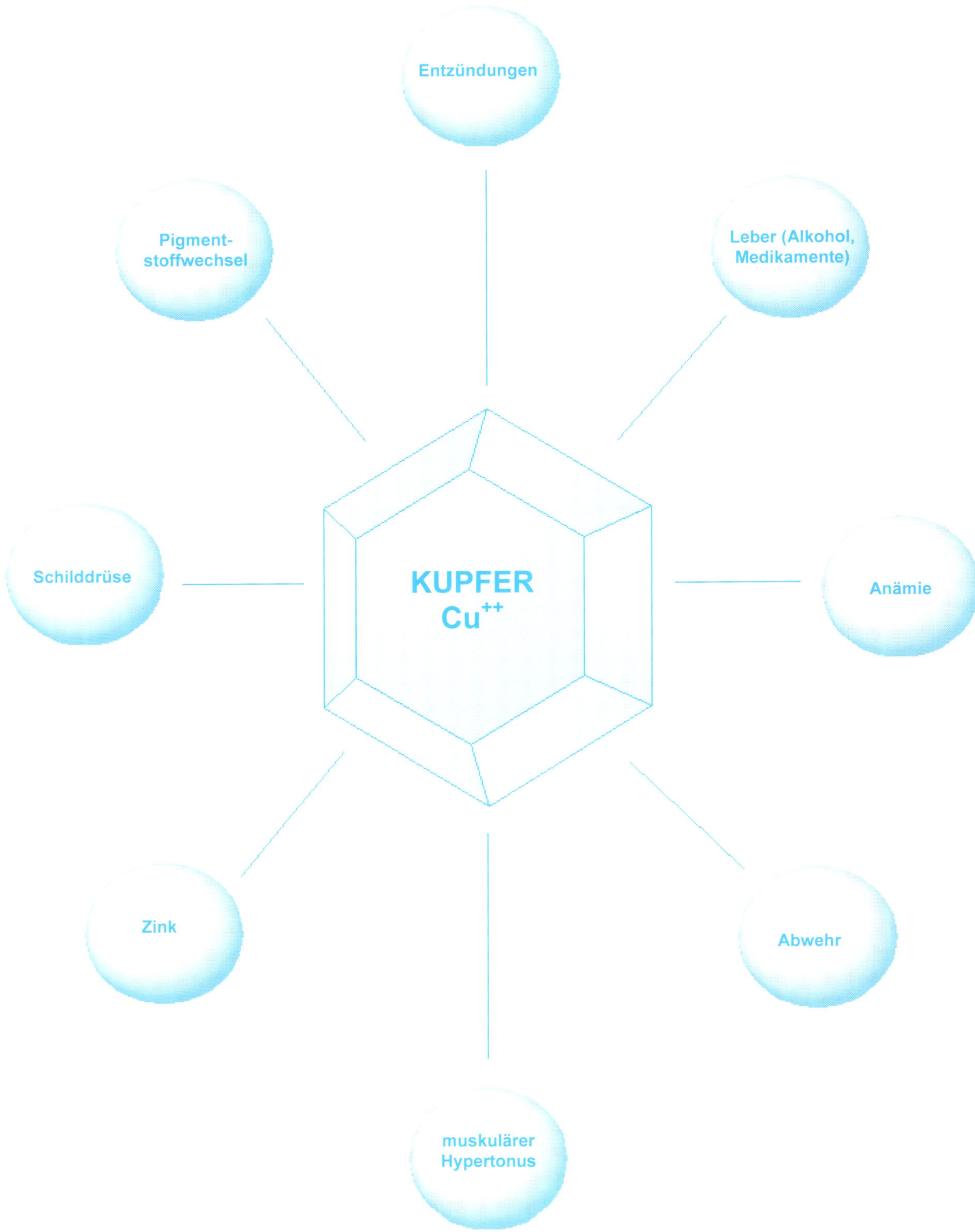
Entzündungen
Pigment-
stoffwechsel
Leber (Alkohol,
Medikamente)
Schilddrüse
KUPFER
Cu^{++}
Anämie
Zink
Abwehr
muskulärer
Hypertonus

SELEN
BEDEUTUNG - STOFFWECHSEL - FUNKTION

Selen kann als eines der wichtigsten Spurenelemente betrachtet werden, zumal durch Überdüngung und Schwermetallbelastung (Blei, Cadmium, Quecksilber) das Selen in unseren Ackerböden gebunden wird und so für unsere Ernährung kaum mehr zur Verfügung steht. Als Bestandteil vieler Enzyme stellt es einen Schutzstoff vielfältiger Natur dar. Als Bestandteil des Enzyms Glutathionperoxidase, hat es antioxidantiven Charakter und dient als Radikalfänger.

- Selen kann die Wirkung von Schwermetallen wie Cd, Pb, Hg reduzieren
- Es verhindert an der Zelloberfläche die Zerstörung der Fettsäuren durch Oxidation
- Vitamin E und Selen unterstützen einander in der Funktion, vor allem in der Entfernung von Radikalen und in der Immunstimulation
- Beeinflussung der Spermatozyten
- Schutz vor Herzinfarkt und rheumatisch-arthritischem Syndrom (SCHRAUZER)
- Studien in den USA zeigten, daß Vitamin E und Selen die Antikörperbildung um das 20-30fache erhöhen (ELSON M. HAAS - Staying Healthy with Nutrition)

Indikationen

- Infektionen
- Krebs
- Infarkt
- Rheumatische Erkrankungen
- Grauer Star
- Immunschwäche

Vorkommen

Fische, Nüsse, Hülsenfrüchte, Weizenkeimling, Sojabohnen, — Muttermilch hat vielfach mehr Selen als Kuhmilch — Knoblauch und Zwiebel sind ebenfalls gute Selen-Quellen, wenn der Boden nicht belastet und selenreich ist.

MANGEL oder STÖRUNGEN im Stoffwechsel

- Infertilität
- Infarktneigung
- Krebsanfälligkeit
- Rheumatische Erkrankungen
- Blei aus Autoabgasen, Cadmium bei Rauchern und Quecksilber aus Amalgam, kann zu Selenmangel führen
- Einfluß auf Grauen Star

Bedarf

100 - 300µg pro Tag

Überdosierung

Probleme sollten nur nach mehrmonatiger Aufnahme der 100fachen Tagesdosis auftreten.

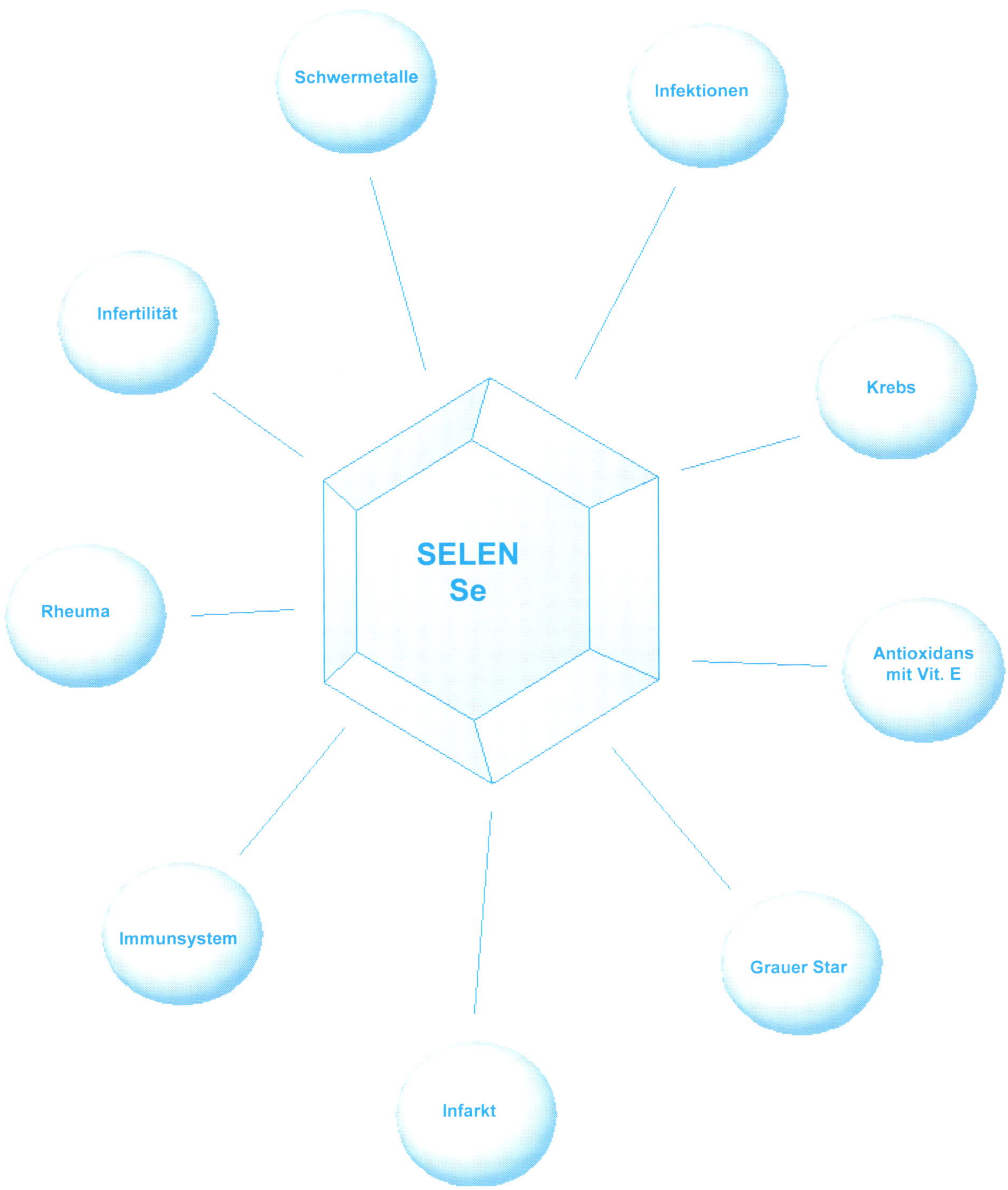
Schwermetalle
Infektionen
Infertilität
Krebs
SELEN
Se
Rheuma
Antioxidans
mit Vit. E
Immunsystem
Grauer Star
Infarkt

MAGNESIUM

Magnesium ist ähnlich bedeutsam wie Zink und ist vermutlich an 300 Enzymvorgängen beteiligt. Es wird in der Zelle gefunden, wo es Enzyme für den Stoffwechsel der Kohlenhydrate und Aminosäuren aktiviert. Magnesium ist wie auch Kalzium am Aufbau von Knochen, Sehnen und Zähnen beteiligt.

- Einfluß auf das Nervensystem — reduziert die Erregbarkeit zwischen Nerven und Muskeln
- Calcium - Antagonist
- Schutz vor Thrombose und Infarkt
- Einfluß auf das Immungeschehen

Indikationen

- Kardiovaskuläre Erkrankungen
- Muskuläre Krämpfe
- Streß
- Obstipation
- „Vegetative Dystonie"
- Konzentrationsschwäche

Vorkommen

Nüsse, Sojabohnen, vollwertige Getreideprodukte, Gemüse und Milchprodukte

MANGEL oder STÖRUNGEN im Stoffwechsel

Mangel kann entstehen durch länger andauernde Magen- Darmerkrankungen mit Resorptionsstörungen, durch Alkoholmißbrauch; bzw. Erkrankungen der Schilddrüse oder Nebenschilddrüse, sowie Leistungssport, Abführmittel, Diabetes und harntreibende Medikamente.

- Herzbeschwerden
- Muskelkrämpfe
- Nervöse Störungen
- Depression

Bedarf

300 - 400mg pro Tag

Eiweißreiche Nahrung, Alkohol, Fett, Kalzium und ein Mangel an Vitamin B6 reduzieren die Aufnahme von Magnesium.

Überdosierung

Beim Gesunden tritt kaum eine Überdosis auf, da die Resorption sehr langsam erfolgt und zu große Mengen sofort ausgeschieden werden. Die Balance zwischen Calcium und Magnesium ist allerdings sehr wichtig
Bei einer Überdosierung tritt Diarrhöe auf.

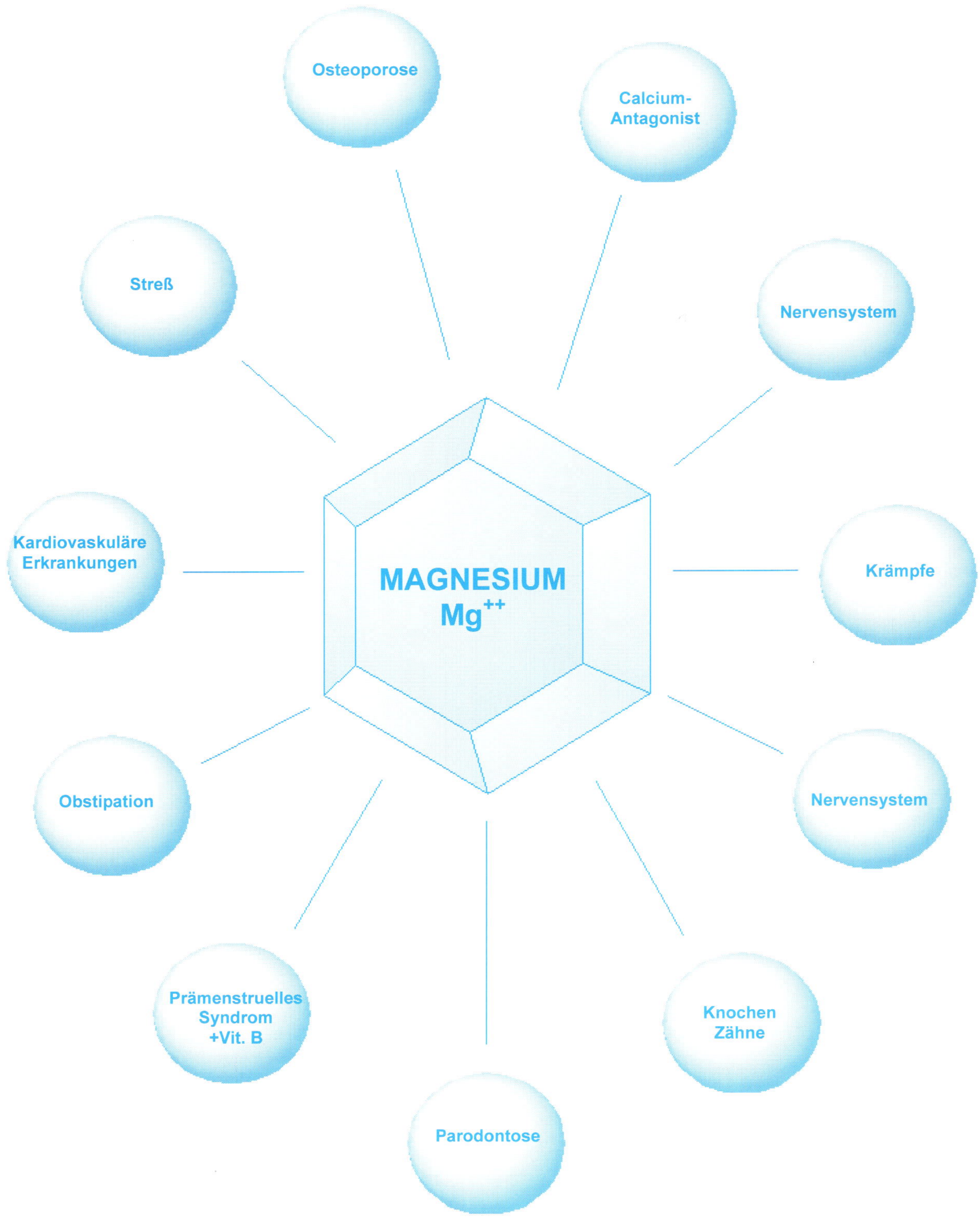
Osteoporose
Calcium-
Antagonist
Streß
Nervensystem
Kardiovaskuläre
Erkrankungen
MAGNESIUM
Mg++
Krämpfe
Obstipation
Nervensystem
Prämenstruelles
Syndrom
+Vit. B
Knochen
Zähne
Parodontose

CALCIUM

BEDEUTUNG - STOFFWECHSEL - FUNKTION

Calcium ist mit ca. 1000g, daß am häufigsten vorkommende Mineral im menschlichen Körper. 95% des Calciums sind in Knochen, 5% in den Körperflüssigkeiten eingebaut. An den Membranen der Zellen spielt Calcium eine wichtige Rolle, indem es den Ein- und Ausstrom von lebensnotwendigen Stoffen beeinflußt. Ein zelluläres HOMÖOSTASESYSTEM kontrolliert diese Calciumverschiebungen. Folgende Faktoren steuern den Calciumhaushalt:

- CALCITONIN (Thyreocalcitonin) - stimuliert in Verbindung mit Vitamin D und STH den Einbau in den Knochen
- PARATHORMON - fördert den Abbau von Calcium aus den Knochen - unterstützt die Niere bei der Rückresorption von Calcium, wodurch das zirkulierende Calcium vermehrt wird
- Vitamin D - Absorption und Einbau in den Knochen wird erhöht
- Vitamin F - in Verbindung mit Parathormon wird der Transport ins Gewebe gefördert
- Aus einer Übersäuerung des Gewebes resultiert erhöhte Calciumfreisetzung aus den Knochendepots (Calcium wird zur Abpufferung verwendet)
- Aufnahme von Eiweiß und Aminosäuren (vor allem Lysin und Glycin) erhöhen die Calciumabsorption, wohingegen extrem hohe Aufnahme von Eiweiß die Ausscheidung über den Darm erhöht.
- Durch Schwangerschaft, Wachstum und Bodybuilding wird vermehrt Calcium benötigt

Indikationen

- Muskelkrämpfe
- Allergie
- Osteoporose
- Parodontose
- Auf ausreichende Zufuhr ist während der Kindheit, der Schwangerschaft und Stillzeit sowie im Alter zu achten.
- Kariesprohylaxe (Zahnschmelz, die härteste Substanz im Körper, besteht primär aus Calcium)
- Prämenstruationssyndrom

Calcium aktiviert Enzymsysteme wie die Cholinacetylase, die wiederum den Neurotransmitter Acetylcholin erzeugt. Auch die Transmitter Norepinephrin und Serotonin werden durch Calcium beeinflußt. Calcium soll „die Nerven beruhigen", da höhere Konzentrationen nervlich bedingte Reizzustände vermindern.

Vorkommen

Frischmilch, Hülsenfrüchte, Nüsse, Vollwertprodukte, Mandeln, Sojabohnen, Sesamsamen, Hefe, Joghurt, Käse, Sonnenblumenkerne, Gemüse, Linsen, Feigen

MANGEL oder STÖRUNGEN im Stoffwechsel

- Krämpfe (Tetanie)
- Osteoporose
- Parodontose
- Brüchige Nägel
- Parästhesien

Vermehrter Verzehr von Süßigkeiten, Nahrungsmittel die konserviert wurden, Limonaden und Kochsalz wirken der Calcium Aufnahme entgegen.

Bedarf

1 - 2g täglich

Überdosierung

Tritt bei normaler Ernährung kaum auf. Bei extrem künstlicher Überdosierung können Nierensteine und Verkalkungen im Bindegewebe auftreten.

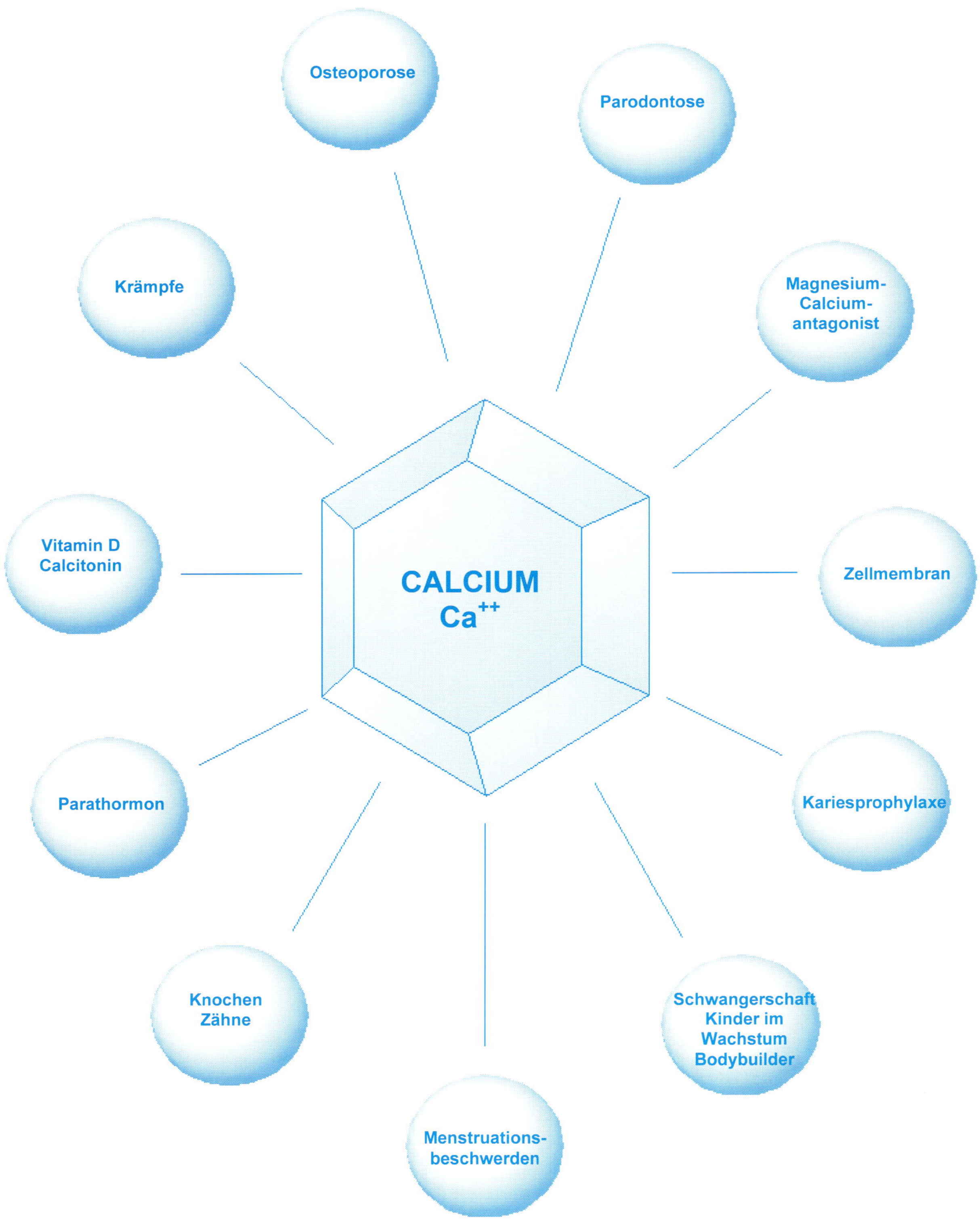
Osteoporose
Parodontose
Krämpfe
Magnesium-
Calcium-
antagonist
Vitamin D
Calcitonin
CALCIUM
Ca++
Zellmembran
Parathormon
Kariesprophylaxe
Knochen
Zähne
Schwangerschaft
Kinder im
Wachstum
Bodybuilder
Menstruations-
beschwerden

MANGAN

BEDEUTUNG - STOFFWECHSEL - FUNKTION

Mangan ist an Eiweiße gebunden und Teil von Enzymen bzw. wirkt aktivierend auf enzymatische Prozesse.

- Beeinflußt Knorpelbildung, Fett- und Kohlehydratstoffwechsel
- fördert die körpereigene Abwehr
- lang andauernde (über Monate) und hochdosierte Zinkeinnahme bewirkt zu hohe Manganausscheidung
- Mangan ist Katalysator in der Synthese von Fettsäuren und Cholesterol
- Mangan ist essentiell für die Produktion des Schilddrüsenhormons Thyroxin
- Mangan unterstützt die Produktion von Sexualhormonen und hat Einfluß auf die Versorgung von Nerven und Gehirn

Indikationen

- Osteoporose
- Allergie
- Rheumatismus
- Asthma
- Diabetes
- Epilepsie

Vorkommen

Vollkornprodukte, Nüsse, Samen, Gemüse, Haferflokken, Weizenkleie

MANGEL oder STÖRUNGEN im Stoffwechsel

- Der Einbau von Calcium in Knochen und Zähne wird durch einen Mangel an Mangan gehemmt (Wenn bei Osteoporose- oder Parodontose-Therapie Calcium benötigt wird, soll man auch an Mangan denken.)
- Manganmangel kann die Glukosetoleranz beeinflussen, wodurch überschüssiger Zucker nicht abgebaut wird und Diabetes resultieren kann.
- Phosphorhaltige Speisen hemmen die Manganaufnahme, genauso wie große Mengen an Calcium.

Bedarf

10 - 20mg pro Tag

Überdosierung

Ist mit der Nahrung kaum zu erreichen, da erst bei der 50-fachen Tagesdosis Symptome wie Muskelzittern, Nierenversagen, sowie Störungen im ZNS auftreten.

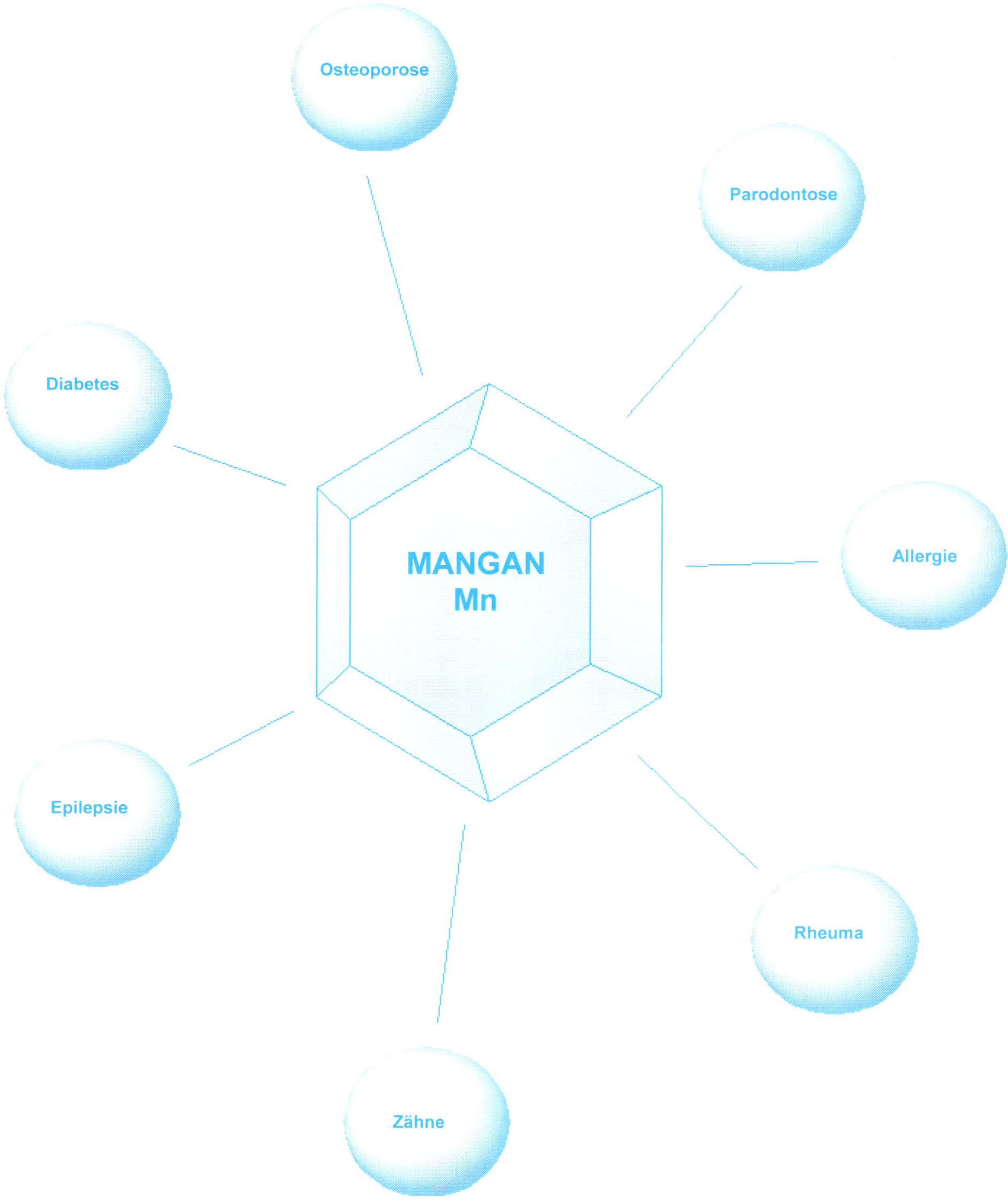
Osteoporose
Parodontose
Diabetes
MANGAN
Mn
Allergie
Epilepsie
Rheuma
Zähne

KALIUM (K)

Befindet sich primär im Inneren der Zellen und dient als Gegenspieler zu Natrium.

- ist für die Wasserregulation wichtig
- beeinflußt das Säure-Basen-Gleichgewicht
- hat Einfluß auf die Erregungsleitung bei Muskeln und Nerven
- wirkt auf die Herztätigkeit
- ist an der Verdauung, als Bestandteil bei Verdauungssäften, beteiligt
- ist wichtig für Elektroneutralität und Omolarität
- Na-K-Pumpe
- bei Schmerzen werden vermehrt K^+-Ionen freigesetzt! (K-Vermehrung bei Entzündungen!)

Kaliummangel kann entstehen durch Einnahme zu hoher Kochsalzmengen, bei Durchfall, Erbrechen, schwerer körperlicher Arbeit, Leistungssport und regelmäßige Aufnahme von harntreibenden und blutdrucksenkenden Medikamenten und Abführmittel.

Leistungssportler mit Krampfneigung haben oft einen Kaliummangel. Auch der chronische Abusus von Abführmitteln führt zu einem Kaliumdefizit, welches den Darm noch träger macht. Ein circulus vitiosus entsteht, der nur durch komplette Lebens- und Ernährungsumstellung, sowie eine Symbioselenkung zu therapieren ist. Kaliummangel kann zu Schwächegefühl in den Muskeln, Funktionsstörungen des Herzens bis zum Kollaps führen. Überdosierungen entstehen durch verordnete Kaliumgaben oder kaliumsparende harntreibende Medikamente bzw. bei Nierenversagen. Dies führt ebenfalls zu einem Schweregefühl der Muskeln bis hin zum Kollaps und Herzstillstand. Der Erwachsene benötigt täglich ca. 2-5g Kalium, welches er über Gemüse, Obst, Pilze, Weizenkleie und Mineralwässer aufnimmt.

NATRIUM (Na)

BEDEUTUNG - STOFFWECHSEL - FUNKTION

Natrium ist für die Wasserregulation des Organismus lebenswichtig. Wir nehmen meistens die Natrium-Salze (z.B. Kochsalz) auf, diese gehen dann in Lösung und die Natrium-Ionen werden so freigesetzt.

- Regulation des Säure-Basen-Haushaltes
- Wichtig für die Funktion von Nerven und Muskeln
- Osmotischer Druck
- Na-K-Pumpe
- Membranpotential
- NNR-Funktion
- Aufnahme von Zucker und Aminosäuren

In unserer Gesellschaft wird eher zuviel Natrium aufgenommen, wodurch eher ein Überschuß, als eine Mangelerscheinung entsteht (einer als normal anzusehenden täglichen Menge von 2-5g, stehen zwischen 10-20g Aufnahme bei den meisten Mitteleuropäern gegenüber).
Aus exzessiver Salzzufuhr können Wasserstaus Bluthochdruck und Prämenstruelle Probleme entstehen.

Durch extremes Schwitzen, Durchfälle und Erbrechen, kann der Körper bis zu 8g Natrium pro Tag verlieren. Meist geht dies in Kombination mit einem Wasserverlust einher, wodurch es zu Muskelkrämpfen, Schwindel, Muskelschwäche, Kollaps bis zum Schockzustand kommen kann.

Bedarf

2-5g täglich

Vorkommen

Brot, Gebäck, Fleisch, Wurst, (Konserven), Meerestiere, bestimmte Gemüsesorten

VITAMIN C

Die Ascorbinsäure ist für den menschlichen Organismus essentiell. Vitamin C wirkt auf das aktive Mesenchym und die Interzellularsubstanz. Es stellt ein chemisches Redoxsystem dar, welches einen entscheidenden Einfluß auf den Intermediärstoffwechsel hat.
Wirkung von Vitamin C:

- Stimulierung der Immunglobulin-Synthese (Abwehrmechanismus)
- Förderung der Interferonbildung (Interferone haben große Bedeutung bei der Abwehr von Viren, bei der Krebsbehandlung und bei Infektionskrankheiten.)
- Stimulierung der Leukozyten

- Förderung der Prostagladin-Synthese
- Radikalfänger (Anti-Oxidant)
- Die Toxizität von Schwermetallen wie Quecksilber, Blei und Cadmium kann durch Vitamin C vermindert werden!
- Aufbau von Kollagen
- Vitamin C kann die Bildung der carcinogenen Nitrosamine aus Nitrit verhindern. Vitamin C hat so eine gewisse Schutzfunktion gegenüber Tumorbildung!

Vit. C und das Immunassoziative Stoffwechselgeschehen

Histamin ↓	Leukozyten ↑	
Interferon ↑	JgM, JgA, JgG ↑	
Phapozytase ↑	Prostanoide:	PGE2 ↑
		PGI2 ↑

Vit. C und das Entgiftungssystem

Schwermetalle ↓	Harnsäure ↓
Nitrosamine ↓	

Vit. C und der Fettstoffwechsel

Triglyceride ↓	Cholesterin ↓
LDD-Cholesterin ↓	HDL-Cholesterin ↑

Resorption von Vit. C

Mit steigender Einzeldosis sinkt die Resorption und erreicht eine Sättigung (BAYER u. SCHMIDT 1987). Bei einer Einzeldosis von 180mg werden demnach 125mg resorbiert, 750mg bei 1,5g und nur 2g bei einer Dosis von 12g. Vor allem im Jejunum und Duodenum erfolgt die Na-abhängige Aufnahme von Vit. C.

Erhöhter Verbrauch an Vitamin C bei:

- Extrem-Sportlern oder starker körperlicher Leistung
- chronischer Streß
- Alkoholabusus
- Rauchern
- Dialyse
- Schwangerschaft
- Mangelernährung
- bestimmten Medikamenten wie:
  Kortikoide
  Tetrazykline
  orale Kontrazeptiva
  Barbiturate
  Acetylsalicylsäure

Indikationen

- Infektanfälligkeit
- vermehrte Neigung zu Zahnfleischbluten
- mangelnde Wundheilung
- extremer Streß
- Rauchen
- Alkoholabusus
- Angina pectoris
- Apoplexie
- Herzinfarkt
- Virale und grippale Infekte
- Tumornachsorge
- verminderte Leistungsfähigkeit

Interessant ist auch eine Studie bezüglich Vitamin C und Quecksilbervergiftung:

200mg Vit. C wurden 20 Guinea-Schweinen täglich für 6 Tage verabreicht (dies entspricht einer äquivalenten Menge von 14g täglich beim Menschen). Am 6. Tag wurde den Schweinen eine normalerweise tödliche Menge an Quecksilber gegeben - danach bekamen sie weiterhin 200g Vit. C täglich. Zwei Tage danach hatten sie zwar an Gewicht verloren, zeigten aber normales Verhalten. Nach 20 Tagen wurden die Tiere als gerettet betrachtet. (Studie: MONCILO MOKRANJAE and CEDA PETROVIC in the C.R.Acad.Sc. Paris, 1964, as reported in Rodale, ed., Prevention, July 1972, page 82)

Dosierung zur oralen Substitutionsbehandlung: 75 - 200mg pro Tag; der Nobelpreisträger L. PAULING empfiehlt um ein vielfaches höhere Dosen

Dosierung zur oralen therapeutischen Anwendung: je nach Situation 300mg - 3g pro Tag

Infekte
Radikalfänger
Zahnfleisch-
bluten
Immunsystem
Wundheilung
Allergie
STRESS
Entgiftung
Vitamin
C
Apoplexie
Asthma
Angina
Pectoris
Rauchen
Alkohol
Herzinfarkt
Kollagen-
Aufbau
Tumor-
nachsorge
Schwermetalle

VITAMIN B - KOMPLEX

Der Vit. B - Komplex besteht aus wasserlöslichen Substanzen, die von Bakterien, Hefe oder Pilzen kultiviert werden können. Der Vit. B - Komplex versorgt den Körper mit Energie, die er durch Umwandlung von Kohlehydraten in Glukose gewinnt. Er ist auch ein wichtiger Faktor im Fett- und Eiweißmetabolismus.

Zum Vit. B - Komplex gehören:

B1 - Thiamin	B2 - Riboflavin
B3 - Niacin	B5 - Pantothensäure
B6 - Pyridoxin	B12 - Cyanocobalamin
B15 - Pangansäure	Biotin
Cholin	Folsäure
INOSITOL	PABA (Paraminobenzoesäure)

Der gemeinsame Name, Vitamin B - Komplex, resultiert aus gemeinsamen Ursprüngen und funktionellen Beziehungen.

Der Vit. B - Komplex wird eingesetzt bei:

- Nervosität und Streß
- Postoperativem Erbrechen
- Migräne
- Barbiturat - Überdosierung
- Alkohol. Psychosen
- Menstruationsproblemen
- Hautproblemen

In der Natur finden wir den Vit. B - Komplex in Hefe oder Leber und in Vollkornprodukten. Auch die eigenen Darmbakterien produzieren Vit. B. Bei Sulfonamiteinnahme oder anderen Antibiotika werden die Vit. B erzeugenden Bakterien zerstört (daher soll nach Antibiotikaverordnung die Einnahme von Lactobazillus - Bakterien, zur Darmflora-Restaurierung, erfolgen). Zucker ist ein extremer „Vit. B-Räuber", da er erstens eine abnormale Darmflora erzeugt und zweitens sehr viel Energie in Form von Enzymen und Vitaminen, wie den B-Komplex, zur Aufspaltung benötigt, so daß die körpereigenen Reserven aufgebraucht werden, ohne daß daraus ein Energiegewinn resultiert. Alkohol zeigt ebenfalls die Neigung einige Vitamine des B-Komplexes, wie Thiamin und Folsäure, zu zerstören. Auch Koffein zerstört Thiamin, welches speziell für das Nervensystem essentiell ist. Der Bedarf an Vitaminen des B-Komplexes steigt unter Streßbelastung und bei Infektionen.

Wirkt in hohen Dosen über 800IE hemmend auf die Prostaglandinsynthese — in niedrigen Dosen (200 bis 600IE) antiphlogistisch!

VITAMIN E (Tocopherol)

Vitamin E ist eine fettlösliche Substanz die vielfältige Aufgaben hat:

- wichtiges Antioxidans, somit Radikalfänger
- wirkt regulativ auf Mesenchymstoffwechsel
- schützt SH-Gruppen vor Enzymen
- spielt eine essentielle Rolle bei der Zellatmung von Muskeln (vor allem Herz- und Skelettmuskeln)
- stärkt die Kapillarmembranen
- schützt die roten Blutzellen: Vit. E Mangel senkt die Resistenz der Erythrozyten gegen hämolysierend wirkende Substanzen
- schützt die Lipid-Membranen vor Oxidation
- mehrfach ungesättigte Fettsäuren und Vit. A werden durch Vit. E vor oxidativer Zerstörung bewahrt
- eine Hauptfunktion besteht darin, die Blutfette zu stabilisieren und so zu modifizieren, daß Blutgefäße, Herz und der gesamte Körper mehr vor freien Radikalen geschützt werden
- Antioxidantien wie Vit. E sollen auch eine Hilfe in der Tumorprophylaxe sein!
- Vit. E hat gravierenden Einfluß auf unsere Reproduktionsorgane, da es die Fruchtbarkeit steigert
- hilft, den Heilungsprozeß bei Verbrennungen der Haut zu fördern
- reguliert die Menstruation bei exzessiven Blutungen
- wurde erfolgreich bei Thrombose und Phlebitis eingesetzt (Vit. E reduziert die Bildung von Thrombin)
- unterstützt den Körper bei Virusinfektionen
- der Genuß von großen Mengen ungesättigter Fettsäuren erfordert die Einnahme von viel Vitamin E

Vit. E, in großen Dosen gegeben, kann den Blutdruck heben. Die Anfangsdosis zur Prophylaxe sollte daher mit niedrigen Dosen wie 100 IU beginnen und dann langsam auf 400 IU gesteigert werden.

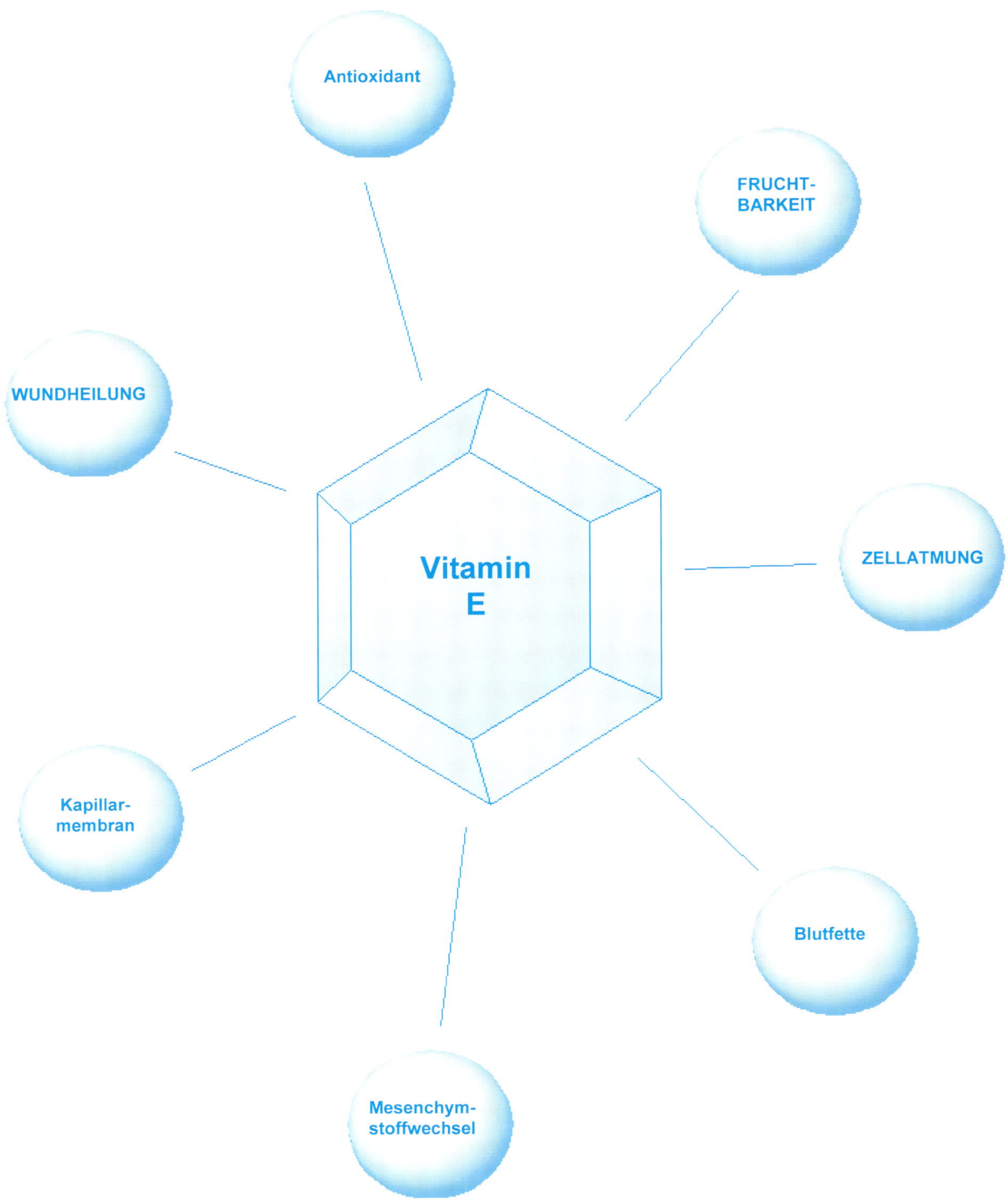
Antioxidant
FRUCHT-
BARKEIT
WUNDHEILUNG
Vitamin
E
ZELLATMUNG
Kapillar-
membran
Blutfette
Mesenchym-
stoffwechsel

VITAMIN A

Vit. A ist eine fettlösliche Substanz die in der Natur in 2 Formen vorkommt: Als Vitamin A und Provitamin A oder Karotin. Für einen ungestörten Stoffwechsel ist Vitamin A unerläßlich. Vitamin A unterstützt das Wachstum und die Reparatur des Gewebes und fördert eine weiche und sanfte Haut. Es schützt die Schleimhäute des Mundes, der Nase, des Rachens, der Lunge und des Magens. Bei allen chronischen Erkrankungen der Schleimhaut des Zahnhalteapparates hat Vit. A somit einen wichtigen Stellenwert.

- eines der ersten Zeichen für Mangel an Vit. A ist Nachtblindheit, Haarverlust und brüchige Fingernägel
- Vit. A stärkt die Zellwände und schützt so vor dem Eindringen von Bakterien
- Vit. A spielt eine bedeutende Rolle im Reparaturprozeß der Zelle (Tumorprävention)
- Wissenschaftler geben Vit. A auch einen gewissen Wert in der Aktivierung des Immunsystems und dem Schutz des Thymus: Im Tierversuch wurde den Tieren ein tumorinduzierendes Virus injiziert und nach der Tumorentwicklung hohe Dosen an Vitamin A verabreicht. Das Ergebnis war das der Tumor verschwand und der Thymus zu seiner normalen Größe zurückkehrte (DR. U. SAFTIOTO - Cancer Institut, Bethesda, Maryland)
- Vit. A und Vit E haben Bezug zur Fruchtbarkeit: Vor allem Männer mit einem Mangel an Spermien zeigten deutliche Zuwächse in der Spermienzahl nach Gaben von Vit. E und Vit. A
- Akne wird äußerlich mit Vit. A behandelt
- Nach einer Studie von DR. MERRIL CHERNOV soll Vit. A einen positiven Effekt auf die Heilung von Streßulcera haben.

Vitamin A kommt natürlicherweise gehäuft in der Leber von Kälbern und in Karotten vor. Die empfohlene tägliche Menge beträgt für Erwachsene 5000 IU, wobei der Verbrauch bei Menschen die rauchen, in umweltverschmutzter Umgebung leben, oder eine Lungenentzündung oder Nephritis hinter sich haben, erhöht ist.

Eine längere Überdosierung von 50-100.000IE (das 10-30fache der üblichen Tagesdosis) kann zu Nebenwirkungen wie Kopfschmerz, Haarausfall, Nasenbluten, etc., sowie zu teratogenen (kindlichen Mißbildungen) führen. Zu Zufuhr von Vit. A bei Schwangeren sollte sich daher auf etwa 3,5mg / Tag (ca. 10.000IE) beschränken. Schwangere sollten aus diesem Grund keine frische Leber essen, da in 100g bereits ca. 40.000 – 100.000IE Vit. A enthalten sind.

BETA - CAROTIN
(Provitamin A)

Derzeit sind etwa 500 „Carotinoide" bekannt, die zwar alle miteinander verwandt sind, aber sich untereinander doch unterscheiden. 10 bis 12 von ihnen sind dazu geeignet sich vom menschlichen Organismus in Vit. A umwandeln zu lassen, wobei das Bedeutendste das Beta-Carotin ist.
Beta-Carotin ist als Vorstufe von Vit. A weit unter seinem tatsächlichen Wert eingestuft worden. Es ist ein enorm wichtiger Wirkstoff der als Radikalfänger in unserem Organismus eine bedeutende Rolle inne hat. Zahlreiche experimentelle Untersuchungen bestätigen, daß Krebserkrankungen weniger häufig auftreten, wenn die Nahrung reich an Beta-Carotin ist. B-Carotin wirkt dabei hemmend auf die Krebsentwicklung. (BLOCK, G.: The Data Support a Role for Antioxidans in reducing Cancer Risk - Nutrition, Review 50, 207, 1992)

Auch die positive Wirkung von Beta-Carotin auf Erkrankungen des Herz-Kreislaufsystems konnte in wissenschaftlichen Arbeiten belegt werden. (z.B. „Physicians Health Study"-USA, „Euramic-Studie", 1993, LANCET)

Der Bedarf an Beta-Carotin wird von vielen Wissenschaftern mit ca. 15mg/Tag angegeben (speziell zur Vorbeugung gegen Krebs bzw. Arteriosklerose). Eine normale, „gesunde Ernährung" mit vielen frischen Früchten und Gemüsen gewährleistet ca. 5mg/Tag, so daß eine zusätzliche Nahrungsergänzung empfohlen wird. Überdosierungen (auch bis zu 200mg/Tag) sind bis jetzt ohne Nebenwirkungen beschrieben worden.

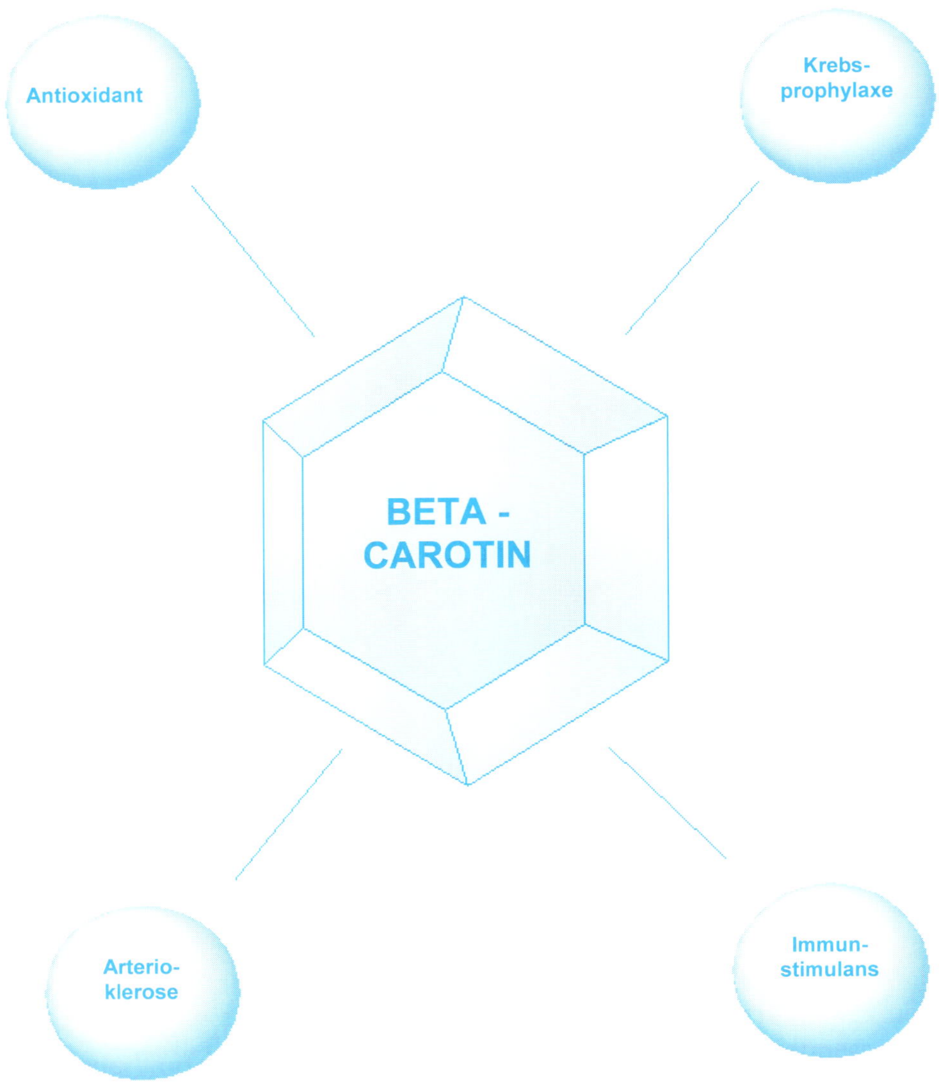
Antioxidant
Krebs-
prophylaxe
BETA -
CAROTIN
Arterio-
klerose
Immun-
stimulans

FETTSÄUREN (FS)

Säuren die nur aus einem Kohlenstoffgerüst mit mehr als sechs Kohlenstoffatomen bestehen, bezeichnet man als „Carbon- bzw. Fettsäuren".

Man unterscheidet:

- gesättigte FS: besitzen nur Kohlenstoff-Einfachbindungen
- einfach ungesättigte Fettsäuren: besitzen eine Kohlenstoff-Doppelbindung
- mehrfach ungesättigte FS: besitzen zwei od. Mehrere Kohlenstoff-Doppelbindungen

Übersicht:

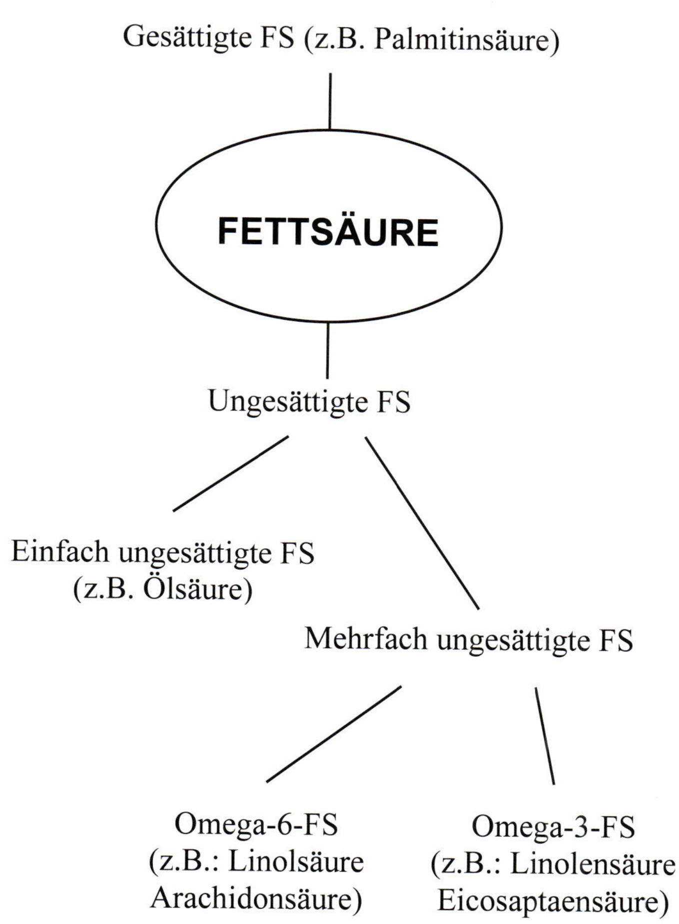

Der Mensch kann gesättigte und einfach ungesättigte Fettsäuren selbst erzeugen. Mehrfach ungesättigte FS müssen allerdings von außen über die Nahrung zugeführt werden. Sie sind essentiell, d.h. für den Organismus lebensnotwendig (vor allem Omega-3- und Omega-6-FS).

Omega-3 und Omega-6 als mehrfach ungesättigte essentielle Fettsäuren sind für die Produktion der körpereigenen „Eicosanoide" notwendig. Dazu gehören Leukoticine, Prostaglandine, Prostacycline und Thromboxene. Entscheidend ist dabei das Verhältnis von Omega-3 zu Omega-6, nicht die absolute Menge. Eicosanoide werden als „Gewebshormone bezeichnet und haben Anteil an folgenden Prozessen:

- Zellteilung
- Entzündungsvorgängen
- Thrombozytenaggregation

Omega-3-FS unterscheiden sich hinsichtlich ihrer Wirkung gegenüber Omega-6-FS:

Omega-3-FS wirken blutgefäßerweiternd, erhöhen die Fließfähigkeit des Blutes, hemmen die Zusammenballungen der Thrombozyten und sind entzündungshemmend.
Omega-6-FS fördern die Thrombozytenaggregation, wirken blutgefäßverengend und fördern Entzündungen.

Unsere heutige Ernährungsweise mit viel Mastfleisch bringt uns wesentlich mehr Omega-6-FS als Omega-3-FS, welches z.B. über Fischöl und Fisch aufgenommen wird!

Vorkommen von Omega-3-FS:

- Fischöl!
- Fische (Fische ernähren sich primär von Algen die Omega-3-FS bilden - vor allem Lachs, Hering, Forelle, Makrele)
- Bohnensamen
- Leinsamenöl
- Walnußöl
- Hanföl

Vorkommen von Omega-6-FS:

- Pflanzensamen
- Sonnenblumenöl, Distelöl, Sojaöl, Weizenkeimöl, Maiskeimöl
- Pflanzen- und Diätmargarine!

- Tierische Fette! (auch Butter); gemästete Nutztiere enthalten viel Omega-6-FS!

Wirkung von Omega-3-FS:

- Hemmung d. Entstehung von Arteriosklerose
- Blutdrucksenkung
- Triglyceride senkend
- Positive Wirkung auf Entzündungsprozesse und Immunparameter (Rheuma, Psoriasis, etc.)
- Protektive Wirkung gegenüber Tumorentstehung

Das Ziel einer bewußten Ernährung sollte daher eine Verminderung der Aufnahme von Omega-6-FS und eine verstärkte Zufuhr von Omega-3-FS sein! (z.B. erhöhter Verzehr von Fischöl bzw. Fisch bei gleichzeitiger Einschränkung des Fleischkonsums und Reduktion von Pflanzenmargarine sowie Ölen mit hohem Omega-6-FS-Gehalt.)

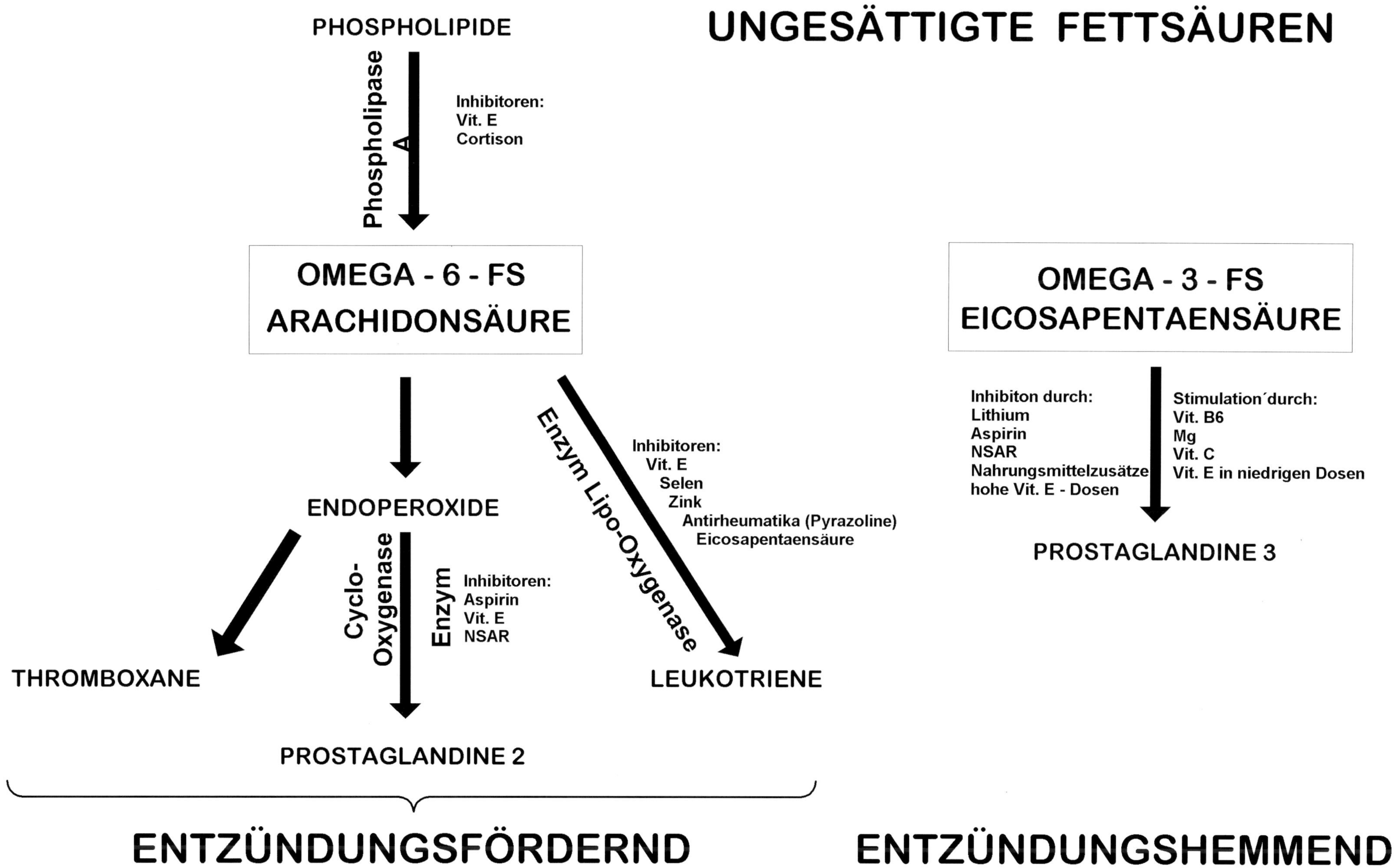
UNGESÄTTIGTE FETTSÄUREN
PHOSPHOLIPIDE
Phospholipase A
Inhibitoren:
Vit. E
Cortison
OMEGA - 6 - FS
ARACHIDONSÄURE
OMEGA - 3 - FS
EICOSAPENTAENSÄURE
Inhibiton durch:
Lithium
Aspirin
NSAR
Nahrungsmittelzusätze
hohe Vit. E - Dosen
Stimulation´durch:
Vit. B6
Mg
Vit. C
Vit. E in niedrigen Dosen
PROSTAGLANDINE 3
Enzym Lipo-Oxygenase
Inhibitoren:
Vit. E
Selen
Zink
Antirheumatika (Pyrazoline)
Eicosapentaensäure
ENDOPEROXIDE
Cyclo-
Oxygenase
Enzym
Inhibitoren:
Aspirin
Vit. E
NSAR
THROMBOXANE
LEUKOTRIENE
PROSTAGLANDINE 2
ENTZÜNDUNGSFÖRDERND
ENTZÜNDUNGSHEMMEND

VANADIUM

Vanadium ist ein relativ seltenes, kaum bekanntes, essentielles Spurenelement. In unserem gesamten Organismus sind nur ca. 20mg verteilt. Vanadium unterstützt andere Mineralien sich in Knochengewebe und Zahnschmelz einzubauen. Es ist am Katecholamin- und Fettstoffwechsel beteiligt und soll an der Cholesterolreduktion Anteil haben. 2mg pro Tag soll die tägliche Bedarfsdosis sein. Der Gehalt an Vanadium in unserer Nahrung hängt von den Ressourcen des Bodens ab. Vanadium findet sich in ungesättigten Ölen (Sonnenblumen-, Soja-, Olivenöl), Reis, grüne Bohnen, Karotten und Kohl.

FLUOR

Zur Richtigstellung der Begriffe soll vorerst erwähnt werden, daß Fluor selbst ein giftiges Gas ist, während Fluoride natürliche, in der Erdkruste vorkommende Salze sind. In der Nahrung kommen Fluoride als Calcium und Natriumfluorid vor. Der Fluoridgehalt im Menschen beträgt 2-3g und findet sich primär in Zähnen und Knochen. Die Ausscheidung erfolgt über die Nieren. Im Meer kommen Fluoride als Natriumfluorid vor, wodurch Fische eine gewisse Menge an Fluoriden beinhalten. Gelatine, Schwarztee, japanischer Sencha- und Banchatee haben ebenfalls eine bestimmte Menge an Fluorid. Auch der antarktische Krill ist sehr fluoridreich, wobei das Element in großen Peptiden so eingepackt ist, daß es gut vom menschlichen Körper verwendet werden kann.

Eindeutige Studien beweisen die kariespräventive Wirkung von Fluoriden, da sie die kristalline Struktur von Zähnen stärken. Das Calcium-Fluoridsalz bildet eine Fluorapetitmatrix, welche stärker und weniger löslich ist als andere Calciumsalze. Beim Zahn reduziert dieses Fluoridsalz die Möglichkeit von Säuren angegriffen zu werden und schützt vor Demineralisation. Die Rolle der Fluoride im Knochen ist sehr umstritten, vor allem was die Osteoporoseprophylaxe anbelangt. Der Kariesprophylaxe wird somit die Hauptaufgabe der Fluoridsubstitution zugeschrieben. Aus diesem Grunde werden in einigen Staaten dem Trinkwasser Fluoride zugesetzt. Die Menge dieser künstlich hergestellten und dem Wasser zugesetzten Fluoride beträgt 1ppm (parts per million). Das Problem beginnt jetzt aber bezüglich der dem Körper zugeführten Grenzmenge an Fluoriden. Diese Grenzdosis wurde beim Wasser mit 1ppm künstlich festgelegt. (Die Frage ist: Wer legt solche Grenzwerte fest und behauptet, unter diesem Wert gibt es keine Schäden?!) Bei Konzentrationen die bereits größer als 2ppm sind, verursachen Fluoride Entfärbung und Marmorierung der Zähne. Bei 8-20ppm tritt Gewebssklerose speziell in Knochen und Gelenken mit arthritischen Symptomen ein. Fluoridkonzentrationen über 20ppm führen zu Wachstumsverlangsamung und Zellveränderungen; mehr als 50ppm können tödlich sein. (Bei einer Gesamtmenge von 20mg eingenommener Fluoride pro Tag treten normalerweise Verfärbungen der Zähne auf.)

Menschen die nichtfluoriertes Wasser trinken nehmen täglich ca. 0,35mg-1,5mg Fluor pro Tag auf, während ein Mensch mit durchschnittlicher Diät und fluoriertem Trinkwasser 2-3mg pro Tag einnimmt. Die vorgeschlagene, sichere (was nicht gleichbedeutend ist mit der für den Körper besten) Menge an Fluorid beträgt zwischen 1,5-4mg täglich.

In Deutschland wurde die Fluorierung von Trinkwasser verboten. Die Verordnung von Fluortabletten durch Zahn- und Kinderärzte führt eindeutig zu einer Verminderung von Karies, jedoch sollte man bedenken, daß wir eigentlich nicht genau wissen was Fluoridverbindungen sonst noch in unserem Organismus anstellen können. Meine persönliche Überzeugung ist daher, mit regelmäßigen Fluoridgaben (Tabletten, etc.) sparsamst umzugehen!!

Die Handhabung von Fluoriden ist charakteristisch für die pathognomoische Denkweise vieler Wissenschafter. Wir behandeln die Symptome anstatt die Ursache zu ergründen und die Fakten die zur Störung führen zu vermeiden. In bezug auf Karies wäre es in erster Linie wichtig die Essensgewohnheiten zu verbessern und raffinierte Zucker und Weißmehle zu vermeiden!!

(Eine globale Übersicht über die Fluoridkontroverse ist 1988 in der amerikanischen Zeitschrift „Chemical Engineering" erschienen — eine umfangreiche Dokumentation zu diesem Thema ist auch von PETER MEIERS erschienen: Fischer Medizin Verlag, Fritz-Freystr. 21, Heidelberg)

MOLYBDÄN

Erst kürzlich wurde Molybdän als essentielles Spurenelement bewertet. Im gesamten Körper befinden sich ca. 9mg Molybdän. Die Hauptaufgabe von Molybdän besteht darin daß es lebenswichtiger Bestandteil von vier Enzym-Systemen ist:

- der Xanthin-Oxidase
- der Aldehyd-Oxidase
- der Sulfit-Oxidase

- der Nitrat-Reduktase

Xanthin-Oxidase ist für den Eiweißstoffwechsel und die Harnsäureproduktion entscheidend. Auch dürfte es für Mobilisierung von Eisen aus den Leberreserven wichtig sein.
Aldehyd-Oxidase hilft im Oxidationsprozeß der Kohlenhydrate und anderer Aldehyde.
Sulfit-Oxidase unterstützt den Körper im Entgiftungsprozeß bei Schwefelbelastung. (Das „Salat-Bar-Syndrom" wurde durch sulfithaltige Sprays, die auf Gemüse aufgesprüht wurden, um sie länger „frisch" erscheinen zu lassen, hervorgerufen.)
Nitrat-Reduktase, welche Molybdän zur Funktion benötigt, reduziert die schädlichen Einflüsse von Nitraten und Nitriten. Es wird diskutiert, das Molybdän den Organismus vor den schädigenden Einwirkungen von Nitrosaminen (als krebserregende Substanzen bekannt) bewahren kann.
Der Molybdängehalt der Nahrung hängt primär von den Molybdänressourcen des Bodens ab. Molybdänreich sind Vollkorngetreide (vor allem die Keime), Gemüse, Hülsenfrüchte, grüne Bohnen, Linsen, Kartoffeln, Spinat und Sojabohnen.
Für die täglich notwendige Dosis gibt es keine genauen Angaben. Der Bedarf liegt zwischen 50 und 500 Mikrogramm täglich.

CHROM

Als essentielles Spurenelement hat Chrom besondere Bedeutung im Alter und bei Diabetes, denn es ist Bestandteil des „Glukosetoleranzfaktors" (GTF), GTF besteht aus einem Chrommolekül, 2 Niacin-Molekülen, den Aminosäuren Glycin, Cystein und Glutaminsäure. GTF ist nötig für eine adäquate Insulinfunktion und für den Kohlenhydrat-Stoffwechsel. GTF fördert die Aufnahme von Glukose in die Zellen, sodaß Energie in Form von ATP erzeugt werden kann.
Chrom und GTF werden somit in der Behandlung von Hypoglykämie und Diabetes verwendet. Chrom soll auch den Cholesterinspiegel im Blut senken, sowie eine leichte Erhöhung des HDL (High-Density-Lipoprotein - dem „guten" Anteil von Cholesterin) bewirken, somit einen arterioskleroseprophylaktischen Effekt haben. Obwohl der Tagesbedarf nur 30 bis 200 Mikrogramm beträgt ist Chrom für unsere Gesundheit enorm wichtig. Unsere Ernährungsgewohnheiten und die Fast-Food-Küche tragen dazu bei, daß Chrom vermehrt benötigt wird. Der Chrombedarf ist um so höher, je mehr Kohlehydrate zugeführt werden. (Weißmehl und Zuckerkonsum führen zu einer Verminderung des Chromgehaltes im Körper) Chromreiche Nahrungsmittel sind Weizenkeime, Leber, Austern, Bierhefe, Bananen, Spinat, Kartoffeln.
Nahrungsmittel mit hohem Phosphorgehalt wie z.B. Milch, neigen dazu, Chrom zu binden und bilden Chrom-Phosphatkomplexe die nicht absorbiert werden. Mangelerscheinungen von Chrom zeigen sich neben den Problemen im Zuckermetabolismus in Form von Angst und Müdigkeit. Auch fortschreitende Arteriosklerose ist assoziiert mit Chrommangel.

COENZYM Q10 — UBIQUINON

Coenzym Q10 ist eine der hauptaktiven Substanzen im menschlichen Organismus, welche in Verbindung mit bestimmten Enzymen die bioenergetischen Funktionen des Körpers unterstützen.
CoQ10 ist ein Elektronentransporteur und spielt vor allem in den Mitochondrien, den Kraftwerken der Zellen, eine entscheidende Rolle in der ATP-Produktion. 90% der energiespendenden Systeme unseres Körpers sind vom CoQ10 abhängig. Eier, pflanzliche Kost und Pflanzenöle sind die Primärquellen für Ubichinone. Durch Erhitzen und Konservieren wird ein Teil von CoQ10 in der Nahrung zerstört.
CoQ10 scheint auch eine gewisse immunstimulierende Funktion zu haben. Auch für die Pumpleistung und die elektrischen Funktionen des Herzens hat CoQ10 unterstützende Eigenschaften. Vor allem bei chronischen Herzerkrankungen wird CoQ10 eingesetzt. Viele klinische Studien in den USA und Japan bezeugen, daß bei 60% der Angina pectoris und Kardiomyopathiepatienten bei Behandlung mit CoQ10 gravierende Verbesserungen in der Leistungsfähigkeit eintraten. (Die Besserung trat nach ca. 6 Wochen, bei einer Tagesdosis von 30-90mg, ein.)
CoQ10 unterstützt Vit. E in seiner Funktion als Radikalfänger. 10-20mg 2 mal täglich, sollten als effektive Dosis gelten.

GERMANIUM

Germanium findet sich in geringen Mengen in der Erde und in bestimmten Heilpflanzen, im Knoblauch, Ginseng, Aloe Vera, etc.. Wegen seiner Halbleitereigenschaften findet es auch in der Elektronik Verwendung. Bekannt wurde es durch die Untersuchungen des Japaners Dr. Kazuhiko Asai in den 60er Jahren, der große Germaniummengen, vor allem in orientalischen Heilkräutern, fand.
Er konnte organisches Germanium isolieren und nannte es „Dis-Carboxyethyl-Germaniumsesquioxid" (Ge 132). Er und sein Forscherteam untersuchten Ge132 über 15 Jahre hindurch und fanden heraus, daß es in keiner Weise toxisch ist und vermutlich einen großen positiven Einfluß auf pathologische Zustände hat. (Dr. Asai 1980:"Miracle Cure: Organic Germanium")

Organisches Germanium soll demnach in Dosen von 50-1000mg das Immunsystem stärken und die Interferonproduktion anregen. (nach DR. HAAS: „Staying Healthy with Nutrition", werden in Japan 3-6g täglich für Krebstherapie verwendet und 50-75mg Germanium-Sesquioxid pro kg Körpergewicht soll zur die Stimulierung der Interferonproduktion nötig sein.)
Die Thematik um Germanium muß allerdings noch weiterhin diskutiert werden, da viele Fragen noch offen stehen. Auch einige Untersuchungen von DR. ASAI sind mit Vorbehalt zu bewerten, da die von ihm gemessenen Werte von Germanium in Pilzen und Ginsengwurzeln, von unabhängigen Forschern nicht festgestellt wurden (LOWELL, J. A.: „Organic Germanium: Another health food stare junk food", Nutrition Forum 5 (1988, 53-58))

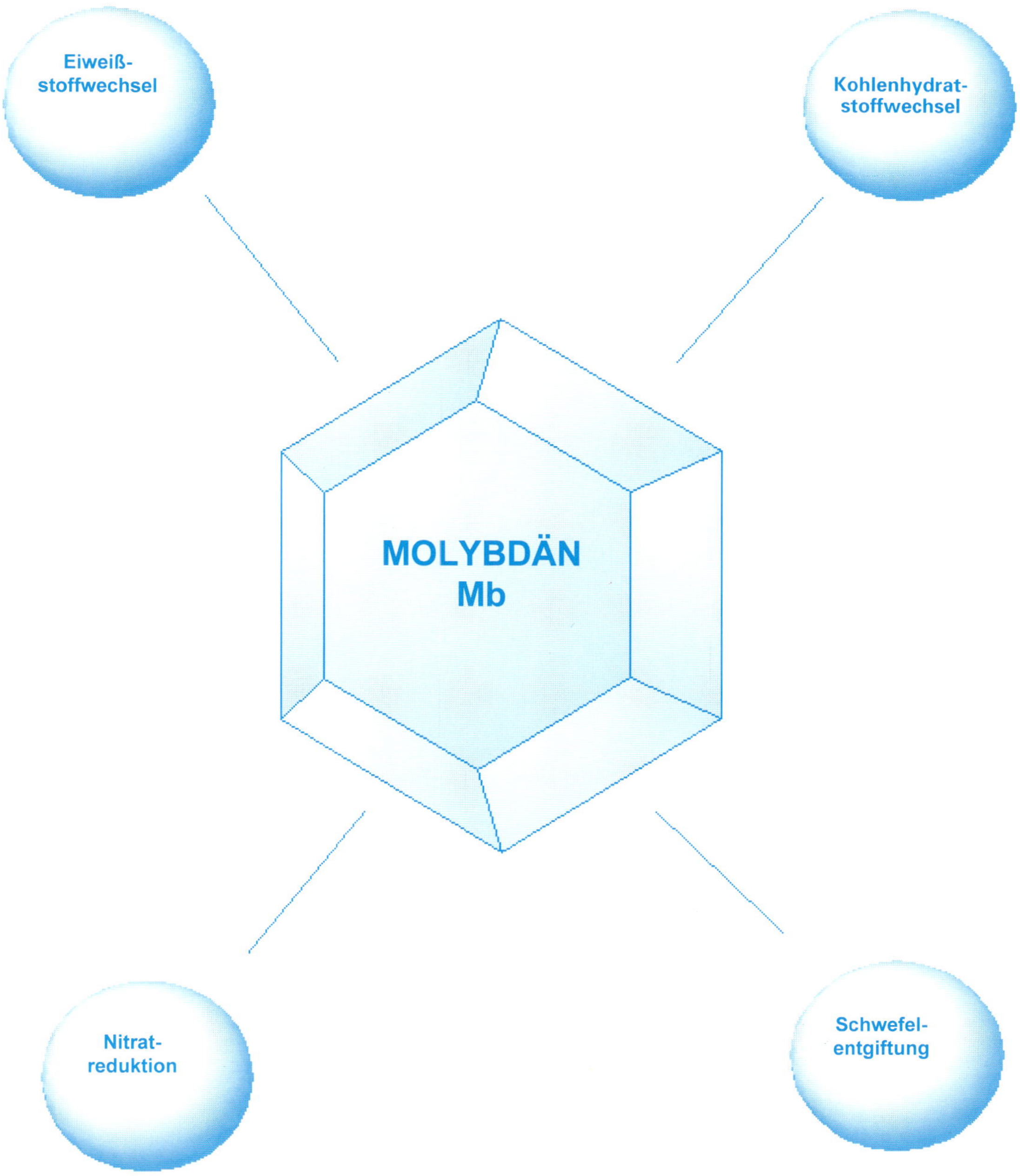
Eiweiß-
stoffwechsel
Kohlenhydrat-
stoffwechsel
MOLYBDÄN
Mb
Nitrat-
reduktion
Schwefel-
entgiftung

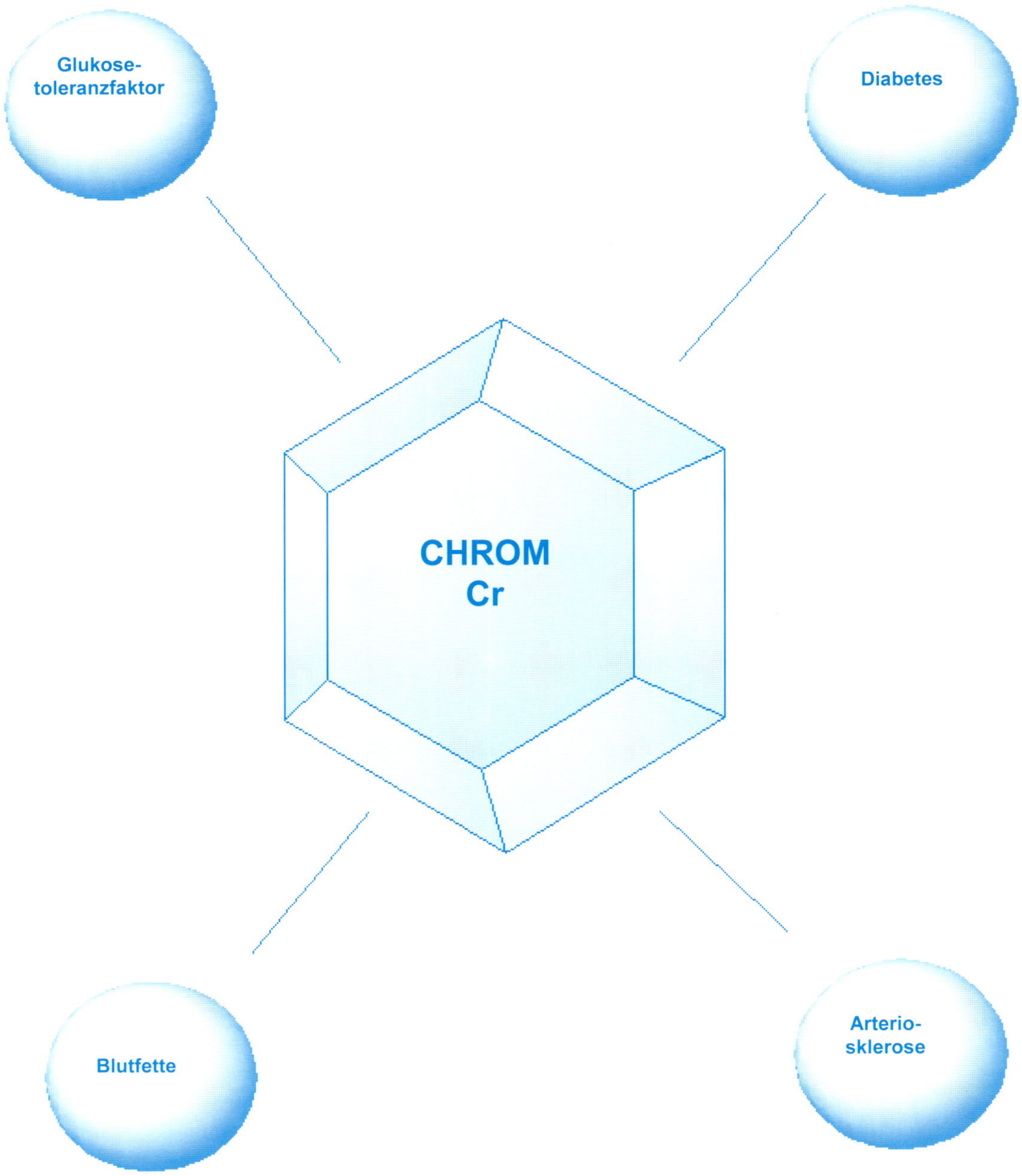
Glukose-
toleranzfaktor
Diabetes
CHROM
Cr
Blutfette
Arterio-
sklerose

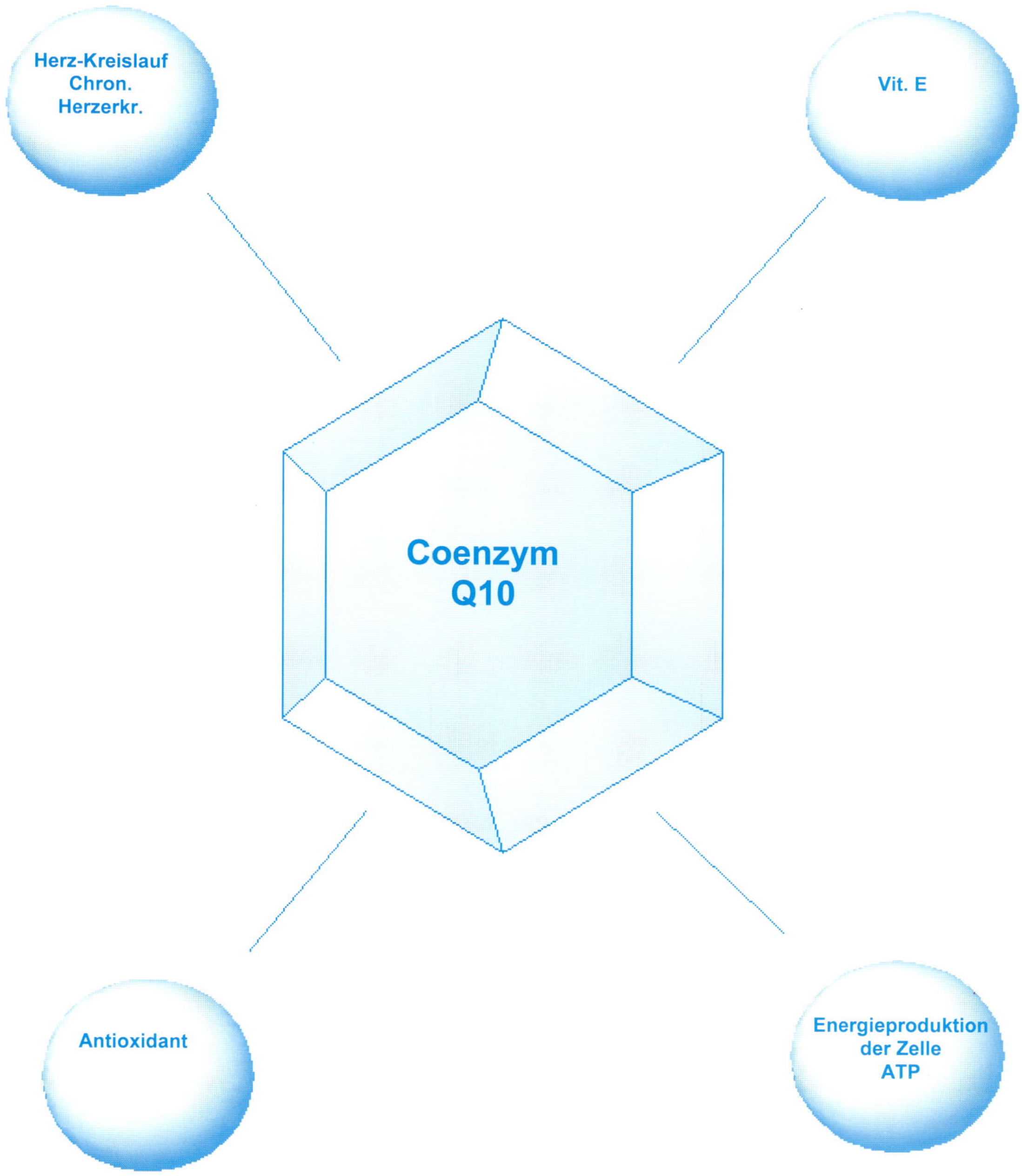
Herz-Kreislauf
Chron.
Herzerkr.
Vit. E
Coenzym
Q10
Antioxidant
Energieproduktion
der Zelle
ATP

MEISTER ECKART: Die wichtigste Stunde ist immer die Gegenwart, der bedeutendste Mensch ist immer der, der dir gerade gegenüber steht, das notwendigste Werk ist stets die Liebe. (aus „QUELLEN d. STILLE" – Mit freundliche Genehmigung das QUELLEN VERLAGS – St. GALLEN)

Das rechte Leben gleicht dem Wasser,
das zu allem passend, sich allem anpaßt.
Je anspruchsloser es in Niederungen verweilt,
desto näher verläuft es dem Pfad.
Daher:
Das Gute im Daseinsbereich ist Naturverbundenheit,
im Seelenbereich Tiefe,
im menschlichen Miteinander Güte,
im Denken Redlichkeit,
im Tätigkeitsbereich Gedeihen,
im Wirken Fähigkeit,
in der Tat – Finden des rechten Zeitpunkts.
Grundsätzlich:
Bereitschaft zur Anpassung
macht den Weisen unangreifbar.

(aus TAO TE KING – VERLAG
ÖSTERR. STAATSDRUCKEREI – mit
freundl. Genechmigung)

Abb. 1–4: Entnommen aus dem „Terra Humoristica Museum“ – Terra Mystica – Bad Bleiberg – Kärnten

LA CARIE
DENTAIRE

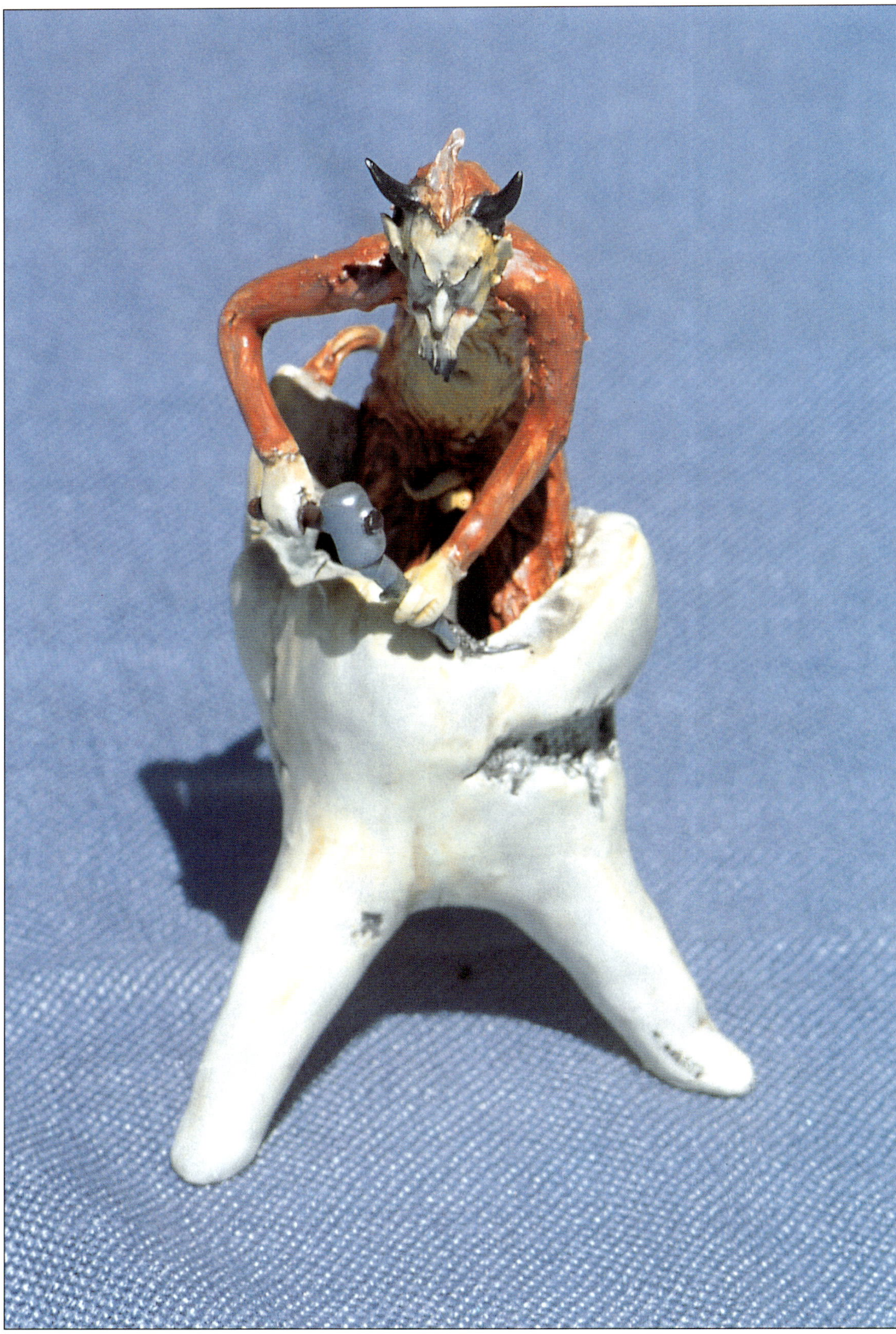

I DENTI

D

CHINESISCHE MEDIZIN

• **Bezug der Zähne zu den 5-Elementen u. d. psychischen Zusammenhänge**	J. GLEDITSCH (D)
• **Funktionskreise (-einheiten) — Somatotopien — Reflexzonen — Zuordnungen**	C. KOBAU (A)
• **Akupunktur in der zahnärztlichen Praxis**	C. KOBAU (A)
• **Die Bedeutung der traditionellen Chin. Medizin in der Zahnheilkunde**	E. WÜHR (D)
• **Das Meridiansystem Funktionseinheiten — Akupunkturpunkte**	C. KOBAU (A)
• **Sinohomöopathie**	G. WENZEL (A)
• **Auriculotherapie**	L. DORFER (A)
• **Elektroakupunktur — Kopfherde — Mundbatterie — HEK**	F. KRAMER (D)
• **Diagnostik und Therapie von Störfeldern mit EAV**	G. VERDIANZ (A)
• **Vegatest und Zahnheilkunde**	D. VOLKMER (D)
• **Meridianunterstützende Mittel**	C. KOBAU (A)
• **Qigong in der zahnärztlichen Praxis**	C. KOBAU (A)

Die Zähne und ihr Bezug zu den 5 Elementen

DR.MED. JOCHEN M. GLEDITSCH

Die Akupunktur bietet dem Zahnarzt vielfältige Möglichkeiten, vor allem in der Schmerztherapie und zur additiven Behandlung bei Kiefergelenksdysfunktionen und Parafunktionen der Kaumuskulatur, aber auch bei Parodontitiden, wie überhaupt zur Regulation bei funktionellen Störungen. BALTERS, der geniale Begründer der Funktionskieferorthopädie, definierte 1950 eine Aussage, die auch der traditionellen chinesischen Akupunktur entstammen könnte: „Funktionelle Behandlung ist möglich durch Aktivierung der Eigendynamik der Gewebe... / Nicht die Gesundheit vermag Leben zu sichern, sondern die in der Dynamik vollzogene Ordnung."

Das Kernstück der klassischen Akupunktur bildet die Lehre von den Fünf Elementen, auch Wandlungsphasen genannt. Diese werden heute als Regel- bzw. Funktionskreise interpretiert. Sie bilden einen Zyklus; jeder einzelne Funktionskreis umfaßt ein breites Spektrum somatischer wie auch psychischer, auf den Menschen selbst wie auch auf seine Umwelt bezogener Faktoren. In diesem breiten Spektrum eröffnet sich ein ganzheitliches Bild des Menschen, das — der chinesischen Tradition entsprechend — aus phänomenologischer Sicht erwächst. Eine solche Sicht ist a-logisch, besser: analogisch, indem sie Übereinstimmungen, Parallelen und Affinitäten in einen sytemischen Zusammenhang zu bringen vermag.

Derartig systemische Vernetzungen sind uns im heutigen kybernetischen Zeitalter nachvollziehbar geworden, nicht zuletzt dank der modernen Wissenschafts- und Systemtheorie. Sie besagen letztlich, daß Gesamtsysteme erst durch ihre Teilsysteme begreifbar werden; die Teilsysteme wiederum stellen sich als Spiegelungen des Ganzen, Größeren dar und erfahren Sinn und Funktion erst aus dieser wechselseitigen Bezogenheit. Die somatotopischen Mikrosysteme der Akupunktur — punktuelle Funktionsbilder z.B. auf der Ohrmuschel, am Schädel, in der Mundhöhle — stellen solche Selbstspiegelungen des menschlichen Gesamtorganismus dar. Wechselwirkungen sind nicht nur zwischen dem Ganzen und seinen Teilen gegeben, sondern auch die einzelnen Teile beeinflussen sich gegenseitig: Hier liegt ein Schlüssel zum Verständnis offener biologischer, also lebendiger Systeme.

So gewinnen auch die fünf Funktionskreise als funktionelle Subsysteme heute einen neuen Stellenwert; sie sind wahrhaft »Elemente« des menschlichen Wesens im Sinne von fünf funktionellen Grundprinzipien. Abweichend vom abendländischen Vier-Elementen-Modell mit Feuer, Erde, Wasser, Luft stellen die traditionellen chinesischen Elemente Feuer, Erde, Wasser, Holz und Metall ein Fünfermodell dar. Vierermodelle sind statisch, strukturiert, mit unveränderlichen Polaritäten, während ein Fünfermodell die Elemente „dynamisiert", das heißt oppositionell-synergetisch in Bewegung hält. So verwirklichen die Fünf Elemente die Yin/Yang-Polarität, die zugleich Spannung und Kontrolle — und dadurch Balance — ausdrückt.

Jedes einzelne Element ist in sich ein eigenes Prinzip; zugleich fügt es sich in den zeitlichen Zyklus der Jahreszeiten, der immer auch ein Lebenszyklus ist. Da jedes Element sowohl somatische als auch psychische Inhalte in sich vereint, ist auch hier eine Polarität gegeben, wiederum in Spannung, gegenseitiger Kontrolle und Streben nach Harmonie: Die traditionelle chinesische Medizin hat Soma und Psyche nie getrennt gesehen, denn das eine ist in dem anderen begriffen bzw. untrennbar darin verwoben.

Schließlich gilt die Polarität nochmals zwischen den Gegebenheiten von In-Welt und Außen-Welt, die ihre gegenseitige Spiegelung und Resonanz in den fünf elementaren Mustern finden.

In der klassischen Fünf-Elementen-Lehre wurden je einem der Elemente eines der fünf Sinnesorgane und eine bestimmte Gewebsschicht zugesprochen. Hierbei geht es um eine sich im Funktionellen abzeichnende Gemeinsamkeit, eine Funktionsanalogie, ein übergreifendes „Funktionsbild". Erst durch dieses Funktionsbild, das die gemeinsame Basis für alle zugehörigen Bereiche und Faktoren darstellt, wird der Zusammenschluß so verschiedener Organe und Funktionen zum selben Funktionskreis verständlich. Die fünf Sinnesorgane und die fünf spezifischen Gewebe werden zum „Funktionsschlüssel" ihres jeweiligen Funktionskreises; sie dienen zur Beurteilung von dessen Eigenart und Stellenwert und lassen die Leib-Seele-Einheit vom Funktionellen her transparent werden.

Funktionskreis „Niere"

Der Nieren-Blasen-Funktionskreis (Element „Wasser") umfaßt die Funktionen des Urogenitaltrakts, dessen Organe die Arterhaltung und damit die Kontinuität

sichern. In diesen Organen und Funktionen erfährt der Mensch seine Leiblichkeit am stärksten. In der traditionellen Akupunkturlehre stehen Winter, Kälte und Starre mit Niere/Blase in Wechselwirkung.
Die beiden „Funktionsschlüssel" — Ohr sowie Knochen und Skelett — veranschaulichen das hinter dem Funktionskreis stehende Funktionsbild: Es sind die Qualitäten Stabilität, Halt, Sicherung, Dauer.
Das Sinnesorgan Ohr ist in seiner Sinneswahrnehmung — Hören, Horchen, Lauschen — eher perzeptiv. Gegenüber den von außen kommenden Reizen läßt sich das Ohr nicht verschließen; jedoch selektiert es sehr genau und signalisiert Gefahrensituationen. Das spezifische Gewebe — Knochen und Skelett — garantiert Halt, Schutz und Sicherheit. Von allen Körpergeweben ist der Knochen am meisten auf Permanenz, Stabilität und Struktur angelegt und manifestiert das in sich ruhende, schützende Prinzip.
Stabilität, Sicherung und Halt im Somatischen entsprechen Festigkeit, Vertrauen und Beständigkeit im Psychischen. Menschen, die dieses Funktionsbild verwirklichen, zeichnen sich durch Standhaftigkeit, Durchhaltevermögen und Geradlinigkeit aus. Das Annehmen von Vorgegebenen, Gehorsam, Bedürfnis nach stabilen Verhältnissen, Pflege von Tradition und Vergangenem sind hier typische Wesenszüge.

Die mehr unbewußten, instinkthaften Mechanismen drängen zur Verwirklichung der Leiblichkeit mit ihren Trieben und Empfindungen. Der in der Akupunktur-Lehre dem Nieren-Element zugeschriebene „Wille" meint diese Intentionalität.

Werden die dem Nieren-Funktionskreis entsprechenden psychischen Qualitäten — aus welchen Gründen auch immer — nicht verwirklicht, so entsteht übertriebenes Sicherheitsbedürfnis, Mangel an Vertrauen, das heißt Angst. Bereits die klassische Akupunktur-Lehre hatte Schreck, Starre und Angst als die psychischen Entsprechungen des Nieren-Elements gedeutet.
Starres, frostiges, „stures" Verhalten, aber auch erkaltete, „eingefrorene" leibliche Funktionen — vor allem des Unterleibs — sind oft Ausdruck einer „Enge", einer Verklemmung — einer Urangst. Ausgelöst werden solche somatischen wie psychischen Rücknahmen meist durch erlittene Schocks, oft sogar in frühester Kindheit, die wie ein Kälteeinbruch gewirkt haben: Therapeutisches Ziel ist hier buchstäblich ein „Auftauen" durch Wärme jeder Art; chinesisch durch Moxa-Therapie.

Funktionskreis „Leber"

Dem Leber-Gallenblasen-Funktionskreis (Element „Holz") werden in der traditionellen Lehre das Frühjahr ebenso wie das Unruhige, Atmosphärisch-Bewegte („Wind"), Dynamik und Wechselhaftigkeit zugeschrieben.
Die beiden „Funktionsschlüssel" — Auge sowie Muskeln und Sehnen — veranschaulichen das Funktionsbild des Leber-Funktionskreises: Spannkraft, Dynamik, Elastizität und Anpassungsfähigkeit.
Das Auge als Zugang zur Außenwelt dient dem Blikken und Bemessen und ist durch laufende Akkommodation, Adaption und Fokussierung gekennzeichnet. Muskeln und Sehnen veranschaulichen das aktive, motorische Prinzip. Bewegung vollzieht sich in laufender Koordination von Anspannen und Entspannen, von Schwungholen und Aktion. Der aktive Impuls treibt die Eigen-Entfaltung voran und erobert den Umkreis.
Im Psychischen liegt die Analogie in der Bewegtheit: In den Gefühlsregungen, den Affekten, der Emotion. Die aus dem Unterbewußten gespeisten Affekte sind eine nahezu unerschöpfliche Kraftquelle. Dynamik und Spannkraft im Somatischen bedeuten Entschlußkraft, Mut und Wendigkeit im Psychischen. Spontaneität und Impulsivität machen die Originalität und Individualität der Persönlichkeit aus.
Die vitale Kraft dient aber nicht nur der Eigenbehauptung in der jeweils aktuellen Situation, sondern ist auch Motor im Entwicklungs- und Wachstumsprozeß.
Die Gefühlswelt ist wie eine Atmosphäre: vergnügt, frohgemut, schnell aber auch gereizt und voller Spannungen. Zorn und Ärger, die die klassische Akupunkturlehre schon vor zwei Jahrtausenden als die psychische Entsprechung des Leber-Elementes deutete, können sich steigern in Wut und Aggression. Andererseits kann Überanpassung — bei innerer Anspannung und Verkrampfung — sich in autoaggressiven Krankheitsbildern auswirken.

Funktionskreis „Milz"

Dem Milz/Pankreas-Magen-Funktionskreis (Element „Erde") wurde in der traditionellen Lehre das Irdische, Konkrete, Verdichtete zugeordnet. Als jahreszeitlich-klimatische Entsprechung gelten der Spätsommer, die Feuchtigkeit: Es sind Durchtränkung und Infiltrierung gemeint.
Die beiden „Funktionsschlüssel" — Mund und Lippen sowie Bindegewebe (Interstitium) — lassen das hier geltende Funktionsbild erkennen: Kontakt, Auseinandersetzung mit dem Gegenüber, Integration.
Die Sinnesfunktion von Mund und Lippen ist ein Berühren, Begreifen, Umfangen und Zerlegen: Kontaktaufnahme mit dem, was der Mensch außerhalb seiner selbst vorfindet. Ein Prozeß der Verarbeitung setzt ein: Das Objekt wird hereingenommen, durchdrungen,

analysiert, einverleibt, das heißt integriert. Die Funktion von Bindegewebe und Interstitium drückt das Verbindende, Ausfüllende und Neutralisierende aus; hier geht die Grundregulation innerhalb des PISCHINGER'schen Zelle-Milieu-Systems vor sich. Der Organismus ist imstande, sich mit körperfremden Stoffen auseinanderzusetzen: Dissimilation und Assimilation ermöglichen das Umwandeln von Artfremdem, Unzuträglichem in Artspezifisches.

Im Psychischen finden diese Qualitäten ihre Analogie im Denken, Erkennen und Werten. Diese mentale Fähigkeit ermöglicht die Auseinandersetzung mit jeder Art von Gegenüber: Welt und Umwelt, Mitmensch und Partner. Der Denkvorgang sucht zu »begreifen«, führt aber auch zu Kritiksucht, Zweifel, Vorstellungen und fixen Ideen, bis hin zu Realitätsverlust. Oftmals ist der Mensch mental überfordert und steht unter Streß und einem nicht selten selbsterzeugtem Druck.

Denken kann sich auch in Besorgnis, Kummer, Grübeln und Melancholie steigern, was die klassische Akupunktur-Lehre als die psychische Entsprechung des Milz-Elements deutete.

Funktionskreis „Lunge“

Dem Lunge-Dickdarm-Funktionskreis (Element „Metall“) ist die Jahreszeit Herbst mit den Attributen trokken bzw. welkend zugeordnet; gemeint sind das Reifen, das Loslassen, die Hergabe der Frucht zur Ernte.

Die beiden „Funktionsschlüssel“ — Nase sowie Haut und Haare — drücken das diesen Funktionskreis prägende Funktionsbild aus: Durchlässigkeit, Austausch, Grenzüberschreitung, Wandlung.

Der phasenhafte Wechsel zwischen Inspirium und Exspirium hat — wie Goethe sagt — „zweierlei Gnaden“, indem er in der einen Phase hereinläßt, sich stellt, und in der unmittelbar darauffolgenden Phase hergibt, sich ausliefert. In Respirationstrakt, Haut und Dickdarm geht ein intensiver Austausch mit der Umwelt vor sich. Der Dickdarm steht durch das Zusammenleben mit Milliarden von Mikroorganismen in einer ständigen Symbiose. Somit ist der Mensch durch die Atmung und durch die Darmsymbiose mit der Außen- wie mit der Innenwelt in Wechselwirkung gestellt.

Die psychischen Qualitäten des Funktionsbildes sind wiederum eine Analogie der somatischen: Hereinnahme, Inspiration, Intuition, Kreativität und Reifung. Das unablässige Auf und Ab, die durchlebten Höhen und Tiefen des Lebens lassen den Menschen leicht in Traurigkeit, Verlorenheit und Resignation abgleiten, was schon die klassische Akupunktur-Lehre als psychische Analogie des Lungen-Elementes auffaßte. Meist ist die nicht vollzogene Trauerarbeit, das Nicht-Loslassen bzw. Nicht-vergeben-Können die Ursache.

Funktionskreis „Herz“

Der Herz-Dünndarm-Funktionskreis (Element „Feuer“) bezieht sich nicht so sehr auf das physische Herz; vielmehr sind hier Beseeltheit und Gemüt gemeint. Während bei den anderen Funktionsbildern Somatisches und Psychisches sich gleichrangig gegenübersteht und entspricht, kommt in den hier zusammengefaßten Funktionen vordergründig Psychisch-Geistiges, Bewußtsein zum Ausdruck.

Die dem Herzen zugehörige Jahreszeit ist der Sommer; Wärme und Hitze sind die klimatischen Modalitäten.

Am ehesten verhelfen wieder die „Funktionsschlüssel“ — Zunge sowie Blut samt Gefäßsystem — zur Deutung des Prinzips: Die Zunge wird traditionell als Mittler der Sprache verstanden (vgl. auch die Doppelbedeutung von lat. „lingua“!) und nimmt in diesem Sinne die zugehörige Sinnesfunktion wahr; die Blutgefäße samt dem alles durchpulsenden Blut dienen der Belebung des Ganzen: Das in der Funktion von Sprache und Blutkreislauf offenbar werdende Funktionsbild ist Verbundenheit, Kommunikation und Belebung.

In der klassischen Akupunktur-Lehre gilt Freude als die psychische Entsprechung des Herz-Elementes. Es ist bemerkenswert, daß dem „Herz“ keine unharmonische psychische Verhaltensform zugesprochen wurde. Dadurch erfährt das Funktionsbild „Herz“ gegenüber den anderen vier Funktionsbildern eine Sonderstellung in bezug auf den geistigen Aspekt.

Doch ist selbst das Herz-Element störanfällig und neigt zu Übersteigerung durch Hektik, Erethik, hastiges Sprechen und Sich-Vergeuden — mit der Kehrseite des „Ausgebranntseins“.

Schlußfolgerungen

Die dargestellten Funktionsbilder sind auch für den Zahnarzt hilfreich bei der Beurteilung seiner Patienten — in bezug auf deren psychisches Verhalten, deren Schmerzerleben, deren vordergründige Symptomatik.

So läßt der **Nieren-Blasen-Funktionskreis** in erster Linie an Festigkeit und Sicherheit denken; sie findet bereits in der Härte der Zähne und im „Schlußbiß“, der keine andere Alternative zuläßt, sinnfälligen Ausdruck. Deshalb kann die Eingliederung von Zahnersatz auf verängstigte Patienten allgemein verunsichernd wirken, wenn die Okklusion nicht mehr die gewohnte Basis hat: Der Nieren-Blasen-Funktionskreis braucht Vertrautes und Gewohntes - im Somatischen wie im Psychischen! Die Statik und Stabilität von Körper und

Körperhaltung übertragen sich von der Wirbelsäule, speziell den Kopfgelenken, auf das Kiefergelenk; die Kaubewegung wiederum wirkt wie eine Massage auf die ligamentär-muskuläre Einbindung der Kopfgelenke C0/C1. — Der Zahnarzt sollte bedenken, daß jeder Schock „in die Knochen geht" bzw. „bis an die Nieren". Darum ist bei Kindern größte Behutsamkeit geboten: Kein Eingriff ohne Bereitschaft des Patienten!

Der **Leber-Gallenblasen-Funktionskreis** vermittelt die Fähigkeit, die muskuläre Kraft nicht nur für eine bestimmte Aktion, sondern auch kompensatorisch zum Abreagieren psychischer Spannungen einzusetzen: Parafunktionen und Bruxismus mögen zwar Zähne und Paradontien belasten, können aber ein notwendiges „Ventil" im Psychischen sein. Der „Leber-Galle"-Patiententyp kann sich launisch gebärden und wird seine Schmerzen und Probleme eher aggravieren und dramatisieren, was durchaus seinem subjektiven Erleben entspricht. Meist sind die Schmerzen wechselhaft in ihrer Intensität wie auch Lokalisation; sie können plötzlich „einschießen", also anfallsweise auftreten und verschlimmern sich bei Aufregung und Wetterwechsel. Selbst wenn der überemotionale Patient seine innere Spannung im Zaume hält, so reagiert der Therapeut nicht selten gereizt — als Übertragungsphänomen. Dies gilt evtl. auch gegenüber den überangepaßten Patienten bzw. Patientinnen, die sich ständig zurücknehmen und verharmlosen, so daß man nicht weiß, woran man mit ihnen ist.

Der **Milz/Pankreas-Magen-Funktionskreis** ist von besonderer Bedeutung für die Zahnmedizin; denn hier ist die Fähigkeit der Integration, das heißt des „Zurechtkommens" und „Befriedetseins" angesprochen — der Mensch vermag mit Fremden umzugehen, es sogar einzuverleiben. Bei mangelhafter Integrationsfähigkeit aber wird er kritisch, nörglerisch, zweifelnd: Dieser „verbissene" Patiententyp kann dem Zahnarzt viele Probleme aufgeben und wird immer wieder Argumente finden, um anderen die Schuld zuzuweisen — auch dem Vorbehandler, der ihn „verpfuscht" habe. So programmiert dieser Patiententyp geradezu das Mißlingen weiterer Maßnahmen und provoziert die Autorität des Therapeuten. Schmerzen werden als zermürbend, nagend erlebt und der Patient „verbeißt" sich nicht selten in seine Pein. Sowohl Übervernünftigkeit mit penibler Fixierung, als auch Unvernunft ohne jede Logik — also ein übertriebener wie auch ein defizitärer mentaler Umgang — können den Zahnarzt „stressen".

Der **Lunge-Dickdarm-Funktionskreis** vermittelt im Somatischen wie im Psychischen eine Fähigkeit zum Geschehenlassen und Freigeben — im positiven wie im negativen Sinne. Man vermutet bei dem „Lungen-Typ" einen feingeistigen oder künstlerischen Menschen; hierzu zählt aber auch der „Aussteiger" verschiedenster Prägung, der sich in keine Norm und Lebensform pressen läßt. Man begegnet zuweilen einem irrationalen Bezug zur Wirklichkeit und deren Notwendigkeiten, einem „Verspielen" therapeutischer Möglichkeiten und dem Abbruch begonnener Projekte. Solches Selbsttäuschen und Zu-leicht-Nehmen kann sich jenseits des Verantwortbaren bewegen.

Der **Herz-Dünndarm-Funktionskreis** schließlich erscheint weniger auffällig in der psychischen Typologie als die übrigen „Elemente". Die in der traditionellen Lehre zugeordnete „Freude" ist keine laute, oberflächliche, sondern entspricht eher einer stillen „Seligkeit". Der „Herz-Typ" scheint in der Fülle zu leben — dergestalt, daß er sich oft auch in der Fülle der Möglichkeiten, der Selbstüberspielung, der liebenden Einfühlung verausgabt. So ist es oft ein Entgleiten in die Nöte der anderen „Elemente" — sei es durch Unruhe und Getriebensein, durch emotionale Übererregung, durch Jagd nach immer neuen Zielen und Idealen — , was das „Herz" bzw. den „Herz-Typ" gefährdet, anstatt aus der lebendigen Kraft der inneren Mitte als einer hier gegebenen geistigen Quelle zu schöpfen.

Funktionskreise (-Einheiten) — Somatotopien

Reflexzonen — Zuordnungen

Dr. med. Ch. Kobau

Funktionseinheit
MAGEN

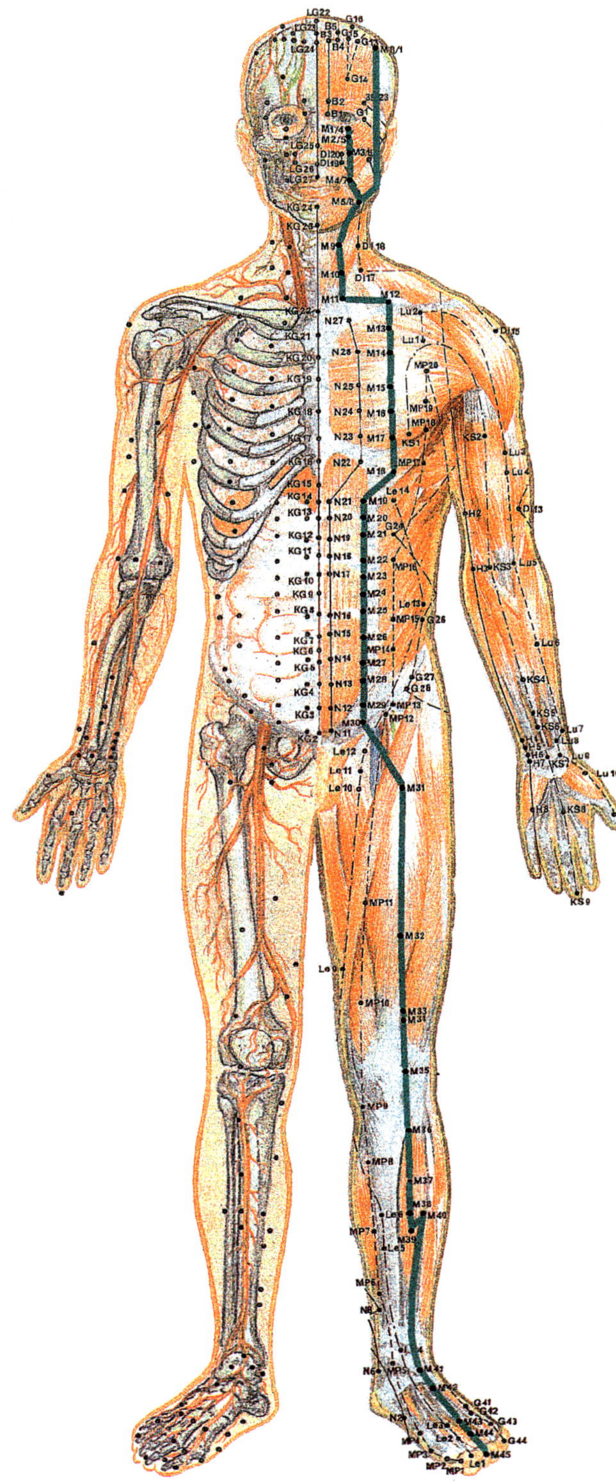

Verbindungen zu den Zähnen (n. Voll u. Kramer)

REFLEXE (n. Rossaint)	Th 11, 12, untere Bauchdeckenreflex		Th 11, 12, untere Bauchdeckenreflex	
ENDOKRINE DRÜSEN	Nebenschilddrüse	Schilddrüse	Mammadrüse re.	
	Mammadrüse re.		Keimdrüsen	
OHR-KORRESPONDENZEN (n. NOGIER)	**17** **27**	**16** **26**	**45** **35**	**44** **34**
BACHBLÜTEN	GORSE: Hoffnungslosigkeit Qualität: Hoffnung		GORSE: Hoffnungslosigkeit Qualität: Hoffnung	
	MAGEN GENTIAN: Sorge und Zweifel Q: Glaube an höhere Ordnung WILLOW: Verbitterung Q: Eigenverantwortung WILD ROSE: Resignation Q: Hingabe	**PANKREAS** CERATO: Unsicherheit Q: Intuition VINE: machthungrig Q: Durchsetzungsverm. WILD OAT: mit sich zufrieden Q: Berufung	**MAGEN** GENTIAN: Sorge und Zweifel Q: Glaube an höhere Ordnung WILLOW: Verbitterung Q: Eigenverantwortung WILD ROSE: Resignation Q: Hingabe	**PANKREAS** CERATO: Unsicherheit Q: Intuition VINE: machthungrig Q: Durchsetzungsverm. WILD OAT: mit sich zufrieden Q: Berufung
STÖRUNGEN IM FUNKTIONSKREIS	Verdauungsstörung-Gastritis-Magengeschwüre-Schlaflosigkeit Antriebslosigkeit-Depression-Sodbrennen-Mundtrockenheit-Appetitlosigkeit oder Freßsucht-Durchfall oder Verstopfung-Bindegewebserkrankungen		Verdauungsstörung-Gastritis-Magengeschwüre-Schlaflosigkeit Antriebslosigkeit-Depression-Sodbrennen-Mundtrockenheit-Appetitlosigkeit oder Freßsucht-Durchfall oder Verstopfung-Bindegewebserkrankungen-Bezug zur Epiphyse	
RÜCKENMARK-SEGMENTE	Th11, Th12, L1		Th11, Th12, L1	
WIRBEL	B11, B12, L1		B11, B12, L1	
HIRNNERVEN	IX, XII	IX, XII	X, V/3 = N. lingualis XII	X, V/3, XII
NASENNEBENHÖHLEN	Kieferhöhle		Sinus maxillaris (Kieferhöhle)	
GELENKE	Knie vorne		Knie vorne	
ORGANE	Magen re.	Pankreas, (Bauchsp.)	Magen re.	Pankreas, (Bauchsp.)
PSYCHISCHE KORRELATION	Grübeln-Sorge-Werten-Analysieren-Rational-Fanatismus-Zweifel-Toleranz		Grübeln-Sorge-Werten-Analysieren-Rational-Fanatismus-Zweifel-Toleranz	
MERIDIAN	**MAGEN**	**PANKREAS**	**MAGEN**	**PANKREAS**
ZAHN	**17 2. Mahlzahn** **27**	**16 1. Mahlzahn** **26**	**45 2. Backenzahn** **35**	**44 1. Backenzahn** **34**

Farbe nach Mandel

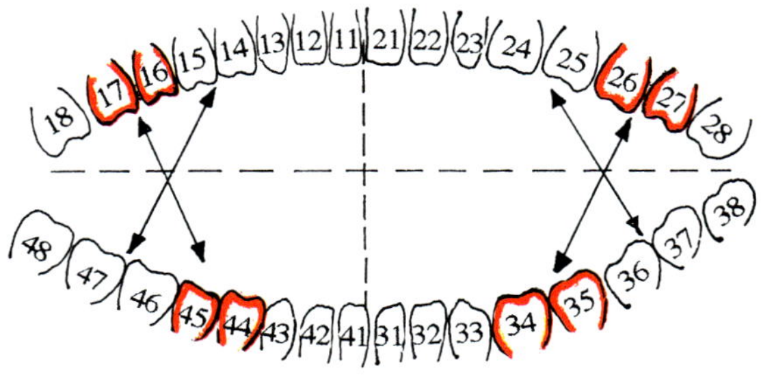

ELEMENT

Zuordnungen zum persönlichen Elementtyp
(zum Teil nach Dr. Wenzel)

Emotion:

Qualität neg.: Grübeln, Sorge, übermäßiges Nachdenken, Fanatismus

Qualität pos.: ausgeglichen, zuverlässig, selbstbewußt, fürsorglich, uneigennützig

Tugend: Intuition, Ehrlichkeit, Beständigkeit

Entwicklung gefährdet durch: Zweifel, Heuchelei, Trägheit, Unzuverlässigkeit, Angst um materielle Dinge, Entschlußlosigkeit

Streßmuster: Eßsucht, Genußsucht

Sinnesöffner: Mund, Lippen

Förderliche Lebensmittel: Mais, Hirse, Amaranth, Kartoffel, alle runden Gemüse und Knollen, Ingwer und Safran

Schädigende Lebensmittel: Molkereiprodukte, zuviel Süßes, Staudengemüse (z.B. Bleichsellerie, Spargel)

MILZ/PANKREAS

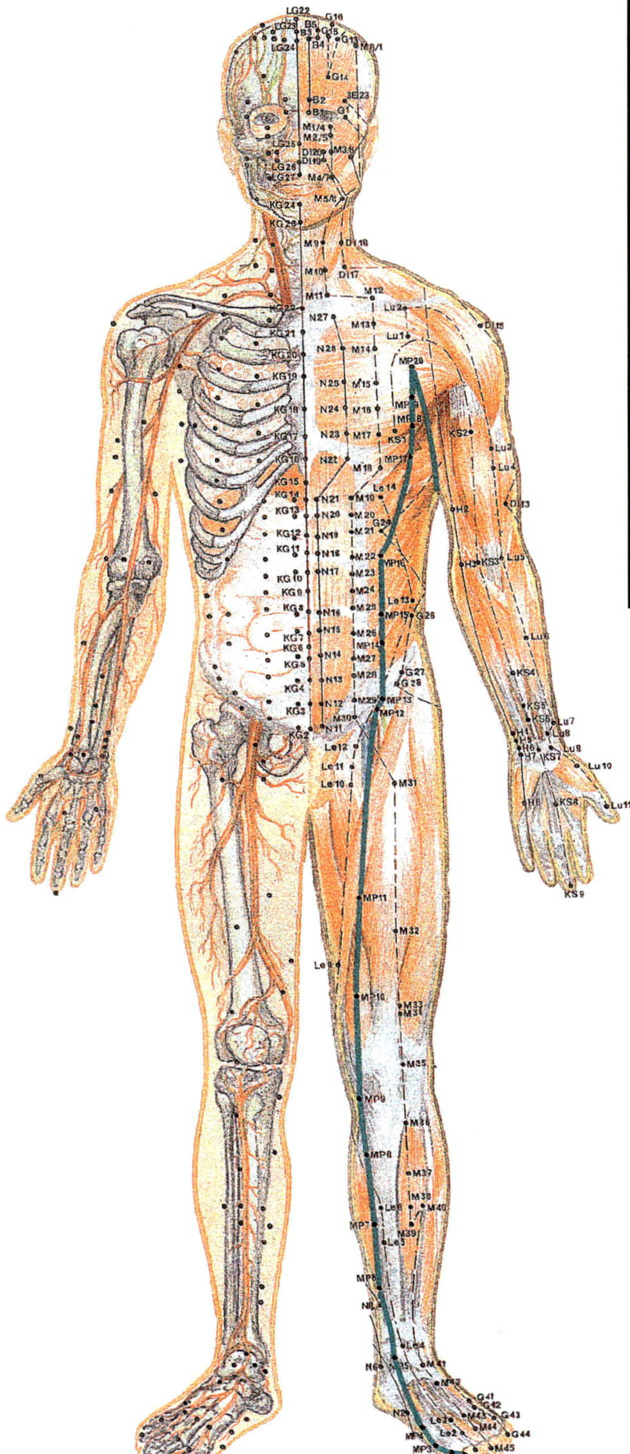

phlegmatisches Erscheinungsbild - Verdauungsstörungen - Gastritis - Magengeschwüre - grüblerisch - Schlafstörungen - Antriebslosigkeit - Depression - Sodbrennen - Mundtrockenheit - Appetitlosigkeit oder Freßsucht - Durchfall - Verstopfung - hypochondrisch - übermäßige Sorge		6
Q M42, D M40, A KG12, S M45, Z B21, K -, T M41	Q MP3, D MP4, A Le13, K MP4, S MP5, T MP2, Z B20	5
Erde - Spätsommer - Feuchtigkeit - Sorge - gelb - umwandeln		4
Mund - Muskulatur - Lippen - Bindegewebe - süß - Transformation und Transport der Nahrung - Blut		4
Gesicht Brustkorb Beinaußenseite	Fuß Beininnenseite Brustkorb	3
Magen	Milz-Pankreas	2
7 - 9°	9 - 11°	1

Legende:
1 zeitliche Hauptaktivität des Meridians
2 Meridian
3 Meridianverlauf
4 Zuordnung
5 spezifische Punkte
6 Störung

ad 5 spezifische Punkte
Q...Quellpunkt
D...Durchgangspunkt
A...Alarmpunkt
K...Kardinalpunkt
S...Sedierungspunkt
T...Tonisierungspunkt
Z...Zustimmungspunkt

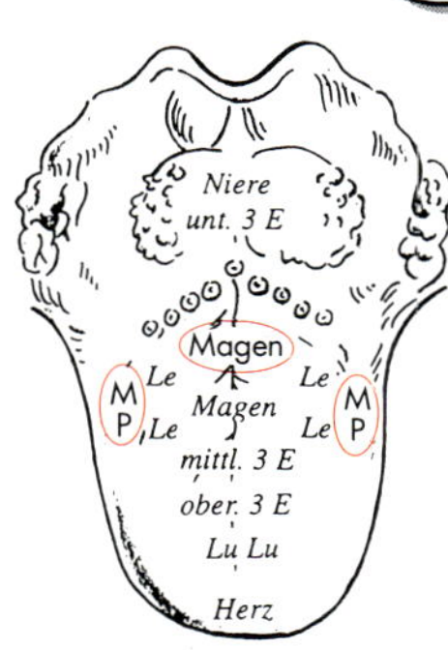

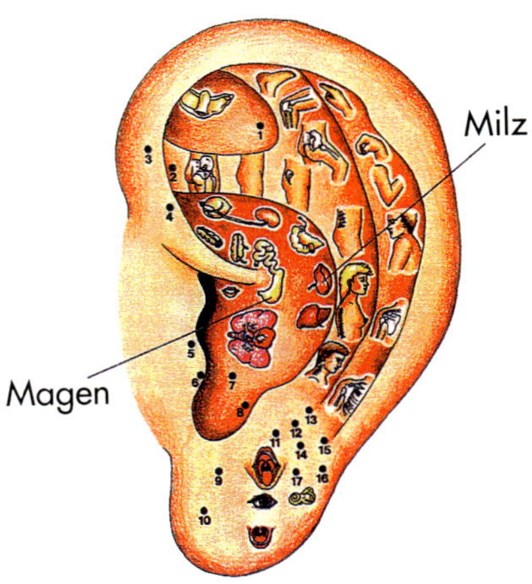

ERDE

Applied Kinesiology (nach W. Gerz)

Magen
Muskelverbindung: Pectoralis maj. clavic.
Nährstoffverbindung: Zink – Phytotherapeutika zur Magenstimulation, Vit. B, Betain-HCl
Bilaterale Schwäche oder Hypertonus: HCl-Mangel im Magen, Temporal Bulge

Milz / Pankreas
Muskelverbindung: Latissimus dorsi
Nährstoffverbindung: Vit. A, Vit. F, Zink, Phytotherapeutika für Milz/Pankreas, Selen, Chrom
Bilaterale Schwäche oder Hypertonus: Fixation BWS/LWS

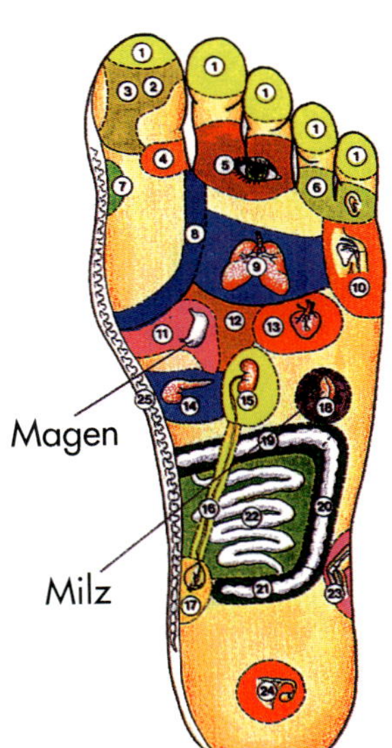

Funktionseinheit
NIERE

Verbindungen zu den Zähnen (nach Voll und Kramer)

REFLEXE (n. Rossaint)	L 2, 3; S3, 4, 5 Patellarsehnen-; Ejakulation; Refl. für Miktion- + Defäkation, Anal-	
ENDOKRINE DRÜSEN	Epiphyse	
OHR-KORRESPON-DENZEN (n. NOGIER)		
BACHBLÜTEN	ELM: momentane Streßsituation Überforderung Q: Verantwortung	
	BLASE CENTAURY: Willensschwäche Q: Selbstverwirk-lichung HOLLY: Mißtrauen, Neid Qualität: Liebe PINE: Schuldgefühle, Mutlosigkeit Q: Verzeihen Q= Qualität	**NIERE** MIMULUS: Angst vor allf. Dingen Q: Selbstvertrauen HEATHER: "bedürftiges Kleinkind" Qualität: Einfühlungs-vermögen MUSTARD: Melancholie u. Depression Q: Klarheit und Fröhlichkeit
STÖRUNGEN IM FUNKTIONS-KREIS	Schmerzen im Rücken- Kreuz- und Nackenbereich-Kältegefühl in den Beinen-Frigidität-Schreckhaftigkeit-Stirnhöhlenentzündung-Sexualstörungen-Durchblutungsprobleme der Beine-Angstzustände-Müdigkeit-Probleme im Urogenitaltrakt-Bindegewebeerkrankungen-Erkrankung von Niere Blase-Gebärmutter-Prostata-Sterilität	
RÜCKEN-MARK-SEGMENTE	L2, L3, S4, S5, Co	
WIRBEL	L2, L3, S3, S4, S5, Co	
HIRNNERVEN	I	I
NASENNEBEN-HÖHLEN	Stirnhöhle	
GELENKE		Fuß Knie hinten
	Kreuzsteißbein	
ORGANE	Niere li.	Blase li.
PSYCHISCHE KORRELATION	Angst-Furcht-Frigidität-Stagnation-Partnerschaft-Willenskraft-Lebensessenz-Bewältigung-Vertrauen-Durchsetzung	
MERIDIAN	**NIERE**	**BLASE**
ZAHN	**21** 1. Schneidezahn **11** **31** **41**	**22** 2. Schneidezahn **12** **32** **42**

Farbe nach Mandel

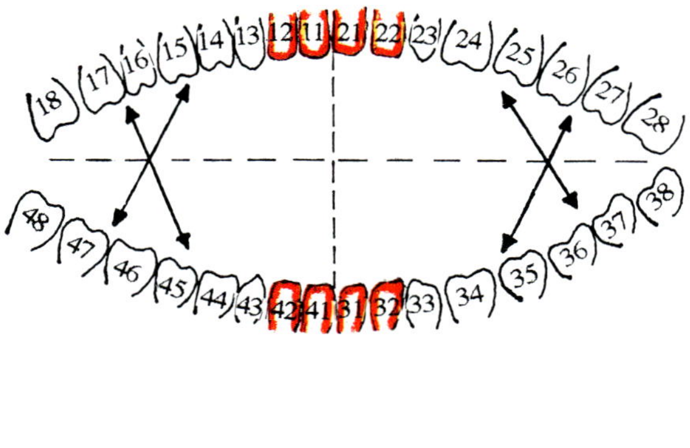

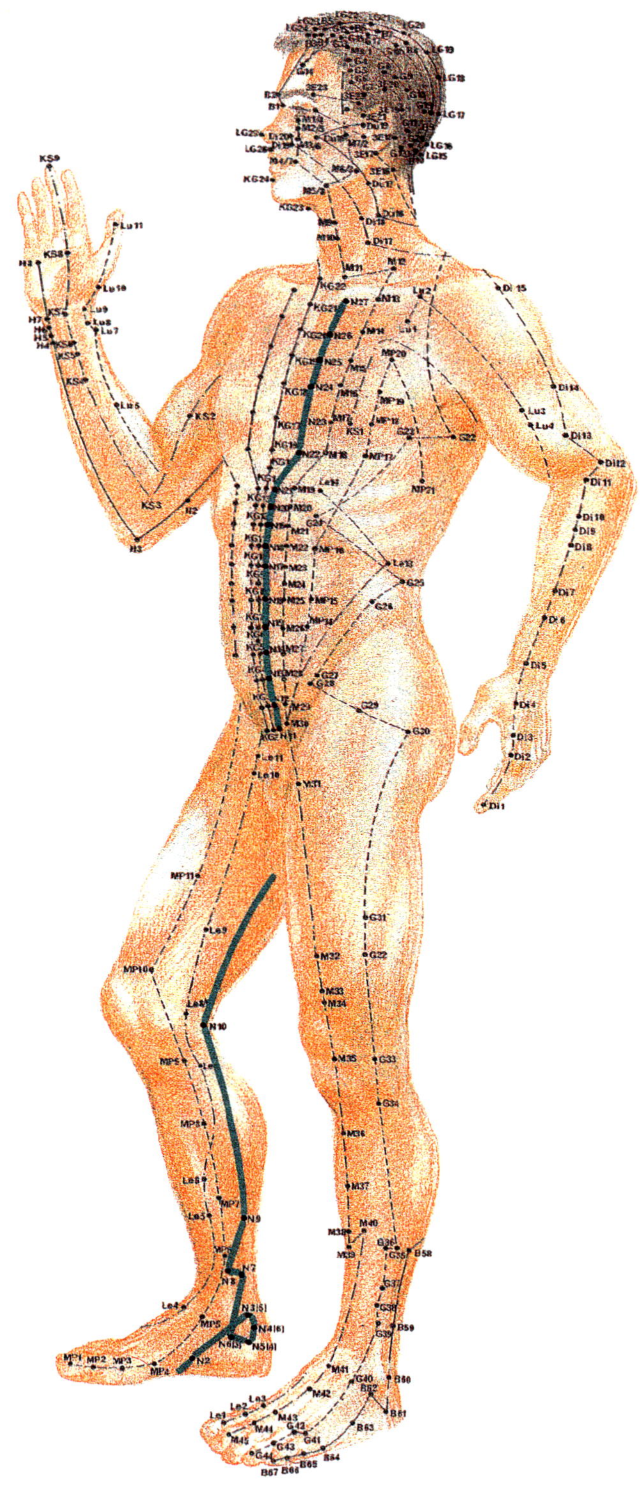

ELEMENT

Zuordnungen zum persönlichen Elementtyp
(zum Teil nach Dr. Wenzel)

Emotion:

Qualität neg.: Furcht, Angst, Pessimismus, Aberglauben, Besessenheit

Qualität pos.: Wille stark ausgeprägt, Charisma, furchtlos, weise, sanft

Tugend: Tatkraft, Einfühlungsvermögen

Entwicklung gefährdet durch: übermäßige Ängstlichkeit

Streßmuster: extreme Abwehrreaktion – Angst und Unsicherheit

Suchtmuster: Gier, Sex, Macht

Sinnesöffner: Ohr

Förderliche Lebensmittel: Buchweizen, Bohnen, festes grünes Gemüse, Edelkastanie, Nüsse

Schädigende Lebensmittel: Rohkost, Salate, Eisgetränke, zu lange gekochte Speisen, zuviel Salz

BLASE

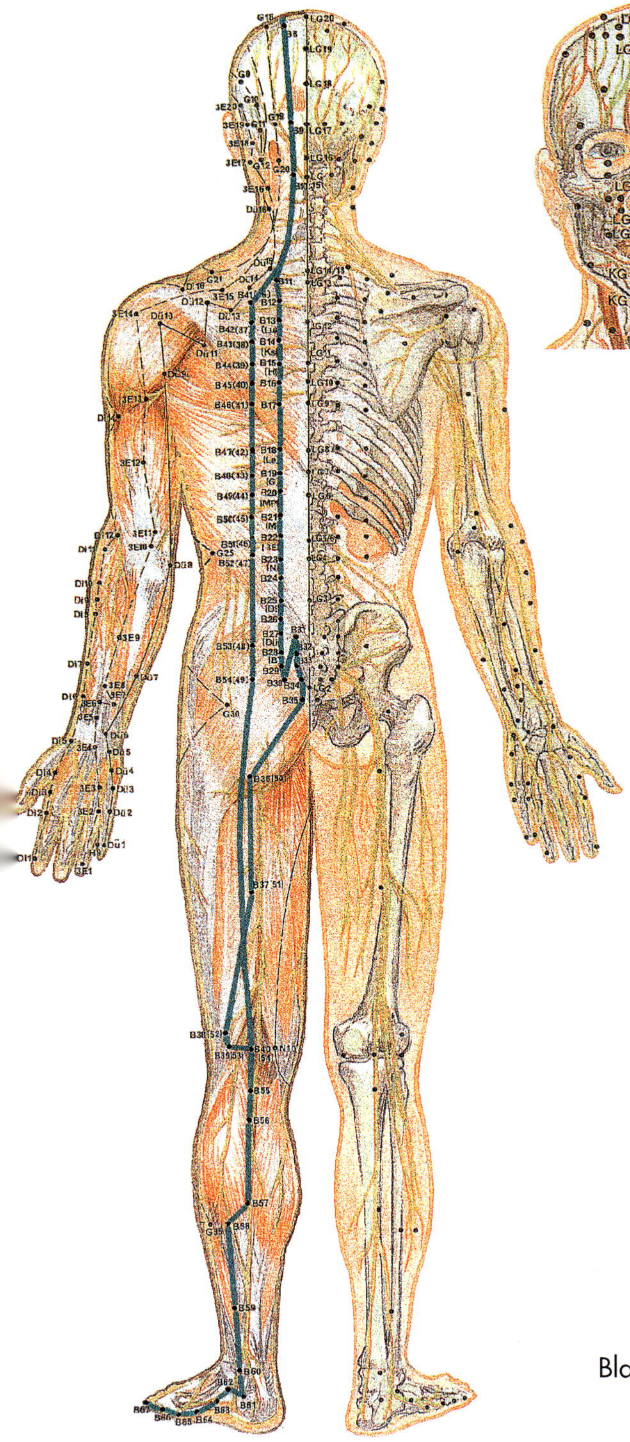

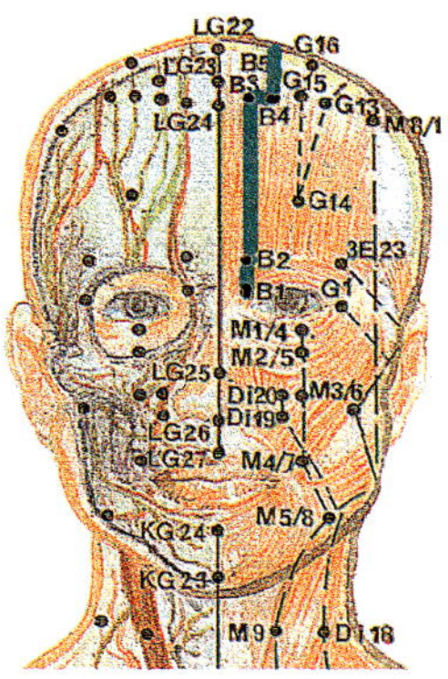

Blase	Niere	
Schmerzen im Rücken- Kreuz und Nackenbereich - Kopfschmerzen - Kältegefühl in den Beinen - Sexualstörungen - Frigidität - Schreckhaftigkeit - Stirnhöhlenenzündungen - Durchblutungsprobleme der Beine - Angstzustände - Müdigkeit		6
Q B64, D B58, A KG3, S B65, Z B28, K B62, T B67	Q N3, D N4, A G25, K N6, S N1, T N7, Z B23	5
Wasser - Winter - Kälte - Angst - Furcht - schwarz – bewahren		4
Ohr - Knochen - Haare - salzig - Lebensessenz – Wasserregulation		4
Kopf Nacken Rücken Gesäß Rückseite der Beine	Sohle Fußinnenseite Bauchraum Brustkorb	3
Blase	Niere	2
15 - 17°	17 - 19°	1

Legende:
1 zeitliche Hauptaktivität des Meridians
2 Meridian
3 Meridianverlauf
4 Zuordnung
5 spezifische Punkte
6 Störung

ad 5 spezifische Punkte
Q...Quellpunkt
D...Durchgangspunkt
A...Alarmpunkt
K...Kardinalpunkt
S...Sedierungspunkt
T...Tonisierungspunkt
Z...Zustimmungspunkt

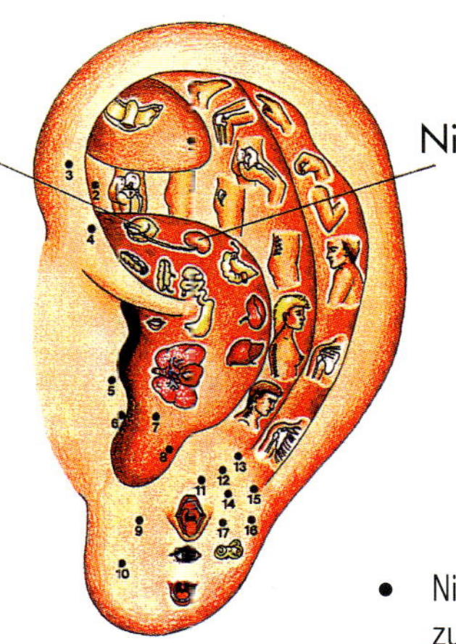

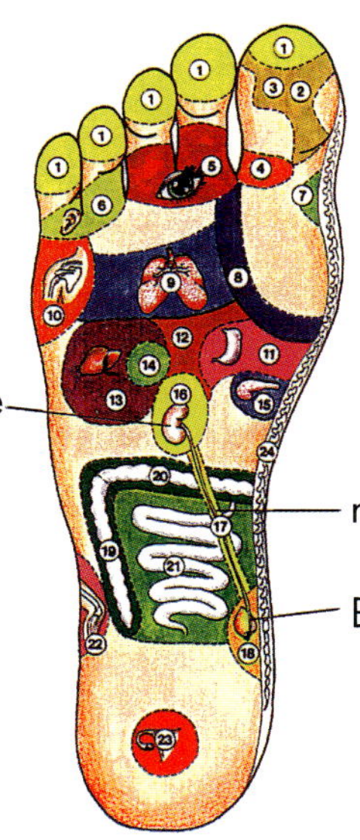

WASSER

Applied Kinesiology (nach W. Gerz)

Niere
Muskelverbindung: Iliopsoas
Nährstoffverbindung: Vit. A, Vit. E, Wasser, Nieren und Blasenmittel
Bilaterale Schwäche oder Hypertonus: Fixation d. Occiput

Blase
Muskelverbindung: Sacrospinalis, Tibialis ant.
Nährstoffverbindung: Vit. A, Vit. C, Bioflavonoide
Bilaterale Schwäche oder Hypertonus: —

Essenz Jing

- Nierenessenz hat primär Substanzcharakter, im Gegensatz zu Qi, welches hauptsächlich Energieeigenschaften hat
- Essenz erhalten wir von den Eltern und kann nur sehr schwer nachgebildet werden (eine Möglichkeit besteht über Qigong)
- Essenz, QI und Geist werden als die 3 Schätze in der chinesischen Medizin betrachtet
- die Essenz der Fortpflanzung wird Nierenessenz genannt und bildet die vorgeburtliche Grundlage des Menschen
- durch QIGONG-Übungen kann aus Qi wieder Essenz erzeugt werden

Verbindungen zu den Zähnen: (nach Voll u. Kramer)

REFLEXE (n. Rossaint)	Th 8, 9 10 obere Bauchdeckenreflex
ENDOKRINE DRÜSEN	Hypophysenhinterlappen
OHRKORRESP. (n. NOGIER)	
BACHBLÜTEN	ASPEN: unerklärliche Ängste Q: Tapferkeit **LEBER** IMPATIENS: Ungeduld Verkrampfung Q: Geduld OLIVE: völlige Erschöpfung Q: innere Balance OAK: extremes Pflichtgefühl Q: Ausdauer **GALLE** SCLERANTHUS: innere Ruhelosigkeit Q: innere Ausgeglichenheit ROCK WATER: Perfektionsstreben Q: innere Freiheit CRAB APPLE: fühlt sich uneins Q: Vollkommenheit
STÖRUNGEN IM FUNKTIONS-KREIS	Migräne- Nackenschmerzen- seitlicher Kopfschmerz- Verdauungsstörungen- Schwindel- Augenerkrankungen- Stoffwechselstörungen im Blut-Thrombose
RÜCKEN-MARK-SEGMENTE	Th8, Th9, Th10
WIRBEL	B10, B9
HIRNNERVEN	II
SINNESORGAN	Auge
GELENKE	Fuß, Knie hinten, Hüfte
ORGANE	Leber li.
PSYCHISCHE KORRELATION	Zorn-Aggression-Wut- wechselhafte Dynamik- Aktivität-Impulsivität- Durchsetzung
MERIDIAN	**LEBER**
ZAHN	**Eckzahn** **13** **23** **33** **43**

Farbe nach Mandel

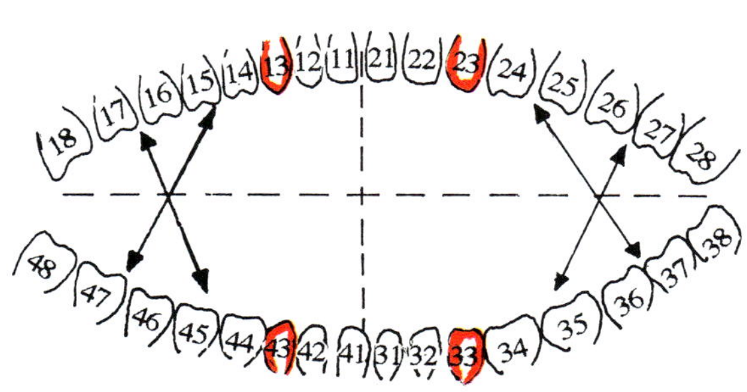

Funktionseinheit
LEBER

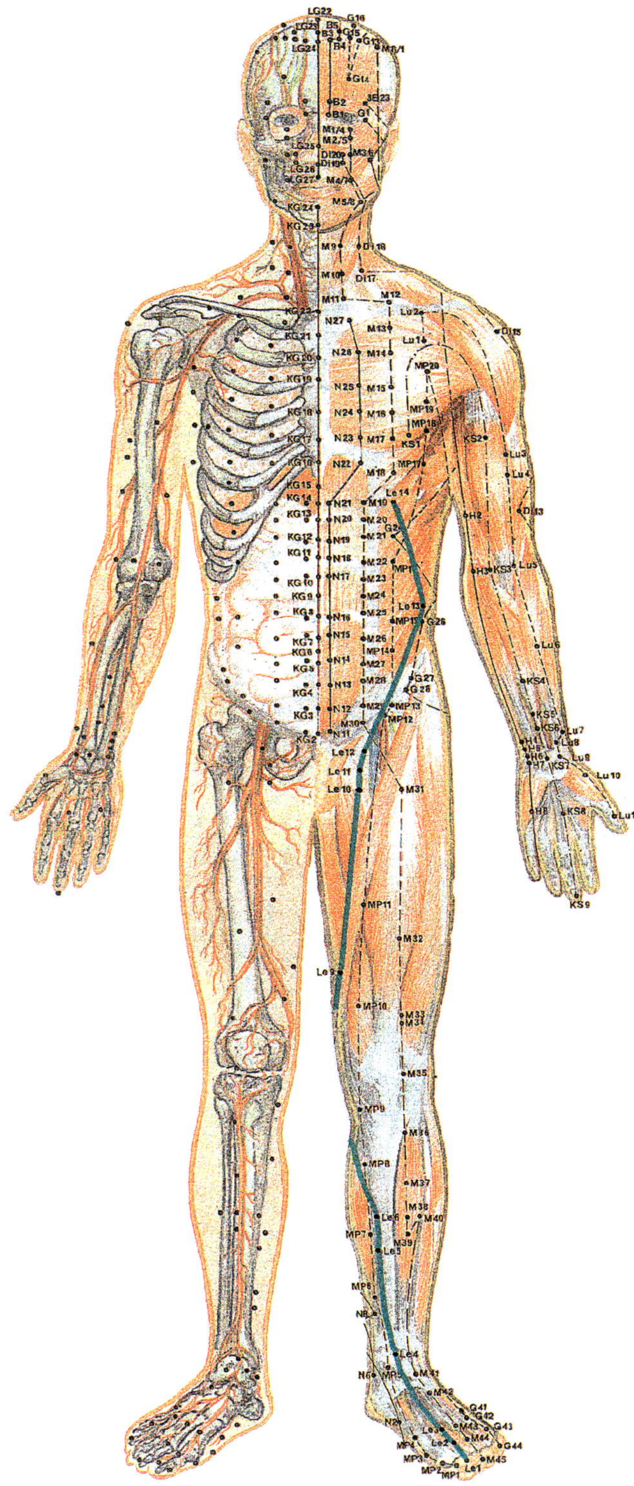

ELEMENT

Zuordnungen zum persönlichen Elementtyp
(zum Teil nach Dr. Wenzel)

Emotion:
Qualität neg.: Wut, Aggression, Zorn, Eiferesucht, launisch, ungeduldig, rechthaberisch
Qualität pos.: Geduld, Toleranz, großzügig, kreativ
Tugend: Idealismus, Güte Kreativität, Gemüt
Entwicklung gefährdet durch: Ehrgeiz, Neugier, Unterdrückung
Streßmuster: aggressiv, beleidigt, rechthaberisch, nachtragend
Suchtmuster: übertriebene Romantik, Nostalgie
Sinnesöffner: Auge
Förderliche Lebensmittel: Gerste, Weizen, Hafer, alle schnell wachsenden jungen Gemüse, Keime und Sprossen, Lauch, Pflaumen
Schädigende Lebensmittel: Fett, „schwere" Speisen, Alkohol, Süßigkeiten, scharfe Gewürze

GALLENBLASE

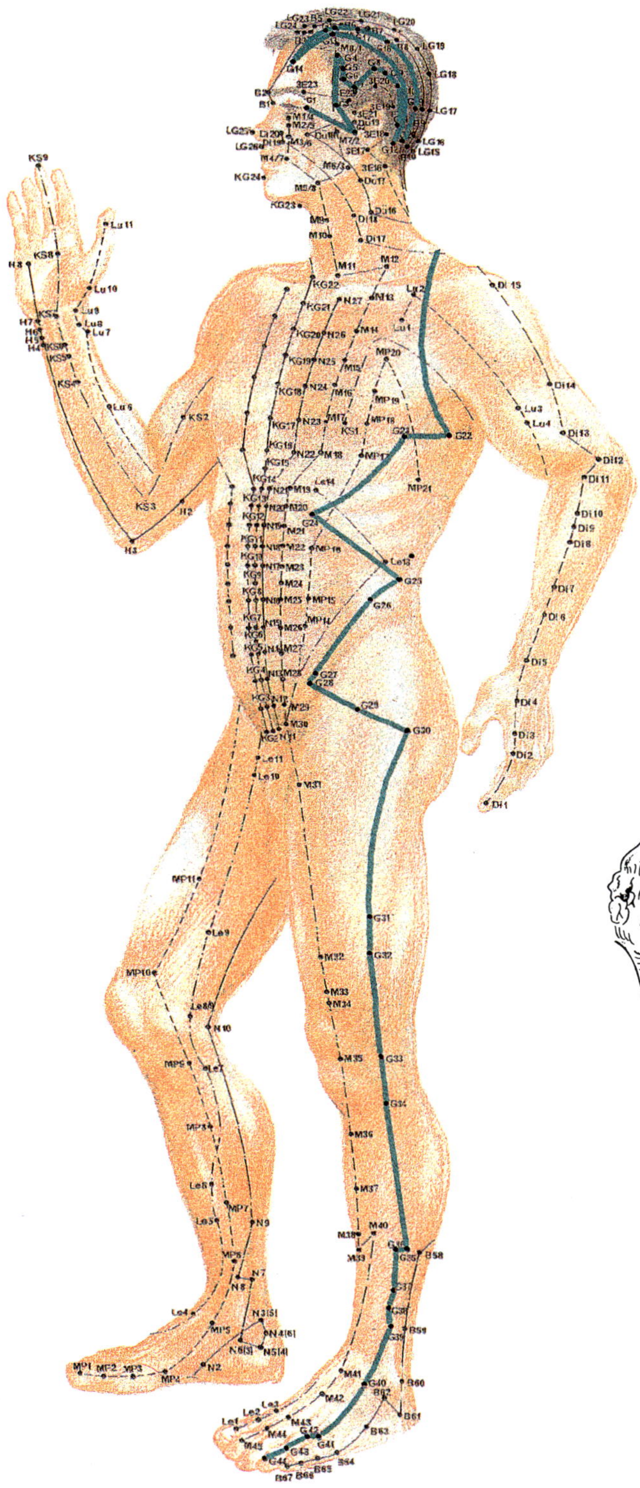

hysterisches, zorniges oder aggressives Verhalten - Migräne - Nackenschmerzen - Kopfschmerzen - Verdauungsstörungen - Durchblutungsstörungen - Schwindel - Depression		6
Q G40, D G37, A G23,2, S G38, Z B19, K G41, T G43	Q Le3, D Le5, A Le14, K -, S Le2, T Le8, Z B18	5
Holz - Frühling - Zugluft - Wind - Ärger - Zorn - grün – entstehen		4
Auge - Tränen - Sehnen - Nägel - sauer – Blutspeicherung psychische Sedierung		
Kopf Schulter seitlich entlang des Körpers Beine seitlich	Fuß Beininnenseite Brustkorb	3
Gallenblase	Leber	2
23- 1°	1 - 3°	1

Legende:
1 zeitliche Hauptaktivität des Meridians
2 Meridian
3 Meridianverlauf
4 Zuordnung
5 spezifische Punkte
6 Störung

ad 5 spezifische Punkte
Q...Quellpunkt
D...Durchgangspunkt
A...Alarmpunkt
K...Kardinalpunkt
S...Sedierungspunkt
T...Tonisierungspunkt
Z...Zustimmungspunkt

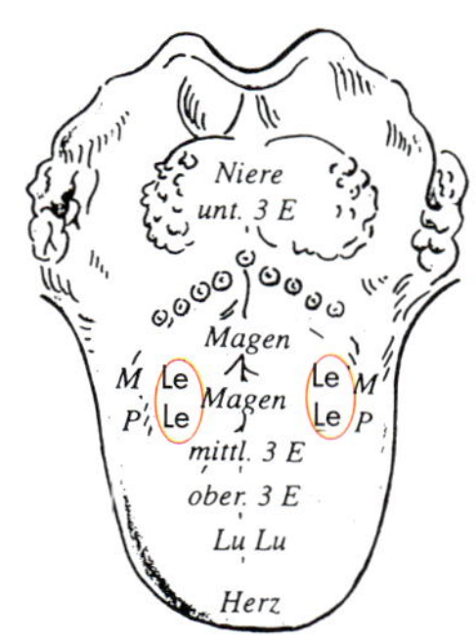

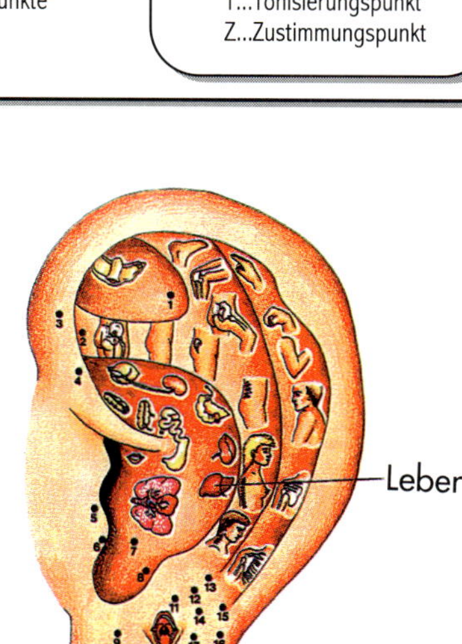

HOLZ

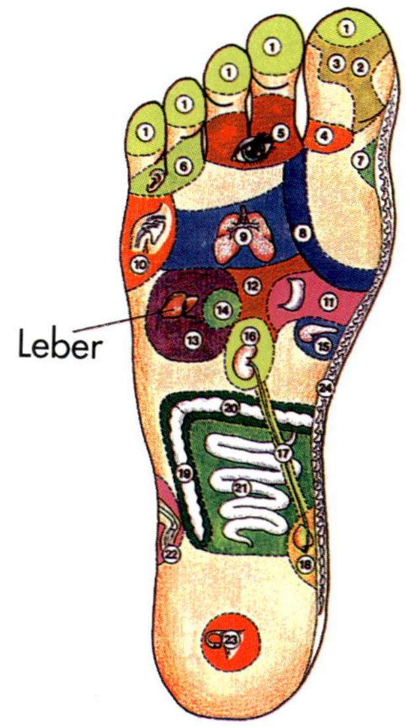

Applied Kinesiology (nach W. Gerz)

Leber

Muskelverbindung: Pectoralis major sternalis
Nährstoffverbindung: Vit. A, Methionin, Cholin, Taurin, Gallensalze, Phytotherapie für die Leber
Bilaterale Schwäche oder Hypertonus: —

Gallenblase

Muskelverbindung: Popliteus
Nährstoffverbindung: Gallensalze, Vit. A, Vit. F, Leber/Gallemittel
Bilaterale Schwäche oder Hypertonus: Fixation untere HWS

Funktionseinheit
LUNGE

Verbindungen zu den Zähnen (n. Voll u. Kramer):

REFLEXE (n. Rossaint)	C5, 6, 7 Sehnen- von Hand und Vorderarm; Bi + Tricepssehnen- Pupillenreflexbahn		L4 5 Glutaealreflex	
ENDOKRINE DRÜSEN	Hypophysenhinterlappen	Thymus		
OHRKORRESP. (n. NOGIER)	**24** **14**	**25** **15**	**46** **36**	**47** **37**
BACHBLÜTEN	WALNUT: Lösen v. Altem Annahme v. Neuem Q: Neubeginn		WALNUT: Lösen v. Altem Annahme v. Neuem Q: Neubeginn	
	DICKDARM CLEMATIS: Tagträume Q: schöpferischer Idealismus RED CHESTNUT: übertriebene Sorge Q: Nächstenliebe HONEYSUCKLE: Sehnsucht nach Vergangenem Q: Verbindung mit Lebensfluß	**LUNGE:** CHICORY: besitzergreifend Q: Liebe IMPATIENS: Ungeduld Q: Geduld MUSTARD: Melancholie und Depression Q: Klarheit und Fröhlichkeit	**DICKDARM:** CLEMATIS: Tagträume Q: schöpferischer Idealismus RED CHESTNUT: übertriebene Sorge Q: Nächstenliebe HONEYSUCKLE: Sehnsucht nach Vergangenem Q: Verbindung mit Lebensfluß	**LUNGE** CHICORY: besitzergreifend Q: Liebe IMPATIENS: Ungeduld Q: Geduld MUSTARD: Melancholie und Depression Q: Klarheit und Fröhlichkeit
STÖRUNGEN IM FUNKTIONS-KREIS	Bronchitis-Asthma-Neurodermitis-Sinusitis-tiefe, langsame Atmung-Ekzeme-Akne-Blässe-Schmerzen im Kreuzbein-Lumbalgien		Bronchitis-Asthma-Neurodermitis-Sinusitis-tiefe, langsame Atmung-Ekzeme-Akne-Blässe-Schmerzen im Kreuzbein-Lumbalgien	
RÜCKENMARK-SEGMENTE	C5, C6, C7, Th2, Th3, Th4, L4, L5		C5, C6, C7, Th2, Th3, Th4, L4, L5	
WIRBEL	H5, H6, H7, B3, B4, L4, L5		H5, H6, H7, B3, B4, L4, L5	
HIRNNERVEN	I, V	I, V	V, X, XI	
NASENNEBEN-HÖHLEN	Siebbeinzellen		Cellulae ethmoidales (Siebbeinzellen)	
GELENKE	Schulter-Ellbogen, Großzehe Hand radial		Hand radial Großzehe, Fußgelenke Schulter-Ellbogen	
ORGANE	Dickdarm li.	Lunge li.	Dickdarm li.	Lunge li.
PSYCHISCHE KORRELATION	Trauer-Depression-Kreativität-Austausch-Resignation-Annehmen-Loslassen-Vergeben		Trauer-Depression-Kreativität-Austausch-Resignation-Annehmen-Loslassen-Vergeben	
MERIDIAN	**DICKDARM**	**LUNGE**	**DICKDARM**	**LUNGE**
ZAHN	**24 1. Backenzahn**	**25 2. Backenzahn**	**36 1. Mahlzahn**	**37 2. Mahlzahn**
	14	**15**	**46**	**47**
	●	●		●

Farbe nach Mandel

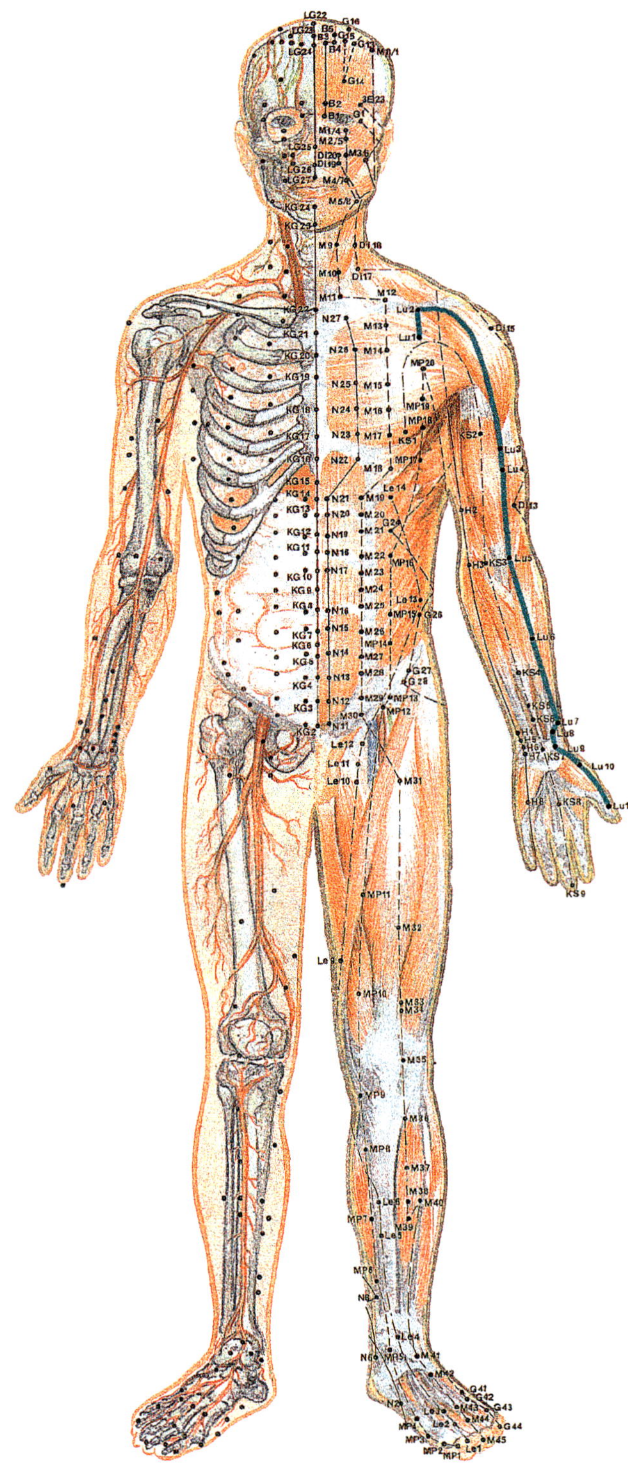

ELEMENT

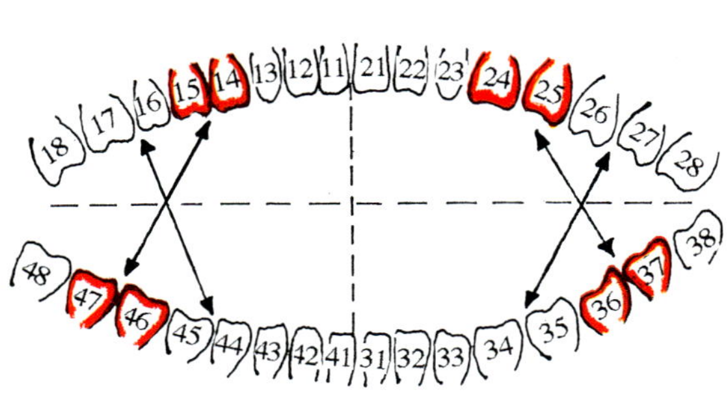

Zuordnungen zum persönlichen Elementtyp
(zum Teil nach Dr. Wenzel)

Emotion:
Qualität neg.: Trauer, Kummer, Angst um Zukunft
Qualität pos.: Gerechtigkeit, selbstlos
Tugend: rechtschaffen, kommunikativ
Entwicklung gefährdet durch: mangelnde Wärme und Zuneigung, Vereinsamung, Egoismus
Streßmuster: geht in die Depression, apathisch, leidend
Suchtmuster: sucht übermäßige Disziplin und Askese
Sinnesöffner: Nase
Förderliche Lebensmittel: Reis, alle Wurzelgemüse und Zwiebelgewächse
Schädigende Lebensmittel: Zucker, Früchte, tierische Fette, Backwaren; zuviel und vor allem zu wenig Flüssigkeit

DICKDARM

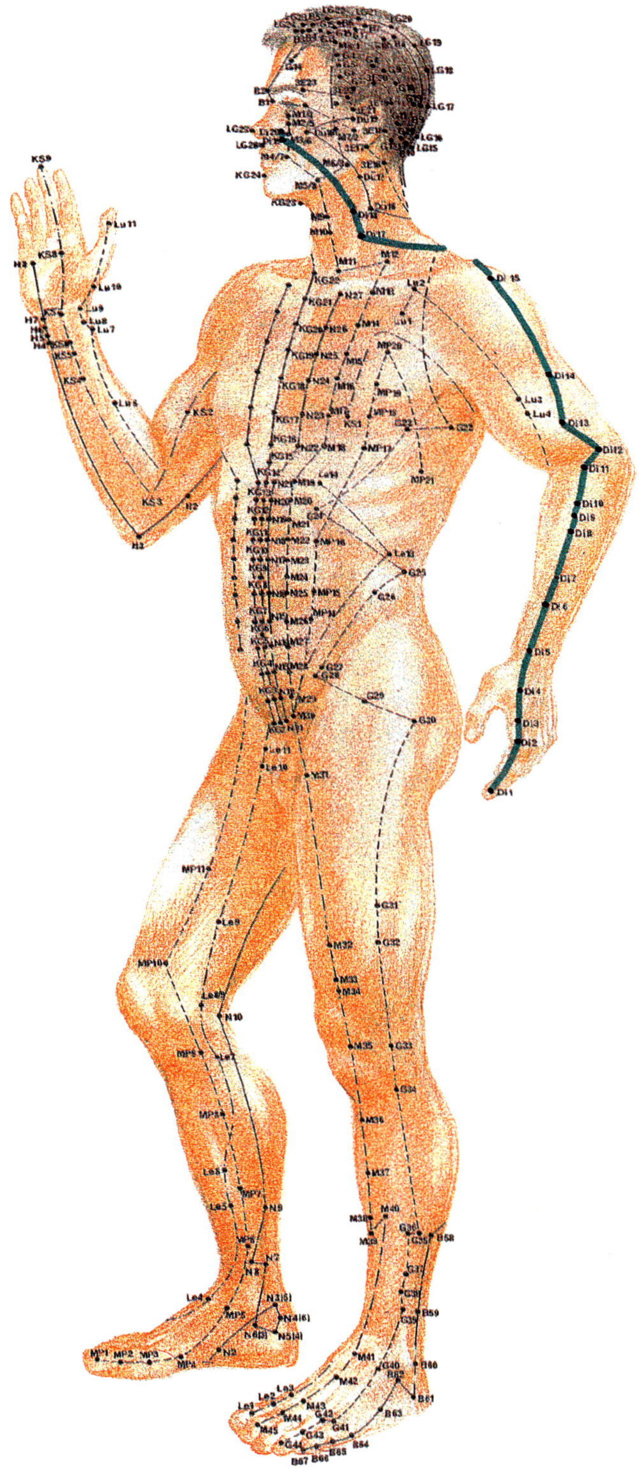

Bronchitis - Asthma - Neurodermitis - Sinusitis (Nasen-Nebenhöhlen-Entzündung) - Trauer - tiefe, langsame Atmung - Ekzeme - Akne - vermehrtes Schwitzen - Blässe - Druck über Brustkorb		6
Q Lu9, D Lu7, A Lu1, S Lu5, Z B13, K Lu7, T Lu9	Q Di4, D Di6, A M25, K -, S Di2, T Di11, Z B25	5
Metall - Herbst - Trockenheit - Trauer - weiß - aufnehmen Haut - Nase - Haare - herb - Atmung - Qi - Ausscheidung - Verteilung		4
Brustkorb Arminnenseite Daumen	Zeigefinger Armaußenseite Schulter Nacken Zähne Nase	3
Lunge	Dickdarm	2
3 - 5°	5 - 7°	1

Legende:
1 zeitliche Hauptaktivität des Meridians
2 Meridian
3 Meridianverlauf
4 Zuordnung
5 spezifische Punkte
6 Störung

ad 5 spezifische Punkte
Q...Quellpunkt
D...Durchgangspunkt
A...Alarmpunkt
K...Kardinalpunkt
S...Sedierungspunkt
T...Tonisierungspunkt
Z...Zustimmungspunkt

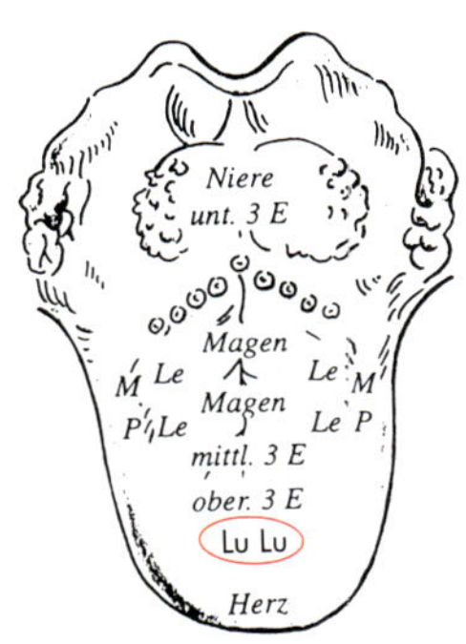

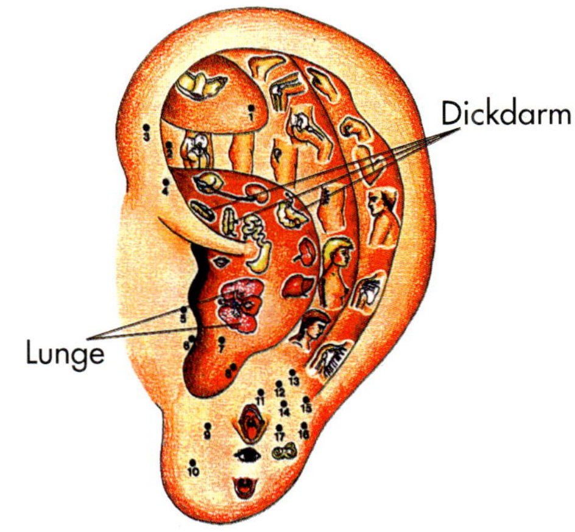

METALL

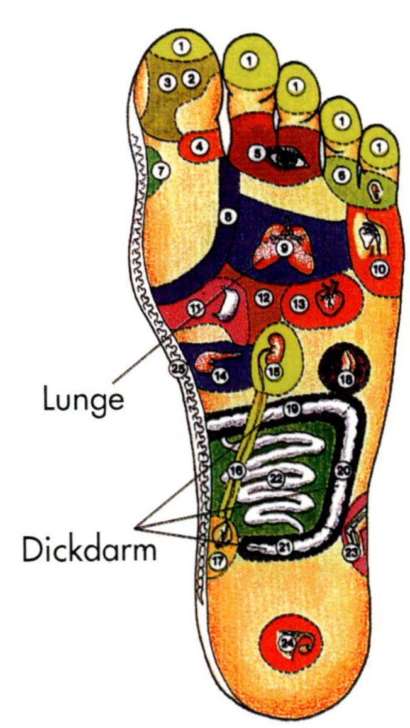

Applied Kinesiology (nach W. Gerz)

Lunge
Muskelverbindung: Deltoideus
Nährstoffverbindung: Vit. C, Wasser, RNA, Beta-Carotin
Bilaterale Schwäche oder Hypertonus: Fixation cervikothoracal

Dickdarm
Muskelverbindung: Tensor fasciae latae
Nährstoffverbindung: Folsäure, B12, Eisen, Vit. D
Darmpräparate: Mutaflor, Omniflor, FOS, Acidophilus
Bilaterale Schwäche oder Hypertonus: Anämie!

Funktionseinheit **HERZ**

Verbindungen zu den Zähnen (nach Voll und Kramer)

REFLEXE (n. Rossaint)	centrum cilio-spinale C8; (Budge) Pupillen (Erweitert)
ENDOKRINE DRÜSEN	Hypophysenvorderlappen
OHR-KORRESPON-DENZEN (n. NOGIER)	
BACHBLÜTEN	STAR of BETLEHEM: Verletzung-emotionales Trauma Q: Reorientierung **HERZ** VERVAIN: Überenthusiasmus Q: Selbstdisziplin HORNBEAM: mentale Erschöpfung Q: geistige Klarheit WHITE CHESTNUT: innerer Dialog Q: geistige Ruhe **DÜNNDARM** AGRIMONY: innere Unruhe und Angst Q: Konfrontationsfähigkeit VERVAIN: will unbedingt v. einer Idee begeistern Q: Selbstdisziplin SWEET CHESTNUT: tiefste Verzweiflung Q: Erlösung
STÖRUNGEN IM FUNKTIONS-KREIS	Konzentrationsstörungen-Hektik-innere Unruhe-beschleunigter Herzrhythmus-Angstträume-Kreislaufstörungen-Kopfschmerz-Migräne-Ischias-Schwitzen v. Hand- und Fußsohlen-Psyche-Neuralgien
RÜCKEN-MARK-SEGMENTE	C8, Th1, Th5, Th6, Th7, S1, S2, S3
WIRBEL	H7, B1, B5, B6, S1, S2
HIRNNERVEN	VIII, IX, XII
NASENNEBEN-HÖHLEN	Kieferhöhle
SINNESORGANE	Innenohr
GELENKE	Hand ulnar-Ellbogen, Schulter, Fuß plantar, Kreuz-Darmbein
ORGANE	Herz, linker Anteil
PSYCHISCHE KORRELATION	Freude-manisch-hyperaktiv-Hektik-ausgebrannt sein ("burn out Syndrom")
MERIDIAN	**HERZ**
ZAHN	**Weisheitszahn** **18** **28** **38** **48** **ultraviolett**

Farbe nach Mandel

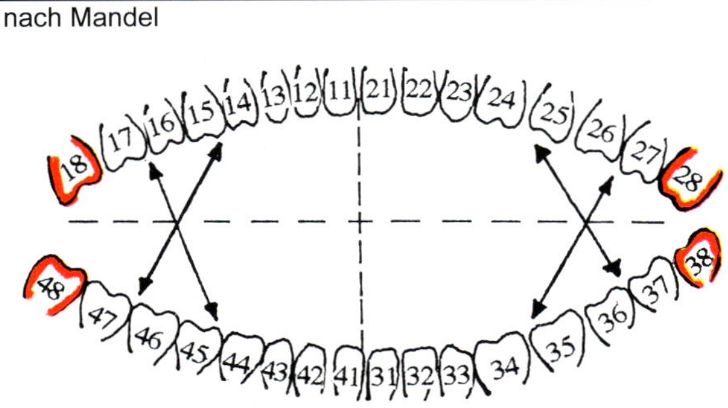

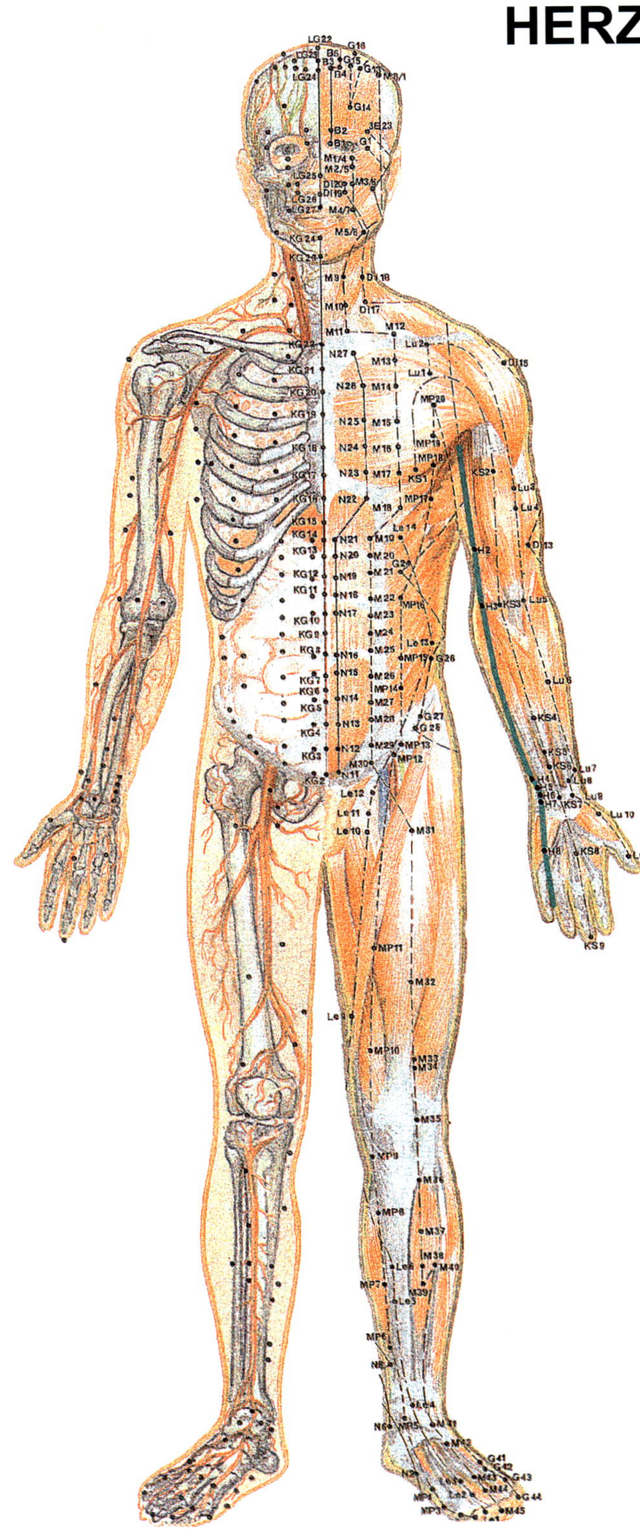

ELEMENT

Zuordnungen zum persönlichen Elementtyp
(zum Teil nach Dr. Wenzel)

Emotion:
Qualität neg.: Lust, übermäßige Freude
Qualität pos.: Begeisterung, geistige Klarheit, offenherzig, sozial
Tugend: Geist, Inspiration, Bewußtsein, Erkenntnisdrang, vom Mitleid zum Mitgefühl
Entwicklung gefährdet durch: Sprunghaftigkeit, disziplinlos, keine Ordnung, Egoismus
Streßmuster: egoistisch, Hektik, chaotisch, erschwerte Aufnahmefähigkeit
Suchtmuster: Begierde, Hysterie, extremer Wissensdrang, Sex
Sinnesöffner: Zunge (Auge)
Förderliche Lebensmittel: Mais, großblättrige grüne Pflanzen, Pfirsiche, Zwiebel und Knoblauch, Rotwein
Schädigende Lebensmittel: tierisches Eiweiß, Salz, süße Früchte, zu viel Flüssigkeit, konzentrierter Alkohol - „Brände"

DÜNNDARM

hektisches Verhalten - Konzentrationsstörungen - innere Unruhe - Launenhaftigkeit - beschleunigter Herzrhytmus - vermehrtes Schwitzen an Handflächen und Fußsohlen - Hysterie - Angstträume - Kreislaufstörungen - Schlafstörungen - Schmerzen entlang der Meridianverläufe			6
Q H7, D H5, A KG14, S H7, Z B15, K -, T H9	Q Dü3, D Dü7, A KG4, K Dü3, S Dü8, T Dü3, Z B27		5
Feuer - Sommer - Wärme - Hitze - Freude - rot - wachsen - Geist - Bewußtsein			4
Zunge - bitter - Gefäße - Schweiß - Blut und Kreislauf			4
Innenseite des Arms	äußere Seite des Arms Schulter		3
Herz	Dünndarm		2
11- 13°	13 - 15°		1

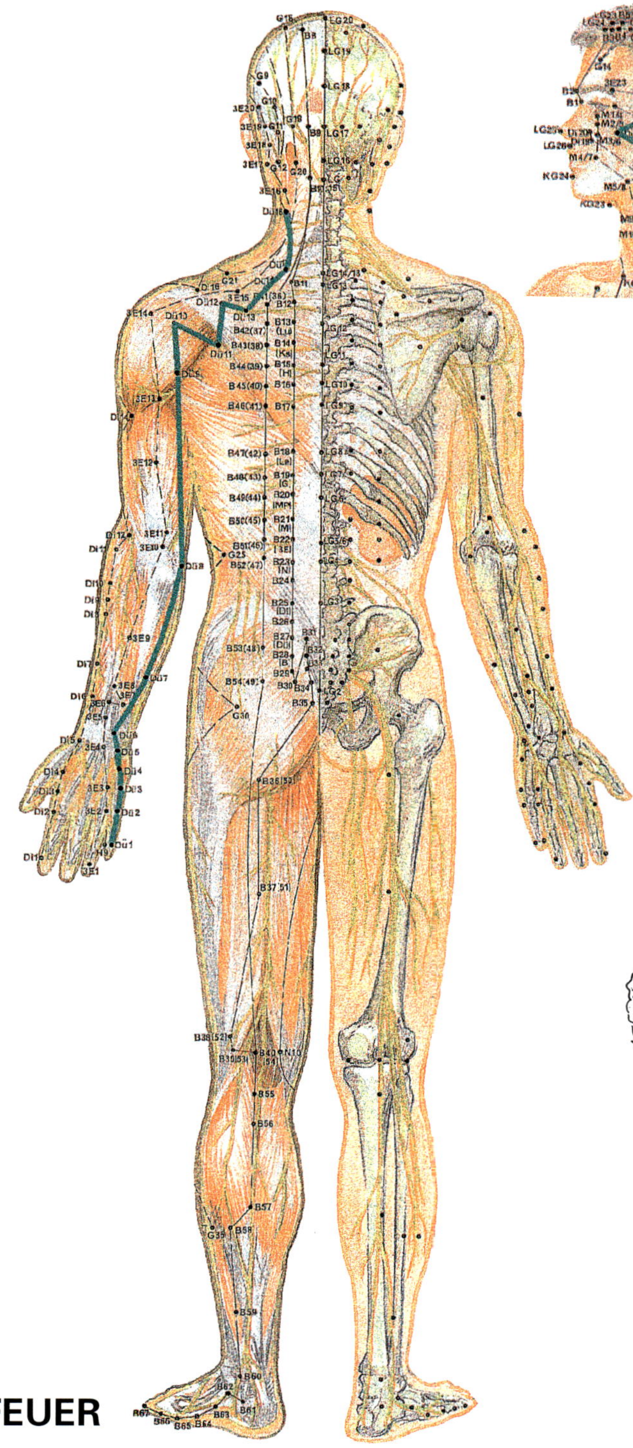

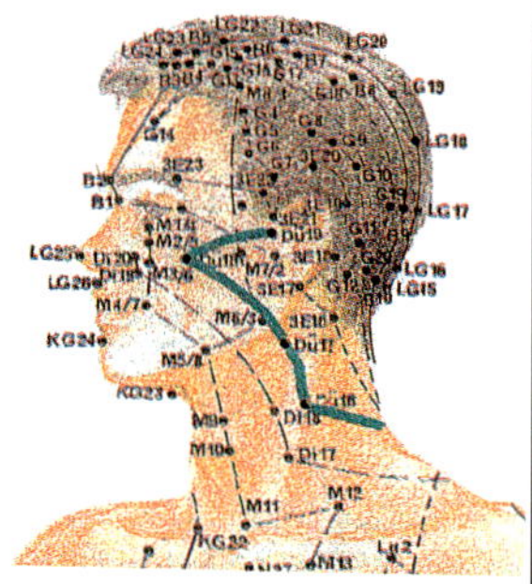

Legende:	ad 5 spezifische Punkte
1 zeitliche Hauptaktivität des Meridians	Q...Quellpunkt
2 Meridian	D...Durchgangspunkt
3 Meridianverlauf	A...Alarmpunkt
4 Zuordnung	K...Kardinalpunkt
5 spezifische Punkte	S...Sedierungspunkt
6 Störung	T...Tonisierungspunkt
	Z...Zustimmungspunkt

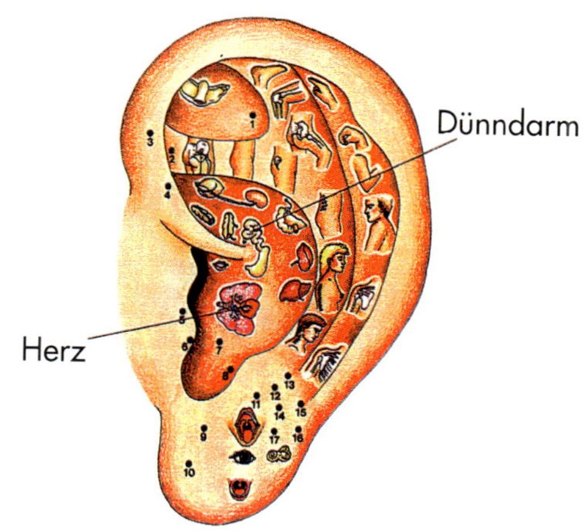

FEUER

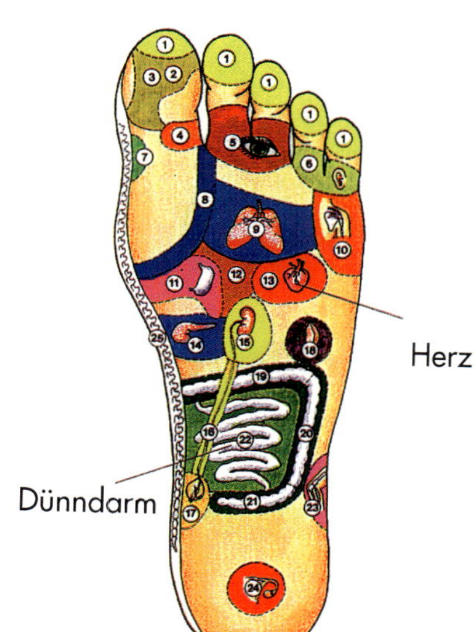

Applied Kinesiology (nach W. Gerz)

Herz

Muskelverbindung: Subscapularis

Nährstoffverbindung: Vit. E, B-Komplex, Phytotherapie Herzmittel, Carnitin, Q10

Bilaterale Schwäche oder Hypertonus: Fixatior Sternum

Dünndarm

Muskelverbindung: Quadricaps (=Rectus fem.)

Nährstoffverbindung: Vit. D, Calcium, Q10, B-Komplex

Darmpräparate: Acidophilus, Omniflora, FOS, HYLAK (forte)

Bilaterale Schwäche oder Hypertonus: alle Dünndarm-assoziierten Probleme wie Allergien auf Nahrungsmittel, Candida etc.

Akupunktur in der zahnärztlichen Praxis

Dr. med. Christian Kobau

Die Aufgabe dieses Artikels ist es, einen kurzen Einblick in die Therapiemöglichkeiten der zahnärztlichen Praxis, die mit Hilfe der Akupunktur bestehen, zu geben. Der erste Teil beschreibt in wenigen Worten die Wirkungsweise und Indikationsbreite der Akupunktur; im zweiten werden die für den Zahnarzt wichtigen Behandlungsmöglichkeiten erörtert und der dritte Bereich dokumentiert ausführlich die wichtigsten Meridiane mit den spezifischen Punkten und ihren Lokalisationen.

Zum Verständnis der Wirkungsweise der Akupunktur sollte zu allererst ein Bezug zum Grundsystem nach Pischinger und dessen entscheidender Rolle bei allen Regulationstherapien, gefunden werden (siehe Kapitel „Grundsystem"). Betrachten wir hierbei die einzelnen Akupunkturpunkte etwas differenzierter, können wir feststellen, daß diese als Schaltstellen des Organismus untereinander in Beziehung stehen und ein topographisches Muster integrierter Nervenbahnen zu tiefer gelegenen Strukturen von Organen (nach Bahr) darstellen.

Nach dem Verständnis der modernen Physik besitzt das Bindegewebe (nach Athenstaedt) PIEZO-PYRO-Strukturen mit der Fähigkeit der Umschaltung von Energie in Materie, wobei eine Kumulation dieser Strukturen in Akupunkturpunkten auftritt.
Zellen, die nicht mehr im Sinne der Homöostase funktionieren, verlieren durch Abstumpfung der Schwingungszustände den Anschluß an das Gesamtinformationssystem, wodurch sie vom lebensnotwendigen Informationsfluß abgeschnitten werden. Vor allem im interstitiellen Grundsystem wird ein Fehlfunktionieren der Zelle, durch falsche oder keine Information, sich auf regulative Vorgänge im gesamten Organismus auswirken. Dieses interstitielle Bindegewebe bildet eine Regulationsschicht, die über informativ-kybernetische Verbindungen zum Meridiansystem dessen Wichtigkeit in der Pathophysiologie erklären. Demnach könnte das Meridiansystem eine Art physikalisches Spitzen-Immunorgan sein.
Die Akupunkturpunkte können, je nach Art der Stimulation, sowohl tonisierende als auch sedierende Wirkung durch neuro-muskolöse Reibung auf das autonome Nervensystem besitzen. Auf zentralem Wege werden Morphine erzeugt, wodurch eine differente Empfindung bei Schmerzen möglich wird. Es handelt sich hierbei um eine hochdifferenzierte Form der Reflextherapie.

Die Wirkung der Akupunktur kommt aber nicht allein durch den Reiz an den nervalen Bahnen zustande, sondern wird auch auf humoralem Wege, somit über die Blutbahn, erklärt. Werden die Blutkreisläufe zweier Tiere, von denen nur eines akupunktiert wurde und dadurch nachweislich eine Schmerzverminderung erfuhr, verbunden, so tritt nach kurzer Zeit auch beim nicht akupunktierten Tier dieselbe positive Reaktion ein. Im Blut vermehrt vorkommendes Serotonin und andere Stoffe dürften für dieses Geschehen verantwortlich sein.

Derzeit gelten folgende Wirkungen der Akupunktur als nachgewiesen:

1. SEDIERENDE Wirkung
2. ANALGETISCHE Wirkung im Sinne einer Hypalgesie
3. Allgemein regulierende Wirkung auf das autonome Nervensystem
4. IMMUNMODULIERENDE Wirkung
5. MOTORISCHE Wirkung
6. VASOAKTIVE Wirkung
7. PSYCHISCHE Wirkung
8. HOMÖOSTASEfördernde Wirkung

Durch Aktivierung der Serotonin erzeugenden Neurone der Raphe-Kerne kann es zu einem sedierenden Effekt bezüglich der Akupunktur kommen. Die analgetische und sedierende Wirkung der Akupunktur verschwand bei der experimentellen Zerstörung der Raphe-Kerne. Diese Raphe-Kerne sind die Hauptproduzenten von Serotonin, welches also einen wichtigen Stellenwert in der schmerzhemmenden Wirkung der Akupunktur haben dürfte.

Über den Nadelstichreiz im Akupunkturpunkt werden die aufsteigenden Neurone der Raphe- Kerne aktiviert und die raphe-spinale Bahn bewegt. Dadurch wird Serotonin zu den Neuronen der Substantia Gelatinosa Rolandi transportiert und die Schmerzübertragung gehemmt. Der analgetische Effekt verliert sich bei Durchtrennung des dorsolateralen Stranges.

Serotonin ist im Zentralnervensystem (ZNS) wahrscheinlich der stärkste antalgische Neurotransmitter, während es außerhalb des ZNS Schmerzen verursacht.
Serotonin wirkt auf den Hypothalamus ein, der zur Produktion von CRF (Corticotropin Releasing Factor) angeregt wird. Über die Beeinflussung der Hypophyse wird ACTH (Adenocorticotropes Hormon) frei, welches die Bildung von POMC (Pro-Opio-Melano-Cortin) bewirkt. Die Aufspaltung von POMC läßt folgende Substanzen entstehen:
Endorphine — ACTH — Melanozytostimulierende Hormone. Vor allem Endorphine und ACTH sind für eine Immunmodulation mitverantwortlich.
Studien dokumentieren das Ansteigen des Interferonspiegels, vor allem durch Akupunktur der Punkte Di4 und MP4 — auch eine deutliche Zunahme der H-Antigene wurde festgestellt.
Y. OMURA berichtet von einer Zunahme des Serum Cortisol-Spiegels bis zu 220% zwischen 12 und 24 Stunden nach beidseitiger Akupunktur und ständiger 4-minütiger Stimulation der Punkte ZUSANLI (M36) (aus Acup.treatment and anaesthesia by Dr. Salim)
Dr. Salim schreibt über eine Arbeit der Wissenschaftler SABOLOVIC u. MICHON, wonach verschiedene B- u. T-Lymphozytenwerte nur nach Akupunkturbehandlung alleine wieder zum Normwert gelangten, bei gleichzeitiger Verbesserung der klinischen Symptome.
Gerade in der Zahnheilkunde, wo wir in zunehmendem Maß mit Patienten konfrontiert werden, die Unverträglichkeiten aufgrund von Abwehrschwächen und Verschlackungen durch Umweltbelastungen aufweisen, ist der immunmodulierende und -stimulierende Effekt der Akupunktur nicht zu unterschätzen.

Indikationen der Akupunktur für den Zahnarzt

1. Unterstützung der Lokalanästhesie bzw. alleinige Anästhesie über Akupunktur
2. Kiefergelenksbeschwerden
3. Lymphstauungen
4. Parodontopathien — Stoffwechselregulation
5. Nachbehandlung von Extraktionen
6. Muskelverspannungen
7. Amalgamausleitung
8. Neuralgien
9. Cervicalsyndrom - Migräne
10. Unterstützung notärztlicher Maßnahmen bei Kollaps u. Asthma
11. Immunmodulation bei schlechter Abwehrlage
12. Sedierung

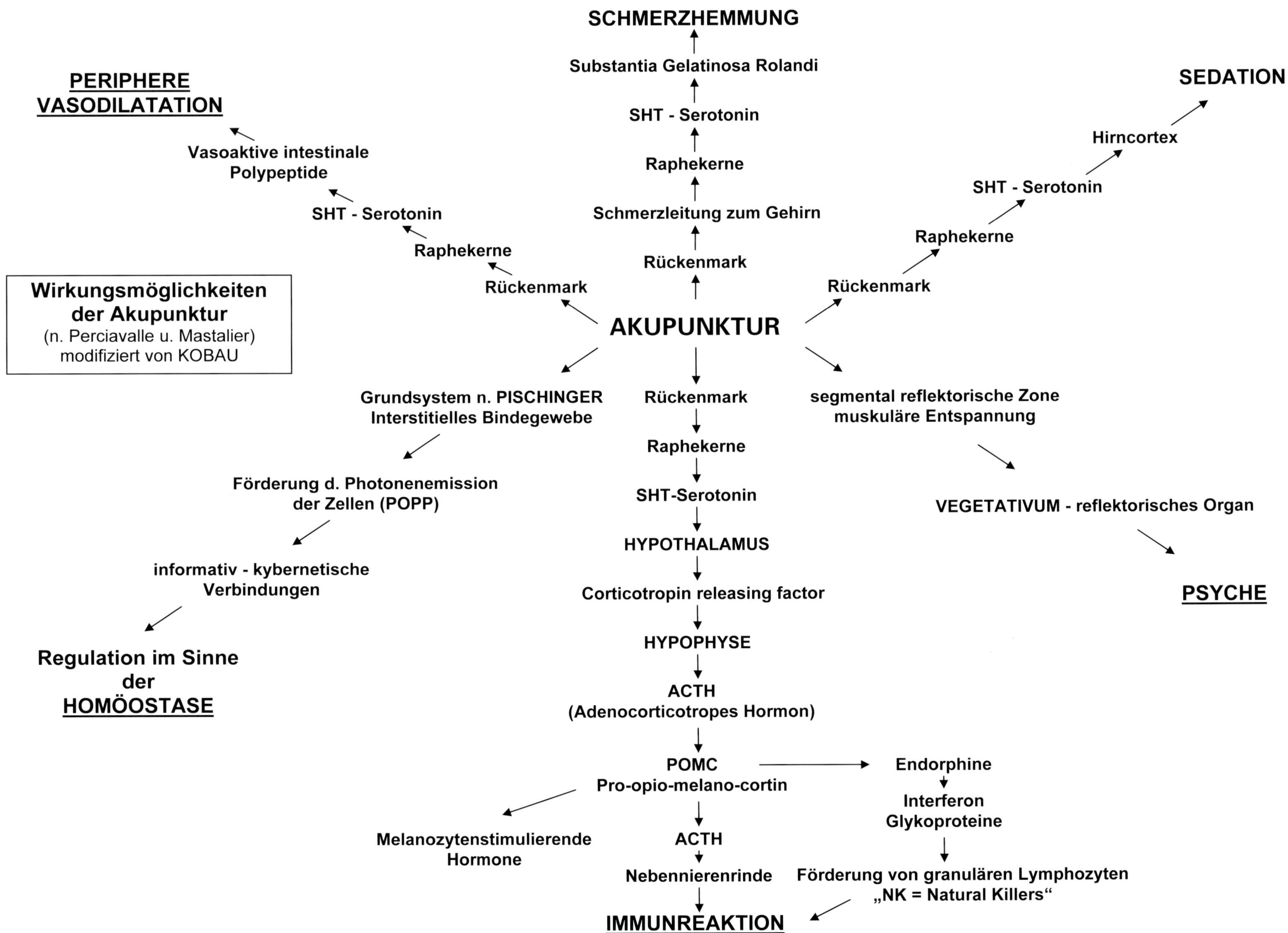
Wirkungsmöglichkeiten der Akupunktur
(n. Perciavalle u. Mastalier) modifiziert von KOBAU
AKUPUNKTUR
Rückenmark
Schmerzleitung zum Gehirn
Raphekerne
SHT - Serotonin
Substantia Gelatinosa Rolandi
SCHMERZHEMMUNG
Rückenmark
Raphekerne
SHT - Serotonin
Vasoaktive intestinale Polypeptide
PERIPHERE VASODILATATION
Rückenmark
Raphekerne
SHT - Serotonin
Hirncortex
SEDATION
segmental reflektorische Zone muskuläre Entspannung
VEGETATIVUM - reflektorisches Organ
PSYCHE
Grundsystem n. PISCHINGER Interstitielles Bindegewebe
Förderung d. Photonenemission der Zellen (POPP)
informativ - kybernetische Verbindungen
Regulation im Sinne der HOMÖOSTASE
Rückenmark
Raphekerne
SHT-Serotonin
HYPOTHALAMUS
Corticotropin releasing factor
HYPOPHYSE
ACTH (Adenocorticotropes Hormon)
POMC Pro-opio-melano-cortin
Endorphine
Interferon Glykoproteine
Förderung von granulären Lymphozyten „NK = Natural Killers“
Melanozytenstimulierende Hormone
ACTH
Nebennierenrinde
IMMUNREAKTION

Die bei den folgenden Indikationen angegebenen Punkte sind nicht alle zu stechen, sondern je nach Priorität und Notwendigkeit selektiert man die für den Patienten wichtigsten heraus.

Lokalanästhesie

Akupunktur:

Di4 bds. auf Lu 10
M36
Di1

Oberkiefer:

3E20 M7
G2 Dü18

Unterkiefer:

Di4 M6, M4
KG24 Di20
3E23

Zusatzpunkte:

Obere Inzisivi:	LG26 zu Di20
Obere Canini:	LG26 zu Di20, Dü18
Obere Pramol.:	Dü18
Obere Mol.:	Dü18, M6
Untere Inzisivi:	KG24
Untere Canini:	KG24 auf M5
Untere Prämol.:	KG24, M6
Untere Mol.:	KG24, M6

Fernpunkte:

G39 Le3, Le2
Lu5 KS3

Ohr:

Shen Men
OK/UK
Zahnextraktionspunkt
Organ nach Zahnzuordnung
Tens
Magnetfeld
Arnica, Hypericum
3E23

Zur Vermeidung von allergischen Reaktionen des LA gibt man einige Tropfen oder Globuli des in der D12-D200 potenzierten LA vor der Injektion auf die Zunge.

Rezept:

Sdf. Tropfen (Globuli) Ubistesin D12
Staufen Pharma

TRIGEMINUSNEURALGIE (TN)

I. Primäre, echte oder idiopathische Trigeminusneuralgie:

Bestimmte Triggerpunkte im Bereich des Kiefer-Mund-Gebietes lösen die Anfälle aus, wobei der Patient jede Berührung und Bewegung vermeidet. Die Schmerzen sind meist blitzartig intermittierend in einem oder mehreren Ästen des Trigeminus.
Zwischen den Attacken besteht oft Schmerzfreiheit. Neurologisch ist kaum etwas zu finden. In der Differentialdiagnose sind zahnärztlich zu untersuchende Beschwerden von Tumoren, Sinusitiden etc. abzuklären. Auch psychisch-emotional bedingte Belastungen spielen eine entscheidende Rolle.

II. Symptomatische Trigeminusneuralgie:

Im Gegensatz zur idiopathischen TN hat der Patient meist ständige Schmerzirritationen, deren Ursache im Nervenverlauf selbst bzw. zentral im Kerngebiet liegt. Ist keine Ursache im Zahn-, Mund-, Kiefer-, Nasennebenhöhlengebiet zu finden, so spricht dies für eine idiopathische TN.

Die Untersuchung sollte folgende Gebiete einschließen:

- Herd- und Störfeldsuche im Kopfbereich: beherdete, wurzelbehandelte Zähne, WSR, ...
- Okklusion - ev. Gelbschiene
- Parafunktionen
- HNO - Konsultation
- Neurologische Konsultation
- Orthopädische Konsultation
- Röntgen: Schädel, HWS, BWS, LWS, Kiefergelenk
- Augenärztliche Konsultation

Die echte Trigeminusneuralgie ist kaum heilbar. Das Ziel der Therapie ist es, die Schmerzen zu lindern und eine Reduktion der chemischen Medikamentengaben zu erreichen. Die biologische Therapie sollte eine Kombination von Akupunktur, Neuraltherapie, Homöopathie, Phytotherapie, Laser, TENS, Chirotherapie bzw. anderen Naturheilverfahren inkludieren.

Akupunktur der Trigeminusneuralgie

Die TN wird wegen ihrer attackenartigen Anfälle traditionell als „Erkrankung durch aufsteigendes Leberfeuer" bezeichnet. Aufgrund des Schmerzverlaufes entlang des Magen- u. Dickdarmmeridians handelt es sich dabei um eine YANG-MING-Störung. Die Behandlung wird mit Nah- und Fernpunkten durchgeführt.

1. Ast — Ophthalmicus:

B1, B2, YINTRANG, TAIYANG, G14, B12, LG20
Fernpunkte: Di4, M44, 3E5

2. Ast — Maxillaris:

M2, M3, Di19, Di20, Dü18, LG20, LG26
Fernpunkte: Di4, M44 oder M38, M36

3. Ast — Mandibularis:

M2, M3, M8, G20, KG24, G2, LG20, M4
Fernpunkte: Di4, 3E5, M44
Bei Vorliegen von „Leberfeuer": Le3, M44, G34
Bei Windsymptomatik: G20, Di4 LG16

Während einer Schmerzattacke werden primär die Ohrpunkte und Fernpunkte stimuliert, sowie die dem Schmerzareal gegenüberliegende Seite behandelt. Die Behandlung sollte täglich für 20 bis 30 Minuten erfolgen. Bei starken Schmerzen ist Di4 intensiver zu manipulieren, aber auch die Punkte am Kopf sind für 5 - 10 Minuten leicht zu stimulieren.

Homöopathische Behandlung der Trigeminusneuralgie

Aconit comp. Amp(WALA) 1mal wöchentl. Injektion
Aconit comp. Glob(WALA) stündlich 5 Glob. unter der Zunge zergehen lassen
Aconit comp. Oleum(WALA) Einreibung
Hypericum ex herba D6 - Glob. (WALA)
Nervus trig. D30 Amp. (WALA) 1mal wöchentlich
Spigelon (Heel)
Gelsemium Homaccord
Mercurius - praecipitatus ruber Injeel forte
Aconit Spl (Pascoe)

Als Einzelmittel können je nach Arzneimittelbild noch eingesetzt werden:

Nux vomica D6-D12
Belladonna D6-D12
Mezereum D6-D12
Gelsemium D6-D12
Aconit D6-D12
Hypericum D6-D12
Magn. phosp. D6-D12

Bei akuten Fällen:

rechtsseitig:	Sanguinaria C200, halbstündlich
linksseitig:	Spigelia C200, halbstündlich
lokal:	Plantago ∅ auf Haut auftragen.

AKUPUNKTUR zur Unterstützung der AMALGAMAUSLEITUNG

Le13: Stoffwechselpunkt - ACTH-Punkt, Meisterpunkt der YIN-Organe
KG12: Meisterpunkt der YANG-Organe (Amalgam schwächt die Mitte ⇒ Alarmpunkt des Magens)
B20: Zustimmungspunkt der Milz
B21: Zustimmungspunkt des Magens
3E5: Kardinalpunkt für das Haltegefäß des YANG
MP4: Kardinalpunkt für das Gefäß der breiten Bahn
KS6: Kardinalpunkt für das Haltegefäß des YIN
M36, **B54**, **Di4**, **N6**: } Stoffwechselprodukte

Ohr:
Le
M/MP
B/Ni

KOLLAPS

Neben den üblichen notärztlichen Maßnahmen können bei Kollaps noch folgende Therapien unterstützend eingesetzt werden:

KG24	N3	Di4
LG26	M36	LG20
KS6	H7	B15
PdM	H9	KS9

Ohr:

Herz	Graue Substanz
Nebenniere	Niere

Bachblüten:

Rescue Remedy

Homöopathie:

Veratrum album C30 Carbo vegetabilis C30
Fa. WELEDA:
Solutio Myrrhye (riechen)
Cardiodoron Tropfen (10gtt)
Camphora D3 Dil bei Hypotonikern

Fa. Heel:
Circulo Injeel
Cralonin

NIEDERER BLUTDRUCK

KG6
M36 sowie die Kollapspunkte
MP6

Ohr:

Niere Herz
Graue Substanz Nebenniere

HOHER BLUTDRUCK

LG20 Di11
M36 MP6
B18,23 N3
Le3,2 (Bei sehr hohem Blutdruck sollen dieLeberpunkte nicht gestochen werden, da es zu einem abrupten Blutdruckabfall kommen kann!)

Ohr:

Nebenniere Sonne
Herz Leber
Shen Men Endokrinium

BRADYKARDIE

H7 H9
Lu11

Psychisch bedingte Instabilität mit Herzbeschwerden

H3 B15
H5 B14
H7 KS6
H9 M36 Bachblüten

Ohr:

Herz Vegetativum
Shen Men Dünndarm
Graue Substanz

Asthmaähnlicher Anfall

KG17 KG6
Di4 KG22 (Vorsicht beim Stechen!)
Lu7 M36
Lu6 KS6
Dü6 B12
N7 B13

Ohr:

Lunge Trachea
Shen Men Nebenniere
Asthma

WÜRGEREIZ (hysterisch)

KG12 M36
Temporal Flap Rescue Remedy
Dantienatmung

Homöopathie:

Ipecacuanha C200 Coccus cacti C30

Ohr:

Würgereflexpunkt Rachen
Mund Larynx-Pharynx
Vegetativum

PARODONTOSE

Di4 KS6
M6 LG16
M44

Ohr:

Magen
Darm
Endokrinium
B11: wirkt überregional auf alle Knochenerkrankungen
MP4: Stoffwechsel
Di4 u. Di11: Ausscheidung
MP5: Bindegewebe
B20: Zustimmungspunkt MP
B18: Zustimmungspunkt Le
Dü3: allg. Schleimhautpunkt
Ni3: Quellpunkt - Knochen
B62: Kardinalpunkt für aufsteigendes YANG - Toxinausscheidung
Stoffwechsel: B54, B58, Di4, N6, Le3
Hormonell: M36, B31, LG4, KG3, KG4, KG6, G3
Ohr: Leber, Galle, Magen, Pankreas, Darm

PHARYNGITIS - LARYNGITIS - HEISERKEIT

Di4	B54
B15	Lu9
Lu7	

Ohr:

Hals	Lunge
Nebenniere	Niere
Herz	Trachea

ANGST

H3	LG20	Bachblüten
KS6	KG15	Qigongatmung - Dantien
M36	Lu7	HYPNOSE
		NLP

PSYCHISCH REGULIEREND bei NERVOSITÄT und innerer UNRUHE

KG15	KS6	B20	G20
LG20	MP6	Le3	B10
KG6	H7	MP4	Lu7
H3	M36	B62	
LG15	B17	Dü3	
Bachblüten			
QIGONG			

Ohr:

Shen Men	Graue Substanz
Herz	Niere
Endokrinium	

SINUSITIS

Di4	3E17	
Di19	B1	
Di20	B2	
YINTANG	B10	Darmsanierung
LG20		Störfeldsuche

Ohr:

Lunge	Shen Men
Leber	

MUNDAKUPUNKTUR n. GLEDITSCH

Die Mundakupunktur n. GLEDITSCH nutzt das Mikrosystem der Mundschleimhaut, welches u. a. eine besondere Lymphwirksamkeit zeigt. Die Innervation der Mundhöhle durch Fasern des N. trigeminus und die daraus folgende spontane Drucksensibilität erlauben es, spezifische drucksensible Reflex-Areale für diagnostische und therapeutische Zwecke einzusetzen.

Es besteht eine enge Beziehung zur Elektroakupunktur nach VOLL u. KRAMER: Die Mundakupunktur basiert auf einem Mikrosystem, welches dieselben Wechselwirkungen in die Schleimhaut projiziert wie auch die angrenzenden Zähne, sozusagen eine Erweiterung des Odontons. Das bedeutet, daß von der Mundschleimhaut aus gezielte Fernwirkungen auf bestimmte Organe i.S. der Funktionskreissystematik gesetzt werden können. Die oralen Punkte sind gesetzmäßig und reproduzierbar, wodurch die Voraussetzungen für ein Reflexzonensystem gegeben sind.

GLEDITSCH unterscheidet dabei zwischen Vestibulumpunkten, die auf der labialen oder bukkalen Wangenschleimhaut den Zahnkronen gegenüberliegen, und den Retromolarpunkten in dem Gebiet, welches sich von den Weisheitszähnen bis über die Endwülste der Alveolarfortsätze erstreckt.

Vor allem die Retromolarpunkte haben eine große therapeutische Effizienz bei Zephalgien verschiedener Art, sowie beim Schulter-Arm-Syndrom. Bei Rhinitis allergica und Sinusitis ist eine palpatorisch diagnostizierbare Drucksensibilität der Oberkiefer-Retromolarpunkte pathogonomisch. GLEDITSCH stellte fest, daß diese Empfindlichkeit der Punkte auch bei einer mit Antibiotika symptomenfrei gemachten Sinusitis vorhanden bleibt, so daß Rezidive zu erwarten sind: Erst wenn die spezifischen drucksensiblen Retromolarpunkte durch Mundakupunktur „ausgelöscht" sind, kann die Sinusitis dauerhaft ausheilen. Weiters können Lumbalgien und Ischialgien vom Unterkiefer-Retromolargebiet – bukkaler Bereich – aus gut beeinflußt werden, während HWS-Syndrome vom lingualen Areal gute therapeutische Resonanz finden.

Die Detektion sollte zunächst palpativ und anschließend mit der Injektionsnadel selbst („Very-Point"-Technik n. GLEDITSCH) erfolgen. Der spezifische Punkt kann dann mit 0,2 ml Xylocain bzw. 0,5%igem Procain (ohne Vasokonstrikor) oder physiologischer Kochsalzlösung unterspritzt werden.

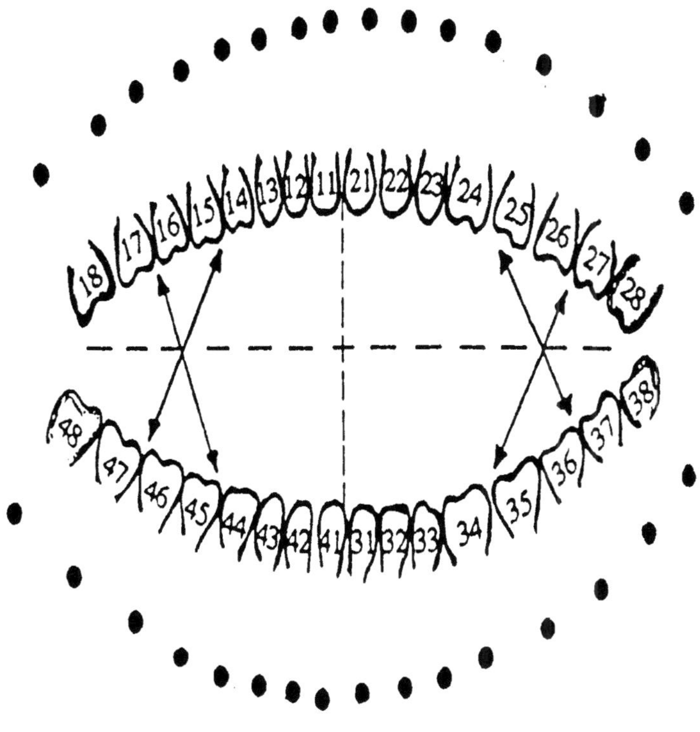

Chronische Störfelder im Kopfbereich führen oft zur Einschränkung der Mobilität in der Halswirbelsäule (HWS). Diese Belastungen sind nicht nur Ausdruck lymphatischer Stauungen, sondern auch der toxischen Belastung des Grundsystems. Durch Überladung des Grundsystems kann es zur Abwehrschwäche und fallweiser Minderdurchblutung kommen. Lymphaktive Punkte der Mundschleimhaut, sowie spezifische Punkte im Hals- und Thoraxbereich („Lymph-Belt" n. GLEDITSCH), können lymph- und immunaktivierend wirken und so einen positiven Einfluß auf die Beweglichkeit der HWS ausüben.

Die Behandlung zahnärztlicher Indikationen mit Traditioneller Chinesischer Medizin

DR.MED.DENT.ERICH WÜHR

Ein geschlossenes und bewährtes Medizinsystem

Die Traditionelle Chinesische Medizin (TCM) hat sich als eigenständiges in sich geschlossenes Medizinsystem in den letzten zwei- bis drei Tausend Jahren innerhalb der Chinesischen Kultur entwickelt und bewährt. Das im Westen bekannteste Verfahren der TCM ist die Akupunktur. Sie hat seit den 40er und 50er Jahren unseres Jahrhunderts über Frankreich kommend auch in Deutschland verbreitet. Seit dieser Zeit wurde versucht, die Akupunktur nach westlichen Denkmodellen der Medizin zu bewerten und zu erforschen. Dies hatte zur Folge, daß sich eine mehr oder weniger eigenständige westliche Akupunktur entwickelte. Die Praxis hat jedoch gezeigt, daß die Akupunktur nur innerhalb der Denkmodelle der TCM ihre volle therapeutische Wirksamkeit entfalten kann. Deshalb sind auch in den westlichen Akupunkturkreisen mehr und mehr Tendenzen erkennbar, sich auf die traditionelle Anwendung der Akupunktur und auch der anderen vier Verfahren der TCM zu besinnen.

Anwendung der TCM in der Zahnheilkunde

Die Erfahrungen der täglichen Praxis haben gezeigt, daß die TCM auch bei zahnärztlichen Indikationen hervorragende Wirkungen zeigt. So wird in der Praxis des Autors die TCM erfolgreich eingesetzt bei Kariesanfälligkeit, Parodontopathien, Mißempfindungen der Mundschleimhaut und der Zunge, chronischen Kopf- und Gesichtsschmerzen (einschließlich Tendomyoarthropathien des Kausystems), Trigeminusneuralgie und Fazialisparese, um nur die wichtigsten zu nennen.

Die TCM umfaßt mehr als Akupunktur

Die Akupunktur wird bei uns im Westen oft als Synonym für die gesamte TCM gebraucht. Die TCM umfaßt jedoch wesentlich mehr als die Akupunktur. In China werden nur etwa 10 bis 15 Prozent der TCM-Patienten mit Akupunktur behandelt. Das bedeutendste und wirkungsvollste Verfahren der TCM, das bei ca. 80 Prozent der Fälle zur Anwendung kommt, ist die Chinesische Arzneimitteltherapie. Dabei werden pflanzliche, mineralische und tierische Naturstoffe in Rezepturen zusammengestellt und dem Patienten meist in Form von Dekokten (Abkochungen) verabreicht. Aber auch andere Darreichungsformen, wie Pulver, Tabletten, Salben, Tinkturen usw., sind in der Chinesischen Arzneimitteltherapie bekannt. Die chinesischen Arzneidekokte werden oft als „Tees" bezeichnet. Diese „verharmlosende" Bezeichnung wird allerdings der teilweise starken Wirkung nicht gerecht. Bei unsachgemäßer Anwendung kann die Chinesische Arzneimitteltherapie sogar mit gefährlichen Nebenwirkungen behaftet sein. Auch für die Behandlung zahnärztlicher Indikationen ist die Chinesische Arzneimitteltherapie in der Praxis des Autors das bevorzugte Verfahren der TCM.
Unter dem Begriff „Chinesische Akupunktur" subsumieren sich mehrere Verfahren der äußeren Reizanwendung: das Stechen von dünnen Nadeln, das Erwärmen mit Beifußwolle (Moxibustion), das Schröpfen, die Hautreizung mit dem „Pflaumenblüten-Hämmerchen" und der Mikroaderlaß. Die wohlüberlegte Anwendung dieser fünf Reizverfahren und Reizqualitäten entsprechend den Denkmodellen der TCM erlaubt den individuellen und differenzierten Einsatz auch beim zahnärztlichen Patienten.

Die Tuina-Massage ist die manuelle Therapie unter den Verfahren der TCM. Unter diesem Begriff sind verschiedenste Formen der manuellen Reizanwendung an Haut, Muskulatur und anderen Geweben des Stütz- und Bewegungsapparats zusammengefaßt. Auch die Tuina-Massage basiert in ihrer Anwendung auf den ganzheitlichen Denkmodellen der TCM und ist westlichen Massage-Ansätzen in ihrer Wirksamkeit meist deutlich überlegen. In der Zahnheilkunde ist die Tuina-Massage vor allem bei Tendomyoarthropathien des Kausystems als Vorbehandlungsmaßnahme angezeigt.

Unter Medizinischem Qigong verstehen wir die vielfältigen Formen chinesischer meditativer Atem- und Bewegungsübungen, die wir als chinesische Verfahren der Körperorientierten Psychotherapie verstehen können. Mit Qigong-Übungen können wir Patienten mit psycho-emotionalen Belastungen wirksam helfen, die bei allen zahnärztlichen Indikationen als grundlegende oder zumindest als sekundäre Belastungsfaktoren auftreten.

Die Chinesische Diätetik umfaßt Anleitungen zur allgemeinen Lebensführung wie auch zur Ernährung. Nahrungsmittel werden wie Chinesische Arzneimittel kategorisiert. Der Übergang zwischen Nahrungsmitteln und Arzneimitteln ist fließend. Bei allen zahnärztlichen Indikationen ist eine Ernährungs- und Lebensberatung im Sinne der Chinesischen Diätetik als unterstützende Maßnahme angezeigt

Bei der zusammenfassenden Betrachtung der Therapieverfahren der TCM sind zwei Aspekte besonders hervorzuheben:

- Das Spektrum der fünf Therapieverfahren der TCM ist eine optimale Mischung zwischen Verfahren der Fremdinitiative und Verfahren der Eigeninitiative. Als Verfahren der Fremdinitiative bezeichne ich Behandlungen, bei denen eine fremden Person (Arzt, Zahnarzt, Therapeut) den Patienten, der sich passiv verhält, therapiert. Bei Verfahren der Eigeninitiative ist der Patient aktiv an seiner Behandlung beteiligt; das können sowohl Verfahren der Eigenbehandlung als Verhaltensänderungen bezüglich Lebensführung und Ernährung sein. Der Arzt ist dabei mehr der Coach des Patienten als sein Therapeut. Westliche Gesundheitssysteme kranken in erster Linie daran, daß Patienten und Therapeuten die Einstellung haben, Gesundheit könne passiv konsumiert werden. Der Arzt glaubt an seine Allmacht, der Patient leugnet seine Eigenverantwortung für die Krankheit wie für die Heilung. Mit Medizinsystemen wie der TCM kann diesen Einstellungen wirksam begegnet werden. Die TCM verfügt mit Arzneimitteltherapie, Akupunkturverfahren und Tuina-Massage über Verfahren der Fremdinitiative und mit Eigenmassagen, Medizinischem Qigong und Chinesischer Diätetik über Verfahren der Eigeninitiative, mit denen der Patient selbst seine Heilung positiv beeinflussen kann.

- Das differenzierte und individuelle Zusammenwirken aller fünf Verfahren der TCM hat erfahrungsgemäß die beste therapeutische Wirksamkeit. Einem Facharztdenken, wie in der westlichen Medizin üblich, muß konsequent widersprochen werden.

Der Autor ist seit März 1991 als Konsiliarzahnarzt an der Ersten Deutschen Klinik für TCM in Kötzting/Bayr. Wald tätig und hat in dieser Funktion und als Leiter der TCM-Schule dieser Klinik die Möglichkeit, die chinesischen Therapiekonzepte zu studieren. Diese Klinik wird in Kooperation mit der Universität für TCM Beijing betrieben. Durch Videostudien, Interviews und entsprechende Ausarbeitungen der an der Klinik tätigen chinesischen Professoren dieser Universität, vor allem des chinesischen Chefarztes PROF. LIAO JIAZHEN, war es möglich einen Grundlegenden und auch Spezielle Denk- und Entscheidungsprozesse für chinesische Therapiekonzepte zu evaluieren. Diese Denk- und Entscheidungskonzepte sind logisch aufgebaut, nachvollziehbar und nachahmbar. Die weiter unten beschriebenen Therapiekonzepte für zahnärztliche Indikationen basieren auf diesen originalen Prozessen.

Der Grundlegende Prozeß der TCM

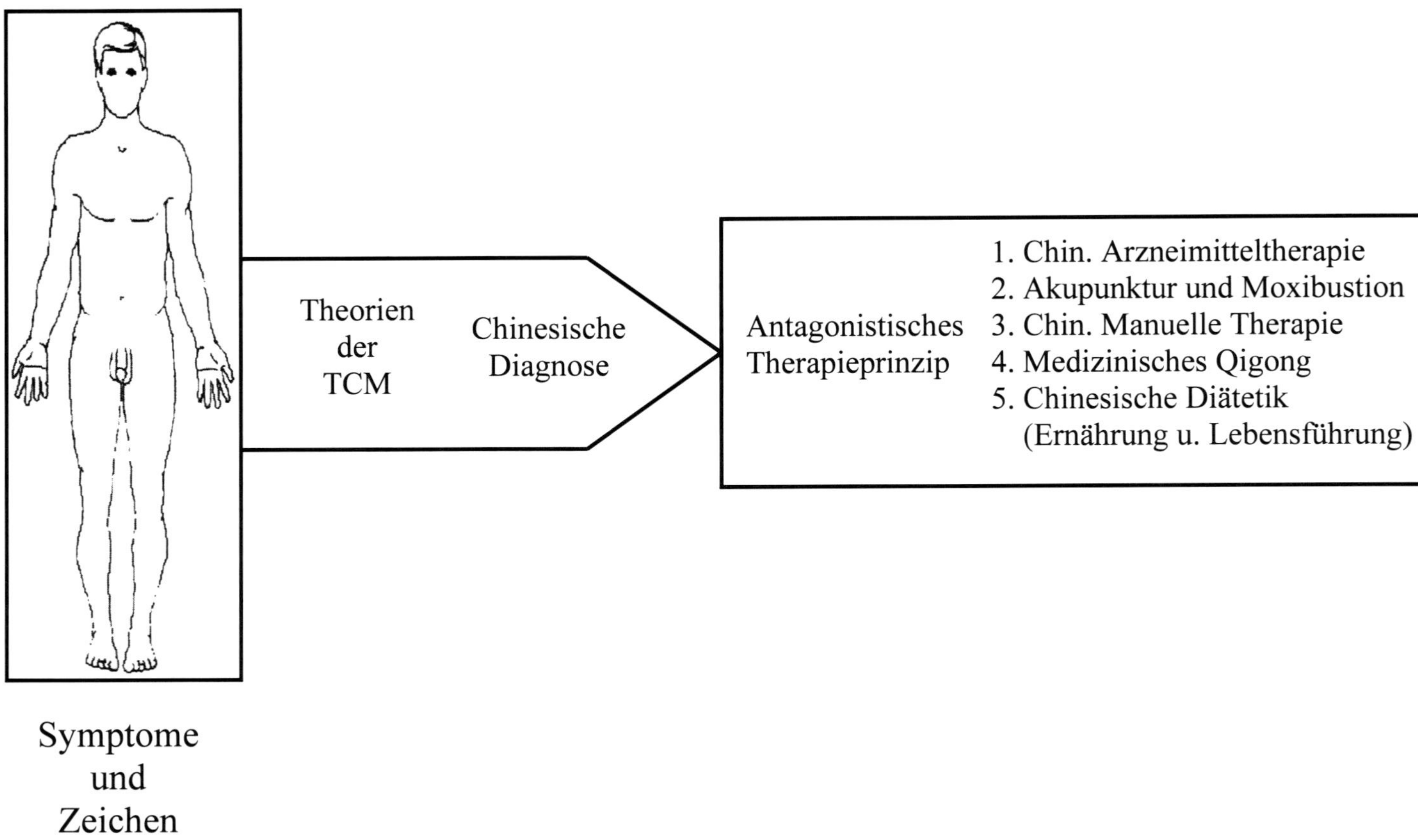

Abb. 1: Grundlegender Denk- und Entscheidungsprozeß in der Traditionellen Chinesischen Medizin ©Wühr(1991)

Das grundlegende Vorgehen eines TCM-Arztes beginnt mit der Befunderhebung. Man spricht dabei von den „Vier Diagnostischen Methoden der TCM“:

1. Befragung

Fieber und Frösteln	Stuhlgang und Urin
Schwitzen	Schlaf
Kopf und Körper	Taubheit und Ohrgeräusche
Brust und Bauch	Durst und Trinken
Schmerzen	Essen und Geschmack
Stimmungslage	

2. Hören und Riechen

Stimme	Körper
Atmung	Atem
Husten	Stuhl
Darm	Urin

3. Inspektion

Vitalität	Mund
Körperhaltung	Zahnfleisch
Verhalten	Kehle
Kopf und Gesicht	Extremitäten
Augen	Haut
Nase	Leitbahnen
Ohren	Zunge

4. Palpation

Puls	Extremitäten
Haut	Hände
Brust	Füße
Bauch	Akupunkturpunkte

Nur mit seinen fünf Sinnen bewaffnet, erhebt er nicht nur körperliche Befunde in allen Körpersystemen, sondern erfragt auch emotionale und mentale Symptome sowie bestimmte körperliche Zeichen, wie Farbe und Zustand der Zunge und ihres Belags usw., die von der westlichen Medizin meist nicht als Befunde berücksichtigt werden. Das Ergebnis dieser Befunderhebung durch Befragen, Beschauen, Hören und Riechen sowie Betasten ist eine ganze Reihe von Symptomen (Symptomenliste).

Aus der Erfahrung weiß man in der TCM, daß diese Symptome nicht in einer zufälligen Kombination miteinander auftreten, sondern immer in ganz bestimmten Mustern (Symptommuster). Da nach chinesischer Vorstellung Symptome Ausdruck einer Disharmonie (Unordnung) im Organismus sind, werden solche Symptomkombinationen bzw. Symptommuster auch als Disharmoniemuster bezeichnet. Die Theorien der TCM (siehe Abb. 2) beschreiben nun Regeln, um diese

Disharmoniemuster zu benennen. **Dazu zwei Beispiele:** Ein erster Patient kommt mit Kopfschmerzen in die Praxis. Mit Hilfe der Vier diagnostischen Methoden werden nun weitere Symptome und Zeichen erhoben: Lokalisation des Kopfschmerzes am Scheitel, Benommenheit, Entzündungen der Augen, bitterer Mundgeschmack, Reizbarkeit, Schmerzen im rechten Oberbauch, rote Zunge ohne Belag, gespannter Puls. Unter Anwendung der Theorien der TCM wird diese Symptomkombination als „Überaktivität des Leber-Yang" bezeichnet. Ein zweiter Patient kommt ebenfalls mit Kopfschmerzen. Die weitere Befunderhebung ergibt: Lokalisation des Kopfschmerzes an der Stirn, Gingivitis, Sodbrennen, Übelkeit, Erbrechen, Unzufriedenheit mit der Arbeitsstelle, rote Zunge mit gelbem Belag, schneller Puls. Diese Disharmonie wird als „Magen-Hitze" bezeichnet. Wie Sie sehen, ist die Chinesische Diagnose nichts anderes als ein Name, wir könnten auch sagen ein Code, für eine bestimmte, immer wieder vorkommende Kombination von Symptomen und Zeichen. Und dieser Code hat eine genau definierte Funktion. Entsprechend dieses Codes wird nämlich antagonistisch ein Therapeutisches Prinzip formuliert. Bei unserem ersten Patienten heißt dies: da eine „Überaktivität des Leber-Yang" (Chinesische Diagnose) vorliegt, muß man antagonistisch „das Leber-Yang dämpfen" (Therapeutisches Prinzip). Bei unserem zweiten Patienten lautet die Chinesische Diagnose „Magen-Hitze". Das antagonistische Therapeutische Prinzip lautet „Kühlen des Magens".

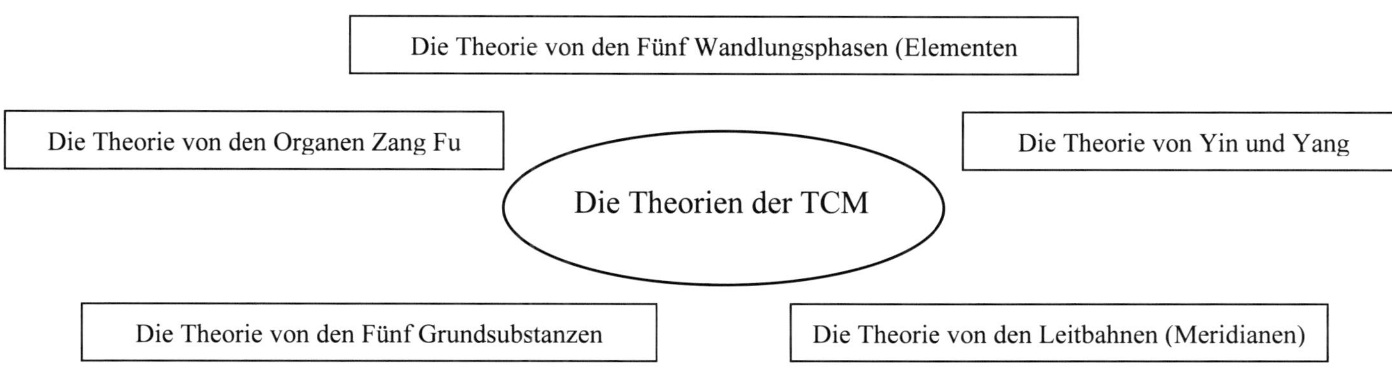

Abb. 2: Die Theorien der TCM

Aus der jahrtausendelangen Erfahrung ist nun in der TCM genau beschrieben, welche Arzneimitteldekokte, welche Akupunkturanwendung, welche Form der Tuina-Massage, welche Qigong-Übungen und welche diätetischen Empfehlungen bei unserem ersten Patienten „das Leber-Yang dämpfen" können, sprich seine Symptome lindern können, bzw. bei unserem zweiten Patienten „den Magen kühlen" können, sprich seine Symptome lindern können. Die Formulierung einer Chinesischen Diagnose und eines Therapeutischen Prinzips auf der Basis der Theorien der TCM ist also nichts anderes als eine Methode, um die fünf Verfahren der TCM an den Patienten mit seiner individuellen Disharmonie zu bringen. Wir kennen bisher kein wirksameres Vorgehen, um dies zu tun.

Die eigentliche Leistung des TCM-Arztes ist dabei die intellektuelle Formulierung einer korrekten Chinesischen Diagnose. Ein TCM-Arzt muß dazu die Theorien der TCM lernen, wie er eine neue Sprache lernt, mit ihren Wörtern, ihrer Grammatik und ihren syntaktischen Regeln. Die Theorien der TCM ausreichend darzustellen, würde den Rahmen dieses Buches sprengen und bleibt anderen Veröffentlichungen (1,3) vorbehalten. Insgesamt sind ungefähr zwei- bis dreihundert Chinesische Diagnosen beschrieben. Sie können sich vorstellen, wie schwierig es wäre, eine solche Fülle von Diagnosen zu differenzieren. Unsere oben genannten Beobachtungen der chinesischen Experten an der TCM-Klinik haben uns aber gezeigt, daß in der Praxis Prozesse angewandt werden, die das Finden der richtigen Diagnose stark vereinfachen.

Die Speziellen Prozesse in der TCM

In der Praxis gehen TCM-Ärzte nämlich genauso vor wie westliche Ärzte. Sie orientieren sich zunächst an dem Leitsymptome bzw. an einer bereits vorliegenden westlichen Diagnose des Patienten, was die Zahl der Chinesischen Diagnosen deutlich reduziert. Für ein Leitsymptom oder eine westliche Diagnose kommen nämlich nur wenige Chinesische Diagnosen infrage, z.B. sind beim Leitsymptom „Chronischer Kopfschmerz" nur sieben Chinesische Diagnosen möglich,

bei der Diagnose „Parodontopathie“ gar nur drei Chinesische Diagnosen. Diese wenigen infragekommenden Diagnosen sind natürlich einfacher zu unterscheiden als mehrere hundert. Im Laufe der Jahre konnten wir unter Hilfe von PROF. LIAO JIAZHEN und anderer auch für alle zahnärztlichen Indikationen ausgehend von den Leitsymptomen oder den westlichen Diagnosen solche Speziellen Prozesse evaluieren, die die Formulierung einer Chinesischen Diagnose und eines Therapeutischen Prinzips sowie die entsprechende Auswahl von chinesischen Therapiekonzepten wesentlich vereinfachen.
Im folgenden werden die Speziellen Prozesse der TCM bei zahnärztlichen Indikationen bezüglich der Ätiologie und Pathogenese, der Symptomatik, der Therapieprinzipien und der Behandlung mit chinesischer Arzneimitteltherapie und Akupunktur beschrieben. Bei allen Arzneien und Akupunkturpunkten sind vor der therapeutischen Anwendungen ihre Indikationen, Kontraindikationen und Vorsichtsmaßnahmen genauestens zu beachten.

Die Darstellung der speziellen Prozesse ist vor allem eine didaktische Vereinfachung der in der Praxis doch oft sehr komplexen Disharmonien der Patienten. Es ist praktisch immer notwendig, die Standardtherapien dem individuellen Patientenzustand anzupassen. Die Anwendung dieser Konzepte erfordert deshalb zusätzliche Ausbildungen in den Theorien und Verfahren der TCM, die dieser Buchbeitrag nicht leisten kann. Ich rate dem Leser, der sich näher mit der Materie beschäftigen möchte, entsprechende Fortbildungskurse zu besuchen, bevor diese Therapiekonzepte am Patienten anwendet. Außerdem ist bei jedem Patienten eine zusätzliche Anwendung der anderen Verfahren der TCM sowie anderer Verfahren der Ganzheitlichen und universitären Zahnheilmedizin angezeigt. In diesem Sinne wäre die Behandlung einer Parodontopathie mit chinesischer Arzneimitteltherapie und Akupunktur ohne immunmodulierende Maßnahmen, Ernährungsumstellung, Darmsanierung und lokale Parodontalbehandlung nach meiner Meinung ein Kunstfehler. Generell gilt, daß komplementäre Verfahren, wie die TCM und andere Naturheilverfahren, nur dann angezeigt sind, wenn eine klinische Diagnose, im Sinne der universitären Medizin gestellt, keine anderen Maßnahmen dringend vorschreibt. Im Falle schulmedizinischer Indikationen können die TCM und andere komplementäre Verfahren bestenfalls unterstützend eingesetzt werden.

Kariesanfälligkeit

Die Karies läßt in der TCM aus mehreren Perspektiven klassifizieren:

- Die Zahnhartsubstanz gehört in der TCM zum Knochen, für dessen Bildung und Ernährung die Essenz-Jing der Niere verantwortlich ist. Die Essenz-Jing ist eine der sogenannten Fünf Grundsubstanzen. Sie steuert das Wachstum und die Fortpflanzung und ist ein Denkmodell für den Begriff Konstitution. Jeder Mensch bekommt sie von seinen Eltern vererbt. Sie ist vergleichbar mit einer Batterie, die sich im Laufe des Lebens immer mehr entlädt und die nicht aufladbar ist. Die Symptome eines Essenz-Jing-Mangels sind konstitutionelle Schwächen, jegliche Wachstums- und Entwicklungsstörungen (z.B. Dysgnathien), Störungen der Sexualität (spontaner Samenerguß, Impotenz, sexuelle Lustlosigkeit), Symptome, die das Knochensystem betreffen, und neurologische Symptome. Der Puls ist zart und schwach. Das Therapeutische Prinzip ist das Zusammenhalten der Essenz-Jing.

- Der Mund gehört nach den Theorien der TCM zum Magen. Eine erhöhte Kariesanfälligkeit aufgrund einer Übersäuerung des Speichels wird deshalb in der TCM als Hitze im Magen kategorisiert. Diese Hitze kann durch Ernährungsfehler, emotionale Belastung oder Leber-Qi-Stau verursacht sein. Die Symptome der Magen-Hitze können sein Sodbrennen, Übelkeit, Erbrechen, Magenschleimhautentzündung, emotionaler Streß und Frustration. Die Zunge ist rot und hat einen dicken gelben Belag. Der Puls ist voll und schnell. Das Therapieprinzip bei Hitze im Magen ist das Eliminieren der Magen-Hitze.

Diese beiden Möglichkeiten der Differenzierung der Kariesanfälligkeit gemäß den Prinzipien der TCM ist relativ einfach. Beim Essenz-Jing-Mangel handelt es sich um ein Leere-Muster, beim der Magen-Hitze um ein Fülle-Muster. Die Prognose beim Leere-Muster ist schlechter, allerdings können mit der chinesischen Arzneimitteltherapie, Moxibustion und mit Medizinischen Qigong durchaus Erfolge erzielt werden. Bei der Magen-Hitze kann mit Arzneimitteltherapie, Akupunktur, Medizinischem Qigong und chinesischer Diätetik wirksam therapiert werden.

Parodontopathien und Entzündungen der Mundschleimhaut

A. Ätiologie und Pathogenese

Die Mundschleimhaut und Zahnhalteapparat gehören in der TCM zum Funktionskreis Magen/Milz. Gingivitis, ANUG und marginale Parodontitis werden deshalb als Disharmoniemuster des Magens klassifiziert. Mit fortschreiten der Erkrankung wird auch der Knochenabbau zunehmen, woraus man auf eine Schwäche der Niere, die den Knochen kontrolliert, schließen kann.

Im folgenden werde ich für die Disharmoniemuster „Hitze im Magen“ und „Magen-Feuer und Yin-Mangel“ Arzneimittelrezepte und Akupunkturpunkte vorstellen.

B. Syndromdifferenzierung

1. Hitze im Magen

Ätiologie und Pathogenese: Die Hauptursachen für das Fülle-Muster Hitze im Magen sind Ernährungsfehler (zu fette Speisen, hastiges Essen) und emotionaler Streß (Managersyndrom). In der TCM ist Hitze darüber hinaus ein Denkmodell für jegliche bakterielle Entzündung, die natürlich bei Parodontopathien im Vordergrund steht.
Symptome: eher ANUG und Gingivitis, übler Mundgeruch, Verstopfung, Durst, manchmal Sodbrennen, Übelkeit, Kopfschmerzen im Bereich der Stirn, Zunge: rot mit gelbem Belag, **Puls:** voll, schnell
Therapieprinzipien: Eliminieren von Hitze aus dem Magen
Chinesische Arzneimitteltherapie: siehe Rezeptanalyse PAR01

Chinesische Akupunktur:

M21 liangmen M44 neiting M45 lidui	sedierend sedierend sedierend	→	Magen-Hitze eliminieren
KG12 zhongwan M40 fenglong		→	eliminiert Schleim
MP6 sanyinjiao	tonisierend	→	nährt die Säfte und beruhigt den Geist
KS6 neiguan	tonisierend	→	leitet Schleim aus und beruhigt den Geist
Di4 hegu Di11 quchi	sedierend sedierend	→	Kühlen des Blutes

Rezeptanalyse PAR01		**Qing Wei San (Pulver zur Beseitigung von Hitze im Magen)**					
	Arzneimittel	**Dosis**	**Geschmacks-richtung**	**Temperatur-verhalten**	**Funktions-kreis**	**Therapeutische Wirkung**	**Vorsichtsmaßnahmen, Kontraindikationen**
2c	Radix Rehmanniae Sheng di huang	6g	süß, bitter	kalt	H, Le, Ni	Eliminieren von Hitze und Kühlen des Blutes, **Nähren des Yin** und Fördern der Produktion von Körperflüssigkeiten	bei Leere und übermäßiger Nässe in der Milz, Völlegefühl im Bauch oder Diarrhö kontraindiziert
17c	Radix Angelicae sinensis Dang gui	3g	süß und scharf	warm	Le, He, Mi	Auffüllen des Blutes, **Stärken des Blutes und Lindern von Schmerz**, Befeuchten des Darms	übermäßige Nässe in Mi und Ma (Diarrhö und lockerer Stuhl)
2c	Cortex Moutan Mu dan pi	4,5g	bitter, scharf	leicht kalt	H, Le, Ni	Eliminieren von Hitze und Kühlen des Blutes, **Stärken des Blutes und Auflösen von Blut-Stase**	während übermäßiger Menstruation oder Schwangerschaft kontraindiziert
2b	Rhizoma Coptidis Huang lian	1g	bitter	kalt	H, Le, **Ma**, Di	Eliminieren von Hitze und Nässe, Reduzieren von Feuer und Toxinen	hohe Dosierungen können den Magen schwächen
1b	Rhizoma Cimicifugae Sheng ma	3g	scharf, süß	leicht kalt	**Mi**, Lu, Di, **Ma**	Entlasten des Äußeren bei Hitze, Eliminieren von Hitze und Toxinen, Aufwärtsleiten des Yang-Qi	bei Atemschwierigkeiten, bei vollst. entwickelten Masern und bei **Leere-Hitze (Yin-Mangel)**
12	Radix Cyathulae Niu xi	3g	bitter, sauer	neutral	Le, Ni	Stärken des Blutes,, Auflösen von Blut-Stase und Fördern der Menstruation, Abwärtsleiten des Blutes u.a.m.	während übermäßiger Menstruation oder Schwangerschaft kontraindiziert
2d	Flos Lonicerae Lian qiao	3g	süß	kalt	Lu, **Ma**, Di	**Eliminieren von Hitze und Ausleiten von Toxinen**	
Die Mischung wird als Dekokt zubereitet. Flos Lonicerae Jin Yin Hua wird bei ausgeprägter Schwellung hinzugegeben.							

Rezeptanalyse PAR02		**Yu Nü Tang (Dekokt des Jade-Mädchens)**					
	Arzneimittel	**Dosis**	**Geschmacks-richtung**	**Temperatur-verhalten**	**Funktions-kreis**	**Therapeutische Wirkung**	**Vorsichtsmaßnahmen, Kontraindikationen**
2a	Gypsum fibrosum Shi gao	9g	süß, scharf	sehr kalt	Lu, **Ma**	Eliminieren von Hitze und Reduzieren von Feuer, Beruhigen von Reizbarkeit und Lindern von Durst	bei Schwäche des Magens kontraindiziert
17c	Radix Rehmanniae praeparata Shu di huang	6g	süß	leicht warm	**Le**, Ni	**Nähren des Blutes** und Auffüllen des Yin	
17d	Radix Ophiopogonis Mai meng dong	3g	süß, leicht bitter	leicht kalt	Lu, **Ma**	Nähren des Yin und Befeuchten der Lunge,, **Stärken des Magens** und Fördern der Produktion von Körperflüssigkeiten, Eliminieren von Hitze aus dem Herzen und Beruhigen von Reizbarkeit	bei Husten infolge von Wind-Kälte und Diarrhö infolge von Kälte im Magen kontraindiziert
2a	Rhizoma Anemarrhenae Zhi mu	2g	süß, bitter	kalt	Lu, **Ma**, **Ni**	Eliminieren von Hitze und Reduzieren von Feuer, **Nähren des Yin** und Befeuchten von Trockenheit	
12	Radix Cyathulae Niu xi	2g	bitter, sauer	neutral	Le, Ni	Stärken des Blutes,, Auflösen von Blut-Stase und Fördern der Menstruation, Abwärtsleiten des Blutes u.a.m.	während übermäßiger Menstruation oder Schwangerschaft kontraindiziert

Bei ausgeprägter Blutung,, Schwellung und Ulzerationen der Gingiva: Austausch von Radix Rehmanniae praeparata durch Radix Rehmanniae (Sheng di huang),, Cortex Moutan (Mu dan pi), Rhizoma Imperatae (Bai mao gen) und Herba Ecliptae (Han lain cao).

2. Magen-Feuer und Yin-Mangel

Ätiologie und Pathogenese: Dieses gemischte Fülle-Leere-Muster entsteht chronologisch aus der Magen-Hitze. Das übermäßige Yang verbrennt allmählich das Yin, so daß zusätzlich zum Hitze-Zustand ein Yin-Mangel im Magen entsteht. Ein Hitze-Zustand bei gleichzeitigem Yin-Mangel wird als „Feuer" bezeichnet. Generell muß bei diesen Disharmonien auch mit Beteiligung von „Schleim" rechnen. Das chinesische Konzept des „Schleims" ist allerdings kompliziert und erfordert eine eingehende Erklärung, die den Rahmen dieses Buchbeitrags sprengen würde. Aus der Perspektive der Parodontologie entspricht dieses Krankheitsbild einer marginalen Parodontitis, die aus dem Fortschreiten der Gingivitis entstanden ist.

Symptome: Marginale Parodontitis, Hitze-Gefühle am Nachmittag, Verstopfung, Durst, aber kein Verlangen nach Trinken, trockener Mund, Nachtschweiße, dunkler, spärlicher Urin

Zunge: rot ohne Belag, rissig,

Puls: zart, schnell

Therapieprinzipien: Kühlen des Magens, tonisieren des Yin und der Körpersäfte

Chinesische Arzneimitteltherapie: siehe Rezeptanalyse PAR02

Chinesische Akupunktur

zusätzlich zu den in der Rezeptanalyse PAR02 genannten Punkten:

M36 zusanli	tonisierend	Stärkt den Magen
MP3 taibai	tonisierend	Stärkt die Säfte
KG4 guanyuan N3 taixi	sedierend sedierend	Stärken die Nieren

C. Sonstige Maßnahmen

Selbstverständlich werden die Verfahren der TCM nur komplementär zu einer regelrechten lokalen Parodontalbehandlung eingesetzt. Aus dem breiten Spektrum der westlichen Naturheilverfahren wende ich bei Parodontopathien zusätzlich Darmsanierung, Eiweißfasten und Immunmodulation mit Phytotherapeutika an.

Mißempfindungen der Mundschleimhaut und der Zunge

A. Ätiologie und Pathogenese

Unter Mißempfindungen verstehe ich ein brennendes Gefühl der Mundschleimhaut und/oder der Zunge. Dieses Brennen kann sowohl durch Hitze wie auch durch Trockenheit (Yin-Mangel), die eine Folge der Hitze sein kann, verursacht werden. In der TCM gehört die Mundschleimhaut zum Magen und die Zunge zum Herzen. Deshalb kommen bei diesen Beschwerden Disharmoniemuster des Magens und des Herzens infrage. Eine schwerwiegende Mundtrockenheit kann auch die Folge einer Schwäche der Nieren sein.

Disharmoniemuster bei Mißempfindungen der Mundschleimhaut und der Zunge:

Magen-Hitze	Magen-Yin-Mangel
Hitze im Herzen	Herz-Yin-Mangel
Nieren-Yin-Mangel	

Auch rezidivierende Aphthen können mit diesen Disharmoniemustern kategorisiert werden. Die chinesische Arzneimitteltherapie und Akupunktur, mit Schwerpunkt Arzneimitteltherapie, können bei diesen Beschwerden erfolgversprechend angewendet werden.

Chronische Kopf- und Gesichtsschmerzen

Es gibt wohl kaum ein komplexeres und komplizierteres Krankheitsbild in der täglichen Praxis als das des chronischen Kopf- und Gesichtsschmerzes. Die Patienten kommen oft mit starkem Leidensdruck und entsprechender Einschränkung der Befindlichkeit und der Lebensqualität. Häufig bestehen die Beschwerden seit Jahren und sind gegenüber Maßnahmen der Schulmedizin therapieresistent. Der Schmerz kann dabei als Symptom einer Erkrankung oder als eigenständige Erkrankung auftreten.
Zunächst ist auch beim chronischen Kopf- und Gesichtsschmerz eine klinische Diagnose obligat. Oft haben wir jedoch Patienten vor uns, bei denen bereits die klinische Diagnose gestellt ist und bei denen schulmedizinische Maßnahmen nicht angesprochen haben. Meist sind dies chronisch-funktionell bedingte Kopf- und Gesichtsschmerzen. Hier steigen die Chancen, diesen Patienten mit komplementären Heilverfahren, v.a. der TCM, wirksam helfen zu können. Dies gilt vor allem für Myofasziale Schmerzsyndrome, zu denen auch die Schmerzen aufgrund von Dysfunktionen im Kausystem gehören.
Etwa 95% der Patienten mit Kopf- und Gesichtsschmerzen in meiner Praxis sind dieser Krankheitskategorie zuzuordnen.
Der Rest sind PatientenInnen mit Beschwerden wie Migräne, Menstruationsmigräne und/oder klimakterisch bedingten Kopf- und Gesichtsschmerzen. Diese Beschwerden lassen sich oft nicht genau von Myofaszialen Schmerzsyndromen abgrenzen. Die Grenzen und Übergänge sind fließend, die Behandlungskonzept deshalb ähnlich oder gleich.

B. Syndromdifferenzierung

1. Leber-Qi- und Blut-Stau

Ätiologie, Pathogenese und Syndromdifferenzierung: Der Leber-Qi-Stau ist ein Fülle-Syndrom, das durch psychoemotionale Belastungen verursacht wird. Besonders kennzeichnend sind deshalb die emotionalen Schwankungen des Patienten. Die psychoemotionale Komponente legt die Anwendung von Medizinischem Qigong nahe.
Der Leber-Qi-Stau ist chronologisch oft die erste Form einer Leber-Disharmonie, aus dem schnell ein Leber-Blut-Stau entsteht, der vor allem durch menstruelle Symptome gekennzeichnet ist. Diesen Zusammenhang gilt es bei reglabhängigem Kopfschmerz besonders zu beachten.
Das gestaute Leber-Qi kann auch die Milz und den Magen angreifen und dort zu Hitze-Zuständen führen. Nicht selten beobachten wir bei Kopfschmerzpatienten deshalb auch Magensymptome, wie Sodbrennen und Gastritis.
Schließlich wird sich im Laufe der Zeit aus dem Leber-Qi- und -Blut-Stau eine Überaktivität des Leber-Yang entwickeln.
Symptome: Seitlicher (Gallenblasen-Leitbahn) und/oder Scheitelkopfschmerz (Leber-Leitbahn), dumpfe Schmerzen im Hypochondrium, Schmerz ist abhängig von emotionalem Zustand (Reizbarkeit, aufbrausendes Temperament), bei Frauen Dysmenorrhö (unregelmäßige Menstruation, klumpiges Menstruationsblut)
Zunge: purpur
Puls: saitenförmig
Therapieprinzipien: Regulieren des Leber-Qi, Wiederherstellen des freien Flusses von Qi und Blut, Schmerz lindern
Chinesische Arzneimitteltherapie: siehe Rezeptanalyse KS 02: **Xiao Yao San** (Pulver des Sorglosen Umherwanderns)

2. Überaktivität des Leber-Yang

Ätiologie, Pathogenese und Syndromdifferenzierung: Dieses Muster ist ein kombiniertes Fülle-Leere-Muster (Fülle des Yang und Leere des Yin). Es kann auf zwei Wege entstehen.
Ersten wie schon erwähnt durch einen Leber-Qi- und -Blut-Stau, der zu Hitze (Fülle des Yang) führt, die das Yin „verbrennt“, was zu einem Leber-Yin-Mangel und schließlich auch zu einem Leber-Blut-Mangel führt.
Zweitens kann die Überaktivität des Leber-Yang auch von der Schwäche des Nieren-Yin ausgehen. Die Niere gehört zum Element Wasser und ist damit die „Mutter" des Elements Holz (Leber). Das bedeutet, daß das Leber-Yin und das Leber-Blut von der Nährung durch das Nieren-Yin abhängen. Durch lange chronische Erkrankungen, Überarbeitung und sexueller Überaktivität entsteht ein Nieren-Yin-Mangel, der leicht zu einem Leber-Yin-Mangel führt, was sekundär das Überwiegen des Leber-Yang verursacht.
Die Überaktivität des Leber-Yang ist deshalb ein komplexes Disharmoniemuster, das in der Praxis nahezu immer mit Leber-Yin-, Leber-Blut- und/oder Nieren-Yin-Mangel einhergeht.

Symptome: Seitlicher (Gallenblasen-Leitbahn) und/oder Scheitelkopfschmerz (Leber-Leitbahn), Schwindel, Benommenheit, gerötete Augen, Durst, bitterer Mundgeschmack, Reizbarkeit (auch im Wechsel mit Niedergeschlagenheit möglich)
Zunge: rot
Puls: saitenförmig
Therapieprinzipien: Leber harmoniseren, Hitze eliminieren, Zirkulation von Qi und Blut anregen, Schmerz lindern

2.1 Überaktivität des Leber-Yang kompliziert durch Leber-Yin- und Nieren-Yin-Mangel

Symptome: (zusätzlich zu den Symptomen der Überaktivität des Leber-Yang) Neigung zu Krämpfen, trockene Augen, trockener Mund und Kehle, Nachtschweiß, nächtlicher Samenverlust, Hitzegefühl an den Handflächen und Fußsohlen sowie an der Brust, gerötete Wangen, Rückenschmerzen
Therapieprinzipien: zusätzlich zu den oben genannten Prinzipien Tonisieren des Yin der Leber und der Nieren
Chinesische Arzneimitteltherapie:
Im folgenden gebe ich ein Rezept von PROF. LIAO JIAZHEN, chinesischer Chefarzt der TCM-Klinik Kötzting, wieder, das an alle Zustände der Überaktivität des Leber-Yang angepaßt werden kann: Siehe Rezeptanalyse KS04 — **Modifiziertes Rezept zur Behandlung von chronischem Kopfschmerz durch übermäßiges Leber-Yang, von PROF. LIAO JIAZHEN**

Chinesische Akupunktur

B2 zanzhu ExtrapunktTaiyang G43 xiaxi G38 yangfu G20 fengchi G6 xuanli G8 shuaigu G9 tianchong L3 taichong 3E5 waiguan	sedierend sedierend sedierend sedierend sedierend sedierend sedierend sedierend sedierend sedierend	sedieren das Leber-Yang
L8 ququan	tonisierend	tonisiert das Leber-Yin und das Leber-Blut
B18 ganshu	tonisierend	stärkt das Leber-Yin und tonisiert das Leber-Yang
MP6 sanyinjiao N3 taixi	tonisierend tonisierend	tonisieren die Nieren
N6 zhaohai	tonisierend	tonisiert das Nieren-Yin
KG4 guanyuan	tonisierend	tonisiert das Nieren-Yin und -Essenz

Rezeptanalyse KS02		**Xiao Yao San** (Pulver des Sorglosen Umherwanderns)					
	Arzneimittel	**Dosis**	**Geschmacks-richtung**	**Temperatur-verhalten**	**Funktions-kreis**	**Therapeutische Wirkung**	**Vorsichtsmaßnahmen, Kontraindikationen**
17c	Radix Angelicae sinensis Dang gui	9g	süß und scharf	warm	**Le**, He, Mi	Auffüllen des Blutes, **Stärken des Blutes und Lindern von Schmerz**, Befeuchten des Darms	übermäßige Nässe in Mi und Ma (Diarrhö und lockerer Stuhl)
17c	Radix Paenoiae alba Bai Shao	6g	bitter, sauer	leicht kalt	**Le**, Mi	**Nähren des Blutes** und Stärken des Yin, **Beruhigen der Leber und Lindern von Schmerz, Beruhigen des Leber-Yang**	
1b	Radix Bupleuri Chai hu	9g	bitter, scharf	leicht kalt	P, **Le**, **Gb**, 3E	Entlasten des Äußeren-Biao und eliminieren von Hitze, Beruhigen der Leber, um Stauung des Qi zu entlasten, Aufwärtsleiten des Yang-Qi	**bei Kopfschmerz und Überaktivität des Leber-Yang kontraindiziert**
1b	Herba Menthae Bo he	3g	scharf	kühl	Lu, **Le**	Zerstreuen von Wind-Hitze und **Klären von Kopf** und Augen, **Fördern des freien Flusses des Qi der Leber**, Leiten von Ausschlägen an die Körperoberfläche	nicht zu lange kochen
17a	Rhizoma Atractylodis macrocephalae Bai zhu	9g	bitter, süß	warm	Mi, Ma	**Auffüllen des Qi und Stärken der Milz**, Eliminieren von Nässe, Fördern des Wasserhaushalts, Lindern von Schwitzen und Beruhigen des Fötus	bei Durst in Verbindung mit Erschöpfung der Körperflüssikeiten kontraindiziert
6	Poria Fuling	15g	süß oder geschmacklos	neutral	Mi,, H, Ni	Umwandeln von Nässe und stärken der Milz, **Beruhigen des Geistes**	

Rezeptanalyse KS02 — Fortsetzung **Xiao Yao San** (Pulver des Sorglosen Umherwanderns)

	Arzneimittel	Dosis	Geschmacks-richtung	Temperatur-verhalten	Funktions-kreis	Therapeutische Wirkung	Vorsichtsmaßnahmen, Kontraindikationen
1a	Rhizoma Zingiberis recens Sheng jiang	3g	scharf	warm	Lu, Mi, Ni	Fördern von Schwitzen und Entlasten des Äußeren-Biao, **Wärmen der Milz und des Magens** und Lindern von Erbrechen, Wärmen der Lungen und Lindern von Husten	bei Yin-Mangel kontraindiziert
17a	Radix Glycyrrhizae Gan cao	6g	süß	neutral	H, Lu, Mi, Ma	Tonisieren der Mi und Auffüllen des Qi, Lindern von Schmerz, Harmonisieren der Wirkungen von AM, u.a.m.	bei übermäßiger Nässe kontraindiziert

Die letzten vier Arzneimittel stärken das Qi von Milz und Magen.

Rezeptanalyse KS04 — **Modifiziertes Rezept zur Behandlung von chronischem Kopfschmerz durch übermäßiges Leber-Yang von Prof. Liao Jiazhen**

	Arzneimittel	Dosis	Geschmacks-richtung	Temperatur-verhalten	Funktions-kreis	Therapeutische Wirkung	Vorsichtsmaßnahmen, Kontraindikationen
15	Ramulus Uncariae Gou teng	10-15g	süß	leicht kalt	**Le**, P	Eliminieren von innerem Wind und Lindern von Spasmen, **Eliminieren von Hitze und Beruhigen der Leber**	
15	Fructus Tribuli Bi ji li	10g	bitter, scharf	neutral	**Le**	**Beruhigen der Leber und Unterdrücken des Yang, Fördern des freien Flusses des Qi der Leber und Auflösen von Stauung,** Eliminieren von Wind und Lindern von Jucken	Klären der Augen

Rezeptanalyse KS04 — Fortsetzung

Modifiziertes Rezept zur Behandlung von chronischem Kopfschmerz durch übermäßiges Leber-Yang von Prof. Liao Jiazhen

	Arzneimittel	**Dosis**	**Geschmacks-richtung**	**Temperatur-verhalten**	**Funktions-kreis**	**Therapeutische Wirkung**	**Vorsichtsmaßnahmen, Kontraindikationen**
1b	Flos Chrysanthemi Ju Jua	10g	scharf, süß, bitter	leicht kalt	Lu, **Le**	Eliminieren von Wind und Hitze, Eliminieren von Toxinen und Klären der Augen, **Beruhigen der Leber**	weiße Flos Chrysanthemi benutzen
15	Concha Haliotidis Shi jue Ming	30g	salzig	kalt	**Le**	**Beruhigen der Leber und Unterdrücken des Yang**, Eliminieren von Leber-Feuer und Klären der Augen	
1a	Radix Angelicae dahuricae Bai Zhu	10g	scharf	warm	Lu, Ma	Eliminieren von Wind und Entlasten des Äußeren-Biao, Reduktion von Schwellungen, Ableitung von Eiter und Eliminieren von Nässe, **Lindern von Schmerz**	bei Yin-Mangel kontraindiziert
1a	Rhizoma Ligustici Gao ben	10g	scharf	warm	B	Eliminieren von Wind und Lindern von Schmerz	**Vorsicht bei Yin- oder Blut-Mangel**
1b	Fructus Viticis Man jing zi	10g	scharf, bitter	neutral	**Le**, Ma, B	Eliminieren von Wind und Hitze, **Klären und Heilen von Kopf** und Augen	**Vorsicht bei Yin- oder Blut-Mangel**
12	Radix Chuanxiong Chuan xiong	10-15g	scharf	warm	**Le**, Gb, P	**Stärken des Blutes**, Fördern der Zirkulation des Qi, Eliminieren von Wind und **Lindern von Schmerz**	während hämorrhagischer Erkrankungen und während starker Menstruation kontraindiziert
2c	Radix Paeoniae rubra Chi shao	10-15g	bitter	leicht kalt	**Le**	Eliminieren von Hitze und Kühlen des Blutes, **Auflösen von Stauung des Blutes** und Reduzieren von Schwellung	

Dosierungen können um die Hälfte reduziert werden; die wichtigen AM sind grau hinterlegt.

Dieses Rezept (KS04) von PROF. LIAO erfährt folgende Modifikationen:

- (1) Bei eindeutigen Hitze-Zeichen (gelber Zungenbelag, gelber Urin, Bindehautentzündung, Obstipation = aufflammendes Leber-Feuer) zusätzlich (2b) Radix Gentianae 5g
- (2) Bei regelabhängigen Kopfschmerzen (12) Herba Leonuri 10g anstatt (2c) Radix Paeoniae rubra
- (3) Bei Leber-Yin- und Leber-Blut-Mangel zusätzlich (2c) Radix Rehmanniae, (17c Radix Angelicae sinensis, (17d) Radix Ophiopoginis und (17d) Fructus Lycii
- (4) Bei Leber-Yin- und Nieren-Yin-Mangel zusätzlich (17b) Cortex Eucommiae 20g und (2b) Ramulus Loranthis 10-15g

2.2. Überaktivität des Leber-Yang kompliziert durch Leber-Blut-Mangel

Symptome: (zusätzlich zu den oben genannten Symptomen) fahlgelbe Gesichtsfarbe, durch Träume gestörter Schlaf und andere Schlafstörungen, Parästhesien, unscharfes Sehen, Hypo- oder sogar Amenorrhö

Therapieprinzipien: zusätzlich zu den oben genannten Prinzipien Tonisieren des Blutes der Leber
Chinesische Arzneimitteltherapie: siehe Rezeptanalyse KS01 **Variation von Si Wu Tang (Vier Arzneien Dekokt)**

3. Wind-Kälte in der Leber-Leitbahn

Ätiologie: Unter diesem Fülle-Disharmoniemuster wird in der Regel die Migräne beschrieben. Obwohl hier ein inneres Krankheitsbild vorliegt, wird die Disharmonie dennoch als Leitbahn-Disharmonie bezeichnet. Dies ist eine Besonderheit. Gegenüber den anderen Leber-Disharmonien, die sich durch Kälte lindern lassen, verschlechtert sich dieses Krankheitsbild bei Kälte und wird durch Hitze gebessert.
Symptome: Kopfschmerz (Migräne), der sich durch Kälte und Wind verschlimmert, Kältegefühl an den Extremitäten, Übelkeit, Erbrechen, Blässe
Zunge: blaß und purpurn mit dünnem weißen Belag
Puls: zart und/oder langsam
Therapieprinzipien: Die Leber-Leitbahn wärmen sowie Wind und Kälte eliminieren, Schmerz lindern
Chinesische Arzneimitteltherapie: siehe Rezeptanalyse KS03a **Wu Zhu Yu Tang (Fructus Evodiae Dekokt)**

Chinesische Akupunktur

L3 taichong	sedieren — Moxa	Beruhigt die Leber, erwärmt die Leber-Leitbahn
G20 fengchi	sedieren — Moxa	Eliminiert Wind und Kälte
LG20 baihui	sedierend	**Nahpunkt** zur Auflösung der Stauung des Qi

4. Aufsteigen Schleim-Nässe aus der Milz

Ätiologie und Pathogenese: Diese Disharmoniemuster ist ebenfalls ein Fülle-Muster. Es entsteht durch Ernährungsfehler (fette Speisen und übermäßiger Alkoholgenuß), durch Streß und Überarbeitung (Verbrauchen des Milz-Qi), aber auch durch übergreifen von übermäßiger Hitze aus der Leber (siehe oben).
Symptome: Schweregefühl und Gefühl des Zusammendrückens (wie wenn man ein Band um den Kopf hat), Völlegefühl und Druck in der Brust und im Epigastrium, Appetitmangel, Übelkeit und/oder Erbrechen
Zunge: weißlicher klebriger Belag, Zunge vergrößert oder mit Zahneindrücken
Puls: schlüpfrig
Therapieprinzipien: Schleim-Nässe beseitigen, Wind beseitigen, Milz nähren und Schmerz lindern
Chinesische Arzneimitteltherapie: siehe Rezeptanalyse KS05 **Qiang Huo Sheng Shi Tang (Dekokt mit Notopterygium zur Beseitigung von Nässe)**

Chinesische Akupunktur

M8 touwei	sedieren	lindert Schmerz und eliminiert Hitze
M42 chongyang	tonisierend	Yuan-Quell-Punkt, tonisiert Milz und Magen
M40 fenglong MP6 sanyinjiao	sedierend tonisierend	eliminieren Schleim und Nässe

Rezeptanalyse KS01		**Variation von Si Wu Tang (Vier Arzneien Dekokt)**						
	Arzneimittel	**Dosis**	**Geschmacks-richtung**	**Temperatur-verhalten**	**Funktions-kreis**	**Therapeutische Wirkung**	**Vorsichtsmaßnahmen, Kontraindikationen**
17c	Radix Angelicae sinensis Dang gui	9g	süß und scharf	warm	**Le**, He, Mi	Auffüllen des Blutes, **Stärken des Blutes und Lindern von Schmerz**, Befeuchten des Darms	übermäßige Nässe in Mi und Ma (Diarrhö und lockerer Stuhl)
17c	Radix Paenoiae alba Bai Shao	6g	bitter, sauer	leicht kalt	**Le**, Mi	**Nähren des Blutes** und Stärken des Yin, **Beruhigen der Leber und Lindern von Schmerz, Beruhigen des Leber-Yang**	
12	Radix Chuanxiong Chuan xiong	6g	scharf	warm	**Le**, Gb, P	**Stärken des Blutes**,, Fördern der Zirkulation des Qi, Eliminieren von Wind und **Lindern von Schmerz**	während hämorrhagischer Erkrankungen und während starker Menstruation kontraindiziert
17c	Radix Rehmanniae praeparata Shu di huang	6g	süß	leicht warm	**Le**, Ni	**Nähren des Blutes** und Auffüllen des Yin	
15	Concha Haliotidis Shi jue Ming	9g	salzig	kalt	**Le**	**Beruhigen der Leber und Unterdrücken des Yang**, Eliminieren von Leber-Feuer und Klären der Augen	
15	Ramulus Uncariae Gou teng	6g	süß	leicht kalt	**Le**, P	Eliminieren von innerem Wind und Lindern von Spasmen, **Eliminieren von Hitze und Beruhigen der Leber**	

Rezeptanalyse KS01		Fortsetzung **Variation von Si Wu Tang (Vier Arzneien Dekokt)**					
	Arzneimittel	**Dosis**	**Geschmacks-richtung**	**Temperatur-verhalten**	**Funktions-kreis**	**Therapeutische Wirkung**	**Vorsichtsmaßnahmen, Kontraindikationen**
1b	Flos Chrysanthemi Ju Jua	3g	scharf, süß, bitter	leicht kalt	Lu, **Le**	Eliminieren von Wind und Hitze, Eliminieren von Toxinen und Klären der Augen, **Beruhigen der Leber**	weiße Flos Chrysanthemi benutzen
1b	Fructus Viticis Man jing zi	4g	scharf, bitter	neutral	**Le**, Ma, B	Eliminieren von Wind und Hitze,, **Klären und Heilen von Kopf** und Augen	**Vorsicht bei Yin- oder Blut-Mangel**

Die ersten vier Arzneimittel sind Si Wu Tang zur Nährung des Leberblutes; Concha Haliotidis, Ramulus Uncariae und Flos Chrysanthemi dämpfen das Leber-Yang; Fructus Viticis wirkt gegen Kopfschmerzen.

Rezeptanalyse KS03a		**Wu Zhu Yu Tang (Fructus Evodiae Dekokt)**					
	Arzneimittel	**Dosis**	**Geschmacks-richtung**	**Temperatur-verhalten**	**Funktions-kreis**	**Therapeutische Wirkung**	**Vorsichtsmaßnahmen, Kontraindikationen**
7	Fructus Evodiae Wu Zhu Yu	3g	scharf, bitter	heiß	**Le**, Mi, Ma	Eliminieren von Kälte und Lindern von Schmerz,, Beruhigen der Leber und Regulieren von rebellierendem Qi	leicht toxisch
17a	Radix Ginseng Ren Shen	6g	süß	leicht warm	Mi, Lu	Auffüllen des Abwehr-Qi und **Stärken des Yang**, Tonisieren der Mi und der Lu, Fördern der Körperflüssigkeiten und Lindern von Durst, Beruhigen des Geistes	bei Hitze und bei Fülle-Syndrom ohne Schwäche des Abwehr-Qi kontraindiziert

Rezeptanalyse KS03a		Fortsetzung **Wu Zhu Yu Tang (Fructus Evodiae Dekokt)**					
	Arzneimittel	**Dosis**	**Geschmacks-richtung**	**Temperatur-verhalten**	**Funktions-kreis**	**Therapeutische Wirkung**	**Vorsichtsmaßnahmen, Kontraindikationen**
1a	Rhizoma Zingiberis recens Sheng jiang	3g	scharf	warm	Lu, Mi, Ni	Fördern von Schwitzen und Entlasten des Äußeren-Biao, **Wärmen der Milz und des Magens** und Lindern von Erbrechen, Wärmen der Lungen und Lindern von Husten	bei Yin-Mangel kontraindiziert
17a	Fructus Ziziphi (Jujubae) Da Zao	4Stk.	süß	warm	Mi, Ma	Auffüllen des Qi im Mittleren Erwärmer, Nähren des Blutes und Beruhigen des Geistes, Harmonisieren der Wirkungen anderer AM	übermäßige Nässe, Spannungs- und Völlegefühl im Epigastrium und Bauch, Retention von Nahrung, intestinalen Parasiten, Zahnschmerzen und Husten infolge von Schleim-Hitze
Radix Ginseng kann durch Radix Codonopsitis (Dang Shen) ersetzt werden.							

Rezeptanalyse KS05		**Qiang Huo Sheng Shi Tang (Dekokt mit Notopterygium zur Beseitigung von Nässe)**					
	Arzneimittel	**Dosis**	**Geschmacks-richtung**	**Temperatur-verhalten**	**Funktions-kreis**	**Therapeutische Wirkung**	**Vorsichtsmaßnahmen, Kontraindikationen**
1a	Rhizoma seu Radix Notopterygii Qiang Huo	6g	scharf, bitter	warm	Ni, B	Entlasten des Äußeren-Biao und Eliminieren von Kälte, Eliminieren von Wind und **Nässe**	Lindern von Schmerz
4	Radix Angelicae pubescentis Du huo	6g	scharf, bitter	warm	Le, Ni, B	**Eliminieren von** Wind und **Nässe**, **Lindern von Schmerz**, Entlasten des Äußeren und Eliminieren von Kälte	bei Yin- oder Blut-Mangel kontraindiziert
1a	Rhizoma Ligustici Gao ben	6g	scharf	warm	B	Eliminieren von Wind und Lindern von Schmerz	**Vorsicht bei Yin- oder Blut-Mangel**
1a	Radix Ledebouriellae Fang Feng	6g	scharf	warm	Lu, Le	Entlasten des Äußeren-Biao und Eliminieren von Wind, **Eliminieren von** Wind und **Nässe**, **Lindern von Schmerz,** Lösen von Spasmen	bei Yin-Mangel kontraindiziert
17a	Radix Glycyrrhizae Gan cao	3g	süß	neutral	H, Lu, **Mi**, Ma	**Tonisieren der Mi und Auffüllen des Qi**, Lindern von Schmerz,, Harmonisieren der Wirkungen von AM, u.a.m.	bei übermäßiger Nässe kontraindiziert
12	Radix Chuanxiong Chuan xiong	3g	scharf	warm	Le, Gb, P	**Stärken des Blutes**, Fördern der Zirkulation des Qi, Eliminieren von Wind und **Lindern von Schmerz**	während hämorrhagischer Erkrankungen und während starker Menstruation kontraindiziert
1b	Fructus Viticis Man jing zi	6g	scharf, bitter	neutral	Le, Ma, B	Eliminieren von Wind und Hitze, **Klären und Heilen von Kopf** und Augen	**Vorsicht bei Yin- oder Blut-Mangel**

Dieses Rezept wird üblicherweise bei äußerer Wind-Nässe verwendet, die in die Körperoberfläche eingedrungen ist (Erkältungskrankheiten, Arthritis, Ischialgie). Zur Kräftigung der Milz und zur Schleimlösung können (13) Rhizoma Pinelliae 6 g, (5) Rhizoma Atractylodis (Cang zhu) 6 g und (6) Poria 6 g beigegeben werden.

5. Milz-Qi-Mangel

Ätiologie und Pathogenese: Der Milz-Qi-Mangel ist eines der häufigsten Leere-Disharmoniemuster überhaupt. Er entsteht durch Diätfehler (unregelmäßiges, übermäßiges und/oder hastiges Essen), übermäßige mentale Belastung, langandauernde Nässe-Einwirkung (bei entsprechenden Arbeitsbedingungen oder Wohnverhältnissen) und langandauernde Erkrankungen. Im Laufe der Zeit führt der Milz-Qi-Mangel zu einem Milz-Yang-Mangel.

Symptome: Kopfschmerz, vor allem an der Stirn, nach Ernährungsfehler, Überarbeitung, Appetitlosigkeit, weiche Stühle, Müdigkeit, Erschöpfung, Herzklopfen, Kurzatmigkeit
Puls: schwach
Therapieprinzipien: Den Mittleren Erwärmer (Milz und Magen) kräftigen und das Qi tonisieren, Lindern von Schmerz
Chinesische Arzneimitteltherapie: siehe Rezeptanalyse KS06 **Modifiziertes Bu Zhong Yi Qi Tang (nach Prof. Liao Jiazhen)**

Chinesische Akupunktur

MP3 taibai	tonisierend	Yuan-Quell-Punkt, tonisiert das Milz-Qi
MP6 sanyinjiao M36 zusanli KG12 zhongwan	tonisierend	tonisieren das Milz-Qi
B20 pishu B21 weishu	tonisierend	Shu-Rücken-Punkte von Milz und Magen, tonisieren das Milz-Qi

6. Leber-Blut- und Milz-Blut-Mangel

Ätiologie und Pathogenese: In der TCM bildet die Milz die stoffliche Grundlage für das Blut, indem sie die Essenz aus der Nahrung gewinnt. Eine Schwäche der Milz führt zu zwangsläufig zu Blutmangel, der schließlich auch auf die Leber übergreift. Die Leber ist in der TCM für die Speicherung des Blutes verantwortlich. Dieses Leere-Disharmoniemuster kann auch auf der Basis einer der oben beschriebenen Leere-Disharmoniemuster entstehen.

Symptome: Dumpfe Kopfschmerzen mit stechenden Schmerzen im Schläfenbereich, Schwindel, blaßes Gesicht, blaße Lippen, Ängstlichkeit, Herzklopfen, Schlaflosigkeit, Taubheitsgefühl in den Extremitäten
Zunge: blaß
Puls: zart und schwach.
Therapieprinzipien: Das Blut nähren, die Leber harmonisieren, Lindern von Schmerz
Chinesische Arzneimitteltherapie: siehe Rezeptanalyse KS07 **Dang Gui Bu Xue Tang zur Tonisierung des Blutes**

Chinesische Akupunktur

M36 zusanli MP3 taibai B20 pishu B21 weishu	tonisierend	tonisieren das Milz-Qi
L8 ququan	tonisierend	stärkt das Leber-Blut
B18 ganshu B17 geshu	tonisierend	tonisieren das Blut
MP6 sanyinjiao	tonisierend	tonisiert das Milz-Qi und fördert das Blut

Rezeptanalyse KS06		**Modifiziertes Bu Zhong Yi Qi Tang (nach Prof. Liao Jiazhen)**					
	Arzneimittel	**Dosis**	**Geschmacks-richtung**	**Temperatur-verhalten**	**Funktions-kreis**	**Therapeutische Wirkung**	**Vorsichtsmaßnahmen, Kontraindikationen**
17a	Radix Astragali Huang Qi	9g	süß	leicht warm	Mi, Lu	**Auffüllen des Qi** und Aufwärtsleiten des Yang u.a.m.	bei Yin-Mangel und Überaktivität des Leber-Yang, Retention von Nahrung, äußerer Fülle, Nässe kontraindiziert
17a	Radix Codonopsitis pilosula Dang shen	15g	süß	neutral	Mi, Lu	**Auffüllen des Qi**	
17a	Rhizoma Atractylodis macrocephalae Bai zhu	9g	bitter, süß	warm	Mi, Ma	**Auffüllen des Qi und Stärken der Milz**, Eliminieren von Nässe und Förern des Wasserhaushalts, Lindern von Schwitzen und Beruhigen des Fötus	bei Durst in Verbindung mit Erschöpfung der Körperflüssigkeiten kontraindiziert
17a	Radix Glycyrrhizae Gan cao	6g	süß	neutral	H, Lu, Mi, Ma	Tonisieren, der Mi und Auffüllen des Qi, Lindern von Schmerz, Harmonisieren der Wirkungen von AM, u.a.m.,	bei übermäßiger Nässe kontraindiziert
12	Radix Chuanxiong Chuan xiong	6g	scharf	warm	**Le**, Gb, P	**Stärken des Blutes**, Fördern der Zirkulation des Qi, Eliminieren von Wind und **Lindern von Schmerz**	während hämorrhagischer Erkrankungen und während starker Menstruation kontraindiziert
1b	Radix Bupleuri Chai hu	9g	bitter, scharf	leicht kalt	P, **Le**, **Gb**, 3E	Entlasten des Äußeren-Biao und Eliminieren von Hitze, Beruhigen der Leber, um Stauung des Qi zu entlasten, Aufwärtsleiten des Yang-Qi	**bei Kopfschmerz und Überaktivität des Leber-Yang kontraindiziert**

Rezeptanalyse KS06 | Fortsetzung **Modifiziertes Bu Zhong Yi Qi Tang (nach Prof. Liao Jiazhen)**

	Arzneimittel	**Dosis**	**Geschmacks-richtung**	**Temperatur-verhalten**	**Funktions-kreis**	**Therapeutische Wirkung**	**Vorsichtsmaßnahmen, Kontraindikationen**
1a	Radix Angelicae dahuricae Bai Zhu	6g	scharf	warm	Lu, Ma	Eliminieren von Wind und Entlasten des Äußeren-Biao, Reduzieren von Schwellungen, Ableitung von Eiter und Eliminieren von Nässe, **Lindern von Schmerz**	bei Yin-Mangel kontraindiziert
1a	Rhizoma Ligustici Gao ben	6g	scharf	warm	B	Eliminieren von Wind und Lindern von Schmerz	**Vorsicht bei Yin- oder Blutmangel**

Unterschiede zum Originalrezept: Radix Codonopsitis statt Radix Ginseng (billiger), bei Kopfschmerz Radix Angelicae dahuricae und Rh. Ligustici beifügen, Rhizoma Chuanxiong statt Radix Angelicae sinensis, Rhizoma Cimicifugae und Pericarpium Citri reticulatae weglassen.

Rezeptanalyse KS07 | **Dang Gui Bu Xue Tang zur Tonisierung des Blutes**

	Arzneimittel	**Dosis**	**Geschmacks-richtung**	**Temperatur-verhalten**	**Funktions-kreis**	**Therapeutische Wirkung**	**Vorsichtsmaßnahmen, Kontraindikationen**
17a	Radix Astragali Huang Qi	15g	süß	leicht warm	**Mi,** Lu	**Auffüllen des Qi** und Aufwärtsleiten des Yang u.a.m.	bei Yin-M;angel und Überaktivität des Leber-Yang, Retention von Nahrung, äußerer Fülle, Nässe kontraindiziert
17c	Radix Angelicae sinensis Dang gui	6g	süß und scharf	warm	**Le**, He, Mi	Auffüllen des Blutes, **Stärken des Blutes und Lindern von Schmerz**, Befeuchten des Darms	übermäßige Nässe in Mi und Ma (Diarrhö und lockerer Stuhl)

Die Wirkung von Radicx Astragali, das Yang aufwärts zu leiten, kann gefährlich sein, deshalb evtl. durch Radix Codonopsitis ersetzen.

B. Sonstige Maßnahmen

Neben der TCM kommen in meinem Behandlungskonzept noch andere komplementäre Heilverfahren zum Einsatz - meist in Zusammenarbeit mit Co-Therapeuten (Arzt für Naturheilverfahren, Krankengymnasten, Masseure, Psychologen oder Psychotherapeuten, Osteopathen usw.). Dem Zahnarzt obliegt oft die Aufgabe, die Patientenführung zu übernehmen und die verschiedenen Behandlungen zu koordinieren. Besonders möchte ich auf den Beitrag von RAPHAEL VAN ASSCHE in diesem Buch verweisen. Die Osteopathie und die Physioenergetik sind wichtige Verfahren bei der Behandlung von chronischen Kopf- und Gesichtsschmerzen.
Aus gnathologischer Sicht hat sich in meiner Praxis neben anderen Maßnahmen die Rekonstruktion der Okklusionsebene mit Hilfe des Accu-Liner-Systems hervorragend bewährt.

Trigeminusneuralgie

Die Trigeminusneuralgie wird in der TCM als Stauung von Qi und Blut durch Eindringen äußerer Wind-Hitze, äußerer Wind-Kälte und Schleim differenziert. So kann auch von einer Leber-Disharmonie (Übermäßiges Leber-Yang oder Leber-Yin-Mangel) ausgehen.
Das Krankheitsbild wird am besten mit einer Kombination von chinesischer Arzneimitteltherapie und Akupunktur angegangen. Moxibustion ist natürlich kontraindiziert, da es sich um einen Hitze-Zustand handelt.

Chinesische Arzneimitteltherapie:
Entsprechend der Chinesischen Diagnose und des daraus abgeleiteten Therapieprinzips können verschiedene Arzneimitteldekokte ausgewählt werden. Prof. Liao empfiehlt für Trigeminusneuralgie ein Einheitsdekokt; siehe Rezeptanalyse 8, Dekokt für Trigeminusneuralgie von Prof. Liao

Chinesische Akupunktur

Hauptpunkte:
M7 xiaguan
3E17 yifeng
Extrapunkt Taiyang
M6 jiache
Di4 hegu
Ashi-Punkte

Manche Experten schlagen vor, auf der nicht erkrankten Seite mit der Akupunktur zu beginnen.

Zusätzlich bei Wind-Kälte:
G20 fengchi
3E5 waiguan

Zusätzlich bei übermäßigem Leber-Yang:
M44 neiting
L3 taichong

Zusätzlich bei Yin-Mangel:
Lu7 lieque
N3 taixi
N6 zhaohai

Zusätzlich bei Schleim:
M40 fenglong
Mp6 sanyinjiao

Punkte entsprechend dem betroffenen Ast des Nervus trigeminus:

1. Ast:	2. Ast:	3. Ast:
B2 zanzhu	M2 sibai	Extrapunkt Jiachengjiang
Extrapunkt Taiyang	M3 Nase-juliao	M6 jiache
G14 yangbai	LG26	KG24 chengjiang
B67 zhiyin	M44 neiting	Di4 hegu

Sonstige Maßnahmen

Zusätzlich zu den Verfahren der TCM müssen Dysfunktionen des Kausystems ausgeschlossen oder behandelt werden. Mit Hilfe der Physioenergetik nach VAN ASSCHE werden chronische Belastungsfaktoren aufgesucht und eliminiert. Auch die Osteopathie bietet bei Tirgeminusneuralgie wirksame Behandlungsmöglichkeiten, z.B. Craniosakrale Techniken.

Therapiehindernisse

Die Verfahren der TCM sind aufgrund ihres therapeutischen Wirkprinzips der Autoregulativen Medizin (2) zuzuordnen. Das heißt: durch therapeutische Reize werden die autoregulativen Systeme des Körpers aktiviert, was in vielen Fällen zur Ausheilung führt. Dieses Wirkprinzip der TCM-Verfahren setzt allerdings, wie auch bei westlichen Naturheilverfahren, eine ausreichende Funktion der autoregulativen Regulationssysteme voraus. Beim chronisch Kranken sind jedoch meist die autoregulativen Systeme durch vielfältige strukturelle, chemische, psychische und bioinformative Störfaktoren und Störfelder so belastet und gestört, daß die therapeutischen Reize unwirksam sind. Wir sprechen dann von diesen Störfaktoren und Störfeldern als Therapiehindernisse. In diesen Fällen ist die Behandlung allein mit den Verfahren der TCM nicht ausreichend. In der Praxis des Autors werden deshalb bei solchen Patienten mit Hilfe der Physioenergetik nach van Assche die Therapiehindernisse aufgedeckt und eliminiert. Wenn dadurch die Funktionsfähigkeit des autoregulativen Systeme wiederhergestellt ist, kommen erfahrungsgemäß auch die Verfahren der TCM wieder wirksam zum Zuge. In diesem Sinne ist auch die TCM kein alternatives Medizinsystem, sondern ein komplementäres, das im Zusammenwirken mit anderen Medizinsystemen und Verfahren den optimalen Nutzen für den individuellen Patienten bedeuten kann. Unter diesen Gesichtspunkten rät der Autor allen ganzheitlich tätigen Zahnärzten, sich mit diesem erfolgversprechenden und bewährten Medizinsystem eingehender zu beschäftigen.

Rezeptanalyse 8:	Dekokt für Trigeminusneuralgie von Prof. Liao Jiazhen		
Radix Angelicae Dahuricae 10 g	scharf, warm Lu, M; 3-10 g	Entlasten des Äußeren, Eliminieren von Wind Linderung von Schmerz	Kl: Leere Yin
Rhizoma Ligustici Sinensis 10 g	scharf, warm B; 2-10 g	Eliminieren von Nässe	Kl: Leere des Blutes-Xue
Radix Ledebouriellae 10 g	scharf, warm süß; Lu, L, MP, B; 3-10 g		Kl: Leere des Blutes-Xue, Hitze-Leere
Fructus Viticis 10 g	scharf, bitter, neutral; L, M, B, 6-12 g	Kühlen von Hitze Eliminieren von Wind	Kl:Hitze-Leere,Leere des Blutes-Xue
Spica Prunellae 10g	scharf, bitter, kalt; L, G, 10-15 g	Eliminieren von Hitze, Reduzieren von Feuer in der Leber	Kl: Leere MP und M
Radix et Rhizoma Rehmanniae 20 g	süß, bitter, kalt K, L, N, 9-30 g	Eliminieren von Hitze und Kühlen des Blutes, Fördern der Körperflüssigkeiten-Jinye, Nähren des Yin	
Rhizoma Ligustici Chuanxiong 15 g	scharf, warm L, G, KS 3-10 g	Stärken des Blutes, Fördern der Zirkulation des Blutes, Linderung von Schmerz, Eliminieren von Wind	Kl: Hämorrhagien, starke Menstruationsblutung
Herba Asari cum Radici 3-5 g	scharf, warm Lu, N 1-3 g	Eliminieren von Kälte, Linderung von Schmerz, Lösen von Schleim und Nässe	Kl: Hitze-Leere, Überaktivität des L-Yang, Hitze in Lu
Lumbricus 10 g	salzig, kalt L, MP, B, 5-15 g	Eliminieren von Hitze und innerem Wind, Klären der Nebengefäße	
Ramulus Uncariae cum Uncis 10-15 g	süß, leicht, kalt; L, KS, 10-15 g		Nicht zu lange kochen
Bombyx Batryticatus 10 g	sauer, salzig neutral; L, Lu, M, 3-10 g		

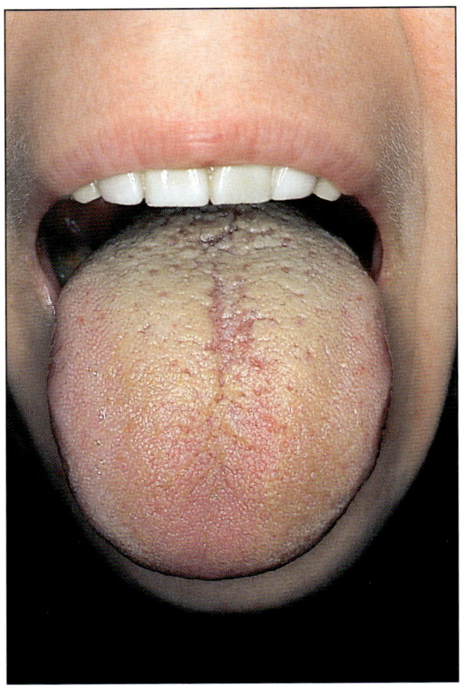

Zunge 1:

rote Zunge mit gelbem Belag — Magen-Hitze

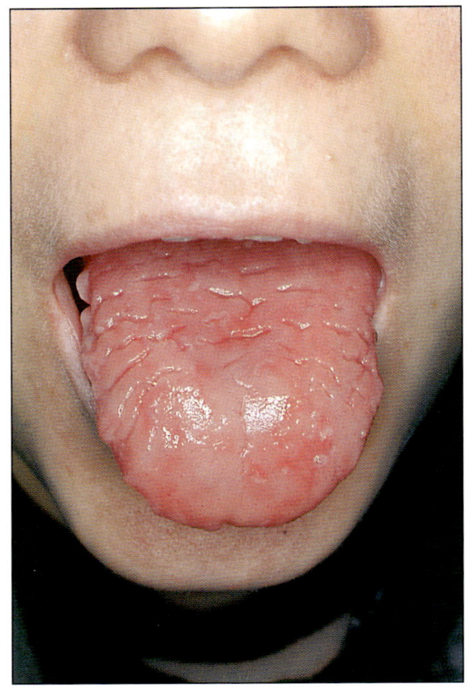

Zunge 2

rote Zunge ohne Belag, rissig — Magen-Feuer — Magen-Yinmangel

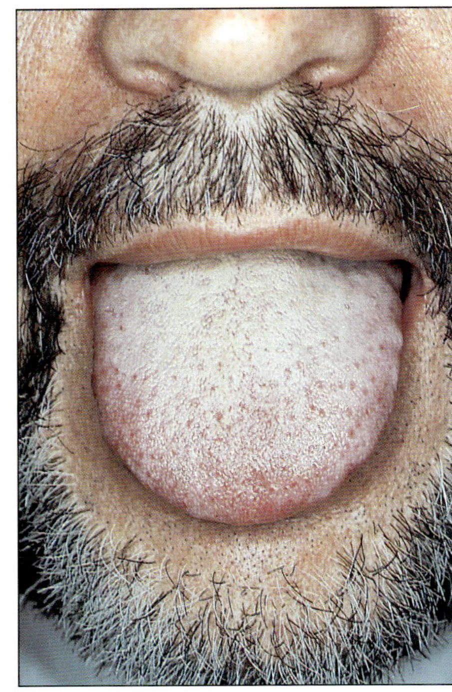

Zunge 3:

rote Zunge ohne Risse — YINMANGEL

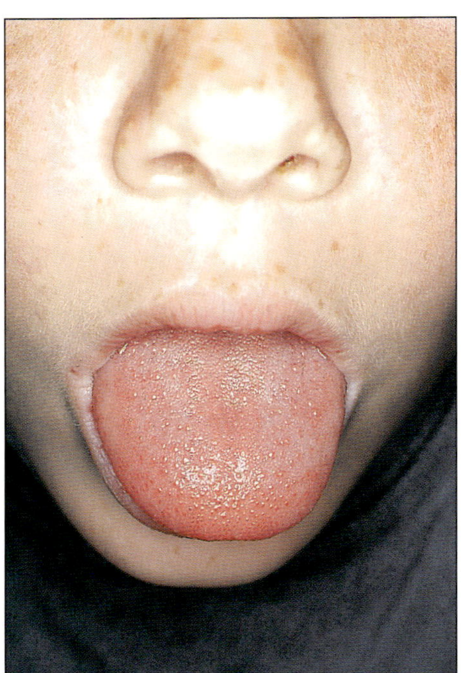

Zunge 4:

Purpurne Zunge - Schmerz

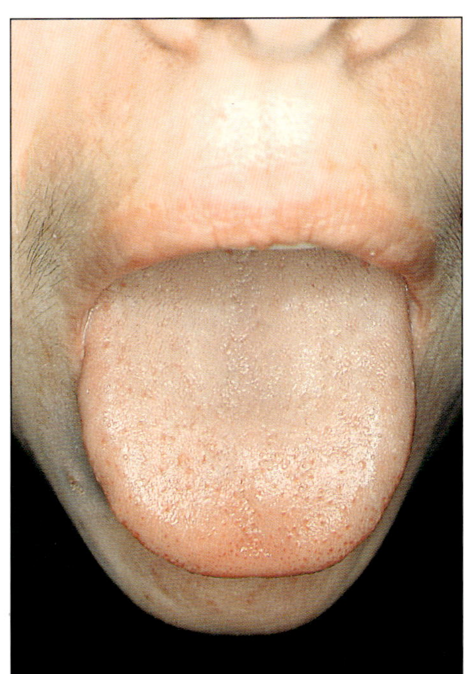

Zunge 5:

Blasse Zunge mit dünnen, weißen Belägen — WIND-KÄLTE

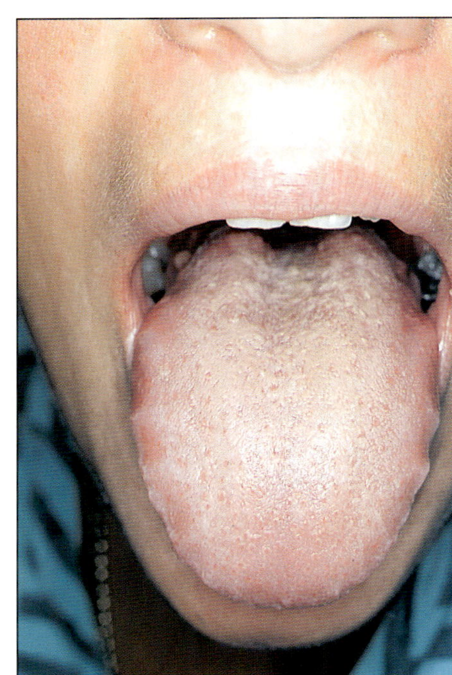

Zunge 6:

klebrig, weißer Belag Zahn eindrücke, Schleim — Milz schwäche

Literatur:

- MACIOCIA, G.: „Die Grundlagen der Chinesischen Medizin“, Verlag für Ganzheitliche Medizin DR. ERICH WÜHR, Kötzting 1994
- MELCHART, DIETER: „Naturheilverfahren. Grundlagen einer autoregulativen Medizin“, Schattauer, Stuttgart 1993
- WÜHR, E.: „Traditionelle Chinesische Medizin für Zahnärzte I und II“, Kursskripten 1995
- Zungenfotos: ULRICH O. H. FRIELING, Wuppertal

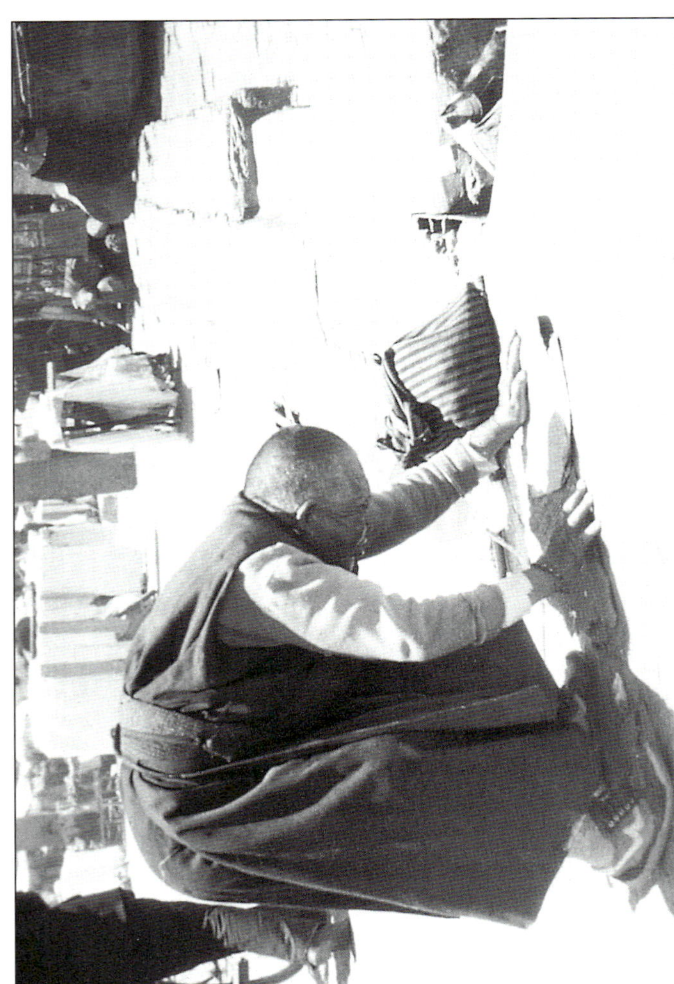

TIBET

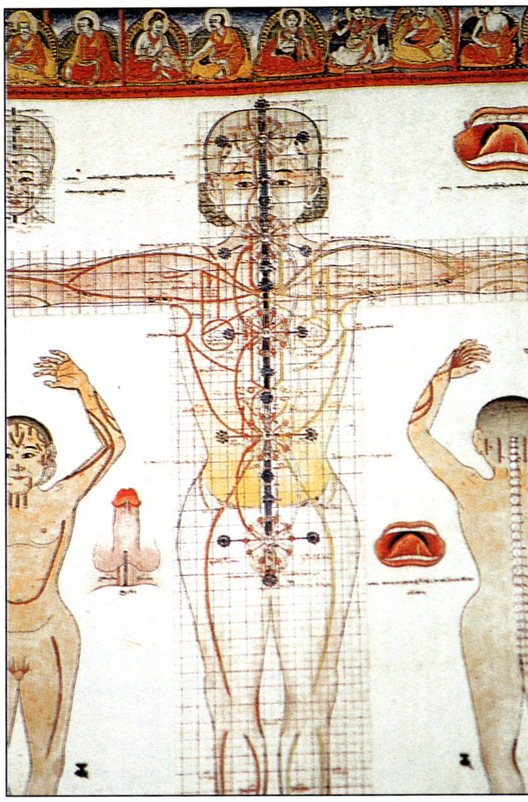

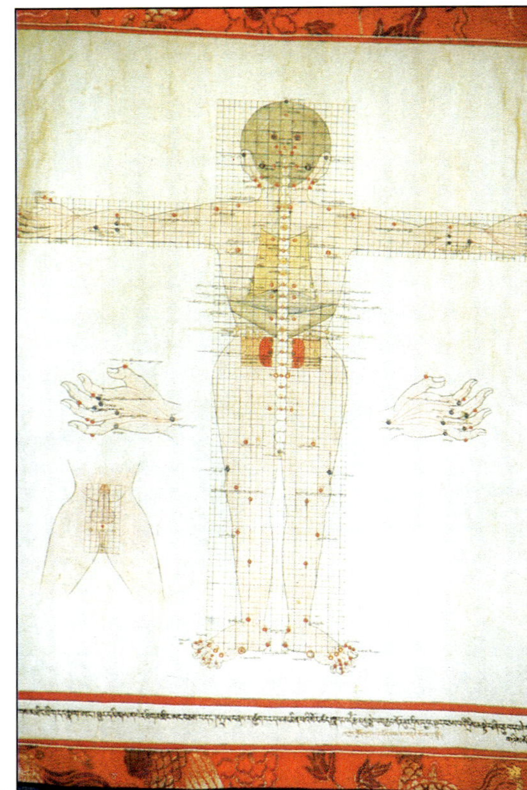

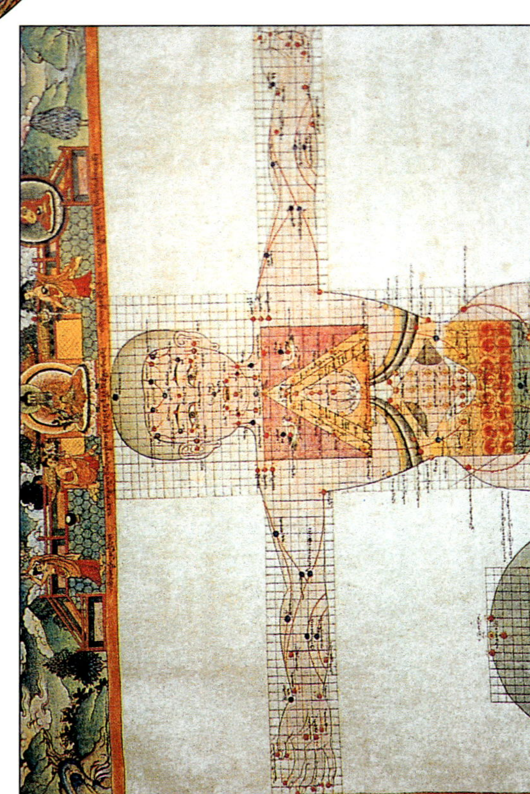

TIBET

das MERIDIANSYSTEM

die FUNKTIONSEINHEIT

AKUPUNTURPUNKTE

ein Überblick

DR. CHRISTIAN KOBAU

QIKÖRPER (ENERGIEKÖRPER)
MERIDIANE

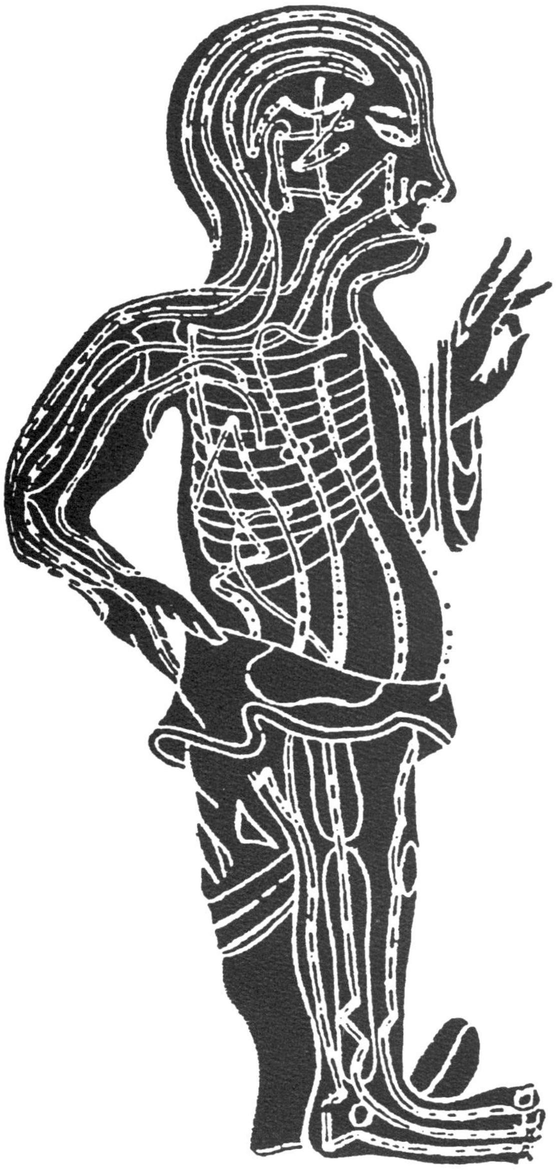

antike chinesische Darstellung
der Meridiane

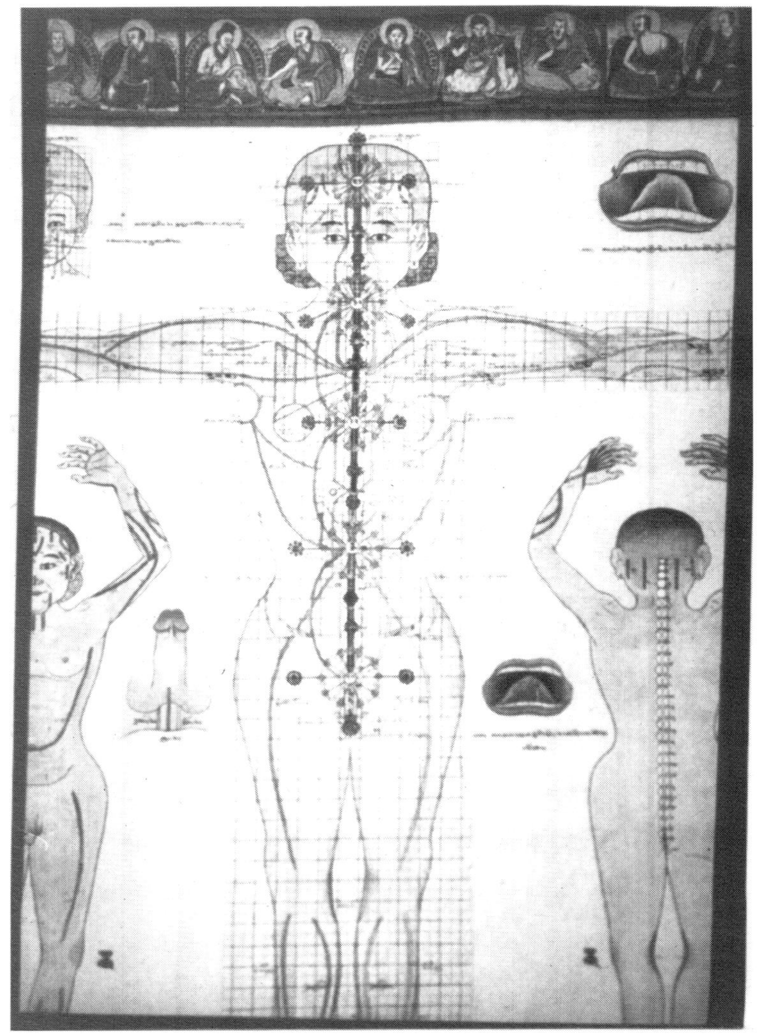

antiker tibetischer Tanka mit den Energiebahnen
(Lhasa-tibet. medical Institute)

Funktionseinheit

Dr. Ch. Kobau

Betrachten wir unseren Körper als einen Organismus, der durch die verschiedensten Regulationssysteme im Gleichgewicht gehalten wird, so können wir die Funktionseinheiten als Teil jener regulierenden Prozesse erkennen, welche bei einem harmonischen Zusammenspiel für unsere Gesundheit mitverantwortlich sind.

Die Basis wird dabei von einem Meridianpaar, einem YIN- und einem YANG-Meridian, denen wiederum die entsprechenden inneren Organe und deren Funktionen zugehörig sind, gebildet. Die traditionelle chinesische Medizin ordnet dieser Funktionseinheit auch die Verbindung der Meridiane zu bestimmten Körperteilen und die Beeinflussung durch gewisse Modalitäten, wie psychische Aspekte, Umweltfaktoren, Farben und Geschmacksempfindungen, zu.

Störungen innerhalb einer Funktionseinheit bzw. innerhalb eines Organs können meist durch das Entlangstreichen über die entsprechenden Meridiane erkannt werden, da sie dort Schmerzen verursachen. Einzelpunkte des Meridians bzw. Teile des ganzen Meridians, welche über den Ort des krankhaften Geschehens verlaufen, sind dann druckschmerzhaft.

Wir unterscheiden nach der traditionellen chinesischen Medizin

fünf Funktionseinheiten:

I.	HERZ - DÜNNDARM
II.	NIERE - BLASE
III.	LEBER - GALLENBLASE
IV.	LUNGE - DICKDARM
V.	MILZ-PANKREAS - MAGEN.

Die Funktionseinheit oder der Funktionskreislauf, wie er auch genannt wird, zeigt uns das Meridianpaar also in vielfältigster Weise, wobei Zusammenhänge auf physischer, psychischer und seelischer Ebene in Verbindung gebracht werden. Das Bild des Menschen erscheint damit in anderen Dimensionen und kann gesamtheitlich erfaßt werden.

Funktionseinheit

HERZ - DÜNNDARM

Die wesentlichsten Funktionen des Herzmeridians sind:

I. beherrscht Blut und Kreislauf
II. beeinflußt und bestimmt den Geist - das Bewußtsein - den Intellekt
III. Verbindung besteht zur Zunge
IV. Kontrolle über die Schweißproduktion
V. Modalitäten-Zuordnungen: Feuer - Wärme - Freude - Entwickeln - Rot - Bitter

In der **alten chinesischen Literatur** wird dem Herzen die Rolle des "Fürsten" unter den Meridianen zugeschrieben ("Die einfachen Fragen", Kap. 8):

"Das Herz ist wie der Fürst und es beherrscht den Geist ..." .

Der Begriff SHEN (Geist) wird im Chinesischen in verschiedenen Bedeutungen verwendet. Einerseits besteht die Beziehung zu den geistigen Aktivitäten, andererseits wird die Gesamtheit des geistigen und emotionalen Wesens erfaßt. Ist das Herz gesund, dann besteht eine Ausgewogenheit in geistiger Bewußtheit, gutem Erinnerungsvermögen und emotionalen Aspekten.

XIN ist die chinesische Bezeichnung für Herz, wird aber auch im Sinne von "Bewußtsein" verwendet, wobei es hier vor allem um das Wesentliche einer Persönlichkeit, das klare Denken, den reinen, integren Geist geht.

"Das Herz beherrscht den Geist", womit im übertragenen Sinne also dem Bewußtsein die Kontrolle über das instinkthafte, animalisch emotionale Verhalten zukommt. Das Element des Herzens ist das Feuer, das Symbol des Lebendigen, Aktiven, Bewegenden. Heiterkeit, Freude und ein fröhliches Lachen sind Zeichen eines funktionierenden Herz-Feuer-Elementes.

Sri Ramana Maharshi:

"Das ganze Universum ist im Körper enthalten,
und der ganze Körper spiegelt sich im Herzen.
Folglich ist im HERZEN das ganze UNIVERSUM."

Auch in der christlichen Tradition wird dem Herz das göttliche, liebende, allumfassende Bewußtsein zugeschrieben. Eine ähnliche Analogie finden wir, wenn wir die Beziehung des Herzens zur Schweißproduktion betrachten. Gerade unter psychischem Streß beginnen viele Menschen an den Fußsohlen, im vorderen Brustbereich und den Handinnenflächen stark zu schwitzen, daher wurden diese Flächen von den Chinesen als die "Fünf Herzen" bezeichnet. Im Christentum wird der Tod von Jesus, seine fünf Wunden an Handinnenflächen, Fußsohlen und im Herzen, als der Sieg des Geistigen über das Materielle, des Feinstofflichen über das Grobstoffliche, der Liebe über das Ego, dargestellt (Wancura).

Jochen Gleditsch beschreibt in bezug zu jener, dem Herzen zugeordneten Freude:

*"... Übereinstimmung, als Identität verstanden,
führt zum Verbunden- und Einssein mit allem in jener Liebe,
die in allen Religionen als Verwirklichung des Menschen gilt.
Die Liebe ist nach E. Fromm bar aller egoistischer Motive,
frei von allem Haben-Wollen und damit ein Zustand des S E I N S.
Im Gegensatz zur Vollkommenheit des Funktionsbildes "Herz" im geistigen Aspekt
sind die anderen Funktionsbilder erst auf dem Wege zu ihrer Erfüllung,
d. h. in einem Wandlungsprozeß begriffen ..."*

Genauso wie das Feuer-Element als feurig, dynamisch, aktiv, bewegend beschrieben werden kann, wird die Konstitution des Herztypen mit der sogenannten Managerpersönlichkeit verglichen. Im Gesunden vital, kontaktfreudig, lustig, optimistisch, im Kranken wechselhaft, launisch, hyperaktiv, schwitzend an Hand- und Fußsohlen, hektisch und zu Herzbeschwerden und Schlafstörungen neigend.

Mevlana Celaleddin Rumi (Sufischer Mystiker):

*"Die Seele empfängt aus der Seele das Wissen
und nicht aus Büchern, noch vom Reden.*

*Erwächst das Wissen der Geheimnisse aus der Leerheit des Geistes,
so ist das Herz erleuchtet."*

Antike Darstellung des Herz - Meridians

HERZMERIDIAN

Meridianverlauf

Der Ursprung des Herzmeridians ist im Herzen, wobei der Hauptkanal durch die Lunge zur Achselgrube verläuft (H1), dort an die Oberfläche tritt und an der Innenseite des Oberarmes zum inneren Ende der Ellbogenfalte zieht (H3). Von hier geht er weiter an der Innenseite des Unterarmes zum inneren Ende der Handgelenksfalte (H7) und an der Innenseite des kleinen Fingers bis zum ringfingerseits gelegenen Nagelwinkel des 5. Fingers (H9).
Ein innerer Seitenast des Herzmeridians zieht durch das Zwerchfell zum Dünndarm, der andere zur Kehle, zur Zunge und zum Auge.
In der klassischen chinesischen Medizin wird jedem Meridian ein innerer Ast zugeordnet. Über diese inneren Verbindungen zu anderen Organen werden viele Wirkungen erklärt, welche sonst aus dem normalen, oberflächlichen Verlauf des Meridians schwer abzuleiten wären.

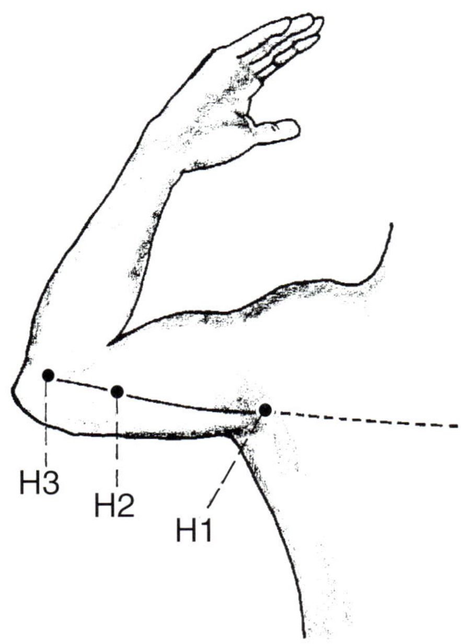

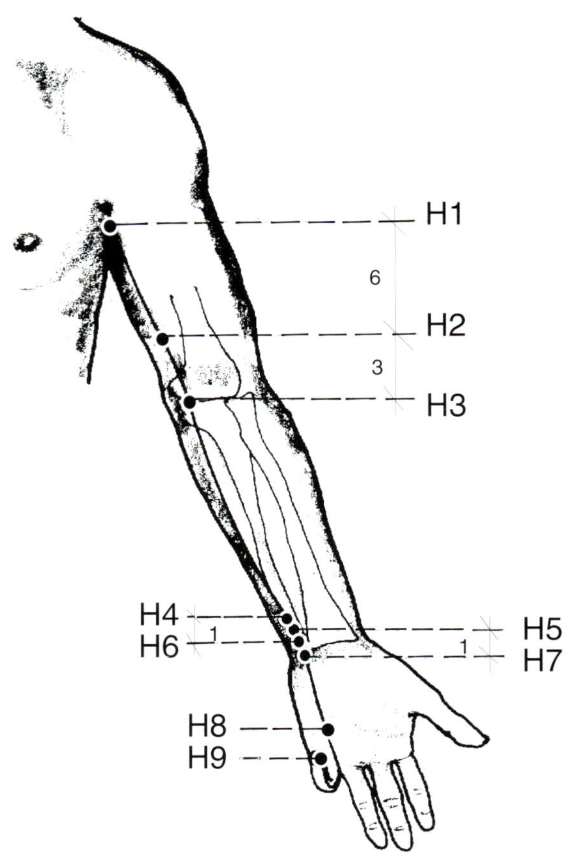

Quellpunkt:	H7
Tonisierungspunkt:	H9
Sedativpunkt:	H7
Durchgangspunkt:	H5 (zu Dü4)
Alarmpunkt:	KG14
Zustimmungspunkt:	B15

Anmerkung: Als relatives Maß werden "CUN" verwendet die das chinesische Maß für Zoll sind und sich auf die jeweilige zu therapierende Person beziehen.

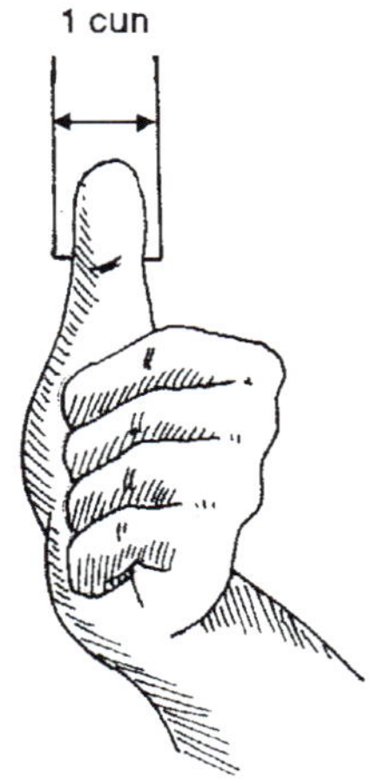

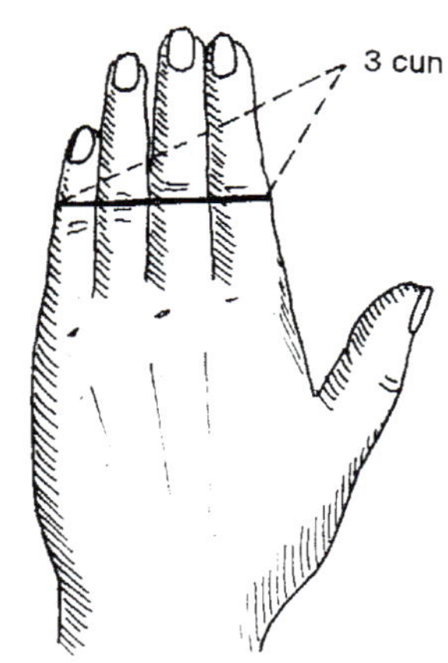

Meridianpunkte

H1

J I Q U A N - "Oberste Quelle"

Lokalisation: bei leicht erhobenem Arm im Zentrum der Achselhöhle

Indikation:
- Schmerzen im Oberarm und Brustkorb
- Lähmungen des Armes

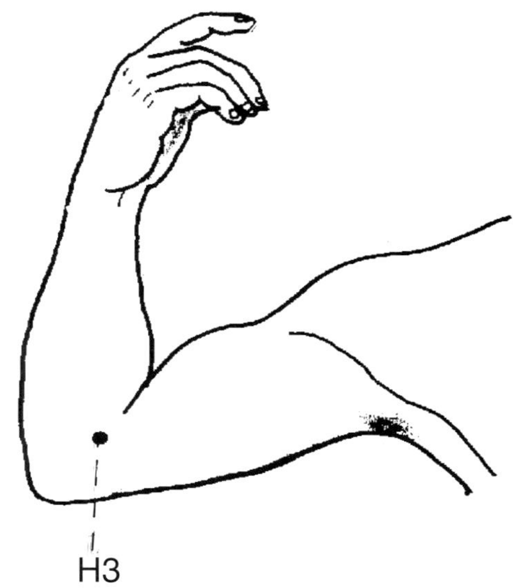

H3

S H A O H A I - "Kleines Meer"

Lokalisation: wird der Ellbogen 90° gebeugt, ist H3 an dem der Körperinnenseite zugewandten Ende der Ellbogen-falte zu finden

Indikation:
- Schmerzen im Ellbogen
- Taubheitsgefühl in Hand und Arm
- Arthritis des Ellbogens
- Tennisellbogen

Bemerkungen:
- beruhigt den Geist bei mentaler Übererregbarkeit
- wird nach Bischko "die Lebensfreude" genannt, was auf die psychisch aufheiternde, harmonisierende Wirkung hinweist

H4

L I N G D A O - "Pfad des Geistes"

Lokalisation: 1,5 cun über dem Ende der der Elle zugewandten Handgelenksquerfalte

Indikation:
- Schmerzen im Ellbogen und Handgelenk

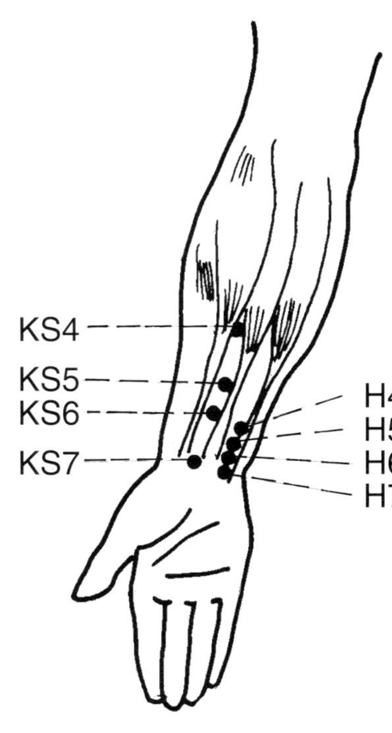

H5

T O N G L I - "Verbindung zum Inneren"

Lokalisation: 1 cun über der Handgelenksquerfalte

Indikation:
- Schmerzen im Handgelenk
- Lähmung der oberen Extremität

Bemerkungen:
- psychisch beruhigend
- H5 + H7 bei Lampenfieber (n. Bischko)
- Durchgangspunkt

H6

Y I N X I - "Akkumulation des YIN"

Lokalisation: 0,5 cun über der Handgelenksquerfalte

Indikation:
- Schmerzen in Herzgegend
- Hysterie

H7

S H E N M E N - "Tor zum Geist"

Lokalisation: an dem der Ulna (Elle) zugewandten Ende der distalen (weiter vom Rumpf entfernten) Handgelenksfalte - an der radialen (der Speiche zuwandten) Seite des Os pisiforme (Erbsenbein)

Indikation:
- hysterische Überreizbarkeit
- Schlaflosigkeit
- Angstzustände

Bemerkungen:
- beruhigt Geist und Gemüt
- H7 + LG20 sind wichtige beruhigende und ausgleichende Punkte bei Angst und Sorge
- H7 bei emotionalen Störungen, hervorgerufen durch emotionale Trennungen (n. Maciocia)
- Quellpunkt
- Sedierungspunkt

H8

S H A O F U - "Schmaler Hof"

Lokalisation: zwischen 4. und 5. Mittelhandknochen - bei geschlossener Faust am Ende der Spitze des 5. Fingers

Indikation:
- rheumatoide Arthritis der Fingergelenke

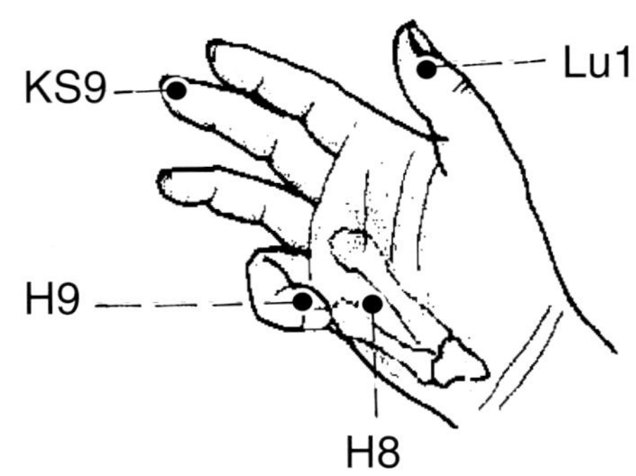

H9

S H A O C H O N G - "Geringer Angriffspunkt"

Lokalisation: 0,1 cun (ca. 2 mm) vom ringfingerseits gelegenen Nagelwinkel des 5. Fingers

Indikation:
- Verlust des Bewußtseins
- Kreislaufschwäche
- Kollaps
- Schock

Bemerkungen:
- Notfallspunkt - tonifiziert
- H9 + KS9 bei Kollaps
- Tonisierungspunkt

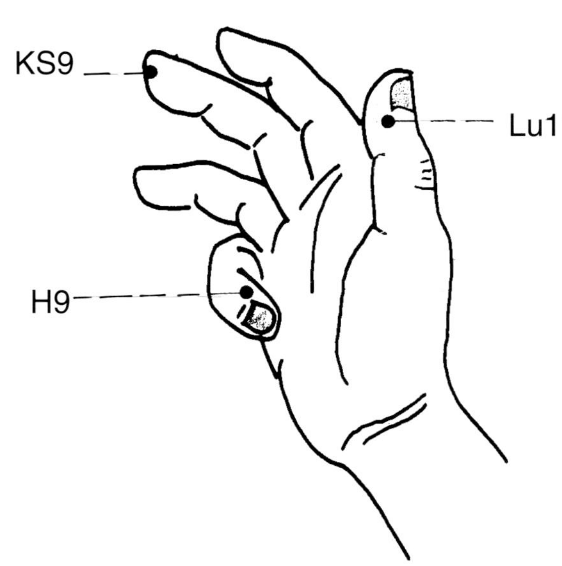

DÜNNDARMMERIDIAN

Meridianverlauf

Der Dünndarmmeridian beginnt seitlich vom äußeren Nagelfalzwinkel des kleinen Fingers (Dü1), geht an dessen äußerem seitlichen Teil zur Außenseite des Unter- und Oberarmes bis zur Rückseite des Schultergelenkes (Dü11), von wo er im Zick-Zack-Verlauf über Schulter, seit-lichen Nacken zum Unterkiefer, Jochbein und zu seinem Endpunkt, der in einer Vertiefung vor dem Gehörgang liegt (Dü19), verläuft.

Innere Verbindungen bestehen zur Speiseröhre und zum Herzen.

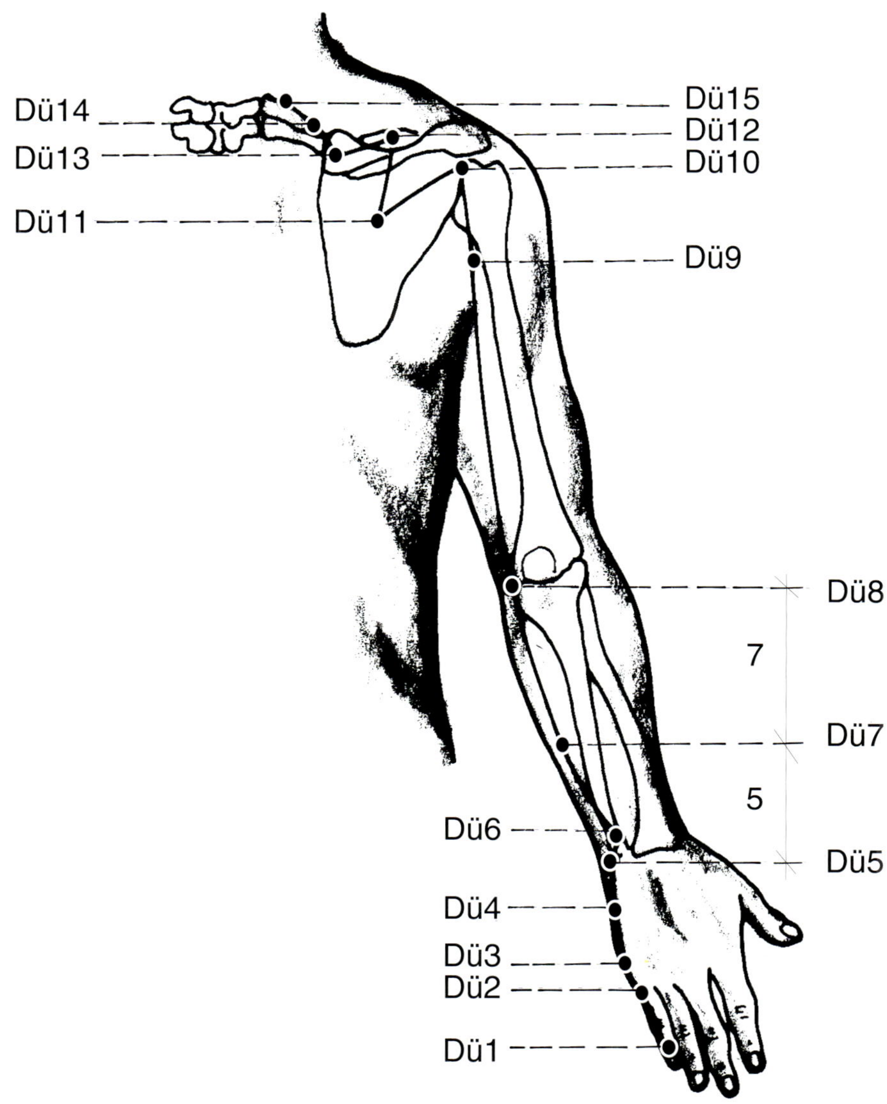

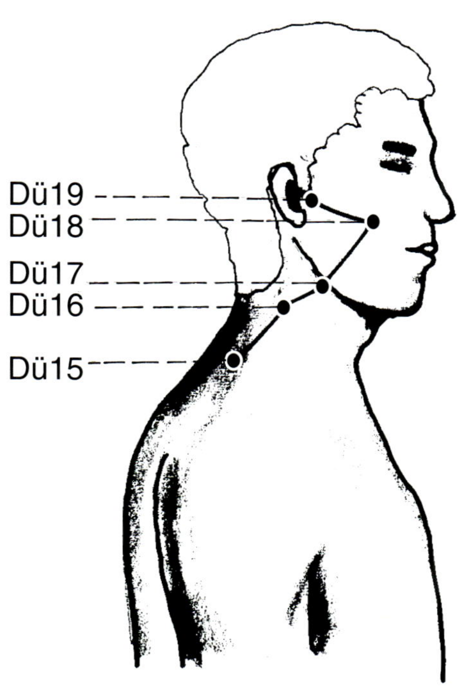

Quellpunkt:	Dü4
Tonisierungspunkt:	Dü3
Sedativpunkt:	Dü8
Durchgangspunkt:	Dü7 (zu H7)
Alarmpunkt:	KG4
Zustimmungspunkt:	B27
Kardinalpunkt:	Dü3

Meridianpunkte

Dü1 — *SHAOZE - "Kleiner Teich"*

Lokalisation: 0,1 cun (ca. 2 mm) seitlich vom äußeren Nagelfalzwinkel

Indikation:
- Kopfschmerzen
- Nackenschmerzen

Bemerkungen:
- nach Bischko starke Beziehung zur Schleimhaut

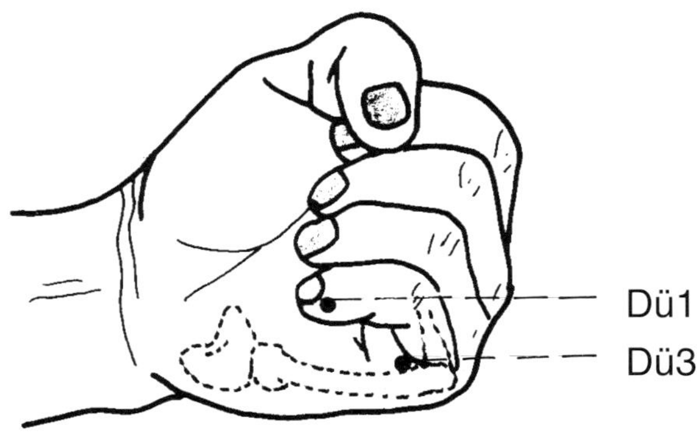

Dü3 — *HOUXI - "Vorderes Tal"*

Lokalisation: bei geschlossener Faust am Ende der Handgelenksquerfalte - hinter dem Köpfchen des 5. Mittelhandknochens

Indikation:
- akute Nackensteifigkeit
- akute Kreuzschmerzen
- Hinterhauptskopfschmerzen
- Taubheitsgefühl der Finger
- krampflösend
- Tinnitus

Bemerkungen:
- Dü3 + B62 bei Störungen entlang der Wirbelsäule
- Dü3 + B62 tonifiziert die Niere
- Dü3 "clears the mind" (Maciocia) - klärt den Geist im Sinne von Erleichterung bei schwierigen Entscheidungen - während Dü3 auf der physischen Ebene die Wirbelsäule stärkt, stabilisiert er auf geistiger Ebene ebenfalls
- Tonisierungspunkt
- Kardinalpunkt

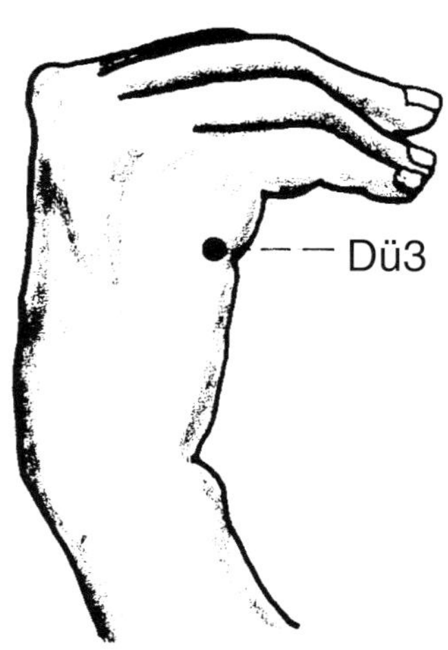

Dü4 — *WANGU - "Handgelenksknochen"*

Lokalisation: in einer Grube an der Außenseite der Hand zwischen der Basis des 5. Mittelhandknochens und dem Os hamatum (Hakenbein)

Indikation:
- Kopfschmerzen
- Handgelenksarthrose
- Quellpunkt

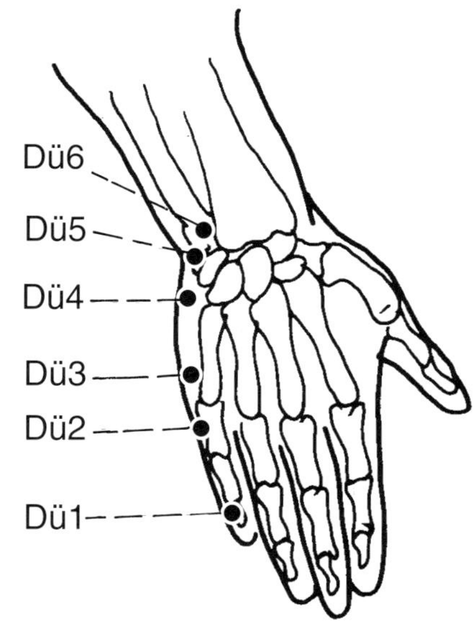

Dü5 — *YANGGU - "Sonnental"*

Lokalisation: am ellenwärts gelegenen Ende der Handgelenksquerfalte, in einer Vertiefung unter dem Processus styloideus der Ulna (Griffelfortsatz der Elle)

Indikation:
- Nackenschwellung
- Schmerzen im Handgelenk
- fieberhafte Erkrankungen

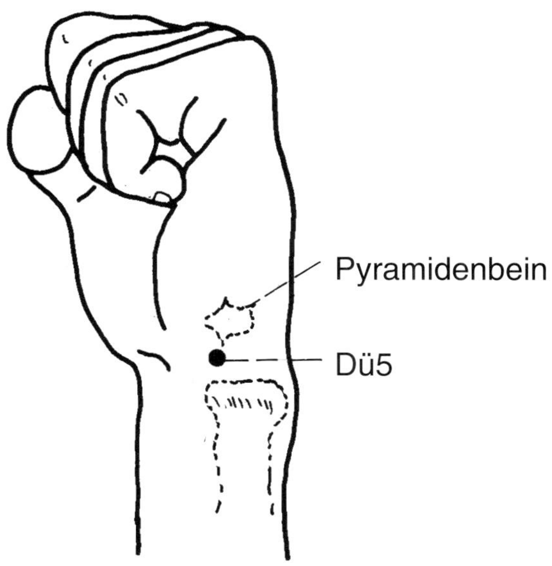

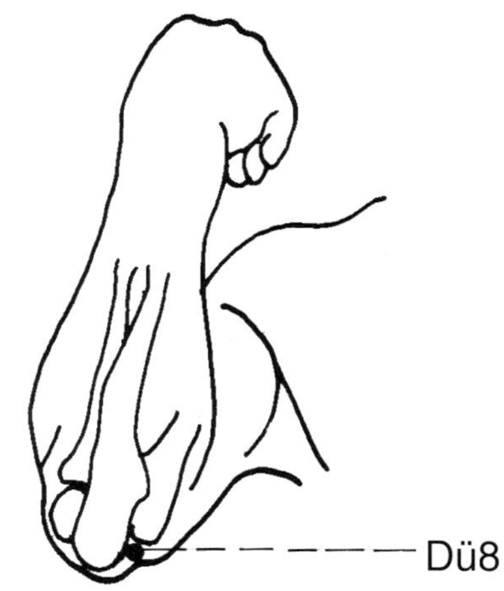

Dü8

X I A O H A I - "Kleines Meer"

Lokalisation: an der Rückfläche des Ellbogengelenks, bei gebeugtem Arm, zwischen Olecranon (Kopf des Ellbogens) und Epicondylus ulnaris (Knochenfortsatz des Oberarmknochens)

Indikation:
- Kopf-, Hals- und Schulterschmerzen
- Ellbogenschmerzen
- Sedierungspunkt

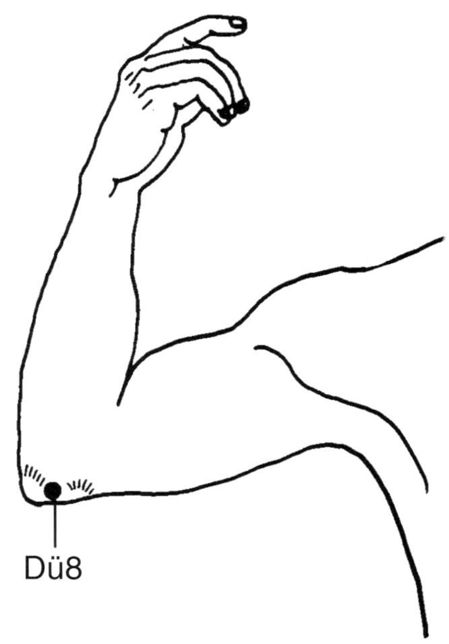

Dü9

J I A N Z H E N - "Aufrechte Schulter"

Lokalisation: 1,5 cun über dem oberen Ende der hinteren Achselfalte (bei herabhängendem Arm)

Indikation:
- Schmerzen in Schulterregion
- rheumatische Beschwerden
- Bewegungseinschränkung des Armes nach hinten (steife Schulter)

Bemerkungen:
- Dü9 + DI15 + DI4 + G34 bei Beschwerden im Schultergelenk

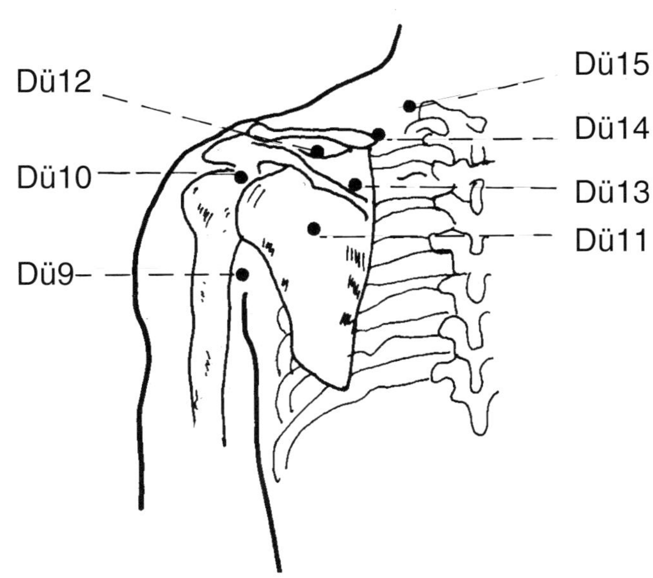

Dü11

T I A N Z O N G - "Himmlisches Ahnen"

Lokalisation: im Zentrum der Fossa infraspinata des Schulterblatts

Indikation:
- Schmerzen im Schulterblatt
- Rückenschmerzen

Dü14 *JIANWAISHU - "Zustimmungspunkt an der Schulteraußenseite"*

Lokalisation: vom unteren Rand des Dornfortsatzes des 1. Brustwirbels 3 cun seitlich entfernt

Indikation:

- Schulter-Arm-Syndrom
- Nackenschmerzen

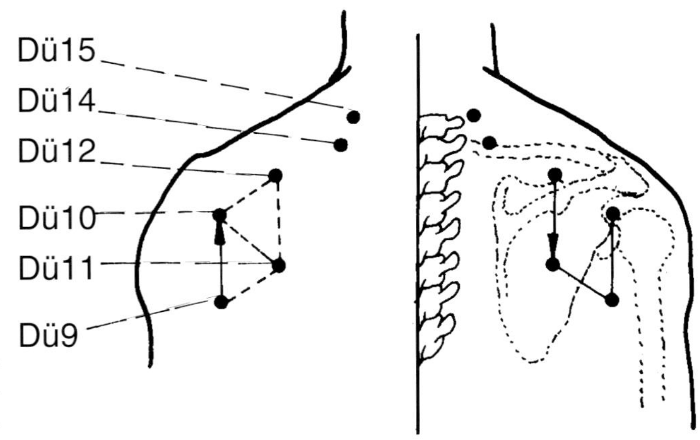

Dü18 *QUANLIAO - "Grube des Backenknochens"*

Lokalisation: geht man vom seitlichen Augenrand in einer Linie nach unten, findet man den Punkt im Schnittpunkt mit dem unteren Rand des Jochbeins.

Indikation:

- Trigeminusneuralgie
- Facialis parese

Dü19 *TINGGONG - "Palast des Gehörs"*

Lokalisation: bei gering geöffnetem Mund spürt man den Punkt in einer Vertiefung hinter dem Condyloid processus (Kiefergelenks-fortsatz) und vor dem Tragus des Ohres (knorpelige Erhebung vor dem Gehörgang)

Indikation:

- Erkrankungen des Ohres
- Störungen im Kiefergelenk

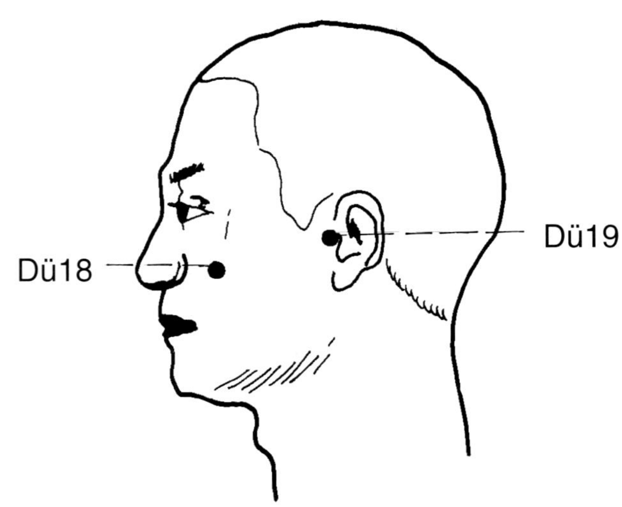

Antike Darstellung des Dünndarm - Meridians

Funktionseinheit

NIERE - BLASE

Die wesentlichsten Funktionen der Niere sind:

I. Speicherung der "Essenz des Lebens" - verantwortlich für Lebenserhaltung
II. Verbindung zum Ohr, Knochen, Knochenmark und den Haaren
III. Dominanz über die Wasserregulation
IV. Modalitäten-Zuordnungen: Wasser/Kälte/Bewahren/Angst, Stagnation - Schwarz - Salzig - Erneuerung

Die Nieren werden oft als "die Wurzel allen Lebens" beschrieben, womit auf die Beziehung zu der den Nieren zugeschriebenen Funktion der Speicherung der "Essenz" hingewiesen wird. Essenz, Qi und Geist werden als die drei Schätze in der chinesischen Medizin dargestellt. Essenz hat dabei den Bezug zu den Nieren, Qi zu den Lungen und der Geist zum Herzen. Gesundheit ist nur dann gewährleistet, wenn diese drei Substanzen in einer harmonischen Ausgeglichenheit zueinanderstehen. Über Essenz, Qi und Geist wird auch die Verbindung von den extremen Gegensätzen wie physische und geistige Ebene bzw. materielles und energetisches Bewußtsein geschaffen, wobei die Essenz das Grobstofflich-Materielle und Qi die umgewandelte feinstoffliche Energie symbolisiert, während der Geist die höchste nicht-materielle Struktur darstellt.

Lebenskraft, ein starkes Willenspotential, Widerstand gegen Krankheiten, gesunder Knochenbau, gute geistige Entwicklung sind Zeichen einer gesunden Essenz.

Da die Sexualenergie direkt mit der Essenz in Verbindung steht, führt übermäßig sexuelle Aktivität zu einem Verlust von Nierenessenz, was beim Erwachsenen zu folgenden Symptomen führen kann:

- Haarverlust
- vorzeitiges Ergrauen der Haare
- Kreuzschmerzen
- Knieschwäche
- schlechte Erinnerung
- schwache Sexualaktivität
- Müdigkeit

Die Frage, wann man von einer "übermäßigen sexuellen Aktivität" sprechen kann, ist nur individuell zu beantworten und sollte je nach Alter, körperlichem und geistigem Zustand der Person abgewogen werden.

Interessant ist die Empfehlung der Häufigkeit von Ejakulationen bei Männern, welche im Buch "Klassik des einfachen Mädchens" aus der Sui-Dynastie (568 *(581)* - 618 n. Chr.) gegeben wird:

Alter	gute Gesundheit	durchschnittliche Gesundheit
15	2 x / Tag	1 x / Tag
20	2 x / Tag	1 x / Tag
30	1 x / Tag	jeden 2. Tag
40	jeden 3. Tag	jeden 4. Tag
50	jeden 5. Tag	jeden 10. Tag
60	jeden 10. Tag	jeden 20. Tag
70	1 x / Monat	-

Maciocia schreibt dazu (Maciocia 138):

"Viele sexuelle Probleme wie Impotenz oder vorzeitige Ejakulation erfordern als erstes von allen eine Reduktion der Sexualaktivität. Obwohl übermäßige sexuelle Aktivität sowohl Männer als auch Frauen beeinflußt, werden zu einem gewissen Ausmaß Männer stärker betroffen und Frauen erholen sich danach schneller. Vom chinesischen Standpunkt aus gibt es einige gravierende Unterschiede. Man kann sagen, daß die Sexualenergie der Männer mehr mit der Essenz der Niere verbunden ist, während die Sexualenergie der Frauen mehr mit dem Blut in Verbindung steht. Das "zinnoberrote Feld - DANTIAN" bei Männern beinhaltet den Raum der Essenz, während es bei Frauen den Uterus beinhaltet. Es folgt daher, daß die Ejakulation einen größeren Verlust von Nierenessenz darstellt als der Orgasmus für Frauen. Bei Frauen ist der Uterus (Gebärmutter) direkt in Beziehung zu den Nieren und jeder Faktor, der den Uterus schwächt, schwächt daher auch die Nieren. Speziell zu viele Geburten in zu kurzer Zeit wirken schwächend auf Uterus und Niere, wodurch Essenz verloren geht, ähnlich wie durch übermäßige Sexualität beim Manne."

Die Niere hat eine direkte Beziehung zum Knochen und Knochenmark, was in der psychischen Analogie dem "Rückgrat-Zeigen", Finden von Stabilität und Sicherheit, zutage tritt.

Somit ist die Niere als Sitz der Lebensenergie auch Ausdruck des Willenspotentials, der Kraft, die vom persönlichen Wollen gesteuert wird.

Jochen Gleditsch beschreibt, daß gerade emotionale Aspekte und triebhafte Elemente hier eine große Rolle spielen:

"Im Triebhaften und Drängenden bricht eine Willensenergie, eine intentionale Bestimmung auf."

Die altchinesische Literatur beschreibt in den **"Einfachen Fragen" Kapitel 23**:

"... Die Niere ist der Sitz der Willenskraft ..."

Ist die Nierenenergie stark, ist der Wille ebenfalls gut ausgeprägt.

Das zugehörige Element der Nieren-Blasen-Funktionseinheit ist das Wasser. Energetische Störungen machen sich vor allem in Angstzuständen mit Müdigkeit, Verkrampfungen, Steifigkeits- und Kältegefühl bemerkbar.

Das Streßniveau eines Menschen ist besonders abhängig von einem gut funktionierenden Nieren-Blasen-Funktionskreislauf - bei Energiemangel können einfache Streßreize nicht mehr adäquat verarbeitet werden. Die Folgen können Kopfschmerzen, Spannungszustände im Nacken und Kreuzbein, Angstgefühle, Verdauungs- und Kreislaufstörungen sein.

Zeichen einer gesunden Niere sind Wärme und Feuchtigkeit, womit wieder die Analogie im übergeordneten Sinne zur Niere als Organ der Partnerschaft gezogen werden kann - Feuchtigkeit und wohlige Wärme im Kontext von Liebe, Sexualität und Lebensenergie. Während die Niere den seelischen Anteil der Partnerschaft vertritt, gehören Eierstöcke und Hoden zum Blasenmeridian und korrelieren mit dem sexuellen Anteil. Störungen in der Nieren-Blasen-Funktionseinheit werden daher mit Kälte, Frigidität, Angst und Furcht assoziiert.

Frigidität kann als eine Form der Gefühlskälte, welche die Angst vor dem sexuellen Erlebnis ausdrückt, betrachtet werden. Die Manifestation der Symptome wird durch die Lokalisation des Blasenmeridians (über die Rückseite der Beine, aufsteigend zum Rücken und über den Hinterkopf verlaufend) klar dargestellt.

Wenn jemand Angst hat oder starke Kälte empfindet, sagt man auch im Volksmund: "es läuft einem kalt über den Rücken" - "die Angst sitzt mir im Nacken".

Die Verbindung Blase - Niere - Kälte ist auch aus der einfachen medizinischen Erfahrung zu erklären, daß über die Füße, als sehr kälteempfindliche Körperteile, eben entlang des Blasen- und Nierenmeridians sehr leicht Verkühlungen bis zur Blase aufsteigen können. Umgekehrt kann man bei Kälteeinfluß durch ein heißes Fußbad wieder positiv heilend auf das Meridianpaar einwirken.

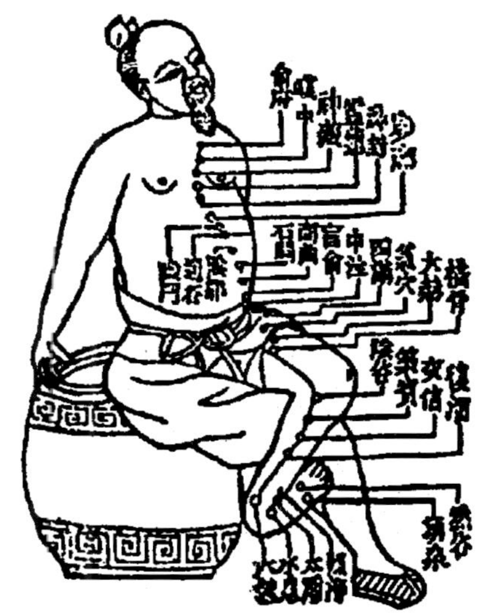

Antike Darstellung des Nierenmeridians

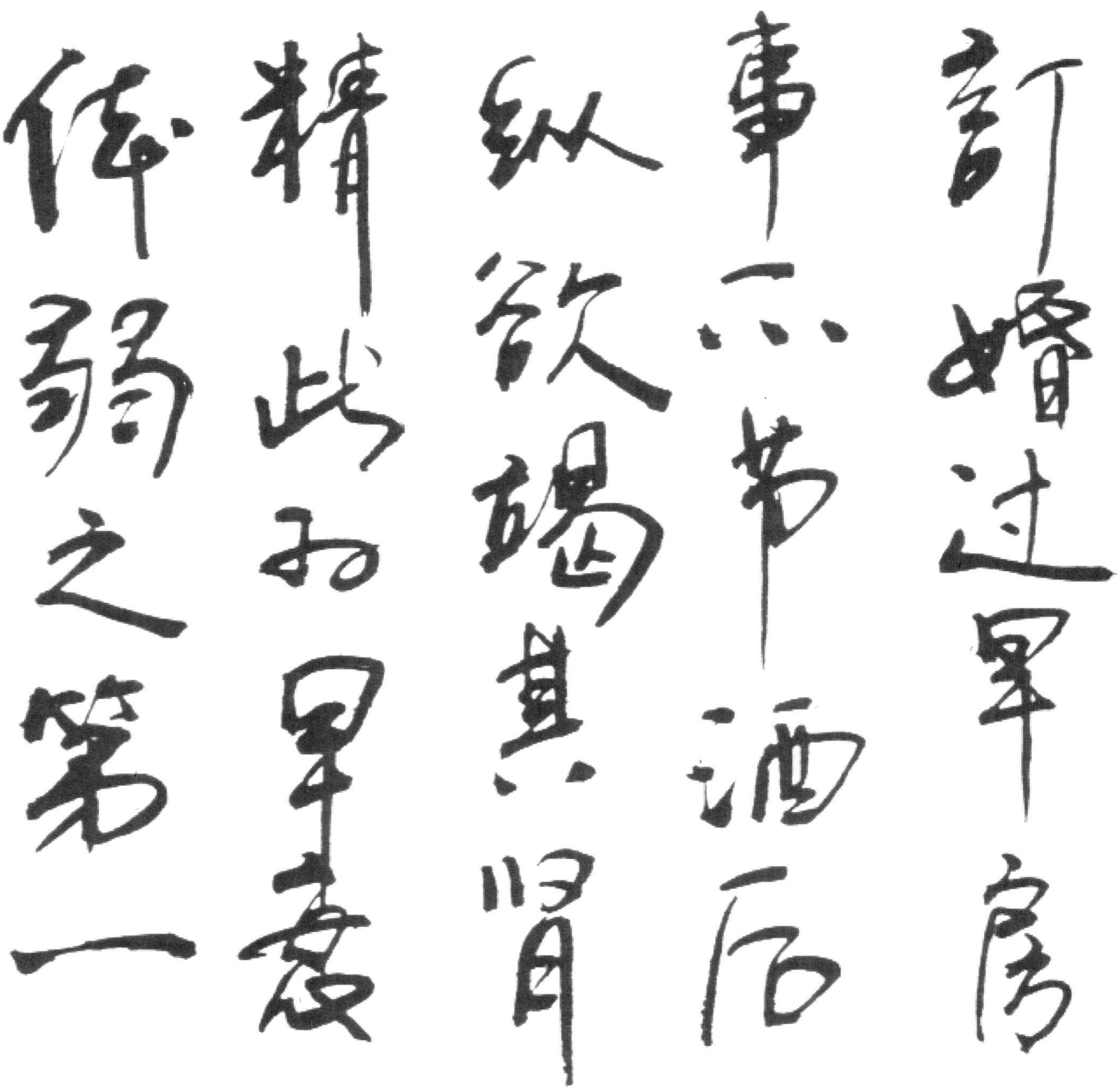

Canon der Medizin:

"Wenn regelmäßig unpassende oder exzessive sexuelle Beziehungen eingegangen werden und im betrunkenen Zustand Sex gemacht wird, konsumiert dies die Lebensessenz, welche in der Niere gespeichert ist. Dies ist einer der Hauptgründe für vorzeitiges Altern und verminderte Gesundheit."

BLASENMERIDIAN

Meridianverlauf

Der Meridian hat seinen Ursprung am inneren Augenwinkel (B1), von wo er über die Stirne zur Haargrenze und über den Schädel bis zum Unterrand des Hinterhauptbeins (B10) - zwei Querfinger neben der Mittellinie - zieht. Hier teilt er sich in zwei Äste, wobei der eine zwei Querfinger, der andere vier Querfinger neben der Mittellinie parallel nach unten verläuft. Beide Äste gehen von der Kreuzbein- und Gesäßmuskelregion an der Rückseite des Oberschenkels zur Kniekehle, wo sie sich wieder vereinigen (B40). Der weitere Verlauf geht über die Rückseite des Unterschenkels (B57, B58) bis hinter den Außenknöchel (B60), um entlang des äußeren Fußrandes am seitlichen Nagelfalzwinkel des kleinen Zehens zu enden (B67).

Der innere Ast des Meridians zieht zur Niere und zur Blase.

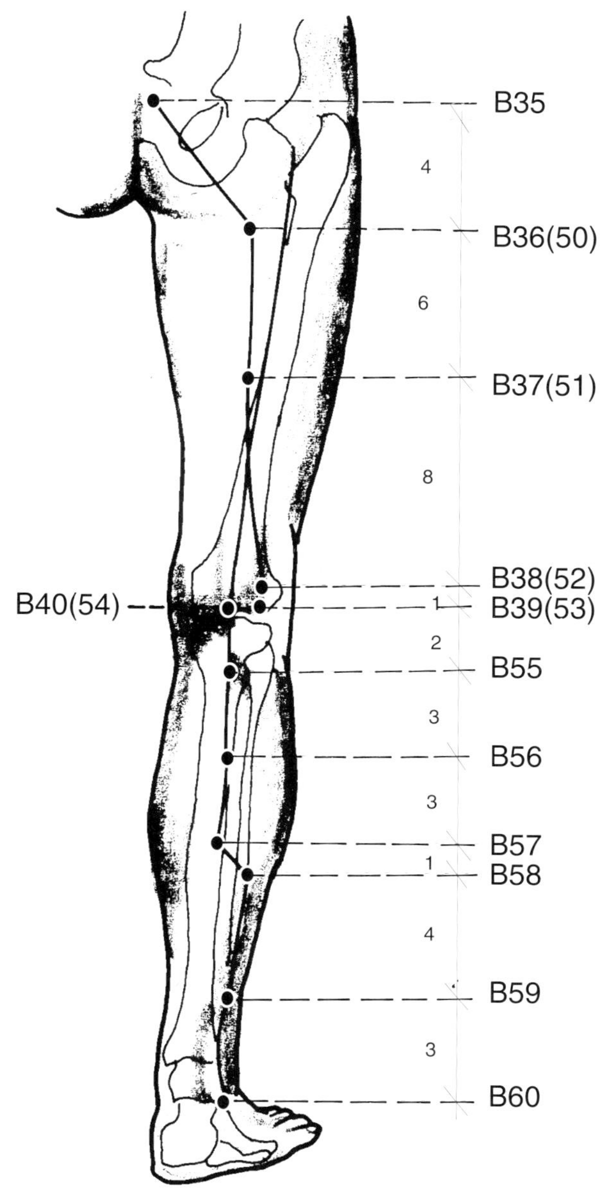

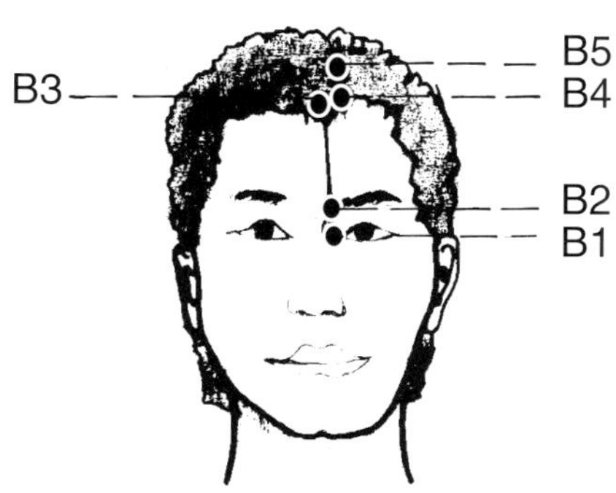

Quellpunkt:	B64
Tonisierungspunkt:	B67
Sedativpunkt:	B65
Durchgangspunkt:	B58 (zu N3)
Alarmpunkt:	KG3
Zustimmungspunkt:	B28
Kardinalpunkt:	B62

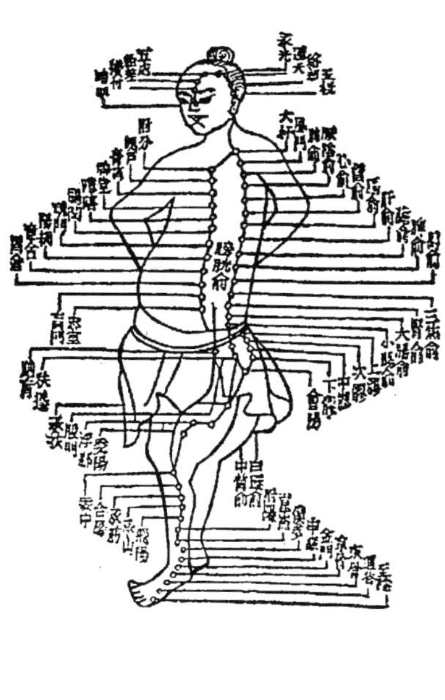

Antike Darstellung des Blasenmeridians

Anmerkung: Bei einigen Meridianpunkten gibt es unterschiedliche Numerierungen. Die hier verwendeten Bezeichnungen beziehen sich auf die chinesische Nomenklatur, während jene nach Bachmann in Klammern genannt werden.

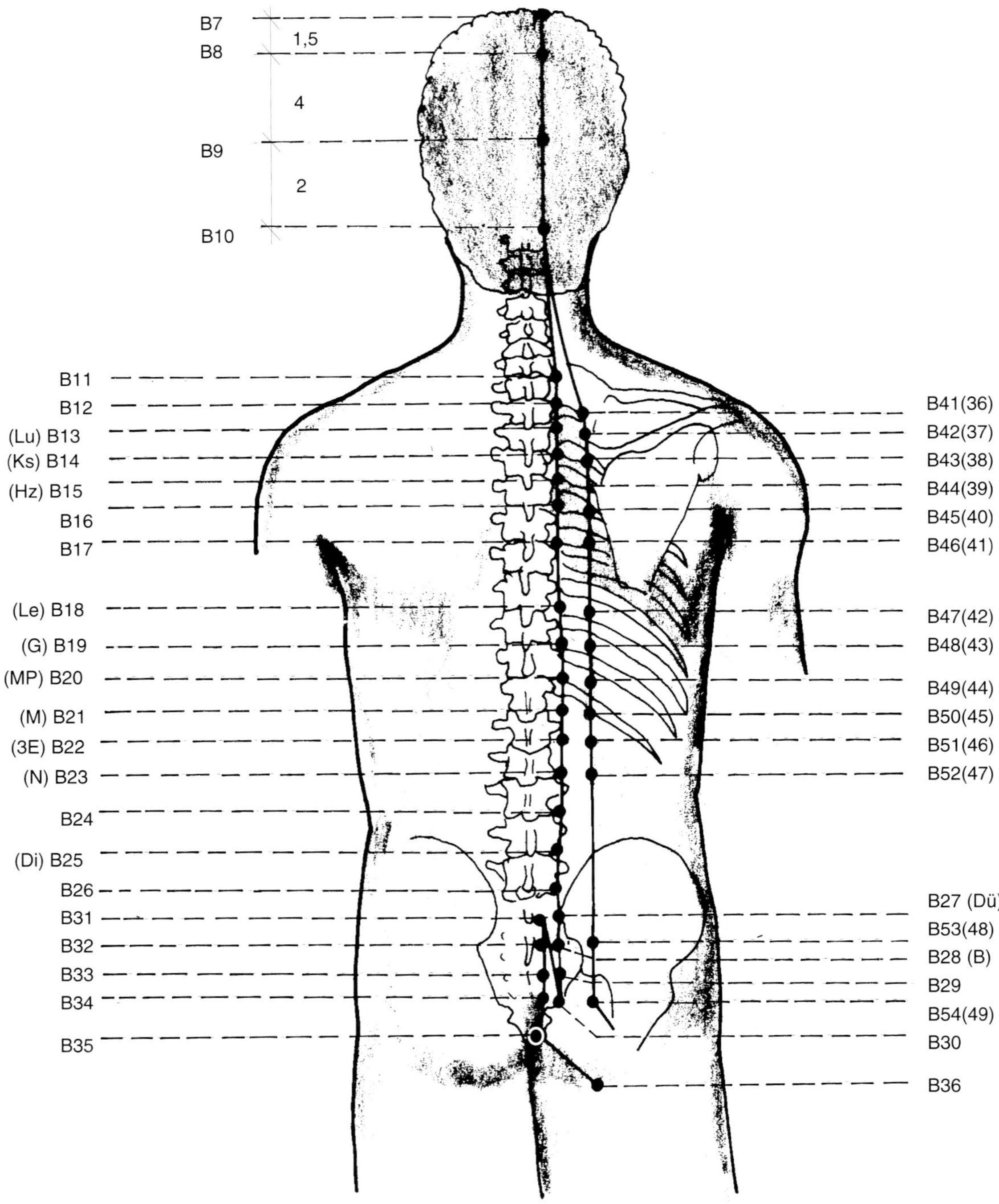
B7
1,5
B8
4
B9
2
B10
B11
B12
(Lu) B13
(Ks) B14
(Hz) B15
B16
B17
(Le) B18
(G) B19
(MP) B20
(M) B21
(3E) B22
(N) B23
B24
(Di) B25
B26
B31
B32
B33
B34
B35
B41(36)
B42(37)
B43(38)
B44(39)
B45(40)
B46(41)
B47(42)
B48(43)
B49(44)
B50(45)
B51(46)
B52(47)
B27 (Dü)
B53(48)
B28 (B)
B29
B54(49)
B30
B36

Meridianpunkte

B1 — *J I N G M I N G - "Glanz des Augapfels"*

Lokalisation: 0,1 cun neben dem mittelwärts gelegenen Augenwinkel

Indikation:
- Erkrankungen des Auges
- Kopfschmerzen
- Nasennebenhöhlenentzündung

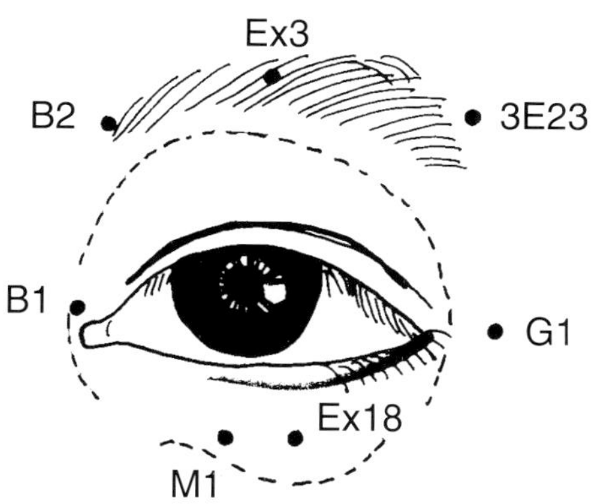

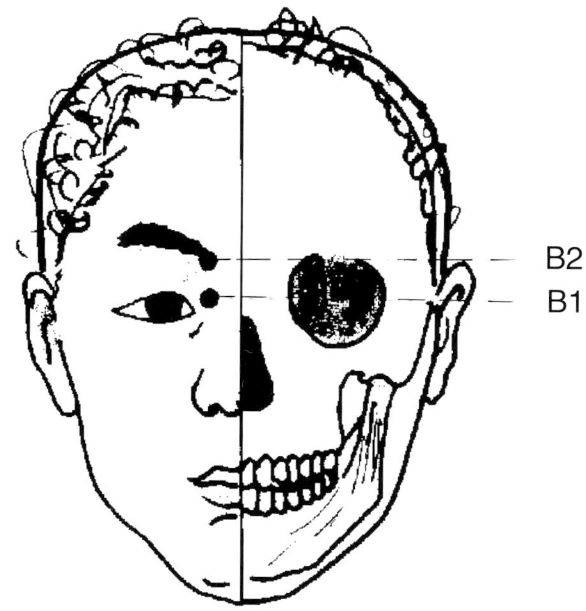

B2 — *Z A N Z H U - "Sammeln des Bambus"*

Lokalisation: am mittelwärts gelegenen Ende der Augenbrauen, in einer Delle über dem Foramen supraorbitale (Durchtritt des Nervus supraorbitalis am oberen Augenhöhlenrand)

Indikation:
- Frontalkopfschmerz
- Nasennebenhöhlenentzündung

Bemerkungen:
- bildet mit dem Punkt YINTANG (in der Mitte der Nasenwurzel) das sogenannte "vordere magische Dreieck", d.h. eine stark wirksame Punktekombination bei Kopfschmerzen und Sinusitis

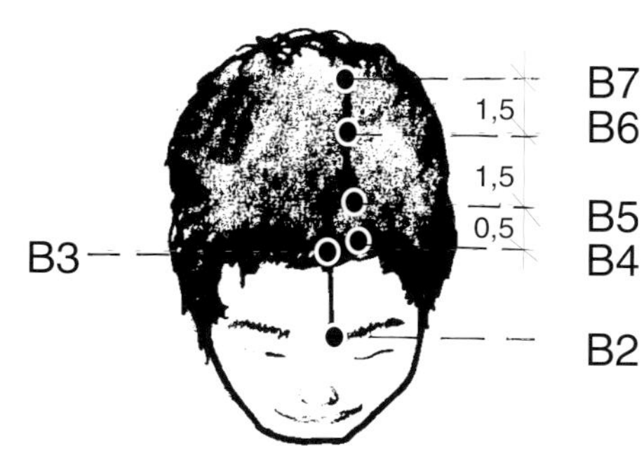

B10 — *T I A N Z H U - "Säule des Himmels"*

Lokalisation: am Unterrand des Okziputs (Hinterhauptbein), 2 Querfinger (QF) neben der Mittellinie - 1 cun unter der Protuberantia occipitealis (tastbarer Knochenvorsprung in der Mitte der Schuppe des Hinterhauptbeins)

Indikation:
- Kopfschmerzen
- Nackensteifigkeit

Bemerkungen:
- wirkt reizend auf den Nervus vagus (Hauptvertreter des parasympathischen Nervensystems)
- beeinflußt die Durchblutung des Schädels
- B10 + G20 bei vegetativer Dystonie (Fehlregulation des vom Sympathicus und Parasympathicus gebildeten vegetativen Nervensystems)
- Kreislaufstörungen
- Atembeschwerden
- Unruhe
- Schlaflosigkeit
- Herzklopfen
- Beklemmung

B11

DAZHU - "Großes Weberschiffchen"

Lokalisation: 1,5 cun (2 QF) seitlich des unteren Randes des 1. Brustwirbeldornfortsatzes (B.W.D.)

Indikation:
- Nackenschmerzen

Bemerkungen:
- B11 und LG13 formen das "hintere magische Dreieck"
- hat über Calcitoninstoffwechsel eine Wirkung auf Knochen und Knorpel

B13

FEISHU - "Zustimmungspunkt der Lunge"

Lokalisation: 1,5 cun seitlich des unteren Randes des 3. B.W.D.

Indikation:
- Reizhusten
- Bronchitis
- Asthma
- Schmerzen der Rückenmuskulatur

Bemerkungen:
- der Blasenmeridian teilt sich bei B10 in einen inneren und einen äußeren Ast, wobei die Zustimmungspunkte der gesamten Meridiane am inneren Ast liegen - man verwendet sie häufig bei subakuten oder chronischen Krankheiten
- Erkrankungen des entsprechenden Organs können vom Zustimmungspunkt aus beeinflußt werden
- über segmentreflektorische Bahnen läßt sich erklären, daß jene Areale um den Zustimmungspunkt bei Erkrankungen des "zustimmenden Organs" druckschmerzhaft sind
- B13 ist Zustimmungspunkt des LUNGENMERIDIANS

B14

JUEYINSHU - "Zustimmungspunkt des Kreislaufs"

Lokalisation: 1,5 cun seitlich der hinteren Mittellinie, in Höhe des unteren Randes des 4. B.W.D.

Indikation:
- Husten
- Kopfschmerzen
- Kreislaufregulationsstörungen

Bemerkungen:
- Zustimmungspunkt des Meridians KREISLAUF-SEXUALITÄT

B15

XINSHU - "Zustimmungspunkt des Herzens"

Lokalisation: 1,5 cun seitlich der hinteren Mittellinie, in Höhe des unteren Randes des 5. B.W.D.

Indikation:
- Schmerzen der Rückenmuskulatur
- Herzklopfen
- Unruhe
- Angstzustände
- Schlafstörungen

Bemerkungen:
- Zustimmungspunkt des HERZMERIDIANS
- beruhigt den Geist

B17

G E S H U - "Zustimmungspunkt für das Zwerchfell"

Lokalisation: 1,5 cun seitlich der hinteren Mittellinie, in Höhe des unteren Randes des 7. B.W.D.

Indikation:
- Asthma
- Schluckauf
- Erbrechen

Bemerkungen:
- "Meisterpunkt des Zwerchfells" - reguliert von der Fehlatmung zur Normalatmung
- B17 tonisiert Qi und Blut des gesamten Körpers
- B17 + B19 generelle Tonisierung (die Kombination dieser Punkte wird "4 Blumen" genannt - n. Maciocia)
- B17 + B18 + B20 wird ebenfalls zur Tonisierung verwendet und die "großartigen 6" genannt

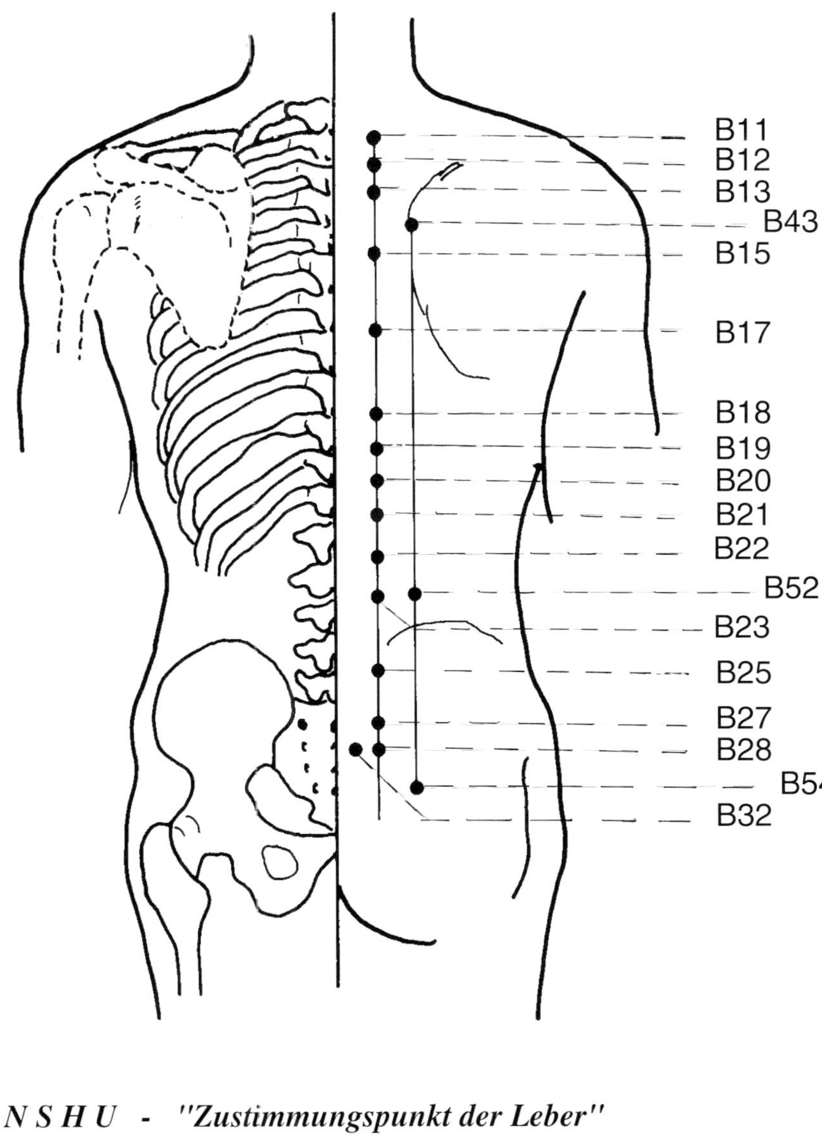

B18

G A N S H U - "Zustimmungspunkt der Leber"

Lokalisation: 1,5 cun seitlich der hinteren Mittellinie, in Höhe des unteren Randes des 9. B.W.D.

Indikation:
- Lebererkrankungen
- Augenstörungen
- Magenbeschwerden

Bemerkungen:
- Zustimmungspunkt des L E B E R M E R I D I A N S

B19

D A N S H U - "Zustimmungspunkt der Gallenblase"

Lokalisation: 1,5 cun seitlich der hinteren Mittellinie, in Höhe des unteren Randes des 10. B.W.D.

Indikation:
- Hepatitis
- Erbrechen
- Kopfschmerzen

Bemerkungen:
- Zustimmungspunkt des G A L L E N B L A S E N M E R I D I A N S

B20

P I S H U - "Zustimmungspunkt von Milz-Pankreas"

Lokalisation: 1,5 cun seitlich der hinteren Mittellinie, in Höhe des unteren Randes des 11. B.W.D.

Indikation:
- Verdauungsstörungen
- Erbrechen
- Durchfall
- Gastritis

Bemerkungen:
- Zustimmungspunkt des M I L Z - P A N K R E A S - M E R I D I A N S

B21

W E I S H U - "Zustimmungspunkt des Magens"

Lokalisation: 1,5 cun seitlich der hinteren Mittellinie, in Höhe des unteren Randes des 12. B.W.D.

Indikation:
- Magenschmerzen
- Gastritis
- Erbrechen
- Übelkeit
- Verdauungsstörungen

Bemerkungen:
- Zustimmungspunkt des M A G E N M E R I D I A N S
- "Meisterpunkt des Magens"

B22

S A N J I A O S H U -"Zustimmungspunkt des 3fachen Erwärmers"

Lokalisation: 1,5 cun seitlich der hinteren Mittellinie, in Höhe des unteren Randes des 1. Lendenwirbeldornes

Indikation:
- Abdominalbeschwerden
- Erbrechen
- Durchfall

Bemerkungen:
- Zustimmungspunkt des D R E I F A C H E N E R W Ä R M E R S

B23

S H E N S H U - "Zustimmungspunkt der Niere"

Lokalisation: 2 QF seitlich der Mittellinie zwischen den Querfortsätzen des 2. und 3. Lendenwirbels

Indikation:
- Impotenz
- Kreuzschmerzen
- Menstruationsbeschwerden
- Blasenentzündungen

Bemerkungen:
- Zustimmungspunkt des N I E R E N M E R I D I A N S
- B23 + KG4 tonifiziert die Niere bei Impotenz und verminderten sexuellen Lustgefühlen
- B23 + B52 stärkt und stimuliert den Geist (n. Maciocia)
- B23 + 3E5 wirkt auf rheumatisches Geschehen (n. Bischko)

B25

D A C H A N G S H U - "Zustimmungspunkt des Dickdarms"

Lokalisation: 2 QF seitlich der Mittellinie in Höhe des unteren Randes des 4. Lendenwirbeldornes

Indikation:
- Kreuzschmerzen
- Verstopfung
- Durchfall

Bemerkungen:
- Zustimmungspunkt des D I C K D A R M M E R I D I A N S

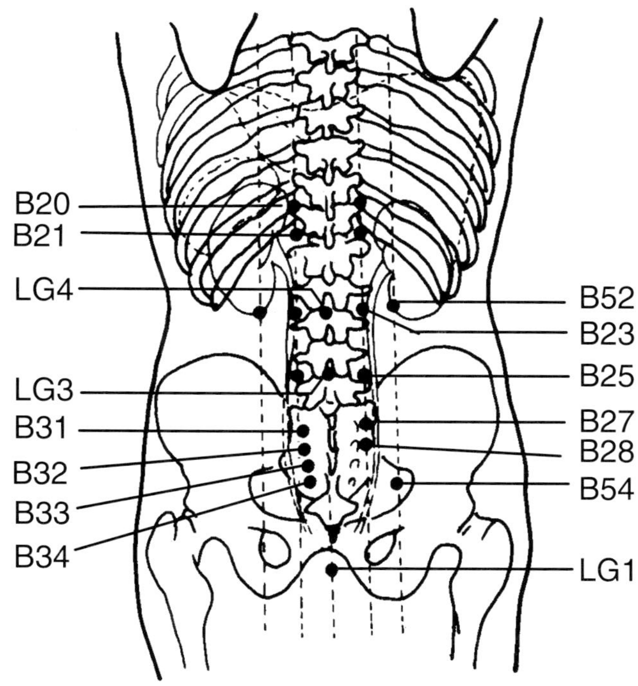

B27

X I A O C H A N G S H U - "Zustimmungspunkt des Dünndarms"

Lokalisation: 2 QF seitlich der hinteren Mittellinie in Höhe des 1. Kreuzbeinloches

Indikation:
- Ischias
- Kreuzschmerzen
- Durchfall

Bemerkungen:
- Zustimmungspunkt des D Ü N N D A R M M E R I D I A N S

B28

P A N G G U A N G S H U - "Zustimmungspunkt der Blase"

Lokalisation: 2 QF seitlich der hinteren Mittellinie in Höhe des 2. Kreuzbeinloches.

Indikation:
- Ischias
- Kreuzschmerzen
- Blasenentzündungen

Bemerkungen:
- Zustimmungspunkt des B L A S E N M E R I D I A N S
- B23 + B28 stärkt den unteren Rückenbereich

B31

S H A N G L I A O - "Obere Grube"

Lokalisation: 1 QF seitlich vom 1. Sakralwirbel über dem 1. Sakralloch (Kreuzbeinloch)

Indikation:
- Schmerzen im Kreuzbein
- Kopfschmerz
- klimakterische Beschwerden
- Ischias
- Impotenz

Bemerkungen:
- "Meisterpunkt des Klimakteriums" - hormonell wirksam
- Menstruationsbeschwerden
- tonisiert die Niere

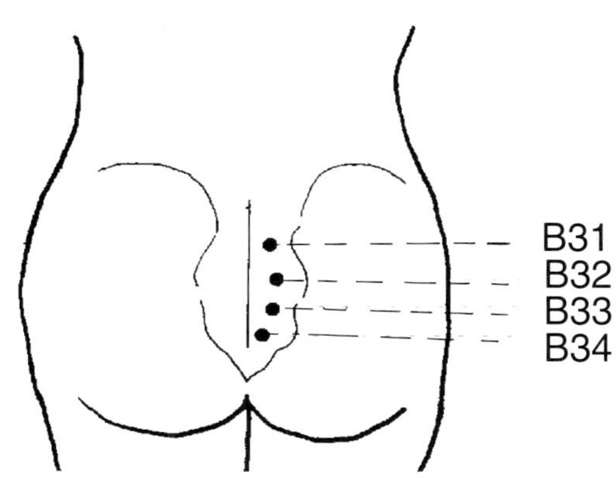

B32 — *C I L I A O - "Nächste Grube"*

Lokalisation: im 2. Sakralloch

Indikation: wie B31

B33 — *Z H O N G L I A O - "Mittlere Grube"*

Lokalisation: im 3. Sakralloch

Indikation: wie B31

B34 — *X I A L I A O - "Untere Grube"*

Lokalisation: im 4. Sakralloch

Indikation: wie B31

B36 (50) — *C H E N G F U - "Stützzone"*

Lokalisation: in der Mitte der Glutealquerfalte (Gesäßfalte)

Indikation:
- Ischias
- Kreuzschmerzen
- motorische Störungen der unteren Extremität

Bemerkungen:
- entspricht einem Ischiasdruckpunkt

B37 (51) — *Y I N M E N - "Riesiges Tor" - "Tor des Reichtums"*

Lokalisation: 6 cun (etwa 2 Handbreiten) unter B36

Indikation: wie B36

B40 (54) — *W E I Z H O N G - "Mittlerer Speicher"*

Lokalisation: in der Mitte der Kniekehle (Kniegelenksquerfalte)

Indikation:
- Ischias
- Lumbago (sog. Hexenschuß)
- Kreuzschmerzen
- Beschwerden im Kniegelenk

Bemerkungen:
- nach Bischko: "Stoffwechselpunkt"

B43 (38) — *G A O H U A N G S H U - "Zentrum des Lebens"*

Lokalisation: 3 cun (4 QF) seitlich der hinteren Mittellinie auf der Höhe der unteren Grenze des 4. Brustwirbeldorns

Indikation:
- Schmerzen im Schulter- und Nackenbereich
- Asthma

Bemerkungen:
- tonisiert das Qi im gesamten Körper (speziell nach längeren Krankheiten zu verwenden)
- stärkt die Niere (bei schwacher Sexualenergie)

B52 (47) *ZHISHI - "Raum der Willenskraft"*

Lokalisation: 3 cun (4 QF) seitlich der Mittellinie an der unteren Grenze des Processus spinosus des 2. Lumbalwirbels - liegt auf der Höhe von B23 und LG4

Indikation:
- IMPOTENZ
- Menstruationsstörungen
- Kreuzschmerzen

Bemerkungen:
- für emotionelle Probleme - Frustration, Niedergeschlagenheit
- B52 + Le8 für emotionale und geistige Stabilisierung (n. Maciocia)

B57 *CHENGSHAN - "Stützender Berg"*

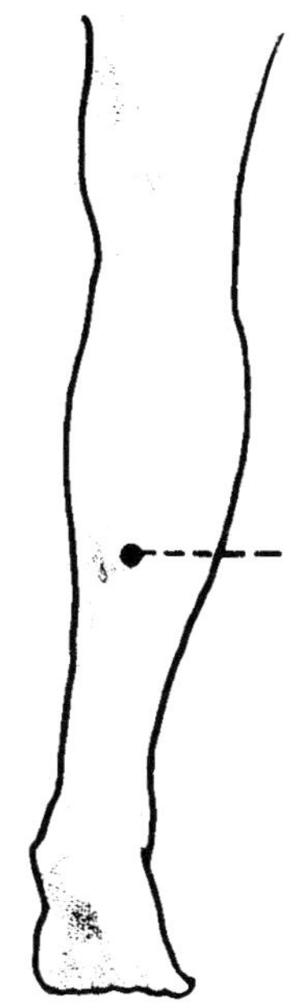

Lokalisation:

a) überstreckt man den Fuß, erscheinen die 2 Bäuche des Musculus gastrocnemius (Zwillingswadenmuskel) und ein dadurch entstandender nach unten offener Winkel (der Beginn der Achillessehne) - B57 liegt am Beginn dieser Achillessehne

b) verbindet man B40 mit B60, so liegt der Punkt in der Mitte

Indikation:
- Ischias
- Krampfzustände im Bein
- Lähmungen der unteren Extremität
- Kreuzschmerzen

B58 *FEIYANG - "Aufschwung"*

Lokalisation:

a) 1 cun unterhalb und seitlich von B57

b) 7 cun über B60 am Hinterrand des Wadenbeins

Indikation:
- Knieschmerzen
- Kopfschmerzen
- Kreuzschmerzen
- Ischias

Bemerkungen:
- "Stoffwechselpunkt" (n. Bischko)
- bei Durchblutungsstörungen der Beine B58 + MP6 + M36

B60 *KUNLUN - "Kunlun ist die Bezeichnung eines Gebirges in Tibet"*

Lokalisation: in der Mitte zwischen der Spitze des Außenknöchels und dem seitlichen Rand der Achillessehne

Indikation:
- Knöchelschmerzen
- Arthritis
- Kopfschmerzen
- Kreuzschmerzen
- Menstruationsprobleme

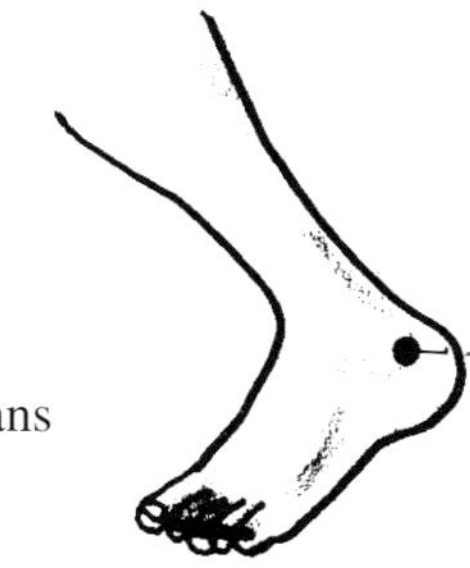

Bemerkungen:
- Meisterpunkt für Schmerzen im Bereich des Blasenmeridians (n. Bischko)
- Fernpunkt für Kreuzschmerzen

B62

SHENMAI - "Neunter Kanal" - "Gefäß der Streckung"

Lokalisation: 0,5 cun unterhalb des Unterrandes des äußeren Knöchels, in einer Vertiefung

Indikation:
- Schmerzen im Knöchel
- Schwellungen
- Verstauchungen
- Kopfschmerzen
- Nervosität

Bemerkungen:
- B62 + N6 bei Schlaflosigkeit
- Kardinalpunkt

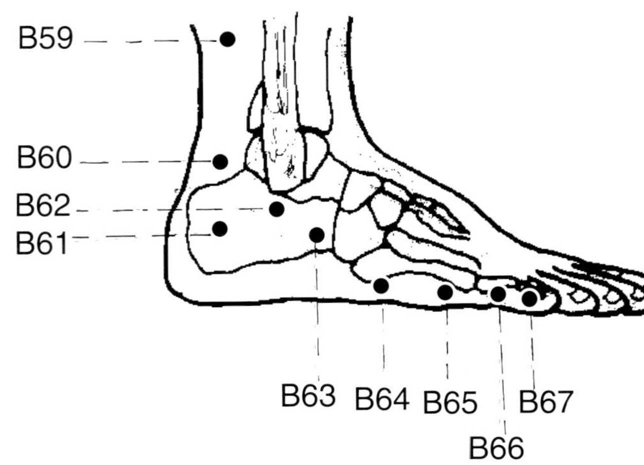

B64

JINGGU - "Bedeutender Knochen"

Lokalisation: am Fußrand an der Basis des 5. Mittelfußknochens in einer Vertiefung (unter der Tuberositas)

Indikation:
- Beschwerden im Nackenbereich
- Kopfschmerzen
- Kreuzschmerzen

Bemerkungen:
- Quellpunkt

B65

SHUGU - "Verbindung des Knochens"

Lokalisation: in einer Grube seitlich hinter dem Kopf des 5. Mittelfußknochens

Indikation:
- Nackenschmerzen
- Kreuzschmerzen
- Kopfweh

Bemerkungen:
- Sedierungspunkt

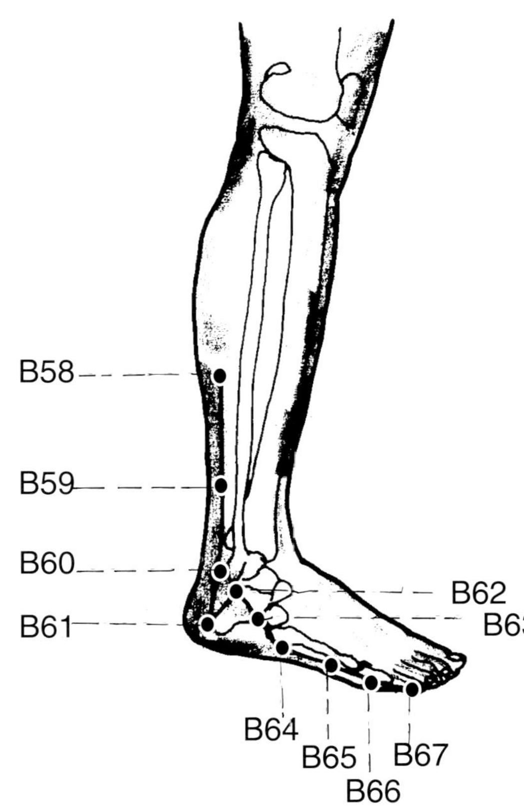

B67

ZHIYIN - "Ankunft des YIN"

Lokalisation: 0,1 cun vom seitlichen Nagelfalzwinkel der kleinen Zehe entfernt

Indikation:
- Kopfschmerzen
- Schwierigkeiten bei der Geburt

Bemerkungen:
- bei Lageanomalie des Kindes wird im 8. Schwangerschaftsmonat dieser Punkt 5 mal täglich mit Moxa über 10 Tage lang behandelt (n. Maciocia)
- Tonisierungspunkt

NIERENMERIDIAN

Meridianverlauf

Ausgehend von der Fußsohle (N1) läuft der Meridian entlang dem Innenrand des Fußes, beschreibt eine Schleife hinter dem Innenknöchel (N3, 4, 5, 6), geht über die innere Wade zur Kniegelenksquerfalte, weiter zur Innenseite des Oberschenkels bis zum Oberrand der Schamfuge (N11), von wo er zwischen Mittellinie und dem Magenmeridian über dem Bauch- und Brustraum bis zu seinem Endpunkt im Winkel zwischen Brust- und Schlüsselbein zieht (N27).

Der innere Ast verbindet den äußeren Meridian mit dem Kreuzbein und dem Lendenwirbelbereich sowie mit der Harnblase, Niere, Leber, Lunge und der Zunge. Von dem Teil, der zur Zunge zieht, gibt es noch einen Ast zum Herzen und zum Brustkorb, wo eine Verbindung mit dem Kreislauf-Sexualität-Meridian aufgenommen wird.

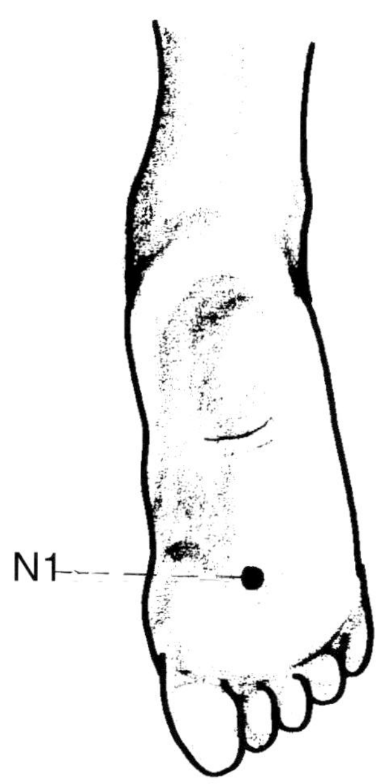

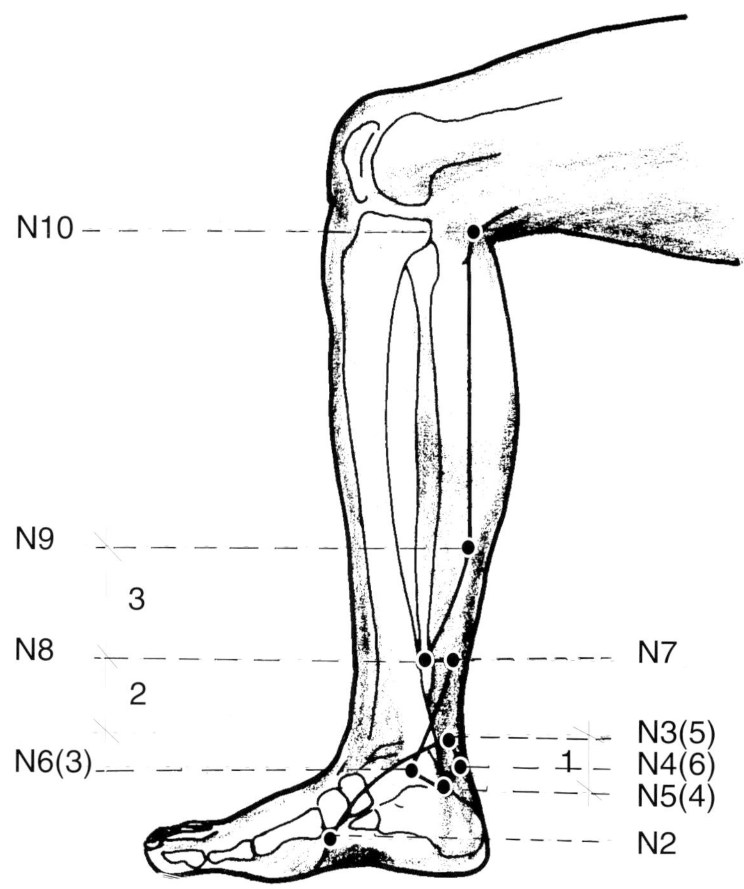

Quellpunkt:	N3
Tonisierungspunkt:	N7
Sedativpunkt:	N1
Durchgangspunkt:	N4 (zu B64)
Alarmpunkt:	G25
Zustimmungspunkt:	B23
Kardinalpunkt:	N6

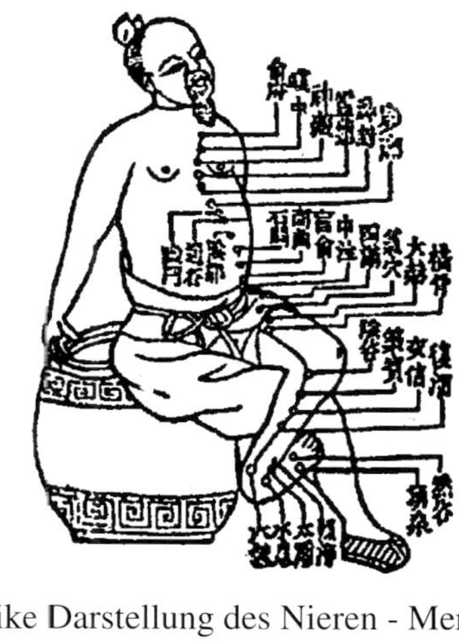

Antike Darstellung des Nieren - Meridians

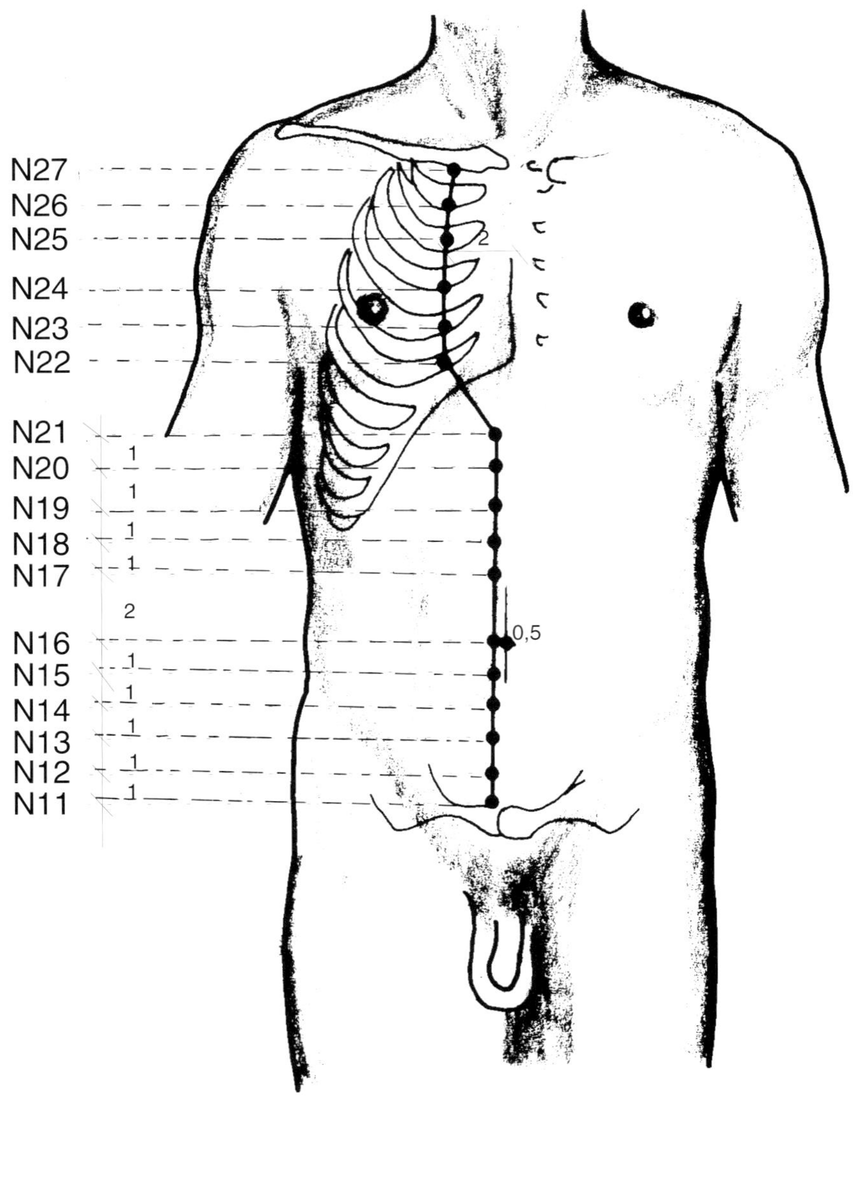
N27
N26
N25
2
N24
N23
N22
N21
1
N20
1
N19
1
N18
1
N17
2
N16
0,5
1
N15
1
N14
1
N13
1
N12
1
N11

Meridianpunkte

N1

Y O N G Q U A N - "Sprudelnde Quelle"

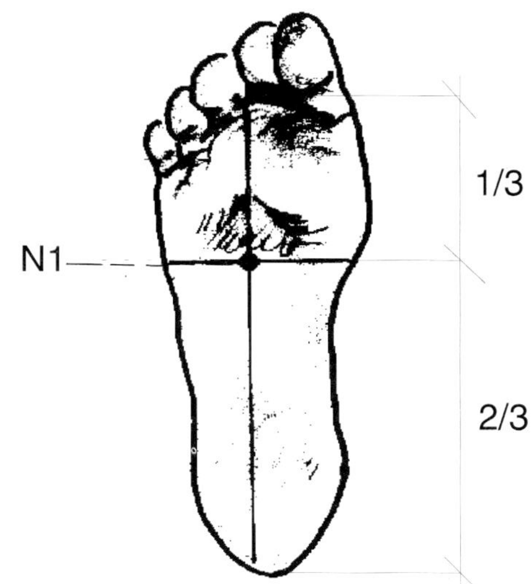

Lokalisation: zwischen dem Groß- und Kleinzehenballen auf der Fußsohle; teilt man die Fußsohle in 3 Drittel (ohne Zehen), liegt der Punkt am Übergang des 1. ins 2. Drittel

Indikation:
- Bewußtlosigkeit
- Schock
- Kopfschmerzen

Bemerkungen:
- beruhigt den Geist bei Angstzuständen
- Sedierungspunkt

N3 (5)

T A I X I - "Großer Strom" - "Leuchtendes Meer"

Lokalisation: in der Mitte zwischen Achillessehne und innerer Knöchelspitze (entspricht B60 an der Außenseite)

Indikation:
- Schmerzen im Sprunggelenk
- Schwellungen
- Menstruationsstörungen
- Impotenz

Bemerkungen:
- N3 + N7 tonisiert bei generellen Müdigkeitszuständen
- wird in der Rheumabehandlung eingesetzt
- Quellpunkt
- Tonisierungspunkt

N6 (3)

Z H A O H A I - "Leuchtendes Meer" - "Feuer des Meeres"

Lokalisation: 1 cun unter der Knöchelunterkante - unter der Spitze des Innenknöchels

Indikation:
- Schwellung nach Gipsabnahme
- Schmerzen im Sprunggelenk
- Menstruationsstörungen

Bemerkungen:
- "Stoffwechselpunkt" (n. Bischko)
- B62 + N6 bei Schlaflosigkeit
- stärkt die Niere, beruhigt den Geist bei Rastlosigkeit und Angstzuständen (n. Maciocia)
- N6 + KS6 bei Schmerzen im Brustraum
- Kardinalpunkt

N7

F U L I U - "Wiederkehrender Strom"

Lokalisation: 2 cun über N3

Indikation:
- Schmerzen des Fußgelenkes
- Nachtschweiß mit Kälte
- Fieber
- Schwellung im Bein
- reguliert Wassermetabolismus

Bemerkungen:
- tonisiert die "Feuerniere" (entspricht der Nebenniere) im Vergleich zur "Wasserniere", dem Ausscheidungs-organ

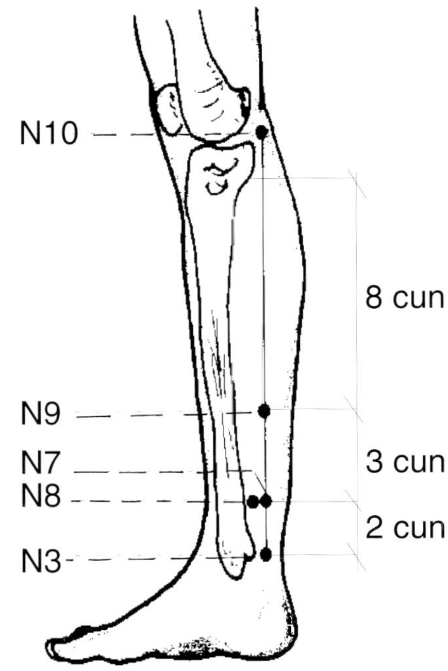

N8

entspricht als Kreuzungspunkt Le5 und MP6

N10

Y I N G U - "Tal des YIN"

Lokalisation: wenn das Knie gebeugt ist, liegt der Punkt am mittelwärts gelegenen Ende der Kniegelenksquerfalte (zwischen Sehnen des Musculus semitendinosus und seminembranosus)

Indikation:
- Beschwerden im Kniegelenk
- Impotenz
- Störungen der Wasserausscheidung

Bemerkungen:
- reguliert die "Wasserniere"

N11

H E N G G U - "Horizontaler Knochen"

Lokalisation: am oberen Schamfugenrand, 0,5 cun seitlich der Mittellinie (KG2) und 5 cun unter dem Nabel

Indikation:
- sexuelle Störungen
- Impotenz
- Frigidität
- Erschöpfung der Sexualenergie
- Schmerzen beim Harnlassen

N21

Y O U M E N - "Versunkenes Tor" - "Dunkles Tor"

Lokalisation: 6 cun über dem Nabel - 0,5 cun seitlich der Mittellinie (KG14) - an der Spitze des vom 6. und 7. Rippenknorpel gebildeten Winkels im 6. Zwischenrippenraum

Indikation:
- Hyperemesis gravidarum (Schwangerschaftserbrechen)

Bemerkungen:
- N21 + B44 bei Singultus (Schluckauf) (n. Bischko) - hat einen segmentreflektorischen Einfluß

N27

S H U F U - "Haus der Zustimmung"

Lokalisation: am Rand des Brustbeins und am unteren Teil des Sternoclavicular-Gelenks (Verbindung des Brustbeins mit dem Schlüsselbein) - 2 cun seitlich der Mittellinie

Indikation:
- Asthma
- Husten

KREISLAUF- SEXUALITÄT
DREIFACHER ERWÄRMER

Diese beiden Meridiane werden in der traditionellen chinesischen Medizin nicht als eigene Funktionseinheiten geführt, d. h. sie wirken nur auf einer funktionellen Basis, der kein inneres Organ zugeordnet ist.

Aus der englischen Bezeichnung für KS, "Pericardium", läßt sich bereits auf die Verbindung zum Herzen schließen und bestätigt die Wirkung auf den Kreislauf. Auf psychischer Ebene beeinflußt er die Beziehung eines Menschen mit seinen Mitmenschen und wird daher oft bei emotionalen Beziehungsproblemen verwendet (n. Maciocia).

Der Name "Dreifacher Erwärmer" resultiert aus dessen Wirkungsverhalten auf verschiedene Regulationssysteme des Körpers. Er beeinflußt den Atemtrakt, das Verdauungssystem und den Urogenitaltrakt und hat somit eine wichtige hormonelle Stoffwechselfunktion.

Die wichtigsten Funktionen sind:

I. Stoffwechsel- und Flüssigkeitsregulation
II. Einfluß auf Atem - Kreislauf - Verdauung - Urogenitalregion

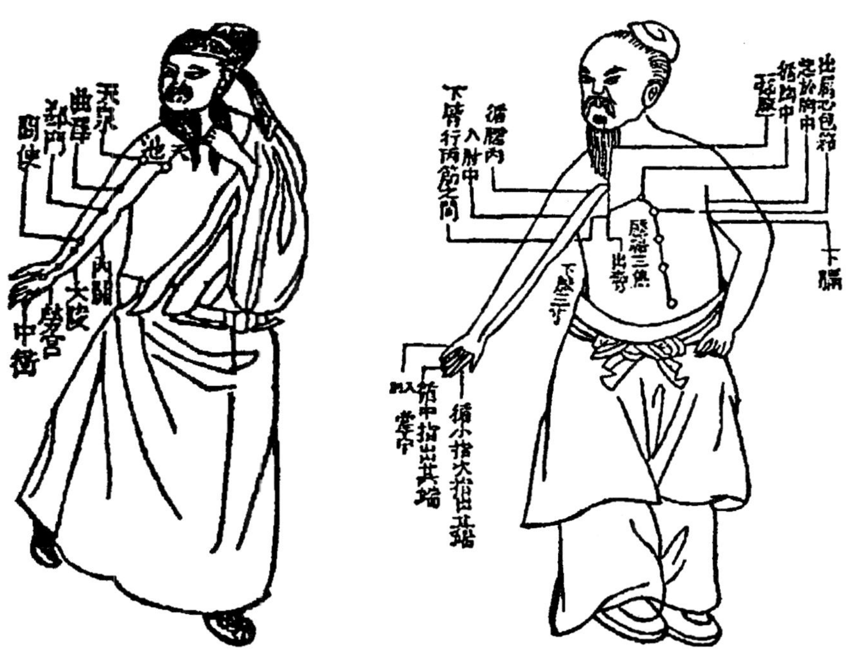

Antike Darstellung des KS - Meridians

KREISLAUF-SEXUALITÄT-MERIDIAN

Meridianverlauf

Ausgehend vom 4. Zwischenrippenraum seitlich der Brustwarze verläuft der Meridian über die Innenseite des Oberarmes zur Ellbogenmitte (KS3) und gelangt über den inneren Bereich des Unterarmes (KS6) zur Handgelenksquerfalte (KS7), von wo er über die Handinnenfläche zur Spitze des Mittelfingers zieht (KS9).

Über drei innere Äste werden Verbindungen zum Perikard (Herzbeutel - der englische Name des Meridians "pericard" stammt davon), zum Bauchraum und zum Beginn des Dreifachen Erwärmers am Ringfinger geschaffen.

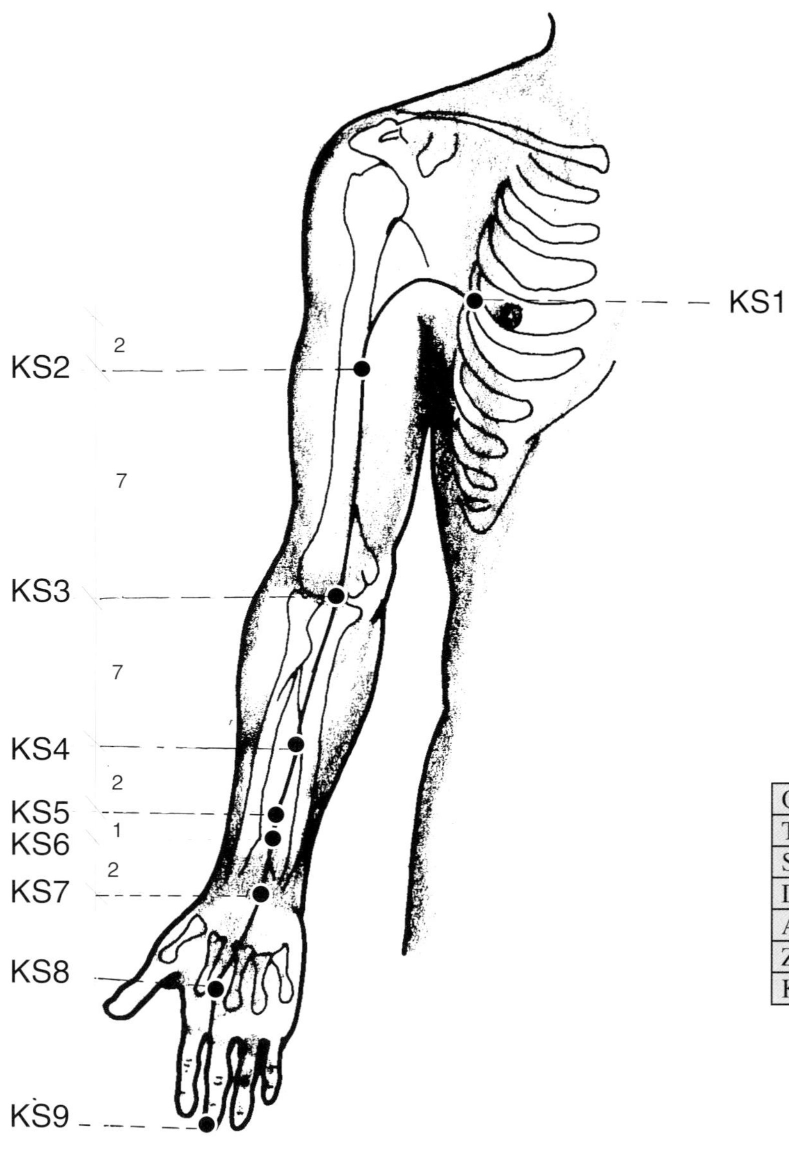

Quellpunkt:	KS7
Tonisierungspunkt:	KS9
Sedativpunkt:	KS7
Durchgangspunkt:	KS6 (zu 3E4)
Alarmpunkt:	KS1 und N11
Zustimmungspunkt:	B14
Kardinalpunkt:	KS6

Meridianpunkte

KS1

T I A N S H I - "Himmelsteich"

Lokalisation: 1 cun seitlich der Mamille (Brustwarze) - im 4. Interkostalraum (Zwischenrippenraum)

Indikation:
- Schmerzen im seitlichen Brustkorb und in der Brust

KS3

Q U Z E - "Gewundener Teich"

Lokalisation: bei leicht gebeugtem Ellbogen in der Mitte der Ellbogenquerfalte an der mittelwärts gelegenen Seite der Sehne des Musculus biceps

Indikation:
- Schmerzen im Ellbogengelenk
- Schulterschmerzen
- Magenbeschwerden

Bemerkungen:
- KS3 beruhigt den Geist (n. Maciocia) bei schweren Angstzuständen

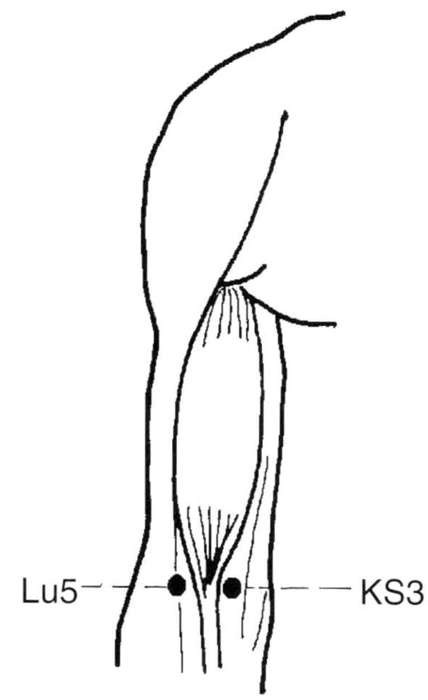

KS6

N E I G U A N - "Innere Grenze"

Lokalisation: 2 cun (3 QF) über der größten Handgelenksquerfalte in der Mittellinie des Unterarmes (liegt zwischen den Sehnen des Musculus flexor carpi radialis und des Musculus palmaris longus)

Indikation:
- Schmerzen im Handgelenk
- Schwellungen nach Gipsentfernung
- Lähmungen des Unterarmes
- Schmerzen im Brustkorb
- Magenbeschwerden
- Erbrechen
- Kopfschmerzen
- Nackenschmerzen

Bemerkungen:
- wirkt regulierend auf den Kreislauf und Blutdruck durch hormonellen Einfluß
- beruhigt den Geist speziell bei Frauen, die am prämenstruellen Syndrom und an Übererregbarkeit leiden (n. Maciocia)
- Kardinalpunkt

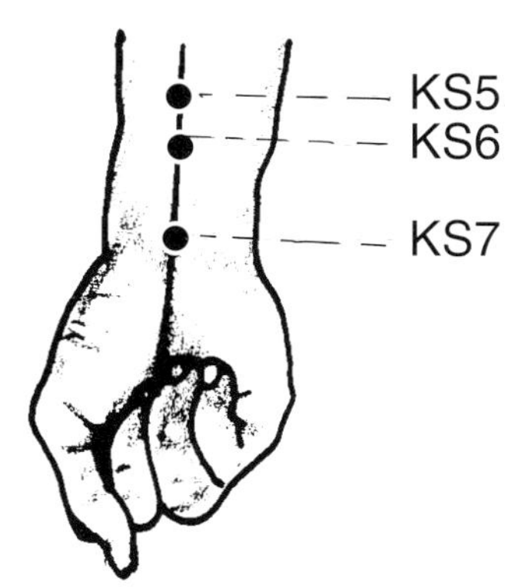

KS7

D A L I N G - "Großer Hügel"

Lokalisation: in der Mitte der Handgelenksfalte zwischen den Sehnen des Musculus palmaris longus und des Musculus flexor carpi radialis

Indikation:
- Schmerzen im Handgelenk
- Beschwerden der oberen Bauchregion
- Schlaflosigkeit

Bemerkungen:
- ähnlich wie KS6 hormonelle Wirkung auf Kreislauf
- beruhigt den Geist bei emotionalen Störungen, hervorgerufen durch Interruption von Beziehungen (n. Maciocia)
- KS3, 4, 5, 6 und 7 haben alle beruhigende Wirkung auf Geist und Gemüt
- Quellpunkt
- Sedierungspunkt

KS8

L A O G O N G - "Palast der Arbeit"

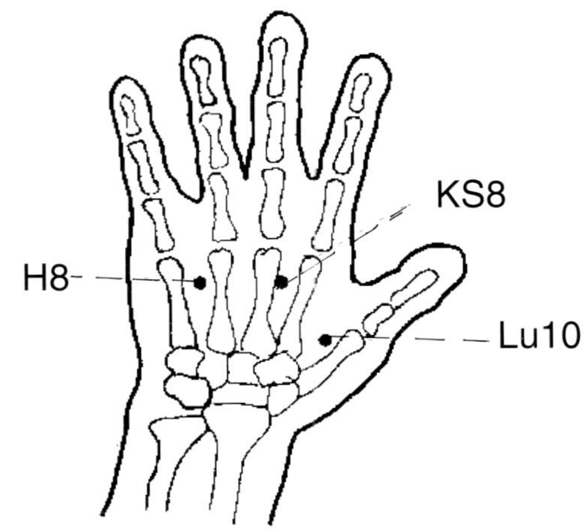

Lokalisation: zwischen dem 2. und 3. Mittelhandknochen - bei geschlossener Faust zeigt die Spitze des Mittelfingers auf diesen Punkt

Indikation:
- rheumatische Arthritis der Finger
- Lähmungen nach Schlaganfall

KS9

Z H O N G C H O N G - "Mittlere Strömung"

Lokalisation: an der Spitze des Mittelfingers - 0,1 cun vom Nagel entfernt

Indikation:
- Schock
- Kopfschmerzen
- Taubheitsgefühl der Hände

Bemerkungen:
- H9 + KS9 + LG26 bei Kreislaufkollaps
- Tonisierungspunkt

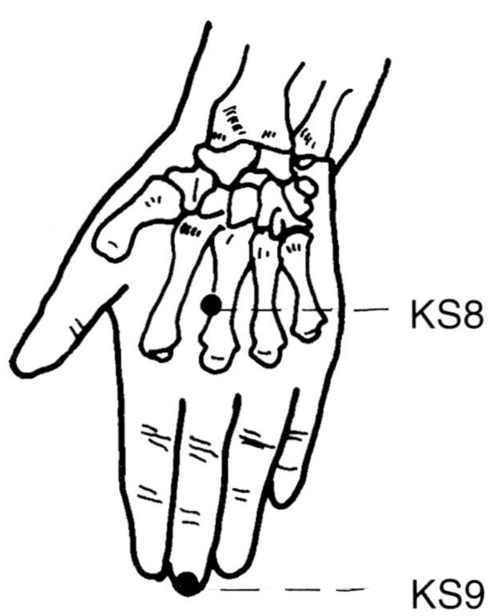

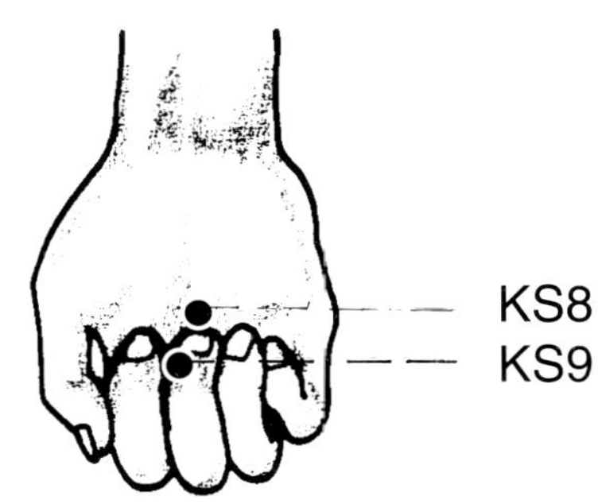

DREIFACHER ERWÄRMER-MERIDIAN

Meridianverlauf

Beginnend an der dem kleinen Finger zugewandten Seite des Ringfingers seitlich des Nagelfalzwinkels gelangt der Meridian an der Rückseite der Hand zwischen 3. und 4. Mittelhandknochen (3E4) an die Außenseite des Unterarmes zwischen Speiche und Elle (3E5) und zieht über den Kopf des Ellbogens zur Rückseite des Oberarmes, weiter bis zur Mitte der Schulter und über die seitlichen Halspartien zum vorderen Rand des Mastoids (Warzenfortsatz) (3E17). Er umkreist das Ohr, gelangt zu einem Grübchen vor dem Gehörgang (3E21) und endet in einer Vertiefung am seitlichen Ende der Augenbrauen.

Innere Äste bestehen zum Perikard (Herzbeutel), dem Bauchraum und dem Gallenblasenmeridian.

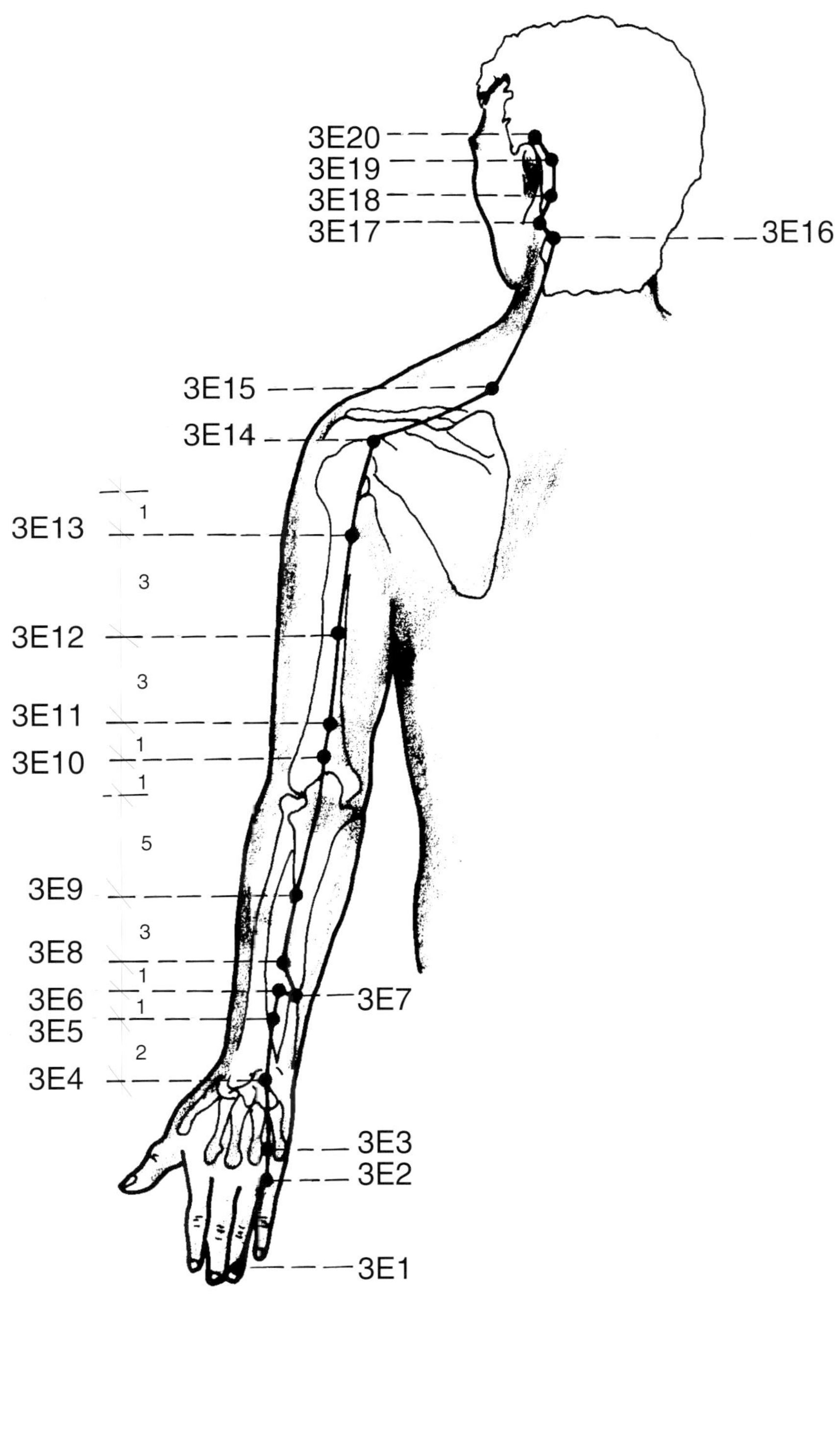

Meridianpunkte

3E1 *GUANCHONG - "Grenzangriffspunkt"*

Lokalisation: an der dem kleinen Finger zugewandten Seite des Ringfingers - 0,1 cun seitlich vom Nagelwinkel

Indikation:
- Kopfschmerzen
- Armschmerzen
- steife Schulter

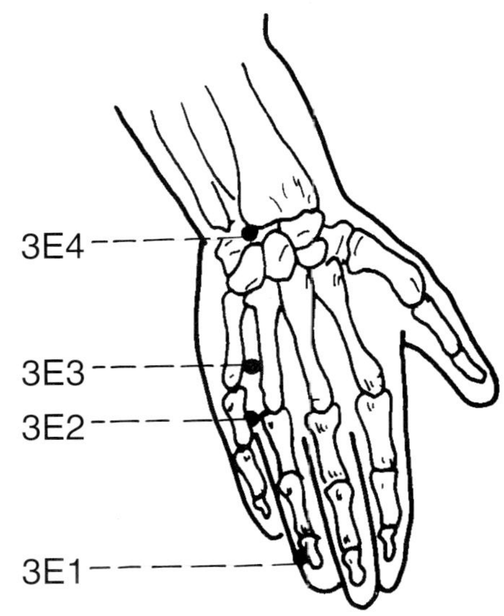

3E3 *ZHONGZU - "Mitte der Insel"*

Lokalisation: bei geschlossener Faust liegt der Punkt auf der Handrückfläche im Winkel, der von den Köpfchen des 4. und 5. Mittelhandknochens gebildet wird

Indikation:
- Lähmungen der oberen Extremität
- Kopfschmerzen
- Arthritis der Finger

Bemerkungen:
- Tonisierungspunkt

3E4 *YANGCHI - "Teich des YANG"*

Lokalisation:

a) in einer druckempfindlichen Vertiefung am Handrücken auf der Handwurzelquerfalte - über dem Gelenksspalt zwischen dem Os hamatum (Hakenbein) und dem Metacarpale IV (4. Mittelhandknochen)

b) wenn man mit dem Fingernagel entlang des 4. Mittelhandknochens entlangstreicht, spürt man unter der hinteren Handwurzelquerfalte eine Grube, den Gelenksspalt, und dort neben einer Sehne eine drucksensible Stelle, 3E4

Indikation:
- Kopfschmerzen
- Schwäche der Hand nach Frakturen
- Schmerzen der Schulter

Bemerkungen:
- tonisiert Qi bei Nierenschwäche (n. Maciocia)
- Meisterpunkt für vasomotorische Kopfschmerzen (n. Bischko)
- Quellpunkt

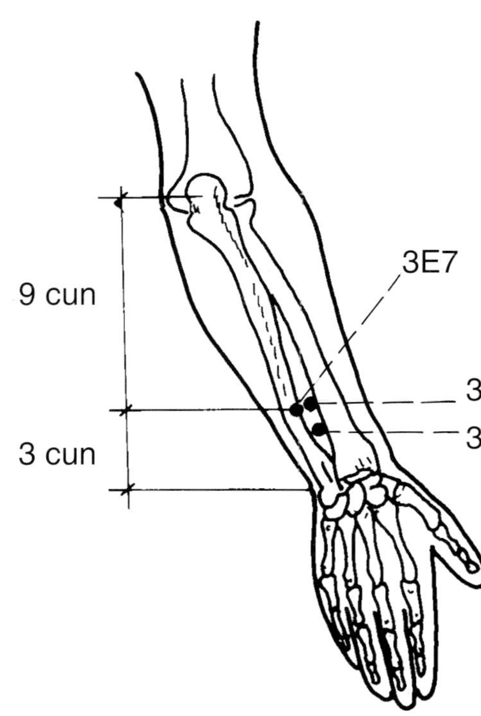

3E5 *WAIGUAN - "Außengrenze"*

Lokalisation: 2 cun (3 QF) über der Mitte der hinteren Handwurzelquerfalte zwischen Speiche und Elle

Indikation:
- Kopfschmerzen
- Lähmungen der oberen Extremität
- Nackensteifigkeit
- Migräne

Bemerkungen:
- wird zur allgemeinen Rheumatherapie eingesetzt
- hat bei steifer Schulter gute Wirkung
- 3E5 + Di4 bewirkt durch Akupunktur eine Gefäßerweiterung und senkt den Blutdruck im Gegensatz zu KS6, welche eine Gefäßkonstruktion und somit Druckerhöhung verursacht (Untersuchung des Shanghai Institutes für Akupunktur)
- Kardinalpunkt

3E10 — *TIANJING - "Brunnen des Himmels"*

Lokalisation: in einer Grube (Fossa olecrani) 1 cun über der Spitze des Olecranon (Kopf des Ellbogens) bei etwas gebeugtem Arm

Indikation:
- Schmerzen im Ellbogen und in der Schulter
- Migräne

Bemerkungen:
- Sedierungspunkt

3E14 — *JIANLIAO - "Schultergrube"*

Lokalisation: streckt man den Arm seitlich aus, liegt der Punkt in einer Delle 1 cun hinter Di15, hinter und unter dem Akromion (Schulterhöhe)

Indikation:
- steife Schulter
- Bewegungseinschränkung beim Heben des Armes

3E15 — *TIANLIAO - "Himmelsgrube"*

Lokalisation:

a) ist der Mittelpunkt der Verbindungslinie zwischen dem Vorsprung des Akromion (Schulterhöhe) und LG14 (zwischen dem Dornforsatz des 7. Halswirbels und des ersten Brustwirbels - 1 cun unter G21 [Mitte von LG14 und Akromion])

b) am oberen Rand des Trapeziusmuskels in der Schultermitte

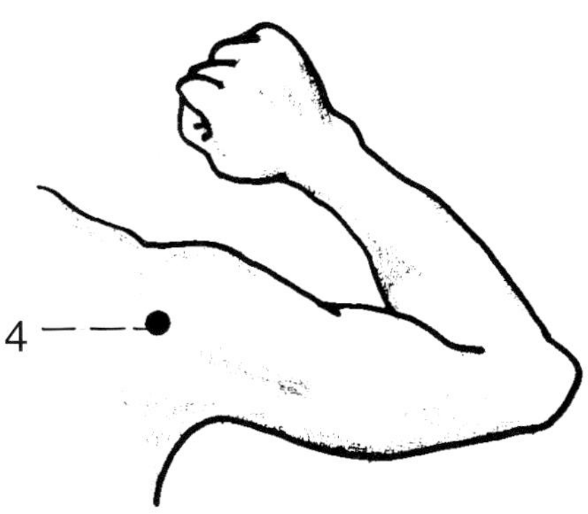

Indikation:
- Schulter- und Nackenschmerzen

Bemerkungen:
- wird als "hygrometrischer Punkt" (n. Bischko) bezeichnet, da er besonders bei wetterfühligen Personen sehr druckschmerzhaft ist
- Meisterpunkt für Schulter, Nacken und Armschmerz

3E17 — *YIFENG - "Windschutz"*

Lokalisation: hinter dem Ohrläppchen in einer Vertiefung vor der Spitze des Processus mastoideus (Warzenfortsatz)

Indikation:
- Facialisparese
- Nasennebenhöhlenentzündung
- Störungen im Ohr
- wirkt auf die Nasenatmung erleichternd
- Schmerzen im Kiefergelenk

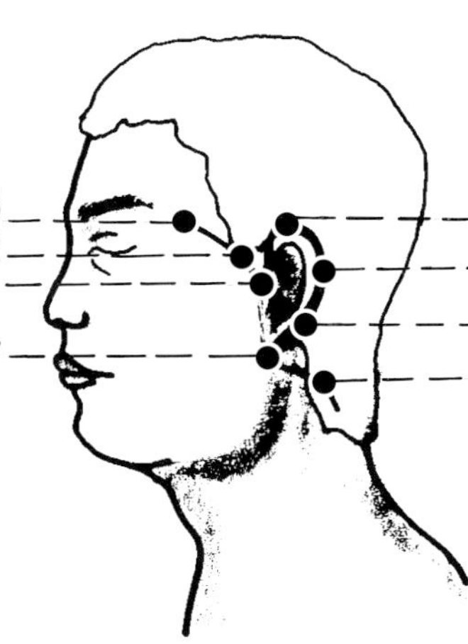

3E20 *J I A O S U N - "Ohrmuschelspitze"*

Lokalisation: beugt man die Ohrmuschel nach vorne, liegt der Punkt an der Spitze des Ohres

Indikation:
- Ohrgeräusche
- Entzündung der Speicheldrüse

3E21 *E R M E N - "Tor des Ohres"*

Lokalisation: bei etwas geöffnetem Mund, im Grübchen zwischen Tragus (knorpelige Erhebung vor dem Gehörgang) und dem oberen Ohrmuschelansatz

Indikation:
- Beschwerden im Ohr
- Ohrensausen
- Zahnschmerzen

Bemerkungen:
- "Meisterpunkt des Ohres"

3E23 *S I Z H U K O N G - "Seidenbambus"*

Lokalisation: am äußeren Ende der Augenbrauen in einer Vertiefung

Indikation:
- seitliche Kopfschmerzen
- Nasennebenhöhlenentzündung
- Migräne

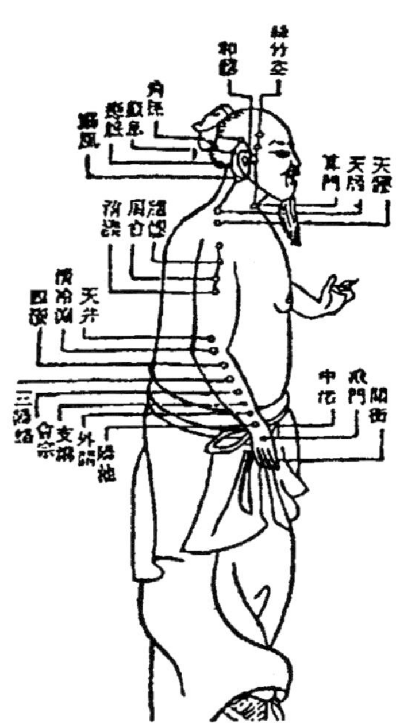

Antike Darstellung des 3-fachen Erwärmer - Meridians

Funktionseinheit

LEBER - GALLENBLASE

Die wichtigsten Funktionen sind:

I. Speicherung des Blutes
II. Beziehung zu Sehnen und Nägel
III. Verbindung zu den Augen
IV. beruhigend auf Psyche
V. Modalitäten-Zuordnungen: Holz - Wind, Zugluft - Zorn - Wachsen - Entstehen - Blaugrün - Sauer

Die Leber hat einen wichtigen Stellenwert in der Speicherung des Blutes und der Regulation der Menstruation. Die Verbindung zu Sehnen und Nägel weist auf die Funktion der Leber als Speicher von aktiven und dynamischen Eigenschaften hin - die Sehnen als Symbol für das Anspannen, Aktivieren von Muskelenergie und Spannkraft.

Das Sinnesorgan für Leber - Gallenblase ist das Auge. Auch in der westlichen Medizin ist die Beziehung Leber-Augen deutlich erkennbar, z. B. wenn es bei Gelbsucht zur typischen Gelbfärbung der Skleren kommt.

In bezug auf die Psyche wird der Leber das aggressive, zornige, unruhige, wechselhafte, blitzartige Element zugeschrieben, d. h. Zorn oder Aggressivität kann die Beschwerden in der Leber-Gallenblasen-Funktionseinheit auslösen oder verstärken. Kranke Menschen, deren Leberenergie gestört ist, sind daher aggressiv, zornig, rücksichtslos und stürmisch oder depressiv und introvertiert. Unterdrückte Wut oder aufgestauter Ärger führen daher zu Schmerzen im seitlichen Teil von Kopf und Körper bzw. bei Frauen oft zu vormenstruellen Beschwerden mit Neigung zu Depression, vermehrter Spannung in den Brüsten und erhöhter Reizbarkeit.

In den chinesischen Schriften wird die Leber als der Sitz der ätherischen Seele, HUN genannt, dargestellt. Die ätherische Seele verläßt im Gegensatz zur körperlichen Seele, welche direkt mit dem körperlichen Aspekt des Menschen verbunden ist und somit nach dem Tode zur Erde zurückgeht, den Leib und geht in einer feinen immateriellen Energie auf.

Die ätherische Seele soll unsere Fähigkeit, das Leben zu planen und unserem Leben einen Sinn und eine Richtung zu geben, entscheidend beeinflussen (n. Maciocia). Wancura beschreibt dieses "HUN" als den unbewußten Teil unseres Körpers, welcher vorhanden bleibt, wenn man stirbt.

Jedes der 5 Meridianpaare hat demnach eine Entsprechung zu einem bestimmten geistigen Aspekt:

die LEBER zur ÄTHERISCHEN SEELE
die LUNGE zur KÖRPERLICHEN SEELE
die NIEREN zur WILLENSKRAFT
das HERZ zum GEIST
die MILZ zu den GEDANKEN.

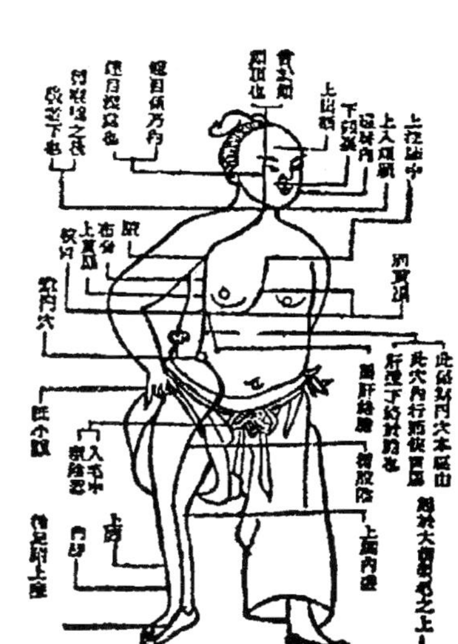

Antike Darstellung des Leber - Meridians

GALLENBLASENMERIDIAN

Meridianverlauf

Der Meridian beginnt 0,5 cun seitlich des äußeren Augenwinkels und läuft in verschiedenen Zick-Zack-Linien entlang der seitlichen Partie des Schädels bis zum Hinterrand des Warzenfortsatzes (G20), weiter über die seitliche Halsregion (G21) und hinab in den seitlichen Brustkorbbereich bis zum Ende der 12. Rippe (G25). Von hier zieht er über den Darmbeinkamm zur seitlichen Oberschenkelregion (G30, 31) abwärts zum Köpfchen des Wadenbeins (G34) und gelangt an der äußeren Kante des Wadenbeins entlang verlaufend (G38) zum Fußrücken (G40) vor dem Außenknöchel und endet zwischen 4. und 5. Mittelfußknochen hindurchziehend mit G44 am Nagelfalzwinkel der 4. Zehe.

Die inneren Äste gehen zum Kreuzbein und zur Leber und Gallenblase.

Quellpunkt:	G40
Tonisierungspunkt:	G43
Sedativpunkt:	G38
Durchgangspunkt:	G37
Alarmpunkt:	G23, G24
Zustimmungspunkt:	B19
Kardinalpunkt:	G41

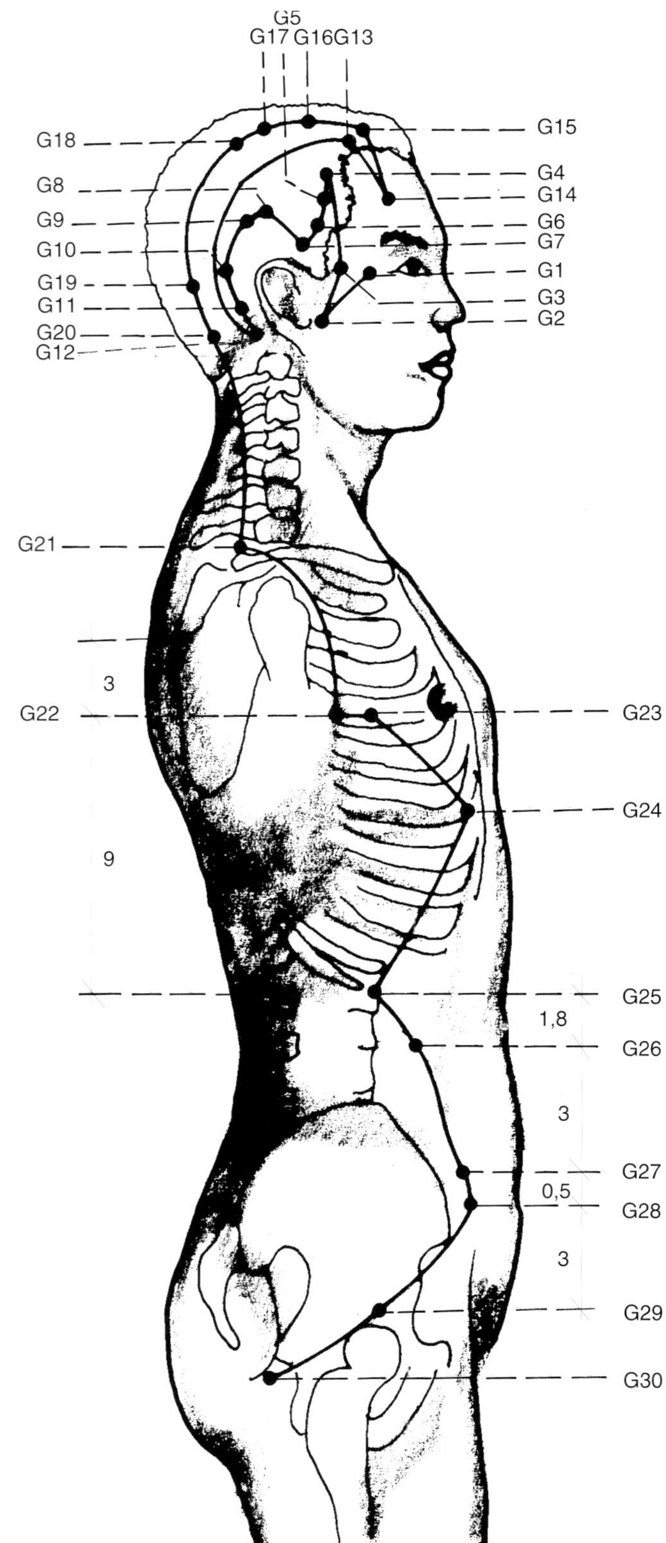

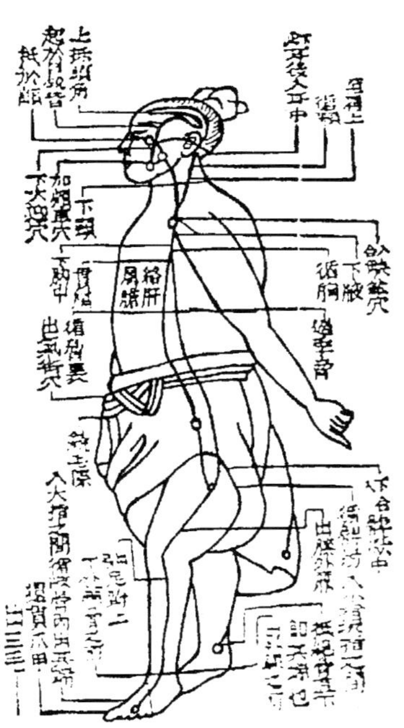

Antike Darstellung des Gallenblasen - Meridians

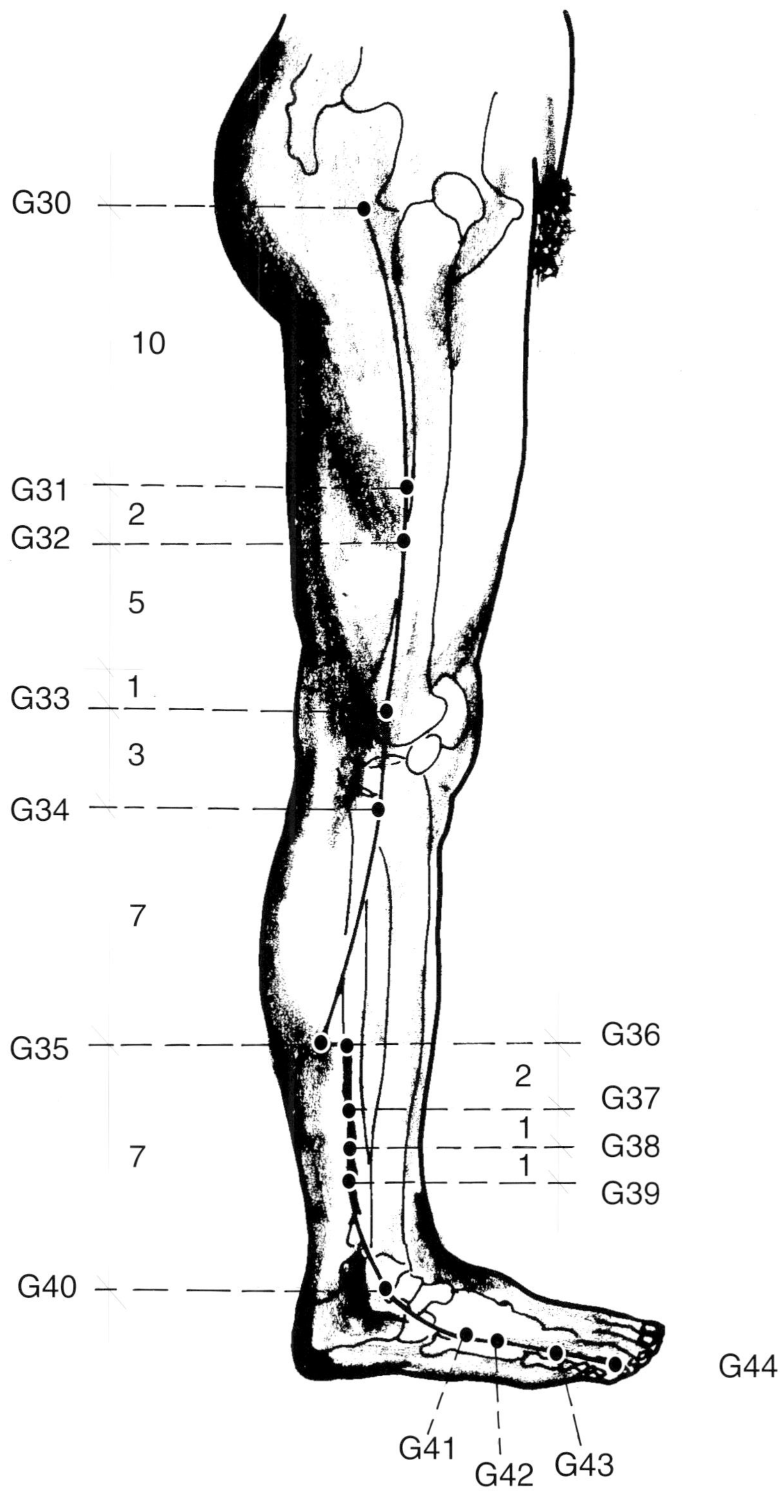
G30
10
G31
2
G32
5
G33
1
3
G34
7
G35
7
G36
2
G37
1
G38
1
G39
G40
G44
G41
G42
G43

Meridianpunkte

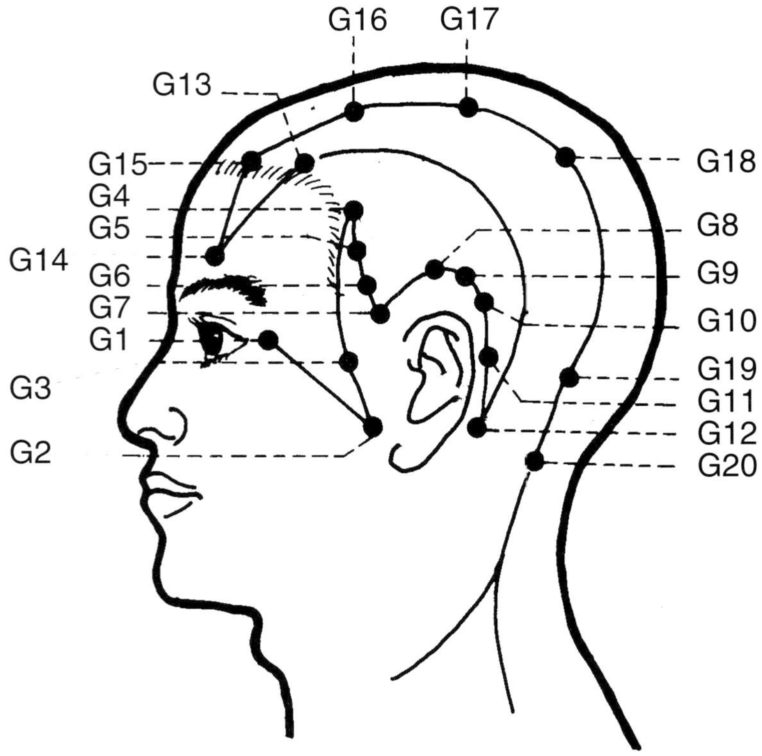

G1

TONGZILIAO - "Pupillengrube"

Lokalisation: 0,5 cun seitlich des äußeren Augenwinkels

Indikation:
- Kopfschmerzen
- Migräne
- Facialisparese

G2

TINGHUI - "Punkt des Hörens"

Lokalisation: bei geöffnetem Mund in einer Vertiefung am hinteren Rand des Mandibularastes (Unterkiefer) - vor dem unteren Ansatz der Ohrmuschel (in Höhe der Incisura intertragica)

Indikation:
- Ohrenschmerzen
- Ohrensausen
- Migräne
- Kiefergelenksbeschwerden

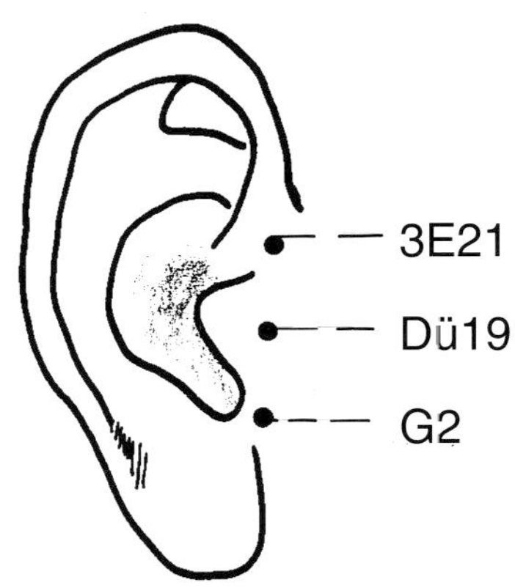

G3

SHANGGUAN - "Oberer Zugang"

Lokalisation: in einer Grube einen halben Querfinger über der Mitte des Jochbögens (direkt über M7)

Indikation:
- Kopfschmerzen
- Facialisparese
- Ohrensausen

Bemerkungen:
- fördert die Querdurchblutung des Schädels
- sympathikolytischer Effekt (den Nervus sympathikus hemmend)

G8

S H U A I G U - "Talende"

Lokalisation: 1,5 cun über der Ohrmuschelspitze

Indikation:
- Migräne
- Schwindel

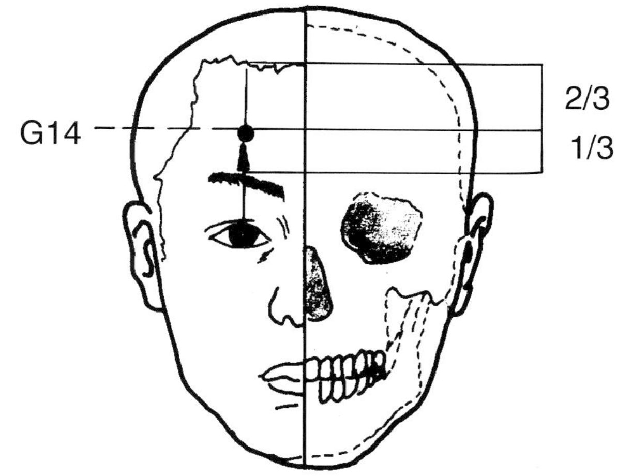

G14

Y A N G B A I - "Weißes, helles YANG"

Lokalisation: zieht man beim Blick geradeaus eine senkrechte Linie durch die Pupille, liegt der Punkt 1 cun über der Mitte der Augenbrauen

Indikation:
- Facialisparese
- Stirnkopfschmerzen

Bemerkungen:
- Testpunkt für Gallenerkrankungen (n. Bischko) - ist dann druckempfindlich
- Koliken können von G14 beeinflußt werden

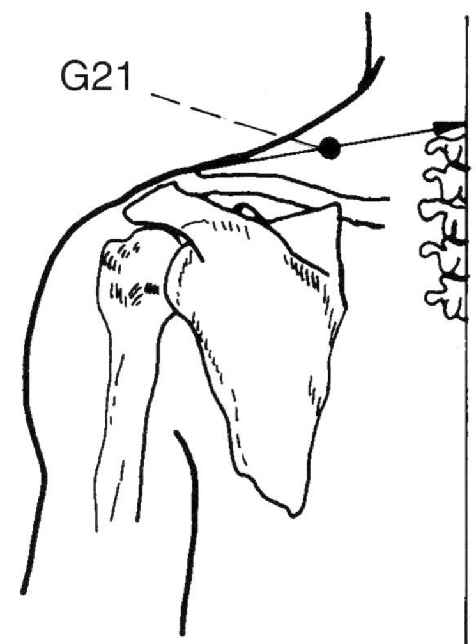

G20

F E N G C H I - "Teich des Windes"

Lokalisation: unter dem Okzipitalbein (Hinterhauptbein), hinter einer knöchernen Erhebung (Mastoidfortsatz) in einer Vertiefung (zwischen dem oberen Teil des Musculus sternocleido mastoideus und dem Musculus trapezius)

Indikation:
- Kopfschmerzen
- Migräne
- Nackensteifigkeit
- Schwindel

Bemerkungen:
- wirkt auf Sympathicus (n. Bischko) - sympathikolytisch (Sympathikus hemmend)
- B10 + G20 zur vegetativen Regulation

G21

J I A N J I N G - "Schulter-Brunnen"

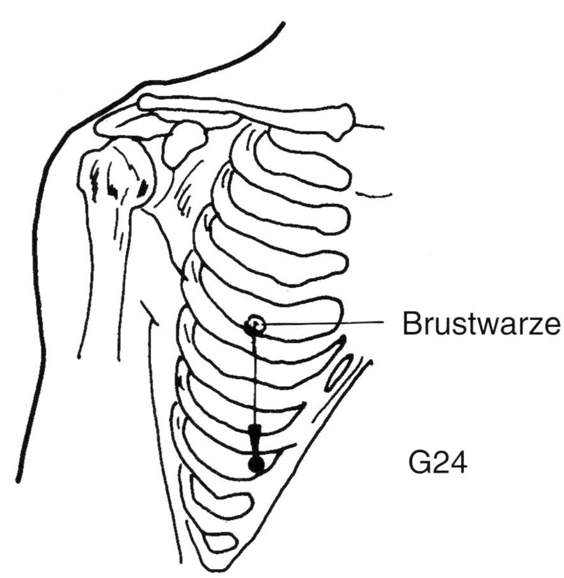

Lokalisation: in der Halbierung einer Linie vom 7. Halswirbeldorn und dem Akromion (Schulterhöhe), am höchsten Punkt der Schulter (Mitte zwischen LG14 und Di15)

Indikation:
- Schmerzen im Schulter-, Nacken- und Rückenbereich

Bemerkungen:
- Zentrum der vitalen Energie (n. Chamfrault)
- G34 + M36 + G21 Steigerung der Muskelaktivität der unteren Extremität
- empirischer Punkt bei schwierigen Geburten (zur Placentalösung - Blutungen nach der Geburt) (n. Maciocia)

G24 *RIYUE - "Sonne und Mond"*

Lokalisation: eine Rippe unter Le14 im 7. Zwischenrippenraum

Indikation:
- Migräne
- Magenschmerzen
- Erkrankungen der Leber

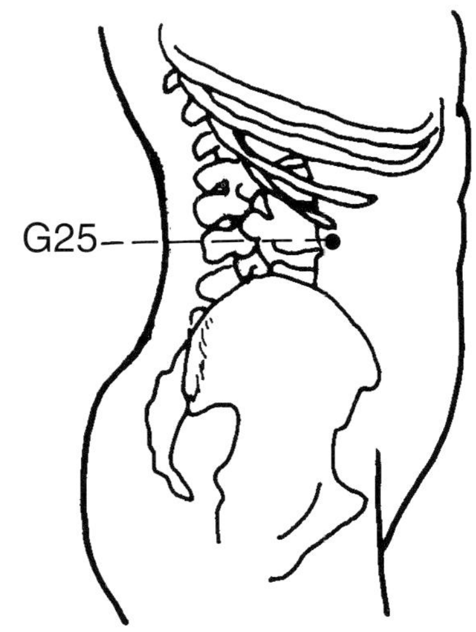

G25 *JINGMEN - "Tor der Hauptstadt"*

Lokalisation: vor dem freien Ende der 12. Rippe

Indikation:
- Intercostalneuralgie (Schmerzsyndrom im Zwischenrippenraum)
- Herpes zoster
- Gallenkolik
- Schmerzen im unteren Rückenbereich

G29 *JULIAO - "Grube des Ruhens"*

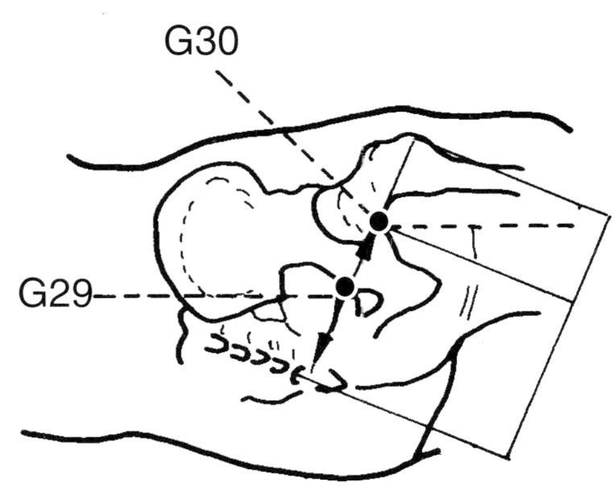

Lokalisation: bei gebeugtem Oberschenkel in einer Vertiefung am Ende der Leistenfurche - im Mittelpunkt einer Linie, die von der Spina iliaca anterior superior (vorderes Ende der oberen Darmbeinkante) und dem Trochanter majus femoris (Rollhügel am Oberschenkelknochen) gebildet wird

Indikation:
- Hüftschmerzen
- Lähmungen der unteren Extremität

G30 *HUANTIAO - "Ring beim Springen"*

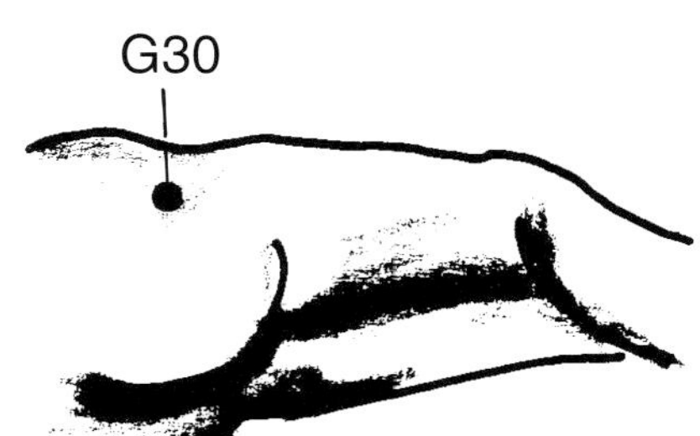

Lokalisation:

a) liegt man seitlich, bei gestrecktem unterem und gebeugtem oberem Bein, findet man den Punkt in einer Vertiefung hinter dem Trochanter majus femoris

b) zieht man eine Linie vom höchsten Punkt des Trochanter major und einen Punkt, der 2 cun über dem Hiatus sacralis (untere Öffnung des Kreuzbeinkanals) liegt, so ist G30 an der Grenze zwischen mittlerem und seitlichem Drittel zu lokalisieren

Indikation:
- Schmerzen im Kreuz- und Hüftbein
- Ischias
- Zirkulationsförderung im gesamten Bein

Bemerkungen:
- tonisiert Qi und Blut ähnlich wie M36 (n. Maciocia)

G31

FENGSHI - "Windmarkt"

Lokalisation: wenn man in stehender Position die Hände seitlich anlegt, ist der Punkt an der Spitze des Mittelfingers zu finden - 7 cun über der Kniegelenksfalte

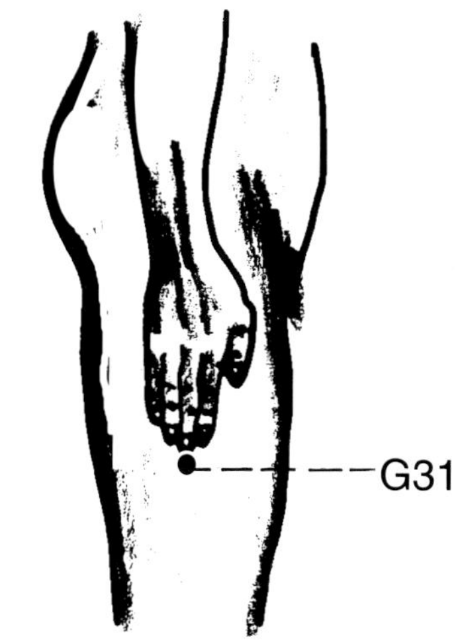

Indikation:
- Ischias
- Schmerzen im Knie und in der Hüfte
- Lähmungen der Extremität nach Schlaganfall

Bemerkungen:
- G31 + 3E6 bei Herpes zoster

G34

YANGLINGQUAN - "Quelle des YANG-Hügels"

Lokalisation: in einem Grübchen vor und unter dem Köpfchen der Fibula (Wadenbein)

Indikation:
- Ischias
- Schmerzen im Kniegelenk
- Lähmungen und Schwäche der unteren Extremität, besonders nach Schlaganfall

Bemerkungen:
- "Meisterpunkt der Muskulatur" - hat regulierenden Effekt auf die gesamte Muskulatur
- M36 + G34 ausgleichend und regulierend besonders bei sportmedizinischem Geschehen, bei Beschwerden, die mit Sehnen und Muskeln im Zusammenhang stehen
- bei psychischer Instabilität (Leber- und Gallenblasenthema: Zorn - Aggression)
- Durchblutung der unteren Extremität

G37

GUANGMING - "Helles Licht"

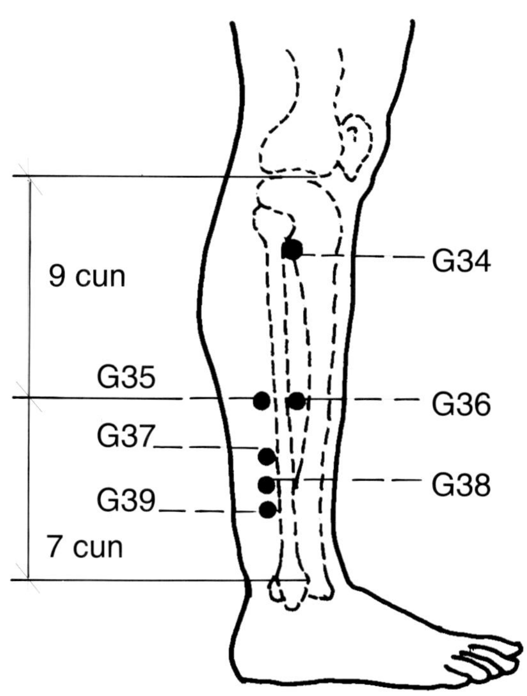

Lokalisation: 5 cun über der Spitze des Außenknöchels, an der seitlichen hinteren Kante des Wadenbeins

Indikation:
- Gallenkoliken
- Knieschmerzen
- Verbesserung von Sehstörungen
- Wadenkrämpfe

G38

YANGFU - "Seitliche Stütze des YANG"

Lokalisation: 4 cun über der Spitze des Außenknöchels, am hinteren Rand des Wadenbeins

Indikation:
- Knieschmerzen
- Migräne

Bemerkungen:
- Sedierungspunkt

G39

XUANZHONG - "Aufgehängte Glocke"

Lokalisation: 3 cun (4 QF) über der Spitze des Außenknöchels, am Hinterrand des Wadenbeins

Indikation:
- Schmerzen im Knie- und Sprunggelenk
- Lähmungen nach Schlaganfall

- Krampfzustände im Bein
- Nackenschmerzen (Nackensteife)

Bemerkungen:
- "Meisterpunkt für das Knochenmark"
- Schmerzen in Knochen und Muskeln
- bei rheumatischen Beschwerden
- Erhöhung der weißen Blutzellen (n. Prof. Guan YIJUN - Shanghai)

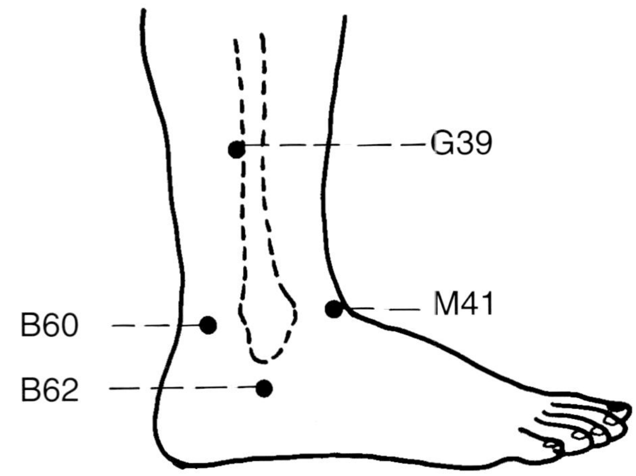

G40

QIUXU - "Hügel-Markt"

Lokalisation: in einer Grube am Fußrücken vor der Spitze des Wadenbeins (über dem Calcaneo-cuboid-Gelenk)

Indikation:
- Schmerzen und Schwellung im Sprunggelenk
- Ischias
- Schmerzen im Meridianverlauf
- Rippenprellung
- Nackenschmerzen

Bemerkungen:
- Quellpunkt

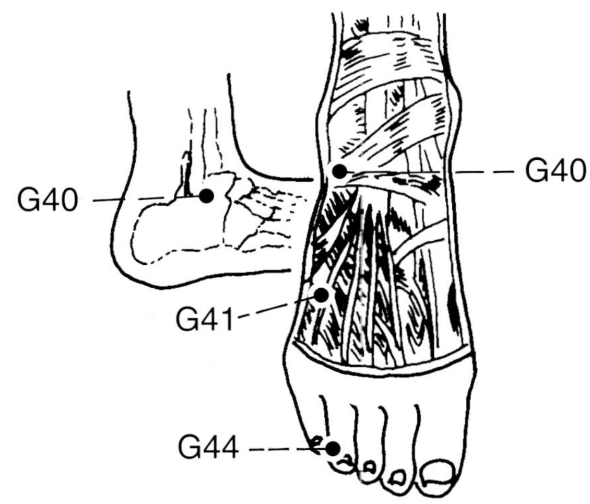

G41

ZULINQI - "Fallende Tränen"

Lokalisation: in einer Vertiefung im Winkel zwischen 4. und 5. Mittelfußknochen

Indikation:
- Kopfschmerz
- Schmerzen im Sprunggelenk nach Gipsabnahme

Bemerkungen:
- "Meisterpunkt der großen Gelenke"
- Wirkung bei Gelenkserkrankungen
- Schmerzen in der seitlichen Brustkorbregion
- Kardinalpunkt

G43

XIAXI - "Talenge"

Lokalisation: zwischen 4. und 5. Zehe in der sogenannten Schwimmhautfalte

Indikation:
- Migräne
- Schwindel

Bemerkungen:
- Tonisierungspunkt

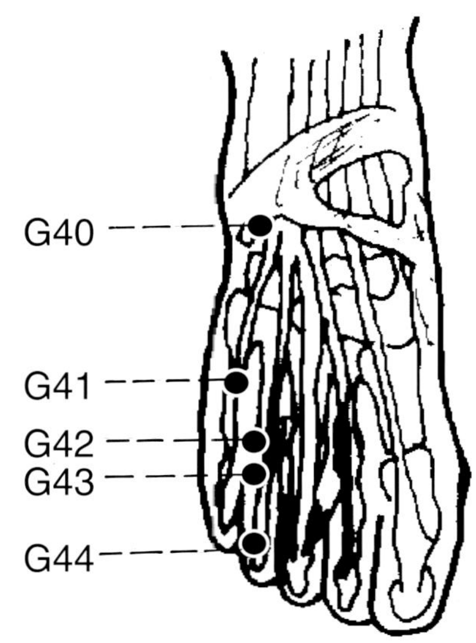

LEBERMERIDIAN

Meridianverlauf

Entspringend am seitlichen Nagelfalzwinkel der großen Zehe geht der Meridian über den Fußrücken zwischen 1. und 2. Mittelfußknochen (Le2, 3) vor dem Innenknöchel an die Innenseite des Unterschenkels (Le5) bis zum inneren Ende der Kniegelenksfalte. Von dort läuft er über die Oberschenkelinnenseite zur Leistenbeuge und über den Bauchraum zum freien Ende der 11. Rippe (Le13). Er endet im 6. Zwischenrippenraum auf der Mamillarlinie (Senkrechte durch die Brustwarze).

Innere Verläufe bilden Verbindungen zu Gallen-blase, Leber, Zwerchfell, Magen, Kehlkopf und Auge.

Quellpunkt:	Le3
Tonisierungspunkt:	Le8
Sedativpunkt:	Le2
Durchgangspunkt:	Le5
Alarmpunkt:	Le14
Zustimmungspunkt:	B18

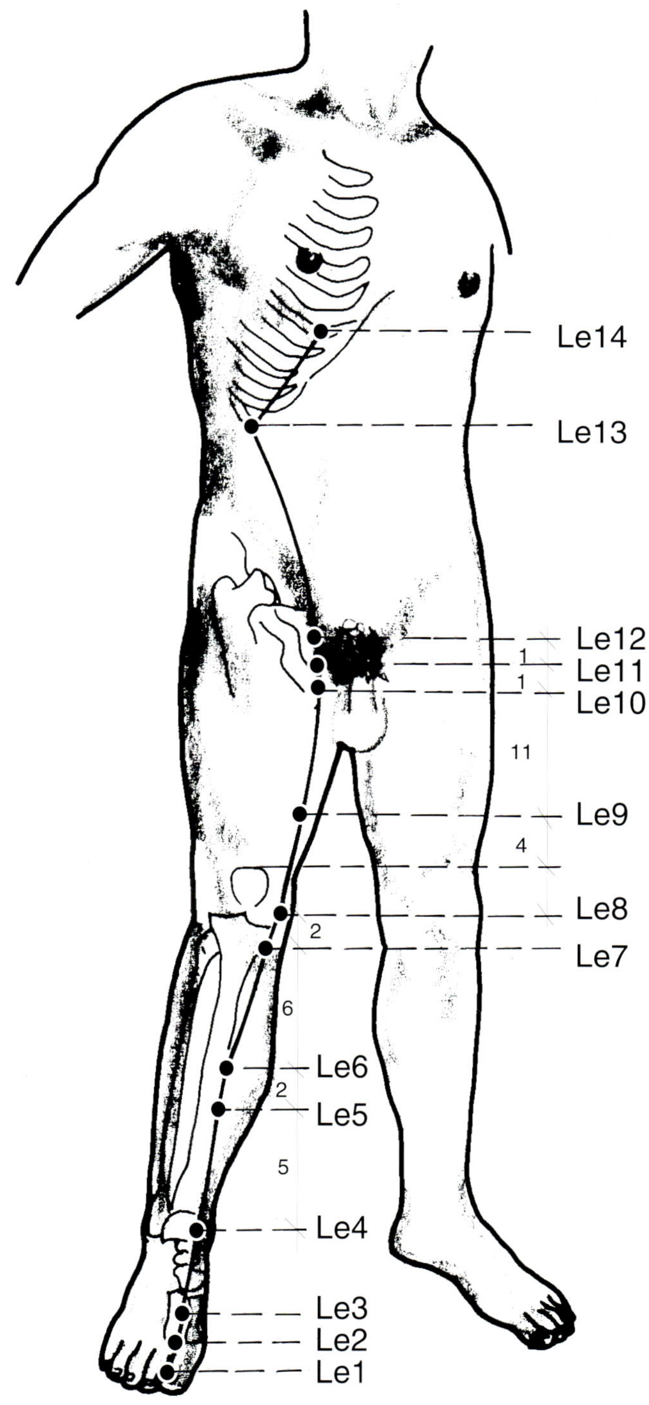

Meridianpunkte

Le1 *DADUN - "Großer Hügel"*

Lokalisation: am seitlichen (der 2. Zehe zugewandten) Nagelfalzwinkel der großen Zehe

Indikation:
- Kolik
- Menorrhagie (verlängerte Regelblutung)
- Kollaps

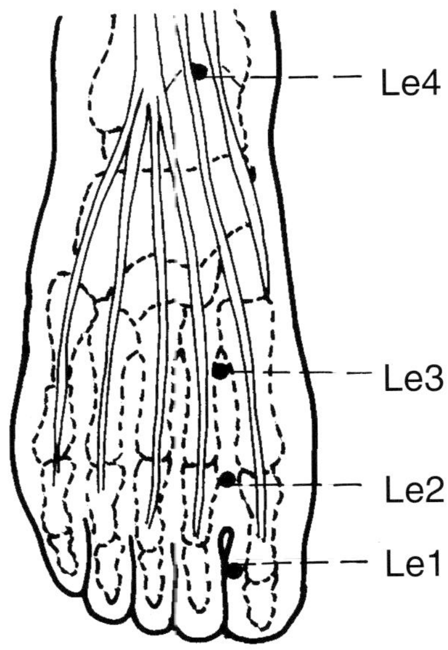

Le2 *XINGJIAN - "Passage" - "Gangstrecke"*

Lokalisation: am seitlichen Gelenksspalt des Großzehengrundgelenks, 5 mm hinter der interdigitalen Hautfalte zwischen 1. und 2. Zehe

Indikation:
- Spasmolyse (Krampflösung)
- Kopfschmerzen
- Menstruationsbeschwerden
- Schmerzen in der Zehe
- Migräne
- Bluthochdruck

Bemerkungen:
- Sedierungspunkt

Le3 *TAICHONG - "Großer Treffpunkt"*

Lokalisation: in einer Grube in dem Winkel, der vom 1. und 2. Mittelfußknochen gebildet wird

Indikation:
- Spasmolyse (Krampflösung)
- Schlaflosigkeit
- Menstruationsbeschwerden
- Bluthochdruck
- Migräne

Bemerkungen:
- Le3 liegt am Fuß in einer äquivalenten Lage wie Di4 an der Hand und hat ähnliche homöostatische Eigenschaften (Aufrechterhaltung des sogenannten inneren Milieus des Körpers mit Hilfe von Regelsystemen)
- Le3 + Di4 bei Facialisparese
- Le3 beruhigt das Gemüt bei unterdrücktem Zorn und zurückgehaltener Wut
- Le3 + Di4 werden die "4 Tore" genannt - beruhigende, spannungs- und krampflösende Wirkung
- Quellpunkt
- Tonisierungspunkt

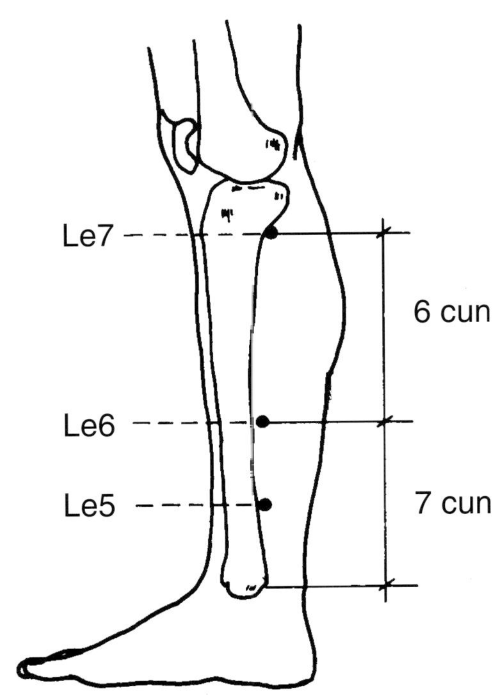

Le5 *LIGOU - "Endpunkt der Rinne"*

Lokalisation: 5 cun über der Spitze des Innenknöchels an der Innenkante des Schienbeins

Indikation:
- Unterschenkelschmerzen
- Koliken
- Menstruationsbeschwerden
- Impotenz

Le8

Q U Q U A N - "Gebogene Quelle"

Lokalisation: bei gebeugtem Knie an der Innenseite der Kniegelenksfalte, über dem vorderen Teil der Ansatzstelle des Musculus semimenbranosus und semitendinosus

Indikation:
- Knieschmerzen
- Impotenz

Bemerkungen:
- psychisch tonisierend
- sexuelle Schwächezustände

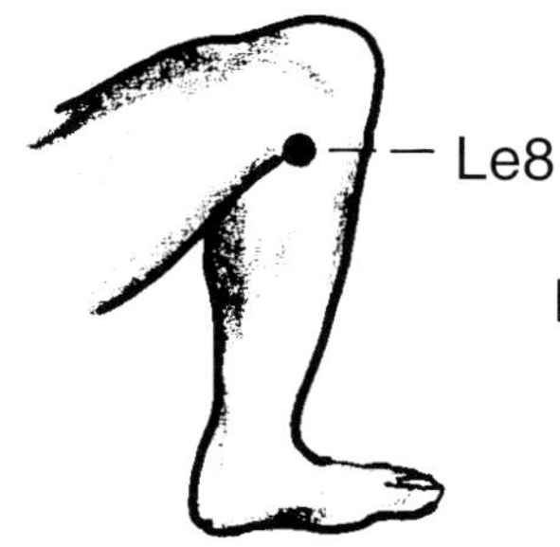

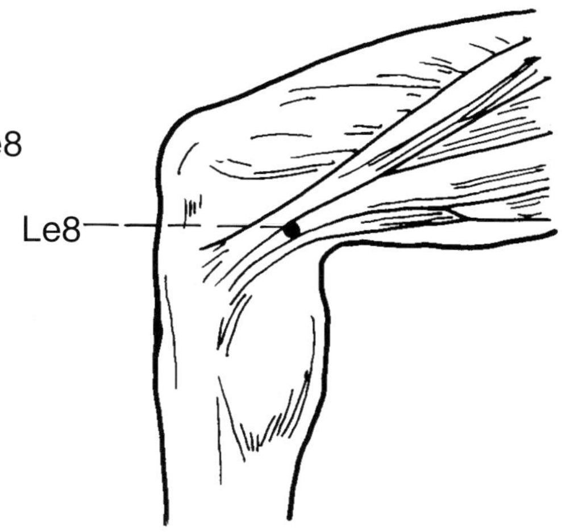

Le13

Z H A N G M E N - "Tor der Mauer" - "Gesetztes Tor"

Lokalisation: über dem freien Ende der 11. Rippe (legt man den gebeugten Ellbogen an den Brustkorb, zeigt dessen Spitze auf Le13)

Indikation:
- Störungen des Verdauungssystems
- allgemeine Müdigkeit
- Interkostalneuralgie

Le14

Q I M E N - "Tor der Zeit"

Lokalisation: im 6. Zwischenrippenraum auf der Mamillarlinie (Senkrechte durch die Brustwarze)

Indikation:
- Verdauungsstörungen
- Interkostalneuralgie
- Hyperemesis gravidarum (Schwangerschaftserbrechen)
- Seekrankheit

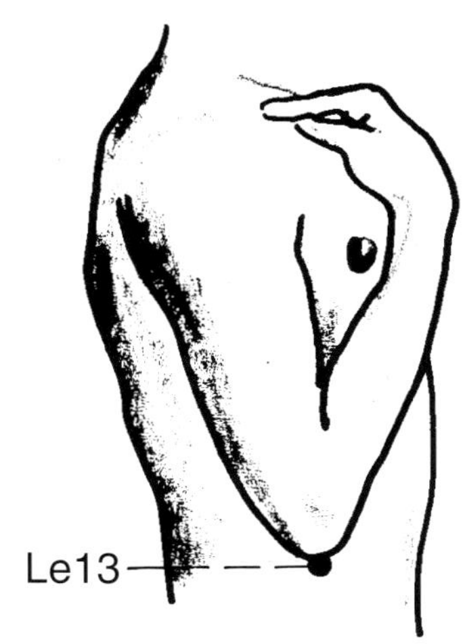

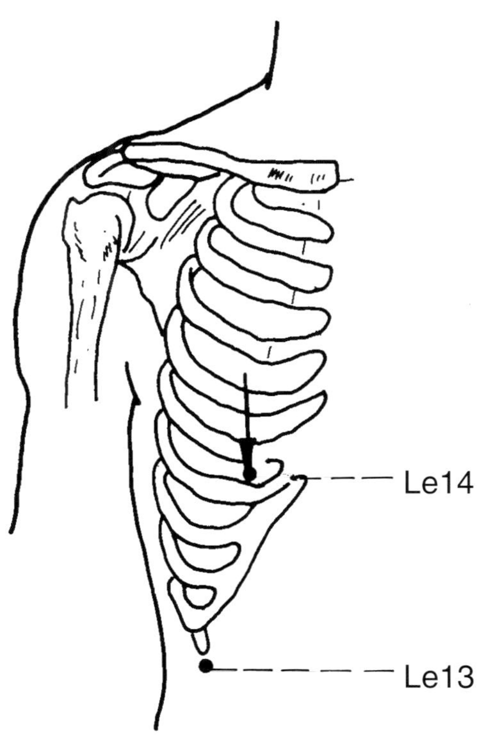

Funktionseinheit

LUNGE - DICKDARM

Die wichtigsten Funktionen sind:

I. Kontrolle von Atmung und Qi
II. Einfluß auf Ausscheidung, Aufnahme und Verteilung essentieller Lebensbestandteile
III. Assoziation zur Nase, Haut und Haaren
IV. reguliert die Wasserdurchgängigkeit
V. Modalitäten-Zuordnungen: Metall - Trauer - Trockenheit - Aufnehmen - Weiß - Herb

Die Lunge hat die Aufgabe der Trennung des verwertbaren vom nichtverwertbaren Teil der Atmung, während der Dickdarm dieselbe Funktion bezüglich der Nahrung übernimmt.

Auch entwicklungsgeschichtlich gesehen haben Atmungsorgane und Verdauungstrakt eine enge Beziehung, da sie beide aus dem entodermalen Darmrohr entstehen.

Traditionell wird die Lunge als das "ministerielle Organ", welches für Rhythmus, Ordnung und Sicherheit verantwortlich ist, dargestellt. Der Atemrhythmus als Maßstab für den körperlichen, seelischen Zustand eines Menschen, wobei die Einatmung mit dem "Annehmen, Akzeptieren, Zulassen" und die Ausatmung mit dem "Loslassen, Gehenlassen" in Verbindung gebracht werden kann. Wie auch bei der Atmung kann im Leben erst durch das Loslassen und Weggeben von Altem etwas Neues entstehen. Nur durch die Aufgabe gewohnter, alter, verbrauchter Strukturen können neue Formen und Energien geschaffen werden.

Die Lunge ist nach chinesischer Tradition der Sitz der körperlichen Seele. Bereits die alten Griechen haben jene Verbindung erkannt, denn die griechische Bezeichnung für Seele bedeutet "Wind" bzw. "Lebensatem".

Die Lunge kann somit als das Zentrum der Atem- und Lebensenergie gesehen werden.

Sowohl für die Inder als auch für die sufischen Mystiker war und ist der Atem die Schlüsselposition zu allem.

Der **türkische Sufimeister HAMID** beschreibt dieses folgendermaßen (Reshad Feild - "Ich ging den Weg des Derwisch"):

"Es gibt nur EIN ABSOLUTES SEIN. Das bedeutet, daß wir uns für die Weise, wie wir atmen, verantwortlich fühlen müssen. Denke daran und sei dir bewußt, daß du, ob du Fleisch ißt oder nicht, mit jedem Atemzug die Elemente der Tierwelt einatmest. Jetzt gerade atmest du immer etwas von der Luft ein, die ich bereits ausgeatmet habe; als du noch Vegetarier warst, hast du die durch mich umgewandelten Elemente des Fleisches, das ich gegessen hatte, eingeatmet. Warst du dir dessen bewußt?
Das Geheimnis des Lebens ist der Atem. Wenn man das Atmen richtig einsetzt, gibt es nichts, was nicht umgewandelt werden könnte. Indem wir geboren werden, ist es unsere Pflicht, bewußte Umwandler zu werden."

Das indische Yoga ist zu einem großen Teil auf dem Atem aufgebaut, jenem Atem, durch den das Bewußtsein verändert und der Körper gereinigt werden kann. In der indischen Philosophie wird der Atem als Verbindung zwischen Geist und Körper dargestellt. Sind unsere Gedanken ruhig, wird auch der Atemrhythmus ruhig und ausgeglichen. Umgekehrt können wir unseren Geist beruhigen, wenn wir den Atem entsprechend kontrolliert einsetzen.

Bei den Chinesen wird die Lunge mit der Trauer in Zusammenhang gebracht - diese Assoziation wird verständlich, wenn man einen traurigen Menschen beobachtet. Er ist in sich zusammengesunken, hat eine gebeugte Körperhaltung mit hängenden Schultern und eine tiefe, seufzende Atmung.

Die Verbindung der Lunge zur Haut finden wir auch in der westlichen Medizin, wenn wir nur an das häufig zur selben Zeit auftretende Vorkommen von Erkrankungen der Haut wie Neurodermitis mit Asthma oder Bronchitis denken.

Auch der Dickdarm steht mit der Haut im Zusammenhang. Was an Giftstoffen über den Stuhl und Harn nicht ausgeschieden werden kann, wird vom Körper oft über die Haut abgegeben, woraus Akne und Hautunreinheiten resultieren. Verbessert man die Darmflora und ändert man die Ernährungsgewohnheiten, kommt es auch meist zur Stabilisierung des Hautzustandes.

Paracelsus hat bereits dem Dickdarm besondere Bedeutung zugemessen und erwähnt, daß in ihm der "Alchemist" sitze, dem die Aufgabe der Trennung des Brauchbaren vom Unbrauchbaren zukomme.

Sowohl die Lunge als auch die Haut stellen für den Körper eine wichtige Grenzregion dar, in welcher Austausch, Ausscheidung, Aufnahme und Umwandlung stattfindet.

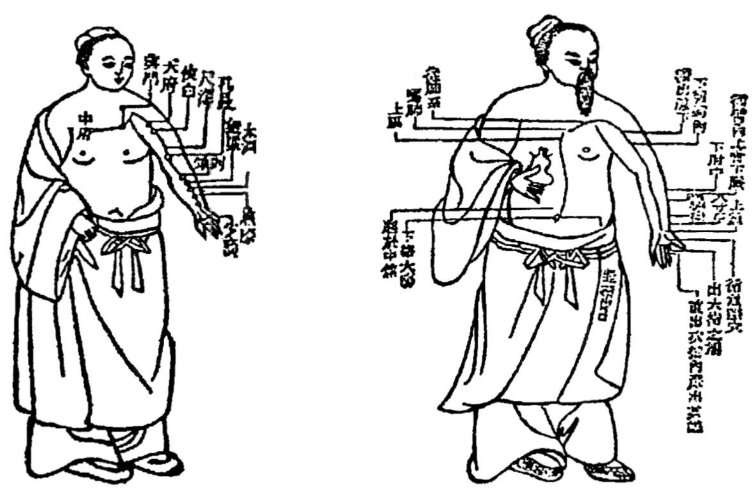

Antike Darstellung des Lungen - Meridians

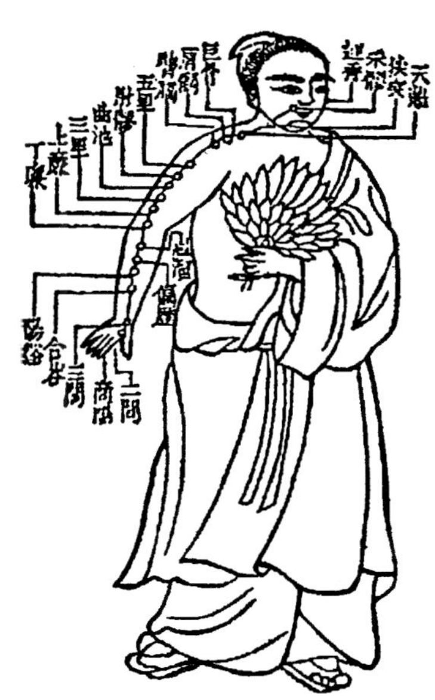

Antike Darstellung des Dickdarm - Meridians

LUNGENMERIDIAN

Meridianverlauf

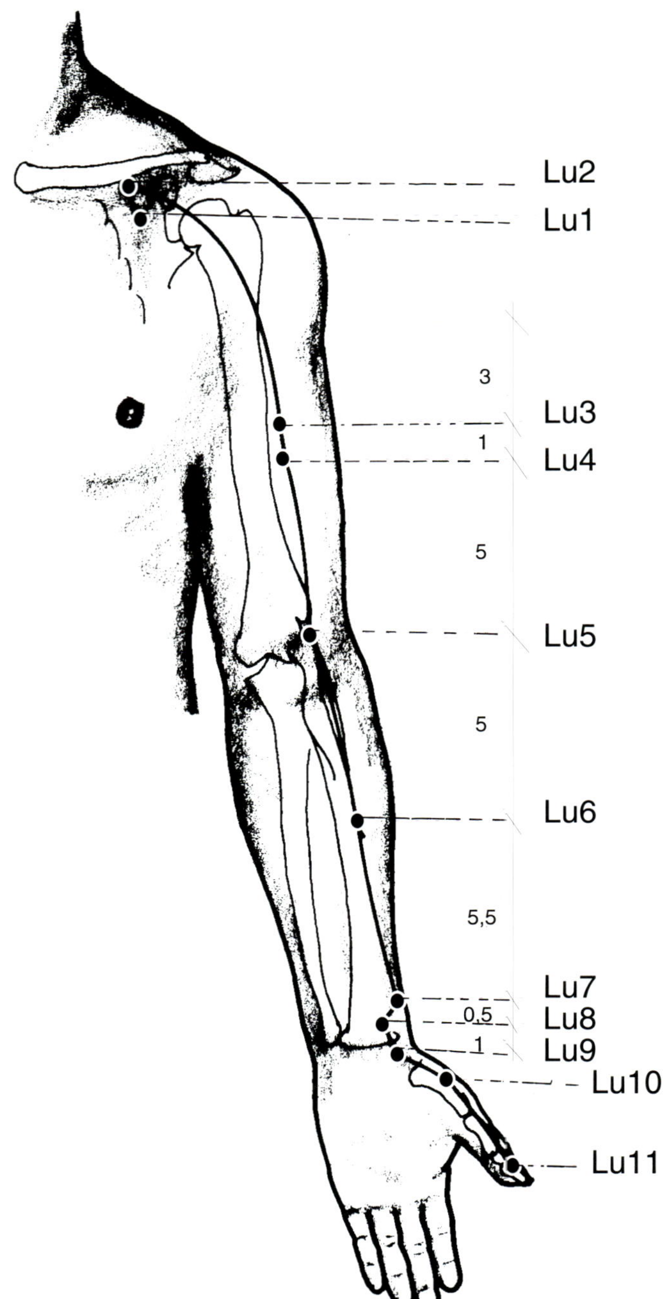

Mit seinem Punkt Lu1 beginnt der Meridian im Zwischenraum von 1. und 2. Rippe am Rand des Deltoidmuskels, läuft dann nach oben bis an den Rand des Schlüsselbeins und gelangt an der Innenseite des Oberarmes zur Ellbogenfalte (Lu5). Von hier zieht er zum äußeren Ende der Handgelenksquerfalte (Lu9), um über dem Daumenballen am Punkt Lu11, seitlich der äußeren Nagelwinkelecke des Daumes zu enden.

Der innere Ast hat Verbindung zur Lunge, der Luftröhre, dem Zwerchfell und dem Dickdarm.

Quellpunkt:	Lu9
Tonisierungspunkt:	Lu9
Sedativpunkt:	Lu5
Durchgangspunkt:	Lu7
Alarmpunkt:	Lu1
Zustimmungspunkt:	B13
Kardinalpunkt:	Lu7

Meridianpunkte

Lu1 *Z H O N G F U - "Mitte der Eingeweide"*

Lokalisation: 6 cun (2 mal 4 QF) seitlich der vorderen Mittellinie und 1 cun (1 Daumenbreite) unter der Clavicula (Schlüsselbein), im Zwischenraum von 1. und 2. Rippe

Indikation:
- Hauptpunkt zur Behandlung von Lungenkrankheiten
- Asthma
- Husten
- Halsschmerzen
- Bronchitis
- Keuchhusten
- Schmerzen in der Schulter und entlang des Lungenmeridians

Bemerkungen:
- reguliert das Qi der Lunge speziell in Kombination mit KS6
- Lu1 + M40 ist schleimlösend
- Alarmpunkt der Lunge (bei krankhaften Zuständen der Lunge ist der Punkt druckschmerzhaft)
- dieser Punkt illustriert das fundamentale Prinzip, daß alle Akupunkturpunkte Störungen des lokalen Areals (=> Schulter - Lunge) und der angrenzenden Areale behandeln
- Lu1 + B13 (Zustimmungspunkt der Lunge) tonisieren die Lunge, um pathogene (krankhafte) Zustände zu eliminieren
- Lu1 + M36 + MP3 tonisieren Lunge und Milz-Pankreas, da Lu1 der Treffpunkt des Lungen- und Milz-Pankreas-Meridians ist

Lu5 *C H I Z E - "Ellbogenteich"*

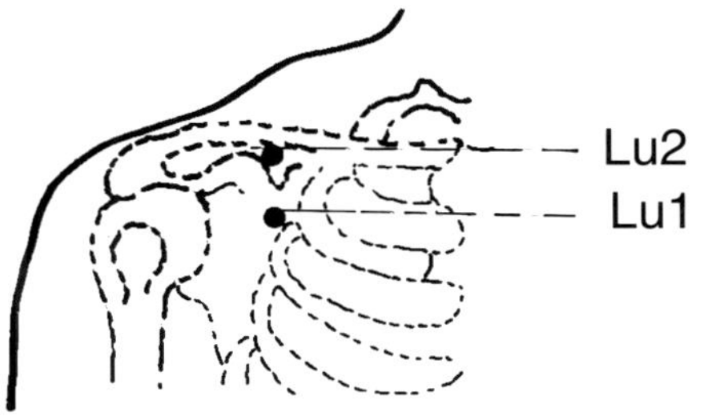

Lokalisation: in der Ellbogenfalte an der Außenseite der Sehne des Bicepsmuskels bei leicht angewinkeltem Ellbogen

Indikation:
- Husten
- akutes Asthma
- Schmerzen im Ellbogen (Arthritis)

Bemerkungen:
- wirkt auch auf die Blase und erleichtert das Harnlassen
- bei Schmerzen im Ellbogen und wenn der Arm nicht gehoben werden kann
- Sedierungspunkt

Lu7 *L I E Q U E - "Enger Paß"*

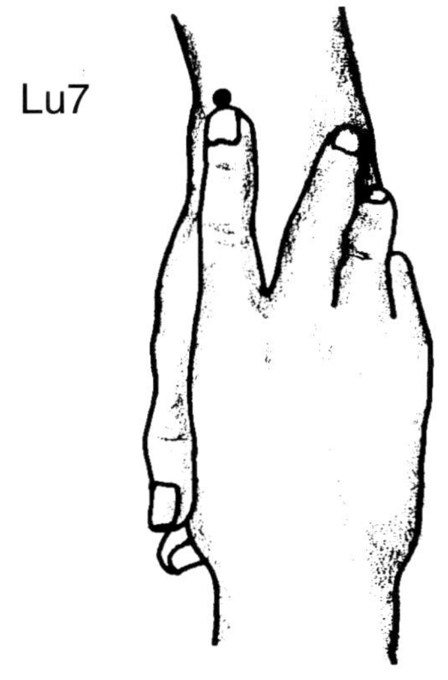

Lokalisation:
a) verschränkt man die Daumen beider Hände, findet man den Punkt unter der Zeigefingerspitze
b) 1,5 cun über der Handgelenksquerfalte am Processus styloideus radii (Griffelfortsatz des distalen Speichenendes)

Indikation:
- Kopfschmerzen an der Rückseite des Kopfes verlaufend (occipital)
- Nackensteife
- Migräne
- Asthma
- Husten
- Probleme im Handgelenk

Bemerkungen:
- wichtiger Punkt im Anfangsstadium von Erkältungen und grippeähnlichen Zuständen mit Kopfschmerz, Halsweh und fließender Nase
- gut in Kombination mit Di4, da beide Punkte den Einfluß externer pathogener (äußerer krankmachender) Faktoren wie Kälte, Hitze, Zugluft und Feuchtigkeit vermindern
- Lu7+ Di20 bei Problemen im Nasenbereich
- Lu7 hat eine stark wirksame emotionelle Komponente: bei Trauer und Sorge, speziell wenn man dazu neigt, diese Gemütszustände zu unterdrücken - Lu7 löst emotionale Spannungen, öffnet die Lunge und beruhigt den Geist
- Lu7 + Ni6 tonisieren YIN und öffnen das Konzeptionsgefäß
- Kardinalpunkt

Lu9 — *T A I Y U A N - "Großer Abgrund"*

Lokalisation: am äußeren Ende der Handgelenksquerfalte, an der lateralen (äußeren) Seite der Radialarterie in einem Grübchen

Indikation:
- Husten
- Asthma
- Schmerzen im Handgelenk und Schulterbereich

Bemerkungen:
- Tonisierungspunkt
- stärkt das Qi und YIN der Lunge
- beeinflußt die Blutgefäße und wird für Zirkulationsschwierigkeiten verwendet (kalte Hände und Füße)
- Tonisierungspunkt

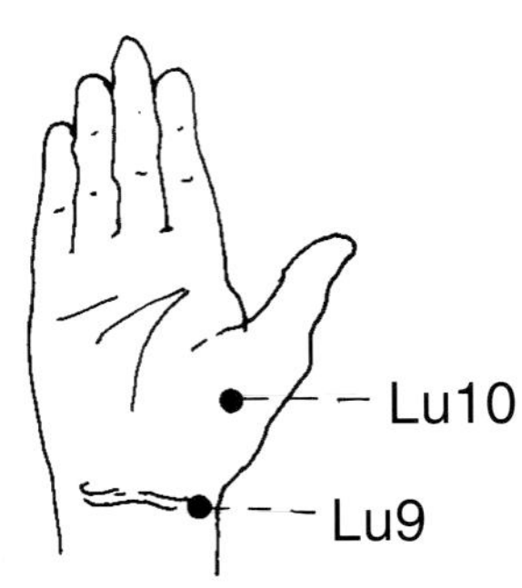

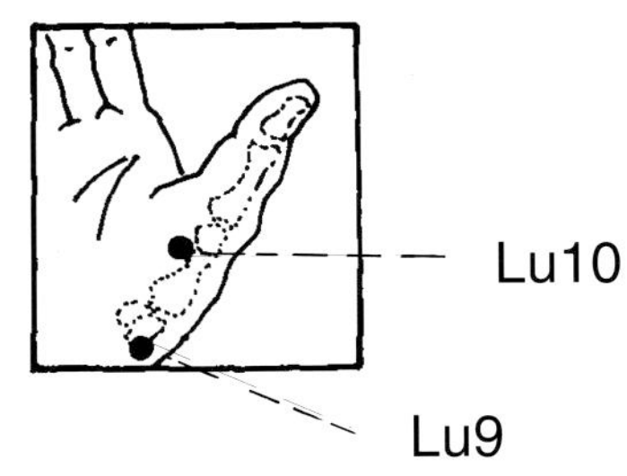

Lu11 — *S H A O S H A N G - "Kleiner Shang"*

Lokalisation: 0,1 cun seitlich der äußeren Nagelwinkelecke des Daumens

Indikation:
- Halsschmerzen
- n. Bischko "Meisterpunkt der Halskrankheiten"
- Bronchitis

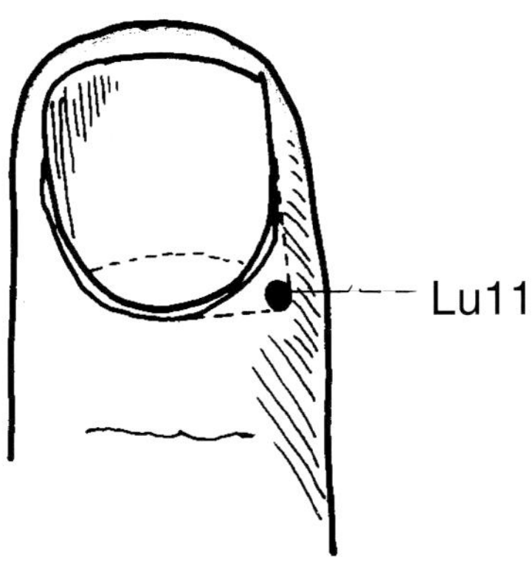

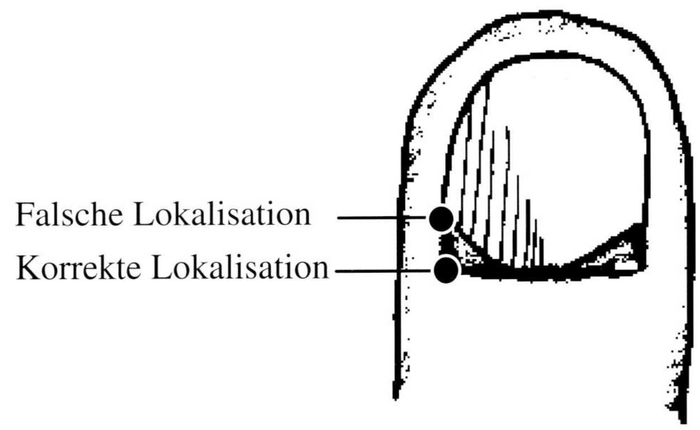

DICKDARMMERIDIAN

Meridianverlauf

Am daumenseitig gelegenen Nagelwinkel des Zeigefingers beginnt der Dickdarmmeridian (Di1) und verläuft zwischen 1. und 2. Mittelhandknochen zum äußeren vorderen Drittel des Unterarmes bis zum seitlichen Ende der Ellbogenfurche (Di11). Von hier gelangt er über den Ansatz des Deltoidmuskels (Di14) an der äußeren Seite des Oberarmes über das Schultergelenk (Di15) zum vorderen Halsbereich und kommt über den Unter-kiefer zum Mundwinkel und unter den äußeren Rand des gegenüberliegenden Nasenflügels (Di19). Er endet 0,5 cun seitlich vom Nasenflügel in der Nasolabialfalte (Di20).

Innere Äste laufen zur Lunge und zum Dickdarm.

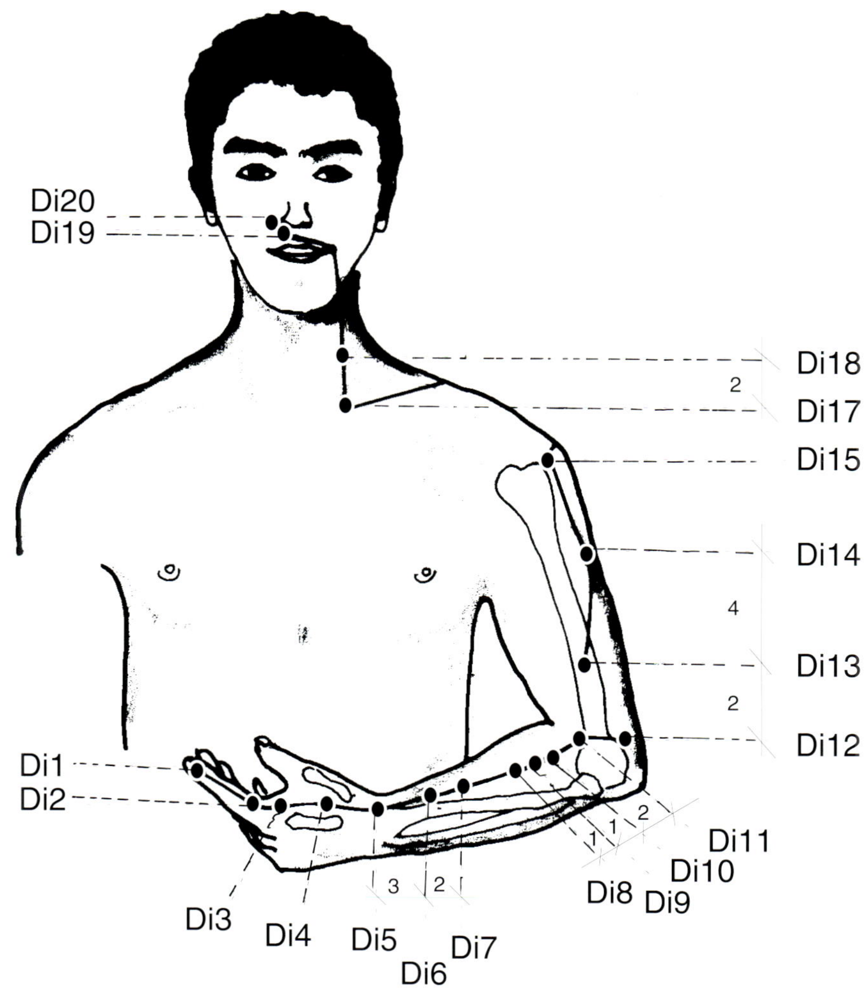

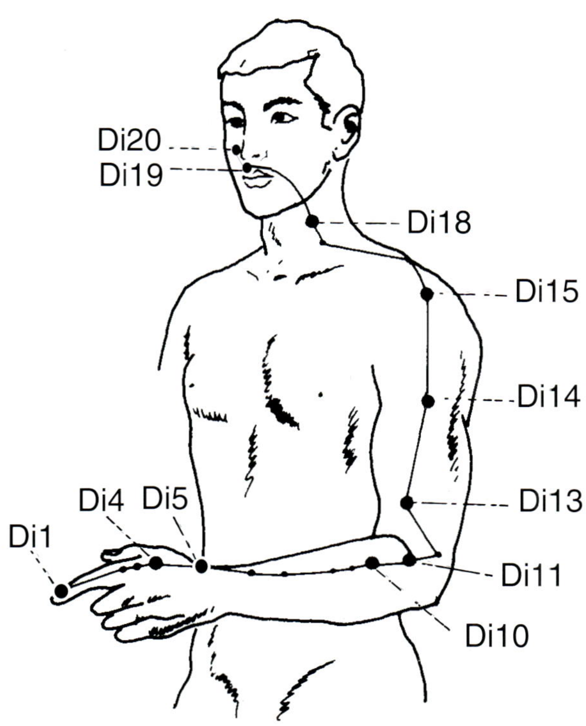

Quellpunkt:	Di4
Tonisierungspunkt:	Di11
Sedativpunkt:	Di2
Durchgangspunkt:	Di6
Alarmpunkt:	M25
Zustimmungspunkt:	B25

Meridianpunkte

Di1 *SHANGYANG - "Anfang des YANG"*

Lokalisation: 0,1 cun (= 1 fen - ca. 2 mm) vom daumenseitig gelegenen Nagelwinkelende des Zeigefingers

Indikation:
- "Meisterpunkt der Zahnschmerzen"
- Halsschmerzen

Bemerkungen:
- reduziert Hitzesymptomatik

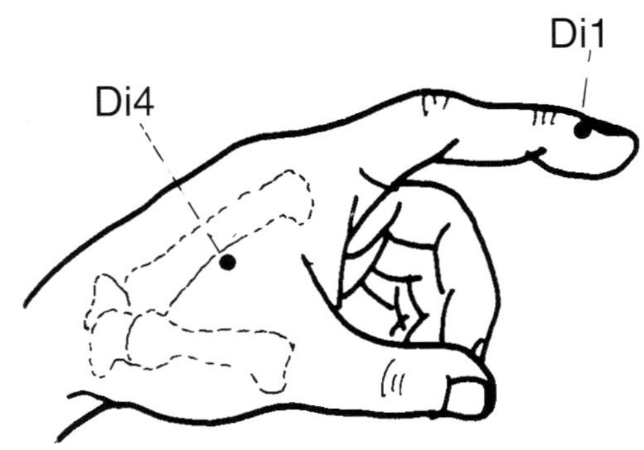

Di2 *ERIJAN - "Zweites Glied des Fingers"*

Lokalisation: bei Faustschluß liegt der Punkt im Grübchen, welches sich distal (körperfern) vom Zeigefingergrundgelenk bildet - an der Farbumschlagstelle der Haut

Indikation:
- Zahnschmerzen
- Fieber

Bemerkungen:
- Sedierungspunkt

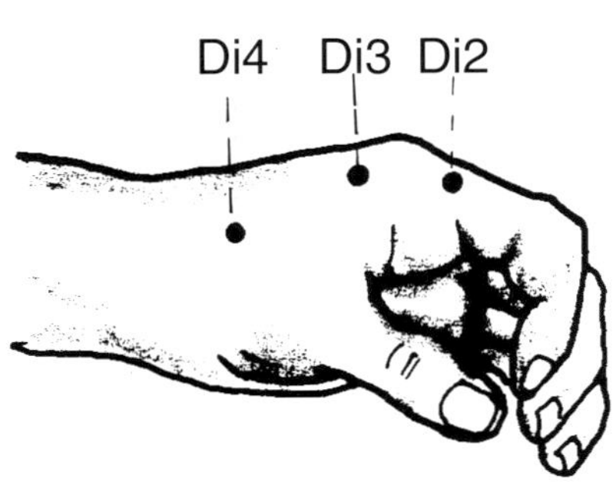

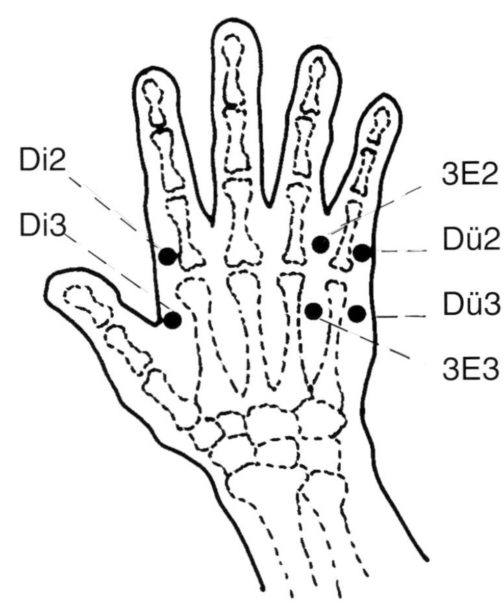

Di4 *HEGU - "Talbegegnung" - "Talsohle" - "Rachen des Tigers"*

Lokalisation: mehrere Möglichkeiten der Lokalisation:

a) wenn Daumen und Zeigefinger bei gestreckten Fingern geschlossen sind, liegt Di4 auf der höchsten Spitze des Muskelbauches neben dem 2. Mittelhandknochen

b) an der Rückfläche der Hand zwischen 1. und 2. Mittelhandknochen (näher zum 2.)

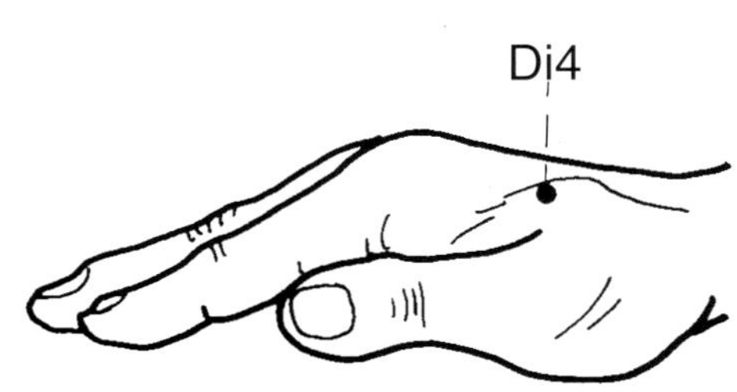

c) legt man den im Endglied abgewinkelten Daumen der anderen Hand zwischen Daumen und Zeigefinger an den Rand der Hautfalte, ist Di4 an der Spitze des Daumens

Indikation:
- Kopfschmerzen
- Schleimhautstörungen
- Migräne

- Fieber
- Gelenksschmerzen
- akute intestinale Störungen
- allergische Rhinitis
- Schulterschmerzen

Bemerkungen:
- hat beruhigende, schmerzlindernde und krampflösende Funktion
- Di4 + Le3 werden die "4 Tore" genannt - gegen Schmerzen und zur Beruhigung des Geistes
- Di4 + Ni7 reguliert Schwitzen
- Di4 + M36 + KG6 tonisiert Qi bei allgemeinen Schwächezuständen
- Di4 hat eine ähnlich homöostatische Wirkung auf den Körper wie M36
- Quellpunkt

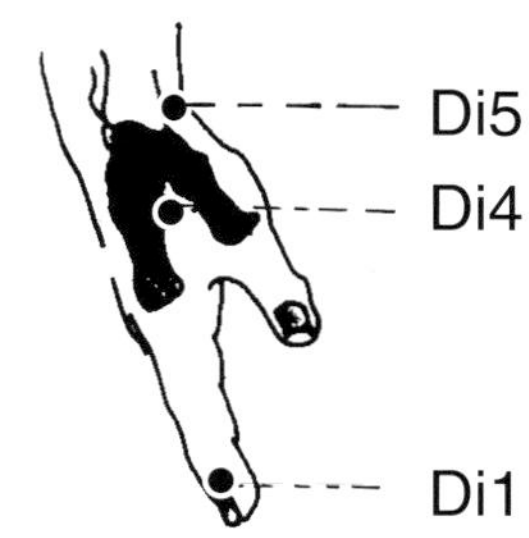

Di10 *SHOUSANLI - "3-Meilen-Punkt des Armes"*

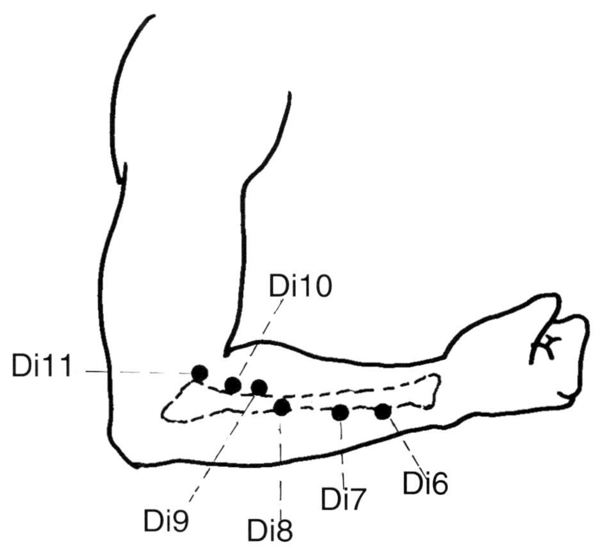

Lokalisation: 2 cun (3 QF) unter Di11

Indikation:
- motorische Schwächen bei Lähmungen des Armes
- Schulter- und Armschmerzen
- Bauchschmerzen
- Verstopfung

Bemerkungen:
- tonisiert Qi und Blut des Armes (ähnlich wie M36)

Di11 *QUCHI - "Gebogener Teich"*

Lokalisation: am äußeren Ende der Ellbogenfalte bei halb abgewinkeltem Arm

Indikation:
- Erkrankungen des Ellbogens
- Tennisellbogen
- Paresen der oberen Extremität
- Obstipation (Verstopfung)
- fiebersenkend
- Ekzeme
- Bauchbeschwerden
- Durchfall

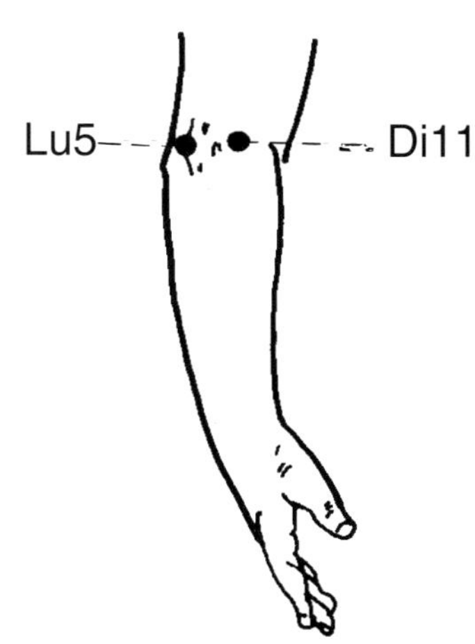

Bemerkungen:
- vermindert Hitzesymptomatik im Körper
- Di11 + LG14 + Ex24 für Fieber
- Di11 + Di4 + 3E5 für Erkältungen
- Di11 + MP10 für Hautjucken und Quaddelsucht
- Tonisierungspunkt

Di14 *BINAO - "Muskel des Armes"*

Lokalisation: auf der Verbindungslinie von Di11 und Di15 liegt der Punkt 7 cun über Di11 (bzw. 3 cun unter Di15)

Indikation:
- Schulter- und Armschmerzen

Di15

JIANYU -
"Schulterknochen"

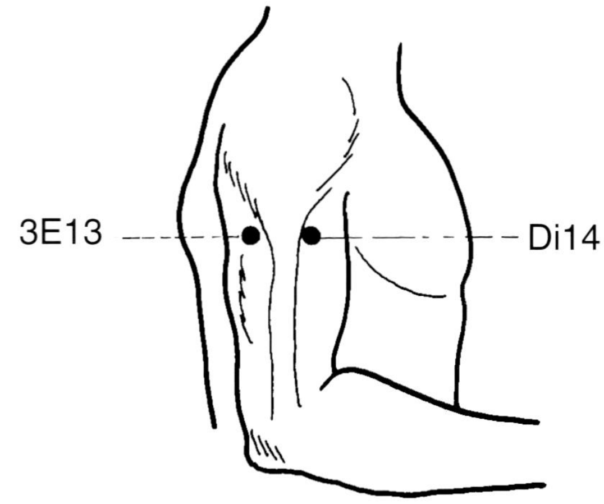

Lokalisation: am seitlichen Schulterrand im Grübchen unter dem Akromion (Schulterhöhe) bei seitlich ausgestrecktem Arm

Indikation:
- wichtiger Punkt für Paresen (Lähmungen) des Armes und der Schulter
- rheumatische Beschwerden der oberen Extremität

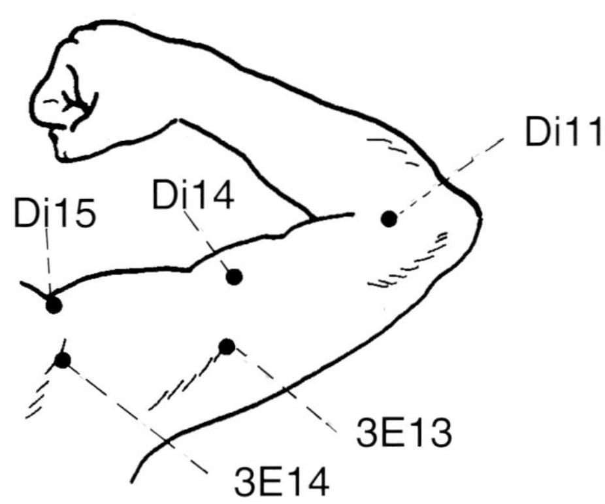

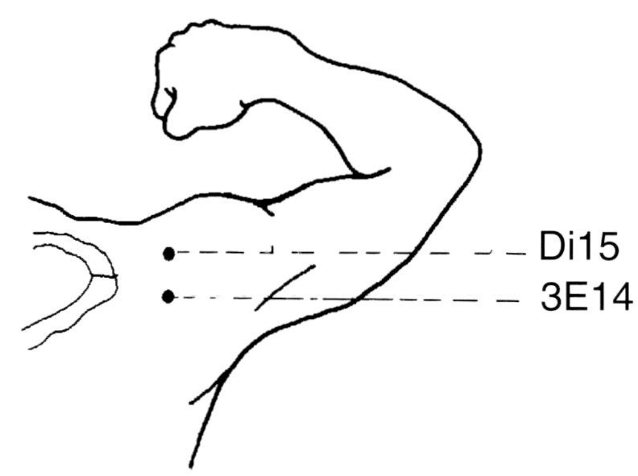

Di19

KOUHELIAO -
"Grube des Getreides"

Lokalisation: 0,5 cun seitlich von LG26, knapp unter dem äußeren Rand des Nasenflügels auf der anderen Körperhälfte (Meridian kreuzt!)

Indikation:
- Behandlung von Erkrankungen der Nase
- Sinusitis
- Rhinitis
- Facialisparese

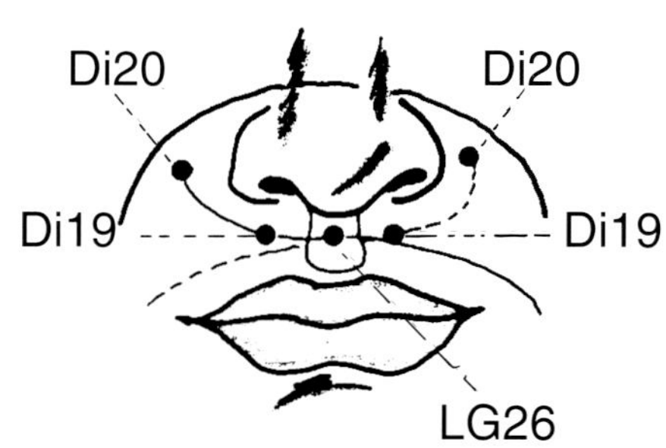

Di20

YINGXIANG -
"Bewillkommnung des Wohlgeruchs"

Lokalisation: in der Nasolabialfalte 0,5 cun seitlich vom Nasenflügel der gegenüberliegenden Seite

Indikation:
- Sinusitis
- Nasenbluten
- allergischer Nasenkatarrh
- Facialisparese
- Trigeminusneuralgie

Bemerkungen:
- erleichtert die Nasenatmung

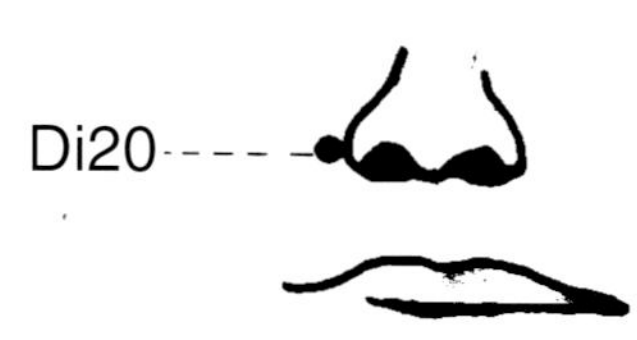

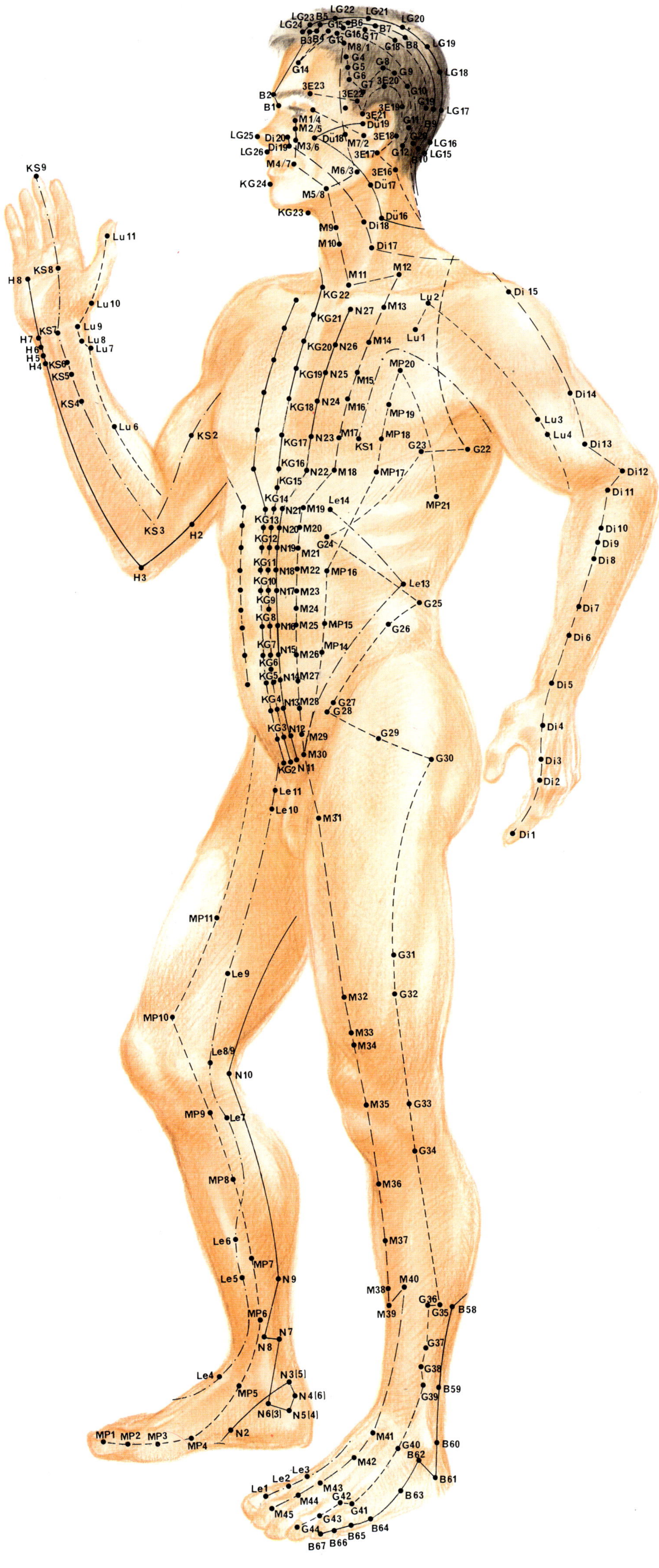

LG22
LG21
LG20
LG23
B5
LG24
G15
B6
B7
G16
G17
B3
B4
G13
G18
B8
LG19
M8/1
G4
G14
G5
G8
G6
G9
LG18
3E23
G7
3E20
B2
G10
3E22
B1
3E19
LG17
3E21
M1/4
Dü19
M2/5
G11
B9
LG25
Di20
Dü18
M7/2
3E18
LG16
Di19
M3/6
G12
LG26
3E17
LG15
M4/7
M6/3
3E16
KG24
Dü17
M5/8
KG23
Dü16
Di18
M9
M10
Di17
KS9
Lu11
KS8
H8
M11
M12
KG22
Lu10
N27
M13
Lu2
Di 15
KG21
Lu9
KS7
H7
Lu8
Lu7
H6
H5
H4
KS6
KS5
KS4
KG20
N26
M14
Lu1
KG19
N25
MP20
M15
Di14
KG18
N24
M16
MP19
Lu3
Lu 6
KS2
KG17
N23
M17
KS1
MP18
Lu4
Di13
G23
G22
KG16
N22
M18
MP17
Di12
KG15
Di 11
KG14
Le14
N21
M19
MP21
KS3
H2
KG13
N20
M20
Di10
KG12
G24
Di9
N19
M21
Di8
H3
KG11
N18
M22
MP16
KG10
Le13
N17
M23
KG9
G25
M24
Di7
KG8
N16
M25
MP15
G26
Di 6
KG7
N15
M26
MP14
KG6
KG5
N14
M27
Di5
KG4
N13
M28
G27
G28
Di4
KG3
N12
M29
G29
M30
G30
Di3
KG2
N11
Di2
Le 11
Le10
M31
Di1
MP11
G31
Le9
M32
G32
MP10
M33
M34
Le8/9
N10
M35
G33
MP9
Le7
G34
MP8
M36
Le6
M37
MP7
Le5
N9
M40
M38
G36
G35
B58
M39
MP6
N7
G37
N8
N3 [5]
G38
Le4
MP5
N4 [6]
G39
B59
N6 [3]
N5 [4]
N2
M41
MP1
MP2
MP3
B60
MP4
G40
B62
M42
Le3
Le2
B61
Le1
M43
G42
M44
B63
G41
M45
G43
B64
G44
B65
B67
B66

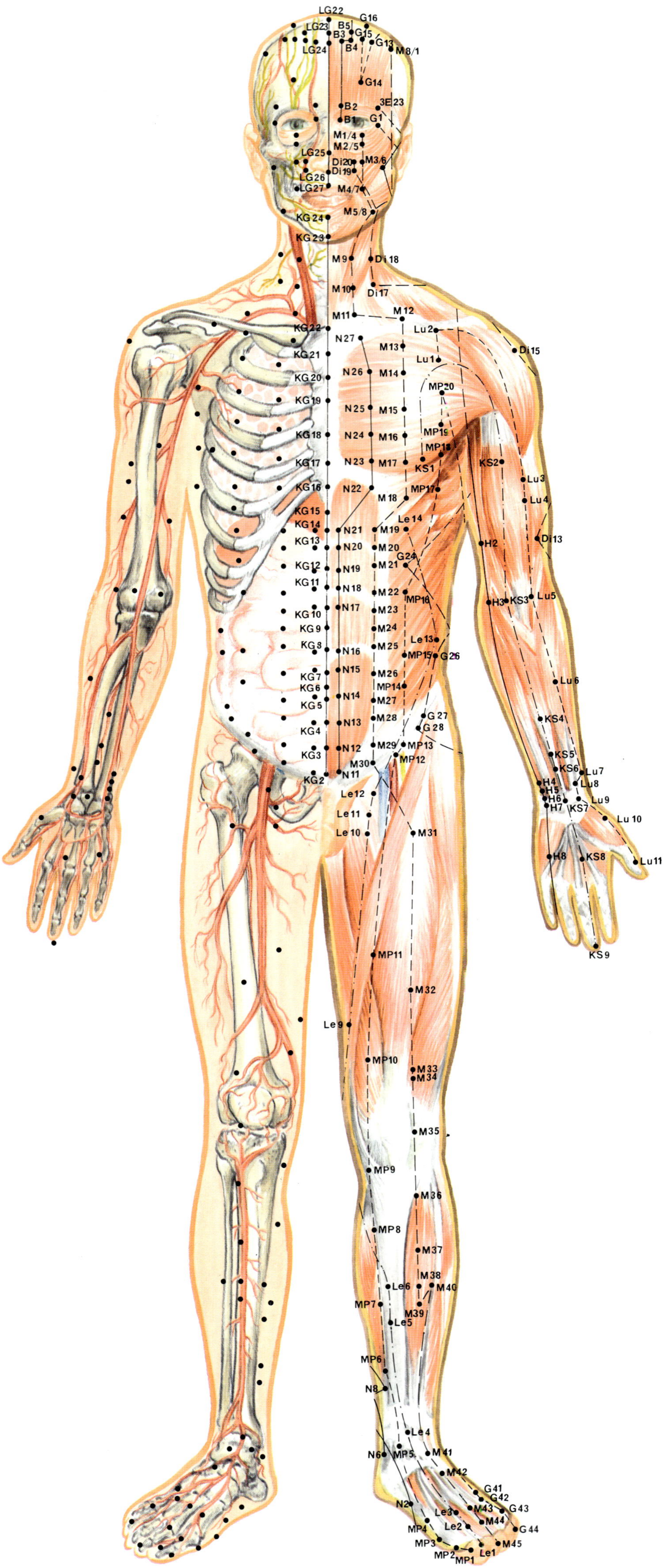
LG22
G16
LG23
B5
B3
G15
G13
LG24
B4
M8/1
G14
B2
3E23
B1
G1
M1/4
M2/5
LG25
Di20
M3/6
Di19
LG26
LG27
M4/7
M5/8
KG24
KG23
M9
Di18
M10
Di17
M11
M12
KG22
Lu2
N27
M13
KG21
Lu1
Di15
KG20
N26
M14
MP20
KG19
N25
M15
KG18
N24
M16
MP19
MP18
KS2
KG17
N23
M17
KS1
Lu3
KG16
N22
M18
MP17
Lu4
KG15
Le14
KG14
N21
M19
Di13
KG13
N20
M20
H2
G24
KG12
N19
M21
KG11
N18
M22
H3
KS3
Lu5
MP16
N17
M23
KG10
KG9
M24
Le13
KG8
N16
M25
MP15
G26
N15
KG7
M26
Lu6
KG6
MP14
N14
M27
KG5
G27
M28
G28
KS4
N13
KG4
M29
MP13
N12
KS5
KG3
M30
MP12
KS6
Lu7
N11
H4
KG2
Lu8
H5
Le12
H6
Lu9
H7
KS7
Le11
Lu 10
Le10
M31
H8
KS8
Lu11
KS9
MP11
M32
Le9
MP10
M33
M34
M35
MP9
M36
MP8
M37
M38
Le6
M40
MP7
M39
Le5
MP6
N8
Le4
N6
MP5
M41
M42
G41
G42
N2
M43
G43
Le3
M44
MP4
Le2
G44
MP3
M45
MP2
Le1
MP1

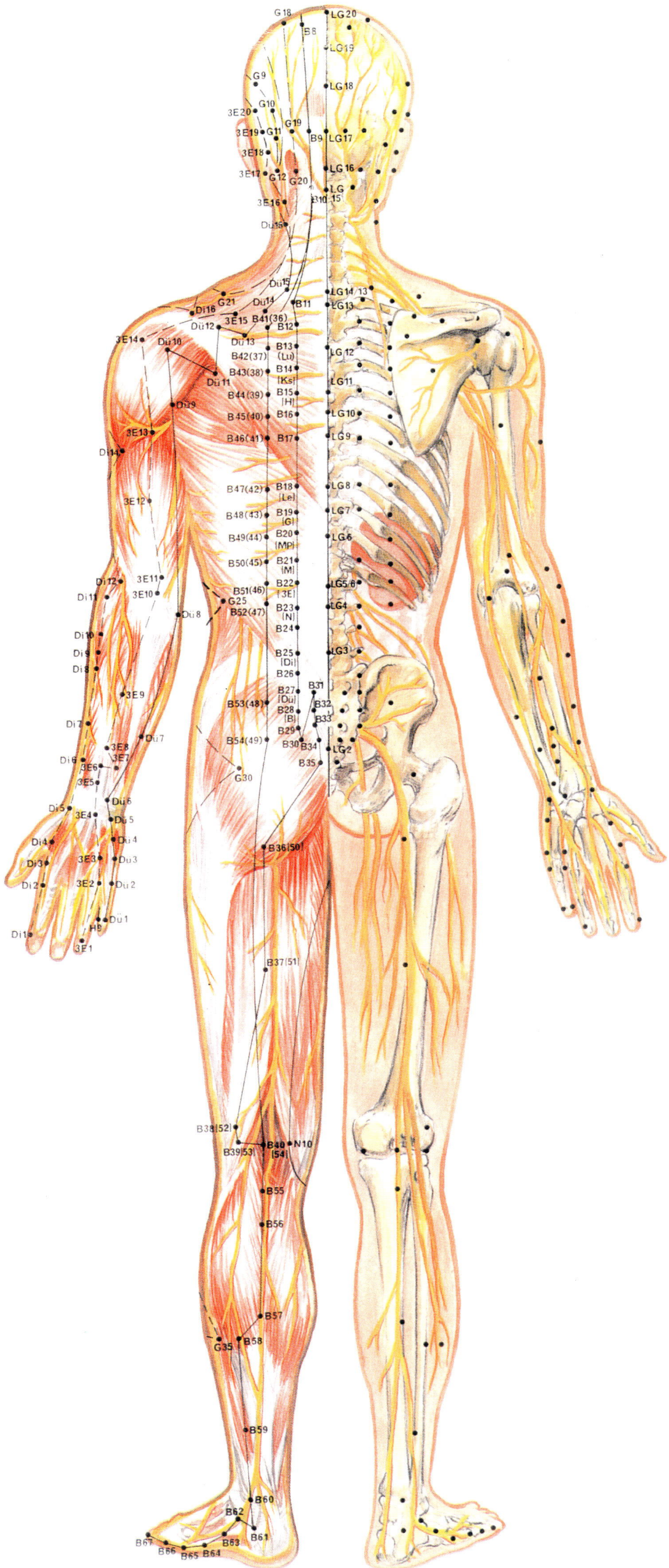
G18
LG20
B8
LG19
G9
LG18
3E20
G10
3E19
G11
G19
B9
LG17
3E18
LG16
3E17
G12
G20
LG 15
B10
3E16
Dü16
Dü15
LG14/13
G21
Dü14
B11
LG13
Di16
3E15
B41(36)
Dü12
B12
3E14
Dü13
Dü10
B13 (Lu)
B42(37)
LG12
B43(38)
B14 (Ks)
Dü11
LG11
B44(39)
B15 (H)
Dü9
B45(40)
B16
LG10
3E13
B46(41)
B17
LG9
Di14
B47(42)
B18 (Le)
LG8
3E12
B48(43)
B19 (G)
LG7
B49(44)
B20 (MP)
LG6
B50(45)
B21 (M)
Di12
3E11
B22 (3E)
LG5/6
B51(46)
Di11
3E10
G25
B52(47)
B23 (N)
LG4
Dü8
B24
Di10
Di9
B25 (Di)
LG3
Di8
B26
B27 (Dü)
B31
3E9
B53(48)
B28 (B)
B32
B33
Di7
B29
Dü7
B54(49)
B30
B34
LG2
3E8
3E7
Di6
3E6
B35
G30
3E5
Dü6
Di5
3E4
Dü5
Di4
Dü4
B36(50)
3E3
Di3
Dü3
Di2
3E2
Dü2
Dü1
H9
Di1
3E1
B37(51)
B38(52)
B40 (54)
N10
B39(53)
B55
B56
B57
G35
B58
B59
B60
B62
B61
B67
B66
B65
B64
B63

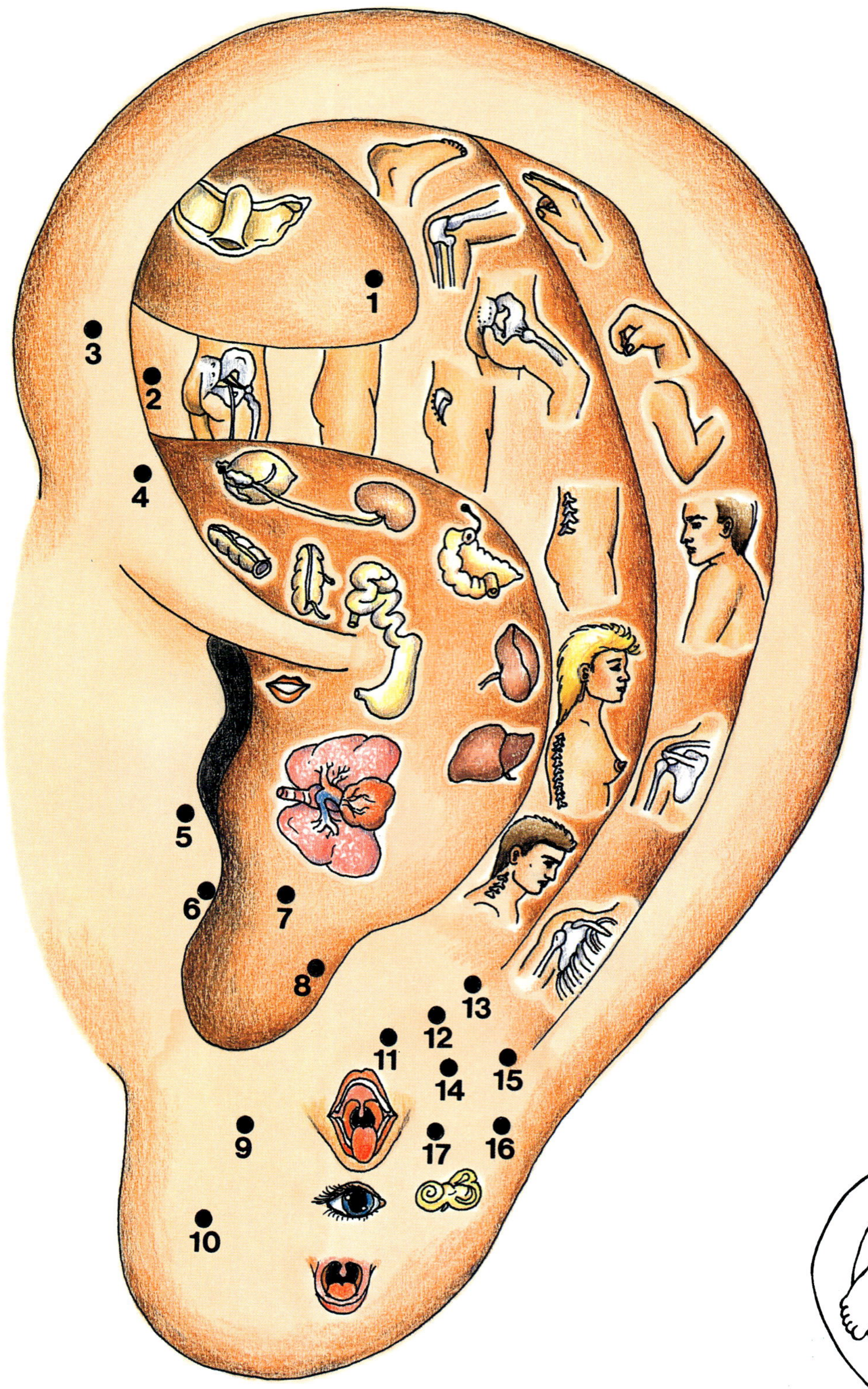

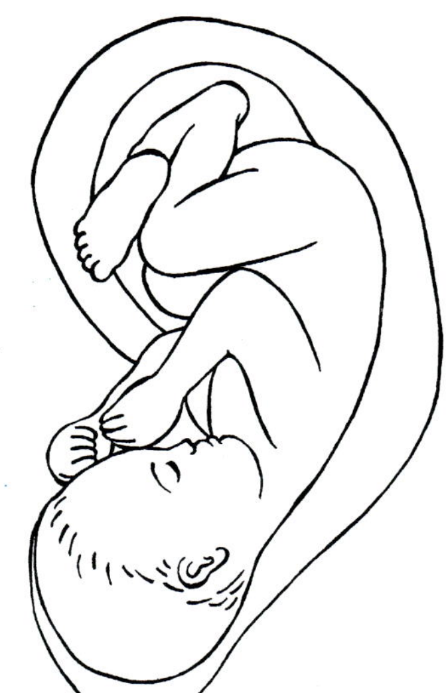

Legende:

1	Shenmen	9,10	Anästhesie für Zahnextraktion
2	Sympathikus	11	Stirn
3	Äußere Genitalien	12	Schläfen
4	Urethra - Harnröhre	13	Occiput (Hinterkopf)
5	Hunger	14	Scheitel
6	Nebenniere	15	Unterkiefer
7	3-facher Erwärmer	16	Oberkiefer
8	Subcortex (graue Substanz)	17	Oberer Gaumen

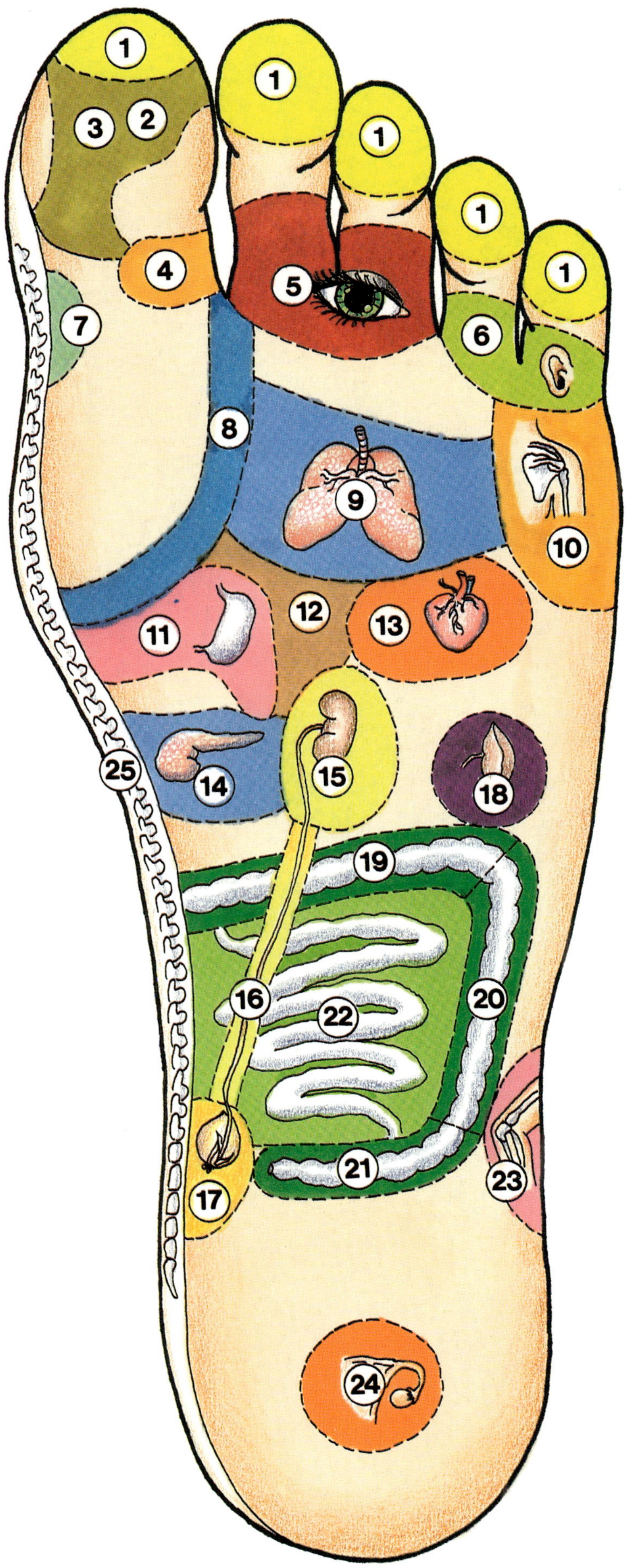

Legende linker Fuß:

1	rechte Stirnhöhle
2	rechtes Großhirn
3	Hypophyse
4	Nacken
5	rechtes Auge
6	rechtes Ohr
7	Nebenschilddrüse
8	Schilddrüse
9	Lunge
10	Schulter links
11	Magen
12	Solarplexus
13	Herz
14	Bauchspeicheldrüse
15	linke Niere
16	linker Harnleiter
17	Blase
18	Milz
19-21	Dickdarm
22	Dünndarm
23	linkes Knie
24	Keimdrüse links
25	Wirbelsäule

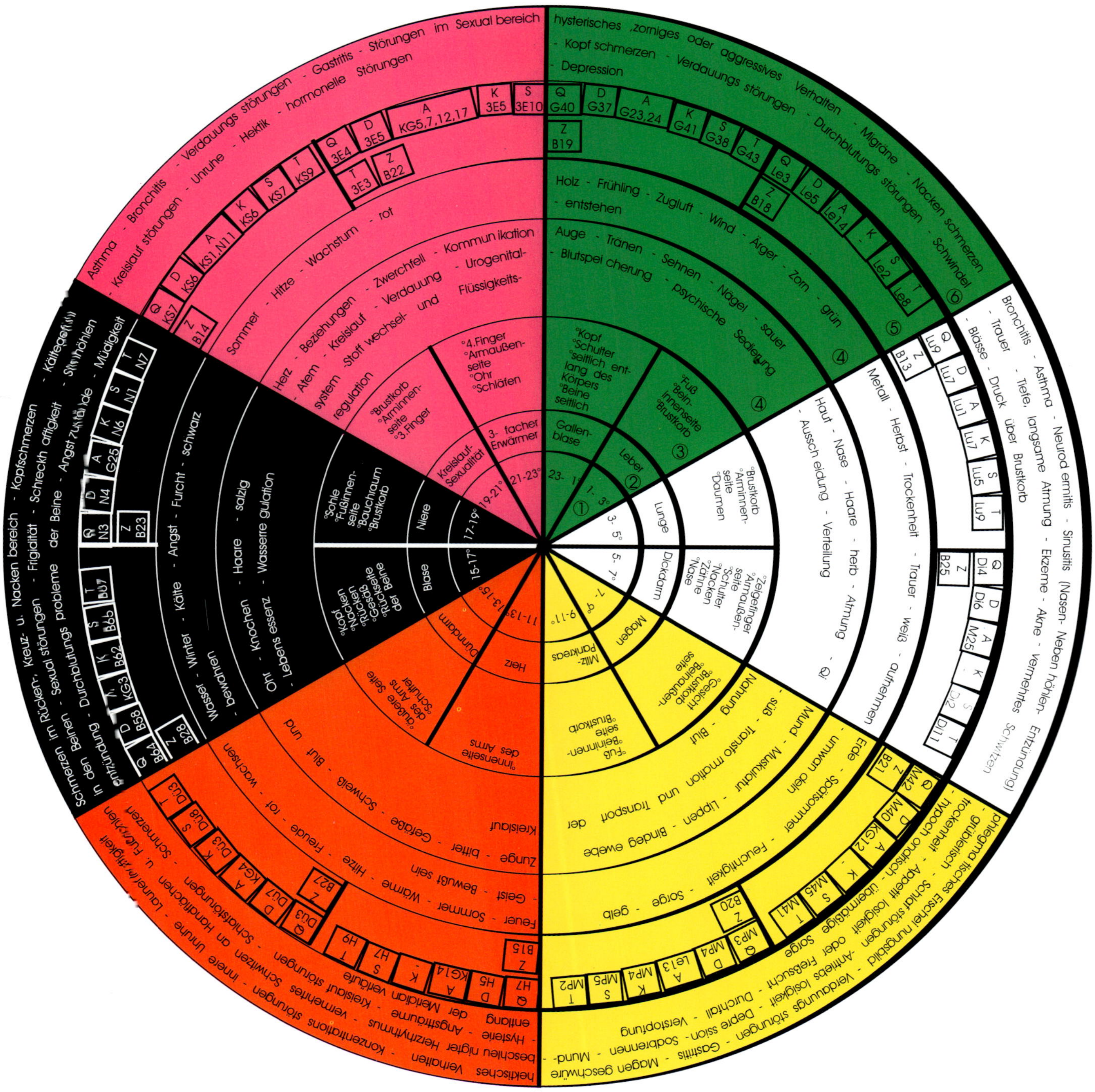

LEGENDE:

1 zeitliche Hauptaktivität des Meridians

2 Meridian

3 Meridianverlauf

4 Zuordnungen

5 spezifische Punkte

6 Störungen

ad 5 spezifische Punkte:

Q... Quellpunkt

D... Durchgangspunkt

A.. Alarmpunkt

K... Kardinalpunkt

S... Sedierungspunkt

T... Tonisierungspunkt

Z... Zustimmungspunkt

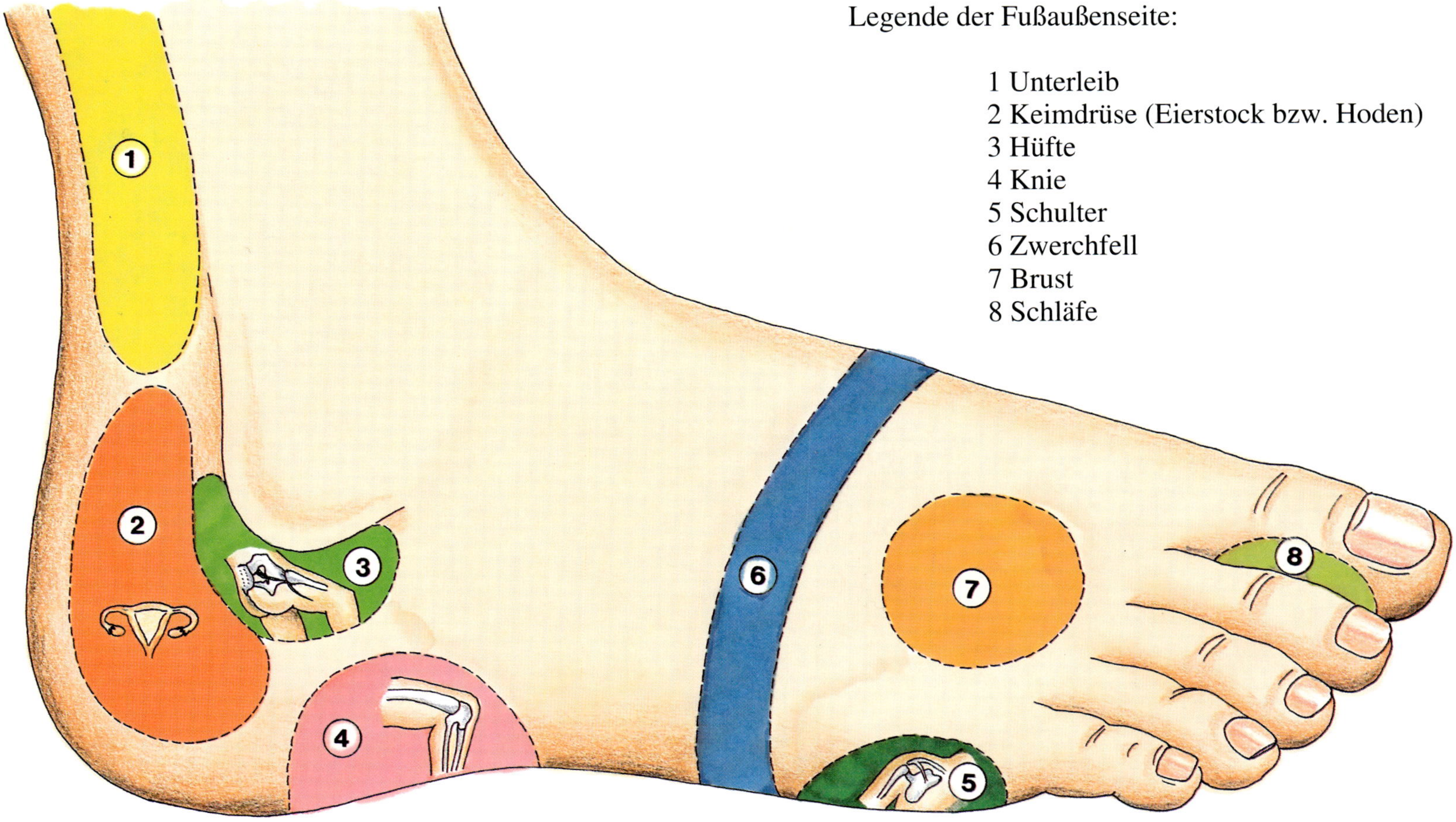

Legende der Fußaußenseite:

1 Unterleib
2 Keimdrüse (Eierstock bzw. Hoden)
3 Hüfte
4 Knie
5 Schulter
6 Zwerchfell
7 Brust
8 Schläfe

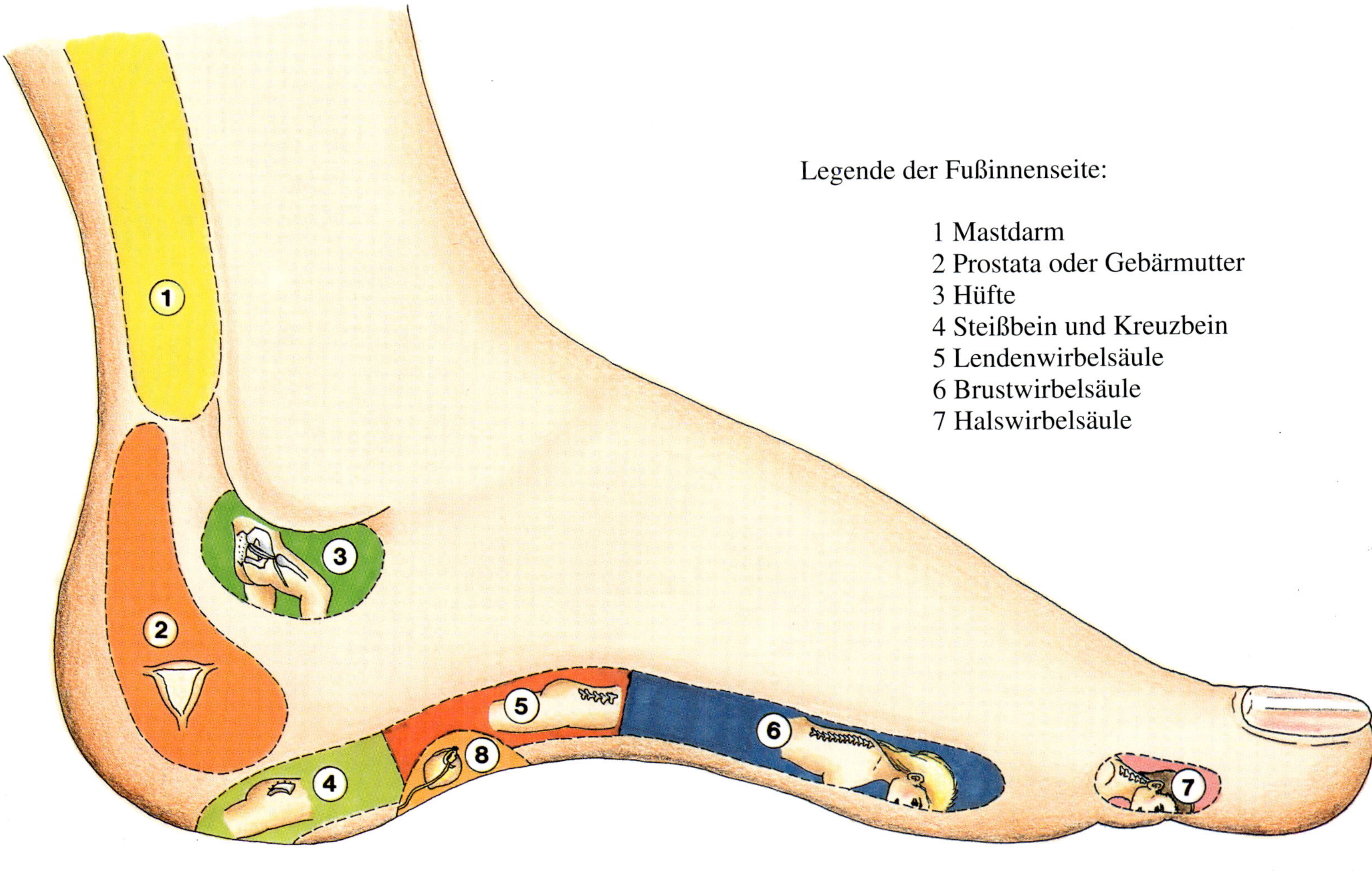

Legende der Fußinnenseite:

1 Mastdarm
2 Prostata oder Gebärmutter
3 Hüfte
4 Steißbein und Kreuzbein
5 Lendenwirbelsäule
6 Brustwirbelsäule
7 Halswirbelsäule

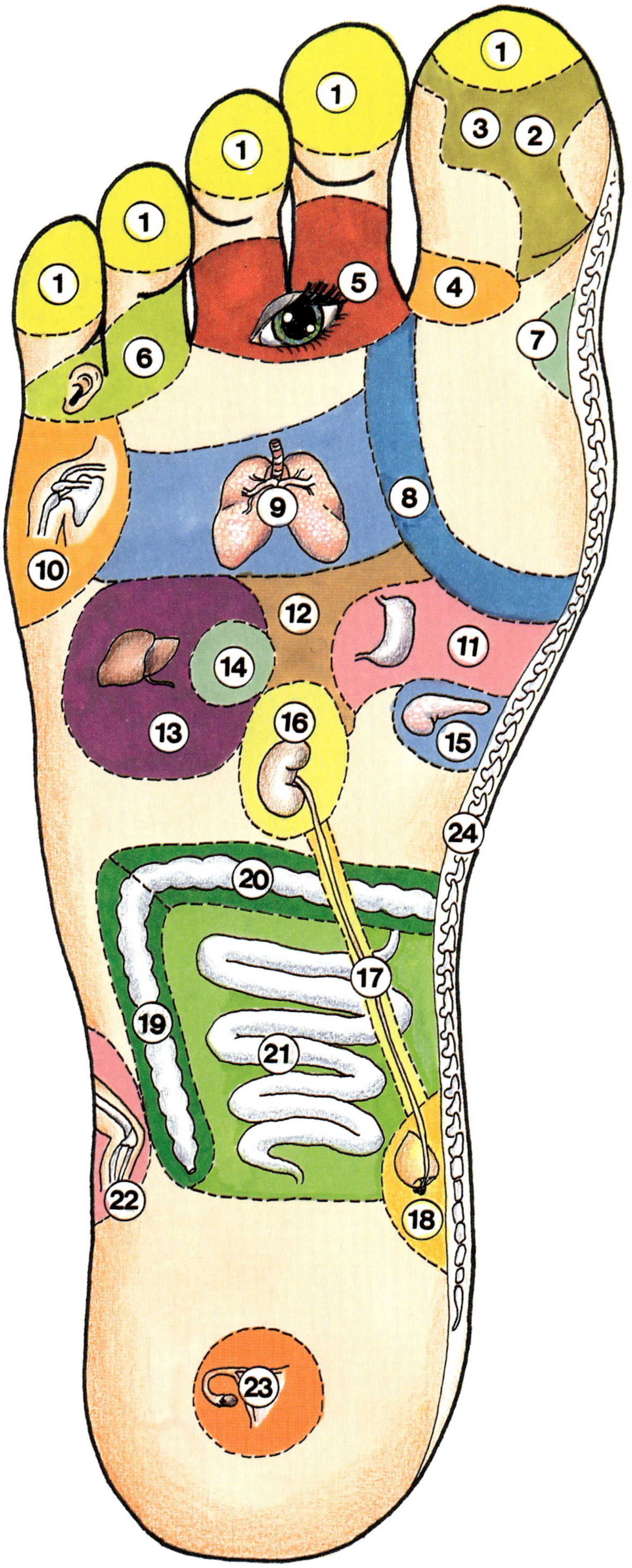

Legende rechter Fuß:

1	linke Stirnhöhle
2	linkes Großhirn
3	Hypophyse
4	Nacken
5	linkes Auge
6	linkes Ohr
7	Nebenschilddrüse
8	Schilddrüse
9	Lunge
10	Schulter rechts
11	Magen
12	Solarplexus
13	Leber
14	Gallenblase
15	Bauchspeicheldrüse
16	rechte Niere
17	rechter Harnleiter
18	Blase
19-20	Dickdarm
21	Dünndarm
22	rechtes Knie
23	Keimdrüsen rechts
24	Wirbelsäule

Funktionseinheit

MILZ-PANKREAS - MAGEN

Die wichtigsten Funktionen sind:

I. kontrolliert die Transformation und den Transport der Nahrung
II. beeinflußt das Blut
III. Beziehung zur Muskulatur, zum Mund, zu den Lippen, zum Bindegewebe
IV. Modalitäten-Zuordnungen: Erde - Feuchtigkeit - Sorge - Umwandlung - Gelb - Süß

Die Aufspaltung der Nahrung und der Weitertransport über das Blut sind Aufgaben, welche dem Milz-Pankreas - Magen - Kreislauf zugeschrieben werden. Die Energie, welche über die Zerteilung der Nahrungsmittel gewonnen wird, gelangt über den Milzmeridian in das Blutsystem.

Die Funktion des Magens ist es nicht nur, im organischen Bereich aufzunehmen und zu zerteilen, sondern auch auf psychischer Ebene spielt sich dieser "Verdauungsprozeß" ab. Vor allem bei Menschen, die alles analysieren, werten, abschätzen und sorgend überdenken, ist der Magen die Schwachstelle im körperlichen Regulationssystem. "Es liegt mir schwer im Magen", "es drückt mir auf den Magen" wird diese Situation im Volksmund beschrieben. Es werden dabei nicht nur Nährstoffe schlecht verwertet, sondern gerade seelische Konflikte und Probleme mit der Umwelt können nicht verarbeitet werden, und die körperlichen Symptome zeigen sich oft in Form von Gastritis, Magengeschwüren, Verstopfung, Appetitlosigkeit und Durchfall.

Die Verbindung zur Muskulatur und zum Bindegewebe erklärt sich dadurch, daß eine gut funktionierende Muskelleistung nur gegeben ist, wenn die Energie aus der Nahrung über Magen und Milz-Pankreas zum Blut und den Muskelzellen gelangen kann. Über die Assoziation zum Blut wird auch verständlich, daß bei Menstruationsproblemen sehr oft der Punkt MP6, der "Herr des Blutes", Verwendung findet.

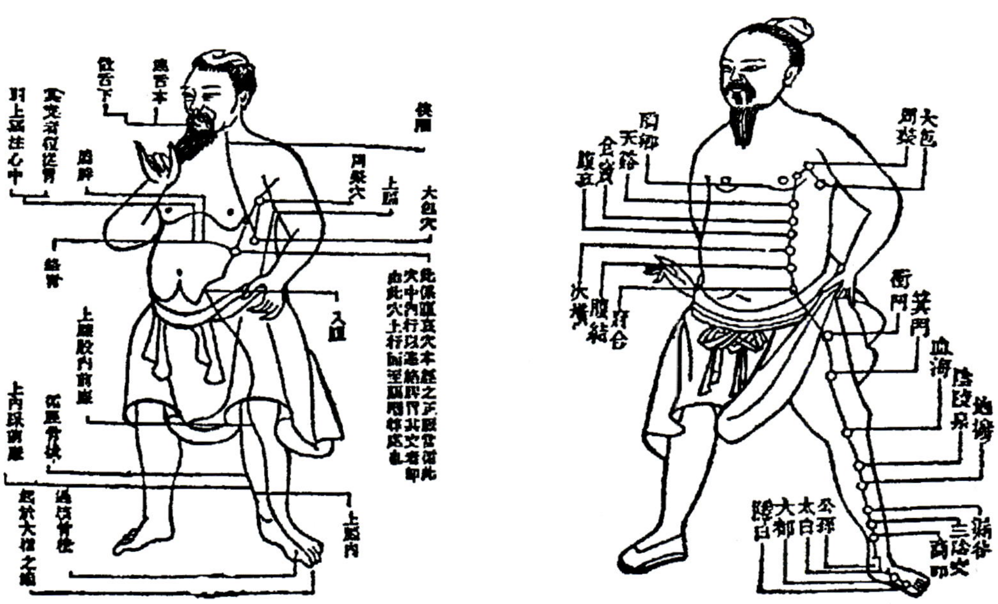

Antike Darstellung des Milz - Pankreas - Meridians

MAGENMERIDIAN

Meridianverlauf

Der Meridian tritt in der Mitte des Unterrandes der Augenhöhle (Pupillarlinie) mit dem Punkt M1 an die Oberfläche, zieht in der Pupillarlinie nach unten zum Mundwinkel (M4), weiter zum Unterkieferwinkel (M5, 6) und aufsteigend zum oberen Rand der Schläfengrube (M8). Der weitere Verlauf geht über den Hals zum Schlüsselbein und in der Mamillarlinie (Linie durch die Brustwarze) nach unten, wobei sich der Meridian im Grenzbereich von Bauchraum und Brustkorb bis auf 2 cun (3 QF) der Mittelline nähert (M25, 29) und zur Schambeinfuge zieht. Über den äußeren Rand des Oberschenkels (M32) gelangt der Meridian seitlich an der Kniescheibe vorbei (M35) zur Muskelloge zwischen Schien- und Wadenbein (M36) und läuft über die Fußwurzelmitte zum Fußrücken und endet am seitlichen Nagelfalzwinkel der 2. Zehe.

Innere Verbindungen werden zur Milz und zum Magen hergestellt.

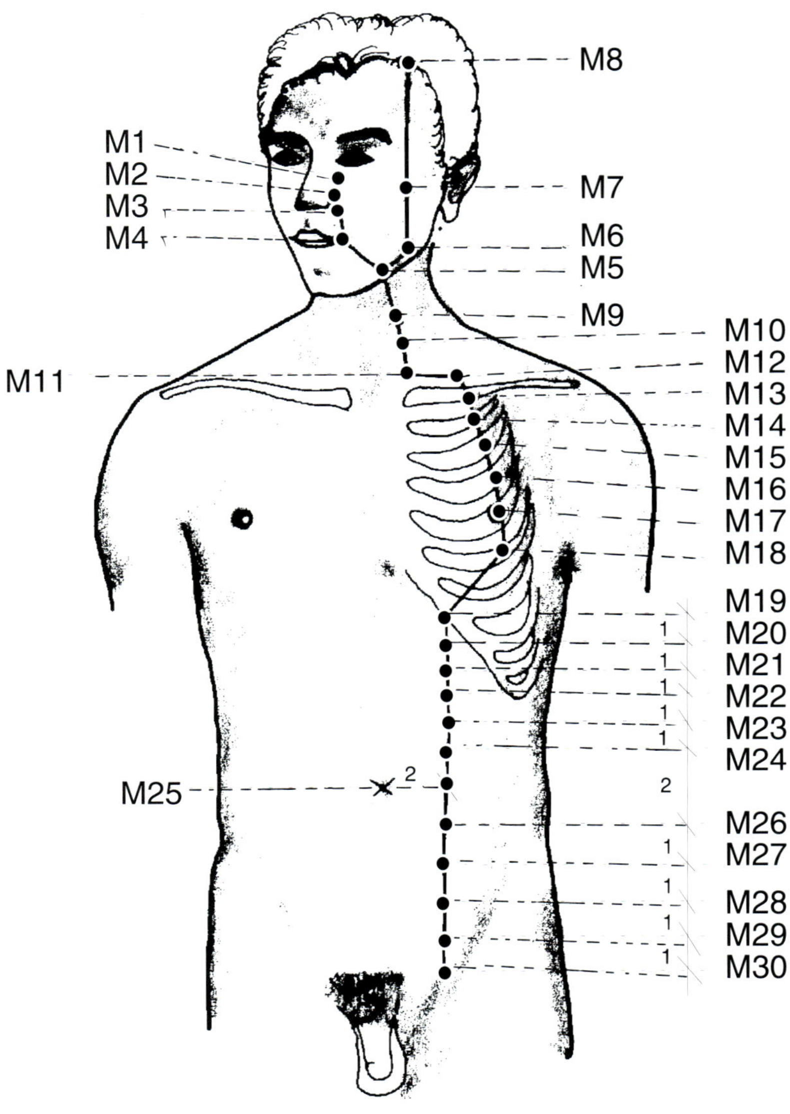

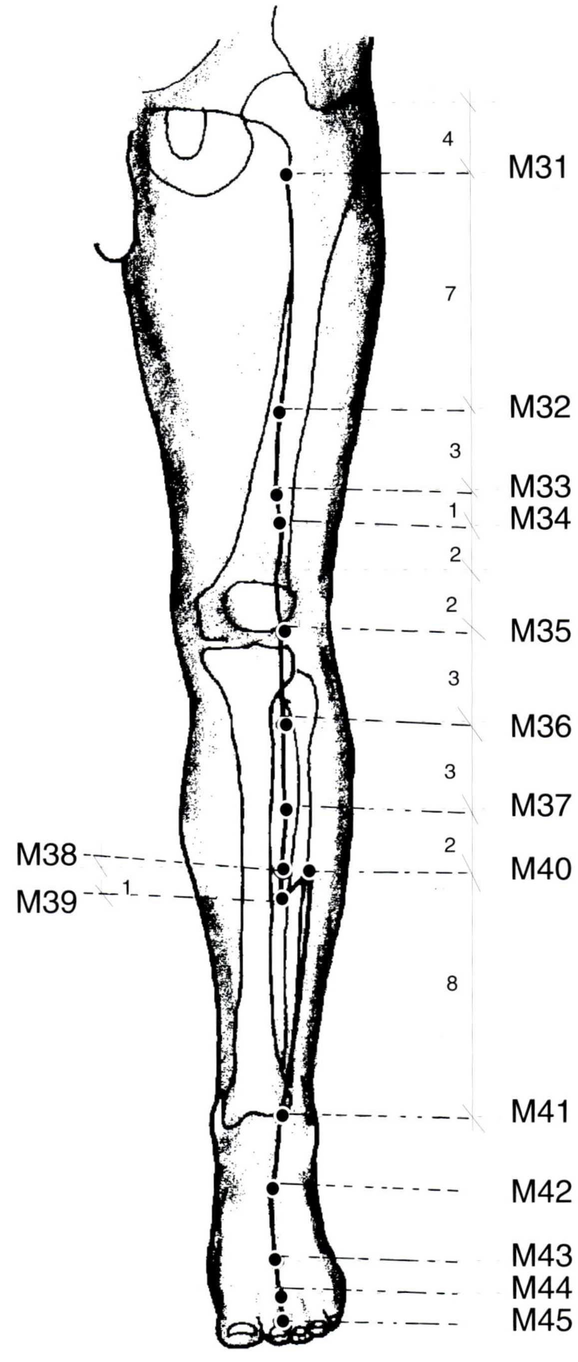

Quellpunkt:	M42
Tonisierungspunkt:	M41
Sedativpunkt:	M45
Durchgangspunkt:	M40
Alarmpunkt:	KG12
Zustimmungspunkt:	B21

Meridianpunkte

M1 (4) *C H E N G Q I - "Sammler der Tränen"*

Lokalisation: bei nach vorne blickenden Augen liegt M1 zwischen Augapfel und dem unteren Orbitalrand auf einer Linie senkrecht zur Pupille

Indikation:
- Konjunktivitis
- Schwellung der Augen

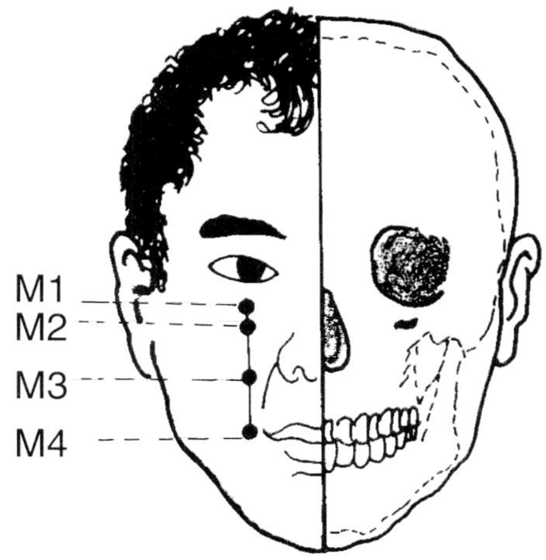

M2 (5) *S I B A I - "Vierfache Helle"*

Lokalisation: beim Blick geradeaus in einer Linie senkrecht zur Pupille liegt M2 am Orbitalrand über der Infraorbitalöffnung (0,7 cun unter M1)

Indikation:
- Konjunktivitis
- Facialisparese
- Zuckungen der Augenlider

M4 (7) *D I C A N G - "Speicher der Erde"*

Lokalisation: 0,4 cun seitlich des Mundwinkels

Indikation:
- Trigeminusneuralgie
- Facialisparese
- verstärkter Speichelfluß

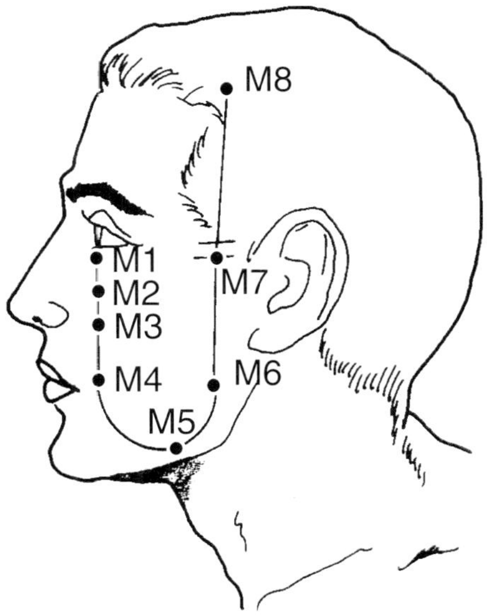

M5 (8) *D A Y I N G - "Großes Willkommen"*

Lokalisation: vor dem Unterkieferwinkel, am niedrigsten Punkt der vorderen Kante des Massetermuskels (Kaumuskel)

Indikation:
- Facialisparese
- Zahnschmerzen

M6 (3) *J I A C H E - "Kieferknochen"*

Lokalisation: am meist erhabenen Punkt des Massetermuskels (beim Zusammenbeißen der Kiefer) - 1 QF vor und über dem Unterkieferwinkel

Indikation:
- Facialisparese
- Trigeminusneuralgie
- Zahnschmerzen

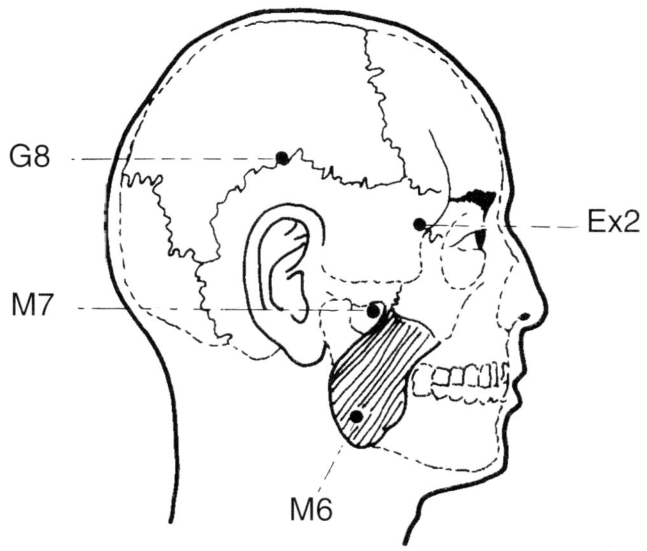

M7 (2) *X I A K U A N - "Untere Grenze"*

Lokalisation: in der Grube an der unteren Grenze des Arcus zygomaticus (Jochbeinbogen) bei geschlossenem Mund

Indikation:
- Facialisparese
- Trigeminusneuralgie
- Zahnschmerzen
- Schmerzen im Kiefergelenk

M8 (1) *T O U W E I - "Unterstützung des Kopfes"*

Lokalisation: 0,5 cun seitlich der Grenze des vorderen Haaransatzes

Indikation:
- Kopfschmerzen
- Migräne
- Schwindel

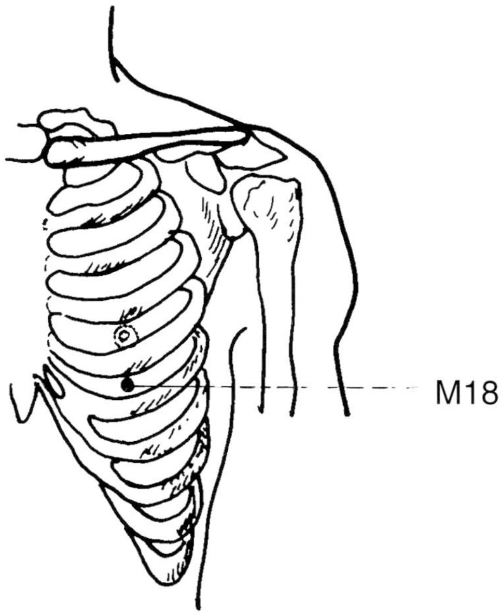

M18 *R U G E N - "Wurzel der Brust"*

Lokalisation: im 5. Zwischenwirbelraum unter der Brustwarze

Indikation:
- Entzündung der Brustwarze
- Schmerzen im Brustkorb

Bemerkungen:
- reguliert die Milchbildung während der Stillzeit

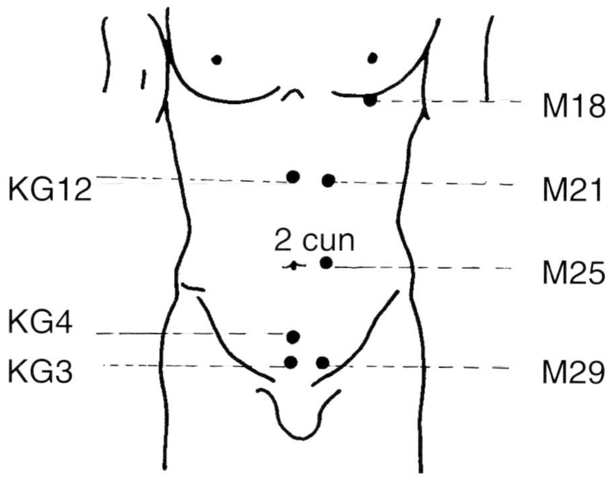

M21 *L I A N G M E N - "Balkentor"*

Lokalisation: 4 cun über dem Nabel und 2 cun seitlich von KG12

Indikation:
- chronische und akute Gastritis
- Erbrechen
- Durchfall
- nervöse Magenleiden

Bemerkungen:
- M21 + M34 bei Magenschmerzen

M25 *T I A N S H U - "Säule des Himmels"*

Lokalisation: 2 cun (3 QF) seitlich des Nabels

Indikation:
- Gastroenteritis (infektiöse Lebensmittelvergiftung)
- Diarrhoea (Durchfall)
- Obstipation (Verstopfung)
- Schmerzen im gesamten Bauch

Bemerkungen:
- Alarmpunkt des Dickdarms
- M25 + KG6 + M36 bei chronischem Durchfall

M29 *G U I L A I - "Rückkehr"*

Lokalisation: 4 cun unter dem Nabel und 2 cun seitlich von KG3

Indikation:
- Bauchschmerz
- Menstruationsstörungen

Bemerkungen:
- reguliert Menstruation und Stagnation von Blut
- M29 + Di4 + M36 + LG20 tonisiert Qi

M31 *B I G U A N - "Grenze des Schenkels"*

Lokalisation: zieht man eine Gerade von M32 nach oben und schneidet sie mit einer Horizontalen, welche durch den unteren Rand der Symphysis pubis (Schambeinfuge) geht, findet man M31

Indikation:
- Durchblutungsstörungen und Taubheitsgefühl der Beine
- Lähmungen der unteren Extremität

M32 *F U T U - "Liegender Hase" - "Vorwölbung"*

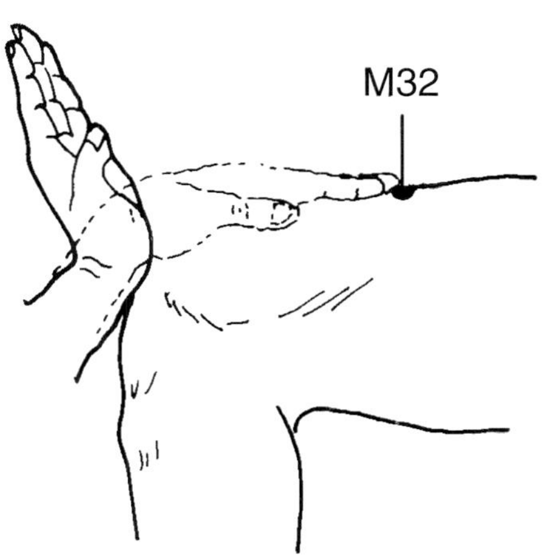

Lokalisation:
a) 6 cun über dem seitlichen Anteil des Kniescheiben-oberrandes
b) bei sitzendem Patienten plaziert der Behandler seine Hand, anliegend mit der Handgelenksquerfalte, auf die Mitte der Kniescheibe, wobei die Finger entlang des Oberschenkels gelegt sind - M32 ist dann an der Spitze des Mittelfingers zu finden

Indikation:
- Lähmungen der unteren Extremität
- Arthritis im Kniegelenk
- Schmerzen im Bein

M34 *L I A N G Q I U - "Gipfel des Hügels" - "Balkenhügel"*

Lokalisation: 2 cun über dem seitlichen Anteil des Kniescheibenoberrandes

Indikation:
- Beschwerden im Kniegelenk
- Magenschmerzen
- Erbrechen

M35 *D U B I - "Nase des Kalbes"*

Lokalisation: bei gebeugtem Knie ist der Punkt in der Vertiefung unter der Kniescheibe an der seitlichen Fläche des Ligamentum patellae (Sehne des Musculus quadriceps - Kniescheibenband)

Indikation:
- Schmerzen im Kniegelenk
- Arthritis

Bemerkungen:
- es gibt 2 Vertiefungen auf jeder Seite des Ligamentum patellae: in der seitlichen äußeren Vertiefung ist M35 und in der einwärts zur Mittelebene gelegenen Vertiefung ist der Extrapunkt XIYAN zu finden - beide sind für Krankheiten im Kniegelenk zuständig

M36 — *Z U S A N L I - "3-Meilen-Punkt des Fußes" - "3 Entfernungen"*

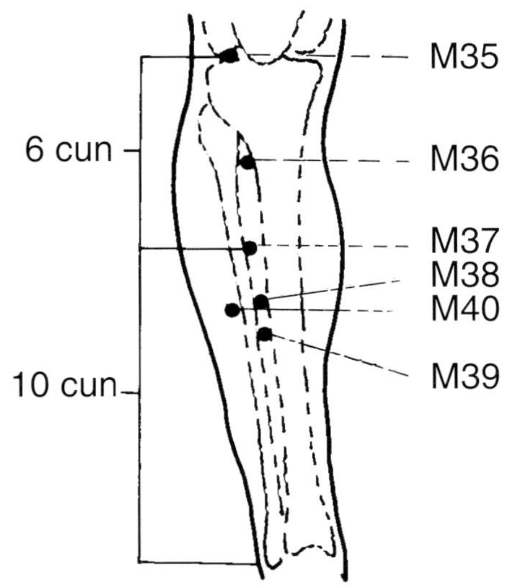

Lokalisation:

a) 3 cun (4 QF) unter M35 und 1 Fingerbreite seitlich der äußeren Schienbeinkante

b) 2 QF unter dem Wadenbeinköpfchen und 1 QF seitlich der Schienbeinkante

c) bei gebeugtem Knie legt man seine linke Hand auf das linke Kniegelenk, mit der Handinnenfläche auf der Kniescheibe - der Zeigefinger liegt dabei auf der Schienbeinkante und an der Spitze des Mittelfingers liegt nun M36

Indikation:

- Erbrechen
- Gastritis
- Durchfall
- Magenschmerzen
- Verstopfung
- Kniebeschwerden
- Kopfschmerzen
- Migräne

Bemerkungen:

- hat den Beinamen "Göttliche Gleichmut"
- ausgleichend - harmonisierend
- Wirkung auf das hormonelle Gleichgewicht
- die 2. Bedeutung des Namens heißt "Drei Dörfer" oder "3 Entfernungen", was auf die Stärkung der Muskulatur zur Erhöhung der Gehleistung hinweist
- tonisiert Qi und Blut
- LI DONG YUAN (1180 - 1251 n. Chr.) beschreibt in seinem Werk:
  "Bei alten Menschen mit einem Mangel an Qi setze man die Moxabehandlung bei den Punkten M36 + KG6 ein."
- M36 + KG6 + LG20 stärkt und hebt den YANG-Zustand
- einer der wichtigsten Punkte für seelische Ermüdung, Frustration, Unausgeglichenheit, Nervosität und Sorgen
- die intestinale Peristaltik (Eingeweidekontraktionen) wird erhöht, und in Verbindung mit Di4 steigt der 17-Hydroxycorticosteroid-Spiegel um das 2- bis 3fache im Blut an (Untersuchungen im Shanghai-Institut für Akupunktur)

M37 — *S H A N G J U X U - "Obere Lücke" - "Obere große Leere"*

Lokalisation: 3 cun (4 QF) unter M36 und 1 Finger seitlich der Schienbeinkante

Indikation:

- Bauchschmerzen
- Durchfall
- Lähmungen der unteren Extremität

M38 — *T I A O K O U - "Schmale Öffnung"*

Lokalisation: 2 cun unter M37, einen Finger seitlich der Schienbeinkante

Indikation:

- Knieschmerzen
- motorische Schwäche der unteren Gliedmaßen
- "Eingefrorene Schulter" - während der Punkt stimuliert wird, bewegt man die bewegungseingeschränkte steife Schulter

M39 *XIAJUXU - "Untere Lücke" - "Untere große Leere"*

Lokalisation: 3 cun unter M37 in der Nähe der Schienbeinkante

Indikation:
- Beschwerden im Unterbauch
- Lähmungen der unteren Extremität

M40 *FENGLONG - "Reichliche Fülle"*

Lokalisation:
a) 1 Fingerbreite seitlich von M38
b) der Punkt liegt in der Mitte einer Linie zwischen M35 und der Spitze des Malleolus lateralis (seitlicher Außenknöchel)

Indikation:
- Kopfschmerzen
- schleimiger Husten
- Asthma
- motorische Störungen des Beines

Bemerkungen:
- schleimlösend im gesamten Körper!
- beruhigt den Geist bei Angst und Furchtzuständen
- M40 + KS6 reguliert den Brustbereich bei Schmerzzuständen

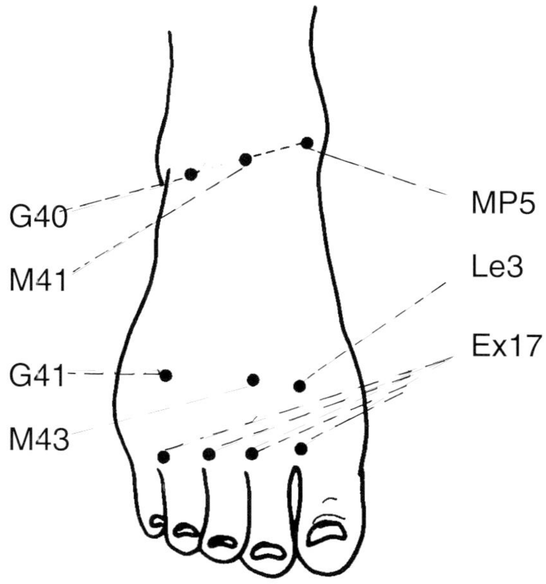

M41 *JIEXI - "Mulde der Tibia"*

Lokalisation: in einer Vertiefung in der Mitte der Querfalte des Sprunggelenks - Mittelpunkt zwischen den Spitzen der 2 Knöchel

Indikation:
- Erkrankungen des Sprunggelenks
- Verstauchung
- Lähmungen des Fußes
- Schmerzen im Fuß
- Kopfschmerzen

Bemerkungen:
- Tonisierungspunkt

M42 *CHONGYANG - "Angriff des YANG"*

Lokalisation: auf dem höchsten Punkt des Fußrückens (darunter ist eine Arterie zu spüren - Arteria dorsalis pedis)

Indikation:
- Schmerzen im Fuß
- Schwellungen im Sprunggelenk

Bemerkungen:
- Quellpunkt

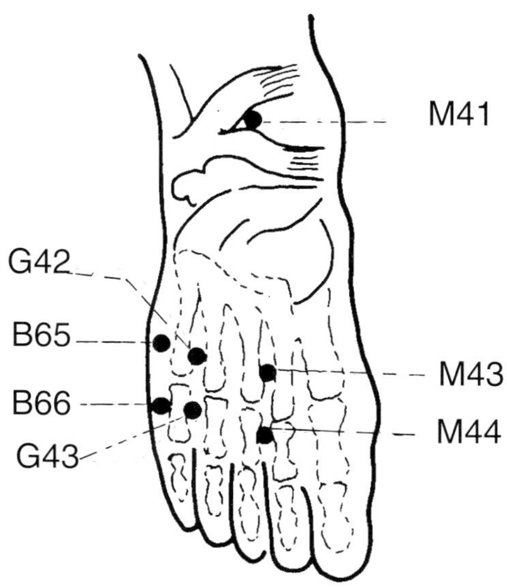

M44 *NEITING - "Innenhof"*

Lokalisation: 0,5 cun (etwa 1 cm) über der Zwischenzehenfalte, zwischen 2. und 3. Zehengrundgelenk

Indikation:
- Kopfschmerzen
- Migräne
- Schmerzen im unteren Beinbereich
- Gelenksarthritis

Bemerkungen:
- guter analgetischer (schmerzdämpfender) Punkt für das Bein und Schmerzen, die entlang des Magenmeridians verlaufen
- M44 + Di4 bei Trigeminusneuralgie und Facialisparese

M45 *L I D U I - "Grausame Bezahlung"*

Lokalisation: an dem seitlichen (lateralen, fibularen) Nagelwinkel der 2. Zehe

Indikation:
- Zahnschmerzen
- Facialislähmung
- Kopfschmerzen

Bemerkungen:
- Sedierungspunkt

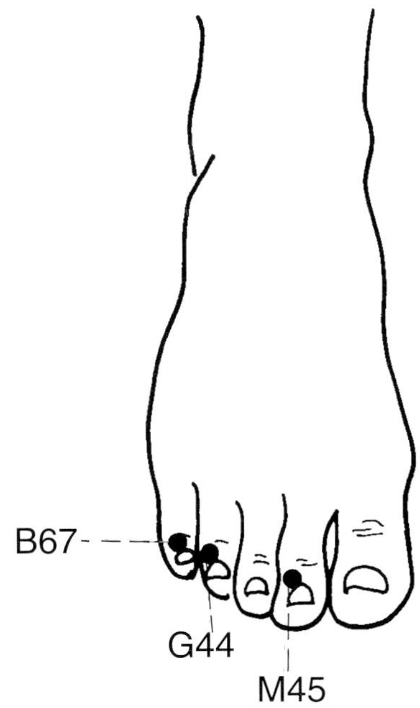

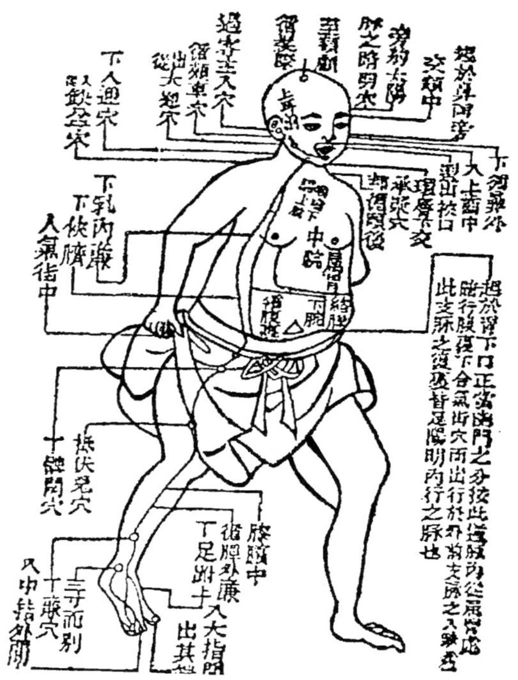

Antike Darstellung des Magen- Meridians

MILZ-PANKREAS-MERIDIAN

Meridianverlauf

An der mittelwärts gerichteten Seite der großen Zehe im Nagelfalzwinkel beginnt der Meridian, verläuft über den Fußinnenrand (MP3, 4) zum vorderen Rand des Innenknöchels (MP5) und geht an der hinteren Kante des Schienbeins (MP6) zur Innenseite des Oberschenkels (MP10), aufsteigend über die seitliche Bauchregion (MP15) und den Brustkorb bis zum 2. Zwischenrippenraum (MP20). Hier ändert er seine Richtung und zieht zu seinem letzten Punkt wieder nach unten in den 6. Zwischenrippenraum auf der mittleren Achsellinie.

Innere Verbindungen bestehen zu Zwerch-fell, Speiseröhre, Magen, Herz und Zunge.

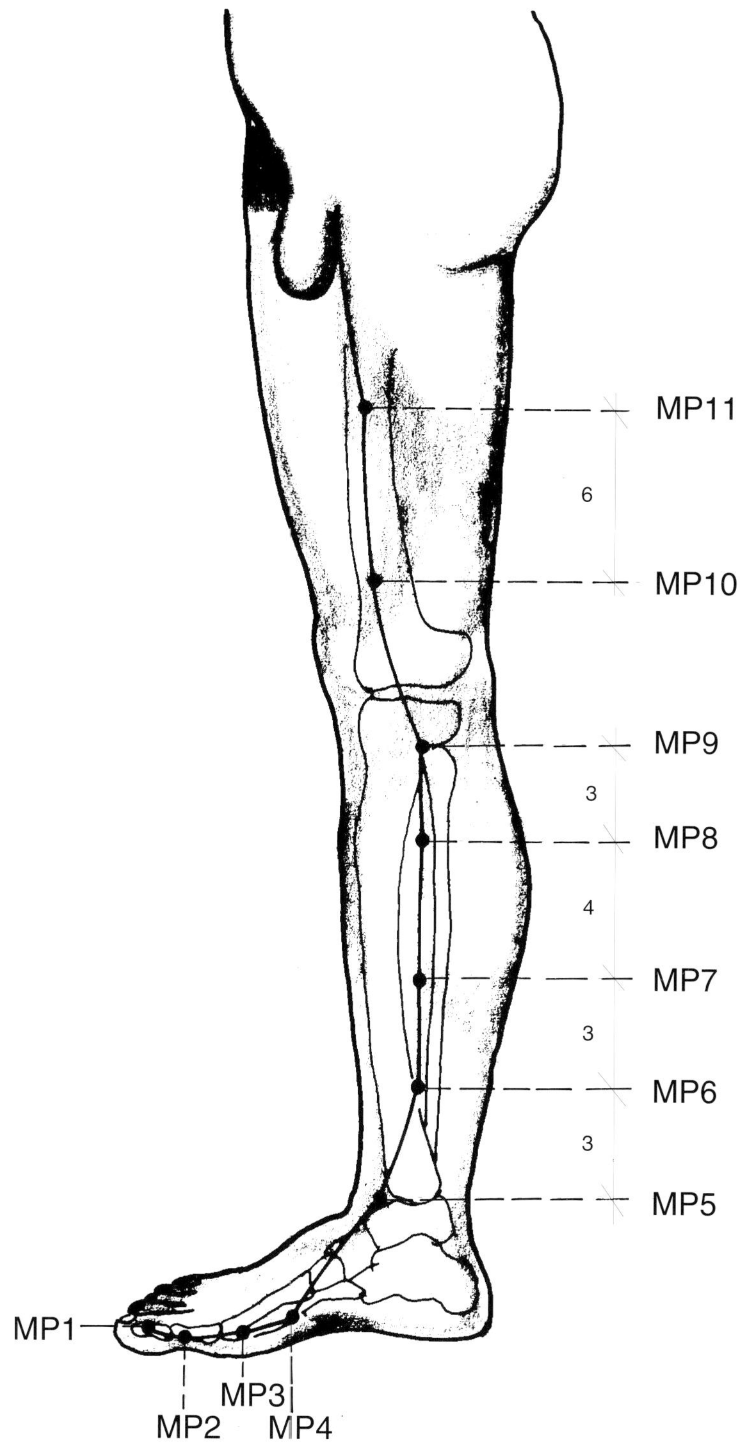

Quellpunkt:	MP3
Tonisierungspunkt:	MP2
Sedativpunkt:	MP5
Durchgangspunkt:	MP4
Alarmpunkt:	Le13
Zustimmungspunkt:	B20
Kardinalpunkt:	MP4

Meridianpunkte

MP1 *YINBAI - "Versteckter Glanz"*

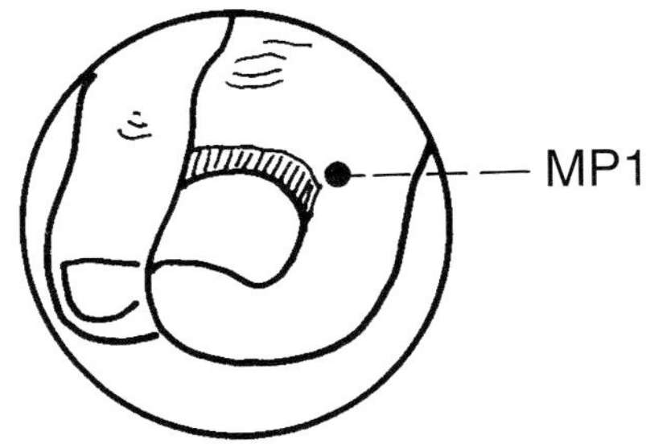

Lokalisation: an der medial (mittelwärts) gerichteten Seite der großen Zehe, 0,1 cun vom Nagelwinkel

Indikation:
- reguliert Menstruation
- regulierend auf Blutungen im Nasen-, Magen- und Intestinalbereich

MP2 *DADU - "Große Stadt"*

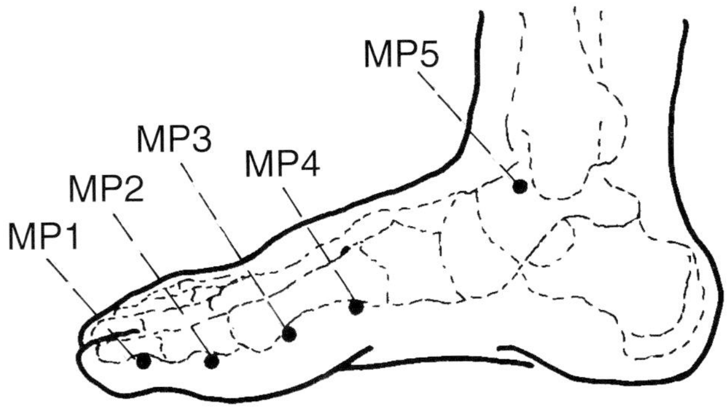

Lokalisation: an der mittelwärts gelegenen Seite des Großzehengrundgelenks - über dem Spalt am Übergang des sogenannten "roten" zum "weißen Fleisch"

Indikation:
- Bauchschmerzen
- Blähungen
- Fieber

Bemerkungen:
- Tonisierungspunkt

MP3 *TAIBAI - "Höchster Glanz"*

Lokalisation: liegt hinter dem Großzehengrundgelenk am inneren Fußrand in einem Grübchen unter dem Köpfchen des 1. Mittelfußknochens

Indikation:
- Abdominalbeschwerden
- Erbrechen
- Durchfall
- Magenschmerzen
- Kopfschmerzen

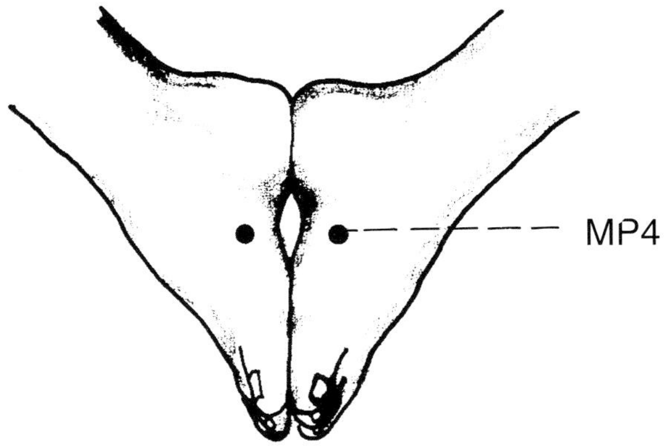

Bemerkungen:
- tonisiert Milz und Lunge
- stimuliert das Gehirn
- reduziert Schleim
- stärkt die Wirbelsäule
- Quellpunkt

MP4 *GONGSUN - "Genaues Nebengefäß"*

Lokalisation: an der Innenseite des Fußes in einer Vertiefung unter der Basis des 1. Mittelfußknochens, dort wo die Grenze zwischen "rotem" und "weißem Fleisch" sichtbar ist

Indikation:
- akuter Durchfall
- Erbrechen
- Magenbeschwerden

Bemerkungen:
- tonisiert Milz und Magen
- reduziert Blutungen
- reguliert Menstruation
- Kardinalpunkt

MP5 *S H A N G Q I U - "Hügel"*

Lokalisation: in einer Vertiefung vor und unterhalb des inneren Knöchels, zwischen dem Os naviculare (Kahnbein) und der Sehne des Musculus tibialis anterior

Indikation:
- Abdominalschmerzen
- Durchfall
- Knöchelschmerzen

Bemerkungen:
- "Meisterpunkt für bindegewebige Schwäche"
- bei Durchblutungsstörungen
- Varizenschmerz (Krampfadern)
- Zellulitis
- Sedierungspunkt

MP6 *S A N Y I N J I A O - "Herr des Blutes" - "Zusammenkunft der 3 YIN"*

Lokalisation: 3 cun (4 QF) über der Spitze des Innenknöchels an der inneren Seite des Schienbeins

Indikation:
- Durchfall
- Menstruationsstörungen
- Impotenz
- Schmerzen der unteren Extremität
- klimakterische Beschwerden
- Schmerzen im Unterleib

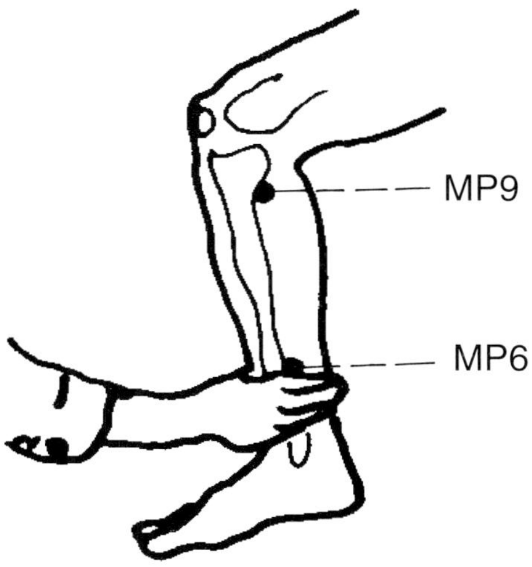

Bemerkungen:
- hat den Beinamen "Herr des Blutes", was auf die regulierende Wirkung der Durchblutung bis ins kleine Becken hinweist
- der eigentliche Name bedeutet "Treffpunkt der 3 YIN-Meridiane", da sich hier der MP-, N- und Le-Meridian treffen
- starker Tonisierungspunkt
- MP6 + M36 + KG6 gehören zu den haupttonisierenden Punkten des Körpers
- MP6 + M36 bei chronischer Müdigkeit
- MP6 hat durch seinen Einfluß auf den Lebermeridian eine beruhigende Wirkung auf den Geist und findet Verwendung bei Schlaflosigkeit
- wichtiger psychischer Punkt im Klimakterium

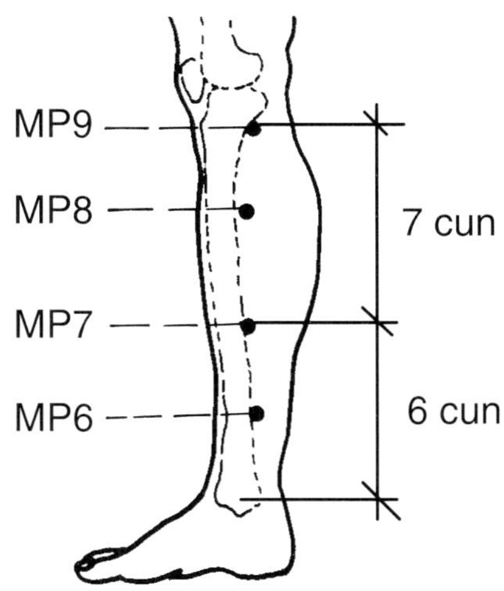

MP9 *Y I N L I N G Q U A N - "Quelle am Hügel"*

Lokalisation: an der Innenseite des gebeugten Knies, 2 cun (3QF) unter der Kniegelenksquerfalte, in einer Vertiefung unter dem Condylus medialis (dem mittelwärts gelegenen Gelenkskopf) des Schienbeins (in Höhe der Tuberositas tibiae)

Indikation:
- Menstruationsstörungen
- Durchfall
- Bauchschmerzen
- Ödeme
- Schmerzen im Kniegelenk
- Harninkontinenz

Bemerkungen:
- MP9 + KG9 haben diuretische (wasserentziehende) Wirkung

MP10 *X U E H A I* - *"Meer des Blutes"*

Lokalisation:

a) bei gebeugtem Knie 2 cun (3 QF) über dem oberen, mittelwärts gelegenen Rand der Kniescheibe

b) der Therapeut legt seine linke Hand mit der Handinnenfläche auf die rechte Kniescheibe des Patienten, mit 45° abgewinkeltem Daumen, wobei an der Spitze des Daumens MP10 zu finden ist

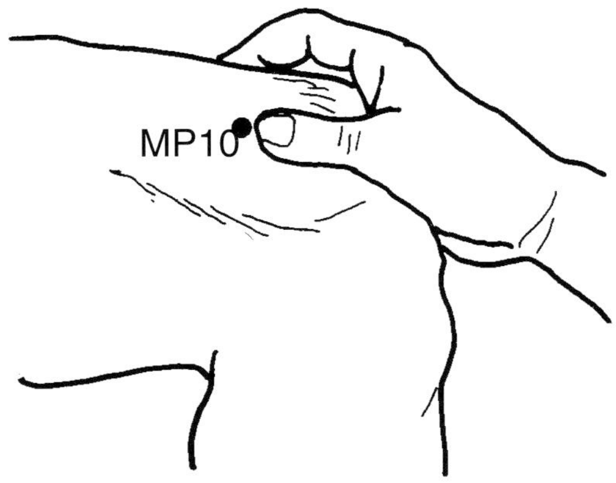

Indikation:

- Menstruationsstörungen
- Ekzeme

MP15 *D A H E N G* - *"Große Kehre"*

Lokalisation: 4 cun seitlich vom Nabel

Indikation:

- Bauchschmerzen
- Durchfall
- Verstopfung

MP21 *D A B A O* - *"Großer Verteiler"* - *"Allgemeiner Kontrolleur"*

Lokalisation: auf der mittleren Achsellinie 6 cun unter der Achselhöhle in der Höhe des 6. Zwischenrippenraumes

Indikation:

- kontrolliert im ganzen Körper verlaufende muskuläre Schmerzen

KONZEPTIONSGEFÄSS

Meridianverlauf

Der Meridian entspringt vor dem Anus, verläuft in der vorderen Mittelline durch das Genitale zur Schamfuge, aufsteigend über die untere Bauchregion (KG2 - KG7) zum Nabel (KG8) und weiter zur Schwertfortsatzspitze des Brustbeins (KG15). Über das Brustbein (KG17) gelangt er zum Hals und Kinn, wo er in der Furche zwischen Kinn und Lippe (KG24) endet.

Über den Mund wird eine innere Verbindung zum Lenkergefäß und zum Magenmeridian hergestellt.

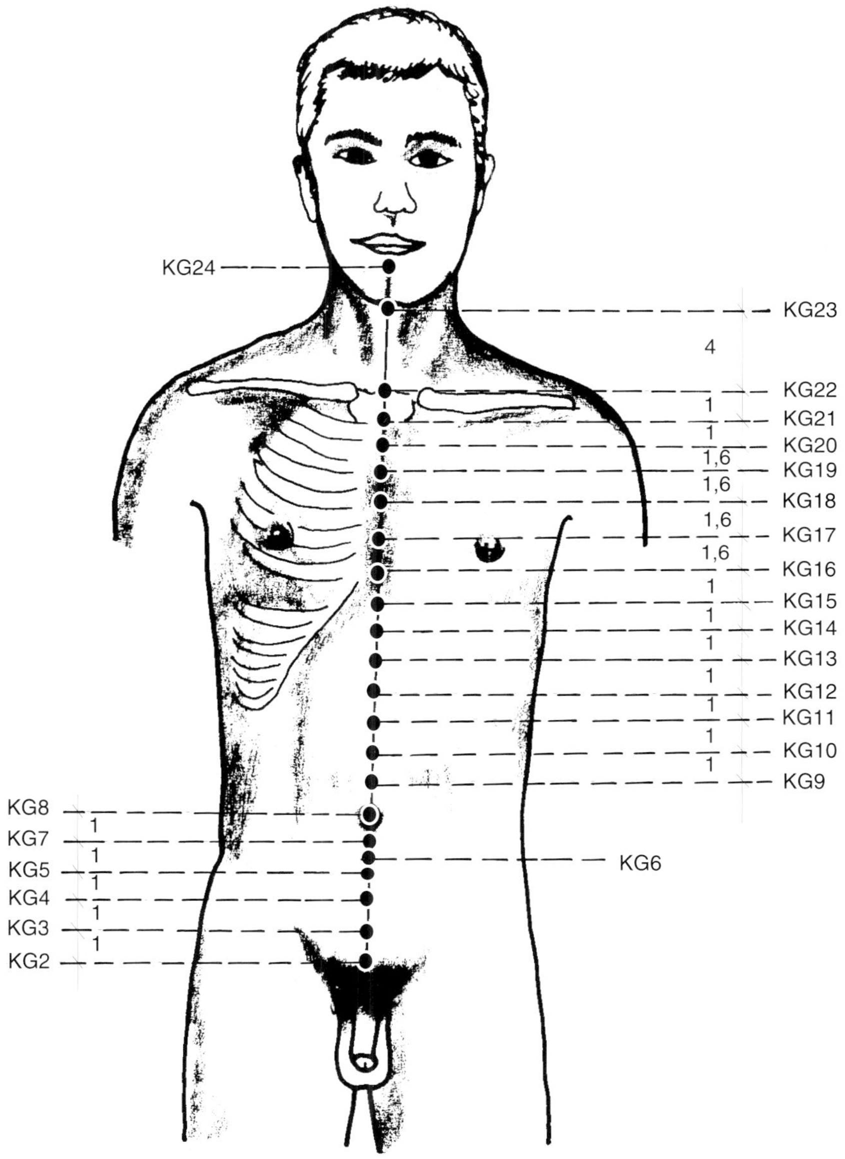

Meridianpunkte

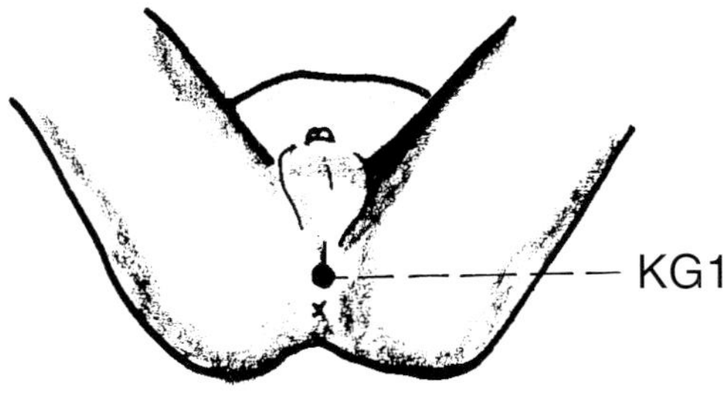

KG1

H U I Y I N - "Treffpunkt des YIN"

Lokalisation: in der Mitte zwischen Anus und Skrotum (After und Hodensack) bzw. der hinteren Vulvakommissur (Verbindung der großen Schamlippen) auf der Mittellinie

Indikation:
- Menstruationsstörungen
- Bettnässen

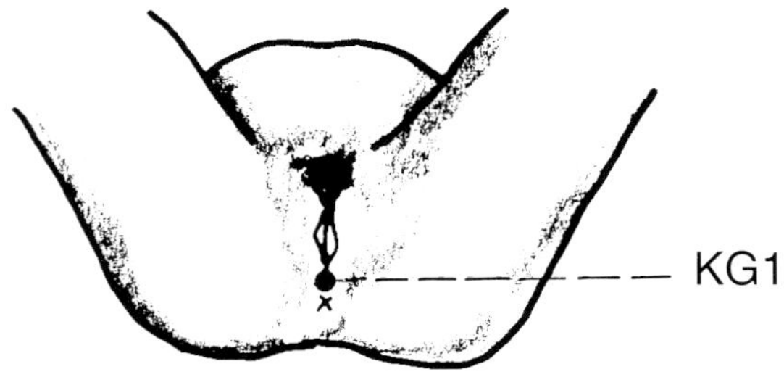

KG3

Z H O N G J I - "Mittlere Spitze"

Lokalisation: in der Mittellinie 4 cun unter dem Nabel - teilt man die Verbindung Symphyse (Schamfuge) - Nabel in 5 gleiche Teile, liegt der Punkt 1/5 oberhalb der Symphyse

Indikation:
- Impotenz
- Störungen der Harnblase
- Menstruationsbeschwerden

Bemerkungen:
- KG3 + MP6 + Le5 bei Schmerzen beim Harnlassen (n. Maciocia)

KG4

G U A N Y U A N - "Tor zum ursprünglichen Qi" - "Tor der Lebenskraft"

Lokalisation: 3 cun unter dem Nabel in der Mittellinie (3/5 unter dem Nabel bzw. 2/5 über der Symphyse)

Indikation:
- Durchblutungssteigerung im kleinen Becken
- Impotenz
- Menstruationsbeschwerden
- Reizblase

Bemerkungen:
- wichtiger Tonisierungspunkt bei Mangel an YANG-Energie
- tonisiert YIN und Blut
- beruhigt den Geist

KG5

S H I M E N - "Steintor"

Lokalisation: 2 cun unter dem Nabel - 3/5 oberhalb der Symphyse

Indikation:
- Regelstörungen
- Asthma
- Verdauungsprobleme

KG6

Q I H A I - "Meer des Qi" - "Meer der Energie"

Lokalisation: 1,5 cun (2 QF) unter dem Nabel

Indikation:
- Schmerzen im Bauch
- Regelbeschwerden
- Impotenz
- Schwindel

Bemerkungen:

- Name: "Meer der Energie" bzw. "Meer der Zeugungsfähigkeit" (beeinflußt die Dichte und Bewegungsfähigkeit der Spermien)
- einer der wichtigsten Punkte für Tonisierung, speziell bei allgemeiner Erschöpfung und Energiemangel
- KG6 + G34 vermindern Schmerzen im unteren Bauchbereich (n. Maciocia)
- tonisiert Qi, Blut und Milz
- KG6 + M36 + MP6 bei chronischer Müdigkeit und niederem Blutdruck

KG9 *S H U I F E N - "Wasserverteilung"*

Lokalisation: auf der Mittellinie 1 cun über dem Nabel

Indikation:

- Durchfall
- Bauchschmerz

KG12 *Z H O N G W A N - "Mitte des Epigastriums" - "Mitte des Magens"*

Lokalisation: 4 cun über dem Nabel - in der Mitte zwischen dem Nabel und der Schwertfortsatzspitze des Brustbeins

Indikation:

- Magenschmerzen
- Erbrechen
- Durchfall

KG15 *J I U W E I - "Taubenschwanz"*

Lokalisation: unter dem Xiphoidfortsatz (Schwertfortsatz des Brustbeins)

Indikation:

- Magenschmerzen
- Schlafstörungen
- Migräne
- Streß

Bemerkungen:

- KG15 + LG20 als beruhigende und harmonisierende Punkte, speziell bei inneren Spannungszuständen, Streßbeschwerden (sogenannte Managerkrankheit) - diese Kombination wurde von Bachmann als "Bellergal der Akupunktur" bezeichnet

KG17 *T A N Z H O N G - "In der Mitte der Brust"*

Lokalisation: in Höhe des 4. Zwischenwirbelraumes auf der Mittellinie des Brustbeins (beim Mann zwischen den Brustwarzen)

Indikation:

- Bronchitis
- Asthma

Bemerkungen:

- "Öffnet den Brustkorb" (GUAN YIJUN) - erleichtert Atmung
- tonisiert das Qi des Brustkorbs (Herz und Lunge)
- KG17 + KG20 bei Asthma
- KG17 + KG6 + KG12 + M36 bei allgemeiner Energieschwäche

KG22 *T I A N T U - "Himmelspfad"*

Lokalisation: im Zentrum der Fossa suprasternalis (Grube über dem Brustbein), in Höhe des Ansatzes des Schlüsselbeins

Indikation:
- Asthma
- Husten
- Heiserkeit

KG23 *L I A N Q U A N - "Seitliche Quelle"*

Lokalisation: auf der Mittellinie über dem Adamsapfel, im Winkel, wo der Hals in den Kinnbereich übergeht (an der oberen Grenze des Zungenbeins)

Indikation:
- Heiserkeit
- Stottern

Bemerkungen:
- KG23 + H5 bei Sprachstörungen nach Schlaganfall (n. Maciocia)

KG24 *C H E N G J I A N G - "Aufnahme von Flüssigkeit"*

Lokalisation: in der Mitte der mentolabialen Furche (Furche zwischen Kinn und Lippe)

Indikation:
- Facialislähmung
- Hexenschuß

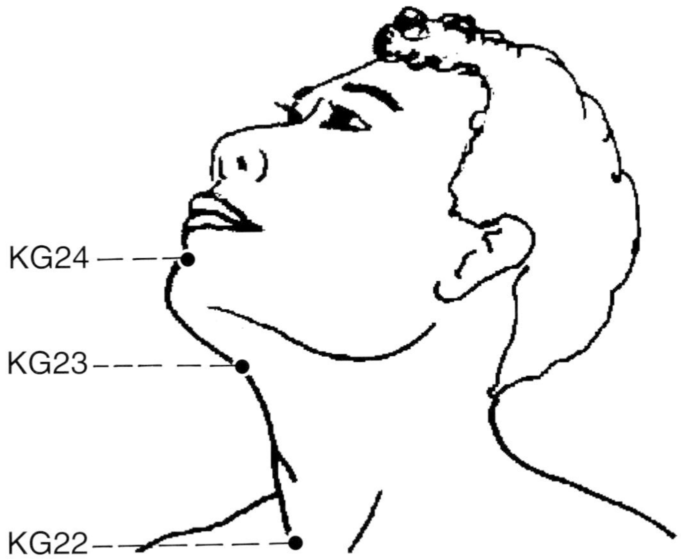

LENKERGEFÄSS

Meridianverlauf

Entspringend hinter dem Anus zieht der Meridian in der hinteren Mittellinie zur Steißbeinspitze und geht über die Dornfortsatzspitzen aller Wirbel bis zum Nacken, über die Mittellinie des Schädels zum höchsten Punkt am Kopf (LG20) und zieht über das Gesicht zu seinem Endpunkt etwas über der Mitte der Oberlippe (LG26).

Innere Verbindungen bestehen zu Hirn, Gebärmutter und unterem Bauchbereich.

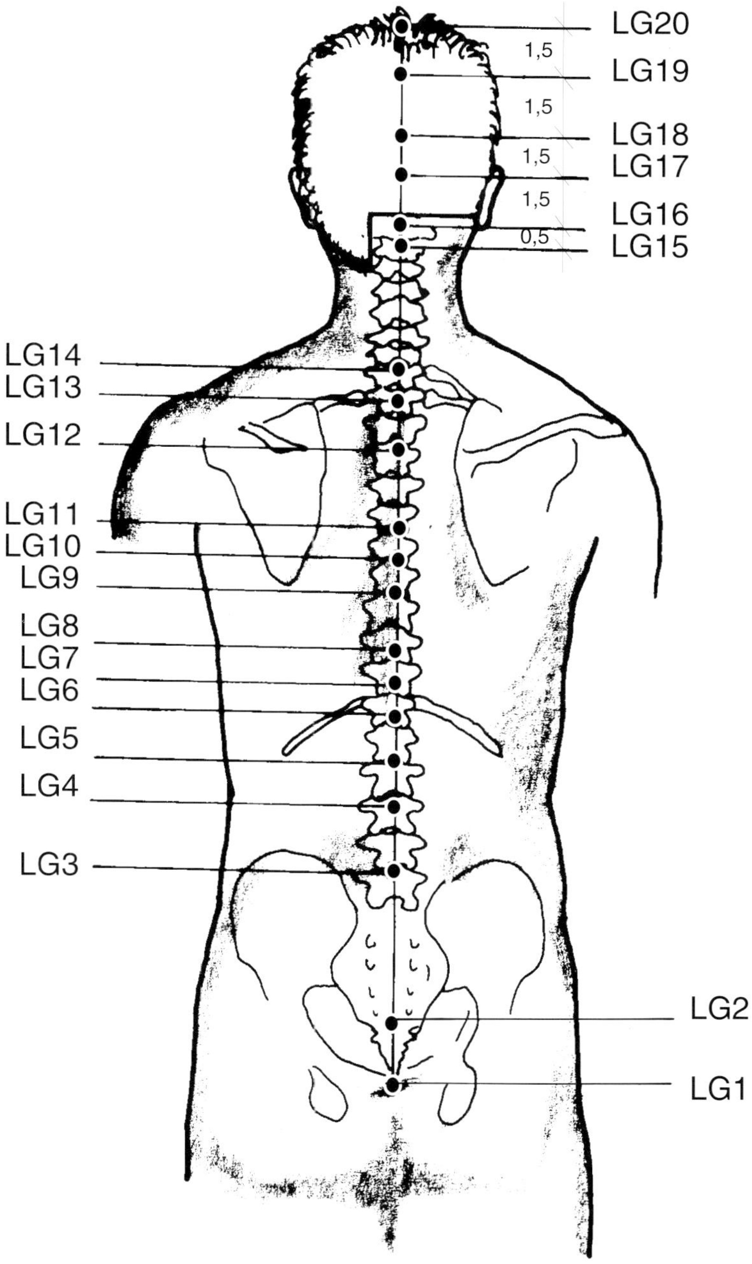

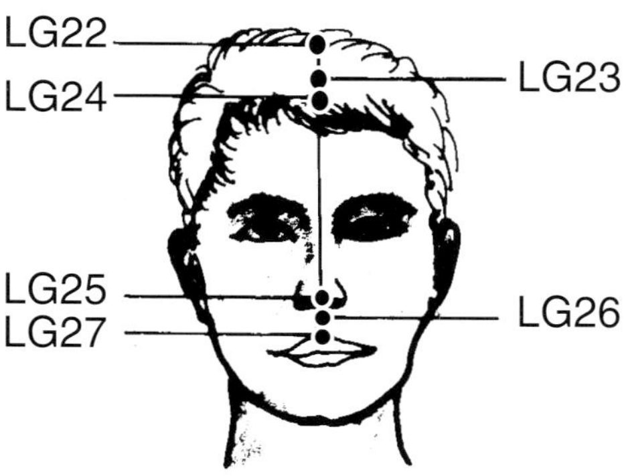

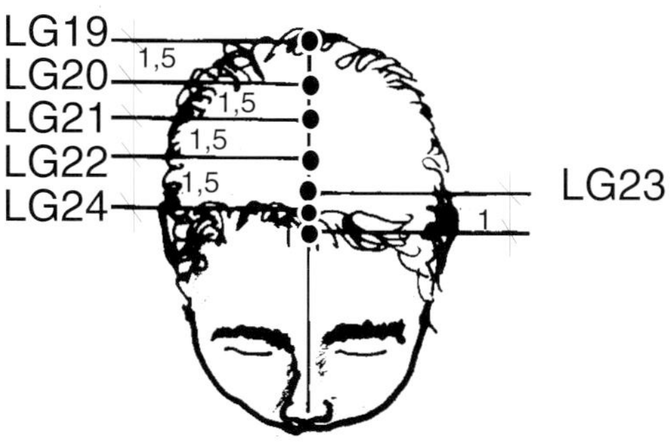

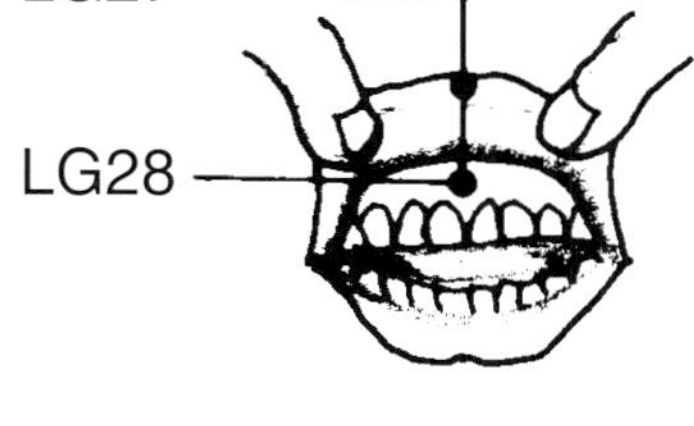

Meridianpunkte

LG1 — *C H A N G Q I A N G - "Endlose Kraft"*

Lokalisation: auf der Mittelline zwischen Anus und Steißbeinspitze

Indikation:
- Durchfälle bei Kleinkindern
- Lendenschmerzen
- Analprolaps
- Impotenz

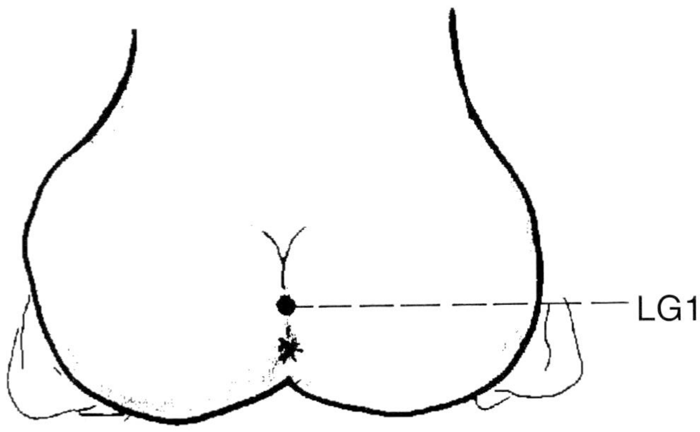

LG3 — *Y A O Y A N G G U A N - "Grenze des YANG"*

Lokalisation: unter der Dornfortsatzspitze des 4. Lendenwirbels (seitlich liegt B25)

Indikation:
- Menstruationsstörung
- Impotenz
- Kreuzschmerzen
- Durchfall

LG4 — *M I N G M E N - "Tor des Lebens"*

Lokalisation: unter dem Dortfortsatz des 2. Lendenwirbeldorns auf der Mittelline (liegt in Höhe von B23)

Indikation:
- Rücken- und Kreuzschmerzen
- Impotenz

Bemerkungen:
- nach Bischko und Prof. GAN YIJUN wichtiger Sexualpunkt
- chinesischer Name "Tor des Lebens"
- stärkt Qi bei chronischer Schwäche auf physischer und mentaler Ebene
- tonisiert das YANG der Niere, daher die Beeinflussung der Sexualität
- hormonell wirksamer Punkt, vermutlich segmentreflektorische Wirkung auf die Nebenniere

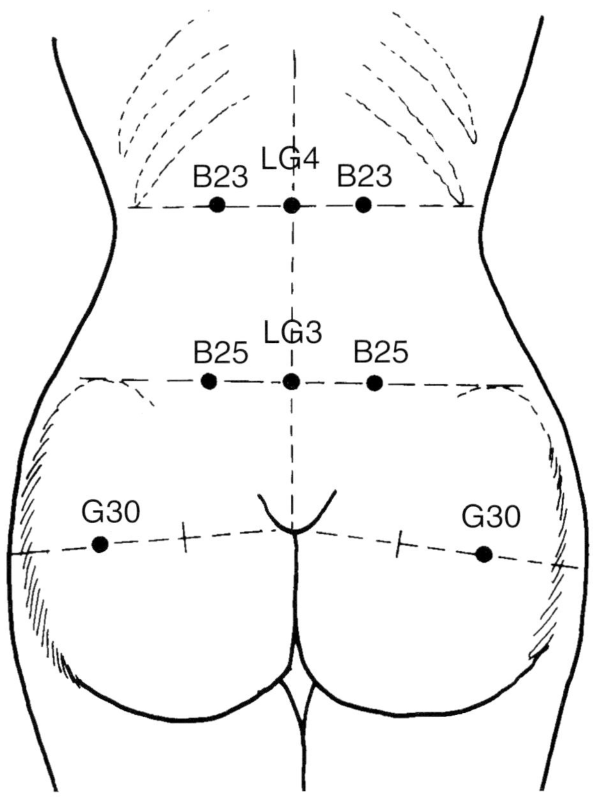

LG9 *ZHIYANG - "Ankommen des YANG"*

Lokalisation: unter dem 6. Brustwirbeldornfortsatz, etwa in Höhe der unteren Ecke des Schulterblattes

Indikation:

- Asthma
- Nackenschmerzen

LG12 *SHENZHU - "Körpersäule"*

Lokalisation: unter dem 3. Brustwirbeldornfortsatz

Indikation:

- Asthma
- Husten
- Rückenschmerzen

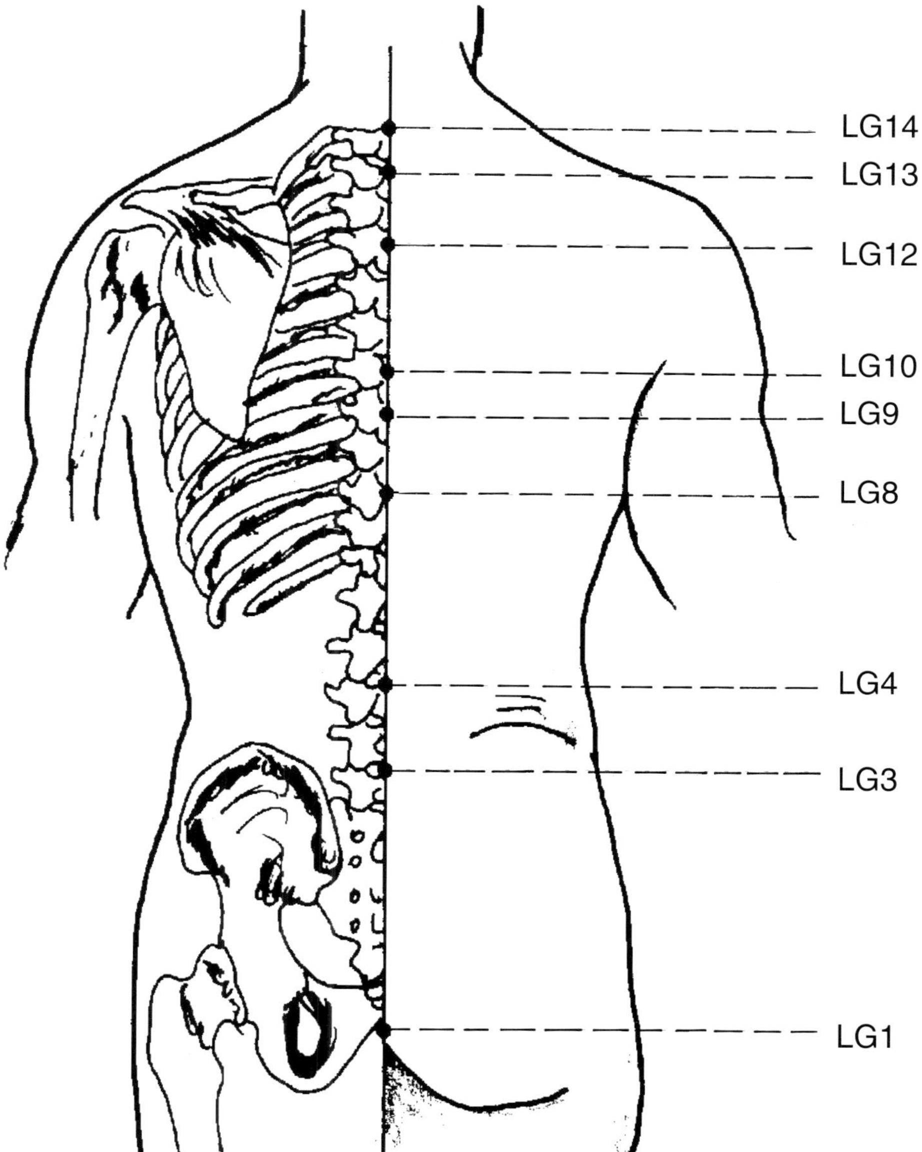

LG14 *DAZHUI - "Großer Wirbelkörper"*

Lokalisation: unter dem Dornfortsatz des 7. Halswirbels (größter vorstehender Wirbel)

Indikation:
- Kopfschmerzen
- Nackensteife
- Rückenschmerzen

Bemerkungen:
- vereinigt alle YANG-Meridiane des Fußes und der Hand
- Beiname: "Hundert Mühen, völlige Erschöpfung" - wird bei Energiemangel eingesetzt
- fördert die Immunabwehr (Prof. SALIM), reduziert Fieber

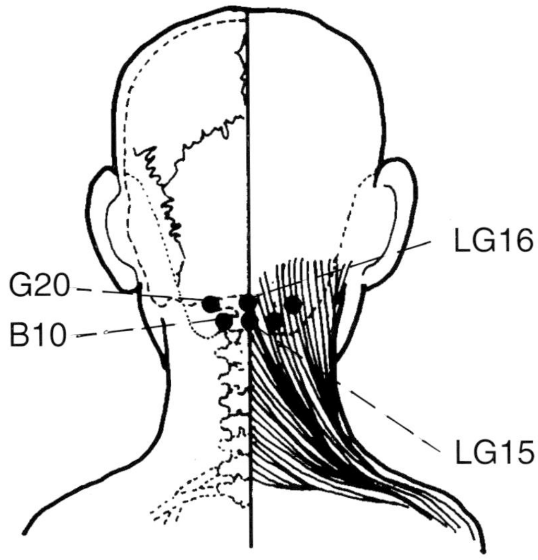

LG15 *YAMEN - "Tor des Schweigens"*

Lokalisation: 0,5 cun über der Mitte der hinteren Haaransatzlinie, in einer Vertiefung über dem Dornfortsatz des 1. Halswirbels

Indikation:
- Kopfschmerzen

LG16 *FENGFU - "Windpalast"*

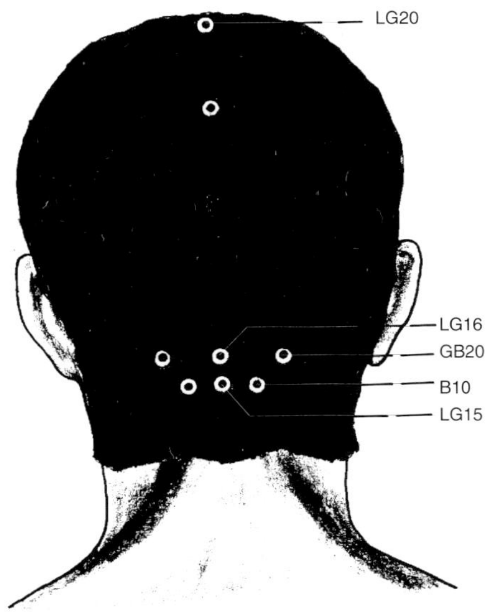

Lokalisation: 1 cun über der Mitte der hinteren Haaransatzlinie - unter der Protuberantia occipitalis (Knochenvorsprung in der Mitte der Schuppe des Hinterhauptbeins)

Indikation:
- Kopfschmerz
- Nackensteife

Bemerkungen:
- regulative Wirkung auf die Hypophyse (Hirnanhangsdrüse), daher Einfluß auf hormonelle Migräneanfälle und Regelstörungen
- fördert die Längsdurchflutung des Schädels gemeinsam mit YINTANG

LG20 *BAIHUI - "Hundertfacher Sammler"*

Lokalisation: am Schnittpunkt einer Linie, welche die beiden Ohrmuschelspitzen mit der Mittellinie verbindet - am höchsten Punkt des Scheitels

Indikation:
- Kopfschmerzen
- Schwindel
- Schlaflosigkeit
- Durchblutungsstörun-gen
- Migräne

Bemerkungen:
- wird "Hundert Reunionen" genannt - wichtiger Kontroll- und Einflußpunkt auf alle anderen Punkte - hier treffen sich alle YANG-Meridiane
- LG20 + KG15 werden als Beruhigungspunkte verwendet
- Störungen nach Schlaganfall
- die anatomische Position des Punktes korreliert mit den obersten Bereichen des Gyrus präcentralis im Gehirn - dadurch besteht eine besondere Reizwirkung
- ein weiterer Beiname ist auch "Polarstern", was auf die Verbindung zum Himmel, zum Geistig-Göttlichen hinweist - der polare Gegenbezug ist N1
- wird bei Bewußtlosigkeit in Verbindung mit LG26 + KS6 eingesetzt

LG26 *RENZHONG - "In der Mitte des Menschen"*

Lokalisation: etwas über der Mitte des Philtrums (die Rinne in der Mitte der Oberlippe), nahe der Nasenlöcher

Indikation:
- Schock
- Kollaps
- akute Verrenkung des Kreuzbeins und der Lendenwirbel

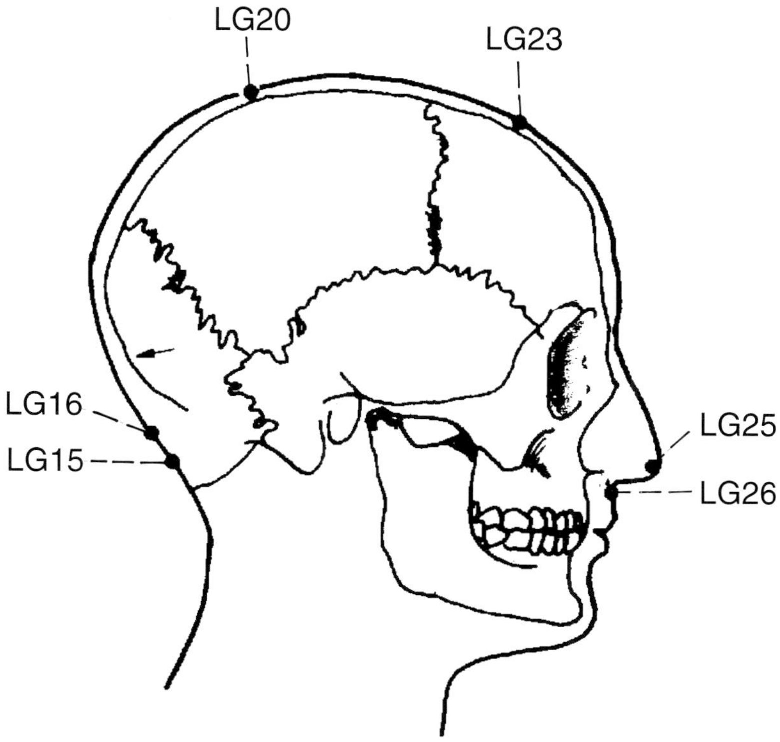

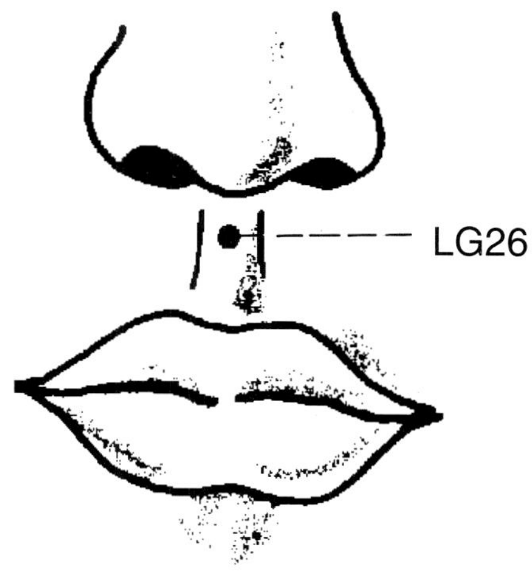

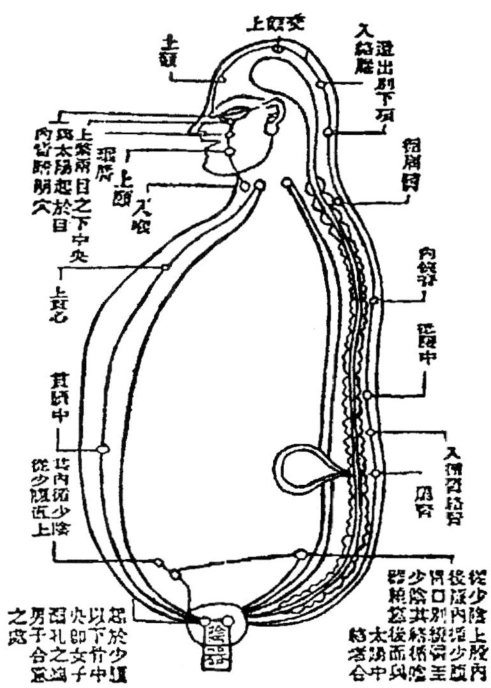

Antike Darstellung des Lenker - Gefäßes

EXTRAPUNKTE

(Extra = Ex)

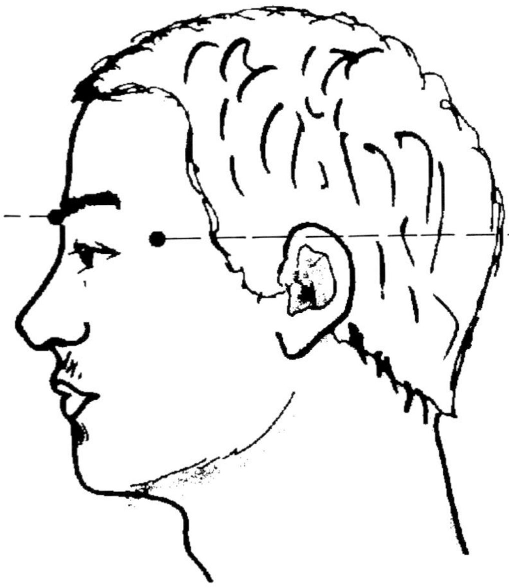

Ex1 *YINTANG*

Lokalisation: in der Mitte zwischen den Augenbrauen

Indikation:
- Kopfschmerzen
- Schwindel
- erschwerte Nasenatmung
- Migräne

Bemerkungen:
- beruhigend
- krampflösend

Ex2 *TAIYANG*

Lokalisation: in der seitlichen Schläfenregion in einer Vertiefung - man zieht eine Linie vom seitlichen Ende der Augenbrauen zum seitlichen Orbitalrand (Augenhöhlenrand) und halbiert sie - 1 cun seitlich von diesem Mittelpunkt liegt TAIYANG

Indikation:
- Kopfschmerzen
- Migräne

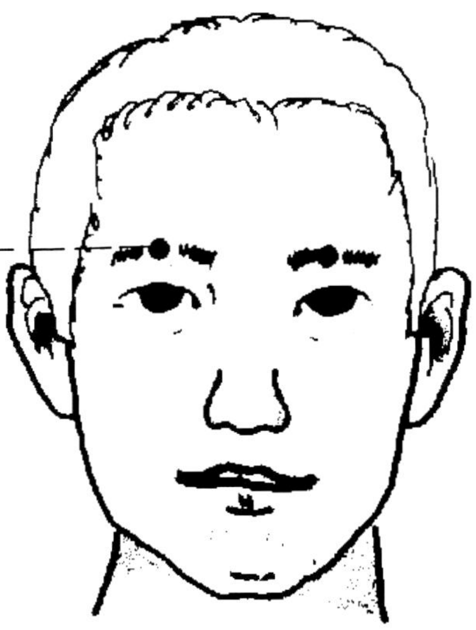

Ex3 *YUYAO*

Lokalisation: im Mittelpunkt der Augenbrauen

Indikation:
- Facialisparese
- Frontalkopfschmerz
- Augenbeschwerden

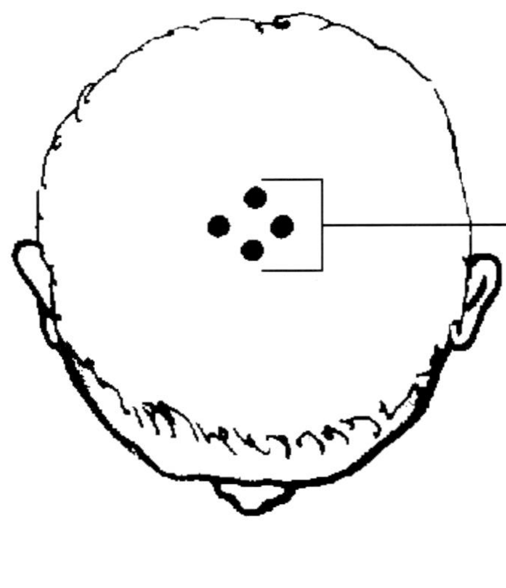

Ex4 *SHISHENCONG*

Lokalisation: besteht aus einer Gruppe von 4 Punkten, die jeweils 1 cun vor, hinter und seitlich vom höchsten Punkt am Scheitel (LG20 - BAIHUI) angeordnet sind

Indikation:
- Kopfschmerzen
- Schwindel
- Schlaflosigkeit

Bemerkungen:
- SHISHENCONG - "die 4 weißen Götter" - werden meist gemeinsam mit BAIHUI (LG20) verwendet

Ex5 *YIMING*

Lokalisation: 1 cun hinter 3E17

Indikation:
- Kopfschmerz
- Schlaflosigkeit

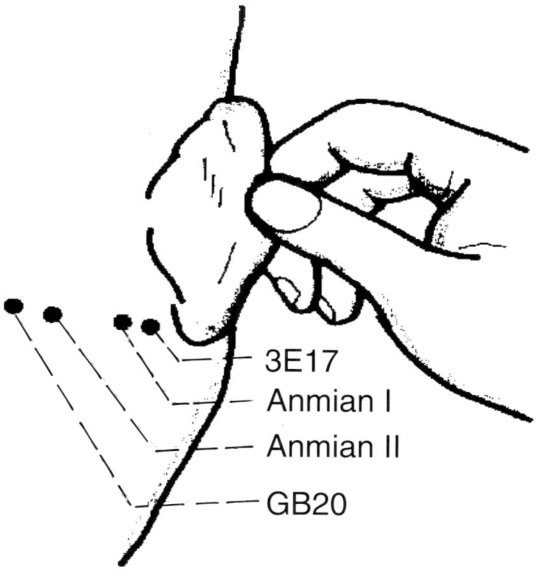

Ex6 *ANMIAN I*

Lokalisation: zwischen 3E17 und Ex5 (YIMING), hinter dem Mastoidfortsatz (Warzenfortsatz)

Indikation:
- Schlaflosigkeit

Ex7 *ANMIAN II*

Lokalisation: zwischen Ex5 (YIMING) und GB20 (FENGCHI)

Indikation:
- Schlaflosigkeit

Bemerkungen:
- ANMIAN I - "ruhiger Schlaf" - und ANMIAN II werden meist gemeinsam verwendet

Ex8 *HUATUOJIAJI*

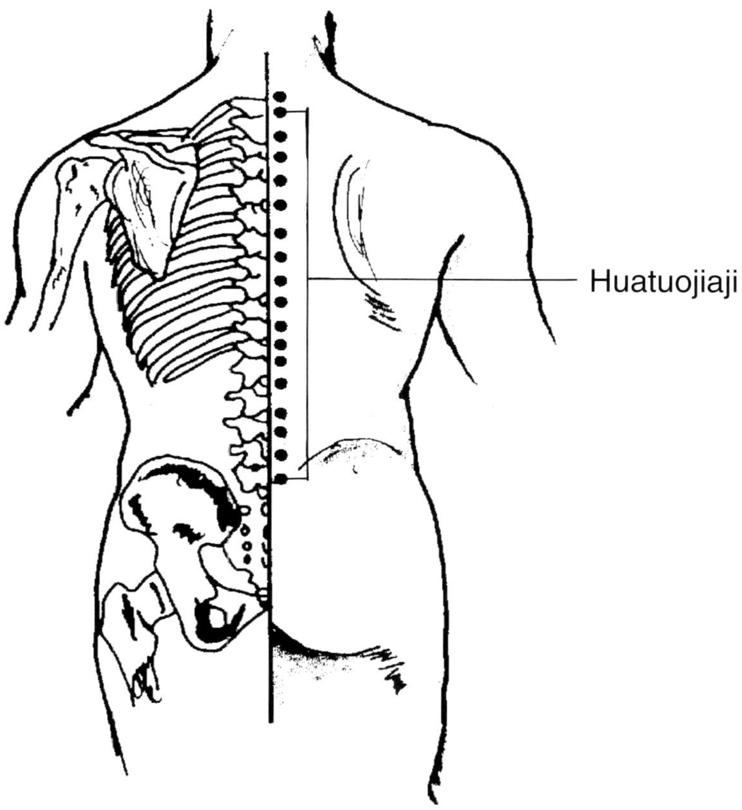

Lokalisation: eine Serie von Punkten, 0,5 cun seitlich der unteren Grenze jedes Dornfortsatzes, beginnend vom 1. Brustwirbel bis zum 5. Lendenwirbel auf beiden Seiten der Wirbelsäule

Indikation:
- Schmerzen entlang der Wirbelsäule
- Lähmungen der Extremitäten
- Beschwerden der segmental zugeordneten Organe

Bemerkungen:
- der Name stammt vom berühmten chinesischen Chirurgen HUO TUA (200 v. Chr.)

Ex9 *YAOQI*

Lokalisation: 2 cun über der Spitze des Steißbeins

Indikation:
- Kopfschmerzen
- muskuläre Entspannung im Wirbelsäulenbereich

Ex10 *JIANQIAN (= JIANNEILING)*

Lokalisation: Mittelpunkt zwischen Ende der vorderen Achselfalte und Di15

Indikation:
- Schulterschmerzen
- Bewegungseinschränkung der Schulter und des Armes

Ex11 *SHIXUAN*

Lokalisation: an der Spitze der 10 Finger, 0,1 cun hinter der Nagelspitze

Indikation:
- Schock
- hohes Fieber
- Taubheitsgefühl der Finger

Ex12 *SHIFENG*

Lokalisation: auf der Handinnenfläche in der Mitte der Querfalte zwischen den körpernahen Gelenken des 2. bis 5. Fingers

Indikation:
- Verdauungsprobleme bei Kindern
- Keuchhusten

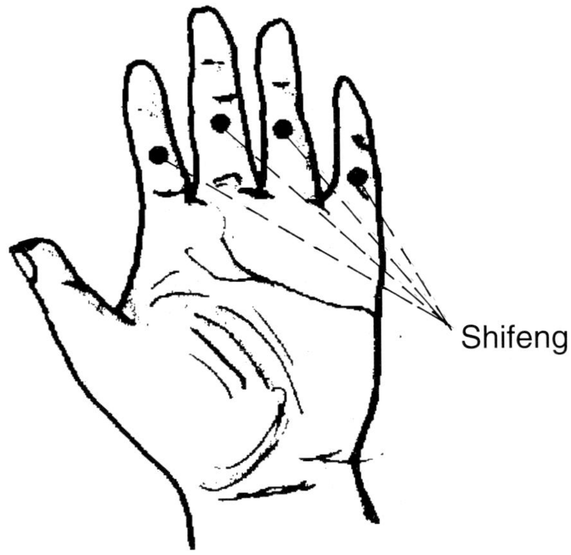

Ex13 *BAXIE*

Lokalisation: auf dem Handrücken, auf der Hautfalte zwischen den 5 Fingern - 4 Punkte auf jeder Hand zwischen den Mittelhandköpfchen

Indikation:
- rheumatische Beschwerden der Finger
- Taubheitsgefühl in der Hand
- Kopfschmerzen

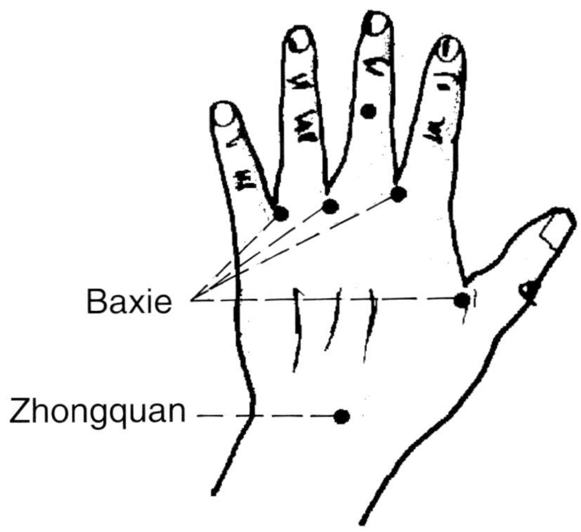

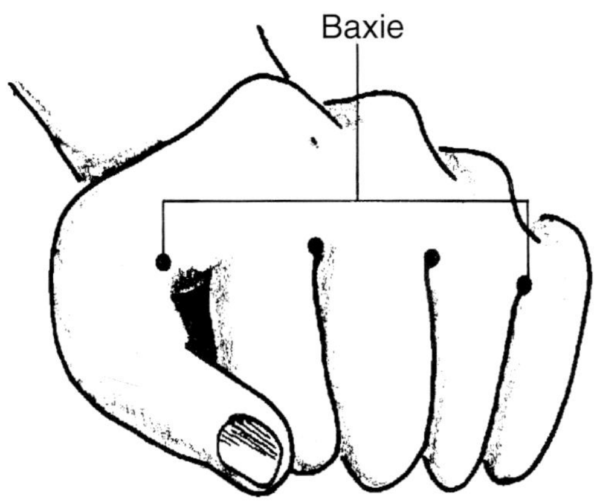

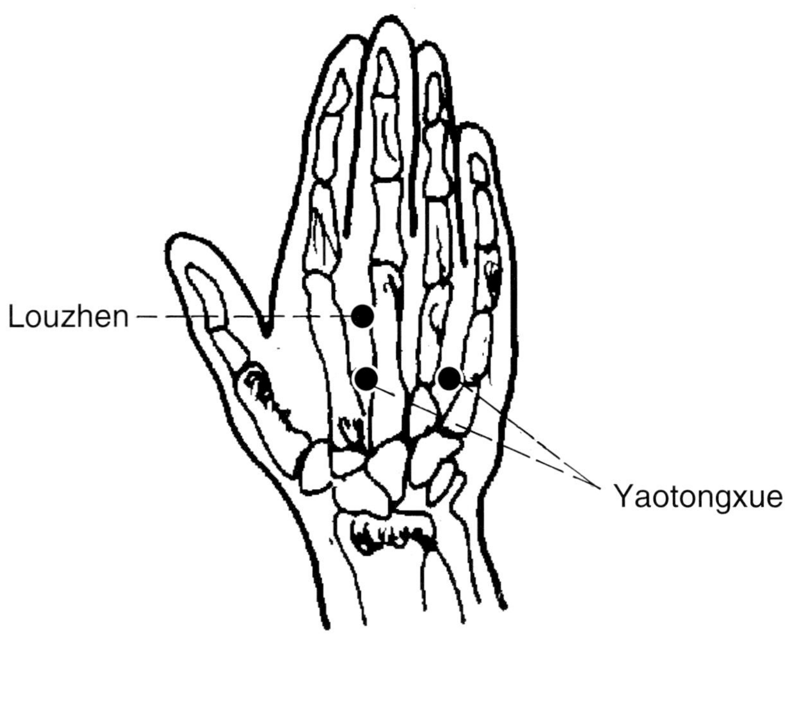

Ex14 *YAOTONGXUE*

Lokalisation: 2 Punkte auf dem Handrücken - 1,5 cun von der hinteren Querfalte des Handgelenks entfernt, zwischen dem 2. und 3. sowie dem 4. und 5. Mittelhandknochen

Indikation:

- akute Schmerzen im Lendenbereich

Ex15 *DANNANGXUE*

Lokalisation: 1 QF unter G34 (YANGLINGQUAN)

Indikation:

- Gallenblasenreizung

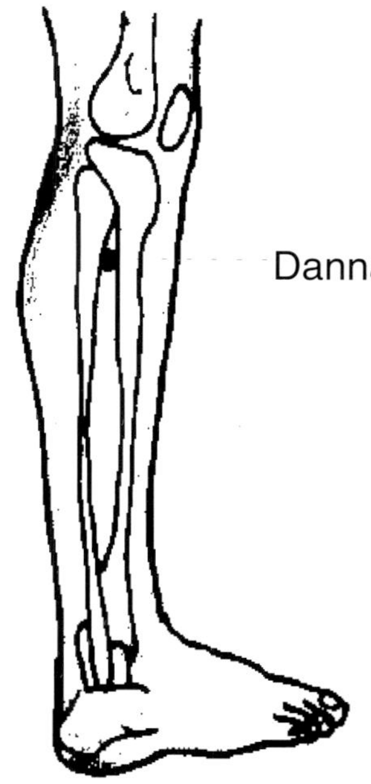

Ex16 *BAFENG*

Lokalisation: auf der Rückseite des Fußes jeweils 4 Punkte - 0,5 cun hinter den Zwischenzehenfalten zwischen den Köpfchen der Mittelfußknochen der 5 Zehen

Indikation:

- rheumatische Beschwerden der Zehen
- Taubheitsgefühl des Fußes
- Kopfschmerzen

DIE ACHT AUSSERORDENTLICHEN GEFÄSSE

Die "wundersamen" bzw. "außergewöhnlichen Gefäße", wie sie auch übersetzt werden, erhielten ihren Namen dadurch, daß sie nicht zum gewöhnlichen Meridiansystem dazugehörig sind und auch keine eigenen spezifischen Meridianpunkte haben. Sie verwenden die Punkte der anderen Meridiane und schalten über deren Verknüpfung bestimmte neue Energiebahnen ein. Diese besonderen Punkte werden "Kardinalpunkte" genannt und können als Schaltstellen für die dem Wundergefäß entsprechenden Körperorgane und -oberflächen angesehen werden.

Die Hauptfunktionen der Wundergefäße sind:

I. energetischer Ausgleich in Bezug auf die 12 Hauptmeridiane (können die Energie sowohl aufnehmen als auch abgeben)

II. die Wundergefäße bekommen ihre Energie von den Nieren und haben damit auch einen großen Teil von "Essenz" gespeichert, wodurch sie für die Abwehr, Immunität und Resistenz unseres Körpers von Bedeutung sind

III. Regulation von Qi und Blut

IV. Speicherung und Zirkulation von Essenz

Jedes der acht außerordentlichen Gefäße wird somit nur über seinen Kardinalpunkt eingeschaltet, wobei die Wirkung durch die Paarkombination von jeweils 2 YANG- bzw. 2 YIN-Kardinalpunkten verstärkt wird. Ziel ist es, über sehr wenige, aber sehr effiziente Punkte eine Vielzahl von Symptomen und Beschwerden zu behandeln (z. B. bei chronischen und vegetativen Schmerzzuständen).

Um die Wirkungsweise dieser Gefäße zu verstehen, kann man die 12 Hauptmeridiane mit Flußläufen, durch unseren Körper ziehend, vergleichen, und die acht außerordentlichen Gefäße sind die Seen bzw. Energiespeicher, welche für die Balance der Flüsse zuständig sind. Die Kardinalpunkte können dann als Schleusen, welche je nach Bedarf Energie zu- oder abführen, angesehen werden.

Gefäßverlauf

I. *R E N   M A I - Konzeptionsgefäß*

Kardinalpunkt: **Lu7**

Verlauf: Beschreibung siehe vorne

Indikation:
- Menstruationsbeschwerden
- klimakterische Störungen
- Lungenerkrankungen (chronisches Asthma)
- Verdauungsstörungen
- Einfluß auf die Genitalregion von Mann und Frau

Bemerkungen:
- wird das "Meer aller YIN-Meridiane" gennant, da es einen Einfluß auf alle YIN-Kanäle des Körpers hat
- Lu7 stärkt die YIN-Energie

II. *Y I N Q I A O   M A I - "das YIN-bewegende Gefäß"*

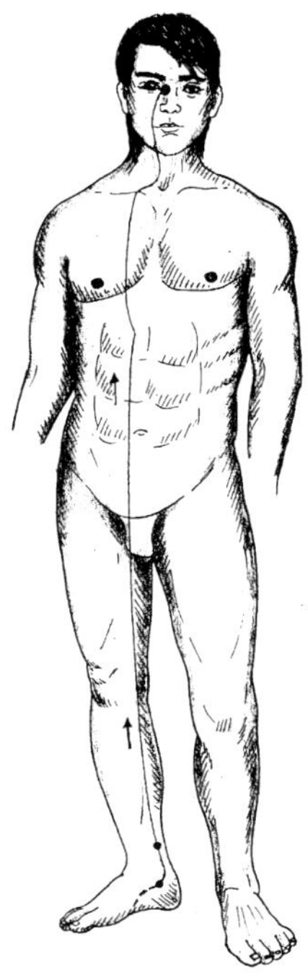

Kardinalpunkt: **N6**

Verlauf: das Gefäß ist ein Abzweiger des Nierenmeridians und entspringt am Innenknöchel um N6, zieht an der Innenseite des Beines über den Bauch und den Brustkorb zum Hals - es endet am mittleren Augenwinkel bei B1

Indikation:
- Schwäche der Muskulatur an der Fußinnenseite (N6 balanciert die Spannung der Muskulatur an Innen- und Außenseite)
- Menstruationsbeschwerden
- Bauchschmerzen

III. *D U   M A I - Lenkergefäß*

Kardinalpunkt: **Dü3**

Verlauf: siehe vorne

Indikation:
- Schmerzen der Wirbelsäule, speziell des Kreuzbein- und Lendenwirbelsäulenbereiches
- Fieber
- Kopfschmerzen
- Nackensteife
- Lähmungen nach Schlaganfall
- Schwindel

Bemerkungen:
- DU MAI wird als das "Meer aller YANG-Kanäle" angesehen und stärkt somit die YANG-Energie des Körpers
- es stärkt die Wirbelsäule
- das Lenkergefäß wird als Projektionsfläche des Rückenmarks angesehen

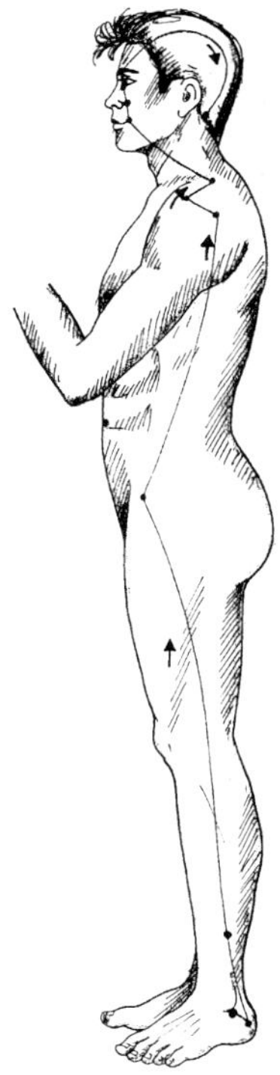

IV. YANG QIAO MAI - "das YANG-bewegende Gefäß"

Kardinalpunkt: **B62**

Verlauf: das Gefäß beginnt am Außenknöchel bei B62 und verläuft an der seitlichen Fläche des Beines zum Hüftgelenk und von hier über den seitlichen Brustkorb zum Hals, Mundwinkel und endet am inneren Augenwinkel

Indikation:
- Schlaganfall
- Halbseitenlähmung
- Sprachstörungen
- Facialislähmung
- Kopfschmerzen
- Nackensteife
- Schlafstörungen
- einseitige Kreuzschmerzen

Bemerkungen:
- ist ein Abkömmling des Blasenmeridians, der YANG-Energie zum Kopf bringt

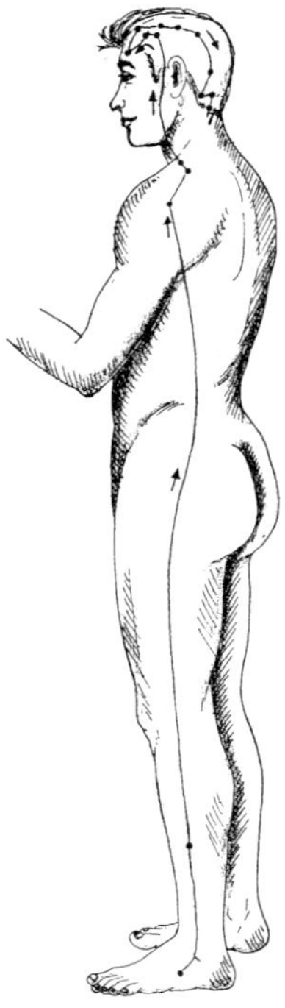

V. YANGWEI MAI - "das YANG-regulierende Gefäß"

Kardinalpunkt: **3E5**

Verlauf: von B63 unter dem Außenknöchel beginnend, verläuft es im seitlichen Bereich von Bein und Brustkorb zur Achsel und Schulter - das Gefäß zieht weiter zum Ohr und der Stirne und geht über den seitlichen Anteil des Schädels nach hinten - es endet bei LG16

Indikation:
- Wechselzustand von Frösteln und Fieber
- Schmerzen im seitlichen Fußbereich
- Schmerzen im seitlichen Hals- und Nackengebiet
- Kopfschmerzen

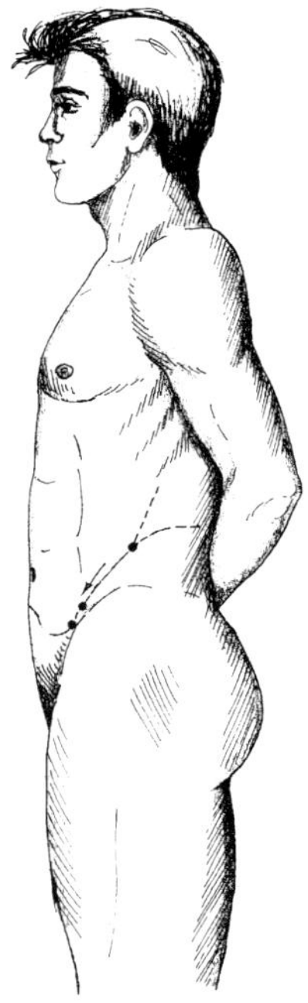

VI. DAI MAI - "das Gürtel-Gefäß"

Kardinalpunkt: **G41**

Verlauf: das Gefäß verläuft ähnlich wie ein Gürtel um den Körper (daher auch der Name "Gürtelgefäß") und beginnt im 4. Lendenwirbel

Indikation:
- Hüftschmerzen
- Beschwerden im Bereich der unteren Wirbelsäule
- Stärkung des Magen- und Milzmeridians

VII. Y I N W E I M A I - "das YIN-regulierende Gefäß"

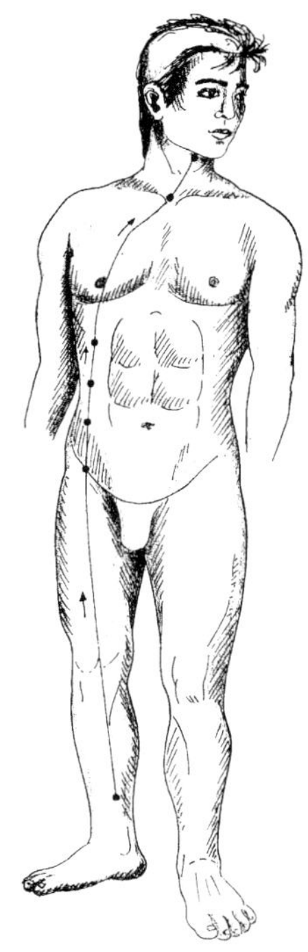

Kardinalpunkt: **KS6**

Verlauf: an der Fußinnenseite bei N9 beginnend, geht das Gefäß über die Oberschenkelinnenseite zum Bauchraum und Brustkorb - es endet an seiner Kreuzung mit dem Konzeptionsgefäß am Hals

Indikation:

- Kopfschmerzen
- Nackenschmerzen
- beruhigt das Gemüt
- Schmerzen im Brustkorb

VIII. C H O N G M A I - "Gefäß des Durchdringens" bzw. "Gefäß des Aufstoßens"

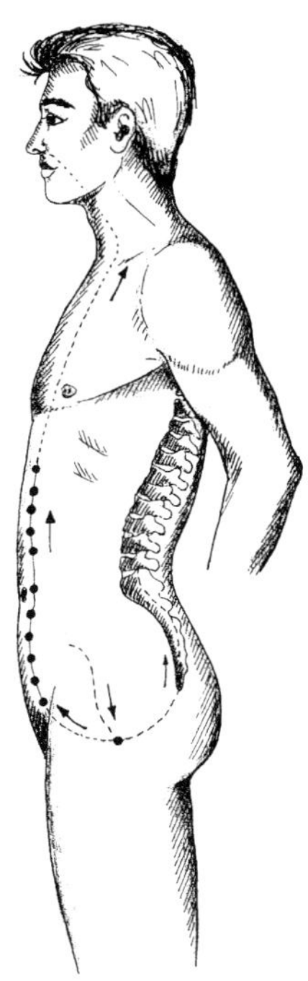

Kardinalpunkt: **MP4**

Verlauf: vom kleinen Becken zieht das Gefäßt zum Damm und verläuft mit dem Nierenmeridian seitlich der Mittellinie des Bauches entlang bis zum Schlund und umkreist den Mund

Indikation:

- Menstruationsbeschwerden
- Schmerzen im Bauchraum

Bemerkungen:

- wird als "Meer der 12 Meridiane" benannt, da es Verbindung zum Nieren-, Milz-Pankreas- und Magenmeridian bildet, somit für die Verteilung von Qi und Essenz von Bedeutung ist

Wie schon vorher erwähnt, wird die Wirkung der acht außerordentlichen Gefäße verstärkt, wenn sie paarig als 2 YANG- bzw. 2 YIN-Gefäße eingesetzt werden. Das exakte Wissen um diese acht Gefäßverläufe ist nicht von entscheidender Bedeutung, viel wichtiger aber ist die Kenntnis, daß über jeweils 2 Kardinalpunkte eine Vielzahl von dem Gefäß zugeordneten Symptomkomplexen behandelt werden kann.

Die am häufigsten verwendeten Kombinationen der Wundergefäße mit ihren Kardinalpunkten sind:

KARDINAL-PUNKT	GEFÄSS	INDIKATIONEN
Lu7	REN MAI	Asthma
		Bronchitis
N6	YINQIAO MAI	Husten
		Impotenz
		Frigidität
		Menstruationsstörungen
KS6	YIN WEI MAI	Störungen im Klimakterium
		Beschwerden vor der Menstruation
MP4	CHONG MAI	Gastritis
		nervöse Erschöpfung
		Müdigkeit
		Schlaflosigkeit bei zu niedrigem Blutdruck
		Erbrechen
		Durchfall
		Schluckauf
3E5	YANGWEI MAI	Migräne (vor allem bei Augensymptomen im seitlichen Kopfareal)
G41	DAI MAI	Schmerzen im Brustkorb
		rheumatische Gelenksbeschwerden
		Wetterfühligkeit
		Hexenschuß
		Ohrensausen
		Schwindel
		Nackenschmerzen
B62	YANG QIAO MAI	Lähmungen nach Schlaganfall
		Schmerzen im Hals- und Nackenbereich
Dü3	DU MAI	Schmerzen im Lendenwirbelbereich
		Rückenverspannungen
		Kopfschmerzen
		Schlafstörungen

ÜBERSICHT

QUELLPUNKTE

Werden je nach Zustandsbild zur Sedierung oder Tonisierung verwendet. Die 12 Quellpunkte sind jene Orte, an denen sich die Qi-Energie manifestiert ("Die Klassik der Schwierigkeiten").

H7	B64	KS7	G40	Lu9	M42
Dü4	N3	3E4	Le3	Di4	MP3

TONISIERUNGSPUNKTE

Energie wird über diesen Punkt verstärkt zugeführt - Tonisierung des Meridians.

H9	B67	KS9	G43	Lu9	M41
Dü3	N7	3E3	Le8	Di11	MP2

SEDIERUNGSPUNKTE

Energie wird über diesen Punkt abgeleitet - Sedierung des Meridians.

H7	B65	KS7	G38	Lu5	M45
Dü8	N1	3E10	Le2	Di2	MP5

ZUSTIMMUNGSPUNKTE

Alle Zustimmungspunkte liegen auf dem 1. Ast des Blasenmeridans (2 QF neben der Mittellinie der Wirbelsäule). Die chinesische Bezeichnung für diese Punkte ist SHU und bedeutet "transportieren". Es wird durch den Namen darauf hingewiesen, daß Qi als Energie von den SHU-Punkten am Rücken zu den inneren Organen geleitet wird. Das heißt, bei Störungen im Magen kann über Stimulation von B21 (Zustimmungspunkt des Magens) eine regelnde, heilende Wirkung erzielt werden. Umgekehrt sind jene SHU-Punkte oft schmerzhaft bei Beschwerden im zugehörigen Organ und zeigen auch in der Haut und Muskelschichte Veränderungen in Form von Verhärtungen.

Die Zustimmungspunkte liegen etwa auf selber Höhe wie das entsprechende Organ, woraus auch ihre Wirkung durch die nervalen Segmente erklärt wird.

B13	-	Lu	2 QF seitlich des unteren Randes des 3. Brustwirbeldorns
B14	-	KS	2 QF seitlich des unteren Randes des 4. Brustwirbeldorns
B15	-	Hz	2 QF seitlich des unteren Randes des 5. Brustwirbeldorns
B18	-	Le	2 QF seitlich des unteren Randes des 9. Brustwirbeldorns
B19	-	G	2 QF seitlich des unteren Randes des 10. Brustwirbeldorns
B20	-	MP	2 QF seitlich des unteren Randes des 11. Brustwirbeldorns
B21	-	M	2 QF seitlich des unteren Randes des 12. Brustwirbeldorns
B22	-	3E	2 QF seitlich des unteren Randes des 1. Lendenwirbeldorns
B23	-	N	2 QF seitlich des unteren Randes des 2. Lendenwirbeldorns
B25	-	Di	2 QF seitlich des unteren Randes des 4. Lendenwirbeldorns
B27	-	Dü	2 QF seitlich der Mittellinie, in Höhe des 1. Kreuzbeinloches
B28	-	B	2 QF seitlich der Mittellinie, in Höhe des 2. Kreuzbeinloches

ALARMPUNKTE

Sie befinden sich jeweils an der Vorderseite des Körpers und sind bei akuten und oft bei chronischen Störungen druckschmerzhaft.

H	-	KG14
Dü	-	KG4
B	-	KG3
N	-	G25
KS	-	KS1 - N11
3E	-	KG5, 7, 12, 17
G	-	G23, 24
Le	-	Le14
Lu	-	Lu1
Di	-	M25
M	-	KG12
MP	-	Le13

KARDINALPUNKTE

Über sie werden die sogenannten Wundergefäße aktiviert und sie werden daher vor allem bei chronischen Erkrankungen eingesetzt.

Dü3	N6	3E5	Lu7
B62	KS6	G41	MP4

MEISTERPUNKTE

Sind Punkte, welche aus der Erfahrung eine hohe Wirksamkeit bei den ihnen zugeschriebenen Indikationen haben.

B60	-	Schmerzen im Bereich des Blasenmeridians
B62 + N6	-	Schlaflosigkeit
B31	-	Klimakterium
B21	-	Magen
B17	-	Zwerchfell
B54	-	Hautkrankheiten
Lu11	-	Halsbeschwerden
Di1	-	Zahnschmerzen
Di15	-	Schulter
MP4	-	Durchfall
MP5	-	Bindegewebe
G34	-	Muskulatur
G41	-	große Gelenke
3E4	-	Kopfschmerzen
3E15	-	Wetterfühligkeit - hygrometrischer Punkt
LG4	-	Sexualpunkt
M36	-	"Göttliche Gleichmut" - Psyche - Magen - Knie
KS6	-	Erbrechen, Übelkeit
Dü3	-	Krämpfe, schleimlösend

auf den Stoffwechsel wirksame Punkte:	B54	B58	Di4	N6	Le13		
hormoneller Einfluß:	M36	B31	LG4	KG3	KG4	KG6	G3
krampflösende Wirkung:	Dü3	Le2	Le3				
Wirkung auf die Schleimhaut:	Dü3	Di4					

ACHT EINFLUSSREICHE PUNKTE

Die acht Punkte haben einen besonderen Effekt auf bestimmte Systeme und Beschwerdekomplexe.

G39	-	Knochenmark	(bei Schlaganfall)
G34	-	Muskulatur	(bei Muskelschwäche)
B11	-	Knochen	(bei Schmerzen im Gelenksbereich)
B17	-	Blut	(bei Blutarmut)
KG12	-	Hohlorgane	(bei Verstopfung oder Durchfall)
KG17	-	Atmungsorgane	(bei Bronchitis, Husten)
Le13	-	Vollorgane	(bei Leberstörungen)
Lu9	-	Blutgefäße	(bei niedrigem Blutdruck)

DURCHGANGSPUNKTE

Werden auch Passage- oder LO-Punkte genannt und bilden eine Verbindung zum gekoppelten Meridian, wodurch eine Konnexion eines YIN- mit einem YANG-Meridians stattfindet.

Der Durchgangspunkt ist mit dem Quellpunkt des gekoppelten Meridians verbunden, wodurch ein energetisches Ausgleichen der Energie innerhalb dieser 2 Meridiane erfolgen kann. Die Verbindung des Durchgangspunktes zu seinem Quellpunkt am gekoppelten Meridian:

DURCHGANGSPUNKT	QUELLPUNKT
H5	Dü4
Dü7	H7
B58	N3
N4	B64
KS6	3E4
3E5	KS7
G37	Le3
Le5	G40
Lu7	Di4
Di6	Lu9
M40	MP3
MP4	M42

Zusammenfassender Überblick der wichtigsten Punkte

	H	Dü	B	N	KS	3E	G	Le	Lu	Di	M	MP
Quellpunkt	H7	Dü4	B64	N3	KS7	3E4	G40	Le3	Lu9	Di4	M42	MP3
Tonisierungs-punkt	H9	Dü3	B67	N7	KS9	3E3	G43	Le8	Lu9	Di2	M41	MP2
Sedativpunkt	H7	Dü8	B65	N1	KS7	3E10	G38	Le2	Lu5	Di2	M45	MP5
Durchgangs-punkt	H5	Dü7	B58	N4	KS6	3E5	G37	Le5	Lu7	Di6	M40	MP4
Alarmpunkt	KG14	KG4	KG3	G25	KS1, N2	KG5, 7, 12, 17	G23, G24	Le14	Lu1	M25	KG12	Le13
Zustimmungs-punkt	B15	B27	B28	B23		B22	B19	B18	B13	B25	B21	B20
Kardinalpunkt	-	Dü3	B62	N6	KS6	3E5	G41	-	Lu7	-	-	MP4

GRUNDLAGEN ZUR AUSWAHL DER AKUPRESSUR(-PUNKTUR)-PUNKTE WÄHREND DES SHIATSU (bzw. der AKUPRESSUR/PUNKTUR oder INTUITIV-SENSITIVEN HEILMASSAGE)

I. 1. Es werden primär Punkte, welche auf dem betroffenen Meridian liegen, verwendet (jener Meridian, der über die zu behandelnde bzw. schmerzende Zone zieht). Ein Teil dieser Punkte wird bereits übersensibel in bezug auf Druckschmerzhaftigkeit sein. Neben diesen "Nahpunkten", das sind also Punkte in der Nähe des krankhaften Geschehens, werden auch sogenannte "Fernpunkte" in die Therapie mit einbezogen. Fernpunkte sind Punkte, welche zwar auf dem Meridian liegen, der durch die gestörte Zone verläuft, aber die weitab vom eigentlichen Herdgeschehen lokalisiert sind.

Akutes Geschehen: vermehrte Verwendung von Fernpunkten
Chronisches Geschehen: vermehrtes Einsetzen von Nahpunkten

2. Jeder Meridian bildet weiters eine Funktionseinheit bzw. einen Funktionskreislauf mit einem anderen Meridian. Störungen innerhalb einer Funktionseinheit bzw. innerhalb eines Organs können meist durch das Entlangstreichen über die entsprechenden Meridiane erkannt werden, da sie dort Schmerzen verursachen. Einzelpunkte des Meridians, welche über dem Ort des krankhaften Geschehens liegen, sind dann druckschmerzhaft. Wir können somit Punkte von dem "gestörten Meridian", aber auch Punkte von seinem Partner aus der Funktionseinheit nehmen:

HERZ — DÜNNDARM
NIERE — BLASE
LEBER — GALLENBLASE
LUNGE — DICKDARM
MILZ-PANKREAS — MAGEN

II. Einsatz von spezifischen, je nach Wirkungsmodus differenten Punkten:

A: Zustimmungspunkte
Sie liegen auf dem inneren Ast des Blasenmeridians (2 Querfinger seitlich der Mittellinie der Wirbelsäule). Der chinesische Name für diese Punkte ist SHU und bedeutet "Transportieren" von Qi als Energieform, vom Rücken zu den inneren Organen. Bei Störungen, z. B. im Dickdarmbereich, kann über Stimulation von B25 (Zustimmungspunkt des Dickdarms) eine regulierende Wirkung erzielt werden. Sehr oft sind diese Punkte bei krankhaften Veränderungen der zugehörigen Organe äußerst drucksensibel.

B: Meisterpunkte
Punkte, welche aus langer Erfahrung heraus eine hohe Wirksamkeit bei den ihnen zugeschriebenen Indikationen haben.

z. B. KS6 bei Erbrechen und Übelkeit
B62 und N6 bei Schlaflosigkeit
B31 Klimakterium etc.

C: Kardinalpunkte
Über diese 8 Punkte werden die sogenannten "Wundermeridiane" aktiviert. Sie finden vor allem bei chronischen Erkrankungen ihre Anwendung.

Dü3	N6	3E5	Lu7
B62	KS6	G41	MP4

D: Alarmpunkte
Sind an der Körpervorderseite und bei Störungen oft druckschmerzhaft.

E: Tonisierungs-, Sedierungs- und Quellpunkte
Werden, je nach Zustandsbild, für Tonisierung bzw. Sedierung verwendet.

F: Ohrpunkte

G: Fußreflexzonen

Diese Vielzahl von Möglichkeiten erscheint anfangs etwas undurchschaubar, doch man kann am Beginn allein mit den unter I. beschriebenen Meridianbehandlungen bereits bei einem Großteil von regulativen Störungen helfend eingreifen. Grundvoraussetzung ist die Kenntnis der im Kapitel "Meridiane" genau beschriebenen Verläufe der Meridiane und der wichtigsten Punkte. Ist man dann etwas geübter, wird die Verwendung der am Blasenmeridian liegenden Zustimmungspunkte eine zusätzliche Erweiterung des Heilspektrums geben.

Der Einbau der Ohrpunkte, welche auch als Fernpunkte eingesetzt werden, ist vor allem bei akuteren Beschwerden (z. B. Ischias, Hexenschuß etc.) indiziert.

Beispiel 1:

Hat jemand z. B. ischiasähnliche, nach hinten und unten ausstrahlende Kreuzschmerzen, ist der "betroffene Meridian", der im Kreuzbeinbereich verläuft, also der Blasenmeridian. Punkte des Blasenmeridians können sein: B31, B32, B23. Da es ein eher akutes Geschehen ist, wird man als Fernpunkte B40, B57, B58, B60 am Meridian verwenden. Als weitere Fernpunkte, welche durch das akute Geschehen oder in deren Nähe verlaufen, werden Punkte vom Lenkergefäß bzw. Gallenblasenmeridian genommen: LG20, G34 (zusätzlicher Meisterpunkt der Muskulatur). Die Zonen am Ohr, welche dem Kreuzbein bzw. Ischias entsprechen, können als zusätzliche Fernpunkte eingebaut werden.

Über die Fußreflexzonen bearbeitet man jenen Bereich, welcher der Lendenwirbelsäule und dem Kreuzbein entspricht. Auch hier sind die Zonen dann meist drucksensibel.

Beispiel 2:

Kopfschmerz im vorderen Bereich des Schädels:

Die Gesichtsseite hat Beziehung zum Blasen-, Dickdarm-, Magen- und Gallenblasenmeridian, daher können als Nahpunkte am Kopf unter folgenden Punkten gewählt werden:

B1	B2
M2	M3
G3	G14
Di19	Di20
LG26	

Als Fernpunkte kann man z. B. B60, M36, G41, Di4 oder LG14 verwenden.

Der gekoppelte Meridian von der Gallenblase ist die Leber, also wird man auch Le3/2 als Fernpunkt nehmen können.

Im Ohrbereich werden Zonen verwendet, welche ebenfalls einen regulierenden Einfluß auf das Herdgeschehen haben (Shen Men — Stirne-Sonne-Leber ...).

Bei den Reflexzonen am Fuß geht man wieder genauso vor. Besteht der Kopfschmerz jetzt allerdings mehr entlang der Seite des Schädels verlaufend, wird man, entsprechend dem typisch seitlich gelegenen Zickzackverlauf des Gallenblasenmeridians, diesen Meridian vermehrt einbauen.

Bei vorwiegendem Hinterhauptkopfschmerz wird vor allem der Blasenmeridian, der Gallenblasenmeridian und das Lenkergefäß betroffen sein:

B10, LG20 und G20 als Nahpunkte
B13, B60, LG14, G41 als Fernpunkte und Di4 als Meisterpunkt für Geschehen im Kopfbereich.

Beispiel 3:

Bei einer Magenschleimhautentzündung (Gastritis), können als unterstützende Maßnahmen folgende Punkte als Nahpunkte verwendet werden:

KG12, KG13, KG6, M25.

Als Fernpunkte gelten M36, Le3 und KS6.

Die Zustimmungspunkte für den Magen sind am Rücken B21 und B20 für Milz - Pankreas. Am Ohr wird die Zone des Magens, der Milz, der Leber und das Vegetativum gereizt. Eine entsprechende Diät und bestimmte Atemtechniken werden zu einem positiven Heilungsverlauf gravierend beitragen können.

Will sich jetzt jemand nicht allzu sehr mit den Akupressur-(-Punktur)-Punkten auseinandersetzen und einer völlig gesunden Person eine Akupressur bzw. Shiatsumassage geben, so ist allein das Entlangstreichen an den Meridianen vitalisierend und fördert das Wohlbefinden.

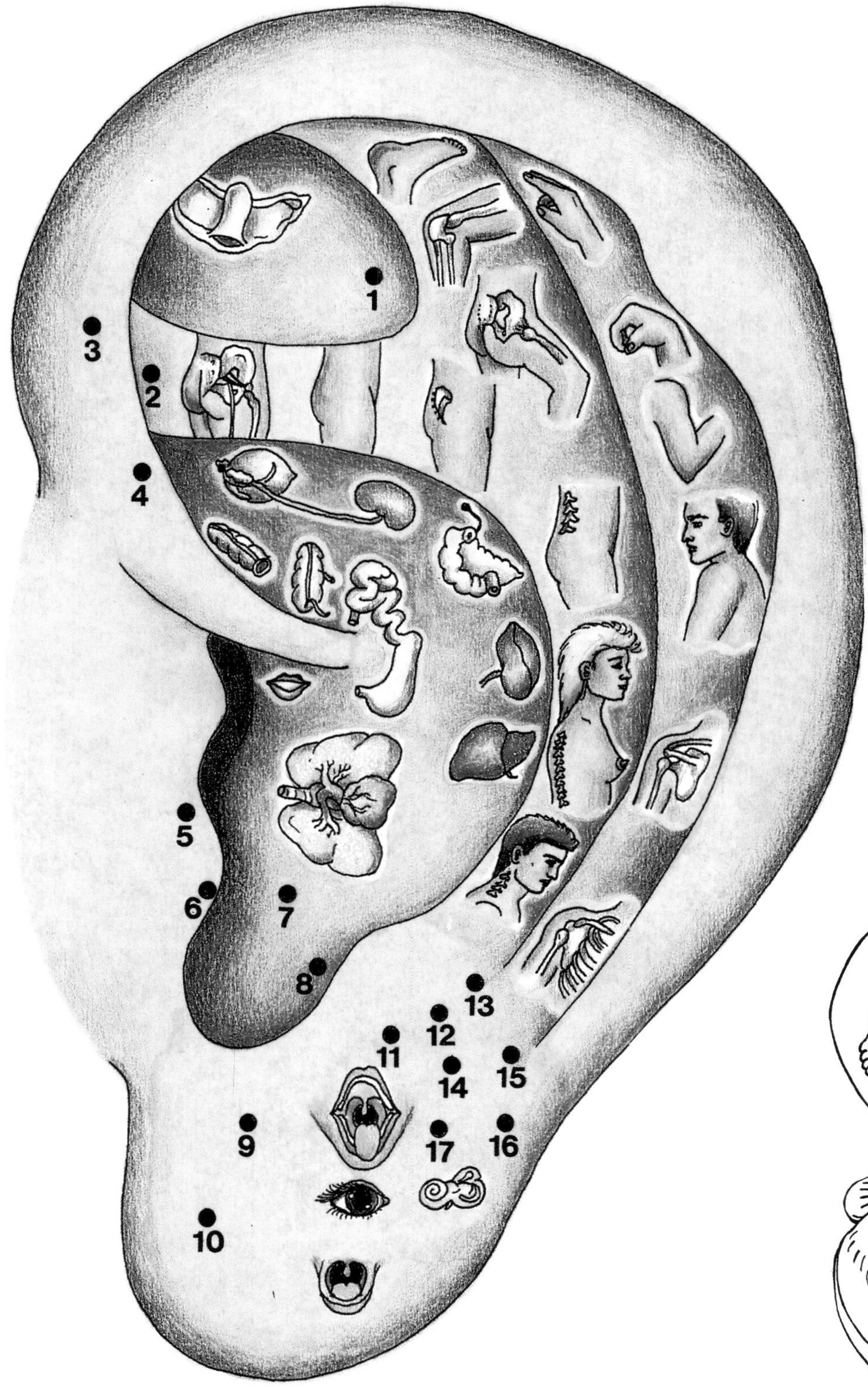

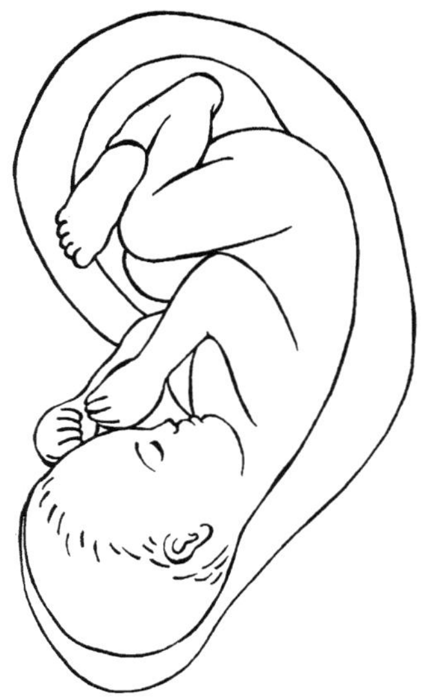

Legende:

1	Shenmen	9,10	Anästhesie für Zahnextraktion
2	Sympathikus	11	Stirn
3	Äußere Genitalien	12	Schläfen
4	Urethra - Harnröhre	13	Occiput (Hinterkopf)
5	Hunger	14	Scheitel
6	Nebenniere	15	Unterkiefer
7	3-facher Erwärmer	16	Oberkiefer
8	Subcortex (graue Substanz)	17	Oberer Gaumen

OHR

Vor etwa 2000 Jahren wurde im NEI JING, dem medizinischen Buch des gelben Kaisers, erstmalig über die Reizung verschiedener Punkte im Ohr zu Heilungszwecken berichtet. Erst 1958 brachte dann der Franzose P. NOGIER von ihm überarbeitete Ohrpunkttafeln von China nach Europa. Dieses System wurde in den letzten 30 Jahren vor allem von KÖNIG und WANCURA überarbeitet, wobei auch die Erfahrungen der tibetischen und indischen Medizin in bezug auf die Reiztherapie am Ohr eingeflochten wurden.

Das Ohr kann somit, ähnlich wie der Fuß, die Hand oder der Schädel, als Reflexzone betrachtet und die einzelnen Punkte können als Fernpunkte unterstützend eingesetzt werden.

Verbindet man die im Ohr gefundenen Punkte, die den Körperteilen oder Organen im menschlichen Organismus entsprechen, entsteht der HOMUNKULUS, der menschliche Embryo, verkehrt auf die Ohrmuschel projiziert.

Die Reizung der einzelnen Punkte am Ohr kann durch Nadeln, Laser, Moxa (Wärme), Ohrklemmen, Massage, Magnete oder Druck von kleinen Kügelchen erfolgen. In China und vor allem Japan wird die vom Laien leicht erlernbare und anwendbare "Kugeldruckreizung" durchgeführt (seed-acupuncture - Samen-Akupunktur), indem die Samen bestimmter Pflanzen, meist verwendet man Vaccaria pyramidata, als kleine Kügelchen mit einem Pflaster am Ohr oder restlichen Körper aufgeklebt und durch Druck stimuliert werden. Es kann hierbei selbstverständlich jede Art von anderen Kügelchen auch verwendet werden (z. B. Magnetkügelchen mit Durchmesser von 1 bis 2 mm). Das Ohr wird mit 75%igem Alkohol mehrere Minuten lang desinfiziert, getrocknet und dann das Kügelchen mit dem Pflaster aufgeklebt und 3 bis 4 Tage belassen. Durch mehrfaches Drücken am entsprechenden Punkt kann der Patient selbst an seiner eigenen Therapie mitarbeiten. Treten Schmerzen beim Schlafen auf oder verändert sich die Ohrmuschel rötlich, werden die Kügelchen entfernt.

Als nächste Form der Eigentherapie sei die Selbstmassage erwähnt. Die entsprechenden Areale des Ohres werden dabei mit stärkerem Druck zwischen Daumen und Zeigefinger massiert, wobei eine vermehrte Durchblutung der Reflexzonen eintritt und eine bessere Zirkulation von Qi gewährleistet wird.

Sehr effizient wird auch die Ohrklemme eingesetzt, vor allem, da sie zusätzlich noch mit einem elektrischen Impuls gereizt werden kann, womit wir eine Form der transkutanen Elektrostimulation (TENS) vorfinden. Es sollen dabei nie mehr als vier Punkte zugleich verwendet werden.

Punktselektion

a) Schmerzhafte Punkte

Nachdem das Ohr mit einem 75%igem Alkoholtupfer gereinigt wurde, wird mit einer sterilen stumpfen Sonde das Ohr abgetastet und nach den besonders druckschmerzhaften Punkten geforscht. Diese werden dann gereizt.

b) Korrespondierende Punkte

Je nach Schmerzgebiet wird der am Ohr korrelierende Punkt eingesetzt, z. B. bei Magenschmerzen - das Magenareal, bei Schulterschmerzen - die Schulterzone.

c) Punktselektion entsprechend der traditionellen chinesischen Medizin

Die Lunge hat Verbindung zu Haut und Haaren, daher kann die Lungenzone bei Hautproblemen verwendet werden. Der Gallenblasenpunkt wird bei seitlichen Kopfschmerzen verwendet, da der Gallenblasenmeridian über die seitliche Kopfregion verläuft.

Die Wirkung der Ohrpunkte hat einen beruhigenden, schmerzstillenden und antiallergischen Effekt, wobei vor allem die schmerzstillende Komponente immer wieder in der Literatur hervorgehoben wird.

Nicht verwendet werden sollte die Ohrreiztherapie bei Entzündungen der Ohrmuschel, in der Schwangerschaft und bei schweren organischen Krankheiten.

Anwendung der Kugeldruckmethode:

- Desinfektion des Ohres mit Alkoholtupfer
- Selektion der Punkte
- Aufkleben der Kügelchen mit Heftpflaster
- Mindestens 5 x tägliche Reizung jedes Punktes durch 1- bis 2minütiges Pressen
- Wechsel der Kügelchen nach 3 bis 4 Tagen

Eine besondere Bedeutung wird dem Punkt "SHEN MEN - Tor der Götter" beigemessen, da er eine ausgesprochen gute schmerzstillende Wirkung auf den gesamten Körper hat. Der Punkt liegt im oberen Drittel des Ohres an der Gabelung der Crura anthelicis (siehe Bild) und wird bei jeder Schmerzbehandlung eingebaut.

Neue Forschungen in China und Europa bezüglich der schmerzhemmenden Wirkung bestimmter Punkte im Ohr haben gezeigt, daß der über den Punkt ausgelöste Reiz über die Leitung der Nerven zum Hirn gelangt und hier auf die Formatio reticularis und den Thalamus wirken, wodurch nicht nur eine zentrale Schmerzunterdrückung, sondern auch eine Normalisierung der Atemfunktion, der Pulsfrequenz und des Magen-Darm-Systems stattfindet. Der Weg des Reizes verläuft folgendermaßen:

Ohrreiz
- Nervus trigeminus
  - Nucleus tractus spinalis nervi trigemini
    - Formatio reticularis
      - Thalamus

Über den Wirkungsmechanismus kann zusammenfassend gesagt werden, daß die Reizung verschiedenster Ohrpunkte darauf abzielt, das körpereigene Schmerzregulationssystem zu beeinflussen, wobei schmerzhafte Reize vom zentralen Nervensystem aus unterdrückt werden.

MOXA

Die Ergänzung dieser Behandlungen mit Moxa, als ursprünglichste und bereits vor 5000 Jahren mit Akupunktur eingesetzte Therapie, kann einen Krankheits-verlauf heilsam beeinflussen.

Bei der Moxa-Therapie wird Wärme über verschiedene Möglichkeiten den Akupunkturpunkten zugeführt. Am häufigsten verwendet man die sogenannten Moxa-Stäbe, welche aus einer Mischung unterschiedlicher Pflanzen bestehen, deren Hauptbestandteil "Artemisia vulgaris", eine Chrysanthemenart, ist.

Der zum Glühen gebrachte Moxa-Stab wird der Haut vorsichtig bis zu einem Abstand von etwa 5 cm genähert, und der Punkt oder die schmerzende Muskelfläche angenehm erwärmt. Wen die, durch konventionelles Moxa verursachte Geruchsbelästigung stört, kann sich auch bereits am Markt befindliche, geruchlose Moxa-Stäbe oder elektrische Wärmestäbe besorgen.

In der **alten chinesischen Literatur** wird beschrieben:

"Eine Krankheit, die auf Akupunktur und Medikamente nicht anspricht, soll mit Moxibustion behandelt werden."

Neben der Erwärmung der Punkte mittels dem Moxa-Stab oder über kleine Moxakegel, wird noch folgende Methode zur Wärmeübertragung verwendet:

Man nimmt als für die Haut schützende Zwischensubstanz etwa 1 cm dicke Scheiben von Knoblauch oder Ginger, welche auf die Haut gelegt werden. Darauf werden die Moxakegel gestellt und angezündet. Der Patient soll nur eine angenehme Wärme verspüren. Sobald der Moxakegel zu heiß wird, muß er entfernt werden. Erwärmung der Nabelregion ist angebracht bei Schwäche des Magens und Milz-Pankreas mit Bauchschmerzen, Durchfall und Mangel an Yang-Energie.

Es besteht auch die Möglichkeit, die Nabelgrube mit Salz aufzufüllen und darüber das Moxakegelchen zu stellen.

Wirkungen von Moxa:

1. Bringt Wärmeenergie in die Meridiane und vertreibt die Kälte.
2. Stärkt den Yang-Anteil des Körpers, bei Schwächezuständen, Kältesymptomatik und Energiemangel.
3. Fördert den harmonischen Fluß von Qi und Blut.
4. Dient als Krankheitsprophylaxe.

Im altchinesischen Buch **"Notizen von BIAN QUE´S MOXIBUSTION"** wird beschrieben:

"Hat ein gesunder Mensch oftmals Moxabehandlungen an den Punkten KG4, KG6, und KG12, wird er ein sehr langes Leben führen."

Kontraindikationen von Moxa:

1. Schwangerschaft
2. Hitzesymptomatik — Fieber — bei Überschüssen an Yang-Energie soll nicht noch mehr Yang in Form von Moxa (Hitze) zugeführt werden.

CHINESISCHE PULSDIAGNOSTIK

Die chinesische Pulsdiagnostik ist eine seit Jahrhunderten in Indien, China und Tibet praktizierte Form der Diagnose. Sie ist eine subjektive Methode und erfordert jahrelange Erfahrung und Intuition (die Chinesen unterscheiden über 18 verschiedene Pulsqualitäten). Es sei hier nur auf eine mögliche und relativ leicht erlernbare Form der Pulsdiagnose hingewiesen:

Das Erkennen, ob ein Meridian im Fülle-(YANG-) oder im Leere-(YIN-)Zustand vorliegt.

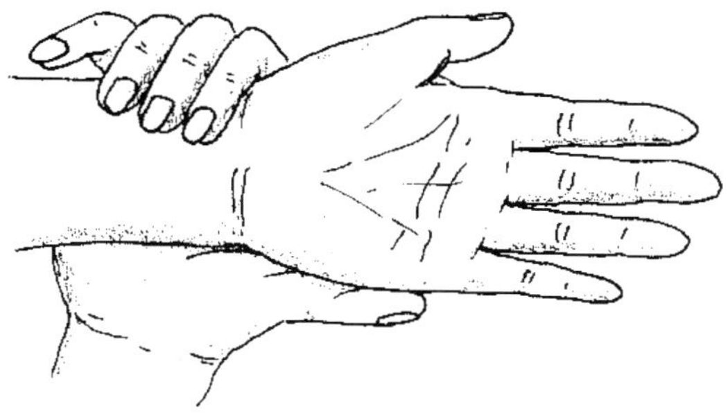

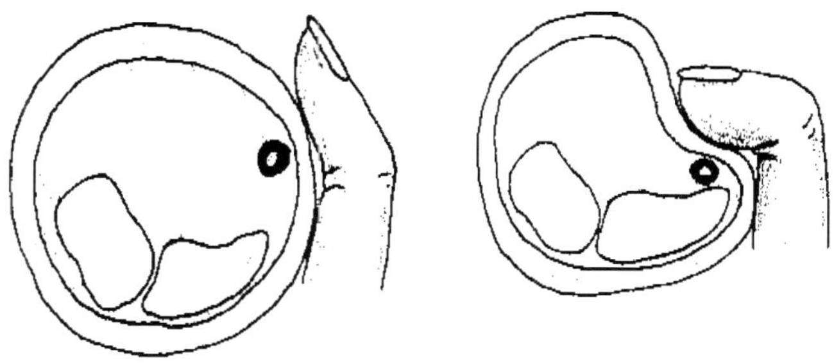

Man tastet den Puls der Arteria radialis an beiden Händen und findet rechts und links jeweils 6 Meridiane (3 oberflächliche und 3 tiefe).

Beim Pulsnehmen verwendet man den Zeige-, Mittel- und Ringfinger, wobei der erste Finger nahe der Handgelenksquerfalte, der zweite über dem Proc. styloidens (Griffelfortsatz) und der dritte anschließend dem Proc. styloidens aufgelegt wird. (Die Chinesen bezeichnen diese 3 Pulsstellen als <u>cun</u> für den Puls an der Handgelenksquerfalte, <u>guan</u> für den mittleren und <u>chi</u> für den dritten.)

Hat der Untersuchende unter allen 3 Fingern die Arterie erspürt, verstärkt er den Druck so lange, bis kein Puls mehr zu spüren ist. Dann wird der Druck nachgelassen bis zu dem Punkt, an welchem man die Pulswelle wieder wahrnimmt. Dies entspricht der

TIEFENPULSQUALITÄT

an beiden Händen und umfaßt alle YIN-Meridiane, welche nun miteinander verglichen werden.

Im nächsten Schritt wird der Druck wieder soweit nachgelassen, bis man keinen Puls mehr spürt und dann wieder leicht verstärkt — so lange, bis man bei leichtem Druck den Puls gerade eben wahrnimmt. Dies entspricht der

OBERFLÄCHLICHEN PULSQUALITÄT

an beiden Händen und erfaßt alle YANG-Meridiane.

Ein Puls, der sich in einem Fülle-, also YANG-Zustand befindet, wird in der Wahrnehmung unter der Fingerbeere auf einer quadratischen Fläche stark, voll und kräftig zu spüren sein, während ein Puls in einem YIN-Zustand bzw. einer energetischen Leere-Position, auf einer rechteckigen Fläche zart, dünn und leicht unterdrückbar erscheinen wird.

Der gesunde Puls ist regelmäßig, kräftig und mäßig schnell.

linke Hand:

oberfl.	tief

YANG	YIN
Dü	H
G	Le
B	Ni

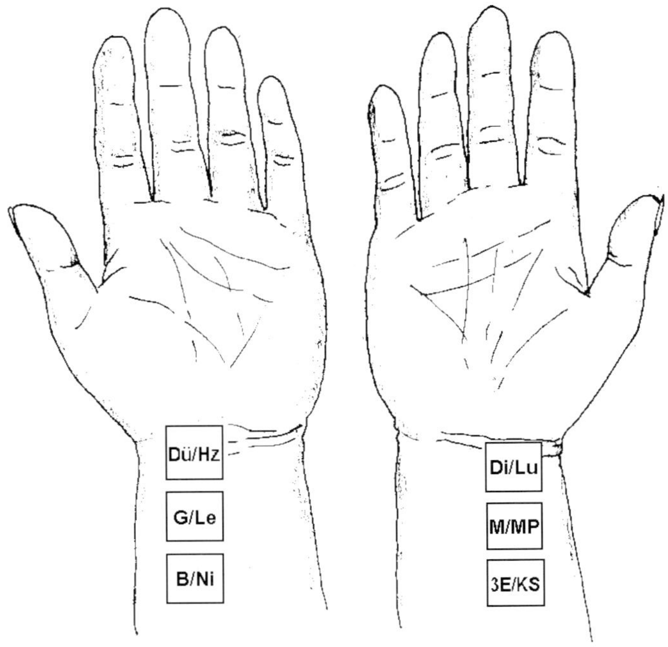

rechte Hand:

oberfl.	tief

YANG	YIN
Di	Lu
M	MP
3E	KS

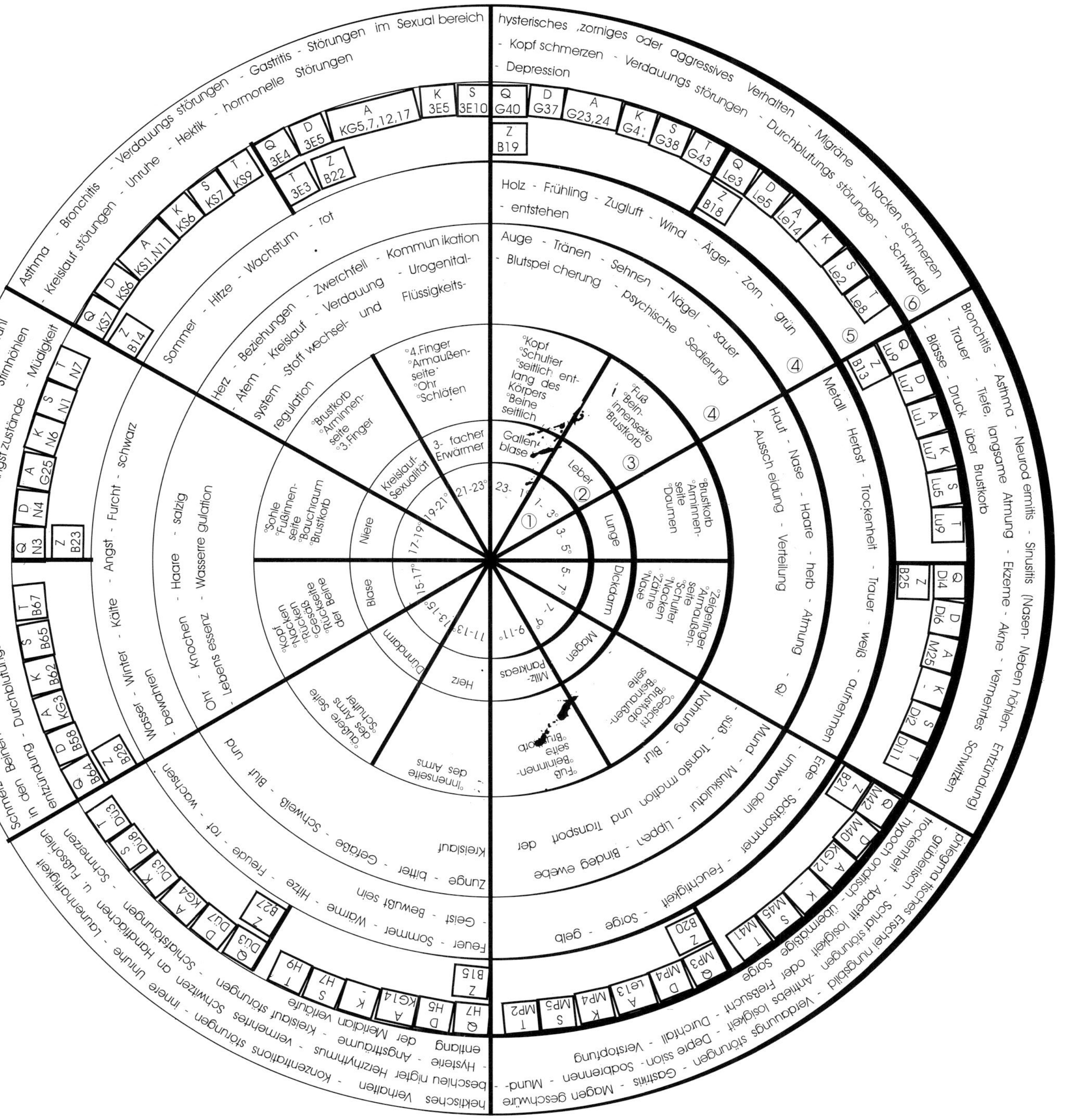

LEGENDE:

1	zeitliche Hauptaktivität des Meridians	
2	Meridian	
3	Meridianverlauf	
4	Zuordnungen	
5	spezifische Punkte	
6	Störungen	

ad 5 spezifische Punkte:

Q...	Quellpunkt
D...	Durchgangspunkt
A..	Alarmpunkt
K...	Kardinalpunkt
S...	Sedierungspunkt
T...	Tonisierungspunkt
Z...	Zustimmungspunkt

5 Elemente

Die Lehre von den 5 Elementen kann mit einer symbolhaften Bilderschrift verglichen werden, wobei der Mensch als eine Reflexion des Universums angesehen wird — ein Mikrokosmos im Makrokosmos, in ständiger Verbindung mit der GANZHEIT.
Demnach sind die Basiselemente unseres momentan erfaßbaren Systems: Wasser — Holz — Feuer — Erde — Metall. Ihnen entsprechen — gemäß den Eingangs erwähnten RESONANZ-PHÄNOMENEN — bestimmte Zordnungen, bezogen auf die den Menschen prägenden äußeren sowie inneren Einflüsse.

Nur eine ausgewogene Balance kann das subtile Gleichgewicht erhalten — Überschuß (YANG) oder Mangel (YIN) in einem der Elemente und dem damit verbundenen gekoppelten Meridianpaar wird ein harmonisches Energiegleichgewicht stören und kann krankhafte Veränderungen verursachen (siehe: Dr. WENZEL, QIGONG — 5 Elemente). Das Miteinander-vernetzt-Sein der 5 Elemente, die Verflechtung und Abhängigkeitsbeziehungen voneinander weisen auf die in der Natur vorkommenden biologischen Regelsysteme hin.
In den 5 Elementen und ihren Entsprechungen wird die Verbindung des Mikrokosmos mit dem Makrokosmos, der Emotionen mit ihrem Einfluß auf die Organe und die Umwelt, die klimatischen Bezüge zum menschlichen Organismus und vieles mehr dargestellt. Über dieses System wird auf anschauliche Weise dokumentiert, wie bestimmte Dinge zueinander in RESONANZ treten und so miteinander kommunizieren.

Wir sehen hier nicht ein starres Gebilde vor uns, sondern einen *dynamischen* Prozeß der Veränderungen, weshalb man auch von den 5 Wandlungsphasen sprechen kann. Die Elemente mit ihren spezifischen Zuordnungen finden sich also im Körper, in der Nahrung, den Farben, also in unserer gesamten Umwelt wieder und reflektieren das ständige Werden und Vergehen, im Wachstum und in der Zerstörung.

Ursprünglich liegt diesem System die Beobachtung der vier Jahreszeiten zugrunde. Die klimatischen Veränderungen und die Ereignisse in der Natur (Keimen, Wachsen, Ernten, Sterben ...) geben über dieses verbindende Bezugssystem eine umfassende Auskunft bezüglich der Ganzheit der Natur und des Menschen. Es handelt sich um eine Darlegung der universellen Transformation des Werdens und Vergehens.

Dieses beobachtende Erfassen von Prozessen in der Natur wurde von den Chinesen und Tibetern auch auf den menschlichen Organismus übertragen, wobei bestimmte Zustände, die bei Krankheiten immer wieder gehäuft aufgetreten sind, zusammengefaßt und den entsprechenden Elementen zugeordnet wurden.

Das genaue BEOBACHTEN, die INTUITION und die ASSOZIATION ergeben ein ganzheitliches System, welches nicht als "unfehlbar" überbewertet werden darf, doch jedem eine wertvolle Hilfe in Diagnostik, Therapie und Eigenerkenntnis sein kann.

ERDE — WASSER — FEUER — WIND wurden bereits von BUDDHA als "die 4 großen Elemente" bezeichnet (ÄTHER kam später als raumbildende Struktur dazu).

Die 5 Elemente charakterisieren fünf verschiedene Zustände in der Natur, die miteinander in ständiger Wechselbeziehung stehen. Sie können einander erzeugen (SHEN-Zyklus: z. B.: Wasser erzeugt Holz), einander hemmen bzw. kontrollieren (KO-Zyklus: z. B.: Wasser kontrolliert Feuer) oder einander insultieren bzw. entgegenwirken (normalerweise kontrolliert Metall das Holzelement; kommt es aber zu einem Mangel an Energie im Element Metall oder einer übermäßigen Aktivität von Energie im Holzelement, kann das Holz auf das Metall "insultierend" übergreifen).

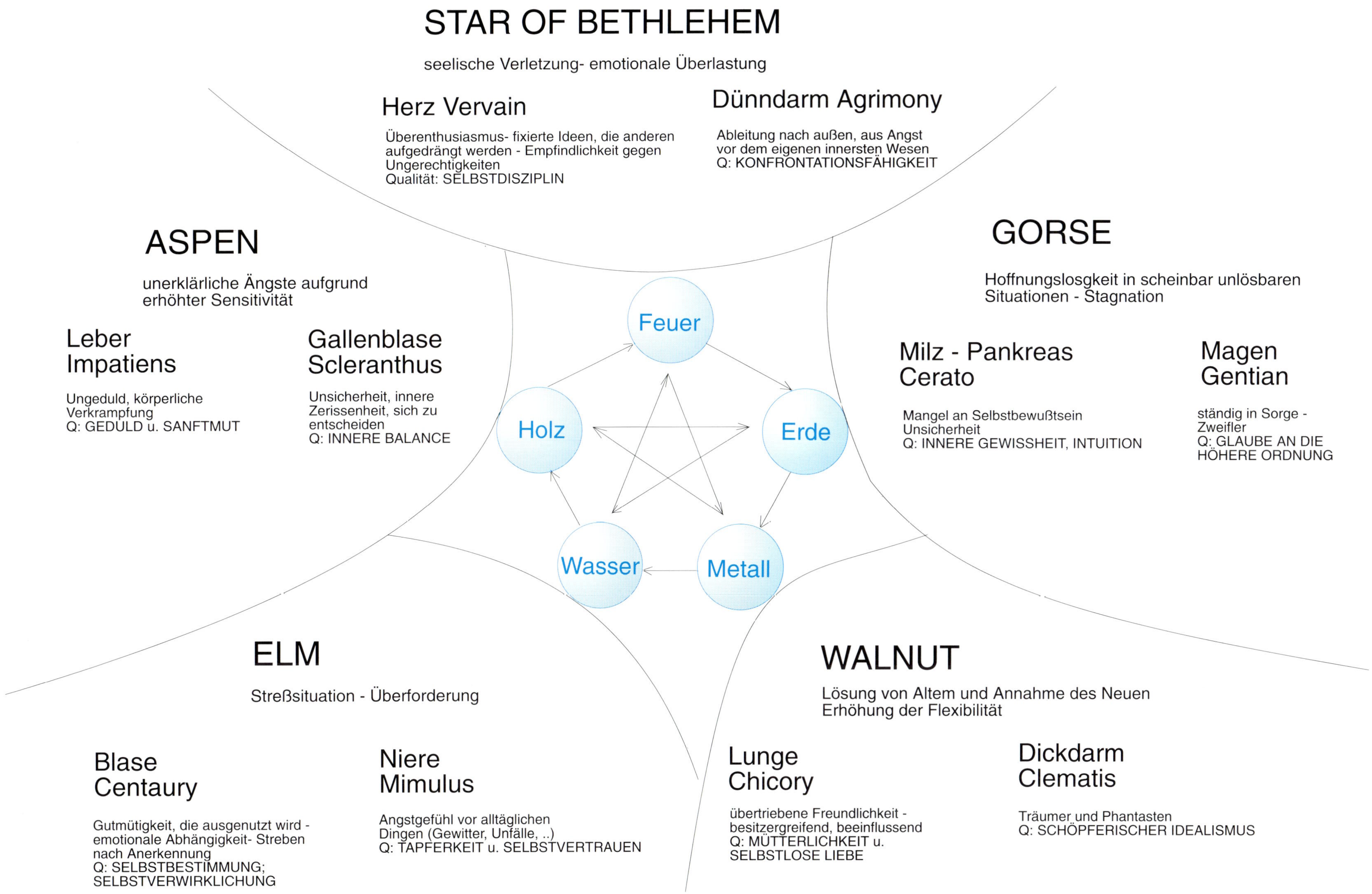
STAR OF BETHLEHEM
seelische Verletzung- emotionale Überlastung
Herz Vervain
Überenthusiasmus- fixierte Ideen, die anderen aufgedrängt werden - Empfindlichkeit gegen Ungerechtigkeiten
Qualität: SELBSTDISZIPLIN
Dünndarm Agrimony
Ableitung nach außen, aus Angst vor dem eigenen innersten Wesen
Q: KONFRONTATIONSFÄHIGKEIT
ASPEN
unerklärliche Ängste aufgrund erhöhter Sensitivität
Leber
Impatiens
Ungeduld, körperliche Verkrampfung
Q: GEDULD u. SANFTMUT
Gallenblase
Scleranthus
Unsicherheit, innere Zerissenheit, sich zu entscheiden
Q: INNERE BALANCE
GORSE
Hoffnungslosgkeit in scheinbar unlösbaren Situationen - Stagnation
Milz - Pankreas
Cerato
Mangel an Selbstbewußtsein
Unsicherheit
Q: INNERE GEWISSHEIT, INTUITION
Magen
Gentian
ständig in Sorge - Zweifler
Q: GLAUBE AN DIE HÖHERE ORDNUNG
Feuer
Erde
Metall
Wasser
Holz
ELM
Streßsituation - Überforderung
Blase
Centaury
Gutmütigkeit, die ausgenutzt wird - emotionale Abhängigkeit- Streben nach Anerkennung
Q: SELBSTBESTIMMUNG; SELBSTVERWIRKLICHUNG
Niere
Mimulus
Angstgefühl vor alltäglichen Dingen (Gewitter, Unfälle, ..)
Q: TAPFERKEIT u. SELBSTVERTRAUEN
WALNUT
Lösung von Altem und Annahme des Neuen
Erhöhung der Flexibilität
Lunge
Chicory
übertriebene Freundlichkeit - besitzergreifend, beeinflussend
Q: MÜTTERLICHKEIT u. SELBSTLOSE LIEBE
Dickdarm
Clematis
Träumer und Phantasten
Q: SCHÖPFERISCHER IDEALISMUS

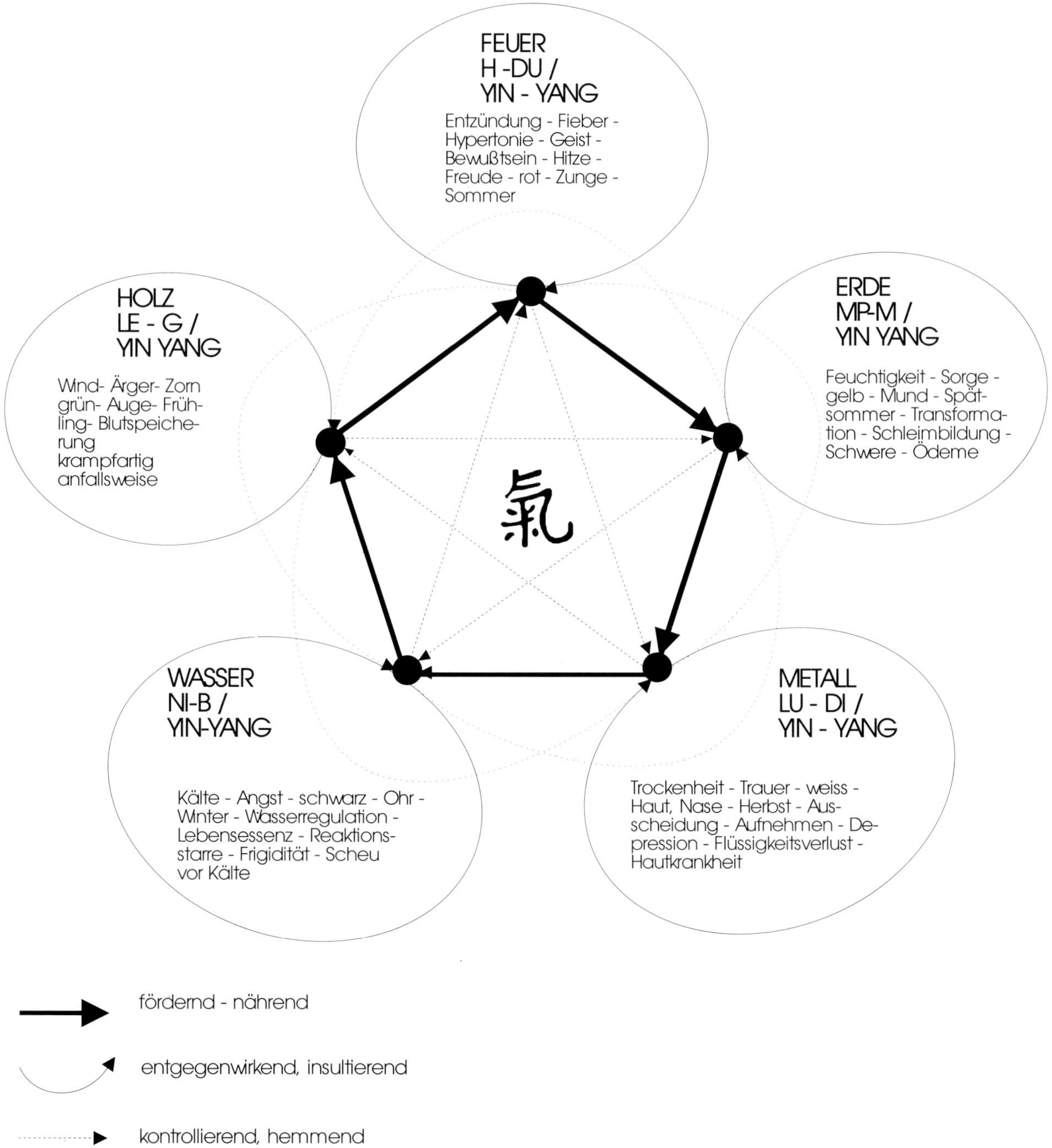

Shen- Zyklus:
einander fördernd bzw. nährend und erzeugend

z.B. Wasser (NI-B) nährt das Holzelement (LE-G), welches wiederum das Feuer (H-DU) fördert... (Wasser ist die Mutter von Holz, nach der Mutter-Sohn- Regel, Holz ist demnach der Sohn von Wasser und gleichzeitig auch die Mutter vom nächsten Element, Feuer, ...)

Ko- Zyklus:
kontrollierend bzw. hemmend, bezwingend

z.B. Holz kontrolliert die Erde, die wieder das Wasser hemmt. Harmonisches Wachstum kann nur durch Kontrolle möglich sein. Diese Koordination von Entstehung und Zerstörung wird über Shen- und Ko-Zyklus deutlich gemacht.

Sobald es einen Überschuss (Fülle= YANG) oder einen Mangel (Leere= YIN) in einem dieser Elemente bzw. Meridianpaare gibt, kommt es zu einer DYSBALANCE, d.h. ein Element überwiegt dann und wirkt überschiessend auf das Kontrollelement ein.
Erde kontrolliert noramlerweise Wasser- kommt es zur Störung, kann das Wasser der Erde entgegenwirken.

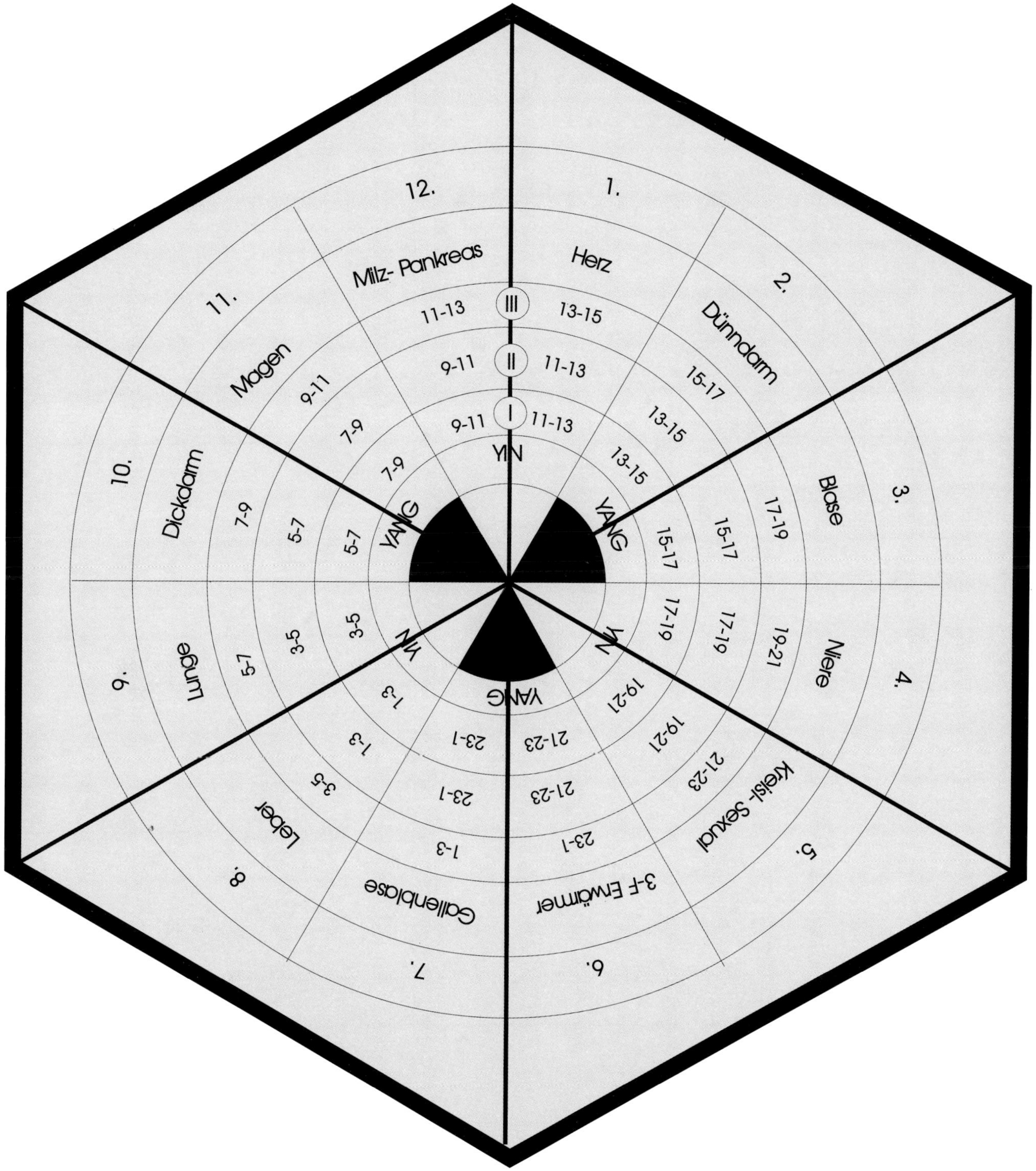

III beste Tonsierungszeit

II beste Sedierungszeit

I Hauptaktivität

Sinohomöopathie — Homöosiniatrie

DR. GERHARD WENZEL

Beide Bezeichnungen stehen für den gleichzeitigen Einsatz von Homöopathie und Akupunktur in der Therapie. Die HOMÖOSINIATRIE verwendet hauptsächlich homöopathische Heilmittel und kombiniert diese unter bestimmten Gesichtspunkten mit der Akupunktur. Die SINOHOMÖOPATHIE erweitert die Akupunktur in besonderen Fällen durch den zusätzlichen Einsatz von homöopathischen Mitteln, entweder oral oder auch als Injektionen an bestimmte Akupunkturpunkte. Die Vereinigung einer westlichen therapeutischen Methode mit einer asiatischen gelang deswegen so gut, weil eine augenfällige Übereinstimmung besteht zwischen der SYMPTOMBEZOGENEN PUNKTFINDUNG der TCM aufgrund von sog. „DISHARMONIEMUSTERN(DHM) = PATTERN" und der Medikamentenfindung der Homöopathie auf Grund von sog. „ARZNEIMITTELBILDERN". Das AMB (=Arzneimittelbild) ist die Summe aller bei einer Arzneimittelprüfung mit irgendeinem Stoff am Gesunden gefundene Phänomene und registrierten Symptome in geistiger, seelischer, körperlicher und konstitutioneller Hinsicht. Die Verordnung des therapeutischen Mittels erfolgt nach dem ÄHNLICHKEITSGESETZ: „SIMILIA SIMILIBUS CURRENTUR". Die Findung des DISHARMONIEMUSTERS, und damit die „Diagnosestellung", erfolgt in der TCM nach den

4 ELEMENTEN DER DIAGNOSE:

BETRACHTEN — HÖREN + RIECHEN — FRAGEN — BEFÜHLEN

BEACHTUNG DER 8 PRINZIPIEN:

YIN + YANG — WÄRME + KÄLTE — LEERE + FÜLLE — INNEN + AUSSEN
BEZIEHUNGEN ZWISCHEN QI, JING, XUE
BEZIEH. ZW. ZANG FU + WUXING
BEZIEH. ZW. WAISU + NEISU

Durch die Identifikation der DISHARMONIE, die zwingend allen Krankheiten zu Grunde liegen muß, sowohl in bezug auf das aktuelle Krankheitsbild, als auch auf eine gerade vorherrschende energetische Situation in den betroffenen FUNKTIONSKREISEN, gelingt es zu einer PATIENTENSPEZIFISCHEN THERAPIE zu kommen, das heißt, nicht eine Krankheit, sondern der leidende Mensch wird behandelt. Ich wiederhole: Relevant für den nach Gesichtspunkten der TCM therapeutisch Tätigen sind ausschließlich die subjektiven und objektiven (aber nicht apparativen !) Symptome und Befunde, ihre Beziehungen untereinander und die speziellen Charakteristiken des Patienten. Das so entstehende komplexe Muster als Ausdruck der gestörten Harmonie im Gleichgewicht von Körper/Seele/Geist wird nach **KAPTCHUK** als DISHARMONIEMUSTER bzw. nach **KLEBER** als PATTERN bezeichnet. Der französische Arzt **DE LA FUYE** war m. W. der Erste, der die Disharmoniemuster mit den Arzneimittelbildern der Homöopathie in Beziehung setzte. (Bereits im 19.Jhdt. hat der deutsche Arzt **WEIHE**, allerdings ohne die Akupunktur zu kennen, 129 bestimmte Punkte der Körperoberfläche, die tatsächlich in einem hohen Maß den Akupunkturpunkten entsprechen, mit den AMB in Beziehung gesetzt und bei der Verordnung von homöopathischen Medikamenten empfohlen, die dazu passenden Punkte zu massieren. Bei dieser Methode geht jedoch sowohl die Berücksichtigung der Gesamtheit der Symptome verloren, wie auch die Tatsache, daß in der TCM niemals isolierte Punkte verwendet werden sollen, sondern immer das Meridiansystem und die WUXING beachtet werden müssen.) Die TCM und die Homöopathie verbindet, daß beide Methoden das GESAMTBILD der DISHARMONIE DER LEBENSKRAFT zu ermitteln suchen und nicht so sehr die „kausalen" Ursachen einer Gesundheitsstörung. Das SYMPTOM bzw. die BEFINDLICHKEIT gewinnt wahlanzeigende Bedeutung, andererseits müssen beide unbedingt vor dem Hintergrund ALLER BEFUNDE betrachtet werden. Dazu ein Beispiel:

Das Symptom TROCKENE ZUNGE muß in der Gesamtheit des DHM gesehen werden:
Kältegefühl, kaum Durst und kalte Extremitäten - YANG XU
Hitzegefühl, Durst und Nachtschweiß - YIN XU
Allerdings darf diese Beschreibung der Therapie - Findung nicht den Eindruck vermitteln, daß sich beide Therapiearten nur mit einer „Oberflächlichkeit" zufrieden geben. Es liegt in den Behandlungsschritten eine Hierarchie vor:
Es werden zuerst AKUTE und SUBAKUTE Störungen wie z.B. Schmerzen, angegangen, die REGULATION des gestörten Funktionskreises folgt nach und als letzter Schritt kann auch die gestörte KONSTITUTION bzw. das KRANKMACHENDE VERHALTEN des

Patienten behandelt werden. Das Ziel beider Methoden, und vor allem ihrer Kombination, ist die REHARMONISIERUNG, die sich natürlich nie nur auf einzelne Beschwerden beschränken kann, sondern immer den leidenden Menschen in seiner Ganzheit betrifft.

KRITIK DER METHODE

Es gibt nicht so viele DHM wie AMB: in diesem Fall fällt nach der Exploration sowohl der Punktwahl als auch der Reizart u. -stärke besonderes Gewicht zu.
Das Finden des SIMILLIMUM ist oft sehr schwer, wenn nicht sogar unmöglich und gleichzeitig ist das DHM entweder vielgestaltig oder zumindest nicht eindeutig zuordenbar: Heranziehung von anderen Methoden (z.B. QIGONG oder Mikrobielle Therapie) bzw. nach Setzen eines KLEINEN REIZES abwarten.
Voraussetzung für die Anwendung der kombinierten Therapie ist selbstverständlich die hinreichende Kenntnis beider.
Die SINOHOMÖOPATHIE bewährt sich nicht bei allen Störungen, besonders gut aber bei:

- funktionellen oder symptomatischen Störungen des Bewegungsapparats
- sog. „vegetative Störungen"
- Kopfschmerzen und Migräne

Der Gewinn für den Therapeuten aus der Gegenüberstellung von AMB und DHM und deren gleichwertige Berücksichtigung, beruht darauf, daß
der Patient in seiner Gesamtheit umfassender und intensiver begriffen werden kann,
die Berücksichtigung des DHM das homöopathische Heilmittel deutlicher hervortreten läßt und
das Simile bei der Bewertung der gefundenen Disharmonien eine Hierarchie erkennen läßt. Die Kombination beider therapeutischen Prinzipien bewährt sich in der Praxis außerordentlich und hilft zusätzlich, das alternative ENTWEDER - ODER in der heutigen Medizin zu überwinden zu Gunsten eines SOWOHL - ALS AUCH.

ARGENTUM NITRICUM — FEUER ERZEUGT NICHT ERDE

AMB (Arzneimittelbild) :
hpts. betroffen: ZNS, peripheres + vegetatives NS, Magen, Darm + Schleimhäute, allgemein ruheloser, blasser Neurotiker, Neigung zu Migräne, überstarke Gefühle, eher mager, Erkrankungen durch langdauernde geistige Erregung oder Belastung, Ängste (Erwartungs-, Examensangst), nervöse Reizbarkeit;
Kopf: Migräne mit Gefühl der Ausdehnung am Scheitel und Schmerzen vor allem hinter der Stirn; Schwindel mit Ohrensausen
SYMPTOME:
Lidrandentzündungen, Augen müde und überanstrengt, Aufstoßen, Raucherkartarrh, Verlangen nach Zucker
DHM (Disharmoniemuster):
MP - XU durch geistige Überanstrengung, dafür typisch auch Verlangen nach Zucker, der aber dann schlecht vertragen wird
N - YANG XU: Nieren - Yin dominiert Erde (Wasser insultiert Erde) dadurch Angst und Ängstlichkeit, die wiederum zu Nieren - YANG XU führen.
YIN XU des Herzens: Feuer erzeugt nicht Erde, durch längerdauernde MP - Schwäche kommt es zu einem QI und später sogar zu einem XUE (Blut)-mangel des Herzens, Verstärkung der Reizbarkeit und zusätzlich Vergeßlichkeit und Schlaflosigkeit, Schwindel und Tinnitus
PUNKTE:
Akutstadium: M36 + B22 + KG12, B22 SANJIAO: SHU Zustimmungspunkt des 3E (1.LW)□KG12 ZHONGWAN: MU (=Alarmpunkt) des Magens 4 Cun über Nabel
Chronische Beschwerden: SHU - Punkte, MP6 B18 GANSHU (9.BW), B19 DANSHU (10.BW), B20 PISHU (11.BW), B21 WEISHU (12.BW), B22, B23 SHENSHU (2.LW)
Schwindel und Tinnitus (GANHUO): N5(3) + G34 + 3E5 N5(3) TAIXI (zwischen Mall.med. und Achillessehne), G34 YANGLINGQUAN (Yanghügelquelle) (ant + inf des Fibulaköpfchens), 3E5 WAIGUAN (2 Cun über Handgelenksfurche)
YINXU des Herzens XIN: Schlaflosigkeit, Vergeßlichkeit, Rastlosigkeit, „5 Herzen warm": H7 + MP6 + KS 6 + N7(5) H7 SHENMEN (zwischen os pisiforme und Ulna), KS6 NEIGUAN, N7(5) 1Cun unter TAIXI

ARNICA METALL ERZEUGT NICHT WASSER

AMB:
Gefühl von Zerschlagenheit, will allein sein weil er erstens nicht antworten will und zweitens Angst vor Berührung hat, Folgen von körperlicher Überanstrengungen oder Traumen (insbes. Hämatome), leicht ängstlich bis depressiv (düsterer Blick in die Zukunft), glaubt daß er Herzerkrankung hat (setzt sich in der Nacht auf und greift sich ans Herz), Nachtmahre bis zu Todesangst (Herztod), fauliger Mundgeruch mit Meteorismus, Aversion gegen Fleisch und Milch, zeitweiser großer Durst

Leitsymptom: „will nicht berührt werden“
TCM:
NI QI XU, da der Zyklus aus dem Metall nicht weitergeht
Symptome: Schwäche mit Kurzatmigkeit, depressive Verstimmung, Meteorismus mit fauligem Geruch, Nachtschweiß, Albträume, kalte Extremitäten, heißer Kopf
PUNKTE:
N5(3) TAIXI + Lu7 + Di15 + M14, Lu7 LIEQUE (mit Zeigefinger den Radius nach proximal), Di15 JIANYU (vordere Schultergrube), M14 KUFANG (1.IC in Mamillarlinie)

ARSENICUM ALBUM FEUER ERZEUGT NICHT ERDE

AMB:
lebhaft und beweglich; unruhig, von Angst getrieben, Periodizität der Beschwerden, Schmerzcharakter: brennend, „es brennt wie Feuer, aber durch Hitze Besserung !“; dann innerliches Frösteln und Hitzegefühl abwechselnd; kann im Extremfall Anblick und Geruch von Speisen nicht ertragen, Leibschmerzen mit Dyspepsien, viel Durst, der in kleinen Schlucken gelöscht wird. Haut trocken bis pergamentartig, juckend und brennend; zunehmende Gliederschwäche **Kopf:** periodisch auftretende Kopfschmerzen mit Klopfen und Brennen an Hinterkopf und Stirn, Augen und Nasenwurzel
TCM:
Aus „Feuer erzeugt nicht Erde“ result. PI YANG XU:
Appetitlosigkeit, Leibschmerzen nach dem Essen, Schwäche in den Gliedern, Dyspepsien, Stuhl häufig mit unverdauter Nahrung, Kältegefühl und Hitze abwechselnd
PUNKTE:
M42 CHONGYANG (zwischen 2.+3.MT) „entfernt aufsteigende Hitze aus dem oberen 3E“, Di10 SHOUSANLI (2 Cun distal von Di 11 (Ellbogen)), Dü15 (seitl. Hals über Clavic) besonders bei Migräne mit max. Druck über linkem Auge, Beginn nach Mitternacht; Hauptasthmapunkt !, Ni5(3) TAIXI, MP2 DADU (dist + inf des 1.MT) reduziert Stagnation von QI + XUE von MP und M bei Hitzesymptomatik
(gleichzeitig Hitze und Schwäche = „CALOR FALSUS“ n. PORKERT:
WAISU HAN: typische Erkältung bei konstitut. Deffizienz
wenn bei konstitutioneller Prädisposition (Angst, Unruhe) zusätzliche Noxen, entweder exogen (siehe a. oder endogen (7 Emotionen im Übermaß) dazukommen. Wird in dieser Situation nur CALOR/HITZE diagnostiziert und daher KÜHLENDE TH verordnet muß es zur Verschlechterung kommen:
sowohl das YANG wie auch das YIN sind erschöpft, aber das YIN noch mehr („Herzfeuer“), daher BIAO Hitzesymptomatik, aber LI Kälte, vor allem im MP + M. Die entsprechende Therapie ist daher die Aufhebung des Magelzustands (NierenQIXU, PIQIXU, WEIQIXU) durch entspr. Punkte UND Arsen.alb.)

BELLADONNA HOLZ INSULTIERT METALL

AMB:
„vollblütige Menschen“, plethorisch mit gerötetem Gesicht, plötzlich auftretende heftige Schmerzen, die ebenso plötzlich verschwinden, heißer Schweiß, **Empfindlichkeit:** gegen Berührung, Licht Geräusch und ZUGLUFT, abdominelle Krämpfe□**Kopf:** überwiegend betroffen: pulsierende, hämmernde, periodisch zwischen 15 + 17 Uhr (BLASE !) auftretende Schmerzen über Augen, Nase und seitlichem Kopf, „als ob der Kopf platzt“, schlimmer durch Bewegung und Erschütterung
TCM:
auslösender Faktor WAISU HAN + FENG besonders im Nackenbereich
NEISU: Zorn, Ärger, Aufregung
HAN + FENG: Fülle + Hitze im Inneren wird befallen von Kälte und Wind von außen Ä innere Hitze attakkiert QI, dieses stagniert und das aufsteigende Leber - YANG attackiert ungehindert (temporäre Vorstufe zum Leberfeuer)
PUNKTE:
Di11 QUCHI (Ellenbeuge) bluten lassen !, 3E5 + M40 FENGLONG (TANRE - Symptomatik), Le2 XINGJIAN (zwischen 1.+2. Zehe, Schwimmhaut)
zu starke Emotionen bei Fülle-Hitze-Typ bewirken:
YANGMING = Disharmonie von Holz und Metall
PUNKTE:
Lu11 XIAOSHANG (Rad Ecke Daumennagel) bluten lassen, Le2 + Le3; 3E5 besonders wirksam bei pochenden Schläfenschmerzen, Dü3 HOUXI bei Scheitelkopfschmerz („vertreibt Wind aus LG“)

CACTUS GRANDIFLORIS FEUER ATTACKIERT METALL

AMB:
„wie eiserne Faust, die die Brust zudrückt“,Krämpfe der autonomen Muskulatur in Blase und Coronarien; schlimmer durch Liegen auf der linken Seite und vor der Menses; Dulder, Schweiger, Angst bis Todesfurcht, die nicht formuliert wird

Kopf: dumpfer Schmerz wie ein Gewicht auf dem Scheitel, häufiges Nasenbluten
TCM:
XINYANGXU „Feuer attackiert Metall und verausgabt sich", Palpitationen, Kurzatmigkeit, Schweißneigung, Druck auf der Brust und präcordiale Schmerzen, kalte Extremitäten
PUNKTE:
KS1 TIANCHI (1 cun lat der Brustwarze, 3 cun unterhalb der Achselfalte) (verbindet KS,G + N), KS7 DALING (Mitte Handgelenksfurche), KS6 NEIGUAN beide „öffnen den Brustraum", XINBING, G38 YANGFU (4 cun über mall ext. spitze): weil er Leberfeuer sediert Ä besonders indiziert bei Schläfenmigräne
H3 SHENMEN + B15 XINSHU (5.BW) zum tonisieren des Herz-YANG

CAUSTICUM METALL ERZEUGT KEIN WASSER

AMB:
Gerechtigkeitssinn, „trockene Naturen", Verschlimmerung durch alles was Trockenheit verstärkt (Hochdruckwetter); paretische Schwäche mit Lähmungsgefühl, häufig aber auch Zuckungen, Spasmen und Dyskinesien; Erkrankungen der Luftwege mit Trockenheit der SH, chronischer Gelenksrheumatismus, Heiserkeit mit Räusperzwang
Leitsymptom: INKONTINENZ BEIM HUSTEN
Kopf: Schwindel, Gefühl als ob zwischen Hirn und Knochen ein Hohlraum wäre, reißende Kopfschmerzen und wunder Schmerz der Kopfhaut, schwere Lider, sieht wie durch einen Nebel, Gesichtsneuralgien

TCM:
Nieren erhalten keine Energie = Metall erzeugt nicht Wasser: rasches und schwaches Atmen, Schwierigkeiten beim Einatmen, trockener Husten, Asthma, kalte Extremitäten, Rückenschmerzen
TH: Tonisieren und Wärmen der Nieren, Stimulation des Lungen - QI in seiner absinkenden Funktion.

PUNKTE:
Di11: wirkt besonders bei WAISU: Wind + Trockenheit (+ Hitze), MP9 YINLINGQUAN (med. Condyl der Tibia): reguliert Wasserhaushalt, N5(3) TAIXI, Lu7 LIEQUE, LG4 MINGMEN, 3E5 WAIGUAN: Hauptrheumapunkt mit starker Mesenchymwirkung, B64 JINGGU (unter Tuber. MT5): bester Punkt bei „Kälte und Trockenheit im Inneren"; zusammen mit Di11 + 3E5 bei allen Zuständen von gestörtem Abwehr-QI.

CIMICIFUGA WIND DRINGT IN DIE MERIDIANE EIN

AMB:
Frauenmittel, bei Hypophysenregulationsstörungen, Menstruationsstörungen, blasse pat mit nervösen Herzstörungen, große Kälteempfindlichkeit, Dyspepsien, neuralgische Arthralgien, Unruhe, Tremor, Tic, Geschwätzigkeit; Verschlimmerung durch Nässe + Kälte, Ausbleiben der Menses
Kopf: Supraorbitalneuralgie rechts; cervical bedingte Migräne mit dumpfem Schmerz im Hinterhaupt, besser nachmittags und abends
TCM:
Wind und Kälte außen und innen verhindern regelrechte Zirkulation von WEIQI Ä Steifheit und Schmerzen, besonders im Rücken und Nacken
PUNKTE:
Wind/Kälte: MOXA GB20 FENGCHI + B12 FENGMEN (2.BW) + B10 TIANZHU; tonisieren von 3E5, Di4, LG16 FENGFU (1QF über YAMEN)
Leberwind bei Blutmangel (=Le-YIN - Defizienz-ANYINXU): Scheitel- u. Hinterhauptskopfschmerz: Le8 QUQUAN (med. Kniefalte) + MP6 + B18 GANSHU (9.BW)

GELSEMIUM SEMPERVIRENS QIMANGEL IN DEN ZANGFU

AMB:
Gefühl von allgemeiner Müdigkeit bis zur Erschöpfung, Verlust der muskulären Koordination, sensibel, reizbar, depressiv, Schwäche mit Zittern, Frösteln entlang der WS, häufiges Kindermittel
Verschlimmerung: Gemütserregung, Hitze, feuchtwarmes Wetter, Föhn, geistige Arbeit, Tabakrauchen
Kopf: kongestiver Kopfschmerz mit Blutandrang, pulsierend, klopfend, Beginn Hinterkopf, Nackensteife
TCM:
absinkendes QI und QI - DEFIZIENZ
TH: nicht nur QI tonisieren sondern vor allem auch den QI-fluß wiederherstellen: MOXA an LG20 BAIHUI + entlang des ganzen inneren Astes des Blasenmeridians. H5 TONGLI (1,5 cun prox von H7): bes. bei Furcht, B15 XINSHU (5.BW) wichtigster Punkt für Herz - (rhythmus-)störungen

LACHESIS DISSOZIATION VON YIN + YANG

AMB:
Egozentrik, „enorme Überreizung, der Luft verschafft werden muß, wenn der Patient Linderung will" - extremer Rededrang, Berührungsangst, Eifersucht, Bi-

polarität: Übererregung bei reizbarer Schwäche, Mittel der LINKEN Körperseite, KENT:"Selbstbewußtsein + Einbildung + Neid + Rachegefühle als Ausdruck unangemessener Eigenliebe", Ausdruck blockierter, verdrängter bzw. unterbewußter Emotionen
Verschlimmerung: Wärme, Gefühl der Beengung (Hals, Abdomen)
Kopf: Schmerz steigt in Wellen vom Nacken auf (aber nicht pulssynchron), „schläft sich in seinen Schmerz hinein, wacht aber wieder mit Kopfschmerzen auf", Kopf heiß, Glieder kalt
TCM:
Dissoziation von YIN + YANG bewirkt „oben heiß - unten kalt + leer", verursacht durch Nieren - YIN - mangel und Leber - QI - Stagnation
PUNKTE:
N6 ZHAOHAI (1 cun unter mall.med.) immer in Verbindung mit B62 SHENMAI (w.o.,nur außen): beste Kombination um SHENYINXU zu behandeln K6 in Verbindung mit den oberen zwei Punkten „öffnet er die Brust und bewegt das QI" Le3 + G34 bei stagn. Leber - QI

NUX VOMICA
STAGNIERENDES QI IN PI + GAN

AMB:
Hahnemann: *"Personen, die sehr sorgfältigen, eifrigen, feurigen bis hitzigen Temperaments sind, oder tückischen boshaften und zornigen Gemüts"*
wegen der enormen Symptomatik nur **Leitsymptome:**
geistige Störungen (Ehrgeiz, Arbeitswut) in Zusammenhang mit gastrointestinalen Störungen
leichte Erkältlichkeit mit Fließnase bei Tag und verstopfter Nase bei Nacht
morgendl. Übelkeit und Stirnkopfschmerz (nach Abusus)
Wechsel Obstipation und Diarrhoe, Hämorrhoiden
nächtliche Kreuzschmerzen, sodaß sich Patient aufsetzen muß
Verschlimmerung: geistige anstrengung, Kälte + Nässe, Suchtmittel
Kopf: Stirnkopfschmerz morgens (DiD max.zeit 5 - 7 Uhr)
TCM:
Durch die QI - Stagnation dringt der „Leberwind" in die Milz ein (=Holz attackiert Erde), gleichzeitige Fülle (Leber) und Schwäche (Milz); **Urs.:** Ärger, Verletztheit und Frustration bei Ehrgeiz, übermäßiger Arbeit und fehlerhafter Ernährung.
PUNKTE:
Le14 QIMEN (Mamillarlinie, 6.ICR) + Le13 ZHANGMEN (freies Ende 11.Rippe,= Alarmpunkt von MP), G34 + M36 + M44 NEITING (Schwimmhaut 2.+3.Zehe), KG6 bringt QI im Abdomen in Bewegung, KG12 tonisiert MP - QI

PHOSPHOR
XINYINXU + GANYINXU

AMB:
„Zarte" Personen mit heller Haut und feinen roten oder blonden Kopfhaaren; schnell, lebhaft, gute Auffassungsgabe, aber schnell ermüdend
Leitsymptom: BRENNEN: entlang der WS, zwischen Schulterblättern, ICR, in den Handtellern usw.; Durst auf kalte Getränke, Angst vor Gewitter, Besserung in Gesellschaft
Kopf: Gefühl von Schwäche und Leere im Kopf, auffällige Augensymptomatik (Nebel,-Flocken,-Farbsehen, Lichtblitze) typ. Schulkopfschmerz, Kälte am Hinterkopf
TCM:
YIN - Schwäche des Herzens und der Leber bzw. exogen verursachte YIN - Schwäche der Lungen durch Eindringen von Wind und Hitze
PUNKTE:
KG16 ZHONGTING (Xiph.), H5 TONGLI + Le3, H7 + MP6 !!, Lu7 (Proc.styl.radii) bes. wichtig zur Abwehr von äußerer Wind-Kälte und Wind - Hitze; stimuliert nämlich das Absteigen des Lungen - QI, das so zu WEIQI werden kann 3E5 auch für Wind - Hitze, N5(3) TAIXI Ä wichtigster Punkt bei Hitze - Schwäche - Syndromen

PULSATILLA
STAGNATION VON QI IN MP

AMB:
„Rundlicher Frauentyp mit hellen Haaren und blauen Augen"
3 Hauptstörungen:
Blutzirkulation, vorwiegend venös
Menses: zu spät, zu schwach, zu schmerzhaft
WECHSEL der Symptome und Schmerzen, Redseligkeit, Abneiggung gegen Wärme und warme Kleidung, Besserung durch Licht, Luft und Bewegung; schüchtern, ängstlich, Versöhnlichkeit bis zur Anhänglichkeit, Neigung zu Weinen, Selbstmitleid, nach langer Anamnese mürrisch, ärgerlich, möchte mit niemanden reden
Kopf: Gefühl als ob Kopf in Schraubstock steckt, Hinterkopfschmerz, vor allem beim Husten, Kopfschmerz stark regelabhängig
TCM:
Stagnation von QI in MP und absinkendes MP - QI
TH: tonisieren des MP - QI und in Bewegung setzen, M36 ZUSANLI: wichtigster Gemütspunkt bei „YIN -

Khtn“: ängstliche Reizbarkeit, Unentschlossenheit, Melancholie, Hypertonie mit Schwindel
WAISU: Kälte-Feuchtigkeit dringt in die MP ein **TH:** Feuchtigkeit entfernen, N13 QIXUE (3 cun unter Nabel, 0,5 cun seitlich):
tonisiert das Nieren - QI u.-JING, MP9 YINLINGGUAN + MP6 SANYINJIAO um Feuchtigkeit zu entfernen aus den beiden unteren 3E, M8 TOUWEI (Geheimratsecke) entfernt Feuchtigkeit aus dem Kopf

SEPIA
STAGNIERENDES QI VON DID + LE

AMB:
Allgemeine STASE, vasomotorische Störungen, nervös, überängstlich, allgemeine Schwäche und Abgeschlagenheit, Launenhaftigkeit, chron. Gelenks- u. Muskelschmerzen, Pigmentverschiebungen im Gesicht, Wetterfühligkeit, Senkungsgefühl (Uterus, Depressionen), Abneigung gegen geistige Arbeit als Protest oder aus Resignation, Angst vor Alleinsein im Dunkeln „Widerspricht, aber verträgt keinen Widerspruch“
TCM:
Stagnation von Leber - QI und Schwäche (XU) von Leber - Blut, **TH:** sediere Leber und vertreibe die Kälte aus der Leber:
N3 TAIXI event. als MOXA (wenn nicht Hitze - Sy !)
Le5 LIGUO (5 cun über mall med): entfernt Kälte aus dem Lebermeridian
Stagnation von QI und innere Kälte im Dickdarm:
TH: tonisieren und wärmen von DiD und MP: M25 TIANSHU (2 cun lat Nabel = Alarmp Did), MP4 GONGSUN (Basis 1.MT) bei Senkungsgefühl und Depression, bei faulig stinkenden Stühlen, B25 DACHANGSHU (4.LW) tonisiert DiD

Literatur

J. J. KLEBER: „TCM - Syndromdiagnose für Akupunktur u. Moxibustionstherapie“
G. MACIOCIA: „The Foundations of Chinese Medicine“
J. T. KENT: „Lectures on Homöopathic Materia Medica“
G. VITOULKAS: „Essenzen homöopathischer Arzneimittel“
H. C. ALLEN: „Leitsymptome“
H. EBERT: „HOMÖOSINIATRIE“

SINOHOMÖOPATHIE

Die Sinohomöopathie ist die Anwendung von homöopathischen Einzelmitteln oder Polychresten in bestimmten Akupunkturpunkten. Charakteristisch ist dabei, daß jeder Akupunkturpunkt meist auch ein ihm entsprechendes Pharmakon hat.
Die Entstehung der Sinohomöopathie verdanken wir der vergleichenden Forschung von **R. DE LA FUYE** und **H. SCHMIDT**. Sie beschreiben in ihrem Buch – „Die moderne Akupunktur“, 1952 — das Gemeinsame in der symptombezogenen Punktfindung der TCM (= traditionelle chinesische Medizin) und der symptombezogenen Mittelfindung in der klassischen Homöopathie. Sie fanden dabei so auffällige Übereinstimmungen, daß nahezu für jeden Akupunkturpunkt ein bestimmtes Pharmakon angegeben werden konnte. **WEIHE** hat das ohne Kenntnis der Akupunktur gefunden, andere Ärzte, wie **WESTPHAL** und **SKRIBOTH** haben die Übereinstimmungen weiter ausgearbeitet.
Unbedingt ist darauf hinzuweisen, daß die im folgenden besprochenen Polychreste und homöopathischen Einzelmittel auch dann mit Erfolg angewendet werden können, wenn sie nicht in die entsprechenden Akupunkturpunkte appliziert werden, sondern in sonst üblicher Form parenteral zur Anwendung kommen. Allerdings ist die Injektion eines bestimmten Medikamentes in den entsprechenden Akupunkt eine besonders wirksame Therapie, wie die Erfahrung vieler Ärzte beweist.
Zur erfolgreichen Anwendung der Sinohomöopathie sind allerdings Grundkenttnisse in der TCM erforderlich, zumindest in bezug auf die Lage der Akupunkturpunkte und des jeweiligen Energiezustandes des Patienten. Ich möchte da neben dem oben erwähnten Werk besonders auf die Bücher von **KÖNIG-WANCURA** hinweisen.
Ich möchte an dieser Stelle ausdrücklich davor warnen, die Akupunktur, auch in der Verbindung mit homöop. Mitteln, als „Wundertherapie“ anzusehen. Die Akupunktur sowie die Homöopathie können nur vorhandene Energien lenken, mobilisieren oder bestenfalls verstärken. Die körpereigene Abwehr und Regenerationsfähigkeit müssen noch ansprechbar sein.
Die Sinohomöopathie bewährt sich vor allem bei zwei Krankheitsgruppen: bei funktionellen oder symptomatischen Störungen des Bewegungsapparates, sowie bei sog. „vegetativen Störungen“.

Störungen des Bewegungsapparates

Ursachen nach der TCM

Ursachen nach der Umwelt „BIAO“:

durch sog. „äußere Elemente“ (Kälte, Wind, Hitze, Nässe, Trockenheit) kommt es bei mangelnder Reaktion des Organismus oder bei zu starkem Einwirken zu Erkrankungen in bestimmten Körpersegmenten an der Oberfläche.
Therapie: Einsetzen von Alarmpunkten (MU) oder Behandlung über den hauptsächlich betroffenen Meridian und seinem gekoppelten Meridian; Quellpunkt (YUAN) des betroffenen und Passagepunkt (LUO) des gekoppelten Meridians.

Ursachen außen und innen

„BIAO-LI“ es finden sich neben Symptomen der Oberfläche auch vegetative Störungen:
Hat ein vegetativ labiler Mensch Oberflächensymptome (z.B. Muskelverspannungen, Neuralgien, wechselnde rheumatische Beschwerden), so verwendet man immer die Basistherapie für vegetative Störungen H7+MP6 sowie einen oder max. Zwei weitere Punkte des hauptsächlich betroffenen Meridians.
Treten viele Oberflächensymptome gleichzeitig in Erscheinung und es finden sich dazu viele sog. „vegetative“ Symptome, so werden die sog. „Wundermeridiane“ (="außerordentlichen Meridiane“) über ihre Einschaltpunkte eingesetzt.
Vegetative Störungen:
Diese sind nach den Regeln der TCM immer eine Schwächekrankheit, daher möglichst wenige Punkte einsetzen, aber immer die Basistherapie für vegetative Störungen: H7 + MP6
Vegetative Störung einer einzigen Organfunktion:
Basistherapie und Punkte des betroffenen Funktionskreises, am Besten in Form der Zustimmungspunkte (YU) am Rücken.
Viele diffuse vegetative Störungen, oft verbunden mit Oberflächensymptomen:
Einsetzen der Wundermeridiane nach folgend dargestelltem Schema:

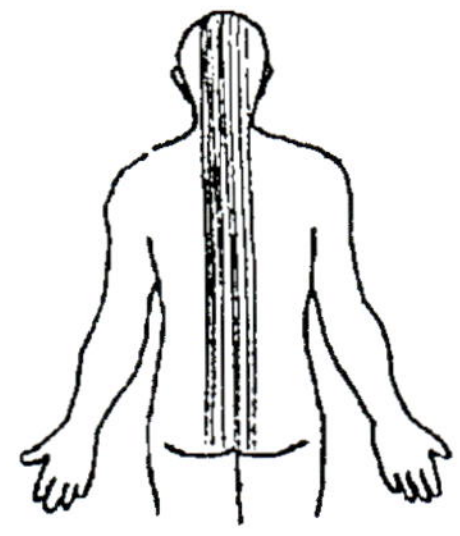
Dü 3 + B 62

G 41 + 3E 5

YANG (Rücken)

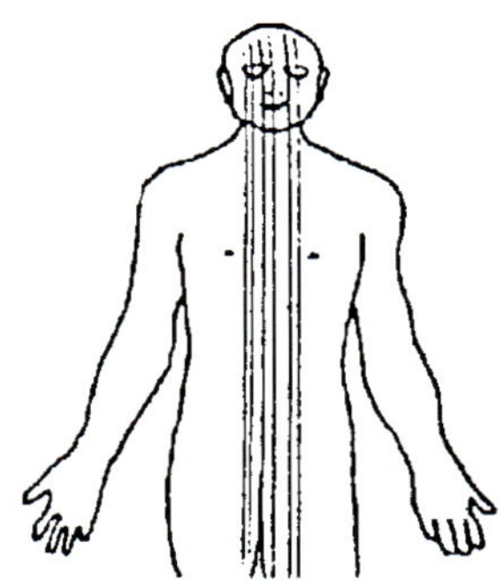
Lu 7 + N 3 (6)

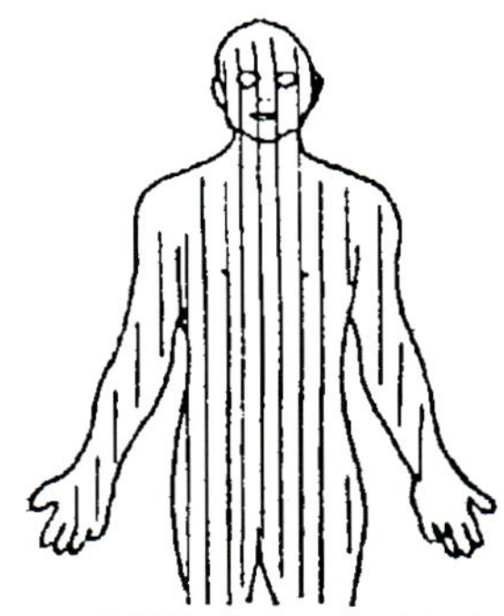
KS 6 + MP 4

Y I N (Vorderseite)

Neben diesen Grundbegriffen der Akupunktur soll auch die Zuordnung des Pat. Zu einem bestimmten Funktionskreis der TCM Berücksichtigung finden. Hier trifft sich die Akupunktur mit der Homöopathie. Entsprechend den 5 inneren Organpaaren gibt es folgende Typen:
NIERE-HARNBLASE-TYP:
dunkles Hautpigment, frühzeitiges Ergrauen, kalte Füße, friert viel, dumpfe Kreuzschmerzen, häufig Hypotonie, Polyurie, Schreckhaftigkeit, Existenzangst, in der Haltung wird oft Minderwertigkeitsgefühl ausgedrückt, Hörstörungen
LEBER-GALLENBLASEN-TYP:
Gelosen im Nacken u. Schulterbereich, Schmerzen treten meist akut auf, Schwindel, Kopfschmerz, Migräne, Augenstörungen, Neigung zu Wut und Zornausbrüchen, „oben voll unten leer“, Frigidität
MILZ/PANKREAS-MAGEN-TYP:
Schlaffheit des Bindegewebes, rasche Ermüdbarkeit, Globusgefühl, psychogene Heiserkeit, Konzentrationsmangel, depressive Verstimmung, Hypochondrie, Ulcus duodeni
LUNGE-DICKDARM-TYP:
Haut blaß und kälteempfindlich, trockene Haut, Bronchitisneigung, Asthma, Allergieneigung, starke Intuition, stets beunruhigt, heimlicher Kummer Trauer Verzweiflung, Resignation, magere, blasse, leptosome Patienten
HERZ-DÜNNDARM-TYP:
„Managertyp“, Streben nach Erfolg und Leistung,

Schlafstörungen, Gereiztheit, Lebensangst, Hektik, ausgepr. Neurovegetative Störungen, C-Syndrom, Neigung zu Arteriosklerose und Kreislaufstörungen.
Im Therapieplan werden zwei Überlegungen im Vordergrund stehen:
Steht der Behandler eher auf der Seite der Homöopathie und möchte nur das gefundene Simile besonders wirksam einsetzen, so kann er die Punkte aus der weiter unten angeführten Liste zum entsprechenden Pharmakon auswählen. In der Mehrzahl der Fälle wird man dadurch automatisch einen betroffenen oder einen gekoppelten Meridian benutzen.
Kommt der Behandler ursprünglich von der klassischen Akupunktur, so wird er sicherlich neben den oben angeführten Regeln noch andere Methoden der Punkteauswahl beherrschen und nach getroffener Wahl prüfen, welche der passenden homöopathischen Mittel besonders in Frage kommen.
Aus der Vielzahl der Homöopathika, die für die Sinohomöopathie in Frage kommen, möchte ich zwanzig Mittel und Kombinationspräparate (die diese Polychreste als Einzelbestandteile beinhalten) vorstellen.

APIS (Honigbiene)

Hauptsymptome: nervös, ruhelos, ungeschickt, Zähneknirschen, mißtrauisch, eifersüchtig, (Nahrungsmittel-)allergien
APIS / N6(3): (ein QF unter dem Malleolus internus) bei Menstruationsstörungen, Neurasthenie und Schlafstörungen
APIS / B17: (unter dem 7.BWK, 2QF lateral) Herzschmerzen, Endocarditis, Singultus, Roemheld
APIS / B64: (unter dem Höcker des MT V) sedierende Wirkung bei Kreuz- u. Rückenschmerzen, aber auch bei Torticollis zur Tonisierung: CAUSTICUM
APIS ist enthalten in „APIS-HOMACCORD“, „METRO-ADNEX-INJEEL“

ARNICA (Bergwohlverleih)

Hauptsymptome: vergeßlich, stumpfsinnig, ständig müde, lehnt Ärzte und Medizin ab, Abneigung gegen Fleisch, Harndrang, tagsüber schläfrig, nachts schlaflos, Alpträume
ARNICA / Di15: (im vorderen Schultergrübchen) Schmerzen in der Schulter und im Arm, die sich bei Bewegung verschlimmern, Meisterpunkt für alle Paresen der oberen Extremität, Umstimmungspunkt bei Infektionen und Entzündungen, aber auch Urticaria, Hypertonie, Hyperhydrose
ARNICA / M14: (Mamillarlinie im 1.ICR) vor allem bei Thoraxcontusionen, IC-Neuralgien, Magenkrämpfe
ARNICA ist enthalten in „TRAUMEEL“, „ZEEL“, „CAUSTICUM COMP.“

ACONITUM (Eisenhut)

Hauptsymptome: Unruhe (bis zur Extase), ungeduldig aufbrausend, Angst um die Zukunft, Platzangst, häufige Neuralgien
ACONITUM / H7: (medialer Rand des Os pisiforme) wirkt erweiternd auf die Coronarien, sowie auf den Kreislauf bei entzündlichen Prozessen, Herzklopfen mit Angstgefühl, sedierend bei „Yang-Fieber“ (rotes Gesicht, kräftiger Puls) und bei „Yang-Kopfschmerz“ (heiß, klopfend, Schweregefühl), Tonisierung an H7 durch CRATAEGUS bei Prüfungsangst
ACONITUM / KS9: (proxim. Des Nagelwinkels des Mittelfingers, daumenseits)
Bewußtlosigkeit, schwere Übelkeit, bes. Bei Hypertonie, Husten mit Erstickungsanfällen
ACONITUM ist enthalten in „ACONITUM-HA“, „SPASCUPREEL“, „GRIPP-HEEL“, „TRAUMEEL“

AGARICUS (Fliegenpilz)

Hauptsymptome: typischer „schwieriger“ Pat., der immer wieder nach Symptomen sucht, unnatürlich munter, Heißhunger mit Zittern, ißt und trinkt gierig, „alles kommt zu spät“
AGARICUS / Lu5: (Ellbogenfalte, radial der Bizepssehne)
Sedativpunkt - daher bei Muskelkrämpfen, Epicondylitis, Angina pect.
AGARICUS / B14: (unter dem 4.BWK, 2QF lat.) Hypertonie, Hypotonie, Spinalirritationen die mit Spastizität einhergehen.
AGARICUS ist enthalten in „SPASCUPREEL“

ARSENICUM ALBUM

Hauptsymptome: Ruhelosigkeit, Periodizität, tiefsitzende Unsicherheit, Verlangen nach Gesellschaft, besitzgierig, übergenau, Angst um seine Gesundheit, bis zur Angst, sterben zu müssen.
ARSENICUM / N20: (7QF ober Nabel, 1QF lat. der Medianen)
Verdauungsinsuffizienz, Blasenschwäche, cardiale Ödeme
ARSENICUM / M42: (höchste Wölbung des Fußrückens)
Hyper- u. Anacidität, Gesichtsödem, Facialisparese

ARSENICUM / Di10: (lat. Seite des Unterarms, 4QF distal der Ellbogenfalte) Algien und Paresen im Bereich der Schulter- u. Armmuskulatur, Radialislähmung, Schwächegefühl der Hand
ARSENICUM / N3: (tai xi 0,5cun hinter Mall. int.) psychische Erschöpfung, Schlafstörung, Ohrensausen
ARSENICUM / MP2: (prox. Ende der Großzehengrundphalanx)
geistige Erschöpfung, Otitis, Mastoiditis, Pankreasinsuffizienz, Anämie, Meteorismus, wässriges Erbrechen
ARSENICUM / 3E16, G21, Dü15: (am seitlichen Hals)
von diesen drei Punkten aus ist Arsenicum das Hauptmittel bei Asthma, aber auch bei juckenden und brennenden Hautausschlägen, Versuch bei Migräne mit punct. Max. Über dem linken Auge (bes. Nach Mitternacht)
ARSENICUM ALBUM ist enthalten in „CIRCULO INJEEL", „COR COMPOSITUM", „STROPHANTUS COMP." et alt.

BERBERIS (SAUERDORN)

Hauptsymptome: müde, matt, hoffnungslos, lebensmüde, gichtisch- rheumatisch, Neigung zu Nierensteinen, hepatorenales Syndrom
BERBERIS / B19: (unter dem 10.BWK, 2QF lat.) Gallenkoliken, Cholangitis
BERBERIS / G25: (freies Ende der 12.Rippe) Nieren- u. Gallenkoliken spastischen Ursprungs, Interkostalneuralgien
BERBERIS / G38: (4cun oberhalb des Mall. extern.) Spasmen und Koliken der Gallenblase, Hämorrhoiden, Ulcus cruris der Gegenseite, rheumat. Hüft- u. Kniegelenksbeschwerden
BERBERIS ist enthalten in „BERBERIS HA", „PROCAINUM COMP.", „DISCUS COMP.", „ATROPINUM COMP.", „SOLIDAGO COMP."

BRYONIA (ZAUNRÜBE)

Hauptsymptome: verträgt keinen Widerspruch, patholog. Furcht vor Verarmung, soziale Kontaktlosigkeit, „Verschlimmerung durch Bewegung", „Besserung durch Druck", linksseitige Kopfschmerzen, Trockenheit aller Schleimhäute, Verschlimmerung am Abend, Schwindel bei Kopfdrehen
BRYONIA / M23: (Mitte zwischen Nabel und freiem Ende der 11.Rippe), Magenkrämpfe, Diarrhoen, Dyspepsie
BRYONIA / Le2: (Entenhaut zwischen 1. u. 2.Zehe) bei allen spastischen Zuständen (Le2 hat die stärkste Serotoninwirkung), Muskel- u. Gelenksrheumatismus, Synovitis, Neuralgien und Neuritiden im Halsbereich, Intercostalneuralgien, Schwindel und kongestiver Kopfschmerz, Pleuritis
BRYONIA ist enthalten in „NUX VOMICA HA", „GRIPP-HEEL", „SPIGELON"

CAUSTICUM

Hauptsymptome: allmählich fortschreitende PARALYSE, empfindsam, leicht erregbar, Gerechtigkeitsfanatiker, Verschlimmerung durch trockenes, kaltes Wetter, „Schmerzen wie Stromstöße", Abneigung gegen süß, Warzen
CAUSTICUM / Di11: (lateral der Ellbogenfalte) die Nadelung von Di11 löst eine starke Leucocytose aus, besonders wirksamer, fiebersenkender Punkt, aber auch bei juckenden Hautausschlägen, Epicondylitis, Obstipation
CAUSTICUM / MP9: (Innenseite des Kniegelenks) Schwäche der Ligamente des Fußes, Coccygodynie, Ödeme der Beine
CAUSTICUM / 3E5: (2cun proc. Der Handgelenksfalte, Außenseite des UA), Hauptrheumapunkt, starke Wirkung auf das Mesenchym, Hauptpunkt aller Entzündungen, aber auch bei Schwäche und Paresen der Armmuskulatur
CAUSTICUM / B64: (unter dem Höcker des MT V) Blasenatonie, Harninkontinenz, Depression
CAUSTICUM ist enthalten in „NEURALGO-RHEUM-INJEEL", „CAUSTICUM COMP."

CHINA (CHINARINDE)

Hauptsymptome: häufiges Gähnen, ruhelos, Krämpfe (Epilepsie), kränklich, eigensinnig, will getröstet werden, Bettnässer, reibt sich an der Nase
CHINA / Le13: (freies Ende der 11.Rippe) alle Lebererkrankungen, Darmspasmen, Anorexia nerv. (Le13 nur li.), hepatogene Migräne
CHINA / MP15: (6QF lateral vom Nabel)
CHINA / MP3: (Fußinnenrand, prox. Vom MT-phalangealgelenk) — in beiden Punkten des MP-Meridians wirkt CHINA tonisierend, Konzentrationsstörungen, Herzschwäche, allgemeines Spannungsgefühl, periodische Kopfschmerzen
CHINA ist enthalten in „CHINA HA", „HEPEEL", „PROCAINUM COMP.", „DISCUS COMP."

CACTUS (KÖNIGIN DER NACHT)

Hauptsymptome: Gefühl des Zusammenschnürens (überwiegend am Herzen), Verschlimmerung durch Linksliegen, schmerzhafte Menses, Melancholie
CACTUS / KS1: (4.ICR, 1QF lat. Der Medianen) Angina pectoris, Tachycardie, Rheumatismus der oberen Extremitäten
CACTUS / KS7: (Mitte der Handgelenksfurche) Hypertonie, Schwindel, Herpes Zoster, „alles was sich am Körper VORNE abspielt", Herzrhythmusstörungen, ausgeprägte Wirkung zusammen mit KS6 auf die Coronaarterien
CACTUS ist enthalten in „CACTUS COMP.", „COR COMP.", „ANGIO-INJEEL"

COLOCYNTHIS (KOLOQUINTE)

Hauptsymptome: schwindlig, benommen, freudlos, mag nicht sprechen, jede Kleinigkeit bringt ihn aus der Verfassung, Morgendurchfall
COLOCYNTHIS / G40: (1cun vor dem Malleolus ext.)
alle krampfartigen Schmerzen, vor allem aber der Gallenwege und der Hüftgelenke, aber auch blitzartig einschießende Ischiasschmerzen sowie Krämpfe der unteren Extremitäten
COLOCYNTHIS ist enthalten in „COLOCYNTHIS HA", „BERBERIS HA", „HEPEEL", „NEURALGO-RHEUM-INJEEL", „SPASCUPREEL", „ATROPINUM COMP.", „DISCUS COMP."

GELSEMIUM (WILDER JASMIN)

Hauptsymptome: muskuläres Zittern (durch Erschöpfung), denkt und spricht langsam, will allein sein, Kopfschmerzen durch Harnabgang gebessert
GELSEMIUM / B15: (unter dem 5.BWK, 3QF lat.) ausgleichende Wirkung auf den Herzmuskel, bes. Herzklopfen bei Lampenfieber, Extrasystolie, Hektik, Ängstlichkeit
GELSEMIUM / H5: (prox. Der Ulnarapophyse) Roemheld, Angst, Lampenfieber, Sprechstörungen, Sensibilitätsstörungen der oberen Extremität
GELSEMIUM / N4: (hinter dem Mall. int.) psychisch beruhigend und krampflösend, Schlafstörungen, aber auch bei Tremor wirksam
GELSEMIUM / LG13: (unter dem 1.BW) Torticollis, Cervialsyndrom, Verspannung der Schultermuskulatur
GELSEMIUM ist enthalten in „GELSEMIUM HA", „SPASCUPREEL", „SPIGELON"

LACHESIS (GIFT DER BUSCHMEISTER-SCHLANGE)

Hauptsymptome: enorme Überreizung, die sich Luft verschaffen will, Kreislauflabilität, verträgt keine Beengung oder Druck
LACHESIS / N6: (1QF unter dem Mall. int.) bei psychischen Störungen mit Angstgefühlen, Neurasthenie, Schlafstörungen mit nächtlichen Krämpfen, Kopfschmerzen nach Sonnenstich N6, LINKS bei prämenstruellen Beschwerden, Globusgefühl
LACHESIS / B31: (im 1.Foramen sacrale) Endometritis, aktivierend bei hormoneller Insuffizienz, spastische Obstipation, Kältegefühl von den Knien abwärts, LACHESIS ist indiziert bei allen einseitig LINKS auftretenden Beschwerden und bei weibl. Hormon. Insuffizienz
LACHESIS ist enthalten in „METRO-ADNEX-INJEEL", „GRIPP-HEEL", „CARBO COMP.", „ECHINACEA COMP. und FORTE", „OVARIUM COMP.", „MUCOSA COMP."

MAGNESIUM PHOSPHORICUM

Hauptsymptome: Schmerzmittel, Unzufriedenheit, Verdrießlichkeit, Zorn, Appetitlosigkeit am Morgen, fürchtet Zugluft
MAGN. PHOSPOR / B60: (hinter dem äußeren Knöchel)
bei allen akuten Schmerzen (cave Gravidität - ABORTGEFAHR!!), das Präparat wirkt vor allem bei allen RECHTSSEITIGEN Beschwerden und bei Gesichtsneuralgien wenn sich die Schmerzen bei Kälte verschlimmern, Dysmenorrhoe, alle Schmerzen der „FU"-Organe (Hohlorgane), alle Schmerzen vom „YANG"-Typ
MAGNESIUM PHOSPHORICUM ist enthalten in „SPASCUPREEL", „OVARIUM COMP."

NUX VOMICA (BRECHNUSS)

Hauptsymptome: ehrgeizig, intelligent, robuster Körper, Pflichtgefühl, fleißiger Arbeiter, Besessenheit, Übergenauigkeit, Reizmittelgenuß
NUX VOMICA / B65: (hinter dem Capit. Ossis MT V)
Durchblutungsstörungen der Beine, Wadenkrämpfe, Nackensteife
NUX VOMICA / M45: (lat. Vom Nagelwinkel der 2.Zehe), Facialisparese, Zahnschmerzen (bes. Oberkiefer), Tonsillitis, Nasenbluten, Wechsel von Obstipation und Diarrhoe, Schmerzen bei Ulcus duod. Und ventr., Hyperacidität des Magens, supraorbitale Neuralgien, Migräne, die am Morgen nach dem Erwachen beginnt

NUX VOMICA / Le13: (Ende der 11.Rippe) bei allen Schmerzen im Abdomen, ausgehend von den „ZHANG“-Organen (=parenchymatöse Organe), Hepatitis, Asthma bronchiale
NUX VOMICA ist enthalten in „NUX VOMICA HA“, „MUCOSA COMP.“

PHOSPHOR

Hauptsymptome: „Ausbreitung und Durchdringung“, leicht beeinflußbar und leicht verwundbar, aufgeschlossen, verliert leicht den Boden
PHOSPHOR / KG16: (Basis des Schwertfortsatzes) Milchstau, trockener Husten mit Beklemmung, Pneumonie
PHOSPHOR / Le3: (prox. Winkel von MT I und MT II)
Einschlafen der unteren Extremitäten, Spasmen im Unterbauch, spastische Obstipation, Scheitelkopfschmerz
PHOSPHOR / Lu7: (1QF prox. des Capit. radii) Anregung der Schleimdrüsen der Atmungs- und Verdauungsorgane, Fieber mit Schweiß und heißer Haut, atonische Diarrhoe, Stirnkopfschmerz bei grippalem Infekt
PHOSPHOR / 3E5: (Mitte der Unterarmaußenseite) Hauptrheumapunkt gemeinsam mit 3E6, aber auch wirksam bei Hämorrhagien, Ohrensausen mit Verschlimmerung bei Wetterwechsel, Nachtschweiß, Ödeme der Augenlieder, von diesem Punkt aus ist die PHOSPHORWIRKUNG auf den Bewegungsapparat am größten
PHOSPHOR / KG5: (2cun unterhalb des Nabels) Dyspepsie mit bitterem uns saurem Aufstoßen, Heißhunger, Versuch bei Vaginismus (KG5 ist der Alarmpunkt des 3E !)
PHOSPHOR ist enthalten in „ECHINACEA COMP. und FORTE“, „HEPEEL“, „GRIPPHEEL“, PHOSPHOR. COMP.“, „GALIUM HEEL“

PULSATILLA (KÜCHENSCHELLE)

Hauptsymptome: „Frauenmittel, „aalglatt“, wechselhaft, wird durch Umgebung geformt, wandernde Symptome, Muttertyp
PULSATILLA / N13: (0,5cun lat. von KG4) Schmerzen im Unterleib und dadurch ausgelöste Kreuzschmerzen, Menstuationsbeschwerden, Östrogenwirkung auf Haut und Psyche
PULSATILLA / M36: (4QF unter Patella, 1QF lat. der Tibia)
M36 ist der wichtigste Punkt zur Harmonisierung von Blut und QI, wirksam im ganzen Oberbauch bis in Nabelhöhe, Spasmen von Magen und Darm, Aufstoßen, Heiserkeit, Husten, „rote“ Hypertonie, bei allen Hemiplegien ist M36 Punkt der ersten Wahl
PULSATILLA ist enthalten in „HORMEEL“, „PULSATILLA COMP.“, „DISCUS COMP.“, „CAUSTICUM COMP.“, „METRO-ADNEX-INJEEL“, u.a.

SEPIA (TINTENFISCH)

Hauptsymptome: unberechenbar, Warzen, Vitiligo, Fluor albus, sehr empfindsam, allgemeine Stase (geistig und körperlich)
SEPIA / M25: (Mitte zwischen Nabel und Darmbeinkamm)
Die Grundtendenz bei SEPIA ist die STASE in jedem Bereich: atonische Obstipation, Frigidität, Genitalwarzen, gute Wirkung bei Stase im gesamten lymphatischen System
SEPIA / N7: (1cun über Mall. int., 0,5cun dorsal der Tibia)
Hypotonie, Prolaps des Uterus, Meteorismus (Pat. ißt und ißt und wird nicht satt), emotionale Stase bis zur depressiven Ausweglosigkeit, bei Globusgefühl (vgl. LACHESIS)
SEPIA ist enthalten in „CHINA HA“, „HORMEEL“, „NEURO-INJEEL“, u.a.

SULFUR

Hauptsymptome: Selbstsucht, Unordentlichkeit, dabei Furcht vor Schmutz der Anderen, Überaktivität („warum?“), anfallsweise Depression, Plethora
SULFUR / N18: (Verbindungslinie Nabel-Knorpel der 9. Rippe)
renale Hypertonie, Nephritis, Pneumonie, Pleuritis
SULFUR / N2: (dist. vom Os navic. pedis) Harninkontinenz, Prostatis
SULFUR / 3E4: (Handwurzelquerfalte ulnar) Wirkung auf Pfortadersystem, brennende Schmerzen in der Brust, chron. Rheumatismus besonders mit Schmerzen in den Kniegelenken
SULFUR / Di3: (prox. des Zeigefingergrundgelenks) alle juckenden und eitrigen Hautausschläge, Tonsillitis
SULFUR ist enthalten in „ZEEL“, „PSORINOHEEL“, „ENGYSTOL“, „DISCUS COMP.“, „MUCOSA COMP.“ u.a.

VERATRUM (WEISSER NIESWURZ)

Hauptsymptome: Durst auf kalte Getränke, Verlangen nach saurem Obst und Salz, übertriebene Aktivität, religiös und selbstgerecht
VERATRUM / Di4: (zwischen MC I und MC II) Ameisenlaufen der Extremitäten, rheumatische

Schmerzen die sich bei Bewegung bessern, aber bei Feuchtigkeit verschlimmern, kalter Schweiß, sturzartige Stuhlentleerungen, Erbrechen, Fieber mit großem Durst, recidiv. Anginen, Zahnschmerzen (des Unterkiefers), cave: bei der Behandlung mit Veratrum an Di4 soll der Pat. nicht nüchtern sein, sonst kann es zum Kollaps kommen
VERATRUM ist enthalten in „VERATRUM HA“, „HEPEEL“, „SPASCUPREEL“, „INJEEL-CHOL“, „MUCOSA COMP.“ u.a.

Die gekonnte Kombination von klassischer chinesischer Akupunktur nach den Regeln der TCM mit bewährten Homöopathika führt nicht nur zu einem tieferen Verständnis beider Behandlungsmethoden, sondern erweitert auch das Spektrum der Behandlungsmöglichkeiten, vor allem bei Problempatienten.

Homöopath. Mittel und die zugeordneten Punkte:

1	*APIS*	*N6(3), B17, B64*
2	*ARNICA*	*Di15, M14*
3	*ACONITUM*	*H7, KS9*
4	*AGARIC.*	*Lu5, B14*
5	*ARS. ALB.*	*N20, M42, Di10, N3, MP2, 3E16, G21, Dü15*
6	*BERBERIS*	*B19, G25, G38*
7	*BRYONIA*	*M23, Le2*
8	*CAUSTICUM*	*Di11, MP9, 3E5, B64*
9	*CHINA*	*Le13, MP15, MP3*
10	*CACTUS*	*KS1, KS7*
11	*COLOCYNTHIS*	*G40*
12	*GELSEMIUM*	*B15, H5, N4, LG13*
13	*LACHESIS*	*N6, B31*
14	*MAGN. PHOSPH.*	*B60*
15	*NUX VOMICA*	*B65, M45, Le13*
16	*PHOSPHOR*	*KG16, Le3, Lu7, 3E5, KG5*
17	*PULSATILLA*	*N13, M36*
18	*SEPIA*	*M25, N7*
19	*SULFUR*	*N18, N2, 3E4, Di3*
20	*VERATRUM*	*Di4*

Die Ohrakupunktur und Auriculomedizin

in der Zahnheilkunde – nach DR. PAUL NOGIER und DR. FRANK BAHR
DR. LEO DORFER

I. Einführung

1. Akupunktur und Zahnmedizin

Die Akupunktur ist mit ihrer 3000jährigen Geschichte eine der ältesten Therapiemethoden der Menschheit und trotzdem aktuell wie nie zuvor. Erfüllt sie doch in ihrer ganzheitlichen Sichtweise von Gesundheit und Krankheit, in ihrer Nebenwirkungsfreiheit, und nicht zuletzt in ihrer hohen Wirksamkeit entscheidende Anforderungen an die moderne Medizin. Sie gewinnt durch ihre Vorzüge zunehmend an Bedeutung, gerade in einer Zeit, in der Patienten wieder sanfte Formen der Behandlung suchen und sich als Menschen verstanden wissen möchten.

Für die Anwendung in einer Zahnarztpraxis bietet sich eher die jüngere, europäische Akupunkturvariante – die Ohrakupunktur - an, weil diese Methode wesentliche Vorteile in der praktischen Durchführung bietet:

Es ist nicht notwendig, daß sich der Patient entkleidet – was in einer zahnärztlichen Praxis zumeist Skepsis von seiten der Patienten auslösen würde. Die Techniken sind ohne übermäßigen Aufwand zu erlernen, weil die traditionell-chinesischen Theorien für die Ohrakupunktur nur eine nachrangige Rolle spielen, und die Wirksamkeit für den zahnärztlichen Bereich hervorragend ist.

Diese Methode wurde in den 50er Jahren von PAUL NOGIER, Lyon entdeckt und seither unter Mitarbeit vieler hervorragender Akupunkteure (wie F. BAHR, München) zu einer umfassenden medizinischen Disziplin weiterentwickelt. Der vorliegende Buchbeitrag will dem geschätzten Leser einen kleinen Blick auf die Möglichkeiten dieser Technik bieten, will neugierig machen und zum weiteren Studium anregen. Er kann schon allein aus Platzgründen die einzelnen Themenbereiche nicht erschöpfend abhandeln und meist nur das Wichtigste anreißen.

Die intensive Auseinandersetzung und das Erlernen dieser Methode muß den Fachkursen vorbehalten bleiben, denn Akupunktur kann man nicht aus Büchern lernen. Daher sind für weiter Interessierte am Ende dieses Artikels Kontaktadressen und Möglichkeiten zur weiterführenden Information angeführt.

2. Bedeutung der Ohrakupunktur für die Zahnmedizin

Die Möglichkeiten, die die Ohrakupunktur dem Zahnmediziner liefert, sind außerordentlich vielfältig:

In der Diagnostik:
Störherddiagnostik, Materialtestung, Feststellen allergischer und toxischer Belastungen, Testung von Medikamenten, Vitaminen und Spurenelementen

Die von P. NOGIER und F. BAHR entwickelte Diagnostik auf der Basis der Ohrakupunktur und des unten erwähnten RAC-Pulsreflexes nennt man „Auriculomedizin".

In der Therapie:
Schmerzprophylaxe und -behandlung, Entzündungs- und Störherdunterdrückung, psychische Relaxation, Förderung der Wundheilung, Therapie diverser Erkrankungen in der zahnmedizinischen Region

3. Anatomie des Ohres

Die Umrahmung des Ohres bildet im oberen Bereich die Helix, die aus dem tiefsten Punkt des Ohres, dem cavum conchae, mit ihrer Helixwurzel aufsteigt.

Diese Helixwurzel teilt das Cavun chonchae, kurz Concha genannt, in zwei Hälften: Die Hemiconcha superior und Hemiconcha inferior. Die aufsteigende Helixwurzel geht nach kranial in den Helixkörper über und endet im absteigenden Anteil als Helixschwanz. Gegenüber der Helix liegt die Anthelix, die sich in ihrem kranialen Anteil in die obere und untere Anthelixwurzel aufteilt. Diese begrenzen die Fossa triangularis.

Die schmale Rinne zwischen Helix, Anthelix und oberer Anthelixwurzel wird als Scapha bezeichnet. Diese mündet ebenso wie die Helix im Lobulus. Der Knorpelwulst vor dem Beginn des äußeren Gehörganges ist der Tragus. Ihm gegenüber, durch die Incisura intertragica getrennt, liegt der Antitragus.

Die Innervation der Ohrmuschel ist ungewöhnlich dicht und erfolgt über drei Nerven. Dazu Abb. 2: Nervus vagus, Nervus trigeminus und Plexus cervicalis.

Die Innervationsgebiete sind entsprechend der Abbildung aufgeteilt.

Als grobe Einteilung kann gesagt werden, daß das Innervationsgebiet des N. vagus dem Entoderm und somit den inneren Organen, das Gebiet des N. trigeminus dem Mesoderm und damit dem Bewegungsapparat und schließlich das Gebiet des Plexus cervicalis dem Ektoderm und somit dem ZNS entspricht.

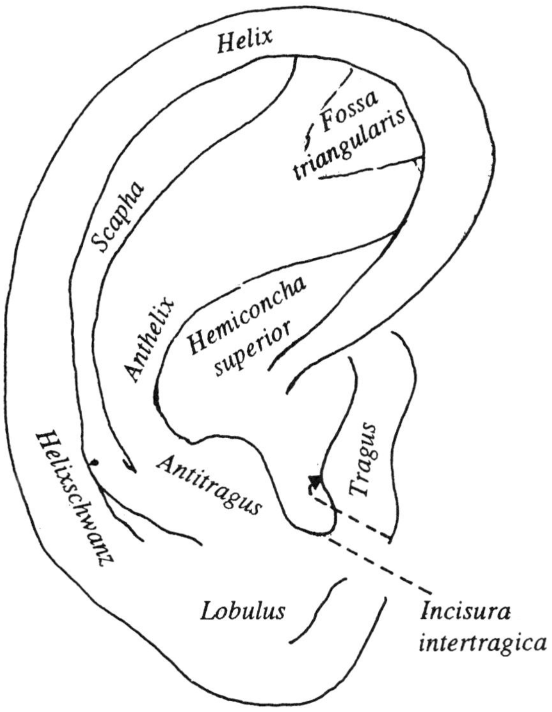

Abb. 1: Anatomie der Ohrmuschel; Ohrschema nach NOGIER / BAHR

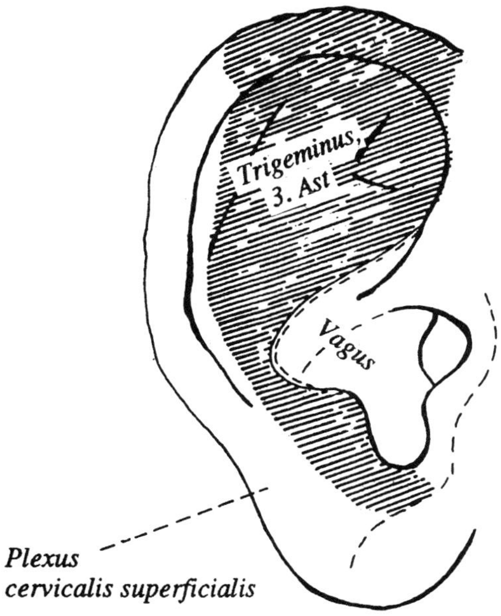

Abb. 2: Innervation der Ohrmuschel

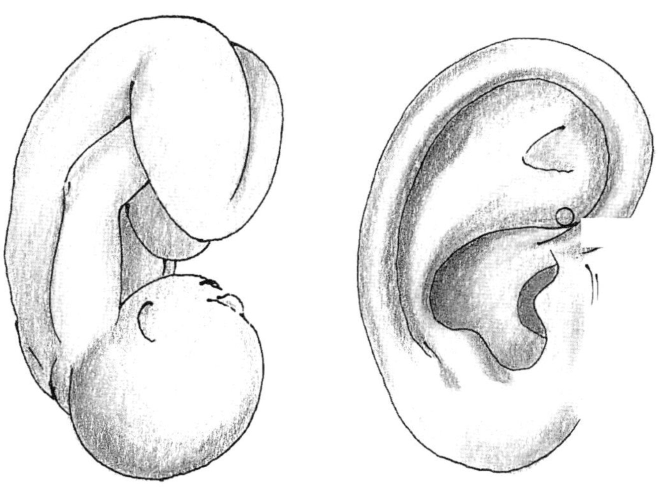

Abb. 3: Foetalschema der Ohrlokalisationen

Eine Hilfe zur Erlernung der Ohrreflexzonen kann die optische Assoziation der Abbildung eines Föten am Ohr sein (Abb. 3). Diese hat seinerzeit auch NOGIER zur Entwicklung der Ohrakupunktur inspiriert: Er entdeckte zuerst den Punkt für das Wirbelsäulensegment L5/S1, also den lumbosacralen Übergang und erkannte dann, daß die Ohrreflexzonen einem Fötus in Kopflage ähneln, so wie er sich kurz vor der Geburt in utero präsentiert. Daraus läßt sich die Korrespondenzlokalisation der einzelnen Organe und Körperteile sowie der psychischen und übergeordneten Punkte ableiten und verstehen.

Als grobe Einteilung gilt:

Cavum conchae/Concha:

- Hemiconcha superior: Baucheingeweide;
- Hemiconcha inferior: Lunge, Zwerchfell

Helix:

- Unter der aufsteigenden Helixwurzel liegt das Urogenitalsystem.

Anthelix:

- Wirbelsäule

Scapha:

- Obere Extremität, knöcherner Thorax, Herz

Fossa triangularis:

- Untere Extremität

Lobulus:

- Kiefergelenk, Mundhöhle mit Zähnen, Zunge, Speicheldrüsen, Kieferknochen und Nasennebenhöhlen
- Sinnesorgane (Auge, Nase, Ohr), ZNS und wichtige psychische Punkte

Tragus:

- Psychische Punkte, Interferonpunkt

Antitragus:

- Außenseite: Schädelknochen mit Großhirnanteilen und Gefäßen;
- Innenseite: Thalamus und Hypothalamus

Incisura intertragica:

- Hypophyse

Die Punkte werden üblicherweise nur einseitig gestochen. Dabei gilt folgende Regel:

1. Die Projektionszonen der einzelnen Organe liegen auf dem gleichseitigen Ohr. Bei mittigen oder paarigen Organen richtet sich die Ohrlokalisation nach der Händigkeit und liegt beim Rechtshänder rechts, beim Linkshänder links.

2. Die Projektionszonen der sogenannten übergeordneten Punkte (wie z.B. psychische Punkte, entzündungshemmende Punkte, Störherdhinweispunkt usw.), die auf den gesamten Organismus einwirken, sind von der Händigkeit abhängig. Die Angaben im folgenden Text beziehen sich auf den Rechtshänder, bei Linkshändern liegen die Punkte jeweils auf der Gegenseite.

4. Entwicklung der Ohrakupunktur

Bereits 1717 beginnt die Geschichte der Ohrakupunktur mit der Entdeckung eines Punktes zur Unterdrükkung von Zahnschmerzen durch Vasalva, dieser Punkt hat allerdings heute keine Bedeutung mehr. In der weiteren Geschichte wurden zunehmend Areale zur Beeinflussung von Schmerzen aller Art wie Lumbago, Dentalneuralgien, Fazialisstörungen und ähnlichen Beschwerden gefunden und mittels Kauterisation, Einschneiden und Drücken gereizt.

Mitte der 50er Jahre dieses Jahrhunderts entwickelte DR. PAUL NOGIER aus Lyon die umfassende Ohrakupunktur, die wir heute kennen, und bei deren Erforschung sich vor allem DR. FRANK BAHR aus München große Verdienste erworben hat. Der gesamte Körper konnte in seiner Projektion am Ohr dargestellt und eine Karte aller Reflexlokalisationen am Ohr herausgegeben werden. Darüber hinaus wurde eine große Zahl von allgemein wirksamen Punkten gefunden, die psychische, energetische, schmerzunterdrückende, entzündungshemmende und ähnliche Wirkungen aufweisen.

Schließlich ist es sogar gelungen, über das Ohr eine elegante Störherddiagnostik zu entwickeln, Substanzen wie Vitamine, Spurenelemente, Toxine, Materialien und Medikamente auszutesten und somit ein ganzes Gebäude einer neuen medizinischen Disziplin zu erbauen, welches von ihren Entwicklern „Auriculomedizin“ genannt wurde.

5. Wirkungsweise der Ohrakupunktur

Die Ohrakupunktur ist eine Reflextherapie, entsprechend z.B. der Fußreflexzonenmassage. Am Ohr sind sämtliche Körperteile zonenförmig abgebildet. Diese Ohrzonen stehen über direkte Reflexwege via innervierende Nerven – Gehirn – periphere Nerven mit den entsprechenden Körperteilen und Organen in Verbindung. Die Haut des Ohres ist unter normalen Umständen kaum schmerzhaft. Tritt aber irgendwo am Körper ein pathologisches Geschehen auf, so entwickelt die dazugehörige Zone der Ohrhaut eine auffällige Druckschmerzhaftigkeit. Mit Hilfe dieses Phänomens gelang Nogier das Auffinden der ersten Korrespondenzen, indem er mit Sonden die gesamte Ohrmuschel exakt auf Druckschmerzhaftigkeit untersuchte und so feststellen konnte, auf welches Areal des Ohres sich die einzelnen Organe und ihre Erkrankungen projizieren.

Auch heute noch bedienen wir uns dieses Phänomens in der Praxis, wenn wir die Punkte nach der Druckschmerzhaftigkeit suchen. Bei einem gesunden Menschen lassen sich in der Regel keine schmerzhaften Ohrakupunkturpunkte nachweisen. Erst im pathologischen Zustand, wenn ein Körperteil erkrankt ist, wird der zugehörige Punkt nachweisbar. Wir sprechen von „aktiven Punkten".

Die Akupunkturzonen bzw. -punkte weisen zudem im pathologischen Fall einen niedrigeren Hautwiderstand auf, was für die Suche mit Punktsuchgeräten ausgenutzt wird. Weiters zeigt die pathologische Zone eine elektrische Potentialdifferenz zur angrenzenden Haut von 2 - 60 mV, ist also positiv oder negativ geladen. Dies kann mittels der Techniken, die vom RAC/Nogier-Reflex unterstützt werden, zur Punktsuche genutzt werden. Zusätzlich zeigt sich ein aktiver Punkt durch eine erhöhte Wärmeabstrahlung, die ebenfalls eindeutig mit Meßgeräten nachgewiesen werden kann.

II. Wichtige Punkte

1. Reflexzone der Zahnmedizinischen Region

Die für den Zahnarzt wichtigsten Regionen sind der Lobulus und der Antitragus, in welchen sich das Kiefergelenk, die Kiefer, die Zunge, die Schädelknochen (Abb. 4) und die Kieferhöhlen abbilden, vor allem der Übergang der Scapha in den Lobulus. Dort liegen auf engem Raum folgende Punkte beisammen: Kiefergelenk mit retromolarem Raum, Tonsilla palatina und der Antidepressionspunkt (Abb. 5).

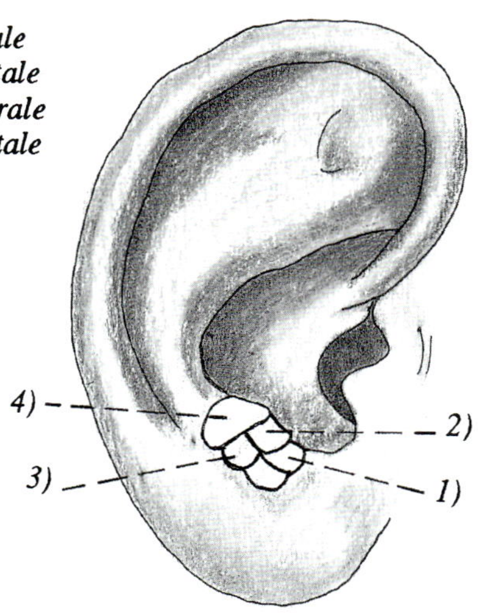

Abb. 4: Lokalisation der Schädelknochen

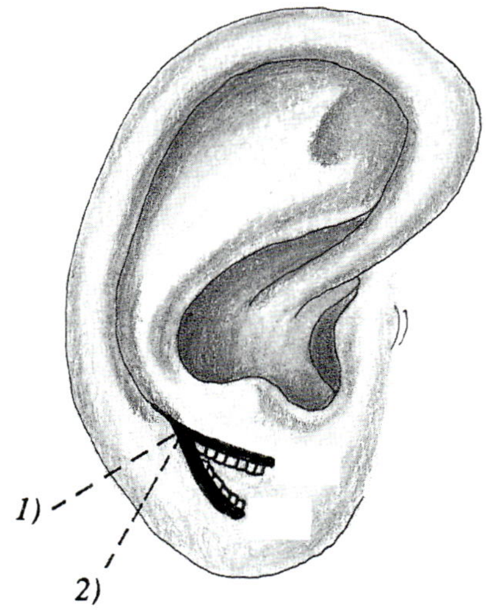

Abb. 5: Projektion von Kiefergelenk, Ober- und Unterkiefer

Die Kiefer und Zahnreihen schließen sich anterior an das Kiefergelenk, wobei die Molaren posterior und die Inzisivi anterior, das Oberkiefer kranial, das Unterkiefer kaudal gelegen sind. Das Areal der Mundhöhle findet sich anterior des Kiefergelenks zwischen Ober- und Unterkiefer, während sich der retromalare Raum distal an die Zahnreihen anschließt.

Zu beachten ist, daß sich der knöcherne Anteil der Nasennebenhöhlen in den Bereich der Schädelknochen, der Schleimhautanteil in den Bereich der Nase projiziert (Abb. 6).

Der Pharynx (Abb. 7) liegt mit seiner Pars oralis, dem lymphatischen Rachenring und der Tonsilla palatina am Lobulus, während sich der eigentliche Schlundpunkt, die Pars laryngea des Pharynx, in der Hemiconcha inferior repräsentiert. Das liegt daran, daß dieser Teil anatomisch dem oberen Ende des Ösophagus entspricht.

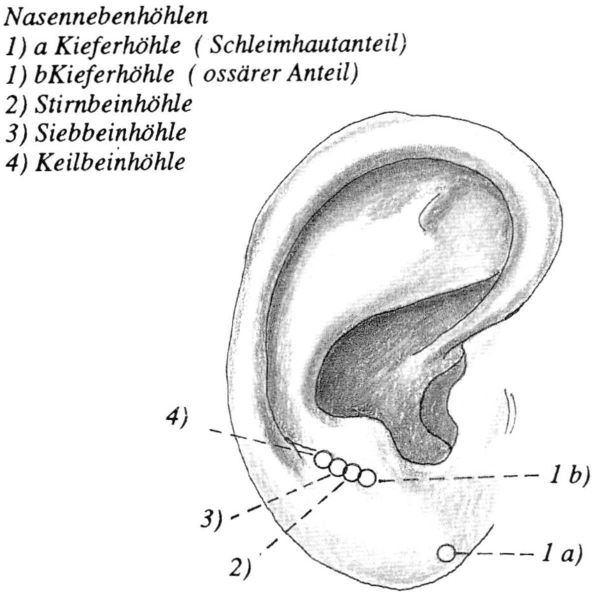

Abb. 6: Nasennebenhöhlen

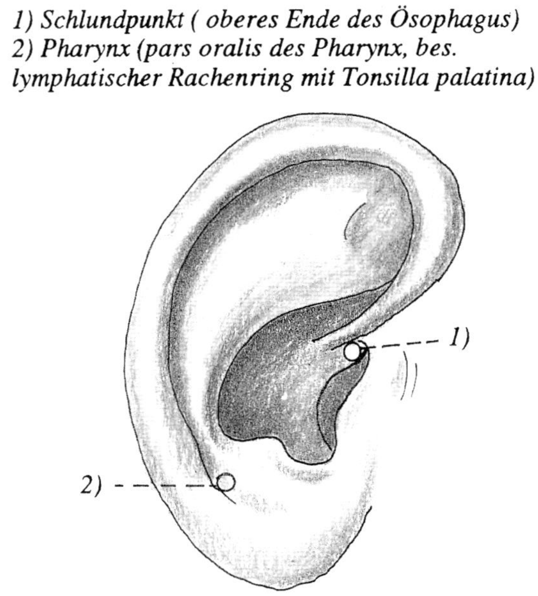

Abb. 7: Schlundpunkt und Pharynx

Die Glandula parotidea präsentiert sich am Ohr etwas oberhalb der Oberkiefermolaren direkt neben dem Kiefergelenk. Die Kaumuskulatur, vor allem der M. masseter, liegt zwischen den Zahnarealen und ist mit seinem sensiblen Anteil auf der Ohrvorderseite lokalisiert und mit seinem motorischen Anteil auf der Ohrrückseite.

Die Zunge (Abb 8) weist ein sehr großes Areal auf. Der Zungenkörper liegt über den Unterkieferzähnen und hat seinen weiteren Verlauf zwischen den Zahnreihen, über den unteren Rand des Lobulus hinaus und schlingt sich noch fast einen Zentimeter auf die Ohrrückseite.

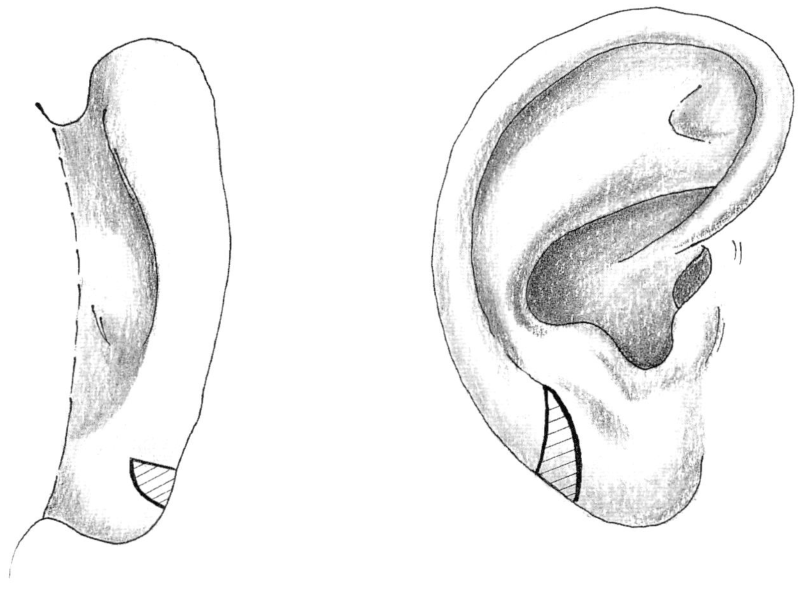

Abb. 8: Zunge sensibel und motorisch (retroaurikulär)

2. Wichtige übergeordnete Reflex- und Resonanzpunkte

Schmerzpunkte

1. Der Thalamuspunkt (Abb. 9): Im Thalamus werden als letzte Schaltstelle vor dem Bewußtsein alle schmerzauslösenden Erregungen gefiltert und umgeschaltet. Erst dann wird die Schmerzwahrnehmung durch die Großhirnrinde qualifiziert und das Gefühl Schmerz wahrgenommen. Das erklärt, warum die Chinesen dem Thalamuspunkt den Beinamen „Tor zum Bewußtsein“ gegeben haben.

Er liegt auf der Spitze einer auf dem Kopf stehenden Pyramide, die von der Innenseite des Antitragus zur Hemichoncha inferior hin gebildet wird.
Er wird beim Rechtshänder zur Analgesie rechts in Gold gestochen.

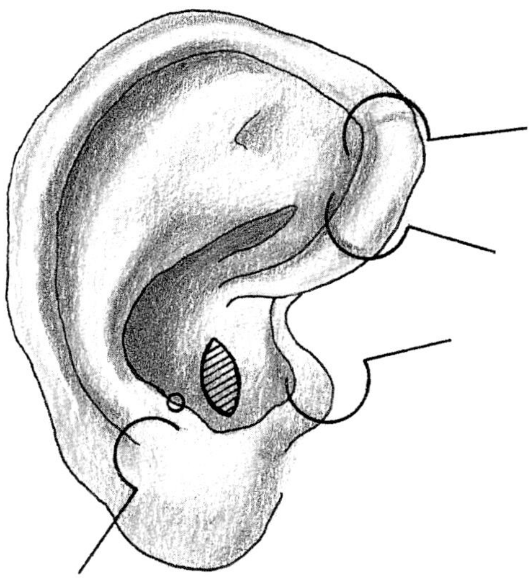

Abb. 9: Thalamuspunkt

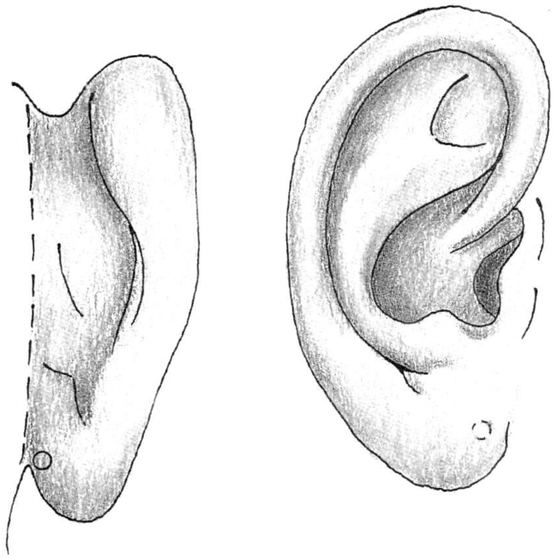

Abb. 10: Prostaglandin-E1-Punkt

2. Der Prostaglandin-E1-Punkt (Abb. 10): Dieser Punkt hat eine Resonanz zur Substanz Prostaglandin-E1, dessen Biosynthese er vermindert. Er wirkt somit antientzündlich und analgetisch zugleich. Bei allen chronischen Entzündungsprozessen mit schlechter Heilungstendenz, Neigung zu Rezidiven und schmerzhaften Erscheinungen, bei Störherden und beim rheumatischen Formenkreis ist die Prostaglandinsynthese erhöht und muß mit diesem Punkt gedämpft werden.

Er liegt retroaurikulär auf dem unteren Anteil des Lobulus, 2 mm neben und über der Anwachsungsstelle des Ohrläppchens an der Wangenhaut und wird beim Rechtshänder rechts in Gold gestochen.

Antientzündliche Punkte

1. PE-1-Punkt: S. oben

2. Interferon-Punkt (Abb. 11): Dieser Punkt unterstützt die körpereigene Infektionsabwehr und kann sowohl bei viralen wie bakteriellen Entzündungen eingesetzt werden.

Der Punkt liegt auf dem Oberrand des Tragus in der Incisur zur Helixwurzel und wird wie alle Traguspunkte beim Rechtshänder links in Gold gestochen.

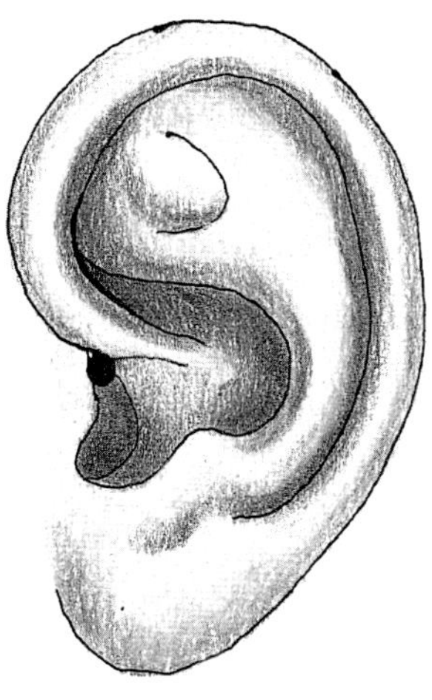

Abb. 11: Interferon Punkt

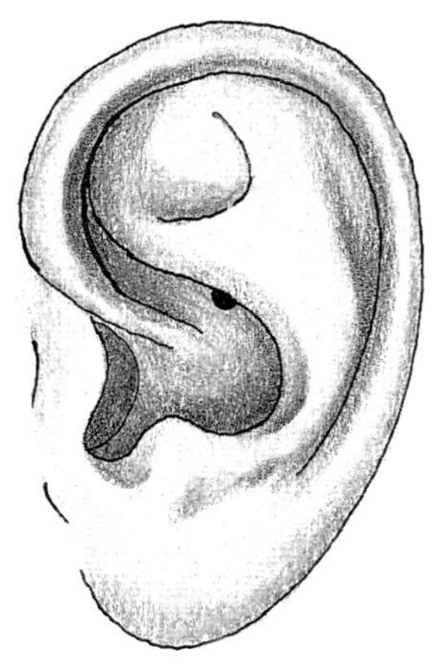

Abb. 12: Thymus Punkt

3. Thymus-Punkt (Abb. 12): Der Thymuspunkt ist der Hauptsteuerpunkt für das Immunsystem und wirkt sowohl bei überschießender, unkontrollierter Immunität (wie bei Allergien oder Autoimmunerkrankungen) als auch bei verringerter Abwehrlage (wie bei chronisch rezidivierenden Infekten). Zusätzlich hat er einen deutlich entzündungshemmenden Effekt und zeichnet sich durch eine hochgradige Fähigkeit aus, die Wirkung von Störherden auf den Organismus zu bremsen. Daher wird beim Störherdgeschehen die Standardkombination PE1 Punkt rechts in Gold und Thymus-Punkt links in Gold verabreicht.
Er liegt in der Wand, die vom Cavum conchae zur Anthelix aufsteigt, ungefähr in Höhe des 3. Brustwirbels, und zwar am Übergang vom oberen Drittel in die unteren zwei Drittel der Wand. Er wird beim Rechtshänder, wie oben erwähnt, links in Gold und immer als letzter Punkt gestochen.

Psychische Punkte (Abb. 13)

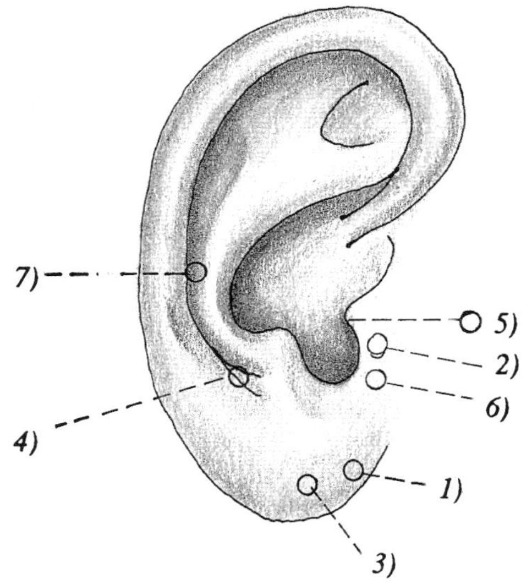

Abb. 13: Psychische Punkte

1. Angstpunkt: Er liegt auf dem Lobulus des rechten Ohres, wo das Ohrläppchen an die Gesichtshaut angewachsen ist, etwa in Höhe des Augenpunktes und wird rechts in Silber gestochen, womit die Emotion Angst gedämpft werden kann.

2. Valium-vergleichbarer Punkt: Dieser Punkt hat eine sedierende und relaxierende Wirkung. Er liegt auf dem Tragus ca. 2 mm vor und knapp unterhalb der Tragusmitte und wird beim Rechtshänder links in Gold gestochen. Dieser Punkt sollte bei hochgradiger Nervosität, Ängstlichkeit, psychischer und körperlicher Verkrampfung eingesetzt werden. Er wirkt besonders bei psychischen Unruhezuständen, die sich im Urogenitalsystem manifestieren.

3. Psychosomatischer Hauptpunkt: Dieser Punkt wirkt relaxierend und psychosomatisch entkoppelnd. Daher verwendet man ihn bei allen psychosomatisch überlagerten Erkrankungen und bei chronischen Schmerzen. Er wirk vor allem bei psychischen Belastungen, die sich im Atemtrakt niederschlagen, wie z.B. Asthma bronchiale. Er liegt auf dem unteren Lobulus ca. 4 mm vom Rand entfernt und wird beim Rechtshänder rechts in Gold gestochen.

4. Antidepressions-Punkt oder Freude-Punkt: Bei allen depressiven Zustandsbildern wird dieser Punkt rechts in Gold gestochen. Er liegt im Bereich des Kiefergelenks und der Tonsilla palatina.

5. Lateralitätssteuer-Punkt: Dieser Punkt reguliert und stabilisiert das geordnete Zusammenspiel der beiden Hirnhemisphären und harmonisiert die Funktion des ZNS. Er hat somit eine übergeordnete psychische und analgetische Wirkung, da er den Patienten beruhigt und entspannt. Sein Anwendungsbereich erstreckt sich also von der Behandlung einer gestörten Lateralität mit den Symptomen Unruhe, Legasthenie, Bettnässen, übermäßige Streßempfinglichkeit usw. bis zur Unterdrückung von Schmerzen. Die

Wirkung dieses Punktes kann durch den Einsatz von modernen Magnetfeldgeräten wesentlich intensiviert werden (siehe unten). Er liegt ca. 3 cm vor der Tragusmitte auf der Gesichtshaut und wird beim Rechtshänder rechts in Gold gestochen.

6. Epiphysen-Punkt: Dieser Punkt wirkt wie das in der Epiphyse produzierte Hormon Melatonin beruhigend, regulierend auf den zirkadianen Rhythmus, schlafinduzierend und dämpfend auf psychische Überreaktionen. Er liegt 2 mm vor der Incisura intertragica und wird links in Gold gestochen.

7. Barbiturat-vergleichbarer Punkt: Er entspricht dem Körperakupunkturpunkt Magen 36, der in der chinesischen Tradition den Namen „Göttliche Gleichmut" trägt als Ausdruck für seine beruhigende, entspannende und schlafinduzierende Wirkung bei der Gabe am linken Ohr. Er wirkt besonders bei psychischer Unruhe, die sich auf das Verdauungssystem, insbesondere auf den Magen, „schlägt". Interessanterweise wirkt der gleiche Punkt rechts in Gold gestochen sehr anregend, aufbauend, roborierend. Wir nennen ihn daher am rechten Ohr „Coffein-vergleichbarer Punkt". Er liegt auf Höhe des 7. Halswirbels in der Helixrinne.

Resonanzpunkte einzelner Materialien

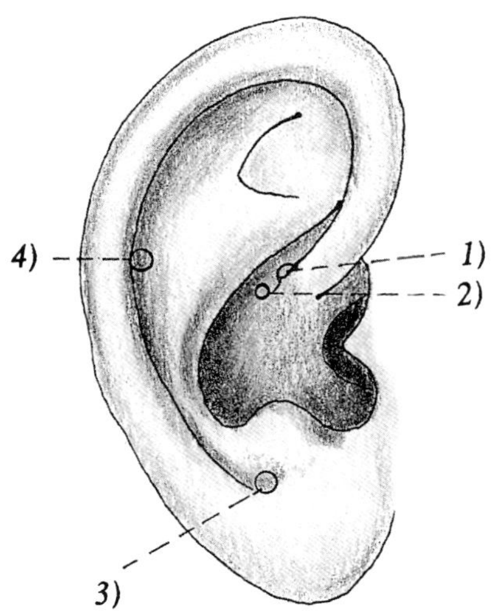

Abb. 14: Resonanzpunkte einzelner Materialien

Einige aus der Zahnheilkunde bekannte Giftstoffe zeigen Resonanz zu wichtigen Akupunkturpunkten und sind daher von großer klinischer Bedeutung:

1. Quecksilber: Projektion auf den Punkt Omega 1, einem Hauptpunkt der vegetativen Steuerung, der dem Punkt KG 12 in der Körperakupunktur entspricht. Dieser Punkt ist für die vegetative Steuerung eines großen Bereiches des Verdauungstrakts — vor allem für den Magen — zuständig. Zudem steht dieser Punkt aus chinesischer Sicht in einer entscheidenden Position in der täglichen Energiegewinnung des Organismus. Daher wirkt sich eine Belastung mit Quecksilber so gravierend aus. Omega 1 liegt in der Hemiconcha superior und wird bei der Aufsicht durch die aufsteigende Helixwurzel halb überdeckt. Bei Quecksilberbelastung sticht man diesen Punkt rechts in Gold gemeinsam mit dem Punkt ACTH, der in der Incisura intertragica liegt.

2. Palladium: Resonanz am Punkt des sekretorischen Pankreas - Eine Belastung mit diesem Metall kann daher im Zusammenhang mit Verdauungsinsuffizienz stehen.

3. Fluor: Resonanz am Punkt des Ohres - Ein Zusammenhang mit Tinnitus und anderen Hörstörungen, Allergien und Juckreiz kann daher oft festgestellt werden.

4. Formaldehyd: Resonanz am Punkt der Folsäure - Oft tritt eine Störung der Verdauungsfunktion unter Formaldehydbelastung auf.

III. Punktdiagnostik

1. Diagnostik unter Berücksichtigung der Druckschmerzhaftigkeit

Im gesunden Zustand ist das gesamte Ohr gleichmäßig nur gering gegen Druck und Berührung empfindlich. Doch im Falle eines pathologischen Prozesses irgendwo im Körper oder einer psychischen Irritation entwickeln einzelne Areale des Ohres eine auffällige Druckschmerzhaftigkeit, sind oft sogar spontan schmerzhaft. Dieses Phänomen hat den Pionieren der Ohrakupunktur – allen voran NOGIER in Lyon – die ersten Projektionszonen von Körperarealen am Ohr gezeigt.

Mittels einer Sonde oder eines speziellen Drucktasters werden beide Ohren exakt untersucht und auf besonders schmerzhafte Areale geachtet. Drückt der Untersucher auf einen aktiven Punkt, so empfindet der Patient einen deutlichen Druckschmerz von stechendem Charakter.

Für die Punktsuche ist natürlich die Kenntnis der einzelnen Ohrprojektionen von Vorteil, sodaß Sie z.B. bei Zahnschmerzen nicht das gesamte Ohr, sondern lediglich die Kieferregion absuchen müssen. Bei entsprechender Übung lassen sich mit dieser unkomplizierten Methode die meisten Punkte des Ohres ohne große Probleme untersuchen und damit die Basis für eine Therapie schaffen.

Interessant ist, daß die Druckschmerzhaftigkeit der einzelnen Punkte, wir sagen „ihre Aktivität", exakt mit der Intensität der Erkrankung korreliert: Die Punkte sind im Zustand der akuten Erkrankung äußerst schmerzhaft und nehmen mit zunehmender Heilung an Empfindlichkeit ab. Es kann also mit dem Befund der Schmerzhaftigkeit eine Aussage über den momentanen Schweregrad einer Erkrankung getroffen werden, und der Verlauf der Erkrankung kann sehr gut von Sitzung zu Sitzung beobachtet werden.

2. Das Punktsuchgerät

Die Prozedur der Punktsuche läßt sich verfeinert und exakter mit Hilfe eines Punktsuchgeräts durchführen. Dabei ist ein Gerät mit 2 Elektroden (zentrale Punktelektrode und umschließende Ringelektrode) von großem Vorteil, weil diese Technik einerseits besonders gute Suchergebnisse bringt und andererseits den Ladungszustand des Akupunkturpunktes im Vergleich zur Umgebung mißt. Somit wird festgestellt, welche Punkte mit einer Gold und welche mit einer Silbernadel gestochen werden sollen, denn die Goldpunkte weisen eine negative, die Silberpunkte eine positive Ladung auf.

3. Der RAC (Leriche-Nogier-Reflex)

Die exakteste und aussagekräftigste Diagnostik wird durch den RAC oder Leriche-Nogier-Reflex ermöglicht. Dieser wurde 1968 von Nogier entdeckt und ist eine momentane, geringe Veränderung der Pulswelle, die bei jeder Streßreaktion des Organismus auftritt und von seinem Entdecker „Reflex auriculo-cardiaque", kurz RAC, genannt wurde. Bei der Arbeit mit dem RAC werden unter andauernder Pulstastung vom geschulten Arzt die Akupunkturpunkte gesucht und alle weiteren Tests der Auriculomedizin wie unten beschrieben durchgeführt. Sobald dieser mit geeigneten, einfachen Geräten über aktive Punkte, Störherde, Vitaminhinweispunkte usw. streicht, tritt sofort ein RAC auf und „zeigt" den Punkt an.

Der RAC ermöglicht die Feststellung des geeigneten Nadelmaterials für die Therapie, die Austestung von Störherden, Vitamin- und Spurenelementmängeln, von toxischen Belastungen, Allergien, Substanztestungen u.v.a. Der RAC ist als eine Antwort des Organismus auf eine an ihn gestellte „Frage" zu interpretieren; Beinahe unbegrenzte Aussagen können damit gewonnen werden. Dies macht den RAC zu einem der universellsten Handwerkszeuge in der Medizin.

IV. Punkttherapie

1. Allgemeines zur Therapie

Die gefundenen Punkte sollen idealerweise mit Gold- und Silbernadeln entsprechend der Diagnostik gestochen werden, weil Edelmatallnadeln einen intensiveren Effekt auslösen als Stahlnadeln. Goldnadeln werden zusätzlich noch leicht gedreht und mittels eines Feuerzeugs erhitzt, um die Wirkung weiter zu erhöhen. In der Ohrakupunktur verwenden wir üblicherweise Nadeln mit einer Dicke von 0,7 bis 0,8 mm und einer Länge von 10 bis 30 mm.

Für eine effiziente Behandlung eines Punktes ist entscheidend, daß die Nadel optimal zentral positioniert wird. In einzelnen Fällen reicht eine Nadel nicht aus, um einen sehr großen Punkt – man spricht dann besser von einem pathologischen Areal – optimal zu behan-

deln. Dann müssen noch weitere Nadeln gestochen werden, um das gesamte Areal zu erfassen. Nur so ist es möglich, einen nachhaltigen und guten Effekt auszulösen. Weiters kann die Stimulation des Punktes zusätzlich durch die Verwendung eines Lasergeräts oder durch Anlegen eines elektrischen Nadelstimulators intensiviert werden. Es ist dringend auf eine intensive Reizung der gefundenen Punkte zu achten. Nur so kann für den Patienten und den Arzt ein befriedigender Therapieeffekt erzielt werden.
Die Behandlung wird üblicherweise einmal pro Woche - in sehr akuten Fällen zweimal pro Woche - durchgeführt. Nach spätestens 4 Behandlungen muß sich eine deutliche Wirkung eingestellt haben, sonst ist die Therapie grundsätzlich neu zu überdenken oder abzubrechen.
Die Behandlung muß je nach Ansprechen des Patienten sehr unterschiedlich oft wiederholt werden. In einzelnen Fällen reicht eine einmalige Behandlung aus, hin und wieder muß bis zu zehnmal wiederholt gestochen werden. Es kann also nur von Sitzung zu Sitzung unter Rücksprache mit dem Patienten und unter Berücksichtigung seiner individuellen Situation das weitere Vorgehen festgelegt werden.

2. Möglichkeiten der Punktstimulation

Wie oben erwähnt, werden die Punkte üblicherweise mit Gold- und Silbernadeln gestochen. Weitere Möglichkeiten der Punktreizung sind das Drücken und Massieren der Punkte - Akupressur, das Erwärmen der Punkte, indem die gestochenen Nadeln mit einem Feuerzeug erhitzt werden - Moxierung, die Stimulation der Punkte mittels Laser - Laserakupunktur oder die Reizung mittels elektrischer Punktstimulatoren, die über gestochene Nadeln einen leichten Reizstrom in den Punkt einbringen - Elektroakupunktur. Diese zusätzlichen Stimulationsmethoden erhöhen die Wirkung der normalen Nadelakupunktur beträchtlich und müssen vor allem bei allen schwer therapierbaren Erkrankungen dringend empfohlen werden.

V. Störherddiagnostik

1. Die Störherdhinweispunkte

Einer der grundlegenden Vorteile der Auriculomedizin ist die Kombination der Akupunktur mit einer eleganten und effektiven Störherddiagnostik und -therapie, die sehr häufig erst den Weg zu einer erfolgreichen Behandlung mittels Akupunktur oder irgendeiner anderen medizinischen Methode ebnet, denn ein durch Störherde belasteter Organismus ist blockiert und kann auf eine Behandlung nicht wie gewünscht reagieren. So gut die Therapie auch sein mag - das Aufdecken von Störherden ist in vielen Fällen erst der Schlüssel zum Erfolg.

Die Auriculomedizin bietet für diese Diagnostik ein Hilfsmittel an, welches mehrere immense Vorteile bringt: Denn

- es muß nicht jeder verdächtige Bezirk des gesamten Körpers mühevoll durchgeprüft werden,
- es kann sofort festgestellt werden, wieviele Störherde vorliegen,
- es kann der Schweregrad dieser Störherde sofort ermittelt werden,
- es können die Störherde auch an inneren Organen exakt aufgespürt werden,
- es können begleitende Vitamin- und Spurenelementverschiebungen festgestellt werden und
- es kann der Erfolg der Behandlung überprüft werden.

Dieses Hilfsmittel sind die Störherdhinweispunkte (Abb. 15), deren Auftreten das Vorhandensein von Störherden und gleichzeitig ihren Schweregrad anzeigen. Sie werden unter RAC/Nogier-Reflex Kontrolle überprüft und liegen an folgenden Lokalisationen:

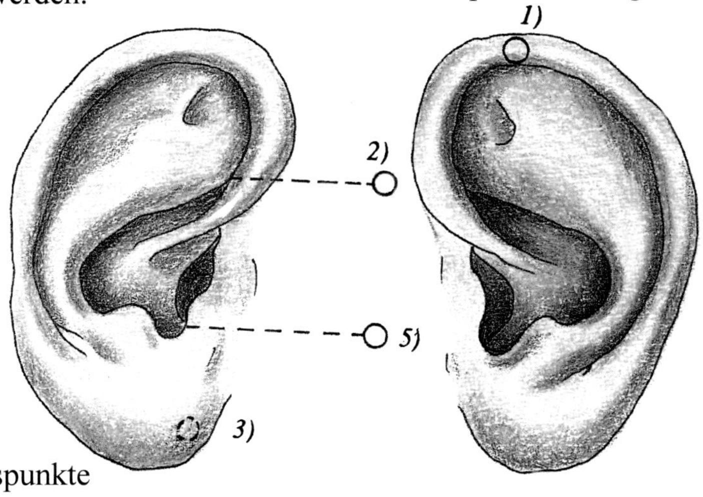

Abb. 15: Störherdhinweispunkte

1. Der Hinweispunkt für den stärksten vorstellbaren Störherd ist identisch mit dem Allergiepunkt und liegt beim Rechtshänder an der Spitze des linken Ohres.

2. Der Hinweispunkt für einen nächstschwächeren Störherd liegt etwa 2 cm vor dem Ohr in der Höhe einer Linie, die der Fortsetzung der Anthelix entspricht.

3. Der HWP für einen mittleren Störherd entspricht dem Prostaglandinpunkt und liegt am rechten Ohr hinter dem Ohrläppchen ca. 2 mm hinter und oberhalb der Anwachsungsstellt des Läppchens an der Wangenhaut.

4. Der HWP für den nächstschwächeren Störherd liegt ungefähr 3 cm oberhalb der Ohrspitze rechts und

5. der HWP für den schwächsten Störherd liegt rund 3 cm vor der Tragusspitze.

6. Aufsuchen des Störherdes

Sobald die Störherdhinweispunkte kontrolliert wurden und somit festgestellt wurde, ob und wie viele Störungen vorliegen, wird im anschließenden Arbeitsvorgang der eigentliche Störherd bzw. die Störherde mit Hilfe des RAC am Ohr aufgesucht. Da am Ohr einzelne Regionen sehr enge Bezirke darstellen, und hin und wieder einzelne Punkte nicht exakt genug unterschieden werden können, muß teilweise die Diagnostik am Körper angeschlossen werden. Beispielsweise können bei Verdacht auf einen Zahnstörherd im rechten Oberkiefer nach der Diagnostik am Ohr die einzelnen Zähne durchgetestet werden, um den wahren Störherd aufzudecken. Oder bei Verdacht auf Störung durch eine Narbe wird anschließend an die Ohrdiagnostik die Narbe selbst ausgetestet, wobei immer nur ein kleines Stück der Narbe als Störherd erkannt wird – niemals stört eine gesamte Narbe. Demgemäß ist die Infiltration einer ganzen Narbe nicht nur sinnlos sondern auch eine unnötige Belastung des Patienten.

VI. Störherdtherapie

Für die Therapie aufgedeckter Störherde stehen glücklicherweise viele Methoden offen, die sich als wirkungsvoll erwiesen haben, von „schulmedizinischen bis zu komplementären “. Die wirkungsvolle Ausschaltung von Störherden ist meist so schwierig, daß ohnehin nur der wohldurchdachte Einsatz verschiedenster Methoden einen wirklich durchgreifenden Erfolg bringt. Auch die Ohrakupunktur liefert einen wertvollen Beitrag und bietet mehrere Möglichkeiten für eine hocheffektive Therapie:

1. Basisprogramm: Die oben erwähnten Punkte „Thymus“ links in Gold und „PE1“ rechts in Gold gestochen wirken in hohem Maße störherdunterdrückend und werden bei einem bedeutungsvollen Störherdgeschehen immer als Basisprogramm gestochen.

2. Störherdausschaltung: Der gefundene Störherdpunkt wird am Ohr mit einer Goldnadel gestochen, diese Nadel mit einem Feuerzeug erhitzt und zusätzlich - falls vorhanden - Laser- und Elektrostimulation angewendet. Nach der üblichen Liegezeit der Nadeln von 20 Minuten wird die Goldnadel entfernt und an die selbe Stelle eine Dauernadel appliziert, die bis zur nächsten Sitzung in 5 bis 7 Tagen in situ verbleibt und eine hochgradige Beeinflussung des Ohrreflexpunktes bringt.

3. Stärkung des Erfolgsorgans: Ein Störherd stört nicht zufällig auf eine bestimmte Körperstelle - z.B. die Schulter - und unterhält dort ein chronisches Schmerzgeschehen. Vielmehr ist diese Projektion ein Zeichen dafür, daß der Bereich der Schulter bereits eine Grundschädigung aufgewiesen hat, eine energetische Schwächung, die es dem Störherd ermöglicht, dort ein pathologisches Geschehen in Gang zu setzen. Es ist demnach entscheidend, diese Schwachstellen des Organismus ebenfalls in die Behandlung miteinzubeziehen und nicht nur, wie in der klassischen Neuraltherapie, die Störherde auszuschalten. Die schwachen Glieder im Gefüge des Organismus müssen gestärkt werden!

4. Stärkung der Konstitution: Durch Berücksichtigung klassisch-chinesischer Überlegungen kann die Gesamtkonstitution des Patienten gestärkt werden, seine energetische Ausgangslage verbessert werden. Dadurch kann auf Dauer dem Rückfall in die Erkrankung vorgebeugt und dem Wiederauftreten bedenklicher Störherde entgegengewirkt werden (siehe auch Punkt 10).

VII. Laser in Diagnostik und Therapie

Das Laserlicht hat am Akupunkturpunkt zwei Wirkungen:

1. Mechanisch: Es kommt beim Aufbringen eines Laserstrahls auf den Körper zu einer mechanischen Anregung der bestrahlten Strukturen, bei hoher Lei-

stung eines Lasers sogar zu Erwärmung. Bekanntlich können sehr starke Laser aus diesem Grund als Schneidewerkzeuge in der Metallverarbeitung oder in der Chirurgie eingesetzt werden.

Die für die Akupunktur verwendeten Laser verfügen über eine Ausgangsleistung von maximal 30 mW, die nur einen minimal merklichen thermischen Effekt im Gewebe bewirken, trotzdem aber eine intensive mechanische Anregung des Punktes zur Folge haben.

2. Anregung von Atomen und Molekülen: In den bestrahlten Atomen und Molekülen kommt es durch die auftreffenden Photonen (Lichtquanten) des Laserstrahls zu einer energetischen Anregung einzelner Elektronen, die auf höhere Energieniveaus angehoben werden und gleich darauf ihrerseits wieder Photonen aussenden, die in tiefere Gewebebezirke vordringen können. Somit kommt es zu einer raschen Ausbreitung der Information, die das Laserlicht an einem Akupunkturpunkt einbringt. Heute werden zunehmend Infrarotlaser eingesetzt, die im Vergleich zu den Rotlichtlasern der letzten Generation eine fast doppelt so hohe Eindringtiefe in das Gewebe aufweisen.

Eine Spezialität der Auriculomedizin ist die Anwendung spezifischer Frequenzen. NOGIER und BAHR haben feststellen können, daß ein Laserstrahl, je nachdem mit welcher Frequenz er gepulst ist, für bestimmte Anwendungsbereiche eine noch wesentlich höhere Effektivität aufweist als ein ungepulster, kontinuierlicher Strahl. Diese Frequenzen stellen offensichtlich Zusatzinformationen dar, die der Organismus sehr gut aufnehmen und verwerten kann, und auf die wir daher in der Diagnostik und Therapie keinesfalls verzichten sollten. Das zeigt sich auch daran, daß z.B. über einem schlecht durchbluteten Gebiet erst nach dem Aufstrahlen des Laserlichts mit der Frequenz „B" ein wirklich deutlicher RAC auftritt.

Folgende Frequenzen wurden von NOGIER entdeckt:

- A-292 Hz: Frequenz der Störherde und Entzündungen – optimal geeignet für das Aufdecken von Störherden und deren Behandlung
- B-584 Hz: Nutritive Frequenz, die durchblutungsfördernd und stoffwechselanregend wirkt.
- C-1168 Hz: Mesenchymale Frequenz, die bei allen Erkrankungen des Bewegungsapparates Anwendung findet.
- D-2336 Hz: Frequenz der Lateralität und Koordination der Gehirnfunktionen, z.B. für die Behandlung von Legasthenikern, Bettnässern, unruhigen und lateralitätsgestörten Menschen
- E-4672 Hz: Frequenz des Rückenmarks, welche die Nervenleitung beeinflußt.
- F-9344 Hz: Psychosomatische Frequenz, die vor allem beim depressiven Zustandsbild und bei Entwicklungsstörungen von Kindern Anwendung findet.
- G-146 Hz: Psychosomatische Frequenz mit Bezug zu allgemeinen psychosomatischen Störungen, vor allem aber zu den Emotionen Aggression, Angst und Sorge

Eine zweite Frequenzserie wurde von BAHR entdeckt:

- 1-599,5 Hz: Für die Diagnostik und Therapie des Hauptsymptoms eines Patienten
- 2-1199 Hz: Für die Diagnostik und Therapie von Folgeerscheinungen wie z.B. Gegenblockaden im Bereich der Wirbelsäule oder konsekutiver Mitreaktionen einzelner Organe
- 3-2398 Hz: Vor allem für psychosomatische Folgereaktionen der Grundkrankheit wie depressive Verstimmung und für Vitamin- und Spurenelementdiagnostik
- 4-4796 Hz: Für die Vitamin- und Spurenelementdiagnostik
- 5-9592 Hz: Stabilisierende, störherdunterdrückende Frequenz der Ordnung, die das Immunsystem intensiv stimuliert
- 6-149 Hz: lateralisierende Frequenz für die linke Körperseite bei Rechtshändern
- 7-299 Hz: lateralisierende Frequenz für die rechte Körperseite

Diese Frequenzen erleichtern die Diagnostik, intensivieren den therapeutischen Effekt beträchtlich und stellen seit ihrer Entdeckung einen besonderen Vorteil der Auriculomedizin dar.

VIII. Magnetfeldtherapie

Wie aus der physikalischen Medizin bekannt, haben Magnetfelder sehr vielschichtige Wirkungen. Vor allem wird die Durchblutung angeregt, die Regeneration nach Traumen verbessert, Callusbildung verstärkt und

Schmerzen gelindert. Aus diesem Grund empfiehlt sich die Anwendung von Magnetfeldern in der Zahnheilkunde in vielen Fällen, z.B. nach einer Extraktion.

Zudem hat sich gezeigt, daß moderne Geräte, die ein mit den Frequenzen 6 und 7 gepulstes Magnetfeld erzeugen, zu einer deutlichen psychosomatischen Stabilisierung des Patienten führen, was wiederum eine beträchtliche Reduktion des Schmerzerlebens zur Folge hat. Solche Geräte sind demnach bei Anwendung vor und nach schmerzhaften Eingriffen von einem beträchtlichen Nutzen.

IX. Materialtestungen

Mit Hilfe RAC-unterstützter Spezialtechniken, deren Beschreibung bei weitem den Umfang dieser kurzen Abhandlung sprengen würde, gelingt es ohne großen Zeitaufwand und mit Sicherheit, Materialien und Substanzen bezüglich ihrer Wirkung auf den Organismus auszutesten. Das Erlernen dieser Techniken kann nur in speziellen Kursen und unter kontrolliertem Üben ermöglicht werden. An dieser Stelle können lediglich die Möglichkeiten der Auriculomedizin in diesem Bereich kurz angedeutet werden.

Die Diagnostik von Vitamin-, Mineralstoff- und Spurenelemententgleisungen wurde bereits oben erwähnt. Darüber hinaus ist aber auch das Aufdecken von toxischen Belastungen wie z.B. einer Quecksilberintoxikation, einer Belastung mit Palladium, Fluor, Formaldehyd oder ähnlichen Substanzen möglich. Dabei kann nicht nur das Vorhandensein einer Belastung festgestellt werden, sonder zusätzlich auch ihr Schweregrad bestimmt werden.

Weiters ist die Aussage über Unverträglichkeiten, optimale Legierungen für die zahntechnischen Versorgungen, optimale Kleber usw. ohne großen Zeitaufwand möglich.

X. Energetische und Konstitutionelle Akupunktur

Ein zentrales Bemühen der Akupunktur ist es, den Patienten dauerhaft zu stabilisieren und losgelöst von einzelnen Symptomen wirklich tiefgreifend konstitutionell zu stärken. Dafür stehen uns die sogenannten Kardinalpunkte zur Verfügung, die aus chinesischer Sicht die Erbenergie, also die angeborenen Lebenskräfte eines Menschen, mobilisieren und dynamisieren können.

Es sind dies in der Abb. 16 die Punkte: (1) Dünndarm 3, (2) Kreislauf 6, (3) Lunge 7 und (4) Gallenblase 41, die beim Rechshänder rechts in Gold gegeben werden und die Punkte (5) Dreifacher Erwärmer 5, (6) Niere 6, (7) Blase 62 und (8) Milz-Pankreas 4, die links in Gold gestochen werden. Diese Punkte wurden von Bahr auf das Ohr übertragen und stehen somit auch für die Ohrakupunktur zur Verfügung.

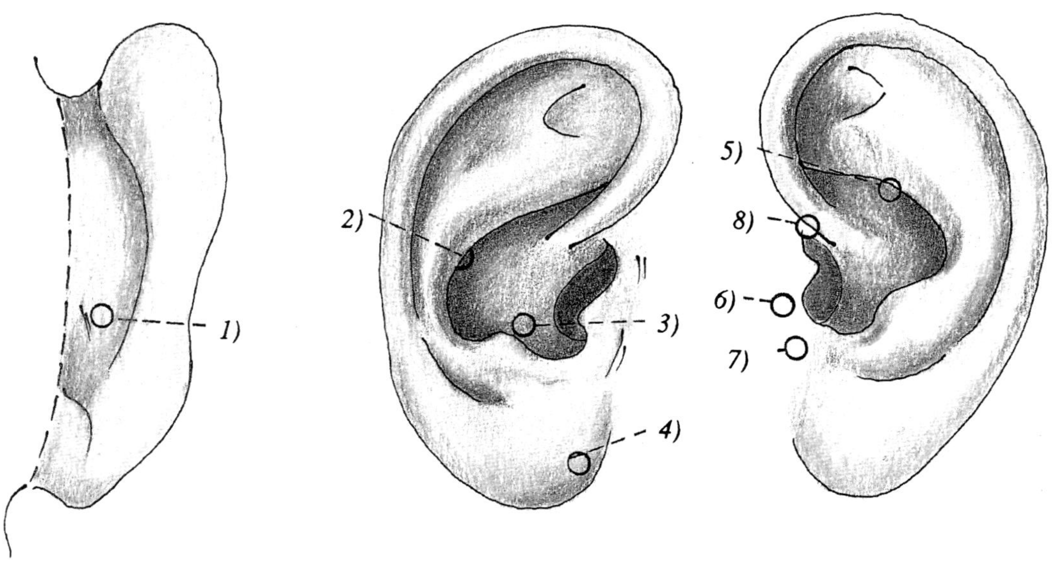

Abb. 16: Kardinalpunkte am Ohr

Weiters bietet die Ohrakupunktur spezielle Punktprogramme für genetisch festgelegte Problembereiche eines Menschen an, sogenannte Achsenprogramme.

So kennen wir z.B. ein Achsenprogramm gegen mesenchymale Schwäche, gegen rheumatische Disposition oder für die intensive Stimulation des Immunsystems.

Als dritte Möglichkeit können wir bei energetisch schwachen Patienten intensiv auf die Lebenskräfte mit folgenden zwei Punkten einwirken, die als Hauptenergieachse bezeichnet werden (Abb. 17):

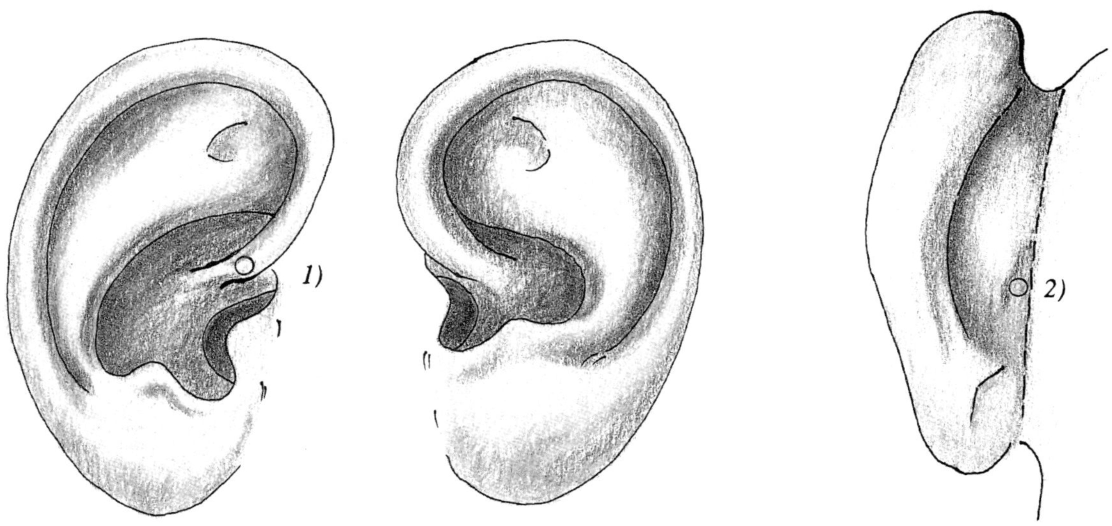

Abb. 17: DNS- und Nullpunkt

1. Nullpunkt: Auf der aufsteigenden Helixwurzel ca. 1 cm über ihrem Ursprung in der Concha in einer Knorpelfurche, wird rechts in Gold gestochen.
2. DNS-Punkt: Hinter dem Ohr in der Anwachsungslinie des Ohres an der Kopfhaut unter einer kleinen Falte, die sich beim Nachvorziehen des Ohres zeigt, wird links in Gold gestochen.

Diese drei Möglichkeiten der Ohrakupunktur können zu einer wesentlich höheren Erfolgsquote und zu einer längerfristigen Stabilisierung des Patienten beitragen, als es mit einer einfachen Ohrakupunktur möglich wäre. Erst die Kombination einer optimalen Behandlung der momentanen Beschwerden des Patineten mit einer effektiven Ausschaltung der Störherde und einer konstitutionellen Stabilisierung läßt den bestmöglichen Erfolg erzielen.

Wenn dieser Buchbeitrag, sehr geehrter Leser, Ihr Interesse an einer ganzheitlichen Sicht der ZMK-Heilkunde im allgemeinen und an der Auriculomedizin im speziellen wecken konnte, hat er seinen Sinn erfüllt. Dann freue ich mich gemeinsam mit Ihren Patienten, die ihr Vertrauen einem Arzt geschenkt haben, der Menschen behandeln will und nicht nur Zähne und ihre Wurzeln.

Weiterführende Literatur:

Skriptum Akupunktur in der ZMK-heilkunde für Anfänger und Fortgeschrittene von Schmid, Nagel, Bahr. Zu beziehen über Schwa-medico, Annenstraße 57, 8020 Graz, Tel.: 0316/916413 oder Salzburgerstraße 122, 5280 Braunau, Tel.: 07722/66122

Ausbildungsmöglichkeit:

Kurse der Österreichischen Gesellschaft für Kontrollierte Akupunktur, Graz oder der Deutschen Akademie für Akupunktur und Aurikulomedizin, München

TIBET

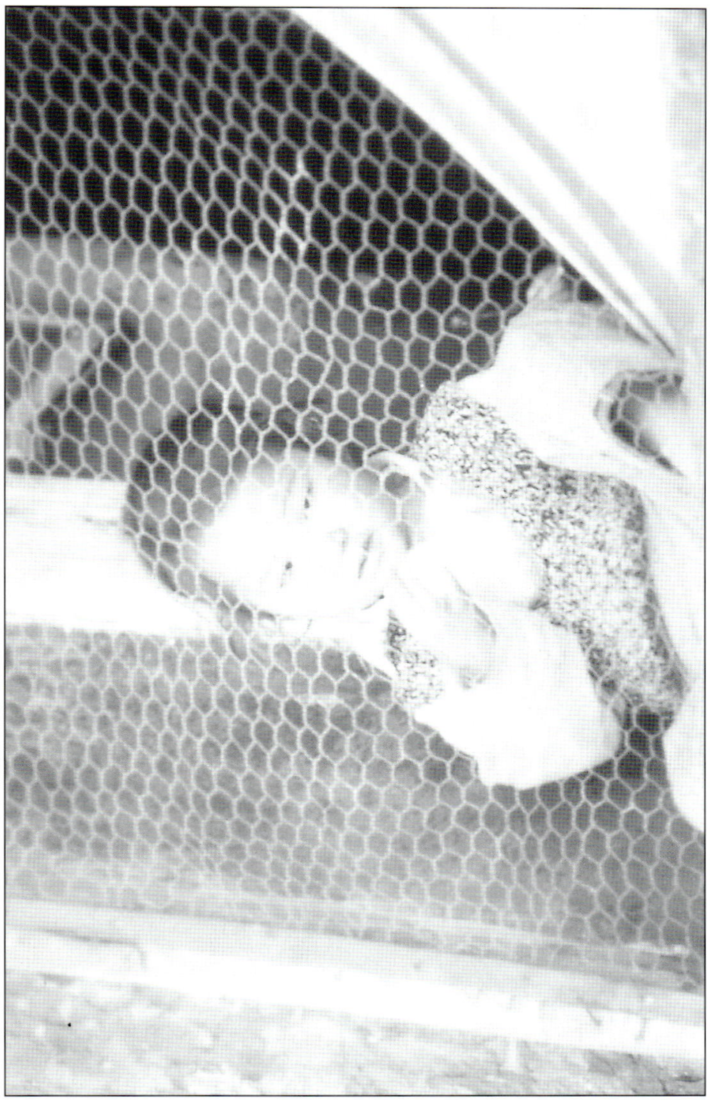

TIBET

TIBET

COSTA RICA

AMAZONAS

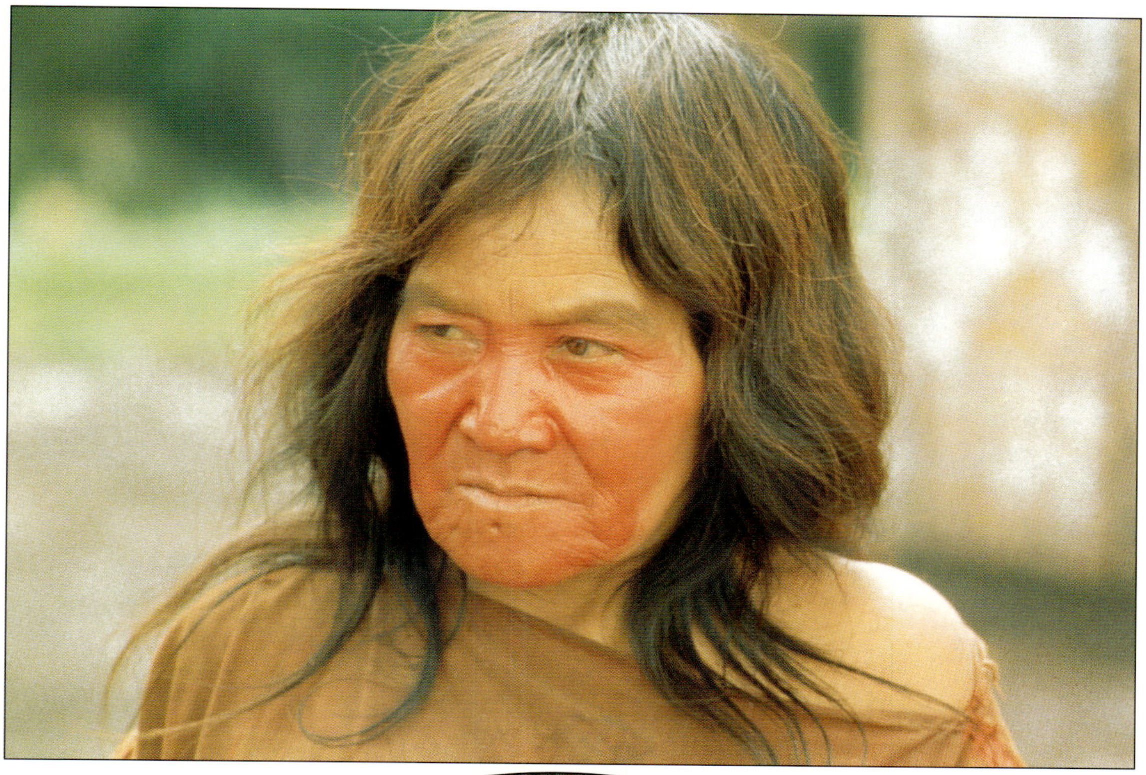

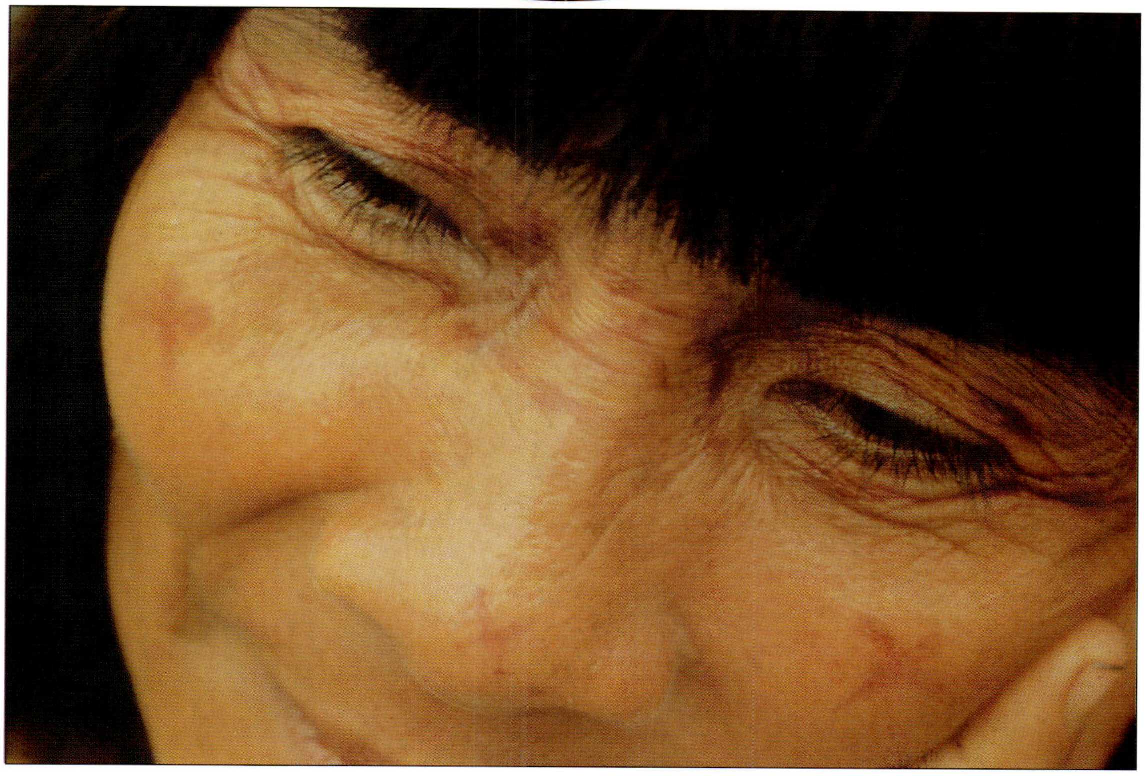

AMAZONAS

Die Elektroakupunktur als bioelektronisches Meßverfahren

DR. F. KRAMER

Zu den bekanntesten Testverfahren gehört die Elektroakupunktur (EAP). Hierunter versteht man als Sammelbegriff alle Methoden, welche zur Diagnostik bzw. zur Therapie die moderne Elektronik verwenden, in Verbindung mit der klinischen Medizin und der altchinesischen Akupunktur — mit der Allopathie und der Homöopathie. Um Elektroakupunktur betreiben zu können, muß man daher über eine gründliche schulmedizinische Ausbildung verfügen und wenigstens die Grundkenntnisse der klassischen Akupunktur, wie der Homöopathie erlernen.

Den Begriff „Elektroakupunktur (EAP)“ hat der französische Arzt DR. ROGER DE LA FUYE, Paris, zuerst verwendet. Er konstruierte auch das erste Elektroakupunktur-Gerät. NYBOYET; Marseille, erkannte, daß Akupunkturpunkte einen anderen elektrischen „Übergangswiderstand“ haben, als die sie umgebende Haut, was später durch KELLNER, Wien und andere bestätigt wurde. W. SCHMIDT, München, untersuchte im Kreiskrankenhaus Dachau Akupunkturpunkte an Patienten mit klinisch gesicherter Diagnose (z.B. Herzinsuffizienz) und konnte feststellen, daß sich bei einer Organinsuffizienz das elektrische Verhalten der zugehörigen Akupunkturpunkte verändert, während es bei Personen mit normaler Organfunktion konstant blieb. Schmidt entdeckte auf diese Weise das Phänomen des „Zeigerabfalls“ (ZA).

Etwa um die gleiche Zeit ließ DR. SCHICK, Stuttgart, ein elektronisches Punktmeßgerät bauen, welches er DR. R. VOLL, Plochingen, und DR. F. WERNER, Stuttgart, überließ, die daraus das erste deutsche Elektroakupunktur-Gerät, nämlich den „KuF-Diatherapuncteur“ entwickelten.

1955 gründete VOLL die „Arbeitsgemeinschaft KuF-Elektroakupunktur“. Sie wurde später in „Internationale medizinische Gesellschaft für Elektroakupunktur nach Voll e.V. (EAV)“ umbenannt.

Im Vergleich zur chinesischen Akupunktur und Homöopathie einerseits, sowie zur klinischen Medizin und Allopathie andererseits, bietet die EAP folgende neue Möglichkeiten für Ärzte und Zahnärzte:

1. Die EAP erlaubt eine elektrische Ortung der chinesischen Akupunkturpunkte.

2. Die EAP ermöglicht die Auffindung neuer Hautmeßpunkte und ihre Zuordnung zu bestimmten Organen und Geweben.

3. Die EAP erlaubt eine funktionelle Organ- und Gewebsdiagnostik über den Energiehaushalt des lebenden Organismus durch eine „Widerstandsmessung“ an den Akupunkturpunkten.

4. Die EAP gewährt einen Einblick in den allgemeinen Energiehaushalt des Organismus:

a) durch Leitwertmessung mit großflächigen Elektroden und

b) durch Messung der Akupunkturpunkte mit kleinen Punktelektroden.

- Die EAP erlaubt die therapeutische Beeinflussung des Energiehaushaltes mit Hilfe von niederfrequenten Pulsströmen:

a) mit wählbaren Kurvenformen und

b) mit zu jeder Kurvenform frei wählbaren Frequenz zwischen 0,9 und 10Hz.

6. Die EAP ermöglicht die qualitative Prüfung von allen allopathischen, aber auch von homöopathischen Medikamenten und deren quantitativer individueller Dosierung für jeden Patienten durch elektrische Messung an organbezüglichen Akupunkturpunkten.

7. Die EAP ermöglicht eine neuartige Mesenchymreaktivierung mit Hilfe homöopathisch zubereiteter Medikamente, die individuell qualitativ und quantitativ ausgetestet werden.

8. Die EAP erlaubt eine differenzierte Herddiagnostik, was vor allem für die Zahnärzte wichtig ist.

9. Die EAP erlaubt eine Therapiekontrolle bei medizinisch-physikalischen und bei naturheilkundlichen Maßnahmen.

10. Die EAP erlaubt die Diagnostik beginnender Organerkrankungen und gibt so die Möglichkeit, prophylaktische Maßnahmen einzuleiten.

11. Mit der EAP kann man eine medikamentöse Therapie

a) vor ihrer Durchführung qualitativ und quantitativ prüfen und damit die Versagensquote bestmöglich reduzieren
b) eine eingeleitete Therapie laufend überwachen und so rechtzeitig Änderungen vornehmen und
c) auf diese Weise Unter- bzw. Überdosierungen bestmöglich vermeiden.

Das gilt sowohl für:

- allopathische Medikamente, als auch für
- homöopathische Medikamente (HM),
- Nosoden (Nos),
- Organpräparate (Org) und für
- potenzierte Stoffwechselprodukte (Pot).

Sogar zahnärztliche Werkstoffe oder in der Orthopädie verwendete Werkstoffe kann man vor ihrer Inkorporation durch Messung auf ihre Verträglichkeit prüfen. Daß man auf diese Weise a priori eine ganze Reihe von bisher „unvermeidlichen" Mißerfolgen verhindern kann, sollte zu denken geben!

Für die Medikamentenprüfung ist es übrigens ganz gleich, ob die Medikamente in flüssiger oder fester Form zur Verfügung stehen, ob sie als Ampullen, Tabletten, als Salben oder als Tee verabreicht werden sollen.

Durch Messungen an anatomisch exakt lokalisierbaren Hautmeßpunkten, die den Akupunkturpunkten entsprechen, läßt sich mit Hilfe der Elektroakupunktur zudem die Therapie laufend kontrollieren und der Heilungsverlauf überwachen.

Wenn man sich die erforderliche Zeit nimmt, lassen sich auch die bioenergetischen Störungen (Nebenwirkungen) von allopathischen Medikamenten bestimmen. Daß man mit Hilfe der Elektroakupunktur-Medikament-Prüfung selbst schädliche Einflüsse, zum Beispiel von ungenügend aufbereitetem Trinkwasser oder von unbiologisch erzeugten und von industriell aufbereiteten Nahrungsmitteln auf den menschlichen Organismus meßtechnisch erfassen kann, sei all denen ins Notizbuch geschrieben, die über Umweltschutz reden — es aber dabei seit Jahren bewenden lassen. Die Elektroakupunktur ist in meinen Augen eine Methode, mit der man Umweltschutzmaßnahmen überprüfen und in biologische Bahnen lenken kann!

Wenn man die vorausgegangenen Zeilen liest, könnte der Eindruck entstehen, daß mit der Elektroakupunktur für die Humanmedizin das Ei des Kolumbus gefunden sei. Dem ist nicht so, denn eine der Grundweisheiten der altchinesischen Akupunktur heißt:

Es gibt kein reines YIN und kein reines YANG.

In unser Denken übersetzt, heißt das:

Es gibt nichts Absolutes.

Das gilt auch für die Elektroakupunktur. Sie hat beim derzeitigen Stand ihrer Entwicklung wohl die Akupunktur mit Hilfe elektronischer Geräte meßbar gemacht und erlaubt aus den Meßergebnissen weitgehende diagnostische Rückschlüsse, aber das Messen selbst muß man erlernen — mit viel Geduld, denn die Meßpunkte liegen auf der Haut und diese hat von Patient zu Patient eine sehr unterschiedliche Beschaffenheit (dick, dünn, feucht, trocken usw.), der man sich anpassen muß. Hier setzt naturgemäß die Diskussion der Kritiker ein, aber man sollte berücksichtigen, daß die Normwerte, z.B. für Blut- oder Urinuntersuchungen, auch nur relative Werte darstellen und daß man z.B. die Auswertung eines EKG-Streifens auch erlernen muß und nicht alle Internisten Gleiches aus dem gleichen Streifen herauslesen — je nach Ausbildungsstand und Übung.

Für den Zahnarzt ist die Elektroakupunktur von besonderer Bedeutung, weil sie ihm auf der Basis der üblichen klinischen Diagnostik eine zusätzliche Hilfe gibt, um zu einer soliden odontogenen Herddiagnostik zu kommen. Dafür stehen 6 Hautmeßpunkte zur Verfügung, die in dem mehrbändigen VOLLschen Buch „Topographische Lage der Meßpunkte der Elektroakupunktur" beschrieben sind (ML-Verlag, Ülzen). Die sechs Meßpunkte liegen im Bereich des M. orbicularis oris. Sie gelten jeweils für die Kieferstrecken:

18 — 15	14 — 24	25 — 28
48 — 45	44 — 34	35 — 38

Zur Diagnostik, d.h. zur Klärung der Frage, ob ein Zahn bzw. eine zahnlose Kieferstrecke gesund oder beherdet ist, wird zuerst am zugehörigen Kiefermeßpunkt der Übergangswiderstand der Haut in KΩ gemessen (Anfangswert).

Dann wird der betreffende Kiefermeßpunkt auf 100KΩ ausgeglichen, weil dieser erfahrungsgemäß der Norm im gesunden Gewebe entspricht (Normwert). Anschließend wird auf den zu prüfenden Zahn (oder auf das zahnlose Kiefergebiet) ein Reizstrom gegeben. Dieser Stromstoß wird im Elektroakupunktur-Gerät erzeugt, mit seiner Frequenz von 10Hz und einer Intensität von etwa 20 V, wobei allerdings die Amperezahl gering ist. Der Reizstrom fließt vom Gerät über einen Testgriffel zum Zahn, der untersucht werden soll. Von dort geht der Strom durch den Organismus des Patienten über eine zylindrische Handelektrode zurück zum Gerät.

Durch den Reizstrom wird u.a. auch der Übergangswiderstand am zugehörigen Kiefermeßpunkt (Akupunkturpunkt) beeinflußt. Die Größe der Änderung des Übergangswiderstandes, also der Unterschied zwischen Anfangswert und Reizwert, erlaubt diagnostische Rückschlüsse. Mit einem odontogenen Herdgeschehen ist zu rechnen, wenn der Reizwert 80 Teilstriche auf der VOLLschen Skala übersteigt. Für den zahnärztlichen Herddiagnostiker ist beachtenswert, daß durch den Reizstrom auch latente Herde aktiviert werden können. Die Reizstromdiagnostik kann durch Verwendung besonderer Medikamente (Nosoden) soweit verfeinert werden, daß für jeden Herd eine qualitative und eine quantitative Diagnostik möglich ist. Mit Hilfe von Nosoden kann man im Reizstromtest auch feststellen, ob z.B. ein zahnloser Kieferbereich durch eine Restostitis beherdet ist, was mit klinischen Mitteln zur Zeit nicht möglich ist. Ähnliches gilt für chronische Pulpitiden. Mit Hilfe der beim Reizstromtest verwendeten Nosoden erhält man zugleich einen Hinweis auf die Stärke des Herdes.

Da dem Elektroakupunktur-Arzt nicht nur die sechs Kiefermeßpunkte zur Verfügung stehen, sondern Meßpunkte für viele Organe und Gewebssysteme (Abbildung 2), kann der Zahnarzt nicht nur den lokalen Herdcharakter bestimmen, sondern auch die Fernwirkung des durch Strom gereizten Herdes auf den übrigen Organismus meßtechnisch erfassen.

Das ist von vielen Ärzten und Zahnärzten jahrelang durchgeführt worden und ergab, daß jedes Odonton und damit auch ein odontogener Herd an einem bestimmten Zahn in der Regel eine bevorzugte Fernwirkung hat.

Die wichtigsten Beziehungen zwischen Zahn- und Kiefergebiet und dem übrigen Organismus haben VOLL und KRAMER in einem Schema zusammengestellt.

Es zeigt auch jenen Ärzten und Zahnärzten, die die Elektro-Akupunktur-Diagnostik nicht beherrschen, mit welcher Fernwirkung sie rechnen müssen, wenn sie klinisch-röntgenologisch an einem Zahn einen pathologischen Prozeß feststellen.

Umgekehrt kann man mit Hilfe des Schemas an Hand der Anamnese prüfen, welche Zähne für eine Organerkrankung als herdverdächtig in Betracht kommen können, denn es gibt nicht nur eine auffällig oft zu beobachtende Störwirkung von beherdeten Zähnen auf bestimmte Organe, sondern ebenso eine immer wieder feststellbare Störwirkung kranker Organe auf bestimmte Zähne bzw. Kieferbereiche.

Eine für den Zahnarzt besonders praktikable Testmöglichkeit für das Auffinden von chronischen, aber auch von klinisch nicht eindeutig diagnostizierbaren akuten Prozessen im Zahn-Kiefergebiet, ist der von KRAMER entwickelte „Elektroakupunktur-Reizstromtest" über den Lymphmeridian.

In der Medizin unterscheidet man seit langer Zeit zwischen klinischer Medizin, auch Schulmedizin oder naturwissenschaftliche Medizin genannt und Naturheilkunde, auch Biomedizin, Alternativmedizin, Erfahrungsheilkunde, Ganzheitsmedizin u.a. genannt.

Ein Unterschied zwischen beiden besteht darin, daß die Schulmedizin ihre Erfahrungen aus physikalischen Messungen, Experimenten und statistischen Kontrollen zu gewinnen sucht oder chemische Formeln zu erarbeiten trachtet, während die Naturheilkunde den ganzen Menschen im Auge hat, dessen offene kybernetische Regelsysteme nicht teilbar sind und somit die schulmedizinischen Forderungen besonders nach reproduzierbaren Messungen und statistischen „Absicherungen" vom Prinzip her nicht erfüllen kann.

Zu bemerken ist ferner, daß sich die schulmedizinischen Erkenntnisse in den letzten Jahren quantitativ sehr vermehrt haben, so daß Fachärzte und spezifische Therapien die logische Folge waren.

Erfahrungsheilkunde hat sicherlich die Beobachtung des Individuums mit den natürlichen Sinnen (sehen, hören, tasten, fühlen, riechen) beibehalten. Sie hat jedoch die Funktionsänderungen der stets offenen Regelkreise eines lebenden Organismus durch Testverfahren zu erfassen gelernt. So kann nicht geleugnet werden, daß die Naturheilkunde eine ganz wesentliche Weiterentwicklung der Medizin gebracht, sowohl in der Diagnostik, wie in der Therapie.

Der Stellenwert der Kopfherde in den verschiedenen Lebensabschnitten

Ein Herdgeschehen ist nicht an ein bestimmtes Alter gebunden. Allerdings ist unverkennbar, daß die Körperabwehr im jugendlichen Alter in der Regel am größten ist und mit zunehmenden Alter nachläßt. Folglich können Jugendliche Herde haben, deren Fernwirkung anfangs ausbleibt, weil die Abwehr noch ausreichend ist und erst mit zunehmendem Alter zusammenbricht.
Durch diese Zeitverschiebung wird die Erkennung des Zusammenhanges zwischen Herd und Folgeerkrankung oft erschwert. Es gibt meines Wissens zur Zeit nur eine einzige Test- und Prüfmethode, mit der diese Zusammenhänge festgestellt werden können. Das ist die Elektroakupunktur (= EAP). Die bisherigen EAP-Untersuchungen haben erkennen lassen, daß der Sitz eines Herdgeschehens im Lebenslauf gewisse Schwerpunkt hat:

im Säuglingsalter kann es bereits Herde geben, besonders im odontogenen Bereich. Dazu gehören:

- occulte Mastoitiden
- chronische Innenohrentzündungen
- eitrige Entzündungen der Paukenschleimhaut und
- Knochenmarksentzündungen im spongiösen Warzenfortsatz

Die Folgen sind u.a.:

- Entwicklungsstörungen
- fehlende Gewichtszunahme Neigung zu Durchfällen bzw.
- verminderte Resistenz gegen Infektionskrankheiten

Im Kleinkind-Alter (1. bis 3. Lebensjahr) gehören die Sinusitiden zu den wichtigsten Kopfherden, nicht selten dann in Gesellschaft mit Bronchitiden. Als Herde im Nebenhöhlenbereich findet man:

- chronische Entzündungen der Schleimhäute und
- Polypenbildung besonders in Kieferhöhlen, die einen schlechten Abfluß in den unteren Nasengang haben.

Aber auch die anderen Nasennebenhöhlen können im Kleinkindesalter erkranken, besonders die Siebbeinzellen und Keilbeinhöhlen. Mit der EAP ist eine Diagnostik dieser Nebenhöhlen relativ einfach. Man konnte feststellen, daß chronische Einsendungen gerade der Siebbeinzellen und Keilbeinhöhlen gern endokrine Störungen verursachen! Diese Fernwirkung auf energetischem Weg läuft parallel zur anatomischen Nachbarschaft mit Hypophyse und Diencephalon.

Im Schulalter spielen dann die tonsillogenen Herde die größte Rolle. Sie verursachen vielfach:

- rheumatische Beschwerden
- Glomerulo-Nephritiden
- chronische Infekte der ableitenden Harnwege und leider auch
- unklare Herzbeschwerden.

Nach VOLL sind es sehr oft Streptokokken, die sich in den Tonsillen einnisten. Besonders bei einer akuten hämorrhagischen Glomerulo-Nephritis muß man an einen Streptokokken-Infekt der Tonsillen mit Fernwirkung auf die Nieren denken.
Das gleiche gilt für eine chronisch-rezidivierenden Pyelitis. Die Therapie in diesen Fällen ist die Tonsillektomie. Diese muß allerdings mit einer herdbezüglichen Begleitbehandlung kombiniert werden, wenn man Rezidiven vermeiden will. Andere Jugendliche leiden durch tonsillogene Herde an unklaren Veränderungen des Bewegungsapparates insbesondere

- an den Fußwurzelgelenken und den
- Großzehengrundgelenken

Diese Fälle landen daher in der Praxis des Orthopäden, statt bei einem HNO-Arzt, der für die Causa zuständig wäre.
Nach einem Bericht von DR. HERMANN/Hamburg aus dem Jahre 1961 — vor der DAH verteilen sich die Kopfherde bei Jugendlichen wie folgt:

1. Veränderungen in den Nasen-Nebenhöhlen 6%
2. Veränderungen in den Tonsillen 67,7% und

3. Veränderungen an den Zähnen 26,8%

Im Erwachsenen-Alter treten dann die odontogenen Herde mit Abstand in den Vordergrund. Odontogene Herde gibt es jedoch schon viel früher.

Die odontogenen Herde

Im Kleinkindesalter bzw. im reinem Milchgebiß findet man nur selten odontogene Herde. Immerhin berichtet VOLL, daß er einmal einen Bettnässer heilen konnte, weil er im EAP-Test einen Milchschneidezahn als Herd fand, der das urogenitale System störte und daher entfernt wurde. Typisch für das jugendliche Alter sind odontogene Herde im Weisheitszahnbereich, bereits ab dem 15. Lebensjahr.

Dabei merke man sich folgendes:
Obere 8+8 verursachen als Fernwirkung nicht selten:

- Krampfanfälle
- psychische Störungen
- Depressionen
- Unlust in der Schule und
- Kontaktarmut

Untere 8+8 stören durch Herdfernwirkung gern die Organfunktion von:

- Herz und
- Dünndarm.

Im Erwachsenen-Alter nimmt die Bedeutung der odontogenen Herde immer mehr zu, zuweilen begleitet von chronischen odontogen bedingten Kieferhöhlen-Erkrankungen durch avitale OK-Seitenzähne! Diese schwächen den Kieferknochen in seiner Abwehrkraft und begünstigen rhinogene Infektionen der Kieferhöhle.
So entstehen oft Mischformen von odontogenen und rhinogenen Herden! Mit fortschreitendem Alter wird die Zahl der odontogenen Herde vermehrt, nicht zuletzt durch zahnärztliche Maßnahmen. Dazu gehören unbiologische Behandlungsmethoden wie Wurzelbehandlungen oder Wurzelspitzenresektionen und Replantationen. Alle diese Maßnahmen können aus der Sicht des Herd-Therapeuten nur als Kompromiß-Therapie auf Zeit angesehen werden.
Nicht unerwähnt bleiben soll, daß es bei der Entfernung kranker Zähne nicht genügt, nur den Zahn selbst zu ziehen, vielmehr muß die chirurgische Zahnentfernung gefordert werden, weil nur auf diese Weise auch der erkrankte Alveolarknochen mit entfernt wird. Das allein verhindert die Bildung von restostitischen Prozessen im zahnlosen Kieferbereich. Durch einfache Extraktion entfernt man nur den kranken Zahn — der kranke Kieferknochen bleibt jedoch zurück und damit auch das Herdgeschehen! Um vorzeitigen Zahnverlust bestmöglich zu vermeiden, ist und bleibt als wirksamste Herdprophylaxe die rechtzeitige konservierende Behandlung und d.h.: Jeder kariöse Defekt muß so bald wie möglich versorgt werden! Leider wird das in der Kassenpraxis nicht realisiert, weil Zeitmangel, vielleicht auch die Angst vor Regressen durch Überschreitung des Falldurchschnittes dagegen stehen.

Im Alter schließlich manifestieren sich die odontogenen Herde in erster Linie als Restostitiden. PRIMARIUS ALTMANN/Wien, der Altmeister der Wiener Herdforscher hat als Erster darauf hingewiesen, daß den odontogenen Herden von allen Herden im Kopfgebiet mit Abstand die zahlenmäßig wichtigste Bedeutung zukommt.

Man darf mit Blickrichtung auf die Kopfherde jedoch die anderen Herd- und Störfeldmöglichkeiten im übrigen Organismus nicht vernachlässigen, denn zu einer erfolgreichen Herd-Therapie gehört die Diagnostik und Therapie aller Herde.
Wenn ich an dieser Stelle auch nicht näher darauf eingehen kann, möchte ich wenigstens auf die Störfelder im Darmtrakt mit seinen Anhangsgebilden und auf die Störfelder im urogenitalen System hingewiesen haben.

Zusammenfassung

Die Kopfschwerpunkte welche im Verlauf des Lebens auftreten, lassen sich wie folgt zusammenstellen:

Lebensalter	Kopf-Herd-Schwerpunkte
Säugling	Odontogene Herde
Kleinkind	Sinusitiden
Jugend	Tonsillen-Herde
Erwachsene	Odontogene Herde

Die odontogenen Herde verteilen sich nach Lebensalter, wie folgt:

Lebensalter	ZMK-Herd-Schwerpunkte
Jugend	verlagerte Zähne —Dentitio difficillis
Erwachsene	intradentale Herde — z.B. chron Pulpitiden
	periodentale Herde — z.B. apikale Ostitiden
Ältere	Restostitiden

Weiteres sind in Diagnostik und Therapie zu beachten:

Die Störfelder:

- in Darm und Anhangsgebilden
- im urogenitalen System!

Eine erfolgreiche Herd-Therapie ist nur möglich, wenn alle Herde diagnostisch erfaßt und optimal eliminiert werden.

Beachte:
Ein Herdgeschehen ist:

- selten ein monokausales Geschehen, sondern
- meistens ein plurikausales Geschehen.

„Viele Herde sind des Patienten Tod!"

Bedenke aber:
Nicht jeder Herd-Träger muß unbedingt herdkrank sein, denn die Abwehranlage entscheidet darüber, ob ein Herd-Träger herdkrank ist.

Merke:
Die Erfahrung und die Elektroakupunktur-Tests haben gezeigt, daß Kopfherde meistens seitengleich wirken. Störfelder in Brust- und Bauchraum können auch auf die Gegenseite wirken.

Welche Folgen haben die Herde, wenn die lokale Abwehr zusammenbricht?

Klinisch erkennbar:
Kopfherde zeigen oft nicht viel mehr als:

- unterschiedliche Blutdruckwerte rechts und links und
- Seitendifferenzen im Leukozyten-Test nach PISCHINGER

denn:
Kopfherde beeinflussen in erster Linie das Mesenchym. Sie lösen durch Veränderungen in der Transitstrecke eine unspezifische Mesenchymreaktion aus. Dadurch kommt es zu einem Stoffwechsel-Defizit der Parenchym-Zellen.
Die Folge sind bioelektrische Potentialveränderungen der Parenchym-Zellen meßbar durch die EAP:
Generell führen Kopfherde zu vegetativen Fehlsteuerungen:
Anfangs zu Ermüdungserscheinungen später zu Schmerzen-und unbehandelt zu Erschöpfungen und schließlich durch Streß zum Zusammenbruch. Spezifisch können Kopfherde allergische Reaktionen auslösen. Sie können neurale Reaktionen auslösen. Sie können vor allem das Schlafzentrum stören!

Folgerungen für die Sozialmedizin

Ein Herdgeschehen kann:

- das Wohlbefinden und die Leistungskraft des betreffenden Individuums erheblich beeinflussen bzw. beeinträchtigen
- erfordert großen Aufwand für die Diagnostik und Therapie
- schmälert das Bruttosozialprodukt durch den langen Arbeitsausfall bei Herdkranken
- kosten Herdkranke der Allgemeinheit viel Geld, welches über Krankenkassen-Beiträge und Steuern (=Fürsorge) aufgebracht werden muß.

Man denke nur an Krankenhäuser bzw. Pflegeheime, die finanziert werden müssen oder an Kuren, Massagen, Bestrahlungen und Medikamente, die zu bezahlen sind oder Ärzte und Hilfspersonal, die nicht um Gottes Lohn arbeiten können.

Einführung in die geschichtliche Entwicklung der Herdlehre

DR. R. TÜRK — DR. F. KRAMER

Seit Beginn der medizinischen Literatur stoßen wir immer wieder auf den Begriff des „kranken Blutes" durch schlechte Zähne.

Ich zitiere da immer gern eine alte assyrische Keilschrift, auf der schon vor 5000 Jahren der königliche Leibarzt wörtlich schrieb: „Mein Herr, dessen Hände und Füße entzündet sind, verdankt diese Krankheit dem Zustand seiner Zähne. Die kranken Zähne meines Herrn müssen aus dem Grunde entfernt werden. Dann werden die Schmerzen verschwinden und sein Zustand wird zufriedenstellend sein." Trotzdem kann man den Beginn der Herdlehre nicht 5000 Jahre zurücklegen, sondern muß den eigentlichen Beginn in das Jahr 1909 legen.

Es war in Deutschland PÄHSLER, in Amerika waren es ROSENOW und FISCHER, die zunächst den Begriff der „oralen Sepsis" prägten und den Herdeffekt rein bakteriologisch erklären wollten.

ROSENOW versuchte darüberhinaus, bakteriologisch-experimentelle Beweise zu erbringen. In derselben Richtung arbeitete in der Schweiz GRUMBACH, in Deutschland dann auch noch SCHOTTMÜLLER.

Sie alle versuchten, die monokausale bakterielle Genese der Herdwirkung zu belegen. In Wien gelang es PICHLER und seinem Schüler GEORG STEIN, die Wege der Infektion über den Kieferknochen bis in die Lymphdrüsen und Tonsillen zu verfolgen.

1930 konnte dann STEIN beweisen — und zwar sowohl histologisch, als auch bakteriologisch, daß selbst bei einem gut und exakt desinfizierten und gefüllten Wurzelkanal die Bakterienbesiedlung 4 Millimeter ins Dentin reicht.

Gegen Ende der 20er Jahre stellte RÖßLE/Berlin die immuntoxische Komponente der Herdwirkung zur Diskussion. Etwa gleichzeitig glaubte der Rheumatologe SLAUCK in dem sogenannten Muskelfibrillieren, daß er als Test wertete, einen Beweis zu finden für die Fortleitung von Bakterien-Giften entlang der Nervenbahnen.

Danach folgt dann die Ära der rein allergischen Erklärungen des Herdgeschehens durch VEIL, HANSEN, DITTMAR und andere.

Jetzt wurden auch die ersten Tests zur Diagnostik eingesetzt. Dabei handelte es sich zunächst um serologische Tests wie Ganslmeyer und Antisepton. Dann entwickelte SCHLIEPHAKE — ein Zeitgenosse VEILS — den Kurzwellentest. Mit allen diesen Methoden wollte man sogenannte „stumme Herde" sichtbar machen. In diese Zeit fallen auch die ersten Dokumentationen über die Herderkrankung selbst.

Während des 2. Weltkrieges geriet der Streit um das Für und Wider der Herdlehre in Vergessenheit, aber die klinischen Erfolge seiner Verfechter bestärkten diese weiterhin in der Meinung, auf dem rechten Wege zu sein.

Erst einige Jahre nach dem Ende des Krieges, nämlich 1950, fanden sich interessierte Mediziner zu einer Gruppe, zum Berchtesgadener Symposion, zusammen. Damals gründete ZABEL die „DAH". Etwa gleichzeitig wurde in Wien unter ALTMANN das Lainzer Krankenhaus zur Wirkungsstätte der österreichischen Herdforscher. Hier wurden wunderbare Versuchsreihen über Metall-Allergien durchgeführt.

Außerdem wurden hier erstmals Autovaccine aus Dentinstaub hergestellt und die ersten physikalisch-physiologischen Herd-Tests nach GOTSCH / BLUMENCRON durchgeführt. Sie wissen sicher, daß es sich dabei um Petechien-Tests handelt. Außen verwendete man die Konjunktival-Tests mit Histamin-Lösung. Ab dieser Zeit begann nun auch — trotz mancher Anfeindung — eine echte Grundlagenforschung.

Eine der wichtigsten Aufgaben bestand zunächst darin, eine einheitliche Terminologie zu schaffen. Man definierte den Begriff des Herdes — und diese Definition machte im Lauf der Jahre einige Wandlungen durch.

SIEGMUND sagte damals: „Ein Herd ist diejenige abwegige lokale Veränderung im weichen Bindegewebe mit nicht abbaufähigem Material, mit der sich die lokalen und allgemeinen Abwehrreaktionen in ständiger aktiver Auseinandersetzung befinden. Erst mit dem Zusammenbruch der lokalen Abwehrschranke durch endogene und exogene Faktoren beginnt die Fernwirkung des Focus auf den Organismus und damit die eigentliche Herderkrankung."

Der heutige Mensch ist zivilisationsgeschädigt. Krankmachende Umweltreize, dazu Hektik und Fehlernährung bewirken oft schon eine Fehlentwicklung des kindlichen Skelettes und des Drüsenapparates. Wirbelschäden und Lymphstauungen im Kopfgebiet führen zur Schädigung des Kieferknochens und der Zähne. Meistens ist Karies der Beginn des späteren Herdgeschehens, da ihr häufig Pulpenerkrankungen und Pulpentod folgen. Erst auf diesem Nährboden ist eine spätere Herdwirkung möglich. MEYER/Göttingen führte wichtige Untersuchungen über die Anatomie der

Zähne durch. Er schuf die sogenannten MEYER'SCHEN Wurzelbäumchen, die die Ramifikation darstellten und nachwiesen, daß bis zu 35 Ramifikationen des Wurzelkanals möglich sind. Er stellt damit die sogenannte exakte Wurzelfüllung in Frage! GUIDO FISCHER, HEß und MEYER fanden histologisch die enge Zellverbundenheit zwischen Wurzelzement und Knochen. Kapillar-Anastomosen zwischen Zementzellen und Kieferknochen konnte auch PRITZ histologisch beweisen.

Damit war nun nicht nur das exakte Abfüllen der Wurzelkanäle in Frage gestellt sondern auch der Versuch, proteolytisch Dentin-Eiweiß von der Umgebung zu isolieren.

Später konnte DJERASSI/Sofia durch szintigraphische Untersuchungen von wurzelgefüllten od. retrograd abgefüllten Zähnen belegen, daß auch bei exaktester Ausführung der Füllung schon nach vier Stunden radiumhaltiges Jod in der Schilddrüse nachzuweisen war, nach 24 Stunden die gleiche Menge wie bei amputierten Pulpen. Damit war der Streit um den Sinn der Wurzel-Füllungen im Grunde entschieden.

Wesentlich für die weitere Erkenntnis der dentogenen Herdwirkung waren physiologisch-chemische Untersuchungen des Pulpen-Eiweißes toter Zähne.

In den 60er Jahren erhielt die HILLER'SCHE Gruppe von DAH den Auftrag, das denaturierte Pulpen-Eiweiß zu untersuchen. Man fand neben Bakterien-Abbauprodukten tryptisch und peptisch abgebautes Dentin-Eiweiß in Form von Polypeptid-Ketten und hochtoxischen Merkaptenen. GRÄBELEIN fand als letzte Abbaustufe vieler dieser Polypeptid-Ketten den hochtoxischen Thioäther, der in der Leber nicht abgebaut werden kann und ein starkes Fermentgift darstellt.

Man könnte ihn als eine Art Leichengift bezeichnen. EGER untersuchte diese proteolytischen Abbauprodukte auf ihre Wirkung auf vorgeschädigte und nicht geschädigte Organismen. Er schuf den Begriff der „atenktoropen“ — d.h., zur Abwehr gehörigen — Stoffe. Die Eiweiß-Zerfallsprodukte gewann er aus den Speransky'schen Granulombeuteln, injizierte das gewonnene Sekret Versuchstieren und erfuhr dabei, daß einmalig gegebene kleine Mengen dieser Abbau-Fermente als Anreiz auf die körpereigene Abwehr wirkten. Bei mehrmaliger Injektion diese Toxine in Mikromengen — etwa einer Lösung von 10^{-5} entsprechend-starb das mit Pyrexal vorgeschädigte Versuchstier nach ca. 3 Wochen an Leberdegeneration. Nicht nur Leberschädigungen waren bei den geimpften Tieren zu finden, auch alle Formen der Herdschädigung, wie sie beim Menschen bekannt sind, konnten im Tierversuch nachgewiesen werden.

HAUSS, JUNGE-HÜLSING und GERLACH beschäftigten sich mit der sogenannten unspezifischen Mesenchymreaktion und mit der Pathogenese der Mesenchym-Erkrankungen. JUNGE-HÜLSING schuf dabei einen neuen Begriff — den der „Transitstrecke“. Darunter versteht er das weiche Bindegewebe als Medium zwischen Kapillare und Parenchym-Zelle. Durch szintigraphische Untersuchungen mit radioaktivem Schwefel wurden wichtige Erkenntnisse über den Wirkungsmechanismus zwischen der Mesenchym-Zelle und der interstitiellen Bindegewebsflüssigkeit gewonnen.

Folgendes konnte festgestellt werden:

Der über die Transitstrecke in die Zelle eingeschleuste radioaktive Schwefel wird zu schwefelsaurem Mukopoly-saccharid (Chondroitin-Schwefelsäure) aufgebaut und in die interstitielle Flüssigkeit ausgeschieden!

Innerhalb der Zelle findet eine echte de-novo-Synthese statt. Physiologische und pathogene Reize — zum Beispiel Strom — verändern nach wenigen Minuten das Mesenchym und führen zu Verschiebungen der interstitiellen Bindegewebsflüssigkeit. Die Stärke dieser ersten unspezifischen Reaktion auf den lokalen Reiz ist von der Chemie des bindegewebigen Milieus abhängig; und nach dem Alles- oder Nichts-Gesetz findet diese mesenchymale Reaktion gleichzeitig im gesamten weichen Bindegewebe des Organismus statt. JUNG-HÜLSING hat darüberhinaus noch wichtige Erkenntnisse über die Wirkungsweise von Medikamenten auf das Mesenchym gewonnen und festgestellt, daß Cortison den Stoffwechsel der Mesenchymzellen reduziert, und das noch bis zu einer Potenz von D3! Bei einer Potenz von D6 läßt die hemmende Wirkung nach, ab D8 tritt eine Aktivierung ein. Damit hat JUNGE-HÜLSING das Prinzip der homöopathischen Dosierung und des Umkehreffektes unbewußt bewiesen. Ohne Kenntnis der Arbeiten von JUNGE-HÜLSING arbeitete PISCHINGER gleichzeitig am Bindegewebe. Er schuf den Begriff des Zelle-Milieu-Systems, was in etwa der Transitstrecke entspricht. Auch er machte Versuche mit der Herdwirkung und dem Grundsystem, das aus weichem Bindegewebe und dem reticulo-endothelialen System besteht.

Es wurden Tests ausgearbeitet, um die Wirkung der Noxen auf das Grundgewebe meßbar zu machen. Dabei entstanden der sogenannte Jod-Bindungs-Test, der Leukozyten-Test und die Oxymetrie.

BERGSMANN, ein Mitarbeiter der PISCHINGER-Gruppe, fand die Seitenkonkordanz im Herdgeschehen und damit das Prinzip der einseitigen Veränderungen der Reaktionen bei einseitiger Herdbelastung. Jetzt konnte praktisch jede klinische Untersuchungsmethode — bei Entnahme des Blutes aus beiden Kubitalvenen — Auskunft über die Reaktions- und Abwehrlage geben. Bei

dem sehr wichtigen Leukozyten-Test konnten dabei auf der beherdeten Seite bis zu 3000 Leukos weniger als auf der gesunden Seite gezählt werden.
Da von Praktikern in der Zwischenzeit elektrische Testmethoden entwickelt wurden — wie von GEHLEN - STANDEL, VOLL, WOLKEWITZ, CROON, SCHWAMM — untersuchte die Wiener Gruppe dann die Zuverlässigkeit dieser Methoden und versuchte, sie wissenschaftlich zu untermauern, weil man sich davon erhoffte die zeitraubenden serologischen Untersuchungen sparen zu können. Man untersuchte die Einwirkung von Strom auf die Haut als Angriffsfläche aller elektrischen Tests. Dazu war zunächst eine exakte anatomische und elektrophysikalische Untersuchung der Haut notwendig.
KELLNER und MARESCH machten die Entdeckung, daß die Haut mit Hilfe der arterio-venösen Anastomosen exogene Schäden kompensieren kann, daß aber auch durch den cutiviszeralen Reflex der Focus auf der Haut manifestiert und dadurch meßbar gemacht werden kann. Die arterio-venösen Anastomosen — die Kurzschlüsse im Gefäßsystem — sind in der Lage, bei Sauerstoffnot die periphere Strombahn im Sinne einer Hyperämie zu beeinflussen und dadurch Sauerstoff heranzuschaffen. Außerdem kann bei Kälte die zentrale Temperatur des Körpers mit Hilfe der Kurzschlüsse im Sinne einer peripheren Blutleere konstant gehalten werden.
Dieser Gefäß-Mechanismus dient auch zur Erklärung der Testphänomene bei Elektro-Haut-Tests, bei Akupunktur-Messung und bei der Termin-Diagnostik. Die beschriebenen Reaktionen zeigt ein gesunder Organismus; liegt eine Mesenchymschädigung vor, ändern sich die physiologischen Bilder.
Die Untersuchungen von KELLNER und STOCKINGER ergaben, daß sich intracutan Spalträume zwischen dem Stratum papillare und dem Stratum texticulare erstrekken, die im gesamten Corium zu finden sind. Es handelt sich bei diesen mit Endothel ausgekleideten länglichen Hohlräumen, um ein autonomes — passiv füllfähiges Hohlraumsystem im bindegewebigen Anteil der menschlichen Haut. Es wird überlegt, ob diese Gefäß-Spalten nicht praktisch den uns bekannten Meridianen der Akupunktur entsprechen.
Eine wichtige Untersuchung auf dem Gebiet der Herdforschung wurde in Ljubljana durchgeführt. Hier untersuchte man die immunbiologische Abwehrlage des Odontons. Dabei entdeckte man, daß bei der Dentition, also beim Durchbruch des Zahnes durch die Kieferschleimhaut — sich die bis dahin anscheinend ungeordneten Fibroblasten der Pulpa zur Weil'schen Zone organisieren. Szintigraphisch konnte nachgewiesen werden, daß bei gesunder Abwehrlage der Pulpa alle Toxine, die ungehindert Dentin und Schmelz durchdringen können, in dieser Weil'schen Zone abgebaut werden. Wird die Weil'sche Zone durch schwere endogene oder exogene Noxen geschädigt, dann können Bakterien-Toxine ungehindert in die Rest-Pulpa eindringen und die humorale Abwehr muß sich dann mit den Toxinen auseinandersetzen.

Damit wird Folgendes bewiesen:

1. Die lokale Abwehrschranke gegen Bakterien und Odonton sind die intakten Pulpen.

2. Bei unserer konservierenden Behandlung muß größter Wert auf die Erhaltung der gesunden Odontoblasten gelegt werden. Z.B. muß man die Zahnbehandlung mit Turbinenbohrern deshalb sehr in Frage stellen. Ich möchte nur auf die neuesten elektronenmikroskopischen Untersuchungen turbinenbehandelter Zähne hinweisen, bei denen festgestellt werden mußte, daß es nicht nur zu Hitzeschäden bei den Odontoblastenfortsätzen kam, sondern daß durch den Unterdruck, der durch die hohe Drehzahl der Turbinenbohrer am Dentinkanal entsteht, die Odontoblastenfortsätze aus den Kanälen herausgerissen wurden — und das sogar bei oberflächlicher Behandlung und mit viel Wasser. Wir selbst haben in meiner Praxis histologische Untersuchungen von Zähnen durchführen lassen, die mit Turbinenbohrern behandelt worden sind und bei elektrischen Tests als intradental geschädigt erkannt wurden — dabei stellt sich heraus, daß alle diese Zähne degenerative Erscheinungen in den Pulpen aufwiesen. Seither haben wir die Turbinen aus unserer Praxis verbannt.

Es ist mir klar, daß meine Ausführungen keinen Anspruch auf Vollständigkeit erheben können. Noch sehr viel mehr Wissenschaftler und Praktiker, als ich Ihnen hier aufzählen konnte, haben versucht, dem Herdproblem Geltung zu verschaffen. Mein Anliegen mit dieser kurzen Einführung war hauptsächlich, Ihnen zu belegen, daß ernstzunehmende Wissenschaftler seit Jahrzehnten bewiesen haben, daß der Focus und seine Wirkung auf das Mesenchym Realität sind und besonders wir in der Zahnheilkunde alles daran setzen müssen, um durch präventive Maßnahmen die Entstehung von Foci auf ein Minimum zu reduzieren.

Gesundheitsstörungen durch Amalgam und Mundbatterien

Dr. F. Kramer

Frage: Ist Amalgam gesundheitsschädlich?

Antwort: Bei der bisherigen Diskussion über Amalgamschäden steht fast immer nur das Quecksilber (Hg) als Störfaktor im Vordergrund, welches durch die Kaubewegungen (Abrasion) und durch Korrosion aus den Amalgamfüllungen in den Magen-Darm-Trakt gelangt. Die Schulmedizin hält die dabei freiwerdenden Quecksilber-Mengen für kleiner, als die Hg-Mengen, welche mit der täglichen Nahrung aufgenommen werden und somit für unschädlich. Es gibt aber noch einen anderen weg, wie nicht nur das Quecksilber, sondern auch die anderen Metallbestandteile einer Amalgamfüllung für die Gesundheit gefährlich werden können — und das ist die Belastung des Grundsystems nach Professor Pischinger/Wien durch den Mundbatterie-Effekt.

Frage: Wie entstehen Mundbatterien?

Antwort: Wenn ein Patient verschiedene Füllungen, Kronen, Brücken oder Prothesen aus Metall im Mund hat, entstehen bei unterschiedlichen Metallen galvanische Ströme. Der Speichel wirkt hier wie ein Elektrolyt.

Frage: Wie kann man die Mundbatterie messen?

Antwort: Zahlreiche Zahnärzte messen nur die Spannung in Millivolt (mV) oder den Strom in Mikroampere (µA) zwischen den verschiedenen Metall-Arbeiten. Doch diese beiden Meßwerte ergeben allein keine eindeutige Aussage über die Schadwirkung einer Mundbatterie. Entscheidend dafür ist vielmehr die Energie, welche in einer Mundbatterie erzeugt wird und diese Energie bestimmt man mit dem Mundbatterie-Meßgerät EM 202 der Forschungsgemeinschaft für Biophysik (FfB). Es mißt die Spannung und den Strom über eine Zeit von 1,5 Sekunden und errechnet daraus die Energie nach der Formel:

$$W = \int_{0}^{1{,}5\,\mathrm{sec}} u_{(t)} \cdot i_{(t)} \cdot dt$$

W = angegeben in Nanowattsekunden (nWs) = Energie der Mundbatterie

u = angegeben in Millivolt (mV) (= Leerlauf Spannung ohne Belastung)

i = gemessen in Mikroampere (µA) (Strom zwischen zwei Metallen im Mund)

Frage: Welche Größenordnung hat die Energie einer Mundbatterie?

Antwort: Sie liegt im Bereich von Nanowattstunden. Tolerierbar sind nach unserer Meinung maximal 60 Nanowattsekunden (nWs). Leider aber können wir bei unseren Patienten nicht selten viele tausend nWs messen. Daß solche Mundbatterien schädlich sind sollte leicht einzusehen sein.

Frage: Was haben Mundbatterien mit dem Amalgam zu tun?

Antwort: In der Regel entstehen starke Mundbatterien, wenn unedle Metalle in Mund eines Patienten verarbeitet werden — und das sind heute meistens Amalgamfüllungen. Starke Mundbatterien entstehen, wenn verschiedene Metalle und hier vor allem, wenn Goldkronen bzw. Goldbrücken zusammen mit Amalgamfüllungen im gleichen Mund vorhanden sind. Alte, korrodierte Amalgamfüllungen sind am schlimmsten.

Frage: Warum gehören Amalgamfüllungen zu den unedlen Metallen?

Antwort: Weil sie zu 50 oder mehr Prozent Gewichtsanteilen aus reinem Quecksilber bestehen und neben Silber unedle Schwermetalle enthalten wie Kupfer, Zinn und Zink.

Frage: Welche Schäden verursacht Amalgam?

Antwort: Amalgam verursacht keine spezifischen Krankheiten, sondern stört bei längerer Einwirkungszeit über das Grundsystem viele Funktionen im Organismus, je nachdem, wie stark und wo der betreffende Patient vorbelastet ist. Amalgam ist daher für mich eine Zeitbombe, die lange unbemerkt im Organismus unserer Patienten ticken kann. Das läßt sich aber unter Praxisbedingungen am Patienten zur Zeit nur durch Mundbatteriemessungen erkennen.

Frage: Wie kann man die Funktionsstörungen erklären?

Antwort: Durch starke Mundbatterien, insbesondere unter Beteiligung von Amalgam wird zuerst einmal der Speichel in Mund als Elektrolyt verändert und damit die Verdauung gleich zu Anfang gestört.

Zweitens irritieren die Störströme aus den Mundbatterien das empfindliche Nervensystem, welches ebenfalls mit elektrischen Signalen arbeitet.

Frage: Stört das Amalgam auch noch auf andere Weise?

Antwort: Ja, wenn über die Körpergewebe als Elektrolyt werden die Metallbestandteile des Amalgams in Form von Ionen freigesetzt und gelangen in Abhängigkeit von der Zeit mit dem Stromfluß der Mundbatterie über Zahnbein/Dentin Zahnnerv/Pulpa in den Kieferknochen und weiter in den übrigen Organismus. Welche Metall-Eiweiß-Verbindungen dort entstehen und was diese bewirken, ist vorerst nicht bekannt. Jedenfalls sind es aber Verbindungen, gegen die der Körper keine Abwehrmechanismen hat und solche stören nach den Forschungen von PROF. PISCHINGER/Wien die Funktion des Grundsystems, welches alle Organzellen im Körper steuert, versorgt und entsorgt.

Frage: Lehnen sie Amalgam als Füllungsmaterial ab?

Antwort: Ja — denn ab 1. Januar 1990 müssen alle Zahnärzte ihre Amalgamabfälle als Sondermüll behandeln. Sie dürfen sie nicht einmal mehr in den Abfall werfen — um die Umwelt zu entlasten. Daher meine **Gegenfrage:** Wie kann dann Amalgam gerade im Mund unserer Patienten unschädlich sein?
Frage: Was empfehlen sie anstelle von Amalgam?

Antwort: Für kleine Füllungen kann man heute ggf. Kunststoffe nehmen. Für größere Füllungen sind jetzt noch immer Edelmetalle am besten. Werden diese sorgfältig ausgewählt und verarbeitet, entstehen keine starken Mundbatterien. Edelmetalle sind zwar teuer, zumal auch noch Zahntechniker-Kosten anfallen — aber Gesundheit gibt es nun einmal nicht zum Nulltarif.

Frage: Zahlen die Pflichtkrankenkassen die Entfernung von Amalgamfüllungen?

Antwort: Sie zahlen nur die Entfernung von alten Amalgamfüllungen, wenn diese defekt sind bzw. Randkaries haben. Danach kann ein anderes Material anstelle von Amalgam nur verwendet werden wenn dieses indiziert ist. Bei Ersatz durch Goldgußfüllungen oder durch Keramikfüllungen oder durch im Labor hergestellte Kunststoff-Füllungen zahlen die Pflichtkrankenkassen in der Regel nur einen Zuschuß in Höhe der Kosten für eine Amalgamfüllung.

Frage: Wie kann man aus ihrer Sicht den Amalgam Problemen aus dem Wege gehen?

Antwort: Das geht am sichersten durch Vorbeugung, damit Karies nicht entstehen kann.

Dazu gehören:

1. Gesunde Ernährung. Besonders der Zucker- und Weizenmehlverbrauch sollten auf ein Minimum reduziert werden.

2. Sofort nach jedem Essen Zähne putzen und

3. Zweimal pro Jahr zur zahnärztlichen Kontrolle gehen, damit bereits die kleinste Karies versorgt werden kann.

Die Bewertung Elektro-Galvanischer Vorgänge in der Mundhöhle

Zum Thema sei zuerst einmal festgestellt, daß nach den Erkenntnissen der Physik alle Stoffwechselprozesse im Organismus auf elektro-chemischen Vorgängen beruhen. Sie sind kein spezifisch zahnärztliches Problem. Wohl sind es aber die elektro-galvanischen Vorgänge in der Mundhöhle. Diese treten auf, wenn der Zahnarzt zur Versorgung kariöser Defekte oder zur Schließung von Zahnlücken Metallarbeiten inkorpo-

Zahnärztliche Gußlegierungen für Inlays, Kronen und Brücken	Hochkarätige Legierungen	70% Au
	Edelmetallreduzierte Legierungen	50% Au
	Palladium-Basis-Legierungen	• Palladium-Gold 50%Pd mit Silber und Kupfer • silberfrei, aber kupferhaltig • kupferfrei, aber silberhaltig
	Nichtedelmetall-Legierungen (NEM-Legierungen)	Nickel-Legierung (Ni) Cobalt-Legierung (Co)
	Silber-Legierungen	50% Ag
Aufbrennleg. für Kronen und Brücken	hoch goldhaltige Aufbrennlegierungen	95% Au + Pt-Metalle
	Goldreduzierte Aufbrennlegierungen	50% Au
	Aufbrennlegierungen auf Palladium-Basis	• silberhaltig, aber kupferfrei • kupferhaltig, aber silberfrei
	Nichtedelmetall-Legierungen (NEM)	
Modellguß-Legierungen	hoch goldkarätige Legierungen	
	chromhaltige Legierungen	Co-Cr-Legierungen Ni-Cr-Legierungen Fe-Cr-Legierungen

Tabelle 1: Zahnärztliche Legierungen und ihre Zusammensetzung

riert und diese aus verschiedenen Metallen bestehen. Die Gesunderhaltung eines Gebisses gehört daher aus zahnärztlicher Sicht zur besten Prophylaxe, um Metalle und damit auch elektro-galvanische Vorgänge in der Mundhöhle zu vermeiden. Gelingt die Gesunderhal-
Zwischen den verschiedenen Metallarbeiten entsteht eine galvanische Batterie, weil der Speichel ein Elektrolyt ist, den sein pH-Wert (also seine Wasserstoff-Ionen-Konzentration) beträgt nach PROF. VINCENT/ Paris bei einem gesunden Menschen im nüchternen Zustand etwa 6,8.

Der Normal-Speichel ist also leicht sauer. Sein pH-Wert kann erheblich variieren in Abhängigkeit von der Mundhygiene. Der pH-Wert hat sogar eine psychisch bedingte Komponente. Eine galvanische Batterie zwischen dem Speichel als Elektrolyt und den Metallarbeiten könnte man als „Speichelbatterie" bezeichnen und vereinfacht so darstellen, wie das in Abbildung 1 geschehen ist.

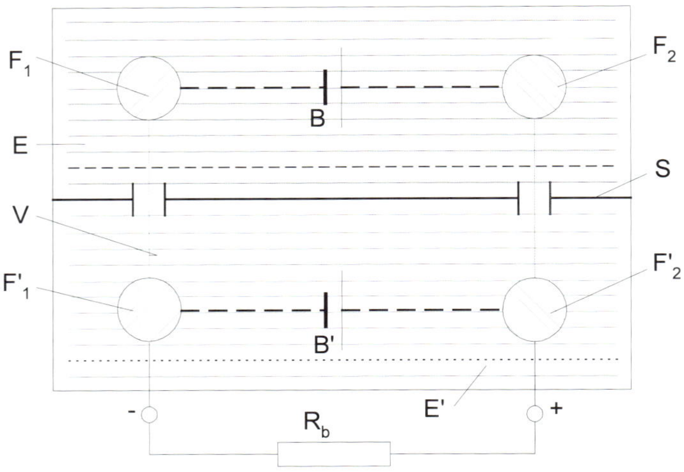

Abbildung 1: Ersatzschaltbild einer einfachen Mundbatterie

Es bedeuten:

B	=	Batterie mit Speichel als Elektrolyt
B'	=	Baterie mit Gewebsflüssigkeit als Elektrolyt
E	=	Elektrolyt Speichel
E'	=	Elektrolyt Gewebsflüssigkeit
F_1 und F_2	=	Füllungsoberflächen im Speichelbereich (Metallpole der 1. „Batterie")
F'_1 und F'_2	=	Füllungsoberflächen zur Zahnseite (Metallpole der 2. „Batterie") Leitungsweg des Stromes über die Körpergewebe (Dentin, Pulpa, Alveolarknochen)
V	=	Gedachte Verbindung von F_1 zu F'_1 (gilt auch für F_2 zu F'_2)
S	=	Schleimhaut als Isolierschicht für die Abgrenzung der beiden Batterien bzw. Der beiden Elektrolyte E und E'

Die Wirklichkeit ist allerdings sehr viel komplizierter, denn elektrogalvanisch stehen die zahnärztlichen Metalle in der Mundhöhle nicht nur mit dem Elektrolyt Speichel in Wechselbeziehung, sondern auch mit der Gewebsflüssigkeit von Dentin, Pulpa und Alveolarknochen, denn diese haben organische Strukturen. Zur tung des Gebisses aber nicht, so sind Metallfüllungen oder Metall-Kronen oft unvermeidlich. Tritt Zahnverlust ein, benötigt der Zahnarzt auch Metalle zur Erhaltung der Kaufunktion in Form von Brücken und Prothesen. Vergleiche dazu die folgende Tabelle 1.
Vereinfachung wollen wir die Gingiva und den Schmelz außer Betracht lassen. Das Ersatzschaltbild einer solchen Mundbatterie zeigt Abbildung 2. Abhängig von den Batterie-Daten wie Elektroden, Spannungsreihe der Metalle, Speichel, geometrische Abmessungen usw. bilden sich entsprechende Potentiale aus. Die Spannung läßt sich mit einem hochohmigen Gerät ohne praktischen Eigenverbrauch messen.

50 Gewichtsteile	chemisch reines Quecksilber (Hg)
50 Gewichtsteile	Teilung bestehend aus: 50-70% Silber 29% Zinn 6% Kupfer 2% Zink

Tabelle 2: Bestandteile des Silberamalgams

Der Stromfluß der dargestellten Mundbatterien ist kein reiner Elektronenfluß, sondern ein Ionenfluß, ausgehend von denjenigen Metallen, die an der Mundbatterie als Elektroden beteiligt sind. Bei Silberamalgam sind also Ionen der unedlen Metalle Quecksilber, Silber, Zinn, Kupfer und ggf. Zink beteiligt. vgl. Tabelle 2.

Entsprechendes gilt aber auch für Sparlegierungen, für Palladium-Basis-Legierungen und für NEM-Legierungen, wenn diese an den Mundbatterien als Elektroden beteiligt sind, da auch Sie in erheblichem Umfang unedle Metalle enthalten! Erinnern wir uns, daß den deutschen Zahnärzten heute mehr als 500 zahnärztliche Legierungen zur Verfügung stehen, wie das Forschungsinstitut für die zahnärztliche Versorgung (FZV) 1988 in einer Übersicht festgestellt hat.

Für diese zahlreichen Legierungen werden, gemäß Tabelle 3, eine beachtliche Anzahl von Legierungsbestandteilen ausgewiesen und viele davon sind unedel. Wir sollten daher bei der Betrachtung von Mundbatterien nicht nur an Amalgam denken, sondern alle Legierungskomponenten im Blickwinkel behalten und von diesen besonders die vielen unedlen Metalle.

Dazu ein Hinweis:

Alle vitalen Körpergewebe werden durch das von PISCHINGER erforschte Grundsystem versorgt, entsorgt und weitgehend gesteuert.

Näheres kann in PISCHINGERS Buch „Das System der Grundregulation" nachgelesen werden.

Zur Erinnerung darf ich Ihnen noch einmal ein Schema dieses Grundsystems zeigen. (siehe Kapitel Grundsystem, KOBAU)

Ag	= Silber	Al	= Aluminium	Au	= Gold
B	= Bor	Be	= Beryllium	C	= Kohlenstoff
C	= Cer	Co	= Kobalt	Cr	= Chrom
Cu	= Kupfer	Fe	= Eisen	Ga	= Gallium
In	= Indium	Ir	= Iridium	La	= Lanthan
Mg	= Magnesium	Mn	= Mangan	Mo	= Molybdän
N	= Stickstoff	Nb	= Niob	Ni	= Nickel
Pd	= Palladium	Pt	= Platin	Re	= Rhenium
Rh	= Rhodium	Ru	= Ruthenium	Si	= Silizium
Sn	= Zinn	Ta	= Tantal	Ti	= Titan
V	= Vanadium	W	= Wolfram	Y	= Yttrium
Zn	= Zink				

Tabelle 3

Gelangen nun unedle Metallionen durch den Stromfluß einer Mundbatterie über Dentin und Pulpa in das Körperinnere und damit auch in das PISCHINGERSCHE Grundsystem, so werden sie dort abgelagert, wenn der Stromfluß unterbrochen wird.

Das sollte uns besonders bei Amalgamfüllungen zu denken geben, weil dessen Quecksilber-Anteil in ionisierter Form eine überaus große Affinität zum Protein hat. Erinnern wir uns dabei, daß bei einem Stromfluß von 1 Ampere $6{,}28 \cdot 10^{18}$ Elektronen pro Sekunde fließen. Das sind bei 100 Mikroampere immerhin noch $6{,}28 \cdot 10^{14}$ Elektronen pro Sekunde und bei bewegten Metallionen sind das die äquivalenten Mengen pro Sekunde! Es handelt sich somit um echtes Material, das durch Mundbatterien ins Grundsystem nineintransportiert wird, dieses ggf. zusätzlich fließend durchsetzt und so dessen Funktionen stört. Auf diese Weise können zahnärztliche Werkstoffe und hier insbesondere die Amalgame an der Entstehung der verschiedenartigsten Krankheitsbilder beteiligt sein, je nachdem, wie lange und wo der Patient bereits anderweitig vorbelastet und das Grundsystem insgesamt dadurch bereits funktionsgestört ist.

Die Belastung des Grundsystems durch Silberamalgam verursacht daher keine spezifische Erkrankung mit spezifischen Symptomen, sondern ist vielgesichtig und in der Regel nur ein Faktor im multikausalen Reigen der funktionellen Belastungsmöglichkeiten.

Die Nichtbeachtung der Funktionsstörungen des Grundsystems ist auch der Grund dafür, warum die Schulmedizin mit ihren vorwiegend morphologischen und histologischen Untersuchungsmethoden die Schadwirkung des Silberamalgams und aller anderen unedlen zahnärztlichen Werkstoffe nicht erkennt. Die Nichtbeachtung der Funktionsstörungen des Grundsystems erklärt auch, warum Vergleichsuntersuchungen zwischen Nahrungsmittelbelastung und Belastung durch Quecksilber (Hg) aus Amalgamfüllungen keine konkreten Resultate liefern, wenn nur Blut und Urin und auch diese nur auf Hg untersucht werden! Bei den bisherigen Betrachtungen sind wir der Grundsatzfrage wegen von einer einfachen Mundbatterie ausgegangen. In Wirklichkeit sind die Probleme vielschichtiger und für den Organismus zum Teil wesentlich belastender. Hier nur einige Stichworte mit Blickrichtung auf die Amalgame, welche aber auch für andere unedle Metalllegierungen gelten:

a. Unsere Patienten haben fast immer eine größere Anzahl von Amalgamfüllungen, zum Teil frisch gelegte und alte korrodierte, sogar mit Spaltbildung nebeneinander. Damit sind in der Regel mehrere Mundbatterien vorhanden, welche das Grundsystem belasten.

b. In vielen Fällen berühren sich die Amalgamfüllungen oder es berühren sich gar Goldkronen und Amalgamfüllungen. Diese Batterien haben in der Regel einem kleinen Innenwiderstand. So erfolgt ununterbrochen ein relativ großer Metalltransport ins Grundsystem und stört dessen Funktionen.

c. Ebenfalls häufig sind im Unterkiefer z.B. Amalgam/Gold vorhandenen und im Oberkiefer eine Goldbrücke, welche die untere Mundbatterie bei jedem Kauvorgang kurzschließt. Bei Belastung von Mundbatterien mit einem Belastungswiderstand von 10kΩ wurden dabei Stromspitzen von 100µA und mehr gemessen. Bei reinen Kurzschlüssen durch eine Brücke oder in anderer Weise fließen noch höhere Kurzschlußspitzenströme.

d. Das vorstehend geschilderte Beispiel ist hinsichtlich Oberkiefer und Unterkiefer auch umgekehrt denkbar.

e. In vielen Fällen sind alle vier Seitenzahngebiete entsprechend der bisherigen Schilderung multifaktorell in ein mehr oder weniger kompliziertes Mundbatterie-System eingebettet und belasten das Grundsystem des Organismus mit bedeutenden Stromflüssen oder genauer mit Metallionen in allen vier Kieferquadranten. Nach unseren Erfahrungen gibt es kaum eine chronische Krankheit, die hierdurch nicht wesentlich negativ mit beeinflußt wird.

f. Nach unserer Erfahrung stören besonders Amalgamfüllungen ohne Unterfüllung, denn hier ist der Ionentransport in das Grundsystem besonders leicht.

Diese Problematik der Mundbatterien-Diagnostik sei an einem praktischen Meßbeispiel verdeutlicht:

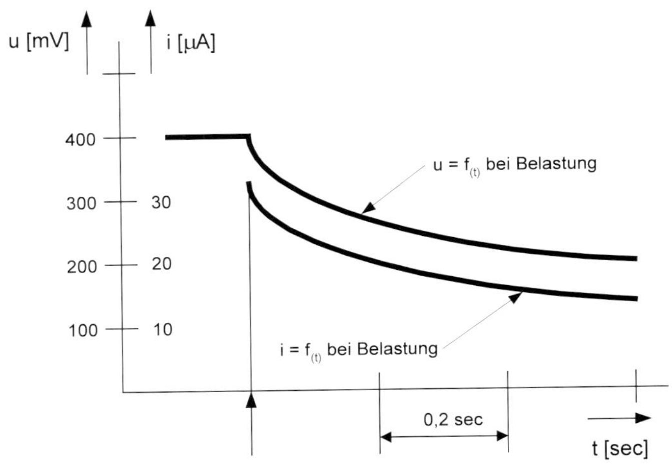

Abbildung 2: Pat. G. Ve., Brschweg., 40 J., untersucht 18. März 1977. „Batteriepole“: Amalgamfüllung 48 gegen Amalgamfüllung 47

u_{max} = 400 mV umin = 190 mV Δu = 210 mV
Differenz ist Spannungsabfall bei Belastung mit R_b=10KΩ
i_{max} = 32,5µA ist erste Stromspitze bei Belastung mit 10 KΩ
i_{min} = 14µA dauernd.

In Abbildung 2 handelt es sich um eine starke Mundbatterie mit hohem Dauerstromanteil von ca. 14µA bei einer Belastung der Batterie mit 10 KΩ. Man erkennt sehr deutlich, daß Spannung u, Strom i und Energie W Funktionen über die Zeit sind. Eine statistische Messung hätte bei diesen Patienten keine nennenswerte Aussagekraft.

Beim FfB-Mundbatterie-Meßgerät wird neben der Leerlaufspannung, dem Spitzenstrom bei Belastung mit einem Fest vorgegebenen Widerstand von 10KΩ, der Energieumsatz von dem im Gerät eingebauten Belastungswiderstand errechnet und angezeigt. Nach praktischen Messungen an einem großen Patientenkreis wurde eine Meßzeit von 1,5 Sekunden als ausreichend aussagekräftig erkannt, denn nach dieser Meßzeit liegen alle zur Beurteilung der Güte bzw. Stärke einer Zahnbatterie erforderlichen Daten vor.

Das FfB-Meßgerät berechnet den Energieumsatz in einer Mundbatterie nach der Formel:

$$W = \int_0^{1,5sec} u_{(t)} \cdot i_{(t)} \cdot dt$$

W = angegeben in Nanowattsekunden (nWs) = Energie der Mundbatterie
u = angegeben in Millivolt (mV) (= Leerlauf Spannung ohne Belastung)
i = gemessen in Mikroampere (µA) (Strom zwischen zwei Metallen im Mund)

Die Zeit t wird in Sekunden (s) gemessen. Je größer die angezeigte Energie, umso mehr ist die Mundbatterie in der Lage, Metallionen in das Grundsystem zu transportieren, so dessen Funktionen zu stören und damit chronische Belastungszustände zu erzeugen bzw. bereits vorhandene zu verstärken. Mundbatterie-Messungen mit hohen Energiewerten geben damit dem interessierten Praktiker bei relativ geringem Zeitaufwand einen Fingerzeig, warum durch zahnärztliche Metalle, z.B. eine jahrelang bestehende chronische Erkrankung unterhalten und vielleicht erfolglos therapiert wird. Heilerfolge hängen nämlich davon ab, ob und inwieweit es gelingt, die Regulationssysteme des Organismus und hier insbesondere das Grundsystem wieder funktionsfähig zu machen. Gelingt das durch eine zahnärztliche Metallsanierung allein, werden Patient und Zahnarzt darüber erfreut sein. Oft reicht jedoch eine Metallsanierung allein nicht aus, um die Regulationssysteme wieder funktionstüchtig zu machen. Dann aber darf der Zahnarzt wenigstens Gewißheit haben, daß er im Team mit den anderen Ärztekollegen seinen Fachbeitrag geleistet hat, um die Regulationssysteme des betreffenden Patienten wenigstens zu entlasten.
Diese Ausführungen mögen zeigen, daß auch das Thema „Amalgam und seine Nebenwirkungen“ nicht durch Vergleich mit den täglichen Nahrungsmittelbelastungen durch Quecksilber erledigt werden kann.

Therapie mit einer Homöopathie - Eigenblut - Kombination (HEK)

Zusammenfassung

Zur HEK-Therapie wird Eigenblut mit homöopathischen Mitteln in flüssiger Form (Tropfen, Ampullen) nach den Regeln der klassischen Homöopathie potenziert und vom Patienten per os eingenommen. Die HEK-Therapie ist somit eine modifizierte Autonosoden-Therapie. Sie wurde insbesondere zur Vor- und Nachbehandlung bei herdtherapeutischen zahnärztlichen Eingriffen entwickelt, leistet aber auch dem ärztlichen Praktiker gute Dienste zur Behandlung chronisch-kranker Patienten und insgesamt zur Mesenchymreaktivierung.
Es gibt bereits verschiedene Eigenblut-Therapie-Möglichkeiten, wie zum Beispiel: die HOT = Hämotogene-Oxidationstherapie nach WEHRLI, die Auto-Sanguis-Stufen-Therapie oder die Eigenblut-Ozon-Therapie.

Diese haben jedoch mit der nachfolgend beschriebenen Therapie als einer Kombination von Homöopathie und Eigenblut nur die Anwendung von Eigenblut gemeinsam. Die HEK-Therapie basiert auf Anregungen von DR. PETER SONNENSCHEIN, Arzt für Allgemeinmedizin und Naturheilverfahren in Nürnberg. Ansatzpunkt für die HEK-Therapie ist die Homöopathie. Der klassische Homöopath setzt nach den Regeln HAHNEMANNS auf Grund einer eingehenden Anamnese nur ein einziges homöopathisches Mittel (HM) ein, welches alle erkennbaren seelischen, geistigen und körperlichen Symptome bzw. Modalitäten abdeckt. Im Lauf der Jahre stellte sich jedoch heraus daß bestimmte HM-Mittel bei gleichen klinischen Krankheitsbildern immer wieder anwendbar sind und daß man zur Therapie mit Erfolg auch mehrere HM-Mittel kombinieren kann. Diese Therapie mit kombinierten HM-Mitteln wird als Komplex-Homöopathie bezeichnet. Sie wirkt vielleicht nicht ganz so gezielt, wie die klassische HM, leistet aber gute Dienste in der täglichen Praxis — das um so mehr, als man HM-Komplexmittel relativ oft als Ersatz allopathischer Mittel verwenden und dadurch Nebenwirkungen vermeiden kann, denn bei HM-Komplexmitteln wurden diese bisher nicht beschrieben.
Zahlreiche biologisch orientierte Firmen haben gute HM-Komplexmittel auf den Markt gebracht. Ein in sich abgerundetes System von HM-Komplexmitteln verdanken wir H.H. RECKEWEG. Es wird von der Firma Heel in Baden-Baden zur Verfügung gestellt. Alle Heel-Mittel sind in der ORDINATIO ANTIHOMOTOXICA ET MATERIA MEDICA zusammengestellt, ausführlich beschrieben und mit Indikations-Hinweisen versehen. Die Lieferung erfolgt durch die Firma Heel/Baden-Baden. So verfügen heute nicht nur die Allopathen über ihre „Rote Liste", sondern auch die ganzheitlich biologisch orientieren Ärzte und Zahnärzte über eine Liste, die ich gern „Grüne Liste" nennen würde, wenn diese Farbe nicht politisch bereits vergeben wäre. So sprechen wir lieber von der Heel-Komplexmittel-Liste. Mit dieser kann jeder klinisch ausgebildete Arzt und Zahnarzt seine von der Allopathie her gewohnte Arbeitsweise beibehalten, denn die Mittelwahl nach der Heel-Komplexmittel-Liste ist die einfachere Form der HEK-Therapie und soll der besseren Übersicht wegen als HEK-Einfach-Therapie oder als HEK-Therapiestufe 1 bezeichnet werden.

Häufige, für die Hom-Therapie verwendbare, Komplexmittel in Tropfenform sind in der nachfolgenden Tabelle 4 zusammengestellt:

Indikationsrichtung	**Komplex-Mittel**
Lymphe	Lymphomyosot / Heel Traumeel / Heel Entzündungstropfen / Cosmochema
Darm	Nux vomica — Hom. / Heel Veratrum — Hom. / Heel Magen-Darm-Tropfen / Cosmochema
Niere	Berberis — Hom. / Heel Nieren-Blasen-Tropfen / Cosmochema
Leber	Hepeel / Heel Chelidonium — Hom. / Heel Leber-Galle-Tropfen / Cosmochema
Nerven	Gelsemium — Hom. / Heel
Bindegewebe	Echinacin / Madaus Gallium-Heel / Heel

Tabelle 4

Die HEK-Therapie-Stufe 2 betrachten wir als eine deutliche Verbesserung der Stufe 1. Man erreicht Sie, indem man die indikationsmäßig nach der Heel-Liste in Betracht kommenden Komplexmittel zusätzlich mittels Elektroakupunktur auf ihre individuelle Wirksamkeit hin prüft und auswählt. Eine Optimierung der HEK-Therapie — also die Therapie-Stufe 2 ist realisierbar, wenn man die Komplexmittel nach Art der Elektroakupunktur — Mesenchymreaktivierung ergänzt

- durch Organpräparate der Firma Wala (Org)
- durch potenzierte Mittel (Pot.) und
- durch Nosoden (Nos) der Firma Staufen-Pharma sowie
- durch homöopathische Mittel anderer Firmen.

Hinweis: Die Mesenchymreaktivierung mittels Elektroakupunktur wird ausführlich im „Lehrbuch der Elektroakupunktur" Band 4 abgehandelt, welche im Karl F. Haug-Verlag/Heidelberg zu finden ist.

Die 3 Stufen der HEK-Therapie unterscheiden sich im Prinzip also nur dadurch, wie der betreffende Arzt/Zahnarzt seine homöopathischen Mittel auswählt und ob er sie mittels Elektroakupunktur austesten kann. Mit den jeweils ausgewählten bzw. ausgetesteten Mitteln wird dann das Eigenblut des Patienten zur Therapie weiter aufbereitet. Die Aufbereitung selbst ist für alle 3 Therapie-Stufen gleich. Sie wird durch verdünnen und verschütteln (= potenzieren) nach den Regeln HAHNEMANNS durchgeführt und kann von jeder zuverlässigen Helferin vorgenommen werden.

Erforderliche Hilfsmittel

Für die HEK-Therapie benötigen wir zumindest in der 1. Therapiestufe keine aufwendigen Geräte, sondern nur die der Heel-Liste nach klassischen Gesichtspunkten ausgewählten Komplexmittel und als Hilfsmittel:

1 große Mischflasche a 100ml mit weiter Öffnung — 10 kleine Patienten-Fläschchen à 10ml mit Tropfverschluß, 1 große Pipette (20ml), 1 Packung Mikro-Pipette 50ul der Fa. Amefa, ArtikelNr. 030218 Inhalt 250 Stück (mit Ringmarken für Einmalgebrauch) und 1 Packung mit 100 Stück Hämostiletten für einmaligen Gebrauch und steriler Verpackung der Fa. Bonz GmbH., 7030 Böblingen. für die zweite und dritte Therapiestufe ist allerdings ein Elektroakupunktur-Gerät erforderlich.

Herstellung der HEK-Tropfen im Telegramm-Stil

1. Das große 100ml-Mischgefäß und 10 kleine Patientenfläschchen a 10ml bereitstellen und letztere von 1 bis 10 durchnummerieren

2. Von allen ausgewählten oder ausgetesteten Heel-Komplexmitteln je 30,0 als Tropfen ad man med rezeptieren und von der Apotheke anliefern lassen.

Nicht als Tropfen lieferbare Mittel als Ampullen in der kleinsten Einheit (op) ad man med rezeptieren. Homöopathische Medikamente, wie es nur als Tabletten oder Carola I, sind für die HEK-Therapie ungeeignet.

Rezept-Beispiel der Firma Heel:

Gelsemium Homaccord	30,0
Lymphmyosot	30,0
Veratrum-Homaccord	30,0
Berberis-Homaccord	30,0
Hepeel	30,0

s. ad. man med. für Fr. M. Meyer, z.Zt. Nürnberg

3. Aus jedem der angelieferten Fläschchen die gleiche Menge mit einer Pipette entnehmen und die große Mischflasche füllen, sodaß diese mit wenigstens 50 ml aufgefüllt ist.

Beispiel:

Gelsemium-Homaccord	=	10ml
Lymphomyosot	=	10ml
Veratrum-Homaccord	=	10ml
Berberis-Homaccord	=	10ml
Hepeel	=	10ml
		50ml

4. Inhalt des großen Mischfläschchens gut durchschütteln.

5. Vom durchgemischten Inhalt mit einer Pipette je 5ml in jedes der 10 Patienten-Fläschchen verteilen.

Hinweis:
Der in den angelieferten Heel-Fläschchen verbleibende Rest sollte für eine Wiederholungs-Kur aufbewahrt werden.

6. Beide Ohrläppchen mit je einer Lanzette anritzen und zur schwarzen Markierung (in der Mitte der Pipette) aufsaugen. Dazu die Mikropipette etwas schräg halten, dann geht das Aufsaugen bei etwas Übung so schnell, daß das Blut nicht in der Mikropipette gerinnt. Keinesfalls das Blut mit den Mund aufsaugen!

7. Aus den beiden Mikro-Pipetten das Blut in das kleine Patientenfläschchen Nr. 1 geben und mit den bereits darin befindlichen 5ml-Komplextropfen 25 mal kräftig schütteln. Damit ist die Eigenblut-Urtinktur hergestellt.

8. Von dieser Urtinktur mit der Mikropipette Flüssigkeit bis zur großen grünen Markierung am Ende der Mikropipette entnehmen und ins Patientenfläschchen Nr. 2 geben. Dieses ebenfalls 25 mal gut durchschütteln. Damit entsteht die 1. Eigenblut-Potenz.

9. Von dieser mit der Mikropipette wieder Flüssigkeit bis zur großen grünen Markierung entnehmen und in das Patientenfläschchen Nr. 3 geben. Dieses 25 mal gut durchschütteln. Damit entsteht die 2. Eigenblut-Potenz.

10. Diese Prozedur bis zum 10. Patientenfläschchen fortsetzen.

11. Beim Patienten mittels Elektroakupunktur ausmessen, welche Eigenblut-Potenz am besten paßt. Dazu gibt man die Patientenfläschchen der Reihe nach auf die Test-Wabe und prüft, welches Patientenfläschchen am besten paßt. Die EAV-Ärzte halten das für gegeben, wenn der 50er Wert erreicht wird. Ich selbst gleiche auf den Umkehrwert aus, welcher individuell verschieden zwischen 46 und 50 Teilstrichen liegt. Nach bisheriger Erfahrung genügt die Messung am ersten Lymphmeßpunkt (Ly 1) einer Hand.

12. Beherrscht ein Arzt/Zahnarzt die Elektroakupunktur nicht, beginnt man die Therapie mit dem Patientenfläschchen Nr. 3.

Anwendung der Eigenblut-Potenzen

Zur Operations-Vorbereitung sollen die Patienten 3 mal täglich jeweils 20 Tropfen aus dem am besten passenden Patientenfläschchen (meistens Nr. 3) in den Mund nehmen und dort solange wie möglich belassen, bevor die Tropfen geschluckt werden. Ist das Patientenfläschchen Nr. 3 geleert, wird die Therapie mit Fläschchen Nr. 4 fortgesetzt usw. bis zum 10. Fläschchen.

Zur Operations-Nachbehandlung und zur Mesenchymreaktivierung:

Der Patient soll am 1. Tag stündlich 10 Tropfen nehmen, am 2. Tag alle 2 Stunden 10 Tropfen und ab dem 3. Tag 3 mal täglich 20 Tropfen.

Bei akuten Erkrankungen:

Wie bei der Operations-Nachbehandlung vorgehen, also am 1. Tag stündlich 10 Tropfen, am 2. Tag alle 2 Stunden 10 Tropfen und ab dem 3. Tag 3 mal täglich 20 Tropfen.

Begründung für die HEK-Therapie

Dazu muß an PROF. PISCHINGER erinnert werden, welcher mit seinem Grundsystem allen biologisch orientierten Medizinern und Zahnmedizinern den wissenschaftlichen Unterbau für die ganzheitlich orientierte Diagnostik und Therapie geschenkt hat. Nach seiner Auffassung beginnen alle Krankheiten mit Funktionsstörungen im Grundsystem (Abbildung 2) und die schweren chronischen bzw. degenerativen Krankheiten enden mit Funktions-Blockaden in diesem Grundsystem. Zur Behebung der Funktionsstörungen steht uns neben Akupunktur, Neuraltherapie, Phytotherapie u.a., die Homöopathie (HM) HAHNEMANNS zur Verfügung! Eine der Hauptwirkungsrichtungen der klassischen homöopathischen Mittel ist aus der Sicht PISCHINGERS eine Verbesserung der Stoffwechselvorgänge und damit eine Funktionssteigerung des Grundsystems, wobei die Drainagewirkung der HM-Meter von besonderer Bedeutung ist. Mit Hilfe der Elektroakupunktur kann der Einsatz dieser HM-Mittel gezielter und differenzierter erfolgen, wenn man nicht nur Komplexmittel nach Indikationsliste auswählt (HEK-Stufe 2) und als HEK-Stufe 3 in den Elektroakupunktur-Test auch noch homöopathisch aufbereitete Organpräparate einbeziehen, welche die Firma Wala in großer Zahl liefert, denn Organpräparate haben einen Wegweiser-Effekt, wohin die HM-Mittel wirken sollen. Zusätzlich zu den HM-Mitteln und Organpräparaten setzt der Elektroakupunkteur auch noch Nosoden ein — also homöopathische Aufbereitungen von erkranktem Gewebe. Mit Nosoden können nämlich die Toxine aus dem Grundsystem und den Organzellen freigesetzt und so funktionelle Blockaden gelöst werden, bzw. die Toxine mit Hilfe der HM-Mittel drainiert, d.h. ausgeschwemmt werden.

VOLL verwendete Fremd-Nosoden, also nicht aus den Geweben des gerade zu behandelnden Patienten hergestellt, sondern von Fremdpatienten.

Folge:

Fremdnosoden werden u.a. von der Stauffen-Pharma fabriksmäßig hergestellt und sind somit über die Apotheke verfügbar.

Nachteil:

Erkranktes, entzündlich-verändertes und zum Teil infiziertes Gewebe muß vor der Verarbeitung in der Fabrik sterilisiert werden. Das Eiweiß wird dadurch aber verändert.

Die Suche der jeweilig passenden Fremd-Nosode ist zusätzlich selbst für den erfahrenen EAP-Arzt zeitaufwendig und nicht ganz leicht zu erlernen:

a. Weil es viele Krankheiten beziehungsweise viele erkrankte Organe und entsprechend viele Nosoden gibt,

b. Weil man bei der Suche weitgehend auf die nicht unbedingt zuverlässigen anamnestischen Angaben der Patienten angewiesen ist und

c. Weil klinische Untersuchungsergebnisse bei der Nosoden-Suche hilfreich, aber nicht ausreichend sind.

So mußte der bisher in der VOLLschen Elektroakupunktur praktizierte Fremd-Nosoden-Einsatz stets unvollständig und so nicht immer befriedigend bleiben. Abhilfe ist individuell nur durch die Herstellung einer Autonosode = Eigennosode denkbar. Die Entnahme von Patienten-Gewebe zur Autonosoden-Herstellung ist aus verschiedenen Gründen in der Regel nicht möglich. Die Blutentnahme ist jedoch eine Routineangelegenheit in jeder ärztlichen/zahnärztlichen Praxis. Dazu ist Blut ja ohnehin das universelle An- und Abtransport-Mittel im Körper und somit auch beladen mit den Krankheits- und Stoffwechsel-Produkten. Bereitet man daher das Eigenblut nach den Regeln der Homöopathie auf, so hat man eine vortreffliche Eigennosode. Damit kann man die bereits erwähnten Vorteile der Nosoden als toxinlösendes und blockadenlösendes Therapeuticum nützen und die Nachteile der Fremdnosoden umgehen.

Mit potenziertem Eigenblut in der Kombination mit homöopathischen Mitteln (Komplexmitteln), die man gar mittels EAP individuell austestet und zusätzlich mit ausgetesteten Organpräparaten und sonstigen potenzierten Stoffen kombiniert, hat man somit ein therapeutisches Hilfsmittel, was

- für den Patienten relativ kostengünstig ist
- für die Praxis leicht herstellbar ist und in Hom-Stufe 1 unter Verwendung der Heel-Komplexmittel-Liste sogar
- für Ärzte und Zahnärzte realisierbar ist, wenn diese noch nicht in die Geheimnisse der Homöopathie und Elektroakupunktur eingestiegen sind.

Vorteile der HEK-Therapie

- sie ersetzt die stets unvollständige Therapie mit Fremdnosoden
- sie arbeitet mit natürlichen Mitteln und ist ohne Nebenwirkungen
- sie ist bestmöglich individuell, weil mit dem Patientenblut die Krankheits-Stoffwechselprodukte in homöopathischer Zubereitung als Autonosode für die Therapie erfaßt werden
- sie stärkt die Funktionen des Grundsystems und ist daher ganzheitlich orientiert.

Grenzen der HEK-Therapie

Sie will die klinische Therapie nicht ersetzen, kann sie aber in vielen Fällen wirkungsvoll ergänzen.

Diagnostik und Therapie von Störfeldern aus der Sicht eines Praktikers

Dr. G. Verdianz

Im Laufe meiner bisherigen ärztlichen Tätigkeit haben sich diagnostisch und therapeutisch folgende Schwerpunkte herausgebildet:

- **TCM** (Trad. Chin. Therapie, d.h. Pharmakotherapie, Ernährungslehre u. Akupunktur)
- **Homöopathie**
- **EAV** (Elektroakupunkturdiagnostik nach Dr. Voll).

In Punkto Störfelddiagnostik ist für mich die EAV die Methode der Wahl.

Wie kam ich zur EAV?

Als Akupunkteur machte ich die Erfahrung, daß es Patienten gab, bei denen zwar eine gewisse Besserung zu erreichen war, ein durchschlagender Heilerfolg jedoch anscheinend nicht zu erzielen war. Es war, als spürte ich das Vorhandensein einer Barriere, eines Störfaktors, der den weiteren Heilungsprozeß behinderte, auch wenn dieser mit schuldmedizinischen diagnostischen Mitteln nicht eruierbar war.
Die Suche nach einer Methode, auch Störungen zu finden, die sich auf einer feineren, energetischen Ebene abspielen, führte mich zwangsläufig zur EAV.
Während der letzten Jahre meiner Praxis hat sich die EAV als eine unverzichtbare Methode etabliert, vor allem, was die Diagnostik betrifft.
In therapeutischer Hinsicht kombiniere ich häufig die Behandlung mit den EAV-ausgetesteten Mitteln mit einer TCM-Pharmakotherapie, TCM-Ernährungsberatung, und ev. einer Akupunktur (Moxa) Therapie. Zur psychischen Unterstützung verwende ich Bachblüten.

Warum EAV in Kombination mit TCM und nicht als alleinige Therapie?

Der Grund ist nach meiner Erfahrung eine oft wesentlich rascher eintretende Besserung der Beschwerden beim Patienten. Viele Menschen kommen mit Beschwerden, die man in ihrer Gesamtheit als psychoorganisches Erschöpfungssyndrom bezeichnen kann. Wenn sich jemand an einen Ganzheitsmediziner um Hilfe wendet, hat er oft schon einen langen Leidensweg hinter sich. Deshalb ist es notwendig, dem Patienten so schnell wie möglich seine Beschwerden zumindest zu lindern. Es gab auch Fälle, in denen eine EAV-Testung auf Grund des schlechten energetischen Zustandes anfangs nicht möglich war. Erst nach einer vorbereitenden Behandlung, meist mit einer Qi- und bluttonisierenden Rezeptur sowie einer Ernährungsumstellung war es dann möglich, eine EAV-Testung durchzuführen. Es kann manchmal einige Wochen oder länger dauern, bis eine EAV-getestete Therapie zu greifen beginnt.
Kombiniere ich hingegen mit TCM-Pharmakotherapie, ev. Akupunktur (Moxa), falls nötig auch mit Bachblüten, dann behandle ich sozusagen mehrere Ebenen gleichzeitig. Die genannten Therapieformen ergänzen und unterstützen einander, fördern einander in ihrer Wirkung.
Die individuelle energetische Ernährungsberatung ist die unverzichtbare Basis für alle anderen Therapieformen.

Einige grundlegende Überlegungenzur EAV

1. Die EAV ist eine elektromedizinische Systemdiagnostik und -therapie. Sie integriert als Teil der Gesamtmedizin die einzelnen Fachgebiete auf der Basis der Systemtheorie.
2. Sie ist ein integratives, zu immer komplexeren biologischen Systemen fortschreitendes Vorgehen mit dem Ziel, die Auswirkungen des Zusammenspiels nachgewiesener Teilwirkungen auf Organ- und Systemfunktionen festzustellen und zu beschreiben.
3. Durch elektrophysikalische Messungen nach Applikation eines Reizstromes an elektrisch signifikanten Hautarealen werden aktueller Zustand und Dynamik von Systemen und Subsystemen im Organismus erfaßt.
4. Zu diesem Zweck werden extrakorporal die individuell wirksamen Substanzen und Heilmittel über Resonanzphänomene bestimmt.
5. Ziel ist es, die Regulationsfähigkeit des Organismus zu erhalten und wiederherzustellen.

Die drei Pfeiler der EAV

1. Traditionell Chinesische Medizin (TCM)
2. Kybernetik
3. Homöopathie

1. Traditionell Chinesische Medizin (TCM)

In China wurde im Laufe der Jahrtausende ein medizinisches System entwickelt, welches den Menschen als geistig - körperliche Einheit begreift, eingebettet in die ihn umgebende Natur. In dieser Gesamtheit wirken alle Einzelkomponenten aufeinander ein und können keineswegs losgelöst voneinander gesehen werden.
Die Philosophie, aus der heraus sich die TCM entwikkelt hat, ist der Taoismus. Als deren hervorragendster Vertreter gilt Laotse, welcher um das 4. bis 3. Jahrhundert vor Christus gelebt hat.
Ihm wird das Taoteking zugeschrieben, eines der berühmtesten Werke der Weltliteratur, das auf poetische Weise die taoistische Sicht der Dinge beschreibt.
Aus taoistischer Sicht findet im Menschen, aber auch in der ihn umgebenden Natur ein ständiger Kampf zwischen zwei gegensätzlichen Kräften statt. Und diese beiden polaren Kräfte bezeichnen die Chinesen als Yin und Yang.
Yin und Yang sind zwei Energieaspekte, die einander ständig durchdringen, ergänzen und sich gegenseitig ineinander umwandeln. Sie können nur in Relation zueinander verstanden werden, wobei in jedem Yin auch Yang enthalten ist und umgekehrt.

MONADE

Taoistisches Symbol, welches das Kräftespiel von Yin und Yang beschreibt.
Yin gilt als das Passive, Dunkle, Kalte, Feuchte, Weibliche, Yang als das Aktive, Helle, Warme, Trokkene, Männliche etc.
Aus Sicht der TCM ist ein Mensch dann gesund, wenn sich all seine Kräfte, körperlich, geistig, seelisch und emotional in einem dynamischen Gleichgewicht befinden, d.h., wenn sich Yin und Yang in harmonischer Weise ergänzen. Anders als in der naturwissenschaftlich orientierten westlichen Medizin, wo ein immer stärker werdendes Spezialistentum zu beobachten ist, welches sich in immer kleiner werdenden Details verliert, steht in der TCM die Gesamtschau, welche sich mit Hilfe eines ausgefeilten Diagnosesystems ergibt, im Vordergrund. Die Frage, ob eine Krankheit rein physisch oder rein psychisch bedingt ist, oder vielleicht doch psychosomatisch, stellt sich gar nicht, da ja alles aufeinander einwirkt, alles als Teil des Ganzen gesehen werden muß.

Krankheit bedeutet ein Ungleichgewicht von Yin und Yang. Dabei genügt es nicht, nur das begrenzte Krankheitsgeschehen zu sehen, sondern es ist notwendig, den Menschen als Ganzen in all seinen Aspekten zu erfassen, um so das zugrunde liegende übergreifende Krankheitsmuster zu erkennen.

Ein wichtiger Teilbereich der TCM ist die Akupunkturlehre. Und hier wiederum haben die sog. Meridiane oder Energiegefäße eine große Bedeutung. Es sind dies Energiebahnen, welche den Körper an seiner Oberfläche und auch im Inneren wie ein Netzwerk durchziehen und sämtliche Elemente des Organismus nach genau definierten Gesetzmäßigkeiten miteinander verbinden. In ihnen fließt eine Art von Energie, die die Chinesen „Qi" nennen.

„Qi" läßt sich eigentlich nicht korrekt übersetzen, am ehesten läßt es sich in seiner Wirkungsweise beschreiben. Es hat zu tun mit Bewegung, Wachstum, Durchblutung, Verteilung der Körperflüssigkeiten, Temperaturregulation, Nahrungsumwandlung und Immunität. Begriffe wie „Qi Gong" und „Tai Qi" sind auch bei uns im Westen schon recht geläufig. Es handelt sich dabei um körperliche Übungen, durch welche es nach einiger Zeit möglich wird, das „Qi" bzw. den Energiefluß im Körper bewußt zu lenken, zu regulieren und zu vermehren und dadurch die körperlich-geistige Gesundheit zu festigen bzw. zu verbessern.

Erst in letzer Zeit ist russischen Forschern der Nachweis gelungen, daß sich die Energie innerhalb der Energiegefäße mit Lichtgeschwindigkeit fortbewegt.
Nun befinden sich auf den oberflächlich verlaufenden Energiegefäßen genau beschriebene Hautareale, die sogenannten Akupunkturpunkte. Über diese Punkte kann der Therapeut, falls nötig, auf den Energiefluß innerhalb der Meridiane einwirken, zum Beispiel durch Akupunktur, Akupressur oder Moxatherapie. Ziel einer wie immer gearteten Behandlung muß es sein, den harmonischen Energiefluß innerhalb der Energiegefäße aufrechtzuerhalten bzw. wiederherzustellen.

2. Kybernetik

Die Kybernetik ist eine Wissenschaft, die in den Fünfzigerjahren dieses Jahrhunderts entstand. Sie beschäftigt sich mit Systemen, welche (wie der Mensch) über eine Selbstregulation verfügen, also zum Beispiel Störungen mit Hilfe von Rückkoppelungsmechanismen kompensieren können.

Auf die EAV bezogen bedeutet Kybernetik die Lehre von den Regelkreisen, welche die verschiedenen Funktionen im Körper darstellen.

Anders ausgedrückt: der Organismus als System (Einheit) setzt sich zusammen aus vielen Subsystemen (Untereinheiten), welche alle aufeinander einwirken und nicht getrennt von einander gesehen werden können. Durch die Kenntnis der Gesetzmäßigkeiten im Zusammenspiel der einzelnen Subsysteme gelingt es, den Zustand des Gesamtsystems mit seinen eventuell vorhandenen Schwachstellen, Störfaktoren etc. zu erfassen.

3. Homöopathie

Homöopathie ist eine natürliche pharmazeutische Wissenschaft, in der der Therapeut eine Substanz sucht, die bei Überdosierung ähnliche Symptome erzeugen würde wie jene, an denen der Patient leidet. Wenn diese Übereinstimmung gegeben ist, wird die Substanz in sehr kleinen, oft verschwindend geringen Dosen verabreicht, worauf sich oft eine geradezu dramatische Heilwirkung einstellen kann. Dieses Prinzip wird als Ähnlichkeitsgesetz bezeichnet, „Heile Ähnliches mit Ähnlichem". Bereits PARACELSUS hat dieses Prinzip gekannt und auch angewendet.

Ein oft gehörter Einwand gegen die Homöopathie lautet: In den verwendeten homöopathischen Arzneien sei ja von dem eigentlichen Stoff oft nichts mehr drinnen. Aus diesem Grunde sei eine Heilwirkung nicht möglich.

Dieser Vorwurf zeugt lediglich von einer begrenzten Sichtweise und von einem grundlegenden Unverständnis.

Homöopathische Arzneimittel sind vor allem energetische Heilmittel, was sich auch in ihrer Herstellungsweise widerspiegelt. Durch fortgesetzte Verdünnungsreihen mit den damit verbundenen Verschüttelungen bzw. Verreibungen (=Dyamisierung) verschiebt sich der Zustand des Heilmittels vom Stofflichen immer mehr in den energetischen Bereich. Man kann homöopathische Arzneimittel, besonders höher potenzierte, als energetische Informationsträger bezeichnen, die dem Körper die fehlende Information liefern, damit er einen Heilungsprozeß in Gang setzen kann, d.h., daß er als Gesamtsystem wieder in einen ausgewogenen Zustand zurückgeführt werden kann.

Neben den aus der klassischen Homöopathie bekannten Heilmitteln spielen in der EAV auch spezielle Nosodenpräparate (aus Krankheitsprodukten hergestellte Potenzierungen) und Organpräparate eine große Rolle.

Das Besondere an der Methode nach DR. VOLL

In der EAV fließen die Erkenntnisse von TCM, Kybernetik und Homöopathie zusammen. Das Besondere an diesem Diagnose- und Heilverfahren ist jedoch, daß es mit seiner Hilfe gelingt, den aktuellen Zustand und die Dynamik der verschiedenen Funktionsbereiche des Organismus zu messen.

DR. VOLL und seinen Mitarbeitern ist es durch jahrzehntelange Forschungen gelungen, die Zugehörigkeit der einzelnen Akupunkturpunkte zu den verschiedenen Organ- und Funktionsbereichen zu entschlüsseln und durch die Entwicklung eines geeigneten Meßgerätes meßbar zu machen. Außerdem wurden zusätzliche Energiegefäße sowie eine große Anzahl weiterer Meßpunkte entdeckt. Derzeit liegt deren Zahl bei ca. 1350.

Meßvorgang

Nach diversen Vorbereitungen und nach Auswertung einer ausführlichen Anamnese beginnt der eigentliche Meßvorgang. Dabei bekommt der Patient eine Elektrode in die Hand, und indem der Therapeut die zweite Meßelektrode an einen Meßpunkt anlegt, wird ein Stromkreis geschlossen und die Reaktion des Punktes auf den Meßstrom gemessen. Der verwendete Meßstrom ist so schwach, daß er unter der Empfindlichkeitsschwelle des Patienten liegt.

Das Meßverhalten der einzelnen Punkte gibt dem Therapeuten bei Kenntnis der biokybernetischen Zusammenhänge Aufschluß über den Zustand der zugehörigen Organ- und Funktionsbereiche.

In meiner Praxis erstelle ich bei einer Ersttestung ein Meßprofil von ca. 250 Punkten. Durch dieses Meßprofil erhalte ich Auskunft über den Gesamtgesundheitszustand des Patienten, wobei ich, falls nötig, zur weiteren Differenzierung noch zusätzliche Punkte messe.

Nach Auswertung dieses Meßprofils erfolgt der sogenannte Resonanztest.

Hier werden individuell wirksame Substanzen und Heilmittel an den Meßkreis gebracht. Anschließend wird die Reaktion einzelner Meßpunkte, besonders jener, die ein pathologisches Meßverhalten zeigten, gemessen. Dabei wird getestet, wie der Organismus auf die energetische Information eines bestimmten Mittels reagiert. Zeigt sich, daß diese Information das Meßverhalten eines Punktes bzw. mehrerer Punkte verändert, so hat dies entscheidende Bedeutung hinsichtlich Diagnose und Therapie.

Der Meßvorgang läßt sich auch an Hand des Beispiels der sogenannten „black box" aus der Biokybernetik veranschaulichen. Man versteht darunter ein Kästchen, dessen Inhalt man nicht kennt und das an der Außenseite eine Anzahl von Steckern hat. Nun möchte man wissen, was sich in dem Kästchen abspielt. Zu diesem Zweck setzt man ein Signal auf einen der Stecker und tastet dann an den anderen Steckern ab, ob und wie das Signal zurückkommt.

Grundsätzlich geht es darum, festzustellen:

- Was wirkt, wo wirkt es, wohin wirkt es, wie stark wirkt es und was wirkt am meisten.

Ziel des Resonanzverfahrens ist es, möglichst alle Punkte annähernd auf Normwert zu bringen. Aus den ausgetesteten Mitteln ergeben sich dann schlüssig Diagnose und Therapie.

Anwendungsmöglichkeiten der EAV

Die EAV ist ein ganzheitliches Diagnose- und Therapieverfahren, dessen Möglichkeiten bei weitem nicht völlig ausgeschöpft sind. Es werden intensive Forschungen betrieben und laufend zusätzliche Erkenntnisse gesammelt. So können im Rahmen dieser Kurzinformation nur einige Anwendungsmöglichkeiten herausgegriffen werden:

Auffinden von Herden (Bsp. Zahn-, Kieferherde), von Störfeldern (Störungen, die sich über einen größeren Bereich des Organismus erstrecken), sowie von übergeordneten Störfaktoren, (Störungen, die den ganzen Körper belasten, z.B. Umwelttoxine, zahnärztliche Werkstoffe, Geopathogene Belastungen etc.).

Weiters Austestung von Unverträglichkeiten z.B. von Nahrungsmitteln, Feststellen, ob Schäden durch Impfungen, Antibiotika etc. vorliegen und vieles andere mehr. Besonders bei therapieresistenten Beschwerden jeglicher Art erscheint die EAV als eine geeignete Methode, wobei oft eine schrittweise Sanierung des Organismus mit mehreren Behandlungen und den erforderlichen Zwischentestungen erforderlich ist.
Hinweis zur Allergie- oder besser Unverträglichkeitsdiagnostik mittels EAV:
Voraussetzung für eine erfolgreiche Allergiebehandlung ist aus Sicht der EAV das Auffinden von ev. Herden, Störfeldern bzw. Störfaktoren und deren Sanierung, um so die Immunitätslage des Gesamtorganismus zu verbessern. Erst dann erscheint es sinnvoll, gezielt Allergene auszutesten und zu eliminieren.

EAV und ERNÄHRUNG

Zusätzlich zu jeder EAV-gestützten Therapie sollte eine gezielte Ernährungsberatung durchgeführt werden.

Abseits von den vielen, derzeit propagierten Diätformen erscheint für mich eine Ernährungsberatung nach den Kriterien der 5-Elemente-Lehre der TCM am sinnvollsten.
Diese beinhaltet eine individuell erstellte Diagnostik und berücksichtigt vor allem die thermische und organbezogene Wirkung der einzelnen Nahrungsmittel.
Es gibt keine Diät, die für alle Menschen richtig ist, sondern jeder Patient benötigt, je nach Krankheitsbild und Gesamtzustand seines Organismus, seine eigene, individuelle Ernährungsweise. Dies gilt auch für manchmal sinnvolle Entschlackungskuren, zum Beispiel Heilfasten oder Getreidekuren, die individuell genau abgestimmt werden sollten, wobei vor allem der Zeitpunkt richtig gewählt werden muß.

Einige Behandlungsbeispiele:

Ren mobile dext., Yang-Nierenschwäche bei einer Patientin
38-jährige Patientin, Hausfrau, Mutter zweier Kinder. Grund ihres Kommens: Erschöpfungszustand, chron. Lumbago, rez. Nephralgie bds., zunehmende Depriminiertheit.

Blutlabor, Nierensono, Harn ob.

Eine kombinierte Akupunktur-Moxatherapie bzw. homöopathische Unterstützung mit Sepia D30 bringt Besserung, jedoch keinen durchschlagenden Erfolg.
Es folgte die EAV-Austestung.
Anhand des Meßbildes ergab sich der dringende Verdacht auf eine Wanderniere rechts (nach Beisch): Pathologische Meßwerte an Di 1C Peritoneum, KS 9 Arterielles System, 3E 1 Nebenniere, 0D 1 Untere Körperhälfte, BdG 1 Bindegewebe Abdomen u. Bekken, Ni 1-2 Plexus renalis, Ni 2A Nierenmark.
Mittels Röntgenuntersuchung wurde der Verdacht auf Ren mobile dext. bestätigt.
Zahnstatus der Patientin: mehrere Zähne sind mit Gold-Inlays versorgt, es besteht keine Materialunverträglichkeit, keine wurzelbehandelten Zähne. 4.8 wurde 13 Jahre zuvor extirpiert. (4.8 korrespondiert nach Beisch mit der rechten Nebenniere). Unter den im Resonanztest gefundenen Mitteln (Nosoden, Organpräparate, Begleitmittel) befanden sich u.a. Arteria renalis, Arteria suprarenalis inf. dext., Glandula suprarenalis dext., Peritoneum, Bindegewebe, Renes, Plexus suprarenalis. Mit Hilfe dieser Mittel gelang es, die pathologischen Meßwerte auszugleichen.
Zusätzlich zur EAV-ausgetesteten Therapie erhielt die Patientin, basierend auf Puls- und Zungendiagnostik eine TCM-Pharmakotherapie.
Puls: Xi (dünn), Chen (tief), Ni und He stark abgeschwächt.

Zunge: blaß, schmal, etwas zittrig, dünner weißer Belag.
TCM-Diagnose: ausgeprägte Schwäche von Qi und Blut, Nieren-Yang-Schwäche.
Rezeptur:

Shi Quan Da Bun Tang (Magisterrezeptur zur Stärkung von Yang, Qi und Blut)
+ Chen Pi (Pericarpium Citri ret.)
+ Lai Fu Zi (Semen Raphani) zur Verdauungsförderung, Entschleimung und auch, um die Verträglichkeit der Rezeptur zu gewährleisten.
+ Suan Zao Ren (Semen Ziziphi spin.) — stärkt und beruhigt das Herz
+ Dang Shen (Rdx. Codonopsis) zur zusätzlichen Tonisierung von Qi und JinYe (Säften)
+ Tu Si Ze (Semen Cuscutae) zur Stärkung des Nieren-Jing
+ Fu Zi (Rdx. Aconiti präp.) zur Tonisierung des Nieren-Yang.

Was die Ernährung betrifft empfahl ich der Patientin das Weglassen von energetisch kalten bzw. kühlenden Nahrungsmitteln wie z.B. grüne Salate, frische Kuhmilchprodukte, Rohkost, rohes Obst, statt dessen sollte sie vermehrt yangisierende, Qi-tonisierende Nahrungsmittel essen (z. B. Hammelfleisch, Geflügel, Schaf- und Ziegenkäse, Süßreis, Kompotte, gekochtes Gemüse, vermehrt Gewürze wie Zimt, Nelken, Anis, Fenchel, Kümmel etc.).
Außerdem erhielt die Patientin während der ersten Monate eine Bachblütentherapie, bestehend aus Gorse, Olive, Mimulus, Impatiens, Star of Bethlehem und Walnut.
Auf Wunsch der Patientin erfolgte noch eine weitere Akupunkturserie. Ich verwendete dabei die Punkte B23 (Zustimmungspunkt der Nieren), Du Mai 4 (Ming Men) — an diesen Punkten kombinierte ich Akupunktur mit Moxa- und Aromatherapie (ätherisches Nelkenöl um die Punkte) — weiters alternierend Ni 3 (Quellpunkt) Ni6 (Yin Qiao Mai), MB 4 (Zhong Mai), Lu 7 (Ren Mai), He 7 (Quellpunkt), Lu 9 (Quellpunkt, um durch Stärkung von Metall das Wasser zu nähren), sämtliche Punkte natürlich in BU FA (Tonisierung).
Die Beschwerden der Patientin besserten sich sehr rasch, ihr Lumbago verschwand nach einer Woche der Behandlung, ebenso die Schmerzen in den Nierenlagern. Ganz allgemein kam es zu einer deutlichen positiven Veränderung ihrer psychoenergetischen Situation, sie wurde agiler, hatte wieder Lebensfreude und Unternehmungsgeist.
Während der letzten drei Jahre habe ich die Patientin zweimal nachgetestet und sie mit den entsprechenden Mitteln behandelt, wobei sich im Meßbild nie mehr solch ausgeprägte pathologische Werte zeigten.
Außerdem erhält die Patientin im Schnitt zwei mal pro Jahr eine chin. Rezeptur, besonders während der Wintermonate.
Einen kurzen Rückfall gab es, als die Patientin gegen meinen Rat einige Male grünen Salat aß.
Auch vom Reiten und Polka-Tanzen habe ich der Patientin dringend abgeraten. In bezug auf das Reiten hält sie sich an meine Empfehlung, was das Polka-Tanzen betrifft nicht so ganz, bisher jedoch ohne negative Folgen.
Mit dieser kombinierten Therapie hat sich der Zustand der Patientin auf einem auch für sie zufriedenstellenden Niveau stabilisiert. Von einer Nephropexie konnte dadurch bisher abgesehen werden, was wegen des keineswegs als dauerhaft gesicherten Erfolges einer solchen Operation als sehr positiv zu werten ist.
Trotzdem wird die Patientin aus meiner Sicht auch weiterhin therapeutische Unterstützung durch EAV und TCM benötigen.

Bsp.: Zahnherd, Werkstoffunverträglichkeit

40-jährige Patientin, Hausfrau, zwei Kinder, leidet seit Jahren unter Gelenksschmerzen, rez. Gastralgie, chronische Verdauungsstörung, rez. Harnwegsinfekte, chron. rez. Lumbago, chron. rez. Nephralgie bds., Cephalea, Pruritus, psychoorganisches Erschöpfungssyndrom.
Zahnstatus: Fehlende 8-er oben und unten (Herz, Nebenniere), fehlende 6-er unten (Lunge, Dickdarm) weiters fehlt 1.2 (Niere, Blase), Versorgung mit einer Brücke aus einer Edelmetallegierung von 2.1 unter Einbeziehung von 1.1 zu 1.3.
2.2 ist wurzelbehandelt und mit Stift und Krone versorgt. Einige Amalgamfüllungen. Im Zahnpanorama keine periapikalen Herde differenzierbar, basale polsterförmige Verschattung im Bereich der linken Oberkieferhöhle (DD Retentionszyste, Schleimhautschwellung).
Die Strommessung ergab Höchstwerte von 130 mV und 3 Mikroampere.
In der EAV-Austestung zeigten sich praktisch an jedem Energiegefäß pathologische Meßwerte, massiv jedoch an den Lymphgefäßen, Nervendegeneration, Allergiegefäß, Endokrinum, Herz, Niere.
Das ganze Meßbild ließ von vornherein an einen oder mehrere übergeordnete Störfaktoren denken.
Im Resonanztest sprachen in erster Linie Zahn-Kiefer-Nosoden und potenzierte Werkstoffe an (Silberamalgam, Non-Gamma 2 Amalgam, Argentum metallicum, Mercurius solubilis, Palladium, Palladium-Silberlegierung, Niccolum, Wurzelbehandelter Zahn, Sinusitis maxillaris, Gangränöse Pulpa, Formaldehyd, Caryophyllus), weiters Pilz- und Virusnosoden.
Nach Applikation dieser Mittel an den Meßkreis, ergänzt durch entsprechende Organpräparate und Be-

gleitmittel, ergab sich ein weitgehender Ausgleich an den einzelnen Meßpunkten.
TCM - Diagnostik:
Puls: Xi (dünn), Chen (tief), Ruo (schwach), Chi (langsam), Hua (gleitend). Niere, Herz, Lunge stark abgeschwächt, Fülle in der Milz. Zunge: blaß, fast weiß, schwach, geschwollen, weißlicher an der Zungenwurzel etwas verdickter und ins Gelbliche gehender Belag, tiefer Crack in der Mitte im Bereiche des Mittleren Erwärmers bzw. der Shao-Yin-Achse.
Diagnose: Qi- und Blutmangel mit Feuchtigkeitsstagnation in der Milz, Nieren-Qi-Mangel, Lungen-Qi-Mangel.
Die Patientin war einverstanden, sich das Amalgam und anschließend Brücke und Krone schrittweise entfernen und inerimistisch versorgen zu lassen. Bei der Nachtestung erwies sich der wurzelbehandelte 2.2er weiterhin als starkes Störfeld und wurde deshalb extirpiert.
Neben der EAV-ausgetesteten Therapie erhielt die Patientin eine chin. Rezeptur.
Auch in diesem Fall ging ich aus von Shi Quan Da Bu Tang und ergänzte diese Magisterrezeptur mit zusätzlich:

+ Huang Qi (Rdx. Astragali) - Qi-Tonikum mit diuretischer Wirkung
+ Shu Di Huang (Rdx. Rehmanniae präp) — nährt das Blut
+ Fu Ling (Poria Cocos) — Diuretikum
+ Mu Xiang (Rds. Saussureae) zur Anregung der Transportfunktion der Milz, Entfeuchtung von Galle und Leber
+ Fu Zi (Rdx. Aconiti präp.) zur Stärkung des Nieren-Yang.

Nach Entfernung sämtlicher Werkstoffe sowie des toten 2.2ers testete ich an der Patientin das für sie verträgliche Zahnmaterial (eine Palladium- und Silberfreie Hochgoldlegierung) sowie den passenden Fixzement. Außerdem erhielt die Patientin eine ihrem energetischen Zustand entsprechende Ernährungsempfehlung.
Die Patientin begann sich bald nach Beginn der Behandlung besser zu fühlen, wobei die Entfernung sämtlicher Werkstoffe und des 2.2ers einen beträchtlichen positiven Schub bewirkten.
Auch die Zungen- und Pulsbefunde besserten sich kontinuierlich und bei einer Nachtestung ein Jahr später zeigte sich ein im Wesentlichen unauffälliges Meßbild. Seither (während der letzten zwei Jahre) ist die Patientin beschwerdefrei. Gegen gelegentlich auftretende Ermüdungszustände bekam sie während dieser Zeit zwei Mal eine Chin. Rezeptur.

Bsp.: Drohende Erblindung

68-jähriger Patient, pensionierter Bergbau-Ingenieur, hatte früher beruflich viel mit Hochöfen zu tun, wobei die Augen des öfteren ungeschützt sehr grellem Licht ausgesetzt waren. AEZ altersgemäß zufriedenstellend. Augenbefund, laut Augenarzt: Es besteht bds. eine Maculadegeneration, die rechts schon Jahre alt ist und links nun ständig fortschreitet. Alle bisher durchgeführten Maßnahmen zeigten leider keine Tendenz zur Besserung. Im Oktober 94 bestand jedenfalls noch eine Sehleistung von 0,9. Sie ist im Laufe dieses Jahres (1996) auf 0,16 abgesunken. Auch an der Universitätsklinik Innsbruck konnte keine erfolgversprechende Therapie empfohlen werden. Der Patient ist an beiden Augen wegen eines Katarakts operiert worden und es wurden bds. Intraocularlinsen implantiert.
Zahnstatus: Im Oberkiefer hat der Patient an eigenen Zähnen 1.1, 1.3, 2.3, alle wurzelbehandelt und mit Stift und Kronen aus einer Edelmetallegierung versorgt, außerdem 1.6. (Gold-Inlay). Versorgung mit einer Teilprothese. Im Unterkiefer schräg liegender wurzelbehandelter 4.7 als Brückenpfeiler zu 4.4; 3.4 und 3.5 sind überkront als Brücke zu angehängtem 5.5. Im Zahnpanorama Aufhellung an der Wurzelspitze von 4.4 nach operativer Eiterausräumung.
EAV-Testung: Pathologische Meßwerte an Lymphgefäß 2 - Ober- und Unterkiefer, sowie Ly 2A - Auge. Außerdem hohe Werte, teilweise mit Zeigerabfällen im Bereich der Energiegefäße von Kreislauf, Herz, Milz-Pankreas, Leber, Fettige Degenaration, Niere und Blase.
Resonanztest: Die folgenden potenzierten Mittel erbrachten eine Verbesserung der Meßwerte:
Wurzelbeh. Zahn, L-Paste (ein Wurzelfüllmaterial), Chron. bakt. Kieferostitis, Kieferostitis, Osteosinusitis maxillaris, Staphylococcus aureus, Staphylo-Streptococcinum, Streptococcus viridans, Meningococcinum, Herpes simplex, Herpes zoster, Coxsackie, Pyelonephritis; weiters die Organpräparate Retina et Choroidea, Arteria ophthalmica, Medulla osseum sowie eine Reihe von homöopathischen Begleitmitteln.
Im Zahnreiztest erwiesen sich 1.3 und 2.3 (Leber-Galle bzw. Auge) als starke Störfelder, 1.1 und 4.7 störten ebenfalls, wenn auch weniger stark.
TCM-Diagnostik: Puls: Hua (gleitend), Chen (tief), Shi (voll), Se (rauh) Zunge: geschwollen, rötlich-lila, der Rand etwas stärker gerötet, der Belag weißlich, fettig, an der Zungenwurzel etwas gelblich.
Therapeutisch wurden auf mein Anraten hin 1.3, 2.3, sowie auch 1.1 extirpiert. Neben der EAV-ausgetesteten Therapie erhielt der Patient eine TCM-Rezeptur und eine Serie von 12 Akupunkturbehandlungen.
Rezeptur:

Chai Hu (Rdx. Bupleuri) — löst Leber-Qi-Stagnation, hebt das Milz-Qi

Dang Gui (Rdx. Angelicae sin.) — thermisch warm, tonisiert das Blut, reduziert Schwellungen
Dan Shen (Rdx. Salviae milt.) — fördert die Blutzirkulation, vertreibt tox. Hitze
Bai Shao (Rdx. Paeoniae albae) — wirkt kühlend und tonisiert das Blut
Yuan Zhi (Rdx. Polygalae) — nährt und entschleimt das Herz, wirkt Eiter-ausleitend
Shi Chang Pu (Rhiz. Acori) — entschleimend, öffnet die Sinnesorgane
Fu Ling (Poria Cocos) — wirkt diuretisch
Quan Xie (Scorpio) — vertreibt inneren Wind, antitoxisch, restauriert den normalen Qi-Fluß in den Kanälen
Di Long (Lumbricus) — eliminiert innere Wind-Hitze, klärt die Kanäle
Ji Li (Fruct. Tribuli) — vertreibt Wind, klärt die Augen
Ye Ju Hua (Flos Chrysanthemi) — antitoxisch, antibakteriell
Jue Ming Zi (Semen Cassiae) — leitet Wind-Hitze aus, klärt die Leber, nährt die Augen
Bai Zhu (Rhiz. Atractylodis macro.) — tonisiert das Qi, stärkt die Milz, wirkt diuret.
Gnan Cao (Rdx. Glycyrrhizae) — harmonisiert die einzelnen Kräuter untereinander, stärkt das Qi.

Akupunkturbehandlung: Ich verwendete alternierend die folgenden Punkte:
PaM 3 (Yin Tang), PaM 8 (Qiu Hou), PaM 9 (Tai Yang), B 2, G 1, G 14 — haben alle eine direkte Wirkung bei Augenerkrankungen, G 10 um Wind auszuleiten, 3E 5 und G 34 um die Leber zu entstauen, Le 3 zur Stärkung des Leber-Yin, Ma 40 zur Entschleimung, Mi 9 um Feuchtigkeit auszuleiten, sowie Di 4 wegen seiner antientzündlichen Wirkung.
Ungefähr ab der Mitte der Akupunkturserie bei parallel laufender EAV- und Pharmakotherapie gab der Patient eine, wenn auch geringe, subjektive Verbesserung seines Sehvermögens an. Er kann Konturen wieder schärfer wahrnehmen, auch das Farbsehen hat sich geringfügig gebessert.
Ich habe Grund zur Hoffnung, daß es mit der bisherigen Therapie gelungen ist, den weiteren Verschlechterungsprozeß aufzuhalten.
Ob es mit weiteren intensiven therapeutischen Maßnahmen gelingen wird, eine dauerhafte Sehverbesserung zu erzielen, wird sich zeigen.

Letztes Beispiel: Verbesserung des ehelichen Zusamenlebens durch EAV und TCM

43-jähriger Patient, Einzelhandelskaufmann.
Er leidet seit zwei Jahren unter verstopfter Nase. Durch die damit verbundenen Atembeschwerden schnarcht er während der Nacht so laut, daß er vor einiger Zeit auf Bitten seiner Ehefrau aus dem ehelichen Schlafzimmer ausziehen mußte.
Im EAV-Test Zeigerabfälle an Ly 3 (Nasennebenhöhlen), außerdem pathol. Meßwerte im Bereich Kreislauf, Milz-Pankreas, Leber, Fettige Degeneration und Niere.
Zahnstatus: 1.5, 1.6, 2.5, 2.6, 3.5, 3.6, 4.5, 4.7, sowie sämtliche 8-er fehlen. Versorgung mit Brücken aus einer Edelmetallegierung. 2.3 und 2.7 sind wurzelbehandelt, erweisen sich jedoch auch beim Zahnreiztest nicht als Störfelder. Es besteht keine Werkstoffunverträglichkeit. Hingegen zeigt sich eine starke Belastung durch geopathische Störzonen.
Im Resonanztest gelang der Ausgleich mit folgenden potenzierten Mitteln:
Infizierte Lymphe, Siebbeinpolyp, Herpes zoster, Coxsackie, Cystopyelitis, Hepatitis, Influenzinum; Hepar, Renes; Arnica, Ruta, Staphisagria, Berberis, Acidum nitricum, Equisetum, Echinacea, Tuberculinum Denys
TCM-Diagnostik: Puls: Shi (voll), Hua (gleitend) Zunge: geschwollen, weißlicher Belag, die Spitze gerötet
Neben der EAV-ausgetesteten Therapie und gezielten Ernährungsempfehlungen bekam der Patient die folgende TCM-Rezeptur:

Cang Er San (Magisterrezeptur zur Ausleitung von Wind und zum Öffnen der Sinnesöffnungen)
+ Di Gu Pi (Ctx. Lycii Rad.) — klärt innere Hitze durch Verkühlung
+ Sang Bai Pi (Ctx. Mori) — wirkt bei Störung zwischen Leber und Lunge, senkt Leber-Feuer
+ E Bu Shi Cao (Hb. Centipedae) — wirkt gegen Wind-Kälte
+ Gan Cao (Rdx. Glycyrrhizae) — zur Kräuterharmonisierung

Drei Wochen nach Beginn der Behandlung rief der Pat. an und erklärte, er sei wieder in das gemeinsame Schlafzimmer eingezogen, seine Frau hätte keinen Grund mehr, sich zu beschweren. Außerdem ließ er sich motivieren, eine sechstägige Grünkernkur zu machen, was den Erfolg der Therapie, wie ich hoffe, auf Dauer festigen wird.
Bei der Nachtestung nach vier Monaten zeigte sich ein unauffälliges Meßbild.

Abschließend noch ein Wort zur Zahnsanierung:

Viele Zahnärzte verabreichen ihren Patienten nach wie vor nach Zahnextraktionen ein Antibiotikum, wodurch das Immunsystem der Patienten unnötig geschwächt wird. Im Zuge meiner eigenen Zahnsanierung vor einigen Jahren stellte ich einmal instinktiv eine homöopa-

thische Mischung zusammen, die sich in der Folge als probates Analgeticum und Infektions-prohylaktikum erwies.
Diese Mischung setzt sich zusammen aus Arnika D3, Ruta D4 und Staphisagria D12.

In ca. halbstündlichen Abständen auf die Extraktionsstelle (oder auf den beschliffenen Zahn) aufgetropft führt diese Mischung zu weitgehender Schmerzfreiheit und komplikationsloser Heilung. Dies konnte ich an mir selbst und in der Folge an vielen Patienten feststellen.

Mit einer Ausnahme: nach der vierten Zahnbeschleifung hatte ich trotz Tropfenmischung unerträgliche Schmerzen. Der Gedanke an ein übliches Schmerzmittel lag nahe, doch es wollte mir nicht in den Kopf, daß die Tropfen auf einmal nicht mehr wirken sollten. Da kam mir die Idee, daß das Lokalanästhetikum daran schuld sein könnte.

Ich nahm fünf Tropfen Nux vomica D60, eine halbe Stunde später war ich meine Schmerzen los. Diese Tropfen wirken jedoch nicht nur bei Zahnsanierungen, sondern auch ganz allgemein bei Neuralgien im Kieferbereich.
Vor ca. zwei Jahren kam eine Patientin unangemeldet in die Ordination. Sie litt seit Tagen unter starken therapieresistenten Schmerzen im Kieferbereich. Zahnarzt und Neurologe hatten ihr nicht helfen können. Sie konnte den Mund nur geringfügig öffnen, nur mehr mittels Strohhalm flüssige Nahrung zu sich nehmen. An Schlaf war nicht zu denken, trotz hoher Analgetikadosen. Ich hatte für die Patientin nur wenig Zeit und bat sie, am Abend wiederzukommen. In der Zwischenzeit sollte sie halbstündlich die homöopathische Dreiermischung nehmen, die ich für Akutfälle immer in der Praxis vorrätig habe. Am Abend rief die Patientin an, sie sei völlig schmerzfrei. Die Beschwerden sind seither nicht wiedergekommen.

TIBET

TIBET

COSTA RICA

VEGAtest und Zahn-Heilkunde

DR. DIETRICH VOLKMER

Grundsätzliches

Das Thema Elektroakupunktur wurde in diesem Band bereits abgehandelt, so daß hier nur die wesentlichen Kernpunkte wiederholt werden sollen.

Es geht dabei um eine Widerstandsmessung mit einer angelegten Spannung von 1 Volt und einer außerordentlich geringen Stromstärke im Mikroampere-Bereich. Eine Elektrode (die sog. passive Elektrode) wird dabei in die Hand bzw an den Fuß gegeben, während die aktive Elektrode, der Meßgriffel mit seiner Spitze, auf einen Akupunkturpunkt gesetzt wird. Die Methode wurde von DR. VOLL und DR. KRAMER entwickelt.

Da die Akupunkturpunkte auf der Haut spezifische Beziehungen zu inneren Organen, Drüsen, Gelenken etc aufweisen, ist über den Meßwert eine Aussage über den energetischen Zustand dieser Bezugsorgane möglich.
Das VEGAtest-Verfahren (Vegetativer Reflextext, VRT) hat sich aus der Elektroakupunktur nach VOLL (EAV) entwickelt, geht aber völlig neue Wege. Auf den Erkenntnissen von DR. VILL und DR. MASCHKE aufbauend entwickelte DR. DR. SCHIMMEL das VEGAtest-Gerät.
Die EAV-Methode geht von einem (didaktisch notwendigen) fiktiven Normwert von 50 aus, der das anzustrebende Ziel jedweder Therapie ist. Bei der VRT-Methode wird ein künstlicher „Normwert" als Bezugswert hergestellt, indem der an einem gemessenen Akupunkturpunkt Wert elektronisch auf 80 oder 100 (je nach Tester) Skalenteilstriche aufgespreizt wird.

Der wesentlichste Unterschied ist jedoch die Ein-Punkt-Meßmethode. Bei der EAV wird für eine Aussage über ein bestimmtes Organ stets der dazugehörige Punkt benötigt. Das bedeutet, daß eine Vielzahl von Punkten gemessen werden muß. Das ist sicher nicht problematisch, nur weiß man aus Erfahrung, daß die Meßbarkeit der Punkte am Körper schwerer und ungenauer im Gegensatz zu den sog Nagelbettpunkten ist. Zudem ermüdet der Tester bei seiner anstrengenden Vielpunkt-Meßtätigkeit leichter.

Wie VILL und MASCHKE mißt man beim VRT nur an einem Punkt, um erst einmal die Fragen der Diagnostik abzuklären. Diese Akupunkturpunkte stellen eine Art übergeordnetes Informationsareal dar, in dem sich der gesamte Körper hologrammartig wiederspiegelt. Je nach Tester werden folgende Punkte verwendet:

- Allergie 1
- Endokrinium (3E) 1
- Gelenkdegeneration 1
- bzw Bindegewebige Degeneration 1

Während die EAV den spezifischen Punkt benötigt, braucht man beim VRT spezifische Testampullen, die als sog. Vortest-Testsätze erhältlich sind.

Ein Beispiel mag den dahinter liegenden Grundgedanken am besten aufzeigen: Will man eine Aussage über die Appendix gewinnen, so muß man den Punkt prüfen, der die Appendix repräsentiert, nämlich Dickdarm 4a. Beim VRT nimmt man die Testampulle Appendix verm. Gl D6, legt sie in die Wabe und testet damit.

Ist der eingestellte Standard-Wert 100, so zeigt das Nicht-Wieder-Erreichen des Wertes 100 an, daß hier eine energetische Störung an der Appendix vorliegt. Geht der Zeiger beim Einbringen der Testampulle wieder auf 100, so ist dieses Organ nicht gestört.
Neben den spezifischen Organampullen gibt es eine große Anzahl von weiteren Vortest-Ampullen, die dem Therapeuten ein sehr schnelles Übersichtsbild liefern, so z.B. Hinweise auf geopathogene Belastung, auf virale, bakterielle und mykotische Toxine, Hinweise auf ein gestörtes Immunsystem, auf Erschöpfung, Mineral- und Vitaminmangel um nur einige zu nennen.

Bei diesen Test-Ampullen gilt das gleiche Procedere: Immer dann, wenn beim Einbringen einer Ampulle der ursprüngliche Ausgangswert 100 nicht mehr erreicht wird, gilt dies als „bejahende" Antwort in Bezug auf die Testperson. Ein Nichtansprechen bedeutet: Die Testperson ist frei von der jeweiligen Belastung bzw es liegt keine Mangelsituation vor.

Gegenüberstellung EAV — VEGAtest:

	VEGAtest	EAV
Meßverfahren	Ein-Punkt-Messung	Viel-Punkt-Messung
„Normwert“	Künstl. Wert 100	50
Meßdruck	Niedrig (ca 150 p)	Hoch (bis 750 p)
Elektroden	Silber	Messing
Computer-Anschluß	Nicht vorhanden	Möglich
Besonderheiten	Vortest-Testsätze	Nicht vorhanden
Hersteller	Fa. VEGA Andere Geräte sind nach- u. umrüstbar	Verschiedene Hersteller In anderen Geräten bereits eingebaut
Erlernbarkeit	Schwerer	Leicht

Einsatz in der Zahn-Heilkunde

Wenn man heute von einer umfassenden Zahn-Heilkunde oder Holodontie spricht, so ist es für den Zahnarzt, der testet, unerläßlich, sich einige Daten über den gesamten Menschen zu erarbeiten. Sonst besteht die Gefahr, daß Mißerfolge unvermeidlich sind.
Daher sind Allgemeindaten für den Zahnarzt, gerade bei umfangreichen Sanierungen gleich welcher Art, von großem Nutzen. Darüber hinaus existieren inzwischen eine Reihe von spezifischen Testampullen und Möglichkeiten für den Zahnarzt.
Die wichtigsten Fragen für den umfassend tätigen Zahnarzt, mit denen auch die Patienten von anderen Fachärzten kommen, sind:

- Liegt eine Amalgam- bzw Quecksilber-Belastung vor?
- Existieren Störfelder im Zahn-Mund-Kieferbereich?

Dafür gibt es die Vortest-Ampullen Silberamalgam D30 (alternativ Mercurius sol. D30) und Ostitis comp Pascoe als Hinweisampullen.
In der Regel werden aber genauere Angaben nötig sein. Für diese Zwecke gibt es einen sog. „Zahnärztlichen Vortest-Testsatz“, der weitere Testampullen enthält, aus dem einige Ampullen aufgezählt seien:

- Maxilla Gl D6 — Hinweise auf Störfelder im Oberkiefer
- Mandibula Gl D6 — Hinweise auf Störfelder im Unterkiefer
- Articulatio temp.-mand. Gl D6 — Hinweis auf Gelenkstörungen
- Alveoli dentales Gl D6 — Überlastungen von Zähnen, falsche Okklusion
- Membrana sinus maxillaris Gl D6 — Hinweis auf chron. Sinusitis maxillaris
- Nos. Chronische Pulpitis D30
- Nos. Gangränöse Pulpa D30
- Nos. Wurzelbehandelter Zahn D30
- Nos. Radikuläre Zyste D30
- Nos. Kieferostitis D30
- Nos. Periodontitis D30
- Nos. Zahnfleischtasche D30
- Nos. Mycosis oris D30
- Anorg. Fluorverbindung D30
- Organ. Fluorverbindung D30

Eine Reihe von Fragen können damit geklärt werden, aber seit dem Erscheinen dieses Testsatzes sind eine Reihe neuer Probleme in der Zahn-Heilkunde aufgetaucht, die ebenfalls einer Lösung bedürfen.
Aus diesem Grund hilft ein neuer Sondertestsatz 1996 weiter, mit dem vor allem die Frage der Metallbelastungen abgeklärt werden kann. Er enthält z.B. folgende Ampullen:

- Niccolum met D30
- Indium met. D30
- Gallium met. D 30
- Palladium met. D30
- Titanium D30

Weitere Materialien sind:

- Autopolymerisat D30 — Hinweis auf selbsthärtende Kunststoffe
- Polymerisat D30 — Hinweis auf Kunststoffe
- Chrom-Cobalt-Molybdän-Legierung D30 — Hinweis auf entspr. Legierung
- Thioäther D30 — Hinweis auf Eiweiß-Zerfallsprodukte
- Mercaptanium D30 — Hinweis auf Eiweiß-Zerfallsprodukte

- DMPS D30 — Belastung durch DMPS
- Sdf Aqua r500 D200 — Röntgenstrahlenbelastung

Worin liegt nun der Unterschied zu den herkömmlichen Elektroakupunktur-Verfahren?

Eines der Hauptargumente ist die relative Schnelligkeit. Dazu ein Beispiel:

Die Testampulle Ostitis comp gibt einen Hinweis auf das Vorliegen von Störfeldern. Jetzt erhebt sich die Frage: Wo eigentlich?
Mit den beiden Ampullen Maxilla und Mandibula kann man schnell abklären, in welchem Kiefer. Dann braucht man nur noch in dem Kiefer weitersuchen, der anspricht (falls nicht beide ansprechen). Mit weiteren Ampullen besteht die Möglichkeit abzuklären, auf welcher Kieferseite sich ein Störfeld befindet, so daß die Suche sich nur auf die jeweilige Seite konzentrieren muß.

Die quantitative Testung in der Zahn-Heilkunde

Es liegt in der Natur des Menschen, daß er gern über die Quantität seiner Belastung informiert sein möchte. Auf zahnärztlichem Gebiet wird es die Höhe der Amalgam-Belastung oder der Störfeld-Belastung sein. Für diese Zwecke habe ich vor ca. 10 Jahren die quantitative Messung in das System eingeführt.
Diese Testung hat folgenden Vorteil: Man kann dem Patienten bei der Erstmessung sagen, wie hoch er belastet ist. Aber das ist noch nicht alles. Wird das Amalgam entfernt oder werden avitale Zähne extrahiert, so kann im Rahmen einer Verlaufskontrolle die Minderung der Belastung getestet werden. Für den Patienten ein wichtiges positives Motivationskriterium neben den hoffentlich subjektiv erfahrenen Verbesserungen.
Für diese Messung sind zwei weitere systemspezifische Verfahrensweisen nötig.
Die erste ist der sog. „Biologische Index“ in bestimmter Abstufung. Er gibt uns einen Hinweis darüber, ob der Patient hinsichtlich der Alterung seiner Bindegewebsstrukturen, die ja nach PISCHINGER der Träger der Lebensfunktion sind, älter ist als sein chronologisches Alter.
Liegt ein solches Ergebnis vor, z.B. wegen eines Malignoms, einer Schwermetallbelastung oder irgendwelcher Autoaggressionserkrankungen, so ist für den Zahnarzt Vorsicht geboten. Nicht absolut notwendige Eingriffe sollten dann vermieden werden.
Die zweite systemspezifische Methode ist das Filtern. Bei diesem Verfahren werden zwei verschiedene Testergebnisse miteinander in Kontakt gebracht, um eine Kausalität (was immer das sein mag) herzustellen. Hat beispielsweise ein avitaler Frontzahn eine Auswirkung auf eine rezidivierende Blasenentzündung oder ist Amalgam für eine chronische Tonsillitis verantwortlich?
Dieses Filterverfahren ist die Grundlage für die quantitative Testung. Zuerst wird der Biologische Index ermittelt, der Zeiger erreicht dabei nicht mehr den Wert 100. Dann werden bei Belassen der Index-Ampulle ein bis mehrere Ampullen Silberamalgam D10 (für die Amalgambelastung) bzw Kieferostitis D10 (für die Zahn-Kiefer-Störfeldbelastung) hinzugegeben, bis der Zeiger wieder 100 erreicht. Die Anzahl der jeweils benötigten Ampullen stellt die aktuelle Belastungsstärke dar.
Auf die gleiche Weise lassen sich andere Belastungen ermitteln: Gesamtstärke der chronischen Pulpitiden, Palladium-Belastung, Stärke der chronischen Sinusitis oder Tonsillitis etc.

Der Einsatz von Verstärker-Ampullen

DR. SCHIMMEL hat einige Testampullen, die das Organpräparat Epiphysis in hohen Potenzen enthalten, konzipiert, die die Testung empfindlicher machen. Etwas anders formuliert: Feinheiten, die im Normalfall gar nicht in Erscheinung träten, können damit ermittelt werden. Der Einzelzahn, als relativ kleines Gebilde des Gesamtorganismus, ist mit normalen Methoden schwer an nur einem Punkt zu testen. Bei diesem Einsatz haben sich die sog. Verstärker-Ampullen bewährt. Fairerweise muß man hinzufügen, daß alle über das normale Testverfahren hinausgehenden „Finessen“ eine höhere Konzentration verlangen.

Die Testung des Einzelzahnes

Bei der EAV-Methode verwendet man zum Austesten von einzelnen Störfeldern den sog. Reizstromtest, der von DR. KRAMER entwickelt wurde.
Dabei wird jedes einzelne Odonton mit einem leichten Stromreiz irritiert. Um den vorherigen „Normwert“ von 50 wieder zu erreichen werden eine Reihe bestimmter Ampullen benötigt, aus denen im Sinne einer Diagnose der Tester ablesen kann, in welchem Zustand sich das Odonton befindet.
Dieses Verfahren ist relativ zeitaufwendig und für den Patienten nicht immer angenehm, denn wer läßt sich gern elektrische Reize im Mund applizieren?
Für den Test der Einzelzähne sollte immer eine Röntgenaufnahme vorliegen, die zur Unterstützung der Aussage herangezogen werden kann.
Für das VRT habe ich eine einfachere Methode entwickelt. Mit einem MORA-Gerät habe ich mir die In-

formation gesunder Zähne abgenommen und auf Teströhrchen „aufgeschwungen". Nach der Vorermittlung, wie oben beschrieben, teste ich dann nur noch den nötigen Teil der Zähne mit den Einzel-Testampullen durch.
Für diesen Zweck wiederum wird zur besseren Darstellung die sog. Verstärkerampulle „Ultra-Feineinstellung" benötigt.

Materialprüfung

Bei den oben angegebenen Testsätzen geht es um die Abklärung einer tatsächlichen Belastung durch eines der erwähnten Metalle oder Werkstoffe. Es bedeutet also, daß entweder eines der Materialien im Mund oder Körper des Patienten vorhanden sein oder daß zu irgendeinem Zeitpunkt eine „Kontamination" mit dem jeweiligen Stoff vorgelegen haben muß.
Der Testsatz ist nicht für eine Verträglichkeitsmessung geeignet, die ja eine prospektive Testung ist, die sich auf die Zukunft bezieht.
Für diese Art von Überprüfung sind nach wie vor die Original-Materialien notwendig. Man muß sich also Muster der zu testenden Goldsorten oder Kunststoffe besorgen. Zwei Probleme machen allerdings diesen Test, wie im Grunde alle Tests, problematisch:
Es ist schwer zu ermitteln, ob es eine Grenzmenge des Materials gibt, oberhalb derer der Stoff belastend wirken kann.
Sämtliche Aussagen beziehen sich immer auf die unmittelbare Gegenwart und Zukunft. Niemand kann mit seinen Möglichkeiten eine Prognose treffen oder voraussehen, daß in weiterer Zukunft sich Änderungen einstellen können, die die heutige Aussage überholt erscheinen lassen.

Die Frage der Therapie

Am jeweiligen Meßpunkt sind natürlich auch die einzusetzenden Therapeutika testbar. Ebenso wie bei der EAV werden die Einzelmittel- und Komplexmittel-Homöopathika, Nosoden und Organpräparate am jeweiligen Meßpunkt geprüft, zuerst ob das Mittel überhaupt „paßt" und dann bei den Einzelmitteln, welche Potenz in Frage kommt.
Eine weitere Frage ist außerordentlich wichtig: Sind es überhaupt die Zähne, die als erstes oder wichtigstes therapiert werden müssen?
Gerade auf diesem Gebiet ist bislang vieles falsch gemacht worden, da man bei der Therapie einfach mit einer Zahn-Sanierung in Form von Extraktionen wurzelbehandelter Zähne begann, mit der Folge, daß alles nur noch schlimmer wurde und es dem Patienten schlechter ging als vorher.

Um nicht an dieser Frage zu scheitern, kann man mit dem VRT feststellen, ob generell Störfelder vorhanden sind, und in einer zweiten Messung feststellen, ob signifikante oder gar dominante Störfelder vorliegen.
Es gilt immer erst das dominante Störfeld zu behandeln, ob medikamentös, operativ oder mit sonstigen Methoden hängt vom Einzelfall ab.

Der Reaktions- oder Regulationsindex

In unserem westlichen Kulturkreis geht man von einer Mehrschichtigkeit des Wesens Mensch aus. Bezieht man die Ansichten der Antroposophie und die neueren Erkenntnisse des Physikers Burkhard Heim mit ein, so hat sich folgende Einteilung etabliert:

- Physis oder körperliche Ebene
- Formprägekraft oder gestalterische Ebene
- Psyche oder emotionale Ebene
- Geistige oder mentale Ebene

Diese einzelnen Schichten, die natürlich nicht übereinandergeschichtet gedacht werden dürfen, sind miteinander verwoben. Burkhard Heim nennt diese Verbindungsstrukturen Syntroklinen.
Im Klartext bedeutet dies, daß sich Auswirkungen einer Ebene auf die anderen Ebenen fortsetzen können.
Im medizinischen Alltag ist bekannt, daß eine kranke Psyche das Immunsystem schädigen und die Krankheitsbereitschaft fördern kann.
Bei einer Diagnose und erst recht bei einer Behandlung erhebt sich immer die Frage, wo liegt das Hauptproblem (das Wort „Ursache" möchte ich ausklammern, da es uns immer wieder in ein mechanistisches Weltbild abgleiten läßt)?
Gelingt es die Ebene des Hauptproblems zu finden und dort ggf. zu bearbeiten, ist am ehesten ein Schritt in Richtung Heilung zu erwarten oder zu erhoffen.
Für das Herausfinden der Ebene, über die der Patient sein Krankheitsthema „abreagiert" bzw. die einer biologischen Regulation entgegensteht, gibt es den Reaktions- oder Regulations-Index.
Mit dem Biologischen Index und verschiedenen Potenzen des Homöopathikums Calcium silicicum, die, von ihrer Potenzhöhe her, stellvertretend für die vier Hauptebenen stehen, steht dem VEGA-Tester dafür ein Instrument zur Verfügung.
Sind diese Erkenntnisse für die zahnärztliche Therapie von irgendeiner Bedeutung?
Ja, sehr sogar. Denn man kann damit vermeiden, auf der körperlichen Ebene, in diesem Fall bei den Zähnen zu beginnen, wo doch das Hauptproblem doch ganz woanders liegt. Viele Mißerfolge in der zahnärztlichen

Praxis beruhen darauf, daß zum falschen Zeitpunkt eine gutgemeinte Behandlung durchgeführt wurde, die den Patienten in seinem kranken So-Sein nur noch tiefer abgleiten ließ und nunmehr eine neuerliche Therapie noch schwieriger macht. Das nachträgliche Abschieben auf eine psycho-vegetative Schiene mag zwar formal richtig sein, nur kommt diese Erkenntnis oft zu spät.

Fazit

Das VEGAtest ist eine Art Weiterentwicklung der normalen Elektroakupunktur. Es bietet dem Lernwilligen eine Anzahl von Vorteilen, da das Gesamtkonzept eine Art hierarchische Diagnostik ermöglicht, so daß stets zuerst die generellen Aussagen hinsichtlich verschiedener Belastungen, Intoxikationen und Mangelzuständen ermittelt werden. Nach dieser Übersichtsdiagnostik kann der einzelne Facharzt sein Thema weiter ausbauen.

Für den Zahnarzt ergeben sich eine Reihe von positiven Aspekten, da man in relativer kurzer Zeit eine Fülle von Angaben über den gesamten Menschen erhält und dann erst zu seinem ureigensten Fachgebiet übergeht. Unerläßlich bleiben natürlich die herkömmlichen klinischen Diagnosen und ebenso die klassischen zahnärztlichen Therapieformen, die aber einer biologischen Denkweise untergeordnet werden sollten
Auf diese Weise kommt man im Grunde einer umfassenden Zahn-Heilkunde näher als mit anderen Methoden.

Literatur zu diesem Thema

D. Volkmer, „Wege zum VEGATEST" — Energetik-Verlag, Bruchsal

D. Volkmer, „Homöopathie - die sanfte Zahnheilkunde" — Energetik-Verlag, Bruchsal

MERIDIAN — unterstützende Mittel verschiedener Hersteller

DR. CH. KOBAU

NIERE

Hersteller	Mittel	
HEEL	Reneel Spascupreel Cantharis	Berberis - Homaccord Solidago Albumoheel
PASCOE	Pasorenal Nephritis comp.(Nos.) Cantharis Similiaplex Tr.	Juniperus Similiaplex Tr. Solidago Similiaplex Tr. Clematis Similiaplex Tr.
RECKEWEG	Albumo - Gastreu R64 Reno - Gastreu (R27)	
WELEDA	Renodoron Birken-Elexier	
WALA	Organpräparate: Renes Gl Ureter Gl Arteria renalis Gl Renes/Argentum nitricum	Argentum nitricum comp. Nierentonikum Renes/Cuprum Juniperus/Berberis comp. oder Kapseln
SANUM	Mucokehl Nigersan Notakehl Quentakehl Ruberkehl Sanukehl Myc Sanukehl Staph Sankombi Sanuvis Utilin	Tr., Amp., Tabl., Kaps., Supp., Salbe, Augentropfen Tr., Amp., Tabl., Kaps., Supp. Tr., Amp., Tabl., Kaps., Supp., Salbe Tr., Amp., Kaps., Supp. Tr., Amp., Supp. Tr., Amp. Tr., Amp. Tr. Tr., Amp., Salbe Amp., Kaps.

BLASE

Hersteller	Mittel	
HEEL	Berberis - Homaccord Reneel Belladonna - Homaccord Populus comp. Traumeel Tbl. Cantharis comp. Solidago comp.	Cantharis Injeel/forte Plantago-Homaccord Vesica urinaria Suis D10/30/200 Urethra Suis Injeel Ureter Suis Injeel
WELEDA	Thuja comp. Birken-Elexier	
WALA	Organpräparate: Vesica urinaria Gl Trigonum vesicae et Musculus sphincter Gl Uterus Gl Tuba uterina Gl Prostata Gl	Epididymis dextra Gl, - sinistra Gl Cantharis comp. Berberis / Apis comp. Endometrium comp. Lilium tigrinum comp. Berberis/Prostata comp. Berberis/Sabal comp.
SANUM	Leptucin Notakehl Pefrakehl Ruberkehl Propionibacterium avidum Sanukehl Coli	Kaps., Supp. Tr., Amp., Tabl., Kaps., Supp., Salbe Tr., Amp., Tabl., Kaps., Supp., Salbe Tr., Amp., Supp. Kaps. Tr., Amp.

LEBER

Hersteller	Mittel	
HEEL	Hepar Compos. Chelidonium-Homaccord Nux-Vomica Homaccord Hepeel Lycopodium-Injeel/forte	Psorinoheel Hepatitis Nosode Injeel Leptandra Injeel-Chol
WELEDA	Hepar - Stannum Hepatodoron Taraxacum-Stanno cultum	Chelidonium comp. Choleodoron
WALA	Organpräparat: Hepar Gl Anagallis comp. Lycopodium comp.	Hepar/Stannum D4/10 Hepar/Stannum D15/20 Gentiana comp.
PASCOE	Hepar Pasc. 100 Pascohepan Hepaticum P. Quassia Spl. Tr.	Cholesterinum Spl. Tr. Lycopodium Spl. Tr. Carduus-marianus Sim- iliaplex
SANUM	Alkala N Alkala T Latensin Pinikehl Propionibacterium avidum Rebas Sankombi Utilin	Pulver Tabl. Amp., Kaps. Tr., Amp., Kaps., Supp. Kaps. Amp., Kaps., Supp. Tr. Amp., Kaps.

GALLENBLASE

Hersteller	Mittel	
HEEL	Chelidonium Homacc. Belladonna Homacc. Atropinum CompS. Injeel-Chol	Hepeel Spascupreel Vesica fellea Suis - Injeel

PASCOE	Gallopas Colocynthis Spl. Carduus Marianus Spl. Quassia Spl.	Pascobilin Cholesterin Similiaplex Leptandra Similiaplex Lycopodium Similiaplex
WELEDA	Chelodonium comp. Choleodoron	Stannum met. prae.
PE	LVR-Formula	
WALA	Organpräparate: Vesica fellea Gl Ductus choledochus Gl Ductus hepaticus Gl Ductus cysticus Gl	Chelidonium/Berberis comp., Kapseln Chelidonium/Colocynthis Vesica fellea/Ferrum D4/8 Lycopodium comp. Carduus marianus/Oxalis
SANUM	Alkala N Alkala T Citrokehl Fortakehl Latensin Mucokehl Sanukehl Coli Utilin	Pulver Tabl. Tr., Amp. Tr., Amp., Tabl., Kaps., Supp. Amp., Kaps. Tr., Amp., Tabl., Kaps., Supp., Salbe, Augentropfen Tr., Amp. Amp., Kaps.

LUNGE

Hersteller	Mittel	
HEEL	Bryaconeel Husteel Bryonia-Injeel Pulmosuis-Injeel/forte	Grippe-Nosode Injeel Peritoneum Suis Injeel Brochialis-Heel
WELEDA	Pneumodoron 1 und 2 Ferrum met. prae.	Ferrum phosp. Pertudoron 1 und 2
WALA	Organpräparate: Pulmo Gl Bronchi Gl Pleura Gl Pulmo/Vivianit comp. Pulmo/Tartarus stibiatius D4/D8	Pulmo/Tartarus stibiatius D15/D8 Pulmo/Mercurius Bronchi / Plantago comp.
PASCOE	Cetraria Similiaplex Phosphorus Similiaplex Drosera Spl. Yerba Sapta Spl.	Pascallerg Hyoscyamus Similiaplex Corallum Similiaplex Arum Similiaplex
PE	A.I. Form. Ascorbinsäure Bromelain 2000	IMM-Formula NAC
SANUM	Cerivikehl Larifikehl Mucokehl Notakehl Quentakehl	Tr., Amp. Tr., Amp., Kaps. Tr., Amp., Tabl., Kaps., Supp., Salbe, Augentropfen Tr., Amp., Tabl., Kaps., Supp., Salbe Tr., Amp., Kaps., Supp.

	Relivora Komplex Sankombi Ruberkehl Utilin Utilin „S“	Tr., Amp. Tr. Tr., Amp., Supp. Amp., Kaps. Amp., Kaps.

DICKDARM

Hersteller	Mittel	
HEEL	Nux Vomica Homaccord Podophyllum comp. Mucosa comp.	Colon Suis-Injeel/forte Rectum Suis-Injeel/forte
WELEDA	Birkenkohle comp. Digestoderon N	Mercur. Vivus comp. Cuprum Sulf. comp.
PASCOE	Carbo Similiaplex	Nux Vomica Spl.
PE	A.P. Form. Bromelain 2000 DGL-Plus	Flax / Borage Oil FOS
WALA	Organpräparate: Colon Gl Rectum Gl	Aquilinum comp. Bolus Alba comp. Berberis e fructibus D6
SANUM	Albicansan Fortakehl Latensin Mucokehl Nigersan Recarcin Sanukehl Cand Sanukehl Coli Utilin	Tr., Amp., Kaps., Supp., Salbe Tr., Amp., Tabl., Kaps., Supp. Amp., Kaps. Tr., Amp., Tabl., Kaps., Supp., Salbe, Augentropfen Tr., Amp., Tabl., Kaps., Supp. Tr., Amp., Kaps. Tr., Amp. Tr., Amp. Amp., Kaps.

MAGEN

Hersteller	Mittel	
HEEL	Gastricumeel Mucosa comp. Diarrheel S	Nux Vomica Homacc. Vomitusheel Erigotheel
WELEDA	Digestodoron N Amara Tr.	Antimonit / Anisium Gentiana lutea
PASCOE	Gastro-Pas. Artemisia Spl. Thymus Spl. Argentum Nitricum Spl.	Chamomilla Similiaplex Carbo Spl. Angelica Spl. Apomorphinum Spl.
PE	DGL-Plus Bromelain 2000	Betaine HCL / Pepsin
SANUM	Alkala N Alkala T Calvakehl Fortakehl Latensin Leptospermusan	Pulver Tabl. Tr. Tr., Amp., Tabl., Kaps., Supp. Amp., Kaps. Tr.

Hersteller	Mittel	
	Mucokehl Rebas Recarcin Sanukehl Prot Sanuvis Utilin	Tr., Amp., Tabl., Kaps., Supp., Salbe, Augentropfen Amp., Kaps.,Supp. Tr., Amp., Kaps. Tr., Amp. Tr., Amp. Amp., Kaps.
WALA	Organpräparate: Ventriculus Gl Pylorus Gl Oesophagus Gl	Gentiana comp. Robinia comp. Ebereschen-Elixier Nicotiana comp.

MILZ / PANKREAS

Hersteller	Mittel	
HEEL	Bryaconeel Poduphyllum-Injeel Pankreas Suis-Injeel/forte Momordico comp.	Leptandra comp. Ceanothus - Homacc. Mucosa comp. Splen Suis-Injeel/forte
WELEDA	Basilicum comp.	
PASCOE	Carbo Spl. Tr. Chamomilla Similiaplex	Myrtillus Similiaplex
PE	FOS LVR-Form.	Pankreas-Enzym Chrom
WALA	Organpräparate: Lien Gl Pancreas Gl Lien comp. Cichorium/Pancreas comp.	Chrysosplenium comp. Platinum chloratum /Pancreas comp. Pancreas/Meteoreisen
SANUM	Alkala N Alkala T Citrokehl Fortakehl Nigersan Mucokehl Pinikehl Recarcin Sanuvis Zinokehl	Pulver Tabl. Tr., Amp. Tr., Amp., Tabl., Kaps., Supp. Tr., Amp., Tabl., Kaps., Supp. Tr., Amp., Tabl., Kaps., Supp., Salbe, Augentropfen Tr., Amp., Kaps., Supp. Tr., Amp., Kaps. Tr., Amp., Salbe Tr., Amp.

DÜNNDARM

Hersteller	Mittel	
HEEL	Duodenum Suis- Injeel/fort. Jejunum Suis-Injeel/forte Anacordium-Homaccord Duodenoheel	Erigotheel Spascupreel S Atropinum comp. S
WELEDA	Birkenkohle comp.	Digestodoron N
PASCOE	Argentum Nitricum Spl.	Carbo Spl.

Hersteller	Mittel	
PE	FOS Flax Borage Oil	DGL-Plus Bromelain 2000
WALA	Organpräparate: Jejunum Gl Ileum Gl Duodenum Gl	Aquilinum comp. Cichorium/Pancreas comp. Bolus alba comp.
SANUM	Alkala N Alkala T Calvakehl Fortakehl Latensin Leptospermusan Mucokehl Okoubasan Rebas Recarcin Sanuvis Utilin	Pulver Tabl. Tr. Tr., Amp., Tabl., Kaps., Supp. Amp., Kaps. Tr. Tr., Amp., Tabl., Kaps., Supp., Salbe, Augentropfen Tr. Amp., Kaps.,Supp. Tr., Amp., Kaps. Tr., Amp. Amp., Kaps.

HERZ

Hersteller	Mittel	
HEEL	Cactus comp. S Cralonin Aurumheel Cardiacum Heel Cor comp. Strophantus comp. Angio-Injeel	Aesculus comp. Carbo comp. Melilotus-Homaccord Tabacum-Injeel/forte Cor Suis-Injeel/forte Glonoin-Homaccord N
WELEDA	Aurum met. prae. Cardiodoron	Crataegus
WALA	Organpräparate: Cor Gl Fasciculus atrioven- tricularis Gl (Rhythmusstörung) Cor/Aurum D4/10	Cor/Aurum D15/10 Aurum/Stibium/Hyos- cyamus Cactus comp. I Strophantus comp.
SANUM	Alkala N Alkala T Aspergillus oryzae Mucokehl Sanukehl Myc Sanukehl Strep Sanuvis Utilin	Pulver Tabl. Tr. Tr., Amp., Tabl., Kaps., Supp., Salbe, Augentropfen Tr., Amp. Tr., Amp. Tr., Amp. Amp., Kaps.
PASCOE	Cactus Similiaplex Ambra Similiaplex Sparticum Similiaplex Angiopas Tr.	Kalmia Similiaplex Spigelia Similiaplex Arnica Similiaplex
PE	Antioxid. Formula B-Komplex Beta Carotene Black Currant Dil Bromelain 2000 CV-Forte	L-Carnitin Potassium Potassium / Mg. Selenium Taurine

NERVEN

Hersteller	Mittel	
HEEL	Nervoheel Neuro Injeel Ignatia Homaccord Klimaktheel Tonico Injeel Ypsiloheel Cerebrum comp.	Spigelon Gelsemium Homaccord China Homaccord Cerebellum Suis-Injeel/ forte Cerebrum Suis-Injeel/forte
WELEDA	Kephalodoron Avena sativa comp. Zincum valerianicum	Lavendel Bademilch Fragador
PASCOE	Iris Spl. Tr. Aconit Spl. Tr. Avena Sativa Spl. Tr. Sumbulus Spl. Tr. Lobelia Spl. Tr. Vertigopas	Valeriana Spl. Tr. Dulcanara Spl. Tr. Zincum Spl. Tr. Cicuta Spl. Tr. Cocculus Spl. Tr. Pascodeler
PE	Adrenal ADR-Formula B-Komplex B12-Folsäure	Folsäure Niacitol P-5-P50
WALA	Organpräparate: Präparate nahezu aller Nerven und der meisten Gehirnteile sind lieferbar, z.B.: Nervus trigeminus Gl Nervus ischiadicus Gl Lobus frontalis Gl, - temporalis Gl, -parietalis Gl, - occipitalis Gl Hirnstamm Gl, Diencephalon Gl, Hippocampus Gl (z.B. bei Gedächtnisstörungen) etc. daneben die Organpräparate der Sinnesorgane: z.B. Retina et Chorioidea Gl, Cochlea Gl, Labyrinthus Gl Aconitum comp. Rhus toxicodendron comp. Aurum/Apis regina comp. Solum uliginosum comp.	

LYMPHE

Hersteller	Mittel	
HEEL	Lymphomyosot Traumeel Echinacea comp. S Tonsilla comp.	Tonsilla pharynga Suis-Injeel/forte Calcoheel Apis Homaccord
WELEDA	Archangelica	äthanol. Decoctum
PASCOE	Lymphdiaral Salbe Scrophularia Spl. Tr.	Apis Spl. Tr. Calcium carbonicum Spl.
COSMOCHEMA	Lymphtropfen	
SANUM	Aspergillus oryzae Tr. Latensin Mucokehl Notakehl Nigersan Pefrakehl Sankombi Utilin	 Amp., Kaps. Tr., Amp., Tabl., Kaps., Supp., Salbe, Augentropfen Tr., Amp., Tabl., Kaps., Supp., Salbe Tr., Amp., Tabl., Kaps., Supp. Tr., Amp., Kaps., Supp., Salbe Tr. Amp., Kaps.
WALA	Organpräparate: Nodi lymphatici Gl Tonsillae palatinae Gl Maxilla (feti) Gl Mandibula (feti) Gl Membrana sinuum paranasalium Gl Apis/Belladonna cum Mercurio	Silicea comp. Roseneisen/Graphit Periodontium/Silicea comp. (am Kiefer - Meßpunkt) Periodontium/Stannum comp. (am Kiefer-Meßpunkt

ALLERGIE

Hersteller	Mittel	
HEEL	Galium Heel Schwef-Heel Traumeel Apis Homaccord Luffa comp. Luffa operculata Injeel/forte	Psorinoheel Engystol Histamin Injeel/forte Acid. formicum Injeel/forte
WELEDA	Gencydo	
PASCOE	Cistus Spl.Tr. Rhus tox. Spl.Tr.	Viola tricolor Spl. Tr. Pascallerg
PE	Zinc 30 Nutrient 280 Mangan Anti Oxidant Form.	A.I. Formula ADR-Formula Adrenal L-Methianine
WALA	Organpräparate: Funiculus umbilicalis Gl Mesenchym Gl Amnion Gl Berberis / Quarz Citrus e fruct./Cydonia e fruct. D2/2	Calcium carbonicum/Cortex Quercus Mesenchym/Calcium carbonicum comp. Glandulae suprarenales comp.

KREISLAUF

Hersteller	Mittel	
HEEL	Cactus comp. Carbo comp. Cerebrum comp. Aurumheel Tr. Cralonin	Veratrum Homaccord Tr. Rouwolfia comp. Vertigoheel Aesculus comp. Tonico-Injeel
WELEDA	Cardiodoron Crataegus	Aurum met. prae. Rosmarin Bademilch
PASCOE	Arnica Spl. Tr. Cactus Spl. Tr. Ambra Spl. Tr.	Sparticum Spl. Tr. Spigelia Tr.

PE	siehe HERZ
SANUM	Mucokehl Tr., Amp., Tabl., Kaps., Supp., Salbe, Augentropfen Utilin „S“ Amp., Kaps.
WALA	Organpräparate: Es gibt Organpräparate zu den wesentlichsten Arterien und Venen, z.B.: Arteriae Gl (Präparat von Arteria basilaris, - rachialis, - coronaria, - femoralis, - mesenterica superior, - pulmonalis, - renalis) besonders wichtig auch: Arteria carotis communis et Sinus caroticus Gl etc. Vena femoralis Gl, - saphena magna Gl, - portae Gl etc. Skorodit comp. Levico comp. Aurum/Belladonna comp. Hirudo comp. Borago comp.

ENDOKRINIUM

Hersteller	Mittel	
HEEL	Corpus pineale Suis-Injeel/forte Glandula Parathyroidea Suis Glandula Suprarenalis Suis Glandula thyroidea S. Hypophysis S.-Injeel/forte Testis comp.	Thyreoidea comp. Hypothalamus S.-Injeel/forte Mamma S. Ovarium Suis Injeel/forte Testes S. Glandula thymi suis-Injeel/forte Thalamus comp.
WALA	Organpräparate: Glandulae suprarenales Gl Ovaria Gl Testes Gl Pancreas Gl Mamma (dextra) Gl, Mamma (sinistra) Gl Glandula thyreoidea Gl Thymus (Glandula) Gl Glandulae parathyreoidae Gl	Hypophysis Gl Epiphysis Gl Glandulae suprarenales comp. Ovaria/Argentum Testes/Argentum Thyreoidea/Thymus comp. Thymus/Mercurius Hypophysis/Stannum Epiphysis/Plumbum
PASCOE	Ruta Similiaplex Asperula Similiaplex Millefolium Similiaplex Cimicifuga Similiaplex Sepia Similiaplex Platinum Similiaplex Pulsatilla Similiaplex Petroselinum Similiaplex Viburnum Similiaplex Magn. phop. I+II Spl. Tabl.	Kreosotum Spl. Tr. Erigeron Spl. Tr. Secale Cornutum Tr. Sanguinaria Tr. Aesculus Tr. Testiculus Tr. Aletris Tr. Hocura femin F Thyreo-Pasc N
PE	Adrenal ADR-Form.	IMM-Form.
SANUM	Latensin Mucedokehl Recarcin Sanuvis Utilin	Amp., Kaps. Tr., Amp., Kaps., Supp. Tr., Amp., Kaps. Tr., Amp., Salbe Amp., Kaps.

PARENCHYM

Hersteller	Mittel	
STAUFEN	Intermediave Katalysatoren Acid. citricum Acid. acetylsalicylicum	Acid. fumaricum ...
WALA	Organpräparate prinzipiell aller Einzelorgane vorhanden: Funiculus umbilicalis Gl Isucin-Präparate (der verschiedenen Wirtsbäume: Isucin Abietis, - Crataegi, - Mali, - Pini, - Populi, - Salicis, - Tiliae) Viscum (Abietis, - Mali, - Pini) e planta tota Quarz	
SANUM	Citrokehl Mucokehl Nigersan Sankombi Sanuvis	Amp. Tr., Amp., Tabl., Kaps., Supp., Salbe, Augentropfen Tr., Amp., Tabl., Kaps., Supp. Tr. Tr., Amp., Salbe

GELENK

Hersteller	Mittel	
HEEL	Cartilago Suis-Injeel/forte Discus intervertebralis Suis-Injeel/forte	Traumeel S Zeel Discus comp.
WELEDA	Rheumadoron 1 und 2 u. 102A Rheumasalbe M Stannum met. präp. Arnica comp. / Formica	Equisetum arvense D15 / Formica D10 Formica Mandragora
PASCOE	Arthritis W Tab. N Berberis Spl. Tr. Ledum Similiaplex Rheuma-Pasc	Arthrose K Tab. Colchicum Similiaplex Dioscorea Similiaplex
PE	Selenium Quercetis Niacitol Mineral 650 Mangan Calcium	Black Currant Dil Anti Oxidant Form. Flax Borage Oil Copper +Cal+ Calcium MCHA
WALA	Organpräparate: Articulatio coxae Gl Articulatio genus Gl Articulatio humeri Gl Articulatio talocruralis Gl, u.v.a. Disci/Rhus toxicodendron comp.	Disci comp. cum Stanno Disci comp. cum Argento Solum uliginosum comp. Betula/Arnica comp. Cartilago/Mandragora comp. Equisetum/Stannum
SANUM	Arthrokehlan „A“ Latensin Mucokehl Nigersan	Amp. Amp., Kaps. Tr., Amp., Tabl., Kaps., Supp., Salbe, Augentropfen Tr., Amp., Tabl., Kaps., Supp.

	Notakehl	Tr., Amp.,Tabl., Kaps., Supp., Salbe
	Recarcin	Tr., Amp., Kaps.
	Sankombi	Tr.
	Sanukehl Myc	Tr., Amp.
	Utilin	Amp., Kaps.
	Utilin „S"	Amp., Kaps.

BINDEGEWEBE
siehe auch LYMPHE

Hersteller	Mittel	
PASCOE	Lymphdiaral	Calcivitan Similiaplex
WALA	Organpräparate: Bindegewebe Gl Peritonaeum Gl	 Pleura Gl Quarz
SANUM	Aspergillus oryzae Tr.	
	Latensin	Amp., Kaps.
	Mucokehl	Tr., Amp., Tabl., Kaps., Supp., Salbe, Augentropfen
	Notakehl	Tr., Amp., Tabl., Kaps., Supp., Salbe
	Nigersan	Tr., Amp., Tabl., Kaps., Supp.
	Pefrakehl	Tr., Amp., Kaps., Supp., Salbe
	Sankombi	Tr.
	Utilin	Amp., Kaps.

FETT - MUSKEL

Hersteller	Mittel	
HEEL	Dulcamara Homaccord Colocynthis – Homacc.	Zeel
SANUM	Arthrokehlan „A"	Amp.
	Latensin	Amp., Kaps.
	Nigersan	Tr., Amp., Tabl., Kaps., Supp.
	Sanukehl Brucel	Tr., Amp.
	Utilin	Amp., Kaps.
	Utilin „S"	Amp., Kaps.
WALA	Organpräparate: Musculus deltoideus-Komplex Gl (präpariert von M. deltoideus, - infraspinatus, - supraspinatus, - biceps brachii, - brachioradialis) Musculus soleus-Komplex Gl (M. soleus, - peronaeus longus, - gastrocnemius) Musculi glutaei Gl Magnesium phosphoricum comp. Solum uliginosum comp. Equisetum/Formica	

HAUT

Hersteller	Mittel	
HEEL	Sulfur-Heel Psorinoheel Cutis comp. Echinacea comp. Graphites-Injeel/forte Calcium carbonicum Hahnemanni-Injeel/forte	Mucosa comp. Hepar comp. Histamin Injeel Acid. formic. Injeel Graphites-Homaccord
PASCOE	Cistus Tr. Rhus Tox. Tr.	Viola Tricolor Tr. Virgamelis Creme
WELEDA	Dermatodoron Amp., Salbe, Tr.	
PE	B-Komplex Betacarotene Black Currant Dil	B12 Folic Niacitol Zinc 30
WALA	Organpräparate: Cutis (feti) Gl Amnion Gl Galea aponeurotica Gl Calcium carbonicum/Cortex Quercus	Lachesis comp. Urtica comp. Brandessenz Echinacea/Viscum comp., Gelatum Keloid-Gel

Einige homöopathisch unterstützende Begleit- und Drainagemittel

Niere
Berberis - Kalium bromatum - Solidago - Urtica urens _ Acidum nitricum – Equisetum

Leber
Carduus marianus - Hamamelis - Taraxacum – Chelidonium

Gallenblase
Natrium sulfuricum - Magnesium sulfuricum – Ornithogalum

Lymphe
Kalium sulfuricum - Kalium bichrom. - Coccus cacti

Dünndarm
Tormentilla - Abrotanum - Alumina - Dulcamara – Hanpagophytum

Dickdarm
Carbo veg. - Hydrastis - Baptisia - Kalium phosphoricum

Rectum
Scrophularia – Causticum

Herz
Crataegus - Spongia - Cactus – Melilotus

Magen
Asa foetida - Condurango - Moschus - Argentum nitricum

Pankreas
Scrophularia - China - Senvi

Qigong in der zahnärztlichen Praxis

DR. CH. KOBAU

Das Studium der Akupunktur und die Beschäftigung mit verschiedensten fernöstlichen Philosophien und Heilverfahren brachten auch mich vor vielen Jahren in Kontakt mit Qigong. Erst ein mehrmonatiger Aufenthalt in China konnte allerdings eine echte Vertiefung des bis dahin erworbenen Wissens bringen und vor allem den Bezug zu den Menschen, die Qigong täglich in ihr Arbeitsleben einbauen, herstellen. Wenn man selbst um 5.00 Uhr morgens mit 50 Chinesen in einer Halle steht und erlebt, mit welcher Begeisterung und Intensität Qigong Verbreitung findet, wird der eigene Bezug zu dieser Methode wesentlich intensiviert.
Meine damaligen Erlebnisse waren die primäre Motivation dafür, mich in Österreich noch mehr verstärkt mit Qigong auseinanderzusetzen. Sehr hilfreich auf diesem Weg war und ist die Freundschaft zu DR. GERHARD WENZEL, dessen integratives Wissen um die chinesische traditionelle Medizin und des Qigong die kulturelle und philosophisch medizinische Brücke zwischen östlichem und westlichem Wissen bildet.
Qigong als einfache Atem- und Bewegungsmeditation zu bezeichnen wäre zu wenig, kann aber dem mit der Methode noch nicht Vertrauten einen ersten Anhaltspunkt geben, worum es sich handeln kann. Wörtlich übersetzt heißt Qigong „Arbeit mit dem Qi", wobei Qi vereinfacht als „Lebensenergie bzw. Lebensstrom", der uns alle mehr oder weniger durchfließt, bezeichnet wird.
Dieser Fluß des Qi wird durch verschiedene körperliche bzw. emotionelle Blockaden gestört. Eine Aufgabe von Qigong kann nur sein, diese Blockaden zu lösen und den sich außerhalb seiner Mitte (Dantien) befindlichen Menschen, wieder zu regulieren und zu zentrieren. Qigongübungen bringen Ruhe in die Bewegung, die durch zu starke Emotionen hervorgerufen werden, denn ein Ruhigerwerden der äußeren Übungen führt meist zu einem Ruhigerwerden im Inneren. Innere Ruhe aber ist die Grundvoraussetzung für jede Art von Heilungsprozeß.

Ein weiterer wichtiger Aspekt der Qigongübungen ist der Ausgleich überschüssiger Hitze und Leberenergie in der oberen Körperhälfte. Vor allem das in den Kopf zu stark aufsteigende Leberqi, verursacht durch unkontrolliertes Umgehen mit Aggression und Wut, führt bei vielen Menschen zu entsprechenden Symptomen (vom Kopfschmerz bis zum Bluthochdruck). Die Regulation dieser Dysbalancen führt auch zu mehr Bewußtheit bezüglich der diese Zustände auslösenden Faktoren.

Die BEWUSSTHEIT über die eigenen Blockaden, kann zum BEWUSSTSEIN, dem **bewußten Seinszustand** führen.

Qigong ist somit ein Weg, der auf mehreren Ebenen dem Menschen in seinem Gesundungs- bzw. Heil- und Ganzwerdungsprozeß unterstützt, denn es fördert inneres Wachstum.
Die Frage inwieweit jenes Wissen und die Erfahrung über Qigong in die zahnärztliche Praxis zu transformieren sind, läßt sich aus den direkten Anwendungen, welche die Praktizierung mit Qigong mit sich bringt, erklären.
Das Arbeiten in einer Zahnarztpraxis ist sowohl für Arzt als auch Patient mit mehr oder weniger Streß verbunden. Für die meisten Patienten ist ein Besuch beim Zahnarzt mit Angst verbunden, da das Bohren am Zahn im wahrsten Sinne des Wortes an die Substanz geht. Dieser Psychostreß kann aber auch auf den Zahnarzt zum Teil übertragen werden, wodurch die ständigen Spannungen im Umfeld des Arztes auch Spannungen in ihm selbst erzeugen können und dies auf körperliche wie auch auf emotionaler Ebene. Diese Spannungsübertragung „erfolgt in all den Praxen", wo der Arzt mit Leid, Schmerz und Angst des Patienten konfrontiert wird und dies ist aus der Natur der Sache in den meisten Ordinationen der Fall. Die Zahnärzte sind natürlich exponierter, da zu den psychischen Spannungen noch die körperlichen, hervorgerufen durch die unphysiologische Haltung beim Bohren, hinzukommen und die Symptomatik verstärken. Die Problematik wird noch erweitert, indem die meisten Ärzte dieses verstärkte Spannungspotential mit nach Hause nehmen und nicht in der Lage sind zwischen Familie und Praxis zu differenzieren, wodurch familiäre Konflikte vorprogrammiert werden. Gerade hier kann Qigong primär dem Arzt helfen, die „fehlgeleiteten Energien", zu regulieren und mehr Ruhe in Körper und Geist zu bringen.

Grundvoraussetzung ist das **regelmäßige Üben und Praktizieren** von Qigong.

Wer sich mit der Existenz des extracorporalen Qikörpers auseinandersetzt, wird früher oder später erkennen, daß die Regulation des eigenen Qimantels auch zu einer gewissen Harmonisierung des Qikörpers beim Patienten führt, sofern das eigene Kraftfeld stark genug ist. Ist das eigene persönliche Kraftfeld eher schwach, besteht immer die Gefahr, daß durch kranke und ängstliche Patienten diese Dysorganisation noch verstärkt wird und der Therapeut in einen circulus vitiosus hineinschlittert, der über Disharmonie zur Dysbalance und letzten Endes zur Krankheit führt. Ein weiteres Anwendungsgebiet von Qigong in der Praxis ist die die Verbindung mit Akupunktur:

> Gerade beim Zahnarzt ist die Lokalanästhesie für viele Patienten ein rotes Tuch und viele fürchten sich vor der Spritze mehr, als vor allem anderen. Die Verwendung spezifischer Akupunkturpunkte bewirken, daß über bestimmte Schaltmechanismen im Hirn (Hypothalamus) die Schmerzschwelle nachweisbar gehoben wird und zusätzlich körpereigene Endorphine ausgeschüttet werden. Studien haben eindeutig gezeigt (und meine eigenen Erfahrungen bestätigen dies vollends), daß dadurch Patienten kaum bzw. wesentlich weniger Lokalanästhetika benötigen. Selbstverständlich wird bei einer Extraktion oder beim Kautern eine Lokalanästhesie verwendet, doch die Menge ist wesentlich reduzierter, während bei Inlay oder Kronenpräparationen, je nach Sensibilität, kaum Spritzen notwendig werden.

Kann der Arzt zu den Wirkungen der Akupunktur noch Qigong einsetzen, verbessert er diesen Effekt wesentlich, indem er beim Patienten über den Atem und Energiekreislauf in einen entspannten und ausgeglichenen Zustand führen kann. Grundvoraussetzung ist, daß der Patient auch bereit ist, am ganzen Geschehen selbst mitzuarbeiten. Es gibt viele Patienten die zum Arzt gehen, wie in einen Supermarkt und Heilung bzw. Wiederinstandsetzung eines Zahnes konsumieren möchten, ohne am Prozeß der Genesung und den Hintergründen selbst teilhaben zu wollen und die ganze Verantwortung dem Therapeuten zuschieben — für solche Patienten ist diese Methode ungeeignet.

> Bei besonders sensiblen und schwierigen Patienten kann die Akupunktur in Verbindung mit Qigong noch durch ein weiteres Element verstärkt werden, indem das Wissen um die Kraft der Hypnose und Trancearbeit Anwendung findet (entsprechende Ausbildung des Arztes sind daher in dieser Richtung unumgänglich).

Als Beispiel möge ein Patient dienen, der Angst hat, hypersensibel ist, beim Abdrucknehmen der Zahnpräparation in einen 5-minütigen Dauerwürgereiz verfällt und danach, hervorgerufen durch die schnelle Atmung in eine Hyperventilationstetaniekommt. Ein Alptraum für jede Praxis. Die Behandlung und Vorbereitung dieses Patienten erfolgte von mir folgendermaßen:

> Vorbereitung mit Homöopathie, Bachblüten und Applied Kinesiologie auf psychisch emotionaler Ebene sowie Akupunktur zur Kreislaufstabilisierung. Während der 5-minütigen Abdruckname konnte der Patient durch Trancearbeit und Qigong in Ruhe und Focus gehalten werden, so daß er nur mehr 2-3 mal einen kurzen Würgereiz bekam. Die restliche Zeit der Abdrucknahme aber ohne Probleme überstand. Dieser Patient hatte in mehreren Wochen hintereinander verschiedene Abdrucknahmen, die ihm dann durch das ganze Ritual der vorbereiteten Maßnahmen so zur Routine wurden, daß der Extremzustand, wie er ihn beim ersten Mal in der Ordination erlebte, nicht mehr auftrat.
>
> Der Arzt muß sich allerdings für solche „Spezialpatienten“ zumindest in den ersten 2 bis 3 Sitzungen mehr Zeit nehmen, danach wird es für beide wesentlich weniger zeitintensiv, da der Patient „das Spiel“ schon kennt und mental darauf vorbereitet ist.
>
> Die Anwendung von Qigong kann daher für den Arzt wie auch für den Patienten eine hilfreiche Methode sein, die dem Therapeuten ein Modell ganzheitlich orientierter Denkansätze in die Hand gibt und ihm neue Möglichkeiten der Bewußtwerdung offenbaren kann.

HOMÖOPATHIE

- **Homöopathie in der Zahnheilkunde** C. KOBAU (A)
- **Arzneimittelbild von Mercurius** G. MATTITSCH (A)
- **Arzneimittelbild von Mercurius — Zink — Blei — Cadmium — Silber** S. WILHELMER (A)

Homöopathie in der Zahnheilkunde

DR. CHRISTIAN KOBAU

Die folgenden homöopathischen Ratschläge sollen für den Arzt oder bewußt denkenden Patienten gewisse Möglichkeiten aufzeigen, zusätzlich zu den herkömmlichen Therapien, dem Körper Impulse zur Genesung zu geben. Die empfohlenen Heilmittel ersetzen nicht die klinisch anerkannten zahnärztlichen Diagnose- und Therapieverfahren, sondern bilden wertvolle Ergänzungen.

Der Name HOMÖOPATHIE leitet sich von den griechischen Bezeichnungen für "ähnlich" — "homoion" und "Leiden" — "pathos" ab. Eine Grundregel bei dieser Methode besagt nämlich, daß ein Leiden durch einen Wirkstoff, der ähnliche Charakteristika wie die Krankheit aufweist, geheilt werden kann.

> *"Simila, Similibus Curentur."*
> *"Ähnliches vermag durch Ähnliches geheilt zu werden."*

SAMUEL HAHNEMANN, Arzt, Chemiker und Pharmazeut, experimentierte um 1790 in Selbstversuchen mit dem Pflanzenwirkstoff der Chinarinde, Chinin, um deren Wirkung bei der Malariatherapie zu ergründen. Im Verlauf der Versuche stellte sich heraus, daß er, obwohl er primär völlig gesund war, bei Einnahme von etwa 6 Gramm Chinarinde Krankheitssymptome bekam, die sehr ähnlich den Symptomen bei der Malaria waren. In weiteren Experimenten an Gesunden wurden diese Ergebnisse bestätigt, worauf das Simile- oder ÄHNLICHKEITSPRINZIP formuliert werden konnte:

> *"Ein Arzneimittel, welches gegen eine bestimmte Krankheit wirksam ist, kann bei Verabreichung an Gesunde Symptome hervorrufen, die den Symptomen der Krankheit ähnlich sind."*

HAHNEMANN erzielte also Heilerfolge, indem er die Symptome des Patienten genau aufzeichnete und das diesem Symptomkomplex ähnliche Arzneimittelbild herausfand. (Dem Simileprinzip zufolge heilt eine Substanz bei einer kranken Person die Symptome, die sie bei einer gesunden verursacht.)

Der nächste Schritt war die Feststellung, daß, wenn jenes Arzneimittel verdünnt wurde, trotzdem dessen Wirksamkeit nicht verlorenging. So begann er von der Ursubstanz einer Arznei Verdünnungs- und Verschüttelungsreihen anzulegen, um die Konzentrationen und damit auch die Nebenwirkungen zu verringern. Auf diese Weise wurde eine Potenzierung erreicht und der stoffliche Anteil der ursprünglichen Substanz bei den höheren Potenzen (ab D24) auf Null reduziert. Die häufigsten Potenzierungen erfolgen in Zehner- (D) bzw. Hunderterschritten (C) oder auch im Verhältnis 1:50.000 (LM). Will man z. B. Tropfen der Potenz D6, wird die Urtinktur in 6 Schritten jeweils 1:10 (1:100 bei C) verdünnt. Bei Verdünnungen, welche über D24 (Loschmidtsche Zahl) hinausgehen, ist kein Molekül der Ursubstanz mehr vorhanden, und trotzdem geht jenes spezifische Wirkprofil der Arznei nicht verloren. Im Gegenteil, je höher die Verdünnung (Potenz), desto stärker die Wirkung.

Hier setzt das Unverständnis bei vielen Menschen ein: "Wie kann etwas wirken, wo doch gar nichts mehr von der Ursubstanz vorhanden ist?" Jedes Arzneimittel hat ein bestimmtes Wirkprofil mit einem spezifischen Informationsmuster — eine Schwingungsfrequenz, die für jede Substanz charakteristisch ist. Dieses Frequenzmuster kann jetzt auf Trägermedien wie Alkohol, Glukose oder Wasser aufgeprägt und somit rein die INFORMATION weitergegeben werden.

HAHNEMANN'S Ergebnisse sind inzwischen von klinischen Doppelstudien überprüft und verifiziert worden; auch Tierversuche ergaben, daß hochverdünnte Präparate die Biochemie von Zellen beeinflussen können.

(In einer randomisierten Doppelblindstudie von DR. BRIGO aus dem Jahre 1984 wurde eindeutig die Wirksamkeit von homöopathischen Substanzen bei 60 Patienten mit starker Migräne nachgewiesen. Ebenso erfolgreich war 1986 die Pollinosis-Doppelblindstudie am Royal Homöopathic Hospital in London an 144 Patienten mit Gräserpollen C30.

DR. SUR beschreibt aus Tierversuchen die schützende Wirkung auf die Leberzellen durch die Gabe von Lycopodium clavatum D200 und DR. KRETSCHMER dokumentiert in der tierärztlichen Hochschule Hannover, daß bei Ratten durch die Gabe von Zincum und Phosphorus D4-D1000 eine signifikante Erhöhung der Histaminfreisetzung aus isolierten Peritonealmakrophagen auftritt.)

Die Erfahrungen HAHNEMANNS und Tausender seiner Nachfolger können uns helfen, neue Gedanken und Möglichkeiten in unser naturwissenschaftliches Weltbild einfließen zu lassen.

Die folgenden Arzneimittelbilder und Tips sollen eine Anregung sein, daß es durchaus lohnend sein kann, sich mit der Homöopathie näher auseinanderzusetzen, sollen und können aber nicht einen homöopathischen Arzt ersetzen. Es braucht schließlich viele Jahre an Studium, Erfahrung und sehr viel Intuition, bis jemand ein gutes, fundiertes homöopathisches Wissen auf-

weist.
Die empfohlenen Mittel können aber sehr hilfreich für den "Hausgebrauch" sein, sollten aber unter Rücksprache mit einem homöopathischen Arzt eingenommen werden.

ANWENDUNGSRICHTLINIEN

Wenn man von einer Gabe spricht, meint der homöopathische Arzt meist 5 Tropfen, 5 Globuli, eine Messerspitze, 1 Tablette oder 1 Ampulle

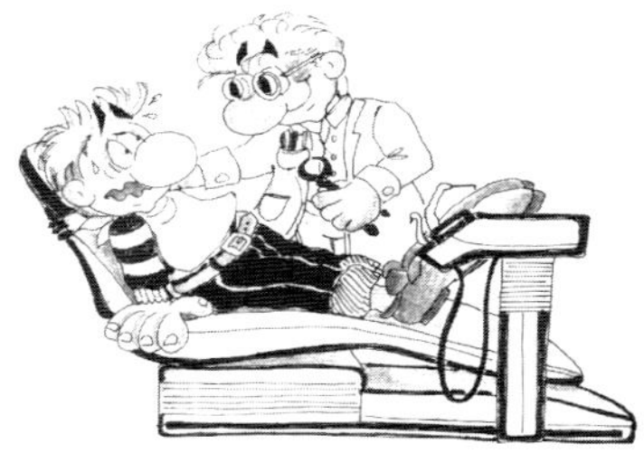

Falls nicht anders verordnet, gibt man 3 x täglich 1 Gabe — verschlimmert sich das Krankheitsbild, kann eine neuerliche Gabe des Mittels gegeben werden bzw. muß ein dem Verlauf entsprechendes anderes Homöopathikum gefunden werden. Homöopathische Mittel können sehr oft sowohl beim Menschen als auch in der Veterinärmedizin eine große Hilfe sein und Krankheitsverläufe beschleunigen. Sie helfen, den natürlichen Selbstregulationsmechanismus des Körpers wieder voll einzusetzen, sollen aber immer unter Rücksprache mit einem erfahrenen Arzt eingesetzt werden!
Die Einnahme homöopathischer Mittel sollte nicht zum Essen erfolgen, sondern nüchtern. Die Globuli dürfen nie länger der Sonne oder Hitze ausgesetzt sein, da sie sonst ineffizient werden.

Bohnenkaffee ist während der Einnahme homöopathischer Substanzen nicht empfehlenswert, da die Schwingungsfrequenz des Kaffees jedwede feinstoffliche Therapie dieser Art stört. Ebensowenig sollten kampferhaltige Produkte (Zahnpasta) verwendet werden.

Die Homöopathie für Zahnärzte allein gibt es eigentlich nicht, denn man sollte sich immer ins Bewußtsein rufen, daß homöopathische Medikamente den gesamten Menschen in einer ganzheitlichen, weit über den zahnmedizinischen Bereich hinausgehenden Art und Weise, erfassen. Auch kann die Homöopathie den klinischen Bereich der Zahnmedizin nicht verdrängen, aber sie kann diesen auf wertvollste Weise unterstützen und durch bewährte, langjährige Empirie mit bestimmten Heilmitteln werden dem Arzt und Patienten wertvolle Hilfsmittel zu einer schnelleren Heilung in

die Hand gegeben. Die angegebenen Heilmittel beruhen auf den „bewährten Indikationen", die nach Indikation oder Organbezug ausgewählt werden und in Notsituationen oft sehr guten Erfolg zeigen, da bestimmte Arzneien eine „Affinität" zu gewissen Gewebeschichten und Zuständen haben.

INDIKATIONEN

ABSZESS

Beim klassischen Abszeß mit genügender Pusförderung nach dem Bild „bonum etlaudabile", hilft nach der Inzission:

Pyrogenium D12:	über 3-4 Tage, 2-3mal täglich
Hepar sulfuris D4:	fördert die Abszeßreifung, speziell bei Milchzahnabszessen gekennzeichnet durch starke Berührungsempfindlichkeit - In tiefen Potenzen fördert es die Reifung; in hohen (D30) hilft es bei der Resorption des Ab-

szesses (mehrmals tägl. eine Dosis)

Belladonna C30: am Beginn des Abszesses, bei kl. Schwellung, starker Rötung und Pulsieren - halbstündlich bis stündlich eine Gabe

Mercurius D12: bei übelriechendem Atem und starker Speichelbildung stündlich eine Gabe - Verschlimmerung:
Bettwärme und Schmerzen primär nachts

Myristica Sebifera D6: Wird das „homöopathische Messer“ genannt, da sich unter seinem Einfluß oft der Abszeß spontan öffnet - alle 2 Stunden eine Gabe

Silicea C6,30,200: Nach Entfernung des Eiters, um die Regeneration zu fördern - 2mal täglich - besonders bei chronischen Eiterungen und Fistelbildung - oft bei blassen, erschöpften und leicht frierenden Patienten (⇒Nierenschwäche) Die Therapie erfolgt über längere Zeiträume mit unterschiedlichen Potenzen.

Engystol N (Amp.) (HEEL): Zur Aktivierung der unspezifischen Abwehr

Quarz D20 Trituration: Morgens u. Abends je 1 Messerspitze Pulver einnehmen - zur Gewebestützung

Diese homöopathischen Mittel können sehr hilfreich sein, doch man wird von Fall zu Fall individuell entscheiden, inwieweit nicht doch ein Antibiotikum einzusetzen ist (vor allem bei diffusen Schwellungen mit Ausbreitungsneigung). Sollte der Patient dies allerdings ablehnen oder eine extreme allergische Disposition vorliegen, kann der Versuch mit der 3er Kombination von:

Lachesis D12
Pyrogenium D12
Echinacea D3 erfolgen.

Die drei Mittel werden in der Spritze aufgezogen und subkutan injiziert — sollte nach 4 Stunden keine Besserung eingetreten sein, muß ein Antibiotikum verabreicht werden. Bei Besserung spritzt man die selbe Kombination am nächsten und übernächsten Tag.

FISTELBILDUNG

Quarz D6, Trit. (WELEDA)
Silicea comp. Amp. (WALA)
Acidum fluor.-Inj.S+forte S (HEEL)

ANGSTZUSTÄNDE

Gelsemium C30: 2 mal täglich vor dem Arztbesuch - Leitsymptome: Trägheit, Zittern, Schwäche und Durchfall

Chamomilla D30: vor allem bei Kindern - 1 Gabe und dann 20 Minuten warten lassen

Argentum nitricum D12: Leitsymptome: Unruhe, hastige Bewegungen, will ständig reden, Furcht „schlägt auf den Darm“ - 2mal 1 Gabe

Aconit D12: Sehr stabil erscheinende Menschen, die beim ersten Tropfen Blut oder am Beginn des Bohrens in Ohnmacht fallen - 2 mal 1 Gabe

Valerianaheel: Homöop. Sedativum (HEEL)

Bachblüten (siehe dort)

AUFGERISSENE MUNDWINKEL

Calendula - Salbe

Heilsalbe (WELEDA)

ALVEOLITIS

Neben Curettage der Wunde und H_2O_2-Spülung unterstützt Mercurius Solubilis D12 - 3mal täglich (eventuell auch Symphytum D3, 3mal täglich)

APHTOSE

Acidum nitricum D12: Ulcera und Aphten vor allem am Gaumen und an der Zunge - Verschlechterung durch Kälte und Nässe, besonders abends und nachts - leicht blutend - übler Mundgeruch - Besser durch Wärme und Ruhe - Schmerz ist stechend

Mercurius solubilis D12-D30: Zunge geschwollen, gelblich belegt, Eindrücke an den Rändern - Neigung zu Ulcerationen und Eiterungen - fauliger Atem - Lymphknoten - Schlimmer nachts, durch Wärme - Besser bei Ruhe und Kälte

BORAX D12-D30: besonders bei Sorinfektionen und Stomatitis aphtosa bei Kleinkindern - Schlechter durch Kälte, bücken und leichtem Druck - Besser durch festen Druck - Patient nervös und schreckhaft

ACIDUM SULFURICUM D12-D30: Schwächliche Patienten die leicht zu Blutungen neigen - Verschlimmerung morgens, nachts, im Freien - Besser durch Bewegung und frische Luft - oft bei Alkoholikern und stillenden Müttern - innerliches „Vibrieren"

KALIUM BICHROMICUM D12-D30: Die Geschwüre sind tief und erscheinen wie „ausgestanzt" - Schlechter durch Kälte - Besser durch warme Getränke und Bewegung im Freien - oft bei Biergenuß

HEPAR SULFURIS D12-D30: Bei drohender Neigung zum Abszeß

Rathania comp.(WELEDA): zum Spülen

Antimonit (ol.Rosae comp.Solutio(WALA): zum Bepinseln

Mucosa comp.(Amp.) (HEEL)

Engystol (HEEL)

Traumeel S (HEEL)

Gastricumeel (HEEL)

Herpes Simplex Nosode (HEEL)

BLUTUNG

China D12: Sickerblutung während der Operation - bei blassen, erschöpften Patienten

Phosphorus D30 oder D200: Wenn Neigung zu Hämatombildung besteht - eher hellrotes Blut, bei schlanken und hellhäutigen Menschen

Crotalus D12: Blut ist tiefrot und gerinnt schwer - man spritzt 1 Ampulle in die Umschlagfalte

Lachesis D12: Patient ist sehr quirlig und hat gerötete Haut und Schleimhaut - Schwarzes Blutgerinnsel

Arnica D12-D30: Als Prophylaxe nach Extraktionen, Operationen und bei Hämatomen

Hamamelis D4: Venöse, feste Sickerblutung

Aesculus D4: Venöse Stase

Millefolium D4: Hellrote Sickerblutung

Arnica D4: Arnica in Potenzen unter D12 fördert die Blutung, darüber reduziert es die Blutungsneigung.

Calendulatinktur: Zum Spülen nach Zahnextraktionen zur besseren Wundheilung

Corallium rubrum D6 /Stibium D6 Amp. (WELEDA): Injektion s.c. nächst der Blutung

DENTITIO DIFFICILIS

Calcoheel (Tabl.) (HEEL)

Viburcol (Supp) (HEEL)

FOKALTOXIKOSEN

Eine chirurgische Intervention ist früher oder später immer indiziert. Adjuvant seien folgende Mittel, die vor allem für die Nachbehandlung geeignet sind, genannt:

Kieferostitis - Nosode - Inj. (HEEL)

Granuloma dentis - Inj. (HEEL)

Phytolacca D4 Dil.

Argentum D30 / Echinacea D6 (WELEDA)

Akute u. chron. Kieferostitis (STAUFFEN Pharma)

Engystol N (Amp.) (HEEL)

Arthrokehlan A (SANUM)

Pefrakehl (SANUM)

Notakehl (SANUM)

Anregung der Entgiftung auf allen Ebenen !!

Symptombezogen können noch folgende Mittel eingesetzt werden:

Angio-Injeel(Amp.) (HEEL): Pektangiöse Beschwerden

Cratonin (Amp.) (HEEL): Infekt.-tox. Myokardschwäche, nervöse Herzbeschwerden

Gelsemium Homaccord (Tropf., Amp.) (HEEL): Neuralgien, Migräne

Kalmia S - Injeel (HEEL):Fokaltox. Infekte mit Muskelrheumatismus und Herzaffektionen

Phytolacca S (HEEL): Fokaltox. Muskel- u. Gelenksrheumatismus

Thuja S (HEEL): Fokaltoxikosen - allg. Zur Unterstützung

Ubichinon comp. Amp. (HEEL): Förderung des Giftabwehrmechanismus und zur Wiederingangsetzung blokkierter Fermentsysteme

Eigenbluttherapie zur Umstimmung

KIEFERKNOCHENFRAKTUR

ergänzende Maßnahmen:

Arnica C200: 1mal bei Weichteilquetschungen

Rhus toxicodendron C30: alle 2 Stunden im Wechsel mit Bryonia C30 zur

Schmerzreduktion:

Sticta pulmonaria C200: zur Schlaferleichterung

Symphytum D6: zur Knochenheilung, 3mal täglich

Hypericum C30: 2mal täglich bei Nervenschäden

Calendula D6: 4mal täglich und Spülungen mit Urtinktur (verdünnt)

KARIESPROPHYLAXE

Calcium fluor bzw. Acidum fluor (ab D3)
Aufbaukalk 1+2 (WALA oder WELEDA)

fluorreiche Nahrungsmittel: Buchweizen - Roggen - Spinat - Kirschen - Äpfel - Bohnen - Schwarzer Tee

Calcoheel (Tabl.) (HEEL)

Osteoheel (Tabl.) (HEEL)

KOLLAPS

Veratrum album C30: Unruhe, Blässe, kalter Schweiß - Patient will frische Luft - „weiße Nase“

Carbo vegetabilis C30: Kälte- und Frostgefühl - schlaff, schwacher Puls - fühlt sich heiß nach innen, ist aber bei Berührung kalt

Rescue Remedy

Camphora D2: krampfartige Symptomatik im Vordergrund - zusätzlich gibt man Calcium in Form von Brausetabletten

Solutio Myrrhe(WELEDA): zum Riechen

Cardiodoron Tropfen (WELEDA)

Circulo Injeel (Heel)

Cralonin (Heel)

Kinder - PROPHYLAXE

Aufbaukalk 1+2(WELEDA): wirkt regulierend auf Kalkstoffwechsel

Calcium fluoratum D200, Glob: alle 4-6 Wochen eine Gabe zur Schmelzhärtung und Fluorprophylaxe

Konstitutionsmittel !

KIEFERGELENKSLUXATION

Rhus toxicodendron D12

Zeel, Amp. (Heel)

Arnica D4 im Wechsel mit Arnica D20

Equisetum / Stannum, Amp. (WALA)

Betula / Arnica Comp. oleum - zum Einreiben

Stannum metallicum 5°6 Salbe abends vor Gelenkspalt einreiben (WELEDA)

PARODONTITIS

traumatisch:

Ruta C30 und Arnica C30, alle 4-5 Stunden

Traumeel S (HEEL)

Osteoheel (HEEL)

PARODONTOSE

Die biologische ganzheitliche Paradontose-Therapie wird in einem eigenem Kapitel beschrieben - homöopathisch würde vor allem das geeignete Konstitutionsmittel helfen.

Als Unterstützung können noch folgende Mittel gegeben werden:

Natrium phosphoricum D3: 3mal täglich im Wechsel mit Silicea D6, 3mal täglich

Calcium fluor D200: alle 3 Wochen 1mal im Wechsel mit Silicea D200

Periodontium / Silicea comp. (WALA)

Ney-Pulpin N (Vit Organ)

Ney Paradent

Calcitonin: ALLE 3 Wochen 100 MRC-Einheiten s.c.

SCHWANGERSCHAFTSGINGIVITIS

Mercurius solub. C30: 1-2mal täglich und lokale Spülungen mit Eichenrindentee

Magnesium Carbonium - Inj.+forte (HEEL)

Schmerzen beim Beschleifen von Zähnen

Arnica C30

Hypericum C30

Traumeel (Heel)

Schmerzen durch hypersensible Zahnhälse

Kieserit D20 Dil(WELEDA)

Solutio Myrrhae balsamica (WELEDA): zum Einpinseln

Kieselsäure Tabl. N (COSMOCHEMA)

PULPITIS

Pulpa dentis D4-D30

NEY PULPIN (Vit Organ)

Arnica D4

Mercurius D12

Argentum D30 / Echinacea D6 Amp. (WELEDA)

Silicea comp., Amp. (WALA)

Aconitum napellus D6, Dil (WELEDA): bei ziehenden, neuralgiformen Schmerzen

Belladonna D6, Dil (WELEDA): bei pulsierenden, klopfenden Beschwerden

Akute u. chron. Pulpitis (STAUFFEN Pharma)

entzündungshemmend erweist sich noch die folgende Kombination:

Arnica D3

Ruta D4

Staphysagria D12

PERIODONTITIS

BRYONIA D12	Allium Cepa ebulbo D3, Amp. (WALA)
Magnesium Carb. D6	Periodontium D4, Amp. (WALA)
Plantago D3	

KURZINDIKATIONEN

Zähne

Zahnfleischbluten:

- Kreosot D12
- Phosphorus D12

zahnende Kinder:

- Chamomilla D12
- Viburcol (supp.) (HEEL)

Schmerzen beim Beschleifen von Zähnen:

- Arnica C30
- Hypericum C30

Schwangerschaftsgingivitis:

- Mercurius sol. Hahnemanni D12 und lokale Mundspülungen mit Eichenrindentee und Roßkastanienextrakt

ständiges Bluten und Schmerzen nach Zahnextraktionen, wenn Arnica nicht anspricht:

- Phosphorus C200 und Calendula tinctur zum Bestreichen

Kariesprophylaxe:

- Calcium fluor bzw. Acidum fluor (ab D3) fluorreiche Nahrungsmittel: Buchweizen — Roggen—Spinat — Kirschen — Äpfel — Bohnen — schwarzer Tee

nach Extraktionen:

- Arnica C30 oder C200

bei Nervenquetschungen:

- Hypericum LM30 mehrere Tage

Würgereiz:

- Ipecacuana C200 1 x oder Coccus cacti C30 1 x 20 Minuten vor der Therapie

Wundheilung nach Extraktionen:

- Calendula tinctur — äußerlich zum Bestreichen und Spülen

Eine alte Regel, die aus dem Wissen um die Mondzyklen resultiert:

- Brücken und Kronen sollen nur bei abnehmenden Mond eingesetzt werden!

Angstzustände:

- Gelsemium C30 morgens und abends vor der Behandlung, sowie 1/2h vor dem Zahnarztbesuch (wenn Trägheit, Zittern, Durchfall und Schwäche im Vordergrund stehen)
- Argentum nitricum C30 (wenn Unruhe, hastige Bewegungen und dauerndes Sprechen vorherrschen)

Nasenbluten:

- Ferrum phosp. C30 halbstündlich

Hämatom (Bluterguß):

- Arnica C30 4x täglich

Unruhige Kinder:

- Chamomilla C30, wenn schmerzempfindlich, bockig, will ständig herumgetragen werden - morgens und abends vor dem Zahnarztbesuch, sowie eine 1/2h vor der Therapie je eine Dosis

- Cina C30, wenn unruhig, will nicht herumgetragen und berührt werden - Dosis wie oben

Mundspülungen:

- Calendulawasser: 40 Tropfen Urtinktur in 1/2l Wasser geben und damit spülen - im Wechsel mit Salbeitee

aufgerissene Mundwinkel:

- 5% Calendulasalbe

Narbengewebe nach Operationen in der Mundhöhle:

- Thiosinaminum C6 3x täglich

Operative Maßnahmen im zahnärztlichen Bereich - Ergänzende Maßnahmen:

- Arnica C200: morgens und abends vor der Behandlung und 1/2h vorher, sowie 5 Tage danach
- Hypericum C30: wie oben
- Phosphorus C30: wie oben
- Pyrogenium C30: 2x täglich für 6 Tage

Arnica und Hypericum helfen Schmerzen zu reduzieren und Schäden von Gewebsquetschungen und Blutungen zu vermindern. Phosphorus wird eingesetzt wenn eine Blutungsneigung besteht.
Pyrogenium dient der Infektionsprophylaxe.

Akute traumatische Parodontitis:

- Arnica C200 bzw. Ruta C3: alle 3-4 Stunden

Durch Instrumente verursachte Stichwunde:

- Ledum C30: 3x täglich
- Pyrogenium C30: 3x täglich als Infektionsprophylaxe

Kieferknochenfraktur - Ergänzende Maßnahmen:

- Arnica C200: 1x bei Weichteilquetschungen
- Rhus toxicondendron C30: alle 2 Stunden im Wechsel mit Bryonia C30 zur Schmerzreduktion
- Sticta pulmonaria C200: zur Schlaferleichterung abends
- Symphytum D6: 3x täglich - dient der Knochenheilung und wird in Verbindung mit Calcium carbonicum C30 gegeben.
- Hypericum C30: 2x täglich bei Nervenschädigung

Immunstimulans zur Steigerung des Abwehrvermögens bei Entzündungen und nach operativen Eingriffen:

- Echinacea comp. forte S (Amp.- HEEL)
- Argentum D30 / Echinacea D6 Inj. (subcutan) (WELEDA)

Postoperativ soll die Entgiftungsfunktion von Niere, Leber u. Lymphe angeregt werden:

- Blasen- u. Nierentee, Lebertee
- Renodoron Tabl. (HEEL)
- Hepatodoron Tabl. (HEEL)
- Lympholiaral Salbe (PASCOE)

Arzneimittelbild von Mercurius

DR. MATTITSCH

Gehen wir vom gesunden Menschen aus: Er besitzt ein Abwehrsystem, das ihn gegenüber den Einflüssen der Welt, seien sie körperlicher oder emotionaler Natur, wirkungsvoll im stabilen Gleichgewicht hält. Dieses Abwehrsystem ist sowohl auf körperlicher („Immunsystem“), als auch emotionaler und geistiger („Haltung zur Welt“) Ebene repräsentiert. Umgekehrt haben geistig-seelische Erregungen unmittelbare Auswirkung auf das körperliche Immunsystem und umgekehrt.
Der Mensch steht aber nicht nur einer mehr oder weniger fremden Welt gegenüber, der gegenüber er sich zu schützen hat, sondern als einziges Wesen der Schöpfung steht er sich selbst gegenüber. Er ist sich seiner selbst gewahr und bezieht Stellung: er kann sich lieben und hassen, sich verzeihen oder verurteilen, sich herausfordern oder gewähren lassen. Auch diese Impulse („Haltung zu sich selbst“) haben unmittelbare Auswirkungen nicht nur auf sein seelisch-geistiges Empfinden, sondern auch auf sein körperliches Immunsystem, so daß eine Trennung von Körper-Seele und Geist unter diesem Gesichtspunkt ohnedies unsinnig erscheint.
Der ganzheitliche Ansatz eines Menschenbildes, wie ihn beispielsweise die Homöopathie vertritt, sieht hier in Geist-Seele und Körper Phänomene einer Person, die sich über diese drei Ebenen ausdrückt und mit sich und der Welt in Kontakt tritt.
Nun fängt der Mensch bekanntlich nicht als unbeschriebenes Blatt an, sondern zeigt bereits als Embryo und Neugeborener, daß er geprägt ist. Geprägt durch die Erfahrungen seines Geistwesens, das er ist, als auch durch die Anlage, die er über den Erbstrom mitbekommt. Wir nennen diese Reaktionsbereitschaft und Fähigkeit, auf Reize zu reagieren, die Konstitution. Die Anlage ist es, die unsere Reaktionsweise so beeinflußt, daß wir auf die Reize der Welt in individueller Weise zu reagieren beginnen. Sie „verstimmt“ geradezu unseren Leib, der Körper, Seele und Geist ausdrückt. Die Verstimmung kann angeboren und/oder erworben sein, wodurch sich unsere Konstitution wandeln, verschlechtern oder verbessern kann, was auch therapeutisches Eingreifen sinnvoll ermöglicht. Diese „Verstimmung“ bezieht sich aber insbesondere auf unsere Lebenskraft, die uns, so sie gesund ist, im Gleichgewicht hält und Reize, so sie eine gewisse Intensität nicht übersteigen, ausgleicht. Einzig diese Lebenskraft vermag es, uns gegenüber der Welt und den Einflüssen unseres durch Erziehung und Gesellschaft konditionierten Egos gesund zu halten. Sie ist es auch einzig und allein, die uns wieder heil werden läßt. So wird eine sinnvolle Therapie ihren Stellenwert nur dadurch verdeutlichen, inwieweit sie zur Lebenskraft des Patienten in bezug steht: Sie kann fördern oder hemmen, ja sogar unterdrücken.
Das Schwermetall und Gift Quecksilber, nach der alten Bezeichnung Mercur genannt, läßt seine Qualität als Heilmittel, das es in der Homöopathie darstellt, dadurch erkennen, daß es die Lebenskraft des Menschen nachhaltig beeinflußt. Wir wissen aus der Toxikologie, daß Quecksilber im Vergiftungsfall schwere Veränderungen hervorruft. Sehen wir uns diese Bild des vergifteten Menschen einmal an. Es sei zunächst die Grundlage für alles weitere, womit wir Mercur in Verbindung bringen werden:

In Mund und Rachen wird die Schleimhaut blaßblau, graugelbe Auflagerungen treten später hinzu. Diese Mundschleimhautentzündung ist mit starkem Speichelfluß verbunden. Kariöse Zähne, kranke Zahnwurzeln, Zahnstein und Parodontose erhöhen ihre Intensität. Das Zahnfleisch schwillt entzündlich an, löst sich vom Zahnhals, wird dunkelrot, geschwürig mit stinkenden Belägen. Die Zunge ist geschwollen, dickweiß belegt, zeigt an den Rändern Zahneindrücke. Die Zähne fallen aus, Zerstörung des Kieferknochens wird beobachtet. Dabei ständig dick fadenziehender, übelriechender Speichelfluß aus dem Munde.
Die Entzündung des Mundes steigert sich zu mißfarbigen Geschwüren an allen Teilen. Die Lymphknoten schwellen an, ebenso die Gaumenmandeln mit Rötung und Geschwüren. Begleitendes Fieber bis 40°C tritt auf. Der gesamte Verdauungskanal entzündet sich, besonders aber sein Anfangsteil (Mund, Rachen) und Endteil (Dickdarm Mastdarm). Auch hier beobachtet man Entzündungserscheinungen bis zur Geschwürsbildung, verbunden mit unerträglich schmerzhaftem und erfolglosem Stuhldrang. Blutige Stühle, auch grünliche Entleerungen sind mit reichlich Schleim versetzt. Durch scharfe, wundmachende Stühle brennt der After. Zu den heftigen Bauchschmerzen, die besonders im Leberbereich stechen und eine rechte Seitenlage unmöglich machen, gesellen sich noch die intensiven Halsschmerzen, die durch fortgesetztes Schluckbedürfnis gesteigert werden. Von den inneren Organen werden neben der Leber noch die Nieren erfaßt, wobei das Bild einer schweren Nierenentzündung mit Versagen der Funktion eintritt.

Neben den Schleimhäuten des Verdauungstraktes werden alle anderen Schleimhäute gleichermaßen von den toxischen Veränderungen betroffen:
An den Augen Entzündung an Bindehaut, Lidrand, Hornhaut und Iris. Katarrhe der Nase und ihrer Nebenhöhlen, der Ohren mit beginnender Eiterung im Mittelohr und den Ohrtrompeten. Die Ohrspeicheldrüsen entzünden sich wie die Schleimhäute der Bronchien: Entsprechende Schmerzen und Schleimhautsekrete, blutig, übelriechend, schleimig.
Was Magen und Darm erleiden, macht auch vor Blase und Genitalien nicht halt. Schmerzhafte Blasenentzündung, scharfer Ausfluß mit Brennen und Wundheit der Scheide, Entzündung der Eierstöcke, Gebärmutter und ihrer Bänder, Übergang in eine Bauchfellentzündung im kleinen Becken. Ähnliche Veränderungen entsprechend beim Manne. Überall Drüsenschwellungen, Entzündung der Lymphgänge und Lymphknoten. Die Haut entzündet sich mit ihrem Unterhautzellgewebe, das gesamte Bindegewebe neigt zu Eiterung. Vielfältige nässende Ekzeme, Rotlauf, Nesselsucht. Diese Prozesse greifen über auf Gelenkskapseln, Knochenhaut, Sehnen, Sehnenscheiden und Venen. Am zentralen Nervensystem kommt es zu erhöhter Reizbarkeit, Erregbarkeit, Hastigkeit, Angst und Unruhe, verbunden mit Impulsen von Gewalttätigkeit und dem Drang andere und sich selbst zu töten. Die Glieder beginnen zu zittern, große Schwäche und rascher Verlust der Kräfte treten ein. Die Gesamtpersönlichkeit wird von Quecksilber nachhaltig und tiefgreifend verändert bis zur schweren Depression und geistigen Erschöpfung.

Soweit das akute und chronische Vergiftungsbild, wie es in der Toxikologie bekannt ist. Es bildet die Grundlage für die homöopathische Verordnung von Mercur in verdünnter und verschüttelter (= potenzierter) Form nach dem grundlegenden Therapieprinzip der Ähnlichkeit. Dasselbe Mercur, das im Vergiftungsfall derartige Veränderungen am Vergifteten hervorzurufen imstande ist, heilt ähnliche Krankheitsprozesse, wenn es in entsprechend angepaßter Art und Weise dem Kranken verabreicht wird. (Potenzgröße und Gabenfolge, die der homöopathische Arzt aufgrund seiner Erfahrung und Einsicht in die Grundlagen seiner Therapie bestimmt und verantwortet.)
Die Krankheitsnamen, allesamt nur Ausdruck der einen, spezifischen Schwächung der Lebenskraft unter dem Giftprinzip Mercur, stellen dabei lediglich klinische Zugänge dar, die für den die Phänomene des Krankseins im Auge behaltenden homöopathischen Arzt von sekundärer Bedeutung sind.

Die akute Vergiftung durch Quecksilber wäre aber für den Arzt infolge ihrer Vehemenz und Heftigkeit allein ein zu ungenaues Bild, um auf der Basis der Ähnlichkeit erfolgreich therapieren zu können. Zu rasch laufen die Prozesse der Vergiftung ab, zu rasch bricht die Lebenskraft und die ihr untergeordneten Organfunktionen zusammen.
So prüft die Homöopathie schon seit ca. 200 Jahren diese Gifte im Rahmen der Arzneimittelprüfung am Gesunden. Es resultiert daraus ein mikrotoxikologisches Bild von Mercur, das die das körperliche Geschehen begleitenden seelischen und geistigen Veränderungen sichtbar werden läßt, und auch den Empfindungen und der Selbstreflexion großen Raum zuerkennt. Da hierbei mit potenzierten Mercur-Quantitäten und -Qualitäten gearbeitet wird, ist der Prozeß der Vergiftung, der dem Prozeß des Krankwerdens entspricht, in seinen charakteristischen Schritten und Zügen deutlicher und für Mercur typisch, erkennbar.
Deutlich wird hierbei eine Schwächung der Lebenskraft und Reaktionsbereitschaft, die zunächst zu einer allgemeinen Überempfindlichkeit führt. Der Patient wird gleichsam zu einem „lebendigen Thermometer", das durch beinahe alle Reize der Umwelt eine Instabilität und Schwäche erzeugt. Hitze, Kälte, frische Luft, nasses Wetter, Wetterwechsel, Bettwärme, Schweiße, Anstrengung, verschiedenste Speisen, lösen Mißempfindungen aus. Der Patient wird immer weniger vertragen, ohne in seinem Wohlbefinden gestört zu sein. Das ganze System ist einfach nicht mehr fähig, sich anzupassen. Die Toleranzbreite wird immer geringer. Auch gibt es innerhalb dieser Empfindlichkeiten keine Konstanz, da der Patient heute das, morgen dies nicht erträgt, er also von einem Zustand in den anderen schwankt. Wie Quecksilber zwischen fest und flüssig, wie eine Flüssigkeit einerseits und ein fester Körper der seine Form behält, andererseits. Und die Quecksilberkügelchen, die dem zerborstenen Fieberthermometer entwichen sind, entschlüpfen uns, lassen sich kaum anfassen.
Zudem wird der Mercurpatient immer eiliger, ruheloser. Wir sprechen vom Erethismus mercurialis, der durch gehetztes, schnelles Sprechen und ineffektive Ruhelosigkeit, die nichts zuwege bringt, imponiert. Exaltiert, ängstlich, besorgt, meint er, den Verstand zu verlieren. Die Unruhe befällt ihn besonders nachts, überhaupt sind alle Beschwerden nachts schlimmer. Eine unwiderstehliche Neigung, lange Reisen zu machen, befällt ihn. Agitation und Fahrigkeit bei ängstlicher Grundstimmung lassen auch die Gedanken jagen. Das Nachdenken ist laufend unterbrochen durch nicht zum Thema gehörige Gedanken. Er wird unfähig sich zu konzentrieren. Mercur wird empfänglich für jede Art Impulse: Neigung böse zu werden, wenn die anderen gute Laune haben; alles widert ihn an, selbst die Musik; Widerwille gegen Unterhaltung und Scherze, Neigung zu streiten, will um jeden Preis Recht haben;

heftige Einsprüche, wenn man ihn berührt; wegen einer unbedeutenden Kränkung könnte er töten, ja der Impuls macht sich bemerkbar, selbst geliebte Menschen umzubringen. So wird er gewalttätig, kriminell. Er fühlt sich so verletzlich, daß er jeden für seinen Feind hält.

Vergegenwärtigen wir uns, daß die Aspekte dieses Bildes zu unserer Welt geradezu dazugehören, daß sie gesellschaftsimmanent sind, so fragt man sich, unter welchem Einfluß wir wohl stehen, daß wir ein Bild ähnlich dem von Mercur produzieren. Zudem zeigt die klinisch ärztliche Erfahrung, daß Mercur in der homöopathischen Praxis oft verordnet werden muß, daß also „Mercurerkrankungen" häufig anzutreffen sind. Mercur hat uns im Griff.

Rupert Sheldrake hat mit seinem Begriff des „morphogenetischen Feldes" eine Kraft beschrieben, die Mensch und Welt gleichermaßen erfaßt. Demzufolge materialisiert sich das Mercurprinzip einerseits im Phänomen des Quecksilbermetalles, andererseits aber auch in bestimmten Erscheinungen am Menschen, an Krankheitserscheinungen oder Verhaltensweisen. Das geistige Prinzip Mercur drückt sich nur über für uns so unterschiedliche Ebenen aus, weil wir die Welt als getrennt betrachten und uns ihrer Verbundenheit in sich und mit uns als Teil ihrer selbst hartnäckig verweigern.

Um dem, was hier wirkt und Welt und Mensch im Sinne von Mercur bewegt, zu begreifen, soll abschließend noch die Mythologie, die ja eine geistige Schau der Weltzusammenhänge darstellt, zu Worte kommen. Hier wurde in der Frühzeit der Menschheitsentwicklung intuitiv eine Wahrheit geschaut und in Bildern eingefangen, die mit unserem Thema tief verbunden ist.

Mercurius, griechisch Hermes, ist der Gott der Diebe und Lügner. Gerade geboren, macht er sich auf, dem Sonnengott Apollon die Rinder zu stehlen. Als er dabei ertappt wird, leugnet er keck. Vor den Olymp der Götter geführt, lügt er unverschämt weiter und findet nur in Zeus, dem Göttervater, einen verständnisvollen Gegenpart. Ist er ja ein Kind eben diese Zeus und der Atlastochter Maya. Zeus, der über seinen erfindungsreichen, wendigen, verschlagenen Sohn mit urteilen soll, lacht über dessen Streiche. Er befiehlt ihm aber, dem Apoll die gestohlenen Rinder zu zeigen. Hermes gehorcht jedoch nur, um sofort wieder neue Möglichkeiten auszuhecken, die Rinder doch noch zu behalten.

Was will uns dieser Mythos sagen? Mercur, ist kaum greifbar, schnell, wendig, geschickt, aber unehrlich, ein Trickser, ein Lügner. Sein von ihm so begeisterter Vater Zeus macht ihn ob dieser Eigenschaften zum Vermittler zwischen den Welten: Zwischen den Göttern und den Menschen, dem Unbewußten und dem Bewußten, dem Diesseits und dem Jenseits. Und er soll als Gott der Wege, den Reisenden den rechten Pfad zeigen. So sind ihm von alters her die Hermen (= Meilensteine) geweiht. Mercur soll aber nicht nur den Reisenden zum rechten Ziel führen, auch der geistig Suchende steht unter seinem Schutz und gelangt dadurch zu rechter Erkenntnis. Oder täuscht er sich? Als Führer zum hermeneutischen Wissen deckt er die Geheimnisse auf, die im Verborgenen ruhen. So wirkt er als Gott der Erkenntnis und bringt das Wissen um das Göttliche unter die Menschen. Er ist Psychopompos, Seelenführer und geleitet die Seelen der Verstorbenen zum Fluß Styx in die Unterwelt.

Gelb ist seine Farbe. Die gelbe Farbe unserer Post bringt die Botschaft, Mercur-Versicherungen, Kurierdienste, Reiseunternehmen, Vereine, Hotelketten, schmücken sich mit seinem Namen. Der göttliche Tausendsassa hilft nicht nur Zeus bei seinen Liebesabenteuern, auch uns ist er listiger Berater und Helfer, wenn es ums Zwielicht geht. Natürlich trägt er heute nicht mehr seine antiquierten, geflügelten Schuhe, sondern Turnschuhe. Astrologisch regiert er in den Zeichen der Zwillinge und der Jungfrau. Damit hat er seine Hand auf den Wechselwirkungen der Gegensätze im Kosmos, macht er uns die Beziehung zwischen dem Ich und dem Nicht-Ich bewußt. Letztlich liegt aber seine Aufgabe darin, die Einheit zu finden. Sonne-Mond, Mann-Frau, Yin-Yang sollen durch Mercur, durch seine Kraft in uns, zur Einheit geführt werden.

Im Zeichen der Jungfrau teilt er alles bis ins kleinste Detail auf, ordnet er die Vielfalt, Vielheit, um sie zu begreiflich zu machen. Mercur wird darin zum Symbol des analysierenden Verstandes mit all den Versuchungen, die auf ihn warten.

Als Thot wirkt er in ägyptischer Gestalt letztlich als Seelenrichter, der mit der Waage in der Hand neben dem Tor des Osiris sitzt, durch das alle Verstorbenen gehen müssen, um ins Jenseits zu gelangen. Und hier wägt er jede Seele, um sie dann zum Paradies zu geleiten.

Vielleicht geht es Ihnen beim Lesen wie mir: Wir können Mercur nicht entkommen, schon gar nicht in unserer heutigen schnellebigen Zeit mit all ihren Versuchungen und Täuschungen. Ist dies die geistige Ansteckung, unter der wir im Sinne von Mercur zu leiden beginnen, überempfindlich werden, hektisch und getrieben unser Leben vollziehen?

Arzneimittelbild von Mercurius, Zink, Blei, Cadmium und Silber

Dr. S. Wilhelmer

Homöopathische Arzneien

Bei der Einnahme homöopathischer Arzneien entwikkelt der Gesunde bestimmte Krankheitssymptome. Diese „Selbstvergiftung" nennen wir Arzneimittelprüfung. Wenn eine größere Anzahl von Arzneimittelprüfungen durchgeführt wurde, erhalten wir viele Symptome und damit ein Arzneimittelbild. Zum Beispiel wissen wir, daß man beim Zwiebelschneiden eine rinnende Nase bekommt, aber auch Reizhusten und üble Laune. Im Arzneimittelbild von Allium Cepa (Küchenzwiebel) finden sich diese Symptome. Wenn nun der Kranke ähnliche Symptome hat — zum Beispiel einen Fließschnupfen mit Reizhusten und übler Laune — wird ihm gesetzmäßig die ähnliche homöopathische Arznei helfen (Ähnlichkeitsgesetz).
Wir kennen von vielen Metallen die Arzneimittelbilder und können aus der genauen Kenntnis dieser Bilder auf Vergiftungen schließen (Amalgam-Quecksilber). Durch die Gabe der ähnlichen Arznei kann Heilung erfolgen. Kurzgefaßte Arzneimittelbilder von 5 Metallen sollen Zugang zur homöopathischen Denkweise vermitteln.

In der Zahnheilkunde verwendete Stoffe können chronische Vergiftungserscheinungen auslösen. Umweltgifte zeigen sich oft an Veränderungen der Zähne und des Zahnfleisches.

Quecksilber (Mercurius)

Verschlimmerung aller Beschwerden in der Nacht. Unverträglichkeit von Wärme und Kälte: der Patient wünscht es „temperiert": „Thermometerpatient". Schweißbedeckte Haut, wobei der Schweiß die Wäsche färbt und übel riechen kann. Das Schwitzen ist für den Patienten unangenehm und nicht erleichternd. Schleimige und blutige Absonderungen aller Schleimhäute, stinkende und mit übelriechendem Schleim bedeckte Geschwüre.
Reißen im Kopf, im Gesicht und in den Zähnen, Empfindlichkeit der Zähne gegen Zugluft, Hornhaut- und Bindehautgeschwüre, eitrige Absonderungen an den Augen mit Lichtunverträglichkeit. Verstopfte Nase mit blutigen und eitrigen Absonderungen. Geschwollene, zittrige Zunge. Am Zungenrand sieht man deutlich die Eindrücke der Zahnreihe. Die Zunge ist weiß-gelbschmutzig belegt. Speichelfluß von reichlich salzigsüßlichem Schleim mit üblem Mundgeruch. Zahnfleisch geschwollen, schwammig, leicht blutend. Schmerzhafte Halslymphknoten.
Heftige Durchfälle mit häufigen, kleinen Entleerungen von grünem, blutigem, brennendem und wundmachendem Stuhl. Ebenso eitriger, wundmachender Ausfluß aus Scheide und Harnröhre.
Chronische Ekzeme bei meist feuchter, kaltschweißiger Haut. Kalte Schweiße beim warmen Ofen und im Bett. Die Mundsymptome sind sehr häufig und lassen oft auf eine Amalgamvergiftung schließen. Hitzewallungen sind nicht immer hormonell bedingt, sondern können auch von Amalgamvergiftungen kommen, ebenso „Rheuma", ständige Schweiße mit Erschöpfung, Nervenschmerzen, usw..

Zink

Müde, nervös und zittrig, abgespannt, dabei ruhelos und nervös. Muß immer seine Beine bewegen. Die Symptome entstehen oft durch unterdrückte Hautausschläge (länger dauernde Cortisonanwendung), oder wenn natürliche Ausscheidungen künstlich verändert oder unterdrückt werden (Pilleneinnahme und damit Unterdrückung der normalen Regel). Jede geistige Anstrengung verschlimmert alle Beschwerden. Zink ist ein wichtiges Spurenelement für die richtige Funktion der Bauchspeicheldrüse (Diabetes!). Friert leicht, große Kälteempfindlichkeit. Zittern aller Muskeln, auch im Gesicht, vor allem aber der Beine beim Ruhigsitzen — der Patient muß sich ständig bewegen, wenn er das nicht kann oder darf, bewegt er trotzdem immer die Beine oder die Finger oder zuckt mit den Muskeln. („Sitz doch endlich still", sagt die Mutter zum Zappelphillip). Untertags schläfrig und unkonzentriert, dafür schlaflos in der Nacht. Kinder rollen mit dem Kopf, knirschen mit den Zähnen, schreien im Schlaf auf, sind immer ruhelos mit den Beinen — untertags sind sie dann müde (meist dann auch die Eltern) und unleidlich, in der Schule und bei der Aufgabe erschöpft, unkonzentriert und ruhelos.
Blaßgraues Gesicht, flüssiger Schnupfen, Druck in den Nasennebenhöhlen, krampfartiger Husten. Heißhunger

auf alles, Verschlimmerung des Allgemeinbefindens nach dem Essen. Verlangen und Unverträglichkeit von Süßigkeiten.
Bitterer oder süßer Mundgeschmack bei weiß-gelb belegter Zunge, vermehrter Speichelfluß, Bläschen auf der Zunge, Zahnschmerzen vor allem auf Süßes, blutendes Zahnfleisch.
Heftig juckende Hautausschläge bei trockener Haut (Nicht jede sogenannte Neurodermitis ist eine Milch-Weizen-Allergie — oft stecken Vergiftungen dahinter. Eine genaue Untersuchung und Diagnose durch den Arzt ist hier unumgänglich!).

Blei

Blei schädigt als starkes Umweltgift die Gefäße und damit den gesamten Organismus. An chronische Vergiftungen — die gar nicht so selten sind — sollte man bei folgenden Symptomen denken:

Abmagerung, Müdigkeit, Fahle, faltige, trockene Haut. Überempfindlich auf jede Berührung. Koliken im Bauch, ohne erklärbare Ursache (Galle, usw.). Nervenschmerzen, Muskelkrämpfe (nicht immer nur bei Magnesiummangel). Die Menschen sind furchtsam, schreckhaft, gleichgültig und depressiv, vergeßlich, versprechen sich oft. Haarausfall bei auffallend trockenen Haaren. Empfindlich gegen kalte Luft und Berührung, Kribbeln der Haut, einzelne Hautbezirke sind wie abgestorben. Blitzartige, krampfartige Schmerzen, die überall in den Muskeln auftreten können. Chronischer, trockener, krampfartiger Husten ohne krankhaftem Befund. Magenkrämpfe, hartnäckige Verstopfung. Nierenkoliken und chronische Nierenerkrankungen. Zittern der Hände, kann nicht einmal ein Glas zum Mund führen. Die Haut ist kalt, blaß oder bläulich. Besonders auffällig sind im Mundraum schwarz geränderte Zähne.

Silber

Nervengift — wie viele Metalle. Übertrieben heiter und ausgelassen, andererseits ängstlich und weinerlich über Kleinigkeiten. Schwindelanfälle, Kopfschmerzen, Migräne. Rachen- und Kehlkopfkatarrh, Heiserkeit, Husten, mit weißem, dickem Schleim. Ekel vor allen Speisen, abwechselnd mit Heißhunger und Bauchkoliken. Rheumatische, bohrende, ziehende, reißende Muskel- und Gelenksschmerzen. Frieren und frösteln, dabei Schweiße und Hitzewallungen.

Cadmium

Arbeiter, die viel mit Cadmium zu tun haben, leiden sehr stark unter Karies. Die Zähne verfärben sich gelb. Migräne mit Besserung durch kalte Umschläge, starker Lichtempfindlichkeit, vor allem bei Erschütterung. Jucken und Brennen der Augen, Niesen und Schnupfen wie bei Heuschnupfen (hat auch die Schwermetallbelastung einen Einfluß auf die vielen Pollenallergien?). Magengeschwüre, Gastritis. Zittern und Ruhelosigkeit der Glieder, Gefühl der Schwäche und des sich nicht halten Könnens. Trockene Hautausschläge.

ANTHROPOSOPHIE

- **Zahnheilkunde aus der Sicht d. Anthroposophen anhand der Zahnentwicklung beim Kind** H. LAUFFER (D)

Zahnheilkunde aus der Sicht der Anthropsophie anhand der Zahnentwicklung und Vorsorge beim Kind

ARBEITSGEMEINSCHAFT ANTHROPOSOPHISCHER ZAHNÄRZTE

DR. HERMANN LAUFFER

Einleitung

Die Arbeitsgemeinschaft Anthroposophischer Zahnärzte hat es sich zur Aufgabe gemacht, die durch die Geisteswissenschaft DR. RUDOLF STEINERS ermöglichte Erweiterung der Heilkunst für die Zahnheilkunde fruchtbar werden zu lassen. In dem Menschenbild, daß der anthroposophischen Betrachtungsweise zugrunde liegt, wird die geistig-seelische Tätigkeit des Menschen in einem durchschaubaren Zusammenwirken mit seinen leiblichen Organen gesehen. Bei dieser Einheitlichkeit der Betrachtungsweise kann es keine Organe geben, die ausschließlich etwa nur rein physiologische Aufgaben haben. In den physisch wahrnehmbaren Funktionen des Körpers kommen geistige Wirksamkeiten zum Ausdruck.

Ein Weg zum Menschenverständnis

Das Zusammenwirken des Geistes mit dem Leib geschieht stufenweise in einer Viergliederung (siehe Übersicht). Der Geist als das allem übergeordnete, lenkende Prinzip wirkt in die Seele des Menschen ein. Mit diesen Geistimpulsen steuert die Seele die Lebensvorgänge, die nun ihrerseits die Substanzen des Organismus nach dem Willen des Geistes ordnen. Diese vier Schritte sind Ausdruck der sogenannten Vier Wesensglieder des Menschen. Sie sind — mit Ausnahme des physischen Leibes — mit unseren physischen Sinnen nicht wahrnehmbar. Wir können aber ihre Auswirkungen in den vier elementaren Zustandsformen erkennen, die im menschlichen Organismus vorhanden sind, nämlich in seinen zwei festen, flüssigen, luftförmigen und wärmehaften Bereichen. Die Wesensglieder ordnen diese Elemente innerhalb der menschlichen Gesamtwesenheit und fügen sie zu einer „Organisation“ zusammen. Diese vier Wesensglieder werden von RUDOLF STEINER wie folgt beschrieben:

1. Physischer oder materieller, d.h. mit den Sinnen wahrnehmbarer Leib. Er findet seine Entsprechung in der Außenwelt im festen Mineralreich. In ihm drücken sich die irdischen (= physikalischen) Gesetzmäßigkeiten aus. Wirken diese Gesetzmäßigkeiten allein, so bleibt die Materie tot.

2. Lebens- oder Bildekräfteleib (Äther-Leib). Ihm entspricht in der Außenwelt das Pflanzenreich, in dem die Vorgänge des Lebens — Wachstum und Fortpflanzung — in reinster Form sichtbar werden. Die ätherischen Gesetzmäßigkeiten durchziehen alles Flüssige im Menschen und verbinden es zu einer einheitlichen Organisation.

3. Seelen- oder Empfindungsleib (Astral-Leib). Er ist Träger der Empfindungsfähigkeit, der Gefühle und des Bewußtseins. In der Außenwelt ist im Tierreich eine Entsprechung vorhanden. Er prägt seine Gesetzmäßigkeit allem Luftförmigen im Menschen ein und erzeugt dadurch eine zusammenhängende Organisation.

4. Ich- oder Geist-Leib. Ein Ich hat nur der Mensch. Es ist Ausdruck des Geistes, ermöglicht das Selbstbewußtsein und wird sichtbar an dem typisch menschlichen Erscheinungsbild: Aufrechter Gang, Denktätigkeit und Sprache. Das Ich lebt mit seinen Impulsen im Wärmeorganismus des Menschen, trägt sie durch den Lebens- und dem Seelenleib und kann sich dadurch letztlich wieder physisch in Erscheinung bringen. Nur der Mensch kann sich begeistern und für Ideale erwärmen.

Somit können wir folgende Entsprechungen in einer Übersicht zusammenfassen:

Ich	Geist	Mensch	Wärme
Astral-Leib	Seele	Tier	Luft
Ätherleib	Leben	Pflanze	Wasser
Physischer Leib	Tod	Mineral	Erde

In seiner grundlegenden Literatur beschreibt RUDOLF STEINER die gemeinsame Evolution von Erde und Mensch. Durch diese gemeinsamen Entwicklungsschritte kann sich der Mensch der Naturreiche als Nahrungsmittel und Heilmittel bedienen. D.h., die

Naturreiche sind für ihn nicht nur Lebensgrundlage, sondern bieten auch die Möglichkeit, Krankheiten so anzugehen, daß mit ihrer Hilfe der Organismus durch die erwähnte Verwandtschaft ergänzt oder so angeregt wird, daß er die Abweichung in das Pathologische wieder korrigieren kann. Krankheit ist somit ein Naturprozeß, der sich örtlich oder zeitlich über das vom Organismus bestimmte Maß hinaus entwickelt und sich damit im Menschen verselbständigt hat. Das heißt, die Funktionen oder Reaktionen der Organe werden nicht mehr von den Wesensgliedern beherrscht. Das Heilmittel regt die entsprechenden Wesensglieder so an, daß sie diesen selbständig gewordenen Naturprozeß im Menschen, die Krankheit, wieder beherrschen lernen und wieder in die physiologischen Funktionen der Gesamtheit Mensch eingliedern.

Gesundheit ist das harmonische, Krankheit das gestörte Zusammenwirken der Wesensglieder.

Auch für Anthroposophische Heilmittel und Behandlungsmethoden steht die richtige Diagnose am Anfang jeder Therapie. Der pharmazeutische Prozeß und die medizinische Anwendung sind so aufeinander abgestimmt, daß der Organismus nicht bezwungen, sondern nach Möglichkeit zu gezielten Selbstheilungsprozessen angeregt wird. Mineralische, pflanzliche und tierische Substanzen kommen in einer rationalen Weise differenziert zur Anwendung. Dieses Durchschauen der Therapie hat insbesondere zum Ziel, die Entwicklung der Individualität nicht zu stören.

„Nicht um eine Opposition gegen die mit den anerkannten wissenschaftlichen Methoden der Gegenwart arbeitenden Medizin handelt es sich. Diese wird von uns in ihren Prinzipien voll anerkannt. Und wir haben die Meinung, daß das von uns Gegebene nur derjenige in der ärztlichen Kunst verwenden soll, der im Sinne dieser Prinzipien vollgültig Arzt sein kann."

(Rudolf Steiner/Ita Wegman, Grundlegendes für eine Erweiterung der Heilkunst, Rudolf-Steiner-Verlag Dornach/Schweiz, 1984)

Konstitutionsbedingte Zahnbildung Erkrankungstendenzen und Therapie

Grundlegende Gesichtspunkte

Die Zähne besitzen die härteste Substanz des ganzen Körpers. Im Schmelz ist diese zugleich auch am dichtesten. Insofern liegt hier eine Bildungstendenz vor, die über diejenige des Knochens noch hinausgeht. Die Tatsache, daß sowohl Knochen wie Zähne gut mit Blut versorgt sind, zeigt, daß beide nicht etwa nur tote mineralische Substanzen, sondern zugleich vital sind. Verlieren sie die Vitalität, so können sie allerdings früher oder später zu Fremdkörpern werden und die Einheit des lebendigen Organismus stören (Focus-Problem).

Die Bildung jeder festen Substanz in einem lebendigen Organismus geschieht aus dem flüssig-wässrigen Milieu heraus. Dabei ist die Ausscheidung der Zahnhartsubstanzen ein aktiver Vorgang, der den Bildungsprozessen des Organismus untersteht. Der fertige Zahn und seine umgebenden Gewebe liefern daher auch einen Aufschluß über die Verhältnisse der Bildekräfte im Organismus. Dies ist nicht nur so zu verstehen, daß man einige überstandene Krankheiten an der Zahnform ablesen kann (z.B. Rachitis), sondern daß die ganzen konstitutionellen Entwicklungstendenzen an der Zahnbildung sichtbar werden. Naturgemäß spielt hierbei das erste Jahrsiebent die größte Rolle.

Für ein Verständnis dieser Bildeprozesse kann nun wiederum die schon erwähnte Viergliederung des Menschen herangezogen werden, weil es im Bereich des Irdischen Substanzen gibt, die ihre irdische Gesetzmäßigkeit ablegen und sich der Einwirkung der Wesensglieder öffnen können

Diese Öffnung geschieht während des Prozesses der Potenzierung oder der Homöopathisierung, wie dieser Prozeß auch genannt werden kann. Dadurch werden die ihrem speziellen Substanzwesen eigenen Kräfte freigesetzt und können in einer D4, einer D12 oder einer D30 wirksam werden. Und zwar in Richtung auf die der Potenz entsprechenden Wesensglieder des zu therapierenden Patienten.

In der Regel entsprechen die tiefen Potenzen mehr den oft akuten Prozessen des Physischen Leibes, die mittleren Potenzen haben ihre Wirkungsrichtung mehr auf das ständige Wechselspiel zwischen den unbewußten Prozessen des Lebensleibes und den bewußten Seelenprozessen, höhere Potenzen haben ihre Korrespondenz mit dem höchsten Wesensglied des Menschen, mit seinem ICH, oft hilfreich bei den mehr chronischen Prozessen.

So sind an der Zahnbildung in der Hauptsache die Elemente Kiesel (Si), Fluor (F), Magnesium (Mg) und Calcium (Ca) beteiligt. Aber im Sinne des oben Beschriebenen nicht nur als Substanzen sondern auch mit den ihnen eigenen Kräften entsprechend ihrer Zuordnung zu den vier Wesensgliedern.

Durch den Kiesel werden die Formimpulse oder die Idee des sich zu bildenden Organs vermittelt. Das entspricht der Aktivität des allem innewohnenden Geistes, des ICH´s.
Das Fluor begrenzt die Form, es „weiß" von den sinnvollen Grenzen des Organs. Ein Signum dafür kann z.B. der Fluorit-Kristall mit seinen scharfkantigen, viereckigen Flächen sein. Hier drückt sich die Kraft des Astral- oder Bewußtseinsleibes aus.

Durch das Magnesium erhält die Substanz den Lebensimpuls, die Lebenskraft, die Bildung und Wachstum bewirkt. Hierin drücken sich die Impulse des Ätheroder Lebensleibes aus. Diese nach außen strebende Bildekraft, die auf Formung wartet, zeigt sich deutlich in dem strahligen Signum, das vom Magnesium z.B. im Blitzlicht entfaltet wird.

Das Calcium gibt den zuvor erwähnten Kräften Gelegenheit, in die physisch sichtbare Gestalt zu kommen oder anders ausgedrückt: Es macht möglich, daß die Idee des Zahnes in sinnvollen (im wahrsten Sinne des Wortes) Formgrenzen und über ein ausgeglichenes Wachstum stabil und seiner Aufgabe gemäß in der Substanz erscheinen kann.
Oder, in einem Bild ausgedrückt, so hat der Künstler eine Idee von seinem zu schaffenden Kunstwerk (Si-Kraft). Der fühlenden, begrenzenden Hand des Künstlers (F-Kraft) strömen die zum Bilden bereit gewordenen Substanzkräfte entgegen (Mg-Kraft). Damit diese Prozesse der Idee gemäß zur Sichtbarkeit kommen können, bedarf es einer Substanz, die sich den physischen Kräften fügt (Ca-Kraft).

Kehren wir noch einmal auf die Polarität von Fluor- und Magnesium-Kräften zurück, so spricht die naturwissenschaftlich gegründete Physiologie von der Enzym aktivierenden Funktion des Magnesium-Ions und von der Enzym blockierenden Funktion des Fluor-Ions.

Nach der geisteswissenschaftlich gegründeten Physiologie impulsiert der Lebens- oder Ätherleib die aufbauende und damit Substanz tragende Kraft des Magnesiums, der Empfindungs- oder Astral-Leib die abbauende und damit Form schaffende Kraft des Fluors. Und ein Zahn kann sich dann gesund entwickeln, wenn beide Kräfte in einem Gleichgewicht stehen, das von dem höchsten Wesensglied, dem ICH des Menschen, individuell gelenkt wird und sich dabei der dynamisierten Kraft des Kiesels bedient.

Wirksamkeit des Mg-Prozesses

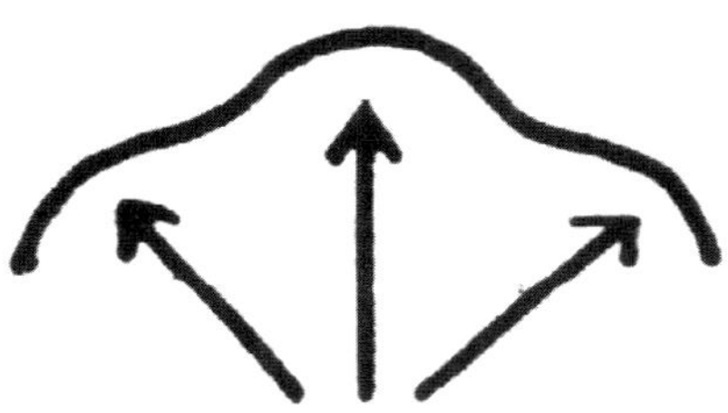

Wachstumsprozess mehr im Dentin angesiedelt

Wirksamkeit des F-Prozesses

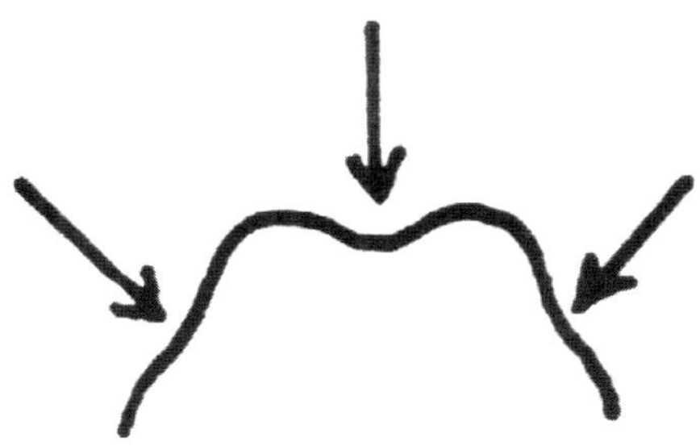

Gestaltungsprozes mehr im Schmelz angesiedelt

An der Zahnbildung sind also zwei Tendenzen wirksam, bzw. der Zahn ist das Ergebnis zweier entgegengesetzter Kraftwirkungen, die beim gesunden Menschen wie bei einem Waagebalken im Gleichgewicht stehen. Dieses Spiel der Kräfte kann man an der Bildung der Zähne, aber auch des ganzen Menschen ablesen und therapeutisch beeinflussen. Es handelt sich in erster Linie um ein prozeßorientiertes Wirken, d.h. um Kräfte, die den Substanzstrom leiten, also dem Kalkstoffwechsel übergeordnet sind.
Selbstverständlich ist es auch nötig, das Substrat der Zähne selbst, nämlich den Kalk, zuzuführen. Allerdings enthält eine auch nur einigermaßen vollwertige und nicht einseitige Kost ausreichende Mengen Calcium, vor allem in Milch- und Milchprodukten. Es ist also nicht so sehr eine Frage der quantitativen Zufuhr, als vielmehr des qualitativen Zustandes und der richtigen Einordnung der Kalksubstanzen durch den Organismus. Dies geschieht durch die zwei Gegenspieler Fluor und Magnesium, die in ihrem Zusammenwirken die beherrschenden Faktoren des Kalkstoffwechsels am Zahn sind. Eine Substanz, die organübergreifend die Gestaltungskräfte für den ganzen Menschen übermittelt, ist der Kiesel. Er steht somit ganz im Dienste der Individualität, dem Ich des Menschen, der seinen

Körper ergreifen und durchstrukturieren will. Als Konstitutionsmittel wird er später beschrieben.
Der **Zahnwechsel**, der normalerweise um das siebte Lebensjahr beginnt, heute oft schon früher eintritt, sowie der Durchtritt der ersten bleibenden Molaren weisen darauf hin, daß sich nun ein neuer, andersartiger Entwicklungsschritt des Kindes anbahnt.
Diejenigen Bildekräfte des kindlichen Ätherleibes, die sich bisher in der Zahnbildung betätigt haben, werden nun frei. Sie lösen sich mit dem schrittweisen Durchtreten der bleibenden Zähne von ihrer organbildenden Tätigkeit im Kopfbereich ab und bilden die Grundlage für die damit erwachende Denkfähigkeit des Kindes.
Somit deutet der Zahnwechsel, zusammen mit anderen Zeichen (Gestaltwandel im Sinne einer Streckung der Extremitäten), auf die Schulreife, also einen spezifisch geistigen Entwicklungsschritt hin. Eine zu frühe, bzw. zu einseitige Verstandestätigkeit ist ein wesentlicher Faktor, der dem Zahn für seine Bildung bzw. Struktur Kräfte entzieht, so daß er anfällig wird für Karies. Hinzu kommt das Problem der Akzeleration, also der Verfrühung physiologischer Vorgänge, hier des Zahnwechsels. Daraus ergibt sich: Die Zahnbildung beruht nicht nur auf der Zufuhr von Magnesium- und Fluor-Salzen sowie Kalk und Kiesel in geeigneter Form, sondern ist auch eine Frage der richtigen Erziehung im kindlichen Alter. Es handelt sich also um ein gesamtmenschliches Problem.
Der nächste Entwicklungsschritt ist der Beginn der **Pubertät**. Zu diesem Zeitpunkt liegt eine völlig andere Möglichkeit der Karies-Entstehung vor als im ersten Lebensjahrsiebt. Die Pubertät ist Ausdruck eines andersartigen Wirkens des Astral-Leibes, des Seelenträgers, der nunmehr teilweise frei wird. Dies äußert sich einerseits in einer Änderung des Seelenlebens, andererseits in vermehrten Wachstumsvorgängen (2. Phase der Streckung). Zugleich erfolgt auch eine vermehrte Anregung des Stoffwechsels. Ausdruck dafür sind sowohl das Lungenwachstum als auch die häufig zu dieser Zeit auftretende Überflutung des oberen Menschen mit unbeherrschten Stoffwechselvorgängen, wie z.B. Akne juvenilis. Dieselben Verhältnisse treten am Zahn und in der Mundhöhle auf. Sie äußern sich in zähflüssigem Speichel, vermehrter Plaques-Bildung, Pubertäts-Karies und Veränderung des pH-Wertes im Munde zur sauren Seite hin, weil die Fähigkeit, Säuren zu neutralisieren zu diesem Zeitpunkt nachläßt. Das Zahnfleisch als Repräsentant des Stoffwechsels im Mundbereich wird ebenso ergriffen, wie z.B. bei der juvenilen Parodontitis. Ähnliche Verhältnisse liegen auch in der Gravidität vor. In diesem Falle handelt es sich um einen vermehrten Stoffwechsel, der für den wachsenden Embryo nötig ist.

Während die Kariesentstehung im ersten Lebensjahrsiebt u.a. dadurch bedingt war, daß eine zu frühe Intellektualisierung die Bildekräfte vorzeitig herauslöste, handelt es sich bei dem Pubertätsschub der Karies auch um ein Problem der Seelenentwicklung. Deshalb tritt bei diesen Kindern mit Beginn der Pubertät vermehrt Karies auf. Entsprechend differenziert müssen auch die hygienisch-therapeutischen Maßnahmen sein.

Erstes Lebensjahrsiebt:	Problem des Ätherleibes, Erziehung nicht intellektuell, Vermeiden von Reizüberflutung vor dem 7. Lebensjahr.
Zweites Lebensjahrsiebt:	Problem des Astral-Leibes, Erziehung so gestalten, daß eine gesunde Seelenentwicklung erreicht wird.

Über diese konstitutionsbedingten Gesichtspunkte hinaus, spielen selbstverständlich die weitgehend bekannten äußeren Einflüsse eine Rolle. Die kariesfördernde Wirkung gärungsfähiger Speisereste in direktem Kontakt mit den Zähnen ist bekannt (Plaques) und gilt für alle Lebensabschnitte. Außerdem hat die qualitative und quantitative Zusammensetzung der Nahrung einen wesentlichen Anteil an der Knochen- und Zahnbildung. Der Leitgedanke bei der Auswahl der Nahrungsmittel sollte sein, den vollen Gehalt an lebendigen Bildekräften zu bewahren. Eine sinnvolle, der menschlichen Organisation gemäße Zubereitung ist gleichermaßen bedeutsam. Somit zeigt sich die Kariesentstehung als ein vielschichtiges Problem mit inneren und äußeren Ursachen.

Störungen im Aufbau der Zähne und deren Prophylaxe

Mangelhafte Verkalkung und damit zu geringe Festigkeit ist beim Zahn ebenso pathologisch wie eine zu starke Verhärtung und damit Brüchigkeit, wenngleich letzteres seltener auftritt. Regulierend auf diesen Verkalkungsprozeß und im umfassenden Sinne auf den Kalkstoffwechsel überhaupt wirkt Aufbaukalk.

Rp. Apatit D6 comp. (Aufbaukalk 1); Pulver
OP Weleda

S. morgens 1 Messerspitze
Zus.: 100g enth.: Apatit D5 10g/Cucurbita, Flos D2 10g

Conchae 5% comp. (Aufbaukalk 2); Pulver
OP Weleda
S. abends 1 Messerspitze
Zus.: 100g ent.: Conchae 5g/Quercus, Cortex, äthanol. Decoctum D3 10g

Aufbaukalk 1 besteht aus Apatit (nat. Fluorphosphat), d.h. phosphorsaurem Kalk, der zusammen mit Kürbisblüten verarbeitet wird.
Aufbaukalk 2 enthält Conchae (nat. Calciumcarbonat), d.h. Austernschalen, verarbeitet mit Eichenrinde.

Medikation

Man gibt morgens eine Messerspitze Aufbaukalk 1, abends eine Messerspitze Aufbaukalk 2, etwa vier Wochen lang. Danach macht man etwa drei Wochen Pause und beginnt dann wieder mit dem Einnehmen. Schon hier sind konstitutionelle Gegebenheiten zu beachten (s.u.).

Erläuterung

Die Gabe von Aufbaukalk ist eine Basistherapie, die in der Schwangerschaft sowie beim jugendlichen Organismus durchgeführt werden sollte. Die rhythmischen Unterbrechungen sind unbedingt notwendig, da der Aufbaukalk ein Präparat ist, das den Organismus anregt, den Kalkstoffwechsel richtig zu beherrschen. Es handelt sich dabei nicht um eine Substitutionstherapie. Wenn — besonders im ersten Lebensjahrsiebt — die Gabe von Aufbaukalk nicht ausreicht, wird man den Kalkstoffwechsel mit Magnesium- und Fluorpräparaten unterstützen.

Wie bei allen Vorgängen im Organismus ist Gleichgewicht kein starr fixierter Zustand, sondern ein dynamisches Wechselspiel in der Zeit, einem schwingenden Waagebalken vergleichbar. Die Zeichen eines verschobenen Kräftegleichgewichts zwischen Fluor- und Magnesium-Wirkung, also der verstärkte Ausschlag des Waagebalkens nach der einen oder anderen Seite, sind als Krankheitsdisposition in diesem Lebensalter an der Gesamtkonstitution ablesbar. Sie läßt sich erkennen, wenn man den Habitus des Kindes in Augenschein nimmt.

Am sich bildenden Zahn wird dieses rhythmische Wechselspiel des magnesiumgelenkten Aufbaustromes und des fluorgelenkten Verhärtungsstromes im Schmelz an den Retzius-Streifen, im Dentin an den OWEN'schen Konturlinien sichtbar. Diese Struktur ist bekanntlich Ausdruck verschiedener Mineralisierungsgrade.

Überwiegt bei dem Kind der **Fluor-Prozeß**, so sind die formenden und begrenzenden, aber auch mineralisierenden, verhärtenden Prozesse zu stark. Das Konstitutionsbild wird geprägt durch Übererregbarkeit, Frühreife, gesteigerte Wachheit der Sinne und Altklugheit. Die Kinder erscheinen oft blaß, eher klein und zierlich und sind in ständiger Bewegung. Auch erscheinen sie oft älter als es diesem Alter gemäß ist. Langjährige Beobachtungen zeigen, daß solche Kinder vermehrt zur Kariesanfälligkeit neigen. Das Überhandnehmen von Nerven-Sinnesimpulsen — ein Charakteristikum der heutigen Zeit — führt bei diesen Kindern häufig zu vorzeitigem Zahnwechsel. Hier ist Aufbaukalk 1 kontraindiziert.

Überwiegt bei einem Kind der **Magnesiumprozeß**, zeigen sich mangelnde Gestaltungs- und Verhärtungstendenzen. Diese können sich in einer allgemeinen Bindegewebsschwäche äußern. Weitere Symptome sind: Verträumtheit, ungeformter Habitus, etwas retardiert in der Gesamtentwicklung, allgemein langsam. Hier ist eher mit einem verspätetem Zahnwechsel zu rechnen, die Kariesanfälligkeit ist im allgemeinen geringer. Hier ist Aufbaukalk 2 kontraindiziert.

Therapie zur Stabilisierung des Gleichgewichts

Eine Konstitutionsdiagnostik im obigen Sinne ist oft schwierig. Hier kann im ersten Lebensjahrsiebt der Kalkstoffwechsel spezifischer als mit Aufbaukalk durch Magnesium- und Fluorpräparate unterstützt werden. Auch hier sollte man die Medikation im rhythmischen Wechsel von Gabe und Pause durchführen.

Rp. Fluorit D12; Trit.
OP Weleda
S. morgens 1 Messerspitze

Magnesit D6; Trit.
OP Weleda
S. abends 1 Messerspitze

Bei Fluorit (= Flußspat) handelt es sich um natürliches Calciumfluorit ($Ca\ F_2$), Magnesit ist natürliches Magnesiumcarbonat ($MgCO_3$). Beide werden zu ihrer Kräfte-Wirkung durch den Potenzierungsprozeß aufgeschlossen und so für den erkrankten Organismus leichter aufnehmbar gemacht.

Medikation

Zur Stabilisierung des Gleichgewichtes gibt man morgens Fluorit D12 und abends Magnesit D6, ebenfalls in dem beim Aufbaukalk beschriebenen Rhythmus von vier Wochen Gabe und zwei bis drei Wochen Pause.

Therapie bei Überwiegen des Fluorprozesses

Bei starker Ausprägung dieses Konstitutionsbildes (s.o.) hat sich als allgemeine Therapie die kurmäßige Gabe von Magnesium bewährt.

Rp. Magnesium phosphoricum D6; Trit.
OP Weleda
S. 3 mal tägl. 1 Messerspitze
oder:

Magnesit D6; Trit.
OP Weleda
S. abends 1 Messerspitze

Medikation

Magnesium phosphoricum D 6 vier Wochen lang drei mal täglich 1 Messerspitze geben, danach zwei bis drei Wochen Pause und anschließend wieder vier Wochen Gabe usw., Magnesit D 6 nur abends 1 Messerspitze im gleichen Rhythmus wie oben. Mit Magnesium phosphoricum läßt sich die mehr konstitutionelle Seite treffen, während Magnesit in diesem Zusammenhang spezieller als Karies-Prophylaxe zu sehen ist, aber zugleich die Aufbauvorgänge **allgemein** anregt, z.B. die Lebertätigkeit und Dentinbildung.

Therapie bei Überwiegen des Magnesium – Prozesses und bei Bindegewebsschwäche

Bei diesem Konstitutionsbild (s.o.) ist die kurmäßige Gabe von Fluorit D12 angezeigt, das heißt, vier Wochen lang morgens eine Messerspitze, drei Wochen Pause, vier Wochen Gabe, usw.

Rp. Fluorit D12; Trit.
OP Weleda
S. morgens 1 Messerspitze

Ist das Konstitutionsbild durch besondere Schwäche des Bindegewebes und mangelnde Formkraft geprägt (Haltung, Gelenke), kann man die therapeutische Wirkung des Kiesels hinzunehmen. Ihm unterstehen ganz allgemein die Gestaltungskräfte. Die Fluorkräfte bewirken mehr die abschließende Härte im gesamten Organismus, während Kieselgaben die Strukturbildung anregen. Deshalb folgt Fluorit therapeutisch dem Kiesel.

Rp. Quarz D6 (D12 oder D30); Trit.
OP Weleda
S. 3 mal tägl (2 mal oder 1 mal tägl.) 1 Messerspitze

Medikation

Zunächst Verordnung von Quarz D 6 drei mal 1 Messerspitze täglich, etwa ein Vierteljahr. Danach ein weiteres Vierteljahr Quarz D12 täglich zwei mal 1 Messerspitze. Zur Stabilisierung dieser Therapie ca. vier Wochen lang Quarz D30, 1 Messerspitze dreimal in der Woche.

Diese Medikation ist auch angezeigt zur Unterstützung der kieferorthopädischen Maßnahmen bei Stellungsanomalien, da es sich hierbei um eine mangelnde Gesamtgestaltungskraft handelt.

Sollte es sich als notwendig erweisen (Zustand des Bindegewebes, Härte des Schmelzes), kann nun noch die Fluorit-Therapie — wie oben angegeben — folgen.

Rp. Fluorit D12; Trit.
OP Weleda
S. morgens 1 Messerspitze

Erläuterung

Eine kurmäßige Anwendung umfaßt in der Regel die Zeitdauer von einem Vierteljahr. Das Ergebnis der Kontrolluntersuchung bestimmt, ob die Therapie in gleicher Weise fortgeführt oder verstärkt wird, bzw. abgesetzt werden kann. Darin unterscheidet sich diese Therapie von einer substituierenden Dauermedikation. Außerdem gilt für längere Anwendung von Heilmitteln zur Konstitutionstherapie, daß die Potenzen erhöht werden, d.h., daß z.B. nach Anwendung von einer D6 die D12 folgt (Quarz-Therapie, s.o.). Das gleiche gilt, wenn die Wirkung einer tiefen Potenz (D3, D4, D6) nachläßt oder die sog. Erstverschlimmerung hervorruft.

Therapie bei verspätetem Zahnwechsel

Bei konstitutionell verspätetem Zahnwechsel ist zur Anregung der Dentitionskraft Kieserit angezeigt. Kieserit ist das natürliche Magnesiumsulfat.

RP. Kieserit D6; Dil.
OP Weleda
s. 3 mal tägl. 8-10 Tropfen

Prophylaxe un Therapie der Rachitis

Bekanntlich beeinflußt die Rachitis auch die Bildung der Zähne. Selbstverständlich gehört eine Rachitits-Erkrankung in ärztliche Behandlung. Es ist jedoch möglich, eine Prophylaxe durchzuführen, die nicht nur eine Mineralisierung der Knochen zum Ziel hat, sondern die Krankheit im Zusammenhang mit der spezifisch menschlichen Entwicklung sieht. Von kinderärztlicher Seite wurden in diesem Sinne folgende Heilmittel entwickelt, die den Inkarnationsprozeß des Kindes anregen. Hierbei kommen zwei verschiedene Zusammensetzungen zur Anwendung. Die Präparate mit Zusatz „S" sind für Säuglinge bis zum vollendeten siebten Monat, der Zusatz „K" gilt für Kleinkinder ab achten Monat.

Rp. Apatit/Phosphorus comp. S (für Säuglinge); Dil.
OP Weleda
Zus.: 100 g enth.:: Apatit D8 66,7g/Phosphorus D6 33,3g
bzw.

Apatit/Phosphorus comp. K (für Kleinkinder); Dil.
OP Weleda
Zus.: 100g enth.: Apatit D8 25g/Cucurbita, Flos D4 25g/Ferrum sidereum D20 25g/Phosphorus D6 25g

Rp. Conchae/Quercus comp. S(für Säuglinge); Trit.
OP Weleda
Zus.: 100g ent.: Conchae D10/Quercus, Cortex, äthanol. Decoctum D4 / Stannum metallicum praeparatum D10 aa (Gew.T.)
bzw.
Conchae/Quercus comp. K(für Kleinkinder); Trit.
OP Weleda
S. abends 1 Messerspitze
Zus.: 100g ent.: Conchae D6 50g/Quercus, Cortex, äthanol. Decoctum D6 50g
siehe: Medikation

Medikation

Die Tropfen Apatit/Phosphor werden am Morgen in einem Löffel Wasser (3-5 Tropfen je nach Alter) gegeben. Von dem Pulver Conchae/Quercus gibt man am Abend 1 Messerspitze ohne Wasser vor der letzten Mahlzeit. In jedem Falle ist ärztliche Überwachung ratsam.
Bei bereits aufgetretenen rachitischen Symptomen gibt man jedes Präparat zwei mal täglich. Bekommt das Kind z.B. schon fünf Mahlzeiten am Tag, verabreicht man Apatit/Phosphor jeweils vor der ersten und zweiten Mahlzeit, Conchae/Quercus comp. vor der vierten und fünften Mahlzeit.

Kariesprophylaxe bei Schwangerschaft und Pubertät

Von großer Bedeutung für die Zähne und ihre Erhaltung ist der wässrige Auszug der Roßkastanienrinde (Aesculus, Cortex). Dieser wirkt harmonisierend zwischen den aufbauenden, wässrig-lebendigen Prozessen und den begrenzenden, mineralisierenden, abbauenden Prozessen im Organismus.
Bei Schwangeren und Jugendlichen werden oft bereits früh Symptome für eine Kariesentstehung, wie zähflüssiger Speichel und vermehrte Plaques-Bildung, beobachtet. Bei der Gravidität liegt ein Überwiegen wässriger Prozesse vor. Das ist zwar für den Aufbau des Embryo notwendig, kann sich aber auch in Varizen, Ödemen und Wasserhaushaltsstörungen äußern. Die Gesamtheit dieser Störungen wird durch Aesculus erfaßt.

Medikation

Frauen nehmen in der Schwangerschaft neben der schon beschriebenen Medikation mit Fluor und Magnesium sowie Aufbaukalk einmal wöchentlich 5 Tropfen Aesculus D50 unverdünnt unter die Zunge (= sublinguale Medikation). So lange wie möglich einwirken lassen. Ebenso verfahren Jugendliche, bei denen man aus den schon beschriebenen Frühsymptomen schließen kann, daß sie zu Karies neigen (Konstitutionsbehandlung).

Rp. Aesculus, Cortex D50; Dil.
OP Weleda
S. 1 mal wöchentlich 5 Tropfen unverdünnt unter die Zunge

Rp. Aesculus e cort. D50; Glob.
OP Weleda
S. 1 mal wöchentlich 5 Globuli unter die Zunge

Erläuterung

Vom geisteswissenschaftlichen Gesichtspunkt aus wird Aesculus immer dann wirksam eingesetzt, wenn degenerative Prozesse des Abbaues und der Schwere sich bemerkbar machen.
Überall dort, wo die aufbauenden und abbauenden Kräfte nicht im Gleichgewicht sind, d.h. Organsysteme „in die Schwere fallen“, setzt die therapeutische Wirkung des Aesculus ein.
Bei der Schwangerschaft und während der Pubertät sind Zähne und Zahnfleisch besonders gefährdet. Dies ist in der PlaquesBildung und Kariesentstehung frühzeitig äußerlich wahrnehmbar.

Zahnfleischbehandlung bei Schwangerschaft und Pubertät

Es wird allgemein beobachtet, daß in dieser Zeit hormoneller Umstellungen auch am Gingivalsaum und an den Interdentalpapillen verschiedenartige Entzündungserscheinungen auftreten. Daran wird deutlich, daß es sich hier um einen übergreifenden Prozeß handelt, dessen Erweichungs- und Auflösungstendenzen nicht an den Zahnhartsubstanzen Halt machen.
Auch hier stellen Beläge den auslösenden Faktor dar, der mit intensiven Lokalmaßnahmen durch Zahnarzt und Patient ständig beseitigt werden muß.
Als Begleitbehandlung kann man die Aesculus-Wirkung auch von außen in Form von Mundbädern nutzbar machen.

Rp. Aesculus, Cortex 20%; (Äußerl.)
OP Weleda
S. 1 Teelöffel auf 1 Tasse Wasser für Mundspülungen 2 mal tägl.

Rp. Aesculus(semen)-Essenz
OP Weleda
S. 1 Teelöffel auf 1 Tasse Wasser für Mundspülungen 2 mal tägl.

Weiterhin kann zur Heimbehandlung durch den Patienten diese Aesculus-Lösung als Beigabe zur Munddusche dienen. Hierbei genügen 2-3 Tropfen in den Flüssigkeitsbehälter der Munddusche.

Die beste uns bisher bekannt gewordene Methode bei der täglichen Mundpflege Beläge zu beseitigen, besteht darin, nach erfolgter Zahnreinigung die Zahnbürste abzuspülen, mit 3-5 Tropfen Aesculus D1 zu beschikken und die Zähne damit noch einmal überall „nachzupolieren“.

Rp. Aesculus, Cortex, D1 (äußerlich) Urtinktur
OP Weleda
S. Lokale Einbürstung

Schluß

Als Zusammenfassung ihrer langjährigen praktischen Erfahrung hat die Arbeitsgemeinschaft eine Schrift mit dem Titel „Heilmittel und Behandlungsmethoden für die zahnärztliche Praxis nach Anregungen der anthroposophischen Medizin“ zusammen mit der Medizinischen Sektion am Goetheanum in Dornach herausgebracht. In acht übersichtlichen Kapiteln sind therapeutische Probleme aus der täglichen Praxisarbeit angesprochen. Von den Entwicklungsstörungen der Zähne, den konservierenden Maßnahmen bis hin zu den Komplikationen bei operativen Eingriffen werden Wege aufgezeigt, die aus der Beschäftigung mit der Anthroposophie resultieren und zu entsprechenden Behandlungskonzepten mit Medikamenten führen. Ein ausführliches Literaturverzeichnis am Schluß ermöglicht die Erarbeitung eines gründlichen Verständnisses der im Text aufgeführten Erläuterungen.

Bezugsadresse: Dr. Helge Runte, Marienstr. 21
D-72827 Wannweil
(Unkostenbeitrag DM 19,80)
Auskünfte über unsere Fortbildungs-Programme und -Veranstaltungen erhalten Sie über unsere **Verbindungsadresse:**

Dr. Hans-Michael Striebel, Klosterstr. 10, D-74523 Schwäb. Hall

Patienteninformation mit Schwerpunkt Prophylaxe, zur Auflage im Wartezimmer:
„Unsere Zähne - Opfer der Zivilisation?“,
Merkblatt aus der Reihe Soziale Hygiene, Nr. 132.

Zu beziehen über: Verein für Anthroposophisches Heilwesen e.V.
Postfach 1110
D-75374 Bad Liebenzell
Telefon 07052 / 20 34, 20 35
Telefax 07052 / 41 07
Für die Schweiz: Verein für ein anthroposophisch erweitertes Heilwesen
Stollenrain 10
CH-4144 Arlesheim

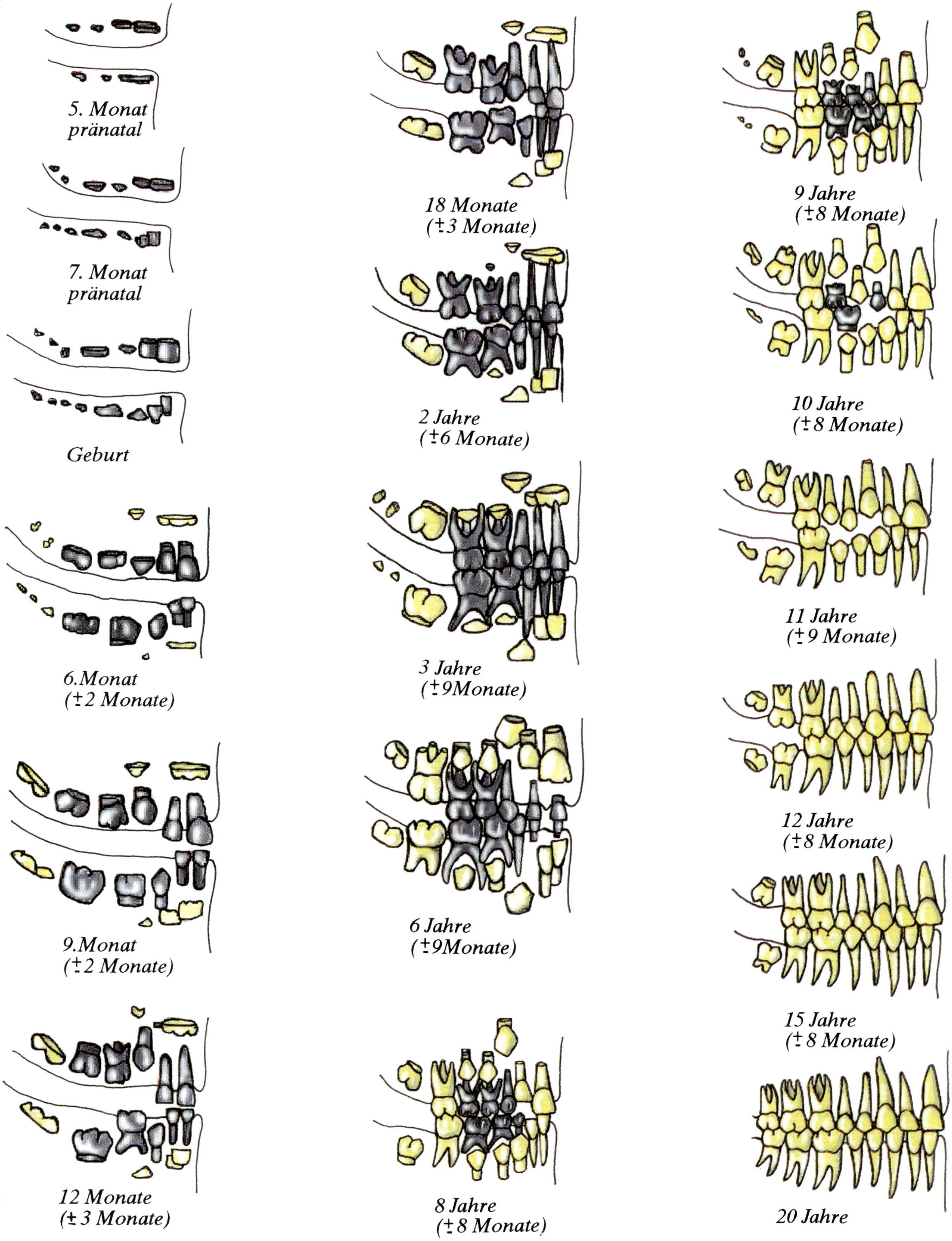

Abb.: Menschliche Zahnentwicklung — blau: Milchzähne, gelb: bleibende Zähne © CH. KOBAU

COSTA RICA

AMAZONAS

AMAZONAS

LUX

„Man hat uns glauben gemacht, daß wir nur ein Teil des Ganzen seien. Aber jeder einzelne ist verschmolzen mit dem Ganzen, weil nur Einheit zur Vollendung führt. Wäre jemand ausgeschlossen, dann könnte Einheit nicht vollständig sein. Sobald wir unsere Einheitlichkeit mit dem vollkommenen Zustand begreifen, merken wir, daß wir diesem auch nach außem hin Ausdruck geben müssen."

Bird Spalding

*WHEN SILENCE GOES UNDER THE SURFACE
AND ENTERS THE DEEP LEVELS OF OUR BEING
NOTHING IS MORE IMPORTANT THAN THIS CONDITION,
BECAUSE IT CALMS OUR WOUNDED SOUL
AND GIVES PEACE TO THE MIND*

Christian Kobau

Alles Gute, wirkt nicht einzeln!
Seiner Natur nach setzt es sogleich das Nächste in Bewegung.

Johann Wolfgang von Goethe

CHINA

COSTA RICA

PHYTOTHERAPIE

- **Heilpflanzen in der Zahnmedizin** M. MEHLFÜHRER (A)
- **Angstmittel bei Bachblüten** P. WINKLER-PAYER (A)

Phytotherapie in der Zahnheilkunde

Was ist Phytotherapie?

Anwendungsgebiet und Behandlungsprinzipien

MAG. PHARM. M. MEHLFÜHRER

Was ist Phytotherapie?

Phytotherapie oder Pflanzenheilkunde ist die Wissenschaft, die sich mit der Anwendung pflanzlicher Heilmittel beim kranken Menschen befaßt.
Die Benennung „Phytotherapie" wurde durch den französischen Arzt HENRI LECLERC (1870-1955) eingeführt, der in Paris lebte und praktizierte und in zahlreichen Aufsätzen über die Anwendung von Heilpflanzen großartige Arbeit geleistet hat.
Die Pflanzenheilkunde ist aus der alten „Kräuterkunde" längst weit herausgewachsen und zu einer wissenschaftlich anerkannten Lehre von der Anwendung der Heilpflanzen geworden. Von HIPPOKRATES über GALEN, den Leibarzt des römischen Kaisers Marc Aurel, über PARACELSUS, HILDEGARD VON BINGEN und die Verfasser der herrlichen Kräuterbücher des Mittelalters zog sich die Kenntnis von den Heilpflanzen und ihre praktische Anwendung bis in unsere Zeit hin.
Die Pflanzenheilkunde war und ist heute noch stark ursachen- und konstitutions- (d.h. auf den individuellen Patienten) bezogen und von diagnostischen Kriterien geprägt. Sie berücksichtigt den jeweiligen Krankheitszustand und versucht diesem die Dosierung anzupassen.
Eigenständige Behandlungsmethoden mit Pflanzenpräparaten haben sich z.B. in Indien in Form der Ayurvedischen Medizin, in China und Tibet in Form der traditionellen chinesischen Medizin (TCM) entwickelt.
Welchen Platz nimmt die Phytotherapie in unserer heutigen Zeit ein? Um der Antwort auf diese Frage näher zu kommen, sei ein Ausspruch von ASCLEPIOS VON THESSALIEN hier angeführt, der über die Anwendung von Heilmitteln vor 3000 Jahren folgendes spricht:

„zuerst das Wort — dann die Pflanze —
zuletzt das Messer"

Auch in unserer heutigen Medizin sollte diese Reihenfolge bewußt eingehalten werden, wenn es der Gesundheitszustand des Patienten zuläßt: ausgehend von der „leichtesten" Behandlungsmethode, fortschreitend zu der schwersten, sowohl was Intensität als auch Gefährlichkeit betrifft. Allerdings darf die heute von den meisten Ärzten nicht mehr wegzudenkende Behandlung mit chemischen Arzneimitteln nicht in dieser Reihenfolge fehlen. Dennoch sollte sie ihren Platz erst hinter der Anwendung von Arzneipflanzen haben.
Bedenken sollten wir aber immer, daß es sich bei Pflanzen und somit auch bei dem Ausgangsmaterial für Drogen um eine lebende Substanz handelt, die eigenen Gesetzen folgt und daher oft schwer zu analysieren und zu begreifen ist: Man muß die Heilpflanze so nehmen, wie sie nun einmal ist. Als ganzes Naturprodukt mit einer Fülle von Einzelbestandteilen, von den eigentlichen Wirkstoffen und von Begleitstoffen, die aber ebenfalls ihre Bedeutung für den Gesamteffekt haben können.

Anwendungsgebiet und Behandlungsprinzipien

Für die verschiedensten Schleimhauterkrankungen des Mund- und Rachenraumes sind Mundspülungen und Gurgelungen noch immer bestbewährte und zuverlässige Mittel. Nicht nur eine Reinigung und Hyperämisierung der Mundschleimhaut, sondern auch eine lokale gewebsumstimmende Wirkung kann erreicht werden. In der Praxis hat es sich immer wieder erwiesen, daß man durch kräftiges Mundspülen sowohl subjektive Besserung, vor allem Schmerzlinderung, als auch eine objektiv günstige Beeinflussung des Krankheitsprozesses zu bewirken vermag. Sie zeigt sich in einer Abkürzung der Krankheitsdauer und einem rascheren Abklingen der akuten Erscheinungen.
Phytotherapeutisch behandelbar sind folgende, vor allem durch virale und bakterielle Infekte ausgelöste schmerzhafte, zum Teil eitrige und mit Schluckbeschwerden oder Heiserkeit verbundene Entzündungen und Schwellungen, wie:

- Gingivitis

- Stomatitis
- Pharyngitis
- Laryngitis
- Tonsillitis.

Die Behandlung mit Heilpflanzen erfolgt in erster Linie symptomatisch. Die angewendeten Heilpflanzen zeichnen sich vor allem durch ihre antiphlogistische, adstringierende, schwach antiseptische und schwach antibiotische Wirkung aus.
Für das Wirkungspekrum der einzelnen Arzneipflanzen zeigen sich die Inhaltsstoffe verantwortlich.
Diese lassen sich folgenden Gruppen zuordnen:

1. Ätherische Öle:

Dies sind flüssige, leicht flüchtige, charakteristisch riechende und aromatisch, scharf oder bitter schmekkende ölige Verbindungen. Je nach Konzentration besitzen sie eine reizende, hyperämisierende und antiseptische sowie antiphlogistische Wirkung auf Haut und Schleimhaut. Ätherische Öle befinden sich in der Pflanze (bzw. in der Droge) hauptsächlich in Drüsenhaaren oder Drüsenschuppen, in inneren Ölzellen bzw. in Exkretbehältern. Die typischen Ätherischöldrogen enthalten mindestens 0.1%, in der Regel etwa 1-2%, in einigen Fällen bis zu 20% ätherisches Öl.
Chemisch gesehen sind ätherische Öle Stoffgemische. Der Hauptbestandteil (etwa 90%) setzt sich aus Terpenverbindungen zusammen: Acyclische Monoterpene, Monocyclische Monoterpene, Bicyclische Monoterpene, Sesquiterpene, Diterpene, Triterpene.
Ätherische Öle sind sehr hitzelabil und haben die Tendenz, sich bei hohen Temperaturen zu verflüchtigen. Extraktpräparate, welche noch zusätzliche Inhaltsstoffe wie Flavonoide enthalten, zeigen höhere Wirksamkeit als reine ätherische Ölpräparate.

2. Bitterstoffe:

Chemisch gehören die Bitterstoffe keiner einheitlichen Stoffklasse an, ihnen ist nur der bittere Geschmack gemeinsam. Bitterstoffe reizen die Geschmacksrezeptoren, regen Speichel-, Schleimdrüsen und Magensaftsekretion an und wirken allgemein tonisierend (=kräftigend). Als reine Bittermittel werden sie als „Amara tonica" bezeichnet, bei einer Kombination mit ätherischen Ölen spricht man von „Amara aromatica".

3. Flavonoide:

Drogen mit einem Gehalt von 0.5 bis 3% an Flavonoiden, die ihre pharmazeutische Anwendung allein oder größtenteils dieser Stoffgruppe verdanken, bezeichnet man als Flavonoid-Drogen. Die gelbe Farbe (flavus=gelb) vieler Flavonoide hat dieser Verbindungsklasse ihren Namen gegeben.
Charakteristisch für alle Flavonoide ist ein Kohlenstoffskelett bestehend aus 15 Kohlenstoff-Atomen, das biogenetisch aus drei Acetat-Einheiten und einer Phenylpropan-Einheit aufgebaut wird. Flavonoide überwiegen allgemein in oberirdischen Organen und fehlen meist in Wurzeln und Rhizomen. Ihre ubiquitäre Verbreitung im Pflanzenreich läßt vermuten, daß ihnen eine direkte biologische Funktion zukommt (diskutiert wird z. B. der Schutz gegen Insektenbefall, Virus- und Pilzinfektion).Neben einer antihämorrhagischen Wirkung zeichnen sich die Flavonoide v.a. durch ihre antiphlogistische sowie antiödematöse Wirkung aus.

4. Gerbstoffe (Adstringentien):

Die Gerbeigenschaft der Adstringentien beruht auf einer Wechselwirkung mit den Kollagenfasern der Haut. Durch die Bildung einer Koagulationsmembran in den obersten Schichten der Schleimhaut und des Bindegewebes wirken sie reizmildernd, entzündungswidrig, schwach lokalanästhetisch, sekretionshemmend, trocknend auf Haut und Wunden sowie bakterizid. Daher rührt auch die Hauptindikation als Gurgel-, Mundspül-, oder Wundbehandlungsmittel zur äußeren Anwendung.
Adstringentien kommen vorzugsweise bei chronischen Zuständen zum Einsatz. Da sie jedoch auch eine gewisse austrocknende Wirkung zeigen, ist es zweckmäßig, adstringierende Mittel bei längerer Behandlung abwechselnd mit Mucolaginosa anzuwenden.
Chemisch gesehen sind Gerbstoffe in Wasser echt oder kolloidal lösliche, schwach sauer reagierende stickstofffreie Polyphenole.

5. Schleime (Mucolaginosa):

Schleime sind Heteropolysaccharide, die durch Extraktion mit kaltem Wasser aus der Droge gewonnen werden und hochviskose Lösungen bilden. Der Schleim legt sich als schützende Schicht über die Rachenschleimhaut. Aufgrund ihrer antiphlogistischen Eigenschaften werden Schleimdrogen bei akuten Entzündungen, v.a. bei Stomatitis, aber auch bei älterer Pharyngitis mit Reizhusten und Schluckbeschwerden angewendet. Die meist beabsichtigte Oberflächenbeschichtung führt allerdings auch zu einer verminderten Resorption anderer Wirkstoffe. Diese Wechselwirkung sollte bei entsprechender Medikation unbedingt beachtet werden.

DROGEN

Unter einer Droge im pharmazeutischen Sinne werden die getrockneten Pflanzen als solche oder die getrock-

neten Pflanzenteile für die Arzneizubereitung bezeichnet.
Pflanzliche Arzneien werden entweder aus frisch geernteten Pflanzen oder aus getrockneten Pflanzenteilen hergestellt. Die unmittelbare Verwendung der frischen Pflanze ist immer dann angebracht, wenn die wirksamen Inhaltsstoffe labil sind und sich bereits während des Trocknungsprozesses zersetzen (z.B. geht die antimitotische Wirkung des Milchsaftes von *Chelidonium majus* beim Trocknen verloren). In der Regel sind die Inhaltsstoffe vergleichsweise stabil und verändern sich beim Trocknen der frisch geernteten Pflanze nicht oder in unbedeutendem Maße. Manchmal kommt es aber auch erst während des Trocknungsprozesses zur Ausbildung der eigentlichen Wirkstoffe aus den Inhaltsstoffen der frischen Pflanze.
In der Regel wird nicht die gesamte Pflanze als Droge verwendet, sprich die unter- und oberirdischen Teile gemeinsam, sondern nur ein bestimmtes Pflanzenorgan, welches aufgrund seiner Inhaltsstoffe das beste Wirkungsspektrum aufweist.

Als Drogenbezeichnung *Folium* wird nur das Laubblatt einer Pflanze verstanden. Diese werden, wenn sie vollständig ausgebildet sind, meist vor Beginn der Blütezeit gesammelt, Blüten (*Flos*) kurz nach dem Aufblühen (Ausnahme: Gewürznelken).

Kräuter (*Herba*) bestehen im allgemeinen aus allen oberirdischen Teilen krautiger Pflanzen, also in der Masse aus Blättern und Teilen von Stengeln, sowie je nach Pflanze bzw. Erntezeitpunkt auch aus den zusätzlich enthaltenen Blüten oder (bzw. und) Früchten. Sie werden kurz vor oder während der Blütezeit geerntet.
Früchte und Samen (*Fructus* und *Semen*) werden im Reifezustand gesammelt.

Unterirdische Pflanzenteile, also Wurzeln und Wurzelstöcke (*Radix, Rhizoma*) werden nach vollständiger Entwicklung der Pflanze im Herbst oder im Frühjahr geerntet, auch die Rinden (*Cortex*) werden im Frühjahr noch vor Beginn der Vegetationsperiode geerntet..

Zum Selbstsammeln sowie zum Anbau von Arzneipflanzen sind umfangreiche Kenntnisse notwendig. Einerseits können Verwechslungen mit giftigen Pflanzen leider nicht immer ausgeschlossen werden, andererseits wird von jeder Droge eine bestimmte Qualität verlangt, die Konzentration der darin enthaltenen Wirkstoffe muß eine bestimmte Mindestmenge betragen, um auch eine Wirkung garantieren zu können. Aus diesem Grunde können sowohl die Drogen als auch ihre dazugehörigen Arzneizubereitungen wie Tinkturen und Extrakte in den meisten Fällen käuflich erworben werden.
Die Arzneipflanzen finden in folgenden Anwendungsformen ihren häufigsten Gebrauch:

1. wäßrige Drogenauszüge:

- Abkochung (Decocta): Die Droge wird mit kaltem Wasser angesetzt, zum Kochen gebracht und nach einer vorgegebenen Zeit abgegossen. Eine Abkochung wird dann durchgeführt, wenn es sich um härtere Drogen handelt (z.B. Rinde, Samen, Früchte) oder um Drogen mit langsam löslichen Inhaltsstoffen

- Aufguss (Infusa): Die Droge wird mit heißem Wasser übergossen und nach einer entsprechenden Zeit des Ziehens wird die Droge abgeseiht. Infuse werden v.a. aus jenen Drogen hergestellt, deren Wirkstoffe sich beim Kochen zersetzen oder verflüchtigen (z.B. ätherisches Öl).

- Mazerat (Kaltwasserauszug): Die Droge wird mit einer vorgeschriebenen Menge kaltem Wasser angesetzt und unter gelegentlichem Umrühren nach einem bestimmten Zeitraum abgeseiht. Für Drogen, deren Hauptwirkstoffe Schleime darstellen, wird das Mazerationsverfahren empfohlen.

- Prinzipiell ist die Zubereitung eines Tees mit kaltem Wasser nicht sehr empfehlenswert. Es können Getränke mit hohen Keimzahlen resultieren, die mikrobiologisch nicht unbedenklich sind.

2. alkoholische Drogenauszüge:

- Tinkturen: Dies sind Auszüge aus Drogen, die in der Regel mit Ethanol verschiedenster Konzentrationen so hergestellt werden, daß 1 Teil Droge mit 5 Teilen Extraktionsflüssigkeit ausgezogen werden. Tinkturen, deren Ausgangsdrogen stark wirksame Verbindungen enthalten, werden abweichend im Verhältnis 1:10 hergestellt. Aufgrund der Herstellungsweise sind Tinkturen hochkonzentrierte Lösungen und eignen sich daher sehr gut zur Vorratshaltung.

- Alkoholische Extrakte: Unter Extrakten versteht man Auszüge aus Drogen, die nach ihrer Extraktion teilweise oder vollständig vom Extraktionsmittel (Alkohol) befreit werden. Nur die Wirkstoffe sowie Begleitstoffe sind in diesem Extrakt enthalten und zeigen hohe Wirksamkeit.

Sowohl die Dauer als auch die Art der Arzneimittelzubereitung sollten möglichst genau eingehalten werden, da damit die Konzentration der Inhaltsstoffe und damit die Wirksamkeit der Zubereitung gesteuert werden kann.
Die Betrachtung der einzelnen Drogen erfolgt nur hinsichtlich ihrer Anwendung in der Zahnheilkunde, die

meist umfangreichen weiteren Anwendungsmöglichkeiten müssen aus einschlägiger Fachliteratur entnommen werden.

ANIS

PIMPINELLA ANISUM (APIACEAE)

Droge: Fructus Anisi

Botanik: Die einjährige Pflanze wird 30-50 cm hoch, besitzt einen runden, tiefrilligen Stengel. Die unteren Blätter sind langgestielt, rundlich nierenförmig und ungeteilt, nach oben zu werden die Blätter zunehmend feiner zerteilt und 2-3 fach gefiedert. Die Blüten sind weiß und in Dolden angeordnet. Die graugrünen birnenförmigen Früchte sind in der Droge selten in ihre beiden Teilfrüchte zerfallen. Sie sind etwa 3-5 mm lang, dicht und kurz behaart und mit kurzen Stielresten versehen. Die Frucht besitzen 10 helle, nicht besonders hervorstehende Rippen. Der typische Anisgeschmack ist würzig, etwas süßlich, das volle Aroma entfaltet sich erst beim Lagern.

Herkunft: Kleinasien, Griechenland; in Mitteleuropa kultiviert

Inhaltsstoffe: Ätherisches Öl mit Anethol als Hauptbestandteil und Geruchsträger; Isoanethol, Anisaldehyd

Anwendung: Tonsillitis

Das ätherische Öl besitzt neben der expectorierenden auch noch eine antibakterielle Wirkung.

- Einen gehäuften Teelöffel zerstoßener Früchte mit einer Tasse kochendem Wasser übergießen und 10-15 Minuten zugedeckt ziehen lassen, abseihen.

ARNIKA

ARNICA MONTANA (ASTERACEAE)

Droge: Flos Arnicae

Botanik: Die Pflanze mit einer grundständigen Blattrosette und 1-3 Paaren gegenständiger Stengelblätter ist meist unverzweigt. Während die Rosettenblätter derb, ganzrandig sowie verkehrt eiförmig sind, weisen die Stengelblätter einen glatten bis leicht gezähnten Rand auf und sind in ihrer Form eiförmig bis spitz. Die endständigen Blütenköpfchen sind von leuchtend orangegelber Farbe und ca. 6-8 cm breit. Die randständigen Zungenblüten erreichen eine Länge von ca. 3 cm, die zahlreichen Röhrenblüten weisen eine maximale Größe von 1.5 cm auf. Die Hauptblütezeit ist Juni bis August, je nach Höhenlage.

Herkunft: Europa bis Südrußland, auf kalkarmen Gebirgswiesen ab 2000m; oder im Flachland auf sandig-torfigen Moorwiesen. Die wildwachsende Pflanze steht unter Naturschutz.

Inhaltsstoffe: Ätherisches Öl, Flavonoide, Bitterstoffe

Anwendung: Pharyngitis

Als Gurgelmittel zur Förderung der Durchblutung und Steigerung der Abwehrbereitschaft der Schleimhäute eines der bewährtesten Mittel aufgrund seiner antiseptischen sowie antiphlogistischen Wirkung. Verwendet wird Arnikablütentee oder eine Arnika-Tinktur-Verdünnung. Die reine Tinktur bewährt sich auch für Umschläge nach schwierigen Extraktionen.

- Für den Tee werden 1-2 Teelöffel Droge mit einer Tasse kochendem Wasser übergossen, nach etwa 10 Minuten abgeseiht und lauwarm für Gurgelungen angewendet.
- Die Wirkung des Arnikatees kann durch die Zugabe von gleichen Teilen Kamille verstärkt werden.

BLUTWURZ

POTENTILLA ERECTA (ROSACEAE)

Droge: Radix Tormentillae

Botanik: Die niederwachsende Pflanze aus der Gruppe der Rosengewächse hat gelbe, vierzählige Blüten auf langen Stielen. Die Blätter sind 3-5 fingrig, am Rand gesägt und sitzen dem Stengel direkt auf. Der Wurzelstock ist unregelmäßig, knollig, außen dunkelbraun und besitzt eine weiße Schnitt- oder Bruchstelle, die sich rasch blutrot verfärbt.

Herkunft: in ganz Mitteleuropa beheimatet, v.a. auf Wiesen, Mooren und lichten Wäldern

Inhaltsstoffe: 15-20% Catechingerbstoffe (darunter Tormentillrot, das beim Lagern der Droge in zunehmender Menge entsteht), Tormentosid (Glycosid), Flavonoide

Anwendung: Chronische Entzündungen wie Stomatitis, Gingivitis; Paradontose

Blutwurz gehört zu den gerbstoffreichsten Drogen und stellt somit eines der wichtigsten Adstringentien für den Mund- und Rachenbereich dar. Genutzt wird sowohl die adstringierende als auch die antiphlogistische Wirkung der Blutwurz. Aufgrund des eher unangenehmen Geschmackes wird die Blutwurz eher selten alleine angewendet.
Neben dem Tee findet vor allem die Tinctura Tormentillae sehr häufige Anwendung. Sie ersetzt vollkommen Tinctura Ratanhiae sowie Tinctura catechu, welche aus südamerikanischen Drogen hergestellt werden.

- 2-3 Eßlöffel Droge werden mit einem halben Liter Wasser 15 Minuten gekocht, abseihen; mehrmals täglich mit dieser Abkochung spülen

- Tinctura Tormentillae (erhältlich in jeder Apotheke): ½ Teelöffel auf ein Glas Wasser geben und mehrmals täglich zur Mundspülung verwenden.

- Günstig erweist sich die Kombination von Tinctura Tormentillae und Tinctura Salviae zu gleichen Teilen. Auch hiervon wieder einen halben Teelöffel auf ein Glas Wasser anwenden.

- Tinctura Tormentillae wird außerdem gerne unverdünnt lokal zu Pinselungen des Zahnfleisches genommen (Paradontose)

BROMBEERE

RUBUS FRUTICOSUS (ROSACEAE)

Droge: Folium rubi-fruticosi

Botanik: Strauch mit langen, dornigen Trieben, dessen Blätter oben drei und unten fünfzählig gefiedert sind. Die Blätter sind oberseitig dunkelgrün und glatt, auf der Unterseite weißlich und filzig. Die Blüten sind weiß bis rosa. Die Blätter werden nur zur Blütezeit gesammelt und sollten nach dem Pflücken sofort getrocknet werden.

Herkunft: Wälder, Hecken, Heideflächen; in der nördlichen Hemisphäre weit verbreitet

Inhaltsstoffe: Gerbstoffe (bis zu 10%), Flavonoide, Vitamin C

Anwendung: bei kleinen Schleimhautaffektionen sowie bei leichter Stomatitis

- 1Teelöffel Blätter wird mit einer Tasse kochend heißem Wasser übergossen und nach 10-15 Minuten Ziehen abgeseiht.

- Brombeerblätter können auch mit Kamillenblättern zu gleichen Teilen gemischt werden, um Wirksamkeit und Geschmack zu verbessern.

EIBISCH

ALTHEA OFFICINALIS (MALVACEAE)

Droge: Radix Altheae

Botanik: Die 1,5 bis 2 m hohe, mehrjährige Staude besitzt bis zu 50 cm lange, meist senkrecht in den Boden wachsende Wurzeln. Die Blätter sind rundlich bis verkehrt eiförmig, beiderseits stark behaart, bis zu 10 cm lang und schwach 3-5 lappig. Die Blüten, bestehend aus 5 einzelnen Blütenblättern, sind rötlich weiß, die Staubgefäße sind zu einer Säule verwachsen. Die Wurzel wird im Herbst ausgegraben, geschält und eventuell längs geteilt. Um ein Bräunen der Droge zu verhindern, ist ein rasches Trocknen bei 35°C von Vorteil.

Herkunft: Europa, Asien; der Anbau erfolgt hptsl. in den Balkanländern, aber auch in Deutschland, Belgien und Frankreich

Inhaltstoffe: bis zu 15% Schleime, Stärke (30-40%)

Anwendung: Schleimhautreizungen im Mund und Rachenraum

- 2 Teelöffel gehackte Wurzel werden mit 1 Tasse kaltem Wasser übergossen und eine halbe Stunde unter gelegentlichem Rühren stehen gelassen. Danach wird abgeseiht und für die Mundspülung leicht erwärmt. Zu hohes Erhitzen ist ungünstig, die Stärke kann sonst zerstört werden.

EICHE

Quercus robur — STIEL-OD. SOMMEREICHE (*FAGACEAE)*

Quercus petraea — TRAUBEN- OD. WINTEREICHE *(FAGACEAE)*

Droge: Cortex Quercus

Botanik: Beide Bäume können eine Höhe von 40 Meter erreichen. Sie besitzen typische umgekehrt eiförmige, buchtig gelappte Blätter mit dunkelgrüner Oberseite und etwas hellerer Unterseite. Bei der Stieleiche sind die Blätter kurzgestielt, die Früchte jedoch sitzen auf einem langen Stiel. Im Gegensatz dazu sind die Blätter der Traubeneiche langstielig, die Früchte sitzen ohne Stiel direkt auf den Zweigen.Als Droge wird nur die Rinde der jungen Zweige und Stockausschläge verwendet. Zeitig im Frühjahr, wenn die Rinde außen graubraun und innen rötlichbraun gefärbt ist, wird die Rinde in dünnen Stücken streifig abgelöst.

Herkunft: Europa, Amerika; die Droge selbst stammt meist aus Kulturen

Inhaltsstoffe: Gerbstoffe (bis zu 20%, v.a. Catechingerbstoffe)

Anwendung: *Gingivitis, Stomatitis*

- 4 Eßlöffel Rinde werden mit 1 Liter kaltem Wasser angesetzt, einige Stunden stehen gelassen, aufgekocht und abgeseiht. Mehrmals am Tag unverdünnt den Mund spülen

GEWÜRZNELKEN

SYZYGIUM AROMATICUM (MYRTACEAE)

Droge: fructus caryophylli

Botanik: Der bis zu 12 m hohe, immergrüne Baum besitzt eine glatte, gelblichgraue Rinde. Die Blätter sind gegenständig, gestielt, ledrig, länglich-elliptisch und ca. 8 cm lang. Die Blüten sitzen in endständigen Trugdolden, sind ca. 1.5 cm lang und besitzen vier zusammenhängende Kronenblätter. Als Droge werden die kurz vor dem Aufblühen geernteten, getrockneten Blütenknospen verwendet.

Herkunft: Molukken, Madagaskar, Indonesien

Inhaltsstoffe: ätherisches Öl (14-20%), Gerbstoffe, Triterpene, Flavonoide

Anwendung: schmerzstillend bei entzündeter Pulpa; Desinfektion von Wurzelkanälen; Zahnschmerzen

Besonders das durch Wasserdampf gewonnene Nelkenöl zeigt eine starke lokalanästhetische und desinfizierende Wirkung.

- Bei Zahnschmerzen mit dem schmerzenden Zahn auf eine Gewürznelke beißen oder Nelkenöl auf Watte geben und die schmerzhafte Stelle einreiben

ISLÄNDISCHES MOOS

CETRARIA ISLANDICA (PARMALIACEAE)

Droge: Lichen Islandicus

Botanik: Das isländische Moos ist eine bodenständige Strauchflechte, die rauhe Polster bildet. Sie hat einen flachen, laubartigen, gabelig verzweigten Pflanzenkörper mit oliv- bis braungrüner Oberfläche und hellbrauner bis weißgrauer fleckiger Unterseite. Der Rand ist borstig gewimpert. Die Höhe der Flechte beträgt max. 10 cm. Als Droge wird die gesamte getrocknete Flechte verwendet, die leicht brüchig ist und im Geschmack bitter; Sammelzeit Mai bis September

Herkunft: in gemäßigten Zonen im Mittel- und Hochgebirge

Inhaltsstoffe: ca. 50 % Schleime (v.a. Lichenin und Isolichenin), Flechtensäuren (Cetrarsäure, Protocetrarsäure), Lichesterinsäuren, Usninsäure, Vitamine, Jod

Anwendung: Schleimhautreizungen im Mund- und Rachenraum und damit verbundener trockener Reizhusten, multiple Aphthen

In der Droge kommt vor allem die Reizlinderung durch die einhüllende Wirkung der Schleime zum Tragen. Weiters ist auch die antimikrobielle Wirkung von großer Bedeutung.

- 2 Teelöffel Droge werden mit einem viertel Liter kaltem Wasser übergoßen und langsam bis zum Kochen erhitzt. Danach sofort abseihen, 3-4 mal täglich lauwarm spülen

KAMILLE

CHAMOMILLA RECUTITA (ASTERACEAE)

Droge: Flos Chamomillae

Botanik: Die einjährige Pflanze wird bis zu 0.5 m hoch, besitzt einen aufrechten, oberwärts mehr oder weniger stark verzweigten Stengel, welcher kahl ist. Die Blätter sind doppelt fiederteilig, die einzelnen Fiedern weisen eine schmale, linealische Form auf. Die Blütenkörbchen sind einzeln stehend, die äußeren, meist 15-19 weißen Zungenblüten sind weiblich, die gelben zahlreichen Röhrenblüten sind zwittrig und sehr klein.

Herkunft: als Unkraut und Ruderalpflanze kommt sie in ganz Europa, Afrika und Nordamerika vor. Die Herkunftsländer der Droge sind Argentinien, Ägypten und Ungarn.

Inhaltsstoffe: ätherisches Öl (0.3-0.7%, v.a. Chamazulen, Bisabolol, Bisabololoxide), Flavonoide, Cumarine. Das therapeutisch wirksame Chamazulen bildet sich erst bei der Gewinnung des ätherischen Öls durch Wasserdampfdestillation bzw. bei der Bereitung von Aufgüssen.

Anwendung: Stomatitis, schlecht heilende Wunden in der Mundhöhle, Reizungen oder Entzündungen der Kieferhöhlen

Die Kamille besitzt hohe Effektivität aufgrund ihrer stark antiphlogistischen Wirkung. Sowohl die Bestandteile des ätherischen Öls als auch die alkohol- und zum Teil auch wasserlöslichen Flavonoide gelten als Träger dieser Wirkung. Im Teeaufguß sind außer wenig ätherischem Öl hauptsächlich die Flavonoide enthalten sowie die antiphlogistisch und immunstimulierend wirkenden Schleimpolysaccharide. Hohe Wirksamkeit besitzen alle Auszüge mit hohem Alkoholgehalt, da hydrophile und lipophile Inhaltsstoffe gleichermaßen gut in Lösung gehen (Tinctura Chamomillae, Extractum Chamomillae fluidum).

- Zur Teezubereitung werden 2 gehäufte Teelöffel Blüten mit 1 Tasse kochendem Wasser übergossen, nach 10 Minuten abseihen; bei Stomatitis stündlich mit warmen Tee spülen
- Zum Gurgeln eignet sich auch Extractum Chamomillae fluidum; davon 10 Tropfen auf 1 Glas Wasser
- Einige Tropfen Tinctura Chamomillae auf einen Liter kochendes Wasser eignet sich sehr gut zur Inhalation bei Reizungen oder Entzündungen der Kieferhöhlen
- Extractum Chamomillae kann auch topisch in der Mundhöhle angewendet werden.

MALVE

MALVA SYLVESTRIS (MALVACEAE)

Drogen: Flos Malvae, Folium Malvae

Botanik: Die zweijährige bis ausdauernde Staude erreicht eine Höhe von ca. 1 Meter. Die Blätter sind gestielt, drei- bis siebenlappig mit unregelmäßig gekerbtem Rand. Die Blüten sind ca. 5 cm breit und sitzen in den Blattachseln auf langen Stielen. Die Blütenblätter sind rosaviolett mit dunklen Streifen.

Herkunft: Europa, Asien, Nordafrika; meist an Wegrändern und Unkrautfluren

Inhaltsstoffe: Schleime (6-8%), Gerbstoffe, Flavonoide

Anwendung: Schleimhautreizungen im Mund- und Rachenraum

- 1 Eßlöffel Droge mit einer Tasse kaltem Wasser ansetzen, kurz aufkochen und nach 10 minütigem Ziehen abgießen. Mehrmals täglich mit lauwarmen Tee spülen

MELISSE

MELISSA OFFICINALIS (LAMIACEAE)

Droge: Folium Melissae

Botanik: Die nach Zitrone riechende ausdauernde Pflanze mit einer durchschnittlichen Höhe von 30-70 cm besitzt einen charakteristischen vierkantigen Stengel, an welchem die Blätter kreuzgegenständig angeordnet sind. Ihre Form ist eiförmig-rhombisch, am Grunde oft herzförmig, der Blattrand ist unregelmäßig gesägt-gekerbt. Die Blüten sind weißlich-gelb oder reinweiß und stehen in Scheinquirlen in den Achseln der oberen Blätter.

Herkunft: östliches Mittelmeergebiet

Inhaltsstoffe: mind. 0.05% ätherisches Öl mit Citral und Citronellal als Hauptkomponenten, Gerbstoffe, Flavonoide

Anwendung: Zahnschmerzen, beginnende Herpes-simplex Infekte, neuralgiforme Kiefer- und Gesichtsschmerzen, Bruxismus

Bei den Melissepräparaten handelt es sich meistens um alkoholische Destillationen oder um alkoholische Lösungen des ätherischen Öls. Neben der leicht sedativen und spasmolytischen Wirkung besitzt die Zitronenmelisse auch antibakterielle und antivirale Eigenschaften, die v.a. auf das ätherische Öl zurückzuführen sind. Aufgrund des äußerst geringen Gehaltes an ätherischen Öl wird häufig ein Ersatz als Therapeutikum herangezogen:

Aetheroleum Citronellae: Lemongrasöl

Aetheroleum Citri: Zitronenöl

- Lokale Behandlung mit Melissenöl bei beginnender Herpes simplex Infektion
- Kiefer- und Gesichtsschmerzen sprechen sehr gut auf Einreibungen mit Melissenspiritus an
- Bei nervösen Menschen mit Neigung zum Bruxismus eignen sich 3-5 Tassen Tee täglich: 2 Teelöffel geschnittene Blätter mit einer Tasse heißem Wasser übergießen, 5 Minuten zugedeckt ziehen lassen, abgießen und lauwarm trinken

MYRRHE

CAMIPHORA MOLMOL (BURSERACEAE)

Droge: Myrrha

Botanik: Es handelt sich um einen dornigen Strauch, in dessen Exkretgängen der Rinde sich ein gelblicher Milchsaft befindet. Dieser Saft, der als Droge verwendet wird, tritt nach Einschneiden der Rinde aus und erstarrt an der Luft, wobei unförmige, gelbbraune Stücke mit aromatischem Geruch und bitterem Geschmack entstehen.

Herkunft: Südarabien, Jemen

Inhaltsstoffe: Ätherisches Öl (2-10%), Harze (35-45%), Gummisubstanzen, Schleime

Anwendung: Pinselungen bei Zahnfleischentzündungen, zum Gurgeln und Spülen bei Rachen- und Mundhöhlenentzündungen

Anwendung findet v.a. die Tinctura Myrrhe. Der antiseptische, granulationsfördernde, antiphlogistische und adstringierende Effekt der Tinktur stammt vom ätherischen Öl und den Harzsäuren. Die Kombination mit Tinctura Tormentillae zu gleichen Teilen hat sich als günstig erwiesen.

NELKENWURZ

GEUM URBANUM (ROSACEAE)

Droge: Radix Caryophyllatae

Botanik: Die Nelkenwurz ist eine ausdauernde Staude, ca. 25-75 cm hoch, behaart, die unteren Blätter sind gefiedert, während die oberen Stengelblätter dreizählig sind. Auf den Stengeln sitzen einzelne fünfblättrige, gelbe Blüten. Die Wurzelstöcke werden vor der Blütezeit ausgegraben und bei etwa 35°C getrocknet.

Herkunft: Europa, Asien; häufig auf Unkrautfluren

Inhaltsstoffe: Gerbstoffe (0.3%), ätherisches Öl (Eugenol), Bitterstoffe

Anwendung: Schleimhaut- und Zahnfleischentzündungen, Gurgelmittel für Hals und Rachen

- 1 Teelöffel grob gepulverte Droge mit kaltem Wasser ansetzen, kurz aufkochen, 10 Minuten heiß halten und abseihen.

RINGELBLUME

CALENDULA OFFICINALIS (ASTERACEAE)

Droge: Flos Calendulae

Botanik: Die stark aromatische Pflanze mit ganzrandigen oder schwach gezähnten, breitlanzettlichen Blättern wird bis zu 60 cm hoch. Die Blätter sind wechselständig und in den Stiel verlaufend. Die Blütenköpfe sind orangegelb, 4-7 cm groß mit zahlreichen langen Zungenblüten und Röhrenblüten.

Herkunft: heimisch in Mittel-, Ost-, und Südeuropa

Inhaltsstoffe: Ätherisches Öl, Flavonoide, Triterpenalkohole, Carotinoide

Anwendung: entzündliche Veränderungen der Mund- und Rachenschleimhaut

Die Ringelblume besitzt hohe Effektivität aufgrund ihrer antimikrobiellen sowie antiphlogistischen Wirkung. Die Zubereitungen aus der Droge wirken entzündungshemmend und fördern die Bildung von Granulationsgeweben. Das eigentliche Wirkprinzip der Droge ist noch nicht geklärt. Diskutiert werden das ätherische Öl sowie die Triterpenalkohole (Taraxasterol).

- 2 Teelöffel Droge werden mit 1 Tasse kochendem Wasser übergossen und nach ca. 10 Minuten abgeseiht, mehrmals täglich mit dem noch warmen Aufguß spülen oder gurgeln.

SALBEI

SALVIA OFFICINALIS (LAMIACEAE)

Droge: Folium Salviae

Botanik: Es handelt sich hierbei um einen bis zu 70 cm hohen Halbstrauch, der nur im unteren Teil verholzt. Die elliptisch, länglich eiförmigen Blätter sind filzig behaart, am Blattgrund dreigeteilt. Die blauvioletten Blüten sitzen zu 5-10 quirlig in lockeren ährenförmigen Blütenständen. Die Ernte der Blätter erfolgt vor dem Erblühen.

Herkunft: Mittelmeergebiet; kultiviert v.a. in Frankreich und Deutschland

Inhaltsstoffe: 1.5% ätherisches Öl (v.a. a,b-Thujon, Cineol, Campher, Borneol), Bitterstoffe, Gerbstoffe (6-8%), Flavonoide

Anwendung: Zahnfleischbluten, Stomatitis, Laryngitis, Pharyngitis

Die Wirksamkeit der Droge ist v.a. auf das ätherische Öl sowie die Gerbstoffe bzw. Flavonoide zurückzuführen. Das ätherische Öl wirkt antiseptisch und fungizid; die Gerbstoffe besitzen antiphlogistische und adstringierende Eigenschaften, welche durch die Flavonoide verstärkt werden. Die beste Wirksamkeit ist von den alkoholischen Extrakten zu erwarten, da hier ätherisches Öl sowie Gerbstoffe und Flavonoide in hoher Konzentration enthalten sind. Im selbst hergestellten Salbeitee kommt primär die Gerbstoffwirkung zum Tragen. Der Tee selbst darf wegen der Flüchtigkeit des ätherischen Öls nicht aufgekocht werden.

- 1 Teelöffel Droge mit heißem Wasser übergießen, nach 10 minütigem Ziehen abseihen; mehrmals täglich spülen

- Tinctura Salviae sowie Verdünnungen des ätherischen Öls können günstig bei lokalen Entzündungen als Pinselung eingesetzt werden.

THYMIAN

THYMUS VULGARIS (LAMIACEAE)

Droge: Folium Thymi

Botanik: Thymian ist ein stark aromatisch duftender Halbstrauch, 30-40 cm hoch und besitzt schmale, lineallanzettliche Blätter, die 4-8mm lang werden. Sie sind an der Unterseite stark behaart, drüsig punktiert, der Rand rollt sich ein. Die Blüten sind klein, blaßrosa und quirlig am Stengelende angeordnet.

Herkunft: Mittelmeergebiet

Inhaltsstoffe: ätherisches Öl (5%, u.a. Thymol, Carvacrol, p-Cymol), Gerbstoffe, Bitterstoffe

Anwendung: Tonsillitis

Thymian zeichnet sich v.a. durch seine stark antimikrobielle sowie antivirale Wirkung aus, welche auf den hohen Anteil an Phenolen im ätherischen Öl zurückzuführen sind.

- 2 Eßlöffel Droge werden mit 1 Tasse heißem Wasser übergossen und nach 15 minütigem Ziehen abgeseiht. Bei Stomatitis mehrmals täglich lauwarm spülen.

LITERATUR:

Weiß Rudolf: „Lehrbuch der Phytotherapie" — Hippokrates-Verlag (1991)

H. Wagner, M. Wiesenauer: „Phytotherapie" — Gustav Fischer Verlag (1995).

P.Schönfelder: „Der Kosmos-Heilpflanzenführer" — Kosmos-Verlag (1984).

F. Deutschmann, B. Hohmann, E. Sprecher, E. Stahl: „Pharmazeutische Biologie, Band I" — Gustav Fischer Verlag (1984).

H. Wagner: „Pharmazeutische Biologie, Band II" — Gustav Fischer Verlag (1993).

R. Willfort: „Gesundheit durch Heilkräuter" — Rudolf Trauner Verlag (1991).

M. Wichtl: „Teedrogen" — Wissenschaftliche Verlagsgesellschaft (1989).

E. Steinegger, R. Hänsel: „Pharmakognosie" — Springer Verlag (1992).

W. Artus: „Atlas aller in den neuesten Pharmakopoen Deutschlands aufgenommenen officinellen Gewächsen" — Wilhelm Baensch Verlagshandlung Leipzig (1864).

Abb. 1

KAMILLE

Abb: 2

Abb. 3

ARNIKA

Abb. 4

Abb. 5

RINGELBLUME

Abb. 6

Abb. 7

SALBEI

Abb. 8

Abb. 9

MELISSE

Abb. 10

Abb. 11

THYMIAN

Abb. 12

Abb. 13

EICHE

Abb. 14

Abb. 15

ISLÄNDISCHES MOOS

Abb. 16

Abb. 17

MALVE

Abb.18

Abb. 19

EIBISCH

Abb. 20

Abb. 21

BROMBEERE

Abb. 22

Abb. 23

BLUTWURZ

Abb. 24

Abb. 25

NELKENWURZ

Abb. 26

Abb. 27

GEWÜRZNELKE

Abb. 28

Abb. 29

Abb. 30

ANIS

Abb. 31

Abb. 32

MYRRHE

Bach Blütentherapie in der Zahnheilkunde

DR. MED. PATRICIA WINKLER-PAYER

I. Einleitung

Neue Denkansätze der Ärzte für eine ganzheitliche Medizin verbinden sich zunehmend mit dem Streben vieler Patienten nach individuellen, möglichst natürlichen Heilweisen. Die rein somatisch orientierten Erklärungsmodelle und Therapien befriedigen vielfach nicht mehr, und sowohl Arzt als auch Patient suchen „Fehlendes" zu ergänzen.
Verschiedenste Ansätze aus der modernen psychosomatischen Forschung, aus Naturheilkunde, Homöopathie, östlicher Medizin, Biokybernetik, etc. erweitern die diagnostisch-therapeutischen Konzepte. Deren Vielfalt und Komplexität führen allerdings auch zu einer gewissen Unüberschaubarkeit, verwirren und entmutigen den schulmedizinisch versierten Arzt. Zwischen ihm und seinem ursprünglichen Streben nach einer ganzheitlichen, individuellen Sicht der Medizin und nach natürlichen Arzneien stehen eine Unmenge von Fachliteratur, Ausbildungen und jahrelangen Einarbeitungszeiten in neue Therapieformen. Gerade für diese Ärzte zeigen sich die großen Vorteile der Bach-Blütentherapie:

- sie stellt ein in sich geschlossenes System von (nur) 38 verschiedenen Heilmitteln dar,
- sie ist je nach Ausbildungsstand, stufenweise in jegliche Art von Praxis oder Kliniktätigkeit integrierbar, sie ist mit allen anderen schulmedizinischen oder komplementären Methoden kombinierbar,
- nebenwirkungsfrei
- einfach in Auswahl und Anwendung
- und die Patienten lieben sie!

Auch aus diesem Grund wird das Interesse der Ärzte an der Bach-Blütentherapie in den letzten Jahren immer größer, und die positiven Therapieerfahrungen in Allgemein- und Facharztpraxen bestärken diesen Trend. Daß die Blütentherapie aber wesentlich mehr als ein Trend, als eine der vielen Naturheilströmungen mit ganzheitlichem Touch ist, beweist die umfassende Medizinphilosophie des DR. EDWARD BACH, die sowohl den Arzt als auch den Patienten zu einer gemeinsamen Sinnsuche und zu einer Entwicklungschance vom Krank-sein zum Heil-werden führt.

II. Grundlagen der Original Bach-Blütentherapie

Der englische Arzt DR. EDWARD BACH entwickelte auf der Suche nach einfachen, reinen Arzneien aus der Natur in den dreißiger Jahren die nach ihm benannte Therapie. Sein Ziel war eine individuelle Behandlung des ganzen kranken Menschen, nicht nur eine „Symptom - Korrektur". Der Beginn des Krankseins liegt für BACH auf der seelischen, charakterlichen Ebene, sinnhaftes Heilwerden setzt auch in der Therapie auf dieser Ebene an.
Krankheit ist nicht Leiden oder Strafe, sondern immer ein Korrektiv, ein Aufruf zur Veränderung krankmachender Verhaltensweisen, Einstellungen, Denkmuster, Gefühle und Stimmungen. Vor allem das frühzeitige Erkennen dieser krankmachenden Muster war ihm ein großes Anliegen, um damit echte Vorsorge zu betreiben, und nicht erst bei körperlichen Symptomen hellhörig für die Botschaften und Signale der Seele zu werden. Die Auswahl der Blütenessenzen richtet sich somit auch immer nach dem akuten psychischen Gesamtzustand des Patienten, nicht nach dem konkreten körperlichen Befund. Ein Mensch, der sich fürchtet, sollte z.B. die Bach-Blüte Mimulus einnehmen egal, ob er sich vor dem Zahnarzttermin, vor einer Operation oder vor einer Prüfung fürchtet.

Gesundheit ist Harmonie

Schon PARACELSUS, der große Vordenker einer neuen ganzheitlichen Medizin und zugleich das letzte Bindeglied zu den Priesterärzten der Antike, findet zu dieser einfachen Gleichung, die auch der Blütentherapie entspricht:

Gesundheit	=	Harmonie
Krankheit	=	Dis-Harmonie
Heilung	=	Re-Harmonisierung

Dieser Begriff der Harmonie bezieht sich auf alle Ebenen des menschlichen Wesens auf seine Persönlichkeit (die körperliche, energetische, emotionale, und mentale Ebene), und auf sein Höheres Selbst. Die soziale Harmonie mit der Umwelt ist ebenfalls von großer Bedeutung. Auch die WHO definiert ja Gesundheit als somato-psycho-soziales Wohlbefinden.

Dieses Wohlbefinden ist laut BACH gegeben, wenn die Persönlichkeit den positiven Seelenmustern wie z.B. Selbstvertrauen, Gelassenheit, Zuversicht, Ausdauer, Entscheidungsfreudigkeit, Kommunikations- und Liebesfähigkeit und andere mehr Ausdruck im Denken, Fühlen und Handeln verleiht. Bei einer Blockierung dieser positiven Informationsimpulse durch seelische Traumen, Schockerlebnisse, Verunsicherung, Abwehr gegen seelisches Wachstum etc. lebt der Mensch statt dessen die negativen Gefühlsprogramme wie z.B. Unsicherheit, Unruhe, Hektik, Versagensängste, Schwäche, Zweifel, Ärger, Egoismus, Kritiksucht... Wenn das begrenzte Bewußtsein der Persönlichkeit viele seelische Themen unerlöst lebt oder ausgrenzt, so schafft es damit „Schattenbereiche", die aus ihrem „Exil" oft machtvoll über Körpersymptome ins Bewußtsein drängen. Bleiben also die negativen Stimmungsbilder durch längere Zeit bestehen, setzt die „psychosomatische Kaskade" ein:

Ein gestörtes psychisches Wohlbefinden mit Anzeichen von

- Energiemangel
- Antriebs- und Lustlosigkeit
- Überforderungsgefühlen
- geringer Belastbarkeit
- Streßreaktionen
- Reizbarkeit und Launenhaftigkeit
- Ängstlichkeit
- Pessimismus etc.

kann zu funktionellen somatischen Störungen führen, wie z.B.:

- Vegetative Dysregulation mit all ihren vielfältigen Erscheinungsbildern
- Hormonelle Dysbalancen
- Immunologische Störungen
- Schmerzzustände ohne faßbare somatische Ursache
- Störungen im rhythmischen System (Schlafstörungen, Unregelmäßigkeiten der Verdauungstätigkeit...)

und nach einer gewissen Latenzzeit organisch fixierte Erkrankungen auslösen.
Der psychosomatischen Deduktion „was kränkt- macht krank" können wir EDWARD BACH`s klare Feststellung — „Ihr leidet an Euch selbst" — hinzufügen. Blockaden seelischer Energien, Verdrängung, verzerrte Wahrnehmung oder ein überhaupt fehlender Zugang zu den eigenen Potentialen und Entwicklungsmöglichkeiten lassen ein seelisches Ungleichgewicht, eine Disharmonie entstehen. So wie BACH also die Ursache des Leidens im Menschen selbst begründet sieht, ruft er konsequenterweise auch zu einem eigenverantwortlichen „Heilt euch selbst" auf.

Der Arzt im Sinne BACHS behandelt als Begleiter und „liebevoller Freund", der als Unterstützung des Selbsterkenntnisprozesses, natürliche, reine Heilmittel (BACH nannte sie die Frohnaturen der Pflanzenwelt „happy fellows of the plant world") als Hilfe zur Selbsthilfe einsetzt. Der Ausgleich und die Umwandlung negativer Stimmungen und Einstellungen sich selbst, den Mitmenschen und dem Leben gegenüber, hilft den Kreislauf seelisches Trauma — Leiden — Befindensstörung — somatischer Befund zu durchbrechen. Wenn bereits ein körperliches Leiden eingetreten ist, so kann durch das Auflösen der seelischen Auslöser der Rückweg zur Verbesserung des Gesamtzustandes erleichtert werden.

Heil-werden bedeutet also Re-Harmonisierung, ein Integrieren fehlender Seiten, ein Transformieren = Erlösen von verzerrt, belastend, zerstörerisch, gebremst, unecht oder nur oberflächlich gelebten Seiten des eigenen Wesens. Jeder Mensch hat laut BACH die Aufgabe, nach der maximalen Entfaltung und Harmonisierung zu streben, so echt wie möglich „er selbst" zu werden und diesem „Selbst-sein" auch in seinem Leben Ausdruck zu verleihen. Somit kann auch jeder Mensch sein Leben eigenverantwortlich in die Hand nehmen und Krankheit als Chance entdecken, „Fehlendes" zu integrieren.

Diese konsequent ganzheitliche Sicht von Gesundheit, Krankheit und Heilung ist für Arzt und Patient allerdings immer nur soweit anwendbar, als das eigene Weltbild und die eigene Lebensphilosophie dies zulassen.

Abb 1: Star of Bethlehem

III. Auswahl und Anwendung der Bach-Blüten

Lege artis erfolgt bei einer Charaktertherapie die Auswahl der benötigten Bach-Blüten-Essenzen im diagnostisch-therapeutischen Gespräch. Die in diesem Erstgespräch gesetzten Impulse sind entscheidend für die Motivation zur Therapie und für den Heilerfolg unverzichtbar.
Alle anderen Auswahlverfahren (Elektroakupunktur-Testung, RAC, Kinesiologischer Muskeltest, Bioresonanz etc.) können bestenfalls ergänzend eingesetzt werden. Auch die standardisierten Zuordnungen wie z.B. die Entsprechung von Bach-Blüten und bestimmten Organen, Hautzonen, Meridianen, Zuordnungen nach einer fixen Organsprache, psychologische Entsprechungen zu Sternzeichen, sollen nur als Anregung dienen, müssen aber im Einzelfall individuell überprüft werden und sind nicht einfach unkritisch „nach Rezept" zu verordnen. Für den noch nicht sehr versierten Blüten- Therapeuten stellen aber solche „Schienen", Entsprechungsmodelle, Zuordnungen eine Einstiegshilfe dar. Als „Übergangslösung" sind sie auch durchaus in Ordnung, nur soll in diesem Fall der Weg nicht mit dem Ziel verwechselt werden.

Praktische Details zur Anwendung

1. **Zubereitung:** die aktuell benötigten Bach-Blüten-Essenzen (maximal 5-6 einzelne Bach-Blüten) werden in einen Alkohol-Wasser Gemisch einnahmefertig verdünnt

2. **Einnahmefrequenz:** der Patient nimmt täglich durchschnittlich 4x4 Tropfen der Bach-Blüten-Mischung auf die Zunge ein. Die Einnahmefrequenz kann problemlos nach individuellem Befinden erhöht oder gesenkt werden. Es gilt die Regel — je akuter um so öfter.

3. **Einnahmedauer:** für akute Zustände dauert die Einnahme Tage bis Wochen (hochakut oft auch nur Stunden), bei chronischen Zuständen und bei der Mitbehandlung körperlicher Symptome Wochen bis Monate.

4. **Therapiekontrolle:** je nach Zustandsbild durchschnittlich alle 3 Wochen, bei Bedarf öfter oder seltener;

IV. Bach-Blütentherapie in der Zahnarztpraxis

Die Indikationen für den Einsatz der Bach-Blüten sind so umfangreich, daß ihre Grenzen weniger in der Methode als im Interesse und Engagement der damit befaßten Ärzte liegen.

Stufenweise Integration der Bach-Blütentherapie in den Praxisalltag:

1. Standardanwendung für jede Zahnarztpraxis: Rescue Remedy — das Notfallheilmittel
2. Gehobener Standard: modifizierte Rescue-Mischungen, an die individuelle Situation des Pati-enten angepaßt
3. Für den anspruchsvollen, ganzheitlich denkenden Zahnarzt: Bach-Blütentherapie als individuelle psychosomatisch kausale Heilweise

Rescue Remedy - Erste Hilfe -Tropfen

Mit seinem Notfallmittel schuf Dr. Bach das einzige fixe Kombinationspräparat, das für jeden Menschen in Streß- und Krisensituationen angewendet werden kann. Rescue bewirkt eine rasche Re-Integration des psychoenergetischen Systems, emotionale Beruhigung und Entspannung, Stabilisierung bei Angst, Verkrampfung, Schreck- oder Schockerlebnissen. Auf der Körperebene fördert Rescue den Wundheilungsprozeß bei Haut- und Schleimhautverletzungen, nach Extraktionen und Operationen.
Zusammensetzung von Rescue Remedy
folgende Einzelblüten kombinierte Dr. Bach für seine Erste Hilfe - Tropfen:

Star of Bethlehem (Ornithogalum Umbellatum / Doldiger Milchstern, die Schockblüte) — löst Gefühle von Schock, Lähmung, seelischer Verletzung („starr vor Schreck")

Rock Rose (Helanthemum Nummularium / Gelbes Sonnenröschen, die Panikblüte) - löst Panik- und akute Angstzustände, auch bei vegetativer Begleitsymptomatik wie Tachykardie, Übelkeit, Bauchschmerz, Diarrhoe durch Angstreaktion, Schweißausbrüchen, Zittern

Impatiens (Glandulifera / Drüsentragendes Springkraut, die Geduldsblüte) - löst starke nervöse Spannungszustände, Hektik, Gereiztheit, evtl. auch nervöse Spannungsschmerzen im Kieferbereich.

Cherry Plum (Prunus Cerasifera / Kirsch-Pflaume, die Loslaßblüte) - löst die Angst, die Kontrolle und Selbstbeherrschung zu verlieren („auszurasten", „durchzudrehen", vor Schmerz oder Angst den Verstand zu verlieren)

Abb. 2: Clematis

Clematis (Clematis Vitalba / Weiße Waldrebe, die Tagträumerblüte) - hilft bei Kollapsneigung, drohender Ohnmacht, geistiger Abwesenheit, Konzentrationsmangel durch abschweifende Gedanken.

Die häufigsten Anwendungsgebiete für Rescue

emotionale Streß- Situationen

- Kindliche Angst vor dem Zahnarztbesuch (gilt natürlich auch für „große Kinder")
- Angst vor Injektionen, Untersuchungen oder Eingriffen
- Kollapsneigung
- Panikgefühl während der Behandlung (z.B. durch Platzangst, Atemnot bei Kopftieflage)
- hektische Unruhe, starker Spannungszustand

Körperliche Traumen

- Verletzungen jeglicher Art
- begleitend bei und nach operativen Zahneingriffen (oftmaliges Einnehmen von Notfalltropfen nach einer Extraktion (z.B. halbstündlich 4 Tropfen auf die Zunge) reduziert die postoperativen Schwellungen erheblich
- heilungsfördernd bei Aphten und Herpesbläschen.

Abb. 3: Rock Rose

Dosierung und Applikation von Rescue

Als Akutmittel wird es immer nur kurzfristig — Stunden bis maximal Tage — eingesetzt.
Wasserglas-Methode: für die akute, angstbesetzte Streßsituation in der Praxis genügt meist ein Glas Wasser mit 4 Tropfen Rescue Remedy Konzentrat in kleinen Schlucken in 5-10 Minuten getrunken.
Hierzu ein Beispiel aus dem Lehrbuch „Original Bach Blütentherapie" für den Arzt und Naturheilpraxis

Kindliche Angst vor der Zahnärztin — Patient 5 Jahre

Vorgeschichte

Der Junge kommt zu einer Routine-Untersuchung in die Praxis. Er hatte ein paar sehr defekte Zähne, die der Reihe nach behandelt wurden. Er war ein sehr verständiges, agiles Kerlchen, das bereitwillig die erste Behandlung mitmachte, obwohl sie keineswegs angenehm war. Er versteht sich sehr gut mit der Zahnärztin, ein gegenseitiges Vertrauen ist spürbar und es wird ein weiterer Termin in einer Woche verabredet.

Situation

Beim nächsten Termin bricht der Junge zur großen Bestürzung der Zahnärztin schon beim Betreten der Praxis in heftiges, nicht enden wollendes Weinen aus und er wehrt sich mit Händen und Füßen dagegen, mit seiner Mutter ins Wartezimmer zu gehen. Mit sanfter Gewalt scheint sie ihn wenigstens dort hinbringen zu können, aber das Weinen wird immer heftiger und panischer.

Verordnung

Es werden ihm in einen kleinen Becher mit Wasser ein paar Tropfen Rescue zubereitet und nach dem Grund seiner Angst gefragt „Es wird großes Verständnis für seine Angst gezeigt und der Grund für die vergangenen Schmerzen erklärt. Er bekommt einen Schluck „Blütenwasser" gegen seine Angst.

Ergebnis

Nach längerem Überlegen trinkt er die Bach-Blüten und geht dann mit der Zahnärztin in das Behandlungszimmer. Während der Zahnbehandlung ist er sehr aufmerksam, ruhig und wieder vollkommen ansprechbar. Die Behandlung kann ohne Zwischenfälle zu Ende geführt werden.

- Rescue-Tropfen-Einnahme
  vor, während und nach Zahnbehandlungen jeweils 4 Tropfen einer einnahmefertig verdünnten Rescue-Mischung in Abständen von 10 Minuten bis zu 1-2 Stunden einnehmen.

- Rescue-lokale Anwendung
  Bei Bedarf können die Notfalltropfen auch auf Haut und Schleimhaut aufgetragen werden um den lokalen Wundheilungseffekt zu unterstützen.

Für diese Applikationsform steht Rescue auch in Form der Rescue-Creme zur Verfügung.

Rescue Remedy erleichtert nicht nur dem Patienten den Arztbesuch, reduziert unangenehme Nachwirkungen, sondern macht auch ein Streß- und angstfreies Arbeiten möglich.

2. Modifizierte Rescue - Mischungen

Die Notfalltropfen gewinnen durch die Kombination mit 1-3 anderen Bach-Blüten-Essenzen eine individuelle Tönung.
Sie sind dadurch dem seelischen Reaktions- und Empfindungsmuster des Patienten angepaßt und ergänzen und präzisieren das eher allgemein-menschliche Informationsmuster von Rescue.
Einige Beispiele für modifizierte Notfallmischungen: zusätzlich zur akuten Streß-Situation ist der Patient:

- sehr ängstlich, sensibel, ein „Mimöschen", fürchtet sich vor allen Details der Behandlung.

- Rescue mit Mimulus („Tapferkeitsblüte")

- pessimistisch, skeptisch, erwartet neuerliche schlechte Erfahrungen

- Rescue mit Gentian („Vertrauensblüte")

- übermäßig kritisch, intolerant, verbissen, oft strenge Gesichtszüge, gespannte Oberlippenpartie
  Rescue mit Beech („Toleranzblüte")

- selbstbezogen, Zuwendung fordernd, den Behandler und sein Team ganz für sich alleine beanspruchend, extremes Mitteilungsbedürfnis

Rescue mit Heather („Selbstbezogenheitsblüte")
Da jeder Mensch alle 38 typischen Verhaltens- und Stimmungsmuster in sich trägt, kann in einer Krisensituation auch jede einzelne dieser Charakterseiten aktiviert werden und als Negativzustand in den Vorderrund treten. Deswegen kann auch jede einzelne Blütenessenz mit Rescue individuell kombiniert werden.

3. Bach-Blütentherapie als psychosomatisch kausale Charaktertherapie

Die Krankheitsbilder von Zähnen, Zahnfleisch und umgebenden Geweben können als sinnhafte Botschaften verstanden werden, die auf der Körperebene Informationen über seelische, charakterliche Themen enthalten. Diese zu Grunde liegenden seelischen Fehlhaltungen — das was dem Menschen im Bewußtsein fehlt, er also entweder nicht lebt oder in verzerrter

Form lebt" —gilt es zu erkennen. Bewußtsein für dieses Fehlende bringt die Chance, es hereinzunehmen, nicht gelebte Fähigkeiten zu aktivieren und integrieren, Verzerrtes zu verwandeln und auf individuell gesunde Weise auszuleben und auszudrücken. BACH spricht hier vom „blockierten Zustand" und von „seelischen Potentialen" oder Tugenden. Im Rahmen eines solchen ganzheitlichen Erkenntnis- und Heilwerdungsprozesses haben die Bach-Blüten-Essenzen die Aufgabe, Brükken zu diesen inneren Potentialen zu schlagen, den Weg zu begleiten und zu erleichtern.

Sie können als Präzisionswerkzeuge für die Arbeit mit den eigenen seelischen Mustern verstanden werden. Durch ihre reinen hochfrequenten Schwingungen heben sie das psychoenergetische Niveau des Menschen an und geben Impulse für die seelische Re-Harmonisierung.

Natürlich können nicht alle intensiven psychischen Störungen mit Bach-Blüten alleine gelöst werden. Eine umfangreiche Psychotherapie wird immer wieder notwendig sein, kann aber ebenfalls sinnhaft durch Einnahme der entsprechenden Bach-Blüten unterstützt werden.

3.1 Beispiele für Zusammenhänge somatischer Symptome im Zahn- und Kieferbereich mit negativen seelischen Mustern

Die Hauptsymbolik der Zähne liegt im Bereich des Themas Aggression. Die Zähne können als Waffen, als „DurchbeißWerkzeuge" verstanden werden, und Mängel im Ausdruck dieser vitalen marsischen Energie schlagen sich in entsprechenden Symptomen nieder.

Verzerrt, belastend gelebte Aggression

heftige Wut, aufgestauter Zorn, der lange unterdrückt, schließlich doch losbricht, (Cherry Plum), oder Groll, Haß, Rachegefühle (Holly). Je weniger diese intensiven Gefühle ausgedrückt werden dürfen, je mehr sie zwanghaft niedergehalten werden, um so eher sinkt das Aggressionsthema in den Körper und kann zu Symptomen wie nächtlichem Zähneknirschen, akuten, (heftig schmerzenden) Entzündungen an Zähnen und Zahnfleisch, chronischen, rezidivierenden Entzündungen, (schwelende Eiterherde) Spannungsschmerzen im Kiefergelenk etc. führen.

Re-Harmonisierungsimpulse können zum Beispiel von folgenden Bach-Blüten kommen:

Cherry Plum — die Loslaßblüte

Der Patient gewinnt:

Befreiung vom inneren Druck, Entspannung, Gelassenheit, er verliert die Angst vor dem spontanen Selbstausdruck

Abb. 4: Holly (Ilex Aquifolum / Stechpalme, die Herzöffnungsblüte)

Der Patient gewinnt:

einen positiveren Zugang zum Aggressionsthema; durch den Abbau verletzter Gefühle kann er sich vielleicht die schönste Einlösungsebene der Marsenergie, nämlich aktiv, initiativ gelebte partnerschaftliche Liebe erschließen.

Schwach bis nicht gelebte Aggression

aus Angst vor Konfrontation eine Scheinharmonie aufrecht erhalten, um des lieben Friedenswillen den Mund halten; tarnen und täuschen, „faule Kompromisse" schließen (Agrimony)
Unfähigkeit sich durchzubeißen, Nein zu sagen, sich deutlich abzugrenzen, der Schwächste in der Hackordnung *(„den letzten beißen die Hunde")* (Centaury)
Resignation, Rückzug, Verlust an Motivation und Hoffnung (Gorse)
Passivität, Verlust an Vitalität und Lebensfreude (Wild Rose)
Mögliche Symptome:

- Parodontose
- Zahnfleischbluten
- Karies
- Zahnausfall

Re-Harmonisierungsimpulse können zum Beispiel von folgenden Bach-Blüten kommen:

Agrimony (Agrimonia Eupatoria, / Odermenning, die Konfrontationsblüte)

Der Patient gewinnt:

Konfrontationsfähigkeit und Ehrlichkeit
Centaury (Centaurium, / Umbellatum, Tausendguldenkraut, die Willensblüte)

Der Patient gewinnt:

„Biß", Durchsetzung, Abgrenzungsfähigkeit, Selbstbehauptung,
Gorse (Ulex Europaeus, / Stechginster, die Hoffnungsblüte)

Der Patient gewinnt:

neuen Lebensmut , Hoffnung in schwierigen Lebenslagen
Wild Rose (Rosa Canina, / Heckenrose, auch Zaunrose, Weinrose, Apfelrose, Blüte der Lebenslust)

Der Patient gewinnt:

Frische und Lebensfreude, das Leben „schmeckt ihm wieder".
Streß-Symptome können sich sehr deutlich auch an Zähnen, Kiefer und Zahnfleisch, vor allem im Form von Schmerz- und Spannungszuständen manifestieren.
Je nach Persönlichkeitstyp treten verschiedene Grundmuster auf:

Zu viel Spannung:

bei den aus Begeisterung ständig überengagiert Verspannten (Vervain) bei den krampfhaft Disziplinierten, die ihr Programm mit aller Härte und Anspannung durchziehen (Rock Water)
bei denen, die sich nicht Luft machen können und ihre ganze Spannung innerlich aufstauen (Cherry Plum)

Abb. 5: Cherry Plum

Zuwenig Spannkraft, Selbstvertrauen, Sicherheit:

bei denen, die sich nicht durchsetzen können und permanent durch Überforderung in Streß geraten (Centaury)
bei denen, die vorübergehend durch Überlastungsstreß ihre Selbstsicherheit verlieren und verzagen (Elm)
bei denen, denen durch Routineüberforderung der Biß fehlt, die ohne Spannkraft, mental ermüdet sind (Hornbeam)
bei denen, die aus großer Sensibilität, Ängstlichkeit, Unsicherheit schon durch Alltagskleinigkeiten erschreckt und in furchtsame Spannung versetzt werden können (Mimulus)
Die hier angeführten Beispiele stellen nur einige mögliche Aspekte dar.
Jede original nach Dr. Bach durchgeführte Therapie muß immer vom individuellen Seelenzustand des Patienten ausgehen und nicht „schablonenartig" unreflektiert Symptome und Blüten fix zuordnen.
Für das Deuten der hinter Zahnschäden stehenden seelischen Defekte ist eine intensivere Beschäftigung mit analogem Denken, Symbolsprache des Körpers und urtypischen seelischen Mustern notwendig. Anregungen dazu finden sich andererorts in diesem Buch und in der Literaturempfehlung im Anhang.

3.2. Psychische Bewältigung von Zahnkorrekturen bzw. Veränderungen im Zahn- und Kieferbereich:

Gerade in den Übergangsphasen des menschlichen Lebens — vom Kind zum Jugendlichen, vom Erwachsenen zum alten Menschen — treten die Zähne oft in den Blickpunkt und können zu erheblichen psychosozialen Belastungen werden.
Beispiele für mögliche negative Seelenzustände und die entsprechenden harmonisierenden Bach-Blüten:

3.2.1 Zahnregulierung („Stichwort Zahnspange")

- Minderwertigkeitsgefühle, soziale Akzeptanzschwierigkeiten (wird z.B. von anderen Kindern verspottet)

welche Bach-Blüte hilft:

Larch: (Larix Decidua, / Lärche, die Selbstvertrauensblüte)

Der Patient gewinnt:

Selbstvertrauen, gesunde Selbstsicherheit

- Gefühle des machtlos Ausgeliefertseins, Sich-nicht- wehren-könnens, wenn gegen den eigenen Willen (zum Beispiel „auf Befehl“ der Eltern) eine Korrektur durchgeführt wird, oder das „Warum Ich - Gefühl“, wenn zum Beispiel die Geschwister keine Zahnspange tragen müssen

Welche Bach-Blüte hilft:

Willow: (Salix Vitellina, / Gelbe Weide, die Schicksalsblüte)

Der Patient gewinnt:

Aussöhnung mit seinen Lebensumständen und Annehmen der Situation, vom Opfer zum eigenverantwortlichen, autonomen Patienten zu werden.

- Belastung durch die lange Dauer der Regulierung, Verlust an Motivation; versucht „verbissen durchzuhalten“

Welche Bach-Blüte hilft:

Oak: (Quercus Robur, / Eiche, die Durchhalteblüte)

Der Patient gewinnt:

mit guter Stimmung und Energie die Dauer der Therapie überstehen.

3.2.2 Belastungen bei nicht korrigierten oder korrigierbaren Zahnfehlstellungen, Mängeln des Zahnmaterials oder Totalprothesen.

- Verunsicherung, Minderwertigkeitsgefühle, Hemmungen beim freien Sprechen und Lachen, soziale Einschränkungen („kuß-scheu“)

Welche Bach-Blüte hilft:

Larch: (Larix Decidua / Lärche, die Selbstvertrauensblüte)

Der Patient gewinnt:

Selbstvertrauen, gesunde Selbstsicherheit

- Wehmütiges Zurückschauen auf die guten alten Zeiten, in denen er noch „kraftvoll zubeißen“ konnte

Welche Bach-Blüte hilft:

Honeysuckle: (Lonicera Caprifolium, / Geißblatt, Je länger, je lieber, die Vergangenheitsblüte)

Der Patient gewinnt:

das Vergangene loslassen, sich mit der Gegenwart aussöhnen und ihre Qualität (z.B. die Qualität des „Lebens-Herbstes“) erkennen.

- Generelle Schwäche und Kraftlosigkeit, der Patient hat „keinen Biß mehr“, fühlt sich „Zahn-los“

Welche Bach-Blüte hilft:

Olive (Olea Europaea, / Olive, die Durchhalteblüte)

Der Patient gewinnt:

Regenerationsfähigkeit, Vitalität, Kräftigung

- Resignation, Hoffnungslosigkeit, sich selbst aufgeben und keine Verbesserung mehr erwarten

Welche Bach-Blüte hilft:

Gorse (Ulex Europaeus, / Stechginster, die Hoffnungsblüte)

Der Patient gewinnt:

neue Perspektiven, Hoffnung, verbesserte Lebensqualität durch eine Einstellungsänderung zu äußerlich oft nicht veränderbaren Situationen

3.2.3 Putzzwang, Ekelgefühle vor Prothesen

- Übersteigertes Reinigungsbedürfnis, extremes Putzverhalten, eventuell Entwicklung von Putzschäden; soziale Belastung (stündlich Zähne putzen...); auch starke Ekelgefühle vor Prothesen, große Angst vor Keimen, pedantische Züge

Welche Bach-Blüte hilft:

Crab Apple, (Malus Pumila, / Holzapfel, die Reinigungsblüte)

Der Patient gewinnt:

eine natürlichere Haltung zum Thema Sauberkeit, besseres Verständnis für die eigene Körperlichkeit, Lösen von zwanghaft-pedantischen Verhaltensweisen

- Negative Erwartungshaltung vor Operationen oder anderen Eingriffen; skeptisch-pessimistische Grundstimmung, Entmutigung, Zweifel

Welche Bach-Blüte hilft:

Gentian (Gentiana Amarella, / Herbstenzian, die Skeptikerblüte)

Der Patient gewinnt:

Zuversicht, eine positivere Erwartungshaltung Vertrauen

V. „Hilfe für die Helfer"

Ein sehr bedeutendes Einsatzgebiet für die Bach-Blütentherapie sind die oft unter schwierigsten Bedingungen in der Arztpraxis tätigen Personen. Sowohl Ärzte, als auch Arzthelferinnen und anderes medizinisches Personal leiden häufig unter anhaltendem Streß, psychosozialen Spannungen, Erschöpfungs- zuständen, Reizbarkeit, Versagensängsten, Überforderung. Manche landen bei chronischer Belastung in einem Burn-out-Zustand.
Durch gezielte Anwendung der Bach-Blüten können „akute Krisensituationen" entschärft und langfristig belastendes Fehlverhalten bewußt gemacht und sinnvoll bearbeitet werden.

1. Spannungszustände

- Sie reagieren gereizt, unruhig, hektisch, alles geht Ihnen zu langsam, sie werden rasch ungeduldig und unduldsam.

Welche Bach-Blüte hilft:

Impatiens, (Impatiens Glandulifera, / Drüsentragendes Springkraut, die Geduldsblüte)

Potential:

Gelassenheit, Geduld, Verständnis für andere

- Sie sind überengagiert und streben nach 120%igen Lösungen, ein überspannter Idealist, der Raubbau mit seinen Kräften treibt

Welche Bach-Blüte hilft:

Vervain, (Verbena Officinalis, / Eisenkraut, die Begeisterungsblüte)

Potential:

gesünderes Gleichgewicht zwischen Anspannung, Engagement und Entspannung

2. Erschöpfungszustände

- Sie fühlen sich der augenblicklichen Situation nicht mehr gewachsen, es kommt plötzlich zuviel zusammen, sie verzagen und sind entmutigt.

Welche Bach-Blüte hilft:

Elm, (Ulmus Procera, / Ulme, die Verantwortungsblüte)

Potential:

Gewißheit auch diese Situation zu bewältigen, Verantwortungsbewußtsein

- Sie fühlen sich „müde im Kopf", durch Routine mental überfordert, ohne Spannkraft, brauchen Kaffee, Tee oder andere Stimulantien um den Tag durchzustehen.

Welche Bach-Blüte hilft:

Hornbeam, (Carpinus Betulus, / Weißbuche oder Hainbuche, die Müdigkeitsblüte)

Potential:

geistige Frische, mentale Spannungskraft

- Sie sind erschöpft und überarbeitet, dürfen sich aber keine Pause gönnen, sie müssen eisern „weiterkämpfen", obwohl sie nicht mehr die Begeisterung, sondern nur noch ihr Pflichtgefühl weiter treibt.

Welche Bach-Blüte hilft:

Oak, (Quercus Robur, / Eiche, die Durchhalteblüte)

Potential:

Ausdauer, souveränes Meistern der Situation

- Sie sind energetisch völlig am Ende, körperlich-seelisch-geistig total erschöpft (oft nach chronischer Überbelastung)

Welche Bach-Blüte hilft:

(Olive, Olea Europaea, / Olive, die Erschöpfungsblüte)

Potential:

Regeneration, Vitalität

3. Probleme, den richtigen therapeutischen Abstand zu finden.

- Sie haben zu wenig Abstand zum Patienten, leiden total mit ihm mit und verlieren sehr viel Energie an den Patienten.

Welche Bach-Blüte hilft:

Centaury, (Centaurium Umbellatum, / Tausendguldenkraut, die Willensblüte)

Potential:

Abgrenzungsfähigkeit, Nein-Sagen-Lernen, Mitfühlen statt Mitleiden

- Sie können ihre Patienten nicht loslassen, sorgen sich noch abends in Privatleben um sie, sind im Gedanken bei ihnen und identifizieren sich stark mit ihren Problemen

Welche Bach-Blüte hilft:

Red Chestnut,(Aesculus Carnea, / Rote Kastanie, die Symbioseblüte)

Potential:

den Patienten ihre Eigenverantwortlichkeit geben können, sie mit guten Gedanken aus der Praxis hinausziehen lassen

- Sie haben zuviel Distanz, können sich nicht mehr einfühlen, der Patient ist weit weg Isolations- oder Überlegenheitsgefühle und unnahbar stolze Haltungen treten auf

Welche Bach-Blüte hilft:

(Water Violet, Hottonia Palustris, / Sumpfwasserfeder, die Isolationsblüte)

Potential:

Kommunikationsfähigkeit, Brücken zu anderen Menschen bauen können, der therapeutische ideale Abstand

- Sie sind so sehr mit sich selbst beschäftigt, daß sie kein Ohr für die Probleme des anderen Menschen haben, sie können in diesem Zustand nichts geben, im Gegenteil, Sie fühlen sich selbst „bedürftig" und würden Zuspruch, Lob, Widmung brauchen.

Welche Bach-Blüte hilft:

Heather, (Calluna Vulgaris, / Schottisches Heidekraut, die Selbstbezogenheitsblüte)

Potential:

„vom Ich zum Wir", von egoistischer Selbstzentriertheit zum Miteinander

4. Unsicherheit, Entscheidungsschwierigkeiten

- Sie vertrauen Ihrer eigenen Diagnose und Therapie nicht, sind leicht verunsicherbar, fragen ständig um Rat, haben keine eigene Linie

Welche Bach-Blüte hilft:

Cerato,(Ceratostigma Willmottiana, / Bleiwurz oder Hornkraut, die Intuitionsblüte)

Potential:

mehr Zutrauen zu sich selbst, die innere Gewißheit, das Richtige zu tun, intuitiv richtiges Entscheiden.

- Sie schwanken zwischen zwei Möglichkeiten und können sich nicht entscheiden. Sie pendeln zwischen zwei Varianten hin und her, auch Ihre Stimmung und Ihr Befinden sind sehr wechselhaft und schnell umschlagenden starken Schwankungen unterworfen.

Welche Bach-Blüte hilft:

Scleranthus, (Scleranthus Annuus, / Einjähriger Knäuel, die Gleichgewichtsblüte)

Potential:

Entscheidungskraft, Stabilität, klare Ansichten und Handlungen

- Sie sind zerstreut, können sich nicht festlegen, haben zuviel Verschiedenes im Kopf, um sich auf eine Sache konzentrieren zu können.

Welche Bach-Blüte hilft:

Wild Oat,(Bromus Ramosus, / Waldtrespe, die Vielseitigkeitsblüte)

Potential:

Zielgerichtetes Denken und Handeln, Fähigkeit bewußt mehrere Dinge gleichzeitig zu tun

Das Erarbeiten individueller Charakter- und Krisenmischungen verbessert sowohl die persönliche Zufriedenheit, Ausgeglichenheit und Konfliktbewältigungsfähigkeit der einzelnen Mitarbeiter, als auch das generelle Arbeitsklima. Darüber hinaus stellt die Einnahme von Bach-Blüten eine essentielle Selbsterfahrung für jeden Therapeuten dar.

VI. Fachspezifische Ausbildung:

Das Institut für Bach-Blütentherapie Forschung und Lehre organisiert in Österreich, der BRD und der Schweiz Seminare zur „Original Bach Blütentherapie" für Therapeuten.
Weiterführende Informationen: bei den drei Sitzen des Institutes für Bach-Blütentherapie Hamburg / Wien / Zürich oder Frau DR. PATRICIA WINKLER-PAYER, Klagenfurt

VII. Literaturempfehlungen

Edward Bach: „Die nachgelassenen Original Schriften", **Judy Howard** und **John Ramsell**, — Hugendubel Verlag, 1990, Blumen die durch Seele heilen, Irisiana Verlag, 1987, — Die gesamte Reihe der Veröffentlichungen von Frau **MECHTHILD SCHEFFER**

für Therapeuten besonders geeignet:

„Lehrbuch der Original Bach-Blütentherapie für Arzt und Naturheilpraxis", Jungjohann Verlag, 1990

„Das neue Bach-Blütenbuch", **Dr. Götz Blome**, — Bauer Verlag, 1992

„Verdauungsprobleme Be-Deutung und Chance von Magen-Darmproblemen", **Dr. Rüdiger Dahlke**, — Knaur-Taschenbuch München, 1990

„Krankheit als Sprache der Seele Be-Deutung und Chance von Krankheitsbildern", **Dr. Rüdiger Dahlke**, — Bertelsmann Verlag München, 1992

Wenn Sie sich die Sichtweise aneignen, daß nichts existiert, das nicht ein Teil von Ihnen ist, daß niemand existiert, der nicht ein Teil von Ihnen ist, daß jegliches Urteil ein Selbst-Urteil ist, daß jegliche Kritik, die Sie üben, Selbst-Kritik ist, dann werden Sie klugerweise sich selbst eine bedingungslose Liebe schenken, die das Licht Ihrer Welt sein Wird.

Harry Palmer

If you want to observe the mind,
it is necessary to get distance,
because you are not the mind.
You will realize, that only the SELF remains.

Ramana Maharshi

APPLIED KINESIOLOGY

- **Angewandte Kinesiologie in der Zahnmedizin** W. GERZ (D)

APPLIED KINESIOLOGY (AK) UND DIE BEDEUTUNG FÜR DIE ZAHNÄRZTLICHE PRAXIS

Wolfgang Gerz
Arzt, Diplomat Icak

I Geschichte, Entwicklung und Ausbildung

a. Der Ursprung der AK
Applied Kinesiology (AK) wurde als ein System zur Diagnose von Körper(fehl)funktionen ab 1964 von dem amerikanischen Chiropraktiker George Goodheart junior eingeführt und seither weiterentwickelt.
Die AK-Untersuchung erfolgt durch Testung einzelner Muskeln des Patienten in einer definierten Testposition vor und nach einem gezielten Probereiz (›Challenge‹, siehe A, VI).
Es ist wichtig zu wissen, daß Goodheart damals in den Mit-Vierzigern war und über 20 Jahre Praxiserfahrung als Chiropraktiker besaß. Sein wichtigster Lehrer war wohl sein Vater; ebenfalls ein berühmter Chiropraktiker, der aber auch Osteopath war (D.O.) und nicht nur ›einrenkte‹, sondern auch mit Diätetik, Phytotherapie, Homöopathie, ausleitenden und psychosomatischen Verfahren arbeitete, also breit naturheilkundlich.

Aus diesem Hintergrund entstammt Goodheart´s Empfehlung für die ganzheitliche Betrachtung jedes gesundheitlichen Problems, die Sichtweise der ›Triad of Health‹: jede Erkrankung hat eine mehr oder weniger große Komponente aus dem chemischen, strukturellen oder mechanischen Bereich – und bietet demzufolge auch therapeutisch von allen drei Seiten her sinnvolle Ansatzpunkte.

Goodheart beschrieb ursprünglich 5 körperliche Systeme, die mit diesen Störungen zu tun haben können:

1. Das Nervensystem
2. Das lymhatische System
3. Das vaskuläre System
4. Das craniosacrale System als Regulator und Produktionsstätte des Liquors
5. Das Meridiansystem (Akupunkturmeridiane)

Er nannte diese fünf Systeme ›Five Factors of the Intervertebral Foramen (IVF)‹ = Fünf Faktoren des Intervertebralforamens.

Anmerkung: Diese Sichtweise basiert auf der ur-

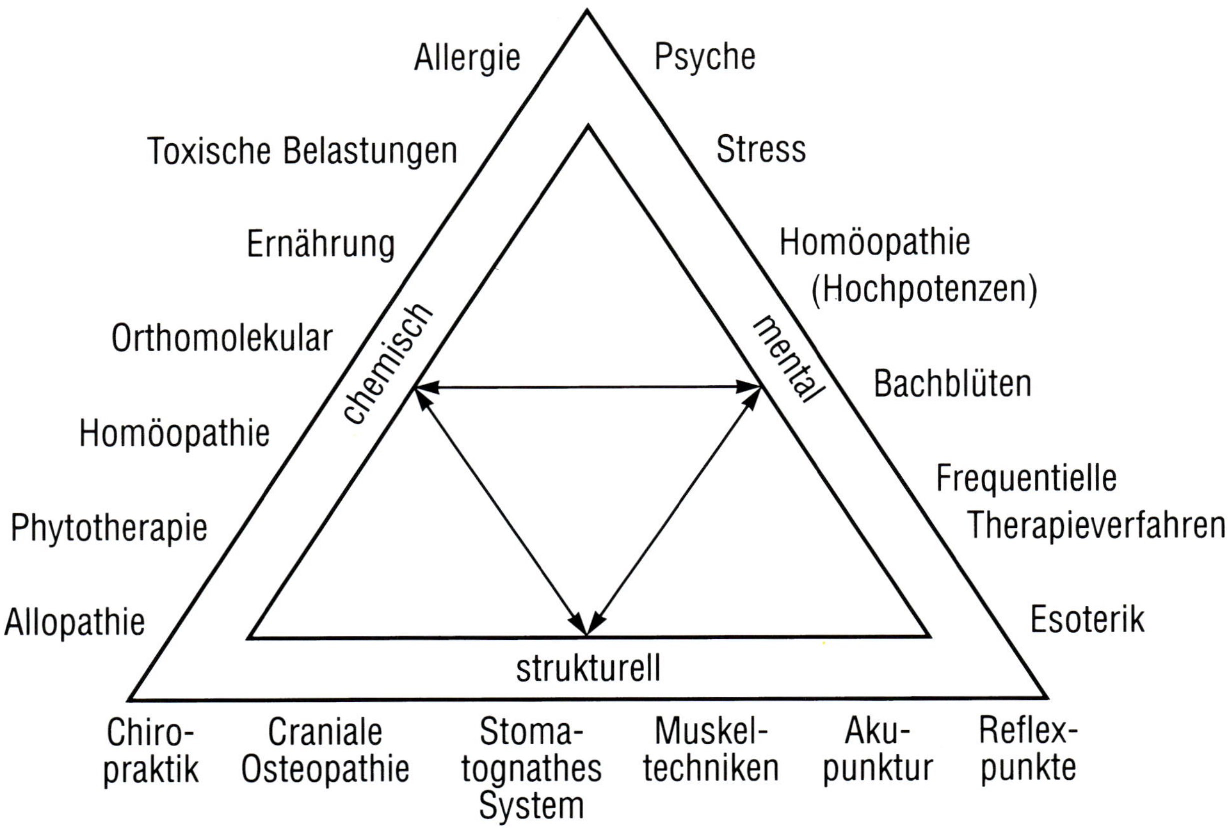

Abb. 1 Triad of Health – Das Dreieck der Gesundheit und die Zuordnung einzelner Fachgebiete und Therapierichtungen

sprünglichen Sichtweise der Chiropraktik, derzufolge alle gesundheitlichen Störungen von der Wirbelsäule ausgehen. Natürlich sind aber psychisch-emotional-geistige Faktoren ebenso beteiligt wie das System der Grundregulation nach Pischinger. Dieses System aus Bindegewebsstrukturen und zellen, der Gewebsflüssigkeit und bestimmten Zellen des Lymphsystems stellt sozusagen das Hauptzielmilieu der meisten Naturheilverfahren dar!

Die einzigartige Beobachtung Goodhearts bestand darin, zu erkennen, daß sich die Muskelstärke im AK-Test durch verschiedenartigste Reize in Sekundenschnelle ändert, und zwar sowohl von schwach nach stark als auch von stark nach schwach.

Sein ›erster AK-Patient‹ war ein Mann, der seinen rechten Arm nicht mehr hochhalten konnte, wobei nach schulmedizinischen Kriterien neurologisch und orthopädisch kein Befund zu erheben war.

Goodheart untersuchte gemäß dem damals aktuellen Lehrbuch von Kendall & Kendall die Schulter- und Armmuskulatur des Patienten und fand eine extreme Schwäche des M. Serratus anterior bei Scapula alata rechts. Da die Scapula primär durch den Serratus anterior am Thorax fixiert wird, entsprach der visuelle Befund dem nach Kendall & Kendall erhobenen Testbefund. Bei Palpation des Muskels fand Goodheart einige Knoten an den Übergängen Muskel/ Sehne/Periost.

Die einzige ihm damals bekannte Therapieart war eine harte Massage dieser Punkte, entsprechend etwa einer Deep Friction nach Cyriax. Er behandelte deshalb alle palpatorisch auffälligen Punkte entsprechend; die Technik heißt seither Origin/Insertion- oder Ursprung/Ansatz-Technik.

Zur Überraschung von Goodheart und zur Freude des Patienten ergab sich unmittelbar nach der Massage ein völlig anderer Befund: Ein starker Serratus anterior und keine Scapula alata mehr!

Die Genialität von Goodheart lag darin, daß er etwas beobachtete, was auch andere vor ihm schon gesehen haben müssen, aber vollkommen andere Schlußfolgerungen daraus zog:

- Wenn die Korrektur muskulärer Irritationspunkte sofort zu einer Stärkeänderung des Muskels führt, müssen eventuell auch noch andere Faktoren mit der Muskelstärke assoziiert sein.
- Wenn die Behandlung eines irritierenden Faktors in einem Serratus anterior sofort eine Scapula alata korrigiert, dann müßte eigentlich bei allen strukturell-knöchernen Fehlstellungen durch Behandlung der zwingend ebenfalls vorhandenen muskulären Dysbalancen ein eleganter Therapieansatz bestehen.

Goodheart untersuchte von diesem Zeitpunkt an bei allen seinen Patienten die verschiedensten Muskeln vor und nach der Behandlung.

Obwohl es anfangs große Probleme mit der Reproduzierbarkeit des Muskeltests gab, viele heute bekannte Störfaktoren nicht erkannt wurden und im Vergleich zu heute sehr wenige therapeutische Techniken zur Verfügung standen, schälte sich doch im Laufe der Zeit heraus, daß es tatsächlich relativ gut reproduzierbare Zuordnungen zwischen einzelnen Muskeln, Organen, Wirbelsäulenbereichen, Subluxationen, Fixationen, Meridianen usw. gab.

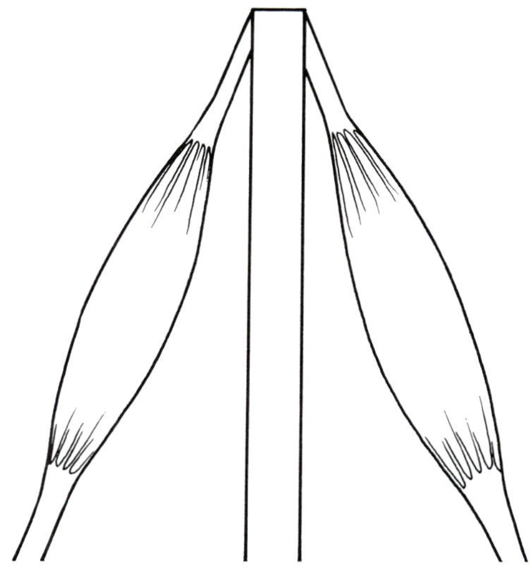

Abb. 2 Wenn die Muskulatur in Balance ist, so ist auch die Struktur im Gleichgewicht.

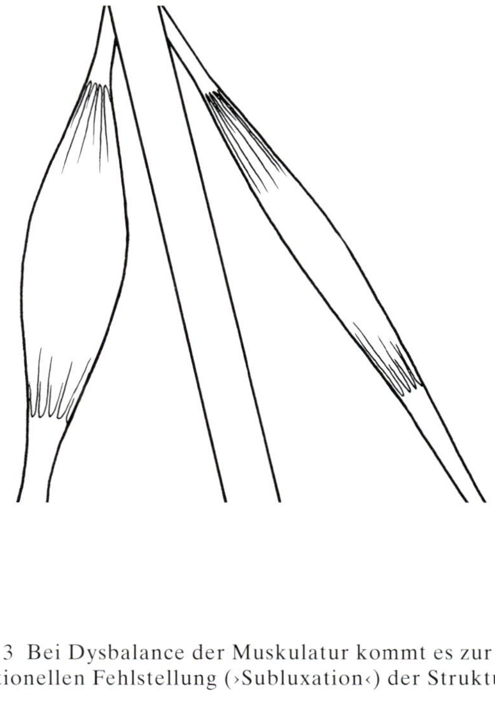

Abb. 3 Bei Dysbalance der Muskulatur kommt es zur funktionellen Fehlstellung (›Subluxation‹) der Struktur.

Gemäß dem beruflichen Hintergrund von Goodheart standen in den ersten Jahren strukturelle Probleme im Vordergrund. Er fand durch die AK schnell ein weiteres, äußerst wichtiges und bis dahin noch nicht beschriebenes Prinzip:

Die meisten der oft sehr schmerzhaften Verkrampfungszustände von Muskeln sind nicht primär, sondern entstehen sekundär als Folge der Schwäche des oder der Antagonisten des verkrampften Muskels.

Oberstes Ziel muß es deshalb sein, daß Agonisten und Antagonisten in ausgeglichenem Tonus sind; nur dann kann letztlich die Struktur (Wirbel, Becken, Knochen) in Balance sein.
»When Muscles and Bones fight, Bones never win!– Wenn Muskeln und Knochen gegeneinander kämpfen, gewinnen nie die Knochen!« (Goodheart)

Diese Regel befolgte Goodheart immer konsequenter, und logischerweise wurden seine Behandlungserfolge mit dieser neuen Methode vor allem auch bei chronischen und bisher therapieresistenten Patienten immer besser.
Obwohl der Berufsstand der Chiropraktiker in USA (D.C. = Doctor of Chiropractic) gemäß einer völlig anderen Grundprämisse ausgebildet ist – ›Die Wirbelsäule und ihre Störungen sind primär!‹ – begannen sich im Lauf der Jahre weitere Kollegen für diese Methode zu interessieren; Goodheart verbrachte jedes Jahr viele Wochenenden damit, in kleinen Gruppen über ganz USA verteilt Kollegen in der neuen Methode auszubilden. Gleichzeitig und bis zum heutigen Tag forschte er jedoch weiter und konnte so immer neue Bereiche in die AK integrieren. Seine wichtigsten Entdeckungen zeigt nachstehende Tabelle:

Wichtige Stationen in der AK-Entwicklung:

- 1964 Erstes Buch über den Muskeltest
- 1966 Neurolymphatische Reflexe
- 1967 Neurovaskuläre Reflexe
- 1968 Science Magazine: Nutrition
- 1969 Basic Cranial Motion
- 1970 Basic Acupunctur Relationships
- 1974 Therapielokalisation
- 1976 Temporomandibular Joint Corrections
- 1980 Occipital/Sacral (PRY) Balances
- 1982 Strain Counterstrain
- 1988 Spondylogenic reflexes

1974 gründete Goodheart zusammen mit anderen Chiropraktikern das International College of Applied Kinesiology (ICAK).

b. ICAK und Touch for Health (TFH)

An dieser Stelle sei kurz auf das Verhältnis der AK nach Goodheart zu den übrigen Muskeltestarten und ›Kinesiologie-Variationen‹ eingegangen.
Zu Beginn der 70 er Jahre begründete John F. Thie, D.C., – als erster Präsident des ICAK und ursprünglich zusammen mit Goodheart und anderen ›AK-lern der ersten Stunde‹ die Touch for Health-Bewegung (TFH). Diese war als Möglichkeit gedacht, der breiten Öffentlichkeit und insbesondere den Patienten die AK näherzubringen.
Dementsprechend war und ist auch der Ausbildungsplan von TFH strukturiert: Er enthält neben den Muskeltests die einfachen Reflexpunktmethoden der neurolymphatischen, neurovasculären und Meridianpunkte sowie als einzige Muskeltechnik die Origin/Insertion (Ursprung/Ansatz)-Technik. Durch Behandlung dieser Punkte kann sicher auch bei völlig falscher Anwendung kein Schaden angerichtet werden.
Festzuhalten ist, daß Thie selbst keine dieser Therapiemethoden in Verbindung mit dem Muskeltest entwickelt hat, sondern eben einen Teil der damals von Goodheart in die AK integrierten Methoden zur Anwendung für Laien zusammengestellt hat.
Aufgrund des äußerst erfolgreichen Organisationskonzeptes von TFH, bei dem aus Laien relativ schnell durch einige Seminarbesuche und abschließend dann sogenannte Instruktor-Lehrgänge wiederum Lehrer werden, entwickelte sich TFH wesentlich schneller als ICAK, welches relativ strenge Anforderungen hat.

Eine gewisse Tragik liegt darin, daß vor allem in europäischen Ländern TFH so erfolgreich war, daß heute viele Ärzte, Zahnärzte, Heilpraktiker, Krankengymnasten und Physiotherapeuten der Meinung sind, TFH wäre die für sie optimale Ausbildung in ›Kinesiologie‹. Dies wurde noch gefördert dadurch, daß sich viele TFH-Institute bildeten, die sich nach kurzer Zeit nicht mehr als solche bezeichneten, sondern sich als ›Institute für angewandte Kinesiologie‹ in der jeweiligen Landessprache bezeichneten. Da Goodheart niemals ein Patent oder ähnlichen Rechtsanspruch auf den Namen ›Applied Kinesiology‹ eintragen ließ, besteht von seiten des ICAK keine Möglichkeit, gegen diese sozusagen unter falscher Flagge segelnden Institute oder Gesellschaften vorzugehen.

Schade ist es allemal, wenn seriöse Therapeuten, die wirklich an der Methode AK interessiert sind, das Angebot des ICAK zur Mit- und Zusammenarbeit nicht nutzen, sondern sich in einer Vielzahl von anderen Organisationen ausbilden lassen und betätigen.
Es blieb nämlich nicht bei TFH alleine; vielmehr gibt es heute weltweit alle möglichen Abwandlungen der AK unter Bezeichnungen wie ›Behavorial Kinesiology‹ (Diamond), ›Christian Kinesiology‹, ›Clinical Kinesiology‹ = CK (Beardall und Nachfolger), ›Edukinestetik‹, ›Physioenergetik‹ (R. von Asche), ›Neurokinesiologie‹ u.v.a.m.
Ein gemeinsames Kennzeichen all dieser Variationen – mit Ausnahme von CK – ist, daß die jeweiligen Begründer keinerlei Ausbildungsberechtigung oder -nachweis durch ICAK haben.
Lakonischer Kommentar von Goodheart (Originalzitat): **»There are many ways to test muscles«.**

C. Der physiologische AK-Test

Der ernsthafte Neuinteressent, aber auch der skeptische Fortgeschrittene haben leider keinerlei Anhaltspunkt, wie sie den Muskel nun wirklich testen sollen.

Meiner Meinung nach ist diese Situation unerträglich und ich habe jahrelang versucht, Goodheart dazu zu bringen, daß er eine Definition des Muskeltests autorisiert.
Dies gelang mir anläßlich des ICAK Summer Meetings in Philadelphia 1991.
Wir diskutierten das Thema des Muskeltests, und er bat mich dann, selbst eine Beschreibung und Definition des Muskeltests am Beispiel des Deltoideus zu erstellen.
Mit Hilfe meines wichtigsten AK-Lehrers, David Leaf, D.C., wurde folgende Beschreibung eines Muskeltests des Deltoideus erstellt und dann von Goodheart durch seine Unterschrift autorisiert:

Dr. George Goodheart, D.C., the founder of Applied Kinesiology, defines the art of muscle testing as follows, using the deltoid muscle as an example:
›I ask the patient to bring the arm into a position of 90° abduction with 90° flexion in the elbow. I then make sure that the patient understands the testing procedure, which consists of the patient pushing into a direction of further abduction as hard as he can against my own pressure. This pressure is applied with a broad soft contact of my hand resting over the distal humerus and the proximal forearm in a caudalward direction.
The whole muscle test is isometric; I feel how the patient builds up his maximum force and then add a little more pressure of 3–5% for 1.5–2.5 seconds.
›Strength‹ is defined as the patient's ability to resist the little extra pressure; ›weakness‹ is defined as the inability to resist that extra pressure.
So, in essence, it is a patient started test that does not evaluate absolute muscle strength in pounds or kp's, but the patient's ability to perform a maximum isometric contraction plus resist my little extra pressure.
Unless for specific questions like aerobic/anaerobic problems the test shouldn't last longer than 2–3 seconds.‹

›Ich bitte den Patienten, den Arm in eine Position von 90° Abduktion mit 90° Beugung im Ellenbogen zu bringen. Dann erkläre ich dem Patienten in möglichst einfachen Worten den Testvorgang, der daraus besteht, daß der Patient gegen meinen Druck – so fest er kann – noch weiter in Richtung Abduktion drückt. Mein Druck gegen den Ellenbogen des Patienten erfolgt mit einem breiten, weichen Kontakt über dem distalen Humerus und dem proximalen Unterarm.
Der gesamte Muskeltest ist isometrisch; ich fühle, wie der Patient seine maximale Kraft entwickelt und drücke mit genau gleicher Kraft dagegen. Hat der Patient seine Maximalkraft erreicht, dann erhöhe ich meinen Druck fast unmerklich nochmals um ca. 3–5% für eine Zeitdauer von maximal 1,5–2,5 Sekunden.
Wir nennen den Muskel ›stark‹, wenn der Patient dem kleinen Extradruck widerstehen kann; als ›Schwäche‹ definieren wir, wenn der Patient diesem Extradruck nicht standhalten kann. Wichtig ist also, daß der Patient als erstes zu drücken beginnt und daß man nicht die absolute Muskelstärke in Kilopond testet, sondern die Fähigkeit des Patienten, eine maximale isometrische Kontraktion gegen meinen ansteigenden Testdruck auszuführen.
Im Regelfall sollte die eigentliche Testung des Muskels nicht länger als ca. 2 bis maximal 3 Sekunden dauern.‹

Im Lauf der Jahre habe ich unzähligemale in Seminaren und Diskussionen – auch mit Fortgeschrittenen – immer wieder erleben müssen, wie sehr gerade AK-Einsteiger eine möglichst detaillierte und verständliche Anleitung wünschen.

Gemäß der o.g. Beschreibung eines Deltoideus-Tests habe ich seit 1992 die in Abbildung 4 gezeigte graphische Darstellung für einen lege artis durchgeführten AK-Muskeltest vorgeschlagen.

Diese Beschreibung des Muskeltests berücksichtigt u.a. folgende Kriterien:

1. Die Geschwindigkeit des Testdrucks des Unter suchers spielt praktisch keine Rolle.
Dies wird u.a. von Walther und Kendall & Ken dall gefordert

2. Soweit als möglich liegen alle Vorteile beim Patienten:

- Er kontrahiert den Testmuskel nach genauer Instruktion über den Vektor als erster und maximal.
- Deshalb ist keinerlei Rücksichtnahme des Patienten auf den Untersucher erforderlich; die erwünschte Reaktion des Patienten auf den geringen Anstieg des Testdrucks oberhalb von pmax soll unbewußt erfolgen.
- Es ist Aufgabe des Untersuchers, durch sein

Sensorium pmax des Patienten zu finden.

- Der Patient muß nicht auf einen Testdruck reagieren, der ihm sowohl von Stärke als auch Geschwindigkeit(sanstieg!) her unbekannt ist.

3. Es wird primär der Patient untersucht, bzw. besser sein neuromuskuläres Adaptationsvermögen; die zweifellos immer vorhandene Interaktion zwischen Untersucher und Patient kann so weitgehend reduziert werden.

4. Die Untersuchung ist so individuell wie möglich: Der Untersucher muß sich auf das pmax des Patienten einstellen – sowohl was seinen eigenen Krafteinsatz anbetrifft, v.a. aber die optimale Testposition, den zu wählenden Hebel und die Geschwindigkeit des Tests.
5. Es wird auf jeden Fall Goodheart's Forderung erfüllt, den Muskel zu testen, »while the patient resists with his greatest ability«.
Im Gegensatz dazu muß beim typischen Gamma 1- oder Touch-For-Health oder ›Kinesiologie‹-Test der Patient ›halten‹, also reagieren auf den ihm unbekannten Testdruck des Untersuchers.
Wie schon gesagt, liegen alle Vorteile beim Untersucher:

- er kontrahiert als erster
- der Patient kann leicht übertölpelt werden, da sowohl die Höhe des Testdrucks des Untersuchers als auch v.a. seine Geschwindigkeit bzw. noch deutlicher der Geschwindigkeitsanstieg völlig undefiniert sind.
- pmax des Patienten kann überhaupt nur erreicht werden, wenn die Reaktionszeit des Patienten im Vergleich zur Geschwindigkeit und Höhe des Testdrucks optimal ist.

Natürlich können auch mit dieser Testmethode phantastische Erfolge erzielt werden; insbesondere wenn der Untersucher intuitiv genug ist, um seinen eigenen Testdruck jeweils optimal an den Patienten anzupassen.
Ist dies aber nicht genau die Grundforderung des ›klassischen‹ Tests?

Warum also nicht gleich – und zwar offen und sicher definiert – alle Vorteile dem Patienten geben?
Die Antwort mögen viele nicht gerne hören: mit dem ›Gamma-1-‹ = ›TFH-‹ = ›Kinesiologie-‹Test läßt sich leichter ›bescheißen‹.

Vornehmer ausgedrückt:
In der Interaktion Untersucher/Patient kann der Untersucher fast nach Belieben seine Meinungen und Vorurteile einfließen lassen und den Pa-

Definition of Applied Kinesiology Muscle Testing

Deutsche Übersetzung

Bei diesem Testverfahren wird ein Körperteil, z.B. eine Extremität, so positioniert, daß sich Ursprung und Ansatz des zu testenden Muskels optimal annähern und er möglichst isoliert wird gegenüber seinen Synergisten. Im Regelfall entspricht dies der Position bei maximaler Anspannung des zu testenden Muskels.
Nach möglichst optimaler Stabilisierung des Patienten nimmt der Untersucher einen weichen, möglichst flächigen Handkontakt am distalen Ende des Körperteils; dabei sind punktuelle, insbesondere knöcherne Kontakte möglichst zu vermeiden.

Nun wird der Patient aufgefordert, den Muskel maximal zu kontrahieren, und zwar in der oben beschriebenen Position, sodaß der Muskel möglichst isoliert wird. Der Untersucher bietet mit seiner Testhand gerade soviel Widerstand, daß der Test isometrisch bleibt. Wenn der Untersucher spürt, daß der Patient sein Kraftmaximum erreicht hat, also kein Kraftanstieg mehr erfolgt, dann übt er einen langsam ansteigenden und nur geringfügig höheren Zusatzdruck aus, der vom Druckvektor her einer Tangente an den Bewegungsbogen des Körperteils bzw. der Extremität entspricht.

Die Phase des ursprünglichen Kraftanstiegs bis zum willkürlichen Kraftmaximum des Patienten soll 1,5 Sekunden nicht überschreiten; der nachfolgende zusätzliche Druck des Untersuchers soll nicht länger als 1 Sekunde ausgeübt werden.

Als **stark** bezeichnen wir einen Muskel, der sich an den zusätzlichen Druck des Untersuchers adaptieren und die Kontraktion ohne jegliche Schwäche aufrechterhalten kann.

Als **schwach** bezeichnen wir den Muskel, der entweder die Testausgangsposition nicht aktiv erreichen kann oder der sich in der Testposition nicht an den geringen zusätzlichen Druck des Untersuchers adaptieren kann; der Muskel zeigt dann ein charakteristisches, plötzliches und vollständiges Zusammenbrechen der Kontraktion gegen den Widerstand des Untersuchers.

tienten mit einem angeblichen ›Meßverfahren‹ beeindrucken und in seine Richtung ›formen‹.

Wer dies will, mag es tun.

Ich finde aber, daß es der Grundidee der AK diametral entgegensteht, nämlich den Patienten möglichst individuell, d.h. in seinem ureigenen Adaptations- und Reaktionsverhalten, zu untersuchen!

Es sei nochmals betont, daß letztlich wirklich jeder so testen kann, wie er will. Auch möchte ich niemandem unterschieben, absichtlich falsch zu testen, oder wissentlich ein Übermaß seiner eigenen Projektionen in den Test einfließen zu lassen. Erinnern und abschließen möchte ich aber nochmals an folgende Hinweise Goodhearts:

›Muscle testing is an art‹
›There are many ways to test a muscle‹
›You can only find what you know‹

Der Leser und AK-Interessent möge nun selbst entscheiden, welche Art des Muskeltests ihm am sinnvollsten erscheint!

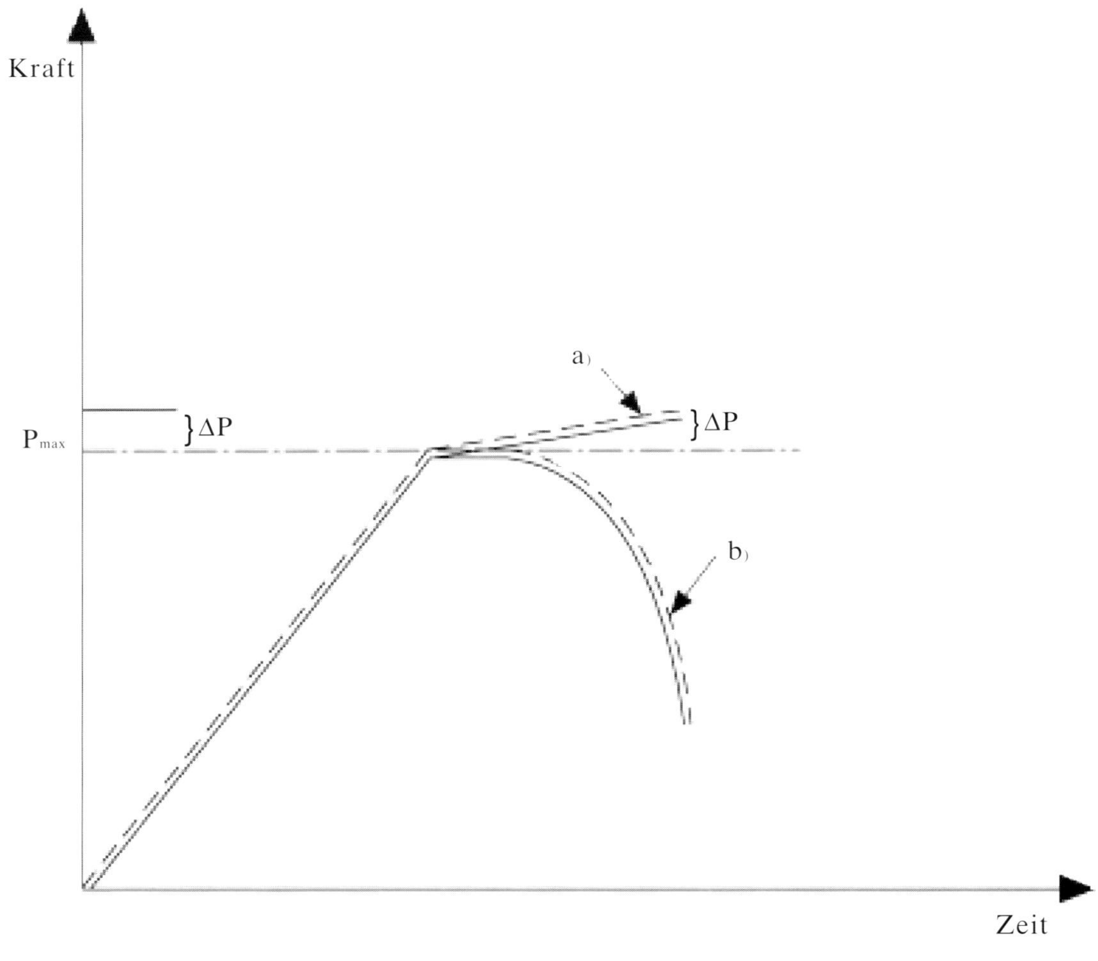

Abb. 4 pmax = subjektives Kraftmaximum des Patienten
____ = Druck des Patienten
----- = Druck des Untersuchers
Δp = 2–3–4% zusätzlicher Druck des Untersuchers, langsam ansteigend
a) = der Muskel des Patienten bleibt stark, d.h. er kann den kleinen Extradruck des Untersuchers, Δp, richtig beantworten (›locking in‹).
b) = plötzliches ›Zusammenbrechen‹ des Muskels, d.h. Δp kann nicht richtig beantwortet werden.

- Das Erkennen von pmax und die gefühlvolle Testdurchführung ist die Kunst des Untersuchers
- Die Reaktion des Patienten (a) oder b)) ist der eigentlich entscheidende Schritt des AK-Muskeltest!

II Der hypertone Muskel

a. Geschichte
In den letzten Jahren mußten und müssen wir uns in der AK zunehmend mit einem Problem auseinandersetzen, das es früher in dieser Häufigkeit offensichtlich nicht gab: dem Hypertonus der Muskulatur.
Kann es wirklich sein, daß die Mehrzahl der Patienten heute eine andere muskuläre Reaktionsweise zeigt als vor 20 oder 30 Jahren?

Bereits Goodheart erwähnt in ›You'll Be Better‹ offensichtlich das Thema: Chapter 6, page 7: »If the liver has a disturbed energy pattern, this disturbance ›overflows‹ into a muscle associated with that energy pattern, and the muscle will **test either too strong or too weak.«**

Als ich ihn 1992 beim ICAK-E-Kongreß auf das Thema ansprach, bestätigte er, daß er bereits Anfang der 70er-Jahre auf das Problem gestoßen sei; daß er aber damals immer die hypertonen Muskeln durch Meridiankorrekturen – insbesondere mit Bezug zum 3E – normoton bekommen habe.
Interessant ist, daß auch Walther den Begriff des ›hypertonic muscle‹ verwendet, und zwar bei der Diskussion der Möglichkeiten bei offensichtlicher Organbelastung, aber starkem organassoziierten Testmuskel (›Synopsis‹ Seite 15): »... it may be a hypertonic muscle or a subclinical involvement.«
Aber: jegliche weitere Konsequenz fehlt! Weder wird der Begriff definiert, noch wird die Bedeutung des Hypertonus diskutiert, noch wird dem Leser eine Empfehlung gegeben, was er damit machen soll.
Ich selbst kam Ende der 80er-Jahre auf das Thema, und zwar wurde ich regelrecht dazu gezwungen: ich hatte nämlich immer mehr Patienten, bei denen ich keinen einzigen schwachen Muskel mehr fand und bei denen ich teilweise ewig brauchte, um irgendeine positive TL oder irgendeinen positiven Challenge zu finden.
Bald zeigte sich, daß, was zu Anfang ein großes Problem darstellte, gleichzeitig eine Chance und Herausforderung war, die Reaktionsweise des menschlichen Körpers besser verstehen zu lernen.
Zwei Arbeiten aus USA waren für mich deswegen besonders interessant: Sheldon Deal´s ›Seven conditions of a muscle‹ (ICAK Collected Papers, Summer 1986) und das Buch ›Correcting Chronic Health Problems‹ von Michael Lebowitz und Mark Steele. Dort fand ich den Satz:
»Sometimes, in the all-muscle-strong-patient with a multitude of problems, copper helps.«

Interessant war für mich, daß Cuprum met. als homöopathisches Mittel mit Spastik, Verkrampfung usw. zu tun hat!
Aber: mit Ausnahme der Empfehlung, orthomolekulares Kupfer zu geben, befaßten sich auch Lebowitz und Steele nicht weiter mit dem hypertonen Muskel.
Dies ist angesichts der Tatsache, daß alle genannten Autoren Chiropraktiker sind und die AK selbst ja aus der Chiropraktik kommt, besonders bemerkenswert.
Denn: **der Begründer der Chiropraktik, D.D. Palmer, ermahnte bereits seine Kollegen:**

»I wish that all chiropractors could take in this basic principle of our science – that too much or not enough energy is disease.«

Wenn nun der AK-Test ›funktionelle Neurologie‹ (Schmitt) ist, dann müssen wir doch logischerweise auch ein AK-Korrelat für das ›too much‹ haben – und dieses auch definieren können.
Der damaligen Situation entsprangen mein Artikel ›Superchallenge‹ aus 1992, der im Appendix aufgeführte Artikel ›Moderne Allergie-, Herd- und Medikamententestung oder: schwach – normoton – hyperton: die drei Arten, wie ein Muskel testen kann‹ aus dem Jahr 1992 bzw. die zusammen mit Jeff Farkas geschriebene englische Version 1993.
Ich war nun in eine eigenartige Situation geraten. Gerade ich als Jung-ICAK-Diplomate, Deutscher, Arzt und damit Nicht-Chiropraktiker war offensichtlich der erste, der sich in der AK-Welt darum bemühte, eine von Goodheart autorisierte und auch physiologisch einleuchtende Definition des AK-Muskeltests zu erarbeiten, und dann – darauf basierend – eine Definition der Begriffe ›normoton‹ und ›hyperton‹ in Bezug auf den AK-Muskeltest.

Als Ergebnis entstand 1994 der gemeinsam mit David Leaf, D.C. erstellte Vorschlag für eine Definition des AK-Muskeltests sowie die von den europäischen Diplomates ebenfalls 1994 in Monte Carlo beschlossene Definition der Begriffe ›normoton‹ und ›hyperton‹ in Bezug auf den AK-Test.

b. Die Wichtigkeit des hypertonen Muskels
So mancher hat mir vorgeworfen, die ganze Ange-

Normotonic Muscles

When a muscle has been identified as strong, a further differentiation must be used to determine if this muscle is hypertonic or normotonic.
In AK, a **normotonic** *muscle is defined as one which is strong, but is perceived as weakening when one of the following procedures is used:*

a) TL to the sedation point of the meridian associated with that muscle, on the side of the muscle being tested

b) ›running the meridian in reverse‹:
The associated meridian can be contacted and stroked lightly, but quickly, with the palmar aspect of the hand, in the direction from the highest point to the lowest point on the meridian. This should inhibit the related muscle for approximately 10 sec.

c) Spindle Cell Manipulation:
A contact is taken to the center of the muscle belly with two fingers approximately 5 to 10 cm apart in line with the muscle. Pressure is then applied sharply, 5 times, with both fingers toward each other (approximation of the muscle belly fibers). This should inhibit a muscle for up to 10 sec.

d) Either of the two poles of a strong, axially polarized magnet (minimum 2000 gauss), centrally placed upon the belly of the muscle. Regarding the effects of the N and S pole of magnets on the strength of muscles, seemingly contradictory responses have been observed.
Therefore, at this time, it is suggested that both poles be tested.

If none of the above methods causes weakening of the muscle, it is defined as **hypertonic.** *It is recommended that at least two of the above procedures be used when evaluating the status of a muscle.*

Deutsche Übersetzung

Wenn ein Muskel im AK-Test stark ist, so ist eine weitere Differenzierung notwendig, um herauszufinden, ob der Muskel normoton oder hyperton ist.
In AK definieren wir einen Muskel als **normoton,** wenn er stark ist, aber durch eine der folgenden Maßnahmen zu schwächen (= ›sedierbar‹) ist:

a) TL zum Sedationspunkt des Meridians, der mit dem Testmuskel assoziiert ist, und zwar auf der Seite des getesteten Muskels. (Tl=Therapielokalisation)

b) ›Running the Meridian‹
Der mit dem Testmuskel assoziierte Meridian wird mit der Innenseite der Hand leicht, aber schnell, in der Richtung vom höchsten zum niedrigsten Meridianpunkt ausgestrichen. Dies sollte den Muskel etwa 10 Sekunden lang inhibieren (schwächen).

c) Spindelzell-Manipulation
Ausgehend von einem Kontakt im Zentrum des Muskelbauches, sodaß die zwei Finger etwa 5-10 cm voneinander entfernt sind, wird mit diesen in Richtung der Muskelfasern 5 mal ein kurzer, relativ intensiver Impuls in Richtung aufeinander zu (= Verkürzung bzw. Approximation der Muskelfaser) ausgeübt. Dies sollte den Muskel etwa 10 Sekunden inhibieren (schwächen).

d) Magnet-Challenge
Einer der beiden Pole eines starken, axial polarisierten Magneten (Minimum 2000 Gauss), plaziert in der Mitte des Muskelbauches, sollte den starken Muskel vorübergehend schwächen (inhibieren). Was den Effekt des Nord- und Süd-Pols so eines Magneten auf die Muskelstärke anbelangt, wurden offenkundig widersprüchliche Ergebnisse beobachtet. Deshalb wird derzeit empfohlen, beide Seiten des Magneten zu testen.

Wenn keine der obengenannten Methoden einen starken Muskel schwächt, so wird dieser als **hyperton** bezeichnet. Es wird empfohlen, mindestens zwei der obengenannten Methoden zur Diagnostik des Muskelstatus zu verwenden.

Diese Definition wurde von den europäischen Diplomates 1994 in Monte Carlo beschlossen und stellt deshalb, bis eine bessere kommt, die Grundlage für unser Arbeiten und auch die Ausbildung in AK dar.

legenheit mit der Definition des Muskeltests und des Hypertonus/Normotonus zu wichtig zu nehmen und zu sehr hochzuspielen.
Tatsache ist aber, daß wir in der AK ja das Ergebnis des Muskeltests als entscheidenden Pfeiler unserer Diagnostik betrachten.
Niemand bestreitet in der AK, daß ein isoliert hypertoner Muskel bereits einen pathologischen Befund darstellt. Als Ursache für einen isoliert hypertonen Muskel wird meist ein lokales Rezeptorproblem angenommen; die Therapie ist dann lokal manuell leicht möglich.

Eine wunderschön einfache Definition findet sich in der osteopathischen Literatur:

›An obstruction to a normal afferent or efferent nerve impulse constitutes an osteopathic lesion.‹
E. S. Powell, D.O. (aus ›The Cranial Bowl‹ von Sutherland)

Was aber bedeutet es, wenn nicht nur ein Muskel, sondern alle oder fast alle Muskeln bei einem Patienten hyperton sind? Keine ›lesion‹ oder eine größere als bei einem isolierten Hypertonus?
Die Antwort ist logisch und auch bereits physiologisch erklärt, nämlich von Selye.

Nachdem es also offensichtlich den hypertonen Muskel gibt, bedeutet das, daß wir bei jeder AK-Untersuchung, und zwar genaugenommen bei jedem einzelnen Untersuchungsschritt (= Challenge bzw. TL!), auch die Hypertonus/Normotonus-Prüfung mit einschliessen müssen, außer der Muskel testet schwach!

Grundsätzlich gibt es folgende mögliche Testresultate bei positivem Challenge:
1. ein schwacher Muskel kann normoton stark werden
2. ein schwacher Muskel kann hyperton stark werden
3. ein normotoner Muskel kann schwach werden
4. ein normotoner Muskel kann hyperton werden
5. ein hypertoner Muskel kann schwach werden
6. ein hypertoner Muskel kann normoton werden

Diese sechs Reaktionen sind möglich – wie gesagt, wenn es überhaupt zu einer Veränderung des Testmuskels durch den Challenge kommt!

Graphisch ist das in Abbildung 5 dargestellt! Die Abkürzungen bedeuten dabei:
S = Stärkung eines schwachen Muskels (in den Normotonus)
W = Schwächung eines normotonen Muskels
SC = Superchallenge = Schwächung eines hypertonen Muskels
HC = Hypertoner Challenge = entweder ein schwacher <u>oder</u> normotoner Muskel wird hyperton
NC = Normotoner Challenge = ein hypertoner Muskel wird normoton

Man muß sich aber auch bewußt sein, daß die Aussage ›Ein starker Muskel bleibt stark, d.h. keine Reaktion‹ somit unsinnig ist und in Zukunft unterlassen werden sollte, wenn man ernsthaft über AK-Befunde diskutiert. Denn: der Challenge kann tatsächlich positiv gewesen sein, nämlich entsprechend der Möglichkeiten 4. und 6.!

Der Leser möge einmal versuchen, sich vorzustellen, wieviel unpräzise Fallschilderungen wohl in der Geschichte der AK gemacht wurden, und wieviele diagnostische Fehlschlüsse gezogen wurden! Sind deshalb die Arbeiten von Goodheart, Leaf, Schmitt, Walther, Lebowitz, Steele und den vielen anderen AK-Autoren nichts mehr wert? Sind sie z.T. Fiktion?
Meine Antwort ist ein klares ›Nein‹, denn was sie gefunden haben, haben sie gefunden. Aber: was hat sie davor bewahrt, bei einem Teil ihrer Patienten Schaden anzurichten?

Ich glaube, vor allem zwei Dinge:
1. Ein großes klinisches Wissen, gepaart mit guter Observation, Palpation, Intuition und – gesundem Menschenverstand!
2. Die Tatsache, daß erst in den letzten Jahren der Gesamtstress unserer Bevölkerungen in der westlichen Welt sosehr zugenommen hat, daß man in einer heutigen deutschen – und auch amerikanischen – Großstadtpraxis mehr hypertone als schwache Muskeln bei der Untersuchung findet!

Als Beweis hierfür kann ich neben der Erfahrung in meiner eigenen Praxis anführen, daß

- **Goodheart** selbst seinen Satz »...and the muscle will test either too strong or too weak.« im Zusammenhang mit einer durch externe Intoxikation bedingten Leberbelastung bringt:
  » ...has an advantage in observing for possible detrimental environmental involvement to the liver and for adequate energy patterns.«
- **Lebowitz und Steele** in ihrem ganzen Buch ›Correcting Chronic Health Problems‹ nur Untersuchungs- und Therapietechniken beschreiben, die bei chronisch überlasteten, meist klinisch-ökologisch erheblich belasteten Patien-

ten notwendig und sinnvoll sind.

- **Bis heute niemand** meinen Vorschlägen zur Definition des AK-Muskeltests und den postulierten Analogien mit Selye's Lehre inhaltlich widersprochen hat.

Wirkliche Beweise sind dies natürlich nicht. Goodheart's persönlicher Kommentar zu meinen Vorschlägen: »Let´s see; what exists, persists – and what persists, exists.«

Ich ermuntere jeden, einfach in der Praxis am Patienten das oben vorgestellte Konzept zu überprüfen. Wer einen ehrlichen, klassischen AK-Test durchführt, wird mehr hypertone Muskeln finden, als ihm zu Beginn lieb ist. Denn: der Ausweg, der ein weiterhin sinnvolles Arbeiten mit der AK ermöglicht, bedarf einer Änderung der Strategie. Dies erfordert ein Sich-Auseinandersetzen mit vielen in diesem Buch beschriebenen Techniken, und wird ein Umdenken und Umorganisieren der Praxis notwendig machen.

Die ursprünglichen Beobachtungen Goodheart's wurden am schwachen Muskel gemacht bzw. in den meisten Fällen nicht bei Patienten mit fortgeschrittenem GAS. Sie gelten natürlich weiterhin, müssen aber gerade in der ärztlichen und zahnärztlichen Praxis ergänzt werden!

Abschließend zu diesem Kapitel noch ein Zitat aus Upledger/Vredevoogd S. 15:

»Die Natur macht die besten Entwürfe. Alles, was die Natur entwirft, hat seinen Zweck und stellt die rationellste Art und Weise dar, eine Aufgabe zu erfüllen. Wir sollten die Wege untersuchen, die die Natur einschlägt, um eine Aufgabe zu erfüllen, statt selbst egoistisch und unbeholfen zu versuchen, eigene zu erfinden. Wir können die natürlichen Formen nicht verbessern, wir brauchen sie nur zu verstehen.«

Flow Chart: Übersicht der möglichen AK-Testreaktionen

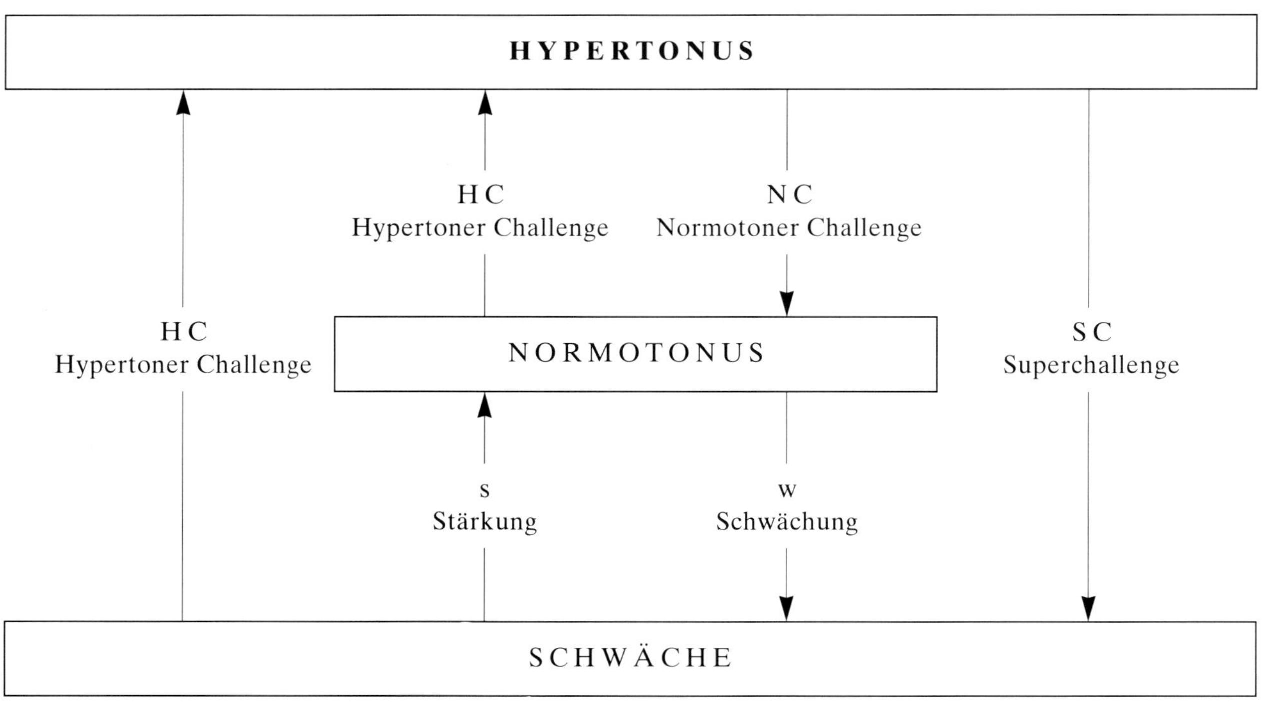

Abb. 5

III Therapielokalisation

Definition: Ändert sich die Stärke bzw. der Tonus eines Testmuskels, wenn der Patient eine beliebige Stelle am Körper berührt, so nennen wir dies eine positive Therapielokalisation (TL).

Eine positive TL sagt uns nicht, was falsch oder therapiebedürftig ist, sondern wo etwas weiter untersucht und ggf. therapiert werden soll.

Die TL ist sicher ein elektromagnetisches Phänomen, da sie durch nicht leitende Materialien wie Blei oder gewisse Kunststoffe aufgehoben wird.

Genaugenommen ist die Untersuchung mit TL eine spezielle Challenge-Art: ein Lokalisations Challenge!

1. Möglichkeiten:
Aufgrund einer positiven TL können sich folgende Tonusveränderungen am Muskel ergeben:

Häufig:
- Ein schwacher Muskel wird stark und normoton
- Ein starker Muskel wird schwach
- Ein hypertoner Muskel wird schwach (= Superchallenge (SC)!)

Selten:
- Ein schwacher Muskel wird hyperton
- Ein hypertoner Muskel wird normoton

2. Durchführung:
- **Teste einen beliebigen Muskel – schwach, normoton oder hyperton.**
- **Lasse den Patienten jede Stelle berühren, die Du in Verdacht hast, ›nicht richtig zu funktionieren‹.**
- **Teste erneut den ursprünglichen Muskel; ändert sich durch die TL der Tonus des Muskels, so sprechen wir von positiver TL.**
- **Ändert sich der Tonus des Testmuskels nicht, so sprechen wir von negativer TL.**

Häufig vorkommende Punkte, die wir mit TL untersuchen, sind:
- Reflexpunkte, Akupunkturpunkte, Herde, Narben
- Organ- oder Gewebspathologien
- gestörte Reflexe in Haut, Muskeln, Sehnen, Kapseln...

Je nach Situation erfolgt bei positiver TL das weitere Vorgehen:
Entweder wird der Punkt sofort behandelt, oder er dient als Ausgangspunkt für weitere Untersuchungen. Elegant ist es, alle Punkte mit positiver TL erst nach Abschluß der Untersuchung zu behandeln, da man so bis zuletzt alle Optionen offen hat.
Als Behandlungsmöglichkeiten kommen je nach der Art des positiven TL-Punktes in Frage:
- Manuell (Massage, energetischer Hautkontakt, Akupressur u.a.m.)
- Akupunktur mit Nadel, Laser, Elektrostimulation
- Neuraltherapie
- Farbtherapie

Wegen der Verwendung der TL in Verbindung mit anderen Challenge-Arten siehe auch die Kapitel Challenge, Herdtestung, Indikatortestung.

Merke: TL sagt nicht was falsch ist, sondern wo etwas falsch ist, bzw. besser ›hakt‹ und deshalb behandelt werden sollte.

3. Bei Beginn der Untersuchung mit TL sollte man lieber zu großflächig (d.h. also mit mehreren Fingern oder der ganzen Hand) das verdächtige Areal berühren lassen, als zu kleinflächig (z.B. nur mit einer Fingerspitze).
Erhält man eine großflächige TL, so kann dann eine weitere Differenzierung z.B. mit einzelnen Fingern durchgeführt werden.

4. Idealerweise sollte die TL vom Patienten selbst durchgeführt werden. Ist dies aus verschiedenen Gründen (Bewegungseinschränkungen, fehlende Gliedmaßen, fehlende oder schlechte Kooperation des Patienten usw.) nicht möglich, so kann die TL auch vom Untersucher selbst durchgeführt werden.

5. Die TL kann auch im Prinzip durch jedes andere elektrisch leitende Medium erfolgen, z.B. ein Surrogat oder über einen Drahtkontakt.
Zu beachten ist dabei, daß die Einschaltung jeder weiteren Person eine mögliche Verfälschung des Testergebnisses bringen kann und deshalb eine entsprechend vorsichtige Untersuchung erforderlich ist.

6. Für den Therapeuten ist es energetisch sicher anstrengender, die TL selbst durchzuführen, da der

energetische Austausch mit dem Patienten so wesentlich intensiver ist.

7. Als Doppel-TL bezeichnet man die Technik, zwei Punkte **gleichzeitig** berühren zu lassen. Einsatzbereiche sind v.a. die Herduntersuchung, die Pituitary Drive Technik, sowie alle Fragen zur Interaktion von Organen bzw. besser Regulationskreisen.

Flow Chart: TL Übersicht

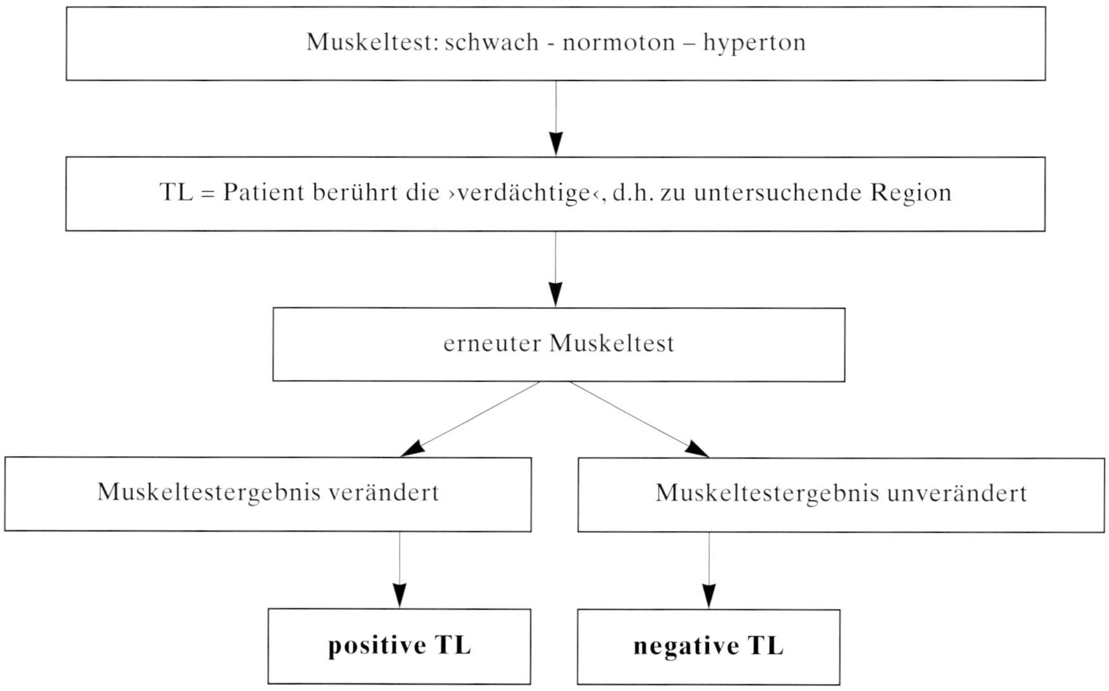

Abb. 6

Flow Chart: TL mit allen möglichen Testergebnissen unter Berücksichtigung des hypertonen Muskels

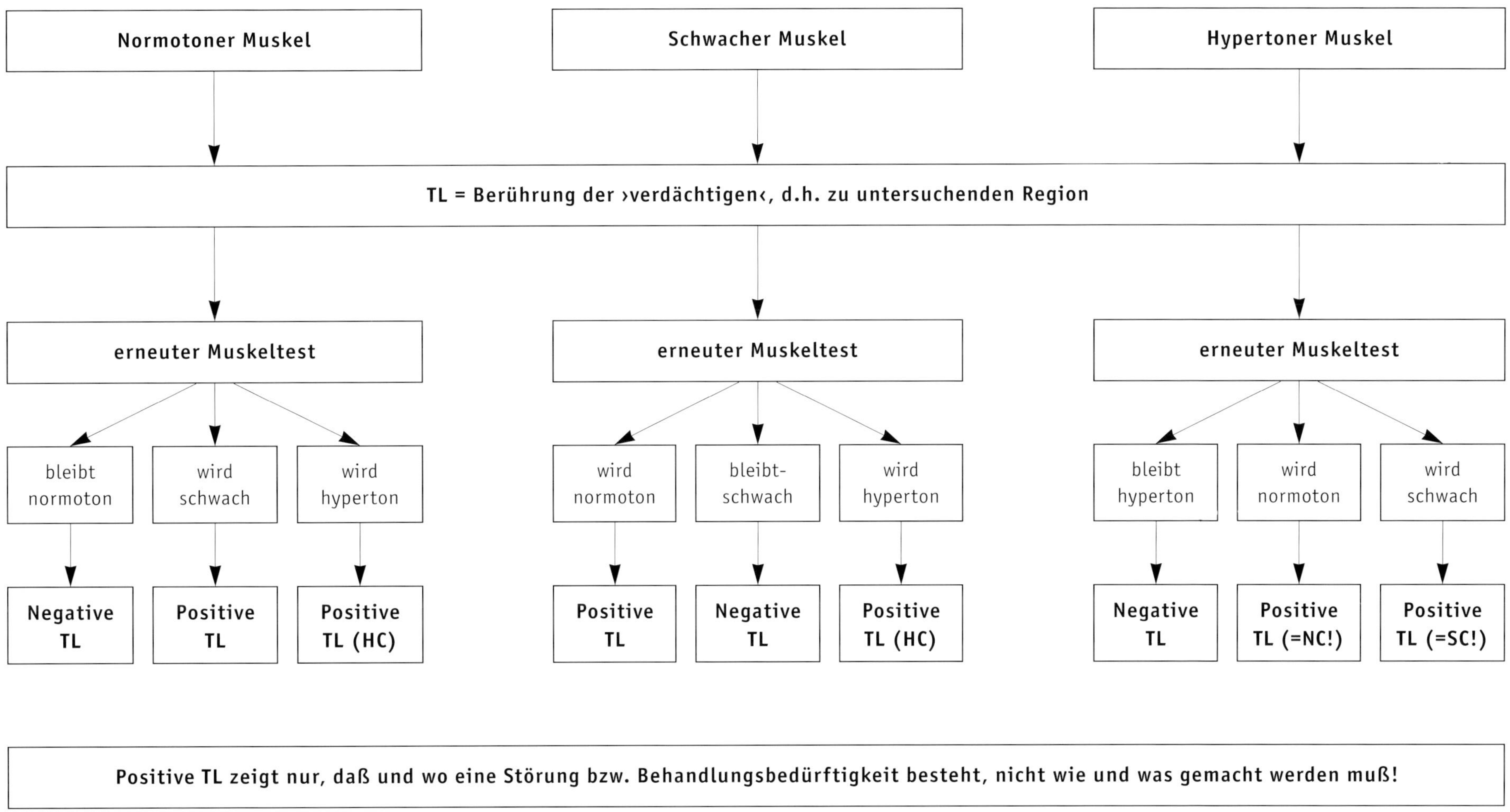

Abb. 7

Flow Chart: Ganzheitliches AK-Screening

Vorab: Anamnese – Körperliche Untersuchung – Labor – und sonstige Tests

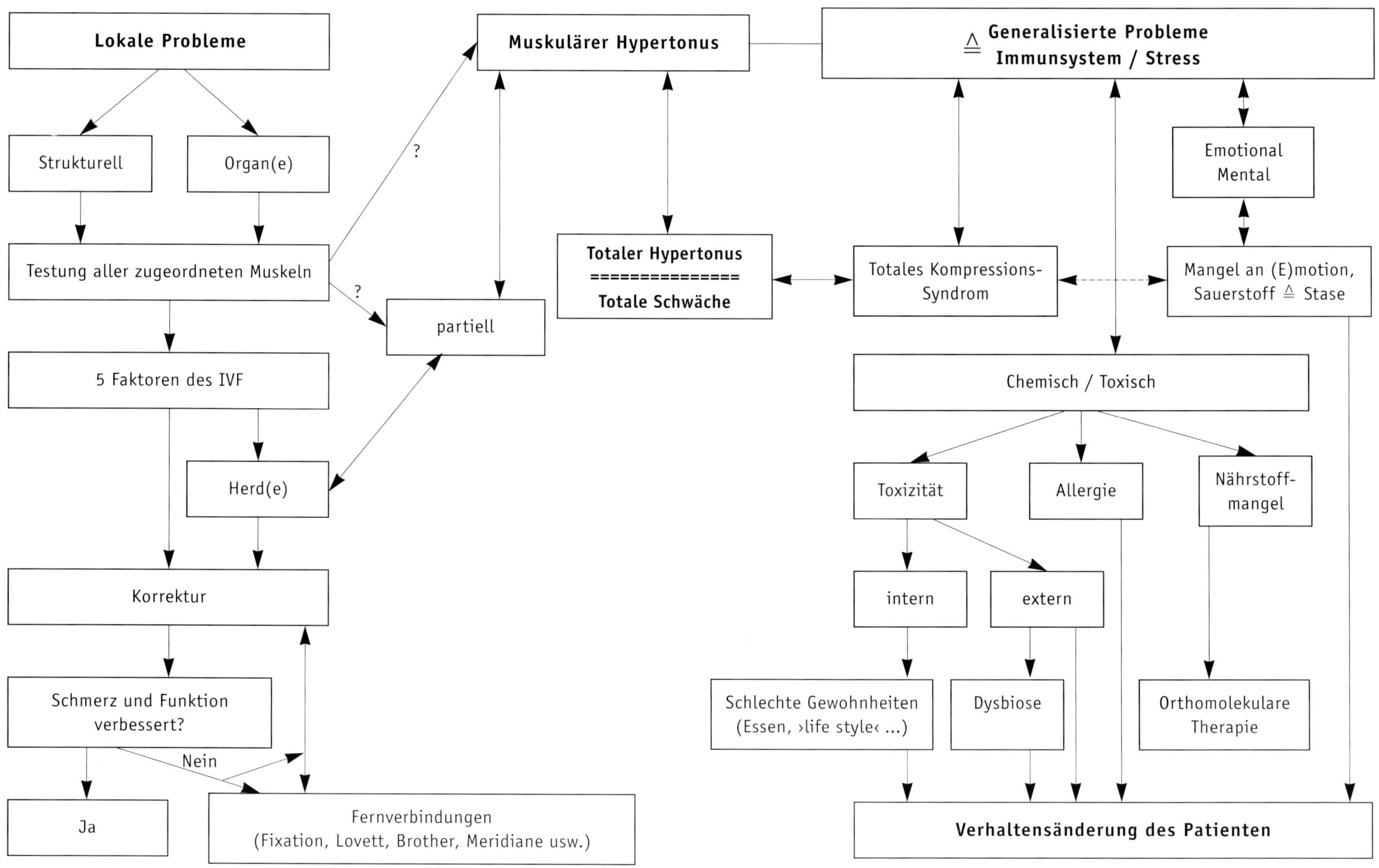

Abb. 8

Flow Chart: Strategie bei der Fragestellung ›Amalgambelastung‹

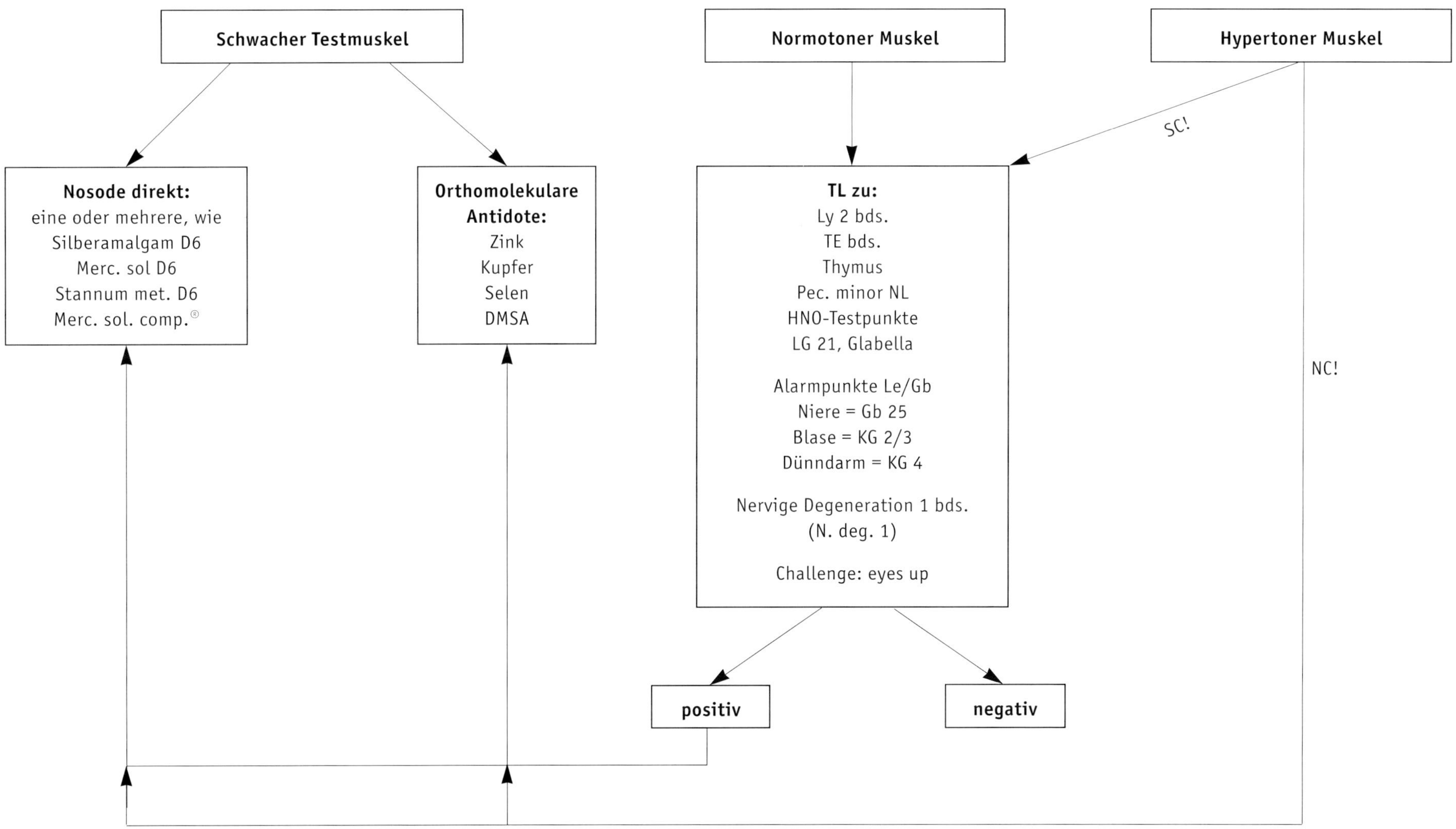

Abb. 9 Hier sind die wichtigsten Testmöglichkeiten bei der klinischen Fragestellung ›Amalgambelastung‹, ausgehend vom schwachen, normotonen oder hypertonen Testmuskel gezeigt. Man beachte, daß die TL zum amalgamgefüllten Zahn nicht enthalten ist! Warum? Entscheidend ist nicht das Amalgam im Zahn, sondern die Auswirkungen der chronischen Amalgambelastung auf den Rest des Körpers!
Zur Untersuchung kann man vom Prinzip her hochkarätige Heilmittel verwenden oder per TL oder Challenge (Eyes up!) die Organe und Regelkreise untersuchen, die erfahrungsgemäß am häufigsten durch Amalgam belastet werden. Dies ist insbesondere ausgehend vom hypertonen Muskel der entscheidend wichtige Denkansatz!

Meridian-Organ-Muskel-Wirbel-Beziehungen

Meridian	Organ	Muskel	bilateral schwach oder hyperton weist hin auf	Wirbelebene motorisch/nerval	Wirbelebene vegetativ	Zustimmungs-punkt
Lunge	Lunge	Deltoideus	Fixation cervikothorakal	C5/6	T3	T3
Dickdarm	Dickdarm	Tensor fasciae latae	Anämie	L4/5	L4	L4
Niere	Niere	Iliopsoas	Fixation Occiput	L 2/3/4	T 11/12	L2
Blase	Blase	Tibialis anterior		L 4/5		S2
Leber	Leber	Pec. maj. stern. (PMS)		C 6/7/8	T8	T9
Gallenblase	Gallenblase	Popliteus	Fixation untere HWS	L4/5, S1	T4	T10
Herz	Herz	Subscapularis	Fixation Sternum	C 5/6	T2	T5
Dünndarm	Dünndarm	Rectus femoris	Darmassoziiertes Immunsystem	L 2/3/4	T10	S1
Kreislauf/Sex	Nebenniere	Sartorius		L2/3	T9	T4
Kreislauf/Sex	Gonaden	Piriformis	Unterleibsorgane; Sacrum, Becken	S 1/2	T5	T4
3E	Schilddrüse	Teres minor		C 4/5/6		L1
Magen	Magen	Pec. maj. clav. (PMC)	HCl-Mangel im Magen, Zink Temporal Bulge	C 5/6/7	T5	T12
Milz-Pankreas	Pankreas	Latissimus dorsi	Fixation BWS/LWS	C 6/7/8	T6	T11
Lenkergefäß	Wirbelsäule	Teres major	Fixation BWS	C 5/6/7		T6
Konzeptionsgefäß	Gehirn	Supraspinatus		C 4/5		
Kreislauf/Sex	Reproduktionsorgane	Glutaeus maximus	Fixation obere HWS	L 4/5, S1/2		
Dickdarm	Rectum	Hamstrings	Sacrum inspiration/expiration	L4-S3		
Magen	Kopflymphaticum	Nackenext. als Gruppe	Fixation LWS	C 1/8		
	Nasennebenhöhlen	Nackenext. Rot. unilat.	Fixation des SIG dieser Seite			
		Nackenext. Rot. bds.	Fixation Sacrum			
Magen	Kopflymphaticum Nasennebenhöhlen	Nackenflexoren + SCM	HWS, Cranial Faults, Vit. B6, B3	C 1/8, XI		
Dünndarm	Dünndarm	Rectus abdominis	Sutura sagittalis	Th 7-12		
Niere	Auge, Ohr	Trapezius, oberer Teil	generell HWS, aber v.a. Vit. F	XI, C2-C4		
3E	Thymus	Infraspinatus		C 5/6		

Grundsätzlich sollte man bei jeder muskulären Dysfunktion (Schwäche oder Hypertonus) an eine Störung des assoziierten Organs denken, insbesondere bei bilateral positivem Befund. Die Zuordnung ist allerdings nur in den o.g. Fällen hochsignifikant!

Abb. 10

Muskelverbindung orthomolekularer Substanzen

Muskel	Organbeziehung	Nährstoffe/Heilmittel
Adduktoren	Reproduktionsorgane	Vit. E
Bauchmuskulatur	Duodenum	Vit. E, Vit. B, Darmmittel, Co Q 10
Bizeps	Magen	Vit. B-Komplex, Betain-HCL
Brachioradialis	Magen	Vit. B-Komplex, Betain-HCL
Coracobrachialis	Lunge	Vit. C, Wasser!
Deltoideus	Lunge	Vit. C, Wasser!, RNA, Beta-Carotin
Diaphragma	Lunge	Vit. C, Wasser!
Glutaeusgruppe	Reproduktionsorgane	Vit. E, Vit.A, Niacin, Zink, Organextrakte der Reproduktionsorgane, entsprechende Homöopathika incl. Nosoden und Phytotherapeutika
Gracilis	Nebenniere	Vit. C, Nebennierenpräparate
Hamstrings	Rectum	Calcium, Vit. E
Iliopsoas	Niere	Vit. A, Vit. E, Wasser!, Nieren- u. Blasenmittel, Nosoden!
Infraspinatus	Thymus	Thymuspräparate, Vit.C, Vit.A, Zink u.Kupfer samt Schwermetallbelastung beachten!
Latissimus Dorsi	Pankreas	Pankreasenzyme und -organextrakte,Vit. A+F, Betain, Zink, pankreasstimulierende Phytotherapeutika und Homöopathika
Levator Scapulae	Nebenschilddrüse	Organextrakt Gl. Parathyreoidea, alle Faktoren des Calciumstoffwechsels
Nackenextensoren und -flexoren inkl. SCM	Nasennebenhöhlen	Vit. B6 u. B3, organisches Jod (Kelp), pflanzliche und homöopathische Nasennebenhöhlentherapeutika, insbesondere Nosoden und Drainagemittel
Pectoralis major clavicularis (PMC)	Magen	Vit. B, Vit. G, bei bilateraler Schwäche: Zink, Phytotherapeutika zur Magenstimulation (Amara-Mischung), Betain-HCL
Pectoralis major sternalis (PMS)	Leber	Vit. A, Gallensalze, Organextrakt Leber,Phytotherapeutika und Homöopathika für die Leber
Pectoralis minor	Lymphsystem	Wasser! Lymphmittel, Zink, RNA, B3
Peronaeusgruppe	Blase	Vit. B, Vit. A, Vit. C, Bioflavonoide
Piriformis	Reproduktionsorgane	Vit. E, Vit.A, Niacin, Zink, Organextrakte der Reproduktionsorgane, entsprechende Homöopathika incl. Nosoden und Phytotherapeutika
Popliteus	Gallenblase	Vit. A, Vit. F, Betain, Gallensalze, Leber-/Gallemittel
Rectus femoris (Quadrizeps)	Dünndarm	Vit. D, Vit. B-Komplex, Calcium, CoQ10, Darmflora-Präparate, Candida?!
Sacrospinalis	Blase	Vit. A, Vit. C, Bioflavonoide
Sartorius	Nebenniere	Nebennierenpräparate (Homöopathika und Organextrakte mit assoziierten Faktoren wie Ginseng u.a.), Vit. C, Mangan, Tyrosin, B-Komplex
Serratus Anterior	Lunge	Vit. C, Wasser! Beta-Carotin
Subclavius	---	Magnesium
Subscapularis	Herz	Vit. E, Vit. G, Vit.B2, Vit.B3, Carnitin, Herzmittel
Supraspinatus	Gehirn	RNA, essentielle Aminosäuren, Cholin
Tensor Fasciae Latae	Dickdarm	Acidophilus, Bifidus, andere Darmkeime, Vit. D, Vit. B-Komplex Bei beidseitiger Schwäche: Eisen, Folsäure, B12
Teres Major	Wirbelsäule	Säure-Basenhaushalt, Vit. B 12, Kalium und andere Mineralsalze, Zink
Teres Minor	Schilddrüse	Organisches Jod (Kelp), Tyrosin, Schilddrüsenextrakt, homöopathische und phytotherapeutische Schilddrüsenmittel
Tibialis anterior	Blase	Vit.B, A, E, C, Bioflavonoide, Kalium, Nieren-und Blasenmittel
Tibialis posterior	Nebenniere	Tyrosin, B-Komplex, VitC, Mangan, Ginseng, Nebennierenpräparate
Trapezius, oberer Teil	Auge, Ohr	Vit.F, Vit. C, Vit.A, Vit.B, Vit.G, Calcium
Trizeps	Milz/Pankreas	Pankreasenzyme und -organextrakte, Zink, Vit. A, Vit. F, Betain-HCL, pankreasstimulierende Phytotherapeutika und Homöopathika
Wadenmuskulatur	Nebenniere	Vit. C, Nebennierenpräparate

Abb. 11

IV Challenge

Wie bereits mehrfach erwähnt, stellt die AK eine einfache manuelle Methode dar, bei der mit Hilfe eines standardisierten Muskeltests die **Antwort des Körpers auf einen Testreiz überprüft wird.**
Der Begriff ›Challenge‹ wurde ursprünglich für die Untersuchung des Bewegungsapparates verwendet: das zu untersuchende Segment an Wirbelsäule oder Becken, am Schädel oder an Extremitätengelenken wird dabei probehalber in verschiedene Richtungen bewegt und jeweils unmittelbar danach der Ausgangsmuskel wieder getestet.
Im Lauf der Jahre wurde der Begriff immer mehr erweitert: Emotionaler Challenge, oraler Challenge, viszeraler Challenge usw.. Logischerweise erweitert man deshalb wohl den Begriff Challenge auf alle Testmaßnahmen, die zwischen zwei Muskeltests – absichtlich oder unabsichtlich – mit dem Patienten erfolgen.
Strenggenommen stellt also auch die TL – siehe unten – einen Challenge dar; wenn man so will, einen ›Lokalisations-Challenge‹. Das typische Beispiel in der naturheilkundlichen Praxis ist die Herdtestung!!
Zur Definition

Gute AK ist ›Angewandte Stressologie‹!

Challenge

Mit dem Challenge liefert die Applied Kinesiology eine einzigartige Diagnosemethode, die es dem Therapeuten ermöglicht, die Art der Störung des Organismus zu determinieren und die genaue Behandlungsweise für den Patienten festzulegen.

Definition:

In der AK bedeutet Challenge die Testung eines oder mehrerer Muskeln während oder unmittelbar nach einer gezielten Provokation oder Testexposition.
Beim Challenge wird der Patient einem strukturellen, chemischen oder mentalen Testreiz ausgesetzt.

Arten:

1. Strukturell/mechanisch
a) Wirbelsäule und Becken
b) Schädelknochen und ›Stomatognathes System‹
c) Muskulatur
d) Extremitätengelenke
e) Innere Organe(›viscerale Osteopathie‹)

2. Im weiteren Sinn und so ganzheitlich gesehen wie man will, können wir den Patienten darauf untersuchen, wie sein Körper auf Reize jeglicher Art reagiert. Dies können alle Arten belastender Stressoren, aber auch Heilmittel oder unterstützende Faktoren sein. In diesem Fall verwenden wir dann nicht mehr unbedingt die bekannten Muskel-Organ-Meridian-Zuordnungen, sondern arbeiten mit ›Indikatormuskeln‹ nach folgendem Prinzip:

Mögliche Muskelreaktionen durch Challenge

Ein **schwacher** Muskel kann
Schwach bleiben
Normoton werden
Hyperton werden

Ein **normotoner** Muskel kann
Schwach werden
Normoton bleiben
Hyperton werden

Ein **hypertoner** Muskel kann
Schwach werden
Normoton werden
Hyperton bleiben

Folgende Gebiete können so untersucht werden:
- Medikamente und Heilmittel jeglicher Art
- Störfelder / Herde
- Allergien und Unverträglichkeiten
- Toxische Belastungen
- psychische Probleme
- sonstige Stressfaktoren (Umwelt, Geopathie ...)

Die Schlußfolgerungen aus den Testbefunden sollten sich unbedingt an der klinischen Erfahrung, der Physiologie und dem gesunden Menschenverstand orientieren; v.a. bei schwerwiegenderen Entscheidungen sind zusätzliche Messungen oder Untersuchungen dringend zu empfehlen, sodaß die AK-Untersuchung keinesfalls als alleiniges Diagnostikum verwendet wird.

Chemisch-physikalische Challenge-formen

Oraler Challenge
- Heilmittel jeder Art außer Homöopathika/Bach-Blüten
- Alle Nahrungsmittel und Getränke
- Alle sonstigen nicht-toxischen Substanzen zur oralen Anwendung (Zahnmaterialien, Mundpflegemittel, milde Drogen...)

Nasaler Challenge
- Raumluftproben
- Luftproben von Teppichen, Matratzen, Kopfkissen, Schränken usw.
- Materialproben bei V.a. auf toxische bzw. allergisierende Ausdünstungen (Teppichreste, Holzproben usw.)
- Kosmetika aller Art
- Aromasubstanzen jeglicher Art

Energetisch-elektromagnetischer Challenge
- Homöopathika, Bach-Blüten u.ä.
- Temperatur
- Physikalische Therapieformen
- ›Geopathie‹
- Farben, Licht
- Töne, Musik

Oraler Challenge

Hierbei wird die zu testende Substanz im Mund getestet. Es reicht eine geringe Menge; entscheidend ist, daß die Substanz eingespeichelt und geschmeckt wird. Diese Art der Testung wurde Ende der 60er-Jahre in die AK eingeführt. Anfang 1968 schrieb Goodheart einen Artikel mit dem Titel ›Cranial-Sacral-Nutritional Reflexes and Their Relationship to Muscle Balancing‹.
Ein immer wieder für die Grundlagen der oralen AK-Testung zitierter Artikel heißt ›Direct Pathway to the Brain‹, veröffentlicht von Kare, M.R. et al in Science, Vol. 163, Februar 1969.
Kare und ein anderer Autor (Maller, O. et al: ›Movements of glucose and NaCl from the oropharyngeal cavity to the brain‹, Nature, Feb. 18, 1967) beschreiben den direkten Transport radioaktiv markierter Glukose aus der Mundhöhle von Ratten in das Gehirn. Die Tiere wurden proximal der submaxillären Drüsen ligiert; die Atmung erfolgte über ein Tracheostoma. Die Glukose wurde unterschiedlich lange im Mund der Ratte belassen, danach mit destilliertem Wasser ausgewaschen. Sofort nach dem Ausspülen wurden die Tiere in flüssigem Stickstoff schockgefroren.
Anschließend wurde die Verteilung der radioaktiv markierten Glukose in den verschiedenen Körperregionen der Ratten untersucht.

Flow Chart: Challenge

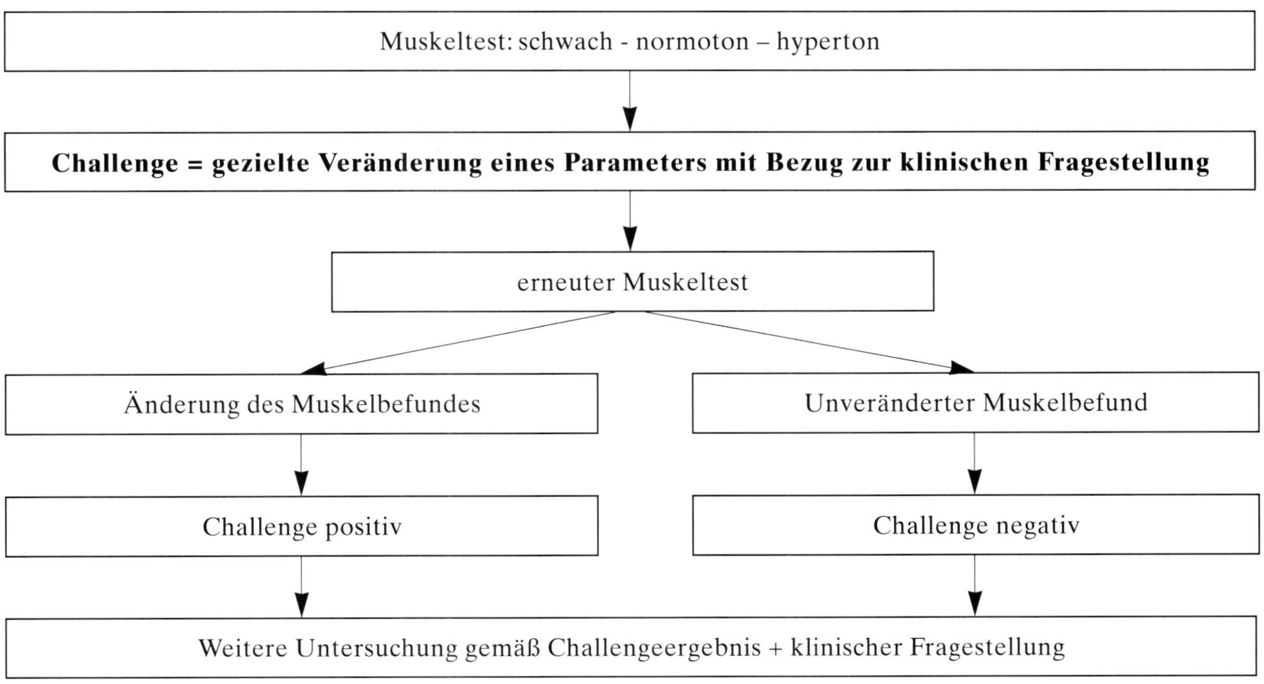

Abb. 12

Nach weniger als 30 Sekunden Verweildauer der Glukose im Mund fand sich post mortem die Radioaktivität im Gesicht, innerhalb der Schädelhöhle – und im Gehirn!
Keinerlei Aktivität fand sich unterhalb der Ligatur, obwohl sogar Blut aus den Herzkammern untersucht wurde.
Wurde andererseits die gleiche Glukoselösung unter Umgehung der Mundhöhle per Sonde in den Magen eingebracht, so war sie innerhalb weniger Minuten in der Leber und Blut, aber erst nach über 20 Minuten im Gehirn nachweisbar.
Eine ganz wichtige Studie zum Thema ›Testung von Substanzen im Mund oder in der Hand?‹ stammt von Leaf (›Nutrient testing evaluation‹, Proceedings of Summer Meeting, ICAK, Santa Monica, CA, 1985).
Er untersuchte die verschiedenen Testmodalitäten, ausgehend von einem schwachen Teres minor, wie folgt: Die Probanden mit schwachem Teres minor (lt. Goodheart assoziiert mit der Schilddrüse) mußten einen Fragebogen mit 30 Symptomen zu Schilddrüsenunter- oder überfunktion ausfüllen. Dann wurde mit AK die Reaktion des schwachen Teres minor auf vier Substanzen untersucht: Niacinamid, Vitamin E, Inositol und Schilddrüsenextrakt. Die Untersuchung erfolgte nacheinander; jede der Substanzen getrennt.

Wurden die Substanzen nur per Hautkontakt getestet, egal wo (Hand, Nabel, Thymus ...) so ergab sich eine reine Zufallsverteilung der Testergebnisse.
Bei der Testung im Mund ergab sich ein völlig anderes Bild:

- Bei Patienten, die mehr als 20 Symptome angekreuzt hatten, stärkten alle vier Testsubstanzen!
- Bei den übrigen Probanden ergab sich ein interessantes Bild in Abhängigkeit von der positiven Symptomatik:

Positive Symptome:	Stärkung auf (in %): Niacinamid	Vitamin E	Inositol	Schilddrüsenextrakt
II: 17-20	28	22	24	100
III: 13-16	13	15	11	91
IV: 4-12	3	5	4	92
V: kleiner 3	Zufallsverteilung wie bei der Testung auf der Haut!			

In den Gruppen III und IV gab es keine Reaktion auf irgendeine der Substanzen bei 1% bzw. 3%!

Leaf´s Arbeit bestätigt die Wichtigkeit der oralen Testung und den offenkundigen Zusammenhang des Teres minor mit der Schilddrüse. Interessant ist der Anstieg der relativen Spezifität der Muskel-Organverbindung in den Gruppen III und IV!
Die o.g. Studien und die Erfahrungen mit Patienten seit 25 Jahren bilden den Hintergrund für die Behauptung Goodheart's und der klassischen AK, daß für alle oral aufzunehmenden Substanzen – Nahrungsmittel, Getränke, Medikamente – die orale Testung die sicherste Aussage über Verträglichkeit bzw. Nutzen für den Patienten liefert.

Seit Jahren zeigt die Erfahrung, daß die Patienten dies sofort und problemlos annehmen können. Die Akzeptanzprobleme liegen bei den Kollegen:

- die ›wissenschaftlich‹-schulmedizinisch Orientierten glauben weiterhin nur an IgE und IgG-Tests bzw. die verschiedenen Epicutan- bzw. Intracutantests
- die esoterisch Orientierten wollen sich die Mühe und Zeit für die orale (oder nasale) Testung sparen und glauben, sie könnten alles nur per Hautkontakt testen (siehe nächste Seite)

Beide Gruppen haben sich aber nicht mit den o.g. Studien auseinandergesetzt und scheuen bisher auch den Vergleich in wirklich praxis- und patientenorientierten Studien. Diese sind dringend nötig!

Technik
Nach Erhebung des Ausgangsmuskelbefundes wird jeweils eine kleine Menge der Testsubstanz in den Mund gegeben und solange eingespeichelt bzw. gekaut, bis der Patient sie schmeckt. Danach erfolgt der zweite Muskeltest.
Bei positivem Challenge ist vor der Testung der nächsten Substanz der Mund mit klarem Wasser zu spülen, v. a. bei Allergenen bzw. unverträglichen Substanzen. Ausnahmen können bei speziellen Fragestellungen notwendig werden oder sogar sehr elegant eingebaut werden (antagonistische Testung, en bloc-Testung, Trennkostallergie.
Kann durch Spülen allein der Ausgangsbefund nicht wiederhergestellt werden, empfiehlt sich die Temporal Tap Technik reicht auch diese und eventuell eine längere Wartepause an frischer Luft nicht, muß der Patient behandelt werden.
In ganz seltenen Fällen muß die Testung abgebrochen werden.
Bei negativem Challenge (= keine Änderung des Testmuskels) kann sofort die nächste Substanz getestet werden. Ist der Geschmack für den Patienten zu intensiv, kann natürlich ebenfalls gespült werden.

V Einige wichtige Testmuskeln

Deltoideus

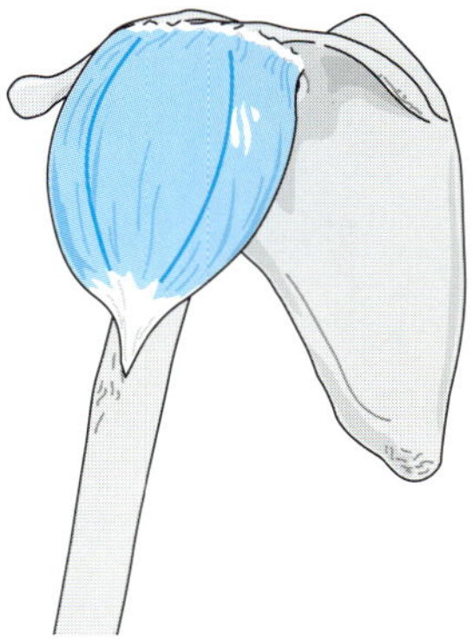

Ursprung: Oberfläche des Akromion.
Ansatz: Tuberositas deltoidei humeri.
Funktion: Abduktion des Oberarms.
Test: Der Muskel kann bequem im Sitzen, im Stehen sowie in Bauch- und Rükkenlage getestet werden. Der Arm des Patienten wird in 90° Abduktion mit 90° Flexion im Ellbogen gebracht. Der Patient drückt beim Test in Richtung weiterer Abduktion, der Untersucher mit weichem Kontakt über dem distalen Oberarm und dem proximalen Unterarm in Richtung Adduktion.
Die stablisierende Hand des Untersuchers ist auf der an-deren Schulter des Patienten und kann so Ausweichbewe-gungen des Patienten registrieren.

Achtung: Schmerz an den typischen Tennisellbogenpunkten und Kontakt am Sedationspunkt LU 5 vermeiden!

Alternative Testpositionen: Ist der Patient sehr muskelkräftig im Verhältnis zum Untersucher, kann der Test am geraden Arm ausgeführt werden. Auch hierbei ist auf die Neutralstellung zu achten und der Patient darf durch den wesentlich höheren Hebel nicht überfordert werden. Kontakt am Handgelenk oder distal davon ist zu vermeiden.

Schwächezeichen:
- der Patient neigt sich von der Testseite weg.
- der Patient versucht die Flexion im Ellbogengelenk zu erhöhen.
- der Patient versucht, durch Änderung der Rotationsposition des Oberarms andere Muskeln zu rekrutieren. Dies ist leicht ersichtlich, wenn der Unterarm nicht mehr genau horizontal steht.

Neurolymphatische Reflexpunkte

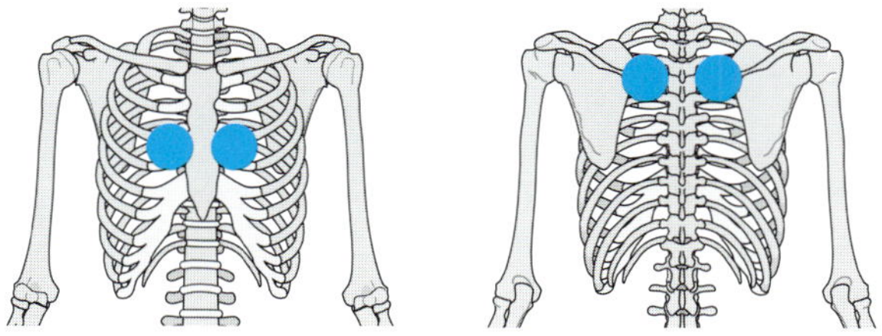

NL Anterior NL Posterior

Nerval: C5, C6, N. axillaris
Meridian: Lunge
Organ: Lunge
Nährstoffverbindungen/Heilmittel: Vitamin C, Wasser, RNA, Beta-Carotin.
Beachte: Der Deltoideus ist der ›Lieblingsmuskel‹ der ›Kinesiologen‹ und deshalb einer der am häufigsten falsch getesteten Muskeln. Tatsächlich ist er oft beidseits hyperton oder schwach als Folge von Fixationen des HWS/BWS-Übergangs und dann als Indikatormuskel denkbar ungeeignet!

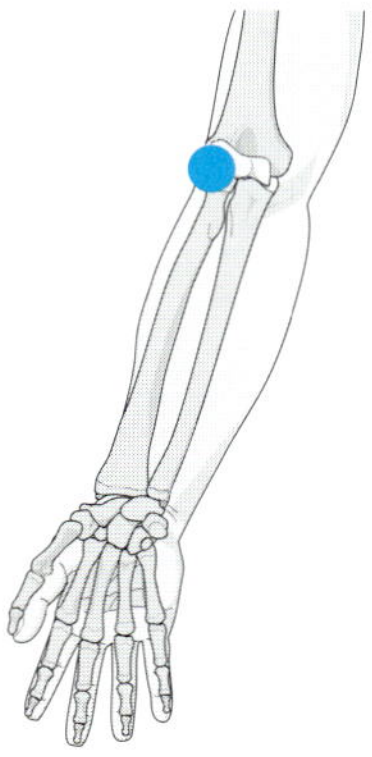

Sedationspunkt: Lunge 5

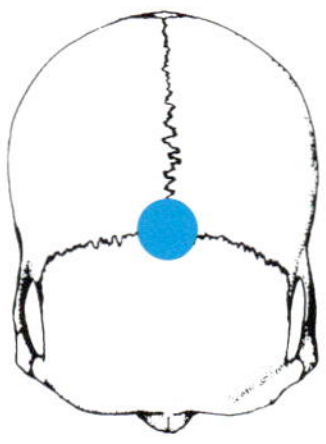

Neurovaskulärer Reflexpunkt

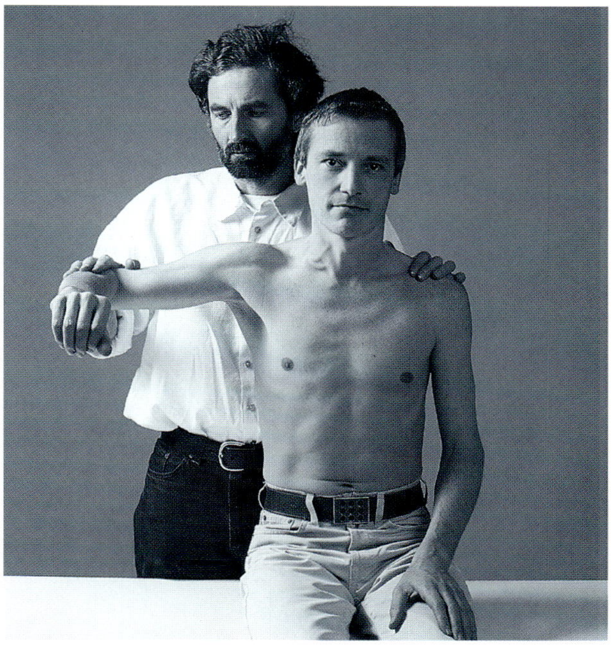

Klassischer Test im Sitzen

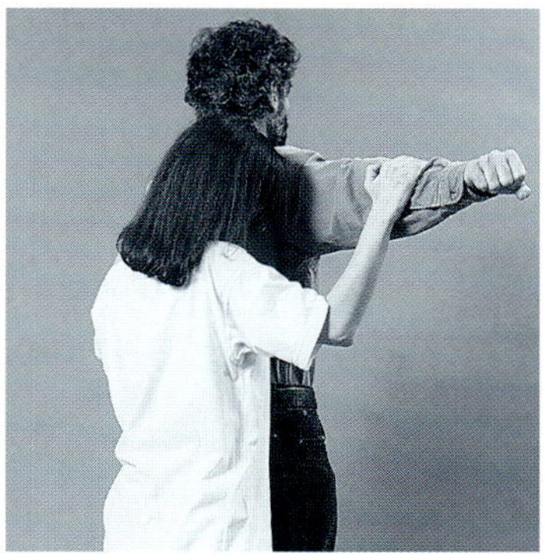

Alternative Testposition, wenn beispielsweise eine zarte Frau wesentlich kleiner und weniger muskelkräftig ist, als ein zu untersuchender Mann.

Latissimus dorsi

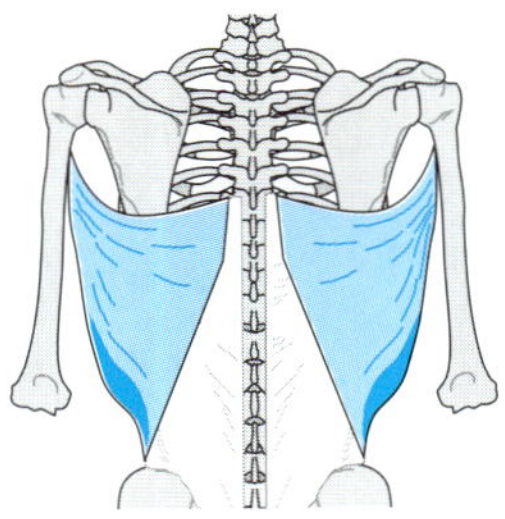

Ursprung: Der Muskel entspringt von einer breiten Aponeurose, die von den Dornfortsätzen der unteren sechs Brustwirbel über die Lendenwirbel bis zum posterioren Rand des Os illium reicht und zusätzlich noch von den unteren drei bis vier Rippen und der Scapulaspitze entspringt.
Ansatz: Der Muskel ›verdreht‹ sich um sich selbst und setzt am Boden des Sulcus intertubercularis humeri an.
Funktion: Adduktion und Innenrotation des Humerus; zieht die Spitze der Scapula nach unten und medial. Zieht die gesamte Schulter nach unten!
Test: Der Test kann gut im Stehen, Sitzen sowie in Rücken- und Bauchlage ausgeführt werden. Der Arm des Patienten ist maximal gestreckt und innenrotiert, sodaß der Daumen zum Körper zeigt. Zu Beginn des Tests ist der Arm etwa 20° vom Körper entfernt; der Patient zieht in Richtung Adduktion.
Der Untersucher zieht mit einem weichen Kontakt am distalen Unterarm in Richtung Abduktion mit einer leichten Komponente nach anterior.
Achtung! Der Untersucher sollte keinen Schmerz verursachen und eine Berührung der Meridan-Pulspunkte möglichst vermeiden!
Schwächezeichen: Der Patient versucht, durch Beugen im Ellbogengelenk die lange Bicepssehne zu rekrutieren.

Nerval: N. thoracodorsalis aus dem Plexus brachialis – C6,7,8
Meridian: Milz – Pankreas
Organ: Pankreas
Nährstoffverbindungen/Heilmittel: Vitamin A und F (EFA), Zink. Pankreasorganextrakt, Pankreasenzyme, pankreasstimulierende Phytotherapeutika und Homöopathika.
Essentiell: Selen zur Produktion der Pankreasenzyme, Chrom (Glukose-Toleranz-Faktor) zur Blutzuckerregulation.

Neurolymphatische Reflexpunkte

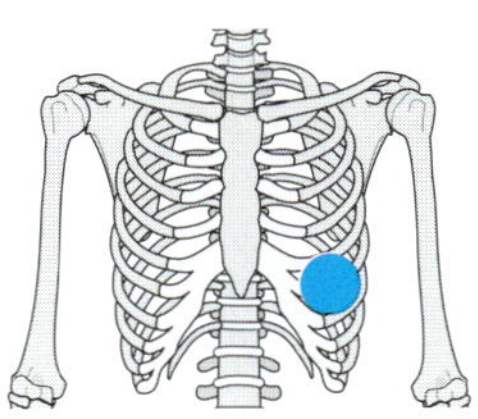

NL Anterior

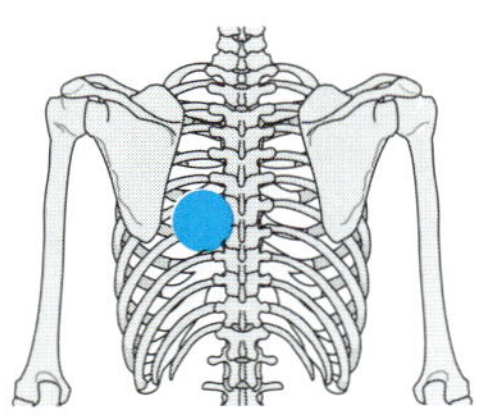

NL Posterior

Achtung: NL normalerweise nur links, bei chronischen Fällen häufig sehr schmerzhaft!

Beachte:
1. Bilaterale Schwäche des Latissimus dorsi ist häufig und kann hinweisen auf:
- **Fixationen im thorakalen bzw. thorakolumbalen Bereich (Ursprung des Muskels!).**
- **Erhebliche Organstörung meist des Pankreas! Deshalb ist der Latissimus ein idealer Indikatormuskel bei einer Vielzahl von Problemen – Verdauungsstörungen bis Beckenschiefstand/Schuhausgleich.**

2. Schwäche des Latissimus begünstigt eine Verkürzung des oberen Trapezius (häufige Schmerzpunkte!)

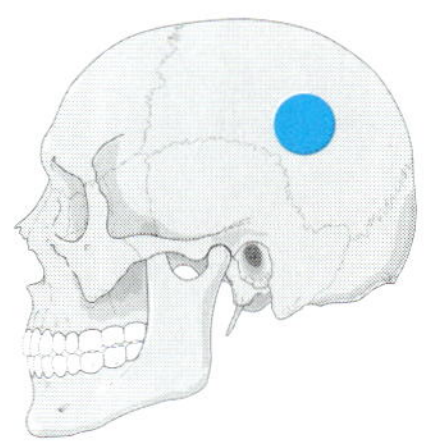

Neurovaskuläre Reflexpunkte bds.

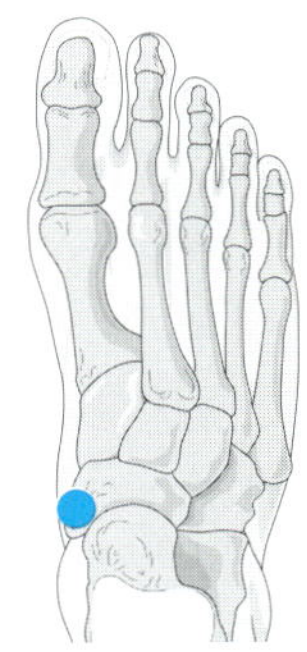

Sedationspunkt: Milz/Pankreas 5

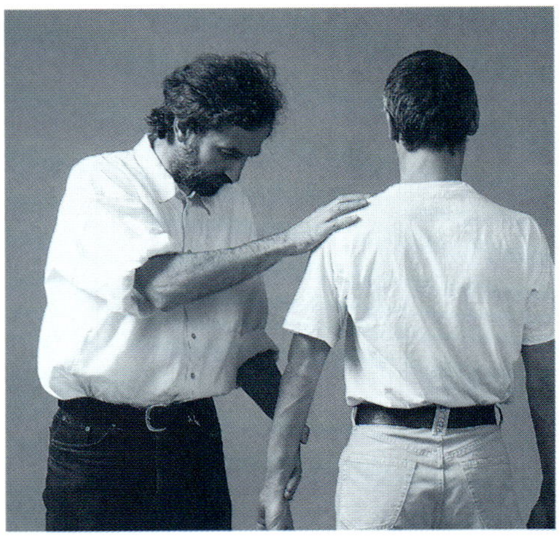

Klassischer Test im Stehen; der Arm des Patienten ist im Ellenbogengelenk maximal gestreckt und der Untersucher vermeidet Kontakt an den Radialis-Pulspunkten

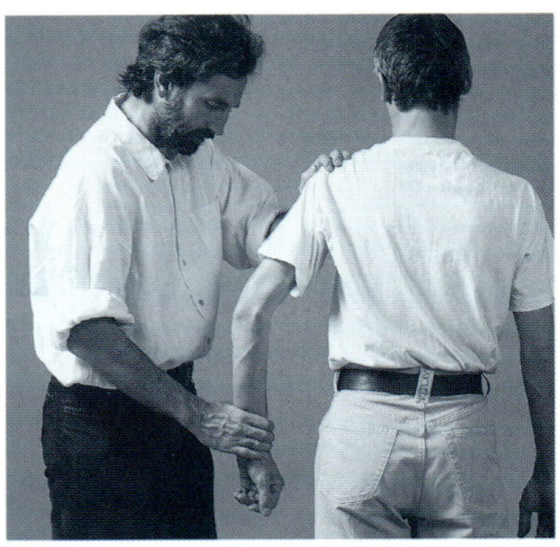

Dieses Bild zeigt zwei häufige Fehler: Der Untersucher erlaubt dem Patienten, im Ellenbogen zu beugen und berührt auch noch die Radialis-Pulspunkte durch nicht optimalen Kontakt am Unterarm mit der Zughand

Nackenextensoren

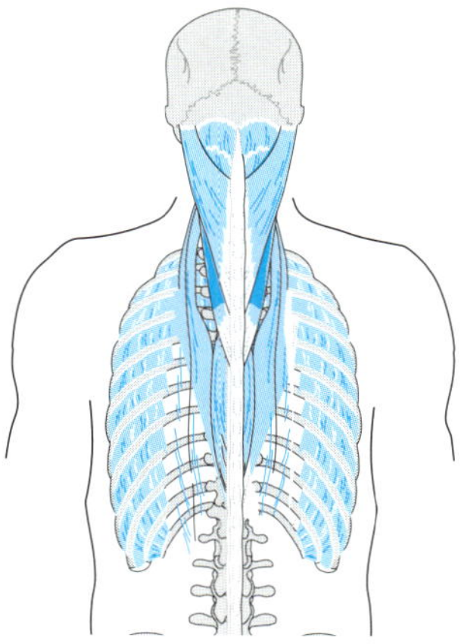

Ursprung/Ansatz: Unter diesem Begriff fassen wir eine Gruppe von Muskeln zusammen, die im Prinzip von der Linea nuchae am Hinterkopf und den oberen drei bis vier Halswirbeln nach unten ziehen zu den Wirbeln der unteren HWS und oberen BWS bis etwa dem 6. Brustwirbel.

Funktion: Extension des Kopfes und der HWS mit und ohne Rotation.

Test: Gut durchführbar im Sitzen, Stehen und vor allem in Bauchlage. Beim optimalen Test ist darauf zu achten, daß der Patient sich nicht mit den Händen auf der Liege abstützt. Der Testdruck des Untersuchers geht prinzipiell in Richtung Extension. Dabei ist neben einem weichen, keinesfalls Schmerz verursachenden Kontakt am Hinterkopf bzw. am seitlichen Schädel vor allem wichtig, daß der Untersucher den Vektor des Testdrucks nicht geradeaus nach anterior ausübt, sondern wie eine gedachte Tangente an den Radius, den der Kopf bei der Anteflexion beschreibt.

Nerval: C1–C8
Meridian: Magen
Organ: Nasennebenhöhlen, Kopflymphaticum
Nährstoffverbindungen/Heilmittel: B6, B3, organisches Jod, pflanzliche und homöopathische Nasenneben-höhlentherapeutika, insb. Nosoden, und Drainagemittel.

Neurolymphatische Reflexpunkte

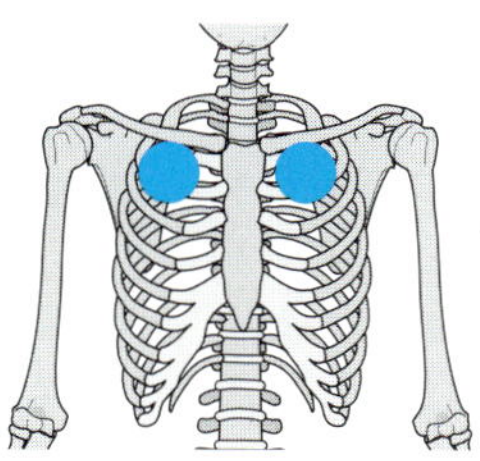

NL Anterior

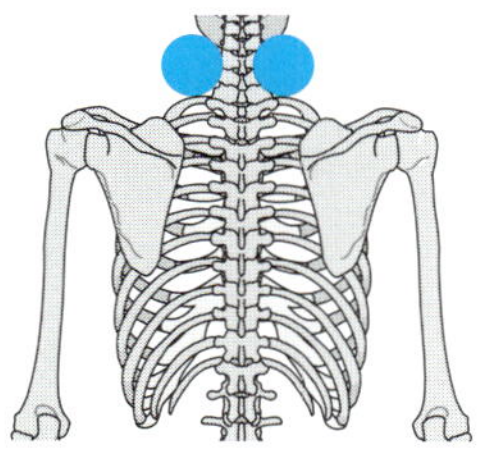

NL Posterior

Beachte: Die Nackenextensoren sind als Gruppe normalerweise extrem stark, bei Schwäche aber geradezu pathognomonisch für Fixationen im Becken- und Lumbalbereich:
- Nackenextensoren schwach als Gruppe in Neutralstellung ohne Rotation getestet:

Fixation LWS
- Unilaterale Schwäche bei Testung in Rotation:

Sacroiliacale Fixation auf dieser Seite
- Schwäche beidseits bei Testung in Rotation:

Sacrumfixation (d.h. beidseitige sacroiliacale Fixation)

Therapie: siehe Kapitel: Fixationen!
Es ist immer wieder faszinierend zu sehen, wie die teilweise dramatische Schwäche der Nackenextensoren nach erfolgreicher Korrektur der Fixation am unteren Ende der Wirbelsäule sofort aufgehoben ist!
Die Testung der Nackenextensoren bilateral und unilateral in Rotation gehört zur Grunduntersuchung von Wirbelsäule und Becken!

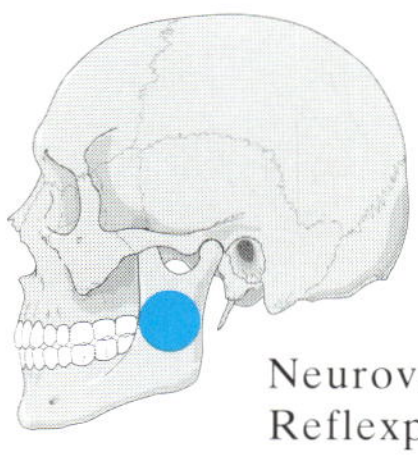

Neurovaskuläre Reflexpunkte bds.

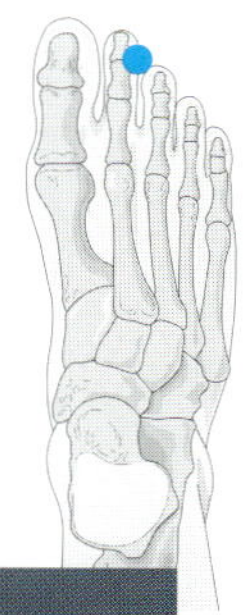

Sedationspunkt: Magen 45
aber: **<u>diese Muskeln sollten nicht auf Hypertonus getestet werden: Gefahr des ›Schleudertraumas‹ bei plötzlicher Schwäche!</u>**

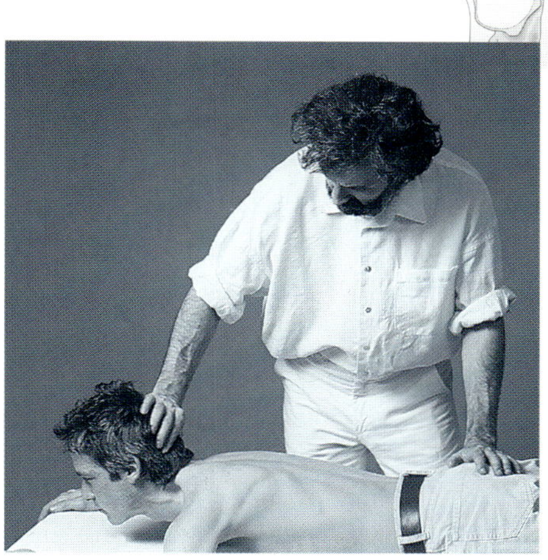

Nackenextensoren als Gruppe getestet

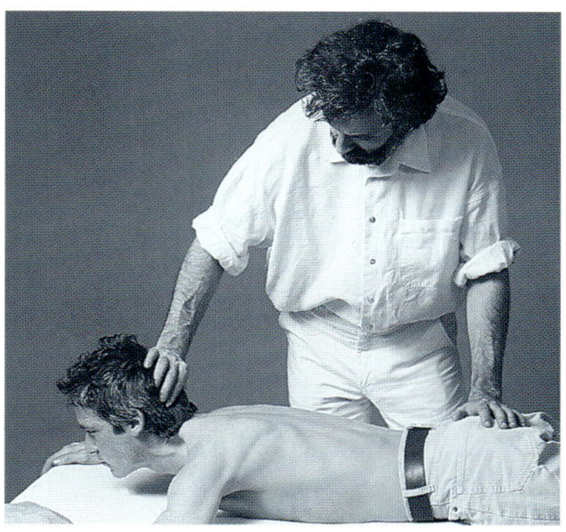

Nackenextensoren in Rotation nach links getestet

Nackenflexoren

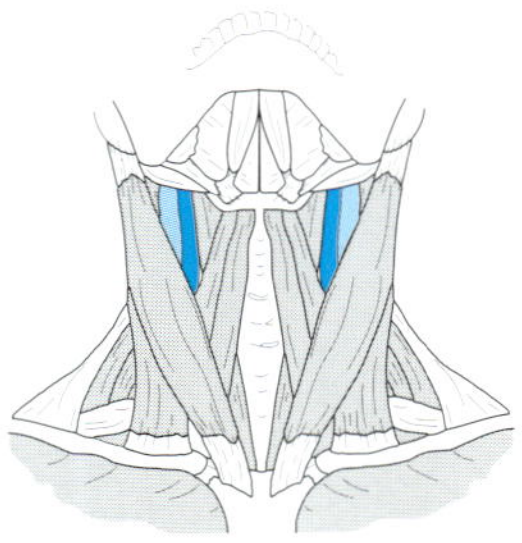

Ursprung/Ansatz: Dies ist eine Gruppe verschiedener Muskeln, die im Prinzip von der oberen HWS, dem Mastoid und der Linea nuchae (SCM!) zur unteren HWS, oberen BWS, zur 1. Rippe und zur medialen Hälfte der Clavicula reichen.
Funktion: Gemeinsam Anteflexion des Kopfes und der oberen HWS ohne und mit verschiedenen Graden an Rotation.

Meridian: Magen
Organ: Nasennebenhöhlen, Kopflymphaticum
Nerval: C1–C8
Nährstoffverbindungen/Heilmittel: B6, B3, organisches Jod, pflanzliche und homöopathische Nasenneben-höhlentherapeutika, insb. Nosoden, und Drainagemittel.

Beachte für alle Nackenflexoren:
Gegenüber den Nackenextensoren sind die Flexoren grundsätzlich deutlich schwächer. Bei vielen Patienten sind die Nackenflexoren durch chronische Probleme im Nasennebenhöhlenbereich und/oder der oberen HWS so schwach, daß der Kopf kaum in der Testposition gehalten werden kann. Der Test ist dann mit zartester Hand durchzuführen und es ist dringend zu empfehlen, daß von Beginn an die zweite Hand des Untersuchers zur Sicherheit am Hinterkopf des Patienten plaziert ist, um diesen gegebenenfalls aufzufangen!

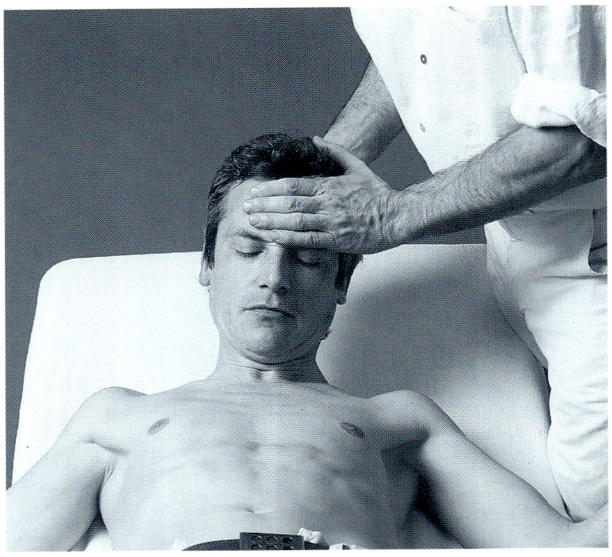

Nackenflexoren als Gruppe getestet; man beachte die schützende Hand des Untersuchers hinter dem Kopf des Patienten!

Nackenflexoren als Gruppe (ohne Rotation)
Dies ist in der Regel die erste Testposition für die Gruppe der Nackenflexoren. Gut ausführbar in Rückenlage sowie im Sitzen und Stehen.
Der Kopf des Patienten wird in maximale Anteflexion gebracht; der Kontakt des Untersuchers ist weich über der Stirn des Patienten. Der Vektor des Testdrucks ist nicht gerade in Richtung dorsal, sondern entspricht der Tangente der Kreisbahn, die der Kopf bei Extension aus dieser Position beschreiben würde.

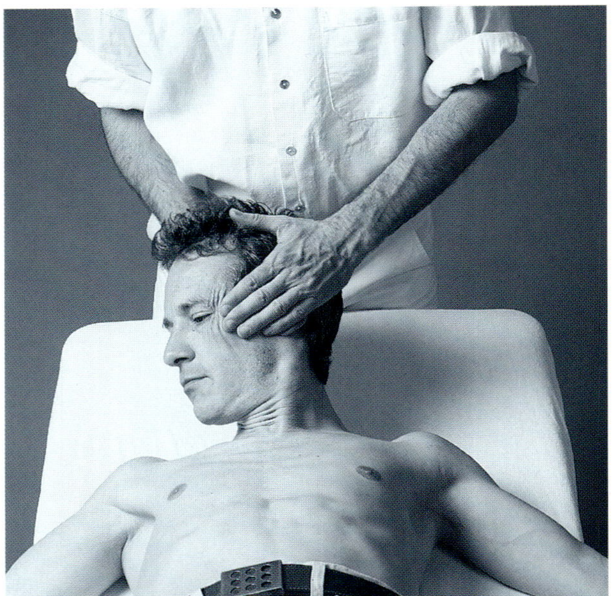

SCM links, d.h. mit Kopfrotation nach rechts; das Muskelrelief ist in dieser Position deutlich sichtbar!

Sternocleidomastoideus (SCM)
Dies ist aus verschiedenen Gründen einer der interessantesten Muskeln. Bei einseitiger Kontraktion beugt er den Kopf zur ipsilateralen Schulter und dreht ihn zur entgegengesetzten Seite; in dieser Testposition ist der Muskel auch ideal zu sehen und zu palpieren. Bei beidseitiger Kontraktion beugt er den Kopf nach vorne, zusammen mit den

übrigen Nackenflexoren. Beim Test ist darauf zu achten, daß die Hände nicht auf der Untersuchungsliege liegen, sodaß ein Abstützen des Patienten nicht möglich ist.
Interessanterweise wird der SCM sowohl von den Rami anteriores von C2 und C3 als auch durch den N. accesorius (Hirnnerv XI) versorgt. Der einzige andere Muskel ähnlicher ›zweigleisiger‹ Versorgung ist der obere Trapezius!
Goodheart weist darauf hin, daß ohne diese zweifache Innervation von oberem Trapezius und SCM die fein abgestimmte Interaktion zwischen diesen Muskeln beim Gehen nicht möglich wäre.

Neurolymphatische Reflexpunkte

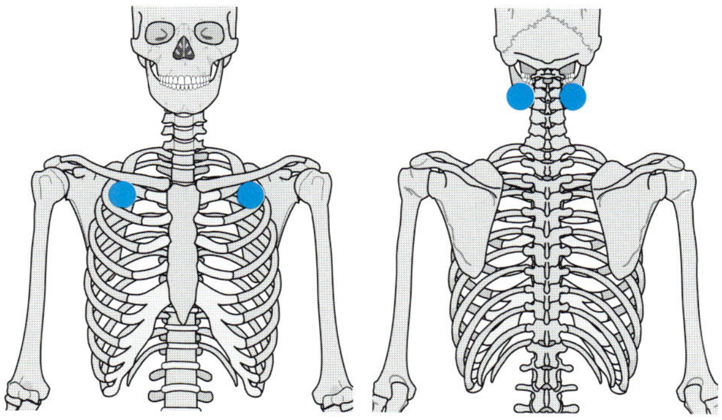

Beachte:
- Häufig sieht man als Schwächezeichen den Versuch des Patienten, den Kopf aus der maximalen Rotation zurück zur Nullstellung zu rotieren, um die anderen Nackenflexoren mit einsetzen zu können. In diesem Fall ist damit zu rechnen, daß der SCM extrem schwach ist. Auf die Testung, die in solchen Fällen oft sehr unangenehm für den Patienten ist, kann dann verzichtet werden.
- Bei der Testung des Muskels ist neben einem weichen, niemals Schmerz verursachenden Kontakt oberhalb des Ohres darauf zu achten, daß der Vektor des Testdrucks nicht gerade nach posterior ist, sondern einer Tangente der Kreisbewegung entspricht, die der Kopf bei maximaler Seitneigung gegenüber der HWS beschreibt.
- Insbesondere für den SCM hat Goodheart bereits früh darauf hingewiesen, daß manchmal B6 und B3 (Niacin oder Niacinamid) im richtigen Verhältnis gleichzeitig gegeben werden müssen.

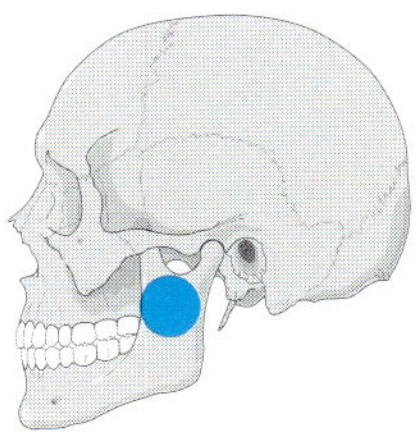

Neurovaskuläre Reflexpunkte bds.

Scaleni
Diese Muskelgruppe testet man in Rückenlage, im Sitzen oder im Stehen in Anteflexion und etwa 10° Rotation weg von der Testseite.
Idealerweise übt der Untersucher den Testdruck mit der Ulnarkante der Hand auf die Mitte der Stirn des Patienten aus mit einem Vektor gerade in Richtung Extension. Beim Test ist darauf zu achten, daß die Hände nicht auf der Untersuchungsliege liegen, sodaß ein Abstützen des Patienten nicht möglich ist.
Jeder Versuch des Patienten, den Kopf aus der vorgegebenen Testposition wegzurotieren, gilt als Schwächezeichen!

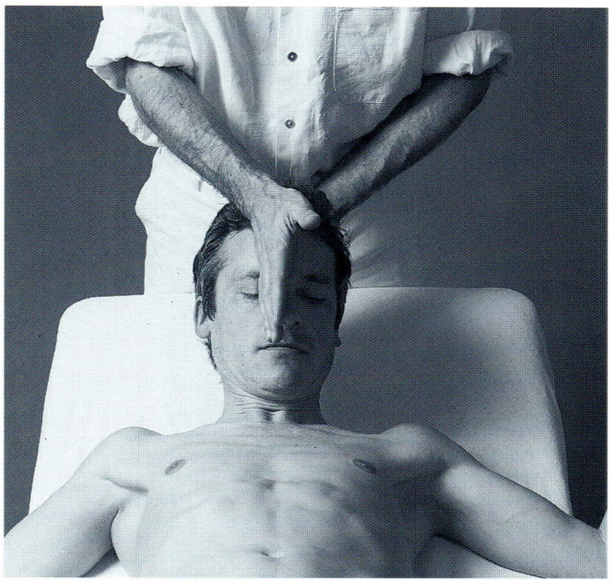

Testung der Scalenus-Gruppe rechts mit leichter Kopfrotation nach links! Man beachte ebenfalls die schützende Hand hinter dem Kopf des Patienten!

Beachte:
Die Scaleni sind häufig betroffen beim Thoracic-Outlet-Syndrom und anderen chronischen Störungen im HWS- Schulterbereich!

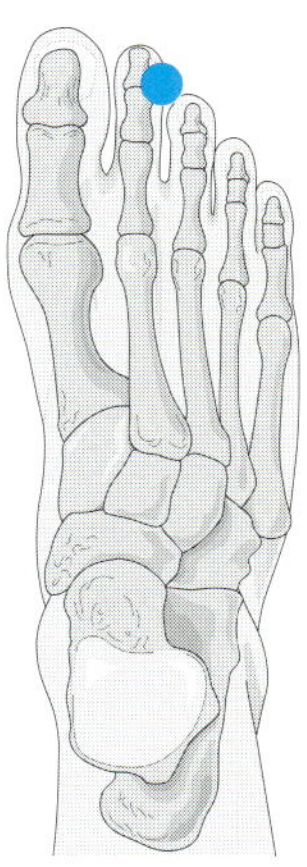

Sedationspunkt: Magen 45 **<u>aber: diese Muskeln sollten nicht auf Hypertonus getestet werden:</u>**
<u>Gefahr des ›Schleudertraumas‹ bei plötzlicher Schwäche!</u>

Pectoralis Major – claviculärer Teil

(kurz: Pectoralis Clavicularis = PMC)

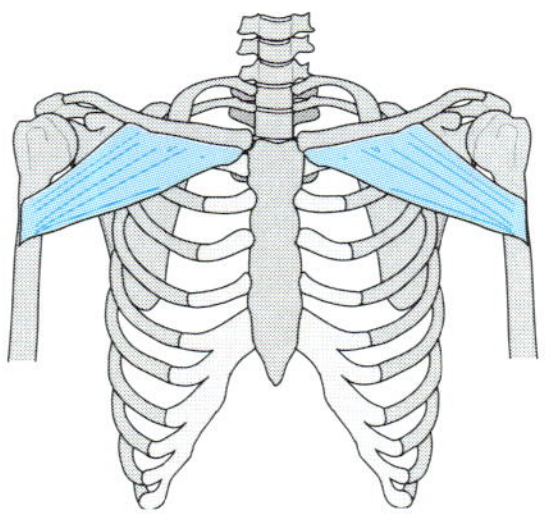

Ursprung: Anteriore Oberfläche der medialen Hälfte der Clavicula.
Ansatz: Lateraler Rand des Sulcus bicipitalis humeri.
Funktion: Flexion im Schultergelenk, horizontale Adduktion des Humerus in Richtung der kontralateralen Schulter, Mithilfe bei der Innenrotation des Oberarmes.
Test: Am besten in Rückenlage, aber auch im Stehen, Sitzen und in Bauchlage möglich. Anteflexion im Schultergelenk bis 90° mit maximaler Streckung im Ellbogengelenk, maximale Innenrotation, sodaß der Daumen zu den Zehen zeigt. Der Patient drückt den Arm in Richtung auf die kontralaterale Schulter, der Untersucher nimmt einen weichen Kontakt am distalen Unterarm und drückt in Richtung Abduktion und minimale Extension der Schulter.
Schwächezeichen: Am häufigsten versucht der Patient bei Schwäche des Muskels immer wieder, den Arm im Ellbogengelenk zu beugen und so über die lange Bicepssehne zu rekrutieren.

Nerval: N. pectoralis lateralis –C5,6,7.
Meridian: Magen
Organ: Magen
Nährstoffverbindungen/Heilmittel: Zink als wichtigster Co-Faktor der Carbo-Anhydrase-Reaktion, die zur Produktion von HCl und Bicarbonat in den Magenzellen notwendig ist. Phytotherapeutika zur Magenstimulation (Amara-Mischungen), Betain-HCl, Vitamin B.

Beachte:
Im Regelfall testen wir diesen Muskel bilateral gleichzeitig (s. Foto). Warum? Goodheart fand sehr früh in der Entwicklung der AK, daß eine Schwäche des PMC bei gleichzeitiger Testung beider Arme in über 90% der Fälle mit einem Mangel an Magensäure (Hypochlorhydrie, Achlorhydrie) verbunden ist. Klassischerweise ist der PMC oft sogar, einzeln getestet, ein- oder beidseitig stark, aber eben nicht bilateral gleichzeitig! Dies ist bei allen Störungen des Verdauungstraktes, Allergien, aber auch bei Mineralstoffwechselstörungen wie Osteoporose und Parodontose äußerst wichtig.

Bilaterale Schwäche des PMC
↓
HCL- Mangel

Neurolymphatische Reflexpunkte

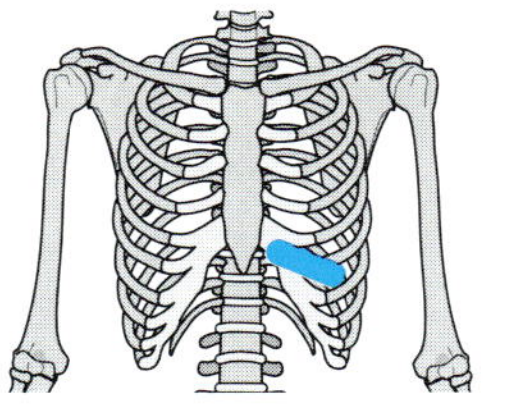

NL Anterior

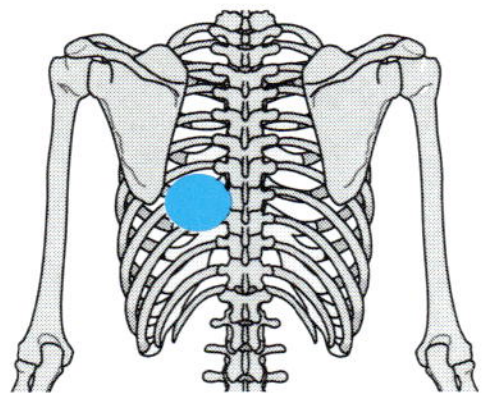

NL Posterior

In der Regel nur links!

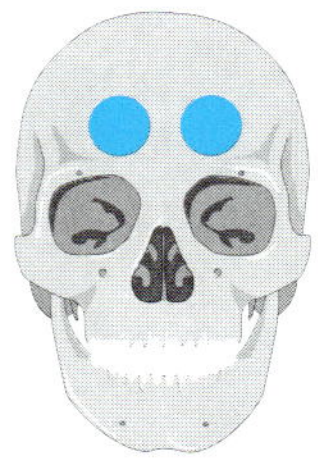

Neurovaskuläre Reflexpunkte; sie werden auch als ENV = Emotionale Neurovaskuläre Punkte bezeichnet!

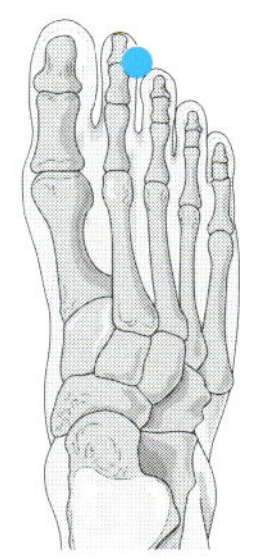

Sedationspunkt: Magen 45

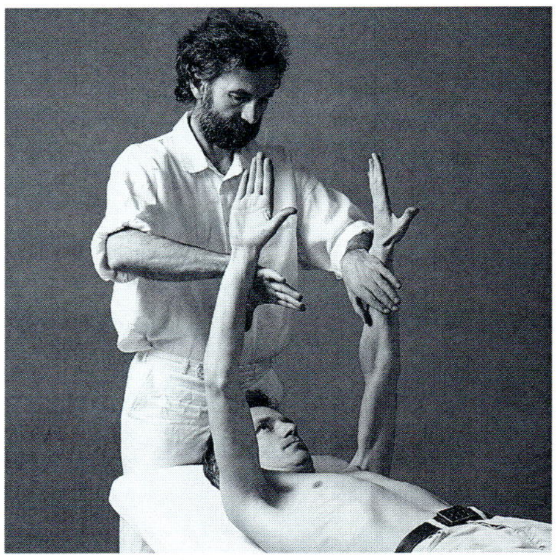

Testung des PMC bilateral; das Bild zeigt die häufigste Fehlerquelle bei Schwäche des Muskels: Beugung im Ellenbogen rechts!

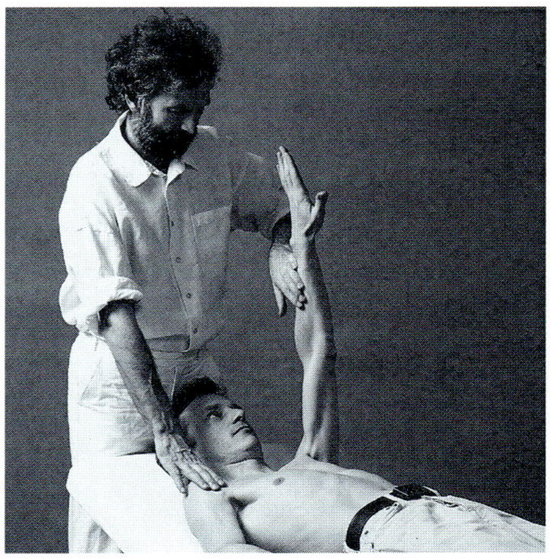

PMC einseitig links getestet; die einseitige Testung erfolgt meist nach der beidseitigen Testung!

Rectus femoris

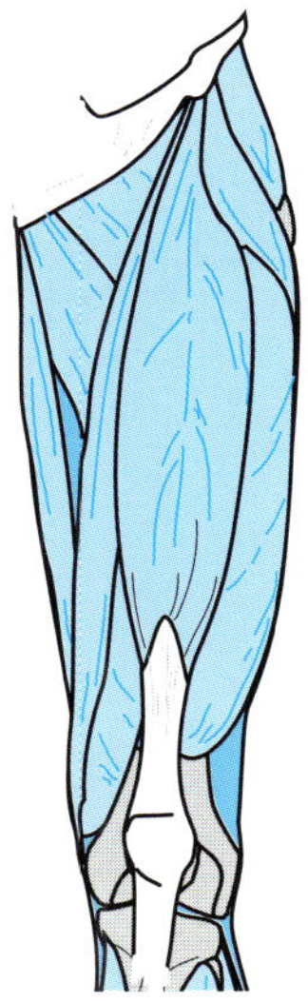

Mit Ausnahme von spezifischen orthopädischen Problemen, v.a. am Knie und Becken, testen wir von den vier Teilen des Quadrizeps normalerweise nur den **Rectus femoris,** der deshalb hier auch als einziger besprochen wird.

Ursprung: Spina iliaca anterior superior, ein kleinerer querverlaufender Teil reicht zum Oberrand des Acetabulum und zur Hüftgelenkskapsel.

Ansatz: Oberrand der Patella im Ligamentum patellae, über dieses bis zum Tuberculum tibiae.

Funktion: Beugung in der Hüfte, Extension im Knie.

Test: Idealer Indikatortestmuskel in Rückenlage! Relativ gut auch testbar im Sitzen und Stehen. Das Bein wird in eine Position von 90° Beugung im Kniegelenk und ebenfalls 90° Beugung im Hüftgelenk gebracht. Kontakt am distalen Oberschenkel. Der Untersucher drückt in Richtung gerader Extension. Jegliche Rotation ist zu vermeiden, ebenfalls sollte der Winkel im Knie nicht verändert werden.

Da der Quadrizeps der stärkste Muskel im Körper ist, kommt es hier besonders darauf an, daß der Untersucher seine eigene Testposition entsprechend der Muskelstärke des Patienten wählt. Dies bedeutet: Ein sehr kräftiger Untersucher wird bei den allermeisten Patienten keine Probleme haben; ist jedoch der Patient im Verhältnis zum Untersucher sehr muskelkräftig, so wird es notwendig sein, sich entweder mit der anderen Hand am Tisch abzustützen oder gar dieses zu kombinieren mit einer verriegelten Position des Testarmes des Untersuchers nahe am Körper. Bei sehr zart gebauten oder empfindlichen Handgelenken ist ebenfalls Vorsicht geboten; in manchen Fällen wird man dann auf die Testung des Rectus femoris bei sehr starken Patienten verzichten.

Neurolymphatische Reflexpunkte

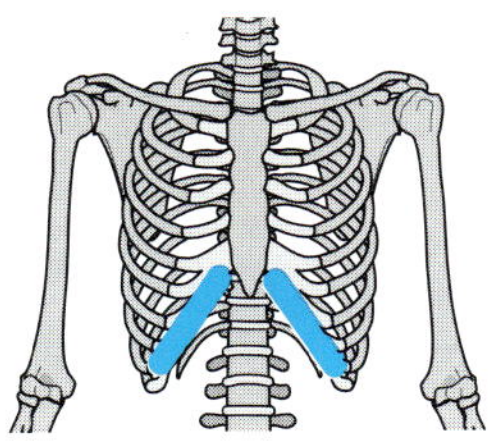

NL Anterior

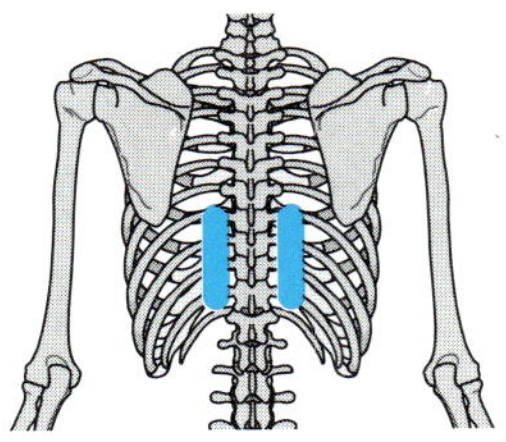

NL Posterior

Nerval: N. femoralis, L2–L4
Meridian: Dünndarm
Organ: Dünndarm
Nährstoffverbindungen/Heilmittel: Vit. B-Komplex, Vit. D, Calcium, CoQ10; vor allem auch Darmpräparate wie Acidophilus (primärer Keim im Dünndarm), Vitaldophilus® Colibiogen oral®, Hylak (forte)®, Omniflora®, FOS® usw.

Beachte:

- Eine bilaterale, teilweise extreme Schwäche des Rectus femoris beidseits, häufig ohne jeglichen gravierenden Befund an der Wirbelsäule, findet man pathognomonisch bei dünndarmbezogenen Allergien und Dysbiosen, insbesondere auch bei Candidose! Bei diesen Patientengruppen ist auch der umgekehrte Befund häufig anzutreffen: Beidseitiger Hypertonus des Rectus femoris als Folge einer allergischen Reaktion des Dünndarms! Der Rectus femoris ist deshalb der ideale Indikatormuskel zur Untersuchung dieses Problembereichs!
- Die einseitige Schwäche des Rectus femoris ist oft assoziiert mit dem häufigsten Subluxationsbefund am SIG: ›posteriores Ilium‹.

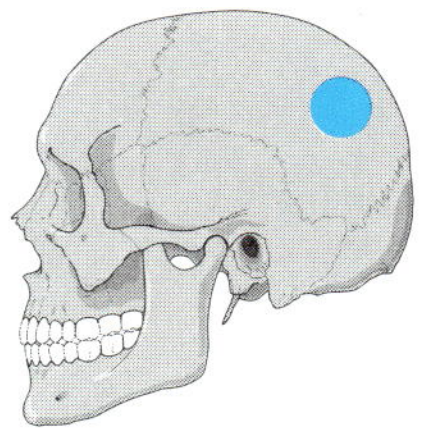

Neurovaskuläre Reflexpunkte bds.

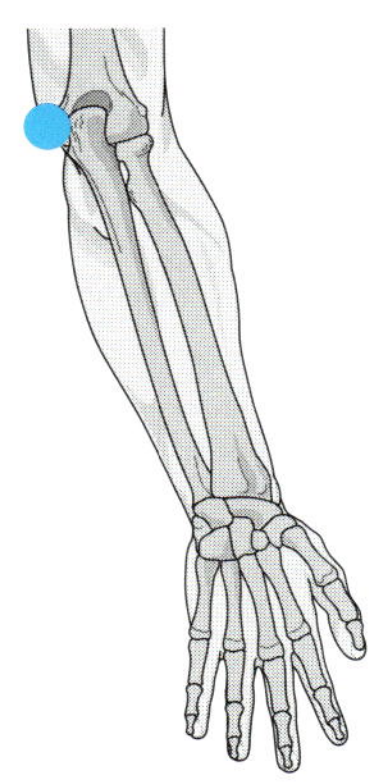

Sedationspunkt: Dünndarm 8

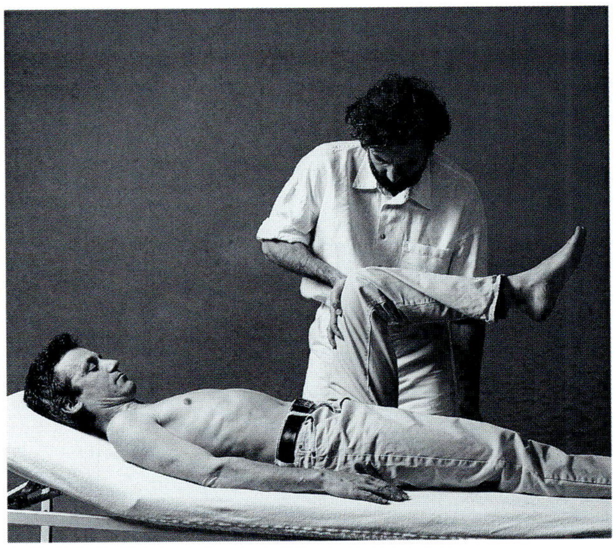

Tensor Fasciae Latae (TFL)

Ursprung: Lateral der Spina iliaca anterior superior, am oberen Rand des Os ilium.
Ansatz: Mittleres Drittel des Tractus iliotibialis.
Funktion: Beugung, Abduktion und Innenrotation im Hüftgelenk. Spannt zusammen mit dem Glutaeus maximus die Fascia lata und stabilisiert so über den Tractus iliotibialis das laterale Knie!
Test: Optimale Testposition ist die Rückenlage. Das im Knie maximal gestreckte Bein wird in eine Position der Abduktion, der Innenrotiation und etwa 30° Beugung im Hüftgelenk gebracht. Der Patient drückt das Bein in Richtung weiterer Abduktion und Flexion, also nach außen und oben; der Testdruck des Untersuchers erfolgt mit Kontakt am distalen Unterschenkel in Richtung Adduktion und Extension, also vom Vektor her in Richtung des anderen Beins, das mit der zweiten Hand des Untersuchers auf der Untersuchungsliege stabilisiert wird.

Nerval: N. glutaeus superior, L4, L5, S1
Meridian: Dickdarm
Organ: Dickdarm
Nährstoffverbindung/Heilmittel: B12, Folsäure, B-Komplex, Eisen, Vitamin D.
Synergistische Darmkeimpräparate wie Acidophilus, Bifidus, Vitaldophilus®, Mutaflor®, Omniflora®, FOS® usw …

Neurolymphatische Reflexpunkte

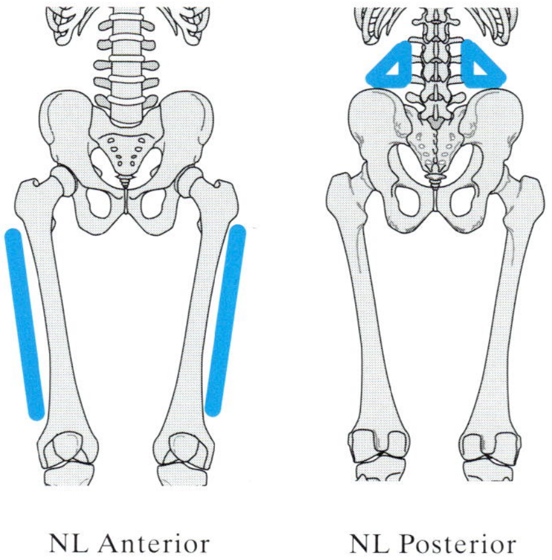

NL Anterior NL Posterior

Beachte:
Eine bilaterale Schwäche des TFL ist zu über 80% ein Indikator für eine Anämie! Die entsprechend indizierten Substitutionspräparate wie Eisen, B12 und Folsäure sind dann ideal am TFL zu testen!

TFL bilateral schwach → Anämie

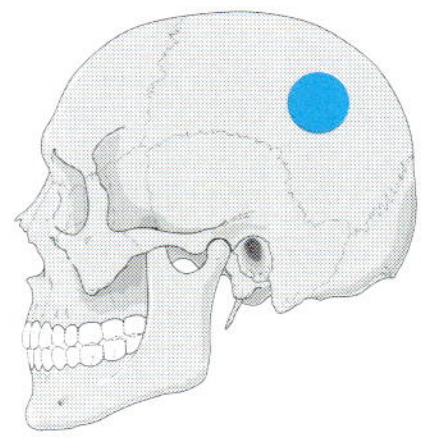

Neurovaskuläre Reflexpunkte bds.

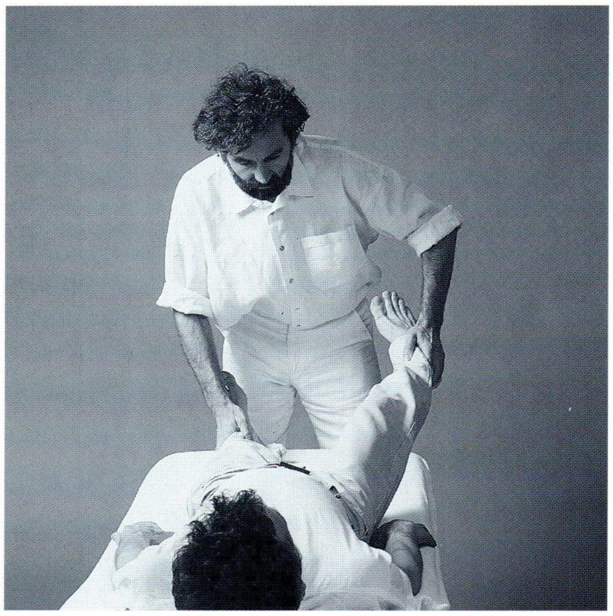

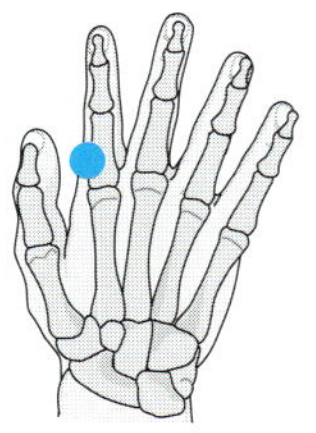

Sedationspunkt: Dickdarm 2

VI Zahnmedizin und stomatognathes System

Definition: Als stomatognathes System bezeichnet man die Gesamtheit aller Strukturen im Kopf-, Mund/Kiefer- und Halsbereich mit ihren weitgehenden Interaktionen und wechselseitigen Abhängigkeiten.
Hierzu gehören die Schädelknochen, Mandibula, Hyoid, Clavicula, Sternum; die Muskeln und Kapsel/Bandstrukturen samt ihren Mechanorezeptoren; die Gesamtheit der Strukturen und Funktionen des Lymph-, Blut- und Nervensystems sowie das bindegewebige Grundsystem nach Pischinger.

a. Einführung

Die Tatsache, daß dieses Kapitel als letzter Anwendungsbereich der AK in der naturheilkundlichen Praxis kommt, ist umgekehrt proportional zur Wichtigkeit:
Störungen aus dem Bereich der Mundhöhle und des Kiefergelenks **(TMJ = Temporo-Mandibular Joint)** wirken sich vielfältiger und nachhaltiger auf den Organismus aus als Probleme in praktisch allen anderen Fachgebieten mit Ausnahme der Psychosomatik.

›The TMJ is the most important joint in the body!‹
(Goodheart)

Seit Mai 1994 hat sich – beeinflußt durch die Zusammenarbeit mit Prof. Harold Gelb – in meiner Praxis die Wichtigkeit des stomatognathen Systems so dramatisch erhöht, daß es mir selbst teilweise nicht mehr glaubhaft erscheint.
Die tagtägliche Realität in der naturheilkundlichen Allgemeinpraxis spricht jedoch eine zu klare Sprache: bei praktisch jeder chronischen Erkrankung, jeder neurologischen bzw. funktionell-neurologischen Störung und auch bei vielen anscheinenden Akutsymptomen wie Tinnitus, Vertigo, Wirbelsäulenblockierungen usw. ist die wirklich ganzheitliche Untersuchung des stomatognathen Systems indiziert, wird immer wieder fündig und liefert Anhaltspunkte für eine äußerst effektive Therapie.

Zur Begründung sei auf die hervorragende Literatur verwiesen, insbesondere von Gelb, Goodheart, Kramer, Magoun, Schupp, Upledger, Voll und Walther.
In aller Kürze sind folgende anatomisch-physiologische Tatsachen zu beachten:

- **Das craniosacrale System steht – insbesondere über die am Os sphenoidale ansetzende Muskulatur – in direkter wechselseitiger Interaktion mit der Kaumuskulatur. Störungen jeglicher Art aus dem Bereich des stomatognathen Systems sind maximale Irritationsfaktoren für das craniosacrale System.**
- **Rein mechanisch gesehen ist die Position der Mandibula und des Hyoids über die ansetzende Muskulatur und Mechanorezeptoren direkt verbunden mit der gesamten Haltung (Kopf, HWS, BWS, LWS, SIG...).**

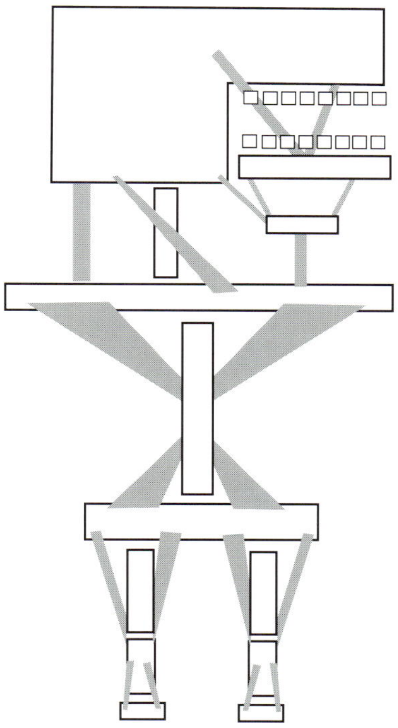

Abb. 13 Das stomatognathe System und die funktionell-anatomischen Bezüge zum Rest des Körpers

- **Das Kiefergelenk gehört zum Versorgungsgebiet des N. trigeminus. Dies ist der größte Hirnnerv, der als einziger Querverbindungen zu allen anderen Hirnnerven hat.**

- **Die Rolle der Zähne in Bezug auf die Mechanik des stomatognathen Systems ist speziell: die maximale Interkuspidation (IKP) bildet den Alles entscheidenden Endpunkt für die Annäherung der Mandibula an die Maxilla. Mit anderen Worten: Die Stellung der Zähne und die vertikale Dimension entscheiden darüber, wie weit sich Mandibula und Maxilla annähern können und damit auch, wo die Kondyle in der Fossa articularis bei IKP positioniert ist!**

Weder das Gelenk noch die Muskulatur bestimmen die Interkuspidation, sondern die Interkuspidation diktiert die Lage des Kondylus in der Fossa articularis bei IKP.

● Die Zähne selbst können sowohl – iatrogen verursacht – Ausgangspunkt von Intoxikationen (Amalgam, Palladium...) als auch Allergien (im Prinzip jeder dentale Werkstoff!) sein.

● Kopfherde (Zähne und Leerkieferstrecken, Nasennebenhöhlen, Tonsillen und übriges lymphatisches System) stellen den größten Anteil an Herden gemäß den Erkenntnissen der Neuraltherapie und Herdlehre.

● Penfield und Rasmussen zeigten, daß 35-40% aller Nerven im Körper mit der Versorgung von Kopf und Gesicht verbunden sind (siehe Abbildung xx).

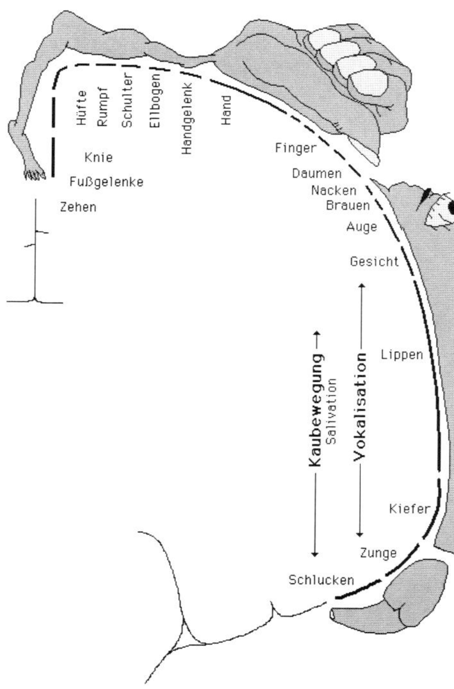

Homunkulus nach Penfield und Rasmussen (Motorik)

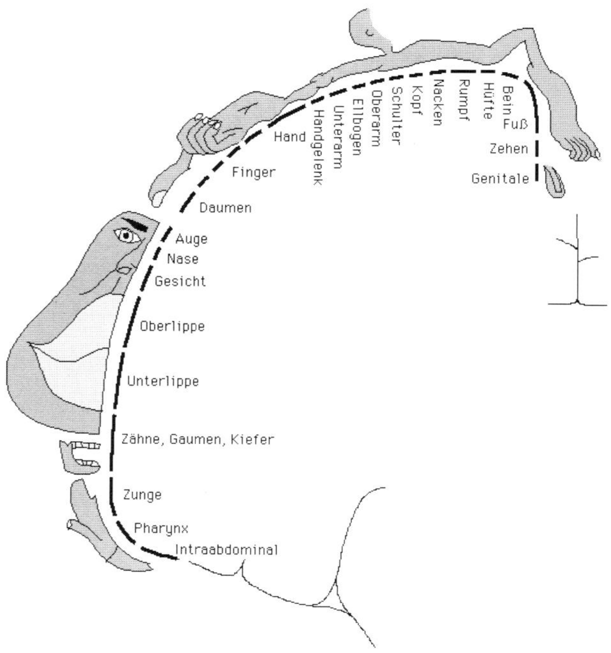

Abb. 14 Homunkulus nach Penfield und Rasmussen (Sensorik)

● Die Muskeln Sternocleidomastoideus (SCM) und Oberer Trapezius sind die beiden einzigen Muskeln, die gleichzeitig von zwei Hirnnerven versorgt werden. Goodheart hat als Erster darauf hingewiesen, daß dies für die komplexe neuromuskuläre Interaktion des Gehens notwendig ist.

b. Differentialdiagnostische Überlegungen

Mit der AK und ihren Untersuchungstechniken Challenge und TL haben wir eine einfache, schnelle und bei korrekter Durchführung sehr zielführende Methode für die unerläßliche Differentialdiagnose. Dies ist nicht nur für den Zahnarzt, Kieferorthopäden und Kieferchirurgen wichtig, sondern auch für den HNO-Arzt, Allgemeinpraktiker, Augenarzt, Manualtherapeuten, Rheumatologen, Schmerztherapeuten, Kinderarzt, Neurologen, Logopäden, Lerntherapeuten und im Prinzip jede andere Berufsrichtung, die diagnostisch und therapeutisch mit den Funktionen und Strukturen des stomatognathen Systems zu tun hat.

Vereinfachend kann man – abgesehen von der psychosomatischen Seite – drei Arten von Störfaktoren im Bereich des stomatognathen Systems unterscheiden:

1. Chemisch-toxisch-allergische und physikalische Belastungen

● Amalgam, Palladium, andere unverträgliche

Flow Chart: Differentialdiagnose der positiven TL eines Zahns

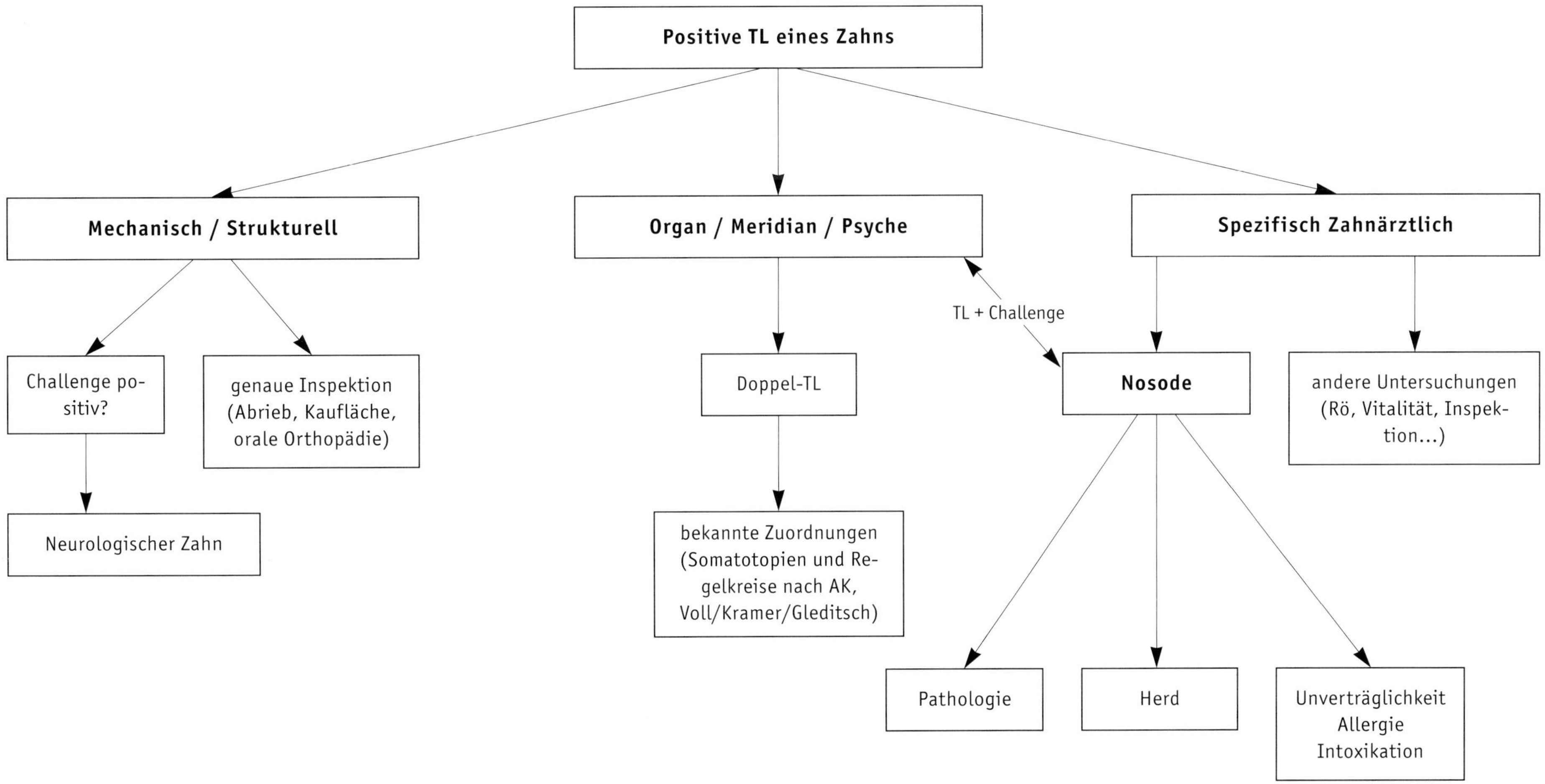

Abb. 15

Legierungen oder Dentalmaterialien
- Mundspannungen
- Übersäuerung (inkl. Calciummangel)
- Mangelzustände an orthomolekularen Substanzen (Vitamin C, Folsäure, u.a.)

2. Infektionen und Pathologien inkl. Herde
- Pulpitis, Ostitis, Abszesse, Zysten, Zahnfleischtaschen, u.a.m.
- Infektionen (Bakterien, Viren, Pilze), Karies

3. Mechanische = neuromuskuläre Störfaktoren
- HWS, Kiefergelenk, Schädelfehler, muskuläre Dysbalancen, Malokklusion, Neurologischer Zahn

Anmerkung: Tatsächlich ist es so, daß das stomatognathe System nicht wirklich abzugrenzen ist. Walther merkt das in seiner Diskussion des Themas bereits an und fordert insbesondere die Einbeziehung des gesamten craniosacralen Systems. Dies ist angesichts der engen funktionellen Beziehungen sicher richtig; andererseits muß irgendwo aus Gründen der Systematik eine Grenze gezogen werden.

Von den oben erwähnten medizinischen Fachrichtungen bestehen zum stomatognathen System ebenfalls engste Korrelationen. Man denke insbesondere an die Augenheilkunde, die funktionelle Neurologie und den HNO-Bereich, hier vor allem was Gehör und Gleichgewichtssinn anbelangt.

Im nachfolgenden Text werden diese Bereiche bewußt ausgeklammert, indem wir uns auf die Fachgebiete Zahnmedizin/Kieferorthopädie bzw. besser Orale Orthopädie beschränken. Es bestehen jedoch engste Korrelationen des stomatognathen Systems mit funktionellen Störungen aus den o.g. Fachbereichen! Ziel einer wirklich ganzheitlich angelegten Differentialdiagnose muß es sein, sich mit einer problemorientierten klinischen Untersuchung und möglichst wenigen, aber zielführenden Tests Klarheit darüber zu verschaffen, ob und welche Störfaktoren bestehen und wie deren Interaktion untereinander, aber auch die Auswirkungen auf den Rest des Körpers sind.

Prinzip:

- **Vorab unbedingt eingehende Anamnese unter Berücksichtigung der oben angesprochenen Zusammenhänge; danach klassische klinische Untersuchung**
- **Untersuchung wichtiger Testpunkte mit TL; gegebenenfalls weiter mit Nosoden, Doppel-TL und TL in Verbindung mit Challenge**
- **Testung des stomatognathen Systems durch Bewegungsprüfung: = mechanischer Challenge!**

c. Durchführung der AK-Untersuchung zur Differentialdiagnose

1. Suche einen starken, möglichst normotonen Indikatormuskel
Idealerweise testet man z.B. in Rückenlage Rectus femoris, Piriformis, PMC, PMS oder Latissimus. Findet sich kein normotoner Indikatormuskel, so kann auch ausgehend vom hypertonen Muskel oder – mit Einschränkungen – ausgehend vom schwachen Muskel getestet werden.

2. Untersuche mit TL:
- Lymphe 2 nach Voll beidseits, einzeln nacheinander (siehe Abbildungen 16 und 18)
- Lymphabflußgebiet unterhalb des Kieferwinkels (diese TL heißt in meiner Praxis ›TE‹ oder bei noch vorhandenen Tonsillen ›Tonsille‹) (siehe Abbildung 17)
- Falls negativ, aber klinischer Verdacht: Lymphe 1 nach Voll beidseits
- Bei entsprechender Klinik: Nasennebenhöhlen-Testpunkte (siehe Abbildungen 26 und 27 bis 28)
- Narben oder sonstige mögliche Störfelder/Pathologien
  Äußerliche Narben wird man sofort entstören.

Die weitere Abklärung erfolgt je nach Fall mit entsprechenden klinischen Methoden und AK-Testung mit Nosoden.

Die Art und Lokalisation der jeweils positiv testenden TL führt uns im Regelfall schnell weiter: sie zeigt uns, wo

das Problem ist.
Die Art der Nosode deutet auf die Art des Krankheitsprozesses oder Störfaktors hin.
Die optimal testende Potenz der gefundenen Nosode(n) entspricht dem Grad oder der ›Wertigkeit‹ des Befundes.
Aussagen:

Positive TL zu Lymphe 2	Lymphbelastung ›Ober-/Unterkiefer‹ auf dieser Seite
Positive TL zum einzelnen Zahn oder Leerkieferbereich	Belastung des jeweiligen Zahns oder Leerkieferbereiches
Positive TL zu Lymphe 1 oder/und ›TE‹/Tonsille	Lymphbelastung Waldeyer'scher Rachenring bzw. Mandelnarbenstörfeld auf dieser Seite

Lymphe 2:

Bei nur einseitig positivem Befund an Lymphe 2 wird man sofort mit direkter TL im Mund einzelne herdverdächtige Zähnen bzw. Leerkieferstrecken im Ober- und/oder Unterkiefer auf derselben Seite untersuchen.
Findet sich eine positive TL an einem Zahn, so gibt es drei differentialdiagnostische Möglichkeiten (siehe Abb.):
- Zahnherd
- Materialproblem
- Neurologischer Zahn

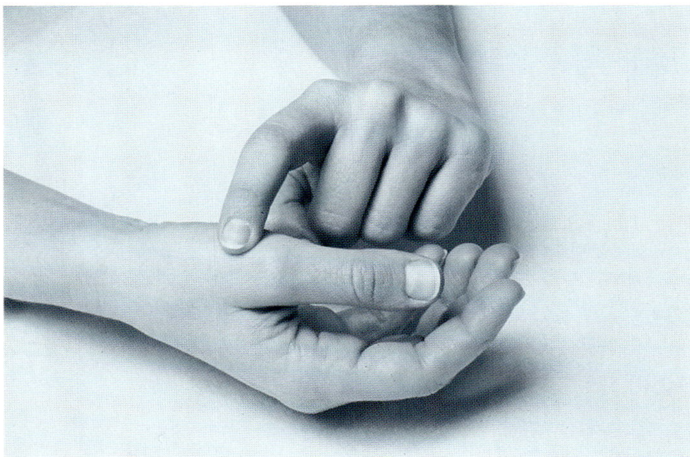

Abb.16 TL zu Lymphe 2 rechts

Neurologischer Zahn (siehe dort)
= positive TL zu einem Zahn, die aufhebbar ist durch einen gehaltenen Challenge.

Materialproblem
Manchmal findet sich eine TL an einem Zahn, die durch Unverträglichkeit eines an diesem Zahn verwendeten Legierungs- oder Wurzelfüllmaterials verursacht wird.
Die positive TL wäre dann aufhebbar durch die entsprechende Nosode!

Zahnherd
= positive TL, die nicht durch einen gehaltenen Challenge aufhebbar ist, aber durch eine oder mehrere Nosoden wie Ostitis comp., Kieferostitis, Pulpitis, Zahnwurzelgranulom usw., potenzierte Organpräparate von WALA oder auch Neuraltherapie.

Ist Lymphe 2 beidseits positiv, dann denkt man – häufiges ist häufig! – als erstes an ›Unverträglichkeit‹ dentaler Materialien, und hierbei natürlich als erstes an Amalgam (Testampullen Silberamalgam D6/D8 oder Mercurius solubilis comp.), als zweites dann an andere Materialprobleme.
Selbstverständlich kann es auch beidseitige Herde ohne Materialproblematik geben, doch ist dies extrem selten.

Viel häufiger, geradezu der Regelfall, sind Kombinationen aus Materialproblem und Herd(en); noch komplizierter sind multiple Belastungen im Kopfbereich (z.B. Sinusitis + Zahnherd + Amalgam + craniomandibuläre Dysfunktion).

Nach Thomsen und Fonk, aber auch meinen eigenen Beobachtungen ist es klinisch bei beidseitig positivem Lymphe 2-Befund meistens sinnvoller, zuerst die – immer übergeordnete – Materialbelastung bzw. Intoxikation weiter zu verfolgen, als sich um einzelne Zahnherde zu kümmern. **Dies gilt dann auch für die Therapie bei solchen Mehrfachbelastungen!**

›TE‹ bzw. Tonsille oder Lymphe 1:

Diese Testpunkte zeigen meist spezifische Störungen aus dem Bereich des Waldeyerschen Rachenringes an, oft aber auch Belastungen aus der Mundhöhle, vor allem Amalgam!!
Auch lymphatische Belastungen durch Zahnherde oder zahnärztliche Eingriffe (Extraktionen, Ostitis-Revisionen usw.) zeigen sich oft mit positiver TL an diesen Punkten.

Flow Chart: Untersuchungsgang am Kiefergelenk mit TL

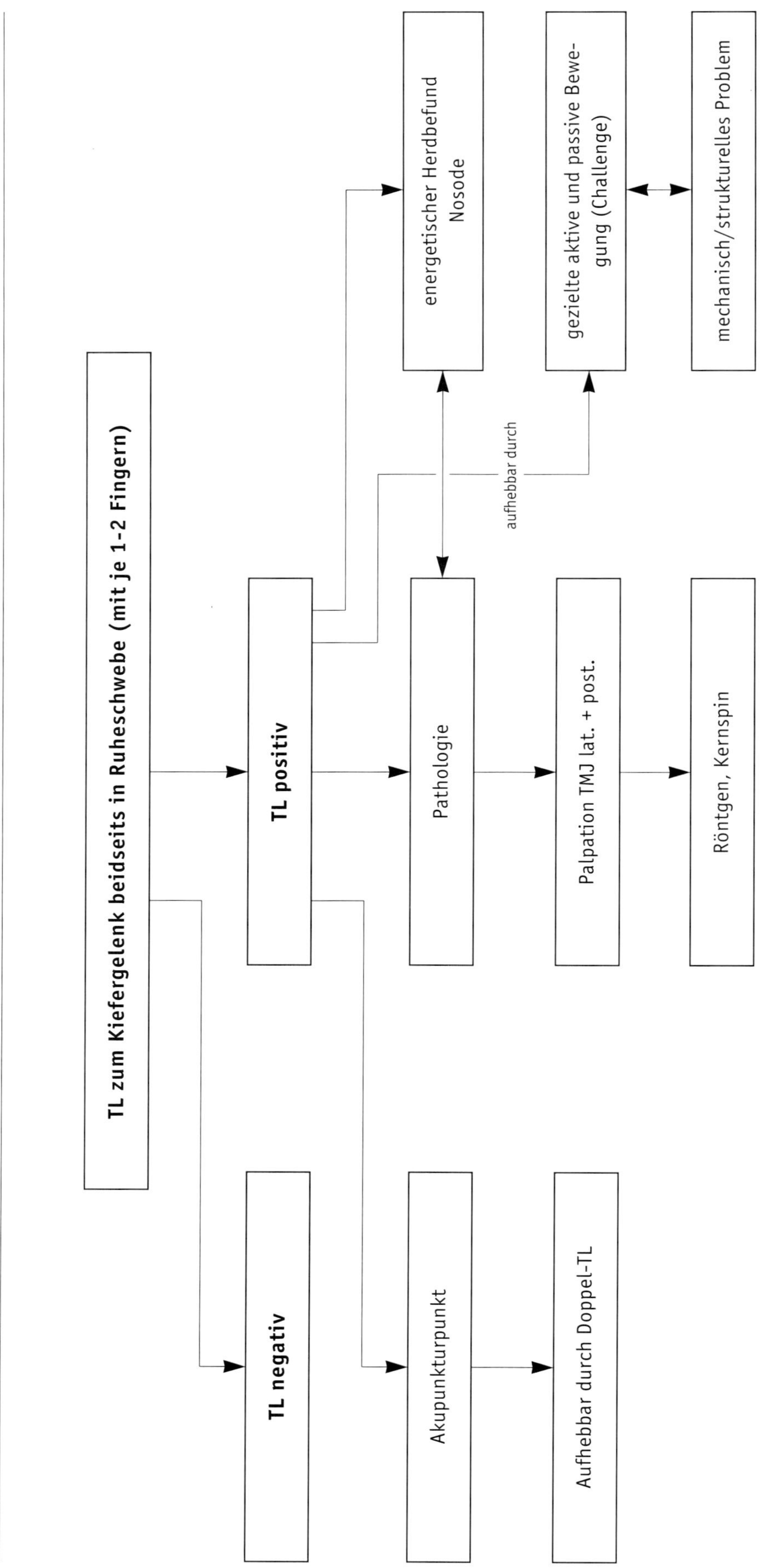

Abb. 20

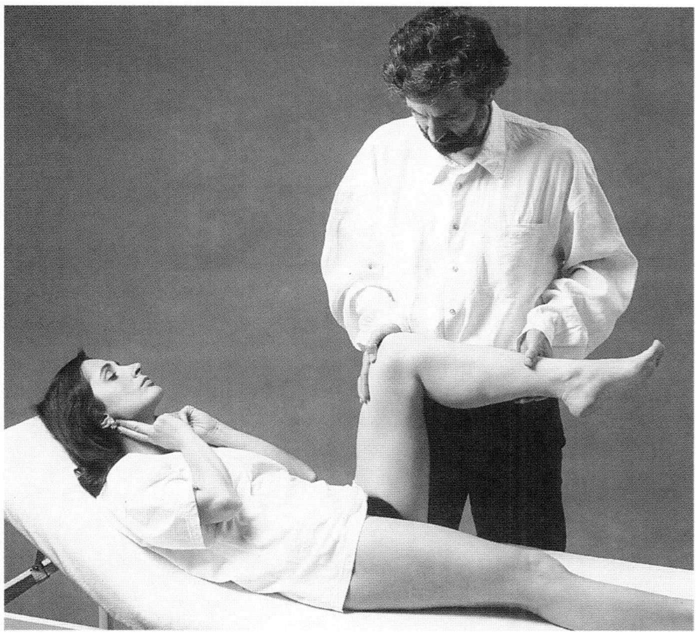

Abb. 17 TL zu ›TE‹ bzw. ›Tonsille‹ bds.; Testmuskel Rectus f. links

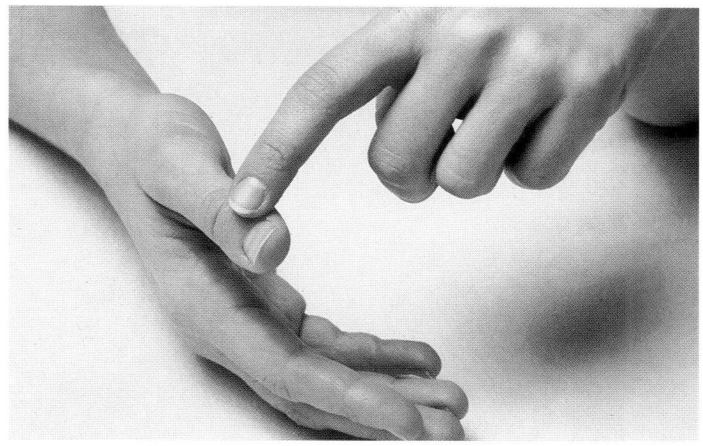

Abb. 18 TL zu Lymphe 1 rechts

3. TL zum Kiefergelenk beidseits (mit je 1-2 Fingern!) in Ruheschwebelage (Rest Position)

Falls positiv, so spricht dies entweder

- für eine lokale ›Pathologie‹ im Kiefergelenksbereich oder
- einen Befund an Akupunkturpunkten in diesem Gebiet oder
- ein mechanisch-strukturelles Problem im Kiefergelenk (entsprechend der positiven TL an der Wirbelsäule o.ä.)

Flow Chart: Empfohlener Untersuchungsgang bei V.a. craniomandibuläre Dysfunktion

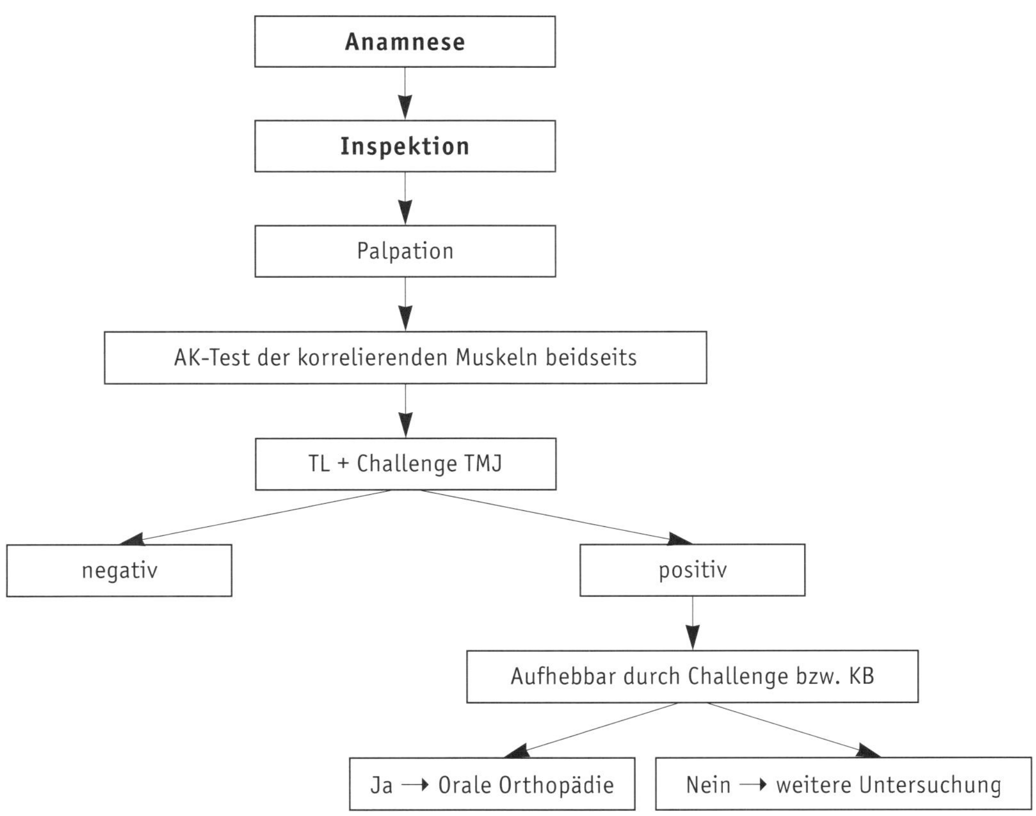

Abb.21

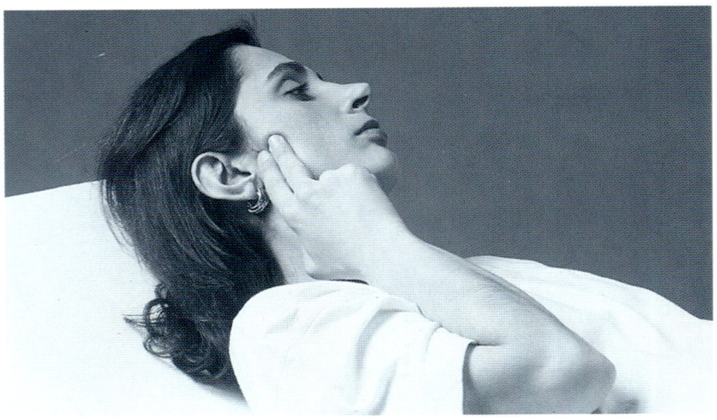

Abb. 19 TL zum rechten Kiefergelenk mit 2 Fingern

Nach Ausschluß einer Pathologie (z.B. Arthritis, Tumoren u.a.) kann differentialdiagnostisch die Untersuchung der einzelnen Akupunkturpunkte in dieser Region (Dünndarm 19, Gallenblase 2/3, Lateralitätssteuerpunkt, 3E-Punkte usw.) erfolgen. Dies erfolgt beispielsweise durch Doppel-TL zu den Alarmpunkten der genannten Meridiane oder Untersuchung der zugeordneten Muskeln (Quadriceps/Dünndarm, Popliteus/Gallenblase usw.).

Der häufigste Befund ist die mechanisch-strukturelle Störung: craniomandibuläre Dysfunktion. Sie findet man bei positiver TL in Ruheschwebelage an einem oder beiden Kiefergelenken durch folgenden Challenge:

Ist die positive TL zu einem oder beiden Kiefergelenken aufhebbar durch
- **Öffnen des Mundes, meist in Verbindung mit leichter Protrusion**
- **Deblockierung des Kiefergelenks durch künstliche Erhöhung der vertikalen Dimension (z.B. mit zwischen die Zahnreihen gelegte Papierstreifen, Mundspatel oder Watteröllchen je nach Fall)**
- **sonstige Challengeformen für die HWS oder das übrige craniosacrale System (z.B. Inspiration/ Expiration, Traktion der HWS, Schuhausgleich, Category I/II usw.)?**

Ist die TMJ-TL durch einen oder mehrere dieser Challenges aufhebbar, liegt der Verdacht auf eine craniomandibuläre Dysfunktion nahe.

Diese Vorgehensweise entspricht derjenigen am übrigen Bewegungsapparat bei positiver TL!

4. Mechanischer Challenge der Kiefergelenksfunktion

Ist die TMJ-TL negativ, erfolgt die Untersuchung einzelner, vom Patienten aktiv durchgeführter Aktionen des Kiefergelenks. Diese Tests stellen einen klassischen Challenge dar. Sie können deshalb durchaus – anders als in früheren AK-Lehrbüchern angegeben – ohne gleichzeitige TL zu den Kiefergelenken durchgeführt werden.
Klinisch erhält man allerdings oft deutlichere und häufiger positive Befunde mit gleichzeitiger TL zu den Kiefergelenken!

Die wichtigsten Testpunkte und Muskeln des stomatognathen Systems

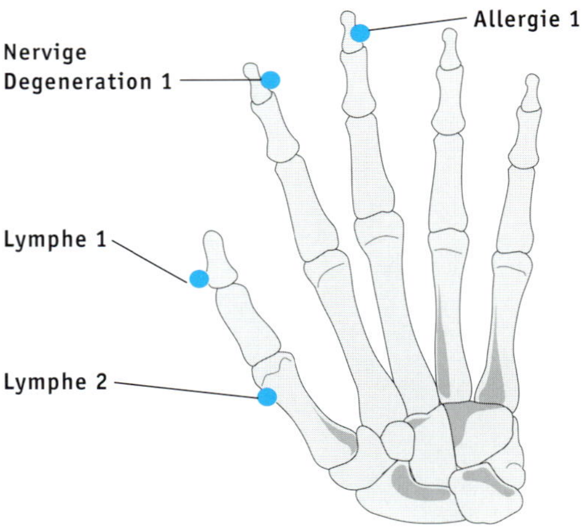

Abb. 22 Die wichtigsten EAV-Punkte für den Zahnarzt

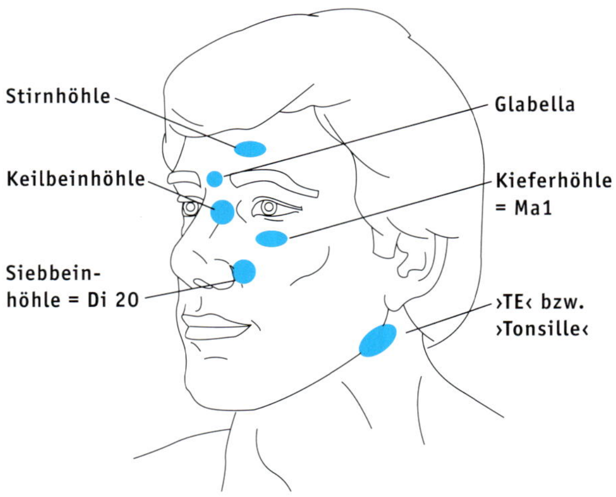

Abb. 23 TL-Punkte HNO-Bereich

Die wichtigsten Testpunkte und Muskeln des stomatognathen Systems

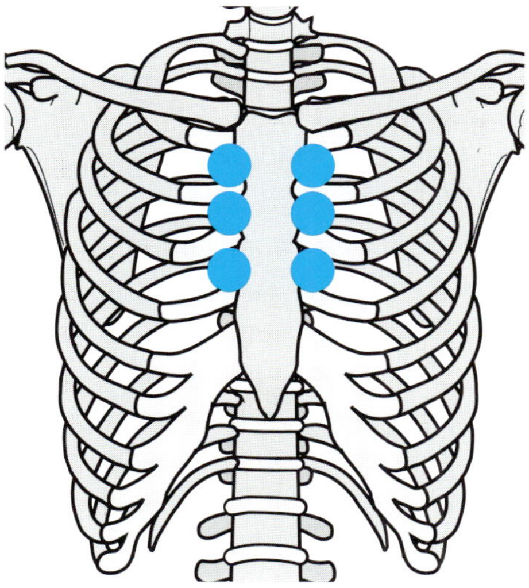

Abb. 24 Neurolymphatische Reflexpunkte für alle Kaumuskeln

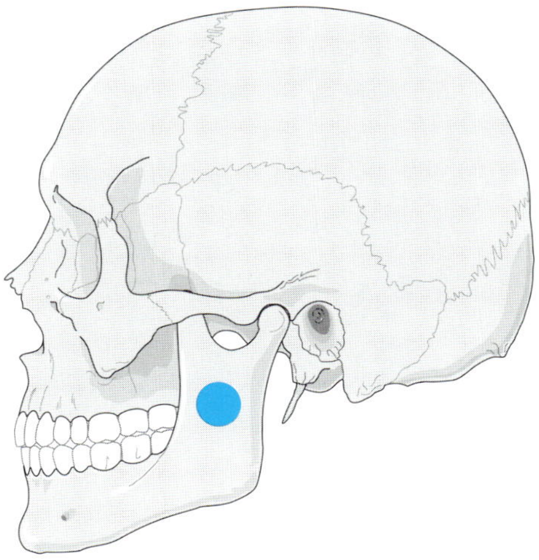

Abb. 25 Neurovaskuläre Reflexpunkte für alle Kaumuskeln

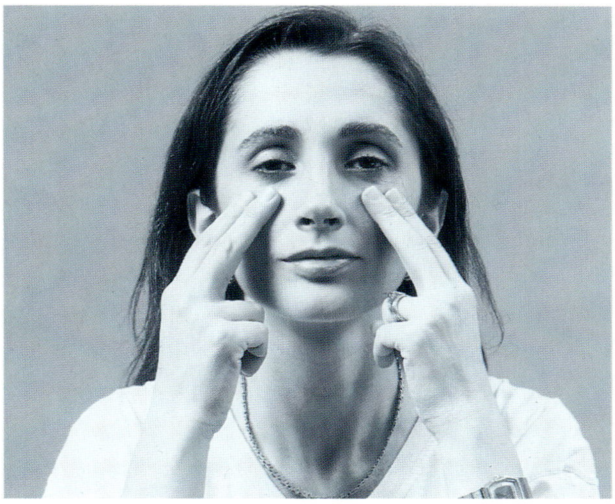

Abb. 26 TL Kieferhöhle bds. = Magen 1 bds.

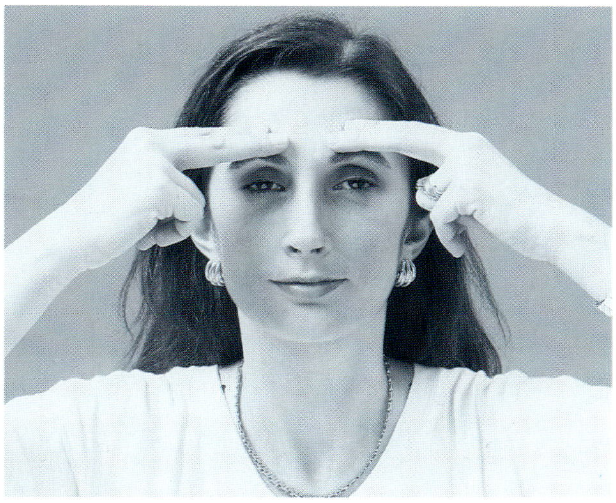

Abb. 27 TL Stirnhöhlen bds.

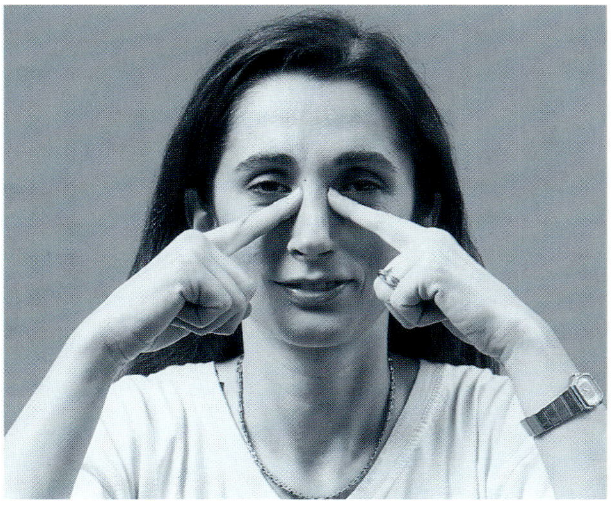

Abb. 28 TL Testpunkt Keilbeinhöhle bds.

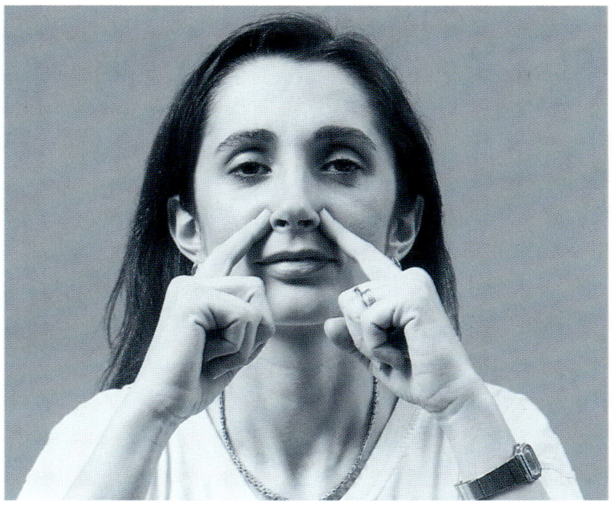

Abb. 29 TL Siebbeinhöhlen = Dickdarm 20 bds.

Einfache Tests = Minimalprogramm	
Leichter Biß in IKP	Fester Biß in IKP
Weit öffnen	Öffnen und lateralisieren (re+ li)
Protrusion	Retraktion
Schnelles Öffnen und Schließen mit Zahnkontakt (= ›Klack-Klack‹)	Schnelles Öffnen und Schließen ohne Zahnkontakt
Komplexe Tests	
Kauen eines hypoallergenen Nahrungsmittels (z.B. Mandel)	Kopf-Flexion und -Extension in Kombination mit Öffnen des Mundes
Schlucken	Sprechen

Diagnostische Rückschlüsse:
Ist einer dieser mechanischen Challenges positiv, so ist eine weitere mechanisch-funktionelle Untersuchung indiziert. (siehe Orale Orthopädie)

5. Weitere Faktoren
Gibt die Anamnese oder die bisherige klinische Untersuchung Anlaß, so sollten alle weiteren Faktoren mit positivem oder negativem Einfluß auf das stomatognathe System untersucht werden:

● **Psychosomatik**
Die Kaumuskulatur gehört energetisch zum Magenmeridian, und dieser ist hochgradig verknüpft mit der Psyche. Bekannt ist die Verbindung Knirschen/Bruxismus/Psyche; aber auch Floskeln wie ›Beiß doch einfach die Zähne zusammen‹.

● **Meridianverbindungen**
Besonders häufig finden sich Störungen des Magen- und Dünndarmmeridians, aber auch alle anderen Meridiane können – insbesondere über die Verbindungen zu einzelnen Odontonen – betroffen sein.

● **Reflexpunktverbindungen**
Außer den o.g. Akupunkturverbindungen seien hier noch die neurolymphatischen und neurovaskulären Reflexpunkte genannt, wobei insbesondere die NL-Punkte im Akutfall hilfreich sein können – und dann natürlich entsprechend intensiv behandelt werden sollten!

● **Orthomolekulare Medizin**
Stichworte sind Säure-Basen-Haushalt Calciumstoffwechsel, ungesättigte Fettsäuren, Folsäure, B-Komplex, Coenzym Q 10. Zu diesen Fragestellungen verweise ich auf die Literatur; u.a. Gerz, W: ›Bio-logische Präparate für Diagnose und Therapie in der naturheilkundlichen Praxis‹, AKSE-Verlag, München, 1995.

In aller Kürze:
● Coenzym Q10 und Folsäure verbessern den Stoffwechsel der Mundschleimhaut, haben also eine Indikation bei Parodontose und Gingivitis.
● Goodheart weist – nach Hawkins – seit Jahrzehnten darauf hin, daß für den notwendigen neutralen bzw. leicht alkalischen pH-Wert des Mundspeichels eine ausreichende Versorgung mit ungesättigten Fettsäuren und Vitamin-B-Komplex notwendig ist.

Alle diese fraglichen Faktoren können mit den AK-Methoden Challenge und TL untersucht werden. Zur Technik: verknüpfe die hier beschriebene Untersuchung mit den jeweils in den zugehörigen anderen Kapiteln beschriebenen Möglichkeiten.

Beispiel: Ist die positive TL zu Ly2 aufhebbar durch CoQ10, Folsäure, F, ›B‹ u.a.m.? Falls ja: substituieren!
Durch diese Untersuchungsstrategie kann man schnell und effizient eine sinnvolle Differentialdiagnostik betreiben, die auch direkt eine Vielzahl an Therapiestrategien eröffnet.

Nachfolgend werden noch genauer besprochen:
● **Kiefergelenksmuskulatur: Untersuchung und Therapie**
● **Testung von Materialien und allergo-toxischen Belastungen in der Zahnmedizin**
● **Zahnärztliche Herdtestung**
● **Der neurologische Zahn**
● **Orale Orthopädie**

Abschließend sei nochmals darauf hingewiesen, daß das Ergebnis der AK-Testung alleine niemals die Grundlage klinischer Entscheidungen sein sollte, sondern daß jegliches AK-Testergebnis nur im Zusammenhang mit anerkannten anderen Diagnose- und Untersuchungsverfahren bewertet werden soll!

d. Kiefergelenksmuskulatur: Untersuchung und Therapie

Von der Vielzahl der orofacialen Muskeln möchte ich hier nur die klinisch wichtigsten besprechen: Masseter, Temporalis, Pterygoideus medialis und lateralis, Buccinator sowie die Gruppe der hyoidalen Muskulatur. Die für das stomatognathe System ebenfalls äußerst wichtigen Muskeln sind: SCM, Oberer Trapezius, Levator scapulae, Nackenflexoren und -extensoren.

Die nachfolgenden Angaben sind nach Leaf, Schupp und Walther zusammengestellt. Auf genaue anatomische Angaben habe ich bewußt verzichtet und mich dafür auf die Rolle der Muskeln bei den vielfältigen Funktionen des stomatognathen Systems und auf therapeutisch wichtige Aspekte konzentriert.

1. Masseter
Der Muskel entspringt am unteren Rand des Jochbeinbogens und inseriert an der Außenseite des Ramus mandibulae. Er ist praktisch ausschließlich bei Okklusion aktiv und kann hierbei sehr große Kraft entwickeln. Die Palpation ist einfach: sie ist mit zwei bis vier Fingern von außen möglich; der Muskel kann aber auch von innen leicht palpiert werden, v.a. am vorderen Rand (siehe Foto).
Er enthält häufig klassische Triggerpunkte, aber auch nur sehr druckschmerzhafte Punkte.
Bei beidseitigen Triggerpunkten: Diagnose und Therapie der Sutura palatina!
Bevorzugte therapeutische Techniken: Fascial Flush, Spindelzelltechnik, NT.
Synergisten: Temporalis und Pterygoideus medialis

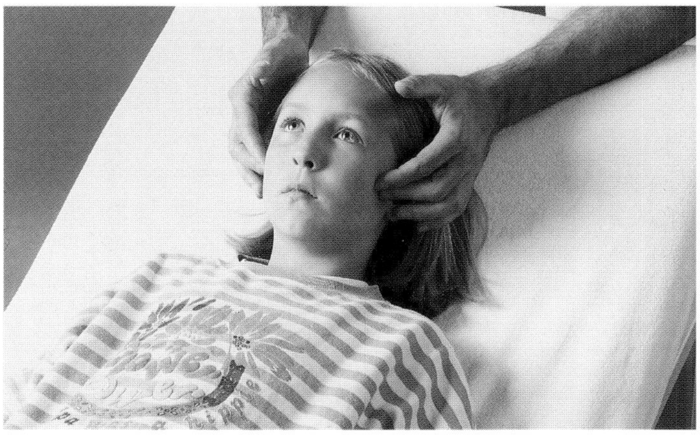

2. Temporalis
Dieser Muskel ist von Fläche und Querschnitt her der größte Kaumuskel und sollte funktionell in drei Teile unterteilt werden. Im Gegensatz zum Masseter setzt er hauptsächlich am **Processus coronoideus mandibulae** an. Die Palpation erfolgt nur von außen, wie beim Masseter mit zwei bis vier Fingerkuppen.
Häufig finden sich Triggerpunkte im anterioren Teil des Muskels; man sollte sich hier immer der Lageübereinstimmung mit **Gallenblase 1** und dem neuraltherapeutischen Zugang zum Ganglion pterygopalatinum bewußt sein! Seltener sind Triggerpunkte im mittleren und hinteren Anteil des Temporalis; hier finden sich dagegen öfter palpable Knötchen mit positiver TL: Spindelzelltechnik!
Während der anteriore und mediale Teil des Temporalis synergistisch mit dem Masseter die Elevation der Mandibula macht, sind die posterioren Fasern für die Retraktion verantwortlich.
Einseitige Kontraktion des mittleren und hinteren Drittels bewirkt die Lateralbewegung zur Seite der Kontraktion – zusammen mit dem Pterygoideus medialis der anderen Seite.
Der Temporalis macht mit seinen verschiedenen Faseranteilen die Feineinstellung bei der Okklusion – im Gegensatz zum Masseter, der mehr für die grobe Kraft zuständig erscheint.

3. Pterygoideus medialis
Dieser Muskel verläuft vom Os sphenoidale zur Innenseite der Mandibula (Angulus und unterer Teil des Ramus). Wegen seines Ursprungs am Sphenoid ist er direkt mit dem ›oberen Zentralgelenk‹ des craniosacralen Systems verbunden – und kann dieses bei muskulärer Dysbalance entsprechend negativ beeinflussen.
Die Palpation ist im Prinzip von innen und außen möglich; nach Leaf führen wir in der AK im Regelfall die Palpation von außen (siehe Abbildung) durch und korrigieren bei einseitig auffälligem Befund mit Schmerzhaftigkeit sofort mit der Strain-Counterstrain-Technik.
Für die Palpation von innen empfiehlt Leaf, die Wange des Patienten mit der freien Hand zwischen die Zahnreihen zu drücken – als Schutz des untersuchenden Fingers!
Zu denken ist auch an Querverbindungen zur Mundakupunktur nach Gleditsch: die Nadelung oder Pharmapunktur des 9er-Gebietes behandelt ›nebenbei‹ sicher oft den Pterygoideus medialis mit!
Die Hauptfunktion des Muskels ist neben der Ele-

vation und Protrusion vor allem die **Laterotrusion.** Er ist deshalb bei allen Knirschern/Bruxern und reflektorisch bei Fehlkontakten betroffen. Der Patient reduziert dann unbewußt die Öffnung, um so die laterale Bewegungsmöglichkeit zu limitieren.

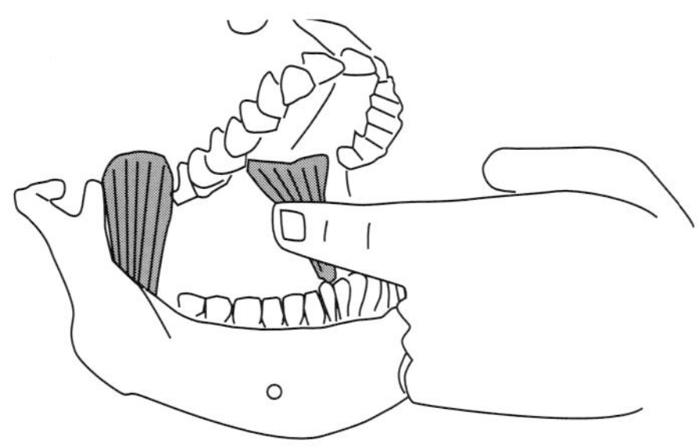

Abb. 30 Pterygoideus medialis: Palpation von innen

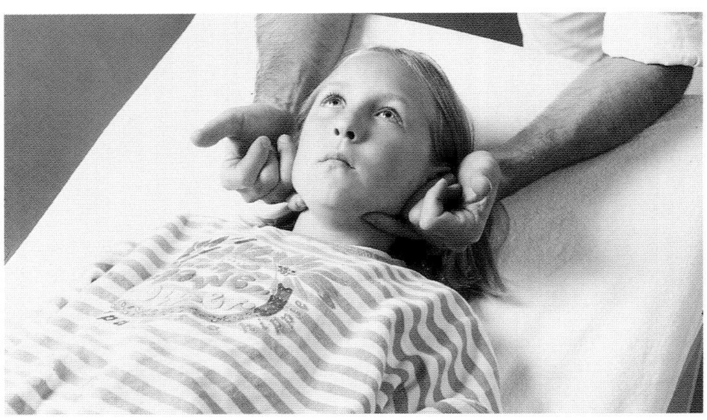

Abb. 31 Pterygoideus medialis: Palpation am inneren Kieferwinkel bds.

4. Pterygoideus lateralis
Dieser Muskel besteht aus zwei von einander unabhängigen Teilen mit antagonistischer Funktion, Pars superior und Pars inferior. Die Diskussion über die diffizile Interaktion der beiden Anteile und insbesondere auch die Wichtigkeit der Pars superior für den Diskus ist seit Jahrzehnten im Gange; es sei hierzu auf Schupp verwiesen.

Pars superior:
Hält den Discus articularis bei der Retrusionsbewegung des Kondylus in der korrekten Position.

Pars inferior:
Zieht den Kondylus nach anterior, bei einseitiger Kontraktion synergistisch mit dem Pterygoideus medialis zur anderen Seite.

Der Pterygoideus lateralis ist palpatorisch erreichbar, wenn man einen Finger entlang der Außenseite möglichst weit nach hinten bis in die Fossa pterygoidea führt. Der Mund sollte dabei nur leicht geöffnet sein.

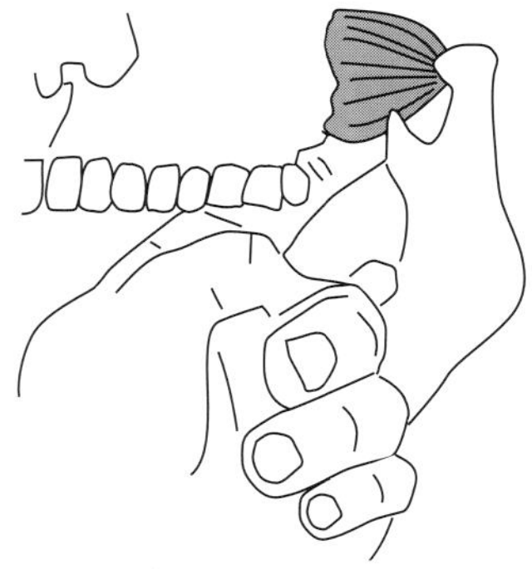

Abbildung 32 Pterygoideus lateralis: Palpation

Vorsicht:
Der Muskel ist oft extrem schmerzhaft; subjektiv für den Patienten wird der Schmerz meist als ›im Gelenk‹ erfahren. Triggerpunkte im Pterygoideus lateralis entstehen häufig sekundär als Folge von Triggerpunkten im Oberen Trapezius und SCM

Therapie:
Strain-Counterstrain oder Massage mit Xylocain-Spray®; aus der Chiropraktik kommt noch eine sehr elegante, aber für den Patienten kurzzeitig maximal schmerzhafte Version der Ursprung/Ansatz-Technik: während einer Ausatmung wird mit dem Finger am Maximalschmerzpunkt eine möglichst schnell ausgeführte Rotations-Friktionsbewegung durchgeführt!
Diese Technik sollte unbedingt in Seminaren erlernt werden!
Die nervale Versorgung aller genannten Muskeln erfolgt aus dem mandibulären Anteil des Trigeminus!
5.Die hyoidale Muskulatur
Die einzelnen Muskeln dieser Gruppe werden hier nicht detailliert besprochen. Wesentlich aus Sicht der AK sind folgende Aspekte:
- Bei fixiertem Hyoid ziehen einige dieser Muskeln die Mandibula nach unten
- Das Hyoid scheint eine Art Gyroskop für die strukturelle Balance unseres Körpers zu sein. ›Halten‹ gut durchgeführte strukturelle Korrekturen nicht, so sollte die hyoidale Muskulatur durch Challenge (rebound) des Hyoids untersucht werden: links/rechts, oben/unten, anterior/ posterior und diagonal. Bei positivem Challenge wird der bzw. die gechallengte(n) Mus-

kel(n) auf der anderen Seite zu finden sein: die Dehnung des Muskels liefert den Störimpuls! Der positive Challenge sollte aufhebbar sein durch Kopfrotation in Richtung des Challenge.
Die genaue Lokalisation erfolgt dann mit TL; die Therapie durch Spindelzellbehandlung!
Der wichtigste hyoidale Muskel ist der **Digastricus.**

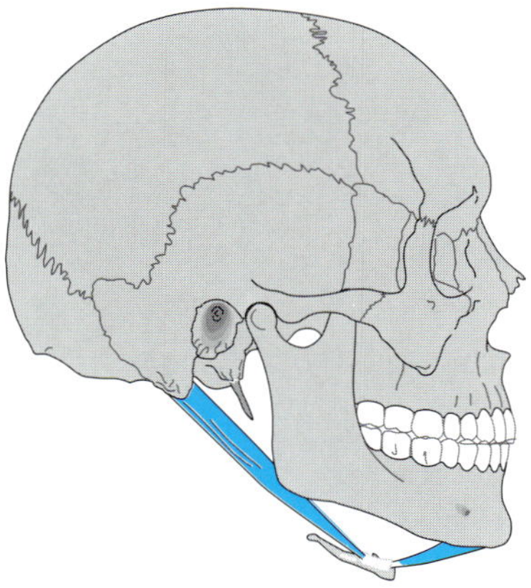

Abb. 33 Digastricus

- Der Challenge des Hyoid ist bei allen unklaren Schluck-, Sprech- und sonstigen funktionellen Störungen der vorderen Halsregion indiziert.

6. Buccinator

Dieser Muskel ist wichtig für die Kaufunktion, als Basis des M. orbicularis oris und sozusagen als ›Gegenspieler‹ der Zunge für die Zahnposition, indem er den Druckausgleich gegen den nach lateral wirkenden Zungendruck gewährleistet.
Zur Testung in der AK hat gibt es einen genial einfachen Challenge:
›Aufblasen‹ der Backen – als Screening zuerst beide zusammen, bei positivem Challenge dann die Seiten einzeln. Die weitere Untersuchung erfolgt dann mit TL, die Behandlung über die Spindelzelltechnik.

7. AK-Untersuchung der Kiefergelenksmuskulatur

Da die Kaumuskulatur nicht im klassischen Stil nach AK getestet werden kann, muß aus der Art der Challenge-Bewegung(en), die einen positiven Challenge ergeben, indirekt auf die Muskeln rückgeschlossen werden, die neuro-muskuläre Störimpulse geben.
Prinzipiell kann man zwei Arten von muskulärer Dysfunktion unterscheiden:

- **Die Kontraktion des Muskels liefert den Störimpuls**
- **Die Dehnung des Muskels liefert den Störimpuls (siehe bereits oben bei Hyoid!)**

Wir müssen uns also bei positivem mechanischen Challenge fragen:

Welche Muskelgruppen müssen sich kontrahieren, und welche müssen sich relaxieren, damit eine bestimmte Bewegung im Kiefergelenk möglich ist?

Übersicht der Funktionen der Kiefergelenksmuskulatur

Schließen:	Masseter, Temporalis, Pterygoideus medialis, Pars inferior des Pterygoideus lateralis
Öffnen:	Pars superior des Pterygoideus lateralis, Digastricus
Laterotrusion:	Temporalis (mittlerer und hinterer Anteil); auf der kontralateralen Seite Pterygoideus medialis + Pars inferior des Pterygoideus lateralis
Protrusion:	Pars inferior des Pterygoideus lateralis
Retraktion:	Temporalis (hinterer Anteil), Masseter (tiefe Fasern)

Beispiele:

- Mundöffnung: verschiedene Mundboden- und hyoidale Muskeln kontrahieren, aber v.a. müssen Masseter und Temporalis relaxieren!
- Lateralisation nach rechts: u.a. muß sich der Pterygoideus medialis links anspannen, aber rechts relaxieren.

Dann erfolgt die weitere Untersuchung der in Frage kommenden Muskeln mit TL oder noch besser und schneller mit Palpation!

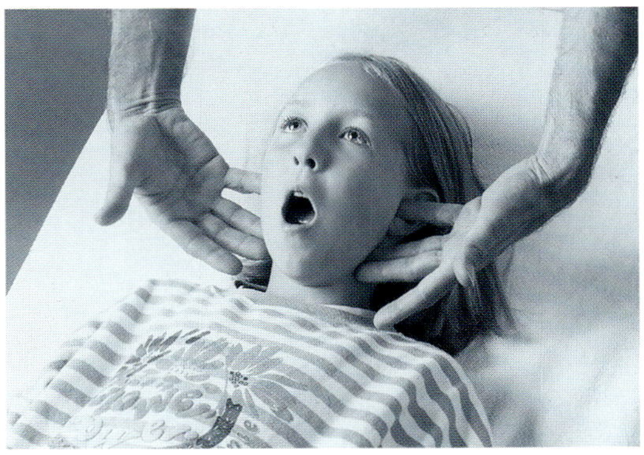

Abb. 34 Palpation des Kiefergelenks von posterior: die kleinen Finger des Untersuchers palpieren vom äußeren Gehörgang aus, die

anderen Finger kontrollieren die Bewegung der Mandibula.

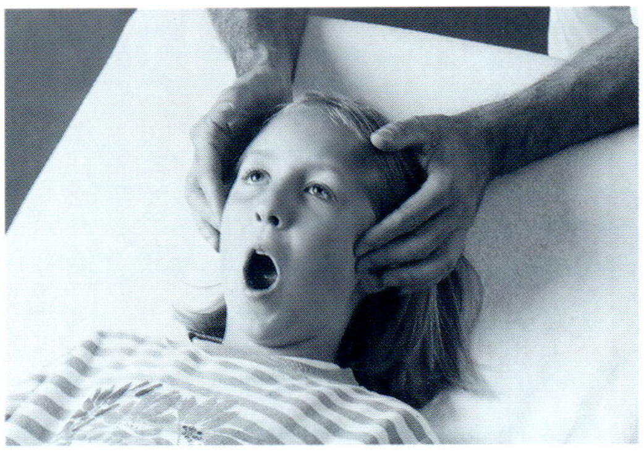

Abb. 35 Palpation des Kiefergelenks in Funktion von außen: hier bei maximaler Öffnung.

Muskuläre Ursachen von Kiefergelenksdysfunktionen:
- (›Myo‹)Gelosen
- Verkürzte = spastische = hypertone Muskeln
- Triggerpunkte (nach Travell)
- Störungen von Spindelzell- oder Golgirezeptoren
- Ursprung/Ansatz-Störungen
- Strain-Counter-Strain-Muster

Im Gegensatz zum Vorgehen bei Muskeldysbalancen irgendwo sonst im Körper wenden wir im Bereich der Kiefergelenksmuskulatur unsere Aufmerksamkeit als erstes dem hypertonen = verkürzten = spastischen = die Triggerpunkte, Gelosen, Spindelzellstörungen usw. enthaltenden Muskel zu!!

8. Zusammenfassung:

● Die Kiefergelenksmuskulatur muß v.a. mit sinnvollen mechanischen Challenges untersucht werden; die Palpation ist in diesem Bereich unerläßlich und wichtiger als die TL.
● **Die Strain-Counterstrain-Technik,** sollte nach Leaf bei positivem Befund am Pterygoideus medialis als erstes angewendet werden; ebenso bei großer Schmerzhaftigkeit des Pterygoideus lateralis oder anderer Muskeln. Denke in diesen Fällen auch an Folsäure!

● Häufig sind schmerzhafte Gelosen bzw. Triggerpunkte im Masseter- und Temporalisbereich; diese können manuell mit Massage, Friktion, Eis u.a.m. behandelt werden. Aus dem Bereich der AK kommen hier insbesondere die Spindelzell-, Ursprung/Ansatz- und vor allem die ›Fascial-Flush-Technik‹ (= Massage in Faserrichtung des Muskels) in Frage.

Bei großer Schmerzempfindlichkeit verwende ich extern die Ionen-Salbe forte® für die Massagetechniken (enthält Tetracain!).

● **Insbesondere bei Triggerpunkten ist die Neuraltherapie das Mittel der Wahl: sie liefert v.a. die schnellste und präziseste Aussage.** Zur Behandlung im Mund bietet sich hier die Mundakupunktur nach Gleditsch an oder die Behandlung mit Xylocain-Spray® + Massage für die Muskeln Pterygoideus medialis und lateralis.

● Extreme Schmerzhaftigkeit des Pterygoideus lateralis ist nach Leaf häufig ein Zeichen für extracraniale Probleme (C1, Sacrum, Coccygeum, Fuß)
● Bei positiver Muscle Stretch Reaction: B12 testen! (Vor allem beim Masseter häufig!)
● Nach Korrektur aller positiven Befunde muß die erneute Durchführung der vorher positiven Funktionstests erfolgen. Sind diese aufgehoben, empfiehlt es sich, noch in der Praxis einen längeren Gesamtbelastungstest durchführen zu lassen:
Kauen Sprechen Schlucken

evtl. in Verbindung mit mechanischen Challenge-Arten je nach Anamnese und Untersuchungsbefund wie z.B. Ge-hen, Stehen, Kopfrotation, -seitneigung, -flexion/Extension u.a.m.

Wichtig ist hier die Kreativität des Untersuchers und eine möglichst genaue Anamnese: ›In welcher Situation sind die Beschwerden schlimmer?‹

Sind alle Challenges negativ, so war die rein muskuläre bzw. manuelle Therapie ausreichend; andernfalls siehe ›Orale Orthopädie‹!

e. Testung von Materialien und allergotoxischen Belastungen in der Zahnmedizin
Grundsätzlich gibt es verschiedenste Möglichkeiten, um Allergien, Unverträglichkeiten, Intoxikationen und Herde im zahnärztlichen Bereich zu testen. Mit der AK ist meiner Meinung nach ein Vorgehen fast analog zu der von Voll und Thomsen in der EAV beschriebenen Methodik optimal. Hierbei ergeben sich aus der AK heraus zwei wesentliche Abweichungen, die m.E. eine Verbesserung oder Ergänzung zur EAV darstellen:
● Mit der TL untersuchen wir schnell und ohne apparativen Aufwand sowohl einzelne Zähne, Leerkieferstrecken, die EAV-Meßpunkte, Standard-Akupunkturpunkte, Narben oder Organ-

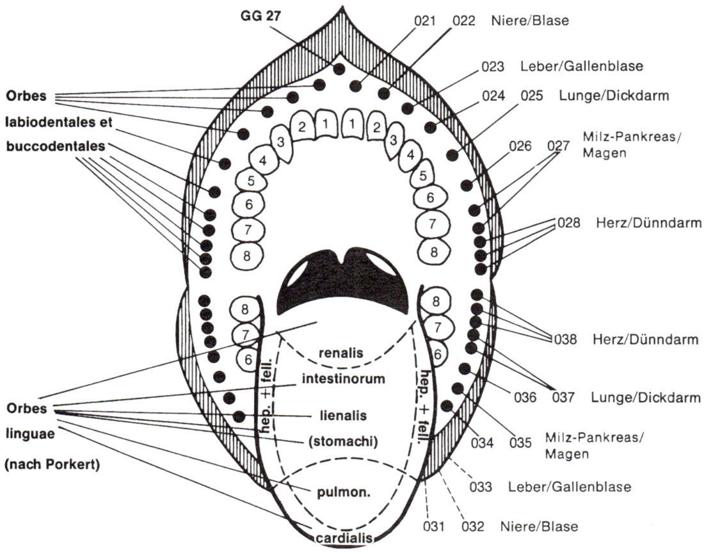

Abb. 36 Die Somatotopien der Mundschleimhaut und der Zunge

lokalisationen, und auch ihre mögliche Interaktion: **Doppel-TL!**

Achtung: Zähne und Leerkieferstrecken werden mit der TL <u>im Mund</u> untersucht!!

- Zur Materialtestung bringen wir die Originalmaterialien – in ausgehärteter Form (bei Legierungen am besten vergossen) – in die Mundhöhle ein und testen so direkt die Interaktion der oralen Rezeptoren mit dem fraglichen Material.

1. Testmaterialien und Methodik

1.1 Neu einzubringende Materialien

Diese testet man am besten durch orale Testung des Originalmaterials mit z.B.:

- 1 Gramm-Plättchen von EM- oder NEM-Legierungen
- fertig gegossenen Arbeiten (sicherste Testaussage, aber organisatorisch und finanziell problematisch)
- Metallteilen wie Bügel, Anker, Platten usw.
- Prothesenteilen
- Kompositmaterialien und Zemente: kleine ausgehärtete Prüfkörper (ca. 1g)

Dies entspricht dem von Thomsen in der EAV empfohlenen Vorgehen und hat vielleicht – im Vergleich zur EAV – wegen der oralen Expositionstestung eine größere Sicherheit.

1.2 Bereits im Mund befindliche Materialien

Diese können sinnvollerweise nur mit homöopathisch aufbereiteten Testpräparaten, meist in Ampullenform, getestet werden. Ideal wäre es, wenn von jeder Legierung, jedem Komposit oder sonstigen Dentalmaterial eine homöopathische Zubereitung (= Isopathikum) des Fertigmaterials <u>als auch</u> aller Einzelinhaltsstoffe zur Verfügung stünde. Tatsächlich ist das angesichts der Vielzahl der auf dem Markt befindlichen Präparate unmöglich.
Wir kommen in der Praxis in den meisten Fällen mit folgenden homöopathischen Präparaten aus:

Silberamalgam	Iridium
Argentum met.	Mercurius solub.
Aurum met.	Molybdaenum met.
Chromium met.	Niccolum met.
Cobaltum met.	Palladium
Cuprum met.	Platinum met.
Ferrum met.	Stannum met.
Indium	Titanium met.

Die akute Belastung testen wir – analog der EAV – mit der tiefsten normal erhältlichen Potenz = D6. Hersteller: Staufen Pharma. Ein Testsatz aller Staufenpräparate für die Zahnmedizin nach Thomsen ist über die Firma MBA erhältlich. Zur Aussage der homöopathischen Potenzen: siehe auch das Kapitel ›Homöopathie‹!

1.3 Toxische bzw. allergo-toxische Belastungen

Genau wie bei der Herdproblematik ist zuerst und vor allem wichtig, nicht nur im Bereich der Mundhöhle zu denken, sondern sich zu vergegenwärtigen, daß die schädigende Wirkung toxischer oder unverträglicher Legierungen nicht auf die Mundhöhle beschränkt ist, sondern sich ja gerade an peripheren ›Ziel‹organen auswirkt. Umgekehrt ist natürlich auch eine schädliche Wirkung peripherer Organe, Narben, Mangelzustände und Intoxikationen (intestinal!!) auf den Mundraum möglich.
Die Zusammenhänge zwischen Zähnen bzw. Odontonen sind den Abbildungen zu entnehmen.
Als Testpräparate zur Diagnostik allergo-toxischer Belastungen kommen in meiner Praxis die o.g. Isopathika und Mercurius sol. comp.® von Pascoe zum Einsatz.

2. Vorgehensweise bei der AK-Testung

2.1 Testung von Originalmaterialien

Diese erfolgt am besten ausgehend vom normotonen Indikatormuskel, und nachdem Switching und Psychological Reversal ausgeschlossen sind.
Sowohl Untersucher als auch Patient sollten vorab keine präformierte Meinung über die jeweiligen Testmaterialien haben. Die Testung sollte mehr-

fach während eines Zeitraums von mindestens einer Minute erfolgen, da oft unmittelbar nach Einbringen des Materials noch keine Reaktion erfolgt, aber eben nach längerem Kontakt.
Alle anderen Vorgehensweisen sind mit erheblichen Fehlerquellen belastet – sowohl in Richtung falsch positiv als auch negativ.
2.2 Unverträglichkeiten, Allergien und Intoxikationen durch im Mund befindliche oder früher dort gewesene Materialien

Diese Fragestellungen lassen sich ausgehend vom schwachen, normotonen oder hypertonen Muskel untersuchen:

1 Ausgangspunkt schwacher Muskel:
Wird der Muskel normoton stark auf Hautkontakt mit einer der o.g. homöopathischen Testampullen, so ist von einer entsprechenden Belastung auszugehen.

Häufigstes Beispiel in der Praxis:
- **Ein schwacher Rectus femoris, Piriformis oder anderer Testmuskel wird auf die Testampulle Silberamalgam D6 stark › Verdacht auf Amalgambelastung;** weitere Abklärung durch DMPS-Test zur Differentialdiagnostik der Intoxikation zu empfehlen.
- Seltener: wird der Muskel normoton stark auf Testampullen für einzelne Legierungsbestandteile, so weist dies auf eine Belastung durch dieses Metall hin (z.B. Mercurius sol. D6, Stannum met. D6, aber auch Aurum met. D6, Argentum met. D6 usw.)

Jede Änderung des Indikatormuskels – Schwäche oder Hypertonus – bedeutet eine Unverträglichkeit des Materials!

● Ausgangspunkt normotoner Muskel
Hier untersucht man am elegantesten mit TL zu spezifischen Testpunkten (Alarmpunkte, spezifische Akupunkturpunkte, Organ-TL usw.), um den bzw. die belasteten Regelkreis(e) herauszufinden. Bei positiver TL wird der Testmuskel entweder schwach oder hyperton;
man sucht dann die Ampullen, welche die positive TL wieder aufheben.

Häufigstes Beispiel in der Praxis:
Positive TL zu Lymphe 2, aufhebbar durch Silberamalgam D6!

● Ausgangspunkt hypertoner Muskel
Zwei elegante Methoden bieten sich hier an:
- Suche nach dem ›Superchallenge‹ (SC):
  Findet man nämlich den oder die SC('s), so gibt dies eine entscheidende Information über den oder die am meisten belasteten Regelkreise. Ab dann ist das Vorgehen wie beim schwachen Muskel:

Welche Testampulle gleicht den Befund zum Normotonus aus?
Der Normotonus ist auf jeden Fall zu prüfen; andernfalls könnte der Patient durch die Testampulle zurück in den Hypertonus gebracht werden! Dies beweist zwar ebenfalls eine Belastung durch das entsprechende Material; das getestete Präparat sollte aber keinesfalls zur Therapie verwendet werden!

● Suche nach dem Normotonen Challenge (NC)
NC wäre gegebenenfalls die Testampulle, die den Hypertonus der Muskulatur in den Normotonus zurückführt. Hat man tatsächlich so einen Fall, so erscheint es geradezu lächerlich einfach: Der bloße Hautkontakt mit z.B. Silberamalgam D6 oder Aurum met. D6 macht einen hypertonen Indikatormuskel normoton!!

Das häufigste Beispiel in der Praxis ist Silberamalgam D6!

Abschließend sei gerade hier darauf hingewiesen, daß das Ergebnis der AK-Testung alleine niemals die Grundlage klinischer Entscheidungen sein sollte, sondern daß jegliches AK-Testergebnis nur im Zusammenhang mit anerkannten anderen Diagnose- und Untersuchungsverfahren bewertet werden soll!
Im Problembereich ›dentale Allergien, Unverträglichkeiten und Intoxikationen‹ seien besonders empfohlen:
- **klassischer Epicutantest (aber mit sinnvollen Reagenzien!)**
- **modifizierter Allergietest nach Molitor und Leonhardt**
- **Lymphozyten-Transformationstest (Bieger)**
- **DMPS-Test (siehe Appendix: II)**

Von den genannten Herstellerfirmen ist umfangreiche Literatur – z.T. kostenlos – erhältlich:
- Fa. Heel, 76532 Baden-Baden
- Fa. MBA, 56414 Wallmerod
- Fa. Pascoe, 35394 Gießen
- Fa. Staufen, 73033 Göppingen
- Fa. WALA, 73085 Eckwälden

f. Zahnärztliche Herdtestung

Ich empfehle dringend, vor diesem Kapitel die Kapitel ›Herde: Diagnostik und Therapie‹, ›Neuraltherapie‹ und ›Homöopathie‹ zu lesen; die Zusammenhänge zwischen Zähnen und dem Rest des Körpers sind den Abbildungen und zu entnehmen.

In der Zahnmedizin kommen wir zur Herdtestung durch Anamnese, klinische Untersuchung und – wie bereits zuvor ausgeführt – durch eine positive TL an einem Zahn oder einer Leerkieferstrecke, die nicht durch einen gehaltenen Challenge aufhebbar ist, aber durch eine oder mehrere Nosoden wie Ostitis comp.®, Kieferostitis, Pulpitis, Zahnwurzelgranulom usw., potenzierte Organpräparate von WALA oder auch Neuraltherapie.

Die Testdurchführung folgt dem für alle Herdtestungen mit AK gültigen Schema. Selbstverständlich erfolgt die TL zu fraglichen Zähnen oder Leerkieferbereichen nur im Mund!

Die wichtigsten Nosoden für das stomatognathe System sind:

Direkt für die Mundhöhle:
- Mercurius sol. comp.® und Ostitis comp.® (Fa. Pascoe)
- Silberamalgam D6, Kieferostitis D3, akute bzw. chronische bakterielle Kieferostitis D3, akute bzw. chronische Pulpitis D3 und andere (Fa. Staufen)
- Pulpa dentis, Maxilla bzw. Mandibula feti, Medulla ossium, und andere (Fa. WALA)

HNO-Bereich:
- Angina comp.®, Lymphangitis comp.®, Sinusitis comp.® (Fa. Pascoe)
- Diverse Sinusitis-Nosoden (Staufen)
- Tonsilla comp.® (Heel) + andere Injeele von Heel

Auch die HNO-Nosoden sind für den Zahnarzt wichtig, da sie häufig erst die Differntialdiagnose ermöglichen!

Gerade die Herdtestung im Mundbereich muß äußerst vorsichtig und verantwortungsbewußt angegangen werden. Zum einen liegen hier viele Ursachen chronischer Erkrankungen, zum anderen wird und wurde gerade von sog. ›biologischen‹ Zahnärzten sicher zu häufig operiert.

Die Fragen, die häufig nicht genau und vorsichtig genug abgeklärt werden, sind:

- Ist der Zahnherd wirklich der Verursacher der peripheren, d.h. irgendwo sonst im Körper vorliegenden Störung(en)?

- Ist der Zahnherd nicht durch andere, ohnehin indizierte konservative Entlastungs- und Korrekturmaßnahmen soweit zu entlasten, daß aus dem positiven Herdbefund wieder ein ›stummer‹ wird? Hier ist neben naturheilkundlich-ganzheitlichen Maßnahmen auch an die Orale Orthopädie zu denken: häufig ist nämlich die mechanische Entlastung eines Zahns die entscheidende Maßnahme!

- Ist der Patient, wenn man sich zur operativen Sanierung entschließt, gut genug vorbereitet? Sind die mit dem Odonton zusammenhängenden Regelkreise ausreichend vortherapiert und gestützt?

Fallbeispiele:
Fall:
Eine junge Frau mit ständig wiederkehrenden Harnwegsinfekten zeigt eine positive TL an zwei Schneidezähnen, die energetisch mit Niere/Blase zusammenhängen. Die weitere zahnärztliche Untersuchung zeigt einen Eiterherd am einen Zahn, eine Wurzelfüllung mit Amalgam am anderen.
Nach Extraktion und chirurgischer Sanierung des wurzelgefüllten Zahns geht es bereits deutlich besser. Nach Entfernung der übrigen Amalgamfüllungen und entsprechender Ausleitung erfolgt die kieferchirurgische Sanierung des eitrigen Frontzahnes. Danach völlige Beschwerdefreiheit!

Fall:
Eine 49jährige, schlanke Patientin stellt sich vor wegen immer wiederkehrender Kreuzschmerzen im linken SIG-Bereich, die bereits ca. 15 bis 30mal ›eingerenkt‹ worden seien, wobei die Kreuzschmerzen jeweils für einige Stunden bis Tage besser seien, dann jedoch wiederkehrten. Außerdem klagt sie über im ganzen Körper ständig wechselnde ›rheumaähnliche Beschwerden‹, wobei alle bisher durchgeführten Bluttests negativ gewesen seien. Die AK-Untersuchung bringt folgende Befunde: Blockierung des linken SIG, positive TL bei 38, wobei die Patientin angibt, daß der Weisheitszahn links unten vor vielen Jahren gerissen worden sei und nach der Extraktion die Wunde einige Wochen lang geschmerzt hätte.

Die probatorische Neuraltherapie zu 38 ergibt die sofortige Aufhebung der SIG-Blockierung.
Die deshalb durchgeführte Röntgenkontrolle zeigt einen Herdbefund, der nachfolgend operativ saniert wird. Bei der Inspektion der Mundhöhle fallen zwölf Amalgamfüllungen auf, zusätzlich sind im rechten Oberkiefer und im linken Unterkiefer zwei Goldinlays zu sehen. TL zu den Punkten Lymphe 2 beidseits ist positiv, ausgleichbar durch Silberamalgam D6.
Der Patientin wird daraufhin empfohlen, bald alle Amalgamfüllungen entfernen zu lassen und eine biologische Ausleitungstherapie zusätzlich durchzuführen. Nach ca. 4monatiger Therapie, bei der u.a. massiv Zink substituiert wurde und das gesamte Lymphsystem sowohl medikamentös, als auch durch Lymphdrainagen, Trockenbürsten und viel Trinken gefördert wurde, fühlt sich die Patientin ›wie neu geboren‹ und weitgehend beschwerdefrei. Beobachtungszeitraum seither zwei Jahre.

g. Neurologischer Zahn

So bezeichnen wir einen Zahn, der eine funktionelle Fehlstellung (entsprechend der chiropraktischen ›Subluxation‹ bzw. der osteopathischen ›Läsion‹) hat.
Bekanntlich wird ja der lebende Zahn durch einen ligamentären ›Zahnhalteapparat‹ in der Alveole gehalten. Beim ›Neurologischen Zahn‹ kommt es durch die funktionelle Fehlstellung zu einer Irritation von Mechanorezeptoren des Zahnhalteapparates mit der Folge einer störenden Afferenz.

Definition:
In der AK nennen wir so einen Zahn mit positiver TL und positivem mechanischen Challenge.

Diagnose:
1. Positive TL zu einem Zahn, die aufhebbar ist durch einen gehaltenen Challenge
und/oder
2. Positiver Rebound-Challenge zu einem Zahn mit positiver TL.

Differentialdiagnose:
Die positive TL ist nicht durch einen Vektor aufhebbar = V.a. Zahnherd.
Durchführung:
In meiner Praxis hat sich die oben genannte Methode a. als eleganter erwiesen.
Der Ablauf ist idealerweise wie folgt:
Der Patient berührt den verdächtigen bzw. zu untersuchenden Zahn ohne jeglichen Druck. Ist die TL positiv, so lasse ich ihn auf den gleichen Zahn einen gerichteten Druck von einigen hundert Gramm in verschiedene Richtungen ausüben.
Dies ist die Verbindung einer TL mit einem gehaltenen Challenge.
Findet sich ein Richtungsvektor, durch den die TL aufgehoben wird, so stellt dieser die Korrekturrichtung dar.
Ich lasse nun den Patienten selbst die Korrektur ausführen, und zwar indem er mit leichtem, harmonischem Druck den Zahn durch eine gesamte Inspirationsphase hindurch in die zuvor gefundene Richtung drückt. Während der Expirationsphase wird der Druck ganz weggenommen; in der nächsten Inspirationsphase wieder wie zuvor mobilisiert usw.
In über 95% aller Fälle ist nach etwa 5-6 Mobilisierungen mit Inspiration die TL aufgehoben!
In den übrigen Fällen hilft es meist, die Mobilisierung in der Expirationsphase durchzuführen.
Prinzipiell kann man die richtige Atemphase vorab testen (analog der Rebound-Korrektur an der Wirbelsäule), doch lohnt sich dieses Vorgehen m.E. in der Praxis nicht.

Es empfiehlt sich, nach Korrektur eines Neurologischen Zahns immer zu prüfen, ob durch leichten oder festen Biß oder Kauen eines hypoallergenen Nahrungsmittels (z.B. Mandel) der Befund wieder hervorgerufen wird.
Wird dadurch die Korrektur sofort wieder aufgehoben, so ist eine weitergehende Untersuchung der Okklusion bzw. der oral-orthopädischen Situation erforderlich.

h. Orale Orthopädie

1. Einführung

Der Ausdruck ›Orale Orthopädie‹ stammt von Myron Lieb. Prof. Harold Gelb benutzt ihn, um seine Denkweise in Bezug auf Diagnose und Therapie von craniomandibulären Dysfunktionen abzugrenzen von ›Dentistry‹ und ›Zahnmedizin‹, ›Orthodontie‹ und ›Kieferorthopädie‹, aber auch der craniosacralen und Sacro-occipitalen Denkweise.
Ist das notwendig? Und was sind die wesentlichen Unterschiede?
Zum Hintergrund muß man wissen, daß sich Gelb als Zahnarzt seit 40 Jahren mit Schmerztherapie und der Behandlung von funktionellen Störungen wie Tinnitus, Schwindel u.a.m. befaßt. Er praktiziert in New York und ist Begründer einer nach ihm benannten ›Pain Clinic‹ an der Tufts University in Boston.
Seit Mitte der 70er-Jahre verwendet er die AK als zusätzliches und entscheidendes klinisches Unter-

suchungsinstrument. Sein erster Lehrer in der AK war interessanterweise ebenfalls David Leaf!
In den 80er-Jahren entfernte sich Gelb etwas von ICAK in den USA, weil niemand seine Vorschläge anerkennen wollte.
1993 hielt er einen zweitägigen Kurs in Frankfurt, 1994 kam er zur Jahreskonferenz von ICAK-Europe in Monte Carlo und unmittelbar anschließend zu einem Vortrag an der Zahnmedizinischen Universität in Berlin sowie im Herbst 1994 zu einem fünftägigen Intensivkurs der KFO-IG in Köln. Seither hat die Einfachheit, Logik und Effizienz seines Konzepts die AK-Ausbildung im deutschsprachigen Raum, aber auch die zahnärztlich/kieferorthopädische Vorgehensweise der von ihm beeinflußten Zahnärzte und Kieferorthopäden vollkommen geändert.
Dieses Kapitel ist die erste Synthese dieser Entwicklungen, und deshalb umfangreicher als die vorherigen.

Die Grundthesen des Konzeptes von Harold Gelb :
- **›Think orthopedic first, then dental!‹**
- **›Geh von orthopädischen Idealverhältnissen und -proportionen aus – und versuche, diese auch und gerade für Gesicht, Schädel, Mandibula und Kiefergelenk (wieder)herzustellen.‹**

Diese Anforderungen stellt er vor dem Hintergrund der z.T. bereits zuvor genannten physiologisch-anatomischen Grundtatsachen:

- **Das craniosacrale System steht – insbesondere über die am Os sphenoidale ansetzende Muskulatur – in direkter wechselseitiger Interaktion mit der Kaumuskulatur.**
Störungen jeglicher Art aus dem Bereich des stomatognathen Systems sind maximale Irritationsfaktoren für das craniosacrale System.
- **Rein mechanisch gesehen ist die Position der Mandibula und des Hyoids über die ansetzende Muskulatur und Mechanorezeptoren direkt verbunden mit der gesamten Haltung (Kopf, HWS, BWS, LWS, SIG...).**

- **Das Kiefergelenk gehört zum Versorgungsgebiet des N. trigeminus. Dies ist der größte Hirnnerv, der als einziger Querverbindungen zu allen anderen Hirnnerven hat.**

- **Die Kiefergelenksmuskulatur hat die höchste Rezeptorendichte aller Muskeln; der Masseter ist der Muskel mit der größten Kraft pro mm2.**

- **Die Rolle der Zähne in Bezug auf die Mechanik des stomatognathen Systems ist speziell: die maximale Interkuspidation (IKP) bildet den Alles entscheidenden Endpunkt für die Annäherung der Mandibula an die Maxilla. Mit anderen Worten: Die Stellung der Zähne und die vertikale Dimension entscheiden darüber, wie weit sich Mandibula und Maxilla annähern können und damit auch, wo die Kondyle in der Fossa articularis bei IKP positioniert ist!**

- **Weder das Gelenk noch die Muskulatur bestimmen die Interkuspidation, sondern die Interkuspidation diktiert die Lage des Kondylus in der Fossa articularis bei IKP.**

Entschließt man sich zu einer dentalen bzw. kieferorthopädischen Korrektur, so sollte sie alle oben genannten Kriterien beachten bzw. erfüllen und möglichst alle peripheren orthopädischen Befunde korrigieren oder zumindest positiv beeinflussen. Diese Vorgehensweise ist entsprechend den klassischen Anforderungen der Orthopädie bei Dysfunktionen oder Fehlstellungen irgendwo im Körper und den dafür indizierten Korrekturen; daher der Ausdruck ›Orale Orthopädie‹.
Für den Neueinsteiger, aber v.a. auch den bereits seit längerem mit der AK Befaßten sei die historische Entwicklung in der Untersuchung und Therapie von Kiefergelenksströungen und damit assoziierten craniosacralen Fehlern (= craniomandibuläre Dysfunktion) geschildert.

2. Die ›klassische‹ AK-Vorgehensweise

Die AK-Ausbildung für diesen Bereich lehrte bis Ende der 80er-Jahre folgende Vorgehensweise:
2.1 Ist eine positive TL zu einem oder beiden Kiefergelenken aufhebbar durch
- Öffnen des Mundes, meist in Verbindung mit leichter Protrusion
- Deblockierung des Kiefergelenks durch künstliche Erhöhung der vertikalen Dimension (z.B. mit zwischen die Zahnreihen gelegte Papierstreifen, Mundspatel oder Watteröllchen je nach Fall)
- sonstige Challengeformen für die HWS oder das übrige craniosacrale System (z.B. Inspiration/ Expiration, Traktion der HWS, Schuhausgleich, Category I / II usw.)?

so liegt der Verdacht auf eine craniomandibuläre Dysfunktion nahe.

2.2 Liegt keine TL am Kiefergelenk vor, so sollte – mit oder ohne TL – noch durch mechanische Challengeformen weiter untersucht werden:
Diagnostische Rückschlüsse:
Ist einer dieser mechanischen Challenges positiv, so ist eine weitere mechanisch-funktionelle Untersuchung indiziert. (siehe ›Kiefergelenksmuskulatur: Untersuchung und Therapie‹)
Bei positivem Challenge mit leichtem oder festem Biß ist zu untersuchen, ob zwischen die Zahnreihen gebrachte Papierstreifen, Mundspatel oder Watteröllchen den Challenge aufheben.
Dann sind alle manualmedizinischen Befunde zu korrigieren; sind danach alle Befunde o.B., so wird durch erneuten Biß oder Kauen eines hypoallergenen Nahrungsmittels nochmals überprüft, ob die Korrekturen ›halten‹.
Falls nein, ist die Okklusion genauer zahnärztlich zu untersuchen!

Diese Vorgehens- und Denkweise entspricht derjenigen am übrigen Bewegungsapparat bei positiver TL!

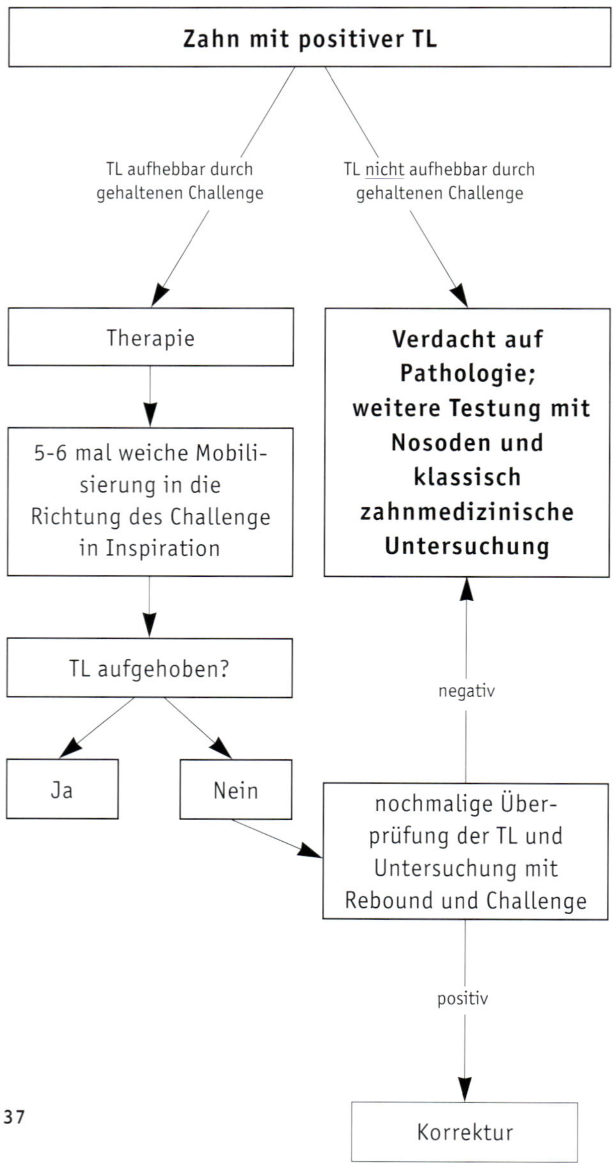

Abb. 37

Einfache Tests = Minimalprogramm	
Leichter Biß	Fester Biß
Weit öffnen	Öffnen und lateralisieren (re + li)
Protrusion	Retraktion
Schnelles Öffnen und Schließen mit Zahnkontakt (= ›Klack-Klack‹)	Schnelles Öffnen und Schließen ohne Zahnkontakt
Komplexe Tests	
Kauen eines hypoallergenen Nahrungsmittels (z.B. Mandel)	Kopf-Flexion und -Extension in Kombination mit Öffnen des Mundes
Schlucken	Sprechen

3. Der Meersseman-Test

Ende der 80er-Jahre und Anfang der 90er-Jahre setzte sich, zumindest in Europa, der Meersseman-Test durch. Er ist benannt nach Jean-Pierre Meersseman, D.C., damals Leiter der Clinica San Rocco in Como und einer der ersten und besten AK-Chiropraktiker in Europa.
Meersseman systematisierte und verbesserte die oben geschilderte Vorgehensweise, indem er die Differenzierung zwischen aszendierenden und deszendierenden Problemen empfahl. Die Befunderhebung erfolgt primär durch klassisch chiropraktische Befunderhebung und AK.

Die chiropraktische Diagnostik beinhaltet:

- Beurteilung der Körperebenen (Kopf, Schultern, Becken, Beinlänge)
- ›Plumb Line Analysis‹ (genaue Gesamtinspektion mit Lot und vertikalen und horizontalen Hilfslinien)
- ›Leg turn in‹ = Beurteilung der Beinrotation in Rückenlage, aktiv und passiv
- ›Motion Palpation‹ insbesondere der Kopfgelenke und des Becken-Sacrumbereiches
- Podometrie

3.1 Deszendierende Probleme

Der entscheidende Diagnoseschritt ist das künstliche Deblockieren der Occlusion und Erhöhen der vertikalen Dimension durch zwischen die Zahnreihen eingelegte Watteröllchen. Meersseman empfiehlt, nach dieser Maßnahme den Patienten – mit den Watteröllchen – Gehen und Schlucken zu lassen, um alle wesentlichen neuromuskulären Rezeptorsysteme gemäß der ›neuen‹ Kiefergelenkssituation zu reorientieren.

Sind dadurch die zuvor erhobenen Befunde – egal, ob Beckenschiefstand, Hyperlordose, Piriformis- oder SCM-Schwäche – aufgehoben oder zumindest deutlich gebessert, so handelt es sich um ein deszendierendes Problem. Hier ist der Kausalverlauf offensichtlich ›von oben nach unten‹. Störungen im craniomandibulären System verursachen Symptome und klinische Befunde von der BWS an abwärts; die Therapie ist primär zahnärztlich/kieferorthopädisch.

Fall: 1
13jähriges Mädchen mit massiver Thorakolumbalskoliose. Anamnese: Das Mädchen war bis zum 11. Lebensjahr vollkommen gerade, trieb viel Sport, u.a. Schwimmen. Dann kieferorthopädische Korrektur (Multiband) aus v.a. kosmetischen Gründen.
Im AK-Test Cat II links (posteriores Ilium) mit Schwäche des Piriformis bds., Rectus f. links, Iliopsoas bds., Hamstrings bds; alle aufhebbar durch Inspiration, aber auch durch Deblockierung des Kiefergelenks durch Watteröllchen zwischen beiden Zahnreihen.
Verdacht und Konsequenz: Die kieferorthopädische Korrektur war zumindest mitverantwortlich für das plötzliche Auftreten der Skoliose; neben der SOT-Korrektur des Cat II, Mobilisierung des Sacrums und Occiput Release (Iliopsoas bds.!) auf jeden Fall Optimierung der kieferorthopädischen Behandlung und Versuch, die Skoliose langfristig so gut als möglich zu korrigieren.

Fall: 2
Patient klagt über therapieresistente Kreuzschmerzen seit 3 Monaten. Chiropraktische Korrekturen, Injektionen und Schmerzmittel helfen jeweils nur vorübergehend.
AK-Untersuchung: Cat I mit entsprechenden Muskelschwächen; alles aufhebbar durch Watteröllchen bds.
Jetzt Zusatzanamnese: Unmittelbar vor Beginn der Schmerzen Einsetzen einer neuen Krone durch den Zahnarzt; ›der Biß ist seither komisch‹!
Die zahnärztliche Kontrolle ergibt einen eindeutigen Frühkontakt; nach Korrektur vollständiges Verschwinden der Kreuzschmerzen innehalb weniger Tage!

3.2 Aszendierende Probleme

Bessern sich umgekehrt Befunde im Bereich des stomatognathen Systems durch probatorische Korrekturen (Challenge) oder wirkliche Therapiemaßnahmen ›unten‹, so handelt es sich um ein aszendierendes Problem.

Hierbei können beliebig diffizile und vielschichtige Störungen des craniosacralen und stomatognathen Systems vorliegen, die letztlich ihre Ursache ›unten‹ haben, häufig im Bereich der Füße und des Beckens/Sacrum/SIG, seltener Knie, Hüftgelenk, LWS und andere Strukturen.
Der Verlauf der Störung ist ›von unten nach oben‹; die möglichst kausale Therapie sollte entsprechend erfolgen.

Fall: 3
Patient mit chronischen Kopfschmerzen, v.a. tagsüber und bei längerer Belastung stärker! Positiver Challenge ist fester Biß, aber nur in Verbindung mit gewissen HWS-Positionen. Umgekehrt ist die Schwächung durch festen Biß aufhebbar durch Traktion an der HWS! Am Becken findet sich eine Beinlängendifferenz mit Cat II-Fehler; der entsprechende Korrektur-Challenge mit den SOT-Keilen hebt den urprünglich positiven Challenge durch festen Biß vollständig auf.
Konsequenz: Korrektur des Cat II-Fehlers samt der korrelierenden Muskelschwächen; danach sind alle ursprünglichen Befunde aufgehoben!

Fall: 4
Leistungssportler mit plötzlich aufgetretener Koordinationsschwäche. Im AK-Test u.a. Schwäche der Nackenflexoren + SCM bds., aufhebbar durch je zwei Mundspatel zwischen den Zahnreihen; keine Reaktion auf festen Biß. Die weitere Untersuchung ergibt einen Senk-Spreizfuß bds. mit Schwäche des Tibialis posterior bds.
Positiver Challenge: Einlage eines neuen Schuhausgleichs; hierdurch nach 20m Gehen vollständige Stärkung der Nackenflexoren + SCM bds.!
Konsequenz: Chiropraktische Korrektur von Fuß-Subluxationen bds; Stärkung aller schwachen Muskeln bds. gemäß den Fünf Faktoren des IVF; optimal passende Sportschuheinlage.
Ergänzung der Anamnese im nachhinein: etwa vier Wochen vor Beginn der Koordinationsstörungen Wechsel des Schuhausrüsters!
Zum genaueren Studium : Bitte die Artikel von Meersseman über AIKA anfordern: Accademia Italiana di Kinesiologia Applicata, Via Recchi 7, I-22100 Como, Tel.: 0039-31-570725, Fax: 0039-31-574788

3.3 Diskussion:

Der ursprüngliche AK-Ansatz war und ist nicht wirklich multidisziplinär, da er keine zahnärztliche und kieferorthopädische Beurteilung beinhaltet und die wirklich entscheidenden Kriterien zur Therapie und Diagnostik weitestgehend gemäß dem Ergebnis des AK-Tests getroffen werden, der von seiner Natur aus immer nur ein Momentergebnis liefern kann. Eine wirkliche Auseinandersetzung mit den zahnärztlichen und kieferorthopädischen Behandlungsmöglichkeiten fehlt. Zur Therapie werden fast ausschließlich muskuläre und chiropraktische bzw. osteopathische Techniken angewendet.

Eine Hauptursache hierfür dürfte die in den USA leider bestehende strenge Abgrenzung der D.C.´s von allen übrigen Berufsgruppen sein.

Der Ansatz von Meersseman ist logisch, eigentlich klassische AK und erstmals in der AK wirklich multidisziplinär, da die Patienten bei entsprechenden Untersuchungsergebnissen unverzüglich vom Chiropraktiker zum Zahnarzt bzw. vom Zahnarzt oder Kieferorthopäden zum Chiropraktiker kamen oder zu anderen Fachärzten, falls indiziert.

Auch bringt er die wichtigen Empfehlungen, die künstliche Erhöhung der vertikalen Dimension nicht durch irgendetwas, sondern durch Watteröllchen vorzunehmen, und dann mit den Watteröllchen das neuromuskuläre System durch Gehen und Schlucken zu reorientieren.

Etwas fraglich erscheint die strikte Trennung in aszendent und deszendent, da m.E. der Körper nicht in unidirektionalen Kausalketten reguliert, sondern wohl eher das ›Total Load‹-Konzept von Selye und der Klinischen Ökologie zutrifft. Die Störungen werden sich jeweils an den bereits vorher bestehenden oder sich im Verlauf entwickelnden Schwachstellen (›locus minoris resistentiae‹) zeigen.

Bestehen Störungen lange genug oder sind sie stark genug, so kann aus einem urprünglichen ›Ei‹ selbst eine ›Henne‹ werden, was dann dazu führt, daß ein aszendierendes und ein deszendierendes Problem nebeneinander her bestehen.

Ohne jemals mit Meersseman darüber diskutiert zu haben, glaube ich, daß er diesen Gedanken problemlos zustimmen würde. Entscheidend ist:

Wenn man die eingangs genannten anatomischen und physiologischen Tatsachen akzeptiert, ergibt sich eigentlich automatisch der Zwang zur Untersuchung der entscheidend wichtigen Strukturen am oberen und unteren Ende des craniosacralen und stomatognathen Systems, aber eben auch der übergeordneten Störfaktoren aus dem Bereich der anderen Seiten der Triad of Health (Emotional/geistig und chemisch/allergisch/toxisch).

Eine entscheidende Tatsache wurde aber bisher überhaupt nicht beachtet bzw. nicht konsequent zur Grundvoraussetzung gemacht:

Für jeglichen Challenge, bei dem durch probatorische Veränderung der Mandibula- und damit Kondylenposition im Kiefergelenk ein diagnostischer Rückschluß möglich werden soll, brauche ich eine Idealvorstellung der Kondylenposition im Kiefergelenk, aber auch der Relation und Position der Mandibula im Verhältnis zu den übrigen Strukturen des Kopfes!

Einfacher: wohin soll die Mandibula und damit die Kondyle?

4. Das Konzept von Gelb

Unser bisheriges Vorgehen in der AK entspricht in etwa der Denkweise eines Therapeuten, der zum Challenge des Fußes bei Senk-Spreizfuß Golfbälle, LEGO-Steine oder Knetwachs unter das Längsgewölbe legt, ohne eine Idealvorstellung von der Fußform und der Position und Funktion der Fußknochen samt Muskulatur zu haben.

(Leider sieht man immer wieder solchermaßen anmutende Schuheinlagen!)

Ich entschuldige mich bei jedem, dem dieses Beispiel zu drastisch oder tendenziös erscheint; es soll aber v.a. verdeutlichen und betrifft auch mich selbst! Deshalb fiel es mir wie Schuppen von den Augen, als ich mich zum erstenmal 1994 mit dem Konzept von Gelb befaßte.

Gelb: Nomenklatur und Modellebenen

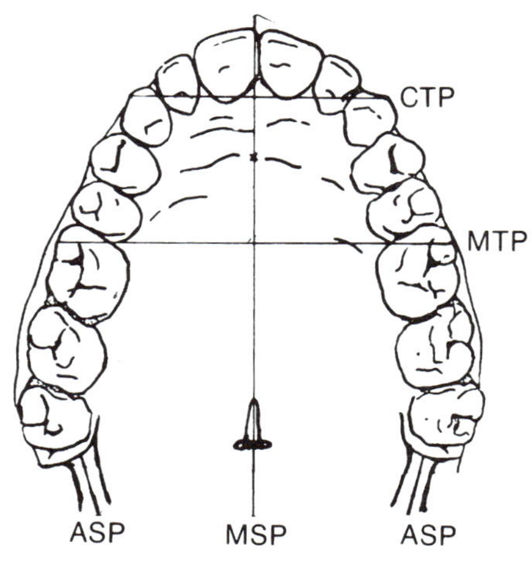

Abb. 38 Oberkiefer-Ebenen von okklusal
Anatomische Ebenen des Oberkiefers

HP = Horizontale Ebene, im Idealfall parallel in OK und UK und zur Erde
= Linie durch Alveolarkamm und caudalen Teil des Occiput
= parallel zur Camperschen Ebene (Spina nasalis ant. - post.)
MSP = Mittlere Sagittale Ebene, senkrecht zu HP
= Linie Rugae palatinae und Fovea palatina
MTP = Molare Transversale Ebene, senkrecht zu HP und MSP
= teilt die Maxilla rechts und links am tiefsten Punkt
CTP = Canine Transversale Ebene
= parallel zur MTP, senkrecht zu HP und MSP
= 2xPrämolarenbreite anterior des Molaren
ASP = Alveoläre Sagittale Ebene
= parallel zur MSP
= posteriore und mesiale Kerbe des Hamulus

Abb. 39

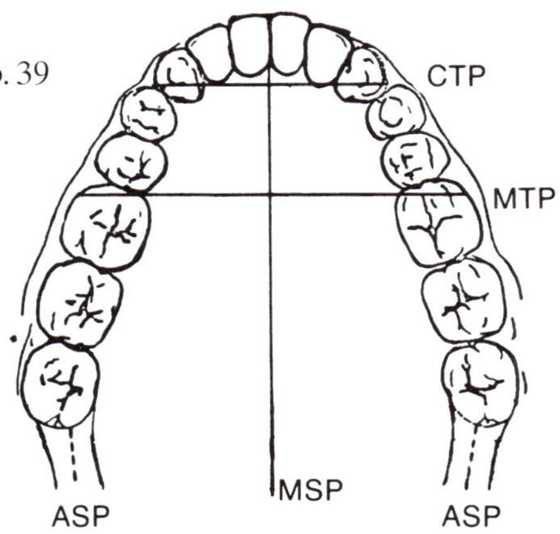

Anatomische Ebenen des Unterkiefers

HP = Horizontale Ebene (s. oben)
= parallel zum Alveolarkamm
= Linie von ›B‹ (n. Down) zum Schnittpunkt im **Gonion-Winkel**
MSP = Mittlere Sagittale Ebene, senkrecht zu HP
= Linie Spina lingualis und Mitte zwischen Tuberculi retromolares
MTP = Molare Transversale Ebene, senkrecht zu HP und MSP
= halbiert den Abstand von ›B‹ (n. Down) zum Trigonum retromolare bds.
CTP = Canine Transversale Ebene
= parallel zur MTP, senkrecht zu HP und MSP
= 2xPrämolarenbreite anterior zu MTP
ASP = Alveoläre Sagittale Ebene
= parallel zur MSP
= teilt die retromolaren PolsterGelb hat also eine klare Vorstellung von den knöchernen und neuro-muskulären Idealverhältnissen im Bereich des stomatognathen Systems. Wendet man diese Vorstellungen in Verbindung mit AK an, ergibt sich ein äußerst effizientes Vorgehen, wie die Fälle 5 und 6 zeigen.

Sie stammen aus der kieferorthopädischen Praxis von Dr. Werner Schupp, Köln, dem ich für seine Mithilfe sehr herzlich danken möchte.

Fall: 5

Patientin mit zeitlich unregelmäßigen, starken, diffusen Kopf- und Nackenschmerzen. Bei der manuellen Untersuchung Kiefergelenk links schmerzhaft, M.temporalis rechts stark schmerzhaft, Krepitation beider Kiefergelenke.

Kieferorthopädische Diagnose: Tiefbiß, stark reklinierte obere Frontzahngruppe, Kl. II-Verzahnung, Kreuzbiß.

Therapie: Aufbisse in korrekter Unterkieferlage sowie korrigierter Kondylenlage und gleichzeitige Multibandbehandlung; Dauer der aktiven Behandlung 19 Monate.

Verlauf: Die Schmerzen sind seit ca. 1 Woche nach Behandlungsbeginn nicht mehr aufgetreten. Abschluß der Behandlung in einer exakten Kl. I-Verzahnung mit korrektem Overbite. Retention mittels Schienenpositioner im Ober- und Unterkiefer (siehe dazu Abbildungen und).

Fall: 6

Patient mit stärksten Kopfschmerzen, Drehschwindel, teilweise arbeitsunfähig.

Kieferorthopädische Diagnose: skelettale Mittellinienverschiebung des Unterkiefers, Gesichtsskoliose, ungesicherte Verzahnung mit Frontzahnkontakt.

Therapie: Einstellung der skelettalen Gesichtsmitte und korrekte Okklusion mittels Aufbißschiene nach Gelb.

Verlauf: Der Drehschwindel ist innerhalb weniger Tage vollständig weg, die Kopfschmerzen sind bis auf einen druckdolenten Punkt im M. temporalis ant. rechts innerhalb von zwei Wochen behoben worden.

Gelb's entscheidender Punkt ist: Bringe erst probatorisch die Mandibula in die orthopädische Optimalposition, und untersuche dann, was sich dadurch an Symptomen bzw. Befunden verändert: Kopf, Schultern, Becken, Füße, muskuläre Tastbefunde im Bereich des stomatognathen Systems, aber auch der Rückenmuskulatur bis nach unten zur Wadenmuskulatur.

Gelb stellt bei der Erstuntersuchung dem Patienten die korrigierte Mandibulaposition selbst ein

und läßt ihn dann diese Position aktiv halten, während die o.g. Untersuchung erfolgt. Im Gegensatz zu Meersseman verwendet er keine Watteröllchen!
Bessern sich die peripheren Befunde, so empfiehlt er, nach weiterer zahnärztlicher und radiologischer Diagnostik, in den meisten Fällen die Anfertigung einer speziellen Unterkiefer-Aufbißschiene:
COPA = Craniomandibulär-orthopädische Positionierungs- apparatur
Die Schiene selbst hat nichts Besonderes: sie geht jeweils vom Eckzahn zu dem am meisten posterior befindlichen Zahn, mit einem Sublingualbügel von Eckzahn zu Eckzahn.

Das Spezielle sind die Kriterien, die die Schiene erfüllen muß:

- sie muß die Mandibula in eine orthopädische ›Optimalposition‹ bringen - gemäß dreidimensionaler Analyse im Artikulator, bei der knöcherne und dentale Hilfslinien verwendet werden, um die Optimalrelation Mandibula : Maxilla zu finden
  - gemäß Blickanalyse von außen; hier konzentriert man sich auf die knöchernen Mittellinien des Gesichtes und der Mandibula und auf die Gesichtsproportionen

- sie muß möglichst viele der zuvor festgestellten Befunde am Bewegungsapparat aufheben oder zumindest deutlich bessern

- **sie muß im AK-Test optimal testen als Zeichen der optimalen neuromuskulären Verträglichkeit!!** (Challengeformen sind in der Regel fester Biß, leichter Biß, leichte Laterotrusion rechts/links mit leichtem Biß, und ›Klack-Klack‹ = mehrmals hintereinander leichte Okklusion)
- **In schwierigen Fällen ist auf jeden Fall die radiologische Kontrolle mit Tomogrammen der Kiefergelenke nach individueller Einstellung mit Submento-Vertex-Aufnahme indiziert.**

Diese Schiene soll der Patient zu Beginn 24 Stunden am Tag tragen; allenfalls wenn sie beim Essen Schwierigkeiten verursacht, kann sie dafür herausgenommen werden.
So und nur so wird nach Gelb eine orthopädisch sinnvolle Basis geschaffen, von der ausgehend dann weitere Therapieformen wie Triggerpunkt-Behandlungen, Physiotherapie, Elektrotherapie, Chiropraktik, Osteopathie usw. einen Sinn machen.
In den meisten Fällen kommt es aber bereits durch die Schiene alleine zu einer Verbesserung der klinischen Symptomatik innerhalb weniger Tage!

Der Patient wird aufgefordert, sich bei jeder Verschlimmerung sofort zu melden, mindestens aber alle 2-3 Wochen zur Kontrolle.
Nach ca. 4-6 Monaten und bei stabiler Besserung der ursprünglichen Symptomatik kann die COPA dann nur noch nachts bzw. in speziellen Stress-Situationen getragen werden (siehe Fall 7), und es ist dann individuell und in Absprache mit dem Patienten zu entscheiden, wie die weitere Versorgung aussieht (Einschleiftherapie, Prothetik, Kieferorthopädie, Chirurgie ...)

Fall: 7
Ein befreundeter Zahnarztkollege von Mitte 50 klagt seit drei Jahren über zunehmende Parästhesien an der Außenseite des linken Oberschenkels, an der Außenfläche des linken Fußes in einem fünfmarkstückgroßen Gebiet, über eine anfallsweise unangenehme kalte Ohrmuschel links sowie über eine Rotationsempfindlichkeit in beide Richtungen des Unterarms links. Vom Orthopäden und Chiropraktiker wird rezidivierend wegen Blockierungen des SIG links behandelt, jeweils nur mit vorübergehendem Erfolg.
Oral-orthopädische Untersuchung mit AK:
Aufhebung aller positiven Befunde durch Watteröllchen › Anfertigung einer COPA › damit sofortige Aufhebung aller Befunde; innerhalb von Stunden keinerlei Parästhesien oder sonstige Gefühlsstörungen mehr festzustellen!
Der sehr erfahrene Kollege merkt dann im Verlauf der nächsten Wochen, daß es gar nicht nötig ist, die Schiene ständig zu tragen; nicht einmal nachts!
Die einzige Gelegenheit, während der er unbedingt die Schiene tragen muß, ist während des Präparierens in der Praxis!
Offensichtlich ist es also selbst einem Zahnarzt mit großer Erfahrung nicht aufgefallen, daß er während des Präparierens so stark zubeißt, daß reflektorisch hierdurch die oben beschriebenen Gefühlsstörungen und Blockierungen auftreten.
Die COPA ist als ›Krücke‹ nur während dieser Maximalbelastung zu tragen und reicht vollkommen aus für totale Beschwerdefreiheit.
Beobachtungszeitraum jetzt knapp ein Jahr!

Diskussion:
Eigentlich ist von der Logik her gegen das Konzept von Gelb weder von Seiten der Kieferorthopädie

und Zahnmedizin noch von der AK her etwas zu sagen, denn es berücksichtigt alle eingangs genannten anatomischen und physiologischen Grundtatsachen.
Eine klare Idealvorstellung der skelettalen Ebenen wird auch von Rocabado gefordert: ›...da 70% der Unterkiefer-Rücklagen mit einer anterioren Kopfhaltung verbunden sind. Es besteht eine eindeutige Verbindung zwischen Okklusion, Kondylenposition und Wirbelsäule. Eine exakte Orientierung der skelettalen Ebenen – der vertikalen Ebene der Körperhaltung sowie der horizontalen Augenebene, der Gehörebene und der Okklusionsebene – ist notwendig für eine erfolgreiche Behandlung.‹
Für viele Zahnärzte und Kieferorthopäden sind jedoch die teilweise dramatisch anmutenden Korrekturen durch die Schiene zuerst schwer zu akzeptieren. Insbesondere bei den Class II, 2 - Fällen, die nach Gelb nicht ein vorderer Tiefbiß, sondern in Wirklichkeit ein hinten offener Biß, ein Verlust der posterioren Abstützung sind, wird z.T über 10 mm an Höhe aufgebaut.
Die zwangsläufig durch den Verlust der posterioren Abstützung erfolgte Verlagerung der Kondylen nach posterior-superior wird so korrigiert, wobei fast immer auch deutliche Korrekturen lateraler Deviationen notwendig sind. Gerade die Korrektur der Lateralabweichung ist besonders wichtig: es zählt nicht die dentale Mitte, sondern die knöcherne Mitte!
Verblüffend ist immer wieder die schnelle klinische Besserung, selbst bei schwierig zu behandelnden chronischen Fällen wie Tinnitus! Und: überprüft man die durch die COPA erzielte Kondylenposition radiologisch, so ist diese meist optimal nach Gelb, Ricketts und Farrar.
Von der Seite der AK her müssen wir Gelb besonders dankbar sein, weil er uns auf einem sehr wichtigen Gebiet darauf hinweist, wie wichtig die Anwendung von gesundem Menschenverstand und passenden klinischen Methoden zusammen mit AK ist.
Ohne sein Konzept würden wir einen großen Teil der Patienten, die von einer COPA profitieren, nur symptomatisch behandeln, oder gar vollkommen erfolglos.
Dies ist aber leider auch für viele AK-ler, sogar Diplomates, zu Beginn nur schwer akzeptabel!

Anmerkung: Das Ganze entspricht in etwa der Situation der Viszeralen Osteopathie/AK mit der ICV auf der einen Seite und der simplen und nicht zu negierenden Pathophysiologie und Diagnose nach F.X.Mayr auf der anderen Seite!

Wir können zwar mit AK und den verschiedenen therapeutischen Techniken aus Osteopathie und Chiropraktik teilweise unglaublich erfolgreich die Folgen bzw. die Adaptationsmuster der craniomandibilären Dysfunktion behandeln, aber nicht eine langfristige Sanierung erreichen.
Korrigieren wir nämlich die oral-orthopädische Situation nicht, so landet der Patient bei maximaler IKP immer wieder bei der gleichen falschen und letztlich über kurz oder lang immer wieder nozizeptive Afferenzen verursachenden Kondylenposition.
Diese simple Tatsache wurde bisher in allen AK-Publikationen, aber auch in der osteopathischen Literatur (Upledger u.a.) nicht erwähnt.

Nochmals: die Okklusion bzw. genauer die Interkuspidation entscheidet über die Kondylenlage!

Die okkludierende Muskulatur (V.a. Masseter und Temporalis anterior) wird solange aktiviert, bis IKP erreicht ist; Okklusionshindernisse (Fehlkontakte) fördern sogar den Bruxismus (Kobayashi und Hansson).
Hinzu kommt die Verbindung der Kiefergelenksmuskulatur mit Stress: ›Beiß doch einfach die Zähne zusammen!‹
Was bedeutet das aber in der Realität? Gerade die schwierigsten Patienten werden in ihren maximalen Stress-Situationen und während der Nacht insgesamt stundenlang maximal beißen, und eben genau so, wie es die bestehende Okklusion erlaubt. Genau in diesen Zeiten aber sind sie ungeschützt, wenn wir nicht korrigierend und stützend mit einer oral-orthopädischen ›Krücke‹ eingreifen! (siehe Fall 7)

Im Vergleich dazu haben wir übrigens tagsüber normalerweise nur ca. 8-25 Minuten eine IKP – die Kaufunktion nicht einberechnet (beim Kauen befindet sich immer irgendetwas zwischen den Zähnen, sodaß strenggenommen nicht IKP besteht!).

5. Die Synthese

In meiner Praxis hat sich fast zwangsläufig eine Kombination der o.g. Konzepte aus der deutschen Naturheilkunde, der klassischen AK, dem Meersseman-Test, und der Oralen Orthopädie nach Gelb ergeben.

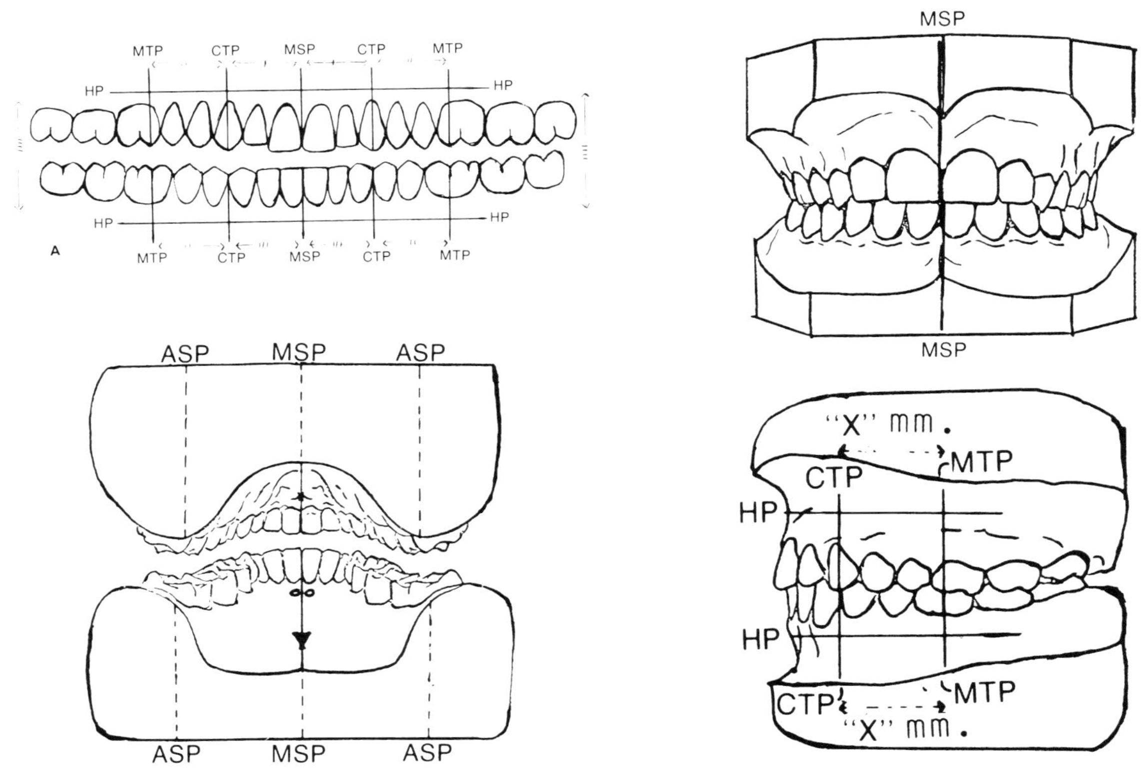

Abb. 40 Idealverhältnisse: Die Ebenen in der dentalen Ansicht; frontal stimmen die MSP und die dentale Mitte oben und unten überein; von dorsal gesehen stimmen die MSP überein und die OK-ASP liegen mit beidseits gleichem Abstand innerhalb der UK-ASP. In linkslateraler Ansicht CTP, MTP und HP oben und unten.

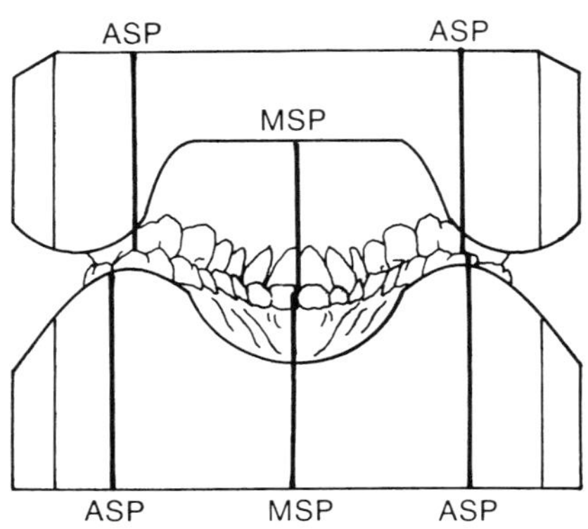

Abb. 41 Lateral Shift der Mandibula nach links

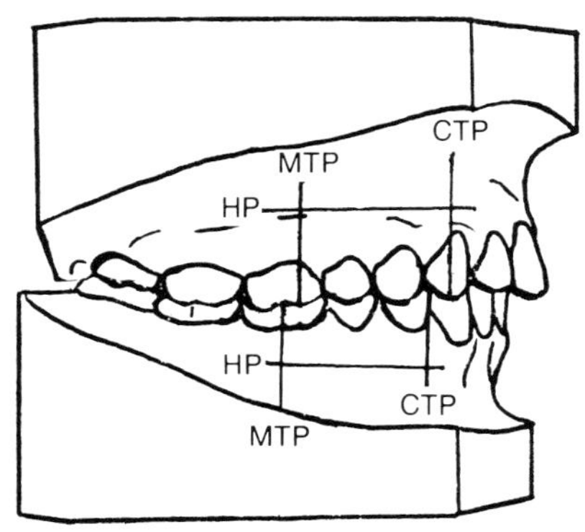

Abb. 42 Klassische Rücklage der Mandibula

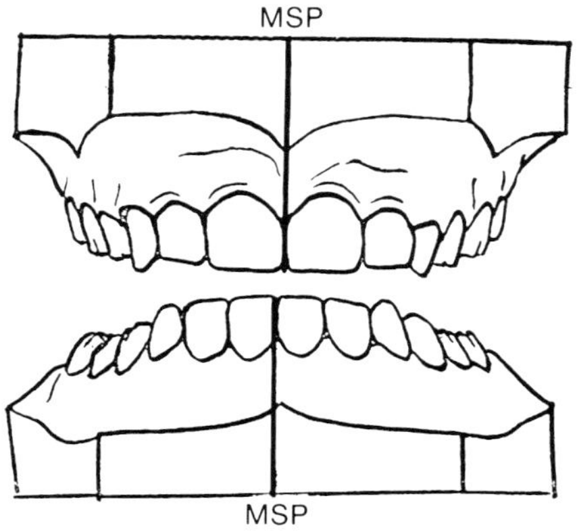

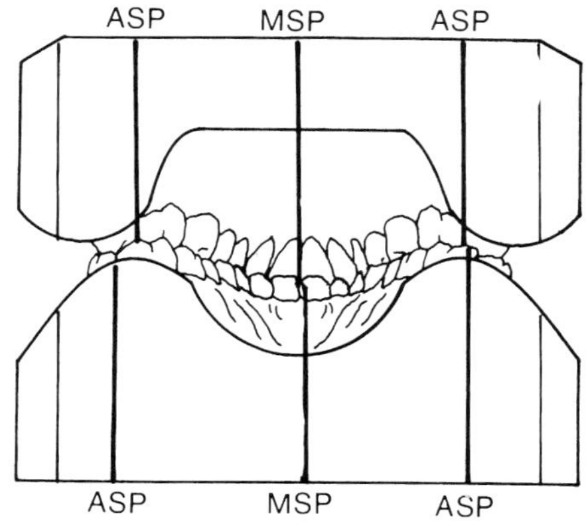

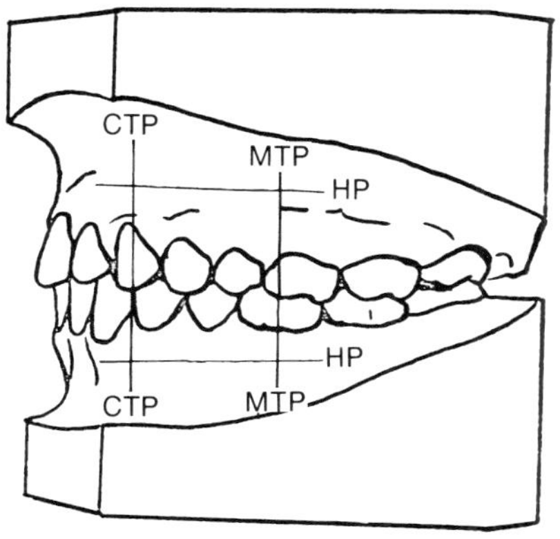

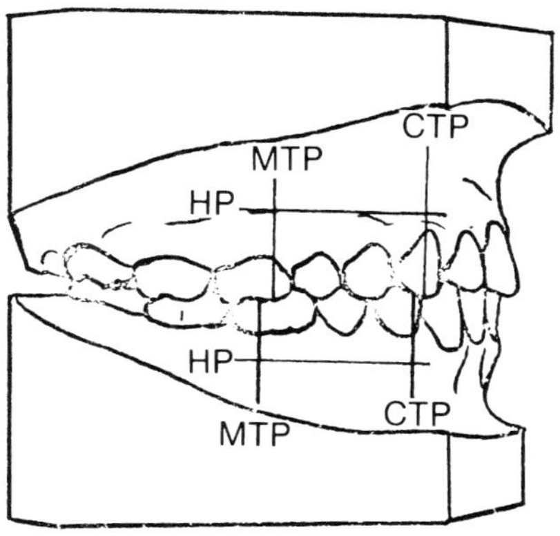

Abb. 43 Körperliche Rotation der Mandibula nach rechts: MSP der Mandibula ist rechts von MSP Maxilla; Abstand ASP Mandibula/Maxilla rechts kleiner als links; CTP und MTP Mandibula sind links übereinstimmend mit CTP und MTP Maxilla (auch/oder anterior möglich), während rechts CTP und MTP der Mandibula distal von CTP und MTP Maxilla liegen.

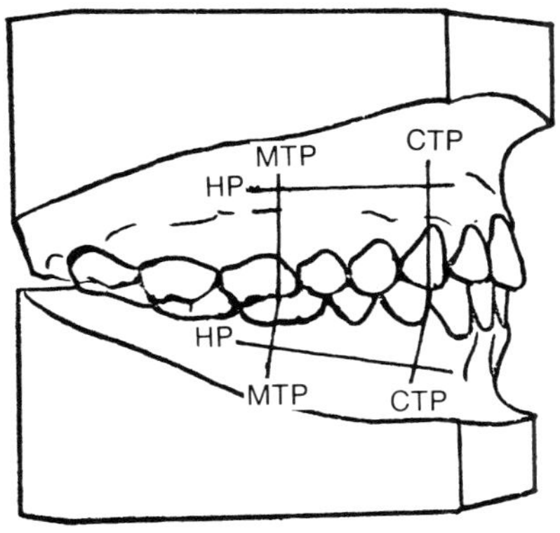

Abb. 44 Höhenverlust posterior bei korrektem Overbite anterior

Mit der AK lassen sich schnell abklären:

- Materialverträglichkeit
- Toxisch/allergische Belastungen
- Herdbelastungen
- Craniosacrale Probleme
- Muskuläre Dysbalancen
- Neurologischer Zahn

Zur Vorgehensweise siehe die jeweiligen Kapitel! Die oral-orthopädische Untersuchung erfolgt nach Gelb, Meersseman, einfachen Untersuchungstechniken der manuellen Medizin und AK. Im Regelfall wird untersucht:

5.1 Beurteilung der Körperebenen (Kopf, Schultern, Becken, Beinlänge); Klopfschmerz/Druckschmerz je nach Klinik
5.2 Beurteilung der Wirbelsäule und des Beckens von dorsal (Inspektion, Funktionsprüfung in Vorbeuge, Funktionsprüfung der SIG beidseits)
5.3 In Rückenlage: Überprüfung der Beinlänge und des Vorlaufphänomens; ›Leg turn in‹ = Beurteilung der Beinrotation in Rückenlage, aktiv und passiv
5.4 AK-Test der klinisch relevanten Muskeln beidseits; als Minimum Rectus femoris als Indikatormuskel, Iliopsoas und Piriformis (dabei Rotationsprüfung der Hüftgelenke) sowie Nackenflexoren als Gruppe und SCM bds. (dabei Bewegungsprüfung der HWS: Rotation, Seitneigung, Flexion, ggfs. Extension).
Gegebenenfalls weitere Muskeln je nach Anamnese und klinischer Fragestellung: Oberer Trapezius, Latissimus, Infraspinatus, Teres minor, Subscapularis (dabei Rotationsprüfung im Schultergelenk bds.) u.a.m..
Den Deltoideus verwende ich eher selten wegen der häufigen Probleme mit dem Übergang HWS/BWS!
5.5 Ausgehend vom starken Indikatormuskel erfolgt nun die oben unter 1. und 2. beschriebene Untersuchung, die je nach Fragestellung erweitert werden kann (z.B. Überprüfung der Augenkoordination bei funktionell-neurologischen Störungen). Bei positivem Challenge erfolgt sofort die Inspektion der Mundhöhle, Zahnreihen und der Gesichtsproportionen nach Gelb sowie die Palpation von Masseter, SCM, Temporalis und Pterygoideus-Ansatz am Kieferwinkel (alle von außen; Palpation von Pterygoideus medialis und lateralis im Mund nur bei Bedarf).
5.6 Je nach Befunden erfolgt nun die Feineinstellung der Mandibula gemäß den Kriterien von Gelb, aber mit Watteröllchen unterschiedlicher Größe à la Meersseman. Es wird solange getestet, bis der positive Challenge durch festes Zubeißen vollständig aufgehoben ist.
Nun wird als Minimalmaßnahme der Patient gebeten, sich aufzusetzen und zu schlucken; besser und insbesondere bei funktionell-neurologischen Fragestellungen und chronischen Störungen des Bewegungsapparates ist die Aktivierung des gesamten neuromuskulären Systems durch Gehen mit freischwingenden Armen und Schlucken zu empfehlen.
5.7 Jetzt erfolgt die Überprüfung der ursprünglich

positiven Befunde. Sind sie alle oder fast alle aufgehoben oder gebessert, so ist als Ergebnis der Untersuchung die temporär-therapeutische Mandibulaposition gefunden und die Indikation zur oral-orthopädischen Korrektur gestellt.

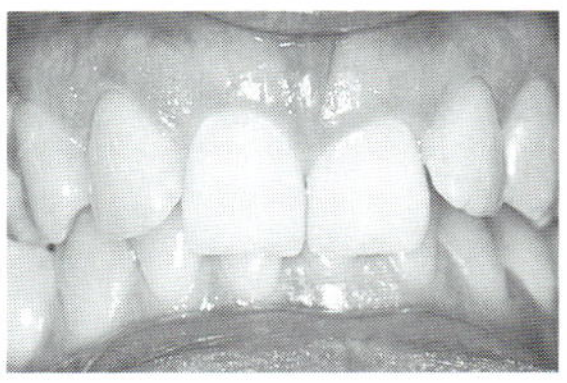

Abb. 45 Deutlicher Tiefbiß und reklinierte obere Frontzahngruppe.

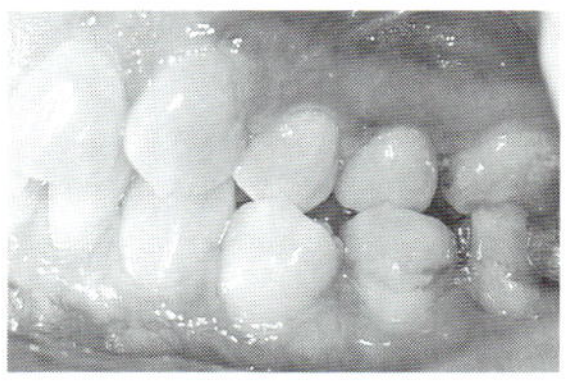

Abb. 46 Im Seitenzahngebiet zeigt sich ein Kreuzbiß und eine Rücklage des Unterkiefers (Angle-Kl. II/2).

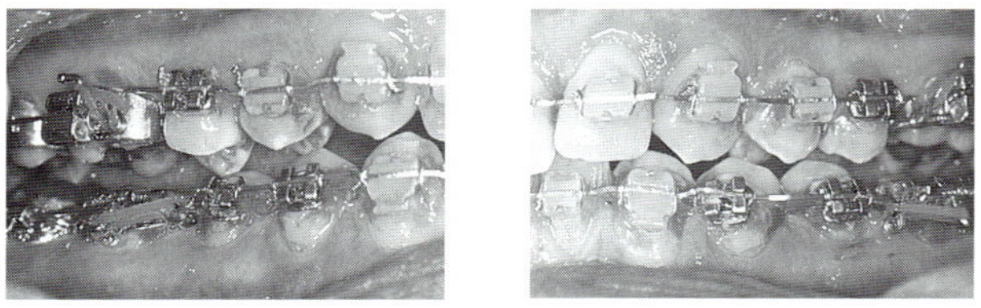

Abb. 47 Therapie mit festsitzenden Aufbissen zur orthopädischen Einstellung der physiologischen Kondylenposition nach AK-Testung.
Gleichzeitig Multiband-, Multibracketapparatur zur orthodontischen Einstellung der Okklusion, ebenfalls zusätzlich zur rein kieferorthopädischen Diagnostik AK-getestet.
Die Multibandtherapie befindet sich in der zweiten Phase nach Frontzahnkorrektur mittels Utility (Ricketts-Technik).

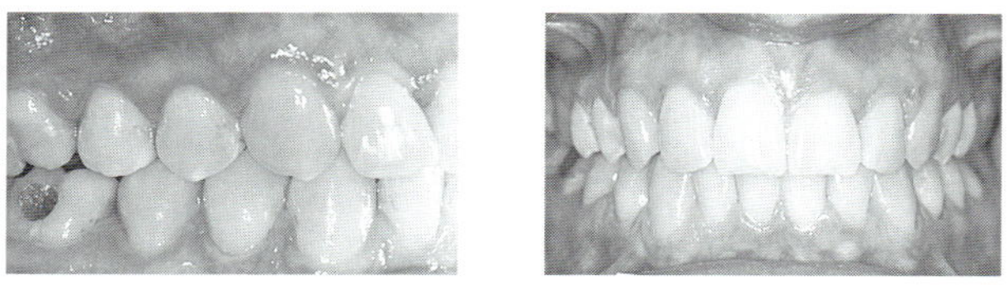

Abb. 48 Behandlungsabschluß in einer Angle-Klasse I mit physiologischem Overbite und Overjet und physiologischer Kondylenlage 18 Monaten nach Therapiebeginn.

Abbildungen zu Fall 75

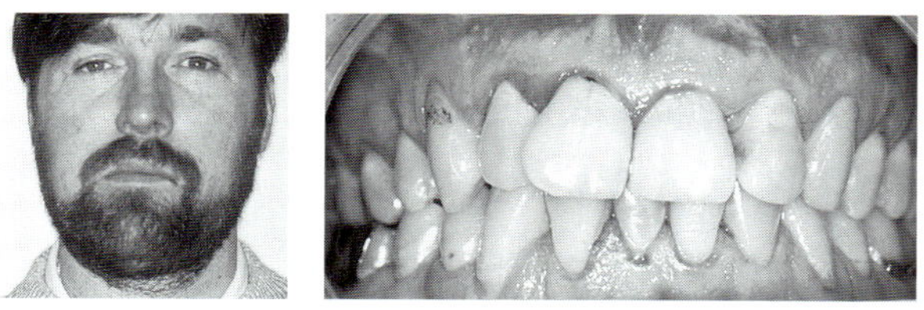

Abb. 49 Auffällig ist die skelettale Mittellinienverschiebung im Gesicht. Das Korrelat zeigt die intraorale Aufnahme in maximaler Interkuspidation. Bei der Untersuchung zeigt sich eine Zwangsführung des Unterkiefers nach rechts durch Frühkontakt im Frontzahngebiet bei der Schließbewegung des Unterkiefers in die maximale Verzahnung.

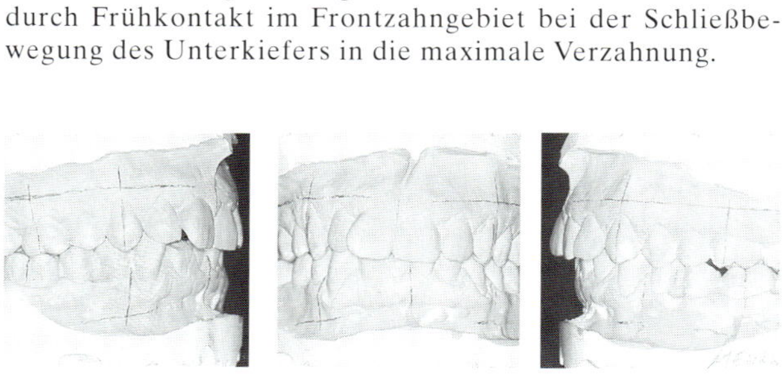

Abb. 50 Kiefermodelle in maximaler Interkuspidation. Modelleinzeichnung nach den Angaben von Lieb und Gelb.

Anmerkung: Ich möchte hiermit den Begriff ›temporär-therapeutische Mandibulaposition‹ vorschlagen, der abzugrenzen ist von der Okklusion und der Interkuspidation, die ja bei diesem Untersuchungsgang beide nicht mehr gegeben sind.

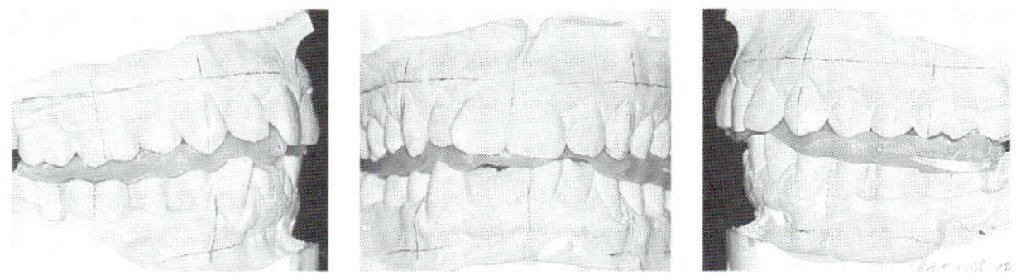

Abb.51 Der Konstruktionsbiß ist vorbereitet zur Austestung am Patienten nach manualtherapeutischen Kriterien, AK-Testung und zur Herstellung der Kiefergelenktomogramme.

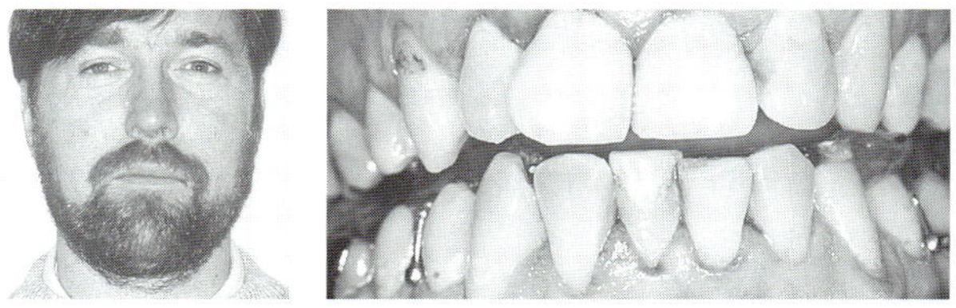

Abb. 52 Patient mit eingesetzter Aufbißschiene nach Gelb, die Gesichtsskoliose ist aufgehoben. Auffällig ist die dentale Mittellinienverschiebung; die skelettale Mittellinie ist aber ausgeglichen. Der Frontzahnkontakt ist aufgehoben, der Biß ist in physiologischer Kondylenposition eingestellt und muß später kieferorthopädisch korrigiert werden.

Nach nunmehr anderthalb Jahren intensiver Beschäftigung mit dem Konzept von Gelb, Erfahrungen mit vielen Patienten, einer sehr befruchtenden Zusammenarbeit insbesondere mit den kieferorthopädischen Kollegen Schmidt, Schupp und Zernial und den Diskussionen mit vielen Kolleginnen und Kollegen während und nach AK-Kursen zu diesem Thema kann man doch eine gewisse Zwischenbilanz ziehen.

Wie so oft, kommt es beim Zusammenführen verschiedener Richtungen zu einer Weiterentwicklung, und so war es eine große Ehre für mich, als mich Harold Gelb zu einem Vortrag über die moderne AK an ›seine‹ Tufts University nach Boston eingeladen hat.

6. Entwicklungen und Konsequenzen

6.1 Für alle Fachrichtungen

- Eine wirklich ganzheitliche Untersuchung und Therapie des stomatognathen Systems ist bei mehr chronischen und akuten Krankheiten indiziert als bisher angenommen
- die interdisziplinäre Zusammenarbeit zwischen den direkt mit dem stomatognathen System befaßten Berufsrichtungen wird unerläßlich
- die Wichtigkeit der Zahnärzte, Kieferorthopäden und Kieferchirurgen in der Kooperation mit

Allgemeinmedizin, Schmerztherapie, HNO, Kinderheilkunde (Legasthenie u.a.!), aber eventuell auch anderen Fachbereichen steigt dramatisch an

● alle Fachrichtungen müssen sich mehr mit den grundsätzlichen einfachen Untersuchungstechniken der Zahnmedizin befassen

6.2 Für Zahnärzte, Kieferorthopäden und Kieferchirurgen

● Sie haben tatsächlich wesentlich mehr Verantwortung für nicht-zahnärztliche Bereiche als bisher bekannt und müssen sich deshalb weit mehr als bisher mit den möglichen Folgen ihrer Tätigkeit befassen:

Jegliche zahnärztliche, kieferorthopädische oder kieferchirurgische Maßnahme sollte idealerweise der Minimalanforderung entsprechen, nicht zu schaden.

Es müssen also möglichst:

- nicht-toxische Materialien verwendet werden, die vor allem individuell verträglich sein müssen
- **prothetische oder kieferorthopädische Arbeiten vermieden werden, die mehr als unbedingt notwendig mechanisch irritieren; dies gilt insbesondere für langfristige prothetische Arbeiten und kieferorthopädische Korrekturmaßnahmen jeglicher Art!**

● Besonders elegant ist die Verknüpfung des Gelb-Konzepts mit AK bei der Anfertigung funktionskieferorthopädischer Geräte (Bionator, Fränkel, Klammt u.a.): hier wird versucht, mit dem FKO-Gerät die oral-orthopädische Optimalposition einzustellen mit völliger neuromuskulärer Verträglichkeit im AK-Test!

● auch für die in vielen Fällen unumgängliche Multibandbehandlung gilt:

Kondylenlage untersuchen
Kondylenlage ggfs. korrigieren
Neue Kondylenlage mit AK testen
Okklusion in dieser Kondylenlage korrigieren

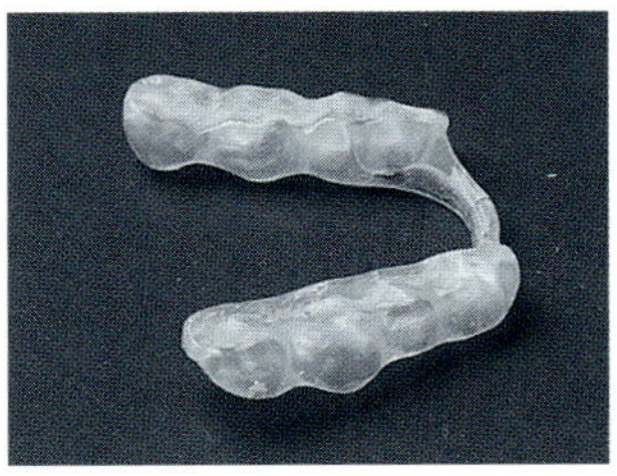

Abb. 53 COPA (= ›Gelb-Schiene‹)

6.3 Für die AK

● bietet sich als fachübergreifende funktionelle Diagnosemethode an, da sie als einzige Methode die mechanisch-strukturell-neuromuskulären, chemisch-toxisch-allergischen und emotional-geistigen Aspekte von Störungen ohne aufwendiges Instrumentarium untersuchen kann

● muß offiziell die Anregungen von Gelb und Meersseman aufnehmen, aber auch die Integration der v.a. aus der deutschen Naturheilkunde (EAV, Herdlehre!) kommenden Ansätze vorantreiben

Für die Ausbildung von Ärzten, Zahnärzten und Kieferorthopäden wurde in Zusammenarbeit zwischen IÄAK und der Fachvereinigung Deutscher Kieferorthopäden (KFO-IG) ein Ausbildungskonzept erarbeitet, das diese Integration bereits beinhaltet. Die folgende Empfehlung wurde im Herbst 1995 gemeinsam erarbeitet:

Daß auch nach Gelb nicht alle Fälle positiv beeinflußbar sind, andererseits die Grundannahmen trotzdem richtig sind, zeigt Fall: 8

52-jähriger Patient mit weit fortgeschrittenem Morbus Bechterew und Tinnitus bei craniomandibulärer Dysfunktion.
Medikation: Piroxicam®, Saroten®, Adumbran®, Ginkgo, Spondyvit®
Erstbefund: Völlige Einsteifung der HWS in der für Bechterew typischen anterioren Haltung.
Hypertoner Rectus beidseits,
SC: Fester Biß mit TL TMJ beidseits › aufhebbar durch Watteröllchen Stärke I in oral-orthopädischer Korrekturposition + Gehen: NC!
Aber: Verschlechterung des Tinnitus!
Zweituntersuchung eine Woche später:
NC: Nux vomica, KUF-Reihe und D12.
HC: bisherige COPA › Korrektur in Richtung Erhöhung der vertikalen Dimension und weiterer Anteriorisierung.
Damit eindeutig NC! › Vier Tage später erneute Verschlimmerung des Tinnitus; das vorübergehend bereits abgesetzte Adumbran® mußte wieder genommen werden.
Dritter Termin weitere zwei Wochen später (die Schiene wurde zuvor nicht mehr getragen!):
U: Rectus hyperton bds. › SC: Copper (P.E.)®, BP II › NC: BP III; damit Testung TMJ:
w: fester Biß › zuletzt getestete Schiene gleicht zum Normotonus aus!
Das ›Aber‹ kam zwei Tage später:
Anruf des Patienten, daß trotz der nachfolgend von

mir noch durchgeführten zusätzlichen neuraltherapeutischen und manuellen Behandlung von Temporalis links, Pterygoideus medialis links und vorsichtiger Mobilisierung der HWS und Kopfgelenke der Tinnitus wieder so schlimm geworden war, daß die Weiterbehandlung abgebrochen wird.

Fazit:
In diesem Fall konnte offensichtlich das skelettale System durch die Bechterew-bedingten Veränderungen der gesamten Wirbelsäule, insbesondere der HWS, den korrigierenden Heilreiz der COPA nicht umsetzen, obwohl bei mehrfacher Testung jeweils eine optimale neuromuskuläre Antwort auf die eingestellten Schienen zu testen war.

Man hat fast den Eindruck, daß die COPA die in anteriorer Haltung versteifte HWS zum Aufrichten gezwungen hat, wodurch aber wahrscheinlich die alleine noch einigermaßen mobilen Kopfgelenke überfordert wurden.
Der AK-Test zeigt also jeweils eine Momentaufnahme, die nicht in 100% aller Fälle klinisch die richtige Antwort liefert!
Für fachärztlich-kollegiale Anregungen, Kritik und Korrekturen zu diesem Kapitel möchte ich mich insbesondere bei Edeltraud Steinbügl, Harold Gelb, Florian Kubitzek, Toni Schmidt, Werner Schupp, Jörg Stannius und Peter Zernial bedanken.

Empfohlene Vorgehensweise bei oral-orthopädischen Korrekturen

__1.__ Die Indikation zur COPA ist nach einer gesamt--orthopädischen, oral-orthopädischen, radiologischen und Applied Kinesiology-Diagnostik zu stellen.

__2.__ Führt die Therapie mit der COPA zur gewünschten Verbesserung der ursprünglichen Beschwerden, so ist diese Therapie und die eventuell durchgeführte Begleittherapie solange durchzuführen, bis ein stabiles Behandlungsergebnis erzielt wurde. Dies dauert in der Regel 4-6 Monate.

__3.__ In den meisten Fällen ist im Anschluß an die COPA-Behandlung eine definitive orthodontische und/oder prothetische Versorgung notwendig. Die orthodontische und/ oder prothetische Behandlung erfolgt in der unter 2. festgelegten orthopädischen Kondyleneinstellung.

*__4.__ In einigen Fällen, in denen es durch die COPA-Behandlung zu lediglich geringen Okklusionsveränderungen gekommen ist, reicht das nächtliche Tragen der COPA.
Ggf. wird eine zusätzliche Einschleiftherapie notwendig.*

Kontraindikationen und relative Kontraindikationen für die Aufbißschienenbehandlung

__1.__ Extremer dentaler Tiefbiß und gleichzeitige Reklination der Oberkiefer-Frontzahngruppe bzw. der Zähne 11/21

Unter diesen Voraussetzungen wäre die korrekte sagittale Einstellung der Mandibula nur durch eine weite Aufrotation zu erreichen. Hier muß vor jeder Schienenbehandlung erst die kieferorthopädische Einstellung der Front erfolgen (Auflösung des Deckbiß, Tiefbisses), um später eine sagittale Verschiebung der Mandibula zu ermöglichen.

*__2.__ Starke transversale Einengung des Oberkiefers mit Kreuzbiß
Hier sollte während der Gelenkbehandlung gleichzeitig eine transversale Nachentwicklung des Oberkiefers vorgenommen werden.*

3. Vorsicht bei skelettal offenem Biß!

*Sollte sich bei der Korrektur der posterioren Fehllage der Mandibula in der Vorschubbewegung kein Christensen´sches Phänomen entwickeln, so darf die Mandibula nicht aufrotiert werden, um Höhe für die Schiene zu gewinnen.
Bei einem skelettal offenen Biß darf eine evtl. doch indizierte Schiene oder sonstige Versorgung posterior nicht gekürzt werden, um die Molaren elongieren zu lassen. Es käme sonst zu einem vorne offenen Biß, der aber unbedingt vermieden werden muß!*

VII Diagnose- und Therapiemöglichkeiten bei Schwermetallbelastung

Am Beispiel des Quecksilbers/Amalgam

Die nachfolgend vorgestellten diagnostischen und therapeutischen Möglichkeiten bei Schwermetallbelastungen, insbesondere mit Amalgam, bieten zahlreiche Ansatzpunkte für eine vernünftige und erfolgreiche Behandlung. Auch für Blei-, Zinn-, Cadmium- und andere Schwermetallbelastungen sind die genannten Methoden sinngemäß verwendbar. Wichtig ist – zumindest in schweren Fällen – sich nicht nur auf eine Diagnose- und Therapiemethode zu beschränken. Die gesamte Palette an Möglichkeiten sollte bekannt sein und gegebenenfalls zur Anwendung kommen:

Zur Diagnose
eine Kombination von DMPS-Test und bioenergetischen Diagnosemethoden (z.B. Applied Kinesiology = AK)
Zur Therapie
- Orthomolekulare Substitution (Zn, Se, Cu und Vitamine)
- Chelattherapie mit DMPS sowie oral DMSA und NAC
- Homöopathie und Phytotherapie zur Drainage und individuellen energetischen Therapie
- Klassische Ausleitungsverfahren der Naturheilkunde wie Schwitzen, Fasten usw.

I. Einleitung

Allgemeine Situation

Angesichts der zunehmenden und kaum mehr überschaubaren Toxinbelastung der Bevölkerung – sowohl aus exogenen wie endogenen Quellen (intestinale Autointoxikation!) – wird es für Therapeuten der verschiedensten Fachrichtungen immer wichtiger, effektive Möglichkeiten der Entgiftung zu kennen, die gleichzeitig möglichst wenig belastend für den Patienten sind. Ich möchte in diesem Artikel am Beispiel des Quecksilbers, das ja primär aus Amalgamfüllungen kommt, Therapiemöglichkeiten von der Homöopathie bis zur Chelattherapie aufzeigen.

Die grundsätzliche Vorgehensweise ist vom Prinzip her auf alle toxischen Schwermetalle anwendbar; das Quecksilber wurde deshalb gewählt, weil es sicher die höchste Brisanz in der derzeitigen Gesundheitsdiskussion hat.
Wer sich mit der Amalgamproblematik befaßt, erkennt folgende Punkte:
- Die Intoxikation ist leicht vermeidbar;
- nach entprechender Diagnose bei Einsatz verschiedenster therapeutischer Vorgehensweisen relativ leicht therapierbar;
- wegen der großen Zahl der Patienten zeigen sich schnell die Fehlerquellen und Gefahren im diagnostischen und therapeutischen Vorgehen;
- die Verhaltensweise offizieller Stellen zeigt sich exemplarisch, stellvertretend für andere Intoxikationsarten.

Amalgam: Eine Definition

Als Amalgame bezeichnet man Verbindungen von Quecksilber mit verschiedenen anderen edlen und unedlen Metallen; sie bestehen im allgemeinen zu 50-55% aus Quecksilber. Als Begleitelemente kommen (in abfallender Konzentration) Silber, Zinn, Kupfer und Zink zur Anwendung.
Soweit im nachfolgenden Artikel nicht ausdrücklich darauf hingewiesen ist, wird nur die Intoxikation mit Quecksilber behandelt. Dies heißt jedoch nicht, daß die anderen Metalle und Schwermetalle, die in Amalgamlegierungen enthalten sind, nicht ebenfalls Allergien und Intoxikationen mit einer breiten Vielfalt von Symptomen verursachen könnten!

Mein persönlicher Weg

Bis Mitte der achtziger Jahre war ich selbst amalgambelastet mit u. a. folgenden Beschwerden: Chronische Appendicitis; ständig wechselnde und rezidivierende Verdauungsbeschwerden; chronische, teilweise schwerste Kreuzschmerzen; Kopfschmerzen.
1986 brachte eine EAV-Untersuchung den Zusammenhang zwischen meinen oben genannten Beschwerden und dem Amalgam ans Licht: Die EAV-Testergebnisse wiesen größtenteils auf Silberamalgam hin.
Unabhängig davon hatte ich einige Tage vor der EAV-Untersuchung ohne Wissen des Kollegen eine Haaranalyse abgenommen; das Ergebnis bestätigte die EAV-Messung, denn Quecksilber war in weit überhöhter Menge im Haar nachweisbar.
Die Konsequenz war klar: Entfernung aller Amalgamfüllungen, Ersatz duch verträgliche Goldlegierung, Ausleitungstherapie gemäß dem damaligen Wissensstand mit hömöopathischen Mitteln und etwas orthomolekularer Begleittherapie.
Der gesundheitliche Erfolg für mich war überraschend: alle meine Symptome besserten sich, größtenteils 90-100%.

Ab diesem Zeitpunkt war für mich selbstverständlich, auch bei meinen Patienten die Frage einer möglichen Amalgambelastung grundsätzlich schon in einer der ersten Untersuchungen abzuklären und gegebenenfalls zu therapieren, wobei ich anstatt der EAV die Applied Kinesiology (AK) als bio-logische und bioenergetische Diagnosemethode einsetze.
Ende der achtziger Jahre setzten wir dann – erst zögernd, dann immer häufiger – den von Daunderer entwickelten DMPS-Test ein.

DMPS Test nach Daunderer

1. Sammlung von Urin I, Untersuchung auf Quecksilber und gegebenenfalls weitere Elemente, v. a. Zink.
2. Injektion von 3 mg/kg/KG DMPS langsam i.v.; alternativ (besonders bei Kindern) 10 mg/kg/KG DMPS oral (Dimaval®).
3. Nach 45 Minuten und Trinken einer ausreichenden Wassermenge von mindestens 0,5 l Sammlung des Urins II; bei oraler DMPS-Gabe Sammlung von Urin II nach 120 Minuten.
4. Der Urin II wird auf Kupfer, Quecksilber und gegebenenfalls weitere toxische Elemente, vor allem Blei (Pb), Zinn (Sn) und Cadmium (Cd) untersucht.

Sowohl in Urin I als auch in Urin II wird zusätzlich die Kreatininmenge bestimmt; die entscheidenden Werte ergeben sich berechnet auf µg Element pro g Kreatinin.
Normalwerte:
Kupfer < 500 µg/g Kreatinin
Quecksilber < 50 µg/g Kreatinin
Zinn < 12 µg/g Kreatinin
Blei < 175 µg/g Kreatinin*
Cadmium < 5 µg/g Kreatinin

*** Dieser Wert ist mir persönlich viel zu hoch; wir sprechen bei uns von einer Bleibelastung bei Werten von 70 µg/g Kreatinin!**

In unserer Praxis wird der Urin I nicht mehr gesammelt und gemessen, und zwar hauptsächlich aus finanziellen Gründen. Die Erfahrung zeigte – auch bei vielen Kollegen in Tausenden von Fällen –, daß dies ohne weiteres gemacht werden kann, ohne wichtige Informationen zu verlieren!
Daunderers Methode, das Verhältnis der toxischen Ausscheidung in µg pro ausgeschiedenem g Kreatinin zu berechnen, ist billig, präzise, praktisch und klinisch anerkannt, da Kreatinin als Marker für Nierenausscheidung und Filtration akzeptiert ist.

Die orale DMPS-Gabe ist infolge der unsicheren enteralen Resorption nicht unproblematisch. Gleichzeitig werden bereits im Gastrointestinaltrakt Schwermetalle durch DMPS komplexiert, was zu einer verminderten Bioverfügbarkeit führen kann. Schiele et. al. empfiehlt eine Sammlung des 24-Stunden-Harns. Dies kann möglicherweise zur besseren Standardisierung des Tests beitragen, ist aber in der Praxis sehr aufwendig – und würde wissentlich niedrigere Werte erbringen!
Durch den Komplexbildner DMPS kommt es nicht nur zu einer verstärkten renalen Eliminierung von Quecksilber. Weitere Elemente werden in folgender Reihenfolge ausgeschieden: Zink > Kupfer > Arsen > Quecksilber > Blei > Zinn > Eisen > Cadmium > Nickel > Chrom.

Leider zeigte sich, daß bei vielen Patienten keine Korrelation zwischen den AK-Testergebnissen und den Ergebnissen im DMPS-Test bestand; bei einigen therapieresistenten Patienten mit schweren Erkrankungsbildern wie MS oder chronischer Polyarthritis ergab sich sogar das schockierende Ergebnis, daß trotz erfolgter zahnärztlicher Sanierung und teilweise monatelanger homöopathischer Ausleitungstherapie noch sehr hohe Quecksilberwerte zu finden waren.

In anderen Fällen ergaben sich niedrige DMPS-Testwerte mit schwersten Symptomen oder leichte bis gar keine Symptome mit sehr hoher Belastung im DMPS-Testergebnis.
Außerdem rückte durch die teilweise sehr hohen Kupferwerte im DMPS-Test die Bedeutung der Interaktion zwischen Kupfer und Zink und die Beziehung dieser beiden Metalle zu den übrigen zweiwertigen Elementen erst so richtig in unser Bewußtsein.

Wie sind nun diese Differenzen zwischen AK-Test und der toxikologischen Messung (DMPS-Test) zu erklären und welche Konsequenzen ergeben sich daraus?

II. Amalgambelastung

Das allergo-toxische Amalgam-Syndrom = ATAS

Zum besseren Verständnis ist es wichtig, sich über die Terminologie Klarheit zu verschaffen.

Definition
Die ›Amalgambelastung‹ setzt sich – bei jedem Patienten individuell verschieden – aus mindestens drei Faktoren zusammen:
1. Intoxikation
2. Allergie
3. Unverträglichkeit

Flow Chart 1: ›Quecksilberstoffwechsel‹

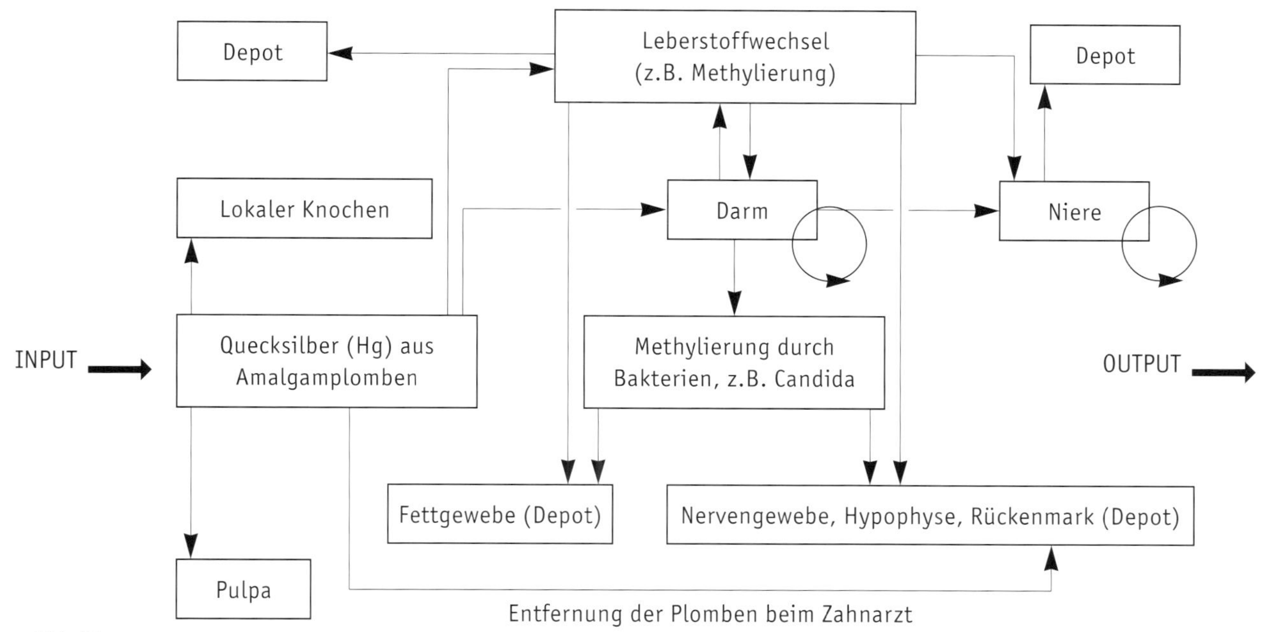

Abb. 54

1. Intoxikation

Der Begriff ›Intoxikation‹ sollte nur verwendet werden, wenn in mindestens einem Körpermedium über die Norm erhöhte Werte an Quecksilber oder einem anderen der im Amalgam vorhandenen toxischen Elemente gefunden werden (offengelassen ist hier die Frage, ob es sinnvoll ist, für toxische Elemente ›normal‹ anders zu definieren als ›0‹).

- In unserer Praxis ist der DMPS-Test nach Daunderer die beste Methode, um Intoxikationen festzustellen.
- Die Haaranalyse ist wahrscheinlich die zweitbeste der leicht durchführbaren Messungen.
- Nach Daunderer können auch in verschiedenen Körpergeweben (Kieferknochen, Mundschleimhaut, Tumorgewebe usw.) teilweise dramatisch erhöhte Quecksilberwerte gemessen werden, doch ist dies in der Praxis in der Regel nicht durchführbar und wird deshalb der Forschung vorbehalten bleiben.

Quecksilber ist ohne Zweifel ein toxisches Metall. Die Beziehung zwischen Amalgamfüllungen und Quecksilberwerten im Körper ist von Aposhian et al. beschrieben worden.

›Die Daten … weisen klar daraufhin, daß es eine Beziehung zwischen Amalgamwert und die Menge des Quecksilbers im Urin nach der Verabreichung p.o. von 300 mg DMPS gibt.‹

Wie geht der menschliche Körper mit dem inokulierten Schwermetall Quecksilber um?

Abb: 54 zeigt, daß die Quecksilberfreisetzung aus Plomben eine Depotbildung auf der einen und eine Ausscheidungsreaktion auf der anderen auslöst. Es wird im hydrophilen flachen Kompartiment – Darm und Niere – vornehmlich als anorganisch gebundenes Agens und im lipophilen tiefen Bereich (Fett, Nervengewebe, Leber) in methylierter, organischer Form angetroffen und zu eliminieren sein. Die verschiedenen Kompartimente erklären auch die Schwierigkeiten, mit denen die ›Ausleitung‹ zu kämpfen hat. Sie lassen uns auch verstehen, warum verschiedene Wege beschritten werden müssen, um an diese ›Sondermülldeponien‹ zu gelangen.
In Schema werden die wesentlichen Stoffwechselwege zusammengefaßt.

Auch die Entfernung der Amalgamfüllungen kann den Patienten, den Zahnarzt und sein Personal durch die Quecksilberdampfentwicklung beim Herausbohren enorm belasten, was in Untersuchungen von Lechner durch eine klinisch beeindruckende Erhöhung der Hg-Werte im Gewebe zum Ausdruck kommt. Störtebecker fand in Schweden extrem hohe Quecksilberwerte postmortal in den Hypophysen von Zahnärzten, bis zum Vierhundertfachen der Werte von amalgamfreien Untersuchten und das Vielfache der Werte im okzipitalen Kortex.

2. Allergie

Der Begriff Quecksilberallergie sollte nur verwendet werden, wenn ein allergologisch anerkannter Test ein positives Ergebnis bringt. Deswegen ist die

Vorgehensweise nach Molitor & Leonhard die bei uns meist empfohlene, um den höchstmöglichen Anteil an Allergien bezüglich Amalgam oder anderen dentalen Materialien zu finden. Eine bewiesene Allergie ist immer noch die einzige Diagnose, welche bei den Krankenversicherungen für die Bezahlung des Austauschs der Amalgamfüllungen akzeptiert wird. Dies ist vor allem im Interesse des Patienten. Die Vorgehensweise ist einfach, billig und effektiv!

3. Unverträglichkeit

Unter diesem Begriff möchte ich alle Patienten subsumieren, die ›normale‹ Quecksilberwerte im DMPS-Test oder in der Haaranalyse aufzeigen, keine nachweisbaren Allergien (s.o.) haben, trotzdem aber unter einer Amalgambelastung leiden. Wie ist das erklärbar? In den letzten Jahren entstanden Begriffe wie ›Pseudoallergie‹, ›Hypersensibilität‹, ›Unverträglichkeit‹ etc., um solche dennoch offensichtlichen Fälle zu benennen.

Eine medizinische Denkrichtung hat dazu vor fast 200 Jahren eine klare Antwort geliefert: die Homöopathie!

Ausgehend von Hahnemanns genialen Beobachtungen basiert die homöopathische Arzneimittelprüfung darauf, die Wirkung der Gabe kleiner und kleinster Mengen verschiedener Substanzen auf den Patienten zu beobachten und dann zur Therapie der so erzeugten Symptome homöopathisch potenzierte Gaben dieser Substanzen einzusetzen. In aller Regel handelt es sich bei den Symptomen nicht um Allergien, häufiger schon um minimale Intoxikationen. Ohne weiter auf die Homöopathie einzugehen, können wir uns folgendes zu Hilfe nehmen:

- Bei entsprechender Symptomatik wirken Homöopathika hervorragend.
- Bringt bei einer bioenergetischen Untersuchung eine homöopathische Zubereitung eines toxischen Elements (z.B. Schwermetalls) einen positiven Befund, so ist dringend eine wirkliche Intoxikation auszuschließen.

Für Quecksilber z.B. zeigt sich eine hervorragende Übereinstimmung zwischen der homöopathischen Literatur und dem ›Handbuch der Umweltgifte‹ von Daunderer.

Definition: Ein ATAS kann eine Intoxikation, eine Allergie, eine Unverträglichkeit oder eine Kombination der oben genannten Einzeldiagnosen darstellen.

4. Anzeichen und Symptome des ATAS

Die Symtomatik des ATAS kann äußerst vielfältig sein und zahlreiche Symptome einschließen: Antriebslosigkeit, Kopfschmerzen, verschiedene Hautprobleme inkl. Ekzeme, jede andere Form von Allergie – auch Nahrungsmittelallergien, rezidivierende Candidainfektionen, Schwindel, Muskelschwäche, Gelenkschmerzen und Arthritis, Sehstörungen, Hörstörungen, Störungen des Immunsystems bis zu Malignomen und Multipler Sklerose. Bei schweren Vergiftungen wird gleichzeitig eine deutliche Verminderung der T-Helfer-Zellen gefunden.

Quecksilber ist ein zweiwertiges Schwermetall und greift auch in die Balance der übrigen zweiwertigen Metalle und Mineralien im Körper ein, welche zueinander die verschiedensten antagonistischen bzw. kompetitiven Mechanismen haben.

Viele ATAS-Symptome sind wahrscheinlich Folge dieser Interaktion!

III. Therapeutische Möglichkeiten

1. Homöopathie/Phytotherapie

Homöopathische Mittel sind für die Therapie unerläßlich, weil sie sicher am schnellsten die Reaktion des Patienten auf das ATAS modifizieren können!

Folgende Mittel stehen im einzelnen zur Verfügung: Homöopathische Einzelmittel, gegebenenfalls in ansteigender Potenzierung (z.B. KUF-Reihen der Firma Staufen), Nosoden, isopathische Mittel, Drainagemittel wie Lymphdiaral®, Lymphomyosot®, Cefalymphat®, Lymphaden®etc.

Ein Problem ist die Mittelwahl; testet man nämlich die verschiedenen genannten Präparate bei einzelnen Patienten nach, so ergibt sich gewöhnlich, daß eben nicht jeder Patient mit gewissen Potenzen von Mercurius solubilis oder nur einem Lymphmittel oder der Silberamalgamnosode therapierbar ist, sondern daß für jeden Patienten eigentlich ein individuelles Homöopathieprogramm zusammengestellt werden muß. Am besten geeignet sind hierzu die oben genannten bioenergetischen Methoden, da sie leicht das individuell richtige Mittel zum jeweiligen Zeitpunkt finden können.

Lechner legt jedoch dar, daß eine alleinige Anwendung homöopathisch-isopathischer Mittel nicht genügen kann, um den Quecksilberspiegel des Gewebes signifikant zu senken; dies entspricht den Erfahrungen in unserer Praxis.

2. Chelat-Therapie

a) Sagt man Chelattherapie, so denkt man unwillkürlich an EDTA. Diese Substanz ist jedoch am besten für die Therapie der Bleibelastung geeignet. Gibt es besondere Gründe für Chelat-Therapie mit EDTA, sollte die Behandlung mit DMSA abgebrochen werden.

b) DMPS (Dimercaptoproprionsulfonsäure), intravenös angewendet nach der Methode von Daunderer, stellt sowohl ein Diagnostikum als auch ein Therapeutikum dar.
Oral ist DMPS gegenüber DMSA allerdings die zweite Wahl: Die hohen Kosten, welche meiner Ansicht nach schwer zu rechtfertigen sind, und die deutlich höhere toxische Belastung verglichen mit DMSA erlauben nur eine Schlußfolgerung. Informationen möglicher Nebenwirkungen von DMPS können direkt angefordert werden von: Firma Heyl, Goerzallee 253, 14167 Berlin.

c) DMSA (Meso-2-3-, Dimercaptosuccinylsäure), ein Dithiol, stellt einen oral wirksamen Chelatbildner dar. Er ist in der Lage, mit vielen Schwermetallen stabile wasserlösliche Komplexe zu bilden, die hauptsächlich renal eliminiert werden.
DMSA wurde von Friedheim et al 1957 zum erstenmal in der Therapie von Antimonvergiftungen eingesetzt. Zwischen 1957 und 1975 wurde DMSA extensiv nicht nur in den U.S.A., sondern auch in China, Japan und Rußland untersucht. Die orale Wirksamkeit von DMSA ist stärker als die aller anderen vergleichbaren Komplexbildner (DMSA > DMPS > D-Penicillamin > Acetylcystein). DMSA scheint auch leichter organisch gebundenes Quecksilber zu komplexieren, DMPS bindet leichter anorganisches Quecksilber.
Aus Gründen der Arzneimittelsicherheit haben wir die wichtigsten pharmakologischen und toxikologischen Daten zusammengestellt. Die Angaben stammen von der Firma McNeil Company und beziehen sich auf das 1992 zur Behandlung von Bleiintoxikationen zugelassene Präparat Chemet®.
McNeil gibt folgendes Therapieschema an: 5 Tage 10 mg/kg/KG DMSA alle 8 Stunden, dann 14 Tage 10 mg/kg/KG DMSA alle 12 Stunden. Die Gesamtdauer eines Therapiezyklus: 19 Tage.
Bei diesen hohen Dosen an DMSA werden folgende unerwünschte Reaktionen beschrieben: Gastrointestinale Störungen, Erhöhung der Serumtransaminasen in ca. 10% der behandelten Fälle; Hautreaktionen, die eine Beendigung der DMSA-Therapie notwendig machten (ca. 4% der Fälle). Selten traten Veränderungen des Blutbildes auf

Tabelle: Chelatbildner

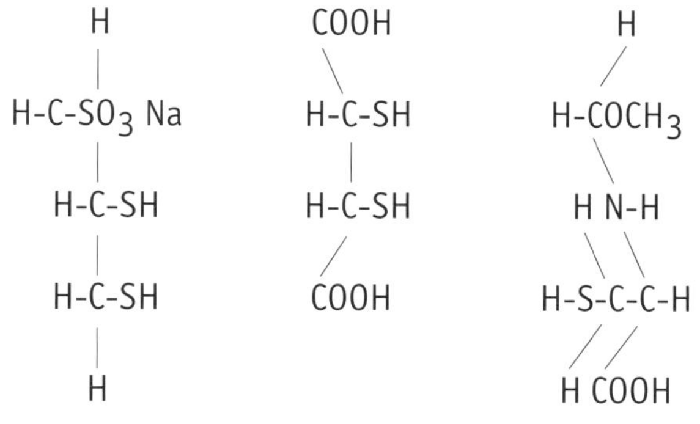

DMPS **DMSA** **NAC**

(Neutropenien, Thrombozytopenien). McNeil empfiehlt für sein Behandlungskonzept regelmäßige Blutbildkontrollen und Bestimmung der Transaminasen.
Das von uns entwickelte Therapieschema ist geringer dosiert als das von McNeil; unerwünschte Reaktionen in der genannten Stärke und Häufigkeiten wurden nicht beobachtet. DMSA erwies sich als praktisch nebenwirkungsfrei. Da es bei ununterbrochen hochdosierter DMSA-Therapie nach McNeil sicher zum Verlust von ›guten‹ Mineralien und Spurenelementen kommt, haben wir uns entschieden, eine Art ›Schaukeltherapie‹ nach folgendem Schema zu machen: 3 Tage DMSA – 11 Tage hochdosierte Substitution – 3 Tage DMSA – 11 Tage Substitution.
Mit diesem Therapieschema kommt es – wie durch regelmäßige Vollblutanalysen und DMPS-Kontrolle festgestellt – zu einer raschen Reduktion von Quecksilber sowie anderen toxischen Schwermetallen bei gleichzeitiger Normalisierung der Werte der physiologischen Substanzen Kupfer, Zink, Eisen, Mangan, Calcium, Magnesium usw. Ungeachtet dessen empfiehlt es sich, bei längerdauernden Behandlungszeiten Blutbildkontrollen und Transaminasebestimmungen vorzunehmen.

Besonderer Hinweis:
Da die DMSA-Chelatkomplexe vor allem renal eliminiert werden, sollen alle Patienten, die ausleiten, viel trinken. Bei Patienten mit eingeschränkter Nierenfunktion ist erhöhte Vorsicht geboten. Da nur unvollständige Untersuchungen über teratogene und mutagene Einflüsse durch DMSA vorliegen, verbietet sich die Gabe bei Schwangeren.

Interaktionen mit anderen Medikamenten: Die gleichzeitige Gabe von kohlehaltigen Präparaten sollte vermieden werden, da mit einer verminderten Resorption von DMSA gerechnet werden muß. Chelattherapien mit EDTA sollten im Abstand nicht unter vier Wochen nach einer DMSA-Therapie begonnen werden.
Leider ist bei uns in Deutschland eine BGA-Zulassung von DMSA noch nicht erfolgt, sodaß wir auf Herstellung durch den Apotheker oder den Import der Substanz angewiesen sind.
Angesichts der geringen Toxizität von DMSA besteht ein breiter therapeutischer Bereich. Wir arbeiten problemlos mit einer Dosierung von 10 mg pro Kilogramm Körpergewicht, aufgeteilt auf drei Gaben täglich für drei Tage hintereinander; siehe hierzu das Therapieschema in Tab. 2.
Dr. Reiner Schroth, Österreich, berichtete mir persönlich von sehr guten Erfolgen mit einer Dosierung von 5 mg/kg Körpergewicht.

d) Als dritten und mildesten Chelatbildner möchte ich noch die Substanz N-acetylcystein (NAC) ansprechen. NAC scheint praktisch keinen Verlust der ›guten‹ Mineralstoffe und Spurenelemente im Körper zu verursachen und ist seit längerem als Mucolytikum bestens bekannt (17). Als Nebenwirkungen bei höher dosierter Gabe sind vor allem Magensymptome zu nennen sowie die Möglichkeit einer Wachstumsförderung für Candida albicans (entsprechende Symptome wie Blähungen etc. beachten!). Die Dosierung kann im Normalfall bis zu 3 x 500 mg betragen; an die Gabe von NAC wird man natürlich vor allem dann denken, wenn ohnehin ein Mucolytikum indiziert ist (Sinusitis, Bronchitis, sinubronchiales Syndrom, usw.).

Zusammenfassung:
Die entscheidende Überlegung bei den Chelatbildnern ist:
- **Welche(n) nehme ich?**
- **Dosierung und Länge der Einnahme. Im Wesentlichen wird dies an Hand der im DMPS-Test gefundenen Werte bestimmt**
- **oraler AK-Test zur Prüfung der Verträglichkeit von DMSA oder NAC**
- **Körpergewicht**
- **Klinische Symptome**
- **Vollblutanalyse**
- **gesunder Menschenverstand!**

Als Grundregel für die Chelattherapie gilt:
Diagnose mit DMPS – Therapie mit DMSA and NAC

3. Substitutionstherapie

Das Prinzip erscheint einfach: Dem Körper sollten alle fehlenden Substanzen bzw. alle die Therapie unterstützenden Substanzen in aus reichender Menge mit möglichst geringen Nebenwirkungen zugeführt werden.
In der Praxis ergibt sich hierbei allerdings eine Vielzahl von Problemen, auf die ich nachfolgend spezieller eingehen möchte.

a) Meßmethoden

Folgende Methoden stehen für eine individuelle Messung orthomolekularer Substanzen zur Verfügung:
- Serum oder Plasmaanalyse
- Vollblutanalyse
- Haaranalyse
- Urinanalyse
- Sputumtest
- Funktioneller Stress-Test (z. B. Aminosäurenprofil)
- Biologische und bioenergetische Methoden wie AK oder EAV

Diese zuletzt genannten Methoden sind wichtig, da die relevanten ›Normalwerte‹ für individuelle orthomolekulare Substanzen nicht wirklich sicher bekannt sind und deshalb auch nie im Labor untersucht werden können.
In der Praxis kann man sich sicher sein, daß vorsichtige Substitution orthomolekularer Substanzen angezeigt ist, wenn ein klar positives Ergebnis in einem gründlichen, lege artis ausgeführten Test mit AK oder EAV vorliegt.

Applied Kinesiology (AK)

Da es für den empfindlichen Patienten immer wichtiger wird, sei hier der AK-Test für orthomolekulare Substanzen vorgestellt: Das Adaptationssystem des Patienten wird über einen standardisierten Muskeltest überprüft, und zwar – im Fall von Medikamenten – vor und nach der versuchsweisen Gabe des jeweiligen Präparates (= ›Challenge‹).
Das Minimum ist: keine negative Reaktion im AK-Muskeltest! Solche negativen Reaktionen können sein: Schwächung eines starken Muskels oder hypertone Reaktion eines vorher schwachen oder normotonen Muskels.
Idealerweise geben wir nur Mittel, welche einen schwachen oder hypertonen Muskel normoton machen!
Bei parenteralen Präparaten wird zur Testung die verschlossene Glasampulle in Hautkontakt gebracht.
Bei oralen Präparaten empfehlen wir, besonders bei empfindlichen Patienten, jedes orale Mittel oral zu testen – gekaut oder im Mund gelöst – und

anschließend 25-30 Sek. zu warten. Es geschieht oft, daß z.B. ein schwacher Muskel zuerst stark wird, dann aber nach 20-25 Sek. wieder schwach. Zur selben Zeit werden hierbei auch alle anderen Testmuskeln schwach!
Dies korrespondiert sozusagen mit der verlangsamten Reaktion des Körpers auf allergene/toxische Substanzen (künstliche Farbstoffe, Bindemittel etc.), welchen den Nährstoffen zugefügt werden. Es scheint, daß der Körper zuerst die fehlende ›gute‹ Substanz erkennt und danach erst bemerkt, daß sie zusammen mit einer oder mehreren Substanzen vorliegt, welche höchst unverträglich sind.
Meines Wissens ist der zuverlässigste Weg zur Testung orthomolekularer Substanzen der orale und/ oder nasale Test, wie er von der klassischen AK empfohlen wird. Dosierungen können mit AK jedoch nicht getestet werden!

b) Dosierung von Nährstoffsubstanzen
Dies ist ein äußerst schwieriges Gebiet, auf dem man noch kaum wirklich abgesicherte Erkenntnisse hat.

Bei **parenteraler** Gabe gelten die von den Herstellern empfohlenen Dosierungen.

Bei **oraler** Therapie sind die RDA-Richtwerte (RDA = Recommended Dietary Allowance) eine gute Basis. Hierunter versteht man die elementare Menge einer gewissen Substanz, die nach Ansicht der amerikanischen Food and Drug Administration (FDA) pro Tag aufgenommen werden soll. Als Beispiele seien Zink und Kupfer genannt: RDA von Zink ist 15 mg elementares Zink, von Kupfer 2mg täglich.
Besteht bei einem Patienten ein Mangel an gewissen Substanzen, so ist ja wohl davon auszugehen, daß er bisher entweder nicht genügend von diesen Substanzen aufgenommen hat oder/und zu viel davon ausgeschieden hat oder/und die aufgenommene Menge nicht richtig verwertet hat. Um die Körperspeicher wirklich schnell und effektiv aufzufüllen, muß sich deshalb die tägliche Dosierung sicher in der Höhe des etwa 1-2-3fachen Wertes der RDA bewegen.

Am Beispiel von Zink und Kupfer wären das 15-30-45 mg Zink und 2-4-6 mg Kupfer. Für andere Substanzen – wie z.B. Vitamin C – sind seit Jahrzehnten in der Orthomolekularen Medizin teilweise sehr hohe Dosen erfolgreich eingesetzt worden, und zwar parenteral und oral. Bei oralen Präparaten ist es jedoch gut möglich, daß gewisse Dosen in der orthomolekularen Medizin unnötig hoch sind!
Warum? In der Geschichte der orthomolekularen Medizin wurden in den meisten Fällen Tabletten oder Dragees verwendet. Diese beinhalten Binde- und Füllstoffe, Farbstoffe, Stabilisatoren usw., am häufigsten Magnesiumstearate. Es ist wohlbekannt, daß Stearate die Resorptionsrate bis zu 70% reduzieren können!
Deshalb sind Dosierungsempfehlungen, welche auf klinischen Erfahrungen mit diesen alten und ziemlich unreinen Nährstoffpräparaten basieren, sehr in Frage zu stellen. Weiteres siehe unten!

c) Pharmazeutische Empfehlungen oder Substitution mit Giften und Allergenen?
Diese Frage ist provokativ, entspricht aber der Realität. Wer es nicht glaubt, möge die ›Rote Liste‹ genau lesen und sich dann erkundigen, was die Wircharakteristik der in der Liste angegebenen Zusatzsubstanzen ist. Tatsächlich ist es so, daß die Herstellerfirmen für gewöhnlich nicht alle verwendeten Substanzen angeben.
Ohne den Anspruch auf Vollständigkeit führt die folgende Liste Substanzen auf, welche für gewöhnlich in der pharmazeutischen Industrie als ›inaktive Inhaltsstoffe – Hilfsstoffe‹ verwendet werden: Laktose, Cellulose, Stearate, Methylhydroxypropylcellulose, Sucrose, Glucosesyrup, Carmellose-Natrium, Gelatine, Parabene, Montanglycolwachs, Carnaubawachs, künstliche Farbstoffe E 110, E 124, E 127, E 171, Formaldehyd, Methacrylsäure, Macrogol 6000, Polyvidon, Gummi arabicum, Aerosil, Talkum usw ...

Beispiele: N-Acetylcysteinpräparate in Deutschland sind z.B. wie folgt zusammengesetzt: pro Beutel 2,72 g Saccarose und 0,2 g NAC! Es bleibt unerfindlich, warum man gerade Saccarose mit NAC geben muß; zum Glück stehen uns aus den USA Präparate (NAC 500 mg) ohne Zucker oder andere unerwünschte Beimengungen zur Verfügung.

Ein sehr bekanntes deutsches Enzymprodukt enthält: Laktose, Magnesiumstearat, Macrogol 6000, Talkum, Calciumcarbonat, Methacrylsäure, Copolymerisat Type A, Polyvidon, Dibutylphthalat, Gelbes Wachs, Carnaubawachs, E 110, E 124 und künstliche Geschmackstoffe.

Wer Allergiker und empfindliche Patienten behandelt, wird wohl auf die Gabe solcher Präparate ver-

Therapieschema für die DMSA-Behandlung

Einnahmeschema für die Schwermetallausleitung

Patient:.. Datum:......................................

Bei Ihnen wurde eine Untersuchung zur Bestimmung von Schwermetallen im Körper durchgeführt (Quecksilber, Blei, Kupfer). Ihre Resultate waren mit ...... µg Quecksilber/g Kreatinin, ... µg Blei bzw. ...... deutlich erhöht.
Dies erfordert eine intensive Ausleitungstherapie. Die Dauer der Therapie ist von der Belastungsstärke abhängig (mind. 3 Monate bis 2 Jahre).
Zur Erleichterung der notwendigen Medikamenteneinnahme haben wir für Sie dieses Schema zusammengestellt.

Grundsatz: Keine Einnahme von Mineralstoffpräparaten an Tagen, an denen Sie DMSA einnehmen!

1. Therapiewoche:

Medikamente	Mo	Di	Mi	Do	Fr	Sa	So
DMSA-Gabe	X	X	X				
Mineralstoffkombinationen(Ca, Mg, K, Zn, Mn, Cr usw.)				X	X	X	X
....							
Kupfer 2 mg							
Zink 15/30 mg							
NAC (300/500 mg)	3 x 1	3 x 1	3 x 1	3 x 1	3 x 1	3 x 1	3 x 1
Lymphmittel	durchgehend .... täglich						
Vitamine (B3, A, E, C)	durchgehend .... täglich						

2. Therapiewoche:

Medikamente	Mo	Di	Mi	Do	Fr	Sa	So
DMSA-Gabe							
Mineralstoffkombinationen(Ca, Mg, K, Zn, Mn, Cr usw.)	X	X	X	X	X	X	X
....							
Kupfer 2 mg							
Zink 15/30 mg							
NAC (300/500 mg)	3 x 1	3 x 1	3 x 1	3 x 1	3 x 1	3 x 1	3 x 1
Lymphmittel	durchgehend .... täglich						
Vitamine (B3, A, E, C)	durchgehend .... täglich						

Sollten Sie weitere Fragen zur Medikation haben oder sollten während der Behandlung Probleme auftreten, wenden Sie sich bitte sofort an uns.

Flow Chart: Wechselwirkung von Quecksilber mit Eisen und Kupfer

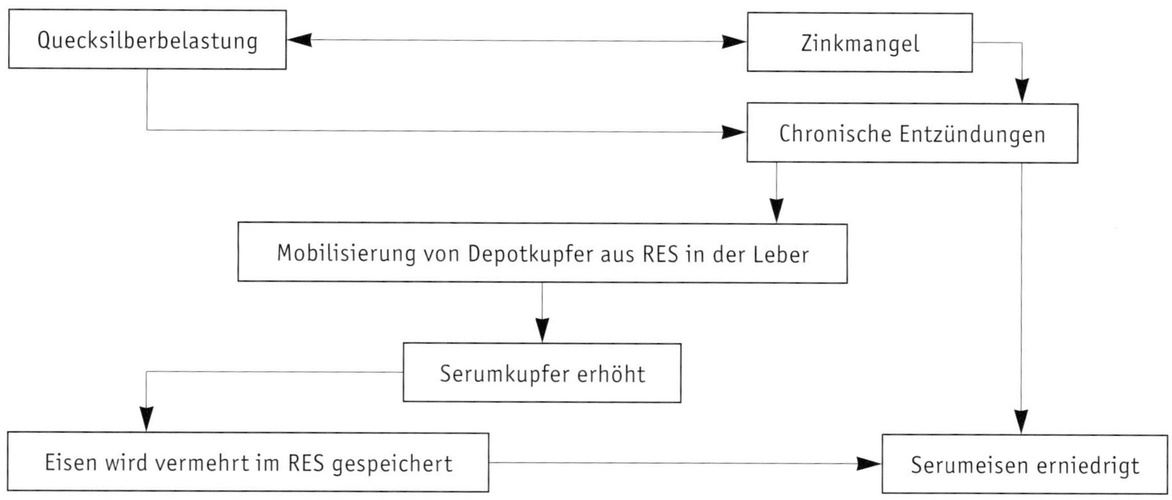

Abb. 55

zichten, wenn er irgendeine Ausweichmöglichkeit hat. Die Zukunft wird zeigen, daß wir mit bedeutend geringeren Dosierungen von Reinstoff-Präparaten auskommen (Pure Encapsulations®, Thorne Research® und bestimmte Produkte anderer Firmen), weil die Resorption soviel verbessert wird.

Im Wesentlichen sind die Anforderungen für ›das zukünftige Nährstoffprodukt‹ einfach und klar: Die Firma hat sämtliche Inhaltsstoffe jedes einzelnen Produkts genau anzugeben und zu garantieren:

Positivdeklaration aller in den Präparaten enthaltenen Inhaltsstoffe (Full Disclosure)!

Aus dieser Sicht erfordert eine moderne und elegante orthomolekulare Therapie:

- eine sensible Dosierung nach genauer Diagnose
- Rücksicht auf die Interaktion der gegebenen Substanzen
- Verwendung der reinsten Zusammensetzung, vor allem bei empfindlichen Patienten.
- Volle Angabe aller Inhaltsstoffe jedes Präparates

d) Parenterale Applikation

Am wenigsten Probleme bereitet bei sicher nachgewiesenem Mangel an einzelnen Substanzen wie Zink, Magnesium, Calcium oder Kalium die Substitution mit i.v., s.c. oder i.m. injizierbaren Präparaten. In unserer Praxis hat es sich gezeigt, daß insbesondere die Substitution von Zink bei massivem, in der Vollblutanalyse nachgewiesenem Zinkmangel effektiver ist als die nur orale Medikation. Im Falle des Zink geben wir z. B. Unizink®-Ampullen 3-5 mal i.v. Dieses Vorgehen empfiehlt sich insbesondere auch bei massiver Dysbiose, da damit zu rechnen ist, daß eine pathologische Darmflora Zink verbraucht oder eventuell sogar durch Zinkgabe gefördert wird, im Gegensatz zur eubiotischen Flora! Weitere häufig verwendete Präparate: Spurapur II®, Vitamin C, Vitamin B Pascoe®, Magnesium Diasporal®- und Magnerot®-Ampullen, Inzolen®-Ampullen, Calcium-EAP®- und Calcium-Sandoz®- Ampullen, Zentramin®-Ampullen u.a.

e) Orale Medikation

Bei der Auswahl und Dosierung der oralen Substitutionspräparate sind die verschiedenen, unter b) und c) angesprochenen Punkte zu beachten.
Niemand weiß sicher, wie die Resorptionsrate selbst bei Monopräparaten ist, ganz zu schweigen von Kombinationspräparaten, bei denen verschiedene Elemente z.T. bereits bei der Resorption im Magen-Darm-Trakt antagonistische Beziehungen haben.
An den Zielorganen im Körper besteht zwischen den einzelnen Elementen eine verwirrende Vielzahl von antagonistischen und synergistischen Zu-

sammenhängen. So wirken Zink und Kupfer antagonistisch, und zwar von der Resorption im Magen-Darmtrakt bis zu den verschiedensten anderen Funktionen im Körper.
Im Klartext: Durch eine isolierte, langfristige Zinkgabe kann man einen Kupfermangel erzeugen und umgekehrt!
Gleichzeitig aber ist bekannt, daß für eine optimale Thymusfunktion ein Verhältnis von Zink zu Kupfer von etwa 7:1 notwendig ist. Dies spiegelt sich übrigens ›zufällig‹ in der RDA wieder: 15:2 = ungefähr 7:1!
Bekannt ist ebenfalls, daß bei manchen Patienten bzw. in einem gewissen Stadium der Substitutionstherapie Mangan (Mn) für eine optimale Verstoffwechslung von Zink notwendig ist, bei anderen Vitamin A.

Weitere Punkte, die zu bedenken sind:

- Durch die Gabe homöopathischer Mittel (Schüssler-Salze u.a.) kann eine Änderung der Resorptions- und Verwertungsverhältnisse erfolgen; gemäß der bioenergetischen Testergebnisse (AK, EAV usw.), sind dies hervorragende Ergänzungen.
- Vor allem bei Mineralien und Spurenelementen ist bekannt, daß sie zu gewissen Tageszeiten optimal resorbiert und verstoffwechselt werden (am Beispiel Zink und Magnesium abends bzw. am späten Nachmittag).

f) Zink

Zink ist wohl das Metall, das am häufigsten substituiert werden muß. Es ist für das Funktionieren von mehr als hundert Enzymsystemen im Körper verantwortlich und wird leider in der heutigen Ernährung nicht mehr in ausreichendem Maße zugeführt. Die möglichen Indikationen für die Substituierung von Zink sind so zahllos, daß ich hier nur auf die wichtigsten – ohne jeden Anspruch auf Vollständigkeit – eingehen möchte:
Alle Immunsystemerkrankungen, alle Hauterkrankungen, Haarausfall, Wachstumsstörungen an Nägeln und Knochen, Allergien, fast alle mit dem Darm assoziierten Probleme und natürlich alle Schwermetallintoxikationen.
Die Diagnose kann relativ zuverlässig über die Vollblutanalyse durchgeführt werden; der Serumwert ist ein schlechter Indikator. Bei der Haaranalyse erhalten wir häufig hohe Zinkwerte, wenn mit anderen Testverfahren ein Zinkmangel nachzuweisen ist; dies entspricht wohl einfach der erhöhten Zirkulation des Zinks, die einerseits zum Mangel in den Körperflüssigkeiten führt, andererseits eben für eine gewisse Zeit einer erhöhten Speicherung im Haar.
Unserer Erfahrung nach korrelieren die Ergebnisse der AK mit den Werten der Vollblutanalyse bei Zink hervorragend. Es ist erschreckend, wie groß häufig der Zinkmangel ist; oft muß es über Wochen und Monate hochdosiert substituiert werden, gegebenenfalls mit den richtigen Co-Faktoren und Begleitmineralien.

g) Kupfer

Haben wir nun beim Zink mit der Vollblutanalyse ein relativ sicheres Meßinstrument zur Hand, so gilt dies nicht für Kupfer. Hier erhält man nämlich vom Labor sowohl bei hohen als auch bei niedrigen Kupferwerten die Empfehlung, Kupfer zu substituieren. Wie ist das zu erklären? Der Grund liegt darin, daß Kupfer zu 90-95% in der Leber stationiert ist und bei entzündlichen Prozessen als antiinflammatorisches Agens und Bestandteil der wichtigsten antioxidativen Enzymsysteme vermehrt in Zirkulation gebracht wird. (SOD, Catalase usw.) So führen akute und chronische Entzündungen zu erhöhter Kupferzirkulation und vermehrter Kupferausscheidung im Urin.
Nach einiger Zeit kommt es so zum Kupfermangel.
Die kritische und entscheidende differentialdiagnostische Fragestellung, insbesondere bei der Behandlung von Rheumatikern oder pseudorheumatischen Beschwerden, besteht nicht beim Kupfermangel im Blut oder Vollblut, sondern bei erhöhten Kupferwerten.
Hier hat nämlich Kupfer trotz überhöhter Blutwerte häufig einen entscheidend positiven therapeutischen Effekt!
Wie kann der Unterschied zur Kupferintoxikation diagnostiziert werden?
Die Antwort ist einfach: Es gibt keine Labor-Tests, nicht einmal bei Morbus Wilson!
Hier bietet die AK eine phantastisch einfache Antwort: Wirkt sich die orale Gabe von Kupfer in möglichst reiner Form positiv auf den Testmuskel aus (schwacher Muskel wird stark oder hypertoner Muskel wird normoton), so geben wir Kupfer.
Wirkt sich die orale Exposition negativ aus (starker Muskel wird schwach oder der Testmuskel wird hyperton), so gehen wir von einer Kupferüberladung aus und denken therapeutisch primär an die Antagonisten Zink und Eisen, eventuell auch an höhere Potenzen von Cuprum metallicum.
Entscheidend ist, daß das verwendete Kupferpäparat in wirklich reiner und sauberer Form zur

Verfügung steht. Die auf dem deutschen Markt befindlichen Präparate scheiden bei empfindlichen Patienten wegen der vielen den Tabletten beigefügten Allergene bzw. toxischen Substanzen aus. Wir verwenden die Präparate Kupfercitrat, Kupferglycinat und Kupferpicolinat in streng hypoallergenen Zubereitungen.

h) Selen

Häufig gewinnt man beim Studium der Literatur den Eindruck, daß die Gabe von Selen die meisten Probleme lösen könnte. Sicherlich hat Selen eine Reihe von positiven Wirkungen, und wir setzen es auch dementsprechend häufig ein. Andererseits zeigen die Vollblutwerte wie auch die Ergebnisse der AK-Testung häufig, daß selbst bei massiv belasteten Patienten ein Selen-Substitution in hoher Dosis nicht notwendig ist.
Problematisch ist häufig auch die Galenik: Viele unserer empfindlichen Patienten vertragen die auf Hefebasis hergestellten Selenpräparate nicht.

Perger (persönliche Kommunikation) substituiert Selen so lange, bis ein Vollblutspiegel von ca. 130 µg/l erreicht ist. In unserer Praxis ist letztlich der AK-Test entscheidend.
In der letzten Zeit wird darüber berichtet, daß Selen mit Quecksilber einen unlöslichen und nur schwer bis überhaupt nicht ausscheidbaren Selen-Quecksilber-Komplex bildet. Dieser ist zwar sicher deutlich weniger toxisch als das Quecksilber alleine; andererseits ist auch keinem so richtig wohl bei dem Gedanken, lebenslang diesen Komplex in den Körpergeweben zu wissen. Diese Fakten bedürften dringend einer Klärung!!
Die Selensubstitution hat ihren Ursprung zum einen in der negativen Korrelation von Quecksilberbelastung und Selenblutspiegel.
Zum anderen soll das Glutathionperoxidasesystem in seiner entgiftenden Aufgabe gestärkt werden.
Um die Gefahr der Selen-Quecksilber-Reaktion zu reduzieren, werden von uns deshalb proteingebundene Selenverbindungen eingesetzt. (z.B. l-Selenomethionin)

i) Wechselwirkungen von Quecksilber mit Kupfer und Eisen

Angenommen, alle übrigen Mineralien wären in normaler Verteilung (was in den meisten Fällen nicht der Fall ist), so ergibt sich neben der Quecksilberausleitung der Zwang zur Zinksupplementierung, zur Differentialdiagnose, ob Kupfer substituiert werden muß sowie gegebenenfalls zur Eisensubstitution.
Zink wird klassisch substituiert mit einer Dosis von 30-60 mg/Tag abends!
Die Gabe von Kupfer (Glycinat, Citrat oder Picolinat) und Eisen (Citrate, Picolinat oder Aspartat) sollte dann möglichst weit getrennt davon erfolgen, das heißt morgens oder mittags.
Der Mechanismus, der zugrunde liegt, wird im Flow Chart gezeigt. Häufig allerdings merkt man im AK-Test, daß der Patient auf die Gabe von Monosubstanzen nicht positiv reagiert, sondern nur auf die Gabe entsprechender Mineralstoff-Kombinationspräparate. Es stehen die Mineralstoffpräparate jeweils mit und ohne Eisen/Kupfer zur Verfügung. Wichtig ist auch hier, Wert auf hypoallergen hergestellte, streng zusatzfreie Mineralstoffkombinationen zu legen!

k) Vitamine und Quecksilber

Was noch nicht ausreichend bewiesen ist, ist die Verbindung zwischen Quecksilber und Vitamin-Status. Sicher kann als Regel gelten, daß Vitaminsubstitution angezeigt ist, da Antioxidantien wie Vit. C, E und Betacarotin notwendig sind für Zell- und Gewebsschutz; andere Vitamine wie B3 helfen bei der Mobilisierung von Quecksilber aus den Geweben. Durch die Gabe von Vitamin B3 (Niacin, Niacinamid) ist eine Förderung der Zirkulation möglich.
Niacin wirkt sich mehr auf periphere Gefäße, Niacinamid mehr auf die inneren Organe aus.

Achtung: Bei reinem Niacin kann es kurz nach der Einnahme zu allergieähnlichen Symptomen kommen (Niacin-Flush). Dieser ist immer reversibel, manchmal aber für Patienten und Ärzte äußerst dramatisch. Er läßt sich vermeiden durch Gabe von Präparaten, die Niacin gebunden an Inositol enthalten: Inositolhexaniacinat ist von Pure Encapsulations® bzw. Thorne Research® erhältlich.
1 Kapsel enthält 500 mg Niacin. Mit diesen Präparaten kann relativ hoch dosiert werden; sie sind gleichzeitig indiziert bei folgenden anderen Diagnosen: Hypercholesterinämie, Gangrän, Claudicatio u.a.m.

4. Fasten und Entsäuern

Die meisten Toxine werden im Binde- und Fettgewebe (tiefes Kompartiment) abgelagert und sind den hydrophilen Chelatbildnern nur schwer zugänglich. Sie werden jedoch bei jeder Form des Fastens massiv freigesetzt. Eine Fastenkur oder Reduktionsdiäten sind für viele quecksilberbelastete Patienten angezeigt, deren Depots nicht durch die bisher besprochenen Ausleitungstherapien erreichen lassen. Kontraindikationen sind sicher Schwangerschaft und Stillzeit, da hier keinesfalls eine erhöhte Mobilisierung von toxischen Substanzen gewünscht wird.

Äußerste Vorsicht ist geboten bei Patienten mit schweren, chronischen Krankheitsbildern, Anfallsleiden und psychischen Erkrankungen. Hier kann durch eine nicht sachkundige Fastentherapie massives Unheil angerichtet werden. Bei solchen Patienten sollte der Einstieg in die Entgiftungstherapie mit Fasten am besten stationär erfolgen.
Ich arbeite nach den Richtlinien von Dr. F. X. Mayr. Interessenten verweise ich auf die hervorragende Literatur von Dr. Rauch und die entsprechenden Kurse.
Grundsätzlich immer wichtiger wird die begleitende Entsäuerungstherapie mit entsprechender Diätumstellung. Auch hierzu sei auf die entsprechende Literatur verwiesen.

5. Generelle Eliminationsverfahren (Schwitzen, Bewegung usw.)

Im Rahmen einer Fastenkur, aber auch ohne Fasten sollte die Elimination auf allen Wegen gefördert werden. Die Haupteliminationswege sind: Haut, Lunge, Darm, Niere. Auch hierzu sei auf die Literatur verwiesen.
Neben Sauna, Dampfbad und leichter Ausdauerbetätigung seien folgende Methoden speziell empfohlen: Entgiftungsbäder (eventuell mit Zusatz von Bikarbonat), Tees (Lindenblüten usw.), Förderung der Ausscheidung über die Nieren (Nierentees, phytotherapeutische und homöopathische Mittel (Solidago, Berberis, Juniperus, ...), Ableitung über den Darm!

Zusammenfassung

Der Artikel liefert viele Ansatzpunkte für ein rationales und erfolgreiches Vorgehen beim allergotoxischen Amalgamsyndrom (ATAS). Wichtig ist, daran zu denken, daß man sich – zumindest in schwierigen Fällen – nicht nur auf ein Diagnose- und/oder Therapieverfahren beschränkt. Eine große Palette von Möglichkeiten steht zur Verfügung und sollte auch nach genauer Untersuchung und so individuell wie möglich ausgenutzt werden.

Für weitere Anregungen und Ergänzungen, aber auch für kritische Stellungnahmen, bedanke ich mich im Voraus. Rückfragen zum Procedere (Therapeutika, Literatur, Dosierungen usw.) richten Sie bitte an den pharmakologischen Coautor dieses Artikels:

Dr. med. Siegfried Schlett, Arzt und Apotheker
Waltherstraße 32, D-80337 München
Tel. 0 89/53 55 15, Fax 0 89/5 38 04 05

STÖRFELDER — HERDE
SCHWERMETALLBELASTUNG
ENTGIFTUNG
AUSSCHEIDUNG

- **Amalgamproblematik** C. KOBAU (A)
- **Progressive Pulpenfibrose u. Amalgambelastung** H. HEINE (D)
- **Die Tübinger Amalgamstudie** DR. WEIß (D)
- **Schwermetallentgiftung mit DMPS** R. SCHROTH (A)
- **Amalgamsanierung** H. SCHLOßER (D)
- **Erfahrung mit Ausleitung von Schwermetallen** E. WEIKL (A)
- **Melisa-Test: Eine Methode zur Erkennung von Schwermetallallergien** M. STEJSKAL (S)
- **Naturheilkundliche Entgiftungsstrategien** H. STOSSIER (A)
- **Bedeutung der Kopfherde für das Krebsgeschehen** I. ISSELS (D)
- **Tumorproblem aus physikalischer Sicht** A. POPP (D)
- **Pleomorphe Veränderungen im Blut die direkt und indirekt durch Wurzelkanalfüllungen ausgelöst werden** I. BURKE U. R. GAMMAL (AUS)

- **Wurzelbehandelte Zähne u. ihre möglichen Auswirkungen auf den Organismus** — G. MEINING (USA)
- **Isopathische Schleimhaut-u. Zahntherapien** — T. RAU (CH)
- **Freie Radikale** — C. KOBAU (A)
- **Die Rolle der Wasserstruktur in Stoffwechselprozessen** — F. HACHENEY (D)
- **Parodontose — ganzheitliche Betrachtungen** — C. KOBAU (A)
- **Magnetfeld in der Zahnmedizin** — C. KOBAU (A)
- **Allgemeine Ernährungsrichtlinien** — N. SCHULZ (A)
- **Mykosen — Pilzerkrankungen** — R. SCHMIDHOFER (A)

Amalgam

DR. CH. KOBAU

- Einführung
- Stoffwechsel des Amalgam und Quecksilbers
- Resorption von Quecksilber aus Amalgamfüllungen
- Genetische Auswirkungen
- Belastung des Neugeborenen
- Amalgam und Fruchtbarkeit
- Amalgam und Immunsystem
- Amalgam und Neurodermitis
- Amalgam u. Antibiotikaresistenz
- Quecksilberbelastung bei Parkinson u. Alzheimer
- Spezifischere Wirkungsmechanismen von Quecksilber
- Gesundheitsschäden von Amalgam für den Zahnarzt und das Personal
- Schwermetallbelastung — Symptome
- Kurzzusammenfassung des Kieler Amalgamgutachtens
- Diagnose
- Therapie
- Praktische Hinweise für den Zahnarzt
- Empfehlung des Bundesministeriums für Gesundheit zu Dentalamalgam
- Datenerhebung vor und nach Amalgamentfernung

Bereits seit über 100 Jahren wird Amalgam in der internationalen Zahngeschichte verwendet, um von Karies zerstörte Zähne zu versorgen. Die Konsequenz dieser Entwicklung ist, daß 80 - 90 % der Bevölkerung Amalgamfüllungen im Mund haben und allein in der Bundesrepublik Deutschland (in den alten Bundesländern) etwa 45 Millionen Füllungen mit diesem Werkstoff jährlich verabreicht werden. Für diese Anzahl von Amagamversorgungen werden etwa **22 Tonnen Quecksilber benötigt**.
Die Frage wieso Amalgam diese international breite Verwendung gefunden hat, liegt in den eindeutigen Vorteilen dieses Werkstoffs.

VORTEILE:

- dauerhafter Füllungswerkstoff
- leicht und schnell zu verarbeiten
- sehr preisgünstig
- gute Stabilität und Abrasionseigenschaften

NACHTEILE:

- eindeutig nachweisbare Quecksilber (Hg)-Freisetzung aus Amalgamfüllungen
- unedles Metall, das in Lösung geht
- Belastung des Körpers durch Quecksilber auf physikalischer, chemischer, psychischer und feinstofflicher Ebene
- in Verbindung mit anderen Metallen im Mund (z.B. Gold), können beträchtliche Spannungsdifferenzen entstehen („Mundbatterie")

Grafik Amalgam

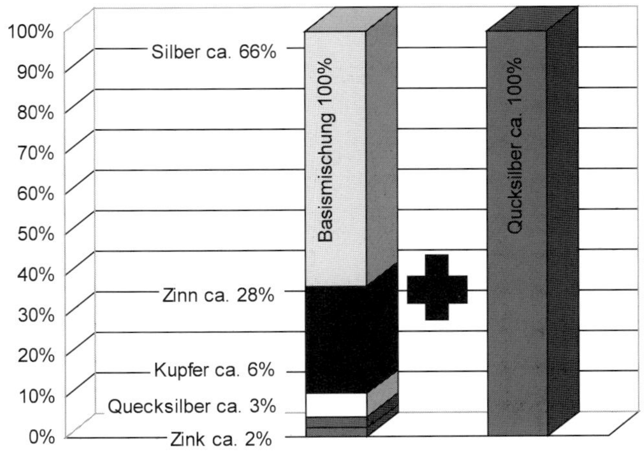

Amalgam ist eine Vermengung zweier Komponenten, deren Anteil je 50% ist. Es besteht aus der sogenannten Basismischung, die aus etwa 6% Kupfer, 3% Quecksilber, 2% Zink, 28% Zinn und 66% Silber besteht und einer zweiten Substanz, die zu 100% aus Quecksilber besteht.

Wir haben somit eine Legierung, die zu53 % aus (Hg) Quecksilber besteht!

Silber wird verwendet um den Härtungsprozeß zu beschleunigen, sowie eine bestimmte Expansion zu erreichen. **Kupfer** erhöht die Härte. **Zinn** ist für eine gewisse Plastizität der Füllung notwendig. **Zink** ist für den Mischprozeß erforderlich. **Quecksilber** bewirkt unter anderem, daß all diese Substanzen, einem Kristallisationsvorgang gleichend, miteinander verschmelzen.

Stoffwechsel des Amalgam und Quecksilbers

Quecksilber kann über folgende Kanäle in den menschlichen Organismus gelangen:

- Beim Legen von neuen Füllungen
- Beim Ausbohren alter Füllungen
- durch Übersäuerung des Speichels (durch saure Getränke — z.B. Cola mit PH 1 - 2 und Zitrusfrüchte)
- beim Kauen, Zähneknirschen etc.
- durch die Nahrungskette (vor allem belastete Meerestiere)

Um die vielfältige Wirkungsweise des Quecksilbers auf den menschlichen Organismus zu begreifen, ist es nötig die physikalischen, chemischen und toxischen Eigenschaften von Quecksilber zu durchleuchten.
Quecksilber ist durch eine große Oberflächenspannung gekennzeichnet, bei Zimmertemperatur flüssig und hat bereits bei dieser Temperatur einen großen Dampfdruck. Es löst viele Metalle zu Legierungen (Amalgame).

Ordnungszahl:	80
Atomgewicht:	200,59
Dichte:	13,55g/cm^3
Schmelzpunkt:	-38,87°C
Siedepunkt:	356,6°C

Quecksilber kommt hauptsächlich in 2 Formen vor: Metallisch bzw. anorganisch und in organischen bzw. Kohlenstoffverbindungen. Aus toxikologischer Sicht kann Quecksilber in 3 Gruppen unterteilt werden:

1. METALLISCHES QUECKSILBER
(Quecksilberdämpfe bzw. flüssiges Hg)
2. ORGANISCH GEB. QUECKSILBER
Methyl- und Ethylquecksilber
3. QUECKSILBER - IONEN
anorganisches Hg sowie seine Phenyl- und Methoxyethylsalze

Die 2. Gruppe ist durch die höchste Toxizität gekennzeichnet während die Quecksilberdämpfe die nächstgiftigste Substanz darstellt. (Arch. Enviromental Hlth./Archiv für Umweltgesundheit 19.891;905-Dez.69)
Die Resorptionsrate der Quecksilbersalze liegt zwischen 8 und 25 %, während die Methyl- und Ethylquecksilberverbindung nach der Aufnahme zu fast 100% resorbiert wird. (RAHOALA et al. 1973)

ad 1: Über die Lunge werden etwa 80% des Quecksilberdampfes resorbiert und gelangen so ins Blut. Dieser resorbierte Hg-Dampf wird in den Erythrozyten gebunden und der Großteil über das Enzym Katalase zu zweiwertigen Hg-Ionen (Hg^{++}) oxidiert. Der nicht oxidierte Teil kommt über die Blutbahn zu allen Organen und wird dort an Ort und Stelle zu Hg^{++} oxidiert. So erfolgt auch der Übertritt von Hg-Dampf ins Gehirn. Die so im Hirn angereicherten Hg-Ionen können diesen Ort kaum mehr verlassen. Die Halbwertszeit von Hg im Gehirn beträgt bis zu 18 Jahren (OHNESORGE 1982)

ad 2: Etwa 95% des Methylquecksilbers (MeHg) sind in den Erythrozyten und 5% im Blutplasma gebunden. MeHg kann durch bakterielle Prozesse im Mund bzw. durch Bakterien im Darm aus anorganischem Quecksilber erzeugt werden (PENZER 1986, BRUNE 1986)

ad 3: Oral bzw. über die Haut werden primär Hg-Ionen und hier vor allem Hg^{++} resorbiert. Hg-Ionen sind für eine Vielzahl von schädlichen Reaktionen verantwortlich, da sie erstens eine hohe Bindungsaffinität zu Sulfhydrylgruppen haben und somit als Enzyminhibitoren wirken und zweitens eine starke Bindungsneigung zu Proteinen besitzen. So entsteht eine große Hg-Ionen-Ansammlung in den parenchymatösen Organen wie Leber und Niere.

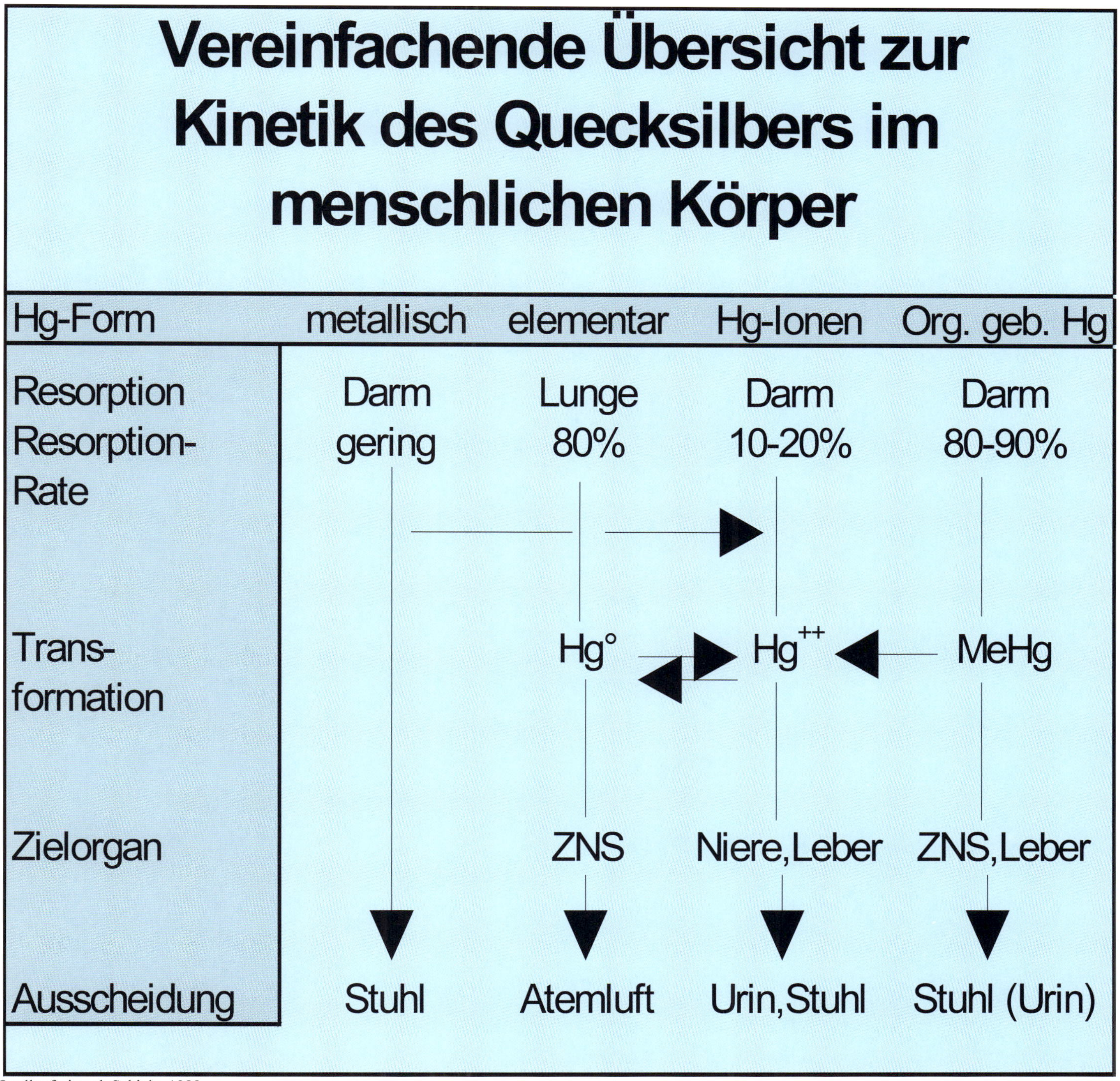

Quelle: frei nach Schiele, 1988
(aus Mineraloscop 95)

DER WEG DES QUECKSILBERS IN DEN ORGANISMUS

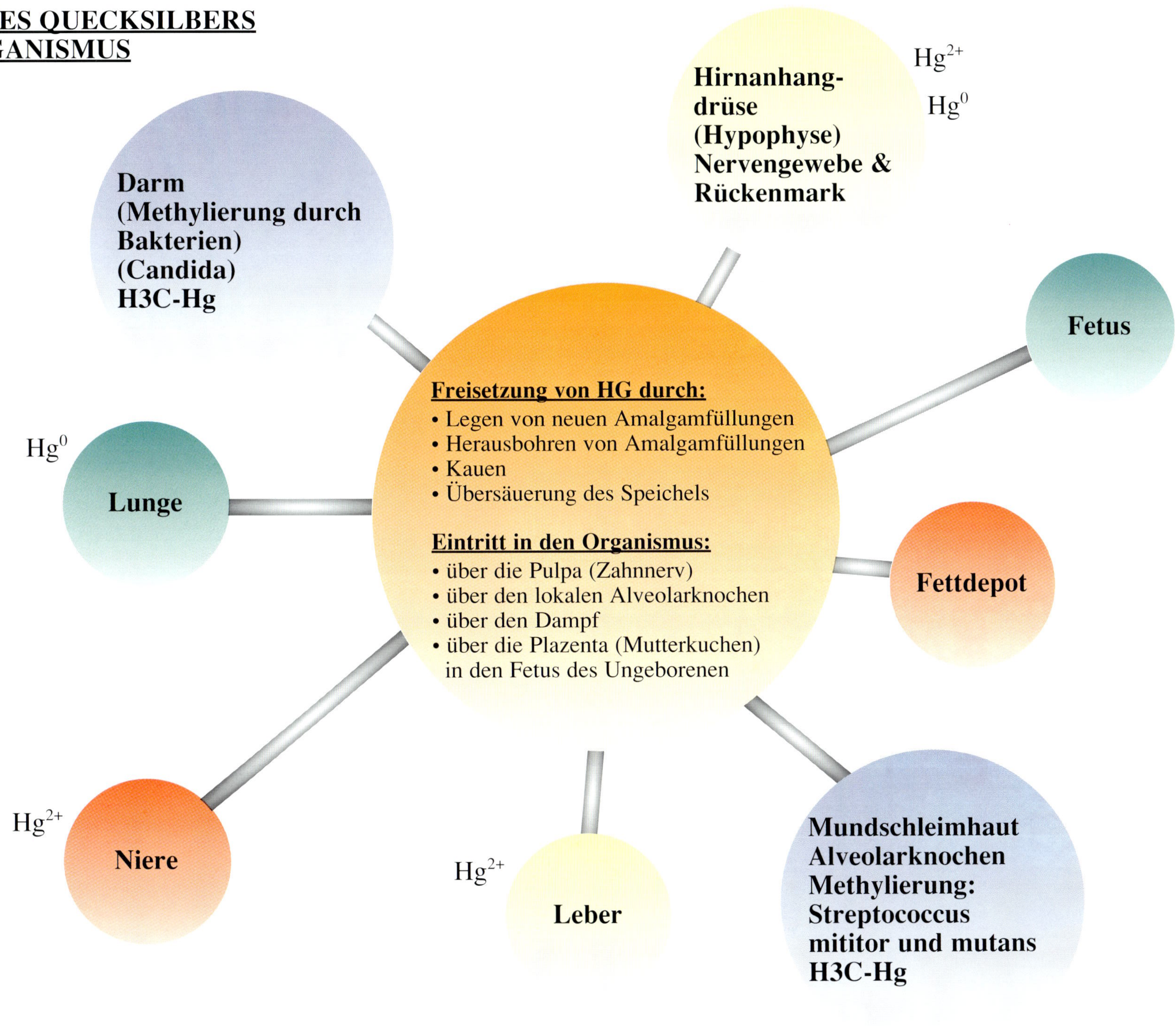

Resorption von Quecksilber aus Amalgamfüllungen

Die Aufnahme von Quecksilber ist abhängig von der Form, in der Quecksilber in den Organismus gelangt, bzw. wie es durch den Organismus verändert wird.
Anorganisches Quecksilber wird über den Darm zu etwa 8 - 25% resorbiert, während Quecksilberdampf zu fast 80 - 90% über die Lunge bzw. die Schleimhäute von Mund und Nase zum Gehirn transportiert wird und sich dort ablagert.
Organisches Quecksilber wird ebenfalls zu 80 - 90% resorbiert. Es entsteht nicht direkt aus Amalgamfüllungen, sondern wird aus dem anorganischen Quecksilber der Füllungen durch die Einwirkung von Bakterien im Mund und Darm gebildet (Methylierung). Bereits 1983 konnte HEINTZE an der Universität LUND in Schweden (wo Amalgam verboten ist) nachweisen, daß das im Zahnbelag häufig vorkommende Bakterium Streptococcus mutans die Fähigkeit besitzt, Quecksilber zu methylieren. Auch kann dies das in der Mundhöhle lebende Bakterium Streptococcus mititor. Ebenso erfolgt im Darm eine Methylierung (z. B. über Candida-Pilze). BLESIUS schreibt dazu in der Biolog. Medizin (Heft 4/Aug.95):
„SHARMA und OBERSTEINER stellten 1981 fest, daß nur ein „paar" Mikrogramm ausreichten, um eine schwere Störung der Zellfunktion zu bewirken und daß bei noch niedrigeren Konzentrationen bereits Wachstumshemmungen der Nervenfasern zu beobachten waren (Sharma: Metals and neurotoxic effects: Cytotoxicity of selected metallic compounds on chick ganglia cultures. J. COMP. Pathol. 1981;91:235) EYL nahm in seinem im Jahre 1970 publizierten Artikel den toleranteren Standpunkt ein, daß tägliche Dosen von anorganischem Quecksilber 100µg (=0,1 ppm) nicht übersteigen sollten.
Es sei nochmals daran erinnert, daß diese Werte sich auf metallisches Quecksilber beziehen; Methylquecksilber ist 10 bis 50fach, vielleicht sogar 100fach toxischer als elementares Quecksilber (HUGGINS-MERCURY: A factor in mental disease? J. Orthomolec Psychiatry 1992: 11 (1): 1 - 14)
In Bezug auf die Auflösung von genetischen Schäden, zeigte PROF. CLAES RAMEL, daß Methylquecksilber 1000fach stärker ist als der bis heute bekannte, in dieser Hinsicht nächststärkere Stoff Colchicin.

Genetische Auswirkungen

„Der Grund für die genetische Anfälligkeit liegt in der Eigenschaft von Quecksilber, sich bevorzugt mit Thymin zu verbinden. Da Thymin als eine der vier notwendigen Nukleinsäuren (Adenin, Thymin, Guanin, Zytosin) im genetischen Code der Desoxyribonukleinsäure (DNA) vorkommt, wird dieser vom Quecksilber gezielt angegriffen. Normalerweise sind die Verknüpfungen der Basenpaare Adenin-Thymin und Guanin-Zytosin relativ schwach, so daß sich die DNA-Doppelhelix bei Bedarf entschlingen kann (so z.B. zur Matrizenerzeugung bei der Eiweißynthese oder zur genetischen Replikation). Wie 1952 von KATZ entdeckt, bildet Quecksilber durch seine starke Bindung mit Thymin eine Querverbindung innerhalb des DNA-Doppelstranges aus und formt dadurch einen starren DNA-Komplex, der sich nicht leicht entflechten kann. Es sei in diesem Zusammenhang darauf hingewiesen, daß RNA — im Gegensatz zu DNA — kein Thymin enthält, da hier die entsprechende Funktion von Uracil übernommen wird (EICHHORN GL(ed.). Inorganic Biochemistry. Vol I and II. Amsterdam, Oxford, New York: ELSEVIER). **Im Hinblick auf die obigen Beobachtungen ist die Frage nach einer Toxizitäts- beziehungsweise Sicherheitsschwelle von Quecksilber irrelevant, da selbst ein einziges Quecksilberatom in der Lage ist, das korrekte Funktionieren des genetischen Codes zu beeinträchtigen.** Nach heutigem Wissensstand erfüllt Quecksilber im menschlichen Organismus weder biologische (MC CLATCHEY KD. Clinical Laboratory Medicine. Baltimore: Williams & Williams 1994) noch andere dienliche physiologische oder biochemische Funktionen. **In Anbetracht seiner Fähigkeit, genetische Störungen auszulösen, ist die völlige Meidung von Quecksilber daher wohl die ratsamste Lösung**. Die zunehmende Anzahl von AF bewirkt höhere Quecksilberbelastungen gemäß einer Linearfunktion. Diese Berechnungen dürfen jedoch nicht dahingehend interpretiert werden, daß bei bis zu vier Füllungen kein Grund zur Besorgnis vorliege. Denn wie oben gezeigt, sind selbst nur „ein paar" Quecksilberatome in der Lage, den genetischen Code der DNA zu stören. Berücksichtigt man, daß 10µg beziehungsweise 0,01ppm Quecksilber etwa 3,012 x 10^{16} einzelne Quecksilberatome enthalten und daß es durchschnittlich 1 x 10^{13} Zellen im menschlichen Körper gibt, bedeutet dies, daß diese Menge Quecksilber ungefähr 3000 Quecksilberatome an jede Zelle des menschlichen Körpers liefert. Dies ist mit Sicherheit ausreichend, um eine Vielzahl von Bindungen mit den in der DNA befindlichen Thyminbasen einzugehen. **Aus diesem Grunde läßt sich keine „tolerierbare Anzahl" von Amalgamfüllungen angeben, da ein einzelnes Quecksilberatom ausreicht, um die DNA zu destabilisieren."**
(aus Biologische Medizin, BLESIUS — Amalgam und Quecksilber, Heft 4, August 1995)
Von Bedeutung ist weiters, daß die Halbwertszeit für Quecksilber im Gehirn, also jene Zeit in der die Hälfte

des im Organismus vorhanden Hg abgebaut oder ausgeschieden wird, zwischen 16 und 27 Jahren beträgt. HAHN et al. konnte 1992 nachweisen, daß durch die Zugabe von radioaktivem Material zu Quecksilber in Amalgamfüllungen von Schafen, Zahnamalgam in den Körper aufgenommen wird. Bereits nach 29 Tagen fand man die höchsten Konzentrationen in Leber und Niere.

Hg-Konzentration aus Amalgamfüllungen 29/28 Tage nach dem Legen

in ng Hg/g	beim Schaf	beim Affen
Vollblut	9,0	5,8
Urin	4,7	17,7
Skelettmuskel	10,1	1,9
Alveolarknochen	318,2	7756,1
Magen	929,0	18,4
Dünndarm	28,0	68,9
Dickdarm	63,1	983,1
Colon	43,1	482,7
Galle	19,3	243,1
Fäzes	4489,3	3490,2
Niere	7438,0	3053,5

(nach HAHN et al., FASEB Journal, 1989 und 1990)
(Aus: Dt. Zeitschrift für Biolog. Zahnmedizin 9, 2, 1993 TREUSCH)

Quecksilberdampfmessungen beim Menschen im Mund zeigten eine tägliche Quecksilberaufnahme von 10 µg unter Einbezug der Resorptionsrate (VIMY und LORSCHEIDER 1990)

Belastung der Neugeborenen

Die Wissenschafter von PROF. M. J. VIMY in Kanada konnten über Studien an Schafen nachweisen, daß Quecksilber in der Lage ist, die Plazentaschranke zu überwinden und das sich Quecksilber im Fetus anreichert.

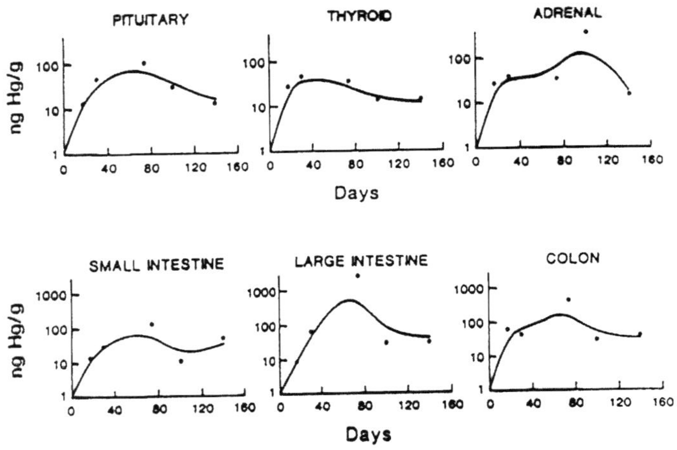

Der Münchner Rechtsmediziner und Pathologe PROF. G. DRASCH bewies schließlich 1994, daß es auch beim Menschen zu einem Übertritt von Quecksilber aus dem Organismus der Mutter in den Fetus kommt. In Autopsiematerial von 154 Feten von Neugeborenen verglich er die im Gewebe gefundenen Quecksilberwerte mit der Zahl der Amalgamfüllungen der Mütter und fand heraus, daß die Quecksilberkonzentration in Leber und Nieren der Feten signifikant mit der Anzahl der Amalgamfüllungen der Mütter korrelierten.
(Aus: Mineraloscop 95, Seite 6)
DRASCH et al.

		0-2 Zähne mit Amalgam	> 10 Zähne mit Amalgam	Statistische Relevanz des Unterschieds
Leber	Feten	12,68 (n = 10)	25,85 (n = 14)	*
	Kinder	19,20 (n = 10)	34,40 (n = 8)	*
	Erwachsene	18,70 (n = 41)	67,20 (n = 19)	***
Nierenrinde	Feten	5,95 (n = 10)	10,30 (n = 11)	***
	Kinder	20,75 (n = 10)	115,60 (n = 8)	**
	Erwachsene	47,30 (n = 41)	409,25 (n = 18)	***
Hirnrinde	Kinder	2,05 (n = 10)	3,95 (n = 8)	—
	Erwachsene	14,70 (n = 39)	25,70 (n = 19)	*

Vergleich (Mann-Whitney-Test) der Quecksilberkonzentrationen (ng Hg/g, Medianwerte) im Gewebe von menschlichen Feten und Kindern (Alter 11 - 50 Wochen) von Müttern mit 0-2 oder 10 und mehr Zahnfüllungen mit Erwachsenen (Alter 16 - 45 Jahre) mit derselben Anzahl von Füllungen wie die Mutter

(Aus: Dt. Zahnärtzliche Zeitschrift - Drasch, SCHUPP, RIEDL, GÜNTHER 473/1992/8)
Spannbreiten der Quecksilberkonzentrationen in den Organen (ng Hg/g); Gesamtkollektiv

Organ	Fallzahl	Min.	Max.
Nierenrinde	166		
Hg^{++}		1,4	1576,3
MeHg		0,4	43,9
Hg ges.		3,7	1598,0
Leber	168		
Hg^{++}		0,5	311,4
MeHg		0,5	50,0
Hg ges.		2,8	340,1
Großhirn Mark	164		
Hg^{++}		0,9	38,2
MeHg		0,2	26,4
Hg ges.		3,0	50,5
Großhirn Rinde	164		
Hg^{++}		0,9	57,0
MeHg		0,2	38,7
Hg ges.		2,8	84,0
Großhirn Kerne	164		
Hg^{++}		2,7	46,5
MeHg		0,2	30,4
Hg ges.		3,7	68,1
Kleinhirn	164		
Hg^{++}		1,1	41,2
MeHg		0,2	37,8
Hg ges.		4,2	64,2
Hirnstamm	158		
Hg++		0,4	52,3
MeHg		0,2	24,2
Hg ges.		3,7	56,2

Hg^{++} = anorganisches Hg; MeHg = Organo-Hg; Hg ges. = Gesamt-Hg.

Amalgam und Fruchtbarkeit

Untersuchungen der Universitätsfrauenklinik Heidelberg von Frau PROF. DR. GERHARD ergaben folgendes: Es wurde die Quecksilberausscheidung bei Frauen mit Hormonstörungen untersucht. Bei einer Ausscheidungsrate von 500µg Hg pro g. Kreatinin nach DMPS-Gabe tritt keine Spontane Schwangerschaft ein — diese Frauen hatten therapieresistente Zyklusstörungen. Die Ausscheidung von Quecksilber, korrelierte mit der Anzahl der Amalgamfüllungen (Frauen mit mehr als 10 Amalgamfüllungen wiesen deutlich höhere hormonelle Störungen auf.
Zwei weitere Studien von DR. GERHARD seien noch in diesem Zusammenhang erwähnt.

1. Wissenschaftliche Studie an 99 Frauen mit Beobachtungszeitraum von 1 Jahr
   Beschwerden: unerfüllter Kinderwunsch
   Gemeinsames Kriterium: erhöhte Quecksilberausscheidung

	Gruppe I	Gruppe II	Gruppe III
Therapie	Hormontherapie bei 30 Frauen	Hormon- und Ausleitungstherapie bei 27 Frauen	Amalgamsanierung und Ausleitung bei 42 Frauen
Ergebnis	1 Geburt	3 Geburten	10 Geburten
Erfolgsquote	3 %	11 %	23 %

2. Wissenschaftliche Studie an 95 Frauen
   Beschwerden: ständige Fehlgeburten
   Gemeinsames Kriterium: erhöhte Quecksilberbelastung

	Gruppe I	Gruppe II
Therapie	Hormontherapie bei 32 Frauen	Amalgamsanierung und Ausleitung bei 22 Frauen
Ergebnis	15 Geburten	18 Geburten
Erfolgsquote	48 %	82 %

(Zusätzlich muß vermerkt werden, daß Alkohol den Testosteronspiegel deutlich herabsetzt und zu verminderter Spermienbewegung führt und durch Zigaretten die Belastung über das Schwermetall Cadmium sich verdoppelt — Es ist nicht alles auf das Amalgam zu schieben!!)
Doch Quecksilber wirkt sich nicht nur bei der Frau, sondern auch beim Mann auf die Beweglichkeit der Spermien aus, wie Untersuchungen gezeigt haben. Dies dürfte mit dem hohen Gehalt an für den Körper notwendigen Selen in Spermien zu tun haben, da es bei Amalgamträgern häufig zu einem Selenmangel kommt.

(Aus: Mineraloscop 95: EGGERT-KRUSE et al. 1992.)

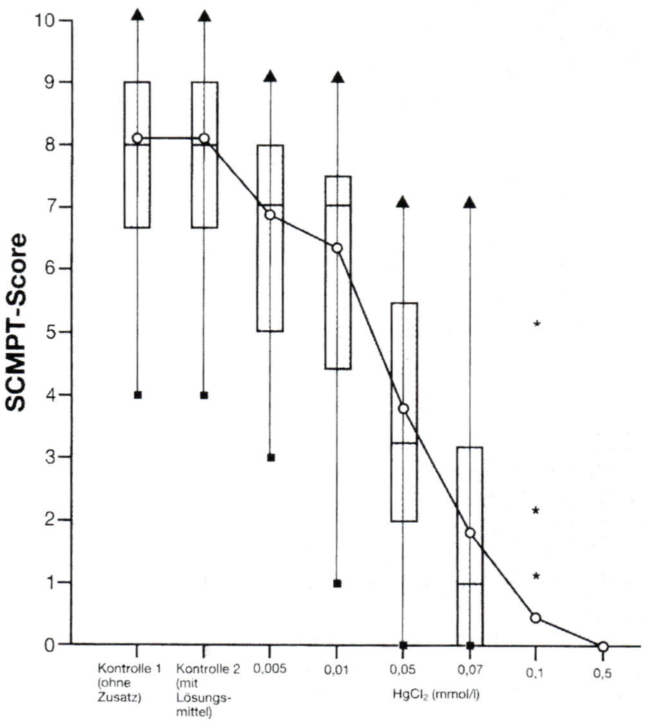

Einfluß von Quecksilberchlorid auf die Spermienfunktion. Signifikante Abnahme der funktionellen Spermienkapazität (p<0,0001), geprüft im In-vitro-Spermien-Zervikal-mucus-Penetrationstest (SCMPT). Die maximalen SCMPT-Ergebnisse nach 6 Stunden (kumulativer SCMPT-Score) sind als Box-Plots dargestellt. Median = Querstrich innerhalb der weißen Rechtecke, 0 = Mittelwerte, •/■ = 25. bzw. 75. Perzentile +1,5 x IQD (Interquartildifferenz), * = Werte außerhalb dieses Bereichs.

Amalgam und Immunsystem

DR. KÖSTLER (Wien) konnte von gesunden Patienten, die zur Hälfte einen Kaugummi kauten bzw. einen heißen Zitronensaft tranken und deren Blut für einen Immunstatus abgenommen wurde, nachweisen, daß bereits nach 20 Minuten der Quecksilbergehalt im Blut zunimmt, der Selengehalt und die immunkompetenten Zellen abnehmen. Im Umkehrverfahren wurde von BANASCH dokumentiert, daß sich supprimierte Immunzellen nach Quecksilber-Ausleitung normalisieren. Die NK (Natürliche Killerzellen) sind die einzigen Zellen, die direkt **Tumorzellen** attackieren können!

(Aus: Dt. Zeitschrift für Biolog. Zahnmedizin 9, 2, 1993, TREUSCH und KÖSTLER, Darm und Immunsystem aus zahnärztlicher Sicht)

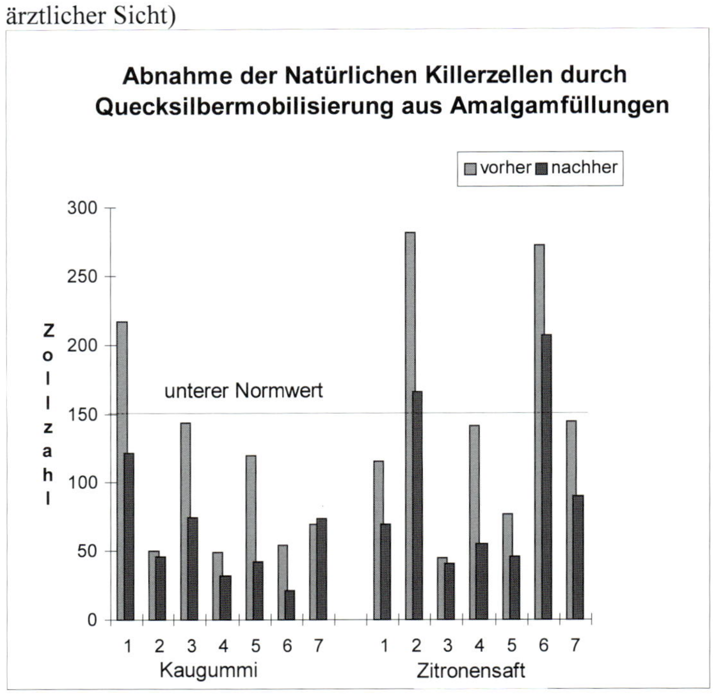

Es gab allerdings auch Studien von MECKERT und WILHELM 1991 die keine Veränderung der Leukozytenzahlen und Lymphozytensubpopulationen feststellen konnten.

Amalgam und Neurodermitis

W. GERZ schreibt in einem eigenen Kapitel ausführlich über Amalgambelastung und das ATS = allergotoxische Amalgamsyndrom.

Generell gesagt müssen wir zwischen dem allergischen Potential des Quecksilbers (bis 17 % Allergieinzidenz mit positiven Epicutantest — JONESCU) und seinem chron.-toxischen Potential, welches besonders bei Allergikern zu einem erhöhten Summationseffekt mit anderen Noxen führen kann, differenzieren.

Der Wissenschafter JONESCU schreibt dazu in der Zeitschrift „Forschende Komplementärmedizin":

„Hier wird auf mehrere Angriffsmechanismen des Quecksilbers hingewiesen:

Bindung von Serum- und Zellproteine (Albumin, Coenzym A, SH-Proteine) mit Interaktion im intermediären Stoffwechsel (DAUNDERER M. Handbuch der Umweltgifte — Ecomed 1992)

Steigerung der zellulären Mitoserate in Lymphozytenpopulationen

Induktion der IgE-Synthese mit Steigerung der allergenspezifischen IgE-Antwort bei Ratten (Proovest-Danon: Induction of IgE synthesis and potentiation of anti-ovalbumin IgE antibody response by $HgCl_2$ in the rat. I. Immunol 1981; 126: 699 - 702)

- Abfall der T-Lymphozyten, der T-Helferzellen und d. NK-Zellen nach Quecksilbermobilisierung aus Amalgamfüllungen

- Förderung inflammatorischer Reaktionen durch Aktivierung entsprechender Enzymsysteme (z. B. Collagenasen)

Von besonderer Bedeutung für Patienten ist die Umwandlung der ionisierten Hg^{2+} Form durch Methylierung in eine vielfach toxischere, lipidlösliche organische Verbindung (Methyl-Hg). Hier spielen auch Mund- und Darmbakterien (Streptokokken, Clostridien) und insbesondere Hefepilze (Candida) eine wichtige Rolle und lassen die Symptomunterschiede von einem Amalgamträger zum anderen erklären.
2 Tatsachen stehen nach unserer Erfahrung mit über 15000 Allergikern fest:

a) Bohrarbeiten in den Amalgamfüllungen ohne entsprechende Schutzmaßnahmen führen in der Regel zu einer rapider Verschlechterung der Symptome und
b) therapieresistente Problemstellen im Bereich der Kopf-, Hals- und Gesichtshaut sowie chron. Heuschnupfen und Rachensymptome bleiben nach Entfernung der Amalgamfüllungen gefolgt von entsprechenden Ausleitungsmaßnahmen dauerhaft aus.“

Quecksilber aus Zahn“silber“füllungen ruft eine Zunahme an quecksilber- und antibiotika-resistenten Bakterien in der oralen und intestinalen Flora von Primaten hervor.

ANNE D. SUMMERS — JOY WIREMAN, u.a.; Dep. of Microbiology, Univ. of Georgia, Univ. of Calgary, Univ. of Medicine — Boston; veröffentlicht in „American Society of Microbiology“:

„In einer Umfrage an 640 Menschen zeigte eine Untergruppe von 356 Personen, die in letzter Zeit keine Antibiotika genommen hatten, daß jene mit einem hohen Vorkommen von Hg-Resistenz in ihrer Darmflora auch bedeutend anfälliger für eine Resistenz gegen zwei oder mehr Antibiotika waren. Diese Beobachtung ließ uns die Möglichkeit in Betracht ziehen, daß Quecksilber aus den Amalgam- („Silber“)Füllungen der selektive Agent sowohl für die quecksilber- wie auch die antibiotikaresistenten Bakterien in der oralen und intestinalen Flora von Primaten sein könnte. Bei sechs erwachsenen Affen wurde die Resistenz auf Quecksilber und auf verschiedene Antibiotika in der oralen und intestinalen Flora untersucht, bevor Amalgam-Füllungen gemacht wurden, während sie im Mund waren und nach Ersatz der Amalgam-Füllungen durch Glas-Jonomer-Füllungen (bei vier der Affen). Die Affen erhielten eine Diät ohne Antibiotika. Die Konzentration von Quecksilber in den Fäkalien wurde überwacht. Es gab eine statistisch signifikante Erhöhung im Vorkommen von quecksilberresistenten Bakterien während der fünf Wochen nach Einsatz der Amalgam-Füllungen und während der fünf Wochen direkt nach deren Ersatz. Diese Spitzen im Vorkommen von quecksilberresistenten Bakterien entspricht den Spitzen der Hg-Ausscheidung (bis zu 1 mM in den Fäkalien) sofort nach dem Einsatz von Amalgam und direkt nach dem Ersatz der Amalgam-Füllungen. Repräsentative quecksilberresistente Isolationen von drei ausgesuchten Bakterien-Familien (orale Streptokokken, Mitglieder der Familie *Enterobacteriaceae* und Enterokokken) waren auch resistent auf eine oder mehr Antibiotika einschließlich Ampicillin, Tetracyclin, Streptomycin, Kanamycin und Chloramphenicol. Während solche quecksilber- und antibiotikaresistente Isolate der Staphylokokken, der Enterokokken und Mitgliedern der Familie der *Enterobacteriaceae* schon beschrieben worden sind, ist das der erste Bericht von Quecksilber-Resistenz bei oralen Streptokokken. Viele der enterobakteriellen Stämme waren in der Lage, die Quecksilber- und Antibiotika-Resistenz zusammen auf Bakterien-Träger im Labor zu übertragen, was bedeutet, daß die loci für diese Resistenz genetisch verbunden sind. Unsere Ergebnisse zeigen, daß Quecksilber aus den Amalgam-Füllungen eine Anreicherung an quecksilberresistenten Plasmiden in der normalen Bakterien-Flora von Primaten verursachen kann. Viele dieser Plasmide tragen auch eine Antibiotika-Resistenz, was in der normalen Flora von nicht medikamentös behandelten Personen in steigender Anzahl das Vorkommen von multiplen antibiotikaresistenten Plasmiden durch das Freiwerden von Quecksilber aus Zahnamalgam impliziert.“

Quecksilber - Niveau bei Personen mit Parkinson und Alzheimer

J. W.REINHARDT — Coll. of Dentistry — Univ. of Iowa (USA):

„In einer epidemiologischen Fallstudie über die Quecksilberbelastung und den idiopathischen Morbus Parkinson wurden bei in Singapur lebenden Personen der Quecksilber-Gehalt in Blut, Urin und Kopfhaar gemessen (Ngim und Devathasan, 1989). Obwohl diese Studie sich nicht mit dem *post mortem* Gewebespiegel beschäftigt, scheint es angemessen, sie zusammen mit den anderen Autopsie-Studien zu erwähnen. Es gab 54 Fälle mit idiopathischem Morbus Parkinson und 95 passende Kontrollfälle. Die Personen mit Parkinson hatten einen signifikant höheren Gehalt an

Quecksilber in allen drei Medien als die Kontrollpersonen.
Der Blutwert kann vielleicht aufgrund der Tatsache etwas erhöht sein, daß die Bevölkerung von Singapur multi-ethnisch ist und sich vor allem aus Chinesen, Malayen und Indern zusammensetzt. Jede Gruppe ist bekannt dafür, daß sie bedeutende Mengen an volkstümlicher Medizin benutzen, rezeptfreie Mischungen, die oft Quecksilber enthalten. Zusammenfassend ziehen die Autoren den Schluß, daß die Körperlast an Quecksilber in engem Verhältnis zum Morbus Parkinson steht.
Eine weitere kürzlich erstellte Studie benutzte die Methode von Kontrollfällen, um den Gehalt an Spurenelementen in verschiedenen Teilen des Zentralnervensystems (ZNS) bei Autopsie-Fällen von Morbus Alzheimer mit normalen Kontrollpatienten zu vergleichen. Bei der Studie wurde der Gehalt bei 10 Alzheimer-Patienten gemessen und bei 12 Kontrollpersonen ohne Demenz, neurologischer Krankheit oder anderer Krankheit, die das Gehirn beeinträchtigt. Die untenstehende Tabelle zeigt eine Zusammenfassung der statistisch bedeutsamen Beziehungen des Quecksilber-Gehaltes in verschiedenen Subzellular-Fraktionen, die dem Temporal-Lappen des Cerebrum jeder Person entnommen wurden. **Die Alzheimer-Patienten hatten einen signifikant höheren Gehalt an Quecksilber in ihren Mikrosomen, das Verhältnis Quecksilber zu Selen sowohl im Zellkern wie in den Mikrosomen war höher, das zu Zink in den Mikrosomen war auch höher**. In ihrer Gesamt-Bewertung schreiben die Autoren, daß sie bei **Alzheimer-Patienten erhöhte Quecksilber- und Bromin-Werte fanden sowie verringerte Rubidium-, Selen- und Zink-Werte** in bestimmten Zell-Gebieten. Sie äußerten ihre Sorge darüber, daß nicht nur der Quecksilber-Wert höher war, sondern auch über den verminderten Selen- und Zinkwert, da diese Elemente das biologische Gewebe gegen Quecksilber-Toxizität schützen. Die Autoren empfehlen, daß in zukünftigen Studien herausgefunden werden soll, ob die gefundenen Quecksilber-Werte im Gehirn bei Alzheimer-Patienten ein Primär-Vorkommen ist oder die Ablagerung von Quecksilber in dem degenerierenden Gehirn darstellt.

ZUSAMMENFASSUNG DES QUECKSILBER-GEHALTES IN SUBZELLULARFRAKTIONEN BEI INDIVIDUEN MIT MORBUS ALZHEIMER UND KONTROLL-PERSONEN*

	Kontrollpers.	Alzheimer	Signifikanz
Hg ng/g Mikrosomen	40,0	59,8	$p < 0,05$
Hg/Se Nuclei	0,080	0,166	$p < 0,01$
Hg/Se Mikrosome	0,134	0,331	$p < 0,01$
Hg/Zn Mikrosome	1,49	3,11	$p < 0,01$

*basiert auf Daten von WENSTRUP *et al.*, 1990.

ZUSAMMENFASSUNG

Zusammenfassend zeigen die Studien, die in diesem Artikel beschrieben wurden, daß Quecksilber-Dämpfe aus der Umgebung oder aus Zahn-Amalgam zu Gewebe-Belastung beitragen, vor allem im ZNS, den Nieren und bestimmten Drüsen. Weitere Studien müssen durchgeführt werden, um diesen Vorfall zu beweisen, sowie zur Erforschung, ob dieser Beitrag wichtig ist für die menschliche Gesundheit. Weitschichtige Studien sollten die Frage behandeln, ob das Vorhandensein von Amalgam-Füllungen eine Beeinträchtigung physischer oder mentaler Gesundheit verursachen kann. **Es sollten Studien aufgestellt werden, um die physische und mentale Gesundheit von Beschäftigten in der Zahnmedizin im Verhältnis zu ihresgleichen festzustellen, da die hier beschäftigten Menschen als Gruppe einen signifikant höheren Gehalt an Quecksilber im Gewebe zu haben scheinen als jede vergleichbare Kontrollgruppe.** Letztendlich sollte es weitere Untersuchungen von anderen Forschern geben, die das Zahn-Amalgam in Bezug zum Quecksilber-Gehalt im Gewebe setzen."

Quecksilber aus Amalgamfüllungen und die Auswirkungen auf die Nierenfunktion von Schafen:

„Beim Menschen entweichen aus den „silbernen" Amalgam-Füllungen (die vom Gewicht her normalerweise ~50 % Hg enthalten) ständig Hg-Dämpfe., und diese Hg-Dämpfe werden durch die Kautätigkeit noch verstärkt. Die durchschnittlich absorbierte Dosis aus Amalgam-Hg ist ~10µg/Tag bei Menschen mit verschiedener Anzahl an alten Amalgam-Füllungen, bei manchen Menschen beträgt die Dosis bis zu zehnmal soviel wie dieser Durchschnitt.

Kürzlich veröffentliche Berichte aus unseren Laboratorien zeigen, daß durch 12 Amalgam-Füllungen, die man in die Molaren eines Schafes einsetzte, 4 - 20 Wochen später eine signifikante Konzentration von Amalgam-Hg in den Nieren von 5 bis 10 µg Hg/g Nierengewebe auftritt. Ähnliche Ergebnisse erhielt man bei Affen.

Anorganisches und elementares Hg von anderen Quellen als Zahnamalgam haben, wie sich zeigte, eine Vielzahl von Auswirkungen auf die renale Funktion aufgrund von einer Reduktion in der renalen Blutzufuhr, dem Beginn einer tubulären Nekrose und der Induktion einer autoimmunen glomerulären Nephritis.

Da Amalgam Hg in Schaf-Nieren durch Ganz-Körper-Bilder leicht sichtbar gemacht werden kann, war das Ziel der gegenwärtigen Untersuchung die Feststellung, ob dieses Hg genügt, um die Nierenfuktion so zu verändern, wie **INULIN-CLEARANCE** und Indices der tubulären REABSORPTION zeigten.“

„ Aus den Untersuchungen ergibt sich, daß der Hg-Spiegel in der Niere durch Amalgamfüllungen ausreicht, um die INULIN-CLEARANCE auf nicht definierbare Art u. Weise zu reduzieren und die Elektrolytwerte im Harn stimmen mit einer Verschlechterung der renalen, tubulären Reabsorption überein.“ (N. D. Boyd, H. Benediktsson e. a. Univ. of Calgary — Kanada

Amalgam und DMPS

„Es gibt eine enorme Kontroverse über die Frage, ob das Zahnamalgam die Gesundheit des ganzen Körpersystems beim Menschen beeinträchtigen kann, weil es Quecksilber freisetzt. Die meisten Amalgam-Füllungen enhalten bis zu 50 % metallisches Quecksilber. Um den Einfluß der Amalgam-Füllungen auf die Quecksilber-Belastung im Menschen festzustellen, haben wir Freiwilligen mit und ohne Amalgam oral das **Salz 2,3 dimercaptopropane-1-sulphonic-acid (DMPS)** gegeben, ein Chelat-Agens, das in der Sowjetunion und Deutschland seit Jahren mit großer Sicherheit verwendet wird. Der Umfang der Amalgam-Füllungen der Testpersonen wurde gemessen, um den Amalgam-Wert festzustellen. Die orale Gabe von 300 mg DMPS erhöhte die durchschnittliche Quecksilber-Abgabe durch den Urin in der Amalgam-Gruppe von 0,7 auf 17,2 µg und die der Nicht-Amalgam-Gruppe von 0,27 auf 5,1 µg über einen Zeitraum von 9 Stunden. Zwei Drittel des im Urin ausgeschiedenen Quecksilbers bei jenen mit Amalgam scheint ursprünglich von den Quecksilberdämpfen aus dem Amalgam zu stammen. Eine Lineare Regressions-Analyse zeigt eine hoch signifikante positive Korrelation zwischen dem zwei Stunden nach der DMPS-Gabe im Urin ausgeschiedenen Quecksilber und den Amalgam-Werten.

DMPS kann verwendet werden, um die Ausscheidung des Quecksilbers durch den Urin zu steigern, und damit erhöht sich auch die Signifikanz und Verläßlichkeit dieser Messung der Quecksilber-Belastung , vor allem in Fällen von Mikromerkurialismus.

(Aposhian, H.V.; Bruce, D. C.; Alter, W.; Dart, R.C.; Hurlbut, K. M.; Aposhian, M. M.

Urin-Quecksilber nach Gabe von 2,3-dimercaptopropane-1sulphonic acid: Correlation mit dentalen Amalgam-Werten. FASEB J. 6: 2472-2476; 1992)

Univ. of Molecular a. Cellular Biology, Tucson — Arizona

Spezifischere Wirkungsmechanismen von Quecksilber

Quecksilber hat eine hohe Affinität zu Sulfhydrylgruppen — dadurch Brückenbildung zwischen Schwefel und Quecksilber — So werden eine ganze Reihe von wichtigen Enzymsystemen blockiert und der Stoffwechsel gestört (Quecksilber blockiert vor allem zinkabhängige Enzymsysteme, z.B. Carboanhydrase — Ebenso erfolgt eine Blockade der Aminosäure Cystein, die für die Bildung der extra- und intrazellulären Fermente wichtig ist; wir sprechen von einer „metabolischen Blockade“, die vor allem im Zitronensäurezyklus in den Mitochondrien, stattfindet.Besonders angegriffen werden die selenabhängigen Enzyme Glutathion-peroxidase (GSH-Px) und 5-Dejodase.

Durch die Bindung von Quecksilber an die Schwefelgruppen (SH) dieser Enzyme wird deren Aktivität vermindert. Glutathionperoxidase ist aber eines der wichtigsten Radikalfänger und somit Antioxidans in unserem Organismus. Es kommt so zu einem schlechteren Oxidationsschutz der Zelle. Selen, als Gegenspieler von Quecksilber, bildet mit dem Schwermetall einen inaktiven Komplex.

Hat jemand einen Selenmangel, wird sich eine Quecksilber-Belastung noch schlimmer auswirken. Sehr oft führt eine hohe Quecksilberbelastung zu einem sekundären Selenmangel, wodurch die antioxidative Kapazität noch verringert wird (Siehe Artikel Kobau über „Freie Radikale“) (Schrauzer 1980, Lourdes 1991, Whanger 1992) Die Nucleinsäure Thymin als eine der vier notwendigen Nucleinsäuren für den genetischen Code (DNS) verbindet sich bevorzugt mit Quecksilber, wodurch Quecksilber die Erbinformation schädigen kann.

Gesundheitsschäden, verursacht durch Amalgam bei Zahnarzt und Personal

Im Lancet wurde im September 1989 eine Studie von NYLANDER über „Zahnamalgambedingte Quecksilbervergiftung durch direkten Nase-Hirn-Transport“ veröffentlicht.

(Aus: The LANCET)

QUECKSILBERKONZENTRATION IN HYPOPHYSE UND GEHIRN

Fall*	Quecksilber (ng/g Feuchtgewicht)		
	Hypophyse	okzipitaler Cortex	Quotient
berufliche Quecksilberbelastung	4040	300	14
1	3650	84	43
2	2700	16	169
3	350	40	9
4	350	5	70
5	300	17	18
6	135	19	7
7	1300	18	72
8			
keine berufliche Quecksilberbelastung	28 (7 - 77)	11 (3 - 23)	2,5
mit Amalgam (n=15)	10; 5	6; 6	. .
ohne Amalgam (zahnlos) (n=2)			

Quelle: Nylander et al.[7,8]

* Fälle 1 - 7 Zahnärzte, Fall 8 Zahnarzthelferin

Schwermetallbelastung — Symptome

GERZ, KÖSTLER und KRAMER gehen in ihren Artikeln noch auf die Quecksilber-bedingten Symptome ein. Hier seien nur in Kürze einige Schwerpunkte zusammengefaßt.

(Aus: GN-PHARMA)

SYMPTOME DER CHRONISCHEN SCHWERMETALLVERGIFTUNG

	Blei	Cadmium	Quecksilber*	Arsen
Allgemein-symptome	Kopfschmerzen Schlaflosigkeit Schwindel Reizbarkeit		Appetitlosigkeit Gewichtsabnahme Kopfdruck Gliederschmerzen Durchfälle	Appetitlosigkeit Gewichtsabnahme Schwäche, Mattigkeit Apathie Erbrechen, Durchfall Obstipation Gastritis, Bronchitis
Neurologische/ psychiatrische Symptome	Radialislähmung Depressionen Pb-Enzephalophathie	zentralnervöse Störungen in höheren Dosen	Mikromerkurialismus:Intentionstremor, De-pressionen, Erregbarkeit, Konfusion, Vergeßlichkeit, Müdigkeit, verwaschene Sprache, Erethismus, Parästhesie	Arsenpolyneuritis Arsenenzephalophathie Ataxie
Vasomotorik			Transpiration	Lid- und Knöchelödem

			Erröten	
Haut und Schleimhaut	Bleikolorit (aschfarbenes Gesicht)	lokale oder generalisierte Exantheme	Gingivitis Salivation	lokale Reizung von Haut und Schleimhaut Hyperkeratose (Warzen) Arsenmelanose Haarausfall Nasopharyngealkatarrh „Arsenschnupfen“ Salivation
Niere	Nephropathie	tubuläre Proteinurie	tubuläre Nekrose durch Hg-Salze	nicht bekannt
Spurenelement Stoffwechsel	Eisenmangel (Anämie)	Stoffwechselstörungen bei Zn, Fe, Cu, Se, Ca	Selen- und Zinkmangel	nicht bekannt
Karzinogenität	nicht bekannt	karzinogen, teratogen	im Tierversuch nachgewiesen	Hautkrebs, Lungenkrebs
Sonstige Symptome	Spasmen der glatten Muskulatur Bleikoliken metallischer Geschmack	Osteoporose (Itai-Itai), niedriger Hg -Wert	immunologische Veränderungen, Hemmung SH-abhängiger Enzyme	Verminderung der Leukozytenzahl

* anorganisches bzw. elementares Quecksilber

Im Deutschen Zahnärzteblatt 5/95; 412 - 417 wird von KISTNER und FELLBACH dazu folgendes beschrieben:
„Für Amalgamträger und besonders Zahnärzte und deren Laborpersonal ist die Aufnahme von Quecksilberdämpfen von besonderer Bedeutung. Eine chronische Aufnahme von Quecksilberdämpfen führt zu einer heimtückischen Vergiftung, die hauptsächlich durch neurologische Symptome bestimmt wird.
Dabei steht eine Trias von Symptomen im Vordergrund, die schon zu Beginn des Industriezeitalters beschrieben wurde, als es häufig zu Vergiftungen mit Quecksilbernitrat in der englischen Hut- und Pelzindustrie kam:

- Gingivitis, schwere Salivation
- pathologisch erhöhte Erregbarkeit (Erethismus mercurialis)
- Tremor (Tremor mercurialis)

Erethismus mercurialis ist gekennzeichnet durch Erinnerungs- und Konzentrationsschwäche, Schlaflosigkeit und Sprachstörungen.

Der Tremor mercurialis (Intentionstremor, Zitterschrift) kann im Ablauf einer Vergiftung durch wiederholte Schriftproben quantitativ erfaßt werden.
Zusätzlich können mehrere der folgenden Symptome auftreten:

- Kropfbildung
- erhöhte Radiojodidaufnahme in der Schilddrüse
- labiler Puls

In schwereren Fällen werden psychologische Veränderungen beobachtet (Depressionen, emotionale Instabilität, Vergeßlichkeit, Konfusion). Vaso-motorische Störungen wie exzessive Transpiration, unkontrolliertes Erröten können auftreten.
Auch über renale Dysfunktionen wurde berichtet, die sich anfänglich in einer leichten Polyurie bemerkbar machen.“

Kurzzusammenfassung des Kieler Amalgamgutachtens

Im Auftrag der Staatsanwaltschaft Frankfurt/Main erstellte die Kieler Universitätsklinik 1997 das KIELER - AMALGAMGUTACHTEN (AZ:65Is 17084.4/91-). Dieses 160 Seiten umfassende Gutachten dokumentiert die Amalgamproblematik anhand vieler wissenschaftlicher Studien. Im folgenden sollen einige Auszüge aus der URFASSUNG daraus wiedergegeben werden.

S 57: **Zahnfüllungen aus Amalgam bilden bei der Normalbevölkerung (d.h. bei beruflich nicht Quecksilber exponierten Personen) die primäre Quelle nicht nur für die Aufnahme anorganischen Quecksilbers** (VISSER 1993 S.94; CLARKSON et al. 1988 b; vgl. auch SCHUPP 1994 S.191)**, sondern auch für die tägliche Gesamtaufnahme an Quecksilber** (Medical Devices Bureau, Health, Canada, (1994): „the largest source of mercury").

Amalgamfüllungen verursachen nach den Feststellungen am Hygiene-Institut des Ruhrgebietes (EWERS 1991) bei der Normalbevölkerung eine weit höhere tägliche Quecksilberaufnahme als die Summe der Hg-Aufnahme aus allen anderen Hg-Quellen. Nach einer Studie am Institut für Toxikologie der Universität Düsseldorf (WILHELM et al. 1993 i.V.m. WILHELM 1994) vermag bei großen Füllungsflächen die amalgambedingte Quecksilberzufuhr die Hg-Aufnahme durch Luft, Lebensmittel und Trinkwasser sogar um das 9fache zu überschreiten.

Durch häufiges Kauen, durch Zähneknirschen, Schnarchen, Zähnebürsten, durch ein saures Mundmilieu und — wie seit 1965 bewiesen — durch heiße Nahrungsmittel kann sich die Hg-Freisetzung aus den Amalgamoberflächen drastisch erhöhen, mit der Folge, daß die Menge des aus Amalgamfüllungen aufgenommenen Quecksilbers sich auf das Zehnfache des Durchschnittswertes beläuft (VIMY/LORSCHEIDER 1990). Schiele (1991 b), Institut für Arbeits- und Sozialmedizin der Universität Erlangen, geht dementsprechend von einer täglichen Hg-Aufnahme aus Amalgamfüllungen in Höhe von bis zu ca. 100µg aus (ebenso Lorscheider et al. 1995; LORSCHEIDER/VIMY 1991).

Diese gegenüber allen anderen Hg-Quellen bei der Normalbevölkerung dominierende Quecksilberaufnahme aus Amalgamfüllungen geht einher mit erhöhten Hg-Werten in Blut, Urin und Stuhl, Speichel, Atemluft und in den Organen von Amalgamträgern, im Vergleich zu den entsprechenden Werten bei Nichtamalgamträgern. Sie ist insofern die „wesentliche Dominante" (SCHIELE et al. 1989) für die Quecksilberbelastung der Allgemeinbevökerung.

S 61: MALMSTRÖM (1992) berichtet über einen Anstieg des Hg-Gehalts im Stuhl nach dem Legen einer kleinen Amalgamfüllung bei einem 11jährigen Mädchen, das zuvor noch nicht mit Amalgam behandelt worden war: **Von 23µg/kg auf 3200µg/kg erhöhte sich die Quecksilberausscheidung im Stuhl** (Höchstwert am dritten Tag nach der Behandlung) und blieb einen Monat lang bei erhöhten Werten von über bzw. um 100µg/kg. Der Speichel ist bei Amalgamträgern ebenfalls signifikant höher mit Quecksilber kontaminiert, als bei Nichtamalgamträgern. Um mehr als das 16fache lag bei einer Studie der Universitätszahnklinik Erlangen (OTT et al. 1984) der Hg-Gehalt im Speichel von Amalgamträgern (4,9µg/l) über der Hg-Belastung des Speichels bei Nichtamalgamträgern (0,3µg/l); angegeben ist jeweils der Medianwert (das ist derjenige Wert, von dem 50% der untersuchten Proben nach unten abweichen). Das Kauen von z.B. Kaugummi führt im Speichel zu einer deutlichen Erhöhung des Hg-Wertes bei Amalgamträgern. Am Ende einer 10minütigen Kauperiode (Kaugummi) beliefen sich bei der Studie von OTT et al. (1984) die Hg-Konzentrationen bei Amalgamträgern auf 13,0µg/l Speichel, während sich die Hg-Konzentrationen im Speichel von Personen ohne Amalgamfüllungen nicht signifikant veränderten (0,4µg/l nach der Kauphase). **Der nach dem Kaugummikauen bei Amalgamträgern vorgefundene Maximalwert belief sich auf 193,8 µg/l Speichel und lag damit um mehr als das 120fache über dem bei Nichtamalgamträgern gemessenen Höchstwert von 1,5µg/l Speichel** (OTT et al. 1984). Auch DAUNDERER (1990) berichtet über einen Anstieg des Hg-Gehalts im Speichel auf 190µg/l nach nur 10minütigem Kaugummikauen bei einem Probanden mit neun Amalgamfüllungen.

S64: In der Atemluft steigt der Quecksilbergehalt als Folge der Anwendung von Amalgam ebenfalls drastisch an. Studien an in- und ausländischen Universitäten erbrachten Beweise dafür, daß die Quecksilber-Kontamination der intraoralen und der Ausatemluft bei Amalgamträgern permanent um ein mehrfaches über den bei Nichtamalgamträgern gefundenen Werten liegt (GAY et al. 1979; SVARE et al. 1981; OTT et al. 1984; FREDIN 1988). Durch Kauen z.B. von Kaugummi erhöht sich der Hg-Dampf-Gehalt in der Mundhöhle bei Amalgamträgern zusätzlich.

Bei einer Studie an der Universität Iowa (SVARE et al. 1981) ergab sich nach 10minütigem Kaugummikauen bei Amalgamträgern ein Anstieg von 0,88µg/m^3 Ausatemluft auf 13,74µg/m^3 Ausatemluft (angegeben sind die Durchschnittswerte). Der Spitzenwert nach der Kauphase betrug 87,5µg/m^3 Ausatemluft. Demgegenüber wies bei Nichtamalgamträgern die Ausatemluft nach dem Kaugummikauen (0,13µg/m³) keinen höheren Hg-Anteil auf als vor dem Kauen (0,26µg/m³). **Nach dem Abschluß der 10minütigen Kauphase lag der durchschnittliche Hg-Gehalt in der Ausatemluft von Amalgamträgern daher um mehr als das 100fache über dem von Nichtamalgamträgern.**

S 66: Ebenso wie das Kauen können auch das Trinken einer heißen Flüssigkeit (BGA 1992 a; FREDIN 1988), ein saures Mundmilieu (VIMY/LORSCHEIDER 1990), Zähnebürsten (DÈRAND 1989; PATTERSON et al. 1985; KROPP/HAUßELT 1983) und Alkohol (OTT 1993) die Hg-Freisetzung aus Amalgamfüllungen erhöhen. Die Folgen sind u.a. ein Anstieg des Hg-Dampf-Gehalts in der Mundhöhle und eine gesteigerte Quecksilberaufnahme seitens des Organismus. Es besteht eine Korrelation zwischen der Zahl bzw. Füllungsgröße der Amalgamfüllungen und dem Ausmaß der Hg-Kontamination der intraoralen bzw. der Ausatemluft.

S 70: Sogar Feten und Säuglinge sind in Leber und Nieren bzw. in Gehirn und Nieren als Folge von Amalgamfüllungen der Mutter bereits quecksilberbelastet (Drasch et al. 1994). Das Ausmaß dieser fetalen bzw. frühkindlichen amalgambedingten Quecksilberbelastung ist gravierend: **Babys (im Alter von 11-50 Wochen) von Müttern mit mehr als 10 Amalgamfüllungen wiesen — in Korrelation mit dem Amalgamstatus der Mütter — Werte von bis zu 2543,8 µg/kg Nierengewebe (Feuchtgewicht, so auch bei den folgenden Gewichtsangaben) auf. Diese amalgambedingte Quecksilber-Konzentration liegt weit über dem von DRASCH et al (1992) bei einem Gesamtkollektiv von 166 Erwachsenen festgestellten Spitzenwert (1598,0µg/kg Nierengewebe).** Die von SCHIELE et al. (1981) bei 51 Verstorbenen im Alter zwischen 10 und 100 Jahren in den Nieren gemessenen Spitzenwerte von bis zu 801µg/kg Nierengewebe werden als Folge von Amalgamfüllungen der Mütter bei Babys z. T. um mehr als das 4fache überschritten. **Auch die bei Verstorbenen nach einem Berufsleben als Zahnarzt in den Nieren vorgefundenen Hg-Werte — bis zu 2100µg/kg Nierengewebe** (NYLANDER et al. 1989) **— liegen noch deutlich unter den bei Babies amalgambehandelter Mütter ermittelten Quecksilberkonzentrationen in den Nieren.** Sogar ein Teil der von KOSTA et al. 1975) untersuchten Quecksilber-Bergarbeiter hatten eine niedrigere Hg-Belastung in den Nieren (2300µg/kg Nierengewebe), als sie durch Amalgamfüllungen der Mütter im Nierengewebe der Babys verursacht werden kann.

S 72: Die Pulpa ist nach Untersuchungen von Schiele et al. (1987) bei amalgamgefüllten Zähnen 35mal (Medianwert) höher mit Quecksilber belastet als bei amalgamfreien Zähnen. WILLERSHAUSEN-ZÖNNCHEN et al. (1994) geben die Ergebnisse ihrer diesbezüglichen Untersuchungen an der Universitätszahnklinik München mit den Worten wieder: „Alle 48 amalgamfreien Zähne wiesen Quecksilber-Konzentrationen unterhalb von 0,2µg/kg Gewebe auf. Erhebliche Streuungen fanden sich bei amalgamgefüllten Zähnen: Die Hg-Werte schwankten von 0,2 µg/kg bis 3808µg/kg mit signifikant höheren Konzentrationen als bei amalgamfreien Zähnen (pΩ0,0001).“

Hiernach kann Amalgam zu einer

mehr als 19 Millionen mal höheren Hg-Belastung

der Pulpa führen, als die Pulpa amalgamfreier Zähne aufweist. Gleichzeitig ist u.a. durch diese Studie der Nachweis erbracht, daß Quecksilber nicht nur aus der Oberfläche der jeweiligen Füllung freigesetzt wird, sondern zusätzlich an der Unterseite der Füllung durch Diffusion über die Dentinkanälchen — in Pulpanähe befinden sich bis zu 75.000 Dentinkanälchen pro mm² (KETTERL 1984) — in den Zahn gelangt. Hierdurch ist die Gefahr gegeben, daß Quecksilber aus Amalgam auch auf diesem Wege über das Gefäßsystem und den Blutkreislauf in den Organismus eingeschleust wird (vgl. VOLZ 1990 S. 5).

S 76: Der Grenzwert für die Quecksilber-Konzentration im Trinkwasser liegt gemäß Trinkwasserverordnung bei 1 µg/l. Eine Senkung dieses Grenzwerts auf 0,5 µg/l wird diskutiert (PROJAHN et al. 1992).

Im Speichel von Amalgamträgern sind als ständige Dauerbelastung je nach Füllungszahl Hg-Werte festgestellt worden, die um mehr als das 100fache über diesem Grenzwert lagen (GERHARD et al. 1992: 101 µg/l; ZINECKER 1992: 138 µg/l; OTT et al. 1984: 143 µg/l). Bei Stimulation der Hg-Freisetzung durch Kauen, durch ein saures Mundmilieu, durch Zähnebürsten usw. erhöht sich der Hg-Gehalt im Speichel zusätzlich.

S 77: Es wäre nun völlig indiskutabel, angesichts des Grenzwerts von 1 µg Hg/l Trinkwasser dem Verordnungsgeber vorzuhalten, mit seiner Grenzwertfestsetzung eine Verunsicherung breiter Bevölkerungskreise durch eine unverantwortliche Panikmache zu betreiben. Ebenso indiskutabel wäre es, das beschriebene Ausmaß der ständigen amalgambedingten Quecksilber-Kontamination des Speichels als toxikologisch irrelevant zu bezeichnen. Es handelt sich für die Betroffenen vielmehr um eine inakzeptabel hohe Giftfracht, die zu einer schleichenden Einschleusung und Ablagerung von Quecksilber im Organismus beizutragen vermag. Das Risiko von Quecksilberschadwirkungen, das durch den Grenzwert von 1 µg/l Trinkwasser gerade verhindert werden soll, wird ganz gezielt provoziert, wenn das 100fache und mehr als permanente Dauerzufuhr über den Speichel in den Körper gelangt.

Das Bundesgesundheitsamt (1992 b) sah in bezug auf eine Flüssigkeit mit einem vergleichsweise niedrigen Quecksilbergehalt von nur 4,9 µg Hg/l Veranlassung, von einer Zufuhr „dringend abzuraten" (zugrunde gelegt wurde die dem geschluckten Speichelvolumen entsprechende Menge von täglich ca. 1,5 l).

Die vom BGA bei seiner Negativäußerung angesetzten 4,9 µg Hg/l Speichel können amalgambedingt um nahezu das 30fach - OTT et al. (1984): 143 µg Hg/l als permanente Quecksilber-Kontamination des Speichels überschritten werden.

S 79: **Der Hg-Dampfgehalt in der Mundhöhle bzw. in der Ausatemluft liegt bei einem Teil der Amalgamträger demnach mehrere Stunden lang täglich um ein Zigfaches über dem nach dem WHO und der EPA einzuhaltenden Grenzwert für die Hg-Kontamination der Wohnraumluft.**

S 86: **1: Nicht einmal für die Hg-Konzentration in den Hauptzielorganen des Quecksilbers aus Amalgamfüllungen - Gehirn und Nerven - gibt es einen Wirkungsschwellenwert für Quecksilber, unterhalb dessen toxische Wirkungen ausgeschlossen sind** (ZINKE 1994; WHO 1991 S. 20; FRIBERG 1986). Dies gilt erst recht im Hinblick auf die Gesamtheit der zahlreichen weiteren Organe, in denen Amalgamfüllungen zu einer Vervielfachung des Hg-Gehalts führen. Auch für die immunpathologischen Hg-Wirkungen ist bisher ein NOAEL (no observed adverse effect level) nicht festgelegt (ABEL et al. 1990). Dies alles war und ist auch im Zusammenhang mit Amalgam bekannt (BEYER 1985 S. 63).

2: Wissenschaftlich unbewiesen sind daher Behauptungen, die durch Amalgam verursachte Quecksilberbelastung verschiedener Organe liege unterhalb einer Grenze, bis zu der toxische Wirkungen ausgeschlossen seien. Eine solche Grenze existiert nicht.

3: Zusätzlich zu Quecksilber werden auch weitere Legierungsbestandteile aus Amalgamfüllungen freigesetzt. Diese sind als Sensibilisierungsfaktoren ebenfalls „nicht außer acht zu lassen" (RIEHTE 1982; vgl. auch BRUNE 1986).

Eine „Vergleichende In-vitro-Untersuchung zu Verfärbungen und zum Massenverlust korrodierter Amalgame", durchgeführt an der Universitätszahnklinik Tübingen und am Max-Planck-Institut Düsseldorf (GEIS-GERSTORFER / SAUER 1986), ergab eine die dort ermittelte Hg-Freisetzung (20 µg/cm²/Tag) um den im folgenden jeweils genannten Faktor übersteigende Freisetzung von Zinn (Faktor 32), Kupfer (Faktor 25), Silber (Faktor 2).

Es handelt sich hiernach durchaus um Größenordnungen, die in einer toxikologischen Betrachtung zu berücksichtigen sind.

S 90: **Die bei Babys im Alter von 11 -50 Wochen ermittelte amalgambedingte Quecksilberbelastung der Nieren bis zu**

2.543,8 µg/kg (Drasch et al. 1984)

liegt über dem Wert, bei dem auf Grund von tierexperimentellen Studien die Gefahr von Immunschädigungen auch beim Menschen angenommen wird (2.400 µg Hg/kg Nierengewebe, vgl. HULTMAN / ENESTRÖM 1992; die Gefahr schädigender Auswirkungen des Amalgams auf das Immunsystems bestätigen auch ABEL et al. 1990, EGGLESTON 1984 sowie auf Grund weiterer tierexperimenteller Forschungen ebenso HULTMANN et al. 1984; zur Schädigung des Immunsystems durch Quecksilber detailliert bereits auch PIECHOTTA / WITTING 1983 S. 82 - 171, 176).

Die Gefahr von Immunschäden und ggf. vor weiteren Formen der Körperverletzung des Kleinkindes als Folge von Amalgam ist zusätzlich auch deshalb anzunehmen, weil der sich entwickelnde Organismus im Falle einer langfristigen Exposition im Vergleich zum Erwachsenen z. T. einen höheren Prozentsatz des aufgenommenen Quecksilbers retiniert (GÜNTHER 1992 S. 14; CLARKSON et al. 1988 a; CURTIS et al. 1987) bzw. weit empfindlicher auf Quecksilber reagiert als der Erwachsene (vgl. u.a. DRASCH et al. 1995; DRASCH 1994; von MÜHLENDAHL et al. 1994, von MÜHLENDAHL 1992; von MÜHLENDAHL 1991; KUNTZ et al. 1982).

S 91: In diesem Zusammenhang ist auch der wissenschaftlich begründete Verdacht zu bedenken, daß die Amalgam-Metalle nachhaltige negative Auswirkungen auf die Erfolgsaussicht der Therapie bakterieller Erkrankungen entfalten können. Amalgamfüllungen führten in einer Studie an der Universität Georgia (SUMMERS et al. 1993) bei sechs Primaten zu einer erhöhten Resistenz von Mund- und Darmbakterien nicht nur gegenüber Quecksilber, sondern auch gegenüber Antibiotika. Viele dieser resistenten Bakterien zeigten gleichzeitig eine Resistenz gegenüber zwei oder mehr Antibiotika, obwohl die Primaten diese Antibiotika nie erhalten hatten.

S 116: Erst recht fehlerhaft wäre es, die noch höheren Hg-Konzentrationen in Blut und Urin zugrunde zulegen, die als Voraussetzung für das Vorliegen einer manifesten Vergiftung i. e. S. angesehen werden — Hg im Blut: ab 200µg/l; Hg im Urin: ab 300µg/l (vgl. z.B. KUSCHINSKY/LÜLLMANN 1989 S. 532).

Autoren die dies vorschlugen, übersahen: Gesundheitliche Schädigungen als Folge einer langfristigen Hg-Dampf-Exposition sind möglich, auch ohne daß sich das Vollbild einer Quecksilberintoxikation bereits ausgeprägt hat. Dies bedeutet gleichzeitig auch, daß die diagnostischen Parameter der Blut- und Urinanalyse auf Hg selbst bei Werten unterhalb derjenigen Konzentrationen, die für eine manifeste Hg-Vergiftung charakteristisch sind, das Vorliegen einer quecksilberbedingten Erkrankung nicht ausschließen können.
Dies ist durch die vom BGA festgesetzten Orientierungswerte auch behördlich anerkannt: Hiernach sind Gesundheitsgefährdungen bereits ab Werten von >10µg Hg/l Blut bzw. von 20 µg Hg/l Urin langfristig nicht ausgeschlossen. Das Unterschreiten der bei einer manifesten Quecksilbervergiftung anzutreffenden Hg-Werte in Blut oder Urin ist daher kein Gegenbeweis für das Vorliegen einer toxischen Amalgamschädigung. Übersehen wurde von einigen Autoren gelegentlich des weiteren die seit Jahrzehnten bekannte Tatsache: Eine einfache Blut- und Urinuntersuchung auf Quecksilber hin hat nur eine sehr begrenzte Aussagekraft. Zwar spricht ein erhöhter Quecksilberwert dafür, daß eine verstärkte Hg-Exposition stattgefunden hat. Jedoch sind umgekehrt bei einem Quecksilberwert im Normalbereich eine solche Exposition und eine krankmachende Quecksilberbelastung keineswegs ausgeschlossen. Dies bedeutet: Selbst wenn der im Blut und Urin festgestellte Quecksilbergehalt im Normalbereich liegt, sind toxikologisch relevante Quecksilberanreicherungen in den Organen möglich.

S 120: Geradezu als Indiz für das Vorliegen einer Amalgamschädigung ist es zu werten, wenn — wie in der Studie von MÜLLER-FAHLBUSCH / WOHNING (1983) bei 28 von 29 Patienten — das Ausbohren des Amalgams zunächst zu einer (vorübergehenden) Verstärkung der Symptomatik führt (ROST 1976); denn beim Ausbohren entstehen in der Mundhöhle erhebliche zusätzliche Quecksilberdampf-Konzentrationen.

S 127:

Ergebnis der gutachtlichen Würdigung
Insgesamt ergibt die toxikologische Würdigung:
Amalgam war und ist ein toxikologisch ungeeignetes Füllungsmaterial („amalgam is a toxicologically unsuitable dental filling material", so wörtlich die Expertenkommission der schwedischen Sozialbehörde (Socialstyrelsens Expertgrupp 1987)).
Amalgam als Zahnfüllungsmaterial hat in erheblichem Ausmaß gravierende, z. T. auch nach dem Ausbohren der Füllungen persistierende und sogar irreversible Gesundheitsschädigungen verursacht. Gemäß dem in der Zahnärzteschaft verbreiteten Satz: „Der Fabrikant macht die Legierung, der Zahnarzt das Amalgam" (LACROIX 1954), meinten die Amalgamhersteller ab den 60er Jahren, bei ihren öffentlichen Äußerungen — so scheint es quasi einen Freibrief zu haben gegenüber den berechtigten Belangen der Patienten im Hinblick auf den Schutz vor amalgambedingten toxischen Schädigungen. Die Anpreisung des Firmenproduktes Amalgam als angeblich „schnell" zu verarbeitendes Füllungsmaterial war den Herstellern offensichtlich wichtiger als die gebotenen Warnungen vor gesundheitlichen Schädigungen der Patienten insbesondere im Falle eines „schnellen" erlegens dieser zu 50% aus einem hochtoxischen Schwermetall bestehenden Legierung.
Im Wege einer institutionalisierten Gesundheitsgefährdung breiter Bevökerungskreise haben Jahre und Jahrzehnte hindurch u. a. Amalgamhersteller, Zahnärzte, einschließlich zahnärztlicher Standesorganisationen mit Ausnahme der KZV Nordrhein, Krankenkassen(verbände), Medizinischer Dienst der Krankenkassen und Bundesgesundheitsamt in Reih' und Glied gestanden, wenn es darum ging, den Ruf des Amalgams als „schnell" zu verarbeitendes und daher „billiges" Füllungsmaterial zu verteidigen. Die intern durchaus bekannte und im Schrifttum eindeutig dokumentierte Giftanreicherung im Organismus als Folge von Amalgam und insbesondere die „Giftigkeit der Amalgame bei unrichtiger Verarbeitung" (HAUBEIL 1957), sind gegenüber der fachkundigen Öffentlichkeit und vor allem gegenüber den Betroffenen seit den 60er Jahren weitgehend totgeschwiegen, z. T. sogar ausdrücklich abgestritten worden.

S 130: Dies alles beobachteten und förderten die Amalgamhersteller bewußt. Sie zogen wirtschaftlichen Profit aus dieser „Prioritätensetzung". Dabei waren sie sich im klaren darüber, daß wirtschaftliche Gesichtspunkte keinen Rechtfertigungsgrund für die Verletzung von Körperverletzungstatbeständen darstellen. Die Amalgamhersteller kannten ihre rechtliche Pflicht, unabhängig von der Informationspolitik anderer Stellen und erforderlichenfalls auch gegen diese die Amalgamproduktion einzustellen oder zumindest durch die gebotenen Sorgfaltsmaßnahmen mit zu gewährleisten, daß Schadensbegrenzungen erreicht worden wären. Man hat sich auf seiten der Amalgamhersteller bewußt gegen die Erfüllung dieser rechtlichen Pflicht entschieden. Ein Irrtum ist bei den Amalgamherstellern sowohl auf tatsächlicher als auch auf rechtlicher Ebene ausgeschlossen.
Das Ausmaß der durch das Verhalten der Amalgamhersteller eingetretenen gesundheitlichen Schädigungen war und ist erkennbar.

Prof. Dr. Wassermann – Univ. Kiel – Toxikologie

AMALGAM kann für den Menschen auf mehreren Ebenen Einfluß nehmen:

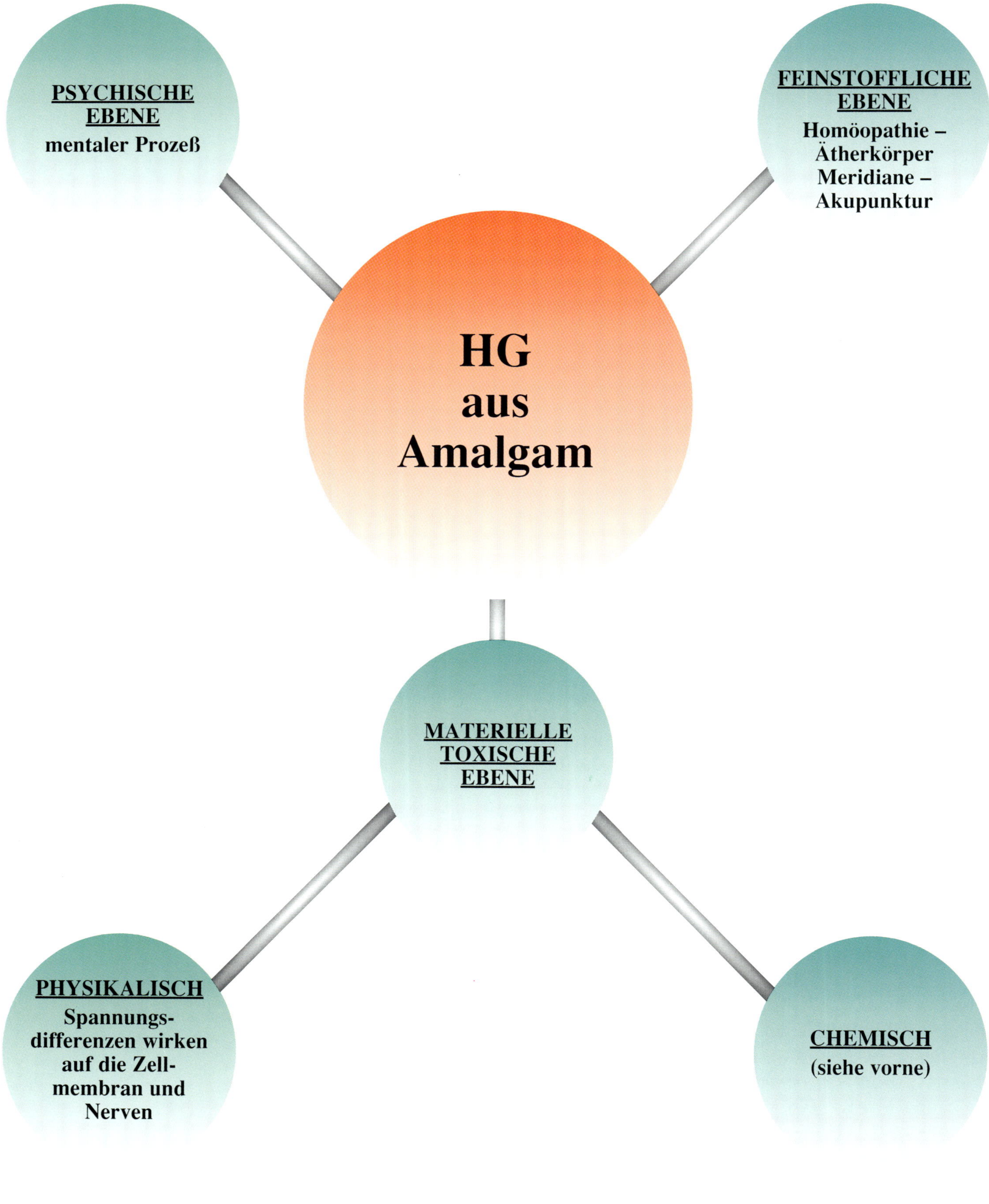

Diagnose

- DMPS-Test: Ist ein Chelatbildner der dazu beitragen kann, daß Einlagerungen von Amalgam-Metallen im Organismus gelöst umverteilt und zu einem Teil ausgeschieden werden. Es wird dabei der Gehalt von Quecksilber im Urin gemessen. Nach Verabreichung von DMPS und die daraus resultierende erhöhte Metallverteilung, wird der 2. Urin erneut auf Quecksilber untersucht. Je höher der 2. Wert von Quecksilber jetzt ist, desto größer ist die Quecksilberbelastung des Menschen. Der DMPS-Test ist also Diagnose und Therapie zugleich!
- „Kaugummitest": Quecksilber-Bestimmung im Speichel nach 10minütigem Kaugummikauen
- Testung über bioelektrische und feinstoffliche Verfahren:
- Elektroakupunktur
- Vegatest
- MORA
- Biofunktionsdiagnostik
- Applied Kinesiology
- Ohrakupunktur n. NOGIER u. BAHR
- Physioenergetik
- Testung auf Unverträglichkeit mittels Epikutantest
- Quecksilberwerte im Blut

Therapie

Fühlt sich ein Patient durch Amalgam gesundheitlich belastet, besteht die Therapie in erster Linie darin, alle Amalgamfüllungen **schrittweise** zu entfernen.

Um aber auch so viel wie möglich aus den im Gewebe gespeicherten Quecksilber-Depots zu entleeren sind weitere Schritte der Entgiftung nötig. (siehe KRAMER, GERZ und KÖSTLER). Wenn wir unseren Organismus mit einem Faß vergleichen, daß im Laufe des Lebens immer mehr mit Giftstoffen angefüllt und belastet wird, bis es einmal überläuft, müssen wir also alles daran setzen, dieses Faß wieder zu entleeren. Daraus ergibt sich, daß es auch entsprechend viele und unterschiedlichste Möglichkeiten geben wird, wie diese Entgiftung stattfinden kann.

Auch die individuelle Konstitutionslage wird von Bedeutung sein: Ein Waldarbeiter, der schwere körperliche Arbeit leistet und viel schwitzt, wird wahrscheinlich vom Amalgam weniger belastet werden, als ein überstreßter, in einer Großstadt lebender, Manager, bzw. eine ausgepowerte Hausfrau.

Die folgende Auflistung möglicher Ausleitungs- und Entgiftungsverfahren seien als Anregung zu sehen, wobei je nach Symptombild und Schweregrad einzelne oder mehrere Möglichkeiten in Betracht zu ziehen seien:

1. HOMÖOPATHIE:
(Homöop. Komplexmittel — Einzelmittel und Konstitutionsmittel) Bestimmung des isopathischen Umkehrwertes!
2. CHELATTHERAPIE:
DMPS (Dimercaptopropionsulfonsäure)
DMSA (Meso-2-3, Dimercaptosuccinylsäure)
NAC (N-acetylcystein)
3. SUBSTITUTIONSTHERAPIE
nach individueller AK (Applied Kinesiology)-Testung

Selen, Zink/Kupfer, Vit.C, Vit. E, β-Karotin, Algen } antioxidativ

4. BIOELEKTRONISCHE INFORMATIONSTHERAPIE
MORA
WEGA
BIORESONANZ
5. AKUPUNKTUR und ELEKTROAKUPUNKTUR
6. GENERELLE ENTGIFTUNGSMASSNAHMEN
Heil-Fasten unter ärztlicher Aufsicht, Entsäuern, Schwitzen, Bewegung im Wald, Ausscheidende Tees, Colon-Hydro (Darmspülungen), Schröpfen, Ölzieher, MRT-Mesenchymregenerationstherapie, Viscerale Osteopathie, Bauchmassage zur Lymphabflußanregung, Meridianunterstützende Mittel (siehe eigenes Kapitel), Qigong, MAYR-KUR, Birken- und Mistelsaftkur, Magnetfeld zur Lymphentstauung
Während aller Ausleitungsverfahren soll über mehrere Monate hinweg täglich mindestens 2 Liter mineralarmes Wasser pro Tag getrunken werden, damit die mobilisierten Giftdepots auch ausgeschwemmt werden können. (Noch eine bessere Ausleitung wird mittels levitiertem Wasser erreicht!)

Entgiftung — Allgemein

Giftstoffe — XENOBIOTICS — werden vom Körper über chemische Prozesse metabolisiert, d.h. in eine für die Ausscheidung leichter verfügbare Form umgewandelt. Damit diese Ausscheidung aber funktionieren kann, müssen gewisse physiologische Funktionen bestimmter Organe in optimaler Form gewährleistet sein.

Niere

Die Niere ist neben der Leber eines der wichtigsten Entgiftungs- und Ausscheidungsorgane. Für eine adäquate Funktion ist eine ausreichende Aufnahme von Wasser entscheidend! (wenn möglich levitiertes Wasser!)

Leber

Die Entgiftungsfunktion der Leber wird eingeschränkt durch Alkohol, Drogen, Infektionen, Amoniak, etc.. Über die Galle werden viele Giftstoffe ausgeschieden, doch für eine suffiziente Detoxification benötigt die Leber essentielle Spurenelemente und Kofaktoren des Stoffwechsels aus der Nahrung.

Magen - Dünndarm

Viele Vitamine, Spurenelemente und Mineralien werden für Entgiftungsprozesse benötigt. Ist die physiologische Funktion des Gastrointestinalsystems gestört, können diese Stoffe nicht mehr entsprechend resorbiert werden und der Ausscheidungsprozeß wird eingeschränkt.

Viele Giftstoffe richten ihre Toxizität allerdings gerade auf den Gastrointestinaltrakt und führen zu Dysbiose, Pilzbefall etc. und so zu einem circulus vitiosus.

Blut - Lymphkreislauf

Ein effizienter Blut- Lymphkreislauf ist essentiell für die Versorgung der Gewebe mit Sauerstoff und Nahrungsmetaboliten. Vor allem wenn große Fettdepots bestehen wird die Ausscheidung von Giftstoffen behindert!

Schilddrüse und Nebenniere

Die Hormone dieser Drüsen beeinflussen die Enzymaktivität und die Metabolisierungsrate. Kommt es zu einem verlangsamten Stoffwechsel, wird auch die Entgiftung verzögert.

Ko-Faktoren aus der Nahrung als wichtige Bestandteile des Entgiftungsprozesses

Damit bestimmte Entgiftungsprozesse als chemische Reaktionen im Organismus stattfinden können, sind Katalysatoren — Enzyme — notwendig. Diese Enzyme wiederum erfordern ihrerseits Ko-Enzyme bzw. Mineralstoffe als Aktivatoren.

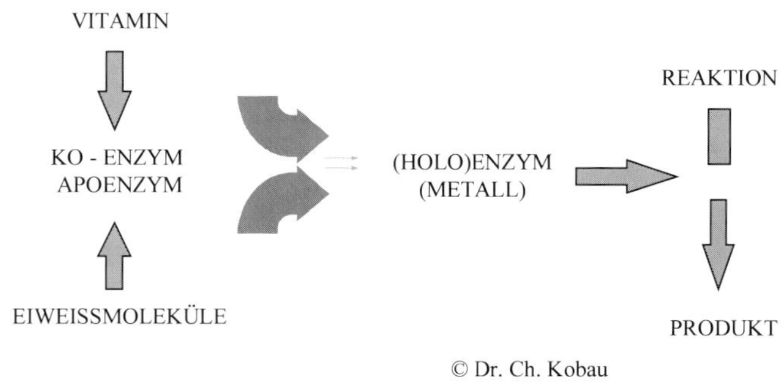

Einige Beispiele für mineralabhängige Enzyme:

Magnesium:
Glutathiensynthetase, Methionin-adenosysltransferase
Kupfer:
Dopamin Hydroxylase, Tyrosinase, Cu-Zn-Superoxiddismutase (SOD)
Molybdän:
Sulfitoxidase, Xanthinoxidase
Kobalt:
Aktivator von Vitamin B12, „Cobalamin“
Zink:
Peptidase - Alkoholdehydrogenase

Einige Beispiele für vitaminabhängige Koenzymstadien sind:

B6:
als Pyrodoxal-5Phosphat ist das Koenzym für Cystein
B1:
als Thiaminpyrophosphat ist das Koenzym für Transketalase, welches für den Zuckerstoffwechsel und die NADPH-Transformation nötig ist
Vit. C:
als Antioxidant neutralisiert es freie Radikale, unterstützt die DOPAMIN-HYDROXYLASE und ist entscheidend im Kollagenmetabolismus

B-Karotin:
ist antioxidativ und die Vorstufe von **Vit. A**
Vit. E:
ist antioxidantiv und reduziert die Peroxidation von Phosphatlipiden in zellulären Membranen

Vorkommen von Giftstoffen in unserer Umwelt

Pestizide, Herbizide, Fungizide, Agrarindustrie
Alkohole:
Intern durch Pilze - extern durch Nahrung, Getränke, Lösungsmittel, etc.
Schwermetalle oder tox. Elemente (vor allem Hg, Al, Cd, Pb, Ni):
Trinkwasser, Nahrung, Batterien, Farben, Zahnmaterialien, Kochutensilien, Industrie, Abgase, etc.
Medikamente:
in bestimmten Dosierungen über gewisse, längere Zeiträume
Endogene Toxine:
Intestinale Dysbiose
Ammoniak:
Dysbiose, zu eiweißreiche Nahrung, Infektionen, Reinigungsmittel
Treibstoffrückstände:
CO, NO, NO_2, SO_2, Aldehyde (Diesel)
Lösungsmittel:
Reinigungsmittel, Adhäsive, Farbverdünner, Poliermittel, Farben
Drogen
Formaldehyde:
Hausbau, Möbel, Zahnarzt
Zusatzstoffe bei Getränken und Nahrungsmittel:
Geschmack, Farbe, Konservierungsmittel, Hormonrückstände

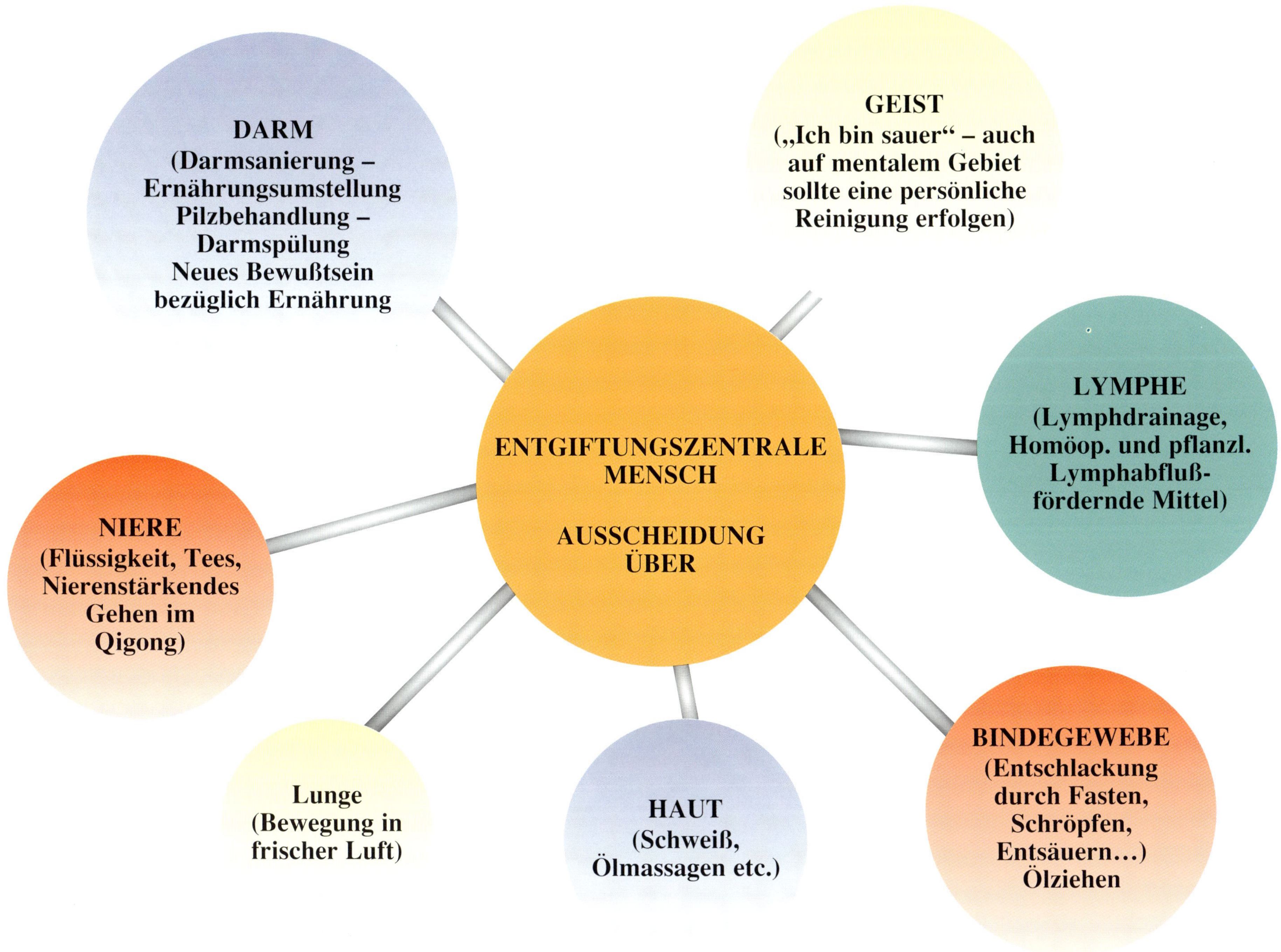
DARM
(Darmsanierung –
Ernährungsumstellung
Pilzbehandlung –
Darmspülung
Neues Bewußtsein
bezüglich Ernährung
GEIST
(„Ich bin sauer“ – auch
auf mentalem Gebiet
sollte eine persönliche
Reinigung erfolgen)
ENTGIFTUNGSZENTRALE
MENSCH
AUSSCHEIDUNG
ÜBER
LYMPHE
(Lymphdrainage,
Homöop. und pflanzl.
Lymphabfluß-
fördernde Mittel)
NIERE
(Flüssigkeit, Tees,
Nierenstärkendes
Gehen im
Qigong)
Lunge
(Bewegung in
frischer Luft)
HAUT
(Schweiß,
Ölmassagen etc.)
BINDEGEWEBE
(Entschlackung
durch Fasten,
Schröpfen,
Entsäuern…)
Ölziehen

Praktische Hinweise für den Zahnarzt:

In meiner Praxis wird zum Herausbohren des Amalgams keine Turbine verwendet (auch zum Präparieren nicht — siehe Artikel Kramer) — Amalgam muß vollständig exakt aus allen Füllungen schrittweise (je nach Reaktionslage des Patienten) entfernt werden. Um eine Minimierung der Hg-Abgabe zu erreichen, wird eine spezielle Saug-, Spray- und Frästechnik angewendet. Nach jeder Sitzung bekommt der Patient Natriumthiosulfat (3%) sowie Selenminerase (getrennt gegeben) teils zur Mundspülung, teils zum Trinken. Es wird auf genauestes Saugen geachtet — um zu verhindern, daß möglichst wenig vom durch das Herausbohren entstehenden Quecksilber-Dampf über den Mund eingeatmet wird, erhält der Patient einen dünnen, vor der Nase liegenden Schlauch, von dem Sauerstoff über eine Flasche abgegeben wird. Ich selbst trage beim Herausbohren eine Vollgasmaske mit Quecksilber-Filter der Fa. Roth. Anschließend an jede Sitzung wird unterschiedlich die Ausleitung angeschlossen. Eine Zwischenversorgung mit einer verträglichen Füllung begleitet die Ausleitung, bevor ein individuell getestetes Material als definitive Versorgung eingesetzt wird. Kunststoffüllungen (Composit) können im Seitenzahnbereich nicht als Amalgamalternative angesehen werden. Wenn man sich überlegt wieviele chemische Stoffe in einer Composit-Füllungen vorhanden sind, die teilweise in Lösung gehen, abgesehen von den Monomeren die in das Grundsystem wandern, dürfen wir nicht wahllos diese Materialien einsetzen, sonst können wir gleich das Amalgam im Mund belassen.

Eine metallfreie Zwischenversorgung ist oft notwendig, damit der belastete Organismus nicht gleich wieder durch ein neues Metall gereizt wird und Zeit zur Regeneration bekommt. (Vor allem bei Allergikern bzw. bei Patienten mit einer chronischen Krankheit und somit länger andauernder Belastung des Grundsystems) Wenn danach eine definitive Versorgung mit Kronen oder Inlays erfolgt, sollte immer eine individuelle Testung der unterschiedlichen Legierungen erfolgen.

Wir haben am europäischen Dentalmarkt mehrere hundert Legierungen mit Zusätzen von Gold, Silber, Palladium, Platin, Kupfer, Zinn, Zink, Iridium, Rhodium, Germanium, Eisen etc.. Bioenergetische Testmethoden geben uns zumindest über den momentanen status quo des Organismus eine Information, wobei bewertet werden kann, ob eine neue zusätzliche zugeführte Information (z.B. eine Legierung) eine Änderung der Reaktionslage zum Negativen hin bringt oder nicht.

BUNDESMINISTERIUM FÜR
GESUNDHEIT UND KONSUMENTENSCHUTZ
A-1031 WIEN, Radetzkystraße 2

Arbeitskreis
Dentalmaterialien

Empfehlungen zu Dentalamalgam für die Anwendung an Patienten

Dentalamalgame werden wegen ihrer guten werkstofflichen Eigenschaften seit langem für okklusionstragende Füllungen im Seitenzahnbereich verwendet.

Andererseits sind Amalgamfüllungen eine zusätzliche Quelle für die gegenwärtige Quecksilber-Belastung von Patienten, zahnärztlichem Personal und der Umwelt.

Legen, Tragen und Entfernen von Amalgamfüllungen führen, individuell variabel, zu erhöhten Quecksilber-Spiegeln in verschiedenen Körperflüssigkeiten und Organen und tragen somit zur Quecksilber-Belastung aus anderen Quellen z. B. der Nahrung bei. Da unsere Gesellschaft seit längerem große Bemühungen zur Reduktion von Quecksilber-Belastungen in der Bevölkerung, Arbeitswelt und Umwelt unternimmt, sind im Interesse des vorbeugenden Gesundheits- und Umweltschutzes besondere Risikogruppen zu identifizieren.

Der Arbeitskreis Dentalmaterialien beim Bundesministerium für Gesundheit und Konsumentenschutz befaßt sich generell mit der medizinischen Nutzen-/Risikobewertung von Dentalmaterialien und hat die Bewertung des Amalgams unter den Gesichtspunkten seiner werkstofflichen Eignung und den allgemeinen Bemühungen zur Reduktion von Quecksilber-Belastungen diskutiert. Er gibt hiezu folgende Empfehlungen ab:

1) Die effizienteste Möglichkeit der Vermeidung des Einsatzes von Amalgam und auch anderer Dentalmaterialien ist eine konsequente Karies-Prophylaxe!

2) Dentalamalgame sollten am Milchgebiß nicht mehr angewendet werden,

a) da der heranwachsende Organismus möglichst keinen zusätzlichen Schwermetallbelastungen ausgesetzt sein sollte, und
b) da Amalgame am Milchgebiß deutlich ungünstigere Anwendungseigenschaften aufweisen als am Erwachsenengebiß.

Alternativen: Spezielle, für diesen Zweck entwickelte Alternativen stehen zur Verfügung; Ihre Zahnärztin/Ihr Zahnarzt/Ihre Dentistin/Ihr Dentist wird Sie gerne darüber beraten.

3) Während der Schwangerschaft und Stillzeit sollten möglichst keine Amalgamarbeiten (Legen oder Entfernen) ausgeführt werden.

Sollte in dieser Phase ein Entfernen von Amalgam zwingend geboten sein, so muß durch geeignete Vorkehrungen (z.B. Kofferdam) eine möglichst geringe Quecksilber-Belastung angestrebt werden. Das Entfernen intakter Amalgamfüllungen ist in der Schwangerschaft und Stillzeit nicht indiziert.

Die Empfindlichkeit des fetalen und kindlichen Organismus gegenüber Schadstoffbelastungen wird als besonders sensitiv angesehen. Über die Wirkungen von niedrigen Quecksilberkonzentrationen in dieser Lebensspanne ist noch zuwenig bekannt. Aus Vorsorgegründen soll die Indikation in dieser Phase restriktiver ausgelegt werden.

Als Alternativen kommen nicht-quecksilberhaltige Füllungsmaterialien in Frage. Ihre Zahnärztin/Ihr Zahnarzt/Ihre Dentistin/Ihr Dentist wird Sie gerne darüber beraten.

4) Bei Patienten mit eingeschränkter Nierenfunktion oder progressiven degenerativen Erkrankungen des peripheren oder zentralen Nervensystems ist Amalgam nicht indiziert.

Sollte bei diesen Erkrankungen ein Entfernen von Amalgamfüllungen zwingend geboten sein, so muß durch geeignete Vorkehrungen (z.B. Kofferdam) eine möglichst geringe Quecksilber-Belastung angestrebt werden.

5) Amalgame dürfen nicht verwendet werden:

- für retrograde Wurzelfüllungen
- als Material für Stumpfaufbauten unter Kronen oder Brücken
- als Verschlußmaterial für gegossene Kronen

6) Bei bekannter Allergie gegen bestimmte Dentalmaterialien müssen die jeweiligen Alternativen angewendet werden.
7) Als allgemeine Zielsetzung sollten im Mund möglichst kompatible Materialien verwendet werden.

Wien, 22. Mai 1995

Jeder Zahnarzt muß seit 1996 einen Amalgamabschneider bei seinem Zahnstuhl installiert haben. **Amalgam geht nach dem Herausbohren nicht mehr in das Abwasser sondern in einen eigenen Behälter und wird als SONDERMÜLL von einer Entsorgungsfirma abgeholt.**
Das Thema AMALGAM sollte abschließend bemerkt, wesentlich nüchterner und emotionsloser betrachtet werden, da es in der Wissenschaft immer wieder Perioden gegeben hat, wo Therapien und Verfahren die jahrzehntelang in gutem Glauben zum Wohle der Menschheit Verwendung fanden, durch neuere Erkenntnisse und Paradigmenwechsel abgelöst und verändert werden. Wir sind am Beginn eines neuen Zeitalters welches ein Umdenken und Neuorientieren auf allen Ebenen mit sich bringen wird. Durch die Amalgamdiskussion soll vor allem die Industrie und Forschung angeregt werden neuere, der Zahnsubstanz ähnliche und verträgliche Materialien kostengünstig zu entwickeln. (Kunststoffe — Composits sind keine Alternative). Auch ein vertieftes Bewußtsein bezüglich Ernährung, Hygiene und Prophylaxe in der Bevölkerung kann auf Dauer zu einer Verbesserung der dentalen Situation beitragen.

Datenerhebung zur persönlichen Situation u. Symptomatik vor u. nach einer Amalgamentfernung

In einer kleinen Studie die vom Autor an 53 Patienten durchgeführt wurde, sollte ein gewisser Überblick bezüglich der Symptomatik, die vor der Amalgamentfernung bestanden hat und den Veränderungen die sich nach der Entfernung in Verbindung mit der Ausleitung ergeben, dargestellt werden. Der Patient beschreibt dabei anhand von 35 Symptomen bzw. krankhaften Veränderungen seine Symptomatik — 1Woche, 2, 3, 4 und 8 Wochen nach der Amalgamentfernung. Um die Intensität der Beschwerden zu relativieren wurde ein Graduierungsindex von 0 bis 3 eingeführt, wobei 3 als starke Beschwerden klassifiziert wurde. Diese Arbeit erhebt keinen Anspruch auf Vollständigkeit sondern soll eher als eine Verlaufskontrolle angesehen werden. Von den 53 Symptomen der Studie sollen hier nur die Ergebnisse von 29 besonders signifikanten dargestellt werden:

Appetitlosigkeit

Appetitlosigkeit:

Beschwerden	stark	mäßig	kaum	nicht	von insgesamt
Appetitlosigkeit vor Amalgamentfernung	**4**	**3**	**4**	**42**	53
nach 1 Woche	2	3	5	43	53
nach 2 Wochen	2	4	3	44	53
nach 3 Wochen	1	3	5	44	53
nach 4 Wochen	1	1	6	45	53
nach 8 Wochen	**1**	**0**	**4**	**48**	53

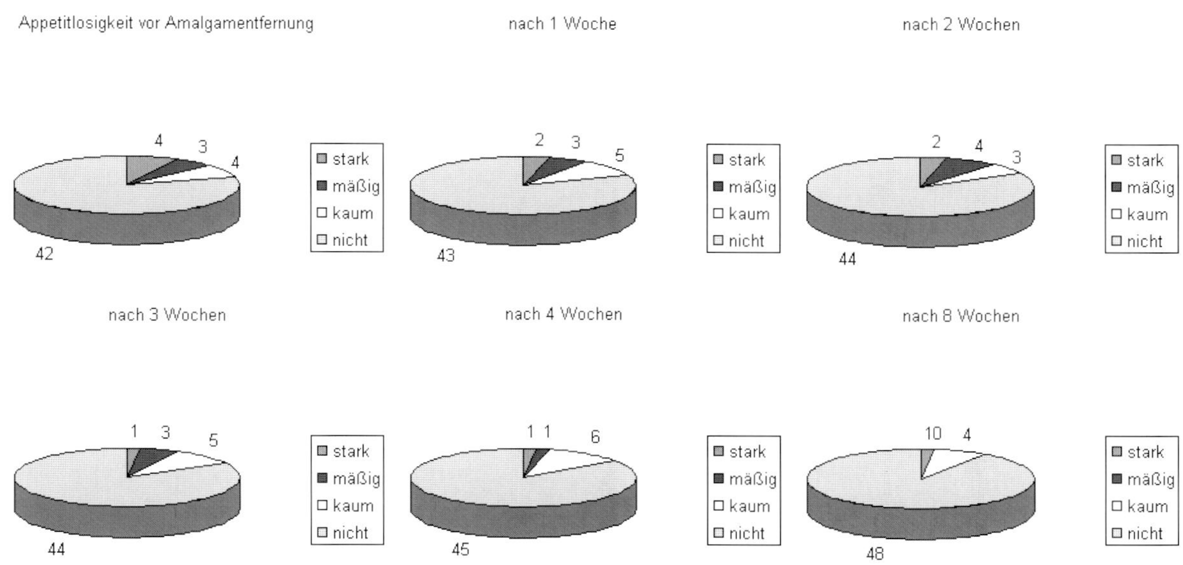

Asthma

Asthma:

Beschwerden	stark	mäßig	kaum	nicht	von insgesamt
Asthma vor Amalgamentfernung	**5**	**2**	**1**	**45**	53
nach 1 Woche	2	3	4	44	53
nach 2 Wochen	1	3	4	45	53
nach 3 Wochen	0	3	3	47	53
nach 4 Wochen	0	1	4	48	53
nach 8 Wochen	**0**	**0**	**3**	**50**	53

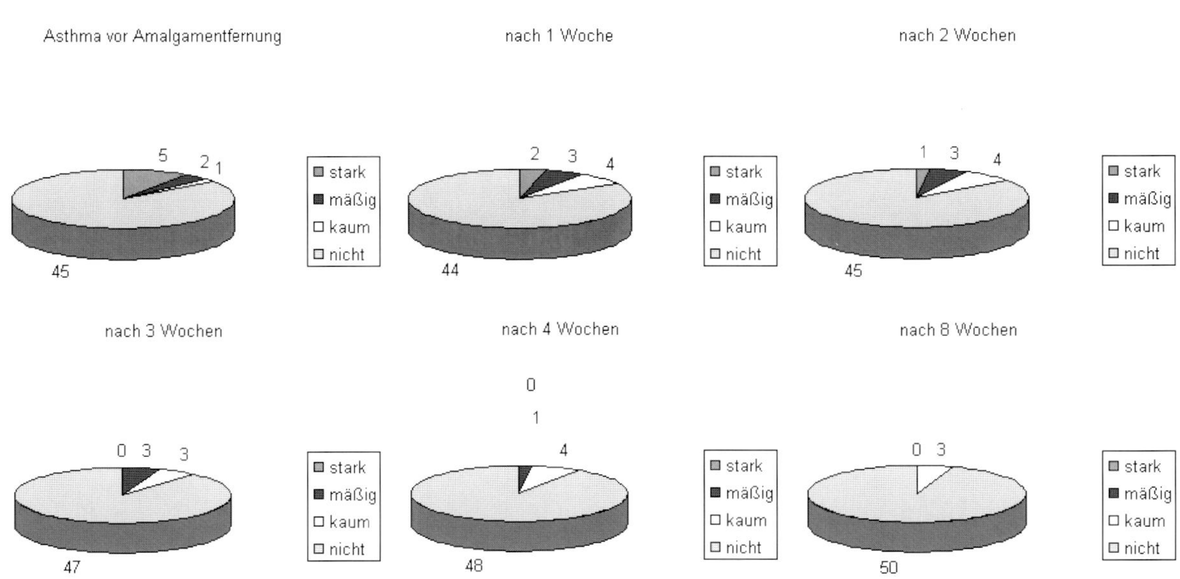

Ausschlag

Ausschläge:

Beschwerden	stark	mäßig	kaum	nicht	von insgesamt
Ausschläge vor Amalgamentfernung	**11**	**6**	**6**	**30**	53
nach 1 Woche	6	11	5	31	53
nach 2 Wochen	6	7	8	32	53
nach 3 Wochen	5	6	8	34	53
nach 4 Wochen	5	3	10	35	53
nach 8 Wochen	**2**	**2**	**6**	**43**	53

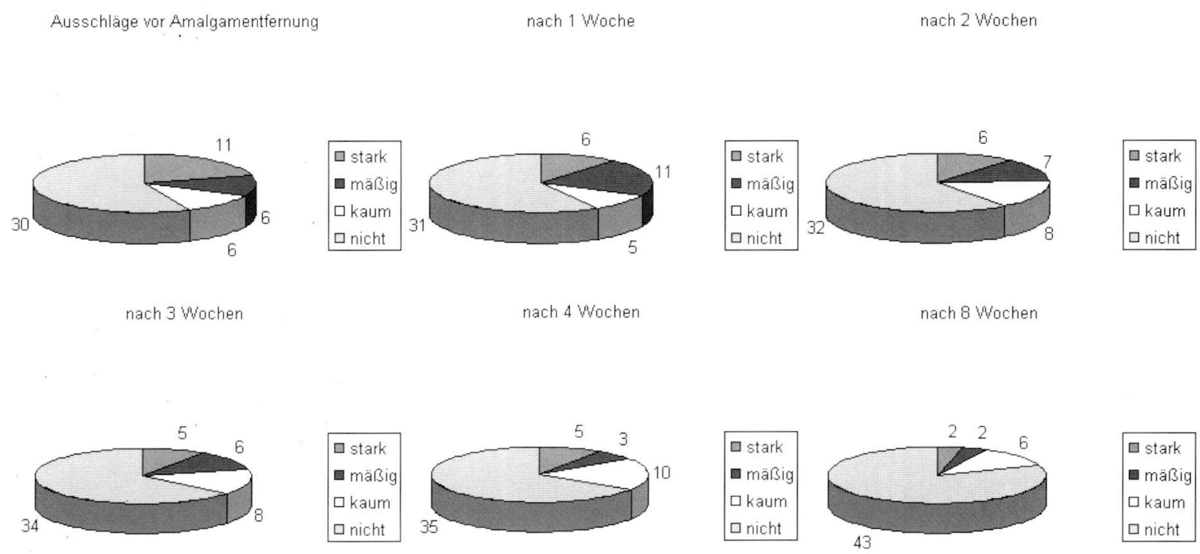

Depressionen

Depressionen:

Beschwerden	stark	mäßig	kaum	nicht	von insgesamt
Depressionen vor Amalgamentfernung	**10**	**13**	**9**	**21**	53
nach 1 Woche	7	10	9	27	53
nach 2 Wochen	5	8	13	27	53
nach 3 Wochen	4	4	17	28	53
nach 4 Wochen	5	4	12	32	53
nach 8 Wochen	**0**	**1**	**15**	**37**	53

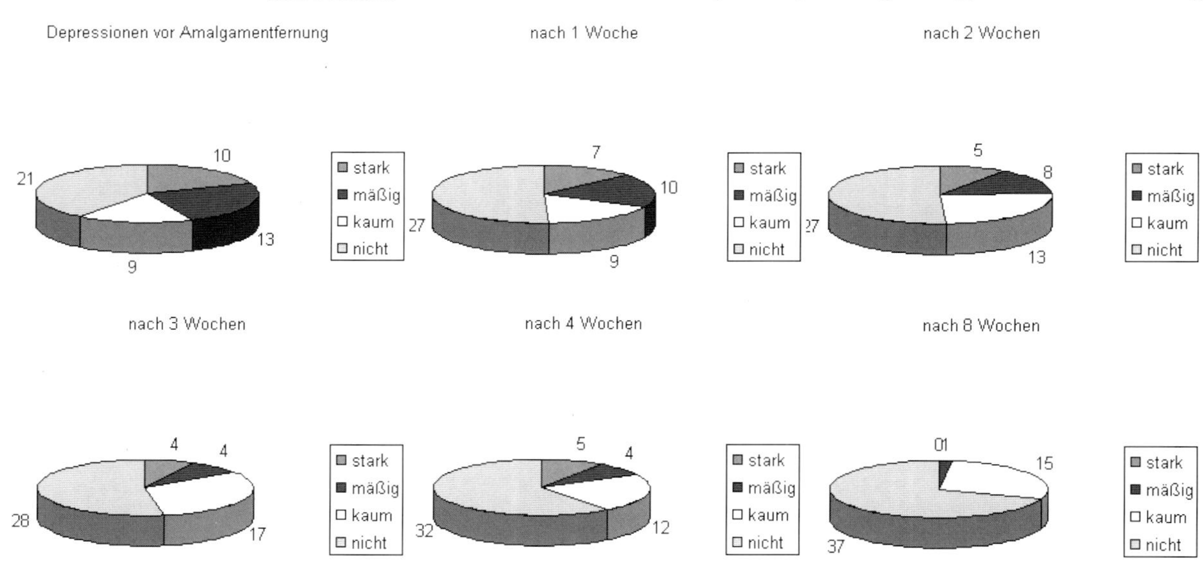

Erkältung

Erkältung:

Beschwerden	stark	mäßig	kaum	nicht	von insgesamt
Erkältung vor Amalgamentfernung	**8**	**7**	**5**	**33**	53
nach 1 Woche	5	7	3	38	53
nach 2 Wochen	2	7	6	38	53
nach 3 Wochen	1	6	7	39	53
nach 4 Wochen	1	4	7	41	53
nach 8 Wochen	**1**	**0**	**10**	**42**	53

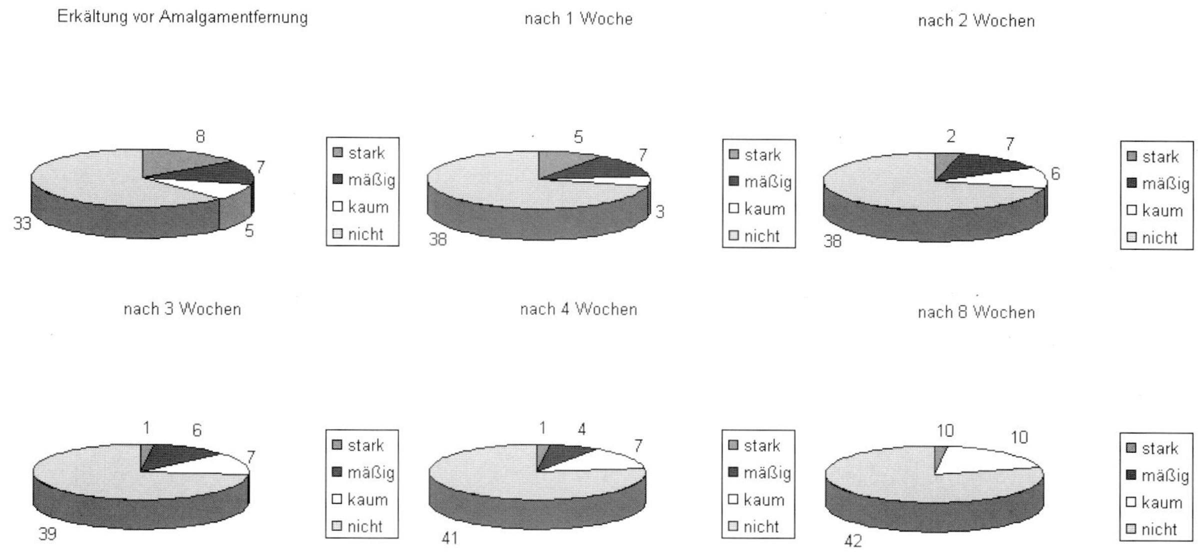

Ermüdung

Ermüdung:

Beschwerden	stark	mäßig	kaum	nicht	von insgesamt
Ermüdung vor Amalgamentfernung	**18**	**14**	**8**	**13**	53
nach 1 Woche	14	17	12	10	53
nach 2 Wochen	10	20	10	13	53
nach 3 Wochen	8	15	13	17	53
nach 4 Wochen	6	9	17	21	53
nach 8 Wochen	**2**	**5**	**13**	**33**	53

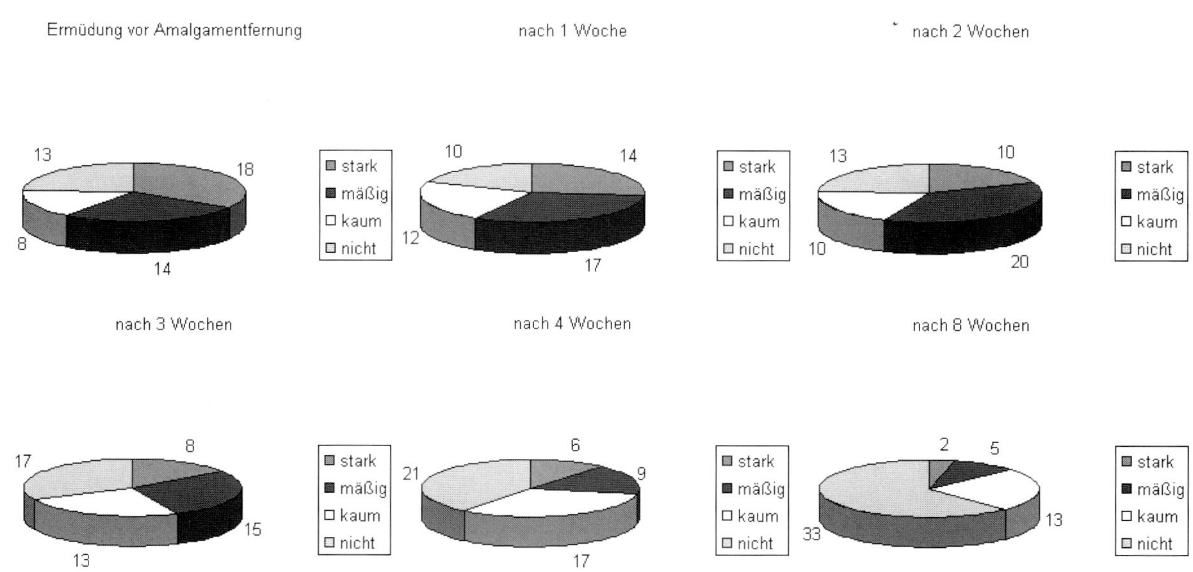

Gedächtnisschwund

Gedächtnisschwund:

Beschwerden	stark	mäßig	kaum	nicht	von insgesamt
Gedächtnisschwund vor Amalgamentfernung	**4**	**6**	**3**	**40**	53
nach 1 Woche	4	6	3	40	53
nach 2 Wochen	3	7	3	40	53
nach 3 Wochen	2	5	6	40	53
nach 4 Wochen	2	4	6	41	53
nach 8 Wochen	**2**	**0**	**9**	**42**	53

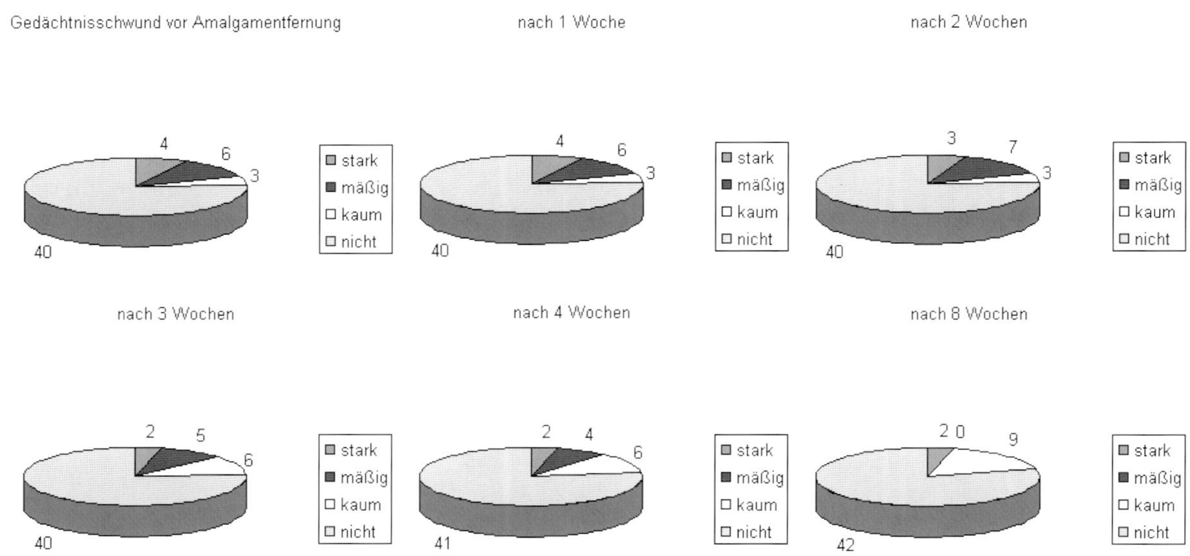

Gelenksbeschwerden

Gelenksbeschwerden:

Beschwerden	stark	mäßig	kaum	nicht	von insgesamt
Gelenksbeschwerden vor Amalgamentfernung	**5**	**12**	**6**	**30**	53
nach 1 Woche	3	13	5	32	53
nach 2 Wochen	2	12	8	31	53
nach 3 Wochen	3	13	5	32	53
nach 4 Wochen	3	7	8	35	53
nach 8 Wochen	**1**	**5**	**10**	**37**	53

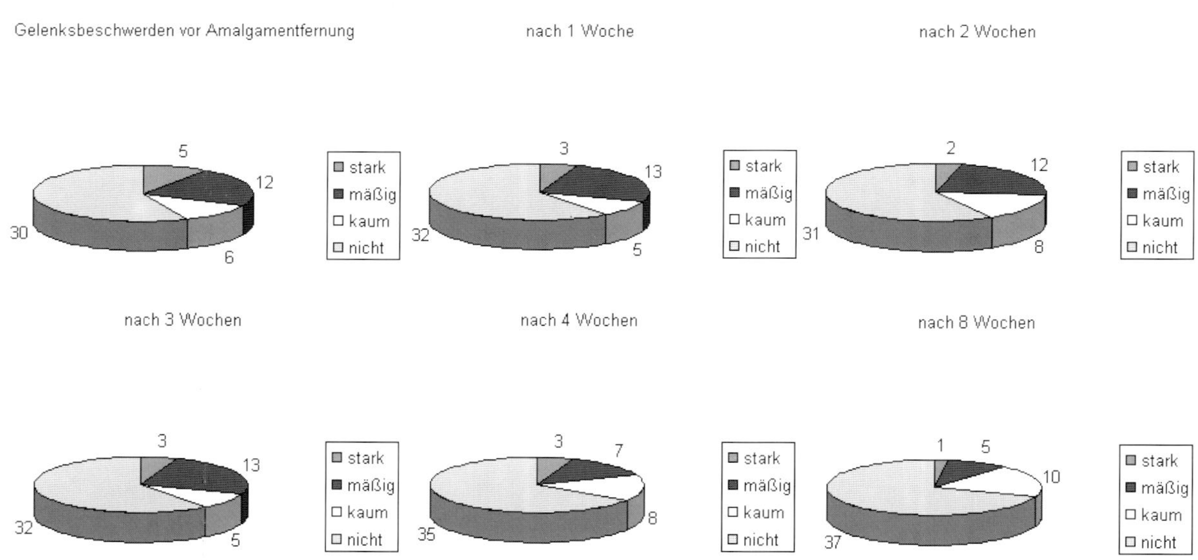

Gereiztheit

Gereiztheit:

Beschwerden	stark	mäßig	kaum	nicht	von insgesamt
Gereiztheit vor Amalgamentfernung	**15**	**14**	**6**	**18**	53
nach 1 Woche	10	13	10	20	53
nach 2 Wochen	10	11	8	24	53
nach 3 Wochen	6	7	14	26	53
nach 4 Wochen	6	5	16	26	53
nach 8 Wochen	**0**	**7**	**15**	**31**	53

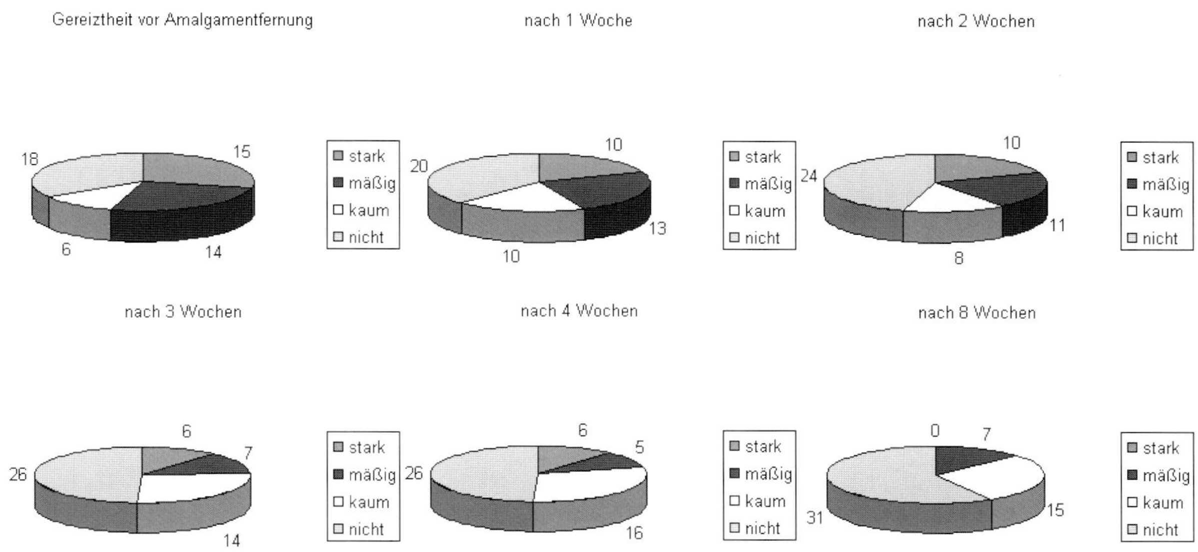

Haarausfall

Haarausfall:

Beschwerden	stark	mäßig	kaum	nicht	von insgesamt
Haarausfall vor Amalgamentfernung	**8**	**10**	**2**	**33**	53
nach 1 Woche	4	12	3	34	53
nach 2 Wochen	3	8	7	35	53
nach 3 Wochen	3	7	7	36	53
nach 4 Wochen	2	7	7	37	53
nach 8 Wochen	**1**	**6**	**5**	**41**	53

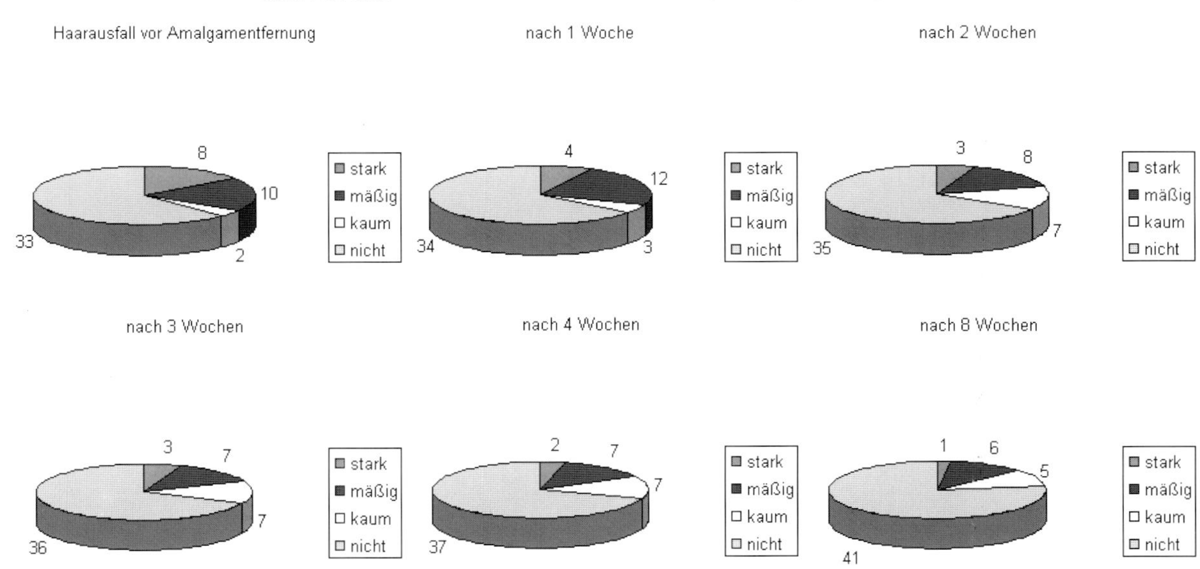

Haare glanzlos

Haar glanzlos:

Beschwerden	stark	mäßig	kaum	nicht	von insgesamt
Haar glanzlos vor Amalgamentfernung	**7**	**11**	**1**	**34**	53
nach 1 Woche	3	12	3	35	53
nach 2 Wochen	2	7	8	36	53
nach 3 Wochen	2	6	6	39	53
nach 4 Wochen	2	5	6	40	53
nach 8 Wochen	**1**	**3**	**5**	**44**	53

Hautjucken

Hautjucken:

Beschwerden	stark	mäßig	kaum	nicht	von insgesamt
Hautjucken vor Amalgamentfernung	**12**	**7**	**4**	**30**	53
nach 1 Woche	6	12	4	31	53
nach 2 Wochen	6	8	8	31	53
nach 3 Wochen	6	4	11	32	53
nach 4 Wochen	6	3	10	34	53
nach 8 Wochen	**3**	**2**	**9**	**39**	53

Husten

Husten:

Beschwerden	stark	mäßig	kaum	nicht	von insgesamt
Husten vor Amalgamentfernung	**6**	**5**	**4**	**38**	53
nach 1 Woche	2	6	5	40	53
nach 2 Wochen	1	6	5	41	53
nach 3 Wochen	0	5	5	43	53
nach 4 Wochen	0	3	4	46	53
nach 8 Wochen	**0**	**2**	**3**	**48**	53

Konzentrationsschwäche

Konzentrationsschwäche:

Beschwerden	stark	mäßig	kaum	nicht	von insgesamt
Konzentrationsschwäche vor Amalgamentfernung	**7**	**14**	**11**	**21**	53
nach 1 Woche	3	16	12	22	53
nach 2 Wochen	4	13	13	23	53
nach 3 Wochen	4	10	14	25	53
nach 4 Wochen	3	8	15	27	53
nach 8 Wochen	**1**	**4**	**18**	**30**	53

Kopfschmerzen

Kopfschmerz:

Beschwerden	stark	mäßig	kaum	nicht	von insgesamt
Kopfschmerz vor Amalgamentfernung	**11**	**4**	**5**	**33**	53
nach 1 Woche	5	8	6	34	53
nach 2 Wochen	3	8	6	36	53
nach 3 Wochen	3	5	7	38	53
nach 4 Wochen	3	4	8	38	53
nach 8 Wochen	**2**	**1**	**8**	**42**	53

Mattigkeit

Mattigkeit:

Beschwerden	stark	mäßig	kaum	nicht	von insgesamt
Mattigkeit vor Amalgamentfernung	**18**	**14**	**8**	**13**	53
nach 1 Woche	14	16	12	11	53
nach 2 Wochen	10	20	9	14	53
nach 3 Wochen	8	15	13	17	53
nach 4 Wochen	6	9	17	21	53
nach 8 Wochen	**2**	**5**	**13**	**33**	53

Metallgeschmack

Metallgeschmack:

Beschwerden	stark	mäßig	kaum	nicht	von insgesamt
Metallgeschmack vor Amalgamentfernung	**11**	**9**	**8**	**25**	53
nach 1 Woche	7	7	6	33	53
nach 2 Wochen	3	8	7	35	53
nach 3 Wochen	2	4	9	38	53
nach 4 Wochen	2	0	7	44	53
nach 8 Wochen	**0**	**0**	**1**	**52**	53

Migräne

Migräne:

Beschwerden	stark	mäßig	kaum	nicht	von insgesamt
Migräne vor Amalgamentfernung	**11**	**4**	**4**	**34**	53
nach 1 Woche	6	8	4	35	53
nach 2 Wochen	4	9	3	37	53
nach 3 Wochen	4	5	7	37	53
nach 4 Wochen	3	4	8	38	53
nach 8 Wochen	**2**	**2**	**7**	**42**	53

Mißmut

Mißmut:

Beschwerden	stark	mäßig	kaum	nicht	von insgesamt
Mißmut vor Amalgamentfernung	**10**	**12**	**10**	**21**	53
nach 1 Woche	7	9	11	26	53
nach 2 Wochen	5	10	11	27	53
nach 3 Wochen	4	4	17	28	53
nach 4 Wochen	3	6	12	32	53
nach 8 Wochen	**0**	**2**	**15**	**36**	53

Nackenschmerzen

Nackenschmerz:

Beschwerden	stark	mäßig	kaum	nicht	von insgesamt
Nackenschmerz vor Amalgamentfernung	**6**	**7**	**8**	**32**	53
nach 1 Woche	2	8	9	34	53
nach 2 Wochen	2	7	9	35	53
nach 3 Wochen	1	5	12	35	53
nach 4 Wochen	1	5	9	38	53
nach 8 Wochen	**1**	**3**	**7**	**42**	53

Nebenhöhlen

Nebenhöhlen:

Beschwerden	stark	mäßig	kaum	nicht	von insgesamt
Nebenhöhlen vor Amalgamentfernung	**6**	**7**	**3**	**37**	53
nach 1 Woche	5	5	3	40	53
nach 2 Wochen	1	7	4	41	53
nach 3 Wochen	0	7	5	41	53
nach 4 Wochen	0	4	8	41	53
nach 8 Wochen	**1**	**0**	**8**	**44**	53

Nervosität

Nervosität:

Beschwerden	stark	mäßig	kaum	nicht	von insgesamt
Nervosität vor Amalgamentfernung	**15**	**14**	**8**	**16**	53
nach 1 Woche	11	12	11	19	53
nach 2 Wochen	11	10	9	23	53
nach 3 Wochen	8	7	14	24	53
nach 4 Wochen	7	5	17	24	53
nach 8 Wochen	**0**	**7**	**17**	**29**	53

Rheuma

Rheumatische Beschw.:

Beschwerden	stark	mäßig	kaum	nicht	von insgesamt
Rheumatische Beschw. vor Amalgamentfernung	**4**	**3**	**4**	**42**	53
nach 1 Woche	3	3	4	43	53
nach 2 Wochen	3	3	4	43	53
nach 3 Wochen	1	4	5	43	53
nach 4 Wochen	2	1	6	44	53
nach 8 Wochen	**1**	**0**	**7**	**45**	53

Schlaflosigkeit

Schlaflosigkeit:

Beschwerden	stark	mäßig	kaum	nicht	von insgesamt
Schlaflosigkeit vor Amalgamentfernung	**7**	**7**	**5**	**34**	53
nach 1 Woche	4	7	6	36	53
nach 2 Wochen	3	8	6	36	53
nach 3 Wochen	2	5	10	36	53
nach 4 Wochen	2	4	9	38	53
nach 8 Wochen	**1**	**0**	**6**	**46**	53

Schwäche der Arme

Schwäche der Arme:

Beschwerden	stark	mäßig	kaum	nicht	von insgesamt
Schwäche der Arme vor Amalgamentfernung	**4**	**7**	**7**	**35**	53
nach 1 Woche	2	7	9	35	53
nach 2 Wochen	2	5	8	38	53
nach 3 Wochen	1	3	10	39	53
nach 4 Wochen	1	1	10	41	53
nach 8 Wochen	**0**	**0**	**8**	**45**	53

Schwäche der Beine

Schwäche der Beine:

Beschwerden	stark	mäßig	kaum	nicht	von insgesamt
Schwäche der Beine vor Amalgamentfernung	**4**	**10**	**7**	**32**	53
nach 1 Woche	3	7	11	32	53
nach 2 Wochen	2	7	8	36	53
nach 3 Wochen	1	5	10	37	53
nach 4 Wochen	2	1	10	40	53
nach 8 Wochen	**1**	**0**	**7**	**45**	53

Schwindel

Schwindel:

Beschwerden	stark	mäßig	kaum	nicht	von insgesamt
Schwindel vor Amalgamentfernung	**4**	**10**	**10**	**29**	53
nach 1 Woche	1	9	11	32	53
nach 2 Wochen	0	9	11	33	53
nach 3 Wochen	0	6	15	32	53
nach 4 Wochen	0	5	14	34	53
nach 8 Wochen	**1**	**2**	**13**	**37**	53

Unruhe

Unruhe:

Beschwerden	stark	mäßig	kaum	nicht	von insgesamt
Unruhe vor Amalgamentfernung	**12**	**13**	**10**	**18**	53
nach 1 Woche	8	12	10	23	53
nach 2 Wochen	6	8	15	24	53
nach 3 Wochen	6	4	19	24	53
nach 4 Wochen	5	6	12	30	53
nach 8 Wochen	**0**	**3**	**15**	**35**	53

Zahnfleischbluten

Zahnfleischbluten:

Beschwerden	stark	mäßig	kaum	nicht	von insgesamt
Zahnfleischbluten vor Amalgamentfernung	**11**	**6**	**6**	**30**	53
nach 1 Woche	6	8	7	32	53
nach 2 Wochen	3	9	6	35	53
nach 3 Wochen	1	11	6	35	53
nach 4 Wochen	1	9	6	37	53
nach 8 Wochen	**0**	**6**	**8**	**39**	53

CHINA

CHINA

BE AS YOU BE and YOU ARE
LIKE THE RIVER, WHICH COMES FROM NOWHERE,
IS FLOATING INTO THE INFINITE OCEAN,
YOU ARE COMING from NOWHERE,
GOING to REALIZE the INFINITE
FULLNESS of YOUR SUPREME SELF
OUT of NOTHING COMES EVERYTHING
WHICH ITSELF is a DREAM in the
WORLD of our MIND.
To AWAKE and LIVE we have to BURY
our IMAGES, IDENTIFICATIONS, REFLECTIONS
and HABITS.
The EMPTYNESS gives RISE to the FULLNESS
LIKE DEATH gives PLACE to a NEW BIRTH,
The REALIZATION of WHO YOU REALLY ARE.

Christian Kobau

Give your undivided attention to the most important thing in your life – yourself. Of your personal universe you are the centre – without knowing the centre what else can you know?

Ramana Maharshi

Progressive Pulpafibrose
Diskussionsbeitrag zum Amalgamproblem

PROF. DR. HARTMUT HEINE

Grundregulation

Um die Funktion der Zahnpulpa zu verstehen, müssen zunächst einige Hinweise zur Grundregulation gegeben werden. Jeder Zelle ist ein Extrazellulärraum vorgeschaltet, dessen Funktion sich am einfachsten als Molekularsieb beschreiben läßt. Strukturkomponenten dieser extrazellulären Matrix (Grundsubstanz) sind hochpolymere Zucker in Form von Proteoglykanen und Glykosaminoglykanen (PG/GAGs), Strukturglykoproteine (verschiedene Kollagentypen und Elastin) sowie Vernetzungsglykoproteine (Fibronektin, Laminin u.a.). Die Regulation des Siebes erfolgt vor Ort über Stoffwechselprodukte und die von Organparenchym- und Bindegewebszellen (Fibroblasten, Makrophagen, Granulozyten, Lymphozyten) freigesetzte Vielzahl an Zytokinen und Wachstumsfaktoren.
Zentral gesteuert kommen Hormone dazu sowie aus terminalen Axonen eine Vielzahl von Neutropeptiden und Neurotransmitterstoffen. Dadurch entsteht ein Kreis somatopsychischer-psychosomatischer Rückkoppelungen. Alle diese Substanzen wirken unmittelbar informativ auf die Zellen zurück, die sie freigesetzt haben (autokrin) oder parakrin auf benachbarte Zellen. Für sie spielt die Grundsubstanz als raum-zeitliches, dynamisches Ordnungsmuster eine funktionsgerechte Verteilerrolle, d.h. die Wirkung aller genannten Substanzen wird durch reversible Bindung an die Grundsubstanzkomponenten geregelt. Dies zeigt, welch große Bedeutung der Grundregulation im Extrazellulärraum zukommt. Im Mittelpunkt steht dabei der Fibroblast, der auf jeden Informationseingang mit einer situationsgerechten Synthese von Grundsubstanz reagiert. Situationsgerecht heißt, die Fibroblasten unterscheiden nicht zwischen „Gut und Böse". Bei dauerhaften Fehlbelastungen des Molekularsiebes der Grundsubstanz kommt es schließlich zu Fehlinformationen und -reaktionen nachgeschalteter Zellen. Die individuelle Norm der Homöostase wird auf ein für den Organismus auf Dauer unzuträgliches Niveau eingestellt, d.h. der Organismus oder ein Organ „erkrankt". Das Immunsystem versucht dabei, diese Regulationsumstellung durch Opferung von Leukozyten (physiologische Leukozytolyse) zu verhindern bzw. Fremdmaterial (Antigene) zu eliminieren (Übersichten bei PISCHINGER 1989, HEINE 1991).

Histophysiologie der Zahnpulpa

Die geschilderten Zusammenhänge lassen sich besonders gut an der Zahnpulpa erkennen (siehe Abb. 1). Sie wird durchzogen von einem Netz von Fibroblasten, deren lange Zellausläufer elektronisch über spezielle Zellhaft, sogenannte „gap junctions", miteinander und mit den Odontoblasten verbunden sind. Die Fibroblasten können daher auf jeden Informationseingang sehr schnell (innerhalb von Sekunden) mit einer situationsgerechten Grundsubstanzsynthese reagieren. Ein zelluläres Abwehrsystem ist praktisch nicht entwickelt (EIFFINGER 1970, HEINE et al. 1989). Das Netzwerk der Grundsubstanz stellt daher selbst einen sehr ursprünglichen Abwehrmechanismus gegenüber verschieden großen, verschieden gestalteten und verschieden geladenen Molekülen und Ionen dar.

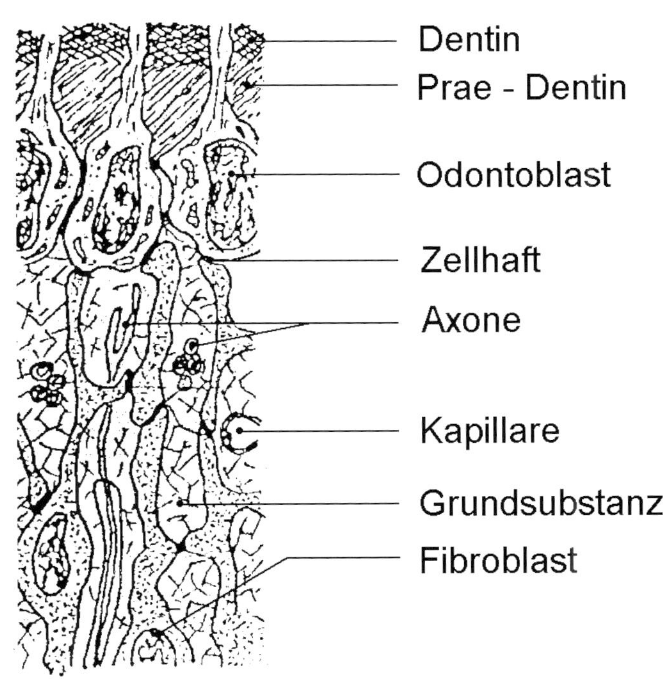

Abb. 1: Progressive Pulpafibrose durch Amalgamfüllungen

Die terminalen Axone im Pulpagewebe geraten in eine enge Nachbarschaft („Synapsen auf Distanz") zu Fibroblasten, Odontoblasten und Gefäßwänden, so daß auf diese Weise die somatopsychische und psychoso-

matische Rückkopplung über Botenstoffe gewährleistet ist.
Bereits 1989 wurde von HEINE und Mitarbeitern gezeigt, daß aus Amalgamfüllungen quecksilberhaltiges Material in die Pulpa „abtropft“ und dort zu einer Kollagenzubildung (Fibrose) führt, ohne daß es zu einer Abwehrreaktion bzw. Pulpitis kommen muß.
In weiterführenden Untersuchungen konnte der Mechanismus dieser Reaktion aufgeklärt werden (HEINE 1995; siehe Abb. 2): An 67 Zähnen (Prämolaren und Molaren) mit Amalgamfüllungen (Extraktion 5 bis 18 Jahre nach Behandlung) zeigte sich im Vergleich zu gesunden Kontrollen (Weisheitszähne), daß, abhängig von der genetischen Bindegewebsdisposition und den individuellen Lebensumständen, durch die Überführung von Quecksilber in quecksilberorganische Verbindungen das Gleichgewicht zwischen Fibrogenese und Fibrolyse in der Pulpa auf die Seite der Fibrogenese verschoben werden kann.

Dies ist eine primäre Leistung des Pulpagewebes und keine Folge einer Pulpitis aufgrund der vorausgegangenen Zahnbehandlung.

Immunhistochemische Befunde zeigen, daß dabei der Transforming-Growth-Factor Beta (Gewebewachstumsfaktor-Beta, TFG-♌) und sein Gegenspieler, der Tumornekrosefaktor-Alpha (NTF-♋; der Terminus bezeichnet lediglich seine Entdeckung im Tumorgewebe), mit Unterstützung diverser Interleukine und Interferon-♑ aus dem Gleichgewicht geraten. Während TFG-♌ die Grundsubstanzsynthese speziell des Kollagens fördert und die Gewebs-Metalloproteinasen-Inhibitoren (TIMPS) aktiviert, aktiviert NTF-♋ die Matrix-Metallproteinasen (MMPS; Kollagenasen, Kathepsine, Stromelysin u.a.) wodurch jedes Gewebe abgebaut werden kann (ARTHUR 1994, GRIMAUD, LORTAT-JACOB 1994, HORNEBECK et al. 1994, LORTAT-JACOB et al. 1994, HEINE 1995).
Die MMPS enthalten in ihrem aktiven Zentrum Zinkionen. Diese können durch Quecksilberionen verdrängt werden, wodurch die MMPS inaktiv werden und die TFG-♌ gesteuerte Bindegewebssynthese zunimmt. Da derzeit die allgemeine Stoffwechsellage unserer Bevölkerung eher durch Zinkmangel und Quecksilberüberschuß geprägt ist (PERGER 1987), ist der individuelle Weg nach Amalgamfüllungen in eine Pulpafibrose mit letztlichem Abschneiden der Odontoblasten von einem geeigneten Stoffwechsel vorgezeichnet.

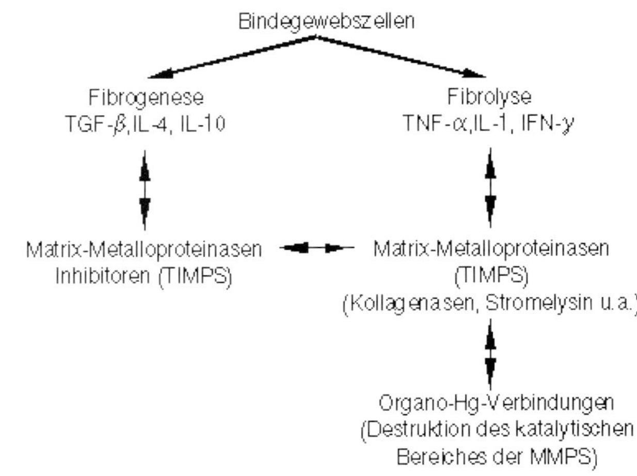

Abb. 2

Zusammenfassung

Die Funktion der Zahnpulpa wird ganz von der Grundregulation der extrazellulären Matrix bestimmt. Das zelluläre Abwehrsystem spielt dabei keine Rolle. Das Pulpagewebe hängt in seinem qualitativen und quantitativen Aufbau ganz vom Gleichgewicht der Fibrogenese und Fibrolyse ab. Dabei spielen Metallproteinasen und ihre Inhibitoren eine entscheidende Rolle. Da Zinkionen im aktiven Zentrum der Metallproteinasen durch Quecksilberionen verdrängt werden können, wird jede Form einer Quecksilberbelastung von der Gefahr der Entwicklung einer progressiven Pulpafibrose begleitet.

Literaturverzeichnis

ARTHUR, M.J.P.: Degradation of Matrix Proteins in Liver Fibrosis, Path. Res. Pract. 190 (1994) 825
EIFFINGER, F.F.: Die Mikromorphologie der menschlichen Zahnpulpa C. Hauser Verlag, München 1970
GRIMAUD, J.A., LORTAT-JACOB, H.: Matrix Receptors to Cytokines: From Concept to Control of Tissue Fibrosis Dynamics. Path. Res. Pract. 190 (1994) 883
HAY, E.: Cell Biology of Extracellular Matrix. 2Nd ed. Plenum Press, New-York-London 1983
HEINE, H.: Lehrbuch der biologischen Medizin. Hippokrates Verlag, Stuttgart 1991
HEINE, H.: Grundregulation am Beispiel der Zahnpulpa. 3.Europäischer Kongreß für Biologische Zahnmedizin. Aachen 17.-19. März 1995
HEINE, H., SCHAEG, G., TÜRK, R.: Funktionelle Morphologie des Pulpagewebes. Z. mikrosk. Anat. Forsch. 103 (1989) 367
HOLLEMANN, A.F., RICHTER, F.: Lehrbuch der organischen Chemie. W. de Gruyter, Berlin 1961
HORNEBECK, W., LAFUMA, C., ROBERT, L., MÓCZÁR, M., MÓCZÁR, E.: Heparin and its Derivatives Modulate Serine Proteinases (SERPS) Serine Proteinase Inhibitors (SERPINS) Balance. Path. Res. Pract. 190 (1994) 895
LECHNER, J.C.: Herd, Regulation und Information. Hüthig, Heidelberg 1993
LORTAT-JACOB, H., ESTERRE, P., GRIMAUD, J.A.: Interferon Gamma, an Anti-Fibrogenic Cytokine which Binds to Heparan Sulfate. Path. Res. Pract. 1990 (1994) 920
PERGER, F.: Unterschiedliche Entwicklungen der Schwermetallbelastungen (Pb, Cd, Hg) und ihre Therapie. Ärztezeitschrift Naturheilverfahren 28 (1987) 774
PISCHINGER, A.: Das System der Grundregulation. 8. Aufl., Haug-Verlag, Heidelberg 1989
ROMEIS, B.: Mikroskopische Technik. 16. Aufl., München (Wien: R.Oldenburg) 1968

Die Tübinger Amalgamstudie

DR. HANS-DIETER WEIß, DR. ELKE ROLLER, DIPL.-BIOL. KARL-HEINZ MAIER, AK UMWELTANALYTIK AN DER UNIVERSITÄT TÜBINGEN, POSTFACH 2102 12, 72 025 TÜBINGEN

In den Jahren 1995 und 1996 wurde vom Arbeitskreis Umweltanalytik an der Universität Tübingen mit Unterstützung der MOMO-Kinderstiftung des BUND ein breit angelegter Feldversuch zur Untersuchung der Quecksilberabgabe aus Amalgamfüllungen durchgeführt.
Die Untersuchung der folgenden Fragen stand dabei im Vordergrund:

- Welche Menge an Quecksilber wird aus Amalgamfüllungen in den Mundspeichel freigesetzt?
- Besteht ein (signifikanter) Zusammenhang zwischen der Anzahl der Amalgamfüllungen und der Quecksilberkonzentration im Speichel?
- Gibt es einen Zusammenhang zwischen der Höhe der Quecksilberbelastung und einer bestimmten Krankheitssymptomatik?
- Ist der Speicheltest zur Beurteilung einer amalgambedingten gesundheitlichen Beeinträchtigung geeignet?

1. Erhebung der Rohdaten und Zusammenfassung der Meßergebnisse

Das Interesse der Öffentlichkeit übertraf alle Erwartungen, innerhalb weniger Wochen meldeten sich ca. 20 000 Personen, die an dieser Untersuchung teilnehmen wollten. Dieser Personenkreis erhielt außer dem eigentlichen Testset auch einen von uns zusammengestellten Fragebogen, in dem neben dem Körpergewicht und der Anzahl der Amalgamfüllungen auch nach Krankheitssymptomen gefragt wurde, die in Zusammenhang mit einer Quecksilberbelastung häufig genannt werden; in diesen Fragebogen waren außerdem, für den Testteilnehmer nicht erkennbar, sog. Kontrollsymptome und Symptomenkomplexe integriert. Wichtig und für die Auswertung entscheidend war, daß die Probanden zum Zeitpunkt des Ausfüllens dieses Fragebogens nicht wissen konnten, wie hoch ihre individuelle Hg-Belastung, unabhängig von der Anzahl der Füllungen, war.
Speichelproben und Fragebogen wurden von den Probanden an das Meßlabor an der Universität Tübingen geschickt, dort archiviert und analysiert. Jeder Testteilnehmer erhielt einen Befund zugesandt, in dem seine *individuelle* Quecksilberbelastung dargestellt wurde.
Die Probenaufarbeitung orientierte sich an den Angaben von GUO ET AL. (8), die Messung der Speichelproben erfolgte unter Verwendung eines neuentwickelten Kaltdampf-Fließinjektions-Quecksilbersystems mit Kaltdampf-Atomabsorption (PERKIN-ELMER, FIMS 100). Die Nachweisgrenze des Geräts liegt bei 0,01 µg Hg/l, entsprechende Qualitätskontrollen wurden durchgeführt.
An dem Feldversuch beteiligten sich deutlich mehr Frauen (59,3%) als Männer. Betrachtet man den Altersquerschnitt der Teilnehmer, so waren im Vergleich zur Zusammensetzung der Bevölkerung in der BRD die Altersgruppen über 50 sowie unter 25 Jahren unterrepräsentiert (Abb. 1).
Zur Auswertung kamen letztendlich etwa 18 000 Proben. Dieser Personenkreis hatte eine durchschnittliche Füllungszahl von 9,1, wobei die Verteilung insgesamt einer Gauß'schen Verteilungskurve mit einem Maximum bei 8-10 Füllungen ähnelte (Abb. 2). *Statistisch* konnte ein linearer Zusammenhang zwischen der Quecksilberkonzentration im Speichel und der Anzahl der Füllungen aufgezeigt werden. Durchschnittlich werden im Nüchternspeichel pro Füllung 1,3 µg Hg/l gefunden, im Kauspeichel etwa 3,4 µg/l. Ausdrücklich betont werden muß, daß es sich hier um Durchschnittswerte handelt, individuell werden zum Teil sehr deutliche Abweichungen gefunden (Abb. 3).
Daraus resultierte eine Quecksilberbelastung (median) im Nüchternspeichel von 11,6 µg/l und im Belastungsspeichel von 29,7 µg/l, die Mittelwerte lagen bei 27,3 µg/l bzw. 47,1 µg/l. Diese Werte lagen somit auffallend über den vom damaligen BGA (Bundesgesundheitsamt, heute BfArM - Bundesinstitut für Arzneimittel und Medizinprodukte) in Berlin veröffentlichten Zahlen aus dem Jahr 1992, in denen basierend auf einer Untersuchung von OTT ET AL. (15) von (median) 4,9 µg/l im Nüchtern- sowie 12,9 µg/l im Kauspeichel ausgegangen wurde (4). Aus den in Tabelle 1 angeführten Daten wird deutlich, daß von OTT eine für die Bevölkerung nicht repräsentative Personengruppe (mehrheitlich Zahnmedizinstudenten und zahnärztliches Personal mit sehr gut polierten Klinikfüllungen) untersucht wurde.
Im Gegensatz dazu erfaßt die Tübinger Amalgamstudie einen repräsentativeren Teil der Bevölkerung mit

mehrheitlich (60-85%) nicht polierten, in Privatpraxen gelegten Amalgamfüllungen.
Die Ursachen für die von uns gemessenen, deutlich höheren Werte liegen also nicht wie oft behauptet an der Meßmethode, sondern hauptsächlich am Verarbeitungszustand und an der Oberflächenbeschaffenheit der Amalgamfüllungen. Interessanterweise ergibt der Quotient aus den Speichelwerten vor dem Kauen und nach dem Kauen bei beiden Untersuchungen denselben Wert, nämlich 2,6. Dies bedeutet letztendlich, daß die von uns gemessenen Werte das gleiche Verhältnis zeigen, aber eben deutlich höher liegen. Dieser Sachverhalt spricht für die Reproduzierbarkeit unserer Ergebnisse. Da außerdem unbestritten ist, daß unpolierte Amalgamfüllungen 50-100% mehr Quecksilber freisetzen als polierte, sind wir der Meinung, daß die Tübinger Amalgamstudie sehr plausible und nachvollziehbare Ergebnisse gebracht hat und im Gegensatz zur Studie von OTT die tatsächlich bestehende Quecksilberbelastung der Bevölkerung widerspiegelt.

	Zahnklinikum Münster OTT ET AL. 1984	Tübinger Amalgamstudie 1996
Anzahl der Amalgamfüllungen	7	9
Art und Zustand der Amalgamfüllungen	meist Klinikfüllungen, 85-95% poliert	mehrheitl. Praxisfüllungen, 60-85% nicht poliert
Probanden	mehrheitlich Studenten der Zahnmedizin	Bevölkerung
Zahnhygiene	gut bis sehr gut	???
Gemessene Werte im Speichel (Medianwerte)	vor Kauen 4,9 µg Hg/l nach Kauen 12,9 µg Hg/l	vor Kauen 11,6 µg Hg/l nach Kauen 29,7 µg Hg/l
Gemessene Werte im Speichel (Mittelwerte)	???	vor Kauen 26,8 µg Hg/l nach Kauen 48,7 µg Hg/l
Quotient nach Kauen/ vor Kauen	2,6	2,6

Tab.1: Vergleich einer Studie von OTT ET AL. (1984) an der Zahnklinik Münster mit der Tübinger Amalgamstudie (1996)

Die Meßergebnisse wurden so eingeordnet und bewertet, daß der Proband die Möglichkeit hatte, seinen individuellen Wert gesundheitlich einzuschätzen. Hierzu bezogen wir uns auf den von der WHO angegebenen Richtwert für die Quecksilberaufnahme (PTWI-Wert), der nicht überschritten werden sollte (PTWI - provisional tolerable weekly intake, d.h. die Menge der Aufnahme wird definiert, nicht die Menge der Resorption). Umgerechnet auf den Tag sind dies 43µg, bezogen auf 60kg Körpergewicht.

Unter Einbeziehung der Speichelflußrate, der aus Amalgamfüllungen herrührenden Quecksilberdampfbelastung sowie der durchschnittlichen Aufnahme über Nahrung, Wasser und Luft ergab sich, daß ca. 43% der Probanden über diesem Richtwert lagen. Auffallend war zudem, daß speziell bei den Gruppen, bei denen eine Quecksilberbelastung generell vermieden werden sollte, der PTWI-Wert am häufigsten überschritten wurde:
Kinder und Jugendliche sowie Frauen im gebärfähigen Alter. Bei Kindern erklärt sich dieser Umstand aus dem geringen Körpergewicht, Frauen im gebärfähigen Alter hingegen gehören den Altersgruppen an, die die höchste Anzahl an Füllungen aufweisen (Abb. 4, 5).

2. Zusammenhang zwischen Quecksilberkonzentration im Speichel und Krankheitssymptomatik

Ist ein statistisch faßbarer Zusammenhang zwischen der im Kauspeichel gemessenen Quecksilberkonzentration und der im Fragebogen angekreuzten Symptomatik (hier sollte angegeben werden, ob ein bestimmtes Symptom „häufig“, „selten“ oder „nie“ auftritt) herstellbar?
Ausdrücklich sei darauf verwiesen, daß der Quecksilbergehalt im Kauspeichel, und damit *nicht* die vom Probanden anzugebende Zahl an Amalgamfüllungen, als Maßstab herangezogen wurde. Diese vom Labor bestimmte Meßgröße konnte dem Probanden zum Zeitpunkt des Ausfüllens des Fragebogens nicht bekannt sein. Es war somit ausgeschlossen, daß durch das Wissen um die eigene Quecksilberbelastung das Ausfüllen des Fragebogens beeinflußt wurde.
Außerdem gibt dieser gemessene Wert besser Auskunft über die *individuelle* Quecksilberbelastung als die Anzahl der Füllungen, da Größe und Oberflächenbeschaffenheit der einzelnen Amalgamfüllungen stark differieren.

Insbesondere die Altersgruppe der 21-40jährigen (also auch Frauen im gebärfähigen Alter!) wurde von uns aus folgenden Gründen untersucht: Diese Altersgruppe weist die höchste Anzahl an Amalgamfüllungen (9-11) und in der Folge davon auch die höchsten Quecksilberbelastungen auf (Abb. 4, 5); zudem handelt es sich auch um eine Gruppe, die aufgrund des Alters keine oder nur sehr geringe gesundheitliche Probleme haben dürfte. Analysiert wurden die Daten von Frauen und Männern getrennt, sowie die Daten der Gesamtpopulation, bei einer zusätzlichen Altersunterteilung in 21-30jährige und 31-40jährige.

Als Kontrollgruppe herangezogen wurden Testteilnehmer mit 0 bzw. 0 - 2 Amalgamfüllungen im Alter von 20 - 40 Jahren. Bei Personen, die eine Sanierung abgeschlossen hatten, wurde darauf geachtet, daß diese mindestens 8 Jahre vorher beendet war.

Die gefundenen statistischen Zusammenhänge zwischen Symptomatik und Quecksilberbelastung konzentrierten sich fast ausschließlich auf 3 Bereiche:

1. Mundraum: mit den Symptomen Metallgeschmack im Mund, Zahnfleischbluten und Zungenbrennen (Abb. 6)

2. ZNS / VNS: mit den Symptomen Müdigkeit, Konzentrationsschwäche, Gedächtnisstörungen, Depressive Verstimmungen, Schlafstörungen, Antriebslosigkeit, Appetitlosigkeit, Unruhe und Nervosität (Abb. 7)

3. Magen-Darm-Trakt: Bisher noch nicht genauer definierte Magen-Darm-Beschwerden, da die Testteilnehmer u.U. nicht sicher zwischen den jeweiligen Beschwerden unterscheiden können; eine Nachbefragung ist aber geplant (Abb. 8).

Eine besondere Auffälligkeit zeigte sich bei nahezu allen Symptomen aus den o. g. Bereichen (wie auch in den dargestellten Beispielen, Abb. 6-8): schon geringe Mengen von Quecksilber im Speichel (0-10 µg Hg/l Speichel) reichen dafür aus, daß die befragten Probanden sich bei weitem häufiger krank fühlen als Leute ohne Amalgamfüllungen.

31-40jährige zeigten v.a. im Bereich ZNS/VNS und Magen-Darm eine deutlicher ausgeprägte Symptomatik als 21-30jährige; anders ausgedrückt: offensichtlich können 31-40jährige eine (aus Amalgamfüllungen herrührende) Quecksilberbelastung nicht mehr so gut kompensieren wie 21-30jährige. Zu einer verstärkten Symptomatik kann es allerdings auch dadurch kommen, daß sich parallel zum normalen Alterungsprozeß nachweislich große Mengen an Quecksilber in den einzelnen Organen (Gehirn, Niere, Leber, Magen-Darm) anreichern.

Die in der vorliegenden Studie ermittelte Krankheitssymptomatik betrifft vor allem die Bereiche Mundhöhle, Magen-Darm-Trakt sowie ZNS. Auffallend ist die Übereinstimmung mit den Symptomen, die in der Literatur für eine subakute oder chronische Belastung im Niedrig-Dosis-Bereich angegeben werden und unter dem Begriff „Mikromerkurialismus" zusammengefaßt und beschrieben werden (25).

Durch die am Wirkort vorhandene Quecksilberkonzentration läßt sich die Symptomatik in den Bereichen Magen-Darm und Mundhöhle erklären: Hohe Quecksilberkonzentrationen werden in der Mundhöhle nicht nur für den Speichel, sondern auch für Zahnfleisch, Pulpa, Dentin, Zahnwurzel, Mundschleimhaut und Kieferknochen beschrieben. Auch wird in der Literatur beschrieben, daß Amalgamfüllungen vermehrt zu Entzündungen des Zahnfleisches führen (1, 13, 17, 20, 24, 26, 27). Ebenso ist bekannt, daß unpolierte Amalgamfüllungen umliegende Zellen stärker schädigen als polierte (2, 3, 5, 12, 17).

Eine zusätzliche Belastung des Mundraumes entsteht durch elementaren Quecksilberdampf, der aus den Füllungen durch Festkörperdiffusion freigesetzt wird. Dieser wird nur zum Teil im Speichel gelöst, so daß die Quecksilberdampfkonzentration in der Mundhöhle zum Teil deutlich über dem arbeitsmedizinisch festgelegten Grenzwert von 10 µg/m³ (25) liegt (der allerdings auf einen achtstündigen Arbeitstag bei 5 Arbeitstagen in der Woche bezogen wird, während aus Amalgamfüllungen 24 Stunden täglich an 7 Tagen in der Woche Quecksilber freigesetzt wird).

Ähnliches gilt für den Magen-Darm-Trakt: Auch hier werden hohe Quecksilberkonzentrationen in Darmwänden, Darmlymphknoten und im Stuhl gemessen (9, 10, 14). Die Ursache für diese hohe Quecksilberbelastung ist unter anderem darin zu sehen, daß das mit dem Speichel verschluckte Quecksilber zu lediglich 10% resorbiert wird, die restlichen 90% aber im Darm verbleiben. Ebenso wird der inhalierte Quecksilberdampf zu 50% über den Fäces eliminiert. Zusammen mit dem Nahrungsquecksilber (überwiegend Methyl-Hg), welches zu 90% über den Stuhl ausgeschieden wird, resultiert eine erhebliche Belastung für den Magen-Darm-Trakt. Methylquecksilber weist eine hohe Resorptionsrate auf, auch bedingt durch den enterohepatischen Kreislauf; durch den zudem gegebenen hohen first-pass-Effekt erscheint es fraglich, ob die im Darm tatsächlich resorbierte Menge an Quecksilber durch Blut- und Urinuntersuchungen überhaupt (vollständig) erfaßt werden kann. Schließlich sollte auch berücksichtigt werden, daß im Darm nicht nur Demethylierungen, sondern auch Methylierungen durch Darmbakterien stattfinden (7, 11, 18).

Da die Resorptionsquoten ins Blut zu gering sind, kann eine Quecksilberbelastung der Mundhöhle und des Magen-Darm-Traktes nicht über Blut- oder Urinuntersuchungen nachgewiesen werden. Dies ist eine Ansicht, die nicht nur von uns vertreten wird, sondern durch eine Vielzahl von Veröffentlichungen gestützt wird. Die Messung von Speichel erlaubt eindeutig bessere Aussagen (z.B. 6).

Die für den Bereich des Zentralen bzw. Vegetativen Nervensystems ermittelte Symptomatik stimmt auffallend mit der in der Literatur beschriebenen klassischen Quecksilbersymptomatik überein. Auswirkungen von Quecksilber werden in der Literatur beschrieben im Hinblick auf Symptome wie Gedächtnisstörungen, Konzentrationsstörungen, Depressive Verstimmungen, Übererregtheit, Unruhe, Schlafstörungen usw. (16, 19, 21, 22, 23). Diese Zusammenhänge wurden auch in unserer Studie bestätigt. Die zum Teil deutlich erhöhten Quecksilberwerte im ZNS (z.B. Hypophyse) lassen sich mit großer Wahrscheinlichkeit über die Belastung des Organismus mit Quecksilberdampf erklären: Nur ein geringer Teil des über Lunge und Mundschleimhaut resorbierten Quecksilberdampfes wird auf dem kurzen Weg zum Gehirn oxidiert, so daß der Großteil des elementaren Quecksilbers die Blut-Hirn-Schranke passieren kann. Durch eine im Gehirn stattfindende Oxidation wird die Rückdiffusion des Quecksilbers verhindert, so daß es zur Anreicherung kommt.
Die Quecksilberbelastung des Gehirns erfolgt hauptsächlich durch noch nicht oxidierten, über die Lunge inhalierten Quecksilberdampf. Aufgrund der hochsignifikanten Korrelation zwischen Quecksilberdampfkonzentration im Mundraum und der Quecksilberkonzentration im Speichel (eigene Untersuchungen) erlaubt der Speicheltest eine Abschätzung der Quecksilberbelastung des Gehirns.
Es ist also nicht ungewöhnlich, daß die ermittelte zentralnervöse Symptomatik mit den Quecksilberkonzentrationen im Speichel in Beziehung steht.

Zusammenfassung der wichtigsten Ergebnisse:

1. Die Quecksilberbelastung des Speichels ist durchschnittlich 250% höher als 1992 vom BGA veröffentlicht; die Ursache hierfür ist u.a. in der Tatsache zu sehen, daß 60-85% der Amalgamfüllungen nicht poliert sind.

2. Erstmals konnte gezeigt werden, daß Menschen mit erhöhten Quecksilberkonzentrationen im Speichel dosisabhängig signifikant häufiger angeben, an Krankheiten des Mundraumes, des Magen-Darm-Traktes und des Nervensystems zu leiden.

3. Der weiter entwickelte und optimierte Speicheltest erlaubt wesentlich bessere Aussagen über amalgambedingte Belastungen von Mundraum und Magen-Darm-Trakt als Blut- und Urinuntersuchungen. Grund hierfür ist die geringe Resorptionsquote (10-15%) des verschluckten Quecksilbers ins Blut. Auch kann aufgrund der engen Korrelation zwischen Quecksilberkonzentration im Speichel und Quecksilberdampfkonzentration im Mundraum die Quecksilberbelastung des Gehirns sehr gut abgeschätzt werden.

4. Unsere Untersuchungen weisen eindeutig nach, daß Menschen mit hohen Quecksilberkonzentrationen im Speichel ein eindeutig höheres Risiko tragen, an der beschriebenen Symptomatik zu erkranken als solche mit niedrigen Quecksilberkonzentrationen bzw. ohne Amalgamfüllungen.

5. Mit dem aufgrund der Tübinger Amalgamstudie weiter entwickelten und optimierten Speicheltest steht eine einfach zu handhabende Screeningmethode zur Verfügung, mit der Qualität und Verarbeitung von Amalgamfüllungen sehr gut beurteilt werden können.

Literatur

1. **App, G.R.:** Effect of silicate, amalgam, and cast gold on the gingiva, J. Prosth. Dent. 11, 522,532 (1970)

2. **Bingmann, D., P. Tetsch:** Effekte von Amalgam an sensorischen Spinalganglienzellen in der Gewebekultur, Dtsch. Zahnärztl. Z. 42, 731-738 (1987)

3. **Blumenröhr, B.:** Das Korrosionsverhalten von Amalgamfüllungen bei simultaner Verwendung von Amalgam und Gold in der zahnärztlichen Füllungstherapie - eine in vivo- und in vitro-Untersuchung, Dissertation München (1990)

4. **Bundesgesundheitsamt (BGA):** Amalgame in der zahnärztlichen Therapie (1992)

5. **Chandler, J.E. et al.:** Cytotoxicity of gallium and indium ions compared with mercuric ions, J. Dent. Res. 73, 1554-1559 (1994)

6. **Drasch, G. et al.:** Untersuchungen zur Aussagekraft des DMPS-Tests auf Quecksilber, in Druck (1997)

7. **Edwards, McBride:** Biosynthesis and degradation of methylmercury in human faeces, Nature 253, 462 (1975)

8. **GUO, T. ET AL.**: Determination of mercury in saliva with a flow-injection system. Anal. Chim. Acta 320, 171-176 (1996)

9. **HAHN, L.J. ET AL.**: Dental "silver" tooth fillings: a source of mercury exposure revealed by whole-body image scan and tissue analysis, FASEB J. 3, 2641-2646 (1989)

10. **HAHN, L.J. ET AL.**: Whole-body imaging of the distribution of mercury released from dental fillings into monkey tissues, FASEB J. 4, 3256-3260 (1990)

11. **HEINTZE ET AL.**: Methylation of mercury from dental amalgam and mercuric chloride by oral streptococci in vitro, Scand. J. Dent. Res. 91, 150 (1983)

12. **LEISKAR, J.**: On the mechanism of cytotoxicity of silver and copper amalgams in a cell culture system, Scand. J. Dent. Res. 82, 74-81 (1974)

13. **LEON, A.R.**: Amalgam restorations and periodontal disease, Brit. Dent J. 140, 377-382 (1976)

14. **NIELSEN, J.B. ET AL.**: Localization of gastrointestinal deposition of mercuric chloride studied in vivo, Pharmacol. & Toxicol. 70, 262-267 (1992)

15. **OTT, K.H.R. ET AL.**: Zur Quecksilberbelastung durch Amalgamfüllungen. Dtsch. Zahnärztl. Z. 39, 199-205 (1984)

16. **PIIKIVI, L. ET AL.**: Psychological performance and long term exposure to mercury vapors, Scand. J. Work Environ. Health 10, 35-41 (1984)

17. **RIETHE, P.**: Welche Füllungsmaterialien sind im gingivalen Bereich vertretbar? Dtsch. Zahnärztl. Z. 39, 589-598 (1984)

18. **ROWLAND, I.R. ET AL.**: The methylation of mercuric chloride by human intestinal bacteria, Experientia 31, 1064 (1975)

19. **SCHIELE, R. ET AL.**: Untersuchungen an beruflich quecksilberexponierten Personen, Arbmed., Sozmed., Prävmed. 14, 226-229 (1979)

20. **SCHMALZ, G.**: Die Gewebeverträglichkeit zahnärztlicher Materialien, Thieme Verlag (1981)

21. **SHAPIRO, I.M. ET AL.**: Neurophysiological and neuropsychological function in mercury exposed dentists, Lancet i, 1147-1150 (1982)

22. **SMITH, P.J. ET AL.** Effects of occupational exposure to elemental mercury on short term memory, Brit. J. Ind. Med. 40, 413-419 (1983)

23. **SOLEO, L. ET AL.**: Effects of low exposure to inorganic mercury on psychological performance, Br. J. Ind. Med. 47, 105-109 (1990)

24. **TILL, T.**: Quecksilberabgabe aus Amalgamfüllungen und Munddysbakterie als Ursache parodontaler Abbauerscheinungen, Zahnärztl. Welt 87, 1076 (1978)

25. **TRACHTENBERG, I.M.**: Zur hygienischen Normierung des Gehaltes von Quecksilberdämpfen in der Luft der Arbeitszone. Zeitschrift für die gesamte Hygiene und ihre Grenzgebiete 23, 437-440 (1977)

26. **ZANDER, H.A.**: Effect of silicat cement and amalgam on the gingiva, J. Am Dent Ass. 55, 11 (1957)

27. **ZANDER, H.A.**: Methods on criteria for evaluating gingiva tissue reactions, Int. Dent. J. 20, 493 (1970)

Abbildungen

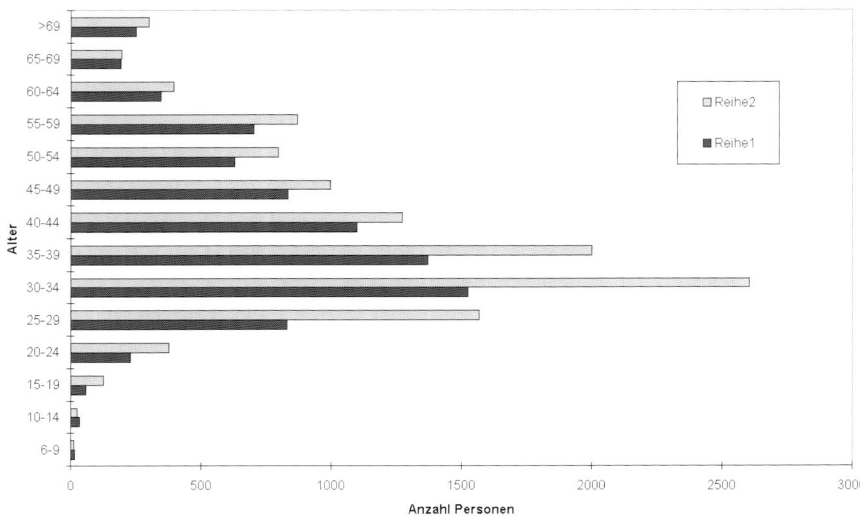

Abb. 1: Altersverteilung nach Geschlecht

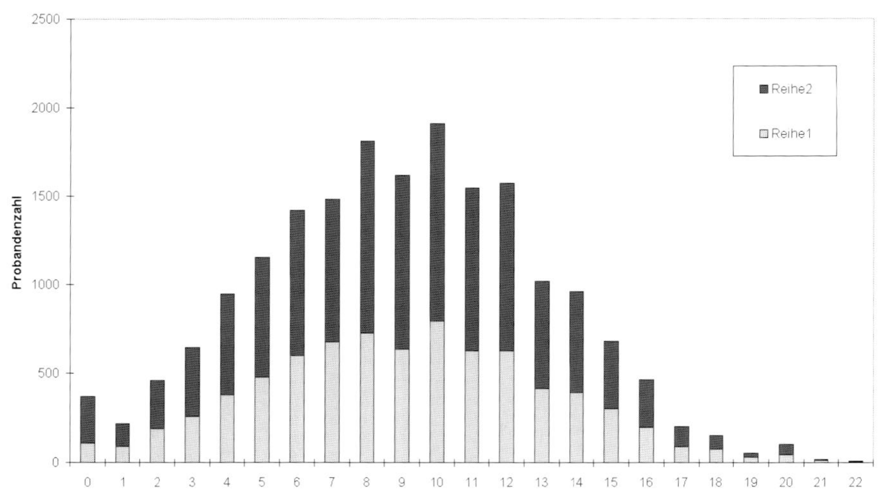

Abb. 2: Anzahl der Amalgamfüllungen

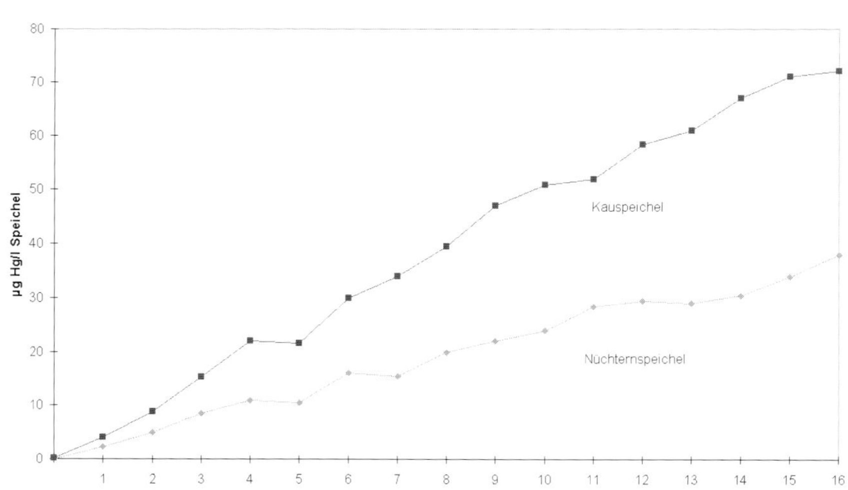

Abb. 3: Quecksilberfreisetzung u. Füllungsanzahl

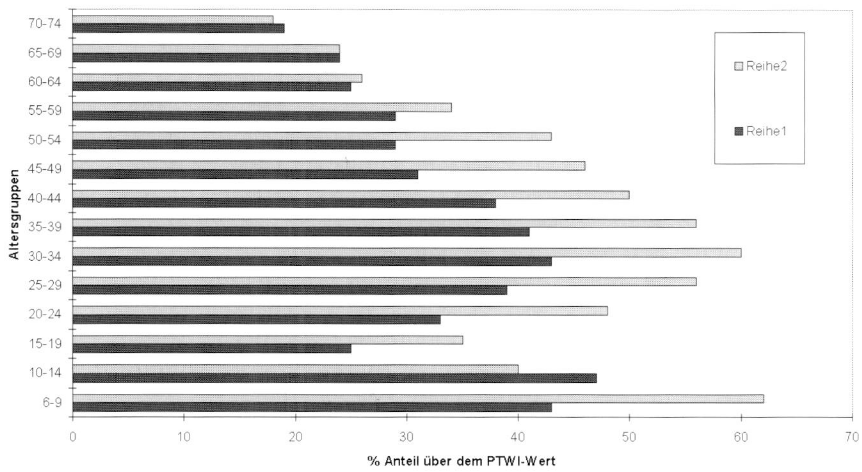

Abb. 4: PTWI-Wert-Überschreitung nach Altersgruppen

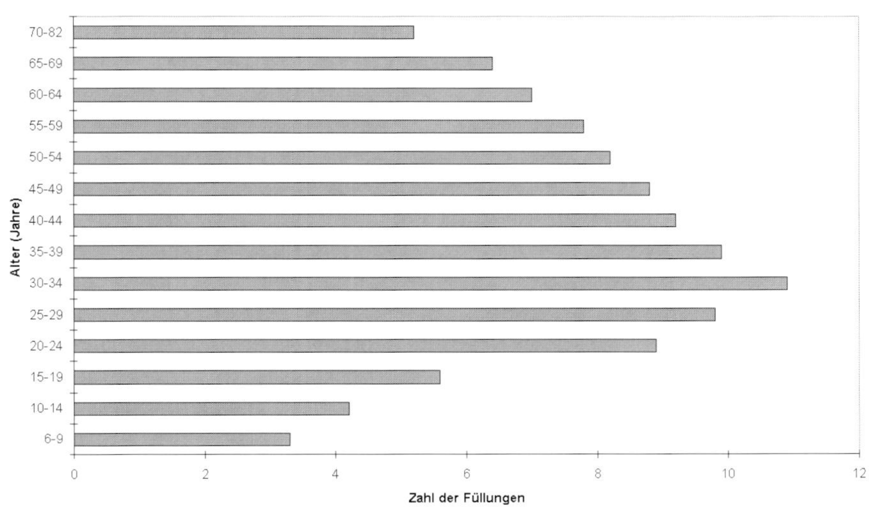

Abb. 5: Füllungsanzahl nach Altersgruppen

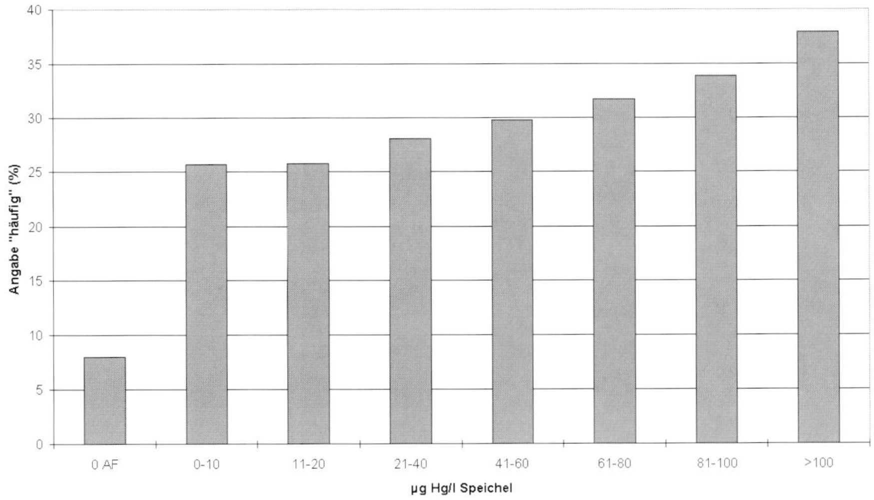

Abb. 6: Angabe „häufig“ bei Symptom Zahnfleischbluten

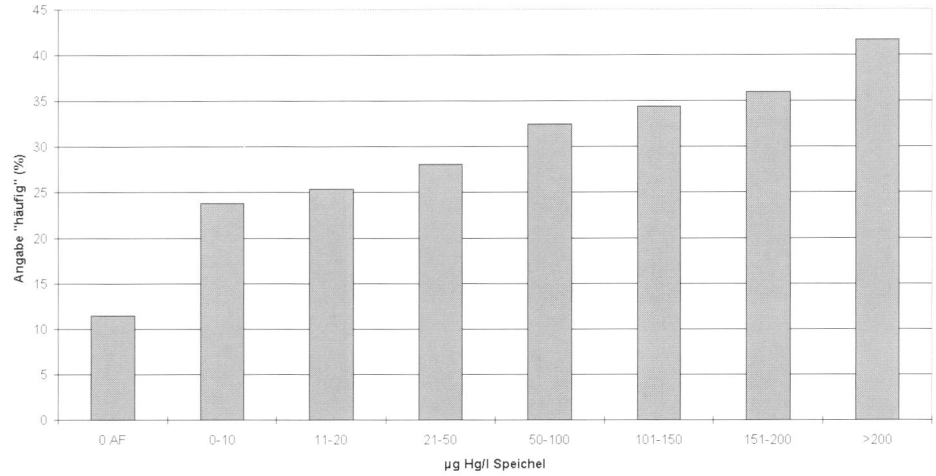

Abb. 7: Angabe „häufig" bei Symptom Konzentrationsschwäche

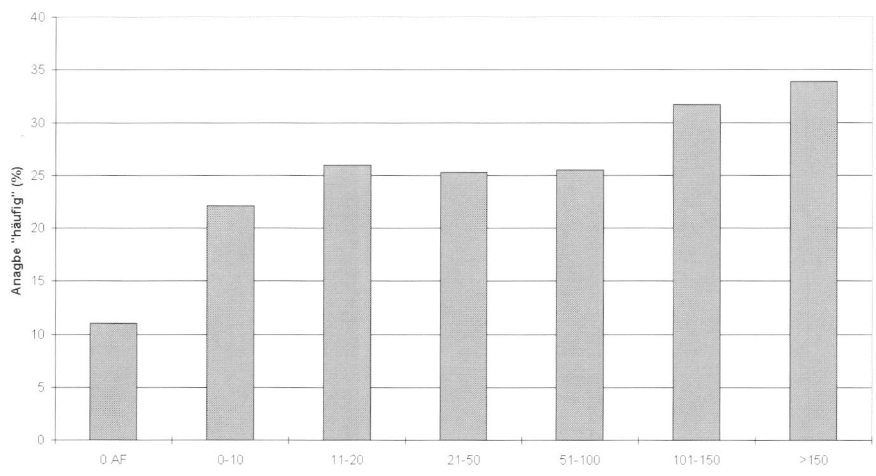

Abb. 8: Angabe „häufig" bei Symptom Magen-Darm-Beschwerden

Quecksilberbelastung mit Amalgam - Zeit zum Handeln - Erfahrung mit Mobilisationstherapien (DMPS und DMSA)

DR. R. SCHROTH

Wäre die klassische Medizin das, was sie vorgibt zu sein, wäre Amalgam als Füllstoff schon lange verboten. Seit Jahrzehnten wird über Amalgam als krankmachenden Stoff diskutiert. Immer wieder werden und wurden Betroffene, mit Quecksilber Vergiftete, als hysterisch, als Einzelfall, als nicht repräsentativ abgetan. Auch wenn nach Entfernung der Amalgamfüllungen und anschließender Ausleitung Patienten von ihren Beschwerden befreit werden, wird sofort die Frage aufgeworfen: Wie läßt sich den beweisen, daß dieses Quecksilber aus Amalgamfüllungen stammt, und nicht aus der Nahrung, aus der Umwelt, aus dem Trinkwasser, oder weiß Gott woher? Diese Fragen sind längst beantwortet. Die Antworten werden nur nicht gehört. Nicht gehört von einer Medizin, die auf Krankheit ausgelegt ist, wo Gesundheit allenfalls das Fehlen von Krankheit ist. Dieses System ist darauf ausgerichtet Gesundheit erst dann zu beachten wenn sie abhanden kommt. So produziert dieses Krankenkassensystem das, was es vorgibt zu bekämpfen, nämlich Krankheit. Eine erschreckende, aber aus dieser Sicht logische Schlußfolgerung. Amalgam ist typisch für diese Mentalität. Zunächst machen wir alles, damit die Karies zu ihrem Recht kommt. Dann stopfen wir die Löcher mit giftigen Substanzen, erkennen die Folgen nicht und rufen heftig nach Hilfe beim Arzt. Dieser, in einem System eingebunden, geht den Weg, den dieses System vorgibt und bestimmt.

Woher kommt Quecksilber?

Die Frage nach dem Verursacher der Quecksilberbelastung ist heute leicht beantworten. Es gibt organisch und anorganisch gebundenes Quecksilber. Ersteres ist das Nahrungsquecksilber, welches sich in den Problemfischen Steinbutt, Heilbutt und Thunfisch besonders anreichert. Daneben kommt es noch in Fungiziden, Bakteriziden und Saatbeizmitteln vor. Zu 90% wird dieses Quecksilber über den Stuhl ausgeschieden - und nur ein verschwindender Teil im Harn - in welchem diese Quecksilberform also nicht gut nachweisbar ist. Die Quelle für anorganisch gebundenes Quecksilber stellen Dämpfe aus Quecksilberkügelchen zerbrochener Fieberthermometer und ganz überwiegend Quecksilberdämpfe aus Amalgamfüllungen im Mund dar. Diese Dämpfe werden zu 80% über die Lunge aufgenommen und verteilen sich auf bestimmte Organe. Der Teil, der ausgeschieden wird, verläßt den Körper über Nieren und Harn, und läßt sich in diesem auch sehr gut nachweisen. Häufig wird versucht durch eine Haarmineralanalyse eine Quecksilberbelastung durch Amalgam nachzuweisen. Das ist nicht möglich, da nur das organisch gebundene Nahrungsquecksilber, und das nur zum Teil, in den Haaren nachweisbar ist.

Harn ist für den Nachweis von Quecksilber aus der Nahrung nicht geeignet. Harn ist für den Nachweis von Quecksilber aus Amalgam sehr gut geeignet. Haare sind für den Nachweis von Quecksilber aus Amalgamfüllungen ungeeignet. Fazit: Quecksilber im Harn beweist die Herkunft aus Amalgamfüllungen.

Wohin geht das Quecksilber?

Um die wirklichen Lagerstätten des Quecksilbers im Körper aufzuspüren, bedarf es der Untersuchung von Leichen. PROF. DRASCH vom Institut für Rechtsmedizin der Universität München hat an 168 Leichen, die mehr als zehn Amalgamfüllungen hatten Leber, Nierenrinde, Großhirnrinde, Großhirnmark, Großhirnkerne, Kleinhirn und Hirnstamm auf Quecksilber untersucht. Verglichen wurden dazu 77 Leichen, die nur ein oder höchstens zwei Amalgamfüllungen hatten. Das anorganisch gebundene Quecksilber war bei den Amalgamträgern in der Leber 4,2 mal in der Niere 11mal und im Gehirn doppelt so hoch, wie bei den übrigen 77 Leichen. Das organische gebundene Quecksilber aus der Nahrung spielte praktisch keine Rolle. Die sogenannten kritischen Organe, d.h. die Organe, die als erste geschädigt werden, sind Nieren und Hirn. Aber auch Leber, Schilddrüse und andere Organe speichern Quecksilber. Untersuchungen an Föten und Säuglingen ergaben, daß ein Teil des Quecksilbers aus den Amalgamfüllungen der Mutter während der Schwangerschaft durch die Placenta in das Kind übergeht und die Quecksilberkonzentration im kindlichen Organismus erhöht. Wenn in den ersten Lebensmonaten des Kindes die Nieren voll zu arbeiten beginnen, verteilt sich dieses Quecksilber um und kann zu Quecksilberkonzentrationen in den Nieren des Säuglings führen, wie man sie bei Erwachsenen nur bei hoher Anzahl an Amalgamfüllungen sehen kann. Auch

im Gehirn des Säuglings ist die Quecksilberkonzentration höher, wenn die Mutter Amalgamfüllungen hat! Inwieweit Quecksilber auf feinstofflicher Ebene Einfluß nimmt, kann mit dieser Untersuchungsmethode natürlich nicht beurteilt werden.
Den größten Teil der Belastung macht das anorganisch gebundene Quecksilber aus. Nachdem ein statistisch gesicherter Zusammenhang zwischen der Menge an anorganisch gebundenem Quecksilber in Organen und der Anzahl der Amalgamfüllungen besteht, und ein solcher für Quecksilber aus der Nahrung nicht nachweisbar ist, wird aus Unwissenheit über Dinge diskutiert, die längst entschieden sind, nämlich: Amalgamfüllungen sind hauptverantwortlich für die Belastung des Organismus mit Quecksilber.
Wie sieht die schleichende Quecksilbervergiftung aus? Die akute Quecksilbervergiftung ist kein strittiges Thema. Die Symptome sind einheitlich und akzeptiert. Der Verlauf meist dramatisch. Anders sieht es bei der schleichenden, chronischen Quecksilbervergiftung aus. Hier stehen Befindlichkeitsstörungen im Vordergrund, die jedem Arzt unter dem Begriff Erethismus mercurialis bekannt sind: Reizbarkeit, Schlafstörungen, Angstgefühle, Konzentrationsschwäche, Erinnerungsschwäche, psychische Erregbarkeit, Niedergeschlagenheit, Kopfschmerzen u.a.m..
In der täglichen Praxis werden diese Symptome meist bagatellisiert und aus Unwissenheit einer chronischen Quecksilbervergiftung schon gar nicht zugeordnet. Man orientiert sich an Richt- und Grenzwerten, die häufig nur eine politisch-medizinische Übereinkunft sind. Die Antwort auf die Frage, bei welcher Höhe der langfristigen Quecksilberbelastung erste, nachteilige Wirkungen auftreten, bleibt von der Wissenschaft aus. Sicher ist, daß ein physiologischer Bedarf an Quecksilber als Spurenelement nicht vorhanden, und daher jede Quecksilberaufnahme als unnötig und potentiell krankmachend einzustufen ist.

„Amalgamfüllungen dürfen nur für okklusionstragende Füllungen im Seitenzahnbereich (Klasse I und II) eingesetzt werden, und nur dann, wenn andere plastische Füllungswerkstoffe nicht indiziert sind und andere Restaurationstechniken nicht in Frage kommen. Aus Gründen des vorbeugenden Gesundheitsschutzes sollte die Zahl der Amalgamfüllungen für den einzelnen Patienten so gering wie möglich sein, da jede Amalgamfüllung zur Quecksilberbelastung des Menschen beiträgt."
Bundesinstitut für Arzneimittel und Medizinprodukte, Berlin, Bescheid vom 31.3.1995

Wo liegt das Problem der Toxikologen?

Ein Kern der Amalgamproblematik ist der Standpunkt, von welchem aus betrachtet wird. Folgt man der klassischen Toxikologie, so gibt es für jeden Stoff-also auch für Quecksilber-einen Schwellenwert unter dem er keine toxische Wirkung zeigt. Solche sind jedoch für Quecksilber in menschlichen Organen nicht aufgestellt. Maßgebend für die toxikologische Sicht ist die Abschätzung der im Organismus aufgenommen Metallmenge. Maßgebend für den Betroffenen ist die Metallmenge ganz sicher nicht. Hier zählen Klinik Beschwerdebild und die Besserung nach Behandlung. Das Dilemma der Toxikologen liegt darin, daß Sie sich an absoluten Werten im Harn oder Blut orientieren und nicht an der, mit einer Verbesserung der Symptome einhergehenden relativen Veränderung derselben. Der Mensch sollte auch hier das Maß der Dinge sein.
Über 1000 Menschen erstatteten Anzeige wegen Körperverletzung gegen den größten deutschen Amalgamhersteller. Die Staatsanwaltschaft beauftragte das Kieler Institut für Toxikologie mit einem Gutachten. Die Schlußfolgerung:

„Den (...) pauschalen Ruf, ein bei allen Patienten gleichermaßen im beliebigen Umfang zu verwendendes und gesundheitlich unbedenkliches Füllungsmaterial zu sein, hat Amalgam im ernstzunehmenden Schrifttum (...) nie zu recht besessen. Amalgam konnte und kann zu toxisch bedingten gesundheitlichen Schäden führen. Die Amalgamhersteller haben gewußt, daß „ihre Ware einen hochtoxischen Schadstoff enthält und freisetzt. Aufklärung über die Folgen der Anwendung ihres Produktes haben die Amalgamhersteller bewußt unterlassen und dadurch in gravierender Weise Schuld auf sich geladen, die strafrechtlich zu würdigen ist."
Kieler Amalgamgutachten: Kieler Institut für Toxikologie. DIR. PROF. DR. OTTMAR WASSERMANN

Womit wird man Schwermetalle wieder los?

Schwermetalle, nicht nur das Quecksilber, sind zweifelsfrei verantwortlich für zahlreiche, chronische Erkrankungen. Das heißt nicht, daß man sich dem Schicksal ergeben muß. Seit vielen Jahren gibt es sogenannte Komplexbildner, die in der Lage sind, Quecksilber aus den Depots im Körper auszuschleusen. Ich habe in den letzten Jahren über 3000 Therapien mit den Komplexbildnern DMPS und zirka 500 mit DMSA durchgeführt. Zum Teil im Rahmen einer klini-

schen Studie zur Einführung, des in den USA schon lange zugelassen Chemet (DMSA), in Österreich.
DMPS (Dimethylmercaptopropansulfonsäure) führt ebenso wie DMSA (Dimercaptosuccinacid) zu einer Komplexierung von Metallionen in einem heterozyklischen Ring. Das Chelat bildet mit Metallen eine Ringstruktur und wird über die Nieren ausgeschieden. Die Stelle, welche für die Bindung mit Quecksilber verantwortlich ist, sind zwei Sulfhydril (SH) Gruppen. Solche SH-Gruppen finden sich sehr häufig auch in Enzymen. Auf diesem Wege binden Enzyme auch Schwermetalle, werden dadurch inaktiviert und stehen dem Körper für diejenigen Aufgaben, weswegen sie benötigt werden, nicht mehr zur Verfügung. DMPS wirkt außerhalb der Zelle (extrazellulär) und nur in geringem Maße innerhalb (interzellulär). DMSA ist um ein Vielfaches weniger toxisch als DMPS und wirkt ausschließlich extrazellulär. DMPS ist wasserlöslich und daher nicht hirngängig (liquorgängig).
Daraus ergibt sich für die Praxis z.B. folgende Frage: Wenn behauptet wird, Quecksilber kann eine Migräne verursachen, wie kann diese Migräne nach einer DMPS-Therapie geheilt werden, wenn DMPS gar nicht ins Hirn gelangt und von dort auch kein Quecksilber ausschleusen kann? Man sieht, das Problem Ausschwemmung von Schwermetallen und Heilung von Krankheiten muß kritisch hinterfragt werden.

Wie erfolgt die Mobilisationstherapie in der Praxis?

Dazu eine Vorbemerkung: Es wird immer wieder behauptet, daß mit den giftigen Metallen auch sogenannte gute Metalle wie Zink, Eisen, Kupfer in nennenswertem Maße ausgeschwemmt werden und so gravierende Nachteile durch diese Therapie entstehen. Bei über tausend Therapien habe ich das untersucht und in keiner Weise nachweisen können. Routinemäßig bestimme ich jedoch immer Zink und Selen aus dem Vollblut und lasse bei Bedarf auch andere Mineralstoffe vor einer Mobilisationsbehandlung überprüfen. Fehlen solche, werden diese substituiert. Oft wird auch vorgeschlagen sowohl den sogenannten Spontanurin (Urin 1) vor der Mobilisation als auch den Urin nach der Mobilisation (Urin 2) jeweils auf Schwermetalle zu untersuchen. Ich habe es in über tausend Fällen auch so gehandhabt. Mittlerweile verzichte ich darauf. Das Argument, so könne man die ausgeschiedenen Mengen vor und nach der Mobilisation vergleichen, hat außer für wissenschaftliche Zwecke keine praktische Relevanz. Ich konnte nie eine wesentliche Konsequenz aus diesem Vergleich ziehen. Ich sehen keinen Vorteil darin den Urin 1 zu untersuchen. Ich sehe aber den großen Nachteil daß diese Urin 1-Untersuchung das praktische Vorgehen kompliziert und verteuert. Anders verhält es sich natürlich für wissenschaftliche Arbeiten.

Der intravenöse DMPS-Test Mobilisations- und Challengetest

Ich bestelle die Patienten der Praktikabilität wegen bei der ersten Mobilisation nüchtern, weil eventuell auch Vitamin- und Spurenelementanalysen vorgenommen werden. Ansonsten ist Nüchternheit nicht erforderlich. Der Test erfolgt in fünf Schritten:

- Harnblase entleeren
- Intravenöse Injektion von DMPS (3-5 mg/kg Körpergewicht), in der Regel eine Ampulle DMPS. Liegend innerhalb von 10 Minuten injizieren.
- Nach Beendigung der Injektion ¾l Tee oder Wasser innerhalb von 10 Minuten trinken.
- 45 Minuten nach Ende der Injektion wird der Patient zur Harnabgabe aufgefordert.
- Die Harnmenge messen — sie muß mindestens 50ml betragen, Creatinin im Harn bestimmen, 10ml zur Analyse in ein Speziallabor senden.

Üblicherweise sollten nicht mehr als 50μg Quecksilber pro g Creatinin ausgeschieden werden, doch sind auch Werte über 3000 bis zu 10000 bekannt. Bei erhöhten Werten wiederhole ich die Mobilisation nach frühestens zwei, spätenstes drei Monaten, bis kein Quecksilber mehr ausgeschieden wird. Das erreicht man nach zwei bis drei Behandlungen. Es besteht auch die Möglichkeit DMPS als Kapseln zu schlucken. Ich bevorzuge die i.v. Variante.

Der orale DMSA Mobilisationstest

Bei dieser Form der Ausleitung soll der Patient nüchtern sein, um unterschiedliche Resorptionsbedingungen zu vermeiden. Es gibt DMSA-Kapseln in unterschiedlicher Dosierung.
Ich empfehle solche mit 100mg und 350mg. Die therapeutische, auf das Körpergewicht bezogene Dosis läßt sich damit leichter zusammenstellen als wenn nur eine Stärke verfügbar ist.

Ich verabreiche 10 bis 15mg DMSA je Kilogramm Körpergewicht als Einmaldosis. Nur in seltenen Fällen 20mg/kg KG. Das Vorgehen ist dem DMPS-Test ähnlich:

- Harnblase entleeren
- Schlucken des Medikaments in der Ordination
- ¾l Tee oder Wasser innerhalb von 10 Minuten trinken
- Drei Stunden nach dem Schlucken der Arznei wird Urin produziert. Wenn großer Harndrang besteht, kann auch vorher Harn genommen werden. Dieser wird dann mit dem Urin der nach den drei Stunden abgenommen wird, vermischt.
- Harnmenge abmessen. Das Creatinin im Harn bestimmen. 10ml an ein Speziallabor zur Analyse senden.

Es sollen nicht mehr als 50µg Quecksilber /g Creatinin ausgeschieden werden. Andernfalls wiederhole ich bei 10mg/kg KG nach einer Woche diese Behandlung.

Bei 20mg/kg KG hat sich ein zwei bis dreiwöchiger Abstand zur nächsten Behandlung bewährt.

Mit welchen Nebenwirkungen ist zu rechnen?

DMPS ist eine schwefelige Verbindung,sie stinkt wie faule Eier. Die häufigsten Nebenwirkungen treten auf wenn die i.v. Injektion zu rasch erfolgt. Ein unangenehmer fauliger Geschmack stellt sich ein, verschwindet jedoch rasch von alleine. Zu schnelle Injektion kann sehr selten auch zu Übelkeit, Brechreiz und Erbrechen führen wie man das auch von anderen Arzneien z.B. Calcium, Analgetika u.a. kennt. Geringe unbedeutende Rötungen an der Einstichstelle sehe ich gelegentlich bei zu Allergien neigenden Patienten. Bei drei von 3000 Therapien kam es zu verzögerten leichteren Ödemen die ebenfalls keiner Therapie bedurften. DMSA kann bei hoher Dosierung ab 20mg/kg KG und gehäuft bei Wiederholung der Therapie innerhalb einer Woche, grippeartige Erscheinungen mit Fieber, Muskel- und Gelenkschmerzen bewirken. Bei niedrigeren Dosierungen ist kaum mit Nebenwirkungen zu rechnen, wenn man davon absieht, daß Harn und Stuhl noch einige Tage nach der Therapie den typischen schwefeligen Geruch verbreiten können.

Wann wendet man Mobilisationsteste an?

Literatur und eigene Studien zeigen unterschiedliche Wirkung der Komplexbildner auf die verschiedenen Schwermetalle. Die Stärken von DMPS liegen in der Mobilisation des Quecksilbers. Die Stärken von DMSA liegen in der Mobilisation von Blei. Bei Amalgamträgern, bzw. bei Patienten die Amalgam haben sollte DMPS das Mittel der Wahl seien. Die Probleme der heutigen Medizin liegen nicht im akuten Krankheitsgeschehen. Die meisten kann man gut beherrschen. Die Herausforderung für alle Ärzte stellen die langwierigen, chronischen Probleme dar. Mit diesen kann man leben, sie kosten aber viel an Energie, Vitalität und Lebensqualität. Z.B. rheumatische Krankheiten, Allergien, Hautkrankheiten, Kopfschmerzen, Leistungsabfall ohne daß eine Ursache gefunden werden kann, Infektanfälligkeit, schlechte Stoffwechselleistung usw.. In all diesen und anderen Fällen ist der i.v. DMPS - Test genauso wichtig wie die Bestimmung der Leberwerte, des Cholesterins und andere Werte. Dieser Test sollte als DMPS-Challengetest (Provokationstest) viel mehr angewendet werden, zumal er Diagnostik und Therapie gleichzeitig ist. Stellvertretend für zahlreiche ähnliche Erfolge ein **Beispiel eines 15 jährigen Mädchens:**

Seit der Kindheit Heuschnupfen und Allergien gegen Hausstaubmilben, Blütenpollen, Roggen, Weizen, Hafer und Katzenhaare. Eine dreijährige Desensibilisierungsbehandlung war ohne Erfolg. Zwischen dem 10. und 14. Lebensjahr begannen Nießanfälle mit Entzündungen der Nasennebenhöhlen, die laufend mit Anti Jupiter behandelt worden. Ganzjährig traten auf: Konzentrationsstörungen, Kopfschmerzen, unklare Angstgefühle, Müdigkeit und Niedergeschlagenheit. Die Patientin war schnell gereizt, grantig und zornig. Die Mutter meinte man könnte mit ihr überhaupt nicht mehr reden. Ein schwieriges Alter. Im 15. Lebensjahr erstmals Atemnot. Zwei Monate später, im Juli 1995, wurde die erste DMPS-Mobilisation durchgeführt. Diese brachte eine deutliche Quecksilberbelastung zu Tage. Die allergischen Symptome verschwanden schon wenige Tage nach der ersten Behandlung. Die psychischen Symptome (klassischer Erethismus mercurialis) besserten sich wie auch die körperlichen dramatisch. Anschließend erfolgte der Austausch der Amalgamfüllungen und eine neuerliche DMPS-Therapie. Die Patientin ist ein Jahr danach noch immer beschwerdefrei.

Das Wissen über die Toxizität von Umweltgiften und Schadstoffen beschränkt sich fast ausschließlich auf deren Einzelwirkung. In vielen Fällen genügt es, verschiedene Stoffe, alle jeweils im sogenannten ungiftigen Bereich, zu kombinieren um eine toxische Gesamtwirkung zu erhalten. Die Wirkungsweise toxischer Verstärkermechanismen sind nur in Ausnahmefällen bekannt. Es geht immer auch um eine Gesamtschau, und nicht nur um Quecksilber aus Amalgam, Blei aus der Umwelt, Cadmium aus Farben, Zigarettenrauch, um Wohngifte wie Formaldehyd, Milben, Schimmelpilze und degenerierte Lebensmittel usw.. Eine Schuldzuweisung und Schuldumwälzungen für Mißbehagen und Krankheit auf Quecksilber und andere Umweltgifte alleine ist solange nicht vertretbar, solange der einzelne nicht bereit ist gesundheitsschädigendes Verhalten wie Streß, Rauchen, Alkohol, Übergewicht, Bewegungsarmut, Streit, Mißgunst und anderes zu ändern.

Amalgamsanierung

DR. HUGO SCHLOßER

Mit diesem Artikel stelle ich mein Konzept vor. Es ist im Laufe vieler Jahre gewachsen und es wird durch Einbeziehung neuer oder anderer Erkenntnisse im Verlauf der nächsten Jahre weiter wachsen und sich verändern. Es ist nicht meine Absicht, diese Methode dogmatisch zu verbreiten, sondern es genügt mir, wenn die eine oder andere Anregung aufgegriffen werden kann.

Eine Amalgamsanierung darf niemals überfallsartig geschehen. Was Jahre und Jahrzehnte gebraucht hat, um in den Körper einzudringen, kann nicht in wenigen Stunden oder Tagen beseitigt werden. Man muß behutsam vorgehen, bestimmte Prioritäten beachten, ähnlich wie beim Schälen einer Zwiebel Schicht für Schicht abtragen.

Die Sanierung verläuft in fünf Phasen **(Tab. 1)**. In der ersten Phase wird die Indikation abgeklärt, inwiefern überhaupt eine Entfernung durchgeführt werden muß. Für die Phase zwei gibt uns die Regulationsdiagnostik einen Überblick in welchem Zustand sich der Patient überhaupt befindet. Durch eine Vorbehandlung wird seine Entgiftungs- und Ausscheidefunktion aktiviert. Erst dann erfolgt die dritte Phase, die Entfernung der Amalgamfüllungen und die provisorische Versorgung mit elektroneutralen Materialien. In der vierten Phase werden das Quecksilber und andere Schwermetalle aus dem Körper spezifisch ausgeleitet. Erst wenn dies erfolgreich abgeschlossen ist, folgt die fünfte und letzte Phase, die definitive Versorgung der Zähne.

Phase I: Indikation zur Amalgamsanierung

Wenn die Entscheidung zu einer Amalgamentfernung getroffen wird, befinden wir uns bei Beachtung ganzheitlich komplementärer Kriterien bereits in der Nachphase umfangreicher Test- und Diagnoseaktionen.

Abgesehen von Medikamenten und Materialalternativen müssen wir absolute Klarheit haben über die Regulationsfähigkeit des entsprechenden Patienten. Der menschliche Organismus ist als sogenanntes „Offenes System" durch Milliarden vernetzter Regelkreise in permanenter Wechselwirkung mit Einflüssen von außen. Diese Einflüsse müssen von ihm ständig durch körpereigene Regulationssysteme ausgeglichen und adaptiert werden.

Ausscheider — Nichtausscheider.

Nicht jeder Amalgamträger muß saniert werden. Das möchte ich an dieser Stelle deutlich festhalten. Es kommt darauf an, wie jeder einzelne mit den Belastungen, die zweifellos durch Amalgam gegeben sind, fertig wird. Man kann zwei große Gruppen unterscheiden: Ausscheider und Nichtausscheider.

Der Ausscheider wird mit der toxischen Belastung noch fertig, er kompensiert sie. Das ist aber in vielen Fällen keine stabile Position, sondern kann sich bereits durch Eingliederung einer einzigen Krone ändern, weil damit eine aggressive Metallmischinstallation geschaffen wird, die ein oft nur noch mühsam aufrecht erhaltenes Gleichgewicht zusammenbrechen läßt — die Kompensation wird überlastet, der Patient wird zum Nichtausscheider (**Abb.1:** Regulationspathologisches Modell).

Zu dieser Gruppe der Nichtausscheider zählen die schwer und schwerst belasteten Patienten und mit denen haben wir es in der Regel bei der Amalgamsanierung zu tun. Wer über mehrere Jahre getestet hat, wird feststellen, daß es keine isolierte Belastung durch ein Toxin gibt. Die Nichtausscheider haben immer Kombinationen von Mehrfachbelastungen verschiedenster Inwelt- und Umweltfaktoren und das drückt sich auch in der Symptomatik aus, weil diese Summationsbelastungen komplexe Überlagerungen verschiedenster Symptome bewirken, die nicht mehr spezifisch toxinbezogen auseinandergehalten werden können. Somit kann es auch keine typische Amalgamsymptomatik geben.

Regulationsdiagnostik

Uns muß also vordergründig interessieren: In welcher Reaktions- bzw. Regulationslage befindet sich der Organismus des Patienten? Kann ich ihm die Zusatzbelastung, die durch die Entfernung entsteht, überhaupt zumuten? Muß ich durch geeignete Vorbehandlung erst einmal diese Regulationsfähigkeit herstellen? Wenn ich darauf nicht eingehe, ist der Mißerfolg vorprogrammiert. Ich kenne sehr viele Fälle aus meiner Testpraxis, bei denen sich der Gesamtzustand nach

übereilter und unqualifizierter Amalgamentfernung erst einmal bedeutend verschlechtert hat.
Die Regulationsdiagnostik beschäftigt sich mit den Reaktionsmöglichkeiten des erkrankten Organismus und zwar auf mehreren Ebenen. Es ist eine dynamische Diagnostik, weil „in vivo“ getestet wird und weil damit registriert wird, wie der Organismus einen Reiz verarbeiten bzw. beantworten kann.

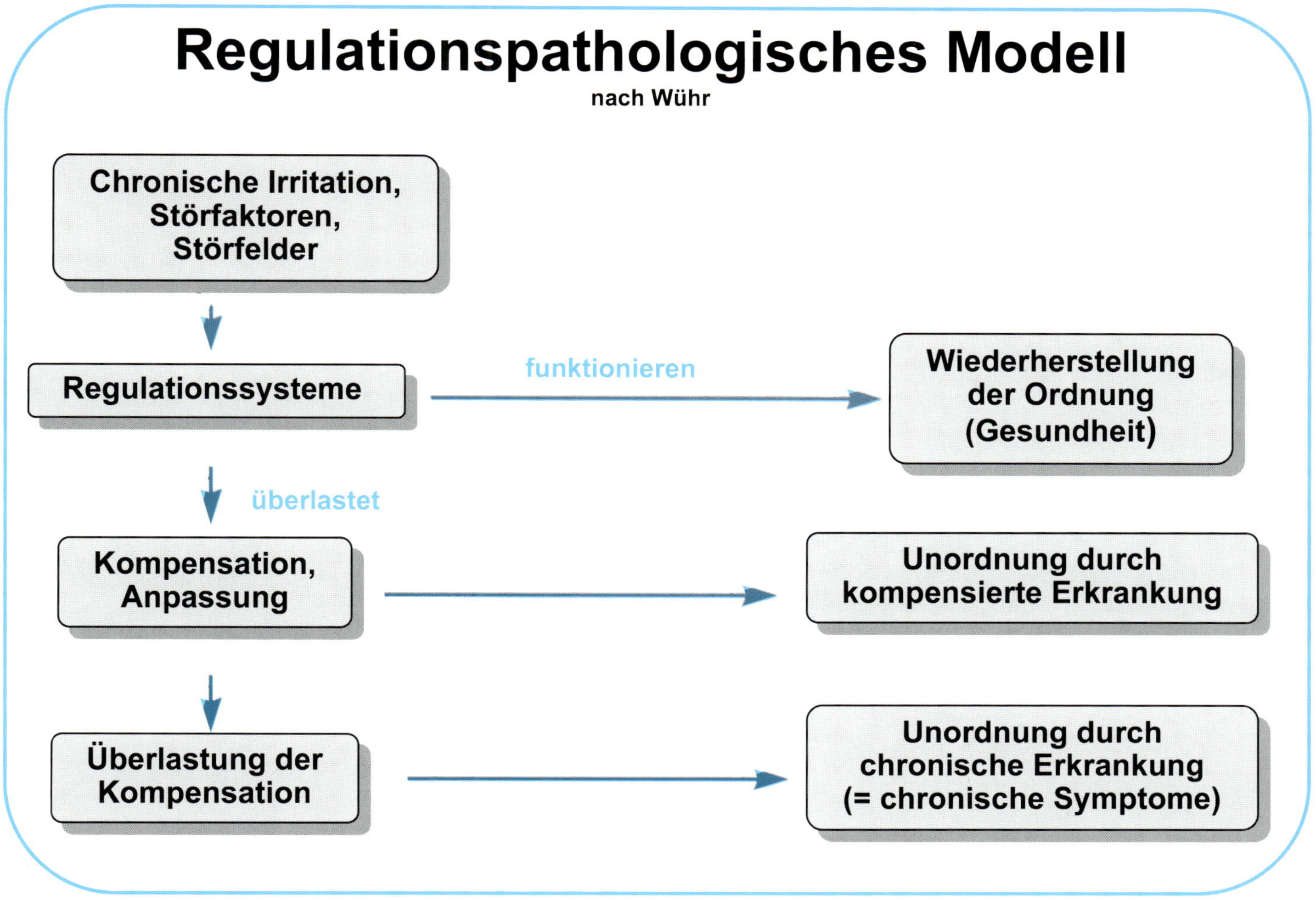

Abb.: 1

In **Tab. 2** habe ich versucht, einen Überblick über die gebräuchlichsten regulationsdiagnostischen Verfahren zu geben.
Es ist schwierig, einen gemeinsamen Nenner für die unterschiedlichsten Methoden zu finden, weil jede eine andere Ausgangsbasis besitzt. Zu den klassischen Vertretern zählen der Leukozytentest, die Bioelektronische Funktionsdiagnostik, die gesamten Dermographischen Decoderverfahren und die Regulationsthermographie. Die Energetische Terminalpunktdiagnostik ist zwar kein dynamisches Verfahren, aber sie stellt eine bildgebende Methode dar, die unter anderem einen sehr guten Überblick über die energetische Gesamtsituation und die Lokalisation einer energetischen Störung liefert.
Bei der Lokalisation befinden wir uns bereits in einem der Regulationsdiagnostik nachgeordneten Bereich, in einem Subsystem. Während die Regulationsdiagnostik eine Übersicht über den Funktionszustand der Regulationssysteme liefert, klärt die Diagnostik chronischer Irritationen die Frage, welche Faktoren ursächlich diese Belastung hervorgerufen haben. **Tab. 3** zeigt die gebräuchlichsten Verfahren mit denen chronische Irritationen durch Testung ermittelt werden können.
Die „Chronische Irritation" ist systemtheoretisch ein weitläufiger Begriff, der alle möglichen Störfaktoren umfaßt. Sie können auf allen funktionellen Ebenen wirksam sein. **Tab. 4** gibt einen Überblick

Anatomisch-morphologische Veränderung durch ihre Lokalisation (Herd),

energetisch-funktionell durch Behinderung bzw. Unterbrechung von Energieleitbahnen (Störfeld),

toxisch oder allergisch durch das verwendete Material (Störfaktoren mit übergeordneter Steuerungsfunktion),

strukturelle Belastungen durch Dysfunktion im stomatognathen System

Amalgambelastungen sind unter Punkt drei einzuordnen. Eine chronische Irritation durch Störfaktoren mit übergeordneter Steuerungsfunktion belastet grundsätzlich den gesamten Organismus. Krankheitssymptome können überall erscheinen. Gerade die ungebremste Verbreitungsmöglichkeit macht diese Störfaktoren mit übergeordneter Steuerungsfunktion gefährlich, unberechenbar und sehr schwer nachweisbar. Zusätzlich wird das Ganze noch erschwert durch die vorher schon genannten Summationsbelastungen.
In der Praxis des Autors wird als Regulationsdiagnostik Thermoregulation nach Rost und Energetische Terminalpunkt-Diagnostik nach Mandel betrieben.
Im Subsystem Chronische Irritation werden mit dem Biotensor nach Oberbach und kinesiologisch mit Physioenergetik (Armlängenreflex) nach Raphael van Assche Testungen durchgeführt. Diese beiden Methoden arbeiten auf feinenergetischer Basis über das Senorium des Testers bzw. der Testperson. Mit dem Beziehungstest des Biotensors oder mit dem Armlängenreflex läßt sich ein einfacher Testdialog im Ja/Nein-Verfahren durchführen. **Abb: 2 und 3:** Armlängenreflex

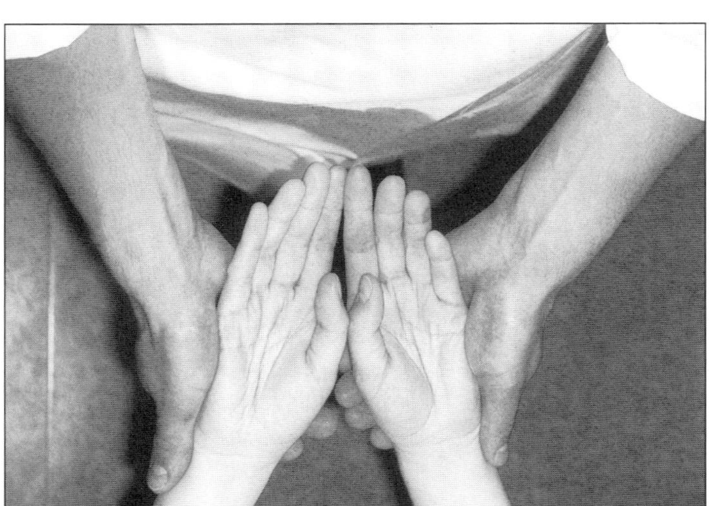

Abb. 2

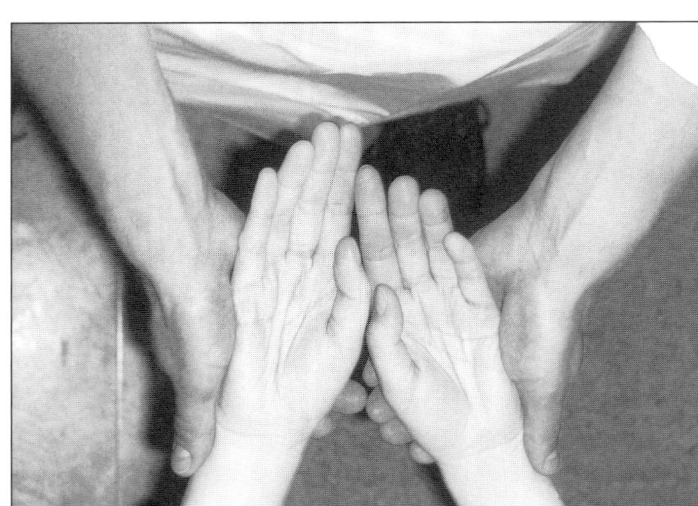

Abb.3

Die Fünf Phasen der Amalgamsanierung

Phase I:
Indikation zur Amalgamsanierung
- Ausscheider - Nichtausscheider
- Regulationsdiagnostik
- Konstitutionstypen
- Isopathischer Umkehrwert

Phase II:
Vorbehandlung
- unspezifische Entgiftung
- Beseitigung von Therapiehindernissen

Phase III:
Entfernung der Amalgamfüllungen und elektroneutrale Zwischenversorgung
- Entfernung der Amalgamfüllungen
- Materialien und Technik der Zwischenversorgung

Phase IV:
Ausleitung der Schwermetallbelastung
- Spezifische Entgiftung

Phase V:
Endgültige Versorgung
- Voraussetzungen für die endgültige Versorgung
- Materialien für die endgültige Versorgung

Tab.: 1

Testverfahren für Regulationsdiagnostik

Bestimmung des Funktionszustandes der Regulationssysteme

Übersichtstestungen

Labordiagnostik
Leukozyten-Test (Elpimedtest)
Serumjodometrietest

Elektro-Akupunktur (EAP)
Bioelektronische Funktionsdiagnostik (BFD)

Dermographische Decoder
Decoderdermographie (DDG)
Diagnose für Funktionelle Medizin (Vega DFM)
Segmentelektrographie (SEG)

Regulationsthermographie (RThG)

Energetische Terminalpunktdiagnostik (ETD)

u.a.

Tab.: 2

Diagnostik chronischer Irritationen

Welche Faktoren verursachen die chronische Irritation?

Lokalisationstestungen

Testverfahren manuell oder mit einfachen Hilfsmitteln

RAC-Testung nach Nogier
Applied Kinesiology (AK)
Physioenergetik (PE)
Biotensor
Birek
Lecherantenne
u.a.

Testverfahren mit elektronischen Geräten

Elektroakupunktur nach Voll EAV
Bioelektronische Funktionsdiagnostik BFD
Vegetativer Reflextest VRT (Vegatest)
u.a.

Zusätzliche Testmöglichkeiten

Auslöschtest: Neuraltherapie
Provokationstest: Spenglersan Test
Dunkelfeldmikroskopie
Irisdiagnostik
u.a.

Tab.: 3

Chronische Irritationen im ZMK- Gebiet

I.) Herde

Anatomisch-morphologische Veränderung mit gezielter Fernwirkung auf das Meridian-Paar, dem das Odonton zugeordnet ist (siehe Funktionskreis).

- Enossale Herde
  - Chronische Ostitis (Restostitis)
  - periapikale Ostits
  - radikuläre und follikuläre Cysten
  - Knochentasche
  - Wurzelreste
  - verlagerte und retiniert Zähne
- Intradentale Herde
  - Chronische Pulpitis
  - Pulpendegeneration
  - Pulpengangrän
  - Zustand nach Wurzelfüllung, Resektion, Replantation
- Fremdkörper im Kieferknochen

II.) Störfelder

Keine anatomisch-morphologische Veränderung wie beim Herdgeschehen, sondern ein funktionell-energetisches Geschehen (Preußer) mit gezielter Fernwirkung.

- Narben

III.) Störfaktoren mit übergeordneter Steuerungsfunktion

Die Regulationsstörungen wirken auf den ganzen Organismus und belasten mehrere Meridiane gleichzeitig. Die Krankheitssymptome können überall im Organismus erscheinen (Thomsen).

- Dentale Werkstoffe
  - Metalle (Amalgam, Legierungen)
  - Kunststoffe
  - Befestigungs-, Füllungszemente
  - Wurzelfüllmaterialien
  - Toxische Eiweißzerfallsprodukte
- Allopathische Medikamente

IV.) Strukturelle Belastungen durch Dysfunktion im stomatognathen System

- Kiefergelenk
- Kaumuskulatur

©Schloßer

Tab. 4

Konstitutionstypen

Die Regulationslage des jeweiligen Patienten wird in hohem Maße von seiner konstitutionellen Verfassung bestimmt. Sie ist der Nährboden auf dem sich das Regulationsvermögen aufbaut. Es gibt verschiedene Ausgangspunkte für konstitutionelle Systeme. Im Rahmen dieser Arbeit möchte ich die Psychophysiognomik nach HUTER und die Homöopathischen Konstitutionstypen ansprechen.

Psychophysiognomik nach HUTER

Die Konstitutionstypeneinteilung nach PROF. ERNST KRETSCHMER, die jeder Zahnmediziner in der Prothetikvorlesung lernt, ist auf der HUTER`SCHEN Lehre aufgebaut. Ich werde bei den einzelnen Typen auf Parallelverbindungen hinweisen.

CARL HUTER hat sein einfaches aber geniales System um die Jahrhundertwende veröffentlicht. Seine Typeneinteilung wird aus der Entwicklungsgeschichte des Menschen über die individuelle Ausprägung der drei Keimblätter abgeleitet (Literatur: AMANDUS KUPFER; „Grundlagen der Menschenkenntnis").

Vom inneren Keimblatt (Endoderm) werden gebildet: Ernährungs- und Verdauungssystem, also der ganze innere Verdauungstrakt vom Mund bis zum After und die inneren Organe mit Ausnahme des Herzens.

Vom mittleren Keimblatt (Mesoderm) werden gebildet:

Bewegungssystem (Knochen, Muskeln, Sehnen, Bänder, Knorpel, Bindegewebe), also das gesamte Skelett, die Motorik und das Herz.

Vom äußeren Keimblatt (Ektoderm) werden gebildet: Nervensystem (Gehirn, Rückenmark, Nervenbahnen, sensorische Enden der Sinnesorgane), Drüsen und Haut.

1. Primäre Naturelle

In der Regel überwiegen ein oder zwei Keimblätter. Sogenannte „Primäre Naturelle" entstehen, wenn ein Keimblatt das Übergewicht hat.

Ernährungsnaturell: Endoderm überwiegt (nach KRETSCHMER Pykniker)

Typisierung: Rundliche, weiche Formen, von oben Rundschädel, kurzer Hals, kurze Extremitäten, Knochengerüst weich, neigt zu Fettansatz.

Idealer Beruf: Gastwirt, Metzger

Der Ernährungstyp gilt als guter Nahrungsverwerter und kann somit auch als guter Giftverwerter eingestuft werden. Aufgrund seiner Leibesfülle besitzt er jedoch erhebliche Speicherräume in seinen Fettzellen und wird lange Zeit keine Probleme mit Giftbelastungen haben. Bei Fastenkuren ist zu beachten, daß gut ausgeleitet wird, weil die aufgelösten Fettzellen ihren toxische Inhalt in hoher Konzentration in den Organismus ergießen. Eine fehlende gleichzeitige Entgiftung kann erheblichen Schaden anrichten. Fehlende Ausscheidung führt zu einer Neuverteilung der Gifte im Organismus.

Bewegungsnaturell: Mesoderm überwiegt (nach KRETSCHMER Athletiker)

Typisierung: Eckiger Typ, Knochen, Knorpel, Muskeln, Sehnen, Bänder sind vorherrschend; lange Extremitäten, breitschultrig, muskulös, braucht physische Anstrengung, kommandiert gerne.

Idealer Beruf: Militär, Polizei, Politik, Sport, Bau-, Forst-, Feldarbeit

Der Bewegungstyp braucht viel Nahrung, ohne dick zu werden. Er gilt als schlechter Nahrungsverwerter und nimmt demzufolge auch weniger Gifte auf. Er wird kaum Schwierigkeiten haben mit Toxinen, weil er auch noch zusätzlich durch seinen Bewegungsdrang über Haut und Atmung sehr viel ausscheidet.

Empfindungsnaturell: Ektoderm überwiegt (nach KRETSCHMER Leptosomer, in überspitzter Form Astheniker)

Typisierung: Im Gegensatz zu den beiden vorhergehenden runden und eckigen Typen, ist der Empfindungstyp feingliedrig und schmal mit zarten Gesichtszügen. Der Kopf hat die Form eines Eies, das auf der Spitze steht. Das gesamtes Nervensystem ist besonders betont. Er hat eine sehr sensible Natur, alle Reize werden stark registriert, er neigt zu nervlicher Überforderung. Auch die Haut wird vom Ektoderm gebildet und der Volksmund hat mit dem Begriff „dünnhäutig" genau diesen Typ charakterisiert. Der ideale Beruf findet sich in allen Positionen, die verfeinerte Lebenskultur, phantasiereiches und gefühlvolles Denken fordern.

Der zarte, zierliche Körperbau läßt weder Speicherung noch übermäßigen Bewegungsdrang zu. Toxische Belastungen sind am ehesten bei diesem Typ zu erwarten, weil er relativ wehrlos diesem Problem gegenübersteht.

2. Sekundäre Naturelle

Beim sekundären Naturell überwiegen zwei Keimblätter, ein Keimblatt tritt in den Hintergrund. Besonders typische Merkmale dieser Naturelle ergeben sich häufig nicht durch die im Übermaß vorhandenen zwei Anlagen, sondern durch das Keimblatt, das nicht so stark ausgeprägt ist.

Ernährungs - Bewegungsnaturell (Empfindung im Hintergrund)

Typisierung: Wenig empfindliches Nervenkostüm; groß, breit, imponierende Erscheinung. Dieser Typ ist am widerstandsfähigsten, der typischer Manager, unermüdlich tätig mit hoher Durchsetzungskraft. Er ist wenig empfindsam, besitzt wenig Gespür. Toxisch gesehen kann er sowohl sehr gut speichern wie auch ausscheiden.

Ernährungs - Empfindungsnaturell (Bewegungskomponente im Hintergrund)

Typisierung: Leitspruch: „In Ruhe ruhig denken". Er ist der geborene Bürokrat, seine körperliche Durchsetzungskraft ist schwach ausgebildet. Aufgrund der Empfindungskomponente ist mit toxischen Belastungen zu rechnen.

Bewegungs - Empfindungsnaturell (Ruhe- und Ernährungskomponente im Hintergund)

Typisierung: Diese Menschen verausgaben sich am meisten, ein ständiger geistiger und körperlicher Impuls treibt sie zu neuen Taten. Es fehlt die Ruhekomponente des Ernährungsnaturells. Für diesen Typ gibt es keine Arbeits- und Essenszeiten, er schont sich nicht. Aufgrund der Empfindungskomponente ist auch hier mit toxischen Belastungen zu rechnen.

3. Harmonisches Naturell

Das Idealbild eines Menschen, ein sogenanntes Harmonisches Naturell ist gegeben, wenn alle drei Keimblätter gleich stark ausgebildet sind. Diese Menschen sind sehr vielseitig. Sie sind ausgeglichen und wirken ausgleichend. Leider gibt es sehr wenige von diesem „Modell", sonst würde es auf unserer Welt wahrscheinlich anders aussehen. Johann Wolfgang von Goethe wird diesem Typus zugerechnet.

4. Disharmonisches Naturell

Beim disharmonischen Naturell sind die Keimblätter nicht harmonisch aufeinander abgestimmt, sondern ungleich. Das zeigt sich durch unschöne Proportionen und Asymmetrien. Genauso ist auch der Charakter unausgeglichen und das äußert sich in Kritik, genereller Verneinung und ständiger Opposition. Der disharmonische Mensch ist ein Zyniker, neigt zu unberechenbaren Handlungen und ist mit sich selbst unzufrieden.

In diesem Naturell finden wir häufig unsere schwierigen Patienten. Sie benötigen viel Zeit und Material, verursachen Stellungnahmen, Auseinandersetzungen, Telefongespräche und zweifeln gute Ratschläge an. Oft suchen sie auch mehrere Ärzte gleichzeitig auf und spielen sie gegeneinander aus.

Homöopathische Konstitutions- und Reaktionstypen.

Ein weiteres Konstitutionssystem aus der Vielzahl verschiedener Modelle möchte ich noch ansprechen, weil es häufig nicht beachtet wird oder gar nicht bekannt ist:

In der Homöopathie werden durch Arzneimittelprüfung am Gesunden sogenannte Arzneimitteltypen ermittelt. Wenn ein Gesunder ein homöopathisches Mittel in übermäßiger Dosis einnimmt, bekommt er Symptome, die auf dieses Mittel zurückzuführen sind. Die Summe der Symptome ergibt das Arzneimittelbild. Nach dem Ähnlichkeitsprinzip wird einem Kranken das Mittel verabreicht, das vom Arzneimittelbild her, dem Krankheitsbild möglichst ähnlich (Simile) ist.

Die Identität zwischen einem Menschen und einem homöopathischen Arzneimittelbild kann so groß sein, daß man von einem homöopathischen Konstitutionstyp spricht. Im Rahmen dieser Arbeit müssen wir uns mit den metallischen Konstitutionen beschäftigen. In erster Linie sind das natürlich die Metallkomponenten des Amalgams mit dem Hauptanteil Mercurius solubilis, ferner Argentum, Stannum, Cuprum und Zincum metallicum. Viele Menschen haben Kombinationen von Amalgam und anderen Dentallegierungen im Mund, so daß darüber hinaus noch weitere Komponenten wie beispielsweise Aurum, Platinum und Palladium metallicum interessant sein dürften.

Die ausgeprägten Vertreter dieser Arzneimittelbilder dürfen mit „ihrem" Metall physisch im Mund absolut nicht konfrontiert werden. In Urpotenz und in niedrigen Potenzen reagieren sie sehr stark darauf. Mittlere und hohe Potenzen dagegen können sehr gut für eine Konstitutionstherapie eingesetzt werden. Beispielsweise wird ein ausgeprägter Aurumtyp mit Amalgam wenig Schwierigkeiten haben, eine einzige Goldkrone kann ihn jedoch in die Depression treiben. Ein Argentum- oder ein Mercurius-Typ toleriert Gold hervorragend, aber Amalgam wird beiden große Probleme bereiten. Diese Reaktionen haben natürlich mit Allergie überhaupt nichts zu tun. Wir befinden uns hier in der großen Grauzone von Überempfindlichkeit, Intoleranz, Idiosynkrasie und Pseudoallergie, für die die Schulmedizin keinerlei Erklärung hat.

Nachfolgend bringe ich eine kurze Zusammenfassung der wichtigsten Symptome dieser Arzneimittelbilder.

Aurum metallicum

Ich beginne mit Aurum und gehe dann zum Argentum über, weil sich so die Gegensätzlichkeit am besten zeigt.

Bei Aurum handelt sich hier weniger um einen klassischen Konstitutionstyp, sondern mehr um einen ausgesprochenen Arzneityp, einen herz- und gefäßkrankenTyp, der sich erst im Laufe des Lebens in diese Konstitution hineinentwickelt.

Er ist stiernackig, kraftstrotzend vom Typ strahlender Sieger mit dem Willen zur Macht und wird in gesunden Tagen kaum einen Arzt aufsuchen Er gerät leicht in leidenschaftliche Erregung, zeigt erhöhte Geschäftigkeit und Arbeitskraft und tritt durch Gedankenreichtum und Unrast in Erscheinung. Widerspruch reizt zum Jähzorn. Wenn aber einmal der Draht gerissen ist, hat er die Neigung alles schwer zu nehmen, auch sein Gang und seine Haltung sind dann schwer lastend. Mit fortschreitendem Alter wird er immer mehr zum Hypertoniker, mit blaurotem Gesicht, vollblütig, korpulent und kurzatmig. Als Patient kann er nicht warten, er will gleich den Chef sprechen und sich beschweren.

Dieses aktive Erscheinungsbild ist oft im Wechsel mit depressiven, apathischen Verstimmungen. Der geringste Mißerfolg kann dies herbeiführen. Eine Steigerung bis zu schwerer Melancholie mit Selbstmordgedanken ist möglich.

Argentum metallicum

Dieser Typ verhält sich im Vergleich zum Aurumtyp wie der Mond zur Sonne. Er ist abgezehrt, disharmonisch, neigt zu Verkrampfungen und zeigt ein blasses, graues, eingefallenes Gesichtes. Das läßt ihn alt aussehen und vor allem Frauen machen einen zarten, nervösen, blutarmen Eindruck.

Auch Kinder sehen auffallend alt aus. Es handelt sich um reizbare, ängstliche Menschen mit innerer Unsicherheit und Schwäche, die durch Wutausbrüche verdeckt werden soll. (Nicht zu verwechseln mit cholerischem Vitalitätsausbruch). Der Argentumtyp ist Neurotiker ohne Selbstvertrauen, menschenscheu mit Schüchternheit und Schuldkomplexen. Dazu gehört auch eine zittrige, lähmende Schwäche mit Angst, vor allem Erwartungsangst bei bevorstehenden Ereignissen (Lampenfieber, Prüfungsangst, Angstdurchfälle).

Dieser Mensch ist stets in Hast und Eile. Er ist kein Partner für Spaziergänge, drängt zu schnellerem Gehen, weil die Zeit zu langsam vergeht.
Er ist auch kein Partner fürs Gebirge, denn er hat Beklemmungen und Schwindel beim Anblick hoher Häuser und beim Überqueren hoher Brücken. Charakteristisch ist auch das Verlangen nach Zucker, der aber nicht vertragen wird (Sodbrennen, Blähungen, Durchfälle).

Mercurius solubilis

Mercurius ist ein gedunsener, lymphatischer Typ mit geröteter Haut, der leicht schwitzt. Er will weder extreme Hitze noch Kälte, verträgt auch kein kaltes, feuchtes Wetter und Zugluft, weil er zu Erkältungen neigt. Aus diesem Grund hat er ständig chronische Infektionen der oberen Luftwege, dauernd Mandeln und Drüsen entzündet. Seine Haut zeigt nässende Ekzeme, Dermatitis, Pyodermie. Die Schleimhaut im Mund ist charakterisiert durch Sekretionen, Abszesse, Eiterungen, Ulzerationen, Aphthen, Zahnfleischbluten mit schwammigen Schwellungen, die Zunge ist dick belegt und geschwollen mit Zahneindrücken. Als besondere Symptome gelten Kopfschmerz mit Reifengefühl und die Eigenschaft, in Butter beißen zu können.
Psychisch hat der Mercuriustyp auffällige Angst und unruhiges hastiges, gereiztes, ja aufbrausendes, Wesen. Er fürchtet den Verstand zu verlieren, es besteht Suizidneigung.

Stannum metallicum

Der Zinntyp zeigt besonders physische Schwäche, aber auch mangelhaftes Gedächtnis. Er sieht krank aus, blaß, müde, eingefallen, abgespannt. Alles ist ihm zu viel und das macht ihn ärgerlich, gereizt, nervös, leicht aufbrausend bis jähzornig. Aufgrund seiner Schwäche und Müdigkeit hat er auch keine Ausdauer bei der Arbeit. Seine depressiven Neigungen machen ihm unbeschreibliche Angst. Er reagiert mutlos, hoffnungslos und verzweifelt. Das führt über Abneigung und Scheu vor den Menschen letztendlich zur Isolation.

Zincum metallicum

Auch hier haben wir eine Schwäche aber mehr auf geistiger Basis durch Gedächtnisschwäche und erschwerte Auffassung mit dem typischen „Brett vor dem Hirn". Der Schlaf-Wach-Rhythmus ist gestört. Das führt dazu, daß tagsüber in jeder Position eingeschlafen werden kann auch im Stehen und Sitzen, ja sogar beim Reden. Nachts ist der Schlaf gestört durch Schlaflosigkeit, unruhige Träume und große Unruhe in den Beinen, die immer bewegt werden müssen. Geräusche und vieles Reden anderer regen den Zinktyp auf. Aufregung macht ihn zittrig. Er kann einerseits sehr reizbar, zornig und ärgerlich sein, andererseits schreckhaft, verzagt, schwermütig. In der Depressionsphase wirkt er mürrisch, schweigsam, bedrückt und schuldbewußt so, als hätte er ein Verbrechen begangen.

Cuprum metallicum

Der Kupfertyp steht unter dem Zeichen der Neigung zur Spastik und zwar in allen Körperbereichen. Kupfer reizt das Zentralnervensystem und den Vagus und das führt zu einer spastisch-hyperergischen Situation. Diese Zustandslage wirkt sich in der Gegenphase aber auch durch Erschlaffung im Gefäß- und Kapillarsystem aus. Die Folge ist Kollapsneigung. Das Gesicht erscheint schmutzigfarben, eingefallen und elend, kann aber auch cyanotisch sein, je nach Ausprägung der Kollapstendenz. Der Kupfertyp ist ängstlich, hat ein gedrücktes und gleichgültiges Wesen, das aber durch starke Ruhelosigkeit geprägt ist. Er wirkt erschöpft, abgezehrt, die Muskelkraft ist so stark herabgesetzt, daß die Arme wie Blei herabhängen. Das Bild ist geprägt von Sehnenhüpfen, Glieder- und Muskelzucken Die Konvulsionen plötzlich eintretender Krämpfe können so stark sein, daß mehrere Männer die Person nicht halten können. Geistig zeigt der Kupfertyp, neben der starken Ruhelosigkeit, Verwirrung der Gedanken und Versagen des Gedächtnisses.

Platinum metallicum

In diesem Bild sind vorwiegend, magere, meist dunkelhaarige Frauen und Mädchen mit straffem Bindegewebe vertreten. Sie neigen zu Spasmenbereitschaft. Der Sexualtrieb ist nervös überreizt und projiziert sich in das Gefühlsleben im Sinne anmaßender Überheblichkeit. Es handelt sich um extravagante Persönlichkeiten, die schmuckbehängt, stolz und arrogant auftreten. Sie verachten die anderen und leben in der Wahnvorstellung, alles in ihrer Umgebung wäre klein, alle physisch und geistig unterlegen. Es gibt einen raschen Wechsel zwischen hysterischer Manie und Depression mit Zwangsideen. Bei sich selbst reagieren sie aber klein und weinerlich vor allen Dingen bei der Sorge um das eigene Wohl, fühlen sich verlassen und haben ungeheure Angst vor dem Tod. Trotzdem besteht ein verschlossenes Wesen selbst den Angehörigen gegenüber.
Als Patient beschwert sich dieser Typ bei geringstem Warten in sehr herablassender Art sofort beim Personal und anschließend beim Arzt dann über das Personal.

Palladium metallicum

Palladiumbasislegierungen wurden in den 80er Jahren besonders in Deutschland verstärkt verwendet, und man sollte über die Symptomatik Bescheid wissen.
Der Palladiumtyp zeigt motorische Schwäche und somit Abneigung gegen körperliche Arbeit jeder Art. Das drückt sich auch durch seine blasse Gesichtsfarbe aus. Er ist der geborene Schauspieler, der bis ins hohe Alter um seine Attraktivität und das Im-Mittelpunkt-Stehen bemüht ist. Er hält sich munter in Gesellschaft, ist aber nachher zu hause aufgrund seiner motorischen Schwäche fix und fertig. Er braucht und liebt Bestätigung, gibt sich stolz, ist aber leicht beleidigt und neigt dann zu heftigen Ausdrücken. Bei den Damen findet man den jugendlich, elegant gekleideten Typ mit Tendenz zum jüngeren Partner. Wenn aber der Palladium-Typ sein Altwerden oder den Verlust seiner Attraktivität erkennt, zieht er sich zurück mit der Folge von Isolation, Depression und Selbstmordgefahr.
Bei einer vorhandenen Allergie auf Nickel muß mit Palladium besonders vorsichtig umgegangen werden. Beide Metalle haben eine hohe Affinität zueinander.

Bedeutung der Konstitution für eine Amalgambelastung

Nach den Ergebnissen der Psychophysiognomie ist das Maß für den Grad einer toxischen Belastung von der Ausprägung der Empfindungsveranlagung abhängig. Es finden sich auch grundsätzlich stärkere Belastungen bei Frauen als bei Männern. Möglicherweise hängt dieser Faktor von der andersartigen Empfindungsfähigkeit der Frauen ab.
Im Vergleich mit der homöopathischen Konstitution gibt es Übereinstimmung. Die Gruppe der silberfarbenen homöopathischen Metalltypen, also alle außer Gold und Kupfer, verkörpern psychophysiognomisch zum großen Teil die Konstitution des Empfindungstyps. Es sind durchwegs physisch schwache Menschen. Psychisch sind sie dünnhäutig mit starker Ausprägung des Nervensystems und dementsprechend natürlich auch sehr anfällig für Störung in diesem Bereich. Man findet bei allen einen hohen Anteil psychischer Belastungen angefangen bei Nervosität und Unruhe bis hin zu Depression mit Selbstmordabsicht.
Aurum als Gegenpol zu den silberfarbenen Metallen hat dagegen eine hohe Affinität zum Ernährungstyp. Aufgrund der Pufferwirkung des Körpervolumens und der übergroßen Vitalität kommen Probleme mit Amalgam kaum und mit Gold meist erst im Alter zur Auswirkung. Die starke psychische Komponente kann aber dann auch zu Depression mit Suizidgefahr führen.
Zu bedenken ist noch, daß im Mund eine Mischinstallation vorliegt, die bereits allein durch die verschiedenen Komponenten des Amalgams gegeben ist. Zusätzlich kommt in vielen Fällen festsitzender oder herausnehmbarer Zahnersatz hinzu, so daß ein unentwirrbares Knäuel an Mischsymptomen vorliegen kann. Entscheidend für uns ist, die möglichen Zusammenhänge zu wissen und Tendenzen zu erkennen. Vollkommene Klarheit kann die Testung schaffen.

Emotionale/psychische Muster

Auf einen ganz wichtigen zusätzlichen Aspekt weist A. ROSSAINT hin. Nach Untersuchungen von K. MÖHLE spielen blockierte psychische und emotionale Muster, bzw. traumatisierte Gemütszustände eine entscheidende Rolle für Metallunverträglichkeiten. Nach Aufdekkung dieser Muster waren alle unverträglich getesteten Metalle wieder neutral.

Das würde bedeuten, daß ein Metallproblem sowohl physisch wie auch psychisch gesehen auch behandelt werden muß. Wird nur körperlich therapiert, so kommt es zu einer Abkoppelung der emotionalen Komponente mit Verdrängung in den Untergrund. Dort wird es isoliert und „vergessen", so daß es einer Therapie nicht mehr zugänglich ist. Das Metall wird mit der Energie des Traumas aufgeladen, eine *psychogene Aufladung, nicht Überlagerung (*ROSSAINT*).* MÖHLE bearbeitet mit sogenannten *„Metallgesprächen"* diese Problematik. Die psychische Komponente kann über das Gesetz der 5 Elemente, ein Denkmodell der traditionellen chinesischen Medizin, sehr gut erfaßt werden. Das Element Metall ist dabei dem Funktionskreis Lunge/Dickdarm zugeordnet. Die Gefühle, die als psychisches Korrelat dem Metall entsprechen, sind Trauer und Kummer.

Dies kann ich aus eigener Erfahrung bestätigen. Routinemäßig teste ich bei allen Testpatienten über die Odontonpunkte des Vorderschädels (nach P. MANDEL) aus, welche Funktionskreise belastet sind. Neben Niere/Blase und Herz/Dünndarm erscheint sehr häufig im Test der Funktionskreis Lunge/Dickdarm. Dies kann natürlich auch andere Gründe haben. Man muß deshalb einen Metallbezug nach MÖHLE und ROSSAINT durch Einspeicherung der Metallbelastung in den Biocomputer herstellen und kann dann auf der nächsten Ebene weitertesten.

Isopathischer Umkehrwert

Eine sehr schöne Möglichkeit, sowohl die Kompensationsfähigkeit zu überprüfen, wie auch den Grad der Intoxikation zu messen, besteht in der Ermittlung des „Isopathischen Umkehrwertes" für Quecksilber. (SCHLOßER)

Wenn man ein Gift wie Quecksilber (mercurius solubilis) immer höher homöopathisch potenziert, kommt irgendwann der Punkt einer Umkehr zwischen Gift- und Heilwirkung. Der Umkehreffekt entsteht aber nicht dadurch, daß das Gift ab einer bestimmten Verdünnung gegenteilig wirkt, sondern weil der Körper gegenteilig darauf reagiert. Somit wird auch jeder Amalgamträger — je nach Reaktionsfähigkeit — seinen eigenen Umkehrwert haben. Das ist ein homöopathisches Grundprinzip. Dieser isopathische Umkehrwert ist meßbar und wird als Gradmesser für die Intoxikation verwendet.

Isopathie entspricht dem Gleichheitsprinzip im Gegensatz zur Homöopathie, die auf dem Ähnlichkeitsprinzip aufgebaut ist. Als Indikator für Amalgambelastungen oder zur Ausleitung von Amalgambelastungen wird Mercurius solubilis isopathisch nach dem Gleichheitsprinzip eingesetzt. Mercurius solubilis als homöopathisches Polycrest wird vorwiegend eingesetzt bei akuten und chronischen Entzündungen des gesamten lymphatischen Apparates. Diese Indikationsstellung hat — von Überschneidungen abgesehen — mit Isopathie nichts zu tun.

Der isopathische Umkehrwert kann unverfälscht nur mit feinenergetischen Testmöglichkeiten wie beispielsweise kinesiologischen Verfahren, insbesondere Physioenergetik (Armlängenreflex, RAFFAEL VAN ASSCHE), Biotensor nach OBERBACH, RAC (Reflex auriculo-cardiac = NOGIER Pulsreflex) u.a. ermittelt werden. Meßgeräte wie sie die Elektroakupunktur (EAP) verwendet, vergröbern diesen Wert und machen ihn für Therapiezwecke unbrauchbar.

Es besteht zwischen beiden Lagern auch eine konträre Aussage über den Grad der Belastung. In der Elektroakupunktur ist die Belastung um so größer, je niedriger die gefundene Potenz, bei der Messung mit vorgenannten feinenergetischen Verfahren ist die Belastung um so größer, je höher die gefundene Potenz ist. Der Widerspruch ist nur scheinbar. So wie Äpfel mit Birnen sind auch die Ergebnisse beider Methoden nicht vergleichbar. Die Testergebnisse müssen anders interpretiert werden.

PETER VILL schreibt über Elektroakupunkturmessung: „Wir messen das Ansprechen einer Prüfsubstanz auf den Patienten nur mittelbar über die Widerstandsveränderung am Akupunkturpunkt. Viel besser und genauer wäre natürlich eine unmittelbare Testung des Resonanzphänomens, dies aber ist aus rein technischen Gründen bis heute nicht für den Praxiseinsatz möglich." (Placebo 1/96)

Die EAP benützt zur Messung als „Umweg" ein elektronisches Gerät, vergleichbar einem Negativ in der Photographie. Ähnlich wie bei einem Negativ kann man sich auch die Testaussage vorstellen, nämlich genau entgegengesetzt. Biotensor und kinesiologische Verfahren messen Resonanzphänomene unmittelbar.

Der isopathische Umkehrwert als Maß für den Grad der Giftbelastung hat sich durch Vergleich der Meßergebnisse der Elektroakupunktur mit den Werten, die durch Physioenergetik und Biotensor ermittelt wurden, entwickelt. Die EAP empfiehlt ja bei der Mesenchymreaktivierung, eine Serienpackung (früher KuF-Reihe) beginnend bei den tiefen Potenzen in Richtung hoher Potenzen zu injizieren (Abstand eine Woche). Ich habe nicht blind darauf vertraut, sondern immer mit Armlängenreflex und Biotensor nachgemessen. Durch unzählige Parallelmessungen ist dann Anfang der 80er Jahre das Prinzip des isopathischen Umkehrwertes als Maß für Belastungen entstanden. (SCHLOßER BZM 1/1992). Ähnliche Beobachtungen wurden auch von JOHANN LECHNER gemacht durch neurovegetative Funktionsdiagnostik mit Flimmer- Verschmelzungs- Photometrie (Panta 4/1992).

Vom homöopathischen / isopathischen Prinzip her ist es ja eigentlich auch logisch, in den höheren Potenzen den höheren Vergiftungsgrad zu suchen. Der Umkehrwert zeigt die Wende vom Gift zum Heilmittel an. Dieser Umschlag kann nur in einer höheren homöopathischen Verdünnung eines Giftes zu suchen sein, niemals in einer tieferen. Wenn jemand eine chronische Quecksilberbelastung aus Amalgamfüllungen hat, wird jede zu niedrige Potenz (unterhalb des isopathischen Umkehrwertes) diese Hg-Belastung erhöhen und zwar im Sinne einer Erstverschlimmerung.

Zur Ermittlung benötigt man eine Potenzreihe „Mercurius solubilis" mit 10 Potenzstufen zwischen D8 und D2000).
Leider produziert die Firma Staufen Mercurius solubilis nur noch bis zur D400. Dankenswerterweise stellt jetzt die Neue Apotheke in Hamburg diesen Testsatz zusammen (Neue Apotheke: Hoheluftchaussee 85, 20253 Hamburg. Tel: 040 / 4208615 Fax: 040 / 4228728).

Im einzelnen sind mit dem isopathischen Umkehrwert folgende Aussagen möglich:

Je höher der Wert, desto stärker die Intoxikation. Stark belastete Menschen haben einen Wert von D2000 oder über D2000.

Werte für Amalgam und Quecksilber sind immer identisch, weil die Quecksilberkomponente im Amalgam vorherrschend ist. Es genügt, nur den Quecksilberwert zu bestimmen.

In der Regel haben Amalgamträger keinen Wert unter D400. Er kann zwar durch Ausleitungstherapie kurzfristig herabgesetzt werden, steigt aber dann langsam wieder auf den Ausgangspunkt an, weil sich die Depots durch Nachschub aus den vorhandenen Amalgamfüllungen wieder ergänzen.

Dieser Wert von D400 gilt natürlich auch als Dreh- und Angelpunkt für die Indikation einer Amalgamentfernung. Wenn dieser Wert ohne besondere Therapie und ohne Beschwerden gehalten werden kann, liegt der Typ eines „Ausscheiders" vor, der mit den Belastungen, die zweifellos vorhanden sind, noch fertig wird.

Durch unspezifische Entgiftung vor der Entfernung erreicht man in der Regel immer eine Absenkung hoher Werte (D2000 und höher) auf einen Umkehrwert von D400. Diese Position ist für die Entfernung akzeptabel. Höhere Werte als D400 sind für eine Entfernung nicht geeignet, weil sie für die Patienten mit erheblichen Reaktionen verbunden sind (Verschlimmerung der Symptomatik).

Der Bereich um D8 kann als unterer Wert angesehen werden. Wenn der Patient diesen Wert erreicht hat, kann die Sanierung als erfolgreich abgeschlossen werden. Noch tiefere Werte erhält man nur durch Ausfasten (z.B.: nach BUCHINGER, Auflösung von Fettzellen).

Wenn kein Nachschub mehr durch „vergessenes" Restamalgam oder Amalgam unter Kronen vorhanden ist, bleibt dieser Wert stabil über Jahre. Nachtestungen an sicher amalgamsanierten Patienten habe ich mittlerweile über 10 Jahre hinweg durchgeführt. Die mögliche Quecksilberzufuhr über die Ernährung scheint dabei keine Rolle zu spielen.

Weitere Aussagen über den Umkehrwert vor allen Dingen bei der Chelattherapie folgen später bei der „Spezifischen Entgiftung."

Phase II: Vorbehandlung

Ziel der Therapie: Den Nichtausscheider zum Ausscheider zu machen

Dies sollte oberstes Gebot vor der Amalgamentfernung sein, indem das Ausscheide- und Entgiftungssystem aktiviert wird. Dadurch kann man den gesamten Giftpegel pauschal absenken und die Toleranzfähigkeit für die Entfernung erheblich erhöhen. Die zusätzliche Quecksilberbelastung bei der Entfernung der Füllungen, die auch mit der besten Technik nicht ganz vermeidbar ist, läßt sich so hervorragend abpuffern und es gibt mit Sicherheit keine Verschlimmerung im Befinden der Patienten.
Die Öffnung der Entgiftungs- und Ausscheidewege muß bereits vor der Entfernung erfolgen (ca. 3-6 Wochen vorher, je nach Reaktionsbereitschaft). Das ist extrem wichtig und wird in den meisten Fällen nicht beachtet. Die Chinesische Medizin hat dafür ein sehr einprägsames und einleuchtendes Sprichwort:
„Willst du den Tiger aus dem Haus jagen, so öffne zuerst alle Fenster und Türen, bevor du ihn in den Schwanz kneifst. Manchmal geht er nämlich von selbst hinaus."
Eine pauschale Entgiftung führt in fast allen Fällen spontan zu einem erheblichen Absinken aller Giftbelastungen. Wenn nichts bewegt werden kann, wenn also Reaktionsstarre vorliegt, darf keine Entfernung durchgeführt werden.

Unspezifische Entgiftung

Die unspezifische Entgiftung („Das Öffnen der Türen und Fenster") wird während der gesamten Amalgamsanierung durchgeführt, also vor der Entfernung, während der Entfernung und nach der Entfernung. Nach

der Entfernung kommt die spezifische Entgiftung zusätzlich dazu.
Im Kirlianbild und im Thermoregulationsdiagramm amalgambelasteter Patienten sieht man immer das gleiche Schema: Die unspezifische Entgiftung muß vorwiegend über Niere, Leber und Lymphsystem aktiviert werden. Das ist auch einleuchtend, weil die Niere als Ziel- und Ausscheideorgan von Schwermetallen, die Leber als Entgiftungsorgan und das Lymphsystem in Verbindung mit dem Grundsystem nach PISCHINGER als Speicher- und Transportmedium gilt.

Nierentee nach RUDOLF BREUß

Bevor ich mich der Homöopathie zuwende, möchte ich einen sehr wirksamen und preiswerten Tee vorstellen. BREUß empfiehlt ihn vorwiegend zur Ausscheide- und Entgiftungstherapie und darüber hinaus bei entzündlichen Erkrankungen, vor Operationen und als vorbeugende Nierenteekur 3-4 mal im Jahr.
Zinnkraut 15g
Brennessel 10g
Vogelknöterich (Wegtritt) 8g
Johanniskraut 6g
Diese Menge reicht für eine Person ca. 3 Wochen. Eine Prise (Menge zwischen Daumen und zwei Fingern) in einer Tasse mit heißem Wasser 10 Minuten ziehen lassen, dann abseihen und den Teesatz noch einmal mit zwei Tassen heißem Wasser 10 Minuten kochen lassen, wieder abseihen und zusammenschütten. Erklärung für die zweistufige Zubereitung: Im Nierentee sind 5 Substanzen, die nicht gekocht werden dürfen, weil sie sonst zerstört werden. Ihre Aktivierung erfolgt mit der ersten Stufe. Durch 10 Minuten Kochen löst sich eine sehr wichtige, sechste, Substanz (Kieselsäure).
Früh nüchtern, vor dem Mittagessen und abends vor dem Schlafengehen je eine halbe Tasse kalt trinken. Nach 3 Wochen für mindestens 2-3 Wochen aussetzen. **Nierentee darf nur 3 Wochen getrunken werden. Während dieser Zeit keine Fleischsuppe, kein Rindfleisch und kein Schweinefleisch essen!**
(aus RUDOLF BREUß: Krebs, Leukämie, Ratschläge für Krankheitsfälle: Versandbuchhandlung W. Margreiter, A-6714 Nüziders).

Homöopathische Mittel:

1. Homöopathische Komplexmittel:

In den Komplexmitteln werden mehrere Substanzen zusammengefaßt, die ähnliche Eigenschaften haben, in der Hoffnung, daß wenigstens ein Mittel dabei sein möge, welches die gewünschte Wirkung entfaltet. Diese Mittel überlagern sich aber auch in ihrer Wirkung und schwächen so gegenseitig ihre Kraft. Genauso gut kann natürlich auch einmal eine Substanz dabeisein, die kontraindiziert ist. Dann ist der ganze Komplex nicht verwendungsfähig.
Für einfache Fälle und für homöopathische Anfänger sind sie sicherlich gut geeignet, und man findet im Test auch brauchbare Präparate (organspezifisch Niere, Leber, Lymph- und Nervensystem), nicht aber bei schweren Regulationsstörungen.
Ich habe auch festgestellt, daß schwer und schwerst belastete Personen (Umkehrwert D2000 und höher) im Test auf 40%igen Alkohol mit Intoleranz reagieren. Dies ist gleichzeitig auch Zeichen einer stark geschwächten Immunabwehr. Die Konsequenz für die Entgiftung ist, daß dieser Personenkreis auch Probleme bekommt mit homöopathischen Mitteln, die in Alkohol gelöst sind. Zur Einnahme könnte man in der Apotheke aus diesen Mitteln ein Granulat herstellen lassen (Misce fiat gran.!) oder Einzelmittel in Tabletten- oder Globuliform verwenden.
Für das Testverfahren bedeutet es, daß Medikamente generell ohne Alkoholzusatz getestet werden müssen (Injektionsampullen, Tabletten, Globuli). Nur so bekommt man eine klare Aussage über den Bedarf bzw. die Unverträglichkeit.

2. Homöopathische Einzelmittel:

Aus einer Vielzahl von möglichen homöopathischen Einzelmittel greife ich nachfolgend eine kleine Auswahl von den Substanzen heraus, die sich im Testverfahren häufig herauskristallisiert haben und stelle sie vor. Wenn man die spezifischen Wirkrichtungen betrachtet, zeigt sich sehr deutlich, warum diese Substanzen dominieren. Jedes homöopathische Mittel wirkt zwar immer ganzkörperlich, aber auch schwerpunktmäßig. Das Simileprinzip der Homöopathie steht bei der Entgiftungsbehandlung im Hintergrund, weil der Organismus durch diese Mittel nicht umgestimmt werden soll. Vordergründig ist die Ausleitung. Deshalb dominieren Substanzen, die organbezogene auf Niere, Leber, Darm, Lymphe und Nervensystem wirken. Die Verabreichung erfolgt in Form von Globuli.
Zum Austesten der richtigen Potenz besorge man sich am besten eine KuF-Reihe bzw. Serienpackung der genannten Substanzen (Firma Staufen, Göppingen). Diese Packungen enthalten eine Potenzreihe des jeweiligen Mittels (meist von D6 bis D400).
Berberis vulgaris D6 bis D400: Spezifische Wirkung auf Niere und ableitende Harnwege, harnsaure Diathese, Leber, Gallenblase, Stauungen im venösen System
Taraxacum D6 bis D400 : Spezifische Wirkung auf Leber, Gallenblase, Niere, Magen-Darm-Kanal
Strontium carbonicum D6 bis D400: Spezifische Wirkung auf Lymphsystem, Stauungen im venösen System, vermehrte Harnausscheidung

Nux vomica D6 bis D12: Dieses Mittel wird auch als „Radiergummi der Homöopathie" bezeichnet. Es kann hervorragend im Wechsel dazwischengeschaltet oder gleichzeitig mit den anderen verabreicht werden. Hauptwirkrichtung ist: Z.N.S., veget. N.S., Gefäßnerven, Magen-Darm-Kanal, Leber.

Weitere homöopathische Mittel zur unspezifischen Ausleitung:

Abies nigra, Acidum nitricum, Carduus marianus, Chelidonium, Kalium sulfuricum,
Natrium sulfuricum, Natrium phosphoricum, Solidago virgaurea, Sulfur, Urtica urens u.v.a.m.

Potenzwahl:

Die Auswahl der Potenz erfolgt durch Test am Patienten. Typische Konstitutionsmittel wie beispielsweise Nux vomica wirken auch sehr gut bei Personen, die nicht die Nux vomica-Konstitution verkörpern. Es resultieren meist niedrige Potenzen (zwischen D6 und D12; ca. 1 bis 2 x tägl.) weil damit die konstitutionelle Tendenz nicht so stark zum Tragen kommt.

Bei den anderen Mittel ergeben sich zu Beginn der Therapie — vor allen Dingen bei stark belasteten Patienten — häufig sehr hohe Potenzen (zwischen D100 und D400), die sich dann im weiteren Verlauf der Entgiftungsbehandlung bis auf D6 reduzieren können. Ich hatte anfangs keine Erklärung dafür, weil man eher den umgekehrten Vorgang erwartet: Zuerst Behandlung der physischen Komponente und mit weiterem Fortschritt dann der Übergang auf höhere geistige und seelische Ebenen. Einen wertvollen Hinweis erhielt ich durch das Buch von Jürg Reinhard „Unerhörtes aus der Medizin" (Hallwag Verlag). Er schreibt dabei über Hochpotenzen: „Potenzieren heißt dem Präparat Zeit einverleiben." Zeit ist ja auch ein rhythmischer Prozeß. „Chronisch hängt mit Chronos — Zeit — zusammen. Chronische Leiden sind solche, die sich durch die Zeit dahinziehen, mit der Zeit verstärken. Bei ihnen müssen zeitwirksame, also hohe Potenzen gegeben werden." Nichts anderes besagt auch die homöopathische Grundregel, daß Akutes mit niedrigen und Chronisches mit höheren Potenzen behandelt werden soll.

Gehen wir davon aus, daß Amalgam seit über 150 Jahren verwendet wird, und daß Quecksilbereinreibungen (daher der Name Quacksalber) seit mittelalterlicher Zeit in der Syphilisbehandlung eingesetzt wurden, so besteht doch eine erhebliche miasmatische Grundbelastung mit Quecksilber quer durch die Bevölkerung über Jahrhunderte hinweg.

Ich möchte an dieser Stelle betonen, daß Hochpotenztherapie nur von homöopathisch versierten Behandlern unter Beachtung der homöopathischen Grundregeln durchgeführt werden sollte.

3. Organpräparate:

Es hat sich bewährt, durch Organpräparate (homöopathisch aufgeschlossene Organsubstanzen von Tieren und Menschen) die hauptsächlich betroffenen Organe Niere, Leber, Lymphsystem und Odonton (Gesamtheit der zum Zahn gehörenden Gewebe) zu stärken. Außerdem werden homöopathische Mittel durch Leitfunktion der Organpräparate besser zum entsprechenden Organ geführt. Für diesen Zweck sind niedrige Potenzen erforderlich, weil die Stoffwechsellage angesprochen und angeregt werden soll.

Ein verbesserter Stoffwechsel erhöht die Entzündungsbereitschaft in den Organen, aktiviert dadurch chronische Prozesse und steigert die Regenerationsfähigkeit.

4. Orthomolekulare Medizin

Hinter diesem Begriff verbirgt sich Substitutionsbehandlung durch Nahrungsmittelergänzung. Es handelt sich dabei um lebenswichtige Substanzen, die der Körper eigentlich aus einer ausgewogenen täglichen Nahrung bekommen sollte, die ihm aber durch industrielle Nahrungsaufbereitung und Bodenverarmung nur noch begrenzt oder überhaupt nicht mehr zur Verfügung stehen. Für unsere Therapie sind vor allen Dingen Antioxydantien wichtig.

Substitutionsbehandlung durch Antioxydantien

A.) Spurenelemente: z.B.: Zink, Selen
Die Testung zeigt, daß ein Defizit bei den Spurenelementen in wenigen Fällen vorhanden ist. Es ist nicht erforderlich, sie obligatorisch zu geben. Zink wird immer benötigt, wenn mit Chelatbildnern gearbeitet wird. Beim Selen ist noch nicht bekannt, was mit dem aus Selen und Quecksilber gebildeten Selen-Quecksilber-Protein-Komplex überhaupt passiert. Er verbleibt auf jeden Fall im Körper und wird nicht ausgeschieden.
B.) Vitamine: z.B.: Provitamin A, Vitamine E und C
Bei den Vitaminen hat sich in vielen Fällen eine Kombination aus Provitamin A und den Vitaminen E und C als notwendig und sehr wirksam erwiesen.
C.) Algen: siehe später unter Chelatbildner

5. Flankierende Maßnahmen

Hierzu zählt alles, was die Regulation unterstützt und die Ausscheidung aktiviert. Beispiele: Lymphdrainagen, Darmsanierung, Ernährungsumstellung, Fasten, Ausschalten geopathischer Störfelder und vieles andere mehr.

6. Beseitigung von Therapiehindernissen

Die Reduktion anderer Toxinquellen ist für eine Entgiftungstherapie unumgänglich. Ein großes Problem stellen diverse Genußgifte wie Alkohol, Koffein und insbesondere Nikotin dar. Ich habe bei Selbsthilfegruppen Amalgamgeschädigter schon mehrere Vorträge gehalten. Man sieht dort ja ein Konzentrat extrem belasteter Menschen, und es ist nicht nur mir aufgefallen, daß in diesen Kreisen überproportional stark geraucht wird. (Man erkennt starke Raucher auch physiognomisch an der unterschwellig grauen Gesichtsfarbe, weil die Sauerstoffversorgung des Gewebes unzureichend ist). Auch DAUNDERER (Klinische Toxikologie Erg.-Lfg. 1/97) beschreibt ein katalytisches Suchtverhalten in Verbindung mit Schwermetallbelastungen. Für den Erfolg der Amalgamsanierung ist es jedoch wichtig zu wissen, daß Nikotin eine der stärksten Therapieblockaden überhaupt darstellt und zusätzlich erhebliche Mengen an Schwermetallen (vor allen Dingen Cadmium und Quecksilber) in den Organismus eingeschleust werden.

Im Regulationsthermogramm von Rauchern ist der ganze Kopfbereich durch Starren blockiert. Selbst wenn diese Leute das Rauchen aufgeben, findet man diese Belastungen im Thermogramm noch Monate später. Aber auch Nichtraucher, die von ihren Ehepartnern zum passiven Rauchgenuß gezwungen werden, zeigen diese Starren im Thermogramm.

Es ist die Überlegung wert, ob man bei starken Rauchern überhaupt eine Amalgamsanierung durchführen soll, vor allen Dingen dann, wenn keine Bereitschaft vorhanden ist, auch Eigenverantwortung zu zeigen und das Verhältnis zum Rauchen zu relativieren. Der Mißerfolg ist sonst vorprogrammiert.

Wie stark der Nikotingenuß in das körperliche Geschehen eingreift, zeigt sich auch in der Parodontologie. Durch retrospektive Untersuchungen wurde ein signifikant schlechteres Ergebnis beim Attachmentgewinn beobachtet, wenn täglich mehr als 10 Zigaretten geraucht wurden. Rauchen wird teilweise als Kontraindikation für eine PA-Behandlung betrachtet (SCHUBERT).

Andere Therapiehindernisse können durch energetische Blockaden im Sinne von Herd/Störfeldern vorhanden sein. Zur Unterstützung der Regulationsfähigkeit sollte man während der Amalgamsanierung diese Strukturen immer wieder aufbrechen, beispielsweise durch Neuraltherapie, Akupunktur oder Farbpunktur.

Chirurgische Eingriffe zur Beseitigung solcher Blokkaden sollten bestmöglich erst nach der Amalgamsanierung und zum richtigen Zeitpunkt (PAUNGGER) erfolgen. Schwierige und riskante operative Eingriffe werden in meiner Praxis seit einiger Zeit in der abnehmenden Mondphase durchgeführt. Der Erfolg ist hervorragend und bildet unter anderem die Voraussetzung für einen erfolgreichen Operationsabschluß ohne rezidivierende ostitische Prozesse.

Phase III: Entfernung der Amalgamfüllungen und elektroneutrale Zwischenversorgung

Entfernung

Amalgam gehört zu den eutektischen Legierungen. Diese zeichnen sich durch einen niedrigen Schmelzpunkt aus. Quecksilber entweicht nach WEIKART (Werkstoffkunde für Zahnärzte) bei einer Erwärmung über 65°Celsius. Das bedeutet, daß bei der Entfernung alles getan werden muß, um diese Temperatur möglichst nicht zu erreichen bzw. zu überschreiten.

Bei der Amalgamentfernung entsteht vorwiegend Amalgamstaub oder elementares gasförmiges Quecksilber. Geschluckter feiner Staub wird im Verdauungstrakt zu weniger als 1% resorbiert. Die gastrointestinale Aufnahme von Quecksilberionen (oxidiertes elementares Gas) liegt zwischen 7 und 10%. Der Rest wird ausgeschieden (Bundesinstitut für Arzneimittel und Medizinprodukte). Die Hauptgefahr besteht durch Einatmung von elememtarem Quecksilbergas über die Lunge. Es erfolgt dort eine 80%ige Resorption. In dieser elementaren Form ist Quecksilber lipidlöslich, bindet sich an Blutfette, kann damit die Blut-Gehirnschranke, die Blut-Plazentaschranke und die Zellmembran durchdringen und sich ablagern. Weil aber das labile elementare Quecksilber mit der Zeit in eine stabilere Ionenform oxidiert wird, ist dieser Weg eine Einbahnstraße. In der oxidierten Form kann es nicht mehr zurück.

Oberstes Gebot bei der Entfernung sollte also sein, alles zu vermeiden, damit möglichst kein gasförmiges Quecksilber entstehen kann, bzw. alles zu tun, daß dieses Gas, falls es entsteht, möglichst nicht vom Körper aufgenommen werden kann. Das gilt natürlich nicht nur für den Patienten, sondern auch in hohem Maße für den Behandler und sein Personal.

Vorgehensweise:

Entfernung quadrantenweise, im Abstand von mindestens einer Woche,

keine Turbine, sondern Schnelllaufwinkelstück (rot) mit langsamer Drehzahl (ca. 60%),

zylindrischer Hartmetallbohrer mit rundem Kopf und grober Zahnung (1,0 -1,2 mm Stärke); dadurch entstehen Amalgamspäne und kein Pulver wie bei Diamantbohrern. Nach 3-4 Füllungen Bohrer wechseln!

Amalgamfüllungen teilen und in großen Brocken entfernen, möglichst keinen Schleifstaub erzeugen!

Mundschutz und Schleifbrillen mit großem Schutzschild für die Behandler

Total offenes Fenster für den Zeitraum der Entfernung (auch im tiefsten Winter)! Kippen des Fensters bringt überhaupt nichts.

Tieflagerung des Patienten, weil Quecksilberdampf schwerer wie Luft ist und nach unten sinkt. Dadurch werden die Behandler entlastet.

Zusätzlich zur Wasserkühlung des Winkelstückes erfolgt Spraykühlung aus der Spraypistole direkt auf die Bohrerspitze mit Sprührichtung zum Sauger hin. Bei der Vierhandtechnik ohne zweite Assistenz sprüht der Behandler in der Position rechts unten und rechts oben. In der Position links unten und links oben sprüht die Assistenz und der Behandler hält die Wange ab.

Zusätzlich zur Absaugkanüle wird ein Speichelsauger eingehängt, um die Mehrmenge an Wasser abzusaugen.

Es gibt spezielle Absaugkanülen (clean up) mit einer kastenförmigen Öffnung, die man über den Zahn setzen kann. In unzugänglichen Regionen sind sie jedoch unhandlich.

Die Entfernung sollte möglichst am sitzenden Patienten durchgeführt werden, weil sich bei überstreckt liegender Position des Kopfes das schwerere Quecksilbergas verstärkt in den Rachenraum absetzen und dann eingeatmet werden kann.

Es finden sich häufig bei sogenannt amalgamsanierten Patienten noch Füllungsreste. Der Zahnarzt sollte vom Sinn der Amalgamentfernung überzeugt sein und wirklich alles restlos entfernen wollen. Die Assistenz sollte auch von der Gegenseite aus von ihrem Sichtwinkel prüfen, ob alles entfernt ist.

Die vorhandene Unterfüllung sollte — falls möglich — vollständig entfernt werden (Ausnahme Pulpanähe). Sie stellt die Reaktionszone zwischen der Amalgamfüllung und dem Zahn dar. Das Quecksilber geht durch die beste Unterfüllung „spazieren".

Amalgamverfärbtes Dentin muß natürlich auch entfernt werden. Im Gegensatz zum Sekundärdentin mit gelblich brauner Farbe ist das mit Amalgambestandteilen durchsetzte Dentin grau bis schwarz (Ausnahme Pulpanähe).

Kofferdam

Die Verwendung von Kofferdam ist spätestens seit den Untersuchungen von NEWBURYS (Vortrag GZM-Kongreß Aachen 1995) sehr umstritten. Er hat festgestellt, daß das elementare Quecksilbergas durch die Gummimembran diffundiert und somit auch bei strikter Atmung durch die Nase retromembranös Quecksilberdampf über den Rachenraum eingeatmet werden kann.

Untersuchungen von L. KREMERS et al. der Universität München haben folgendes ergeben: Wird Amalgam entfernt, so steigen — egal ob mit oder ohne Kofferdam — die Quecksilberwerte im Blutplasma vorübergehend an. In beiden Fällen bewegen sich die Werte jedoch im Normbereich. Bei der Behandlung ohne Kofferdam waren die Werte im Blutplasma an den ersten Tagen signifikant erhöht. Die Autoren kommen zum Schluß, daß ein Kofferdam bei der Entfernung von Amalgam zwar nicht zwingend notwendig, aber dennoch sinnvoll ist, weil der zusätzliche Anstieg der Hg-Konzentration geringer und zeitlich kürzer ausfällt.

Eine Quecksilberdampfwolke vor der Kofferdammembran kann natürlich genauso über die Nase eingeatmet werden, darauf hat der beste Kofferdam keinen Einfluß. Wir verwenden seit einiger Zeit zum Schutze des Patienten eine Halbmaske mit selektivem Quecksilberfilter (Bezugsquelle: Halbmaske Colonia 620 N; Carl Roth GmbH & Co KG; Schoemperlenstr.3, 76185 Karlsruhe; Art.Nr:1939 mit Filter HG-P3 Art.Nr:1274-1). Das Ungewöhnliche daran ist jedoch, daß wir diese Maske um 180 Grad gedreht über die Nase setzen. Der Mund bleibt unbedeckt, der Patient darf bei der Amalgamentfernung nur durch die Maske atmen. Diese besitzt zwei separate Ausatemventile, die Zuluft fließt durch den Filter **(Abb.: 4)**. Man könnte auch anstelle des Filters einen ca. 15 cm langen Schlauch in die Maske einschrauben, der nach hinten oben geführt wird. Aufgrund des großen Durchmessers entsteht nur wenig Totraum, so daß kein Sauerstoff zusätzlich zugeführt werden muß.

Eine weitere Alternative stellt eine Nasenmaske aus dem Anästhesiebereich dar, wie sie Kollege WOLFGANG KOCH (Herne) verwendet. Sie wird ebenfalls umgedreht auf die Nase gesetzt. Der Patient atmet durch einen Schlauch, der nach hinten oben geführt wird. Da der Schlauch erheblich dünner ist wie bei vorgenannter Maske, wird noch zusätzlich geringfügig Sauerstoff zugeführt. (Bezugsquelle: Nasal-CPAP-Maske Art.: 180-V86008L B+P Beatmungsprodukte GmbH, Talstr. 16, 53819 Neunkirchen; Tel. 02247/6644, Fax 02247/6733).

Auf dem Sektor Atemschutz bei Amalgamentfernung besteht Bedarf und es wird sich in nächster Zeit einiges tun. Ein ganz neues Maskensystem spezifisch für die Amalgamentfernung wurde beispielsweise jetzt in Finnland entwickelt. Diese Schutzmaske benützt man in Verbindung mit dem Kofferdam. Frischluftzufuhr erfolgt mit leichtem Überdruck. Sie wird von der Firma Aarnac Oy vertrieben, ist aber bei uns leider noch nicht lieferbar.

Wenn kein Kofferdam verwendet wird, erfolgen zusätzlich Spülungen mit Natriumthiosulfat 10%. Es empfiehlt sich, die erste Spülung bereits vor der Entfernung machen zu lassen, weil dann die Interdentalräume und die Schleimhaut schon imprägniert sind. Eine kleine Menge kann auch geschluckt werden. Das Natriumthiosulfat bindet frei werdendes Quecksilber über die Schwefelbindung. Die restlichen Spülungen finden nach der Entfernung statt.

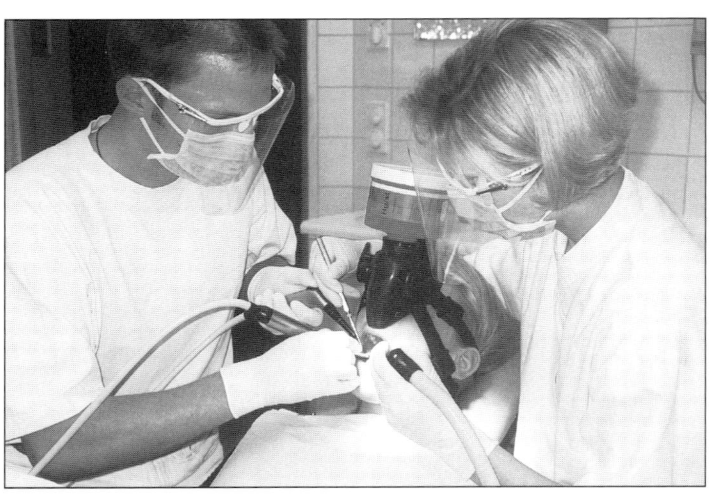

Abb. 4

Gründe für eine elektroneutrale Zwischenversorgung

Nach den Vorschriften der Krankenkassen in Deutschland dürfen intakte Amalgamfüllungen nicht auf Kassenkosten entfernt werden. Ausnahme bildet das Vorliegen einer Allergie auf Quecksilber oder andere Amalgamanteile. Die Allergie muß durch Epikutantest nachgewiesen sein. Über Sinn und Unsinn von Allergie und Epikutantest braucht man nicht zu diskutieren. Jeder weiß, daß es sich bei Amalgambelastungen weniger um ein allergisches, sondern vordergründig um ein toxisches und energetisches Problem handelt
Wenn also intakte Amalgamfüllungen entfernt werden müssen, dann ist es ratsam, einen privaten Heil- und Kostenplan zu erstellen. Der Plan sollte in der Regel das Auswechseln der Amalgamfüllungen in eine elektroneutrale Zwischenversorgung aus getestetem Zement oder Kunststoff beinhalten.
Für eine Zwischenversorgung gibt es, zumindest bei schwer und schwerst belasteten Patienten, viele Gründe:

Schockartiger, oft unüberwindbar scheinender hoher finanzieller Aufwand, wenn Amalgam sofort durch eine edle Legierung ersetzt werden soll. Der Patient resigniert. Oft werden auch Kompromißlösungen gesucht, die in aggressiven Mischinstallationen enden und den Zustand des Patienten erheblich verschlimmern, weil sich die Belastungen verstärken.

Auch kurzfristige „Mischlösungen" durch quadrantenmäßigen Austausch erhöhen die Gefahr einer zusätzlichen Belastung und gefährden den Erfolg.

Eine Zwischenversorgung ist finanziell auch für weniger begüterte Patienten erschwinglich, selbst wenn sie von der Krankenkasse keinen Zuschuß erhalten.

Die Entgiftung und Ausscheidung kann ungehindert durchgeführt werden, weil keine neuen galvanischen Elemente gebildet werden, die dann die unedlen noch vorhandenen Amalgamablagerungen zurückhalten und neu organisieren.

Neueste Untersuchungen von HEINE (Biologische Zahnmed. 3/95) zeigen, daß durch Quecksilbereinwirkung aus Amalgamfüllungen das Pulpagewebe sklerosiert. Die Pulpa besteht vorwiegend aus Fibroblasten, die durch lange Fortsätze vernetzt sind. Durch die Verhärtung werden die Stoffwechselwege verlegt und die Odontoblasten von der regulären Versorgung abgeschnitten. Die Vitalversorgung des Zahnes kann dadurch erheblich eingeschränkt sein. Eine Zwischenversorgung reduziert die zusätzliche traumatische Belastung einer sofortigen definitiven Versorgung und verbessert die Möglichkeiten einer Steuerung der Regeneration.

In vielen Fällen haben wir eine sofortige Erfolgskontrolle. Wenn es dem Patienten besser geht, wird er bedeutend mehr motiviert sein, weiterzumachen. Die Zwischenversorgung bringt auch einen erheblichen Zeitvorteil für die endgültige Versorgung. In manchen Fällen kann sie sukzessive — auch aus finanziellen Gründen — über mehrere Jahre verzögert werden.

Wenn eine hohe Investition getätigt wurde und es geht dem Patienten nicht besser — vielleicht weil es zu schnell gemacht, oder erneut ein unverträgliches Material verwendet wurde — dann hilft das vielleicht dem Kollegen, aber es schadet den Patienten und der Sache.

Bestehende unverträgliche Kronen und Brücken können während der Zwischenversorgung wieder auf ihre Toleranz überprüft werden. Es gibt die Möglichkeit, daß Legierungen, die vor der Amalgamentfernung unverträglich waren, durch erhöhte Toleranzbereitschaft nachher akzeptiert werden. Man sollte sich auch dessen bewußt sein, daß jegliche Testung, die auf bioenergetischen Resonanzphänomenen beruht, immer eine Augenblickstestung ist. Veränderung im Organismus beinhalten auch veränderten Informationsfluß und können andere Ergebnisse bringen.

Kronen und Brücken, die nach der Amalgamentfernung immer noch unverträglich sind, sollten entfernt und durch Langzeitprovisorien aus verträglich getestetem Kunststoff ersetzt werden. In ganz schwierigen Fällen, oder bei langen Tragezeiten, für die herkömmliche dentale Kunststoffe nicht akzeptabel sind, gibt es sehr dauerhafte Sonderkunststoffe (z.B.: Bioplast oder Promysan bzw. Dental D)

Erst in dieser metallfreien Phase kann besonders in kritischen Fällen mit erheblich mehr Sicherheit eine dauerhaft akzeptable Legierung gefunden werden.

Chronische Irritationen im Sinne eines Herd/Störfeldes können in der Phase der Zwischenversorgung endgültig abgeklärt und gegebenenfalls operativ behandelt werden. Der Organismus befindet sich in einer bedeutend besseren Verfassung, und die Aussichten auf eine erfolgreiche Wundheilung erhöhen sich erheblich.

Nach Berücksichtigung vorgenannter Punkte weiß man erst, was in der Mundhöhle — sowohl an Zähnen, wie auch an Restmaterial — verbleiben kann. Erst das ermöglicht eine einigermaßen sichere endgültige Planung. Man muß sich aber darüber im Klaren sein, daß diese Zwischenversorgung ein halbes Jahr und länger dauern kann. Die Zeit ist allein abhängig von der Verfassung des Patienten und die Höhe des isopathischen Umkehrwertes muß sich stabil auf D8 eingependelt haben.

Materialien und Technik der elektroneutralen Zwischenversorgung

Phosphat- und Carboxylatzemente:

Nur als Unterfüllung geeignet, als Trägerfüllung sind sie zu wenig dauerhaft.

Silikophosphatzemente (Steinzemente)

Sie sind besser als ihr Ruf. Ich gehöre noch zu der Generation, die im Studium die Verarbeitung von Steinzementfüllungen gelernt hat. Pulpaschutz ist natürlich obligatorisch. Diese Füllungen haben eine starke Dentinhaftung und es tritt kaum Schrumpfung auf (1,5 Vol% nach KÖRBER und LUDWIG: Zahnärztliche Werkstoffkunde und Technologie). Deshalb ist auch die Gefahr einer Sekundärkaries bedeutend geringer als bei Kunststoffen. Das Problem bei Steinzementen ist die Kantenstabilität. Trotzdem können damit mindestens einige Monate überbrückt werden. Kleine Füllungen halten über 10 Jahre. Ein weiterer Vorteil ist, daß dieses Material bei der endgültigen Versorgung als Aufbaufüllung und Unterbau belassen werden kann.
Gut bewährt haben sich: ALBA Backenzahnporzellan, Cupro-Dur hellgelb (Cupro-Dur grau ist nicht geeignet), ZHANELKA- Zinkporzellan, Trans-Lit.
Für die Verträglichkeit und den dauerhaften Erfolg ist jedoch die Verarbeitungstechnik entscheidend. Es darf kein Stahlspatel zum Anrühren verwendet werden, weil der dabei entstehende Metallabrieb in die Füllung eingearbeitet wird. Im Verträglichkeitstest sind diese Füllungen alle unverträglich. Ideal wäre ein Achat- oder ein Hornspatel. Bei Verwendung eines Kunststoffspatels muß der Kunststoff ausgetestet werden. Trans-Lit gibt es auch in Kapselform.
Das Material wird homogen durchgemischt. Bis zur endgültigen Aushärtung und gegebenenfalls Weiterbearbeitung darf keine Feuchtigkeit eindringen. Man muß entweder bis dahin trockenhalten und/oder isolieren (Vaseline oder Copalharz in Äther gelöst).
Als Unterfüllung mit entsprechender Schichtdicke eignet sich sehr gut Aqualox. Es wird sahnig angerührt und mit einer kleinen Kugel in die Kavität getupft.

Glasionomerzente:

Sie stellen eine akzeptable Alternative dar, wenn sie im Test toleriert werden, sollten aber fluoridfrei sein.
Kunststoffe:
Es mutet eigenartig an, wenn in Kreisen ganzheitlich naturheilkundlich und biologisch orientierter Kollegen Kunststoff (man beachte das Wort!) als Amalgamersatz und als Lösung aller Probleme empfohlen wird. Wir wissen überhaupt noch nicht, was da in naher und ferner Zukunft auf uns zukommt. Möglicherweise haben wir in einigen Jahren ähnliche Schwierigkeiten wie mit Amalgam. Es wäre ratsam, sich auf das unbedingt Notwendige zu beschränken und auf jeden Fall die Verträglichkeit zu überprüfen. Unverträglichkeit ist häufig auf das enthaltene Benzoylperoxid zurückzuführen. Deshalb sollte man bestmöglich benzoylperoxidfreie Kunststoffe verwenden.
Kunststoffe setzen auch hormonähnliche Substanzen frei wie beispielsweise Bisphenyl A. Dieses Abbauprodukt hat ähnliche Wirkungsweise wie Östrogen. Untersuchungen an der Universität Granada (N. OLEA et al.) kamen zu dem Ergebnis, daß die östrogene Wirkung des Bisphenyl A bei Frauen verstärkt Brustkrebs, bei Männern Hodenkrebs und bei Jungen Hodenmißbildungen verursachen kann. Unter diesem Gesichtspunkt sind auch Fissurenversiegelungen äußerst fragwürdig. Epoxyharze vom Typ des Bisphenol A werden aber nicht nur vom Zahnarzt unter das Volk verteilt, sondern sie finden auch in der Lebensmittelindustrie reiche Anwendung wie beispielsweise als Lacküberzug in Konservendosen und als Additive in einer Vielzahl von Plastikmaterialien.

Eugenol, Perubalsam:

Metallbelastete Patienten haben oft Probleme mit diesen Materialien. Sie sollten ausgetestet oder von vornherein vermieden werden. Auch provisorische Befestigungszemente haben häufig Zusätze dieser Art. Es gibt Präparate, die frei von diesen Substanzen sind.

Phase IV Ausleitung der Schwermetallbelastung

Spezifische Entgiftung

Die spezifische Nachentgiftung wird parallel zur unspezifischen Entgiftung nach der Amalgamentfernung durchgeführt. Sie muß jedoch nicht bei allen gemacht werden.

Bei manchen genügt die unspezifische Entgiftung und die Entfernung der Ursache, und der isopathische Umkehrwert senkt sich von selbst auf D8. Es handelt sich dabei um Patienten, deren Regulationssystem noch gut funktioniert oder durch die Entfernung wieder reaktiviert wurde.

Wenn der isopathische Umkehrwert festhängt im Bereich zwischen D15 und D400, ist die Entgiftung behindert und muß spezifisch aktiviert werden. (Abb.5)

Mehrere Stufen der spezifischen Aktivierung:

1. Isopathische Therapie mit Quecksilber (mercurius solubilis)

Isopathisch eingesetzte Schadstoffe (gilt auch für Nosoden) sollte man erst nach vollständigem Entfernen der Ursache anwenden. Es ist unsinnig, Amalgam- oder Quecksilberpotenzen vor oder während der Amalgamentfernung zu geben, wie es häufig empfohlen und durchgeführt wird. Solange die massive Ursache noch da ist, kann der Körper nur unvollständig reagieren, und die Depots werden anschließend wieder aufgefüllt. Es ist auch nicht sicher, wie oft das isopathische Prinzip überhaupt funktioniert. Man darf es nicht überreizen, weil der Körper mit einer Informationsblockade reagieren kann, und damit würde man einen wichtigen Entgiftungsmechanismus verlieren.

Abb. 5: Entgiftungsschema nach WÜHR

Dem Patienten wird mercurius solubilis als Einmalgabe (2 Globuli) in der Potenz gegeben, die oberhalb seines gemessenen Umkehrwertes liegt. Unterhalb wirkt es für ihn noch toxisch und kann mit erheblichen Reaktionen verbunden sein.

Da viele Patienten nach der Entfernung einen Wert von D400 haben, ist die D500 häufig erforderlich und sollte in der Praxis vorhanden sein (Neue Apotheke, Hamburg).

Nach den klassischen Regeln der Isopathie sollte man niemals mehr als einen Schadstoff gleichzeitig verabreichen. Für die Amalgamentgiftung reicht mercurius solubilis allein, die anderen Metallkomponenten werden aufgrund der Leitfunktion von Quecksilber mit herausgezogen. Quecksilber kann als einziges Metall mit allen anderen Metallen eine Verbindung eingehen mit Ausnahme von Eisen. Vielleicht liegt in dieser Eigenschaft die Erklärung dafür.

Isopathie darf nicht angewendet werden bei Verdacht auf insuffiziente Entgiftungs- und Ausscheidungsorgane. Das ist einer der Gründe für die parallel laufende unspezifische Entgiftungstherapie.

Man braucht meist nur eine Einmalgabe. Wenn die nichts bringt, sollte man erst einmal andere Ausleitungsmöglichkeiten versuchen und später noch einmal darauf zurückkommen.

Bei den nachfolgenden Aktivierungsmitteln ist die Reihenfolge beliebig.

2. Chelattherapie

Hier sind hauptsächlich drei Substanzen in Gebrauch: DMPS (Dimercaptopropansulfonat), DMSA (Meso-2.3-Dimercaptosuccinylsäure) und NAC (N-Acetylcystein). Während DMPS und DMSA Dithiole sind, d.h. zwei Sulfhydrilgruppen tragen, an denen Schwermetalle gebunden werden können, besitzt NAC nur eine Schwefelbindung und ist deshalb in seiner Wirkung weniger aggressiv.
DMPS wird i.v., DMSA und NAC werden oral verabreicht. NAC ist auf dem Medikamentenmarkt besser bekannt als Mucolytikum und gilt beispielsweise bei Bronchitis als Standardtherapeutikum.
Chelattherapie ist gerade im Bereich der komplementären Medizin sehr umstritten, vor allen Dingen weil es auf dem allopathischen Antiprinzip beruht.
Es gibt die unterschiedlichsten Formen der Deponierung von Metallen in unserem Organismus, die teilweise erst fragmenthaft erforscht sind. Unter diesen verschiedenen Kompartimenten sind organisch gebundene, die wenig aktiv sind und ungebundene, die sich sehr aggressiv verhalten. Letztere belasten vor allen Dingen unseren Organismus und müssen entfernt werden. Chelattherapie mit oben genannten Mitteln löst alle Kompartimente auf, überschwemmt den Organismus mit toxischen Schwermetallen und das führt — vor allen Dingen, wenn die Entgiftungs- und Ausscheideorgane funktionsschwach sind — zu einem neuen Verteilungsmuster, d.h. es wird mobilisiert, aber nicht ausgeschieden.
Als Grundvoraussetzung für jegliche Chelattherapie muß unter allen Umständen der Körper in der Lage sein, die gelösten Gifte abzugeben.
Ich kenne einen Fall, bei dem erst nach der fünften DMPS-Injektion eine enorme Quecksilberausscheidung resultierte, während die vorangegangenen vier (!) Injektionen kaum erhöhte Werte zeigten. Der behandelnde Arzt hatte keine Erklärung dafür, es war für ihn eine Sensation. Was war geschehen? Erst bei dieser fünften Spritze war der Organismus in der Lage, das mobilisierte Quecksilber über die Ausscheideorgane abzugeben, weil sich zwischenzeitlich die Regulationsfähigkeit der Patientin, aus welchem Grund auch immer, deutlich verbessert hatte. Dieses Ergebnis stellt aber auch die DMPS-Diagnostik bezüglich der Aussagefähigkeit auf den Kopf. Laut der ersten vier DMPS-Testungen wurden der Patientin nur geringe Amalgambelastung bescheinigt.
Die neuesten Untersuchungen von DRASCH (Pressemitteilung vom 26.1.97) scheinen dies auch zu bestätigen. Untersuchungen an 150 Leichen ergaben das ernüchternde Ergebnis, daß sich weder die Quecksilberkonzentration im Blut, noch im Urin oder in den Haaren dazu eignet, die Quecksilberkonzentration der inneren Organe im Einzelfall widerzuspiegeln.
Eine Ungereimtheit besteht auch in der Angabe „Diagnostischer DMPS-Test". Hier liegt ein kolossaler Denkfehler vor: Es gibt keinen DMPS-Test nur für Diagnosezwecke! Jede DMPS-Injektion ist gleichzeitig auch Therapie, weil der Organismus aktiviert wird, Schwermetalle abzugeben. Es gibt nämlich auch Patienten, bei denen sich nach dem DMPS-"Test" die gesamte Symptomatik verschlechtert, aber nicht weil das Mittel nicht vertragen wurde, sondern weil Schwermetalle mobilisiert und nicht ausgeschieden werden konnten.

Ich möchte hier auf gar keinen Fall die Chelattherapie verteufeln. Ihre Anwendung erscheint mir jedoch in vielen Fällen leichtfertig, unkritisch und ohne Berücksichtigung der möglichen Konsequenzen.

Für die Anwendung des „Isopathischen Umkehrwertes" resultieren in Bezug auf Chelattherapie folgende Aussagen:

Alleinige Chelattherapie ergibt keine Werte unter D400, das haben unzählige Messungen gezeigt. Das ist erstaunlich, bestätigt aber gleichzeitig, daß hier zwei total unterschiedliche Mechanismen gegeben sind, die man nicht miteinander vergleichen kann. Mit Homöopathie und Isopathie scheinen andere Kompartimente aktiviert zu werden als mit Chelaten.

Bei fertig abgeschlossener Entgiftung nach dem Prinzip des „Isopathischen Umkehrwertes" (Sollwert D8) können anschließend durch Chelattherapie durchaus wieder hohe Quecksilberwerte im Urin gemessen werden, weil diese Therapie auch „stumme" Depots aufreißt und den gelösten Inhalt in den Körperkreislauf abgibt. Der Umkehrwert kann dabei wieder bis zur D 400 ansteigen. Das bestätigt die vorhergehende Aussage.

Man kann diese unterschiedlichen Mechanismen jedoch, falls es erwünscht ist oder erforderlich scheint, als sogenannte „Schaukeltherapie" wechselweise anwenden.

Chelatbildner haben keine ausscheidende Wirkung auf Palladiumbelastungen.

Homöopathisch aufbereitete Chelate

Es gibt auch noch eine andere Möglichkeit Chelattherapie zu betreiben.

Ich verwende in meiner Praxis NAC in homöopathischer Dosierung mit zum Teil bahnbrechender Wirkung (DMPS und DMSA eignen sich nicht dafür). Ich gebe sie als Einmalgabe (2 Globuli) in der C10.

Das ist für mich die zweite Aktivierungsstufe nach der isopathischen Verabreichung von Mercurius solubilis. (NAC C10 kann jetzt auch über die Neue Apotheke in Hamburg bezogen werden).

Auf ähnlicher Basis arbeitet auch das Präparat CH7. Auch hier wird ein homöopathisch aufbereitetes Chelat (EDTA) verwendet in Verbindung mit homöopathischen Drainagemitteln und neuerdings auch Antioxydantien (CH7 N). Im Testverfahren und in der Wirkung spricht es aber nach meinen Erfahrungen nicht so gut an wie NAC in C10 natürlich verbunden mit der unspezifischen Entgiftung und Antioxydantien.

Algen als Chelatbildner

Grundsätzlich sind auch alle Algenpräparate Chelatbildner. Es gibt Süßwasser- und Meeresalgen. Da diese Produkte aus dem Wasser kommen, tragen sie auch die reinigende Kraft des Wassers in sich. Für ihre metallentgiftende Wirkung brauchen sie aber Zeit und müssen deshalb länger eingenommen werde. Sie enthalten wichtige Vitamine, Mineralien, Aminosäuren und Spurenelemente und besitzen dadurch hohe orthomolekulare Bedeutung. Ganz besonders metallentgiftende Wirkung scheint die Mikroalge Chlorella zu besitzen.

3. Homöopathische Einzelmittel

Jodum auch für Palladium?

MEZGER (Gesichtete homöopathische Arzneimittellehre) schreibt: *„Jod wird als Gegenmittel bei Quecksilber-, Arsen-, und Blei-Vergiftungen gebraucht. Es beschleunigt die Ausscheidung dieser Stoffe".*
Jodum kann in Potenzen zwischen D100 und D400 verwendet werden und ist hervorragend in der Lage, obengenannte Schwermetalle auszuscheiden. Im Kirlianbild zeigen sich in all den Fällen, wo es testmäßig anspricht, Zeichen einer Hyperthyreose. Dazu muß man sagen, daß das Kirlianbild energetische Zustände widerspiegelt, die sich lange vor Manifestation einer mit den Methoden der Schulmedizin meßbaren Krankheit zeigen.

Eine homöopathische Ärztin hat mir bestätigt, daß sie Hyperthyreosen erfolgreich mit Jodum D200 behandelt. Was nun Amalgambelastungen betrifft, wäre die Frage nach Ursache und Wirkung interessant.

Ganz klar verhält sich diese Frage jedoch bei Palladiumbelastungen. Diese Patienten haben **alle** im Kirlianbild hyperthyreotische Zeichen. Ursache dafür dürfte vor allen Dingen die Palladiumeinwirkung sein. Meines Wissens gibt es zur Mobilisierung von Palladium außer Isopathie kein geeignetes Mittel. Meine bisherigen Testergebnisse lassen die berechtigte Hoffnung zu, daß Palladiumbelastungen durch Jodum mobilisiert und ausgeschieden werden können.

Es funktioniert aber nur mit sehr hohen Potenzen. (Oberhalb D100). Ich habe teilweise erhebliche Verbesserungen im Zustandsbild der behandelten Patienten feststellen können. In allen Fällen konnte der Umkehrwert für Palladium stark abgesenkt werden. Als MEZGER in den 50er Jahren seine Arzneimittellehre verfaßte, gab es kaum Palladiumbelastungen und somit war das für ihn auch kein Thema.

Man sollte jedoch diese Patienten nicht aus den Augen verlieren und die Therapie vor allen Dingen in Bezug auf die Schilddrüsenfunktion überwachen.

Ich möchte auch hier noch einmal betonen, daß Hochpotenztherapie nur von homöopathisch versierten Behandlern unter Beachtung der homöopathischen Grundregeln durchgeführt werden sollte.

Aurum metallicum

Aurum ist auch ein altes Mittel gegen Quecksilberbelastungen. Es wirkt aufgrund seiner gegensätzlichen Eigenschaften zum Quecksilber und hilft bei Zuständen, die eine auffallende Ähnlichkeit mit Mercuriusvergiftungen und syphylitischen Infektionen zeigen.

Rhus glabra:

Ein wenig bekanntes Mittel, aber es ist sehr gut wirksam. Beschrieben wird es bei BOERICKE W.: „Homöopathisches Taschenbuch". (Barthel & Barthel)
„Soll der Quecksilberwirkung entgegenwirken und wird bei der Behandlung von Sekundärsyphilitis nach Quecksilbertherapie angewandt."
Lieferbar in Globuliform zwischen D6 und D60 (Staufen) Potenz austesten!

Okoubaka Aubreville

Dieses Mittel ist noch ungenügend geprüft, deshalb gibt es noch kein klares Arzneimittelbild. Es besitzt gute Wirkung auf Toxinbelastungen vor allen Dingen bei verdorbener Nahrung und bei Infekten.

Phase V: Endgültige Versorgung

Voraussetzungen für die endgültige Versorgung:

Ist unter Einsatz der vorgenannten Alternativen der isopathische Umkehrwert für Quecksilber immer noch nicht auf den Wert D8 abgesunken oder verschlechtert er sich mit der Zeit immer wieder, so kann angenommen werden, daß noch Amalgam versteckt sitzend, beispielsweise unter Kronen, vorhanden ist.

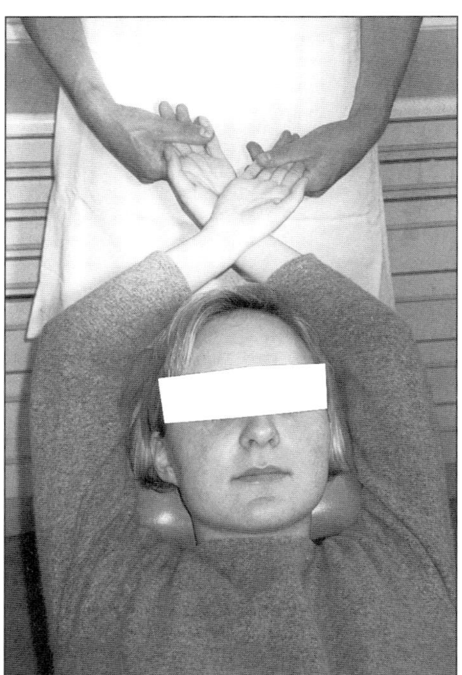

Abb.: 6

Die Entgiftung ist abgeschlossen, wenn ein stabiler und dauerhafter Umkehrwert von D8 für alle Amalgamkomponenten vorliegt.

Der **Armlängenreflex „über Kreuz" (Abb. 6)** zeigt an, daß der Verdacht auf eine generelle Metallbelastung besteht. Er darf keine Differenz mehr zeigen. Ergibt sich dennoch ein Unterschied, dann sind noch andere Metallbelastungen außer Amalgam vorhanden (z.B. Palladium). Auch sie müssen entfernt und ausgeleitet werden.

Chronische Irritationen im Sinne von Herd/Störfeldern sind beseitigt oder werden vom Körper sicher beherrscht. (Physioenergetisch auch Isolationsphänomen testen!)

Dem Patienten geht es subjektiv besser.

Bereits vorhandene andere metallische Restaurationen im Mund werden nachgetestet und müssen verträglich sein. Dazu gibt es eine einfache Testmethode durch Informationsübertragung auf Holz. Ich werde nachfolgend kurz darauf eingehen.

Verträglichkeitstest von fest in der Mundhöhle eingegliederten Materialien.

Es bereitet große Schwierigkeiten, Aussagen über die Verträglichkeit fest in der Mundhöhle eingegliederter Materialien zu bekommen, weil im Mund andere Verhältnisse herrschen wie außerhalb. Der Körper versucht, wenn er länger mit Fremdstoffen konfrontiert wird, sich damit zu arrangieren. Er gleicht sich resonanzmäßig an. Unverträgliche Materialien kann er aber nicht vollständig adaptieren. Diese unvollständige Angleichung bedeutet, daß ein Test im Mund unmöglich ist, weil nur noch verwaschene und unsichere Aussagen vorhanden sind. Würde man dasselbe Material nur kurzfristig in den Mund geben oder auf eine Körperstelle legen, könnte mit feinenergetischen Methoden ohne Schwierigkeiten getestet werden, weil in dieser kurzen Zeit noch keine Adaptation stattfindet.
Ein einfacher Trick hilft uns, diese Problematik zu meistern.

Dieser Test wurde von mir 1990/91 entwickelt (H. SCHLOßER Biol. Zahnmed. 4/1992). Er hat sich sehr bewährt und wurde mittlerweile von R.V.ASSCHE in das Physioenergetik-Testprogramm aufgenommen.

Für eine Testung genügt es bereits, eine immaterielle feinstoffliche Information über ein Trägermedium von der Mundhöhle nach außen zu bringen und dann dem Körper zur Toleranzprüfung wieder zuzuführen. Als Medium eignet sich Holz sehr gut, weil es ohne allergische Potenz ist, absolut elektroneutral, saugfähig und genügend hart, um eine Information aufnehmen zu können.
Wir verwenden in der Praxis Zahnstocher aus unbehandeltem Holz, reiben mit einer Spitze kurz auf dem Material im Mund, das getestet werden soll und legen anschließend diese informationsbehaftete Stelle zwischen die Lippen des Patienten. Der Patient schließt die Lippen, hält damit das Zahnstocherende fest und kann sofort kinesiologisch oder physioenergetisch getestet werden. Bei Verwendung des Biotensors wird mit Hilfe des „Beziehungstestes" Verträglichkeit oder Unverträglichkeit festgestellt.

Materialien

Keramik:

Egal ob es sich um gegossene Glaskeramik, Schichtkeramik, Preßkeramik oder Hartkernsysteme handelt, in allen Fällen muß mit einem Dualzement aus Kunststoff eingesetzt werden und hier liegt das eigentliche Problem. Während Keramikmaterialien im Testverfahren sehr gut abschneiden, gibt es bei der Verträglichkeit der Kunststoffzemente große Probleme.

Legierungen:

Im Idealfall sollte nur eine Legierung Verwendung finden.

Bei der Legierungsauswahl muß auch die Gesamtmetallbelastung berücksichtigt werden.

Jede Legierung für sich kann verträglich sein, aber in der Gesamtheit besteht Unverträglichkeit.

Interessant wird es, wenn man die Legierungsanteile zusammenzählt. In der Summation der Massenprozentangaben kommen bei einigen Herstellern immer 100% heraus, was eigentlich gar nicht möglich sein kann. Bei anderen fehlen zwar einige Prozentpunkte, aber es erfolgt kein Hinweis auf diese Anteile. In vielen Fällen werden nämlich noch Zusätze beigemengt, die nicht angegeben sind und die man auch vergeblich in den gängigen Veröffentlichungen, wie Dental Vademekum, sucht. Solche Zusätze sind beispielsweise Cer, Yttrium und Lanthan. Das erklärt auch, warum scheinbar gleiche Legierungen verschiedener Hersteller im Testverfahren unterschiedlich ansprechen und warum manche offenbar ideale Legierung von keinem Menschen vertragen wird.

Es ist auch unsinnig, die Inhaltsangaben der Legierungshersteller zu nehmen und aus den einzelnen Komponenten auf die Wirkung zu schließen.
Von THOMSEN (Vortrag Med.Woche Heidelberg 1993) stammt der Satz: *„Die homogene Legierung ist etwas anderes als die Summe der einzelnen Metalle."*
Dazu ein Beispiel: Messing besteht aus Kupfer und Zink in einem bestimmten Mischungsverhältnis. Messing als homogenes Produkt hat nichts mehr mit Kupfer und Zink zu tun. Es ist eine eigenständige Legierung mit neuen Eigenschaften.

Ähnlich ist es bei unseren Dentallegierungen. Das homogene Metallgefüge hat andere Eigenschaften als die einzelnen Komponenten. Anders verhält es sich, wenn durch Fehler beim Guß (z B. Überhitzung, zu schnelles Abkühlen, Verunreinigungen) Strukturveränderungen entstehen.

Beispiel Palladium: In einer homogenen Legierung mit hohem Goldanteil wird ein Gehalt unter 10% nicht mit den Eigenschaften von Palladium in Erscheinung treten. Das Palladium geht besonders mit Gold eine eigenständige Verbindung ein und ist damit lückenlos mischbar. Aber es entsteht dabei Gold/Palladium mit neuen Eigenschaften. Genauso verhält es sich natürlich auch mit allen anderen Legierungsanteilen. Es ergeben sich komplexe Neuschöpfungen, die in ihrer Wirkung auf den Organismus erst geprüft werden müssen.

Wenn jedoch durch falsche Verarbeitung Strukturveränderungen vorliegen, d.h. ein heterogenes Gefüge entstanden ist, dann wird es kompliziert. Es liegen teilweise die einzelnen Metallkomponenten frei, oder es bilden sich Teilverbindungen der verschiedenen Grundstoffe mit total unkalkulierbaren Eigenschaften. Ein weiterer Punkt ist bei der Metallkeramik zu beachten. Diese Legierungen brauchen unedle Metalle als Zusätze, die bei der Erhitzung oxidieren, an die Oberfläche sintern und dort eine Haftschicht für die Keramik bilden. Diese beabsichtigte chemische Reaktion verändert natürlich auch das ursprüngliche Material.

Es genügt also nicht, die Legierungsplättchen der Goldscheideanstalten auf Verträglichkeit zu testen, sondern man muß das fertige Werkstück aus dem Dentallabor noch einmal überprüfen.

Wenn es auch hier keine Probleme gibt, dann bleibt für eine gutes Gelingen nur noch die Austestung eines geeigneten Befestigungszementes übrig. Als Faustregel kann man sagen, daß Phosphatzemente mit etwa 30-40% Intoleranz zu bewerten sind. In diesen Fällen ist ein ebenfalls ausgetesteter Carboxylatzement oder Glasionomerzement zu empfehlen. Zementunverträglichkeit erkennt man auch daran, daß sämtliche Zähne einer Restauration überempfindlich reagieren.

Literatur:

KUPFER, AMANDUS: Grundlagen der Menschenkenntnis, Die Formkraft der Psyche Band I und II. Carl Huter

MANDEL, PETER: Energetische Terminalpunkt-Diagnose. Kosmo-Medizin Bd.1, Synthesis

MANDEL, PETER: Lichtblicke in der ganzheitlichen (Zahn-) Medizin. Energetik

MEZGER, JULIUS: Gesichtete Homöopathische Arzneimittellehre Band I und II. Haug

PAUNGGER, JOHANNA und POPPE, THOMAS: Vom richtigen Zeitpunkt. Hugendubel

ROSSAINT, A., LECHNER, J., ASSCHE, R.VAN: Das craniosakrale System. Hüthig

ROSSAINT, A.: Ganzheitliche Zahnmedizin in physisch, psychischer und metaphysischer Sicht. 4. Auflage Hüthig 1997

Erfahrung mit Ausleitung von Schwermetallen

DR. E. WEIKL

Die Schwermetallausleitung gestaltet sich deshalb als schwierig, weil sie an die momentane gesundheitliche Situation des Organismus angepaßt werden muß. Sie darf nur bei reguliertem Grundsystem durchgeführt werden, sonst zeigt der Patient eine starke Verschlechterung seines Krankheitsbildes.
Regulierende Entgiftungsorgane wie Leber, Niere sind Grundvoraussetzung. Wird dies nicht beachtet, so kann es zu starken Verschlimmerungen kommen, weil die Chelatbildner wie DMPS (Natriumsalz der Dimercaptopropansulfonsäure) Schwermetallionen lösen, die nur zum Teil gebunden werden können und daher auch nur teilweise ausgeschieden werden.
Besonderes bei Krankheiten wie Depressionen, MS, chronisches Müdigkeitssyndrom, Suicidgefährdung sind exakte Diagnose und Anamnese notwendig.
Die Regulation des Grundsystems ist mit alternativen diagnost. Methoden zu überprüfen.

Schwermetalle im Kindesalter

Wie allgemein langsam bekannt wird, stellt die Schwangerschaft unter anderem auch eine Entgiftungsperiode für den weiblichen Organismus dar. Nicht nur Antikörper und Vitamine gelangen über die Nabelschnur in den Embryo, sondern auch unerwünschte, gesundheitsschädigende Schwermetalle.
Eine besonders starke Schwermetallbelastung stellt das Entfernen von Amalgamfüllungen während der Gravität dar, daher sollte dies in jedem Fall unterlassen werden.
In Schweden wurde vor einigen Jahren den Schwangeren vom Staat ein kostenloses Zahnservice angeboten, welches eifrigst genützt wurde. Leider mußte festgestellt werden, daß diese Neugeborenen eine Reihe von Erkrankungen aufwiesen, die durch Schwermetallbelastung — durch die vom Zahnarzt falsch entfernten Schwermetalle - induziert wurden.
Man hat daher dringend von Zahnbehandlungen während der Schwangerschaft abgeraten.
Urin- und Haaranalysen zeigen die toxischen und lebensnotwendigen Elemente auf, so daß exakt orthomolekular bzw. homöopathisch substituiert werden kann.

Unterstützung der Ausleitungstherapie mit Algen

Von großer Bedeutung ist die unterstützende d. h. entgiftende Wirkung von Algen im Rahmen einer Schwermetallausleitung. Die Süßwasseralgen besitzen die Fähigkeit, toxische Substanzen aus dem Körper-Darmwand und Darminhalt aufzunehmen, irreversibel zu binden und somit aus dem Körper zu entfernen. Dabei handelt es sich um organische und metall. Giftstoffe, Insektizide, Pestizide, Cadmium, Blei, Quecksilber, Kupfer, P.C.B. (Polychlorbiphenyl), Chlordecon und andere kohlenwasserstoffhaltige Chemikalien.
Die ungewöhnlich hohe Entgiftungspotenz der Algen ist auf die einzigartige Zellwand und deren Bestandteile zurückzuführen. 4 Eigenschaften der Mikroalge sind für die hervorragende Wirkung von Bedeutung:

- ihr sehr hoher Gehalt von Chlorophyll
- die komplexe Zellstruktur mit u.a. entgiftende Wirkung
- die hohe Konzentration an Vit. A, Vit. B 12 und ß-Carotin
- der Chlorella Growth Faktor

Die Zellwand allein hat die Eigenschaft, Kohlenwasserstoffe und Schwermetalle zu binden und stimuliert somit das Immunsystem. Die sehr kräftige Zellwandstruktur kann vom menschl. Körper weder aufgespalten noch verdaut werden. Durch ein Spezielles Verfahren wird die Zellwand zu 95% aufgespalten. Nimmt die Alge während der Magen-Darm-Passage Flüssigkeit auf, so kommt es ebenfalls zum Aufbrechen der Zellwand.

Fallbeispiele

1. Monate altes Baby trinkt nur Muttermilch, der Mutter wurden in der Stillzeit 4 Amalgamfüllungen entfernt. Das Baby bekam Neurodermitis. Therapie: kinesiologische Testung. Schwermetallausleitung

- Jahr altes Kind, Neurodermitis (Bild) Mutter wurde trotz der Kupferspirale schwanger.
  Therapie: kinesiologische Testung der Schwermetallbelastung, Schwermetallausleitung.

2. Hyperaktiver Bub, 6 Jahre, aggressiv, Wutanfälle, keine Amalgamfüllungen, Mutter hatte zur Zeit der Schwangerschaft 9 Amalgamfüllungen, Vater: Gold und Amalgam im Mund. Nach Injektion von DMPS zeigt 24 Std. Harn folgenden Befund:

Untersuchungsbericht:

	Ergebnis	Einheit	Referenzbereich
Hg/Kreat./DMPS/Harn	14.5	mg/g	0.0-50.0
Kreat. im Harn nach DMPS	0.27	g/l	1.00-1.50

Es besteht eine hohe Quecksilberbelastung, Niere ist blockiert.
Therapie: EAV-Testung, Schwermetallausleitung, Nierenunterstützung
Das Kind zeigt nach dieser Therapie normale psychische Verhaltensweise.

4. 10 Jahre altes Mädchen, Neurodermitis im Bereich Head'sche Zone Leber

Untersuchungsbericht:

	Ergebnis	Einheit	Referenzbereich
Kupfer im Harn (AAS)	471	mg/l	
Zinn im Harn (AAS)	3.1+	mg/l	0.0.-2.0
Hg im Harn nach DMPS	1.1	mg/l	
Kreatinin im Harn (AAS)	0.52-	g/l	1.00-1.50

Extrem hohe Werte von Kupfer. Niere blockiert. Mutter hat 20 Amalgamfüllungen, 6 wurzelbehandelte Zähne.
Therapie: Kinesiolog. Austestung, Schwermetallausleitung, DMPS i.v. neuraltherapeutische Behandlung, Quaddelsetzung im Leberbereich, Algengabe, Darmbehandlung. Die Schwermetallausleitung muß immer entsprechend der letzten kinesiologischen Austestung durchgeführt werden. Dies ist äußerst wichtig, weil sich die Gesamtregulation des Körpers ständig ändert.

Nach der 1. Sitzung heilte die Neurodermitis langsam im Leberbereich ab, zeigt sich nur im Bereich von Kopf und rechtem Ohr.
2. Sitzung: DMPS i.v., neuraltherapeutische Behandlung von Kopf und Ohr. Zusatz von DMPS und Neuraltherapeuticum (Dornenkranz) Algengabe. Neurodermitis verschwand vollkommen.

5. Schwester 13 Jahre, 2 Amalgamfüllungen, sehr nervös, ängstlich, weist nach DMPS i. V. ähnl. Befund im 24h

Untersuchungsbericht:

	Ergebnis	Einheit	Referenzbericht
Kupfer im Harn (AAS)	390	mg/l	
Zinn im Harn (AAS)	2.8+	mg/l	0.0-2.0
Hg im Harn nach DMPS	60.5	mg/l	
Kreatinin im Harn (AAS)	0.76-	g/l	1.00 -1.50

Es besteht hohe Kupfer- und Quecksilberbelastung, Niere blockiert.
Therapie: Kinesiolog. Ausleitung, Schwermetallausleitung mit DMPS, Symbioselenkung. Nieren

Entfernung der 2 Amalgamfüllungen unter Kofferdamm + Algengabe.
Besserung der Symptome.

6. 11 Jahre alter Bub, Schlafstörungen, kann nicht durchschlafen, trotz hohem IQ schlechte Schulnoten, Mutter: 8 Amalgamfüllungen z. Z. der Schwangerschaft. Befund im 24h-Harn nach DMPS:

Untersuchungsbericht:

	Ergebnis	Einheit	Referenzbereich
Zink im Harn/DMPS(AAS)	220	mg/l	200-800
Hg/Harn nach DMPS (AAS)	0.60	mg/l	0.00-50.00

Sehr hohe Zinkbelastung.
Seit der Therapie kann das Kind wieder durchschlafen und lernt in der Schule 1 - 2 Stufen besser.

MELISA - ein Werkzeug für das Studium von Metall-Allergien

Dr. M. Stejskal, K. Cederbrant, A. Lindvall, Sicherheitsabteilung, AB Astra, Södertälje
Abteilung klinisch-metallurgische Biologie, Universitätskrankenhaus, Uppsala
M. Forsbeck, Sophiahemmet, Stockholm, Schweden.

Auszug

Die sensibilisierenden Eigenschaften der Metalle, die in der medizinischen und zahnärztlichen Pflege am meisten benutzt werden, wurden mit Hilfe einer optimierten Lymphozyten proliferativen Analyse — MELISA — untersucht. MELISA (memory lymphocyte immuno - stimulation assay) wurde ursprünglich für die Prüfung von allergischen Epitopen von Medikamenten und anderen Chemikalen mit niederem Molekulargewicht entwickelt worden, wurde aber in letzter Zeit für das Studium von metall-verursachter Sensibilisierung adaptiert.
Die untersuchten Patienten litten an verschiedenen Problemen der oralen Schleimhaut, bei denen man vermutete, daß sie durch das Freiwerden von Metall-Ionen aus dentalen Restaurationen entstanden. Sie klagten auch über chronische Ermüdung, die über Jahre hinweg anhielt. Ein Patient war auch von Berufs wegen durch seine Arbeit in einer Zahnarzt-Praxis Metallen exponiert. Gesunde Menschen ohne jede Beschwerden bezüglich Metalle dienten als Kontrolle.

Zusätzlich zu den Metallen, die in der zahnärztlichen Praxis verwendet werden, wurden auch Lymphozyten-Reaktionen auf organisches Quecksilber, das zur Konservierung von Impfstoffen, Augen/Nasentropfen und Kontaktlinsen eingesetzt wird, studiert.

Die Ergebnisse zeigen, daß Quecksilber wie auch andere Metalle, wie z.B. Gold oder Palladium starke lymphocyte proliferative Reaktionen bei Patienten mit oralen oder systemischen Symptomen hervorrufen, nicht jedoch bei gesunden Personen, die ähnlichem ausgesetzt sind. Die Ergebnisse mit MELISA an einem Paar eineiiger Zwillinge mit chronischer Müdigkeit (Chronic Fatigue Syndrom - CFS) zeigten, daß metallspezifische Reaktionen vielleicht von der genetischen Veranlagung des Patienten abhängen. Daher stellen viele Metalle, die heute für medizinischen und zahnärztlichen Gebrauch weitgehend akzeptiert sind, für bestimmte genetisch vorbelastete Personen ein klares Sensibilisierungs-Risiko dar. Daher sollte der Gebrauch dieser Metalle in der Zukunft eingeschränkt werden.

Einleitung

Metalle spielen eine doppelte Rolle in unserem Leben. Einige Metalle wie Eisen, Kupfer, Kobalt und Zink sind in geringen Dosen lebenswichtig. Andere Metalle wie Quecksilber, Cadmium, Blei und Arsen sind für alle lebenden Organismen schädlich (Goering *et al.*, 1992; Vallee und Ulmer, 1972). Es gibt zur Genüge Nachweise in der Literatur in Bezug auf das Allergiehervorrufende Potential mancher Metalle wie Nickel oder Chrom (Langard und Hensten-Pettersen, 1981; Maibach und Menné, 1989), aber andere Metalle wie Gold, Palladium oder Quecksilber wurden, obwohl sie in der medizinischen und zahnmedizinischen Technik häufig verwendet werden, in dieser Hinsicht nicht so gründlich ausgewertet.
Studien an Labor-Tieren zeigen, daß Quecksilber — wie Goldsalze — bei gewissen genetisch empfindsamen Rassen eine Autoimmunität hervorrufen können (Hultman *et al.*, 1992; Pelletier *et al.*, 1990). Zu dieser Veröffentlichung wurden die Immun-Eigenschaften von Metallen, die als Zahnimplantate oder als bakterizide Stoffe verwendet wurden, durch eine optimierte Lymphozyten proliferative Analyse — MELISA — geprüft. Die Resultate zeigen, daß Quecksilber und Transitions-Metalle wie Gold oder Palladium bei Personen mit oralen Mukosa-Symptomen, die auch an chronischer Müdigkeit leiden, starke spezifische Lymphozyten-Reaktionen hervorrufen können. Solche Reaktionen wurden an gesunden Menschen, die diesen Metallen ausgesetzt wurden, nicht beobachtet. Diese Ergebnisse könnten bewirken, daß die Verwendung von Metallen in der medizinischen und zahnmedizinischen Praxis in Zukunft eingeschränkt werden.

Materialien und Methoden
Patienten und Kontrollen

Die Patienten, die in dieser Veröffentlichung beschrieben werden, wurden von verschiedenen Kliniken in Stockholm und Uppsala zu MELISA-Tests überwiesen. Blut von Patienten mit Schleimhaut-Veränderungen neben Zahnmetallen wurden von den dermatologischen Kliniken in Södersjukhuset, Stockholm abgenommen, wo auch „patch-tests" durchgeführt wurden. Patienten mit chronischer Müdigkeit (CFS)waren Teil des Projekts, das in der Abteilung für klinische Metall-Biologie des Universitäts-Krankenhauses in Uppsala durchgeführt wurde. Diese Patienten hatten schon mindestens 6 Monate an einer lang andauernden schwächenden Müdigkeit oder leichten Ermüdbarkeit gelitten und die Kriterien von CFS erfüllt (HOLMS *et al.*, 1988). Man holte sich auch gesunde Menschen zu Kontrollzwecken. Einer dieser Gesunden hatte noch nie eine Metall-Legierung in seiner Mundhöhle gehabt.

MELISA

MELISA, das auf einem Protokoll, das ursprünglich in unserem Labor verwendet wurde, basiert (STEJSKAL *et al.*, 1986 und 1990), wurde für die Studien von Lymphozyten Reaktionen auf verschiedene Metalle adaptiert.
Venöses Blut wurde in einem sterilen Vacutainer-Röhrchen mit Polystyren-Kugeln (Becton Dickinson, England) gesammelt und durch Schütteln defibriniert. Die Lymphozyten wurden auf Ficoll-Paque (Pharmacia, Schweden) isoliert und mit RPMI 1640 (Gibco, Schottland) gewaschen, das 10 mM HEPES, 8 mg gentamicin/Liter und 4 mmol L-Glutamin/Liter enthielt. Der Monozyten-Gehalt wurde durch „plastic adherence" 30 Min. bei 37°C im Beisein von 29 % AB+ Serum verringert. Die nicht-adherenten Zellen wurden wiederhergestellt und verdünnt auf 1 x 10^6 Zellen pro ml in kompletter RPMI 1649 mit 10 % inaktiviertem AB+ Serum. Die Zellen wurden in 1 ml Makro-Kulturen gezogen, die 1 x 10^6 Lymphozyten enthielten, in Platten mit 48 Vertiefungen (Costar, Holland), die vorher mit Metallsalzen der folgenden Lösung beschichtet worden waren: $HgCl_2$, 0.004-9 µg/ml; Phenylmercur-Acetat, 0.007 - 1 µg/ml; $SnCl_2$ x 2 H_2O, 12,5 - 50 µg/ml; $CuSo_4$, 0.5 - 0.25 µg/ml; $Ch_3COOHAg$, 2,5 - 5 µg/ml; $Na_3Au(S_2O_3)_2$, 12.5 - 25 µg/ml; $Pt/SO_4)_2$ x 2 H_2O, 12,5 - 25 µg/ml; $Pb(NO_3)_2$, 12,5 -25 µg/ml; $CdCl_2$ x $2H_2O$, 1.5 - 6 µg/ml;TiO_2, 12,5 - 50 µg/ml; CH_3HgCl, O.1 - 0.5 µg/ml; CH_3CH_2HGCL, 0.1 - 0.5 µg/ml; Thiomersal, 0.1 - 0.5 µg/ml; Thimerfonate, 0.06 - 0.5 µg/ml; $NiCl_2$ x$4H_2O$, 1 - 10 µg/ml; $CrCl_3$ x c H_2O, 1,5 - 50 µg/ml; $CoCl_2$ x $6H_2O$, 0.2 - 6.3 µg/ml. Alle verwendeten Salze waren von „pro analysi" Qualität. Drei bis sechs Kontrollkulturen ohne Antigene brachten Informationen über die spontane Proliferation der Lymphozyten. PPD (purifiziertes Protein-Derivative, Tuberkulin, Statens Serumin-Institut, Dänemark) wurde als positives Kontroll-Antigen für die Schätzung der zellvermittelnden Immunität herangezogen. Nach 5 Tagen der Inkubation wurden 600 µl von jeder Vertiefung auf eine neue Platte mit 30 µCi [*methyl*-^{3}H]thymidine (AMERSHAM, England, sp.act.ca 3.2 Tby/mmol) und bei 37°C 4 Stunden lang inkubiert. Die Zellkulturen wurden in einem automatischen Zell-Zähler (Inotech, Schweiz) gezählt, die Radioaktivität wurde in einem Flüssig-Szintillations-Zähler (LKB/WALLACE, Finnland) gemessen.
Die Zunahme an [^{3}H]thymidin Verbindung in den Kulturen wurde als Zähler/Minute (Z/m) ausgedrückt, und der Stimulationsindex (SI) wurde folgend dargestellt:

$$SI = \frac{Z/m \text{ in Antigen-behandelten Kulturen}}{\text{durchschn. Z/m der Kontrollkulturen}}$$

Morphologie

Nach 5 Tagen Kultivierung wurden *100* µl Zell-Suspension von jeder Kultur für eine Schmier-Aufbereitung in einer Cytozentrifuge (Shandon, England) abgenommen. Die Flecken wurden mit May/Grünwald/Giemsa (STEJSKAL *et al.*, 1986) gefärbt. Die Zellaufbereitung ergab wichtige Informationen über den Zustand der Kulturen und völlig objektive Resultate der DNS-Verbindung.

MELISA - Auswertung

Die Schwelle für eine positive Reaktion wurde bei SI ≥ 3 festgelegt, da dieser Wert den Großteil der Kontrollpersonen ausschied. SI Werte zwischen 2 und 3 wurden als schwach positiv bewertet. Der maximale Stimulations-Index zeigt die Proliferation bei der optimalen Konzentration eines vorgegebenen Metallsalzes. Positive Resultate durch [^{3}H]thymidin-Verbindung wurden durch die Anwesenheit von Lymphoblasten auf den Zellflecken bestätigt (Daten nicht gezeigt).

Patchtest

Patienten mit Veränderungen der oralen Schleimhäute wurden patch getestet mit einer Serie von dentalen Tests (Chemotechnique Diagnostics AB, Schweden) einschließlich Quecksilber 0,5% in Petrolatum, Kobaltchlorid 0,5 % in Petrolatum, Nickelsulfat 5 % in Petrolatum, Palladium-Chlorid 2 % in Petrolatum, Phenyl-Mercurium-Acetat 0,01 % in Wasser Thiomersal 0,1 % in Petrolatum, Thimerfonat 0,1 % in Petrolatum. Patch tests wurden mit Finn chambers (Epitest Helsinki, Finnland) auf Scanpor durchgeführt. Die Testsubstanz wurde 48 Stunden auf den Rücken des

Patienten gebracht und nach 72 Stunden kontrolliert. Erythema, Verhärtung, Papillen oder Bläschen wurden als positive Reaktion gewertet.

Resultate und Diskussion Zellenreaktionen hervorgerufen durch Quecksilber

Dentales Amalgam ist eine Legierung von 50 % metallisches Quecksilber in Verbindung mit anderen Metallen wie Zinn, Kupfer, Silber und Zink. Da zahnärztliches Personal diesem metallischen Quecksilber bei der Arbeit ständig ausgesetzt ist, manchmal sogar zusätzlich noch anderen merkurialischen Verursachern wie Phenyl-HG (einer Komponente der N2 Wurzelfüllung), haben wir die Lymphozyten-Reaktion bei Zahnpersonal untersucht.

Eine 42jährige Frau (S28) arbeitete von 1977 - 1987 als Zahnassistentin. Sie kam 1987 zur Dermatologischen Klinik wegen flechtenartiger Veränderungen in der Nähe von Amalgam-Füllungen, die von PAD bestätigt wurden, und wegen chronischen ekzematösen Ausschlägen auf ihren Händen. Sie hatte in der Vergangenheit manuell mit Amalgam zu tun gehabt. Die Lymphozyten der Patientin reagierten *in vitro* auf eine ganze Reihe von anorganischen Hg-Konzentrationen, aber auch auf organisches Phenyl-Hg (s. Abb. 1).

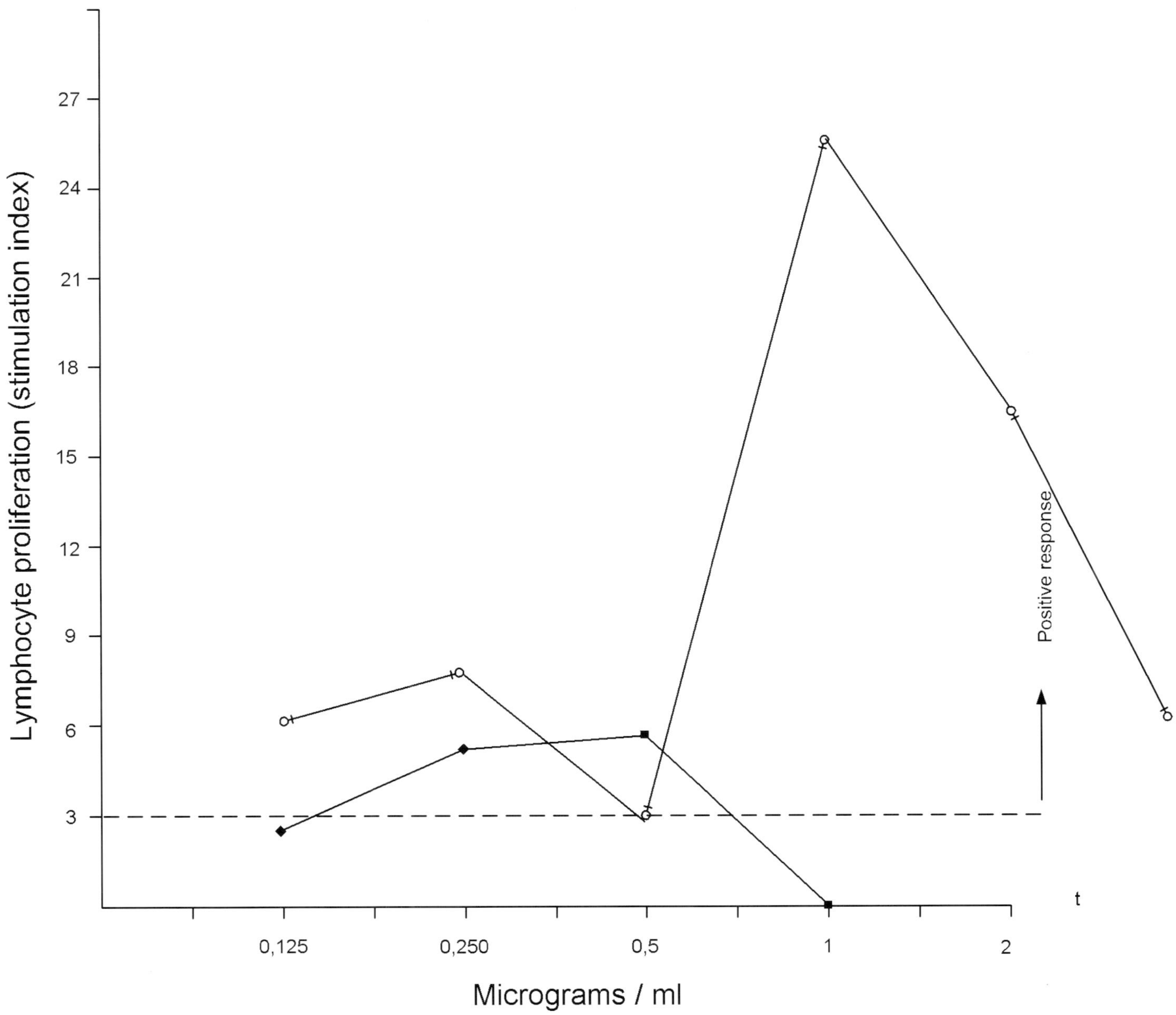

Abb.: 1 : MELISA with $HgCl_2$ and phenylmercury acetate in a 42-yr-old atopic dental nurse (S28) with oral lichen and a positive patch test to phenylmercury. Control cpm = 1345.

phenylmercury acetate — $HgCl_2$

Der Patch-Test war positiv auf Phenyl-Hg, aber negativ auf das metallische Hg. Da diese Patientin offensichtlich an einer System-Sensibilisierung auf Quecksilber litt, wurde ihr geraten, ihre Amalgam-Füllungen zu ersetzen und nicht mehr als Zahnassistentin zu arbeiten. Die Entfernung des Amalgam war 1989 beendet, die Patientin fand auch eine andere Arbeitsstelle. Ihr Zahnfleisch-Problem verschwand, ihr Hautproblem besserte sich sichtbar.

Nachdem Lymphozyten-Reaktionen auf Chemikalien mit niedrigem Molekular-Gewicht wie Penicillin oder Isothiazoloninen normalerweise bei Patienten mit Hypersensibilität auftreten, nicht jedoch bei gesunden Menschen (STEJSKAL, 1989; STEJSKAL *et al.*, 1986), wollten wir sehen, ob dieses Phänomen für Quecksilber-Zusammensetzungen auch galt.

Daher studierten wir die Lymphozyten einer anderen Zahnassistentin (L7), die durch ihre eigenen Füllungen und ihre Arbeit Amalgam ausgesetzt war, jedoch keine Haut- oder Schleimhautprobleme hatte. Die Lymphozyten von L7 reagierten weder auf anorganisches Hg (0,009 - 9 µg/ml) noch auf Phenyl-Hg (0,007 - 0,5 µg/ml) in irgendeiner der getesteten Konzentrationen. Ähnliche Resultate erhielten wir bei einer anderen Zahnassistentin (TL43), die keine Amalgam-Füllungen hatte ($HgCl_2$: 0,125 - 4 µg/ml; Phenyl-HG: 0,06 - 0,5 µg/ml)

Relativ geringe Reaktionen durch Phenyl-Quecksilber in Vergleich zum anorganischen HG, wie bei Patient S 28 waren nicht die Regel bei allen Patienten, die untersucht wurden. Die Lymphozyten von einem 48jährigen männlichen Patienten (SK15), der an chronischer Müdigkeit litt, reagierten sehr stark auf phenyl-Hg, aber nur leicht auf anorganisches Hg (Abb. 2).

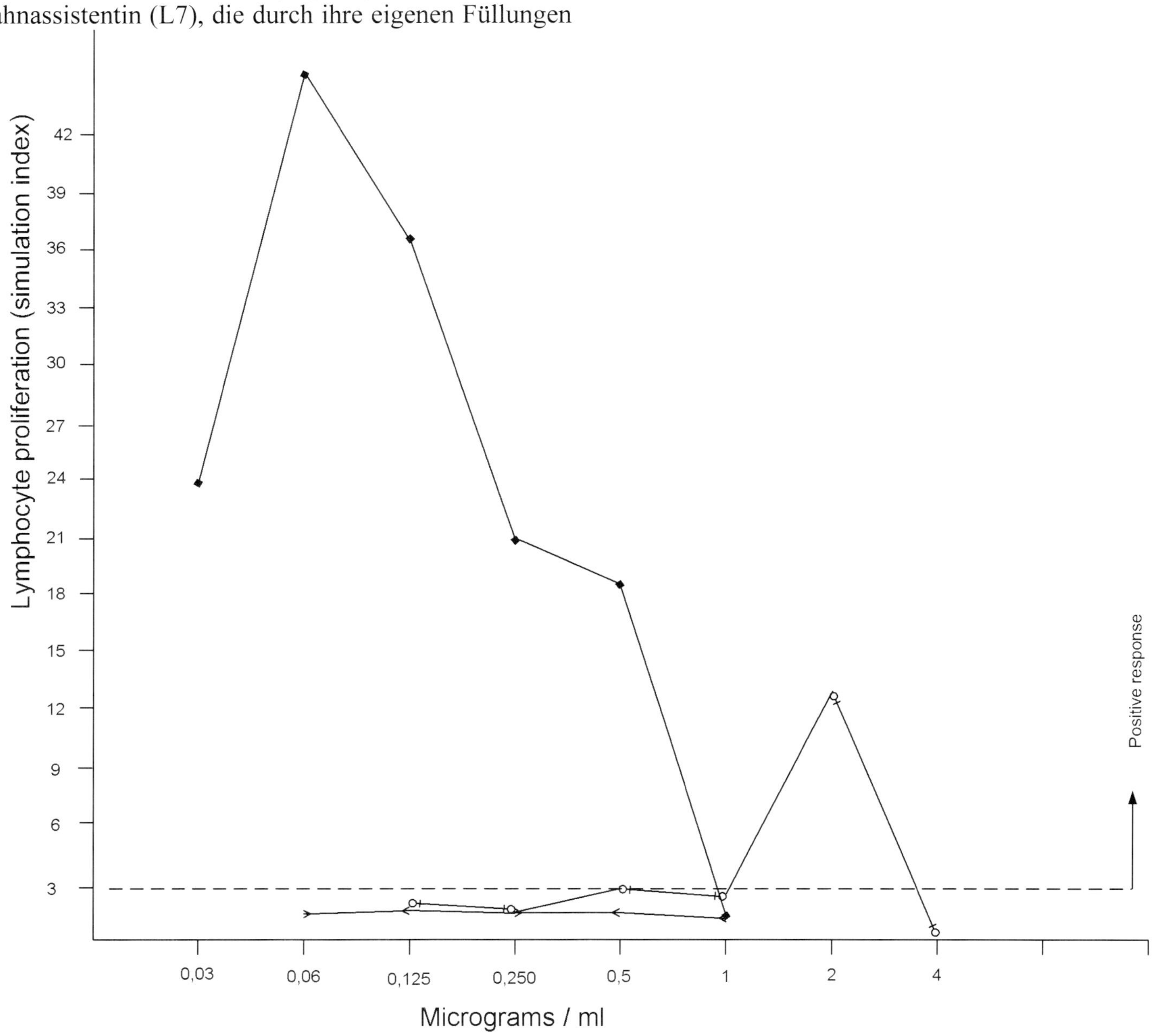

Abb.:2 : MELISA with $HgCl_2$, phenyl-Hg and thiomersal in a 49-yr-old male (SK15) with CFS and a positive patch test to these compounds. Control cpm = 2396.

—o $HgCl_2$ —■ phenyl-Hg —< thiomersal

Die Phenyl-Hg-spezifische Sensibilisierung wurde durch einen positiven Patch Test noch zusätzlich demonstriert, der auch eine positive Reaktion auf Thiomersal zeigte. Die MELISA-Ergebnisse waren in zwei aufeinanderfolgenden Experimenten reproduzierbar. (Daten nicht gezeigt). Beim Befragen des Patienten nach möglichen Ursachen der Sensibilisierung fand man heraus, daß er in seiner Jugend bei Gartenarbeiten in Chile organischen quecksilberhaltigen Pestiziden ausgesetzt war, er berichtete auch vom Auftreten einer Konjunktivitis nach dem Genuß von großen Mengen an Zitrusfrüchten. Es ist möglich, daß die Zitrusfrüchte mit Pestiziden behandelt waren, die Phenyl-Hg enthielten, und daß die Konjunktivitis die Reaktion auf eine positive Provokation sein könnte.

Ein weiteres organisches Merkurial, Thiomersal (Sodium-äthyl-merkurithiosalicylate), wird aufgrund seiner ausgezeichneten bakteriziden Eigenschaften in Schweden und weltweit als Konservierungsmittel von Impfstoffen, Weich-Kontaktlinsen-Flüssigkeiten und Immunoglobulin-Präparaten verwendet. Wir wollten die möglichen Sensibilisierungs-Eigenschaften von Thiomersal auf der Lymphozyten-Ebene testen. Eine 52jährige Technikerin (TL87) war in ihrer Anstellung in der Impfstoff-Produktion sieben Jahre lang Thiomersal ausgesetzt. Sie wurde auch nach der Geburt jedes ihrer zwei Kinder mit Anti-D-Globulin behandelt, das Thimerfonate enthält. Die Krankengeschichte zeigte schwere Unverträglichkeit von Fisch- und Ei-Protein. Während ihrer Arbeit als Tierbetreuer bekam sie Gelenks-Ödeme und Dispnöe und mußte in ein tierfreies Labor versetzt werden. Der RAST gegenüber verschiedenen Labortieren einschließlich Mäusen war negativ. Die Patientin glaubte, daß das Tierfutter, das Fisch-Protein enthielt, die Ursache für ihr Problem war. Die Ergebnisse der Lymphozyten-Studie sind in Abb. 3 ersichtlich.

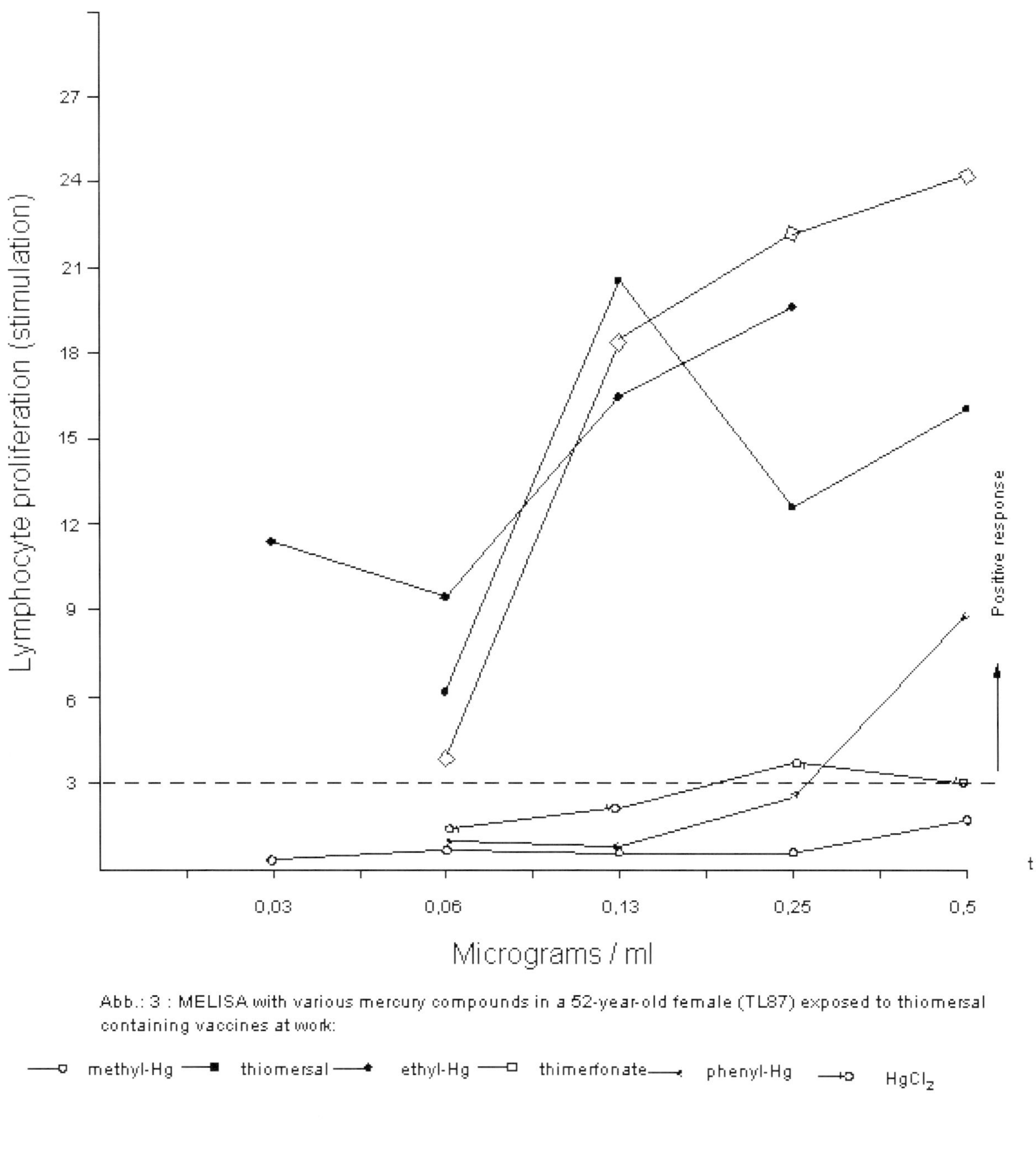

Abb.: 3 : MELISA with various mercury compounds in a 52-year-old female (TL87) exposed to thiomersal containing vaccines at work:

Die Lymphozyten von TL87 reagierten stark auf Äthyl-Hg, eins der Epitope von Thiomersal (PIRKER *et al.*, 1993), auf Thiomersal und auf Thimerfonate. Thimerfonate ist ein weiteres Äthyl-Hg-Derivat, das wegen seiner bakteriziden Eigenschaften in Impfstoffen verwendet wird. Ein geringer Grad an Reaktion wurde auf Methyl-Hg festgestellt und auf anorganisches Hg, während man keine Reaktion auf Phenyl-Hg (Daten nicht gezeigt) feststellen konnte. Ein Patchtest mit Äthyl-Hg zeigte eine starke Reaktion bei 0,05 % Konzentration und Röte mit möglicher Infiltration bei 0,1 %. Eine starke Reaktion zeigte sich auch bei Thimerfonate, aber die Resultate mit diesen Zusammensetzungen wurden als toxisch eingestuft. Ein Patchtest mit anorganischem Hg zeigte eine schwache Rötung und wurde negativ bewertet. Innerhalb von 4 Stunden nach dem Patchtest klagte der Patient über Kopfschmerzen, Kälte und Jucken am Rücken unter dem Patchtest. Das Jucken breitete sich später auf alle Extremitäten und schließlich auf den ganzen Körper aus. Diese Symptome zusammen mit einer schwächenden Müdigkeit hielten drei Tage lang an.

Es wird allgemein angenommen, daß Genetik eine entscheidende Rolle in der Immun-Reaktion des Organismus auf Substanzen mit niedrigem Molekulargewicht spielt (BARNES *et al.*, 1984; HULTMAN *et al.*, 1992, ISHII *et al.*, 1990; LANDSTEINER *et al.*, 1939). Wir hatten Gelegenheit, die Lymphozyten-Reaktion auf Metalle bei zwei Paaren identischer Zwillinge zu studieren. Ein Paar hatte eine Diagnose von chronischer Müdigkeit, das andere Paar war gesund. Das erste Paar, 46jährige Frauen (AD144 und Ad147), wurde aufgrund eines Verdachts auf Intoleranz gegenüber Metall-Ohrringen und Verschlimmerung der Krankheit nach Zahnbehandlung zu einem MELISA-Test überwiesen. Sie hatten mehrere Jahre lang an schwächender Müdigkeit gelitten und erfüllten die Kriterien von CFS (chronisches Müdigkeits-Syndrom). Die Ergebnisse von MELISA mit verschiedenen Metallsalzen sind in Abb. 4 gezeigt.

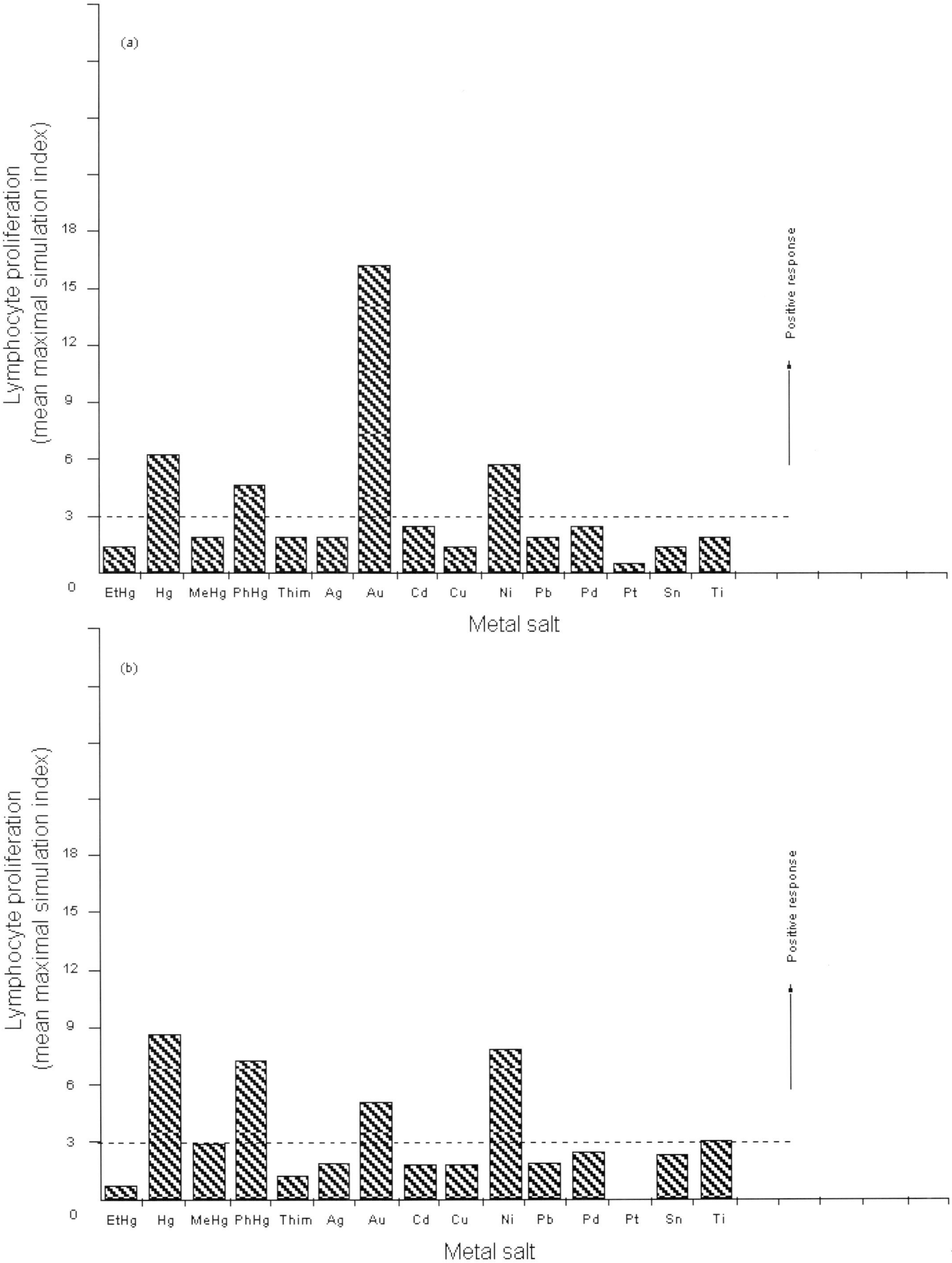

Abb. 4: MELISA with various metal salts in 46-yr-old female identical twins, (a) AD144 and (b) AD147, with CFS. The twins were exposed to dental amalgam, and had known earring intolerance. The mean stimulation index of two consecutive maximal values is shown.

Positive Lymphozyten-Reaktionen zeigten sich bei Kulturen mit anorganischem Hg und Phenyl-Hg und mit Gold- und Nickelsalzen. Das Lymphozyten-Reaktionsmuster war bei beiden Zwillingen gleich, was zeigt, daß die Genetik im Sensibilisierungs-Prozeß eine Rolle spielt. AD144 zeigte einen positiven Patchtest auf Gold und Quecksilber. AD 147 zeigte eine Verschlimmerung der Symptome nach dem Bohren in Amalgamfüllungen. Keine von beiden hatte Probleme mit der Schleimhaut.

Ein anderes Paar von identischen Zwillingen (TL26 und TL27, Abb. 5) waren die 52-jährigen Männer, die als Chemiker angestellt waren und durch ihre Zahnbehandlungen Goldlegierungen und Amalgam ausgesetzt waren. Wie Abb. 5 zeigt, reagierten ihre Lymphozyten auf keines der getesteten Metalle. Die Kontrollwerte und Proliferations-Reaktionen auf Tuberkulin (PPD) waren ähnlich bei beiden Zwillingspaaren, wie die folgenden cpm-Werte zeigen: AD144, 3171 und 52316 (PPD); Ad147, 3010 und 158.321 (PPD); TL26, 2917 und 321.044 (PPD); TL 27, 2401 und 416.703 (PPD).

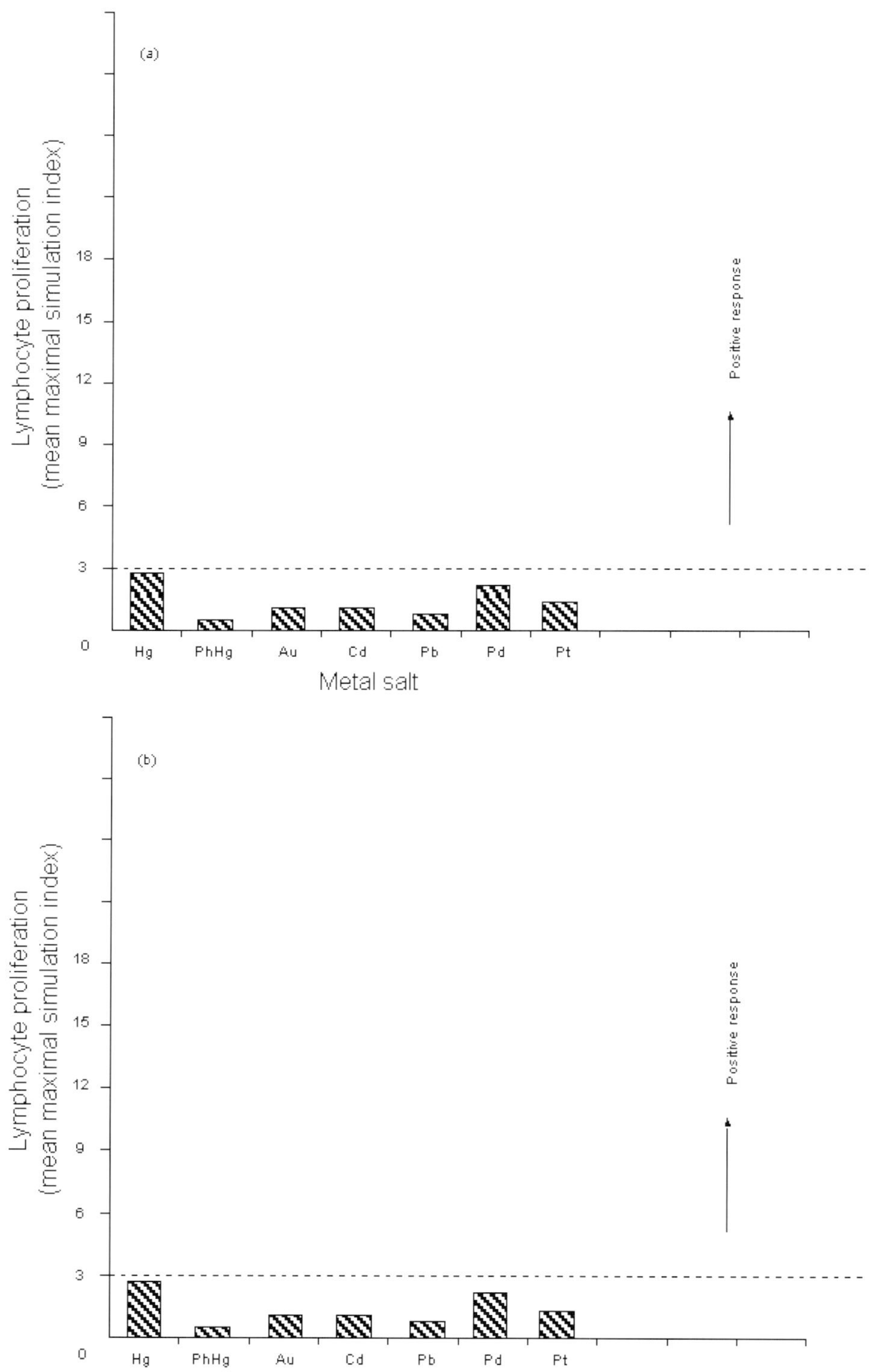

Abb. 5: MELISA with various metal salts in 55-yr-old male identical twins, (a) TL26 and (b) TL27, with CFS. The twins were exposed to amalgam, dental gold and root fillings. The mean stimulation index of two consecutive maximal val is shown.

Die Bestätigung der klinischen Relevanz von *in vitro* Lymphozyten-Reaktionen durch den Haut-Test war manchmal nicht möglich, da die Patienten sich aus Angst vor einer Verschlimmerung der Symptome weigerten, am Test teilzunehmen. Daher wurde ein weiterer CFS-Patient mit einem bekannt positiven Patchtest im Dezember 1992 mit MELISA getestet (Abb. 6).

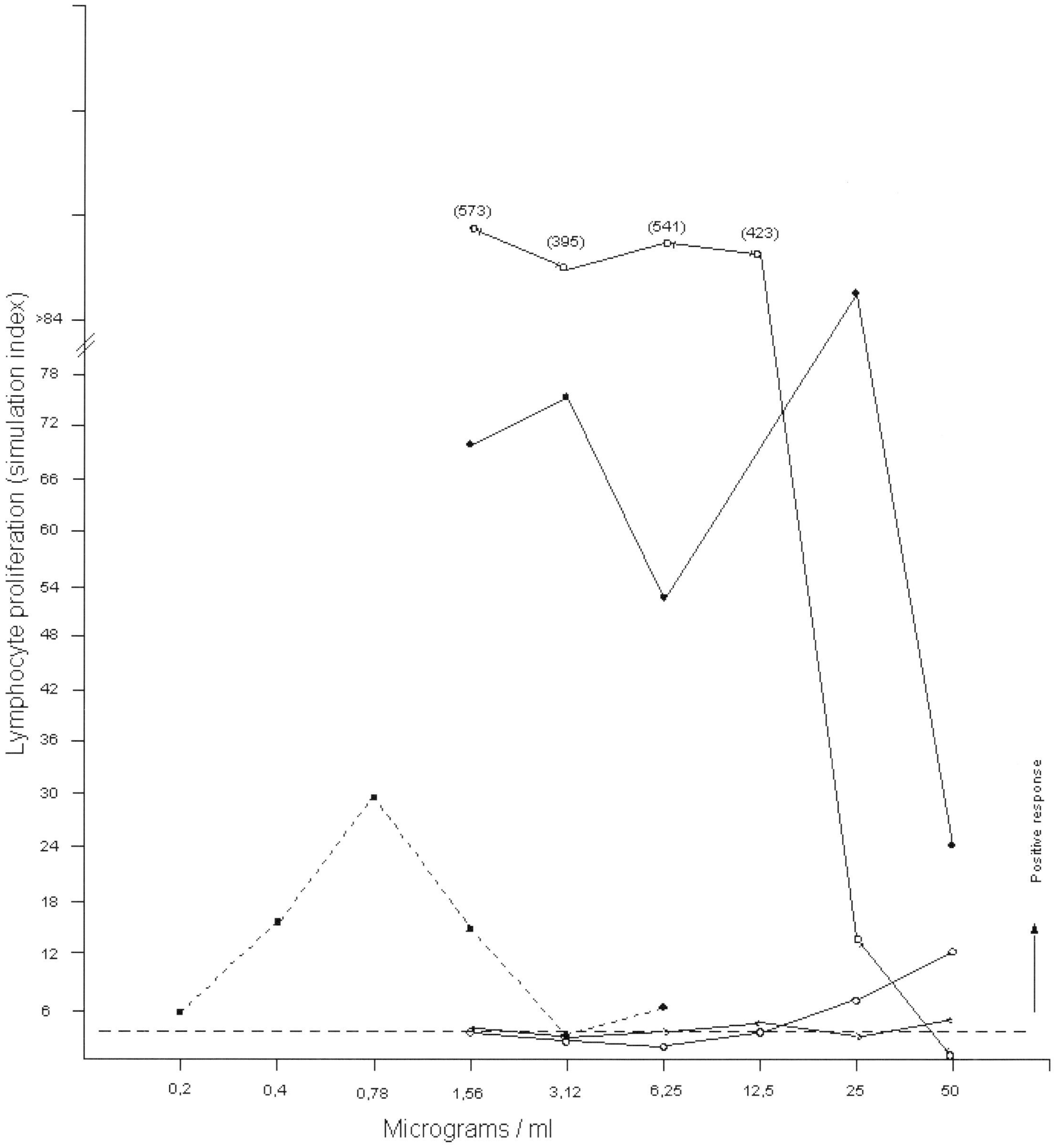

Abb.: 6 : MELISA with (Au), (Ni), (Co) and (Cr) in a 51-year-old female (S85) with positive patch tests to these metals. MELISA with Au in a healthy male control (TL100) exposed to gold fillings is also shown.

Control cpm in untreated cultures were 712 (S85) and 6239 (TL100)

(Co) (Au) (Cr) (Ni)

Diese Patientin S85) kam Anfang 1980 auf die Dermatologische Klinik. Ein Patchtest wurde durchgeführt und war sehr positiv auf Nickel und Kobalt. 1984 wurde die Patientin wegen Jucken und Brennen in der Mundhöhle in der Nähe von vielen Amalgam- und Goldkronen wieder eingeliefert. Sie klagte auch über allgemeine Müdigkeit und Schmuck-Unverträglichkeit. Nach einer Zahnbehandlung war sie zwei Wochen lang bettlägerig, und ihre Depression und ihr Asthma nahmen zu. Ein neuer Patchtest im September 1990 war positiv auf Palladium, Gold, Nickel und Kobalt. Ein palladium-positiver Patchtest ist nicht ungewöhnlich bei Menschen mit einer sehr starken Reaktion auf Nikkel (ABERER *et al.*, 1993; CAMARASA und SERRA BALDRICH, 1990), so wie in diesem Fall. Die Resultate von MELISA bestätigten eine starke Lymphozyten-Reaktion auf Nickel- und Goldsalze und eine positive Reaktion auf Kobalt. Die Resultate bei anderen Transitions-Metallen und Chrom waren negativ. Der Zahnarzt der Patientin ersetzte ihre Gold- und Amalgam-Füllungen durch keramische Kronen mit dem Resultat, daß ihre oralen Symptome verschwanden. Ihr allgemeiner Gesundheitszustand verbesserte sich auch.

Palladium, ein weiteres Transitions-Metall, das häufig in Zahngold-Legierungen verwendet wird, kann auch Sensibilisierungen hervorrufen, wie oben erwähnt (ABERER *et al.*, 1993; CAMERASA und SERRA BALDRICH, 1990). Eine 39 Jahre alte Frau (AD190) hatte seit 1979 unter CFS gelitten. Es war ihr nicht möglich, Schmuck zu tragen, sie hatte außerdem eine Intoleranz auf elektromagnetische Felder entwickelt. Nach dem Einsetzen von zwei Gold-Konstruktionen im Februar 1991 bekam sie ernsthafte Probleme mit der Mundschleimhaut und eine allgemeine Ermüdung. Sie hatte außerdem Flechten neben den Amalgamfüllungen. Ein Patchtest im Dezember 1991 zeigte eine positive Reaktion auf Nickel, Kobalt, Palladium und Gold. (Tab. 1)

Table 1: MELISA results in patient AD190 and control TL100

Test substance	AD190 cpm (mean ±SD)	SI	TL100 cpm (mean ±SD)	SI
Control	1695±848	1,0	6239±2618	1,0
PPD	436,022	257	505,770	81,0
$HgCl_2$	13,350±4536	7,9	6448±588	1,4
Phenyl-Hg	14,790±479	8,7	2322±366	1,4
$SnCl_2$	1342±286	0,8	2202±737	0,5
$CuSO_4$	718±130	0,4	3163±1064	0,6
$AgCOOCH_3$	3095±46	1,8	2612±2883	0,6
$Au(S_2O_3)_2$	2701±1395	1,6	5211±642	1,1
$PdCl_2$	85,65±12,52	50	4661±2012	1,2
$Pt(SO_4)_2$	2407±540	1,4	2652±903	0,6
$Pb(NO_3)_2$	2468±892	1,4	11,298±1685	2,4
$CdCl_2$	5838±5902	3,4	8298±5020	2,1
TiO_2	1945±469	1,1	3704±142	0,8
Methyl-Hg	2600±978	1,5	3779±127	0,8
Ethyl-Hg	1079±382	0,6	2676±1337	0,6
Thiomersal	903±1798	0,8	3704±142	0,8
$NiCl_2$	103,1±67,76	62	4887±2295	1,0

Die Lymphozyten der Patientin reagierten auf Gold, Palladium, Nickel, anorganisches Hg und Phenyl-Hg. Sie reagierte auf keine andere Komponente des Amalgam, wie Zinn, Kupfer und Silber, oder auf andere Komponenten von Legierungen wie Platin, Kadmium oder Titanium. Die Reaktionen auf Äthyl-Hg- und Methyl-Hg-Salze und auf Kobalt waren auch negativ. Seit Juli 1992 hat sie in der Mundhöhle kein Metall, ihre Schleimhaut-Probleme sind zurückgegangen. Zum Vergleich zeigen wir die Resultate von Lymphozyten einer Kontrollperson (TL100) in Tab. 1. Dieser 52-jährige Mann bei guter Gesundheit war Amalgam, Goldkronen und Goldbrücken ausgesetzt. Er hatte auch viele Wurzelfüllungen. Trotz all dieses Metalls blieb seine Lymphozyten-Reaktion auf Metalle negativ.

Diskussion

Die hier erwähnten Resultate deuten darauf hin, daß Quecksilber, so wie Gold und Palladium wie einzigartige Antigene wirken und in der Lage sind, beim Menschen ein Stadium der Sensibilisierung hervorzurufen. Studien über die sensibilisierenden Eigenschaften von Metallen werden seit 1987 in unseren Laboratorien durchgeführt, und die daraus hervorgehenden Daten sind repräsentative Fälle aus einer großen Gruppe von Patienten mit oralen Flechten und/oder CFS. Die gesammelten Daten aus diesen Studien werden zur Zeit für eine Veröffentlichung aufbereitet. Während dieser Untersuchungen wurde klar, daß die Verwendung von niedrigen Konzentrationen der Metallsalze, vor allem beim Testen mit anorganischem Quecksilber, Nickel, Gold und Palladium von größter Bedeutung ist für die Unterscheidung der Reaktion zwischen Lymphozyten von Patienten und jene von Gesunden. Zum Beispiel zeigen viele Gesunde eine Lymphozyten-Reaktion auf $HgCl_2$ in Dosen über 0,5 µg/ml. Das gleiche gilt für Gold Thiosulfat und $PdCl_2$ in Konzentrationen über 6 µg/ml (V.D.U. STEJSKAL *et al.* nicht veröffentliche Daten, 1994).

Mehrere Forscher haben gezeigt, daß Metallionen (Korrosionsprodukte) von Zahnersatz, Kronen, Spangen oder Wurzelfüllungen die benachbarte Gewebe wie Dentin und Zahnschmelz durchdringen (LAPPALAINEN und YLIURPO, 1987; SÖRENMARK *et al.*, 1968; Winter, 1976). Das Freiwerden von Metallionen aus scheinbar inaktiven Edelmetallen wie Palladium oder Gold wird durch Entzündungsprozesse in der Mundhöhle potenziert. So produzieren die stimulierten Neutrophilen, Monozyten und Makrophagen stark oxidierende Wirkstoffe wie Peroxyd- oder Hydroxyd-Radikale (CONTRINO *et al.*, 1988; HALLIWELL *et al.*, 1988 ; LANCET, 1985) und tragen

zusammen mit der oralen Mikroben-Flora zur Entwicklung von Korrosionsprodukten bei. Metallionen werden von immunologischen Aasfressern, Monozyten und Makrophagen aufgenommen und durch Lymphe und Blut im ganzen Körper verteilt (COLEMAN *et al.*, 1973; WILLERT und SEMLITSCH, 1976; Winter, 1976). Metall enthaltende Phagozyten können in verschiedenen Organen, in Gelenken oder dem Gehirn gefangen sein, und das ausgeschüttete Metall-Material kann sich *in situ* an Thiolgruppen von Proteinen binden. Schwermetalle wie Quecksilber, Blei oder Kadmium reagieren stark mit SH-Gruppen und Disulfidverbindungen, wie extensiv von BOYER (1959) untersucht wurde. Man könnte die These aufstellen, daß dieser Prozeß nicht nur in der Haut oder Schleimhaut stattfinden kann sondern auch in anderen Organen und Geweben wie Gehirn, Muskeln oder Gelenken. Eine starke Bindung an Proteinliganden könnte die tertiäre Struktur von autologen Proteinen verändern, sodaß sie fremd werden und daher anfällig für den Angriff von Lymphozyten. Da metall-empfindliche Lymphozyten frei im Blut- und Lymphsystem zirkulieren, könnte man in vielen entzündlichen degenerativen Krankheiten implizit Metalle als äthiologische Agenten annehmen.

Auch wenn Quecksilber nicht spezifisch sulfurenthaltende Enzyme hemmt, könnte es doch eine Selektivität im ganzen Organismus aufweisen, indem es sich an spezifische Organe bindet und in spezifischen Zellkomponenten wie in Lysosomen (BOLEWSKA *et al.*, 1990) konzentriert auftritt. Unter anderen Gruppen, die Schwermetalle anziehen, sind Phosphate, Cystein und Histid-Rückstände von Proteinen, Purinen, Pteridinen und Porphyrinen. Eine solche Bindung führt oft zu Enzym-Inhibition (VALLEE und ULMER, 1972). Wie Quecksilber werden auch andere Metalle wie Gold und Palladium oft als Komponenten in Zahnlegierungen verwendet. Diese Elemente gehören zu den Transitions-Metallen, d. h. sie existieren mit nur einer partiell gefüllten Elektronenhülle, entweder in ihrem elementaren Zustand oder in einem ihrer gewöhnlichen Oxydations-Stadien. Transitions-Metalle stellen den Mittelblock der Periodentabelle dar, sie füllen die drei Reihen von Skandium bis Kupfer, Zirkonium bis Silber und Hafnium bis Gold. Die Eigenschaften, die Transitions-Metalle von anderen Metallen unterscheiden sind ihre variablen Oxydationsstadien und ihre besonders große Neigung dazu, starke Komplexe zu bilden, sowohl mit anorganischen als auch mit organischen Liganden (CLARK, 1981). Palladium wird in der Zahntechnik, wie auch bei Schmuck und in der Industrie immer häufiger benutzt. In letzter Zeit wurde die Sensibilisierungsrate auf Palladium mit 8,3 % bewertet (ABERER *et al.*, 1993). Auch positive patchtests bei Gold werden immer häufiger (BJÖRKNER *et al.*, 1994). Spezifische Lymphozyten-Reaktionen bei Patienten mit Hypersensibilität wurden bisher schon bei Nickel (HUTCHINSON, 1972) beschrieben, bei Gold (ARO *et al.*, 1993;DENMAN und DENMAN, 1968) und Beryllium (KREIS *et al.*, 1989). Die Proliferation von Lymphozyten als Reaktion auf Palladium bei Patienten mit Paladium-Sensibilität wurde bislang noch nicht beschrieben.

Außer bei solchen Ausnahmefällen wie Metall-Implantaten kommen Transitions-Metalle in einem Organismus nie in großen Mengen vor. Der Großteil von ihnen hat keine biologische Funktion, und die lösbaren Salze sind sogar bei allen bereits in kleinen Dosen toxisch. Bei höherer Konzentration als der natürlich vorkommenden binden sie sich an den aktiven Platz von Enzymen, unterbrechen Membranfunktionen und stören das Gleichgewicht der anderen Metalle (CLARK, 1981).

Glücklicherweise neigt nicht jeder genetisch dazu, immunologisch bedingte Störungen durch Metalle zu entwickeln. Bei einer Behandlung mit Metallsalzen entwickelten nur bestimmte, genetisch identische Arten (Inzucht) von Tieren eine Autoimmunität (DRUET *et al.*, 1982; MATHIESON *et al.*, 1991). Außerdem hat die gleiche Gruppe Daten erarbeitet, die zeigen, daß Gold die MHC-Peptid-Komplexe verändern kann (ROMAGNOLI *et al.*, 1992). Als Ganzheit gesehen zeigen diese Studien, daß die genetische Konstitution eines Menschen die ausschlaggebende Rolle in der Reaktion des Immunsystems auf Verbindungen mit niedrigem Molekular-Gewicht spielt.

Die Auswirkung der Genetik auf die Entwicklung von mentaler Sensibilität ist bei einer aus der Kreuzung nichtverwandter Individuen zusammengesetzter Bevölkerung wie der Menschheit noch schwerer zu untersuchen. Es ist jedoch möglich, HLA-identische Bevölkerungen zu untersuchen, indem man identische Zwillinge studiert. In der oben beschriebenen Forschung zeigten zwei Paare identischer Zwillinge, daß das Reaktionsmuster von metall-spezifischen Lymphozyten bei genetisch identischen Individuen, die auf gleiche Weise Metall ausgesetzt waren, ähnlich ist.

Eine häufig angewandte Methode für die Diagnose verzögerter Hypersensibilität ist der patchtest. Diese Methode weist jedoch mehrere Nachteile auf. Nachdem viele Chemikalien wie Quecksilber schädlich für die Haut sein können, sind falsche positive Reizungen recht häufig. Daher weist das Vorkommen von Quecksilber-Allergien — angezeigt durch patchtest — große Abweichungen auf (FINNE *et al.*, 1982; LAINE *et al.*, 1992; MOBACKEN *et al.*, 1984). In dieser Studie zeigte Patient TL87 eine stark entzündliche Reaktion auf Ätyl-Hg, die als Reizeffekt des Quecksilbers auf der Haut interpretiert wurde. Jedoch bestätigten die Ergebnisse von MELISA eine wirkliche Sensibilisierung auf diese Verbindung durch eine hohe spezifische Lymphoproliferations-Reaktion. Die Fähigkeit, zwischen toxischer und allergischer Reaktion zu unterscheiden mit Hilfe von Hapten-spezifischer Erinnerungszellen wurde bei Isothiazolinonen schon früher beschrieben (STEJSKAL *et al.*, 1990). Ein weiterer Nachteil des patchtest ist, daß jede Anwendung der Substanz auf der Haut die Immunreaktion des Menschen auf ein bestimmtes Antigen steigern kann (Verstärkungs-Effekt), und so die allergischen Symptome verschlimmert werden. Oft wurden von metall-sensiblen Patienten körperliche Probleme nach einem patchtest gemeldet; diese wurden vor kurzem durch eine doppelt-blinde Studie bestätigt (MARKUSSON, 1994).

Es wurde generell erwartet, daß anorganische Quecksilber wie z. B. Quecksilberchlorid bei menschlichen und tierischen Lymphozyten *in vitro* die Funktion eines Mitogen übernehmen (CARON *et al.*, 1970; SCHÖPF *et al.*, 1967). Die Diskrepanz zwischen veröffentlichen Daten und den Ergebnissen, die in dieser Studie präsentiert werden, können durch methodische Abweichungen in der Leistung von MELISA gegenüber den konventionellen Lymphozyten-Transformations-Tests (NORDLIND und LIDÉN, 1993) erklärt werden. Diese Details übersteigen jedoch den Rahmen dieses Artikels.

Zusammenfassend zeigen die Daten in dieser Studie, daß Metalle, die allgemein für langfristigen Gebrauch in der Medizin und Zahnmedizin gebraucht werden, definitiv ein Risiko für einen zur Zeit unbekannten Prozentsatz der menschlichen Bevölkerung darstellen und in Zukunft vermieden werden sollten. Daher sollten Bakterizide auf Quecksilber-Basis und Zahnmaterialien, die Metall enthalten, durch nicht-quecksilberhältige Konservierungsmittel und durch metallfreies Zahnersatz-Material ersetzt werden.

Danksagung

Wir möchten uns bei den folgenden Personen bedanken, die die Realisierung des MELISA-Projekts ermöglicht haben: DR. SVEN LANGWORTH, Department of Occupational Medicine, Huddinge Hospital, für den Zugang zu berufsbedingt exponierten Kontrollpersonen, Labortechnikerin MARITHA MARCUSSON-STAHL, die MELISA mit hervorragenden Fähigkeiten durchführte, und IRENE OLSÉN und JENNY STEJSKAL, die bei der Vorbereitung des Manuskripts halfen. Außerdem bei AB ASTRA, dem Swedish National Board for Technical Development und dem National Chemical Inspectorate, die das Projekt gesponsort haben.

Naturheilkundliche Entgiftungsstrategien

DR. HARALD STOSSIER

Entgiftung, Ausscheidung und Entschlackung gewinnen zunehmend an Bedeutung in der medizinischen Therapie. In einer Zeit, der täglichen Überflutung des Organismus mit Giftstoffen wird die Ausscheidung derselben zum limitierenden Faktor für die Gesundheit. Dies muß im Einklang mit der individuellen Leistungsfähigkeit erfolgen und darf nicht gegen die Möglichkeiten des Organismus gerichtet sein. Im folgenden sollen grundsätzliche Überlegungen zur Vergiftung — Entgiftung helfen individuelle Strategien zu entwikkeln, welche einfach durchzuführen sind und vom Patienten mit gewisser Eigenverantwortlichkeit durchgeführt werden können.

Entstehung und Elimination von Säuren im Körper

Der Säure-Basen-Haushalt ist ein grundsätzliches Regulativ des gesamten Stoffwechsels. Säuren und Basen sind dabei Gegenspieler, deren Verhältnis entscheidenden Einfluß auf den Gesundheitszustand ganz allgemein und die Fähigkeit zur Entgiftung im speziellen hat.

Die Bezeichnung Säuren stammt aus der Chemie und bedeutet die Fähigkeit von Substanzen Wasserstoffionen abzugeben, Basen als Gegenspieler können diese Wasserstoffionen aufnehmen bzw. selbst OH-Gruppen bilden und abgeben. Insofern verhalten sich Säuren und Basen als Gegenspieler, so daß der Eine ohne den Anderen nicht existieren kann und ein ausgewogenes Verhältnis von beiden im Organismus herrscht. Nicht nur im menschlichen Körper sondern überall in der Natur spielen Säuren und Basen eine entscheidende Rolle. Vielen die sich mit der Umwelt beschäftigen ist der Begriff des sauren Regens bekannt. Dies deutet an, daß der Regen wenn er vom Himmel fällt bereits einen sauren Charakter hat.

Dieses Wasser sollte normalerweise neutral sein. Durch vielerlei Umweltbelastungen wird es jedoch zu einer Säure, die so sauer wie Essig sein kann. Dadurch kommt es zu einer Belastung der Böden, welche diese Säuren durch Mineralstoffe ausgleichen müssen. Ähnlich ist es im menschlichen Körper, der letztlich jedoch keinerlei Strategien gegen ein Zuviel an Basen entwikkelt, ganz im Gegenteil, sämtliche Abwehrmechanismen richten sich gegen ein Zuviel an Säuren. Das Verhältnis von Säuren zu Basen im Blut ist beispielsweise 1:20, d.h. als Reserve haben wir 20 x mehr Basen im Blut als Säuren.

Der Magen als zentrales Organ des intestinalen Säure-Basen-Haushaltes

Der Magen ist jenes Organ, welches, mengenmäßig relevant, Säuren und Basen bilden kann. Die Belegzelle des Magens hat die Fähigkeit aus Wasser, Kohlensäure und Kochsalz, Salzsäure und Natriumbicarbonat zu bilden. Die Salzsäure wird in der Folge in das Innere des Magens abgegeben und dient hier zu Vorverdauung von eiweißhaltigen Lebensmitteln. Weiters hat die Salzsäure eine gewisse reinigende Funktion, nachdem wir keine sterilen Lebensmittel zu uns nehmen. Wesentlich wichtiger ist jedoch die Base. Das Natriumbicarbonat wird ans Blut abgegeben, in einer Menge, die unmittelbar zum Tod des Organismus führen würde, wenn nicht augenblicklich auf der anderen Seite diese Basen aus dem Blut von den „basophilen Organen" entfernt würden. Diese basophilen Organe sind in erster Linie die großen Verdauungsdrüsen (wie die Mundspeicheldrüse, Ohrspeicheldrüse, aber auch die Bauchspeicheldrüse, die Leber und der Dünndarm selbst). All diese Organe haben als eine der Hauptaufgaben, die Bildung von basischen Verdauungssekreten. Dies ist deshalb so wichtig, weil die eigentliche Verdauung im Inneren des Darmes bei einem PH-Optimum über 8 abläuft. Hier haben die Enzyme ihr Wirkoptimum, so daß möglichst effektiv und in kurzer Zeit die aufgenommenen Lebensmittel verdaut werden können. Leber, Bauchspeicheldrüse und Dünndarm benötigen also dieses Natriumbicarbonat für ihre eigene Tätigkeit und geben die Basen mit ihren Sekreten wieder an den Dünndarm ab. Hier vermengt sich die Base wieder mit dem sauren Speisebrei aus dem Magen und die Salzsäure wird durch das Natriumbicarbonat wieder neutralisiert, so daß wieder die Ausgangsstoffe: Wasser, Kochsalz und Kohlensäure entstehen. Und zwar in dergleichen Menge als sie zuvor im Magen eingesetzt wurden. Im idealen Fall bleibt keinerlei Überschuß von Säure oder Basen im Darm bestehen. Es wird leicht verständlich, daß wir mit der Auswahl der Lebensmittel die Möglichkeit haben, den Säure-Basen-Haushalt entweder auf der sauren oder auf basischen Seite zu verstärken, je nach dem, welche Lebensmittel wir zu uns nehmen. Führen wir saure Lebensmittel zu, verstärken wir die saure

Seite, führen wie basische Lebensmittel zu, die basische Seite. Führen wir also mit der Ernährung zuviel Säuren zu, so müssen wir dies durch unsere Basenreserven auszugleichen versuchen. Diese Basenreserven sind nun einerseits im Blut, (Verhältnis Base:Säure, 20:1!), andererseits können wir basische Mineralstoffe aus den Depots des Knochens und der Zähne mobilisieren, um einen sauren Stoffwechsel zu vermeiden. Umgekehrt wenn wir basische Lebensmittel zuführen, sparen wir Basen im Verdauungsprozeß ein und diese Basen stehen im Organismus für „Reinigungs- und Entgiftungsvorgänge" zur Verfügung. Diese Basen gelangen über das Blut in das sogenannte Interstitium bzw. das lockere Bindegewebe oder genauer gesagt in die Grundsubstanz nach PISCHINGER. Diese durchzieht als lockeres Maschennetzwerk den gesamten Organismus. Diese Grundsubstanz wirkt gleichzeitig wie ein Filter, der zwischen den Zellen als Erfolgsorganen und dem Blut als Transportmedium ein geschaltet ist. Diese Grundsubstanz ist auch der größte Säurespeicher des Organismus und ist letztlich auf die Zufuhr von Basen angewiesen, nachdem die Säuren nicht als Säuren ausgeschieden werden können. Diese Grundsubstanz wird durch die Basen, welche im Idealfall durch die Nahrungsaufnahme im Überschuß gebildet werden, gereinigt. Dies soll mehrmals täglich — in Abhängigkeit der Nahrungszufuhr — als Basenfluten in der Grundsubstanz stattfinden.

Dieses Basenfluten ist der entscheidende Impuls für die Entsäuerung der Grundsubstanz, welche notwendigerweise ständig erfolgen muß. Man erkennt also, bereits an dieser Stelle, wie wichtig die Ernährung für die Entgiftung ist. Wenn wir uns säureüberschüssig ernähren verhindern wir gleichzeitig eine Reinigung der Grundsubstanz und damit eine wirkungsvolle Entgiftung. Dies bedeutet aber auch, daß immer mehr Säuren in dieser Grundsubstanz eingelagert bzw. abgelagert werden und den gesamten Stoffwechsel in Mitleidenschaft ziehen.

Einfluß von Lebensmitteln auf den Säure-Basen-Haushalt

Wenn wir im folgenden einzelne Lebensmittelgruppen auf ihre Stellung im Säure-Basen-Haushalt hin untersuchen, werden wir feststellen, daß die Ernährungsgewohnheiten in der heutigen Zeit zu stark in Richtung Säuren ausgerichtet sind.

Säurespendende Lebensmittel:

Jede Form von **Eiweiß**, allen voran tierisches Eiweiß, wie Fleisch, Fisch, Käse, sind die stärksten Säurespender. Getreide ist zwar pflanzlicher Herkunft, jedoch ebenfalls ein säurespendendes Lebensmittel.
Die Genußmittel: Alkohol, Kaffee und Nikotin sind ebenfalls Säurelieferanten.

Säurewirkung durch Basenentzug:

Hier sind vor allem die raffinierten Kohlenhydrate, wie Fabrikszucker, Weißmehlprodukte, sowie alle daraus hergestellten Speisen zu nennen. Diese entziehen dem Organismus basische Mineralstoffe, welche zum Verstoffwechseln dieser Lebensmittel benötigt werden (z.B. Glucose kann nur im Beisein von Vit. B, Kalzium und Magnesium usw. verstoffwechselt werden).

Basenspendende Lebensmittel:

Dies sind praktisch alle Gemüsesorten und vor allem die Kartoffel, Milch (nicht jedoch die Milchprodukte, wie Topfen oder Käse, diese sind stark säuernd!!), reifes heimisches Obst (nicht jedoch sauer-schmeckende Südfrüchte!), heimische Gewürz- und Wildkräuter, kaltgepreßte Pflanzenöle (Siehe Tab. 1)

Säurespendende Lebensmittel	Basenspendende Lebensmittel
Fleisch, Fisch Käse, Topfen Getreide v.a. Auszugsmehl Hülsenfrüchte Kaffee, Alkohol Industriegetränke wie Cola, Limonaden warmgepreßte Pflanzenöle u. tierische Fette Südfrüchte wie Ananas, Kiwi etc. konservierte Industriekost	Gemüse v. a. Kartoffel reifes heimisches Obst Gewürze und Kräuter Milch, Schlagsahne kaltgepreßte Pflanzenöle Mandeln

Beachte:

Umkehrwirkung von basenspendenden Lebensmitteln bei unvollständiger Verdauung durch ZU VIEL; ZU SPÄT; ZU OFT wird Rohkost vergoren und damit SAUER verstoffwechselt.

Konsequenz: KEINE ROHKOST ABENDS

Die Ernährung des heutigen Menschen ist sowohl durch die Auswahl als auch die Zubereitung der Lebensmittel stark auf die Zufuhr von Säuren bzw. den Entzug von Basen ausgerichtet. Hauptsächlich tierisches Eiweiß und raffinierte Kohlenhydrate bzw. industriell gefertigte Lebensmittel, führen zu einer Übersäuerung und damit Mineralstoffverarmung des gesamten Organismus. Durch die Ernährung ist es wichtig und möglich einen Ausgleich im Säure-Basen-Haushalt und damit optimale Bedingungen für den gesamten Stoffwechsel zu schaffen.

Hierzu ist folgenden zu beachten:

Die Zufuhr von Basen kann nur von außen erfolgen, d.h. durch die Ernährung bzw. durch die Zufuhr als Nahrungsergänzung.

Die Zufuhr von Säuren kann sowohl von außen erfolgen als auch von innen, d.h. im Stoffwechsel selbst entstehen saure Stoffwechselprodukte. Dies betrifft vor allem primär wertvolle basische Lebensmittel, wie Obst, Salat und Fruchtsäfte. Rohkost wird, sofern sie nicht vollständig verstoffwechselt werden kann, was bei unzureichendem Kauen oder Einspeicheln dieser Lebensmittel der Fall ist, unweigerlich vergoren. Dieser Gärungsprozeß führt dann ebenfalls zu einer sauren Stoffwechselsituation mit Bildung von Säuren, Alkohol und Gas. Daher ist die Pflege der Eßkultur von besonderer Bedeutung.

Letztlich wird die Wertigkeit von Lebensmittel im Bezug auf den Säure-Basen-Haushalt durch den Mineralgehalt bestimmt. Säurespendende Lebensmittel haben vor allem nichtmetallische Mineralstoffe, wie Phosphor, Chlor, Schwefel etc. in Verbindungen. Basenüberschüssige vor allem Natrium, Kalium, Kalzium, Magnesium und Eisen. Besteht ein Ungleichgewicht im Säure-Basen-Haushalt, im Speziellen ein Zuviel an Säuren im Organismus, so muß dieses Ungleichgewicht durch eine Mobilisation von Mineralstoffen aus dem Organismus ausgeglichen werden. Ein zu starkes Abweichen im Säure-Basen-Haushalt ist nicht tolerabel. Der Organismus versucht daher die Mineralstoffe aus den Depots zu mobilisieren und dem Stoffwechsel zur Verfügung zu stellen. Die mengenmäßig wichtigsten Depots an Mineralstoffen sind der Knochen und die Zähne. Bei einer länger anhaltenden sauren Stoffwechselsituation muß der Organismus Mineralstoffe aus diesen Depots mobilisieren um den Säure-Basen-Haushalt auszugleichen. Über die Jahre und Jahrzehnte entwickelt sich nun auf der Basis dieser latenten Acidose (chronischen Übersäuerung) ein relativer Mineralmangel und eine damit verbundene Entleerung der Mineralspeicher.

Regulation und Messung des Säure-Basen-Haushalts

Die Regulation des Säure-Basen-Haushalts erfolgt auf unterschiedlichen Ebenen. Wie oben erwähnt kommt es durch die Nahrungsaufnahme zu einem mehrmals täglichen Wechsel von Basen und Säuren im Organismus und normalerweise ist nach der Nahrungsaufnahme ein Basenfluten in der Grundsubstanz zu bemerken. Dieses physiologische Säure- und Basenfluten ist durch die Titration des Harns meßbar. SANDER, einer der Forscher des Säure-Basen-Haushaltes hat diese Methode als Erster beschrieben, weshalb sie auch als Harntitration nach SANDER bezeichnet wird. Hierbei werden mehrmals täglich Harnproben auf den Gehalt an Säuren und Basen untersucht und zueinander ins Verhältnis gesetzt. Man erhält eine Harntitrationskurve mit einer circadianen Rhythmik (Siehe Abbildung 1)

Abb. 1. Harntitration nach Sander

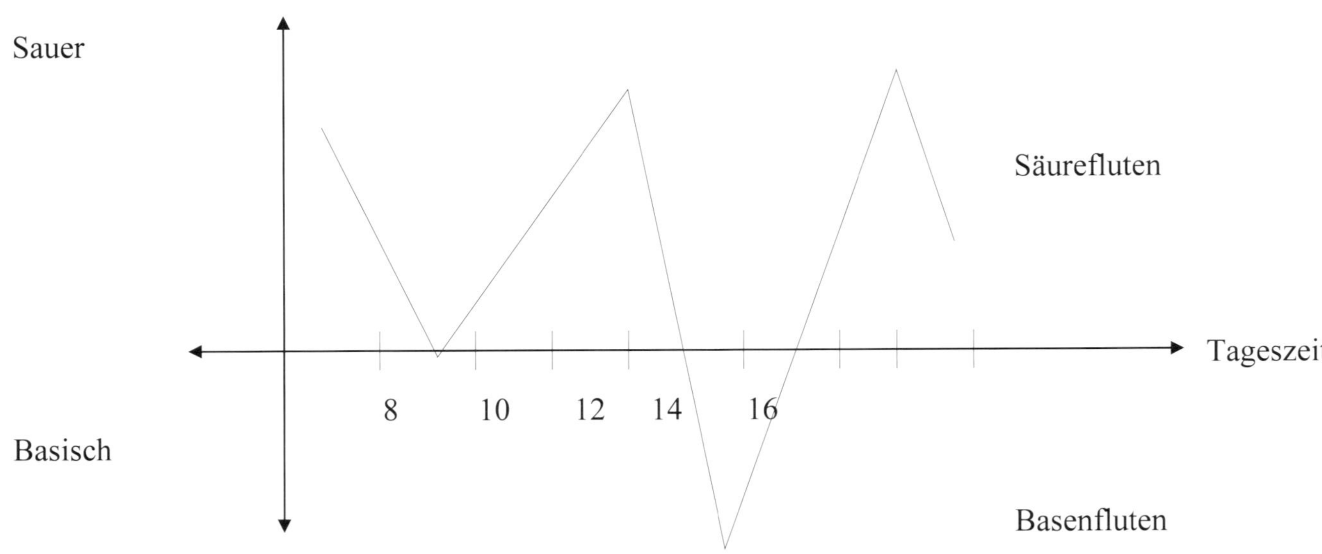

Diese Harntitration ist die einzige Möglichkeit das physiologische Säure- und Basenfluten und die damit einher gehende Reinigung der Grundsubstanz nachzuweisen. Abweichung, wo das Säure- und Basenfluten abgeschwächt bzw. aufgehoben sind, sind deutliche Hinweise für Erkrankungstendenzen.

Eine weitere Regulationsmöglichkeit ist im Magen selbst. Nachdem der Magen die Säure und die Base produziert erscheint es auch sinnvoll und notwendig dies in gewissen Grenzen zu limitieren. Nachdem die Säure eine sehr aggressive Substanz ist muß der Magen durch entsprechende Schutzfaktoren (Schleimbildung etc.) vor Selbstverdauung geschützt werden. Eine übermäßige Sekretion von Säure in das Mageninnere würde ebenfalls zu einer Überforderung dieser Schutzmechanismen führen. Daher ist die Abgabe der Salzsäure in das Mageninnere PH-begrenzt. Dies bedeutet aber, daß ab dem Zeitpunkt, wo keine Salzsäure mehr in den Magen abgegeben werden kann, auch keine Base, kein Natriumbicarbonat gebildet und ans Blut gegeben werden kann. Dies ist der limitierende Faktor für die Basenproduktion. Der Organismus stellt also bei einem angenommen PH-Wert von 2 die Produktion von Säure- und Basen ein. Erst durch eine weitere Zufuhr von Basen von außen bzw. die Mobilisation von Basenreserven ermöglichen über eine Anstieg des PH-Wertes im Magen die neuerliche Bildung von Säure und Base im Organismus. Dies bedeutet aber, daß in dieser Situation selbst bei Bedarf an Basen diese nicht gebildet werden können, um nicht durch die begleitende Säureproduktion den Organismus selbst zu schädigen. In dieser Situation sind wir daher auf die Zufuhr von Basen von außen angewiesen. Gleichzeitig führt jedoch die Zufuhr dieser Basen zur Wiedererlangung der Selbstregulation, was soviel bedeutet das erneut Säuren und Basen gebildet werden. Ein Phänomen, daß als Säurelockung durch Basen (Natriumbicarbonat) bezeichnet wurde und dazu geführt hat, die Basentherapie in Mißkredit zu bringen. Wiederholt man jedoch die Zufuhr von Natriumbicarbonat solange bis die eigenen Depots wieder einigermaßen aufgefüllt sind, verschwindet auch logischerweise das Phänomen der Säurelockung.

Elimination von Säuren über die Nieren und Lunge

Die Niere ist als Ausscheidungsorgan auch mit der Elimination von Säuren betraut. Dies erfolgt zu einem guten Teil über den sogenannten Phosphatpuffer, über einen geringeren Teil über Ammoniak, und zum geringsten Teil als freie Säuren. Der Phosphatpuffer ist ein sogenannter dreiwertiger Puffer, das bedeutet das je nach Wertigkeit eine unterschiedliche Anzahl von Säuren eliminiert werden kann. Allerdings muß der Phosphatpuffer immer wieder regeneriert werden, wobei die Hauptquelle des Phosphats, als Kalziumphosphat im Knochen ist. Auch aus diesen Gründen kommt es bei sauren Stoffwechselsituationen und hohen Eliminationsraten von Säuren zu einer Mobilisation von Mineralstoffen aus dem Knochen heraus. Ein nicht unwesentlicher Teil der Kalziumverluste bei der Osteoporose sind dadurch bedingt.

Das rascheste Regulativ des Säure-Basen-Haushalts ist jedoch die Abatmung von Kohlensäuren über die Lungen. Darüber hinaus können alle anderen flüchtigen Säuren über die Lunge abgeben werden. Dies macht sich zum Teil in unterschiedlichen Gerüchen der Ausatmungsluft bemerkbar.

Messung der Basenreserven im Blut

Normalerweise wird als Kenngröße des Säure-Basen-Haushaltes der PH-Wert des Blutes angegeben. Dies ist jedoch relativ ungenau und gibt keine Auskunft über die Basenreserven. Hierzu ist es notwendig sowohl das Vollblut als auch das Plasma zu titrieren. Die Differenz aus Vollblut und Plasma ergibt den intrazellulären Puffer bzw. die Basenreserve. Diese einfach durchzuführende Methode wurde von JÖRGENSON eingeführt und ergibt in Zusammenschau mit der Harntitration nach Sander eine umfassende Beurteilungsmöglichkeit des Säure-Basen-Haushaltes.

Basentherapie als Grundlage der Entgiftung

Eine sinnvolle Basentherapie umfaßt mehrere Bereiche. Entsprechend den biochemischen Zusammenhängen ist folgendes wichtig:

1. Bewegung — durch die Bewegung kommt es zu einer forcierten Atmung und damit zu einer verbesserten Elimination von flüchtigen Säuren wie CO_2 über die Lunge. Dies ist das rascheste Regulativ des Säure-Basen-Haushaltes.
2. Flüssigkeitszufuhr — ohne ausreichender Flüssigkeitszufuhr können Giftstoffe weder transportiert noch Säuren ausgeschieden werden. Daher ist eine Zufuhr von freier Flüssigkeit enorm wichtig. Zur Erinnerung: der menschliche Organismus besteht je nach Alter und Konstitution zwischen 60 und 80% aus Wasser.

- Basenüberschüssige Ernährung — langfristig ist es wichtig, daß dem Körper ausreichend Basen zugeführt werden, weil diese nicht selbst gebildet werden können. Eine Zusammenfassung der Lebensmittel bzw. von sinnvollen Kombinationen zeigen die Tabellen 1, 2 und 3. Wichtig ist, daß dieser Ausgleich nicht fanatisch kleinlich betrachtet wird sondern der Ausgleich pro Mahlzeit erfolgt, aber natürlich auch im Tagesablauf, Wochenrhythmus, Monats- und Jahresrhythmus gesehen werden muß.

3. Basensubstitution — die Basensubstitution gewinnt immer mehr an Bedeutung. Allen voran die Substitution von Natriumbicarbonat, z.B. auch in Form als Basenpulver. Aber auch anderer Mineralstoffe wie Calcium, Magnesium, Zink udgl. sind enorm wichtig um einen gut funktionierenden Säure-Basen-Haushalt zu gewährleisten. Auch die Zufuhr von ungesättigten Fettsäuren als Nahrungsergänzung ist hier zu nennen. Neben der oralen Zufuhr von Basen kann in vielen Fällen eine intensive Infusionstherapie mit Basen notwendig werden. Diese bleibt jedoch dem erfahrenen Arzt vorbehalten.

Tab. 2: Sinnvolle Speisenkombinationen in Säure-Basen Ausgleich

Fleisch u. Fischgerichte Getreidespeise Eier Käse	+	Gemüsesuppe Salat mit kaltgepreßte Pflanzenöl Kartoffel Basensauce Frischkräuter
Sauer	+	Basisch

Tab.3: Speisenkombination mit Säureüberschuß

Fleisch und Fischgerichte Wurstwaren Eier Käse	+	Fleisch oder Fischbrühe Teigwaren Vollwert Reis Süßspeisen saures Obst (Südfrüchte)
Sauer	+	Sauer

Beispiel für Basenpulver:

Basenpulver II

Natr. phosphor.	
Kal. bicarbon.aa	10,0
Calc. carbon	100,0
Natr. bicarbon.ad.	200,0
MDS Basenpulver	

Dosierung: 1 TL auf 1 Glas trinkwarmes Wasser. Am besten wird das Basenpulver zwischen den Mahlzeiten eingenommen. Wichtigste Einnahme ist am Abend vor dem Schlafengehen nachdem die Hauptentgiftung in den frühen Morgenstunden erfolgt.

Zusammenfassung:

Der Säure-Basen-Haushalt ist sowohl für die Gesunderhaltung, als auch für die Eliminationskapazität bezüglich Säuren der entscheidende Faktor.

Eine ausreichende Giftstoffelimination ist nur bei ausgewogenen Säure-Basen-Haushalt bzw. entsprechender Basenreserve möglich. Letztlich werden alle Entgiftungsmaßnahmen an der Fähigkeit der Säureelimination gemessen.

Die Bedeutung der Ernährung für die Entgiftung

Daß durch eine Ernährungsumstellung bzw. basische Kost bereits eine Säureelimination und Entgiftung stattfinden kann, geht aus dem bisher gesagten deutlich hervor. Durch individuell abgestuftes Fasten läßt sich aber noch ein wesentlich stärkerer Entgiftungsimpuls setzen. Wenn dieses therapeutische Fasten jedoch aus der medizinischen Notwendigkeit der Entgiftung stattfindet, so ist eine vorhergehende Diagnostik unbedingt notwendig, damit dem Patienten kein Schaden zugeführt wird. Hier bewährt sich die vom österreichischen Arzt Dr. Franz Xaver Mayr entwickelte Diagnostik hervorragend um individuelle Krankheitstendenzen zu erkennen und in weiterer Folge zu behandeln. Die Diagnostik stellt eine erweiterte 5-Sinne-Diagnostik dar, bei der sich durch Inspektion und Palpation und Funktionsuntersuchung des gesamten Organismus bereits feinsinnige Abweichungen von einem ideal-gesunden Zustand erkennen lassen. An das Erkennen von Störungen des Verdauungsapparates mit den unterschiedlichen Ausprägungen einer intestinalen Autointoxikation und den allenfalls sich daraus ergebenen Störungen im Organismus leiten sich unmittelbare Konsequenzen für die Therapie ab. Es wäre auch völlig falsch und in keiner Weise medizinisch begründbar würde man jeden Patienten gleichermaßen behandeln. Die Intensität des verordneten Fastens hängt unter anderem von den Ausscheidungsmöglichkeiten des Einzelnen ab. Man muß trachten die Ausscheidungsorgane nicht zu überfordern. Eine sich daraus ergebene Entgiftungstherapie nach Mayr muß die therapeutischen Prinzipien von Schonung, Säuberung und Schulung ausreichend lange und individuell abgestuft durchführen, um erfolgreich zu sein.

Schonung

Schonung ist das älteste Heilprinzip in der Medizin überhaupt. In allen Formen von Erkrankungen versucht der Organismus von sich heraus das erkrankte Organ bzw. den Organismus insgesamt zu schonen. Sei es durch Verminderung der körperlichen Aktivität sei es dadurch, daß durch fieberhafte Infekte eine Schonung erzwungen wird oder sei es durch einen Gipsverband bei einem Knochenbruch. Die Frage ist nun wie eine sinnvolle Schonung ausschaut, um Entgiftungsvorgänge für den Stoffwechsel zu möglichen. Um den Stoffwechsel insgesamt zu entlasten muß die Zufuhr von Nahrungsmitteln eingeschränkt werden. Schonung des Verdauungsapparates jedoch bedeutet Fasten in unterschiedlicher individueller Abstufung. Hier bereits erkennt man den enormen Wert der Diagnostik nach MAYR, weil diese unmittelbar zu einer individuell abgestuften Form einer Fastentherapie führt. Fasten im strengsten Sinn des Wortes bedeutet völlig auf die Zufuhr von festen Nahrungsmitteln zu verzichten. Lediglich Wasser bzw. Mineralwasser oder Kräutertees und Gemüsebrühe werden getrunken bzw. gelöffelt. Gerade diese intensivste Form ist nicht für Jedermann geeignet und sollte durch einen entsprechend erfahrenen Arzt begleitet werden. Oft ist es günstiger die Therapie entsprechend milder zu gestalten. Gleichzeitig erkannte MAYR jedoch, daß eine Schonung des Verdauungsapparates nur dann wirklich durchgeführt werden kann, wenn die Speisen ordnungsgemäß vorbereitet in den Verdauungsapparat gelangen. Daher wird in der Therapie nach MAYR eine altbackene Semmel als Kautrainer verwendet, um die Speisen mechanisch zu zerkleinern und die Speichelproduktion anzuregen. Diese altbackene Semmel ist lediglich Mittel zum Zweck und hat keinerlei Nährwert bzw. Anspruch auf Vollwertigkeit. Als Lebensmittel wird in der Therapie nach MAYR gerne Milch oder ein Milchprodukt verwendet. Dieses Lebensmittel wird nach vorangegangenem gründlichen Kauen der Semmel mit einem kleinen Teelöffel in den Mund genommen, nochmals eingespeichelt und erst dann geschluckt. Durch diese Art des Essens, welche gleichzeitig eine intensive Kauschulung darstellt wird das Lebensmittel optimal für die chemischen Verarbeitungen im nachgeordneten Verdauungsapparat vorbereitet. Sofern erforderlich und notwendig kann dies Form der Diät durch leicht bekömmliche Eiweißzulagen wie Topfen oder Getreidebreie ergänzt werden und bis zu einer milden Schonkostform der Milden Ableitungsdiät gestaltet werden. Immer jedoch steht als oberstes Therapieprinzip die leichte Bekömmlichkeit der Speisen steht im Vordergrund. Dadurch, daß der Körper weniger Verdauungsarbeit leisten muß, und der Stoffwechsel entlastet wird können in dieser Zeit vom Körper andere Arbeiten durchgeführt werden. Diese sind in erster Linie die Mobilisation von Stoffwechselschlacken, von Giften die sowohl im Darm selbst aber natürlich im gesamten Organismus vor allem in der Grundsubstanz abgelagert wurden. Nur durch eine entsprechende Schonung wird diese Mobilisation von Giftstoffen ermöglicht und durchgeführt. Man darf auch nicht glauben, daß, wie fälschlicherweise oft bemerkt wird, der Organismus beim Fasten nun vitale Organe abbaut. Entsprechend der Hierarchie im Körper werden zuerst die leicht erreichbaren Mülldepots aus dem Stoffwechsel mobilisiert und ausgeschieden. Nur bei zu langem bzw. falsch durchgeführten Fastentherapien kommt es zu einer Schädigung und Abbau von wichtigem Zellmaterial.

Wichtig ist auch zu bedenken, daß beim Fasten durch die Änderung des Stoffwechsels sowie den Abbau und die Mobilisation von Schlacken und Giftstoffen es per se zu einer „Fastenazidose" kommt. Die Bedeutung der Azidose wurde bereits oben ausführlich geschildert. Man muß also, will man erfolgreich fasten, sowohl diese Fastenazidose als auch die bereits von vornherein bestehende Azidose ausgleichen (Siehe Substitution)

Betont werden muß auch, daß das therapeutische Prinzip der Schonung für alle Bereiche der Therapie gilt. So ist für den Fastenden auch eine gewisse körperliche Schonung notwendig, um einerseits die Ausscheidungsorgane nicht zu überfordern und andererseits die Regeneration und Erholung zu erreichen.

Besondere Beachtung sollte man auf mögliche Unverträglichkeiten oder Allergien von verschiedensten Lebensmitteln schenken. Gerade in der Fastentherapie ist es unbedingt notwendig eine derartige Unverträglichkeit zu erkennen, um nicht dem Prinzip der Schonung zuwider zu handeln. Wird aus dem falschen Verständnis einer Therapie nach MAYR z.B. eine strenge Milchdiät bei einer Unverträglichkeit auf Kuhmilchprodukte durchgeführt, so bedeutet dies nicht Schonung des Verdauungsapparates sondern maximalen Streß. Um den therapeutischen Anforderungen gerecht zu werden ist es daher unbedingt notwendig nach solchen Unverträglichkeiten zu forschen bzw. sie zu erkennen. Erfahrungsgemäß läßt sich immer eine Alternativform einer Therapieführung finden.

Säuberung

Säuberung bedeutet nun Reinigung des Organismus auf allen Ebenen und im speziellen die Elimination von Stoffwechselgiften. Hat die Schonung es ermöglicht Stoffwechselgifte zu mobilisieren so ist es Aufgabe der Säuberung diese auch aus dem Körper zu eliminieren. Gerade hier ist eine optimale Funktion der Ausscheidungsorgane notwendig, um alle Gifte zeitgerecht aus dem Körper zu entfernen.

Die Säuberung kann auf unterschiedlichen Ebenen erfolgen, wobei die Hauptausscheidungsorgane Darm, Niere, Lunge und Haut einen Großteil der Elimination übernehmen. Daher ist es auch logisch, über diese Organe die Entgiftungsvorgänge zu unterstützen.

Nachdem der Darm eine nahezu unvorstellbar große Oberfläche besitzt, kann gerade über den Darm mengenmäßig sehr viel abgegeben werden. In der Therapie nach MAYR bedient man sich der Berieselung mit sali-

nischen Wässern (Bittersalz, Glaubersalz oder Karlsbader Salz), um die Darmreinigung durchzuführen. Dabei wird jedoch die Konzentration der Bitter- oder Glaubersalzlösung so gewählt, daß sie in etwa der Salzkonzentration des Blutes entspricht. (1 TL auf ¼ l Wasser)
Dieses Bitterwasser wird regelmäßig morgens nüchtern getrunken und bewirkt daß Giftstoffe und Ablagerungen im Darmbereich mobilisiert werden. Durch die Mobilisation kommt es zu einem weiteren Flüssigkeitseintrag in den Darm, so daß ausscheidungspflichtige Substanzen über den Darminhalt ausgeschieden werden. Nachdem der Darm auf diese Weise gereinigt wird können in weiterer Folge auch Giftstoffe aus allen anderen Bereichen des Körpers zum Darm transportiert und über diesen Weg ausgeschieden werden. Eine Berieselung mit salinischen Wässern ist deshalb notwendig weil dies die einzige Möglichkeit ist tatsächlich den Dünndarm zu reinigen, während der Dickdarm auch gut durch Einläufe oder z.B. eine Colon Hydrotherapie gereinigt werden kann. Auch sind im Dünndarm häufiger alte Ablagerungen zu finden, welche wesentlich schwieriger zu mobilisieren sind, als im Dickdarm. Aus diesem Grund ist eine kontinuierliche Reinigung des Dünndarmes durch das Bittersalz notwendig. Gleichzeitig muß jedoch darauf Bedacht genommen werden, daß die Salzkonzentration nicht zu hoch ist und damit eine verstärkte Mineralstoffelimination provoziert.

Unmittelbar verbunden mit der Reinigung des Darmes erfolgt auch eine Reinigung des Blutes und eine Entschlackung bzw. Entsäuerung von allen belasteten Organbezirken (z.B. Gelenke, Gefäße und dergleichen mehr) Die Schlacken werden vom Körper via Blut entweder zum Darm oder natürlich aber auch zu den Nieren transportiert. Die Nieren haben ebenfalls eine starke Entgiftungsfunktion, und sind dabei auf ausreichend Flüssigkeit angewiesen. Daher hat bei jeder Fastentherapie die Flüssigkeitszufuhr, das Trinken, eine enorme Bedeutung. Hierbei meinen wir jedoch die Zufuhr von freien, nicht belasteten Flüssigkeiten, also im wesentlichen Wasser, Mineralwasser und kurzgebrühte Kräutertees. Nicht als Flüssigkeit zählen Fruchtsäfte, Kaffee, Milch sowie alle industriell gefertigten Getränke. Diese sind für den Stoffwechsel nicht frei verfügbar nachdem sie in vielen Bereichen verarbeitet bzw. verstoffwechselt werden müssen. Jede Fastenkur ist also auch eine Trinkkur, wobei das ausreichende Trinken auch für den Alltag wichtig ist. Während der Kur merkt man oft, daß sich der Harn verändert, was die Farbe, den Geruch und die Konzentration an ausscheidungspflichtigen Substanzen anbelangt. Nicht selten ist er übelriechend, z.T. scharf brennend und läßt sogar manchmal an einen Harnwegsinfekt denken. In den allermeisten Fällen ist es jedoch nur die zu geringe Flüssigkeitszufuhr weshalb die ausscheidungspflichtigen Substanzen zu konzentriert im Harn erscheinen. Andererseits ist dies aber auch der Beweis für die Elimination von Schlacken und Giftstoffen. Die Nieren sind außerdem zur eigenständigen Basenproduktion befähigt, so daß auch hier eine Regulation des Säure-Basen-Haushalts erfolgt. Ein Großteil der Säureelimination erfolgt über die Nieren.

Das mit jedem Atemzug viel Kohlensäure abgegeben wird ist selbstverständlich. Gleichzeitig werden jedoch auch weitere flüchtige (gasförmige) Substanzen über die Lunge abgeatmet. Dies erfolgt, als rasche Regulationsmöglichkeit, Säuren aus dem Stoffwechsel zu entfernen bzw. aus dem Körper zu eliminieren. Dies erfolgt wesentlich rascher über die Lungen als über die Nieren. Andererseits versorgen uns die Lungen mit lebensnotwendigem Sauerstoff, welcher wiederum über das Blut zu den Zellen transportiert wird. Durch eine forcierte Atmung, welche durch eine mäßige Belastung (Spazierengehen, Radfahren, Schwimmen) erzielt wird einerseits vermehrt Giftstoffe abgegeben, aber auch der Organismus mit mehr Sauerstoff versorgt. Dies hat letztlich einen günstigen Einfluß auf den gesamten Organismus.

Eine chinesische Regel besagt, daß jene Giftstoffe, welche über Darm, Niere und Lunge nicht abgegeben werden können, über die Haut ausgeschieden werden. Auch ist die Haut ein flächenmäßig großes Organ, das mit ihren Anhangsgebilden — den Schweißdrüsen, den Talgdrüsen und unterschiedlichen Duftdrüsen — die Möglichkeit der Giftstoffelimination besitzt. Eigentlich müssen wir die Haut jedoch bereits als Notventil zur Giftstoffelimination betrachten, nachdem sie für viele Substanzen nicht geeignet ist. Häufig erkennt man dies an der Bildung von Ekzemen (Hautausschlägen) unterschiedlicher Art, die den insuffizienten Versuch der Ausscheidung darstellen.

Als weitere Notventile für die Ausscheidung können alle übrigen Körpersäfte und Sekrete betrachte werden, die nach außen abgegeben werden, so bei der Erkältung die Abgabe über die Nasenschleimhäute als banaler Schnupfen; über Tränendrüsen, aber auch über die Samenflüssigkeit des Mannes, bzw. die Periodenblutung der Frau. Vor allem letzter bringt als „physiologischer Aderlaß“ einen enormen gesundheitlichen Vorteil der Frau gegenüber dem Mann. Über diese monatliche Blutabgabe werden nicht nur Eiweißkörper sondern auch sehr viele Giftstoffe abgegeben. Man kann die Wechselbeschwerden der Frau durchaus als Versuch der Elimination über andere Wege deuten.

Möglichkeiten zur Unterstützung bzw. Wirkungssteigerung der Entgiftungsfunktionen

Selbstverständlich gibt es aus allen therapeutischen Richtungen der Medizin die Möglichkeit die Ausscheidungsfunktionen zu unterstützen, wobei dies einerseits medikamentös oder z.B. durch Akupunkturbehandlung udgl. erfolgen kann. Diese Möglichkeit dieser Behandlungen ist so umfangreich und gleichzeitig so individuell, daß sie nur vom entsprechend ausgebildeten Arzt erfolgen soll. Es gibt aber darüber hinaus einfache und sehr wirkungsvolle Maßnahmen, welche durchaus, als „Hausmittel" von Jedermann/frau, leicht selbst durchführbar sind.
Als Möglichkeit die Ausscheidung über den Darm zu verstärken wurde bereits der Einlauf genannt. Dieser ist mit Hilfe eines Klysos einfach, rasch und ohne Hilfe weiterer Personen durchführbar.

Durchführung:

Das Klyso wird mit gut warmen Wasser angefüllt (so warm wie es gerade vertragen wird. Warmes Wasser löst Verkrampfungen im Darm gut auf) Das Ende des Klysos, mit dem Ventil, wird ins Wasser gehalten und man pumpt als erstes die Luft heraus. Nachdem man das Endstück mit etwas Creme oder Vaseline eingefettet hat, wird es nun vorsichtig in den After eingeführt. Anschließend pumpt man das Wasser solange in den Enddarm bis ein Völlegefühl auftritt. Danach den Klyso herausziehen und sofort dem Entleerungsdrang nachgeben. Wichtig dabei ist, daß man nicht krampfhaft versucht die Stuhlentleerung zurückzuhalten und dadurch eine erneute Aufnahme von Giftstoffen fördert. Nach einer kurzen Pause kann zur Intensivierung der Vorgang wiederholt werden.
Klyso: Siehe Abbildung

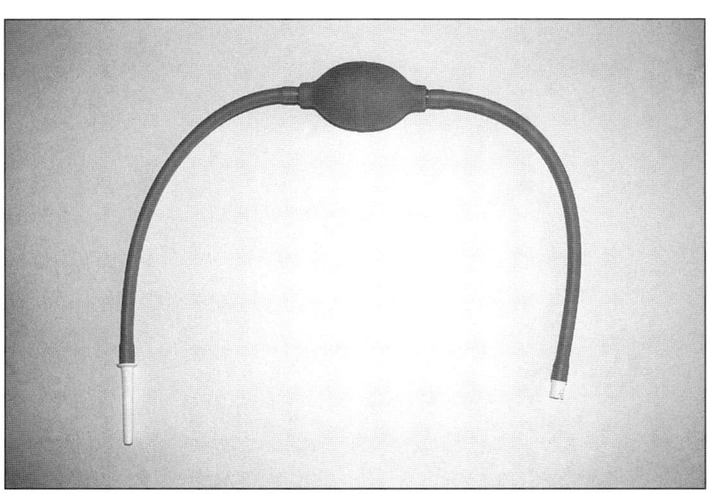

Als Intensivierung des Einlaufes kann die Colon Hydrotherapie bezeichnet werden. Dabei wird der Dickdarm mehrmals hintereinander mit Wasser durchgespült. Das Wasser kann in verschiedenen Temperaturen anregend auf die Darmperestaltik wirken. Auch die Colon Hydrotherapie sollte nur vom entsprechend geschulten und erfahrenen Personen durchgeführt werden, um wirklich einen optimalen Erfolg zu erzielen. Darüber hinaus kann der speziell ausgebildete MAYR-Arzt auch eine manuelle Bauchbehandlung durchführen. Diese ist unverzichtbarer Bestandteil der Therapie nach MAYR. Durch die manuelle Bauchbehandlung, werden die verschiedenen Abschnitte des Verdauungsapparates manuelle behandelt, wodurch eine Anregung der Peristaltik und damit eine Verbesserung der Ausscheidefunktion des Darmes erfolgt. Alte Schlacken, welche z.T. fest an den Darmwänden kleben, werden dadurch auch losgelöst. Nachdem sowohl die Blutzirkulation als auch die Lymphzirkulation angeregt wird, erfolgt auch hier eine Verbesserung der Ausscheidungskapazität. Weiters wird durch die manuelle Bauchbehandlung die Atemfunktion verbessert, wodurch wiederum, wie oben beschrieben, eine positive Wirkung auf den gesamten Organismus erzielt wird. Nochmals sei auf die enorme Bedeutung des Trinkens hingewiesen, nachdem sowohl der Darm als auch die Niere auf diese Flüssigkeitszufuhr angewiesen sind. Die Niere läßt sich darüber hinaus sehr gut durch eine Behandlung der Reflexzonen am Fuß unterstützen. Dabei wird durch sanfte Massage in der Nierenregion versucht die Ausscheidungsfunktion zu unterstützen. Ähnliches kann für andere Organe (Darm, Leber udgl.) erfolgen. Darüber hinaus ist die Niere ein Organ, welches empfindlich auf Kälte reagiert. Bei Fastentherapien ist es normal, daß durch die reduzierte Nahrungszufuhr bzw. die Giftstoffelimination ein verstärktes Kältegefühl auftritt. Hier ist durch warme Kleidung darauf zu achten, daß dies zu keiner Beeinträchtigung der Nierenfunktion führt.
Die Haut ist als leicht zugängliches Organ ideal geeignet durch unterstützende Maßnahmen in ihrer Funktion angeregt zu werden.
Durch Trockenbürsten der Haut mit einem Waschlappen oder einer Massagebürste über einige Minuten wird die Durchblutung und damit die Ausscheidungsfunktion angeregt. Dabei wird die gesamte Haut über einige Minuten so gebürstet, daß eine Rötung und damit verstärkte Durchblutung erfolgt. Sofern es als angenehm empfunden wird, kann danach durch Wechselduschen der Kreislauf weiter stimuliert werden. Diese einfache Maßnahme ist auch ein echter Muntermacher für Morgenmuffel. Selbstverständlich eignet sich die Haut auch ideal für unterschiedliche Wasseranwendungen. Neben den herkömmlichen Kneipp`schen Anwendungen zur Kreislaufanregung

haben vor allem das Basenbad und das ansteigende Fußbad wichtige Entgiftungsfunktionen. Beim Basenbad werden dem gut warmen Wasser, entweder Kräuterzusätze oder einfach Basenpulver bzw. Natriumbicarbonat zugesätzt, um die Giftstoffe über die Haut auszuleiten. Vorsicht, bei kreislauflabilen Personen soll das Bad nicht zu heiß durchgeführt werden. Der Basenzusatz ermöglicht die Abgabe von sauren Stoffwechseltoxinen über die Haut, was sich oft als „Schmutzrand" an der Badewanne zeigt. Selbstverständlich können durch weitere physikalische Maßnahmen, wie Massagen (Entgiftungsmassagen), die Ausscheidungen über die Haut ebenso angeregt werden wie durch Sauna, Dampfbad oder Tepidarium (Strahlungswärme).
Zu beachten ist noch, daß bei Patienten mit bestehenden Hauterkrankungen (Ekzemen, Neurodermitis, udgl.) keine Forcierung der Ausscheidung über die Haut erfolgen sollte, sondern eher die Elimination über Darm und Niere gefördert wird. Dies scheint auch deshalb sinnvoll, weil die Haut offensichtlich durch die Ausprägung von Krankheitssymptomen mit der Ausscheidung bereits überfordert ist. Eine zusätzliche Stimulation der Ausscheidungen über die Haut würde die Beschwerden verstärken.
Eine wichtige Möglichkeit der Giftstoffelimination über die Schleimhäute des Nasen- und Rachenraums stellen die nasale Reflextherapie und das Ölziehen dar. Letzteres wurde vom russischen Arzt DR. KARACH als erster beschrieben. Dabei wird ein kaltgepreßtes Sonnenblumenöl (oder anderes gutes kaltgepreßtes Pflanzenöl) ca. 10-15 min. im Mund hin und her bewegt, durch die Zahnzwischenräume gezogen, bis das Öl weiß schaumig wird. Dies erfolgt durch die Anregung der Speichelproduktion. Zuletzt wird dieses Öl-Speichel-Gemisch ausgespuckt. Viele fettlösliche Giftstoffe lassen sich so über die Mundschleimhaut ausscheiden.
Die nasale Reflextherapie stammt vom N. KRACK. Dabei werden ätherische Öle über einen Watteträger (Wattestäbchen) in die Nasengänge eingebracht und für ca. 1-2 min. belassen. Die Reinigung der Nase und Nasennebenhöhlen ist oft unmittelbar am Niesen anfänglich verstärkte Sekretion bzw. Freiwerden lang verstopfter Nasen erkennbar. Außerdem beschreibt KRACK auch Reflexzonen an den Nasenmuscheln, so daß auch eine gewisse Fernwirkung dieser Behandlung zu erwarten ist. In vielen Fällen, wo die Ausscheidung über das „Notventil", Nase und Nasennebenhöhle forciert werden soll, ist die nasale Reflextherapie eine einfache und leicht durchzuführende Maßnahme. Als ätherische Öle empfehlen sich spezielle Nasenreflexöle bwz. Lebarol. Auf Grund seiner enormen Bedeutung soll das Reibesitzbad für Frauen nach KUHNE nicht unerwähnt bleiben. Immer dann wenn Ausscheidungsvorgänge über den Urogenitaltrakt ins Stocken geraten sind bzw. gefördert werden sollen ist das Reibesitzbad hervorragend geeignet hier den Umschwung zu bringen. Außerdem wirkt es hervorragend bei hormonellen Regulationsstörungen und hat auch eine milde Wirkung auf die Nieren.

Durchführung:

Wichtig ist, daß das Bad nur in gut durchwärmten Zustand durchgeführt wird. Zur Vorbereitung wird in einem Eimer oder im Bidet Wasser mit einer angenehmen Wassertemperatur eingefüllt. Über den Eimer oder das Bidet wird ein Brett gelegt, so daß man sich bequem darauf setzen kann. Zur Durchführung setzt man sich auf das Brett und führt mit einem Badeschwamm oder mit einem Waschlappen das Wasser mit einer wischenden Bewegung am äußeren Genital vorbei. Dabei kommt es darauf an, daß das Wassser Kontakt mit dem Genitalbereich bekommt. Kräftiges Reiben soll vermieden werden. Idealerweise wird dies über 10-20min. durchgeführt und täglich die Wassertemperatur etwas abgesenkt, so daß zuletzt Leitungswasser gut vertragen wird. In Ausnahmefällen kann das Reibesitzbad auch heiß durchgeführt werden. Anfänglich muß das Wasser auch auf Grund der massiven Giftstoffelimination öfter gewechselt werden. Besonders wohltuend und intensiv wirkt das Reibesitzbad bei Frauen nach mehreren Schwangerschaften.

Humorale Entgiftungs- und Ausleitungsverfahren, sogenannte Aschner-Verfahren.

DR. ASCHNER brachte alte Heilverfahren wieder in die Erinnerung moderner Medizin. Diese Heilverfahren ergänzen in idealer Weise das Bemühen um Entgiftungsvorgänge. Externe Aschner-Verfahren leiten Schlacken und Toxine über die Haut aus und entlasten damit Stoffwechsel und Bindegewebe. Interne Aschner-Verfahren fördern die Funktion der Ausscheidungssysteme von Darm, Niere und Lunge. Bei den externen Verfahren wird vor allem durch eine Verbesserung des lokalen Stoffwechsels im Bindegewebe versucht, Blut und Lymphstauungen durch Förderung von lokaler Mikrozirkulation zu beseitigen. Gleichzeitig wird der Bindegewebsstoffwechsel durch die Giftstoffelimination angeregt und die Verschlackung der Gewebe durch die Entgiftung über die Haut gefördert. Gleichzeitig kommt es zu einer Stimulation des Immunsystems und zu einer Reduktion von Schmerz- und Entzündungszeichen, so daß diese Behandlungen auch eine sehr effektive Unterstützung bei chronischen Erkrankungen darstellen. Über die mechanische Stimulation von Reflexpunkten bzw. Arealen auf der Haut erreicht man auch eine Tiefenwirkung im zugehörigen Segment bzw. Organbereich durch Steigerung der Durchblutung und des Stoffwechsels.

Als wichtigste therapeutischen Maßnahmen sei die Schröpf-Therapie — das Cantharidenpflaster sowie die Aderlaß-Therapie — genannt.

Schröpf-Therapie

Schröpf-Zonen sind definierte Reflexzonen auf der Haut mit vielfältigen Verbindungen und direkten Bezug zum Körperinneren. Schröpf-Zonen sind sowohl Orte für Diagnostik (Hinweis Diagnostik) als auch Therapie. Bei der Untersuchung auf der Haut zeigen sich sichtbare, spürbare und tastbare Veränderungen so daß durch eine exakte Palpationstechnik eine genaue Lokalisation erfolgen kann. Es haben sich zwei Formen des Schröpfens durchgesetzt. Das blutige und das unblutige Schröpfen.

Cantharidenpflaster:

Der Extrakt aus der „Spanischen Fliege" dient beim Cantharidenpflaster eine künstliche Brandblase zu produzieren. Hierdurch erreicht man einen abschwellenden Effekt und eine direkte Entfernung von gestauter Lymphe im Bereich der Blase. Selbstverständlich werden auch hier Stoffwechselschlacken über die Blasenflüssigkeit entfernt, wobei gleichzeitig eine analgetische (schmerzreduzierende) Wirkung, sowie eine entzündungshemmende Wirkung erzielt wird. Zur weiteren Immunstimulation ist es möglich den Blaseninhalt als Injektion zu verabreichen. Vor allem im Bereich des Bewegungsapparates bewährt sich das Cantharidenpflaster außerordentlich, um akute und chronische Gelenksbeschwerden zu verbessern. Aber auch bei Migräne, Tinitus u. a. neuralgischen Kopfbeschwerden ist es eine hervorragende Unterstützung.

Aderlaß-Therapie:

Der Aderlaß stellt einen Übergang zu den internen Aschner-Verfahren dar, wobei durch den Aderlaß eine umfangreiche Wirkung auf den Gesamtorganismus erfolgt. Im weitesten Sinne erfolgt durch den Aderlaß eine Blutverdünnung und logischerweise auch eine Verbesserung der Zirkulation bis hinein zu den kleinen Kapillaren und somit auch eine Entstauung.
Das Blut besteht als Transportmedium aus festen und flüssigen Bestandteilen. Das Verhältnis der beiden Bestandteile zueinander wird durch den Hämatokrit ausgedrückt, der idealer Weise zwischen 38 und 40% liegt. Dies bedeutet, daß ein Überwiegen von flüssigen Bestandteilen die Fließeigenschaften des Blutes bestimmen. Steigt der Anteil von den festen Bestandteilen, als im wesentlichen eiweißhältige Blutzellen wird die Durchblutung dahingehend beeinträchtigt, daß ein Durchströmen der feinsten Kapillaren ab einem Hämatokrit von 46% nur mehr bedingt möglich ist. Zumindest die Hälfte der Erythrozyten verlieren die Fähigkeit sich durch diese feinen Kapillaren durchzuzwängen. Nachdem sie durch den hohen Eiweißanteil zunehmend starrer werden. Gleichzeitig wird dadurch natürlich die Sauerstoffversorgung der Zellen beeinträchtigt aber auch die Giftstoffelimination aus der Zelle und vor allem der Transport derselben zu den Ausscheidungsorganen. Gleichzeitig sind mit dem Ansteigen des Hämatokrits auch ein Anstieg der Risikofaktoren im Herz-Kreislauf-System verbunden (Bluthochdruck, Übersäuerung, Durchblutungsstörung einzelner Organe bis zum Infarkt). Durch den Aderlaß kann man diesen Erkrankungstendenzen sowohl vorbeugen als auch diese akut behandeln. Wichtig dabei ist nur, daß nicht zuviel Blut pro Aderlaß abgenommen wird, um eine Aktivierung des Blutbildungssystems zu verhindern. Mitunter lassen sich auch durch sogenannte Mikroaderlässe mit der Lanzette sehr gute entstauende Wirkungen an einzelnen Reflexzonen erzielen.
Diese Beispiele aus der Humoraltherapie zeigen rasche Therapieeffekte, vor allem was die Schmerzreduktion, Funktionsverbesserung und Giftstoffelimination anlangt, erfordern aber vom behandelnden Arzt eine exakte Kenntnis und vor allem Sorgfalt in der Durchführung der Therapie. Auf Grund dieser Gegebenheiten sind sie nicht für die Selbstdurchführung bestimmt sondern werden lediglich vom sachkundigen Arzt durchgeführt.
Man erkennt also, daß es sehr viele Möglichkeiten gibt, die Säuberung des Organismus zu unterstützen. Es soll jedoch nicht der Eindruck erweckt werden, daß bei jedem alles durchzuführen ist, sondern entsprechend den individuellen Gegebenheiten werden einzelne Therapieformen zur Unterstützung durchgeführt. Auch hier trifft der erfahrene Arzt in Zusammenarbeit mit dem Patienten die Auswahl der durchzuführenden Therapien.

Schulung

Die Schulung ist das dritte und wichtigste Therapieprinzip nach MAYR für den Alltag. Nur durch eine entsprechende Schulung ist es möglich einen Langzeiteffekt zu erzielen. Der erste wichtige Faktor für die Schulung ist die Pflege der Eßkultur. Wird die Nahrungsaufnahme wie oben beschrieben durchgeführt (langsames und ausreichendes Kauen einer altbackenen Semmel) so stellt dies die ideale Vorbereitung für die chemische Verdauung dar. Weiters gehört aber

auch dazu, daß der Organismus Zeit bekommt die aufgenommenen Lebensmittel ordnungsgemäß zu verarbeiten, d.h. ein entsprechender Abstand zwischen den Mahlzeiten ist unbedingt notwendig. Es soll auch nicht zu schnell, zu viel und oft gegessen werden, um nicht den Verdauungsapparat in seiner Leistungsfähigkeit wieder zu überfordern. Der Patient muß lernen die Kardinalfehler der Ernährung nicht nur für die Kur, sondern vor allem im Alltag zu vermeiden. Erst dadurch gelangt der Organismus wieder in die Lage die Stoffwechselvorgänge ordnungsgemäß durchzuführen. Die Schulung bedeutet auch den Verdauungsapparat wieder zu seiner normalen gesunden Tätigkeit zurückzuführen. Hier ist die manuelle Bauchbehandlung äußerst hilfreich nachdem sie die ideale Schulung des Darmes im physiologischen Sinne darstellt.
Schulung bedeutet für den Patienten aber nicht nur, daß er lernt Giftstoffe entsprechend seinen individuellen Möglichkeiten aus dem Körper zu entfernen, sondern vor allem lernt die Aufnahme desselben in den Körper, sowie die Bildung von Giftstoffen im Stoffwechsel zu verhindern. In der Therapie nach MAYR versuchen wir durch die Pflege der Eßkultur eine Neuorientierung des Ernährungsverhaltens zu bewirken und darüber hinaus eine Änderung der Lebensweise zu erreichen.

Fasten als emotional - geistiger Reinigungsprozeß

Der Begriff Fasten hat nahe Verwandtschaft zum Festwerden und es ist tatsächlich so, daß durch die Fastenkur auch ein Festerwerden, ein Festigen, eine Stärkung erfolgt. Eine Fastentherapie ist auch eine Charaktertherapie. Fasten hat die Freiwilligkeit der Durchführung als Grundlage. Unter diesen Voraussetzungen ist fasten nicht nur eine körperliche Reinigung sondern bringt auch „emotionale Altlasten“ in Bewegung. Man sieht immer wieder, daß nach anfänglicher körperlicher Reinigung auch ein emotional geistiger Reinigungsprozeß einsetzt. Dies kann sein, daß aktuelle Probleme zum Vorschein kommen und der Betreffende gezwungen wird sich damit auseinander zusetzen. Es kann aber auch auf der Ebene des Unterbewußtseins eine Aufarbeitung in Form von Träumen erfolgen. Immer jedoch wird der Betreffende sanft darauf hingewiesen sich auch mit der emotionalen geistigen Seite seines Daseins zu beschäftigen. In diesem Sinn hat Fasten auch einen religiösen Aspekt und wird auch von allen großen Weltreligionen als zentrales Anliegen beschrieben. Alle Religionsbegründer haben vor schwierigen Aufgaben gefastet, um einen klaren Kopf zu bekommen, und die anstehenden Probleme lösen zu können.
Nicht selten treten auch emotionale Entgiftungsreaktionen auf, die je nach Fähigkeit des Einzelnen erkennen lassen, ob die Giftstoffe nach außen gerichtet (Aggression) oder gegen sich selbst (Depression) gerichtet werden. Durch die Bereitschaft sich darauf einzulassen und die fachkundige Führung des Arztes während dieser Krisen, können die Betreffenden auch emotional gefestigt in die Zukunft gehen.

Zusammenfassung

Naturheilkundliche Entgiftungsstrategien versuchen im Einklang mit den individuellen Möglichkeiten des Patienten Toxine aus dem Körper zu entfernen. Dabei ist es wichtig den Körper auf unterschiedliche Weise zu unterstützen und durch geeignete Maßnahmen die Ausscheidungsvorgänge zu fördern. Neben den Hauptausscheidungsorganen Darm, Niere und Lunge, sowie Haut ist auch die Giftstoffelimination über „Notventile“ möglich. Immer muß aber beachtet werden, daß eine ganzheitliche Entgiftungstherapie zu einer Neuorientierung der Ernährungs- und Lebensweise führt. Über diese Bewußtseinsänderung soll eine Verhaltensänderung der Menschen erzielt werden.

Die Bedeutung der Kopfherde für das Krebsgeschehen

DR. ISSELS

Bereits in den ersten Jahren unseres Jahrhunderts hat ***PÄSSLER*** die ätiologische Bedeutung des Herdes (Fokus) für eine stattliche Liste von Fernsymptomen aufgezeigt.
Inzwischen haben zahlreiche namhafte Autoren (***BERTZBACH***, ***ECKERT-MÖBIUS*** u.a.) die „Streubreite des Herdes, seine ursächliche Mit-Beteiligung am Entstehen der verschiedenartigsten Krankheitsbilder beschrieben. An erster Stelle stehen rheumatische, Nieren-, Haut-, sowie Herz- und Gefäßerkrankungen. Aber auch Magen-, Darm-, Urogenital- oder gewisse chronische Augenerkrankungen, Asthma, Multiple Sklerose und genuine Epilepsie finden nachweislich oft ihre Mitursache in dem Vorhandensein eines nicht sanierten Herdes. Unbestreitbare Fakten aus langer ärztlicher bzw. zahnärztlicher Erfahrung zeigen deutlich direkte Beziehungen zwischen Allgemeinerkrankungen und versteckten chronischen Herden des Kopfes auf. Die Schwierigkeit, diese Fakten in ihrem Wirkungsmechanismus exakt zu erklären, verhinderten trotz der unübersehbaren praktischen Erfahrungen eine grundlegende Änderung herkömmlicher Zahnbehandlung bis zur „endgültigen Beweisbarkeit" von ***PÄSSLERS*** Lehre.
Die Beweisbarkeit der in den letzten sieben Jahren erbrachten Forschungsergebnisse läßt nun aber ein Verharren in der traditionellen Auffassung über die Fokaltherapie endgültig nicht mehr zu.

Die Deutsche Medizinische Arbeitsgemeinschaft für Herdforschung informiert die Ärzte- und Zahnärzteschaft über die Fortschritte internationaler Forschung. Deren heutiger hoher Stand ist nicht zum geringen Teil Forschergruppen um ***SIEGMUND*** — der übergeordnete (Hirn-) Zentren für die Fernwirkung des Herdes verantwortlich machte — um ***FLECKENSTEIN /ERNSTHAUSEN*** — die bereits vor fast zwanzig Jahren Arbeiten über die Depolarisation von Organzellen durch fokale und toxische Irritation veröffentlichten — um ***HILLER/SCHUG-KOESTERS*** und ***GAEBELEIN*** — die Untersuchungen des Dentin-Eiweißes und seiner Zerfallsprodukte betrieben — um den Pathologen ***EGER*** und ***JUNGE/HÜLSING*** über die Beeinflussung des Bindegewebssystems durch Herdbelastung — zu danken.
Allen voran dürfen die österreichischen Grundlagenforscher und Kliniker genannt werden, für die hier die Namen ***PISCHINGERS*** und ***KELLNERS*** stehen sollen. Ihre Arbeiten führten zur Entdeckung neuartiger serologischer und elektro-physiologischer Herdtest-Methoden.
ALTMANN, ***AIGINGER***, ***PERGER***, ***RICCABONA***, ***THIELEMANN*** und viele andere zeigten die Wirksamkeit der Zahnherde auf und verboten die A-Vitalisierung pulpenkranker Zähne.
Der unermüdlichen Initiative von ***GLASER*** und ***TÜRK*** ist es zu danken, daß in aufklärenden Vorträgen die Fachwelt mit dem Stand der neuesten Forschung vertraut gemacht wird.

Was ist ein „Herd" ?

Die Deutsche Medizinische Arbeitsgemeinschaft für Herdforschung und Herdbekämpfung definiert den „Herd":

- „als abwegige örtliche Veränderung im Organismus",
- „die über ihre nächste Umgebung hinaus Fernwirkungen auszulösen vermag".

Jede örtlich umschriebene krankhafte Organveränderung — so etwa eine chronische Entzündung, eine degenerative Veränderung, eine Narbe — kann (unabhängig von ihrer Größe und Lage) als „Herd" bzw. als „Störfeld" wirksam sein.
Am häufigsten sind Zahn- und Mandelherde und ausschließlich von diesen soll in der Folge die Rede sein, ohne damit die Bedeutung anderer Herde schmälern zu wollen.

Erkrankungen, die von einem Herd (beispielsweise also von einem Zahn- oder Mandelherd) ihren Ausgang nehmen, werden als Herderkrankungen (beziehungsweise als herdbedingte Erkrankungen oder Fokaltoxikosen) bezeichnet, weil sie durch Fernwirkung eines Herdes (=Fokus) beziehungsweise eines Herdinfektes (=Fokalinfektes) hervorgerufen werden.
Die Fernwirkung eines Herdes kann eine örtlich umschriebene bleiben, kann sich beispielsweise auf ein einzelnes Gelenk beschränken. Sie kann aber auch (in Form einer Allgemeinerkrankung) den Organismus in seiner Gesamtheit in Mitleidenschaft ziehen. Wie wir später sehen werden, kann diese Fernwirkung auf verschiedenen, voneinander relativ unabhängigen Wegen zustande kommen.
PISCHINGER und ***KELLNER*** definieren den „Herd" als eine „chronisch abwegige lokale Veränderung im Bin-

degewebe, die über ihre nächste Umgebung hinaus die verschiedensten Fernwirkungen auszulösen vermag und sich daher mit der lokalen und allgemeinen Abwehr in ständiger aktiver Auseinandersetzung befindet".

Jede chronische Entzündung, jede Narbe, jede degenerative oder sonstige Veränderung kann also diese Bedingung erfüllen. Der Herd ist in das mesenchymale Grundgewebe eingebettet und hat so direkten Kontakt mit der Endstrombahn der Blut- und Lymphgefäße und den neurovegetativen Nervenfasern, die sie in Verbindung mit dem Organismus herstellen. Über jedes dieser Leitungssysteme wird er daher Fernwirkungen in anderen Organen auslösen können. Die Reizung der Nerven des Herdbereiches wird zunächst in die vegetativen Zentren projiziert, wo sie zur Ursache vegetativer Fehlsteuerungen werden kann, die ihrerseits ebenfalls wieder auf den Gesamtorganismus zurückwirken können. Über die Gefäßsysteme werden hingegen Herdgifte oder Bakterien in den Organismus eingeschwemmt, wo sie überall ihre infektiösen, toxischen bzw. allergisierenden Eigenschaften zu entfalten vermögen.

Nach ***SIEGMUND*** kommt es nicht darauf an, „darüber zu diskutieren, ob eine Infektion, eine Intoxikation, eine allergische Umstimmung, eine über das vegetative Nervensystem ... zur Auswirkung kommende Neurodystrophie oder eine über humorale Mechanismen in die Peripherie wirkende Zellstoffwechselstörung das Wesen der Fokalerkrankung ausmacht", sondern, „daß bei den Rückwirkungen eines Herdes sämtliche Faktoren miteinander beteiligt sind", die man folglich auch mit- und nicht nebeneinander zu würdigen habe.

„In der Entwicklung der Herdlehre spiegelt sich jeweils das Bild der zeitgenössischen Medizin."
SIEGMUND

Das Ausmaß der krankmachenden Fernwirkung eines Herdes hängt im allgemeinen davon ab, ob der Organismus dem Herd mit ausreichend wirksamen Abwehrmaßnahmen zu begegnen vermag. Solange das Herdgeschehen durch lokale Abwehrmaßnahmen beherrscht werden kann, werden sich im Organismus des „Herdträgers" noch keine herdbedingten Fernwirkungen ergeben.

Diese Fernwirkungen werden sich jedoch bemerkbar machen, wenn die körpereigene Resistenz zusammengebrochen ist. Aus dem „Herdträger" ist jetzt ein „Herdkranker" geworden, dessen Abwehrkraft sich nunmehr mit der bestehenden Fokaltoxikose auseinanderzusetzen hat.

Da bei Krebskranken stets ein Zusammenbruch der Abwehrlage erfolgt ist, ohne die es nicht zur Manifestierung der Geschwulst kommen kann, werden virulente Zahnherde und — wie wir später ausführen — Mandelherde auch bei diesen Patienten immer herdwirksam sein und damit die Krankheit fördern. Für den Krebspatienten gilt daher der Satz, daß

jeder Herdträger auch ein Herdkranker ist,

was für das therapeutische Vorgehen maßgeblich zu sein hat.

Zahnherde

„Eine Zahnwurzelbehandlung, die keine Herde setzt, gibt es nicht." (***SCHONDORF***)

Nahezu jeder Mensch wird im Laufe seines Lebens mit dem Problem der Karies konfrontiert, gegen die auch intensivste Pflege der Zähne nicht vollständig zu schützen vermag. Ihre Ursachen reichen bis ins Kinderalter, ja sogar in die vorgeburtliche Phase zurück. Gestörte Erbanlagen, Fehlernährung (Mesotrophie) und andere krankmachende Umwelteinflüsse verschulden eine Fehlentwicklung des Gebißapparates, die sich durch Verlagerung der Zähne oder als Anfälligkeit für Zahnfleischerkrankungen und vor allem für Karies bemerkbar macht.

Die Schmelzkrone des Zahnes ist trotz ihrer porzellanharten Oberfläche durchaus verletzlich. Aus vielerlei Ursachen können sich daher Schmelzdefekte entwikkeln, vorzugsweise in den Kronenfurchen oder an den Berührungsflächen benachbarter Zähne, an Stellen also, die schwer zu reinigen sind.

Die Karies wird, solange sie sich auf die nervenlose Schmelzschicht beschränkt, nicht als schmerzhaft empfunden. Das Einsetzen des Zahnschmerzes zeigt daher warnend an, daß die Karies bereits in das von Nerven durchzogene Zahnbein eingedrungen ist. Mit dem Fortschreiten der Zahnfäule wird früher oder später das Zahnbein durchsetzt, die Pulpenhöhle eröffnet und infiziert. Solange nur Schmelz und Zahnbeinschichten von der Karies erfaßt worden sind, kann der Zahn ohne Nachteile für den Patienten durch konservierende Maßnahmen lebend erhalten werden. Ein Zahn mit eröffneter und entzündeter Pulpa ist hingegen verloren und muß unverzüglich extrahiert werden.

In dem verständlichen Bestreben, möglichst viele Zähne kaufähig zu erhalten, hat man nach Möglichkeiten gesucht, diese an sich verlorenen Zähne zu konservieren. Durch Ausräumung, Desinfektion und Füllung der Pulpenhöhle sowie durch anschließende Überkronung glaubte man, sie ohne Gefahr für den Patienten erhalten zu können. Diese Annahme ging von der Voraussetzung aus, daß die Pulpenhöhle nur an der Wurzelspitze geöffnet sei, daß man sie steril füllen und vollkommen dicht gegen den Organismus abschließen könne.

Die von ***W. MEYER*** (Göttingen) hergestellten Ausgußpräparate der Pulpenhöhle ein- und mehrwurzeliger Zähne lassen jedoch deutlich erkennen, daß der Wurzelkanal keineswegs eine geschlossene Röhre darstellt, sondern einem Baume gleicht mit vielen Ästen, die nach allen Richtungen hin in den Zahnkörper eindringen.

Auch ***Altmann***, ***Doepke*** und ***Pritz***, sowie ***G. Fischer***, ***Hess*** und andere Forscher haben sich eingehend mit der Feinstruktur des Zahnes befaßt. Sie haben gefunden, daß die Hartsubstanz des Zahnes keineswegs ein totes Gebilde darstellt, sondern daß sie mit der Pulpa und Wurzelhaut in lebhaftem Stoffaustausch steht. Pulpenhöhle und Außenfläche der Zahnwurzel sind durch feinste Kanälchen miteinander verbunden. Sie stehen ihrerseits wiederum über die mesenchymalen Spalträume und Kapillaren der Wurzelhaut mit den Kanälchensystemen des Kieferknochens und dessen Markräumen — und damit mit dem Gesamtorganismus — in Verbindung. Diese Erkenntnisse haben die seit Jahrzehnten bestehende Vorstellung widerlegt, daß der Zahn nach Ausräumung und Abdichtung der Pulpenhöhle ein isoliertes, lebloses Gebilde sei, das mit dem Organismus keinerlei Austauschvorgänge mehr unterhalte.

Selbst perfekteste Konservierung wird allenfalls den senkrechten Mittelstamm des Wurzelkanal-Systems erfassen können, auf keinen Fall aber auch die davon abzweigenden seitlichen Äste, ebensowenig die zahlreichen Dentinkanälchen, die ebenfalls vom Wurzelkanal ihren Ausgang nehmen. Auch nach sorgfältigster Präparation des Wurzelkanals wird in diesen Nebenräumen immer Eiweiß verbleiben. Dieses Eiweiß ist in der Regel infiziert und durch Desinfektions- und Füllstoffe denaturiert, wobei toxische Abbauprodukte gebildet werden. ***Meyer*** (Göttingen) hat gezeigt, daß die Dentinkanälchen eine reiche Bakterienbesiedlung aufweisen. Die von diesen Mikroben erzeugten Fäulnisgifte können beim wurzelgefüllten Zahn nicht mehr nach außen in die Mundhöhle entleert, sondern nur noch durch die Querverbindungen und die unverschlossenen Äste des Wurzelkanals abgeleitet werden, um schließlich in die Markräume des Kiefers und damit in die Fließsysteme des Organismus zu gelangen. Aus dem Zahn ist durch die avitalisierende und konservierende Behandlung eine „Giftfabrik" geworden, durch die der Organismus fortwährend geschädigt wird.

Der wurzeltote Zahn nimmt Entzündungsvorgänge nicht mehr wahr, auch dann nicht, wenn die Eiterung bereits in den umgebenden Knochen eingebrochen ist. Der Warnschmerz ist dem avitalen Zahn verlorengegangen. Nichts veranlaßt daher den Kranken, diesen gefährlichen Giftherd entfernen zu lassen, so daß dieser Jahrzehnte, oft genug lebenslänglich seine verheerende Wirkung entfalten kann.

Die Entzündungsvorgänge, die in den Kanälchen und Wurzelgängen des nervtoten Zahnes in Gang gekommen sind, greifen im Laufe der Zeit auch auf die Markräume des knöchernen Zahnbettes über, wo sie eine Knochenmarksentzündung hervorrufen können. Der weitere Verlauf dieser Entzündung wird durch die noch vorhandene Resistenz des Organismus bestimmt.

Bei intakter örtlicher Resistenz wird dieser Prozeß durch eine bindegewebige Kapsel abgeschirmt, die man als Granulombeutel bezeichnet. Der Organismus will damit sowohl der weiteren Ausbreitung des entzündlichen Prozesses als auch dem Abströmen des giftigen Kapselinhaltes in die Körperperipherie entgegenwirken. Bei der Röntgenaufnahme dieser Zähne zeigen sich Granulome als mehr oder weniger ausgeprägte Aufhellung, z.B. an der Wurzelspitze des Zahnes. Ein solcher Zahn wird als röntgen-positiv bezeichnet.

Ist die örtliche Resistenz jedoch bereits so sehr geschwächt, daß der Entzündungsherd nicht mehr abgekapselt werden kann, werden die Entzündungsgifte ungehindert ins Knochenmark und in den Organismus vordringen können. Wenn ein Entzündungsprozeß nicht mehr lokalisiert und abgekapselt werden kann, so beweist dies, wie ***Pischinger*** und ***Kellner*** betonen, daß der Organismus bereits weitgehend reaktionsunfähig geworden ist. Bei der Röntgenaufnahme dieser Zähne zeigen sich in der Regel keine Aufhellungen. Sie werden als röntgen-negativ bezeichnet.

Bei unseren Krebskranken sind solche nicht abgekapselten Herde, also röntgen-negative Zähne, besonders häufig vorhanden, was die hochgradige Abwehrschwäche dieser Patienten erkennen läßt.

Es besteht Übereinstimmung darüber, daß Gebißherde ausgeräumt werden müssen und es ist daher auch allgemein üblich geworden, mit Hilfe des Röntgenbildes nach solchen Herden zu fahnden. Leider hat es sich ergeben, daß auf diese Weise nur ein Teil der Gebißherde objektiviert werden kann, Abgekapselte Herde, also Granulome und Zysten, sind in der Regel zwar von röntgenologisch wahrnehmbaren Knochendefekten begleitet, die allerdings nur dann röntgenologisch erfaßt werden können, wenn sie groß genug und nicht gerade innerhalb des Zahnschattens gelegen sind. Weit seltener finden sich deutliche Röntgensymptome hingegen bei den diffusen, nicht abgekapselten Knochenabszessen. Gerade die gefährlichsten aller Gebißherde erweisen sich demnach besonders häufig als röntgennegativ und selbst von den röntgen-positiven Prozessen werden wiederum nur die zufällig schattenfrei gelagerten Herde erfaßbar sein. Da röntgen-negative Herde sich der Sanierung entziehen, werden sie ihre zerstörende Wirksamkeit ungehindert weiter entfalten können.

Die moderne Forschung hat festgestellt, daß jeder pulpentote Zahn, sobald sein Eiweiß zerfällt, sich toxisch auswirken kann. Dieser Tatsache müssen wir therapeutisch Rechnung tragen.

Für alle nervtoten Zähne mit und ohne Röntgenbefund gibt es nur eine richtige Behandlung — die sofortige Extraktion.

Damit ist es aber oft nicht getan. Die Erfahrung hat gezeigt, daß auch vitale so geschädigt sein können, daß ihre krankmachende Wirksamkeit fast der eines avitalen Zahnes gleichkommt. So kann ein Nerv eines dreiwurzeligen Zahnes abgestorben sein, es können chronische Pulpa-Entzündungen, Ostitiden oder sonstige Veränderungen entstehen, die man im Röntgenbild nicht erkennen kann.

Wie sehr die diagnostische Erfassung und die Sanierung von Gebißherden noch im Argen liegt, zeigen uns die Patienten, die nach erfolgter Zahnsanierung bei uns eingeliefert werden. Sehr häufig finden wir bei ihnen noch röntgen-negative, avitale Zähne, Wurzelreste und Restostitiden, die diagnostisch nicht erfaßt und daher auch nicht beseitigt worden sind. Die Erfahrung hat uns gelehrt, daß eine Teilsanierung ihren Zweck verfehlt. Nur einer wirklich totalen Sanierung wird es gelingen, den Organismus entscheidend zu entlasten.

Es ist daher zusätzlich zur Röntgen-Diagnostik notwendig, weitere diagnostische Hilfsmittel heranzuziehen, so zum Beispiel die I-R-Diagnostik, die Vitalmessung des Zahnes, die Messung des Hautwiderstandes und andere elektrometrische Meßmethoden. Sie stehen seit Jahren zur Verfügung und können uns Aufschluß über eventuelle Herdwirkung eines Odontons geben. Wenn man eine totale Sanierung des Gebisses durchführen will, ist es also unbedingt notwendig, nicht nur die avitalen Zähne, sondern auch die latenten Herde des Kiefers zu entfernen, die bereits herdwirksam sind oder es werden können.

Mit der restlosen Entfernung des avitalen Zahnes samt seiner Wurzel(n) darf der zahnärztliche Eingriff nicht beendet werden. Die Alveole — das Zahnfach des Kiefers — ist gründlich bis auf den gesunden Knochen auszubohren. Nur so werden Restostitiden oder seitenständige Granulome verhütet. Nicht nur der Zahn ist der Herd, sondern auch der ganze Zahnhalteapparat.

Für den ursächlichen Zusammenhang zwischen Herd- und Tumorgeschehen haben die Untersuchungen in unserer Klinik eine Reihe von Belegen zu erbringen vermocht. Besonders anschaulich sind die Ergebnisse, die mit Hilfe des „Infra-Rot-Testes“ gewonnen wurden. Jeder entzündliche Krankheitsherd erzeugt auf der zugehörigen Hautoberfläche eine krankhafte Zunahme der Infra-Rot-Strahlung (= der „I-R-Strahlung“), die jeweils um so kräftiger ist, je stärker der zugehörige Herd gerade aktiv ist. Mit Hilfe eines Infra-Rot-empfindlichen Meßgerätes (= des I-R-Toposkops nach *SCHWAMM*) kann die Stärke dieser Strahlung laufend verfolgt werden. Wir haben nun festgestellt,

daß die Strahlungsintensität wurzeltoter Zähne und die Strahlungsintensität des Tumorbereichs sich in der Regel gleichsinnig verhalten,

daß also beispielsweise einer Abnahme der I-R-Aktivität der Gebißherde nach der Sanierung

jeweils eine Abnahme der I-R-Strahlung über den Tumorzonen parallel zu gehen pflegt.

Wie schon in früheren Arbeiten erwähnt, haben 98 Prozent unserer erwachsenen Krebskranken bei Aufnahme in die Klinik zwei bis zehn pulpentote Zähne, damit also ebensoviele der gefährlichsten Giftfabriken in ihrem Körper, und dies, obwohl seit Jahrzehnten immer wieder auf die Gefahren hingewiesen wird, die mit jeder konservierenden Wurzelbehandlung (Avitalisierung) zwangsläufig verbunden sind.

So bitter es vielleicht auch sein mag, auf Herden sitzende, wertvolle Kronen oder Brückenpfeiler samt den dazu gehörigen oft kostbaren Prothesen opfern zu müssen, es muß als die einzige überhaupt mögliche Alternative in Kauf genommen werden, weil erfahrungsgemäß die Heilungschancen des Krebskranken — wie auch die jedes anderen chronisch Erkrankten — dadurch bedeutend verbessert werden können.

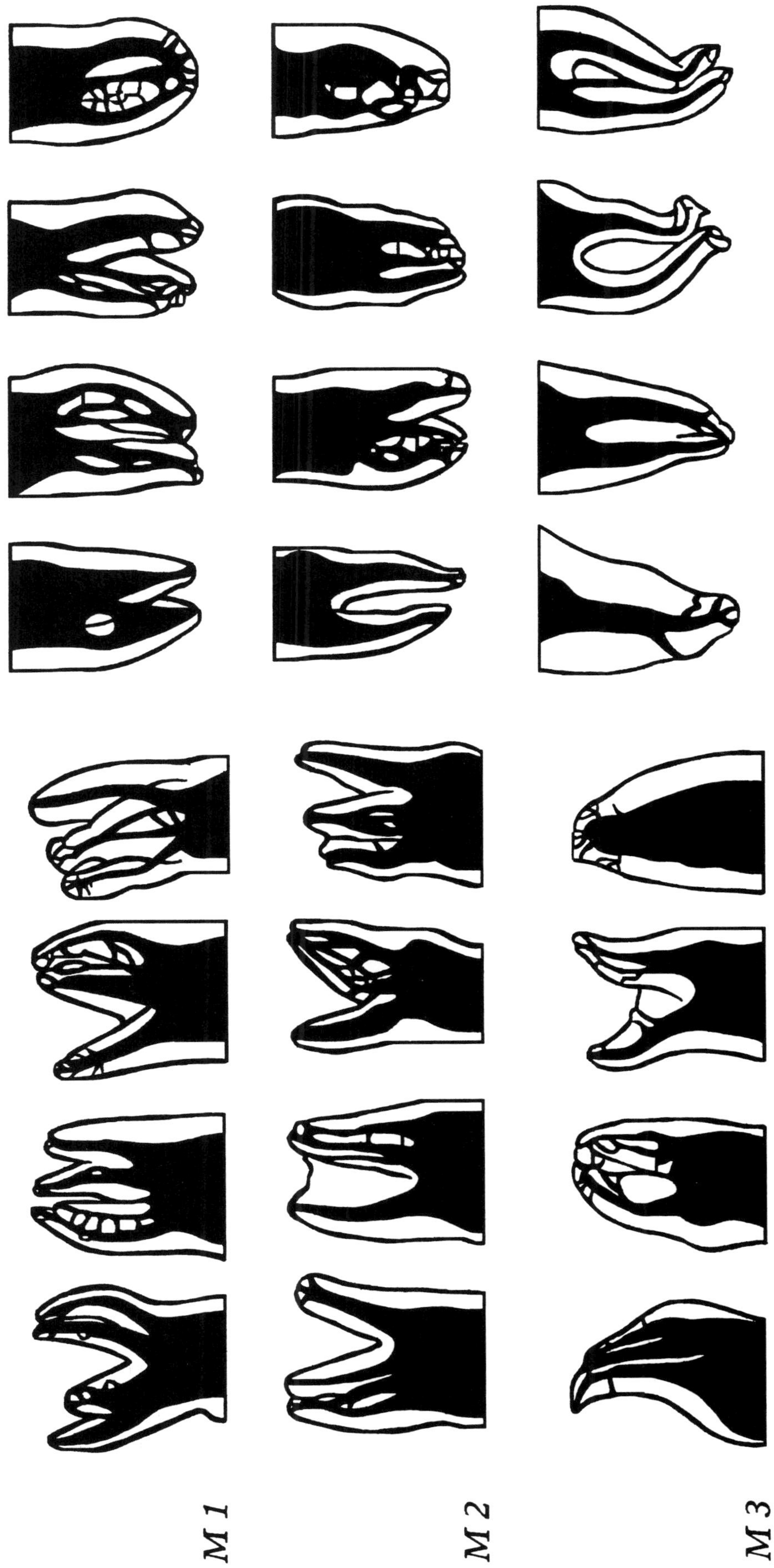

Wurzelkanäle nach O. Keller - 1928 - bei Molaren (Füllung mit Kontrastmittel)

Auswirkungen der Zahnherde

Es hat sich gezeigt, daß es vier Wege gibt, über die sich Zahnherde auf den Organismus auswirken und zur Entstehung der Zweitschäden beitragen können.

Der „neurale" Weg

Wenn sich an irgendeiner Stelle des Transit-Mesenchyms ein „Herd" entwickelt, wird dieser Vorgang von den nervalen Endorganen des Herdbereichs in die zuständigen Zentren des Nervensystems projiziert. Die von einem Herd bzw. Störfeld ausgehende Irritation kann unter bestimmten Voraussetzungen den Mechanismus einer Neuralen Dystrophie zur Auslösung bringen, was sich durch lokalisierte Fernwirkungen in anderen Bereichen, aber auch als dystrophische Allgemeinstörung bemerkbar machen kann. Allen diesen Erscheinungen liegen depolarisierende Vorgänge in den betroffenen Nervenzellen und in den ihnen nachgeordneten Geweben der Peripherie zugrunde, wie dies schon in den fünfziger Jahren von ***Fleckenstein*** und ***Ernsthausen*** nachgewiesen worden ist. Durch Ausschaltung des Primärherdes können die betroffenen Gewebe wieder repolarisiert werden. Das eklatanteste Beispiel einer Repolarisation ist das sogenannte „Sekunden-Phänomen".

Ferdinand Huneke, der Begründer der Neuraltherapie, hat vor etwa vier Jahrzehnten die Entdeckung gemacht, daß durch Einspritzung eines nervbetäubenden Mittels an einen Primärherd die von diesem Herd in anderen Organen induzierten krankhaften Fernwirkungen augenblicklich symptomlos gemacht werden können. Diese als Sekunden-Phänomen bekanntgewordene Wirkung setzt in typischen Fällen bereits wenige Sekunden nach der Einspritzung ein und hält Stunden bzw. Tage an. Die Besserung stellt sich jedoch nur bei jenen Fernstörungen ein, für deren Entstehung der betäubte Herd verantwortlich ist. Das Sekunden-Phänomen ist von vielen — so beispielsweise von ***Aschner***, ***Glaser***, ***Pischinger*** u.a. — nachgeprüft und bestätigt worden.

Durch die Neuraltherapie kann nur die neurale Auswirkung eines Herdes beseitigt werden. Deshalb muß auch in den Fällen, wo die Neuraltherapie Erfolg brachte, der Herd beseitigt werden, um die latent verlaufende, toxische oder allergische Wirkung des Herdes auszuschalten. Umgekehrt müssen selbstverständlich auch jeder operativen Sanierung desensibilisierende und neuraltherapeutische Maßnahmen folgen.

Die einzige Ausnahme von dieser Regel betrifft beispielsweise blande Narben oder sonstige nicht entzündlich veränderte Stellen, die sich durch ausschließlich neurale Fernwirkung bemerkbar machen, ohne gleichzeitig auch toxische, mikrobielle oder allergische Sekundär-Phänomene hervorzurufen. Diese rein neural wirksamen Herde werden als Störfelder bezeichnet.

R. Voll und ***F. Kramer*** haben neurale Wechselbeziehungen zwischen Zähnen und Körperperipherie zu sichern vermocht. Wie sie berichten, steht jeder einzelne Zahn mit bestimmten Organen in neurovegetativer Korrespondenz.

Mit Hilfe der Elektro-Akupunktur ist die odontogene Herddiagnostik insoweit wesentlich bereichert worden, als es nun gelingt, diese Herde nicht nur nach Art und Lage, sondern auch nach Stärke und Wirkungsrichtung zu differenzieren. Bei der Herdsanierung lassen sich somit auch ante, intra und post operationem der Erfolg des Eingriffs in bisher nie gekanntem Umfang überwachen und somit verbessern. (***Kramer***)

Der „toxische" Weg

Die toxische Wirkung der Zahnherde dürfte für den Gesamtorganismus noch bedeutsamer sein als die neurale Störwirkung. Der Mechanismus dieser toxischen Fernwirkung und die Art der dabei beteiligten Toxine sind weitgehend aufgeklärt worden.

Als Pulpengifte bezeichnet man generell die gangränösen Inhaltsstoffe der Pulpenhöhle und ihrer Nebenräume, die bei entzündlicher Einschmelzung und fauliger Zersetzung des bakteriell infizierten Zahnmarks gebildet werden. Die Pulpengifte sind zweifellos echte Leichengifte (Nekrotoxine). Sie können daher definiert werden als Gemisch körpereigener und körperfremder (nämlich mikrobieller) Eiweißstoffe, sowie der hoch- und nieder-molekularen Abbaustufen, die bei deren fermentativer Zersetzung gebildet werden.

Kellner definiert die Herdtoxine als organische oder anorganische Stoffe, die vom Organismus weder entgiftet, noch durch entzündliche Reaktionen abgebaut und zur Ausstoßung gebracht werden können und die daher oft im Bindegewebe eingelagert werden.

Spreter von ***Kreudenstein*** hat sich, angeregt durch Untersuchungen amerikanischer Forscher, mit dem Stofftransport in der Hartsubstanz des Zahnes befaßt. Er fand, daß Heilmittel vier bis fünf Stunden nach Anwendung in den Querkanälchen wurzeltoter Zähne in einer Konzentration nachweisbar sind, die nur wenig geringer ist als im Blut. Daß der Stoffaustausch aber auch in umgekehrtem Sinne vor sich gehen kann, ist erst kürzlich von ***Bartelstone*** (USA) und ***Djerassi*** (Bulgarien) mitgeteilt worden. Wenn Radio-Jod (J-131) in den mit Amalgam abgedichteten Wurzelkanal eingeschlossen wird, kann es zwanzig Stunden später im Szintigramm der Schilddrüse nachgewiesen werden. Ebenso können Farbstoffe aus dem abgedichteten

Wurzelkanal und durch die Querkanälchen in Wurzelhaut, Mandeln und Lymphknoten des Halsbereichs ausgeschwemmt werden. Alle diese Ergebnisse beweisen eindeutig, daß auch im wurzeltoten Zahn ein ungehinderter Stoffaustausch von innen nach außen und umgekehrt vor sich gehen kann. Auch die Pulpengifte, die in den nicht erfaßbaren Nebenräumen des Wurzelkanals und in den Querkanälchen der Hartsubstanz des avitalen Zahnes verblieben sind bzw. darin laufend weiter entstehen, werden sich also ungehindert im Organismus verbreiten und auswirken können. Identität und chemische Natur der Nekrotoxine sind vor allem durch die Münchener Arbeitsgruppe ***SCHUG-KÖSTERS***, ***HILLER*** und ***GAEBELEIN*** aufgeklärt worden.

Über die pathogene Bedeutung dieser „Endotoxine" haben die Untersuchungen der Arbeitsgruppe ***EGER-MIEHLKE*** in Göttingen Klarheit geschaffen. Sie hat geprüft, welche Veränderungen sich im gesunden Versuchstier ergeben, wenn genau definierte, kleinste Mengen der Endotoxine eines Granulom-Beutels eingespritzt werden:

Die einmalige Injektion einer Kleinstdosis dieser Stoffe scheint eine abwehraktivierende Wirksamkeit entfalten zu können.

Bei mehrmaliger Injektion beginnen sich schwere Leberschäden bemerkbar zu machen, die innerhalb von Wochen den Tod der Versuchstiere zur Folge haben.

Neben den tödlichen Leberschäden fanden sich bei den Versuchstieren entzündliche und degenerative Veränderungen in allen Organen, vor allem in Gefäßen, Gelenken und Muskeln.

Die Versuche ***EGERS*** haben erstmals eindeutige experimentelle Beweise dafür erbracht, daß durch Herdgifte Krankheitsvorgänge ausgelöst werden können, die dem klinischen Bilde typischer Herderkrankungen entsprechen, wie sie uns beim Chronisch-Kranken, vor allem aber beim Krebskranken, immer wieder begegnen.

Die gefährlichsten unter diesen Pulpengiften sind zweifellos die sogenannten Thio-Äther (z.B. das Dimethylsulfid), die bei der oxydativen Desaminierung und Dekarboxylierung schwefelhaltiger Aminosäuren — z.B. des Cystins und des Methionins — entstehen, wie dies von ***GAEBELEIN*** nachgewiesen wurde.

Bei Versuchsreihen, die in der Ringberg-Klinik durchgeführt wurden, konnte die Beobachtung gemacht werden, daß bei Patienten mit Zahn- und Mandelherden der Dimethylsulfid-Spiegel des Blutes deutlich erhöht ist. Nach gründlicher Sanierung der Herde geht dieser Giftspiegel des Blutes innerhalb weniger Tage wieder auf normale Werte zurück. Diese Thioäther sind nicht nur strukturell, sondern auch wirkungsmäßig erngstens verwandt mit Stickstoff-Lost und anderen „Gelbkreuz"-Kampfstoffen, wie sie im Ersten Weltkrieg zum Einsatz gekommen sind. Die extreme Toxizität der Thioäther als auch der „Gelbkreuz"-Stoffe muß auf folgende Eigenschaften zurückgeführt werden:

Sie verhalten sich schwach basisch, also „elektronegativ", werden daher im Transit-Mesenchym bevorzugt gespeichert.

Sie sind fett- bzw. lipoid-löslich und haben daher eine ausgesprochene Neigung, sich in den lipoid-haltigen Gerüststrukturen der Zelle — insbesondere aber der Mitochondrien — anzureichern. Die Mitochondrien werden dadurch zerstört, ihre Lipide „denaturiert".

Sie haben das Bestreben, sich mit dem elektropositiven Metallionen zu verbinden, so z.B. also mit Eisen, Cobalt, Kupfer, Magnesium und vielen „Bio-Elementen", die als Co-Effektoren bzw. Aktivatoren zahlreicher Fermente wirksam und daher auch von unbedingt lebenswichtiger Bedeutung sind.

Sie sind äußerst widerstandsfähig gegen Oxydation, können also nur sehr langsam entgiftet werden und bleiben daher im Bindegewebe liegen.

Diese Eigenschaften charakterisieren die Thioäther als ausgesprochene Fermentgifte, die nicht nur die äroben Atmungsvorgänge, sondern auch viele weitere fermentative Umsetzungen zu blockieren imstande sind. Wie bekanntlich von ***WARBURG*** nachgewiesen worden ist, wird die Zelle durch Zerstörung ihrer Atmungsfermente in den Mitochondrien gezwungen, sich auf die genetisch ältere Möglichkeit der Energiegewinnung — nämlich auf den Gärungsstoffwechsel — zu beschränken. Sie wird dadurch in eine Krebszelle verwandelt. Es folgt daraus, daß alle chemischen Verbindungen, welche die Atmungsfermente der Zelle unwirksam machen, eine krebserzeugende Wirksamkeit entfalten, also „Carcinogene" sind. ***DRUCKREY*** (Heidelberg) hat u.a. festgestellt, daß für die Umwandlung einer Normalzelle in eine Krebszelle eine bestimmte Menge — die „krebserzeugende" Mindestdosis — eines Carcinogens erforderlich ist. Dabei ist es ohne Belang, ob diese Giftmenge auf einmal zugeführt wird oder beliebig lange in beliebig kleineren Dosen, weil Giftwirkungen sozusagen gespeichert werden, sich also summieren. Für die Entstehung der Spontankrebse des Menschen sind in erster Linie jene Carcinogene verantwortlich zu machen,

die schon in allerkleinsten Mengen die Atmungsfermente behindern, ohne andererseits die Zelle gleichzeitig zu zerstören,

die außerdem in dieser minimalen Konzentration ständig im Organismus vorhanden sind, entweder in diesem entstehen oder ihm von außen zugeführt werden,

die sich also während der normalen Lebenserwartung allmählich und unmerklich zur krebserzeugend wirksamen Gesamtmenge summieren können.

Es gibt schwerlich ein Carcinogen, daß diesen „Forderungen" ähnlich vollkommen entspricht, wie das als Bestandteil der Pulpengifte nachgewiesene Dimethylsulfid. Aus jedem einzelnen der vorhandenen nervtoten Zähne werden vom Augenblick des Pulpentodes an ununterbrochen — Stunde um Stunde, Jahr für Jahr — kleinste, nichtsdestoweniger aber in der Zelle bereits atmungslähmend wirksame Mengen dieses gefährlichsten aller Gifte in die Blutbahn abgegeben. Ob wir arbeiten oder uns erholen, ob wir schlafen oder wachen, ständig stehen die Atmungsfermente unter dem „Beschuß" dieser Gifte.

Die ständig im Blut kreisenden Pulpengifte ziehen in erster Linie die aktivsten Gewebe des Organismus in Mitleidenschaft. Je mehr Mitochondrien eine Zelle enthält, desto stärker wird sie auch durch die fermenthemmende Wirksamkeit der Thioäther geschädigt werden können. Gerade die lebenswichtigen Organe — nämlich Leber, Nervensystem, endokrine Drüsen, Herz und RES — bei denen unter Umständen ein Fünftel der Zellmasse aus Mitochondrien besteht, werden also in erster Linie betroffen sein. Je höher der Spiegel der Pulpengifte im Blut ist, desto schwerer sind auch die Auswirkungen.

Die Pulpengifte können auf dem Blutwege alle Zellen des Organismus erreichen und in diesen also „Zweitschäden" verursachen, auch die den Organen übergeordneten Leitsysteme stören, wodurch es noch zu einer zusätzlichen Schädigung der Organe kommt.

Die enge räumliche Verflechtung der Lymphgefäßsysteme des Kopfbereiches bringt es mit sich, daß die Zellen des Gehirns von den Giften der Kopfherde bevorzugt und ganz besonders schwer geschädigt werden können. Alle Lymphströme des Kopfbereichs fließen im Stausee des lymphatischen Rachenrings (im „***Waldeyerschen*** Rachenring") zusammen, um entgiftet zu werden. Entzündliche Schwellungen dieses Bereiches werden zwangsläufig eine Rückstauung der Lymphe zur Folge haben. Mit den Lymphströmen des Mund- und Rachenbereiches werden aber auch die noch unverdünnten Pulpengifte aus den Zahn- und Mandelherden in den ***Waldeyerschen*** Rachenring geschleust und im Falle einer Abflußbehinderung durch die Poren der Schädelbasis in die Lymphräume des Gehirns hineingestaut. Die organischen Veränderungen der Hirnbasis — insbesondere aber der vegetativen Zentren des Gehirns — die ***Mühlmann*** (vormals UDSSR) bei Krebskranken regelmäßig gefunden hat, könnten zwanglos als Folgen einer lebenslänglichen Schädigung durch die atmungshemmenden Herdtoxine des Kopfbereiches gedeutet werden.

Das Nervensystem wird durch Herdgifte also doppelt in Mitleidenschaft gezogen, nämlich
durch die im Herd beginnende aufsteigende Zerstörung der nervalen Leitungssysteme,
durch direkte toxische Schädigung des Nervengewebes.

Das Ausmaß der Zwischenhirnschädigung (Diencephalose) und der dadurch verursachten vegetativen Ermüdung des Krebskranken kann man aus den Funktionsausfällen ersehen, die dadurch hervorgerufen werden:

Die energetischen Impulse aus dem Zwischenhirn, die mit dem Elektro-Akupunktur-Gerät nach ***Voll*** gemessen werden können, sind beim Herdkranken vermindert.

Der vegetative Tonus ist erschlafft, im Sinne einer „Regulationsstarre" entgleist und zwar beim Carcinom-Kranken im Sinne einer Vagotonie, beim Sarkomkranken im Sinne einer Sympathikotonie. (***Regelsberger***, ***Gratzl-Martin***, ***Rilling*** u.a.)

Regulation (und Tages-Rhythmus) des Säure-Basen-Haushaltes sind verlorengegangen. (***Sander***)

Auch die Regulation des Zucker-, Cholesterin- und Mineralstoffwechsels und vieler anderer Stoffwechselgrößen ist weitgehend eingeschränkt. (***Hinsberg***)

Die vegetativen Ausfallserscheinungen bleiben selbstverständlich nicht ohne Einfluß auf den seelischen Zustand des Kranken. Neben der vegetativen Dystonie geht daher in der Regel auch eine neurasthenische Dystonie parallel einher.

Der „allergische" Weg

Die Giftwirkungen der Thioäther überschneiden sich mit den Folgen, die von höher-molekularen Pulpengiften hervorgerufen werden, so beispielsweise
von den denaturierten Eigenproteinen des Herdes
von den mikrobiellen Fremdproteinen
von den Halbproteinen und Polypeptiden, die bei deren Spaltung gebildet werden
von deren Reaktionsprodukten.

Diese Proteine und Halbproteine wirken als Antigene und können daher auch die Bildung von Immunkörpern provozieren, wobei sie den Organismus allergisch sensibilisieren. Dieser Vorgang ist nicht auf den Bereich des Herdes begrenzt, er kann die Gesamtheit des Organismus in Mitleidenschaft ziehen. Auch die im Blut kreisenden Thioäther haben u.a. die sehr gefährliche Eigenschaft, normale Zellbestandteile denaturieren zu können, wobei diese ihre arteigene Struktur verlieren und in Stoffe mit antigenen Eigenschaften verwandelt werden. Von der antigenen Umwandlung sind viele Bestandteile der Zelle gleichzeitig betroffen. Gegen alle diese Stoffe werden daher Antikörper gebildet, was letztendlich die Zerstörung der Zelle zur Folge hat. Man bezeichnet diesen Ablauf als Autoimmunisierung und dessen Auswirkung als Autoaggression. Da die organzerstörenden Antikörper bzw. Abwehrfermente durch die Nieren ausgeschieden werden, können sie mit Hilfe der „***Abderhaldeschen*** Reaktion" im Harn

nachgewiesen werden. Wir können auf diese Weise meist objektivieren, welche Organe Zweitschäden erlitten haben. (***ABDERHALDEN***, ***DYCKERHOFF*** u.a.)
Das Ausmaß der Zweitschäden kann aber auch indirekt durch Vaccinbehandlung sichtbar gemacht werden. Die Anwendung von desensibilisierenden Impfstoffen, die aus Herdgiften hergestellt sind, kann von Reaktionen in allen durch Zweitschäden betroffenen Organen begleitet sein, die sich durch entsprechende lokale und allgemeine Symptome bemerkbar machen.
Diese Beobachtungen und Erfahrungen lassen erkennen, daß die Entstehung der Krebskrankheit über die Zweitschäden engstens mit dem fokalen Geschehen verbunden sein muß.

Der „bakterielle" Weg

Die bakterielle Aussaat dentaler Primärherde verläuft in der Regel mit kaum merklicher Symptomatik und kann die Bildung von „Sekundärherden" in anderen Organen zur Folge haben. Dazu gehören die Herde der Nasennebenhöhlen, der Gallenblase, des Blinddarms, der Prostata und des Nierenbeckens usw.
Vor allem kommt es durch eine bakterielle Aussaat auch zu Mikroherden in den Venen, die zu Mikrothromben führen und bei einer weiteren Belastung Thrombosen und Thrombophlebitiden mit evtl. Embolien zur Folge haben können. Die beim Krebskranken so häufig auftretenden Thrombophlebitiden und Thrombosen, als deren Ursache man allgemein die gestörte Stoffwechsellage bei der Krebserkrankung ansieht, sind nicht nur durch eine Dyskrasie des Krebskranken bedingt, sondern auch Auswirkungen der Zahnherde.
SHAKOW, Moskau, hat in Zusammenarbeit mit mehreren Kliniken eine interessante Untersuchung an über 1200 jugendlichen Internatszöglingen durchgeführt. Die Schüler mit avitalen Zähnen hatten in den sechs Jahren dreimal so viele Erkrankungen mit klaren Organbefunden wie die Schüler mit vitalen, gesunden Gebissen. Durch die Entfernung der avitalen Zähne konnten bei diesen jugendlichen Patienten bis 80 Prozent aller Erkrankungen ausgeheilt werden.
Auch wir können bestätigen, daß die Sanierung der primären Kopfherde häufig eine Ausheilung der Sekundärherde — z.B. chronischer Entzündungen jedweder Art — zur Folge hat. Rippenfell-, Lungen-, Nieren- und Venenentzündungen, sowie Thrombosen und Embolien können bei herdsanierten Patienten weit seltener beobachtet werden.
Die kausale Bedeutung von Zahn- und Mandelherden für die Entwicklung vieler innerer Erkrankungen ist seit vielen Jahrzehnten unbestritten anerkannt, so daß ihr bekanntlich auch therapeutisch Rechnung getragen wird. Um so unverständlicher — ja geradezu als Kunstfehler! — muß es erscheinen, diesen wichtigen Kausalfaktor ausgerechnet in der Krebstherapie unberücksichtigt zu lassen. Ein Kunstfehler ist es zweifellos auch, konservierende Methoden zur Anwendung zu bringen, die erfahrungsgemäß zwangsläufig gefährliche Herde entstehen lassen.
Wir wissen heute, wie entscheidend der gesamte Organismus durch Kofherde in Mitleidenschaft gezogen werden und welche katastrophale Folgen die Abtötung der Pulpa mit sich bringen kann. Auch der Zahnarzt wird also künftig nicht mehr umhin können, sich bei seiner Arbeit von den Geboten einer ganzheitlichen Betrachtungsweise leiten zu lassen und sich stets vor Augen zu halten, daß es keine Wurzelbehandlung gibt, die nicht zwangsläufig auch Herde setzt.
Die Aufgabe des Zahnarztes ist erst in zweiter Linie eine kosmetische. In erster Linie sollte sie eine vorbeugende und heilende sein. Nicht die Erhaltung des Zahnes muß primäres Gebot sein, sondern die Erhaltung seiner Vitalität! Ist sie nicht mehr zu erreichen, so gibt es nur eine einzige richtige Behandlung: Die sofortige Extraktion! Auch die schönste Goldkrone darf uns — so ***BIRCHER-BENNER*** — nicht darüber hinwegtäuschen, daß der darunter befindliche leblose Zahn nichts anderes ist, als ein „Leichnam im goldenen Sarge", dessen Verwesungsgifte den Organismus langsam aber sicher zugrunde richten!
Auch andere Kieferherde, so beispielsweise Ostitiden, Zysten, Fremdkörper, Zahnfleischentzündungen, Stellungsanomalien können eine Herdwirksamkeit entfalten. Es ist selbstverständlich, daß auch diese Herde und Störfelder beseitigt werden müssen.
Der Zahnarzt sollte immer dessen eingedenk bleiben, daß er, wie kein anderer, berufen ist, durch verantwortungsbewußtes, vorausschauendes Handeln dazu beizutragen, der Entwicklung chronischer Erkrankungen vorzubeugen und vor allem die Krebsgefährdung entscheidend zu vermindern!

Mandelherde

Chronisch entzündete Mandeln sind primäre Kofherde, die sich auf den Gesamtorganismus oft in noch erheblich stärkerem Maße schädigend auswirken können als die Zahnherde. Mit ähnlichem Wirkungsmechanismus können sie gleichfalls über den neuralen, toxischen, allergischen und bakteriellen Weg an der Entstehung chronischer Erkrankungen einschließlich des Krebses beteiligt sein. Für den Zusammenhang zwischen Krebsgeschehen und Mandelherden konnten wir eine Reihe ähnlicher Beweise erbringen wie für den Zusammenhang zwischen Zahnherden und Krebsgeschehen. Wir fanden das gleiche quantitative

Abhängigkeitsverhältnis von Mandelherd und Tumoraktivität in der Intensität der Infra-Rot-Ausstrahlung. Nach Entfernung der Mandeln kam es ebenfalls zur Abnahme der I-R-Strahlung über dem Tumor, vereinzelt auch zu Verkleinerung der Geschwulst.

Biologische Bedeutung der Mandeln

Die drei Mandeln bzw. Tonsillen des Menschen, nämlich die im Nasen-Rachen-Raum befindliche Rachenmandel und die im hinteren Mundbereich (in den Nischen zwischen vorderen und hinteren Gaumenbögen) gelegenen paarigen Gaumenmandeln bilden im Verein mit weiteren, aber äußerlich unscheinbaren lymphoepithelialen Organen den sog. „***WALDEYERSCHEN*** Rachenring“.

Die Mandeln stellen nach ***ROEDER*** Exkretionsorgane dar, in denen Lymphozyten, Mikroben, giftbeladene Lymphe und sonstige Stoffe zur Ausscheidung kommen. Auch beim gesunden Menschen können die Mandeln Pfröpfe aufweisen, die man fälschlich als Eiter bezeichnet, die in der Hauptsache jedoch aus Fettsäuren, Cholesterin und anderen Schlackenstoffen bestehen, was sie eindeutig als Exkrete charakterisiert. Im Exkret der Mandeln finden sich auch die Pulpengifte.

Nach ***MOMMSEN***, ***RUSCH***, ***KOLB*** und ***SANTO*** werden in den Mandelbuchten die physiologisch obligaten Floren ausgebrütet, die die Schleimhäute des Nasen-Rachen-Raumes und der übrigen Luftwege besiedeln. In den Mandeln werden ferner Antikörper gebildet und unerwünchte Mikroben und deren Toxine unschädlich gemacht. Sie haben also auch eine immunisierende bzw. entgiftende Funktion und müssen daher, wie ***MOMMSEN*** feststellt, als funktionelles Analogon der Lymphorgane der Darmschleimhaut und — wie diese — als wichtiger Bestandteil des Abwehrsystems betrachtet werden.

Gesunde Tonsillen sind durchschnittlich mandel- bis bohnengroß und können mit dem Spatel aus ihrem Bett herausluxiert werden. Sie zeigen eine blasse rosafarbene Oberfläche mit flachen Vertiefungen (= den Mandelkrypten), in denen sich auch beim Gesunden helle Pfröpfe bilden können, die in die Mundhöhle ausgestoßen und verschluckt werden. Größe und Reaktionsfähigkeit der Mandeln werden in gewissen Umfange von der angeborenen individuellen Konstitution bestimmt. Bei erblicher Veranlagung zu Lymphatischer Diathese, die vor allem auf starke Belastung mit Erbinfekten zurückzuführen ist, finden wir regelmäßig auch eine angeborene Vergrößerung bzw. Hyperplasie der Mandeln. Sie ist immer auch von einer gesteigerten Bereitschaft zu entzündlichen Reaktionen begleitet. Größe und Aktivität der Mandeln sind jeweils auch ihrer funktionellen Beanspruchung und Belastung proportional. Die physiologische Funktion der Mandeln ist, wie ***THIESSBÜRGER***, ***LÜSCHER*** und andere Ontologen betonen, immer von entzündlichen Reaktionen des Mandelgewebes begleitet. Eine normalerweise allerdings nur unterschwellige, daher symptomlos bleibende Mandelentzündung gehört demnach — so ***LÜSCHER*** — zum normalen „Körperbestand jedes Menschen“.

Wenn größere Mengen an Giften und Schlackenstoffen ausgeschieden werden müssen, werden jeweils auch Durchblutung und entzündliche Aktivität der Mandeln zunehmen. Dieser Zustand ist oft von schmerzhafter Schwellung und Rötung der Mandeln begleitet und wird — je nach Verlauf als akute, subakute oder — bei gehäuftem Auftreten — als chronische Mandelentzündung (= Tonsillitis) bezeichnet. Auch diese stärkergradigen Entzündungen des Mandelgewebes sind selbstverständlich als biologisch sinnvolle und durchaus physiologische Vorgänge anzusehen.

Die akute Mandelentzündung ist eine vorübergehende Abwehrreaktion, die durch eine Vielfalt infektiöser Ursachen ausgelöst werden kann.

Die chronische, vor allem aber die degenerative Mandelentzündung wollen wir in den Mittelpunkt dieser Betrachtung stellen, weil sich aus ihr unter bestimmten Voraussetzungen gefährliche Herdprozesse entwickeln, die für die Entstehung aller chronischen Erkrankungen, einschließlich des Krebses, von ursächlicher Bedeutung sind. Obwohl jeder chronischen Tonsillitis an sich gleichartige Vorgänge zugrunde liegen, können nach Entwicklung und klinischem Bild drei verschiedene Verlaufsformen unterschieden werden.

Zur ersten Gruppe gehören jene chronischen Tonsillitiden, die auf dem Boden eines gesunden, reaktionsfähigen Mandelgewebes als Folge von mehrfach abgelaufenen akuten Mandelentzündungen (= Anginen) entstehen, auf deren vielseitige Ursachen wir hier nicht eingehen können. Sie stellen die physiologische Reaktion dar, mit der die Mandeln auf einen Infektreiz antworten bzw. Toxine ausscheiden. Mit jeder neuen Tonsillitis kommt es zu einer Zunahme des Volumens, der Durchblutung und der Aktivität der Mandeln. Die Mandeln befinden sich dann in erhöhter Abwehrbereitschaft. Treten solche Mandelentzündungen gehäuft auf, verlieren die Mandeln im Laufe der Zeit an Reaktionsfähigkeit und Abwehrkraft und atrophieren.

Die zweite Gruppe umfaßt diejenigen Mandelherde, die sich unter bestimmten Voraussetzungen aus angeborenen vergrößerten bzw. hyperplastischen Mandeln entwickeln. Eine solche Hyperplasie kann so ausgedehnt sein, daß der Schlundraum oft völlig verlegt ist. Leider ist es auch heute noch üblich, diese hyperplastischen Mandeln zu kappen. Durch diesen Eingriff wer-

den die Mandeln der für ihre Funktionsfähigkeit unerläßlichen oberflächlichen Krypten beraubt.
Die Ausscheidungsfunktion der Mandeln kann aber nur bei intakter Oberfläche bzw. bei offenen Krypten vor sich gehen. In den restlichen, durchwegs narbig verengten bzw. verschlossenen Krypten werden (nach ***VOSS***) die ausscheidungspflichtigen Stoffe von der Luftzufuhr abgeschnitten und daher anärob — unter Bildung toxischer Zerfallsprodukte — zersetzt. Darum sollte die Kappung auch nicht mehr durchgeführt werden. Die Herdwirksamkeit gekappter Mandeln wird heute bereits allgemein anerkannt. Sie sollten immer entfernt werden, auch dann, wenn sie keine erkennbaren Fernwirkungen verursachen.
Die dritte (bei Krebskranken am häufigsten vorkommende) Gruppe von Mandelherden sind die scheingesunden, kleinen, blanden Mandeln. Sie finden sich vor allem bei Personen mit angeborener Unterentwicklung und Funktionsschwäche der Mandeln. In der Vorgeschichte dieser Patienten werden daher Mandelbeschwerden meistens vermißt. Die Mandeln selbst sind „unauffällig" klein, mit der Unterfläche jedoch fest verbacken und nicht aus ihrem Bett luxierbar. Bei operativer Entfernung müssen sie deshalb meist scharf aus ihrem Bett gelöst werden.
Gemeinsam ist den genannten Verlaufsformen der chronischen Tonsillitis eine während des Lebens fortschreitend sich verstärkende fokaltoxische Wirksamkeit und die Neigung, früher oder später in eine atrophisch-degenerative Tonsillitis überzugehen. Dieser Vorgang wird um so schneller ablaufen, je stärker zusätzlich noch eine passive Dauerbelastung durch Pulpengifte beherdeter Zähne hinzukommt.

Der Einfluß der Pulpengifte auf die Tonsillen

Für die Entwicklung von Mandelherden müssen — wie erwähnt — zwei Ursachen verantwortlich gemacht werden, nämlich die dauernde aktive Auseinandersetzung mit pathogenen Erregern und die passive Dauerbelastung durch Toxine, die von avitalisierten Zähnen ihren Ausgang nehmen.
Beweisend für den engen Zusammenhang zwischen Zähnen und Mandeln ist die Beobachtung von ***PERMUT***, ***HENKE*** und ***ROEDER***, daß chinesische Tusche, die in die verschlossene Zahnpulpa gespritzt wird, in etwa 20 bis 30 Minuten bereits punktförmig an der Mandeloberfläche erscheint. Diese Versuche haben gezeigt, daß pathogene Stoffe des Kieferbereichs, so auch die Toxine der avitalisierten Zähne, dem Lymphatischen Rachenring zugeführt werden, um dort entgiftet und ausgeschleust zu werden. Die Gaumenmandeln sind also neben ihrer „natürlichen" physiologischen Bedeutung zusätzlich dem durch Avitalisierung der Zähne verursachten Dauerbeschuß mit konzentrierten Pulpengiften ausgesetzt. Wie gefährlich diese Zahntoxine sind, ist bereits erörtert worden. Es ist unvermeidlich, daß diese Gifte auf die Dauer das aktive lymphoepitheliale Gewebe der Mandeln schwer in Mitleidenschaft ziehen. Solange die von den Pulpengiften zerstörten Zellen noch regenerativ ersetzt werden können, wird die funktionelle Leistung der Mandeln nicht beeinträchtigt sein. Wenn jedoch das zerstörte lymphoepitheliale Gewebe immer mehr durch inaktives Narbengewebe ersetzt wird, wird auch die Ausscheidungs-, Entgiftungs- und Abwehrleistung der Tonsillen sich fortschreitend vermindern, um eines Tages schließlich zu erlöschen.
Mit dem Verlust des reaktionsaktiven Lymphgewebes geht den Mandeln auch endgültig die Fähigkeit verloren, sich durch reinigende akute Entzündungsschübe Entlastung zu verschaffen. Die Mandeln verursachen jetzt auch keine Beschwerden mehr. Diese Beschwerdefreiheit bedeutet nach ***KELLNER*** nichts anderes, als die Unfähigkeit, noch zu reagieren. Die anfallenden Gifte werden nicht mehr ausgeschieden, sondern über die Fließorgane in den Organismus geschleust. Es versteht sich von selbst, daß diese Entwicklung um so schneller vor sich gehen wird, je weniger lymphoepitheliales Mandelgewebe noch vorhanden ist. Bei angeborener Mandelschwäche ist von vornherein so wenig aktives Gewebe vorhanden, daß dessen völlige Zerstörung u.U. schon in relativ kurzer Zeit vollendet sein kann. Normal entwickelte oder hyperplastische Mandeln werden, sofern sie nicht gekappt worden sind, den Pulpengiften wesentlich länger standhalten können. Aber auch sie werden früher oder später schließlich vollständig degenerieren. Das Endstadium aller drei Verlaufsformen der chronischen Tonsillitis ist also die „Degenerativ-atrophische Tonsillitis".

Die Degenerativ-atrophische Tonsillitis

Der Untersuchungsbefund zeigt hier kleine, atrophische Mandeln, die keine Entzündung aufweisen, jedoch mit dem Spatel nicht mehr aus ihrem Bett herausluxiert werden können. Bei der Operation müssen sie deshalb mit dem Messer aus ihrem Bett gelöst werden, da sie fest mit dem umliegenden Gewebe verwachsen sind. Während sich bei gesunden Mandeln die Farbe des vorderen Gaumenbogens nicht von der Farbe der übrigen Mundschleimhaut unterscheidet, finden wir bei der degenerativ-atrophischen Tonsillitis eine bläuliche (= livide) Verfärbung des Gaumenbogens. Das Zäpfchen erweist sich zumeist als sulzig verdickt. Die Mandeln selbst können äußerlich noch gesund erscheinen. Auch normal große — ja sogar vergrößerte

Mandeln — können bereits weitgehend degenerativ verändert sein und in der Hauptsache aus narbig induriertem Gewebe bestehen, das naturgemäß Toxine nicht abzubauen vermag. Es kommt dann vielfach zur Ausbildung von meist ebenfalls völlig schmerzlos verlaufenden intra- und retrotonsillären Abszessen, in denen wir vorwiegend die hochpathogenen und für zahlreiche chronische Erkrankungen verantwortlichen beta-hämolytischen Streptokokken der Gruppe A nachweisen können, deren Gifte im Organismus verbreitet werden und zur Entwicklung der Zweitschäden, der Resistenzschwäche und des Tumormilieus entscheidend beitragen.

Neben der direkt allergisierenden und toxischen Wirksamkeit der oben genannten Zerfallsprodukte kommt es bei andauernder toxischer Belastung immer zu einer Veränderung der Mandelzellen (Lymphzellen). Sie werden in ihrer Eiweißstruktur so verändert (= denaturiert). daß der Organismus veranlaßt wird, gegen diese ihm fremd gewordenen eigenen Zellen Antikörper zu bilden, die sich schließlich auch gegen gesunde Lymphozyten richten und so das lymphatische Abwehrsystem des ganzen Organismus erheblich schwächen können (Autoaggressionsmechanismus).

Durch den Untergang des aktiven Mandelgewebes ist auch dessen biologische Aktivität zum Erliegen gekommen. Eine aktive Entgiftung und Ausscheidung tonsillenpflichtiger Gifte und Schlackenstoffe ist nicht mehr möglich. In den Mandelbuchten werden nicht mehr physiologisch obligate Symbionten, sondern gefährliche pathogene Keime ausgebrütet, die sich im Organismus ausbreiten können, weil mit der Zerstörung des lymphoepithelialen Gewebes auch dessen Immunaktivität verlorengegangen ist.

Wenn die die Tonsillen passierenden Pulpengifte von den Mandeln nicht mehr abgebaut und zur Ausscheidung gebracht werden können, werden sie auch die letzten Reste des funktionstüchtigen Mandelgewebes infiltrieren und zum Absterben bringen. Dabei entstehen hoch- und niedermolekulare Leichengifte, die wir bereits als Pulpengifte kennengelernt haben. Die Toxinbildung wird unvermeidlich vermehrt. Alle diese Toxine müssen, nachdem sie im Rachenring nicht mehr unwirksam gemacht bzw. ausgeschleust werden können, auf dem Blutwege anderen Ventilorganen zugeführt werden. Die Fließsysteme werden daher in ständig steigendem Umfang mit Giften beladen, wodurch wiederum die Zweitschäden vergößert, das Säftemilieu und die Resistenz immer weiter verschlechtert werden.

Degenerierte Mandeln können also nicht mehr entgiften, sie sind vielmehr selbst zum gefährlichsten Giftherd geworden.

Wie auch nervtote Zähne und sonstige Gebißherde müssen sie entfernt werden. Daß die von dieser nekrotisch-atrophischen Tonsillitis verursachte Fokaltoxikose weitaus gefährlicher ist als die Herdwirkung der hyperreaktiven Tonsillitis des Kindesalters, dürfte nach dem vorstehend Ausgeführten erkennbar geworden sein.

Bei chronisch entzündeten Tonsillen bzw. bei gekappten Tonsillen besteht die klare Indikation zur Tonsillektomie. Wenn diese absolute Indikation schon im Kindesalter und bei Rheuma und anderen vergleichsweise harmlosen Erkrankungen bejaht wird, so muß sie um so dringender bei Geschwulstkrankheiten beachtet werden, zumal ein Zusammenhang zwischen Herd- und Tumorgeschehen nicht mehr zu leugnen ist.

Wir sind uns darüber im Klaren, daß wir in diesem Kapitel ein Problem ansprechen, das selbst unter den Ärzten der Ganzheitsmedizin in seiner weitreichenden Bedeutung verkannt und darum noch umstritten ist. Eine Reihe von Autoren vertritt mit Recht die Auffassung, daß dem krebskranken Organismus möglichst viel lymphatisches Gewebe erhalten bleiben müsse. Es wird daher angeraten, auf die Tonsillektomie zu verzichten, weil nach ihrer Meinung auch in kranken Mandeln noch eine gewisse Abwehrpotenz enthalten sein könne. Auch wir sind früher dieser Auffassung gewesen.

Ein Zufall hat uns schließlich auf den richtigen Weg gebracht. Bei einem inkurablen Krebspatienten mit schweren Rheumaschmerzen, bei dem eine eindeutige Mandelanamnese bestand, führten wir eine TE durch, um die die Theraphie behindernden, rheumatischen Schmerzen zu beseitigen. Die TE brachte einen bemerkenswerten Erfolg. Neben dem Rückgang der rheumatischen Beschwerden verschwanden auch toxische Allgemeinsymptome, vor allem aber auch die krankhafte Pulsbeschleunigung, die für den Verlauf der Krebserkrankung immer eine schlechte Prognose bedeutet. Der Patient begann schlagartig aufzuleben und sich zu erholen. Wir stellten zu unserer Überraschung fest, daß danach auch sein Tumor kleiner wurde. Diese unerwartete Beobachtung hat uns ermutigt, auch bei anderen Patienten mit Mandelbeschwerden, therapieresistenten Herz-Kreislaufstörungen und toxischen Symptomen eine TE durchzuführen.

Auch in diesen Fällen wurden die Herz-Kreislaufsymptome und viele sonstige Beschwerden durch die TE meist zum Verschwinden gebracht. Die positive Umstimmung des Allgemeinzustandes und eine gewisse Hemmung des Tumorwachstums waren jeweils unverkennbar. Wir kamen schließlich zu der Überzeugung, daß eine tonsillogene Fokaltoxikose nicht nur entscheidend zur Entwicklung von Zweitschäden, Millieustörungen und Resistenzschwäche beitragen kann, sondern auch mit dem Tumorwachstum zusammenhängen muß. Schmerzhaft vergrößerte Mandeln und sonstige Symptome einer chronischen

Tonsillitis fanden sich nicht einmal bei einem Drittel unserer Krebspatienten. Es lag nahe, auch an das Vorhandensein stummer Tonsillenherde — in Form degenerativ-atrophischer Tonsillen — zu denken. Bei den zwei Dritteln der Patienten, die subjektiv und klinisch völlig unauffällige, kleine, blande Tonsillen aufwiesen, prüften wir die Anamnese und suchten mit dem I-R-Toposkop, dem Elektrodermatometer und anderen Testmethoden nach stummen Mandelherden. Es ergab sich, daß die meisten dieser Patienten zwar niemals an Halsentzündungen erkrankt waren — also eine leere Mandelanamnese aufwiesen — trotzdem aber eindeutig Testbefunde zeigten, die nur im Sinne einer tonsillogenen Fokaltoxikose gedeutet werden konnten. Wo immer dies mit dem Zustand des Patienten vereinbar war, haben wir daher eine TE vorgenommen.

Die Befunde dieser unauffälligen, für gesund gehaltenen Mandeln waren unvergleichlich schwerer als die beim üblichen Patientengut jeder H-N-O-Praxis operierten „kranken" Mandeln. Diese Beobachtung wurde von allen in unserer Klinik über Jahre tätigen H-N-O-Ärzten übereinstimmend gemacht. Die Mandelkapsel erwies sich durchwegs als schwartig verdickt und so fest verwachsen, daß die Mandeln nur scharf gelöst werden konnten. Bei etwa 5 Prozent der Patienten fanden sich größere peri- bzw. retrotonsilläre Abszesse, die keine Beschwerden gemacht hatten. Weitaus häufiger fanden sich mehrere bis viele kleine Abszesse, sowie bis kirschgroße, mit flüssigem oder eingedicktem Eiter gefüllte Zysten. Das Mandelgewebe war schwammig, matschig und von aashaftem Geruch. Bei der histologischen Untersuchung dieser Tonsillen fanden sich durchwegs schwere degenerative Veränderungen, wobei in der Mehrzahl der Fälle das lymphoepitheliale Gewebe vollkommen geschwunden (= atrophiert) war.

Alle diese „blanden", klinisch unauffälligen, kleinen Tonsillen hatten sich also ausnahmslos als Herde gefährlichster Art erwiesen, die — wie ja auch die stummen Zahnherde — sicherlich bereits Jahre oder Jahrzehnte unerkannt vorhanden waren.

Die ausgesprochen positiven Auswirkungen der TE haben uns in der Folge veranlaßt, der Sanierung des Gebisses grundsätzlich immer auch eine Sanierung der Mandeln folgen zu lassen. Bei jeder der Tonsillektomien, die wir inzwischen durchführten, haben wir schwere bis schwerste destruktive Mandelprozesse mit mehr oder weniger virulenten tonsillogenen Fokaltoxikosen gefunden.

Auswirkungen der Tonsillektomie (= TE)

Wie schon erwähnt, können Befinden und Krankheitsverlauf durch die Sanierung der Kopfherde nur in günstigstem Sinne beeinflußt werden. Denn nur wenige Tage anhaltenden Beschwerden, die mit den operativen Eingriffen zwangsläufig verbunden sind, stehen absolut eindeutige und anhaltende Vorteile gegenüber. Beeindruckend und immer wieder zu beobachten ist das Aufblühen des Patienten nach der TE. Die bei degenerativer Tonsillitis ständig im Blut kreisenden Toxine verursachen eine Dauerverkrampfung der Blutkapillaren, was sich äußerlich in der schlecht durchbluteten, fahlen Haut vieler Krebspatienten dokumentiert. Häufig kommt es nach der TE und damit nach Wegfall dieser Toxine und ihrer neuralen Wirkung zu einer schlagartigen Verbesserung der Durchblutung und zu gleichzeitiger Besserung des Allgemeinzustandes.

Der enge Zusammenhang zwischen dem therapieresistenten hohen Puls (Tachykardie) und der Fokaltoxikose war uns lange Zeit nicht bekannt. Erst nachdem eindeutige Besserungen nach der Tonsillektomie auftraten, wurden wir auf diese Zusammenhänge hingewiesen. Sie sind für die Krebsbehandlung von viel größerer Bedeutung als man annehmen möchte. Vor Einführung der Mandelsanierung haben wir sehr viele inkurable Patienten bereits in den ersten Monaten der Behandlung infolge akuten Herz-Kreislauf-Versagens verloren. Seit Einführung der Tonsillektomie ist das akute Herz-Kreislauf-Versagen wesentlich seltener geworden.

Über gleichsinnige Beobachtungen — nämlich daß viele Carcinomkranke nicht an ihrem Krebs, sondern an herdbedingten Herz-Kreislauferkrankungen ad exitum kommen — ist übrigens unter anderem auch von ***J. Kretz*** berichtet worden.

Der toxische Kreislauftod ist aber nur eine der vielen Gefahren, die das Leben des Chronisch-Kranken ständig bedrohen. Auch Venenentzündungen, Thrombosen, Embolien, Lungen-, Rippenfell- und Blasenentzündungen komplizieren häufig genug den Behandlungsverlauf. Auch diese Vorkommnisse sind jedoch seit Einführung der Tonsillektomie merklich seltener geworden.

Über das gehäufte Vorkommen von Thrombosebereitschaft bei Krebskranken ist bereits von vielen Klinikern berichtet worden. Man nimmt vielfach an, daß zwischen beiden Krankheitsvorgängen ein ursächlicher Zusammenhang gegeben ist. Unsere Erfahrungen haben bestätigt, daß die Thrombosebereitschaft durch die Sanierung der Kopfherde vermindert wird. Manchmal kommen Krebskranke zur Aufnahme, denen wegen Thromboseneigung gerinnungshemmende Mittel als Dauertherapie verabreicht werden müssen. Nach Sanierung der Kopfherde haben wir diese Mittel immer absetzen können.

Bei manchen Krebspatienten besteht als Nebenbefund therapieresistenter Bluthochdruck. Auch hier haben wir die Erfahrung machen müssen, daß nach Sanierung

der Kopfherde dieser Hochdruck bald zur Norm abfällt. Wir führen diese Beispiele nur an, um zu zeigen, wie hartnäckige und therapieresistente Krankheitsbilder von selbst verschwinden, wenn eine vollständige Sanierung der Kopfherde durchgeführt wird.
Eine weitere, für die Krebsbehandlung sehr wichtige Beobachtung war folgende:
Bei einem Großteil der Patienten stellen wir fest, daß eine vor der TE unbelegte Zunge nach der TE stark gelblich, bräunlich bis schwärzlich belegt ist. Bei anderen Patienten verursacht die TE dagegen keine Änderung des Zungenbelages. Aufgrund zahlreicher Beobachtungen wissen wir, daß diese kanalisierende Aktivität der Darmschleimhaut an der Oberflächenbeschaffenheit bzw. am Belag der Zunge abgelesen werden kann. Eine Änderung des Zungenbelages nach der TE läßt erkennen, daß ein vorher blockiertes „Darmfilter" sich geöffnet hat. Daraus schließen wir, daß durch die Mandelherde auch die Entgiftungs- und Ausscheidungsfunktion des Darmes erheblich gestört wird. Die Wiederherstellung dieser Funktion ist aber bei der Behandlung von Geschwulsterkrankungen von entscheidender Bedeutung, da auf diesem Wege der größte Teil der beim Tumorabbau anfallenden Toxine zur Ausscheidung kommt.
Es hat sich ferner ergeben, daß das Tumorwachstum durch die Herdsanierung in der Regel merklich verlangsamt wird. Hin und wieder kommt es sogar zum Wachstumsstillstand oder auch zu einer spontanen Verkleinerung der Geschwulst. Die Kopfherde scheinen nicht nur am Zustandekommen der Zweitschäden, also an der Entstehung der Krebskrankheit beteiligt zu sein, sondern auch insofern direkten Einfluß auf das Geschwulstwachstum zu nehmen, als sie das Tumorwachstum stimulieren. Viele Tumore scheinen überhaupt erst nach erfolgter Entherdung für Immunotherapeutika ansprechbar zu werden.

Angesichts der aufgeführten vielfältigen Komplikationen, die durch degenerative Mandelherde verursacht werden, erscheint es zweckmäßig, die ganzheitlichinterne Behandlung mit einer Sanierung der Zahn- und Mandelherde zu beginnen, wo immer das möglich ist. Diese muß bei Behandlungsbeginn erfolgen, weil nach gründlicher Herdsanierung und dadurch bewirkter Entlastung des Abwehrsystems von vornherein eine bessere Ansprechbarkeit gegenüber jeder immunologischen Therapie festzustellen ist.

Sind wir aus vitaler Indikation gezwungen, chemotherapeutische Maßnahmen bereits vor der Herdsanierung durchzuführen, kommt es regelmäßig zu erheblich stärker und länger anhaltender Leukozytendepression als nach einer Herdsanierung.
Im Anschluß an die Tonsillektomie, die immer erst nach der Zahnsanierung erfolgt, muß eine Desensibilisierungsbehandlung mit aus Zahn- und Mandelherden gewonnenen Vaccinen angeschlossen werden. Die Neuralsanierung des TE-Bettes schließt diese Behandlung ab.
Die weit verbreitete Auffassung, daß Schwerkranken die operative Sanierung der Kopfherde nicht mehr zugemutet werden könne, wird durch unsere langjährigen Erfahrungen ganz eindeutig widerlegt. Ebensowenig wird aber auch der Einwand überzeugen können, daß die degenerativ zerstörten Tonsillen für den Krebskranken als Entgiftungs- und Ausscheidungsorgane noch von Bedeutung seien und daher um jeden Preis erhalten bleiben müßten. Wer nämlich die degenerativen Zerstörungen im Mandelgewebe Krebskranker selbst gesehen hat, wird zu der Überzeugung kommen, daß diese Tonsillen im Gegenteil dazu beigetragen haben, die Virulenz des Tumormilieus und die Abwehrschwäche immer weiter zu potenzieren.
Wenn wir diese Kopfherde sanieren, in denen wohl die gefährlichsten aller Kausalfaktoren verkörpert sind, so holen wir damit — leider mit erheblicher Verspätung — eigentlich nur eine therapeutische Maßnahme nach, die (auch nach den Maßstäben der Schulmedizin) bereits Jahre vor dem Auftreten der Tumorbildung indiziert gewesen wäre.
Die berichteten, vom Verfasser bereits 1954 veröffentlichten Erfahrungen sprechen dafür, daß wir uns bei Krebskranken und in besonderem Maße wiederum beim inkurablen Patienten einer ungewöhnlichen Häufung von Kopfherden gegenüber sehen, deren kausale Mitverantwortung für das Tumorgeschehen nicht mehr zu leugnen ist.
Das anergische Reaktionsgefüge des Tumorkranken läßt diese Herde klinisch nicht in Erscheinung treten, weshalb sie sich — sofern man nicht danach sucht — auch der ärztlichen Wahrnehmung und Behandlung entziehen. Dieser Umstand und die Tendenz, inkurable als hoffnungslose Fälle aufzugeben, müssen dafür verantwortlich gemacht werden, daß die Koinzidenz von Tumor- und Herdgeschehen bisher so wenig Beachtung gefunden hat.

Das Tumorproblem aus physikalischer Sicht

PROF. F. A. POPP

„Nicht der Tumor ist krank sondern der ganze Mensch!"
J. Issels

Der Preis konventioneller Krebsbekämpfung (Stahl, Strahl, Chemotherapie) ist, wie man weiß, allein schon aus ökonomischer Sicht eindrucksvoll hoch. Er könnte sich sogar als noch relativ niedrig erweisen, im Vergleich zu einem Preis, den allein nur der Patient zu zahlen hat: Das Risiko, eben besonders oder sogar allein, durch die schulmedizinische Behandlung nicht mehr geheilt werden zu können.
Keine wissenschaftliche Analyse belegt, daß nicht unzählige, nach intensiver Strahlen- und Chemotherapie an Metastasen sterbende Krebspatienten, durch „sanfte" Methoden nicht nur behandelt, sondern sogar hätten geheilt werden können.

Obwohl diese Behauptung ketzerisch, für manche vielleicht absurd klingt, ist sie bei sorgfältiger Analyse mehr als nur berechtigt:

Die Schulmedizin hat es trotz gigantischen Aufwands nicht erreicht, dem Krebsproblem Herr zu werden: ihre Waffen haben aufschiebende und bis auf statistisch eher belanglose Fortschritte, keine heilende Wirkung. Die Fortschritte sind eher technischer als grundsätzlicher Natur. Am Konzept, das Tumorgewebe radikal auszurotten, hat sich seit Jahrzehnten nichts geändert. Trotz raffiniertester technischer Fortschritte stagnieren aber auch seit Jahrzehnten die niedrigen Heilungschancen.

Die meisten Patienten sterben nicht am Primärtumor, sondern an Metastasen, die selten vor, gelegentlich während und oft nach den radikalen schulmedizinischen Eingriffen aufschießen. Dabei ist eine Ursache — Wirkungsrelation zwischen Behandlung und der Bildung der Metastasen eher wahrscheinlich als auszuschließen. Eine nähere Begründung dafür folgt im zweiten Teil dieses Aufsatzes.

Das Argument, der Patient hätte ohne die schulmedizinische Behandlung keine Heilungschancen, ist bis heute wissenschaftlich nicht belegt. Vermutlich — und darin dürften sich die meisten einig sein — erreicht die schulmedizinische Behandlung noch immer die, statistisch gesehen, höchste mittlere Überlebenszeit aller Tumorpatienten, solange die alternative „soft medicine", die auf die Vernichtung gesunden Gewebes unter allen Umständen verzichtet, keinen Erfolg garantieren kann. Man muß hier aber klar unterscheiden zwischen den vermutlichen Lebenszeiten von Kollektiven und den Heilungsaussichten des Einzelnen (um den es letztlich geht und gehen sollte). Auf den ersten Blick glaubt man, daß dem Einzelnen nicht schaden kann, was dem Kollektiv nützt. Das ist aber so nicht zutreffend, denn:
Stellt man der unbewiesenen Hypothese, die Schulmedizin vernichte mit ihren Methoden den Tumor immer auch zugunsten echter Heilungschancen des Patienten, die unbewiesene These gegenüber, daß mit der Vernichtung des Tumors die Heilungschancen eher sinken, dann bedeutet das bei sorgfältiger Analyse der Behandlungsergebnisse für den Einzelnen: Sobald er sich mit einem Tumor in schulmedizinische Behandlung begibt, erkauft er unter Umständen die Gewißheit einer nächsten Überlebensfrist mit dem Risiko, auf Grund der beträchtlichen Schädigungen der Therapie keine echte Heilung mehr erfahren zu können und statt dessen an Metastasen zu sterben, die durch die Therapie erst induziert wurden.

Selbstheilungen sind immer möglich

Gäbe es nicht die unbestrittenen Spontan-Reemissionen, die belegen, daß selbst noch in fortgeschrittenen Stadien Selbstheilungen möglich sind, dann wäre eine gewisse Notwendigkeit für den Einzelnen, sich den Tumor trotz des Risikos erhöhter sicherer Metastasengefahr radikal entfernen zu lassen, einleuchtend. In Wirklichkeit ergibt sich aber die in **Tab. 1** aufgelistete Nutzen/Risiko-Analyse, die natürlich von Fall zu Fall verschieden ist, im Wesentlichen aber diesem Schema folgt.
Der „mündige" Patient kann also durchaus Gründe haben, eine schulmedizinische Behandlung zu verweigern, nämlich dann, wenn er die Hoffnung, wirklich geheilt zu werden, einer garantierten Lebenszeitverlängerung vorzieht.
Diese Abwägung kann im Einzelfall für die eine oder andere Behandlungsform sprechen, abhängig von der Art des Tumors, dem Alter des Patienten, der Einstellung und den privaten Umständen. Man hilft dem Patienten aus diesen Gründen sicher nicht, wenn man ihm die eine oder andere Entscheidung aufzwingt. Viel-

mehr besteht echte Hilfe in einer möglichst objektiven Aufklärung über die Chancen und Risiken möglicher Therapien und in der weitgehendsten Überlassung der individuellen Entscheidungsfreiheit. Die Unfähigkeit zum Dialog, mit der sich in den westlichen Ländern die konventionelle und die alternative Tumortherapie befeinden, verhindert aber eher die objektive Aufklärung des Patienten als daß sie echte Hilfestellung gewährleistet.

Gefragt sind deshalb vorwiegend unvoreingenommene wissenschaftliche Untersuchungen der Heilungsaussichten in Fällen unkonventioneller und alternativer Therapien,

	Schulmedizinische Behandlung des Tumors	**Nichtbehandlung des Tumors**	**Alternative „Soft-Medicine" des Tumors**
Nutzen	Sichere Erhöhung der Lebenserwartung	Geringe Chance auf Heilung („Spontan"Heilung)	Relativ höchste Chance auf echte Heilung
Risiko	Eventuell geringste Chance auf echte Heilung	Eventuell geringste Lebenserwartung	Eventuell relativ niedrige Lebenserwartung

Tab. 1: Untersuchungen des durch Strahlenbehandlung und Chemotherapie induzierten Metastasen-Risikos, wissenschaftliche Arbeiten zum Tumorproblem als ganzheitliche Fragestellung, und nicht allein als Krankheit einzelner Zellen.

„Ganzheitlichkeit"

Daß es „Tumor-Wirt"-Beziehungen gibt weiß, schon seit Jahrzehnten, natürlich auch die Schulmedizin. Nur hat sie bisher wenig mit diesem Wissen angefangen.

Gegenseitige Wechselwirkungen zwischen Tumor und Wirt bedeuten letztlich, daß „Krebs" sich nicht auf einen wilden Zellhaufen reduzieren läßt, sondern in einer komplexen, bis heute unverstandenen, deshalb aber nicht notwendig belanglosen Regulation zwischen den Geweben abläuft. Mit anderen Worten: Krebs ist, wie besonders unter anderen J. ISSELS klar erkannte, ein ganzheitliches Geschehen. Nicht der Tumor ist krank, sondern vor allem der ganze Patient, der nicht mehr in der Lage ist, ein sich abgrenzendes Zellwachstum in seinem Innern, das sich mehr und mehr selbständig zu machen droht, in das Sozial- und Bewußtseinsgefüge seines Organismus einzugliedern.

Vergleichbar ist die Situation in einer Armee, in der sich Einzelne mehr und mehr zu Fahnenflüchtigen hochstimulieren, was immer auch der Grund sein mag. Gründe gibt es aber schon, und — wenngleich gelegentlich die standrechtliche Erschießung der Individualisten sinnvoll sein könnte: ohne Analyse der Gründe ist eine gezielte Gegenmaßnahme nicht möglich.

Man wird davon ausgehen können, daß der Organismus am besten und sichersten das Problem, das er fortwährend über Jahrzehnte hinweg zu lösen imstande ist, auch selbst mit höchster Effizienz lösen kann, auch noch in scheinbar aussichtslosen Fällen — wie Spontanheilungen zeigen. Dennoch gibt es eben Fälle, bei denen diese Kontroll- und Regulationsfunktion (die keineswegs auf Immunreaktion beschränkt ist) zu versagen scheint, eben beim Tumorpatient. In jenen Fällen, in denen der Organismus einfach nicht mehr in der Lage ist, die aufmüpfigen Tumorverbände abzutöten, mag die schulmedizinische Vernichtungsstrategie helfen. Voraussetzung ist dann auch aber hier, daß mit der Vernichtung der Tumorzellen gleichzeitig das ursprüngliche Problem, nämlich eine Übermacht an tauben Zellen überhaupt erst entstehen zu lassen, beseitigt ist. Aus dieser Sicht besteht das Dilemma darin, daß bis heute kein Arzt in der Lage ist, eben die Gründe für die Fehlregulation in jedem Einzelfall zu erkennen und deshalb natürlich auch nicht gezielt therapieren kann.

Die „Schere" zwischen konventioneller und alternativer Behandlung öffnet sich genau dann, wenn aus der Unwissenheit zwei völlig gegensätzliche Schlüsse gezogen werden. Der Schulmediziner zieht aus seiner Unerkennbarkeit der Gründe den Schluß, daß es „ganzheitliche" Gründe nicht gibt, und konzentriert sich voll auf die Vernichtung der aufständischen Zellen. Dem Patienten wird eine Aufgabe abgenommen, die er — falls er seine vollen Möglichkeiten noch ausschöpfen könnte — in den meisten Fällen zur Selbstheilung vermutlich anders lösen würde. Er kann aber von der Medizin keine Hilfestellung erwarten, weil sie sein eigentliches Problem nicht erkennen kann. Der Alternativmediziner zieht aus seiner Unerkennbarkeit der Gründe den Schluß, daß er — um auf keinen Fall zu schaden —alle möglichen Hilfestellungen, die im einfallen, relativ ungezielt anbieten muß, in der Hoffnung, daß die eine oder andere Maßnahme den eigentlichen Grund für die Fehlregulation schon beseitigen wird. Gelegentlich, wenn heute auch nur selten, führt auch diese Methode zum Ziel, mit echten Heilungen, wie man weiß.

Was man aber benötigt, sind Diagnoseverfahren, die dem eigentlichen Problem, nämlich der Ursache für die Disregulation, auf die Spur kommen. Solche Verfahren müssen „ganzheitlich" sein: Sie müssen zulassen, daß nicht nur der Tumor, sondern der Patient in seiner Wechselwirkung mit dem Tumor zum Objekt einer möglichst nichtinvasiven Diagnose und Therapie wird.

Grundsätzliche Betrachtungen

Die Therapie des Tumors geschieht stets nach den Vorstellungen, die sich der Therapeut vom Tumorwachstum macht. Es gibt jedoch keine befriedigende Theorie des Krebswachstums, insbesondere nicht im Rahmen der rein molekularen Betrachtungsweise. Tatsächlich kennt man eine Vielzahl von Fakten und Hinweisen, die das Tumorgeschehen vorwiegend aus der Sicht von interzellulären anstatt von intrazellulären Wechselwirkungen begreiflich machen können. Ich möchte mich auf eigene experimentelle Ergebnisse beschränken.

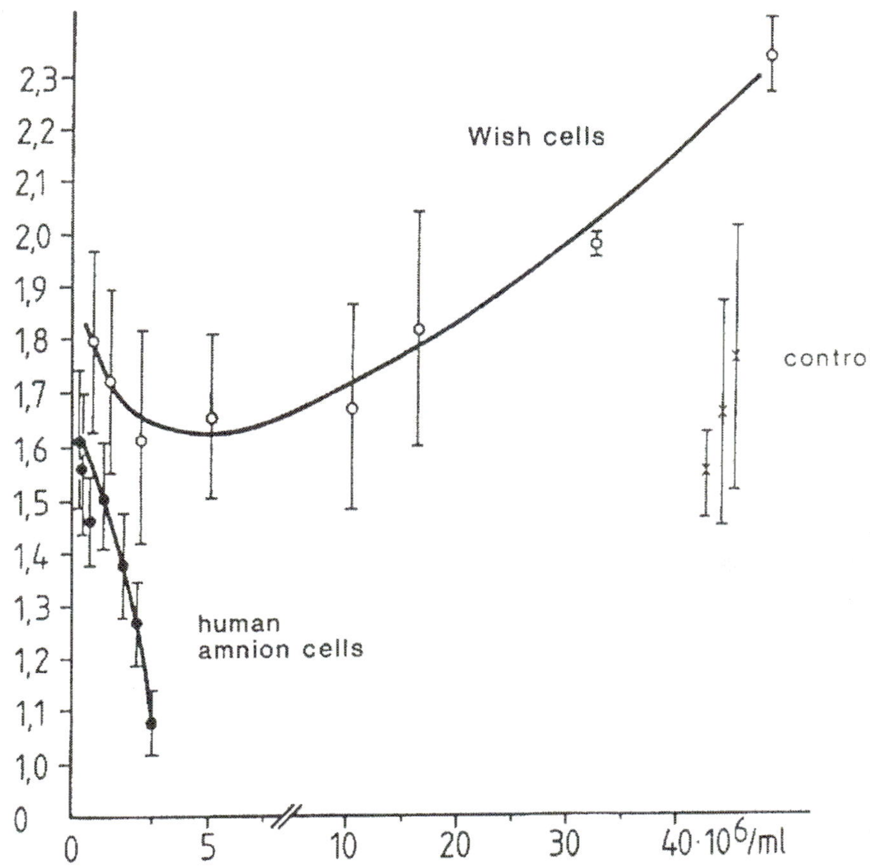

Abb. 1: Tumorzellen verhalten sich mit wachsender Zelldichte in optischen Eigenschaften gegensätzlich zu Normalzellen. Während mit zunehmender Zellzahl die Biophotonenemission bei normalen Zellen abnimmt und dabei gleichzeitig der Kohärenzgrad ansteigt, emittieren Tumorzellen mit zunehmender Zellmasse überlinear mehr und mehr Photonen. Ihr Kohärenzgrad nimmt im gleichen Maße ab.

In meinem Labor in Kaiserslautern beobachteten wir vor zirka 10 Jahren, daß die „delayed luminescence", die Reemission von Licht nach definierter Vorbeleuchtung mit weißem Licht, bei Tumorzellen mit wachsender Zelldichte stärker wird, während sie bei Normalzellen abnimmt (**Abb. 1**, SCHOLZ et. al., 1988). Der Effekt, der bisher immer wieder bestätigt wurde, konnte erklärt werden, als mein Doktorand M. GALLE „interferenzartige" Biophotonenemission von Daphnien in Abhängigkeit von der Zahl der Daphnien nachwies (Abb. 2, GALLE et. al., 1991). Es handelt sich um ein Phänomen, das auf eine bereits 1955 von R. H. DICKE aufgestellte Theorie zurückzuführen ist: die sogenannte „subradiance", die wiederum auf „destruktiver Interferenz" beruht. Danach strahlen Systeme kohärente Wellen ab, sobald sie elektromagnetische Wellen in dichten Antennenensembles absorbieren, die so dicht sind, daß die Distanz der Antennen klein wird gegenüber der Wellenlänge. Ein Beispiel ist die Lichtabsorption in Biopolymeren. Wie die Versuche GALLE'S und die Experimente mit Zellkulturen zeigen, löschen sich dabei die Lichtwellen im Extrazellulär-Raum des Gewebeverbands vorwiegend aus. Mit anderen Worten: Je kohärenter die Lichtwellen sind, um so besser lassen sich die Zellen durch Interferenz in einem Verband organisieren. Mit dem Verlust der Kohärenz verlieren die Zellen ihre Kommunikationsfähigkeit, verhalten sich dann ebenso autistisch wie es Tumorzellen tun.

Eine weitere Erfahrung, die diese molekulare und zellbiologischen Beobachtungen stützt, bezieht sich auf die Leitfähigkeit der Haut. Die Häufigkeit, mit der auf der menschlichen Haut an beliebigen Stellen bestimmte Leitfähigkeitswerte gemessen werden, folgt für gesunde Probanden einer logarithmischen Normalverteilung, während sich Erkrankungen durch signifikante Abweichungen von dieser Idealverteilung bemerkbar machen. Bei Tumorerkrankungen zeigt sich nach den bisherigen Beobachtungen die Tendenz zur Gaußverteilung. Das indiziert den Übergang in die Regulations-Unfähigkeit nicht nur über dem Bereich des Tumorgewebes, sondern über dem gesamten Organismus (ZHANG und POPP, 1994). Mit anderen Worten: der Tumor scheint sich an der schwächsten Stelle in einem Gesamtsystem zu entwickeln, das ohnehin bereits in unabhängige Teile „zerfallen" ist.

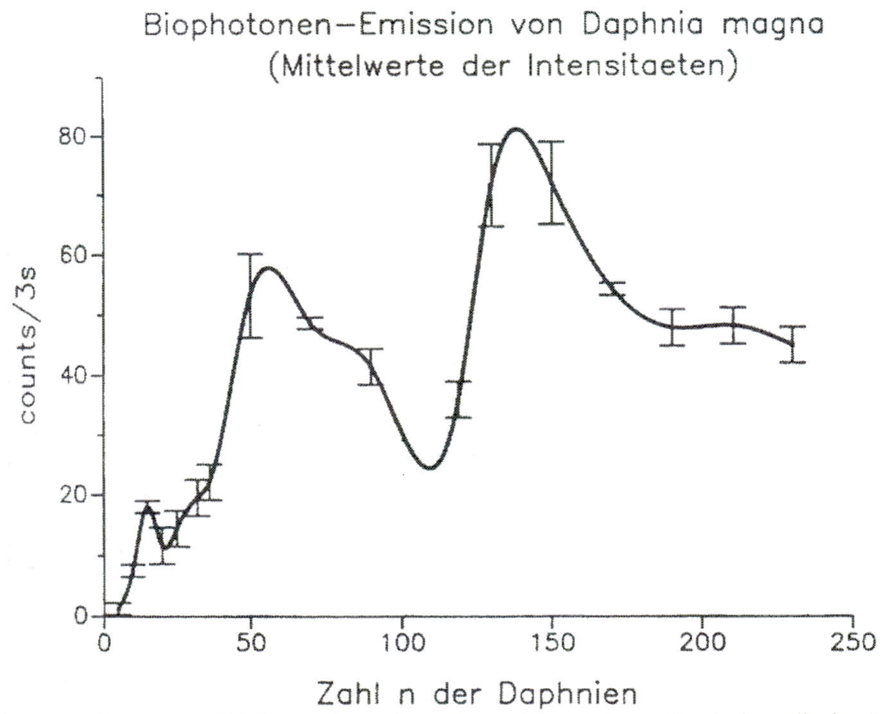

Abb. 2: Die Regulation über Interferenz von Wellen zeigt sich auch am Beispiel von Daphnien, die in Abhängigkeit von ihrer Zahl Minima und Maxima der Biophotonenemission aufweisen. In den Minima ist die Auslöschung der Wellen im Extrazellulärraum durch destruktive Interferenz optimal. Solche Situationen ermöglichen es den Organismen, sich auf günstigste Weise zu verständigen und sich zu organisieren. Im Prinzip lassen sich diese Effekte auf die Theorie von R. H. DICKE zurückführen.

Eine weitere Beobachtung mit einem Ganzkörper-Biophotonenmeßgerät bestärkt diese Vermutung: Tumorpatienten zeigen nicht immer abnormale Biophotonenemissionen an jenen Stellen ihrer Haut, die dem Tumor am nächsten liegen. Oft erkennen wir ungewöhnliche Lichtemissionen an Hautflächen, die mit dem Tumor keinen erkennbaren Zusammenhang aufweisen.

„Pleomorphe Veränderungen im Blut, die direkt und indirekt durch Wurzelkanalfüllungen ausgelöst werden."

JENNIE BURKE, ROBERT GAMMAL, BDS

Im „Australian Biologics Labor" überwachen wir viele Krebspatienten. Im Laufe unserer Versuche habe ich mir angewöhnt, die Patienten zu fragen, ob sie eine Wurzelbehandlung hatten. Die Zahl an positiven Antworten auf diese Frage hat dazu geführt, daß ich mich intensiver mit dem Thema der Wurzelfüllungen und der möglichen Verbindungen, die diese mit Krebs haben könnten, beschäftigte. Ich begann, mit einem der Zahnärzte in Sydney, (DR. ROBERT GAMMAL) zusammen zuarbeiten, der sich ernsthaft mit diesem Problem befaßt; und wir haben folgende Vorgangsweise vereinbart: Immer wenn er einen wurzelbehandelten Zahn entfernt, wäscht er das Loch mit einer physiologischen Salzlösung aus und gibt sowohl die Lösung als auch den Zahn in einen sterilen Behälter, der ins Labor gebracht wird. Die Einzelheiten der Inkubation und der Ergebnisse werden nach einem Auffrischungs-Kurs in Wurzelfüllung erörtert.

Kurze Beschreibung einer Wurzelkanal-Therapie in bezug zum Gesundheitssystem

Die Zahnmedizin ist die einzige medizinische Disziplin, für die es annehmbar erscheint, totes und infiziertes Gewebe im Körper zu belassen. Eine der bizarren Verfahren, die derzeit in der Zahnmedizin angewendet wird, sind Pulpotomien bei Kinderzähnen. Eine Pulpotomie wird durchgeführt, wenn sich in der Pulpa und im Zahnkanal infiziertes Gewebe befinden. Wie in der Lobotomie, wo ein Teil des Hirns entfernt wird, wird in der Pulpotomie ein Teil der Pulpa des Zahnes entfernt, wobei das infizierte Gewebe am Grunde des Kanals bleibt. Bei der Durchführung einer Pulpotomie wird, nachdem die Pulpa in der Zahnkrone weggeschnitten wurde, ein Stück Watte in Formaldehyd getaucht und ein paar Minuten lang auf den Rest der Pulpa gedrückt. Danach wird eine Lage Zinkoxyd und Eugenolzement, wieder vermischt mit Formaldehyd, über den Pulpa-Rest geschmiert, um den Zahn permanent zu versiegeln. Die Idee, zu versuchen, einen Zahn zu mummifizieren, ist wirklich bizarr, vor allem, wenn in Wirklichkeit das Formaldehyd sich durch den ganzen Körper ausbreitet. Es wurde 1989 von HATA anhand von Ganz-Körper-Röntgenaufnahmen gezeigt, daß sich 14C genannte Formaldehyde von der Pulpa-Kammer der Zähne praktisch auf jedes größere Organ des Körpers verteilen.

Wie in vielen anderen medizinischen Disziplinen, gibt es auch in der Zahnmedizin viele Mythen. Ein weit verbreiteter Mythus ist der, daß alles tote und infizierte Gewebe aus einem Zahn entfernt werden kann. Das würde das Entfernen von Blutgefäßen, Bindegewebe und Nervenfasern sowie von infizierenden Organismen voraussetzen. Normalerweise scheitert dies daran, daß es nicht möglich ist, dieses Gewebe aus den Tubuli oder den Seitenkanälen zu entfernen. Ein weiteres Problem stellt die falsche Diagnose der Anzahl an Kanälen im Zahn dar. Oft enthält eine Wurzel, von der man normalerweise erwartet, daß sie einen Kanal hat, zwei oder drei. Aufgrund der physischen Anordnung dieser Kanäle ist es oft unmöglich, sie auf dem Röntgenbild zu sehen. Wenn sich ein Kanal auf halbem Wege gabelt, wird man dies vielleicht völlig übersehen. Das Dentin eines Zahnes enthält einer großen Anzahl von Kanälchen, die von der Pulpa zum Zahnschmelz und der Wurzeloberfläche führen. Bei einem Vorderzahn kann dieses Kanalsystem eine Länge von drei Meilen erreichen, wenn alle Kanäle nebeneinander gelegt werden. Es wird geschätzt, daß 8 Bakterien bequem in den Durchmesser jedes Kanälchens passen.In einem Kanalsystem von drei Meilen ist das Potential für die Existenz von Milliarden von Organismen vorhanden.

1976 hat SUNDQUIST 88 Spezies an Bakterien aus 32 Wurzelkanälen mit apikalen krankhaften Veränderungen isoliert. Von den 88 Bakterienarten waren nur 5 aerobisch. Es wurde nachgewiesen, daß die Bakteroide Spezies die Fähigkeit besitzt, den Immun-Mechanismus des Körpers zu umgehen, und zwar durch: Blockade der chemotaktischen Rezeptoren auf den plymorphonuclearen Leukozyten (VAN DYKE et al. 1982), Durch Widerstand gegen Phagozytose infolge Verkapselung WINKELHOFF 1986) und durch die Fähigkeit, das C3 Protein zu vermindern (SUNDQUIST 1985). Es wurde nachgewiesen, daß einige Arten von Gehirntumor durch Infektion eines Zahnes hervorgerufen werden können. Große Mengen des Tumor-nekrotisierenden Faktors wurden in allen periapikalen Abszessen gefunden, wohingegen der TNF bei Kontrollpersonen nicht gefunden wurde. Nachdem der TNF als „Cytocine" mit einer großen Bandbreite an Auswirkungen auf das Hormonleben eingestuft wird, wodurch er zu einem Hauptauslöser des Entzündungsprozesse wird, ist er in der Lage, chronisch zehrende Krankheiten, Anorexia nervosa und Gewichtsverlust, Knochenschwund (durch sein Osteoclasten-aktivierendes Potential) und Entzündungszustände mit Knochenschwund hervorzurufen.

Organismen-Kulturen aus dem Zahn und der Spülflüssigkeit des wurzelgefüllten Zahnes.

Wenn der wurzelgefüllte Zahn entfernt wurde, wird das Loch mit einer sterilen, physiologischen Salzlösung ausgewaschen, und der Zahn sowie die Spül-Lösung in sterilen Testphiolen sofort ins Labor gebracht. Der Vorgang, den wir bei den Proben von Dr. Gammal verwendeten, läuft so, daß wir zunächst eine naße Aufbereitung mit der Flüssigkeit in der Phiole herstellen und diese unter einem Hochpotenz-Ultradunkelfeld Mikroskop untersuchen. Die Aufbereitungen enthielten bisher normalerweise einige Erythrozyten, Leukozyten, manchmal zeigt eine Form spirochetale Bewegung. Dann kommen die Proben bis zu vier Tagen zu einem Teil bei 37° in den Inkubator und zu einem Teil bei 4° in den Kühlschrank. Die bisherige Forschung hat gezeigt, daß das Wachstum einiger Organismen bei 37°C stehenbleibt, jedoch bei niedrigeren Temperaturen angeregt wird. Sowohl von den Phiolen im Inkubator wie auch von denen im Kühlschrank wurden täglich Proben genommen und visuell untersucht. Es wurde sehr schnell offensichtlich, daß die Proben aus dem Inkubator hauptsächlich Spirochaeten, manchmal in Stäbchenform enthielten. Aus den Proben im Kühlschrank sahen wir bald eine Vielfalt frei beweglicher Stäbchenformen und verästelter pilzartiger Formen. Die Mehrzahl der Proben von Patienten, die einen wurzelbehandelten Zahn extrahiert bekamen, zeigte ähnliche Organismen, bei einem Patienten zeigte sich eine interessante Bakterien-Traube, die einer gallertartigen Bakterienmasse zu ähneln schien, mit einigen frei beweglichen Formen an der Peripherie. Ein weiteres interessantes Resultat war ein Fungus, der aufgrund der visuellen Untersuchung zur Spezies Aspergillus zu gehören schien. Alle Befunde sind auf Video aufgenommen. Ein Querschnitt durch das Dentin zeigt 30.000 bis 75.000 Kanäle pro mm^2. Man glaubt normalerweise, daß ein Wurzelkanal eine einzelne Kammer ist, die am Apex der Wurzel beginnt, und sich bis in die Krone des Zahnes hinauf ausweitet. In Wirklichkeit sind Wurzelkanäle eher wie Wurzeln eines Baumes mit Hunderten von Verästelungen (untergeordnete Kanäle). Die Zweige öffnen sich von der Pulpa zum Knochen, auf der ganzen Oberfläche der Wurzel. Wenn wir die Kanäle im Dentin und die untergeordneten Kanäle unberührt lassen, hinterlassen wir den Zahn voll mit totem und gangränösem Gewebe, das Milliarden von Organismen wie Bakterien, Pilze und Hefen enthält. Man weiß bereits, daß die vollständige Sterilisation eines infizierten Wurzelkanals unmöglich ist, und die vollständige Entfernung der Pulpa ebenfalls. Jedes verwesende Gewebe, die infizierenden Organismen und ihre Toxine können vom Zahn in den umgebenden Knochen entweichen, und von dort in den allgemeinen Blutkreislauf. Ein retrograder axonaler Transport zurück ins Gehirn entlang der Nervenfasern findet — wie nachgewiesen — in einer Geschwindigkeit von etwa 200 mm/Tag statt.

Dentale Granulome (Abszesse) sind eine weitere Gefahr für den Patienten. Das Granuloma ist ein sehr vasukulär verbindendes Gewebe, das aus Fibroblasten, zahlreichen Kapillaren, Entzündungs-Exudat-Zellen besteht; manchmal wurden auch Riesenzellen aus diesem Abszeß isoliert. Es wurde wiederholt gezeigt, daß Substanzen von derartigen fokalen Infektionen durch den ganzen Körper transportiert werden können.

Ein Radioisotop mit dem Namen „Meerrettich Peroxidase“ (HRP) wurde, nachdem es (nach einer Pulpotomie) sowohl bei Ratten als auch bei Katzen in die Pulpa-Kammer des Zahnes eingebracht wurde, nachgewiesenermaßen von der Zahnpulpa ins Zentralnervensystem transportiert (den Nucleus nervi trigemini und alle Unterabteilungen des spinalen Trigeminus Nucleus). Prof. Patrick Stortebecker zeigte, daß eine direkte venöse Kommunikation zwischen den Zähnen, ihrer Umgebung und der Kranialhöhle, einschließlich des Gehirns besteht. Bakterien an diesem Fokalpunkt können eine Autolyse oder eine Dissolution durchmachen. Einige Produkte dieser Dissolution werden in das Kreislaufsystem oder das lymphatische System abgegeben und können verschiedene Gewebe des Körpers in einem allergischen Sinn sensibilisieren. Eine spätere Diffusion dieser Produkte kann bei Erreichen eines schon sensibilisierten Gewebes eine allergische Reaktion auslösen. Bakterien, die die Barriere der Abszeßwand überwinden, können auch akute oder chronische Septikämie auslösen, sie können zu einem Ansteckungsherd gelangen, wo das umgebende Gewebe infiziert wird, und sie können eine langsame, aber progressive Atrophie mit Ersatz-Fibrose von verschiedenen Organen des Körpers auslösen. Beim Füllen von Pulpa und Wurzelkanälen sollte den Zahnärzten klar sein, daß jedes Zahnmaterial den Trigeminus-Nerv entlang in die Kranial-Höhle und ins Gehirn transportiert werden kann (Stortebecker). Es ist bekannt, daß sozusagen jede Art von Irritation der Zahnpulpa oder des „Amputations-Stumpfes“ das Potential hat, alegesische Toxine durch das gesamte Trigeminus-System zu transportieren. Das gilt sowohl für Gifte chemischer als auch bakteriologischer Art.

Wurzelbehandelte Zähne und ihre möglichen Auswirkungen auf den Organismus

DR. GEORGE E. MEINIG (D.O.S., F.A.C.D.)

Wenn Ihnen jemand sagt, daß eine bestimmte Krankheitsursache praktisch für hunderte verschiedener Krankheiten verantwortlich ist, würden Sie dies nicht auch für eine große medizinische Entdeckung halten?

Wie reagieren Sie dann, wenn Sie erfahren, daß diese phänomenale Entdeckung 70 Jahre lang verdeckt und begraben wurde? — Machen Sie sich auf eine ganze Reihe von Schocks gefaßt.

Eine überwältigende Vielzahl von Krankheiten, die entdeckt und auf Herdinfektionen zurückgeführt wurden, haben ihren Ursprung in infizierten Zähnen, Kiefern und Mandeln. Während diese degenerativen Erkrankungen von fast jeder oralen Infektion kommen können, ist die Ursache für einen hohen Prozentsatz davon auf Bakterien zurückzuführen, die in einem Zahn mit Wurzelkanalbehandlung eingeschlossen sind.

Ihre erste Reaktion auf diese Zeilen ist sicher — was für ein Verrückter ist dieser DR. GEORGE MEINIG eigentlich, daß er solche Behauptungen aufstellt!

Haben Sie noch etwas Geduld. Es lohnt sich herauszufinden, worum es sich bei dieser unglücklichen Verdeckungs-Affäre handelt. Vielleicht hilft es, wenn Sie wissen, daß ich einer der 19 Zahnärzte war, die die „Root Canal Association (Wurzelkanal-Gesellschaft) gründeten, jetzt bekannt als „American Association of Endodontics (AAE). Meine Liebesbeziehung mit der Erhaltung von Zähnen führte zu weiterführenden Studien über die Wurzelkanal-Therapie bei PROF. EDGAR COOLIDGE, ein herausragender Wurzelkanal-Wissenschaftler und Lehrer. Er war mein erster Mentor auf dem Gebiet der Zahnwissenschaft.

Ich hatte auch das Glück, eines der sechs Mitglieder seiner Studien- und Lehrgruppe zu sein. Denken Sie daran, zu jener Zeit führten sehr wenig Zahnärzte überhaupt eine Wurzelkanal-Therapie durch, manche Abteilungen für Zahnmedizin lehrten das Fach überhaupt nicht.

Um das Wissen zu verbreiten, arrangierte DR. COOLIDGE Gastvorträge, die unsere Studiengruppe bei verschiedenen Treffen der Zahnmediziner hielten. Diese Arbeit und jene der AAE haben dazu geführt, daß jetzt jedes Jahr etwa 20 Millionen Wurzelkanäle behandelt werden. In meiner 47jährigen allgemeinen holistischen Praxis habe ich selbst mehrere tausend durchgeführt.
Vor vier Jahren habe ich erfahren, daß es ein 25-Jahre-Untersuchungsprogramm gab, das alle Phasen der Wurzelkanal-Behandlung umfaßte. Das war kein kleines Programm: Man verwendete 5.000 Tiere. Geleitet wurde es von den Zahn-Wissenschafts-Spezialisten DR. WESTON A. PRICE. Die letzten zehn Jahre wurde es unter der Aufsicht der „American Dental Association“ und ihrem Wissenschaftsinstitut geführt. Diesem Wissenschaftsinstitut stehen 60 der führenden Mediziner und Zahnmediziner der Nation vor.

Tausende von Studien und Experimenten wurden in zwei riesigen Bänden von 1174 Seiten und in mehr als 25 Artikeln dokumentiert.

Eine breites Spektrum an Entdeckungen kamen von dieser extensiven und genauesten Untersuchung, die belegte, daß viele der allgemeinen Annahmen über die Wurzelkanaltherapie falsch waren. Die aufrüttelndste Erkenntnis zeigt ganz klar und nachdrücklich bei 5.000 Tieren, daß wurzelkanalgefüllte Zähne immer infiziert bleiben, egal wie gut sie aussehen oder sich anfühlen.

Sie können sich sicher vorstellen, nach 47 Jahren Praxis war ich, nachdem ich den gesamten überzeugenden Nachweis dieser Entdeckung erfuhr, noch mehr schokkiert als Sie. Wie um alles in der Welt konnten diese lebenswichtigen Entdeckungen 70 Jahre lang der gesamten Welt der Zahnmedizin vorenthalten werden? Während der letzten vier Jahre habe ich mit zwei- bis dreitausend Zahnärzten gesprochen, ich fand nur einen, der von der großen Entdeckung von DR. PRICE wußte.

Obwohl ich aus der Lehrzeit von DR. COOLIDGE wußte, daß Infektionen in den Kanälen der seitlichen Wurzeln der Zähne vorhanden sein können, auch wenn diese auf Röntgenbildern normal erscheinen, hatte ich keine Ahnung, daß das Infektionsproblem so immens ist.

Ich möchte sofort zum Kern des Problems kommen. Dazu müssen Sie ein Grundwissen über die Anatomie eines Zahnes haben. Die Krone eines Zahnes ist, wie

Sie sicher wissen, mit einer etwa 5mm dicken Schichte Zahnschmelz bedeckt. Die Wurzel mit 2 - 3 mm Zement. Der gesamte Rest des Zahns (über 90% davon) besteht aus sogenanntem Dentin.
Obwohl das Dentin fast so hart ist wie Zahnschmelz, besteht es aus winzigen Röhrchen, die etwa 1,5 Mikron groß sind, also kleiner als die Dicke eines Blatts Papier. Im normalen gesunden Zahn sind diese Röhren mit einer Flüssigkeit gefüllt, die Nährstoffe enthält.
Durch das Zentrum des Zahns führt der Wurzelkanal. Jeder weiß, daß er einen Nerv enthält. Viele sind sich nicht bewußt, daß er auch eine Arterie, Vene und anderes Gewebe enthält. Während das Blut ständig, Tag und Nacht, durch die Arterie fließt, hinterläßt es Nährstoffe in der Flüssigkeit jeder dieser Dentin-Röhrchen - so wie Blutgefäße in jede Zelle des Körpers Nährstoffe bringen. Die Nährstoffe in diesen Röhrchen kommen in alle Teile des Zahnes. Das ist das wirkliche Geheimnis hinter der Frage, warum Zähne lebendig und gesund bleiben.

Wenn wir ein kleines Loch in einem Zahn bekommen, das gerade durch den Zahnschmelz in das Dentin bricht, kommen die Bakterien als Teil des Verfallsprozesses in die Röhrchen in der Nähe der befallenen Stelle. Die Zahnärzte stoppen den Prozeß recht leicht durch das Entfernen des befallenen Teils des Zahnes.

Das Problem taucht auf, wenn dieser Mensch nicht regelmäßig zum Zahnarzt geht und dieses Loch groß wird. Wenn der Befall so tief geht, daß er in den Kanal selbst dringt, kommen die Bakterien, die in der befallenen Zahnsubstanz sind, in den Kanal und bewegen sich schnell fort bis zu seinem Ende und dann aus der Spitze der Wurzel in den umgebenden Knochen.

Sie finden, daß diese Röhrchen ausgezeichnete neue Heimathäfen sind. Und darin liegt das Problem. Die Zahnärzte haben bei einer Wurzelkanalbehandlung das Gefühl, daß sie die vorhandenen Bakterien ausreichend abtöten, es ist ihnen aber nicht bewußt, daß die Mittel, die sie benutzen, nicht weit genug in diese winzigen Röhrchen eindringen können, um sie auch dort abzutöten. Die meisten Zahnärzte haben keine Ahnung, daß sich Bakterien in den Röhrchen befinden. Sie sind sich auch nicht der Tatsache bewußt, daß hunderte Experimente bewiesen: Nicht ein einziges der über 100 normalerweise benutzen Desinfektionsmittel dringt in diese Röhrchen ein.

Wenn wir Zahnärzte mit diesen Tatsachen konfrontieren, sagen einige: „Na und, wenn wir die Füllung einsetzen, sterben die Organismen ab." Und auch darin ist ihre Meinung falsch, weil sie sich nicht bewußt sind, daß diese Bakterien polymorph sind, was bedeutet, daß sie mutieren und ihre Form verändern können und sogar unter den härtesten Bedingungen überleben.

Unerschrocken wird Ihr Zahnarzt jetzt sagen: „Was macht das schon für einen Unterschied, die Keime können nicht entkommen, die Wurzelkanalfüllung blockiert sie." Auch das ist nicht richtig, nachdem die Bakterien leicht über die seitlichen zusätzlichen Wurzelkanäle entkommen können, die in jedem Zahn sind. Nicht nur das, die Toxine, die durch die Bakterien entstehen, dringen sogar durch den Zahnzement. In einer weiteren intelligenten Versuchsreihe zeigte DR. PRICE, daß der harte Zement an der Außenseite der Wurzeln eigentlich eine halbdurchlässige Membran ist. Das heißt, daß flüssige Substanzen wie Bakterientoxine sich schnurstracks durch den Zement fortbewegen können und in die periodontale Membran entkommen, das den Zahn in seiner Knochenhöhle hält. Dieses Membran ist es, die den Zahn im Kieferknochen hält und davor bewahrt, herauszufallen.
Die periodontale Membran ist ein hartes fibröses Gewebe, aber es hat eine Blutversorgung und die Bakterien und ihre Gifte infizieren es nun. Von da haben die Organismen und ihre Toxine leichten Zugang zu dem umgebenden Kieferknochen und seine Blutversorgung. Es ist ähnlich wie Zellen, die sich von einer Krebserkrankung ablösen und an anderer Stelle im Körper einen neuen Krebs beginnen. Diese Bakterien von den Zähnen und ihre Toxine bilden via Blutkreislauf Metastasen. Auf ihren Reisen bilden sie dort, wo sie eine Drüse, ein Organ oder ein Körpergewebe finden, das ihnen attraktiv erscheint, ein neues Heim und beginnen sofort eine neue Infektion. Das führt letztendlich zu einer degenerativen Erkrankung.

Nachdem Sie jetzt die Ursache des Problems kennen, lassen Sie mich Ihnen erzählen, wie durch ein Kaninchen die wirklichen Verheerungen zum Vorschein kamen, die sich abspielen.

DR. PRICE hatte bei einer Patientin eine Wurzelkanal-Infektion behandelt, die daraufhin eine schwere Arthritis in Händen und Beinen entwickelte. Es war ihm bewußt, daß Ärzte, um die Ursache der Erkrankung zu finden, die Bakterien isolieren, sie in Kulturen ziehen und diesen Organismus dann einem Tier spritzen, um zu sehen, ob sie so die Krankheit reproduzieren und in der Folge eine Behandlungsmöglichkeit finden könnten.

Zu diesem Zeitpunkt wußte DR. PRICE nicht, wo genau die Infektion im Zahn war. Aber analog der Art, wie Ärzte die Ursachen von Krankheiten entdeckten, überlegte er sich eine ähnliche Art, die möglicherweise zu einer Antwort führte. Mit einiger Mühe überredete er die Patientin, ihn den Zahn entfernen zu lassen. Er wusch ihn aus und legte ihn in Desinfektionsmittel. Dann machte er einen kleinen Knopflochschnitt in der Rückenhaut eines Kaninchen, legte den wurzelbehandelten Zahn hinein, verschloß die Stelle mit ein paar Nähten, damit er nicht herausfallen konnte und gab das Tier zurück in seinen weitläufigen Käfig. Danach wartete er die weitere Entwicklung ab.

Es dauerte nicht lang. In nur zwei Tagen entwickelten die Glieder des Kaninchen die gleiche arthritische Schwellung wie die der Patientin, nach zehn Tagen starb es an der Infektion, die durch diesen Zahn entstand.

Nun dachte DR. PRICE sofort an all jene seiner Patienten, die an Herz-, Nieren- , Leber-, Gelenkserkrankungen, Augenproblemen, etc., etc. litten, und er überlegte, ob ihre Wurzelkanäle die Ursache für ihre degenerativen Gesundheitsprobleme sein könnten. Bei allen, die wurzelbehandelte Zähne hatten, schlug er ein Entfernen des Zahns vor, den er unter die Haut eines Tieres implantierte.

Was geschah, war überraschend und unerwartet: In einem Großteil der Fälle entwickelte das Tier das gleiche Krankheitsbild wie der Patient, die meisten starben nach zwei bis drei Tagen, spätestens ein bis zwei Wochen später an den Infektionen der wurzelkanalbehandelten Zähne. Verschiedene Arten von Tieren wurden benutzt: Ratten, Meerschweinchen, Hunde und Affen, aber es machte keinen Unterschied, die gleichen Resultate erschienen. Meistens wurden Kaninchen benutzt, weil sie etwas schneller zu reagieren schienen und für solche Studien besser geeignet waren.

Bald nach Beginn dieser Studien veröffentlichte DR. PRICE Berichte seiner Untersuchungen, die in medizinischen und zahnärztlichen Fachzeitschriften erschienen. Viele Zahnärzte kamen zu ihm mit dem Einwand, daß es nur natürlich war, daß ein Tier krank wurde und starb, wenn man ihm einen Zahn in seinen Körper implantierte. DR. PRICE gab zu, daß er die Antwort auf diesen Einwand nicht wußte, aber er meinte — wir wollen das herausfinden. Er bat eine Gruppe von Zahnärzten, ihm 100 gesunde Zähne sicherzustellen. Das waren Zähne, die aus orthodontischen Zwecken entfernt wurden, oder abgebrochene Zähne. Keiner der Zähne hatte Karies oder Zahnfleischerkrankungen. Er implantierte jeden einzelnen dieser Zähne einem anderen Tier unter die Haut.

Und — nicht ein einziges dieser 100 Tiere wurde krank oder starb. Alle erreichten ihre normale Lebenserwartung mit dem Zahn unter der Haut. Bei ein paar Tieren war das Immunsystem stark genug, daß sie diesen Zahn durch die Haut ausstießen, bei ein paar anderen löste sich der Zahn auf. Sogar bakteriologische Studien des den implantierten Zahn umgebenden Gewebes wurden erstellt, es war immer steril.

Es ist immer wieder eine Überraschung, daß die Arbeit von DR. PRICE über 70 Jahre lang vergraben war. In Wirklichkeit gab es ein halbes Dutzend Gründe oder mehr, warum diese Arbeit vergraben wurde und nicht an die Öffentlichkeit gelangte. Aus Platzgründen muß die Darstellung dieser Gründe auf eine andere Gelegenheit warten.

Ich kann Ihnen versichern, kaum ein Zahnarzt der Vereinigten Staaten hat jemals von diesem 25 Jahre dauernden, extensiv und akribisch geführten Versuchsprogramm gehört. Die Endodontic Association sagt, daß DR. PRICE in den zahnärztlichen Vorlesungen erwähnt wird, das Seltsame ist nur, daß ich nie einen Zahnarzt finde, der je von diesen Studien gehört hat.

Die AAE ist nicht sehr glücklich darüber, daß ich dies alles aufgedeckt habe; man behauptet dort, diese Theorie der fokalen Infektion habe sich schon vor Jahren als falsch erwiesen. So viele Forscher haben aber die Genauigkeit dieser Theorie bewiesen, daß es unglaubwürdig ist, daß man an dieser Behauptung festhält, die mit geholfen hat, DR. PRICES Arbeit zu begraben. Auch die Geschichte hierüber muß auf eine andere Gelegenheit warten.

Ich hatte gehofft, daß inzwischen Forschungen beginnen, die die Bakterien in den Dentin-Röhrchen untersuchen, nachdem sich diese Infektionen als so verheerend herausgestellt haben. Die AAE hat viele Versuchsprogramme, aber diesem kritischen Thema hat man sich bisher noch nicht gestellt.

Wenn Sie eine Wurzelbehandlung haben oder Ihnen gesagt wurde, daß Sie eine brauchen, ist die beste Methode die, sich so intensiv wie möglich über dieses Thema zu informieren. Die leichteste Möglichkeit dafür ist es, in den USA 1-800-366-3748 anzurufen und um eine Ausgabe des *„Root Canal Cover up"* zu bitten. Der Artikel ist in einer für Laien verständlichen Sprache geschrieben und behandelt die Hauptthemen, die DR. PRICE in seinen zwei Bänden mit 1174 Seiten Dokumentation abhandelt. Selbst wenn Sie keinen wurzelbehandelten Zahn haben, lohnt es sich, sich darüber zu informieren, was bei so vielen Menschen vor sich geht, und wie man diese degenerativen Krankheiten verhindern kann. (siehe auch Artikel von DR. ISSELS, DR. RAU, DR. BURKE)

Isopathische Schleimhaut – und Zahntherapien

DR. T. RAU

Mund, Milieu und regulative Medizin: Zähne und Sanumtherapie

Die ganzheitliche Therapie häufiger Zahnprobleme mit Milieutherapie, Isopathie und Homöopathie

Neue Methoden zur ganzheitlichen Behandlung dentogener Störherdkrankheiten

Einleitung

Die engste Integration der ganzheitlichen Zahnheilkunde in die biologisch-regulative Medizin ist eine der wichtigsten Voraussetzungen zum erfolgreichen Therapieren in der heutigen Zeit. Immer mehr sehen wir nämlich, daß chronische Krankheiten durch Zahnherde — leider sehr häufig iatrogen verursacht — mit bedingt sind. So ist wohl das Amalgamthema heute allgemein bekannt, leider aber viel weniger das Thema der Zahnwurzelherde und das Problem der endodontisch behandelten Zähne. Noch weniger sind in medizinischen Kreisen die allerengsten Zusammenhänge zwischen Parodontium, Mundschleimhaut, Rachenraum, aber auch Nasennebenhöhlen bekannt.

Deshalb möchte ich im Folgenden über die in unserer Klinik betriebenen ganzheitsmedizinischen Therapieansätze bei Munderkrankungen, Nasennebenhöhlenaffektionen und Parodontosen berichten, aber auch darüber, wie wir Zahntherapien und Nebenhöhlentherapien als Reflextherapien bei inneren Krankheiten anwenden.

Diese Erkrankungen, fast immer Ausdruck systemischer Milieustörungen, sind der **isopathischen Therapie** allerbestens zugänglich. Es zeigt sich sogar, daß bei konsequenter Milieutherapie und Zahnsanierung meist auch chronische Organkrankheiten beeinflussen lassen.

Die Anwendung der Isopathischen und immunbiologischen Medikamente und einiger Zusatztherapien werden konkret aufgezeigt. Anhand der Abhandlung der **Parodontose** wird — teils auch stellvertretend — das **Meridiandenken** aufgezeigt.
Das äußerst dynamische System der Schleimhäute als Hauptregulationsorgan muß in seiner Ganzheit betrachtet und behandelt werden, was auch erklärt, weshalb der Mund- und Nasennebenhöhlenraum immer in die Behandlung chronischer Schleimhautkrankheiten mit einbezogen werden muß, so z.B. bei Asthma, Colitis, Allergien, Infektanfälligkeit.
Die **Bedeutung der wurzeltoten Zähne** wird kurz gestreift, ebenso die Möglichkeiten, endodontische Behandlungen zu umgehen mit Isopathie und Ausleitungstherapien.
Stabident, die neue von uns entwickelte **Methode zur intraossalen Injektion von Sanummedikamenten** und nichtoperativen Störherdsanierung, wird aufgezeigt.

Die Sanummedikamente und Homöopathica in der ganzheitlichen Zahnheilkunde

Die Zähne und die Mundschleimhaut, mit ihr verbunden auch die Gingiva, aber auch das Parodontium, können hervorragend mit isopathischen Medikamenten, aber auch Komplexhomöopathika behandelt werden. Einige der wichtigsten Mittel werden erklärt.

Systematik

Die Medikamentenpalette von **SANUM** (Fa. Sanum-Kehlbeck, D-27318 HOYA/Weser, Fax ++49-4251-502) aber auch die Komplexhomöopathika von HEEL sind äußerst systematisch aufgebaut. Zur Erklärung haben wir die untenstehende Einordnung geschaffen.

Tabelle 1

Systematik der „Zahn-Medikamente" von Sanum

Isopathika:
verändern Bakterien in deren Pathogenität
verändern durch Beeinflussung der Symbionten den zellulären Stoffwechsel und Zellmilieu

Notakehl D5 (Amp/Tbl/Tr)

Mucokehl D5 (Amp/Tbl/Tr)
Sankombi Tropfen
Nigersan (Amp/Tbl/Tr)
Pefrakehl (Tr/Amp)
Quentakehl D5 (Amp/Tr)
Ruberkehl D5 (Tr/Amp)

Immunbiologica:
verändern - einer Impfung ähnlich - durch Bakterientoxoide oder Bakterien die Immunreaktion und steigern die leucocytär-lymphocytäre Aktivität

Arthrokehlan A (Amp)
Utilin schwach (Amp/Tr)
Latensin mittel (Amp)
Sanukehl Cand / Sanukehl Pseu (Amp)

Milieuregulatoren:
Stoffwechselprodukte homöopathisiert, Basenmittel, Spurenelemente
Alkala N (Basenpulver)
Citrokehl, Sanuvis, Formisan (Amp/Tr)
Mapurit (Kps)

Tabelle 2

Homöopathika für die Zahn- und Schleimhauttherapie im Mundbereich

Katalysatoren, Komplexhomöopathika, Nosoden
(Sanum-Medikamente auf sep. Tabelle)

Enzyme, Katalysatoren:

Coenzyme comp. Amp (Heel)
Ubichinon comp. Amp (Heel)

Komplexhomöopathica:

Lymphomyosot Amp (Heel)
Traumeel S Amp (Heel)
Echinacea comp. S Amp (Heel)
Mucosa comp. Amp (Heel)
Solidago comp. Amp (Heel)
Hepar comp. Amp (Heel)
Tonsilla comp. Amp (Heel)

Zellpräparate / Nosodenpräparate
(es können wahlweise Suis-Präparate von Heel oder Zell-Präparate von Wala verwendet werden.
Die Nosodenpräparate im Potenzaccord (Injeele) haben sich sehr bewährt. Es können aber auch Stauffen-Nosoden in Einzelpotenzen verwendet werden)
Untenstehende Auswahl von Heel unvollständig:

Gingiva suis Injeel Amp
Os suis Injeel forte Amp
Mucosa comp. Amp

Kieferostitis Nosode Injeel Amp
Sinusitis Nosode Injeel Amp
Granuloma dentis Injeel Amp

Penicillin Injeel forte Amp
und andere Antibiotica-Nosoden

Wichtig:
alle diese Medikamente müssen mit den isopathischen und Milieutherapeutica von Sanum kombiniert werden:
Anwendung immer längerfristig!

Erläuterung zur Anwendung einiger Sanumtherapeutica im Mundbereich

Arthrokehlan A:
Entgiftetes Kulturfiltrat von Propionibakterium acnes. Dieses Bakterium, früher **Syphanospora polymorpha v.** BREHMER genannt, ist aus der Sicht des Pleomorphismus der wichtigste Keim im Zahnbereich. Ausführliche Untersuchungen von GEORGE MEINIG + VINCENT PRICE (USA) konnten aufzeigen, daß in allen wurzelbehandelten und damit toten Zähnen diese „slow-Bakterien" nachgewiesen werden konnten, die zerfallend Toxine freisetzen, und freie Radikale bilden und kaum granulocytäre Reaktionen hervorrufen, daher die Chronizität des Störherdes gewährleisten (Störherd nach DOSCH: chronisch subsymptomatische Entzündung mit mesenchymaler Fernreaktion!)
Arthrokehlan A bewirkt gerade bei alten Zahngranulomen und chronischen dentalen Störherden ***die Immunsteigerung*** zur Verarbeitung dieser alten Störherde.
Es kann subgingival, an die Umschlagfalte oder auch nach Zahnextraktion in die Alveole gespritzt werden. Bei begleitenden Sinusitiden oder chronischen Sinusitiden soll Arthrokehlan A in der Nasentherapie verwenden werden.
Wir verwenden es *praktisch immer als **Hauptmittel bei der intraossalen Sanum-Injektion** nach Rau* (siehe hinten beschrieben).
Arthrokehlan wird in ca. 1-wöchentlichen Abständen, direkt nach Zahnextraktion beherdeter oder toter Zähne 2 - 3 x wöchentlich gespritzt.

Isopathika:
Notakehl D5 (Amp/Tbl/Tr) Das absolute Hauptmittel für alle bakteriellen Probleme im Mundbereich. Es kann in Tablettenform im Munde eingenommen werden: 3 x 1 Tbl. täglich im Munde langsam zergehen lassen.
Z.B. auf Parodontoseherde geben und dort zergehen lassen. Oder auf die Alveolenlöcher frei extrahierter Zähne drücken und so zergehen lassen.
Notakehl D5 Ampullen injizieren wir immer gleich nach der Zahnextraktion, meist kombiniert mit Injectio

Lymphatica und Arthrokehlan A *in die Alveole, aber auch peridental subgingival*. Seit wir dies so praktizieren, brauchen wir nie mehr Antibiotica. Bei entzündlichen Begleiterscheinungen, starken Schwellungen oder nach sehr traumatischen Extraktionen fügen wir noch Traumeel S Amp (Heel) dazu.
Notakehl D5 Ampullen verwenden wir auch fast immer bei den Nasennebenhöhlenspülungen (siehe dort).

Notakehl D5 Tropfen wird bei Parodontose verwendet (siehe dort) und bei allen Formen von Sinusitiden, in die Nase geträufelt, mehrmals täglich.
Notakehl D5 Tropfen gehören auch bei Otitis media der Kinder, bei Angina tonsillaris, mehrmals täglich in die Nase geträufelt, zur Basistherapie.

Pefrakehl D5 (Tr/Amp) wird ähnlich dem Notakehl verwendet, aber eher für ***chronische, mit Candida oder Pilzen vergesellschafteten Leiden***. Anwendung und Applikation auch lokal, gingival, nasal.

Quentakehl D5 (Amp/Tr), ein gutes Medikament bei ***viralen Infektionen*** z.B. bei ***Stomatitis aphthosa***, aber auch nasal bei Grippe, rez. viralen Infektionen, im Akutstadium. Im chronischen Stadium geben wir eher Sankombi (unten) zur Verbesserung der Schleimhautqualität.
Fortakehl D5 (Amp/Tr), ein Medikament zur Regulation der Flora des oberen Gastrointestinaltrakt, wird nasal und oral (3 x 1 Tbl.) verabreicht bei Dyspepsien, Campylobakter, etc.. Dann als Amp. in Nasennebenhöhlenspülungen (s. unten). Im ORAL-Bereich weniger wichtig. Stufe 2 des Floraaufbaus bei Darmfloraaufbau (s. hinten).

Sankombi: Milieutherapie im ORAL- und Zahnbereich!

Sankombi D5 Tropfen: Das Hauptmittel lokal bei allen chronischen Schleimhautproblemen im Mund-Gesicht-Bereich. *Immer langfristig angewendet!* Es bringt oft absolut frappante Effekte, wenn gleichzeitig das Säure-Basen-Milieu verändert wird, d. h. die durch Sankombi bewirkte Schleimhaut-Zell-Verbesserung und Symbiose stabilisiert wird.
Sankombi D5 Tropfen ist eine 1:1-Mischung von Nigersan (Aspergillus-niger-Chondrit-Stadium) und Mucokehl (Mucor-racemosus-Chondrit-Stadium) und hat eine tiefgreifende Wirkung intracellulär, aber auch interstitiell mesenchymal, verbessert durch Viscositätsveränderung im Interstitium den Stofftransport, Informationsfluß und auch das Ansprechen auf Homöopathika.

Die **Indikationen für Sankombi im Zahn- und Nasen-Hals-Ohren-Bereich** sind unglaublich vielfältig:

Indikationen für Sankombi im Hals-Nasen-Ohren-Bereich und dental:

- Infektanfälligkeit
(nach Therapiebeginn mit Notakehl)

- Chronische Sinusitis
- Chronische Rhinitis
- Verschlossene Tränelkanälchen
- rez. Stomatitis aphthosa

- Pollinosis im Intervall
(akut mit Ruberkehl behandeln)

- Asthma (als Begleittherapie)
- Lichen ruber planus (immer Hg sanieren!)
- chron. rez. Otitis (im Intervall)
- chron. rez. Tonsillitis (Intervall)

bei allen chron. rez. Infekten empfehlen wir die Kombination mit REBAS D4 Kps
(auch langfristig, 2 x 1 Kps., Kps. öffnen und in den Mund streuen oder intranasal)

Ruberkehl D5 (Tr/Amp): Für allergische Leiden, wie Pollinosis, Asthma, langfristig verabreicht, am besten wirkend bei nasaler Applikation.
Der Aspergillus ruber ist ein auf feuchten Pflanzen im Frühling und Frühsommer verbreitet vorkommender Pilz. Er wird mit der Pollinosis insofern in Verbindung gebracht, als er mit dem Pollenstaub in windigen Situationen verblasen wird, als Fremdeiweiß erkannt wird und so auch allergen wirkt. **Ruberkehl** reduziert einerseits nach den Gesetzen des Pleomorphismus die pathogenen Hochvalenzen, stimuliert aber auch die T-Helfer-Lymphocyten, ist also immunstimulierend, was auch die Wirkung bei der Pollenallergie erklärt.
Wir verwenden Ruberkehl langfristig in die Nase geträufelt (2 - 4 x 6 - 8 Tropfen in Nasen), beginnend 1 - 2 Monate *vor* und dann während der ganzen Pollinosis-Zeit, anschließend bis zur nächsten Pollinosis-Saison Sankombi-Tropfen, ebenfalls täglich in die Nase.
Ruberkehl Ampullen geben wir bei Allergien auch in die Nasentherapie.

Albicansan D5 (Tropfen/Amp/Kps für Mundtherapie nicht gebraucht)
Ein in der Mundheilkunde sehr wirksames Heilmittel. Es wirkt nicht nur — wie sein Name suggeriert — **bei Candida albicans**, sondern bei allen mykotischen Problemen, da es nicht nur isopathisch durch Reduktion der pathogenen Hochvalenzen des Candida-

Saprophyten wirkt, sondern auch eine Erhöhung der T-Lymphocyten und Aktivitätssteigerung bewirkt.

Candida albicans im Mundraum, aber auch im Gastrointestinaltrakt ist aber immer eine Milieuproblematik und muß daher intensivst auf der Ebene des Milieus behandelt werden, durch Entsäuerung mit Alkala N, Mineralstoffapplikation (z.B. Mapurit 2x1 / Tag) und v.a. Entgiftung der meist vorhandenen Quecksilber-Belastung.

Candida bindet in hohem Grade, wie übrigens auch Algen, das aus Amalgam-Zahnfüllungen freigesetzte Quecksilber. Wird daher die Candida mit Albicansan reduziert, so können anfangs „Candida-Toxine", insbesondere aber auch Quecksilber, freigesetzt werden. Dies kann dann vorübergehend zu starken Symptomen führen.
Dies erklärt die ab und zu gesehenen Anfangsverschlechterungen auf Albicansan, welche sonst bei keinen Sanum-Medikamenten der isopathischen Reihe gesehen werden.
Albicansan Tropfen sollen daher langsam aufbauend dosiert werden, beginnend mit 1 - 2 Tropfen 2 x täglich, dann täglich um einen Tropfen steigernd, bis 2 - 10 Tropfen. Diese sind lange einzuspeicheln und dann zu schlucken.
Von Vorteil wird Albicansan mit dem das Zellmilieu verbessernde Sankombi verabreicht (siehe oben).

Indikationen für Albicansan im Mund- und ORAL-Bereich:

- **Stomatitis aphthosa** (Quentakehl Tr. dazu, Mapurit, Vit. A.)
- **Dyspepsie / Oesophagitis / Hyperacidität** (immer kombinieren mit Alkala N)
- **Mundsoor**
- **Lichen ruber planus**
- **Asthma** (Starterbehandlung mit Ruberkehl, später mit Sankombi zus.)
- **Zungenbrennen** (Lebertherapie und Alkale dazu) Infektanfälligkeit

Parodontose und Schleimhaut, Darmmilieu und Sanumtherapie

Dieses Kapitel wird im Folgenden nur sehr kurz und im Tabellenstil abgehandelt. Die Parodontose hat einen engsten Zusammenhang zu den Schleimhäuten, aber auch zu meridialen Zusammenhängen.
So kann aus den **Parodontosen an einzelnen Zähnen** Rückschluß gezogen werden auf dessen Meridian und dieser Meridian mit seinen abhängigen Organen muß in die Therapie miteinbezogen werden.
Treten Parodontosen sogar an korrelierenden Zähnen (=**"Meridian-Parodontosen" nach** RAU) eines einzelnen Meridians auf, kann mit Sicherheit von einer energetischen Störung dieses Systems ausgegangen werden.

Generalisierte Parodontosen sind immer innere Krankheiten und Krankheiten des ganzen **Systems der Schleimhäute** und muß immer mittels Systemtherapien angegangen werden.

Wir haben deshalb die dabei notwendige **schleimhautentlastende, hypoallergene Diät** nach Dr. Werthmann, (leicht modifiziert nach Dr. Rau), auftabelliert. Ebenso der **Symbioseaufbau nach Dr. Rau**, ohne welchen eine lokale Parodontosetherapie kaum je erfolgreich sein wird.
Man denke bei den allgemeinen Parodontosen immer auch an Störfaktoren wie **Schwermetalle, pH-Veränderungen, galvanische Mundströme.**
Unter Einbezug aller dieser Faktoren, aber auch Miteinbezug der Nasentherapie nach FERRONATO und RAU, ist die Parodontosetherapie immer erfolgreich. Die Parodontose als gut sichtbare Störung einer Gesamt-Schleimhaut-Problematik ist eine Domäne der biologisch-regulativen Therapie, insbesondere der Sanum-Therapie.

(Diese Zusammenhänge, aber auch die ausführliche Erklärung aller Schleimhaut-Sanumtherapien finden Sie im neu erscheinenden Buch von Dr. Rau, Dr. Gschwend und Dr. Meinig über die Thematik der Wurzelbehandlungen, Schleimhauttherapien und Schwermetallproblematik:
„Hinter den Zähnen", Rau/Gschwend/Meinig, Ebi-Verlag, Kirchlindach, 1997", erhältlich via Ebi-Pharm, Ch-3078 Kirchlindach/Bern; Fax ++41 31 829'25'19

Parodontose:
Formen:

- Einzelzahnparodontose -

- Meridianpraodontosen -

- Allgemeine Parodontosen -

- atrophisch-degenerative Form -

- hyperplastische Form -

Parodontose: Ursachen

- Darmstörungen / Dysbiosen -
- Amalgam / Zahnstöme -
- statische Probleme -

- Nebenhöhlenprobleme -

- Meridiane Störungen /Fernorgane -
- hormonelle Störungen -

- allgemeine degenerative Tendenz -
- Stauungstendenz -

PARODONTOSE
die ganzheitliche Therapie

**** Zahnherde sanieren**
**** Galvanik beseitigen**
**** Meridianstörungen behandeln**
(Fernorgane als Ursache, v. a. bei isolierter Parodontose)
**** Speichelveränderung:**
(Basentherapie mit Alkala, Diät, Nikotinabstinenz)
**** isopathische Therapie:**
(Notakehl-Watten, Pefrakehl, Arthrokehlan, Nosoden)
**** Toxine /Amalgam**
**** Neuraltherapie, Zelltherapie**

Der Darmflora-Aufbau
nach Dr. med. Th. Rau

Milieutherapie:

- Alkala N -
- Multimineraltabl oder Alen -

Darmschleimhaut:

- Mucosa comp. Amp (Heel) -
2-täglich eine Amp an M25-Punkt spritzen oder trinken.
- Diät nach Dr. Werthmann -

Darmflora:

- Beginn: Fortakehl D5, 3x1 Tbl -
- dann Pefrakehl D4 Kps oder Tropfen, 2 Wochen -
- dann Sankombi Tropfen 2 x 10 oder -
Mucokehl und Nigersan

Immunstimulation:
bei chron. Infekten, Colitis, etc.:

- Utilin und Recarcin (Sanum) **Kps, je 1 pro Woche -**
- Rebas D4 Kps (Sanum CH) **2 x 1 Kps /d**

Hypoallergene Diät nach Dr. Konrad Werthmann, moderiert nach Dr. med. Th. Rau:

Verboten:
- **Kuhmilchprodukte** (alle: Milch, Yoghurt, Käse, Quark, Butter, Crèmes, Eis, etc.)
- **Hühnereierprodukte** (alle, incl. Biscuits, Pfannkuchen, Crèmes, Mayonnaisen, etc.)
- **Schweinefleisch, Wurstwaren, etc.** (alles vom Schwein!, wegen Sutoxinen und Histamin, sowie wegen Arachidonsäure)
- **Alles Säugerfleisch** (wegen endobiontischer Belastung mit Mucorvalenzen)
- **Südfrüchte und Südfrüchtesäfte,** (vorerst für einige Monate, dann weiter ausschließlich morgens erlaubt, da sonst starke Gärung.
- **Nüsse** (außer Mandeln und Cashewnüsse, da Nüsse allergiever stärkend sind)
- **Zucker weiß** (als Süßmittel ist Birne, Ahornsirup, Honig und als künstl. Süßstoff Sacharin erlaubt)

erlaubt:
- **Ziegen- und Schafmilchprodukte in geringer Menge** (sind sehr calciumhaltig)
- **alle Gemüse** (von Vorteil anfangs leicht gedämpft, da roh häufig wegen Pancreasschwäche nicht aufschlüsselbar und dann gären)
- **Getreideprodukte, auch eifreie Teigwaren**
- (Hartweizengrieß-Teigwaren = italienische Teigwaren)
- **Kartoffeln und Kastanien** (sind sehr basisch), v. a. abends sind Pellkartoffeln ideal
- **Fleisch: nur Geflügel oder Fisch, aber nur 1 x pro Woche!** Das Meiden tierischer Eiweiße ist etwas vom Wichtigsten bei basischen Umstimmung und Schleimhautregeneration.
- **Früchte:** (alle Früchte nur bis mittags, keine Südfrüchte)

Diese Diät muß mehrere Monate durchgeführt werden!

Die Bedeutung toter Zähne für den Gesamtorganismus

Stirbt ein Zahn ab, so zerfällt seine Pulpa nekrotisch. Es bilden sich Zerfallsprodukte der leichigen Zersetzung, welche eine leucocytäre Reaktion nach sich ziehen. Granulocyteneinwanderung, Zerfall, proteolytische Verdauung sind die Folgen.

Die Intensität endodontischer Entzündung hängt ab von der Durchblutung. Es kommt zuweilen vor, daß die resorptive Entzündung schleichend verläuft und sich entweder ein Zahngranulom entwickelt oder — bei noch langsamerer Reaktion — eine hyperostotische Umgebungsreaktion. Die moderne Endodontie (Wurzelkanalfüllungen) vermindern die proteolytische und leucocytäre Verdauung des toten Zahnes fast vollständig. Der abgestorbene Zahn wird nicht abgestoßen durch eine Abstoßungsreaktion und es bildet sich ein chronischer Störherd, da die Leicheneiweiße lokal bleiben und entweder deponiert werden oder pilzig im Sinne einer Mumifizierung zersetzt werden. Aspergillus wird einwachsen. Daher verwenden wir die aspergillischen Medikamente von Sanum bei der Nachbehandlung jedes wurzeltoten Zahnes, v. a. bei degenerativen Krankheitsbildern.

Die **Leicheneiweiße der toten Zähne sind hoch toxisch.** Es werden also in den Pulpen toter Zähne toxische Produkte entstehen, wie schwefelhaltige Toxine **(Mercaptane, Thioäther, aber auch Carcinogene wie Indol, Scatol, Tryptophan und freie Radikale.)**
So wird erklärlich, daß Untersuchungen in USA aufgezeigt haben, daß mit der Häufigkeit der Wurzelkanalbehandlungen auch die Carcinomrate steigt. (DR. WESTON PRICE, ausführlichst beschrieben im Buch von GEORGE MEINIG „ROOT CANAL COVER UP - Damage to your Health. Bion-Verlag, Ojaj, California, ISBN.Nr.: 0-945196-19-9)

In einer anderen Untersuchung konnte aufgezeigt werden, daß in Myelin-defekten Rückenmarkspartien von M.S.-Patienten die gleichen Toxine gefunden werden konnten wie in den abgestorbenen, wurzelkanalbehandelten Zähnen der M.S.-Patienten.

Diese neuen Untersuchungen bestätigen auch unsere Klinik-Beobachtungen, wonach bei keinem einzigen unserer vielen M.S.-Patienten nach konsequentester Zahnsanierung mit Entfernung aller wurzelbehandelter Zähne und Amalgamsanierung eine Verschlechterung oder ein neuer Schub der M.S. auftrat.

Wir messen diesen toxischen Produkten sehr große Bedeutung zu, sowohl mesenchymal als auch als Ursache von Störherden.
Das etwas inerte System des abgestorbenen Endodontiums bietet die klassischen Voraussetzungen zur Entwicklung eines chronischen Störherdes, da darin Toxine lange erhalten bleiben, die Blutzirkulation und damit die Möglichkeiten der Proteolytischen Toxinverarbeitung verunmöglicht sind. So können auch Bakterien in Depotform (sog. „Slow-Bacterias“) sich vermehren, wie z.B. die Siphanosporen.

Im Lehrbuch von Dr. med. Peter Dosch über Neuraltherapie ist der Herd und das Störfeld wie folgt beschrieben:

Ein Störfeld ist ein neurohumoral aktives verändertes Gewebe, welches auf neuralem oder vegetativem Wege eine Fernwirkung hat.

Ein StörHERD ist eine subklinische lokale chronische Entzündungsstelle, welche über bakterientoxische, mesenchymale Wege eine Fernwirkung hat.

Störfelder bzw. Herde bewirken eine Milieuveränderung und Reaktionsweise einzelner Organe oder sogar des Gesamtorganismus.
Bei vererbter oder erworbener Organdisposition resultiert daraus die störfeldbedingte Krankheit.

Jede chronische Krankheit kann störfeld- oder herdbedingt sein.

(Lehrbuch der Neuraltherapie nach Huneke, Peter Dosch, Haug Verlag)

Diese obengenannte **Bakterienbesiedelung** ist obligat in allen toten und auch wurzelbehandelten, toten Zähnen. So konnte z.B. in über 30'000 untersuchten, toten Zähnen das **Siphanosporum polymorphum** v. Bremer (s. auch oben bei Arthrokehlan A-Beschrieb) gefunden werden, das übrigens auch Enderlein als Zeichen degenerativ-carcinogener Belastung beschrieb. Deshalb verwenden wir das dafür spezifische Immunstimulans **Arthrokehlan A** lokal und systemisch bei jeder Nachbehandlung nach Extraktion toter Zähne, aber auch bei jedem odontogenen Störherdleiden.

Die Wurzelbehandlung, auch wenn endodontisch perfekt durchgeführt, verhindert diese Störfeldwirkung *nicht*, da die Millionen von kleinsten und größeren **Seiten-Dentin-Kanälchen** auch eiweißgefüllt sind und nicht ausgefüllt werden können.
Zusätzlich werden in die Pulparäume - eben gerade zur Verminderung der Abstoßungsreaktionen - Wurzelfüllmaterialien eingegeben, welche gerade die Störherdbildung, d.h. die Entwicklung subklinischer Reaktionen, begünstigen und erneut mesenchymal und neuroendokrinologisch wirken können, da sie teils Cortison, teils Toluole, praktisch immer aber Antibiotica enthalten.

Aus allen diesen Gründen ist erklärlich, daß Zahnherde, d. h. wurzeltote Zähne ganz besonders die Kriterien der Störherde beinhalten und daher so häufig wirksam sind.

Diese Störwirkung toter Zähne erfolgt auf verschiedener Ebene:

1. Toxisch-mesenchymale Wirkung durch Leicheneiweiße, Bakterientoxine, Wurzelfüllmaterialien
2. Lokale Nekrose und subklin. Entzündung: Meridianwirkung

3. Lokale Milieuveränderung und lokale Dysbiose (Siphanosporen)
4. Galvanische Probleme durch metallische Füllungen.

1.) Die Behandlung der Toxischen Phänomene/Leichenproteine:

Wurzelbehandelte Zähne sollten aus unserer Sicht kompromißlos entfernt werden, da sie immer toxisch und bakteriell wirken. Besonders fatal ist diese Wirkung, wenn z.B. durch eine Überfüllung die Corticalis-Lamelle der Alveole durchdrungen wird und die Beherdungsmaterialien diffus die umliegende Spongiosa durchtränken kann.
Dies ist sehr häufig der Fall, was auch daran ersichtlich ist, daß nach Entfernung beherdeter Zähne Restostitiden entstehen, als Ausdruck nicht entstörter umliegender Spongiosa oder bei der Extraktion nicht mit entfernter Alveolen-Kompakta.
Aus diesen Gründen **muß bei jeder Zahnextraktion eines toten Zahnes die Kompakta der Alveole mit dem Fräser mit ausgebohrt werden und die Loge mit Sanummedikamenten (Arthrokehlan und Nigersan) nachbehandelt werden.**

Werden tote Zähne, welche *immer stören, auch wenn sie scheinbar noch kompensiert werden*, belassen, so belasten sie den Körper im mesenchymalen System, aber auch meridial.
Dies kann kompensiert werden, bis ein allfälliger „Zweitschlag“ (nach Speransky) auf den Meridian oder ein genetisch prädisponiert belastetes Organ eine Dekompensation verursachen kann.

Nach der Zahnextraktion (oder als Kompromiß auch anstelle) muß die **Entgiftung** und die **Stützung des Meridians** vorgenommen werden.

Entgiftungstherapie

Lokale Infiltrationen an den Zahn/die Alveole mit:
- **Injectio Lymphatica 1 ml (ev. auch „nur“ Procain 1% 1 ml)**
- **Nigersan D5 Amp**
- **Arthrokehlan A Amp**
- wenn eine sehr degenerative Situation vorliegt: **Viscum forte c Heel**
- wenn eher plethorische Situation vorliegt: **Mucokehl D5 Amp und Sanuvis Amp (Sanum)**

Systemische Entgiftungstherapie

Diese muß sehr individuell erfolgen, entsprechend den am ehesten anzuregenden Organsystemen und dem Konstitutionstyp des Patienten. Je nach befallenem Zahn soll auch der zugehörige Funktionskreis saniert werden, also z.B. bei Frontzähnen die Nieren und Blase, z.B. mit Wärmetherapien, heißen Fußbädern, aber auch Solidago, Formisan (Sanum).
Es ist immer die Eiweiß“Verdauung“ anzuregen, handelt es sich bei den in den Geweben eingelagerten Toxinen doch großteils um Eiweiße.
Daher Medikation (Beispiele):
- **Enzyme, z.B. Wobenzym oder Phlogenzym oder Wobemucos 3x2-5 Tbl.**
- **Leberanregung: Liv 52 3x2 oder Toxex (Pekana) oder Hepar comp**
- **Lymphomyosot Tr 3x20**

- **Chelattherapien: EDTA-Infusionen, kombiniert mit Mineralstoff- und Spurenelementersatz** sind eine sehr intensive Form von Entgiftungstherapie. Endotoxine werden als Komplexe gebunden, cheliert und renal ausgeschieden. Die Therapie ist etwas aufwendig, aber äußerst wirksam. Sie wird ärztlich beaufsichtigt ca. 1-2x pro Woche gemacht, insgesamt ca. 15 - 30 x. Wir behalten sie als Entgiftungstherapie den Patienten vor, welche ihre Zähne saniert haben, welche Schwermetallprobleme zusätzlich haben und v.a. den schwereren neurologischen Patienten oder den lebertoxischen.

2.) + 3.) Die Behandlung der lokalen Nekrose und der Milieuveränderung / lokalen Dysbiose:

<u>Siphanosporenbefall:</u> ist weitgehend oben abgehandelt worden:
- **<u>Arthrokehlan A Amp</u>, in Neuraltherapie,** wie oben beschrieben.
- **Alkala N als Pulver**, damit Zähneputzen und mehrmals täglich spülen/gurgeln/schlucken.
- ev. **Notakehl D5 Amp** aber nur während einiger Male, dann übergehen auf **Nigersan D5 Amp**,
- die subklinische Entzündung, welche ein Herd immer darstellt, wird behandelt durch Stoffwechselsteigerung mit z.B. Coenzym comp. Amp (Heel), Formisan Amp (Sanum) oder Viscum forte c. (Heel).
- **Arthrokehlan A** wird anfänglich lokal gespritzt, in ca. wöchentlichen Abständen, dann weiter für meh-

rere Monate i.M., so ca. einmal pro 2 Wochen - 4 Wochen.

Milieutherapie: Das Mundmilieu und auch das Nasennebenhöhlenmilieu muß bei jeder Zahnbeherdung mit saniert werden. Siehe oben: **Nasenspülungen / Darmsanierung / lokale Parodontosetherapie!**

4.) Galvanische Mund-Ströme als Störfaktoren:

Die galvanischen Mundströme sind sehr häufig und meist nicht berücksichtigt.

Sie können entstehen durch verschiedene Legierungen im Munde, die durch den leitenden Speichel miteinander verbunden sind und — einer Batterie gleich — Ströme produzieren, d.h. es fließen im Spannungsgefälle Elektronen. (siehe Artikel von Dr. Kramer)

Dadurch werden die galvanischen Legierungen zersetzt und es werden Ionen der galvanischen Elemente freigesetzt, so z.B. Silberionen, v.a. Quecksilberionen, etc.. Diese können dann ihre hochtoxische Wirkung entfalten.

So ist also nicht nur das Vorhandensein von z.B. Quecksilber schädlich, sondern dieses wird durch das Vorhandensein von Mischmetallen erst richtig freigesetzt.

Die Entwicklung der galvanischen Ströme hängt nicht nur ab von den Elementen der Legierungen, sondern auch von der Säure, in welcher sie lagern, wie dies ja auch von der normalen Taschenlampenbatterie bekannt ist, welche auf haargenau dem gleichen Prinzip beruht. Deshalb ist der Säuregehalt des Speichels ebenfalls von größter Bedeutung.

Es ist nun auch erwähnenswert, daß Wurzelkanalfüllungen in den meisten Fällen radiodichte Ionen enthalten, da sie ja im Röntgenbild erkannt werden müssen.

So nehmen auch diese Füllungen, *insbesondere aber die Wurzelstifte*, teil an der Entstehung der galvanischen Ströme.

Diese galvanischen Mund-Ströme können nun diverse Wirkungen haben:

Verminderung der Reizschwelle für Nervendepolarisationen. (Als Folge Neuralgien / Schleimhautreizungen, etc.)

Reizung des Meridians an den Stellen wurzelbehandelter Zähne

Freisetzung von galvanischen Metallen / Ionen
(Als Folge stärkerer Metallionenintoxikation)

Die <u>Diagnose der Mund-Galvanik</u> ist außergewöhnlich einfach:

In jeder Arztpraxis kann mit einer einfachen Messung der Zahnstrom ermittelt werden.

Es kann mit einem ganz einfachen Galvanometer die Spannung und die Stromintensität in Millivolt bzw. Milliampère gemessen werden.

Wir tun dies bei uns mit dem VEGA-TEST-GERÄT, für welches es ein Meßkabel gibt, womit die Zahnströme einfachst in einer nur wenige Sekunden dauernden Messung ermittelt werden können.

Man mißt dazu mittels zweier Elektroden das Potential zwischen zwei verschiedenen Füllungen und /oder zwischen der Füllung und der Gingiva.

Die Limiten sind bei 0,1 Milliampère bzw. 0,8 Volt Spannung. Man ist sehr erstaunt, wie viele Patienten diese Werte übersteigen!!

An sich wäre der gesamte fließende Strom wichtig, weshalb es auch Geräte gibt, welche diesen graphisch ermitteln, so z.B. den Galvanometer der Firma Eidam Elektronik.

Er ermittelt den Strom, welcher bei Dauermessung über eine Sekunde fließt. Die Stromintensität sinkt nämlich wie bei einer Kondensatorentladung innerhalb einer Sekunde.

Die Untersuchung dieser Galvanik geht sehr schnell und ist sehr aussagefähig und sie motiviert den Patienten sehr, da ihm klar wird, wie sehr seine Zähne ihn stören.

Die Zahnstrommessung gehört zu jeder biologisch-ganzheitlichen Untersuchung eines neuen Patienten.

(Man stelle sich doch bitte vor, wie sehr so ein materieller, stark meßbarer Dauerstrom einen Patienten stören muß! Ist es da überhaupt noch meßbar und relevant, ihn feinstofflich zu prüfen und haben wir überhaupt eine Chance, als Ärzte mit feinstofflichen, energetischen Therapien gegen die millionenfache Übermacht solcher Galvanik anzukommen?

Enderlein hier einmal von einer anderen Seite: „Können wir irgendwie regulativ therapieren, solange das Milieu nicht auch saniert wird?")

Die Therapie der Zahn-Galvanik:

Mit Mineralstofftherapien: Magnesium, ev. kombiniert mit Vitamin E und B-Komplex.

- **Mapurit Kps** (Sanum) 2-3 x 1 täglich, während mehrerer Monate, verändert einerseits die Ionenfreisetzung, andererseits die Reizleitungs- und Depolarisation der Nerven, v.a. bei Neuralgien.
- **Alkala N Pulver** verändert den Ph-Wert des Speichels und dadurch die Galvanik.

- **Silicea D60 oder Equisetum Tropfen** (Ceres) verändert die „Antenne“ des Patienten, d.h. die gewebliche Empfindlichkeit für Ströme, aber auch geopathischen Belastungen.
- **Zahnsanierung / Mischmetallentfernung / Wurzelfüllungen entfernen.**

Die Therapie der galvanisch erzeugten Metallionenintoxikation:

Die galvanische Freisetzung von Schwermetallionen ist ein wichtiger Faktor in der Entstehung der Schwermetallintoxikationen.

Bei Schwermetallproblematik *muß man daher immer auch an Mund-Galvanik denken!!*

Die positiv geladenen Mineralstoffe, Elektrolyte und Spurenelemente müssen als Antagonisten reichlich gegen werden:

- Magnesium (Mapurit)
- Calcium
- Mangan, Zink, Kalium.
- Selen (organisch gebunden als Selenmethionin Biofried)
- Germanium (wurde leider aus dem Handel genommen).

Tabelle: Behandlung dentaler Störherde nach Zahnextraktion:

Die Nachbehandlung dentaler Störherde nach Zahnextraktion:

Am Extraktionstag: Mischspritze mit:

- Arthrokehlan A Amp
- Notakehl D5 Amp
- Traumeel S Amp
- Procain 1 % 1-2-ml

Zusätzlich Invertierungstherapie mit Vegaselect
Zusätzlich pulsierendes Magnetfeld, ca. 30'

Anschließend 1 x pro Woche:
Mischspritze an Alveole mit:

- Arthrokehlan A Amp
- statt Traumeel: Viscum forte comp.
- Os suis Injeel
- Granuloma dentis Injeel (sofern Granulom war)
- Nigersan D5 oder Pefrakehl D6 Amp
- Procain 1 %

Systemisch:

- Meridiantherapie entsprechend dem Zahn, welcher entfernt wurde
- Alkala N
- Parodontosetherapie (s. oben)
- ev. Colon. Hydro /Nasenth. / Darmfloraaufbau

Die intraossale isopathische Injektionstherapie im Kieferbereich bei chronischen Kieferostitiden (= isopathisch-homöopathische Stabident-Therapie)

Kann eine Kieferbeherdung durch die Zahnextraktion nicht vollständig saniert werden oder entwickelte sich danach eine chronische Ostitis, so mußte dies bisher kieferchirurgisch angegangen werden. Diese chirurgischen Herdsanierungen sind aber äußerst aufwendig und risikoreich, sodaß sie meist nicht durchgeführt werden.

Als Alternative hat sich bisher die Neuraltherapie an den Kiefer oder den Zahn angeboten. Diese Maßnahme ist aber meist erfolglos, da das Neuraltherapeuticum den Herd im Kiefer nicht erreicht.
Wir haben deshalb eine Methode entwickelt, welche die

intraossale Injektion von Medikamenten direkt an den Kieferherd

erlaubt.
Wir nennen diese Methode

Stabident-Injektion mit isopathischen und homöopathischen Medikamenten.

(nach Dr. Rau)
Es wird dabei ein feiner Bohrer **(Stabident-Bohrer)** von der Dicke einer 20er-Nadel verwendet, welcher mit langsamer Drehzahl nach feiner, vorausgehender Lokalanästhesie in den Kieferherd (**nie** in den Zahn) eingebohrt wird.
Anschließend wird ins Bohrloch eine Nadel an einer Injektionsspritze eingeführt, welche den genau gleich dicken Durchmesser hat wie das Bohrloch, sodaß der Bohrkanal dadurch satt ausgefüllt und dicht ist. Nun kann in den Kiefer-Knochenherd und in seine Umgebung ca. 2 ml der Medikamentenlösung eingespritzt werden.
Da der Kieferherd ja in einer Spongiosa-Knochen-Struktur liegt, bereitet das Infiltrieren keine Mühe und man kann die 2ml meist ohne nennenswerten Druck injizieren.
Je nach Art der Kieferbeherdung können Medikamente gewählt werden, welche eher das Knochenwachstum (bei hypodensen Zonen) oder den Knochenumbau und die bakteriellen Restbeherdungen (bei Hyperdensen Herden) angehen.
Da chronische Kieferherde meist alte Probleme darstellen, die sich über Jahre entwickelt haben, muß diese **isopathische Stabidenttherapie** langfristig, d.h. mehrmals durchgeführt werden.
Wir applizieren sie ca. alle 2 - 5 Wochen, insgesamt 3 - 10 x.

Wir konnten mit dieser Therapie eindrückliche Verläufe erleben, indem chronische Patienten nach den Injektionen starke Veränderungen bis zur Symptomfreiheit hatten, die nach jeder Injektion länger anhielten. Es konnten also die klassischen Kriterien der Störherdbeseitigung (nach Dosch und Huneke) festgestellt werden, die vorgängig mit der konventionellen Neuraltherapie an den Kieferherd nicht erzielt werden konnten.

Wir konnten auch schon Ausheilung alter chronischer hypodenser Ostitiden sehen. Das Regulationsthermogramm nach Rost zeigt nach Stabident-Injektion eine ganz beträchtlich veränderte Regulation.
Nebenwirkungen kommen selten vor. Meist sind es starke regulative Reaktionen auf die Therapie, v. a. bei Zugabe von Viscum oder eines Tröpfchens DMPS. Die Zelltherapeutica werden hervorragend vertragen, ebenso die Sanummedikamente, immer gleichzeitig Milieutherapie dazu.
Die Injektion ist sehr einfach. Man muß einzig bedenken, daß die Zahnwurzel nicht angespritzt werden soll, sondern darum herum. Die Injektion läßt sich auch in jeder Arztpraxis ambulant machen.
(Bezugsadressen für Stabidentbohrer per Fax bei Dr. Rau anfragen: 0041-71-335 71 00.)

Indikation zur Stabident-Therapie mit isopathischen Medikamenten:

- Hypodense Ostitiden nach alten Zahnextraktionen
- Hyperdense Ostitiden und „Zementosen" bei alten bakt. Zahnherden
- chronische dentogene Meridianstörungen bei radiologisch wenig auffälligem Kiefer aber positiver Thermographie / EAV
- meridian bedingte Zahnstörungen, sofern mit konventioneller Neuraltherapie keine Veränderung bewirkt wurde
- Wurzelspitzengranulome bei vitalen Zähnen
- Nachbehandlungen nach kieferchir. Eingriffen, z.B. nach Wurzelrestentfernungen.
- Zur Restausleitung von Schwermetallen

Medikamente zur Stabident-Infiltration:

Die häufigsten Medikamente: (alle Sanum, wenn nicht anders verm.)

- Arthrokehlan A Amp
- Procain 1 % oder Injection Lymphatica 1ml Nigersan Amp D5 (bei chron. degenerativen)
- Notakehl D5 Amp (bei akut bakteriellen)
- Sanuvis Amp. oder Citrokehl Amp
- Coenzyme comp (Heel)
- Viscum comp. forte (Heel)
- **Latensin mittel** (höchstens je ½ Amp)
- **Selenase Amp** (auch nur 1/- ½ Amp. pro Injekt.)
- Zellpräparate oder Nosoden (Heel, Wala):
- Os suis Injeel / Granuloma dentis / Kieferositis N.

Freie Radikale

DR. CH. KOBAU

Der Begriff „freie Radikale“ und „Antioxidantien“ wird in letzter Zeit immer häufiger in der Öffentlichkeit verwendet. Der folgende Beitrag soll überblicksmäßig in Kürze die Entstehung und Wirkungsweise von freien Radikalen im menschlichen Organismus erörtern.

Freie Radikale entstehen intern bei Oxidationsreaktionen wie z.B. beim Abbau von Aminosäuren und Fetten und extern durch Bestrahlung, Schwermetalle (Quecksilber, Blei, Cadmium etc.), Rauchen, Zytostatika, Pestizide, Lösungsmittel, Ozon, Benzindämpfe etc.

Freie Radikale sind sehr reaktionsfreudige Verbindungen und können den Zellapparat (vor allem die Zellmembranen, sowie die DNA, Erbsubstanz) schädigen und schwere Veränderungen hervorrufen. Der Organismus besitzt aber ein ausgeklügeltes Abwehrsystem , um diese reaktiven Substanzen zu neutralisieren. Bestimmte intern erzeugte Enzyme wie Katalase, Superoxiddismutase und GSH-Px, sowie die externen Scavenger Vit C, Vit E, β-Carotin, Vit A etc. haben diese lebenswichtige Aufgabe übernommen. Trotz all dem ist es unter bestimmten Voraussetzungen möglich, daß ein Bruchteil dieser Oxidantien der zellulären Abwehr entgeht. Besonders gefährdet ist die Zellmembran der Mitochondrien, sowie eine Schädigung der DNA:

DNA-Schäden entstehen durch Oxidation von Zucker und Baseneinheiten, sowie durch Bruch der Stränge.

Die DNA in jeder menschlichen Zelle ist so täglich Tausenden von schädigenden Oxidationsreaktionen ausgesetzt: Der wichtigste mutagene Basenschaden wird durch Hydroxyl-Radikale OH° verursacht. Dabei kommt es zur Oxidation von Guanin zu 8-Hydroxyguanin, das sich bevorzugt mit Adenin anstelle von Cytosin paart. Die entstehende Fehlpaarung wird durch eine spezifische DNA-Glycosydase beseitigt. Man nimmt an, daß die hydrolytische Desaminierung von Cytosin zu Uracil in der DNA und die Oxidation von Guanin zu 8-Hydroxyguanin die wichtigsten spontanen, direkt prämutagenen Veränderungen in der Zelle sind.

Eine andere Möglichkeit eines von Sauerstoff-Radikalen verursachten Schadens ist die Bildung von Verbindungen, welche die DNA-Helix verzerren (zu diesen Läsionen gehören 8,5’-Cyclopurindesoxynukleotide)

Besonders sensibel für Sauerstoffradikale ist die DNA in Mitochondrien, deren Schäden verantwortlich sind für eine hohe Mutationsrate und schnelle Alterungserscheinungen dieser Organellen.

Einige der wichtigsten „Reactive Oxigen Toxic Species“ (ROTS)

SUPEROXIDANION 0_2^-

Der in jeder Zelle lebensnotwendige Sauerstoff bringt unter bestimmten Umständen sehr toxische Nebenprodukte hervor. Sauerstoff wird vor allem in den Mitochondrien über eine Reihe von Enzymen verwertet. Über diese Enzyme werden zwei Moleküle Sauerstoff (0_2) zu zwei Superoxidradikalen (**0_2^-**) verwandelt. Durch die Entstehung eines so gebildeten freien Radikals, können in der Zelle und hier besonders an den ungesättigten Fettsäuren der Zellmembran große Schäden angerichtet werden.. Der natürliche Schutzmechanismus des Körpers ist die Erzeugung eines Enzyms der Superoxiddismutase (SOD).

$$2O_2^- + 2H^+ \rightarrow H_20_2 + 0_2$$

HYDROXYL RADIKAL OH°

Die Entstehung des Hydroxylradikals erfolgt primär durch die Reaktion von Hydrogenperoxid mit Superoxidanion

$$\underset{\text{Hydrogenperoxid}}{H_2O_2} + \underset{\text{Superoxid}}{O_2}$$

$$\downarrow$$

$$\underset{\text{Hydroxylion}}{OH^-} + \underset{\text{Hydroxylradikal}}{OH^0} + \underset{\text{Atmosph. Sauerstoff}}{O_2}$$

Zu dieser Reaktion kann es vermehrt kommen, wenn ein Mangel an SOD, Katalase oder Glutathionperoxidase vorherrscht bzw. vermehrt Superoxid und Hydrogenperoxid erzeugt wird.

HYDROGEN PEROXID H_2O_2

Einige Entstehungsmöglichkeiten von H_20_2:

- Glukoseoxidase
- Phagozytose
- Erythrocyten
- Monaminoxidase
- Entgiftung von $O_2^{\cdot -}$
- Epinephrinoxidation
- Polymorphonucleare Leukozyten
- Wenn bei einer allergischen Reaktion IgE erzeugt wird, entsteht H_20_2

Schutzmechanismen des Körpers durch Bildung von:

- Glutathion
- Katalase ($2H_2O_2$ + Katalase → $2H_2O + O_2$)

Glutathion ist ein Tripeptid und besteht aus den Aminosäuren Cystein, Glycin und Glutaminsäure.

Quecksilber hat eine hohe Affinität zu Sulfhydrylgruppen — dadurch Brückenbildung zwischen Schwefel und Quecksilber. So werden eine ganze Reihe von wichtigen Enzymsystemen blockiert und der Stoffwechsel gestört (Quecksilber blockiert vor allem zinkabhängige Enzymsysteme, z.B. Carboanhydrase - Ebenso erfolgt eine Blockade der Aminosäure Cystein, die für die Bildung der extra- und intrazellulären Fermente wichtig ist. Wir sprechen von einer „metabolischen Blockade" die, vor allem im Zitronensäurezyklus, in den Mitochondrien stattfindet.

„Metallothionein is a low-molecular weight, cysteine-rich, metal-binding protein which has been implicated in the detoxification of toxic metals (cadmium, **mercury**), metabolism of zinc and copper, as well as in the scavenging of **free radicals**. Recent evidence suggests that the protein may also be involved in cell proliferation. Based on the experiments carried out so far, it is assumed that the fundamental role of metallothionein in cell proliferation may be to detoxify and/or transfer copper ions from the cytoplasm to the nucleus at the G1/S phase, which in turn participate in some way in nuclear DNA synthesis." Wlostowski-T, 1993, Univ. Warschau (ISSN: 0966-0844)

Besonders angegriffen werden die selenabhängigen Enzyme Glutathion-peroxidase (GSH-Px) und 5-Dejodase. Durch die Bindung von Quecksilber an die Schwefelgruppen (SH) dieser Enzyme wird deren Aktivität vermindert. Glutathionperoxidase ist aber eines der wichtigsten Radikalfänger und somit Antioxidans in unserem Organismus. Es kommt so zu einem schlechteren Oxidationsschutz der Zelle.

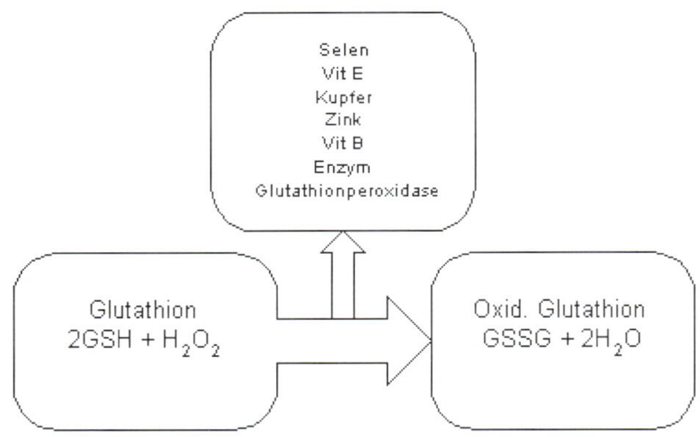

Einige der Wirkungsweisen von H_2O_2 auf den Organismus.

- Destabilisierung der ungesättigten Fettsäuren in den zweischichtigen Lipidmembranen — Unter Bildung von Hydroperoxiden werden die Kohlenstoff-Kohlenstoff-Doppelbindungen attackiert
- Veränderung der äußeren Erythrozytenmembranen → Hämolyse → Bildung von Gallensäuresalzen
- Plättchenaggregation
- Blutdruckbeeinflussung durch Förderung der Synthese von Prostaglandinen
- irreversible Hemmung der Nervenenden und Degeneration
- durch Lipidperoxide wird die Bildung von Prostaglandin G_2 gefördert, welches wiederum neue Peroxide stimuliert
- Reduktion der Lymphozytenaktivität
- Durch H_2O_2 wird das Enzym Sialidase, welches den Sialinsäurestoffwechsel leitet, gefördert. Durch die Stimulation von Sialidase wird eine gelatinöse Masse gebildet.
- Depolimerisation der Hyaluronsäure

- Serotoninausschüttung
- Histaminausschüttung

Als ein interessantes Beispiel zur H_2O_2 Entstehung sei der Prozeß des Rauchens kurz dargestellt:

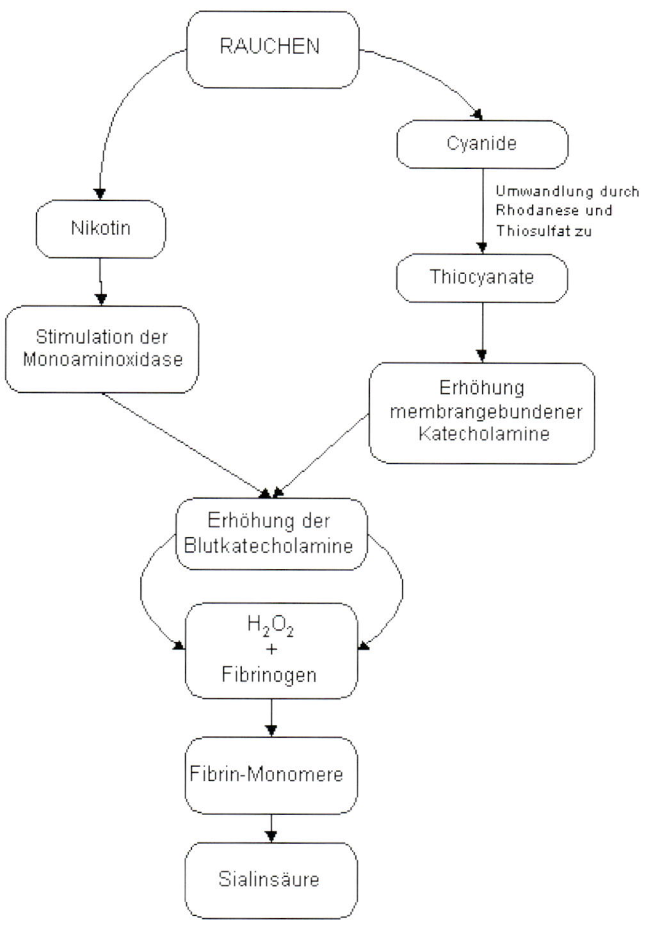

Wie sich Schwermetalle, vor allem Quecksilber auf die Blutzellen (Erythrozyten) auswirken zeigte Kost'ova in einem Versuch an Schafen: (ISSN: 0375-8427)

Kost'ova-D, Universität Kosice 1995: „Peroxidative lesions of cells and production of **free radicals** from endo- and exogenous reasons, eg. due to air pollution, can result in severe lesions of cells and subsequent pathological processes (Rieger, 1992; Robbins and Cotran, 1988). A pentose cycle plays an important role in the system of antioxidative protection: glucose-6-phosphate dehydrogenase (G-6-PD; EC 1.1.1.49) is its first enzyme. G-6-PD activity was evaluated in the erythrocytes of sheep kept in the region contaminated by heavy metals with **mercury** dominating among them, and in the same animals after administration of a feed mixture containing Hg, Pb Cd, Zn Cr, Cu, Fe and As.. Boehringer Mannheim test was used to determine the G-6-PD activity. There was no significant differences in the enzyme activity in the sheep from a contaminated region and in the animals outside the air-pollution region (control animals) before the applications of heavy metals started. The average value of G-6-PD activity was 13.96 +/- 0.94 mU.10 (-9) Ec in control animals and 14.39 +/- 1.49 mU.10 (-9) Ec in the animals from a contaminated region. After eight-day applications of heavy metals the G-6-PD activity increased statistically significantly to 18.71 +/- 2.45 mU.10 (-9) Ec; $P < 0.01$, and to 23.55 +/- 1.87 mU 10 (-9) Ec after 16 days of application; $P < 0.001$. An increase in G-6-PD activity after heavy metal applications is probably a compensation mechanism in the system of erythrocyte antioxidative protection due to higher peroxidation. The long term increased intake of heavy metals from polluted air did not lead to any rise of G-6-PD activity probably due to the lower dose of heavy metals and/or to adaptation of animal organisms to long run emission exposure. The results demonstrate that G-6-PD can be one of the biochemical indicators at organism load by heavy metals with **mercury** dominating among them."

Die Wirkung von QUECKSILBER auf PORPHYRINE im Harn als Indikatoren für oxidativen Streß in der Niere untersuchte Miller-DM, University of Washington, in Seattle 1993 (ISSN: 0006-2952):

„Reduced porphyrins (hexahydroporphyrins, porphyrinogens) are readily oxidized in vitro by **free radicals** which are known to mediate oxidative stress in tissue cells. To determine if increased urinary porphyrin concentrations may reflect oxidative stress to the kidney in vivo, we measured the urinary porphyrin content of rats treated with **mercury** as methyl **mercury** hydroxide (MMH) or cephaloridine, both nephrotoxic, oxidative stress-inducing agents. Rats exposed to MMH at 5 ppm in the drinking water for 4 weeks showed a 4-fold increase in 24-hr total urinary porphyrin content and a 1.3-fold increase in urinary malondialdehyde (MDA), an established measure of oxidative stress in vivo. Treatment with cephaloridine alone (10-500 mg/kg, i-p.) produced a dose-related increase in urinary MDA and total porphyrin levels up to 1.6 and 7 times control values, respectively. Injection of MMH-treated rats with cephaloridine (500 mg/kg) caused a synergistic (20-fold) increase in urinary porphyrin levels, but an additive (1.9-fold) increase in the MDA concentration. Studies in vitro demonstrated that cephaloridine stimulated the iron-catalyzed **H_2O_2**-dependent oxidation of porphyrinogens to porphyrins in the absence of either microsomes or mitochondria. Additionally, porphyrinogens were oxidized to porphyrins in an iron-dependent microsomal lipid peroxidation system. Moreover, porphyrinogens served as an effective antioxidant (EC50 approximately 1-2 microM) to lipid peroxidation. These results demonstrate that MMh and cephaloridine synergistically, as well as individually, promote increased oxidation of reduced porphyrins in the kidney and that this action may be mechanistically linked to oxidative stress elicited by these chemicals. **Increased urinary porphyrin levels may, therefore, represent a sensitive indicator of oxidative stress in the kidney in vivo**."

In einer Studie von Le Bel-CP (University of California, IRVINE 1992, ISSN: 0041-008x) wurde die Wirkung von **Methyl-Quecksilber** auf das Hirn, sowie der Schutzeffekt einer Eisen-Chelattherapie vor freien Radikalen dokumentiert:

„It has been suggested that methyl **mercury** may express its neurotoxicity by way of iron-mediated oxidative damage. Therefore, the effect of deferoxamine, a potent iron-chelator, on methyl **mercury-induced** increases in reactive oxygen species formation was studied in rat brain. The generation rate of reactive oxygen species was estimated in crude synaptosomal fractions using the probes 2',7'-dichlorofluorescin diacetate and dihydrorhodamine 123. The formation rate of the fluorescent oxidation products was used as the measure of reactive oxygen species generation. Seven days after a single injection of methyl **mercury** (5 mg/kg, ip), the formation rate of reactive oxygen species was significantly increased in the cerebellum. Pretreatment with deferoxamine (500 mg/kg, ip) completely prevented the methyl **mercury-induced** increase in cerebellar reactive oxygen species generation rates. The oxidative consequences of in vitro exposure to methyl **mercury** (20 microM) were also inhibited by deferoxamine (100 microM). The formation of the iron-saturated complex ferrioxamine was not affected by a 10-fold excess of methylmercuric chloride or mercuric chloride, suggesting that a deferoxamine-mercurial complex does not form. The findings in this study: (1) provide evidence that iron-catalyzed oxygen radical-producing reactions play a role in methyl **mercury** neurotoxicity, (2) demonstrate the potential of fluorescent probes as a measure of reactive oxygen species formation, and (3) provide support for iron-chelator therapy in protection against xenobiotic-induced oxidative damage."

Die Atmungskette, deren Aufgabe die Reoxidierung der Coenzyme ist lokalisiert sich an der inneren Mitochondrienmembran. Als Reduktionsmittel wird NADH und FADH2 benutzt (Elektronenspender) damit Sauerstoff reduziert und Wasser gebildet werden kann. Der so entstehende **elektrochemische Gradient** wird zur Synthese von **ADP** verwendet (unter Verwendung der ADP-Synthase) (**OXYDATIVE PHOSPHORYLLIUM**)

Mitochondrien sind die „biochemischen Kraftwerke" der Zelle, weil sie den für die Zelle größten Teil des ATP's produzieren.

In den Mitochondrien finden folgende wichtige Reaktionen statt.

- Atmungskette gekoppelt mit der Synthese von ATP (wird als oxydativer Phosphoryllium bezeichnet)
- Citratzyklus
- Fettsäureabbau (β-Oxidation)
- Harnstoffzyklus
- Speicherung von Calcium

DIE DURCH FREIE RADIKALE HERVORGERUFENE LIPIDPEROXIDATION (OXIDATIVE SCHÄDIGUNG) FÜHRT ZU EINER DESTABILISIERUNG DER MITOCHONDRIENMEMBRAN UND SOMIT ZU EINER VERRINGERTEN ENERGIEERZEUGUNG FÜR DIE ZELLE

Die folgenden Darstellungen sollen den strukturellen Aufbau von Membranen u. Mitochondrien als primäre Angriffsziele von freien Radikalen beschreiben. (In den Mitochondrien findet die Energieproduktion der Zelle durch die Verwandlung von ADP u. P in ATP statt — „Oxidative Phosphorylierung")

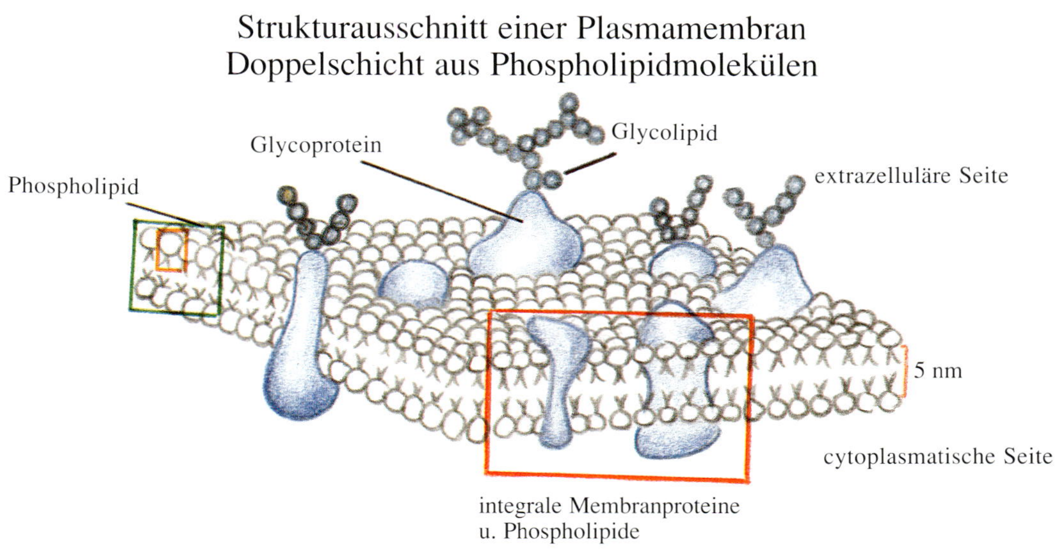

Abb. 1

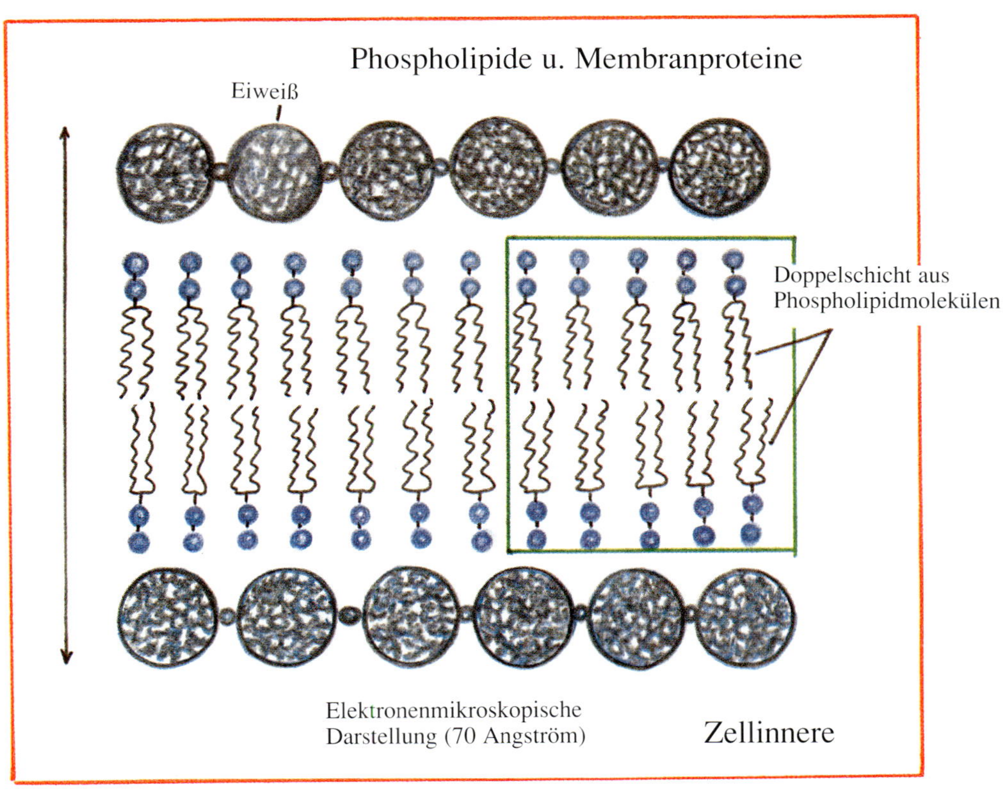

Abb. 2

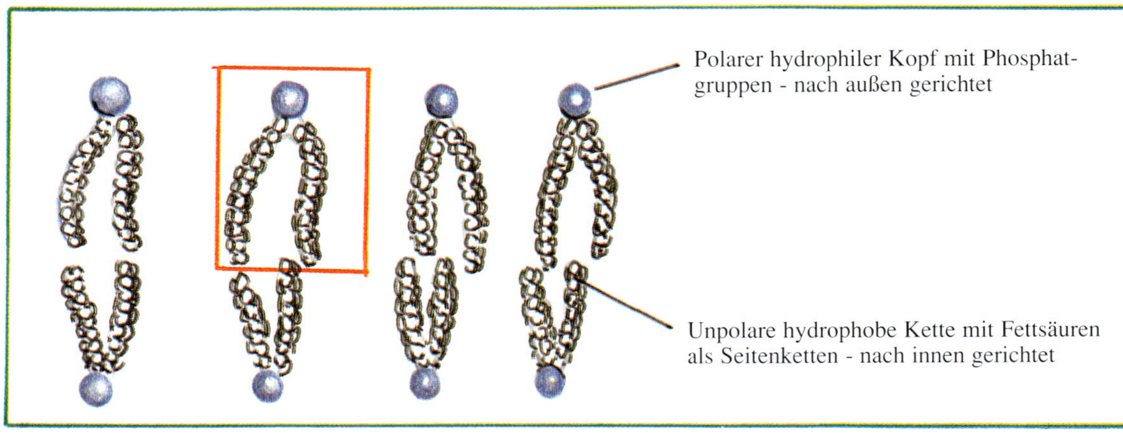

Abb. 3: Doppelte Fettschicht mit Kohlenwasserstoffketten

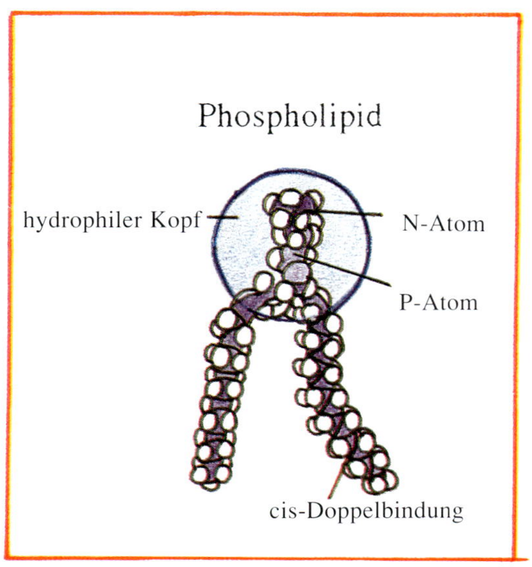

Abb. 4

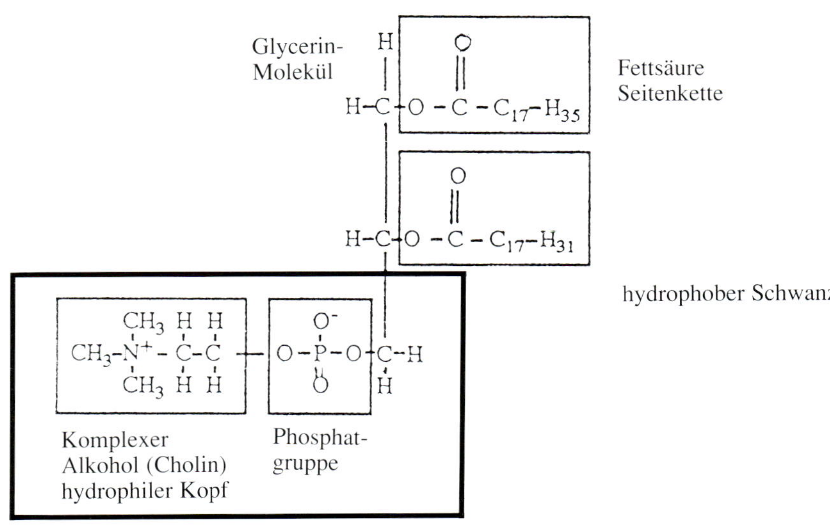

Abb. 5

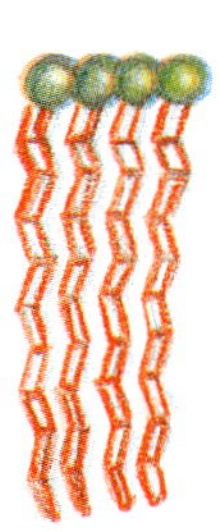

Stearinsäure in normaler gestreckter Anordnung

Abb. 6

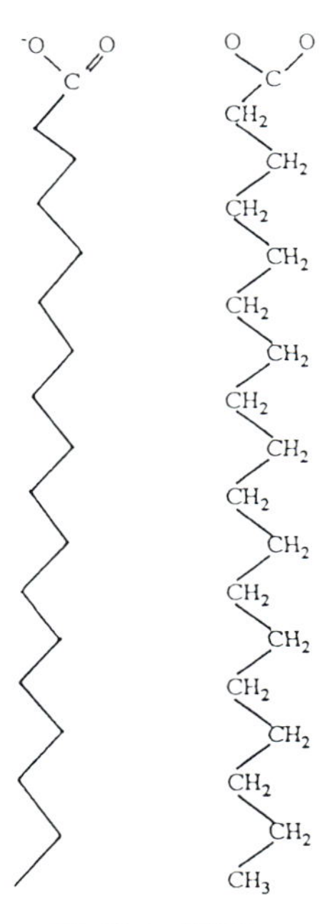

Abb. 7

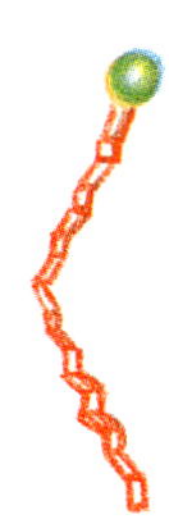

Ungesättigte Fettsäure:
Ölsäure (Oleat)
Durch die Doppelbindung (cis) ist keine Rotation möglich und es entsteht ein starrer Knick

Abb. 8

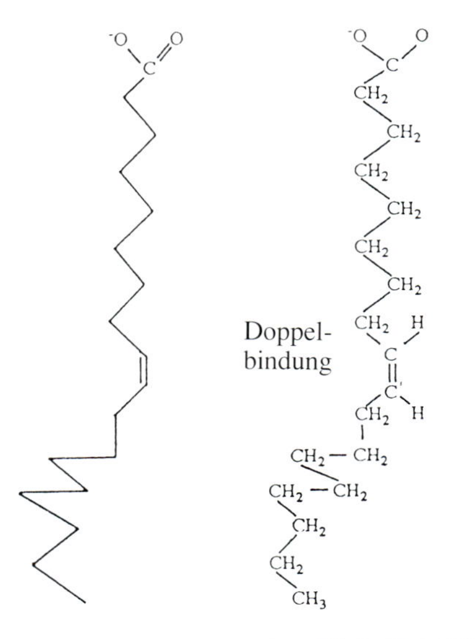

Abb. 9

Mitochondrien-
die Kraftwerke der Zellen

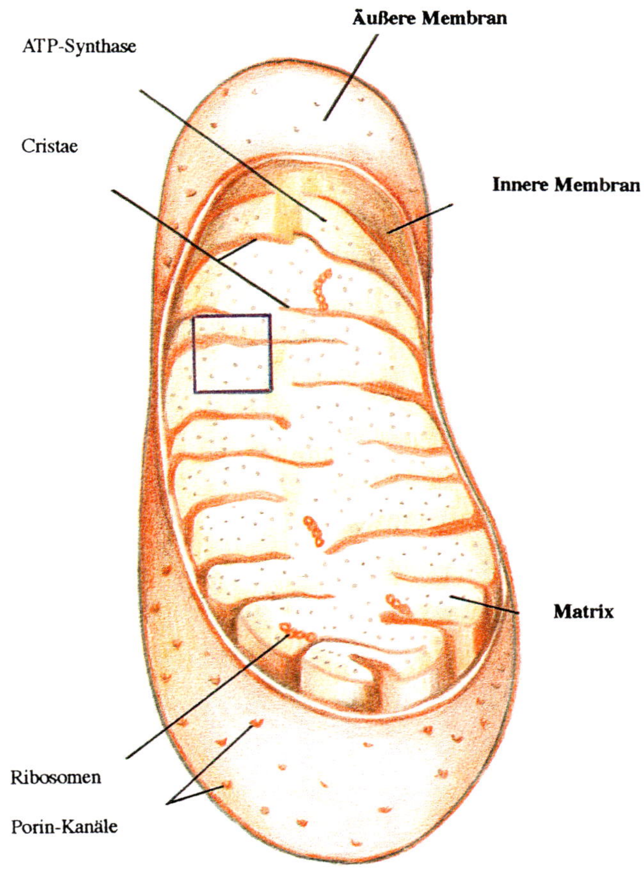

Abb. 10

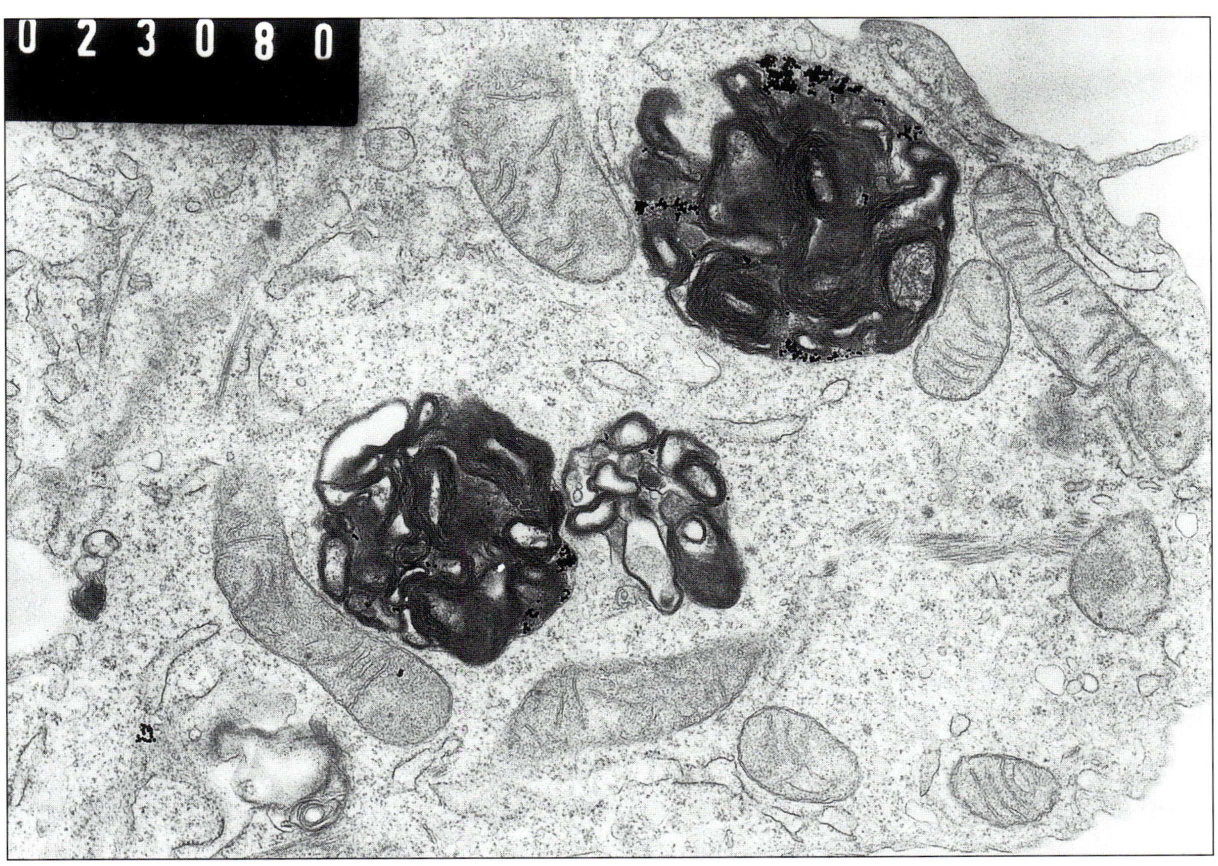

Abb. 11: Elektronenmikroskopische Aufnahme von Mitochondrien

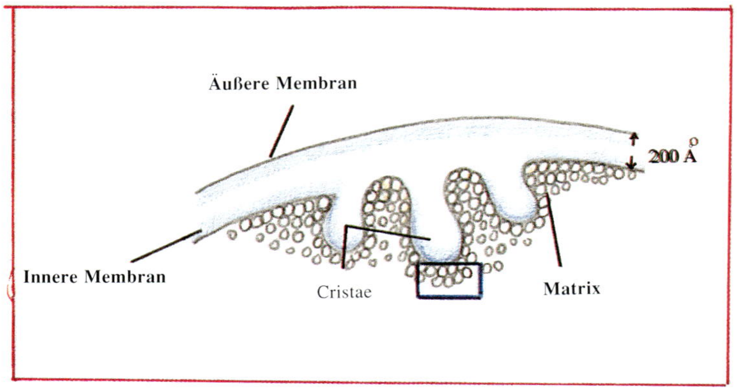

Abb. 12

Die Atmungskette, deren Aufgabe die Reoxidierung der Coenzyme ist, lokalisiert sich an der inneren Mitochondrienmembran. Als Reduktionsmittel wird NADH und NADH2 benutzt (Elektronenspender) damit Sauerstoff reduziert und Wasser gebildet werden kann. Der so entstehende **elektrochemische Gradient** wird zur Synthese von ATP aus ADP u. P (unter Verwendung der ATP-Synthase) (Oxidative Phosphorylierung)

ADP wird zu ATP in einer Oxidationseinheit (Oxysom) aktivert

Abb. 13

Mitochondrien sind die „biochemischen Kraftwerke" der Zelle, weil sie den größten Anteil an ATP für die Zelle produzieren.

In den Mitochondrien finden folgende wichtige Reaktionen statt.

- Atmungskette gekoppelt mit der Synthese von ATP (wird als oxydative Phosphorylierung bezeichnet)
- Citratzyklus
- Fettsäureabbau (β-Oxidation)
- Harnstoffzyklus
- Speicherung von Calcium

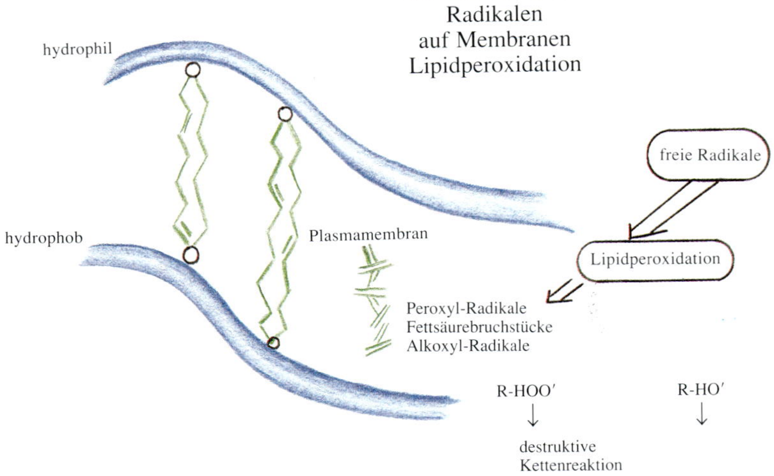

Abb. 14

DIE DURCH FREIE RADIKALE HERVORGERUFENE LIPIDPEROXIDATION (OXIDATIVE SCHÄDIGUNG) FÜHRT ZU EINER DESTABILISIERUNG DER MITOCHONDRIENMEMBRAN UND SOMIT ZU EINER VERRINGERTEN ENERGIEERZEUGUNG FÜR DIE ZELLE

Der Motor der Zelle — ENERGIEBEREITSTELLUNG — durch die Verwandlung von Adenosindiphosphat ADP u. P in ATP – Adenosintriphosphat

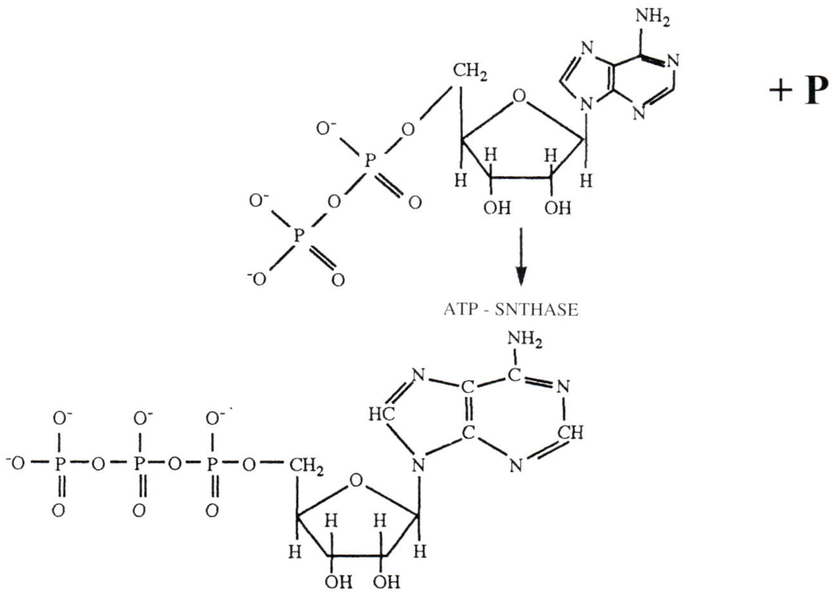

Abb. 15: Die Verwandlung von ADP u. P in ATP

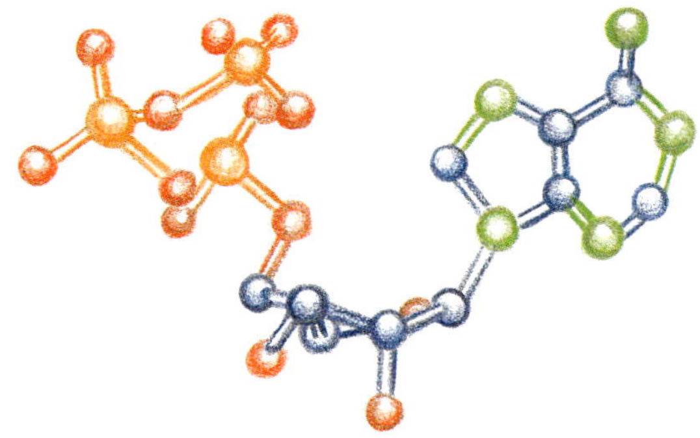

Abb. 16: ATP – Adenosintriphosphat

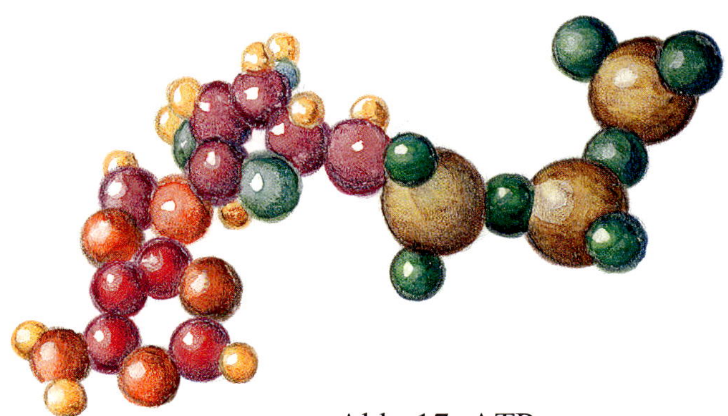

Abb. 17: ATP

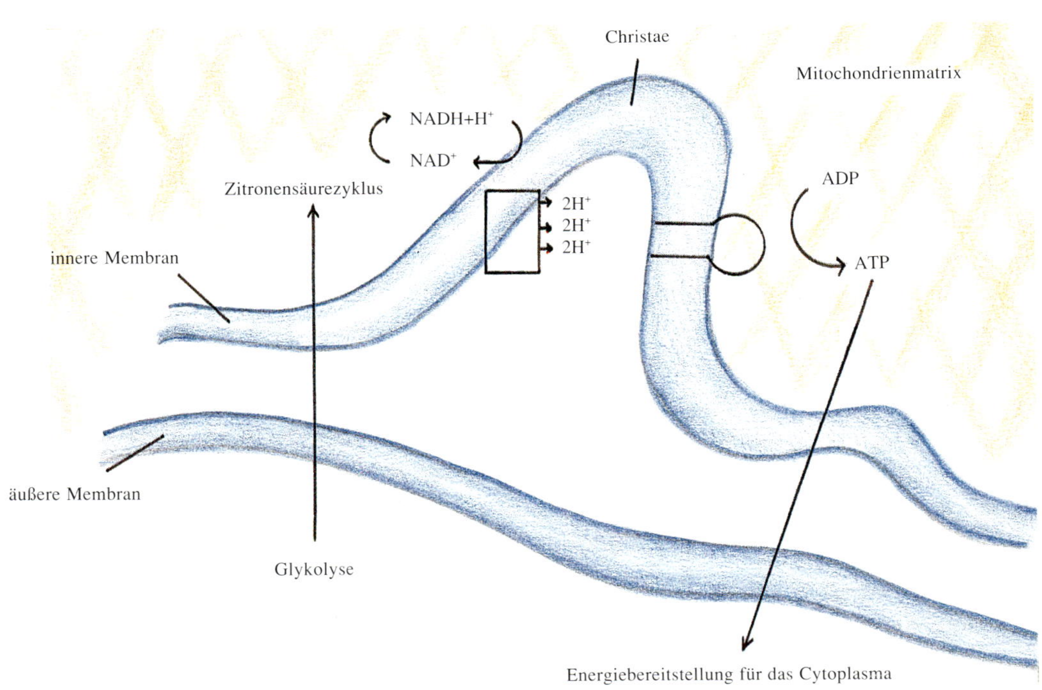

Abb. 18: Vereinfachte Darstellung der Energieproduktion an den Cristae der inneren Mito chondrienmembranen

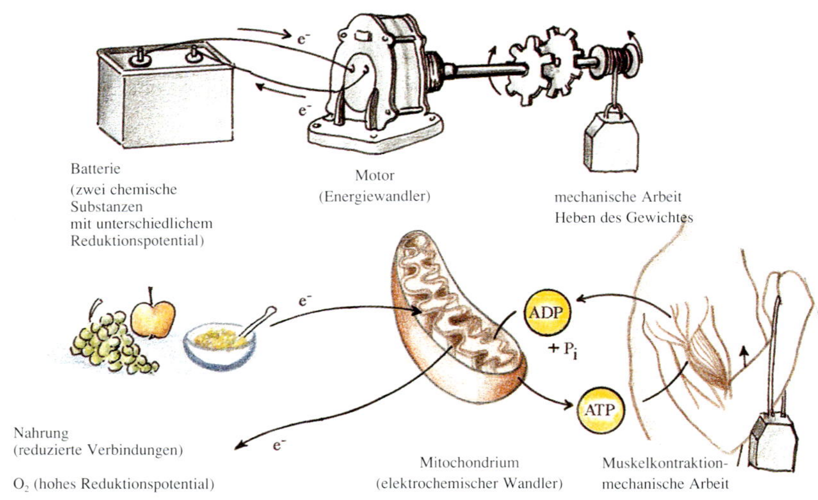

Abb. 19

Vitamine als Antioxidantien — grafisch dargestellt — die Kristalle zeigen sich in polarisiertem Licht in schillernden Farben

Abb. 20: Vit. E

Abb. 21: Vit. C

Abb. 22: Vit. A

Abb.23: Beta-Carotin

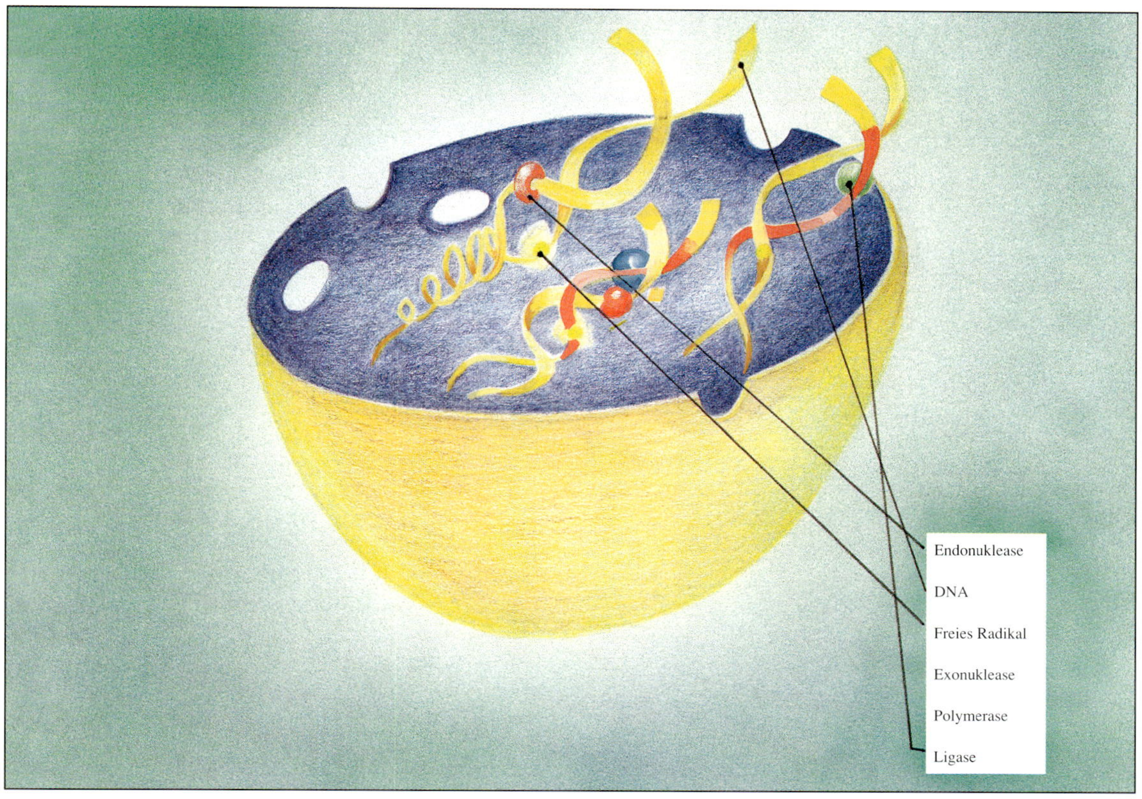

Abb. 24: Freie Radikale attackieren ebenso die Erbsubstanz DNA im Zellkern. Unser Körper hat aber im Laufe der Entwicklung eigene Reparaturenzyme hervorgebracht, deren Aufgabe es ist, diese Schäden schnellstens wieder zu beheben. <u>**a:**</u> Über das Enzym ENDONUKLEASE wird der gestörte DNA-Teil herausgeschnitten. <u>**b:**</u> Das Enzym POLYMERASE kopiert den destruierten Teil und über die EXONUKLEASE wird er abtransportiert. <u>**c:**</u> Mit Hilfe des Enzyms LIGASE kann der kopierte Teil wieder in die DNA integriert werden.

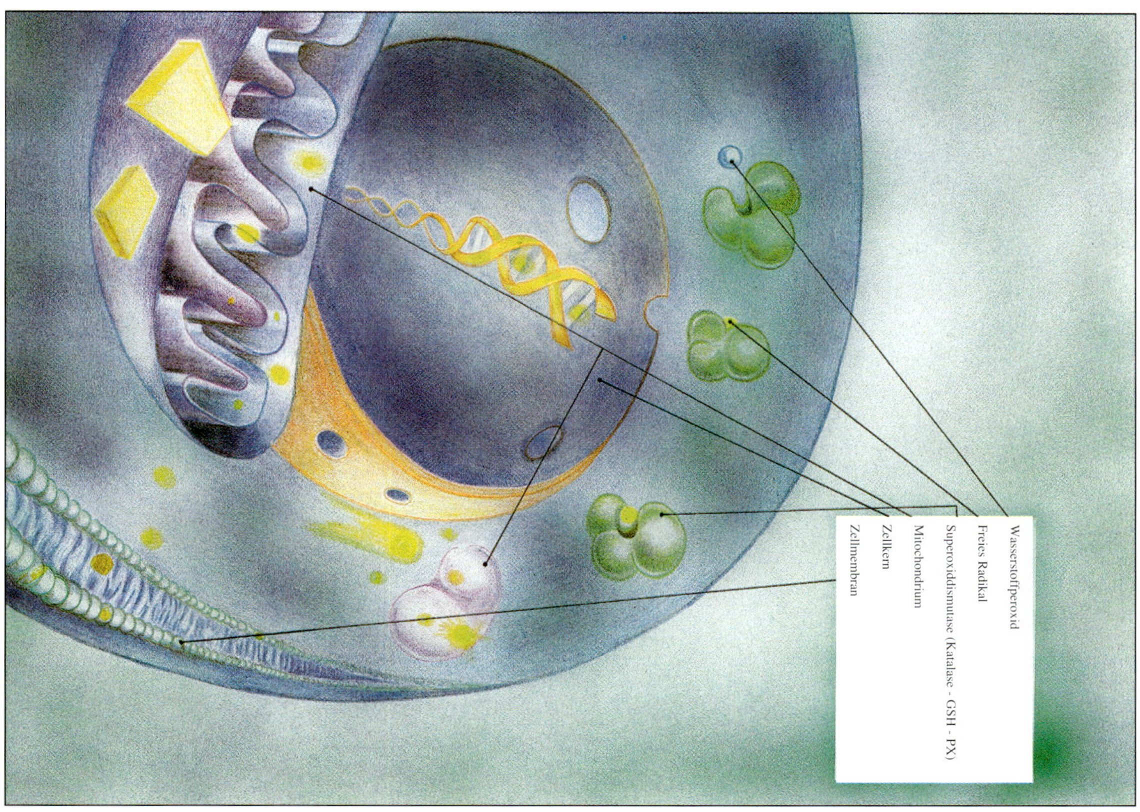

Abb. 25: Freie Radikale können neben den Schäden an der DNA auch für schwere Destruktionen an den Zellmembranen (vor allem an den MITOCHONDRIEN) verantwortlich sein. Körpereigene SCAVENGER-ENZYME wie SOD (Superoxiddismutase), KATALASE u. GLUTATHIONPEROXIDASE bauen diese RADIKALE wieder ab.

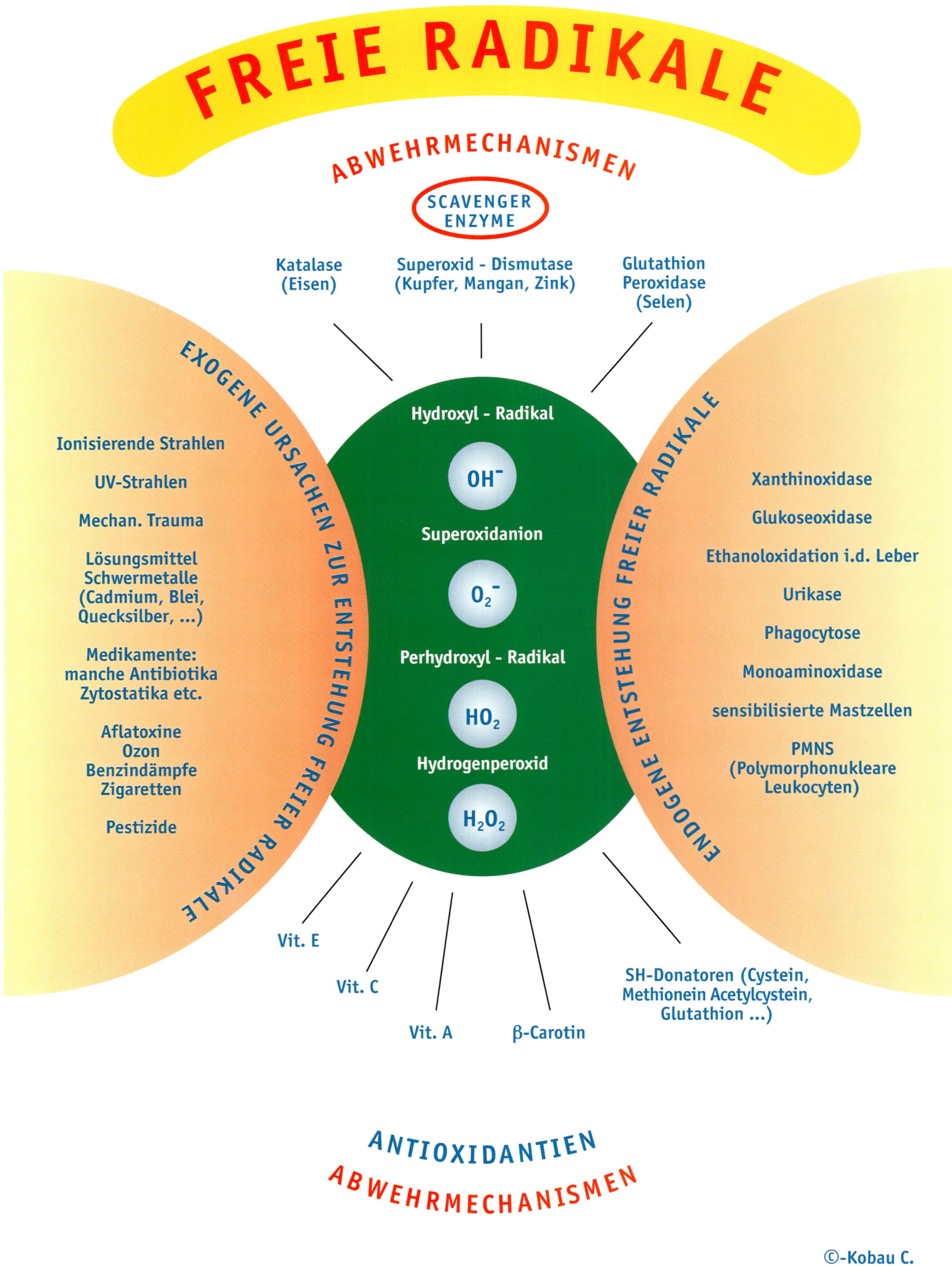

FREIE RADIKALE
ABWEHRMECHANISMEN
SCAVENGER ENZYME
Katalase (Eisen)
Superoxid - Dismutase (Kupfer, Mangan, Zink)
Glutathion Peroxidase (Selen)
EXOGENE URSACHEN ZUR ENTSTEHUNG FREIER RADIKALE
Ionisierende Strahlen
UV-Strahlen
Mechan. Trauma
Lösungsmittel
Schwermetalle (Cadmium, Blei, Quecksilber, ...)
Medikamente: manche Antibiotika Zytostatika etc.
Aflatoxine
Ozon
Benzindämpfe
Zigaretten
Pestizide
Hydroxyl - Radikal
OH^-
Superoxidanion
O_2^-
Perhydroxyl - Radikal
HO_2
Hydrogenperoxid
H_2O_2
ENDOGENE ENTSTEHUNG FREIER RADIKALE
Xanthinoxidase
Glukoseoxidase
Ethanoloxidation i.d. Leber
Urikase
Phagocytose
Monoaminoxidase
sensibilisierte Mastzellen
PMNS (Polymorphonukleare Leukocyten)
Vit. E
Vit. C
Vit. A
β-Carotin
SH-Donatoren (Cystein, Methionein Acetylcystein, Glutathion ...)
ANTIOXIDANTIEN
ABWEHRMECHANISMEN
©-Kobau C.

Wirkung der Radikale auf den Organismus

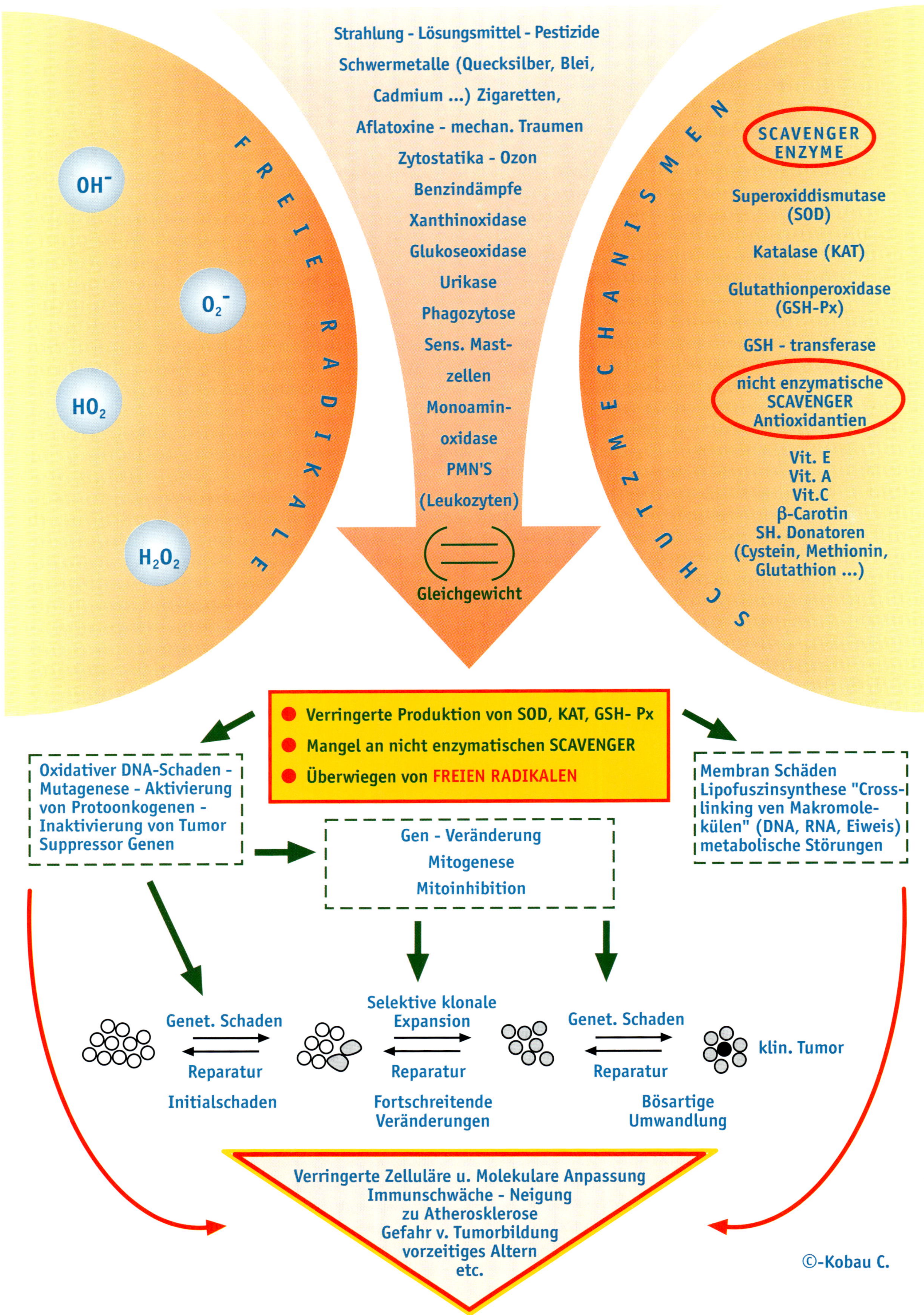

FREIE RADIKALE
OH^-
O_2^-
HO_2
H_2O_2
Strahlung - Lösungsmittel - Pestizide
Schwermetalle (Quecksilber, Blei,
Cadmium ...) Zigaretten,
Aflatoxine - mechan. Traumen
Zytostatika - Ozon
Benzindämpfe
Xanthinoxidase
Glukoseoxidase
Urikase
Phagozytose
Sens. Mast-
zellen
Monoamin-
oxidase
PMN'S
(Leukozyten)
Gleichgewicht
SCHUTZMECHANISMEN
SCAVENGER ENZYME
Superoxiddismutase (SOD)
Katalase (KAT)
Glutathionperoxidase (GSH-Px)
GSH - transferase
nicht enzymatische SCAVENGER Antioxidantien
Vit. E
Vit. A
Vit.C
β-Carotin
SH. Donatoren
(Cystein, Methionin,
Glutathion ...)
Verringerte Produktion von SOD, KAT, GSH- Px
Mangel an nicht enzymatischen SCAVENGER
Überwiegen von FREIEN RADIKALEN
Oxidativer DNA-Schaden - Mutagenese - Aktivierung von Protoonkogenen - Inaktivierung von Tumor Suppressor Genen
Gen - Veränderung
Mitogenese
Mitoinhibition
Membran Schäden Lipofuszinsynthese "Cross-linking von Makromolekülen" (DNA, RNA, Eiweis) metabolische Störungen
Genet. Schaden
Reparatur
Initialschaden
Selektive klonale Expansion
Reparatur
Fortschreitende Veränderungen
Genet. Schaden
Reparatur
Bösartige Umwandlung
klin. Tumor
Verringerte Zelluläre u. Molekulare Anpassung
Immunschwäche - Neigung
zu Atherosklerose
Gefahr v. Tumorbildung
vorzeitiges Altern
etc.
©-Kobau C.

Die Rolle der Wasserstruktur in Stoffwechselprozessen

F. Hacheney

Bei der zur Zeit üblichen Beurteilung der Trinkwasserqualität beschränkt man sich auf die Analyse eines Teiles der im Wasser gelösten Stoffe. Der komplexe Zusammenhang zwischen der Molekularstruktur des Wassers und seinen physikalischen Eigenschaften wird dabei nicht berücksichtigt.

Seit Jahrzehnten wird — weitgehend unbeachtet von der Öffentlichkeit — weltweit an der Erforschung der Molekularstruktur des Wassers gearbeitet. Das im Zuge der fortschreitenden Forschung sich ständig verändernde naturwissenschaftliche Modell der Wasserstruktur geht von einer dynamischen Wechselwirkung zwischen den Wassermolekülen aus. Diese Wechselwirkung bedingt eine äußerst labile Verbindung benachbarter Wassermoleküle, der sogenannten Wasserstoffbrücke. So bilden Wassermoleküle Gruppen, sogenannte Cluster. Diese Cluster unterliegen einem ständigen Zerfall und einer ständigen Neubildung. Ihre Größe kann mehrere hundert Moleküle betragen und verringert sich mit zunehmender Temperatur.

Wassercluster weisen bestimmte Strukturen häufiger als andere auf. Diese Strukturen sind Forschungsgegenstand der modernen Physik. Man kommt in jüngsten Forschungsberichten zu der Auffassung, daß man in der Vergangenheit die strukturelle Ordnung des Wassers weit unterschätzt hat. (Lit. 1)
Nach der bisher etablierten wissenschaftlichen Auffassung kann die Wasserstruktur nur streng reversibel beeinflußt werden. D.h., daß die Veränderungen der Wasserstruktur, hervorgerufen etwa durch Temperatur - oder Druckveränderung oder durch ins Wasser gelangte Stoffe, bei exakter Rückkehr zu den Ausgangsbedingungen immer und vollständig rückgängig gemacht werden. Inzwischen wird diese Auffassung nach Forschungsarbeiten im Bereich ultrahoher Verdünnungen (Lit. 2) nicht mehr einheitlich vertreten. Viele Wissenschaftler sind heute der Meinung, daß sowohl Substanzen als auch physikalische Einwirkungen wie insbesondere elektromagnetische Strahlung im Wasser Spuren hinterlassen (Lit. 3).

Insbesondere in der Diskussion um die Wirksamkeit der Homöopathie spielt die Wasserstruktur eine zunehmend wichtige Rolle. Man sieht in der Clusterstruktur des Wassers ein Speichermedium für homöopathische Informationen (Lit. 4).

Aus unserer täglichen Erfahrung mit Wasser wissen wir, daß erhitztes Wasser besser reinigt, löst und Stoffe aufnimmt. Hierfür ist insbesondere seine wärmebedingt offenere Struktur verantwortlich. Um Wasser vollständiger und schneller reagieren zu lassen — z.B. zum Auflösen von Zucker oder Salz —, rührt man es und vergrößert dabei seine spezifische Oberfläche. Durch eine dynamische Vergrößerung der Reaktionsfläche wird die Reaktionsgeschwindigkeit — im genannten Beispiel die Auflösungsgeschwindigkeit — erhöht.
Wasser verfügt sowohl im statischen als auch im dynamischen Sinn über eine Oberfläche, welche nicht nur aus der äußerlich sichtbaren Oberfläche des Wasservolumens gebildet wird. Im Wasser verteilt finden sich Hohlräume, entweder mit Luft gefüllt oder leer. Die Grenzflächen zu diesen Hohlräumen bilden eine zusätzliche weitere Wasseroberfläche. Des weiteren werden durch die dem Wasser eigene Dynamik ständig neue solcher inneren Oberflächen erzeugt. Man muß davon auszugehen, daß eine Reihe von kohärenten, d.h. geordneten Bewegungsformen — Mikrowirbel, Clustereigenschwingungen etc. — aber auch die rhythmische Kompression und Expansion der Gaseinschlüsse zur Wasserdynamik beitragen.
Es ist leicht verständlich, daß die Größe der spezifischen Wasseroberfläche einen erheblichen Einfluß auf die Wassereigenschaften haben muß. Denn die Grenzflächen der im Wasser vorhandenen Hohlräume sind bereits vorhandene Reaktionsflächen. Je ausgebildeter die Strukturdynamik und je größer die spezifische Wasseroberfläche ist, um so dynamischer verhält sich das Wasser in biologischen und teilweise auch technischen Prozessen. Das Wasser gewinnt an Eindringfähigkeit, vermischt sich besser und vollständiger. Diese Eigenschaften sind gerade in Stoffwechselprozessen von großer Bedeutung.
Wasser bildet die Grundlage aller Körperflüssigkeiten. Es transportiert Nährstoffe und leitet Stoffwechselschlacken aus. Es vermittelt Informationen, eine wichtige Voraussetzung für das Funktionieren der Zellkommunikation und der Stoffwechselkoordination. Alle Flüssigkeiten in lebendigen Systemen sind wässrige Lösungen und befinden sich im Kolloidalzustand. Dies ist ein Gleichgewichtszustand, für dessen Stabilität das Wasser und seine Struktur von großer Bedeutung ist. Dieser Zustand ist gekennzeichnet durch die homogene Verteilung der Lösungskomponenten. Wird

der Kolloidalzustand instabil, bilden sich Verklumpungen, sog. Koagulationen, welche die Fließfähigkeit der Flüssigkeit beeinträchtigen. Stoffwechselstörungen, wie z.B. Störungen des Blutkreislaufes (Lit. 5), sind die Folge.

Zwischen der Stabilität des Kolloidalzustandes und der Wasserstruktur besteht ein enger Zusammenhang (Lit. 6): Eine offene Wasserstruktur fördert die Stabilität der kolloidalen Lösung und trägt dazu bei, daß sich Koagulationen auflösen bzw. erst gar nicht entstehen.

Die Eindringfähigkeit des Wassers in das Gewebe ist für Entgiftungsprozesse eine wichtige Voraussetzung. Reaktionsträges Wasser fließt an Ablagerungen vorbei, ohne die Stoffwechselschlacken aufzunehmen. Auch für die Aufnahme und Abgabe von Informationen ist die Größe der Wasseroberfläche von erheblichem Einfluß. Denn an der Informationsübertragung sind in erster Linie die Wassermoleküle der Grenzflächen beteiligt (Lit. 7).

Das heute verfügbare Trinkwasser ist zunehmend chemisch belastet. Die Beeinträchtigung der natürlichen Wasserregeneration durch die globale Umweltbelastung hat aber auch zu einer strukturellen Schädigung des Wassers geführt. Die öffentliche Trinkwasserversorgung erfordert eine Reihe von Maßnahmen, welche zu einer erheblichen Beeinträchtigung auch der physikalischen Wasserqualität führt. So verursacht z.B. die Strömung in den Versorgungsleitungen unter hohem Druck eine Reduzierung der im Wasser vorhandenen Hohlräume und der strukturellen Dynamik. Das heute verfügbare Trinkwasser ist für seine Aufgaben in Stoffwechselprozessen zu träge geworden.

Daher gewinnt für die Herstellung eines in jeder Hinsicht hochwertigen Trinkwassers die physikalische Wasserregeneration stetig an Bedeutung. Das Levitationsverfahren, auf der Grundlage jahrzehntelanger Wasserforschung entstanden, bietet die Möglichkeit, die fortschreitende Beeinträchtigung der natürlichen Regenerationsprozesse zu kompensieren. Der Levitationsprozeß bewirkt eine physikalische Wasserregeneration, wobei die Struktur- und Oberflächendynamik des Wassers erheblich gesteigert wird.

Durch eine besondere Strömungsdynamik wird eine extrem große Wasseroberfläche aufgebaut. In diesem offenen Zustand der Wasserstruktur sind physikalische Einwirkungen auf das Wasser besonders effizient. Die gewählte Strömungsdynamik fördert durch Scherkräfte, welche sich bis in molekulare Größenordnungen fortsetzen, die Bildung von winzigen Hohlräumen (O = 0,5 nm). Die geometrische Ausbildung der prozeßbedingten Strömungen regt die Bildung von kohärenten, d.h. geordneten Schwingungsformen wie insbesondere Mikrowirbel an. Durch Autoresonanzeffekte können solche dynamischen Systeme im Molekularbereich sehr stabil sein (Lit. 8).

Die strukturelle Veränderung des Wassers läßt sich in physikalischen, chemischen und biophysikalischen Experimenten nachweisen. Sie läßt sich sehr leicht durch einfache Tests der Aromaentwicklung überprüfen. Aufwendiger ist die Messung der physikalischen und chemischen Reaktionskinetik wie auch spektroskopische Meßverfahren.

Die gesteigerte Wasseraktivität macht sich sowohl bei der subjektiven Wahrnehmung ihrer Wirkung im menschlichen Stoffwechsel, als auch in biotechnischen Prozessen wie beispielsweise der Aromaextraktion bei Kräutern bemerkbar.

Levitiertes Wasser kann aufgrund seiner offenen Struktur tiefer ins Gewebe eindringen und Entgiftungsprozesse (Ausschwemmung von Toxinen) effektiver einleiten. Es gibt seine Energie an die Körperflüssigkeiten weiter. Dies bewirkt eine Regeneration der Blutmorphologie: Koagulationen (Verklumpungen) tendieren zur Auflösung, der Gleichgewichtszustand des Blutes wird wiederhergestellt. So wird auch die Fließfähigkeit des Blutes verbessert, was wiederum zur Normalisierung des Blutkreislaufes und zur Entlastung des Herzens beiträgt.

Es ist wichtig, darauf hinzuweisen, daß die Wirkung von levitiertem Wasser im menschlichen Stoffwechsel mitunter sehr unterschiedlich ausfallen kann. Dieses wird anhand der folgenden 3 Beispiele deutlich; es handelt sich um Teilnehmer einer umfangreichen medizinisch begleiteten Versuchreihe; den Teilnehmern wurde 1,5 Liter levitiertes Wasser täglich als Trinkwasser verabreicht. Die Stoffwechselveränderungen während und nach dieser Trinkkur traten am deutlichsten anhand des in den U.S.A. entwickelten Bradford-Bluttestes in Erscheinung.

Die bei der Testreihe durchgeführten Blutuntersuchungen weisen eine vermehrte Ausschwemmung von ROTS-Massen (reactive oxygen toxic substances) und allergiebildenden Stoffen sowie zur Normalisierung tendierende Blutfettwerte auf. Die durch den Genuß von levitiertem Wasser bewirkte Stabilisierung des Kolloidalzustandes der Körperflüssigkeiten zeigt sich deutlich im Rückgang degenerativer Erscheinungen in den Blutbildern der davon betroffenen Testpersonen. Dauer und Intensität dieser Vorgänge kann von Person zu Person sehr verschieden sein.

Anhand der vorliegenden Untersuchungsergebnisse werden die von Person zu Person unterschiedlichen Geschwindigkeiten und Intensitäten von Entgiftungsprozessen sehr anschaulich erkennbar.

Zur vollständigen Information sind die vom Bradford-Institut angegebenen Diagnosedaten ebenfalls aufgeführt. Bei der diagnostischen Anwendung des HLB-

Bradford-Bluttestes kann man die Blutmorphologie einem spezifischen Stadium degenerativer Erkrankung zuordnen. Diese Stadien werden mit C I, C II, C III und C IV angegeben. Ein sogenanntes Vorstadium wird mit P bezeichnet.

Das erste Beispiel zeigt einen kurzfristigen Entgiftungsvorgang, der innerhalb der ersten 6 Wochen der Trinkkur praktisch abgeschlossen ist und die Verbesserung des Blutbildes bereits bei der Zwischenuntersuchung nach 6 Wochen herbeiführt. Im Rahmen der Testuntersuchungen sind keine Verschlechterungen des Blutbildes als Folge von Entgiftungsprozessen erkennbar.

Bildserie 1, Weiblich, 39 Jahre, Blutbild zu Beginn der Trinkkur:

Stadium der chronisch-degenerativen Erkrankung: C I
ROTS: 10 %
Immunsystem stark geschwächt
Inflamation stark
Allergie leicht
Hämolytische Anämie leicht

Resumeé:
Die Blutmorphologie weist nach dem Bradford-Allen-Effekt auf ein beginnend-degeneratives Geschehen hin. An der ROTS-Produktion sind primär die entzündlichen Prozesse beteiligt.

Blutbild nach 6 Wochen Trinkkur:

Stadium der chronisch-degenerativen Erkrankung: -
ROTS: 4 %
Immunsystem leicht geschwächt
Inflamation leicht
Allergie leicht
Hämolytische Anämie deutlich

Resumeé:
Im Vergleich zum Vortest kann eine deutliche Besserung festgestellt werden.

Blutbild nach 12 Wochen Trinkkur:

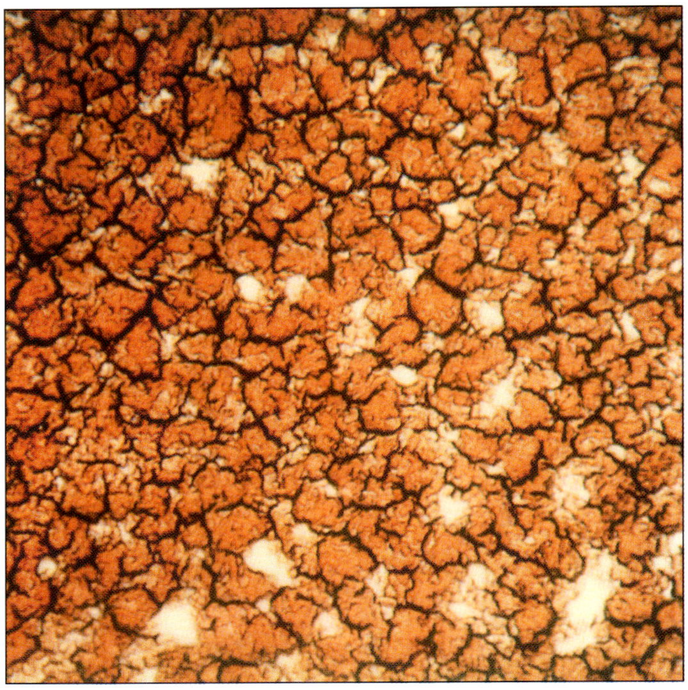

Stadium der chronisch-degenerativen Erkrankung: -
ROTS: 4 %
Immunsystem leicht geschwächt
Inflamation leicht
Allergie leicht
Hämolytische Anämie leicht

Resumeé:
Im Vergleich zum Vortest ist keine wesentliche Änderung festzustellen.

Der Entgiftungsvorgang führt bei dem zweiten Beispiel zu einer kontinuierlichen Verbesserung des Blutbildes, wobei er nach 12 Wochen Trinkkur praktisch abgeschlossen ist.

Bildserie 2, Weiblich, 38 Jahre, Blutbild zu Beginn der Trinkkur:

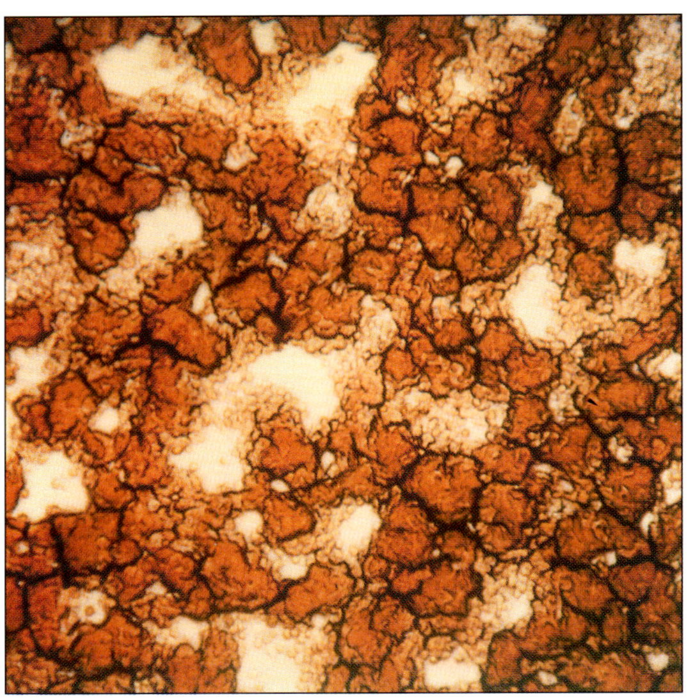

Stadium der chronisch-degenerativen Erkrankung: P
ROTS: 6 %
Immunsystem geschwächt
Inflamation stark
Allergie stark
Hämolytische Anämie deutlich

Resumeé:
Die Blutmorphologie weist nach dem Bradford-Allen-Effekt auf ein beginnend degeneratives Geschehen hin.

Blutbild nach 6 Wochen Trinkkur:

Stadium der chronisch-degenerativen Erkrankung: -
ROTS: 4 %
Immunsystem leicht geschwächt
Inflamation leicht
Allergie deutlich
Hämolytische Anämie deutlich

Resumeé:
Im Vergleich zum Vortest ist eine deutliche Besserung der gesamten Stoffwechselsituation festzustellen.

Blutbild nach 12 Wochen Trinkkur:

Stadium der chronisch-degenerativen Erkrankung: -
ROTS: 2 %
Immunsystem leicht geschwächt
Inflamation leicht
Allergie leicht
Hämolytische Anämie leicht

Resumeé:
Eine weitere deutliche Besserung ist im Vergleich zum Vortest zu verzeichnen. Es gibt nach dem Bradford-Allen-Effekt keine Anzeichen für ein degeneratives Geschehen mehr.

Der Entgiftungsvorgang führt bei dem dritten Beispiel zu einer von Untersuchung zu Untersuchung fortschreitenden Verbesserung des Blutbildes, jedoch ist anhand der vorliegenden Tendenz und dem Ergebnis der letzten Untersuchung dieser Vorgang nach 12 Wochen Trinkkur noch nicht abgeschlossen.

Bildserie 3, Weiblich, 55 Jahre, Blutbild zu Beginn der Trinkkur:

Stadium der chronisch-degenerativen Erkrankung: C IV
ROTS: 32 %
Immunsystem stark geschwächt
Inflamation deutlich
Allergie leicht
Hämolytische Anämie leicht

Resumeé:
Das Immunsystem gegen die toxischen Sauerstoffmetaboliten ist stark geschwächt, eine degenerative Erkrankung liegt vor.

Blutbild nach 6 Wochen Trinkkur:

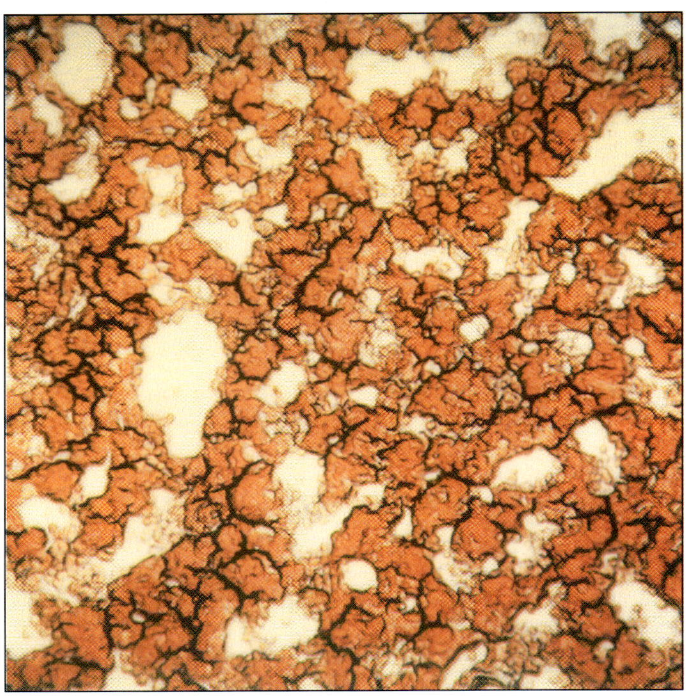

Stadium der chronisch-degenerativen Erkrankung: C III
ROTS: 24 %
Immunsystem stark geschwächt
Inflamation deutlich
Allergie leicht
Hämolytische Anämie leicht

Resumeé:
Im Vergleich zum Vortest ist eine deutliche Besserung festzustellen, die spezifischen Strukturen der ROTS zeigen eine leichte Stabilisierung der degenerativen Erkrankung, die mit dem rheumatischen Formenkreis in Verbindung steht.

Blutbild nach 12 Wochen Trinkkur:

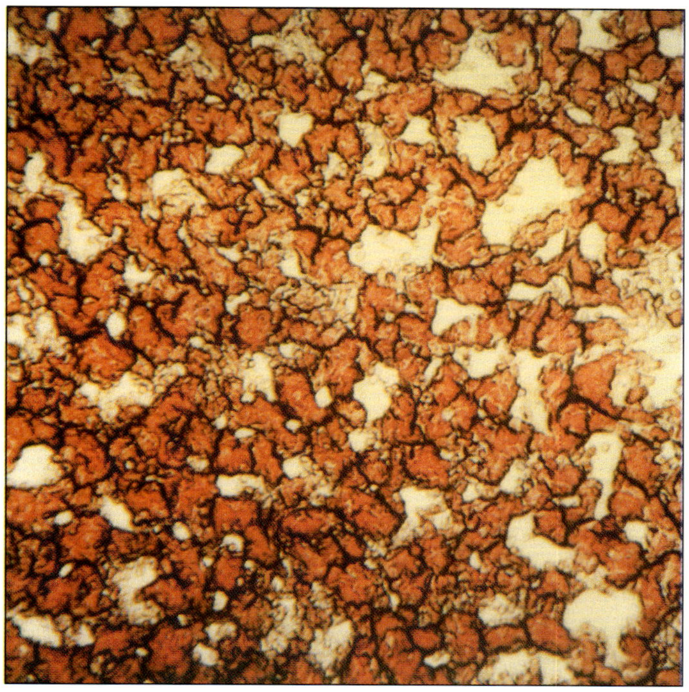

Stadium der chronisch-degenerativen Erkrankung: C II
ROTS: 15 %
Immunsystem stark geschwächt
Inflamation deutlich
Allergie leicht
Hämolytische Anämie leicht

Resumeé:
Im Vergleich zum Vortest ist eine erhebliche Besserung in bezug auf die freien Radikale zu berichten. Die anderen Kriterien sind nahezu gleichbleibend, während das degenerative Geschehen stark vermindert wurde.

Ergänzend zur Blutuntersuchung mit dem Bradford-Test wurden einige der üblichen Blutparameter der Testteilnehmer überprüft. Deutliche Veränderungen ergaben sich bei den Blutfettwerten: Bei 46% der Probanten wurden zu Beginn Cholesterin-Werte von über 240mg festgestellt. Nach 12 Wochen Trinkkur lagen alle Werte unter 180mg. Bei 32% der Testteilnehmer lagen die Werte der Triglyceride zu Beginn der Trinkkur über 160mg und sanken innerhalb der 12 Wochen Trinkkur unter 90mg.

Bei 34% der Teilnehmer lagen die Harnsäure-Werte zu Beginn der Trinkkur über 7,0mg und fielen bereits nach 6 Wochen Trinkkur unter 3mg.

Diese Resultate bilden einen weiteren Beleg dafür, daß die Verschlechterung der Trinkwasserqualität in hohem Maße mitverantwortlich ist für das vermehrte Auftreten von chronischen Stoffwechselerkrankungen. Wasser spielt bei der Stimulation der körpereigenenen Regulierung von Stoffwechselstörungen eine Schlüsselrolle. Es ist daher an der Zeit, daß die therapeutischen und präventiven Möglichkeiten der physikalischen Wasserregeneration konsequent ausgeschöpft werden.

Literatur:

(1) S. W. Benson, E. D. Siebert, J. Am. Chem.Soc. 114, 4269 (1992)

(2) J. Benveniste: Human basophil degranulation triggered by very dilute antiserum against IgE, Nature 333, 1988

(3) W. Ludwig in: Umweltmedizin, Möwe-Verlag 1991, Seite 71-79, ISBN 3-925127-16-X

(4) J. Schulte: Wasser-Cluster - Struktur und Information, Acta medica empirica, Band 39, Juli 1990, Seite 418-423, ISSN 0014-0082

(5) D. Eagland: The influence of Hydratation on the Stability of Hydrophobic Colloidal Systems, in: Water, Felix Franks (Hrsg), Vol.5, Seite 1 - 74, ISBN 0-306-37185-5

(6) Resch / Gutmann: Wissenschaftliche Grundlagen des Wassers als Informationsträger, in: Wasser, Iwan Engler (Hrsg), Seite 193-216, Sommer-Verlag 1989, ISBN 3-925367-50-0

(7) S. Chien: Science, 168, 977, 1970

(8) H. J. Klima: Wasserstrukturen in dissipativen Systemen, in: Wasser, Iwan Engler (Hrsg), Seite 193-216, Sommer-Verlag 1989, ISBN 3-925367-50-0

W-PAPUA – NEU GUINEA

W-PAPUA

AMAZONAS

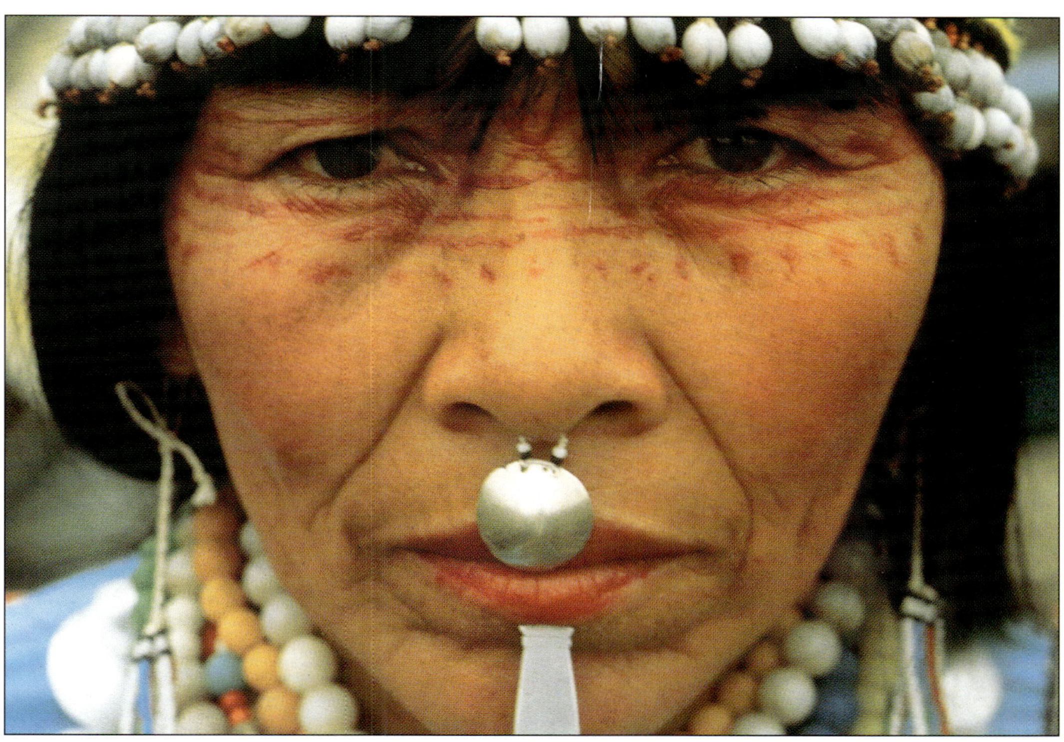

AMAZONAS

AMAZONAS

AMAZONAS

HUNZA – PAKISTAN

COSTA RICA

Parodontose — Ganzheitliche Betrachtungen

Dr. Ch. Kobau

1. Begriffsbestimmung
2. Direkte kausale Faktoren
3. Ganzheitlich orientierte adjuvante Betrachtungen
4. Lymphe - Blut - Zahn
5. Das Darmmilieu und seine Schlüsselstellung in einer Parodontosetherapie
6. Einige grundlegende Gedanken zur Ernährungsthematik
7. Spurenelemente und Vitamine
8. Konzept einer Parodontosetherapie

1. Begriffsbestimmung

Um eine Begriffsbestimmung bezüglich der unterschiedlichsten Nomenklaturen hinsichtlich dem Überbegriff der Parodontose durchzuführen, möchte ich nur die für die Praxis wichtigsten Termini, wie sie vor allem von den Amerikanern verwendet werden, definieren.
Unter dem Begriff „Periodontal disease" werden vor allem die Periodontitis, Gingivitis und Pyorrhea subsumiert:
Der Prozeß der GINGIVITIS wird als Entzündung der Gingiva, also der den Zähnen anliegenden Schleimhaut beschrieben, wobei Schwellung, Zahnfleischbluten, Rötung und eventuell Schmerzen im Vordergrund stehen.
Der Übergang zur PERIODONTITIS, also der Entzündung des Parodontiums, des Zahnhalteapparates, zeigt uns ein tiefer greifendes Geschehen des pathologischen Prozesses an. Es kann zu vermehrter Lockerung der Zähne, tiefen Zahntaschen, Schwellungen mit Schmerzen und Eiterbildung kommen.
Der Begriff „PYORRHEA" findet in der amerikanischen Literatur oft Verwendung wenn die Knochenstruktur um den Zahn durch Bakterien oder Stoffwechselabnormalitäten zerstört ist. Selbstverständlich sei in diesem Zusammenhang erwähnt, daß es zu einem Verlust des Alveolarknochens auch ohne irgendwelche Entzündungsreaktionen kommen kann. (Dies finden wir vor allem bei Systemischen Erkrankungen und Störungen wie bei der Osteoporose, Endokrinen Dysbalancen, Diabetes etc.)

2. Direkte kausale Faktoren

- Bakterien
- Neutrophile Leukozyten
- Calcium- und Phosphorstoffwechsel
- Makrophagen und Monozyten
- Mastzellen und IgE
- Lymphozyten
- Kollagenfasern des Parodontiums
- Amalgamfüllungen und Kronen
- Rauchen
- das Darmmilieu

Bakterien:

Der Gingivalsulcus bildet durch seine anatomische Form den idealen Boden für ein Wachstum von Bakterien und anderen Mikroorganismen. Je tiefer der Sulcus ist, desto fortgeschrittener ist das Stadium der Erkrankung. Bakterien bilden unterschiedlichste Substanzen, die das Parodontium schädigen können: Leukotoxine - Antigene - Freie Radikale - Endotoxine - Exotoxine etc.

Plaque:

Zu einer Plaquebildung kommt es, wenn bestimmte Formen oraler Bakterien sich mit einer organischen und anorganischen Matrix verbinden. Nach spätestens 4 Wochen führt jede akkumulierte Plaque ohne entsprechende Säuberung zu einer Gingivitis — aber nicht aus jeder Gingivitis entwickelt sich eine Parodontitis.
Das Wachstum dieser Plaque-Matrix kann nun folgendermaßen verfolgt werden:
Eine aus Proteinen des Speichels bestehende Schicht (Pellikel) überzieht zuerst die Zahnoberfläche und bildet die Basis, auf der orale Streptokokken, vor allem Streptokokkus mutans, sich ansiedeln.
Die Prävalenz für Streptokokkus mutans ergibt sich aus den idealen Voraussetzungen, die das Bakterium für eine Besiedelung mit sich bringt:
Es besitzt gewisse Adhärenzfaktoren, das sind Fibrillen an der Zelloberfläche, sowie Lectinähnliche Substan-

zen, Lipoteichonsäuren und hydrophobe Gruppen, die H_2-Brückenbindungen fördern.

Damit es nun zur Anheftung an den Zahnschmelz und zu einer Zell- zu Zellbindung kommen kann, sind extrazelluläre Polysaccharide notwendig. Streptokokkus mutans ist in der Lage, als eine der ersten Bakterien diese Polysaccharide zu bilden. Diese Prozesse sind nur mit Hilfe von bakteriellen Enzymen, der Fructosyl- und Glukosyltransferase, durch aus der Nahrung angebotene Saccharose, möglich. Erst dann siedeln sich weitere Bakterien an und es resultieren vielfältige interbakterielle Wechselbeziehungen. Neben grampositiven, aeroben Bakterien kommen gramnegative hinzu — die Plaque wächst, wird dicker, immer weniger Sauerstoff dringt durch diese Diffusionsbarriere hindurch — das Redoxpotential am Zahnschmelz sinkt — anaerobe Bakterien können sich ansiedeln und der circulus vitiosis beginnt.

Für das Zahnfleisch sind vor allem Stoffwechselprodukte der gramnegativen Anaerobier fatal. Durch Proteinabbauprodukte, Ammoniak, Enzyme, Lipopolysaccharide, ..., kommt es zu lokalen Mikrozirkulationsstörungen des Zahnfleisches. Endotoxine der zerfallenen Bakterien führen durch ihre Antigen-Wirkung zu Immunreaktionen, die dann letzten Endes die Gingivitis mit auslösen.

Neutrophile Leukozyten:

In unserem lokalen Abwehrsystem spielen neutrophile Leukozyten eine entscheidende Rolle. Alle Faktoren die eine Störung der Leukozytenfunktion verursachen, werden sich auch schädigend auf das Parodontium auswirken. Vor allem in der älteren Bevölkerung besteht meist ein Mangel an neutrophilen Leukozyten.

Calcium- und Phosphor-Stoffwechsel

Untersuchen wir die Bestandteile des Knochens, finden wir, daß der anorganische Teil zu 80 - 90% aus Tricalciumphosphat und 10% Kalziumcarbonate mit Spuren von Magnesium und Fluor besteht. Viele Untersuchungen haben gezeigt, daß eine echte Pyorrhoe primär durch eine Störung im Kalzium/Phosphathaushalt hervorgerufen wird. F. HAWKINS (D.D.S.E-Applied Nutrition) beschreibt aufgrund eigener Studien drei auffällige Hauptveränderungen im Calcium-/Phosphatwechsel.

TYP α: Kalzium ↓ - Phosphor sehr ↑	75%
TYP B: Kalzium ↓ - Phosphor sehr ↓	23%
TYP X: Kalzium sehr ↑ - Phosphor ↓	2%

TYP α:

Dieser Typ zeichnet sich durch große Zahntaschen mit Blutungsneigung, Schwellung und Alveolarknochenverlust aus. Der hohe Phosphorspiegel unterdrückt als sehr saures Element den basischen Anteil des Speichels, wodurch es zu einem Tonusverlust der Schleimhaut und somit einem vermehrten Einstrom von Bakterien kommt. Ein weiterer Effekt des übermäßigen Phosphors ist, daß dadurch vermehrt Kalzium aus dem Körper entzogen wird und es zu einer Zerstörung des Alveolarknochens kommt. Kalzium kann jetzt entweder über den Harn oder über den Speichel ausgeschieden werden. Verläßt Kalzium den Körper über den Speichel, kommt es zu Kalkablagerungen und Konkrementbildungen an den Zähnen, geht es über den Harn hinaus, kann dadurch der Speichelgehalt so niedrig an Kalzium sein, daß es zu gingivaler Karies und zur Erosionsbildung kommen kann.

TYP β:

Im Gegensatz zu Typ α ist der Tonus der Schleimhaut meist sehr gut und es besteht kaum Schwellung und Zahnfleischbluten, sowie nur minimale Taschenbildungen. Im Alveolarknochen allerdings sieht man stärkere Zerstörungsprozesse die zu einer extremen Lockerung der Zähne führen können. Durch den niedrigen Phosphorgehalt ist der Speichel sehr alkalisch, was zu einem guten Tonus der Schleimhaut führt. Kalzium wird hier nicht aufgrund des niedrigen Phosphorspiegels mobilisiert, sondern der Alveolarknochen schwindet, weil es zu einer generellen Störung in der Aufnahme bzw. Verwertung des Kalzium und Phosphors kommt.

TYP χ:

Auch hier wird Calcium nicht durch den niedrigen Phosphorgehalt aus dem Körper entzogen, sondern durch andere Elemente die eine starke Übersäuerung bewirken (ursächlich kann vermehrte Aufnahme von Magnesium, z. B. durch zuviel Milchtrinken, oder Schwefel, welcher über exzessiven Eiergenuß zugeführt wird, sein).

Makrophagen und Monozyten

Eine vermehrte Anzahl von Makrophagen und Monozyten wird bei Parodontalerkrankungen gefunden. Ihre Aufgabe ist eine Phagozytose von Bakterien aber auch bilden sie Prostaglandine, sowie Stoffe die für die Zerstörung der Kollagenstruktur von Bedeutung sind.

Mastzellen und IgE

Durch Degranulation der Mastzellen im Entzündungsbereich werden bestimmte Mediatoren wie Leukotrine,

Prostaglandin, Kinin, Histamin und Heparin freigesetzt. Auch der erhöhte IgE-Spiegel im Gingivalbereich bei Entzündungsreaktionen weist darauf hin, daß allergische Komponenten eine Rolle spielen können.

Lymphozyten

Durch Freisetzung von Lymphokininen, die wiederum Einfluß auf Fibroblastenzerstörung und Osteoklastenaktivität haben, wirken Lymphozyten im Periodontalgeschehen mit.

Kollagenfasern des Parodontiums

Die netzartige Struktur der Kollagenfasern und ihre Integrität sind ein grundlegender Faktor für die Stabilität des Zahnes. (Hier spielen vor allem die Proteoglykane eine wichtige Rolle.) Diffusion - Permeabilität - O_2-Versorgung beeinflussen dieses System, welches als ein Teil des Grundsystems angesehen werden kann. Alle Störungen des Grundsystems nach PISCHINGER (siehe Kapitel Grundsystem) werden natürlich auch auf die Kollagenfasern des Parodontiums eine Auswirkung haben.
Durch die enorme Sensitivität dieses Systems auf nutritive Faktoren, werden vor allem alle Dysbalancen im Stoffwechsel sich sofort dort auswirken (Spurenelemente, Vitamine etc.)

Amalgamfüllungen und Kronen

Amalgamfüllungen sowie überstehende Ränder von Kronen, können natürlich einerseits durch den mechanischen Reiz, andererseits durch die vermehrte Plaqueansammlung in diesen Nischen zu einem Störfaktor werden. Der Quecksilberanteil von Amalgam führt weiters zur Erhöhung der freien Radikale, sowie einem Unterdrücken der Scavenger-Enzyme Superoxiddismutase, Glutathionperoxidase, Peroxidase und Katalase, wodurch die Kollagen Matrix gestört wird (siehe Kapitel „Freie Radikale“). Somit werden alle Ursachen die zu einer übermäßigen freien Radikalbildung führen auch Störungen im Parodontium zur Folge haben.

Freie Radikale bewirken:

- Schädigung der DNA
- Störung der Sulfhydrilgruppen
- Schädigung der Membranen
- Oxydativer Streß für die Zelle: vor allem Zellmembranen bestehen zu 99% aus Phospolipiden, die durch freie Radikale oxidativ geschädigt werden
- Störung der Energieproduktion durch Schädigung der mitochondrialen Membranen

Als nichtenzymatische Radikalfänger (Antioxidantien) gelten: Vitamin C, β-Carotin, SH-Donatoren (Cystein, Methionin, Glutathion, Metallothionein, Acetylcystein, 2-Aminoethansulfonsäure und Dimethy(sulfoxid), Vitamin E, Selen
Jedes biologische System ist auf eine permanente Energiezufuhr zur Aufrechterhaltung seiner Funktionen angewiesen. Bei oxidativer Schädigung, wie sie durch freie Radikale entsteht, versucht die Zelle den nötigen Energiebedarf durch anaerobe Glykolyse zu decken. Dies ist weit nicht so effektiv und führt durch Bildung von Milchsäure zur Übersäuerung des Gewebes.
Die oxidative Schädigung der Mitochondrien als Energiewerke des Organismus führt zu einem Verlust von Energie in der Zelle mit folgender Unordnung, wodurch chaotische Situationen initiiert werden können und der Verfall (Entropie) einsetzen kann.

Rauchen

Viele Therapeuten lehnen bereits intensive Parobehandlungen bei Rauchern ab, da ein Mißerfolg bereits vorprogrammiert ist. Vor allem die starke Bildung von freien Radikalen führt zu einer ständigen Störung des oben erwähnten Grundsystem, sowie zu einem signifikanten Verlust an Vitamin C (Ascorbinsäure). Mit jedem Zug an einer Zigarette werden etwa 10^{14} freie Radikale gebildet (n. KÖSTLER W.).

3. Ganzheitlich orientierte adjuvante Betrachtungen

Die Parodontose kann nicht als eine Erkrankung per se aufgefaßt werden, sondern man muß sie immer als multikausales Geschehen betrachten. Zu diesem Komplex der Multikausalität gehören:

- Ernährung
- Spurenelemente
- Darmsanierung
- Okklusion
- Zahnhygiene - Curetage
- Psyche
- Stoffwechsel
- Toxine

- Hormonsystem
- Geopathie
- Parafunktionen

Will man daher einen ganzheitstherapeutischen Weg beschreiten, sollte man sich all diese Zusammenhänge bewußt machen, um einen effizienten Therapieerfolg erzielen zu können. Das eine entsprechende Mundhygiene vom Patienten erlernt wird und Okklusionsfehler ausgeglichen werden muß als Voraussetzung angenommen werden, bevor die eigentliche Behandlung beginnt. Auch über die absolute Notwendigkeit der mechanischen zahnärztlichen Plaquebeseitigung braucht nicht diskutiert zu werden, doch erst jetzt fängt die naturheilkundliche Behandlung an:
Zum besseren Verständnis der Zusammenhänge, wäre es für den Leser von Vorteil, den Artikel über das Grundsystem zuerst zu studieren, da in gewissem Sinne das Parodontium ein Spiegel des gesamten Zell-Milieus ist (siehe Artikel „Grundsystem"). Vor allem aber zeigt uns der Zustand des Parodontiums wie die Verhältnisse des Patienten im Darm sind. Störungen in diesem Bereich können Hinweise auf Erkrankungen der Stoffwechselwege bzw. der blutbildenden Organe geben.
Mit dem Darmmilieu hängt die Resorption des Calciums zusammen. Ist das Milieu gestört, leidet der gesamte Calciumstoffwechsel, speziell aber der Stoffwechsel in den Zähnen, darunter. Bei einer Übersäuerung des Organismus kommt es auch zu einer vermehrten Calciumausschwemmung aus den Knochen, da Calcium zur Abpufferung verwendet wird. Die Mineralisationsstörung in Zähnen und Zahnhalteapparat kann also durch eine Resorptionsstörung im Darm hervorgerufen werden.
Ursächlich für Störungen im Darm sind häufig „zivilisationsbedingte" Ernährungsfehler (Mangel an Spurenelementen, Vitalstoffen, Vitaminen ... - vermehrter Genuß von Weißmehlen, Zucker, Kaffee, Nikotin, Alkohol, welche das gesamte Grundsystem blockieren und verschlacken). Bereits bei einer leichten Gingivitis ist die Darmfunktion gestört und es kann z. B. ein Mangel an Mineralstoffen vorliegen. Sehr häufig findet man, vor allem wenn noch zusätzlich eine Schwermetallbelastung durch Amalgam vorliegt, einen Zinkmangel, der primär substituiert gehört.
(Schwermetalle haben die Eigenschaft, daß sie Zink verdrängen. Zink ist aber für viele Enzymsysteme im Körper lebensnotwendig. Kommt es nun zu einem Zinkmangel, können neu zugeführte Schwermetalle nicht mehr ausgeschieden werden und versacken im Grundsystem. Als Beispiel möge im Hirn die Carboanhydrase, ein zinkabhängiges Enzym des Liquor Cerebrospinalis gelten. Kommt es auch hier durch Schwermetall zum Zinkmangel, wird das System blokkiert und in Verbindung mit einer strukturellen Störung, kann diese Kombination für den Betroffenen zu extremen Zuständen führen.)
Erste Zeichen für Störungen in der Einheit Darm-Mund können wir erkennen, wenn Patienten vor allem tiefe Taschenbildungen an den Eckzähnen aufweisen. Die 3er sind wiederum mit der Funktionseinheit Leber/Galle in Verbindung zu bringen (siehe Zahntabelle und Zuordnungen). Als weitere, sehr häufig von Karies und Taschenbildungen befallenen Zähne sind die unteren 5er und 6er zu nennen, welche dem Magen und Dickdarm zugeordnet sind. Der Einfluß von Verdauungs- und Stoffwechselstörungen kann sich also unmittelbar auf das gesamte Milieu der Mundhöhe auswirken.
Auf psychischer Ebene ausgetragene Probleme können zweifellos einen genauso großen Störbereich verursachen wie auf der Stoffwechselebene. Veränderungen im Sinne einer Parodontose allein im Frontzahngebiet, stehen z. B. energetisch gesehen mit dem Funktionskreis Niere/Blase in Verbindung. Niere und Blase stehen in diesem Kontext stellvertretend als Organe der Sexualität, Liebe und Partnerschaft (siehe Meridiane). Emotionale Konflikte auf dieser Ebene können also Störungen im Bereich der Frontzähne verursachen. Umgekehrt können Störungen im Frontzahnbereich durch Konfliktlösung positiv-regulativ beeinflußt werden.
Auch unverarbeitete Trauer kann auf seelisch-psychischer Ebene eine schwere Belastung für das Parodontium werden und hier vor allem im Gebiet der unteren 7er und 6er bzw. 4er und 5er im Oberkiefer. Diese Zähne sind der Lunge und dem Dickdarm zugeordnet, deren psychisches Korrelat Trauer und Aufnehmen bzw. Loslassen sind.
Menschen die in Depression oder tiefe Trauer verfallen sind „haben keinen Biß mehr", was sich natürlich auch aufs Zahnfleisch auswirken wird.

Eine Übersäuerung des Organismus auf chemischer Ebene geht sehr oft auch mit einer „geistigen Übersäuerung" einher. „Erst ist ständig sauer, angefressen, eklig ....", wie der Volksmund treffend beschreibt. Eine ganzheitlich orientierte Therapie muß also auf der psychischen, geistigen, körperlichen und emotionalen Ebene, je nach Schwerpunkt ansetzen und wird damit nicht nur die Parodontose, sondern das ganze Wesen Mensch behandeln. Das es zu einer Besserung der Parodontose kommen wird ist ein sekundärer Nebeneffekt, der unbedeutend ist im Vergleich zu dem Aspekt, daß der Patient entdeckt wo seine eigenen Blockaden liegen und wie er vielleicht imstande ist, aus seiner „Krankheit" einen Weg zu einem neuen Bewußtsein und einer neuen Identität zu gelangen.

Das persönlich psychologisch versierte Gespräch mit dem Arzt, sollte also immer ein Teil der Parodontose-Behandlung sein. Oft reichen wenige Hinweise, um den Patienten neue Denkansätze zu geben und ihm so zu helfen, alte, verfahrene Muster (vor allem in der Ernährung) fallen zu lassen und neue Wege zu beschreiten.
Das dies alles nicht der Zahnarzt alleine vollbringen kann liegt auf der Hand, doch er sollte die Zusammenhänge kennen, um den Patienten an entsprechende Kollegen weiterzuleiten.

4. Lymphe - Blut - Zahn

Vor allem in einer ganzheitlich orientierten Parodontosetherapie sollte man einige Worte dem Stellenwert der LYMPHE widmen, da die Bedeutung der Lymphe für den Kopfbereich meist unterschätzt wird.
Für den Zahnarzt hat die Lymphe einen großen Stellenwert bei:

1. allen Prozessen im Kopf- Tonsillen - Nasennebenhöhlen
2. allen dentogenen Geschehnissen
3. allen Kieferhöhlenprozessen
4. stomatognathen Problemen (BIONATOR)
5. der Amalgamausleitung
6. Parodontose
7. Kindern mit „Long Face", die zur Mundatmung in der Nacht neigen, wodurch lymphatische Stauungen begünstigt werden und es dadurch leichter zu Infektionen kommen kann.

Im menschlichen Organismus bildet das embryonale Mesenchym die ursprünglichste Einheit. Sie durchzieht auch im späteren Leben mit dem RES (retikuloendothelialen synzitialen) Netz das gesamte System des Menschen.
Über das mesenchymale Gewebe kann die interzelluläre Lymphe und der Knochen gebildet werden. Das embryonale Mesenchym ist primär völlig undifferenziert und ungeprägt; enthält aber alle späteren Differenzierungen in spezifische Organzellen in statu nascendi in sich.

MESENCHYM
INTERZELLULARSUBSTANZ
LYMPHE - BLUT - TEMPERATUR
ZIRKULATION - ATMUNG - ERNÄHRUNG
HERZ
GEFÄSSE
KNOCHEN

Nach anthroposophischer Anschauung besitzt Plasma, interstitielle Lymphe und interzelluläre Grundsubstanz, gewisse, sie belebende Substanzen:

PLASMA - BESEELTE SUBSTANZ
INTERSTITIELLE LYMPHE - BELEBTE SUBSTANZ
INTERZELLULÄRE GRUNDSUBSTANZ - GESTALTETE SUBSTANZ

Interessant ist auch, daß der Liquor cerebrospinalis (die Hirnflüssigkeit), als die Lymphe des Gehirns bezeichnet werden kann:

> Im Entwicklungsstadium finden sich Gehirn und Rückenmark vollständig in mesenchymales Gewebe eingebettet. Dieses Gewebe transformiert dann in eine gallertige Substanz, aus der dann die Dura und Arachnoidea entstehen.
> Wir können auch eine embryonale Verbindung zum Fruchtwasser (Liquor amnii) sehen. Einerseits umspült das Fruchtwasser den Embryo, genauso wie der Liquor das Gehirn, andererseits sind beide Liquor praktisch zellfrei und haben minimalen Eiweißgehalt. (Eiweißgehalt ca. 18mg% - spezifisches Gewicht 1007 - H_2O Anteil beiderseits 99%)
> R. STEINER stellt beide Flüssigkeiten auf eine Ebene mit der „mineralischen Interzellularsubstanz" als Träger der Form bzw. als Lebensäther.
> Anthroposophen beschreiben, daß sich in den verschiedenen Lymphsystemen die ganzen Bildekräfte des Organismus widerspiegeln.

PHYSISCHE ORGANISATION:

Bildezustand des Wärmemenschen
Wärmeäther
Periphere Strömungsdynamik
MESENCHYMALE LYMPHE

GESTALTENDE ORGANISATION:

Atmungsmensch
Lichtstoffwechsel
Lichtäther
arterielle Strömungsdynamik
INTERSTITIELLE LYMPHE der NIERE

CHEMISCHE ORGANISATION:

Flüssigkeitsmensch
Chemischer Äther
Venöse Dynamik
LEBERLYMPHE

MINERALISCHE ORGANISATION:

Physischer Mensch
Lebensäther

LIQUOR CEREBROSPINALIS; LIQUOR AMNII ...

Lymphbehandlungen als Teil eines Erneuerungsprozesses, in dem Altes abgegeben und Neues gebildet wird, sollen bei den obengenannten Indikationen für den Zahnarzt daher nicht fehlen.

Therapeutisch kann im Sinne einer sanften Lymphdrainage in Verbindung mit einem pflanzlichen oder homöopathischen Lymphmittel (oral oder in Salbenform) bei diesem Reinigungsvorgang dem Organismus geholfen werden.

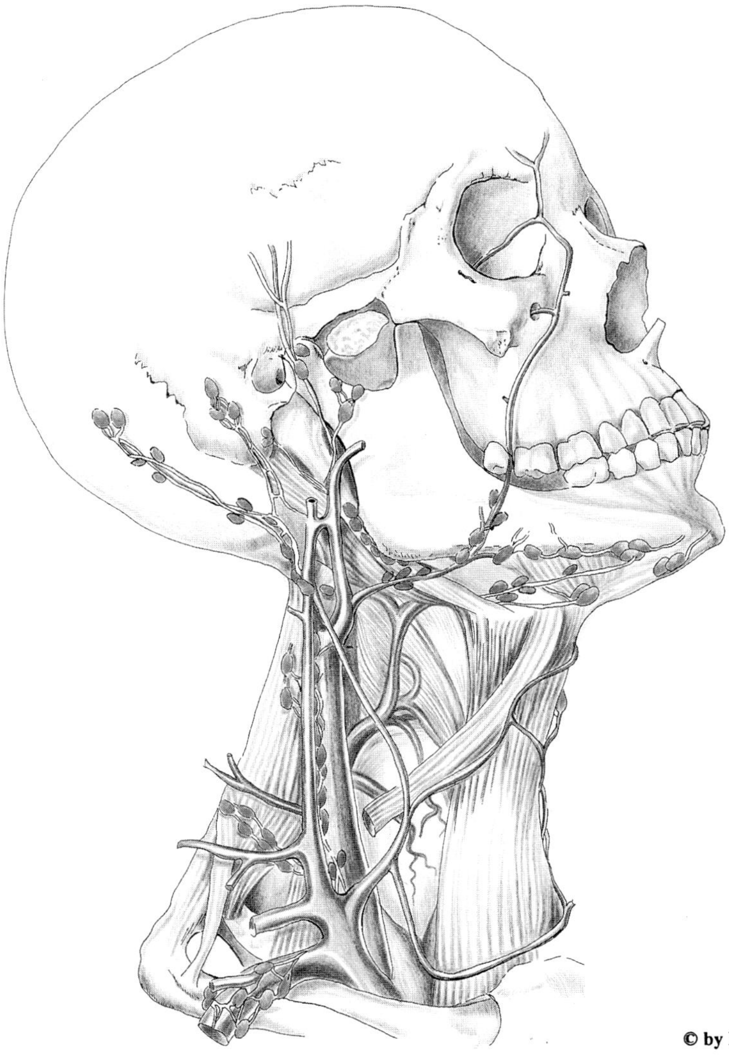

Abb. 1: Lymphabfluß im Halsbereich

5. Das Darmmilieu und seine Schlüsselstellung in einer Parodontosetherapie

Durch die enorm große Oberfläche des Darmes mit ca. 300m^2, wird seine Bedeutung im menschlichen Organismus noch mehr hervorgehoben. Von den etwa 500 differenten Darmbakterien treten zahlenmäßig vor allem die Lactobazillus- und Bifidusbakterien in den Vordergrund. Die in der Darmwandmukosa vorkommenden Peyerschen Plaques bilden ein umfassendes System von Lymphfollikeln, deren Aufgabe es ist die Abwehr im Sinne eines Immunorganes aufrecht zu erhalten. Je intakter die physiologische Darmflora ist, desto besser funktioniert auch das Immunsystem:

Studien mit keimfrei aufgezogenen Tieren zeigten, daß auch die Immunorgane in Unterfunktion waren, so daß die Tiere an einfachen Infekten erkrankten. Führte man ihnen physiologische Keime zu und baute die Darmflora wieder auf, regenerierten sie.

Der Darm, beginnend an den Mundschleimhäuten, ist durch diese enorm große Austauschfläche somit das größte Immunorgan des Menschen. Die physiologische Darmflora bildet also eine erste Barriere für pathologische Bakterien und Keime. Dies wird deutlich durch die vermehrte Bildung von Immunglobulinen des Typs A (IgA), sobald Bakterien mit der Mundschleimhaut in Kontakt treten.

Entzündungserscheinungen im Zahnfleischbereich dürfen daher nie ausschließlich lokal betrachtet werden, sondern zeigen uns, daß schon eine tiefergehende

Störung im mikrobiologischen System des Darmes stattgefunden hat. Diese Veränderungen lassen sich häufig über Stuhlproben nachweisen, wobei es oft zu einer Verminderung der Lactobazillen und Bifidusbakterien kommt, einer Zunahme der Clostridien, einer Verschiebung des PH-Wertes und zu einer Erhöhung von Indol, Skatol und Kresol im Sinne eines Fäulnis- und Gärungsprozesses.
Die Konsequenz ist eine verminderte Aufschlüsselung der Nahrung, reduzierte Enzymtätigkeit und geringerer Aufnahme von Vitalstoffen und Spurenelementen. Die resultierende Mangelsituation versucht der Körper auszugleichen, indem er seine Depots durch Zugriffe auf den leicht verfügbaren Kieferknochen aufzufüllen versucht. Die fortschreitende Entmineralisierung führt zu Instabilität der Zähne und des Kieferknochens.
Ursächlich für eine Störung des physiologisches Darmgleichgewichtes können sein:

- Antibiotika
- Cortison
- Degenerierte Nahrung: zu viel:

  Zucker - Fleisch - konservierte Nahrung - Weißmehl - Schadstoffe in der Nahrung - Nahrungsmittelzusätze - Pestizide - Chloriertes Wasser! - Mikrowelle - Amalgamplomben: Quecksilber kommt über die Zahnfüllungen die Darmschleimhaut und verursacht vor allem im Colon eine Dysbakterie, wodurch bei vorgegebener Milieuveränderung eine Pilz- oder Virenentwicklung begünstigt werden kann.

- Pilze (Candida ...)
- Unregelmäßige Ernährung:

  ZU VIEL - ZU SPÄT - ZU FETT - ZU-WENIG GEKAUT - ZU SCHNELL

Therapeutisch sollte nach Ausschaltung der Störfaktoren und Stressoren für den Darm sowie einer Ernährungsumstellung, im Sinne einer Darmsanierung vorgegangen werden. Die mikrobiologische Therapie kann hier von großem Nutzen sein. Man versteht darunter alle Substanzen aus lebenden oder abgetöteten Bakterien und deren Stoffwechselprodukte, die dem Körper zugeführt werden. Wie schon erwähnt kann diagnostisch durch eine Stuhlanalyse eine mikrobiologische Diagnostik betrieben werden. Anamnestisch lassen sich durch oft jahrelang bestehende Blähungen, Obstipationen bzw. Spasmen im Darm bereits Rückschlüsse ziehen. DMPS-Test, Spurenelementstatus aus dem Vollblut und Haaranalyse geben weiteren Aufschluß über die Gesamtsituation.
Die Verdauungsorgane in ihrer Gesamtheit können zusätzlich durch Phytotherapeutika oder Homöopathische Mittel gestärkt und gefördert werden (siehe Kapitel Amalgam-Ausleitung). Auch ärztlich geführtes Heilfasten kann je nach Situation zur Entschlackung beitragen.
Dem Patienten sollte auch verständlich gemacht werden, daß diese Therapien nicht in 2 Monaten abgeschlossen sein können, sondern oft 1 Jahr lang dauern und sich Erfolge erst oft nach 5 - 6 Monaten einstellen. Die ersten Zeichen einer Besserung seiner Gesamtsituation nach 4 - 6 Wochen sind meist: Aufhören des Zahnfleischblutens, geringere Müdigkeitserscheinungen, Zunahme der Vitalität und weniger Infekte.

6. Einige grundlegende Gedanken zur Ernährungsthematik

Immer mehr Menschen beginnen sich zu fragen, ob jene Nahrung, die sie Tag für Tag mehr oder weniger gedankenlos in sich „hineinstopfen", nicht wesentlich bedeutender für sie ist als bislang angenommen und eben nicht nur zur reinen Tilgung des Hungers und der oralen Lust dient.
Nahrung bedeutet Information, welche wir unserem Organismus ständig zuführen. Ist diese Information minderwertig bzw. gestört durch Giftstoffe etc., werden die Auswirkungen in unserem System auf längere Sicht gesehen nicht ausbleiben und der primär gesunde Organismus wird durch zunehmende Ablagerung und Verschlackung die Disposition für eine Krankheit bilden.
Die richtige Nahrung zu sich zu nehmen bzw. zumindest zu wissen was nicht vorteilhaft für einen ist, ist nicht immer leicht, da es sehr vom individuellen Typus abhängig ist. Hat man allerdings herausgefunden, was die optimale Ernährung für einen selbst ist, bedeutet dies, daß man nach einiger Zeit nicht nur ein besseres körperliches Wohlbefinden erlebt, sondern auch mental und damit beruflich und geistig klarere und freiere Entscheidungen treffen kann.
Da die meisten von uns sich jahrzehntelang eher wenig um die Effizienz der Nahrung in bezug auf inhaltliche Qualität gekümmert haben, werden bereits genügend Schlackenstoffe im Organismus abgelagert sein, sodaß in Verbindung mit einem Gesundheitsprogramm, unbedingt auch eine Entschlackung angeboten werden muß. Was nützt die beste Nahrung, wenn der Körper nicht mehr in der Lage ist sie zu verwerten, da er mit Schadstoffen bereits überschwemmt ist.

Grundvoraussetzung für eine optimale Verwertung ist eine gut funktionierende Darmtätigkeit, um die überflüssigen Stoffe der täglichen Nahrung auszuscheiden und der Abbau der vorhandenen Ablagerungen durch physische Maßnahmen. Um so besser werden auch alle anderen durchgeführten Therapien greifen.

Belastungen und Schlackstoffe für den Organismus entstehen durch:

- mangelnde Darmtätigkeit
- ungesunde Ernährung
- Giftstoffe
- Medikamente
- Alkohol, Zigaretten, Zucker, Koffein,...
- emotionale Stauungen (Trauer, Wut, Enttäuschung, Sorgen, Eifersucht, Schmerzen, Unzufriedenheit,...)
- übermäßiges Essen
- bakterielle, virale und Pilzbelastung, die wiederum vermehrt auftritt, je mehr der Körper durch Schwermetalle (Amalgam, Blei, Cadmium, usw.) vergiftet ist.

Unser Ansatz wird daher auf folgendem Gerüst aufbauen:

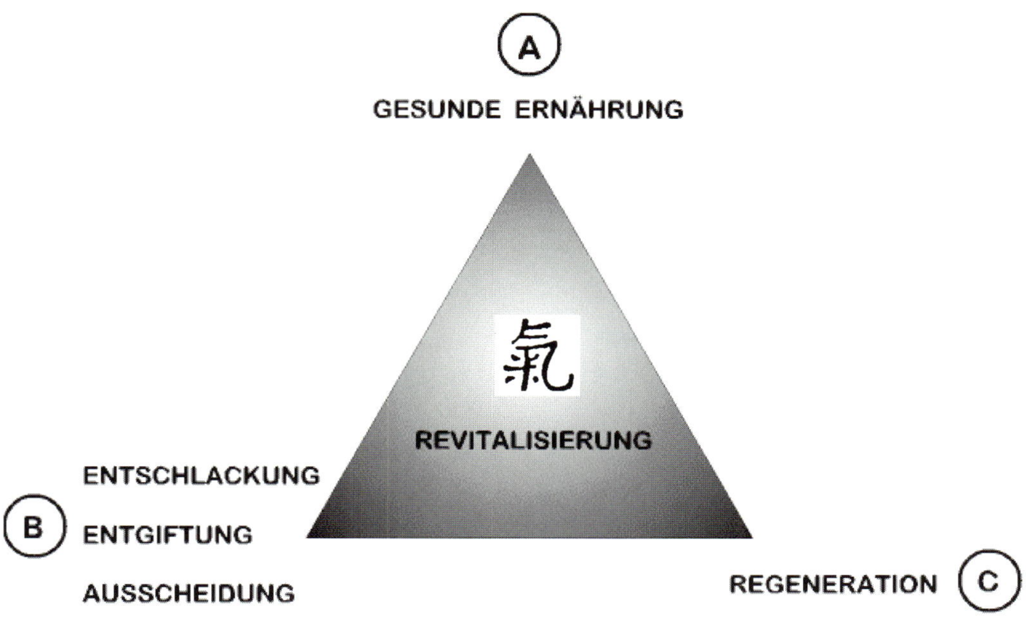

1. Lactovegetabile Kost

Das besondere an dieser Art der Ernährung ist, daß in vermehrtem Maße Wert auf die Qualität der Nahrungsmittel gelegt wird.

„Je besser die Qualität der Nahrung ist, desto intensiver kann sie zur Regeneration des Körpers beitragen.“
G. FRASER

Nahrung ist nichts anderes als dem Körper zugeführte Schwingungsenergie, d.h. je besser und natürlicher die Nahrungsmittel angebaut werden, desto besser ist ihre Schwingungsfrequenz. Wir sollten daher Bauern finden, die einen biologischen Landbau betreiben. Eine Ernährung auf dieser Basis sollte vor allem enthalten:

Gemüse, Obst, Vollkorngetreide (ohne schädliche Zusätze), Buchweizen, Hülsenfrüchte (außer Erdnüsse und Sojabohnen), frische Nüsse und verschiedene Samen, kaltgepreßte Pflanzenöle mit ungesättigten Fettsäuren, Sauermilchprodukte einschließlich Sauerrahmbutter mit Bakterienkulturen die vorwiegend rechtsdrehende Milchsäure bilden, Naturkäse, Gewürzkräuter, Sojasoße ohne Zucker oder schädliche Zusätze, kleine Mengen Meersalz, naturreinen Wein- oder Obstessig, sowie gesundheitsfördernde Süßmittel und Getränke (frische Gemüse-, Frucht- und Kräutersäfte).

Die für den Körper besten Eiweißarten befinden sich in:

- Vollkornreis, Gerste, Hafer, Hirse, Amaranth, Quinoa
- frische Erbsen, Bohnen und Linsen sofern sie gegart mit anderen Gemüsen und mit 3 Teelöffel

naturreinem Wein- und Obstessig eingenommen werden

- Haselnüsse (frisch), Mandeln, Sesamsamen und Kürbiskerne
- Keimlinge von Apfelsamen und Mungobohnen
- Gorgonzola und Parmesankäse
- Sauermilchprodukte die vorwiegend rechtdrehende L(+) Milchsäure bildende Bakterien enthalten.

Durch ihre besonderen Inhaltsstoffe haben folgende Nahrungsmittel einen wichtigen Stellenwert in der Ernährung:

- Rote Rüben (Pulver) — Anthozyane — Mineralstoffe
- Kaltgepreßtes Oliven- und Leinöl — ungesättigte Fettsäuren
- Artischocken — Spurenelemente
- Sauerkraut — Acetylcholin
- Schwarzwurzeln — Gleitmittel
- Topinambur und Süßkartoffeln — hochwertige Stärke
- Datteln, Ananas — leicht verdaulicher Zucker

Erwähnenswert in diesem Zusammenhang ist ein Bericht aus dem „Naturarzt“:

„Groß angelegte Studien zeigen, daß das Risiko an Darmkrebs zu erkranken, positiv mit einer fett- und fleischreichen Kost korreliert, während Ballaststoffe eher schützend wirken. Fette sind wahrscheinlich über eine Veränderung der Stuhlzusammensetzung und einer Änderung der Stoffwechselaktivität der Darmflora, an der Entstehung des Dickdarmtumors beteiligt. Die Wirkung der unlöslichen Ballaststoffe (z.B. Vollkornmehl) beruht auf der Erhöhung der Stuhlmenge und der damit verbundenen Senkung der fäkalen Konzentration von Gallensäuren, neutralen Sterinen und Mutagenen (krebsfördernde Substanzen). Weizenkleie und Lignin binden krebserzeugende Stoffe und Gallensäuren. Lösliche Ballaststoffe wie Goa und Pektin haben wahrscheinlich auch eine schützende Wirkung.“

Eine Studie des Linzer IMAS-Institutes — über die Ernährungsgewohnheiten der Österreicher — ist sehr aufschlußreich:

- demnach wollen zwei Drittel aller Erwachsenen in Österreich abnehmen (41% der Frauen, 26% der Männer)
- fettarm essen hält jeder 3. für sinnvoll
- 17% gaben (noch vor dem Fleischskandal) an, daß man weniger Fleisch essen sollte
- 46% wollen unbehandelte Nahrung!
- mehr als 50% wünschen sich Lebensmittel die direkt vom Bauern ins Geschäft kommen!
- 15% begeistern sich für Vollwertkost
- jeder 5. bevorzugt biologisch angebautes Obst und Gemüse

2. Vollwertkost

Die Basis für eine Vielzahl unserer sogenannten Zivilisationskrankheiten wird durch eine komplett falsche Ernährung und gefährliche Eßgewohnheiten gelegt. Auch für den körperbewußten Menschen wird eine selektive Auswahl seiner Nahrungsmittel immer schwerer, da die meisten Nahrungsmittel einer zum Teil unkontrollierbaren industriellen Bearbeitung unterworfen sind (Genmanipulation etc.). Entscheidend ist somit das Wissen um die Ursachen in bezug auf den Zyklus der Nahrungskette und die Vorbeugung, denn nur derjenige, der die Zusammenhänge der Zivilisationskrankheiten kennt, kann sie verhindern.
Als typische Beispiele mögen nur die Problemkreise rund um Fabrik-Zucker, Kaffee, Zigaretten und Alkohol erwähnt werden.

Fabrikzucker (weißer und brauner) ist zum Beispiel ein häufiger Grund für Appetitlosigkeit von Kindern, denn je mehr er verzehrt wird, desto stärker wird das Verlangen nach ihm. Rohr- und Traubenzucker werden im menschlichen Organismus zu Kohlensäure und Wasser abgebaut, wobei die dabei entstehenden Zwischenprodukte in Zusammenarbeit mit verschiedenen Stoffen des Fett- und Eiweißstoffwechsels zum Aufbau von wichtigen Körpersubstanzen dienen. Vitamin B1 ist für alle diese Reaktionsschritte entscheidend, woraus klar wird, daß der körpereigene Vitaminverbrauch um so höher ist, je mehr vitalstoffreier Fabrikzucker konsumiert wird. Das Verlangen der Kinder nach Süßem wird von vielen als natürlich angesehen,; doch die Gier nach Süßigkeiten ist nach Dr. Bruker bereits ein Symptom, daß ihnen etwas fehlt — nämlich nicht Zukker, sondern vitale Zusatzstoffe, vor allem der Vit. B-Komplex.

Der verhängnisvolle Kreis beginnt sich zu schließen, wenn man in unserer Nahrungskette Vitamin B1-hältige Nahrungsmittel sucht, denn die Hauptmenge von B1 finden wir im Getreidekeim. In unserer Gesellschaft werden aber in großem Maße nur Auszugsmehlprodukte und Teigwaren verwendet, bei denen die vitalstoffhältigen Außenschichten des Getreidekeimes nicht mehr vorhanden sind, so daß beim Menschen ein latenter Vitamin B1-Mangel entsteht, der die auslösende Ursache für verschiedene Stoffwechselkrankheiten sein kann. (DR. BRUKER: *"Das Auszugsmehl ist durch die Entfernung des Keims haltbar gemacht worden — eine tote Konserve."*)
Fabrikzucker dient für viele als ein künstliches Stimulierungsmittel, das für manche schon zur Befriedigung einer Sucht eingesetzt wird. Ein anderes Stimulus aber wird durch das Zigarettenrauchen ausgelöst, denn durch das Nikotin kommt es ebenfalls zu Veränderungen im Blutzuckerspiegel, da das Nikotin ein sofortiges Ansteigen desselben über den Umweg der Anregung des adrenalsympathischen Systems bewirkt. Dieser Anstieg des Blutzuckers geht hierbei auf Kosten der Substanz an gespeicherten Leberglycogen. Dieses „süße Doping" bewirkt eine Steigerung des Blutzukkers für ca. 30 bis 60 Minuten, dann sinkt der Blutzukker wieder wodurch ein neuerliches Verlangen nach dem Stimulus entsteht. Es kommt aber durch das ständige Absinken des Blutzuckers immer wieder zum Verlangen nach Befriedigung durch eines dieser typischen Süchte (Koffein, Nikotin, Zucker), welche sich mit dem Steigen des Blutzuckers — und dem Gefühl der momentanen Besserung — einstellt. Nikotinfreie Zigaretten können zum Beispiel dieses „Gefühl der Befriedigung" nicht erzeugen.

Menschen, die regelmäßig viel Kaffee trinken oder rauchen und deshalb eher mäßigen bis schlechten Appetit haben, sind in einem chronischen Zustand der Unterernährung, da sie ständig die Glycogenspeicher der Leber verschwenden und nicht durch adäquate Ernährung substituieren. Viele sind durch diesen chronischen Mangel an Blutzucker — speziell morgens vor dem Frühstück — sehr gereizt und launisch, so lange, bis sie etwas konsumiert haben und sei es nur eine Schale Kaffee mit Zucker.

Allein vom Stand des eigenen Bewußtseins und der persönlichen Klarheit zum Leben und zum Körper wird es abhängig sein, welche Art von Ernährung man wählen wird. Das Spektrum reicht von der Makrobiotik über die vegetarische Küche bis hin zur Hayschen Trennkost, sowie der Vollwertkost und vielem mehr. (siehe auch die Artikel von Dr. Schulz, Dr. Stossier)
Für die vollwertige Ernährung ist dabei eine Selektion naturbelassener Nahrungsmittel das entscheidende Kriterium. Bei einer Vollwertkost werden folgende Nahrungsmittel täglich empfohlen:

- Vollkornprodukte (Vollkornbrot, Vollkornnudel, Vollkornreis)
- Frischkost (Salate, Rohkost)
- frisches Getreide (Frischkornbrei)
- natürliche Fette (Butter, kaltgepreßte Öle)

Vermieden werden sollten die folgenden Nahrungsmittel:

- Zucker, Würfelzucker, Candiszucker etc. — als Ersatz für Zucker kann in geringen Mengen Honig verwendet werden.
- ausschließlich heißgepreßte Fette (herkömmliche Pflanzenöle), für Salate sollten kaltgepreßte Öle verwendet werden und für Aufstriche Butter
- Auszugsmehle = Weißmehl — anstatt Weißmehl sollte frisch gemahlenes Vollkornmehl eingesetzt werden. Täglich sollte zusätzlich ein Frischkornbrei gegessen werden.

Das genußvolle Verzehren und gute Kauen hochwertiger Nahrungsmittel ist ein wichtiger bewußtseinsentwickelnder Prozeß, der für ein gesundes Harmonieren von Leib und Seele enorme Bedeutung hat

7. Spurenelemente und Vitamine

Vitamin E und Selen

Vitamin E und Selen wirken beide synergetisch als wichtige Antioxidantien. Besonders wenn Amalgamfüllungen vorhanden sind besteht eine große Notwendigkeit Selen und Vitamin E einzusetzen. In Tierstudien wurde der toxische Effekt von Quecksilber verhindert durch Gaben von Vitamin E (ADDYA S., CHAKRAVARTI, BASU et al. „Effect of mercuric chloride on several scavenging enzymes in rat kindney and influence of Vitamin E supplementation". Acta Vitaminol Enzymol 6, 103-7, 1984)
Da freie Radikale die gingivalen Proteo-amino-glykane zerstören, hat die Vitamin E- und Selengabe bei bestimmten periodontalen Erkrankungen besonderen Stellenwert.

Vitamin E

- schützt SH-Gruppen vor Enzymen
- stärkt die Kapillarmembran

- Radikalfänger
- wirkt regulativ auf Mesenchymstoffwechsel
- spielt eine essentielle Rolle bei der Zellatmung von Muskeln
- mehrfach ungesättigte Fettsäuren und Vitamin A werden durch Vitamin E vor oxidativer Schädigung bewahrt.

Selen

- kann die schädigende Wirkung von Schwermetallen wie Cadmium, Blei und Quecksilber reduzieren
- Studien in den USA zeigen, daß Vitamin E und Selen die Antikörperbildung um das 20 - 30fache erhöhen können (Elson M. Haas - Staying Healthy with Nutritien)
- Radikalfänger

Vitamin A

Für einen harmonischen Ablauf des Stoffwechsels ist Vitamin A unerläßlich - Mangel an Vitamin A führt zu Störungen im Epithel der Gingiva, entzündlicher Infiltration und Degeneration, Taschenbildung sowie abnormer Veränderung des Alveolarknochens (CARRANZA F: Glichmanns Clinical Periodontology, WB SAUNDERS, Philadelphia, PA, 1984)

- stärkt die Zellwände und schützt so vor dem Eindringen von Bakterien
- unterstützt das Wachstum und die Reparatur des Gewebes

Zink und Kupfer

Zink

- Immunmodulation - wichtig für eine gute Funktion der Makrophagen, der B-Lymphozyten und der granulozytären Abwehr. Leukozyten sind 25mal zinkhältiger als Erythrozyten!
- Der Schweregrad von periodontalen Erkrankungen ist direkt assoziiert mit einem erhöhten Serum Kupfer und erniedrigten Zinkwerten. (FREELAND J., COUSINS R. and SCHWARTZ R: Relationship of mineral status and intake to periodental disease. AM J. CLIN. Nutr. 29: 749 - 9, 1976)
- stabilisiert Membranen
- Verhinderung des Plaque-Wachstums (HARRAP G: Inhibition of plaque growth by Zinc Salts. J. Periodontal Res. 18, 634 - 42, 1983)
- Verhinderung der Mastzelldegranulation
- antioxidativ (ist Teil der Superoxiddismutase als Scavenger Enzym)
- Wichtiger Bestandteil für eine Vielzahl von Enzymen und für die Kollagensynthese
- reduziert die Wundheilung
- behindert den Kalziumeinstrom (ALEO J.: Possible role of calcium in periodontal disease. J. Periodontal 55: 642-7, 1984)

Kupfer:

- Hat als Antagonist Zink - Beide haben einen Einfluß auf den Cholesterin-Spiegel und beeinflussen den Zuckerhaushalt. Das Verhältnis von Zink:Kupfer sollte 7:1 betragen
- wirkt unspezifisch antiphlogistisch
- Einfluß auf das Abwehrsystem

Vitamin C (Ascorbinsäure)

- stellt ein chemisches Redoxsystem dar, welches enorm wichtig für den Intermediärstoffwechsel ist
- Antioxidans
- reduziert die Toxizität von Schwermetallen (Quecksilber, Blei, Cadmium)
- fördert den Kollagenaufbau
- stimuliert die Leukozyten und die Immunglobulinsynthese
- Mangel führt zur vermehrter Neigung von Zahnfleischbluten
- Raucher und Alkoholiker haben meist einen Mangel an Vitamin C und Zink

COENZYM Q - UBIQUINON

- Antioxidans
- essentielles Coenzym in der oxydativen Phosphorylierung der Mitochondrien
- wird in Japan mit Erfolg bei Parodontalerkrankungen eingesetzt (FOLKERS und YAMAMURA: Biomedical and Clinical Aspects of Coenzyme Q, Vol.3, North Holland Biomedical Press, Amsterdam 1981, p. 109-25)

Folsäure

Doppelblindstudien ergaben signifikante Verminderung von gingivalen Entzündungen und der Blutungstendenz sowie des Plaquewachstums (Pach A: Effects of topical and systemic folic acid on gingival health. J. Oral Medic 33: 20-2, 1978) Folsäure bindet dabei, als 0,1 % Mundspülung verabreicht, Endotoxine aus dem Plaquezyklus.
Empfohlen wird diese Spülung vor allem Frauen die schwanger sind oder Kontrazeptiva einnehmen, da die Seren und Leukozyten dieser Personen ein Makromoleküh1 enthalten, welche Folsäure bindet (DA COSTA M.: Appearance of folate binder in leucocytes and serum of women who are pregnant or taking oral contraceptives. J. LAB. Clin Med 83, 207-14, 1974)
Die orale Gabe ist dabei weit nicht so effektiv wie die Mundspülung

Vitamin D

- Beeinflußt in Verbindung mit Calcitonin (Thyreocalcitonin) und STH (somatotropes Hormon) den Einbau von Calcium in den Knochen
- kann durch UV-Licht oder die Einnahme von Fischleberöl erhöht werden. Durch orale Zufuhr von Vitamin D kann es bereits binnen 2 Wochen zu einer Erhöhung des Speichelcalciums kommen.
  Den selben Effekt erreicht man durch UV-Bestrahlung in 2 - 3 Monaten. Hört man mit der UV-Bestrahlung auf, dauert es wieder 2 - 3 Monate bis die Werte zurückgehen, während nach Absetzen der oralen Therapie bereits nach wenigen Wochen der Substitutionseffekt verloren geht (F. HAWKINS-Applied Nutrition)
- Es besteht eine Beziehung zwischen Vitamin A - Vitamin D und Cholesterol

FLAVONOIDE

- stabilisieren die Kollagen-Matrix
- entzündungshemmend
- reduzieren die Membranpermeabilität
- antioxidativ
- verhindern Mastzelldegranulation
- Wirkung auf Hyaluronidase und Kollagenase
- Studien mit Hamstern, bei denen experimentell eine Periodontitis erzeugt wurde, ergaben durch Gabe von großen Dosen Flavonoiden, daß es zu einem signifikanten Plaquerückgang und Verminderung der Knochenresorption kam (GINESTE M.; Influence of flavonoids on experimental periodontitis in the golden hamster. J. BIOL. BUCCALE 12: 259-65, 1984)
- die aktivsten Flavonoide sind: Quercetin-Katechin-Anthozyane-Proanthozyan (Rutin hat wenig Kollagen stabilisierenden Effekt)

7. Konzept einer Parodontosetherapie

- Zahnhygiene - Taschencuretage
- Darmsanierung - Symbioselenkung - Pilztherapie
- Ernährungsberatung - Säure-Basen-Haushalt - Nahrungsmittelallergien
- Spurenelemente und Mineraliensubstitution
- Schwermetallausleitung (Pb, Cd, Hg, Ni, Pd...)
- Psychische Beratung - Streßreduktion
- Bachblüten
- Homöopath. Konstitutionsmittel
- Zahn - Kiefer - Tonsillen - Nasennebenhöhlen - Sanierung
- Okklusion - Parafunktionen - Schiene nach AK-Testung (PROF. GELB)
- Hormonelle Steuerung

- Nosodentherapie nach Testung
- Lymphbehandlung
- Mikrobiologische Therapie
- Operative Therapie

Als Unterstützung, vor allem um die Resistenzlage des Organismus zu stärken und das Zell-Milieu zu verbessern, können je nach Testung folgende Heilmittel eingesetzt werden:

1. Zur subcutanen Injektion:

   Gingiva Amp.
   Periodontium Amp.
   Periodontium/Silicea comp. Amp.
   Parodontose Nosode Amp.
   Periodontium/Stannum comp. Amp.
   Maxilla feti Amp.
   Mandibula feti Amp.
   Quarz Amp.
   Mesenchym/Calcium carbon. Amp.

2. Antibiophilus

   Basenpulver
   Laevulac
   Heilerde intern
   Ölziehkur
   Mistelsaft für 3 Tage, dann 7 Tage Birkensaft
   Lymphomyosot
   Eichenrindentee
   Hildegard – Parodontosewein

Zusatztherapien: Magnetfeld
Laser
Ozonspülungen
Bioresonanz
Farbtherapie
Colon-Hydro-Therapie
Heilfasten

Fa. Heel:

Traumeel
Calcoheel
Osteoheel
Parodontose-Nosode-Injeel
Auto-Sanguis-Stufentherapie mit Nosode gemischt
Coenzym. comp. Amp (degenerativer Prozeß)
Cruroheel S
Engystol N-Injektionen
Traumeel S (Salbe)

Fa. ALLERGOSAN (Spagyra):

Megascorbin
Orthodent
Carosezin
Orthoflor B + A

Fa. PE:

Calcium (citrat)
Calcium MCHA (Mikrokristallines Hydroxilapatit)
Ca/Mg; +Ca+
Folsäure Mundbehandlung
Pure Ascorbinsäure / Buffered Ascorbinsäure

Fa. SANUM (Spagyra):

Pefrakehl (Amp. candida parapsilosis) im Wechsel mit Sankombi D5 (Mucor racemosus - Aspergilus niger); Nachbehandlung mit Notakehl D5 (Penicillinum notatum) und Sanuvis (rechtsdrehende Milchsäure)

Fa. BLUE GREEN:

Chlorella
Colon green
Bifidus/Acidophilus

Fa. Life Light

Chlorella
Spirulina
La Pacho Tee
Aloe Vera
Spiruselen

PASCOE:

Similiaplexe:
Mercurius cyantatus Spl. Tropfen:
Stomatitis aphthosa
Myrrha Spl. Tropfen:
Stomatitis aphthosa, blutende und schmerzende Erkrankungen des Mundes
Hepar Sulf. Spl. N-Tabletten:
Abszesse, Furunkulose
Symphytum Spl. Tropfen:
Wundheilung nach traumat. Insult

WALA u. WELEDA:

Paradontitis superficialis:
Ratanhia comp. (ext) - Weleda
Antimonit/Ol. Rosae comp. - Wala
Salvia comp. Gelatum - Weleda
Akut nekrotisierende Gingivitis:
Aesculus, Cortex D1/Dil-spülen - Weleda

Ol. aethereum Rosmarini, Emulsion - Weleda
Calendula Essenz

Altersatrophie (frühzeitige sklerotische Prozesse):

Plumbum mellis D12, Trit: für 6 Wochen dann 6 Wochen Pause - Weleda
Cortex betula
zur Einleitung 2mal pro Woche Prunus Spinosa D6 s.c. - Weleda

Chirurgische Parotherapie:

Postoperativ: Arnica eplanta tota D12 Amp. - Wala
Calendula Essenz
Antimon Oleum rosae

Juvenile Paradontitis:

Gingiva D15 Amp. - Wala

Pubertätsgingivitis:

Berberis D2 / Urtica urens Herba D3 Amp. - Weleda

Substitution von Mineralstoffen und Spurenelementen

Die Ergänzung von Vitaminen, Mineralstoffen und Spurenelementen sollte nach Klinik und individueller Testung über Applied Kinesiology (Ak) erfolgen.
Als mögliche Substanzen können verwendet werden:

- Vitamin E
- Selen
- Vitamin A
- Zink
- Kupfer
- Folsäure-Mundspülung
- Coenzym Q
- Beta-Karotin
- Vitamin D
- Flavonoide
- Vitamin C gepuffert
- Vitamin B6
- Magnesium citr.
- Mineral 650 (PE)
- Calcium citrat
- Ölziehen n. DR. KARACH

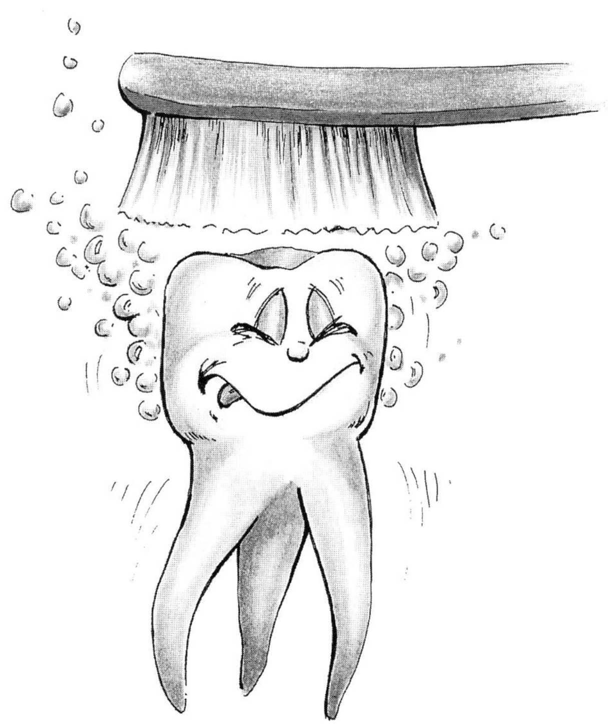

Abb. 2

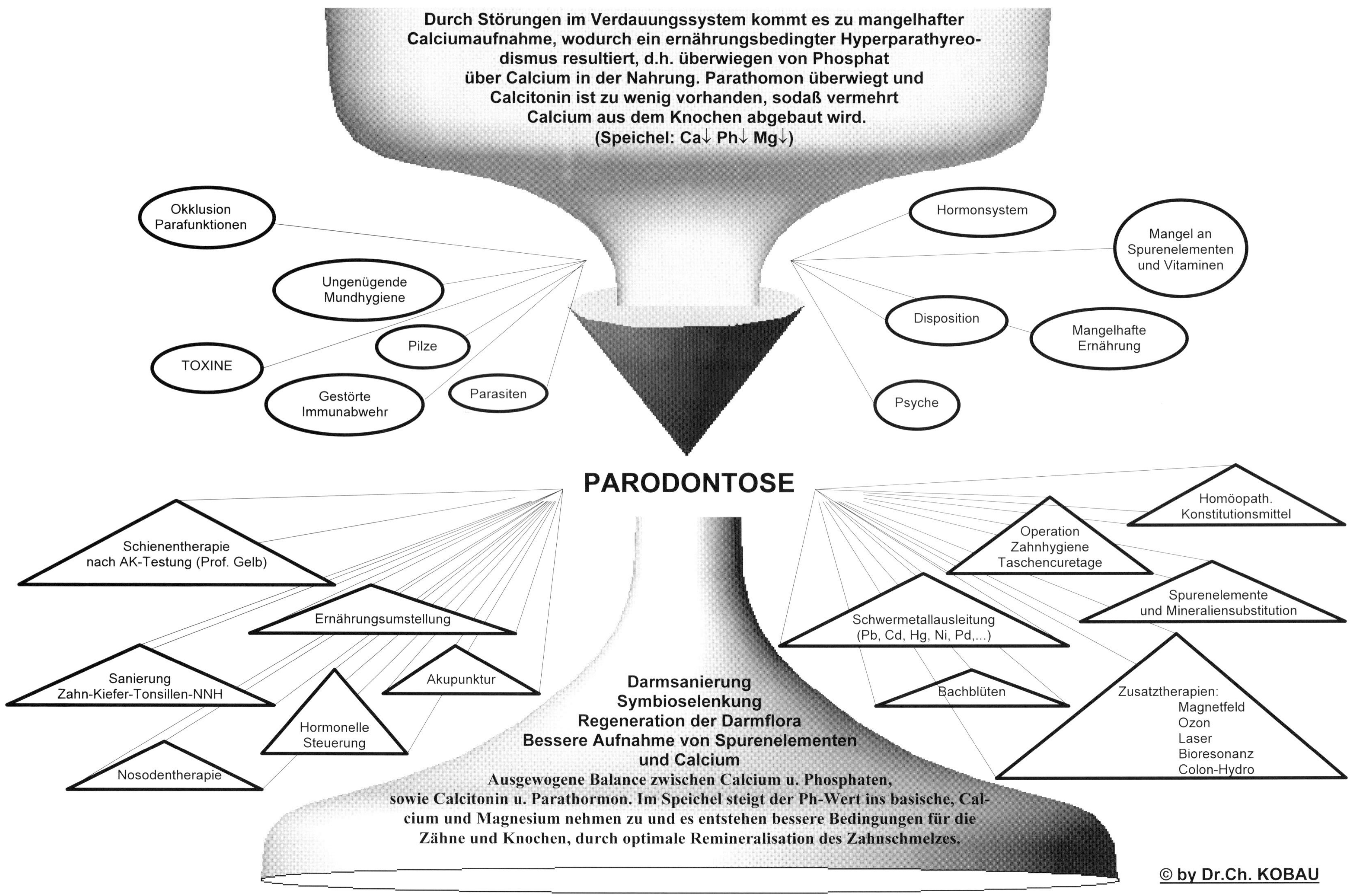
Durch Störungen im Verdauungssystem kommt es zu mangelhafter Calciumaufnahme, wodurch ein ernährungsbedingter Hyperparathyreodismus resultiert, d.h. überwiegen von Phosphat über Calcium in der Nahrung. Parathomon überwiegt und Calcitonin ist zu wenig vorhanden, sodaß vermehrt Calcium aus dem Knochen abgebaut wird.
(Speichel: Ca↓ Ph↓ Mg↓)
Okklusion Parafunktionen
Ungenügende Mundhygiene
Pilze
TOXINE
Gestörte Immunabwehr
Parasiten
Hormonsystem
Mangel an Spurenelementen und Vitaminen
Disposition
Mangelhafte Ernährung
Psyche
PARODONTOSE
Schienentherapie nach AK-Testung (Prof. Gelb)
Ernährungsumstellung
Sanierung Zahn-Kiefer-Tonsillen-NNH
Akupunktur
Hormonelle Steuerung
Nosodentherapie
Homöopath. Konstitutionsmittel
Operation Zahnhygiene Taschencuretage
Spurenelemente und Mineraliensubstitution
Schwermetallausleitung (Pb, Cd, Hg, Ni, Pd,...)
Bachblüten
Zusatztherapien:
Magnetfeld
Ozon
Laser
Bioresonanz
Colon-Hydro
Darmsanierung
Symbioselenkung
Regeneration der Darmflora
Bessere Aufnahme von Spurenelementen und Calcium
Ausgewogene Balance zwischen Calcium u. Phosphaten, sowie Calcitonin u. Parathormon. Im Speichel steigt der Ph-Wert ins basische, Calcium und Magnesium nehmen zu und es entstehen bessere Bedingungen für die Zähne und Knochen, durch optimale Remineralisation des Zahnschmelzes.
© by Dr.Ch. KOBAU

Diagnostische und therapeutische Aspekte in der modernen klinischen Parodontologie

Raoul Polansky, Gernot Wimmer, Michael Haas, Christof Pertl

Unter dem Begriff Parodontalerkrankungen versteht man im weitesten Sinne pathologische Veränderungen, hervorgerufen durch mikrobielle Infektionen, Neoplasien, entzündliche Zustände und metabolische Störungen, welche Gingiva, parodontale Gewebe und Alveolarknochen betreffen. Der Großteil dieser parodontalen Erkrankungen ist entzündlicher Natur, verursacht durch bakterielle Plaque im Bereich des Zahnfleischrandes.
Man bezeichnet diese mikrobiell induzierten entzündlichen Läsionen als Gingivitis, wenn nur die Gingiva betroffen ist und als Parodontitis, wenn auch ein Abbau des Zahnhalteapparates erfolgt. Zahlreiche wissenschaftliche Studien beweisen, daß eine Ursache der Gingivitis bakterielle Plaque ist.
Grundlegend dafür waren Untersuchungen, die zeigten, daß eine Plaque-Akkumulation bei initial gesunder Gingiva zu einer Entzündung der Parodontien führt. Wird diese bakterielle Noxe entweder mechanisch oder chemotherapeutisch entfernt, kommt es zu einer raschen Rückbildung dieser plaque-induzierten entzündlichen gingivalen Veränderungen. Darüber hinaus zeigen viele epidemiologische Studien eine direkte Beziehung zwischen dem Grad der Mundhygiene und dem Auftreten als auch dem Schweregrad der Entzündung des Zahnfleisches.
Während eine Plaque-Akkumulation entscheidend für die Ausbildung einer Gingivitis ist, sind die Mechanismen, welche die Entstehung einer Parodontitis oder den Übergang einer Gingivitis in eine Parodontitis bewirken, noch weitgehend unklar.

Obwohl ein Großteil parodontal destruktiver Erkrankungen aus entzündlich gingivalen Läsionen fortschreitet, gibt es auch Hinweise, daß einige Parodontitisformen sich nicht zwingend aus einer Gingivitis entwickeln. Viele Formen dieser Erkrankung sind mit spezifischen parodontal-pathogenen Mikroorganismen assoziiert, welche die subgingivalen, parodontalen ökologischen Nischen besiedeln.

Die Initiation und Progression parodontaler Erkrankungen wird offensichtlich durch lokale Milieuveränderungen, systemische Bedingungen, sogenannte Risikofaktoren und eventuell auch durch genetische Faktoren beeinflußt.

Therapiekonzept

Um den Forderungen einer zeitgemäßen Zahnheilkunde gerecht zu werden und die Verwirklichung einer sanierten Mundhöhle zu erreichen, müssen im Behandlungsplan sowohl endodontische, parodontale als auch okklusale Aspekte ihre Berücksichtigung finden. Man erreicht diesen Anforderungen entsprechende Voraussetzungen durch eine umfassende Vorbehandlung, welche sich bei guter Organisation effektiv und rationell gestalten läßt. In der zeitlichen Abfolge der Therapie hat sich dazu das folgende klinische Procedere bewährt:
Zu Beginn wird eine vorläufige Diagnose mit provisorischer Behandlungsplanung erstellt. Eingeleitet wird die Behandlung mit der initialen Parodontaltherapie, beinhaltend Patientenaufklärung über Krankheitsursachen, Motivation zur Mitarbeit, Mundhygieneinstruktion, exakte Anamnese und Befunderhebung, supra- und subgingivale Reinigung sowie notwendige endodontische, funktionelle oder kieferorthopädische Begleitmaßnahmen.
Nach Abschluß dieser umfassenden Behandlungsphase wird der bis dahin erzielte Behandlungserfolg im Rahmen einer Reevaluation festgestellt, um einerseits die individuelle Reaktionslage der Gewebe zu bewerten, andererseits aber auch die Mitarbeit und Motivierbarkeit des Patienten zu erkennen. Aus diesen Zusammenhängen wird ein definitiver Behandlungsplan erstellt. Fakultativ kann eine operative parodontale Behandlungsphase mit korrektiven oder augmentativen Zielen folgen. Ist der nach der operativen Phase einsetzende Heilungsprozeß abgeschlossen, das primär definierte Behandlungsziel erreicht, kann die restaurativ-prothetische Versorgung durchgeführt werden. Um die erzielten Behandlungserfolge weiterhin stabil zu erhalten, ist eine im Prinzip lebenslange Erhaltungstherapie zwingend notwendig. Diese besteht, abhängig von der Art der primären parodontalen Erkrankung, dem erreichten Behandlungserfolg und der Hygienefähigkeit des Patienten, aus mehr oder weniger zeitlich engmaschigen Kontrollen mit professionellen Mundhygiene-Sitzungen.

Formen parodontaler Erkrankungen

Bei der Klassifikation parodontaler Erkrankungen unterscheidet man prinzipiell zwischen gingivalen Erkrankungen und parodontalen Erkrankungen. Die gingivalen Erkrankungen unterteilt man in die plaque-assoziierte Gingivitis, weiters die gingivale Manifestation systemischer Erkrankungen und drittens andere gingivale Veränderungen.

Die plaque-assoziierte Gingivitis unterscheidet:

- die chronische Gingivitis,
- die akut nekrotisierend ulceröse Gingivitis und
- Gingivitiden, die mit systemischen Erkrankungen oder Medikamentationen verbunden sind, wie a) hormonell beeinflußte Gingivitiden, b) medikamentös beeinflußte Gingivitiden und c) die HIV-Gingivitis.

Bei den Parodontitiden unterscheidet man:

a. die adulte oder Erwachsenenparodontitis,

b. die early onset (früh einsetzende) Parodontitis,

   1. die präpubertale generalisierte oder lokalisierte,
   2. die juvenile generalisierte oder lokalisierte,
   3. die rapid fortschreitende oder rapidly progressive Parodontitis

c. die Parodontitis, die verbunden ist mit Systemerkrankungen (wie z.B. HIV Infektion)

d. die nekrotisierende ulcerative Parodontitis

e. die refraktäre Parodontitis

All diese Erkrankungen können in verschiedenen Schweregraden (moderat oder fortgeschritten) auftreten.

Parodontale Diagnostik

Klinische Diagnostik

Am Beginn jeder Behandlung steht eine exakte klinische Befundaufnahme, um die parodontale Diagnose zu erstellen, die Prognose der einzelnen Zähne abzuschätzen und in der Folge Auskunft über den Therapiefortschritt zu erhalten. Zudem können die erhobenen Befunde und die Entwicklung der einzelnen Parameter während der Therapie eine große Hilfe bei der Aufklärung und Motivation des Patienten bieten. Bei der klinischen Befundaufnahme sollte eine möglichst umfassende Anamnese erhoben werden, da zahlreiche Risikofaktoren die Initiation als auch die Progression parodontaler Erkrankungen beeinflussen können. Neben bestimmten erblichen Defekterkrankungen sind es vor allem der insulinabhängige Diabetes mellitus und der Nikotinabusus, welche statistisch signifikante Korrelationen zeigen. Daneben können aber auch Faktoren wie Streß, hormonelle Dysfunktionen , Alter und ähnliches modulierend wirken. Oft hat eine fächerübergreifende Zusammenarbeit für eine exakte Diagnostik stattzufinden.

In der Parodontologie existiert eine große Anzahl von sogenannten Indices, numerische Ausdrücke definierter diagnostischer Kriterien, welche die einzelnen Parameter und parodontalen Veränderungen beurteilen. Die in der Folge dargestellten sind die aus unserer Sicht wichtigsten und ausreichend, um eine exakte parodontale Diagnose erstellen zu können. Von grundlegender Bedeutung ist das Erkennen parodontaler Erkrankungen. Untersuchungen im Auftrag der WHO zeigen, daß 80% der Bevölkerung in Europa und Nordamerika an Erkrankungen der Gingiva und des Parodontiums leiden. Zwei Drittel davon benötigen eine umfassende parodontale Behandlung. Zur Erhebung des parodontalen Behandlungsbedarfes empfiehlt sich als einfacher Screening Index der sogenannte CPITN. Der individuelle Plaquebefall bzw. die Mundhygienefähigkeit des Patienten kann sehr gut mit dem sogenannten Approximal-Raum-Plaque-Index (API) bestimmt werden. Ein sehr sensibles Maß für die Entzündungsaktivität ist der Papillenblutungsindex.

Im Rahmen der Erhebung des Parodontalstatus erfolgt auch die genaue klinische, zahnbezogene Diagnostik. Dabei werden die Sondierungstiefen der Zahntaschen, die Zahnbeweglichkeit und an mehrwurzeligen Zähnen der Furkationsbefall vermessen. Die Rezession, das Zurückweichen des marginalen Gingivalrandes von der Zahnkrone weg in Richtung Zahnwurzel, ist ein weiteres Symptom, welches im Rahmen der Erstellung eines Parodontalstatus beobachtet wird. Ein wesentlicher Parameter, der die exakte Destruktion des parodontalen Halteapparates wiederspiegelt und eine Aussage über die Wertigkeit eines Zahnes gibt, ist das Attachment-Niveau.

Zusätzlich zu einer exakten klinischen Befundaufnahme, ist die radiologische Untersuchung des Patienten ein wichtiger Bestandteil, um nach Korrelation der Befunde zu einer parodontalen Diagnose zu kommen.

Röntgendiagnostik in der Parodontologie

Das Orthopantomogramm bzw. Panoramaröntgen bietet eine gute Möglichkeit, um einen ersten Überblick über die parodontalen Verhältnisse eines Patienten zu bekommen. Zu dem können retinierte oder verlagerte Zähne, Beherdungen, Fremdkörper im Kiefer oder auch expansive Prozesse im Panoramaröntgen sichtbar werden, sodaß man auf die orthopantomographische Untersuchung eines Patienten im Rahmen einer Parodontalbehandlung nicht verzichten sollte. Zur exakten röntgenologischen Diagnostik von parodontal destruktiven Vorgängen ist das Panoramaröntgen jedoch nicht präzise genug, weshalb auf die Erstellung eines Kleinbildstatus, durchgeführt nach den Prinzipien der Rechtwinkel- oder Paralleltechnik, zurückgegriffen werden muß. Das Kleinbild bietet den Vorteil der wesentlich schärferen und exakteren Zeichnung der knöchernen Strukturen.
Wichtige parodontologische Bezugsgrenzen wie Schmelz-Zement-Grenze, Lamina dura, Limbus alveolaris und Wurzelspitzen sind deutlich zu erkennen. Schon in Anfangsstadien sind pathologische Entwicklungen in den parodontalen Strukturen beurteilbar, wie z. B. Veränderungen des Desmodontalspaltes. Knochentaschen sind ebenfalls erkennbar, sofern sie zwei- oder dreirandig begrenzt sind. Von Vorteil ist auch die fast maßstabgetreue Abbildung der Zähne. Weiterhin ist die weitgehende Reproduzierbarkeit dieser Aufnahmetechnik von Bedeutung. Der Verlauf der Lamina dura um die Zahnwurzel gibt uns Auskunft über den periradikalen Entzündungszustand. Auch der Furkationsbefall mehrwurzeliger Zähne ist am Zahnfilmröntgen exakter erkennbar als am Orthopantomogramm. An oberen Molaren ist in der Beurteilung auch bei dieser Technologie Vorsicht geboten, da sich der Jochbogen häufig über den Furkationsbereich projeziert und dadurch einen parodontalen Abbau in diesen Regionen verschleiern kann.
Durch die rasche Entwicklung im Bereich der radiologischen bildgebenden Verfahren kommt in letzter Zeit der Einsatz der Computertomographie für die parodontale Diagnostik zunehmend in Betracht Durch den Einsatz dieser Technologie können aus den gewonnenen Schnittbildern dreidimensionale Oberflächenbilder dargestellt werden. Weitere Vorteile der Computertomographie sind die maßstabgetreue 1:1-Darstellung und die konstante Darstellungsqualität in allen Bereichen des Bildes. Diesen guten Resultaten muß jedoch die Strahlenbelastung gegenübergestellt werden, welche hier im Vergleich zu konventionellen Röntgentechniken deutlich erhöht ist. Naturgemäß hat daher eine besondere Abwägung des Einsatzes der Computertomographie in der Parodontologie zu erfolgen.
Neueste Entwicklungen sind die computerunterstützte densiometrische Darstellungsanalyse (CADIA) und die digitale Subtraktionsradiographie, Techniken zur Erkennung von Knochenveränderungen, die im Laufe der Zeit auftreten. Veränderungen im Knochenstoffwechsel, die zu aktivem Knochenverlust führen, können, bevor noch röntgenologisch sichtbare Destruktionen erkennbar sind, durch nuklearmedizinische Knochenabtastung entdeckt werden.

Mikrobiologische Diagnostik

Sollen im Rahmen der Therapie einer parodontalen Erkrankung Antibiotika zum Einsatz kommen, so empfiehlt sich eine mikrobiologische Diagnostik, besonders wenn es sich um die Behandlung refraktären Parodontitisformen handelt. Speziell bei Patienten mit systemischen Erkrankungen können Superinfektionen mit sehr untypischen Keimen vorliegen, die durch eine parodontale mikrobiologische Diagnostik nach Antibiogramm behandelt werden können. Potentielle Erreger parodontaler Erkrankungen kommen sind vor allem gramnegative anaerobe Stäbchen. Als wichtigste Vertreter sind hier Actinobacillus actinomycetemcomitans, Porphyromonas gingivalis, Prevotella intermedia sowie Bacteroides forsytus, Treponema denticola, Campylobacter rectus, Fusobacterium nucleatum und Selenomonas species zu nennen. Als grampositive anaerobe Kokken seien Peptostreptococcus micros erwähnt. Fakultative Anaerobier sind Eikenella corrodens als gramnegatives Stäbchen und Streptococcus intermedius, bei welchen es sich um grampositive Kettenkokken handelt. Die meiste pathogene Bedeutung haben jedoch Actinobacillus actinomycetemcomitans und Porphyromonas gingivalis, die scheinbar auch die Fähigkeit besitzen ins gingivale Gewebe vorzudringen, um auf diese Weise Eintrittspforten für andere, zum Teil kommensale Bakterien zu bilden. Diese können, wie zum Beispiel der Streptokokkus sanguis, in anderer Umgebung, über die Blutbahn verbreitet, pathogene Wirkungen entfalten (z.B. Endokarditis). Sie gehören nicht regelmäßig zur physiologischen Mundflora, können aber auch beim Gesunden vorkommen, meist allerdings nur in geringer Zahl.
Im gesunden Sulcus und in inaktiven und erfolgreich behandelten Taschen findet sich jedoch eine überwiegend grampositive, fakultativ anaerobe Flora mit möglicherweise vorteilhaften sogenannten benefiziellen Mikroorganismen wie Streptococcus sanguis, Actinomyces species, Capnocytophaga ochracea und Veillonella parvula. Diese scheinen einen positiven Einfluß auf die Flora der parodontalen Tasche zu haben, da sie das Wachstum anderer pathogener Keime beeinflussen können. Die Balance zwischen diesen

nützlichen Bakterienarten und den pathogenen Erregern scheint also bei der Parodontitis gestört zu sein. Eine gestörte Wirtsabwehr wird weiter als notwendiger Faktor für das Entstehen der Parodontitis diskutiert. In Frage kommen als prädisponierende Faktoren die beeinträchtige Aktivität der neutrophilen Granulozyten und andere Störungen der Immunantwort, systemische Erkrankungen wie AIDS, Diabetes sowie Rauchen und Drogenkonsum.

An mikrobiologischer Diagnostik steht im Wesentlichen die Züchtung der Erreger, der DNA-Sondentest und der Antigen-Nachweis im Sinne des Enzymimmunoassay (ELISA) zur Verfügung. Mikroskopische Untersuchungen einschließlich Dunkelfeldmikroskopie geben nur orientierende Befunde. Die polymerase Kettenreaktion (PCR) hat die niedrigste Nachweisgrenze, bedarf aber noch einer klinischen Evaluierung und steht bisher nicht als etablierte Methode für die Diagnostik zur Verfügung.

Die Züchtung der Erreger galt lange Zeit als Methode der Wahl, ist aber sehr aufwendig, langwierig und teuer. Nachteilig dabei sind auch die schwierigen Transportbedingungen, da hauptsächlich nach anaeroben Bakterien gesucht werden muß. Das Prinzip ist ein quantitativer Nachweis züchtbarer aerober und anaerober Mikroorganismen. Von Vorteil ist die Möglichkeit der Erstellung eines Antibiogramms und damit die Überprüfbarkeit der Antibiotikasensibilität, des weiteren können damit auch ungewöhnliche Erreger gefunden werden. Die Probleme der schwierigen Transportbedingungen stellen sich bei den Gensonden und beim Enzymimmunoassays nicht, da die Mikroorganismen für diese Untersuchungen nicht lebensfähig sein müssen. Jedoch können mit allen Schnelltests immer nur jene Erreger nachgewiesen werden, auf die der jeweilige Test gerichtet ist. Da die Palette dieser Erreger bei den kommerziellen Tests beschränkt ist, schließt ein negatives Ergebnis also auf keinen Fall das Vorliegen anderer pathogener Mikroorganismen aus. Allerdings wird die Palette in Zukunft auf zusätzliche Anaerobier erweitert werden. Der DNA-Sondentest ist vom Prinzip her ein grob quantitativer Nachweis charakteristischer Nukleotidsequenzen mit genomischen oder Olinukleotid-Sonden. Der Vorteil dieser DNA-Sondentests ist, daß keine lebenden Keime notwendig sind und daher keine Transportprobleme entstehen. Zudem ist diese Nachweismethode sehr sensitiv. Für die Keime Prevotella intermedia, Porphyromonas gingivalis und Actinobacillus actinomycetemcomitans können Antigen-Nachweise nach der ELISA-Methode durchgeführt werden. Zusätzlich zur primären Diagnostik der beteiligten Keime und der Auswahl des geeigneten Antibiotikums eignet sich die mikrobiologische Diagnostik weiterhin zur Kontrolle der Befunde nach der Therapie. Bei positivem Ergebnis vor Therapie eignen sich die Gensonden besonders gut, um den Einfluß der Therapie auf die Mikroorganismen zu kontrollieren. Meist wird die Elimination bzw. Reduktion unter die Nachweisgrenze angestrebt. Aber nicht eindeutig geklärt ist, ob die Erreger nach Therapie eliminiert oder bis zu einem gewissen Schwellenwert supprimiert werden müssen, wodurch die Interpretation der Befunde nach der Therapie schwierig ist.

Therapie

Konservative Therapie

Im Rahmen des ersten Schrittes der Patientenbehandlung kommt die initiale Parodontaltherapie in Frage. Wir unterscheiden hier zwischen supragingivaler und subgingivaler Phase. Zu Beginn erfolgt nach exakter Befunderhebung und Erstellung der entsprechenden Indizes eine sehr ausführliche Patienteninformation, um den Patienten auf die bestehende Problematik aufmerksam zu machen und über deren Ursachen aufzuklären. Hierdurch und vor allem auch durch eine exakte Überwachung der erhobenen Parameter kann eine entsprechende Patientenmotivation erreicht werden. Es folgt die Patienteninstruktion, das heißt es werden individuell spezifische Hygienehilfsmittel für den Patienten ausgesucht und der Patient im Umgang mit diesen unterrichtet. Daran schließt sich die supragingivale Reinigung, die Entfernung sämtlicher harter und weicher Beläge koronal der Gingiva. Allein durch diese Maßnahmen ist eine sehr starke Reduktion der entzündungsspezifischen Parameter erreichbar. In dieser ersten supragingivalen Phase der Initialtherapie muß die Compliance des Patienten überprüft werden und seine Fähigkeit zur Eigenhygiene festgestellt werden. Nach Abschluß der supragingivalen Phase erfolgt als nächster Schritt die subgingivale Therapie in Form des Deep Scaling und Root planing. Parodontale Läsionen bis zu einer Sondierungstiefe von 5-6 mm können mit diesen Maßnahmen alleine meist erfolgreich therapiert werden. Überschreiten die Taschentiefen ein kritisches Maß von 6 mm oder bestehen andere spezielle parodontale Probleme, wie zum Beispiel ausgeprägter Furkationsbefall oder gingivale Rezessionen, muß auf chirurgische Techniken zurückgegriffen werden.

Chirurgische Techniken in der Parodontologie

Grundsätzlich sollen chirurgische Eingriffe erst nach Abschluß der initialen Hygienephase beinhaltend Patienteninformation, Mundhygieneinstruktion, Wurzelreinigung und Glättung sowie funktionelle und endodontische Begleittherapien durchgeführt werden. Die Ziele der Parodontalchirurgie sind: Verbesserung der Reinigungsmöglichkeit der Wurzeloberfläche unter Sicht nach operativem Aufklappen, Beseitigung von bakteriellen Schlupfwinkeln durch Elimination von Zahnfleisch- und Knochentaschen, Veränderung der anatomischen Gegebenheiten der Zahnwurzel durch Nivellierung, Amputation oder Hemisektion von Wurzelanteilen und Wiederherstellung der physiologischen Morphologie von Gingiva und Alveolarknochen.

Desweiteren soll es durch die Parodontalchirurgie zu einer Regeneration von parodontalem Gewebe kommen. Die Auswahl der Methode für einen parodontalchirurgischen Eingriff wird von den pathomorphologischen Gegebenheiten, den Charakteristika der parodontalen Tasche, der Art und Schwere der Parodontalerkrankung, der Anatomie der mukogingivalen Region sowie der Ästhetik, der Compliance und dem Alter des Patienten bestimmt. Einer der am häufigsten durchgeführten parodontalchirurgischen Eingriffe ist der modifizierte Widman-Lappen. Es handelt sich hierbei um einen teilmobilisierten Lappen, wobei die Gingiva gerade so weit mobilisiert wird, bis der Verlauf des Alveolarrandes und die Wurzeloberfläche lückenlos überblickbar sind. Das Ziel dieser Technik, 1918 von Widman erstmals beschrieben, im Laufe der Jahre oftmals geändert und schließlich 1974 durch Nissle und 1977 Ramfjord modifiziert und verbessert, ist die Ausheilung der parodontalen Taschen bei minimalem Gewebeverlust. Indiziert ist die modifizierte Widman-Operation bei leichten bis mittelschweren Parodontitiden mit Taschentiefen von 5 oder mehr Millimetern und bei Zähnen mit Furkationsbeteiligung, oder bei einer persistierenden Entzündung nach Initialtherapie. Die Vorteile dieser Technik sind eine gute Heilungstendenz mit wenig Attachmentverlust und geringen postoperativen Beschwerden.

Liegen Indikationen wie eine subgingivale Karies, subgingivale Zahnfrakturen oder eine prothetisch indizierte Zahnkronenverlängerung vor, so ist der apikale Verschiebelappen das therapeutische Mittel der Wahl. Hierbei wird der Zahnfleischrand unter Erhaltung der gesamten Breite an befestigter Gingiva nach apikal verlegt. Dies geschieht mittels apikaler Verschiebung und Plazierung eines vestibulär gestielten, voll mobilisierten Mukoperiostlappens.

Sollen ästhetisch störende Rezessionen oder überempfindliche denudierte bukkale Wurzeloberflächen gedeckt werden, so ist der koronal reponierte Verschiebelappen das Mittel der Wahl. Nachteil dieser Operationstechnik ist jedoch die hohe Rezidivinzidenz. Voraussetzung für den koronalen Verschiebelappen ist eine ausreichende Breite von attached Gingiva. Ist diese nicht gegeben, kann sie durch Unterlegung mit einem subepithelialen Bindegewebstransplantat geschaffen werden. Zur Deckung denudierter Wurzeloberflächen können ferner die Technik der guided tissue regeneration oder freie Weichgewebstransplantate herangezogen werden.

Hier unterscheidet man Epithelbindegewebstransplantate (sogenannte Volltransplantate) von subepithelialen Bindegewebstransplantaten (Spalttransplantaten).

Das freie Schleimhauttransplantat bezweckt eine Verbreiterung oder Neuanschaffung von angewachsener keratinisierter Gingiva oder auch die direkte Deckung entblößter Wurzeloberflächen. Indiziert ist diese Technik bei progressiven Rezessionen und/oder persistierenden Entzündungen bei fehlender oder sehr schmaler keratinisierter Gingiva nach Abschluß der Hygienephase. Das subepitheliale Bindegewebstransplantat bringt gegenüber dem freien Schleimhauttransplantat Vorteile, insofern als Textur und Farbe der neu entstehenden attached Gingiva in der Empfängerregion der umgebenden Schleimhaut ähnelt, was beim freien Schleimhauttransplantat nicht der Fall ist. Bei diesem gleicht das Erscheinungsbild der neu entstehenden Schleimhaut in der Empfängerregion diesem der Spenderoberfläche, was in ästhetisch anspruchsvollen Regionen zeitweise problematisch ist.

Um verlorengegangenen Knochen regenerieren zu können, haben sich in letzter Zeit verschiedenartigste Methoden etabliert. Einerseits existiert das Verfahren der guided tissue regeneration (GTR). Bei diesem Verfahren wird mit Hilfe von Membranen der primäre Knochendefekt nach operativer Freilegung abgedeckt und die Schleimhaut über der so gelegten Membran vernäht, so daß in der Tiefe der Läsion eine Knochenregeneration stattfinden kann, ohne daß diese durch von oben einwachsende Bindegewebs- und Epithelzellen gestört wird. Andererseits gibt es eine Vielzahl von Knochenersatzmaterialien, die in die zu augmentierende Knochentasche eingebracht werden. Dabei ist jedoch nach wie vor dem autologen Knochen, der entweder aus dem Tuber, dem retromolaren Bereich oder aus der Kinnregion gewonnen werden kann, der Vorzug zu geben. Das Regenerationspotential ist mit autologen Transplantatmaterialien am besten und darüberhinaus gibt es keine Unsicherheiten bezüglich theoretisch möglicher Infektionsübertragungen.

Antimikrobielle Therapie

Das Ziel jeglicher Parodontitistherapie ist die Beseitigung der Entzündung im Bereich des Parodonts. Dieses Ziel kann mit Hilfe der instrumentellen Parodontalbehandlung im Rahmen der Initialtherapie erfolgen, durch die chirurgische Parodontaltherapie erreicht werden und mit Hilfe der Gabe von Antibiotika. Das Ziel der instrumentellen Parodontalbehandlung ist die Beseitigung der periopathogenen Bakterien aus der Tasche und dem angrenzenden Gewebe, die Schaffung einer sauberen, glatten bio-akzeptablen Wurzelfläche und die Entfernung von erkranktem Gewebe. Dabei ist wurzelschonend und weichgewebsschonend vorzugehen. Gesundes Wurzelzement darf nicht abgetragen werden. Zahlreiche Studien zeigen, daß trotz eines sorgfältigen scalings und root planings und einer gewissenhaften Mundhygiene seitens der Patienten dennoch bakterielle Plaque an der Wurzeloberfläche haften bleibt. Gerade bei lokalisierten Bereichen, die auf eine Therapie nicht ansprechen, oder bei lokalisierter rekurrierender Erkrankung hat sich in jüngster Zeit die lokale Gabe von Antibiotika erfolgreich bewährt. Die Vorteile von lokal zu applizierenden Antibiotika gegenüber der systemischen Gabe von Antibiotika ist die einfache und schnelle Anwendung, die therapeutisch hohe Wirkstoffkonzentration über einen genügend langen Zeitraum in der parodontalen Tasche und die gute Verträglichkeit ohne Resistenzbildungen. Die Applikation dieser lokalen Antibiotika kann mit Hilfe von Gelen, Antibiotika-hältigen Fäden oder Chips erfolgen. Als antimikrobiell wirksame Substanzen stehen Metronidazol, Tetracyklin und Chlorhexidin zur Verfügung.

Bei schweren Formen parodontaler Erkrankungen wie vor allem der early onset Parodontitis, weiters bei der generalisierten refraktären Parodontitis und bei Akutsituationen parodontaler Erkrankungen wie Abszesse oder nekrotisierende Parodontitiden werden systemische Antibiotika als Adjuvanttherapie zur mechanischen oder chirurgischen parodontalen Behandlung verwendet.

Folgende Substanzen haben sich in der Behandlung der verschiedenen Formen parodontaler Erkrankungen als nützlich erwiesen: Tetracycline sind vor allem bei Monoinfektionen mit Actinobacillus actinomycetemcomitans indiziert. Bei gemischten Infektionen führen sie aber zu keiner suffizienten Suppression subgingivaler Pathogene und können auch eine destruktive Krankheitsaktivität nicht verhindern. Metronidazol in Kombination mit Amoxicillin bewirkt eine relativ voraussagbare Eradikation der Keime Actinobacillus actinomycetemcomitans und Porphyromonas gingivalis bei der early onset Parodontitis und bei refraktären Erwachsenenparodontitiden. Bei Betalactase-Allergien kann Ciprofloxacin Amoxicillin substituieren. Bei Patienten mit refraktärer Parodontitis infiziert mit Porphyromonas gingivalis und /oder Prevotella intermedia kann man mit Metronidazol den Fortschritt der Erkrankung verhindern. Auch Clindamycin kann effizient in der Behandlung refraktärer Parodontitiden eingesetzt werden, vor allem bei Infektionen mit hohen Werten an Peptostreptococcus, Beta-hämolysierenden Streptokokken und verschiedenen oralen gramnegativen anaeroben Stäbchen. Wegen der Gefahr pseudomembranöser Colitiden als Nebenwirkungen durch Superinfektionen mit clostridium difficile kann als Alternative zu Clindamycin für die Behandlung parodontaler Erkrankungen Amoxicillin mit Clavulansäure gegeben werden. Auch scheint Amoxicillin plus Clavulansäure den klinischen Gewinn an Attachment bei der Technik der gelenkten Gewebsregeneration durch Abtötung parodontaler Pathogene zu erhöhen. Die Gyrase-Hemmstoffe Ciprofloxacin und Ofloxacin haben sich als effizient in der Behandlung parodontaler Erkrankungen erwiesen. Ciprofloxacin kann in Kombination mit Metronidazol oder einem Betalactase-Antibiotikum für die Behandlung gemischter anaerober parodontaler Infektionen eingesetzt werden. Die Bedeutung pathogener Mikroorganismen und die Empfänglichkeit des Wirtes ist entscheidend für die Ätiologie parodontaler Erkrankungen und stellt den Schlüssel für eine erfolgreiche Behandlung dar.

Das Verständnis der Ätiologie, die Diagnostik als auch die Behandlung parodontaler Erkrankungen haben sich in den letzten Jahren rasch verändert. Es wird angenommen, daß 80% der Technologien, die wir in zehn Jahren verwenden werden, zum heutigen Zeitpunkt noch nicht entwickelt sind. Auch nimmt das Verständnis für Zahnfleisch- und Zahnhalteapparaterkrankungen in der Bevölkerung einen immer größeren Stellenwert ein. Das stellt die Zahnärzteschaft vor neue Herausforderungen, so daß mit der Aufklärung der Patienten und mit den Möglichkeiten neuer Technologien diese am häufigsten auftretende Erkrankung der westlichen Zivilisationsgesellschaft eingedämmt werden könnte.

Legenden

Abb. 1: Beispiel einer schweren juvenilen generalisierten Parodontitis mit Zahnwanderungen und Fehlstellungen, interdendalen Knochenkratern und Rückgang der Weichgewebe.

Abb. 2: Das dazugehörige Orthopantomogramm zeigt massiven generalisierten interdentalen horizontalen und vertikalen Knochenabbau

Abb. 3: Typische Schmutzgingivitis, die durch die bakterielle Invasion aus der anhaftenden Plaque und dem umgebenden Zahnstein ensteht. Die Abbildung zeigt massive Schwellungszuatände und Entzündungszeichen der gesamten Gingiva.

Abb. 4: Kurze Zeit nach der Initialtherapie dieser starken Gingivitis finden sich annähernd reizfreie Parodontien.

Abb. 5: Akute nekrotisierende ulcerierende Gingivitis (ANUG). Entzündliche Veränderungen der interdentalen Gingiva mit fortschreitendem Verlust der Papillen (in schweren Fällen auch Knochenmitbeteiligung)

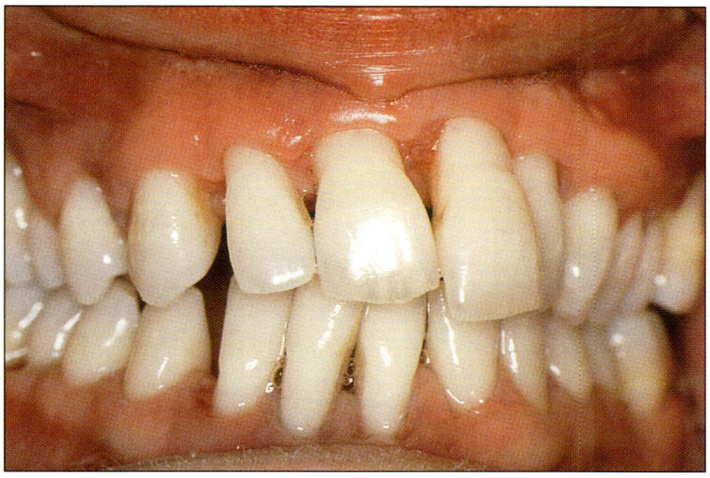

Abb. 1

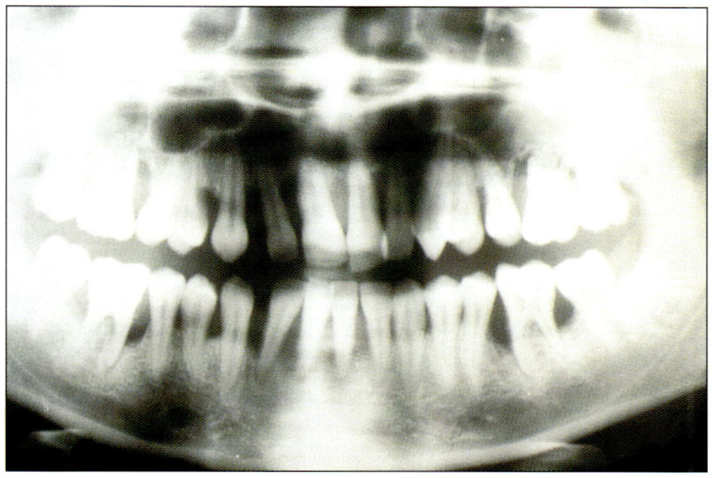

Abb. 2

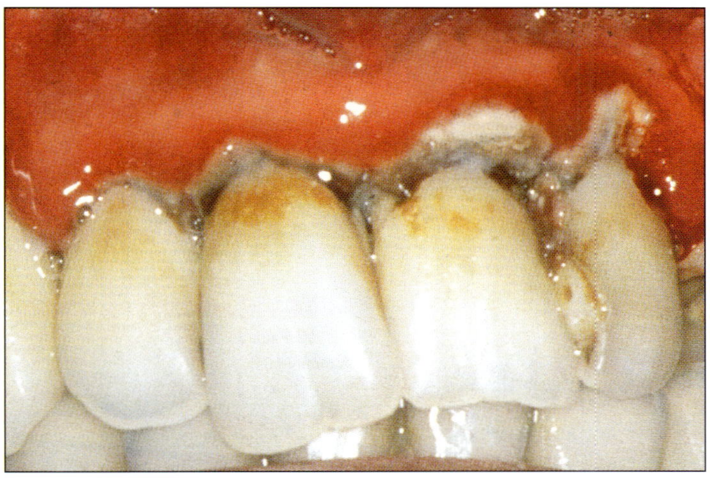

Abb. 3

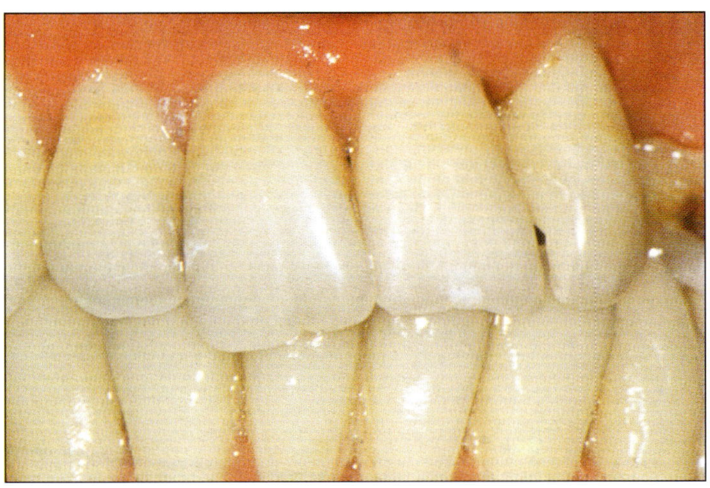

Abb. 4

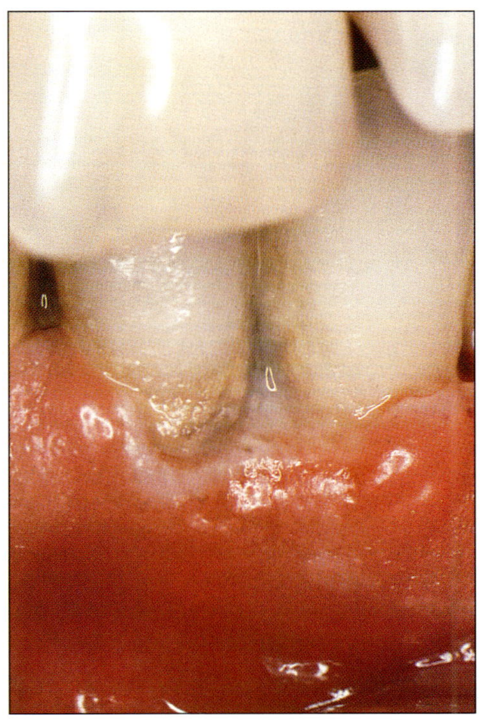

Abb.5

Magnetfeldtherapie in der Zahnmedizin

DR. C. KOBAU

Die therapeutische Nutzung des Magnetfeldes hat sich in der Zahnmedizin sehr gut bewährt, ist aber trotzdem noch nicht weit verbreitet. Geschichtlich gesehen wurden die Kräfte des Magnetismus bereits von den Chinesen für Heilzwecke eingesetzt und auch HIPPOKRATES, sowie PARACELSUS wußten dessen Wirkung gezielt bei Wundheilungen, Narben und Frakturen einzusetzen. Die Bedeutung des Magnetfeldes auf den menschlichen Organismus wurde von LINUS POWLING in den Blickpunkt der Öffentlichkeit gesetzt, als er die magnetische Beschaffenheit des Blutes entdeckte und dafür den Nobelpreis 1958 erhielt. Er folgte dabei den Spuren des Wissenschaftlers W. HEISENBERG, welcher den Magnetismus als die elementare Kraft aller lebenden Organismen bezeichnete.
Die Magnetfeldtherapie beruht darauf, daß magnetische Feldlinien den Körper durchfluten und durch Beeinflussung der Natrium- und Kaliumionen die Ionendynamik erhöhen. Es kommt zu einer Zunahme des zellulären Sauerstoff-Partialdruckes und einer Stoffwechselaktivierung, wobei neben einer Aktivierung der Lymphe, depolarisierende Stoffwechselprodukte wie Wasserstoffionen und Histamin vermehrt entsorgt werden. Neben der stabilisierenden Wirkung auf das vegetative Nervensystem, wird das Magnetfeld vor allem zur Förderung der Osteosynthese bei Knochenbrüchen eingesetzt. Für den Zahnarzt ist die Magnetfeldtherapie einfach handzuhaben, erfordert keinen großen Zeitaufwand, ist gut zu delegieren und für den Patienten eine wertvolle therapeutische Ergänzung.

Der Indikationsbereich in der zahnärztlichen Praxis umfaßt folgendes Spektrum:

- Anästhesieverstärkung durch Anhebung der Schmerzschwelle
- Sedierung
- Entzündungshemmend
- Vegetativer Ausgleich bei nervösen Menschen mit erhöhtem Sympathikus
- Förderung der Wundheilung post Extraktionen - dolor post
- Lymphregulation -Ausleitung
- Kiefergelenksbeschwerden
- Kieferorthopädie
- Nachbehandlung nach Kieferoperationen
- Stabilisierung bei Lateralitätsproblemen
- Parodontose
- asthmaähnliche Zwischenfälle bei Behandlungen

Kontraindikationen

- Hypertonie
- Herzschrittmacher, Insulinpumpen, Herzinsuffizienz
- Schwangerschaft, Blutungen im Gastrointestialtrakt
- akute Infekte
- Hyperthyreose, Arteriosklerose und Gefäßerkrankungen

MASTALIER O. behandelte in verschiedenen Versuchsreihen Patienten zahnärztlich (Präparationen von Zähnen, Extraktionen, etc.) mit und ohne Magnetfeld, wobei deutlich empfundene Unterschiede wahrgenommen wurden. Objektiviert wurden die subjektiven Erfahrungen durch die Methode der elektrischen Pulpenreizung. Vor der MF-Therapie reagierte der geprüfte Zahn schon auf geringste Reize, während er danach, bei wesentlich höheren Impulsen, noch keine unangenehme Schmerzempfindung wahrnahm.
Die für den Zahnarzt relevanten Wirkungen des Magnetfeldes beruhen auf zwei Eigenschaften, die pulsierende Felder auf biologische Systeme haben:

1. Der sog. Lorentzkraft entsprechend, werden durch pulsierende Magnetfelder negativ und positiv geladene Ionen mit um so größerer Kraft getrennt, je höher deren Geschwindigkeit im Gewebe ist. Durch die so entstandene Aktivierung der Zellpotentiale wird die Heilungstendenz

von zerstörtem und verletztem Gewebe gefördert.

2. Pulsierende Magnetfelder verursachen nach dem Faraday'schen Induktionsgesetz Miniaturpotentiale in vernetzten Leitern, wie es z.B. auch das Nervengewebe ist. Bei entsprechender Frequenz kommt es zur Summierung der Aktionspotentiale und dies kann zur Schmerzlinderung führen.

Resümierend können die gezielte Beeinflussung des vegetativen Nervensystems und die Aktivierung humuraler enzymatischer Funktionen als wesentliche Wirkungen der Magnetfeldtherapie angesehen werden.

Verletzte und gestörte Gewebe regenerieren durch entsprechende magnetische Feldstärken wesentlich günstiger; und Hämatome sowie Schwellungen werden schneller abgebaut.

Erwähnenswert ist noch die Studie von WARNCKE, wonach körpereigene Substanzen wie Dentin, Kollagen und Keratin piezoelektrische Generatoreigenschaften besitzen sollen. Über eine Ansteuerung piezoelektrischer Systeme durch Magnetfelder sollen demnach belastete Bereiche verdichtet werden können.
MASTALIER machte weiters die Erfahrung, daß das Magnetfeld die Heilungstendenz parodontal hygienischer Maßnahmen deutlich verstärkt und auch der Lockerung von Zähnen entgegenwirkt.. Er verwendete für diese Therapie ein Gerät mit 10 Hz u. 100 Gauß, bei einer Serie von 6-8 Sitzungen, mit täglich 20-minütiger Behandlung. Danach wurde eine 3-wöchige Pause eingelegt und die Serie wiederholt.

Die Magnetfeldtherapie ist hervorragend mit Akupunktur, Laser- und Phytotherapie zu kombinieren. Häufig verwendete Magnetfeldfrequenzen sind:

1-3 Hz:	antientzündlich
4-6 Hz:	Spasmolytisch und sedativ
8-10Hz:	schmerzhemmend, ausgleichend u. toni sierend

Die Verbindung von Magnetfeldtherapie und Akupunktur hat sich in meiner Praxis zur Schmerzausschaltung bzw. -reduzierung bei Präparationen von Inlays, Kronen oder zur Amalgamentfernung, hervorragend bewährt. Eine Spritze zur Lokalanästhesie wird so nur mehr für chirurgische Eingriffe, Extraktionen oder bei extrem sensiblen Patienten nötig. Die Vielzahl an Geräten die es derzeit am Markt gibt, macht allerdings eine genaue Bedarfsanalyse für jeden Zahnarzt nötig, um herauszufinden, welches Gerät den eigenen, persönlichen Anforderungen entspricht!

Allgemeine Ernährungsrichtlinien

DR. N. SCHULZ

Unter richtiger Ernährung versteht man jene Nahrungsaufnahme, die dem Menschen sämtliche lebensnotwendigen Nähr-, Mineral- und Ballaststoffe sowie Spurenelemente und Vitamine zuführt. Gleichzeitig sollte sie seinen Geschmacksbedürfnissen entsprechen. Gesunde Ernährung ist immer etwas Individuelles, abhängig von der Funktions- und Reaktionsweise des Verdauungstraktes jedes einzelnen Menschens. Es gibt daher keine absolut allgemein gültige, für jeden Menschen förderliche, gesunde Ernährungsform, betreffend die Auswahl der Nahrungsmittel. Es gibt jedoch einige, für jeden Menschen zutreffende, wichtige und durchführbare Richtlinien für gesunde Ernährung, welche **vor** der Auswahl der Nahrungsmittel stehen und nachfolgend angeführt sind. Diese Punkte sollten Sie nach der Kur unbedingt berücksichtigen.

1. Kauen:

Bemühen Sie sich in Zukunft, das während der Kur geübte gute Kauen und Einspeicheln unbedingt beizubehalten um die erforderliche mechanische und chemische Aufbereitung der Nahrung im Mund zu erreichen.
Sprechen Sie möglichst wenig beim Essen, vor allem nicht über negative Probleme besprechen (denn dies blockiert die Verdauungsorgane).
Betrachten Sie die Nahrungsaufnahme als Ruhepol im Alltagsgeschehen! Es ist besser, eine denaturierte Kost gut gekaut, als eine Vollwertkost schlecht gekaut zu sich zu nehmen. Bewußtes Kauen, langsames Essen stehen daher an oberster Stelle einer vernünftigen Ernährung.

2. Sättigungsgefühl:

Kultivieren Sie durch gutes Kauen und bewußt langsames Essen Ihr Sättigungsgefühl und beenden Sie immer zu diesem Zeitpunkt Ihre Mahlzeit.
Nicht bis zum Völlegefühl essen! Wenn Sie Ihre Mahlzeit beim Sättigungsgefühl beenden, nicht zwischendurch naschen und eine biologisch vollwertige, ausgewogene Kost zu sich nehmen, können Sie Ihre Kalorientabellen vergessen, denn dann wird Ihr Körper von selbst jene Nahrungsmenge wählen, die zu seinem Idealgewicht führen.
Hören Sie auf Ihren Körper!

Hunger:

Essen Sie nur, wenn Sie Hunger verspüren, nicht aus Langeweile oder Gewohnheit. Hunger ist das beste Zeichen des Körpers, daß er zur notwendigen Nahrungsaufnahme wieder bereit ist.
Lernen Sie echten Hunger von Gusto, dem plötzlichen Verlangen nach einer speziellen Speise, zu unterscheiden.

4. Wenige Mahlzeiten:

Beschränken Sie Ihre Eßgewohnheiten auf maximal drei Mahlzeiten und essen Sie nicht zwischendurch!
Die häufig empfohlenen kleinen Mahlzeiten sind nur in Einzelfällen sinnvoll.

FRÜHSTÜCK	wie ein Kaiser
MITTAGS	wie ein Bürger
ABENDS	wie ein Bettler

Das Abendessen sollte so klein wie möglich sein und nur aus leichtverdaulicher, gärungsarmer Kost bestehen. Meiden Sie abends bitte jegliche Form von Rohkost (Salat, Obst, rohes Gemüse) und Produkte, die aus grob geschrotetem Getreide bestehen.
Mögliche Speisen für Abends: Yoghurt, Butterbrot, Pellkartoffel mit Basensuppe, Topfenaufstriche, als Menü: Sämtliche Rezepte der „Milden Ableitungsdiät" Rezeptgruppe II, von MAYR/RAUCH, erschienen im Haug-Verlag.

5. Eiweiß:

Essen Sie nur 1mal am Tag eine Portion tierisches Eiweiß (Fleisch, Fisch oder Käse) und 2 Tage pro Woche eiweißfrei (an diesen Tagen weder Fleisch, Fisch oder Käse).
Versuchen Sie, es bei 1 Eiweißreichen Kost/Tag zu belassen!
Das Zuviel an tierischem Eiweiß ist die Hauptursache für Arterienverkalkung, Fettstoffwechselstörungen und viele Stoffwechselerkrankungen!
Auch ein Zuwenig an Eiweiß in der Ernährung ist für den Körper eine Gefahr (besonders bei nicht sachgemäß durchgeführter rein vegetarischer Kost) da die Körperzellen, um arbeiten zu können, ständig Eiweiß

benötigen. Wird zuwenig Eiweiß zugeführt, baut der Körper wenig benutztes Muskel- und Bindegewebe ab um Eiweiß zu gewinnen. Dies stellt einen vorzeitigen Alterungsprozeß dar.
Generell wird jedoch zuviel tierisches Eiweiß konsumiert.

6. Fett:

Meiden Sie möglichst tierische Fette, speziell Schweinefett (mit Ausnahme Süß- und Sauerrahm in kleinen Mengen) und gehärtete pflanzliche Fette.
Verwenden Sie nur pflanzliche Fette oder Öle zum Kochen. Meiden Sie Kohlenhydrate, die in Fett herausgebraten oder gebacken sind da diese Nahrungsmittel nicht richtig verwertet werden können und sehr schlackenbildend sind.
Salate sollten Sie mit gutem kaltgepreßten Pflanzenöl (Leinöl, Distelöl, Sonnenblumenöl, Kürbiskernöl) oder Yoghurt zubereiten. Kaltgepreßte Öle nicht erhitzen!
Kaltgepreßte Öle mit einem hohen Gehalt an ungesättigten Fettsäuren sind sehr gesundheitsförderlich.
Nehmen Sie Butter (nach Möglichkeit aus nicht homogenisiertem oder pasteurisiertem Rahm) statt Margarine. Wenn Margarine, dann nur gute Reformhausware.

7. Kohlenhydrate:

Verwenden Sie möglichst Vollwertmehl und Produkte, die mit diesem Mehl zubereitet wurden. Vollwertmehl wird aus Getreidekörnern gewonnen, die mit ihrem Keim und den Randschichten vermahlen worden sind.
Meiden Sie möglichst Weißmehl- und Zuckerprodukte da sie zu ihrer Verwertung im Körper wichtige Mineralstoffe (hauptsächlich Kalzium) und Vitamine (Vitamin B1, etc.) benötigen und sie den Speichern im Körper entziehen. Daher sind diese Produkte die Hauptursache für die Entstehung der Osteoporose.
Zucker wirkt wie Suchtgift: Er schädigt den Körper und führt zur Abhängigkeit.
Meiden Sie auch Gerichte aus zu grobem oder ungekochtem ganzem Korn sowie Mischkornprodukte.

8. Alkohol:

Alkohol ist ein Zellgift, besonders für Nerven, Gehirn, Leber, Blutgefäße. Je weniger Alkohol Sie trinken um so besser ist es für Ihren Körper. Meiden Sie täglichen Alkoholkonsum — der Übergang zur Gewohnheit und Abhängigkeit erfolgt völlig unbewußt! Täglicher Alkoholkonsum, auch in kleineren Mengen, ist bereits eine Form von Alkoholismus und schädigt den Organismus. Sollten Sie alkoholische Getränke lieben, dann bitte mäßig, und schalten Sie 2 Tage pro Woche ein, an denen Sie bewußt keinen Alkohol trinken.

9. Kaffee:

Kaffee belastet besonders die Leber und das Vegetative Nervensystem, ferner reizen die Säuren des Kaffees die Magenschleimhäute. Wenn Sie im Bereich dieser Organe empfindlich, nervös, leicht gereizt oder vegetativ labil sind, sollten Sie Kaffee absolut meiden.
Wer diesbezüglich keine Probleme hat, kann täglich ein bis zwei Tassen Kaffee trinken, sollte es aber bei dieser Menge belassen. Wer sich statt durch vernünftige Lebensweise durch Kaffeegenuß frisch hält, wird im Laufe der Zeit immer mehr Kaffee benötigen, um den gleichen Effekt zu erzielen, da für den Körper ein Gewöhnungseffekt eintritt. Kaffee regt die Nierentätigkeit an und sollte daher immer mit einem Glas Wasser konsumiert werden. Niemals Kaffee als Durstlöscher trinken!

10. Säure-Basenhaushalt:

Die Ernährung sollte immer möglichst im Säure-Basen-Gleichgewicht sein. Leider ist unsere Kost viel zu säureüberschüssig. Die dadurch und durch den Bewegungsmangel erfolgte Übersäuerung des Körpers ist ebenfalls ein bedeutender, krankmachender, Faktor.

Säuernde Nahrungsmittel:

Sie führen Säuren zu oder entziehen bei Ihrem Abbau dem Körper Basen:
Fleisch, Fisch, Käse, Hülsenfrüchte, Spargel, Essig, Senf, Erdnüsse, Zucker (-produkte), Weißmehlprodukte, gehärtete Fette, raffinierte Öle, polierter Reis, Industrielimonaden, Bohnenkaffee, schwarzer Tee
Vollwertgetreide wirkt gering säuernd.

Basische Lebensmittel :

Sonnengereiftes Obst und Gemüse (mit Ausnahme der oben erwähnten säuernden Gemüsearten). Kartoffeln und Gewürzkräuter führen dem Körper lebensnotwendige basische Substanzen zu.

Neutrale Lebensmittel:

Quellwasser, kaltgepreßte Öle, naturbelassene Fette, frische Butter
Je einfacher die Kost, je weniger verschiedene Nahrungsmittel innerhalb einer Mahlzeit gemischt werden, desto bekömmlicher ist es.
Das Auftreten von Blähungen ist immer ein Zeichen, daß die Nahrung nicht richtig verdaut wurde , sondern

statt dessen ein schädlicher Gärungsprozeß stattgefunden hat.

Ursachen für Blähungen:

Schlechtes Kauen, Nahrungsmittel- unverträglichkeiten, Candidabefall, süße Nachspeisen, Kombination von Obst und Gemüse in einer Mahlzeit, etc.
Wenn Blähungen regelmäßig auftreten, sollten Sie versuchen bewußt gut zu kauen und einzuspeicheln, süße Nachspeisen, frisches Brot, Kohl- und Lauchgemüse sowie Hülsenfrüchte meiden. Nur eine Art von Obst (ohne es mit Gemüse oder anderen Nahrungsmitteln zu kombinieren) essen. Bei Fortbestand der Blähungen sollte eine Untersuchung auf Pilzbefall des Darmes gemacht und eventuell eine Candidatherapie eingeleitet werden. Ferner sollten Sie versuchsweise ein Nahrungsmittel, das Sie regelmäßig zu sich nehmen, gänzlich meiden (z.B.: Kuhmilchprodukte, Weizenprodukte) und die Reaktion des Verdauungstraktes abwarten. Sollten dadurch die Blähungen ausbleiben, ist dies ein Zeichen, daß Sie das gemiedene Nahrungsmittel nicht vertragen. In diesem Fall sollten Sie dieses Nahrungsmittel durch mehrere Monate hindurch völlig meiden.

Literatur und Rezepte. Alle erschienen im Haug-Verlag:

DR. RAUCH: "Die F.X. Mayr Kur und danach gesünder leben"

DR. RAUCH/MAYR: „Milde Ableitungsdiät"

P. MAYR: „Die leicht bekömmliche biologische Küche"

P. MAYR: „Gaumenfreuden aus der Vollwertküche für jeden Tag"

Colon-Hydro-Therapie

Allgemeines

„Der Darm ist die Wurzel der Pflanze MENSCH". Eine Beschädigung des Wurzelstockes bewirkt immer eine Gedeihstörung der Pflanze. Ebenso verhält es sich beim Menschen. Diese Worte stammen vom weltberühmten Arzt und Forscher DR. F. X. MAYR. Damit unterstrich er die Jahrtausende alte Erkenntnis über die Wichtigkeit einer normalen Darmfunktion in Bezug auf die Gesundheit von Psyche und Körper.

Der Darm hat verschiedenste Funktionen:

VERDAUUNG: Der Dünndarm produziert neben dem Magen — der Leber und der Bauchspeicheldrüse — große Mengen an Verdauungssäften zur Aufspaltung der Nahrung.
RESORPTION und AUSSCHEIDUNG: Mit seiner ca. 300 m² großen Oberfläche ist der Darm das Hauptkommunikationsorgan des Körpers zu seiner Umwelt. Über diese riesige Fläche nimmt der Mensch alle lebensnotwendigen Nähr- und Vitalstoffe aus der Nahrung auf und gibt einen Großteil der ausscheidungspflichtigen Substanzen aus dem Zellstoffwechsel wieder nach außen ab.
IMMUNSYSTEM: Der überwiegende Teil der Zellen des Immunsystems befinden sich in der Darmschleimhaut. Damit spielt der Darm eine zentrale Rolle bei der Entstehung von Abwehrschwäche, Infektneigung und Allergien.
DARMFLORA: Der Darm, besonders der Dickdarm, beherbergt eine Vielzahl lebensnotwendiger Bakterienkulturen mit denen der Mensch in Symbiose lebt. Sie sind für viele Verdauungs-, Abwehr- und Stoffwechselfunktionen wichtig.
PERISTALTIK: Das Darmrohr besteht aus einem kompliziert angelegten Ring- und Längsmuskelsystem welches den Nahrungsbrei, entsprechend seinem Verdauungsgrad, von einem Abschnitt in den nächsten weiter transportiert. Dieses automatisch arbeitende Muskelsystem bewirkt die täglich notwendige Ausscheidung aller schädigenden und nicht verwertbaren Substanzen. All diese Funktionen, die nur ein völlig gesunder Darm erfüllen kann, sind eng mit dem Gesamtorganismus verbunden. Störungen des Verdauungstraktes wirken sich somit immer auf das Wohlbefinden des ganzen Menschen aus. Leider gibt es in unserer Zivilisationsgesellschaft kaum noch Menschen mit einem voll intakten Magen-Darm-Trakt. Falsche Lebens- und Ernährungsgewohnheiten, negativer körperlicher und seelischer Streß, Umweltbelastungen, übermäßiger Konsum von Genußgiften, Medikamentenmißbrauch sowie Bewegungsmangel, führen zu Störungen der Darmflora, der Verdauungsleistung, zu Schädigungen der Darmschleimhaut und Beeinträchtigung der Darmmotorik. Dadurch kommt es zu Fehlverdauung der Nahrung, zu Gärungs- und Fäulnisprozessen mit der Bildung sehr giftiger Zersetzungsprodukte wie Fuselalkohole, Säuren, Eiweißzersetzungsgiften usw.
Diese Gifte stören die Bakterienkulturen, führen zum Wachstum schädlicher Keime welche wiederum die Fehlverdauung fördern. Damit schließt sich ein Teufelskreis, der im Laufe der Zeit zu Reizzuständen und Funktionsstörungen der Darmschleimhaut, zu vermin-

derter Aufnahme wichtiger Vitalstoffe und zur Resorption von Verdauungs- und Umweltgiften führt; — Gifte die ein gesunder Darm nicht aufnehmen würde.
Die aufgenommenen Schadstoffe kommen ins Blut, überfordern die Entgiftungsorgane (Leber, Nieren usw.) können nicht zur Gänze abgebaut und ausgeschieden werden und lagern sich daher im Gewebe der verschiedensten Organe ab. Sie bilden die Ursache verschiedenster Leiden wie Migräne, Alterszucker, Bluthochdruck, Gicht, Rheuma, Herzfunktionsstörungen, Depressionen etc. Besonders der ca. 1,5m lange, dem Dünndarm sich anschließenden Dickdarm (lateinisch: Colon) ist an der Selbstvergiftung des Körpers maßgeblich beteiligt. In diesem Darmabschnitt wird dem Darminhalt Wasser entzogen, erfolgt die Eindikkung der Verdauungsrückstände und die Formung des Stuhles. Der Dickdarm hat viele Ausbuchtungen in denen sich bei gestörter Selbstreinigung Rückstände für lange Zeit ablagern können. Diese zersetzen sich kontinuierlich und bilden dabei Zersetzungsgifte, welche die Funktion der Darmmuskulatur immer mehr beeinträchtigen und Darmträgheit oder Verstopfung fördern.
Der Stuhl eines verdauungsgesunden Menschen sollte aus den Nahrungsrückständen der am Vortag gegessenen Mahlzeiten bestehen, wurstförmig geformt, mit Schleim überzogen sein, und weder After noch Klomuschel beschmutzen. Alle Formen von schmierigen, übelriechenden, zu weichen oder zu harten Stühlen, sowie Blähungen, sind Zeichen einer gestörten Darmfunktion. Diese Darmfunktionsstörungen können nur durch Aktivierung der Selbstheilkräfte behoben werden. Dazu ist es primär notwendig den Darm von alten Rückständen zu säubern und zu entgiften. Ist der gesamte Magen-Darm-Trakt betroffen, wird eine Heilung nur durch eine richtig durchgeführte Darmsanierungs- und Entschlackungskur nach DR. F.X. MAYR möglich sein. Spielt sich die Störung besonders im Dickdarm ab, was bei Darmträgheit und Obstipation meistens der Fall ist, und besteht keine Möglichkeit zur Mayrkur, kann eine richtig durchgeführte Colon-Hydro-Therapie sehr erfolgreich sein. Oft hat sich die Kombination beider Therapien sehr bewährt.

Durchführung:

Der Patient liegt bequem in Rückenlage auf einer Behandlungsliege, nachdem zuvor in Seitenlage ein ca. daumendickes Zweiwegrohr, versehen mit Gleitgel, vorsichtig ca. 5 cm. in den After eingeführt wurde.
Zwei Schläuche verbinden dieses Rohr mit einem Apparat über den man — druck- und temperaturkonrtrolliert — Wasser vorsichtig in den Darm einfließen lassen kann. Hat der Patient das Gefühl der Völle, wird der Abflußhahn geöffnet, um das Wasser mit den darin gelösten Rückständen über den zweiten Schlauch geruchlos in das Abwassersystem zu leiten. Während des Ablassens des Wassers aus dem Darm erfolgt eine sanfte, spezielle Bauchbehandlung um alte Ablagerungen und eventuelle Verkrampfugen zu lösen, sowie die Darmperistaltik anzuregen. Diese Behandlung muß gekonnt durchgeführt werden und stellt den wesentlichsten Teil der Therapie dar. Das Wechselspiel von Füllen, Ablassen und Bauchbehandlung wird ca. 1 Stunde durchgeführt, wobei die Spülung immer höhere Darmabschnitte erreicht. Schließlich gelingt es meist den gesamten Dickdarm von nahezu sämtlichen Rückständen und überschießenden schädlichen Bakterien- und Pilzkulturen zu reinigen. Die Wassertemperatur kann dabei beliebig variiert werden (zwischen 38° und 30°C) um durch „innere Wechselbäder" die träge Darmmuskulatur wieder zur Arbeit anzuregen. Normalerweise wird die COLON-HYDRO-THERAPIE vom Patienten als angenehm und wohltuend empfunden.

Anzahl der Behandlungen:

Je nach Beschwerdezustand — 1 bis 5 Behandlungen in ca. einwöchigem Abstand.
Wiederholungstherapie nach individuellem Empfinden, ev. nach 2 - 5 Monaten.

Indikationen:

Darmträgheit
Obstipation
Darmfunktionsstörungen
Blähungsbeschwerden
Candida
Allergien
Kopfschmerzen
Hautprobleme

FÜNF KARDINALFEHLER UNSERER ERNÄHRUNG

- **ZU SCHNELL**
- **ZU VIEL**
- **ZU OFT**
- **ZU SPÄT**
- **ZU SCHWER**

Mykosen — Pilzerkrankungen Diagnose und Therapie

DR. R. SCHMIDHOFER

Einleitung

Die Zunahme pilzbedingter oder mit Pilzen einhergehender Erkrankungen bringt ein bedeutendes Gesundheitsproblem und ist bezeichnend für unseren Lebensstil. Die Schwierigkeiten bei der Erkennung und Behandlung von Pilzbelastungen zeigen den Bedarf eines umfassenden Konzeptes.

Dabei geht es einerseits um die Optimierung der Diagnose, sowie andererseits um die Behebung multifaktorieller Ursachen und eine gezielte Antipilztherapie, mit dem Ziel der Entlastung und Funktionsverbesserung des Organismus.

Begleitend ist eine Umstellung der Lebens- und Ernährungsweise und die Einhaltung einer entsprechenden Diät erforderlich.

Immunsystem und Pilzerkrankungen:

Die bestimmenden Faktoren jeder Infektion sind erstens die Resistenz des Wirtsorganismus und zweitens die Pathogenität des Keimes. Bei entsprechend guter Abwehrlage, in einem gesunden Milieu, finden Keime kaum Möglichkeit, ihre krankmachende Wirkung zu entfalten. Die vermehrte Anfälligkeit für Pilzerkrankungen zeugt daher von einer geschwächten Immunabwehr des Menschen und einer höheren Pathogenität der Pilze.
Die ständige Zunahme verschiedenster Streßfaktoren irritiert und überlastet unsere Abwehrfunktionen. Besonders gravierend wirken sich exogene und endogene Toxine und die damit einhergehende Milieuverschlechterung des Organismus bzw. der Grundsubstanz im Speziellen aus. Die bestehende chronische Abwehrschwäche führt zu einer vermehrten Infektanfälligkeit und Allergiebereitschaft.

Distressfaktoren

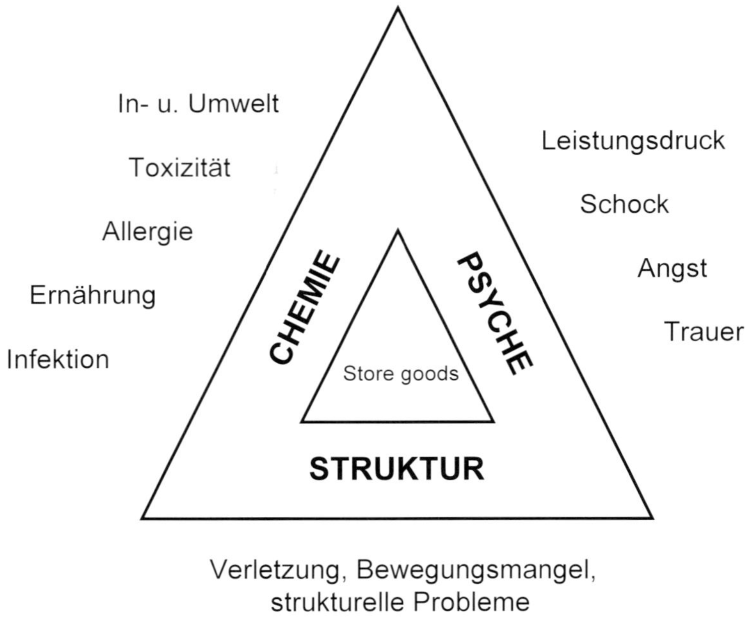

Die dem **Streßkonzept nach SELYE** folgende Summierung der Stressoren läßt die Kompensationsfähigkeit des Organismus erschöpfen und führt über eine Funktionsstörung im besonderen des Grundsystems nach PISCHINGER zur Erkrankung.

Die Störungen der Grundfunktionen des Lymph-, Immun-, Hormon- und Gefäß-Nervensystems sind begleitet von Dysbalancen des Säure-Basen- und Mineralstoffhaushaltes und der Prostaglandinsynthese.

Die **Inzidenz an Mykosen** und anderen Infektionen, sowie Allergien und Unverträglichkeiten mit vielen, zum Teil unspezifischen Beschwerden, die den Weg zur Diagnose erschweren, nimmt daher als Zeichen der Störung des Grundsystems ständig zu.

Die **Basis der therapeutischen Maßnahmen** ist somit die Immunmodulation, d.h. die Stärkung und Entlastung des Lymphabwehrsystems und die Beseitigung übergeordneter Störfaktoren.

Immunschwächende Faktoren

- Emotionale und geistige Überlastung, Distress
- Fehlernährung und intestinale endogene Intoxikation
- Exogene Toxine und Umweltnoxen (Schwermetalle: Amalgam, Blei, Cadmium, Formaldehyd, Pestizide, Nikotin)
- Infekte, Herde, Störfelder
- Medikamentöse Therapie mit Antibiotika, Cortison und Hormonen
- Funktionelle Mineral-, Vitamin-, Spurenelementedefizite

Immunmodulation — Stärkung des Immunsystems

- Ernährungsumstellung und Allergenkarenz
- Psychotherapeutische Maßnahmen
- Bewegungstherapie und Sport
- Ausgleich des Säure-Basen-Haushaltes
- Substitution von Mineralstoffen, Spurenelementen und Vitaminen
- Medikamentöse Immuntherapie (Thymus, Eigenblut, Nosodentherapie etc.)
- Physikalische Anwendungen (Sauna, Kneippen etc.)

Pilzbesiedelung durch Candida spezies:

Verschiedene Pilzarten besiedeln, an den Zellen mittels Eiweiß-Zuckerbindung haftend, sowohl innere als auch äußere Körperoberflächen.
Im **Verdauungstrakt** findet man vor allem Hefepilze, die, zwar nicht zur physiologischen Darmflora gehörig, jedoch fakultativ pathogen bei intakter Immunlage harmlos bleiben. Der bekannteste und ubiquitär vorkommende Hefepilz ist Candida albicans. Weitere wichtige Vertreter sind C. glabrata, C. krusei und C. tropicalis. Erst wenn das physiologische Gleichgewicht der Darmflora gestört ist, und es zu einer unkontrollierten Vermehrung pathogener Pilze kommt, führt dies zur Erkrankung mit einer Vielzahl an Symptomen. Diese betreffen nicht nur den Verdauungstrakt sondern können von Befindensstörungen bis Schmerzsyndromen ein breites Spektrum zeigen. Einen besonderen Stellenwert nehmen Probleme des Bewegungsapparates ein, bei denen primär kaum an Pilzerkrankungen gedacht wird.

Darmflora und Endomykose:

Das **darmassoziierte Immunsystem** (Tonsillen, Peyersche Plaques, Appendix) stellt den größten Teil unserer Abwehr dar und wird vor allem bei bestehender Dysbiose stärker belastet. Eine ausgewogene physiologische Darmflora ist also Bestandteil einer intakten mukosaassoziierten Immunabwehr. Neben Leukozyten und Makrophagen spielt das T-Zell-System eine wichtige Rolle bei der Abwehr von Pilzinfektionen. Die Zunahme der Dysbiosen mit gestörtem Gleichgewicht der Darmflora und irritiertem Immunsystem führt vermehrt zu Endomykosen. Außerdem sind die Anpassung von Candida albicans an erschwerte Lebensbedingungen und die Fähigkeit, sich der Abwehrreaktion zu entziehen, relativ groß. Bei gesunder Darmflora und idealem Milieu sind vereinzelt apathogene Pilze zu finden.
Gestörte Abwehrfunktionen und eine Dysbiose sind für die Pathogenität der Hefepilze von Bedeutung. Verschlechterte Milieubedingungen fördern die Bildung von Keimschläuchen als Myzel und Pseudomyzel, die eine größere Adhärenzfähigkeit als Sprosszellen haben. Die Aggressivität verschiedener Hefe- und Schimmelpilze besteht in ihrer Fähigkeit mittels eiweißspaltender Enzyme in die Darmschleimhaut einzudringen (Penetration) oder durch Zellspalten bzw. Lücken über die Lymphe zur Blutbahn zu gelangen (Persorption). Sollten vereinzelt Hyphen die Epithelbarriere überwinden, steht einerseits bei immunkompetenten Patienten eine effektive Immunabwehr bereit. Andererseits besteht bei einer Schwäche des Immunsystems und großer Keimzahl die Gefahr der systemi-

schen Infektion mit Organbefall. Der Antigenkontakt führt zur Histaminfreisetzung und eventuell zur Entstehung einer „Candida Allergie“.
Eine **direkte Schädigung** der physiologischen Darmflora (aber auch der Mundflora) durch Antibiotika, Corticosteroide oder eine andere immun-suppressive Therapie, und durch Toxine in Folge von Umweltbelastungen und Fehlernährung kann zur Entstehung einer Mykose des Verdauungstraktes führen.
Daneben haben Patienten mit Diabetes mellitus, verschiedenen hämatologischen Erkrankungen und Immundefekte ein erhöhtes **Erkrankungsrisiko**. Auch in der Schwangerschaft und durch Ovulationshemmer sowie Nikotinkonsum kommt es häufiger zu einer Pilzinfektion. Besondere Anfälligkeit sieht man weiters bei Früh- und Neugeborenen, Senioren, Alkohol- und Drogenabhängigen und Menschen mit vernachlässigter Körperhygiene.
Bei der **Fehlernährung** schlagen vor allem der große Zuckerkonsum, Fertigprodukte, fast food, Haltbarmacher und andere Lebensmittelzusätze zu Buche. Eine übermässige Zuckeraufnahme fördert das Pilzwachstum und stört das Bakteriengleichgewicht im Darm, führt zur Gärung und Übersäuerung und verursacht Mineralstoff- und Vitaminmängel. Durch die Anwesenheit von Candida kommt es vermehrt zur Vergärung von Zucker und Bildung von zum Teil minderwertigen Alkoholen und CO_2.
Pilze entziehen dem Organismus nicht nur Nährstoffe, sondern produzieren auch giftige Stoffwechselprodukte. Diese **Pilztoxine** beeinträchtigen durch Schädigung der Darmschleimhaut die physiologische Barrierefunktion des Darms.
Dies alles trägt zur Überforderung der Abwehrkräfte mit einer Zunahme von Allergien und Unverträglichkeiten bei und führt zu einer Verschlechterung des Allgemeinbefindens. Hyperergische Reaktionen betreffen vor allem Nahrungsmittelbestandteile, Eiweißbruchstücke und Pilzzerfallsprodukte.

Orte und Symptome einer Pilzerkrankung:

Bei klinisch gesunden Immunkompetenten können Candidaarten in geringer Zahl ohne pathologische Bedeutung vorkommen. Eine bleibende Besiedelung sollte jedoch tunlichst vermieden und muß unbedingt behandelt werden. Typische Symptome betreffen den gesamten Mund-Magen-Darm-Trakt sowie Haut und Schleimhäute.
Die Mundhöhle ist als Infektionsort ebenso bekannt wie vernachlässigt. Eine Cheilitis angularis (Perlèche) kann ein erster Hinweis sein auf eine Soorinfektion der Mundhöhle. Mineralstoffmangel, Karies und Amalgamfüllungen begünstigen das Wachstum von Pilzen, die sich bevorzugt in Zahntaschen einnisten. Sichtbare Besiedelung mit Candidaarten fällt zuerst durch fleckige Rötung und später durch die typischen weißlich grauen Beläge auf. Diese sind auf der Zunge, den Schleimhäuten der Wange, den Kieferleisten aber auch am Rachen und auf den Tonsillen zu finden. Es können jedoch auch kariöse Zähne oder Zahnwurzelgranulome ein Reservoir für rezidivierende Candidainfektionen sein.
Besonderes Augenmerk muß auch den benachbarten Schleimhäuten von **Nase und Nasenebenhöhlen** geschenkt werden, die immer wieder chronisch infiziert und auch zu therapieren sind. Bei der Inspektion der Mundhöhle können seitliche Zahneindrücke an der Zunge auf eine Fehlverdauung und eine Leberbelastung hinweisen.
Die Candidastomatitis kann Ausgangsort einer Infektion des Ösophagus und in weiterer Folge des gesamten Intestinaltraktes sein.
Candida-Pilze besiedeln den **Darm** bevorzugt in Schleimhautnischen, Zottenzwischenräumen und Ausbuchtungen. Nach RIETH ist der Dünndarm Hauptstandort der Endomykosen. Eine Dysbiose mit intestinaler Autointoxikation und Fehlverdauung verursacht eine Belastung des Lymphsystems mit Ausbildung eines Ödems der Radix mesenterica.
Die Mykosen des Verdauungstraktes zeigen eine Vielzahl von **Symptomen**, die in verschiedenen Fällen gar nicht an Pilzerkrankungen des Darmes denken lassen. Wichtigstes Leitsymptom ist die wechselnde Stuhlqualität; als typisch ist ein weicher, klebriger, ungeformter Stuhl beschrieben. Sowohl Durchfall als auch Verstopfung können jedoch vorkommen. Meteorismus und die juckende Analmykose begleiten die Infektion fast immer.
Die nicht den Verdauungstrakt betreffenden Beschwerden reichen von Befindenssstörungen, wie Müdigkeit, Antriebslosigkeit oder Leistungseinbruch über Ödemneigung bis zu Schmerzsyndromen des Bewegungsapparates, wie zum Beispiel Arthritiden. Ein Großteil der Symptome ist auf die endogene Toxinbelastung zurückzuführen.
Durch das aufgeblähte Abdomen kommt es zur Fehlhaltung und darüber hinaus aus reflektorischen Gründen zu Wirbelsäulenbeschwerden. Typisch ist auch das durch das hochgestellte Zwerchfell auftretende Roemheld-Syndrom mit Kurzatmigkeit und Herzbeschwerden.
Bei Säuglingen und Kleinkindern gehören Blähungskoliken und Windeldermatitis zu den Leitsymptomen. Jedoch können auch Hauteffloreszenzen, ekzematöse Dermatitiden und Neurodermitis auf eine intestinale Candidabesiedelung hinweisen.
Weitere Verdachtsymptome sind Nagelmykosen, rezidivierende Vaginalmykosen bzw. Balanitiden und Hauterscheinungen, die als allergisch, hyperergische Reaktionen der Haut zu erklären sind. Typisch ist eine

gerötete Haut, zum Teil papulosquamöse Effloreszenzen aber auch gefältelte, fein mit Schuppen belegte Hautareale. Auch Psoriasis und seborrhoisches Ekzem gehen häufig mit intestinaler Pilzbelastung einher.
Ein Candidabefall der Mundhöhle kann außerdem Ausgangsort für eine Beteiligung des **Respirationstraktes** sein. Die Symptome reichen von Hustenattacken und Atembeschwerden über Bronchitiden, allergisches Asthma bis zur Candidapneunomie.
Erhöhte Leberwerte haben ihre Ursache in einer vermehrten Alkoholbildung wegen des pathologischen Gärungsprozesses im Intestinum.
Eisen- und/oder Zinkmangel sowie Magnesiummangel können wichtige Hinweise auf eine Darmmykose sein, da Hefepilze für Ihren Stoffwechsel dem Organismus verschiedene Nährstoffe entziehen. Zinkmangel ist häufig durch Schwermetallbelastungen verursacht.

Endomykose — Symptome:

Leitsymptome:

- wechselne Stuhlqualität, Diarrhoe, Obstipation
- Flatulenz, Meteorismus, Oberbauchbeschwerden
- Analekzem, perianaler Pruritus

Unspezifische Symptome:

- rezidivierende Haut- und Schleimhautmykosen
- Ödemneigung und Gelenkschwellungen
- Übergewicht und Lymphstau
- verschiedene Hauteffloreszenzen und Entzündungen
- chronisch rezidivierende Entzündungen des Urogenitaltraktes
- Nahrungsmittelunverträglichkeiten
- Infektanfälligkeit, Allergieneigung
- Arthritiden, Myalgie
- Migräne, Schwindelattacken
- Müdigkeit, Konzentrationsschwäche
- Schlafstörungen, Überaktivität
- Gingivitis, Zahnfleischbluten, Parodontose

Diagnose:

Zur Diagnostik verwendet werden Abstriche aus der Mundhöhle und von der Analgegend, Gewinnung von Sputum und Bronchialsekret, Hautschuppen, Nagelmaterial und Stuhlproben. Es ist besonders auf die korrekte Probenentnahme zu achten, um falsch negative Befunde zu vermeiden. Bei chronifiziertem Verlauf mit Schleimhautbeteiligung kann eine Biopsie aussagekräftig sein. In der Candidaserologie sollen der Antigennachweis und die Beurteilung der Antikörpertiter zur Verifizierung der Infektion mit den häufigsten Erregern dienen. Eine ausführliche Beschreibung von Diagnostik und Symptomatik findet man bei Nolting/Mykosen des Verdauungstraktes.

Wichtig:

Ein negativer Befund schließt jedoch eine Pilzerkrankung nicht aus; d. h. bedeutend für die Therapie sind nicht alleine serologischer Befund und positiver Stuhlbefund sondern die Gesamtbeurteilung der Laborparameter, die klinische Untersuchung und die typischen Symptome. Gelingt der Keimnachweis nicht, so ist bei entsprechender Symptomatik eine sanfte Therapie (lokalwirksame Mittel, Phytotherapeutika, Homöopathika etc.), sowie eine Diät gerechtfertigt.

Neueste Untersuchungsmethoden beurteilen die Virulenz der Erreger und die Enzymaktivität der Pilze und können zur Verlaufskontrolle herangezogen werden.

Eine entscheidende Hilfe bei der Diagnose von Pilzerkrankungen bieten komplementärmedizinische Methoden, wie die **Applied Kinesiology**, bei der durch Testung von Candidaantigenprodukten über eine Veränderung im Muskeltestergebnis eine Pilzbelastung festgestellt werden kann. Auch die Auswahl der Therapeutika gestaltet sich gezielter und die Austestung von Nahrungsmitteln weist auf Unverträglichkeiten hin. Besonders eignet sich die Applied Kinesiology (AK) als biologische Testmethode zur Überprüfung von Therapieverlauf und Therapieerfolg.

Therapie:

Wichtigstes Ziel der therapeutischen Maßnahmen ist die Eliminierung sämtlicher Pilzbesiedelungen, d. h. des gesamten Verdauungstraktes von der Mundhöhle bis zum After sowie begleitender Mykosen, wie z. B. der Nasennebenhöhlen oder des Urogenitaltraktes. Die Therapie der Pilzerkrankungen erfolgt durch eine gezielte Kombination von Maßnahmen zur Darmsanierung und Immunmodulation. Zur antimyzetischen Therapie stehen die oberflächenwirksamen Antimykotika Nystatin, Amphotericin B und Natamycin zur Verfügung. Bei einer Organbesiedelung oder selten bei hartnäckigen Fällen wird auch auf systemisch wirksame Antimykotika, wie Fluconazol und Itraconacol zurückgegriffen. Jedoch müssen diese stets auch mit lokal wirksamen Therapeutika kombiniert werden, um die Candidabesiedelung des gesamten Darmrohres zu behandeln.

Weiters kommen homöopathische Arzneien, Isopathika, Phytotherapeutika und ätherische Öle zur Anwendung. Besonders sind hier Thymian, Zimt, Teebaumöl, Schwarzkümmelöl und Grapefruitsamenextrakt als Mischungen in Öl- oder Kapselform hervorzuheben.

Eine erfolgreiche Therapie wird durch die Gabe von fehlenden Mineralstoffen, Spurenelementen und Vitaminen ergänzt. Die Feststellung dieses Nährstoffmangels erfolgt im Vollblut.

Neben der medikamentösen Therapie ist das Einhalten einer entsprechenden Diät unbedingt erforderlich. Nur durch Hungerkuren allein zum Erfolg zu kommen, ist nicht nur falsch sondern kann auch zur Verschlechterung führen, da die Pilze aggressiv in die Darmwand einwachsen und möglicherweise zu Organmykosen führen. Die konsequente Ernährungsumstellung mit Vermeiden der kurzkettigen Kohlenhydrate, allen voran Zucker, bringt eine Entlastung des Organismus und soll gemeinsam mit den therapeutischen Anwendungen das physiologische Gleichgewicht der Darmflora und die Homöostase wiederherstellen. Zu Beginn der Therapie kann es zu einem massiven Zerfall von Pilzen kommen (Herxheimerreaktion), wodurch es vorübergehend zum Verstärken der Symptomatik kommen kann. Hier helfen verschiedenste Entgiftungsmaßnahmen, wie Einläufe, Tees, Phytotherapeutika und homöopathische Arzneien (Lymphmittel). Der Wiederaufbau der physiologischen Darmflora ist notwendig, um ein mikroökologisches Gleichgewicht wieder herzustellen und eine erneute Pilzbesiedelung zu verhindern.

Dabei kommen Laktobazillen (dünndarmwirksam) und physiologische E. Coli (dickdarmwirksam) als probiotische Substanzen zur Anwendung. Der Aufbau der Darmflora mit Probiotika und die Immunmodulation bzw. die unspezifische Immunstärkung dienen ebenso wie eine vernünftige vollwertige Ernährung sowie verschiedene Hygienemaßnahmen zur Rezidivprophylaxe. Durch das Einhalten einer entsprechenden Diät wird die Stoffwechselfunktion und Abwehrlage des Patienten gebessert. Hiebei ist das Einhalten einer Eßkultur nach F. X. MAYR von Bedeutung. Eine vernünftige Ernährungweise mit Vermeiden der bedeutenden Ernährungsfehler bringt durch die Schonung des Verdauungstraktes eine Entlastung des Lymphsystems. Eine ballaststoffreiche vollwertige Kost hilft in weiterer Folge, den Verdauungstrakt in Schwung zu halten.

Da verschimmelte Lebensmittel durch das Pilzgift Aflatoxin eine starke Belastung für den Organismus allgemein und im besonderen für das Lymphsystem darstellen, ist auf die Lagerung anfälliger Nahrungsmittel wie Getreide und Gemüse besonders zu achten. Aspergillus niger in feuchten Wohnungen muß ebenso als Ursache chronischer Erkrankungen oder nicht einzuordnender Krankheitssymptome berücksichtigt werden.

Wichtig:

Um den Darm mit Diät und Arzneimitteln pilzfrei zu bekommen, ist es notwendig, die Mundhöhle, kariöse Zähne, Zahnstein, Zahnfleischtaschen und Zahnprothesen als Pilzreservoir zu beachten und zu behandeln. Daher ist eine genaue Mundhygiene und die zahnärztliche Sanierung unbedingt erforderlich, weiters ist die Zahnbürste bei Therapiebeginn und später regelmäßig zu wechseln. Therapeutisch hat sich zur Sanierung der Mundhöhle neben den erwähnten lokalen Therapeutika das „Ölziehen" mit ätherischen Ölmischungen morgens und vor dem Schlafengehen bewährt. (Mixtura thymi comp. Rp: Thymianöl 1,5; Zimtöl 1,5; Teebaumöl 1,0; Mandelöl ad. 50,0.) Entgiftungsmaßnahmen über Niere, Darm und Haut unterstützen die Pilztherapie (Wasser, Tees, salinische Zubereitungen, Einläufe, Colonhydrotherapie, Basenbad). Besonders sei auf die Rolle von Amalgamfüllungen bzw. Schwermetallbelastungen als immunschwächende Faktoren hingewiesen. Eine Überprüfung und Entlastung ist daher dringend anzuraten (DMPS-Test).

Grundsätzliches zur Therapie:

Die Toxinentlastung und die Herdsanierung haben Priorität in einem ganzheitlichen Therapiekonzept. Der Ausgleich des Säure-Basen- und Mineralstoffhaushaltes ist ebenso von Bedeutung. Bewährt haben sich sowohl die Kombination verschiedener Therapeutika (Allopathie, Phytotherapie, Homöopathie) als auch der Wechsel der antimykotischen Präparate im 10-tägigen Intervall.

Candida Intensivtherapie

Ganzheitliche - integrative Pilzbehandlung

- Umstellung der Ernährungs- und Lebensweise

- psychische Stabilisierung, Akzeptanz und Disziplin
- Einhalten der Candida Diät
- Medikation und ergänzende Therapien
- Immunmodulation
- Begleitende Maßnahmen

Candidaintensivtherapie

Medikation/Therapie:

- Toxinentlastung/Schwermetallbelastungstest
- Herdsanierung/Störfeldbehandlung
- Supplementierung von Nährstoffen
- antimyzetische/antimykotische Therapie
- probiotische Therapie

Diät:

- Weglassen/Meiden von zuckerhaltigen Speisen
- Reduktion von Kohlehydraten/Getreide
- Karenz der unverträglichen Nahrungsmittel
- Bevorzugung einer basischen Kost
- Rotationsdiät und eventuell Trennkost
- Einhalten einer Eßkultur nach F. X. MAYR

Durchführung der Candida-Diät

Grundsätzliches:

Die Candida-Immundiät sollte mindestens über vier Wochen konsequent eingehalten werden. Die größtmögliche Reduktion von Kohlenhydraten erschwert die Lebensbedingungen der Hefepilze.
Während der 3-phasischen Diät wird versucht, auf Nahrungsmittel mit großteils kurzkettigen Kohlehydraten zu verzichten. Zu Beginn werden hauptsächlich Kartoffel und Gemüsegerichte gegessen und erst später allmählich mehr kohlenhydrathaltige Gerichte zubereitet.
In der ersten Phase kommt man ohne Getreidespeisen oder Brot aus. Als Notlösung sind hefefreie Dinkelfladen oder Roggenknäcke erlaubt. Nach der ersten Phase werden dem Rotationsprinzip entsprechend Getreidespeisen einmal täglich (zweite Phase) und später zweimal täglich (dritte Phase) gegessen. Auf Rohkost wird zunächst verzichtet. Später sind Blattsalate und in der dritten Phase auch andere Rohkostspeisen erlaubt. Einmal pro Tag darf ein saurer Apfel gegessen werden. Eine faserreiche Kost regt die Darmperistaltik an und unterstützt die Beseitigung der Hefepilznester.

Wichtig:

Individuelle Nahrungsmittelunverträglichkeiten müssen berücksichtigt werden.

Nach erfolgreicher Diät und Therapie und unterschiedlich langer Karenz werden diese anfänglich unverträglichen Lebensmittel wieder gut vertragen. Weitere Ausführungen, sowie Tips zur Durchführung der Diät mit vielen Rezepten sind dem Buch „Die Candida Diät“ von DR. STOSSIER und PETER MAYR zu entnehmen.

Pilztherapeutika, die sich in der Praxis bewährt haben

- lokal wirksame Antimykotika:

Nystatin® - Reinsubstanz (Apothekenzubereitung)
Amphomoronal® - Suspension (Amphotericin B)

- Systemisch wirksame Antimykotika:

Sporanox/Sempera® (Itraconacol)
Fungata® / Diflucan® (Fluconazol)

- weitere antimykotisch wirksame Medikamente:

Formula SF 722® Thorne (Undecylensäure)
Caprystatin® Ecological Formulas (ungesättigte Fettsäuren, Undecylensäure)

- Phytotherapeutika:

AC Formula® Pure Encapsulation (Extrakte aus Berberis, Grapefruitsamen, Lavendel, Teebaumöl und Thymian),
Pro Seed (Extrakt aus Grapefruitsamen)

- Homöopathie:

Borax D4
Furfurol D6
Albicansan®

Pefrakehl®

- Ätherische Öle:

Teebaumöl
Lavendelöl
Schwarzkümmelöl

- Gewürze — Kräuter:

Zimt
Ingwer
Cardamon
Kresse
Knoblauch

- Tees:

Thymian
Zinnkraut
Eberwurz
Salbei
La Pacho

Literatur

BAYER, DUMRESE, EHRHARDT-SCHMELZER: Candida Problematik EHK 11/95, Karl F. Haug Verlag

EHRHARDT-SCHMELZER, DUMRESE: Epidemiologie der Candida-Endomykose EHK 4/95 Karl F. Haug Verlag

GERZ, W.: Biologische Präparate für Diagnose und Therapie in der naturheilkundlichen Praxis, AKSE-Verlag, 1995.

GERZ, W.: Lehrbuch der Applied Kinesiology, AKSE-Verlag, 1996.

HAUSS, R.: Aktuelle mycologische Diagnostik Vortrag Lanser Symp. 1995.

HEINE H.: Lehrbuch der biologischen Medizin, Hippokrates Verlag, 1991.

KÄHLER, D.: Phytotherapie bei Mycosen, Vortrag Lanser Symp. 1995.

MARKUS H.: Ich fühle mich krank und weiß nicht warum. Ehrenwirth Verlag, 1994.

NOLTING, S.: Mykosen des Verdauungstraktes. Hamburg medi, 1995.

PISCHINGER, A.: Das System der Grundregulation. Karl F. Haug Verlag, Heidelberg 1985.

POSCHET J., JUCHHEIM J.K.: Immun, Blv Verlag

RAUCH, E.: Die Darm-Reinigung nach Dr. med. F.X. MAYR. Karl F. Haug Verlag, Heidelberg 1994.

RAUCH E.: Die F.X. MAYR-Kur ... und danach gesünder leben. Karl F. Haug Verlag, Heidelberg 1991.

WORLITSCHEK, M.: Praxis des Säure-Basen-Haushaltes. Karl F. Haug Verlag, Heidelberg 1993.

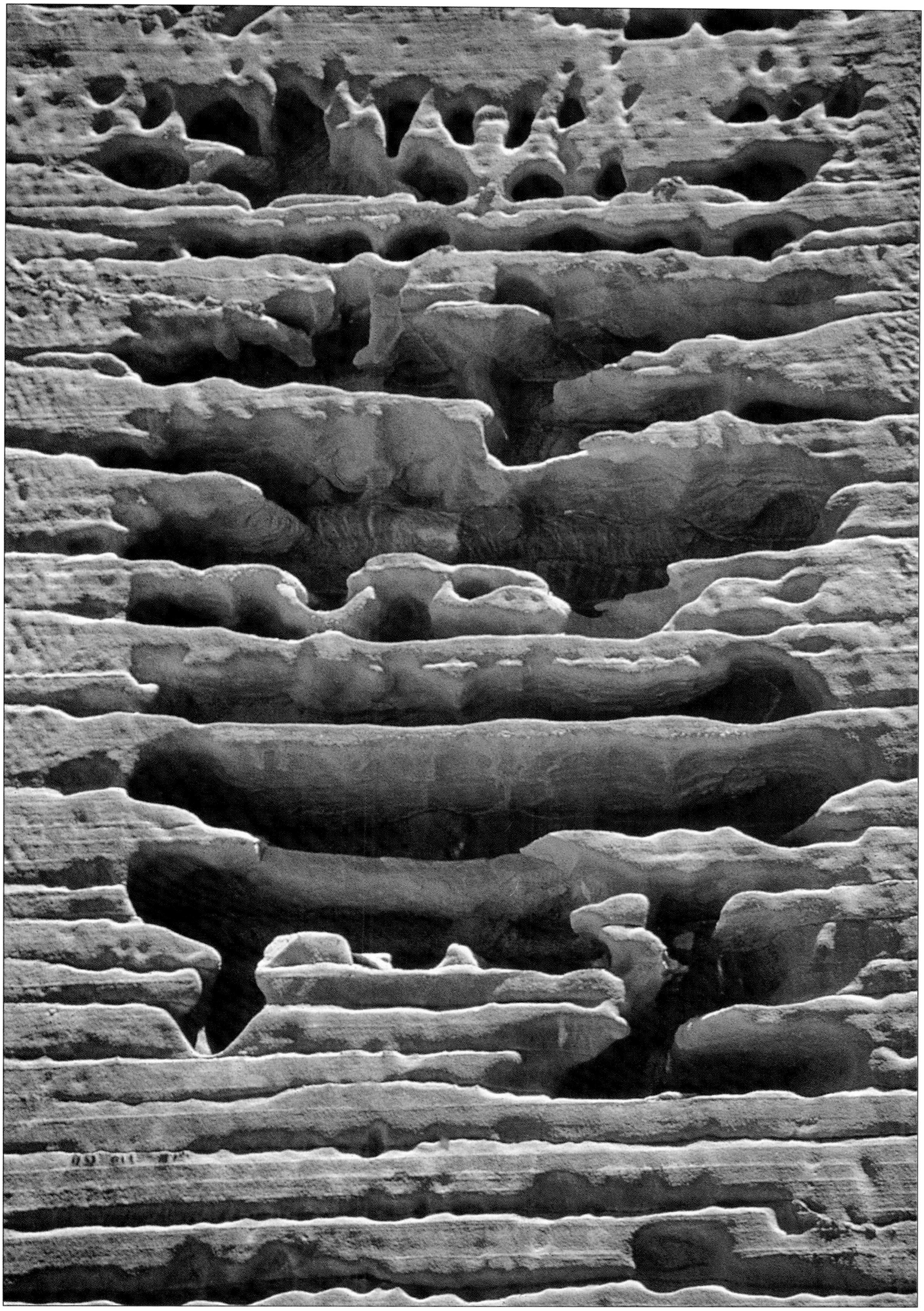

PETRA – JORDANIEN

PETRA

KIRLIAN FOTOGRAFIE
FARBTHERAPIE

Die Farbpunktur nach Mandel in der ganzheitlichen Zahnmedizin

R. Füß

Allgemeines

Nicht bestreitbar ist die Tatsache, daß der Zahnmedizin im Rahmen einer ganzheitlichen Betrachtungsweise des Menschen eine zentrale Bedeutung zukommt. Seit alters her ist bekannt, daß Zähne und die sie tragenden Strukturen beim Störfeldgeschehen eines Patienten eine wesentliche Rolle spielen.

Schon die traditionelle chinesische Medizin beschreibt mit ihrem System der fünf Wandlungsphasen die Zusammenhänge von Zähnen zu anderen Bereichen des menschlichen Organismus. Diese Gedanken wurden aufgegriffen und weitergeführt mit der Darstellung der fünf Funktionskreise nach Gleditsch.

Sie bezeichnen auf eindrucksvolle Weise den menschlichen Organismus in einer Form, bei der die Betrachtung anatomisch-physiologischer Strukturen in den Hintergrund tritt zugunsten der Beschreibung funktionell-organischer Wechselbeziehungen.
Da solche Wechselbeziehungen im Ansatz holistisch und von Symbolen geprägt sind, blieb diese Art von Medizin westlichen Ärzten und Therapeuten lange Zeit verschlossen. Erst neue Erkenntnisse innerhalb der Naturwissenschaften, v.a. im Bereich der Biologie und der (Quanten-)Physik, führten in den letzten Jahren zu einem Umdenken.

Unter kybernetischen Gesichtspunkten entstand ein Denkmodell, das Regulationsmechanismen innerhalb hierarchisch organisierter Organbeziehungen in den Mittelpunkt seiner Betrachtungen stellt.

Im Rahmen dieser Abhandlung soll in erster Linie auf die Wechselmechanismen zwischen Zähnen und weiteren Organstrukuren sowie deren Therapiemöglichkeit mit der Farbpunktur nach Mandel eingegangen werden.

Begriffserklärungen

Um dem Stellenwert der Zahnmedizin innerhalb einer ganzheitlichen Betrachtungsweise des menschlichen Organismus gerecht zu werden, bedarf es einiger Erklärungen. Zunächst ist von Belang, den Begriff „Zahn" durch den Terminus „Odonton" zu ersetzten. Bereits Sollmann, Adler, Kramer u.a. beschrieben damit das, was heute als Zahnfach bezeichnet wird, also das gesamte Parodontium mit Alveole, Gingiva und Wurzelhaut. Dies ist schon deshalb bedeutsam, weil damit deutlich wird, daß die Extraktion eines als Störfeld eruierten Zahnes allein nicht unbedingt das Problem des Patienten löst, solange nicht die den Zahn tragenden Strukturen mit berücksichtigt und ggf. in eine Therapie einbezogen werden.

Darüber hinaus ist von Bedeutung, die Wechselbeziehung Odonton — Organ durch den von Mandel geprägten Begriff der „Fokalen Intoxikation" zu erweitern. Lange Zeit wurde davon ausgegangen, daß ein Odonton beim Störfeldgeschehen eine Negativwirkung auf korrespondierende Strukturen ausübt, daß also quasi eine negative Informationsschiene vom Zahn zum Erfolgsorgan besteht. Information kann aber niemals nur in eine Richtung fließen, sondern sie bedarf immer der Rückkopplung.

Das bedeutet, daß ein über längere Zeit durch ein Odonton irritierter Organbereich quasi im Umkehrschluß negativen Einfluß auf das ursprünglich störende Zahnfach ausübt. Dadurch wird das betreffende Odonton erneut in die pathologische Resonanzkette eingebunden und erhält unter Umständen neuerlich Störfeldcharakter — die Spirale beginnt, sich von vorn zu drehen.
Hier wird deutlich, daß die zahnärztliche Behandlung am vermeintlichen Primärfokus nicht ausreicht, sondern daß im Rahmen der Funktionskreise nach Gleditsch die Wechselbeziehung Odonton — Organ — Odonton berücksichtigt und in die therapeutischen Überlegungen integriert werden muß. Abb. 1 stellt diese Problematik am Beispiel Funktionskreis Niere/Blase dar.

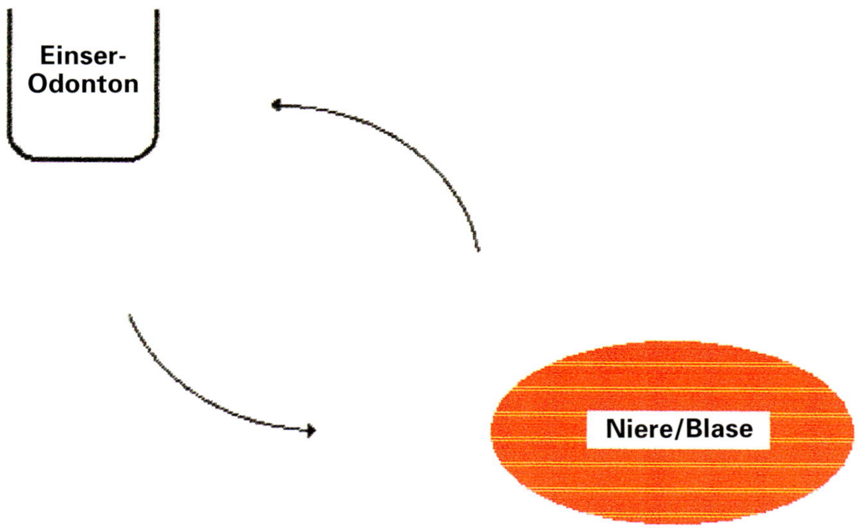

Abb. 1

Die Farbpunktur nach Mandel

Spätestens seit den Forschungen von PROF. F. A. POPP ist bekannt, daß ein wesentlicher Aspekt der Zellkommunukation in biologischen Systemen darin besteht, daß diese Systeme untereinander Photonen, also Licht, austauschen. POPP konnte nachweisen, daß unsere Zellen eine ultraschwache Strahlung besitzen, die bei normaler Funktion im ausgeglichenen Zustand schwingt und mit deren Hilfe ein Informationsaustausch zwischen zellulären Strukturen stattfindet.

Es war NEWTON, der weißes Licht durch ein Prisma schickte und so in seine Bestandteile, die sogenannten Spektralfarben, zerlegte. Jede dieser einzelnen Spektralfarben ist dadurch gekennzeichnet, daß sie ein für sie typisches Frequenzmuster aufweist, das sie von allen anderen Farben unterscheidet. In der Farbpunktur nach MANDEL ist demnach der optische Aspekt des Lichtes ohne Bedeutung.

Das ausschlaggebende Kriterium sind allein die unterschiedlichen elektromagnetischen Schwingungen, die die verschiedenen Farben auszeichnen.

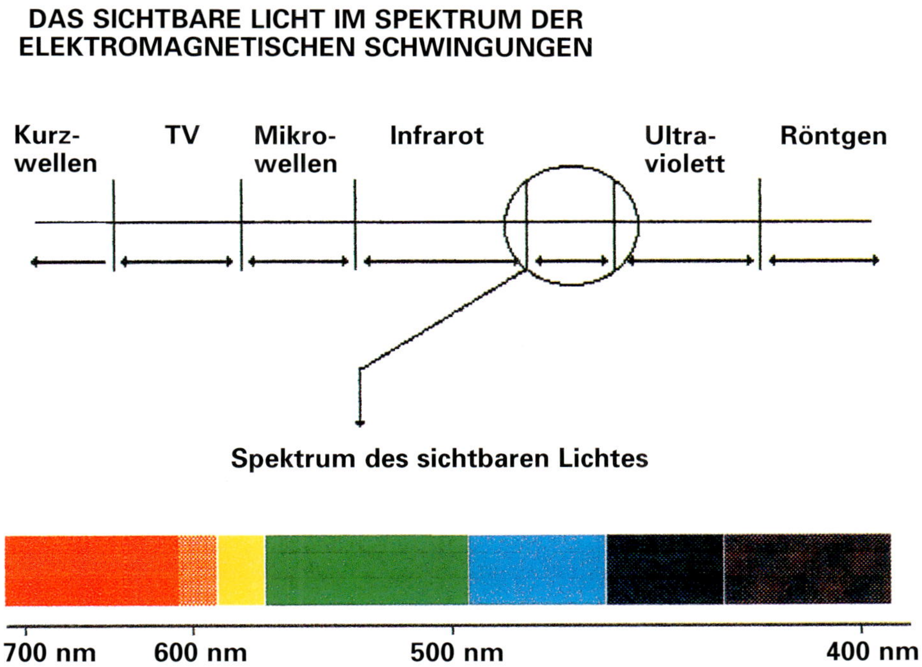

Abb. 2:

Wenn nun weißes Licht in seiner Gesamtheit Informationscharakter in lebenden Organismen besitzt, so müssen seine Einzelaspekte, die Spektralfarben, noch wesentlich differenziertere Informationsinhalte repräsentieren. Diese Informationsinhalte gilt es zu kennen und als therapeutisches Medium in den Organismus einzubringen.

Die Grundlagen der Farbtheorie wurden von JOHANN WOLFGANG V. GOETHE entwickelt. Er erarbeitete eine Farblehre, die noch heute Gültigkeit besitzt und den Ausgangspunkt der Farbtherapie nach MANDEL darstellt.
GOETHE ging davon aus, daß es, ähnlich wie für Töne, auch für Farben ein Harmoniegesetz geben müsse und

er entdeckte, daß allen Farbtönen, die das menschliche Auge zu unterscheiden in der Lage ist, lediglich drei Farben zugrunde liegen, nämlich ROT, GELB und BLAU. Diese drei Grundfarben, an den Winkeln eines gleichschenkeligen Dreiecks plaziert, ergeben den ersten Eckpfeiler der Farbharmonie, das Dreieck der reinen Farben.

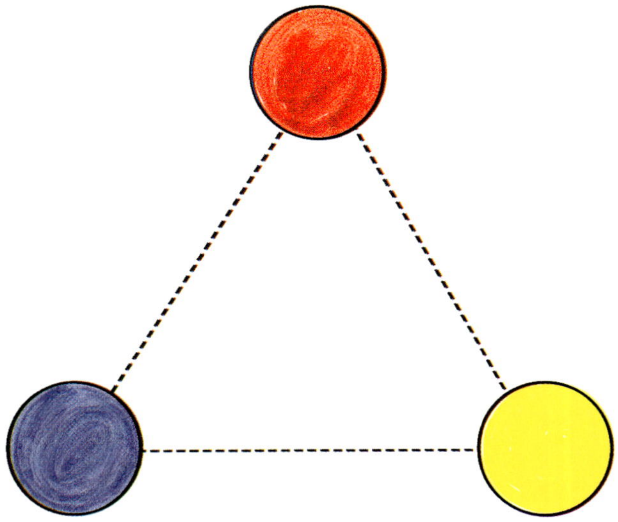

Abb. 3:
Mischt man nun zwei dieser drei Grundfarben zu jeweils gleichen Teilen, so erhält man die Mischfarben erster Ordnung. Rot und Gelb ergeben ORANGE, Gelb und Blau ergeben GRÜN, und Rot und Blau ergeben VIOLETT. Es entsteht der sechsstellige Farbkreis nach — noch heute die Grundlage aller Farbtheorien und die Basis der Farbpunktur nach MANDEL.

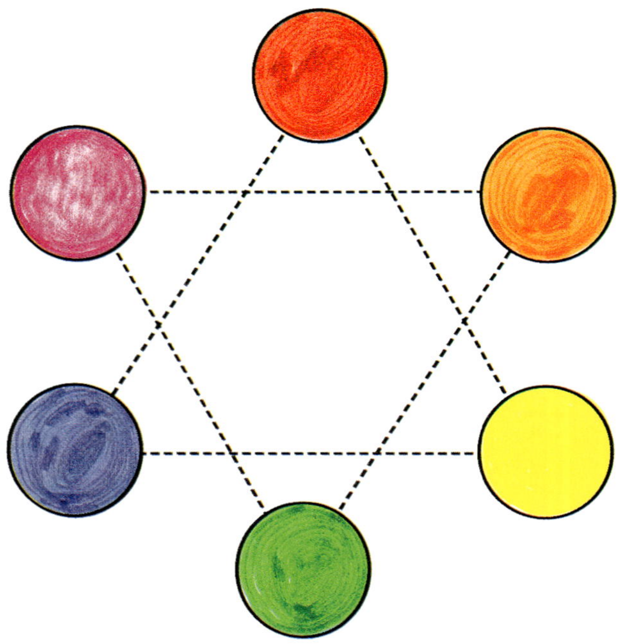

Abb. 4:

Nach dem ganzheitlichen Prinzip der Naturheilkunde, wonach alles im Kleinsten enthalten ist, projizieren Proteine, Zellen und Organe die für sie typischen Frequenzmuster auf die Körperoberfläche, so daß eine Vielzahl sogenannter Somatotopien entstehen konnte, u.a. die der Odontonprojektion auf der Haut. Diese Somatotopien stellen gleichsam Verbindungsstellen dar, über die Information von außen nach innen transferiert werden kann. Auf diese Weise ist es möglich, über Strukturen der Körperoberfläche regulierenden Einfluß auf Organe und Zellverbände im Körperinneren zu nehmen.
In der Farbtherapie nach MANDEL sind es die schwachen elektromagnetischen Reize des Lichtes, die Zellen oder Zellverbände nach dem Resonanzprinzip zu einer Reaktion herausfordern. Die jeweiligen Farben mit ihren unterschiedlichen Frequenzmustern bewirken unterschiedliche Reaktionen der Körpersysteme.

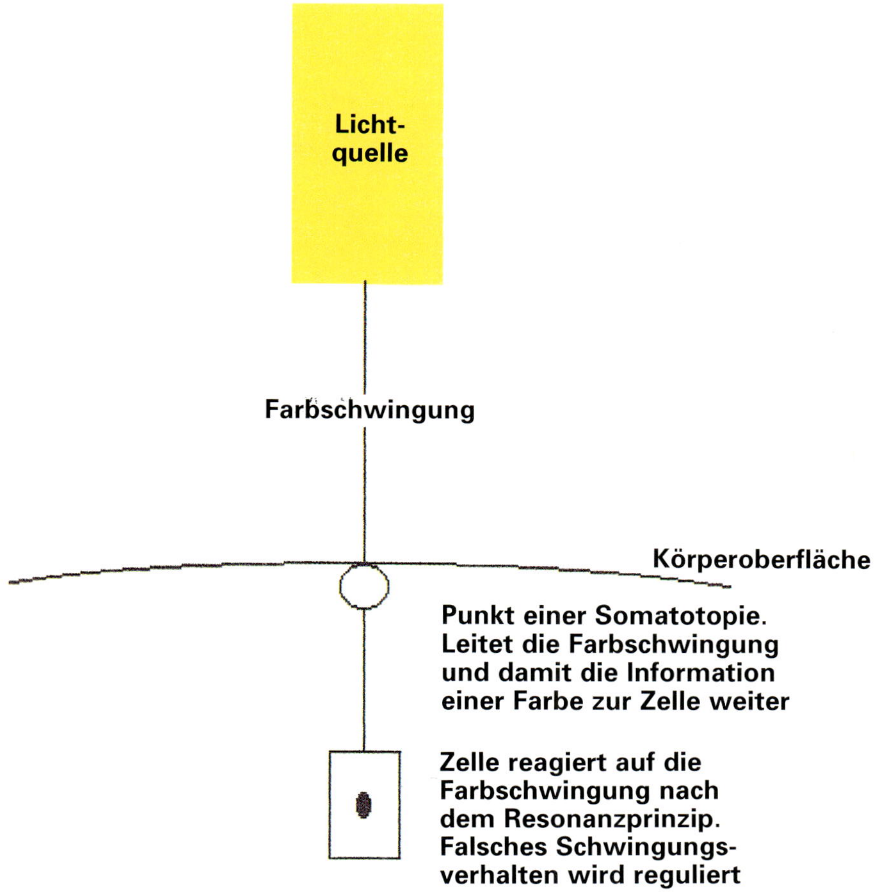

Abb. 5:

Das für die einzelnen Farben typische Schwingungsverhalten hat demnach spezifischen Informationscharakter. Ist dieser Informationsinhalt bekannt, so können die Farben durch ihren regulierenden Charakter gezielt bei Funktionsstörungen oder Erkrankungen therapeutisch eingesetzt werden. Dies ist auch und vor allem im Rahmen einer ganzheitlichen Zahnmedizin von Bedeutung.

Die Funktionskreise nach Gleditsch

Zweifelsohne ist eine sinnvolle ganzheitlich orientierte Zahnmedizin nicht denkbar ohne Kenntnis der Funktionskreise nach GLEDITSCH. Sie stellen Regulationssysteme dar, die sowohl einen diagnostischen als auch therapeutischen Zugang zum Krankheitsgeschehen eines Patienten liefern. Unter kybernetischen Gesichtspunkten bilden die im Funktionskreis subsummierten Körpersysteme eine funktionelle Einheit, deren einzelne Aspekte als Bestandteile ein und derselben Wesenheit betrachtet werden können, die sich lediglich auf unterschiedlichen Ebenen manifestieren. Der Begriff der Funktion ist hier von ausschlaggebender Bedeutung, unter deren Dach verschiedene, voneinander getrennte Organbereiche wechselseitige Gemeinsamkeiten eingehen.

Namensgeber und integraler Bestandteil aller fünf Funktionskreise ist jeweils ein zusammengehöriges Organpaar, wobei eines den Aspekt des Yang, das andere den Aspekt des Yin vertritt. In Anlehnung an die Wandlungsphasen der traditionellen chinesischen Medizin (TCM) erhält jeder Funktionskreis charakteristische Analogien, die untereinander ein ganzheitliches Regulationssystem darstellen.

Jedem Funktionskreis ist zugeordnet:

- ein Yang-Organ
- ein Yin-Organ
- mehrere Wirbelsäulensegmente
- ein oder mehrere Odontone
- ein Sinnesorgan-
- ein spezifisches Gewebe
- ein psychisches Korrelat

und vieles mehr

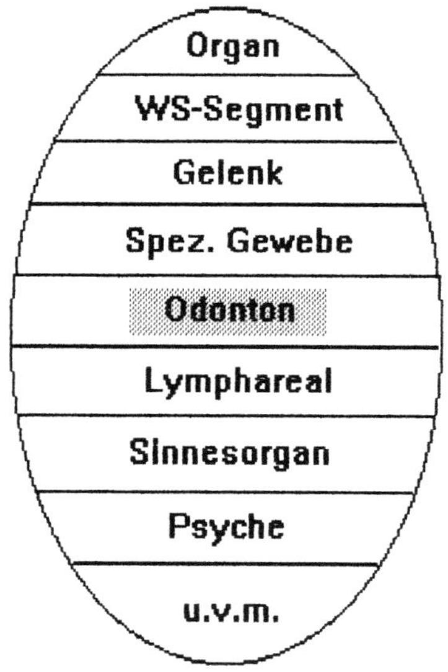

Abb. 6: **Die unterschiedlichen Ebenen eines Funktionskreises**

Im Folgenden eine Übersicht über organische Zusammenhänge innerhalb der fünf Funktionskreise (ohne Anspruch auf Vollständigkeit):

	Niere/Blase	**Leber/Galle**	**Lunge/Dickdarm**	**MP/Magen**	**Herz/Dünndarm**
Organ	Männliche u. weibliche Urogenitalorgane	Leber Galle Duct. bilif.	Lunge/Bronchien Colon	Magen Pankreas Mamma	Herz, Dünndarm mit allen Abschnitten
WS- Segment	L2/3, S4/5, Co	TH8/9/10	C5/6/7, Th2/3/4 L4/5	TH11/12 L1	C8, TH5/6/7 S1/2/3
Odontone	1er, 2er	3er	4er, 5er	6er, 7er	8er
Gelenke	Fuß, Knie Sprunggelenk	Hüfte	Schulter, Arm Ellbogen	Knie (med.)	Schulter, Arm Ellbogen
Sinnesorgan	Ohr	Auge	Nase	Lippen	Zunge
Gewebe	Knochen	Muskulatur	Haut, Haare	Bindegewebe	Gefäße
Psyche	Angst	Zorn	Trauer	Grübeln	Freude

und vieles mehr

Therapeutisch von Bedeutung ist die Tatsache, daß prinzipiell jede der genannten Ebenen Zugang zum gesamten Funktionskreis bietet. Im Rahmen dieser Abhandlung sollen die Odontonzusammenhänge hervorgehoben werden, wobei zu bemerken ist, daß die Behandlung über ein Odonton alle zum entsprechenden Funktionskreis gehörenden Strukturen erfassen kann.

Desweiteren muß beachtet werden, daß die zahnmedizinische Beurteilung eines Odontons alleine nicht ausreichend ist. Es gilt festzustellen, ob das Zahnfach, unabhängig vom Zahnstatus, in die pathologische Resonanzkette eines Funktionskreises eingebunden ist und somit einer (ganzheitlichen) Therapie zuzuführen ist. (Siehe auch Beitrag: „Die Energetische Terminalpunkt-Diagnose (E-T-D) nach Mandel als Diagnostikum in der ganzheitlichen Zahnmedizin")

Folgende Beziehungen zwischen Odonton und Funktionskreis sind bekannt:

Odonton 1	(11, 21, 31, 41)	Funktionskreis Niere/Blase
Odonton 2	(12, 22, 32, 42)	Funktionskreis Niere/Blase
Odonton 3	(13, 23, 33, 43)	Funktionskreis Leber/Galle
Odonton 4	(14, 24, 34, 44)	Funktionskreis Lunge/Dickdarm
Odonton 5	(15, 25, 35, 45)	Funktionskreis Lunge/Dickdarm
Odonton 6	(16, 26, 36, 46)	Funktionskreis Milz-Pankreas/Magen
Odonton 7	(17, 27, 37, 47)	Funktionskreis Milz-Pankreas/Magen
Odonton 8	(18, 28, 38, 48)	Funktionskreis Herz/Dünndarm

Entgegen früherer Darstellungen MANDELS erfolgt bei den Odontonen 4 und 5 sowie
6 und 7 keine Kreuzung in Ober- und Unterkiefer.

Die Farben der Odontone

Als Bestandteil seiner Farbpunktur hat MANDEL den verschiedenen Odontonen bestimmte Farben zugeordnet.

Seine Arbeiten führten zu dem Schluß, daß die Farbgebung der Zahnfächer 1 - 7 der Spektralanordnung der Farben nach NEWTON entspricht. Dies gilt für jeden einzelnen der vier Quadranten.

Demnach trägt der erste Zahn die Farbe Rot und der siebte Zahn die Farbe Violett. Dazwischen spannt sich das gesamte Spektrum der Farben auf. Dem achten Zahn ist wie dem gesamten retromolaren Raum das Ultraviolett zugeordnet.

Odonton 1	**Rot**
Odonton 2	**Orange**
Odonton 3	**Gelb**
Odonton 4	**Grün**
Odonton 5	**Türkis**
Odonton 6	**Blau**
Odonton 7	**Violett**
Odonton 8	**Ultraviolett, ersatzweise Violett**

(Ultraviolett steht als „Therapiefarbe" (noch) nicht zur Verfügung)

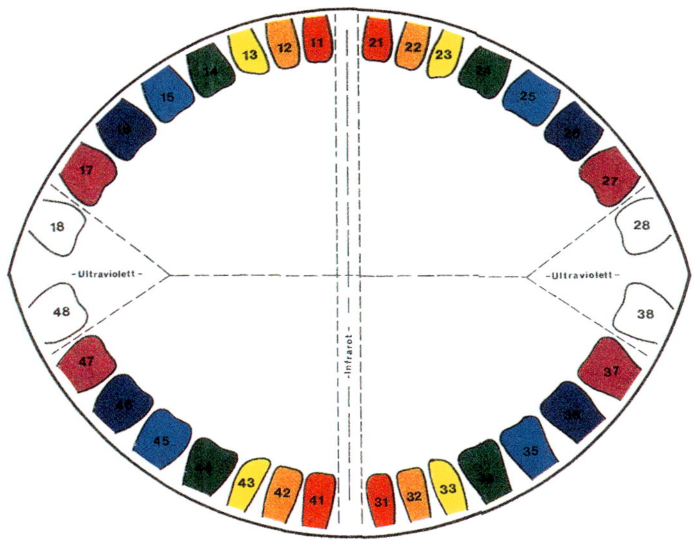

Abb. 7:

Therapieareale waren und sind die Mundschleimhaut, der Zahn selbst oder die Mundakupunkturpunkte nach GLEDITSCH. Auch wenn MANDEL hier teilweise abweichende Darstellungen zu GLEDITSCH beschreibt, unterstreicht die Wirksamkeit der Farbpunktur über die Mundakupunkturpunkte deren herausragende Bedeutung.

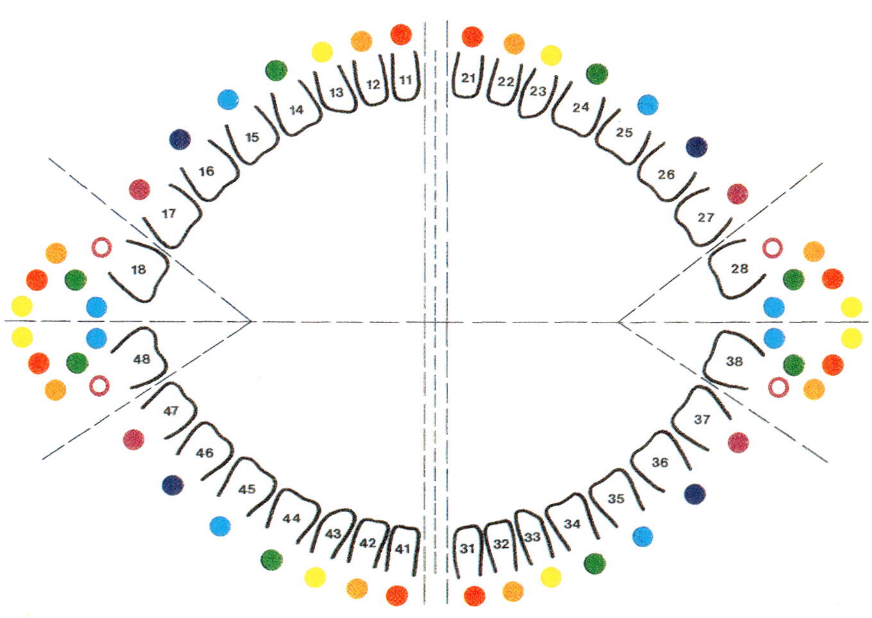

Abb. 8:

Aus Gründen der praktischen Handhabung hat sich jedoch die Behandlung über Odontonpunkte am Körper durchgesetzt. Diese Punkte werden im Folgenden dargestellt. Die Farbgebung der einzelnen Zähne bleibt bestehen.

Die Projektion der Odontone am Körper

Die acht Odontonpunkte des Vorderschädels

Die Odontonpunkte des Vorderschädels sind zum einen aus der klassischen Akupunktur, zum anderen aus dem System der chinesischen Nasenakupunktur bekannt. Es ist das Verdienst MANDELS, von diesen Punkten ausgehend einen Bezug zu den Zähnen und den damit in Verbindung stehenden Funktionskreisen hergestellt zu haben. Es sei nochmals betont, daß die farbtherapeutische Behandlung dieser Bereiche immer den Patienten als Ganzes tangiert und so, falls das Odonton in die pathologische Resonanzkette eingebunden ist, einen Zugang zum gesamten Funktionskreis mit all seinen Aspekten gewährleistet.
Der Punkt für das erste Odonton trägt die Farbe Rot, präsentiert sich in der Mitte des Filtrums und ist aus der klassischen Akupunktur als GG26 bekannt.
Die Farbe für das zweite Odonton ist Orange. Sein Therapiepunkt liegt direkt auf der Nasenspitze, dem Nierenpunkt der Nasenakupunktur. Beide Odontone entsprechen dem Funktionskreis Niere/Blase.
Der Punkt für das dritte Odonton liegt am Knorpel-Knochen-Übergang der Nase (Leberpunkt der Nasenakupunktur). Er hat die Farbe Gelb und ist dem Funktionskreis Leber/Galle zugeordnet.
Das vierte Odonton projiziert sich im Akupunkturpunkt KG23 in der Mittellinie des Körpers, direkt unterhalb des Zungenbeins. Seine Farbgebung ist Grün und er entspricht den Funktionskreis Lunge/Dickdarm.
Das fünfte Odonton trägt die Farbe Türkis. Es entspricht dem Kopfpunkt der Nasenakupunktur und hat ebenfalls Beziehung zum Funktionskreis Lunge/Dickdarm.
Der Punkt für das sechste Odonton liegt in der Mitte der Vereinigungsstelle der tendomuskulären Meridiane der Hände, ca. zwei Querfinger hinter der Haargrenze auf einer Linie von der Pupillenmitte über die Stirn nach cranial. Er ist paarig angelegt, so daß vor der Behandlung der therapierelevante Punkt durch Druckdolenz ermittelt wird. Seine Farbgebung ist Blau.
Dem siebten Odonton ist die Farbe Violett zugeordnet und er ist identisch mit dem Akupunkturpunkt KG24 in der Mitte des Sulcus mentolabialis. Zusammen mit dem sechsten Odonton steht er in Verbindung zum Funktionskreis Milz-Pankreas/Magen.
Das achte Odonton entspricht dem Punkt Yin-Trang der Akupunktur und gehört zum Funktionskreis Herz/Dünndarm. Wie erwähnt steht seine „Therapiefarbe" Ultraviolett (noch) nicht zur Verfügung, so daß ersatzweise Violett zur Anwendung gebracht wird.

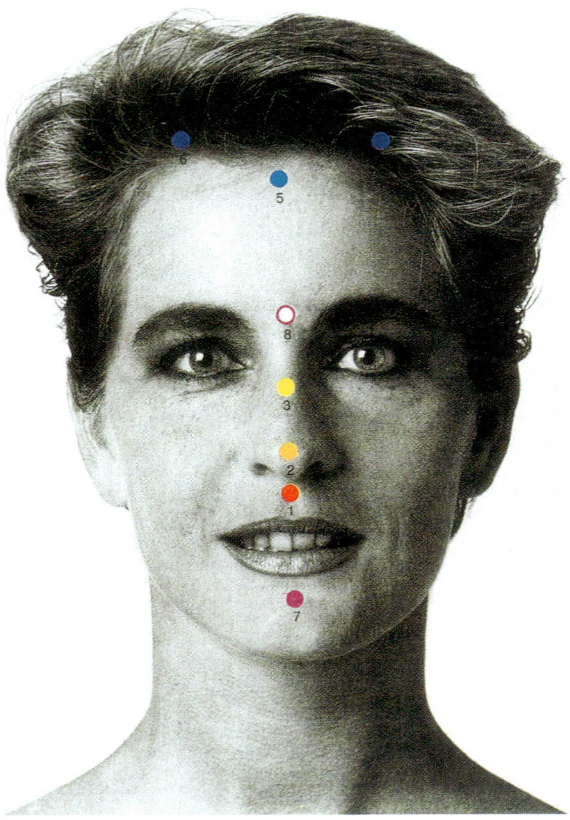

Abb. 9:

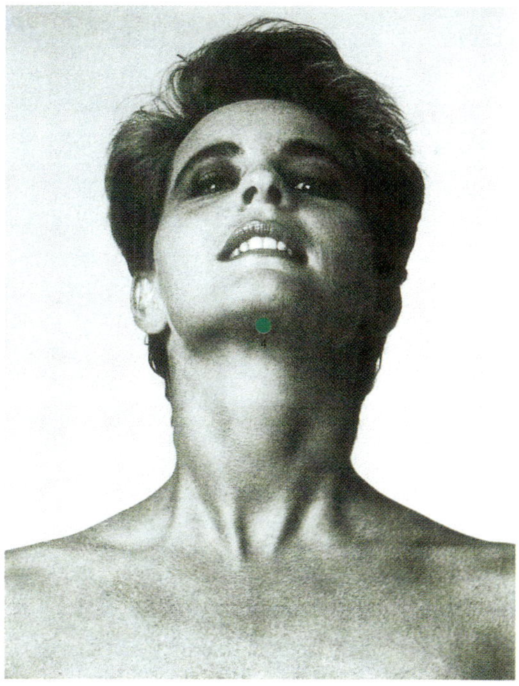

Abb. 10:

Die acht Odontonpunkte im Ohr

Im Zusammenhang mit den o.g. Therapiearealen ergeben sich im Ohr weitere acht Odontonpunkte, die zusammen mit den vorhergehenden Zonen behandelt werden.
Ausgehend von den Punkten am Vorderschädel wird eine Gerade durch den Nullpunkt der Ohrakupunktur gezogen. Diese Linie endet in der von Günter Lange so benannten „vegetativen Rinne", in der sich erneut die acht Zähne projizieren. Der therapierelevante Punkt läßt sich durch Druckdolenz leicht ermitteln.

Die Farbgebung der Odontonpunkte entspricht der des Schädels. Von oben nach unten ergibt sich also die Reihenfolge Odonton 4 (Grün, Funktionskreis Lunge/Dickdarm), Odonton 7 (Violett, Funktionskreis Milz-Pankreas/Magen), Odonton 1 (Rot, Funktionskreis Niere/Blase), Odonton 2 (Orange, Funktionskreis Niere/Blase), Odonton 3 (Gelb, Funktionskreis Leber/Galle), Odonton 8 (Ultraviolett (ersatzweise Violett), Funktionskreis Herz/Dünndarm), Odonton 5 (Türkis, Funktionskreis Lunge/Dickdarm) und schließlich Odonton 6 (Blau, Funktionskreis Milz-Pankreas/Magen).

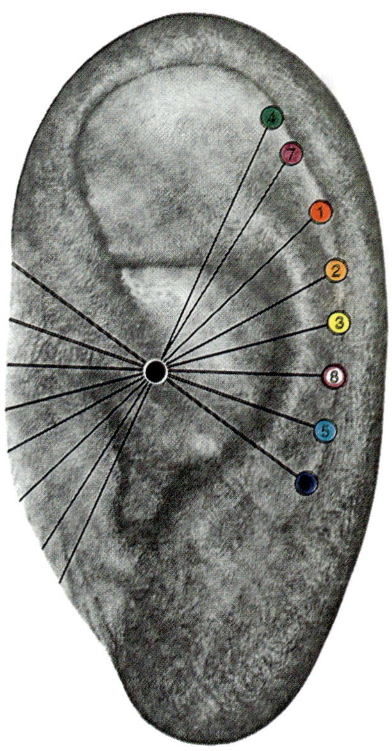

Abb. 11:

Die Behandlung der Odontonpunkte am Vorderschädel erfolgt zusammen mit denen des Ohres in einer Therapiesitzung. In der Farbpunktur nach MANDEL ist zu beachten, daß im Gegensatz zur klassischen Ohrakupunktur, die kontralateral nadelt (bei Linkshänder das rechte Ohr und umgekehrt) immer beide Ohren behandelt werden.

Die Odontonpunkte am Daumen

Die Odontonpunkte des Daumens stellen eine eigenständige Somatotopie dar und erlauben eine quadrantenspezifische Einteilung der Zähne.

Der Halbkreis oberhalb des linkes Daumenendgelenks entspricht dem linken Oberkiefer, also dem zweiten Quadranten. In der Zone unterhalb des linken Daumenendgelenks präsentiert sich der linke Unterkiefer und somit der dritte Quadrant.
Am rechten Daumen ist die Situation analaog.
Oberhalb des Endgelenkes projiziert sich der rechte Oberkiefer und demnach der erste Quadrant. Unterhalb des rechten Endgelenkes befindet sich der Projektionsbereich des rechten Unterkiefers, des vierten Quadranten.
In allen Zonen erfolgt die Numerierung der Zähne 1 - 8 von medial nach lateral.

DIE ODONTONPUNKTE AM DAUMEN

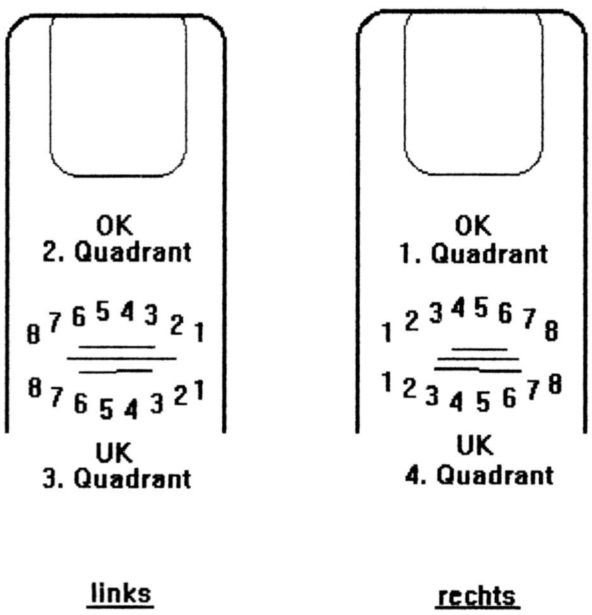

Abb. 12

Wie beim Auffinden der Ohrpunkte wird auch am Daumen das therapierelevante Odonton durch Druckdolenz exakt ermittelt. Die quadrantenspezifische Zuordnung der Zähne ermöglicht hier eine sehr differenzierte Behandlung.

Die Farbgebung der Odontone entspricht der des Vorderschädels und der Zähne.

Therapeutische Vorgehensweise

Aus der bisherigen Darstellung ergibt sich die Bedeutung einer ganzheitlich orientierten Zahnmedizin.
Zunächst gilt es festzustellen, inwieweit ein Zahn in die pathologische Resonanzkette eines Krankheitsgeschehens eingebunden ist und damit den Zugang zum entsprechenden Funktionskreis gewährleistet. Hierzu eignen sich verschiedene funktionelle Diagnosesysteme (Energetische Terminalpunkt-Diagnose nach MANDEL, Elektro-Akupunktur nach VOLL, Physioenergetik nach V. ASCHE u.a.). Anschließend wird der therapierelevante Funktionskreis nach GLEDITSCH eruiert.
Daraufhin erfolgt die Entscheidung, ob ein Odonton zahnmedizinisch saniert werden muß. Dies kann, muß im Sinne der „Fokalen Intoxikation" (siehe dort) aber nicht zwingend der Fall sein.
Im Anschluß daran werden das oder die entsprechenden Odontonpunkte festgelegt, entweder am Vorderschädel und am Ohr oder am Daumen. Diese Punkte werden dann mit der entsprechenden Farbe behandelt, wobei eine Bestrahlungsdauer von ca. 30 Sekunden pro Punkt ausreichend ist.

Dadurch erfolgt der regulierende Impuls auf den gesamten Funktionskreis mit all seinen Strukturen.

In der Regel sind sechs bis acht Behandlungen ausreichend.

Zusammenfassung

Beim Störfeldgeschehen eines Menschen rückt eine holistisch orientierte Zahnmedizin in den Mittelpunkt der Betrachtungen. Sie bestimmt, inwieweit der Zahnstatus eines Patienten auf den Mundbereich begrenzt bleibt oder negative Fernwirkung auf andere Organbereiche ausübt. Solche Zusammenhänge sind durch die Funktionskreise nach GLEDITSCH beschrieben und festgelegt.
Ist ein Zahn in eine pathologische Resonanzkette eingebunden, so bietet die Farbpunktur nach MANDEL die Möglichkeit, über entsprechende Korrespondenzpunkte einen regulierenden Impuls auf gestörte Systeme zu geben. Auf der Ebene der informativen Energien stellt sie somit eine Therapieform dar, die auch dem Zahnarzt die Möglichkeit gibt, auf das Gesamtgeschehen des Patienten einzuwirken und so zu einem ganzheitlichen Therapiekonzept beizutragen.

Literatur

FÜß, ROBERT und MANDEL, PETER:
Farbpunktur bei Wirbelsäulen- und Gelenkerkrankungen.
Energetik-Verlag GmbH, Sulzbach/Taunus 1993

FÜß, ROBERT: .
Die Induktionstherapie.
Energetik-Verlag GmbH, Sulzbach/Taunus 1994

GLEDITSCH, JOCHEN:
Mundakupunktur.
Ein Schlüssel zum Verständnis regulativer Funktionssysteme.
WBV Biologisch-medizinische Verlagsgesellschaft mbH & CoKG.
4. Auflage 1988

GLEDITSCH, JOCHEN:
Reflexzonen und Somatotopien
als Schlüssel zu einer Gesamtschau des Menschen.
WBV Biologisch- medizinische Verlagsgesellschaft mbH & CoKG.
3. Auflage 1988

MANDEL, PETER:
Praktisches Handbuch der Farbpunktur.
Energetik-Verlag, Bruchsal 1984

MANDEL, PETER:
Praktisches Handbuch der Farbpunktur.
Band 2. Therapien der Farbpunktur.
Energetik-Verlag, Sulzbach 1993

MANDEL, PETER:
Lichtblicke in der ganzheitlichen (Zahn-)Medizin.
Energetik-Verlag GmbH, Bruchsal 1989

Das Jahrhundert in man lebt welchen kann man nich ändern; aber man kann sich dagegen stellen und glückliche Wirkungen vorbereiten.
Johann Wolfgang von Goethe

Ein fröhliches Herz ist die beste Arznei während, ein gedrücktes Gemüt das Gebein ausdörrt.
Altes Testament

Die Energetische Terminalpunkt - Diagnose (E-T-D) nach Mandel als Diagnostikum in der ganzheitlichen Zahnmedizin

R. FÜß

Allgemeines

Die von PETER MANDEL entwickelte Energetische Terminalpunkt-Diagnose (E-T-D) stellt ein Diagnoseverfahren dar, das auf dem sog. Kirlian-Effekt beruht (daher auch die häufige Bezeichnung „Kirlianphotographie“).
Das russische Forscherehepaar SEMJON und VALENTINA KIRLIAN entdeckte bereits 1938, daß lebende Organismen im elektrischen Hochfrequenzfeld Lumineszenzen abstrahlen, die photographisch festgehalten werden können. Die Abstrahlungen der Finger- und Zehenkuppen, an denen sich die größte Oberflächenladungsdichteverteilung der Haut eines Menschen befindet (POPP ET AL.), bilden im Kirlianbild die Grundlage einer topographischen und phänomenologischen Interpretation. Dadurch wird sowohl das Erkennen energetischer Gesamtstrukturen als auch pathologischer Zusammenhänge ermöglicht. Während MANDEL zunächst davon ausging, daß sich im E-T-D-Bild das Akupunktursystem der traditionellen chinesischen Medizin darstellen würde, stellte er sehr bald fest, daß diese Vorstellung nicht haltbar war. Er erkannte, daß es sich vielmehr um Turbulenzen handelte, die sich „zentripetal“ und „zentrifugal“ anordneten und in Wechselbeziehung zu inneren Organen stehen.
Die E-T-D ist ein reproduzierbares Diagnosesystem, das bereits im Vorfeld klinisch manifester Erkrankungen durch eine differenzierte Analyse energetischer Regulationsstörungen medizinisch relevante Aussagen erlaubt. Auf diese Weise stellt die Kirlianphotographie eine Methode zur Früherkennung von Krankheiten dar und liefert darüberhinaus Hinweise auf ganzheitsmedizinische Aspekte, die hinsichtlich einer Ursachen- bzw. Störfeldsuche von Bedeutung sind. Neben einer allgemeinen Abhandlung zur Energetischen Terminalpunkt-Diagnose soll im folgenden speziell auf die Belange einer ganzheitlich orientierten Zahnmedizin eingegangen werden.
Detailliertere Ausführungen würden den Rahmen dieses Beitrages sprengen.

Die Strahlenqualitäten

Der Begründer der Energetischen Terminalpunkt-Diagnose, PETER MANDEL, unterteilt die E-T-D-Bilder grundsätzlich in drei Strahlenqualitäten, die erste Hinweise auf pathologische Veränderungen bei Patienten liefern. Die Festlegung einer solchen Strahlenqualität erfolgt ausschließlich anhand der Lumineszenzen im YANG (Fingerkuppen).
Im „normalen“ Kirlianbild weisen alle Abstrahlungen gleichförmige Strahlenkränze auf, die durch keinerlei weitere Phänomene gestört werden. Alle Lumineszenzen sind, ausgehend von einem sog. Wärmekranz, in etwa gleich lang und und gruppieren sich harmonisch um die Umflüsse der Fingerkuppen.
Es sei betont, daß derartige Bilder in der Praxis äußerst selten vorkommen. In der Regel wird sich immer eine der drei im folgenden beschriebenen Strahlenqualitäten darstellen, wobei die Übergänge wie bei allen lebenden Systemen fließend sind.

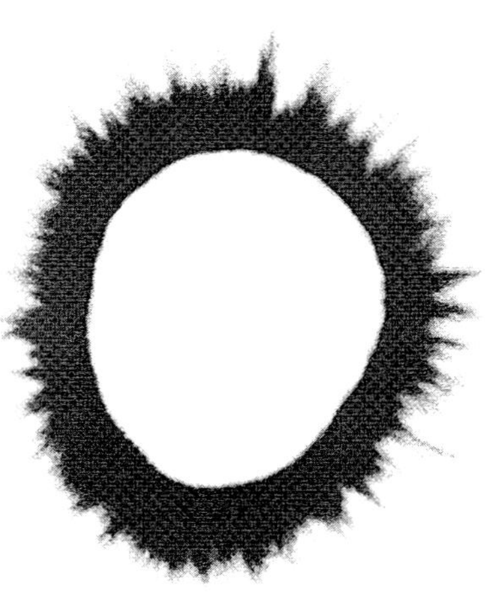

Abb. 1:

Endokrine Strahlenqualität

Abb. 2:

Die endokrine Strahlenqualität eines E-T-D-Bildes ist gekennzeichnet durch den Verlust der Lumineszenzen im Bereich der Abstrahlungen der Fingerkuppen. Dieser Strahlenverlust kann ganz oder teilweise auftreten. Im Extremfall fehlen die Umflußstrahlungen der Hände völlig.

Diagnostisch weist ein solches Kirlianbild zunächst auf Irritationen des Gesamtendokriniums, v.a. aber des hypophysär-hypothalamischen Bündels hin. Die Bedeutung einer solchen Aussage kann nur erfaßt werden in Kenntnis der Arbeiten des Endokrinologen RIEDWEG, der in einer Störung dieses hormonellen Regelkreises die eigentliche Ursache einer Vielzahl von Krankheitsbildern sieht. Sicher ist, daß Regulationsstörungen im thyreotropen, im gonadotropen, im corticotropen oder im immunotropen Anteil der Hypophyse im Laufe der Zeit zu Fehlfunktionen im Organismus führen, die ihrerseits Erkrankungen darstellen oder die ursächliche Grundlage für andere pathologische Erscheinungen bilden.

Aus diesem Grund umfaßt ein E-T-D-Bild mit endokriner Strahlenqualität auch den großen Bereich der Funktionsstörungen, also von Beschwerdebildern, die sich in aller Regel der klinischen Diagnostik entziehen. Herkömmliche Untersuchungsmethoden greifen dann, wenn die morphologisch-strukturelle Veränderung im Körper stattgefunden hat. Sie beantworten nicht die Frage, ob Funktionen des Organismus regelgerecht ablaufen, deren Störungen noch nicht zu organischen Veränderungen geführt haben und die sich dadurch mit klassischen bildgebenden Verfahren (Röntgen, Computertomographie etc.) noch nicht darstellen lassen. Hierzu gehören auch alle vegetativen Erscheinungsbilder, die in Summe dem klassischen Bild der sog. vegetativen Dystonie entsprechen. All diese funktionellen Abläufe unterstehen maßgeblich dem hormonellen Regelkreis, dessen Störung sich in Form der endokrinen Strahlenqualität im E-T-D-Bild darstellt.

Es sollte in diesem Zusammenhang unbedingt bedacht werden, daß in derartigen Funktionsstörungen häufig die Ursache für schwerwiegendere Erkrankungen zu suchen ist.

Das Behandlungsspektrum bei endokrinen Kirlianbildern umfaßt in erster Linie den gesamten Bereich der Regulationstherapien (Homöopathie, Akupunktur, Farbpunktur n. MANDEL u.v.m.)

Toxische Strahlenqualität

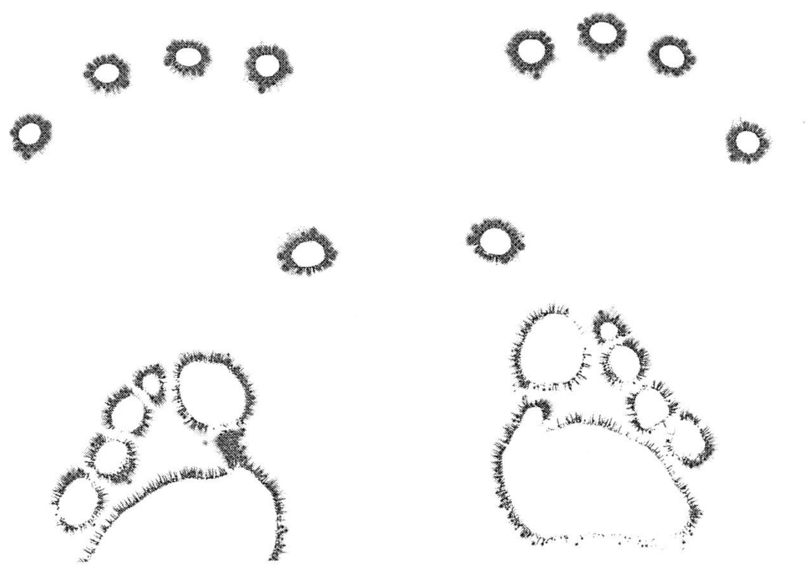

Abb. 3:

Ein E-T-D-Bild mit toxischer Strahlenqualität ist gekennzeichnet durch eine mehr oder weniger deutliche Zunahme der sog. Punktprotuberanzen. Solch punktuelle Abstrahlungen sind einerseits topostabil, d.h. sie bezeichnen den Organsektor, in dem sie auftreten (siehe Topographie / Phänomenologie). In Summe bilden sie jedoch die Grundlage der toxischen Strahlenqualität im Kirlianbild.

Diagnostisch steht eine solche Aufnahme in Verbindung mit Entzündung, Aggression und lymphatischen Belastungen. Auch mesenchymale Intoxikationen spielen in diesem Zusammenhang eine Rolle. Der Organismus weist, wie LECHNER es ausdrückt, eine „negative" Gift- und Schadstoffbilanz auf.

Von Bedeutung ist jedoch in erster Linie, daß ein E-T-D-Bild mit toxischer Strahlenqualität den gesamten Bereich der Reaktion verantwortet, d.h. der Organismus des Patienten weist trotz u.U. ausgeprägter Symptomatik noch die Fähigkeit auf, therapeutische Reize adäquat umzusetzen. Hier ist allerdings in der Regel vorsichtig zu verfahren, um Überreaktionen (Erstverschlimmerungen) zu vermeiden oder im Rahmen zu halten.

Von Belang für eine ganzheitlich orientierte Zahnmedizin dürfte dabei v.a. eine Entlastung aller lymphatischen Strukturen, in erster Linie im Kopf-Kiefer-Bereich, sein. Hier sollten Entgiftungs- und Ausleitungstherapien (Colon-Hydrotherapie, Farbpunktur n. MANDEL, YAMAMOTO Neue Schädelakupunktur, Phytotherapie u.v.m.) erfolgen, die größeren zahnmedizinischen Eingriffen vorgeschaltet werden. Wenn möglich sollte eine toxische Mehrbelastung des Patienten durch starke Medikamentation gering gehalten oder vermieden werden.

In diesem Zusammenhang sei schon an dieser Stelle auf das Prinzip der „Fokalen Intoxikation" hingewiesen, das weiter unten eingehend behandelt wird.

Degenerative Strahlenqualität

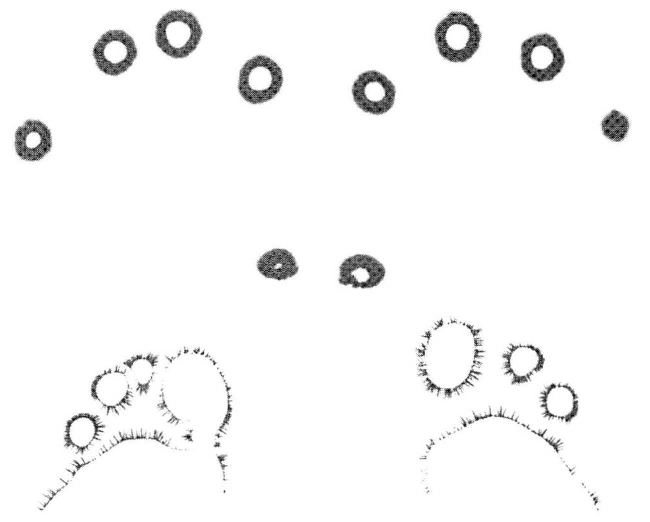

Abb. 4:

Kennzeichnend für die degenerative Strahlenqualität im E-T-D-Bild ist eine Zunahme des sog. Wärmekranzes bei gleichzeitigem Verlust der Lumineszenzen. Es kommt zu ringförmig-starren Verdichtungen einzelner oder mehrerer Fingerkuppen, an denen keine Einzelabstrahlungen mehr erkennbar sind. Dies kann bis zur völligen Verbackung von Umflüssen führen, was dann als „degenerative Plaques" bezeichnet wird. Hier lassen sich so gut wie keine Einzelphänomene mehr interpretieren.

Die diagnostische Relevanz eines solchen E-T-D-Bildes wird bereits aus seiner optischen Betrachtung deutlich. Es ist kennzeichnend für Informationsblockaden in biologischen Systemen eines Patienten, dem dadurch die Fähigkeit zur dynamischen Eigenregulation größtenteils abhanden gekommen ist. Typisch sind Mesenchymblockaden sowie eine gestörte Reagibilität des Grundsystems (PISCHINGER, PERGER u.a.) mit allen daraus resultierenden Konsequenzen (interstitieller Sauerstoffmangel, Nutritionsstörungen etc.). Entsprechend ausgeprägt sind die klinischen Erscheinungsbilder in der Praxis.

Im Rahmen einer ganzheitlichen Zahnmedizin gilt es in diesem Zusammenhang zu beachten, die ohnehin minimale Reaktionsfähigkeit eines Patienten nicht noch zusätzlich zu beanspruchen. Größere zahnmedizinische Eingriffe können leicht zur Überforderung führen, so daß einer (zahnärztlichen) Schaden-Nutzen-Abwägung hier eine besondere Bedeutung zukommt. Grundsätzlich sollte erwägt werden, vor einer geplanten Behandlung belastende Noxen (Psyche, Geopathie, Toxine u.v.m.) auszuschalten, um die Starre im System aufzureißen und so den Patienten „therapierbar" zu machen. Hierzu eignen sich Entgiftungstherapien (Fasten,Colon-Hydrotherapie, Phytotherapie etc.) ebenso wie eine gezielte Regulationsbehandlung (Farbpunktur n. MANDEL, Akusiniatrie,

Mundakupunktur n. GLEDITSCH etc.). Löst sich eine degenerative Strahlenqualität auf und zeigen sich nach einer Therapie im Kontrollbild endokrine oder toxische Strukturen, so ist dies im Sinne einer Reaktion grundsätzlich positiv zu bewerten.

Zusammenfassend läßt sich festhalten, daß die Charakteristik der Strahlenqualität eines

E-T-D-Bildes eine erste Beurteilung des Patienten zuläßt. Dies scheint aus zahnärztlicher Sicht v.a. deshalb bedeutsam, weil sich auf diese Weise die Reaktionslage und damit die Therapiefähigkeit eines Patienten sehr schnell und nachhaltig bestimmen läßt.

Die Phänomene

Um die eher allgemeinen Aussagen einer Strahlenstruktur im E-T-D-Bild zu spezifieren und Hinweise auf organische Belastungen zu erhalten, müssen Einzelphänomene, wie sie immer wieder auftreten, näher betrachtet werden. Im Rahmen dieser Abhandlung soll lediglich kurz auf die von PETER MANDEL festgelegten drei Grundphänome eingegangen werden.

Jedes dieser Grundphänomene hat Beziehung zu den oben erwähnten Strahlenqualitäten und besitzt eine zweifache Aussagekraft.

So läßt die Form eines Zeichens auf die Art einer pathologischen Veränderung schließen, während der Ort seines Auftretens einen Hinweis auf die Lokalisation der organischen Belastung liefert.

Alle bisher gefundenen Varianten lassen sich prinzipiell auf folgende drei Grundphänomene zurückführen:

1. Der Ausfall

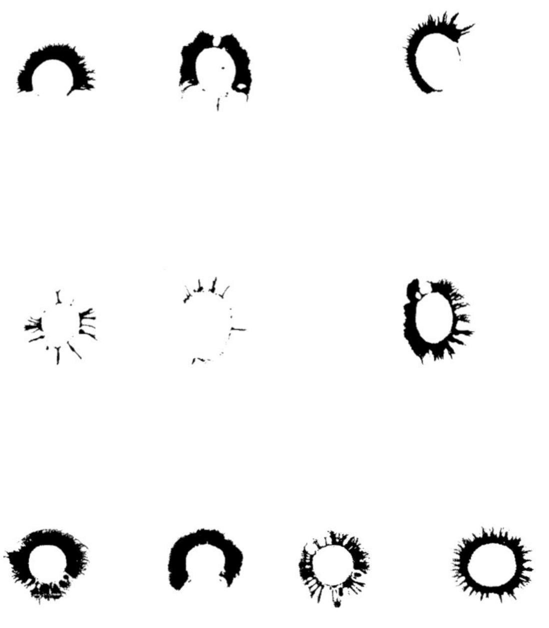

Abb. 5:

Ein Ausfall bezeichnet grundsätzlich die Schwäche eines Organes oder eines Organsystems. Er kann streng segmental auftreten oder einen gesamten Umfluß erfassen. Immer aber ist er Ausdruck einer Insuffizienz oder einer funktionellen Störung im entsprechenden Sektor.

2. Die Punktprotuberanz

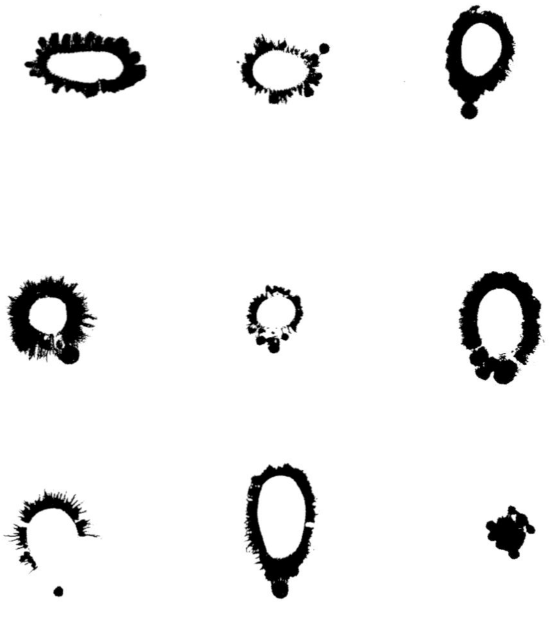

Abb. 6:

Auch Punktabstrahlungen können einzeln oder gruppiert auftreten. Sie stellen das häufigste aller Grundphänomene in E-T-D-Bildern dar und sind Ausdruck einer aggressiven oder entzündlichen Veränderung im entsprechenden Organsegment. Stets aber sind sie auch reaktive Zeichen und deuten so die Regenerationsfähigkeit des Sektors an, in dem sie sich projizieren. Treten sie wie bei der toxischen Strahlenqualität gehäuft auf, so erhält bei der Interpretation diejenige Punktprotuberanz Priorität, die sich am weitesten von der Umflußstrahlung absetzt.

3. Das Degenerationszeichen

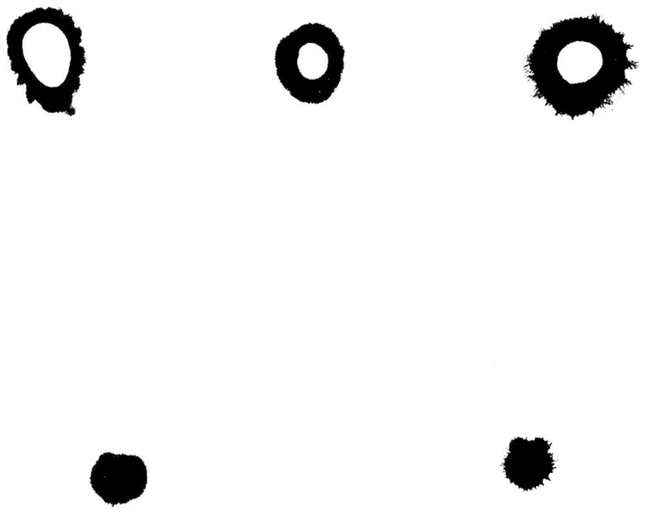

Abb. 7:

Wie bei der degenerativen Strahlenqualität zeigt sich auch die sektorale Degeneration in einer Zunahme des Wärmekranzes bei gleichzeitigem Verlust der Lumineszenzen. Sie ist das Resultat einer pathogenetischen Entwicklung und somit das Endprodukt negativer energetischer Veränderungen im Sektor ihres Auftretens. Diese betroffenen Organabschnitte weisen im Rahmen des Gesamtbildes die größte Tendenz zu degenerativen Erkrankungen auf. Hier sollten Therapieansätze schwerpunktmäßig erfolgen.

Die Topographie

Wie bereits erwähnt entstand die von PETER MANDEL festgelegte E-T-D-Topographie zunächst auf der Grundlage der Akupunkturlehre. Allerdings wurde sie in den vergangenen Jahren in vielerlei Hinsicht differenzierter und erlaubt von daher heute eine Diagnostik, die weit über die Aussagen der traditionellen chinesischen Medizin hinausgeht und Erkenntnisse der modernen Medizin in ihr System integriert.

Die Besprechung der einzelnen Umflüsse kann im Rahmen dieses Beitrages nur grob abgehandelt werden. Auf die einschlägige Literatur wird im Anhang verwiesen.

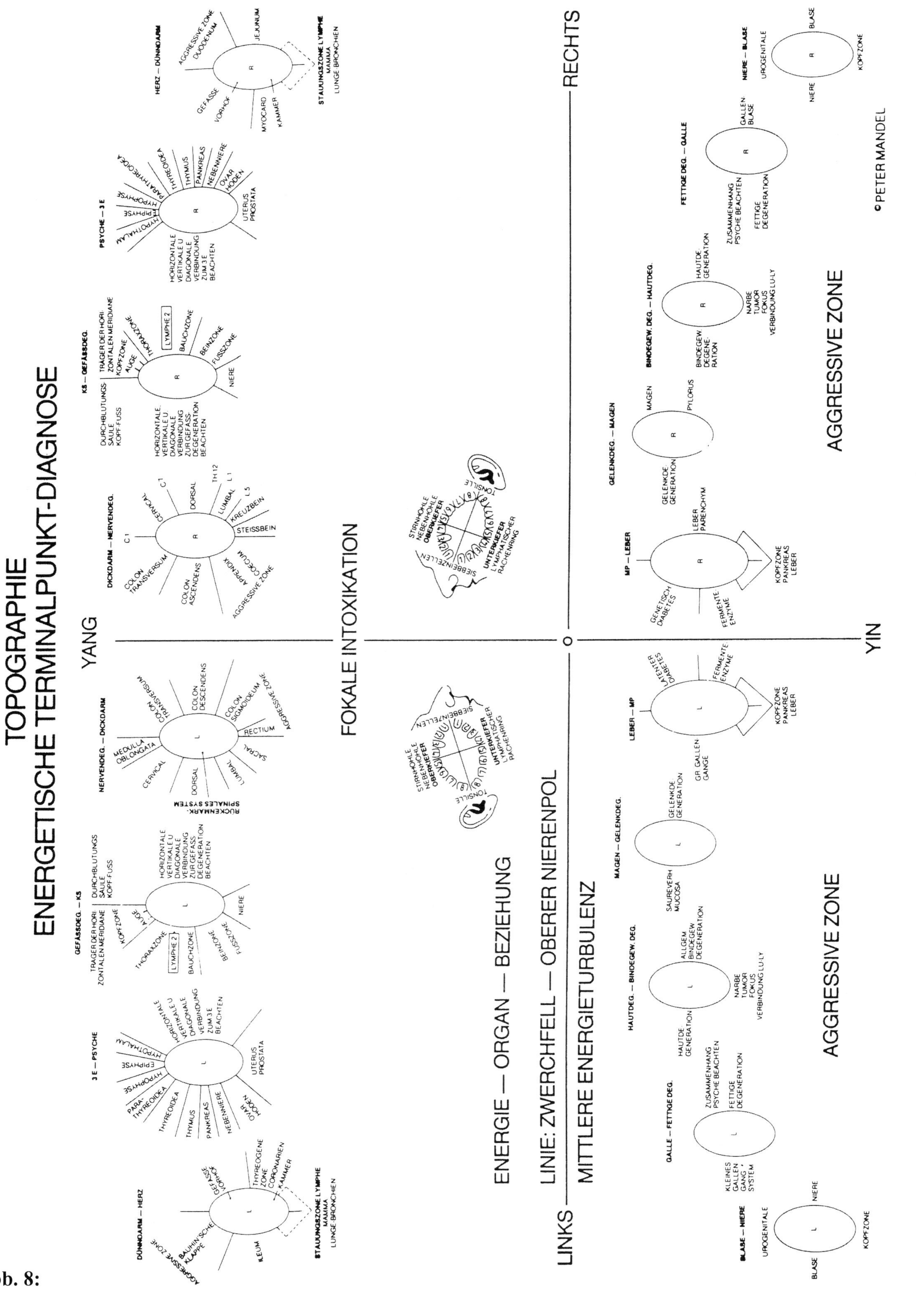
TOPOGRAPHIE
ENERGETISCHE TERMINALPUNKT-DIAGNOSE
YANG
FOKALE INTOXIKATION
ENERGIE — ORGAN — BEZIEHUNG
LINIE: ZWERCHFELL — OBERER NIERENPOL
MITTLERE ENERGIETURBULENZ
LINKS
RECHTS
YIN
AGGRESSIVE ZONE
AGGRESSIVE ZONE
HERZ – DÜNNDARM
PSYCHE – 3 E
KS – GEFÄSSDEG.
DICKDARM – NERVENDEG.
NERVENDEG. – DICKDARM
GEFÄSSDEG. – KS
3 E – PSYCHE
DÜNNDARM – HERZ
MP – LEBER
GELENKDEG. – MAGEN
BINDEGEW. DEG. – HAUTDEG.
FETTIGE DEG. – GALLE
NIERE – BLASE
LEBER – MP
MAGEN – GELENKDEG.
HAUTDEG. – BINDEGEW. DEG.
GALLE – FETTIGE DEG.
BLASE – NIERE
©PETER MANDEL

Abb. 8:

Die Topographie im YANG (Fingerkuppen)

Umfluß Lunge/Lymphe (Daumen)

Der Umfluß Lunge/Lymphe (Daumen) stellt als Ganzes zunächst den Träger aller lymphatischer Strukturen des Kopfes dar. Von daher kommt ihm im Rahmen einer ganzheitlichen Zahnmedizin eine besondere Bedeutung zu.
Im medialen Anteil befindet sich der topographische Sektor der Nase und der Siebbeinzellen, im lateralen Anteil der Bereich für das Ohr, die Tonsillen und das Kiefergelenk. Dazwischen liegen, nach Quadranten eingeteilt, die Zähne 1 - 8. In Anlehnung an VOLL, KRAMER u.a. werden die Zähne in diesem Zusammenhang als ODONTONE bezeichnet, um ihren ganzheitlichen Aspekt schon begrifflich zu unterstreichen. Dies soll auch hier beibehalten werden. Darüberhinaus umfaßt der Begriff Odonton nicht nur den Zahn selbst, sondern das gesamte Zahnbett (Parodontium mit Alveole, Gingiva, Wurzelhaut).Dies ist deshalb relevant, weil hier deutlich wird, daß die Extraktion eines Zahnes nicht zwingend das Ausschalten eines Störfeldes zur Folge hat (sh. auch Abschnitt „Fokale Intoxikation").
Zwischen den Odontonen 4 und 5 des Oberkiefers links und rechts befindet sich das Areal der Nasennebenhöhlen.
Am Umfluß Lunge/Lymphe erfolgt stets der erste Schritt bei der Interpretation eines
E-T-D-Bildes, da Odontone meist in pathologische Resonanzketten eingebunden sind. Schon aus diesem Grund erhält die Arbeit eines ganzheitlich orientierten Zahnarztes einen besonderen Stellenwert. Belastete Zahnbereiche liefern erste Hinweise auf den therapierelevanten Funktionskreis (siehe dort), der dann in den weiteren Abstrahlungen der Kirlianaufnahme seine Bestätigung findet.

Umfluß Dickdarm/Nervendegeneration (Zeigefinger)

Die medialen Anteile der beiden Zeigefinger stellen die topographischen Sektoren des Colon in seinen einzelnen Anteilen dar.
Links finden sich von cranial nach caudal die Abschnitte Colon transversum, Colon descendens, Colon sigmoideum und Rectum. Rechts, ebenfall von oben nach unten, die Segmente für Colon transversum, Colon ascendens sowie das Appendix- und Coecumgebiet.
Auf den lateralen Anteilen der Umflüsse Dickdarm/Nervendegeneration projiziert sich jeweils die Wirbelsäule von C1 bis zum Sacralbereich. Der Unterschied zwischen beiden besteht darin, daß die rechte Seite den vertebragenen Aspekt vertritt, während die linke Seite spinale Beziehungen der einzelnen Wirbelsäulenabschnitte deutlich macht. Hier befindet sich zwischen 11 und 12 Uhr auch das topographische Areal der Medulla oblongata.

Umfluß KS/Gefäßdegeneration (Mittelfinger)

Der Umfluß KS/Gefäßdegeneration trägt die gesamte Durchblutungssäule eines Menschen. Durch horizontale Schnitte wird der Bereich einer Hypo- bzw. Hyperämie ermittelt und so das belastete Gebiet eines Patienten eruiert.
Links bei 11 und rechts bei 13Uhr liegen sich die topographischen Sektoren des Auges. Bei 12Uhr befindet sich das Areal des Limbischen Systems, bei 6 Uhr das der Niere.

Umfluß 3E/Psyche (Ringfinger)

Der Umfluß 3E/Psyche ist Träger der von RIEDWEG so benannten „endokrinen Kausalachse". Wie bereits erwähnt kommt diesem Bereich im Rahmen der Ganzheitsmedizin eine besondere Bedeutung zu.
Auf der jeweils lateralen Seite des Ringfingers projizieren sich die topographischen Sektoren aller hormonellen Drüsen, im oberen Bereich beginnend mit dem Hypothalamus und bei 6Uhr endend mit dem Segment für Uterus und Prostata. Medial befinden sich die zum Endokrinium gehörenden psychischen Entsprechungen.

Umfluß Herz/Dünndarm (Kleinfinger)

Die beiden Umflüsse Herz/Dünndarm weisen grundsätzlich unterschiedliche topographische Sektoren auf.
Rechts lateral befinden sich die Areale für Duodenum und Jejunum, links lateral für das Ileum und die Bauhin`sche Klappe. Im medialen Anteil rechts liegen die Segmente für Atrium, Myocard und Herzkammer, links die von Vorhof, Coronarien und Ventrikel. Jeweils bei 6 Uhr projiziert sich beidseits das Gebiet der Stauungszone Lymphe mit seinen Abschnitten Mamma, Lunge und Bronchien.
Die in der topographischen Übersicht (Abb. 8) mit dem Begriff „Aggressive Zone" bezeichneten Sektoren (Dickdarm/Nervendegeneration rechts von 6 bis 8 Uhr, Nervendegeneration/Dickdarm links von 4 bis 6 Uhr, Herz/Dünndarm rechts von 12 bis 2 Uhr, Dünndarm/Herz links von 10 bis 12 Uhr) weisen, sofern sie phänomenologisch besetzt sind, auf Stauungen im großen Lymphareal des Bauchraumes hin.

Die Topographie im YIN (Zehenkuppen)

Umfluß MP/Leber (Großzehe)

Der Umfluß MP/Leber trägt rechts lateral das topographische Areal des Leberparenchyms, links lateral das der großen Gallengänge (extrahepatisch). Medial befinden sich auf der rechten Seite die Sektoren für den genetischen Diabetes (inkretorisch) und für die Enzym- und Fermentsituation des Pankreas (exkretorisch), auf der linken Seite die des latenten Diabetes (inkretorisch) sowie ebenfalls für die Verdauungssäfte der Bauchspeicheldrüse (exkretorisch). Bei 6 Uhr projiziert sich die Kopfzone Pankreas/Leber (pankreogener/hepatogener Kopfschmerz). Nicht in der topographischen Übersicht verzeichnet ist das Gebiet der Milz, das sich an der linken Großzehe bei 12 Uhr darstellt.

Umfluß Magen/Gelenkdegeneration (2. Zehe)

Am Umfluß Magen/Gelenkdegeneration befindet sich rechts lateral das Gebiet von Magen und Pylorus. Links lateral stellen sich die Säureverhältnisse der Mucosa dar.
Phänomene auf der jeweils medialen Seite liefern Hinweise auf artikuläre Belastungen des Patienten.

Umfluß Bindegewebige Degeneration / Hautdegeneration (3. Zehe)

Veränderungen im Umfluß der 3. Zehe deuten entweder auf dermatologische, meist jedoch auf Bindegewebsbelastungen hin. Hier sollte das Bindegewebe nicht nur als Füll- und Stützsubstanz verstanden werden, sondern auch und vor allem als das dynamische System der Grundregulation (PISCHINGER, PERGER u.a.), ohne das Leben nicht denkbar wäre.
Abspaltungsphänomene unterhalb der Umflüsse der 2. und 3. Zehe stellen prinzipiell Hinweise dar auf Konfliktsituationen von Patienten, auf geopathische Belastungen sowie auf die Tendenz zur Bildung von Neoplasmen.

Umfluß Fettige Degeneration/Galle (4. Zehe)

Der rechte Umfluß der 4. Zehe bildet das topographische Projektionsfeld der Gallenblase. Links befindet sich das Gebiet des kleinen Gallengangsystems (intrahepatisch).

Umfluß Niere/Blase (5. Zehe)

Der Umfluß Niere/Blase trägt links wie rechts den Gesamtbereich des Urogenitale. Lateral projiziert sich beidseits die Blase, medial die Niere. Phänomene im Bereich der 5. Zehe liefern darüber hinaus Hinweise auf Cephalgien, die entweder hormonell oder renal bedingt sind.
Grundsätzlich sollten die einzelnen topographischen Sektoren niemals singulär betrachtet werden. Erst die Gesamtschau der einzelnen Bereiche und ihre Verbindungen untereinander liefert dem Behandler die Informationen, die notwendig sind, um im Sinne einer Ganzheitsmedizin Ursachenforschung einerseits sowie kausale Therapie andererseits zu betreiben.

Die Funktionskreise nach GLEDITSCH

Die sinnvolle Interpretation eines E-T-D-Bildes wäre nicht denkbar ohne Kenntnis der Funktionskreise nach GLEDITSCH. Entstanden als Aspekt der fünf Wandlungsphasen der traditionellen chinesischen Medizin stellen sie in sich schlüssige Regulationssysteme dar, bei denen die Betrachtung anatomischer Strukturen in den Hintergrund tritt zugunsten der Beschreibung funktioneller Zusammenhänge und kybernetischer Regelkreise.

Übersicht über organische Zusammenhänge innerhalb der fünf Funktionskreise

	Niere/Blase	Leber/Galle	Lunge/Dickdarm	MP/Magen	Herz/Dünndarm
Organbezug	Männliche u. weibliche Urogenitalorgane	Leber Galle Duct. bilif.	Lunge/Bronchien Colon	Larynx, Mamma	Duodenum/Ileum Jejunum
WS- Segment	L2/3, S4/5, Co	TH8/9/10	C5/6/7, Th2/3/4 L4/5	TH11/12, L1	C8, TH5/6/7 S1/2/3
Gelenke	Fuß, Knie	Hüfte	Schulter, Arm Ellbogen	Knie (lat.)	Schulter, Arm Ellbogen
Sinnesorgan	Ohr	Auge	Nase	Lippen	Zunge
Gewebe	Knochen	Muskeln	Haut, Haare	Bindegewebe	Gefäße
Psyche	Angst	Zorn	Trauer	Grübeln	Freude

und vieles mehr

Im Rahmen dieser Abhandlung soll in erster Linie auf die odontogenen Zusammenhänge innerhalb der Funktionskreise eingegangen werden.

Hierbei spielen zwei Faktoren eine ausschlaggebende Rolle. Ein Odonton kann

a) in die pathologische Resonanzkette eines Funktionskreises eingebunden sein. Hier stellt sich im E-T-D-Bild dar, inwieweit dies der Fall ist und das Odonton auf diese Weise Zugang zum gestörten System liefert.

b) als Störfeld fungieren. Hier ist jedoch unbedingt das Prinzip der „Fokalen Intoxikation“ (Fokaltoxikose) zu beachten.

Das Prinzip der Fokalen Intoxikation (Fokaltoxikose)

Da Odontone nahezu immer eine Wechselbeziehung zu anderen organischen Strukturen des Organismus eingehen, kommt der Betrachtung der Zahnsituation und damit der Arbeit eines ganzheitlich orientierten Zahnarztes ein besonderer Stellenwert zu.
Der Begriff Fokaltoxikose setzt sich zusammen aus „Fokus“ = „Herd, Störfeld“ und „Toxikose“ = „Vergiftung“. Es bezeichnet also einen Vorgang, bei dem eine lokale, pathologische Veränderung negativen Einfluß auf korrespondierende Bereiche im Organismus ausübt. Diese Fernwirkung kann wie das Störfeld selbst auf der materiellen Ebene aktiv sein (Lymphe, Grundsystem) oder sich über immaterielle Systeme projizieren (Akupunktur, Funktionskreise, Psyche).
Seit dem Altertum steht in diesem Zusammenhang die Zahnmedizin im Mittelpunkt der Betrachtungen, da schon lange bekannt ist, daß erkrankte Zähne u.U. massive Gesundheitsprobleme in entfernten Organabschnitten hervorrufen können.
Von ausschlaggebender Bedeutung ist jedoch, sich von linear-kausalen Vorstellungen zu lösen und statt dessen die Beziehung Fokus — Organsystem — Fokus als Regelkreis aufzufassen. Das bedeutet, daß der als Störfeld eruierte Bereich, in diesem Fall ein Odonton (nicht nur der Zahn, sondern das gesamte Zahnfach), nicht zwingend der „böse Bube“ sein muß. Vielmehr kann der Fokus selbst die sichtbare Manifestation fehlerhafter Informationsketten sein, deren Ursache bei Unkenntnis funktioneller Zusammenhänge im Dunkeln bleibt. So ist die in einem Funktionskreis dargestellte Verbindung eines Zahnes zu seinen korrespondieren Strukturen als Wechselbeziehung aufzufassen. Stellt beispielsweise ein Dreier-Odonton ein Störfeld dar, so belastet es (unter Umständen) den Bereich Leber/Galle. Im Sinne eines Regelkreises erfolgt jedoch eine Rückkoppelung, nun aber umgekehrt mit Irritation des Zahnfaches durch den entsprechenden Organsektor. Trotz eventuell erfolgter Zahnextraktion wird das Odonton erneut zum Störfeld, nun allerdings zum Sekundärfokus. Das Beschwerdebild des Patienten bleibt trotz des Eingriffes unverändert.

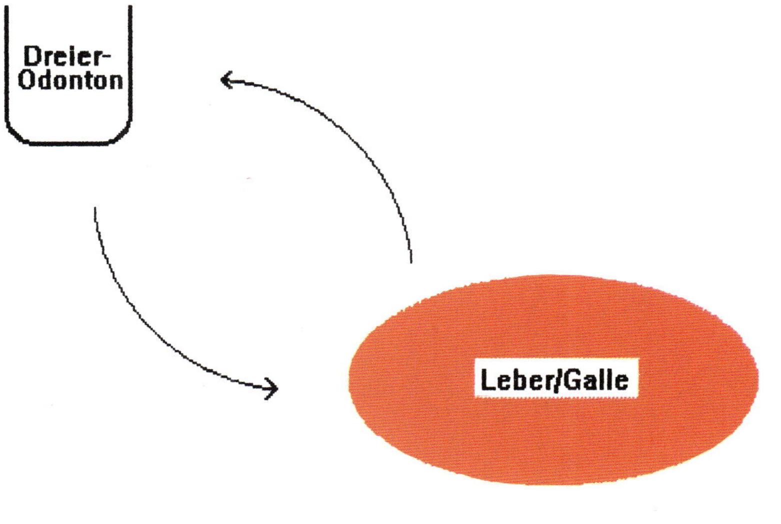

Abb. 9:

Für die Praxis bedeutet dies, daß in der Therapie zwingend diese Polarität beachtet werden muß. Sowohl die Schiene Fokus - Organ als auch die Schiene Organ - Fokus muß gegebenenfalls einer Behandlung zugeführt werden. Ob diese Wechselbeziehung zwischen Odonton einerseits und Organstruktur andererseits therapeutische Relevanz besitzt, läßt sich im E-T-D-Bild sehr schnell erkennen.

Die Odontonbeziehungen

Von Bedeutung für eine ganzheitlich Zahnmedizin ist die Tatsache, daß Odontone sehr häufig einen Zugang zum entsprechenden Funktionskreis ermöglichen, gleichgültig, ob sie einen manifesten Herd darstellen (Granulom, Zyste o. ä.) oder ob sie lediglich im Sinne einer gestörten Resonanzkette energetisch belastet sind. In nahezu allen Fällen bieten sie die Möglichkeit, funktionelle Unregelmäßigkeiten regulierend zu beeinflussen. Hier liegt es im Ermessen des Zahnarztes abzuwägen, ob ein zahnmedizinischer Eingriff erforderlich ist oder zunächst ganzheitsmedizinische Aspekte berücksichtigt werden. Eine Möglichkeit hierzu ist u.a. die Farbpunktur nach MANDEL, die in dem Beitrag „Die Farbpunktur nach MANDEL in der ganzheitlichen Zahnmedizin“ vorgestellt wird.
Folgende Beziehungen zwischen Odonton und Funktionskreis sind bekannt:

Odonton 1	(11, 21, 31, 41)	Funktionskreis Niere/Blase
Odonton 2	(12, 22, 32, 42)	Funktionskreis Niere/Blase
Odonton 3	(13, 23, 33, 43)	Funktionskreis Leber/Galle
Odonton 4	(14, 24, 34, 44)	Funktionskreis Lunge/Dickdarm
Odonton 5	(15, 25, 35, 45)	Funktionskreis Lunge/Dickdarm
Odonton 6	(16, 26, 36, 46)	Funktionskreis Milz-Pankreas/Magen
Odonton 7	(17, 27, 37, 47)	Funktionskreis Milz-Pankreas/Magen
Odonton 8	(18, 28, 38, 48)	Funktionskreis Herz/Dünndarm

In Abweichung zu den Darstellungen GLEDITSCHS erfolgt bei den Odontonen 4 und 5 sowie 6 und 7 keine Kreuzung in Ober- und Unterkiefer.

Die Funktionskreistherapie über Odontonbeziehungen

Wie erwähnt befindet sich das Projektionsareal aller Odontone am Umfluß Lunge/Lymphe, also am Daumen.

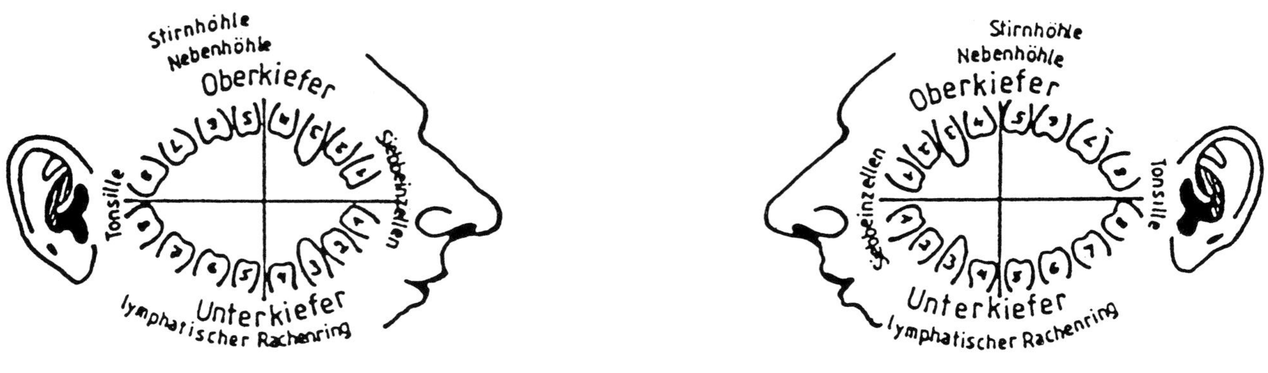

Abb. 10:

Hier stellen sich belastete Odontone phänomenologisch dar, meist in Form von Punktprotuberanzen. Zu beachten ist vor allem, daß der Punktabstrahlung, die sich am weitesten von der Umflußstrahlung absetzt, Priorität bei der Interpretation des Umflusses zukommt.
Aus zahnmedizinischer Sicht ist nun von Bedeutung, die sich hier zeigenden Odontonbelastungen auf das Gesamtbild zu übertragen und auf diese Weise festzulegen, welcher Funktionskreis primär einer Therapie zugeführt werden muß. Da die entsprechenden Zähne nahezu immer in die pathologische Resonanzkette eines solchen Funktionskreises eingebunden sind, bieten sie eine hervorragende Möglichkeit, regulierenden Einfluß auf das Gesamtgeschehen zu nehmen. Hier ist nicht die Störfeldsituation im klassischen Sinne von Bedeutung, sondern vielmehr der Umstand, ob ein Impuls über Odontonpunkte am Körper (siehe auch Kapitel „Die Farbpunktur nach MANDEL in der ganzheitlichen Zahnmedizin") den Zugang zum Funktionkreis ermöglicht, um diesen als Ganzes zu normalisieren. Nicht der klassische Zahnstatus als solches steht zunächst im Vordergrund, sondern die Einbindung der Zahnsituation in ein ganzheitliches Behandlungskonzept. So betrachtet kann beispielsweise der Therapieimpuls über das
1.Odonton bei Ohrerkrankungen hilfreich sein (Funktionskreis Niere/Blase), die Behandlung des 3.Odontons bei einer Coxarthrose (Funktionskreis Leber/Galle) und die Therapie des 6.Odontons beim Ulcus ventriculi (Funktionskreis MP/Magen). Es gilt, den jeweiligen Funktionskreis als einheitliches System zu erkennen und ihn als Ganzes regulierend zu beeinflussen.
Ob dies auf der Basis der Odontonbeziehungen möglich ist, läßt sich im E-T-D-Bild rasch und nachhaltig erkennen.

Zusammenfassung

Funktionelle Zusammenhänge im Organismus bilden die Grundlage einer ganzheitlichen Betrachtungsweise des Menschen. Diese Zusammenhänge sind in der Darstellung der Funktionskreise nach GLEDITSCH aufgeführt. Dabei spielen Wechselbeziehungen zwischen Odontonen einerseits und weiteren Organstrukturen andererseits eine wesentliche Rolle. Ob solche Wechselbeziehungen therapeutisch relevant sind, d.h. ob Odontone in die pathologische Resonanzkette eines Funktionskreises eingebunden sind, stellt sich in den Bildern der Energetischen Terminalpunkt-Diagnose nach MANDEL dar. Sie bietet dem naturheilkundlich orientierten Zahnarzt somit die Möglichkeit, sein „Arbeitsgebiet" in den Rahmen eines ganzheitlichen Behandlungkonzeptes zu integrieren und so in vielen Fällen ganz wesentlich zur Behebung von Therapieblockaden beizutragen.

Literatur

FÜẞ, ROBERT:
Die Induktionstherapie.
Energetik-Verlag GmbH, Sulzbach/Taunus, 1994

GLEDITSCH, JOCHEN:
Reflexzonen und Somatotopien.
WBV Biologisch-Medizinische Verlagsgesellschaft.
3. Auflage 1988

GLEDITSCH, JOCHEN:
Mundakupunktur.
WBV Biologisch-Medizinische Verlagsgesellschaft.
1979

LECHNER, JOHANN:
Herd, Regulation und Information.
Hüthig Buch Verlag.
Heidelberg 1993

MANDEL, PETER:
Energetische Terminalpunkt-Diagnose.
Energetik-Verlag.
Bruchsal 1986

RIEDWEG, FRANZ:
Hormonmangel. Theorie und Praxis der
pflanzlichen Hormondrüsenstimulation.
Johannes Sonntag Verlag.
Regensburg 1986

RIEDWEG, FRANZ:
Wandel des Denkens in der Medizin.
Hormonmangel als Initium zahlreicher Krankheitsbilder.
Eigenverlag

CHINA

PAKISTAN

GANZHEITLICHE KIEFERORTHOPÄDIE

- **Osteopathie — das Craniosakrale System** — R. ASSCHE (A)
- **Kieferorthopädie** — W. BALTERS (D)

  Allgemeine Richtlinien
  Zeitgemäße Betrachtungen
  Das biologische Anrecht des Kindes
  Grundlagen der Pädagogik zur Anwendung oder Behebung von Gewohnheiten
  Die Kraft des Arztes liegt im Patienten
  Kieferorthopädie als psychologisches Problem

- **Ganzheitl. Kieferorthopädie: Die Kieferorthopädie als Prophylaxe für die Gesundung des Menschen** — C. HERRMAN (D)

  Die Kieferanomalie und ihr psychosomatischer Hintergrund
  Die Unterstützung der Kieferorthopädie durch die manuelle Lymphdrainage
  Der Bionator und der gynäkologische Raum

- **Kieferorthopädie und Sophrologie** — I. SIMMA (A)
- **Homöopathisch unterstützte Kieferorthopädie** — H. KAINZ-TOIFL (A)
- **Gelb-Konzept: Der Einfluß der Kieferstellung auf das Gesamtsystem** — H. GELB (USA)

  TMJ - Syndrom

- **Die Beziehung des Kiefers zur Wirbelsäule und zum muskulären Apparat** — A. GUIDOTTI (I)
- **Diagnose und Therapie in der Kieferorthopädie unter gesamtheitlichen Aspekten** — W. SCHUPP (D)
- **Das Kiefergelenk im Gesamtsystem** — SLAVICEK (A)

Osteopathie – das Craniosakrale System

R. VAN ASSCHE

„LEBEN IST BEWEGUNG" — so lautet der oberste Grundsatz der Osteopathie. Ihr Ziel ist es, die MOBILITÄT **aller** Körperstrukturen wiederherzustellen und damit das Einsetzen von Regulations- und Selbstheilungsmechanismen zu ermöglichen.
Die betreffenden Strukturen sind:

- der Bewegungsapparat
- das Craniosacrale System
- das viscerale System

Sowohl zu Diagnose als auch zur Therapie bedient sich die Osteopathie ausschließlich der Hände, die durch eine subtile und präzise Wahrnehmung nicht nur die Mechanik, sondern auch die feinere Beschaffenheit der Gewebe testen und diagnostizieren können. Es geht um die Erfassung der Dysfunktion im Kontext mit der GANZHEIT DES INDIVIDUUMS. Die Funktionen des lebenden Organismus sind in höchstem Grad „vernetzt" und daher immer als Einheit zu betrachten.

Diese „Vernetzung" findet über folgende Mechanismen statt:

1. **Gelenke** funktionieren nicht isoliert, sondern sind untereinander verbunden wie ein Zahnradsystem; verschiebt sich eines der „Rädchen" nur gering, gerät das ganze System durcheinander.

2. Auch **Muskeln** sind in Ketten angeordnet und in ihrer Funktion untereinander verbunden.

Sie können diese Tatsache an sich selbst überprüfen:
Beugen Sie den Oberkörper mit gestreckten Armen soweit wie möglich nach vorne, und beobachten Sie den Abstand ihrer Fingerspitzen vom Boden. Dann legen Sie unter einen Ihrer Füße einen Tennisball und rollen ihn mit dem Fuß für etwa 30 Sekunden; legen Sie den Ball zur Seite. Anschließend beugen Sie wieder Ihren Oberkörper nach vorne und Sie werden feststellen können, daß der Arm derselben Seite, auf der der Ball gerollt wurde, nun länger erscheint. Nur durch die Entspannung der Fußmuskulatur wird die gesamte posteriore Muskelkette, die vom Fuß bis zum Hinterkopf reicht, entspannt.

3. Auf das **Nervensystem** als überall präsentes „Nachrichtenübermittlungs- und Empfangssystem" muß an dieser Stelle wohl nicht näher eingegangen werden.

4. Das System der **Körperflüssigkeiten** nimmt in der Osteopathie eine hervorragende Rolle ein. Die Bedeutung der Zirkulation ist für die regulatorischen Vorgänge ein entscheidender Faktor, wobei in der Osteopathie dieser Begriff nicht auf das arterielle und venöse Gefäßsystem beschränkt bleibt, sondern auch Lymphe und Liquor, Synovialflüssigkeit, den Gasaustausch und die unbehinderte Fortleitung von Nervenimpulsen und Energie einschließt.

5. **Faszien** (siehe Abb. 1) durchziehen in verschiedenen Schichten kontinuierlich den ganzen Körper, vom Kopf bis zu den Füßen. Ein großer Teil der osteopathischen Arbeit beschäftigt sich mit diesem System.

Diese vielfältigen Zusammenhänge führen dazu, daß selbst kleine Ursachen zu Symptomen führen können, die im Verhältnis zum „Auslöser" große Ausmaße annehmen können und oft auch in weit entfernten Bereichen sichtbar werden. Aus diesen Gründen wird dem Schmerz in der Osteopathie nur untergeordnete Bedeutung beigemessen; die Diagnostik stützt sich vor allem auf aktive und passive Palpation, Mobilitätstests. Erkennen von Läsionsketten – und zwar im gesamten Körper, Schädel und Innere Organe eingeschlossen.
Diese Methode geht auf den amerikanischen Arzt DR. A.T. STILL (1828 - 1917) zurück, der durch den Tod von dreien seiner Kinder an einer Meningoenzephalitis - Epidemie die Grenzen der Medizin seiner Zeit erkennen mußte.
Er studierte von Neuem Anatomie, Physiologie und Biomechanik – allerdings unter ganz neuen Aspekten;

dabei erkannte er folgende grundlegende Gesetze:

- der Körper funktioniert als dynamische und funktionelle Einheit
- die Struktur steht mit der Funktion in Zusammenhang
- der Organismus verfügt über die Fähigkeit zu Selbstregulation und Selbstheilung

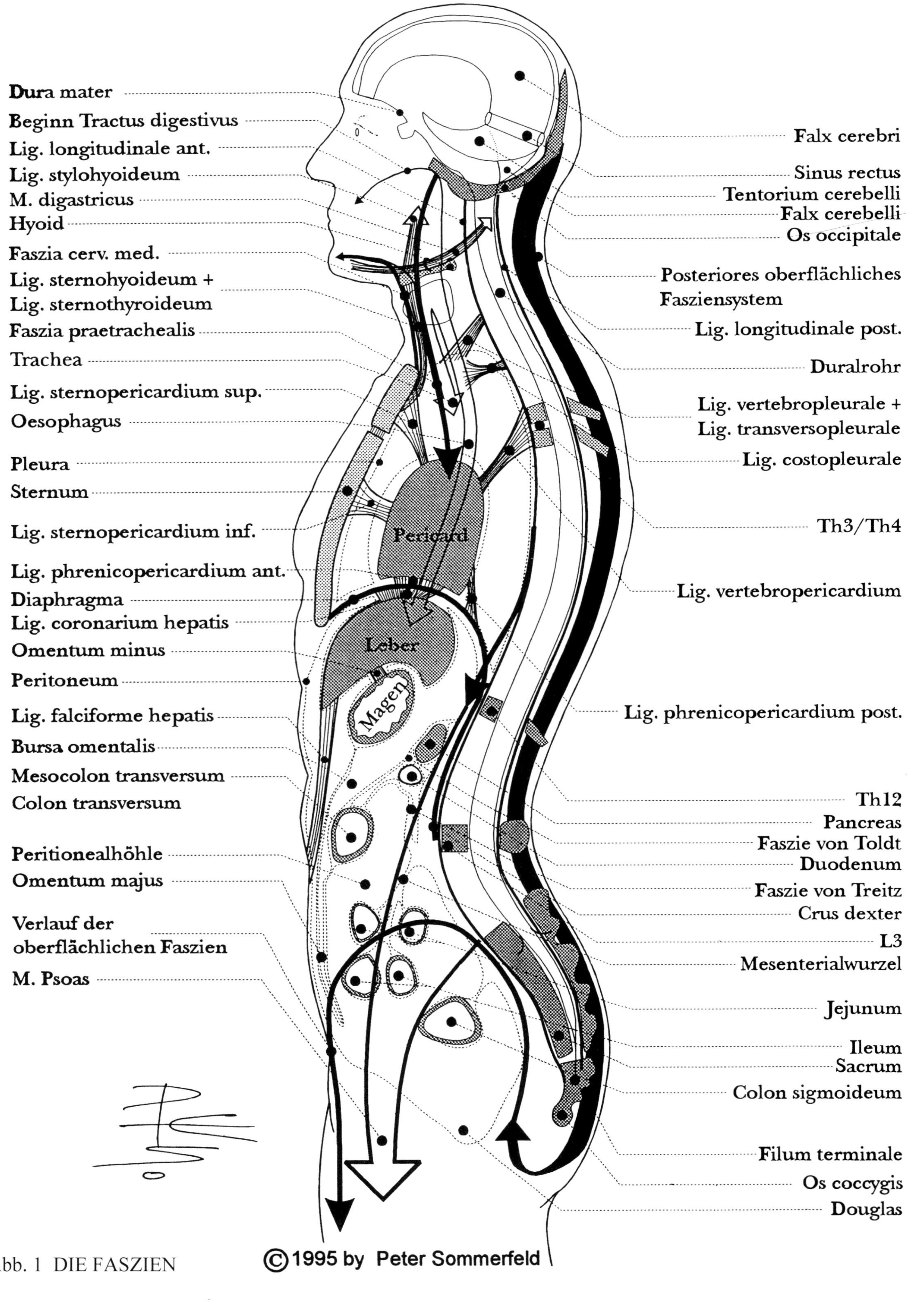

Abb. 1 DIE FASZIEN

Die Techniken, die DR. STILL am Anfang anwendete, waren hauptsächlich strukturelle Techniken an Wirbelsäule und Extremitäten, über die es ihm jedoch sehr oft gelang, funktionelle Krankheiten zu bessern.
Einer seiner Schüler, W.G. SUTHERLAND (1873-1954), griff dann STILL´s Idee auf, daß der Schädel ein mobiles Glied in der „Kette Organismus“ sein müßte.
Nach jahrelanger Forschung vertrat er 1939 in seinem Buch „The Cranial Bowl“ die Auffassung, daß der Schädel mehr als ein Schutz für das Gehirn ist, vielmehr jeder der einzelnen Schädelknochen Bewegungen um definierte Achsen ausführt und einem speziellen rhythmischen Impuls unterliegt.

Diese osteopathische Richtung trägt heute den Namen CRANIALOSTEOPATHIE und wird im speziellen Teil dieser Ausführungen detailliert behandelt.

Um ein Gesamtbild der Osteopathie zu erhalten und alle Aspekte der osteopathisch wichtigen Zusammenhänge zu erkennen, ist es notwendig, einen weiteren wichtigen Bereich, die VISCERALOSTEOPATHIE zu erwähnen.

Sie basiert auf dem Grundsatz, daß auch die Inneren Organe in ihrem physiologischen Rahmen **mobil** sein müssen (mit Inspiration, Exspiration, Peristaltik, Körperbewegungen und Lageveränderungen). Die Aufhängung der Inneren Organe erfolgt über Ligamente und Peritonealduplikaturen, die in unmittelbarem Zusammenhang mit dem tiefen Fasziensystem des Körpers stehen. Wie in Abbildung 1 ersichtlich, verbindet diese Faszie die Organe mit dem Zwerchfell, der Thorax- und Halsfaszie, dem Hyoid, seiner Muskulatur, um direkt an der Schädelbasis anzusetzen !!

Der Zusammenhang zwischen Inneren Organen, Faszien und dem Schädel bzw. dem Kausystem wird so klar ersichtlich.
Als Ursache einer veränderten Kieferposition beispielsweise auch eine Magenptose in die Überlegungen einzubeziehen, ist daher naheliegend.

All diese Ausführungen, die zu unserem Hauptthema „CRANIALOSTEOPATHIE“ hinführen sollen, sind deshalb notwendig, um eine Einordnung in das Gesamtkonzept Osteopathie zu ermöglichen.

Eine isolierte Anwendung und Betrachtung der Cranialosteopathie ist also aus den in der Einleitung genannten Aspekten weder möglich noch sinnvoll.

Cranialosteopathie

Die craniale Bewegung ist mit etwas Übung deutlich spürbar.

Sie können selbst einen ersten Versuch machen, indem Sie sich an einen Tisch setzen, die Ellenbogen aufstützen und den Kopf in Ihre Hände legen. Die Handflächen liegen dabei über den Ohren, während die Fingerspitzen cranial der Ohrmuschel auf dem Os temporale die eigentliche, sogenannte "passive Palpation" durchführen. Es handelt sich hierbei um eine propriozeptive Palpation, die sehr subtile Bewegungen wahrnimmt. Aus diesem Grund sollte der Kontakt der Finger auf dem Temporale sehr leicht sein (wie eine "Feder") und die Augen geschlossen, um störende Einflüsse der Umgebung auszuschalten. Erlauben Sie nun Ihren Händen, die Bewegung zu spüren, die wie eine Ausdehnung des Schädels nach lateral und eine Rückbewegung in die Ausgangslage wahrnehmbar ist. Dieser Vorgang wiederholt sich etwa 8-14 mal pro Minute.

SUTHERLAND bezeichnet diesen Vorgang als "PRIMÄRE ATMUNG", da er bei der Geburt noch vor der thorakalen Atmung einsetzt.
Den Ursprung dieser rhythmischen Bewegung, die im gesamten Organismus spürbar ist, nimmt man in zwei Mechanismen an:

1. In der Eigenbewegung des ZNS, die als Ausdruck eines "Embryologischen Gedächtnisses" vorliegt.

2. In der Liquorfluktuation, die durch Liquorproduktion und Rückresorption ensteht, wobei die Produktion schneller erfolgt als die Rückresorption.

Diese pulsierende Bewegung wird durch das Fasziensystem weitergeleitet und dadurch im ganzen Körper als eine Art von „Öffnen“ = Außenrotation und „Schließen“ = Innenrotation wahrnehmbar.

Fassen wir nun nochmals die wichtigen Punkte der Schädelbewegung zusammen, soweit sie bis hierher bekannt sind:

- Eine Ausdehnung nach lateral, auch als **Inspirations- oder Dilatationsphase** bezeichnet.

- Eine Rückkehr in die Ausgangsposition, auch als **Exspirations- oder Retraktionsphase** bezeichnet.

- Die Frequenz beträgt im Normalfall **8-14 pro Minute**, und ist unabhängig von der thorakalen Atmung.

Bevor wir nun noch viel weiter ins Detail gehen und die Bewegungen der einzelnen Schädelknochen präziser beschreiben, wollen wir einen kurzen Rückblick auf die Arbeiten SUTHERLANDS werfen. Sie waren die Pionierarbeit, bleiben aber bis heute die unentbehrliche Grundlage.

Vom Studium des in die einzelnen Knochen zerlegten Schädels gefesselt, machte W.G. SUTHERLAND die Beobachtung, daß bestimmte anatomische Details offensichtlich dazu gemacht waren, Bewegung zu ermöglichen.
Die Suturen wiesen Kontaktflächen auf, die abgeschrägt waren, und zwar sehr häufig mit einem Richtungswechsel innen / außen innerhalb derselben Sutur.
Sie können dieses Phänomen besonders gut am Os temporale beobachten.

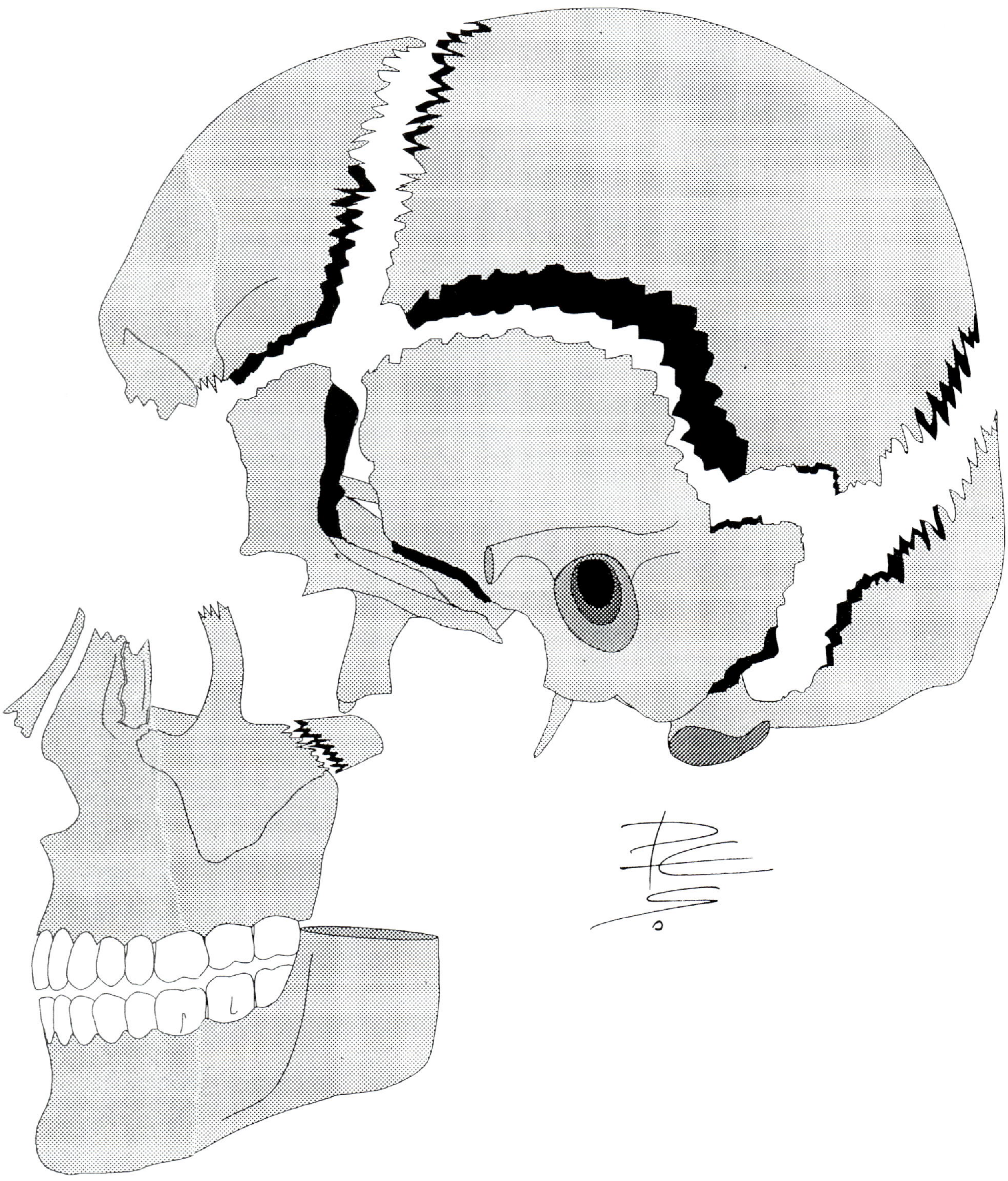

Abb. 2: SUTUREN (Abschrägungen)

Die dunkel gefärbten Suturteile in der Abbildung 2 repräsentieren die Abschrägungen nach außen. Umgekehrt weisen die gegenüberliegenden hellen Suturteile eine Abschrägung nach innen auf. Das heißt, daß ein Teil des Os temporale (helle Sutur) über dem Os Parietale (dunkle Sutur) liegt, vergleichbar etwa der Kieme eines Fisches.
Wozu dieses Detail, wenn es keinen Zweck hätte? Wozu Suturen mit so unendlich vielen Verzahnungen, die gleichzeitig Halt und Beweglichkeit ermöglichen, wenn eine einfache, glatte Kontaktfläche für eine unbewegliche Verbindung mit dem angrenzenden Knochen ausreichen würde?
Diese anatomischen Gegebenheiten konnte SUTHERLAND nicht als Zufall betrachten und stellte die Hypothese auf, daß der gesamte Schädel beweglich sei .

In unzähligen Palpationen, die mehr einem „sich einfühlen" in den Schädel des Patienten entsprachen, differenzierte er die einzelnen Bewegungsmuster und deren Störungen. Die Entwicklung von Techniken zu deren Korrektur war eine logische und notwendige Folge.
Er untermauerte seine Ideen und Intuitionen mit immer weiteren Forschungen, die bis zur heutigen Zeit ihre Fortsetzung finden.
Allerdings stützen wir uns in der Cranialosteopathie nach wie vor auf eine breite empirische Basis, wie es ja auch in vielen komplementärmedizinischen Methoden, wie Akupunktur und Homöopathie Jahrhunderte und Jahrtausende der Fall war.
Letzte wissenschaftliche Beweise stehen noch aus, wobei weltweit Untersuchungen in Gange sind.

Die Physiologischen Bewegungsmuster der Schädelknochen

Wir unterscheiden aus didaktischen Gründen zentrale unpaarige und periphere paarige Knochen.
Die **zentralen** Knochen (Os sphenoidale, Os occipitale, Os ethmoidale, Vomer, Os frontale) führen eine Flexions- und Extensionsbewegung um genau definierte Achsen durch. Als Mittelpunkt der Bewegung, die durch die Plastizität der Knochen in Suturnähe ermöglicht wird, gilt das "Gelenk" zwischen Sphenoid und Occiput. Von hier wird die Bewegung organisiert und weitergeleitet.

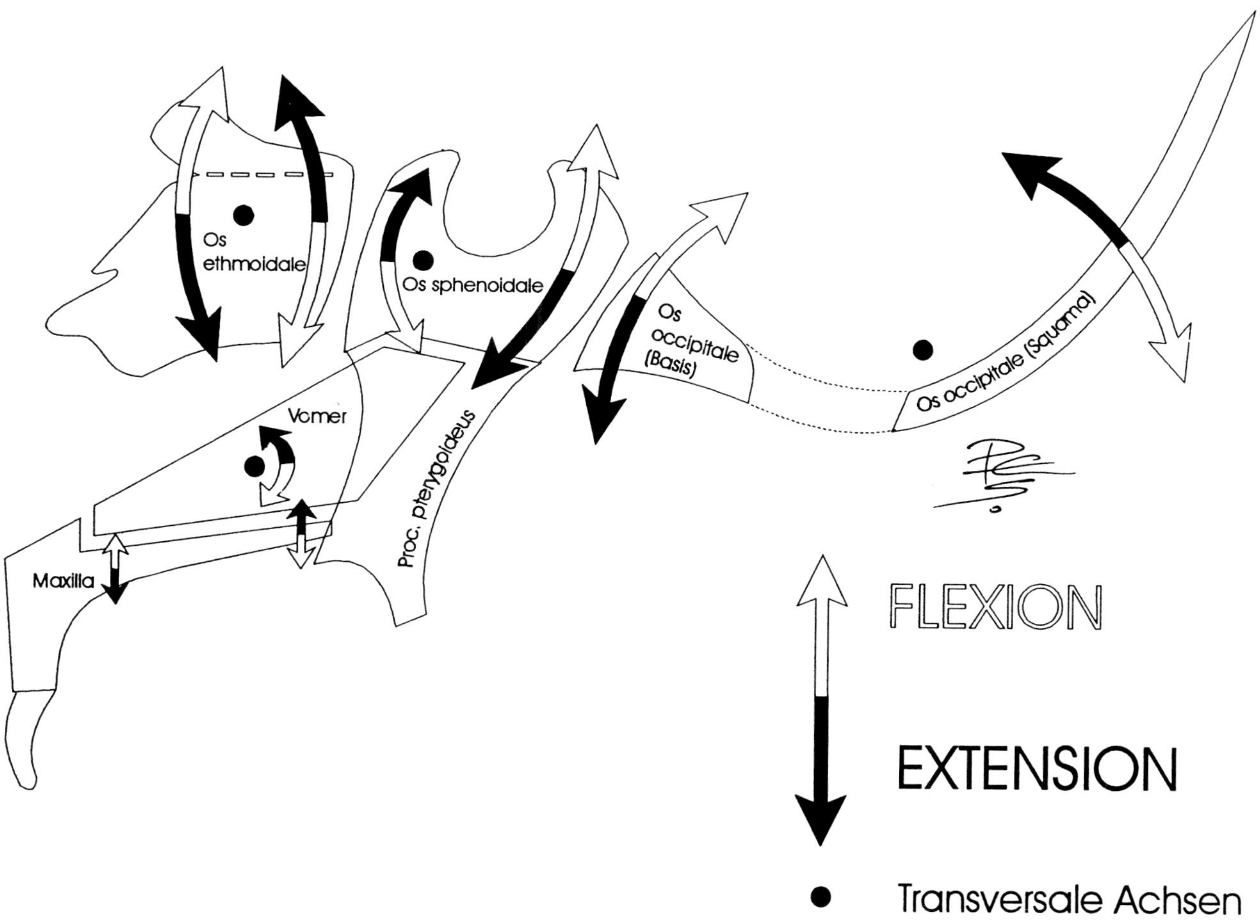

Abb. 3 Bewegung der zentralen Knochen

Diese gelenkige Verbindung ist eine Synchondrose, in der Osteopathie Symphysis sphenobasilaris (SSB) genannt. Der Modus der Bewegungsübertragung ist wieder analog dem „Zahnradmodell" des Bewegungsapparates gut vorstellbar.
Die **peripheren** Knochen (Os temporale, Os parietale, Maxilla etc.) führen gleichzeitig eine Innen- und Außenrotationsbewegung aus.

Als Vorstellungsmodell für diese Grundbewegung benützt man am besten einen mit Wasser gefüllten Luftballon, der den Schädel repräsentiert.

Flexion

In der **Flexionsphase** wird nun dieser Ballon an seiner Basis eingedellt - Occiput und Sphenoid bewegen sich in gegenläufiger Richtung um transversale Achsen (siehe Abb. 3).

Dabei bewegen sich die Alae majores des Sphenoids nach anterior, caudal und lateral, während die Pars basilaris des Occiput nach anterior und cranial geht.
Insgesamt ist also die Bewegungsrichtung der SSB in der Flexion eine craniale. Der Winkel zwischen Sphenoid und Occiput wird kleiner (siehe Abb. 5)
Dadurch verändern sich auch die Schädeldurchmesser:

a – der frontale Durchmesser wird größer
b – der sagittale Durchmesser wird kleiner.
c – der vertikale Durchmesser wird kleiner.

Die intracraniellen Membranen spannen sich an.
Das Tentorium wird flacher.
Der Sinus sagittalis wird weiter.
Der Apex des Sacrum geht nach anterior, die Basis nach posterior. Alle Öffnungen der Schädelbasis werden weiter (ausgenommen das Foramen jugulare). Die Hypophyse hebt sich.

Diese Phase wird auch als Inspirationsphase bezeichnet.

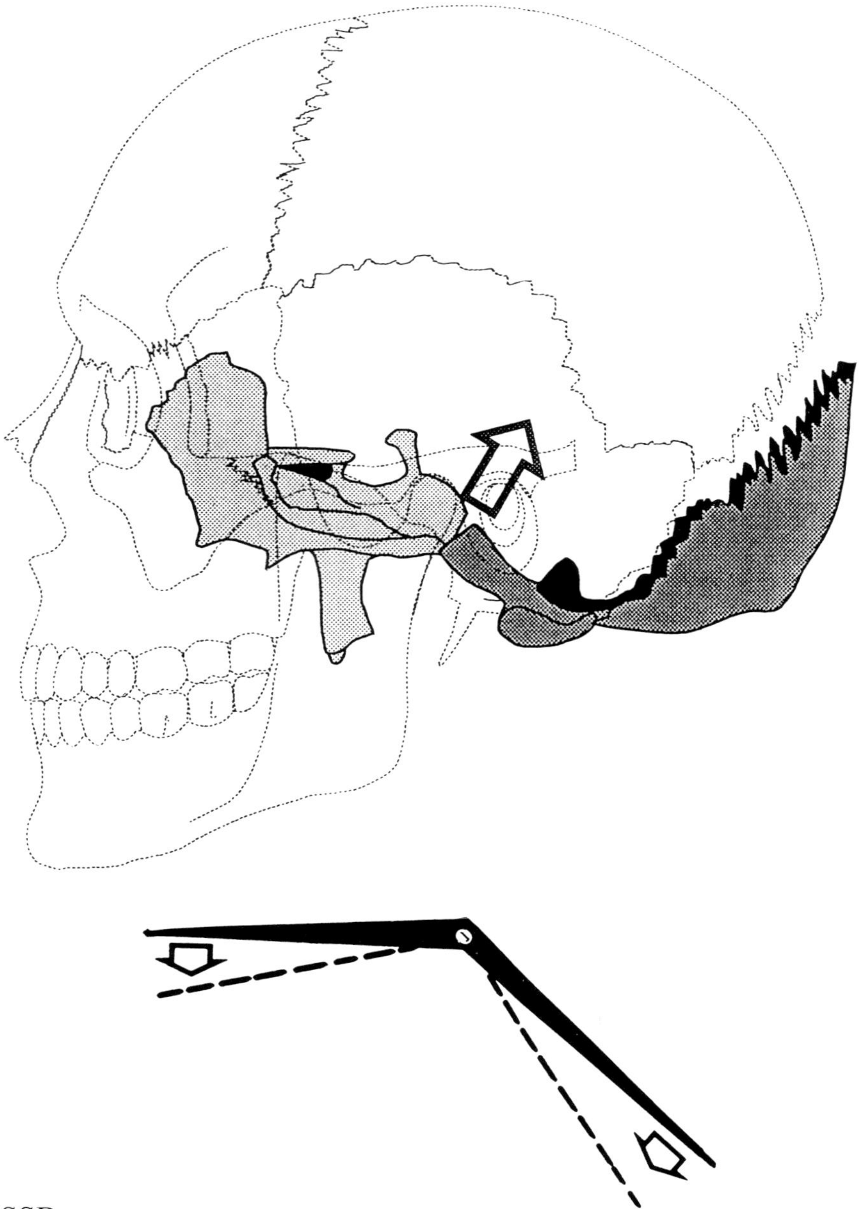

Abb. 4 FLEXION SSB

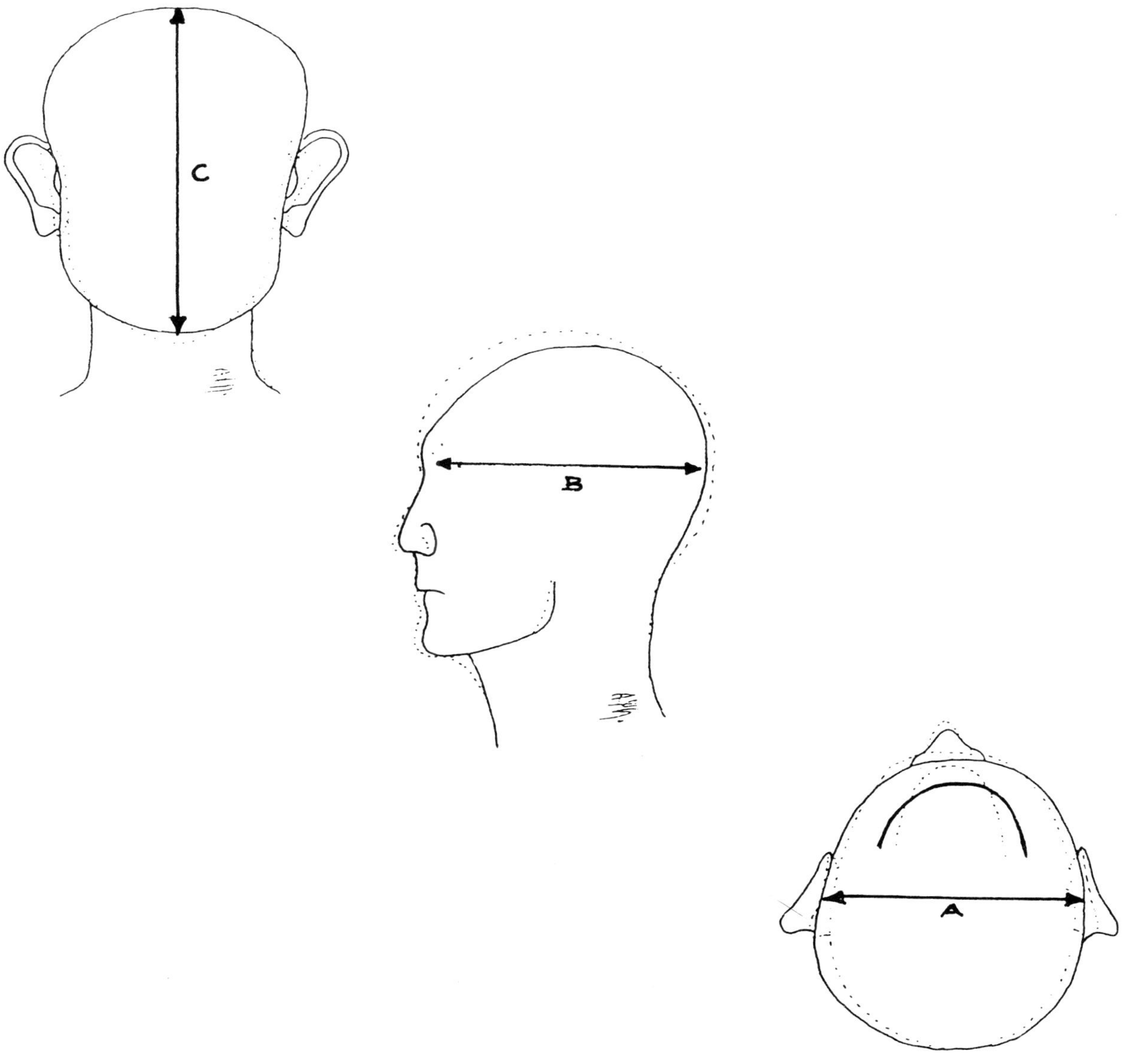

Abb. 5 Schädeldurchmesser

Extension

In der Extension kehren sich alle zuvor genannten Parameter um - die SSB bewegt sich insgesamt nach caudal. Der Winkel zwischen Sphenoid und Occiput wird wieder größer. Diese Phase wird auch als Exspirationsphase bezeichnet.
Über den Liquor und die Membranen (die intracranial der Dura mater und extracranial den Faszien entsprechen) setzt sich die primäre Atmung auf den ganzen Körper fort und stellt somit eine Grundlage der funktionellen Einheit dar.

Insgesamt sind es in der Osteopathie immer drei Verbindungswege, die alle Strukturen des Körpers zu einem Netzwerk verbinden:

- mechanisch (Gelenke, Muskeln, Faszien)
- nerval
- humoral (alle Körperflüssigkeiten)

Das craniosakrale System

Die Faszien des Schädels, die den Strukturen der Dura mater entsprechen (Falx cerebri, Falx cerebelli, Tentorium cerebelli) stehen über die Durahülle des Rückenmarks in direkter Verbindung mit jedem einzelnen Spinalnerven und dem Sacrum. Aus diesem Grund wird diese funktionelle Einheit als **Craniosacrales System** (CSS) bezeichnet.

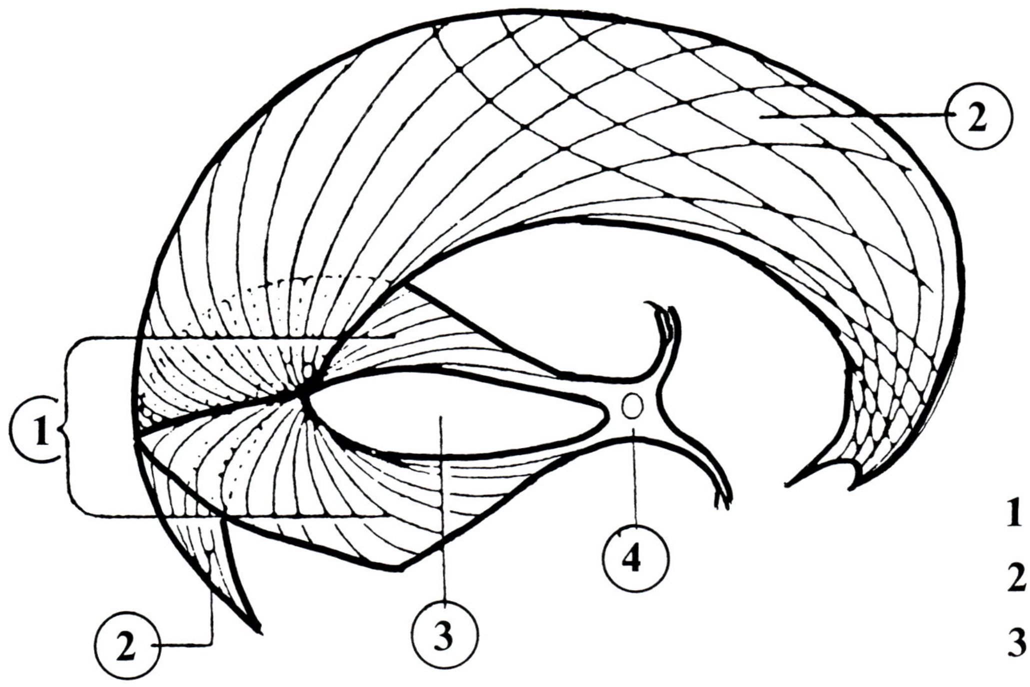

1 TENTORIUM CEREBELLI

2 FALX CEREBELLI

3 INCISURA TENTORII

4 DIAPHRAGMA SELLAE

Abb. 6 Intracranielle Faszien

Da die Dura ein unelastisches Gewebe ist, übertragen sich Spannungen in einem Teil des Systems direkt auf die anderen Teile. Was damit gemeint ist, können Sie sich durch folgendes Beispiel sicher besser vorstellen: Bei einem typischen „Ausrutschsturz“ auf das Sacrum kann dieses in seiner Bewegungsachse verändert werden, wodurch über die Dura auch das Bewegungsmuster des Occiput verändert wird, wie auch die damit in Verbindung stehenden Knochen und Membranen (Temporale, Tentorium ...). Das daraus resultierende Symptom können Kopfschmerzen, aber auch z.B. Kiefergelenksprobleme sein.

Dieses Spiel der „reziproken Spannungen“, das speziell innerhalb des Schädels von großer Bedeutung ist, ermöglicht ständige Anpassungsvorgänge, ohne die das System sehr schnell an seine Grenzen gelangen würde. Diese Adaptionen sind allerdings wiederum nur durch die Mobilität der Schädelknochen möglich.

Vergegenwärtigt man sich, daß alle Gefäße und Nerven des Schädels Durchtrittsstellen durch die Dura besitzen (ebenso der Hypophysenstiel), kann man sich vorstellen, daß in einem derart straff gespannten System kleine Verschiebungen bereits entscheidende Passageschwierigkeiten herbeiführen können.

Das beste Beispiel ist hier sicher die Vena jugularis, die für 95% der Drainage des Schädels verantwortlich ist. Sie passiert einerseits das Foramen jugulare, das von Occiput und Temporale gebildet wird. Eine geringe Verschiebung eines der beiden Knochen kann zu einer Abflußstörung in der V. jugularis führen.

Andererseits liegt auch der Vorläufer der V.jugularis, der Sinus transversus, eingebettet in eine Duraduplikatur am Ansatz des Tentoriums an der Innenfläche des Occiput und kann durch erhöhte Spannung in seiner Passage behindert werden.

Dieselben Mechanismen gelten für Arterien und Gehirnnerven – die Beachtung dieser Zusammenhänge ist für die Behandlung von Kopf- und Gesichtsschmerzen von großer Bedeutung (siehe N.Trigeminus).

An diesem Punkt ist es sehr wichtig, sich nochmals daran zu erinnern, daß das zentrale Schädelgelenk, die SSB, nicht nur die Konvergenzzone der intracraniellen Schädelmembranen darstellt, sondern gleichzeitig auch die Befestigungszone der tiefen Körperfaszien ist.

Ein zentraler „Konvergenzpunkt“ also, in dem viele Spannungen enden (oder beginnen), in dem verschiedenste Körpersysteme untereinander in Verbindung stehen und die Cranialosteopathie nicht mehr von anderen Bereichen zu trennen ist.

Zwei Beispiele sollen dies verdeutlichen:

In beiden Beispielen ist eine wichtige Komponente die **Fascia cervicalis media**.

- Sie zieht vom Os hyoideum zum Manubrium sterni und der posterioren Fläche – der Claviculae,

- steht somit mit dem Mediastinum in Verbindung

- umgibt die Unterzungenbeinmuskulatur,
- verbindet sich direkt mit der Hülle von A.carotis comm., V.jugularis int. und N.vagus (Vagina carotica)
- und verschmilzt mit der Fascia cervicalis profunda.
- Darüberhinaus steht sie in direkter Verbindung mit dem M.constrictor pharyngis medialis, der sich in die Raphe pharyngis fortsetzt. Von dort strahlt sie in die Fascia pharyngobasilaris ein, deren Ansatz am Tuberculum pharyngeum ossis occipitalis liegt.

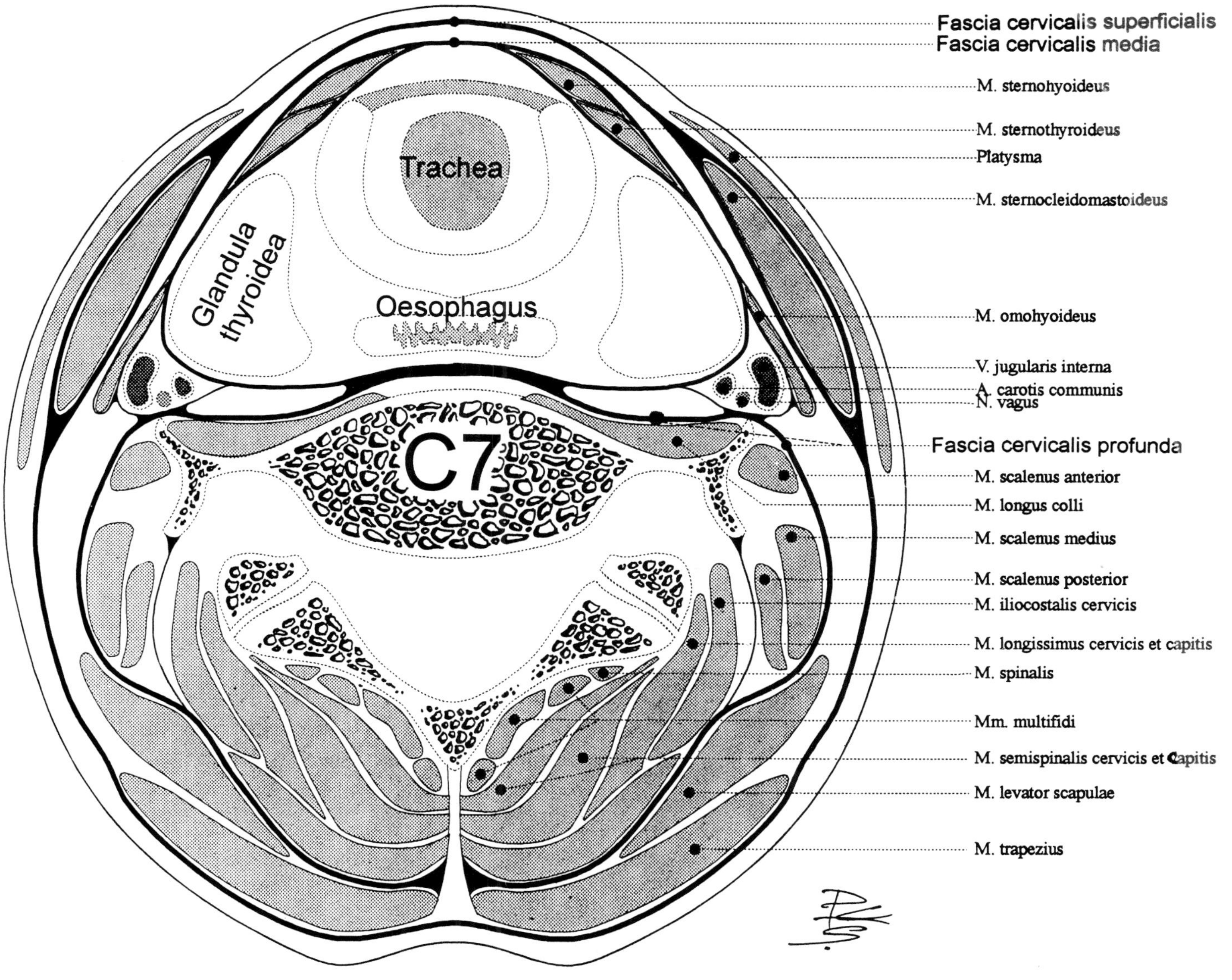

Abb.7 Faszien Hals

Beispiel 1

Aus der Anatomie der Fascia pharyngobasilaris ist erkennbar, daß der gesamte „Verdauungsschlauch" über den Pharynx am Occiput hängt und somit Einfluß auf die SSB hat. Darum bleiben intraabdominelle Organpathologien (Ptosen, Stauungszustände, Hypertrophien etc.) oder Adhäsionen nicht immer auf das Abdomen beschränkt, sondern können ihre Wirkung auf den Schädel und seine Funktionen entfalten.

Beispiel 2

Eine Verkürzung der Faszia cervicalis media durch Traumen (z.B. Schleudertrauma), Entzündungen oder postoperativ (z.B. Schilddrüsenoperationen) führt über eine gestörte Funktion des Hyoids zu einer pathologischen Schluckfunktion. (Der Mensch schluckt etwa 1600 bis 2000 mal am Tag!) Dies bedeutet natürlich auch eine Auswirkung auf Zungen- und Kieferposition sowie auf das Kieferwachstum.

Um die freie Beweglichkeit des Hyoids sicherzustellen, steht ein einfacher Test zur Verfügung:

Der Therapeut übt Druck auf Sternum und Clavicula nach caudal aus und überprüft dabei, ob sich das Hyoid unmittelbar mitbewegt. Ist dies der Fall, deutet es auf eine Fixation hin und bedarf der Therapie.

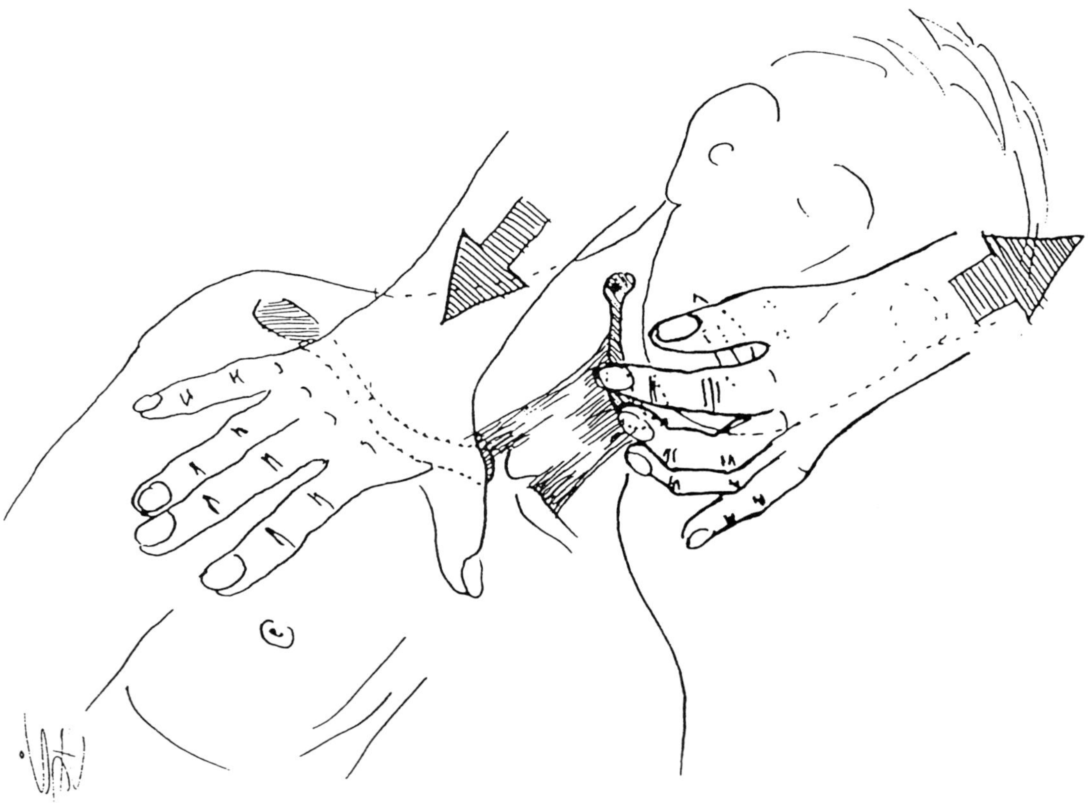

Abb. 8 Test Fascia cervicalis media

Die zur Korrektur benützte Technik stammt von DR. SUTHERLAND:

- Patient: Kopf in Flexion
- Therapeut: Kontakt post. und lateral des M. Sternocleidomastoideus.
- Druck nach caudal, der gehalten wird, während der Patient den Kopf langsam in Extension bringt.

In der Zahnheilkunde ist dieser Test bzw. die Therapie besonders wertvoll, weil das Hyoid entscheidenden Einfluß über Zungen - und Schluckfunktion auf die Zahnposition hat.

Die Kenntnis all dieser Zusammenhänge ist deshalb so wichtig, weil sie erklärt, daß Cranialosteopathie nicht als eigene Disziplin gesehen werden kann, die unabhängig erlern- und anwendbar ist.

Osteopathie ist ein unteilbares Ganzes. Ihre drei großen Bereiche: Osteopathie des Bewegungsapparates, Cranialosteopathie und Visceralosteopathie können nur in einer sinnvollen Kombination dem „Netzwerk Mensch" gerecht werden.

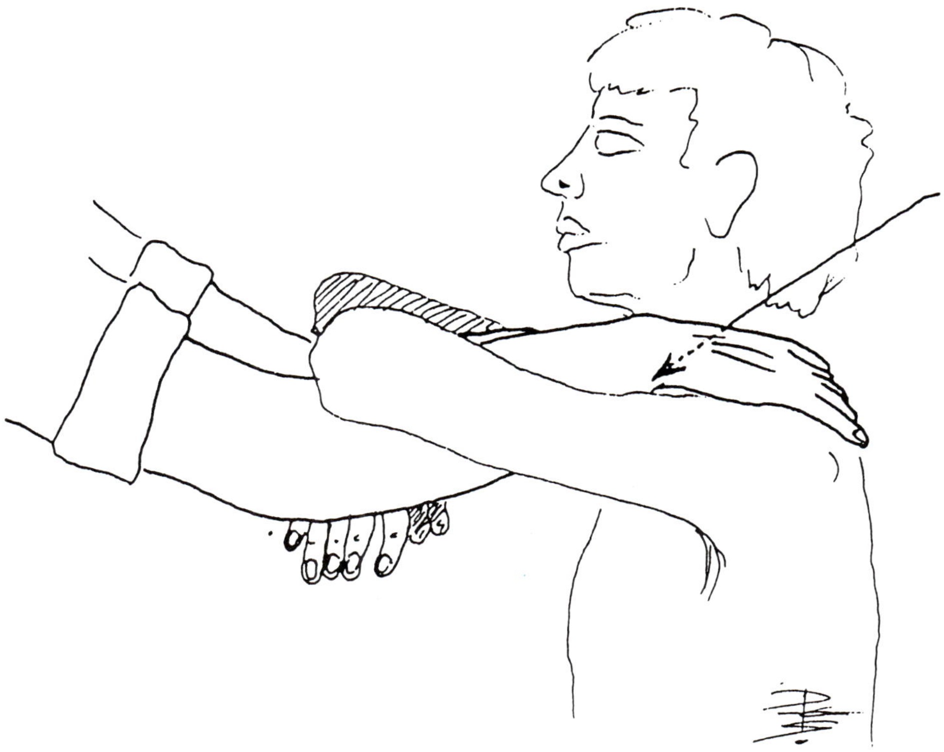

Abb. 9 Dehnung der Fascia cervicalis media

Schädelformen

Im vorigen Kapitel haben Sie gesehen, daß die Schädeldurchmesser – und infolgedessen auch die Schädelformen in jeder Bewegungs-Phase (Flexion/Extension) verschieden sind.
Erst im Falle einer Pathologie allerdings, die eine der Phasen für längere Zeit überakzentuiert (oder auch ein pathologisches Bewegungsmuster fixiert, wie z. B. eine Torsion), wird eine spezifische Schädelform deutlich für den Beobachter erkennbar.
Wir möchten ganz klarstellen, daß hier nicht von der vererbten Schädelmorphologie die Rede ist, sondern von genau definierten cranialen Dysfunktionen, die nach längerer Zeit Ihre Prägung am Schädel, den Augen, den Ohren, der Nase, dem Gaumen und dem Kiefer hinterlassen.
Die Möglichkeit dieser „Blickdiagnose" ist für Ärzte und besonders Zahnärzte sehr wertvoll, da Sie dadurch vor allem bei Kindern frühzeitig auf eine möglicherweise noch behebbare Störung hinweist. Diese Kinder sollten dann in Zusammenarbeit mit einem Osteopathen weiterbetreut werden.

Eine detaillierte Beschreibung der Pathologien ist im Rahmen dieses Buches zwar nicht möglich, jedoch sehen Sie in der Folge die wichtigsten auffallenden Morphologien in Bildform; jede hier gezeigte Schädelform ist die Folge einer Dysfunktion; vielleicht erinnert die eine oder andere Form Sie an einen Ihrer Patienten!

Bitte bedenken Sie vor allem, daß jede Kieferregulation besser und schneller vonstatten geht, wenn die Voraussetzungen von der Schädelmobilität her dazu gegeben sind. Ansonsten arbeiten Sie möglicherweise gegen ein starres System.

In diesem Sinn möchte ich nun einige Beispiele näher erklären, die für die Ärztliche und Zahnärztliche Praxis wichtig sind.

Das Ziel dabei ist, Denkanstöße zu geben und therapeutische Möglichkeiten aufzuzeigen. Eine vollständige Darstellung muß aber den Lehrbüchern vorbehalten bleiben.
Den Abschluß der Ausführungen bilden Beispiele aus der Pädiatrie, die ein besonders wichtiger Einsatzbereich nicht nur der Osteopathie, sondern auch der ganzheitlichen Zahnheilkunde ist.

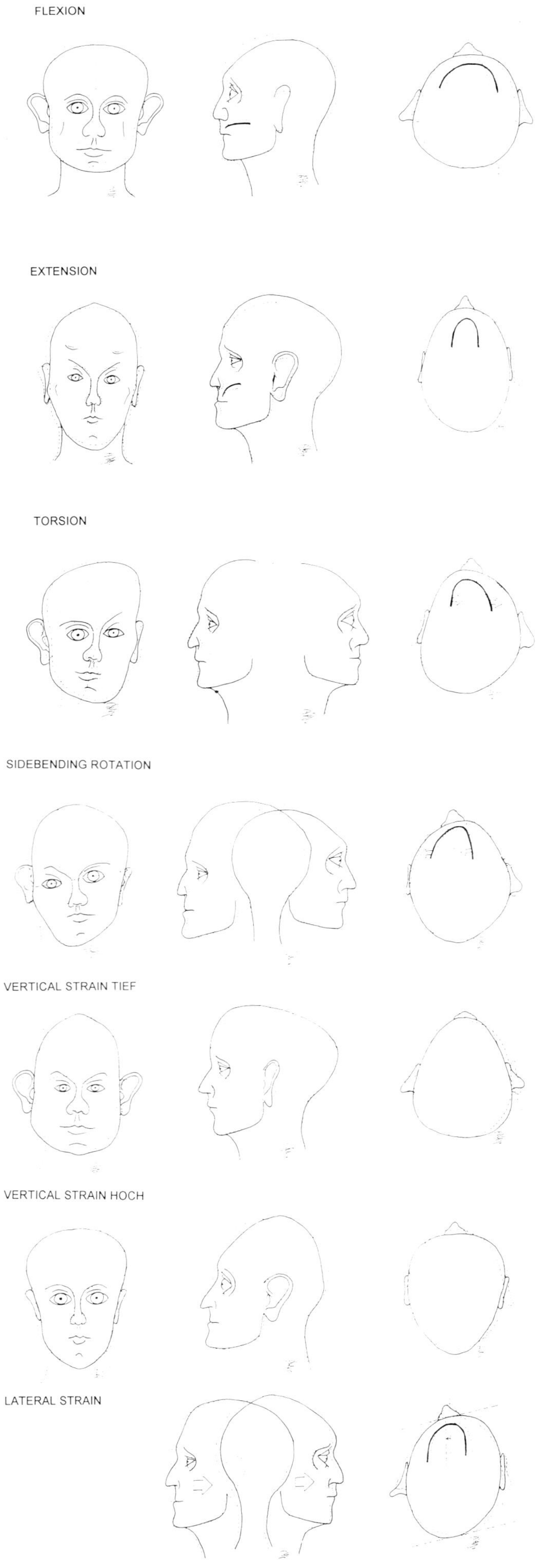

Abb. 10 u. Abb. 11: Schädelformen

Cranialosteopathie in der Praxis

Allgemein kann man sagen, daß craniale Dysfunktionen bei Kindern sehr häufig traumatischer Natur sind (Geburt, Stürze etc.), während sie im Erwachsenenalter häufig als Folge anderer gestörter Körperzonen auftreten.

Demgemäß wird zwischen traumatischen und adaptativen (physiologischen) Dysfunktionen unterschieden.

1. **Sphenobasiläre Kompression**

Dies ist eine der schwerwiegendsten Dysfunktionen in der Cranialosteopathie, bei der ein teilweiser oder kompletter Bewegungsverlust in der SSB eintritt; das heißt, die gesamte Funktion des Craniosacralen Systems (CSS) ist blockiert oder stark vermindert. Patienten mit dieser Dysfunktion reagieren schlecht oder gar nicht auf gute Therapien. (Akupunktur, Homöopathie etc.)

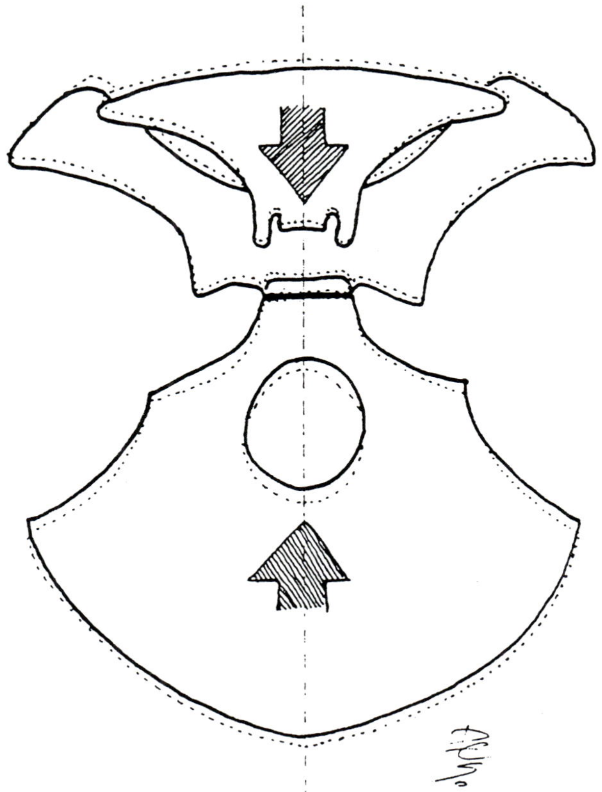

Abb. 12 Sphenobasiläre Kompression
Das Gelenk ist impaktiert, die primäre Atmung schlechter fühlbar.

a) Ätiologie:

- Geburt
- Sturz auf den Kopf oder das Sacrum
- Schädeltraumata
- Mikrotraumen (enge Haarreifen, Haarbänder, Hüte, ...)
- Zahnprothese
- Zahnregulierungen

b) Allgemeine Symptomatik:
(diese tritt oft erst viel später als die Ursache auf!)

- Kopfschmerzen
- Müdigkeit
- Depression
- Schulprobleme (Lernstörungen, Konzentrations- oder Verhaltensstörungen)
- Skoliose

- Torticollis
- Okklusionsfehler

c) Diagnose:

- bei der Palpation fühlt sich der Schädel „wie Holz“ an
- Im Test ist die Amplitude von Flexion und Extension der SSB extrem vermindert, der Rhythmus jedoch erhalten.
- veränderte Schädelform.

d) Dysfunktions-Arten:
Es sind bei dieser Dysfunktion zwei Formen zu unterscheiden:

d1) die anterior – posteriore Kompression

- Hier hat der traumatische Einfluß in ap-Richtung eingewirkt, d.h. die SSB ist direkt in ap-Richtung komprimiert, der ap-Schädeldurchmesser ist verringert.

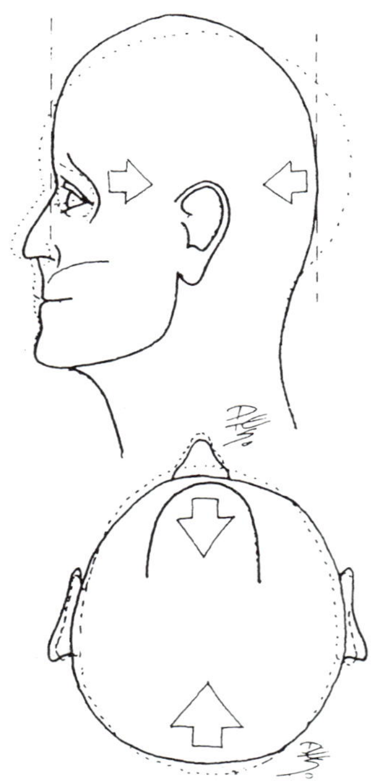

Abb 13 Schädelform bei anterior-posteriorer Kompression

d2) die laterale Kompression

- Der Druck des Traumas wirkt sich über die beiden Temporalia aus. Die Pars petrosa (ossis temporalis) komprimiert von posterior und lateral die SSB. Dadurch kann es unter anderem zu einer Formveränderung der Maxilla und des Gaumens kommen. Dieser nimmt dann die sogenannte „gotische“ Form an.

e) Korrektur der anterior-posterioren Kompression:

Die Beschreibung der folgenden Technik dient dazu, dem Leser eine ungefähre Vorstellung zu vermitteln, wie Korrekturen in der Cranialosteopathie durchgeführt werden und welche Präzision hier nötig ist. Selbstverständlich muß die Durchführung der Korrektur selbst dem erfahrenen Osteopathen vorbehalten bleiben.

- Der Patient befindet sich in Rückenlage; der am Kopfende sitzende Therapeut positioniert die Daumen auf den Alae majores des Sphenoid, während das Occiput auf den vier Fingern beider Hände aufliegt. Die beiden Daumen drücken nun die Alae majores sanft nach anterior, um die SSB zu befreien. (Durch den Pfeil in Abb. 13 dargestellt).

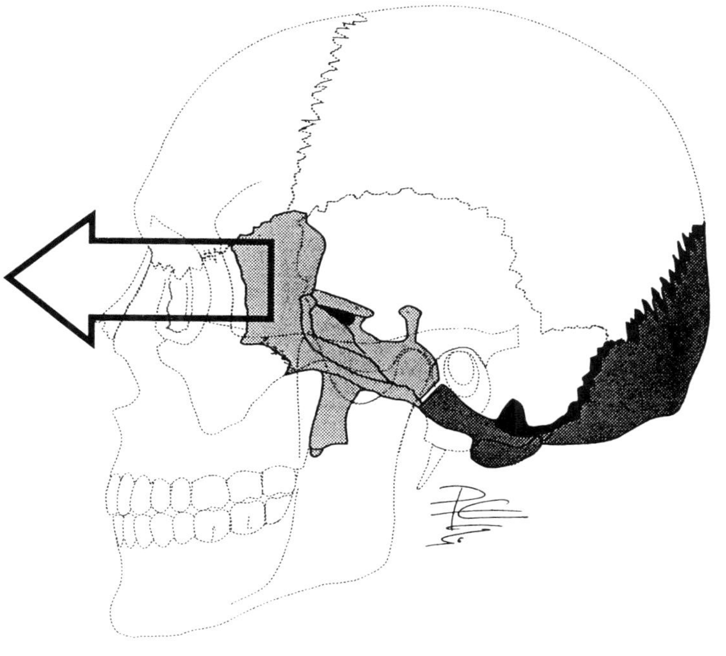

Abb. 14 Korrektur der anterior-posterioren Kompression

2. N. Trigeminus

Mit der Erkenntnis, daß die Schädelknochen ein mobiles „Puzzle" bilden, stellen sich Trigeminusneuralgien in einem anderen Licht dar. Gerade die Lage des Ganglion Gasseri und die Durchtrittsstellen der drei Trigeminusäste durch die Schädelbasis prädistinieren diesen Gehirnnerv für Störungen.

Dazu möchte ich nun einige anatomische Details in Erinnerung rufen:

Das Ganglion Gasseri liegt in einer Knochenvertiefung, unmittelbar vor der Spitze der Felsenbeinpyramide (Impressio trigemini) und ist von einer Durahülle umgeben. Diese Umhüllung steht natürlich in direkter Verbindung mit dem gesamten intracraniellen Membransystem und reagiert bei einer lokal verstärkten Spannung mit (zum Beispiel bei einer Läsion des Os temporale).

Allerdings ist der N.trigemínus auch in seinem weiteren Verlauf sehr exponiert. Er überquert nämlich einerseits die Felsenbeinpyramide, die eine relativ scharfe Kante bildet, und wird gleichzeitig wieder vom Tentorium mit dem Sinus petrosus superior gekreuzt. Dazu kommt, daß von der knöchernen Situation her das Areal eine relativ große Mobilität besitzt, da die Sutura sphenopetrosa lebenslänglich unverknöchert bleibt.

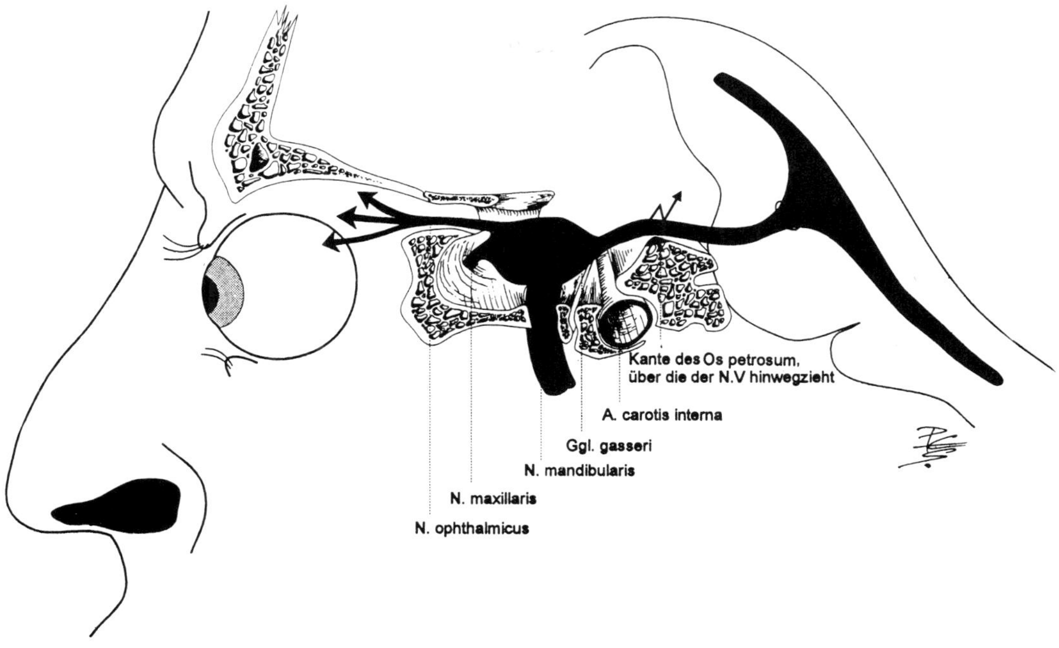

Abb. 15 N.trigeminus

Eine Erklärung für die statistisch wesentlich häufigere Betroffenheit des N.mandibularis, des stärksten der drei Trigeminusäste, ergibt sich durch ein weiteres anatomisches Detail (das allerdings nur in der Osteopathie Beachtung findet):

Grundsätzlich ist die Dura im Bereich von Suturen und Foramina besonders stark an den Knochen fixiert, was genau diese Lokalisationen zu Prädilektionsstellen für erhöhte Spannung macht. Somit ist das Foramen ovale als Durchtrittsstelle des N.mandibularis ein solcher Ort. Dazu kommt jedoch noch, daß die Bewegungsachse des Sphenoids relativ weit anterior vom Foramen ovale liegt, wodurch die Traktion im Fall einer Dysfunktion des Sphenoids sehr hoch ist.

Als Konsequenz dieser Überlegungen ergibt sich, daß bei allen Trigeminus-Symptomen (sei es motorisch mit Störung der Kaumuskulatur oder sensibel mit einer Schmerzsymptomatik von Kopf, Zähnen, Haut oder Schleimhäuten) eine osteopathische Abklärung erfolgen sollte.
Eine Untersuchung in diesem Zusammenhang beinhaltet zumindest die Überprüfung der Mobilität der Temporalia und des Sphenoids, der Meningen und der Liquorfluktuation.

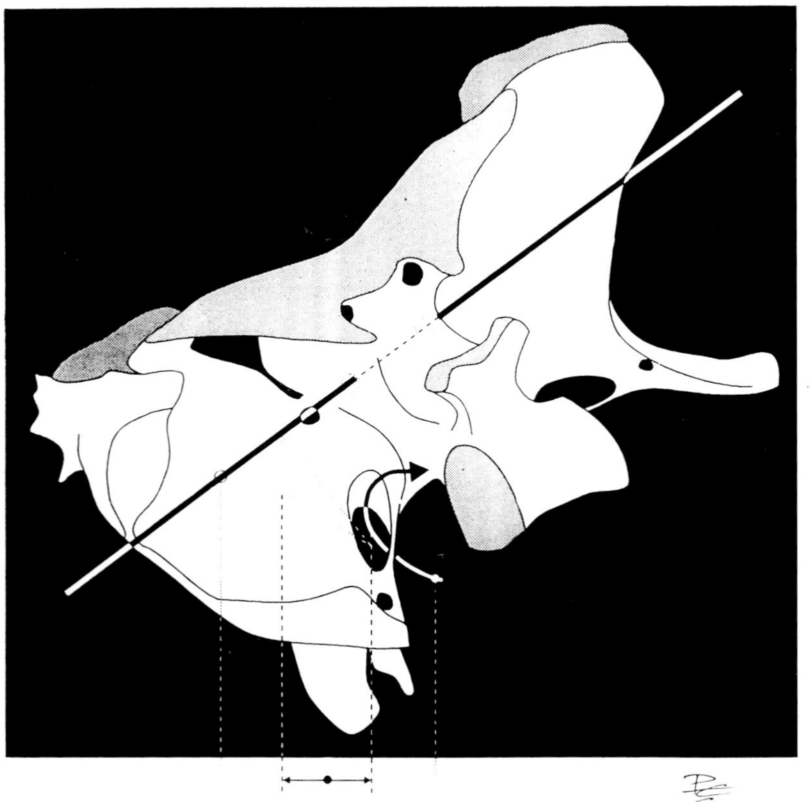

Abb. 16 Bewegungsachse Os sphenoidale in Relation zum Foramen ovale

Cranialosteopathie im Kindesalter

Dieses Kapitel bedarf deshalb einer getrennten Behandlung, weil es erhebliche Unterschiede in der Schädel-Struktur zwischen Erwachsenen und Kindern gibt.

Der Schädel eines Neugeborenen besitzt noch keine Suturen – die „vorgeformten Knochenteile" liegen zwischen den Periostblättern, bereit, durch ihre große Beweglichkeit gegeneinander die Geburt zu ermöglichen. Die Knochen werden während der Passage durch den Geburtskanal einfach übereinandergeschoben (z.B. das Frontale über die Parietalia). Diese große Flexibilität einerseits bringt andererseits auch das Risiko einer Verformung und Dysfunktion mit sich.

Ein weiterer Faktor für die große Mobilität des kindlichen Schädels besteht in der Tatsache, daß viele der Schädelknochen zum Zeitpunkt der Geburt noch aus mehreren Teilen bestehen, die erst in den späteren Jahren zusammenwachsen.

Zwischen diesen Knochenteilen kommt es häufig zu traumatisch bedingten Kompressionen. Glücklicherweise verfügt die menschliche Physiologie über gute

Selbstheilungsmechanismen, die solche Störungen oft unbemerkt wieder ausgleichen können. Durch Saugen, Schlucken, Schreien etc. werden diese Mechanismen noch unterstützt, reichen aber in vielen Fällen für eine Korrektur doch nicht aus. Dann ist die Indikation zur Cranialosteopathischen Behandlung unbedingt gegeben. Sie kann die gesamte Zukunft des Kindes entscheidend in die positive Richtung beeinflussen, indem sie ansonsten vorprogrammierte Seh-, Hör-, und Konzentrationsstörungen, sogar auch Verhaltensstörungen, verhindert.

Als Beispiel soll hier das Occiput dienen, das bei der Geburt noch aus 4 Teilen besteht (erst im Alter von 8 Jahren ist die Ossifikation beendet); diese formen gemeinsam das Foramen magnum. Ihre Stellung beeinflußt damit direkt die Passage der Medulla oblongata einerseits, andererseits befindet sich zwischen der Pars lateralis (condylaris) und der Pars basilaris die Durchtrittsstelle des N.hypoglossus.

Bei einer Kompression des Nerven zwischen den beiden Knochenteilen kann es dadurch sehr leicht zu **Saug- und Schluckbeschwerden** kommen.

OS OCCIPITALE (Neugeborene)

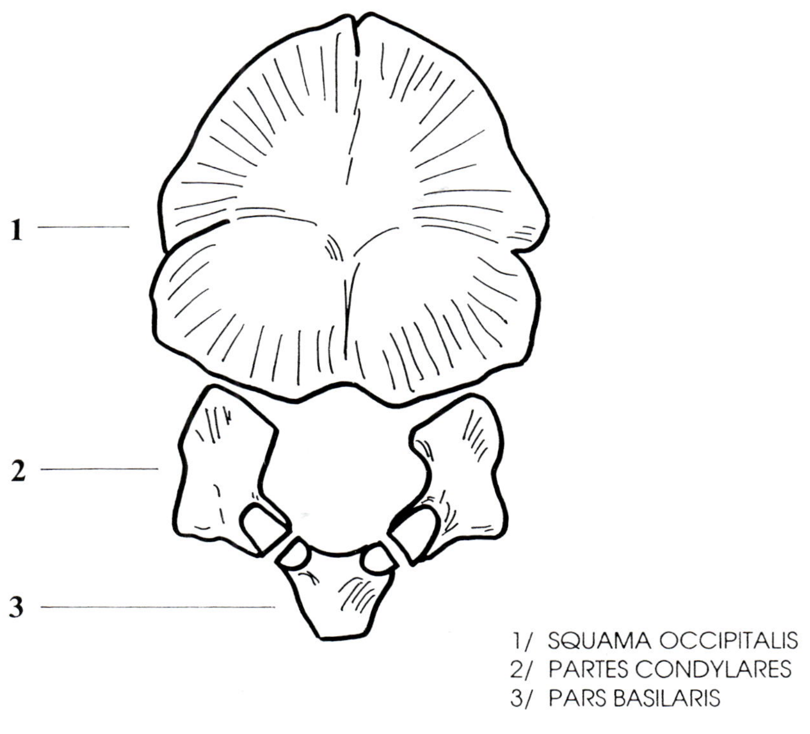

Abb. 17 Os occipitale (Neugeborenes)

In diesem Zusammenhang muß man sich vor Augen halten, daß jeder Nerv von einem feinen Kapillarplexus umgeben ist, den „vasa nervorum". Schon bei einer leichten Kompression dieses Plexus reagiert der Nerv infolge des Sauerstoffmangels mit einer Funktionsstörung, die bei längerer Dauer in eine Atrophie übergeht.

Auch die zuvor angesprochenen Lernprobleme können durch craniale Ursachen bedingt sein. Hier müssen neben den cerebralen Dysfunktion auch Wahrnehmungsstörungen von Seiten der Augen und Ohren berücksichtigt werden.

Bis zum 1. Lebensjahr besteht das Sphenoid noch aus 3 Teilen, zwischen denen sich, wie auch beim Occiput, Knorpel befindet. Es bildet den posterioren Teil der Orbita und formt die Fissura orbitalis zwischen dem zentralen und den beiden lateralen Teilen.

Folgende Strukturen ziehen durch die Fissura orbitalis:

- V. ophthalmica
- N. oculomotorius
- N. trochlearis
- N. abducens
- N. nasociliaris

und werden durch eine Verengung der Fissur beeinträchtigt. Mögliche Folgen daraus betreffen vor allem die Feinmotorik und die Synergie der Augenmuskeln.

Außerdem kann ein erheblicher venöser Stau entstehen. Die Kinder leiden dann unter einer Konvergenzschwäche, die Probleme beim Lesen und in der Konzentration und Ausdauer hervorruft. Das kompensatorische Kopfschiefhalten der Kinder ist sehr häufig zu beobachten, wobei die später daraus resultierenden Haltungsfehler bis zur Skoliose gehen können und sehr selten mit der ursprünglichen Störung in Bezug gebracht werden.

Auch das Os temporale besteht bei der Geburt aus 3 Teilen, zwischen denen Spannungen, Torsionen und Kompressionen auftreten können. Hörstörungen in späteren Jahren sollten gedanklich immer auch mit cranialen (Geburts-) Traumen in Verbindung gebracht werden und durch eine cranialosteopathische Untersuchung bestätigt oder ausgeschlossen werden.

Dazu gehört immer auch eine ausführliche Anamnese, die in Bezug auf das Cranium folgende Fragen enthalten sollte:

- Verlauf der Schwangerschaft, Lage des Kindes
- Entbindung
  - am Termin
  - Geburtslage
  - Dauer
  - Vakuum, Forceps
  - Sectio
- Kind nach der Entbindung
  - Zyanose
  - Schädelform
- Entwicklung
  - bevorzugte Lage
  - Spastizität
  - Saugen und Schlucken
  - Strabismus
  - Daumenlutschen
  - Schädelwachstum
  - Motorik , v.a. Krabbeln
- Traumata in der Kleinkinderperiode

Um Ihnen eine Idee zu geben, wie häufig craniale Dysfunktionen bei Neugeborenen sind, soll hier aus einer Arbeit zitiert werden, die 1966 von VIOLA FRYMANN D. O. veröffentlicht wurde:
„Relation of disturbances of the cranio-sacral mechanism to symptomatology of the newborn: Study of 1250 Infants“ (The Journal of the American Osteopathic Association - June 1966)

Sie zog folgende Schlußfolgerungen aus ihrer Untersuchung:

Bei 88 % aller Kinder bestanden Abweichungen vom cranialen Normalzustand, davon:

- 82% ohne Symptomatik (Zeitpunkt und Ausmaß des späteren Auftretens etwaiger Symptome ist verschieden);
- nur 6% mit Symptomatik.

Aus dieser Tatsache ist die Problematik der Diagnose auf Grund eines Mangels an Symptomen ersichtlich, zumal eine Frühdiagnose im Hinblick auf die Entwicklung des Kindes sehr wichtig wäre. In der Perinatalmedizin tätige Therapeuten könnten hier durch frühzeitige Erkennung und Behandlung einer craniosakralen Dysfunktion einen wesentlichen Beitrag leisten.

Von den Kindern ohne Symptome (82 %) haben:

- nur 39% eine vollkommen freie Beweglichkeit des Occiputs,
- nur 18% eine freie Beweglichkeit im zentralen Gelenk, der SSB.

95% aller hyperkinetischen Kinder leiden an einer occipitalen Läsion.
Die meisten Kinder müssen zu einem späteren Zeitpunkt einer kieferorthopädischen Behandlung zugeführt werden, die durch eine vorangehende Cranialosteopthie in ihrer Effizienz wesentlich verbessert werden könnte.

Literaturgangaben zum Thema

- „Bildatlas der Osteopathie“, BERNARD LIGNER, RAPHAEL VAN ASSCHE, Verlag für Osteopathie (1993)
- „Die Craniosacrale Osteopathie bei Kindern“, NICETTE SERGUEEF, Verlag für Osteopathie (1995)
- „Das craniosacrale System“, ROSSAINT / LECHNER / VAN ASSCHE, Hüthig (1991)
- „Ganzheitliche Zahnheilkunde“, ALEXANDER ROSSAINT, Haug (1991)
- „Ganzheitliche Zahn-, Mund- und Kieferheilkunde“, OSKAR MASTALIER, Urban & Schwarzenberg (1995)

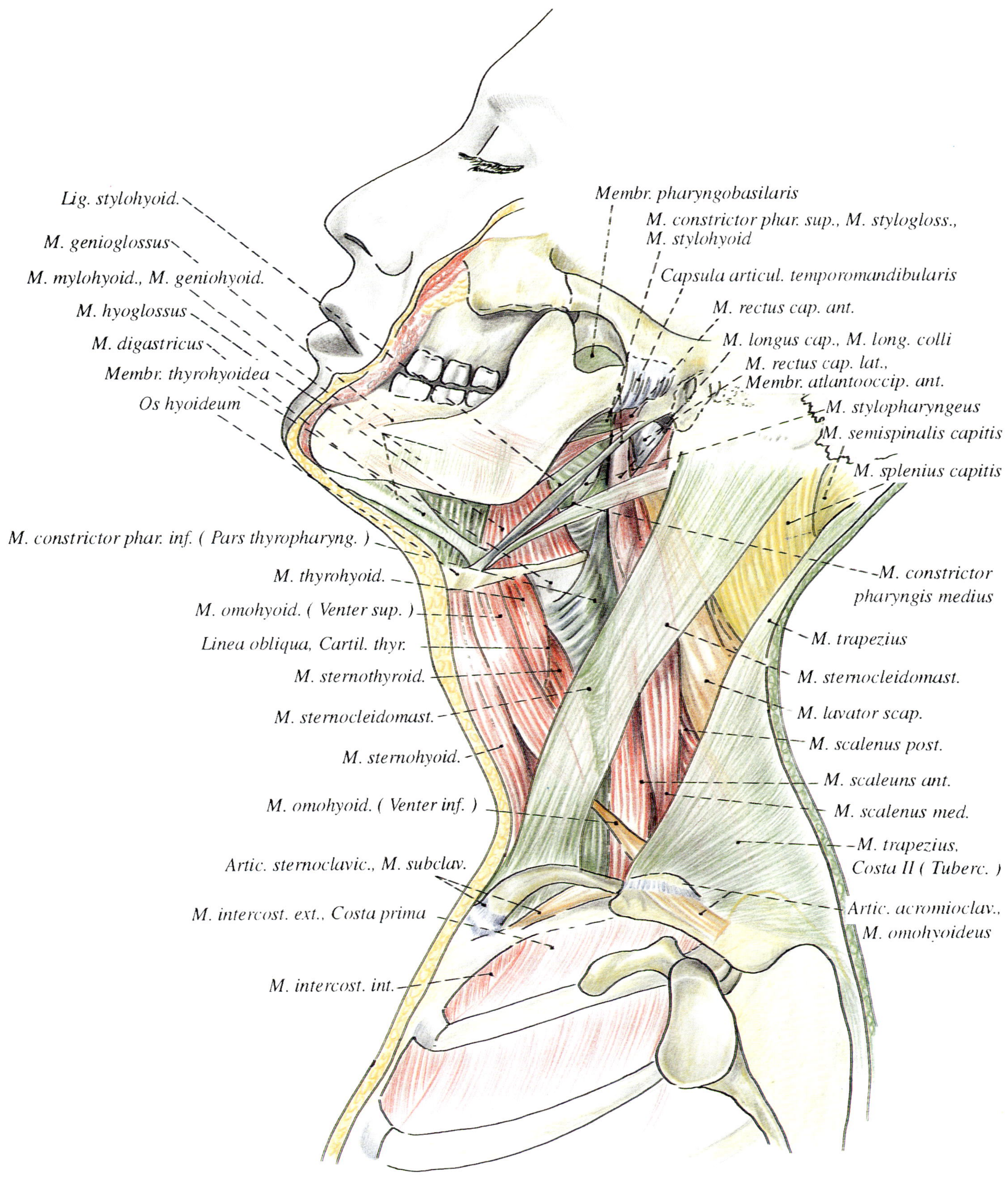
Lig. stylohyoid.
M. genioglossus
M. mylohyoid., M. geniohyoid.
M. hyoglossus
M. digastricus
Membr. thyrohyoidea
Os hyoideum
M. constrictor phar. inf. (Pars thyropharyng.)
M. thyrohyoid.
M. omohyoid. (Venter sup.)
Linea obliqua, Cartil. thyr.
M. sternothyroid.
M. sternocleidomast.
M. sternohyoid.
M. omohyoid. (Venter inf.)
Artic. sternoclavic., M. subclav.
M. intercost. ext., Costa prima
M. intercost. int.
Membr. pharyngobasilaris
M. constrictor phar. sup., M. stylogloss.,
M. stylohyoid
Capsula articul. temporomandibularis
M. rectus cap. ant.
M. longus cap., M. long. colli
M. rectus cap. lat.,
Membr. atlantooccip. ant.
M. stylopharyngeus
M. semispinalis capitis
M. splenius capitis
M. constrictor
pharyngis medius
M. trapezius
M. sternocleidomast.
M. lavator scap.
M. scalenus post.
M. scaleuns ant.
M. scalenus med.
M. trapezius,
Costa II (Tuberc.)
Artic. acromioclav.,
M. omohyoideus

Abb. 1

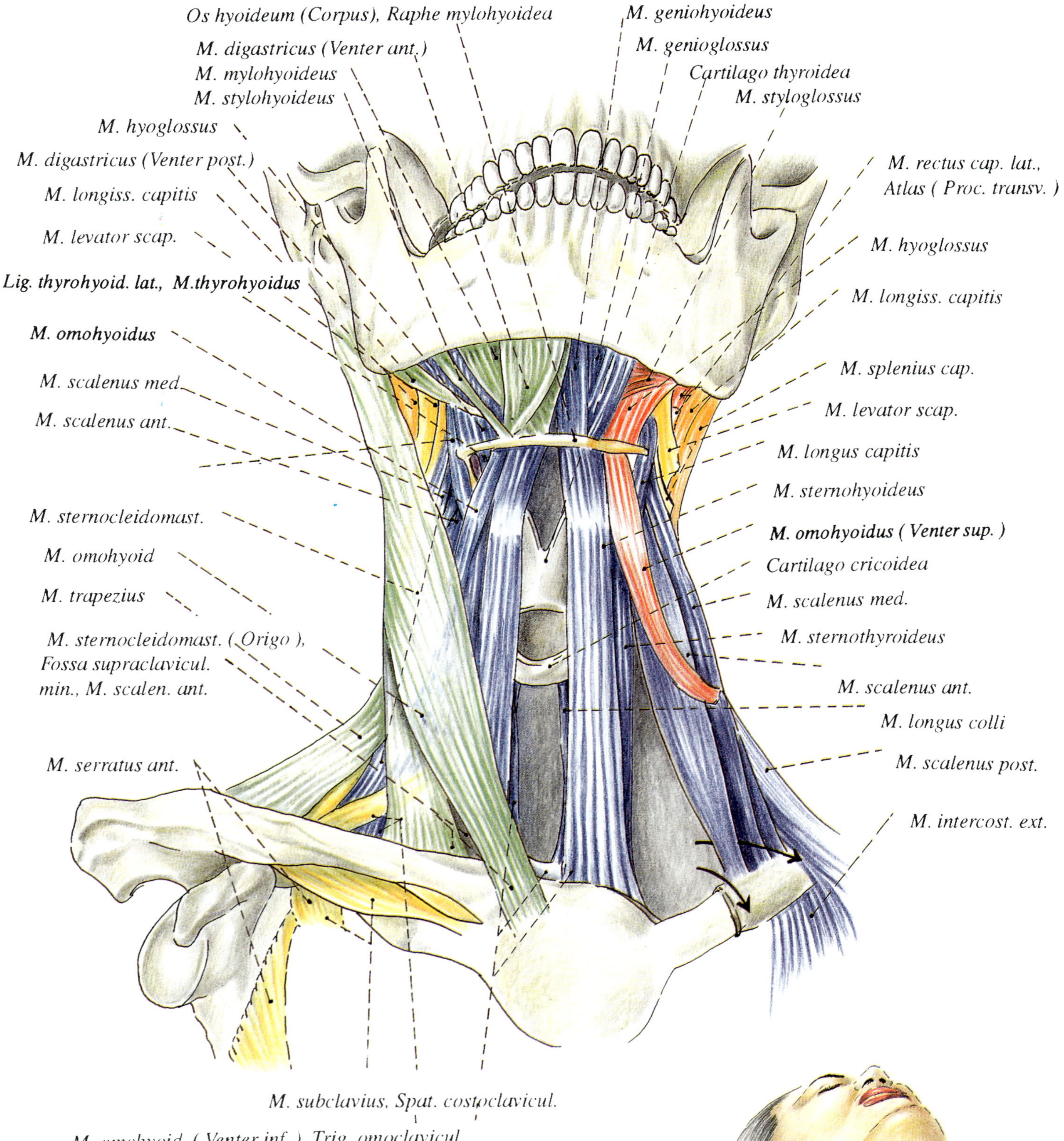
Os hyoideum (Corpus), Raphe mylohyoidea
M. digastricus (Venter ant.)
M. mylohyoideus
M. stylohyoideus
M. hyoglossus
M. digastricus (Venter post.)
M. longiss. capitis
M. levator scap.
Lig. thyrohyoid. lat., M.thyrohyoidus
M. omohyoidus
M. scalenus med.
M. scalenus ant.
M. sternocleidomast.
M. omohyoid
M. trapezius
M. sternocleidomast. (Origo),
Fossa supraclavicul.
min., M. scalen. ant.
M. serratus ant.
M. geniohyoideus
M. genioglossus
Cartilago thyroidea
M. styloglossus
M. rectus cap. lat.,
Atlas (Proc. transv.)
M. hyoglossus
M. longiss. capitis
M. splenius cap.
M. levator scap.
M. longus capitis
M. sternohyoideus
M. omohyoidus (Venter sup.)
Cartilago cricoidea
M. scalenus med.
M. sternothyroideus
M. scalenus ant.
M. longus colli
M. scalenus post.
M. intercost. ext.
M. subclavius, Spat. costoclavicul.
M. omohyoid. (Venter inf.), Trig. omoclavicul.
Lig. interclicul., M. sternothyroideus

Abb. 2a

Abb. 2

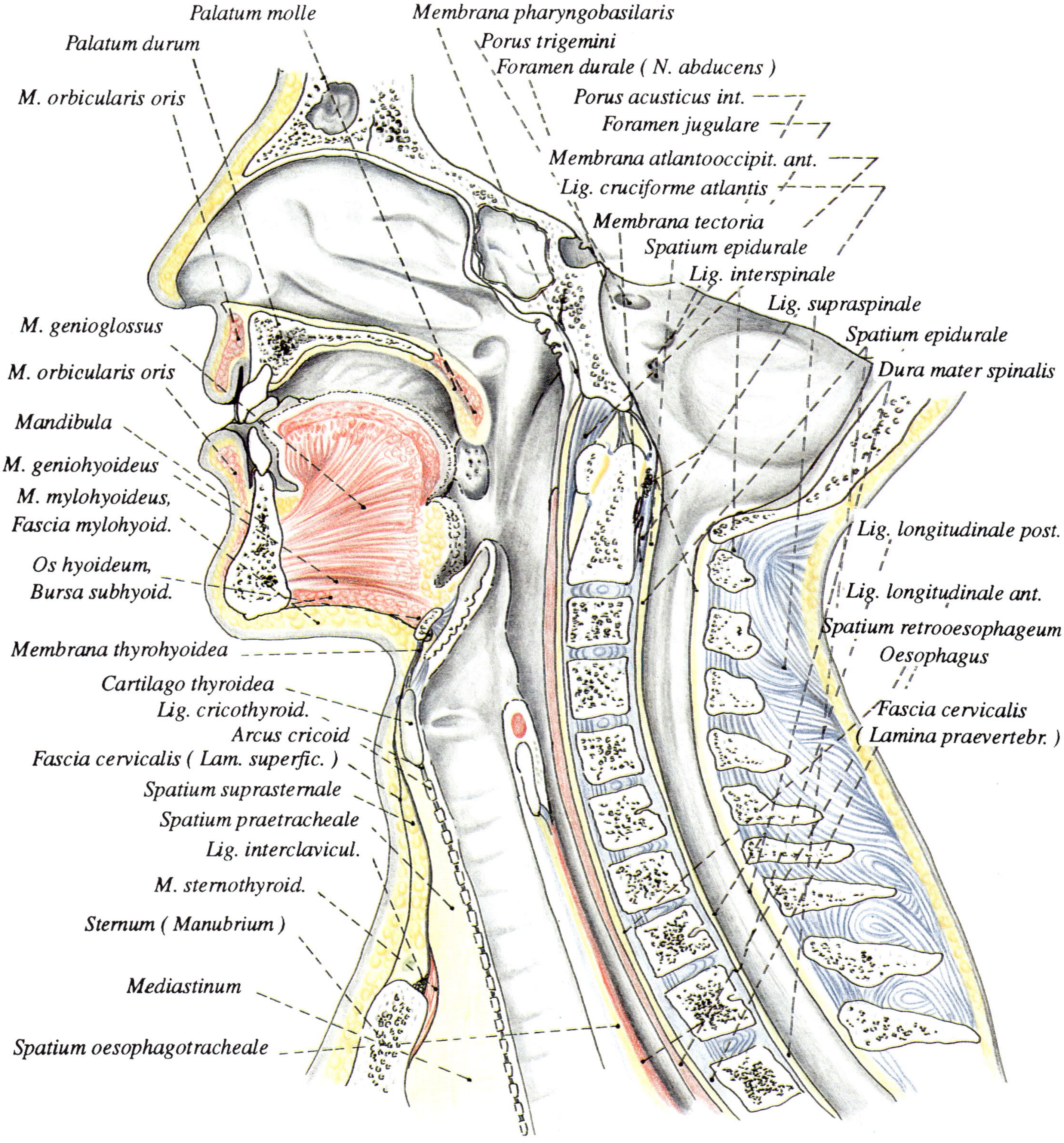
Palatum molle
Palatum durum
M. orbicularis oris
Membrana pharyngobasilaris
Porus trigemini
Foramen durale (N. abducens)
Porus acusticus int.
Foramen jugulare
Membrana atlantooccipit. ant.
Lig. cruciforme atlantis
Membrana tectoria
Spatium epidurale
Lig. interspinale
Lig. supraspinale
Spatium epidurale
Dura mater spinalis
M. genioglossus
M. orbicularis oris
Mandibula
M. geniohyoideus
M. mylohyoideus,
Fascia mylohyoid.
Os hyoideum,
Bursa subhyoid.
Lig. longitudinale post.
Lig. longitudinale ant.
Spatium retrooesophageum
Oesophagus
Membrana thyrohyoidea
Cartilago thyroidea
Lig. cricothyroid.
Arcus cricoid
Fascia cervicalis (Lam. superfic.)
Spatium suprasternale
Spatium praetracheale
Lig. interclavicul.
M. sternothyroid.
Sternum (Manubrium)
Mediastinum
Spatium oesophagotracheale
Fascia cervicalis
(Lamina praevertebr.)

Abb. 3

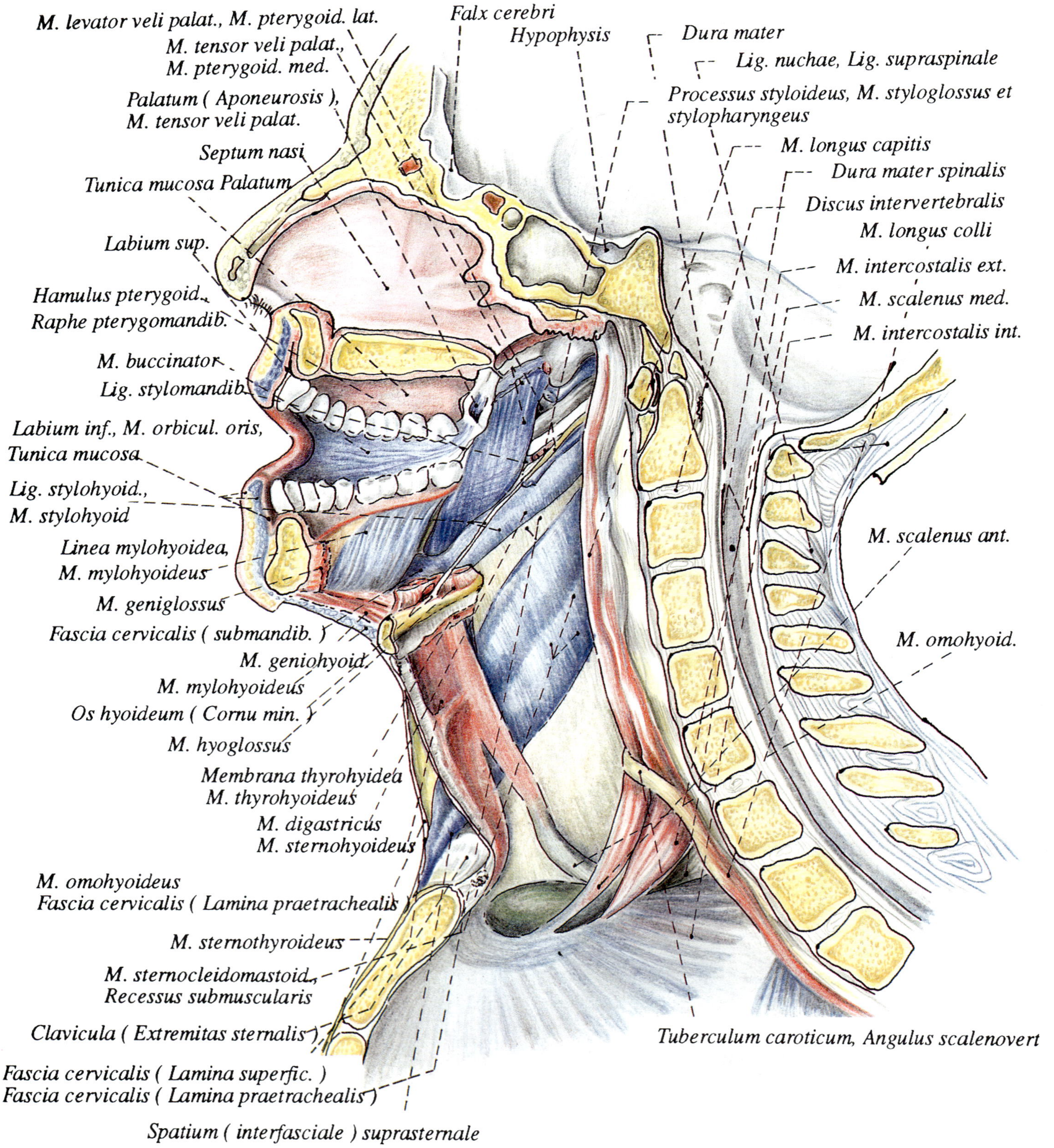
M. levator veli palat., M. pterygoid. lat.
M. tensor veli palat.,
M. pterygoid. med.
Palatum (Aponeurosis),
M. tensor veli palat.
Septum nasi
Tunica mucosa Palatum
Labium sup.
Hamulus pterygoid.
Raphe pterygomandib.
M. buccinator
Lig. stylomandib.
Labium inf., M. orbicul. oris,
Tunica mucosa
Lig. stylohyoid.,
M. stylohyoid
Linea mylohyoidea,
M. mylohyoideus
M. geniglossus
Fascia cervicalis (submandib.)
M. geniohyoid.
M. mylohyoideus
Os hyoideum (Cornu min.)
M. hyoglossus
Membrana thyrohyidea
M. thyrohyoideus
M. digastricus
M. sternohyoideus
M. omohyoideus
Fascia cervicalis (Lamina praetrachealis)
M. sternothyroideus
M. sternocleidomastoid.,
Recessus submuscularis
Clavicula (Extremitas sternalis)
Fascia cervicalis (Lamina superfic.)
Fascia cervicalis (Lamina praetrachealis)
Spatium (interfasciale) suprasternale
Falx cerebri
Hypophysis
Dura mater
Lig. nuchae, Lig. supraspinale
Processus styloideus, M. styloglossus et
stylopharyngeus
M. longus capitis
Dura mater spinalis
Discus intervertebralis
M. longus colli
M. intercostalis ext.
M. scalenus med.
M. intercostalis int.
M. scalenus ant.
M. omohyoid.
Tuberculum caroticum, Angulus scalenovert

Abb. 4

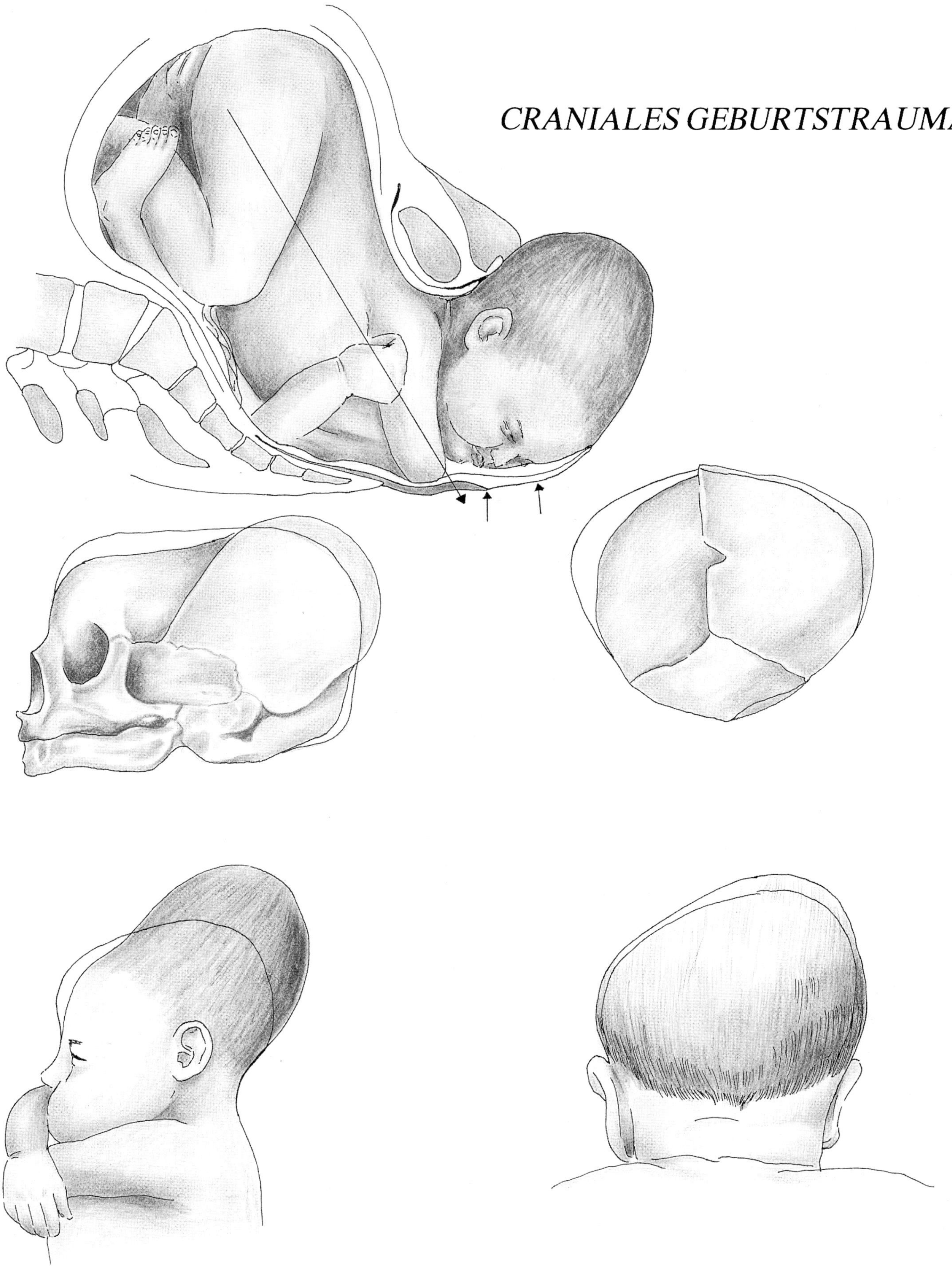

Abb. 5

COSTA RICA

AMAZONAS

Allgemeine Richtlinien bei der Durchführung einer kieferorthopädischen Behandlung

Prof. Dr. Dr. W. Balters

Eine kieferorthopädische Behandlung ist im wirklichen Sinne des Wortes eine orthopädische, d.h., eine erzieherische Aufgabe. Bei der Durchführung einer kieferorthopädischen Behandlung muß deshalb von vornherein darüber Klarheit herrschen, daß es sich nicht um eine Kraftausübung auf Zähne und Kiefer, sondern um eine Einflußnahme auf den „Lebensraum Mund“ handelt. Nur sie vermittelt dem Kind die rechte Einstellung im Sinne seiner Erlebnisfreudigkeit, -bereitschaft und -verarbeitung sowie der bereitwilligen Einordnung in das Leben, und zeigt als Erfolg der gelungenen Erziehung die Ausrichtung der Zähne, der Kiefer und des Gebisses sowie die harmonische Gestaltung des Mundraumes, im besonderen aber die körperliche und seelische Gesundung des Kindes.
Sogenannte aktiv wirkende Apparaturen und Gewaltmaßnahmen erreichen zumeist das Gegenteil des erstrebten Zieles. Passive und damit anregende Hilfen sind das Instrument, das zur Übung anhält und die Kraft wie beim Turnen stählt. Je vielseitiger die Anregung, um so glücklicher die Durchbildung nicht nur der die Kiefer umgebenden Muskulatur, sondern auch des gesamten Organismus. Unsere heutigen Apparaturen fußen auf den Erfahrungen, welche mit den Reizsetzungen und Übungen dieser Art gewonnen wurden und unsere Aufgaben erleichtern. Nach entsprechender Aufklärung erhält das Kind seinen Apparat, den es zu pflegen lernt, den es trägt und mit dem es übt. Es kommt dabei weniger darauf an, das Kind immer wieder zu ermahnen, z.B., den Apparat nun auch zu tragen, als ihm zu zeigen, welchem Zweck er dient und was durch die Betätigung erreicht wird. Das macht Mut und richtet die Aufmerksamkeit auf Lohn und Gewinn, welcher durch das Handeln erreicht wird.
Deshalb darf das Tragen einer Apparatur und das Üben mit ihr nicht zu stumpfer Gewöhnung führen. Der Reiz des „Neuen“ darf nicht erlahmen. Ob dabei das Kind seine Freude an dem Gerät, an der Übung, an der erkannten Gewissenhaftigkeit, der Durchführung des übernommenen Auftrages oder am Erfolg selbst hat, ist nicht ausschlaggebend, da es in der Erziehung keine Norm, sondern nur eine Verantwortung gibt. Jene Methode ist die beste, welche zum Ziele führt, ohne viel von sich reden zu machen. Das Ergründenwollen der Mittel und Wege der Garantie wegen, wie das Schwören auf nur einen richtigen Weg, hält nur auf, weil die Aufmerksamkeit abgelenkt und der Sinn mit dem Zweck vertauscht wird.
Lassen Sie sich von dem Kinde zeigen, wie es „seinen“ Apparat trägt und einsetzt, hütet und pflegt, und fragen Sie es nach den erkannten Fortschritten. Dann wirken sich auch diese Reize und Hilfen positiv aus. Sie bedeuten zugleich eine Anerkennung, wie sie sich z.B., auch aus dem Vergleich der Anfangsmodelle mit den Zwischenmodellen ergibt.
Alles was das Selbstbewußtsein und die Selbständigkeit eines Kindes hebt und fördert, muß unsere Unterstützung finden; eigene Sorge um die Apparatur, Treue im Tragen derselben, Fahrt und Weg zur Einhaltung der Behandlungstermine, allein oder mit den Kameraden zusammen, welche auch kieferorthopädisch betreut werden. Dabei muß das Bild des erstrebten Zieles dem Kind immer vor Augen stehen oder gestellt werden. Der Erfolg bleibt dann nicht aus, die Hemmungen verschwinden und die Freiheit gewinnt Raum.
Es ist deshalb eine bedeutsame Beobachtung, daß kieferorthopädische Betreuung zu einer Änderung des Wesens des Kindes führt und damit über die Ausrichtung von Zähnen und Kiefern hinaus ihren eigentlichen Sinn bekommt.

KIEFERORTHOPÄDIE — ZEITGEMÄSS BETRACHTET

1. Sicherung der biologischen Gegebenheiten der Gesundheit.
2. Die Aktivierung der Voraussetzungen der Grundlagen der Gesundheit zur Verhütung oder Behebung von Abwegigkeiten.
3. Die Möglichkeiten und Abwegigkeiten:
   - in Bezug auf die Umwelt und Mitwelt
   - in Bezug auf die Innenwelt
   - in Bezug auf die Harmonie von Körper—Seele—Geist
   - als Folge der Abstraktion und Nichtbeachtung der Ganzheit

- Bevorzugung oder Vernachlässigung des Ganzheits- und Organcharakters der Sinnesorgane
- Nichtbeachtung oder Vernachlässigung der Bewegung im Rhythmus, in der Periodik oder in der Betonung der Einseitigkeit oder Störung des Verhältnisses von Spannung und Entspannung

4. Die zeitgemäßen Grundlagen der Kieferorthopädie aus anatomischer, physiologischer und biologischer Schau
5. Kieferorthopädie als Behandlung des ganzen Menschen
   - somatisch
   - psychisch
   - geistig
6. Die Orthopädie im allgemeinen und die Kieferorthopädie im Besonderen als Grundlagen der Vollzüge der Körper- und Organfunktionen.
7. Die Chirogymnastik und die Bionatortherapie
8. Die Praktik der Chirogymnastik und der Bionatortherapie, Haltung und Verhalten sowie Ausrichtung des Menschen. Die zentripetal gerichtete Sammlung von Sinnesreizen und die zentrifugal gerichtete Reizbeantwortung durch Organ- oder Bewegungsfunktionen.
9. Die „Beseelung" als Transformation der gesetzten Reize und als Reifung oder Heilung im Ganzen.
10. Die „Vergeistigung" als unstoffliche, energetische Ursprünglichkeit und Entsprechung der harmonisch gereiften Stofflichkeit.

Die Bionatortherapie ist eine ganzheitlich ausgerichtete Behandlungsmethode und wirkt nicht über Schrauben, Federn oder sonstige aktive Hilfsmittel. Sie bringt allein die körpereigenen Wachstumskräfte ins Spiel und ihre Aufgabe ist es, diese Kräfte durch die gestaltende Wirkung der Zunge anzuregen und die dadurch einsetzende Entwicklung zur Neuorientierung des Mundraumes zu nutzen und alle Störungen, die zur Verformung geführt haben, fernzuhalten. Hieraus ergibt sich die Form des Bionators und seiner Unterarten sowie seiner zusätzlichen Hilfsteile. Daraus ergibt sich aber auch die Führung der Behandlung durch den Zahnarzt oder Arzt, die nicht allein in der Kontrolle des Gerätes bestehen kann und darf.

Jede aktive Einwirkung ist falsch und hat deshalb zu unterbleiben. Auch ist das Prinzip des Bionators nicht mit dem des „Aktivators" zu verwechseln. Das Ziel der Behandlung ist die Entwicklung einer optimal großen Mundhöhle und die Entfaltung des verformten Gebisses zu seiner individuellen Norm, deren Ideal das vollverzahnte 32er Gebiß in ungestörter Okklusion und Artikulation ist. Die Okklusionsebene — nicht Kauebene — verläuft parallel zur Ohr-Nasen-Ebene fast horizontal und schneidet in ihrer dorsalen Verlängerung unter gesunden Verhältnissen das Occipitalgelenk.

Sie verlangt zusätzlich durch entsprechende Übungen eine Einflußnahme auf ursächliche Haltungsfehler und die Abstellung meist psychischer Fehlleistungen der Weichteile des Mundes, insbesondere der Zunge und der Lippen. Sie verweist auch auf die wichtige Bedeutung der richtigen Zusammenstellung und Verwertung unserer Nahrung, deren Verarbeitung schon im Munde durch den Kauakt und die Einspeichelung beginnt, im Magen fortgesetzt wird und im Darm ihren Abschluß findet. Auch auf diese Vorgänge können wir Einfluß nehmen durch Belehrung über die richtige Atmung. Ebenso wie die Mundatmung zur Verformung von Nase und Mundraum, zu mangelnder Durchwärmung und Durchfeuchtung der Atemluft und zur Gefährdung der Lungen führt, so begeben wir uns bei Unterlassung der Bauchatmung der natürlichen Einwirkung auf den Intestinalraum, insbesondere der Bewegung von Darm, Magen und Leber.
Es ist aber auch ein prinzipieller Irrtum, die Wirkungsweise des Bionators mit den Arbeitsgrundsätzen des Aktivators gleichsetzen zu wollen.

Das Biologische Anrecht des Kindes und die Gegenwart

„Es ist verständlich, daß der Mensch zunächst nicht bereit ist, Schranken anzuerkennen, die ihm von der Natur gezogen scheinen, wohlgemerkt: nicht sind!" HUGO V. HOFFMANNSTHAL

Die Erfüllung des Grundgesetzes — Die Aufrichtung des Menschen und ihre Problematik — Das Leben zwischen aufrechtem Gang und Ruhelage — Der aufrechte Gang ist der jeweilige Gewinn aus einer Lei-

stung. Er ist keine Gegebenheit, sondern Erwerb. Von einem Bauplan kann nur im Sinne einer Möglichkeit gesprochen werden. Die Aufrichtung selbst ist Angelegenheit der Persönlichkeit. Sie muß durch Übung stets neu vollzogen werden.
Fehlhaltungen müssen zu Organstörungen wie zugleich auch zu wechselndem Verhalten und Fehlverhalten führen.
Die Haltungsschäden unserer Kinder verlangen eine Stellungnahme:

1. Die Entwicklung des Kindes bis zu seiner Befähigung aufrecht zu stehen und zu gehen.
2. Die Auswirkungen der Betätigungslosigkeit wie auch der Übertreibung des Aufrechtbleibens.

Einseitigkeiten des Stehens oder Sitzens müssen zu Kräftevergeudung statt zur Kräftesammlung und damit zur Krankheit führen.
Fehlorientierung in bezug auf Stabilität und Labilität — Schwerewirkung und Drucksteigerung — Änderung der Oberflächen- und Gewebespannung — Die Entstehung des Blutdruckes — Das Gewebe und sein spezifisches Gewicht — Oberflächenspannung nur Ausdruck des Zellverhaltens oder des Verlustes des Gleichgewichtes im Grundgewebe — Die Zelle als Besonderheit oder das Unspezifische — Maßnahmen des Blutes bei hochgradigem Sauerstoffmangel:

1. Hilfsmaßnahmen:
   Mobilisierung der Reservezellen in den Blutdepots

2. Notmaßnahmen:
   Mobilisierung junger, unreifer Erythrozyten durch beschleunigte Neubildung in den Blutbildungsstätten

Die Erdgebundenheit des Menschen — Kann Physik das Leben erklären? — Aufbau und Destruktion des Lebendigen — Das Beispiel des Waldes
Nicht die Aufrichtung, sondern die Ausrichtung ist das Wesentliche: Die Überwindung der materiellen Erdgebundenheit.

Die Ausrichtung durch die Übung der Sinnesorgane.

Sind unsere Gesetze Naturgesetze? Ihre Gültigkeitsbeschränkungen 9% gesund — 91% krank 31% ihrer Krankheit bewußt 8% zur Kenntnis der Ärzte gelangt — 60% im Gefühl voller Gesundheit und Leistungsfähigkeit tatsächlich aber ebenso krank wie die 31%.

Das biologische Anrecht des Kindes

Mißverstehen der Kieferorthopädie und ihre Verwechslung mit der früheren Orthodontie. Das Problem löst sich weder vom Zahn und seiner Stellung noch von der Zahnreihe oder dem Gebiß aus sondern allein vom Träger aus. Wie Zahnreihen sich nicht für sich allein betrachten lassen, so auch das Gebiß nicht, da es nicht allein zum Kopf, sondern zur Bewegungseinheit Kopf-Hals gehört. Wenn eine Anomalie vorliegt, dann ist sie Ausdruck der Störung ihres Trägers im Ganzen gesehen. Aus Zweckmäßigkeitsgründen können zwar Bewegungseinheiten angesprochen werden; ohne das Ganze jedoch sind sie nicht zu denken. 65% des Körpergewichtes sind Bewegungsapparat, 35% nur Betriebsorgan. Dies allerdings nur auf das Körpergewicht bezogen, nicht auf die Leistung. Unter diesem Gesichtspunkt würden sich ganz andere Zahlen ergeben. So ist zum Beispiel die Leistung eines erregten Muskels doppelt so groß, wie es seiner gewöhnlichen Spannung entspricht.

Bei der Geburt ist der Kopf am schwersten, der Schwerpunkt des Säuglings oberhalb des Jahres. Im Wachstum gleitet der Schwerpunkt weiter beinwärts, bis der aufrechte Gang möglich wird. Für die Aufrichtung des Kindes ist entscheidend, ob es diese mit fremder Hilfe oder von sich aus vollzieht. Die Lage des Kindes ist von Bedeutung, da nach jedem Aufrichtungsversuch die Horizontale wieder eingenommen werden muß. Die Ausrichtung als solche, von Kopf und Hals und schließlich vom Brustkorb aus.

Vor dem Sitzen und Stehen gibt es das Krabbeln und Kriechen, nicht nur, um nun auch die Lendenwirbelsäule zu stärken, sondern auch, um die Organe auf die Aufrichtung vorzubereiten. Die Organe haben im Liegen nicht die gleiche Leistung zu vollbringen, wie im Stehen, dargestellt am Beispiel des Herzens, der Atmung und der Lymphbewegung. Jede Störung innerhalb des Körperhaushaltes führt erfahrungsgemäß und unweigerlich zur Krankheit. Die Basis des Lebens, das Vegetativum oder vegetative Sein, und das animalische der Fortbewegung. Das Wesen „Mensch" über Pflanze und Tier hinaus, nicht nur in bezug auf die Aufrichtung und das Instinktverhalten, sondern insbesondere auf die Wertung von Erfahrung. Nicht also die Funktion, sondern der Reflex ist entscheidend. Dies aber nur, weil die Regelung für den gesunden Ablauf der Reflexe Sorge trägt, und die Verbindung mit der Natur die Oberaufsicht hat.

Geht eine dieser Stufen verloren, sind Leistungsschwäche und Krankheit die Folge. Uns darf nicht beruhigen, daß empfundene Störungen nur funktioneller Art sind — häufig auch „nervös" genannt-, da funktionelle Störungen auch nur Stufen sind. Was heißt das in Bezug auf die Bewegungseinheit Kopf-Hals? Und den Gesamtorganismus? Oder praktisch: warum leidet die Jugend zu 90% und mehr unter Skelettschäden? Warum zu 80% an Anomalien?

Die einfache Antwort: Weil das biologische Anrecht des Kindes nicht berücksichtigt wird und dies sowohl in körperlicher, als auch in seelischer und geistiger Hinsicht. Die Bedeutung der Transformation und der seelischen Steuerung körperlicher Vorgänge und die geistige Ausrichtung. Aufgerichtet und aufrecht bedeuten mehr als senkrecht. Aufrecht-labil ist etwas anderes als aufrecht-stabil. Die Erfahrung des Kindes und deren Speicherung als seelische Gehalte. Der Unterschied zwischen Erlebnis und Ereignis. Nur das Erlebte hinterläßt seine Spur und wird verarbeitet. Vokabeln machen noch keine Sprache und Nachmalen von Buchstaben hat mit Wortinhalt nichts zu tun.

Die Erlebnisarmut unserer Tage, der Mangel an Bildung und Selbstbildung, die Verwechslung von Nachsprechen und Eigenerleben. Nicht Wahl, sondern Entschiedenheit als bedeutungsvolle Grundlage der Lebenshaltung. Warum Anomalien? Warum Kieferorthopädie?

Die geheimnisvollen inneren Kräfte, die Dysregulation und die Disharmonie. Kieferorthopädie im wahrsten Sinn des Wortes als Erziehung.

Die Verhaltensweisen des Kindes in seiner Abhängigkeit von Anlage, Reaktionstyp und Gemeinschaftsfähigkeit

Grundlagen der Pädagogik

Pädagogik = ErziehungswissenschaftNichts ist geeigneter, die Problematik erkennen zu lassen und sie einer Lösung zuzuführen, als die Betrachtung der Althirn- und Neuhirnfunktion, sei es aus der Entwicklung oder ihrem heutigen Stand nach.

Für die Pflanze genügt es, ihrer Keimanlage entsprechend, ortsgebunden sich zu entwickeln und sich zu entfalten. Die Lebensbedingungen entscheiden über Sein oder Nichtsein. Das Tier ist zwar nicht standortgebunden, aber regiongebunden. Seine Neigung entspricht seinem Sollen. Seine Leitung übernimmt der Instinkt, das heißt die psychische Gebundenheit, mit anderen Worten: Das Verhältnis oder die Beziehung seines Selbst zu seiner Umgebung und der Umgebung zu ihm.

Erst beim Menschen können wir von einer Befreiung aus einer solchen Gebundenheit sprechen, da er die Möglichkeit der freien Entfaltung und der Umweltgestaltung besitzt. Diese Freiheit bedeutet aber zugleich auch sein Schicksal, d.h., vor die Entscheidung gestellt zu sein und nicht wählen zu dürfen, weil seine Wahl ihm das göttliche Geschenk dieser Freiheit nimmt. Wer wählt, muß sich die Rolle der Pflanze oder des Tieres gefallen lassen. Die Schöpfung erfüllt sich in der Reifung des Menschen. Deshalb ist es die Aufgabe der Erziehung, zu selbständiger Entscheidung anzuhalten, wie auch die Reifung zu fördern.

Das Los der Pflanzen steht uns stets vor Augen. Das Leben des Tieres gibt uns Beispiele. Nicht das Vergleichen bringt uns weiter, sondern allein das Erkennen unserer Selbst, d.h., nicht dessen was wir unserer Neigung und unseren Wünschen nach sein möchten, sondern was wir unseren Anlagen nach vermögen und wozu uns die Gegenwart, d.h. Zeit und Umwelt, auffordern, und was wir somit sollen.

Es stehen sich damit Persönlichkeitsanlage und Lebensanforderungen gegenüber. Wünsche und Streben können die Anlage fördern, sie können sie aber auch hemmen. Jede Abwegigkeit, wird sie von außen herangetragen, bedeutet Aufenthalt oder Fehlleitung, jede Wahl, jede Selbsttäuschung, jedes Verneinen, Flucht.

Zwang führt allein zur Redaktion, deshalb verbleibt als förderndes Moment nur die Frage und die Übung des Handelns. Aus der Neugierde erwächst die Fragefähigkeit, aus der Antwort die Schlußfolgerung. Ihre Verallgemeinerung bedeutet einen Fehler, weil sich unsere Reaktion danach einstellt. Die Schlußziehung muß eine praktische Nutzanwendung haben, sie muß Handeln heißen.

Unsere Aufgabe ist es, aus der Neugier die Beobachtung, aus der Frage das Nachdenken, aus der Schlußziehung das Vergleichen und aus der Nutzanwendung die Handlungsfähigkeit zu entwickeln. Nicht jedoch dürfen die so gewonnenen Angaben den natürlichen Trieben und Bedürfnissen widersprechen, welche Sicherheit, Anerkennung und Streben nach Ich-Entfaltung heißen. Der Weg kennt das eine Geheimnis der Teilnahme. Ihr Gegenspieler ist zunächst der Widerstand und die Kritik: Die Kritik konstruktiv zu gestalten und den Widerstand mit seinem Potential in Teilnahme umzuwandeln, ist neben Befähigung und Bewährung der Wesenszug der Pädagogen.

Wir glauben, bewußt zu leben oder richten unser Handeln und Erwarten darauf ein, das Ziel der Sehnsucht bewußt zu erleben. Damit sättigen wir uns, ohne Hunger zu haben, leben in der Vorstellung statt in der Wirklichkeit. Das Sichtbare, Vordergründige halten wir bereits für den Inhalt, und übersehen, daß es nur Ausdruck ist. Unser Ursache-Wirkung-Denken ist primitiv und flach, verbleibt nur an der Oberfläche. Wir übersehen, daß die Abstraktion „Verstand" eine Fata

Morgana ist, ein Spiegel, dessen Bild ein Ausschnitt, aber Zerrbild des Unbewußtsein ist.

Keiner hat trefflichere Worte für dieses Verhältnis gefunden als GOETHE, als er sagte: „Der Mensch kann nicht lange im Bewußtsein oder im bewußten Zustand verharren; er muß sich wieder ins Unbewußte flüchten, denn darin lebt seine Wurzel."

Während im Neuhirn nur Gedanke dem Gedanken folgt, stehen sich im Althirn Bild und Bild gegenüber, ergänzen sich, schreiten fort, jedoch nicht, ohne den ganzen Körper mitzureißen, d.h., ohne das Erlebnis und seine Reaktionen, wie es im Mensch-Umweltverhältnis gewesen ist. Deshalb ist der Satte träge und der Hungrige empfänglich. Die Seligpreisungen zeigen uns die erstrebenswerten Situationen, da sie das Neuhirndenken ganz in den Dienst des Althirns stellen. Nutzt aber umgekehrt das Althirn die Denkungsarten des Neuhirns und seiner Möglichkeiten aus, dann erscheint das „Wehe, wenn sie losgelassen!" vor uns, der Rückfall der Menschen in den tierischen Affekt, und anstatt sich schöpferisch auszugleichen oder sich zu unterstützen, kämpfen sie gegeneinander und führen die eigene Vernichtung herbei, weil der Kampf nicht mehr der Umwelt gilt, sondern sich selbst.

Den Menschen über das Tier hinauszuheben, die tierischen Reaktionsarten konstruktiv positiv umzulenken, den jungen Menschen die Situation erkennen zu lehren-den inneren Zwang zur Entscheidung und zwar zur selbständigen Entscheidung — das ist unsere Aufgabe. Belohnung des Starken ist Abgötterei. Es ist wesentlich, herauszustellen, daß im Gegenteil Schwäche nicht Armut oder Entsagung, sondern die Voraussetzung überhaupt zur Reifung ist, und daß die Frucht der Reifung Anerkennung findet. Uns imponiert der Reiche nicht, der kein Herz für die Armen hat. Für uns ist der reich, der sich der Armen erbarmt, wo er besitzt oder nicht. Das „Edel sei der Mensch, hilfreich und gut" zu lehren, als die Voraussetzung für das Himmelreich läßt uns den Schöpfungssinn besser erkennen, als Patentlösungen von Dogmen, die dem Patentinhaber Erleuchtung gebracht haben mögen, den Lizenznehmern aber das Gefühl ihrer Abhängigkeit nicht nehmen. Demut will geübt sein, wie die Ehrfurcht im Erleben. Ihre Abstraktion hilft uns nichts. Wir müssen mit der Entmythologisierung beginnen, um unser Pharisäertum aufzugeben, und was könnte hier geeigneter sein als im Lehren zu lernen.

Zur Erklärung des Themas tun wir gut, es in eine Frage umzuwandeln. Bewußt oder unbewußt gehen wir von dem Gedanken aus, wir hätten den kleinen Menschen in die rechte Form zu bringen, damit aus ihm das erwartete und für die Gemeinschaft nützliche Wesen werde. Wir setzen dabei voraus, daß alle Anlagen und Keime in dem jungen Menschen vorhanden sind und nur der Ausbildung bedürfen. Das Kind stellt für uns die Kleinform des Erwachsenen dar und damit in Grunde genommen ein statisches Wesen, daß nicht mehr entwicklungsfähig ist sondern nur noch ausgebildet werden muß. Zwar geben wir zu, daß den Anlagen nach gewisse Unterschiede vorhanden sind, jedoch ein Grundtyp vorliegt, dessen Ausbildung ein Wesen schafft, daß schließlich in eine Uniform — wenn auch mit verschiedenen Größennummern — hineinpaßt.

Was liegt näher, als früh schon Einteilungen abzugrenzen und damit zugleich Wesenszüge, um unserem Irren den Schein von sicherem, verbürgtem Wissen zu geben? So glauben wir, in der Konstitution ein äußeres Merkmal der inneren Beschaffenheit erkennen zu können, und sind hier KRETSCHMER auf seinem Wege gefolgt. Wo nun KRETSCHMER selbst seinen Weg verläßt, möchten wir nur hoffen, daß im gleichen Sinn auch seine Schüler ihm folgen. Über die Feststellung einiger äußerer Merkmale ist KRETSCHMER nicht hinausgekommen, oder, mit anderen Worten; er isolierte den Menschen und betrachtete ein isoliertes Gebilde.

Ganz anders ist es, wenn wir den Reaktionstyp betrachten, also die Statik verlassen und beobachten, wie das Wesen auf etwas reagiert, das von außen an dieses Wesen herangetragen wird. Diese Einteilung trifft um so eher zu, als hier die Anlagen und Fähigkeiten einer Prüfung unterworfen werden, welche einmal den Anlagen und Fähigkeiten des Wesens selbst entspricht, zum anderen aber auch in das Leben und Erleben des Wesens selbst eingreift. Der Mensch ist eben Wesen zwischen Himmel und Erde, sowohl kosmischer Resonator als auch Neubildner und Schöpfer. Wenn RAOUL FRANCE sich äußert: „Wohl kann der Wald ohne den Menschen, der Mensch aber nicht ohne den Wald sein", so hat er recht. Er läßt aber bei seiner Betrachtung die Verpflichtung aus, den Wald bei seiner Bildung zu unterstützen. Wo die Natur Jahrtausende braucht, um fortzuschreiten, kann der Mensch gestaltend eingreifen und Gebiete besiedeln, auf die er nicht verzichten kann.

Anders liegt natürlich die Problematik, wenn wir an den Satz von LORENZ denken: „Wohl liegt alles Tier im Menschen, nicht aber aller Mensch im Tier", wenn wir dazu übergehen, seine Gemeinschaftsfähigkeit zu prüfen. Die Frage ist also die: Machen wir nicht ebenso große Fehler, wenn wir den Menschen als statisches Wesen ansehen, als wenn wir bei der menschlichen Gemeinschaftsbildung, schließlich heute auch bei der Aufrichtung eines Sozialstaates, Voraussetzungen machen, welche keineswegs gegeben sind?

Und wir tun im Augenblick nicht besser daran, uns der Reaktionsart zuzuwenden, um aus ihr jene Eigenschaften und Fähigkeiten herauszulesen, die allein uns den Anforderungen gerecht werden lassen, welche wir an die Menschen stellen? Wir müssen uns allerdings darüber klar sein, daß eine solche Betrachtung Forderungen erhebt, welche in ihrer konsequenten Befolgung das heutige Bild unseres Seins und Handelns weitgehend umgestaltet.

Größere Unternehmen sichern sich heute fast durchwegs bei der Einstellung von Personal ab durch Anhörung von Graphologen, wenn es sich um ältere Bewerber handelt, sie rufen Psychologen zu Hilfe, wenn bei jüngeren Bewerbern Eignung und Befähigung geprüft werden sollen, da es nicht zu verantworten ist, längere Prüfungszeiten einzuschalten oder unnötige Versuche anzustellen, deren Fehlschlagen von vornherein möglich ist. Ganz abgesehen davon, daß der Kündigungsschutz die schwebenden Fragen eher erschwert als erleichtert.

Bei der Einschulung von Kindern genügt die Beurteilung der körperlichen Beschaffenheit, dazu ein bestimmtes Lebensalter und eine durchschnittliche Begabung. Dabei wird ganz übersehen, was auch bei der Eignungsprüfung — wo es weniger auf Eignung als auf Bewährung ankommt — nicht beachtet wurde, daß es nicht die körperliche Beschaffenheit als solche ist, sondern die Reaktionsfähigkeit, welche den Ausschlag im Kampf ums Dasein gibt. Ist es nicht auch natürlich, daß eine gute Konstitution eher zur Trägheit verleitet, als daß sie Ansporn zu höherer Leistung wäre? In den Lebensgeschichten bedeutender Männer lesen wir doch, wie es zumeist ihre Schwäche war, aus der die Stärke erwuchs, und das körperliche und geistige Minus, aus dem das Plus wurde.

Unserem Einteilungsbedürfnis allerdings entspricht es, wenn wir Konstitutionstypen unterscheiden können; aber über die Beurteilung der Architektonik des Menschen kommt eine solche Einteilung nicht hinaus. Es ist sehr die Frage, ob die Widerstandsfähigkeit des Organismus gegen bestimmte der Krankheiten dadurch gekennzeichnet ist, daß man dem einen oder anderen Konstitutionstypen angehört, und man etwa deswegen gefeit ist, weil man zur Gruppe der Astheniker, Pykniker oder Athleten gehört.

Wir alle kennen das Wort CÄSARS: „Laßt wohlbeleibte Männer um mich sein mit glatten Köpfen, die nachts gut schlafen.“ Es ist dabei aber nicht entschieden, ob sie gut schlafen, weil sie wohlbeleibt sind, oder umgekehrt, wohlbeleibt sind, weil sie gut schlafen.

Der Eisenbeißer Breitbart büßte sein Leben ein, weil er sich an einem rostigen Nagel infizierte. Ihm half seine Stärke nichts.

Wir können auch aus der Geschichte sagen, daß das Messen der Brustumfänge oder Körpergröße nicht die Stärke eines Volkes ausmachte und es überleben ließ, sondern allein die Art und Weise, wie der Einzelne und schließlich die Gesamtheit zum Schicksal standen und es überwanden. Wie man sich praktisch verhält, d.h., wie man auf einen Reiz hin handelt, darauf kommt es an und schließlich, wie wir selbst unsere Reaktionsfähigkeit zu bewerten haben und einstufen. Nicht die Konstitutionstypen, sondern die Reaktionstypen sind es, welche heute im Vordergrund des Interesses stehen und welche unsere Beurteilung erfahren. Darüber später mehr.

Es kommt weiter hinzu, daß wir jedes fortschrittliche Verhalten als weseneigentümlich ansehen und zukünftiges Verhalten aus der Vergangenheit glauben ablesen zu können, wobei wir natürlich, ohne es zu bedenken, Fehler machen. Wir setzen nämlich voraus, daß sich die Umwelt konstant verhält, und es nur von unserem Fortschritt abhängt, schlauer zu sein. Dabei übersehen wir, daß sich auch die Umwelt in einem ständigen Fortschreiten und Anpassen befindet, ja, daß dies das Ureigenste ihres Wesens ist. Es kann sich deshalb leicht ereignen, daß uns die Umwelt einholt, beziehungsweise überholt, und uns eine versteinerte Schläue zum Verhängnis wird. Sicher hätte Goliath nie daran gedacht, dem Steinwurf eines David erliegen zu müssen.

Gerade heute gilt es mehr denn je zu bedenken, daß die Forderung des Wissens und die Erhöhung von Ansprüchen das von uns gesteckte Ziel nie erreichen lassen, sondern eher zum Gegenteil führen, sei es durch Vermehrung von Zeitungen und Zeitschriften, Lehr- und Anschauungsbüchern, Vorträgen und Pflichtveranstaltungen, und schließlich auch durch den Rundfunk. Die Statistiken besagen eindeutig, daß die Verdummung zunimmt und jedes selbständige Handeln erlahmt. Die Leistungen von Hilfsschülern sind oft erstaunlich. Und das praktische Versagen der Intelligenz kein Wunder. Und wenn wir schon so trefflich zu ordnen und zu organisieren verstehen, die Schicksale selbst in die Hand nehmen, die Zukunft lenken und das Glück zu beherrschen meinen, so müssen wir schon über die Erfolge enttäuscht sein, sei es, daß wir die Angst und Unruhe bedenken, die die Welt beherrschen, seitdem der Waffensieg der Gegner sicher war, sei es, daß es nicht gelingt, die soziale Frage befriedigend zu lösen, sei es das mehr Ehen unglücklich geschieden als glücklich geschlossen werden. Auf unsere Institutionen können wir uns wahrhaftig wenig einbilden und wir sind noch weit davon entfernt, hinter das Rätsel zu kommen, dessen Lösung uns das Glück schenkt. Zwar sprechen wir von „sozial“ und „asozial“ und glauben, eine Gemeinschaft aufgerichtet zu haben, wenn wir die asozialen Elemente aus ihr entfernen, machen uns aber nicht klar, daß die Weisheit eines Heraklit, die schon von der Harmonie der Gegensätze gesprochen hat, berücksichtigt werden muß, will eine Gemeinschaft bestehen.

Mit diesen kurzen Ausführungen ist eine Problematik angeschnitten, vor die wir und Sie im besonderen gestellt sind, wenn wir die Aufgabe der Erziehung und Unterrichtung Jugendlicher betrachten. Sie nur durch

Verbesserungen oder Kompromisse lösen zu wollen, wäre ein müßiges Unterfangen, und würde die Tragik nur vergrößern, in der wir uns befinden. Es ist deshalb erforderlich, von den einfachsten Voraussetzungen und Beobachtungen auszugehen, wollen wir bestehen können und erfolgreich sein, wenn wir dieses Wort als Kriterium für den Ausgang unserer Mühen in aller Bescheidenheit in Anspruch nehmen.

Ich sehe es deshalb als meine Aufgabe an, einfache Grundsätze bzw. Leitsätze aufzustellen, welche uns allein urteilsfähig machen und gerecht sein lassen.

Abstraktes Wissen, d.h., die nüchterne Beantwortung von Fragen oder das Aneinanderreihen von Wissensgut, bedeutet eher eine Belastung, als daß es eine Befreiung wäre.

Die Zergliederung eines Stoffes und die Erklärung von Vorgängen zerstört die Ehrfurcht und setzt mit der Verallgemeinerung Grenzenlosigkeit, Überheblichkeit, den Anspruch und das asoziale Verhalten in die Welt.

Jede Betätigung unterliegt der Tragik, auf Dauer zu entarten. Handeln wird zur Gewohnheit, und Gewohnheit wird gewöhnlich. Jede Überanstrengung stumpft ab und entfremdet.

Launen und Launenhaftigkeit rufen Widerstand hervor. Überraschungen, neue Situationen und Wechsel beleben.

Nicht der Reiz und die Art des Reizes sind entscheidend für die Antwort auf den Reiz, sondern das Erleben, welches mit ihm verknüpft war. Damit sind erst Erlebnisse für das weitere Leben entscheidend.

Die Materialisierung geistiger Güter und die Betonung des Körperlichen bei bewußter Zurückstellung seelischer Momente hat uns in eine Not geführt, aus der uns nur eine Neubetrachtung der Dinge befreien kann.

Wenn auch nur vorübergehend, so muß im Augenblick die Betonung der seelischen Momente im Vordergrund stehen, um unsere Auslassungen zu erkennen und aufzuholen, was versäumt wurde.

Der Mensch ist eben nicht ein statisches Wesen, daß in bestimmter Weise auf die allein wechselnden historischen Gegebenheiten reagiert, sondern eine sich selbst wandelnde Form des Lebens, fähig, sich und auch die Umwelt umzugestalten.

Anpassung und Angleichung sind eine Notwendigkeit, aber kein Fortschritt. Sie stellen ein Nutznießertum dar, bedeuten aber keinen Beitrag. Wer nicht sät, hat auch auf Ernte keinen Anspruch.

Die Erfahrung von Jahrmillionen, als Erbe übernommen, befähigen uns, da zu sein und zugleich auch zu werden. Das Stammhirn mit seinem Reichtum an Funktionen läßt uns Zeiten überdauern, denen wir geistig nicht standhalten können. Andererseits bedient sich das Stammhirn des Neuhirns, um Gebiete zu erobern, welche sonst nur dem glücklichen Zufall überlassen geblieben wären.

Wo das Neuhirn sich selbständig macht und sein Denken Anspruch auf Alleinherrschaft erhebt, bringt es das Althirn in Gefahr und damit den Menschen überhaupt. Nicht Hungersnot oder Krankheit gefährden den Menschen oder die Menschheit, sondern allein die psychische Infektion, gegen die es kein Mittel gibt, sagt JUNG. Und es ist deshalb auch sinnlos, mit einem Dementi einer solchen Infektion Einhalt gebieten zu wollen. Hier kann nur die Gesundung helfen, d.h., die Erstarkung gegen jeden psychischen Einfluß.

Es ist falsch, zu denken, daß das Kind, dessen sprachliche Ausdrucksfähigkeit und Mitteilsamkeit noch nicht ausgebildet sind, und dessen Wissen hinter dem unsrigen zurücksteht, geistig, seelisch etwa minder begabt wäre und entsprechend „verschlissen“ werden könnte. Würde das Kind aus dem Neuhirn leben müssen, so wäre es nicht lebensfähig.

Die Ausbildung und die Reifung des Neuhirns vollzieht sich nach der Geburt und vom ersten halben Lebensjahre ab, und ist in seiner Entwicklung erb- und anlagebedingt. Intelligenz läßt sich nicht erziehen und machen, sondern nur, falls vorhanden, fördern. Dabei allerdings hängt die Entwicklung wiederum nicht vom Neuhirn, sondern vom Althirn ab, da die Charaktereigenschaften althirnbedingt und damit die Grundlage für die Neuhirnbildung sind.

Jede Züchtung von Neuhirnwesen ohne Berücksichtigung des Althirns muß nicht nur zu einem Fehlschlag führen, sondern zu einer Gefahr werden. Nur das Gehirn zu beachten und nicht das Herz, heißt, den Menschen erneut aus dem Paradies zu treiben und in sein Unglück zu stoßen.

Die Prädikaterteilung ist, auch ungewollt, zu einer Bewertung, Stufung und Ordnung geworden, welche den Forderungen des Stammhirnes nicht gerecht wird. Die charakterliche Beurteilung entspricht meist unserer subjektiven Beurteilung und damit den Erleichterungen, welche wir erfahren. Die Strebsamkeit wird nicht in der Anlage, sondern in der Fähigkeit gesehen, daß aufgegebene Pensum zu erledigen.

Die Schulentlassung wird häufig als Weg in die Freiheit begrüßt und empfunden, um endlich, der eigenen Anlage entsprechend, sich entfalten zu können. Im Leben entscheidet nicht so sehr das Wissen, als vielmehr die Begabung, und das Urteil „Was fange ich nun mit dem erlernten Stoff an?“, ist mehr eine Anklage als ein Lob auf die Vergangenheit.

Wir sollten nicht Unterricht in Biologie erteilen, sondern Biologie üben, d.h., die Rangordnung muß eingehalten werden, die die Natur eingeführt hat. Das Bewußtwerden der Rangstufe muß gleichzeitig dem Bewußtwerden des Edelmutes und der Verantwortung dienen und damit der Freigabe von Kräften, welche durch unsere Stufung zurückgedrängt oder gar fehlgeleitet werden. Wir haben Systeme, aber keine Schulen;

Schulmeister, aber wenig Lehrer, wobei die Pädagogen besonders begnadet sind. Es geht natürlich nicht an, die Besserung von Verhältnissen zu erwarten, welche aus dem Elternhaus erwuchsen, und etwa dem Lehrer allein die Verantwortung zu übertragen. Hier müssen Elternhaus und Schule grundsätzlich übereinstimmen. Ist das nicht der Fall, müht sich die Schule vergeblich.

Es ist nicht der Sinn, auf die Zielsetzung der Parteien oder der Konfessionen einzugehen. Fühlt die Partei sich als Teil des Ganzen und will sie dem Ganzen dienen, und ist Konfession nur Ausdruck der religio, der Rückbindung an Gott und sind sie nicht Selbstzweck, dann haben sie gleiche Ziele. Nur ihr Irren ist Gegenstand der Kritik und sucht in der Peripherie, was in der Mitte als Ursache begründet ist.

Zur Änderung oder Behebung von Gewohnheiten

Zur Änderung oder Behebung von Gewohnheiten, zur Auflösung von Spannungen und Stauungen, sowie zur Beeinflussung von falscher Atmung und Haltungsfehlern ist es oft unerläßlich, dem Patienten neben dem Tragen des BIONATORS gewisse Übungen aufzuerlegen, Massage und Handgriffe können in vielen Fällen Erleichterung verschaffen und die Voraussetzungen für die Heilung verbessern.

Lockerungsübungen für Buccinator und Orbic. oris: Mit geschlossenen Mund, Wangen abwechselnd rechts und links und beidseitig aufblasen. Bei leicht nach vorne gebeugtem Rumpf Kopfschütteln und dadurch Gesichtsschütteln. Um die Ecken der Lippen (Mundecken) und den Buccinator in die Gewalt zu bekommen, ist es notwendig zu üben, den Apparat vorschriftsmäßig einzusetzen und herauszunehmen, d.h.:

Der BIONATOR hat wie ein Apfel locker in der Faust zu liegen und ist bei entspannten Lippen und Wangen an den Mund zu führen. Die Zunge kommt dem Apparat entgegen und zieht ihn in den Mund. Beim Herausnehmen stößt die Zunge den Apparat bis vor die Lippen, wo er von der ganzen Hand entgegengenommen wird.

Lockerungen der Lippen:
Seidenpapier- und Kammblasen, Vibration. Eine Verkrampfung des orbic. oris. sup. zeigt sich durch eine leichte Einziehung oberhalb des Lippenrots: Oberlippe nach unten unter die Zähne ziehen, zunächst Anämie, ist diese verschwunden, ist der Krampf gelöst. Wulstige Lippen: Vibration.

Bei Lippenrhagaden oder Einreißen der Mundwinkel: Keine Salbe, sondern Spannung lösen durch Vibration (Kammblasen, Seidenpapier). Normal sind locker geschweifte Lippen.

Übungen für den Lippenschluß:
Münze oder anderen Gegenstand mit den Lippen festhalten. Guldenübung, Zetteltherapie. Sprechen: Mein Müller muß mein Mehl mahlen. Um zu prüfen, welche Lippe nicht funktionstüchtig ist, hält man abwechselnd Oberlippe und Unterlippe fest.

Zur Verlängerung der Oberlippe:
Lippenmassage, Fingerzug, Unterlippe saugt die Oberlippe an, Lippenbügel suchen lassen. Watterolle unterlegen.

Lockerung des Mentalis:
Massage, zwischen den Fingern durchgleiten lassen. Bewußtmachen der oft unbewußten Spannung. Zetteltherapie.

Lockerung der Scaleni:
Rechts: Hinter dem Patienten befindlich, ergreift die linke Hohlhand das Kinn des Patienten und drückt es so zurück, daß die Scaleni entspannt wird. Mit der rechten Hand wird sodann vibrierend von unten nach oben heraufmassiert. Links: Sinngemäß umgekehrt.

Lockerung des Sternocleido: Nach Entspannung durch leichtes Drehen und Neigen des Kopfes: Massage. Halsdrehübungen zur Entleerung der Drosselvene.

Zungentraining:
Um die Zunge vom Unterkiefer unabhängig zu machen, ist zu üben, den BIONATOR bei geöffnetem Munde und vorgeschobenem Unterkiefer mit der Zunge am Gaumen zu halten.

Sodann in schneller Folge abwechselnd oben und unten festhalten. Die Zunge soll in ihrer ganzen Länge dem Gaumen anliegen. Diese Haltung ist vorhanden, wenn die Zunge wie beim Schnalzen an den Gaumen gelegt wird. Die Zungenhaltung ist ebenfalls richtig unmittelbar vor der Aussprache des „DU“, „David“, „Dir“ usw.. Das Entspannen der Zunge muß dann geübt werden, wenn „A“ gequält gesagt oder nicht sauber gesungen werden kann. Die Zunge ist dann entspannt, wenn die Zungenspitze bei „A“ mit glatter Oberfläche hinter den unteren Zahnreihen liegt.

Funktionelles Training der Zunge:
Eierbecher auslecken, um obere und untere Zahnreihen herumfahren, Rogerschlucker.

Falsche Zungenfunktion erkennt man beim Schlucken mit geöffneten Lippen, oder beim Sprechen von „der, die, das“ bei geschlossener Zahnreihe.

Bei kurzer Zunge: Streckübungen nach oben (Nase) und unten (Kinn). Unterzungenvenen entleeren (Saugglocke, Massage).

Auflockerung und Erweichung von Narben:
Vibrieren mit Seidenpapier, Massage, Vibration mit Speichel (richtige Fermentation und pH-Gehalt).
Schwingungsfördernd für Nase, Nebenhöhlen und Rachen: Summen, ganze Melodien und beim Ausatmen.

Funktionsübung bei offenen Biß:
Jeden Tag mit den Frontzähnen eine Möhre schälen, um die Frontzähne in Funktion zu stellen. (Gleichzeitig eine Anregung für den Digastricus.)

Zur Verkürzung der Schneidezähne:
Aufeinandersetzen der Zahnfronten und Papier durchziehen lassen.

Speichelförderung:
Getrocknete Brotkrusten lutschen. Saugende Bewegungen der Wangen und Lippen. Bei Hamsterern: Kopf hoch in den Nacken, Kinn nach vorn strecken und sprechen: Speichel kommt.

Übungen für die Kieferhaltung:
Beim „S"-Sprechen Zähne vorne aufeinandersetzen. Als Übung zur Gewohnheit werden lassen. Bei Rückbiß nach hinten gestreckt, gefaltete Hände an Gummi aufhängen, Unterkiefer vorschieben.

Bei Nasentrockenheit:
Angefeuchtete Wattebällchen im unteren Nasengang ausdrücken, dann atmen. Angefeuchteten Zellstofflappen anatmen. Bei Erwachsenen eventuell Watteträger oder Wasser im Nasengang hochziehen.

Erschwerte und ungewohnte Nasenatmung:
Schnüffeln. Zeigefinger auf Glabella, mit dem Daumen ein Nasenloch zuhalten, durch das freie Nasenloch ein- und ausatmen. Dies abwechselnd rechts und links. Wasser im Nasengang hochziehen.

Übungen zur Vertiefung der Atmung und zur Vergrößerung des Atemvolumens:
Jede bewußte Atmung mit tiefer Ausatmung beginnen. Summen beim Ausatmen (Je länger, desto besser). Zählen beim Ausatmen (bis 30 oder 40). Rogerübung.

Säuretherapie:

Auf 1 Liter Wasser 1 Löffel Weinessig: Im Spiel- oder Schlafzimmer zerstäuben. Lautes Vorlesen der Deklamation von Gedichten und Prosa. Dabei darf der zusammenhängende Sinn nicht durch Zwischenatmung unterbrochen werden. In der Gedankenpause durch die Nase einatmen. Das Ganze zunächst bei geschlossenen Zahnreihen.

Umstellung von Mund- auf Nasenatmung:

Der geschlossene Mund ist von solch großer Wichtigkeit, daß dem Kind keine Bitte gewährt werden darf, wenn es sich in dieser Hinsicht nicht die größte Mühe gibt. Zetteltherapie. Nachts: Leukoplaststreifen schräg über den Mund, wobei der über den Lippen liegende Teil so umgeschlagen ist, daß er nicht klebt. Während der Schularbeiten oder beim Lesen: kleines Geldstück oder anderen leichten Gegenstand zwischen die Lippen nehmen.

Bauchatmung:

Die Bauchatmung ist keine Idealatmung. Normal und gesund ist die richtige Vollatmung. Bei reiner Brustatmung und Funktionslosigkeit des Zwerchfells und der Bauchmuskulatur muß die Bauchatmung erlernt und geübt werden: Man legt die Hände des Patienten auf dessen Brust und Bauch, läßt atmen und vergleicht dann die Bewegungen durch Auflegen der Hände des Patienten bei sich selbst. Der Patient übt zunächst im Liegen bei entspannter Bauchdecke (angezogene Knie). Die Bewegung der Bauchdecke soll zunächst, wenn notwendig, geführt werden (Mutter oder Ehegatte). Später wird die führende Hand durch ein Buch ersetzt. Wird die Bauchatmung im Liegen beherrscht übt man sie stehend, mit Fersen, Kreuz, Schulter und Kopf die Wand berührend. Die Bauchatmung erfolgt immer bei geschlossenem Mund, durch die Nase. Dem Patienten soll der Gang des Luftstromes erklärt werden.

Um die Residualluft, soweit es geht, zu reduzieren, und den Bauch- und Brustinhalt tüchtig durchzumassieren, übe man die Bauchatmung des öfteren am Tage. Eine sehr wirksame Übung zur Kräftigung der betroffenen Muskulatur und zur Massage des Brust- und Bauchinhaltes ist das abwechselnde Heben und Senken von Brust und Bauch im Liegen, bei angehaltenem Atem und nach Möglichkeit leerem Magen.

Übungen zur Haltungsverbesserung bei vorgefallenen Schultern, eingefallener Brust, herausstehenden Schulterblättern:

Hände nach außen drehen. Nach oben wirkender Gummizug bei nach hinten oben gestreckten Händen. Über die Schulter sehen, bei gestrecktem Hals (dabei wird der Bauch von selbst mit hereingenommen). Alle Bodenübungen, wobei die Schultern entspannt auf dem flachen Boden liegen.

Bei Hohlkreuz:

Griff; eine Hand am Bauch, die andere Hand unter Hohlkreuz, dann Druck. Bodenübung: Abrollen, so daß Kreuz am Boden flach aufliegt, dann Bauchatmen. Tischübung: Patient in Bauchlage so auf den Tisch legen, daß Oberkörper und Bauch herabhängt: Entspannen durch leichtes Pendeln und Drehen, Bauchatmen.
Allgemeine Übungen zur Haltungsverbesserung: Nakkenschaukel, Schwebeläufer. Schrägbrett. Kombinierte Übungen zur Verbesserung von Atmung, Haltung und Mundverhalten, Guldenübung (Nord): mit Fersen, Gesäß, Schultern und Kopf an senkrechter Fläche stehen.

Dabei wird ein Sandsäckchen (500 g) auf dem Kopf getragen und zwischen den Lippen ein Geldstück gehalten. Bauchatmung durch die Nase. Dies täglich 10 Minuten. Mit dem Sandsack auf dem Kopf (später ein Buch oder gar ein Glas Wasser) Strichgehen, Schwebebalken. Arme in Nacken verschränken und so Atemübungen bei gestrecktem Körper und richtiger Haltung machen. Übungen auf dem Spannungslöser, Übungen im Schwebeläufer.

Bei allen diesen Übungen ist der BIONATOR im Munde zu tragen.

Bemerkungen über die Massagewirkung:

Das „Trauma" der Massage führt zur Verwandlung des labilen Gelzustandes der saueren Mukopolysaccaride, der Grundsubstanz, in den Solzustand, wobei Wasser frei wird. Der entstehende Gewebsstrom begünstigt die Ausschwemmung von Abbaustoffen.
Bei Schleimhautmassagen ist durch Mikrotraumen eine Erhöhung der Permeabilität nachzuweisen. Wahrscheinlich wird auch die Permeabilität der Gefäßwände und des Bindegewebes beeinflußt. Die Durchblutung wird angeregt.

Die Kraft des Arztes liegt im Patienten

Es keine Anomalie, welche nicht auch eine Anomalie der HWS, der LWS und dafür auch der BWS wäre, das bedeutet aber zugleich: Nicht ohne einen Komplex im Sinne der Dysfunktion der Organe und Organbeziehungen.
Die Wechselseitigkeit der Ausdrucksformen läßt Aussagen über Außen und Innen, sowie über Leib und Seele zu.
Die Anomalie ist Ausdruck der Fehlordnung in bezug auf Strömung und Synchronisation der Bewegungen der Körpersäfte, gleich, ob im Lymph- oder im Blutaustauschsystem, da sie einander bedingen.
Die Störung im Stoffwechsel bedeutet damit die Störung des Aufbaus der Substanz in Form und Gestalt.
Das bedingt zugleich eine Fehlfunktion, nicht nur im Sinne der Kau-, sondern auch der Raumfunktion.
Die Anomalie und das anomale Verhalten sind also die Folge eines Fehlgeschehens oder einer Dynamik.
Es sollten aber stets die Ursachen und nicht die Folgen eines Geschehens behandelt werden.

Die Praxis lautet also:

Vermeidung jeden Fehlverhaltens — Beginn, wo Einfluß auf das Strömen möglich ist. Wo auch immer, möglichst gleichzeitig:

- Lippenschluß
- Übung der Nasenatmung bei Sicherung der Luftfeuchtigkeit
- Übung der Kopf- und Körperhaltung
- Entlastung der Kreisläufe
- Änderung der Vorstellungswelt und Aufrichtung eines gesunden Zieles

Kieferorthopädie als psychologisches Problem

„Es gibt am Schädel keinen festen bleibenden Punkt"
— DUYZINGS.

Die Entwicklung der Zahnheilkunde in den letzten Jahren hat unmißverständlich erwiesen, daß es eine Heilkunde mit der Hinwendung allein auf den Zahn nicht geben kann. Natürlich kann man den Zahn isoliert betrachten, eine Therapie, vor allem aber eine Prophylaxe, kann nur vom Ganzen her erfolgreich durchgeführt werden.

So wissen wir denn auch, daß sich die Aufgabe der Orthodontie nicht darin erschöpft, Enges weit und Schmales breit zu machen, um einer Norm möglichst nahe zu kommen, sondern, daß sie den sogenannten Ursachen und Zusammenhängen nachzugehen hat, die zur Abweichung von der Norm führten, um alles daran zu setzen die kindliche Entwicklung sich gesund vollziehen zu lassen und den Aufbau der Persönlichkeit zu ermöglichen, in welche Lebensbedingungen immer sie gestellt sein mag.

Wie Orthodontie oder, wie wir heute sagen, die Kieferorthopädie — um das Erziehungsmoment zum Ausdruck zu bringen, daß unseren therapeutischen Maßnahmen zugrunde liegt — stellt somit ein psychobiologisches Problem dar.
Von ihm soll hier die Rede sein. Um es möglichst einzugrenzen, sei vorweg gesagt:
Die Korrektur ist nicht Sache der Orthopädie, wenn wir ihr auch an der Grenze zu den anderen Disziplinen

der Zahnheilkunde häufiger begegnen. Auch sind ästhetische Belange nicht ihre Aufgabe, wenngleich die Ästhetik — sie begleitend oder am Ende als Geschenk — eine wesentliche Rolle spielt.
Da Erziehung Erziehbarkeit voraussetzt, gehören deshalb auch alle jene Fälle nicht in den direkten Aufgabenkreis der Orthopädie, die sich durch den Charakter ihrer pathologisch-anatomischen Besonderheiten unserem erzieherischen Einfluß entziehen.
Für sie tritt die Prophylaxe zu Ihrer Verhütung in ihr Recht; im übrigen haben die Chirurgie und die Prothetik mit Unterstützung der Kieferorthopädie für Ihren Ausgleich Sorge zu tragen. Doch ist die Zahl der unserer orthopädischen Hilfe heischenden Fälle so groß, daß die im Vergleich dazu wenigen Fälle im obigen Sinne bei unserer Fragestellung zunächst umgangen werden können.
Hier muß es also unser Anliegen sein, die wichtigsten Daten bei der Entwicklung des Kindes und der menschlichen Persönlichkeit herauszustellen. Es handelt sich dabei weniger um Zahl und Maß, um Häufigkeit oder Vergleich, sondern um die Hervorhebung des wichtigsten Punktes, der Verhaltensweisen, des Individuums — psychisch betrachtet.
Welche Mühe hat man sich in der Orthodontie gegeben, den Zahnbogen entsprechend seiner Größe zu normen und Indices zu finden, um ihn klassifizieren und werten zu können.

„Und doch mußten wir am Ende immer wieder feststellen, daß es am Schädel keinen festen, bleibenden Punkt gibt.“ — DUYZINGS.

Von den Betrachtungsstufen —

1. der beobachtenden, der morphologischen und der statischen
2. der funktionellen, die Beziehung betonenden
3. der organfunktionellen, die Gesetzesform beachtenden
4. der relativen Betrachtungsstufen —

interessieren uns hier nur die drei letzteren. Sie allein sind in der Lage, über die Physiologie und die Ganzheitsbetrachtung planvoller Abläufe hinaus die Psychologie und Soziologie in ihrer Relation zur biologischen Ursprünglichkeit zu erfassen und in Ihren Dienst zu stellen.
Hier stimmen wir mit HOTZ überein, wenn er sagt, daß „die klassische Orthodontie irgendwie an einem toten Punkt angelangt und auf jeden Fall nicht in der Lage sei, die Probleme sozialer Art zu lösen.“

Wenn ich zudem FREYTER wiederhole: „An den großen Bahnen der Lebensströme wird nicht gelebt. Das geordnete und ebenso das gestörte Leben aller Gewebe in unserem Körper hängt vielmehr wesentlich vom neuralen und vaskulären Endnetz ab, als von den feinsten Adern der Strombahn des Blutes und der Nerven, an denen die Gewebe liegen.“

und:

„Denn durch jedes zellige Element des Synzytiums, durch jedes Plasma laufen die beiden Ströme des Lebens: der korpuskuläre Strom der Säfte vom Blute her und ebenso der energetische Strom der Erregung von den Nerven her.“

weiters:

So können auch im Plasma gewisser intermediärer Elemente und gewisser Erfolgszellen unsichtbar vorhandene neuroide Bahnen zu sichtbaren neuroiden Strukturen und in weiterer Folge zu neuro-fibrillären Formationen werden.
Wenn ich das hier wiederhole, dann, weil sonst die durch die histologischen Untersuchungen von HÄUPL u.a., zuletzt auch von KARE REITAN, sich immer mehr festigenden Auffassungen zu leicht als das A und O der Grundlagen der Orthodontie gewertet werden, wo ihnen doch nur jene Bedeutung zukommt, die der Beantwortung ihrer selbst gestellten Fragen entspricht, und diese wohl mit Kraftauswirkungen, nicht jedoch mit der Antwort auf entsprechende Reizsetzungen zu tun haben. Das entzieht sich auch auf jene Untersuchungen, die z.B. von ESCHLER veröffentlicht wurden.
Dem Mesenchymschwächling ist es nicht gegeben, seine Persönlichkeit aufzubauen! Die ihn treffenden Reize werden von ihm nicht oder falsch beantwortet, da er auf einer früheren Stufe stehen blieb. Koordinations- und Korrelationsstörungen sind es, die ihn charakterisieren. Und so treffen wir auch ihre Zeichen nicht nur im Gebiß, sondern auch im Aufbau des Schädels und des Körperskeletts, in der Statik der Wirbelsäule ebenso wie in der Funktion der Orange und letztlich in seinen Verhaltensweisen wieder.

Ob wir das Eigengestalten der Kinder beim Schreiben, Zeichnen und Modellieren, ihr Verhalten allein, mit Dingen oder in Spiel und Umgang mit Gleichaltrigen betrachten, ihr Verhältnis zu den Erwachsenen, ihren Eltern und Geschwistern wie auch zu Fremden, ihr Schulerlebnis, ihre Einstellung übernommenen Pflichten in Schule und Haus gegenüber, ihr Atmen, ihre Speisenaufnahme und Ihr Verdauen, ihr Wachen oder Schlafen und schließlich ihre Stimmung und Gemütslage: Immer wieder begegnen wir der Ballung von Störzeichen, und darauf kommt es an.

Wir kommen Ihnen nicht näher oder ergründen sie, wenn wir uns statt dem Leib der Seele zuwenden und einer „Psychosomatik" gerecht zu werden versuchen. Allein die Tatsache, daß wir die Einheit Mensch der Ganzheit gegenüberstellen, in der er lebt, und die Wechselwirkungen beobachten, denen der Mensch ausgesetzt ist und mit denen er sich auseinandersetzen muß, beleuchtet in vollem Umfang das Problem, das uns hier angeht.
Die Vorgänge im Organismus sind psychosomatischer Natur, umweltbezogen und ohne soziologische Ausrichtung undenkbar.

Wenn das biogenetische Grundgesetz sagt, daß der Entwicklungslauf des einzelnen Lebewesens eine kurze und schnelle, durch Vererbung festgehaltene, durch Sonderanpassung abgeänderte Wiederholung der Entwicklung der betreffenden Art ist, so muß die Entwicklung nach der Geburt eine Wiederholung der Entwicklung sein, die die Menschheit bis heute durchmachte, angefangen bei der Anpassung an die jeweiligen Umweltbedingungen bis zur Aufrichtung und zur aufrechten Haltung und schließlich bis zum Gemeinschaftswesen.

Wir werden also im Folgenden die Einheit Mensch in all ihren Lebens- und Entwicklungsstufen vom Säugling bis zum Greis nicht für sich, sondern stets in ihrer Beziehung zur Ganzheit, zur biologischen Wirklichkeit, die sie durchdringt, zu der sie gehört und deren Teil sie schließlich ist, zu betrachten haben. Reiz und Reizantwort sind es letztlich, die sich uns mit ihren psycho-physischen Abläufen zu erkennen geben, sei es unter Verfolgung chemischer oder physikalischer Vorgänge, oder der Funktion als physiologischer Auswirkung — und dies im Sinne eines reflexgebundenen oder reflektorischen Vorganges als zielstrebige, beseelte Handlung und damit als Antwort auf den gesetzten Reiz.

Wir dürfen allerdings dabei nicht übersehen, daß ein gesundes Wechselgeschehen einen gesunden Organismus voraussetzt und daß dieser wiederum außer seiner Selbsterhaltung gestaltende Kraft für die Zukunft entfalten und in der Lage sein muß, außer einem instinktmäßigen Verhalten auch die Erfahrungen zu werten, die er aus Reiz und Reizantwort gewonnen hat.

Ich nenne es die Transformation physischer Abläufe über psychische Gehalte zu geistigen Substraten.
Mit Recht weist DUYZINGS darauf hin, daß in dieser Beziehung das 1. Lebensjahr von entscheidender Bedeutung für das Kind ist. Und wenn HOFMEIER von einem biologischen Anrecht des Kindes spricht, so sagt er, daß das Kind im ersten Lebensjahr nicht auf seine Mutter verzichten kann. Daß das kleine Kind die Mutter noch nicht nötig habe, und ein Zuhause durch ein Heim und die Mutter durch eine Säuglingsschwester ersetzt werden könne, ist ein Irrtum.

Von weiterer Bedeutung ist es, wenn wir uns Erziehung und Bildung von der Schule aus klarmachen und erkennen, welch großen Gefahren die Kinder ausgesetzt sind, wenn im Mißverstehen der Bildungsmöglichkeiten Reflexverhalten zu Dressuren mißbraucht werden. Das Buch von MÜLLER-ECKHARD: „Schule und Schülerschicksal" bedeutet hier eine wertvolle Aufklärungsschrift.

Verzeihen Sie es mir, wenn ich hier weiter ausgeholt habe. Es steht aber fest, daß wir Kieferorthopäden nicht mehr in der Lage sind, der selbstübernommenen Aufgabe gerecht zu werden und einen großen Teil der Behandlungen bereits der freien Praxis überlassen müssen. BORGMANN spricht auf Grund von Erhebungen und Unterlagen von 60 Prozent.

Ich sehe hierin nur eine Notlösung und würde auch in der verstärkten Ausbildung von Praktikern zu Kieferorthopäden keine Hilfe erwarten. Es kommt einzig und allein darauf an, das Übel an der Wurzel zu fassen und Eltern, Lehrer und Erzieher, ja, schließlich die Gemeinschaft selbst zu einer Revolution der Erziehung aufzurufen.

Wir haben doch das Beweismaterial in der Hand und können auf der einen Seite aufzeigen, wohin die Fehlerziehung führt, wie auf der anderen, daß die Rückbildung möglich ist und diese nicht nur bessert, was versäumt oder fehlgeleitet wurde, sondern darüber hinaus auch noch das Wesen der Kinder wandelt und sie schließlich zu Menschen und glücklichen Menschen macht.

Kieferorthopädie ist ein psycho-biologisches Problem und nur als solches zu erfassen und erfolgreich zu lösen.

Die ganzheitliche Kieferorthopädie als prophylaktisches Verfahren für die Gesundung des ganzen Menschen

DR. CHR. HERRMANN

Die morphologischen Grundgesetze und die kinetische Anatomie nach BLECHSCHMIDT weisen den Weg in eine ganzheitliche Denkweise. Das System der Grundregulation nach PISCHINGER macht deutlich, daß es im Organismus keine isolierten Veränderungen geben kann; das gilt auch für die Kieferorthopädie.
So ist der Weg in die Zukunft, auch der Kieferorthopädie, nur über eine ganzheitlich ausgerichtete Therapie denkbar. In der ganzheitlichen Kieferorthopädie geht es in erster Linie um die Wandlung des Menschen mit Leib und Seele. Über die Erkenntnis der Bedeutung der Anomalie als Ausdruck gestörter Gesamtfunktionen mit entsprechenden Deformationen ist eine Wandlung im wesentlichen nur über Wesenswandlung möglich. Damit fällt der Kieferorthopädie eine neue und bedeutende Aufgabe zu. Über die Wandlung eines Teils des Ganzen wird das Ganze verändert. Das ist die Quintessenz dieser Ausführungen. Bis heute versteht man unter einer kieferorthopädischen Behandlung in der Regel die Behandlung von Kieferanomalien mit mechanischen wirkenden Apparaten, die die Zähne und den Kieferknochen in ihrer Zuordnung direkt verändern. Wenn hier von ganzheitlicher Kieferorthopädie die Rede sein soll, dann muß der Ansatz der kieferorthopädischen Behandlung auch den ganzen Menschen erfassen.
Wenn ein Arzt einen Menschen behandelt, so muß er — in welchem Spezialfach auch immer — jede Krankheit zunächst als Symptom erfassen. Die Heilung aber kann nur über den ganzen Menschen erfolgen.
Die ganzheitliche Betrachtung des Menschen hat es schon in der Antike gegeben; HIPPOKRATES stellte vor 2400 Jahren den Satz auf: „Das Ganze ist mehr als die Summe seiner Teile". Um die Jahrhundertwende formulierte der Philosoph und Psychotherapeut V. EHRENFELS seine psychologische Gestaltslehre:

1. „Eine psychische Gestalt ist nicht aus Teilen zusammengesetzt".

2. „Das Ganze ist durch Änderung der Teile transportierbar".

Später konnte DRIESCH mit seinen berühmten Seeigelversuchen zeigen, daß auch die biologische Gestalt in ihrer Ganzheit mehr ist als die Summe ihrer Teile.
In den Jahren von 1950 bis 1960 arbeitete BALTERS an den Beziehungen der Ganzheit zur Kieferorthopädie. Er konnte zeigen, daß auch die Kieferanomalie im eigentlichen Sinne nur über die Ganzheit Mensch behandelt werden kann, da nach seiner Meinung hinter einer Kieferanomalie eine Psychose oder Neurose stehen kann.
Der Anatom und Embryologe BLECHSCHMIDT aus Göttingen hat über die vorgeburtlichen Entwicklungsstadien des Menschen die ganzheitlichen Zusammenhänge aller anatomischen Formbildungen aufzeigen können.
Der große Bakteriologe und Hygieniker KOLLATH wies mit seinen Tierfütterungsversuchen nach, daß durch Fehlernährung Skelett- und Gebißschäden entstehen können. Auch hier ist belegt, daß Kieferanomalien keine eigenständigen Krankheiten sein können.
Die heutige Medizin kann es sich nicht mehr leisten, die Menschen ohne ganzheitlichen Denkansatz zu behandeln. Wie das im Bereich der Kieferorthopädie aussehen kann oder sollte, will ich in den folgenden Ausführungen darlegen.
Die Kieferorthopädie befaßt sich mit Formveränderungen besonders im Mund- und Gesichtsbereich. Wir müssen zuerst verstehen lernen, wie sich Formen bilden können. Aus der Embryologie wissen wir, daß alle Formen von der befruchteten Eizelle bis zum ausgebildeten Embryo ständig in Wandlung sind und daß es genetisch keine Formmuster gibt, sondern nur sogenannte Bewegungsmuster. Aus der Bewegung der Elementarteilchen bilden sich ständig neue Formen und es kommt zu Gestaltungsprozessen, die wiederum Ausdruck bestimmter Vitalitäten sind.
Welche Kräfte bewirken solche Urbewegungen? Physikalisch-chemisch gesehen sind es

a) daß Fließen von Flüssigkeiten und

b) das Schwingen von Teilchen.

Die Strömungslehre zeigt uns, welche Formen durch bloße Strömungsänderung entstehen können. Auch beim Schwingen von Gasen und Flüssigkeiten werden Formbildungen beobachtet.
BLECHSCHMIDT beobachtete bei seinen Untersuchungen der vorgeblichen Entwicklungsstadien des Menschen sogenannte Stoffwechselfelder an den Grenzflächen, also an den Keimblättern; anstatt von einem Epithel zu sprechen, sollte man lieber „Diathel"

sagen, da es an den Häuten nicht um Abgrenzung, sondern um Austausch geht.
Wenn aus dem Morulastadium der Blastozyt entsteht, hat das mit den Stoffwechselfeldern zu tun. Hier werden Richtung und Intensität der Strömung zu Formwandlungen führen. Übertragen wir diese Erkenntnisse auf den Mundbereich, so müssen wir fragen, wie der Mund überhaupt entsteht. Der Mundraum entsteht aus der vorderen Mundbucht im Spannungsfeld zwischen Hirn- und Herzanlage. Anfänglich liegen Herz und Hirn dicht beieinander. Erst durch die Aufrichtung des Embryos mit dem Descensus des Herzens und der „Aufrollung" der Hirnanlage entsteht ein Raum, der durch Sog entsteht. Die Kraftfelder verlaufen vertikal, transversal und sagital, was sich in der Faserrichtung des Zungenmuskels offenbart. Der Embryo im 3. Entwicklungsmonat ist im wesentlichen voll ausgebildet. Die einzelnen Stadien der Gesichtsbildung spiegeln das wider. Wenn wir das Gesicht eines 3 Monate alten Embryos betrachten, erkennen wir bereits ein menschliches Antlitz mit der Mimik eines empfindenden Menschen.
Werden die Prozesse der Embryonalentwicklung physikalisch, chemisch, biologisch oder auch psychisch gestört, kommt es zwangsläufig zu Formbild-Störungen, wie wir sie von den Lippen-Kiefer-Gaumenspalten her kennen. Es gibt aber auch viele andere Mißbildungen.
Mit dem 3. Entwicklungsmonat sind die Formbildungsprozesse nicht beendet. Die Formwandlungen und die Gestaltungsprozesse dauern lebenslänglich an. Alle Teile des menschlichen Organismus müssen sich ständig in Form halten und sind ständig in Gefahr, die Form zu verlieren.
Das ist für die Kieferorthopädie von wesentlicher Bedeutung, da hier erkannt werden muß, daß es nie ein „Fertig" geben kann. Dem Menschen ist es gegeben, ständig, bis zum Lebensende, an sich und mit sich zu arbeiten und sich somit zu erhalten.
Ein gesundes Gebiß ist daher kein Geschenk und es kann auch nicht erkauft werden. Es muß erworben werden. Das gilt es in, in der Therapie zu überbringen.
Anatomisch und psychologisch sind der Mensch und sein Gebiß eine Einheit. Das Eine ist ohne das Andere nicht möglich. Konkret gibt es untrennbare Verbindungen vom Gebiß zu folgenden Bereichen:

- Atmung
- Haltung und Bewegungsapparat
- Stoffwechsel und Energiehaushalt
- Sinneswahrnehmungen und Nervensystem
- Psyche

Eigentlich ist eine solche Aufteilung schon ein Widerspruch in sich, da die genannten Bereiche nicht voneinander zu trennen sind.
Die Ganzheitsschau ist deswegen besonders schwierig, da sie so wenig faßbar ist.
Wir müssen daher bemüht sein, über Anamnese und klinische Untersuchungen den Menschen kennenzulernen und ihn im Wesen zu erfassen. In der Anamnese erfragen wir alle Ereignisse, die möglicherweise auf die Entstehung der Anomalie Einfluß gehabt haben könnten.
Dazu gehören Fragen nach:

- dem Verlauf der Schwangerschaft,
- dem Verlauf des Geburtsvorganges,
- der Ernährungsweise von Geburt an,
- den Gewohnheiten wie Lutschen, funktionellen Störungen etc.,
- dem Verlauf von Kinderkrankheiten,
- eventuell durchgemachte oder vorhandene Allergien,
- eventuellen Verdauungsbeschwerden,
- der Lebensweise des Patienten und
- der Körper- und Gebißpflege.

Bei der klinischen Untersuchung werden alle Auffälligkeiten notiert, die, vom ganzen Körper her, Einfluß auf die Anomalie haben können oder die auch Begleitsymptom einer Kieferanomalie sein können.
Wir achten auf folgende Befunde:

- derzeitige allgemeine Beschwerden, insbesondere
- Herz- und Kreislauferkrankungen,
- Atemstörungen,
- rheumatische Erkrankungen,
- Erkrankungen des Urogenitalbereiches,
- hormonelle Störungen,
- Erkrankungen des Bewegungsapparates,
- Magen-Darm-Erkrankungen,
- bestehende Allergien,

- Erkrankungen der Sinnesorgane,
- vegetative Störungen,
- psychische Leiden wie Depressionen, Schizophrenie, Hysterie,
- Nervenleiden wie Trigeminusneuralgie oder Facialislähmung,
- Migräne,
- Herderkrankungen (Schwermetall-, Schadstoff- oder Amalgambelastungen, Gifte etc.).

Die Anomalie selbst wird

a) nach Ausbildung der Zahnbögen und Kiefer und

b) nach der Zuordnung von Ober- und Unterkiefer beschrieben.

Besonderes Augenmerk ist dem Zustand der Schleimhäute im Mund-, Rachen- und Nasenbereich zu widmen, die regionalen Lymphknoten sind zu tasten, der Spannungszustand von Hals- und Gesichtsmuskulatur zu prüfen, die Haltung von Körper und Kopf zu erfassen. Nicht zuletzt sollten die psychosomatischen Zusammenhänge ergründet werden. Eine wertvolle Hilfe ist dabei der Lüschertest. Aus der umfangreichen Beobachtung und Erfassung des ganzen Menschen wird für die Behandlung der Kieferanomalie ersichtlich, welchen Einfluß man dabei auf den Patienten selbst nehmen muß.
Hier sind bereits die ersten prophylaktischen Ansätze diese Therapie zu erkennen. Der Therapieansatz der ganzheitlichen Kieferorthopädie ist daher

a) vom ganzen zum Teil von

b) vom Teil zum Ganzen.

Die Behandlung vom Teil her ist nur möglich, wenn das Umfeld, sog. „Nährboden", bereitet ist. Der Patient muß auf die Therapie vorbereitet werden, indem ihm die bereits genannten Zusammenhänge bewußt gemacht werden.
Der Patient muß Bereitschaft zur Therapie bekunden und seine Anomalie möglichst vom Wesen her verstehen lernen. Er braucht eine Perspektive für die Behandlung, d.h., er muß sich ein Ziel, besser, sein Ziel, setzen.

Der Arzt muß den Weg weisen, den Patienten begleiten, ihn ermutigen wenn er zu versagen oder zu verzagen droht. Der Arzt muß auch erkennen, wo es dem Patienten mangelt oder was noch zu tun ist.

Welche Rolle spielt die Behandlung vom Teil, also vom Gebiß her? Die am häufigsten angewandten Apparate sind der BIONATOR und das Crozat-Simongerät.
Die lokale Therapie soll bewirken, daß sich die Haltung ändert und damit die Atmung erleichtert wird.
Die Vergrößerung des Mundraumes kann aber nur über die Entlastung gehen, d.h., über eine Steigerung des Lymphabflusses, was eine Entlastung des Venensystems darstellt, was wiederum zu einer besseren arteriellen Durchblutung führt.
Dadurch wird das Strömungsgeschehen im gesamten Mund- und Gesichtsbereich gefördert.

Das Prinzip der BIONATOR-Therapie

Der BIONATOR als apparative Hilfe soll vor allem Einfluß nehmen auf:

1. die Strömungsverhältnisse im Mund-Hals-Bereich, im Prinzip auf den ganzen Menschen
2. die Schwingungseigenschaften bzw. Die Elastizität des Protoplasmas des gesamten Gewebes.

Der BIONATOR bewirkt, daß

- Sogräume im Mund entstehen
- die Kopfhaltung geändert wird, damit es zu einer Änderung der Beziehungen zwischen Hals, Atlas, Kopf und Gebiß kommt, was zu einer Aufrichtung der Halswirbelsäule und des Mundraumes führt
- eine Änderung der Zungenlage erreicht wird, damit es zu der Entlastung des zentralen Lymphsystems des Halses und des lymphatischen Rachenringes kommt,
- sich die Atmung ändert, damit die Mundatmung in Nasenatmung übergeführt wird,
- der Speichelfluß angeregt wird, damit Sog und Schlucken aktiviert werden,
- durch Lockerung der Gewebe (vor allem der Zunge und der Gesichts- und Halsmuskulatur) der Stoffwechsel optimiert wird,
- letztlich hierdurch auch die Zellfunktion durch Änderung der Zellmembranfunktion verbessert wird.

Der BIONATOR kann nur dann wirken, wenn die Umwelt- und Umfeldbedingungen entsprechend gegeben sind. Man muß auf folgende Gegebenheiten achten:

- ständiger Aufenthaltsort (geophatische Zonen, elektromagnetische Felder)
- vitalstoffreiche Ernährung, Vollwerternährung im Sinne von KOLLATH,
- Nasenatmung und vertiefte Atmung müssen geübt werden,
- bewußte, aufrechte Haltung muß geübt und eingehalten werden,
- Lymphstau im Halsbereich muß durch Lymphdrainage und Lymphmittel beseitigt werden,
- psychische Belastungen müssen erkannt und überwunden werden.

Die BIONATOR-Therapie ist somit mehr als „Zahnrichtekunst", oder für die Formung eines ästhetischen Gebisses geeignete Therapie, zu verstehen. Die BIONATOR-Behandlung im ganzheitlichen Sinne schafft die Voraussetzungen für eine harmonische und gesunde Mundraumfunktion und damit für ein optimales Gebißsystem. Ein gesundes Kauorgan ist auch Ausdruck eines gesunden und harmonischen Menschen. Die BIONATOR-Therapie ist zusammen mit entsprechenden Begleittherapien wie Lymphdrainage, Magnetfeldtherapie, Sauerstofftherapie, Psychotherapie und Homöopathie geeignet, einen wesentlichen Beitrag zur Gesundung des ganzen Menschen zu leisten.

Die Bedeutung des BIONATORS im Überblick:

1. optimiert den Stoffwechsel
2. beeinflußt das Wachstum des Skelettsystems günstig
3. verbessert die Kopfhaltung
4. lockert Gewebe und Muskulatur
5. löst Lymphstau auf
6. fördert die Nasenatmung
7. trainiert die Zunge zum richtigen Schlucken
8. ermöglicht den Lippenschluß
9. entwickelt den Mundraum.

Die Formwandlung sagt auch etwas über die Wesensänderung aus, denn letzten Endes geht es darum, was ANGELUS SILESIUS vor über 300 Jahren folgendermaßen ausdrückte:

„Mensch, werde wesentlich!
Mensch, werde wesentlich!

Denn wenn die Welt vergeht, so fällt der Zufall weg.
Das Wesen, daß besteht."

Wenn dies der ganzheitlichen Kieferorthopädie auch nur im Ansatz gelingt, dann haben wir schon Wesentliches erreicht. Dann haben wir unserem Patienten geholfen, letztlich das zu erreichen, was für ihn Bestand hat. Vor einer solchen Aufgabe zu stehen, sollte in uns alle Kräfte mobilisieren. Der Lohn wird für beide, Arzt und Patienten, hoch sein.

Die Unterstützung Kieferorthopädischer Massnahmen durch die manuelle Lymphdrainage

Zusammenfassung

Die manuelle Lymphdrainage in den Hals-, Mundboden- und Naso-Labial-Regionen hat eine tiefgreifende Wirkung auf die Neubildung von Knochenstrukturen. So ist sie für die ganzheitliche Kieferorthopädie unentbehrlich geworden, sie ist die Voraussetzung für eine grundlegende erfolgreiche Therapie. In Mund-, Zahn- und Kieferbereich gibt es noch weitere Einsatzmöglichkeiten für die manuelle Lymphdrainage:
Parodontosen-Behandlung, chirurgische Eingriffe, Trigeminusneuralgien, HWS-Syndrom und Nebenhöhlenentzündungen. Leider sind die Möglichkeiten welche die manuellen Lymphdrainage bietet noch wenig bekannt.

Vor rund 20 Jahren war es absolut undenkbar, daß in die kieferorthopädische Behandlung auch die Lymphdrainage als Ergänzung zu den apparativen Maßnahmen einbezogen würde. Es wurde sogar von hohen Funktionsträgern der Zahnmedizin behauptet, im Mund- und Gesichtsbereich gäbe es keine Lymphe, also seien Behandlungen des Lymphsystems im Rahmen einer kieferorthopädischen Behandlung sinnlos. In der Zwischenzeit hat sich das grundlegend geändert. Manuelle Lymphdrainage ist sogar kassenärztlich abrechenbar. Es ist aber noch wenig bekannt, warum die manuelle Lymphdrainage im Rahmen der kieferorthopädischen Behandlung so wesentlich ist; in manchen Fällen ist sie geradezu unentbehrlich. In besonderen Fällen werden heute sogar myofunktionelle oder logopädische Übungen als ergänzende Maßnahmen zur kieferorthopädischen Behandlung angeordnet. Im allgemeinen glaubt man, daß Kieferanomalien nur durch mechanische Druck- und Zugkräfte beeinflußbar sind. So wird auch heute üblicherweise die Kieferanomalie ohne jede weitere therapeutische Maßnahme behandelt. Kieferanomalien werden oft als gegeben (ererbt) oder als durch äußere oder innere Einflüsse erworben angesehen. Man denkt hierbei aber hauptsächlich an Muskelfehlfunktionen.

KOLLATH konnte im Tierversuch nachweisen, daß Anomalien auch durch Fehlernährung entstehen können. Dabei fand er, daß vor allem die Vollwerternährung die Entstehung von Anomalien weitgehend verhindern kann. Durch weitere Untersuchungen fanden KOLLATH und später PISCHINGER und KELLNER, das Stoffwechselstörungen vor allem Energiemangelerscheinungen sind. Die Redoxsysteme in der Zelle und im Zellmilieu sind dabei die Hauptenergielieferanten. Hier liegt in der Regel das Defizit. Durch die embryologischen Forschungen von BLECHSCHMIDT ist bekannt, das Organbildungen, ja, alle Formbildung durch sogenannte Stoffwechselfelder geprägt wurden, d.h. bestimmte Körperformen entstehen durch bestimmte Stoffbewegungen, und diese Stoffbewegungen werden durch dynamische Energien aus den Redoxsystem in Gang gehalten. Fehlt es an Energielieferanten, so werden die Regenerationskräfte reduziert und es können sich Anomalien bilden. Behindert man die Stoffzufuhr zu einem Organ, so wird es in Form und Funktion geschädigt. Naturformen — welche auch immer — entstehen und vergehen. Das ewige Werden und Vergehen alles Irdischen. Die Zellen werden nicht über die Blutkapillaren ernährt, sondern durch die interzelluläre Substanz, die Primärlymphe. Mit ihr steht die Zelle in ständigem Austausch. Auch Störungen der Durchblutung können zu Anomalien führen, dabei muß aber klar sein, daß der Blutkreislauf ganz wesentlich von der Dynamik der Lymphbewegung abhängig ist. Bei jeder Lymphstauung kommt es durch Rückstau auch zum Stau im venösen System und letztlich auch im arteriellen System. Wir wollen in der Kieferorthopädie den Kieferknochen um- und aufbauen. Dazu ist eine ausreichende Stoffwechselfunktion unerläßlich. Man kann selbstverständlich einen Knochen auch rein mechanisch verformen — also ohne stoffwechselfördernde Maßnahmen.

Dabei ist aber festzustellen, daß es zu Knochennekrosen oder Narbenbildung kommen kann. Ein Reziditiv ist ebenfalls in den meisten Fällen zu beobachten. Die Lymphdrainage in den Hals-, Mundboden-und Naso-Labial-Regionen hat eine tiefgreifende Wirkung auf die Neubildung und ist z.B. bei der Kieferentwicklung im Bereich des Kieferwinkels röntgenologisch nachweisbar. Die Größenordnung liegt bei etwa 1cm Längenentwicklung des horizontalen Teiles des Unterkiefers — am Oberkiefer ist es der Alveolarfortsatz, der in dieser Größenordnung nach distal wächst. Die Region der Weisheitszähne hat sehr viel mit dem Lymphsystem zu tun, da hier enge Beziehungen zum lymphatischen Rachenring bestehen. In der Nutzanwendung heißt das: Verlagerte Weisheitszähne oder Platzmangel für diese Zähne bedeuten Lymphstau und sind keine phylogenetischen Erscheinungen. Auch bei extremen Engständen ist durch ergänzende Lymphbehandlung die sonst notwendige Extraktion gesunder Zähne zu vermeiden. Schon PROF. BALTERS hielt die

Lymphdrainage für eine besonders wichtige Voraussetzung für die Einleitung einer kieferorthopädischen Behandlung. Der von ihm entwickelte BIONATOR hat neben seiner Abschirmfunktion vor allem eine Drainagewirkung des Mundinnenraumes, d.h. mit dem BIONATOR kann man Wirkungen auf die Mundschleimhaut und sogar auf den Kieferknochen induzieren. Kieferwachstum und Kieferumbau werden dadurch wesentlich gefördert. Mit den bislang üblichen Apparaten der Kieferorthopädie — das sind besonders die Multibandapparate und die Dehnplatte — erreicht man meist eine Zunahme des Staues.

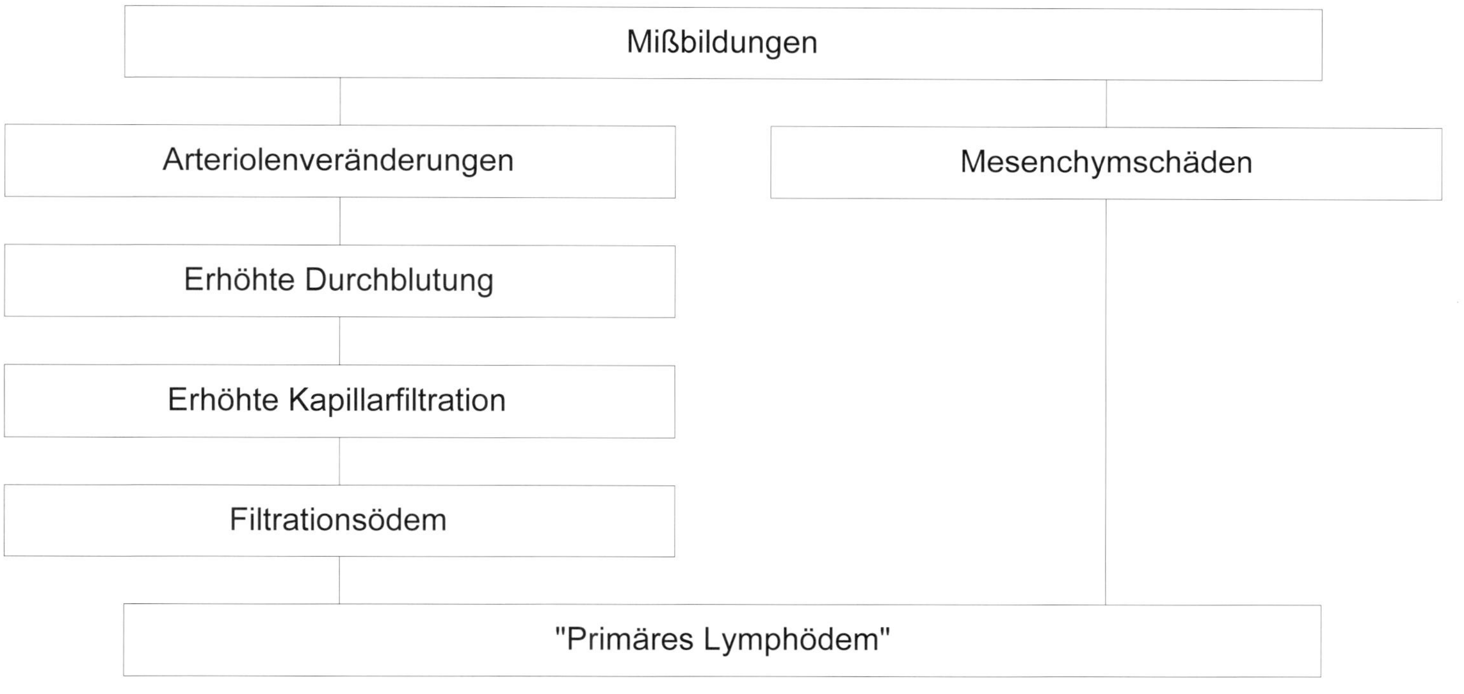

Der BIONATOR und einige funktionell wirkende Geräte der Kieferorthopädie, wie zum Beispiel der Funktionsregler nach Fränkel, der Kinetor nach Stockfisch, das Crozat-Gerät u.a. haben eine Durchblutungs- und lymphsteigernde Wirkung. Kürzlich haben Forscher der Dresdner Medizinischen Hochschule nachweisen können, daß durch funktionell wirkende Apparaturen die Durchblutungsmenge in Kiefer um das zirka 3fache anwachsen kann. An einigen Beispielen möchte ich aufzeigen, welche Möglichkeiten die ergänzende Lymphtherapie in der Kieferorthopädie bietet. Es gibt aber auch Beispiele, daß ausschließlich Lymphbehandlungen Kieferanomalien von selbst ausheilen läßt. Soll eine Lymphbehandlung von dauerhaftem Erfolg gekrönt sein so ist auf Atmung, Bewegung und richtige Vollwerternährung zu achten. Im Mund-, Zahn- und Kieferbereich gibt es noch weitere Einsatzmöglichkeiten für die manuelle Lymphdrainage: Parodontosenbehandlung, chirurgische Eingriffe, Trigeminusneuralgien, HWS-Syndrom und Nebenhöhlenentzündungen. Leider sind die Möglichkeiten der manuellen Lymphdrainage noch wenig bekannt. In meiner Praxis wird bei den kieferorthopädischen Behandlungen — vor allem bei schweren Kieferanomalien — in der Regel Lymphdrainage verordnet. Eine Unterstützung der manuellen Lymphdrainage kann die Anwendung von Unguentum Lymphaticum, Kinolymphat, Lymphomyosot, Lymphdiaral u.a. sein. Die Durchführung dieser Therapie muß in Lymphdrainage-Kursen erlernt werden. Dabei sollte auch die Mundinnendrainage durchgeführt werden. Die apparativen Maßnahmen dürfen den Lymphfluß im Mundbereich nicht behindern. Zusammenfassend ist zu sagen, daß die manuelle Lymphdrainage für die ganzheitliche Kieferorthopädie unentbehrlich geworden ist, ja, sie ist die Voraussetzung für eine grundlegende, erfolgreiche Therapie.

Die Bionatortherapie und der gynäkologische Raum

Zusammenfassung

Zunächst erscheint es widersprüchlich, wenn eine kieferorthopädische Behandlungsmethode in bezug zur Gynäkologie gebracht wird. Die ganzheitliche Denkungsart in Medizin und Zahnmedizin macht es möglich, auch Widersprüchliches in eine Gesamtschau zu bringen. Die Mundhöhlenentwicklung steht im engen Zusammenhang mit der Halswirbelsäule und diese wiederum mit der Lendenwirbelsäule. Es gibt auch Zahn-Organ-Beziehungen. Beispielsweise haben die Frontzähne Verbindungen zum Urogenitalbereich, ebenso auch die Weisheitszähne.

Weitere Zusammenhänge gibt es zwischen den Körperhöhlen: So steht der Mundraum mit dem Hals-, Brust-, Bauch- und Beckenraum in bezug, wie wir bei M. FUCHS, in der funktionellen Entspannungs-Therapie erfahren. Die kieferorthopädische Behandlung kann deshalb auch Auswirkungen auf den ganzen Menschen haben, im positiven wie auch im negativen Sinne. Wenn durch Zahnextraktionen der Mundraum verkleinert wird, dann ist das nicht ohne Folgen auf den gynäkologischen Raum. Die BIONATOR-Therapie ist eine Behandlungsmethode in der Kieferorthopädie. Dabei handelt es sich um einen bestimmten Apparat, der von dem Patienten im Munde getragen werden muß, und durch dessen Funktion die Mundhöhle mit den Zahnreihen in bestimmter Art und Weise beeinflußt werden kann (Abbildung 1). Wenn hier von der kieferorthopädischen Behandlung her eine Wirkung auf den gynäkologischen Bereichen vermutet wird, dann ist zu untersuchen, ob und wie dies geschehen kann. Die Aufspaltung der Medizin in viele Fachgebiete hat zur Folge, daß die spezifischen Untersuchungen sich jeweils nur auf das entsprechende Fachgebiet beschränken; ja, man darf sich nur auf dem jeweiligen Fachgebiet bewegen sonst kommt es zu unerlaubten Fachüberschreitungen. Mittlerweile ist es jedoch erwiesen, daß bei allen Erkrankungen der ganze Mensch erkrankt, nicht nur ein Teil. Der französische Orthopäde BRICOT hat zum Beispiel nachweisen können, daß eine nur wenige Zehntel-Millimeter zu hohe Zahnfüllung Auswirkungen auf die Füße haben kann; d.h., daß, wenn z.B. auf der rechten Kieferseite ein Zahn ein wenig zu „hoch" ist, die beiden Füße ungleichmäßig belastet werden. Es bildet sich eine Art Skoliose heraus.

Die Kieferorthopädie kann heute ebenso wie alle anderen medizinischen Fachbereiche nicht mehr isoliert betrachtet werden. Wenn man bedenkt, daß dies schon in der Antike bekannt war und über die Jahrhunderte immer wieder diskutiert wurde, dann ist es schon verwunderlich, daß heute noch um die Anerkennung der ganzheitlichen Medizin gerungen werden muß. Von HIPPOKRATES stammt der Satz: „Das Ganze ist mehr als die Summe seiner Teile". Bei dem großen Psychiater und Psychologen V. EHRENFELS finden wir um die Jahrhundertwende folgende Sätze: „Die Seele besteht nicht aus Teilen" und „ändert man einen Teil des Ganzen, so ändert man das Ganze". Der Histologe PISCHINGER aus Wien fand heraus, daß der Organismus auf einen Reiz, zum Beispiel einen Nadelstich, immer als Ganzes regiert. PISCHINGER fand im Organismus die Existenz einer Grundregulation und eines Grundsystems, d.h. alle Organe, Gewebe, Gefäßwände usw. stehen untereinander in Verbindung. Der Organismus reagiert daher immer ganzheitlich — aber nicht einheitlich. So muß man erwarten, daß auch Eingriffe im Mundbereich auf den ganzen Organismus wirken und mit entsprechenden Reaktionen des Organismus gerechnet werden muß.

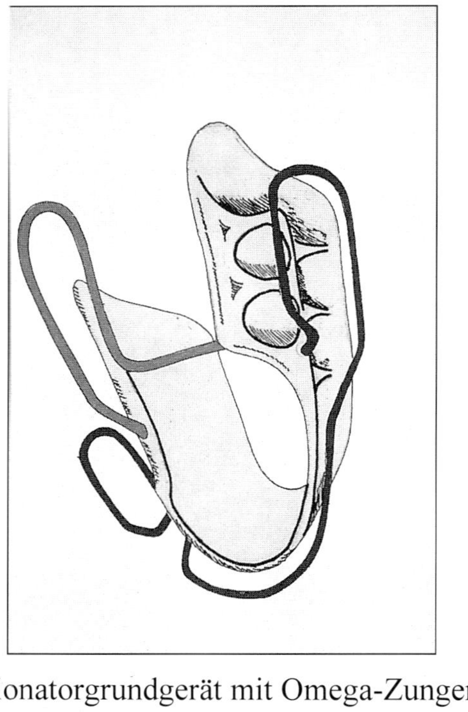

Abb. 1: Bionatorgrundgerät mit Omega-Zungenbügel

Kommen wir auf die BIONATOR-Therapie zurück. Der Apparat BIONATOR hat Auswirkungen auf die Zahnreihen und die Kiefer, also muß er auch auf den gesamten Körper wirken. Nach dem PISCHINGER-Prinzip jedoch muß auf jeden Reiz der gesamte Körper reagieren, also müssen auch andere kieferorthopädische Behandlungsapparate auf das Ganze wirken. Dies ist zu bejahen. Bei dieser Frage geht es vornehmlich um das „Wie“! Wie wirkt die BIONATOR-Therapie auf den Mundbereich, und können Wirkungen auf den gynäkologischen Bereich beobachtet werden? Im Gegensatz zu den eher mechanisch wirkenden kieferorthopädischen Apparaten hat der BIONATOR eine bewußte ganzheitliche Wirkung: Die Umformung eines anomalen Kiefers erfolgt hier nicht über Einzelzahn-Bewegung oder Dehnung des Kiefers, sondern durch eine Wandlung des ganzen Menschen über Bewußtseinsveränderung und Wandel der Grundfunktionen (Stoffwechsel, Atmung, Haltung, Wahrnehmung im Schmecken, Riechen und Hören).

Bei der BIONATOR-Therapie ändert sich vor allem der Mundraum, die Haltung des Kopfes und sozusagen als Beigabe, auch die Zahnstellung. Die BIONATOR-Therapie ist deshalb hauptsächlich die Kunst der Menschenbehandlung und nicht eine Zahnrichtekunst. Der berühmte Göttinger Embryologe und Anatom BLECHSCHMIDT formulierte: „Kein Organ besitzt eine eigene Form, sondern eine angepaßte Gestalt“. So ist die Kieferanomalie nicht eine Krankheit sondern ein Symptom. Sie ist in ihrer jeweiligen Ausrichtung der Ausdruck einer Störung von Reiz und Reizantwort.

Zum Verständnis der Formen bzw. Gestalten eines Organismus sind deren embryologische Grundfunktionen wichtig. Nach BLECHSCHMIDT kann in extrauterinen Leben eine Organfunktion nicht ausgeübt werden, wenn sie nicht schon im embryonalen Zustand in primitiver Form realisiert war. So muß auch die Kieferanomalie verstanden werden. Die sogenannte Mundraumfunktion beginnt mit der Entstehung des Mundes (Abbildung 2).

Auffällig ist, daß noch vor der Kieferbildung die Zunge enorm entwickelt ist, ebenso sind es die endo- und exokrinen Drüsen. Die Adenohypophyse hat noch im 2. Embryonalmonat eine Verbindung zur Mundhöhle, die Speicheldrüsen sind schon gut entwickelt, ebenso die Schilddrüse, die Epithelkörperchen und die Thymusdrüse. Der Mundraum selbst entsteht in dem Spannungsfeld zwischen Hirnanlage und Herz. In den ersten Entwicklungsmonaten zeigt sich funktionell eine gewisse Entsprechung zwischen der Mundhöhlenentwicklung und dem Beckenbereich. Beide Bereiche (Mundhöhle und Beckenhöhle) entstehen durch die Aufrichtung des Embryos. Anfangs ist die dorsale Begrenzung des Mund- wie Beckenraumes die kyphotische Hals- beziehungsweise Lendenwirbelsäule. Durch den Streckungsprozeß entwickelt sich im Hals- wie auch im Lendenwirbelbereich eine lordotische Krümmung der Wirbelsäule, im Brustwirbelbereich bleibt sie als Kyphose bestehen. So ist der muskuläre Aufbau des Mundbodens ähnlich dem des Beckenbodens. Die Rückwand bzw. dorsale Begrenzung des Mundraumes ist die Halswirbelsäule und als Entsprechung im Beckenbereich die Lendenwirbelsäule. Die Wirbelsäule muß als Einheit gesehen werden. So sind die Lordosen im Halswirbelbereich und im Beckenbereich funktionell einander entsprechend. Mit der Aufrichtung der Halswirbelsäule ist in der Regel auch eine Aufrichtung der Lendenwirbelsäule verbunden. Somit muß mit einer Mundhöhlenentwicklung auch eine Beckenentwicklung einhergehen (Abbildung 3).

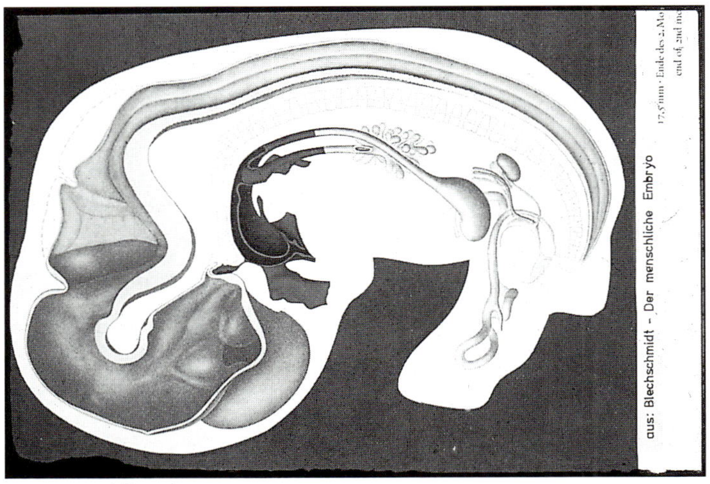

Abb. 2: Die Entstehung des Mundraumes am Ende des 2. Entwicklungsmonates

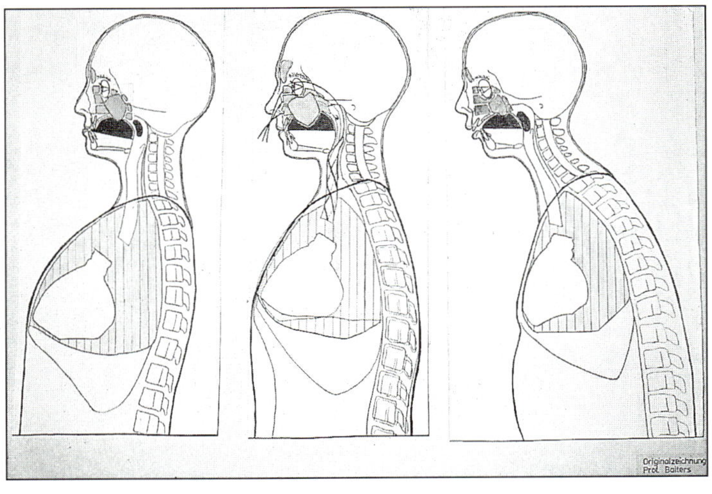

Abb. 3: Haltung und Wirbelsäule bei Progenie, Normalbiß u. Rückbiß

Aus der funktionellen Entspannungs-Therapie nach FUCHS (ehemalige Mitarbeiterin von F. V. WEIZSÄCKER) geht hervor, daß alle Körperhöhlen untereinander in Verbindung stehen, d.h. ändert man den Mundraum, so müssen sich auch alle anderen Körperhöhlen ändern. Somit kann festgestellt werden: Die Entwicklung der Mundhöhle geht einher mit der Entwicklung der Beckenhöhle, ebenso auch mit Hals-, Brust- und Bauchraum. Es gibt aber auch andere Verbindungen der Zähne zum Gesamtorganismus. Durch die Elektroakupunktur nach VOLL und KRAMER wissen wir, daß bestimmte Zähne zu bestimmten Organen Verbindungen haben (siehe Beitrag: Meridiane KOBAU/GLEDITSCH). Die Schneidezähne und die Weisheitszähne haben funktionelle Beziehungen zum Urogenitalsystem, besonders zu den Nieren und Nebennieren. Im einzelnen bedeutet das: Zahnstellungsanomalien, Karies, Parodontose oder entzündliche Prozesse in diesen Regionen beeinflussen den urogenitalen Bereich, sei es durch chronische Entzündungen, organische Funktionsschwäche oder auch manifeste Krankheitsbilder. Man kann auch den Schluß ziehen: Zahnfehlstellungen im Frontzahn- nd Weisheitszahnbereich haben ihre Wurzeln im Urogenitalbereich, und das kann schon intrauterin bedingt gewesen seien. Entwicklungsstörungen im Mundbereich, etwa anomal stehende Front- oder Weisheitszähne, im Zwischenkiefer oder retromolaren Raum (lymphatischer Rachenring) haben Ihren direkten Ursprung in einer Stoffwechselstörung, die wiederum durch Lymphstau in den Endversorgungsgebieten bedingt ist. Letztlich geht dies auf Störungen im Urogenitalbereich zurück. Engstehende Frontzähne der unterschiedlichsten Art sind Ausdruck einer Mundraumeinengung, die eine Entsprechung im Beckenbereich hat. Man kann sagen, daß allen Kieferanomalien eines gemeinsam ist: Eine Einengung des Mundraumes.
(Abbildung 4 und 5)
Störungen und Erkrankungen im gynäkologischen Raum sind auch häufig Stoffwechsel- und Funktionsstörungen. Alle Senkungsprozesse im Mund (Glossoptose) wie im Beckenbereich sind vorwiegend Muskelfunktionsschwächen. Am Mundboden sind dies:

- M. mylohyoideus
- M.geniohyoideus

Im Beckenbodens entsprechend:

- Diaphragma pelvis und levator ani
- Diaphragma urogenitale
- Sphincter ani
- Pforte für Enddarm, Harnröhre und Geschlechtsorgane

Die Verbindung Mundraum-gynäkologischer Raum wird bislang vorwiegend muskulär gesehen, d.h., bei Glossoptose muß auch eine Tendenz zur Beckensenkung bestehen.
Wir finden laut BEISCH auch Zusammenhänge zwischen enger Keimanlage der Weisheitszähne und Nierensenkung. Diagnostisch wie auch therapeutisch geht es um die Stoffwechselstörung und ihrer Überwindung. Vor einer speziellen Therapie ist im Mund- wie im Beckenbereich zuerst das funktionelle Problem zu lösen, und zwar mittels

1. Lymphtherapie (Drainage, Medikamente)

- krankengymnastische Übungen (Lernprogramme)

2. Für den Mundbereich gibt es Lippenfunktionsübungen (z.B.: Ein Knopf am Faden muß mit den Lippen gegen Zug festgehalten werden).
3. Das gleiche ist im Vaginalbereich als Übung möglich.

Dies sind einige Beispiele für den Zusammenhang Mund-Becken.

Der Körper besteht nicht nur aus Muskulatur. Die Muskelfunktion ist nur über eine entsprechende nervale Komponente möglich. So ist die bewußte wie die unbewußte Nervenfunktion von besonderer Bedeutung. Wenn der Mensch etwas will, kann er es auch tun, jedoch laufen viele Prozesse dabei unbewußt oder reflektorisch ab. Bei Funktionsstörungen muß aber die Störung bewußt gemacht werden. Der Mundbereich wie der Becken-Vaginalbereich sind Kommunikationsbereiche, so daß Störungen auch als Kommunikationsstörungen interpretiert werden können.
Mit dem Mund wird die Nahrung aufgenommen, wird Sprache artikuliert, hier wird aber auch geschmeckt, entschieden oder nicht entschieden, die Mimik zeigt entsprechende Antworten auf Reize jeglicher Art. Wie steht es dann im Becken- und Vaginalbereich?
Auch hier sprechen wir von einem Mund, der etwas aufnimmt oder auch abgibt, auch hier gibt es reflektorisch ablaufende Prozesse, hier wird gefühlt, es wird auch hier entschieden oder nicht. Gehen wir noch weiter und denken wir an die erogenen Zonen, wie oben, so unten. Über die Psychosomatik wäre da noch viel zu sagen. Hier nur einige kleine Beispiele aus dem Bereich der Psychodontie (Abbildung 6).

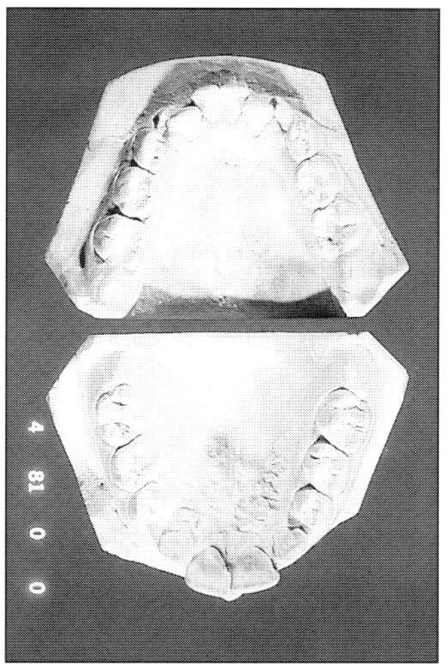

Abb. 4: Verengter Mundraum in Aufsicht (die Eckzähne haben kaum „Platz“)

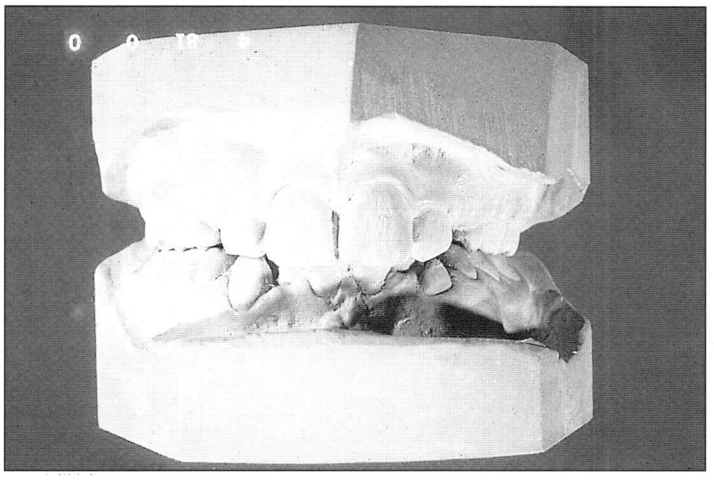

Abb. 5: Verengter Mundraum in Frontalansicht

Die Zahnstellung gerade im Frontzahnbereich verrät einiges: Stehen die seitlichen Schneidezähne weit nach labial und die mittleren Schneidezähne mehr nach oral, so deutet diese Stellung auf eine Protesthaltung hin. Stehen dagegen die Eckzähne vor, dann heißt das „Aggression“ (Abbildung 7).

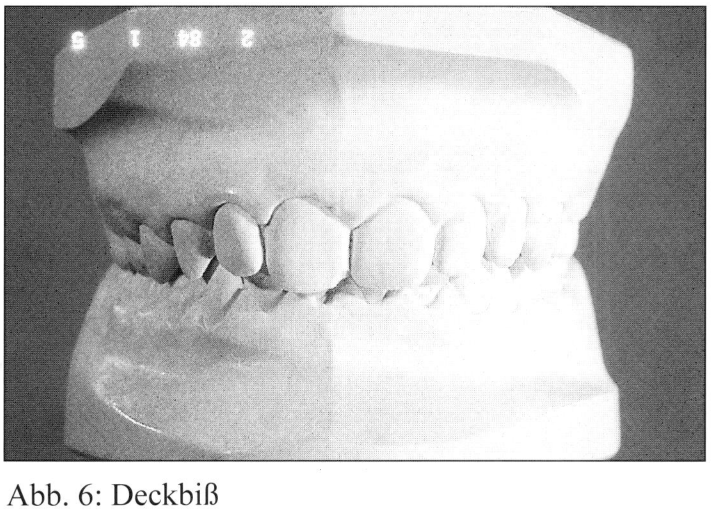

Abb. 6: Deckbiß

Diese Zähne sind der Leber zugeordnet. Beißen die oberen Schneidezähne stark über die unteren Schneidezähne, dann bedeutet dies: dieser Mensch ist in sich verbissen, er schirmt sich nach außen ab, er will keine Kommunikation. Dazu zeige ich Ihnen ein Beispiel.

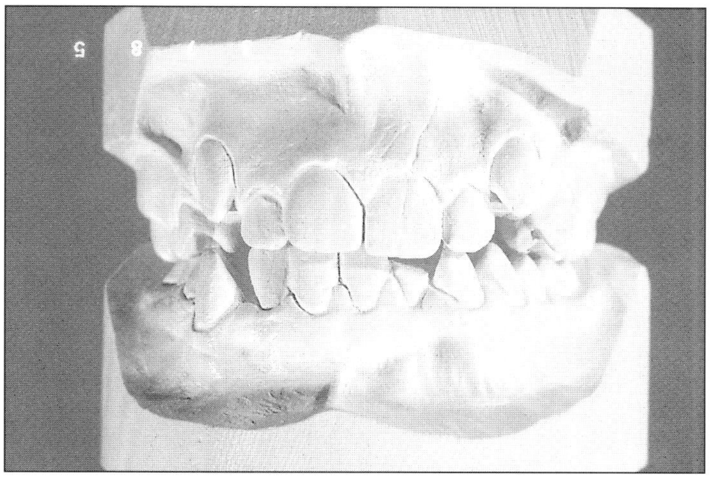

Abb. 7: Außenstand von 13 u. 23 - Frontalansicht

Was hat die BIONATOR-Therapie aber mit dem gynäkologischen Bereich zu tun. Aus den bisherigen Ausführungen gingen die Zusammenhänge von Mundraum und Beckenbereich hervor. Ist der Schluß möglich, daß eine Therapie des Mundes auch Auswirkungen auf den Becken- und Vaginalbereich haben kann? Diese Frage ist mit einem klaren „Ja“ zu beantworten.

Aus der Akupunkturlehre wissen wir, daß die Meridiane ganze Organketten beinhalten, somit hat jeder Zahn ganz bestimmte Organ- und Körperbeziehungen. Lösen wir die Verspannungen im Munde, so müssen sich auch die Verspannungen im Beckenbereich lösen.

Bei allen Kieferanomalien spielt die Lymphfunktion eine erhebliche Rolle. Lymphe, die verbreitetste Körperflüssigkeit, hat viel mit der Nierenfunktion zu tun. Somit gilt es bei der ganzheitlichen Kieferorthopädie zuerst das Strömungsgeschehen zu optimieren.

Für die Entwicklung eines Embryos sind die Lebensbedingungen im Uterus von ganz entscheidender Bedeutung. Der Embryo lebt in und mit der Mutter, fühlt, was die Mutter fühlt, auf ihn geht über, was sie erlebt, ihre Nahrung ist seine Nahrung, ihre Schädigungen sind die seinen.

Was kann hier die BIONATOR-Therapie bewirken? Sie dient vor allem der Mundraumentwicklung, der Lymphdrainage, Entgiftung durch Anregung der Speichelbildung, sie bewirkt eine 3 mal so starke Durchblutung in Mundbereich, bessere und tiefere Atmung,

Aufrichtung von Kopf und Körper. Sie bewirkt eine Hebung der Grundfunktionen sowie Entlastung der Kiefergelenke und der Wirbelsäule. Auch die Stoffwechselabläufe in Gehirn und Neuralrohrbereich werden verstärkt.
Aus dem oben Gesagten folgt, daß entsprechende Wirkungen auch im Becken zu erwarten sind. Welche Teile des BIONATORS wirken wie? Der Zungenbügel in der Omega-Form beispielsweise hat ihm Mund eine aktivierende Wirkung auf das Wachstumsgeschehen des Kiefers; d.h. er regt die Gaumenentwicklung an (Abbildung 8).

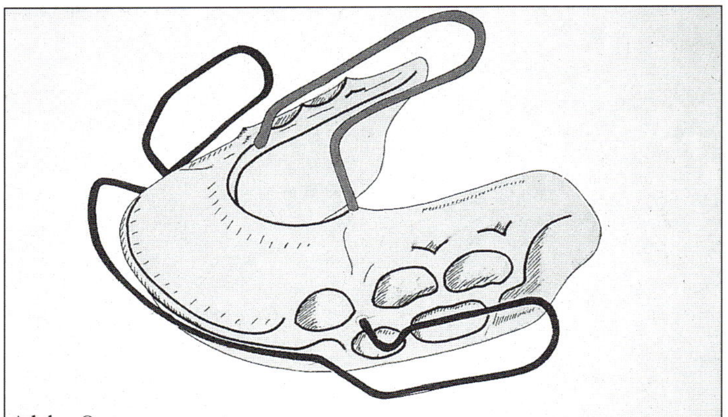

Abb. 8

Der Zungenbügel in V-Form hat eine sedierende Wirkung (Abbildung 9).

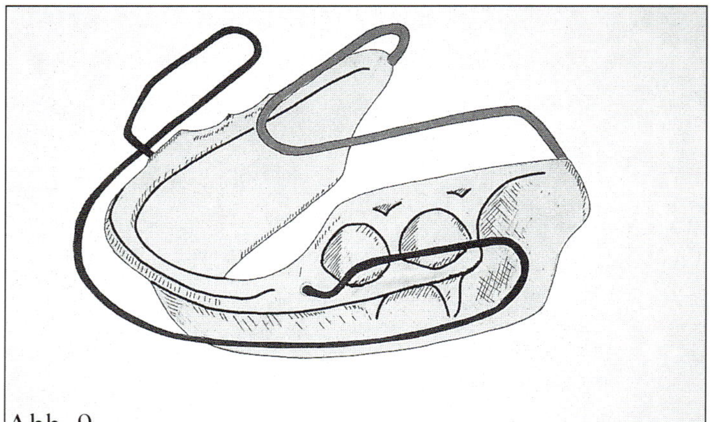

Abb. 9

Es kann gezeigt werden, daß auch ein solcher Bügel allein die Gaumenentwicklung, d.h. die Mundraumentwicklung anregt. DR. BEHRENDT, Dozent aus Hanau, hat diese Erkenntnis für die Frauenheilkunde verwendet, indem er auf Basis des BIONATORS eine entsprechende Schlaufe für die Verwendung in der Vagina entwickelt hat, dem „BIOVAGINATOR". Dieses Gerät bewirkt, wie der BIONATOR im Mund, eine Aktivierung der Muskelfunktionen im gesamten gynäkologischen Bereich, d.h. eine Beckenbodenschwäche kann funktionell behoben werden. Auch die Belastungsinkontinenz kann günstig beeinflußt werden.
Die gleichen therapeutischen Denkansätze kann man also für ähnliche Körperbereiche verwenden.
Das wäre auch eine Behandlungsmöglichkeit für Frauen, die unter Fehlgeburten leiden. Man könnte vor der Empfängnis durch gezielte BIOVAGINATOR-Therapie die Muskelfunktionen im Becken- und Vaginalbereich günstig beeinflussen.

Die BIONATOR-Therapie wird von mir seit 10 Jahren durch Magnetfeldapplikationen unterstützt, was die Wirkung des BIONATORS etwa verdoppelt.

Ähnlich ist es auch in der Gynäkologie, wie BEHRENDT zeigen konnte. Die BIONATOR-Therapie in der Kieferorthopädie und Gynäkologie können sich somit

- ergänzen
- gegenseitig beeinflussen,
- ähnlich angewendet werden.

Die ganzheitliche Denkungsart ist heute für alle medizinischen Disziplinen unentbehrlich und zeigt, welche enorme Bedeutung die Kieferorthopädie auch für die Gynäkologie haben kann.
Es muß an dieser Stelle aber auch gesagt werden, daß es auch ungünstige Wirkungen von seiten der Kieferorthopädie auf den gynäkologischen Raum geben kann:
Wenn statt einer Mundraumentwicklung Kiefer und Zahnbögen verkleinert werden, keine Aufrichtung des Patienten erfolgt, sich die Atmung nicht bessert, sondern verschlechtert, weil die Stauungen im Mund-Rachen-Raum nicht beseitigt werden, das Gewebe nicht durch Lymphdrainage entgiftet wird, Auf amalgamgefüllte Zähne Metallbänder aufgesetzt werden, die zu neuen Spannungen im Mundbereich führen etc..
Neben dem Zahnarzt, der das Material für Füllungen wählt, steht heute der Kieferorthopäde, der die Behandlungsart und damit die Richtung einer Therapie für das Ganze im Positiven oder Negativen wählt.
Bedenken wir den einen hermetischen Gedanken: „Wie oben, so unten, wie rechts, so links, wie vorne, so hinten", und befolgen wir den wichtigen Grundsatz: „Bei jedem Tun bedenke das Ende!"

Die Aufgabe des Zahnarztes wird somit immer verantwortungsvoller. Ich halte es deshalb für erforderlich, in jedem Teilbereich der Medizin immer an den ganzen Menschen mit Leib und Seele zu denken und das jeweilige Tun zu bedenken.

Die Kieferanomalie und ihr psycho - neurotischer Hintergrund

Zusammenfassung

Kieferanomalien werden heute zumeist als durch Gewohnheiten erworben oder durch Vererbung bedingt erklärt. Für das tiefere Verständnis des Entstehens einer Kieferanomalie ist die Kenntnis über die Bildung lebendiger Formen erforderlich. Die Kieferanomalien sind außerhalb ganzheitlicher Zusammenhänge nicht zu erfassen, da der Mund-Kiefer-Gesichtsbereich nicht isoliert existent ist. Wie alle Körperformen vom Stoffwechsel und den Gesamtfunktionen des Organismus abhängig sind, so ist es auch der Kiefer. Sinneswahrnehmungen und Reaktionen auf Reize steuern den Organismus. Wie die Materie von unsichtbaren Kräften gesteuert wird, so steht hinter dem körperlichen Geschehen das Seelisch-Geistige. In dieser Arbeit soll aufgezeigt werden, wie das Seelisch-Geistige auf das Körperliche und speziell auf den Kiefer wirkt und umgekehrt. Die Kenntnis dieser Zusammenhänge ermöglicht neue Wege in der Diagnostik und Therapie der Kieferanomalien.

Einleitung

Man muß sich gleich fragen: Kann eine Gebißanomalie überhaupt etwas mit Psychosen oder Neurosen zu tun haben? Diese Frage ist zunächst nicht gleich mit einem „Ja“ zu beantworten. Man muß erst einmal wissen wie Kieferanomalien entstehen können und die Frage nach „geerbt“ oder „erworben“ stellen.
Beim Menschen sind hier nur schwer experimentelle Nachweise möglich. Leichter ist dieser Nachweis im Tierversuch zu erbringen, aber es lassen sich auch Beobachtungen machen, wie beim Menschen Anomalien im Mundbereich entstehen können. Ich nenne hier nur die Lutschgewohnheiten der Kinder, die zum Vorwachsen der oberen Schneidezähne führen können. Kieferanomalien können sehr verschieden sein und sie lassen sich nur schwer klassifizieren.

Entstehungsmöglichkeiten der Kieferanomalien

Bis heute werden die Kieferanomalien auf das Vorhandensein sogenannter „schlechter“ Gewohnheiten zurückgeführt. So ist bekannt, daß Daumen- und Fingerlutschen, Lippensaugen, Zungenpressen, Zungenwendeln u.a. zu Zahnfehlstellungen und Kieferdeformationen führen können — allerdings nicht immer nur dadurch. KOLLATH fand im Tierversuch heraus, daß durch Fehlernährung (Mangelernährung) ebenfalls Anomalien entstehen können. Der sogenannte Rückbiß ist Ausdruck einer Bindegewebsschwäche. Weiter ist bekannt, daß Rachitis zu Knochendeformationen auch im Gebiß führen kann.
Auch Erbfaktoren können der Hintergrund einer Kieferanomalie sein, wie wir dies bei der Progenie finden. Aus der Geschichte sind die Habsburger mit dem stark ausgeprägten Unterkiefer bekannt. Aus der Knochenpathologie wissen wir auch, welch starken Einfluß das humorale System auf die Knochenform haben kann.
Zunächst aber können wir nur wenige Zusammenhänge mit Psychosen oder Neurosen vermuten.
Die Gebißerkrankungen wurden auch meist nur aus sich heraus beschrieben und behandelt.
Schon 1913 fand der Breslauer Zahnarzt KUNERT Zusammenhänge zwischen Gebißverfall und allgemeinen Erkrankungen. Man betrachtet allerdings die Gebißerkrankungen eher als Symptom, denn als Krankheit. Die Kieferanomalie als Ausdruck einer Allgemeinerkrankung ist aber vor allem eine Stoffwechselstörung unterschiedlicher Genese.

Die Stoffwechselstörung allein sagt noch nicht viel aus. Man muß herausfinden, was zu einer solchen Störung führt.

Stoffwechsel entsteht aus einem Bedürfnis nach „etwas“: Hunger muß gestillt werden. So entstehen im Körper Bedürfnisse, die nur von außen befriedigt werden können — und der Körper knüpft Beziehungen nach außen.
Hinter dem Wünschen können wieder Phantasien stehen, die durch drei Feststellungen definiert sind:

- Produkt von Wünschen
- Projektion von Wünschen
- Reproduktion von Erinnerungen

So kommt es im Verlauf der Stoffwechselprozesse auch zu psychischen Reaktionen. WILHELM BUSCH hat das in Versen sehr treffend ausgedrückt:

"Das Zahnweh, subjektiv genommen, ist ohne Zweifel unwillkommen. Doch hat's die gute Eigenschaft, daß sich dabei die Lebenskraft, die man nach außen oft verschwendet, auf einen Punkt nach innen wendet, kaum wird der erste Stich verspürt. Und aus ist's mit der Weltgeschichte, vergessen sind die Kursberichte, die Steuern und daß Einmaleins — kurz: Jede Form gewohnten Seins. Denn einzig im der engen Höhle des Backenzahnes weilt die Seele."'

Hier ist es der Schmerz, der die Sinne lenkt, bei den Kieferanomalien sind es dauernde Reaktionen auf stets wiederkehrende Reize, deren Beantwortung sich in bestimmten Fehlhaltungen oder Fehlstellungen manifestieren kann. Wir sind nun bei den Regulationsstörungen, die das Gleichgewicht zwischen trophotropen und ergotropen Aktivitäten als Krankheitsfaktor verschieben können, was zu regressiven Änderungen zahlreicher Organe und Herabsetzung der Stoffwechselkapazität führen kann. Weiters können sich alle Prozesse, die den Stoffwechsel direkt oder indirekt beeinflussen, auch im Bereich des Nervensystems auswirken.
Mit diesen Ausführungen befinden wir uns bereits im Ursachenbereich von Neurosen.

Hier geht es um Störungen des Verhaltens und Erlebens sowie um die Störung körperlicher Funktionen und Befindlichkeiten. Dahinter stecken oft frühkindliche Konflikte, von außen wirkende Konfliktstoffe (sog. Fremdneurosen), fixierte Angstzustände, Zwangsverhalten, Manien und Hysterie. Dies alles kann sich in körperlichen Symptomen äußern. Es drängen sich die Zusammenhänge Neurose-Kieferanomalie geradezu auf. Auch ist es nicht mehr weit zur Psychose.

Die Beeinträchtigung psychischer Funktionen kann so stark sein, daß Einsicht und Fähigkeit fehlen, den Lebensanforderungen zu entsprechen. So sind die Fähigkeiten des Patienten, auf Reize von außen adäquat zu reagieren, in solchen Fällen stark eingeschränkt, und die Kieferanomalie ist im Mund- und Gesichtsbereich manifest geworden — als eine der vielen möglichen Reaktionen und Manifestationen. Die Stellung einzelner Zähne kann zum Beispiel: Protest oder Aggression ausdrücken, andere Fehlstellungen können Verbissenheit, Verschlossenheit, Depressionen oder starkes Drängen zum Ausdruck bringen (Abbildung 1 bis 4). Der Mundbereich ist selbst eine Einheit, gehört als Einheit zur größeren Einheit Mensch. Wir erkennen hier die Kieferanomalie als Ausdruck einer Ganzheit.
Wenn wir die Ganzheitsgesetze von v. EHRENFELS an, so können wir in diesem Zusammenhang sagen:

„Ändert man einen Teil des Ganzen, so ändert man das Ganze."

In ähnlicher Form hat es PISCHINGER im Grundregulationssystem formuliert: "Sticht man in eine Körperzelle so reagieren alle Zellen mit."

J.H. SCHULTZ wiederum erkannte daß „ICH-Körper-Reaktionssystem" in dem ICH auf

1. das zentralnervöse System
2. neurovegetative System
3. chemische System und
4. ional-kolloidale System wirken kann.

So steht die Kieferanomalie im Schnittpunkt sehr vieler Einflüsse — vom ICH bis in alle von außen kommenden Störungen.

Ausgehend von diesen Erkenntnissen über die Kieferanomalie, muß das therapeutische Vorgehen sich von den bisherigen mechanischen und apparativen auf größere und tiefere Bereiche erstrecken.

Es geht zu allererst um das Bewußtmachen der Anomalie in ihrer Ausdruckskraft. Der Patient muß erfahren, was eine Anomalie für ihn bedeutet. Wir müssen, etwas über seine Geschichte erfahren, wie Kindheit und Jugend verlaufen sind.
Aus den bisherigen Darlegungen ist auch abzuleiten, daß eine Therapie vom Alter her nicht begrenzt sein kann, da ja auch die Psychotherapie prinzipiell vom Alter unabhängig ist. Als Beispiel dafür sei hier die kieferorthopädische Behandlung einer erwachsenen Patientin geschildert: Es begann damit, daß dieser Patientin als erstes die Weisheitszähne entfernt werden sollten, was von ihr abgelehnt wurde. Zur Erhaltung der Weisheitszähne wurde eine kieferorthopädische Behandlung eingeleitet. Die Patientin wurde ganzheitlich-kieferorthopädisch behandelt.
Die Ernährung wurde auf Vollwertkost umgestellt — dies ging von der Patientin aus. Die Amalgamfüllungen wurden entfernt und durch Goldfüllungen ersetzt. Mit Hilfe des Lüschertestes wurde die Konfliktsituation erfaßt und der Patientin bewußt gemacht. Natürlich war ebenfalls eine spezielle apparative Behandlung erforderlich.

Nach der heute herrschenden Lehrmeinung ist eine umfassende kieferorthopädische Behandlung im Erwachsenenalter nicht mehr möglich. Dies konnte widerlegt werden.

Schluß

Scheinbar unmögliche Therapieerfolge werden erzielbar, wenn das Wesen der Anomalie erkannt wird. Reine Symptombehandlung schränkt auch in der Kieferorthopädie deren Möglichkeiten stark ein, und es kommt dabei auch noch häufig zu Rezidiven.

Hat sich jedoch der Patient in seinem Wesen geändert, ist er bereit, seinen Erkenntnissen zu folgen, so kann er nur Erfolg haben.

Es ergeben sich dann ungeahnte Therapiemöglichkeiten. Wir können aber auch je nach dem Grad der seelischen Störung die Grenzen unserer Möglichkeiten erfahren. Kieferorthopädie kann ein leichtes, zugleich aber auch ein sehr schwieriges Handeln sein. Es ist die große Kunst des Behandlers, auch seine Grenzen zu erkennen. (Literatur beim Verfasser)

Kieferorthopädie und Sophrologie

DR. I. SIMMA

Trotz unseres Wissens aus der Funktionskieferorthopädie und der Biomechanik erfahren wir immer wieder an perfekt geplanten Diagnose- und Behandlungsabläufen, daß bei gleichen Diagnose- und Fernröntgenwerten und Geräteindikationen sowohl der zeitliche Behandlungsablauf als auch die Ergebnisse sehr unterschiedlich sind und wir auch manche Rezidive nicht verstehen können. Wie wir von BALTERS wissen, ist es deshalb notwendig, das sogenannte Umfeld in unsere Behandlung mit einzubeziehen, d. h. auf Form, Funktion und Dynamik zu achten. Die Bißanomalie, die Zahnfehlstellung, die Myofunktion, das Zungen- und Schluckmuster und die Körperhaltung können nur dann sinnvoll therapiert werden, wenn die übergeordneten Instanzen, nämlich die Harmonie des Gesamtsystems, die Seele-Körper-Geist Beziehung, die natürliche Regulationsfähigkeit und das Grund- und Immunsystem als gestört erkannt werden. Der von Streßlast in seiner vielfältigen Form geplagte Körper zeigt bekannte Symptome wie verspannte Muskeln, blockierte Atmung, ein Ungleichgewicht der rechten und linken Gehirnhälfte und deren Verbindungen, sowie Blockaden im Lymphsystem und auf der strukturellen, der chemischen, der emotionalen und feinstofflichen Ebene. Auch die Herzfrequenz, der Blutdruck, der Blutzuckerspiegel und die Cholesterin- und Katecholaminwerte steigen; gleichzeitig nimmt die Zahl der weißen Blutkörperchen und Antikörper rapide ab.

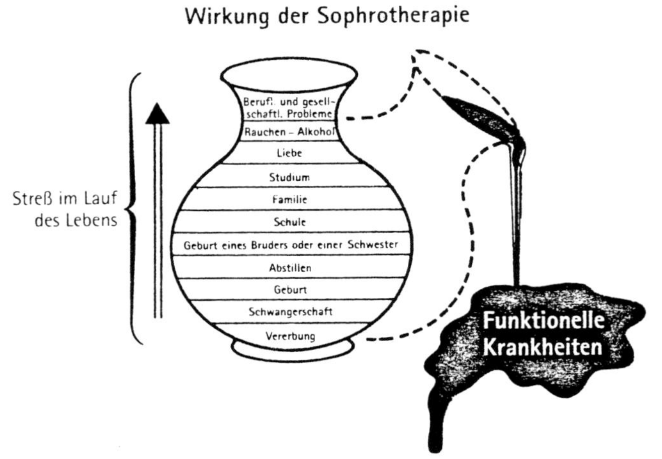

Abb. 1

Der erste Schritt in der Kieferorthopädie ist deshalb die ganzheitliche Anamnese, in der wir einen Einblick in die Entwicklungsgeschichte, in die Schwierigkeiten und Krankheiten, insbesondere des Kindes, bekommen. Darauf folgt eine Haltungsanalyse: Beim aufrecht stehenden Kind beachten wir die Kopfhaltung, den Verlauf der Pupillarlinie, die Gesichtsasymmetrien, die Mundhaltung, die Okklusionsebene, die Schultern, eventuelle Abweichungen der Wirbelsäule, Beckenschiefstand und eine unterschiedliche Beinlänge.

Wir prüfen die Beweglichkeit des Kopfes beim Vor- und Rückwärtsneigen und die Rotation nach rechts und links und deren Einschränkung. Womit wir über die Funktion der Halswirbelsäule und der Halsmuskulatur, der Nackenmuskulatur und Mundbodenmuskulatur Aufschluß bekommen bzw. stellen diese Funktionseinschränkungen eine gute Kontrollmöglichkeit für unsere Therapien dar.

Ebenso sind schmerzhafte Druckpunkte am Trapezius, an den Adler LANGERschen Druckpunkten Hinweise auf Blockaden der Halswirbelsäule und der Halsmuskulatur ebenso wie der Retromolarenraum, der noch zusätzliche Hinweise über eine chronische Sinusitis gibt bzw. eine Reflexzone zum Atlas darstellt.

Zahnfehlstellungen stehen immer im Zusammenhang mit einer gestörten Myofunktion, mit einem gestörten Schluckmuster, mit Wirbelsäulenfehlhaltungen und Funktionsstörungen des Kiefergelenks.

Die normale Lippen- und Zungenfunktion, ein funktionierendes Lymphsystem sowie eine ungestörte Nasen- und Bauchatmung sind auch im Sinne der ganzheitlichen Prophylaxe unabdingbare Voraussetzungen, um eine normale Funktion wieder herzustellen, um das normale Wachstum zu ermöglichen.

Der Frontkontakt, der Kontakt der Schneidezähne sollte vor dem Hauptwachstumsschub hergestellt sein, weil dieser Kontakt den Input für ein normales Wachstumsmuster der Gesichtsknochen und damit eine harmonische Profil- und Gesichtsentwicklung ermöglicht.

Wichtig ist, daß alle zur Verfügung stehenden Mittel im Sinne der Frühbehandlung aufgewendet werden, um dem Patienten und dem Behandler viele Komplikationen zu ersparen bzw. das Wunderwerk einer harmonischen Entwicklung ermöglichen können — was auf der psychischen Ebene die Entwicklung einer geschlossenen Persönlichkeit als Entsprechung hat.

Im Sinne dieser ganzheitlichen Prophylaxe sollte es möglich sein, Kieferfehlstellungen zu mildern, ihre Behandlung zu erleichtern bzw. im Idealfall sie erst gar nicht entstehen zu lassen. Nicht die alleinige Symtombehandlung ist das Ziel, sondern Ursachen und Hintergründe und deren Bedeutung zu erfassen, damit wirkliche Heilung erfolgen kann. Laut BALTERS gibt es keine Anomalie, deren Wurzel nicht im Seelischen liegt bzw. das Seelische beeinträchtigt. Weil eben Körper, Seele, Geist untrennbar verbunden sind und das lebendige Ganze, also Form, Funktion und Dynamik, ausmachen.

Es ist daher wichtig, auch in der Kieferorthopädie den Funktionszustand der Regulationssysteme bzw. Blokkaden und Belastungen zu diagnostizieren. Graphische Verfahren dazu wären beispielsweise die Kirlianfotographie, die Thermographie, der Vegatest oder der Dermodecoder.

Eine zweite Herangehensweise bilden die palpatorischen Verfahren: Mit den Untersuchungsgängen aus der Ohrakupunktur nach NOGIER und BAHR, dem Pulsreflex RAC nach NOGIER, dem kinesiologischen Muskeltest, der Druckschmerzhaftigkeit der Mundakupunktursystems nach GLEDITSCH, dem Armlängenreflex (AR) nach VAN ASSCHE stehen uns praxisnahe Möglichkeiten zur Verfügung. Mit dem AR können wir den Gesamtzustand des Körpers, das Ungleichgewicht zwischen rechter und linker Körperhälfte schnell diagnostizieren und mit den entsprechenden Mudras, den indischen Handzeichen, die Ebenen und in welcher Reihenfolge sie therapiert werden müssen, damit die gestörte Information zu den verschiedenen Wesensebenen harmoniesiert wird.

Die Anwendung all dieser Formen der Anamnese und Diagnostik, ermöglichen es, Funktion, Form und Dynamik in ihrer gegenseitigen Bedingtheit psychischer und somatischer Faktoren wahrzunehmen.

Es geht um das Verständnis für die Phänomene, die psychischen Hintergründe und die Verbindungen der Regulationssysteme.

Mit der Mundakupunktur steht uns, durch ihre rasch durchführbare Palpation und Therapie, eine einfache und in der kieferorthopädischen Praxis leicht integrierbare Möglichkeit zur Verfügung, Belastungen und Überlastungen bestimmter Funktionskreise, insbesondere Sinusitiden, Lymphstaus, Spannungsdfifferenzen zwischen rechter und linker Gehirn- bzw. Körperhälfte, Beweglichkeit der Halswirbelsäule und Muskelentspannung (Endorphinausschüttung) zu behandeln.

Bei asymmetrischen Bißanomalien, denen ja ein Ungleichgewicht des ganzen Körpers zugrunde liegt und bei Entzündungen im Bereich der Nase und der Nebenhöhlen ist, es immer wieder erfreulich zu sehen, wie diese Blockaden verschwinden und unsere Behandlung besser vorankommt.

Damit der Patient bzw. die Kinder aktiv und selbst dieses Regulationssystem immer wieder stimulieren können, immer wieder Blockaden, gleich auf welcher Ebene, ausschalten können, die sogenannte Proprioception und Interoception trainieren können, die Verbindung des Gehirns zu den Organen und die Verbindung des Gehirns zu den Muskelspindeln, sind die sophrologischen Übungen aus der dynamischen Meditation sowohl eine wertvolle, ideale Therapiemöglichkeit für die Praxis als auch eine begleitende Therapieform. Wir haben es mehrfach mit Hilfe des Armlängenreflexes nachgetestet. Mit diesen Übungen ist es möglich, im Moment Blockaden und sogar Lateralitätsstörungen und Oszillationen aufzulösen. Sie sind einfach und billig und der Patient kann jederzeit auf sie zurückgreifen. Die Sophrologie bietet also Möglichkeiten das Wissen um die Phänomene und die Reflexgeschehen im Körper auf einfach Weise zum eigenen Nutzen und zur Heilung zu benützen. Sophrologie ist die Lehre von der Harmonie des Gehirns und des Bewußtseins, eine medizinische Wissenschaft und Philosophie.

Das Erlernen der Atmung, der Nasenatmung und Bauchatmung, stellt für mich die initiale, ganzheitliche Therapieform dar. Das Trainieren der Nasen- und Bauchatmung, der Muskelentspannung und der Harmonisierung unserer Gehirnfunktionen durch die Aktivierung der rechten Gehirnhälfte können die von Streßlast blockierten Funktionssysteme unseres Körpers, das Immunsystem aktivieren. Es werden die Hauptblockadestellen, wie wir sie aus der Akupunktur oder Physioenergetik kennen, therapiert. Nämlich:

- das Ungleichgewicht der beiden Gehirnhälften
- die Blockade der HWS
- die Blockade der Halsmuskulatur
- die sogenannte Blockade der ersten Rippe
- die Blockade des Ganglion stellatum
- die Blockade des Pl. Solaris

Streß ist natürlich notwendig um leistungsfähig zu sein. Es ist eine Lebensenergie, mit der wir aber lernen müssen, besser umzugehen. Wenn wir zu wenig haben, haben wir keine Motivation, werden depressiv oder auch krank. Um sich gegen Streß zur Wehr zu setzen, genügt es, sich zu entspannen, tief einzuatmen, auszuatmen, das Gesicht entspannen, die Schultern fallen lassen, alle Muskeln des Körpers loslassen und durch den Bauch zu atmen. Mit dem richtigen Atmen können wir alle unsere Lebensfunktionen verbessern.

Bauchatmung

Das Zwerchfell ist sehr häufig blockiert, wenn es durch die Bauchatmung aktiviert wird, wird die Durchblutung in allen inneren Organen verbessert und auch mehr Sauerstoff transportiert, so daß sich die Muskeln besser entspannen können und besonders die Gehirnzellen besser funktionieren. (siehe Abbildung 1 bzw. Abbildung 2)

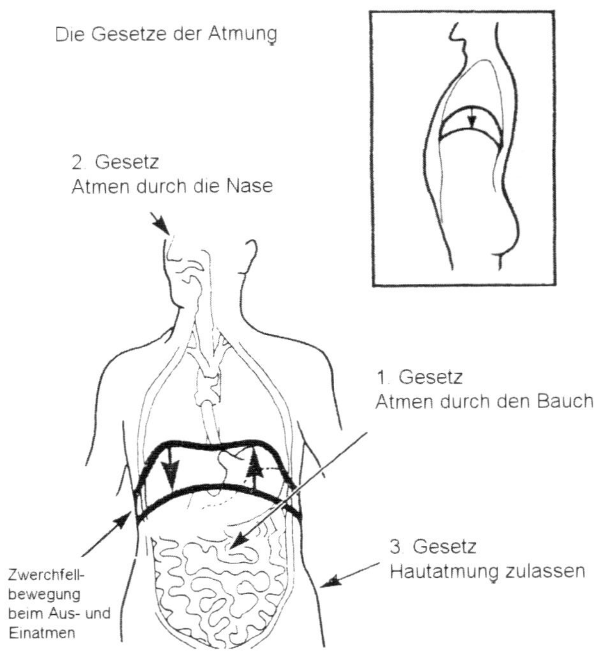

Abb. 2

Nasenatmung:

Es ist unbedingt notwendig durch die Nase zu atmen und nicht durch den Mund. Eine dauernde Mundatmung ist pathologisch, der Mund ist für die Atmung nur ein Hilfsorgan. Wenn die Luft durch den Mund aufgenommen wird, wird der lymphatische Rachenring ständig gereizt und chronisch entzündet. Die Nebenhöhlen werden ungenügend belüftet und damit der chronischen Sinusitis und der Polypenbildung Vorschub geleistet. Das lymphatische System wird überlastet.

Durch die Nasenatmung kann die vitale Energie — das „PRANA" — durch die Siebbeinzellen aufgenommen werden. Die sophrologische Atemübung dazu ermöglicht es, die Nebenhöhlen, Augen und Ohren durch den Druck zu stimulieren und durch diesen und das explosionsartige Ausatmen einen Reiz auf die zahlreichen Verzweigungen der Hirnnerven in der Nasenschleimhaut zu bewirken.
Es wird zuerst ausgeatmet, dann eingeatmet — Bauch, Brust und Schultern sind gefüllt mit Atemluft —, die Nase mit beiden Daumen verschlossen, der Oberkörper nach vorne gebeugt, leicht nach rechts und links gewippt und die Luft solange als möglich gegen die verschlossene Nase gepreßt, so daß man den Druck in den Augen, Ohren und im ganzen Mittelgesicht spüren kann und dann explosionsartig bei immer noch geschlossenen Lippen ausgeatmet. Die Reaktionen und Botschaften des Körpers, das bewußte Wahrnehmen, das Hineinspüren in die Proprioception und Intoception nach der Übung ist ebenso wichtig wie die Übung selbst.

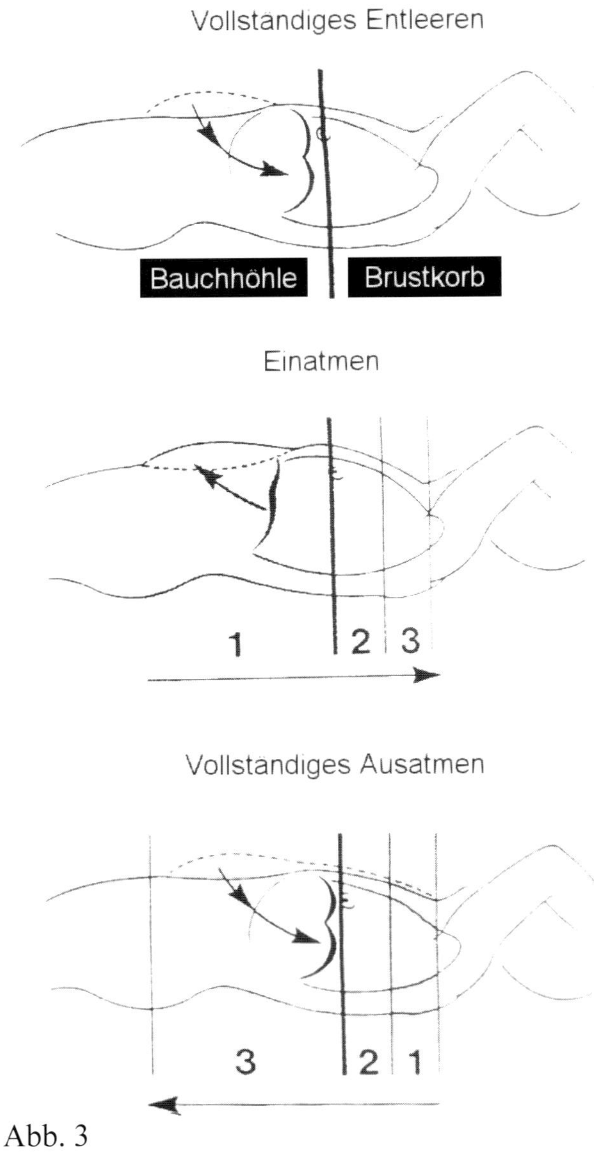

Abb. 3

Zungenübung

Es wird erklärt, daß die Zunge in Ruhe und beim Schlucken am Gaumen liegen sollte. Die Verbindung des Lenker- und Konzeptionsgefäßes, das Schließen des sogenannten kleinen Energiekreislaufs und die Aktivierung des Thymus werden durch eine Zungenübung, die aus dem Tao-Yoga kommt, deutlich gemacht:
Man kreist mit der Zunge bei geschlossenen Lippen vor den Zähnen nach rechts und nach links, nimmt

bewußt die Zähne oder die Mundschleimhaut wahr und legt die Zunge anschließend an den Gaumen und spürt wie er sich anfühlt.

Weitere Übungen

Alle weiteren Übungen beginnen auch mit dem Ausatmen. Die Lippen sind immer geschlossen, die Zunge liegt am Gaumen, Einatmen — Bauch, Brust und Schultern füllen — und der Kopf wird wie beim Jasagen nach vorne und rückwärts solange als möglich bewegt und anschließend stoßartig durch die Nase ausgeatmet. Mit geschlossenen Augen werden wieder alle Botschaften und Reaktionen des Körpers, insbesondere im Hals. Nacken und Kieferbereich wahrgenommen.
Bei der nächsten Übung wird der Kopf wie beim Neinsagen mit angehaltenem Atem so weit als möglich und solange als möglich nach rechts und links gedreht und anschließend stoßartig durch die Nase ausgeatmet und wieder in den Körper hineingespürt.
Bei der nächsten Übung wird, nachdem Bauch, Brust und Schultern wieder mit Atemluft gefüllt wurden, die Zunge an den Gaumen gelegt und die Lippen geschlossen, die Hände werden zu Fäusten geballt und die Schultern so rasch und so lange als möglich nach oben und unten bewegt. Anschließend stoßartig durch die Nase ausatmen und in den Körper hineinspüren, dabei werden die Muskeln des gesamten Schultergürtels und der Arme entspannt und bewußt wahrgenommen.
Zur Lockerung der Blockade der ersten Rippe wird wieder mit angehaltenem Atmen zuerst mit dem rechten Arm gekreist solange als möglich, stoßartig ausgeatmet, in den Körper hineingespürt, das gleiche mit dem linken Arm und anschließend mit beiden Armen wiederholt.

Zusammenfassung

- Bauchatmung
- Nasenatmung
- Zungenübung
- Ja — Sagen
- Nein — Sagen
- Schulterpumpen
- Armekreisen

Die Übungen sollten im entspannten Zustand morgens und abends ausgeführt und je nach zeitlichen Möglichkeiten zwei- bis dreimal wiederholt werden oder möglichst oft auch während des Tages, wenn Streß und Verspannungen auftreten.
Mit diesen sophrologisch en Übungen aus der dynamischen Meditation können Blockaden schnell gelöst, die Streßlast reduziert, das Ungleichgewicht beider Gehirnhälften therapiert, die Überstimunlierung des vegetativen Nervensystems beseitigt, die Entspannungs- und Regenerationsfähigkeit des Körpers,
das Körper — Bewußt — Sein und die innere Harmonie wiedergefunden werden.
In sophrologischen Einzelsitzungen, die sehr oft mit Mundakupunktur und einfachen Griffen aus der Kraniosakraltherapie kombiniert werden, kann man im entspannten Zustand die Atmung, die Zungenfunktion, die Reflexe für ein richtiges Schluckmuster, einen funktionierenden Gebißzustand visualisieren, da im entspannten Zustand, im sophroliminalen Niveau Reflexe und Funktionen schneller und besser erlernt werden können. Eine Verstärkung der inneren Harmonie und eine positive Programmierung für die Zukunft, um besser mit Streß- und Angstsituationen umgehen zu lernen, schließen sich an. Nach diesen Sitzungen sind die Patienten entspannt und harmonisiert.
Die Rückkoppelungsmechanismen zwischen Gehirn, Atmung, Muskelfunktion, Hormonsystem, Verdauung, Kreislauf- und Herztätigkeit werden im Sinne des Biofeedback erfaßt und in Richtung Harmonie und Gesundheit stimuliert.

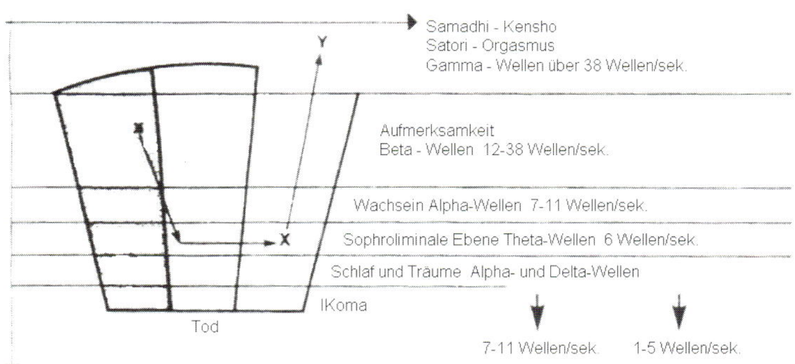

Abb. 4

Die Sophrologie bietet die Möglichkeit rational Zusammenhänge zu erfassen um gleichzeitig durch Übungen die Reaktionen unseres Geistes und Körpers in entspanntem Zustand zu erleben, was für jeden eine ganz persönliche phänomenologische Erfahrung darstellt. Je ausgeglichener und entspannter man ist, je mehr freifließende Energie verfügbar und je regulationsfähiger, funktionsfähiger, dynamischer unsere Körpersysteme sind, umso leichter werden alle Behandlungen durchzuführen sein.
kieferorthopädisches Wissen gepaart mit komplementären Methoden ermöglichen es, immer noch besser

eine funktionierende Form zu gestalten. Die Gesamtschau des Menschen und die Sophrologie können unsere Diagnose- und Behandlungsmöglichkeiten erweitern und so die Entstehung bzw. die Schwere der Kieferanomalien mildern, eventuell operative Eingriffe ersparen, Behandlungszeiten verkürzen, die Mechanik vereinfachen, Extraktionsfälle verhindern und neue Durchblicke bzw. die Gültigkeit der Funktionskieferorthopädie nach BALTERS in neuer Dynamik erscheinen lassen.

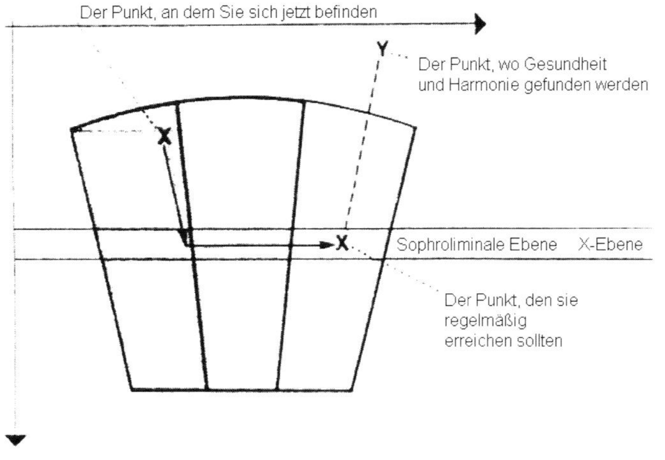

Abb. 5

Literatur

Abrezol, R.; Simma-Kletschka, I.: „Vital und gesund mit Sophrologie" — Hüthig-Verlag 1996

Abrezol, R.: „Sophrologie" — Panorama Verlag 1988

Bahnemann, F.: „Der Bionator in der Kieferorthopädie" — Karl F. Haug Verlag 1993

Balters, W.: „Ausgewählte Schriften und Vorträge"

Broich, I: „Sprache - Mundraum - Seele" — Hüthig-Verlag 1992

Gleditsch, J.M.: „Reflexzonen + Somatotopien; Mundakupunktur" — WBV Biol.-Med. Verlagsgesellschaft

Herrmann, Ch.: „Forschung und Praxis"

Rossaint, A.: „Ganzheitliche Zahnheilkunde" — Karl F. Haug Verlag 1991

Rossaint, A; Lechner, J.; Van Assche, R.: „Das cranio-sakrale System" — Hüthig-Verlag 1991

Simma-Kletschka, I: „Tonbandkassette Körper-Bewußt- Sein" — Polyglobe Innsbruck 1995

HUKO

Homöopathisch Unterstützte Kieferorthopädie

DR. HERMINE KAINZ - TOIFL

Für den ganzheitlich denkenden Zahnarzt beschränkt sich die Therapie eines zahnärztlichen Problems nicht allein auf das mechanische Reparieren, sondern darüber hinaus wird der funktionelle Zusammenhang von Störungen beachtet. Ein kranker Zahn kann ja einerseits die Ursache, andererseits auch die Wirkung eines gestörten Regulationsmechanismus sein. Es stehen sowohl für die Diagnostik, als auch für die Therapie verschiedenste komplementärmedizinische Methoden zur Verfügung.
Ein besonders dankbares Gebiet für eine komplementärmedizinische Begleittherapie stellt die Kieferorthopädie dar.

Die Grundlage für den Behandlungsansatz liefert BALTERS mit seiner Erklärung über die strukturellen Zusammenhänge zwischen Zungenstellung und Wachstum des Kiefers. Laut BALTERS ist das Mundatmer — Syndrom (der adenoide Habitus — die blockierte Nasenatmung des Kindes) die häufigste Ursache für eine Fehlstellung der Zunge.
BALTERS hat mit seiner Bionatortherapie auf rein zahnärztliche Weise in die Entwicklung des stomatognathen Systems eingegriffen. Er wollte damit nicht rein mechanisch Zahnstellungen verändern, sondern durch aktives Muskeltraining eine Änderung der Zungenstellung erreichen.

Doch unabhängig von der Methode, die ein Zahnarzt für die Kieferregulierung anwendet, ist es sinnvoll, einen vorhandenen adenoiden Habitus zu beseitigen.

Eine sehr gute Möglichkeit dazu bietet die Homöo- und Isotherapie in Verbindung mit der Elektroakupunktur nach VOLL (E A V). Mit dem E A V Gerät hat man einerseits die Möglichkeit, aufgrund von Widerstandsmessungen an Akupunkturpunkten energetische Störungen an Meridianen festzustellen, andererseits kann auch ein im Repertorisieren nicht sehr versierter Arzt mittels Resonanzkopplung das richtige homöopathische Mittel für die Therapie finden. Außerdem findet man nicht nur das richtige Mittel, sondern auch die wirksame Potenz. Aufgrund der Messergebnisse an den einzelnen Meßpunkten läßt sich eine Hierarchie in den Störungen ablesen.

PRAKTISCHES VORGEHEN

Man mißt auf beiden Händen folgende Punkte:

- Tonsille
- Ohr
- Nasennebenhölen
- Ndg 1c
- KR 9
- 3e1
- Dünndarm 1 .

Bei dem Punkt, wo sich der schlechteste Wert befindet, beginnt man mit der Suche nach einer Leitnosode.
Es hat sich sehr bewährt, einfach mit dem sog. „Bügeleisen“ entweder über die Schachteln der KUF-Reihen drüber zu gehen, oder die einzelnen Nosoden als Globuli in Röhrchen abzufüllen und so mit dem „Bügeleisen“ abzutasten. Die Mithilfe einer Assistentin beschleunigt den Suchvorgang.
Die Resonanz der gefundenen Nosode wird dann mit abgekoppeltem „Bügeleisen“ auf allen Meßpunkten durchgetestet. Wenn es sich um die übergeordnetste Störung handelt, wird man bei allen Meßpunkten eine deutliche Verbesserung des Meßergebnisses erreichen.
Nun erfolgt der zweite Schritt, nämlich die Suche nach dem Konstitutionsmittel. Die Nosode wird aus der Wabe entfernt, das „Bügeleisen“ wird wieder angesteckt. Auch bei den Konstitutionsmitteln hat es sich als praktisch herausgestellt, sie als Globuli in Röhrchen abzufüllen und dann mit dem „Bügeleisen“ die Resonanz abzutasten.
Als Suchpunkt wird prinzipiell der Punkt mit dem schlechtesten Wert verwendet, man kann hier allerdings auch Ausnahmen machen. Kinder beginnen sehr oft zu jammern, wenn ein Punkt zu häufig gemessen wird, denn er fängt an zu schmerzen. Da ein Konstitutionsmittel ja eigentlich auf alle Meridiane wirken muß, ist es prinzipiell egal, auf welchem Punkt man

sucht. Wichtig ist immer, nach der Erstsuche die Wirkung des gefundenen Arzneimittels auf die anderen Meridiane zu überprüfen. Erfolgt auf anderen Meridianen kein Ausgleich, dann kann es kein Simillimum sein.
Konstitutionsmittel werden nur in hohen Potenzen also D200, D1000 oder XMK verabreicht. Auch Nosoden werden nur in der D200 oder höher gegeben. Am Ende dieses Kapitels findet sich eine Zusammenfassung der am häufigsten verwendeten Nosoden und Arzneimittel.
Auf diese Weise der Mittelauswahl findet man meistens eine Kombination von einer Nosode und zwei anderen Arzneimitteln in Hochpotenz. Diese werden in Form von Globuli sofort dem Kind verabreicht.
Die Vertreter der einzelnen Homöopathieschulen haben über die Verabreichung von Hochpotenzen unterschiedliche Meinungen.

In der Kontrolle des Therapiefortschrittes — sowohl was den klinischen Zustand des Kindes betrifft, als auch die Veränderung der E A V Meßwerte — hat sich ein Verabreichungsintervall von 4 Wochen bewährt.
Es wird also nach 4 Wochen der oben beschriebene Testvorgang wiederholt. Dies geschieht so lange, bis alle Meßpunkte einen energetisch stabilen Meßwert oder einen Ausgleich auf 50 aufweisen.

Erfahrungsgemäß braucht man dafür 3 - 5 Sitzungen. Nach diesem Zeitraum sind auch für die Eltern deutliche Veränderungen im Zustands- und Erscheinungsbild des Kindes spürbar. Da die vorher meist vorhandene Infektanfälligkeit merkbar abnimmt, normalisiert sich auch die Nasenatmung des Kindes.

Zusätzlich erfolgt häufig auch eine positive psychische Veränderung der Konstitution der Kinder. Scheue und Unzugängliche werden plötzlich offen und kontaktfreudig, überaktive Kinder werden leichter lenkbar.
Natürlich sind neben der Kieferregulierung und Huko auch sämtliche andere therapeutischen Begleitmaßnahmen wie sie BALTERS empfohlen hat, sinnvoll (Atemtraining, Sprechtraining, Ernährung).
Aus all dem bisher gesagten, ergibt sich allerdings auch die Schlußfolgerung, daß eine Kieferregulierung nicht erst bei bereits eingetretener manifester Mißbildung von Kiefer und Zahnstellung erfolgen soll, sondern daß die homöopathische Therapie des adenoiden Kleinkindes eine echte Prophylaxe der Kieferregulierung darstellt.

Da bereits die Kleinkinder die typischen Symptome des adenoiden Habitus aufweisen (Balters hat das in seinen Arbeiten eindrucksvoll mit Bildern unterlegt) ist der Zeitpunkt für die Indikation von Huko nicht schwer zu finden. Je früher man die Schleimhautschwellung im Nasen-Rachenbereich beeinflußt bzw. beseitigt, umso schneller wird eine normale Zungenstellung erreicht und umso weniger ist die Gefahr einer Kiefermißbildung gegeben.

Das meßtechnische Vorgehen ist auch bei diesen Kindern genauso, wie bei jenen, die bereits eine Kieferregulierung erhalten. Auch in diesem Fall ist die psychische Veränderung von Kindern beeindruckend.
Nun noch zu der Frage, welche Art von Störungen am häufigsten auftritt:

- Kinder, die immer wieder an Tonsillitiden leiden, weisen häufig eine Störung durch die Polioimpfung auf,
- Kinder, bei denen die Mittelohrentzündung immer wieder auftritt, sind durch Diphtherie oder Rötelimpfung gestört,
- Legastheniker und Hustenkinder haben häufig eine Pertussisimpfstörung.

In der Hierarchie der Störungen kommt eine Erbnosode meist zum Schluß.
Natürlich handelt es sich hier nur um eine statistische Einteilung nach der Häufigkeit der Störungen, daher sind Ausnahmen immer möglich.
Neben der Möglichkeit homöopathische Mittel durch Resonanzkopplung mit dem EAV-Gerät zu finden, gibt es noch die kinesiologischen Möglichkeiten, nämlich mit Muskeltest und Armlängenreflex (AR).

Mit dem AR kann man sehr leicht herausfinden, welche homöopathische Potenz auf welche Ebene wirkt. Die richtige Potenz wirkt auf alle 3 Ebenen, nämlich Struktur, Chemie und Psyche. Nach der Verabreichung dieser richtigen Potenz werden die Chakren neuerlich provoziert, und nun ergibt sich entweder das gleiche Mittel in einer anderen Potenz oder auch eine Nosode oder ein anderes homöopathisches Mittel. Erfahrungsgemäß werden durch die Verabreichung von Potenzakkorden (D200, D1000, XMK, CMK) weniger Mittel gebraucht, wie es auch der Absicht der klassischen Homöopathie entspricht.

Der Vorteil der kinesiologischen Einzelmuskeltestung liegt in der Einzelbeurteilung der Meridiane.

Abschließend kann man zahnärztlichen Kollegen nur empfehlen, Kindern mit Kieferregulierung eine homöopathische Konstitutionstherapie angedeihen zu lassen. Auch Praktiker, Kinderärzte, Orthopäden und HNO Ärzte sollten die Wichtigkeit und die Möglichkeit der Kieferorthopädischen Prophylaxe erkennen.

Multidisziplinäre Behandlung des Craniomandibular Syndroms

PROF. DR. HAROLD GELB

Es ist schade, daß es in einer Zeit, in der wir Proben in den Weltraum und Männer auf den Mond schicken, immer noch eine Meinungsverschiedenheit über die Art gibt, wie man Temperomandibular-Gelenks-Schmerzen und Dysfunktion diagnostiziert und behandelt. Die Amerikanische Akademie der Craniomandibular-Erkrankungen wird jedoch bald ein Grundsatzpapier über Ätiologie, Klassifizierung, Diagnose und Behandlung dieses komplexen Problems zur Verfügung stellen. Ich bin sicher, daß diese Temperomandibular-Gelenks-Spezialisten aus aller Welt den Medizinern die Grundlage vermitteln für ein besseres Verständnis über Ursache und Behandlung der chronischen Kopf-, Nacken- und Temperomandibulargelenk-Schmerzen von Millionen von Leidenden.
So gerne ich und alle, die zu dieser Ausgabe beigetragen haben, Ihnen eine grundlegende Analyse ihrer Diagnose und Behandlung geben möchten, müssen wir aus Platzgründen auf diesen Luxus verzichten. Daher versuche ich, in Kurzform die Ideen und Konzepte darzulegen, die ich in meinem Buch *"Clinical Management of Head, Neck and TMJ Pain and Dysfunction"* ausführlich behandelt habe. Ich bin ganz sicher, daß das Problem, mit dem wir es zu tun haben, viele Faktoren hat, und die Behandlung daher notwendigerweise multidisziplinär sein muß.

Vor etwa 31 Jahren begann ich, mich für Probleme des Kiefergelenks zu interessieren, und während dieser Zeit habe ich TMJ Röntgenaufnahmen gemacht. Ich hatte die Gelegenheit, weit über 10.000 Patienten zu untersuchen. Ich habe über mehr als 1.200 Patienten von sehr speziellen Gruppen in der Fachliteratur berichtet. Eine dieser Gruppen war eine besonders große Gruppe an HNO-Patienten während 21 Jahre an der New Yorker Augen- und Ohren-Klinik in New York mit 32.000 bis 35.000 HNO-Behandlungen an ambulanten Patienten, wo wir 400 - 500 Fälle pro Jahr hatten. Ich hatte die Gelegenheit, mehr als 200 Fälle der Montefiore Kopfschmerz-Klinik zu sehen, privat an uns überwiesen von einem Arzt, der periphere Durchblutung untersuchte in einer Klinik, die hauptsächlich von Neurologen geführt wurde. Zusätzlich berichtete ich über 200 private TMJ-Fälle.

Während dieser Zeit wurde mir klar, daß ich mich als praktizierender TMJ Spezialist, und obwohl wir uns heute auf die Position des Kondylus konzentrieren, in Wirklichkeit mit chronischen Schmerzen befasse. Daraufhin gab ich meine Informationen an Leute in anderen Fachgebieten des Gesundheitswesens weiter, und diese gaben mir wiederum ihre Informationen.
Damit wurden gewissen Symptome bei Patienten behandelbar, von denen ich nicht realisiert hatte, daß sie von einem praktizierenden Zahnarzt behandelt werden konnten.

MONGINI hat in einem Artikel über den Einfluß der Funktion auf das Umbilden des Kiefergelenks folgendes Sachdienliche geschrieben:

„Die Ergebnisse klinischer, anatomischer und experimenteller Untersuchungen der letzten Jahre haben neue Perspektiven in der Behandlung von Patienten mit Bißstörungen aufgezeigt. Die erhaltenen Daten über die funktionelle und strukturelle Beziehung der drei Komponenten des stomatognathen Apparats zueinander sollte den Arzt ermutigen, sie genauestens zu untersuchen — mit allen diagnostischen Möglichkeiten, die ihm zur Verfügung stehen." und das ist der Schlüssel: "Der sogenannte asymptomatische Fall zeigt oft auf subklinischer Ebene Zeichen oder Dysfunktionen oder eine beginnende Läsion. Diese sollten nicht übersehen werden und die Behandlung entsprechend geplant werden."

MARIANO ROCABADO, hat in letzter Zeit zwei Artikel in einem ausgezeichneten neuen Journal veröffentlicht: *"The Journal of Craniomandibular Practice"*. Im ersten Artikel, der sich mit physikalischer Therapie in der Zahnheilkunde befaßt, schrieb er:

„Probleme des Kiefergelenks beginnen früh im Leben, auch wenn die Symptome sich erst im Erwachsenenalter zeigen. Physikalische Therapie in Zusammenarbeit mit der Zahnheilkunde sorgt für einen immer erfolgreicheren Weg zu länger anhaltender Behandlung. Eine Korrelation zwischen Klasse II Okklusion und einer Haltung mit nach vorne geneigtem Kopf gibt uns weitere Beweise dafür, daß eine Team-Behandlung ausschlaggebend ist." Tatsache ist, daß 70 % aller Klasse II Patienten einen nach vorne geneigten Kopf haben, was viel von dem betrifft, was wir derzeit tun. Ich zeige Ihnen nicht nur Zähne und Gelenke, sondern auch den Cervical-Bereich und den Rücken."

ROCABADO fährt fort:
„Viele TMJ Kopfschmerzen und übertragene Schmerzen von Nacken und Schultern werden verursacht durch Kompression der Cervical-Gelenke. Die richtige

Orientierung der vier Ebenen — der vertikalen Ebene, der bipupillar-Ebene, der Ebene des Ohrsystems und der Bißebene — sind notwendig für den Erfolg. Die Behandlung schließt die richtige Körpermechanik mit ein, das Abgewöhnen parafunktionaler oraler Gewohnheiten und die Anweisungen zur Wiederherstellung der Mobilität der Wirbelsäule. Die Koordination der Behandlung schließt Ärzte und Zahnärzte und den Physiotherapeuten ein, die viele ernste Zustände abwenden können."

Im zweiten Artikel schreibt ROCABADO:

„Die Beziehung zwischen den cranial-cervical und Hyoid- Bereichen kann durch herausnehmbare kieferorthopädische Geräte verändert werden, die vom Zahnarzt angepaßt werden, und durch manuelle orthopädische Techniken im Cervical-Bereich der Wirbelsäule (Physiotherapeut). Jedoch wertet jeder in seiner Disziplin gesondert aus und behandelt den Patienten je nach seinen Symptomen und verschiedenen objektiven Kriterien, die hauptsächlich in diesem Bereich begrenzt sind."

ROCABADO schlägt vor, diese beiden Wege zum Normalisieren dieser Beziehungen zu koordinieren. Er präsentiert eine objektive Methode zur Auswertung der Röntgenaufnahmen, die den Einfluß beider Disziplinen bestimmen soll, und meint, daß damit eine normale biomechanische Beziehung dieser Strukturen bestimmt werden kann. Er bespricht auch die Wichtigkeit der folgenden Punkte, die sich auf diese Methode beziehen:

1. Die Position des Zungenbeins zur Bestimmung der angemessenen Biegung der HWS.
2. Der Abstand zwischen Occiput und Atlas und seine Relevanz zum Kopfschmerz-Syndrom und

- Die Winkelbeziehung von Cranium und HWS.

Und nun sehen wir, was im Temperomandibular-Gelenk abläuft.

Wo ist die optimale Kondylus-Position? Das ist das erste Thema, das wir alle behandeln sollten. Bevor ich das beantworten kann, möchte ich kurz zurückblicken — historisch und grob anatomisch — und eine wissenschaftliche Grundeinstellung aufzeigen für das, was ich und andere regelmäßig sehen. Dann müssen Sie sich selbst fragen, ob einige unserer Einstellungen, die wir anwenden, in sich eine Einheit bilden oder Teil einer Gesamt-Einstellung zu diesem Problem sind.

In den Fünfziger-Jahren betrachteten Wissenschaftler wie POSSELT, LINDBLOM, SÖDERBERG, STAZ und HANKEY Fälle und sahen Gelenk-Symptome, Ohr-Symptome, Kopf-Symptome und Nasopharyngeal-Symptome. Sie sahen zu der Zeit keine Cervical-Probleme und keine Rückenprobleme. Tatsache ist, daß es viele Zahnärzte heute noch nicht sehen, einfach deswegen, weil sie ihre Untersuchung auf den Kopfbereich beschränken; manche beziehen Nacken und Schultern mit ein, aber die meisten kommen über diesen Bereich nicht hinaus. FRANK CELENZA brachte bei seiner Rede über die Ursachenforschung dieser Störungen verschiedene Faktoren zur Sprache, die meiner Meinung nach in Betracht gezogen werden müssen:

Es gibt allgemeine Erkrankungen des Systems und örtliche Pathologie. Und bevor wir uns mit dem wirklichen Hauptthema befassen, müssen die folgenden Faktoren ausgeschlossen werden:

Nasale, orale und nasopharyngeale Erkrankungen, Adenopathie, neurologische Erkrankungen, Erkrankungen der Knorpel, Knochen-Dyskrasie, traumatische Erkrankungen, Neoplasma, Arthritis und psychologische Faktoren.

Viele Patienten, die chronisch krank sind, waren schon bei vielen anderen Spezialisten, und viele der oben erwähnten Krankheiten wurden ausgeschlossen. Aber solange das nicht geschehen ist, sollte man sie in Betracht ziehen und alle anderen Probleme ausschließen, bevor wir uns mit unserem Hauptthema befassen.

Fig. 1 ist das Ergebnis von Arbeiten von WITZIG und YERKES und ROCABADO. Dies ist die Grundlage für manches klinische und Forschungsmaterial, über das einige Physiotherapeuten wie ROCABADO sprechen.

Fig. 1: Faktoren, die zu Kiefer-Retrusion und nach vorne geneigter Kopfhaltung führen:

Unzureichende Luftwege	*Kopf nach vorne geneigt*	*Mund-Atmung*	*Gesenkte Zunge*	*Maxillar Konstriktion*	*Zahnraum Enge*
		Kompression der Wirbelsäule			
		Kiefer nach hinten gezogen			
		Schwäche der rückwärtigen Muskeln	Zusammen-beißen, Knirschen, Zahnspangen	Kondylus distalisiert	Schmerz
Alle Formen von Streß	Muskel Konstriktion	Verkürzte Muskeln	Ungenügendes Wachstum des hinteren Alveolar Knochen	Verlust der vertikalen Dimension	
Extraktion des Bikuspidat					

Wir sehen hier einen ungenügenden Luftweg und einen nach vorne geneigten Kopf, Mundatmer, abgesenkte Zunge, Maxillar-Konstriktion und Enge im Zahnraum. In Zusammenhang mit dem nach vorne geneigten Kopf kommt es zur Kompression der Wirbelsäule, einen zurückgezogenen Kiefer und zur Schwächung der hinteren Nackenmuskeln zusammen mit zusammengebissenen Kiefern, Knirschen der Zähne und Zahnspangen, distalisierter Kondylen und Schmerzen. Von den distalisierten Kondylen geht es herunter zu dem Verlust der vertikalen Dimension, unvollständigem Wachstum des hinteren Alveolar-Knochen, verkürzten Muskeln, Muskel-Konstriktion und alle Formen von Streß, die zusammen diese Patienten krank machen. Wenn wir im allgemeinen über Streß reden, denken die meisten Menschen an mentale Härte. Die Patienten werden aber vielen Formen von Streß unterworfen, unter anderem chemischem Streß, thermischem Streß, biochemischem Streß, strukturellem Streß, Haltungsstreß und psychologischem Streß. Wie MONGINI erwähnt, zeigen viele Patienten Zeichen, aber keine Symptome.

Nur der untersuchende Arzt kann diese Zeichen erkennen, der Durchschnittsarzt sucht nichts, solange der Patient nicht über Symptome klagt, wenn er sich nicht wirklich für dieses Thema interessiert, und die Patienten routinemäßig zu ihm überwiesen werden, um eine Auswertung durchzuführen.

Wir haben herausgefunden, daß im Bereich der Orthodontie einer der Vorgänge, der beim Verlust der vertikalen Dimension eine Rolle spielt, die Extraktion der Prämolaren ist. Es gibt Leute, die heute in diesem Bereich praktizieren und das nicht sehen, und das ist sehr schade. Ich möchte zeigen, wie und warum es klinisch vorkommt, und dann können Sie selbst entscheiden, ob man diese Patienten durch verschiedene Methoden vom Biß her ausgleichen kann und immer noch in der Lage ist, die Gelenkscheibe aufzufangen, wenn sie vorher verlagert war.

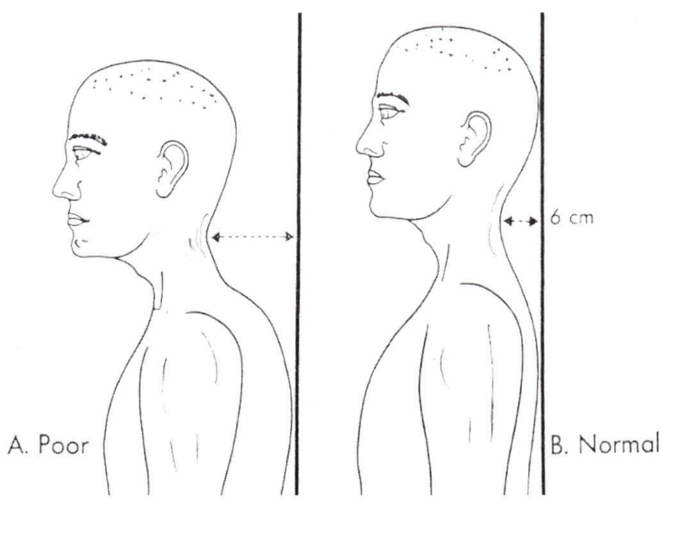

Die Erkennung des Zahnschmerz - Syndroms

Unglücklicherweise sind zur Zeit der Arzt und Zahnarzt meistens nur dazu ausgebildet, sich mit zwei Aspekten der zu heilenden Situation zu befassen: Erkrankung und die Reaktion darauf. Einen großen Einfluß auf die moderne Medizin hat aber scheinbar auch die Frage, wie gut wir das wichtigste Wesen in dieser Situation kennen — den ganzen Menschen.

Die Akzeptanz dieser Denkart im allgemeinen hat keinen negativen Einfluß auf die Genauigkeit von Wissen oder Technik. Es bedeutet auch nicht, daß jeder von uns Fachmann auf allen Gebieten sein muß, was natürlich unmöglich ist. Es spricht vielmehr in einem viel breiteren und praktischeren Sinn für die Interdependenz verschiedener Gebiete der Medizin und eine größere Zusammenarbeit zwischen jenen, die in diesen verschiedenen Gebieten tätig sind. Es bedeutet, daß jeder Therapeut sich darüber im klaren sein muß, daß er nur mit einem Teil des Ganzen zu tun hat, und daß das Ganze die Grundwahrheit ist. Der Zahnarzt muß daran denken, daß die Mundhöhle nicht der ganze Patient ist, und daß er mit dem Arzt, dem Osteopathen, dem Chiropraktiker, dem Physiotherapeuten, dem Ernährungstherapeuten, dem Biofeedback-Therapeuten und vielen anderen zusammenarbeiten muß.

Das Thema dieses Artikels beschäftigt sich mit einem Spezialgebiet im Bereich der Zahnmedizin: neuromuskuläres Ungleichgewicht der Muskulatur, die die Kiefer kontrolliert, und einer Dysfunktion des Tempromandibular-Gelenks als Quelle von Erkrankungen innerhalb des Körpers. Diese Zahn-Streß-Erkrankung hat innerhalb des Soma breit gestreute und verschiedenartigste Konsequenzen. Daher kann sie nicht nur als isolierte Krankheit mit rein örtlichen pathologischen Auswirkungen gesehen werden. Es ist unumgänglich, zuerst diagnostisch zu unterscheiden zwischen einem myofaszialen Schmerz-Dysfunktions-Syndrom und einer dysfunktionalen Temperomandibulargelenks-Ostheoarthritis (s. Tabelle 1).

Tabelle 1: Ein Vergleich zwischen myofaszialen Schmerz-Dysfunktions-Syndrom (MSD) und Temperomandibular-Osteoarthritis

MSD Syndrome	***Osteoarthritis***
1. Anfangs sind die Kaumuskeln beteiligt.	1. Die Kaumuskeln sind nur sekundär durch das Zentralnervensystem beteiligt.
2. Die Gelenke sind beteiligt durch Fortschreiten der Dysfunktion.	2. Gelenke von Anfang an beteiligt: Veränderungen sind insidiös
3. Schmerzen am Beginn.	3. Schmerzen erst später.
4. Akute Malokklusion aufgrund von Spasmen der Kaumuskeln	4. Chronische Malokklusion.

Während das MSD fortschreitet, können auch degenerative Veränderungen am Gelenk vorkommen. Letztlich kann der Symptomenkomplex der einer wahren entzündlichen Arthritis sein.

Die Arbeit von HANS SELYE über Streß und das Anpassungs-Syndrom, sowie in letzter Zeit die Arbeit von WHATMORE und KOHLI in ihrem Buch *„The Physiopathology and Treatment of Functional Disorder"* scheinen die beste allgemeine Erklärung über das Spektrum der Schwierigkeiten zu liefern, die von Schmerzen aus dem Zahnbereich entstehen. SELYES Streß-Anpassungs-Syndrom gibt uns eine Erklärung der Funktion verschiedener Faktoren im Ursprung dieser Krankheit, indem er die physiologischen und morphologischen Veränderungen aufzeigt, die als körperliche Reaktion auf jeden Streß entstehen. Es ist schade, daß ein Großteil der Mediziner diese Denkart nicht kennen, denn es ist einem Arzt fast nicht möglich, den ganzen Patienten zu behandeln, wenn er nicht auf diesem Gebiet ein Basiswissen hat.

Die Physiopathologie besteht aus der veränderten Funktion bei normaler Struktur. Es gibt keine zugrunde liegende anatomische oder biochemische Pathologie, die diese Malfunktion erzeugt. Die veränderte Physiologie ist die Primär- oder Basis-Pathologie. Die daraus resultierenden Symptome werden oft als neurotisch oder psychosomatisch eingestuft, falsche Begriffe, nachdem wir jetzt ein besseres Verständnis der damit verknüpften Physiopathologie haben.

Eine Grundform der Physiopathologie besteht aus einer veränderten Kreislauf-Aktivität in verschiedenen Strukturen und Subsystemen des Nervensystems mit daraus resultierenden Veränderungen in Gewebe und Organfunktionen. Diese Physiopathologie wird hervorgerufen durch Signal-Fehler innerhalb eines komplexen Signalsystems, dem Nervensystem. Die Signal-Fehler entstehen häufig auf erlernten Pfaden, den neuronalen Verbindungen, die aus Erfahrung entstehen.
Die Lokalisierung und Art der veränderten Kreislauf-Aktivität bestimmt die Natur des daraus resultierenden Symptoms. Zum Beispiel erzeugt eine veränderte Hypothalamus-Aktivität eine autonome und endokrine Dysfunktion. Veränderte Kreislaufaktivität im Bereich des limbischen Systems erzeugt veränderte oder nicht gemäße Emotionen. Eine veränderte Aktivität des retikulären Systems bestimmt die Stufe der Erregung. Veränderte Kreislauf-Aktivität im Neocortex kann ein gestörtes Denken zur Folge haben. Eine Veränderung der Aktivität von Skelett-Muskel-Reflexen kann zu schmerzhaften Spasmen und physiologischer Kontraktur der Muskelfasern führen.

Zahn-Streß nimmt verschiedene Formen an, am häufigsten ist der Verlust der vertikalen Dimension, danach kommen Faktoren wie Zahn-Dynamik (orthodontisch und endodontisch), periodontale Störungen, Karies und Haarfrakturen der Zähne ins Spiel.
Der Begriff *Physiopathologie* sollte nicht mit den verwandten Begriffen *pathologische Physiologie* oder *Pathophysiologie* verwechselt werden. Der letzte beschreibt physiologische Veränderungen als Resultat struktureller Abnormitäten, wie die physiologischen Veränderungen aufgrund eines Mitralklappen-Schadens. Hingegen besteht die Physiopathologie aus einer veränderten Physiologie, der keine strukturelle Pathologie zugrundeliegt. Die veränderte Physiologie ist die Primär- oder Grundabnormalität.

Wenn der ständige Zahn-Streß einmal erkannt ist und beseitigt wird, kann der Körper mit anderen Streßfaktoren leichter durch normale physiologische Anpassung fertig werden. Wenn die anderen Streßfaktoren nicht autark geworden sind, verschwinden die Symptome des Patienten oder werden in kurzer Zeit gelindert.

Um diese Streßfaktoren zu erkennen und dann zu behandeln, sollte man eine gründliche funktionelle Analyse des stomatognathen Komplexes durchführen. Im folgenden der Diagnose- und Behandlungs-Vorgang, den ich bei jenen Patienten anwende. Eine mehr ins Detail gehende Auswertung kann aus der Literatur und aus den weiterführenden Ausbildungsprogrammen entnommen werden.

Differentialdiagnose der craniofacialen Erkrankungen

Die möglichen Ursachen von craniofacialen Erkrankungen können in folgende drei Hauptgruppen eingeteilt werden:

I. Allgemeine Systemerkrankungen, wie cardiovaskuläre, renale oder arthritische Erkrankungen.
II. Örtliche Pathologie, wie Ohren, Nase, Sinuse, Hals oder HWS.
III. Abnormalitäten des Craniomandibular-Systems

Es ist unabdingbar, daß Sie durch Konsultation mit verschiedenen Fachärzten die folgenden ätiologischen Möglichkeiten unter Gruppe I. oder II. ausscheiden, bevor Sie zur Gruppe III. vorgehen.

1. Orale, nasale oder nasopharyngeale Erkrankungen. Es ist notwendig, die Möglichkeit nasopharyngealer Krankheiten auszuscheiden, wie z.B. lymphoide Hypertrophie, Zysten oder Tumore. Audiometrische Untersuchungen sollten vorgenommen werden, um die genaue Art des eventuellen Gehörverlusts zu bestimmen. Der Zahnarzt muß auch erfahren, welcher Teil eines festgestellten Verlusts der Hörwahrnehmung altersbedingt ist.
2. Adenopathie, vor allem der Ohrspeicheldrüsen, und Infektionen vom Durchbruch oder derVerdrängung des dritten Molaren, sowie bleibende Infektionen.
3. Erkrankungen neurologischer Art, wie isolierte oder assoziierte Paralyse der Cranial-Nerven.
4. Kollagen-Erkrankungen, wie rheumatische Arthritis oder Osteoarthritis und Sklerose, die das Temporomandibular-Gelenk betreffen können.
5. Knochen-Dyskrasie, einschließlich Osteoporose
6. Traumatische Erkrankungen, egal wie lange sie schon dauern.

Gruppe III

Abnormitäten des Craniomandibular-Systems schließen folgendes ein:

1. Lokales Temperomandibular-Gelenks-Syndrom — Schmerz bei Bewegung und eingeschränkte Bewegung des Kiefergelenks, Klicken bei Bewegung, Knistern und Hypermobilität.
2. Periphere Symptome — Kopfschmerz, Schwindel, milde katarrhale Taubheit, Tinnitus, Verstopfung oder ein zugestopftes Gefühl im Ohr, Schmerz in und um die Ohren, Brennen oder Stechen in Zunge, Hals und Nase, Trockenheit des Mundes, Zucken des Gesichts und des Halses, gewisse "Neuralgien" des Nacken und Rücken, sowie Schmerzen am Vertex, Okziput und den postaurikularen Bereichen.
3. Knirschen, sowie subjektive Symptome — Zusammenpressen der Zähne mit der damit verbundenen Muskelermüdung, Schmerzen und Wundheit des Kiefergelenks und der periodontalen Membrane
4. Empfindlichkeit beim Abtasten — sowohl des Kiefergelenks wie auch der Kaumuskeln, der Nacken- und Rückenmuskeln.

Weitere Faktoren, die bei einer differenzierten Diagnose berücksichtigt werden müssen, sind:

1. Gesichtsneuralgien
    a. Trigeminus
    b. glossopharingeal
2. Gefäßkopfschmerzen (Migräne)
3. Sinus-Erkrankungen
4. Temporal-Arteritis
5. Pulpitisch betroffene Zähne
6. Koronar-Okklusion
7. Fraktur des Styloid Prozeßes
8. Ossifikation der Styloid Sehnen
9. Verletzungen der Zunge
10. Verletzung des Auriculotemporal-Nerven (Frey-Syndrom)
11. Otitis externa und
12. Carcinom des Nasapharynx

Diagnostische Kriterien zu Beginn einer Untersuchung

I. Visuell
A. Gesicht — im allgemeinen ist das höhere und größere Auge auf der rechten Seite — wie auch das rechte Ohr höher ist.
B. Abweichungen von der Mittellinie
1. Geschlossen — die Mittellinie weicht bei geschlossenem Mund auf die Seite mit dem größten Verlust an vertikaler Dimension ab.
2. Beim Öffnen — allgemein auf die angegriffene Seite.
C. Höhe von Schultern, Hüften, Brust und Knien — im allgemeinen tiefer auf der rechten Seite.

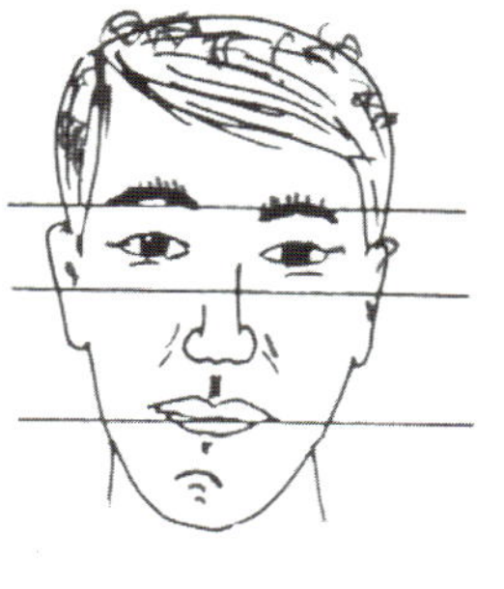

II. Abtasten
A. Muskeln
1. Kaumuskeln
2. Nacken
3. Rücken

4. Beine (Schenkel) — allgemein empfindlicher rechts
5. Darmbeinkamm — allgemein empfindlicher links
B. Kondylen durch den äußeren Gehörgang — spüren Sie, welcher mehr nach hinten versetzt ist und welcher empfindlich ist.

III. TMJ — Röntgen — in einer richtig zentrierten Okklusion und Vertikal-Dimension ist der Kondylus in einer 4-7-Position:

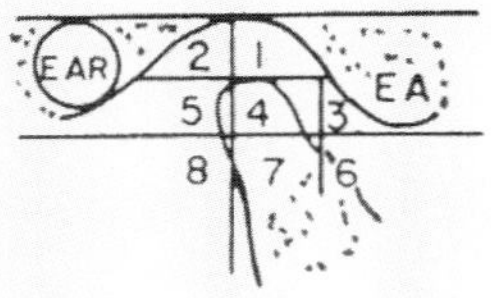

IV. Diagnostische Abdrücke — siehe Kapitel 2 in *„Clinical Management of Head, Neck and TMJ Pain and Dysfunction"*

V. Phonetik
Der kleinste Sprach-Abstand: s, sch, tsch, z
Der freie Raum ist für gewöhnlich zwischen 3.07 und 3.67 mm, aber es wurden schon 0 - 10 mm gemessen.

VI. Testen laut Angewandter Kinesiologie
Die Angewandte Kinesiologie beschäftigt sich mit der Dynamik der glatten und gestreiften Muskulatur und der Wirkung dieser Funktionen auf strukturelle Einheiten, den Heilvorgang und die Widerstandskraft gegenüber Erkrankungen.

Im besonderen konzentriert sich die Angewandte Kinesiologie auf das Erkennen und die Korrektur von proprioceptiver Dysfunktionen der Sehnen und der Spindelzellen in Muskel und Golgi-Zellen in den Sehnen. Schließlich beschäftigt sich die Angewandte Kinesiologie auch noch mit vaskulären, lymphatischen und anderen Systemen, die die richtige Muskeldynamik unterstützen, sowie mit den Ernährungsgrundlagen, die für dieses Stützsystem und die Muskeln selbst notwendig sind.

Es gibt sechs Hauptanwendungsgebiete der Angewandten Kinesiologie in der Therapie des Temporomandibular-Gelenks: die Muskelfunktion zu verbessern; die Diagnose der Okklusal-Dysfunktion zu bestätigen; die Behandlung durch Einsatz von Mandibular-Reposition, Schienen und Okklusal-Therapie effizienter zu unterstützen; die Wirkung und Angemessenheit der Behandlung des Temporomandibular-Gelenks zu bestätigen; den Patienten psychologisch zu motivieren, das empfohlene Therapieprogramm fortzusetzen und die therapeutischen Bedürfnisse des Muskel-Stützsystems des Kiefergelenks festzustellen.

Behandlungsvorgehen

Beim Festlegen des therapeutischen Vorgehens sollte der Arzt zwei Ziele anstreben:

1. den Vorgang einfach halten und
2. eine Umkehr zu ermöglichen.

Die Behandlung hängt von einer genauen und aufmerksamen Aufnahme und Untersuchung ab.

Es gibt fünf Hauptwege einer Behandlung:

1. Physiologische und Physiotherapeutische Behandlung, um Muskelspannung und Schmerzen abzubauen — der logische erste Schritt in einer Behandlung.
2. Abbau des Okklusal- und Kiefer-Ungleichgewichts durch den Einsatz eines orthopädischen Repositions-Gerätes, das es den Muskeln erlaubt, den Kiefer in der Muskelposition zu schließen, ohne daß die Zähne das Schließen in eine andere Richtung drängen (mit der Beseitigung von Auslösepunkten und Spasmen sollte die Okklusion korrigiert werden)
3. Kontrolle von oralen Gewohnheiten und die damit verbundene Übungstherapie
4. Unterstützung des Patienten bei der Kontrolle von Spannung und Streß.
5. Medikamentierung und System-Therapie.

Kriterien zur Beendigung des Falles

I. Kopfhaltung — Patient fühlt sich besser und sieht besser aus — mehr symmetrisch in Aussehen, Verbesserung der Haltung.
II. Balance der Parafunktion
A. Maximale Interkuspation in der richtigen Vertikaldimension
B. Rechts und linksseitige Exkursion — kann eine Gruppenfunktion sein, aber im allgemeinen Einzelzahn-Schutz.
C. Keine seitliche Interferenzen der Balance
D. Optimaler Kontakt bei Protrusion und posteriorer Disokklusion
E. Keine Vorkontakte im Zentrum
III. Kein posterior oder superior Druck des Kondylus auf den Finger beim Abtasten durch den äußeren Gehörgang.

IV.Muskeln sind frei von Spasmen, Schmerz und Auslösepunkten.
V. TMJ Röntgen bestätigen 4-7 Position
VI.Bestätigung durch kinesiologisches Testen

Zusammenfassung

Obwohl man meint, es gäbe noch unterschiedliche Meinungen über die Diagnose und Behandlung von Craniomandibular-Erkrankungen, scheint sich die Luft zu klären. Daraus scheint sich ein mehr holistisch multidisziplinärer Weg zu entwickeln.

Zur Zeit erkennt weder die medizinische Welt noch die Öffentlichkeit die volle Größe dieses Problems.

Hier wurde daher ein vereinfachter Weg zu Diagnose und Behandlung dieses quälenden Problems aufgezeigt.

TMJ-Syndrom – Der gewisse Klick

Neunzig Prozent aller Kopfschmerzen sind Muskel-Kontraktions-Schmerzen aufgrund von Depression, Angst und anderen psychologischen Störfaktoren. Nur zwei Prozent fallen unter den Begriff Dehnung und Entzündung — aufgrund von physischen Erkrankungen einschließlich dem Temperomandibular - Gelenks-Syndrom. Dennoch haben meine Kollegen und ich festgestellt, daß 9 von 10 Muskel-Kontraktions-Kopfschmerzen ihren Ursprung in exartikulierten Kiefergelenken haben in Verbindung mit unangemessenem Streßabbau (z. B. Zähneknirschen) und gewohnheitsmäßig schlechter Haltung.
Die Behandlung dieser Kopfschmerz-Patienten sollte eher aus orthopädischer Einstellung und Verhaltenskorrekturen bestehen, als aus psychiatrischer Therapie. Bei ihnen sind die Schmerzen in den Muskeln, nicht im Kopf.
Ein exartikuliertes Kiefergelenk entsteht laut Lehrbuch durch einen Unfall bzw. Schläge auf den Kopf. Diese Fälle sind jedoch nur ein kleiner Prozentsatz unserer Patienten. Ein viel häufigerer Grund ist das schlechte Schließen durch ein gestörtes Durchbruchs-Muster der Zähne bei Kindern oder durch fehlende Zähne oder kieferorthopädische Behandlungen bei älteren Patienten. Der Durchbruch der Zähne kann schon bei kleinen Kindern durch Zähneknirschen entstehen, die anfangen, die Spannung so abzubauen, wenn sie das erste Mal Streß erfahren. Später wird dieser falsche Zahn-zu-Zahn Bezug, der die Stellung des Kiefers bestimmt, in der normalen Zahn-Behandlung aufrechterhalten.

Die Fehlstellung des Kiefergelenks bildet die Vorveranlagung für das TMJ Syndrom. Viele Menschen halten den zusätzlichen Streß durch dieses Ungleichgewicht ohne Schmerzen aus. Das TMJ Syndrom entwickelt sich, wenn das Ungleichgewicht verstärkt wird durch schlechte Haltung oder falsches Verhalten bei Streß.

Wie bei jedem ausgekegelten Gelenk passen sich die Muskeln, die das Kiefergelenk halten, nicht an die anomale Stellung an, vielmehr werden sie gezerrt bei der Anstrengung, den Kiefer wieder in die richtige Position zu bringen. Durch dieses Ungleichgewicht bemerkt der Patient wahrscheinlich ein Klicken, Knirschen oder Reiben, wenn er den Mund öffnet und schließt.
Die Muskeln an Kopf, Nacken und Schultern können in diesem gespannten Zustand nur schwer weiteren Streß vertragen. Daher ist ein Patient, der bei Streß mit den Zähnen knirscht, mahlt oder sie fest zusammenpreßt, besonders anfällig für das TMJ Syndrom. Andere Patienten, die diesem Syndrom leicht zum Opfer fallen, sind jene, die auf Pfeifen oder Bleistiften kauen, wenn sie sich konzentrieren oder angespannt sind.
Manche Patienten mißhandeln ihr Kiefergelenk auch, indem sie den Kiefer in einer angespannten Position halten. Den Kiefer vorrecken, das Telefon zwischen Kinn und Schulter halten, das Kinn beim Fernsehen auf die Handrücken stützen, beim Lesen oder Schreiben mit aufgestütztem Ellenbogen das Kinn auf die freie Hand stützen, all das sind Positionen, die das Temperomandibular-Gelenk übermäßig strapazieren.
Dieser zusätzliche Streß bewirkt, daß die Muskeln in Kopf, Nacken und in den Schultern verkrampfen. Durch diese Anspannung in den Muskeln wird die Durchblutung eingeschränkt, und dort, wo die Durchblutung am schwächsten ist, werden sich Stoffwechsel-Abfallprodukte ansammeln und Auslösepunkte im Gewebe bilden. Diese Auslösepunkte (trigger-points) können Schmerzen irgendwo im Körper auslösen; einer dieser Punkte auf der Schulter kann starke Schmerzen in der Seite des Kopfes bewirken, als wäre es eine Migräne. Neben den spastischen Muskeln und Auslösepunkten können auch die Nerven im Umfeld gereizt werden und weitere Schmerzen bereiten.
Da sich die Spannung durch das Kiefer-Ungleichgewicht hauptsächlich auf das Gewebe von Kopf, Nacken und Schultern konzentriert, finden wir auch

die meisten Symptome in diesem Bereich. Für gewöhnlich sind die Anzeichen: Schmerzen in und um das Temperomandibular-Gelenk, hinter den Augen, in den Nebenhöhlen und Ohren, ohne daß eine Infektion vorliegt; chronische Nacken- und Schulterschmerzen, Schwerhörigkeit, Verstopfungsgefühl im Ohr, Tinnitus, Schwindel ohne Nystagmus, Brennen in Hals und Nasenwänden, Trockenheit im Mund und Trismus.
Da jedoch bei Streß in irgendeinem Teil der ganze Körper in Mitleidenschaft gezogen wird, können Symptome des TMJ Syndroms bei vielen Patienten auch an den Armen, im Kreuz und an den Beinen auftreten.
Das weit verbreitete Vorkommen des TMJ Ungleichgewichts hat dazu geführt, daß Ärzte diese Erkrankung oft falsch diagnostizieren und behandeln. Oft wird der Schmerz für rein psychogener Natur gehalten und erfolglos medikamentös behandelt. In manchen Fällen wurde der Patient sogar operiert, um ihm Erleichterung zu verschaffen. Es ist zwar wahr, daß Streß und Muskelanspannung einen großen Teil der Schmerzen des TMJ-Syndroms ausmachen, der Ursprung dieses Streß und die damit verbundene Muskelanspannung liegt aber im Kiefer-Ungleichgewicht. Man muß den Kiefer neu einrichten und die streßbezogenen oralen Gewohnheiten und die schlechten Haltungs-Gewohnheiten verändern, um wirklich andauernde Erleichterung zu schaffen.

Differenzierte Diagnose

Bei einer Krankheit, die sich in so vielen Formen manifestiert — wie kann ein Arzt da ein Temperomandibular-Joint Syndrom unterscheiden von z.B. einer Hörschwäche, wenn der Patient mit einem Symptom kommt, das beide Probleme indiziert?
Ich habe herausgefunden, daß die meisten Patienten ein Kieferproblem haben, sich aber nicht über die Bedeutung des Symptoms im klaren sind. Sie werden die Anzeichen nicht erwähnen, wenn der Arzt nicht bewußt danach fragt.
Ich habe hier vier diagnostische Vorgehen angerissen, mit denen sich die meisten Fälle einer Kiefer-Erkrankung feststellen lassen.

Untersuchung der Muskeln

Ich bin oft erstaunt, wie viele Ärzte es gibt, die die Muskeln von Kopf, Nacken und Schultern nicht abtasten, wenn ein Patient mit Schmerzen in diesen Bereichen kommt. Diese Untersuchung gibt dem Patienten jedoch die Möglichkeit, dem Arzt in den meisten Fällen zu sagen, wo der Ursprung seiner Beschwerden ist.
Die meisten Patienten mit TMJ-Syndrom spüren ein allgemeines Wundheitsgefühl der Muskeln in Kopf, Nacken und Schultern sowie möglicherweise den Rükken hinunter, im Po und in den Beinen. Neben dieser Empfindlichkeit wird man extrem sensible Knoten innerhalb der Muskeln bemerken, die durch Druck Schmerzen in bestimmten Teilen des Körpers auslösen. Diese Auslösepunkte sind nicht nur ein wichtiges Symptom des Syndroms, sie sind auch der Ursprung eines großen Teils der Beschwerden. Oft wird der Patient erzählen, daß er beim Drücken eines Auslösepunktes spürt, wie sich der Schmerz von diesem Punkt bis zum Bereich der ursprünglichen Beschwerde ausweitet.

Untersuchen der Gelenkhöcker in den Temperomandibular-Gelenken

Bei normalen Patienten kann man den kleinen Finger in die Ohren stecken und gegen das Kiefergelenk drücken, ohne den Kondylus beim Öffnen und Schließen des Mundes zu spüren. Macht man diesen Test bei einem Patienten mit einem Kiefer-Ungleichgewicht, dann spürt man, wenn der Patient seinen Mund öffnet und schließt, den Gelenkhöcker auf der Seite, auf der das Gelenk aus dem Gleichgewicht ist.
Wenn man seine Finger auf das Kiefergelenk drückt, während der Patient seinen Mund öffnet und schließt, spürt man auch das Knacken, das durch das Ungleichgewicht bei einer Kiefer-Erkrankung entsteht.

Fragen über andere Symptome stellen, die damit verbunden sind.

Viele Symptome der TMJ Erkrankung scheinen keinen Bezug zu den Schmerzen des Patienten zu haben. Manchmal erwähnt ein Patient vielleicht ein wichtiges Anzeichen nicht, weil er sich schämt. Zum Beispiel ist ein Klingeln im Ohr oder ein rauschendes Geräusch im Ohr ein allgemeines Indiz, das viele Menschen nur zögernd erwähnen. Fragen Sie bewußt nach einem Knacksen oder reibenden Geräusch beim Öffnen und Schließen des Mundes. Finden Sie heraus, ob der Patient Schwierigkeiten hat beim Öffnen des Mundes am Morgen. Wenn der Patient mit den Zähnen knirscht, hat er vielleicht wunde und müde Kiefer, sodaß er Schwierigkeiten beim Essen und Reden hat, obwohl es ihm nicht bewußt ist, daß er mit den Zähnen knirscht.

Untersuchen Sie den Patienten auf ein Ungleichgewicht seiner Gesichtszüge

Nachdem die Wurzeln des TMJ-Syndroms in einem orthopädischen Ungleichgewicht liegen, ist eines der häufigsten Symptome ein Fluchtungsfehler der Strukturen, den man bei manchen Patienten von den Augenbrauen bis zu den Füßen verfolgen kann. Beobachten Sie das Gesicht Ihres Patienten und notieren Sie, ob Augenbrauen, Augen, Wangenknochen und Lippen auf einer Seite höher sind als auf der anderen. Danach untersuchen Sie die Höhe der Schultern, Brüste und Hüften. Normalerweise sind die Gesichtsmerkmale auf der Seite des kollabierten Bisses höher, Schultern, Knie, Hüften und Brüste hingegen tiefer.

Wenn Ihre Untersuchung auf TMJ-Syndrom deutet, verweisen Sie den Patienten an einen Zahnarzt, der eine Ausbildung in der Behandlung von TMJ-Syndrom hat, um die Diagnose zu bestätigen. Natürlich sollte jede organische Quelle einer chronischen Beschwerde ausgeschlossen werden, bevor die Diagnose auf TMJ-Syndrom schließlich gestellt wird.

Behandlung

Bei dieser Erkrankung werden Sie in der Behandlung mit einem Zahnarzt zusammenarbeiten müssen. Er/sie wird das Kiefergelenk wieder in Balance bringen, indem er Maxilla und Kiefer in die richtige Position bringt und den Biß korrigiert. Eine unkomplizierte Methode dafür ist die Konstruktion eines kieferorthopädischen Gerätes aus Akryl, das Fehler im Biß ausgleicht. Dieses Gerät verhindert auch weitere Schäden durch Knirschen, Klappern, usw. sowie durch schlechte Haltungs-Gewohnheiten, indem es die Kiefer trotz dieses Mißbrauchs gegeneinander in der richtigen Stellung hält.

Nach Beginn der Zahnbehandlung kann der Arzt anfangen, die angespannten Muskeln zu behandeln. Wenn die Kiefer wieder in der richtigen Position sind, wird sich ein Großteil der Muskeln von selbst entspannen. Manche stark mißbrauchte Muskeln können jedoch weiterhin Schmerzen verursachen.

Auslösepunkte im Gewebe wird man einzeln behandeln müssen. Diese Knoten hält man für Ansammlungen von Stoffwechsel-Abfallprodukten, die sich in einem über längere Zeit angespannten Muskel ansammeln. Das Blut kann in einem angespannten Muskel nicht richtig zirkulieren, daher ist das Gewebe nicht richtig durchblutet. Auch wenn der Muskel sich entspannt, können die Auslösepunkte noch immer Schmerzen weiterleiten. Eine effiziente Methode, diese Bereiche aufzuweichen ist, ein lokales Betäubungsmittel wie Procain oder eine Salzlösung zu injizieren. Das Anstechen der Auslösepunkte ist wichtiger als die Substanz, die injiziert wird.

In meiner Praxis versuchen wir auch Eisbeutel und topische Anästhetika zur Schmerzlinderung einzusetzen anstelle von Medikamenten. Die Anwendung von Äthylchlorid oder einem Eisbeutel auf schmerzende Muskel bringt normalerweise schnell Erleichterung ohne die Nebenwirkungen von Schmerzmitteln. Nachdem viele Patienten mit chronischen Schmerzen schon Medikament-abhängig in unsere Praxis kommen, versuchen wir, sie davon zu befreien und zeigen ihnen alternative Methoden der Schmerzlinderung.

Die Korrektur der Stellung der Kiefer und das Behandeln der beschädigten Muskeln zeigt oft schon nach zwei bis drei Wochen Wirkung. Manche der Symptome verschwinden, sobald das orthopädische Gerät im Mund angepaßt ist. Diese schnelle Erholung kann bei Arzt und Patient zum Schluß führen, daß das Problem gelöst ist, aber wenn das Verhalten nicht verändert wird, das zu dem Ungleichgewicht geführt hat, wird das Syndrom wieder auftreten.

Eine permanente Erleichterung kann daher nicht ohne eine Art von Verhaltenstherapie erreicht werden, die die unangemessene Reaktion des Patienten auf Streß (Zähneknirschen) oder schlechte Haltungsgewohnheiten verändert.

Die unten angeführten zwei Wege zur Verhaltensänderung, haben sich bei therapeutischen Programmen als erfolgreich erwiesen. Ich schließe hier die Möglichkeit nicht aus, daß in dieser Phase der Behandlung andere Arten von verhaltensbezogener Therapie ebenso effizient sein können.

Lassen Sie den Patienten ein Verhaltens-Tagebuch führen

Um ein Verhalten zu verändern, muß der Patient sich seines unangemessene Verhalten erst einmal bewußt werden. Wir bitten alle unsere Patienten, sich selbst während des Tages alle 15 Minuten in bezug auf falsches Verhalten zu kontrollieren, die ihr Problem verschlechtern könnten. Manche Patienten stellen fest, daß sie bei geschäftlichen Telefonaten immer das Telefon mit dem Kinn festhalten, um beide Hände frei zu haben. Andere finden heraus, daß sie unbewußt immer an Kugelschreiber oder Bleistift nagen, wenn sie sich konzentrieren.

Jedes Mal, wenn der Patient ein unerwünschtes Verhalten abbricht und diese Tatsache notiert, ist er einen Schritt weiter in dem Bemühen, sich dieses Verhalten abzugewöhnen. Das Tagebuch wird die Veränderung im Verhalten widerspiegeln und den Patienten ermutigen, sich weiterhin anzustrengen.

Biofeedback Training

Wie ich schon früher festgestellt habe, entwickeln die meisten unserer Patienten das TMJ-Syndrom durch das

Knirschen und Zusammenbeißen der Zähne als Spannungs-Ausgleich. Wir verwenden Techniken der progressiven Entspannung und Auto-Hypnose in Zusammenhang mit Biofeedback-Instrumenten, um unseren Patienten beizubringen, sich selbst zu entspannen.

In unserer Praxis benutzen wir eine Thermo-Einheit, um die Temperatur der Hände zu messen, und einen Elektromyograph, der die Muskelspannung mißt.

Wir verlangen von unseren Patienten nicht nur, daß sie in der Früh und am Abend ihre Entspannungsübungen machen, sondern auch während des Tages bei der Arbeit. Wenn der Patient sich z. B. während der Arbeitsstunden kontrolliert und feststellt, daß er die Zähne zusammenbeißt, hat er die Aufgabe, einen abgeschlossenen Raum zu finden (sogar die Toilette) und fünf Minuten lang eine Entspannungsübung zu machen.

Wenn der Patient mit dieser Methode arbeitet, erhöht sich seine Widerstandsfähigkeit gegen Streß, und zugleich verbessert sich das unangemessene Verhalten, mit dem er bisher den Streß abbaute.

Der Arzt muß nicht mit jedem Patienten eine Stunde am Biofeedback-Programm verbringen. Ein Angestellter kann in die Methode einführen. Der Arzt kann sich aber über die Einhaltung informieren, indem er vor den Sitzungen das Tagebuch des Patienten ansieht und sich mit dem Patienten über Fortschritte unterhält, die sich in den Daten zeigen. Sie können zum Beispiel feststellen, wie entspannt der Patient scheint, und wie sich die entsprechenden Muskeln verbessert haben. Ein paar ermutigende Worte von Ihnen entzündet beim Patienten wieder das Interesse am Programm.

Neben dem Biofeedback-Training schlagen wir auch vor, daß jeder Patient eine physische Aktivität findet, die er mindestens dreimal in der Woche ausübt. Das gibt ihm ein Ventil für seine Spannung und vermindert die Notwendigkeit von nicht adäquatem Streßabbau.

Wenn wir annehmen, daß der Patient das Verhaltenstraining ernst nimmt, sollte er innerhalb von etwa sechs Monaten eine merkbar erhöhte Fähigkeit entwikkeln, Streß auszuhalten, ohne seine zerstörerischen Gewohnheiten einzusetzen.

Erst wenn die Zähne aufgebaut sind oder herauswachsen können und den richtigen Biß bilden, ist das Risiko eines Wiederaufflammens des TMJ-Syndroms stark reduziert.

Ich kann nicht stark genug betonen, wie notwendig es ist, daß die praktischen Ärzte und Vorsorge-Zentren das TMJ-Syndrom erkennen und behandeln. Die hier angeführten einfachen Diagnose-Untersuchungen und Behandlungs-Methoden können bei einigen Ihrer Patienten der erste Schritt zur permanenten Erleichterung von chronischen Schmerzen sein.

Chronologisches Muster der TMJ-Syndrom Symptome				
Alter	Alter	Alter	Alter	Alter
4 - 10	11 - 20	21 - 40	41 - 60	61 -
Kopfschmerz: anterior temporal und frontal; ***Ohren*** — klingende Geräusche, Verstopftheit und/ oder Jucken Ohrenschmerzen ohne Infekt; ***Dental:*** Zähneknirschen und Zusammen- beißen, hintere Zähne schmerzhaft. ***Kiefergelenk:*** Schnappen oder Klicken, Kauöffnung eingeschränkt	***Kopfschmerz:*** occipito-parietal intermittierend; ***Augen:*** retroorbital Schmerz (Anfälle) exophtalmisches Aussehen, Konjunktiva hyperämisch; ***Nacken und Schulter:*** Schmerz — anfallsartig; Skoliose auffällig. ***Ohren:*** Rauschen, Klingeln, oftmals Schwindel, Summen, Zischen, intermittierend Schmerzen im und vor dem Ohr ***Dental:*** Schmerz in den rückwärtigen Zähnen, Kaumuskeln wund. ***Kiefergelenk:*** Mandibular, Trismus, Bewegung schmerzhaft.	***Kopfschmerz:*** wie vorher mit Schmerz wie von Kieferhöhlen immer öfter. Schmerzen können behindernd sein. ***Augen:*** Schmerzen wie vorher, jedoch ständig. Gesichts-Asymmetrie. ***Hals:*** chronische Wundheit. ***Schulter:*** Schmerzen, als wäre es Bursitis. **Arm:** Parästhesie in Bereichen. Rückenschmerzen chronisch. Gesichtsschmerzen ständig. ***Kiefergelenk:*** Kondyle: osteoarthritische Degeneration. Kaumuskeln wund , „müde".	***Kopfschmerz:*** ständig und behindernd. ***Augen:*** ständig starke Schmerzen. **Arm:** häufig Parästhesie. Nackenschmerzen behindernd. ***Kiefergelenk:*** stärkere osteoarthritische Degeneration.	Orofaciale Dyskinesie und bestimmte assoziative Symptome.
In einem Versuch, die diagnostische Sicherheit der Symptome des TMJ Syndroms zu verbessern, haben Dr. Lawrence A Funt und Dr. Brendan C. Stack, Direktoren des National Capital Center for Craniofacial Pain diesen evolutionären, fortschreitenden und kumulativen klinischen Index herausgegeben von Symptomen, die bei TMJ-Syndrom Patienten dokumentiert wurden.				

TABELLE 1 **Haltungsmuster und Untersuchungsergebnisse**
an 200 Patienten mit TMJ Syndrom (GELB H. u. BERNSTEIN J.)

	Anzahl der Patienten
Abweichendes Schluckmuster	144
Klick	
beim Öffnen und Schließen	49
einseitig beim Öffnen	20
einseitig beim Schließen	28
bilateral beim Öffnen	2
bilateral beim Schließen	7
Empfindlichkeit der vorderen Wand	
beide Ohren	38
rechtes Ohr	82
linkes Ohr	108
nur eine Seite	114
Auge hoch und Hüfte tief auf der selben Seite	
rechts	147
links	3
Vorangegangene kieferorthopädische Therapie	43
Kieferorthopädische Behandlung mit Extraktion (Prämolaren)	15
Vorangegangene Geschichte an Traumata	
Innerhalb der letzten 5 Jahre	46
Fünf Jahre und mehr	99
Beides	24
Mittellinien-Abweichungen auf der gleichen Seite wie das hohe Auge	
Geschlossen - rechts und links	64
Offen - rechts und links	82
Hohes Auge und Empfindlichkeit der vorderen Wand auf der gleichen Seite	
ja	86
nein	62

Tabelle 2 **Kriterien zur Beendigung**

I Kopfhaltung
II Balance für Parafunktion
- A. Maximale Interkuspation in Zentrik und geeigneter Vertikaldimension
- B. Rechts und links laterale Exkursion — kann eine Gruppenfunktion sein, aber im allgemeinen cuspid protection
- C. Keine balancierenden Seiteninterferenzen
- D. Optimaler Kontakt in Protrusion und pos. Disklusion
- E. Keine zentrischen Vorkontakte

Tabelle 3 **Therapie-Methoden der Behandlung**

1. Okklusal- Rehabilitation	1. Anpassung der Okklusion	a) Knirschen b) Bißplatten, Schienen, etc. c) kieferorthopäd. Behandl. d) permanente prothetische Rekonstruktion
	2. Orthopädische Behandlung mit Reposition des Kondylus.	
	3. Muskelentspannung mit physikalischer Therapie	

ISRAEL

SYRIEN

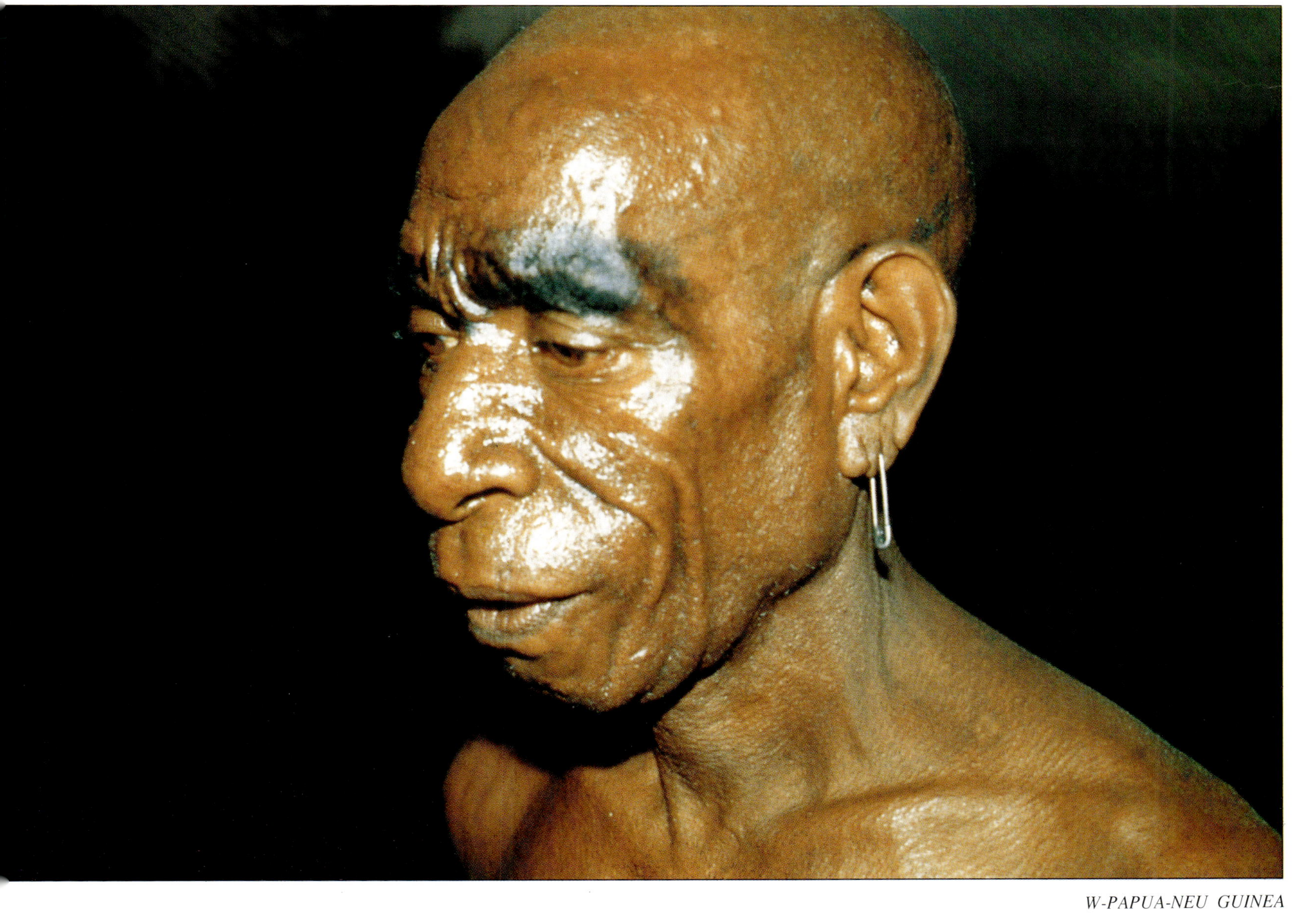

W-PAPUA-NEU GUINEA

W-PAPUA

AMAZONAS

Die Beziehung des Kiefers zur Wirbelsäule und zum muskulären Apparat

DR. ALBERTO CESARE GUIDOTTI

SCHIENENTHERAPIE

„Wir leben in einem neuen Humanismus der Wissenschaften, und im besonderen der Medizin: Die Wiederentdeckung des Menschen "

EINLEITUNG

Die Aufmerksamkeit der Medizin hat sich schon immer hauptsächlich auf das Entdecken symptomatischer, pathologischer und traumatischer Manifestationen mit Hilfe von Standard-Diagnosetechniken, sowie Röntgen und Laboruntersuchungen gerichtet. Diese haben in den letzten Jahren beachtliche Fortschritte gemacht.

Trotz der diagnostischen Gültigkeit und der Unersetzlichkeit solcher Methoden kommt es zu Fällen, in denen trotz negativer Resultate bei den Untersuchungen der Patient weiterhin über verschiedenartige Schmerzen klagt, wie zum Beispiel über Kopfschmerzen oder Rückenschmerzen .

Diese Symptome, die nicht Folgen von offensichtlichen Anomalien sind und von Patient zu Patient unterschiedlich sind, werden häufig als psychosomatisch angesehen oder einfach nicht beachtet. Die Erklärung einer solchen Erscheinung liegt in der Tatsache, daß solche symptomatischen Manifestationen als funktionell identifiziert werden müssen, d.h. als krankhafte Manifestationen aufgrund einer Störung in der Aktivität eines Organs, das keine merkbaren Schäden aufweist.

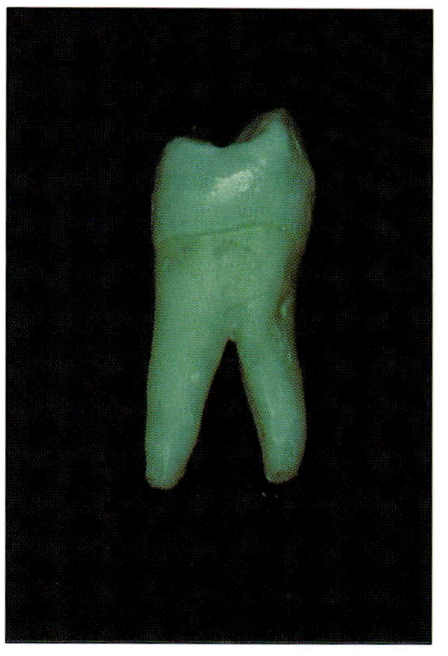

Abb. 1

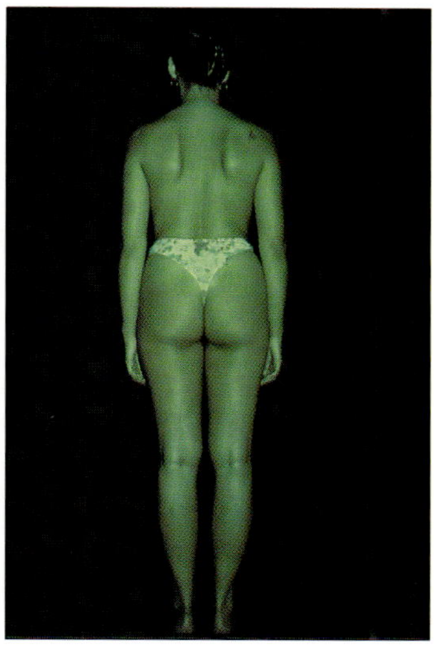

Abb. 2

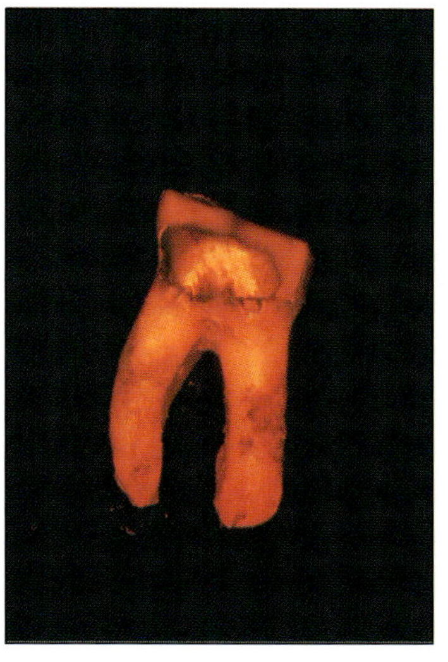

Abb. 3

Abb. 4

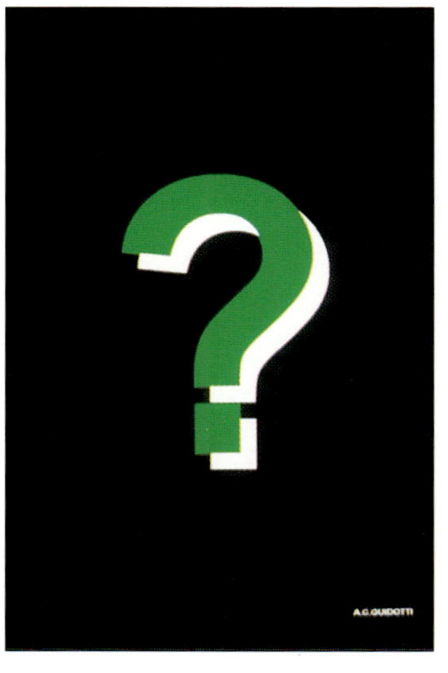

Abb. 5

Abb. 6

Das Syndrom des Haltungsdefizits

1979 hat DA CUNHA, nachdem er einige gemeinsame Charakteristika bei zahlreichen Fällen festgestellt hatte, die von Spezialisten schlecht einschätzbar und wenig klar eingestuft worden waren, ein einzige nosologische Identität festgestellt, die er Syndrom des Haltungsdefizits (SDP) nannte. Die Störungen bei diesem Syndrom können folgende sein:

• Schmerzen	Cephalea, Arthralgie, Cervical gie, Brachialgie, Lumbalgie, Cruralgie,
• Gleichgewicht	Benommenheit, Schwindel, In stabilität, Tendenz zum Stol pern, Gefühl der Übelkeit
• Augen	Asthenopie, Diplopie
• Proprioceptive	funktionale Dysmetrie
• Gelenke	Störungen im Temporo-Mandibular-Gelenk, Periarthritis
• Neurovaskulär	Paresthesie der Extremitäten
• Psyche	Dyslexie, Dysgraphie, Agora phobie, Asthenie, Angstzustän de, Depressionen, Störungen der Orientierung, des Raumbewußtseins, der Konzentration
• Störungen im Herz-Kreislaufsystem	
• Ohren	Tinnitus

Die klinische Untersuchung von Patienten, die an derartigen Störungen litten, erlaubten DA CUNHA, eine Verschiebung in der Haltung als gemeinsames Charakteristikum zu identifizieren, eine Veränderung, die hervorgerufen wird durch Druck auf schmerzende Gelenkpunkte, durch eine funktionelle Dysmetrie der Glieder oder durch eine asymmetrische und skoliotische Haltung, die durch einen unsymmetrischen Hypertonus der paravertebralen Muskeln hervorgerufen wurde. Nachdem er festgestellt hatte, daß eine Veränderung der Haltung die Symptomatologie veränderte, prägte DA CUNHA den Begriff: „Syndrom des Haltungsdefizits".

Die nachfolgenden Beobachtungen zahlreicher Fälle von Haltungsschäden brachten weitere Fortschritte bei den stomatognathen Problemen und bei denen des Temporomandibular-Gelenks. Ein okklusale Ungleichgewicht kann auch ohne Symptome ein Muskel-Ungleichgewicht hervorrufen und dadurch eine unharmonische Haltung. Eine derartige asymptomatische strukturelle Pathologie besteht im allgemeinen im Bereich einer weiten biologischen Toleranzgrenze; wenn sich jedoch eine Streß-Situation einstellt, wie z. B. der Verfall der organischen Abwehrkräfte, dann stellen sich schmerzhafte Symptome ein. Es kann sogar geschehen, daß ein strukturelles Problem, wie z. B. ein Trauma der unteren Gliedmaßen, auf ein Problem des Temporomandibular-Gelenks zurückgeführt werden kann.

Aus dieser Hinsicht stellt sich die Notwendigkeit eines neuen Spezialisten: des Haltungs-Zahnarztes, der durch eine globale Untersuchung des Patienten eine genauere Diagnose stellen kann und daher bessere therapeutische Ergebnisse erzielt.

Die Orthostatische Haltung

Wenn wir uns die Muskeln als elastische Kräfte denken (Abb. 7, 8, 10), müssen diese, um die Körperstruktur im Gleichgewicht zu halten, die gleiche Spannung bilden. Die Schwächung eines Muskels — Hypotonie — ruft die Stärkung seines Gegenspielers hervor, der — hyperton geworden — dazu neigt, die Struktur (Abb. 9) aus dem Gleichgewicht zu bringen, wodurch eine disharmonische Haltung hervorgerufen wird.

Die Aufmerksamkeit richtet sich daher auf das Aufspüren der Ursachen für die Schwächung des hypotonen Muskels. Allein durch das Beseitigen dieser Ursachen, ohne Behandlung des hypertonen Muskels, werden sich beide Muskeln auf eine normale Spannung einpendeln, und so wird man das strukturelle Gleichgewicht (Abb. 8) wiederfinden. Dadurch läßt sich auch eine disharmonische Haltung wieder ins Gleichgewicht bringen.

Ein System der Schwerelosigkeit

Ein Mensch in einer orthostatischen Position ist scheinbar unbeweglich; in Wirklichkeit ist er chaotisch schwankenden Bewegungen in verschiedenen Richtungen ausgesetzt. Solche Schwingungen, die man nur mit Mühe wahrnehmen kann, lassen den Menschen wie ein umgekehrtes Pendel (Abb. 11, 12, 13) erscheinen.

Den Halt bilden nur die Füße, die ein ausschließliches Vorrecht des Menschen sind, wie auch seine aufrechte Haltung. Trotz der verringerten Maße des stützenden Polygons wird der Mensch dank der Muskel- Kontraktionen, die sich der Schwerkraft entgegenstellen, in einem mittleren Gleichgewichtspunkt gehalten, den man den Schwerpunkt nennt. Angelpunkt der Schwankungen ist das Sprunggelenk.

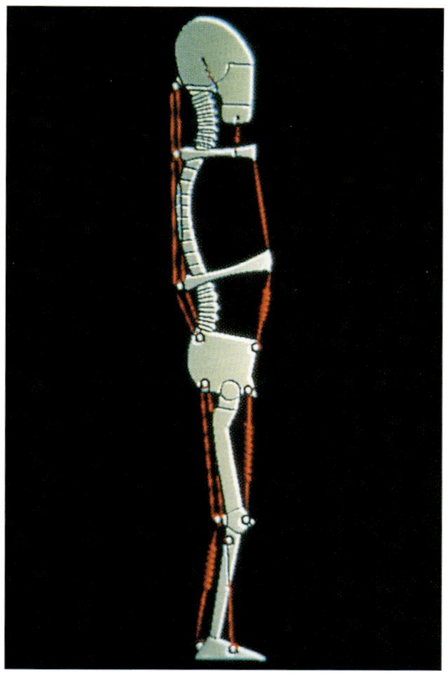
Abb. 7

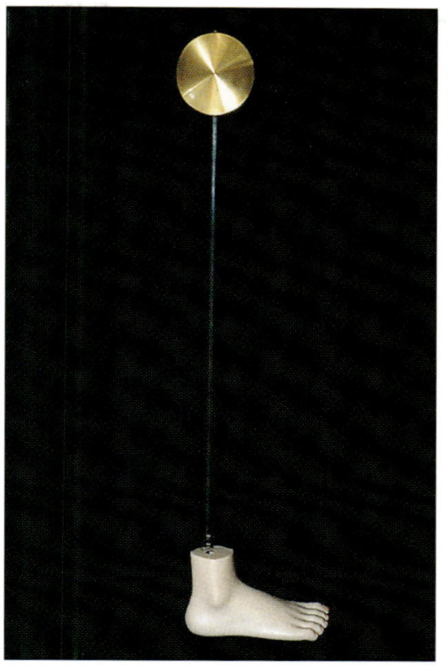
Abb. 11

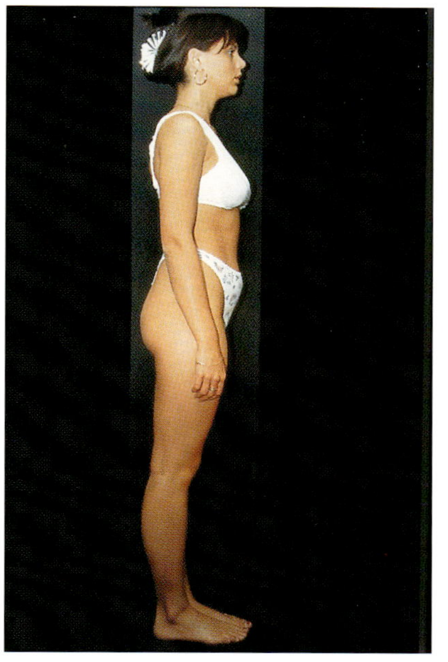
Abb. 12

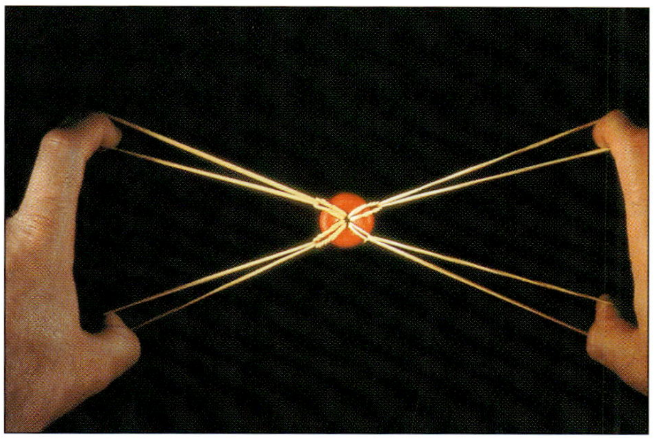
Abb. 8

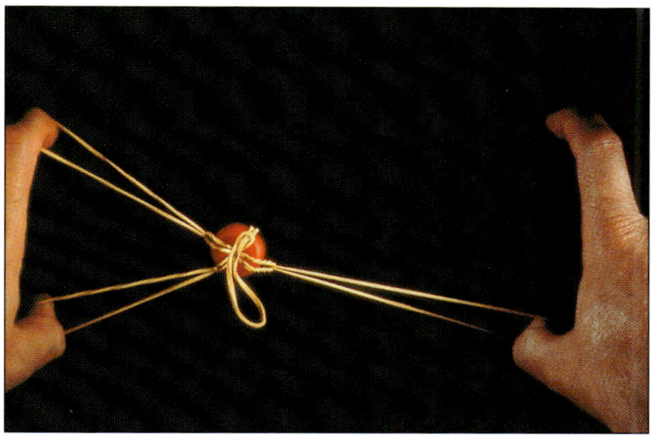
Abb. 9

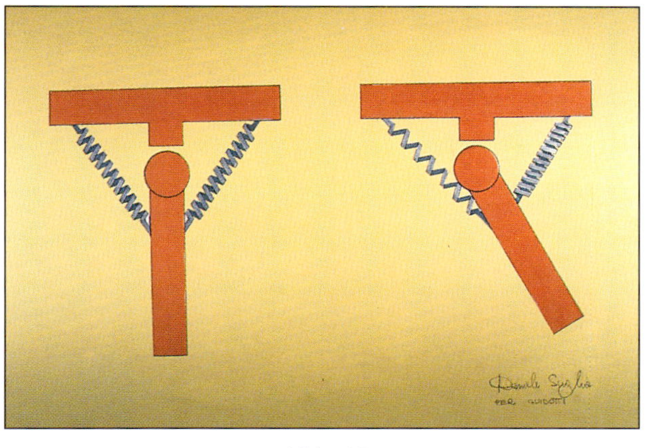
Abb. 10

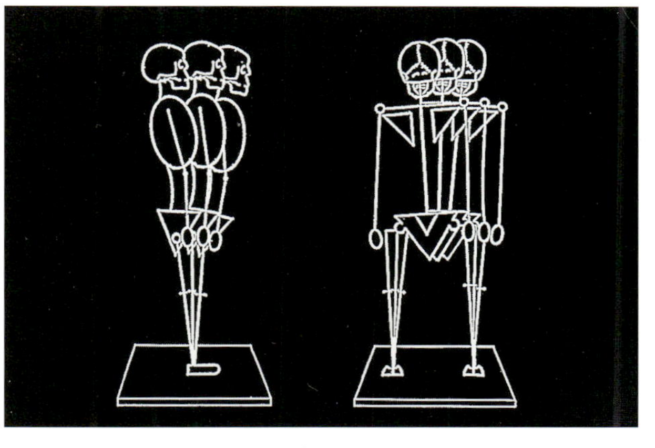
Abb. 13

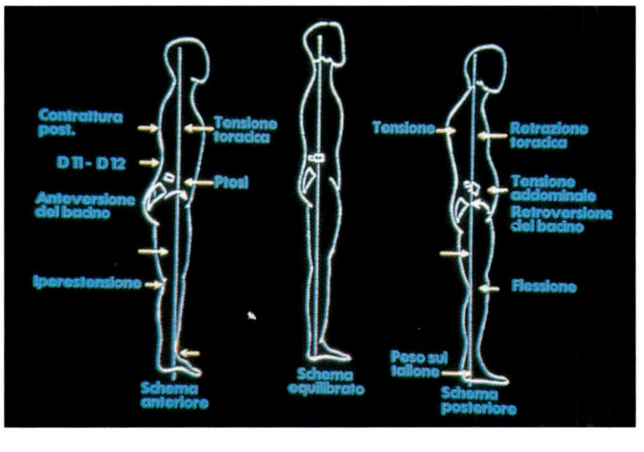

Abb. 14

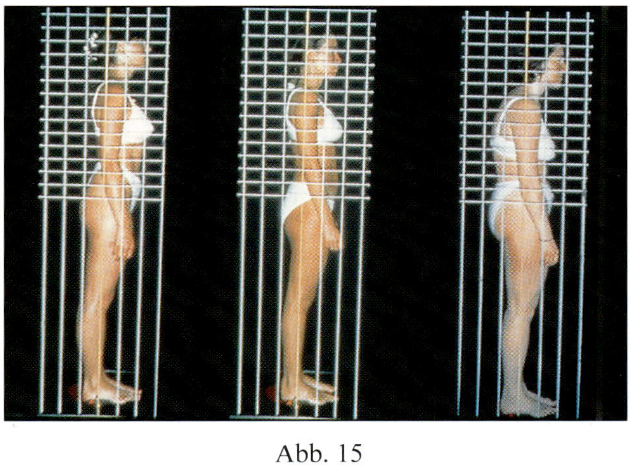
Abb. 15

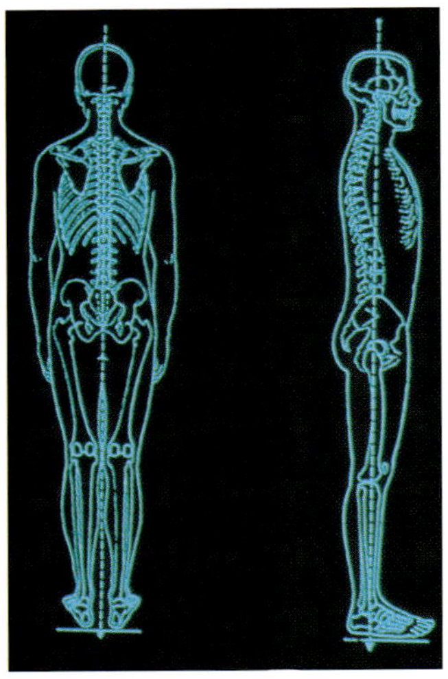

Abb. 16

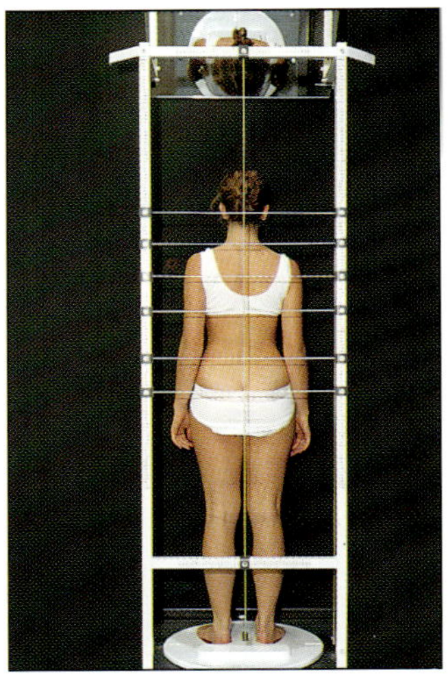

Abb. 17

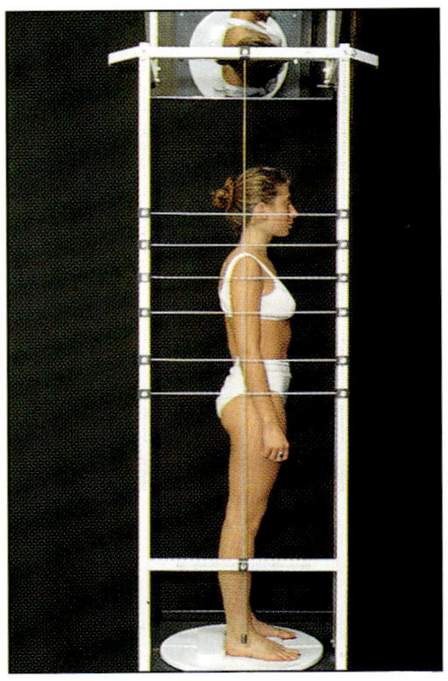

Abb. 18

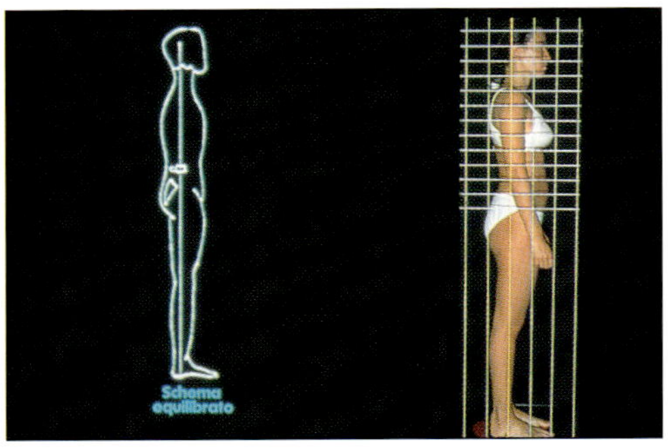

Abb. 20

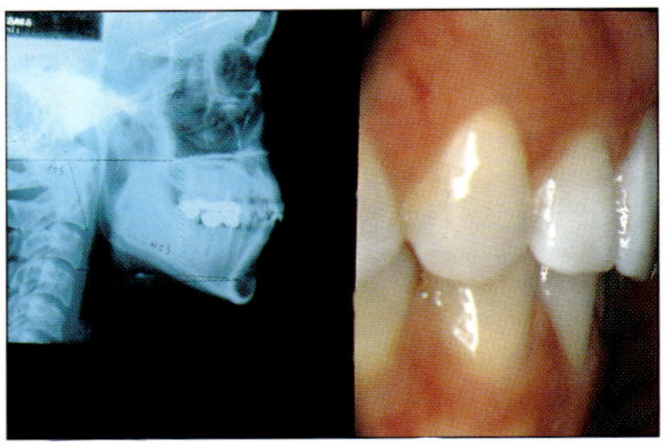

Abb. 19

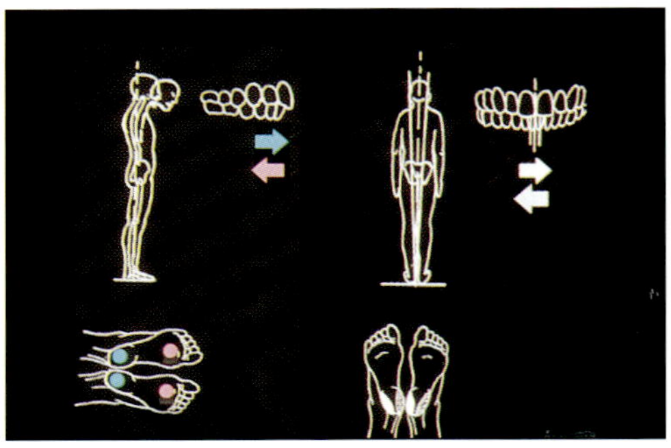

Abb. 21

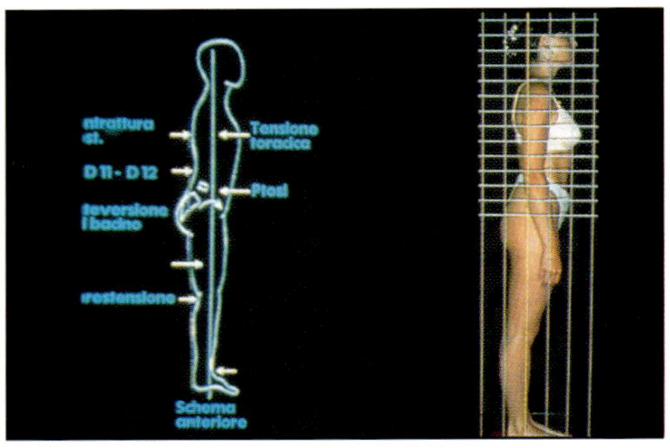

Abb. 22

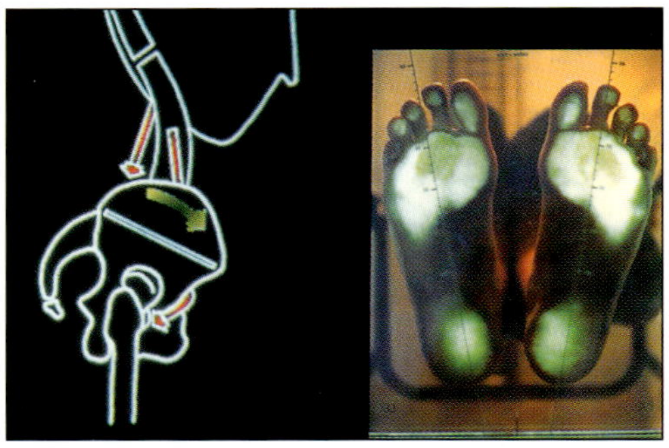

Abb. 23

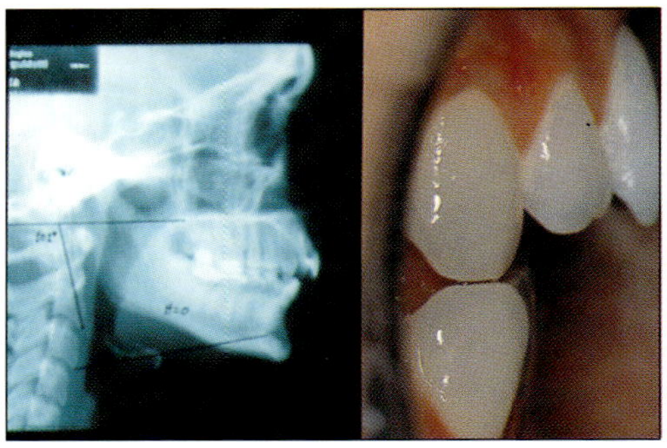

Abb. 24

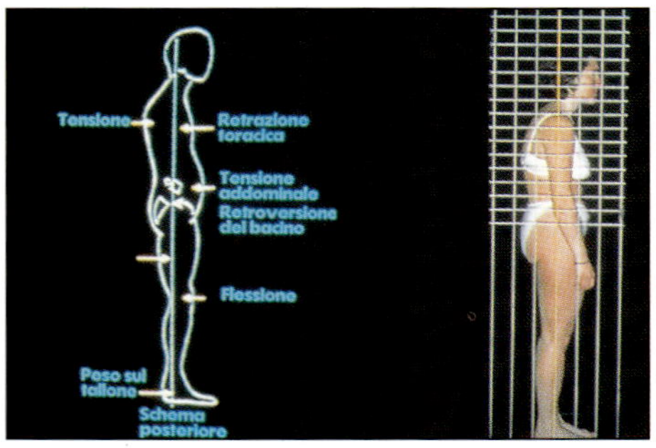

Abb. 25

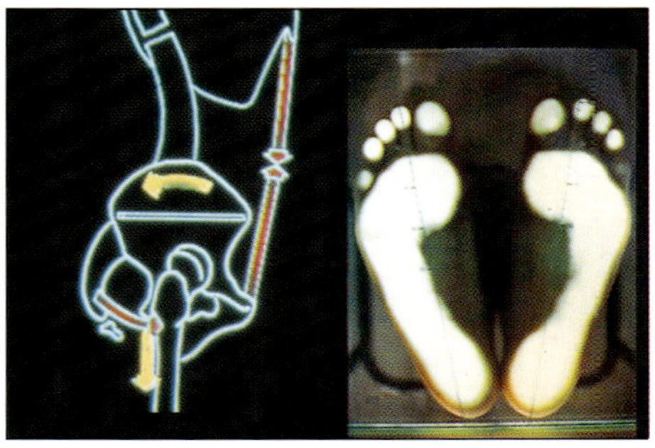

Abb. 27

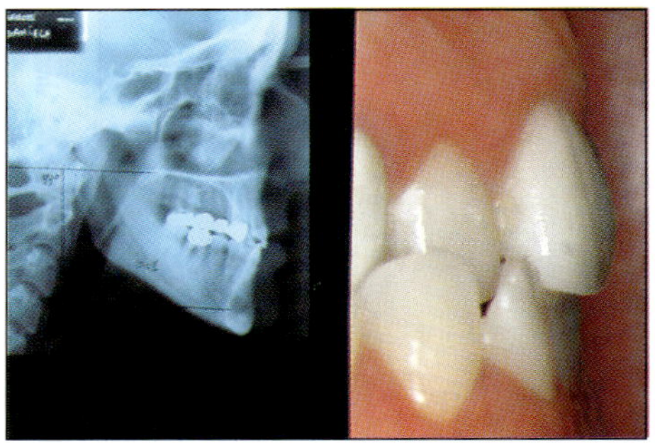

Abb. 26

vom Grund-Muskeltonus dadurch, daß sie wiederholt wechselnde isometrische Kontraktionen hervorruft
Das Zusammenspiel in der Haltung wird als ganzheitliches Phänomen studiert. Tatsächlich kann man keine Untersuchung der Kopfhaltung durchführen, ohne gleichzeitig auch den Schultergürtel, die Wirbelsäule, den Beckengürtel und die unteren Extremitäten zu untersuchen. All dies finden wir täglich in der Praxis der zahnärztlichen Kinesiologie. Diese Disziplin ist aufgrund des starken Interesses entstanden, das sich in den letzten Jahren in steigendem Maße von der zahnärztlichen Praxis der Haltungstherapie zugewendet hat.
Die zahnärztliche Kinesiologie hat den Verdienst, daß sie einen Bezug zwischen der Cranio-Cervico-schen Problemen hergestellt hat (Abb. 14, 15).

HALTUNGSANALYSE

Die Haltungsanalyse erfordert Beobachtung und Erfahrung. Der Patient wird im allgemeinen über ein Scoliosometer oder noch einfacher über ein Senkblei (Senkrechte von Barré) von hinten und von beiden Seiten beobachtet.
Wie die Abbildungen 16, 17 und 18 zeigen, muß eine korrekte Haltungs- Homöostase folgendes zeigen:

VON HINTEN	VON DER SEITE
Die biotische Ebene, die Ebene des Schultergürtels und die des Beckengürtels sind horizontal. Die Senkrechte von Barré verläuft durch die Kopfmitte, den Nacken und die Intergluteal-Linie.	Die Senkrechte von Barré geht durch den Tragus, den äußeren Gehörgang, durch das Acromio-clavicolar-Gelenk, durch den großen Trochanter, durch die Kniekehle und den Fußknöchel außen. In der seitlichen Haltung wie Abb. 19 ist die Okklusion normalerweise erster Klasse (Abb. 20).

Die Haltung leidet in folgender Weise unter der räumlichen Stellung des Kiefers:

- Die vordere Ebene leidet unter der seitlichen Abweichung der Kiefer (Abb. 21)
- Die seitliche Ebene weicht im umgekehrten Sinn seitlich vom Kiefer ab: wenn der Kiefer zurückweicht, geht die Haltung nach vorne, wenn der Kiefer nach vorne geht, weicht die Haltung nach hinten.

HALTUNGSCHEMA

Es gibt zwei typische Haltungsmuster in Bezug auf das veränderte stomatognathe System, das auch auf die Extensor-Muskeln wirkt (Mm. plantaris brevis, Soleus, Vastus intermedius, Gluteus maximus, Psoas, Paravertebralis), wodurch Hypertonie oder Hypotonie verursacht wird.

Diese beiden Muster sind: Das vordere Schema mit Bezug zur Retrusion des Kiefers (Abb. 22, 23, 24) und das hintere Schema mit Bezug zum Vorstehen des Kiefers (Abb. 25, 26, 27).

VORDERES SCHEMA	HINTERES SCHEMA
Hypertonus der Extensoren-Muskeln	Hypotonus der Extensorenmuskeln
• Kopf nach vorne gestreckt	• Kopf nach vorne gestreckt
• Kiefer weicht zurück	• Kiefer nach vorne gestreckt
• Cervicale Hyperlordosis	• Geradestellung - cervikale Umkehr
• Kontraktion	• Verkrümmung der Wirbelsäule
• Anteversion	• Hyperlordosis
• Glieder	• Rückwärtsneigung des Beckens
• Gewicht	• Beine
• Große Zehe	• Gewicht auf der Ferse
• Vorfuß	• Calcaneus valgus
• Calcaneus	• Plattfuß
• Fuß	

HALTUNGSSYSTEM

Das Haltungsproblem wurde so lange nur fragmentarisch in Angriff genommen, als das Interesse dafür zu keiner größeren Vertiefung in die Thematik Anlaß gab.

Die „Posturologie“ ist eine neue medizinische Disziplin, die in Kliniken die Kenntnisse und Entdeckungen durch die Verwendung verschiedenster Techniken der Haltungsmessung anwendet. Sie beabsichtigt weder, andere Spezialdisziplinen zu ersetzen, noch sich in diese einzumischen; sie untersucht vielmehr die Pathologien, die mit den Störungen der Integration auf der zentralen Ebene in Verbindung stehen.

Seit etwa einem Jahrhundert untersuchen zahlreiche Forscher die orthostatische Haltung, wobei sie sich im allgemeinen mit dem Menschen beschäftigen, der Schwierigkeiten hat, sich in der Statik zu halten, sei es durch Gleichgewichtsprobleme oder durch Wirbelsäulenschmerzen.

Die Antwort auf das Problem des Gleichgewichts des Menschen konnte schon Ende des 19. Jahrhunderts gegeben werden. Zu der Zeit war jedoch das Konzept des Haltungssystems noch nicht eingeführt, daher suchte man die Lösung darin, einzelne Körperteile getrennt zu untersuchen.

WIE HÄLT SICH DER MENSCH IM GLEICHGEWICHT?

Der Übergang von der vierfüßigen Haltung zur aufrechten hat bemerkenswerte und grundsätzliche Veränderungen der neuromuskulären und Skelett-Anatomie bewirkt, vor allem aber in der Organisation der Apparate, die für die Erhaltung der orthostatischen Haltung und das Gleichgewicht verantwortlich sind. (Abb. 28).

Heute weiß man, daß sich das orthostatische Gleichgewicht des Menschen durch die Organisation der einzelnen Teile des Körpers in einem einheitlichen System erhält. Man verwendet die System-Theorie, soweit diese die Kenntnis des Eingangs und Ausgangs aus dem System selbst impliziert. Dabei ist der Ausgang durch die Erhaltung der Projektion des Schwerpunktes auf der Ebene der Fußhaltung in einer Position des Gleichgewichts gegeben. Schon 1679 hat Borelli, der Vater der medizinischen Mechanik (der heutigen Biophysik) die These aufgestellt, daß ein Objekt im Gleichgewicht in der Lage ist, die Projektion seines Schwerpunktes innerhalb des Polygons zu halten, auf dem es steht.

Kurz gesagt ist die Haltung die Art und Weise, wie der menschliche Körper im Gleichgewicht bleibt. Sie ist das Resultat einer Anpassung dieser Haltung, die der Herausforderung zwischen uns und der äußeren Welt entspricht. Diese Herausforderung kann sich in einem Dialog oder in einem Kompromiß ausdrücken oder letztlich auch in einem Konflikt (Abb. 29).

Dank der Verteilung der Körpermassen ist es möglich, ein gutes Gleichgewicht zu erhalten, was man jedoch nicht mit einer guten Haltung verwechseln darf. Wenn der menschliche Körper allgemein in einem guten Gleichgewichts-Zustand ist, stellt er jedoch selten auch eine gute Haltung dar.

Wie man aus Abb.30 ersehen kann, fällt bei beiden die Gravitationslinie ins Zentrum des Stützpolygons, d. h. beide sind im Gleichgewicht; während man jedoch im ersten Fall eine gute Haltung ohne Muskelspannungen beobachten kann, hält sich der Mensch im anderen Fall nur kraft eines Zuges durch Bänder, Faszien und Muskeln aufrecht.

DER MECHANISMUS DER HALTUNG

Betrachten wir nun, welche Mittel der Mensch einsetzt, um die Anforderungen eines guten Gleichgewichts einerseits und einer guten Haltung andererseits zu erfüllen.

In den untenstehenden Tabellen stellen wir den menschlichen Körper einem Computer gegenüber.

menschlicher Körper	Computer
ostheoarthromuskuläres System	
• Antriebskette	• Antriebskette
• Knochen	• Glieder
• Gelenke	• Verbindungen
• Faszien	• Transmissionsorgane
• Muskeln	• Bewegungsorgane

menschlicher Körper	Computer
neurologisches System	
• Nervensystem	• Programm
• Zentralnervensystem	• Mikroprozessor
• peripheres Nervensystem	• Schaltkreise
• Nerven	• Kabel
• Empfindungsorgane	• Äußere Empfänger

Nun untersuchen wir die zwei Systeme getrennt:

Das Osteoarthromuskuläre System

Hinsichtlich der mechanischen Komponente beginnen wir die Untersuchung mit der kinematischen Kette, ein Konzept der technischen Fakultät. Eine kinematische Kette, ein Gebilde, das sich aus Gliedern und Verbindungen zusammensetzt, kann offen oder geschlossen sein.

Als offene kinematische Kette definiert man ein System, in dem die Bewegung jedes einzelnen Segments unabhängig von der Bewegung aller anderen ist; hingegen definiert man als geschlossene kinematische Kette ein System, in dem jede Bewegung, die ein Segment betrifft, durch Transmission mechanisch alle anderen betrifft. Im menschlichen Körper sind im besonderen die offenen kinematischen Ketten der Bewegung zugeordnet, die geschlossenen der Haltung.

Eine offene kinematische Kette kann zur geschlossenen werden, wenn externe Segmente eine Rolle spielen, wie der Boden, oder innere Verbindungen, wie das Kreuzen der Finger.

Als Resultat macht sich die offene — derart umgewandelte — kinematische Kette alle Funktionen und Aufgaben einer geschlossenen zu eigen. Wie Abb.32 zeigt, ist die kinematische Kette geschlossen, wenn beide Beine am Boden aufgestützt sind; hingegen ist sie offen, wenn ein Bein angehoben ist. Die Gelenke können bestimmte Grade an Bewegung und Bewegungsfreiheit erlauben.

Im Fall einer offenen kinematische Kette zeigen sie im allgemeinen einen hohen Grad an Bewegung und einen niedrigen Grad an Freiheit, das Gegenteil trifft im Fall einer geschlossenen kinematische Kette zu. Die craniomandibulare Einheit stellt eine geschlossene kinematische Kette dar, in der die Schädel-Suturen und die Temporo-mandibular-Gelenke die Rolle der Verbindungen spielen und der Kontakt der Zähne die der Reibung (Abb. 33).

Die kinematische Maschine - der Rahmen -, den das Skelett und die Gelenke formen, wird gebildet durch eine Reihe von Ketten, die von Kopf bis Fuß verbunden sind. Wenn man nun die Wirbelsäule untersucht, kann diese durch eine Reihe von aufeinanderfolgenden Ketten dargestellt sein: zwei aufeinanderfolgende Wirbel stellen schon eine Kette dar, die Wirbelsäule als ganzes daher eine Kette von Ketten.

In bezug auf den Muskelapparat kann man kurze und lange Muskeln unterscheiden: während die ersteren ausschließlich innerhalb der kinematischen Kette wirken, bilden die letzteren Ketten, die zur Erhaltung der allgemeinen Ordnung vorgesehen sind und diese bestimmen und regeln.

Wie erfolgt das Einpendeln (Adaptieren)?

Jede geschlossene kinematische Kette trägt mit ihrer eigenen Anpassung zur allgemeinen Haltungseinpendelung bei.
Diese Aufgabe wird nacheinander von den verschiedenen geschlossenen kinematischen Ketten übernommen, aus denen sich das System zusammensetzt. Um die ideale Position zu erreichen, ist es nötig, daß sich die Verbindungen in einer Mittellage befinden und die Muskeln in einem Zustand neutraler Spannung.
Wenn einmal der Extrempunkt eines Gelenks erreicht wurde, stabilisiert sich dieses, und die endgültige Adaptierung wird an andere Anpassungspunkte weitergegeben.
Die Beine, das Becken, die Wirbelsäule und der Cranio-mandibular-Komplex bilden daher die Stationen der Haltungs-Anpassung. Jede einzelne kann in der Tat die Ursache für Haltungsfehler sein. Die kinematische Kette des Cranio-mandibular-Gelenks adaptiert sich bei offenem Mund von selbst; hingegen verhält sie sich, wenn der Mund geschlossen ist, wie das Glied einer geschlossenen Kette, und als solche sind ihre Anpasssungsmöglichkeiten beschränkt.
Ein okklusales Mißverhältnis im stomatognathen System kann daher auf andere Ketten übertragen werden, und diese hinwiederum übertragen das Ungleichgewicht wieder auf andere angrenzende Ketten, wenn sie es nicht in sich selbst lösen können; so entsteht eine Disharmonie in der Haltung. Auf diese Weise lassen sich die aufsteigenden, absteigenden und kombinierten Ursachen der Haltungsschäden erklären (Abb. 34).

Das Neurologische System

Die Impulse, die an das zentrale Nervensystem übertragen werden, können äußerer oder innerer Art sein (Abb. 35).
Die äußeren Empfänger
Die äußeren Empfänger — das Auge, das Vestibular-System des Innenohrs und die äußere Reizempfindlichkeit der Füße — bestehen aus Empfangssystemen, die einen konstanten Informationsaustausch zwischen dem System und der Umwelt bilden. Analysieren wir sie einmal einzeln:

- Das Auge (retinaler Input): Der visuelle Faktor kann nur in Betracht gezogen werden, wenn sich die Umwelt nicht bewegt. Sonst manifestiert sich das Phänomen des Gleitens der Retina (Abb.36). Wenn zum Beispiel bei einem Zugfenster das Gesichtsfeld ausschließlich auf einen abfahrenden Zug beschränkt ist, kann man nicht erkennen, welcher der Züge in Bewegung ist. Was das Haltungssystem im Besonderen betrifft, so sind einzig die sichtbaren Bezüge entscheidend, die von diesem Menschen zwischen 10-15cm und 5m entfernt sind.

- Das Vestibular-System des Innenohrs: Die Abweichung des Kopfes in bezug zur horizontalen Ebene wird von den Empfängern im Innenohr analysiert. Diese messen im Ruhezustand die Gravitäts-Komponente, in Dynamik die geradlinige horizontale Beschleunigung auf sagittaler oder frontaler Ebene. Die Sacculus-Empfänger reagieren hingegen empfindlich auf die vertikale Beschleunigung. Schließlich geben die Sinnesepithelen der Bogengänge Auskunft über die Winkel. Im klinischen wie im experimentellen Bereich wurde nachgewiesen, daß dieses Organ zwar in der Dynamik essentiell ist, nicht jedoch im Ruhezustand. In der Tat verhalten sich Patienten, die zu einer Gleichgewichts-Störung leiden, im Ruhezustand mit geschlossenen Augen normal.

- Die äußere Reizempfindlichkeit der Füße: Beim Aufschlüsseln der Informationen ist der Fuß, wie ein Sinnesorgan als solches, die ständige Berührungsfläche zwischen dem Boden und dem Zentralnervensystem. Tatsächlich werden die Umwelteinflüsse augenblicklich von den Reizempfängern der Füße (d.h. sowohl von den mechanischen Berührungs-Empfängern wie auch den Druck-Empfängern) an den Gehirnstamm übertragen (Abb. 37 - 38).

Die Informationen, die von außen kommen, sind notwendig, aber nicht ausreichend. Für eine komplette und präzise Ausarbeitung braucht das Zentralnervensystem unbedingt auch die Informationen, die die Bezüge zwischen den einzelnen Körperteilen — der Haltung — und zwischen diesen und der Umwelt betreffen.

Die inneren Reizempfindungen

Diese werden von den inneren Reizempfängern wahrgenommen, empfindliche Nervenenden, die die Erregung aus dem Inneren des Körpers aufnehmen. Hier unterscheiden wir die unwillkürlichen und die innerorganischen Reizempfänger. Die unwillkürlichen Reizempfänger befinden sich in den folgenden Muskeln, Knochen und Gelenken: Augenmuskeln, zervikale Wirbelsäule (Okzipito-Atlanto-Gelenk, vordere paravertebralis Muskeln, seitliche Halsmuskeln, Sternocleidomastoideus, Rückenmuskeln und oberer Trapezius); das stomatognathe System (Temporomandibular-Gelenk, der Dento-paradontal-Komplex und die Zunge); Muskeln ober und unter dem Zungenbein; Halsfaszie, Lendenwirbelsäule; Fessel (Schienbein, Fußwurzelknochen, unteres Sprungbein und mittleres Fußwurzelknochen-Gelenk). Die innerorganischen Reizempfänger, die sich in den Organkapseln befinden, sind Schutzreflexe und reagieren als solche auf die Empfindungen des vaskulären Drucks und auf Schmerzempfindungen.

Im Fall einer Leber-Disfunktion wird es durch die Einschaltung des neurovegetativen Systems, wie zum Beispiel der Bauchhöhlenganglien auf der Metamerie-Ebene eine Reaktion in Form einer Muskelveränderung geben, die die Wirbelsäule beeinflussen und daher eine schmerzhafte Symptomatologie hervorrufen kann.

Die Reizleiter nach außen

Wenn ein Input einmal aufgenommen wurde, verursacht er zuerst eine Reaktion der optisch-kinematisch, vestibulo-okularen, cervico-okularen und posturalen Reflexe, die sich dann anhand der ausführenden Zerebel-Wege sowie der Pyramidenbahn seinen oberen und unteren Tentorialkomponenten weiter entfalten. Es muß unterstrichen werden, daß der erste zentrale Einfluß (d. h. unter der Hirnrinde) auf die Haltung von der Fußmuskulatur ausgeht.

Ein weites und kompaktes Nervensystem sichert also die Haltungsfunktion. Die Punkte, die am meisten das Syndrom des Haltungsdefizits verursachen, ausgenommen in Fälle, in denen es sich wirklich um Traumata handelt, sind die Füße, der Mund und die Augen. Bisher wurden die Eingänge und Ausgänge des Haltungssystems analysiert, nun untersuchen wir, was auf der Ebene des Zentralnervensystems geschieht. Jedes System kann man mit einer weißen oder einer schwarzen Schachtel vergleichen. Ein Computer ist ein perfektes Beispiel für eine weiße Schachtel, d.h. für ein System, in dem es immer einen Bezug zwischen Information und Antwort gibt.

Im Gegensatz dazu können wir in der schwarzen Schachtel nur Input und Output erkennen, während deren Beziehungen untereinander, ihre Handlungsweise sowie ihre Beschaffenheit, die bestimmte Prozesse in Gang setzen, im Dunkeln bleiben (Abb. 39 - 40).

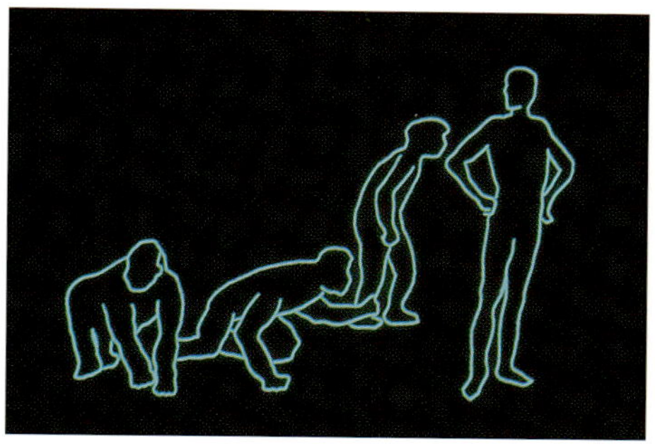

Abb. 28

Abb. 29

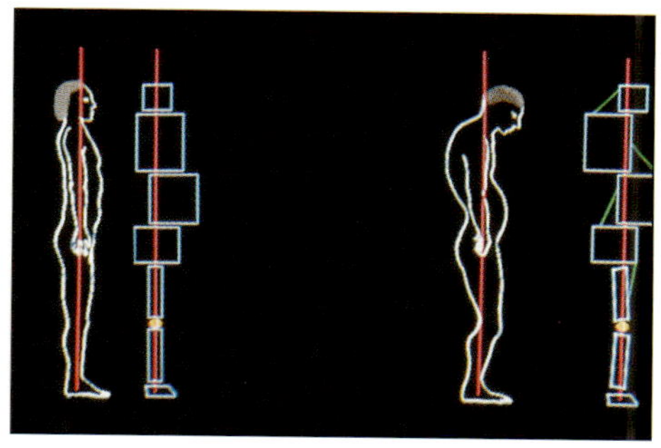

Abb. 30

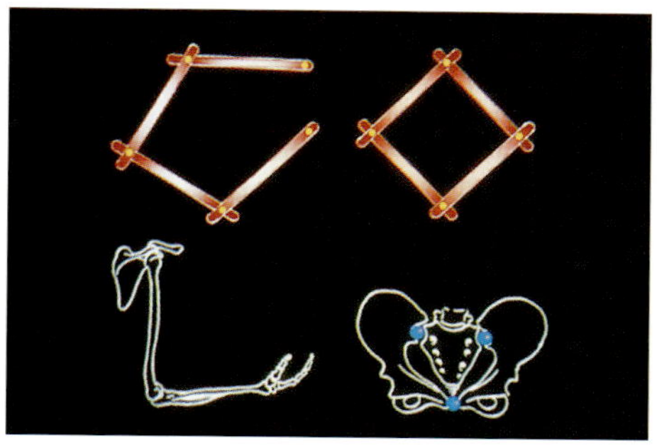

Abb. 31

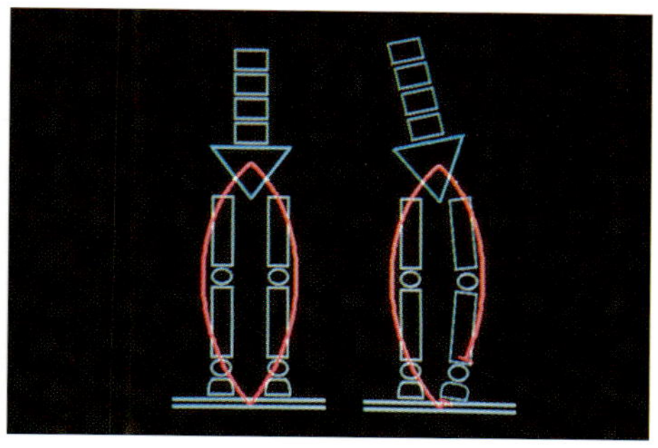

Abb. 32

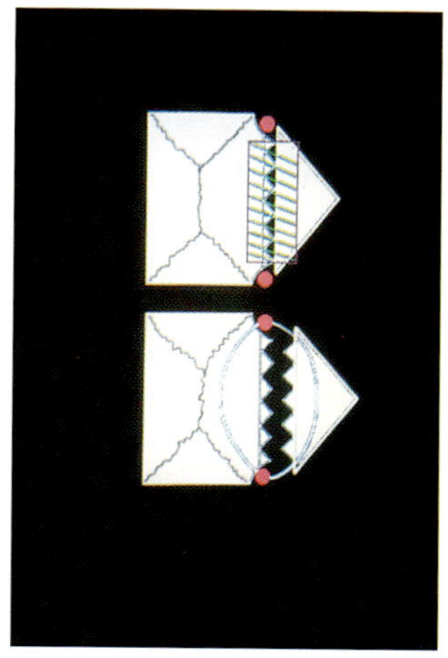

Abb. 33

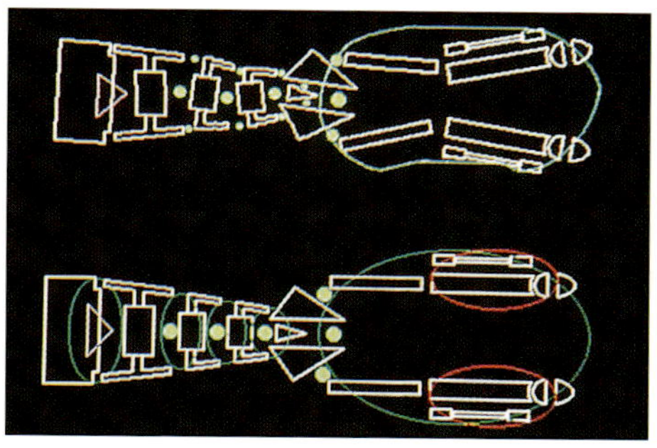

Abb. 34

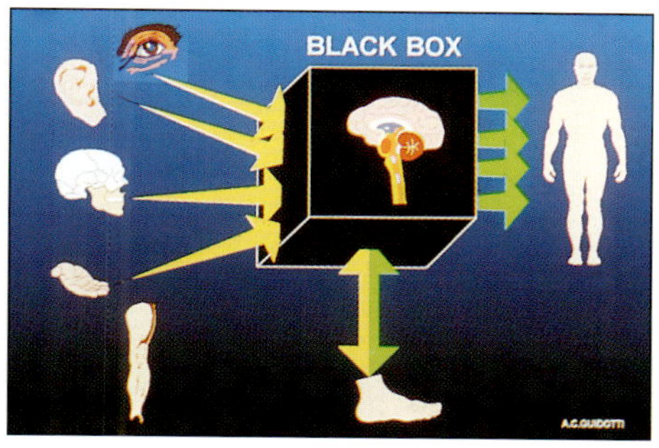

Abb. 35

Abb. 36

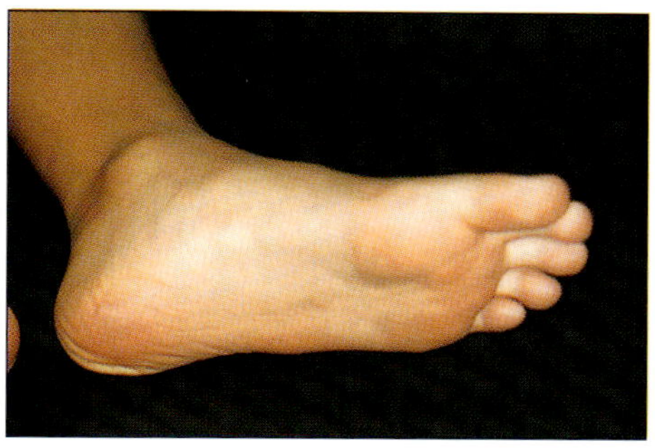

Abb. 37

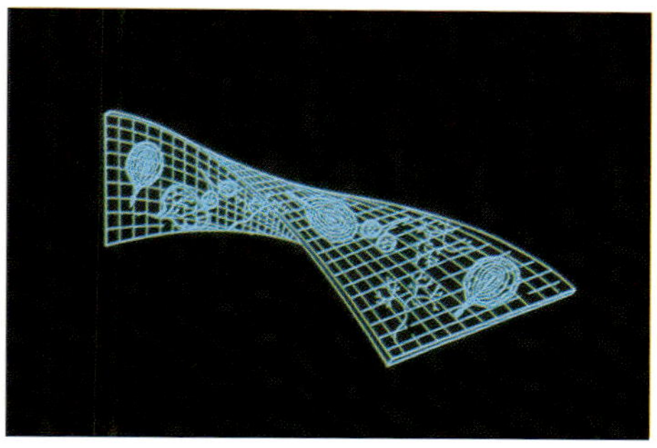

Abb. 38

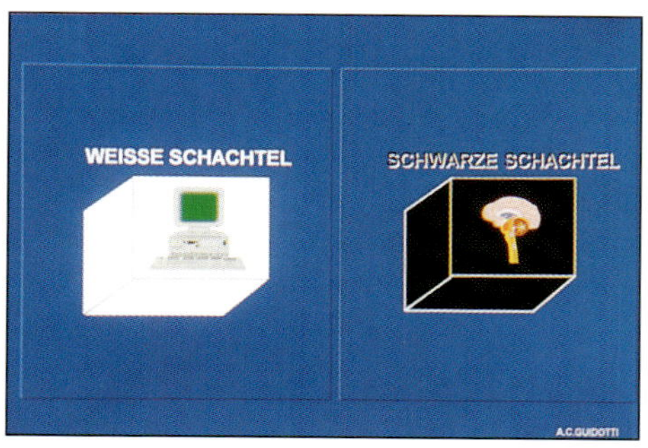

Abb. 39

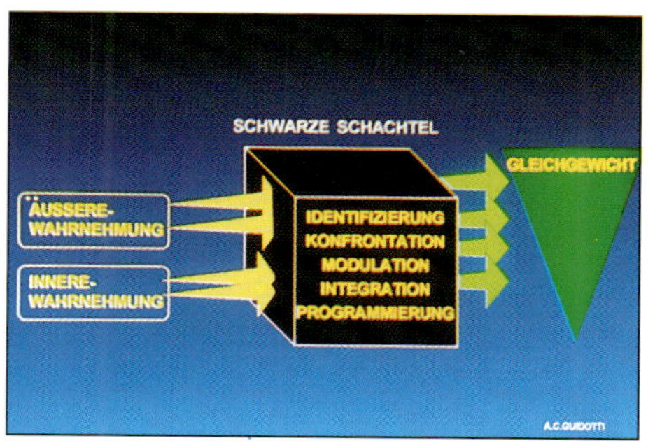

Abb. 40

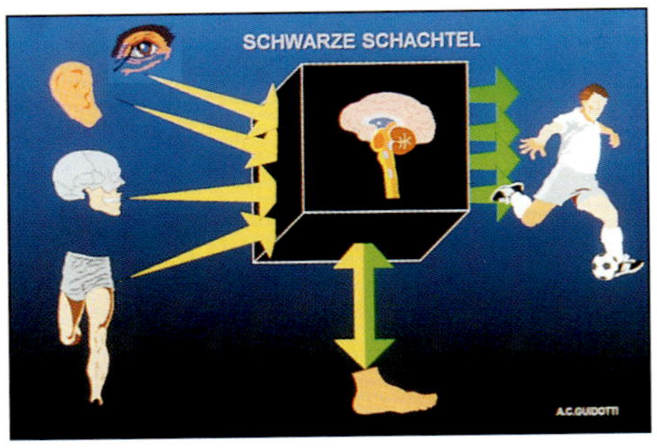

Abb. CBS1
Input - Output

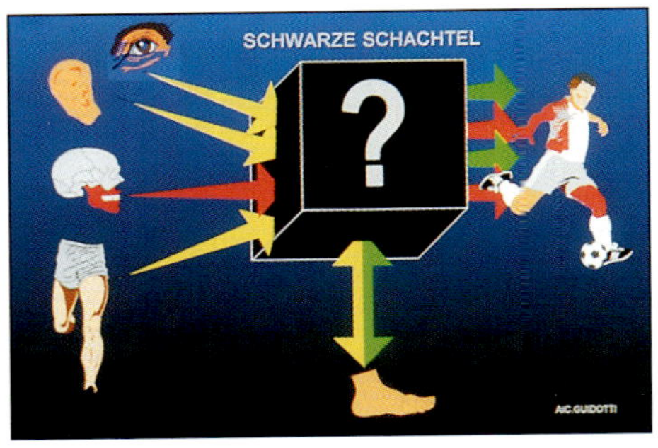

Abb. CBS2
Stomatognate
Nociceptive
Proprioception

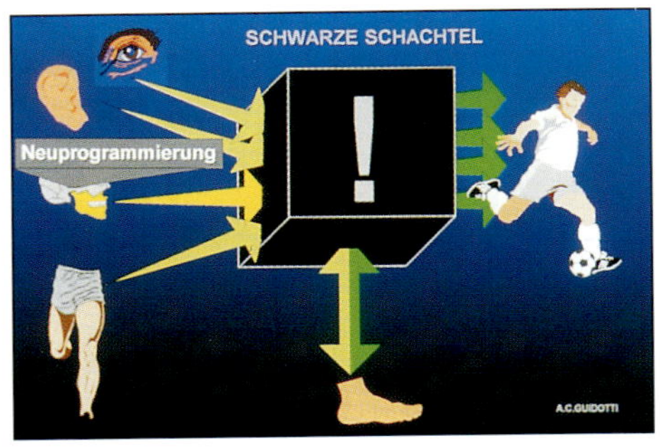

Abb. CBS3

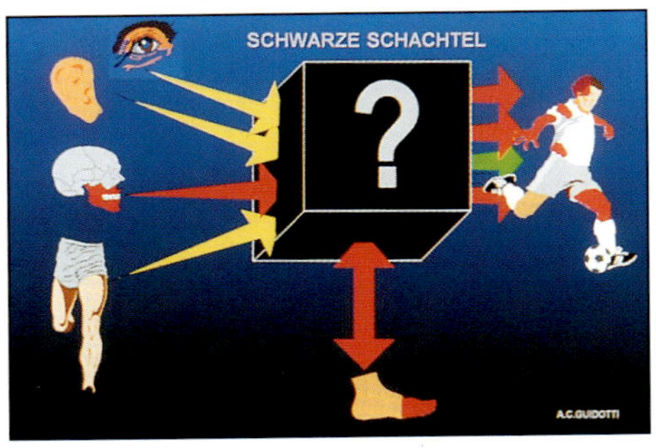

Abb. CBS4

Abb. CBS5

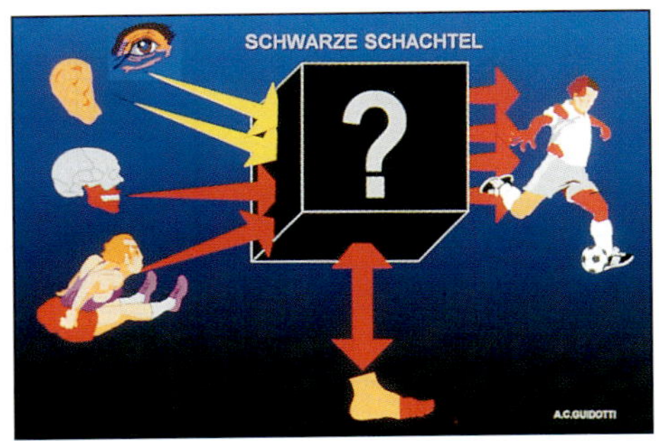

Abb. CBS6

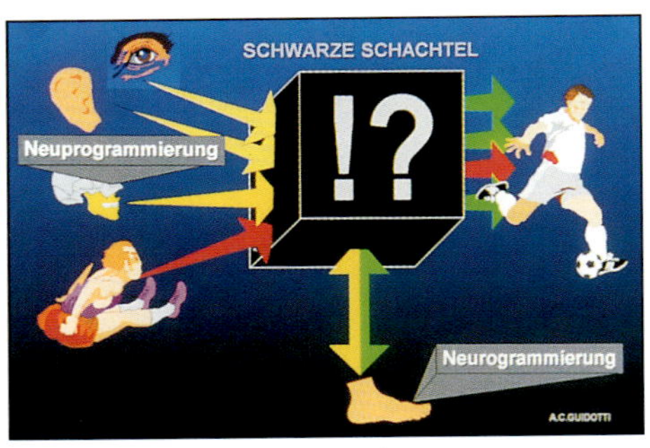

Abb. CBS7

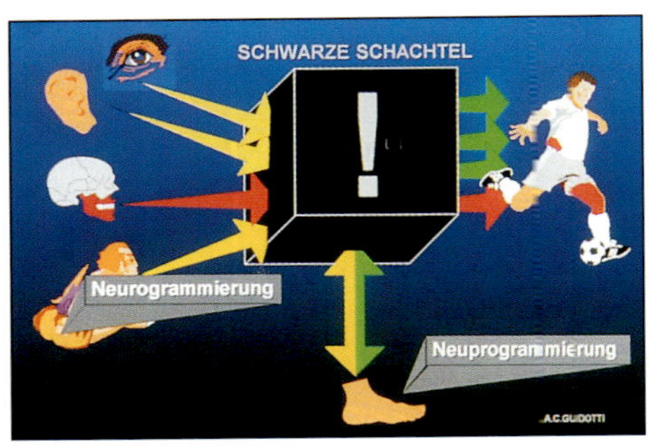

Abb. CBS8

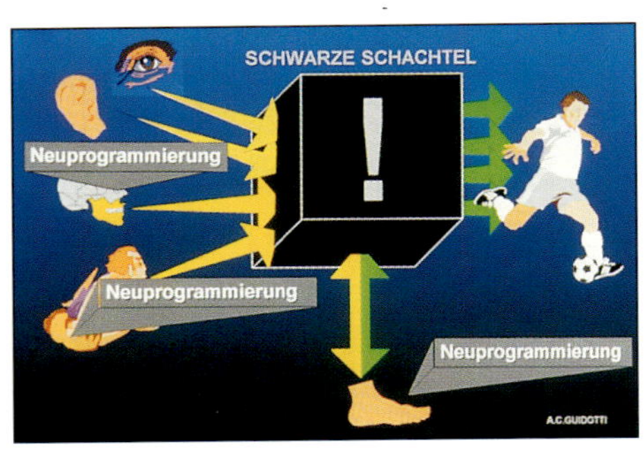

Abb. CBS9

Abb. CBS10

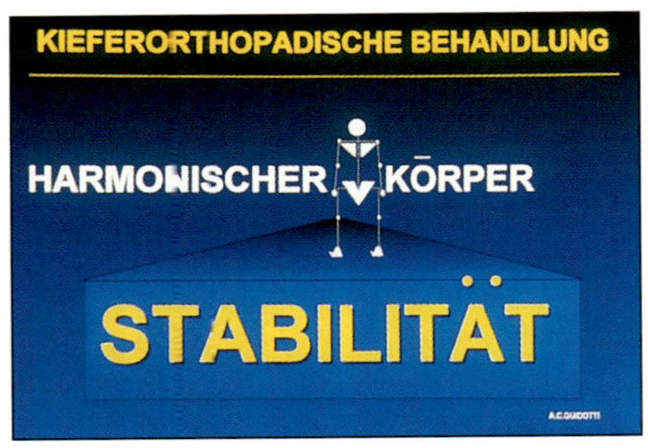

Abb. CBS11

Das Haltungssystem kann mit einer schwarzen Schachtel verglichen werden, daher ist es sinnlos zu versuchen, die Beziehungen zwischen Input und Output zu analysieren. Durch eine Untersuchung des Output ist es jedoch möglich zu erahnen, welche Vorgänge und Entwicklungen das System selbst regulieren.

Um solche Probleme zu überwinden, kann man ein kybernetisches Modell verwenden, das die Funktion darstellt, die wir analysieren wollen. (Abb. CBS1-11)
Zu allererst muß man klarstellen, was das Modell strukturell von der Theorie unterscheidet: Man definiert die Theorie als das, was sich auf die Wahrheit gründet und aus dieser seine Gültigkeit bezieht. Ein gültiges Modell hingegen ist eines, das funktionell ist für den Zweck, für den es erschaffen wurde; sein Wert beruht auf dem Prinzip der Nützlichkeit, daher ist es nicht nötig, jedes einzelne Element zu zeigen (Abb. 41, 42).

Im Unterschied zur Neuroanatomie und zur Neurophysiologie, die die internen Prozesse des Zentralnervensystems (der schwarzen Schachtel) als solche analysieren, sind Aufgabe und Ziel der Haltungswissenschaft viel mehr praxisbezogen. (Abb. CBS1-11)

In den Untersuchungsvorgängen, die in der Haltungswissenschaft durchgeführt werden, wird das Kriterium des Ursache-Wirkungs-Prinzip eingesetzt; die Eingaben in das System werden angeregt, und man beobachtet, welche Auswirkungen nach außen hervorgerufen werden. Um eine klarere Definition des Haltungssystem zu geben, kann man sagen, daß dies ein *komplexes offenes System* ist, und um diesen Ausdruck besser zu erklären, analysieren wir die Begriffe genau:

System: weil es ein organischer Komplex von Apparaten ist, die untereinander verbunden und voneinander abhängig sind.
Komplex: weil das Ergebnis aus der Beziehung zwischen den einzelnen Apparaten entsteht oder den Untersystemen, aus denen sich das System zusammensetzt.
Offen: weil es mit der äußeren Umgebung interagiert.
Alle System haben grundlegenden Eigenschaften und Charakteristika, die daher auch auf das Haltungs-System anwendbar sind. Untersuchen wir also diese Prinzipien:
Totalität: Das Haltungssystem unterliegt der Regel der Nicht-Summierbarkeit, d.h. das System besteht nicht aus der algebraischen Summe der Elemente, aus der es sich zusammensetzt; hingegen sind diese miteinander derart verbunden, daß jede Veränderung, die ein einzelnes Glied erleidet, sich automatisch auf alle anderen Komponenten auswirkt.
Retroaktion: Ein System muß, um zu funktionieren, eine ständige Rück-Kontrolle ausüben können, d. h. es muß immer über die Effizienz der eigenen Reaktionen und der eigenen Untersysteme informiert sein.
Equifinalität: In dem Moment, wo alle Untereinheiten miteinander verbunden sind, kann man das gleiche funktionelle Resultat auf verschiedene Art und Weise erreichen.

Auswägung: Ein System hat eine genaue Toleranzgrenze gegenüber Umweltschwankungen und Veränderungen seiner Untersysteme. Dieses Maß an Toleranz ist jedoch von einem zum anderen verschieden und hängt von diversen Komponenten ab; die Anpassungsfähigkeit des einzelnen wird beeinflußt von genetischen und konstitutionellen Faktoren (Geschlecht und Alter) sowie von Umweltfaktoren, die auch oft Ursache von Streß sind.
Ein Mensch, der nie unter psychologischen, biochemischen oder strukturellen Störungen (Augen, Zähne, Trauma)litt, wird eine viel größere Anpassungsfähigkeit haben als ein Mensch, der auch nur eines dieser Probleme hatte.

Wenn die Toleranzgrenze hoch genug ist, wird die schwarze Schachtel beim Empfang eines schädlichen Inputs in der Lage sein, diesen Input zu absorbieren und zu integrieren und so den richtigen Output zu produzieren, wie z. B. eine gute Haltung. Wenn sich jedoch eine Streßsituation ergibt, die entweder psychischer, biochemischer oder struktureller Art sein kann (Abb. 43), sinkt die Toleranzgrenze derart ab, daß das Zentralnervensystem nicht die Möglichkeit hat, den schädlichen Input zu verarbeiten. Als Folge manifestieren sich Symptome einer Haltungs-Disharmonie infolge der Anpassungsschwierigkeit, oder, kurz gesagt, es entsteht ein Haltungs-Defizit-Syndrom.

Übermaß: Es besteht eine große Anzahl peripherer Impulse, die den gleichen sensorischen Wert haben. Ein System funktioniert also, wenn es ihm gelingt, die genaueste Information für jede Situation herauszufinden.

Präferenz: Wie gesagt gibt es drei Arten von Input: visuelle, vestibulare und unwillkürliche. Diese werden von jedem Menschen je nach seinen eigenen Charakteristika in verschiedenem Maße genutzt.
Diese Präferenz ist es, die bei Menschen mit denselben physiopathologischem Zustand unterschiedliche Symptome hervorruft. Dieses Phänomen ist eine direkte Folge der Tatsache, daß das Haltungssystem, weil es plastisch ist, aufnimmt und sich anpaßt.

Man muß jedoch betonen, daß die Präferenz, die jeder Mensch einer bestimmten Art von Input einräumt, bei jeder Bewegung und in jeder Lebensphase verschieden ist.
Das Kind hat ein hohes Übermaß, jedoch eine geringe Präferenz; da mit zunehmendem Alter die sensorische Effizienz sinkt, hat der Erwachsene einen geringen Überschuß, jedoch eine hohe Präferenz.
Im Alter wird zum Beispiel der Gebrauch eines Gehstocks notwendig. Tatsächlich ist es so, daß alte Menschen durch die unwillkürlichen Reizempfänger des Armes mit dem Stock auf dem Boden eine größere Menge an Informationen über die Umwelt empfangen und so das Informationsdefizit der Füße überwinden können. Dies ist ein triftiges Beispiel für die Totalität, Equifinalität, Überschuß und Präferenz (Abb. 44).

Nach dieser Ausführung über die Dynamik des Haltungssystems kann man leicht verstehen, wie ein schädlicher dysfunktionaler Impuls, der vom Mund ausgeht, eine Hypotonie und daher eine Anomalie z. B. des oberen Trapezius und des Latissimus dorsi und als Folge eine Cerviobrachialgie, eine Hypotonie des Quadrizeps und schließlich einen Schmerz im Knie hervorrufen kann.

Die Therapie muß also in einer Umprogrammierung des stomatognathen Systems bestehen: Wenn der Ursprung im Temporo-Mandibular-Gelenk zu finden ist, wird man ein Interokklusalgerät verwenden, das eine Normal-Okklusion wiederherstellen soll (Abb. 45).
In der klinischen Praxis werden oft noch andere Mitverursacher festgestellt. Für eine komplette Wiederherstellung der Homeostase ist es unabdingbar, daß auch diese Mitverursacher beseitigt werden. Dazu wird jedoch die Mitarbeit anderer Spezialisten notwendig.
Das Geheimnis des Erfolges einer interdisziplinären Kollaboration liegt in der gemeinsamen Fachsprache der Haltungswissenschaft.

Die Fortbewegung und der stomatognathe Apparat

Wenn der Körper in Bewegung ist, üben die Muskeln des Kopfes, des Nackens und jene, die mit dem Temporo-Mandibular-Gelenk verbunden sind, die Rolle der Kompensation in Bezug auf einige Bewegungen aus:

- Die Bewegungen des Beckens unter dem Einfluß der Beine
- Die Bewegungen der Wirbelsäule unter dem Einfluß der alternierenden schraubenförmigen Gehbewegung.
- Die Bewegungen des Schultergürtels unter dem Einfluß der Beine
- Die Bewegungen des Kiefers, wenn er nicht geschlossen ist.

Die Fortbewegung stellt sich als eine Abfolge von schraubenförmigen Bewegungen dar, die beinahe symmetrisch sind. Die Ausrichtung und Orientierung der Extremitäten, wie die des ganzen Körpers basieren auf eine rotierende Dynamik, vorwiegend auf horizontaler Ebene. Ein signifikantes Beispiel zeigt sich in der ständigen Rotation des Kopfes, um den Blick auf einen bestimmten Punkt zu lenken. Um zu verstehen, wie das Temporo-mandibular-Gelenk an diesen Bewegungen beteiligt ist, sollte man die Bedeutung des oberen Trapezius und des Sterneocleido-Occipitomastoideus betonen, die dank ihrer gemeinsamen Innervation in kontrolateraler Synergie zusammenarbeiten, um die Bewegung des Kopfes zu harmonisieren.
Durch die Tatsache, daß diese Muskeln ein Teil des stomatognathen Systems sind, erklärt sich, wie das Temporo-mandibular-Gelenk am Mechanismus der Fortbewegung beteiligt ist. Um diese Dynamik noch zu bestätigen, besteht auch noch eine homolaterale Synergie zwischen dem oberen Trapezius und dem Pterigoideus lateralis.

Man kann daraus schließen, daß der geöffnete Kiefer während des Gehens einen Impuls abwechselnder Abweichung erfährt, genauer ausgedrückt entsteht durch die Bewegung des Schulter-Arm-Gürtels nach vorne eine homolaterale Erleichterung des oberen Trapezius und des Pteriogiodeus lateralis und eine kontrolaterale Erleichterung des Sterneocleidooccipitomastoideus. Der Kopf rotiert also zum vorderen Teil der Schulter, und der Kiefer weicht kontrolateral aus (Abb. 46 - 48, schraubenförmige Bewegung des Schultergürtels, der Zervikal-Wirbel und des Kiefers).
Ein Studie des Gehens gibt daher dem Haltungs-Zahnarzt die Möglichkeit festzustellen, ob das stomatognathe System zumindest in kausalem Zusammenhang mit der nachgeprüften Dysfunktion steht.

Zum Beispiel ist der Unterschied in der Länge zwischen dem rechten und dem linken Schritt ein Zeichen für eine Achsendrehung des Körpers, speziell der Achse der Dura Mater. Auch wenn ein Arm fast ruhig bleibt, während der andere eine normale Schwingung zeigt, stellt man einen dysfunktionalen Gang fest. Eine wirksame Überprüfung stellt die Palpierung der Fossa pterygoidea während der verschiedenen Phasen des Gehens dar und eine Untersuchung mit angewandter Kinesiologie.

Die Dysfunktionen des Temporo-Mandibular-Gelenkes und des Cranio-Mandibulo-Vertebralen Systems

Das arthro-muskuläre System, zu dem die Mandibula gehört, regelt die Relation des Schädels zur Wirbelsäule mittels der oberen und unteren Zungenbein-Muskeln. Eine mandibulare Abweichung auf der Frontalebene, die z.B. durch einen verschiebenden Frühkontakt der Zähne hervorgerufen werden kann, wird durch eine kontrolaterale Neigung des Schädels ausgeglichen. Das Zentralnervensystem neigt dazu, die parallele Ebene der beiden Pupillen der Horizontalebene anzupassen. Als Folge davon krümmt sich die Wirbelsäule als Pufferzone in eine S-Form hinsichtlich der Unterkieferabweichung kontrolateral konkav in der Zervikalzone und homolateral konkav in der Lumbalzone, um die Fehlstellung noch besser zu kompensieren. Eine derartige Stellung der Wirbelsäule führt zwangsläufig zu einer asymmetrischen Muskelspannung, und die Bandscheiben leiden unter den bekannten dysfunktionalen und degenerativen Folgen, die für viele neurologische Beschwerden verantwortlich sind.
Es ist daher nicht zu leugnen, daß die dentale Malokklusion eine grundlegende Rolle im Syndrom des Haltungsdefizits spielt, sowie in der gesamten damit verbundenen Symptomatologie (Abb. 49, 50, 51).
Trotzdem kann eine Abweichung des Kopfes auch durch nicht stomatognathe Faktoren bedingt sein, was nur die Notwendigkeit unterstreicht, immer differenzierte Diagnosen zu erstellen.

Syndrom des Haltungsdefizits Absteigend — aufsteigend

Beim Schlucken hebt sich der Unterkiefer und kommt in Kontakt mit den oberen Zähnen. Im Fall einer falschen Okklusion ruft das Schlucken als solches unwillkürlich einen dysfunktionalen Impuls hervor; die daraus resultierende Abweichung des Kiefers verursacht in den Nackenmuskeln eine funktionale Anomalie, die sich negativ auf die Wirbelsäule auswirkt und sie in eine inkorrekte Position zwingt. Eine derartige Fehlstellung kann schmerzhafte Symptome und funktionelle Störungen in verschiedenen Zonen des menschlichen Körpers verursachen.

Aufsteigende und absteigende Ursachen

Wir haben gesehen, daß die Haltung sowohl ein sensorisches als auch ein proprioceptives, osteo-arthromuskuläres Problem ist. Die Okklusion fügt sich unter dem osteo-artikulären Aspekt in den Haltungsmechanismus ein. Wie schon gesagt, kann jede der Etappen einer Haltungsanpassung die Ursache für eine Fehlhaltung sein. Wenn wir zum Beispiel eine Dysfunktion der Beine untersuchen, so geraten die Hüftmuskeln aus dem Gleichgewicht, und als Folge finden wir eine Fehlhaltung der Wirbelsäule. Im Kapitel über das Gehen haben wir erklärt, das der Pterigoideus lateralis ein wesentlicher Teil der Muskelketten ist, die zum systematischen Aufbau des Fortbewegungsapparates beitragen. Daher kann der Pterigoideus lateralis durch eine Dysfunktion der unteren Extremitäten oder anderen Sektoren des Körpers dysfunktional werden und daher eine laterale Abweichung des Unterkiefers hervorrufen, wodurch eine funktionaler falscher Biß entsteht: Dies wird als aufsteigende Ursache definiert.
Hingegen kann ein falscher Biß — verursacht z.B. durch eine falsch sitzende Prothese oder durch eine orthodontische Behandlung, die zu eine kondylare Asymmetrie geführt hat — die Ursache dafür sein, daß die unwillkürlichen Reizempfänger falsch funktionieren. Unter dem kybernetischen Aspekt gesehen schafft diese Art morphofunktionale Veränderung des stomatognathen Systems einen Störfaktor in der Kalibration des Zentralnervensystems. Dagegen wird, unter dem kinetisch-osteoartikularen Aspekt gesehen der Impuls der Anpassung von der geschlossenen stomatognathen kinematischen Kette auf alle anderen geschlossenen kinematischen Ketten des Systems übertragen, bis er die oberen und unteren Extremitäten erreicht. Dies ist ein Beispiel für eine absteigende Komponente.
Abschließend sei gesagt, daß sowohl aufsteigende als auch absteigende Ursachen für ähnliche Leiden der Wirbelsäule verantwortlich sein und zahlreiche pathologische Zustände hervorrufen können.

Differentialdiagnosen

Das Problem der Haltungswissenschaft, das in den letzten Jahren von Grund auf erforscht wurde, kann nur dann angemessene Antworten finden, wenn es von einem weiten Spektrums von Spezialisten bearbeitet wird, insbesondere von Zahnärzten, Osteopathen, Chiropraktikern, Orthopäden, Neurologen und Physiotherapeuten.

Meerseman — Test

1980 erfand Dr. J. P. Meersseman, der sich diesen Problemen widmet, einen einfachen Test, um die stomatognathen Ursachen festzustellen.
Um alle möglichen Interferenzen durch Malokklusion auszuschließen und damit schädlichen Input, der Muskelstreß verursacht, werden Watteröllchen oder ein Streifen Pappe zwischen die Ober- und Unterkiefer geklemmt. Danach bittet man den Patienten zu schluk-

ken und zu gehen, um alle osteo-arthro-muskulären Strukturen innerhalb der Systemgrenzen der Wirbelsäule, ebenso wie das zentrale und das periphäre Nervensystem mit einzuschließen.
Falls der festgestellte Haltungsdefekt eine Besserung zeigt oder gar ganz verschwindet, identifiziert die Diagnose die Ursache in der Malokklusion, es manifestiert sich also eine absteigende Ursache. In diesem Fall muß man die Kiefer-Okklusion behandeln; nicht nur, um die Probleme im stomatognathen System zu bereinigen, sondern auch die des Körpersystems als ganzes. Wenn man hingegen durch den Test nichts feststellen kann, ist die Ursache vermutlich aufsteigender Art. In diesem Fall wird der Zahnarztes dem Patienten raten, sich an einen anderen Spezialisten zu wenden.

Posturologie und zahnärztliche Kinesiologie

Das Ziel der Posturologie (Haltungswissenschaft) und der zahnärztlichen Kinesiologie ist die Analyse der Zusammenhänge zwischen Okklusion und Haltung. So wurde eine neue Stelle in diesem Bereich geschaffen: der Haltungs-Zahnarzt, der mit einer neuen holistischen Methode die Mundhöhle und das Okklusionsgelenk untersucht, um eine gültige stomatognathe Diagnose erstellen und eine angemessene Therapie entwickeln zu können. Diese neue Methode entwickelt sich nach den folgenden Punkten:

- Die Analyse der statischen Haltung hinter einem Scoliosometer oder der Barré-Vertikale.
- Die Analyse des Ganges
- Die arthro-muskuläre Analyse (funktionale Asymmetrie der Arme und Beine, Zueinanderstellung der Füße, Hüft- Oberschenkel-Ausschwenkung, Lasègue, Bassani-Test)
- Muskeltest
- Die klinische Untersuchung des stomatognathen Apparats
- Meersseman-Test.

Durch den Muskeltest, welcher als der grundlegendste zu betrachten ist, ist der zahnärztliche Kinesiologe in der Lage, die Beziehungen festzustellen, die zwischen der muskulären Hypotonie und einer eventuellen Malokklusion bestehen, und diese in der Folge zu lösen, um das Muskel-Gleichgewicht wiederherzustellen und die Haltung zu verbessern.

Falls bei einer normalen, nicht forcierten Interkuspidation ein falscher Biß vorliegt, löst dies eine Kettenreaktion des Ungleichgewichts aus, die den untersuchten Muskel schwächt. Hat ein Mensch hingegen eine korrekte Haltungshomeostase und eine perfekte Zahnokklusion, zeigt der getestete Muskel keine Veränderung, unabhängig davon, ob sich die oberen und unteren Zähne berühren oder nicht.

Es steht also fest, daß das Muskel- und das funktionale Gleichgewicht eng miteinander verbunden sind (Abb. VEK 1 - 15).

Stomatognathe Ursachen

Unsere Erfahrung zeigt, daß die folgenden stomatognathen Ursachen am häufigsten zu einer mangelhaften Haltung führen:

- Frühzeitiger Verlust der ersten unteren Molaren mit folgender mesialer Neigung der zweiten Molaren und Verlust der vertikalen Dimension.
- iatrogener seitlich verschobener Unterkiefer, hervorgerufen durch festsitzenden, teilweise oder ganz mobilen Zahnersatz, kieferorthopädische Behandlung
- Versteifung des Kiefers durch eine völlig steife fixe Prothese, teilweise mobiler Zahnersatz, Nachfolgen einer Kieferoperation
- Somatisch disfunktionales Schlucken.
- Deckbiß, Dysgnathie
- Ein Problem-Zahn

Abb. 52 - 58

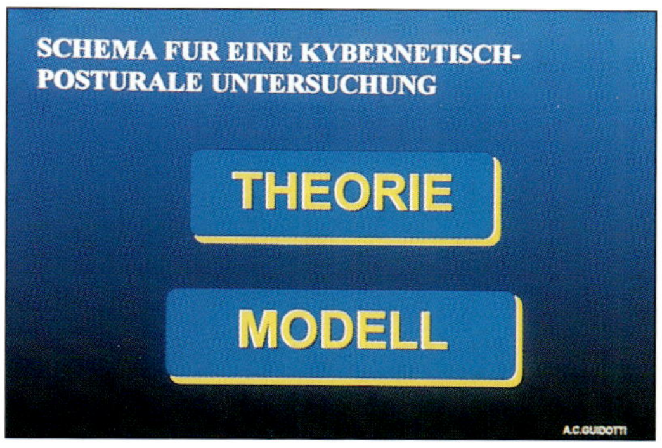

Abb. 41

Abb. 44

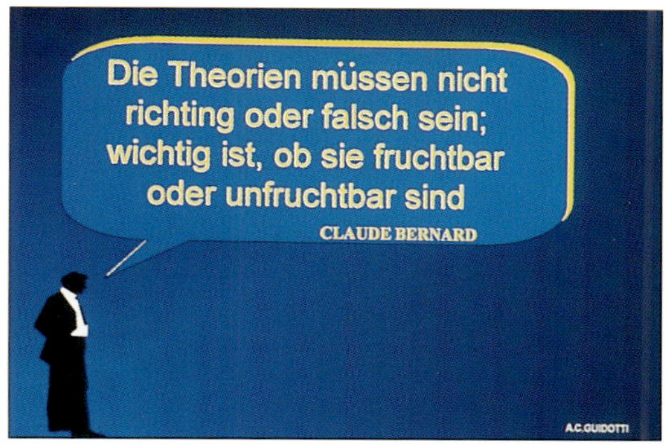

Abb. 42

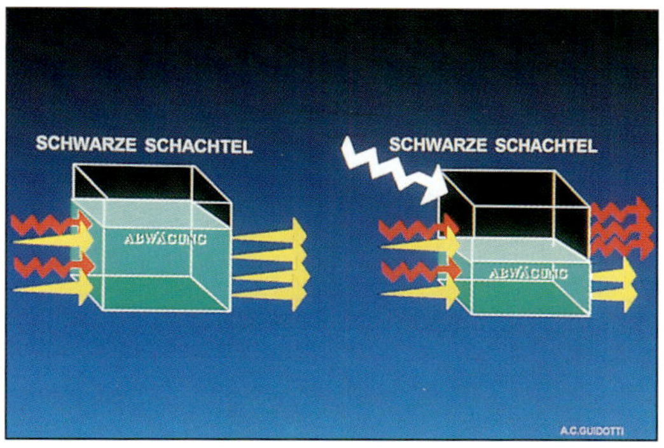

Abb. 43

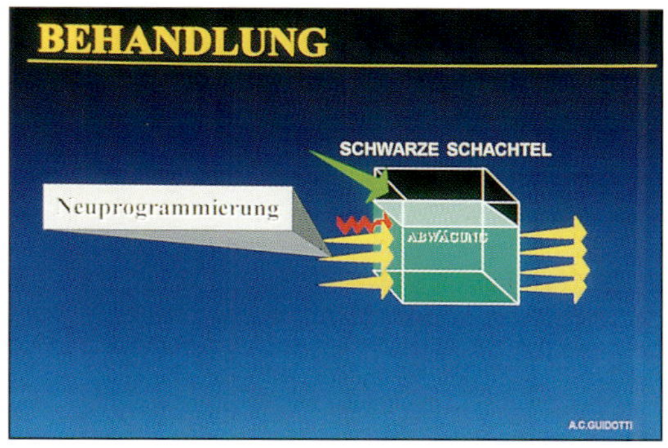

Abb. 45

Abb. 46

Abb. 47

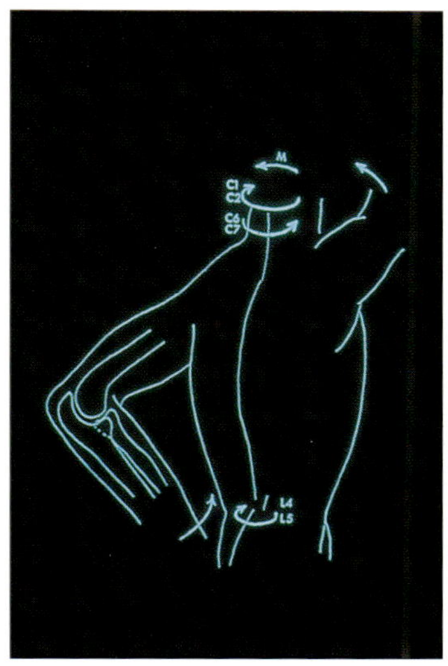

Abb. 48

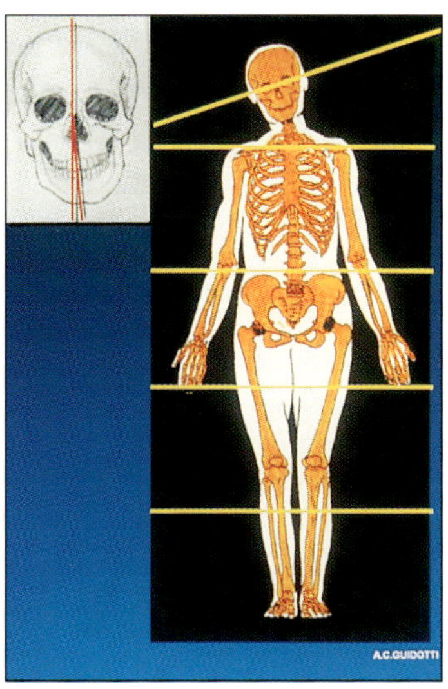

Abb. 49

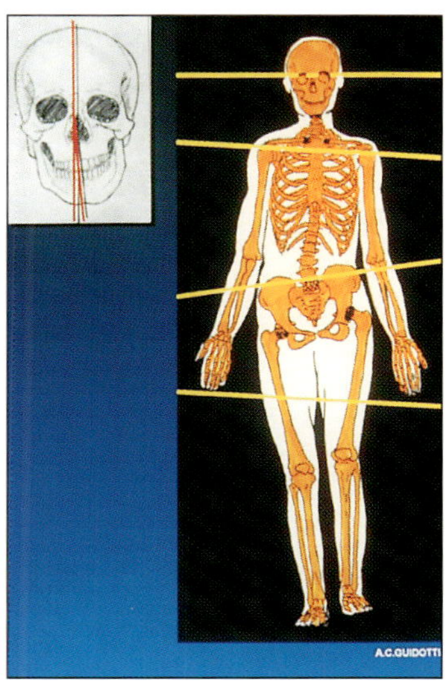

Abb. 50

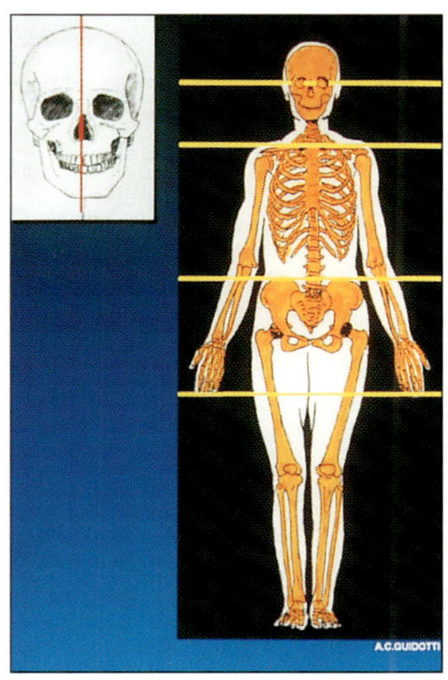

Abb. 51

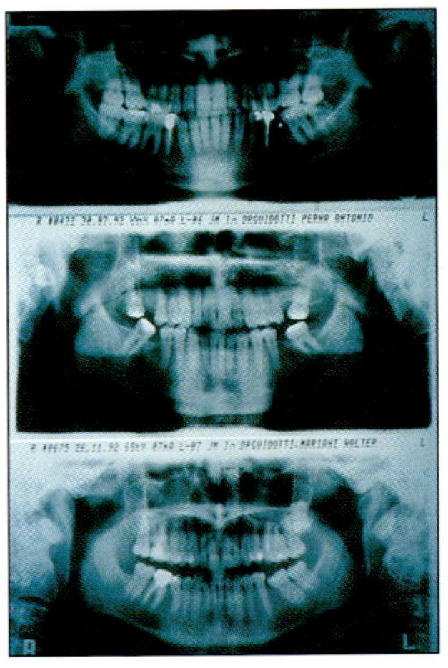

Abb. 52

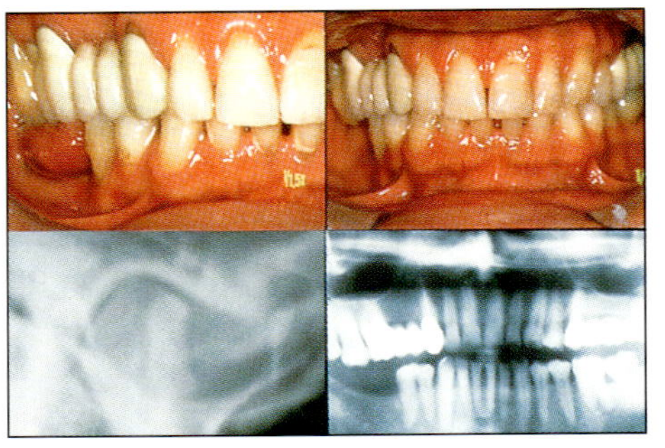

Abb. 53

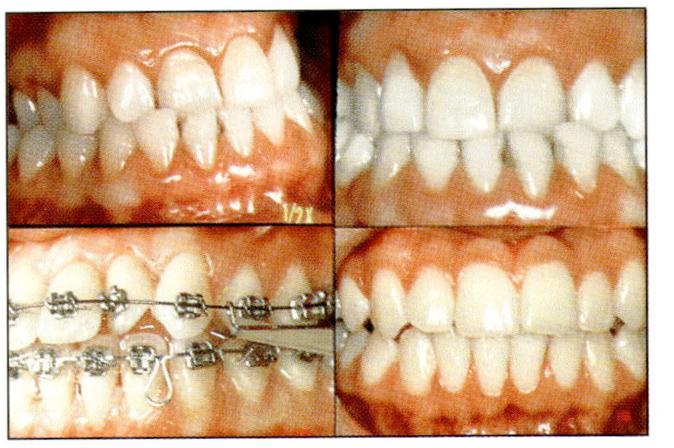

Abb. 54

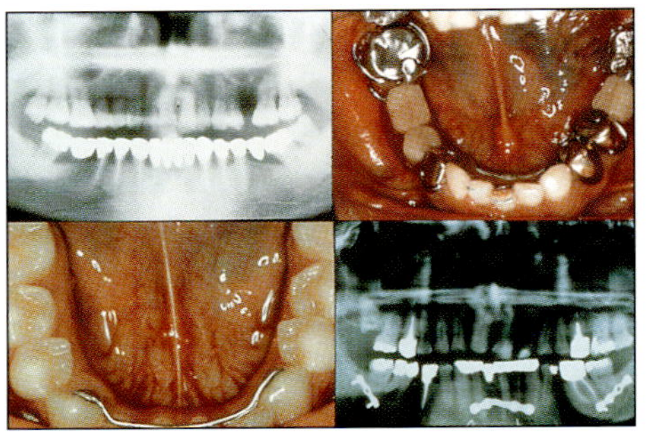

Abb. 55

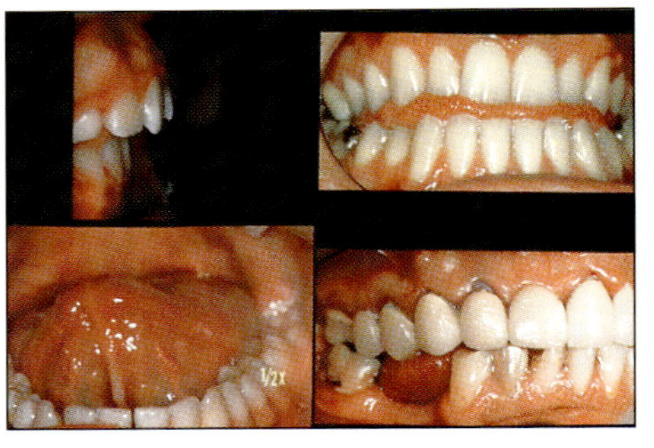

Abb. 56

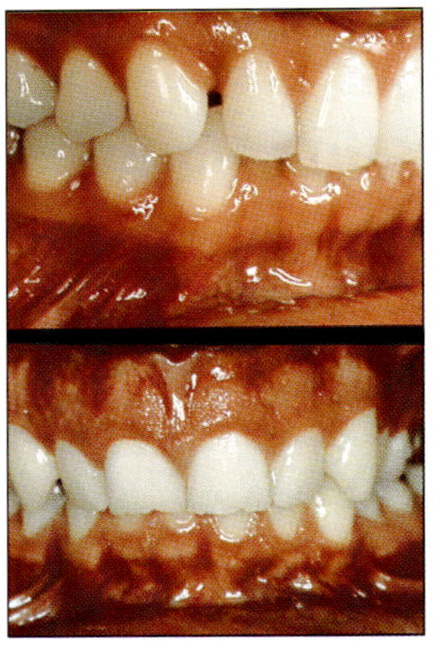

Abb. 57

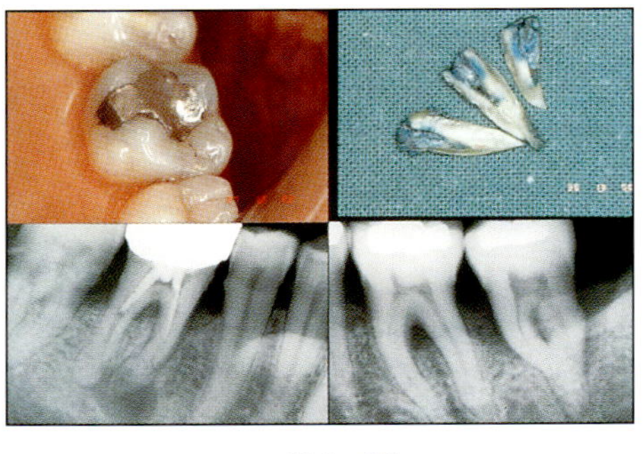

Abb. 58

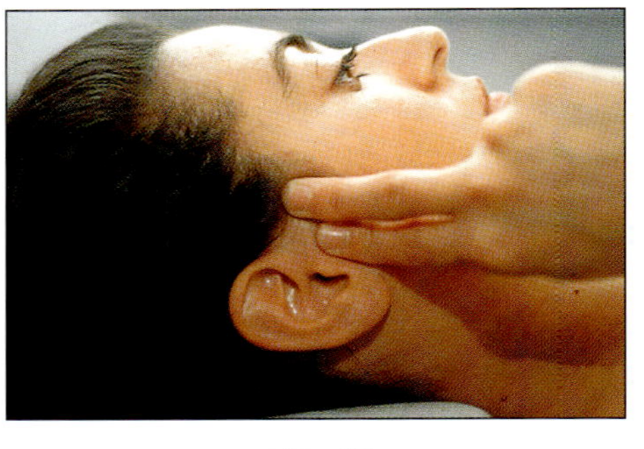

Abb. 59

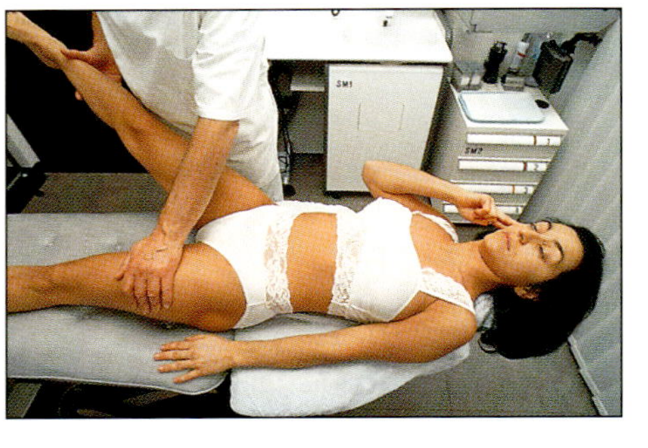

Abb. 60

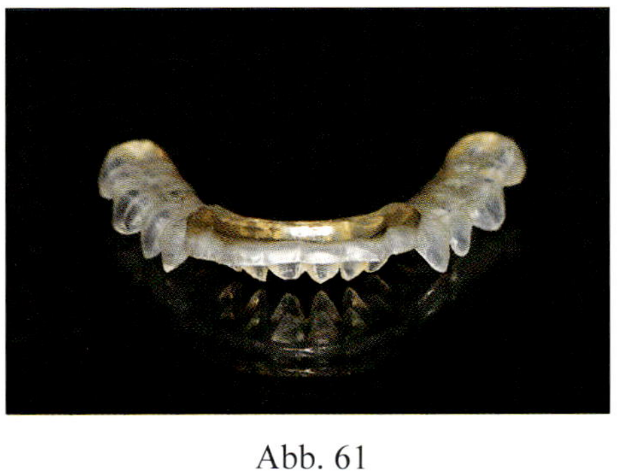

Abb. 61

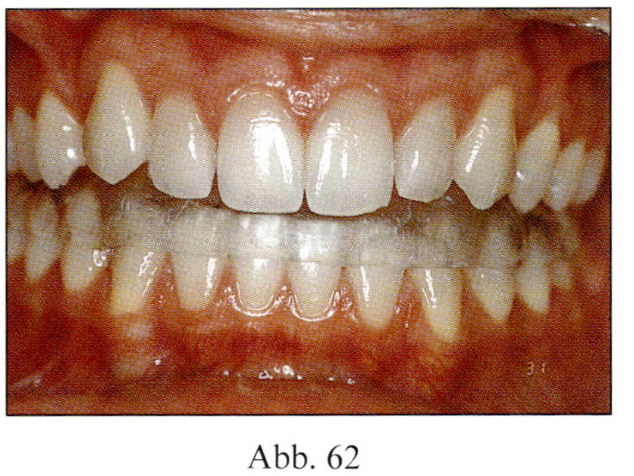

Abb. 62

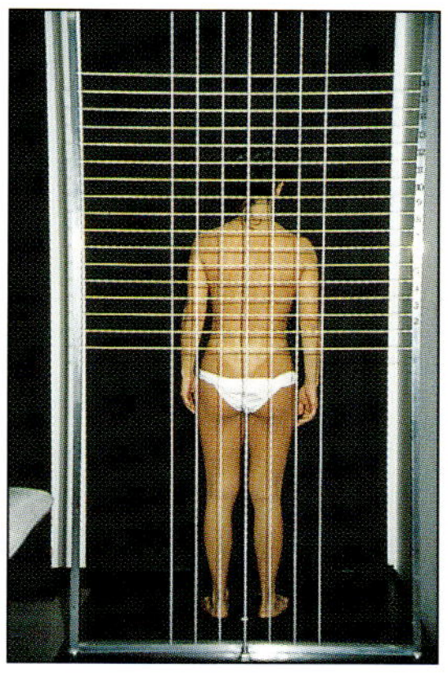

Abb. VEK1

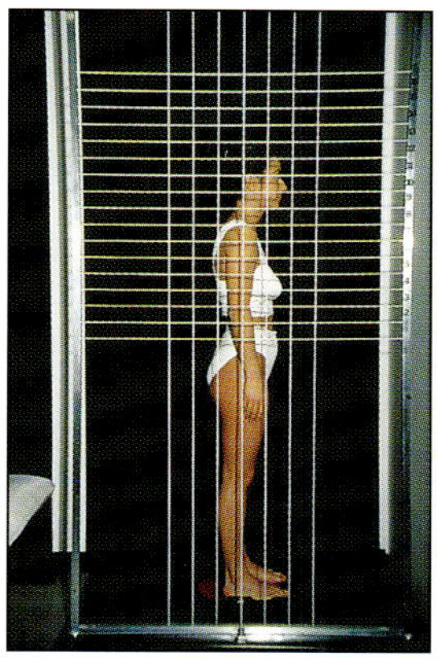

Abb. VEK2

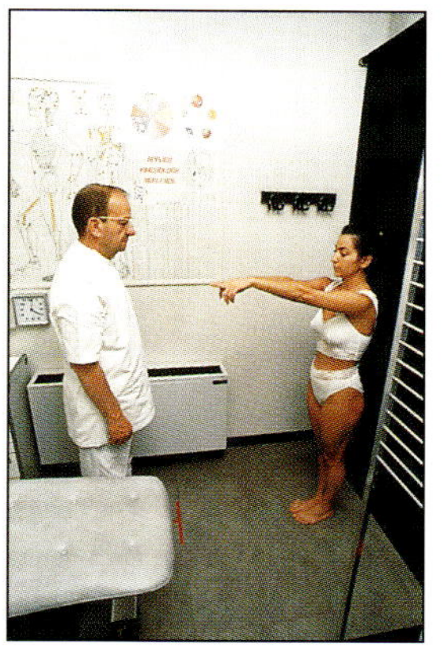

Abb. VEK3

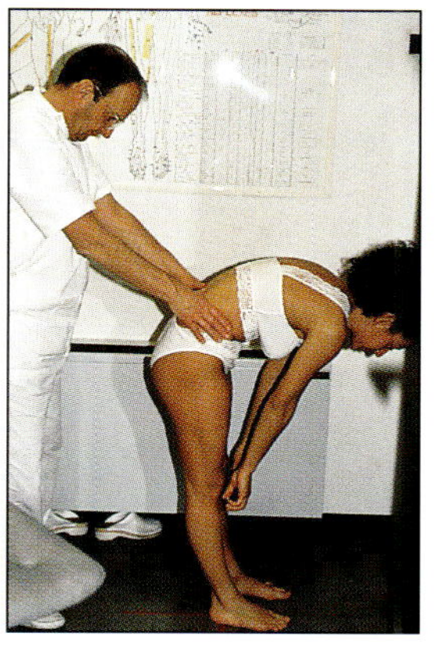

Abb. VEK5

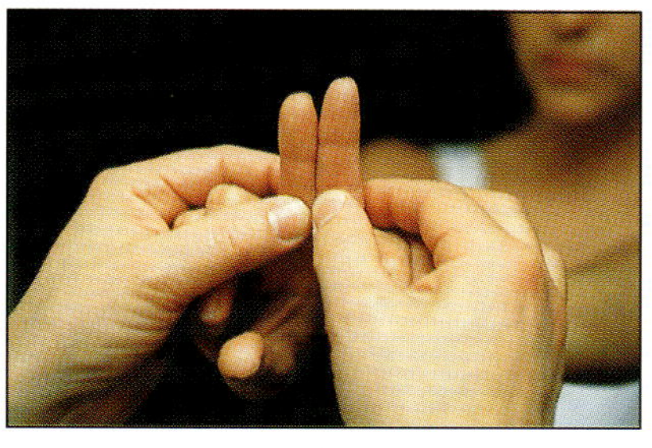

Abb. VEK4

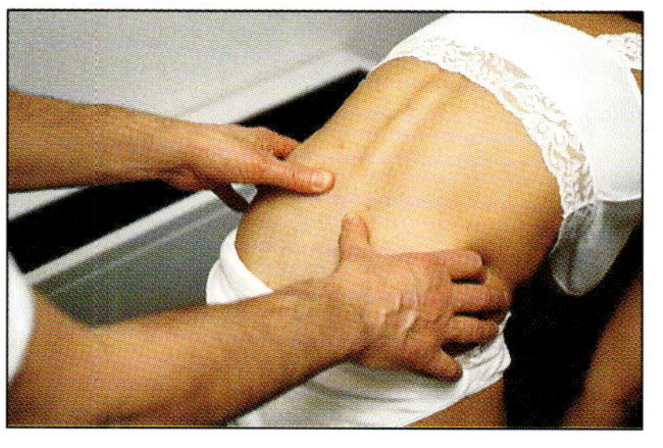

Abb. VEK6

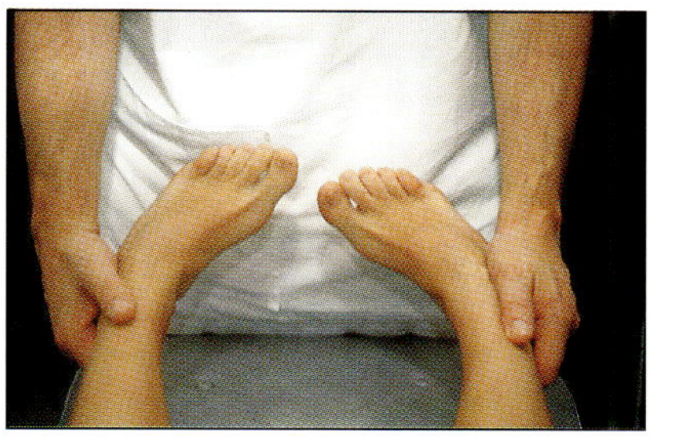

Abb. VEK9

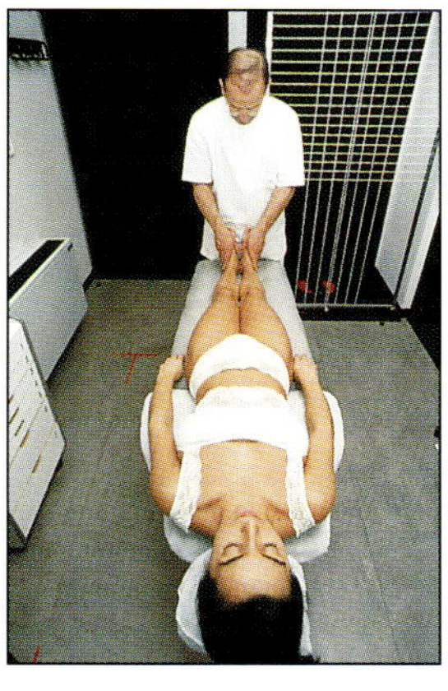

Abb. VEK7

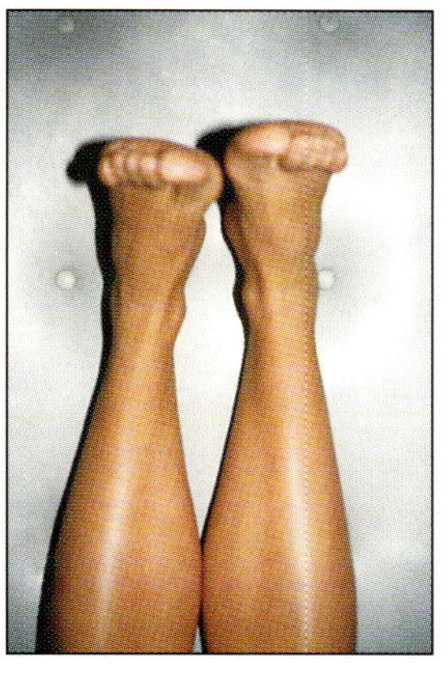

Abb. VEK8

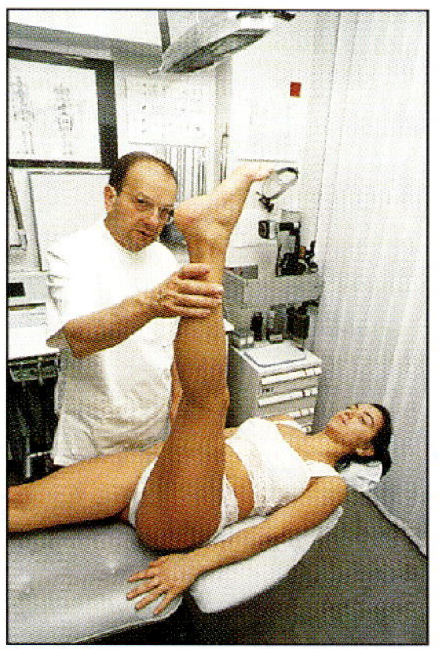

Abb. VEK11

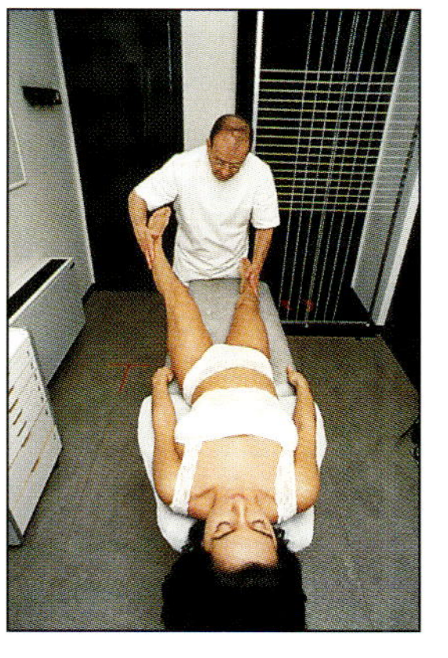

Abb. VEK12

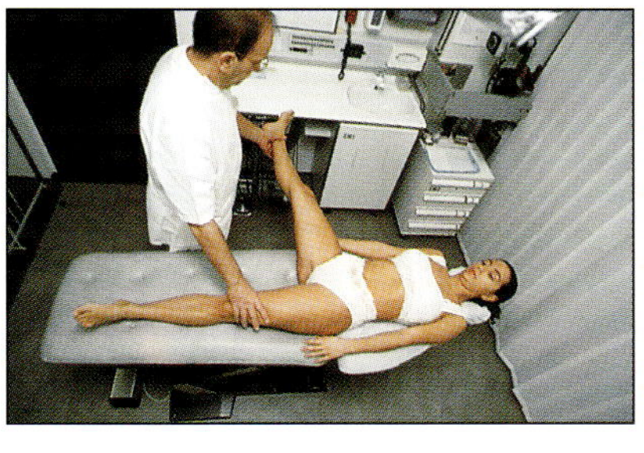

Abb. VEK10

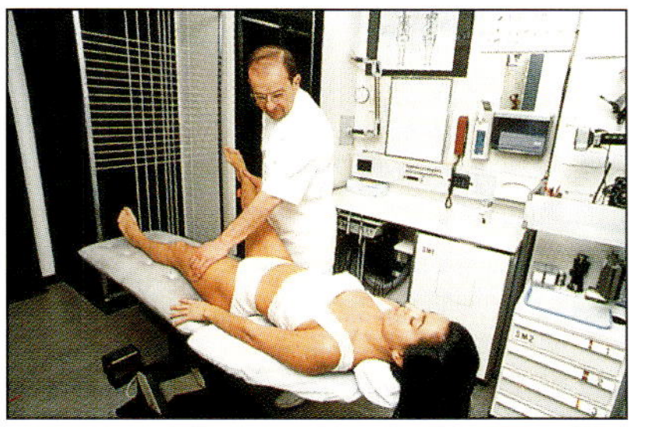

Abb. VEK13

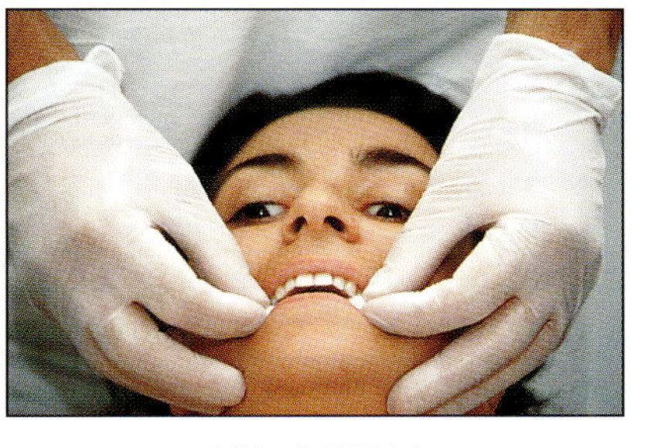

Abb. VEK14

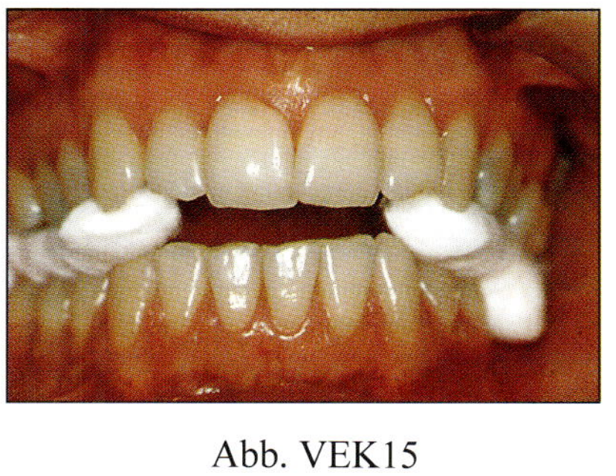

Abb. VEK15

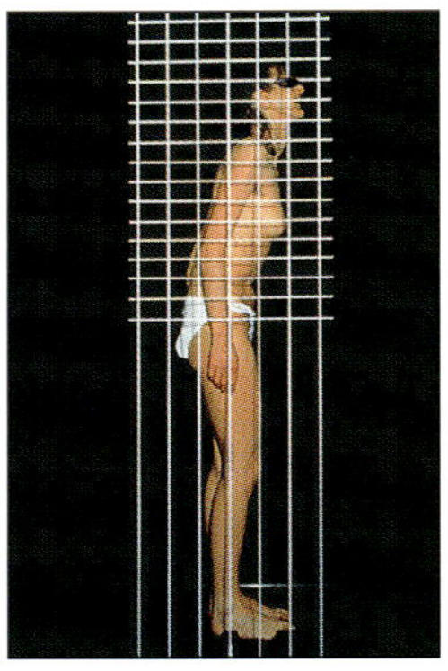
Abb. CM1

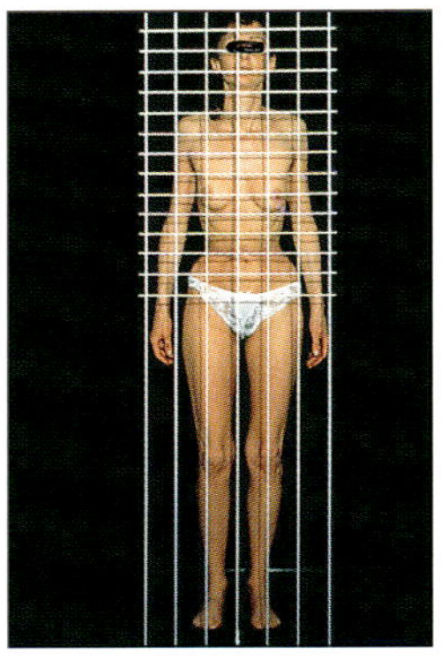
Abb. CM2

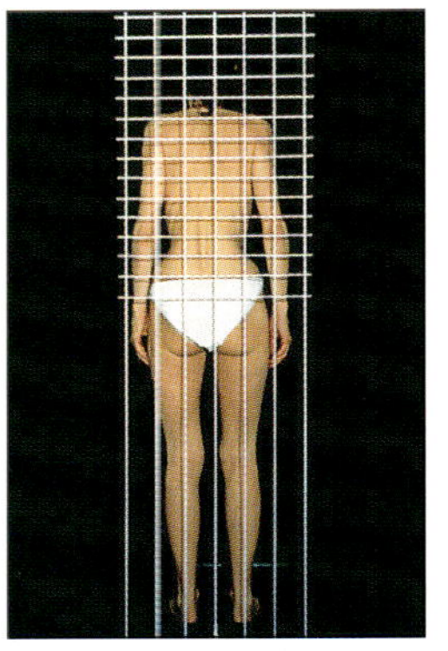
Abb. CM3

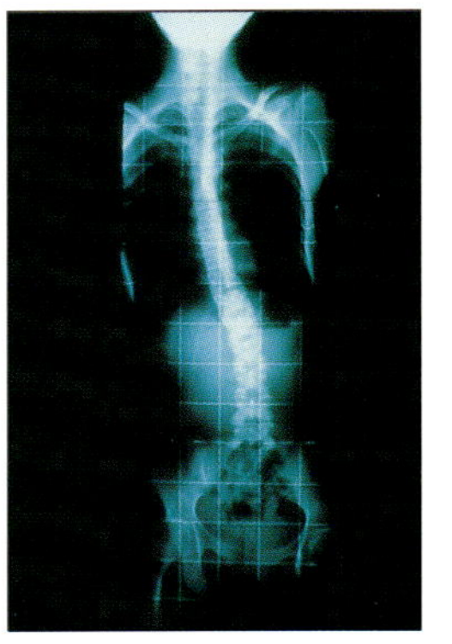
Abb. CM4

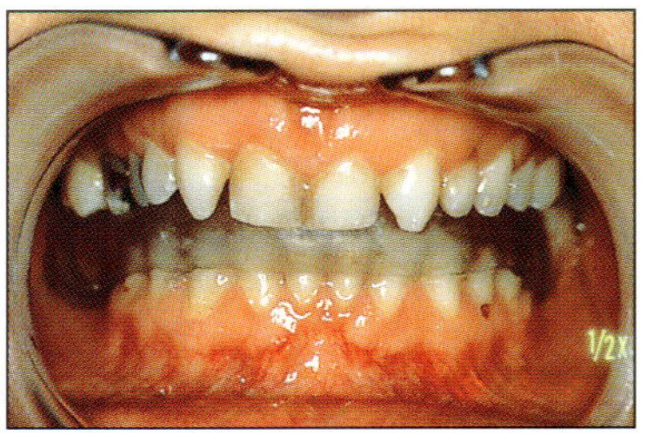

Abb. CM5

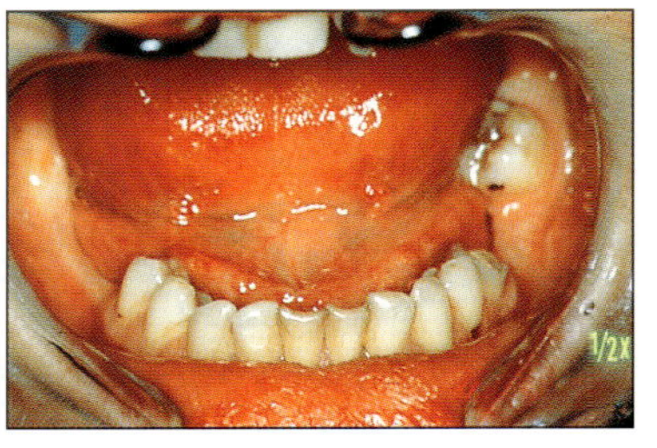

Abb. CM6

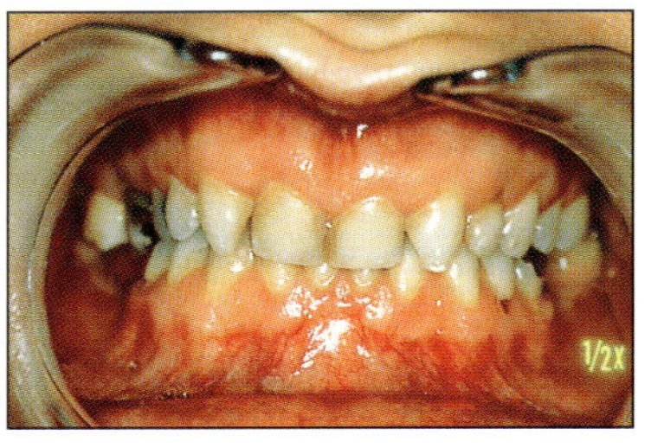

Abb. CM7

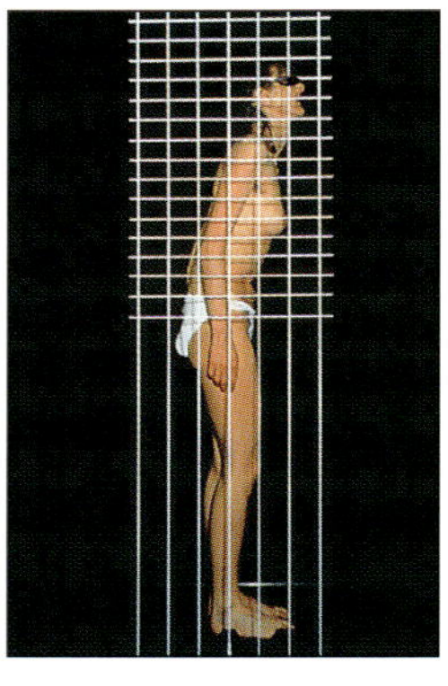
Abb. CM8

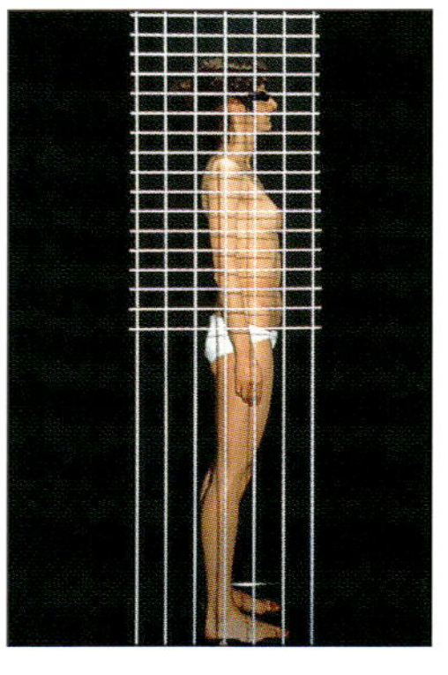
Abb. CM9

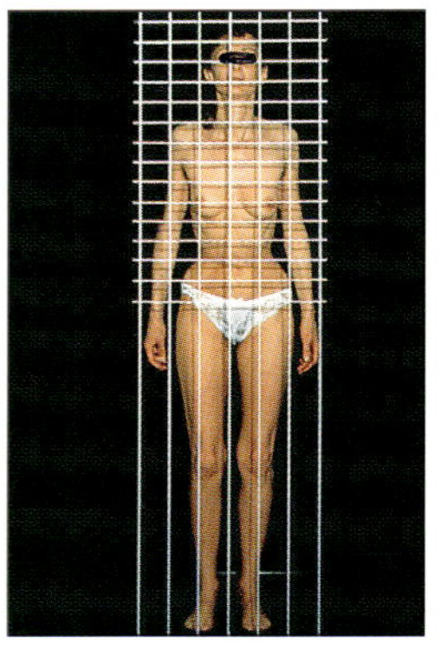
Abb. CM10

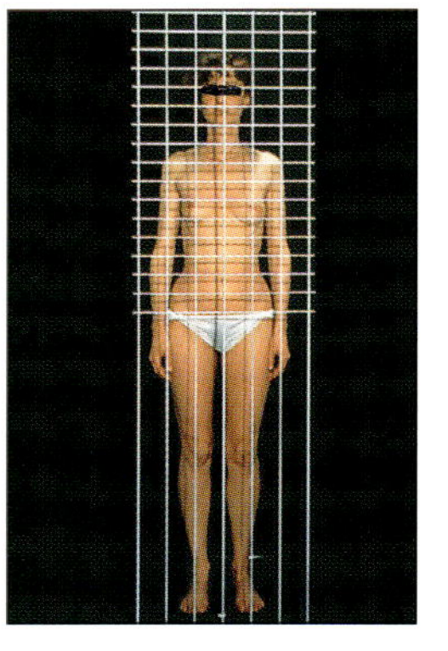
Abb. CM11

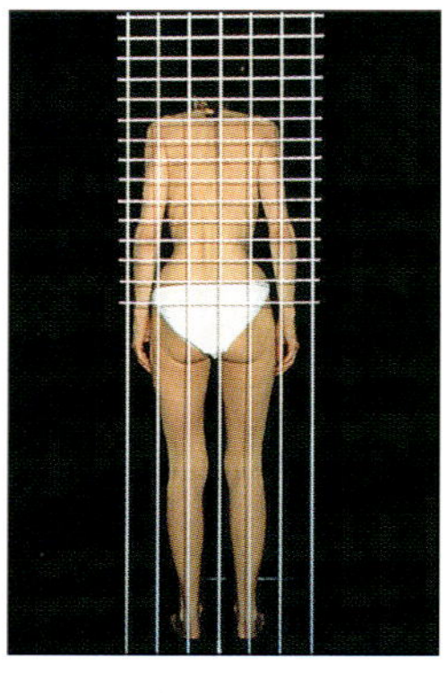
Abb. CM12

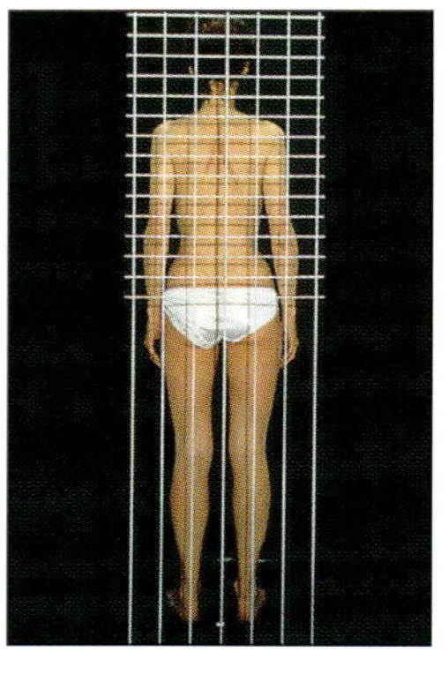
Abb. CM13

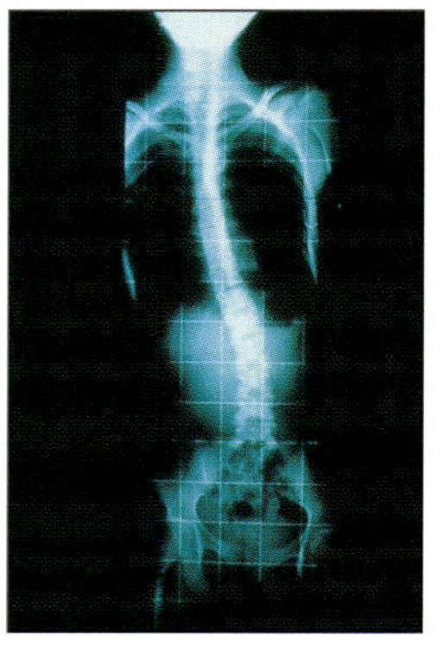
Abb. CM14

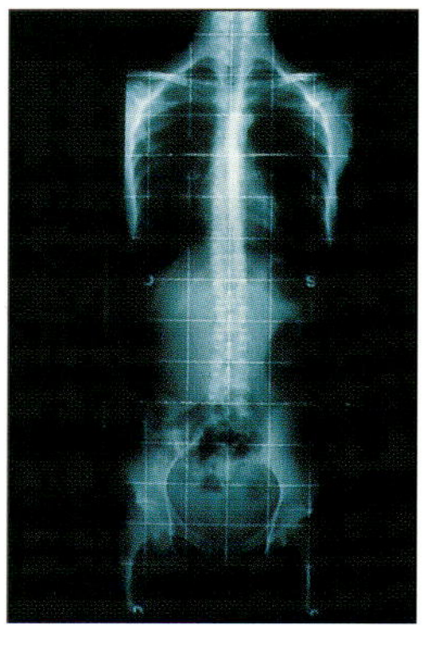
Abb. CM15

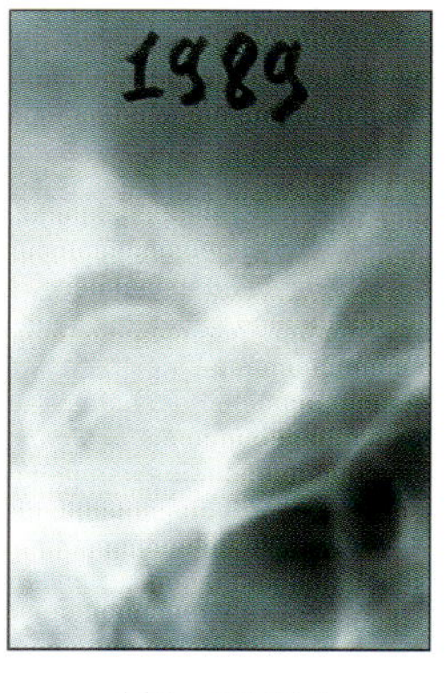

Abb. CM16

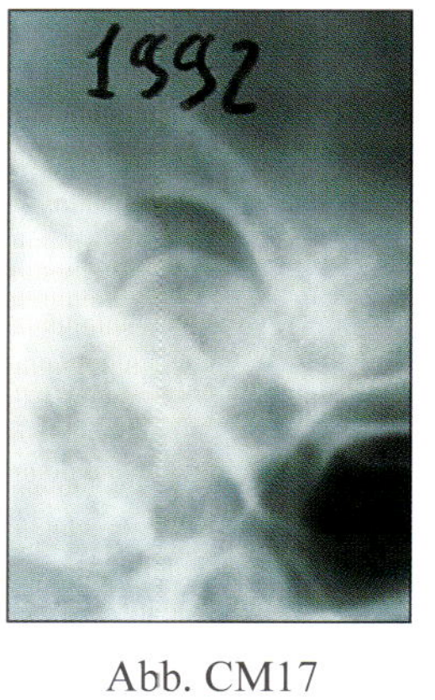

Abb. CM17

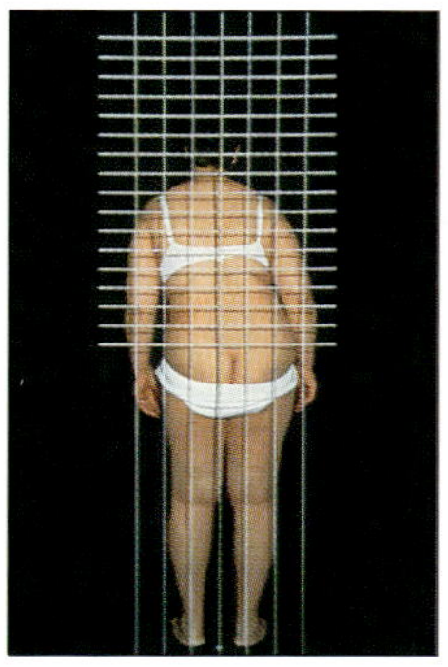
Abb. CDF1

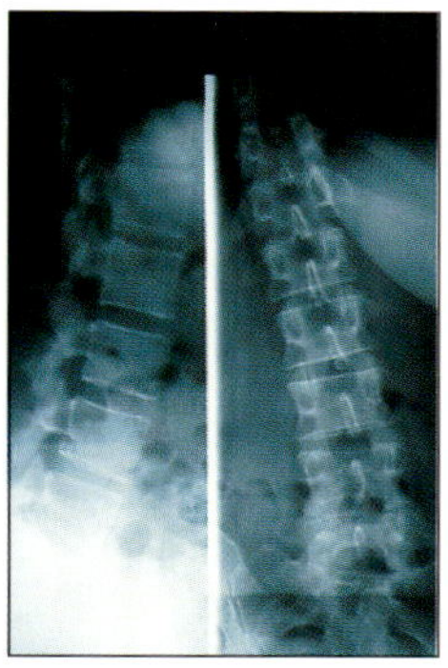
Abb. CDF2

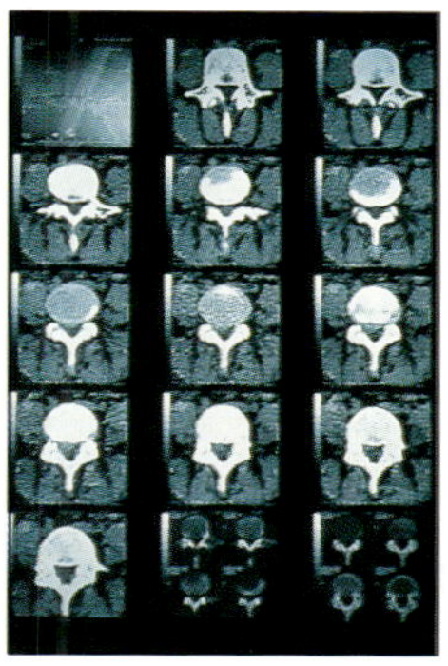
Abb. CDF3

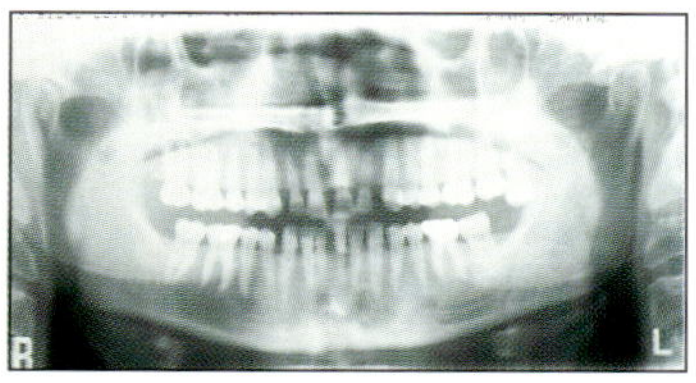
Abb. CDF4

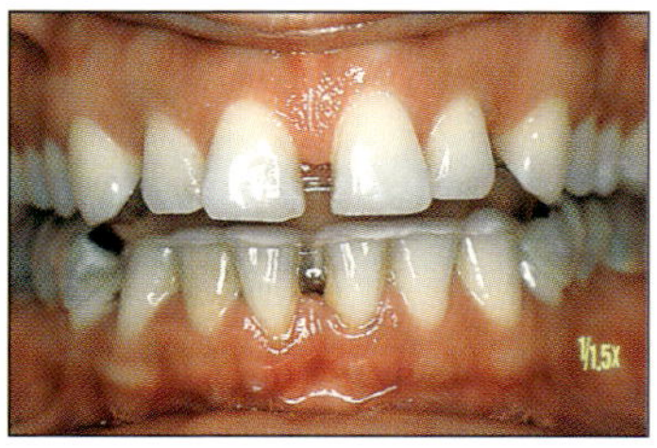
Abb. CDF5

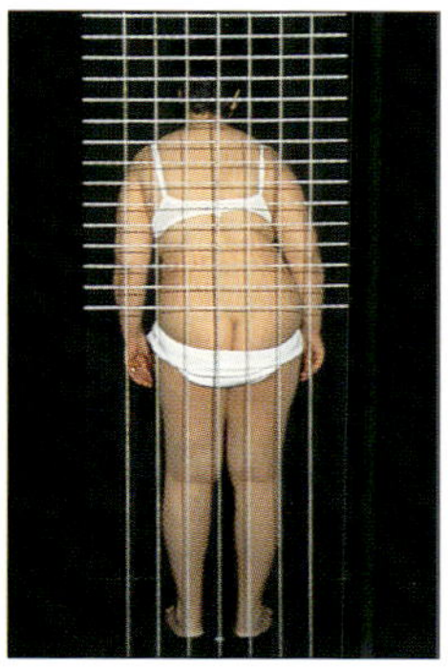
Abb. CDF6

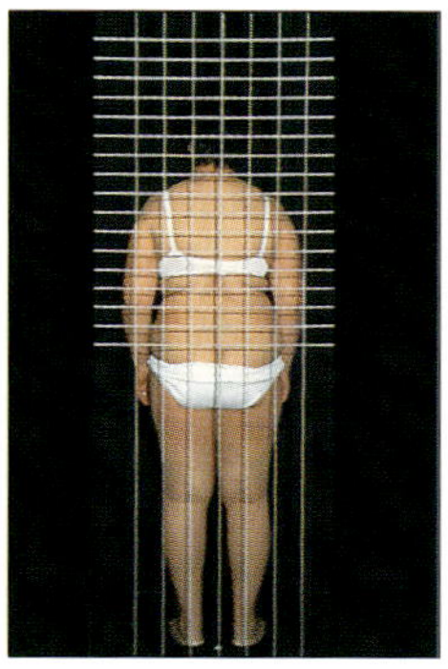
Abb. CDF7

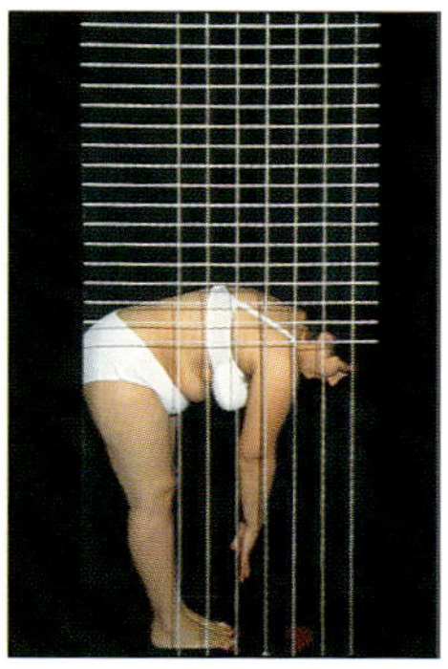
Abb. CDF8

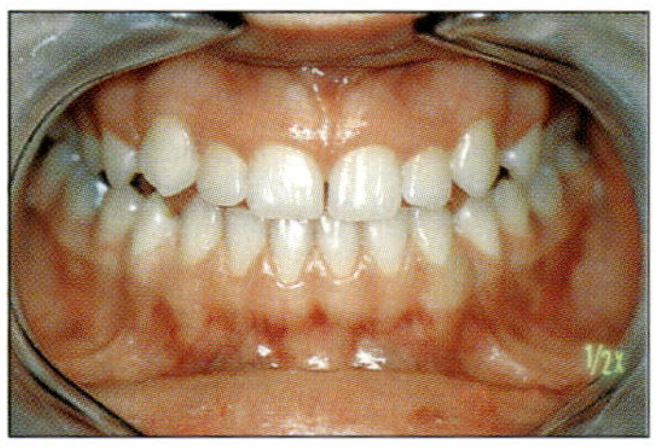
Abb. FE1

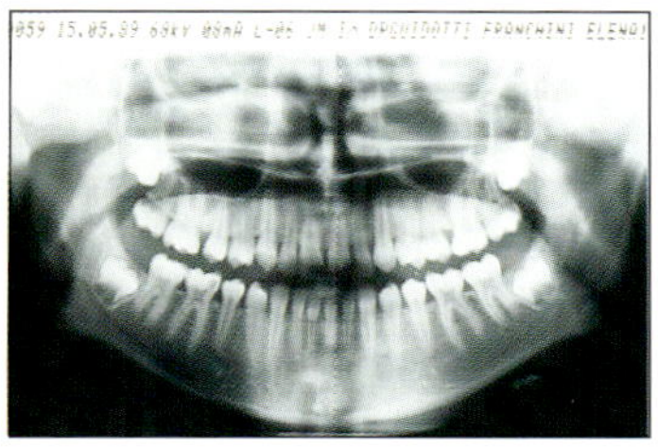
Abb. FE2

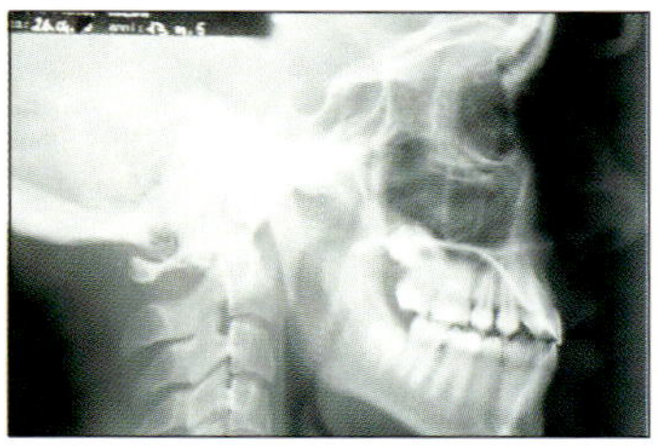
Abb. FE3

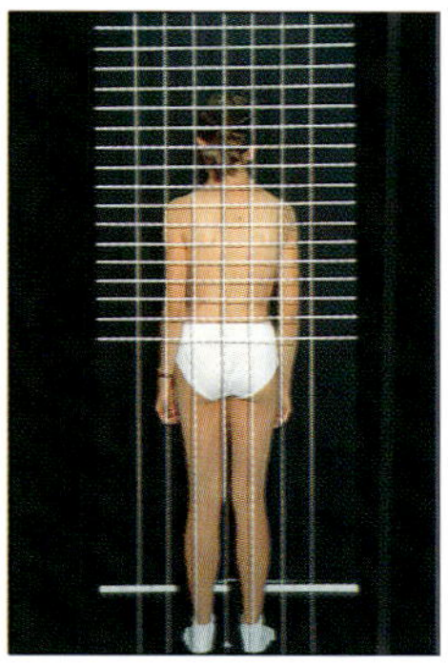
Abb. FE4

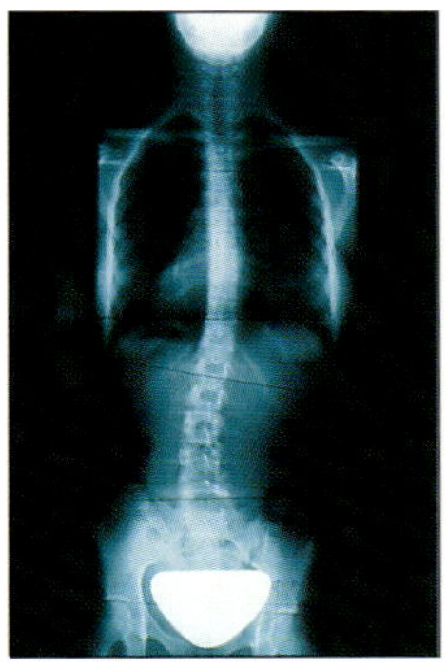
Abb. FE5

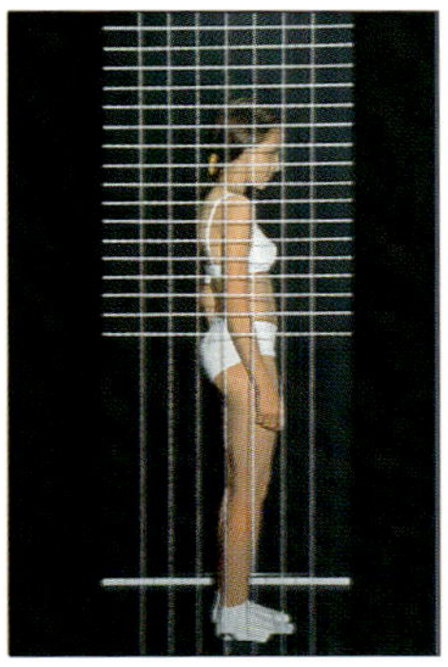
Abb. FE6

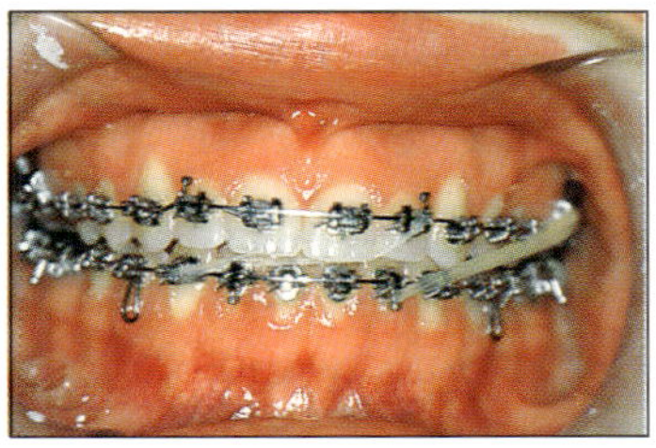
Abb. FE7

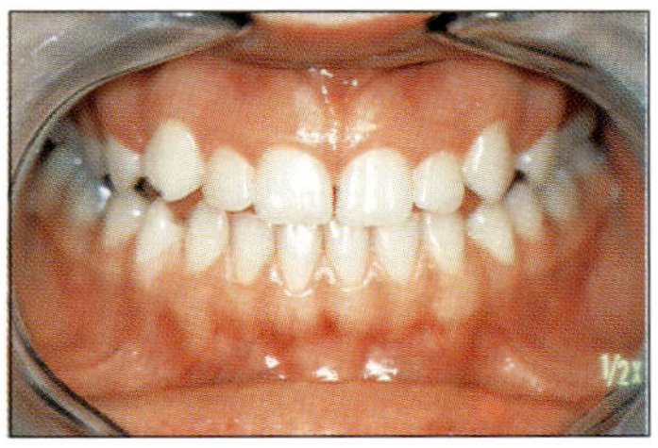
Abb. FE8

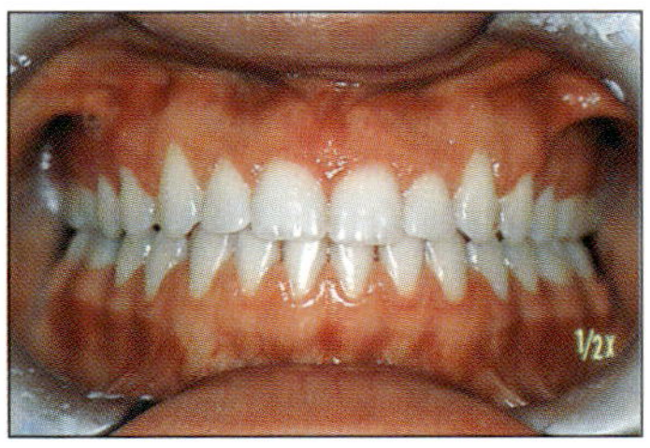
Abb. FE9

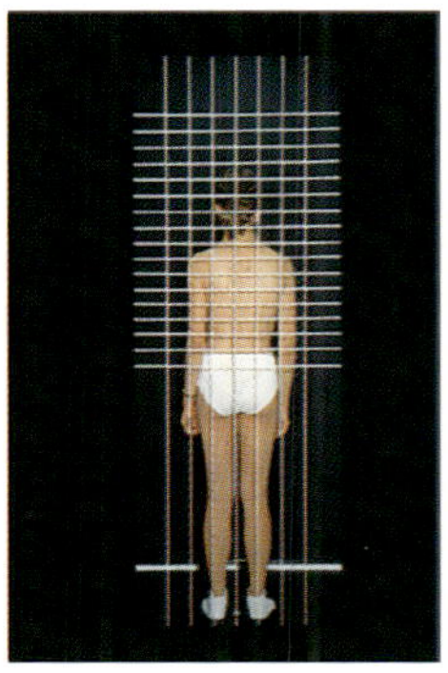
Abb. FE13

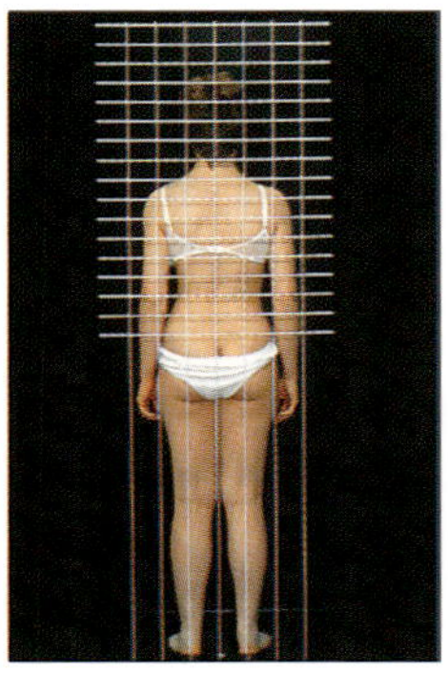
Abb. FE10

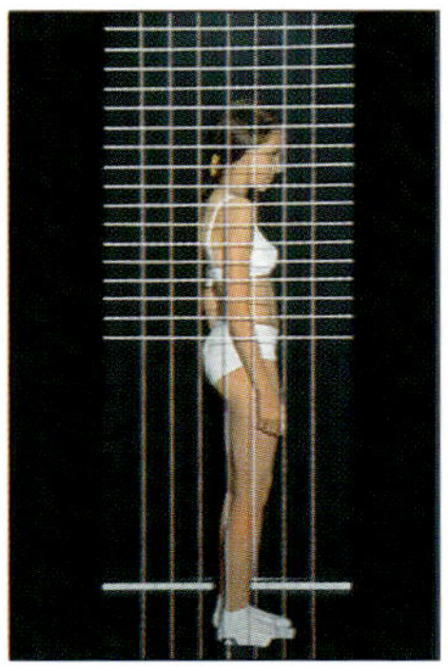
Abb. FE11

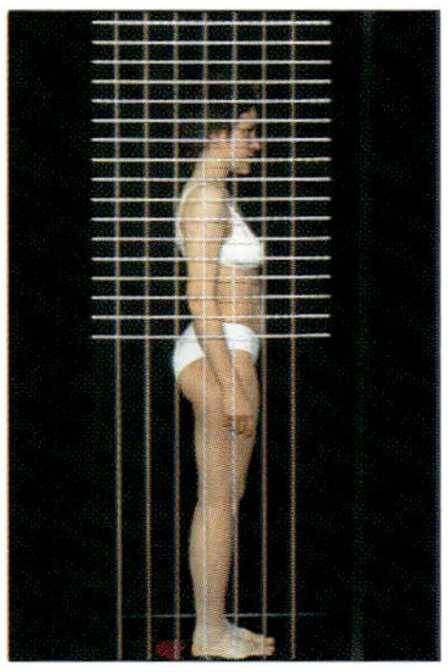
Abb. FE12

Die angewandte Kinesiologie

Aus der Chiropraxis erwächst eine neue Methode der Untersuchung und der klinischen Therapie: die angewandte Kinesiologie. Diese neue Methode nimmt eine immer wichtigere Rolle in der zahnärztlichen Tätigkeit, und vor allem in der Gnatologie ein, auch wenn sie bisher noch keinen wirklich gefestigten wissenschaftlichen Boden nachweisen kann. Im diagnostischen und therapeutischen Vorgehen macht sich die angewandte Kinesiologie die klinische Basis nutzbar.

Das Postulat der kinesiologischen Forschung ist die *Therapie Lokalisation* (T.L.): Der Tonus eines Muskels wird überprüft, und falls er wirklich gut ist, d.h. stark, als Indikator-Muskel genommen. Der Patient wird daraufhin gebeten, mit einer Hand den dysfunktionalen oder pathologischen Körperteil zu berühren. Der Indikatormuskel müßte eine Tonusveränderung (Schwäche) zeigen; damit kann man sagen, daß der untersuchte Bereich positiv auf die *Therapie Lokalisation* anspricht. Jegliches Element des Systems, ein Zahn, ein stomatognather Muskel, der Hyoideus, etc. ist mit Hilfe dieser Technik untersuchbar, und der Test wird positiv ausfallen, wenn der getestete Bereich pathologisch ist.

Der T.L.-Test ist natürlich auch für die Kontrolle einer kieferorthopädischen Behandlung und einer Prothese einsetzbar.

Die angewandte Kinesiologie kann daher auch die Effizienz eines Okklusions-Gerätes überprüfen, falls die Anwendung eines „kinesiologischen Bites" notwendig ist, um eine morphofunktionale Neumodellierung des Temporo-mandibular-Gelenks zu erreichen und damit auch eine Neuprogrammierung der Haltung. Der gültige Wert dieser Therapie wird augenblicklich durch die semiologisch positiven Ergebnisse bestätigt (Abb. 59 - 60).

Wie alle Disziplinen, die eine angemessene Diagnose aus der Studie einzelner Symptome ableiten, so benötigt auch die angewandte Kinesiologie eine weitreichende Erfahrung und tiefgreifende Kenntnis, um Fehler in der Bewertung zu vermeiden. Eine falsche Anwendung dieser Vorgehensweise kann in der Tat zu fälschlichen Diagnosen und Therapien führen.

Therapie — Neuprogrammierung (Reset)

Das Ziel eines Haltungs-Zahnarztes ist es, die Reiz-Schwelle zu heben und somit auch die biologische Toleranzgrenze, um den Patienten zu dem zurückzubringen, was GAGET das Norm-Haltungssystem nennt.

Um dieses Ziel zu erreichen, muß die Therapie darauf ausgerichtet sein, die Fehlwahrnehmung der Informationen und die schädlichen unterschwelligen Impulse durch eine Neuprogrammierung zu korrigieren, die eine funktionale Eigenwahrnehmung (Propriozeption) wiederherstellen soll. Auf diese Weise kann das Zentralnervensystem die Haltung leichter wieder integrieren und normalisieren.

Der Haltungs-Zahnarzt wird sich dafür einsetzen, die Pathologien auszuschalten, die in seinen Bereich fallen, und wird die interdisziplinäre Mitarbeit dort suchen, wo andere Fachgebiete angesprochen sind.

Von den zahlreichen Mitteln, die ihm dafür zur Verfügung stehen, wird am häufigsten die kinesiologische Aufbißschiene eingesetzt, ein Interokklusal-Gerät für den Unterkiefer, das die räumliche Neu-Positionierung des Kiefers ermöglicht. Dieses Gerät besteht aus einer funktionalen orthopädischen Aufbißschiene mit Schampfhöckerkontakten und einer Disklusion des Eckzahnes und der Schneidezähne und eventuell einer Korrektur von dysfunktionalem Schlucken. Außer einer momentanen funktionalen Richtigstellung der Okklusion ist die Funktion der Aufbißschiene vor allem jene, eine Richtigstellung des Kondylus zu erreichen und alle absteigenden Haltungs-Dysfunktionen zu beseitigen. Unsere klinische Erfahrung hat gezeigt, daß in Fällen von Malokklusion der vorherrschende schädliche Input des stomatognathen Systems vom Temporo-Mandibular-Gelenk ausgeht und nur sekundär von dentalen Vorkontakten. Aus diesem Grund wird in unserem therapeutischen Programm der Vorzug oft der etwa sechsmonatigen Anwendung einer kinesiologisch getesteten Aufbißschiene gegeben. In diesem Zeitraum harmonisiert sich die Haltung, und die Symptome verschwinden. Erst danach kann man auf die abschließende Therapie übergehen, die in einer definitiven Rehabilitation durch Prothese oder kieferorthopädische Behandlung besteht (Abb. 61, 62).

ABBILDUNGEN

28 von N. Fraietta
29 von Le Huche
30 Ergonomisch korrekte Haltung und dysfunktionale unharmonische Haltung
31 Offene und geschlossene kinematische Ketten (von E. Lazzari)
32 Geschlossene kinematische Kette, wenn die Beine mit dem Boden Kontakt haben, offen, wenn ein Bein angehoben ist. (von E. Lazzari).
33 Geschlossene kinematische Kette, gebildet von Schädelknochen,Temporo-Mandibular-Gelenk und Mandibula (von E. Lazzari).
34 Beispiel einer kinematischen Maschine
36 Netzhautgleiten
38 Die Rezeptoren der Fußgelenke leiten die mechanische Energie über in neuroelektrische Energie.
46 Schraubenförmige Bewegung des Schulter- und Beckengürtels beim Gehen.

47 Rotierende Bewegung des Schultergürtels, des Kopfes und des Kiefers auf transversaler Ebene
48 Rotierende Bewegung auf transversaler Ebene von Kiefer, Zervikal- und Lumbalwirbeln.
49 Eine laterale Abweichung des Unterkiefers nach links verursacht eine Rechts-Neigung des Kopfes.
50 Haltung angepaßt und kompensiert, um die parallele bipupillare Ebene auf die Horizontale anzugleichen
51 Durch das Normalisieren der Okklusion kommt auch die Haltung wieder ins Gleichgewicht.
59 T. L. Therapie Lokalisation
60 T. L. Therapie Localisation

Beispiele von untersuchten Fällen

CM

Patient von 35 Jahren (Abb. CM1-17).
Symptome: akute Lumboischialgia mit Bandscheibenprolaps L4 - L5.
Antalgische Haltung, seit drei Jahren skoliotische Schutzhaltung. Vorher war die Wirbelsäule normal.
Stomatognathes System: Malokklusion, Asymmetrie der Gelenkköpfe im Temporo-Mandibular-Gelenk
Es wurde eine kinesiologisch getestete Schiene eingesetzt eingesetzt, es wurde keine manipulative Behandlung durchgeführt, noch wurden Medikamente verabreicht.
Nach 10 Tagen besserte sich die Symptomatik, und nach 40 Tagen verschwand sie völlig: Die Haltung und die Wirbelsäule hatten sich komplett normalisiert.

CDF

Patient von 31 Jahren, der an akuter Lumboischialgie leidet. (Abb. CDF1-8)
Untersuchung:
1. Röntgen der Wirbelsäule: konvexe Skoliose lumbal rechts mit Abweichung von der Senkrechten. Öffnung des hinteren Bogens von S1.
2. TAC: L4 L5 rechter medialer und paramedialer Bandscheibenprolaps mit Ödem der Nervenwurzel.
Stomatognathes System: Malokklusion, 28 abweichender Kontakt, 36 Problem-Zahn mit Pulpopatie.
Es wird eine kinesiologisch getestete Schiene eingesetzt, 28 entfernt und eine erneute Wurzelbehandlung bei 36 durchgeführt.
Die Symptomatik hat sich nach zwei Wochen gebessert und ist nach 30 Tagen verschwunden, die Haltung und der Beuge-Test normal. Es wurde keine wie immer geartete andere Therapie eingesetzt, weder manipulativ noch pharmakologisch.
Der Patient ist seit drei Jahren unter Kontrolle. Er hat damit eine Bandscheiben-Operation vermieden.

FE

13jährige Patientin. Sie war zwei Jahre lang in kieferorthopädischer Behandlung, jedoch ohne Erfolg durch Rezidiv.
In der Zwischenzeit stellte sich eine Skoliose mit Bekkenschiefstand ein. (Abb. FE1-13)
Haltung: verdreht, funktionale Dysmetrie der oberen und unteren Gliedmaßen.
Symptome: Kopf- und leichte Rückenschmerzen
Stomatognathes System: III Molar und Eckzahnklasse wegen Zurückweichen des Oberkiefers - Malokklusion.
Therapie: Es wurde für 12 Monate eine kinesiologisch getestete Schiene eingesetzt und ein Chiropraktiker hinzugezogen. Die Haltung normalisierte sich, und daraufhin wurde zwei Jahre lang eine kieferorthopädische Behandlung unter ständiger Kontrolle der Haltung durchgeführt.
Die Patientin ist seit zwei Jahren unter Beobachtung, es
traten keine Rezidive auf, weder bei den Zähnen noch in der Haltung.

BIBLIOGRAPHIE

- **Cesarani A. - Alpini D.,** Le età dell'uomo e del sistema dell equilibrio. Bi e Di Editori, 1990
- **Cesarani A. - Alpini D.,** Diagnosi e trattamento dei disturbi dell'equilibrio, Medianix, Milano, 1990
- **Dujany R.,** Teoria e impiego pratico della Kinesiologia applicata, E. SCE, 1990
- **Fraietta,** Uomo e movimento, Marrapese Ed., Roma 1991
- **Gagey P. M., P. Villeneuve, ecc.,** Huit lecons de Posturologie, Association Francaise de Posturologie, Paris, 1993
- **Guidetti G.,** Stabilometria Clinica, Istituto di Clinica Otorinolaringoiatrica, Modena, 1989
- **Lazzari E.,** I meccanismi di regolazione posturale. Postura occlusica Rachide. AISP, 1992
- **Nahamni Lonis,** Kinesiology, Ed. Comedent, 1991
- **Paparella Treccia R.,** L'uomo e il suo moto, Verducci Ed., 1988
- **Walthen S.D.**, Applied Kinesiology (Vol. I), Applied Kinesiology (Vol. II), Applied Kinesiology - Sinopsis - DC-System, Pueblo, Colorado, 1982-1992.

DIAGNOSE UND THERAPIE IN DER KIEFERORTHOPÄDIE UNTER GESAMTHEITLICHEN ASPEKTEN

Dr. Werner Schupp, Kieferorthopäde

Durch die Okklusion und die Kondylenlage wird unmittelbar Einfluß auf das craniosacrale System, auf reaktive Muskelketten und das neurophysiologische System genommen. Unter dieser Prämisse ist Kieferorthopädie per se eine gesamtheitliche Therapie und läßt sich nicht auf das stomatognathe System begrenzen. Mit Hilfe kieferorthopädischer und zahnärztlicher Maßnahmen lassen sich viele Erkrankungen wie u.a. Kopfschmerzen, Migräne, Nacken- und Rückenschmerzen, Lernstörungen, Legasthenie, funktionelle Kardiopathie, Blasenschwäche, hormonelle Störungen, Tinnitus oder Vertigo beeinflussen. Ziel der kieferorthopädischen Diagnose und Therapie muß es sein, präventiv eben solche chronischen Erkrankungen, wenn sie denn im stomathognathen System ihre Ursache haben, zu vermeiden. Wenngleich die exakte Diagnose und selbstverständlich die Therapie von hierfür ausgebildeten Zahnmedizinern und im Bereich Kieferorthopädie von Kieferorthopäden vorgenommen werden muß, sollten anderen ärztlichen Fachrichtungen die beschriebenen Zusammenhänge bekannt sein.

Epidemiologie

1934 kam Costen das Verdienst zu, die Aufmerksamkeit von Ärzten und Zahnärzten auf Kiefergelenkstörungen und deren Schmerzen sowie sich daraus ableitende Folgeerkrankungen zu lenken. Funktionstörungen der Kiefergelenke sind eine recht häufige Erkrankung. So fanden Hansson et.al. bei einem nicht selektierten Patientengut in 79 Prozent der untersuchten Fälle Funktions-störungen der Kiefergelenke. Helkimo hält 20-30 Prozent der Bevölkerung für behandlungsbedürftig. Funktionsstörungen der Kiefergelenke treten bereits in frühem Alter auf. Grosfeld et.al. fanden in einer Gruppe von 6 bis 8 Jahre alten Kinder 56 Prozent mit Funktionsstörungen, in der Gruppe der 13 bis 15 Jahre alten Kinder fanden sie 68 Prozent mit Funktionsstörungen. Nach einer Untersuchung von Schubert et.al. zeigt sich ein gehäuftes

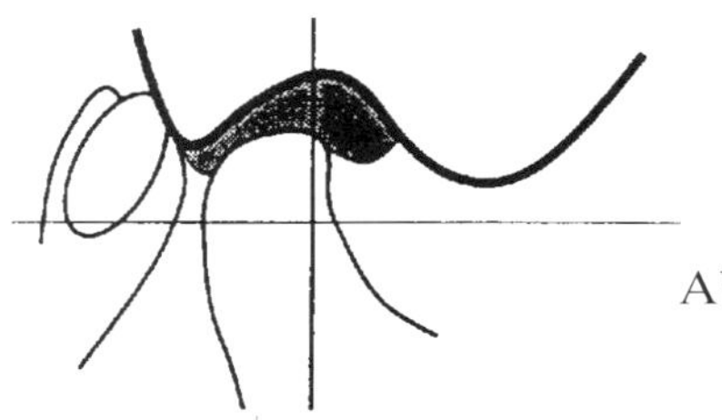

Abb. 1 RUM-Position

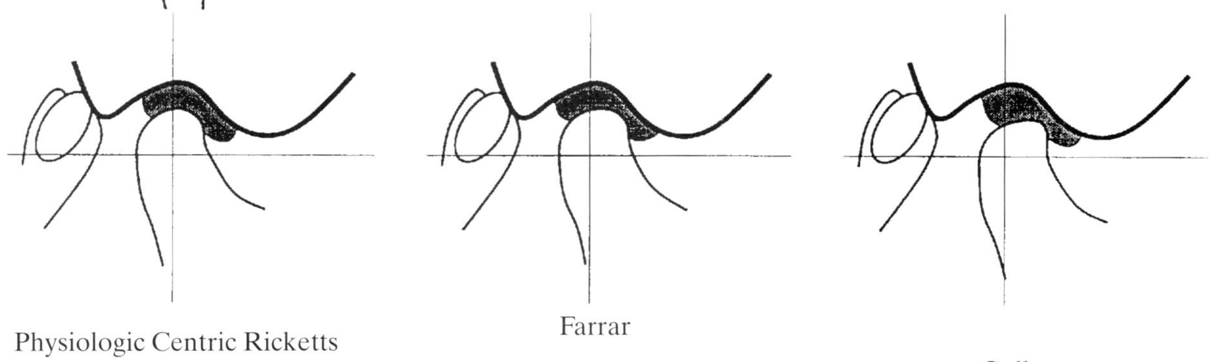

Abb. 2 Beschreibung der Kondylenposition nach Ricketts, Farrar und Gelb

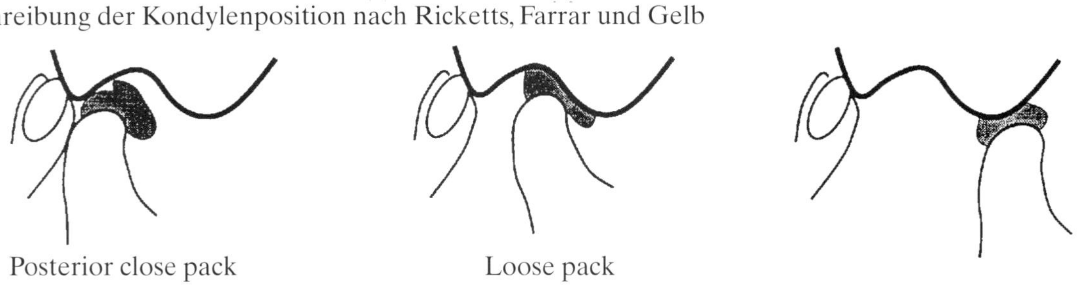

Abb. 3 Beschreibung der Kondylenposition nach Rocabado

Auftreten der Kiefergelenkerkrankungen zwischen dem 20. und 40. Lebens-jahr. Frauen sind dabei in 75 Prozent, Männer in 25 Prozent der Fälle vertreten.

Auswirkungen der Okklusion auf den menschlichen Körper

Anhand eines Literaturbeispiels soll der Einflußder Okklusion auf den menschlichen Körper verdeutlicht werden. Kobayashi und Hansson untersuchten die Auswirkungen der Okklusion auf den menschlichen Körper. Hierzu wurde ein 0,1 mm starkes Okklusionshindernis auf einen Zahn aufgebracht. Nach Einsetzen des Okklusionshindernisses traten verschiedene Symptome auf, die nach Entfernung zum Teil wieder verschwanden.
Nach dem Einbringen des Okklusionshindernisses

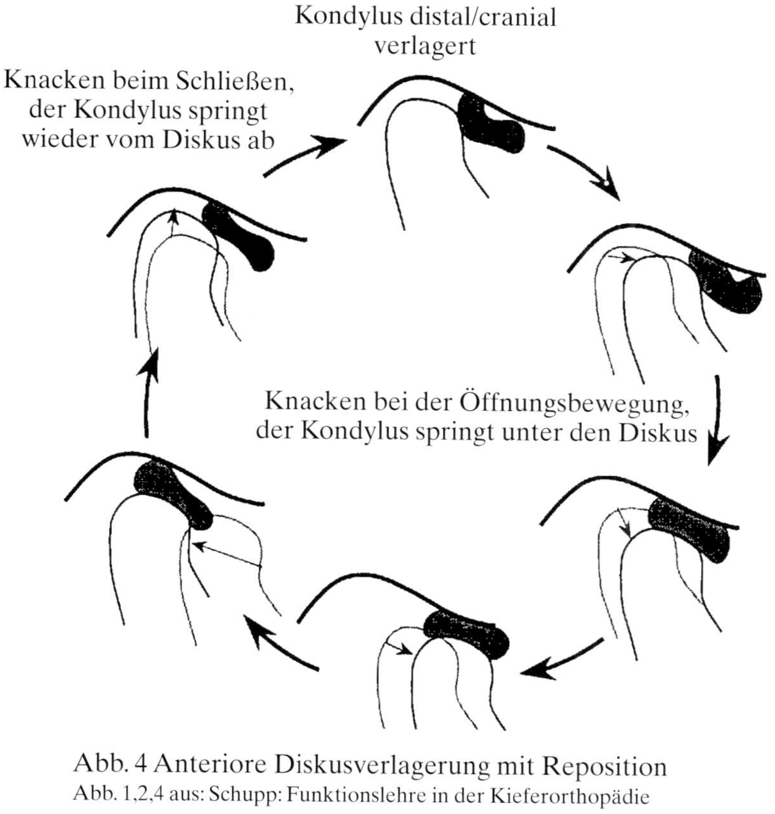

Abb. 4 Anteriore Diskusverlagerung mit Reposition
Abb. 1,2,4 aus: Schupp: Funktionslehre in der Kieferorthopädie

waren die Kiefergelenke selbst, der M. masseter und die äußeren Mm. pterygoidei stark palpationsempfindlich. Noch eine Woche nach Entfernen des Okklusionshindernisses klagten die Versuchspersonen über Beschwerden. Der Zustand der Vorlaufphase stellte sich nicht wieder ein. Ein Knacken im Kiefergelenk trat bei all den Versuchspersonen auf, bei denen es durch das Okklusionshindernis zu einem seitlichen Gleiten des Unterkiefers beim Schließen kam. Nach dem Einsetzen des Okklu -sionshindernisses stieg der Hydroxicorticosteroid-Spiegel und der Noradrenalin-Spiegel im Urin allmählich an. Auch der Adrenalinspiegel stieg im Urin und in der Blutprobe an. Die Autoren schlußfolgern daraus, daß Okklusionshindernisse die psychische Belastung verstärken. Die Anzahl der Bruxismusperioden stieg nach Einsetzen des Okklusionshindernisses auf das Doppelte an. Sieben Tage nach dem Einsetzen des Okklusionshindernisses hatte sich der Puls beschleunigt. Die Atmung war während der Bruxismusphasen gestört. Nach der Bruxismusphase trat häufig eine Apnoe-Phase auf. Die Häufigkeit dieser Apnoe stieg in sieben Tagen auf das sechsfache an.

Die Definition der Kondylenposition

Lange Zeit galt die Rearmost-Upmost-Midmost Position (RUM-Position) oder die retrale Scharnierachsenposition als die einzige korrekte und reproduzierbare Kondylenposition und wird leider auch heute noch teilweise vertreten (Abb. 1). Farrar war einer der ersten, der eine weiter anteriore Kondylenposition vertrat. Ihm folgten u.a. Ricketts und Gelb (Abb. 2).

Rocabado definiert die korrekte Kondylenposition als eine "loose packed position" in der Fossa artikularis gegenüber dem mittleren Drittel der Eminentia artikularis. Der Kondylus sollte nicht in einer posterioren "closed packed position" eingestellt werden aufgrund der interkapsulären Strukturen, die schmerzhaft reagieren, wenn der Kondylus posterior positioniert wird (Abb. 3).

Der Diskus artikularis muß in der korrekten Kondylenposition exakt zwischen Eminentia articularis und Kondylus positioniert sein. Bei einer Verlagerung des Kondylus kommt es ebenfalls zu einer Verlagerung des Diskus articularis relativ zum Kondylus. In den meisten Fällen ist nicht der Diskus articularis eigentlich verlagert, sondern der Kondylus. Daher muß der Kondylus korrekt positioniert werden (Abb. 4).

Eine optimale Kondylenposition läßt sich wie folgt beschreiben:

1. Die Kondylen befinden sich auf beiden Seiten in der am meisten superior-anterioren Position gegenüber der Eminentia articularis in einer "loose packed position".

2. Der Discus articularis liegt zwischen der Kondyle und der Eminentia articularis, so daß er die inkongruenten Gelenkanteile zu einem stabilen Gelenk formiert.

3. Aus dieser Position heraus arbeitet die Muskulatur mit dem geringsten Kraftaufwand und ohne neuromuskuläre Störungen.

4. In der maximalen Interkuspidation kommt es nicht zu einer Kompression im Gelenk und damit auf das Os temporale sowie zu einer Störung der zusammenhängenden cranio-sacralen Strukturen im Sinne einer geschlossenen kinematischen Kette.

Optimaler Weise erfüllen okklusionsverändernde Maßnahmen wie die COPA (Craniomandibuläre orthopädische Positionierungs-Apparatur), Aufbisse und funktionskieferorthopädische Geräte die o.g. Bedingungen für die Kondylenposition.
Nach George J. Goodheart gilt: "The TMJ is the most important joint in the body!"

Korrelation zwischen Kiefergelenk und Gesamtorganismus

Chronische Erkrankungen bzw. Schmerzen, die ätiologisch durch die Kiefergelenke bedingt oder mitbedingt sind, entstehen durch:

1. Störung des Craniosacralen Systems

2. Störungen innerhalb reaktiver Muskelketten

3. Neurophysiologische Störungen

4. Störung innerhalb der Zahn-Organ-Beziehung / Meridiane

In Normalfunktion gibt es eine Bewegung der cranialen Knochen in einem Rhythmus von 10 bis 14 Zyklen pro Minute. Diesen bezeichnet man als den "Primären Respiratorischen Mechanismus". Die craniale Bewegung ist eine Kombination von Knochenbewegung und Bewegung innerhalb der Suturen.
Die Bewegung zwischen Os sphenoidale und Os occipitale findet in der Sagittalen statt. Es gibt eine Flexion und eine Extension dieses sphenobasilären Gelenks bzw. der "Synchondrose".

Vor dem 25. Lebensjahr findet die Bewegung innerhalb der Synchondrose des sphenobasilären Gelenks statt. Nach der Ossifikation finden wir eine Flexion und Extension innerhalb des spongiösen Knochens an der Stelle der ehemaligen

Die restlichen Knochen des Schädels weisen eine spezifische Bewegung in Relation zur sphenobasilären Flexion und Extension auf. Diese Interaktion der einzelnen Knochen läßt sich mit einer geschlossenen kinematischen Kette vergleichen. Bewegt sich ein Teil, bewegen sich auch die anderen im primären respiratorischen Mechanismus. Ist aber die Bewegung eines Knochens gestört, wirkt sich diese Störung zwangsläufig auf alle andere aus.

Zwischen dem sphenobasilären Gelenk und dem Os sacrum besteht eine synchrone Bewegung. Die Verbindung zwischen der sphenobasilären Bewegung und der Bewegung im Os sacrum wird durch die Dura mater hergestellt, die lediglich am Foramen magnum, am zweitem und drittem Halswirbel und ab dem zweiten Sacralsegment nach kaudal hin befestigt ist, ansonsten aber frei beweglich ist. Kommt es nun zu Spannungen im oberen Durabereich, so wirken sich diese Verwindungen direkt auf den unteren Bereich aus. Die Verwindungen bewirken u.a. eine Irritation der durch die Dura mater durchtretenden Nerven.

David S. Walther: "Because of the connection of the stomatognathic system with the pelvis by the dura mater, the total spinal column is included. A short leg has been indicted as a cause of malocclusion!" Aber: Ein funktioneller Beinlängenunterschied kann ebenso durch eine Fehlokklusion hervorgerufen werden.

Gleichzeitig gibt es eine zweite geschlossene kinematische Kette. Diese besteht aus den Muskeln. Kaumuskeln, hyoidale Muskeln, Nackenflexoren und -extensoren sind über die Rückenmuskulatur mit dem Becken und den zugehörigen Beckenmuskeln verbunden. Über diese Muskelketten kann es zu absteigenden und aufsteigenden Problemen kommen. So können sich Störungen des Zehengrundgelenkes nach Wochen über die aufsteigenden Muskelketten auf die Halswirbelsäule auswirken und Okklusionsstörungen können über absteigende Muskelketten sowie über Störungen des cranio-sacralen Systems Beckenschiefstände auslösen.

Sutura Squamosa

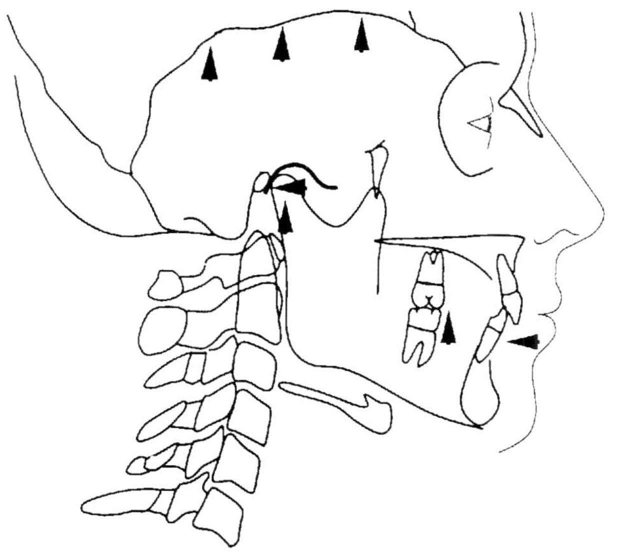

Abb. 5 "Loss of Posterior Support"
"Eine Funktionsstörung des Temporomandibulargelenkes, die nicht auch eine Funktionsstörung der Ossa temporalia zur Folge hat, scheint uns unmöglich. Der Unterkiefer übt auf die Fossa mandibularis des Os temporale eine Kraft aus. Diese nach kranial gerichtete Kraft führt zu einer Kranialbewegung der Ossa temporalia und beginnt, die Sutura Squamosa zu entkoppeln." J.P. Upledger, J.D. Vredevoogd

Das cranio-sacrale System beeinflußt ebenfalls das endokrine System. So ist die Hypophyse direkt durch den cranio-sacralen Rhythmus betroffen. Ebenso können, wie oben beschrieben, Nerven durch craniale Fehler irritiert werden und damit das endokrine System stören.

Innerhalb der Schädelsuturen befinden sich Nervenendigungen und Gefäße (Retzlaff et.al.)

Sutura Squamosa

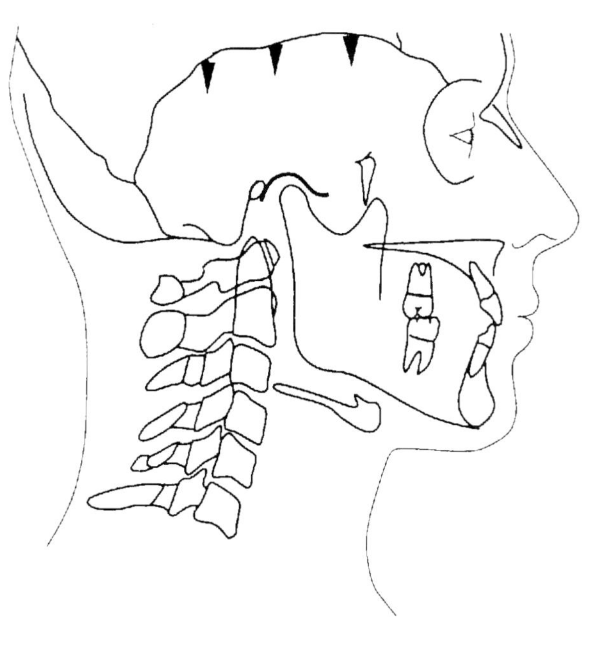

Falls es durch eine cranio-sacrale Störung zu einer Kompression der Suturen kommt, können daraus Kopfschmerzen entstehen. Weitere beschriebene Erkrankungen, die durch cranio-sacrale Störungen entstehen können sind Bluthochdruck, Gehör- und Gleichgewichtsstörungen, Tinnitus, neurologische Dysorganisation oder funktionelle Kardiopathie u.a.

Eine Fehlokklusion kann zu einer Balancestörung der Muskulatur führen, aber ebenso zu einer Kompression im Kiefergelenk und damit zu einem falschen Kraftvektor auf das Os temporale. Magoun bezeichnete das Os temporale als "Trouble maker in the head". Strukturelle Deviationen der Ossa temporalia können nach Magoun Migräne, Vertigo, Strabismus, Bruxismus, Fehlokklusion oder Nystagmus verursachen. Mit der Außenrotation des Os temporale bewegt sich die Fossa temporomandibulare nach posterior/medial. Dadurch bewegt sich die Mandibula nach retral. Bei einer Innenrotation des Os temporale kommt es zum umgekehrten Mechanismus. Bei einer Innenrotation des Os temporale auf der einen und einer Außenrotation des Os temporale auf der anderen Seite kommt es zu einer skelettalen Mittellinienverschiebung des Unterkiefers. Magoun postuliert, daß es wünschenswert wäre, wenn Kieferorthopäde und Osteopath eng zusammenarbeiten, damit die sich gegenseitig bedingenden Störungen, Fehlokklusion und Fehlpositionierung der Kondylen auf der einen und osteopathische Störungen auf der anderen Seite, gemeinsam behandelt werden. Bei einem Kiefergelenkknacken kommt es in den meisten Fällen zu einer Verlagerung der Kondyle über den posterioren Diskusrand nach distal. Nach Magoun kann daher oftmals nicht alleine die Kondyle nach anterior gebracht werden, wenn nicht gleichzeitig die gesamte Region, also auch das Os temporale, mit korrigiert wird.
Upledger weist auf die Bedeutung der

Abb. 6 Therapie des "Loss of Posterior Support"
Orthopädische Einstellung der Kondylenlage und anschließende Korrektur der Okklusion durch orthodontische Behandlung der Frontzahngruppe mittels Intrusion/Torque und/oder orthodontische oder prothetische Bißhebung.

Dekompression des Kiefergelenks hin. Er sagt, daß durch die Korrektur der Kondylenposition und Dekompression nicht nur die Kiefergelenke erfolgreich therapiert werden, sondern ebenso die beteiligten Ossa temporalia. Die Sutura squamosa wird entkoppelt, ebenso die Ossa parietalia teilweise mobilisiert. Dadurch wird der Flüssigkeitsaustausch im Schädelgewölbe in Gang gesetzt und die Duramembran ins Gleichgewicht gebracht.

Nach Upledger handelt es sich "bei dieser Technik um eine wahrhaft holistische Technik zugunsten des cranio-sacralen Systems und sämtlicher Teile des Organismus, die dieses System beeinflußt".

Die von Upledger angegebene cranio-sacrale Therapie zur Dekompression des Kiefergelenks ist ebenso wie die Occiput Release Technik häufig ein Einstieg in die weitere Therapie der cranio-mandibulären Störung.

Bei den meisten Patienten mit einer craniomandibulären Funktionsstörung liegen die Kondylen zu weit retral/cranial. Dadurch kommt es zu einer Kompression der Gelenkstrukturen und in vielen Fällen zu pathologischen Afferenzen aus dem Rezeptorenfeld der Kiefergelenke. Kiefergelenk sowie vordere und mittlere Dura mater werden sensibel vom N. trigeminus versorgt. Afferenzen aus dem Kiefergelenk und der Dura mater münden auf dem spinalen Trigeminuskern (zentrale Projektion der Trigeminusäste). Da die Dura mater viel mehr innerviert ist als das schwach innervierte Kiefergelenk, kommt es zu einer Projektion aus dem Kiefergelenk in die Dura mater. Der Kiefergelenkschmerz tritt in der Dura mater als Kopfschmerz auf.

Bei einer retral/cranialen Kiefergelenklage kommt es zu einer mehr oder weniger ständig wiederholten Kompression der Gelenkstrukturen und damit zu pathologischen Afferenzen aus dem Rezeptorenfeld. Dieses wird durch Bruxismus und Pressen wesentlich verstärkt. Die daraus folgende chronische Schmerzüberflutung führt zu einer Erschöpfung des antinozizeptiven Systems, welches ja die ständige nozizeptive Information hemmen soll. Es entsteht eine Dekompensation im nozifensorischen System. "Der oft leichtfertigen Interpretation dieser Leidenskarriere als Folge einer psychosomatischen Kausalkette kann gar nicht energisch genug entgegengetreten werden." (Wolff) Die Nozizeption kann sich aber verselbstständigen und damit selbst zum Krankheitsfaktor werden. Letzendlich kommt es dadurch bedingt zu pathogenen Veränderungen der Psyche.

Im umliegenden Gewebe der Nozirezeptoren werden bei entzündlichen Gelenkerkrankungen Schmerzmediatoren aus-geschüttet (Prostaglandin E2, Bradykinine etc.) ausgeschüttet. Diese senken die Reizschwelle der Rezeptoren. Infolge dessen werden mehr Neurone angesprochen und die Hinterhornzellen werden vermehrt mit nozizeptiven Signalen überflutet. Neuropeptide (Substanz P etc.) werden vermehrt freigesetzt und lösen eine Vasodilatation aus. Es kommt zu einer "neurogenen Entzündung" (Wolff).

Nach Ricketts und Gelb ist der Verlust der posterioren Höhe im Seitenzahnbereich der häufigste strukturelle Fehler im stomatognathen System, der zwangsläufig mit einer cranial-superioren Verlagerung der Kondylen einhergeht. Dadurch bedingt kommt es zu den oben beschriebenen Auswirkungen im cranio-sacralen System. Der Verlust posteriorer Höhe führt zu einem Frühkontakt im Frontzahngebiet, den der Organismus vermeiden muß. In der Folge wird der Unterkiefer neuromuskulär nach posterior eingestellt. Diese Kompression führt innerhalb der geschlossenen kinematischen Kette im cranio-sacralen System zu Folgeschäden, die oben beschrieben wurden (Abb. 5). Wie an Hand der Fallbeschreibungen gezeigt wird, wird der Verlust der posterioren Höhe ausgeglichen und/oder der Frühkontakt in der Frontzahngruppe behoben.

Neben dem Verlust der posterioren Höhe und der Retralverlagerung des Unterkiefers sind die skelettale Mittellinienverschiebung, Frühkontakte im Frontzahnbereich, Lücken in der Zahnreihe, die Verblockung der Oberkiefer-Mittellinie sowie die Fehlbelastung einzelner Zähne Gründe für Belastungen innerhalb des cranio-sacralen Systems bzw. der Muskelketten.

Wenn das Kiefergelenk das primäre Läsionsgelenk ist, muß dieses als erstes korrigiert werden. Behandle den "Major Stressor" als erstes! Jede Korrektur an anderen Gelenken ist nur dann erfolgreich, wenn das primäre Läsionsgelenk therapiert wird. Das Kiefergelenk ist nach Meersseman in 95 % aller Fälle mit chronischen Schmerzen mitbeteiligt. Daher kommt dem Kiefergelenk eine entscheidende Bedeutung zu, die auch in der manuellen Medizin, ganz zu schweigen von der universitären Medizin, zum Teil noch übersehen wird.

Dem Satz, "Think orthopedic first, then teeth!" (Harold Gelb) muß höchste Aufmerksamkeit gewidmet werden. Die korrekt eingestellte und überprüfte Kondylenposition ist der Ausgangspunkt aller weiteren okklusionsverändernden Maßnahmen. Erst nach genauer Festlegung der Kondylenposition als orthopädische Maßnahme kann eine orthodontische oder prothetische Veränderung der Okklusion erfolgen! Robert M. Ricketts sagt zu Recht: "Don´t treat teeth, treat the total human body!"

Das diagnostische Konzept

An dieser Stelle soll nicht die übliche kieferorthopädische Diagnostik und die manuelle Untersuchung der Kiefergelenke beschrieben werden. Diese dürfte als bekannt vorausgesetzt werden. Es werden aber weiterführende Diagnosen aufgezeigt, die für uns zum unverzichtbaren Bestandteil geworden sind. Dieses sind:

I. Manuelle Untersuchungstechniken

Würden wir lediglich das stomatognathe System untersuchen, so entgingen uns häufig strukturelle Fehler, z.B. ein Beckenschiefstand, die mit der Okklusion und den Kiefergelenken unmittelbar oder mittelbar verbunden sind.

Wenn eine strukturelle Störung vorhanden ist, so interessiert es uns, ob das Problem über die Okklusion bzw. über die Veränderung der Kondylenposition zu lösen ist. Handelt es sich also um ein absteigendes, descendentes Problem (vom Kiefergelenk absteigend) oder handelt es sich um ein aufsteigendes, ascendentes Problem (von kaudal nach cranial verlaufend). Die Differenzialdiagnose ascendent/descendent besteht in der Veränderung der Okklusion. Hierzu wird die Okklusion deblockiert oder temporär therapeutisch verändert. Meersseman empfiehlt, danach den Patienten gehen und schlucken zu lassen, um alle wesentlichen neuromuskulären Rezeptorsysteme gemäß der neuen, temporären-therapeutischen Kiefergelenkposition zu reorientieren. Sind die vorab erhobenen Befunde, z.B. der Beckenschiefstand aufgehoben oder wesentlich verbessert, so handelt es sich um ein descendierendes Problem. Die primäre Therapie ist eine kieferorthopädisch/zahnärztliche.

Bessern sich umgekehrt Befunde im Bereich des stomatognathen Systems durch probatorische Korrekturen oder therapeutische Maßnahmen im kaudalen Bereich, so handelt es sich um ein ascendierendes Problem. Zu den ascendenten Problemen zählen z.B. strukturelle Störungen der Füße, die über aufsteigende Muskelketten zu Störungen in der Halswirbelsäule führen können. Häufig finden wir gemischte Probleme, also descendente (z.B. vom Kiefergelenk ausgehend) und ascendente (z.B. vom Fuß oder Becken ausgehend) Probleme. Die ascendenten Probleme sollten gleichzeitig mit der kieferorthopädischen/zahnärztlichen Therapie angegangen werden.

Meersseman gibt an, daß 95% aller Störungen descendente Störungen beinhalten!

Dieses Konzept, die Auswirkungen der Okklusionsveränderung durch eine Bißnahme sofort nachzutesten, wurde von uns weiterentwickelt. Wir haben somit die Möglichkeit, die Auswirkungen einer Veränderungen im stomatognathen System auf den Gesamtorganismus sofort nachzutesten!

Der Untersuchungsgang beinhaltet folgende diagnostische Verfahren:

1. Die Muskelpalpation

2. Die Untersuchung der Körper- und Gesichtsebenen sowie die Beckenuntersuchung

3. Leg-turn in-Rotation Test, Patrick Kubis Test

4. Der Applied Kinesiology -Test

5. Die manuelle Untersuchung der Kiefergelenke

Nach dieser Untersuchung wird der Konstruktionsbiß (KB), der ggf. anhand der Modelle vorbereitet wurde (s. Gelb) eingesetzt.

Der Patient wird aufgefordert aufzustehen, einige Schritte zu gehen - günstig ist das Abschreiten einer 8 - sowie zu schlucken. Hierdurch kommt es zu einer neurologischen Reorganisation. Der Untersuchungsgang von 1. bis 5. wird wiederholt. Sind die Muskeln weniger druckdolent oder schmerzfrei, sind die Körperebenen ausgeglichen, ist die Duraverspannung aufgehoben und wie ist der AK-Test nach dem Einsetzen des Konstruktionsbisses? Die Bißnahme kann nur dann richtig sein, wenn sich die Parameter zum Positiven hin verändert haben.

In jedem Fall gilt: Bringe die Kondyle in die richtige Position, **dann teste diese Position** und erst dann bewege oder behandle Zähne!

Die Untersuchung im einzelnen:

1. Die Muskelpalpation

Wir untersuchen die Muskulatur mittels Palpation, wie sie von der manuellen Medizin gelehrt wird. Gleichzeitig untersuchen wir, ob Triggerpunkte vorhanden sind. Ein Triggerpunkt ist definiert als eine schmerzhafte Stelle im Muskel, der Schmerzen in ein entfernteres Gebiet ausstrahlt. Die Triggerpunkte werden immer sofort mit Hilfe der Triggerpunktinjektion/Laser behandelt.

Untersucht werden standardmäßig folgende Muskeln:

M. temporalis, M. masseter, M. pterygoideus med., M. sternocleidomastoideus, M. trapezius, M. pectoralis, Rücken-muskulatur,

Weitere Muskeln werden je nach Befund hinzugenommen.

2. Die Untersuchung der Körper- und Gesichtsebenen sowie die Beckenuntersuchung

Die Körperebenen werden in allen Ebenen, wie im Untersuchungsbogen angegeben, im Stehen und im Liegen untersucht und eingetragen. Im Stehen untersuchen wir die Ohr-, die Augen-, die Lippen-, die Schulter-, die Becken-, die Knie- und Fußebene. Ebenfalls im Stehen erfolgt die Untersuchung des Beckens. Hierzu ertasten wir die Beckenkammhöhe und untersuchen ein ggf. vorhandenes Vorlaufphänomen und führen einen Spine-Test durch (s.u.).

Im Liegen werden wieder die Ohr-, die Augen-, die Lippen-, die Schulter-, die Becken-, die Knie- und Fußebene untersucht. Es wird untersucht, ob ein anatomischer oder ein funktioneller Beinlängenunterschied vorhanden ist (s.u.). Die Gesichtsebenen werden in der vertikalen und in der sagittalen Ebene untersucht.

Lendenwirbelsäule, Iliosacralgelenke und Hüftgelenke bilden eine Funktionseinheit zusammen mit dem Beckenring. Sowohl in der Statik als auch in der Dynamik hat diese Funktionseinheit eine komplizierte Koordinationsaufgabe zu bewältigen. Sie trägt das Rumpfgewicht, überträgt die Belastung auf beide Beine, koordiniert die Beingelenkbewegung und paßt ständig die Wirbelsäule an laufende Stellungsänderungen an. Der Beckenring besteht aus den beiden Ilia und dem Sacrum, mit den zugehörigen Iliosacralgelenken und der Symphyse.

Die Iliosacralgelenke liegen funktionell zwischen den Hüftgelenken und der Lendenwirbelsäule. Sie koordinieren die Statik und Dynamik nach kranial zur gesamten Wirbelsäule und nach kaudal zu den Hüftgelenken. Die Hüftgelenke haben ausgeprägte propriozeptive Funktion. Damit sind sie ein zentrales Gelenk im Körper, welches für die gesamte Statik von großer Bedeutung ist. Die Untersuchung mißt daher den Iliosacralgelenken große Bedeutung zu. Störungen wirken sich auch auf den stomatognathen Bereich aus. Ebenso werden descendente Störungen aus dem Kiefergelenk unmittelbare Auswirkungen auf die Iliosacralgelenke haben.

Eine mögliche störende Auswirkung der Iliosacralgelenke nach kaudal ist das funktionell kurze oder lange Bein. Es entsteht durch eine funktionelle Fehlstellung des Iliums der gleichen Seite nach posterior ein funktionell kurzes Bein. Bei einer Fehlstellung nach anterior entsteht ein funktionell langes Bein. Dadurch bleibt auch die Hüftpfanne, die weit vor der Flexionsachse im Iliosacralgelenk liegt, angehoben und das Bein erscheint gegenüber der anderen Seite verkürzt, obwohl es anatomisch von gleicher Länge ist.

Das posterior rotierte und dort fixierte Ilium nimmt über die straffen Bandverbindungen der Ligg. iliolumbalia zum Querfortsatz von L4 und L5 diese beiden Wirbel mit in eine Rotationsstellung nach dorsal. Daneben kommt es zu einer muskulären Fixierung der Iliumstellung mit einer Dysbalance durch die Muskelverkürzung.

Aufgrund der herausragenden Bedeutung des Iliosacralgelenkes kommt der Untersuchung der Beweglichkeit dieses Gelenks eine erhebliche Bedeutung zu (Frisch). Folgende Untersuchungen werden durchgeführt:

a) Palpation der Beckenstellung

- Spina iliaca ventralis
- Spina iliaca dorsalis
- Beckenkämme

Bei einer anatomischen Beinlängendifferenz kommt es zu einer unterschiedlichen Höhe der Beckenkämme und der Darmbein-stachel beider Seiten im Stehen, d.h., alle genannten Meßpunkte stehen auf der Seite eines anatomisch kürzeren Beines tiefer.

Bei einer funktionellen Beinlängendifferenz wandert der Beckenkamm des nach dorsal gedrehten Illiums nach dorsal. Dabei geht auch die Hüftgelenkspfanne nach ventral und cranial. Dieses führt zu einer funktionellen Beinlängenverkürzung. Entsprechend wandert die Hüftgelenkpfanne bei anteriorer Fehlstellung des Iliums nach caudal und dorsal. Dieses führt zu einem funktionell langen Bein.

b) Untersuchung beider Iliosacralgelenke
- Vorlaufphänomen (Standing-flexion Test):

Die Daumen des Untersuchers liegen auf den Spinae iliacae posteriores superiores. Bei einer freien Bewegung der Iliosacralgelenke stehen die Daumen am Ende der maximalen Rumpfbeuge ebenso wie am Beginn auf gleicher Höhe. Ein einseitiger Hochstand einer Spina iliaca posterior superior am Ende der Rumpfbeuge wird als Blockierung oder Funktionsstörung des gleichseitigen Iliosacralgelenkes angesehen (Vorlaufphänomen positiv, Eintrag auf dem Untersuchungsbogen Patient liegend). Da es sich auch um ein muskulär bedingtes Vorlaufphänomen handeln kann, sind weitere Tests erforderlich (Frisch).

- Spine-Test:

Beim Spine-Test liegt ein Daumen des Untersuchers auf einer Spina iliaca posteriores superiores, der andere auf gleicher Höhe auf dem Sacrum. Auf der Spielbeinseite soll die Spina 5 bis 20 mm tiefer treten. Bei Funktionsstörung des untersuchten Iliosacralgelenks bleibt bei Hüftflexion die untersuchte Spina iliaca posteriores superiores auf gleicher Höhe wie der Referenzdaumen auf dem Sacrum oder wandert sogar etwas höher (durch Beckenkippung).

Zur Ausschaltung der unteren Muskelgruppen können die Tests im Sitzen wiederholt werden.

- Testung der variablen Beinlängendifferenz nach Derbolowski

In Rückenlage wird die Beinlänge überprüft. Der Patient wird aufgefordert, sein Becken anzuheben und wieder absinken zu lassen. Ohne Zug an den Beinen wird verglichen, ob der Malleolus rechts auf gleicher Höhe wie der linke liegt. Danach wird der Patient aufgefordert, sich aus dem Liegen aufzurichten. Zuletzt wird der Patient aufgefordert, den Rumpf maximal vorzubeugen. Es wird wieder verglichen, ob die Malleoli auf gleicher Höhe sind oder ob ein Vorlaufphänomen vorliegt. Durch das Aufrichten entsteht eine Verschiebung zwischen den beiden Malleoli gegenüber der liegenden Position (Beinlängenausgleich oder Verstärkung der vorher bestehenden Differenz).

Liegt ein Beinlängenunterschied vor und wird dieser durch eine Korrektur der Okklusion bzw. der Kondylenposition ausgeglichen, so sollte zur Korrektur des funktionellen Beinlängenunterschiedes die Kondylenposition entsprechend therapiert werden. Liegen andere als descendente Probleme vor, so werden die Beckenfehler und möglichst alle dysreaktiven Muskeln korrigiert (IVF). Falls nach diesen Korrekturen das Becken gerade ist, sollte auf jeglichen Höhenausgleich verzichtet werden. Besteht aber nach der Korrektur aller Beckenfehler immer noch eine Differenz, so sollte die Notwendigkeit eines Ausgleiches mit AK getestet werden. Hier bietet sich als Abschlußtest der neurologischen Organisation der "Walking Gait" an.

Die beschriebenen Untersuchungen werden zuerst in IKP, dann in korrigierter Okklusion und Kondylenlage vorgenommen. Die Ergebnisse werden im Untersuchungsbogen farblich unterschiedlich eingetragen und können so verglichen werden.

Je nach Anamnese werden das Mayr-Bauchmaß und der epigastrische Winkel untersucht und eingetragen (Rauch). Der Mayr-Diagnostik kommt in unserem Untersuchungsgang eine große Bedeutung zu, kann aber an dieser Stelle nicht näher erläutert werden.

3. Leg-turn-in-Test, Patrick Kubis-Test

Der Leg-turn-in-Test und der Patrick Kubis-Test geben Aufschluß über den Spannungszustand der Dura Mater und damit über den Zustand des cranio-sacralen Systems.

Für den Leg-turn in-Test werden die Füße des Patienten vom Untersucher maximal nach innen rotiert. Ist eine Seitenungleichheit feststellbar, wird diese in den Viertelkreis am Fußende des liegenden Patienten eingetragen.

Für den Patrick Kubis Test legt der Patient den Fuß einer Seite an das Knie des ausgestreckten Beines der anderen Seite. Das Knie wird nun vom Untersucher nach unten gedrückt. In Höhe des Knies wird der Winkel, den das Knie von der aufrechten Stellung zur manipulierten Stellung zurücklegt, notiert. Die Hüfte sollte 80 Grad abzuwinkeln sein (Ausnahme sind pathologisch veränderte Hüftgelenke und muskuläre Verkürzungen).

Unterschiedliche Winkel zwischen der rechten und linken Seite und ungenügende Rotationsfähigkeit bedeutet eine Spannung im Durasystem. Diese muß, wenn das Kiefergelenk das primäre Läsionsgelenk (Major Stressor) ist, durch den Konstruktionsbiß ausgleichbar oder deutlich verbessert sein.

4. Der AK-Test

Auch der AK-Test bzw. gerade der AK-Test wird vor und nach der Kiefergelenk- und Okklusionsmanipulation durchgeführt. Die Ak wurde von anderen Autoren bereits beschrieben. Daher sei an dieser Stelle lediglich das Untersuchungsschema aus dem Funktionsstatus-Dokumentationsblatt aufgezeigt, welches wir in jedem Fall als notwendig ansehen. Selbstverständlich wird diese Untersuchung je nach Befund erweitert.

Ein wesentlicher Bestandteil der Diagnose ist die bildgebende Untersuchung der Kiefergelenke. Wir fertigen Tomogramme der Kiefergelenke an, die nach individueller Auswertung der Kondylenwinkel aus der Submento-Vertex Aufnahme (SMV-Aufnahme) computerisiert aufgenommen werden. Die Tomogramme werden in max. Interkuspidation und in der temporär-therapeutischen Kondylenposition aufgenommen. Immer mehr erachten wir es als notwendig, diese Aufnahmen auch bei nicht funktionsgestörten kieferorthopädischen Patienten anzufertigen, gerade aber bei Patienten, die funktionskieferorthopädisch behandelt werden. U.E. ist diese Behandlung oft analog der Behandlung eines Patienten mit craniomandibulären Funktionsstörungen zu sehen, da nach bisheriger Erfahrung bei vielen Kl. II-Patienten, egal welchen Alters, die Kondyle weiter cranial/retral liegt als von Farrar, Gelb und Ricketts angegeben.

Nachdem wir durch den mittels der o.g. Verfahren überprüften Konstruktionsbiß die Unterkieferlage festgelebt haben, montieren wir die Modelle arbiträr in einen Mittelwertartikulator. Selbstverständlich muß nicht bei allen kieferorthopädisch zu behandelnden Patienten die Kondylenlage verändert werden. Aber es sollte vor Behandlungsbeginn überprüft werden, wie sich die ideale Kondylenlage darstellt. Vor jedem Behandlungsbeginn ist die Untersuchung und die Einstellung der Kiefergelenkposition die primäre Aufgabe. Die Kondylenposition muß während der kieferorthopädischen Behandlung überprüft werden. Hier bietet sich die AK als eine zuverlässige und in der Praxis ideal durchzuführende Methode an.

Das therapeutische Konzept

Die Einstellung der Unterkieferposition über den Konstruktionsbiß ist das entscheidende therapeutische Vorgehen bei der funktionskieferorthopädischen Behandlung, bei der Behandlung mit Aufbißschienen (COPA) und bei der Behandlung mit festsitzenden kieferorthopädischen Behandlungsgeräten. "Think orthopedic first, then teeth!" (Gelb) Dieses gilt auch für die orthodontische Behandlung mit

Multiband. Es sei nochmals darauf hingewiesen, daß der Konstruktionsbiß immer nach der oben beschriebenen gesamt-orthopädischen, oral-orthopädischen, radiologischen und Applied Kinesiology-Diagnostik überprüft werden sollte. Vor der Erstellung des Konstruktionsbisses, der ggf. an Modellen vorbereitet wurde (s. Gelb), werden, vorhandene strukturelle Störungen wie z.B. Beckenfehler korrigiert und Triggerpunkte in der Muskulatur ausgeschaltet.

Das diagnostische Konzept sei anhand eines Patientenbeispiels erläutert:

Der z. Zt. des Behandlungsbeginns 21 Jahre alte Patient litt an Kopfschmerzen. Die craniosacralen Korrekturen blieben nach der Behandlung durch den Physiotherapeuten nicht stabil. Eine vorhergehende jahrelange Bionatortherapie brachte keinen Erfolg. Die folgenden Abbildungen dokumentieren die Sinnlosigkeit einer funktionskieferorthopädischen Behandlung in diesen speziellen Fällen, da weder die Bißhebung erreicht noch der Fehlkontakt in der Front behoben werden konnte.

Bei der Eingangsuntersuchung zeigte sich ein funktioneller Beinlängenunterschied von 10 mm, der durch die Korrektur der Kondylenposition und damit der Unterkieferlage aufgehoben werden konnte. Wir sprechen hier von einem positiven Meersseman - Test. Wird die Kondylenlage in solchen Fällen nicht korrigiert, wird also das primäre Läsionsgelenk nicht als erstes behandelt, so wird die Duraspannung nicht manualtherapeutisch zu korregieren sein.

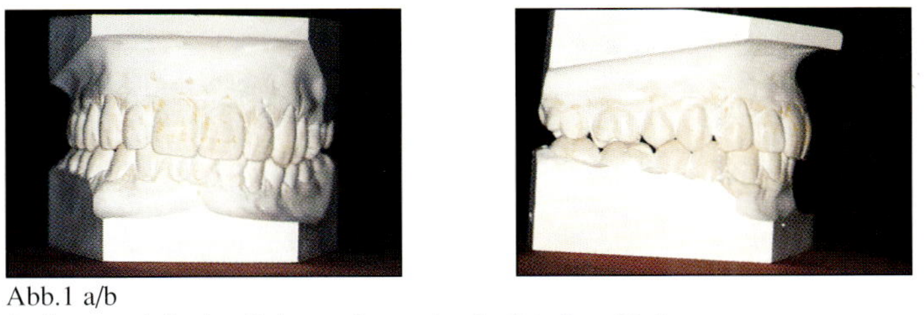

Abb.1 a/b
Anfangsmodelle des Patienten in maximaler Interkuspidation.

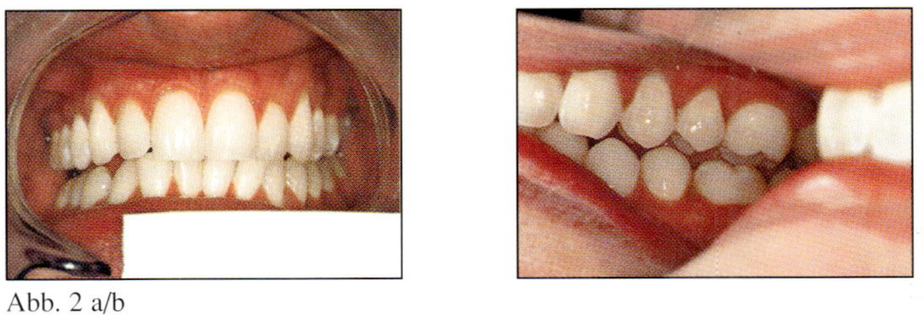

Abb. 2 a/b
Nach der Therapie mit einer Aufbißschiene (COPA) und der damit durchgeführten Korrektur der Kondylenlage ergab sich eine neue stabile Lage des Unterkiefers in einer mehr anterioren Unterkieferlage. Dadurch zeigt sich eine zu geringe posteriore vertikale Höhe der Okklusion.

Auswertung des Kondylenwinkels im Computer anhand der Submentovertex - Aufnahme. Hier ergibt sich ein unterschiedlicher Winkel der Kondyle zwischen rechts und links.

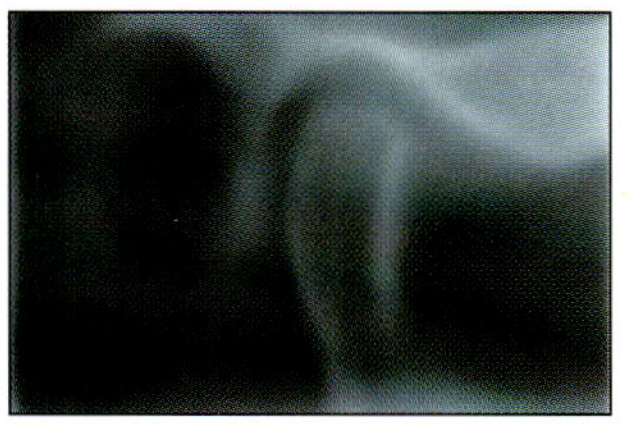

Abb. 3
Die Kondylenlage vor der Behandlung mit der Aufbißschiene (COPA), aber nach der Bionatorbehandlung zeigt eine retral/craniale Verlagerung der Kondyle.
Die Tomogramme werden mit dem Gerät "CommCAT" aufgenommen. Dazu wird die Submentovertex - Aufnahme im Computer ausgewertet und der individuelle Kondylenwinkel im Röntgengerät nach der Auswertung exakt dreidimensional eingestellt. Danach erfolgt die Herstellung der Tomogramme.

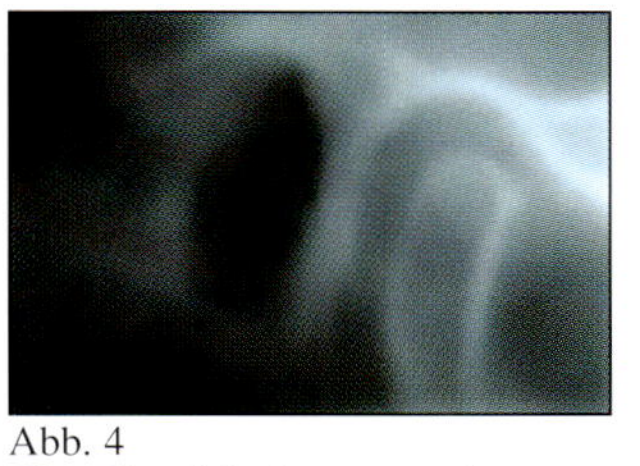

Abb. 4
Die Kondylenlage wurde neu eingestellt. Es ergibt sich eine weiter anterior/caudale Position. Diese Position sehen wir als eine korrekte sagittale und vertikale Kondylenposition an. Selbstverständlich muß neben der Röntgenuntersuchung die Kondylenlage mit anderen, oben beschriebenen Verfahren weiter ausgetestet werden.

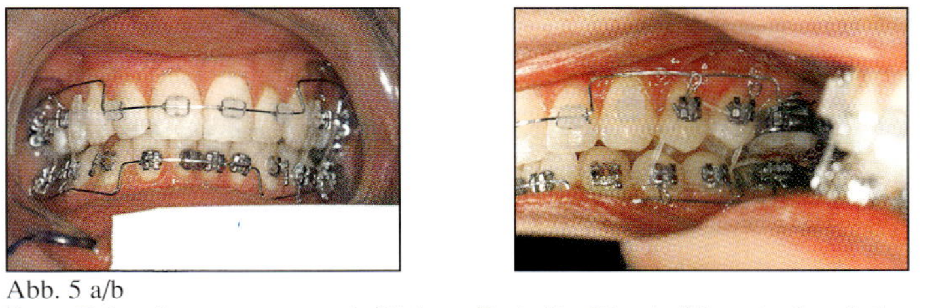

Abb. 5 a/b
Erste Behandlungssequenz mit Ricketts-Technik. Die Aufbisse (rot) auf den unteren Molaren fixieren während der Multibandbehandlung die mit der Aufbißschiene eingestellte korrekte Unterkieferlage. Die orthopädische Einstellung bleibt somit während der Multibandbehandlung erhalten. Die Utilities intrudieren und torquen die Frontzahnsegmente, wobei im Unterkiefer die ausgeprägte Speersche Kurve nivelliert wird, während gleichzeitig die Prämolaren mittels Gummizügen in Kontakt gebracht werden. Es liegt ein brachiofacialer Gesichtsaufbau vor, so daß eine Bißerhöhung vorgenommen werden kann.

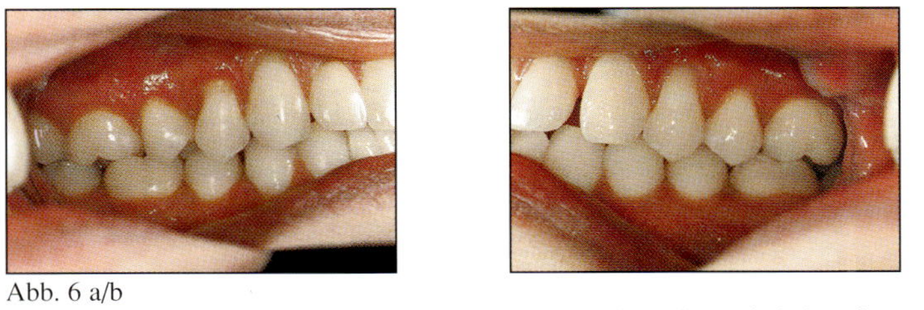

Abb. 6 a/b
Die festsitzende Behandlung ist beendet. Die Seitenzähne sind in einer gesicherten Verzahnung und es besteht kein Frontzahnkontakt. Die vorher fehlende posteriore Abstützung wurde korrigiert.

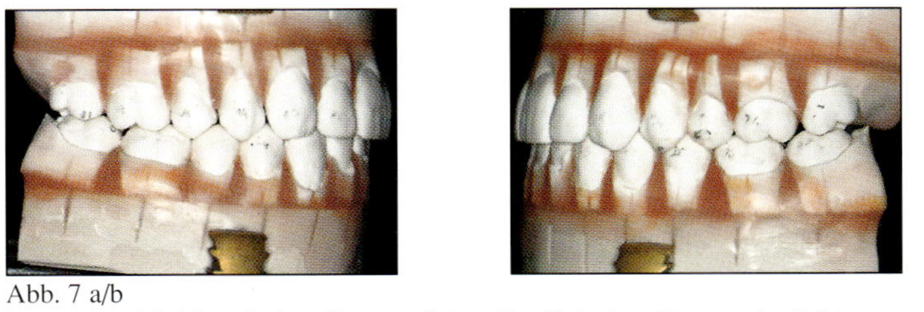

Abb. 7 a/b
Nach der Multibandbehandlung erfolgt die Feineinstellung mit Schienenpositionern getrennt für den Oberkiefer und den Unterkiefer. Die Positioner werden aus Bioplast (Scheu) hergestellt. Die Abb. zeigt die Aufstellung der Zähne in der Endposition.

Weitere therapeutische Maßnahmen in unserer Praxis sind:

- Physiotherapie, Osteopathie
- modifizierte Rocabado-Übungen
- Triggerpunkt Behandlung nach Travell, Lasertherapie
- Lymphbehandlung
- Bach-Blüten Therapie / Homöopathie
- Ernährungsberatung nach F.X., Entsäuerung
- Orthomolekulare Therapie
- Lüscher-Diagnostik und die entsprechende, daraus abgeleitete Therapie

Ziele der Kieferorthopädie

"Gedanken zu einem solchen Thema äußern zu müssen heißt subjektiv sein, denn das Darstellen eigener Überlegungen darf niemals für sich in Anspruch nehmen, eine objektive Summation des derzeitigen Standes des Wissens zu sein." (Slavicek)

Die von uns genannten "Ziele der Kieferorthopädie" sind ebenso subjektiv wie Ausdruck des derzeitigen Wissensstandes. Wir gehen nicht davon aus, vollständig zu sein und erst recht erheben wir nicht den Anspruch auf Objektivität. Jeder ist aufgefordert, für sein praktisches Handeln Ziele zu definieren. Daher kann unsererseits lediglich in Anspruch genommen werden, den Blick für gesamtheitliche Zusammenhänge zu öffnen und damit das Fachgebiet Kieferorthopädie zu erweitern. Insoweit gilt das Zitat von Slavicek auch für das hier dargestellte Thema. Wenn aber okklusions- und kiefergelenkpositionsverändernde Maßnahmen einen so entscheidenden Einfluß in der kausalen Therapie chronischer Schmerzpatienten, Legasthenikern, lerngestörten Kindern etc. haben, so muß es erlaubt sein zu fragen, welche Ziele wir in der Kieferorthopädie verfolgen sollen, wenn wir Kinder behandeln, die bislang noch keine chronischen Erkrankungen aufweisen. "It is better to build Children than to repair Men!"
(D. Grummons)

In der Kieferorthopädie müssen wir kybernetisch denken. Wir behandeln einen Gesamtorganismus, also ein dynamisches System. Ein Eingriff in die Okklusion hat - kybernetisches Denken vorausgesetzt - immer auch einen Einfluß auf andere, oben beschriebene Strukturen des Organismus. "Dieses Regelkreisdenken ist prinzipiell auf alle dynamischen Systeme, als auch für Organismen, anwendbar. Für den lebenden Organismus ist dies sowohl aus somatischer als auch aus psychischer Sicht - und damit natürlich auch psycho-somatisch anwendbar - und zu verstehen." (R. Slavicek, s.o.)

"Chronische Presser und Knirscher benützen also ihr Kauorgan als psychisches Streßventil. Es ist grundsätzlich und striktest abzulehnen, den Gebrauch der Okklusion zum Streßabbau zu verbieten. Zweifellos ist aber für die Malokklusion und Dysgnathien zu vermerken, daß ihre defensive Eignung für die Verarbeitung psychischer Belastungen über das Kauorgan wesentlich schlechter ist, als die eines Organes mit regelrechten Strukturen. Kieferorthopäden müssen sich darüber klar sein, daß ihre Arbeit am Heranwachsenden verantwortlich der einer "Full mouth"-Rehabilitation entspricht. Diese Umgestaltung des Kauorganes dient der Verbesserung oder zumindest der Erhaltung der erforderlichen Funktion. Stellen wir zu den Gedanken dieses Papieres die Streßbewältigung ins Zentrum dieser Funktionen, dann sollte man das "Werkzeug" Kauorgan im Sinne des Wortes verstehen. Der "Werkzeugschmied" Kieferorthopäde muß das Organ für diese Funktion so gestalten, daß es seiner Defensivrolle gerecht werden kann. Daher ist es auch zwingend erforderlich, daß dafür überschaubare, dynamische Okklusions- und Artikulationskonzepte aus kieferorthopädischer Sicht am Beginn der Behandlung zugrunde gelegt werden und am Ende der Behandlung überprüft werden." (R. Slavicek, s.o.)

Es versteht sich von selbst, daß die unten genannten Ziele nur dann erreicht werden können, wenn der Kieferorthopäde das gesamte, umfassende diagnostische und therapeutische Konzept moderner Kieferorthopädie umsetzt. Die Erledigung orthopädischer Aufgaben mittels funktionskieferorthopädischen Geräten wie Bionator oder Funktionsregler, Aufbißschienen (COPA) und/oder Aufbissen steht in den meisten

Fällen an erster Stelle. Oftmals aber muß zwingend orthodontisch mittels Multiband-, Multibracketapparatur behandelt werden.

1. Dentofaziale Harmonie

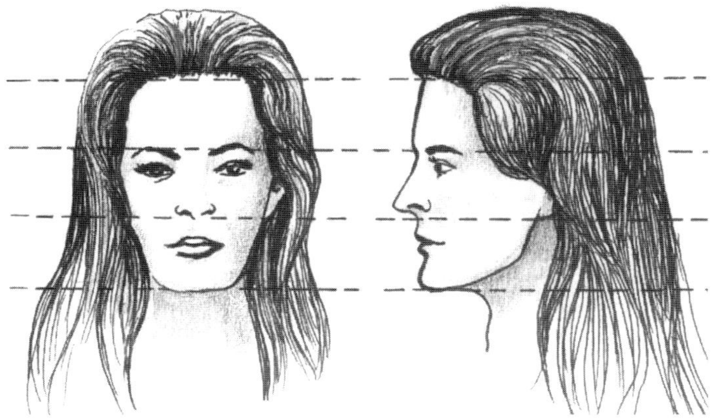

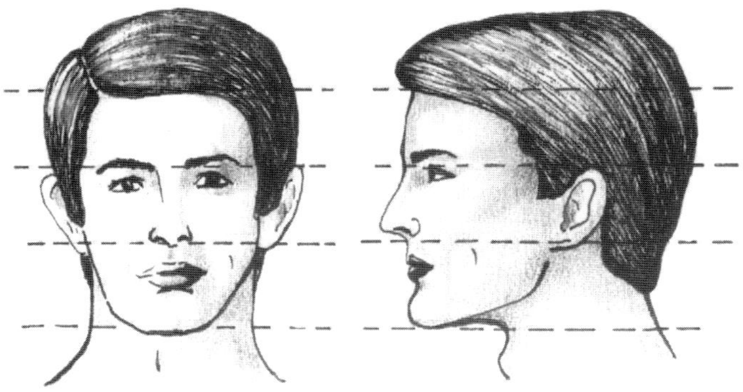

2. Orthostase und korrekte Atmung
3. Harmonische Kondylenposition

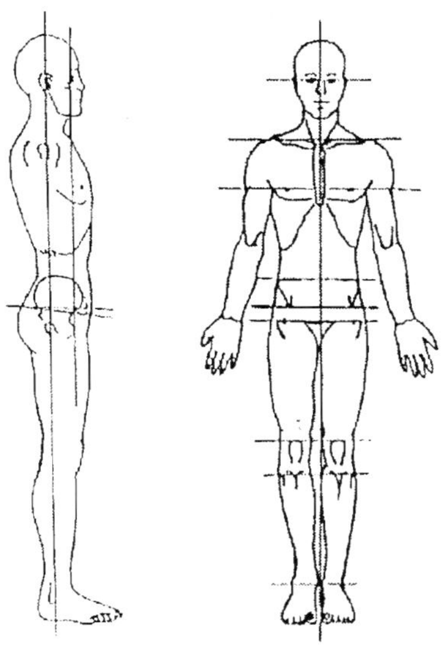

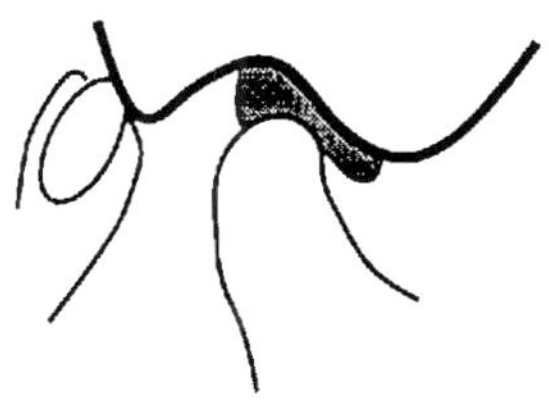

Loose pack

4. Korrekter intrakoronaler Öffnungswinkel, Overjet und Overbite

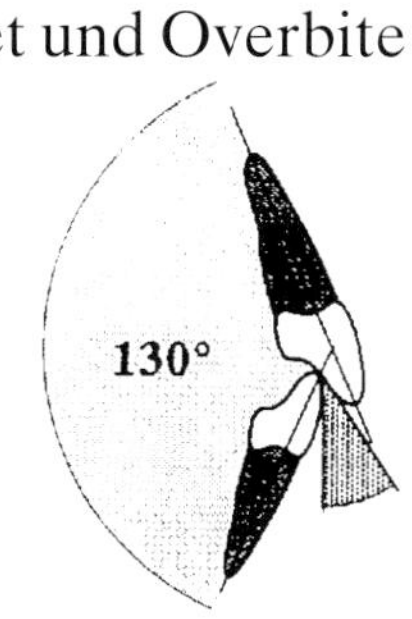

„Intrakoronaler Öffnungswinkel"
(dunkel)
nach SLAVICEK
hell: Interinzisalwinkel

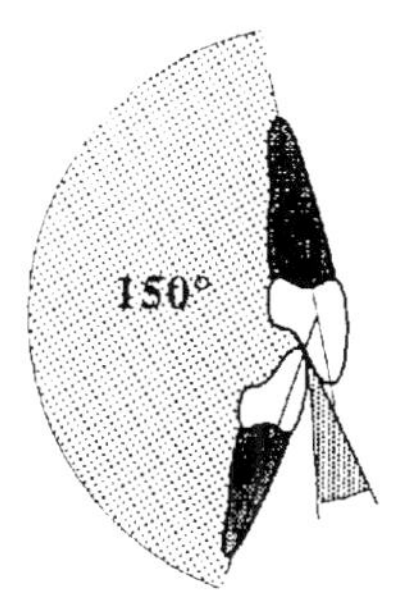

verkleinert
„Intrakoronaler Öffnungswinkel"

5. Korrekter Torque der oberen und unteren Eckzähne (+7°) nach Ricketts

6. Korrekter Torque der Seitenzähne

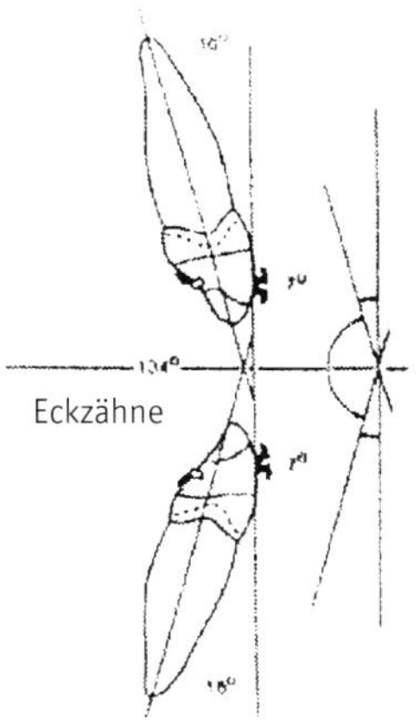

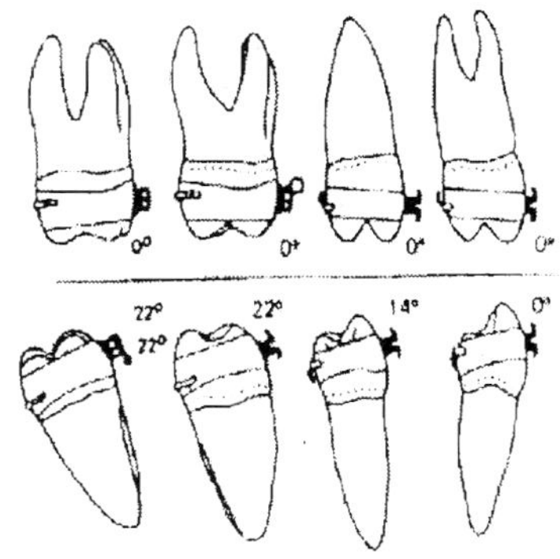

Es sollte in der kieferorthopädischen Behandlung immer vermieden werden, daß der Unterkiefer durch den Oberkiefer in eine retrale Zwangsposition geführt wird ("Fencing the Occlusion" n. Gelb). Daher erachten wir den Torque der Oberkiefer-Frontzahngruppe mit korrektem overbite und overjet und den Torque der Eckzähne, wie von Ricketts, im Gegensatz zu Andrews/Roth etc., angegeben, für sehr wesentlich. Dazu zählt auch, daß der Oberkiefer in seiner gesamten Bogenform transversal so entwickelt wird, daß in der Schließbewegung der Unterkiefer nicht durch einen zu schmalen Oberkiefer retral geführt wird.

7. Harmonische Beziehung zwischen der oberen und unteren Bogenform

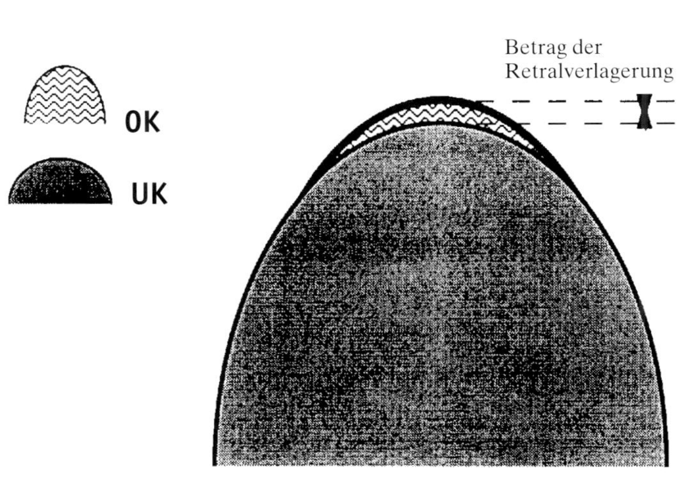

Häufig ist der obere Zahnbogen komprimiert. dadurch kommt es zu einer Retralverlagerung des Unterkiefers. In diesen Fällen muß der Oberkiefer transversal mittels Quad Helix nachentwickelt werden. Damit können gleichzeitig die ersten Molaren derotiert und getorquet werden.

8.Symmetrie zwischen oberem und unterem Zahnbogen

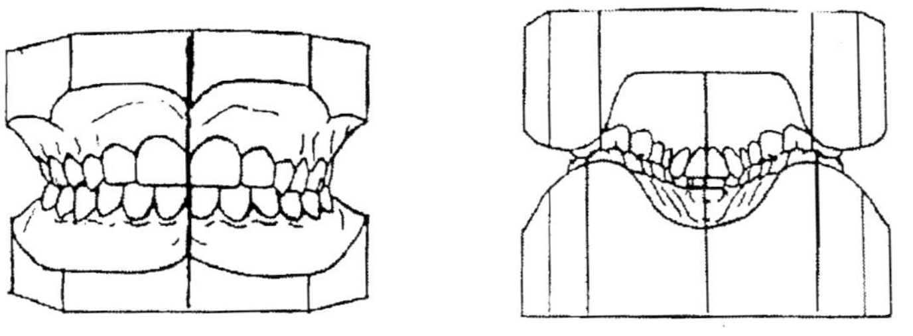

9. Höckerspitzen-Fossa Relation mit Freedom-in-**Centric**

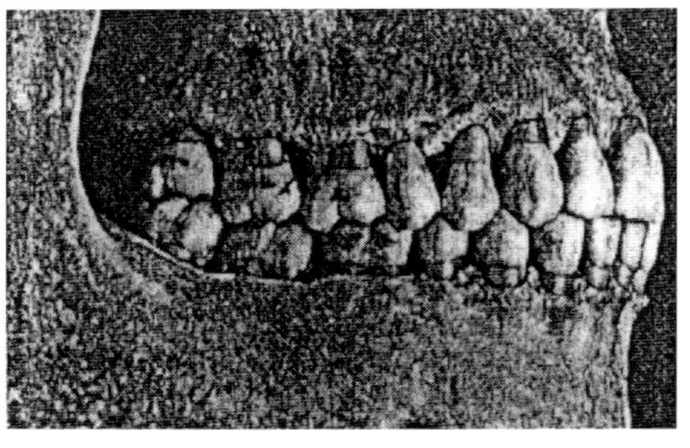

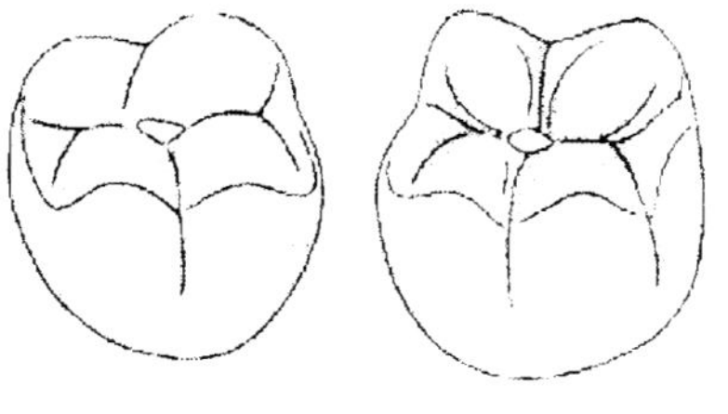

Literaturverzeichnis:

Farrar, W.B., W.L. McCarty, E.A.Ernest: Outline of temporomandibular Joint Diagnosis and Treatment, in: The Normandie Study Group Nr. 7, 1982

Frisch, H.: Programmierte Untersuchung des Bewegungsapparates, Springer, Berlin, 1995

Gelb, H.: Clinical Management of Head, Neck, and TMJ Pain and Dysfunktion, W.B. Saunders, Philadelphia, 1985

Gelb, H.: New Concepts in Craniomandibular and Chronic Pain Management, Mosby-Wolfe, Barcelona, 1994

Gerz, W.: Lehrbuch der Applied Kinesiology (AK), AKSE Verlag, München, 1996

Goodheart, G.J.: You'll be Better, AK-Printing, Geneva,

Grummons, D.: Orthodontics for the TMJ/TMD Patient, Wright&Co Publ., Scottsdale, 1994

Hansson, T., W. Honnee, J., J. Hesse: Funktionsstörungen im Kausystem, Hüthig Verlag, Heidelberg, 1987

Helkimo, M.: Studies on function and dysfunction of the masticatory system, in: Sven. Tandläk. Tidskr. Nr. 67/2, 1974

Kobayashi, Y., T.L. Hansson: Auswirkungen der Okklusion auf den menschlichen Körper, in: Phillip J. Nr. 5, 1988

Lüscher, M.: Das Harmoniegesetz in uns, Heyne, München, 1988

Magoun, H.I.: The Temporal Bone: Trouble Maker in the Head. JAOA, June 1974, 11:1-9

Meersseman, J.P.: pers. Mitteilung

Rauch, E.: Lehrbuch der Diagnostik und Therapie nach F.X. Mayr, Haug, Heidelberg, 1994

Ricketts, R.M.: Provocations and Perceptions in Cranio-Facial Orthopedics, RMO, 1989

Ricketts, R.M., R.W. Bench, C.F. Gugino, J.J. Hilgers: Bioprogressive Therapie, Hüthig Verlag, Heidelberg, 1988

Rocabado, M., B.E. Johnston, M.G. Blakney: Physikal Therapie and Dentistry: An Overview, in: J. Craniomandib. Pract. Nr. 1/1, 1982-83

Roth, R.: Functional Occlusion for the orthodontist, in: Clin. Orthod. Nr. 15, 1981

Slavicek, R.: Gedanken zu den sogenannten Parafunktionen, IOK, 28 Jahrg. 1996, Nr. 1

Schupp, W.: Funktionslehre in der Kieferorthopädie, FDK-Verlag, Bergisch Gladbach, 1993

Travell, J.G., D.G. Simons: Myofascial Pain and Dysfunction, The Trigger-Point Manual, Williams&Wilkins, Baltimore, 1983

Upledger, J.E., J.D. Vredevoogd: Lehrbuch der Kraniosakral-Therapie, Haug, Heidelberg, 1991

Walther, D.S.: Applied Kinesiology, Synopsis, Systems DC, Pueblo, 1988

Wolff, H.D.: Neurophysiologische Aspekte des Bewegungssystems, Springer, Heidelberg, 1996

Für die Mitarbeit möchte ich mich bei meinen Freunden und Kollegen Dr. Nelson Annunciato, Jeff Farkas, DC, Dr. Hans Garten und Dr. Peter Zernial bedanken. Mein besonderer Dank gilt meinen Lehrern Harold Gelb, DMD, und Robert M. Ricketts, DDS, MS, ABO, FACD, AAED.

Physiotherapeutische Übungen mod. nach Rocabado

Die hier aufgezeigten physiotherapeutischen Übungen unterstützen die Therapie zur Behandlung einer kombinierten Dysfunktion des kraniozervikalen und des kraniomandibulären Systems.

Mit Hilfe dieses Übungsprogramms sollen Sie zu Hause:

1. eine neue Körperhaltung einüben
2. die in die Weichgewebe einprogrammierte alte Haltungausmerzen
3. die Muskeln wieder in ihre ursprüngliche Länge bringen
4. die Gelenke wieder normal beweglich machen
5. das normale Körpergleichgewicht wiedererlangen
6. ein Maßnahmepaket an der Hand haben, mit dem Sie jederzeit wieder beginnen können, wenn Symptome einer Dysfunktion erneut auftreten

Jede Übung sollten Sie sechsmal wiederholen und das gesamte Übungsprogramm sechsmal täglich anwenden. Sie sollten Ihre Bemühungen nie übertreiben. Die evt. bestehenden Schmerzen sollten sich im Verlauf der Übungen nicht verschlimmern.

I. Ruhelage der Zunge

Legen Sie die Zunge gegen den Gaumen, so daß Sie ein schnalzendes Geräusch erzeugen können. Dadurch nimmt die Zunge eine ähnliche Position ein wie beim Schlucken. Achten Sie darauf, daß Sie durch die Nase atmen und dabei die Zwerchfellmuskeln aktivieren.

II. Bewußte Steuerung der Kieferrotation

Legen Sie die Zunge wie in Übung I am Gaumen an und öffnen und schließen Sie den Mund. Machen Sie diese Übung zuerst vor einem Spiegel und achten Sie darauf, daß Sie den Mund ganz gerade öffnen und schließen. Legen Sie dazu die Fingerspitzen leicht auf das Kiefergelenk oder in den äußeren Gehörgang und achten Sie darauf, daß das Gelenk ohne Störung rotiert. Es kommt nicht darauf an, den Mund möglichst weit zu öffnen. Wichtig ist, daß die Zunge am richtigen Punkt liegt und das Gelenk störungsfrei funktioniert.

III. Rhythmisches Stabilisieren

Legen Sie die Zunge wieder wie in Übung I am Gaumen an. Öffnen Sie den Mund leicht, so daß sich Ihr Unterkiefer in der Ruhelage befindet. Halten Sie mit beiden Händen die Kinnspitze fest und führen Sie Öffnungs-, Schließ-, Vorwärts- und Seitwärtsbewegungen aus, ohne daß sich der Unterkiefer bewegt. Die Kräfte dürfen nicht zu groß sein, da sich sonst der Unterkiefer unweigerlich verschiebt.

IV. Lockerung der Halswirbelgelenke

Neigen Sie den Kopf nach vorne und drehen Sie aus dieser Position den Kopf nach links. Daraus drehen Sie den Kopf über die Ausgangsstellung nach rechts, anschließend wieder zur Gegenseite.V. Axiale Extension der Halswirbelsäule. Stellen Sie sich mit dem Rücken zur Wand, wobei Sie mit den Fersen, dem Kreuzbein, den Schulterblättern und dem Hinterkopf die Wand berühren. Drücken Sie Ihren Kopf mehrere Sekunden gegen die Wand und lassen wieder los.

VI. Retraktion des Schultergürtels

Lassen Sie die Schultern nach unten fallen und bewegen Sie dann die Schultern nach hinten, so daß sie sich einander nähern. Hierdurch stabilisieren Sie den gesamten Komplex von Kopf, Hals und Schulter.

Vermeiden Sie unbedingt extreme Mundöffnung !!!

Das Kiefergelenk und seine Beziehungen zum Gesamtsystem Gedanken zu den sogenannten Parafunktionen

Univ. Prof. Dr. MR. Rudolf Slavicek

Zusammenfassung

Pressen und Knirschen sind notwendige, streßverarbeitende Mechanismen des menschlichen Kauorgans in psychischen Streßsituationen. Diese Parafunktionen treten sowohl bei Kindern als auch bei Erwachsenen insbesondere dann in Erscheinung, wenn das primäre Problem wegen gesellschaftlicher Zwänge oder einer unbewußten Problemverdrängung nicht gelöst werden kann. Der sich daraus ergebende emotionale Streß kann zu Überlastungen bestimmter Organe und Systeme führen. In kybernetischer Hinsicht eignet sich das menschliche Kauorgan aufgrund seiner Struktur relativ gut zur Streßverarbeitung. Diskutiert werden die Rolle der Okklusion und die sogenannten okklusalen Konzepte.

Einleitung

Pressen und Knirschen sind für den zahnärztlich Tätigen zumeist unerwünscht und erscheinen ihm systemgefährdend. Pressen und Knirschen sind daher auch immer wiederkehrende Ursachen und Gründe des interdisziplinären Dialogs der Ursachefindung und Ausschaltung und damit auch Gegenstand kontinuierlicher Nachuntersuchung. Bei der Ursachefindung ist das Pro und Kontra der Bedeutung der Okklusion für die Parafunktion ein Dauerbrenner sogenannter wissenschaftlicher Diskussion, deren Emotionalität oftmals Objektivität vermissen läßt.

Gedanken zu einem solchen Thema äußern zu müssen, heißt subjektiv sein, denn das Darstellen eigener Überlegungen darf niemals für sich in Anspruch nehmen, eine objektive Summation des derzeitigen Standes des Wissens zu sein. Eine der gängigen Unsitten wissenschaftlicher Publikationen sind sogenannte Literaturübersichten, die oftmals zwar subjektiv selektioniert sind, aber unter dem Feigenblatt sogenannter Objektivität verkauft werden.

Eine derartige Objektivität kann es in der Wissenschaft nicht geben, denn die einzige Möglichkeit des wissenschaftlichen Fortschrittes ist die Kontinuität der gedanklichen Argumentation. Wir sollten bescheiden bekennen, daß 90% des heutigen Wissens sich am Ende der nächsten Dekade als überholt oder sogar falsch herausstellen wird. Mit anderen Worten, das Aufstellen von Hypothesen und der Versuch ihrer Falsifikation ist der einzige Weg, zu weiteren Erkenntnissen zu gelangen. Daher ist diese Darstellung als Hypothese zu verstehen, die zur Argumentation einlädt. Sie betrifft die Bedeutung des menschlichen Kauorgans bei der Funktion der Streßverarbeitung, oder — deutlicher ausgedrückt — Pressen und Knirschen werden von mir als normale und bedeutende Funktion des menschlichen Kauorgans akzeptiert.

Dazu ist allerdings nötig, den Leser mit sogenannten Regelkreisdenken zu konfrontieren.

Das Regelkreisdenken

Der Begriff Kybernetik (Cybernetics) wurde 1948 von Norbert Wiener in die Wissenschaft eingebracht, obwohl bereits vor ihm der Begriff einer allgemeinen „Regelungskunde" durch H. Schmidt [1941] gefordert wurde. Der Begriff Kybernetik leitet sich vom griechischen „Steuermann" ab, der mit seiner Entscheidung den Kurs bestimmt, aber im Sinne eines in sich geschlossenen Systems alle inneren abhängigen Subsysteme zur reaktiven Änderung zwingt. Das einfache Beispiel eines gut getrimmten Segelschiffes macht dies sofort klar: ändert der Steuermann den Kurs, ändert sich zwangsweise das gesamte System. Die äußeren Einflüsse ändern sich für das Schiff, obwohl sie an sich gleich bleiben. Die Segel müssen in ihrer Stellung geändert werden, die Geschwindigkeit ändert sich, die Lage des Schiffes ändert sich, das heißt, alle dynamischen Parameter müssen adaptiert werden, obwohl die Umwelt sich nicht geändert hat. Das Beispiel kann aber auch aus anderer Sicht genützt werden: der Wind ändert sich in Stärke oder Richtung.

Dies verändert selbstverständlich die gesamte Dynamik des Schiffes, eine Reaktion setzt ein, das System Schiff und alle seine Subsysteme haben zu adaptieren. Dieses Beispiel ließe sich beliebig detaillieren, zeigt aber die Geschlossenheit eines Regelkreises, der sich in sich permanent ändert, aber auch äußeren Einflüssen ausgesetzt ist. Die Funktion des „Steuermannes" ist keine statische, sondern kann dynamisch hierarchisch an eine andere Stelle gesetzt werden.

Dieses Regelkreisdenken ist prinzipiell auf alle dynamischen Systeme, also auch für Organismen, anwendbar. Für den lebenden Organismus ist dies sowohl aus somatischer als auch aus psychischer Sicht — und damit natürlich auch psycho-somatisch — anwendbar und zu verstehen.
Verwenden wir zwei Beispiele aus der Literatur, um Regelkreisdenken zu lernen, so soll in der Folge die Stellung eines Organismus in seiner Umwelt aus zwei Einflußbereichen erläutert werden: aus dem „rezeptorischen" Bereich, der die Umwelt wahrnimmt, und einem „reaktiven" Bereich, der auf die Umwelt antwortet. Dies ist in einem vereinfachten Schema nach UEXKÜLL wie folgt (Abb.1) darstellbar [1].
Die organisatorische Einheit Psyche und Soma ist in diesem Schema verdeutlicht. Tritt in der Umgebung dieses Organismus ein Problem auf, dem Bedeutung zuerkannt wird, reagiert der Organismus unmittelbar durch das Anbieten einer Problemlösung (Abb.2).
Dieser einfache Regelkreis zeigt die direkte Möglichkeit einer Problemlösung, ohne daß es zu wesentlichen zeitlichen Verarbeitungsverschiebungen kommt.

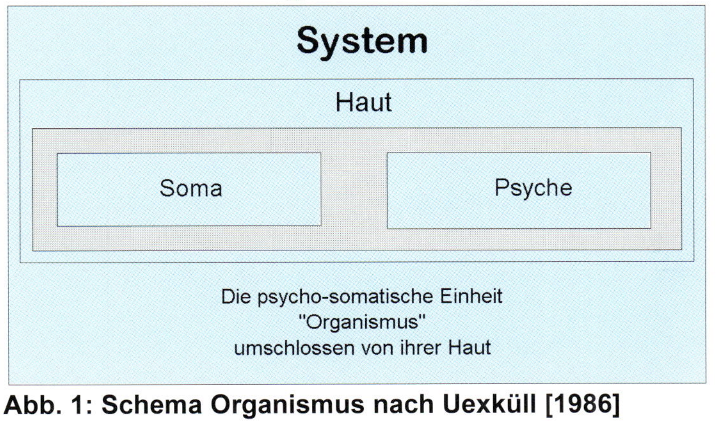

Abb. 1: Schema Organismus nach Uexküll [1986]

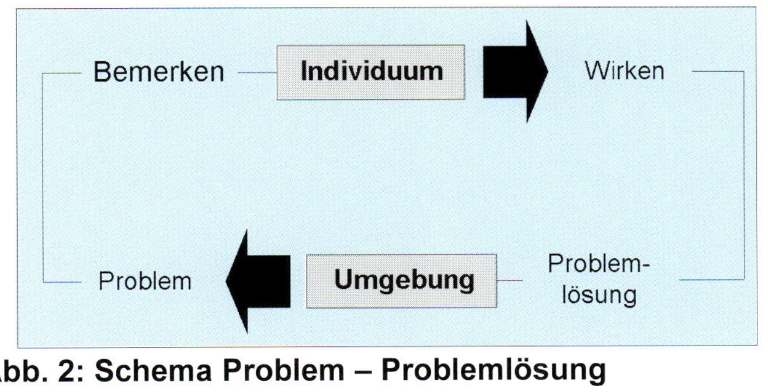

Abb. 2: Schema Problem – Problemlösung

Auch hier ein einfaches Beispiel:
Ein Organismus, ein in freier Wildbahn lebendes Tier, nimmt einen anderen Organismus in seiner Umgebung wahr. Es kommt zur sogenannten Bedeutungsunterstellung und eventuell aufgrund vorhandener Erfahrung zur Bedeutungserteilung. Die darauf einsetzende Reaktion kann zum Beispiel „Flucht" lauten. Ist diese erfolgt, hat eine Problemlösung stattgefunden, die allerdings aufgrund des eingetretenen Erfolgs zu Prägungen im Sinne von „Erfahrung" führt. Das Wort Erfahrung kann aus der Sicht moderner Hirnphysiologie im Sinne der Strukturierung sogenannter virtueller Psychose sein. Der Hirnforscher Eccles formuliert dies auf der Basis der Quantenphysik im Sinne einer Geist-Hirn-Interaktion als Mikrolokalisationshypothese [2] (Abb.3).

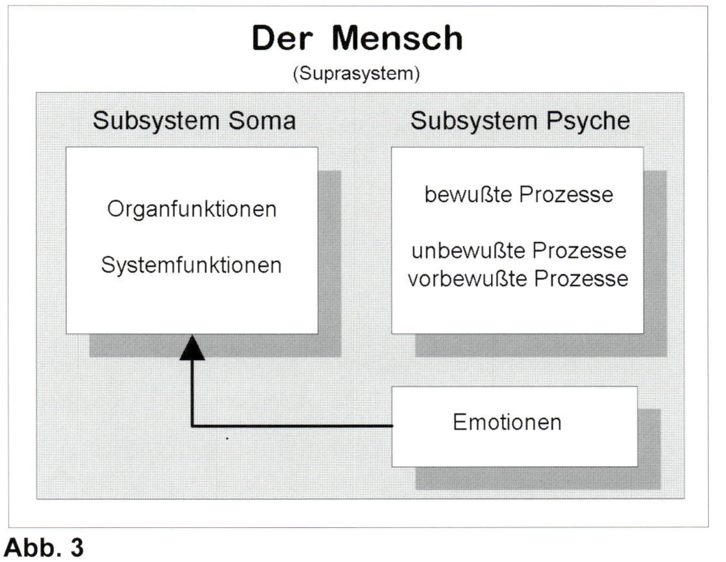

Abb. 3

Wesentlich komplizierter sind die meisten Abläufe zur Umwelt beim Menschen, der sich in seiner psychosomatischen Struktur von einem Organismus durch sein „Selbstbewußtsein" unterscheidet. Der Mensch kann im Gegensatz zum „System" Organismus als „Suprasystem" Individuum verstanden werden, das sich seine individuelle Umwelt aufbaut. Dieses kybernetische Schema ist wesentlich komplexer als das Schema eines Organismus [1] (Abb.4).
Es ist aus dieser Betrachtungsweise interessant, die im Schema vorgenommene Differenzierung in bewußte, unbewußte und vorbewußte Prozesse zur Kenntnis zu nehmen.
Ansätze und gelungene Versuche, das Kauorgan als Regelkreis zu verstehen, waren das Schema der „organischen Okklusion" von H. STALLARD und das wesentlich dynamischere von FRÖHLICH [3,4] (Abb.5 und 6).
Ein erweitertes Schema der Stellung des menschlichen Kauorgans im Organismus habe ich in mehrfachen Vorträgen und Publikationen vorgestellt (Abb.7)

Kybernetischer Regelkreis

Die somatische Darstellung der Hauptstrukturen wird den Funktionen des Kauorgans gegenübergestellt. Im gleichen Regelkreis werden aber auch die somatischen und psychischen Bereiche des zentralen Nervensystems integriert, um die zwingende Abhängigkeit von Hirn und Kauorgan zu dokumentieren. Zu beachten ist die Integration der Funktion des Streßmanagements des Organismus in die normalen Funktionsbereiche des Kauorgans.

Wesentlich ist aber auch die Darstellung des Gesamtorganismus innerhalb seiner individuellen Umwelt. Selbstverständlich ist in dieser Betrachtungsweise der gesamte Organismus als Regelkreis zu verstehen, der auf sämtliche inneren und äußeren Änderungen permanent zu reagieren hat. Die Definition eines solchen Organismus und „seines" sogenannten Kauorgans soll in der Folge erarbeitet werden.

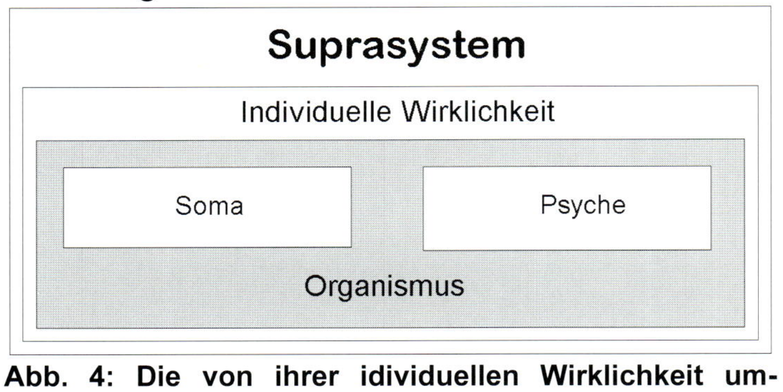

Abb. 4: Die von ihrer idividuellen Wirklichkeit umschlossene psycho-sozio-somatische Einheit „Mensch"

Spricht man vereinfacht vom Kauorgan, so steht der Organbegriff im Mittelpunkt dieser ersten Betrachtung. Der Begriff Organ leitet sich aus dem griechischen Wort „organon" ab und bedeutet „Werkzeug".

Definition: Ein Organ ist eine morphologische Einheit von Zellen und Geweben zur Ausführung einer gemeinsamen Funktion oder gemeinsamer Funktionen.

Die Verwendung des Morphologiebegriffs in der ursprünglichen Deutung Burdachs und Goethes, als „ganzheitlich-dynamische" Begriffsbildung, ist hier völlig berechtigt und sinnhaft.

„Die Morphologie erforscht die dynamisch-ganzheitlichen Gestalten nach ihrer Eigenart, Entwicklung und Gesetzlichkeit".

GOETHE und BURDACH, 1800

Organe sind daher Teile des Gesamtorganismus, strukturell und funktionell different, aber einem ordnenden hierarchischen Prinzip untergeordnet. Der Gesamtorganismus ist bei Anwendung kybernetischer Denkweise ein dynamisches Regelkreissystem. Die hierarchische Ordnung im „Regelkreis" Organismus ist dabei keineswegs statisch zu verstehen, sondern, den Erfordernissen entsprechend, eine unerhört dynamische.

Der Organismus hierarchisiert den Stellenwert der Organe nach dem Prioritätsprinzip, also den momentanen erforderlichen Funktionsbelangen.

Dies bedeutet, daß die durch das Leben geforderte Leistung die Rangordnung und Dominanz der Organe zum gegebenen Zeitpunkt bestimmt. Als Beispiel sei hier der Satz der banalen Feststellung plenus venter non studet libenter für das erwähnte hierarchische Prioritätsprinzip angeführt. Das Abführen der nötigen Blutmenge für die Verdauungstätigkeit setzt die Gehirntätigkeit in der momentanen Rangordnung nach unten. Für das Prinzip eines Organismus kann daher folgende Definitionen aufgestellt werden:

Ein Organismus ist daher ein selbstregulierendes, selbstorganisierendes und selbstproduzierendes, dynamisches System. Dieser Organismus reagiert mit der Umwelt, deren Anforderungen er permanent ausgesetzt ist. Diesen Anforderungen und Ansprüchen muß der Organismus durch kontinuierliche Anpassung gerecht werden. Diese permanente Adaption dient der Erhaltung des Lebens. Adaption ist daher die einzige Möglichkeit zu überleben. Alle Organe nehmen an diesem Prozeß permanent teil. Der Organismus nimmt die Leistungen seiner Organe ohne Rücksicht zum Zweck des Lebens und Überlebens in Anspruch.

Für das „Individuum" Mensch ist die Umwelt als individuelle Realität zu verstehen.

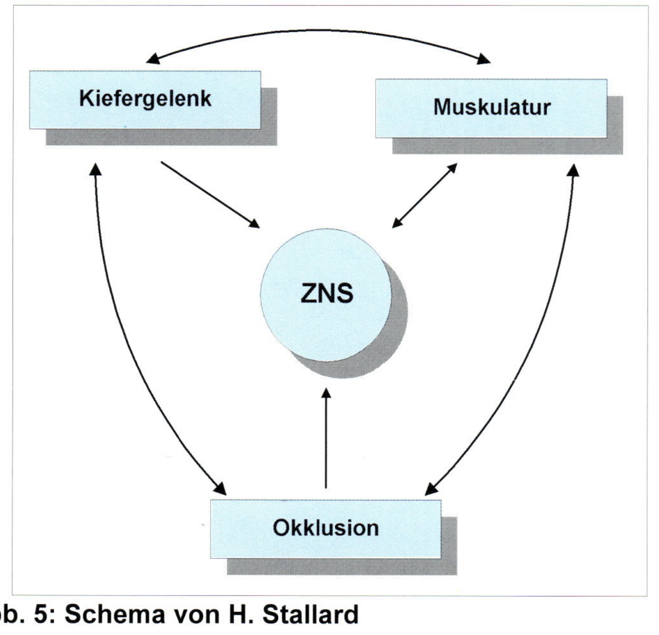

Abb. 5: Schema von H. Stallard

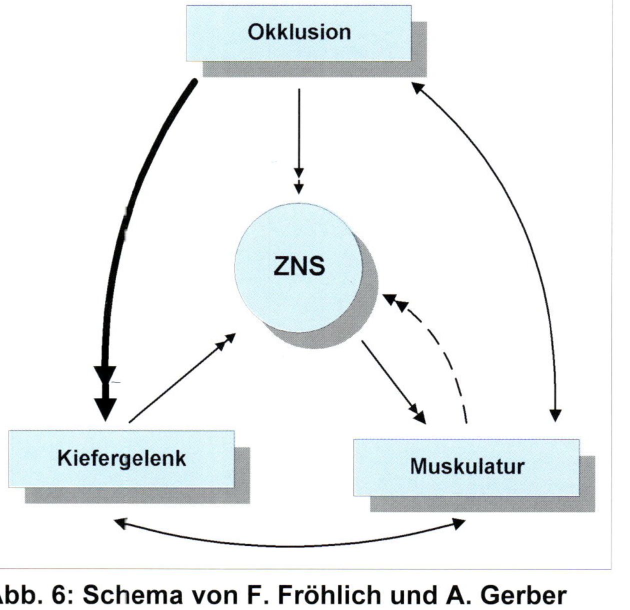

Abb. 6: Schema von F. Fröhlich und A. Gerber

Basierend auf systematischen Untersuchungen an Patienten, die aufgrund craniomandibulärer Funktionsstörungen an unserer Klinik in Behandlung und interdisziplinärer Betreuung standen, wurden jene Patienten besonders beobachtet, bei denen die Tatsache eines chronischen Pressens oder Knirschens vorlag. Diese Patienten wurden im Rahmen einer Dissertation von Frau KAIL untersucht [5]. Besonderer Wert wurde dabei auf das psychische Profil dieser Personengruppe im Vergleich zu einer alters- und geschlechtsentsprechenden Eichstichprobe gelegt. Zur Anwendung gelangten der Befindlichskeittest nach v. Zerssen und das sogenannte Freiburger Persönlichkeits-Inventar (FBI).

Als wesentlichstes Resultat war abzuleiten, daß die Patienten gegenüber einer Vergleichsgruppe in ihrer Befindlichkeit signifikant gestört waren und sowohl das normale als auch das reaktive Aggressionsverhalten deutlich gegenüber der Eichstichprobe reduziert war. Die untersuchte Gruppe wies entweder einen Mangel an oder ein unterdrücktes Aggressionsverhalten auf.

Es bestanden offensichtlich für diesen Patientenkreis Probleme, psychischen Streß gezielt durch bewußte Lösungen abzubauen. Der dadurch entstehende, zeitverschobene Emotionsstau wird auf die somatische Organebene verlagert.

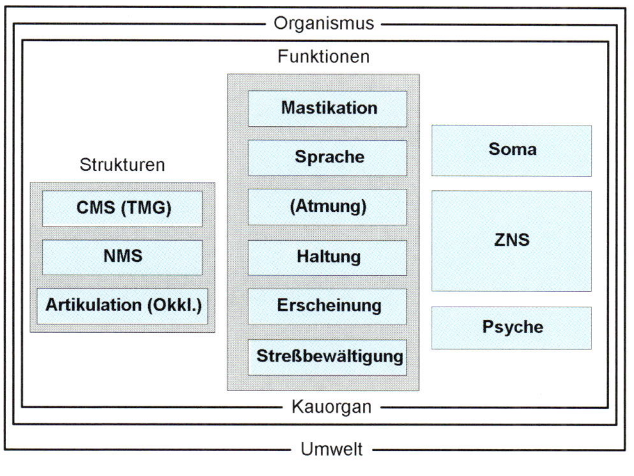

Abb. 7

Eine Organebene, die atavistisch als Bühne psychischer Emotionen dient, ist das Kauorgan. Das Fletschen der Zähne zum Aufzeigen der Stärke, der Bedrohung, aber auch der Unsicherheit und Furcht zieht sich als roter Faden durch die Evolution der Säuger, ist aber besonders deutlich bei den Primaten. Dieser Gebrauch des Kauorgans zur Emotionsverarbeitung erfolgt beim Menschen zeitverschoben und unbewußt.

Ausgiebigen exzentrischen nächtlichen Bruxismus trifft man als Regel beim Kind im Vorschulalter, in der Funktionsperiode des Milchgebisses an. Für das heranwachsende Kind sind diese ersten Jahre die intensivste Lernperiode des Lebens. Das gilt nur für das Erwerben von Wissen und Erfahrung, also massivster Prägungsvorgänge an der Hirn-Geistgrenze, sondern auch vor allem für den Zwang zur Einordnung in bestehende soziale und ethisch hierarchische Ordnungsprinzipien.

Der Zeitraum des reifen Milchgebisses ist damit die größte und effizienteste Lernperiode im Leben; es ist aber auch eine Periode stärkster psychischer Einengung und Belastung. In dieser Altersgruppe ist das Bruxieren eine normale Entlastungsfunktion der Psyche. Die dadurch entstehende Abrasion des an sich schon flachen Milchgebisses begünstigt die notwendige protrusive Entwicklung der Mandibula.

Fehlender Bruxismus beim heranwachsenden Kind ist daher für mich eher ein Grund zur Besorgnis als das starke Vorhandensein desselben. Besorgte Eltern sollten daher beruhigt werden, nur bei zusätzlicher ernster Symptomatik ist der Weg zum Jugendpsychiater oder Psychologen angezeigt.

Beim Heranwachsenden gibt es immer Gründe zur Emotionalität, und es treten daher oftmals starke psychische Belastungen auf. Das Kauorgan ist aber sowohl im Wechselgebiß als auch im reifen Gebiß in seiner Eignung als taugliches Organ der Entladung sorgfältig zu beurteilen. Der Phenotypus der Okklusion des Homo sapiens hat sich im Industriezeitalter durch den Wegfall der ernährungsbedingten Abrasion der Zahnreihen entscheidend geändert. Die Zähne erhalten ihre Höckermorphologie und bieten dadurch wesentlich kompliziertere Strukturen für die Dynamik des Kauorgans an.

Für den Erwachsenen im beruflichen und sozialen Belastungszwang der Umwelt ist Aggression ein lebenserhaltendes Verhaltensmuster.

Streß ist Teil des Lebens und muß daher akzeptiert sein. Das direkte Verarbeiten der Belastung ist aufgrund sozialer Riten und struktureller Legalitätsprinzipien behindert und manchmal unmöglich. Konfliktsituationen sind unausweichlich und zum Teil sogar unlösbar.

Durch die Entwicklung eines Selbstbewußtseins während der Hominisation entsteht eine Polarisierung und Ungewichtigkeit des vorher etwa ausgeglichenen limbischen Systems der Primaten.

Dies führt zur Entdeckung eines Moralbegriffs, der Unterscheidungsfähigkeit zwischen sogenanntem Gut und Böse, dem Verlassen eines lebenserhaltenden Egoismus zugunsten eines arterhaltenden Altruismus und den daraus resultierenden Formulierungen ethischer Regeln. Diese ethischen Regeln werden von den meisten Individuen zwar anerkannt und akzeptiert, aber im alltäglichen Alltag oftmals gebrochen. Diese Konfliktsituation ist auf alle Abläufe des täglichen Lebens übertragbar, sie entsteht permanent und muß als solche verarbeitet werden.

Aggressionsschwache oder Gehemmte werden mit den dadurch auftretenden Problemen schwer fertig. Für diese Persönlichkeitsstruktur ist Pressen und Knirschen ein möglicher Ausweg, unbewußt psychischen Streß organisch abzubauen.
Das Kauorgan ist in dieser Weise als somatisches Streßventil eingesetzt.

Die Funktion der Parafunktion

Empfinden wir das Kauorgan als geeignet zum Streßabbau, ist es auf seine Eignung dazu zu untersuchen. Das menschliche Kauorgan hat im Verlauf des letzten Jahrhunderts einen dramatischen Wandel erfahren. Ein völlig neuer Phenotyp dieses Kauorgans, aber auch des Menschen in der industrialisierten Welt ist entstanden. Durch die extreme Änderung der Ernährung findet keine ernährungsbedingte Abrasion mehr statt.
Attritionsfacetten haben im Kauorgan des modernen Menschen vorwiegend parafunktionellen Ursprung. Das Höckerfurchenrelief der Zahnreihen bleibt erhalten und bestimmt die Dynamik der Unterkieferbewegung, Dadurch mußte es zu Änderung der Funktionsabläufe kommen, es kommt aber auch durch das Gleitflächenprinzip der Zähne zu völlig neuen Belastungsprinzipien der Strukturen dieses Kauorgans. Durch die extreme und in der Entwicklung noch nicht lange abgeschlossene erhöhte Lebenserwartung werden diese Strukturen zeitlich wesentlich länger beansprucht. Damit treten neue Altersgruppen auf, die differente Reaktionen zu ihrer individuellen Umwelt einbringen. Die psychische Belastung nimmt im Medienzeitalter durch die extreme Zunahme an Information zu. Durch die medienspezifische Bedeutungserklärung wird dem Individuum das Recht auf Bedeutungszuerkennung eingeengt und oftmals entzogen.. Damit fällt ein entlastender physiologischer Selektionsmechanismus aus. Das instinktive "Abschalten" wird immer schwieriger.
Damit treten mehrere Effekte gleichzeitig und kumulierend auf:
das Kauorgan ist komplizierter geworden, die Lebenserwartung ist gestiegen, die Umwelt ist intensiver geworden, und die Distanz zwischen anerkannten ethischen Prinzipien und der Realität hat sich unglaublilch vergrößert. Das Kauorgan als mögliches Streßventil muß erkannt und verstanden werden. Dies ist die Rolle und Aufgabe einer modernen Zahnheilkunde, das Organ auf die Tauglichkeit zu analysieren, diese notwendige Verteidigungsaufgabe übernehmen zu können. In Zeiten wie dieser der Okklusion die Bedeutung abzusprechen, ist fahrlässig und verantwortungslos.

Das Organ muß seine Defensivtauglichkeit für den Organismus beweisen, dies ist der Sinn sogenannter Okklusionskonzepte, die dazu dienen, untaugliche Systeme diagnostisch zu erfassen und gegebenenfalls zu ändern.
Dies muß an dieser Stelle zur Erkenntnis führen, daß es die in den meisten Fällen psychische Belastung ist, die die Parafunktion verursacht. Im Nachsatz sage ich jedoch mit allem Nachdruck, daß der therapeutische Ansatz, der von Puristen lediglich auf die psychische Kausalität gerichtet ist, falsch ist. Es ist völlig ausgeschlossen, der Illusion nachzugeben, daß es durch Behandlung auf rein mentaler Basis möglich sein könnte, erfolgreich die derzeitige Menschheit aus den Zwängen der Umwelt zu erlösen. Der heutige Mensch braucht auch bei ausgeglichener Psyche das Kauorgan, um dieser Umwelt "seine Zähne zu zeigen". Es ist selbstverständlich völlig falsch, die Okklusion und Artikulation als Kausalität für die Parafunktion zu betrachten. Der Mechanismus beim Auftreten von Problemen in der Zahnreihe ist ein völlig anderer und sollte kurz erläutert werden:
Beim Auftreten einer Änderung in der Okklusion reagiert das Neuromuskuläre System direkt. Dies führt nach anfänglicher Reduktion der Aktivität zur Hyperaktivität. Dabei können vorübergehende Probleme in der Muskulatur auftreten (Abb. 8).

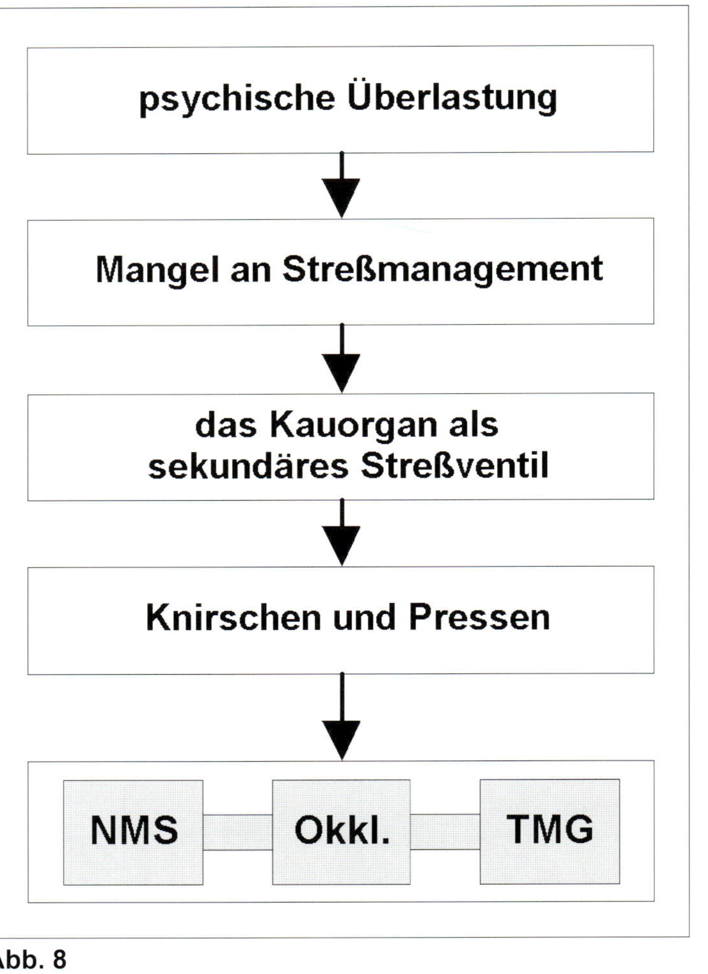

Abb. 8

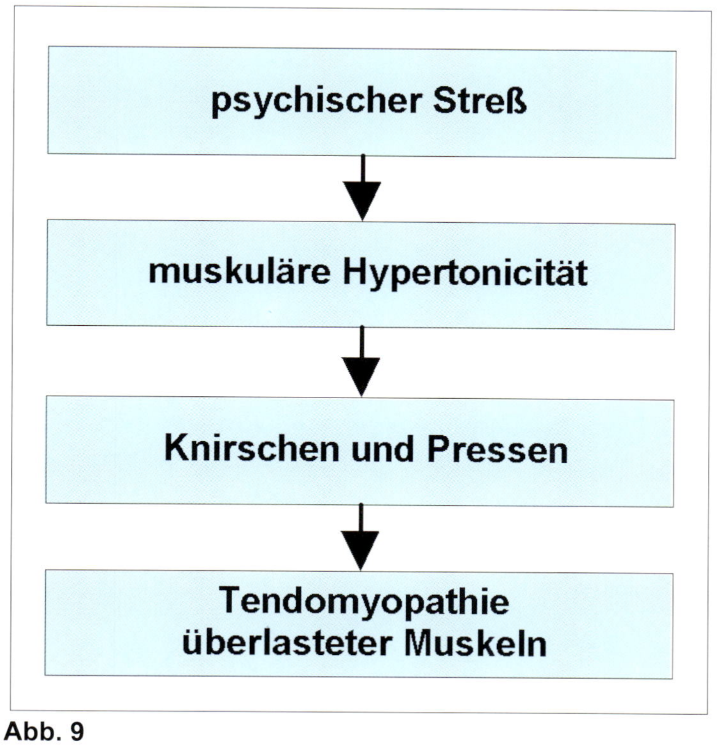

Abb. 9

Danach kommt es zu Adaptationsmechanismen, die letztlich zu Änderung einer derzeitigen habituellen Bißlage in eine neue sekundär physiologische Bißlage führen können (Abb. 9).
Alle Strukturen des Kauorgans können an diesem Adaptationsmechanismus mitwirken. Diese adaptive Kapazität ist eine individuelle Größe und führt an dieser Stelle zu Schwierigkeiten in der Voraussage. Die Funktion der Streßverarbeitung wird dabei keineswegs getriggert oder verursacht.
Sehr wohl können aber Funktionsstörungen die Folge einer solchen Okklusionsumstellung sein. Oftmals wird in der Ursachefindung der Dysfunktionen des Kauorgans vergessen, daß die Streßverarbeitung nur eine der Funktionen des Kauorgans ist. Störungen innerhalb der anderen Funktionen werden nicht sehr häufig diskutiert. Grundsätzlich ist nun die Frage zu stellen und zu beantworten, wie der Ablauf eines parafunktionellen Geschehens am Kauorgan sich manifestiert. Wesentlich dabei ist, daß im Gegensatz zu den anderen Funktionen die Adduktoren beider Seiten hochgradig aktiv sind. Die Aktivität des M. masseter und M. pterygoideus medialis steht dabei im Vordergrund.
Gleichzeitig sind die Pro- bzw. Retraktoren aktiv, gleichgültig ob es sich um einen großflächigeren oder kleinflächigen Typ der Parafunktion handelt. Pressen und Knirschen unterscheiden sich lediglich durch die Weite des dynamischen Hubes, auch das Pressen ist ein Knirschen, wenn auch auf kleinem Raum.
Der Mundboden und vor allem die Zunge sind nahezu immer hochaktiv beteiligt. Die normalerweise asynchrone Aktivität des oberen und unteren Kopfes des M. pteryoideus lateralis wird durch die gleichzeitige permanente Adduktorentätigkeit synchron. Die Richtung der Bewegung folgt spezifischen individuellen parafunktionellen Mustern. Beim exzentrischen Bruxismus ist die Bewegung häufig latero-protrusiv. Besonders bemerkenswert sind aber auch retrusive Muster. Bei nächtlicher Parafunktion ist die Traum-Schlaflage meist seitlich oder bäuchlings. Auch dies ist ein Zeichen der psychischen Belastung und Enge (Angst). Anstelle eines entspannenden Tiefschlafes in Rückenlage tritt die Phase der verspannten und aktiven Dynamik ein. Durch Unterstützung des Gesichtes und der Mandibula treten dabei ungünstige Verstärkungseffekte auf. Nicht vernachlässigt werden darf aber auch bei vielen Patienten die unbewußte Tendenz zur Parafunktion am Tag.
Es muß noch einmal festgestellt werden, daß die zitierten Formen der Parafunktion als causa prima Probleme der psychischen Verarbeitung haben. Artifizielle Eingriffe in der Okklusion und Artikulation verursachen höchstens vorübergehend muskuläre Hyperaktivitäten, die als Teile eines Adaptionsmechanismus zu verstehen sind. Selbstverständlich ist dabei nicht voraussagbar, ob diese Adaptation zufriedenstellend zum Aufbau einer sekundären physiologisch habituellen Okklusion und Artikulation führt. Daraus aber eine somatische Ursache für Parafunktionen ableiten zu wollen, ist sicherlich falsch. Ebenso falsch ist es auch, Bruxismus in jeder Form schädlich zu finden.
Es ist unerhört gefährlich, ohne tatsächliche Schaffung eines kongnitiven Zugangs zur zentralen Problematik die Parafunktionen zu verteufeln und eliminieren zu wollen.

Die Rolle sogenannter Okklusionskonzepte in der Parafunktion

Mit der Geburt einer modernen Zahnheilkunde im vorigen Jahrhundert war es zwingend notwendig, innerhalb der verschiedenen Disziplinen nach Ordnungsprinzipien zu suchen. Diese Prinzipien betrafen natürlich auch — und für manche Fächer in erster Linie — die Konzepte der Okklusion. Frühzeitig warnten Vordenker, wie z.B. BONWILL, Okklusion nicht statisch zu empfinden, sondern der dynamischen Funktion Rechnung zu tragen. Er postulierte Artikulation, anstelle das Wort Okklusion zu gebrauchen.
Ein Fach brauchte die Konzeption eines dynamischen Verzahnungsprinzipes, besonders die Prothetik. Durch die Erfindung der Vulkanisation von Kautschuk und der Entwicklung künstlicher Zähne aus Porzellan war einer allgemeinen Anwendung prothetischen Ersatzes der Weg geebnet. Prothesen mußten durch stabilisierende Kontakte während der Mastikation funktionsfähig bleiben. Dies führte zur logischen Entwicklung

eines vollbalancierten Konzeptes. Dies um so mehr, da die Bevölkerung zu diesem Zeitpunkt zumeist nahrungsbedingte Abrasionsgebisse aufwies, die in der Bewegung eine unilaterale oder bilaterale Gleitführung boten. Ausgeklügelte Zahnformen wurden geschaffen, um solchen Gedanken Realität zu verschaffen. Mit dem Ende des vorigen Jahrhunderts setzte aber eine entscheidende Änderung in der Entwicklung der Bevölkerung ein.

Ein Teil der Welt mutierte ins Zeitalter der industriellen Entwicklung. Wie bereits eingangs erwähnt, setzte damit auch eine dramatische Änderung im Anforderungsprofil des Kauorgans ein. Der Phenotyp änderte sich aufgrund der Änderung der Ernährung. Die Lebenserwartung nahm kontinuierlich zu und mit der dramatischen Zunahme der Weltbevölkerung und der dadurch entstehenden evolutionären und revolutionären Strukturänderung stieg permanent der Zwang zur sozialen Integration in neue Systeme. Damit stieg aber auch für das Einzelindividuum die psychische Einengung.

Bis weit in das erste Drittel des 20. Jahrhunderts spielte das balancierte Konzept eine dominante Rolle in allen Disziplinen der Zahnheilkunde, mit Ausnahme der Kieferorthopädie. Die starke Persönlichkeit ANGLES versuchte, didaktisch Verzahnungsprinzipien zu ordnen und prägt damit die Lehre des Jahrhunderts durch die Formulierung einer Regelverzahnung. Alle anderen Fachrichtungen waren Epigonen des natürlichen Abrasionsgebisses. Sogar starke Persönlichkeiten und progressive Denker dieses Jahrhunderts dokumentieren dies, wie zum Beispiel THIELEMANN in seiner Biomechanik der Parodontose, wo ihm zu diesem Zeitpunkt die natürliche Dominanz des Eckzahnes ein Dorn im therapeutischen Auge war. Später hat er dies als Fehler erkannt. Auch die amerikanische Schule folgte diesem balancierten Prinzip bei der Rekonstruktion natürlicher Gebisse. Federführend war dabei MCCOLLUM mit seinem Schüler- und Freundeskreis. Die trotz höchstem Aufwand unbefriedigenden Resultate waren auslösende Ursache für neue Richtungen in der Konzeption. In der Folge entstanden divergierende Okklusionskonzepte, die mehr und mehr Rücksicht auf die Tatsache nahmen, daß natürliche Zähne dieses Jahrhunderts ihre ursprüngliche Morphologie erhalten.

Definition der sogenannten Okklusionskonzepte

Das Konzept der balancierten Okklusion

Die Zahnreihen verzahnen in Regelverzahnungen, alle exzentrischen Bewegungen sollten möglichst allseitig und großflächig durch die Zahnreihen abgestützt sein. Dies bedeutet, daß in der Funktion die Zahnreihen gleichmäßigen dynamischen Nahkontakt aufweisen. Unterkieferbewegung und Zahnreihen harmonisieren optimal. Die Beobachtung damaliger ernährungsbedingter Abrasionsgebisse mag dabei befruchtend gewirkt haben. Bei der Umsetzung des Konzepts wurde frühzeitig erkannt, daß dabei die Bewegungsmuster der Patienten keineswegs einheitlich, sondern im Gegenteil außerordentlich individuell sind. Dies führte in der Konsequenz dazu, geeignete Instrumente zur Simulation dieser Funktionsbewegungen zu konstruieren. Zwei Wege wurden aus prinzipieller Sicht beschritten: der gelenkbezogene — er führte zum Bau sogenannter Artikulatoren — und der kaubahnbezogene, der die Information der Zahnreihen benützt, das Konzept zu realisieren. Beide Wege werden nach hundert Jahren noch immer benützt.

Aus gelenkbezogener Sicht war es GYSI, der die Gelenkbewegung gedanklich benützte, künstliche Zahnformen zu schaffen. Seine „Höcker-Facettentheorie" führte zur Produktion eines künstlichen Zahnes, der vom Prinzip geeignet war, einer balancierten Okklusion gerecht werden zu können.

Das Konzept der Gruppenfunktion auf der Laterotrusionsseite

Die Zähne verzahnen in Klasse I, bei laterotrusiver Bewegung führen der Eckzahn, die Prämolaren und der mesiobukkale Höcker der Laterotrusionsseite, die Zähne der Mediotrusionsseite disokkludieren. In der Protrusion führt der obere anteriore Bogen inklusive der Prämolaren, die Seitensegmente disokkludieren. Namhafte Autoren der Vertreter dieses Okklusionsprinzips postulieren auch eine gewisse (minimale) Freiheit der Okklusionsposition.

Das Konzept der eckzahngeführten Okklusion

Die Zähne verzahnen in Klasse I, bei laterotrusiver Bewegung führt lediglich der Eckzahn der Laterotrusionsseite. Alle anderen Zähne disokkludieren. Bei der Protrusion führt der obere Fronteckzahnbogen gegen die unteren anterioren acht Zähne des Frontbogens. Der untere erste Prämolar ist also mit beteiligt. Alle posterioren Zähne disokkludieren.

Beide Schulen bedienten sich sogenannter Artikulatoren zur Realisierung ihrer Prinzipien. Kleinere Restaurationen der gruppenfunktionellen Gruppe werden mit Hilfe der FGP-Technik hergestellt, einem Relikt der balancierten Okklusion, da an den Kauflächen solcher Restaurationen ein balanciertes Prinzip zum Tragen kommt. Beide Konzepte wurden unter dogmatischer Beweisführung postuliert und verfochten, ohne dabei auf rassische oder skelettale Unterschiedlichkeiten Rücksicht zu nehmen.

Das sequentielle Konzept

Durch die kritische Untersuchung der Morphologie der Zähne im bleibenden Gebiß und Beobachtung der ontogenetischen Gebißentwicklung des Menschen, aber auch der Registrierung der Gleitdynamik parafunktioneller Abläufe kann bewiesen werden, daß dogmatische Einengung nicht sinnhaft ist. Obwohl Okklusionskonzepte künstliche Ordnungsprinzipien mit therapeutischer Zielsetzung sind, sollten sie doch weitestgehend an natürliche okkluso-artikuläre Vorgänge angepaßt sein.
Die skelettalen Beziehungen der Kiefer des menschlichen Kauorgans bedingen differentes Verhalten der Zahnreihen in statischer, vor allem aber dynamischer Hinsicht. Diese Erscheinungsformen im natürlichen Gebiß und unbeeinflußt durch therapeutische Eingriffe zeigen unterschiedlichen Aufbau. Es zeigen sich jedoch deutliche Abhängigkeiten von skelettalen Prinzipien. Folgt man dabei der morphologischen Sequenz der Zahnformen, zeigt sich, daß dabei für das derzeitige Erscheinungsbild des modernen Menschen alle Möglichkeiten der dynamischen Artikulation offen sind. Die Prinzipien der Artikulation bleiben gleich, die räumliche Anordnung und differente Sphärik bestimmen die Dynamik. Dies ist der Grund, heute ein Okklusionskonzept zu postulieren, das im Gegensatz zur Dogmatik der Vergangenheit eine physiologische und tolerante Möglichkeit bietet den individuellen Prinzipien des einzelnen Menschen gerecht zu werden.
Einen gewissen Sonderstatus nimmt dabei der Eckzahn ein. Aus der Imponierwaffe des Primaten wird ein funktioneller Zahn, der aber seine Emotionsbeladenheit nicht leugnet. Er steht auch beim Menschen im Brennpunkt psychischer Aktivität und Aggressionsentladung. Er ist daher auch bei der Streßverarbeitung konzeptionell als dominanter Zahn einzuordnen.
Wesentlich ist für jedes angeführte Prinzip, den Sinn dahinter zu verstehen und konsequent zu verfolgen. Es ist die Zielsetzung, allen Funktionen des Kauorgans möglichst optimal gerecht zu werden. Diese Funktionen sind vielfältige und in ihrer Auswirkung auf die Zahnreihen grundverschieden. Für die hier diskutierte Parafunktion geht es darum, das Kauorgan als psychisches Streßventil zu verstehen und zu tolerieren. Es ist Aufgabe zahnärztlicher Disziplinen, das Kauorgan so zu gestalten, daß es dieser Aufgabe gerecht werden kann. Bei der Ausübung parafunktioneller Muster ist die Beanspruchung der Strukturen eine hohe, manchmal extreme. Dieses Organ sollte dieser lebensnotwendigen defensiven Aufgabe entsprechen können.

Zusammenfassung

Die extreme Lernperiode des ersten Lebensabschnittes führt zur starken psychischen Forderung des Kindes. Fast routinemäßig sind Kinder in diesem Alter fakultativ starke Knirscher. Dies kann als normales Streßmanagement empfunden werden, so daß eher das Fehlen dieser Parafunktion befremdend wäre.
Die Zahnreihen diktieren dabei aber die parafunktionellen Muster des Pressens und Knirschens. Im Michlgebiß entspricht dies aufgrund der flachen Hökker einem verteilten Gleitmuster. Die durchbrechenden Milchzähne, aber um so mehr die Struktur der bleibendend Zähne sind systemdominierend für alle Funktionsabläufe, da sie funktionelle Interferenzen zur freien Unterkieferbewegung darstellen.
Entscheidend für diese Struktur ist es, daß sie, aufgrund der geänderten Ernährung beim modernen Menschen des 20. Jahrhunderts, keine natürliche Abnützung durch das Kauen der Nahrung erfährt.
Abrasionen sind daher aus der Sicht der Diagnostik vorwiegend parafunktioneller Kausalität und betreffen keineswegs alle Zähne, sondern nur bevorzugte Areale. Aufgrund der weitestgehenden Erhaltung des Höcker-Furchen-reliefs ist das Funktionsprogramm ein ungleich komplizierteres als in einem ernährungsbedingten Abrasionsgebiß, das in seiner Annäherung an das herbivore Kaumuster einer unilateral oder bilateral balancierten Artikulation entspricht.
Eine offensichtlich zunehmende Problematik stellen die sogenannten Malokklusionen und Dysgnathien dar. Die derzeitige Überzeugung des Autors — nenne man es Hypothese — würde folgendermaßen lauten:

Eine während des Wachstums langsam heranreifende Dysgnathie findet Zeit genug, zunächst funktionell, danach morphologisch zu adaptieren. Dies bedeutet, daß eine natürlich gewachsene Dysgnathie moderierten Grades durchaus imstande ist, sich zur Eufunktion hin zu entwickeln. Dysgnathien schwereren Grades haben durchaus die Chance, in der wachstumsbedingten Entwicklung kompensatorisch grenzwertig im Bereiche normaler Funktion zu bleiben.

Das Ausmaß der Anpassungsfähigkeit, der adaptiven Kapazität und der Kompensationsfähigkeit des Individuums ist aber nur abschätzbar, nicht voraussagbar.
Diese Individualität macht auch die Einschätzung der Wertigkeit epidemiologischer Daten so schwierig. Die Grenzen der Adaptionsfähigkeit in kollektive Daten einzubringen, scheitert an den derzeitigen (und meines

Erachtens zukünftigen) Möglichkeiten der Objektivierung einer solchen.

Zweifellos ist aber für die Malokklusion und Dysgnathien zu vermerken, daß ihre defensive Eignung für die Verarbeitung psychischer Belastungen über das Kauorgan wesentlich schlechter ist als die eines Organs mit regelrechten Strukturen. Bei therapeutischen Eingriffen ist es ohne Zweifel eine Anforderung an das System, ein bestehendes funktionelles Gleichgewicht mit Änderungen der Strukturen zu konfrontieren. Dies geschieht durch invasive Korrektur der Okklusion und Artikulation durch zahnmedizinische Eingriffe. Diese sollten immer unter dem Gesichtspunkt eines Konzeptes erfolgen. Die Defensivtauglichkeit in der Parafunktion hat hier als eine der wichtigsten Zielsetzungen zu gelten.

Untersuchungen an einem Patientengut der Universitätsklinik in Wien ergaben deutliche Zusammenhänge zwischen Persönlichkeitsstruktur und der Tendenz zum chronischem Pressen und Knirschen. Bei allen Patienten waren nach einem Befindlichkeitstest und eingehender klinischer Untersuchung die Gegebenheit einer Befindlichkeitsstörung im Sinn CMD objektivierbar.

Die Persönlichkeitsstrukturen waren signifikant unterschiedlich zu Eichstichproben im generellen Aggressionsverhalten. Dieses war spontan und reaktiv deutlich niedriger als bei einer vergleichbaren Bevölkerungsstruktur.

Chronische Presser und Knirscher benützen also ihr Kauorgan als psychisches Streßventil. Dies berechtigt den Autor, in solchen Fällen Knirschen und Pressen den normalen Funktionen des Kauorgans zuzurechnen.

Die proportionalen Wertungsunterschiede im limbischen System, der die Persönlichkeit einengende Integrationszwang im sozialen Bereich, die Notwendigkeit der individuellen Zuordnung von Gut und Böse, die hierarchische Ordnung unserer sozialen Strukturen schaffen Probleme, die der Verarbeitung bedürfen.

Daher gibt es eine hohe Anzahl von fakultativen oder permanenten Pressern und Knirschern in der Population. Beim Kind und Heranwachsenden ist dieses Verhalten verständlicherweise besonders häufig.

Als Ursache für die Parafunktion werden Probleme der Okklusion postuliert. Dies ist unrichtig. Die eigentliche Ursache ist eine psychische und basiert zumeist auf einer individuellen Verarbeitungsproblematik des Patienten.

Es ist jedoch voraussagbar, daß Detailuntersuchungen über die ablaufenden Muster Unterschiedlichkeiten aufdecken werden, daß das „Werkzeug“ Okklusion mehr oder weniger tauglich sein kann, eine unter Umständen lebenserhaltende Ventilfunktion zu erfüllen.

Es ist grundsätzlich und striktest abzulehnen, den Gebrauch der Okklusion zum Streßabbau zu verbieten. Es wäre dies im gleichen Maße verwerflich, wie jemanden das Reden zu verbieten, um sich auszudrücken.

Da es sich bei den meisten Patienten um spontan und reaktiv aggressionsgehemmte Individuen handelt, ist es aus der Sicht unserer Teamarbeit kontraproduktiv, diese Patienten durch Verhaltenstherapie zu passivieren. Damit kann der nicht rational erfaßte und erkannte Streß nicht mehr über das Kauorgan abgebaut werden. Konversionssymptomatik wäre die zu befürchtende Folge.

Die psychologische Betreuung, daß Erkennen der streßerzeugenden Faktoren, das bewußte Verarbeiten unter gezielter Aktivität des Kauorgans ist dabei erfolgversprechendes Mittel der Wahl.

Die Optimierung der Okklusion und Artikulation durch das Eliminieren von dominierenden posterioren Führungen, aufbauend auf sogenannten Okklusionskonzepten, ist dabei Mittel der Wahl.

Die Okklusion ist sicherlich kein primärer kausaler Faktor beim Zustandekommen der Parafunktionen. Die Qualität der Okklusion und Artikulation bei bestehender Beanspruchung tauglich für diese Funktion zu gestalten, ist Sache und Pflicht des Zahnarztes und Kieferorthopäden.

Kieferorthopäden müssen sich darüber klar sein, daß ihre Arbeit am Heranwachsenden der einer „Full-mouth“ Rehabilitation entspricht. Diese Umgestaltung des Kauorgans dient der Verbesserung oder zumindest der Erhaltung der erforderlichen Funktionen. Stellen wir zu den Gedanken dieses Papieres die Streßbewältigung ins Zentrum dieser Funktionen, dann sollte man das „Werkzeug“ Kauorgan im Sinne des Wortes verstehen.

Der „Werkzeugschmied“ Kieferorthopäde muß das Organ für diese Funktion so gestalten, daß es seiner Defensivrolle gerecht werden kann. Daher ist es auch zwingend erforderlich, daß dafür überschaubare, dynamische Okklusions-und Artikultationskonzepte aus kieferorthopädischer Sicht am Beginn der Behandlung zugrunde gelegt und am Ende der Behandlung überprüft werden. Aufgabe aller Disziplinen der Zahnheilkunde ist es, das Kauorgan tauglich für psychische Streßbewältigung zu gestalten und erhalten.

Literatur

[1] v.Uexküll, Th. (Hrsg.): Lehrbuch der psychosomatischen Medizin.
Urban & Schwarzenberg, München / Wien / Baltimore 1986.

[2] Eccles, J.C.: The Principles of Design and Operation of the Brain.

Pontificiae Academiae Scientarum, Scripta varia, 1980.

[3] Stallard, H.: Occlusion - A Compilation of Articles, Papers, Lectures,
Essays and Letters.
Ben W. Pavone, Postgraduate Education School of Dentistry,
University of California. San Francisco 1976.

[4] Gerber, A.: Die Behandlung der Kiefergelenksstörungen in der Prothetik.
Schweiz. Mschr. Zahnheilkunde 84, 1973,

[5] Kail, K.: Behandlungserfolg bei Kiefergelenksbeschwerden in Abhängigkeit von organischen und psychischen Faktoren.
Diss. aus d. Hpt.fach Psychologie eingereicht an d. grund- u. integralwiss.
Univ. Wien 1985.

[6] Graber, G.: Der Einfluß von Psyche und Streß bei dysfunktionsbedingten Erkrankungen des stomatognathen Systems.
In: Funktionsstörungen des Kauorgans, Praxis der Zahnheilkunde
8. Urban & Schwarzenberg, München / Wien / Baltimore 1989.

CURRICULUM VITAE

DER AUTOR

DR. MED. MAG. PHIL. CHRISTIAN KOBAU

Persönliches

- geboren am 13. Mai 1961
- Medizinstudium in Graz 1979-85
- dreijährige Ausbildung zum praktischen Arzt
- Studium der Psychologie und Pädagogik
- Forschungsreisen und Expeditionen in Südostasien (1,5 Jahre) und Südamerika (1,5 Jahre)
- neunmonatige ärztliche Tätigkeit bei den Vereinten Nationen (UN) in Syrien (Golan)
- Facharzt für Zahn-, Mund- und Kieferheilkunde
- Seminare und Vorträge im In- und Ausland
- Philosophie- und Konzepterstellung auf ganzheitlicher Basis für Hundertwassers Thermendorf Blumau (Rogner International)
- Gong und Klangschalenkonzerte
- seit 1994 Lehrauftrag an der Univ. Graz „Naturheilverfahren in der Zahnmedizin“

in Arbeit derzeit: Dissertation zum Thema „Streß in der zahnärztlichen Praxis“

Diplome

- Akupunktur — Österreichische Gesellschaft für Akupunktur (Wien) und „Shanghai College of Chinese Medicine of advanced acupuncture“
- Klinische Hypnotherapie El Jaxon Bear — ESALEN-Institute (Kalifornien)
- Neurolinguistisches Programmieren - NLP Master Richard Bandler (Kalifornien, Schweiz)
- Qigong-Lehrer nach den Richtlinien der österr. Qigong-Gesellschaft
- A-Diplom der internationalen Gesell. f. APPLIED KINESIOLOGY

Fortbildung

- Shiatsu
- sensitive Gestaltmassage
- Rubenfeld Synergie
- Hypnotherapie (P. Loonsburg)
- Integrative Körperarbeit (Jack Rosenberg)
- Craniosacraltherapie (Jim Asher)
- Spiritual Healing (Maria Lucia) im ESALEN-Institut (USA-Kalifornien)
- fünfmonatiger Studienaufenthalt in China. Davon drei Monate Training an der internationalen Shanghai-Universität für traditionelle chinesische Medizin in fortgeschrittener Akupunktur, Tai Qi, TUINA-Massage und QIGONG
- Versuch einer Integration ganzheitlicher Methoden in die Zahnheilkunde
- naturheilkundlich orientierte, amalgamfreie Zahnarztpraxis in Klagenfurt
- Zahnärztliche Weiterbildung in Elektroakupunktur, Bioresonanz, Physioenergetik, Applied Kinesiology, Neuraltherapie, Homöopathie, Kieferorthopädie, etc.

Curriculum Vitae

RAPHAEL VAN ASSCHE
geboren am 6. Oktober 1947 in Belgien, Entwicklung der Methode „Physioenergetik" (Holistische Kinesiologie), Direktor und Mitbegründer der Wiener Schule für Osteopathie,
Co-Autor der Bücher: „Das Craniosacrale System" - Hüthig Verlag, „Ganzheitliche Zahn- Mund- und Kieferheilkunde" - Urban & Schwarzenberg
Kärnten

REINHARD BRANDNER
Ist ein Meister der Farbe und des Lichtes. Von der internationalen Fachwelt wird er deshalb auch als LICHTFÄNGER bezeichnet. Sein besonderer Malstil, meistens auf echtem Blattgold oder Blattsilberunterlage, ergeben einzigartige Licht- und Farbreflexionen mit feinsten Farbnuancen, die sein Bestreben nach phantasievoller Unendlichkeit verwirklichen lassen und die Bilder von Brandner so unverwechselbar machen.
Brandners spezielle Technik für seine Graphik – Bilder ist die Manugraphie, eine von ihm entwickelte Siebdrucktechnik. Mit aufwendigen Farbfolgen (30-40 Druckvorgänge) wird jedes Blatt zum eigenständigen Kunstwerk. — Austellungen und Publikationen in aller Welt. (Wohnsitz: Klagenfurt und auf seinem Boot in der mittleren Adria)

DR. MED RUEDIGER DAHLKE
Jahrgang 51, Medzinstudium in München, Weiterbildung zum Arzt für Naturheilweisen und in Psychotherapie, seit 1978 als Reinkarnationstherapeut und Fastenarzt tätig, Leitung des Heil-Kunde-Zentrums Johanniskirchen zusammen mit seiner Frau Margit, Ausbildungsseminare zur esoterischen Medizin, Fasten- und Meditationskurse.
Autor der Bücher: „Krankheit als Symbol", „Krankheit als Sprache der Seele", „Lebenskrisen als Entwicklungschancen", „Reisen nach Innen", „Mandalas der Welt", „Bewußt Fasten", u.a.

DR. MED. LEOPOLD DORFER
Promotion in Graz 1985, Studium der Akupunktur bei Prof. Bischko, Wien, Österreichische Diplomprüfung für Körperakupunktur 1987, Studienaufenthalt in China 1988, Beschäftigung mit diversen komplementären Methoden, ab 1988 Ausbildung in Aurikulomedizin bei Dr. Bahr, München, seit 1988 Vortragstätigkeit, seit 1992 Referent der Deutschen Akademie für Akupunktur, seit 1994 Lehrauftrag für Akupunktur der Universität Graz, seit 1994 Präsident der Österreichischen Gesellschaft für Kontrollierte Akupunktur, Privatordination in Graz.

ROBERT FÜß
Jahrgang 1955. Fachabitur 1975, von 1977 bis 1980 Ausbildung zum Physiotherapeuten und Sportphysiotherapeuten, anschließend von 1981 bis 1984 Besuch der Josef-Angerer-Schule für Heilpraktiker, in Folge zahlreiche Praktika, seit 1985 in eigener Praxis in München tätig, Autor zahlreicher Artikel und Fachbücher, von 1988 bis 1996 freier Referent am Mandel-Institut für Esogetische Medizin.

HAROLD GELB, D.M.D.
Clinical Professor, University of Medicine and Dentistry of New Jersey, Newark, New Jersey; Former Director, TMJ Clinic, New York; Eye and Ear Infirmary, New York.

W. GERZ - ARZT
Betreibt in München eine streng naturheilkundlich, allgemein medizinische Privatpraxis — Diplomate: ICAK, Chirotherapie, F.X. Mayr, 2 Jahre Vorsitzender d. Dt. Gesellschaft für AK, Buchveröffentlichungen: „Applied Kinesiology" (1996) (Gerz Verlag), „Hilfe durch Naturheilweisen" (Sportingform Verlag 1989)
Der Beitrag zu „Applied Kinesiology" stammt aus dem „Lehrbuch der AK" – AKSE-Verlag von W. Gerz.

DR. J. GLEDITSCH
10 jährige Tätigkeit als Zahnarzt (u.a. in der Kieferklinik d. Univ. Berlin; Leiter einer zahnärztlichen Poliklinik in Schweden) — seit 1965 HNO-Arzt in eigener Praxis — Konsiliararzt d. Schmerzambulanz und Lehrauftrag an der LM Universität München

DR. ALBERTO CESARE GUIDOTTI
Hat an der Universität von Bologna zum Doktor der Medizin und Chirurgie promoviert und 1962 seinen Facharzt in Stomatologie gemacht, Freiberuflicher in Varese, seit 1984 Spezialist in Haltungswissenschaft (Posturologie) und angewandter Kinesiologie, Hat auf etlichen Kongressen und an Universitäten Kurse und Konferenzen abgehalten, ist Vizepräsident der Italienischen Neurootologie- und Equilibriometrie-Akademie.

Friedrich Hacheney
Geophysikstudium in Innsbruck und München — seit 1986 leitet er die Gesellschaft für organphysikalische Forschung (Erforschung der Auswirkungen von levitiertem Wasser) — Buchveröffentlichung: „Levitiertes Wasser in Forschung und Anwendung".

Prof. Dr. rer. nat. med. habil. Hartmut Heine
Geb. 1941. Studium der vergleichenden Anatomie, Entwicklungsgeschichte, Pathologie und Zoologie. 1976 Ernennung zum Professor für Anatomie an der Universität Würzburg. 1982 Berufung zum Leiter des Anatomischen und Klinisch-morphologischen Institutes der Universität Witten/Herdecke. Zahlreiche wissenschaftliche Veröffentlichungen, Bücher, Buchbeiträge und Vorträge. Wissenschaftliche Schwerpunkte: Kreislaufsystem/Beziehungen zwischen Endstrombahn und Zellen; Struktur des Extrazellulärraumes, System der Grundregulation.

Dr. med. dent. Christoph Herrmann
Jahrgang 1935 — seit 1967 eigene Fachpraxis für Kieferorthopädie in Heidelberg — ab 1969 spez. Ausbildung bei Prof. Balters in der BIONATOR-Therapie — ab 1972 spez. Ausbildung bei Dr. Wiebrecht, Schüler von Dr. Crozat, in der CROZAT-Therapie; Leiter des Arbeitskreises für Ganzheitliche Kieferorthopädie nach Balters; Vorstandsmitglied der Ges. der Ärzte für Erfahrungsheilkunde (Heidelberg) und der Internationalen Ges. für Ganzheitliche Zahnmedizin (Heidelberg) — ab 1985 Chefredakteur der Deutschen Zeitschrift für Biologische Zahnmedizin — ab 1987 Lehrbeauftragter für Kieferorthopädie an der Schule für Logopädie des Berufsförderungswerkes Heidelberg

Dr. Sigurd Markus Hochfellner
Geb. 1960 – Leoben, Medizinstudium in Graz, Facharzt für Neurologie und Psychiatrie, Wohnort: Schloß Eberstein –

Dr. med. I. Issels
Der Beitrag von Dr. Issels wurde mit freundlicher Genehmigung des HELFER-Verlags—E.SCHWABE, aus dem Buch „Mehr Heilungen von Krebs" entnommen. Dr. Issels ist leider vor nicht allzu langer Zeit verstorben.
Geb.: 21.4.1907 — Dissertation zum Thema „Leukämie" — Spezialisation auf ganzheitliche Krebstherapie, Gründer der Ringber-Klinik, Veröffentlichungen: „Cancer a second opinion", „Gründlagen und Richtlinien für eine interne Krebstherapie"

Dr. med Irmgard Simma-Kletschka
Facharzt für Zahn-, Mund- u. Kieferheilkunde, Praxis für ganzheitliche Kieferorthopädie, Prophylaxe und Sophrologie in Bregenz, Ausbildung in Kieferorthopädie, komplementären Heilmethoden und Sophrologie, Organisation von Kursen in ganzheitlicher Zahnheilkunde, Vorträge und Übungen zum Thema ganzheitliche Prophylaxe und ganzheitliche Begleittherapie in der Kieferorthopädie,
Tonbandkassette: Körperbewußtsein
Deutsche Bearbeitung des Buches: Vital und Gesund mit Sophrologie

Dr. Fritz Kramer
Jahrgang 1920 — Dr. med. dent. in Erlangen, Würzburg, Mainz, Zürich, Postgraduate in Illinois Univ. of Chicago — Zusammenarbeit mit Dr. Koll seit 1958 — Weiterentwicklung der Elektroakupunktur (Entwicklung des Reizstromtest, der Mundbatteriemessung, etc.) Kurse und Vorträge im In- und Ausland.

Dr. Hermann Lauffer
Geb. 1925 in Erfurt, 1943 Abitur, nach ‚Wehrdienst und Gefangenschaft, Zahnmedizinstudium von 1948-1952 an der Univ. Zahnklinik Tübingen. Dort wissenschaftl. Assistent bis 1962. Ab diesem Zeitpunkt frei praktizierender Zahnarzt in Tübingen bis 1988. Seit 1957 für die „Arbeitsgemeinschaft Anthrosophischer Zahnärzte" tätig. Seit 1967 eigene Fachpraxis für Kieferorthopädie in Heidelberg

Dr. Günter Mattitsch
1947 Musik- und Medizinstudium in Wien, seit 1976 in freier Praxis als Homöopath und Psychotherapeut und in homöopathischer Ausbildung tätig. 1983 - 1995 Vorsitzender der österr. Gesellschaft für Homöopathie.

Mag. pharm. Michaela Mehlführer
geboren 1968, Studium der Pharmazie, fand über den Umweg der „harten" Chemie (Dissertation am SFI-Wien) die Liebe zur Phytotherapie (Assistent am Institut für Pharmakognosie, Universität Wien). Sie sieht v. a. im intensiven Erleben und Spüren der Natur den Schlüssel zur Erlangung des geistigen und körperlichen Gleichgewichtes.

Dr. G. E. Meinig
D.D.S., F.'A.C.D.
Gründungsmitglied der „American Association of Endodentists" — Autor des Buches: „Root Canal Cover – up"

UNIV. ASS. DR. RAOUL POLANSKY
Facharzt für Zahn-, Mund- und Kieferheilkunde. Seit 1994 Privatpraxis in Graz. Seit 1995 Universitätsassistent an der Abteilung für Zahnersatzkunde und Parodontologie der Universitätsklinik für Zahn-, Mund- und Kieferheilkunde Graz. Hauptarbeitsgebiete: Parodontologie und Restaurative Zahnheilkunde.

PROF. FRITZ-ALBERT POPP
Promotion in Theoretischer Physik (Quantentheorie von Vielteilchensystemen, Universität Mainz), Habilitation in Biophysik (Universität Marburg) — Gründer des Internationalen Instituts für Biophysik in Neuss, in dem bisher 11 Forschungsgruppen aus Instituten und Universitäten verschiedener Länder vertreten sind.
Autor von etwa hundert Publikationen über theoretische Probleme der Biophysik und Ganzheitsmedizin, Biophotonen und Evolutionsbiologie.

DR. MED. THOMAS M. RAU
Geb.: 1950, Medizinisches Staatsexamen 1976-Bern / Amerikanisches Staatsexamen 1977 — seit 1992 ärztlicher Leiter und Teileigentümer der Paracelsus Klinik Lustmühe, Zentrum für Ganzheitsmedizin und Zahnheilkunde: Erstes Zentrum und Abulatorium der Schweiz, wo Ganzheitsmedizin, Naturheilverfahren und biologische Zahnmedizin kombiniert wird.
Seit 1993 Präsident der Schweiz. Gesellschaft für Homotoxikologie und regulative Therapieverfahren.
Seit 1990 intensive Kurs- und Ausbildungstätigkeit in Komplexhomöopathie, Störherd-Diagnostik, Isopathischer Therapie sowie Diätetik. Diverse biologisch-medizinische Publikationen.

DR. A. ROSSAINT
Geb.: 1945 — Seit 1972 Beschäftigung mit biologischer Medizin — Dr. med. dent 1971 — Ausbildung in Reinkarnationstherapie – Kinesiologie — Physioenergetik — Craniale Osteopathie u. Craniosakrale Therapie

DR. HUGO SCHLOßER
1943 in Rosenheim (Oberbayern) geboren und aufgewachsen, 1966 - 1971 Studium der Zahnheilkunde in Würzburg, Promotion 1974, seit 1974 niedergelassen in eigener Praxis in Kolbermoor, Landkreis Rosenheim, ab 1978 Beschäftigung mit ganzheitlich komplementärer Zahnheilkunde, Schwerpunkte: Regulationsdiagnostik (Thermographie n. Rost, Energetische Terminalpunkt-Diagnostik n. Mandel), Diagnostik und Therapie chronischer Irritationen (u.a. Physioenergetik n. Assche, Biotensor n. Oberach, Esogetische Medizin n. Mandel), seit 1991 umfangreiche Vortrags- und Seminartätigkeit.

Eine abgeänderte Form des Beitrages „Amalgamsanierung" ist in der Zeitschrift „Ganzheitliche Zahnmedizin in Praxis und Wissenschaft" erschienen.

DR. ROBERT SCHMIDHOFER
Arzt für Allgemeinmedizin, Diplome der Österreichischen Ärztekammer für Akupunktur, Manuelle Medizin und Sportmedizin, Dozent IÄAK (Internationale Ärztegesellschaft für Applied Kinesiology), Studium in Graz und Wien, Promotion 1986 in Wien, seit 1989 Privatordinationen in Klagenfurt und Reifnitz am Wörthersee, Praxisschwerpunkt: Diagnostik und Therapeie von Beschwerden am Bewegungsapparat und im besonderen der Wirbelsäule, Schmerzsyndrome, Funktionelle Störungen der Immunabwehr und des Verdauungstraktes.

DR. MED. RAINER SCHROTH
geb. am 17.9.1943, UrUrUrgroßneffe des Erfinders der Schrothkur, Studium der Medizin in Wien, Spezialgebiete: Schrothkur, Entgiftungstherapie, Homöopathie, Akupunktur, Neuraltherapie, Ernährung und Umweltmedizin.

DR. NORBERT SCHULZ
geb.: 2.10.1949, Studium von 1970-77 in Innsbruck, Turnus 1977-81 LKH Klagenfurt, Mai 81 bis Dez. 89 Golfhotel, 81 bis 84 Privatpraxis in Klagenfurt, 1990 - Ende 91 Leitung des Kurhotels St. Georg in Bad Hofgastein, seit 1993 Privatpraxis mit Eigenem Privatkurhaus für Mayrkuren und Ganzheitsmedizin in 9081 Reifnitz

DR. WERNER SCHUPP
geb. am 24.2.1958 in Wissen (Deutschland), Studium der Zahnheilkunde in Münster, Fachzahnarztanerkennung „Kieferorthopädie" 1989, Zusammenarbeit mit D.E. Toll, D.D.S. 1989, 1990, Tätigkeit in eigener Praxis als Fachzahnarzt für Kieferorthopädie seit 1990
Buch: „Funktionslehre in der Kieferorthopädie"
Veröffentlichungen zu Kieferorthopädie, Funktionslehre, ganzheitliche Zahnheilkunde
Referententätigkeit und Vorträge in Europa, USA, Brasilien, Vorstandsmitglied in: Fachvereinigung Deutscher Kieferorthopäden (KFO-IG), Berufsverband Deutscher Kieferorthopäden (BDK), Initiativkreis Umfassende Kieferorthopädie (German Board of Orthodontics) IUK
A-Diplom „Applied Kienesiology" AK

UNIV. PROF (TIT. A. O.) MEDIZINALRAT RUDOLF SLAVICEK
Jahrgang 1928 — Vorstand der Wiener Universitätsklinik für Zahn- und Kieferheilkunde seit 1992
BEITRAG AUS – BIOLOGISCHE ZAHNMEDIZIN 2/97

UNIV.PROF. DR. DR. H. C. ALOIS STACHER,
geboren 16.2.1925, Ausbildung zum Internisten und Hämatologen, 1967 Universitätsdozent, 1973 Univ.Prof., 1962 Gründung des Ludwig Boltzmann Institutes für Leukämieforschung und Hämatologie, dessen Leiter von 1962 - 1994, 1973 - 1989 für Gesundheits- und Sozialwesen in Wien verantwortlicher Stadtrat, 1975 - 1990 Vorstand des hämatologisch-onkologischen Zentrums im Hanusch-Krankenhaus Wien, Präsident zahlreicher medizinischer und sozialer Organisationen, über 360 wissenschaftliche Arbeiten und 22 Bücher auf den Gebieten Hämatologie, Innere Medizin, Regulations- und Ganzheitsmedizin, 1988 Gründung und seither Präsident der Wiener Internationalen Akademie für Ganzheitsmedizin.

PROF. V. STEJSKAL
Prof. für Immunologie, Danderyds Hospital and Karolinska Inst. — Stockholm, Schweden

DR. MED. HARALD STOSSIER
Arzt für Allgemeinmedizin, ärztlicher Leiter des Gesundheitszentrum Golfhotels Dellach am Wörthersee, bereits während des Studiums Ausbildung in komplementärmedizinischen Heilverfahren wie Diagnostik und Therapie nach F.X. MAYR; manuelle Medizin, später auch Applied Kinesiology.

DR. HERMINE KAINZ-TOIFL
geboren am 3. Feber 1954, Medizinstudium an der Universität Wien, 1977 Promotion Dr. med. univ., Ausbildung zum Facharzt für Zahn- Mund- und Kieferheilkunde, seit 1979 eigene Praxis in Wien, Beschäftigung mit Homöopathie, Ausbildung in Elektroakupunktur nach Voll, seit 1992 intensive Integration beider Methoden in der zahnärztlichen Kassenpraxis, Beschäftigung mit Kinesiologie, TCM und ganzheitlicher Zahnkunde.

NICOLE VECSEY DE VECSE
Jahrgang 1971, Besuch der Kunstgewerbeschule Graz, Psychologiestudium, Maltherapieausbildung Wien, Freischaffende Malerin auf Schloß Eberstein – Kärnten

DR. GUNTHER VERDIANZ
Jahrgang 1954, Praktischer Arzt — Ausbildung in EAV – TCM – Homöopathie — Studienaufenthalt in China (Cheng Du) — Private Praxis in Konstanz (Herzzentrum).

DR. DIETRICH VOLKMER
Jahrgang 1939, studierte Zahnmedizin in Hamburg und Frankfurt — Intensives Studium in Homöopathie, EAV, MORA-Therapie, Kirlian-Fotografie, Irisdiagnostik und weiteren holistischen Methoden — Seit 1984 eigene Praxis mit Schwerpunkt ganzheitlich biologischer Diagnostik und Therapie. Mehrere Buchveröffentlichungen.

DR. MED. UNIV. ELISABETH WEIKL
Studium der Medizin in Graz, Ausbildung zum Facharzt für Zahn-, Mund- und Kieferheilkunde auf der Univ. Zahnklinik in Graz, darauffolgende Tätigkeit als Univ. Assistent auf der Univ. Klinik für Kiefer-, Mund- und Gesichtschirurgie Graz.
Neuraltherapiediplom der Österr. Gesellschaft für Neuraltherapie, Lehrbeauftragte der Österr. Gesellschaft für Neuraltherapie, Ausbildung für Kinesiologie in Deutschland und den USA.
Arbeitet als Zahnärztin in Wien und Admont mit dem Schwerpunkt: Ganzheitsdiagnostik und Therapie von schwermetallbelasteten Patienten.

DR. H. WEISS
Geb. 15. 05. 1954, nach dem Abitur Studium der Biologie mit Diplom 1983; danach wissenschaftlicher Angestellter, Promotion zum Dr. rer. nat. 1991 (Forschungsgebiet Atherosklerose). Seit 1995 in der Amalgamforschung tätig, seit 1997 selbständiger Laborleiter (derzeitiges Angebot: Speicheltests, Produkte zur Mundhygiene).

DR. GERHARD WENZEL
geb. 1942, Studium an der Universität Wien (Musikwissenschaft, Medizin), Promotion 1970, seit 1973 praktischer Arzt in Schwarzach, seit über 25 Jahren Beschäftigung mit fernöstlicher Philosophie, Studium der TCM in Österreich (König, Wancura, Bischko) und in China (Prof. Chen und Prof. Gao, Peking und Fuzhou), mehrjährige Qigong- und Taiji-Ausbildung, (Prof. Shaen/Wuhan, Prof. Cong/Fuzhou), seit über 15 Jahren Kurse für Qigong und Taiji, Gründungsmitglied und Präsident der ÖQGG, Buch: „Qigong — Quelle der Lebenskraft“.

DR. SIEGHARD WILHELMER
Arzt für Allgemeinmedizin — Nach fast zwei Jahrzehnten Kassenpraxistätigkeit in Wien und im Lesachtal in Kärnten, arbeitet er seit acht Jahren als homöopathisch tätiger Arzt in einer Privatpraxis in Villach. Lehrtätigkeit im Rahmen der Österreichischen Gesellschaft für Hom. Medizin in Baden bei Wien und im Ausland (Freudenstadt, Wittenberg, Bukarest, Moskau). Aufbau des Homöopathieverständnisses in Slowenien mit zahlreichen Kursen. Aus dem Engagement in komplementärer Krebstherapie entstand das Buch „Meine Krebsfibel“.

Dr. Patricia Winkler-Payer

Jahrgang 1960, Medizinstudium in Graz, seit 1990 Leitung einer ganzheitsmedizinisch orientierten Praxis mit dem Schwerpunkt Psychosomatik in Klagenfurt, Zusatzausbildungen für psychosoziale und psychosomatische Medizin, Akupunktur, F.X. Mayr Intensivdiäthik, Softlasertherapie, regressiver Psychotherapie, Lehrbeauftragte des Institutes für Bach Blütentherapie, umfangreiche Vortrags- und Seminarerfahrungen in der Ausbildung von Therapeuten und im Bereich Gesundheitsvorsorge.

Dr. Erich Wühr

seit 1991 Konsiliarzahnarzt an der Ersten Deutschen Klinik für Traditionelle Chinesische Medizin Kötzting/Bayer. Wald (TCM-Klinik), seit 1994 zahnärztliche Privatpraxis in Kötzting/Bayer.Wald, 1988 Gründung des Verlags für TCM, Osteopathie, Ganzheitliche Medizin, seit 1991 Mitglied des Wissenschaftlichen Beireits der TCM-Klinik Kötzting, 1993 Gründung und Leiter der TCM-Schule an der TCM-Klinik, seit 1993 Mitglied des Vorstands der GZM, zuständig für Qualitätssicherung/Qualitätsmanagement, seit 1994 Mitglied des Klinischen Beirats des Münchener Modells, seit 1991 Kursleiter von Fortbildungskursen.

Der Beitrag „Möglichkeiten und Grenzen komplementärer Therapieformen in der Zahnmedizin“ ist in der Zeitschrift „Ganzheitliche Zahnmedizin – Praxis u. Wissenschaft“ erschienen 1(1):49(1996)

LITERATURVERZEICHNIS
QUELLEN
IMPRESSUM

Literaturverzeichnis und Quellen

VON DR. C. KOBAU

Abele I.	Eigenharnbehandlung — Haug
Abrezol	Sophrologie — Hugendubel
Agrawal	Homöopathy in Accidents — Vijay
Agrawal	Homöopathie — Lakshmi
Akupunktur — Kaiser	
Allen T. F.	Materia Medic and Homeopathic Therapeutics
Almaas	Essence — Weiser
Altmann-Brewe I.	Zeitbombe Amalgam — Ehrenwirth
Amber	Color Therapie — KLM
Aschauer	Tibets sanfte Medizin — Herder
Asslhauer E.	Heikunst vom Dach der Welt — Herder
Auerswald	Ist Akupunktur Naturwissenschaft? — Maudrich
Augustin M.	Naturheilkunde — Jungjohann Verlag
Bahnemann F.	Anthropologische Grundlagen d. Ganzheitsmedizin — Haug
Bahr F.	Ohrakupunktur
Bandler	NLP — Junfermann
Bandler	Transformations — Real People Press
Bandler	Reframing — Real People Press
Baumann	Unerhörtes aus der Medizin — Hallwag
Becker	Antihomatoxische Medikamente — Aurelia Verlag
Bischko	Einführung in die Akupunktur; Akupunktur für Fortgeschrittene (Text u. Bildband) — Haug
Blate	Foot Reflexology — B. Jain
Böhmig	Kopfschmerzen — ORAC Gelenkprobleme Stoffwechsel
Bonin	Naturvölker und ihre übersinnlichen Fähigkeiten — Goldmann
Börike	Homöopathie — Jain
Brauner D.	Krankmachende Schwermetalle — Ariston
Braunsperger	TAO TE KING — Editions
Braunwald	Harrison's Principles of Internal Medicine — Mc Graw-Hill
Breaux	Reise ins Bewußtsein — Knaur
Breuß R.	Krebs / Leukämie
Brian	Food and drug — Simon und Schuster
Brinkmann	NLP — Junfermann
Budwig I.	Öl-Eiweiß-Kost — Hyperion Verlag
Buffum	Homöopathie — Jain
Burgerstein L.	Heilwirkung von Nährstoffen — Haug
Campbell	Historic atlas of the world of mythology 1-3 — Perennial Library
Carpers	Nutrition Guide — Bantam
Carpers I.	Nutrition Guide — Bantam
Changye	Infantile Tuina Therapie — Foreign Language Press
Chen	Anatomical Atlas of Acupuncture Points — Shandong
Chopra	Ayurveda — Lübbe
Collin	Homöopathie in der Zahnheilkunde — Haug
Coulter C. R.	Portraits of Homeopathic Chinese Medicine — New World Press
Cousto	Kosmische Oktave — Simon
Dahlke Dr. med. R.	Bewußt Fasten — Urania Verlag

Dargyay Tibetisches Buch der Toten — O.W. Barth
Dietl H. Orthomolekulare Medizin — Haug
Dorcsi Homöopathie 1-6 — Haug
Dorcsi Homöopathie — ORAC
Dorcsi M. Handbücher der Homöopathie — Orac
Dumrese I., Haefeli B. Pleomorphismus — Haug
Dunne J. Nutrition — Mc Graw-Hill
Eswald Akupunktur — Kaiser
Fintelmann V. Intuitive Medizin — Hippokrates
Fischer H. Kieferorthopädische Technik — Thieme
Fürstenberg Grundlagen der chinesischen Heilkunde — Fürstenberg
Gach Arthritis, Acupressure — Warner
Gach ACU - YOGA — Japan Publ.
Gedeon Erfahrungsheilkunde und Naturheilverfahren — Haug
Gedeon W. Erfahrungsheilkunde — Haug
Gedeon W. M. Von der biologischen Medizin zur Ganzheitsmedizin — Haug Verlag
Gelb H. Head, Neck and TMJ Pain — Ishiyaku Euro America
Gelb H. Killing Pain — Harper a. Row
Gerber R. Vibrational medicine — Bear and Company
Gerz Biologische Präparate — AKSE Verlag
Gerz W. Applied Kinesiology — AKSE-Verlag
Gibbson Homöopathie — British Hom. Assoc.
Gleditsch Reflexzonen und Somatopien — Biolog. medizinische Verlagsgesellschaft
Gleditsch J. Reflexzonen — WBV
Gleditsch J. Mundakupunktur — WBV
Götz, Siebert Atlas d. zahnärztlichen Funktionaldiagnostik — Hanser
Graf, Dürckheim Durchbruch zum Wesen
Gvorvi I. Qigong — Ml
Härtel H. Herddiagnostik — Haug
Hauschka R. Substanzlehre — Klostermann
Heyn Ayurveda — Scherz
Hutchinson Megabrain — Sphinx
Inst. d. dt. Zahnärzte Amalgam - pro und contra
Issels I. Mehr Heilungen von Krebs — Helfer Verlag — Schwabe
Jayasuriya The fourteen Channels — Medicine Alternativa
Kanodia Homöopathie — Jain
Kendall Muscle Testing — Williams and Wilkins
Kendall P. Muscles Testing — Williams and Wilkins
Kent Homöopathie — Jain
Kenyon Akupressur — Sphinx
Ketterl W. Praxis der Zahnheilkunde 1-12 — U u. S
Keustell Ayurveda — Diana
Kichlu Homöopathie — Jain
Kichlu K. L. / Bose L. Descriptive Medicine
Kirchmann Dr. K. Biochemie Lexikon — E. Kirchmann Verlag
Kodratoff Shiatsu — Sphinx
Köhler B. Bioresonanz – Therapie — Jungjohann Verlag
König Menschenkunde und Erziehung — Verlag freies Geistleben
König/Wancura Neue chinesische Akupunktur 1 u. 2 und Atlas — Maudrich
König/Wancura Ohrakupunktur — Maudrich
Koolman/Röhm Taschenbuch der Biochemie — Thieme
Krämer D. Bachblüten 1-3 — Ansata
Krämer D. Bachblüten 1 — Aufsatz
Krämer D. / Wild H. Bachblüten 2 — Aufsatz
Kramer F. Elektroakupunktur 1,2 — Haug Verlag

Krämer H.	Bachblüten 3 — Aufsatz
Krumm-Heller	Duftstoffe — R. Schikowski
Kubiena	Akupunktur — ORAC
Kühn	Lust am Heilen — Pala
Kühn H. A. / Schirmeister J.	Innere Medizin — Springer Verlag
Kühne	Soziale Hygiene — Verein für erweitertes Heilwesen
Kurtz	Körperzentrierte Psychotherapie — Synthesis
Lad	Ayurveda — Lotus
Lehninger/Nelson	Prinzipien der Biochemie — Akademischer Verlag
Leibold	Gesund durch Heilkräuter — Bassermann
Leibold	Shiatsu — Falken
Leigh	Bodytherapie — Walev Margin Press
Liliental	Homöopathie — Indian Books
Lilienthal M. D.	Homeopathic Therapeutics
Lonicerus A.	Kräuterbuch 1697 — Konrad Kölbl Verlag
Lorber	Vom inneren Wesen der Naturordnung — Lorber
Lorber	Licht und Ton, geistige Elemente — Lorber
Lorber	Heilung — Lorber
Macioca	The Foundation of Chinese Medicine 1-3 — Churchill Livingstone
Mandel P.	Lichtblicke der ganzheitlichen Zahnmedizin — Energetik
Mandel P.	Farbpunktur — Energetik
Manning	Bioenergetic medicines east and west — Northatlantic Books
Markgraf A.	Genetische Information — Edition Energetik
Masafret	Gesund in die Zukunft — Trema
Mastalier	Reflextherapie in der Zahnheilkunde — Quintessenz
Mastalier	Ganzheitliche Zahnheilkunde — U u. S Verlag
Mastalier	Immunologische Aspekte in der Zahnheilkunde — Quintessenz
Mastalier O.	Reflextherapien in der Zahnheilkunde — Quintessenz
Meng-Chao-Lai A.	Akupunktur (Bildband für mäßig Fortgeschrittene) — Haug Verlag
Mercuris	Homöopathie — Haug
Metzger	Homöopathie 1 u. 2 — Haug
Meuris I.	Homöopathie in der zahnärztlichen Praxis — Haug
Mills	Das große Buch der Heilmethoden — Oesch
Morgan Brian L.	Food and Drug Interaction Guide — Simon and Schuster
Namikoshi	Shiatsu — Japan Publ.
Nissel H. / Schiner E.	Akupunktur – eine Regulationstherapie — Facultas
Ohashi	Shiatsu — Bauer
Österr. Ges. f. Neuraltherapie	Herd, Störfeld — Facultas Verlag
Österr. Ges. f. Neuraltherapie	Grundlagen — Facultas Verlag
Pahlow	Heilpflanzen — Gräfe und Unzer
Pahlow M.	Heilpflanzen — GV
Palos	Acupuncture — Cedip
Pflugbeil	Orthomolekulare Medizin — Herbig Verlag
Rajasekharai	Vibrations — Panther
Rast	Homöopathie für Zahnärzte — Deutsche Homöopathie Union
Rauch	Mayr Diät — Haug
Rauch E.	Darmreinigung — Haug
Reichert	Biologische Zahnmedizin — Med. Literaische Verlagsgesellschaft
Reichert P.	Biologische Zahnmedizin — MLV
Riso	2 Typen der Persönlichkeit — Knaur
Roberts	Seth, Natur der persönlichen Realität — Ariston
Rosendorf	Neue Erkenntnis in der Naturheilbehandlung — Turm
Rossaint	Homöopathie — Haug
Rossaint A.	Ganzheitliche Zahnheilkunde — Haug
Rossi	Mind, body therapy — Norton Company

Ryzl Parapsychologie — Ariston
Sabetti Lebensenergie — Scherz; Energiemanifestationen Transpersonale Dimensionen; Shinkido
Salim Acupuncture Treatment — Army Press
Sandler Vollwerternährung — Emu
Scheffer M. Bachblüten — Jungjohann Verlag
Schirmohammadi Allergische Erkrankungen — Pascoe Verlag
Schmidseder A. Schienentherapie — U u. S Verlag
Schramm H. Heilmittelfibel zur Anthroposophischen Medizin — Novalis Verlag
Schramm H. Metalle und Mineralien in der Therapie — Novalis Verlag
Schroll U., Watzek G. Zahnärztliche Chirurgie —Maudrich
Schupp W. Funktionslehre in der Kieferorthopädie — Schupp
Schweitzer Weltanschauung der indischen Denker — Beck
Schweitzer Aus meinem Leben und Denken — Fischer
Seng Naturheilverfahren — TRIAS
Seng G. Naturheilverfahren — Trias
Shun Head Acupuncture — Shanxi
Singh Homöopathie — Jain
Smolnig E. Demaskierung d. Krebsproblems
Spitta-Fachbuchreihe Ganzheitliche Zahnheilkunde in der Praxis 1 u. 2
Stähle H. Kinder und Jugendzahnheilkunde — Deutscher Ärzteverlag
Steiner Ernährung und Bewußtsein — Verlag freies Geistleben
Steiner Zeitgemäße Erziehung — Steiner
Steiner Philosophie der Freiheit — Steiner
Stiefvater E. W. Die Organuhr — Haug Verlag
Sun Suchun Atlas of therapeutic motion and chinese massage — Foreign Language Press
Sun Xue Quan Chinese Acupuncture — Shandong
Tandon Homöopathie — Rajendra
Teeguarden R. Chinese Tonic Herbs — J. P.
Trabern J. T. / Montanus E. Kräuter – Buch
Ullmann D. Homeopathy — North Atlantic Books
Upledger I. Craniosacral Therapy — Eastland Press
Vermeulen F. Kindertypen in der Homöopathie — Sonntag Verlag
Visser H. Quecksilberexposition durch Amalgamfüllungen — Hüthig
Vithoulka G. The secure of Homeopathy — Grove Press
Voegli A. Homöopathie Therapie der Kinderkrankheiten — Haug
Volkmer Jenseits des Molaren — Edition Energetik
Volkmer D. Mars — Spiegel-Energetik
Voll R. EAV — MLV
Wagner Akupressur — Gräfe und Unzer Verlag
Wallace Psychic Healing — Wingbow Press
Walther D. Applied Kinesiology — Systems DC
Weil Natural Mind — H. Mifflin
Wenzel G. Qigong — Tau
Wertsch Akupunkturatlas — WBF
Wichtl M. Teedrogen — Wissenschaftl. Verlagsgesellschaft
Wolf Dr. O. Anthroposophisch orientierte Medizin — Verlag Freies Geistesleben
Woodman M. Addiction to perfection — Inner City Books
Xinnongk Chinese acupuncture and moxibustion — Foreign Language Press
Yukiko Shiatsu — Scherz
Zhang English Chinese Library of trad. chinese medicine 1-13 — Shanghai College
Zimmermann Naturheilwesen — Cedip
Zulla H. Akupunktur und Homöopathie — Haug Verlag

IMPRESSUM

Grafik: Agentur W. Fröhlich; M. Ilic; Ing. G. Wochein; F. Buzek, P. Prekorschek
Computer-Layout: R. Pezzei; R. u. R. Pacher, W. Fröhlich
Ölbilder: N. Vecsey de Vecse; Dr. S. Hochfellner **Cover:** R. Brandner
Fotos: R. v. Assche: Osteopathie; R. Füß-Mandel: Kirlian Farbtherapie; W. Gerz: Applied Kinesiology; A. Guidotti: Kiefer — Wirbelsäule; Ch. Kobau: Tibet, Amazonas, China, Costa Rica, Syrien, West-Papua-Neu Guinea, Jordanien, Israel; M. Mehlführer: Phytotherapie; H. Schloßer: Amalgamsanierung; W. Schupp: Kieferorthopädie; H. Stossier: Entgiftungsstrategien; P. Winkler-Payer: Bachblüten; E. Wühr: Akupunktur; H. Frieling: Zungenfotos

Druck: Gorenski Tisk, Kranj
ISBN: 3-9500303-4-4 (Vertrieb: siehe Kontaktadresse)

KONTAKTADRESSE

Dr. med. Christian Kobau
Facharzt für Zahn-, Mund- und Kieferheilkunde
Postfach 222 (Ordination: Pfarrplatz 5)
A-9020 Klagenfurt

FIRMEN

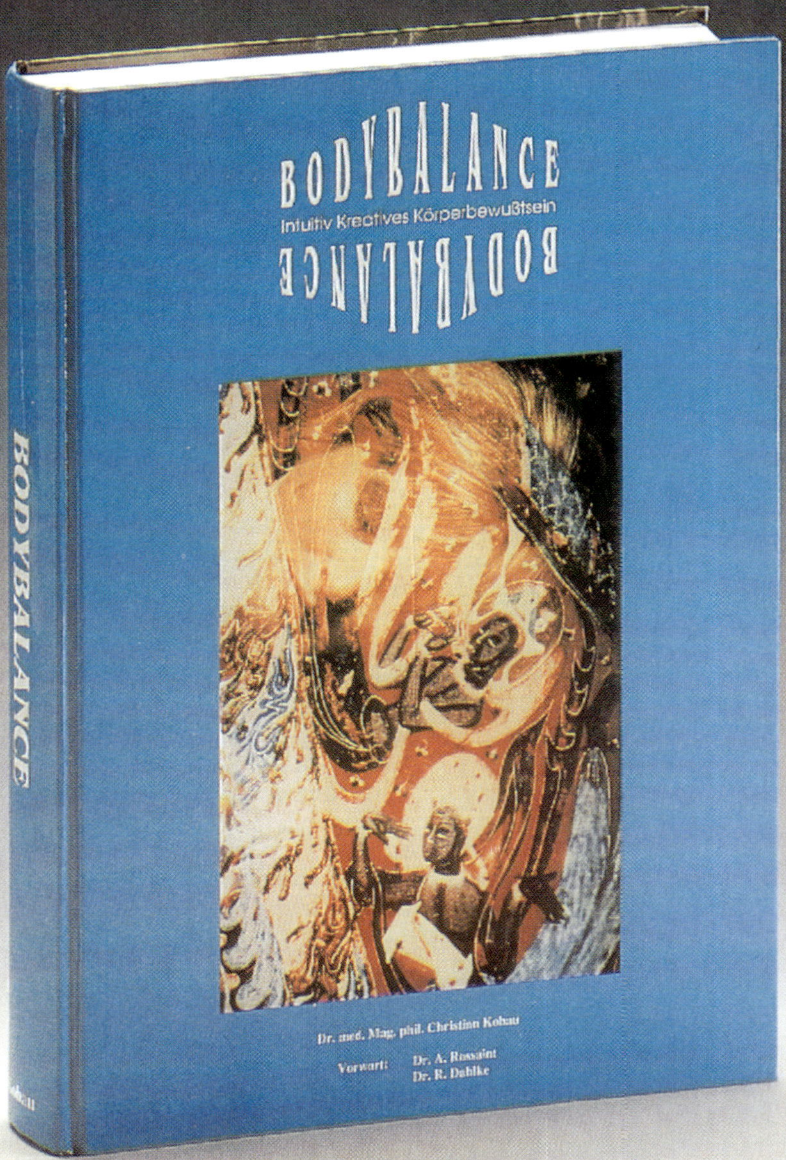

BODYBALANCE

von Mag. phil. Dr. med. Christian Kobau

Vorwort: R. Dahlke, A. Rossaint

Die Aufgabe dieses Buches ist es, sowohl dem bewußt lebenden und an Gesundheit interessierten Laien, als auch dem Fachmann (Arzt, Physiotherapeut, Masseur etc.) eine Vielzahl an Möglichkeiten zu bieten, bei Regulationsstörungen im menschlichen Organismus helfend auf einfache und natürliche Art und Weise einzugreifen.

Jeder von uns hat, prinzipiell gesehen, bereits alle Kräfte und Energien, um Probleme und Schwierigkeiten selbst zu lösen. Es fehlt aber oft nur der Zugang zu diesen ureigenen Ressourcen. Ziel ist es, diesen **inneren Kern ("inner core")** zu finden, zu aktivieren und voll einzusetzen. Auch in der chinesischen, indischen, und tibetischen Medizin finden wir enorm viele Analogien und Verbindungen, welche es dem Menschen ermöglichen, leichter Zugang zu seinem **inneren Kern** und somit seiner **eigenen Heilkraft** zu finden.

ALLES IST MIT ALLEM VERBUNDEN.
Der MIKROKOSMOS kommuniziert mit dem MAKROKOSMOS.

Diese sogenannten "Resonanzphänomene" sind entstanden aus Jahrtausende alter Erfahrung und der Intuition, daß gewisse Dinge im Menschen und der Umwelt oberflächlich, grob materiell gesehen zwar verschieden sind, feinstofflich energetisch gesehen jedoch "auf einer Ebene schwingen".

Ein eigenes Kapitel des Buches umfaßt gängige Krankheiten und deren Therapien mit einfachen, aber wirksamen natürlichen Behandlungsmethoden (Akupressur, Shiatsu, Akupunktur, Naturheilverfahren, Kräutertees, aromatische Öle, Intuitiv Sensitive Heilmassage, Visualisierung).

Etwa 180 Seiten sind anerkannten Fachleuten aus China, der BRD und Österreich gewidmet, wobei vielfältige und allgemein verständliche Beiträge zu diesem Themenbereich eingeflochten sind.

BODYBALANCE ist bewußtes Arbeiten mit unserem QI-(Energie-)Körper. Je mehr wir mit Hilfe der einzelnen Übungen BEWUSSTHEIT erwerben, desto feinfühliger und feinstrukturierter werden wir in unserem Wahrnehmungssystem und können so Störungen, Traumata und Blockaden im emotionalen wie auch körperlichen und geistigen Bereich leichter erkennen und auflösen. Je intensiver wir an unserem Bewußtwerdungsprozeß arbeiten, desto balancierter werden wir und desto klarer wird sich unsere persönliche Entwicklung abzeichnen.
BODYBALANCE ist die bewußte Synthese verschiedener natürlicher Heilmethoden, wobei vor allem die INTUITIV SENSITIVE HEILMASSAGE, QIGONG und AQUABORN zu einer harmonischen GANZHEIT zusammengeführt werden. Das Ziel all dieser differenten regulativen Methoden ist es, die HOMÖOSTASE, das innere und äußere energetische Gleichgewicht wiederherzustellen und damit auch **Streßfaktoren** besser verarbeiten zu können. Der Mensch beginnt wieder aus "seiner Mitte" heraus zu leben.

Dieses Werk ist eine Symbiose
von alten Naturheilverfahren, Entspannungstechniken und
Möglichkeiten der Energiebalance
mit neuesten hochwertigen Erkenntnissen.
Der Mensch kann so in einer ganzheitlich umfassenden Art erlebt werden.

Die "INTUITIV SENSITIVE HEILMASSAGE" ist eine vom Autor entwickelte Synthese asiatischer Heilmethoden (China, Indien, Tibet) mit westlichen Naturheilverfahren (USA-Südamerika-Europa), wobei die während zehnjähriger weltweiter Forschungsreisen und Expeditionen gemachten Erfahrungen eingebaut werden. Speziell die leicht verständliche und exakte Beschreibung der Meridiane mit den Akupunktur-/Akupressur-Punkten als energetische Regulationszentren soll uns helfen, den Menschen in einer ganzheitlich umfassenden Art kennenzulernen.

QIGONG ist eine alte chinesische Atem- und Bewegungsmeditation, welche dem Menschen dazu verhilft, seine eigene Energie (QI) besser zu balancieren und mehr in seiner Mitte (Dantien) zu bleiben. Die fokussierte Aufmerksamkeit, der Wille und die Meditation vereinigen sich im QIGONG zu einem Übungssystem, das besonders die Gesunderhaltung fördert, aber auch zur Heilung vieler, speziell chronischer Krankheiten beiträgt. QIGONG ist eine Möglichkeit, für seine Gesundheit prophylaktisch tätig zu sein und an der eigenen Selbstheilung aktiv mitzuarbeiten. QIGONG-Kliniken außerhalb Chinas gibt es bereits in Deutschland und Kanada.

AQUABORN ist eine spezifische Heilarbeit, welche in 34°C warmem Wasser erlebt wird. Über die heilende Wirkung des Wassers werden erstarrte Strukturen zum Fließen gebracht und der "im Becken" schwebende Mensch verspürt ein Gefühl der Sicherheit und Wärme. Dieses Erlebnis kann als "uterale Resonanz" bezeichnet werden (geborgen wie ein Embryo im Uterus). Die zusätzliche Verwendung von Akupressurpunkten im Wasser dient dazu, blockierte Energieflüsse wieder zu aktivieren.

Dieses Buch ist eine Herausforderung für diejenigen, welche von der Zerrissenheit des Körpers und Geistes mit Gefühl einen Schritt in Richtung EINHEIT/GANZHEIT gehen. Es ist der natürlichen SELBSTHEILUNGSKRAFT in jedem von uns gewidmet.

2. Auflage - 4-farbig gebunden - Hard-Cover - Fadenheftung - 531 Seiten - Format 23,5 x 33,5 cm
Preis: 1.090.-- zzgl. MWSt. - 365 grafische Darstellungen - 197 Fotos (s/w) - 7 Farbtafeln
(DM 175,-) - ISBN 3-9500303-0-1

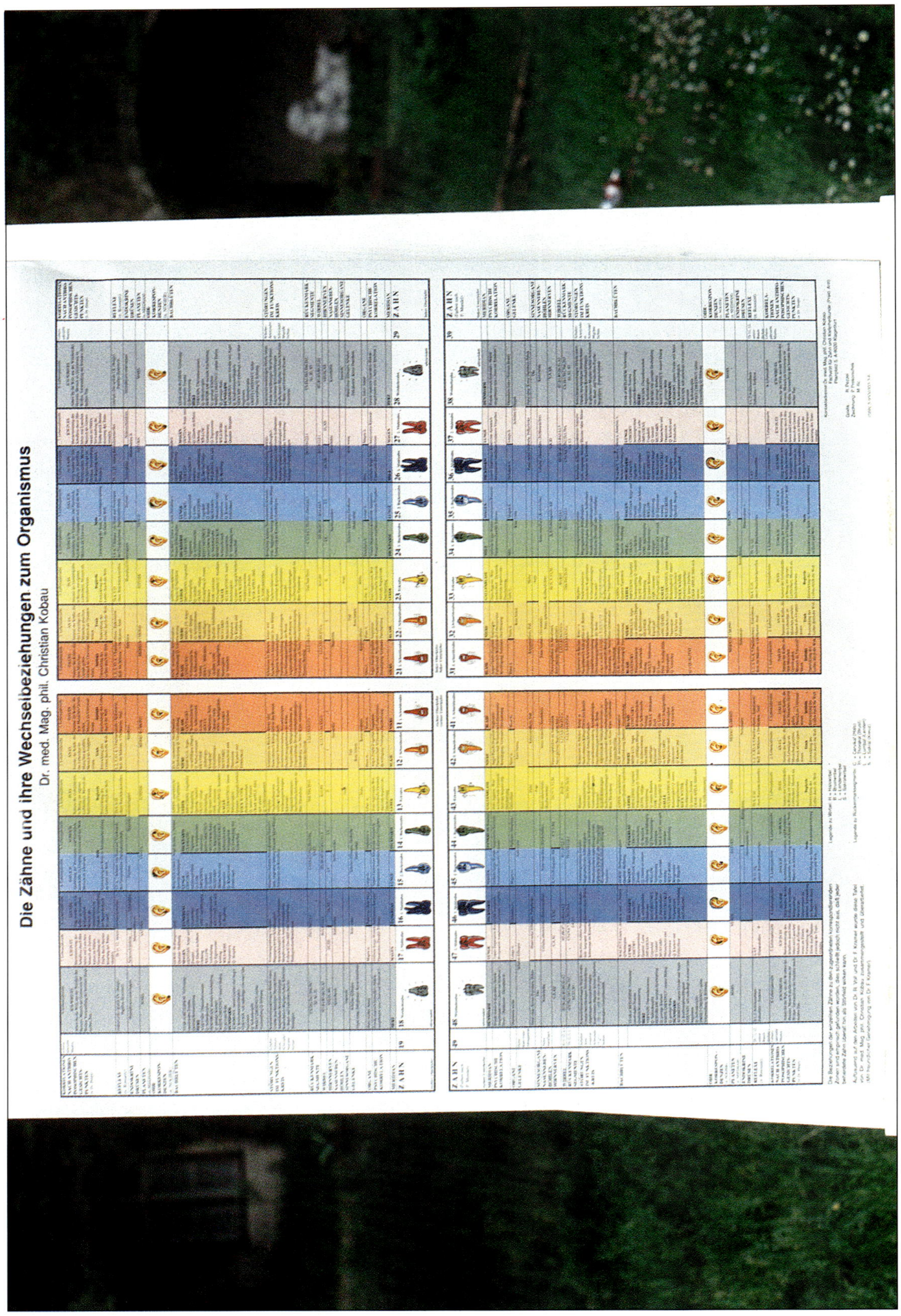
Die Zähne und ihre Wechselbeziehungen zum Organismus
Dr. med. Mag. phil. Christian Kobau

ISBN:3-9500303-3-6

DIE ZÄHNE UND IHRE WECHSELBEZIEHUNGEN ZUM MENSCHLICHEN ORGANISMUS

Wir können unseren Körper als einen Organismus betrachten, der durch verschiedene Regulationssysteme in einem Gleichgewicht gehalten wird. Gesundheit ist dann gewährleistet, wenn wir ein harmonisches Zusammenspiel dieser differenten Systeme vorfinden. All diese Systeme sind miteinander gekoppelt und verbunden, sodaß Störungen in einem Regelkreis sofort Gegenregulationen in den anderen verursachen. Die Information wird, wie die Forschungen von A. Popp zeigen, durch Biophotonen weitergegeben, sodaß jede Zelle sofort über den Zustand jeder anderen „Bescheid weiß". Dies gilt nach dem hermetischen Prinzip innen wie außen, im Mikrokosmos wie im Makrokosmos.

BEWUSSTSEIN = ENERGIE + INFORMATION

> **„Man hat uns glauben gemacht, daß wir nur ein Teil des Ganzen seien. Aber jeder einzelne ist verschmolzen mit dem Ganzen, weil nur Einheit zur Vollendung führt. Wäre jemand ausgeschlossen, dann könnte Einheit nicht vollständig sein. Sobald wir unsere Einheitlichkeit mit dem vollkommenen Zustand begreifen, merken wir, daß wir diesem auch nach außen hin Ausdruck geben müssen."**
>
> **Bird Spalding**

Bezogen auf dem Mundhöhle und Zähne, finden wir auch hier, ähnlich wie bei den Reflexzonen der Füße bzw. der Ohren ein Mikrosystem vor, von dem Fernwirkungen auf gekoppelte Organsysteme oder Segmente ausgehen können und umgekehrt. Zähne, Parodontium und angrenzende Mundschleimhaut wir als eine Art Funktionseinheit mid dem Begriff ODONTON versehen und zeichnet sich durch besondere Lymphwirksamkeit aus.

Die Erkenntnis, daß die Zähne Störfelder sein können und auf verschiedene Körperregionen ihre Wirkung entfalten können ist bereits altes Wissen. Wie genau jedoch die einzelnen Zähne bestimmten Organen u. Zonen am Körper zugeordnet werden können, wurde erst von Dr. Voll u. Dr. Kramer durch bioelektronische Meßverfahren an Tausenden Patienten empierisch ermittelt.
Als Grundlage ihrer Untersuchungen diente primär die klassische Medizin, das Wissen um die Akupunkturmeridiane, die moderne Elektronik und die Homöopathie. Daraus resultierend wurde erkannt, daß die Zähne, sowie die entsprechenden zahnlosen Kieferabschnitte Bezug haben zu bestimmten Organen, Drüsen, Wirbel, Gelenken und sogar psychische Korrelate finden. Haben wir zb. beim unteren 5er (Backenzahn) eine Beherdung, so kann dieser Zahn das Energiesystem vom Magen stören, da dieser Zahn mit dem Magenmeridianen korreliert. Finden wir bei diesem Patienten dann noch ein Magengeschwür, wird eine Behandlung dieses Leidens ohne Therapie des Störfeldes am 5er Zahn kaum anhaltenden Erfolg zeigen.

Umgekehrt aber kann auch eine chron. Störung am Organ, zu einer Schwächung im zugeordneten Zahnbereich (Odonton) führen. Hat zb. ein Patient ständig Unterleibsprobleme, welche mit dem Funktionskreis Niere, Blase korrelieren, kann diese Störung das Zahnfleisch der zugehörigen Zähne, in diesem Fall die Oberkiefer- und Unterkieferfrontzähne, schwächen, sodaß es hier immer wieder zu Entzündungen, bis zum Zahnfleischrückgang kommen kann.
Es ist somit sowhol für Arzt als auch Patient sehr wichtig, zumindest annähernd diese Beziehung der Zähne zum übringen Organismus zu kennen, um eventuell bedeutende Rückschlüsse daraus ziehen zu können.
Abschließend sei noch zu bemerken, daß jeder beherdete Zahn prinzipiell überall hin streuen kann, die korrespondierenden Zuordnungen aber eine wertvolle Hilfestellung sein können.

Abb. 1–5: Entnommen aus dem „Terra Humoristica Museum“ – Terra Mystica – Bad Bleiberg – Kärnten

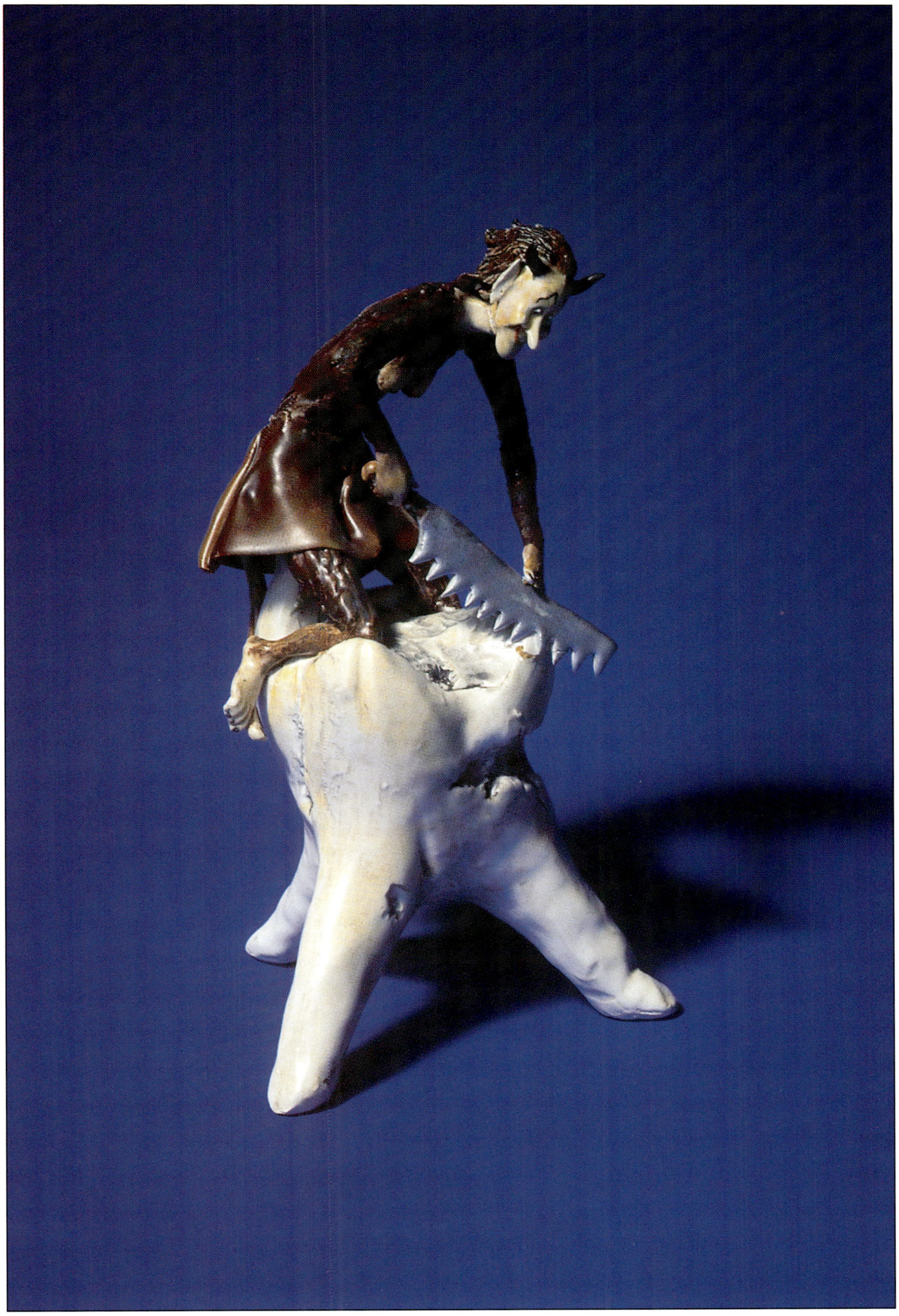

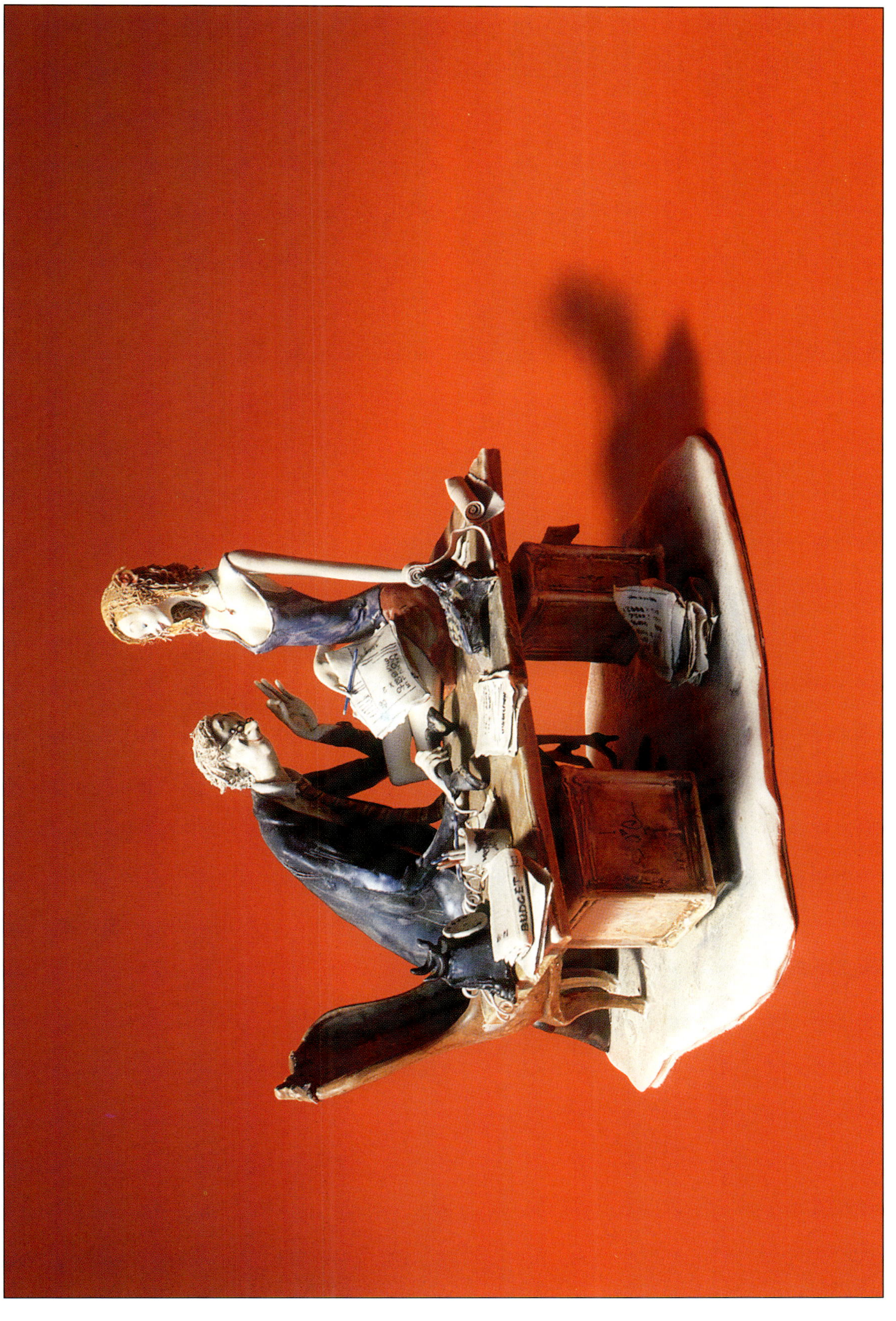
BUDGET

„THE NEW HOLISTIC SOUND EXPERIENCE"

umfaßt eine Reihe von CDs, deren Aufgabe es ist Klangräume zu erschaffen, die den Hörer in eine faszinierende Welt kreativer Schwingungen führt. Als Klangmodulatoren werden je nach CD folgende Elemente eingesetzt: ***Chinesische, Balinesische, Burmesische Gongs mit bis zu 1,20 m Durchmesser – tibetische Klangschalen – amerikanische Crystal Bowls – Vibraphon – Xylophon – Digeridoos (Blasinstrumente der australischen Ureinwohner, den Aborigines) – Harfe – Flöte – Piano – Trommeln – Obertongesang – Anatol. Rebab – Dombra aus Kazakistan – Tar aus Azerbaidschan – Sibirische Maultrommel.***

Von Ch. Kobau persönlich mit Spezialunterwassermikrofonen aufgezeichneten Delphinstimmen aus Hawai begleiten die Sounds bei den *Baby 1, 2* und den *Senioren* CDs. Originalaufnahmen von den Urwäldern auf den Phillipinen und aus Costa Rica untermalen bestimmte Tonpassagen.

Während einer illegalen Trekkingtour von Ch. Kobau durch Tibet („Free Tibet Collection") wurden Klangelemente aufgezeichnet, die neue Gefühle von Raum und Zeit vermitteln können.

Bei den CDs „Stress reducing" und „Relief of Pain" wurden mit einer speziellen Aufnahmetechnik 2 verschiedene Frequenzen zur selben Zeit auf differenten Kanälen aufgenommen. Unser Hirn nimmt von diesen 2 Frequenzen nur die Differenz wahr und kann in dieser Frequenz mitschwingen (Monroe-Technik USA). Ein Teil davon führt uns in den Bereich von 7,8 Hz, einer entscheidenden Schwingung im Magnetfeld der Erde, der SCHUMANNWELLE, ein anderer in den Frequenzbereich von 4 Hz, entsprechend den Thetawellen unseres Gehirns in Tiefschlaf.

Die einzelnen CDs wurden für bestimmte Entspannungs- und Massageformen konzipiert, wobei in jeder CD eine einseitige Anleitung für die einzelnen Übungen in Deutsch un Englisch vorhanden ist.

Alle CDs sind einerseits für die angegebene Indikation ideal einzusetzen, vermitteln aber auch ohne eine Massage, währen des Zuhöhrens ein raumfüllendes Erlebnis.

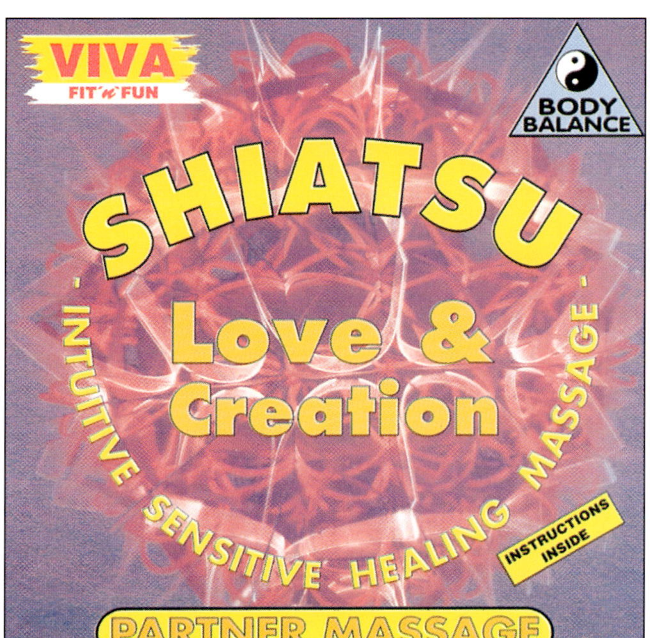

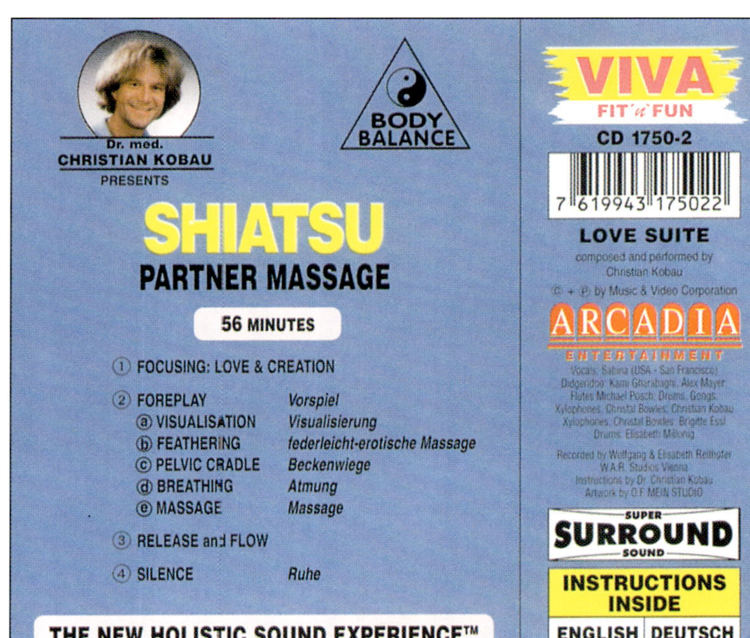

BODY BALANCE
BABY & CHILD MASSAGE I
1747-2
VIVA
FIT'n'FUN
INSTRUCTIONS WITHIN

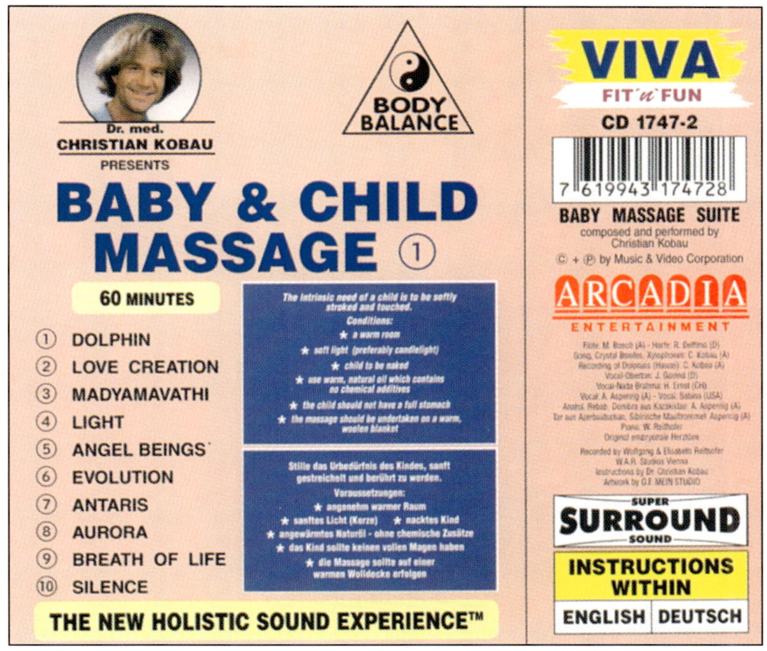
Dr. med.
CHRISTIAN KOBAU
PRESENTS
BODY BALANCE
BABY & CHILD MASSAGE ①
60 MINUTES
① DOLPHIN
② LOVE CREATION
③ MADYAMAVATHI
④ LIGHT
⑤ ANGEL BEINGS
⑥ EVOLUTION
⑦ ANTARIS
⑧ AURORA
⑨ BREATH OF LIFE
⑩ SILENCE
The intrinsic need of a child is to be softly stroked and touched.
Conditions:
★ a warm room
★ soft light (preferably candlelight)
★ child to be naked
★ use warm, natural oil which contains no chemical additives
★ the child should not have a full stomach
★ the massage should be undertaken on a warm, woolen blanket
Stille das Urbedürfnis des Kindes, sanft gestreichelt und berührt zu werden.
Voraussetzungen:
★ angenehm warmer Raum
★ sanftes Licht (Kerze) ★ nacktes Kind
★ angewärmtes Naturöl - ohne chemische Zusätze
★ das Kind sollte keinen vollen Magen haben
★ die Massage sollte auf einer warmen Wolldecke erfolgen
THE NEW HOLISTIC SOUND EXPERIENCE™
VIVA
FIT'n'FUN
CD 1747-2
BABY MASSAGE SUITE
composed and performed by Christian Kobau
© + ℗ by Music & Video Corporation
ARCADIA
ENTERTAINMENT
SUPER SURROUND SOUND
INSTRUCTIONS WITHIN
ENGLISH DEUTSCH

BODY BALANCE
BABY & CHILD MASSAGE II
1748-2
VIVA
FIT'n'FUN
INSTRUCTIONS WITHIN

Dr. med.
CHRISTIAN KOBAU
PRESENTS
BODY BALANCE
BABY & CHILD MASSAGE ②
58 MINUTES
① METAMORPHOSIS
② FLOATING
③ SOLARIS
④ DREAM STATE
⑤ SOOTHING
⑥ IN TRANSITION
⑦ NAMOANI
⑧ ARRIVAL
⑨ SOUL INSPIRATION
⑩ SILENCE
The intrinsic need of a child is to be softly stroked and touched.
Conditions:
★ a warm room
★ soft light (preferably candlelight)
★ child to be naked
★ use warm, natural oil which contains no chemical additives
★ the child should not have a full stomach
★ the massage should be undertaken on a warm, woolen blanket
Stille das Urbedürfnis des Kindes, sanft gestreichelt und berührt zu werden.
Voraussetzungen:
★ angenehm warmer Raum
★ sanftes Licht (Kerze) ★ nacktes Kind
★ angewärmtes Naturöl - ohne chemische Zusätze
★ das Kind sollte keinen vollen Magen haben
★ die Massage sollte auf einer warmen Wolldecke erfolgen
THE NEW HOLISTIC SOUND EXPERIENCE™
VIVA
FIT'n'FUN
CD 1748-2
CHILD MASSAGE SUITE
composed and performed by Christian Kobau
© + ℗ by Music & Video Corporation
ARCADIA
ENTERTAINMENT
SUPER SURROUND SOUND
INSTRUCTIONS WITHIN
ENGLISH DEUTSCH

VIVA
FIT'n'FUN
BODY BALANCE
SHIATSU
Harmony
- INTUITIVE SENSITIVE HEALING MASSAGE -
INSTRUCTIONS INSIDE
FULL BODY MASSAGE

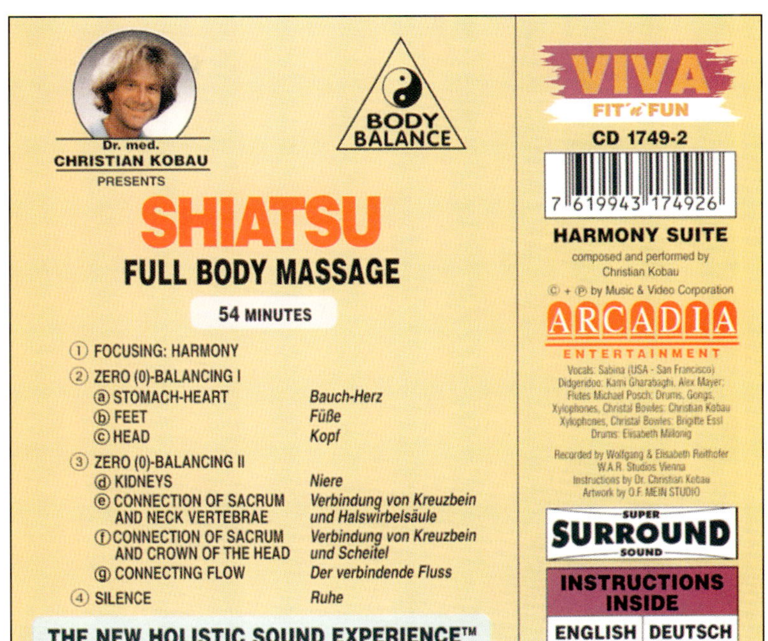
Dr. med.
CHRISTIAN KOBAU
PRESENTS
BODY BALANCE
SHIATSU
FULL BODY MASSAGE
54 MINUTES
① FOCUSING: HARMONY
② ZERO (0)-BALANCING I
ⓐ STOMACH-HEART Bauch-Herz
ⓑ FEET Füße
ⓒ HEAD Kopf
③ ZERO (0)-BALANCING II
ⓓ KIDNEYS Niere
ⓔ CONNECTION OF SACRUM AND NECK VERTEBRAE Verbindung von Kreuzbein und Halswirbelsäule
ⓕ CONNECTION OF SACRUM AND CROWN OF THE HEAD Verbindung von Kreuzbein und Scheitel
ⓖ CONNECTING FLOW Der verbindende Fluss
④ SILENCE Ruhe
THE NEW HOLISTIC SOUND EXPERIENCE™
VIVA
FIT'n'FUN
CD 1749-2
HARMONY SUITE
composed and performed by Christian Kobau
© + ℗ by Music & Video Corporation
ARCADIA
ENTERTAINMENT
SUPER SURROUND SOUND
INSTRUCTIONS INSIDE
ENGLISH DEUTSCH

VIVA
FIT'n'FUN
BODY BALANCE
QIGONG
METAMORPHOSIS
INSTRUCTIONS WITHIN

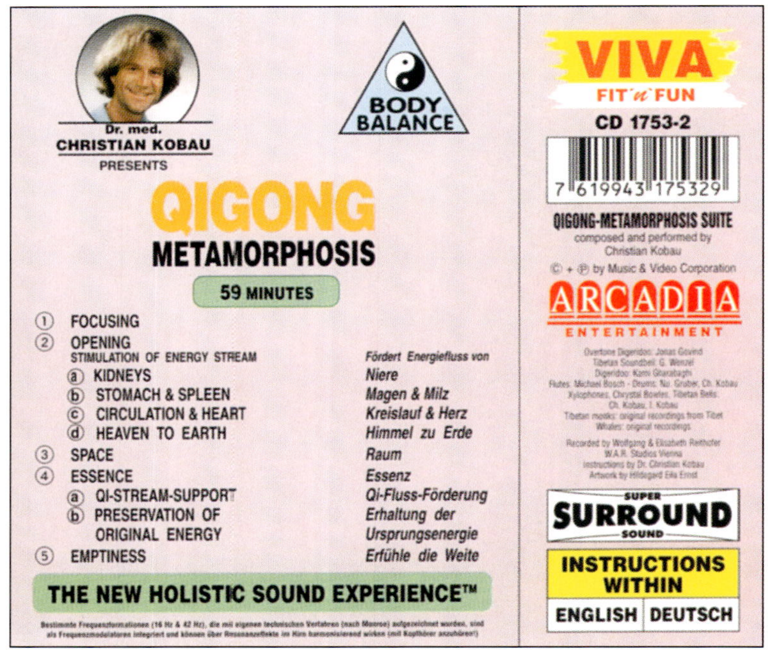
Dr. med.
CHRISTIAN KOBAU
PRESENTS
BODY BALANCE
QIGONG
METAMORPHOSIS
59 MINUTES
① FOCUSING
② OPENING
STIMULATION OF ENERGY STREAM
Fördert Energiefluss von
ⓐ KIDNEYS
Niere
ⓑ STOMACH & SPLEEN
Magen & Milz
ⓒ CIRCULATION & HEART
Kreislauf & Herz
ⓓ HEAVEN TO EARTH
Himmel zu Erde
③ SPACE
Raum
④ ESSENCE
Essenz
ⓐ QI-STREAM-SUPPORT
Qi-Fluss-Förderung
ⓑ PRESERVATION OF ORIGINAL ENERGY
Erhaltung der Ursprungsenergie
⑤ EMPTINESS
Erfühle die Weite
THE NEW HOLISTIC SOUND EXPERIENCE™
VIVA
FIT'n'FUN
CD 1753-2
7 619943 175329
QIGONG-METAMORPHOSIS SUITE
composed and performed by
Christian Kobau
© + ℗ by Music & Video Corporation
ARCADIA
ENTERTAINMENT
SUPER SURROUND SOUND
INSTRUCTIONS WITHIN
ENGLISH
DEUTSCH

VIVA
FIT'n'FUN
BODY BALANCE
QIGONG
INNER VOICE
INSTRUCTIONS WITHIN

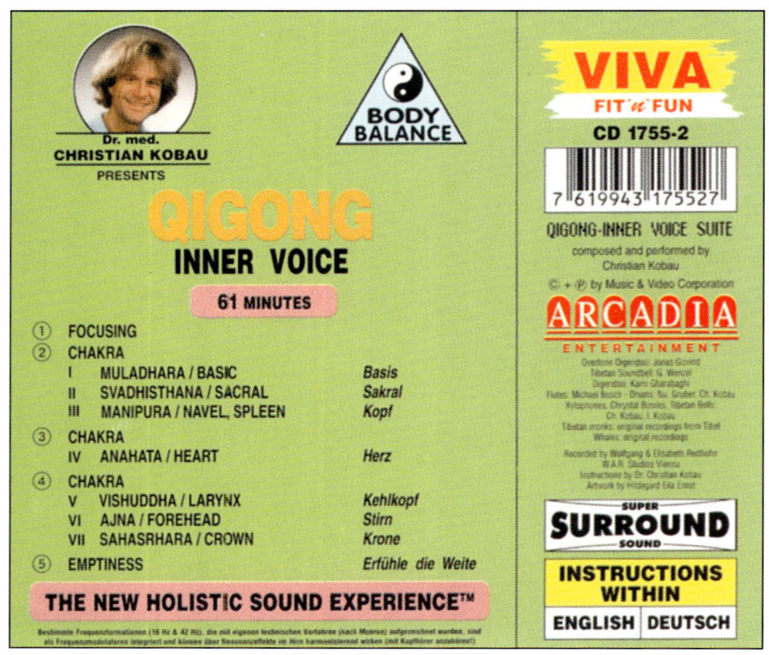
Dr. med.
CHRISTIAN KOBAU
PRESENTS
BODY BALANCE
QIGONG
INNER VOICE
61 MINUTES
① FOCUSING
② CHAKRA
I MULADHARA / BASIC
Basis
II SVADHISTHANA / SACRAL
Sakral
III MANIPURA / NAVEL, SPLEEN
Kopf
③ CHAKRA
IV ANAHATA / HEART
Herz
④ CHAKRA
V VISHUDDHA / LARYNX
Kehlkopf
VI AJNA / FOREHEAD
Stirn
VII SAHASRHARA / CROWN
Krone
⑤ EMPTINESS
Erfühle die Weite
THE NEW HOLISTIC SOUND EXPERIENCE™
VIVA
FIT'n'FUN
CD 1755-2
7 619943 175527
QIGONG-INNER VOICE SUITE
composed and performed by
Christian Kobau
© + ℗ by Music & Video Corporation
ARCADIA
ENTERTAINMENT
SUPER SURROUND SOUND
INSTRUCTIONS WITHIN
ENGLISH
DEUTSCH

VIVA
FIT'n'FUN
BODY BALANCE
SHIATSU
- INTUITIVE SENSITIVE HEALING MASSAGE -
Feeling Good
INSTRUCTIONS INSIDE
STRESS - REDUCING

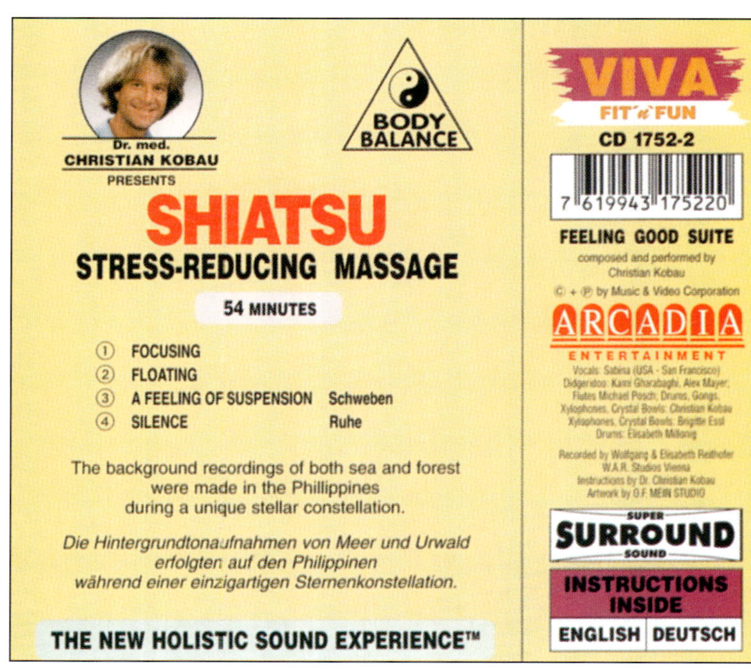
Dr. med.
CHRISTIAN KOBAU
PRESENTS
BODY BALANCE
SHIATSU
STRESS-REDUCING MASSAGE
54 MINUTES
① FOCUSING
② FLOATING
③ A FEELING OF SUSPENSION Schweben
④ SILENCE Ruhe
The background recordings of both sea and forest were made in the Phillippines during a unique stellar constellation.
Die Hintergrundtonaufnahmen von Meer und Urwald erfolgten auf den Philippinen während einer einzigartigen Sternenkonstellation.
THE NEW HOLISTIC SOUND EXPERIENCE™
VIVA
FIT'n'FUN
CD 1752-2
7 619943 175220
FEELING GOOD SUITE
composed and performed by
Christian Kobau
© + ℗ by Music & Video Corporation
ARCADIA
ENTERTAINMENT
SUPER SURROUND SOUND
INSTRUCTIONS INSIDE
ENGLISH
DEUTSCH

SENIOR CITIZENS' MASSAGE
BODY BALANCE
1756-2
VIVA
FIT 'n' FUN
INSTRUCTIONS WITHIN
SENIOREN MASSAGE

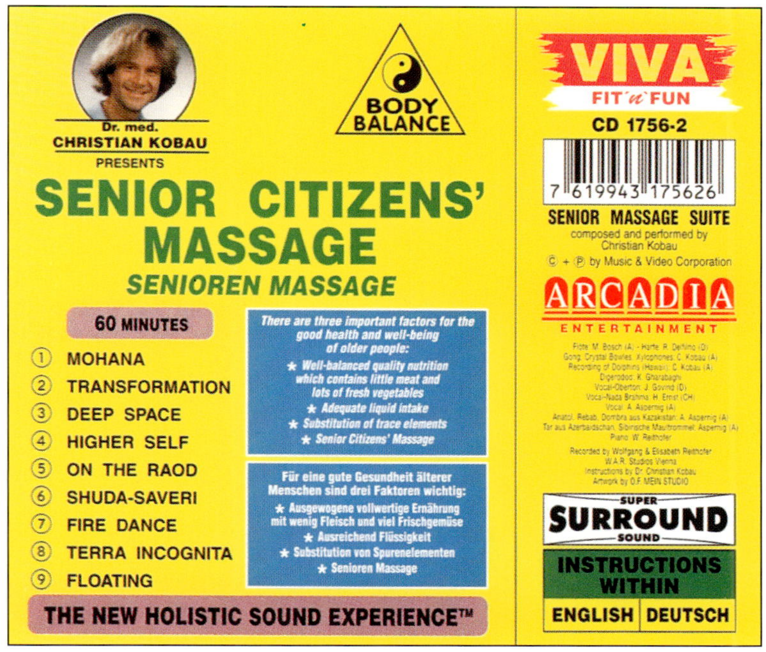
Dr. med.
CHRISTIAN KOBAU
PRESENTS
BODY BALANCE
SENIOR CITIZENS' MASSAGE
SENIOREN MASSAGE
60 MINUTES
① MOHANA
② TRANSFORMATION
③ DEEP SPACE
④ HIGHER SELF
⑤ ON THE RAOD
⑥ SHUDA-SAVERI
⑦ FIRE DANCE
⑧ TERRA INCOGNITA
⑨ FLOATING
There are three important factors for the good health and well-being of older people:
★ Well-balanced quality nutrition which contains little meat and lots of fresh vegetables
★ Adequate liquid intake
★ Substitution of trace elements
★ Senior Citizens' Massage
Für eine gute Gesundheit älterer Menschen sind drei Faktoren wichtig:
★ Ausgewogene vollwertige Ernährung mit wenig Fleisch und viel Frischgemüse
★ Ausreichend Flüssigkeit
★ Substitution von Spurenelementen
★ Senioren Massage
THE NEW HOLISTIC SOUND EXPERIENCE™
VIVA
FIT 'n' FUN
CD 1756-2
7 619943 175626
SENIOR MASSAGE SUITE
composed and performed by Christian Kobau
© + ℗ by Music & Video Corporation
ARCADIA
ENTERTAINMENT
SUPER SURROUND SOUND
INSTRUCTIONS WITHIN
ENGLISH
DEUTSCH

VIVA
FIT 'n' FUN
BODY BALANCE
SHIATSU
Relief of Pain
INTUITIVE - SENSITIVE - HEALING - MASSAGE
INSTRUCTIONS INSIDE
HEAD & BACK

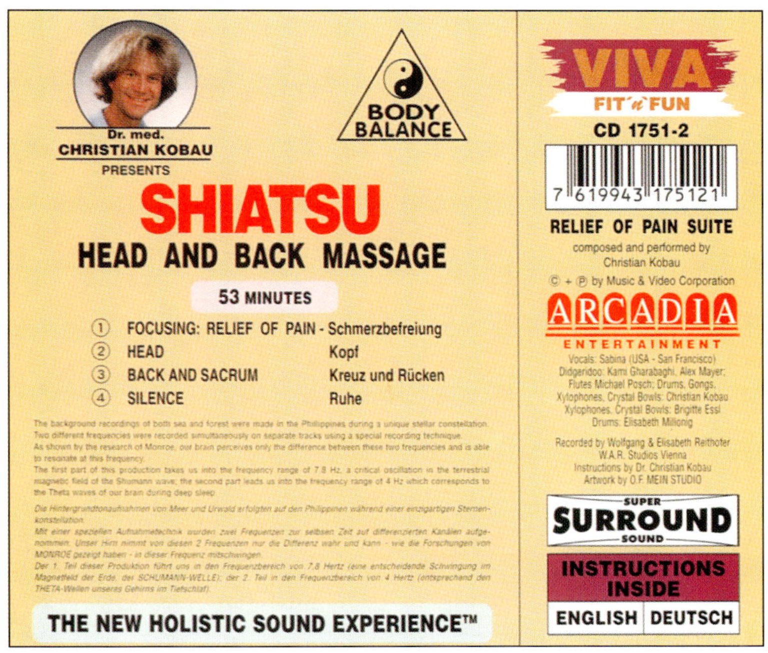
Dr. med.
CHRISTIAN KOBAU
PRESENTS
BODY BALANCE
SHIATSU
HEAD AND BACK MASSAGE
53 MINUTES
① FOCUSING: RELIEF OF PAIN - Schmerzbefreiung
② HEAD Kopf
③ BACK AND SACRUM Kreuz und Rücken
④ SILENCE Ruhe
THE NEW HOLISTIC SOUND EXPERIENCE™
VIVA
FIT 'n' FUN
CD 1751-2
7 619943 175121
RELIEF OF PAIN SUITE
composed and performed by Christian Kobau
© + ℗ by Music & Video Corporation
ARCADIA
ENTERTAINMENT
SUPER SURROUND SOUND
INSTRUCTIONS INSIDE
ENGLISH
DEUTSCH

VIVA
FIT 'n' FUN
BODY BALANCE
QIGONG
SILENCE
INSTRUCTIONS WITHIN

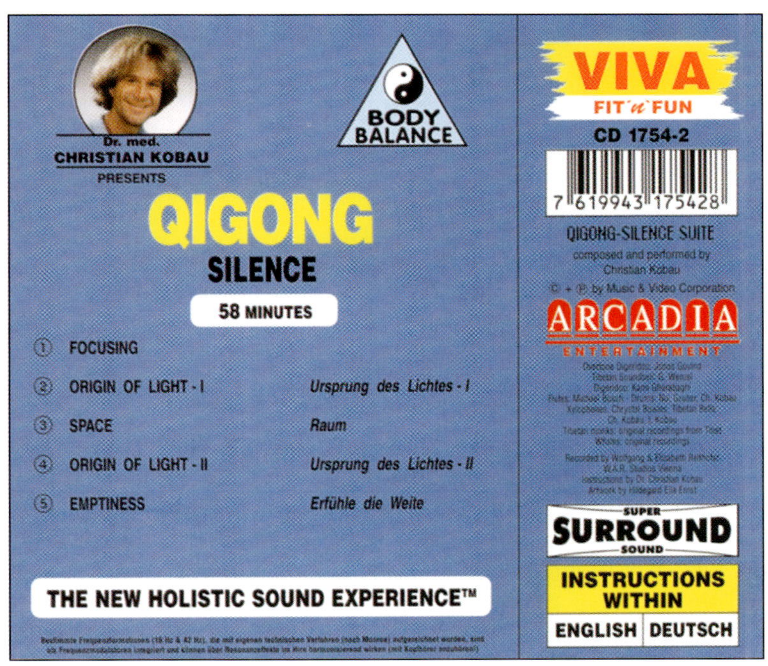
Dr. med.
CHRISTIAN KOBAU
PRESENTS
BODY BALANCE
QIGONG
SILENCE
58 MINUTES
① FOCUSING
② ORIGIN OF LIGHT - I Ursprung des Lichtes - I
③ SPACE Raum
④ ORIGIN OF LIGHT - II Ursprung des Lichtes - II
⑤ EMPTINESS Erfühle die Weite
THE NEW HOLISTIC SOUND EXPERIENCE™
VIVA
FIT 'n' FUN
CD 1754-2
7 619943 175428
QIGONG-SILENCE SUITE
composed and performed by Christian Kobau
© + ℗ by Music & Video Corporation
ARCADIA
ENTERTAINMENT
SUPER SURROUND SOUND
INSTRUCTIONS WITHIN
ENGLISH
DEUTSCH

Bodybalance

Ⓘ Seminarinformation
von Dr. Ch. Kobau

Zielgruppe:
Das Seminar richtet sich an alle Menschen, die bereit sind ihr eigenes Energiepotential vermehrt auszuschöpfen und an all jene, die sich nicht mehr dem Streß des Alltags passiv unterwerfen wollen.

Seminarziel:
● Steigerung der persönlichen LEBENSQUALITÄT und LEISTUNG Förderung von KREATIVITÄT und INTUITION ● ENTSPANNUNG und WOHLBEFINDEN
● Erzeugung eines neuen GESUNDHEITSBEWUßTSEINS
● Wiederherstellung der HOMÖOSTASE - des inneren und äußeren GLEICHGEWICHTES

Methodik und Inhalt:
Theoretische Grundlagen eines ganzheitlichen orientierten Verständnisses - Neue Wege zu Gesundheit und Wellness

Körpererfahrung durch ISH: Die Intuitive Sensitive Heilmassage ist eine von mir entwickelte Synthese asiatischer Heilmethoden (z.B. Shiatsu) mit westlichen Naturheilverfahren - Erfahren des eigenen Energiekörpers Meridiansystem, Akupressurpunkte.

Ernährung - die zentrale Säule unseres Wohlbefindens

Entschlackungs - und Entgiftungsstrategien

Kinesiologie: Gibt durch verschiedene Muskeltests Rückschlüsse über bestimmte Störfelder und Blockaden - Erlernen eines einfachen Basistests.

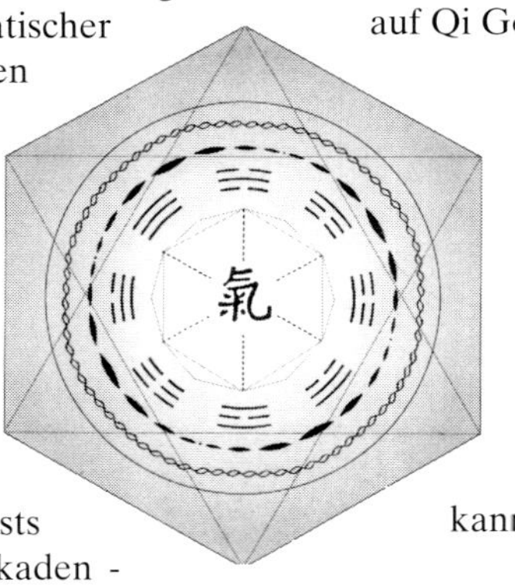

Neue Energie schöpfen durch QI GONG - QI Gong ist eine jahrtausende alte Methode und Teil der Traditionell Chinesischen Medizin. Es wird zur Erhaltung der Gesundheit, Selbstheilung und Stärkung der eigenen Lebenskräfte eingesetzt. Immer mehr Spitzensportler und Menschen in führenden Positionen vertrauen auf Qi Gong. Kennenlernen von 1-2 Übungen.

Mund und Zähne: Allgemein leicht verständliche Darstellung der potentiellen Störfeldmöglichkeiten (Amalgam, Herde) in diesem Bereich und Sanierungsmöglichkeiten. Wenn möglich eigenes Panoramaröntgen nicht älter als 6 Monate mitbringen, dies kann beim eigenen Zahnarzt angefordert werden.

Das Seminar ist in sich abgeschlossen, zur Vertiefung kann aber ein Aufbauseminar besucht werden.

Ganzheitliche Zahnheilkunde

Ⓘⓘ

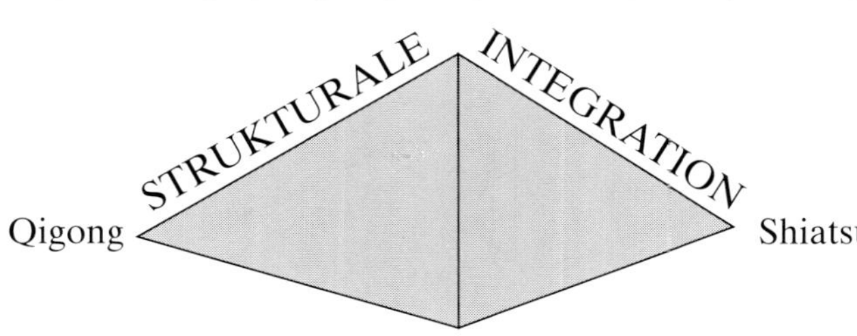

Zielgruppe: Therapeuten, Ärzte, Heilpraktiker

Seminarziel: Das Ziel dieses Workshops ist es, die Grund-prinzipien von Qigong und Shiatsu am eigenen Körper zu erleben, und aus der Entspannung heraus Basismethoden der Ganzheitlichen Zahnmedizin kennenzulernen.

Ein Workshop für Einsteiger in holistisch orientierte Methoden

• **Ganzheitliche Zahnheilkunde:** Kinesiologie, Homöopathie, Akupunktur

• **Qigong:** Qigong ist eine alte Bewegungs- und Atemmeditation und Teil der traditionellen chin. Medizin. Das regelmäßige Praktizieren von Qigong führt den Übenden mehr zu seiner Mitte (Dantien) und hat sowohl für gesunde wie auch kranke Patienten einen stärkenden und regulierenden Effekt.

• **Shiatsu:** Shiatsu ist eine Form der sanften Druckmassage, welche über das Meridiansystem Blockaden im energetischen Kreislauf lösen kann und die Selbstheilungkräfte aktiviert. Die meisten guten Ärzte und Therapeuten sind selbst durch enorme berufsbedingte Anforderungen, sowie unphysiologische Körperhaltung (vor allem Zahnärzte) strukturell in Dysbalance. Je mehr jemand sich nun mit ganzheitlichen Methoden beschäftigt, desto eher wird dieser Mensch auch eigene strukturelle Muster erkennen und gewisse Veränderungen im pers. Bereich vornehmen (wenn z.B. jemand ständig verspannt ist oder immer Kopfschmerzen hat, kann er viel schwieriger einen Patienten in einen entspannten Zustand bringen und wird auch bei Messungen und Tests im energetischen Bereich mehr Schwierigkeiten haben).

• **STI Strukturale Integration** erschließt Möglichkeiten, Regulationsmethoden für sich und den Patienten kennenzulernen, um bei Bedarf integrieren zu können. (Reduktion der Streßlast - Entspannung - Atemregulation - Muskuläre Balance) STI soll dazu verhelfen, Blockaden auf struktureller, chemischer, feinstofflicher und energetischer Ebene kennenzulernen und aufzulösen.

• **Das Seminar** ist in sich abgeschlossen, zur Vertiefung sollten jedoch Aufbauseminare besucht werden.

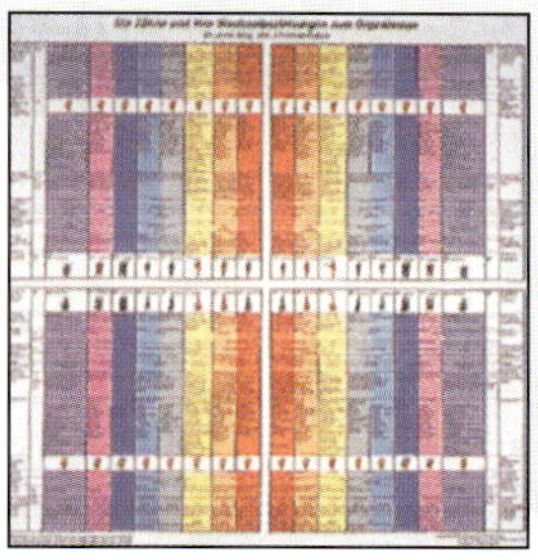

Farbtafel aus Hartkarton, kaschiert, 65 x 65 cm „Die Zähne und ihre Beziehung und Wechselwirkungen zum menschlichen Organismus". Zuordnung der Zähne zu Organen, Krankheiten, Meridianen, Bachblüten, Emotionen, Farben, usw. öS 800,— (DM 115,—)

Vorwort: R. Dahlke, A. Rossaint

Dieses Buch ist eine Synthese von alten Naturheilverfahren, Massage- und Entspannungstechniken, sowie Möglichkeiten der Energiebalance mit neuesten hochwertigen Erkenntnissen. Der Mensch wird in einer ganzheitlich umfassenden Art dargestellt. 2. Auflage: 4-farbig gebunden - Hard Cover - Fadenheftung - 531 Seiten - Format 23,5 x 33,5 cm - 365 grafische Darstellungen - 197 Fotos (s/w) 7 Farbtafeln. Preis öS 1.090,— + MWSt. (DM 175,—) ISBN: 3-9500303-0-1

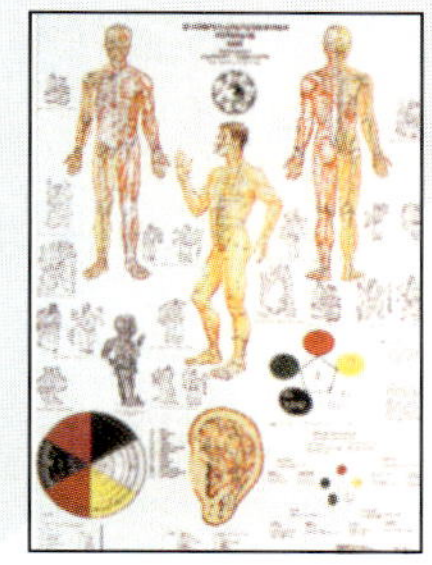

Farbtafel(n) mit plastischer Darstellung der Meridiane an drei Modellen - das Ohr mit den Reflexzonen - 5 Elemente Bachblüten, Format 67 x 90 cm - beidseitig laminiert - Metallschiene zum Aufhängen verpackt in Papprolle öS 570,— (DM 82,—)

B E S T E L L K A R T E

„Veröffentlichungen" von Dr. med. Mag. phil. Ch. Kobau

HIERMIT BESTELLE ICH:

----- Exemplar(e) vom Buch **„Bodybalance"**, 530 Seiten, vierfarbig gebunden - Hard Cover, Fadenbindung, Format 23,5 x 33 cm - 365 grafische Darstellungen, 197 s/w Fotos, 7 Farbtafeln, 8 chin. Kalligrafen öS 1.200,— (DM 175,—) plus Porto und Versandkosten.

----- Farbtafel(n) mit plastischer **Darstellung der Meridiane an drei Modellen** - das Ohr mit den Reflexzonen - 5 Elemente - Bachblüten, Format: 67 x 90 cm - beidseitig laminiert - Metallschiene zum Aufhängen - verpackt in Papprolle, öS 570,— (DM 82,—), plus Porto und Versandkosten.

----- Exemplar(e) vom Buch **„Amazonas Mae Manota"**, öS 490,— (DM 70,—) plus Porto und Versandkosten.

----- Exemplar(e) der Fotoserie **„Free Tibet Collection"** mit Zitaten vom Dalai Lama und H. Harrer - 10 Farbfotos. 13,7 x 19 cm), öS 180,— (DM 26,—) plus Porto.

CD'S

- ❑ **„Shiatsu-Harmony"** Harmonische Klänge für eine sanfte Massage (Gongs, Digeridoo, Xylophon Drums, Klangschalen - Sabina (USA), Ch. Kobau, K. Gharabagi, öS 250,–
- ❑ **„Shiatsu - Love & creation"** Hingabe an das Göttliche in uns selbst und im anderen - begleitende Musik für eine gefühlvolle Liebesmassage (Gongs, Digeridoo, Xylophon, Flöte, Drums, Klangschalen - Sabina (USA), Ch. Kobau, K. Gharabaghi, A. Meyer, G. Essl, E. Millonig, öS 250,–
- ❑ **„Shiatsu - Stress reducing"** - Entspannende Soundkreationen, öS 250,–
- ❑ **„Shiatsu - Relief of pain"** - Magie der Klänge, Frequenzen + Schwingungen zum Loslassen, öS 250,–
- ❑ **„Babymassage"** Liebevolle Musik für Mütter und Babies erscheint Ende 96, öS 250,–
- ❑ **„Shiatsu - Seniorenmassage"** - erscheint Ende 96, öS 250,–
- ❑ **„Qigong - Metamorphosis"** sanfte und meditative Klangwellen erscheint Ende 96, öS 250,–
- ❑ **„Qigong - Silence"** - sanfte und meditative Klangwellen mit Dr. Wenzel - erscheint Ende 96, öS 250,–
- ❑ **„Qigong - Inner Voice"** - mit Dr. Wenzel, erscheint Ende 96, Preis jeweils ca. öS 250,—
- ❑ **„Sacred sounds"** Doppel-CD mit orig. Aufnahmen aus Tibet und vom Amazonas in Verbindung mit einer Gongkomposition von Ch. Dangl u. Ch. Kobau, sowie Obertongesang mit S. Eberlein - als Begleitung werden Digeridoos, Instrumente der australischen Ureinwohner, eingesetzt. öS 480,—

The new holistic sound experience

Hear it - feel it - see it and enjoy it

----- Farbtafel aus Hartkarton, Kaschiert ca. 65x65 cm: **„Die Zähne u. ihre Beziehungen zum menschlichen Organismus"** - Zuordnungen der Zähne zu Organen, Krankheiten, Meridianen, Bachblüten, Emotionen, Farben ...; öS 800,— plus Porto und Versandkosten

----- **„Ganzheitlich und naturheilkundlich orientierte Zahnmedizin - Eine Verbindung von östlichem und westlichem Wissen - Wegweiser für Arzt und Patient"** - Hard Cover (ab Erscheinungstermin öS 2.500,– (DM 357,–) plus Porto und Versandkosten

----- kostenlose Seminarinformation

Die Bezahlung erfolgt per Nachnahme,
Mindestbestellung öS 1.000,— (alle Waren plus Porto und Versandkosten)

Vorname, Name: ____________________

Straße: ____________________

PLZ, Ort: ____________ Telefon: ____________

Datum , Unterschrift:

An

Dr. Christian Kobau

Postfach 222

A-9020 Klagenfurt

Paracelsus Klinik Lustmühle, Schweiz

(seit 1992 unter der Leitung von Dr. med. Thomas Rau)

Seit 1958 werden in der Paracelsus Klinik stationäre, halbstationäre und ambulante Patienten strikte nach naturheilkundlichen Verfahren behandelt. Sie ist die einzige Klinik, in welcher ganzheitliche Medizin und Zahnheilkunde unter einem Dach in enger Zusammenarbeit praktiziert wird. Wir verfügen über alle Diagnose- und Therapie-Methoden der regulativen und energetischen Medizin, welche bei jedem Patienten in individueller Kombination breit angewendet werden. Das Hauptgewicht liegt bei der Milieutherapie mit Regulation des Säure-Base-Gleichgewichts, Diätetik, Störherd- und Toxikologie-Abklärungen und individuellen Ausleitungstherapien. Isopathie und Immunbiologie nach Prof. Enderlein sind Kernpunkte unserer Therapien, daneben Ausleitungstherapien und Zahnsanierungen nach ganzheitlichen Gesichtspunkten inkl. Kieferchirurgie.

Ein motiviertes und leistungsfähiges Team von 4 Ärzten, 5 Zahnärzten und über 20 Therapeuten, alle fest von den Prinzipien der regulativen Ganzheitsmedizin überzeugt, freut sich, Patienten aus der ganzen Welt in Zusammenarbeit mit deren Ärzten behandeln zu dürfen.

Hauptindikationsgebiete:

Chronische internmedizinische Krankheiten, z.B. Colitis, Asthma, rheumat. Arthritis, chronische Hepatitis
neurologische Krankheiten, z.B. M.S., Trigeminusneuralgien, Intoxikationen
biologische Tumortherapie
chronische Zahnstörherdprobleme

PARACELSUS AKADEMIE

**Ausbildungszentrum für regulative Medizin
und ganzheitliche Zahnheilkunde**

Das Paracelsus Ausbildungszentrum bietet Ärzten, Zahnärzten und Heilpraktikern eine abgerundete Ausbildung mit Diplomabschluss zur Erlernung aller wichtigen Methoden der regulativen Medizin, deren Verbindung und Wertigkeit für die tägliche Praxis. Nicht Einzelmethoden, sondern deren Kombination und Vernetzung, aber vor allem das regulative Denken in Diagnostik und Therapie wird gelehrt.
Weiterführende Einzelkurse ergänzen die Ausbildung. Alle Kurse können auch einzeln besucht werden.

- Isopathie und Milieutherapie, inkl. Dunkelfeldmikroskopie
- Ganzheitliche Zahnheilkunde
- Neuraltherapie, Grundkurse und erweiterte Methoden
- Homöopathie, Komplexhomöopathie
- Meridianlehre, chinesische Medizin
- Orthomolekulare Medizin
- Anthroposophische Medizin

**Um anders therapieren zu können, müssen Sie anders denken.
Wir lehren Ihnen dieses Denken und dessen Umsetzung.**

®

IONOS

Wassertechnik GmbH

Levitationsanlagen
ab einem Nutzinhalt von 4,2 Litern

zur physikalischen Trinkwasseregeneration
nach Hacheney®

Verkauf und wissenschaftlich-technische Beratung

Am Königsberg 15
D-32760 Detmold
Tel.: 05231 47031
Fax: 05231 4184

ARTHROKEHLAN® "A"

Injektionslösung

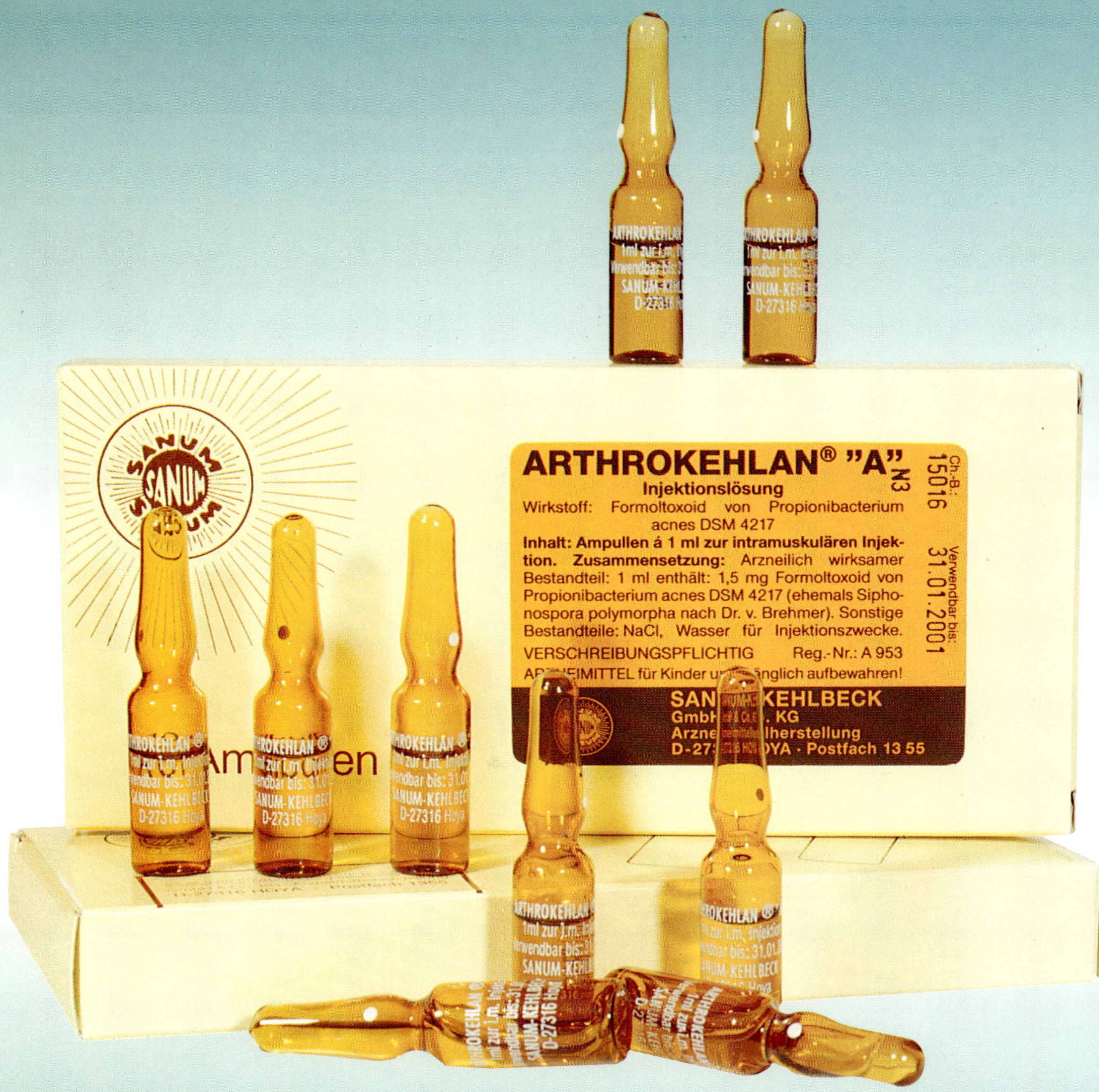

Zusammensetzung: 1 Ampulle à 1 ml enthält:
1,5 mg Formoltoxoid von Propionibacterium acnes DSM 4217
(ehemals Siphonospora polymorpha nach Dr. v. Brehmer).

Anwendungsgebiete: Zur Behandlung von arthritischen, arthrotischen sowie degenerativen Erkrankungen der Wirbelsäule und Myalgien.

Gegenanzeigen: Keine bekannt.
Nebenwirkungen: Keine bekannt.
Wechselwirkungen: Keine bekannt.

Art der Anwendung und Dosierungsanleitung:
Wenn vom Arzt nicht anders verordnet, wird 2–3mal wöchentlich 0,2–1,0 ml intramuskulär injiziert.

Packungsgrößen: 1 Ampulle à 1 ml, 10 Ampullen à 1 ml, 50 Ampullen à 1 ml.

ARTHROKEHLAN® "A" wird gewonnen durch Überimpfung der aus der Bakterienflora menschlicher Zahlgranulome gewonnenen Siphonospora polymorpha DSM Kuturen 4217.

Aus diesen Kulturen wird, nach dem Patentverfahren von Dr. v. Brehmer, ein Formoltoxoid (entgiftetes Kulturfiltrat) hergestellt. Dieses bewirkt eine nachhaltige Steigerung der Abwehrkräfte und ist darüber hinaus besonders zur Behandlung von arthritischen, arthrotischen sowie degenerativen Erkrankungen der Wirbelsäule und Myalgien angezeigt.

SANUM-KEHLBECK **GmbH & Co. KG, Arzneimittelherstellung**
D-27316 Hoya · Postfach 1355

„Mein Stil ist unverwechselbar. Meine Büromöbel auch."
Thomas Martinek, trend-Chefredakteur.
elst büro möbel
★Lebisch
elst
büro
möbel
What else, than elst!

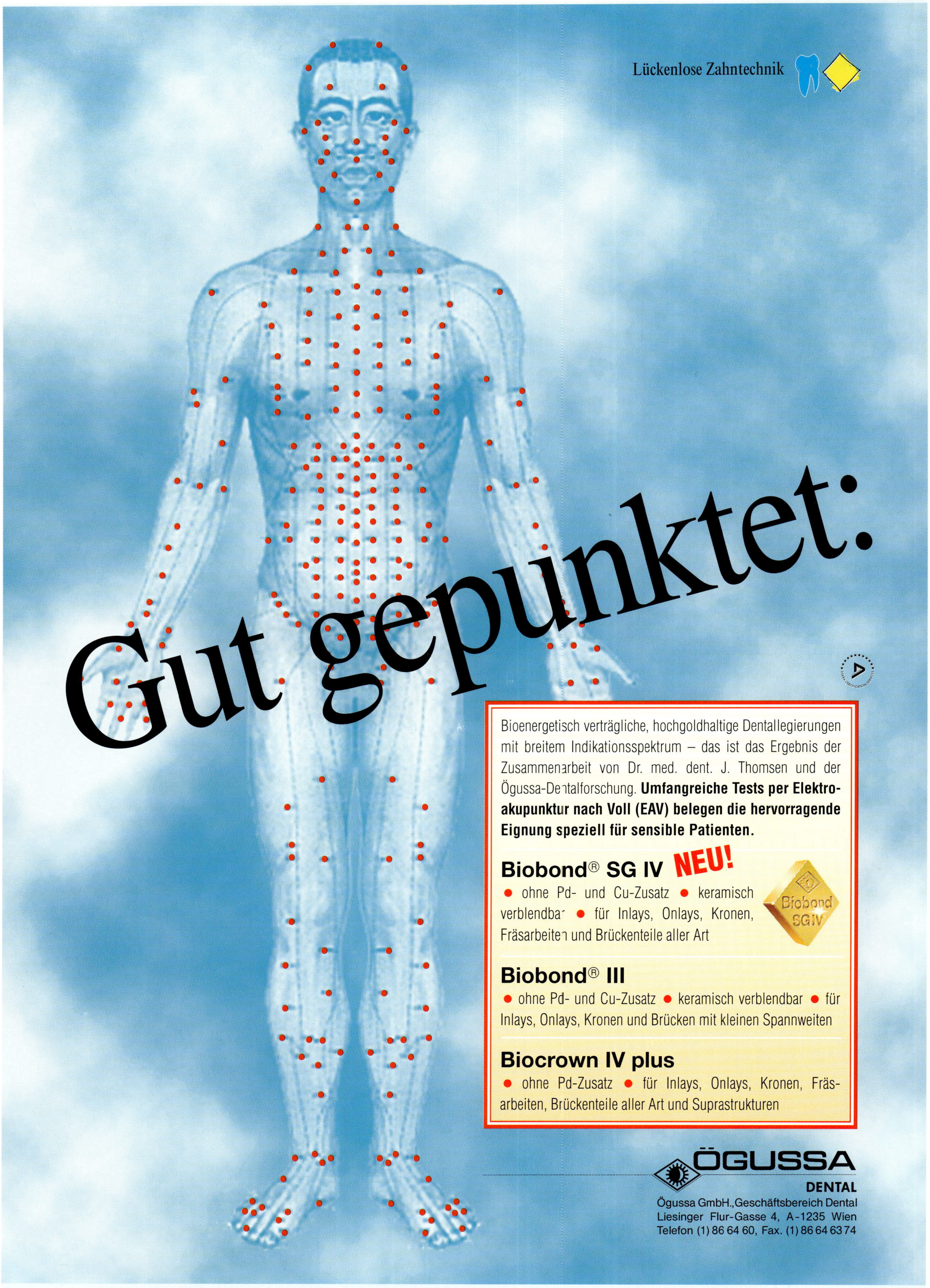
Lückenlose Zahntechnik
Gut gepunktet:
Bioenergetisch verträgliche, hochgoldhaltige Dentallegierungen mit breitem Indikationsspektrum – das ist das Ergebnis der Zusammenarbeit von Dr. med. dent. J. Thomsen und der Ögussa-Dentalforschung. Umfangreiche Tests per Elektro-akupunktur nach Voll (EAV) belegen die hervorragende Eignung speziell für sensible Patienten.
Biobond® SG IV NEU!
• ohne Pd- und Cu-Zusatz • keramisch verblendbar • für Inlays, Onlays, Kronen, Fräsarbeiten und Brückenteile aller Art
Biobond SG IV
Biobond® III
• ohne Pd- und Cu-Zusatz • keramisch verblendbar • für Inlays, Onlays, Kronen und Brücken mit kleinen Spannweiten
Biocrown IV plus
• ohne Pd-Zusatz • für Inlays, Onlays, Kronen, Fräsarbeiten, Brückenteile aller Art und Suprastrukturen
ÖGUSSA
DENTAL
Ögussa GmbH., Geschäftsbereich Dental
Liesinger Flur-Gasse 4, A-1235 Wien
Telefon (1) 86 64 60, Fax. (1) 86 64 63 74

Diagnostische Sicherheit durch Digitalisierung aller bildgebenden Medien

Mitte der 80er Jahre stellte Trophy, der Pionier des digitalen Röntgens, mit RadioVisioGraphie® erstmals eine neue Aufnahme- und Darstellungstechnik vor. Konsequent wurde unter Ausnutzung der Leistungssteigerung und Miniaturisierung der Elektronik diese Technologie weiterentwickelt.

Das Auflösungsvermögen des Filmes wurde erreicht und zum Teil überschritten. Mehr noch, es gelang auch, Panoramaaufnahmen auf digitalem Weg herzustellen und ein tragbares, kabelloses Handgerät zu entwickeln. Trophy stellt mit den Produkten

- RVG®-HD 4
- DIGIPAN® - Panoramabildsystem
- RVG®-Handy

die breiteste Palette an digitalen Röntgengeräten zur Verfügung. Ergänzend kommt noch die STV® hinzu, das Endoskop für intra- und extraorale Digitalaufnahmen.

Das RVG®-HD4: Vergrößerter Aufnahmebereich und höhere Bildauflösung

Folgende Vorteile bot von Anfang an die RadioVisioGraphie® gegenüber der herkömmlichen Röntgentechnik:

- Aufnahme am Stuhl mit Bildern in Echtzeit auf dem Monitor,
- vielfältige Bildbearbeitung zur besseren Diagnose,
- Reduzierung der Strahlendosis,
- Wegfall der Entwicklungschemie.

Heute zeichnet sich das RVG®-HD4 durch eine überaus hohe Bildqualität aus. Der Grund hierfür liegt in dem erhöhten Auflösungsvermögen (12 Linienpaare pro mm) des besonders flachen Sensors. Während die Pixelgröße neuester Entwicklung 45µ nicht unterschreitet, beträgt die Feinauflösung beim RVG®-HD4 nur 39µ. Die Aufnahmefläche des Sensors umfaßt 600 mm² und reicht für eine vollständige Wiedergabe selbst der längsten Zahnwurzel aus. Er ist durch eine weltweit patentierte Technologie gegen schädliche Röntgenstrahlen geschützt und hat deshalb eine unbegrenzte Lebensdauer.
Ein neuer, besonders großer Sensor mit einer aktiven Fläche von 26,5 x 36 mm (954 mm²), ist um 58% größer als der HD4. Er ist eigens für Bitewing-Aufnahmen gedacht und somit besonders bei endodontischen und implantologischen Behandlungsformen einzusetzen.

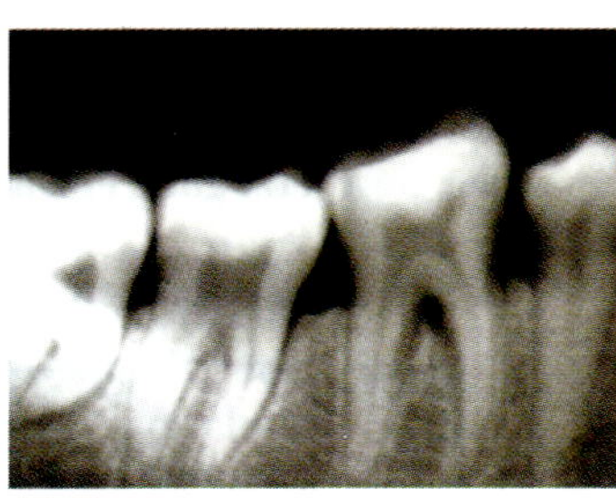

Durch die automatische Anpassung der Belichtungszeit gehören über- oder unterbelichtete Bilder weitgehend der Vergangenheit an. Die auf Windows basierende Software ist auf Grund einfacher Bildschirmsymbole überaus bedienerfreundlich. Vielfältige Bearbeitungsmöglichkeiten ermöglichen eine verbesserte Diagnosestellung.
Mit der einzigartigen Software LOGICON®, bei der neuronale Netzverfahren zum Einsatz kommen, kann sofort ein Aproximalkaries identifiziert werden. Die Bilder lassen sich darüber hinaus schnell ausdrucken. Und für die Archivierung werden die Röntgenbilder bei der Patientendatei abgespeichert, entweder im Praxis-PC oder in der Trophy-Bildstation. Dieses Vorgehen hat später eine schnelle Verfügbarkeit zur Folge.

Ein Plus für die Diagnose: digitale Panoramaaufnahmen

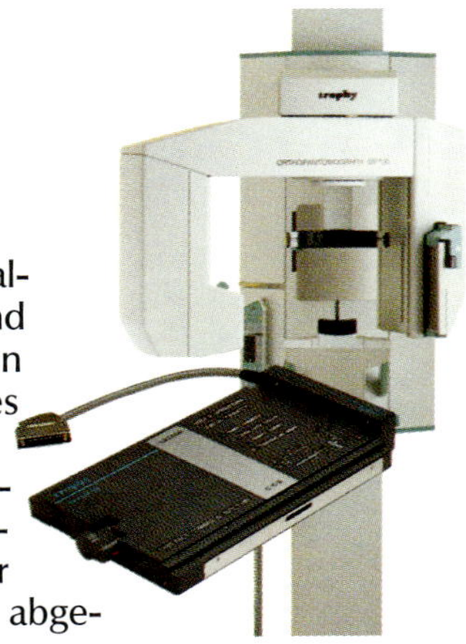

Ohne Wartezeiten in Echtzeit erscheint bei DIGIPAN®, dem digitalen Panorama-Röntgensystem, das Bild auf dem Monitor. Um eine optimale Diagnosemöglichkeit zu erhalten, läßt sich das Bild vergrößern und der Kontrast verstärken; man kann Pseudofarben einsetzen und vieles mehr.
Wie andere digitale Bilder, so können auch die digitalen Panoramaaufnahmen ausgedruckt oder sicher und schnell in der Patientendatei abgespeichert werden.
Die Arbeitsweise bei der Erstellung einer Aufnahme bleibt für den Zahnarzt die gewohnte. Anstelle der Filmkassette sitzt beim Panoramagerät OP®100 die Digitalkassette. DIGIPAN® bietet auch die Möglichkeit, wieder eine Filmaufnahme herzustellen. Zu diesem Zweck kann jederzeit die digitale durch eine Filmkassette ersetzt werden. Mit Hilfe dieses modularen Systems ist es darüber hinaus einfach, bereits vorhandene OP®100-Geräte für digitale Aufnahmen nachzurüsten. Mit dem neuen DIGIPAN®-*Universal* werden sich zukünftig fast alle vorhandenen Panoramageräte nachrüsten lassen.

Das RVG®-Handy: Bewegungsfreiheit in allen Praxisräumen

Bei diesem Gerät handelt es sich um das erste digitale Röntgensystem, das frei von Kabeln an jeden Behandlungsplatz mitgenommen werden kann, wo ein Röntgenstrahler vorhanden ist. Mit der Miniaturisierung der elektronischen Bauteile kreierte Trophy ein neues technologisches Konzept: Die Apparatur ist handlich klein und leicht zu bedienen.
Das RVG®-Handy ist ein vollkommen autonomes, PC-unabhängiges Röntgensystem. Es besteht jedoch die Möglichkeit, eine Anbindung an jeden herkömmlichen Rechner herzustellen und die Bilder in der Patientendatei zu archivieren.

Stomavision (STV®): Überzeugende digitale Bilderwelt

Nichts ist bei einer motivierenden Behandlung überzeugender als eine klare Abbildung von Zahn- und Zahnfleischproblemen in bildschirmfüllender Darstellung. So kann mit sehr viel mehr Problembewußtsein des Patienten über eine anstehende Therapie oder Prophylaxe entschieden werden.
Das handstückartige STV®-Endoskop ermöglicht Aufnahmen auch von schwierigen Zonen des Mundraumes. Die integrierte Beleuchtung macht Strukturen und Details deutlich sichtbar. Die hohe Auflösung gibt der Bildschirmdarstellung eine einmalige Qualität. Erreicht wird dies durch die Verdoppelung der Bildpunkte, die automatische Filtrierung für naturgetreue Wiedergabe und durch die Parametrierung der Farben.

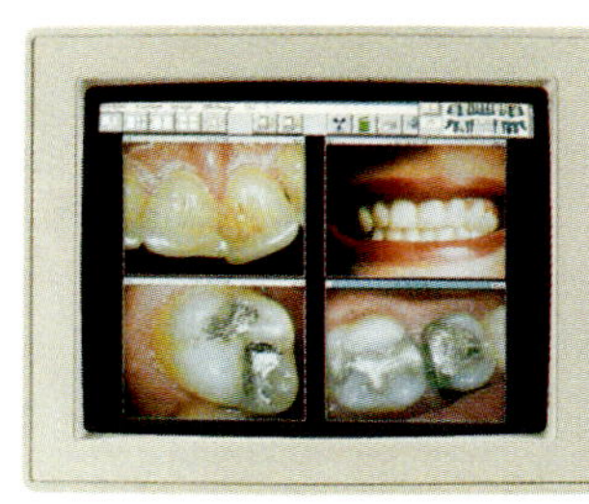

Für die drei geläufigsten Aufnahmentypen sind drei Positionen voreingestellt: „intraoral", „extraoral" und „makro". Und ganz nach Belieben kann die Aufnahme als Spiegelbild oder in direkter Sicht auf dem Bildschirm erscheinen.
STV® läßt sich in das RVG®-System oder den Praxis-PC integrieren; somit können die Bilder ebenfalls in der Patientendatei abgespeichert werden.

trophy GmbH

Kompetenz in Röntgen

Postfach 16 31 · 77676 Kehl
Tel 07851/93 97-0 · Fax 93 97 30

98 Prozent Allergiefreiheit*

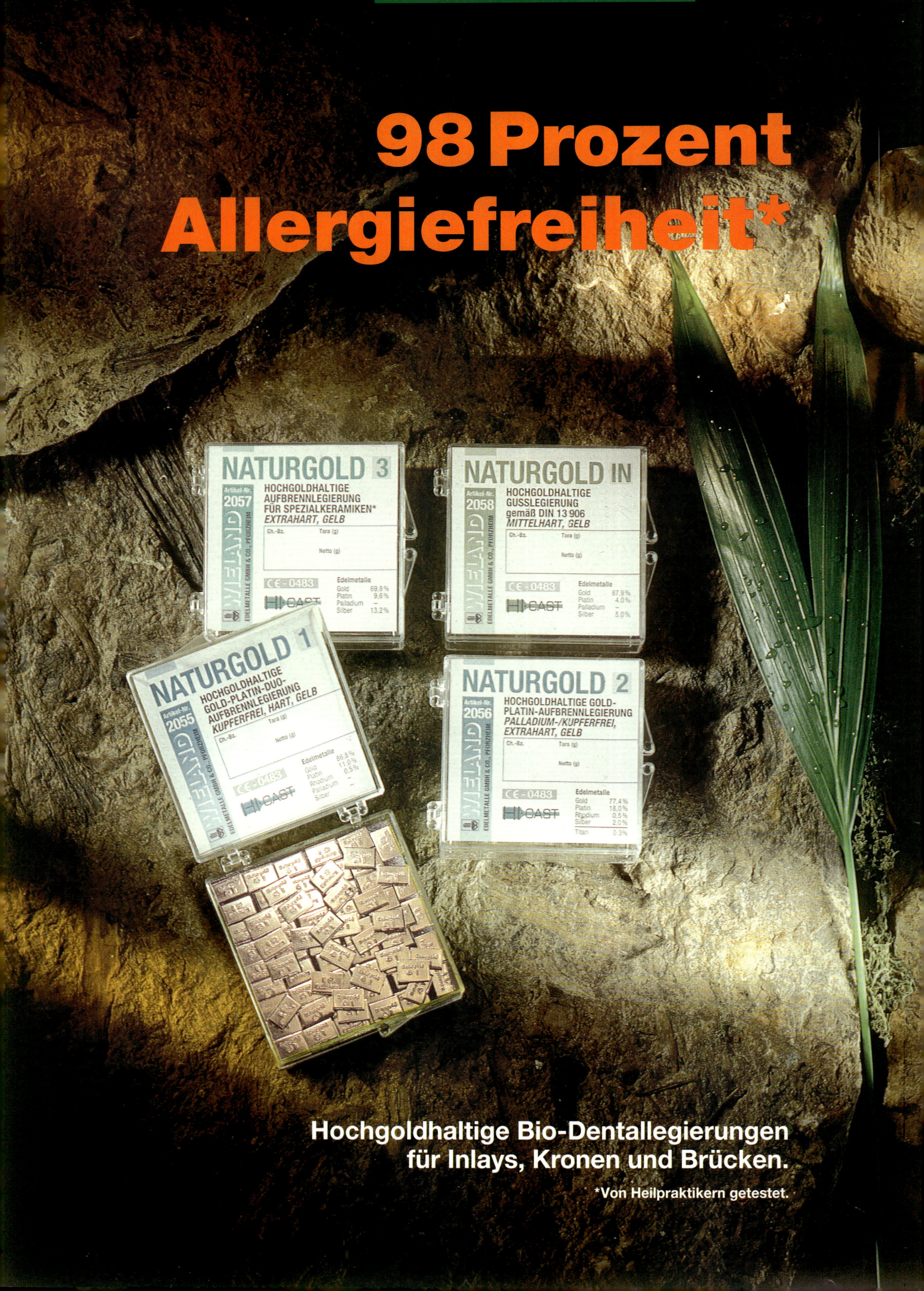

Hochgoldhaltige Bio-Dentallegierungen für Inlays, Kronen und Brücken.

*Von Heilpraktikern getestet.

Der Verband für Erfahrungs- und Naturheilkunde e. V. hatte interessierte Heilpraktiker gebeten, einen Verträglichkeitstest von Metall-Legierungen im zahnärztlichen Bereich durchzuführen. Wieland Edelmetalle, eine der führenden Goldscheideanstalten und Hersteller von Metall-Legierungen für den Dentalbereich, hat diesen Test durch die Lieferung verschiedener Materialien und Testplättchen dankenswert unterstützt.

Der Test ist von Heilpraktikern mit den verschiedensten Testmethoden durchgeführt worden.

Sie umfaßten z. B. Bioresonanz-, EAV-Dermatron- und Epikutan-Test.

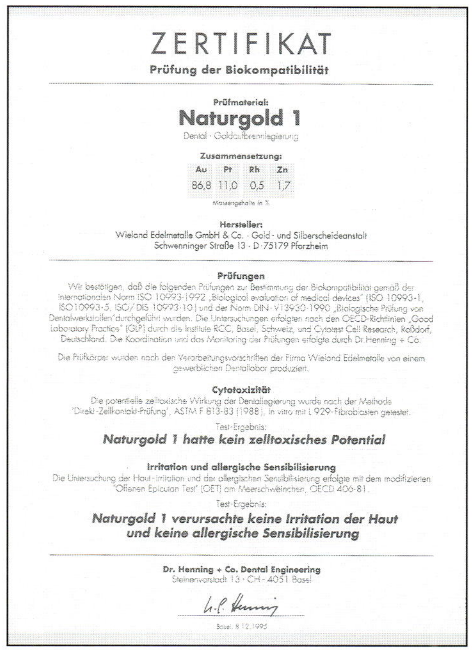
ZERTIFIKAT

Prüfung der Biokompatibilität

Prüfmaterial:

Naturgold 1

Dental · Goldaufbrennlegierung

Zusammensetzung:

Au	Pt	Rh	Zn
86,8	11,0	0,5	1,7

Massengehalte in %

Hersteller:
Wieland Edelmetalle GmbH & Co. · Gold- und Silberscheideanstalt
Schwenninger Straße 13 · D-75179 Pforzheim

Prüfungen

Wir bestätigen, daß die folgenden Prüfungen zur Bestimmung der Biokompatibilität gemäß der internationalen Norm ISO 10993-1992 „Biological evaluation of medical devices" (ISO 10993-1, ISO10993-5, ISO/DIS 10993-10) und der Norm DIN-V13930-1990 „Biologische Prüfung von Dentalwerkstoffen" durchgeführt wurden. Die Untersuchungen erfolgten nach den OECD-Richtlinien „Good Laboratory Practice" (GLP) durch die Institute RCC, Basel, Schweiz, und Cytotest Cell Research, Roßdorf, Deutschland. Die Koordination und das Monitoring der Prüfungen erfolgte durch Dr. Henning + Co.

Die Prüfkörper wurden nach den Verarbeitungsvorschriften der Firma Wieland Edelmetalle von einem gewerblichen Dentallabor produziert.

Cytotoxizität

Die potentielle zelltoxische Wirkung der Dentallegierung wurde nach der Methode "Direkt-Zellkontakt-Prüfung", ASTM F 813-83 (1988), in vitro mit L 929-Fibroblasten getestet.

Test-Ergebnis:

Naturgold 1 hatte kein zelltoxisches Potential

Irritation und allergische Sensibilisierung

Die Untersuchung der Haut-Irritation und der allergischen Sensibilisierung erfolgte mit dem modifizierten "Offenen Epicutan Test" (OET) am Meerschweinchen, OECD 406-81.

Test-Ergebnis:

Naturgold 1 verursachte keine Irritation der Haut und keine allergische Sensibilisierung

Dr. Henning + Co. Dental Engineering
Steinenvorstadt 13 · CH-4051 Basel

Basel, 8.12.1995

Musterzertifikat für Naturgold 1

Beim Epikutan-Test wird das zu testende Material auf die Haut geklebt (meist auf den Rücken des Patienten) und verbleibt dort für mindestens 24 Stunden. Eine eventuelle Rötung der Hautstelle unter dem Material läßt eine Allergie vermuten.

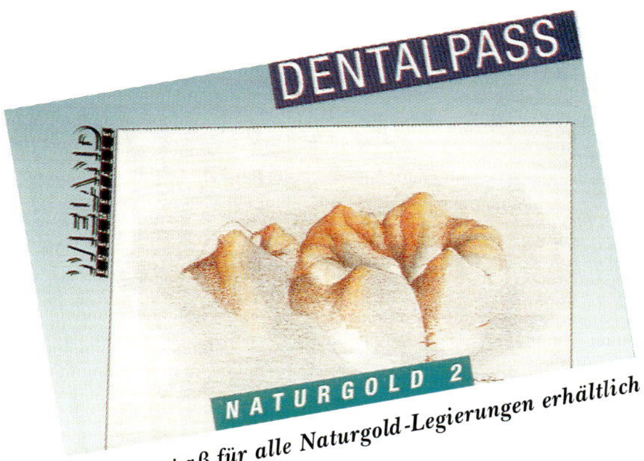

Patientenpaß für alle Naturgold-Legierungen erhältlich

Beim Bioresonanztest, bei der Biofunktionsdiagnostik und der EAV-Methode handelt es sich um Messungen des Hautwiderstandes an bestimmten sog. Allergie-Punkten, deren Lage bei den einzelnen Methoden leicht differiert.

Die Tests ergaben, daß die Naturgold-Legierungen von Wieland Edelmetalle sowohl für Keramikarbeiten wie auch für Edelmetallarbeiten und Inlays die geringste Allergiequote aufweisen. Die Ergebnisse lagen bei über 98% Allergiefreiheit. Gerade bei Problempatienten würden wir dringend eine Austestung auf eine Allergiebereitschaft gegen das entsprechende Material empfehlen. Die Naturgold-Legierungen können von jedem Labor verarbeitet werden.

Naturgold 1

Hochgoldhaltige Gold-Platin-Duo-Aufbrennlegierung,
silberfrei, palladiumfrei, kupferfrei
gemäß DIN EN ISO 9693
Best.-Nr. 2055

Gold	86,8 %
Platin	11,0 %
Rhodium	0,5 %
Iridium	
Palladium	
Silber	
Titan	
Kupfer	
Zinn	
Indium	
Zink	1,7 %

INDIKATIONEN	
Farbe	gelb
Typ	hart
Biologisch getestet	✔
Inlays, 1-, 2-, 3-flächige, Onlays	✔
Kronen	✔
Brücken mit mittlerer Spanne	✔
Brücken mit großer Spanne	
Fräs-, Konus-, Teleskoptechnik	✔
Klammern, Friktionsstifte, Riegel	
keramikverblendfähig	✔
kunststoffverblendfähig	✔
Einstückguß/Modellguß	

Naturgold 2

Hochgoldhaltige Gold-Platin-Aufbrennlegierung,
kupferfrei, palladiumfrei
gemäß DIN EN ISO 9693
Best.-Nr. 2056

Gold	77,4 %
Platin	18,0 %
Rhodium	0,5 %
Iridium	
Palladium	
Silber	2,0 %
Titan	0,3 %
Kupfer	
Zinn	
Indium	
Zink	1,8 %

INDIKATIONEN	
Farbe	gelb
Typ	extrahart
Biologisch getestet	✔
Inlays, 1-, 2-, 3-flächige, Onlays	✔
Kronen	✔
Brücken mit mittlerer Spanne	✔
Brücken mit großer Spanne	✔
Fräs-, Konus-, Teleskoptechnik	✔
Klammern, Friktionsstifte, Riegel	
keramikverblendfähig	✔
kunststoffverblendfähig	✔
Einstückguß/Modellguß	✔

Naturgold 3

Hochgoldhaltige Universallegierung
für Spezialkeramiken*
und Kunststoffverblendung,
palladiumfrei
Best.-Nr. 2057

Gold	69,8 %
Platin	9,6 %
Rhodium	0,5 %
Iridium	
Palladium	
Silber	13,2 %
Titan	
Kupfer	2,9 %
Zinn	
Indium	2,0 %
Zink	2,0 %

INDIKATIONEN	
Farbe	gelb
Typ	extrahart
Biologisch getestet	✔
Inlays, 1-, 2-, 3-flächige, Onlays	✔
Kronen	✔
Brücken mit mittlerer Spanne	✔
Brücken mit großer Spanne	✔
Fräs-, Konus-, Teleskoptechnik	✔
Klammern, Friktionsstifte, Riegel	
keramikverblendfähig	✔
kunststoffverblendfähig	✔
Einstückguß/Modellguß	✔

Naturgold IN

Hochgoldhaltige Gußlegierung,
palladiumfrei, kupferfrei
gemäß DIN EN ISO 1562
Best.-Nr. 2058

Gold	87,9 %
Platin	4,0 %
Ruthenium	
Iridium	0,1 %
Palladium	
Silber	5,0 %
Titan	
Kupfer	
Zinn	
Indium	
Zink	3,0 %

INDIKATIONEN	
Farbe	gelb
Typ	mittelhart
Biologisch getestet	✔
Inlays, 1-, 2-, 3-flächige, Onlays	✔
Kronen	✔
Brücken mit mittlerer Spanne	
Brücken mit großer Spanne	
Fräs-, Konus-, Teleskoptechnik	
Klammern, Friktionsstifte, Riegel	
keramikverblendfähig	
kunststoffverblendfähig	✔
Einstückguß/Modellguß	

Weitere Auskünfte und Nachweis von Praxen, die solche Tests durchführen erhalten Sie bei:

GEN Gesellschaft für Erfahrungs- und Naturheilkunde e.V., Odeonstraße 8, D-30159 Hannover, Phone + 49 (0) 511/1317652, Fax + 49 (0) 511/1317655

Wieland Edelmetalle, P. O. Box 20 40, D-75120 Pforzheim, Phone + 49 (0) 72 31/37 05-0, Fax + 49 (0) 72 31/35 79 59